谨以此书献给风景园林行业及相关领域的各位朋友！

谨以此书献给风景园林行业及相关领域的各位朋友！

2013—2025年国家辞书编纂出版规划项目

英汉风景园林大词典

ENGLISH-CHINESE DICTIONARY OF LANDSCAPE ARCHITECTURE

刘晓明 刘 聪 编著

国家出版基金项目
NATIONAL PUBLICATION FOUNDATION

中国建筑工业出版社
CHINA ARCHITECTURE & BUILDING PRESS

图书在版编目（CIP）数据

英汉风景园林大词典 = ENGLISH-CHINESE DICTIONARY OF LANDSCAPE ARCHITECTURE / 刘晓明, 刘聪编著 . —北京: 中国建筑工业出版社, 2019.11
2013-2025 年国家辞书编纂出版规划项目
ISBN 978-7-112-23883-5

Ⅰ. ①英… Ⅱ. ①刘… ②刘… Ⅲ. ①园林设计—词典—英、汉 Ⅳ. ① TU986.2-61

中国版本图书馆 CIP 数据核字（2019）第 122686 号

本词典是我国迄今为止第一部综合性的风景园林专业的英汉词典工具书，共收录风景园林及与之相关的词条（含子词条）近 9 万条。主要涵盖以下内容：风景园林历史、风景园林艺术、风景园林规划、风景园林设计、风景园林工程、风景园林建筑、风景园林管理、风景园林人物、园林树木、园林花卉、盆景、园林植物病虫害、各国国花和国鸟、动物园动物、陵墓、风景园林组织、风景园林法规、城乡规划、城市设计、城市绿化、城市管理、大地景物规划、自然环境保护、中外名胜、文物古迹、遗产保护等诸多学科和领域。

责任编辑：陈　桦　杨　琪
责任校对：党　蕾

2013-2025 年国家辞书编纂出版规划项目
英汉风景园林大词典
ENGLISH-CHINESE DICTIONARY OF LANDSCAPE ARCHITECTURE
刘晓明　刘　聪　编著

*

中国建筑工业出版社出版、发行（北京海淀三里河路 9 号）
各地新华书店、建筑书店经销
北京雅盈中佳图文设计公司制版
天津翔远印刷有限公司印刷

*

开本：880 毫米 ×1230 毫米　1/32　印张：$54\frac{1}{8}$　插页：17　字数：1799 千字
2022 年 6 月第一版　2022 年 6 月第一次印刷
定价：199.00 元
ISBN 978-7-112-23883-5
（32621）

审稿委员会成员

作者简介

刘晓明

北京林业大学风景园林学博士，美国哈佛大学设计学院风景园林系访问学者。出版国家行业标准2个，教材3部，著作6部，译作7部。多次获校级、省部级和国家级学会奖。曾任住房和城乡建设部风景园林专家委员会成员，水利部水利风景区评审委员会委员，中国风景园林学会常务理事、副秘书长，国际风景园林师联合会（IFLA）中国代表，中国圆明园学会皇家园林分会会长。

刘　聪

四川外国语大学本科毕业，中国翻译协会会员，出版《英法西德俄阿汉军事词典》《英德法汉光学词典》《戴高乐将军全传》《若米尼传》《战争艺术概论》《兵法概论》等30余部著作和译作。

前 言

《英汉风景园林大词典》共收录风景园林及与之相关的词条（含子词条）近 9 万条。由于该学科涉及自然、社会、科学、文化、生产、生活等诸多层面，因此收集的词条既包括风景园林规划设计、研究、教育、施工、养护管理五个方面，又延展到其他领域。主要涵盖以下内容：风景园林历史、风景园林艺术、风景园林规划、风景园林设计、风景园林工程、风景园林建筑、风景园林管理、风景园林人物、园林树木、园林花卉、盆景、园林植物病虫害、各国国花和国鸟、动物园动物、陵墓、风景园林组织、风景园林法规、城乡规划、城市设计、城市绿化、城市管理、大地景物规划、自然环境保护、中外名胜、文物古迹、遗产保护，涉及生态、生物、林业、哲学、农业、土壤、气候、地理、地质、交通、环境工程、水利、污水和垃圾处理、土地利用、美学、艺术、美术、宗教、旅游、考古、建筑、土木工程、天文、气象、矿业等诸多学科和领域。

本词典是我国迄今为止第一部综合性的风景园林学的专业英汉词典工具书，填补了这一领域的空白。当前，风景园林学已成为国家工学门类一级学科，与建筑学和城乡规划学并驾齐驱，构成了人居环境学科的三大支柱。因此对该词典的需求尤为迫切。这对于我国风景园林行业人士和学生了解国外行业和教育成果及动态，加强与国外的交流和相互学习，具有重要意义。本词典重要目的之一就是让有一定基础英语水平的中国大陆的风景园林行业从业人员，通过使用本词典可以有效地从事国际交流工作。

本人 20 年来多次参与过许多国际性的行业交流活动，身份也不断变化，有时是学生，学者，专家，评委；有时又是会议听众，会议发言人，会议主持人，会议或活动的协办人；本人既是国际风景园林师联合会（IFLA）的中国代表，又曾代表 IFLA 参加过联合国教科文组织的相关会议，还担任过 IFLA 的区域领导成员，所有这些经历使我深感很有必要编纂一部风景园林行业的英汉词典，为更多的中国人和中国作品走向世界搭建一座桥梁，同时也为世界了解中国风景园林行业的发展提供一个有益的工具。本词典是根据本人在国内以及到欧、美、亚、大洋、非五大洲20多个国家与会考察和交流，以及在美国哈佛大学风景园林系做访问学者期间所收集到的资料编写而成，可以说是一部尝试之作。

本词典在词条选择上既有普通词汇也有专业术语，既有常用词，如Genius loci地方精神，labyrinth迷宫，mosaiculture立体花坛，也有最新的词，如living wall活体墙，gabion石笼，low impact design低影响设计，还有一些中国园林特有的词汇和表达法，如：artistic conception意境，Pavilion of Arriving Moon and Wind月到风来亭，Open Hall Bowing to Peak揖峰轩，Although artificial it appears natural虽由人作，宛自天开。本词典在词条翻译中，既尊重约定俗成的说法，也注重新的理解，如landscape garden翻译为风景园，landscape evaluation则翻译成景观/园林评价。open space可根据我国的不同实际情况，分别译为游憩用地、绿地或开放空间。这种词条的译名有多种翻译方案，对读者可起“抛砖引玉”作用，读者可以“举一反三”，据以选择采用。本词典也收录了我国目前风景园林行业标准和规范里出现的术语及其英译文。少数风景园林人物选择的依据是业内熟知的国内外著名的风景园林界前辈专家学者以及中国风景园林学会终身成就奖获得者和IFLA杰里科爵士奖（IFLA Sir Geoffrey Jellicoe Award）获得者。

考虑到园林植物是本行业和学科的重要内容，因此以《中国园林绿化树种区域规划》和《园林树木1600种》为基础，收录了我国城市常用的园林植物，包括近年开始流行的观赏草、药用植物和食用植物，还有一些美国、英国和澳大利亚的苗圃植物。此外，有关园林植物养护管理和常见的病虫害的词汇也有录入。

本词典所收词条的外文名称，除大部分系英文外，兼有其他文种（如法文、拉丁文等）的文字，或由其他文种（如日文、越文、俄文等）拼音而成的外来语。

需要说明的是，landscape architecture在汉语语境中的不同学科体系下有诸多不同的中译名，如园林、风景园林、景观学、景观设计、景观营造、景观建筑、园境（香港）、造景（韩国）和造园（日本）等。本词典考虑到中国大陆的实际情况，在涉及行业和学科名称时将landscape architecture译为风景园林，将landscape architect译为风景园林师，这也是我国官方认可的译名。Landscape

在涉及专业术语和行业实践时，可以根据实际情况翻译为风景、风景园林、景观、园林等。需要特别提请读者注意的是，“风景园林”这个译名是个固化的称谓，是比“园林”更完善的、landscape architecture 的中国表述法，或者可以说，“园林”是“风景园林”的曾用名。我们已经没有必要再对它的汉语字面词义进行过分解读，并为此而争论不休。2010 年由中国科学技术协会主编、中国风景园林学会编著的《2009–2010 风景园林学科发展报告》中对于风景园林（landscape architecture）作出了以下精彩的定义，“风景园林学科是保护、规划、设计和可持续性管理人文与自然环境的、具有中国传统特色的综合性学科。它是我国生态文明建设的重要基础，也是保证社会和环境健康发展的关键因素。风景园林学科注重综合运用科学、技术和艺术手段来保护、利用和再造自然，创造功能健全、生态友好、景观优美、文化丰富、具有防灾避险功能的、可持续发展的环境，从而在物质文明和精神文明两方面，满足人对自然的需要，并协调人与自然、人与社会发展的关系。”

本词典的编纂工作得到了中国翻译家协会资深会员、我的父亲刘聪无私的支持和智慧的贡献，在此我深表感激！我衷心地感谢中国风景园林学会名誉理事长、中国科学院院士、中国工程院院士周干峙，中国风景园林学会名誉理事长、中国工程院院士、我的研究生导师孟兆祯教授，中国风景园林学会陈晓丽理事长和学会其他领导及同行对我参与国际学术交流活动的亲切关怀和悉心指导！我诚挚地感谢 IFLA 现任主席凯瑟琳·摩尔教授（Kathryn Moore）和前主席阿诺·施密特（Arno Shimid）、陈宁波（Richard Tan）、马莎·法加多（Martha Fajardo）、戴安妮·孟塞斯博士（Diane Menzies）、黛丝莉·马蒂尼兹（Desiree Martinez）和前副主席达维娜·尼尔（Darwina Neal）、詹姆斯·海特（James Hayter）、詹姆斯·泰勒（James Taylor）、安东晚（Tong Mahn Ahn）、阿兰·迪奇纳（Alan Titchener）、拿督伊斯曼·纳（Dato Ismail Ngah）、IFLA 前历史景观委员会主任汉斯·道恩（Hans Dorn）、我在哈佛大学风景园林系访学时的导师尼尔·科克伍德教授（Niall Kirkwood）以及美国马萨诸塞大学朱利斯·法布士教授（Julius Fabos）、杰克·艾亨教授（Jack Ahern）等国际友人在各种场合对我的有益帮助！我诚挚地感谢本词典审稿委员会专家周干峙、陈晓丽、孟兆祯、戴安妮、刘家麒、沈元勤、王向荣、杨锐、靳晓白、李根华、金荷仙、许大为、刘金声、李玉红、叶敏、庄优波对本词典提出的宝贵意见！诚挚感谢苏州大学张橙华教授对附录中的世界遗产名录和中国世界遗产名录部分提出的修改意见。诚挚地感谢本词典责任编辑陈桦主任、杨琪编辑对我工作的耐心和鼓励！此外，我的研究生张司晗、高琪、蔡婷婷、黄昊、梁怀月、陈京京、郝思嘉、周亚玮、骆畅、马小淞、刘铭分别为本词典部分词条后期作了整理工作，在此一并表示感谢！

本词典编纂工作历时6年多。2013年12月24日，中国建筑工业出版社召开《英汉风景园林大词典》审稿委员会会议，沈元勤社长、孟兆祯院士等专家出席了会议。会上，由我介绍了《英汉风景园林大词典》编纂情况，与会专家对这部词典的初稿给予高度赞赏和充分肯定，并提出了修改意见。会后孟兆祯院士、刘家麒先生、戴安妮博士、靳晓白研究员等还提出了全面而又详细的书面修改意见。本书能荣幸地申请到2018年度国家出版基金，与各位专家的指导密不可分。由于笔者水平所限，该词典中仍有不少地方有待完善。恳请各位读者不吝赐教，以便再版修订。

刘晓明
中国风景园林学会副秘书长、常务理事
国际风景园林师联合会（IFLA）中国代表
中国圆明园学会皇家园林研究分会会长
2021年6月

目 录

缩略语

AAA American Association for the Advancement of Science 美国科学发展协会

AAB Association of Applied Biologists 应用生物学家协会

AAC acoustical absorption coefficient 吸声系数

abbr. abbreviation 略写，缩写；缩略语，缩写词，缩写式；缩短

a. absolute 绝对的

a. acre 英亩

Ac. academy 学院，学会，专科学校

ACCESS Architects Central Constructional Engineering Surveying Service 建筑师中心建筑工程勘测服务处

ACE Architecture and Civil Engineering 土木建筑工程

adj. adjective 形容词；形容词短语

adm. administration 行政管理机构

adv. adverb 副词

agr. agriculture 农业

ANSI American National Standards Institute 美国国家标准化学会

arb. arboriculture，tree maintenance 树木栽培

arch. architecture 建筑学，建筑术

Art/art article 条目，文章

ASLA American Society of Lands-cape Architects 美国风景园林师协会

BDLA Bund Deutscher Landschaft-sarchitekten 德国风景园林师协会

biol. biology 生物学，生态学

bot. botany 植物学

BS British Standards 英国标准

chem. chemistry 化学

CHSLA Chinese Society of Landscape Architecture 中国风景园林学会

circ. circulaire 圆的，圆形的

cm. centimetre 厘米

conserv. nature conservation，conservation of landscapes 自然保护；风景园林保护

conserv'hist. conservation of historic monuments（英）/preservation of historic landmarks（美）历史景观遗产保护

constr. building material and construction，bioengineering，landscape practice 建筑材料和建筑物，生物工程学，风景园林工程

cu km. cubic kilometer 千立方米

dt. /Dt. deutsch 德国的，德语的

e. English language 英语

ecol. ecology 生态学，生态，环境保护论

econ. economics 经济，经济学

EEC European Economic Community 欧洲经济共同体

eng. civil engineering 民用工程学，土木工程学

envir. technical protection of the environment 环境的技术保护

for. forestry 森林学，林业

game'man biologie de la faune sauvage 野生生物学

geo. geography/geology/geomorphology 地理学；地理；地质学；地质；地貌学；地形学

ha. hm² hectare 公顷

hort. horticulture 园艺

hunt. hunting 打猎，狩猎

hydr. hydrology 水文学

IFLA International Federation of Landscape Architects 国际风景园林师联合会

km² square kilometer 平方千米

leg. legislation 立法；立法权；法律；法学

limn. limnology 湖泊学，湖沼学

m. metre/meter 米

m² square meter 平方米

m³ cubic meter 立方米

m³/s cubic meter per second 立方米 /（每）秒

MAB Man and Biosphere，UNESCO（联合国教科文组织）人和生物圈

met. meteorology 气象学

min. mineral working 矿物开采，开采工作

modif. modified 变形，变体，改型

mm. millimeter 毫米

n. noun 名词

nat'res natural resources management 自然资源管理

UK United Kingdom 英国

UNESCO United Nations Educational，Scientific and Cultural Organization 联合国教科文组织

NCSS National Cooperative Soil Survey in USA（美国）全国土壤测量合作组织

Nr. Number 序号；号码

num. number 编号，排号；计数的

obs. obsolete 上位概念，属概念

ocean. oceanography 海洋学

opp. opposite 相对的，对置的；相反的；对比的；对立的

p. page 页

pedol. pedology 土壤学

phyt. vegetation ecology 植物生态学

plan. 1. 计划，规划，方案；2.（建筑物，公园等地区的）平面图，示意图，详图

plant. planting design 植物利用；种植

pol. politics 政治

prof. professional body of landscape architects，architects and engineers 职业风景园林师、建筑师和工程师的行业团体

pt. part 部分

recr. recreation planning，facilities for leisure activities，sports 旅游安排；休闲娱乐设施

sm. nautical mile 海里

sociol. sociology 社会学

stat. statics and dynamics 统计学；统计表

surv. surveying，cartography 大地测量学；地图绘制

trans. traffic and transportation 运输

urb urban planning 城市规划

US United States（of America）美国

USDA United States Department of Agriculture 美国农业部

v. verb 动词

wat'man water management，river engineering measures 水资源管理；水流整治工程；水利工程学

WTO World Trade Organization 世界贸易组织

zool. zoology 动物学

WHO World Health Organization 世界卫生组织

体例说明

1. 本词典收集风景园林及与之相关的词条和子词条约 9 万条，全部按英文字母顺序排列。
2. 本词典所收词条分为词条和子词条。词条可能是一个字母，一个单词或一个词组。子词条是由一个单词派生的词组；该单词称引导词。
3. 本词典所收词条一般用黑正体印刷，子词条用白正体印刷。如；

   a scientific system of LA with Chinese characteristics 具有中国特色的风景园林科学体系
   Altar of Earth Park 地坛公园
   Laoshan Mountain Scenic Area, Zone Qingdao 崂山风景区（青岛）
   landscape 风景，景观
   ~area 风景区
   ~forest 风景林
4. 本词典中子词条里的引导（单）词，不论其位居前、居后或居中，均以代字符“~”表示。如：

   Act 决议，条例，法令
   ~on Nature Conservation and Land-scape Management 自然保护与景观管理条例
   architect 建筑师，建筑师事务所
   landscape~ 园林师，风景园林师，景观建筑师
   landscape 风景，景象，景观；风景园林，园林
   ~planning 风景园林规划，景观规划
   ~design 景观 / 园林设计
5. 本词典中子词条里的专用名称，如著作、景区、景点及组织机构等，其引导（单）词一般不用代字符取代，同时其第一字母仍保持大写。如：

   Landscape
   Landscape Architectural Practice 风景园林实践
   Landscape of Guilin 桂林风景
6. 本词典所收词条有两个以上的汉译名称时,其意思相近者以逗号“，”隔开，意思不同者以分号“；”隔开。
7. 本词典所收词条（主要指单词），其汉译仅有名词或形容词者，一般不注词性。
8. 词条本身及词条的某个译称仅为英国或美国所习用者，在译称后面分别注明（英）或（美）等字样。如词条系从法文、拉丁文或其他外国文字中选来者，则在词条后面用同样的方法注明之。文中个别外国文字（如法文、拉丁文等），其次序按英文字母顺序排列。
9. 符号使用

   1）波浪号“~”代替子词条中的引导（单）词；表示年月起止。
   2）方括号“[ ]”表示单词属性。
   3）圆括号“( )”表示说明词、可省略词、近似词、国籍及缩略语等。

4）斜杠“/”表示两侧词或词组的意思相同或相近。
5）连词符“-”用于复合词。
6）破折号“——”表示后面的语义为引申义。
7）大括号“{}”表示学科门类。

A a

A. A. David's Rhododendron *Rhododendron davidii* 腺果杜鹃

a famous historical and cultural city 历史文化名城

"A heap of rocks represents a thousand-foot–high mountain, and a scoop of water symbolizes a ten-thousand -mile-wide lake" "一峰（石）则太华千寻，一勺（水）则江湖万里"。

a person 口（指人口），人，人数

a person practising Buddhist at hom/lay Buddhist 居士

a "region of rivers and lakes" 水乡泽国

a roof over one's head 人人有房住，居者有其屋

a scientific system of Landscape Architecture with Chinese characteristics 具有中国特色的风景园林科学体系

a sea of suffering（Buddhist of the material or human life）苦海

a seaside view 海滨风光

a shopper's and tourist's paradise "旅游购物天堂"

a ten-word pithy formula 十字诀

a universe of many universes/the boundless universe 大千世界

A Winding Path Leading to a Secluded Spot 曲径通幽

a world cultural and natural heritage site 世界文化与自然双重遗产

a world in a teapot 壶中天地

Aapa moor（地质学）丘泽，高低位镶嵌沼泽

Aardvark（*Orycteropus afer*）土豚

aba sagebrush *Artemisia abaensis* 阿坝蒿

abad（波斯）城市，村，镇

Abakoja Mausoleum 阿巴伙加玛扎（中国喀什市）

abandoned 废弃、闲置

~channel 废河道

~grassland 被废弃的草场

~farmland 废弃农地

~field 闲置土地

~industrial site 废弃工业场地

~mines 废矿

~pasture 闲置牧场

~quarry 废弃采石场

~river 废河道

~road 废弃道路

abandonment 废弃，放弃；放纵

~of agricultural land 废弃农场

~of industrial plant 废弃工厂

~of farmland 废弃农地

~of street（美）废弃街道

Abashiri National Park 网走国立公园（日本）

abatement 减少，减退；中断；失效，降低，消除，撤销

~of dust 除尘

~of noise 降低噪声

~of pollution 消除污染
~of smoke 消除烟尘
abattoir 屠宰场
Abattoir pavilion 宰牲亭（北京天坛）
Abbasid Palace 阿巴斯宫（伊拉克）
abbey 修道院
~block 教堂建筑，寺院建筑
~building 教堂建筑，寺院建筑
~church 修道院教堂
~court 教堂墓地
~stead 庙宇寺堂占地
Abbey Theatre 艾比剧院（爱尔兰）
abbot（Buddhist or Taoist）住持
abbot/ the Father superior 修道院院长
Abbot Courtyard 方丈院
Abbot Jingzang Dagoba in Huis-han Temple 会善寺净藏禅师塔（中国登封市）
abbreviation 缩写，缩写词
abbreviated scenery 缩景
Abdin Palace 阿布丁宫（埃及）
abele 杨树，银白杨
aber 河口，（两河）汇流点，水口
Aberdare National Park 阿伯德尔国家公园（肯尼亚）
Abhayagiri Monastery 阿巴耶祇利寺（斯里兰卡）
abiding place 住宅，寓所
Abies 冷杉
ablation area 消融区
abnormal traffic 反常交通
abode 住宅，寓所
aboriginal 本地植物；本地居民；原始的
above-ground masonry 地面工程
above-ground structure 地面建筑物
Abramtsevo 阿布拉姆采沃庄园（莫斯科）
abrasion platform 海蚀台
abri 岩洞，防空洞
abridged general view 示意图
abrupt 陡坡，急坡
Abrus precatorius 相思子 / 印度甘草
abscission 脱离
~of leaves 落叶
~of plant organs 植物器官脱落
absolute 绝对的；无条件的；确实的
~altitude 绝对标高，海拔
~amount 绝对量
~bound 绝对界限
~capacity 绝对容量
~contour 绝对等高线
~contract 无附加条件的合同
~coordinate 绝对坐标
~datum 绝对基面（测）
~error 绝对误差
~ground rent 绝对地租
~height 绝对高度
~humidity 绝对湿度
~orientation 绝对定向
~owner（绝对）房产主，（绝对）地产主
~parallax 绝对视差
~probability 绝对概率
~specific gravity 绝对比重
~speed limit 规定最大速限
~temperature 绝对温度
~temperature scale 绝对温标
~traffic capacity 绝对交通容量，最高交通量

~value 绝对值
~weight 绝对重量
absorbing power, **root** 根茎的吸收能力
absorbing well 渗水井
absorption 吸收（作用）；吸附；吸着
~band 吸收带；吸收（光）谱带，吸收光带
~capacity 吸收能力，吸收量
~cleaning 吸收式净化
~coefficient 吸收系数
~coefficient of soil moisture 土壤吸湿系数
~equipment 吸收装置
~well 吸水井，扬水试验的抽水井
absorptivity 吸收率
abstract 抽象的
~art 抽象艺术
~form 抽象形式
~model 抽象模型
~expressionism 抽象表现主义
~illusionism 抽象错觉主义
~image painting 抽象形象绘画
~painting 抽象绘画
~style 抽象风格
~thought 抽象思维
abstractionism 抽象主义，抽象派
abstractionist 抽象主义者，抽象派艺术家
absurd 怪诞的
absurdist 怪诞主义者
absurdness 怪诞性
Abu Simbel Temple 阿布辛贝勒寺（埃及）
abundance（资源）丰富
abuttal 界线，地界（指地段、街道、河流等）
abutter 毗邻道路上的土地所有者，邻屋地产业主
abutting 相邻，毗连，靠近
~buildings 毗连房屋
~lane 相邻车道
~lot 相邻地产
~owner（美）沿街业主
~property 相邻地产（相邻地皮指与道路邻接的房产、地产）
abyssal 深海的
~plain 深海平原
~zone 深海区
Acacia ***Acacia*** 刺槐，金合欢 / 相思树（属），阿拉伯橡胶树
Acacia baileyana Purpurea ***Acacia baileyana*** **var.** ***Purpurea*** 紫叶贝利氏相思树（英国萨里郡苗圃）
Academgorodok（俄）科学城
academia 学术界，学术生活（环境）
academic 学院的，大学的；学理上的；学术的
~achievement 学术成就
~activities 学术活动
~body 学术团体，研究部门
~city 学术城市
~degree 学位
~dissertation 学术论文
~exchanges 学术交流活动
~institution of landscape architecture 风景园林学会
~style 学院派风格
~style of building 建筑物的学院派风格，学院式的建筑风格
~world 学术界
~writing 学术论文

~art 学院艺术

~painting 学院绘画

~school 学院派

academician 院士

academicism 学院派；学院主义

academicist 学院主义者，学院派艺术家

academist 学院主义者，学院派艺术家

academy 高等专科学校，中等学校，科研院（所），学院

~of fine arts 美术学院

~of engineering 工程院

~of White Deer Cave 白鹿洞书院

~park 文人学园

acaia 阿拉伯橡胶树

Acaosmos ***Cosmos bipinnatus*** **Cav.** 大波斯菊

Acarian damage of Lycium 枸杞瘿螨病（***Aceria macrodonis*** 大瘤瘿螨）

acceleration 加速度

~area（车行道的）加速区段

~lane 加速带，快动带；加速车道

accent 重音；重音符号；着重；使特别显著；重读；加重音符号

~grass 主景草地

~plant 主景植物

accentuate 重读，强调，着重强调

accept 接受；许可；承认；承兑；许可

~a bid（美）接受投标

~a tender 接受投标

acceptable 允许的

~daily intake（ADI）污染物浓度的每日允许摄取量

~noise level 容许噪声标准，容许噪声级

Acceptable Rhododendron ***Rhododendron apodectum*** 可喜杜鹃

acceptance 接受；验收；采纳；承认，认可

~certificate 验收合格证，接受证书

~check 验收

~of a bid 接受投标

~of tender 中标

~of the bid 中标

~of work(s) 工程验收

~on examination 工程验收

~procedure 验收程序

accepted 被认可的；公认的；可接受的；习惯的；常规的

access 接近，进入；通路，出入口；存取（计）；取数计

~board 便桥，入口铺板

~bridge 引桥

~connection 公路干道出入口，入口

~control（高速干道）入口控制，进口控制，进路控制

~corridor block 通廊式大厦

~door 检查门

~driveway 进入干道的专用支路

~driveway over sidewalk（美）穿过人行道进入干道专用支线

~eye（美）进入视域

~factor 接近系数

~for the public 公众入口

~lane 引入车道；小巷，便道

~only for residents 长住居民入口

~point（道路立体）交叉点，入口处

~prevention planting 禁止栽植

~railroad 专用铁路

~ramp 出入口坡道

~road 进路；便道

~road，parking 停车场入口

~street 出入道路

~to rural land，public 通往郊区的便道

~tunnel 交通隧道

accessibility 可达性，可靠性；可近，可亲

accessible 可以达到的，可以接近的，进得去的

accessories 辅助设备

accessory 附属物；附件；附属的，从属的，辅助的

~building 附属建筑

~drawing 附图

~equipment 辅助设备（施）

~housing 合住住房

~living quarters 附属的生活用房

~room 附属房间

~sleeping quarters 附属卧房部分

~species 辅助树种

~work 附属工程

~use 土地附带用途

accessory bud 副芽

accident 事故；意外；灾难；车祸

~death rate 事故死亡率

~error 偶然（误差）

~jam 事故阻塞

~oil pollution 石油污染

~oil tanker 油船；油罐车（事故）

~pattern 事故类型

~point 事故集中点

~rate 事故率

~spot map 事故地点图

accidental 偶然的；意外的；附带的

~action 偶然作用

~combination of action 作用的偶然组合

~damage 意外损坏

~load 偶然荷载

~situation 偶然状况

accidented relief（topography）崎岖地形，起伏地形

acclimatization 适应；驯化

accommodation 适应性；调节；设备；供应；贷款招待设备；食宿供应；居住舱室

~allowance 住房津贴

~bridge 专用桥梁，特设桥梁

~coefficient 调节系数

~crossing 平交道口

~density 居住密度

~lane 专用车道

~line 专用线

~road 专用道路，专用公路，房屋的后街

~train（美）慢车

according 根据，按照，依据

~to circumstances 随机应变；根据情况

~to local conditions 因地制宜

~to rule 通常；一般来说

account 账目，账户；账单；说明；估计；价值

~bill 账单

~classification 账目分类表

~current 来往账户

~for 关于…的证明

~note 记账单

~payable（简写 A/P）应付账款

~receivable（简写 A/R）应收账款

~valuation 估价，估计

accounting 会计，会计学，账目

~machine 会计用计算机

~period 会计年度
~system 会计制度
accretion 连生，合生；增加物，积成物
accumulated temperature 积温
accumulation 积聚，堆积，累积；聚积物
~area 堆积区，积累区
~of melt water 冰上有水
~of mud 污泥淤积
accumulation fund 公积金
accuracy 精确度（总精度）
Acer 槭树属
Acer campestre 栓皮枫（英国萨里郡苗圃）
Achaemenid architecture 阿其米尼建筑（波斯建筑）
Achillea Moonshine *Achillea clypeolata* 'Moonshine' '月光' 蓍草（美国田纳西州苗圃）
Achillea Paprika *Achillea millefolium* 'Paprika' '红辣椒' 蓍草（美国田纳西州苗圃）
Achillea Summer Pastel *Achillea millefolium* 'Summer Pastel' '夏色粉笔画' 蓍草（美国田纳西州苗圃）
Achnatherum splendens *Achnatherum extremiorientale*（Hara）Keng. 远东芨芨草
acicular-leaved tree 针叶树，松柏类植物
acid 酸性的
~cleaning waste water 酸洗废水
~dye 酸性染料
~fog 酸雾
~fume 酸雾
~gas 酸性气体
~mist 酸雾
~precipitation 酸雨
~rain 酸雨
~soil 酸性土
acidanthera *Acidanthera* 菖蒲鸢尾（属）
acidic 酸性的
~grassland 酸性草地
~rock 酸性岩
~slag 酸性矿渣
~soil 酸性土
~wastewater 酸性废水
acidification 酸化（作用）
acidity 酸性，酸度
acidity and alkalinity 酸碱度
acidophilous 耐酸的
~acid-resistant floor 耐酸地面
~acid-resisting brick 耐酸砖
Aconitifolium Japanese Maple *Acer japonicum* 'Aconitifolium' '乌头叶' 羽扇枫 / 日本槭（英国萨里郡苗圃）
Acorus Ogon Grass *Acorus gramineus* 'Ogon' 金边石菖蒲 / 金线蒲（美国田纳西州苗圃）
acoustic(al) 听觉的，声学的，音响的，吸声的，传声的，有声的
~absorber 吸声体，消声材料
~barrier 噪声墙，声屏障，隔声墙
~board 吸声板
~box 消声罩
~coupling 声耦合
~criteria 音质评价标准
~defect 音质缺陷
~energy ratio 声能比
~feedback 声反馈
~filter 消声器
~hologram 声全息图

~laboratory 声学实验室
~lens 声透镜
~measurement in building 建筑声学测量
~model experiment 声学模型试验
~pollution 噪声污染
~prospecting 声学探测
~reflectivity 声反射系数
~shell 声罩
~simulation 声学模拟
~treatment 防声措施
acousticoptical effect 声光效应
acoustics 声学，音响学，音质，传声性
acoustoelectronics 微声电子学
acquisition 取得，获得，征用，收集
~of land 申请用地，土地征用
~of technology 技术引进
acquisition approval 用地许可
acre 英亩，地产
acreage 土地面积
~district 面积区
~under cultivation 耕种面积
~under food grain 粮食作物耕地面积
Acremonium leaf spot of Aspidistra 一叶兰叶斑病（***Acremonium* sp.** 枝顶孢霉）
Acrican Evergreen *Syngonium podophyllum* 合果芋 / 长柄合果芋 / 剑叶芋
Acrocorinth 科林思卫城山（希腊）
acropolis（古希腊城市的）卫城
Acropolis，Athens 雅典卫城（希腊）
Acropolis Museum 阿克罗波利斯博物馆（希腊）
acropolis town 卫城式城堡
AC system 建筑空调系统

Act 决议，条例，法令
~on bankruptcy 破产法
~on Conservation of the Natural Environment 自然环境保护法
~on Clean Air 空气净化条例
~on Clean Rivers 江河净化条例
~on Clean Water 水净化条例
~on National Environmental Policy 国家环境政策法
~on National Historic Preservation 国家历史古迹保护条例
~on Nature Conservation and Landscape Management 自然保护与风景园林管理条例
~on Planning 规划条例
~on Rivers 江河条例
~on Water 水条例，水法
~Water Resources 水资源法
act 动作；实行
~of Nature 天灾；自然灾害
acting area 表演区
~circles of blasting 爆破作用圈
***Actinidia chinensis* Yangtao Kiwifruit** 中华猕猴桃
Actinolite 阳起石
action 作用；作用力；主动力；动作；机能；行动；实施
~area plan 行动区域规划
~art 行动艺术
~center 活动中心
~effect 作用效应
~plan 实施计划
~radius 有效服务半径
accidental~偶然作用
back~反作用

biological~生物作用
catalytic~催化作用
centrifugal~离心作用
combined~综合作用
corrosive~腐蚀作用
cutting~切削作用（能力）
damping~缓冲作用
dynamic~动态作用
earthquake~地震作用
glacial~冰川作用
photo-actinic~光化作用
scour~冲刷作用
volcanic~火山作用
wind~风化作用
Action Painting 行动绘画，行动派绘画
activated 活化了的，激活后的
~aeration 活性曝气（环保）
~carbon 活性炭
~sludge process 活性污泥法
active 活动的，活性的，有效的；有活力的；现行的；主动的
~bog 现有沼泽
~data 现行数据
~glacier 活动冰川
~insulation 积极防震
~layer 融冻层，（冻土）活动层
~recreation area 动态游憩用地
~root 活根
~runway 使用中的跑道
~sludge 活性污泥
~solar house 主动式太阳房
~sound reduction 有源减噪
~water 活性水
active bud 活动芽
activity 活（动）性；能动性；活动
~index 活性指数
~location 活动地点分布
~of cement 水泥指数
~of soil 土的活性
~space 活动空间
~time 活动时间
actual 实际的，实在的；现行的
~budget 决算
~capacity 实际生产能力
~cost 成本
~dimension 实际尺寸
~indicator card 实际示意图
~land-form 实际地形
~level 实际水平
~life 实际寿命
~observed value 实际观测值
~population 实际人口
~position 实际位置
~reserve 实际储量，现有储量
~size 实际尺寸
~state 现状
~value 实际值
~velocity 实际速度
~weight 净重
actualist 实际主义者，现实主义者
actuality 现实性
Acute-toothed Shield Fern ***Polystichum acutidens*** 尖齿耳蕨
acute deficiency of housing 住房极为短缺
acute shortage of housing 住房极为短缺
Adam architecture 亚当式建筑（英乔治三世时建筑师亚当运用罗马古建筑装饰的建筑形式）
Adamclisi 亚当克里西圆塔（罗马尼亚）

Adamesque 从亚当风格派生出的（指建筑和家具）

Adam's Bridge 亚当桥（近斯里兰卡西北的曼纳岛以及印度东南海岸的罗美斯瓦伦岛之间一连串的石灰岩沙洲）

Adam's Peak 亚当峰（斯里兰卡）

Adams Needle ***Yucca filamentosa*** **L.** 丝兰（萨尔瓦多国花）（英国斯塔福德郡苗圃）

adaptability 适应性；适应能力；适用性

~of changing 应变能力

adaptation 适合，适应；修正；改编

~to Nature 自然适应性

~to society 社会适应性

adzuki bean ***Phaseolus angularis*** 赤豆/红豆

added value tax 增值税

addendum 附录，补遗；追加；附加物

~budget 追加预算

adding fertilizer 追肥

addition 增加，追加；附加

~record 补充记录

~to the tax 附加税

additional 附加的，另外的；补充的，追加的，额外的

~building 附加房屋

~conditions 补充条件，附加条件

~cost 额外费用，追加费用

~expenses 追加费用

~factor 附加率

~force 附加力

~outlay 额外开支

~regulations 补充规定

~remarks 补充说明

~stress 附加应力

~surface water collecting area 实际地表积水面积

~thermal resistance 附加热阻

additive 附加的，增加的；掺加剂，外加物；添加剂

additive color composition 加色合成

adhesive 附着剂，胶粘剂；黏性物质；附着的；易粘的

~bond 粘附力

~tape 胶布带

~tension 粘附张力

~water 粘附水

adhesive rehmannia/sticky ***glutina*** 地黄

adjacent accommodation 厢房；附属建筑物；相邻的设备

adit 水平坑道，横坑道，坑道口，入口，通路

~collar 支洞洞口，平洞洞口

~entrance 坑道和入口，坑道口

~opening 坑道入口，坑道口

adjacency 附属建筑物

~analysis 近邻性分析

adjacent（简写 adj.）邻近的，邻接的，毗连的

~angle 邻角

~area 毗邻区

~blocks 相邻街坊，毗邻建筑房屋

~intersection 相邻交叉口

~junction 相邻交叉口

~lane 相邻车道

~map 邻接图 {测}

~property 邻近产业（房产、地产等），邻近地权

~side 邻边数{数}
~site vegetation 邻近种群
~span 邻(近)跨
~surface 毗连面
adjoining 邻接，相邻
~blocks 相邻街坊，毗连街坊
~building 邻屋，毗连街坊
~owner(交通线)附近居民
~premises 毗邻地区，毗邻地产
~resident 相邻常住居民
adjudication 招标，有奖征求设计方案
adjustable 可调整的
~head T-square 活动头丁字尺
~luminaire 可调节灯具
~shelf 活动架
~sounder 可调发声器
adjusting 调整，校正
~gear 调整装置
~pin 调整针
adjustment 调整，调节，校正
~curve 缓和曲线
~factor 调整系数
field~ 现场调整
administration 行政管理；经营；施政；管理机构，行政机关，政府
~and maintenance of public green spaces 公共绿地的管理和维护
~authority 管理权力
~behavior 管理行为
~building 行政办公楼
~complex 行政办公建筑区
~cost(行政)管理费
~of building ownership in cities 城市房屋产权管理
~of city planning and construction 城市规划建设管理
~of research activities 研究管理
~office 管理处
~quarter 厂前区
~tower 高层建筑行政办公楼
~unit 行政办公楼
level-to-level~ 分级管理
municipal~ 市场管理
personnel~ 人事管理
toll~ 收费管理
township~ 镇区管理
transportation~ 运输管理
administrative 管理的；行政的
~action 行政决定
~area 城市行政区
~boundary 行政界线
~budget 管理预算，行政预算
~building 行政办公楼
~complex of a factory 厂前区
~construction law 建设行政法规
~cost 行政管理费
~decision 管理决策，行政决策
~delimitation 行政区划
~district 行政区
~division 行政区(划)
~division system 行政区划体制
~enclave 飞地
~engineer 管理工程师
~engineering information management system(简写 AEIMS)行政管理工程信息管理系统
~expenses 管理费，行政开支
~fault 管理缺陷，管理责任
~geography 行政地理
~management 行政管理

~management of land 地政管理
~manager 行政经理
~map 市政管理图，行政区划图
~officer 管理员
~offices 外储司
~ordinance of municipal Engineering Facilities 市政工程设施管理条例
~organization 管理机构
~personnel（美）人事管理
~policy 管理方针
~procedure 管理程序
~region 行政区
~region of city 市域
~rule 管理条例（规定）
~section 管理部门，行政部门
~skill 管理技能
~staff 行政管理人员
~structure 管理组织，管理机构
~tribunal 行政法庭

admitting office 挂号处

adobe 灰质黏土，龟裂土，风干土坯，土坯屋
~block 土坯块
~brick 风干砖坯
~construction 土墙房屋，土坯建筑
~house 土坯房
~wall 土坯墙

adoption 批准；采用；接受
~of a legally binding land-use plan 批准合法用地计划
~of a zoning map（美）批准区划图

adornment 装饰品

adret/sunny slope 阳坡

adult 成年人；成年的
~community 老年社区
~death rate 成人死亡率
~education 成人教育
~male 丁、成年男性
~person 成年人
~population 成年人口

adsorption cleaning 吸附式净化

advance 前进；进展；提前；进行；向上，上升；预付；（形）前，先，预先；（动）前进，推进；升高，增高，提前；提高，进步，提议，预付；定金
~angle 提前角（机）
~by hand 人工挖掘
~by machine 机械挖掘
~charge（or payment）预付款
~order 预订，预订单
~payment bond 预付保证金
~received on contract 预收合同款
~sing 前置交通标志，预告标志
~warning time 洪水预警时间

advanced 先进的；预先的；试验的；远景的
~data management system（简写 ADMS）高级数据管理系统
~development 样品试制，样机试制
~experience 先进经验
~notice 预先通知，预告
~nursery-grown stock 预先成长的苗圃储备
~payment 预付款
~planning 远景规划
~research 远景研究，尖端技术研究
~research planning 远景研究规划
~school buildings 高等学校建筑
~study 进修
~technique 先进技术

~ways of working 先进工作法
~world level 世界先进水平
advanced guard 前卫派，激进派
advantage 利益，便利；优越，优势；优点；有利，有益；得益
adventitious 偶然（产生）的，非典型（正常）的，外来（加）的，不足的
~deposit 附着沉积
~plant 外来植物，引种植物
adventitious bud 不定芽
adventure 冒险；奇事；偶然遭遇；冒险
~ground 探险游乐场
~playground 冒险的运动（游戏）场，儿童公园，（英）惊险游乐场
adverse 反向的，相反的；反对的；逆的；不利的
~area（英）（影响线或迎风面的）不利面积（正或负面积）
~balance 逆差
~condition 不利条件
~current 逆流
~effect 反作用；不利作用，不利效应
~geologic actions 不良地质作用
~geologic phenomena 不良地质现象
~grade 反向坡度
~grade for safety 反坡安全线
~impact of the landscape 对景观相反影响
~slope 反坡
~trade balance 逆差，入超
advertisement 广告，启示
~board（英）广告牌
~lighting 广告灯塔
Advice on site selection of construction project 选址意见书
adviser（或 or）顾问，指导者，劝告者
~head 首席顾问
~services 顾问处
advisory 忠告的；咨询的
~body 顾问团
~commission 咨询委员会，顾问委员会
~council 咨询委员会
~engineer 顾问工程师
~group 咨询组
~Panel on Program-Policy 计划政策咨询组
~plan 纲要计划，纲要性规划
advocacy 辩护，支持
~planner 规划辩护师
~planning 倡导性规划，特殊利益的保护规划
Aegean architecture 爱琴文化的建筑
aeolian 风蚀
~erosion 风蚀作用
~soil 风积土
~sandy soil 风沙土
aeration 曝气，通风，换气；充气（法）
~basin 曝气池
~drying 通风干燥
~jet 进气喷管；曝气射流
~period 曝气周期（活性污泥法污水处理）
~pipe 通气管
~tank 曝气带
~zone 通气带
aerator 曝气设备，鼓风机，通气器，通氧机；通风装置
aerial 空气的，大气的，气（体）的；航空的，空中的；高耸空中的，生存在空气中的；天线，架空线

~cable 架空电缆，高空电缆，天线电缆
~cableway 空中索道，架空索道
~car 高架（铁道）车
~defence 防空
~geophysical exploration 航空地球物理勘探，航空物探
~ladder 架空消防梯，云梯
~leveling 空中水准测量（空中三角测量法）{测}
~light-house 航空灯塔
~line 航线，架空线路
~map 航测图
~mapping 航测制图
~migration 大气迁移
~patrol 空中巡逻
~perspective 空中透视
~photograph 航摄照片；航空摄影
~photographic absolute gap 航摄绝对漏洞
~photographic survey 航空摄影测量
~photography 航空摄影
~photo interpretation 航空照片判读
~photomapping 航空摄影制图
~pollution 空气污染
~port 机场，空港
~rail way 架空铁路，高架铁道
~remote sensing 航空遥感
~ropeway 架空索道
~sediment 大气沉积物
~seeding 飞机播种造林
~structure 架空结构，高架结构
~survey（ing）航空测量，航测
~train 空中“列车”，飞机
~trainway 架空电车道，高架电车道
~transport 空运
~transporter 空中缆车
~triangulation 航空三角测量，空中三角测量
~view 航测照片，航空视图，空中摄影照片
~wire 天线，架空线

aerobiology 大气生物学

aeroboat 水上飞机

aerobus 客机，班机

aerodrome 飞机场
~beacon 机场灯标，机场指向灯

aerophoto 航摄，航空摄影
~base 航摄基线
~interpretation 航摄像片判读

aerophotogrammetry 航测术

aerophotograph 航空摄影照片

aeroplane shed 飞机棚，飞机库

aeroplane view 空中俯视图

aerosol 气溶胶，烟雾剂，悬浮（大气）
~protection forest 喷雾护林

aeroview 俯视图

aestatisilvae 夏绿乔木树

aesthetic 美学的；审美的
~appreciation 审美
~attitude 审美姿态
~control 美观控制，市容景观管理
~education 美育
~emotion 审美情感
~feeling 美感
~forest 风景林
~landscape assessment 景观审美评估
~judgment 审美能力
~merit 审美价值，美学价值
~ordinance（美）审美规定
~perception 美感，审美观念

~quality 审美质量
~road 风景道路，美观道路
~sense 美感
~square 城市美观广场，城市艺术广场
~theory 美学理论
~zoning 美观区划

Aesthetic Movement 唯美主义运动

aesthetician 审美家，美学家

Aestheticism 唯美主义

aestheticist 唯美主义者

aesthetics 美学，审美学
~of bridge 桥梁美学
~of highway 公路美学
~of a landscape 园林美学；风景园林美学；景观美学

aestival 夏季的
~annual plants 夏季一年生植物

Afghan Yellow Rose ***Rosa primula*** **Bouleng.** 报春刺玫

affiliate company 分公司，附属公司

affordable housing 廉价住宅

afforest 植树，造林

afforestation 造林，绿化，林地
~area 造林区
~equipment 造林机械
~for erosion control 固沙林，防沙冲刷造林，水土保持造林

African 非洲的，非洲人的；非洲人

African arctotis/Arctotis grandis ***Arctotis hybrida*** 蓝目菊 / 非洲灰毛菊

African Asparagus ***Asparagus dendiflorus*** 非洲天门冬 / 万年青

African black rhinoceros（***Diceros bicornis***）黑犀

African cherry 西非樱桃木

African daisy/Flameray gerbera ***Cerbera jamesonii*** 非洲菊 / 扶郎花

African ebony 非洲乌木，非洲黑檀木

African elephant ***Loxodonta africana*** 非洲象

African Fish Eagle ***Haliaeetus vocifer*** 非洲海雕 / 吼海雕（津巴布韦、南苏丹、赞比亚国鸟）

African garden snail ***Achatina fulica*** 非洲大蜗牛

Africa Hall 非洲大厦

African hunting dog ***Lycaon pictus*** 非洲野犬

African Lily ***Agapanthus*** **'Silver Moon'** 百子莲'银月'（英国斯塔福德郡苗圃）

African lily/Lily of the Nile/Agapanthus ***Agapanthus africanus*** 百子莲（百子兰）（英国斯塔福德郡苗圃）

African mahogany 非洲红木，非洲桃花心木

African marigold/Mexican marigold ***Tagetes erecta*** 万寿菊

African Myrsine ***Myrsine africana*** 铁仔

African oilpalm/oilpalm ***Elaeis guineensis*** 油棕

African palm civet/two-spotted cat ***Nandinia binotata*** 双斑狸 / 双斑椰子猫

African rock-art 非洲岩石艺术

African rosewood 西洲荧檀木，花梨木，青龙木

African violet ***Saintpaulia ionantha*** 非洲堇 / 紫罗兰

African wild cat ***Felis libyca / F. silvestris*** 野猫 / 草原斑猫

African Zoo 非洲动物园
aft 在后，后继，续后；后来的，后面的；在后
~damage 后遗灾害，次生灾害
afterglow 晚霞
after-light 夕照，余晖
aftermath-grass 再生草
after-shock 余震
agamous plant 隐花植物
Agastache Cotton Candy ***Agastache* 'Cotton Candy'** 棉花糖藿香（美国田纳西州苗圃）
Agate 玛瑙
agate mine 玛瑙矿
Agate Pomegranate ***Punica granatum*** **cv. 'Lagrellei'** 玛瑙石榴/千瓣彩石榴
Agave/century plant ***Agave americanna*** 龙舌兰
age 龄期；时代，时期；期(地)；年龄；世纪；长远；老年；变老，老化
~at entry into employment 就业年龄
~at leaving school 毕业年龄
~at retirement 退休年龄
~classification 年龄分类
~cohorts 年龄分组
~composition 年龄构成
~distribution 人口年龄分布
~formation 年龄构成
~group 年龄组
~harden 老化硬化，老化变硬
~inhibiting additive 抗老化添加剂
~limit 使用年限限度，退休年龄
~of amphibians 两栖类时代
~of concrete 混凝土龄期
~of dinosaurs 恐龙时代
~of fish 鱼类时代
~of lower invertebrates 低等无脊椎动物时代
~of mammals 哺乳动物时代
~of man 人类时代
~of plant 作物的年龄
~of retirement 退休年龄
~of seedling 苗龄
~of tree 树龄
~of trilobites 三叶虫时代
~pattern 年龄构成
~period 年龄段，生命周期，又称“生物学年龄时期”
~pyramid 年龄金字塔（图），人口百岁图
~range 年龄间隔
~statistics 年龄统计（资料）
~states 年龄状况
~structure 年龄结构
~structure model 年龄结构模型
aged 老，老化，过期，老龄化
~asphalt 老化沥青
~cement 过期水泥
~clay 老黏土
~population 老年人口
Age-sex pyramid 年龄性别金字塔
aging 老化，衰老
~population 人口老化
~of trees 树木衰老
aging leek ***Allium senescens*** 山韭/㕲/㕲菜
agency 作用，动作；代理处，经理处；代办；媒介
agenda 议事日程；备忘录
agent 剂，试剂，作用剂；作用力；代

理人，代办人，经理人，经理；工具；因素媒介；服务；（美）代理
~agreement 代理合同
~service 代理业务
agglomeration of industry 工业集聚
agglomerated settlement 聚居村
agglomeration 集结，聚居点，聚集体（常指大片不美观的城市地区），寨
~of industry 工业密集，工业聚集
~of population 人口聚居点
aggradation 堆积，填积；（地下层水冻深度面的）递升，加积作用
aggregate 集料；骨料；粒料；聚集体，集合体；合计；机组；聚集的，集合的；合计的；聚集，集合；合计
~amount 总金额
~base 骨料基层
~capacity 总功率；机组功率
~data 集聚数据
~efficiency 总效率
~expenditure 总支出
~fruit 聚合果
~income of families 家庭总收入、
~index number 综合指数
~investment 总投资额
~level 总水平
~life table 综合生命表
~output 生产总额，总产量，总输出量
~plans and programs 总体计划与规划
~population measure 总体人口情况
~production 总生产
~scheduling 总进度计划
~social product 社会总产品
~stabilized soil base 粒料稳定土基层
~state 聚集状态
~stockpile 集料料场
~supply 总供应
~value 总值
aggregation aging 老化
Agha Khan's Palace 阿迦汗宫（印度）
Aglaonema Crispum* A.*Roebilinii 波叶亮丝草
agora 城市广场；集市，古希腊广场
~Athens 雅典广场（希腊）
Agra Fort 亚格拉堡（印度）
agrarian 土地的
~law 土地法
~overpopulation 农业人口过剩
~population 农业人口
~reform 土地改良
agreed 审核，已审核的
~holiday 公休
agreement 协议，契约，合同；协商；协定；同意，一致
~between Owner and Architect 业主与建筑师之间的合同
~by piece 计件协议，计件契约，计件制
~form 协议条款
~in force 协议生效
~of intent 意向协议书
~of lease 租赁契约
~on buying option 优先购买权协议书
~on commerce 通商协定
~on contract period 接触周期合同
~on planning proposals 规划投标合同
~on reinsurance 分保险合同
~year 协定年度
agricultural 农业的，农艺的，耕作的
~area 农业区，农业用地

~association 农会
~aviation 农业航空
~belt 农业地带
~bulldozer 农用推土机
~business 农业企业
~business accounting 农业经济核算
~capital 农业资本
~census 农业普查
~chemical 农药
~city 农业城市
~college 农学院
~commodity 农产品
~community 农村公社
~cooperative organizations 农业合作经济组织
~credit 农业信贷
~development planning 农业发展规划
~district 农业地区
~drainage 农业排水系统
~drought 农业干旱
~economics 农业经济学
~economy 农业经济
~ecosystem 农业生态系统
~education 农业教育
~effluent 农业废水
~electrification 农业电气化
~engine 农业发动机
~engineering 农业工程
~entomlogy 农业昆虫学
~extension 农业推广
~geography 农业地理学
~holdings 农业租用土地
~hydroenergy utilization engineering 农业水能利用工程
~intensification 农业集约化
~investment 农业投资
~labour force 农业劳动力
~labourer 农业工人，农业劳动者
~land 农田，耕田
~land abandonment 废弃农田
~land area 农业用地面积
~land classification 农田分类
~land grade 农田等级
~land improvement 农田改良
~land leveler 农用平地机
~land lie fallow 未开垦的农田
~land parcels 部分农田
~landscape 农业活动为特征的风景园林
~land use 农田利用
~leasehold（property）租借农田
~location theory 农业区位论
~machine repair station 农机修理站
~machinery 农业机械
~management 农业管理；农业管理部门
~map 农业地图
~mechanization 农业机械化
~meteorology 农业气象学
~modernization 农业现代化
~priority area 农业优先区
~pipe drain 农田排水管道
~planning 农业规划
~pollution source 农业污染源
~product 农产品
~population 农业人口
~production 农业生产
~production land 农业生产土地
~production program（美）农业生产程序，农业生产规划
~region 农业区

~regionalization 农业区划
~research 农业调查
~road 农村道路
~sciences 农业科学
~service center 农业服务中心
~side-line 农业边缘区
~soil 耕种土，种植土
~sewage 农业污水
~status 农地性质
~structure 农业结构
~system engineering 农业系统工程
~tools shed 农具棚
~town 农业村镇
~use 农业用途
~waste 农业废弃物
~waste water 农业污水
~water 农业用水
~zone 农业地区，农业地带
agriculture 农业，农艺，农学
~area 农业区
~census 农业普查
~commodity 农产品
~development area 农业发展区
~district 农业区
~grassland 牧场，草原
~population 农业人口
~produce 农产品
hydraulic engineering for~ 农田水利工程
agriculturist 农学家
Agrimony ***Agrimonia eupatoria*** 龙芽草 / 教堂尖塔
agrimotor 农业拖拉机
agro [词头] 表示“农业，农田，土壤”
agrobackground 农业环境，农业条件
agrobiology 农业生物学
agroclimate 农业气候
agroclimatic region 农业气候区域
agroclimatology 农业气候学
agro-economic zone 农业经济区
agroecosystem 农业生态系统
agro-forestry system 林农间作
agrogeology 农业地质学
agrohydrology 农业水文学
agroindustry 农工业
agrology 农业土壤学
agrometeorological forecast 农业气象预报
agronomic 农艺学的
agronomist 农业专家，农学家
agronomy 农学，农艺学
agrotechnique 农业技术
agrotechny 农产品加工学
agrotown 农村地区城镇
agro turned to non-agro population 农转非人口
aground 搁浅的（地）；触礁的（地）
Aguacate Avocado ***Persea americana*** **Mill** 鳄梨
A-horizon A [甲] 层（土）；淋滤 [溶] 土层
Ahuehuete/Montezuma Bald Cypress ***Taxodium mucronatum*** 墨西哥落羽杉；尖叶落羽杉
ahung/imam 阿訇
aid 援助；辅助金；帮助者；援助；协助
~agency 援助机构
~agreement 援助协定
~design 辅助设计
~equipment 辅助设备

aide-memoire 备忘录（法）
aided design 辅助设计
Ailanthus/Tree of heaven ***Ailanthus altissima*** 臭椿，臭椿（属）
Ailanthus crown gall 臭椿冠瘿病（***Agrobacterium tumefaciens*** 癌肿野杆菌）
Ailanthus silkworm ***Philosamia Cynthia*** 樗蚕
ailanthusleaf prickleya ***Zanthoxylum ailanthoides*** 椿叶花椒/食茱萸
aim 目标，宗旨，方针；瞄准，对准
aiming 瞄准；准向性；引导；感应
~point 目标
~post 标杆
aimlessly drifting population 盲流人口
aiphyllus 常绿林
air 空气；空中；风格，风度；通风，吹风；风干
~analysis 空气分析
~balance 风量平衡
~base 空军基地
~bath 空气浴（器）
~blowing treatment 吹气处理
~blown asphalt 吹气（地）沥青，吹制（地）沥青【即氧化（地）沥青】
~blown mortar 吹气砂浆
~bone infection 空气传染
~borne noise 空气传播噪声
~borne contamination 空气传播污染
~borne pollen 空气传播花粉
~borne pollution 大气污染
~borne sound 空气声
~brick 风干砖；空心砖
~bridge 旅客（天）桥
~camera 航空摄影机
~car 气垫汽车
~carrier 航空公司，航线
~carriers 航空运输
~cement gun 水泥喷枪，水泥枪
~centrifuge 空气离心机
~change rate 换气次数
~changes；ventilating rate 换气次数
~channel；duct 风道
~circulation 空气循环
~cleaning 空气净化
~cleanliness class 空气洁净度等级
~cold 冷空气
~collector 集气罐
~conditioner 空气调节器
~conditioning equipment 空气调节设备
~conditioning noise 空调噪声
~conditioning system 空气调节系统
~conduit 输气管
~contaminant 空气污染（物），大气污染物，大气污染物质
~contaminant-migration theory 污染物传播理论
~contaminant transport 污染物转移
~contamination 空气污染
~contamination analysis 空气污染分析
~cooler 空气冷却器
~corridor 空中走廊
~current（空）气流
~cushion high speed ground transportation 气垫式超高速铁路
~cushion vehicle 气垫船，气垫车
~defence city 防空城市
~defence of city 城市防空
~defence work 防空工程，防空工作
~distribution；space air diffusion 气流

组织
~distribution system 空气分配系统
~draft（空）气流
~drain 通气孔
~drainage 排（放，疏，泄）水
~drainage channel 空气排水管道
~dried brick 风干砖，砖坯
~dried soil 风干土
~drome 飞机场
~entrained cement 加气水泥
~entrained concrete 加气混凝土
~entrained mortar 加气砂浆，加气水泥砂浆；泡沫水泥砂浆
~entraining concrete 加气混凝土
~envelop 大气层
~environment 大气环境
~exchange 空气互换
~field 机场
~filter 空气过滤器
~flow 气流，空气流量
~funnel 通风筒
~gap 空气间隙
~gun 气枪，喷枪，喷雾器
~handling device 空气处理设施
~harbo(u)r 航空港
~hardening cement 气硬水泥
~hardening lime 气硬性石灰
~humidity 空气湿度
~humidity indicator 空气湿度指示仪
~jet snow remover 喷气式除雪机
~landing strip 机场内跑道带（包括跑道及其两边道肩，以及两端引道）
~layer 空气层
~leakage 空气渗透
~mass 气团
~（-activity）monitor 大气污染监测（记录）器
~monitor 大气污染监视器
~monitoring 大气监测
~monitoring device 大气监测仪
~monitoring instrument 大气监护警报器
~monitoring network 大气（污染）监测网
~parameter 大气参数
~park 小型机场
~photograph 航空相片
~plan，clean 空气净化计划
~pollutants 大气污染物质，空气污染物
~pollution 大气污染
~pollution agent 大气污染因子
~pollution concentration 空气污染浓度
~pollution by lead 铅致空气污染
~pollution control 大气污染控制
~pollution control center 大气污染控制中心
~pollution control district 大气污染控制区
~Pollution Control Law 大气污染控制法，防止空气污染法
~pollution done 大气污染室
~pollution index 空气污染指标，空气污染指数
~pollution model 空气污染模型
~pollution observation station 大气污染观测站
~pollution potential 空气污染倾向，大气污染潜势
~pollution region 空气污染区
~pollution source 空气污染源

~pollution standard 大气污染标准
~pollution surveillance system 空气污染监视系统
~pollution survey 空气污染调查
~pollution with lead particles 铅害，铅粒空气污染
~pollution zone 空气污染区
~porosity 气孔
~port 飞机场，航空港
~pressure gauge 气压计
~pressure regulator 气压调节器
~purge 空气清除，空气净化
~purification 空气净化
~purity 空气洁净度
~quality 空气质量
~quality control region 空气质量控制区
~quality control station 空气质量控制站
~quality criteria 空气质量准则，大气质量标准
~quality index 大气质量指数
~quality management 空气处理
~quality model 大气质量模型
~quality monitoring network/space 空气监测网络系统
~quality standard 空气质量标准
~raid precaution 防空
~raid shelter 防空掩体，人防地下室
~route in use 通航里程
~shed 飞机库，飞机棚
~side of airport 机场控制区
~space 空气间层，气隙，空隙，空间，空域
~station 航空站，空间站（测量或摄影用）
~storage 露天堆放
~supremacy 制空权
~survey 航空测量
~temperature 气温，空气温度
~temperature cycle 气温周期
~terminal 候机楼
~tight door 密闭口
~tight passage 密闭通道（密闭区）
~traffic 空中交通
~transit 航空转运
~transport 航空运输
~transport station 空运站
~view 空瞰（图），鸟瞰图

Air Compressor 空气压缩机/空压机

air-borne 大气的，空中的
~goods 空运货物
~particles 悬浮粒子，大气尘埃
~pollution 大气污染
~viable particles 浮游菌

air-bus 大型客机

air-conditioned building 设有空调的房屋

air-conditioning 空调

air-control 制空权

aircraft noise 飞机噪声

air-freighter 货运飞机

airiness 通风

airlift 空运

air-out 排气

airphoto 航空像片，航摄像片

airphoto interpretation 航空像片判读

airplane 飞机；孔，风孔
~shed 飞机棚，飞机库

airphoto pair 航空像对

Airplant/kalanchoe/floppers *Kalanchoe pinnata* 落地生根/灯笼花

airport（飞）机场，航空港
airport noise 机场噪声
~runway pavement 机场跑道路面
~surveillance radar（ASR）机场对空监视雷达
~terminal 机场候机楼
~traffic 机场运输业务量，机场吞吐量
air-port 机场
~runway 机场跑道
~taxiway（飞）机场滑行道
air-space sovereignty 空间主权
airview 空瞰图，鸟瞰图
airway 航路，航空线
~beacon 航线指向标（灯）
aisle 过道，通道，（会堂的）走廊，侧廊
aithalium 常绿植丛
Ajuga Burgundy Glow ***Ajuga reptans*** 匍匐筋骨草（美国田纳西州苗圃）
Akan National Park（**Japan**）阿寒国立公园（日本）
Akasaka Rikyu Guest House（**Japan**）赤坂离宫（日本）
Akebia ***Akebia quinata*** 木通 / 巧克力藤（英国萨里郡苗圃）
aksai sagebrush ***Artemisia aksaiensis*** 阿克塞蒿
akin 类似的
alabaster 雪花石膏
~glass 雪花玻璃，乳色玻璃
alabadtrum 花蕾（指单花）
alalite 绿透辉石
alameda 林荫路，散步道路，屋顶小花园
Alaska holly ***Ilex aquifolium*** **'Alaska'** '阿拉斯加' 枸骨叶冬青（英国萨里郡苗圃）
Alaska yellow cedar ***Cupressus nootkatensis*** 阿拉斯加黄杉
alaskite 白岗岩
albatross（***Diomedea***）信天翁（属）
albafite 地沥青
Albedo 反照率
albino asphalt 白沥青
Albite 钠长石
Albizzia crown gall 合欢冠瘿病（***Agrobacterium tumefaciens*** 癌肿野杆菌）
Albizzia heart rot 合欢立木腐朽（***Schizophyllum commune*** 普通裂褶菌）
Albizzia tree gummosis 合欢流胶病（***Dothiorella*** **sp.** 半知菌类 / 非寄生性病原）
Albugoipomoeae damage of cocksc 鸡冠花白锈病（***Albugoipomoeae*** **sp.** 白锈菌）
Albugoipomoeae rot of ***Pharbitis*** 喇叭花白锈病 / 牵牛白锈病（***Albugoipomoeae panduranae*** 旋花白锈菌）
alcazar [西] 宫殿或堡垒
alchemist；necromancer 方士
alcimandra[common] ***Alcimandra cathcardii*** 长蕊木兰
alcove 凹室，洞穴等中的凹处；森林中无木处；亭子，岸壁
aldehyde 醛，乙醛
~resin 聚醛树脂
alder ***Alnus*** 赤杨，桤木
~-fen peat 赤杨沼泽泥炭
~sand 桤木支柱
Alder Birch ***Betula alnoides*** 西南桦

Alecost/Costmary ***Tanacetum balsamita*** 脂香菊 / 圣经叶

alee（林荫）小径，林荫宽步道

Aleppo Avens/Avens ***Geum aleppicum*** 路边青 / 水杨梅

Aleppo Pine ***Pinus halepensis*** 阿勒颇松 / 地中海松

Alee-tree 行道树

Alexander Nevski Cathedral 亚历山大 · 涅夫斯基大教堂（保加利亚）

Alexander Platz（Germany）亚历山大广场（德国）

Alexanders ***Smyrnium olusatrum*** 亚历山大草 / 黑色当归

Alexandra Palm ***Archontophoenix alexandrae*** **（F. v. Muell.）H. Wendl.** ***et Drude*** 假槟榔 / 亚历山大椰子

Alexandrian Laurel ***Calophyllum inophyllum*** **L.** 红厚壳 / 海棠果 / 胡桐

Alexandrian Senna ***Senna alexandrina*** 山扁豆 / 廷尼韦利山扁豆

alfa 芦苇草

Alfalfa/Lucerne ***Medicago sativa*** 紫花苜蓿

Alfred Combretum ***Combretum alfredii*** 风车子 / 使君子藤

alga 藻类

algaecide 除藻剂

algebraic difference between adjacent and gradients 坡度差

Algerian Ivy/Canary Ivy ***Hedera canariensis*** **Wild.** 加那利常春藤

algorithm 算法

~analysis 算法分析

Alhambra 阿尔罕布拉宫——中古西班牙摩尔人（Moor）诸王的豪华宫殿（西班牙）

Ali Mardan Khan 阿里 · 马丹汗，泰姬陵花园的设计者

Ali Mountain 阿里山（中国台湾嘉义市）

Ali Qapu Palace 阿里卡普宫（伊朗）

Alice Springs 艾利斯泉城（澳大利亚）

alienation 疏远，转让

~coefficient 不相关系数

alignment 线形；线向（特指道路中线的位置与方向），定向；排列成行；对准（直线）

~chart 准线图，列线图，直线图

~constraint 定线限制

~control 线向控制

~coordination 线形协调

~design 线形设计；（城市道路）平面设计

~design of ramps 匝道线形设计

~diagram 列线图

~elements 线形要素

~guidance 定向引导

~of a pathway 通道线向

~of canal 渠道定线

~of road 公路定线

~of trail（美）小路线向

~stake 路线桩，定位桩

~shift，stream 线向变换；流向变换

contour~外形线向

horizontal~水平线向

vertical~垂直线形

paving~铺路定线

road~道路定线

vertical~垂直定线

alimentation of glacicr 冰川补给

Aljin Mountain（Qiemo Country，China）阿尔金山（中国新疆维吾尔自治区巴音郭楞蒙古自治州且末县）

alkali 碱性

~activation 碱性激发（作用）

~activator 碱性激发剂

~content（水泥的）含碱量

~expansivity（集料的）碱膨胀性

~fast concrete 耐碱混凝土

~feldspar 碱性长石

~filter paper method 碱性滤纸法

~flat 盐碱滩，盐碱地

~gabbro 碱性辉长岩

~granite 碱性花岗岩（地）

~metal 碱金属（化）

~reaction 碱性反应

~resistance 抗碱性，耐碱性

~resistant glass fibers 耐碱性玻璃纤维

~resisting aggregate 耐碱集料

~rock 碱性岩

~silicate gel 碱硅凝胶

~soil 碱（性）土

~waste liquid 碱性废液

~waste water 碱性废水

~water 碱（性）水

alkalimetry 碱（量）滴定法

alkaline 碱（性）的，含碱的，强碱的

~land 盐碱地

~soil 碱（性）土

~waste 碱性废水

alkalinity 碱度，碱性

~of concrete 混凝土的碱度

alkalization 碱化（作用）

alkaloid 生物碱，植物碱；生物碱的

alkanet/bugloss/Italian forget-me-not *Anchusa azurea* 牛舌草

Alkanet *Anchusa officinalis* 牛舌草 / 染房牛舌草

all 一切；整个，全部；任何；极度；十分，完全地

~-around 多用途的；非专门的，多方面的；四面八方；到处

~-brick building（全）砖建筑

~clear 许可放行，去路通畅

~-electric signaling system 全（部）电气信号系统

~-in contract 全包合同，总价合同

~-in cost 总费用

~-in price 总价包干

~-out development plan 综合开发计划

~-pass network 全通网络（计）

~purpose computer 通用计算机

~-purpose financial statements 通用决算表

~purpose road 多功能道路

~-purpose road 混合交通车道，混合交通道路

~-red period 封闭车辆交通时间

~round development 全面发展，综合开发

~-round fertilizer 多用途肥料

~-time high 最高纪录

~-time low 最低纪录

~to nothing 百分之百的

~told 总共，总计

~water system 全水系统

~-weather 全天候的，常年候的；不论晴雨的，耐风雨的，适应各种气候的

~-weather gauging device 四季可用的测（计）量器

~-weather landing 全天候着陆
~-weather operation 全天候作业
~-weather road 晴雨通车路，全天候道路
~weather sports pitch 全天候运动场
~-weather surface 全天候广场
all sentient beings 众生
all spacedirections are void 四大皆空
All-China Art Exhibition 全国美展，全中国美术展览会
all-day parking 全日停车
allamand/yellow *allamanda Allamanda cathartica* 软枝黄蝉
allee 绿荫甬道
allegorical adj 寓言的，讽喻的
al(l)ette 古罗马式建筑，新古典建筑
alleviation 减轻，缓和
alley 小路，小径；巷，弄，胡同；背街（美）；球戏场
~dwelling 小巷住房
~planting 行列植（等距离成行种植的树木）
~tree 行道树
~way 小路，小径；巷，弄，里弄，胡同
alliance 同盟，联盟
allied 类似的；同类的；同盟
~city 集合城市
~city planning 联合城市规划
Allium 葱属植物；洋葱
~sativum 蒜
~tuberosum 韭菜
allocation 分配，分派，分摊；定位置，部署，布局，配置，分布{计}
~of agricultural production 农产品分配
~of agriculture 农业布局
~of agriculture production 农业生产布局
~of budget 预算分配
~of commercial network 商业网布局
~of communication and transportation 交通运输布局
~of communication lines 交通线布局
~of cost principle 成本分配原则
~of crops 作物布局
~of forestry production 林业生产布局
~of funds 拨款
~of industry 工业布局
~of material 物资分配
~of production 生产布局
~of productive force 生产力布局
~of resource 资源分配
~of sample 样本分配
~of transport network 运输网布局
~problem 分配问题
allochemical 他生化学作用
~rock 异化岩，异常化学岩（地）
allot 分配，配给；派定；充当
allotment 分配（额），调配，摊派；分配地段；自留地，分配的空地；土地划分，专款
~garden 租赁果菜园
~garden club 租赁果菜园俱乐部
~garden development plan 租赁果菜园发展计划
~garden development planning 租赁果菜园发展规划
~garden hut 租赁果菜园小屋
~garden（plot）租赁果菜园小块土地划分
~garden subject plan 租赁果菜园主体

计划

~land，temporary 分配临时土地

~plot，temporary 分配暂用小块土地

allotted 分配的，分给的，指派的，拨给的

~dwelling site 宅基地

allowable（可）容许的

~bearing capacity 容许承载力

~compression ratio 容许压缩比

~concentration 允许浓度

~displacement 容许位移，容许变位

~error 容许误差

~flooding 容许浸水深度

~maximum amount 容许最大限额

~pressure 容许压力

~settlement 容许沉降量

~smoke concentration 容许烟雾浓度

~soil pressure 容许土压力

~stress 容许应力

~stress design 容许应力设计

~temperature difference 允许温差

~variation 允许偏差，公差，允许变化

~width 容许变化

~yield of ground water 地下水允许开采量（地下水可开采量）

allowance for contingencies 临时性特种津贴

allowance for overhead 常用开支津贴

allowance for profit 利润

allowed indoor fluctuation of temperature and relative humidity 室内温湿度允许波动范围

Allspice ***Pimenta dioica*** 牙买加甜胡椒 / 多香果

allurement of a big city 大城市的吸引力

alluvial 冲积的；冲积土（或层）

~channel 冲积（平原）水道

~clay 冲积黏土

~cone 冲积扇（地）

~deposit 冲积物，冲积层，冲积矿床

~fan 冲积扇（地）

~flat 河漫滩

~land 冲积地

~gravel 冲积砾石

~layer 冲积层

~plain 冲积平原

~river 冲积（平原）河流

~sediment 冲积物

~silt 冲积淤泥

~soil 冲积土

~terrace 冲积台地

~valley 冲积河谷

alluviation 冲积作用

alluvion 沙洲；冲积层；冲积物；波浪击岸；泛滥，洪水

Alluvium/alluvia1deposit 冲积物，冲积层

almanac 年鉴

Almond ***Amygdalus communis/Prunus dulcis*** 巴旦杏的杏仁 / 扁桃仁

Almond/apricot kernel ***Armeniaca vulgaris*****（*****kernel of*****）**杏仁

Almond ***Prunus amygdalus Batsch*** 巴旦杏 / 扁桃

Alms/contribution；benefaction 布施

almshouse 养老院

Alocasia/giant ***alocasia Alocasia macrorrhiza*** 广东狼毒 / 姑婆芋

Alocasia macrorhiza leaf spot 海芋叶

斑病（***Phyllosticta* sp.** 叶点霉 ***/Cercospora* sp.** 尾孢菌 ***/Gloeosporium* sp.** 盘长孢菌）

Aloe/Chinese aloe ***Aloe vera* var. *chinensis*** 芦荟

aloe hemp 龙舌兰属大麻

Aloe rust 芦荟锈病（***Uromyces aloes*** 芦荟单胞锈菌）

aloe ***Aloe vera* var. *chinensis*** 芦荟

alp 高山

alp biebersteinia ***Biebersteinia odora*** 高山熏倒牛

Alpaca ***Lama pacos*** 羊驼

alpine 高山的；一种登山软帽；高山植物

~betl 高山地带

~light 紫外线

~road 高山道路，山岭道路，山道

~foreland 高山前沿地

~garden 高山公园，高山植物园

~grassland 高山草原，高山牧场

~hut 高山棚屋

~landscape 高山风景园林，山岳景观

~meadow 高山草原，高山草地，高山牧场

~meadow soil 高山草甸土

~pasture 高山草地，高山牧场，高山牧草

~plant 高山植物

~region 高山区，高山地带

~ros 杜鹃花属

~scenic spot 高山风景区

~steppe soil 高山草原土

~sward 高山草地

~tundra landscape spot 高山草甸风景区

~zone 高山地带，高山区

Alpine auricula ***Primula auricula*** 阿尔卑斯樱草 / 高山报春

Alpine Herth/Spring Herth ***Erica carnea* L.** 荣冠花 / 春花欧石楠

Alpine krummholz 高山矮曲林

alpine lake 高山湖

Alpine marmot ***Marmota marmota*** 拨鼠 / 旱獭

Alpine oak ***Quercus semecarpifolia*** 高山栎

Alpine pine ***Pinus densata*** 高山松

Alpine Spiraea ***Spiraea alpina* Pall.** 高山绣线菊

alpine transhumance 高山季节移牧

Alpine weasel/yellow ermine ***Mustela altaica*** 香鼬 / 香鼠

alpine yarrow ***Achillea alpina*** 高山蓍 / 蓍草

Alps 阿尔卑斯山脉（欧洲中南部）

Alsophila ***Alsophila*** 桫椤（桫椤）(属）

Altamira Cave 阿尔塔米拉洞窟（西班牙）

Altai falcon ***Falco cherrug altaicus*** 阿尔泰隼

Altai pika（***Ochotona alpina***）高山鼠兔 / 阿尔泰啼兔

altar 坛，神坛

Altar to Heaven 天坛

Altar to Earth 地坛

Altar of Great Compassion 大悲坛

Altar of Land Grain，Beijing 北京社稷坛

Altar to Moon Park 月坛

Altar to Sun Park 日坛

Altay Mountain 阿尔泰山

altazimuth 地平经纬仪，高度方位仪

alteration 改造工程；更改，修订；改建；变蚀作用{地}

~cost 更改费用

~halo 蚀变带

~to a building 改建

~zone 蚀变带

altered 蚀变的，异变的

~aureole 蚀变带

~granite 变质花岗岩

~rock 蚀变岩

~soil 蚀变土

Alternaria damage of *Mirabilis jalapa* 紫茉莉黑斑病/指甲花褐斑病/粉豆花褐斑病（***Alternaria* sp.** 链格孢）

Alternaria damages of *Magnolia* 玉兰黑斑病（***Alternaria* sp.** 链格孢）

Alternaria leaf spot of cockscomb 鸡冠花叶斑病（***Alternaria celosiae*** 鸡冠花链格孢）

Alternaria leaf spot of *Prunus trilo* 榆叶梅黑斑病（***Alternaria* sp.** 链格孢）

Alternaria leaf spot of *Zantedeschia aetiopica* 马蹄莲叶斑病（***Alternaria* sp.** 链格孢菌）

alternate 变更的；交替的，交错的；交流的；间隔的；备用的，候补的；比较方案；交替；错比例{数}；变更；交替，交变，交错；间隔

~aerodrome 备用机场

~design 比较设计

~material 代用材料

~months 双月刊

~planting 间植，棋盘式栽植

~products 代用（制）品

~stress 交替应力，反复应力，可选方案

alternative 比较方案；二者之一；替换物；交替的；变更的；比较的，二者之间取其一的

~analysis 可替代分析

~corridor 可替代通道

~decision-making 备用决策方案

~design 可替代设计

~hypothesis 备择假设（对立假设）

~interchange 互相式立体交叉

~line 可替代线

~plan 备选规划方案

~power source 可替代动力资源

~project 可替代项目

~route 可替代路线

~settlement patterns 可供选择的各种定居类型

~solution 比较方案；比较解法

altigraph 高度记录器

altimeter 测高仪，高程计，高度计

altimetry 测高法，测高学

altitude 高度；高程，海拔，海拔高度；地平纬度{天}；顶垂线，高{数}；[复]高处

~angle 仰角，高低角

~camera 高空照相机

~circle 竖直度盘；地平经圈

~difference 标高差，高程差

~gauge 测高仪，高程计，高度计

~intercept 高度差距

~of terrain 地表高层

altitudinal 高空的；高程的

~belts 高空带

~vegetation（生态学用语）高程植被带
~zone 高空区
altocumulus 高积云
altostratus 高层云
altricial animal 晚成雏动物
aluminum plant ***Pilea cadierei*** 冷水花
A-Ma Temple（Macow, China）妈阁庙，妈祖庙（中国澳门）
amalgamation 融合，合并
Amalienborg Place, Copenhagen（Denmark）阿麦连堡广场（丹麦哥本哈根）
Amaryllis/daffodil lily/Barbados lily ***Amaryllis vittata*** 朱顶红
Amaryllis Hybrids ***Hippeastrum hybridas*** 朱顶红
amass 积累，积聚
amateur 业余活动（爱好者）；非专业人员；业余的
~gardener 业余园丁；业余园艺家；业余菜农
Amazon river dolphin ***Inia geoffrensis*** 亚马孙河豚
Amazona auropalliata/Yellow-naped Parrot ***Amazona auropalliata*** 黄颈亚马孙鹦鹉/黄颈亚马孙鹦哥/黄颈亚马孙鹦鹉（洪都拉斯国鸟）
Ambay Pumpwood ***Cecropia adenopus*** **Mast. ex Miq.** 深裂号角树
amber brown 淡褐色
Amber Palace 阿姆贝尔宫（印度）
ambience 周围环境，气氛
ambient 包围着的，围绕着的
~acceleration response 环境加速反应
~air 环境空气
~air quality standard 环境空气质量标准
~condition（周围，外部）环境状态，环境条件
~environment 周围环境
~humidity 环境湿度
~level 环境水平
~noise 环境噪声
~pollution 环境污染
~pressure 周围压力
~temperature 周围（介质）温度，环境温度
ambit 范围
Amboina Pine/East Indian Kauri ***Araucaria dammara*** **（Lamb.）Rich.** 贝壳杉
Amboseli National Park 安博塞利国家公园（肯尼亚）
ambuet 流动救护车
ambulance station 救护站
ameliorant 改良物，植物助长剂
ameiloration 改良，改正，修正
~forest 改良森林
~soil 改良土壤
amen 阿门（基督教徒祈祷时的结束语，意为"诚心所愿"）
amended 修订
~plan 修订计划，修订规划
~version 校改译文；修正意见；修改说明
amendment 改正，改善，修正
~of contract 修改合同
~of draft plan 草图修订
~of soil 改良土壤
amenities 生活福利设施；便利设施
amenity（环境气候等的）舒适；舒适性；[复]愉快，乐事；礼节；便利设施；福利生活区

~area 美化市容地带
~benefits of a forest 林间便利设施的益处
~forest 风景林
~garden 观赏植物园
~grassland 风景草原（牧场）
~lawn 风景草地（草坪）
~of the landscape 风景园林的便利设施
~planning strip 美化市容种植地带
~plot 美化市容地块
~strip 美化市容地带
~value of a forest 森林便利设施的评估
~woodland 风景林地（林区）
America 美洲；美国
America ginseng *Panax quinquefolius* 西洋参 / 花旗参
America persimmon *Diospyros virginiana* 美洲柿
American 美洲人；美国人；美洲的；美国的
~Academy of Arts and Sciences（简写 AAAS）美国科学艺术研究院
~architecture 美国建筑
~Association for the Advancement of Science（简写 AAAS）美国科学促进会
~basement 美式地下室，半地下室（没有主要入口的地面底层）
~beech *Fagus grandifolia* 美洲大叶山毛榉
~Engineering Standards Committee（简写 A.E.S.C.）美国工程标准委员会
~Geological lnstitute（简写 AGI）美国地质学会
~Homeowners Association 美国房主协会
~-Indian architecture 美洲印第安人建筑
~Institute of Architects 美国建筑师学会
~Institute of Planners（简写 AIP）美国规划师学会
~Institute of Real Estate Appraisers（AIREA）美国房地产估价师学会
~Institute of Timber Construction（简写 AITC）美国木结构学会
~Landscape Contractors Association 美国风景园林承包商协会
~larch 美洲落叶松
~Land Title Association（ALTA）美国房地产产权协会
~linden 椴树，美国菩提树
~Museum of Natural History 美国自然史博物馆
~National Standards Institute（简写 ANSI）美国国家标准学会
~Patent Law Association（简写 APLA）美国专利法协会
~Phytopathological Society（APS）美国植物病理协会
~plane 美国悬铃木
~Public Works Association（简写 APWA）美国市政工程协会
~Railway Bridge and Building Association（简写 ARBBA）美国铁路桥梁与建筑协会
~scene 美国风光派
~Society of Appraisers（ASA）美国房地产估价师协会
~Society of Real Estate Couselors（ASREC）美国不动产法律工作者协会
~Society of Quality Control（简写 ASQC）美国质量管理协会
~Society of Landscape Architects（简写

ASLA）美国风景园林师协会
~Society of Agricultural Engineers 美国农业工程师学会
~Society of Civil Engineers（A.S.C.E.）美国土木工程师学会
~Society of Engineering Eduction（简写 ASEE）美国工程教育协会
~Standard（简写 AS）美国标准
~Water Works Association（简写 AWWA）美国给水协会
~white 美国白松
American Arbor-vitae ***Thuja occidentalis*** **L.** 香柏
American badger ***Taxidea taxus*** 美洲獾
American beaver ***Castor canadensis*** 美洲河狸
American bison ***Bison bison*** 美洲野牛
American Bittersweet ***Celastrus scandens*** 美洲南蛇藤（美国田纳西州苗圃）
American black bear（***Ursus amercanus***）美洲熊
American Black Currant ***Ribes americanum*** **Mill.** 美国茶藨子
American Dogwood/Pucker Up Red Twig Dogwood ***Cornus stolonifera*** **Michx.** 匽伏梾木（美国田纳西州苗圃）
American Elder ***Sambucus canadensis*** **L.** 加拿大接骨木
American Flamingo/Caribbean Flamingo ***Phoenicopterus ruber*** 加勒比海红鹳/加勒比海火烈鸟/美洲红鹳（巴哈马国鸟）
American flying squirrel ***Glaucomys volans*** 美国飞鼠
American Hazelnut ***Corylus americana*** 美洲榛（美国田纳西州苗圃）
American Holly ***Ilex opaca*** **Ait.** 美国冬青
American hymenocallis/spider lily ***Hymenocallis americana*** 美洲蜘蛛兰/水鬼焦
American Indian 美洲印第安人
American mink/little black mink/eastern mink/mink（***Mustela vison***）水貂/美水鼬
American planetree/button wood/sycamore ***Platanus occidentalis*** 美国梧桐
American plum/hog plum/river plum ***Prunus americana*** 美洲李/西洋李
~Real Estate Society（ARES）美国房地产协会
American red fox/silver fox/eastern red fox ***Vulpes fulva*** 美洲赤狐/银黑狐
American sweetgum/sweetgum/sweet gum ***Liquidambar styraciflua*** 北美枫香（英国萨里郡苗圃）
American White Elm ***Ulmus americana*** **L.** 美国榆
American White Pelican ***Pelecanus erythrorhynchos*** 美洲白鹈鹕/美洲鹈鹕（巴巴多斯国鸟）
American Wisteria ***Wisteria frutescens*** 美国紫藤（英国萨里郡苗圃）
American Wormseed ***Chenopodium ambrosioides*** 洋香藜/芳香虎骨
American wych hazel ***Fothergilla major*** 大北美瓶刷树（英国斯塔福德郡苗圃）
Amerindian architeture 美洲印第安人建筑
Amiens（1200—1269 年法国）亚眠大教堂（为哥特式建筑）

Ammersee 阿默尔湖（德国）
ammonia pollution 氨污染
Amoora dasyclada 粗枝崖摩（粗枝木楝）
Amorpha indigo bush/false indigo *Amorpha fruticosa* 紫穗槐
amortization loan 分期偿还贷款
amount（简写 amt.）量；合计，总数；金额；效果；总计，合计；相当于，等于
~limit 工作量极限
~of blow down 排污水量
~of bonus 奖金额
~of calculation 计算量
~of compost 堆肥量
~of crown 路拱高度
~of energy 能量
~of forst 冰冻量
~of inclination 倾斜度
~of information 信息量
~of insolation 日射量
~of make up water 补充水量
~of polluted material 污染物总量
~of precipitation 降雨量，降水量
~of profit 利润额
~of rain-fall 降雨量，降水量
~of traffic 交通量
~of water 水量
~of work 工作量
Amphibian Hall 两栖爬虫馆
amphibious plant 两栖植物
amphiprostyle 前后有排柱建筑
amphiprostylos 古典庙宇建筑（前后有排柱而两旁无柱的建筑）
amphitheater 圆形（凹地），（古罗马的）露天剧场，（古罗马的）半圆梯形楼座，比赛场，大会堂
amphitheater 露天剧场
amplitude（简写 A 或 a）幅；振幅{物}；摆幅{测}；辐角{数}；射程；（天体的）出没方位角；广阔，充足
~frequency curve 振幅—频率曲线
~frequency distribution 振幅频谱
~function 振幅函数
~of oscillation 振幅，摆幅
~of vibration 振幅
~terrace 圆弧形阶地
amputation 修剪树枝，剪枝
Amsterdam 阿姆斯特丹（荷兰首都）
Amsterdam Bosch 阿姆斯特丹大公园（荷兰）
Amsterdam group（20 世纪初期荷兰）阿姆斯特丹建筑学派
Amur adonis *Adonis amurensis* 福寿草 / 红蜡花 / 侧金盏花
Amur Barberry *Berberis amurensis* Rupr. 阿穆尔小檗
Amur Cherry *Prunus maackii* Rupr. 山桃稠李 / 斑叶稠李
Amur cork tree *Phellodendron amurense* 黄菠萝 / 黄蘗
Amur Deutzia *Deutzia amurensis* Regel Airy Shaw 东北溲疏
Amur Grape *Vitis amurensis* Rupr. 山葡萄（阿穆尔葡萄）
Amur grape *Vitis amurensis* 山葡萄
Amur Honeysuckle *Lonicera maackii*（Rupr.）Maxim. 金银木（金银忍冬）
Amur ide *Lerciscus waleckii* 瓦氏雅罗鱼
Amur Lilac *Syringa reticulata* ssp. *amurensis*（Rupr.）P. S. Green et M. C.

Cha 暴马丁香 / 阿穆尔丁香 / 暴马子
Amur linden（**amur bass wood**）***Tilia amurensis*** 紫椴 / 籽椴
Amur Maackia ***Maackia amurensis*** **Rupr. et Maxim** 朝鲜槐 / 怀槐
Amur Maple ***Acer ginnala*** **Maxim** 茶条槭
Amur Ninebark ***Physocarpus amurensis*** **Maxim.** 风箱果
Amur silver-grass ***Miscanthus sacchariflorus***（**Maximowica**）**Bentham.** 荻
Amur sturgeon ***Acipenser schrenckii*** 鲟 / 黑龙江鲟 / 东北鲟 / 施氏鲟
Amur valerian ***Valeriana amurensis*** 黑水缬草
amusement 娱乐
~and recreation area 文娱休养区
~centre 娱乐中心
~district 娱乐区
~garden 游乐园，游乐场
~ground 游乐场
~hall 娱乐厅
~park（或 grounds）娱乐公园，公共游乐场，游乐园
amusement park 游乐公园
an academic，science-popularizing，non-profit，national mass organi-zation as legal person 学术性、科普性、非营利性的全国性法人社会团体
anabatic 上升（气流）的，上滑的
~wind 上升（坡）风
anabranch 再汇流支流，再流入主流的支流
anaerobes 厌氧微生物
anaerobic bacteria 厌气菌
anaglyphic press 互补色立体显示
Analcime 方沸石
analog 类似（物），相似（物）；类同语；模拟；模拟量（设备，系统）对手方，相对应的人
~aerial triangulation 模拟空中三角测量
~calculation 模拟计算
~compiler system 模拟编译程序系统
~computation 模拟计算
~computer 模拟计算机
~control 模拟控制
~data 模拟资料，模拟数据
~device 模拟装置
~machine 模拟机
~map 模拟地图
~method of photogrammetric mapping 模拟法测图
~model 模拟模式，模拟模型
~network 模拟网络
~quantity 模拟量
~signal 模拟信号
~system 模拟系统
~technique 模拟技术
~variable 模拟变量
analogy 模拟，相似
analysis [复 analyses] 分析，解析；解析学，分析学；解析法，分析法
~model 分析模型
~by measure 测量分析
~of bid items 投标项目分析
~of correlation 相关分析
~of data 资料分析，数据分析
~of economic activity 经济活动分析
~of environmental impact 环境影响分析
~of existing circumstance 现状分析
~of existing conditions 现状分析

~of network 网络分析
~of people's needs 需求分析
~of planning data 规划数据（论据）分析
~of precipitation 雨量分析
~of regional conditions 区情分析
~of regression 回归分析
~of relationship 相关（性）分析
~of requirements 必要条件分析
~of risks（投资）风险分析
~of statistical data 统计数据分析
~of strain 应变分析
~of tender items 投标项目分析
~of water 水质分析
~of water resources system optimization 土水资源系统优化分析
~period 分析期
~report 化验报告
~sketch of structure 结构分析图
accident~（diagram）事故分析图
air-photo~航空图片分析
air quality~空气质量分析
alternative~比较方案分析
before and after~前后对比分析
benefit~受益分析
benefit-cost~受益—成本分析
benefit-risk~得失或利弊分析；效益分析
benefit-value~受益－价值分析
biological~生物检验，生物分析
brief~简易分析
bulk~总（整）体分析
check~检验分析，校核分析
community appearance~居住区外观分析
comparative~比较分析（法）
comprehensive~综合分析
comprehensive site survey and~综合位置勘查和分析
cost~造价分析
cost/benefit~成本效益分析
critical path~关键路线分析
data~数据分析
decision~决策分析（管）
decision tree~决策树分析
demand~需求分析
design（of experiment）~（试验）设计分析{数}
dynamic~动态分析
engineering~工程分析法
engineering geologic condition~工程地质条件分析
environment impact~（简写 EIA）环境影响分析法
environmental~环境分析法
environmental risk~环境风险分析
financial~财务分析
financial/economic~财务 / 经济分析
game~对策分析
gas~气体分析
graphic(al)~图解
hydraulic~水文分析
impact~效果分析，影响分析
information flow~情报流分析
initial site~初始位置分析，初始场地分析
investment~投资分析
landscape~风景分析，风景园林分析，景观分析
line~线性分析
market~市场分析
micro structural~微观结构分析

multidimensional~ 多维（元）分析（法）
network~ 网络分析
operations~ 运筹分析 {数}
optical method of~ 光学分析法
planning~ 规划分析
pollution source and source strength~ 污染源与源强分析
postoptimality~ 优化后分析
precision~ 精确度分析
project feasibility~ 工程可行性分析
project network~ 计划网络分析
risk probability~ 风险概率分析
satellite data~ 卫星数据分析
sedimentation~ 沉淀分析
seismic response~ 地震反应分析
seismic risk~ 地震危险性分析
site~ 场地分析
soil quality~ 土地质量分析
structural~ 结构分析
systematic~ 系统分析
tender~ 投标分析
terrain~ 地形分析，地表分析
thermal~ 热分析
through~ 全面分析
townscape~ 城市景观分析，城市风景分析
volume-cost-profit~ 产量、成本、利润分析
work flow~ 工作流程分析
X-ray~ X 射线分析
X-ray phase~ X 射线相分析
X-ray structural~ X 射线结构分析

Analysis-synthesis system 分析－综合系统

analytic(al) 分析的；解析的
~aerotriangulation 解析空中三角测量
~continuation 解析延拓，解析开拓
~design technique 分析设计技术
~error 分析误差
~earthquake 深源地震分析
~estimating 分析评估
~hierarchy process 层次分析法
~index 分析索引
~method 分析方法
~method of photogrammetric mapping 分析法图
~model 解析模型；分析模型
~stratigraphy 分析地层学
~system 分析系统
~table 分析表
~test 分析试验

analytics 逻辑分析方法，分析学

Ananda Temple（Burma）阿难寺（缅甸）

Ancesters'shrine 宗庙，宗祠

Ancestral temple 祠堂

Ancestral Temple of the Chen Family, Guangzhou 广州陈家祠（中国广州市）

anchor 锚；锚碇物；海锚，浮锚；锚碇，系住；抛锚；加固；停住
~bar 锚杆
~beam 锚梁
~behavior（土）固结状态
~bolt 锚栓
~eye 锚孔
~girder 锚梁
~pile 锚桩
~pin 锚销，锚杆
~root 锚固根基
~shank 锚杆
~stay 锚索

~support 锚定支架

~wall 锚墙

anchorage 停泊地

ancient 古代的；旧的；老者；[复]古人

~American architecture 美洲古代建筑

~architecture 古代建筑

~Astronomical Observatory 古观象台（中国北京市）

~Bell Museum in the Great Bell Temple 大钟寺古钟博物馆（中国北京市）

~Building complex in the Wudang Mountains 武当山古建筑群（中国）

~building area 古建区

~capital 古都

~character 古代特色，老式特色

~Chinese garden 中国古代园林

~city 古代城市

~City Moenjodaro 莫恩乔达罗古城

~City of Jingzhou 荆州古城（中国）

~City of Pingyao 平遥古城（中国）

~cultural relic 文化遗址

~cultural Street 古文化街

~Egyptian architecture 埃及古代建筑

~Egyptian garden 古埃及园圃，古埃及庭院

~Greek city 古希腊城市

~Greek garden 古希腊庭院

~imperial road 驰道（中国）

~Indian architecture 古代印度建筑

~Japanese architecture 日本古代建筑

~landform 古地形

~Loulan 楼兰古城遗址

~monument 古迹，遗址

~monument Acts 古迹条例

~pagodas and stone carvings 古塔石刻

~palace 古宫殿

~plank way（built along the face of a cliff）栈道（中国）

~post road 驿道（中国）

~relics 古迹

~residences in Fubao Town 福宝镇古民居（中国）

~rock slide 古滑坡

~Roman landscape planning 古罗马园林规划

~Roman garden 古罗马宅园；古罗马花园

~sediment 古沉积物

~Sparta 斯巴达古城

~Town of Dali 大理古城（中国）

~Town of Zhenyuan 镇远古城（中国）

~tree 古树

~valley 古河谷

~wooden buildings 古木建筑

~villages in Amhui Province 安徽古村落（中国）

ancillary 被助的，辅助的，附属的

~beach use 海滩附设用途

~building 附属建筑物

~car park 附设停车场

~equipment 辅助设备

~furniture 辅助设施

~measurement 辅助量测（温度、气压等）

~method 辅助方法

~plant 附属工厂，辅助车间

~structure 附属结构

~volume 副篇，副卷，补充卷

~work 辅助工作

Ancients Euphorbia ***Euphorbia antiquo-***

***rum* L.** 金刚慕 / 霸王鞭

ancudite 高岭石

andalusite 红柱石

Andean Cock-of-the-rock *Rupicola peruviana* 安第斯冠伞鸟 / 安第斯动冠伞鸟（秘鲁国鸟）

Andean Condor *Vultur gryphus* 安第斯神鹫 / 康多兀鹫 / 安第斯神鹰 / 南美神鹰 / 南美秃鹫 / 安第斯兀鹫（玻利维亚、厄瓜多尔、哥伦比亚、智利国鸟）

andendiorite 英辉闪长岩

andengranite 云闪花岗岩

Andersson's House 安徒生博物馆（丹麦）

andesine 中长石

andesite 安山岩

~tuff 安山凝灰岩

Andre le Notre 勒诺特（1613—1700）法国风景园林师和路易十四的首席园林师，代表作品是路易十四的凡尔赛宫苑，此园代表了法国古典园林的最高水平

Andrew Jackson Downing 安德鲁·杰克逊·唐宁（1815—1852），园艺家、建筑师，美国第一位伟大的风景园林家，著有《园林的理论与实践概要》

Androsphinx 人面狮身像

Andrown（古希腊、罗马）集会厅，男子公寓

Andy Goldsworthy 安迪·格兹乌斯（1956—），美国大地艺术家

Anechoic 无回声的，无反响的

~chamber 吸声室，消声室

~room 消声室

~trap 消声槽

Anemarrhena *Anemarrhena asphodeloides* 知母 / 蒜瓣子草 / 羊胡子根 / 连母

Anemochory [生]（植物等的）风力散布

Anemoclinometer 风速表

Anemogragh 风速表，风速计

Anemography 测风学

Anemology 测风学

Anemometer 风速计

Anemometrograph 风向，风速

Anemone 银莲花属（植物）

Anemone Clematis *Clematis montana* 绣球藤 / 山铁线莲

Anemorumbometer 风向风速表

Angaracris locust *Angaracris barabensis* 鼓翅皱膝蝗

Angel Falls（**Venezuela**）安赫尔瀑布（委内瑞拉）

Angelica-tree 美洲花椒树

Angelica *Angelica archangelica* 当归 / 天使之食

Angelica *Angelica sinensis* 当归 / 干归 / 文无

Angelica pubescens *Angelica pubescens* 毛当归 / 浙独活

Angel's wing/commom caladium/ elephant's ear *Caladium bicolor* 花叶芋 / 彩叶芋 / 杯芋

Angel's Trumpet *Brugmansia × candida* Pers./*Datura × candida* Saff. 杂种曼陀罗木

Angiospermous forest 阔叶树林

Angkor 吴哥古迹（柬埔寨）

Angkor Thom 吴哥城（柬埔寨）

Angkor Vat 吴哥寺（柬埔寨）

angle 角，角隅；角位；角铁，钢；手段，

诡计；角度；转变角度，对角度，博取，追逐
~bar 角铁（板）
~blade 角铲推土刀，角铲推土板
~brick 角砖
~catch 窗插销
~dozer 角铲推土机，万能推土机
~gauge 角规，量角器；角度计，倾斜计
~iron 角铁，角钢
~of altitude 仰角
~of attack 冲击角，攻角（风）
~of advertence 偏角 {测}
~of chamfer 斜切角，削角 {建}
~of convergence 会聚角，收敛角；交向角，交会角
~of coverage 视场角
~of declination 偏角
~of depression 俯角，倾角
~of elevation 仰角，倾度角，坡度角
~of external friction 外摩擦角
~of horizontal swing 偏角
~of parallax 视差角 {测}
~of repose 休止角
~of rest 休止角
~of sight 视线角
~of skew 斜交角（度）
~of slide 滑动角
~of slope 坡角，倾斜角
~of repose of the soil 土壤安息角
~of turn 转弯角
~of turning flow 水流转角
~of view 视角；观点
~of visibility 可视角
~parking 斜列停车，斜向停车，斜列式停放车辆
~stairs 曲尺楼梯
~valve 角阀
acute~ 锐角
adjacent~ 邻角
altitude~ 仰角，高低角
apex~ 顶角
approach~ 趋近角
aspect~ 视线角，视界角
azimuth~ 方位角
back-off~ 后角
bank~ 超高角
blunt~ 钝角
central~ 中心角，圆心角
choppy deflection~ 弦偏角
closed~ 锐角，尖角
contact~ 接触角；交会角
contiguous~ 邻角
coordinate~ 坐标角 {数}
dead~ 死角
oblique~ 斜角
obtuse~ 钝角
offset~ 偏角，斜角
opposite~ 对角
parking~ 停车角（度）
parking at an~ 斜角存（停）车
parking at right~ 垂直存（停）车
phase~ 相角，相位角，相移角
reentrant~ 凹角
right~ 直角
sharp~ 锐角
sight~ 视角
straight~ 平角 {数}
vertex~ 顶角
vertical~ 垂直角；顶角 {数}；[复] 对角 {数}

visual~ 视角

angled luffa/sponge gourd/singkwa *Luffa acutangula* 丝瓜（有棱）

angled stake 斜角桩（柱，杆）

angle-parking 斜列（向）停车

~layout 斜列（向）停车布局

~row 斜列（向）停车行列

Angling 垂钓（术）

Anglo-Chinese style garden 中英式园林

Anglo-classic style 英国古典形式（建筑）

Anglo-Norman style 盎格鲁—诺曼式（建筑）

Anglo-Palladian architecture 盎格鲁—帕拉迪欧式建筑

Anglo-Saxon style 盎格鲁—撒克逊式（建筑）

Anguk Temple（South Korea）安国寺（韩国）

Angular field 视场，视野，视界

Angular leaf spot of *Cercis chinensis* 紫荆角斑病大斑型：***Cercospora chionea*** 紫荆集束尾孢霉 / 小斑型：***Cercospora cercidicola*** 紫荆粗尾孢霉；有性世代：***Mycosphaerella cercidicola*** 紫荆小球壳菌

angular perspective 两点透视，成角透视，角透视，斜透视

Anhyetism 缺雨区

A. nidus 鸟巢蕨

animal 动物，牲畜，走兽；动物的，兽的

~agriculture 畜牧

~and plant communities 动植物群落和栖息地（生境）

~behavior 动物特性

~community 动物群落

~corridor 动物通道

~density 动物密（集）度

~disease 动物疾病

~drawn traffic 畜力车交通，畜力兽力车（辆）运输量

~enclosure wild 动物围场，野生动物

~husbandry 畜牧业

~labour 畜力

~matter 动物的有机残留物质

~organic matter 动物有机物质

~kingdom 兽王

~population 动物群体

~protection，domestic 家畜（禽）的保护

~quarantine 动物隔离

~quarantine depot 牲口检疫站

~rest area，vegetation of 动物的栖息区（动物的生长地）

~resting area，vegetation of 动物的栖息地

~species 动物种类

~species composition 动物种类构成

~species conservation 动物种类保护

~species，pest-eating 有害食用动物种类

~species，use of beneficial 有益利用动物种类

game~ 准许捕猎的动物

precocial~ 早熟动物

wild~ 野生动物

animated perspective 动态鸟瞰

animated walk-through 动态漫游

animistic 万物有灵论的

animistic sacredness 泛神论

Anise Hyssop *Agastache foeniculum* 茴藿香 / 大海索草

Aniseed/Anise ***Pimpinella anisum*** 欧洲大茴香

Anisetreelike Cinnamo ***Cinnamomum ilicioides*** 八角樟

Anji Bridge 赵县安济桥（中国河北省赵县）

Annabelle Smooth Hydrangea ***Hydrangea arborescens*** **'Annabelle'** 雪山八仙花 / 乔木绣球'安娜贝拉'（英国萨里郡苗圃）

Annam Pouteria ***Pouteria annamensis*** 桃榄 / 大核果树

Annapurna I Mountain 安纳普尔纳一号峰（尼泊尔）

Annatto/Lipstick Tree ***Bixa orellana*** **L.** 胭脂树 / 红木

annex 附加物，附件，附录；添加的建筑物，附属建筑物；附加，附带；合并，吞并

~storage 附属存储器，内容定址存储器 { 计 }

annexation 合并土地，合并

Anne Whiston Spirn 安·威斯顿·斯佩恩，美国风景园林专家，IFLA 杰里科爵士奖获得者

anniversary（周年）纪念日；每年的，全年的

~wind 年周风，季节风

Anno Domini（简写 A.D.）公元

annotate 注解，注释，给……做注解

annotated（**catalogue**）注释目录，题解目录（附有简介的目的）

~index 注释索引，简介索引

~leveling line 附合水准路线

annotation 注解，注释，相片调绘

announcement 布，宣告，公告

~window 布告窗宣

annual 年报，年鉴；年金，年租；年年的，每年的；一年的，一年一次的，一年生的

~and biennial flowers 一、二年生花卉

~and biennial plant 一、二年生植物

~audit 常年审计，年度审计

~average 年平均数

~average concentration 年平均浓度

~average daily traffic 年平均日交通量

~average price index 年平均价格指数

~average sediment yields 年平均流沙量

~balance 年终结余

~branch 一年生枝条

~budget 年度预算

~closing 年度决算

~coldest month 历年最冷月

~construction plan 年度规划

~cost 年成本，年度费用，常年费用

~crops 一年生作物

~cut（of a meadow）年度割草

~daily volume 年度平均日车流量

~effective temperature 年有效温度

~effective viscosity 年有效黏度

~flood 年最大流量，年洪水，年洪量

~flow 年流量，年径流

~flower 一、二年生花卉

~frost zone 年冻层

~grass crops 一年生草

~growth 年生长量

~growth period 年生长周期

~growth cycles 年生长周期

~growth rate 年增长率

~height increment 年生长量

~herb 一年生草本植物
~herbaceous plant 一年生草本植物
~hottest month 历年最热月
~housing survey 年度住房调查
~hydrologic balance 年水文平衡量
~increase 年增长（量）
~increase of the population 人口年增长
~increase rate 年增长率
~increment 年增长量
~inquiry 年度调查
~interest 年息
~maintenance 年度养护
~march 年变程，年变化
~maximum 年最高额
~mean 年平均
~mean daily flow 年平均日（车）流量
~mean flow 年平均流量
~mean temperature difference 年平均温差
~middle temperature 年平均温度
~minimum 年最低
~normal runoff 年正常径流量
~output 年产量
~overhaul 年度检修
~pay 年薪
~per capital income 人均年收入
~periodicity 年周期
~plant 一年生植物
~population count 年度人口统计
~population growth rate 年人口增长率
~power generation 年发电量
~precipitation 年（降）雨量；年降水量
~program 年度计划
~rainfall 年（降）雨量；年降水量
~range 年较差
~range of temperature 全年温度较差
~rate of construction new housing 年住宅建设速度
~rate of increase 年增长率
~rate of population increase 人口年增长率
~report 年度报告
~ring（of timber）（木材）年轮
~runoff 年径流
~value 历年值
~variation 年变化
~weed 一年生杂草
~working program 年度工作规划
~workshop 年会，年度讨论会
~yield 年产量
~yield by area 单位面积年产量
~zone 年轮

Annual Bellflower *Campanula canescens* 风铃草

Annual Bluegrass *Poa annua* 早熟禾 / 小鸡草

Annual Cady Tuft/Tocket Candytuft *Iberis amara* 屈曲花 / 蜂室花

Annual Chrysanthemum /*Chrysanthemum carinatum* 三色菊 / 花环菊

Annual Clubmoss *Lycopodium annotinum* 多穗石松 / 杉蔓石松

Annual Clubmoss *Lycopodium obsscurum/L. dendroideum* 玉柏石松 / 笔直石松

Annual Phlox/Phlox *Phlox drummondii* 福禄考 / 福禄花 / 草荚竹桃

annular 环形的，环状的
~drainage system 环形排水系统
~green space 环状绿地

Annulate plaqae owlet moth *Oxytripia orbiculosa* 蚀夜蛾

anoa/pygmy buffalo ***Anoa depressicornis*** 倭水牛

anomaly 反常，异常

anomie 社会反常

Anorthite 钙斜长石

Anorthoclase 歪长石

antarctic 南极，南极地带：南极的，南极地带的

~circle 南极圈

~pole 南极

~region 南极地区

antecedent rainfall 前期影响雨量

Antelope ***Bovidae*** 羚羊（目）

Antelope 羚羊

Antenna codlet/spotted codlet ***Bregnaceros maceletlandi*** 麦氏犀鳕

anteroom 门斗，前厅

anthemia 花丛

anther 花药

Anthophyllite 斜方角闪石

anthracity 无烟煤

Anthracnose disease of ***Aglaia*** 米兰炭疽病（***Colletotrichum gloeosporioides*** 盘长孢状刺盘孢 / 有性世代：***Glomerella cingulata*** 围小丛壳菌）

Anthracnose disease of ***Chlorophytum capense*** 吊兰炭疽病（***Colletotrichum*** **sp.** 刺盘孢）

Anthracnose disease of ***Chrysalidocarpus lutescens*** 散尾葵炭疽病（***Colletotrichum gloeosporioides*** 长孢状刺盘孢 / 有性世代为子囊菌门 ***Glomerella cingulata*** 围小丛壳菌）

Anthracnose disease of ***Clivia miniata*** 君子兰炭疽病（***Colletotrichum*** **sp.** 刺盘孢）

Anthracnose disease of ***Cymbidium faberi*** 蕙兰炭疽病（***Colletotrichum*** **sp.** 刺盘孢）

Anthracnose disease of poplar 杨炭疽病（***Glomerella cingulata*** 围小丛壳菌 / 无性世代：***Colltetotrichum gloeosporioides*** 胶孢炭疽菌）

Anthracnose disease of ***Sophora*** 龙爪槐炭疽病（***Colletotrichum*** **sp.** 刺盘孢菌）

Anthracnose disease of ***Yucca gloriosa*** 凤尾兰炭疽病（***Colletotrichum*** **sp.** 刺盘孢菌）

Anthracnose of Aloe 芦荟炭疽病（***Glomerella cingulata*** 围小丛壳菌 / 无性世代：***Colltetotrichum gloeosporioides*** 半知菌类）

Anthracnose of ***Araucaria heterophylla*** 南洋杉炭疽病（***Colletotrichum*** **sp.** 刺盘孢菌）

Anthracnose of ***Aspidistra elatior*** 一叶兰炭疽病（***Colletotrichum*** **sp.** 刺盘孢菌）

Anthracnose of ***Camellia japonica*** 山茶炭疽病（***Gleosporium rheae-sinensis*** 茶炭疽长盘孢菌）

Anthracnose of ***Chinese tuliptree*** 鸭掌木炭疽病（***Colletotrichum*** **sp.** 刺盘孢菌）

Anthracnose of ***Cinnamomum cassia*** 太平树炭疽病（***Colletotrichum gloeosporioides*** 胶孢炭疽菌 /***Glomerella cingulata*** 围小丛壳菌）

Anthracnose of ***Citrus medica*** 香橼炭疽病（***Colletotrichum*** **sp.** 刺盘孢菌）

Anthracnose of *Clerodendrum thomsonae* 龙吐珠炭疽病（***Colletotrichum* sp.** 刺盘孢菌）

Anthracnose of *Crassula portulacea* 燕子掌炭疽病 / 玉树炭疽病(***Colletotrichum gloeosporioides*** 胶孢炭疽病）

Anthracnose of *Cymbidium* 国兰炭疽病（***Colletotrichum* sp.** 刺盘孢菌）

Anthracnose of *Dieffenbachia* 斑马炭疽病（***Colletotrichum* sp.** 半知菌类）

Anthracnose of *Dracaena fragrans* 香龙血树炭疽病（***Colletotrichum gloeosporioides*** 胶孢炭疽菌）

Anthracnose of *Dracaena sanderiana* 富贵竹炭疽病（***Colletotrichum* sp.** 刺盘孢菌）

Anthracnose of *Euonymus japonica* 大叶黄杨炭疽病（***Colletotrichum* sp.** 刺盘孢菌）

Anthracnose of *Euphorbia trigona* 彩云阁炭疽病（***Colletotrichum* sp.** 刺盘孢菌）

Anthracnose of Ficus 榕炭疽病（***Colletotrichum* sp.** 半知菌类）

Anthracnose of *Ficus elastica* 橡皮树炭疽病（***Gloeosporium elasticae*** 橡皮树炭疽病）

Anthracnose of *Hydrangea macrophyllum* 八仙花炭疽病（***Colletotrichum hydrangea*** 绣球刺盘孢菌）

Anthracnose of *Hylocereus undatus* 量天尺炭疽病（***Colletotrichum opuntiae*** 仙人掌炭疽菌）

Anthracnose of *Jasminum sambac* 茉莉炭疽病（***Colletotrichum jasmincola*** 炭疽菌）

Anthracnose of jujube 台湾大青枣炭疽病（***Colletotrichum* sp.** 刺盘孢菌）

Anthracnose of lipred bracketplant 口红吊兰炭疽病（***Colletotrichum* sp.** 刺盘孢菌）

Anthracnose of *Livistona rotundifolia* 圆叶蒲葵炭疽病（***Colletotrichum* sp.** 刺盘孢菌）

Anthracnose of *Lycium* 枸杞炭疽病（***Colletotrichum gloeosporioides*** 胶孢炭疽病 / 有性世代：***Glomerella cingulata*** 围小丛壳菌）

Anthracnose of *Magnolia* 玉兰炭疽病（***Colletotrichum magnoliae*** 玉兰刺盘孢菌）

Anthracnose of *Michelia figo* 含笑炭疽病（***Colletotrichum magnoliae*** 玉兰刺盘孢菌）

Anthracnose of *Nymphaea* 子午莲炭疽病（***Gloeosporium nymphaeae*** 刺盘孢菌）

Anthracnose of *Opuntia robusta* 仙人镜炭疽病（***Colletotrichum gloeosporioides*** 胶孢炭疽病）

Anthracnose of *Paeonea suffruticosa* 牡丹炭疽病（***Colletotrichum* sp.** 刺盘孢菌）

Anthracnose of *Panax notoginseng* 田七炭疽病（***Colletotrichum gloeosporioides*** 胶孢炭疽菌 /***Colletotrichum dematium*** 黑线炭疽菌）

Anthracnose of Phalaenopsid 蝴蝶兰炭疽病（***Colletotrichum* sp.** 刺盘孢菌）

Anthracnose of *Pharbitis* 牵牛炭疽病（***Colletotrichum* sp.** 刺盘孢菌）

Anthracnose of *Philodendron* 蔓绿绒炭疽病（***Colletotrichum* sp.** 刺盘孢菌）

Anthracnose of *Portunella margarita* 金橘炭疽病（***Colletotrichum gloeosporioides*** 半知菌类）

Anthracnose of *Prunus mume* 梅花炭疽病（***Glomerella mume*** 梅小丛壳菌）

Anthracnose of *Rhodea japonica* 万年青炭疽病（***Colletotrichum mouteartinii* var. *rhodeae*** 万年青炭疽刺盘孢菌）

Anthracnose of *Schlumbergena bridgesii* 仙人指炭疽病（***Colletotrichum gloeosporioides*** 胶孢炭疽病）

Anthracnose of *Tillandsia* 金边铁兰炭疽病（***Colletotrichum* sp.** 刺盘孢菌）

Anthracnose of *Tulipa* 郁金香炭疽病（***Colletotrichum* sp.** 刺盘孢菌）

Anthracnose of *Vanda denisoniana* 丹尼松万代兰炭疽病（***Colletotrichum* sp.** 刺盘孢菌）

Anthracophora rusticola *Acalolepta sublusca* 双斑锦天牛

Anthropological Museum 人类学博物馆（墨西哥）

anthropogenic Landforms 人工地貌

anthropogeography 人类地理学

anthropology 人类学

anthropometry 人体测量学

Anthurium floribundum *Spathiphyllum floribundum* 白鹤芋

anti 反，逆，防，抗，耐

anti- 用在以开头的词、专有名词及专有形容词之前时，必须用连字符号连接

~-acid 抗酸的

~-acid cement 耐酸水泥

~-ager 抗老化剂

~-air-pollution system 防止空气污染系统

~-corrosion 防蚀

~-corrosion admixture（钢筋混凝土）阻锈剂；防蚀剂

~-corrosion coating 防蚀层

~-dazzle lighting 防眩灯光

~-dazzling screen 防眩屏（即遮光栅）

~-disaster access 救灾通道

~-epicenter 震中对点，反震中

~-flood interceptor 防洪截流渠

~-flood wall 防洪墙

~-glare fence 反眩光屏

~-glare panel 防眩板

~-glare screen 防眩屏

~-knock 抗震

~-noise 防噪声

~-noise screen 防噪声屏

~-pollutant plant 抗污植物

~-pollution 反污染

~-pollution measure 环境污染对策，公害对策，污染防治措施

~-rumble 减声器

~-seismic 抗地震的，抗震

~-seismic structure 抗震结构，抗震建筑

~-vibrating stability 抗震稳定性

~-water-logging 抗涝

Antiaris[common] *Antiaris toxicaria* 箭毒木

anticipated population 预测人口

anticipation survey 前景调查

anticline 背斜

antipollution device 防污染设施

antiquated 陈旧的，过时的

antique 古老的，古代的

~building 古建筑

~shelf 博古架
~store 古董店
~temple 古庙
antique-and-curio shelf 博古架
antiquity 古代；古迹，古物
antisaprobic zone 防污染带
Anti-season Construction 反季节施工
antiseismic engineering 防震工程
antiseismic regulation 抗震规范
antisound 反声
antithesis 对立面
Antwerp Mannerism 安特卫普样式主义
Antwerp Mannerists 安特卫普样式主义者
Aosta Valley 奥斯塔山谷（意大利）
Aoudad/barbary sheep（***Ammotragus lervia***）蛮羊 / 鬣羊
apadana 古波斯宫殿大厅
apartment 公寓，成套房间，单元式宿舍
~and lodging house combined 公寓与分租房屋合一
~area 公寓式住宅区，组团式住宅区
~block 街坊；公寓建筑，公寓大楼
~building 公寓建筑，公寓式房子，住宅大厦
~building with light well 小天井住宅
~combining shop and dwelling units 底层为商店等的集体宿舍、公寓
~complex 公寓大厦（美）
~for handicapped 残疾人住宅
~for elderly 老人住宅
~for the elderly 老年公寓
~hostel 公寓旅馆
~hotel 公寓式旅馆
~house 公寓，公共住宅，公寓式住宅，公寓大楼
~house with corridor accese 廊式公寓
~house with direct access 服务性空间共用的公寓；门厅、楼梯共用的公寓
~house of employees 职工住宅
~housing 多户住宅，公共住宅，多户住宅建筑
~in clogs 底层设有商店等公共建筑的住宅
~of tower building 塔式高层住宅
~on podium 台座式住宅
~skyscraper 公寓摩天大楼
~tower 塔式住宅，公寓塔楼
~unit 公寓套房，居住单位
~unit floor space 公寓居住单位面积
apartotel =aparthotel 公寓酒店，旅馆公寓
Ape-man Cave 猿人洞（中国北京）
aperture 窄孔；隙缝
apex [复] apices 顶，顶点，顶尖
~angle 顶角
~of arch 拱顶，拱冠
Aphelandra squarrosa **'Louisae'** 银脉单药花
Aphis 蚜虫类 [植物害虫]
Aphis of lawn 草坪蚜虫类 /***Rhopalosiphum padi*** 禾谷缢管蚜 /***Macrosiphum avenae*** 麦二叉蚜 /***Rhopalosihum padi*** 黍缢管蚜 /***Aphis medicaginis*** 苜蓿蚜 / ***Acyrthosithon dirhodum*** 无网长管蚜
Aphrodite 阿佛洛狄忒，爱与美的女神
apical dominance 顶端优势
Apo Mount National Park 阿波火山国家公园（菲律宾）
apodyterium（古希腊、罗马浴场）更衣室

Apollodorus（of Damascus）（Damascus）阿波罗多拉斯（大马士革）

Apollonian and Dionysian “梦幻的艺术世界”和“沉醉的艺术世界”

Apophylite 鱼眼石

apotropaic eyes 驱邪的眼睛（在希腊罗马艺术中，把人的眼睛画在艺术品上，用以避邪）

apotropaic imagery 避邪的抽象绘画

apparatus 仪器，器械；装置；设备机构，机关；注解，索引

~dew point 机器露点

apparent 明白的，显而易见的；表观的；表面的；形似的

~distance 视距{测}

~energy consumption unit 单位视在能耗

~error 视误差{测}

~horizon 视地平{测}

~surface 视表面

~velocity 表观速度，视速度

appearance 外貌，外观形状，状态；现象

~analysis 外观分析

~of fatigue 疲劳现象

~of fracture 裂面外貌，破碎现象

~of shoots 出苗

appendage 附加物，附属部分

appendix（简写 appx.）[复 appen- dic- es] 补遗，附录，附言；附属物

~to bid 投标书附录

appentice 厢房，耳房，坡屋

Apple 微机（个人计算机）牌号之一，苹果机；苹果，苹果树

~coal 软煤

~grove 苹果园

~orchard 苹果园

Apple Bitter Pit 苹果苦痘病[病原非寄生性，缺钙]

Apple Blossom Cassia ***Cassia javanica* L.** 爪哇山扁豆

Apple Blossom Creeping Phlox ***Phlox subulata* L. 'Apple Blossom'** 丛生福禄考‘苹果花’（美国田纳西州苗圃）

Apple Blossom Escallonia ***Escallonia* 'Apple Blossom'** ‘苹果花’鼠刺（英国萨里郡苗圃）

Apple Blossom Evergreen Clematis ***Clematis armandii* 'Apple Blossom'** 苹果花木通（英国萨里郡苗圃）

Apple crown gall 苹果冠瘿病（***Agrobacterium tumefaciens*** 癌肿野杆菌）

Apple dagger moth ***Acronicta termedie*** 桃剑纹夜蛾

Apple fruit split 苹果裂果病（病原非寄生性，果皮内水分失调）

Apple Hairstreaks/Black Hair ***Fixsenia pruni*** 苹灰蝶

Apple leaf curling aphid ***Myzus malisuctus*** 苹果瘤蚜

Apple sooty mold 苹果煤污病（***Gloeodes pomigena*** 仁果煤污菌）

Apple superficial scald 苹果虎皮病（病原非寄生性，果实内共轭三烯的产生为致病物质）

Apple woolly aphid ***Eriosoma lanigenm*** 苹果绵蚜

Apple（***Malus pumila***）苹果

applicability 适用（性）

applicant 申请人；报名者

application 使用，应用；申请

~blank（或 form）（空白）申请单

~drawing 申请图
~fee 申请费
~for insurance 保险申请
~for registration 申请注册
~for the position 求职申请
~form 申请表格
~of job 求职申请
~of returning work 复工申请
~program 应用程序
~software 应用软件
Applied 应（实、适、作）用的；外加的
~economics 应用经济学
~hydrology 应用水文学
~geology 应用地质学
~pruning 人为剪修
~rainstorm runoff charts 暴雨洪水查算图表
~science 应用学科
~software 应用软件（计）
~study 应用研究
appointment 任命，录用；指定；约；命令；[复]设备
~book 预约登记簿（美）
~call 定人定时呼叫
~of consultant/designer/planner 预约咨询/设计师/规划师
letter of~ 预约文函
termination of~ 预约限期
appraisal 评估
Appraiser Qualifications Board 估价师认证委员会
appreciable 可估计的，可看到的或可感觉到的
appreciation 判断，估计，评价，升值
~of land value 土地增值
apprenticeship 学徒
approach 接近；类似；逼近，途径，方法；引路，引道，引桥；进路，入口；近路；进入，进场；手段
~alignment 桥头引道接线近似值；近似法；（交叉口）进口道
~angle 趋近角，逼近度
~bank 引桥
~bridge 引桥
~channel；entrance channel 进港航道
~channel chart 进港航道图
~control facility 接近管制设施
~drive 入口车道
~embankment 引道路堤
~end 引道尽头，接近端
~end of runway 跑道尽端
~–end treatment 引道尽头处理
~fill 引道填筑，引道填方
~grade（桥头）引道坡度
~height zone 进近净空区
~light 降落信号灯，着陆指示灯
~line 出站线路
~locking 接近锁闭（完全锁闭）
~point 接近点
~rail 引轨
~ramp 引道坡，引桥坡道
~road 引道
~sign 引道标志，接近标志
~slope 渐近坡度
~span；approach trestle 引桥
~structure 引道结构
~surface 渐近面
~trench 交通沟
~trestle 引道栈桥
~trestle pier 引桥式码头

~velocity 行进流速
~viaduct 高架引桥，引道高架桥
~zone 引道区，进近区（导引飞机降落区，有信号标志等）
airfield~进场道
analog(ue)~模拟求解法
aspect of~目标缩影，目标投影比
clear~自由进近
conventional~习用方法
cost-benefit~成本—受益法，投资效益法
deterministic~明确（确定）的手段（方法）
dynamic~动态研究方法
dynamic response~动力反应法
elevated~高架引道
energy~能量法
energy balanced~能量平衡法
flexibility~柔度法
global~总的接近，全面近似值
inter-disciplinary~跨学科研究
macroscopic~宏观（方）法
microscopic~微观（方）法
modular~模块化方法
prototype~原型化方法
pseudo-static~准静力法
second~二次近似（数）
simplified~简化法
software design~软件设计法
statistical~统计方法
street~街道引路
structure~构筑物引道
system~系统分析法
theoretical~理论探讨，理论方法
three-stage engineering~三步骤工程研究法

appropriate 适当的，适应的，相当的；拨作……的费用，充当；专用；擅用
~a fund 拨款
~chart 专用图
~of fund 拨款

appropriation 经费，拨款；专有，专用；挪用
~of land 土地的占有
~of profit 利润分配
~request 拨款申请

approval 批准；承认，赞成，同意
~test 签订，合格性检验
~of an urban development plan（英）批准城市发展规则
~of drawing 批准图纸（符合要求设计图纸的批准）
~procedure for route selection（英）路线选择批准程序
~procedure，corridor（英）通道审批程序
~procedure，planning 规划审批程序
~procedure，route（美）路线审批程序
~process，design and location（美）设计与定位审批程序
~process of construction project 建设工程规划审批程序
design and location~（美）批准设计与定位
excavation~（英）批准挖方（工程）
final plan~最终计划审批

approve 批准；承认；赞成，同意；证实

approved 审定，已审定的，已批准的，已被认可的
~development site 已审定的开发位置

~plan（美）已批准的计划，核定之计划，核准图则

~plan for momentous projects（美）已批准的重大方案计划

~scheme（英）已批准的方案

~vendor list 批准的供应人清单

approving 赞成的，审批的

~agency（美）审批代办处

~authority 审批管理机构

~opinion 审批意见

approximate 近似的，大约的；接近；近似，约计

~account 概算

~adjustment 近似平差 {测}

~amount 概算

~analysis 近似分析 {数}

~calculation 概算；近似计算，近似算法

~deficiency of dwellings 近似缺房量

~error 近似误差 {数}

~estimate 大概估计

~number 近似数

~quantity 近似数量

~reading 近似读数

~solution 近似解（法）

~value 近似值

approximation 近似；近似值；略计；近似值；逼近 {计}；附属设施，附属建筑

~curve 近似曲线

~method 近似法，逐次接近法

tappurtenant 附属物；附属的

~structure 附属建筑物

Apricot ***prunus armeniaca*** **L.** 杏

Apricot leaf spot 杏焦叶病（病原待查，未发现寄生性病原）

Apricot plum ***Prunus simonii*** 杏李 / 酸梅

Apricot powdery mildew 杏白粉病（***Podospaera*** **sp.** 叉丝单囊壳菌）

Apricot Rostrum Pavilion 杏坛

Apricot tree Botryosphaeria gumm 杏侵染性流胶病（***Botryosphaeria*** **sp.** 子囊菌门）

Apricot tree crown gall 杏冠瘿病（***Agrobacterium tumefaciens*** 癌肿野杆菌）

Apricot vulgaris scab 杏花黑星病（***Cladosporium carpophilum*** 嗜果枝孢菌）

Apricot wood rot 杏木腐病（病原主要为担子菌门的数种层孔菌）

Aprocynum hendersonu hook 大花罗布麻（一种固沙植物）

apron 跳板；挡板；护坦；防冲铺砌；护床；护墙；围裙；停机坪，（铲运机）铲运斗门

~extension 海漫

~marking 停机坪标志

~space 码头前方作业地带

apse 半圆形壁龛

apsidal 半圆建筑，多角形建筑

apteral（古希腊、罗马）无侧柱寺院

Aqsa Mosque 阿克萨清真寺（以色列耶路撒冷）

aqua 水；液体；溶液（拉）

~ammonia（e）氨水

~fortis 硝酸

~privy 化粪式厕所

~storage tank 储水槽

aqua- ammonia absorption type refrigerating machine 氨—水吸收式制冷机

aquaculture 水产养殖

aquaculture base 水产养殖基地

aquar garden 水景园
aquarium 水族馆，水族池
aquatic 水草；水生动植物；水的；水生的；水边的；水上的；水栖的
~chemistry 水化学
~ecosystem 水生态系统
~flora 水生植物群，水生植物区
~growth 水草，水生植物
~life 水生物
~plant(s) 水生植物
~plant community 水生植物群落 [生]
~plant，emergent 自然水生植物
~plant，submerged 水下生植物
~plants garden 水生植物园
~pollution 水污染
~products 水产品
~sports 水上运动，水上游戏
~sport waters 水上运动场
~system 水系
submerged~ 水下生植物
aqueduct 渡槽桥，高架渠，导水管，桥管，水道
~bridge 水渠桥，高架渠
Aqueous landscape；aqual landscape 水成景观
Aqueous migration 水迁移
aquifer 蓄水层，含水层 { 地 }；滞水池；含水土层
~constant 含水层常数
~boundary 含水层边界
~recharge area 蓄水层注水区
~recharge forest，protected 灌水森林（防护森林）
confined~ 承压含水层
Aquincum Museum 阿奎恩库姆博物馆（匈牙利）
Aquitard 隔水层
~boundary 弱透水边界
arabesque 阿拉伯式图案，花叶饰
Arabian 阿拉伯的，阿拉伯人的
~architecture 阿拉伯建筑（包括伊斯兰建筑、撒拉逊式建筑等）
~capital 阿拉伯式柱头
~style 阿拉伯式
Arabian Coffee Tree *Coffea arabica* 水果咖啡 / 小果咖啡
Arabian Coffee/Coffee *Coffea arabica* L. 咖啡 / 小粒咖啡（也门国花）
Arabian Jasmine/Jasmine *Jasminum sambac*（L.）Ait. 茉莉花（巴勒斯坦、突尼斯国花）
Arabian oryx *Oryx leucoryx* 阿拉伯长角羚 / 阿拉伯大羚羊
Arabic shaduf 阿拉伯式吊桶取水装置
arable 可耕的，适于耕种的
~land（可）耕地
~land grade（英）耕地分类，耕地等级
~land rank（英）耕地分类，耕地等级
~parcel 可耕地块
~soil 可耕土地
~use 可耕用
~weed community 可除草社区
Arachis hypogaea 花生
araeometer（同 areometer）（液体）比重计
araeostyle 疏柱式建筑〈柱间净距等于柱径的四倍或四倍以上〉
araesystyle 对柱式建筑〈柱间净距为两倍和四倍柱径的成对交叉布置〉
Arafat Mount 阿拉法特山（沙特阿拉伯

麦加）

Aragonite 霰石，文石

Aragotite 黄沥青（美国加州天然沥青）

Araucaria cunninghamii 南洋杉

arbitral body 仲裁机构

arbitrary 任意的，随意的，随机的；适宜的；任性的

~assumption 任意假定

~central meridian 任意中央子午线

~datum 假定基面

~deformation 任意形变

~factor 任意因素，假定因素

~proportioning 习用配料法

~proportions method（混凝土）习用（体积比）配料法

~-sequence computer 可变时序计算机

~shape 任意形状

~zone 任意带

arbitration 仲裁，公断

~agency 仲裁机构

~agreement 仲裁协议

~award 仲裁裁决

~body 仲裁机构

~commission 仲裁委员会

~organization 仲裁机构

~proceedings 仲裁事项，仲裁活动记录

~rule 仲裁规则

arbitrator 仲裁人，调停人

arbor [复 arbores] 乔木，树；活树亭；（机床等）转，心轴，心骨；边框；同 arbour

Arbor-Day 植树节

arbor，grapevine（美）葡萄藤架

Arboreous 树木的，树状的；树木茂盛的

arborescence 树形图，树枝

arborescent 树木状的；乔木状的；枝状的

arboret 小树，灌木

arboretum 植物园，树木园

arbor-form 乔木状

arboriculture 树木栽培（学）；树艺；造林

arboriculturist 树艺专家，树木栽培家

arborist 育树专家，树木栽培家，树艺家，树木研究者

arborization 树枝状

arbor-species 乔木树种

Arborvitae fern *Selaginella braunii* 布朗卷柏（美国田纳西州苗圃）

arbour 花棚，凉棚，枝编棚架，林荫道

arc（圆）弧；电弧；弧拱；圆弧的；电弧的；拱形的

~back 逆弧{物}

~bearing plate 弧形支座

~lamp 弧光灯

~length 弧长

~light 弧光灯

~measurement 弧度测量

~tangent 反正切

~welder 弧焊机

Arc de Triomphe de l'Etoile（19 世纪前期法国巴黎）星形广场凯旋门

Arcana Bamboo *Phyllostachys arcana* 石绿竹 / 三月竹 / 阴雀竹

arcade 拱廊，骑楼，有拱廊或骑楼的街道（两侧常为店铺）

~sidewalk 拱廊人行道，骑楼人行道

arcafure 盲拱

arch 拱；弓形，半圆形；拱门，拱券；作成拱，拱起

~-abdomen dam 腹拱坝
~abutment 拱台
~action 拱（的）作用，拱圈作用
~and pier system 拱—墩系统，拱—墩制
~arcade 拱廊
~axis 拱轴
~axis coefficient 拱轴系数
~bar 拱板
~brick 楔形砖，砌拱用砖
~bridge 拱桥
~cantilever bridge 拱式悬臂桥
~centering 拱架
~cover（ing）拱板，拱盖，拱上铺装
~crest 拱顶；拱高
~crown 拱冠，拱顶
~crown block 拱顶石
~culvert 拱涵，拱形涵洞
~dam 拱坝
~door 拱门
~face 拱面
~falsework 拱形脚手架
~moulding 拱饰{建}
~rise 拱矢，拱高，拱矢高
~roof 拱顶，拱形屋顶
~scaffolding 拱架
~seat 拱座
~set 拱式支架
~slab 拱板
~span 拱跨
~-stone 拱石
~structure 拱结构
~support 拱座
~type 券式
~viaduct（跨谷）高架拱桥
~wall 拱墙
~way 牌坊
acute~ 锐拱，尖拱
apex of~ 拱顶，拱冠
askew~ 斜拱，歪曲拱
balanced~ 平衡拱
barrel~ 筒形拱
basket handle~ 三心拱{建}
bell~ 钟状拱{建}
blank~ 轻拱，装饰用拱，假拱{建}
blind~ 实心拱
blunt~ 垂拱{建}
bowstring~ 系杆拱，弓弦拱
box-rib-through~ 箱形肋下承式拱
braced~ 桁拱
braced rib~ 桁肋拱
braced tied-~ 桁架式系杆拱
brick~ 砖拱
brick on end soldier~ 竖砖拱
bridge~ 桥拱
camber~ 弯拱
catenarian~ 悬链拱
catenary~ 悬链线拱
circular~（圆）弧拱
collapse~ 坍落拱
common~ 粗拱
composite~ 复合拱
compound~ 合成拱，组合拱
corbel~ 突拱{建}
crescent~ 新月形拱，镰刀形拱
cusped~ 尖拱
cycloidal~ 圆滚线拱{建}
diminished~ 平圆拱
double-hinged~ 双铰拱
double webbed plate~ 双腹板拱
drop~ 垂拱

dumb~假拱
egg-shaped~蛋形拱
elliptic(al)~椭圆拱
equilateral~等边拱
framed~构架拱
full center（ed）~（或 vault）半圆拱
Gothic equilateral pointed~哥特式等边尖顶拱
ground~地层拱
half~半拱
hance~平圆拱，三心拱
lenticular~双叶拱
loading~承载拱
masonry~圬工拱，砖石拱
mix~混合拱
mural~壁拱
natural~天然拱
oblique~斜拱
obtuse~钝拱，圆拱
open~明拱
oval~椭圆形拱
parabolic~抛物线拱
pediment~三角拱，人字拱
pipe~管拱，钢管肋拱
scheme~平弧拱
segmental~弓形拱
semi-~半拱
semi-ellipse~半椭圆拱
semi-elliptical~半椭圆拱
semicircular~半圆拱
Arch of Hadrian 阿德里安拱门（希腊）
Arch of the Dunhuang Mogao Grottaes 敦煌莫高窟牌坊（中国）
Arch of Triumph 凯旋门（平壤）
archaean 太古代的
Archaean Eon 太古宙｛地｝
~Eonothem 太古宙｛地｝
~era 太古代｛地｝
archaeological 考古学的
~area for future digging，protected（英）考古拟挖掘区（防护的）
~dig（美）考古挖掘
~dig-area（美）考古挖掘区
~excavation 考古发掘
~（excavation）area 考古挖掘区
~excavation，garden 花园的考古发掘
~Museum 考古博物馆
~probability area（美）考古概率区
~site 考古地点
archaeological site park 遗址公园
archaeologist 考古学家
archaeology 考古学
Archaeozoic era 太古代
archaic 古老的，古代的，陈旧的
~architecture 古建筑学
archaic map 古地图学
archangel 当归属植物
archbishop；primate 大主教
arched bridge 拱桥
archery 射箭；射箭术，射箭场
archetypal 典型的
~designs 原型设计
archetype 原型
Archiac Period Greek 希腊古风时期
Archigram “阿奇格兰姆”
Archimedes principle 阿基米德原理
arching 弓形结构；弓形部分；形成拱的
~ornamental grass 弓形观赏草地
~stems，vine（美）弓形葡萄藤架
archipelago 群岛

architeconics 建筑原理

architect 建筑师，建筑师事务所

landscape~ 园林师，风景园林师，景观营造师，景观师

architectonic 地质构造，大地构造构造的；建筑术的

~geology 构造地质学

architectonics 建筑学，建筑原理；构造设计，构造体系，建筑体系

Architects Regional Council Asia 亚洲建筑师协会

Architects' registration ordinance 建筑师注册法

architect's sketch 建筑师的草图

architectural 建筑（上）的，建筑学的

~acoustics 建筑声学

~aesthetics 建筑美学

~appearance 建筑外形，建筑外观

~area 建筑总面积

~area of building 房屋建筑面积

~complex 建筑群，建筑综合体

~composition 建筑布局，建筑构造；建筑构图；建筑构造方式

~conception 建筑意境

~concrete 装饰混凝土

~conservation 建筑文物保护

~construction 建筑构造

~context 建筑文脉

~control 建筑管理，建筑管理规则

~criticism 建筑评论

~culture 建筑文化

~decoration 建筑装饰学

~design 建筑设计

~design methodology 建筑设计方法学

~detail 建筑细部

~drafting 建筑制图

~drawing 建筑制图

~education in China 中国建筑教育

~education in foreign country 外国建筑教育

~elevation 建筑立面图

~engineering 建筑工程（学）

~ensemble 城市建筑群，建筑总体效果

~environment 建筑环境

~facade 建筑立面

~feature 建筑特征

~form 建筑形式，建筑形象

~garden 建筑构图式庭园

~geometry 建筑几何学

~history 建筑史

~image 建筑意象，建筑造型

~lamp 装饰灯

~lighting 建筑采光学，建筑照明，建筑光学

~masonry（work）砖石建筑

~mechanics 建筑力学

~metaphor 建筑隐喻

~model 建筑模型

~modulus 建筑模数

~monument 纪念性建筑

~mood 建筑意境

~morphology 建筑形态学

~or historic interest，list of historic buildings of special（英）建筑古迹（古建筑专门名录）

~order 建筑柱式

~ornament 建筑装饰

~periodical in China 中国建筑刊物

~periodical in foreign country 外国建筑刊物

~perspective 建筑透视图
~physics 建筑物理
~plan 建筑平面图
~planting 整形种植
~presentation 建筑表达
~programming 建筑策划
~register 建筑注册
~section 建筑剖面图
~semiotics 建筑符号学
~sketch 建筑草图
~specifications 建筑规范
~style 建筑风格，建筑式样，建筑形式
~style garden 建筑式庭园
~treatment 建筑（艺术）处理
~working drawing 建筑施工图
Architectural Society of China 中国建筑学会
Architectural Institute of Japan（简写 AJJ）日本建筑学会
architecture 建筑；建筑学；建筑物；建筑式样；建筑风格；构造，结构；体系结构，功能结构 {计}
~composition 建筑布局，建筑构图
~elect 选用建筑〈推荐采用的建筑形式〉
~of Asia minor 小亚细亚建筑
~of Ming Qing dynasties 明清建筑
~of Qin and Han dynasties 秦汉建筑
~of Shang and Zhou dynasties 商周建筑
~of Song，Liao，Jin and Yuan dynasties 宋辽金元建筑
~of Sui，Tang and Five dynasties 隋唐五代建筑
~of Three Kingdoms，Jin，Northern and Southern dynasties 三国两晋南北朝建筑
landscape~ 风景园林学；造园学；造园；景观营造学；景观学
Master of landscape~ 风景园林学硕士
Architrave 阑额；额枋；檐枋
archival database 档案数据库（用复）
archive 公文，档案；档案室，档案馆
~diskette 文件软盘
archway 拱道，拱廊
Arco di Coustantino 君士坦丁大帝凯旋门（意大利）
arcoated construction 拱式构造
arcological city 仿生城市
arcology 生态建筑学〈在单一建筑结构内达到完整计划的城市或环境〉
arctic 北极圈，北极地方；北极的；北极区
~circle 北极圈
~construction 寒冻区建筑
~Ocean 北冰洋
~Pole 北极
~prairie 北极草原
~weather 严寒天气
Arctic Fire™ Dogwood *Cornus stolonifera* 'Farrow' 偃伏梾木‘法罗’（美国田纳西州苗圃）
Arctic fox/blue fox（***Alopex lagopus***）北极狐 / 白狐 / 蓝狐
Arctic warbler（***Phylloscopus borealis***）极北柳莺 / 铃铛雀 / 柳串儿 / 浦边丝
Arctotis Grandis/African Arc Totis *Arctotis hybrida* 蓝目菊 / 非洲灰毛菊
arcuate 拱式的；弓形的
~architecture 拱式建筑
Arcuate Calanthe *Calanthe arcuata* 短距虾脊兰
ardometer 光测高温计

acre 公亩

area 面积；面，地区，区域，范围；空地，场地，主面基面{地}

~action planning 地区行动规划

~assessment 区域评价

~bar chart 面积条形图

~boundary 地区界线

~center 地区中心

~classification 地区分组，区域分组

~coefficient 面积系数

~comparability factor 区域可比因素

~control 面控制，区域控制

~covered by definite protects 确定保护之地区

~development 地区开发

~differentiation 区域差异

~district〈土地利用规划〉面积分区

~drain 地面排水

~for industrial use 工业用区域

~for settlement 新居民区

~geology 区域地质学

~hydrologic forecasting 区域水文预报

~intended for general recreational use 一般休息、娱乐区

~laboratory，natural 自然实验所

~management，recreation 区域管理（休息娱乐区）

~management，recreational 区域管理（休息娱乐区）

~of base 地基面积，底面积

~of bearing 支承面（积）

~of building 建筑面积，房屋面积

~of contact 接触面积

~of decay 减弱区域

~of depression 沉降地区

~of dwelling unit 居住单元面积

~of flowing cross-section 过水断面

~of house trailer space 房车停放区

~of Masaya Volcano 马萨亚火山区

~of nature reserves 自然保护区

~of one sprinkler operation 一只喷头的工作面积

~of outstanding natural beauty 著名自然风景区

~of outstanding scenic beauty 著名自然风景区

~of planning 规划区

~of pressure 受压面积

~of principal building 主要建筑物面积

~of pumping depression 抽水下降面积

~of regeneration 改造区

~of reinforcement 钢筋（截）面积

~of rot 风化区；腐蚀区

~of runoff yield 产流面积

~of scientific investigation 科学研究领域

~of section 截面面积

~separator 区域分隔带

~of sprinklers operation 洒水面积

~of steel 钢筋（截）面积

~of structure 构造面积，建筑面积

~of subsidence 下沉面积

~of vegetation 植物生长区

~of water 水区

~of water drenching 淋水面积

~of yield 供水区

~ownership map 所有权图区

~planning，metropolitan 大都市区域规划

~planning，overall 总体区域规划

~planning，recreation 娱乐区域规划

~ratio 面积比
~recreation planning，urban 城市区域娱乐规划
~study survey 区域范围勘查
~subject to mining subsidence 受采空塌陷的区域
~（traffic）control 区域（交通）控制
~traffic control system（ATCS）区域交通控制系统
~vegetation，existing 现有区域绿化植被
~with all facilities，service 服务设施齐全的地区
~with partial facilities，service 拥有部分服务设施的地区
abysmal~深海区
accumulation~堆积区；冰川
active~有效面积
active recreation~活动休闲区
admittance~导纳面积，通导截面
agricultural~农业区
alimentation~补给区
archaeological（excavation）~考古挖掘区
archaeological probability~考古概率区
archaeological dig~考古挖掘区
avalanche source~崩塌源区
backward~落后地区
bathing~海滨浴场
bearing~支承面积，承压面积
benthic~水底或海深水区
blighted~荒地；污染区；败废区
blowdown~排污区
border~路边地带
borrow~采料场，取土场
borrow-~取土区，采料区
brushy~（美）灌木林区
buffer~缓冲区，防护隔离区
buildable~（美）可建筑区
building~建筑面积
built-up~建成区，市区，组合面积
built-up urban~城市建成区
burial~坟地，墓地
burned~烧坏的地区（场地）
burning~燃烧面积，（垃圾等）焚化场
calculated~计算面积
capture~控制地区
catchment~汇水面积，受水面积
check~检查区
clean air~未污染空气区
clear~有效截面（积）；安全道；清除区，空白区，零区{计}
clear cutting~（美）确定的挖掘区
clear felling~（英）确定的伐木区
clearance~净空白区
climate~气候分区
climax~气候极点区
closed~封锁区域
coastal~沿海地区
cold air source~冷空气源区
commercial~商业（地）区
commercial and light industry~商业和轻工业区
common~公用地，公地
competition~竞赛区
configuration of an~地区地形
conservancy~封山育林地区，水土保持地区
conservation~（英）资源保护区
control~（航空）控制区
convention~集会地区；协议地区；常

规地区
core~核心地区，中心地区
coseismic~同震区
countryside recreation~郊区娱乐区
courtyard living~庭院生活区
critical~临界区
crop~种植区
cross-sectional~横截面面积
crowded downtown~闹市区，繁华商业区
cultivated~耕作区
cultural relic preservation~文物保护区
cut~（美）挖掘区
damaged~损坏地区
day-trip recreation~（英）日往返游览区
day-use recreation~（美）日游览娱乐区
decay~减弱区域
dense~密集区
depressed~低地，洼地
designated land-use~指定的土地使用区
developed~发达地区
developed~（美）开发地区
developing~建筑区，开发区
dog's exercise~（英）爱犬训练场地
downtown~市中心区，城市热闹地区，闹市区
drain~排水面积，泄水面积
drainage~汇水面积，排水面积，泄水面积，疏干面积；流域
drinking water catchment~饮用水集水区
dripline~须根系（植物）
dump~垃圾场，废土场，弃土场
effective~有效面积
effective cross-sectional~净截面，有效截面积
entrance~入口区
environmental~环境区（无交通干扰）
excursion~（英）游览区，旅行区
experimental~实验区；试验场
exploitable~开发区
farmland consolidation~（美）农田固结区，耕地强化区
feasibility~可行性范围
fish spawning~鱼苗区
flood~淹水区
flood fringe~（美）洪水边缘区
flood hazard~洪水危险区
flood-prone~洪泛区，淹没区
flooded~泛滥区，淹没地区；淹没面积
floor~地板面积，建筑面积
floor~ratio 容积率
forest~森林区，林区
forest products~（美）林产品；木材，木料
forested~有林地
fragile~（美）脆弱区
free play~自由行动区；免费游戏区
free trade~自由贸易区
fringe~边缘地区，外围地区
frost~冰冻地区
garden plot~公（花）园地块
green~绿化区
grassed~植草（地），铺草（皮）地区
green space conservation~绿地保护区
gross~总面积，全部面积
hardscape~（美）硬质景观区
health care facilities~保健设施区
health facilities~（美）健身区（场所）
heavy hilly~重丘区
heritage~遗产区
hibernation~动物冬眠地区

hiking~步行区
hilly~丘陵地区
historical relic presservation~历史文物保护区
holiday~（英）休假地区
horticultural exhibition~园艺展览区
housing~住房区（域）
impaired~损坏面积
impounded~集水面积
inaccessible~荒野，偏僻之处
industrial~工业区
industrial green~工业绿化区
inner residential~市内住宅区
intake~入口区；进水区
intensive recreation~充分休息娱乐区
intermediate~中间地带，缓冲地带
investigation~勘测区；调研区；试验区
irrigated~灌溉面积
irrigation~灌溉面积
land consolidation~（英）土地固结区
landscape management~园林管理区
landscape protection~园林保护区
landscaped~园景美化地段，园林
large spoil~（美）大废料场；大弃土场
leftover~废料场
light hilly~阜丘区
living~居住面积
loading~载重面积，装载面积
local community~近郊居住区
low-lying~低地
low-rainfall~低雨量地区
marshy~沼泽地，泥沼地，湿地
measured surface~测度表面区
metro~大都市区
metropolitan~首都地区，大城市地区，大都市区域
mini~小地块
mountainous~山地
natural landscape~自然风景区
natural research~（美）自然研究地区
naturally-sprayed~自然喷雾区
neighborhood improvement~邻近改建区
net floor~地板（或楼层）净面积
net site~净占地面积
noise protection~噪声防护区
noise-sensitive~噪声敏感地区
occupied~占用地区
origination~（美）创办地区；起点地区
outdoor~户外面积；野外地区
outlying~（城）郊区，城市外围区
overwintering~越冬区
palustrine~沼泽地；多沼泽地区
parking~（美）停车区
passive recreation~安静休闲区
paved~铺砌区
pavement~（美）铺面区
peat-cut~泥炭采掘（井）地
pedestrian~步行区
peripheral built~周边建成的地区
pet exercise~（美）爱畜训练地
placement~施工现场，工地
plain~平原区
planning~规划范围
planted~种植地，绿地，绿化面积
planting~种植区，栽植区
play~运动场；行动地区
plot~计划地区，绘出地区
pond~淹没地区
poop-scoop~（英）犬卫生设备；犬训练地

practice game~（美）游戏练习场
private green~私有绿化区
protected~防护带，防护区
protected fish habitat~安全渔场
protected spawning~鱼产卵防护区
public green~公共绿化区
populated~居住区
quiet~安静区
rain~降雨面积
rainfall on~面雨量
rambling~漫游区；出游区
ranching~牧区
rate of road in green~道路绿地率，道路绿地率
recovery~救险区，缓冲区
recreation~休息娱乐区
recreation destination~旅游终点区
recreation origination~旅游起点区
recreational~休养区；旅游区，游乐场（所），文娱场地
refuge~安全区；避车区
relaxation~松弛区，休息地；游客接待地
relict~残留区
residential~住宅区，居住区
rest~休息区
resting~休息地
road green~道路绿地
rotted~风化岩石区；岩屑区
rugged~崎岖地
ruin earthquake~破坏性地震区
rural~乡区，乡村地区；郊区
rural recreation~农村休息娱乐区；郊区休息娱乐区
sand~沙区；铺砂区
scientific developing~科学开发区
seasonal frost~季节性冰冻地带
sectional~（简写 s.a.）截面积，横断面面积
seepage~渗漏区
seismic(al)~地震区域
sensitive~敏感地区
service~服务区域；有效范围；供应区
settlement~沉降地区；住所地区
shallow water~浅水区
shrub planting 灌木种植区
sitting~起居区
skiing~滑雪区
spawning~鱼产卵区
special use~（城市规划）特殊用地
spoil~弃土地，废料场
sports~运动场
spring protection~春季保护区
stockpile~存货场；贮料场
stopping~（英）停车区
study~研究范围
suburban recreation~郊区休息娱乐场
succession~轮作区
sunbathing~日光浴场
surface~表面（面）积
surface mining~层面开采区
surrounding~周围地区
swampy~泥沼区，泥沼地
temporary community garden~（美）临时社区公园
test~试验区
test~of paving surface~（美）铺砌面试验面积
timber research~森林调查区，树木研究区

toddlers play~（英）学生儿童游戏区
tourist~旅游区
transition~过渡区
transitional~过渡面积；过渡区{地}
unbuilt~非建成区，未建区；未建成面积
unbuilt site~（英）未建成区
undermining~采空区
undeveloped peripheral~（英）未开发的周边地区
undulating~丘陵区
unit~单位面积
unpaved~未铺路面地区
unpopulated~未入住区
unstructured play~（美）自由娱乐区
urban~城市地区，市区
urbanized~城市化地区
urban renewal~城市更新区
usable~使用面积
usable floor~使用建筑面积(办公楼等)
vegetated~植草区
virgin~原始区；未开垦地区
visually prominent~（英）视野清晰区
waste~弃土场，废料场
water collecting~汇水面积，集水面积
water conservation~（英）水保护区
water-deficient~缺水地区
water-producing~汇水面积
wild animals refuge~野生动物保护区
wilderness~（美）荒野地区，野外
wind~受风面积
windfall~树木被大风刮倒的地区
wind-swept~受风区，风吹区
wooded~产木地区；森林面积
wound~风蚀地区
zoned green~（美）分区绿化地区

areal 面积的；地域的；广大的
~coordinates 重心坐标{数}
~differentiation 地域差异
~division of labour 劳动地域分工
~geology 区域地质学
~metric 面积测量
~rainfall 面雨量
~ratio modification 面积比改正
~specialization 地域专业化
~symbol 面状符号
~system 地域系统
~theater 表演场在观众席中央的剧院
~type of industry 工业地域类型
~type 地域类型，曾用名“区域类型”
~type of agriculture 农业地域类型

Areas of Three Parallel Rivers 三江并流景区（中国）

areaway 地下室前的空地；(建筑物之间的)通道

areawide control 区域控制

Aregelia Carolinae ***Neoregelia carolinae*** 彩叶凤梨

Argali sheep ***Ovis ammon*** 盘羊/巨野羊

Argentatic Parthencum ***Parthenium argentatum*** 灰白银胶菊/银胶菊

Argentine Trumpet Vine ***Clytostoma callistegioides*** **(Cham.) Bur. et Schum.** 连理藤

arena 比赛场所，活动场所，竞技场，圆形舞台
~stage 中心舞台

arenaceous 砂(质)的，多砂的，散碎的；干燥无味的
~quartz 石英砂

~rock 砂质岩
~sediment 砂岩，砂质沉积物
~shale 砂质页岩
~texture 砂质结构；松散结构
arene 芳香烃；（风化）粗砂
arenosol 红砂土
Areolated grouper/Squaretail rock cod（***Epinephelus areolatus***）宝石石斑鱼 / 石斑
areostyle 疏柱式建筑，古罗马德斯金式建筑〈柱子之间的间距为 4~5 倍柱直径〉
areosystyle 对柱式建筑物
Argentine Blue-eyed Grass/Satin Flower ***Sisyrinchium striatum*** 庭石菖
argid 黏化旱成土
argil 白土，陶土，矾土
argillaceous 泥质的，含黏土的，含陶土的，黏土似的
~desert 泥漠
argillous 泥质的，含黏土的，黏土似的
Argy Sagebrush ***Artemisia argyi*** 艾蒿 / 香艾
arid 干燥的，干旱的
~climate 干燥气候
~grassland 干旱草地；干旱牧场
~plain 干旱平原
~region 干旱（地）区，干燥（地）区；干旱地带
~soil 旱带土
~sward 干旱草皮
~weather 干燥气候
aridity 干燥度（干旱指数）
Aristotelian 亚里士多德的
arithmometer 计算机，计数器
Arizona Cypress ***Cupressus arizonica Greene*** 绿干柏
Arizona Cypress ***Cupressus arizonica*** **'Fastigiata'** 美洲柏木（英国萨里郡苗圃）
Arizona Memorial（**America**）"亚利桑那号"纪念馆（美国）
Arja Yard 阿嘉仓（中国北京市）
Ark 方舟旅馆
Arlington National Cemetery 阿灵顿国家公墓（美国）
armadillo ***Priodontes giganteus*** 大犰狳
Armand Clematis ***Clematis armandii*** 小木通 / 川木通（英国萨里郡苗圃）
Armand Pine/David's Pine ***Pinus armandi*** 华山松 / 白松
Amaranth ***Amaranth mangostanus*** 苋菜
Armeniaca mume Beauty mei ***Prunusx-blireana*** **cv.** ***Meiren*** 美人梅
Armenian Orthodox Church 亚美尼亚东正教教堂（新加坡）
Armenian style 亚美尼亚式
armor layer of rubble break water 护面层
Armour Persimmon/Spring Persimmon ***Diospyros armata*** 金弹子 / 瓶兰花
armoured concrete 钢筋混凝土
Armour Persimmon/Spiny Persi ***Diospyros armata*** 蓝瓶花
armo(u)ry 军械库，兵工厂
Armstrong Freesia ***Freesia armstrongii*** 红小苍兰 / 长梗香雪兰
Armstrong's sandpiper /spotted greenshank ***Tringa guttiger*** 小青脚鹬
Arnica ***Arnica montana*** 山金车 / 豹毒
Arnold Arboretum 阿诺德植物园

Arnolfo di Cambio 阿诺尔福（坎比奥）
Arolla Pine ***Pinus cembra*** 瑞士石松（英国斯塔福德郡苗圃）
aromatic 芳香族的{化},芳香；芳香剂，香料，芳香族
~blend 芳香性混合物
~cedar 香杉木，东方红杉木
~garden 芳香花园
~plant 芳香植物
aromatic turmeric ***Curcuma aromatica*** 黄丝郁金/玉金
around 围着，绕着，在周围；围着，在周围，四面；各处；在附近
arrange（简写 ARR）排列；整理；安排，布置；调整；协议，商妥；改编
arrangement 排列；整理；安排；布置；预备；装置；协议；改编
~diagram 布置图
~in parallel 并列
~of stones 置石
~of trees and shrubs 树木配植
~plan 布置图，配置图
~without system 非系统排列
Build-operate-transfer~ 建造、营运及移交的协议
cross~ 交错排列
functional~ 功能图，方块图
general~ 总体布置
street~ 街道布置
arranged hidden scene 抑景
arris 凸角
arrival 抵达，到来
~-and-departure sidings（铁路的）到发线，起讫线
~platform 到达站台
~track（铁路的）到达线
arrow，north（美）指北针
Arrow Bamboo ***Pseudosasa japonica*** **(Sieb. et Zucc.) Mark. ex Nkai/Arundinar** 矢竹（英国萨里郡苗圃）
Arrow Epimedium ***Epimedium sagittatum*** **(Sieb. et Zuce.) Maxim.** 箭叶淫羊藿
Arrow Head ***Sagittaria trifolia*** 慈姑
Arrow (Shooting) Tower 箭楼
arrowhead map 动线地图
Arrowhead Plant/Arrowhead Vine ***Syngonium podophyllum*** 白蝴蝶/合果芋
Arrowleaf Orange ***Citrus hystrix*** 箭叶橙/马蜂橙
Arrowroot/Obedience Plant ***Maranta arundinacea*** 竹芋/忠顺草
Arrowshaped Tinopora ***Tinospora sagittata*** 青牛胆/山慈菇
arroyo 小河，细流，小溪；旱谷，干河道
arsenal 兵工厂，武器库
art 艺术，美术；技巧；人工
~and part 策划并参与
~deco 装饰艺术
~director 艺术指导
~gallery 美术馆，美术陈列馆，美术馆建筑
~glass 美术玻璃
~museum 美术馆
~of building 建筑艺术
~of garden colors 园林色彩艺术
~art gallery 画廊，美术陈列馆
Art and Language Group 艺术和语言小组
~critic 艺术批评家

~criticism 艺术批评

Art d'Avant-Garde 先锋派美术，先锋派艺术

~for art school 为艺术而艺术流派

~for life's sake 为人生之艺术

~impulse 艺术冲动

~instinct 艺术本能

~lettering 美术字

~media 艺术手段

Art Museum of Romania 罗马尼亚艺术博物馆（罗马尼亚）

~of assemblage 装置艺术

~of weaving and embroidery 织绣美术

~theorist 艺术理论家

~theory 艺术理论

Artemis of Ephesus 以弗所阿耳台密斯神庙（意大利）

Artemisia Silver Mound ***Artemisia schmidtiana*** **'Silver Mound'** 朝雾草（美国田纳西州苗圃）

arterial 主干的，干线的，干道的；动脉的

~canal 干渠；干线运河

~forest road 森林干线公路

~grid 干线网

~high way 干线公路

~parkway 干线公园路

~pattern 干线类型

~road；trunk road 港口主干道；主干路

~street 城市干道，干线街道

~traffic 干道交通，干线交通

arteries of communication 交通干线，交通网

Arternision（古希腊）月神庙

artery 动脉，干线大道（主要的街和道路）

artesian 自动流出的

~aquifer 自流水层，承压水，含水层

~basin 自流泉盆地

~fountain 自流喷泉

~ground water 自流地下水

~head 自流水头

~pressure head 承压水头

~spring 自流泉

~water 自流井水

~well 自流井，自流水井，深井

artfultea ***Catha eculis*** 巧茶 / 阿拉伯茶

artfully placed stones 置石艺术

Artichoke/globe artichoke ***Cymara scolymus*** 朝鲜蓟

Artichoke Cactus/Denegri Obre ***Obregonia denegrii*** 帝冠

Articles of corporation 公司章程

articulation 关节；联结；接合；铰接；（无线电）清晰度

~of space 空间处理

artifact 制品，艺术作品

artifice 方法，技能

artificer 技工

artificial 人工的，人造的，人为的，仿真的

~atmosphere 空气调节

~bitumen 人造沥青（即焦油沥青）

~brain "人工脑"（即计算机）

~cementing 人工压浆处理

~city 人造城市〈由设计师和规划师精心创建的城市〉

~climate 人造气候

~cognition 人工识别

~community 人工群落
~control 人工控制
~crystal 人造晶体
~daylight 太阳灯，日光灯
~drainage 人工排水，人工水系
~drainage network 人工河网
~drying 人工干燥施工法
~ecosystem 人工生态系统
~environment 人工环境
~environment simulation 人工环境模拟
~fertiliser（英）人造肥料
~fiber 人造纤维
~fill 人工填方
~forest 人工林
~freezing of ground 人工冻结地基
~gas 人造气体
~grass 人工草皮,（人工）合成草坪
~ground 人工地基，人造土地，人工土地
~harbour 人工港湾
~hill 假山
~hill ock 假山
~intelligence 仿智；人工智能
~lake 人工湖，水库
~land 人造陆地
~landform 人工地形
~landscape 人工景观
~marble 人造大理石，仿云石
~mineral 人造矿物
~mound 土山
~mounment 人造标识，人造纪念物
~navigable waterway 运河
~pasture 人工草地
~pollution source 人为污染源
~pond 人工池
~precipitation 人工降水
~product 人工制品
~rain（fall）人工降雨，人造雨
~rainfall device 人工降雨装置
~recharge 人工补给（人工回灌）
~recharge of ground water 地下水人工回灌
~replenishment 人工填充（砂或其他），疏浚排泥填岸
~resin 人造树脂
~respiration 人工呼吸
~reverberation 人工混响
~rockery 塑山
~rockwork 石工
~rubber 人造橡胶
~satellite 人造卫星
~sky 人工天空
~sludge 人工污泥
~snow slide 人造雪崩
~soil 人工填土
~solar energy island 人工太阳能岛
~stereoscopic effect 人造立体效应
~stone 人造石，人造假山石
~stone coating 斩假石墙面
~storage 人工蓄水
~streamlet 人造小溪；人工细流
~target 人工标志
~ventilation 人工通风
~ventilation atmosphere 机械通风环境
~water course 人工水道，人工水景
~water transportation 人工水运
~watering 人造雨，人工浇水
artificialization 人工化
artificially improved soil 人工加固土
artificially recharged groundwater 人工

补充地下水，地下水回灌

artisan 技工

artist 艺术家，美术家

artistic 艺术的，美术的；技术的；艺术家的，美术家的

~attainments 艺术造诣

~beauty 艺术美

~callligraphy 美术字

~carving 雕刻工艺

~ceramics 美术陶瓷

~characteristics 艺术特色

~conception（艺术）意境

~creation 艺术创作

~criterion 艺术标准

~culture 艺术文化

~deed 艺术行为

~design 艺术设计

~effects 艺术效果

~erudition 艺术造诣

~form 艺术形式

~generalization 艺术概念

~handicrafts 工艺美术品

~idea 艺术观念

~ideal 艺术典型，艺术理想

~image 艺术形象

~intuition 艺术直观，艺术直觉

~layout of garden 园林艺术平面布局

~passion 艺术激情

~point of view 艺术观

~pottery 艺术陶瓷

~quality 艺术性

~shaping 艺术造（成）型

~style 艺术风格

~tapestry 艺术挂毯

~touch 艺术格调

~treatment 美化处理

~value 艺术价值，艺术性

Art-nouveau Movement 新艺术运动

artroom 美术教室

arts and crafts 工艺品

Arts and Crafts Movement 工艺美术运动

Arts and Crafts of Ming and Qing Dynasties 明清工艺美术—中国明清工艺美术经历了549年的发展变化，形成了独特的风格

Arts and Crafts of Qin and Han Dynasties 秦汉工艺美术—中国秦汉时期是中央集权的封建国家，反映在工艺美术上则是它的统一性和巨大性

Arts and Crafts of Song Dynasties 宋代工艺美术—中国宋代工艺美术在隋唐五代的基础上，又有了较大的发展

Arts and Crafts of Spring and Autumn Period and Warring States Period 春秋战国工艺美术—中国春秋战国工艺美术创作的时代特征，自春秋中期以后开始形成，到战国时期达到成熟

Arts and Crafts of Sui and Tang Dynasties 隋唐工艺美术—中国隋唐时代的工艺美术获得了发展，品种之齐全、技巧之高超、作品之丰富，均超过了以往的时代

Arts and Crafts of Three Kingdoms，Jin，Southern and Northern Dynasties 三国—两晋—南北朝工艺美术—从3世纪到6世纪末，即三国、两晋、南北朝时期广泛流行佛教，使工艺美术的制作宗教化

Arts and Crafts of Xia，Shang and

Western Zhou Dynasties 夏—商—西周工艺美术—夏、商、西周时期是中国工艺美术发展史上的重要阶段，各种工艺美术都有所发展

Arts and Crafts of Yuan Dynasties 元代工艺美术—中国元代是以蒙古族游牧主贵族为主，工艺美术十分发达

arts and crafts store 工艺美术品店

arts faculty 艺术系，艺术学院

artware 工艺品

arvee 游乐汽车

arvideserta 流沙荒漠

Asafoetida ***Ferula assafoetida*** 阿魏 / 臭胶

asar 蛇形丘 { 地 }

asarotum 油彩地〈罗马建筑的彩色路面或桥面〉，拼花地面

ASBC（**American Standard Building Code**）美国标准建筑法规

asbestophalt 石棉地沥青

asbestos 石棉，石绒

~board 石棉板

~cardboard 石棉纸板

~cement 石棉水泥

~cement insulation board 石棉水泥保温板

~cord 石棉绳

~fiber 石棉纤维，石棉绒

~paper 石棉纸

~pipe 石棉管

~product 石棉制品

~rope 石棉绳

~sheet 石棉板

As-build drawing 竣工图

as-built 空态；建成的

~plan 空态规划

~clean room 交竣状态洁净室（空态）

ASC（**Architectural Society of China**）中国建筑学会

ascendancy 优势，支配（或统治）地位

ascertainment of the final sum 最终总数确定

Asclepias carnosa ***Hoya carnosa*** 球兰

Ascochyta damages of marigold 万寿菊花腐病 / 臭芙蓉花腐病（***Ascochyta chrysanthemi*** 菊花壳二孢 /***Mycosphaerella ligulicola*** 有性世代为子囊菌门）

Ascochyta leaf spot of ***Cycas*** 苏铁白斑病（***Ascochyta cycadina*** 苏铁壳二孢）

aseismatic 耐震的，不受震动的

~analysis of structure 结构抗震分析

~code 抗震规定

~construction 防震建筑

~joint 防震缝

~design 耐震设计，抗震设计

~region 无（地）震区

~structural factor 抗震结构系数

~structure 抗震结构

aseismicity 抗震性，防震性，耐震性

asepsis 无菌，无毒；无菌操作

aseptic 防腐剂；无菌的；防腐的

~diet 无菌饮食

Aser 紫菀属植物

ash 灰、粉尘；灰色；槐木，白蜡树 [复] 灰烬，废墟；骨灰

~can 垃圾桶，灰坑

~car 灰车，垃圾车

~cart 垃圾车

~cellar 灰坑

~dump 灰堆
~formation 灰（渣）层
Ash *Fraxinus* 梣（属）/ 白蜡树（属）
Ashanti Blood *Mussaenda erythrophylla* Schum. et Thonn. 红叶金花
Ashizuri-Uwakai National Park 足摺宇和海国立公园（日本）
Ashlar 琢石，方石，小方石
~buttress 琢石扶壁
~facing 琢石砌面
~masonry 琢石圬工，整石墙
~masonry，coursed 琢石层砌圬工
~masonry，coursed dressed 琢石敷面圬工
~masonry，coursed quarry faced 琢石粗面圬工
~masonry irregular coursed 琢石非正规层面圬工
~masonry，random embossed 琢石随机浮雕圬工
~masonry，random rough tooled 琢石随机毛石圬工
~masonry，random rubble 琢石随机块石圬工
~paveing 琢石路面，铺砌琢石路面
~walling 琢石筑墙圬工
coursed~ 琢石层砌圬工
Ashokan Pillat 阿育王石柱（印度）
ashtree *Fraxinus mandschurica* 水曲柳
Ashy drongo *Discrurus leucophaeus* 灰卷尾
Ashy drongo *Dicrurus leucophaeus* 灰卷尾 / 白颊秋鸟 / 灰龙眼燕 / 铁灵夹
Ashy laughingthrush *Garrulax cineraceus* 灰翅噪鹛
Ashy minivet *Pericrocotus divaticatus* 灰山椒鸟 / 宾灰燕
Asia 亚洲、亚细亚洲（区的总名）
~Minor 小亚细亚（黑海与阿拉伯地区）
~Pacific Economic Cooperation（简写 APEC）亚太经济合作组织
Asia plantain *Plantago asiatica* 车前 / 牛甜菜 / 田菠菜
asia toddalia *Toddalia asiatica* 飞龙掌血 / 黄肉树 / 三百棒 / 三文藤
Asia tree cotton *Gossypium arboreum* 树棉 / 印度棉
Asian 亚洲人；亚洲的；亚洲人的
~Development Bank（简写 ADB 亚洲开发银行）
~white birch 桦树
Asian Bell-tree *Radermachera sinica* （Hance）Hemsl. 菜豆树
Asian Black Birch *Betula davurica* Pall. 黑桦
Asian Butterflybush *Buddleja asiatica* 白背枫 / 驳骨丹 / 白花醉鱼草
Asian corn borer/Oriental corn borer *Ostrinia furnacalis* 亚洲玉米螟 / 玉米钻心虫 / 箭杆虫 / 玉米髓虫 / 粟野螟
Asian elephant/Indian elphant *Elephas maximus* 亚洲象 / 象
Asian pigeonwings *Clitoria ternatea* 蝶豆
Asian white birch/Manchurian birch *Betula platyphylla* 白桦 / 粉桦
Asian wild dog/wild red dog *Cuon alpinus* 豺狗 / 豺
Asiatic 同 Asian
~sweetleet 白檀

Asiatic black bear ***Selenarctos thibetanus*** 黑熊 / 狗熊

Asiatic brush-tailed porcupine ***Atherurus macrourus*** 扫尾豪猪

Asiatic chipmunk/Sibirian chipmunk ***Eutamias sibiricus*** 花鼠 / 豹鼠 / 金花鼠

Asiatic locust/Oriental migratory locust ***Locusta migratoria*** 东亚飞黄

Asiatic Moonseed ***Menispermum dauricum*** **DC.** 蝙蝠葛

Asiatic Shadbush ***Amelanchier asiatica*** **Sieb. et Zucc. Endl. ex Walp.** 东亚唐棣

Asiatic wild ass/Mongolian wild ass ***Equus hemionus*** 亚洲野驴

Asina paradise flycatcher ***Terpsiphone paradise*** 寿带 / 绶带鸟 / 梁山伯 / 祝英台 / 一枝花 / 紫练

Askania Nove Reserve 阿斯卡尼亚诺瓦国家保护区（乌克兰）

（**Al**）**Askariah Mosque** 阿斯卡里清真寺（伊拉克）

“asking” price 要价

Aslatic Plantain ***Plantago major*** 大车前 / 车前草

Aso National Park 阿苏国立公园（日本）

Asoka Temple，**Ningbo** 宁波阿育王寺（中国宁波市）

Asokaramaya Temple 阿输迦拉马雅寺（斯里兰卡）

asparagus ***Asparagus officinalis*** 龙须菜 / 芦笋 / 石刁柏

Asparagus fern ***Asparagus plumosus*** 文竹

asparagus lettuce/stem lettuce ***Lactuca sativa*** **var.** ***angustana*** 莴苣笋 / 莴笋

Asparagus setaceus twig blight 文竹枝枯病（***Phoma*** **sp.** 茎点霉）

aspect 情况；方位；形势；形态；容貌；（信号）方式；缩图；朝向，坡向

~angle 视线角，视界角

~camera 方位照相机，空间稳定照相机

~of approach 目标缩影，目标投影比

~ratio 画面纵横比，长宽比

~sensor 方位传感器

aspen 白杨

asphalt 沥青，油沥青

~concrete surface 沥青混凝土地面

~concrete pavement 沥青混凝土路面

~distributor 沥青洒布车

~gutter 沥青铺面的（排水）边沟

~macadam pavement 沥青碎石路面，沥青碎石铺面

~mixing plant 沥青混合料拌合设备

~paint 沥青漆

~paving 沥青铺面

~paver 沥青混合料摊铺机

~remixer 复拌沥青混合料摊铺机

~sprayer 沥青洒布机

asphaltbase 沥青基层

asphaltene 沥青精（质），沥青烯

asphaltenic concentrate 沥青质浓缩物

asphaltic 地沥青的

~adhesive 沥青系胶粘剂

~bitumen 地沥青

aspherical 非球面的

~correcting lens 非球面校正透镜

~lens 消球差透镜

~plate（或 compensating plate）纠正板，（航测制图用）消球差板

asphericity 非球面性

aspidistra[common]/cast iron plant ***Aspidistra elatior*** 一叶兰 / 蜘蛛抱蛋

aspiration psychrometer; assmannaspiration psychrometer; sling psychrometer 通风温湿度计

ass/donkey ***Equus asinus*** 家驴 / 驴

Assam Tea ***Camellia assamica*****（Mast.）H. T. Chang** 普洱茶

Assambing Begonia ***Begonia rex*** **Putz.** 虾蟆叶秋海棠

Assamese macaque（***Macaca assamensis***）熊猴

Assam-king begonia/beef steak begonia/ painted-leaf be gonia ***Begonia rex*** 蟆叶秋海棠 / 毛叶秋海棠

assart 开荒，垦伐

assay plan 分析图

assemble planting 群植

assembled monolithic concrete structure 装配整体式混凝土结构

assembling refrigerating unit 组装式制冷设备

assembly 集合；议会；组合；汇编；装配

~area of wheel pair 存轮场

~building 装配式房屋

~hall 会堂，会议厅

~occupancy 集体使用的房屋

~plant 装配车间

assess 估价，评价；征收

assessed 已审估的；估定值

~cost 摊派费用

~element 评价因子

~value 估计的价值

assessment（价格的）评定；评标；估税；（评定）税收；征收

~and decision of system 系统评价与决策

~criteria 考核标准

~framwork 评比框架图

~in time of design 设计阶段的评价

~of environmental impact 环境影响评价

~of a landscape 景观评估

~of direction 走向评估

~of Environmental 环境效应评估

~of scenic value 风景价值评估

~panel 评价小组

aesthetic landscape~ 美学景观评估

environmental~ 环境评估

environmental impact~ 环境影响评估

environmental risk~ 环境风险评估

visual landscape~ 外观风景园林评估

visual tree~ 可见树木评估

assignee 被指定人，受让人，代理人，受托者

assignment 分给，分配；指定；（财产、权利等的）转让，转让契约；（教师等指定的）作业；任务

~of leases 租赁转让

~of title 过户

assignment（**of title**）过户

assimilation 吸收

assimilative 同化的，同化力的

assistant 助手，助理，助教；辅助的，副的

~accountant 助理会计师

~commissioner 副局长，副长官，助理

~director 副经理，副主任，副董事，副理事，副社长，副厂长，副校长
~engineer 助理工程师
~manager 副经理，襄理
~engineer（简写 A.E.）助理工程师
assisted 附加的
~areas 附加面积
~charge 附加费
~housing，public 附加公共住房面积
assisting locomotive 补机
associate 同事；准会员；合营人，代理人，副手；相伴物；联想观念
~architect（or engineer）建筑师〈或工程师〉临时联合或合营事务所〈承揽某项工程或某些大批建筑工程的联合企业〉
~member 准会员，副会员
~professor 副教授
associated company 联营公司
associated amenity 附属设施
association（简写 Ass. 或 Assn. 或 Assoc.）协会，联合会，团体；联合；联想；缔合{化}；群丛
~of different communities 不同社团联合会
Association of Landscape Industries 英国风景园林行业协会
American Landscape Contractors Association（美）美国风景园林承包商协会
Non-profit housing Association 非营利性住房协会
Plant Association 种植协会
association of idea 联想
Assos 阿索斯广场（希腊）
assurance 保证，担保，保险；确信；自信
~coefficient 安全系数
~factor 安全系数
Assyrian architecture（公元前 1275—前 538 年的）亚述式建筑，亚西利亚建筑
aster/starwort/Tartarian aster ***Aster tataricus*** [植] 紫菀属植物，紫菀，江西腊
Aster Purple Dome ***Aster novae-angliae* 'Purple Dome'** 美国紫菀'紫顶'（美国田纳西州苗圃）
astrolabe 等高仪
astronaut 宇宙航行员
astronautics 宇宙航行学
astronautics remote sensing; space remote sensing 航天遥感
astronomer 天文学家
astronomic(al) 天文的，天文学（上）的
~azimuth（简写 astroaz）天文方位角
~coordinate 天文坐标
~day 天文日
~levelling 天文水准
~observation 天文观测
~observatory 天文台
~tide 天文潮
~time 天文时间
~transit 子午仪，中星仪
~triangel 球面三角形
~year book 天文年历
astronomy 天文学
astrophysics 天体物理学
astrospace 宇宙空间
astute 机敏的，狡猾的
asylum 收容所

~for aged 敬老院
~for lunatic 精神病院
asymmetric(al) 不对称的，非对称的，不均匀的
~balance 不对称平衡
~construction 非对称施工
~distibution 非对称分布 {数}
~elasticity 非对称弹性（力学）
~joint 不对称接口
~network equilibrium problem（简写 ANEP）非对称路网均衡问题
asymmetry 不对称现象，不对称性
at-grade 平面
~intersection；grade crossing 平面交叉
~junction 平面会合点
ATCS（area traffic control system）区域交通控制系统
atelier 画室，（设计师的）工作室
Athaeum 雅典娜神殿（希腊）
Atheism/antitheism 无神论
atheist/antitheist 无神论者
athenaeum 图书馆，文艺协会，学术协会
Athens 雅典〈古希腊最重要的城市国家，现在的希腊首都〉
Athens Charter 雅典宪章
Atheus 雅典
athletic 体育的，运动的，运动员的
~field 体育场，竞技场
~ground 体育场
athletics 体育，田径运动
Atitlan Lake 阿蒂特兰湖（危地马拉）
Atlantic herring *Clupea harengus* 大西洋鲱
Atlantic ivy/Irish ivy *Hedera hibernica* 大西洋常春藤（英国萨里郡苗圃）
atlas 地图集；地图纸；图说
~of the environment 环境图说
~regional planning 区域规划图说
Atlas Cedar *Cedrus atlantica* Endl. Manetti 北非雪松 / 大西洋雪松（英国萨里郡苗圃）
Atlas fescue *Festuca mairei* St.Yves. 梅士羊毛
atmometer 汽化计，蒸发计
atmosphere 大气；大气压；大气圈；大气层；气氛
~transprency 大气透明度
atmospheric（简写 atm）大气的；大气作用
~action 大气作用
~agents 大气因素，大气作用
~air 大气
~boundary layer 大气边界层
~circulation 大气环流
~codenser 少淋激式冷凝器
~condensation 降雨，降水，雨量
~condition 大气情况
~cooling tower 开放式冷却塔
~corrosion 大气腐蚀
~diffusion 大气扩散
~humidity 大气湿度
~influence 大气影响
~inversion 大气转化
~oxidation 空气氧化
~pollution 大气污染
~precipitation 降雨，降水，雨量
~pressure；baro-metric pressure 大气压力，大气压强
~resistance 大气阻力

~stability 大气稳定度

~temperature 气温，大气温度

~transparency coefficient of atmospheric transparency 大气透明度

~turbulence 大气湍流

~visibility 大气能见度

~water 大气水

~water vapour content 大气水汽含量

~water vapour flux 水汽输送通量

~water vapour transport 大气水汽输送

~window 大气窗

atoll 环礁

atom 原子；微小部分

atomic（简写 at.）原子的；极微的

~absorption 原子吸收

~bonds 原子键

~chain reaction 原子链式反应

~clock 原子钟

~energy 原子能

~fission 原子核分裂

~power 原子动力

~reactor 原子反应堆

~station 原子能发电站

Atomium 原子球（比利时）

atomizer 喷雾器，雾化器

~aperture 喷雾嘴

~chamber 雾化室

at-rest 静态

~clean room 待工状态洁净室（静态）

atrium 天井；前庭，中庭（古罗马建筑）

~house 前庭房间；天井屋

attached 配套的，附设的

~building 配套建筑物

~dwelling 毗连式住房

~dwelling in a cluster 配套住宅群

~garage 毗连式汽车房

~green space 附属绿地

~single-family house in a cluster（英）配套独身家庭住宅群

~sunspace 附加阳光间

attached green space 附属绿地

attachment 附着，依附，附着物，附属物，附件；扣押，查封财产

~bolt 连接螺栓

~of interest 起息期

attack 侵蚀；攻击；着手

~problem 着手解决问题

attemperater 温度控制器，恒温箱

attemperation 温度控制；温度调节

attenuating shock wave equipment 消波设施

attenuation 减弱；衰减 {计}；减低；稀释；冲淡；细小

~cross-section 消减断面

~law 衰减规律

~of flood wave 洪水波展开

Atteruated Haworthia ***Haworthia attenuata*** 松雪 / 细点雉鸡尾 / 松之雪

attic 层顶室，顶楼，阁楼

attitude 态度，姿势，样子

attorney 代理人，委托者，律师

~in fact 代理人

~for population 人口凝聚力

attraction 引力，吸力；吸引

~force 引力，吸引力

~of gravitation 地心引力

~of a city 城市吸引力

~point 吸引点

attraction area 吸引区

attractive 有吸引力的，吸引的

~circle 吸引圈

~distance 吸引距离

~force 吸引力

~radius 吸引半径，服务吸引半径

~sphere（设施服务）吸引范围，服务对象范围

attractiveness 吸引力

attractor 吸引点

auction 拍卖

~charge 拍卖费用

~house 拍卖行

~marker 拍卖市场

~price 拍卖价

audible 可听的，音响的

~signal 音响信号，听觉信号

~sound 可听声

~threshold 听阈

audio 音频的，声频的

~equipment 声频仪

audiometer 听度器，音量计，听力器

audiometric zero level 听力零级

audiomonitor 监听器

audio-visual classroom 电化教室

audit 审计，查账，决算；查（账），（大学生）旁听（课程）；审计，查账

auditor 审计员，查账人；听者；（大学生）旁听生（美）；认证人员

auditorium 大会堂，大讲堂（美）；听众席；观众厅

~balcony 观众厅眺台

auditory fatigue 听觉疲劳

aufeis 冰上结冰

Aughrabies Falls 奥赫拉比斯瀑布（南非）

Augustan 奥古斯都的，奥古斯都时期的。奥古斯都（公元前63~公元14年），是罗马第一任皇帝

Auhun/mandarin fish ***Siniperca chuatsi*** 鳜鱼 / 桂鱼 / 花鲫鱼

aula 广场；大学礼堂

Aurea Deodara Cedrus ***Cedrus deodara*** **'Aurea'** 金叶雪松（英国萨里郡苗圃）

Aurea Babylon willow/Aurea weeping willow ***Salix babylonica*** **'Aurea'** '金丝'柳 / 金丝垂柳（英国萨里郡苗圃）

Aurea Dogwood ***Cornus alba*** **'Aurea'** 金叶红瑞木（英国萨里郡苗圃）

Aurea Oriental spruce ***Picea orientalis*** **'Aurea'** 金叶东方云杉（英国斯塔福德郡苗圃）

Aurea southern catalpa ***Catalpa bignonioides*** **'Aurea'** 金叶美国梓树（英国萨里郡苗圃）

Auricularia rot of tree 树木木耳木腐病（***Auricularia auricula*** 担子菌门木耳）

auriculate acacia ***Acacia auriculaeformis*** 大叶相思 / 澳大利亚相思 / 耳形金合欢

auspicious 吉利的，吉祥的；繁荣昌盛的

Austral Akebia ***Akebia trifoliata*** **var.** ***australis*** 南三叶木通 / 白木通 / 八月瓜藤

austral rhubarb ***Rheum australe*** 藏边大黄

Australian bottle plant/gout plant ***Jatropha podagrica*** 佛肚树

Australian Dracaen ***Cordyline stricta*** **Endl.** 剑叶铁树 / 剑叶朱蕉 / 澳大利亚朱蕉 / 长叶千年木

Australian National Art Palace（Austral-

ia）澳大利亚国立艺术宫（澳大利亚）

Australian region 澳大利亚地区

Australian War Memorial 澳大利亚战争纪念馆（澳大利亚）

Australian yew ***Austrotaxus spictata*** 澳大利亚杉

Austrian Fan Palm/Cabbage tree Palm ***Livistona australis*** **（R. Br.）Mart.** 澳大利亚蒲葵

Austrian Pine/Black Pine ***Pinus nigra*** **Arn.** 欧洲黑松

authentication room 鉴定室

author of a plan 计划制订人

authority 当局，官方；管理机构；权力，权限；权威；根据

~-owend 官方所有的

~-reorganization 授权改组

~to pay 授权付款

~to sign 授权签字

approving~ 审批机关

awarding~ 裁定机关

branch~ 分支管理机构

competent~ 主管机构，主管当局

executive~ 执行机关，管理机关

initiating~ 创办机关

land consolidation~ 农村小块土地合并管理机构

landscape architect employed by a public~ 公共机构雇佣的风景园林师

local~ 地方当局

local planning~ 地方规划机构

local/regional administrative~ 地方 / 地区行政当局

public~ 公共管理机构

public or semi（-）public~ 公共或半公共管理机构

river~ 江河管理机构

river water~ 江河水管理机构

state/federal government~（美）国家 / 联邦政府机构

supervisory~ 监督机构，监理机构

waste disposal~ 荒地处理机构

waste disposal site~ 废土处理定点机构

water~ 水管理机构

authorized street parking 许可的路上停车场，许可的停车街道

auto-[词头]，自己，自动

~-draft 自动制图 {计}

~-elevator device 自动升降装置

~-follower 随动系统

~-following 自动跟踪

~-pneumatic cylinder 气压水罐

auto（autombile 的简写）汽车；乘汽车

~industry 汽车工业

autobahn 汽车（专用）路；高速公路，快速干道（德）

autobike 摩托车，机动脚踏车

antobicycle 机器脚踏车，机动自行车

autobiography 自传

autobus 公共汽车，机动车

autocade 一长列汽车，汽车车列

autocar 汽车

autochthonous 原地的

~species 原地种类

autocode 自动编码 {计}

autocoder 自动编码器

autocycle 摩托车，机动脚踏车

autodraft 自动制图

autofleet 汽车队

autograft 自体移植

autograph 亲笔；自署；真迹石印版；自动绘图仪；亲笔的；自署的；亲笔；署名；用真迹石版术复制

autographic 亲笔的；自署的

~record 自动记录

~recording apparatus 自动记录仪

automanual system 半自动系统

automat 自动控制器，自动机，自动装置

automated 自动化的

~component selection 自动部件选择

~design engineering 自动设计技术

~detailing 自动详图制作

~information dissemination system（简写 AIDS）自动信息传播系统

~guideway transit 自动导向交通系统

~mapping（AM）自动地图制图

~traffic control 自动化交通控制

automatic 自动的，自动机的；自动装置，自动机械

~basic system of hydrologic data collection and transmission 水文自动测报基本系统

~cartography 自动化制图

~classification yard 自动化调车场

~computer 自动计算机（器）

~control 自动控制，自动调节，自动管理

~controller 自动控制器，自控器

~data plotting; computer supported mapping 数控绘图

~data processing 自动数据处理{计}

~data processing center（简写 ADPC）自动数据处理中心

~data-processing equipment（简写 ADPE）自动数据处理装置

~data-processing system（简写 ADPS）自动数据处理系统

~data processor 自动数据处理机，自动资料整理机

~door 自动门

~drencher system 自动水幕系统

~-dump truck 自动倾卸卡车

~fire alarm system 火灾自动报警系统

~freight handling car 自动装货车

~hump 自动化驼峰

~hydroelectric station 自动化水（力发）电厂

~inter locking for hump yard 驼峰自动集中（存储式驼峰电气集中）

~management 自动化管理

~map lettering 图面自动注记

~mist control system 喷雾自控系统

~monitoring 自动监测

~network of hydrologic data collection and transmission 水文自动报测网

~plant 自动化发电厂；自动化工厂

~program control 自动程序控制

~programming 自动编程序{计}

~purifier 自动净水机

~recording instrument 自记仪器

~register 自动绘图仪

~regulation 自动调节

~scanner 自动扫描器

~signal 自动（式）信号

~sprinkler 自动洒水机

~sprinkler system 自动喷水灭火系统

~system of hydrologic data collection and transmission 水文自动测报系统（水文遥测系统）

~traffic countor 交通量自动计数器
~typewriter 自动打字机
~vent 自动放气阀
~water gauge 自记水位计
~water quality analyzing system 水质自动检测系统
Automatic Mist Control System 喷雾自控系统
automatics 自动控制学
automobile 汽车，自动车，机动车；自动的
~CNG filling station 压缩天然气加气站
~exhaust gas 汽车废气
~factory 汽车厂
~gasoline filling station 加油站
~gasoline-gas filling station 加油站
~road 汽车专用道，汽车公路
~traffic 汽车交通量
automotive industry 汽车工业
autonomous rcgion 自治区
autopark 汽车停放场
autopiler 自动编译程序（装置）{计}
autoplotter 自动绘图仪
autopsy 实地勘察，亲自勘察；（对意见等的）分析
~room 解剖室
autopurification 自净作用
autoroute 多车道高速公路，汽车行驶线，汽车专用高速公路
autostrada（**pl. autostrade**）多车道高速公路干线
auto-terminal 汽车终点站，汽车总站
autotrack 自动跟踪；卡车
autotrain 汽车列车
autotransformer 自耦变压器（电）
~feeder 自耦变压器供电线（AF 线）
~feeding system 自耦变压器供电方式（AF 供电方式）
~post 自耦变压器所
autotroph 自养生物
autotype 复印品，影印术；影印，复制
autumn 秋，秋季
~circulation period 秋季循环周期
~flood 秋汛
~foliage 秋叶
Autumn Colors Rudbeckia ***Rudbeckia hirta*** **'Autumn Colors'**'秋色'金光菊（美国田纳西州苗圃）
Autumn crocus/naked boys/autumnal meadow saffron ***Colchicum autumnale*** 秋水仙
autumn cudweed ***Gnaphalium hupoleucum*** 秋鼠麹草 / 大叶毛鼠麹草
Autumn Fern ***Dryoperis erythrosora*** 红囊鳞毛蕨
Autumn lycoris/magic lily/resurrection lily/hardy cluster amaryllis ***Lycoris squamigera*** 鹿葱 / 夏水仙
Autumn Moon on Calm Lake 平湖秋月（杭州）
Autumn Oleaster ***Elaeagnus umbellata*** **Thunb.** 秋胡颓子（牛奶子）
autumn pineapple flower/autumn pineapple lily ***Eucomis autumnalis*** 秋凤梨百合（英国萨里郡苗圃）
autumn shoots 秋梢
Autumn zephyr lily/Flower of the westen wind ***Zephyranthes Candida*** **Lindl. Herb.** 葱莲（葱兰）
Autumnal 秋季的，秋天的

~equinox 秋分，秋分点
~flowering season 秋天开花季节
~garden 秋景园
~-blooming plant 秋季开花植物
auxiliaries 辅助设备
auxiliary 腋生的，副的
~axis 副轴
~base 基线 [测]
~bridge 便桥
~bud 侧芽，腋芽
~catenary 辅助承力索
~classification yard 辅助调车场
~construction 附属建筑物，附属构筑物
~dam 辅助坝
~deflection angle 分转向角
~floor area 辅助面积
~gauge 辅助水尺
~lane 附加车道
availability 有益，有效；可利用，可用性；利用率，有效使用率 { 机 }
~energy 有效能
~factor 可利用率
~rate of machinery 机械完好率
~ratio 可用率
available 有用的，可利用的；现有的；有效的；可得的
~accuracy 有效精度
~capacity of member 结构构件现有承载力
~energy 有效能
~groundwater resources 现有地下水资源
~head 可用水头，有效水头，有落差
~length of platform 站台有效长度
~lime 有效石灰
~material 可用材料
~oxygen 有效氧
~power 有效功率
~pressure 资用压力
~soil water 可利用地下水
~water supply 可供水量
avalanche 冰崩，雪崩；崩下的雪堆；崩塌；救护车
~baffle 塌方防护建筑物
~control technique 崩塌监控技术
~course 冰崩流
~dam 崩塌坝（地质）
~defence 塌方防御栅；防雪栅
~gallery 塌方防御廊
~grassland 崩塌草地
~location map 崩塌定位图
~net 防雪网
~of sand and stone 沙石流
~preventing forest 雪崩防止林，塌方防止林
~prevention works 防坍塌工程
~protecting facility 雪崩防护设施
~protection forest 雪崩防护林，塌方防护林
~roof 防雪棚
~shed 塌方防御板
~source area 雪崩源区；冰崩源区；塌方源区
~track 雪崩轨迹
~type semiconductor 雪崩形半导体
~wind 雪崩风
debris~ 岩屑崩落
risk of~ 塌方风险
Avalokitesvara/Guanyin（**a Bodhisattva**）观音（即“观世音”）
avant-corps 前亭〈建筑前部突出体〉

Avant-Grade 先锋派，前卫派

avant port 前港〈闭式港池或坞前直接闸门的外港〉

avatar 化身，体现，具体化；降凡化身——在印度教中，指降入凡世以恢复秩序的神的化身

ave Des Champs-Elysees 香榭丽舍大街（法国）

Avens *Geum* 'Lady Stratheden' 山地路边青'斯特拉斯登女士'（英国斯塔福德郡苗圃）

Avens/aleppo avons *Ceum aleppicum* 水杨梅

aventurine glass 金星玻璃（嵌有黄铜粉的茶色玻璃）

avenue（简写 ave.）（多指南北向的）大街，大道，林荫大道

~planting 道路两边树木

~tree 行道树

~tree-lined 成行树荫道

average（简写 av. 或 avg.）平均值，平均数；平均的，普通的；平均值；平均

~acceleration rate 平均加速度率

~air temperature 平均气温

~annual daily traffic（AADT）年平均每日交通量

~annual rainfall 平均年降雨量，年平均降水量

~consistency（of soil）（土的）平均黏度

~cost 平均成本

~curve 平均曲线

~daily out put 平均日供水量

~daily solar temperature 日平均综合温度

~daily traffic（ADT）平均日交通量

~daily volume 平均日交通量

~day consumption 平均日用（水）量

~dry weather flow（简写 ADWF）平均旱流污水量

~flood level/mark 平均洪水位线

~floor area per unit 平均每套建筑面积

~grade 平均坡度，平均纵坡

~gradient 平均纵坡

~gross haul tonnage of locomotive 机车平均牵引总重

~growth rate 平均增长率

~high-water leve/mark 平均高位水线

~highway speed 道路平均车速

~household size 户平均人口

~illumination 平均照度

~life 平均寿命

~life expectancy 平均预期寿命

~living floor area per capita 平均每人居住面积

~mileage 平均里程

~mule team 普通驴队（美国常用双驴同套）

~negative radient 平均负坡度

~number of inhabitants per building 居住密度，平均居住人数

~number of persons per house 平均每户人口

~of normal water levels 平均常水位

~of ratio 平均比率

~ordinate 平均纵坐标，平均纵距

~output 平均生产率

~per capita consumption 平均每人用（水）量

~precipitation 平均雨量

~probability 平均概率
~product 平均产出，平均产量，平均产品
~productivity 平均生产率
~settlement 平均沉降
~sewage 一般污水（指中等浓度污水）
~speed 平均速率
~speed difference 平均速差
~story number 平均层数
~thickness method 平均厚度法
~traffic 平均交通量
~value of day light factor 采光系数平均值
~yearly rainfall 平均年降雨量
~yield 平均收益，平均产量（如水厂出水量）
averaging 平均的
~time 平均时间，平均次数
~utility 平均效用
~value 平均值
averted angle of photographic axis 主光轴偏角
aviary 养禽所，鸟屋
aviation 飞行（术），航空
~climatology 航空气象学
~field 飞机场
~forecasts 航空预报
~ground 飞机场
~meteorology 航空气象学
Aviation Museum 航空博物馆
avicennia prickleyass ***Zanthoxylum avicennae*** 簕欓花椒 / 勒党 / 鸟不宿
aviette 小型飞机
avifauna（某一地区、时期或环境内的）鸟类
nidificating~ 筑巢鸟类
avionics 航空电子学；电子设备，控制系统
Avocado/alligator pear（***Persia americana***）锷梨 / 油梨
Avocado Tree ***Persea americana*** 酪梨 / 鳄梨
avocation，leisure 业余爱好
avoidance 回避；无效
~lanes 避弄（旧时大宅院中供仆从行走的便道）
avoirdupois（英）常衡（1 磅 =10 盎司）重量，体重
~weight（英）常衡制
avometer 万用电表，安伏欧计
award 审计，判定；判定书；奖；奖品；授予，给予；判给
~of bid 决标
~of contract 合同的签订，决标
~of merit 奖品
~statement，written 奖励证书
contract~ 合同签订
grand~ 大奖
merit~ 功绩奖
recommendation for contract~ 建议签订合同
awarding 审判，裁判，判定；奖；给予，授予
~authority 裁判机构
~of contract 决标，合同的签订
~of prizes 奖品的授予，授奖
~period，contract 合同的签订时间
~procedure，contract 合同签订程序
awareness 意识
Awasa Lake 阿瓦萨湖（埃塞俄比亚）

Aw Boon Haw Graden 胡文虎花园（中国香港）
Aweather 迎风，向风
A-weighted sound pressure level A 声级，A 计权声级
awning 遮阳，遮篷，凉篷；天幕
awthistle Tasselflower ***Emilia javanica*** **（Burm. f.）C. B. Rob.（S）**一点缨
axe chopped stone 斧劈石
axial 轴的
~bearing 轴承
~bracket arm 正心拱，泥道拱
~development 轴向发展
~fan 轴流式通风机
~line 轴线
~of coordinates 坐标轴
~of symmetry 对称轴
~plan 轴式规划
principal~ 主轴
stair~ 梯阶轴
traffic~ 交通轴
axillary balm ***Melissa axillaries*** 蜜蜂花 / 滇荆芥 / 土荆芥
Axillay Choerospondias ***Choerospondias axillaris*** **Roxb. Burtt et Hill** 南酸枣 / 五眼果
Axinite 斧石
axis 轴线
axis deer/chital ***Axis axis*** 花鹿
axle 轴，车轴
axonometric 三向投影的，不等角的，投影的
~drawing 轴测图，轴视图
~projection 轴测投影，三向图
axonmetry 轴测量法，轴线测定
Ayahussca/Caapi ***Banisteriopsis caapi*** 南美卡皮木
Ayala Museum 阿亚拉博物馆（菲律宾）
aye-aye ***Daubentonia madagascariensis*** 指猴
Ayers Rock 艾尔斯巨石（澳大利亚）
Ayrie（高山中）猛禽的巢（雏），（高山上的）房屋
azalea/Rhododendron ***Rhododendron*** 杜鹃花（属），杜鹃花
azeotropic mixture refrigerant 共沸溶液制冷剂
azimuth 方位（角）；地平径度 {天}
~angle 方位角
~circle 地平径圈 {天}；方位刻度盘
~compass 方位罗盘 {测}
~condition 方位角条件
~determination 方位罗盘 {测}
~dial 方位刻度盘，方位日晷 {测}
~mark 方位标 {测}
~traverse 方位角导线 {测}
azonal soil 原生土（层），未发育土（层）
azonality 非地带性
azotea 建筑顶上平台
Aztec architecture 古墨西哥建筑〈14 世纪〉
Aztec Marigold ***Tagetes erecta*** **L.** 万寿菊
Azure Monkshood ***Aconitum carnichaelii*** **Arendsii** 川乌（英国萨里郡苗圃）
azure monkshood/fisch ***Aconitum fischeri*** 薄叶乌头

B b

Ba 元素钡（barium）的符号{化}
Baalbek 巴尔贝克（古罗马在黎巴嫩的殖民城市）
Baber's Tomb 巴卑尔陵墓（阿富汗）
babirusa ***Babyrousa babyrussa*** 鹿豚 / 东南亚疣猪
baboon ***Papio*** 狒狒（属）
baboon [common]/yellow baboon ***Papio cynocephalus*** 草原狒狒 / 黄狒狒
baby 婴儿；小型，微型；小型物；小型的，微型的；婴儿的
~blue 浅蓝色
~bus 小型旅游公共汽车
~-bust 出生率急剧下降
~car 微型汽车；婴儿车
~compressor 小型压缩机
~-farm 育婴院
~rail 小钢轨
~roller 小型压路机
~square 小方木
~track 小轨道
~truck 坑道运输车，小型运货车
Baby rose ***Rosa multiflora*** 蔷薇 / 野蔷薇（伊朗国花）
Babylon 巴比伦（公元前 20 年 ~3 世纪古代巴比洛尼亚的首都）
Babylonian architecture 巴比伦建筑（公元前 2630~1275 年）
Baby's Breath ***Gypsophila paniculata*** **'Bristol Fairy'** 锥花丝石竹（英国斯塔福德郡苗圃）
Baby's breath/common gypsophia/graceful gypsophia ***Gypsophila elegans*** 霞草 / 满天星 / 丝石竹
bachelor 单身汉
~apartment（美）单身公寓
~flat（英）单身公寓
Bachelor 学士
~of Arts（简写 B.A. 或 A.B.）文学学士
~of Philosophy（简写 PhB）哲学学士
~of Philosophy in Design（英）设计哲学学士
~of Philosophy in Landscape Design（英）风景园林（景观）设计哲学学士
~of Science（简写 B.S. 或 B.Sc）科学学士
~of Science in Architecture（美）建筑科学学士
~of Architecture（美）建筑学学士
~of Landscape Architecture（美）风景园林学学士
Bachelor's button/blue bottle/corn flower ***Centaurea cyanus*** 蓝芙蓉 / 矢车菊（德国、马其顿、马耳他国花）
Bachelor's button/butter cup ***Ranunculus acris*** 毛茛
Bachelor's dwelling unit 单身住宅单元
back 背，后面；回，反；岭，山脊；背

后的，后部的；未付的，过期的；[副]向后面，倒，回头
~access lane 后进小路
~-acting shovel 反铲（挖土机）
~action 反作用；倒挡（转）；逆动式
~actor 反铲（挖土机）
~-alley（英）街后窄巷
~-analysis 事后分析，反演分析
~and forth method 选择法，尝试法
~angle 反方位角，后视方位角；后角
~axle 后轮轴；后轴
~Bay 波士顿的住宅区
~beach 后面海滨
~block 边远地区，偏僻地区，内部街区；（都市中的）荒僻街区，贫民窟
~boundary line 背后邻界线
~coat 底面涂层，底涂
~country 偏僻村镇（距交通线较远的、人口稀少的居民区）
~court planting scheme（英）后院（内院）植物配置
~date 回溯
~digger 反铲挖掘机
~down 放弃
~drain 墙背排水设施
~drop 交流声，干扰，背景
~elevation 背面（立图），后视图
~fall 山坡
~fill 回填
~-fill grouting 回填注浆
~-filling 回填土
~garden（英）后花园，内花园
~lake 后湖
~levee 支流堤，逆流堤
~march 后背湿地，腹地湿地
~of beyond [主要英国用] 内地，僻远的地区，（特指澳大利亚）内陆
~residence block 偏僻住宅（区）
~residential block 偏僻住宅（区）
~river 后河
~road 便道，村间道路
~service road 内街运输路，后街（服务性道路）
~site 不临街的建筑基地
~slope 后坡，内坡，背坡
~slums 贫民窟
~spray rinsing 反喷洗清洗
~stage 后台
~step 退层
~streaming 逆流，回流
~street 后街
~-to-back houses 背对背房屋
~up 交通阻塞
~-up brick 墙心砖，衬里砖
~-up copy 副本
~-up files 副本，副件
~-up protection 备用保护装置
~-up system 备用系统
~-up system library 备用系统程序库
~view 背视图，背面图
~view mirror 望后镜 {汽}
~wall 背墙
~wash 反冲洗
~water 回水
~water curve 回水曲线（壅水曲线）
~-woods 处女林，半开垦地带
~yard 后院，后庭，中庭（日）
~yard industry 小型工业，后院工厂

backbone 构架，支柱
~artery 主干道

~road 主干道，主要干路

~subsystem 干线子系统（垂直子系统）

backcountry district 边远地区

back-country skiing 偏僻乡村滑雪（运动）

backdoor collection method 后门收集方法（垃圾清运方法之一）

backdrop 背景；（舞台后部的）彩画幕布

backfall 山坡

backfill 回填，覆土

~grouting 回填注浆

~pipe 回填排水管

~soil 填土

~tamper 回填夯

backflow pollution 回流污染

background 本底，背景；经历；背景情况；幕后；后景

~air 本底空气

~air pollution 本底空气污染

~area 本底区域

~concentration 本底浓度；背景浓度

~cycle 基础周围；背景周期（控制感应式信号灯的）

~data（人工污染前元素或放射线的）天然存在量

~determination 本底测定

~information 背景资料，依据资料

~level 背景水准，本底水准

~level of environmental pollution 背景环境污染级

~level of pollution（美）背景污染级

~lighting 背景照明

~load 背景负荷

~material 背景材料

~noise 背景噪声，暗噪声，环境噪声

~noise level 背景噪声级，背景噪声水平

~planting 背景种植

~pollution 背景污染，本底污染

~radiation 本底辐射

~research（英）背景研究

~study 背景资料研究，本底资料研究

~survey 本底调查，背景调查

~work（美）背景工作

backgrounders 背景噪声

backhoe 反铲（挖掘机）

backing 回填土；背衬；支持物；后退；后援；拱里壁

~of veneer 胶合板内层

~of wall 墙托｛建｝

backlog 储备金，准备物

backside（英国方言）住宅后院

back-stripe weasel（*Mustela strigidorsa*）纹背鼬

backwater 循环水，回水

~head 回水头

backwoods（边疆或远离城市的）森林地带，半开垦地

backyard 后备场地；后院天井

~garden（美）后院花园

Bacopa ***Bacopa monnieri*** 假马齿苋 / 水海索草

bacteria [bacterium 的复数]，细菌，微生物

~bed 细菌床（生物滤池的）｛环保｝

~content 细菌含量

~fertilizer 细菌肥料

~-free room 无菌室

~tracer 示踪细菌

~and algae 菌藻植物

Bacteria wilt of Dendranthema grandiflorum 菊花青枯病(***Pseudomonas solanacearum*** 青枯极毛杆菌)
bacterial 细菌的
~analysis 细菌化验
~corrosion 细菌腐蚀
bactericide 杀菌剂
bacteriological 细菌的
~examination 细菌试验
~contamination 细菌污染
~standards for water body 水体细菌标准
bacteriology 细菌学
bacteriostat 抑菌剂(抑制细菌生长的物质)
bacterium [复 bacteria] 细菌
Bactrian camel/two-humped camel ***Camelus bactrianus*** 骆驼 / 双峰驼
bad 有害的，坏的
~air 有害气流
~check 空头支票
~condition 恶劣条件，不利情况
~debt 呆板，坏账，倒账{商}
~earth 接地不良
~item 次品
~land 崎岖地，恶劣地；[复](美)荒地
~quality 劣质(品)
~year 荒年
Badaling Section of the Great Wall 八达岭长城(中国北京市)
Baden-Baden 巴登—巴登，德国矿泉疗养地
badger (***Meles meles***) 獾
badland 荒原，瘠地
badminton court 羽毛球场
Badshashi Mosque 巴德夏希清真寺(巴基斯坦)
baffle 挡板，障板；分流墩，偏流消能设备；缓冲板，隔声板；迷彩
~board 隔声板；挡板
~plate 挡板，缓冲板
~wall 隔墙
bag 袋，囊；装入袋内
~collector 集料袋
~concrete 袋装混凝土
~filter；fabric collector；bag house 袋式除尘器
~of cement 袋装水泥
Bag flower/bleeding heart ***Clerodendrum thomsonae*** 龙吐珠 / 麒麟吐花
Bagworm moths 蓑蛾类[植物害虫]
bagasse 甘蔗渣
baggage 行李，辎重
~car 行李车
~carrier 行李架
~check-in 托运行李，行李托运站，行李提取站
~claim 提取行李
~compartment 行李舱
~handing 办理行李
~office 行李房
~platform 行李站台
~rack 行李架
~room 行李房
bagger 泥斗，杓斗；挖泥机
Baghdad 巴格达(伊拉克首都)
Bahaba (***Bahaba flavolabiata***) 黄唇鱼
bahada (=bajada) 山麓冲积平原
Bahamian hutia (***Geocapromys ingrahami***) 巴哈马地牛鼠

Baile Herculane（**Romania**）海尔库拉内矿泉（罗马尼亚）
Baillon Paramichelia ***Paramichelia baillonii Pierre*** **Hu.** 合果木 / 合果含笑
Baillon's crake ***Porzana pusilla*** 小田鸡
bailor 委托人
Baimang Snow Mountain of the Protected Areas of Three Parallel Rivers 三江并流景区白茫雪山
Bai-u rainy period 梅雨期
Baiyangdian scenic resort known as "the Pearl of North China" "华北明珠"白洋淀风景区（中国河北省）
Baiyuan Taoist Temple 白云观（中国北京市）
baizhi angelica ***Angelica dahurica*** 白芷 / 祁白芷
Bajada（=bahada）山麓冲积平原
baked finish 烘漆
Baker Asparagus Fern A. ***setaceus***（**A.** ***plumosus***）文竹
bakery 面包厂
Bako National Park（**Malaysia**）巴科国家公园（马来西亚）
balance 平衡
~beam 平衡杆；天平梁；平衡木
~bridge 开启桥，平衡桥
~design 平衡设计
~level 水准器；衡准器
~of birth and death 人口自然增长净值
~of city ecosystem 城市生态平衡
~of migration 迁移人口平衡，净迁移
~of nature 生态平衡
~of solar radiation 太阳辐射平衡
~of trade 贸易差额｛商｝
~room 天平室
~sheet 清单，资产负债表，借贷对照表
~weight retaining wall 衡重式挡土墙
~weight tensioner 坠砣补偿器
biotic~ 生物平衡
ecological~ 生态平衡
thermal~ 温热平衡
water~ 水平衡
balanced 平衡
~age structure 年龄结构平衡
~budget 决算
~development 均衡发展
~earthworks 挖填方平衡土方工程
~error 平衡误差
~land use pattern 均衡的土地用途形式
balancer 平衡器
balancing 平衡的，平衡
~beam 平衡木
~factor 平衡系数
~speed 均衡速度
~water 调节水
Balanse Michelia ***Michelia balansae*** **A. DC. Dandy** 苦梓含笑
balcony 阳台，露台；（戏院）楼，眺台，楼层眺台
~greening 阳台绿化
~plant 阳台植物
bald 秃的，光秃的，无叶（或无树）的；赤裸裸的；（文章等）单调的
~cypress 落羽松
~mountain 秃山
Bald Cypress ***Taxodium distichum*** **L. Rich.** 落羽杉 / 落羽松 / 美国水松（美国田纳西州苗圃）

Bald Eagle ***Haliaeetus leucocephalus*** 白头海雕 / 白头鹰 / 秃头雕 / 秃头鹰 / 美洲雕 / 秃鹰（美国国鸟）
Bald Ibis ***Geronticus calvus*** 秃鹮（莱索托国鸟）
Bald Microlepia ***Microlepia calvescens/ Dacallia calvescens*** 光叶鳞盖蕨
Bald Pyrrosia ***Pyrrosia culvata*** 光石韦
baldachin（宝座或祭坛上的）华盖，龛室
Balfour Polyscias ***Polyscias balfouriana*** **Bailey** 圆叶福禄桐
Balfour spruce ***Picea likiangensis*** **var.** ***balfouriana*** 川西云杉
Balkan clary ***Salvia nemorosa*** **Ostfriesland** 西弗里斯兰林地鼠尾草（英国斯塔福德郡苗圃）
Balkan Mountains 巴尔干山（保加利亚）
ball 球；球状物；（混合料）结成的团块；舞会；成球，使成球
~and burlap planting 带土栽植
~and roller bearing 滚珠和滚珠轴承
~bearing 滚珠轴承，球轴承，钢珠轴承，弹子盘
~of earth 根团，土球
~plant 带土苗
~planting 带土栽培
~point pen 圆珠笔
~transplanting 土球移植
~valve 球阀
Ballast 道碴；（铁路）道碴基床，道碴路路基；镇流器
~resistance 道碴电阻
~road 石碴路
~track 有碴轨道
ballasting 铺路道碴，铺路石碴
balled plant 带土植物
ballium 中世纪堡垒中的空地
balloon（轻）气球，球形大玻璃瓶
~astronomy 气球天文学
~sounding 气球探测
Balloon Flower/Chinese Bell Flower ***Platycodon grandiflorum*** **Jacq. DC.** 桔梗
Balm of Gilead ***Cedronella canariensis*** 加那利藿香 / 加那利香脂
balmy 芳香的，香脂的，止痛的；（气候）温和的
balsa 软木
balsam apple ***Clusia rosea*** 青萍木 / 粉红香果树
Balsam apple/Grosvenor momordica ***Momordica grosvenori*** 罗汉果
Balsam Fir ***Abies balsamea*** 胶冷杉 / 加拿大香脂冷杉
Balsam of Tolu ***Myroxylon balsamum*** 豆胶树 / 凤仙花树
Balsam Poplar/Tacamahac ***Populus balsamifera*** 胶杨
balsam/touch-me-not/garden balsam ***Impatiens balsamina*** 凤仙花 / 指甲花
balsamiferous blumea ***Blumea balsamifera*** 艾纳香 / 大风艾
Baltic Ivy ***Hedera helix*** **var.** ***Baltica*** 耐寒洋常春藤（美国田纳西州苗圃）
baluster 栏杆柱；[复] 栏杆；望杆；钩车杆；栏板
~capital 望栏头
~railing 立栏柱杆

balustrade 栏杆，扶手

bamboo ***Bambusa*** 竹材，竹（属）

~bolt 竹销

~bridge 竹桥

~concrete 竹筋混凝土

~drain 竹暗渠

~fence 竹篱

~filament 竹丝

~forest 竹林

~framing 竹（材）构架

~groves 竹林

~pavilion 竹（制）亭

~plantation 竹园

~-pole scaffold 竹脚手架

~raft 竹排

~reinforcement 竹筋

~reinforcement concrete bridge 竹筋混凝土桥

~scaffolding 竹脚手架

~shoot 竹笋

~steel 竹节钢

~tape 竹尺

~worker 竹工，竹作

Bamboo palm/lady palm ***Rhapis excelsa*** 观音竹 / 棕竹

Bamboo Palm ***Chamaedorea erumpens*** **H. E. Moore** 竹茎椰子 / 大叶竹节椰子

bamboo Path 竹径

Bamboo Sea in Chishui 赤水竹海（中国贵州省赤水市）

bamboo shoot of Beechey bamboo ***Sinocalamus beecheynus*** 马尾竹

bamboo shoot of mao bamboo ***Phyllostachys pubesens***（**bamboo shoot of**）毛竹笋

bamboo shoots ***Bambusoideae*** **spp.** 笋 / 竹笋

Bamboo Sunset Glow ***Fargesia rufa*** 青川箭竹（美国田纳西州苗圃）

Bamboo Tsuboi ***Pleioblastus shibuyanus*** **Tsuboii** 菲白竹（英国斯塔福德郡苗圃）

Bambooleaf Fig ***Ficus stenophylla*** **Hemsl.** 竹叶榕

bamboos 竹类植物

ban 禁止，禁令；禁止

Pavilion Containing Half Deep Pool and Entire Hill 半潭秋水一房山亭

Banana moth ***Opogona sacchari*** 蔗蝙蛾

banana shrub/michelia ***Michelia figo*** 含笑 / 香蕉花

Bananaquit ***Coereba flaveola*** 曲嘴森莺（波多黎各国鸟）

band 带；箍；（岩石）夹层，板带层；波带；光（谱）带；频带；队；用带扎上；打箍

~chart 带形圈

~curve chart 带形曲线圈

~elevator 带式电梯

~meter 波长计

~planting 带状栽植

~tape 卷尺

~tyre 实心轮胎

~wheel 带轮

banda（中非洲的）茅草屋

bandage 绷带；用绷带缚上

Bandai Asahi National Park 磐梯朝日国立公园（日本）

Bandaizan 磐梯山（日本）

Bandar Seri Begawan 斯里加巴湾港

（文莱）
bandbox 纸盒式小建筑
Banded Arrowroot ***Maranta leuconeura*** 白脉竹芋 / 豹斑竹芋
banded clay 带状黏土
~column 箍柱
~granite 带状花岗岩
~limestone 带状石灰岩
Banded flatfish ***Kumococius detrusus*** 凹鳍鲬
Banded grouper ***Epinephelus awoara*** 青石斑鱼 / 花斑 / 青斑
Banded gummy shark ***Triakis scyllium*** 皱唇鲨
banded mongoose ***Mungos mungo*** 缟獴 / 非洲獴
Bandoola Square 班都拉广场（缅甸）
Banff National Park 班夫国家公园（加拿大）
bang-zone 飞机噪声区（美）
banian ***Ficus microcarpa*** 榕树
bank（河，海，湖的）堤岸，岸，滩，坡地，银行；银行建筑
~building 银行房屋；（积砂）造岸
~card 银行信用卡
~caving 崩岸
~caving observation 塌岸观测
~charges 银行手续费
~clearance 离岸净空（宽敞）
~crown 单坡路拱
~erosion 堤岸冲刷
~erosion control 堤岸冲刷监控
~erosion river 堤岸冲刷河流
~financing 银行投资
~full stage 满流水位，平岸水位
~guarantee 银行保函，银行保证书
~interest 银行利息
~light 聚光灯，排灯
~measure 填方数量，土石方量测定
~note 钞票，银行兑换券，银行券
~of banks 中央银行
~of soil 土坡，土堤
~planting 堤岸种植
~protection 护岸
~protection works 堤岸保护，护岸（工程），护坡（工程）
~revetment 堤岸铺面
~sand 河砂
~seepage groundwater 堤岸渗漏地下水
~side 岸边
~slope 岸坡，路堤边坡（坡度）
dirt~（美）泥土堤岸
eroding~ 浸蚀堤岸
field~ 田野边坡
flat~ 平坡
flood~ 防洪堤（英国）
gravel~ 砾石堤岸
land~ 土地边坡
landscape data~ 景观基准线弧
pond~ 水塘堤岸
seed~ 植草堤岸
slip~（美）滑坡
snow~ 雪堆
soil seed~ 植草地边坡
spoil~（美）废土堆，弃土堆
tree data~ 树木数据存储单元
undercut~ 暗掘坡
Bank's Rosa/Banksian Rose ***Rosa banksiae* Ait.** 木香 / 七里香
bank-caving 淘空的堤岸

banked 超高
~curve 超高曲线
~turn 超高弯道
banker 挖土工人，土工；造型台；银行业者，银行家；挖沟机；石灰消化池
banke's bank 中央银行
banker's rose 木香花
banket 含金砾岩层；弃土堆；填土；护坡道
banking 填高；筑堤；斜度；超高；银行事务
~center 金融中心
~curve 超高曲线，横向倾斜曲线
~house 银行
~market 金融市场
bankruptcy 破产，经营失败；无偿付能力；（名誉、智力等的）完全丧失
~law 破产法
banlieu(e) 郊区，城郊住宅区
Banpo remain 半坡遗址（中国西安市）
banquet hall 宴会厅
banquette（高出路面的）人行道；弃土堆；填土，护坡道；凸部，窗口凳{建}；踏垛
Banteay Srei 女王宫（柬埔寨）
banyan 榕树
banyan tree tree/small fruit fig *Ficus microcarpa* 细叶榕 / 榕树
Bao'en Templen，Pingwu 平武报恩寺（中国四川省平武县）
Baobab *Adansonia digitata* 猢狲木 / 鞑靼树魁 / 猴面包树（塞内加尔国树）
Baoguo Temple 报国寺（中国北京市）
baohua machilus *Machilus pauhoi* 刨花润楠 / 粘柴 / 鼻涕楠 / 刨花楠
baotou beam 抱头梁
Baoxing Shield Fern *Polystichum moupinense* 宝兴耳蕨
baptism 洗礼（基督教的入教仪式）
bar 棒，条；铁条；钢筋；巴（已废除的压强单位，1 巴 =10^6 达因 / 厘米 ^{2}）；沙洲，沙坝；钻杆；（整道）棍、杆；栅门；障碍，拦门砂，酒吧，酒吧间
~chart 柱状图，条线图；横道图，柱状图表
~graph 柱状图表，条线图，横道图
~gravel 河滩砾石
~iron 条（形）铁，铁条
~magnet 磁棒
~screen 格栅
~signal 河口潮水信号
~steel 条（形）钢，钢条
~tracery 铁楞窗（花）格{键}
angle~ 角铁（板）
corrugated~ 竹节钢筋，竹节钢，螺纹钢筋
corrugated steel~ 竹节钢筋
Bar Chart 横道图
barbados cotton *Gossypium barbadense* 海岛棉 / 埃及棉
Barbados Gooseberry *Pereskia aculeata* 木麒麟 / 有刺仙人棒 / 叶仙人掌
Barbados lily/amaryllis daf-fodil lily *Amaryllis vittata* 朱顶红
Barbados lily/belladonna lily *Amaryllis belladonna/Hippeastrum vittatum* 孤挺花
Barbados Nut *Jatropha curcas* L. 麻疯树 / 羔桐
Barbar Temple 巴尔巴尔庙（印度）

Barbary ape ***Macaca sylvanus*** 无尾猕猴 / 叟猴

Barbary Wolfberry ***Lycium barbarum*** **L.** 宁夏枸杞 / 中宁枸杞（英国斯塔福德郡苗圃）

barbed drainage 倒钩水系

~nail 刺钉

~needle 针板（用以刺穿薄膜纤维使之透水）

~wire 有刺铁丝

~wire fence 有刺铁丝围栅

Barbed Linden ***Tilia intonsa*** 多毛椴 / 西蜀椴

Barbedvien Maple ***Acer barbinerve*** 髭毛槭

barber 大风雪，风雹；理发师

~shop 理发店

Barberry ***Berberis darwinii*** 达尔文小檗（英国斯塔福德郡苗圃）

Barberry ***Berberis thunbergii*** **f.** ***atropurpurea*** **Admiration** 小檗‘赞美’（英国斯塔福德郡苗圃）

Barberry ***Berberis thunbergii*** **f.** ***atropurpurea*** **Atropurpurea Nana** 小檗‘矮紫’（英国斯塔福德郡苗圃）

Barberry ***Berberis thunbergii*** **f.** ***atropurpurea*** **Helmond Pillar** 小檗‘海梦佩拉’（英国斯塔福德郡苗圃）

Barberry ***Berberis thunbergii*** **f.** ***atropurpurea*** **Red Chief** 小檗（红首领）（英国斯塔福德郡苗圃）

Barberry ***Berberis x ottawensis*** **f.** ***superba*** **‘Superba’** ‘超级’渥太华小檗（英国斯塔福德郡苗圃）

barber's shop（英）理发店

barbershop 理发店

Barbican Centre，London 巴尔比坎中心（英国）

Barbican Centre for Arts and Conferences 巴尔比坎艺术和会议中心（英国）

barbican 城镇的外围防卫工事，碉楼，

Barbless carp ***Cyprinus pellegrini*** 大头鲤

barbor seal ***Phoca vitulina*** 海豹 / 斑海豹

barchane 新月形沙丘外堡；抢眼，箭眼；碉堡，桥头堡

bare 裸露的；无装饰的；空虚的；勉强够的；（屋面）露出盖片

~cable 裸电缆

~contract 无担保的契约（或合同）

~copper wire 裸铜丝

~cut slope 新开挖的边坡

~-faced tenon 裸面榫头 {建}

~-faced tongue 裸面雄榫 {建}

~foot 无榫骨架 {建}

~-foot doctor 赤脚医生

~land 荒地

~pipe 裸管，不绝缘管

~root transplanting 裸根移植

~soil 裸地，裸土

~steel 裸钢

~surface 露骨

~trees 光干的树木

~weight 净重

~wire 裸铜丝

bareness 赤裸；空，无

bare-root seedling 裸根苗木

Bare-throated Bellbird ***Procnias nudicollis*** 裸喉钟伞鸟 / 裸喉钟雀（巴拉圭国鸟）

bargain 契约，合同；成交
~for 期待，指望，预期
barge transport 驳运
bark 去（树皮）；吠；树皮；吠声；三桅帆船
~borer 蛀虫
~pocket 树穴
Bark beetles 小蠹类（植物害虫）
Bark black felt of Armeniaca 杏花膏药病（*Septobasidium* spp. 隔担子菌）
Bark break of Platanus 悬铃木破腹病（病原非寄生性，低温冻害）
bark picture 树皮画
barkhan 新月形沙丘{地}
~chains 新月形沙丘链
~sand 新月形沙丘地
~sands 新月形沙丘地
barking deer/Indian muntjak ***Muntiacus muntjak*** 黄麂/赤麂/黄猄
barking iron 树皮剥刀
Barley ***Hordeum vulgare*** 大麦/六条大麦
Barley wireworm ***Agriotes fuscicollis*** 大麦叩甲
barman 撬石工
barn 农仓，堆房，畜棚；车库
~yard 农仓空场，畜棚场
Barn owl ***Tyto alba*** 仓鸮
barodynamics 重结构力学；重（量）力学
barogram 气压图
barograph（自记）气压计
Barogue garden 巴洛克式庭园
barometer（简写 bar.）气压计，气压表，晴雨表
barometric(al) 气压表（的），气压计的
~depression 低气压
~pressure 大气压
barometry 气压测定法
baromil（气压）毫巴（测气压的单位）
Baron oak ***Quercus baronii*** 橿子栎
Baronii Drynaria ***Drynaria baronii/D. sinica/Polystichum baronii*** 中华槲蕨
barong-barong（菲律宾）临时住房
Baroque 巴洛克建筑（17 世纪欧洲一种建筑风格）
Baroque architecture 巴洛克式建筑，变态式建筑
Baroque castle 巴洛克式城堡（17 世纪欧洲一种建筑风格）
Baroque garden 巴洛克式园林，巴洛克式庭园
Baroque machine style 巴洛克机械式
Baroque period 巴洛克式建筑时期（17~18 世纪中叶）
Baroque square 巴洛克式广场
Baroque style 巴洛克式（建筑）
Baroque style garden 巴洛克式园林
barothermograph 自记气压温度计，气压温度记录器
barrabora（爱斯基摩人）泥土住房
barrack 临时居住的棚屋，工房，兵营
barrage 堰坝，拦河坝
barranca 峡谷，深谷
barred 被阻塞了的，被阻碍的；有闩的；划了线的
Barred owlet/ cuckoo owl ***Glaucidium cuculoides*** 斑头鸺鹠
barrel（简写 bar.bbl. 或 bl.）桶（液体

度量单位，英国 =163.65 升，美国 =119 升；重量度量单位，随所装物质而变异，约 89 千克）；木桶；圆桶；筒形桶；装桶；筒形的
~drain 筒形排水渠
~of cement 桶装水泥（美国标准桶装水泥每桶 376 磅，合 170.5 千克）
~roof 筒形薄壳屋顶
~shell 筒形薄壳
~vault 筒形拱顶

Barrel Cactus/Golden Barrel/Golden Ball Cactus ***Echinocactus grusonii*** 金琥

barren 不毛之地；荒芜的，贫瘠的；空白的；多孔的（岩石等）
~hill 荒山
~land 裸露地，荒芜土地
~ore 贫矿
~rock 废石

barrettes 墙桩（采用地下连续墙施工方法制成的桩）

barriada 城市贫民区（特别指由农村来的贫穷移居者聚居的贫民区）

barricade 路栏，护栏；防御；阻碍；设栅；阻塞

barricado 同 barricade

barrier 栅栏；拦路木；堰洲；障碍物；关卡，界线；哨所；隔离；阻碍；用栅围住；阻碍
~beach 堤洲
~block 路障
~centerline strip 栏式中央分隔带
~chain 砂岛群
~curb 挡车路缘石，栏式缘石
~free design 无障碍设计
~ice 冰堡，冰岸
~lake 堰塞湖
~line 拦阻线，制止线
~planting 栏式栽植
~railing 阻隔栏杆
~reef 堤礁 {地}
Acoustic~ 隔声墙，声屏障
flood~ 拦洪坝
noise~ 防噪墙，减声墙
pedestrian~ 行人护栏

Barrier reef 堡礁

barring traffic 封锁交通

barrio（西班牙语国家的）城市行政区，（美国城市）西班牙语居民的集居区

barrow 手推车，古墓
~truck 手推车

Barred owlet ***Glaucidium cuculoides*** 斑头鸺鹠

Bar-tailed cuckoo dove ***Macropygia unchall*** 斑尾鹃鸠

Bar-tailed Trogon ***Apaloderma vittatum*** 斑尾非洲咬鹃 / 斑尾咬鹃（马拉维国鸟）

bartebeest ***Alcelaphus buselaphus*** 狷羚 / 麋羚

Bartllet pear/pear ***Pyrus communis*** 巴梨

barytes concrete 重晶石混凝土

bas 母线，总线 {计}；底部（法）
~relief 浅浮雕；浅浮雕品

basal 基板 {地}；根本的；基层的，基础的
~orientation 基线定向
~principle 基本原理

basal diameter 地径

basalt 玄武岩

~clay 玄武土

~wacke 玄武（石）土

base（路面）基层，基，底脚；基点；基地；地基；（三角网）基线{测}；底座{机}；碱{化}；基数；底边，底面{数}

~address 基本{数}地址

~–bar 基线杆

~bearing pressure 地基承载力

~bid price 标底

~coat 底层抹灰

~colour 底色

~course 基层

~–court 城堡外庭后面的院子；农家养禽场地；房屋的后院；英国低级法院

~curve（field）基线（域）

~data 原始资料，基数

~direction 基线定向（或方向）

~–distance ratio 基距比

~expenditure 基本建设费用

~failure 底坍，（斜坡）地基破坏（斜坡下有软土时的滑动破坏），基础破坏

~flow 基流，基本流量

~growth 基本增长

~–height ratio 基高比

~index 基本指数

~length 基本长度

~level 基本水位，基面，基准面

~line（简写 BL）基线{测}；底线（图）

~line measurement 基线测量

~lining 基线定线

~load 基本负荷

~map（城市规划的）基本地图，基本图，工作草图，底图

~map of topography 地形底图

~of foundation 基底

~of level 堤基

~pay 基本工资

~period 基本周期，基期

~–period value 基期值

~–planting（美）基层栽植

~population 基准人口

~port 基本径流

~sheet 基本图

~stem 主茎

~travel time 基本行程时间

~volume 基本交通量

~wage 基本工资

~wall 底层墙{建}

~year 基年

code~ 编码基数

concrete~ 混凝土基层，混凝土底层；混凝土基础，混凝土底座

eye~ 眼基线

foundation~ 基底

ground~ 地基，土基

industrial~ 工业基地

knowledge~ 知识库

length of~ 基线长度{测}

leveling~ 水准面，基准面

model~ 投影基线

wall~ 墙座

baseball field 棒球场

baseline 基线；扫描行；原始资料；（球场等）底线；原始的，基本的，开始的

~condition 基线条件

~data 基本数据
~of section 断面基线
~study 基本研究
~take 基线桩
~year 基准年
baseload 基本荷载；（发电厂）最低负荷
baselvein machilus ***Machilus decursinervis*** 基脉润楠
basement 底层；地下室；基础，基层
~car park 地下室存（停）车场，底层存（停）车场
~drainage 地下室排水
~dwelling 地下住宅
~floor 地下室地面，地下室地板
~garage 地下车库
~parking garage 地下停车库
~service road 地下辅助道路，地下服务道路
~soil（=subgrade）土路基，基土
~storey 地下室墙
~water proofing 地下室防水
basha（印度的）棚屋，茅顶竹舍
basic 基本的,基础的；基性的；碱（性）的，碱式的
~activity 基础行业
~alternative 基本方案
~benchmark；datum benchmark 水准基点
~capacity 基本能力；基本容量；基本通行能力
~concept 基本概念
~cycle 基本周期{计}
~data 基本数据，原始资料
~design 原图，原始草图
~design parameter 基本设计参数
~diorite 基性闪长岩
~document 基本文件
~earthquake intensity 地震基本烈度
~equipment 基本装备
~features 基本特征
~fertilizer 基肥
~floor area ratio（FAR）建筑面积密度，建筑面积与基地面积比率（容积率）
~frame（城市规划的）基本格局，基本结构
~freeway segment 高速公路基本路段
~frequency 主频率，基本频率
~gauge 基本规格
~heat loss 基本耗热量
~household 基本户，基本户口
~hydrologic network 基本站网
~industry 基本产业，基本工业，基础工业
~inquiry 基本调查
~intensity 基本烈度
~level 实际水平
~life-related facilities 生活基础设施（人们生活健康，方便和舒适所必需的住宅、交通、文化、上下水道、电气、燃气、通信、道路和公园等）
~load 基本负荷，主要荷载，基本荷载
~marketing 基本市场学
~maxim 基本原理，基本准则
~module 基本模数
~need for shelter 住房基本需求（最低标准的住房要求）
~park 重点公园，骨干公园
~pattern 基本图式
~pay 基本工资

~period 基期
~plan 基本计划
~principle 基本原理
~population 基本人口
~research 基本（础）理论研究；基础研究
~roadway capacity 道路基本通行能力
~scale topographic map 基本比例尺地形图
~sequence 基本序列
~service 基本服务
~services 基本服务
~symbol 基本符号
~system（结构）基本体系
~theory 基本理论
~-tone tree species 基调树种
~traffic capacity 基本通行能力
~twig 主枝
~underlying variables 基础变量
~urban population 城市基本人口
~value 基本值
~variable 基本变量；基（础）变量
basicity 碱度，盐基度，碱性
basil/sweet basil *Ocimum basilicum* 罗勒 / 佩兰 / 矮糠
basilica 会堂；（古罗马）长方形大会堂或交易所；王宫；早期基督教教堂
~church 长方形教堂
basin 洼地，盆地；流域，排水区域；水坑；盆；盆饰；盆形构造；煤田；港池
~characteristics 流域特征
~divide 流域分水线
~erosion mean 流域平均高程
~erosion 流域侵蚀
~flow concentration curve 流域汇流曲线
~flow concentration time 流域汇流时间
~geometric characteristic 流域几何特征
~investigation 流域调查
~maximum storage capacity 流域最大蓄水量
~plain 盆地平原
~planning 流域规划
~range 断块山岭，不连续山脉（地）
~sewerage 流域排水工程
~slope mean 流域平均坡度
~-wide program 流域计划，（整体）流域计划
~width mean 流域平均宽度
basined flower bed 盆栽花坛
basis 基底；基线；基矢量；基础；基本；根据，基本原理；玻基{地}
~contract 基本合同
~of an argument 论据
~of payment 付款方式
basket 篮（筐），笼，篓；挖掘机的铲斗，挖泥机；篮形线圈，篮形镍蟠{电}；装入篮内
~container 篮状种植器
~edge 煤层露头
~plant 悬篮植物
~planting 悬篮栽培
~-type sampler 网式采样器
basket-of-gold/gold basket *Alyssum saxatilis* 黄庭荠 / 岩生庭荠
basketball court 篮球场
Basking shark *Cetorhinus maximus* 姥鲨
bass 低音（频）；椴树韧皮纤维（制品）；低声部，男低音；低音的

~-broom（椴木）韧皮纤维扫帚
Bas-relief 浅浮雕
basset pot 篮栽
basso-rilievo 浅（半）浮雕（意）
basswood 级木树，椴树，美国菩提树
basswood ***Tilia americana*** 美洲椴木（英国萨里郡苗圃）
basswood/linden ***Tilia*** 椴树（属）
bastard 不纯粹的，杂交的，劣质的；粗的；异常尺码的；赝品，杂种，劣等货
~acacia 刺槐
~ashlar 粗饰琢石，琢面毛石墙
~free stone 劣质建筑毛石
~granite 假花岗岩
~indigo 紫穗槐
~masonry 混杂圬工
~pointing 假勒缝{建}
~spruce 美国松
bastard acadia/black locust/locust tree ***Robinia pseudoacacia*** 刺槐 / 洋槐
Bastard halibut/olive flounder ***Paralichthys olivaceus*** 牙鲆 / 偏口鱼 / 比目鱼
bastide 中世纪法国防御林堡；法国南部农村小住宅
bastille 堡塔，城镇防御高塔；城堡（常用作监狱）
~house 堡塔建筑（局部设防御工事，底层常为穹顶结构）
bastion 棱堡，堡垒；城堡
Bastion of the Prince of Wales 威尔斯王子城堡（印度）
bastite 绢石
bastose 木质纤维素
bat 泥质页岩，页岩质黏土；湿土块；半砖，砖片；（黏土等的）硬块；球棒；蝙蝠；打，击
Batai/Mara/Vaivai ***Albizia falcataria*** **L. Fosberg** 南洋楹
batardeau 围堰，堤，坝
batch 批，一批，一拌；一份；一盘；（混合料）的一拌或一盘；一炉；一束；一群；程序组{计}；分批；投配
~file 批处理文件，批文件
~-flow production 成批生产
~number 批号
~program 批处理程序，成批程序
~system 批量系统
~treatment 间歇处理
batched job 成批作业
batcher 分批箱
batching（按批）配料
~meter（混合料）配料
bateau 复 bateaux 平底船
~bridge 浮桥
bath 池；锅；电镀槽，电解槽；洗澡；浴器；（公共）澡堂，温泉浴场
~brick 砂砖，巴斯磨石
~closet 沐浴更衣室
Bath 巴斯（英国西南部古代城市）
Bath white ***Pontia daplidice*** 云斑粉蝶 / 云粉蝶 / 斑粉蝶 / 花粉蝶 / 朝鲜粉蝶 / 朝鲜红斑粉蝶
bathe 洗澡，沐浴，浸没
bathing（海滨）游泳；沐浴，洗澡
~area 浴场
~beach 海滨浴场
~box 更衣棚
~machine 活动更衣棚，（海滨浴场的）更衣车

~place 海滨浴场

~shed 沙滩泳屋

batholith 岩基，岩盘{地}

bathhouse 浴室，浴堂

bath-house 公共澡堂，浴室

bathroom 卫生间

bathtub 浴盆

bathylith 岩基{地}；基岩

bathymeter（水深）探测器

bathymetric survey；**sounding** 水深测量

Batoko Plum/Madagascar Plum ***Flacouria indica*** **Burm. f. Merr.** 刺篱木

batt joint 平口接

batten 板条，狭板；撑条，舞台吊杆，挂瓦条

~and button 木板接合（法）{建}

~door 板条门{建}

~floor 木条地板

~plate 缀板

~plate column 缀合柱{建}

battened wall 板壁{建}，板条墙

batter（墙壁等的）倾斜度；软泥；倾斜，捏（泥）；敲碎；猛击

~drainage 斜坡排水，斜水沟

~pile；spur pile 斜桩

~post 斜柱，圆锥形柱

~tension pile 斜拉桩

battery（简写 bat.）（蓄）电池，电池组；（金属器皿的）一套，一组

~car room 电瓶车库

~of wells 井群，井组

~recharge room 充电站

battlement 雉堞墙，城墙垛，城垛，雉垛

batture 河滩地，河洲

Batu Caves 黑风洞（马来西亚）

Bauhaus 包豪斯建筑学院（近代德国建筑师格罗皮乌斯创办）

Bauhaus Building 包豪斯校舍（德国）

Bauhinia/Buddhist bauhinia ***Bauhinia-variegata*** 羊蹄甲/紫荆花

Bauhinia/Hong Kong orchid ***Bauhinia blakeana tree*** 洋紫荆/紫荆花（香港区花）

Baur-Leonhardt prestressing system 包尔—莱昂哈特预应力体系（利用预制钢筋混凝土块进行张拉）

Bause Tuftoot ***Dieffenbachia bausei*** 星点万年青

bauxite（铁）矾土，铝矾土；铝

~brick 高铝砖，矾土砖

~cement 矾土水泥

~clay 铝质黏土

bawn 围墙，畜栏

Bax-leaf Syzygium ***Syzygium buxifolium*** 赤楠蒲桃

bay 海湾（开放型）；湾；跨径；桥跨；壁洞；架间，间距；节间（建筑）的开间，跨度，桥跨；柱距，桁距；（园林中）由植物形成的间隔；海湾，河湾

~bar 河口沙洲，海湾沙洲

~bridge 港湾桥

~delta 海湾三角洲

~-line（铁路）专用支线

~mouth bar 湾口沙洲

~width 开间

~window 凸窗

Bay owl ***Phodilus badius*** 栗鸮

Bay laurel 月桂
bay-leaf willow/laurel-leaf willow/sweet willow/willow bays ***Salix pentandra*** 五蕊柳
Bayberry/waxmyrtle fruit terminalia ***Terminalia myriocarpa*** 千果揽仁
Bayon Temple 巴戎寺（柬埔寨）
Bayonne Bridge 贝永桥（美国）
bayou 淤塞的河流；长沼
Bay owl（***Phodilus badius***）栗鸮
bayside beach 湾边海滩
bayt（穆斯林）帐篷式住宅
baza(a)r 市集，市场；百货商店，义卖市场，商品陈列所
BCS（**buildings and community systems**）房屋及社区系统
beach 海滨，海滩，湖滩；拖上海滩；搁浅
~boardwalk 海滩木板，人行道
~-building phenomena 建造渔滨现象
~crest 海滨顶点
~drift 海滨砂；海滨沿岸砂砾
~erosion 海岩侵蚀
~gravel 海滨砾石
~house 海滨别墅
~lagoon 海滨浅湖
~land 滩地
~line 海滨线（平均低水位线）
~nourishment 海滩淤涨，海滨淤填
~promenade 海滨大道
~roadway 海滩（汽车）道路
~sand 海（滨）砂
~slope 海滨坡度
~zone 海岸带（区）
bathing~ 海滨浴场
developed~ 开发的海滨
lake~ 湖滩，湖岸
river bathing~ 江河浴场
beach marten/Stone marten（***Martes fornia***）石貂 / 扫雪貂
beach ridge 滩脊，曾用名“沿岸堤”“海滩堤”
Beach Screw Pine/Pandanus Palm ***Pandanus tectorius*** **Sol.** 露兜树
beach speedwell/speedwell ***Veronica longifolia*** 四方麻
beachfront 海滨地区
beachscape 海滨风景
beacon 信号，标志，指路灯，指向标；标灯，灯塔，信号台，标向
~lamp 标向灯
~light 岸标灯，立标灯，探照灯
~light tower 探照灯塔，导航灯塔
~radar 信标雷达
~receiver 标灯信号
~turret 灯塔
Beacon Tower 烽火台
Bead tree/chinaberry ***Melia azedarach*** 楝树
beads 念珠
beak（鸟形）嘴；嘴状物；柱的尖头
~head 海角，岬
beaked yucca ***Yucca rostrata*** 鸟喙丝兰（英国萨里郡苗圃）
Beakpod eucalyptus 桉树类
bealock 垭口，分水岭山口
beam 梁；桁条｛建｝；袱；光束，声束，波束｛物｝
~and column construction 梁柱结构
~and girder construction 交叉梁结构，

交梁结构

~and girder floor 交叉梁楼板

~and girder framing 交叉梁构架

~bridge 梁桥

~depth 梁高

~fixed at both ends 两端固定梁

~flange 梁翼

~hanger 梁托

~of a pergola 凉亭的横梁，藤蔓棚架的梁

~sagging 梁下垂

~tie 乳袱

~with central prop 三托梁{建}

angle~角钢梁

bond~结合梁

composite~叠合梁，组合梁，联合梁

concrete~混凝土梁

deck~上承梁{建}

ell-~L 形梁

fished~接合梁

fixed~固定梁

flange~工字钢，工字钢梁，工形梁

flanged~工字梁

H-~工字梁，H 形梁

inverted T~倒 T 形梁

laser~激光束

lattice~花格梁，格构梁；晶格

main~主梁

tee~T（形），丁字梁

U-~U 形梁，槽钢

U-shape~槽形梁

Bean pod borer ***Maruca testularis*** 豆荚野螟

Bean sphinx moths ***Clanis bilineata tsingtauica*** 青岛南方豆天蛾

beanleaf jasminorange ***Murraya euchrestifolia*** 豆叶九里香

bear ***Ursidae*** 熊（科）

Bear River Wildife Refuge 熊河野生动物保护区

bear's head mushroom/beard tooth ***Hericium erinaceus*** 猴头菇

Bear's breeches ***Acanthus mollis*** 虾膜花（英国斯塔福德郡苗圃）

bearded 有芒刺的

Bearded vulture ***Gypaetus barbatus*** 胡兀鹫

Beardless sucking barb ***Garra pingi pingi*** 墨斗鱼/墨鱼

beard-tongue penstemon ***Penstemon barbatus*** 吊钟花

bearer 支座，轴承，承座；支承，承受，承载；受压；方位；象位；象限角；忍受

bearing 方位，支座

~angle 象限角

~branch 开花枝/结果枝

~capacity 承载能力

~capacity factors 承载力因数

~capacity of soil 土承载力

~course 承重层

~factory 轴承厂

~force 承载力

~platform 承台

~power 承载力

~pressure 承压力

~stone 门枕石

~stratum 持力层

~tree 成年树，结果树

~wall 承重墙

Bearing Hairs Rhododendron *Rhododendron crinigerum* 长粗毛杜鹃

bearty heart radish *Raphanus sativus* var. *longipinnatus*（variety of）心里美萝卜

beast（四足）兽，牲畜；兽性

~of burden 驮（货运输的牲）畜

beaten-cob construction 夯土建筑（草泥墙建筑），干打垒

beaufet 简便食堂，小吃店

Beaufort notatin 蒲福氏天气符号

~（wind）scale 蒲福氏风级｛气｝

Beaufort scale 蒲福风级

beautification 美化，装饰

~city/town（英）城市美化

~community（美）居住区美化

Beautiful browallia/bush vio let *Browallia speciosa* 蓝英花 / 紫水晶 / 布洛华丽

Beautiful bougainvillea/bougainvillea *Bougainvillea spectabilis* 九重葛 / 叶子花 / 三角花（赞比亚国花）

Beautiful Carrionflower *Stapelia pulchella* 豹皮花 / 星鱼花 / 国章花 / 小犀角花

Beautiful Floweringquince/Japanese Floweringquince *Chaenomeles speciosa* 皱皮木瓜 / 木瓜 / 贴梗海棠

Beautiful Lespedeza *Lespedeza formosa* Vog. Koehne 美丽胡枝子

Beautiful Millettia *Millettia speciosa* Champ. 美丽崖豆藤

Beautiful Neoregelia *Neoregelia cardiae* 'Tricolor' 五彩凤梨 / 三色赪凤梨

Beautiful Rhododendron *Rhododendron calophytum* 美容杜鹃 / 大叶杜鹃花

Beautiful scenery of Wuyuan 婺源风光

beautiful sights 美丽风景

beautiful water 秀水

Beautifulflower Primrose *Primula pulchella* 丽花报春

beautifulleaf sagebrus *Artemisia calophylla* 美叶蒿

beautify 美化，修饰；变美，使美丽

beauty 美，美丽，优美；美貌

~and amenity of the countryside（英）乡村的美观与舒适

~and amenity of the landscape 风景园林的美观和舒适

~parlo(u)r 美容店，美容院

~-spot 风景区

area of outstanding natural~ 优美舒适的自然景区

area of outstanding scenic~ 优美景区

Beauty Berry *Callicarpa bodinieri* var. *giraldii* Profusion 老鸦糊（英国斯塔福德郡苗圃）

beauty bush *Kolkwitzia amabilis* 猬实

Beaux Arts 布扎艺术，富于装饰的艺术，尤指古典建筑风格

Beaux arts style 建筑艺术学院式的建筑风格

beaver/Eurasian beaver *Castor fiber* 河狸

beck 山涧，溪流，山溪，小河

Becoming Yellow Rhododendron *Rhododendron lutescens* 黄花杜鹃花 / 变黄杜鹃花

bed 床；路床；河床；垫（层）；底盘，底脚；地基，路基；层，床位；安置；安装；分层；使睡

~course 垫层

~dune 河底沙丘

~load discharge and hydraulic factors relation curve method 水利因素关系曲线法

~material 床沙；河床质

~material load 床沙质

~material measurement 床沙测验

~material sampler 床沙采样器

~of river 河床，河底

~-silt 河底淤泥

~sweeping 扫海

~-terrace 台地，梯田；层；地层，岩层；阶地

~town 住宅城（分担大城市等就业区的居住功能的城市），卧城（住宅市镇，眠憩市镇），卫星城

~width 河床宽度

bedder 观赏苗圃，观赏花坛

bedding geranium/geranium/fish geranium ***Pelargonium hortorum*** 天竺葵 / 洋绣球（克罗地亚、匈牙利国花）

bedding 坛植，花坛种植

~course 垫层

~plant 花坛植物

~system 花坛系统

bedlam 精神病院

bed-occupancy ratio 床位占用率

bedrock 基岩，底岩

~estuary coast 基岩港湾海岸

bedroom 卧室，卧房；近郊居住区

~community 住宅区，郊区，住宅社区，卧城

~suburb 郊区卧城，城郊宿舍 [美] 白天在城里工作，仅晚上回家就寝的人们所居住的郊区

~town 中等住宅区，月票住宅区，卧城

bedspace（旅店，医院，宿舍等）床位（总称）

bee 蜂，蜜蜂；忙碌的人

~plant 蜜源植物

beech 山毛榉树

beech tree ***Fagus*** 山毛榉（属）

Beechey Bambusa/South China Sinocalamus ***Bambusa beecheyana*** 吊丝球竹

Beechey Fig ***Ficus erecta*** 天仙果 / 糙叶榕

beef 牛肉，菜牛；体力；抱怨；加强，充实；争吵

~wood 硬红木，木麻黄

beefed-up 加强的，充实的

beefsteak begonia/Assam king begonia/painted-leaf begonia ***Begonia rex*** 蟆叶秋海棠 / 毛叶秋海棠

beefsteak hedge/copper leaf ***Acalypha wikesiana*** 红桑

beehive 蜂巢，蜂房；蜂房形集气架；蜂窝状的

bee-hive house 蜂窝式房屋（用石块叠砌的一种半球形的原始构造物）

beeline 两点间直线；最短路径，空中距离

besewax 蜂蜡，黄蜡；上蜡

beet 甜菜

~sugar waste 甜菜制糖废水

beet/beet-root/table beet ***Beta vulgaris*** **var.** ***rapacia*** 根忝菜 / 红菜头 / 甜菜

beetle 夯实；用大槌捶打；突出；夯具，木夯，木槌；捣棒；甲虫；突出的

~head 打桩锤

Beetles 甲虫类［植物害虫］
beetling cliffs 悬岩
beggarticks ***Bidens bipinnata*** 鬼针草 / 鬼钗草 / 鬼黄花
Begelow sneezeweed ***Helenium bigelorii*** 堆心菊 / 翼锦鸡菊
beginning 起点；起源；开始部分
~date 开始日期，开工日期
~of curve（B.C.）曲线起点
begonia ***Begonia*** 秋海棠
Begonia elatior-hybrids 杂交秋海棠
Begonia rex hybrids 观叶海棠
behaved wood 改性木材
behavio(u)r 行为，性质
~in service 使用状况
~map 行为地图
~model 外态模式，行为模式
~pattern 行为模式
~science 行为科学
~setting 行为背景，行为场所
Behavio(u)ral 行为的
~science 行为科学
~behavioral matrix 行为矩阵
~performance 行为性能
Behavioral environment 行为环境
Behavioral geography 行为地理学
Behaviouristic psychology 行为心理学
Beheaded river 夺流河，被夺河｛地｝
beheading 河流上游水的夺流，断头河
~of river 夺流，河流的尽头
beholder 观看者；旁观者
Beidaihe Beach（**Qinhuangdao**，**China**）北戴河海滨（中国秦皇岛市）
beidellite 贝得石
beige 米色，灰棕色
Beihai（**Northern Sea**）**Park**（**Beijing**，**China**）北海公园（中国北京市）
Beijing Ancient Observatory（**Beijing**，**China**）北京古观象台（中国北京市）
Beijing Botanical Garden（**Beijing**，**China**）北京植物园（中国北京市）
Beijing embroidery 京绣（打子绣）
Beijing Exhibition Center（**Beijing**，**China**）北京展览馆（中国北京市）
Beijing opera theater（**Beijing**，**China**）北京剧院（中国北京市）
Beijing Planetarium（**Beijing**，**China**）北京天文馆（中国北京市）
beijing spurge ***Euphorbia pekinensis*** 大戟 / 龙虎草 / 京大戟 / 将军草
Beijing Zoo 北京动物园（中国北京市）
Beijing-Watching Tower of Simatai Section of the Great Wall（**Chengde**，**China**）司马台长城望京楼（中国承德市）
Beiyue Temple（**Quyang county**，**China**）北岳庙（中国曲阳县）
Belcher's lancelot/Japanese lancelet ***Branchiostoma belcheri*** 文昌鱼 / 白氏文昌鱼
Belenger's jewfish ***Johnius belengeri*** 皮氏叫姑 / 叫姑
belfry 塔，钟楼
Belgian architecture 比利时（式）建筑
Belgian Evergreen ***Dracaena sanderiana*** **Sander ex Mast.** 富贵竹
Belgravia（伦敦）富裕住宅区；伦敦富人时髦阶层，中上流社会
Belisha-beacon（英）交通指示柱，倍利夏警标（穿越人行横道标志）（英国）

Bell 钟，铃；钟状物；承口；钟形口，漏斗口；装上铃；使成为铃状
~house 钟楼
~tower 钟楼
~tower and drum tower 钟鼓楼
~-turret 钟楼，钟角楼
Bell Mountain（**Nanjing**，**China**）钟山（中国南京市）
bell pepper/sweet pepper ***Capsicum amnum* var. *grossum*** 灯笼椒 / 柿子椒
Bell Tower（**Beijing**，**China**）钟楼（中国北京市）
Belladonna lily/barbados lily ***Amaryllis belladonna/Hippeastrum vittatum*** 孤挺花
Bellamar Cave Cuba 贝利亚马尔岩洞（古巴）
Bellfowered Cherry ***Prunus campanulata*** 钟花樱桃
bellmouth 喇叭口
bell-shaped curve 钟形曲线
Belmore Sentry Palm ***Howea belmoreana*** **F. v. Muell. Becc.** 拱叶荷威椰子 / 富贵椰子
below ground 地面以下
belt 带，皮带，引带；带状物；层；海峡；产……地带，环形铁路；环形电车路线；系统
~area 带状分布区
~city 线状连续发展的城市，带形城市
~course 圈梁
~highway 环路，带状公路
~（-line）highway 环路，带状公路
~line 环行线；流水线
~line city 带形城市
~-line highway 环路，带状公路
~-line road 带状公路
~of folded strata 褶皱带 { 地 }
~of land 带状土地
~of transition 过渡带
~of weathering 风化地带
~planting 带植
~railroad 环行铁路
~road 环路，带状道路
~way 环路
Belted beard grunt ***Hapalogenys mucronatus*** 横带髭鲷
beltline railroad 环行铁路
beltway 环城公路，高速公路
beluga whale/white whale ***Delphinapterus leucas*** 白鲸
belvedere 望塔；观景楼
Belvedere Court（**Vatican**）台阶院（梵蒂冈）
ben 住宅内室，内厅；小山，高地
Benakj Museum（**Greece**）贝纳基博物馆（希腊）
bench 长凳；公园里的坐凳、椅子；工作台；护道；座，台；钳工台；底层平台；（浪式）阶；岩滩地；爆破阶面；河岸；阶地，梯段地
~axe 木工用斧
~blasting 台阶式爆破
~cut 台阶式开挖，台阶式挖土
~cut method 台阶式掘进施工法
~gravel 滩地砾石
~land 滩地，沙洲
~-like form 阶地状地形
~mark 水准点，基准点，基点
~-mark data 基础数据

~mark forecast 根据有关资料进行预测

~mark year 基年

benchland 滩地，沙洲

bend 河曲，弯道

~moment 弯矩

~of road 道路曲线（段），弯道（道路曲线段）

~strength 抗弯强度

bending 弯（曲）；挠（曲）；弯头，弯管；弯曲度，可塑性，灵活性

Bendo Eucalyptus ***Eucalyptus axserta*** **F. Muell.** 隆缘桉

Bendo Eucalyptus ***Eucalyptus exserta*** 窿喙桉

Bendorf Bridge 本道夫桥（主跨 208 米，全长 524.0 米，预应力混凝土 T 形钢构桥，1962 年建于德国莱茵河上）

bendway 弯道，弯段

benefactor 施主

Beneficence/good deed 功德

beneficiation 废物回收加工，选矿，精选；改善；筛选

~mill 选矿厂，选煤厂

benefit 利益；好处，效益；利润；年金；施诊；救济；对……有利、有益

~analysis 收益分析

~assessment（公用事业费）受益者分担

~assessment district 利润评估区

~-cost analysis 收益—成本分析

~-cost ratio 收益—成本比

~-cost ratio method 收益—成本比法

~factor 收益率

Bengal Clock-vine/Blue Trumpet Vine ***Thunbergia grandiflora*** **Roxb.** 大花山牵牛 / 大花老鸭嘴

bengal olive ***Canarium bengalense*** 方榄 / 三角榄

benign（病）良性的，（气候）良好的，仁慈的，和蔼的

Benin Museum（**Negeria**）贝宁博物馆（尼日利亚）

Benjamin Fig/Weeping Fig ***Ficus benjamina*** **L.** 垂叶榕 / 垂榕 / 吊丝榕

Benjamin tree/Sumatra snowbell ***Styrax benzonin*** 安息香树 / 辟邪树

bent 沼泽；弯曲；排架

~cap 盖梁

~frame 排架

~reach 弯曲河段

Benthem's Cornel/Ebergreen Dogwood ***Dendrobenthamia capitata*** 头状四照花 / 节节树 / 鸡嗉子果

benthic 水底或海洋深处的

bentonite treatment 膨润土处理

Berberis thunbergii DC.（**Barberry**）小檗

Bergamot ***Monarda didyma*** **'Cambridge Scarlet'** 美国薄荷‘剑桥红’（英国斯塔福德郡苗圃）

bergamot ***Citrus bergamia*** 巴柠檬 / 香柠檬

Bergamot ***Monarda didyma*** 蜂香薄荷 / 蜜蜂脂

bergamot mint ***Mentha citrata*** 柠檬留兰香

Bergenia ***Bergenia*** 岩白菜（属）

Berggarten Sage ***Salvia officinalis*** 巴格旦鼠尾草（美国田纳西州苗圃）

Berkeley Plantation（**America**）伯克利

种植园（美国）

Berlin TV Tower（**Germany**）柏林电视塔（德国）

Berlin Wall（**Germany**）柏林墙（德国）

Berlin Zoo（**Germany**）柏林动物园（德国）

berm 反压平台（反压马道）；护坡道，公路路肩；小平台；小路

~ditch 护岸排水沟

~spill-way 护道排水沟，傍山排水沟

~stakes 护道边桩

earth~ 土障，小土岗

Bermuda Islands（**Britain**）百慕大群岛（英国的自治海外领地）

Bermudagrass ***Cynodon dactylon*** 狗牙根 / 绊根草 / 铁线草

Berner Alpen（**Switzerland**）伯尔尼山（瑞士）

Berrier-free environment 无障碍环境

Bernard Lassus 贝尔纳·拉索斯，法国风景园林师，IFLA 杰里科爵士奖获得者

berry 浆果

Berry asphalt 柏利地沥青

berth 安全距离，回旋（或操作）余地；（火车、轮船等的）卧铺，座位；职位；公交停车车位；架床。宿处；停泊处；使停泊；（为旅客）提供铺位，占铺位；泊位

~capacity 泊位通过能力

~telephone 泊位电话

berthing member 靠船构件

beryl 绿柱石；绿玉 { 地 }

beryl mine 绿柱石矿

Beshanzu fir ***Abies beshanzuensis*** 百山祖冷杉

besom 金雀花；长把帚

bespoke building 单独设计的建筑物

Besra sparrow hawk ***Accipiter virgatus*** 松雀鹰

Bess's Rhododendron ***Rhododendron beesianum*** 宽钟杜鹃 / 毕氏杜鹃花

best 最好（最优，最佳）的；大半的；[副] 最，最好地；极力；最好的人或东西

~-paper 最优论文

~practice 最优方法

~-route analysis 最佳路线分析

~terms 最优惠条件

betel pepper ***Piper betle*** 蒌叶 / 青蒌

Betel-nut palm ***Areca cathecu*** **L.** 槟榔

betelnut 槟榔

bethel（非英国国教的）圣地，礼拜堂

Bethell Process 填满细胞法（木材防腐的一种处理方法）

Bethlehem 伯利恒

betterment 改善，改进，改正；（地价）高涨，土地改良，不动产的增值

~survey 改善测量

~work 改善工程，扩建工程

betterments 修缮经费

Betula halophila 盐桦

between plants in the row 株距

between-row distance 行距

between-tree distance 株距（树木）

Beurre gifford pear ***Pyrus communis*** **Beurre Gifford** 茯茄梨

bevel 斜角；斜面，削面；斜削；斜角规；歪角曲尺；使倾斜，成斜角；斜削，切削成锐角；（倾）斜的，斜角的

beverage factory 饮料厂

Beziklik Thousand-Buddha Grottoes (**Turpan**，**China**)柏孜克里克千佛洞(中国吐鲁番市)

bharal/blue sheep ***Pseudois nayaur*** 岩羊/崖羊/青羊

B-horizon（土的）B 层，乙层，淋积土层，淀积层

Bhiksuni/Buddhist nun 比丘尼（俗称“尼姑”）

Bhisksu/Buddhist monk 比丘（俗称“和尚”）

Bhutan cypress/Himalayan cypress ***Cupressus torulosa*** 西藏柏

Bhutan pine/Himalayan pine ***Pinus griffithii*** 蓝松/乔松

Bi-[词头]二个；两倍；两回

~-fold door 双摺门

~-level 两层平房（进口在地面，下层略低于地面）

~-parting door 双拉门，双肩滑门

~-pass 双通{机}，双行车路

Bialowieza National Park（**Poland**）比亚沃维耶扎国家公园（波兰）

biannual 一年两次的，半年一次的

bias 斜线；倾向；偏压；栅负电压；偏见，歪圆形；偏置，偏流{计}；斜的；偏动的{电}

~bias error 系统误差

bib 歪嘴龙头，弯嘴龙头；围涎

~nozzle 小（水）龙头弯嘴

~valve 小阀门

biba pepper/long peppe ***Piper longum*** 荜拔

bibliography（参考）文献；书目（提要）；文献目录学

bicyle 自行车，脚踏车

~and pedestrian path 自行车人行道

~lane 自行车专用道

~ownership ratio 自行车拥有率

~parking 自行车停放处

~parking facility 自行车停放设施

~parking rules 自行车停放规则

~path 自行车道

~plant 自行车厂

~rack 自行车车架

~route 自行车车道，自行车路线

~shed 自行车棚

~stand 自行车停车场

~track 自行车专用道

~trail system（美）骑自行车追踪系统

~way 自行车专用道

bid 投标，出价；投标数目；邀请；企图；叫牌；投标，出价；命令；发表公告；祝；表示

~abstract 标单提要综合单（投标商名单及其各自的标价单）

~advertisement（美）投标公告，投标广告，邀请通知

~against each other 竞相投标，竞相出价

~analysis（美）投标分析

~and offered price 标价

~bond（美）投标保证金，投标抵押

~date 投标日期

~deadline 投标（或承包）截止日期

~documents（美）投标证书，投标文件，邀请文件，邀请公文

~documents，inspection of（美）投标调查文件，投标数目检查文件

~documents，inspection of additional（美）投标补充调查文件，投标数目

追加检查文件
~estimate 投标估算
~evaluation 评标
~form 投标表格格式（按表格填写），招标内容，招标条款，标单
~guarantee 投标保证书
~item（美）投标项目，投标条款
~items and quantities，list of（美）投标项目和投标数量清单
~items，comparative analysis of（美）投标项目比较分析
~-negotiation（美）投标谈判，投标交涉，出价交涉
~-negotiations（美）投标谈判，投标交涉，出价交涉（通常用复数）
~on 投标
~open 开标（公开表列各投标商标价等）
~opening 开标
~opening date（美）开标日期
~opening，minutes of（美）开标时间
~price（美）标价，投标定价，投标价格，投标价值，标价单
~price index 标价指数
~proposal 投标建议书
~quotation 报价估价
~rigging 操纵投标
~security 投标保证金，投标担保，投标保证书，投标商（合约）保证金
~shopper 投标商业务收购人，承揽商
~submission（美）投标仲裁，投标看法
~summary（美）投标一览，投标概略
~tabulation 投标商各项标价一览表
~time（业主、工程师和建筑师规定的）投标限期
~up 哄抬（价格）
~validity 投标书有效期
accept a~（美）接受投标，承认投标，承兑投标，认可投标
acceptance of a~（美）采纳投标，接受投标，认可投标
acceptance period of a~（美）接受投标周期，采纳投标时期
binding obligation to a~（美）有约束力的投标契约
form of~（美）招标形式
have a~accepted~（美）中标
subsidiary~（美）补充招标

bidder 投标者；出价人；命令者
best value for the price~（美）投标者最高报价
highest~（美）最高投标者
lowest~（美）最低投标者
selected~（美）选择投标者，挑选投标者
successful~（美）成功的投标者
winning~（美）获胜的投标者

bidder's affidavit（美）投标者（在公证人面前）写下的证词

bidding 出价，投标；吩咐，命令
~and negotiation phase（美）投标与谈判阶段
~document 招标文件，标书，投标说明书文件
~documents，return of（美）投标文件退还
~forms 标书
~notice，public（美）投标资历公开预审公告

~period（美）投标周期，投标期
~procedure（美）投标程序
~requirements（美）投标必要条件，投标须知
~sheet 标（价）单
~theory 投标理论
~volume 包工量，承包量
cost-plus proposal~附加费用标
project requirements for~关于投标方案（规划，设计）的必要条件，投标方案须知
the lowest responsible~最低责任标
bidonville（法）安置区（一个由临时搭建房屋所组成的贫民窟或安置区，建筑材料往往是切开锤平的白铁桶），城市郊区建筑草率的住宅区，（北非）市郊贫民区
biebersteinia ***Biebersteinia heterostemon*** 熏倒牛 / 臭婆娘
Bielany Park of Culture（**Poland**）别拉内文化公园（波兰）
biennial 二年生植物；两年发生一次的事物；两年一次的；持续两年的
biennial branch 二年生枝条
Bifruit Senna/Bilegume Senna ***Cassia bicapsularis*** **L.** 双荚黄槐 / 双荚决明 / 金边黄槐
bifurcate 两叉的，两枝的；分歧的
Bifurcate Stag-horn Fern ***Plalycerium bifurcatum*** 二叉鹿角蕨 / 蝙蝠兰
bifurcated staircase 双分楼梯
bifurcation 分流点
~channel 串沟
big 大，巨大的
~city 大城市
~house 宅第，官邸；住宅中生活社交活动区域
~log 大原木
~M method 大 M 法（线性规划的一种方法）
~panel form construction 大（块）模板施工法
~repair 大修 { 机 }
~-scale work 大型工程
~science 大科学（需要大笔经费的）
~square 大方木
~tree transplanting 大树移植
Big Bell Tower 大钟楼（英国）
Big Ben 大本钟（英国）
Big Bend National Park 大转弯国家公园（美国）
Big brown spot ***of Narcissus*** 水仙大褐斑病（***Stagonospora curtisii*** 半知菌类）
Big cypress ***Cupressus giganteea*** 巨柏
Big eightangle ***Illicium majus*** 大八角 / 神仙果
Big flower cymbidium ***Cymbidium hookerianum*** 青蝉花 / 虎头兰
Big flower sagebrush ***Artemisia macrocephala*** 大花蒿 / 戈壁蒿
Big leaf box aphids 大叶黄杨蚜（同翅目蚜科 ***Aphididae*** 的一种）
Big Lepisorus ***Lepisorus macrosphartus/ Polypodim nacrosphaerum*** 大瓦韦
Big Love Medicine/Mista-sakew ***Aster ericoides*** 斯克绵毛紫苑
Big stem mustard /Swatow mustard ***Brassica juncea*** **var.** ***capitata*** 包心芥菜
Big tree transplanting 大树移植
Big Wild Goose Pagoda（**Xian City**，**China**）

大雁塔（中国西安市）

bigalopolis 大都市

Big-aphanamixis *Aphanamixis grandifolia* 大叶山楝

Big-catkined Willow *Salix grancilistyla* Miq. 细柱柳 / 猫柳

bigcone Chinese larch *Larix potanini*

Biger Leucanthemum *Leucanthemum maximum* 大滨菊 / 西洋滨菊 / 大白菊

Big-eye mandarin fish *Siniperca kneri* 大眼鳜鱼 / 羊眼桂鱼

Bigflower Coreopsis *Coreopsis grandiflora* 大花金鸡菊

Bigfruit Elaeocarpus *Elaeocarpus fleuryi* 大果杜英

Big-fruit elm *Ulmus macrocarpa* 大果榆 / 黄榆

bigfruit litse *Litsea lancilimba* 大果木姜子 / 毛丹母 / 青吐木

Big-fruit phoebe *Phoebe macrophylla* 雅楠

Bigfruit woodlotus *Manglietia grandis* 大果木莲

Bighead carpesium *Carpesium macrocephalum* 大花金挖耳 / 大烟锅草

Bighead.variegated carp *Aristichthys nobilis* 鳙鱼 / 胖头鱼 / 花鲢

Bighorn sheep/mountain sheep *Ovis canadensis* 大角羊 / 加拿大盘羊

Bigleaf Albizzia *Albizia macrophylla* Bunge P. C. Huang 山合欢 / 山槐

Bigleaf cinnamon *Cinnamomum iners* 大叶桂 / 野肉桂 / 假肉桂

Bigleaf Elaeocarpus *Elaeocarpus Elaeocarpus* 大叶杜英

Bigleaf Falsenettle *Boehmeria macrophylla* 长叶苎麻 / 水麻 / 大叶苎麻

Bigleaf Fig *Ficus virens* Ait. var. *sublanceolate* 黄葛树 / 黄葛榕 / 大叶榕

Big-leaf hydrangea/common hydrangea *Hydrangea macrophylla* 绣球 / 八仙花

Bigleaf Magnolia *Magnolia rostrata* 贡山厚朴 / 长喙厚朴 / 大叶木兰

Bigleaf magnolia *Magnolia rostrata* 长喙厚朴

Bigleaf sangz *Panax pseudo-ginseng* var. *japonicus* 大叶三七 / 竹节参 / 竹节三七

Bigleaf strigose Hydrangea *Hydrangea strigosa* 大叶蜡莲绣球

Bigleafstink prickleyas *Zanthoxylum rhetsoides* 大叶臭花椒

Bigmouth halibut *Psettodes erumei* 大口鲽

Bignay/Chinese Laurel *Antidesma bunius* L. Spreng. 五月茶

Bigpetal Clematis *Clematis macropetala* Ledeb. 大瓣铁线莲

Bigseed sagebrush *Artemisia sieversiana* 大籽蒿 / 白蒿

Bigspine honey locust *Gleditsia macrantha* 皂角树

Bigtooth hillcelery *Ostericum grosseserratum* 大齿山芹

bike 自行车，摩托车

~lane 自行车专用车道

~path 自行车专用车道

~tourism 自行车旅游

bikedom 自行车世界，自行车天地

bike-linking 自行车道

bikeway（美）自行车专用车道，自行车道
~network 自行车专用车道路网
~plan（美）自行车专用车道平面图
~scheme（英）自行车专用车道图解
bilateral 两面的，双边的；双向性{计}，双通的；双边会议
~agreement 双边协定
~clearing 双边清算
~contract 双边契约
~loans 双边贷款
~symmetry 左右对称
bilbery 乌板树属越橘
bi-level（进口处在地面，楼下一层略低于地面的）两层平房，错落式住宅。
bilinear 双直线的，双线性
bill 账单，清单
~of estimate 估价单
~of health 检疫证书
~of materials 材料清单，材料表
~of quantities 工程质量表；数量清单
billabong 死水潭，干涸河床(季节性河)
Billboard（美）广告牌
billiard parlour 台球室
billion 十亿（在法、美等国相当于 10^9）；万亿（在英、德等国相当于 10^{12}）
billow cloud 波状云；浪云
bills of quantities，priced（英）价格清单
Bilobed Grewia ***Grewia biloba*** **G. Don** 扁担杆
Bilobedpetal Camellia ***Camellia grijsii*** 长瓣短柱茶 / 格力士山茶 / 闽鄂山茶
binary 二，双；复体；双的，复的；二成分的{化}；二元的{数}；二进制的
~automatic computer（简写 binac）二进制自动计算机
~code 二进制编码
~computer 二进位（电子）计算机
~quantizer 二进制数字转换器
bind 结合，粘合；扎，捆；束缚，约束；装订；结合，粘合；撑条，系杆，横撑；胶泥，硬黏土，页岩{地}
binder 结合料；粘结料，胶结料，粘合剂；夹子；绷带
~course 联结层
~disc 生物转盘
binding 粘合，粘结，结合
~agent 粘合剂；粘结料，结合料，胶结料
~plant 缠绕植物
~room 装订室
bindwood 常春藤
bing 堆场，矿石场；贮煤场，废石堆
binocular（通常复数）双目镜，双筒镜，双眼望远镜，双眼显微镜；双目的；双筒的
~vision 双筒望远镜观察
binominal 二名的，重名的
binturong ***Arctictis binturong*** 熊狸
bio- [词头] 生命，生物
~accumulation 生物积聚
~-aeration 生物曝气
~-assay 生物检定法，生物学检定
~-catalyst 生物催化剂
~-contact oxidation process 生物接触氧化法{环保}
~-contamination 生物污染
~-filter 生物滤池

~-oxidation pond 生物氧化塘，生物塘{环保}
bioceramics 生物陶瓷学
biochemical 生化的，生物化学的
~decomposition 生化分解
~oxygen demand 生化需氧量
~system 生化系统
~treatment 生物化学处理，生化处理
~treatment of wastewater 废水生（物）化（学）处理法
biochemistry 生物化学
biocide 杀生物剂；杀虫剂，杀害微生物的药剂
biocenose 生物群落
bioclimate 生物气候
bioclimiatology 生物气候学
biocoenosis 生物集群，生物群落{地}
bioc（o）enosis，river 河（川，江）中生物集群
zonal~ 区域生物群落，带状生物群落
biocoenosis 生物集群，生物群落
biocommunity 生物群落
bio-contact oxidation 生物接触氧化
bio-contamination 生物污染
biocycle 生物循环
biodegradable 可生物降解的
~substance 可生物降解物质，易生物降解物质
biodegradation of solid wastes 固体废物的微生物降解
biodegrade 生物降解（使被细菌破坏）
biodiversity 生物多样性
Biodiversity Action Plans（BAP） 生物多样性行动计划
bioecology 生态学，生物生态学
bioengineering 生物工程（学）
~of rivers and streams（美）江河和水流的生物工程
bioenvironmental 生物环境的
biofacies 生物相
biofeedback 生物反馈
biofilter 生物滤池
biofiltration 生物过滤{环保}
~process 生物过滤法{环保}
bioflocculation 生物絮凝
biofouling 生物污染
biogas 生物气（天然气之一种）
biogenesis 生物发生
biogenetic reserve 生物发生保存
biogenic 生物的
~deposit 生物沉积
~rock 生物岩
~salts 生物盐类
Biogenic landscape 生物景观
biogeochemical cycle 生物地球化学循环
biogeocoenosis or biogeocenosis 生态系（统）（社会及其环境作为一体，构成自然中的一个生态单位）
biography 传记，个人经历
biohazard 生物危害
bio-intensive gardening（美）生物细作园艺（学）
biologic 生物的
~action 生物作用
~assessment of water quality 水质生物评价
~degradation 生物降解
~monitoring 生物监测
~purification of water body 水体生物净化

~test 生物试验
~transformation 生物转化
~transport 生物迁移
biological 生物的，生物学（上）的
~action 生物作用
~activated carbon 生物活性炭
~activity 生物活动
~analysis 生物检验，生物分析
~analysis of sewage 污水生物分析
~clean room 生物洁净室
~clock 生物钟，氧化法{环卫}
~contact oxidation process 生物接触
~contact process 生物接触法{环卫}
~cycles 生物循环
~degradation 生物降解，生物分解
~diversity 生物多样性
~dying of a waterbody 水体的生物消失
~engineering 生物工程（学），人工育种
~examination 生物试验
~films 生物膜
~filter 生物过滤器，生物滤池
~filter loading 生物滤池负荷{环保}
~filtration 生物过滤{环保}
~index of water pollution（简写 BIP）（水的）生物污染指数
~-indicator 生物标志（显示）
~migration 生物迁移
~oxidation 生物氧化
~oxygen demand 生物需氧量
~pest control 生物有害物质监督
~pollution 生物污染
~process 生物处理法；生物过程
~purification 生物净化
~reserve 生物保护区
~resources 生物资源
~self-cleansing 生物自身净化
~self-purification 生物自身净化法
~shield 生物防护
~slime 生物黏泥；生物膜
~slime process 生物膜法{环保}
~stability 生物稳定性
~treatment 生物处理（法）
~waste treatment 生物废物处理
~weathering 生物风化
biologist 生物学家
~game 野生动物专家
wildlife~ 野生生物学家
biology 生物学
environmental~ 环境生态学
laboratory~ 生物试验室
marine~ 海洋生态学
bioluminescence 生物发光
biolysis 生物分解
~of sewage 污水生物分解
biomas 生物膜
biomass 生物量
~pool 沼气池
standing~ 固定的生物量
standing crop~ 持续生长作物的生物量
biomaterial 生物材料
biomembrane process 生物膜法
biometeorology 生物气象学
biomorphic art 生物形态抽象艺术
Biond Hackberry *Celtis biondii* Pamp. 紫弹树/紫弹朴
Biond Magnolia *Magnolia biondii* Pamp. 望春玉兰
bionic 仿生学的
bionics 仿生学（把各种生物构造的形式

运用到电子计算机程序编制及建筑等等的工程问题上去的一门科学）

bionomy 生物学；生态学

biophysics 生物物理学

biopolymer 生物聚合物

bioremediation 生物治理（利用微生物对污染水进行处理）

bioreserve（美）生物保存

biosensor 生物传感器

bioslime 生物黏泥

biosorption 生物吸附 { 环保 }

~aeration 生物吸附曝气 { 环保 }

~process 吸附再生法，生物吸附法，吸附再生曝气

biosphere（地球的）生物层，生物圈，生命层

~protection area 生物圈保护区

~reserve 生物圈的保留，生命层的保存

bio-sphere 生物圈，生物大气层

biostatistics 生物统计学

biostimulation 促进生物生长作用；激励生物发展的作用

bioswale 生态走廊

biosynthesis 生物合成（作用）

biota 生物群；生物志（包括动物和植物志）

biotechnical 应用生物学的

~pest control 应用生物学对害虫的监控

~stabilization（美）应用生物稳定

~treatment（美）应用生物处理

biotechnology 生物工艺学，生物工程，生物技术

biotelemetry 生物遥测

biotic 生物的

~balance 生物平衡，生态平衡，生命平衡

~community 生物居住区

~condition 生物条件

~divisions 生物分区

~equilibrium 生物平衡状态

biotope 群落生境，生活小区

~mapping 群落生境测绘，生活小区绘图

forest~ 森林群居生境

herbaceous fringe~ 草边群落生境

hierarchical~ 分级的生活小区

replacement~ 重建生活小区

seam~ 接合处群落生境

substitute~ 替换群居生境

target~ 目标生活小区

transitional~ 过渡群落生境

biotower 塔式生物滤池

biotron 生物气候滤池；生物人工气候室

Biot's consolidation theory 比奥固结理论

bi-pass 双通，双行车道

bipolar electrode 双级性电极

birch 白桦，桦木，赤杨，桦条；桦皮船；用桦条打

~black 桦木炭黑

~veneer 桦夹板

Birchleaf Viburnum *Viburnum betulifolium* Batal 桦叶荚蒾

Birchleaf Pear *Pyrus betulaefolia* Bunge 杜梨 / 棠梨

bird 鸟、禽；羽毛球；捕鸟；观察野鸟

~bath 鸟浴

~–bath（庭园中的）鸟浴池

~box（美）鸟箱
~cage 鸟笼
~census 鸟禽统计数
~coop 鸟笼
~cottage 鸟舍
~counting 禽数
~fauna 鸟禽动物群
~feeder 野鸟喂食器
~forage plant 鸟饲草种植
~hazard 鸟祸
~migration 鸟禽流动
~of passage 迁移鸟禽
~of prey 捕食禽鸟
~protection 鸟禽保护
~protection research center（美）鸟禽保护研究中心
~protection research centre（美）鸟禽保护研究中心
~protection，International Council for 国际禽鸟保护委员会
~refuge plant 鸟厌植物
~sanctuary 鸟禽禁猎区
~sanctuary area 诱鸟区
~'s–eye 俯视的，鸟瞰的；鸟眼花纹
~'s eye view drawing 鸟瞰图
~'s–eye gravel 细砾石
~'s–eye perspective 鸟瞰图；大纲
~'s–eye view 鸟瞰图；大纲
cavity–nesting~（美）空鸟巢
ground–nesting~ 地面鸟巢
hole–nesting~（英）岩孔鸟巢
migrant~ 移动鸟禽，候鸟
migratory~ 流浪鸟禽，候鸟
nomadic~ 流浪禽鸟
predatory~ 捕食其他动物的鸟禽
resident~（美）定居禽鸟
sedentary~ 定居禽鸟
waing~ 涉水禽鸟
nidifying~ 筑巢鸟群
Royal Society for the Protection of~（英）英国皇家鸟禽保护学会
woody food plant for~ 给鸟禽提供森林粮食的作物

Bird Cherry *Prunus padus* L. 稠李（英国斯塔福德郡苗圃）

Bird isle on the Lake Pangkog（Ritu County，China）班公错鸟岛（中国西藏日土县）

bird rape *Brassica campestris* 油菜 / 普通白菜

Bird's Foot Trefoil *Lotus corniculatus* 百脉根 / 蛋与熏肉

Bird's-nest Ferm *Neottopteris nidus* L. J.Sm 巢蕨

birdcage 鸟笼（式）

birdhouse（美）鸟笼，鸟房，鸟舍，鸟馆，鸟展建筑物

birdlife（一地区的）鸟类，鸟类的自然生活

Bird-nest Fern *Neottopteris nidus* 巢蕨 / 鸟巢蕨

bird-nesting box 鸟巢框

bird-of-paradise flower *Strelitzia reginae* 鹤望兰

birds-eye 鸟瞰
~view 鸟瞰图

Birds，game 嬉戏的鸟群

Birds Island 鸟岛

bird's nest plant *Nidularium fulgens* 巢凤梨 / 斑点巢凤梨

birdseye gilia ***Gilia tricolor*** 三色介代花
birdy back 陆空联运方式
birth 生育
~control 计划生育，节育，控制生育，生育控制
~control rate 节育率
~，death and immigration process 生死和迁移过程
~–death ratio 生死比率
~function 出生函数
~interval 生育间隔
~limitation rate 节制生育率
~peak 生育高峰
~projection 出生人数推算
~rate 出生率
~rate by ages 年龄组出生率
~rate fluctuation 出生率波动
birthplaces of Chinese Nation 中华民族的发祥地
birthrate 出生率
birthwort/calico plant ***Aristolochia elegans*** 烟斗花 / 花纹马兜铃
Bischop- wood ***Bischofia polycavpa*** 重阳木
bisect 分成两个（通常为相等的）部分
bi-sessional school 半日制学校
bishop/eparch 主教
Bishop's Cap ***Astrophytum myriostigma*** 鸾玉凤 / 星球
Bishops Hat ***Epimedium*** **×** ***rubrum*** 红叶淫羊藿（英国斯塔福德郡苗圃）
bison ***Bison*** 野牛（属）
Bisset Bamboo ***Phyllostachys bissetii*** 蓉城竹 / 白夹竹 / 水竹（英国萨里郡苗圃）
bistort 拳蓼（植物）
Bistort ***Polygonum bistorta*** 拳参 / 蛇草
biting cold 严寒
bitter 苦味的；严寒的；辛酸的；苦，苦味（物）；变苦；[副] 苦苦地；严寒地；悲痛地
~earth 苦土
~popular 苦杨
~sweet 白英（一种植物）
Bitter Amur Maple ***Acer ginnala*** 苦茶槭 / 苦津茶 / 银桑叶
Bitter bamboo ***Pleioblastus amaris*** 苦竹
Bitter evergreen chinkapin ***Castanopsis sclerophylla*** 苦槠 / 血槠
bitter gourd/balsom pear/bitter cucumber ***Momordica charantia*** 苦瓜
Bitter Lettuce ***Lactuca virosa*** 毒萵苣 / 穷人的鸦片
Bitter Orange ***Poncirus trifoliata*** 酸橙 / 三叶柑橘
bitterginseng ***Sophora flavescens*** 苦参 / 苦骨 / 苦槐
bittern 盐卤；卤水
bitty 麻点的（油漆不匀而产生的表面麻点）
bitulith 沥青混凝土
bitulithic 沥青碎石路；沥青碎石的
~pavement 沥青路面
bitum 同 bitumen 沥青，地沥青
bitumen aggregate ratio 油石比
bituminite 烟煤，沥青煤
bituminous 沥青的
~broken stone pavement 沥青碎石路面
~coal 烟煤
~concrete mixture 沥青混凝土混合料
~concrete pavement 沥青混凝土路面

~macadam mixture 沥青碎石混合料
~macadam pavement 沥青碎石路面
~mixture 沥青混合料
~pavement 沥青路面
~penetration pavement 沥青贯入式路面
~road 沥青路
~surface 沥青路面
~surface treatment（沥青）表面处治
~wood 低级褐煤

bivinyl rubber 丁烯橡胶

bivouac site 露营地

biweekly 两周刊，双周刊；[形，副]二周一回，每二周

bixi 赑屃

bizarre 奇怪的，奇妙的

BL（building line）建筑界线，房基线

black 黑（色）；黑颜料；黑（色）的；阴郁的；黑市的；黑人的
~alkali soil 黑碱土
~and white 钢笔画
~and white work 木石结构{建}
~base 沥青基层，黑色基层
~bog 低沼
~box 黑箱（计算机控制器的俗称）；黑盒子（复杂电子仪器俗称）
~box concept 黑盒子概念
~building 无窗房屋
~coal 黑煤
~earth 黑（钙）土
~frost 大霜
~-ice 暗冰
~japan 沥青漆，黑漆
~light crack detector 超紫外线或红外线探伤仪
~liquor 黑液（造纸废水）
~locust 刺槐
~-out building 无窗房屋
~-out plant 无窗厂房
~pine 黑松，澳大利亚松
~soil 黑土
~-spot disease 黑斑病
~spuce 黑云杉
~thorn 黑刺李
~tide（VS）潮汐
~tile 青瓦
~top 黑色道路面层，沥青道路面层
~top road 沥青路（面），黑色路（面）
~top surface 沥青路面，黑色路面
~walnut 黑桃楸（木）
~building 无窗房屋
~plant 无窗厂房

black and white flying squirrel *Hylopetes alboniger* 黑白飞鼠

Black Bamboo *Phyllostachys nigra* Lodd. Munro 乌竹/黑竹/紫竹/墨竹（英国萨里郡苗圃）

Black Berry-lily *Belamcanda chinensis* L. DC. 射干

Black bird *Turdus merula* 乌鸫（瑞典国鸟）/百舌/害葛/乌春（瑞典国鸟）

Black bream *Megalobrama terminalis* 三角鲂

black buck/Indian antelope *Antilope cervicapra* 印度黑羚

Black bulbul *Hypsipetes madagascariensis* 黑鹎

Black Canarytree *Canarium pimela* Leenh. 乌榄

Black cap/black reapberry *Rubusoccidentalis* 糙莓/黑树莓

Black carp *Mylopharyngodon piceus* 青鱼 / 黑鲩 / 青鲩

Black caucal/ lesser crow pheasant *Centropus toulou* 小鸦鹃

black cep *Boletus aereus* 铜色牛肝菌

Black Christ hellebore/Christ mas rose *Helleborus niger* 嚏根草 / 大白花铁筷子（英国斯塔福德郡苗圃）

Black citrus aphid *Toxoptera aurantii* 橘二叉蚜

Black click beetle *Melanotus* sp. 褐叩甲 / 金针虫 / 土蚰蜒

Black Cohosh *Cimicifuga racemosa* 总花升麻 / 黑蛇根草

Black crested baza *Aviceda leuphoes* 黑冠鹃隼

Black crowned crane *Balearica pavonina* 黑冠鹤（尼日利亚国鸟）

Black Currant *Ribes nigrum* L. 黑果茶藨子 / 黑加仑

Black currant *Ribesnigrum* 黑加仑 / 黑穗醋栗

Black cutworm/Dark sword grass moth *Agrotis ypsilon* 小地老虎 / 土蚕 / 地蚕 / 切根虫 / 黑地蚕 / 黑土蚕

Black Dragon Wisteria *Wisteria floribunda* 'Black Dragon' 紫藤‘黑龙’（英国萨里郡苗圃）

Black Drink Plant *Ilex vomitoria* 印第安茶 / 催吐冬青

Black eagle *Ictiinaetus malayensis* 林雕

Black Eyed Susan *Rudbeckia fulgida*'Goldsturm' 全缘金光菊（美国田纳西州苗圃）

black finless porpoise *Neomeris phocaenoides* 江豚（江猪）/ 海猪

Black Foot Wood Fern *Dryoperis fuscipes* 黑足鳞毛蕨

black fungus/wood ear/Jew's ear *Auricularia auricula* 黑木耳

black gibbon/crested gibbon *Hylobates concolor* 黑冠猿 / 黑长臂猿 / 黑冠长臂猿

Black grouse *Lyrurus tetrix* 黑琴鸡

Black Hills National Forest 黑岗峦国家林地

Black ibis *Pseudibis papillosa* 黑鹮

Black Iris *Iris chrysographes* 'Black Knight' ‘黑骑士’金脉鸢尾（英国斯塔福德郡苗圃）

black jade mine 墨玉矿

Black juniper *Sabina wallichiana* 滇藏方枝圆柏

Black kite/ black-eared kite *Milvus migrans* 黑鸢 / 饿老雕 / 老鹰

Black Kite/Yellow-billed Kite *Milvus migrans* 黑鸢（圣多美和普林西比两种国鸟之一）

Black Lace™ Elderberry *Sambucus nigra* 'Eva' 西洋接骨木“伊娃”（美国田纳西州苗圃）

Black leaf spot of water lily 荷花黑斑病（***Alternaria nelumbill*** 莲交链孢霉）

Black locust soft scales *Saissetia* sp. 刺槐黑盔蚧

Black locust，False Acacia *Robinia Pseudoacacia* L. 刺槐（洋槐）

Black locust/bastard acadia/locust tree *Robinia pseudoacacia* 刺槐 / 洋槐

Black Mondo Grass *Ophiopogon planis-*

***capus* 'Nigrescens'** 黑沿阶草 / 黑麦冬（美国田纳西州苗圃）

Black Mountion Telecommunication Tower（Australia）黑山电信塔（澳大利亚）

black mulberry *Morus nigra* 黑桑（英国萨里郡苗圃）

black muntjac *Muntiacus crinifrons* 毛额黄鹿 / 黑麂

black musk deer *Moschus fuscus* 黑麝

Black Mustard/Moutarde Noire *Brassica nigra* 黑芥菜

Black Nightshade *Solanum nigrum* 龙葵 / 毒莓

black nightshade *Solanum nigrum* var. *pauciflorum* 龙葵 / 少花龙葵

Black Olive *Bucida buceras* 黑橄榄（澳大利亚新南威尔士州苗圃）

Black Parrot/Lesser Vasa Parrot *Coracopsis nigra barklyi* 非洲黑鹦鹉 / 小瓦沙鹦鹉 / 小马岛鹦鹉 / 马岛小鹦鹉（塞舌尔国鸟、圣多美和普林西比两种国鸟之一）

Black Pepper *Piper nigrum* 黑胡椒 / 胡椒 / 藤本胡椒（利比里亚国花）

Black peppermint/pepper-mint gum *Eucalyptus amygdalina* 杏仁桉树

Black pomfret/moon fish（*Formio niger*）乌鲳 / 黑鲳

Black Poplar *Populus nigra* L. 黑杨 / 欧洲黑杨

Black porgy *Sparus macrocephalus* 黑鲷 / 海鲋 / 黑加吉

black rat *Rattus rattus* 玄鼠 / 黑家鼠

black right whale *Eubalaena glacialis* 黑露骨鲸

Black River Range 黑河山

Black rosewood *Dalgeria fusca* 黑黄檀 / 版纳黑檀

Black rot of *Nymphaea* 子午莲黑腐病（病原待查）

Black saddled grouper *Epinephelus fario* 鲑点石斑鱼 / 过鱼

Black seed juniper *Sacina saltusria* 方枝圆柏

Black star moth *Telphusa chloroderces* 黑星麦蛾

Black stork *Ciconia nigra* 黑鹳 / 乌鹳(白俄罗斯国鸟）

Black Tea Tree *Melaleuca bracteata* 红茶树 / 羽状茶树

Black tern *Chlidonias niger* 黑浮鸥

Black Tortoise 玄武

Black vulture *Sarcogyps calvus* 黑兀鹫

Black Walnut Tree *Juglans nigra* 黑核桃木 / 黑胡桃（美国田纳西州苗圃）

Black Wattle *Acaia decurrens* Willd. 绿荆树

Black wattle/Mearns acacia *Acacia mearnsii* 黑荆树

Black wings swall grasshopper *Chorthippus aethalinns* 黑翅雏蝗

black-and-white spreadleaf cabbage *Brassica narinosa* 瓢儿菜

Black-and-yellow flycatcher/ green-blacked flycatcher *Ficedula narcissina* 黄眉［姬］鹟 / 黑背黄眉翁

Blackbanded amberjack *Zonichthys nigrofasciata* 黑纹条鰤

Blackbark Chinese Pine *Pinus tabulae-*

formis var. *mukdensis* Uyeki 黑皮油松
Blackberry Ice Heuchera *Heuchera hybrid* ‘Blackberry Ice’ 黑莓冰矾根（美国田纳西州苗圃）
Blackberry lily *Belamcanda chinensis* 射干
Blackberry/highbushblackberry *Rubusalleghenienis* 黑刺莓 / 黑莓 / 美洲黑莓
Black-billed capercaillie *Tetrao parvirostris* 黑嘴松鸡 / 帮鸡 / 林鸡
Blackblotch shark *Carcharhinus menisorrah* 黑印真鲨
Blackboy/Southern Grass Tree *Xanthorrhoea australis* R. Br. 黑仔树 / 南方草树
Black-capped kingfisher *Halcyon pileata* 蓝翡翠 / 鱼狗 / 鱼虎 / 蓝翠毛 / 喜鹊翠
Black-chinned fruit pigeon *Ptilinopus leclancheri* 黑颏果鸠
black-crapped capuchins *Cebidae apella* 黑帽悬猴 / 卷尾猴
Blackcurrant *Ribes nigrum* 黑穗醋栗 / 扁桃腺炎莓
Blackcurrant Ben Lomond *Ribes nigrum* Ben Lomond 黑珍珠茶藨子 / 黑珍珠黑加仑（英国斯塔福德郡苗圃）
Black-Dragon-Pool Park，Kuming（Kunming，China）昆明黑龙潭公园（中国昆明）
Black-eyed Susan *Rudbeckia fulgida* var. *deamii* 戴氏全缘金光菊（英国斯塔福德郡苗圃）
Black-eyed Susan *Rudbeckia fulgida* var. *sullivantii* Goldsturm 苏氏全缘金光菊（英国斯塔福德郡苗圃）
Black-eyed Susan/rough hairy cone flower *Rudbeckia hirta* 黑心菊
Black-faced spoonbill *Platalea nimor* 黑脸琵鹭
Blackgum *Nyssa sylvatica* 野紫树（英国萨里郡苗圃）
Black-headed shrike *Lanius schach* 棕背伯劳 / 挂来姆 / 黄伯劳
blackish green jade mine 墨绿玉矿
Blackmouth croaker *Atrobucca nibe* 黑姑鱼
Black-naped oriole *Oriolus chinensis* 黑枕黄鹂 / 黄鹂 / 黄莺 / 鸧鹒 / 黄鸟
Black-necked crane *Grus nigricollis* 黑颈鹤
Black-necked long-tailed pheasant/ Mrs. Hume’s pheasant *Symaticus humiae* 黑颈长尾雉 / 雷鸡 / 地花鸡
blackness 黑度
blackout 灯火管制，灯光转暗
Blackstamen Actinidia *Actinidia melanandra* 黑猕猴桃
Black-tailed hawfinch *Coccothraustes migratorius* 黑尾蜡嘴雀 / 皂儿（公）/ 灰儿（母）/ 铜蜡 / 小桑嘴
Blackthorn / Sloe Berry *Prunus spinosa* 黑刺李 / 刺李（英国斯塔福德郡苗圃）
Black-throated laughingthrush（*Garrulax chinensis*）黑喉噪鹛
blacktop 黑色路面，沥青路面
blacktopping 铺黑色面层，沥青铺路面
Black-vined white butterfly *Aporia crataegi* 树粉蝶
blackwindvine *Fissistigma polyanthum* 黑风藤 / 多花瓜馥木
Black-winged kite *Elanus caeruleus* 黑

翅鸢

Bladderwrack/Black Tang ***Fucus vesiculosus*** 墨角藻

blade 叶片；（风扇）翼片；犁片；铲刀；刃；刮刀；推土板

~dozer 刮铲推土机

~drag 刀片式刮路机

~equipment 平土机

~grader 平地机，平路机

~machine 平地机

~maintainer 单刃养路机

~paddle stirrer 叶片式搅拌机

~plough 铧犁

~snow plough 犁式除雪机

~to blade dozing 推土机平行作业法，（两台推土机）平行推土法

blader 平地机

blaes 灰青碳质页岩，劣质黏土页岩

Blakiston's gish-owl ***Ketupa blakistoni*** 毛腿渔鸮

blanched chives ***Allium tuberisum*** （**blanched**）韭黄

blanched garlic leaf ***Allium sativum*** （**blanched leaf of**）蒜黄

bland 空白，空白处，空虚；毛坯，坯件；空地；间隔；表格；空白的，空虚的；单调的；失色的

~arcade 封闭拱廊，实心连拱，假拱廊，无门窗拱廊

~arch 假拱廊，装饰拱

~wall 无窗墙

~window 假窗

blanket 毡，毡子，毡层；罩面；铺毡层，盖上毯子；一般的，总括的，无大差别的

~coat 毡层

~contract 一揽子合同，总合同

~order 总订货单

~weed 覆盖杂草层

Blanket flower/rose-ring gail-lardia ***Gaillardia pulchella*** 天人菊 / 忠心菊（美国俄亥俄州苗圃）

blanking plate 盲板

blast 鼓风；爆炸；喷气；喷射，喷气器；喷砂器；一阵风；无线电广播（美国）；爆破、炸掉；摧毁，鼓风，吹气

~box 风箱

~burner 喷灯

~cleaning 喷砂清理，喷净法

~design 爆破设计

~engine 鼓风机

~fan 鼓风机，风扇

~furnace 高炉，鼓风炉

~lamp 喷灯

~operation 爆破作业

~powder 炸药

~procedure 爆破法

~-proof construction 防爆结构

~-proof design 防爆设计

~proof partition wall 临空墙

~protection structure 抗爆结构

~resistant chamber 抗爆间

~resistant door 抗爆门

blaster 起爆器，导火线；无线电

~-cap（起爆）雷管

blasting 爆破，爆炸；碎裂

~agent 炸药

~bulldozer 频爆式推土机

blaze 火焰；光辉；闪光；爆发；高扬；

燃，冒火焰；发光；刻记号

bleach 漂白；弄白，变白

bleaching 漂白；褪色

~and dyeing mill 漂染厂

~powder 漂白粉

Bleeding Glory-bower/ bleeding heart/ bag flower *Clerodendrum thomsonae* Balf. 龙吐珠 / 麒麟吐珠

Bleeding Heart/showy bleeding heart *Lamprocapnos spectabilis/Dicentra spectabilis* 荷包牡丹（英国斯塔福德郡苗圃）

blemish 瑕疵，缺点，污点；损伤，损坏

blend 混合，掺合物，混合物，混合料

blended 混合的，掺合的

~aggregate 混合集料

~asphalt 掺和地沥青，掺配地沥青

~cement 混合水泥

~chart 掺配图

~gasoline 混合汽油

~soil 混染土

blender 拌和机，搅拌器，掺和

blending 掺和；混合

~aggregate 掺和集料

~valve 混合阀

Blenheim 布伦海姆宫

Bletilla *Bletilla striata* 白芨

blewit/wood blewit/naked mushroom *Lepista nuda* 紫丁香蘑

blight 枯萎病，败废；阴影；虫害使枯萎，使败废；妨碍；损伤

Blight of *Euonymus japonica* 大叶黄杨枯萎病（***Fusarium* sp.** 镰刀菌）

Blight of *Euphoria pulcherrima* 一品红枯萎病（***Fusarium* sp.** 镰刀菌）

blighted area 荒芜地区，荒地，污染区，破落区，陋屋区

blimorphism 生物形态主义，生物形态流派

blind 盲目的；封闭的，无出口的，隐蔽的，填塞的；尽端，帘，百叶窗；屏风；填塞空隙，隐蔽

~alley 死胡同

~arcade 装饰性拱廊，假拱廊，封闭拱廊，壁上拱廊

~arch 假拱，填塞的拱，装饰拱，实心拱

~area 房屋外墙遮盖（防墙面受潮）；封闭地块；盲区；无信号区

~attic 屋顶下封闭空间

~coal 无烟煤

~corner 碍视交叉口转角

~creek 干河床，间歇河床

~cross 碍视交叉口

~curved road 阻碍视距的弯路

~distance 碍视距离

~ditch 盲沟

~drain 碎石盲沟地下排水渠

~drainage 暗沟排水

~drainage area 闭流区（内流区）

~gallery 死通道，无出口通道

~pass 尽头路，死巷，死胡同；暗道

~pit 暗井

~side 死角

~single-aspect house 一面开窗的住宅

~spot 盲点

~stor（e）y 暗楼 {建}

~subdrain 盲沟

~wall 无窗墙

~well 沙底水井
blindhole 盲洞
blinding（填充表面孔隙的）细石屑，铺撒填缝石屑；贫混凝土垫层
~layer（填充表面孔隙的）细石屑层；铺撒填缝石屑层次；贫混凝土垫层铺筑者
~layer of sand（英）细石屑砂层
blinding and layout 装帧
blinding art 装帧艺术
blinding design 装帧设计
blink 闪烁，闪亮；以闪光信号表示；眨眼；一瞥；闪光；眨眼；冰映或水照云光
blinker 闪光标灯；转向指示灯；航标灯，信号（闪光）灯；[复]眼罩，一种护目镜
Blister leaf of *Rosa chinensis* 月季叶肿病（***Eriophyes* sp.** 叶肿瘿螨）
blizzard 雪暴，暴风雪
bloated 发胀的，膨胀的
~clay（英）发胀黏土，发胀白土，发胀的泥土
~slate（英）膨胀石板
block 一排房屋，街区，街段；阻塞；（英）大楼，大厦，铁路区段；由街道（河流、铁路）围绕的方形空地，街坊，区段，地区；[AU] 城市的一条街或住宅区；区域网；砌块，料块
~account 冻结账户，封锁账户
~adjustment using bundle method 光线束法区域网平差
~adjustment using independent model method 独立模型法区域网平差
~clearance 大块木料清除，障碍物清除，砌块清除
~club（美）互助委员会，地区居民保安联会
~code 划区编码
~complex 建筑组合
~construction 大型砌块建筑
~data 数据块{计}
~development，enclosed 封闭式街区的开发
~development，perimeter 街区周边开发
~design 街区（坊）设计
~diagram 分块图，区划图，略线图，框图
~dumping 方块抛填
~face 街区面
~frost 严霜
~house 木屋，工棚；碉堡；砌块屋；钢筋混凝土半球形房屋
~in traffic 交通阻塞
~layout planning 总体布置；总平面设计
~line 房屋界线，建筑线，街区线
~money 冻结货币，封存货币
~of flats（英）公寓大楼，公寓楼区；一栋楼宇，住宅楼，公寓街区
~of grouped shops 商业中心
~of houses 住房区段，街坊
~of large slabs 大板住宅
~of office 办公楼区，办公室大楼
~of traffic 封锁交通
~of trees（英）一块林地
~orientation 建筑定位
~pavement 块料路面
~paving（美）砌块铺路，砖板铺路
~paving，mosaic（美）马赛克砌块铺路
~paving，wood 木块铺路

~plan 区划图；分区规划；略图；建筑现场（平面）图
~planning 分区规划，基地规划，总平面布置
~power plant 河床式水电站，单岸式水电站
~scheme 结构图，功能图
~section 闭塞分区，闭塞区间，阻塞区段
~signal 通过信号机，闭塞信号机
~spacing 街区间距
~staggered design 错列式设计住宅
~step 木台阶
~step with nosing 带突缘（梯级突边）的木台阶
~step，roughly-hewn 木台阶（粗削的，粗糙的，不平的）
~steps，flight of 木台阶（楼梯的一段）
~stone 条石，块石
~stone pavement 块石路面，块石铺面
~street 街坊
~system 框图
~theory 块体理论
~traffic 妨碍交通
~type 建筑类型
~up 堵塞，封闭
~wood flooring 木砖地面
~work 铁路（线路）闭塞工程，线路中断，线路闭塞
~yard 混凝土砌块制造场地，混凝土块厂
anti-knock~防震挡块
apartment~（英）一套公寓楼
back~边远地区，偏僻地区
building~建造街区，建造大楼
coloured paving~（英）彩色路面街区
concrete~混凝土块
concrete foundation~混凝土基（础）块
concrete hollow~混凝土空心砖，混凝土空心砖块
concreting~混凝土浇筑面
cored~空心砖
erratic~不规律的交通阻塞，不规则的砌块
exotic~外国产的大块木料，外国产的砌块空心砖
exposed basalt aggregate paving~露石路面街区
exposed basalt aggregate paving~（英）露玄武岩集料铺路砌块
garden paving~（美）花园铺路砌块
glass~玻璃砖
granite~花岗石块
grass-filled paving~填满草皮路面街区
grid~（美）橄榄球球场砌块，橄榄球球场模型
lattice（work）concrete~（美）支承桁架（工程）混凝土砌块
precast paving~（美）预浇筑路面砌块
precast concrete（paving）~预制混凝土（铺）块
slag~渣块
soil~土块
standard concrete paving~（英）标准混凝土路面砌块
stone~石块
title~图标（大块）字组，字幕单元
trade~贸易集团
traffic direction~交通指路牌，交通指向牌

traffic divided~交通隔离墩

turf~（美）草地（皮）砌块

wood~木块

blockade 封锁，堵塞；（交通的）阻断（美）；封锁，堵塞；阻碍

blockage（美）拳石块，小方石；封锁，堵塞

~stone 制造拳石或小方石的石料

blocked 此路不通；封闭

~road 封闭道路

~to traffic 封闭交通

blockface 街区（正）面（积）

blockfront 街区的临街土地

blockhouse 线路所

blocking（交通）闭塞，阻塞

~high 阻塞高压

~view 障景，抑景

block-in-course 方块砌筑

blocks, surfacing of lattice concrete（美）砌块空心砖（格状混凝土路面用）

blockwood pavement 木块铺砌路面

Bloemfontein（**South Afica**）布隆方丹（南非）

Blood Grass ***Imperata cylindrica*** **'Red Baron'** 血草 / 路路红（英国斯塔福德郡苗圃）

Blood lily/scarlet blood lily ***Haemanthus coccineus*** 网球花 / 血莲

Blood pheasant ***Ithaginis cruentis*** 血雉 / 血鸡

Blood red snapper ***Lutjanus sanguineus*** 红笛鲷

Blood Root ***Sanguinaria canadensis*** 血红根 / 印第安颜料

Blood-flower Milkweed ***Asciepias curassavica*** **L.** 马利筋

Blood-like Rhododendron ***Rhododendron haematodes*** 似血杜鹃

Bloodred Melastoma ***Melastoma sanguineum*** **Sims** 毛棯

Bloodred stromanthe ***Stromanthe sanguinea*** 红背卧花竹芋 / 紫背竹芋

bloodstone 鸡血石 / 赤铁矿

bloodwood 红木

bloom 花；盛开；钢锭；铁块，钢块；盛开

~display，summer 鲜花盛开（夏天）

spring~春天鲜花盛开

~-time 花期

bloomer，spring（美）春花开放

Blooming willow leafed pear ***Pyrus salicifolia*** **Pendula** 垂枝柳叶梨（英国萨里郡苗圃）

blooming 开花；开着花的；旺盛的

~date 开花期

~plant 晚开花植物

~period 开花期

blossom（果树的）花

Blossom blight of ***Prunus*** 碧桃花腐病（*Monilinia cinerea* 灰丛梗孢霉）

Blossom-headed parakeet ***Psittacula roseate*** 花头鹦鹉

blot drawing 泼墨画，点彩画

blot on the landscape 损害风景的东西

blow 吹气，鼓风；爆炸；沉箱放气；打击；吹；喷水；炸裂；熔解，熔化{电}；开花；打击

~-gun 喷枪

~lamp 焊灯，喷灯

~off pipe 排污管

~sand 飞砂，飘砂
blowdown 排污
~area（美）排污区
blower 送风机，鼓风机，吹风器，增压器
~door equipment 鼓风门测定仪
blowing（刚性路面的）喷泥现象；吹
~dust 飞尘，飘尘
~engine 鼓风机
blown tree（美）盛开鲜花的树，鲜花盛开的树
blow-off 排污管
~barge 吹泥船
~water 排除污水
blowoff 排污口；排水；排污
~branch 排水支管
~chamber 排污井
blowout pit 风蚀坑
blow-out 向外喷水
blow-up（混凝土路面）胀裂，鼓胀
blowup 拱胀
Bluberry ***Vaccinium*** 越橘（属）
blue 蓝色；蓝色物；青天；海；蓝色颜料；蓝布；沮丧；成蓝色；蓝色的，青的；阴郁的
~bell 吊钟柳
~bind 硬黏土
~-black 蓝黑的，深蓝色的
~brick 青砖
~clay 青土，青黏土
~earth 青土，青黏土
~gas 液化气；水煤气
~gum（蓝）桉树
~mud 青泥
~print 蓝（晒）图；方案
~print apparatus 晒蓝图器
~print drawing 蓝图，蓝晒图
~-sky project 蓝天工程
Blue Barrel Cactus ***Ferocactus glaucescens*** 王冠龙/天冠龙
Blue Beard ***Caryopieris incana*** **Thunb. Miq.** 莸（蓝香草）
Blue beard/blue spiraea ***Caryopteris incana*** 宝塔花/兰香草/莸
Blue beetle ***Popillia flavosellata*** 琉璃丽金龟
Blue bottle/corn flower/bachelor's button ***Centaurea cyanus*** 蓝芙蓉/矢车菊（德国、马其顿、马耳他国花）
blue bull/nilgai（***Boselaphus tragocamelus***）鹿牛羚/蓝牛羚/蓝牛
Blue Butterfly Bush ***Clerodendrum ugandense*** **'Prain'** 蝶花大青/蓝蝴蝶/乌干达赪桐
Blue Cedar ***Cedrus deodara*** **'Feelin Blue'** '菲林蓝'雪松（英国斯塔福德郡苗圃）
Blue coppers ***Thecla betulae*** 线灰蝶
Blue Dragon Cave,（Zhenyuan, China）镇远青龙洞（中国贵州省镇远县）
Blue False Indigo/Wild Blue Indigo ***Baptisia australis*** 蓝花赝靛/澳大利亚蓝豆（美国田纳西州苗圃）
Blue Fescue ***Festuca glauca*** **Elijah Blue** 蓝羊茅'伊利亚蓝'（英国斯塔福德郡苗圃）
Blue Fescue ***Festuca.glauca*** **Lam.** 蓝羊茅
Blue Fruits Rhododendron ***Rhododendron cyanocarpum*** 蓝果杜鹃
Blue grass/dwarf lily turf ***Ophiopogon japonicus*** 麦冬/绣墩草/沿阶草

Blue Grotto（**Italy**）蓝洞（意大利）

blue guenon/diademed monkey ***Cercopithecus mitis*** 青长尾猴 / 青猴

Blue gum ***Eucalyptus globulus*** 蓝桉树

Blue hair grass ***Koeleria glauca*** **Schrader De Candolle** 蓝落草（英国斯塔福德郡苗圃）

Blue Haze Tree ***Jacaranda acutifolia*** **D. Don** 蓝花楹 / 含羞草叶蓝花楹

Blue Japanese Oak ***Quercus glauca*** **Thunb.** 青刚栎（铁稠）

Blue Japanese oak/glaucous oak ***Cyclobalanopsis glauca*** 青冈栎 / 铁槠

Blue lace flower ***Didiscus caeruleus*** 翠珠花 / 蓝饰带花

Blue Latan ***Latania loddigesii*** **Mart.** 蓝脉榈 / 蓝脉葵

Blue List（美）蓝色名录，蓝皮书

Blue Meadow Grass ***Poa colensoi*** **Hooker f.** 蓝色早熟禾

Blue mold of ***Citrus sinensis*** 橙果青霉病（***Penicilium*** **sp.** 青霉菌）

Blue mold of ***Portunella margarita*** 金橘青霉病（***Penicillium expansum*** 青霉菌）

Blue Mountainheath ***Phyllodoce caerulea***（**L.**）**Babingt.** 松毛翠

Blue Mountains（**Australia**）蓝山（澳大利亚）

Blue oat grass ***Helictotrichon sempervirens*** **Saphirsprudel** 欧洲异燕麦‘蓝宝石’（英国斯塔福德郡苗圃）

Blue oat grass ***Helictotrichon sempervirens*** **Villars Pilger.** 蓝燕麦

Blue pitta ***Pitta cyanea*** 蓝八色鸫

Blue Plantain-lily ***Hosta ventricosa*** **Salisb. Stearn** 紫萼

Blue Ridge Highway 蓝色山脊公路

Blue Rock Thrush ***Monticola solitarius*** 蓝矶鸫 / 麻石青（马耳他国鸟）

Blue rock thrush/ red-bellied rock thrush ***Monticola solitaries*** 蓝矶鸫 / 水嘴 / 麻石青 / 镡吉

Blue Sage ***Eranthemum pulchellum*** **Andr./E. nervosum R. Br.** 喜花草 / 可爱花

blue sage/Eranthemum ***Eranthemum pulchellum*** 可爱花 / 喜花草

Blue scad/brown striped mackerel scad ***Decapterus maruadsi*** 蓝圆鲹 / 池鱼

blue Spanish fir ***Abies pinsapo*** **‘Glauca’** 西班牙蓝冷杉（英国萨里郡苗圃）

blue spiraea/blue-beard ***Caryopteris incana*** 宝塔花 / 兰香草 / 莸

blue spruce/hoopsii colorado blue spruce ***Picea pungens*** **Hoopsii** 互颇西北美云杉（英国萨里郡苗圃）

blue whale ***Balaenopfera musculus*** 蓝须鲸

Blue wheatgrass ***Elymus magellanicus*** **Buckley.** 短筒披碱草（英国斯塔福德郡苗圃）

Blue whistling thrush ***Myiophoneus caerulous*** 紫啸鸫 / 山鸣鸡 / 鸣鸡 / 乌精

blue wildebeest/brindled gnu ***Connochaetes taurinus*** 黑斑牛羚 / 黑尾牛羚

blue wings/blue-wing wish bone flower ***Torenia fournieri*** 蝴蝶草 / 蓝猪草 / 夏堇

Blue-and-white flycatcher ***Ficedula cyanomelana*** 白腹（姬）鹟 / 蓝燕 / 青扁头 / 石青

Blue-and-yellow macaw ***Ara ararauna*** 蓝黄鹦鹉

Blue-backed pitta ***Pitta soror*** 蓝背八色鸫

Bluebeard Lilac ***Caryopteris* × *clandonensis*** **'Heavenly Blue'** 天蓝蓝莸（英国斯塔福德郡苗圃）

Bluebeard 'Worcester Gold' ***Caryopteris* × *clandonensis*** **'Worcester Gold'** 金叶莸（英国斯塔福德郡苗圃）

Bluebell ***Hyacinthoides non-scripta*** 蓝铃花 / 野风信子

Blue-bellied Roller ***Coracias cyanogaster*** 蓝腹佛法僧（冈比亚国鸟之一）

Blueberry 越橘属

Bluecolored Chinese Fir ***Cunninghamia lanceolata*** **cv. 'Glauca'** 灰叶杉木

Blue-eared kingfisher ***Alcedo meninting*** 蓝耳翠鸟

Blue-eared pheasant ***Crossoptilon auritum*** 蓝马鸡 / 角鸡

Blueerown Passionflower ***Passiflora caerulea*** 西番莲 / 蓝花鸡蛋果（英国斯塔福德郡苗圃）

Bluefin gurnard ***Chelidonichthys kumu*** 绿鳍鱼 / 绿翅 / 莺莺

Bluefin leatherjacket/filefish ***Navodon septentrionalis*** 绿鳍马面鲀 / 橡皮鱼 / 面包鱼

bluegrass 一种野生的优良牧草

Blue-green Moss ***Selaginella uncinata*** **Desv. Spring** 翠云草（蓝地柏）

Blue-headed rock thrush ***Monticola cinclorhynchus*** 蓝头矶鸫 / 虎皮莑 / 葫芦莑

Bluejoint Grass ***Calamagrostis arundinacea*** **Linnaeus Toth** 野青茅

Blue-naped pitta ***Pitta nipalensis*** 蓝枕八色鸫

blueprint 晒蓝，蓝图，设计图，规划，方案

~paper 蓝印纸，晒印纸

Blue-rim Airbrom ***billbergia nutans*** **H.Wendl.** 狭叶水塔花

Bluespotted mudhopper ***Boleophthalmus pectinirostris*** 大弹涂鱼

Bluestem ***Andropogon scoparium*** **Linnaeus.** 须芒草

Bluet Rhododendron ***Rhododendron intricatum*** 隐芯杜鹃 / 错综杜鹃花

Bluethroat ***Luscinia svecica*** 蓝点颏 / 蓝脖 / 蓝喉歌鸲

Blue-winged pitta ***Pitta nympha*** 蓝翅八色鸫 / 五色表鶌

bluff 天然陡坡，陡岸，悬崖；陡峭的；绝壁的；直率的；吓唬

~work（天然）边坡整平工作

blunge 用水搅拌，掺水搅拌

blunger 搅拌器

blur 污迹，模糊

Blush Tea Rose ***Rosa odorata*** 粉红香水月季

blushing bromeliad ***Neoregelia carolinae*** 撑凤梨 / 彩叶凤梨

Blushing Philodendron ***Philodendron erubescens*** 红柄喜林芋 / 红苞喜林芋

bluntleaf dock ***Rumex obtusifolius*** 钝叶酸模 / 土大黄 / 金不换

board 板，木板；模板；纸板；部门，局；委员会；（船的）甲板；冲浪板，跳水板，篮（球架）板，仪表板，档

件板，操纵台，交换台；船内，车内
~fence 木栅栏
~foot（简写 bd.ft.）（英）板尺（一英尺见方一英寸厚）
~measure 板尺，板积计
~of consultants 顾问委员会
~of directors 理事会，董事会
~of executive directors 常务董事会，执行理事会
~of supervisors 监事会
~-rule 量木尺
~scraper 板式刮土机
~walk 步板；木板人行道，栈道
acoustic~吸声板
advertisement~（英）广告牌，广告
architectural review~（美）建筑学评论刊物广告
asbestos~石棉板
back~靠背{建}
baffle~隔声板；挡板
base~踢脚板{建}
bastard sawed~粗锯板
beach~海滩木板路
beaver~纤维板
bill~广告牌
chart~图夹，图板
drawing~绘图板
drip~防雨板
editorial~编辑部，编委会
explanatory~说明性广告牌
floor~地板；桥面板；汽车底部板
flooring~铺面板
gauge~规准尺，规准板，样板
glass fiber~玻璃纤维板
glued~胶合板
land~地政局
ledger~拦顶板；脚手架；木架隔层横木
observation~（英）观测用木板人行道
registration~注册委员会
road~道路局，公路局
sound insulation~隔声板
switch~配电板，配电盘，电键板，电表板
Water Resources~（英）水资源委员会，水资源管理局
wetland~（美）沼泽地木板路

boarding 安装木板，桥面铺装，镶以木板；木板，板条；膳宿；船、车、飞机；上船检验；供膳宿的
~gate 登机口
~house 公寓，旅店，宿舍，招待所，寄宿住宅
~household 宿舍户口（住公寓或寄宿的家庭）
~school 寄宿学校
~stone 界石

boards，dressed-and-matched- 装饰配套用板材

boardwalk 木板人行道，（海滩或海滨区的）木板路

boart 低质钻石，金刚砂

boast station 加压站

boasted ashlar 粗琢石工

boasting（石料的）粗琢

boat 船，船形物；汽车（美）；用船装运；乘船
~basin 船渠，船坞
~bridge 浮桥
~dock 码头

~harbor，sailing（美）帆船港口
~house 船舫，石舫
~pole 撑杆
~repairing yard 船只修理厂

boat house 舫

Boat lily/oyster plant ***Rhoeo discolor*** 蚌花 / 紫万年青（紫背万年青）

boatel 汽艇旅馆（汽艇游客旅馆）

boating 划船，乘船
~area 划船场
~center 划艇中心
~pier 乘船（游览）码头
~spot 划船区
white-water~（美）清水划船

Boat-rental 游船的
~pier 游船码头
~wharf 游船码头

boat-shaped hall 船厅

boatyard 船厂

bobac marmot/Himalayan marmot ***Marmota bobac*** 草原旱獭 / 旱獭

Bobole garden（**Italy**）波波里花园（意大利）

Bock Elaeagnus ***Elaeagnus bockii*** 长叶胡颓子 / 马鹊树 / 牛奶子

Bock Greenbrier ***Smilax bockii*** 西南菝葜

Bock's Ironweed ***Vernonia bockiana*** 南川斑鸠菊

Boddhisattva Hall（**Beijing City，China**）观音殿（中国北京市）

bodhi tree/pipal（**tree**）菩提树

Bodhi/true awakening 菩提

Bodhidharma 达摩

Bodhisattva/Buddhist image 菩萨

Bodhnath（**Nepal**）博达纳特大佛塔（尼泊尔）

bodinier elsholtzia ***Elsholtzia bodinieri*** 东紫苏 / 凤尾茶

Bodinier Fairybells ***Disporum bodinieri*** 长蕊万寿竹

Bodinier handeliodendron ***Handeliodendron bodinieri*** 掌叶木

Bodleian Library 博德莱安图书馆（英国）

Bodinier Lilyturf ***Ophiopogon bodinieri*** 沿阶草 / 麦冬 / 书带草

Bodinier's Cinnamomon ***Cinnamomun bodinieri*** 猴樟 / 香树

body 身体；主体；本文，正文；车身，机体，船身；物体；队；群，一团
~of road 路基
~of vertical breakwater；stem of upright wall 直立堤堤身
~of water 水体；贮水池
~pile 桩身
~plan 正面图
nature conservation~（英）自然保护体
professional~ 专业团体

bog 泥炭池，泥沼地，沼泽；沉入沼泽地中，陷入泥中
~and marsh garden 沼泽园
~blasting 爆炸除泥法
~cultivation 泥炭地开垦，沼泽地开垦
~earth 沼泽土
~edge 泥炭地边缘
~growth 泥炭地生长
~hole 垃圾坑
~hollow 沼泽凹地，沼泽盆地
~lake 沼泽地湖泊

~layer，top（美）泥炭地顶层
~moss 沼泽边苔藓
~muck 沼泽腐殖土
~peat 沼泽泥炭土
~plant 沼泽植物
~pool 泥潭；泥水塘
~regeneration 泥炭地再生（新生）
~restoration 泥炭地恢复
~soil 沼泽土
~subsidence 泥炭地下泥
~vegetation 泥炭地植物的生长
active~活动的泥炭地
ancient lake raised~古代（远古）生成湖泥炭地
cut-over~穿越泥炭地
degraded~退化的泥炭地
lens-shaped raised~凹凸透镜状泥炭地
low~低凹泥炭地
quaking~跳动沼，颤沼{地}
raised~上升的泥炭地，上升的沼泽地
shallow~浅泥炭地，薄层泥炭地
spring-water~水源沼泽地
string~弦式泥炭地，弦式沼泽地
transition~泥炭地的变迁，沼泽地的变迁
worked~经营沼泽地

Bog bilberry/European cranberry *Vaccinium uliginosum* 笃斯越橘

Bilberry/Moorberry *Vaccinium uliginosum* L. 笃斯

bogaz 深岩沟{地}

Bogbean *Menyanthes trifoliata* 三叶睡菜/沼地三叶草

bogenstruktur 碎片新月形结构{地}

bogginess 沼泽性，泥沼状态

bogging 沼泽土化
~down 下陷

boggy 沼泽的；软而湿的；泥炭的
~ground 软湿地

Bogor Botanic Gardens（Indonesia）茂物植物园（印度尼西亚）

Bohemian Paradise（Czech）波希米亚天堂（捷克）

Bohemian waxwing *Bombycilla garrulus* 太平鸟/十二黄

Bohna sand filter 博纳砂滤池{环保}

boil 沸腾，煮沸；沸腾，煮沸，起泡

boiler 锅炉
~house 锅炉房
~improvement 锅炉改造
~making factory 锅炉厂
~room 锅炉间
~room boiler house；boiler plant 锅炉房
~without bearing 非承压锅炉

Boiling Lake（Dominica）沸湖（多米尼加）

bold 大胆的；粗大的；陡的，险阻的；醒目的
~cliff 绝壁
~coast 陡岸
~design 大胆设计
~lines 粗线
~platform 陡台地
~shore 陡岸

bollard（英）护栓，系船柱

Bolle's Poplar *Populus alba* cv.*Pyramidalis* Bunge 新疆杨

Bolshoi Kremlin Palace（Russia）大克里姆林宫（俄罗斯）

bolson 荒芜盆地，干湖地
bolt 螺栓
bolting（美）栓接
bombax[common]/cotton ***Bombax malabaricum tree*** 木棉 / 攀枝花 / 赛波花（阿根廷国花）
Bombay blackwood/rose wood/Ssiamese senna ***Caccia siamea*** 铁刀木
Bombay duck ***Harpadon nehereus*** 龙头鱼 / 虾潺 / 印度孟买鸭（干制品之名）
bona [拉] 好的，优良的；善良的；真的
bonded 有担保的；抵押的；双层的；粘合的
~area 保税区，关栈区
~floor surface 块料面层
bonder 砌墙石
bonding（按砌块错缝方式而异的）圬工砌合
~agent 结合料
~company 担保公司
~depth 连接深度，连接交结
bondsman 担保人；奴隶
bone 骨架，骨；骨状物；骨制品；测量高度；去骨
bone picture 骨画
Bonelli's hawk eagle ***Aquila fasciatus*** 白腹山雕
Boneset ***Eupatorium altissimum*** 高泽兰（美国俄亥俄州苗圃）
bonnet leaf monkey/capped monkey ***Presbytis pileatus*** 戴帽叶猴
bonsai 日本盆景
bonus 红利；奖金；鼓励
honus payment 奖励付款；发奖金
~-penalty contract 奖惩合同
~zoning 奖励性分区管制
bonze/Buddhist monk 僧
book 书，著作；账簿；名簿；卷册，本；支票；登记，记账；挂号，注册，预定；售票
~bind 装订
~credit 记账日
~debt 账面负债
~-keeping 簿记
~mark 书签
~of estimates 概算书
bookstall 书报亭
bookstore 书店
boom 起重机（或挖掘机）臂，吊杆，（桁架）弦杆；横栏；栅栏，栏木；隆隆声；勃兴，繁荣；兴旺，迅速发展；发隆隆声
~perid 兴旺期，繁荣期
~town 新兴城市
booming 繁荣的；高的
~season 旺季
~income 高收入
boomtown（美）新兴城市
boondocks 荒野
boonies（美）边远乡村地区
Booted hawk eagle ***Hieraaetus pennata*** 小雕 / 靴雕
booth 摊位；棚舍；公用电话间；工作台
BOQ 工程量表
Borage ***Borago officinalis*** 琉璃苣 / 星星花
Boreal owl/ Tengmalm's owl ***Aegolius funereus*** 鬼鸮
Bordeaux mixture 波尔多液（一种杀虫

和杀霉菌剂），石灰硫酸铜液

border 边，缘，框；边界，国境；周界；路边，缘石；沿边花园、人行道边缘设置的狭长花坛，狭长的绿化地带

~adhibiting method 空铺法

~area 路边地带

~bed 花圃

~control complex area 边境管制综合区

~district 边缘地区

~figure 图廓数据

~growth 路边绿篱（或植物栽培）

~ice 岸冰

~information 图廓注记

~-land 边缘地带，边陲

~land 边缘地

~lake 岸湖，边湖，澙湖

~line 边缘，图廓线；边线，界线；国界；两可之间

~line of land 土地界线

~line of lot 建筑基地界线，建筑用地界线，地段界线

~line subject 边缘学科

~planting 沿边种植，沿路种植

~station 国境站

~strip 边缘防护带

~town 边城

~tree 行道树

~zone 边界区

field~ 原野狭长的绿化带

mixed~ 栽种多种植物的狭长绿化地带，混栽花境

perennial~ 栽种多年生植物的狭长绿化地带，宿根花境

perennial herb~ 栽种多年生草本植物的狭长绿化地带

shrub~ 栽种灌木的狭长绿化地带

Border Forsythia ***Forsythia × intermedia* Zab.** 金钟连翘（杂种连翘）

border privet/wax privet ***Ligustrum obtusifolium*** 水腊 / 钝叶水贞

bordering 设立疆界；边，缘，（草坪，花坛的）边缘修剪

borderline 界线

borderline of land 土地界线

boreal 北方的，北风的

~region 北方生物带的区域，北方生长的动植物地区

boree 垂枝相思树

boring 钻探；钻孔

~log（道路）地质柱状图，钻孔柱状图，土样柱状图

~machine 钻孔机

~ship；drill barge 钻探船

test~，试验钻孔

born city 新兴城市

Borneo camphor ***Dryobalanops aromatica*** 龙脑树

Boronia ***Boronia megastigma*** 大柱波罗尼亚 / 大柱宝容木（澳大利亚新南威尔士州苗圃）

borough（市内的）区，（英）享有特权的自治城市，（美）自治村镇，纽约市行政区

borrow 借；借土，取土，借土坑；取料坑；挖出料，开采料；借位；借，借用；模仿；错位

~area 采料场，取土场

~earth 借土

~excavation 借土开挖

~material 借土土方
~site 借土地点，借土场地
~soil 借土，外运土
~pit 取土坑
borrowed 借用
~landscape 借景
~scenery 借景
~view 借景（将外部景物纳入园内，或将远方景色收入城市环境中），（园林）借景
borrowed soil 客土
borrowing 借用
~space 借景
~plan 贷款计划
borrowing landscape 借景
boscage 树丛，灌木丛，丛林
bosk 小丛林，矮林
bosket 矮丛
bosquet 树丛
boss 上司，首领，老板；浮雕；灰泥桶；轮毂；岩瘤
bossage（美）浮雕饰状态，毛面浮墙
~masonry 浮雕饰状石造（或砖砌）建筑
Boston Common 波士顿公园
Boston fern/sword fern ***Nephrolepis exaltata*** **var.** ***bostoniensis*** 高大肾蕨 / 波士顿肾蕨
Boston's urban park system 波士顿城市公园系统
bostonite 淡歪细晶岩 { 地 }
botan botani-cal 的缩写，植物学的
botanic 植物学的
botanical 药材；植物学的
~garden 植物园；瀑布园；经济植物园
~geography 植物地理学
~name 植物学名，植物拉丁名
~park 植物园
~variety 植物变种，形态变种
botanical gardens 植物园
botanist 植物学家
botany 植物（学）
Botataung Pagoda（**Bruma**）摩直塘塔（缅甸）
both sexes 男女合计
Bothle Brush ***Equisetum arvense*** 问荆
botree fig/sacred fig tree/pipal（**or peepul**）**tree** ***Ficus religiosa*** 菩提树
Botryosphaeria gummosis of Prunus 碧桃流胶病（***Botryosphaeria ribis*** 茶藨子葡萄座腔菌 / 无性世代：***Dothiorella gregaria*** 半知菌类）
Botryosphaeria gummosis of Zanthoxylum 花椒流胶病（***Botryosphaeria*** **sp.** 子囊菌门）
bottle 瓶颈的
~neck 瓶颈谷（道路）
~neck industry 瓶颈产业
bottle gourd/white flowered gourd/calabash gourd ***Lagenaria siceraria*** 葫芦瓜 / 瓠瓜
Bottle Palm ***Hyophorbe lagenicaulis*** **Bailey H. E. Moore/*Mascarena lagenic*** 酒瓶椰子
Bottle Tree ***Moringa drouhardii Jumelle*** **M. *thouarsii*** 象脚树
bottlebrush 红千层属植物
bottled sampler 瓶式采样器
bottleland 河边低地，洼地
bottleneck（道路的）狭窄段，瓶颈（局

部狭窄段),(交通容易阻塞的)狭口,隘道

bottle-neck 瓶颈,咽喉区

~road 狭路,局部狭窄路段,颈缩路段,瓶颈式道路

bottle-nosed dolphin *Tursiops truncatus* 宽吻海豚

bottom 底,(山)麓,水底,低洼地,基础;(美)滩地

~coal 煤层底部煤

~contour 等深线

~glade 河滩沼泽,底谷

~land 底谷

~level 底部水平面

~level of a wall footing 地基墙磉墩水平线

~margin 底边

~of bore hole 钻孔底部

~of slope 地基倾斜度,倾斜地基

~of the valley 屋顶排水沟底部

~of wall base 墙基底部

~-of-well diameter 终止井径

~rail 下冒头

~slope 底坡

~terrace 河底阶地

~view 底视图

river~河底(江底,川底)

trench~沟底,壕底

Bottom threadfin bream *Nemipterus bathybias* 黄肚金线鱼/深水金线鱼

bottomglade 谷地

bottom-hinged window 下悬窗

bottomland 低洼地,滩地(洪水时受淹地)

~hardwood forest(美)低洼地阔叶树森林

bottom-layer road bridge 下承式公路桥

bougainvillea/beautiful bougainvillea *Bougainvillea spectavilis* 九重葛/叶子花/三角花(赞比亚国花)

Bougainvillea Goldraintree *Koelreuteria bipinnata* Franch. 复羽叶栾树

bough, main (英)主干,主枝

boulder (**stone block**)漂石(块石),粗砾,圆石

~Bank 天然长堤

~clay(英)黏土巨砾

~paving(园路的)粗砾铺面,卵石路面,砾石路面

~stop 林荫大道停车处

boulevard 林荫大道,林荫路,干道,大街,大道

Boulton's hill-partridge/ Sichuan hill-partridge *Arborophila rufipectus* 四川山鹧鸪

boundary 边界线;边界,界线,界;范围

~condition 边界条件

~fence 边篱

~frame on crossing 道口限界架

~frame on road 道路限界架

~light(机场)边界灯

~line 界线,境界

~line building(英)边界建筑物,限界建筑

~line of adjacent land 邻地边界线

~line of road construction 道路建筑限界

~line of street 道路边界线(法律规定的道路与建筑物基地的界线),道路红线

~lines of roads 道路红线

~map 疆界图，边界图
~marker；boundary monument 界桩
~networks 界线网络
~of layout area 详细设计区之界线
~of planning area 城市规划区之界线
~planting 边界种植
~posts 界桩
~river 界河
~science 边缘科学
~settlement 划定界线
~stone 界石
~survey 边界测量
~wall，common 共用界墙
~wall，property 特有界墙
~zone 边界区，边界带
forest-meadow~（英）森林草地界线，林区牧场界线
front plot~（英）正面地区图界线
growth ring~生长圈界线，培养环界线
plot~（英）地区图界线
rear plot~（英）背面地区图界线
side plot 侧面地区图界线

bouquet larkspur/delphinium ***Delphinium grandiflorium*** 大花飞燕草 / 飞燕草

bourg（中世纪时）城镇

bourne phoebe ***Phoebe bournei*** 闽楠

Bourne Phoebe ***Phoebe bournei*** **Hemsl. Yang** 闽楠 / 竹叶楠

bower 闺房；村舍；凉亭，园亭，树舍，林荫处

bowhead whale/Greenland right whale ***Balaena mysticetus*** 北极露脊鲸

bowing 浅交；概略；（音乐）弓法
~alley 保龄球场，地滚球场
~green 木球草地，地滚球场
~stadium 保龄球场，地滚球场

bowl crown 杯状树冠

bowling 保龄
~alley 保龄球
~club 保龄球场

Bowles' golden sedge ***Carex elata*** **'Aurea'** 金碗苔草（英国斯塔福德郡苗圃）

bowl-shaped 碗状
~basin 碗状洼地
~situation 碗状下陷

Bowring Cattleya ***Cattleya bowringiana*** 波氏卡特兰 / 卡特兰

bowstring arch bridge 系杆拱桥

box 箱，匣；方框；包厢；黄杨木；装箱
~foundation 箱形基础
bird~（美）鸟禽箱
nesting~巢箱，巢匣
planting~（美）树苗箱
sand~砂箱

Box Elder/Ash-leaved Maple ***Acer negundo*** **L.** 羽叶槭

box tree/Chinese little leaf box tree ***Buxus siica*** 黄杨

Boxelder Maple/Ash-leaved Maple/Baxelder ***Acer negundo*** 梣叶槭 / 白蜡槭 / 复叶槭

boxing 拳击，拳术；装箱
~ring 拳击比赛台

boxleaf honeysuckle ***Lonicera nitida*** 亮绿忍冬（英国萨里郡苗圃）

Boxleaf roseqpple/boxleaf eugenia ***Syzygium buxifolium*** 赤楠

box-office（戏院等的）售票处

Box-tree pyra lid ***Diaphania perspectalis***

黄杨绢野螟
boxwood 黄杨木
Boyoma Falls（Congo）博约马瀑布（刚果）
bozzetto（画的）小型草图
Brac Island（Croatia）布拉奇岛（克罗地亚）
brace 支撑，撑臂；系杆；联条；曲柄；手摇曲柄钻；绷带；大括号；支撑；联结；系紧；固定；作好准备；加大括号
~angle 撑杆角铁
~bit 手摇钻，钻孔器
~block 木钉
~piles；raking piles 叉桩
~root 支撑基础
~summer 双重梁
braced 桁；撑系
~arch 桁拱
~core building 格架式简体建筑
~frame 撑系框架
bracing 联结（系）；联条；系杆；支撑；加劲，加强肋
cavity~孔穴支撑，空穴支撑，中空系杆，岩加强肋
rod~棒支撑，杆支撑，拉杆加劲
root~基础加劲，基础撑
trench~沟横（路横）加强肋
bracket 托座，托架，支架，隅撑，托臂，牛腿（俗称）；角背
~block 斗
~crane 悬臂（式）起重机
~light 壁灯{建}
~set 斗栱
~set on column 柱头科；柱头铺作
~set on corner 角科；转角铺作
~sets between columns 平身科补间铺作
~system 斗栱
bracket plant/spider plant *Chlorophytum capense* L. Druce 吊兰/挂兰
bracketarm 栱
brackish 苦咸水的（碱性水），微咸的，半咸的
~water area 含盐水区域
~water region 含咸水区
brackish-water lake 微咸湖
brae（苏格兰）山坡，山腰，谷坡，丘陵区，陡路
Brahma 梵
Brahman style 婆罗门式
Brahminy kite（*Haliastur indus*）栗鸢
braid 交织河道，辫状河道
braided 交错编织，网状
~cable 编缆
~channel 网状水道，辫状河道
~course 辫状水道，网状水道
~door 编竹门，编苇门，栅栏门
~intersection 多层交叉
~river 网状河道，网状河
~stream 网状河
~street 网状街道
braided stream 辫状河，又称“网状河”
braiding 分支，分叉
~of river courses 河道分支
~wire 编织线
~wire rope 编织钢丝绳
brake 制动器，闸，刹车；闸式测功器；唧筒的柄；大耙；碎土耙；羊齿，蕨；运用制动器，刹车
~inspection depot 制动检修所

~lag 制动生效时间，制动延时

braking 制动

~action 制动作用

~distance 制动距离，刹车距离

~force of train 列车制动力

Brambling *Fringilla montifringilla* 燕雀/麻蜡/虎皮雀

Bran Castle（Romania）布兰城堡（罗马尼亚）

branch 支，分支；支管；支流；支线；分部；小河，小川

~attachment（美）分部附属物，转移附件

~authority（美）分部管理机构，部门管理机构

~center 区中心，小区中心等的总称

~connections 支管连接

~cutting 分路挖土，分路挖方，分枝插枝

~duct（通风）支管

~knot 树节

~layering 分层

~line 支线

~lines 配水支管

~of economic activity 经济活动部门

~of farming 农业部门

~office（简写 B.O.）分公司，部门办公室

~pipe；branch 支管

~pipe of inlet 雨水口支管

~pruning 枝杈修剪

~rail line（美）铁路支线

~railway line（英）分支铁路线，分支有轨车道

~road（厂内）支道，支路

~sewer 污水支管

~stub（美）分支粗短支柱，分支树桩

~stump（英）分支短柱，分支树桩，分支柱墩

~system 枝状管网

~turnout 分路道岔

~unit of neighborhood 邻里区分区；街区

~work 分支网（地下水），枝状地下水系

feather~（英）羽状分叉

main~ 干道（干线）分支

scaffold~ 脚手架叉

slender~（美）细长支路

small~ 细小分支，窄分支

strong upright~ 坚牢的（耐用的）柱子分支

sturdy~ 坚固的分支

upright scaffold~ 直立脚手架与分支

branch point 分支点

branched 支管；树枝状

~liner，strongly（美）支管衬圈（有耐用性的）

~network 树枝状管网

branches 支道

branching 分支，支链

~height 分支顶点

~pattern 分支类型

~tree，ground（美）庭院幼树

pipe~ 管子支管

branching ability 成枝力

branching angle 分支角度

branchlet 小枝

branchline airport 支线机场

branch-off pipeline network 树枝状管网

Branchy Paliurus *Paliurus ramosissimus* Lour. Poir. 马甲子（铁篱笆）

Branchy Tamarisk *Tamarix ramosissima* Ledeb. 多枝柽柳 / 红柳（英国萨里郡苗圃）

brand 商标；品种；烙印

Brandenburg Gate（Germany）勃兰登堡门（德国）

branding 标记

Brandywine Maple *Acer rubrum* L. 'Brandywine' 酒红 / 美国红枫酒红（美国田纳西州苗圃）

brash（英）（木材等）易碎的，脆的，碎片；阵雨；修下树枝堆

brattice（矿坑通气用的）隔壁；（围护机械的）围板；临时木建筑

braunerde 棕壤，棕色森林土

brawn drain 劳工外流

Brazen Palace（Sri Lanka）伯拉贞宫，黄铜宫（斯里兰卡）

brazil 黄铁矿

Brazil nut/brazils（*Berthollatia eacelsa*）巴西坚果

Brazil peppertree/christmas berrytree *Osmanthus terebinthifolius* 肖乳香 / 巴西胡椒木

Brazilian tapir/South American tapir（*Tapirus terrestris*）南美貘 / 中美貘

Brazilian Milktree *Mimusops elengi* L. 巴西牛奶木 / 伊兰芷硬胶

Brazilian Plume/Plume Flower *Cyrtanthera carnea* Lindl. Bremek. 珊瑚花

breach 裂口，罅隙；小溪；小海峡；破坏；违背（合同等）；击破

~of contract 违约，违背合同

~of law 违法

~record 打破纪录

bread 食物，粮食

~basket 产谷物的地区

Breadfruit *Artocarpus altilis* 面包果

Breadfruit tree *Artocarpus tonkinensis* 胭脂木

Bread fruit Tree *Artocarpus altilis* Park. Fosb 面包树

breadth 宽度，广度；幅员；宽容

~of section 截面宽度

~ratio method（地基沉降计算压缩层深度）宽度比法

break 排除，中断，破坏

~agreement 违反协议，负约

~a way 排除困难，开路

~away coupling 拉断阀

~cistern 吸水水池

~-even 持平，不亏，不赚；无损（坏、耗）的，无盈亏的，无胜负的

~ground 破土，动工；开垦

~wind 挡风墙，防风林

capillary~毛细管裂缝

break point 断裂点

breakage，limb 边缘损坏

breakdown 崩塌，崩溃，破损，断裂；统计分析；析裂，分解，细分；事故，故障；击穿

~of pollutants 污染物的分解

~train 救援列车

breake 破波

breaking 破坏；断裂

~and re-seeding 破坏和再插种

~ground（美）断裂地面

~point concept 断裂点理论

~wave 近破波

breakthrough 突破；技术革新；重要发明

~sequence 突破顺序

break-up 解冻（开河）

~date 解冻日期

~period 解冻期

breakwater；**mole** 防波堤，堤

~core 堤心

~gap 防波堤口门

~pier 防波堤码头

~pier head 防波堤堤头

~quary 防波堤堤岸码头

~tip；breakwater head 堤头

breakwind 防风墙，防风（罩）

breast 胸

~splitting 挑胸

~wall 胸墙

breasting 靠船

~clustered piles 靠船簇桩

~dophin 靠船墩

breastplate 挡风板，胸板

brecia（断层）角砾岩

~marble 角砾大理石

breed 繁殖，使发生；教养；植物的繁殖

breeder 繁殖的动物；饲养员，养育员

breeding 繁殖，饲育，育种

~grounds(s) 繁殖（饲育，育种）场

~pair 育种配对

~range 繁殖范围，育种范围

~site 育种地点

~season 育种季节

~station 育种站

~territory 繁殖领域，育种土地

perennial plant~ 多年生植物繁育

plant~ 植物繁育；树木繁育

rose~ 玫瑰增殖

breeze 微风，海风，谷风；煤尘，煤粉，煤渣

~，hillside（美）山坡微风

Breliche's snub-nose monkey ***Rhinopithecus roxellanae breliche*** 黔仰鼻猴 / 黔金丝猴 / 灰金丝猴

brent 丘陵

bretesse 防卫工事

Bretschneider Dogwood ***Cornus bretschneideri*** **L. Henry** ***Swida bretschneideri*** **Sojak** 沙株

Bretschneider pear/Chinese white pear ***Pyrus bretshneideri*** 白挂梨 / 白梨

Brewer's Weeping Spruce ***Picea breweriana*** 布鲁尔云杉（英国斯塔福德郡苗圃）

brewery（酿）酒厂，啤酒厂

~waste 酿酒废水

brewhouse 啤酒厂，酿酒厂

brewing process waste water 酿造废水

bribe 贿赂，行贿物，诱饵；小费

bribery 行贿；受贿

brick 砖；砖形物；程序块 {计}；[复] 汽车竞赛路（美）；用砖砌，砌砖砖砌的

~and stone work 石作

~and tile factory 砖瓦厂

~arch 砖拱

~arch bridge 砖拱桥

~bond 砌砖法

~bridge 砖桥

~carving 砖雕

~construction 砖石结构，砖石工程

~course 砖层
~cube pavement 方砖（块）路面
~culvert 砖（砌）涵（洞）
~efflorescence 砖面泛白
~floor 砖地
~for paving，clinker（英）铺路砖
~making plant 制砖厂
~masonry structure 砖石结构
~-nogging 木架砖壁 {建}
~-nogging building 木架砖壁房屋（即立贴式房屋）
~pavement 砖铺路面
~pavement on mortar bed 砂浆垫层铺砖路面
~paving 铺砖路面，砖砌路面
~paving，clinker（美）砾砖铺砌路面
~veneer 砖表层
~wall 砖墙
~work 砖作
~yard 砖厂
acid~ 酸性砖
acid proof~ 耐酸砖
adobe~ 风干砖
air~ 风干砖；空心砖
air-dried~ 风干砖，砖坯
alumina~ 矾土砖
angle~ 角砖
arch~ 楔形砖，砌拱用砖
asphalt~ 沥青砖
basic~ 碱性砖
bauxite~ 高铝砖，矾土砖
blue~ 青砖
breeze~ 煤砖
compass~（美）拱砖
concentric manhole~ 环形人孔砖
enamelled~ 釉瓷砖
fire~（耐）火砖
glass~ 玻璃砖
glazed~ 釉面砖，玻璃砖
gray~ 青砖
hollow~ 空心砖
insulating~ 隔热砖
refractory~ 耐火砖
salt-glazed~ 瓷砖
standard~ 标准砖
timber~ 木砖，木块
vitrified~ 缸砖，玻璃砖，瓷砖，陶砖

Bridal wreath Spiraea *Spiraea prunifolia* 李叶绣线菊 / 重瓣笑靥花

Bridal-wreath *Spiraea* × *vanhouttei* 菱叶绣线菊

bridge 桥，桥梁；电桥 {电}
~axis 桥轴，桥梁中心线
~aesthetics 桥梁美学
~approach 引桥，桥头引道
~ballasted floor 道碴桥面
~beam 桥（的）主梁
~bearing；bridge support 桥支座
~bearing pad 桥梁支座
~cable 桥缆，桥索
~camber 桥梁上拱度，桥梁拱势
~conceptual design 桥梁方案设计
~construction 桥梁建筑，桥梁工程
~crossing of railway 铁路桥渡
~deck（ing）桥面系
~deck pavement 桥面铺装
~design 桥梁设计
~design specification 桥梁设计规范
~detail design 桥梁细部设计
~diagram 桥梁图式

~engineering 桥梁工程学
~floor 桥面
~floor expansion and contraction installation 桥面伸缩装置
~floor system 桥面系
~floor without ballast and sleeper 无碴无枕桥面
~foundation 桥基，桥梁基础
~framework 桥梁构架
~gallery 过街楼
~girder erection equipment 架桥机
~head 桥头；桥头堡
~in garden 园桥
~load limit 桥梁限载
~of boat 浮桥
~on slope 坡桥
~open floor 明桥面
~opening 桥孔
~overall planning 桥梁总体规划
~pier 桥墩
~pin 桥枢
~pylon 桥塔
~railing 桥栏杆
~road 桥上车道
~sidewalk 桥上步道，桥上人行道
~side-walk 桥侧人行道
~site 桥位
~span 桥跨，桥梁跨度
~substructure 桥下部结构
~superstructure 桥跨结构（上部结构）
~surveying 桥轴线测量
~tower 索塔（桥塔），桥头堡
~，valley 河谷桥梁
~with gallery 廊桥
~with pavilion 亭桥
aesthetics of~桥梁美学，桥梁建筑艺术
approach~引桥
access~引桥，便桥
arch~拱桥
askew~斜桥
auxiliary~便桥，临时桥，辅助桥
Ba~灞桥（在西安东北二十里临公路上，跨灞河，两千多年前建成）
Bailey~贝雷桥（美国战时就地装配小跨径钢桁梁桥）
bamboo~竹桥
bateau~浮桥
boat~浮桥
brick~砖桥
bridle~狭桥
cable~索桥
cable suspension~悬索桥，缆索吊桥
elevated~高架桥
elevated street~高架街道桥
forest~林区桥梁
grade separation~立交桥
high-flying~高架桥
hillside~傍山桥
iron chain~铁索桥，铁链桥
passenger foot~人行天桥
service~专用桥
Seventeen-arch~十七孔桥
single-plank~独木桥
shore~栈桥
stone~石桥
T-beam~T（形）梁桥
timber~木桥
V-type~V 形桥
wire~缆式悬桥，悬索桥，钢索吊桥
wooden~木桥

Zhaozhou~赵州桥（又名安济桥，大石桥，位于河北赵县洨河上，是一座敞肩式（即空腹式）单孔圆弧弓形石拱桥。净跨 37.02 米，全长 50.82 米，建于公元 605 年）
zigzag~九曲桥

bridgehead 桥头
~construction 桥头建筑
~greening 桥头绿化

bridgeway 桥上道路；楼间架空通道

bridgework 桥梁工程；通楼天桥（带桥楼的上层建筑）

bridiging 架桥，造桥；跨越；格栅撑；联结系；加密
~floor 过街楼面
~of model 模型连接
~point 架桥点
~work 连接工作；连接工程

bridle 拘束；拘束物；短索；马笼头；拘束，抑制
~-path 马路，马道，大车道
~path network（美）驮道（大车道）道路网
~road 驮道
~way（英）短索通道

bridle-way 马道

brief 概要，摘要；简报；摘要，提要，说明；简单的，简洁的；暂时的
~appraisal 简评
~briefing 下达简令；情况介绍；申诉；简报
~chart 任务简要讲解图
~clarification of design（英）设计说明摘要
~note 便条
~survey 简要的总结
competition~竞赛简报
project~计划（方案，草图，设计，工程项目）概要

bright 光明的；辉煌的；鲜明的；明白的
~coal 烟煤
~field 明视场

Bright/clear；fine 晴

brightening 照明

brightness（简写 BRT）明亮，光明；鲜明；伶俐；（发光表面在一定方向的）亮度，照度，明暗度
~contrast 亮度对比
~of screen picture 图像亮度
~scale 亮度标准（视场中最亮处与最暗处的亮度之比）

Brilliant campion/brilliant lychnis *Lychnis fulgens* 大花剪秋罗

Brilliant lily/showy lily *Lilium speciosum* 鹿子百合 / 药百合

brilliant sagebrush *Artemisia speciosa* 西南大头蒿

bring 带来；产生；获得；促使，引起
~into effect 实施，贯彻

brink 边，界；滨

brisk 轻快的，敏捷的，活泼的；繁荣的，兴旺的；使活泼，使兴旺
~sales 畅销，旺销

Bristled Brake *Pteris actiniopteroides* 猪鬣凤尾蕨 / 猪毛草 / 辐状凤尾蕨

Bristlespine Hamatocactus/Strawberru Cactis *Hamatocactus setispinus* 龙王球 / 毛刺玉

Bristly Hydrangea *Hydrangea strigosa*

Rehd. 蜡莲八仙花

Britain European Robin ***Erithacus rubecula melophilus*** 红胸鸲 / 英国知更鸟 / 欧亚鸲英国亚种 / 红襟鸟（英国国鸟）

British 不列颠的，英国的，英国人的；英国人

~Association of Landscape Industries（英）英国风景园林产业协会（联合会）

~Engineering Standards Association（简写 B. E. S. A.）英国工程标准协会

~landscape park 英国自然风景园

~Museum 大英博物馆

~Patent（简写 Brp）英国专利

~Royal Society 英国皇家学会

~Society of Soil Science（简写 B. S. S. S.）英国土壤学会

~-Standards（英）英国标准

~Standard Institution（简写 B. S. I.）英国标准（规格）学会

broach 锥形尖头的，尖形的，尖角形的

~spire 尖塔顶，八角尖塔

broached 铁叉，剥刀，拉刀，钻孔器，三角锥；粗刻，打眼，拉剥

B-road（英）同 broad

broad 广大，宽阔；明朗的；概括的；[副] 广阔地

~age groups 大范围年龄组，年龄群分组

~band 宽频带

~-crested weir 宽顶堰

~flight of steps 宽敞的台阶楼梯

~ga (u) ge 宽轨，宽轨距

~-gauge railway 宽轨铁路，宽轨距铁路

~heading 大项目，大类

~irrigation 漫灌，地面灌溉

~-leaf forest 阔叶林

~-leaved evergreen 常绿阔叶树

~-leaved forest 阔叶林

~-leaved tree 阔叶树

~planning 大区规划，初步规划

~scale research 大规模研究

~seal 印鉴，公章

~-tail glacier 宽尾冰川

~walk 大道

Broad band grouper/laterally banded grouper ***Epinephelus latifasciatus*** 纵带石斑鱼 / 宽带石斑鱼

Broad Egyptian Privet ***Lawsonia inermis*** **L.** 散沫花

Broad faced cricket ***Loxoblemmus doenitzi*** 大扁头蟋

Broad flower dendrocalamus ***Dendrocalamus latiflorus*** 麻竹

Broad Lobe Chain Fern ***Woodwardia latiloba*** 宽片狗脊蕨

Broad-billed roller ***Eurystomus orientalis*** 三宝鸟 / 老鸹翠

Broadacre City 广阔一亩城市（美国赖特设想的城市规划方案），"广亩城市"

broadband 宽频的；宽频（带）的

broadcalyx libanotis ***Libanotis laticalycina*** 宽萼岩风

broadcast 无线电广播；撒播；广播{电}；撒播；广播的；撒播的；广布的；[副] 四散地

~sodding 泛铺草皮，满堂草皮

~station 广播电台

broadcaster 广播电台，播音员
broadcasting 广播；无线电广播的；撒播
~and television station 广播电视建筑
~control room 扩音控制室
~network 广播网
~of see 种子撒播
~room 广播室
~system 广播系统
~station 广播电台，广播楼
~with a seeder（美）播种机撒播
Broadhead sevengill shark/red snout sevengill shark ***Notorhynchus platycephalus*** 扁头哈那鲨 / 哈那鲨 / 七鳃鲨
broadleaf 阔叶
~evergreen forest 阔叶常绿森林（林区，林木）
~forest 阔叶森林（林区，林木）
~forest，evergreen（美）常绿阔叶林
~plant 阔叶植物
~tree 阔叶树
~woody plant（美）阔叶木本植物
~woody species 阔叶木种
evergreen，sclerophyllous vegetation~ 常绿阔叶（有硬叶的）植物
Broadleaf Actinidia ***Actinidia latifolia*** 阔叶猕猴桃 / 多果猕猴桃 / 多花猕猴桃
Broadleaf Arborvitae Hiba ***Thujopsis dolabrata*** 罗汉柏 / 蜈蚣柏
broadleaf cactus/Epiphillum ***Epiphyllum oxypetalum*** 昙花
broadleaf China plumyew ***Cephalotaxus sinensis*** **var.*latifolia*** 宽叶粗榧
broadleaf cinnamon ***Cinnamomum platyphyllu*** 阔叶樟 / 银木 / 大叶樟
broadleaf indocalamus ***Indocalamus latifolius*** 阔叶箬竹
broadleaf lavender ***Lavandula latifolia*** 宽叶薰衣草 / 爱情草
Broadleaf Liriope ***Liriope platyphylla*** 阔叶山麦冬 / 麦门冬 / 土麦冬
broadleaf raintree ***Brunfelsia latifolia*** 鸳鸯茉莉 / 长叶番茉莉
Broad-leaf Sorrel ***Rumex acetosa*** 酸模 / 小醋草（英国斯塔福德郡苗圃）
broadleaf spice-bush ***Lindera latifolia*** 团香果 / 牛石兰果 / 毛香果
Broadleaf tree Helicobasidum leaf spot 阔叶树紫纹羽病（***Helicobasidum purpureum*** 紫纹羽卷担子菌）
broadleaf valerian ***Valeriana officinalis*** **var.** ***la*** 宽叶缬草 / 蜘蛛香
Broad-leaved Lilac ***Syringa oblate*** **Lindl.** 紫丁香
broadpetal gloriosa/Roth schild glory lily ***Gloriosa rothschildiana*** 宽瓣嘉兰
Broad-tongue sole（***Cynoglossus robustus***）宽体舌鳎
broadway 宽阔的道路（街道）
brocade 锦，织锦，花缎，浮花锦缎
Brocaded Pine ***Pinus aspera*** **Mayr.** 锦松
brocatelle 彩色大理石
broccoli/head cabbage ***Brassica oleracea*** **var.** ***italica*** 绿菜花 / 青花菜
brochure 小册子；产品样本，说明书（法）
brodiea/grass nut/triplet lily ***Brodiaea laxa*** 紫山慈姑
broke disposal 废纸处置
broker 代理人，经纪人，掮客

~insurance 保险经纪人

broken 破裂的；起伏不平的；零碎的；断断续续的

~and solid line 虚实线

~country 丘陵地

~ground 新垦地；（高低）不平地（面），丘陵地

~-line 折线，虚线

~parcel 分割地区（图廓）

~range work 定向爆破作业

~stone；crushed stone 碎石

~wave 远破波

Broken Cannon 破碎炮

broken sky 裂云天

Bronze Chollima Statue（North Korea） 千里马铜像（朝鲜）

Bronze gudgeon ***Coreius heterodon*** 铜鱼/金鳅

Bronze Ox（Beijing，China） 铜牛（中国北京颐和园）

Bronze Pavillon（Beijing，China） 宝云阁（中国北京颐和园）

Bronze Reclining Buddha of the Wofo Temple（Beijing，China） 卧佛寺铜卧佛（中国北京市）

Bronzed-winged jacana（*Metopidius indicus*） 铜翅水雉

Bronzeware Exhibition Hall 青铜器馆

bronzitite 古铜辉岩

brooding period 孵卵期

Broodpetal Michelia ***Michelia platypetala*** 阔瓣白兰花/阔瓣含笑

brook 小河，溪，溪流

~bride 跨溪桥，小河桥

brooklet 小河，小溪，细流

Brooklyn Bridge（美）布鲁克林大桥（美国）

Broom ***Cytisus boskoop*** **'Ruby'** 红宝石金雀儿（英国斯塔福德郡苗圃）

Broom ***Cytisus Goldfinch*** 黄花金雀花（英国斯塔福德郡苗圃）

Broom ***Cytisus praecox*** **'Albus'** 白花金雀儿（英国斯塔福德郡苗圃）

broom finish 混凝土面扫处理

Broomshape Chinese Pine ***Pinus tabulaeformis*** **var.** ***umbraculifera*** **Liou et Wang** 扫帚油松

brother（of the Roman Catholic and Greek Orthodox churches）/friar/monk/monastic 修士

Broussonetia leaf mosaic 构树花叶病（病原为病毒，其类群待定）

brow 脊；（山的）坡顶；（悬崖的）边缘；边线；悬岩；山顶；眉

~of embankment/slope 路堤（余坡）边缘

brow-antlered deer/Eld's deer（*Cervus eldi*） 眉杈鹿/坡鹿/泽鹿

brown 褐色的，棕色的

~coal 褐煤

~dune（英）棕色沙丘（沙堆）

~earth 褐土

~forest soil 棕色森林土壤（褐色）

~of the hill 山顶

brown bat[common]/house bat ***Eptisicus serotinus*** 棕蝠

brown bear/grizzly bear ***Ursus arctos*** 棕熊/罴

Brown booby ***Sula leucogaster*** 褐鲣鸟

Brown coffec scale/Hemispherical scale

Saissetia coffeae 咖啡黑盔蚧
Brown cricket *Teleogryllus mitratus* 南方油葫芦
brown desert soil 棕漠土
Brown elm scale *Parthenolecanium corni* 扁平球坚蚧
brown earth 棕壤
Brown Eyed Susan's *Rudbeckia triloba* 棕眼金光菊 / 薄叶金光菊（美国俄亥俄州苗圃）
Brown fish-owl *Ketupa zeylonensis* 褐渔鸮
Brown guitar fish *Rhinobatos schlegeli* 许氏犁头鳐
Brown hawk owl *Nicox scutulata* 鹰鸮
Brown Honeysuckle *Lonicera* × *brownii* Regel Carr. 布朗忍冬
Brown Kiwi/Southern Brown Kiwi *Apteryx australis* 褐几维鸟 / 鹬鸵 / 奇异鸟（新西兰国鸟）
Brown leaf spot of jujube 台湾大青枣褐斑病（***Coniothyrium* sp.** 盾壳霉）
Brown leaf spot of jujube 枣褐斑病（***Coniothyrium aleuritis*** 枣叶橄榄色盾壳霉 /***Coniothyrium fuchelii*** 枣叶盾壳霉）
Brown Lily/Hony Kong Lily *Lilium brownii* 野百合 / 白花百合
Brown long-horn beetles *Arhopalus rusticus* 褐幽天牛
Brown patch of lawn 草坪褐斑病（***Rhizoctonia solani*** 茄丝核菌 / ***Thanatephorus cucumeris*** 瓜亡革菌 /***Rhizoctonia cerealis*** 禾谷丝核菌 / ***Rhizonctonia oryzae*** 稻枯斑丝核菌 / ***Rhizoctonia zeae*** 玉米丝核菌）
Brown Pelican *Pelecanus occidentalis* 褐鹈鹕（圣基茨和尼维斯国鸟）
Brown rot of *Prunus mume* 梅花褐腐病（***Monilinia laxa*** 核果链核盘菌 / 无性世代：***Monilia cinerea*** 灰丛梗孢霉）
Brown rot of *Prunus percica* 桃花褐腐病（危害果实：***Monilinia fructicola*** 链核盘菌 / 危害花器：***Monilinia laxa*** 核果褐腐菌）
Brown sluy/Brown cochlid *Setora postornata* 褐刺蛾 / 桑褐刺蛾 / 桑刺毛 / 红绿刺蛾 / 毛辣虫 / 痒辣子
Brown soft scale/Soft brown s *Coccus hesperidum* 褐软蚧 / 广食褐软蚧
brown soil 棕钙土
Brown spot of *Aloe* 芦荟褐斑病（***Ascochyta linisacc*** 芦荟壳二孢）
Brown spot of *Cercis chinensis* 紫荆褐斑病（***Coniothyrium* sp.** 壳小圆孢菌）
Brown spot of *Citrus medica* 香橼褐斑病（***Cercospora* sp.** 尾孢菌）
Brown spot of cockscomb 鸡冠花叶斑病（***Fusarium* sp.** 镰刀菌）
Brown spot of *Euonymus japonica* 大叶黄杨褐斑病（***Pseudocercospora destructiva*** 坏死假尾孢菌）
Brown spot of *Euphorbia pulcherrima* 一品红褐斑病（***Cercospora* sp.** 尾孢菌）
Brown spot of *Fuchsia hybrida* 倒挂金钟褐斑病（***Cercospora* sp.** 尾孢菌）
Brown spot of *Hippeastrum* 朱顶红褐斑病（***Phyllosticta* sp.** 叶点霉）
Brown spot of *Impatiens balsamina* 凤仙花褐斑病 / 凤仙花叶斑病（***Gercospora***

fukushiana 凤仙花灰星尾孢菌）

Brown spot of *Lagerstroemia* 紫薇褐斑病（***Cercospora lythracearum*** 千屈菜尾孢菌）

Brown spot of *Magnolia* 玉兰褐斑病（***Phyllosticta yugokwa*** 木兰点叶菌）

Brown spot of *Osmanthus fragrans* 桂花褐斑病（***Cercospra osmanthicola*** 木犀生尾孢霉）

Brown spot of *Paeonia lactiflora* 芍药褐斑病（***Cladosporium paeoniae*** 芍药轮斑芽枝霉）

Brown spot of *Parthenocissus* 爬山虎褐斑病（***Cladosporium* sp.** 芽枝霉）

Brown spot of *Rhododendron simsii* 杜鹃褐斑病（***Septoria azaleae*** 杜鹃壳针孢）

Brown spot of *Rosa chinensis* 月季黑斑病（***Actinonema rosae*** 蔷薇放线孢 / 有性世代：***Diplocarpon rosae*** 蔷薇双壳菌）

Brown spot of *Zanthoxylum* 花椒褐斑病（***Cercospora zanthoxyli*** 花椒尾孢霉）

Brown striped mackerel scad/blue scad *Decapterus maruadsi* 蓝圆鲹 / 池鱼

Brown wood owl *Strix leptogrammica* 褐林鸮

Brown，Lancelot 布朗，朗斯洛特

~stone district 高级住宅区（19 世纪）

Brown-crested lizard hawk *Aviceda jerdoni* 褐冠鹃隼

Brown-eared pheasant *Crossoptilon mantchuricum* 褐马鸡 / 黑雉 / 角鸡

brownfield 褐色油田；棕地

brownish gomphidius *Gomphidius usci-dus* 红肉蘑 / 铆钉菇

brown-water lake 褐水湖

browse 嫩叶，嫩枝；翻阅，浏览；吃（嫩草等）

browser 浏览器 { 计 }

brucea *Brucea javanica* 鸦胆子 / 老鸦胆 / 苦榛子

Bruges（Middle Ages）（Belgium）布鲁日（比利时）

Bruguiera[common] *Bruguiera gymnorhiza* 木榄

bruik（英）小河，小川

bruise 使（皮肉）青肿，擦伤（表皮，表面），碰伤（水果，植物等）

bruise root/horned poppy *Glaucium flavum* 海罂粟

brume 雾；霭

***Brunfelsia pauciflora* 'Calycina'** 双色茉莉

brunizem 湿草原土

brush 刷子，刷帚；路刷；电刷（用于"读出"穿孔卡片）；柴排 { 计 }；矮林，灌木林；（用刷子）刷，扫，擦

~and rock dam 灌木和石坝

~coating 抹涂

~-breaker 灌木清除机

~-breaker plough 灌木清除机

~country 丛林地区

~cutter 灌木清除机

~cutting 清除灌木

~hurdle 树篱，绿篱（灌木栽成的篱笆）

~jetty（美）灌木防波堤

~joints with sand 铺沙结合部

~layer，hedge 灌木层

~layering 灌木分层

~mat 灌木丛

~matting（美）灌木丛
~road 柴束路
~shade 晕渲
~-shading 晕渲法（表示地形）
brush drawing 水墨画
Brush Box ***Tristania conferta*** **R. Br.** 红胶木
Brushfooted butterflies ***Polygonia calbum*** 白钩蛱蝶
brushlayer barrier，live 敷设束柴护栅
brushlaying（英）束柴敷设
brushwood 灌木，灌木林，矮林；梢料；柴排；柴；丛林，灌木丛
~bundle（英）束柴排捆，柴排束
brushy 多灌木的；用灌木覆盖的；毛刷一样的
~area（美）灌木区
Brussel sprouts（***Brassica oleracia*** **var.** ***gemmifera***）抱子甘蓝/龙眼包心菜
brutalism 粗野主义（使用夸张造成建筑效果的艺术风格）
brutalistic 野兽派
Bryce Canyon National Park 布赖斯峡谷国家公园（美国）
bryophyte 苔藓植物
BTC（**beginning of transition curve**）缓和曲线始点
Bu Qiu Fang（**Boathouse of Mending Autumn**）补秋舫
bubble 水泡；气泡；泡沫；起泡；沸腾
~diagram 气泡图
buck 锯木架，锯台；轧碎；锯开；冲撞；（车）等颠动；反抗
~saw 架锯
~scraper 弹板刮土机
bucker wheel stacker-reclaimer 斗轮堆取料机
bucket 斗，铲斗，戽斗，杓；通沟牛{排}；桶，吊桶；挑流鼻坝，消力戽；用桶装运
~carrier 斗式输送器
~dozer 斗式推土机
~dredger 斗式挖泥机，戽斗挖泥机，多斗挖泥机
buckeye tree/horse chestnut ***Aesculus*** 七叶树（属）七叶树
buckhorn 仅留主枝的修剪
bucklandialike chunia ***Chunia bucklandioides*** 山铜材
Buckler Fern ***Dryopteris erythrosora*** 红盖鳞毛蕨（英国斯塔福德郡苗圃）
Buckler-leaf Sorrel ***Rumex scutatus*** 钝叶酸模/法国酸模
Buckingham Palace（**Britain**）白金汉宫（英国）
bud 芽；发芽；萌芽
~break，spring（美）春天破土发芽
axillary~腋生芽
flower~花蓓蕾
leaf~叶芽
terminal~顶生芽
Budapest's Children City（**Hungary**）布达佩斯儿童城（匈牙利）
Buddha 佛（“佛陀”的简称）
Buddha bamboo/buddha-belly bamboo ***Bambusa ventricosa*** 佛肚竹
Buddha Common Bamboo ***Bambusa vulgaris*** **'Wamin'** 大佛肚竹
Buddhahood Temple（**Beijing，China**）证果寺（中国北京市）
Buddha-pine ***Thujopsis dolabrata*** 罗汉松

Buddha's Dharma-eye 法眼
Buddha's Halo 佛光
Buddha's Lamp ***Mussaenda pubescens* Ait. f.** 玉叶金花 / 白纸扇
Buddha-Stone Pavilion 水晶宫（英国）
Buddhism 佛教；释教
Buddhist abbot/abbot of monastery 方丈（一般寺院内主持僧的尊称；道教亦采用此名）
Buddhist abbot's room 方丈（指禅寺的长老或住持所居之处）
Buddhist architecture 佛教建筑
Buddhist bauhinia/bauhinia ***Bauhinia variegata*** 羊蹄甲 / 紫荆花
Buddhist bauhinia/orchid tree ***Bauhinia variegata*** 羊蹄甲
Buddhist CaveTemples（Gongyi City, China）石窟寺（中国河南省巩义市）
Buddhist cross 佛教十字架
Buddhist emblems 佛教八吉祥图案
Buddhist master 法师
Buddhist monastic discipline 戒
Buddhist monastic name 法号
Buddhist monk 和尚
Buddhist monks and nuns 僧尼
Buddhist Mountain-Wutai Mountain（Wutai Country，China）佛教名山五台山（中国山西省五台县）
Buddhist nunnery；Buddfhist convent 庵（尼庵）
Buddhist pagoda 宝塔
Buddhist Paradise 极乐世界
Buddhist Relics Stupa 舍利塔
Buddhist scriptures 佛经
Buddhist Scriptures on Dragon Hill（Beijing，China）龙山佛字（中国北京市）
Buddhist shrine 舍利塔
Buddhist statue 佛像
Buddhist temple 佛寺
Buddhist things 禅（泛指一切佛教事物）
Buddhsim 佛教
budding knife 芽接刀
~ratio 发芽率（坡面铺草时，草种发芽比率）
Budd-na Bamboo ***Bumbusa uentricosa Mc Clure*** 大肚竹
Buen Retiro park（Spain）布恩雷蒂罗公园（西班牙）
Buenos Aires（Argentina）布宜诺斯艾利斯（阿根廷首都）
Budgerigar ***Melopsittacus undulatus*** 虎皮鹦鹉 / 彩凤 / 长尾恋爱鸟
Budget 预算；预算表；做预算表，编入预算
~and coast control 预算和成本控制
~deficit 预算赤字
~estimate 概算
~for capital construction 基本建设预算
~for revenues and expenditures 收支预算
~liberally and spend sparingly 宽打窄用
~-making 预算编制
~message 预算申请书
~of construction 工程建造预算（包括最高标价的工程预算）
~of project 全部工程方案预算〈包括工程预算，土地费用，设备费用，财政费用，专业补偿费用，事故费用以及其他杂项费用等〉
~statement 预算书

~year 估算年
thermal energy~热能预算
water~水费
Budgeted Cost 预算成本
budgetary 预算上的
~constraint 预算限制
~procedure 预算编制程序
budgeteer 编预算的人
Buffalo Currant/Clove Currant *Ribes oddoratum* H. Wendl. 香茶藨子 / 黄丁香 / 黄花茶藨子（英国萨里郡苗圃）
buffer（美）护柱；缓冲器；缓冲
~area 缓冲地区
~belt 防护带
~（ing）capacity 减振能量，中间转换能量
~green（工区与生活区间的）隔离林带，保护绿带，卫生防护林
~green space 缓冲绿地
~stop 车挡
~zone 缓冲区（过渡区）防护带
buffer state 缓冲国
buffering 缓冲，减振，中间转换
~capacity, ecological（减振器，消声器）生态能量
~of nutrients 养分的转换，营养的转换
buffet 简易食堂，小吃店，自助餐
Bugle/Ajuga Burgundy Glow *Ajuga reptans* 匍筋骨草 / 毛毡筋骨草（美国田纳西州苗圃）
Bugloss/Alkanet/Italian for get-me-not *Anchusa azurea* 牛舌草
Bulge-back beetle *Cortinicara gibbosa* 隆背花薪甲
build 建造，建立；建筑；组合，组成；建筑；构造；造型；（圬工）垂直缝
~program（me）建设项目；建设程序
buildability 可建性
buildable area 可建面积
builder 制造者；施工人员，建筑者，建造人
~'s risk 建造者风险
~'s winch 建造者绞车
~'s yard 建造者场地
building（简写 bldg.）建筑物；大厦；房屋；建筑业；房屋建筑；网局级电力调度楼；厂房，建设
~above top of silo 仓上建筑物
~act 建筑法令
~acoustics 建筑声学
~activities and losses 建筑动态
~acts 建筑法（规）
~administration 建筑经营，建筑行政
~agreement 建筑协定
~alteration 改建工程
~altitude 建筑高度
~and civil engineering structures 建筑工程结构
~and Civil Engineering Works 建筑与土木工程
~and site plan permit application（美）建筑与场地规划许可证申请
~annex 附设建筑物
~area 建筑面积，建筑基底面积
~area quota 面积定额
~asbestos 建筑石棉
~aseismicity 建筑抗震
~associations 联建
~authority 建筑主管机关
~automation system 建筑设备自动化系统

~average zoning 建筑密度分区
~bioclimate chart 建筑生物气候图
~block 建筑区段，砌块
~brick 建筑用砖
~bulk 建筑容积
~bulk control 建筑容积管制
~bulk density 建筑密度
~bulk district 建筑容积区
~bulk ratio 建筑容积比
~bulk restriction 建筑容积限制
~bulk zoning 建筑容积分区
~by-law 建筑法规，建筑条例，建筑技术标准
~bylaws 建筑条例
~ceramics factory 建筑陶瓷厂
~certificat 建筑证书
~climatology 建筑气候学
~cluster 建筑群
~code 建筑规则，建筑条例，建筑规范，建筑法典，建筑法规；建筑技术标准
~codes and standards 建筑法规与标准
~code control 建筑条例管理
~code，Federal［D］联邦政府的（中央政府的）建筑法规
~code，uniform（美）同一标准的建筑法规
~company 建筑公司
~complex 建筑群，大型建筑，综合体建筑
~concession 建筑许可（执照）
~conditions 房屋现状
~construction 房屋建筑（学）；房屋构造，建筑构造
~contract 建筑承包合同
~control 建筑管理，建筑管制
~cost 建筑费用
~cost of project 工程造价
~coverage 建筑面积比（建筑面积与建筑用地面积之比），建筑基底面积，建筑覆盖度，建筑密度
~coverage ratio 建筑密度
~crane 建筑（用）起重机
~cycles 建筑周期
~debris 建筑垃圾，建筑废料
~decoration 建筑装饰装修
~defect 建筑缺陷
~demolition 建筑物拆除
~density 建筑密度，房屋密度
~department 房屋管理部门房屋管理处
~depth 建筑进深
~description system 建筑描述系统
~design 建筑物设计
~design institute 建筑设计院
~design office 建筑设计所
~development 建筑开发
~development，attached 建筑开发（配套的，附设的）
~development bye-laws（英）建筑开发附带法规
~development，detached 建筑开发（独立的）
~development dispersed（美）建筑开发（分散的）
~development，hillside 山坡的建筑开发，丘陵侧面的建筑开发
~development low-density 密度低的建筑开发
~development，peripheral 周边（围，缘）的建筑开发
~development，type of 典型建筑开发

~diagnosis 建筑诊断
~disaster prevention 建筑防灾
~drain 建筑物内污水总管，排出管
~drainages system 建筑物排水系统
~economic life 建筑经济寿命
~economics 建筑经济学
~economy 建筑经济
~efficiency 可出租面积比
~energy conservation 建筑节能
~engineer 建筑工程师
~engineering 房屋建筑工程，建筑工程
~enterprises 建筑业
~envelope 建筑工程区域地段（包括全部设施的足够空间），建筑工地
外围建筑，建筑物外形，围护结构
~environment model 建筑环境模型
~equipment 建筑设备
~equipment factory 建筑机械厂
~equipment installation 建筑设备安装
~evacuation 建筑物撤离，建筑物疏散，建筑物拆除
~excavation 建筑挖方（工程）
~facilities 建筑设施
~facilities management 建筑设施管理
~finishing 建筑装修
~fire protection 建筑防火
~floor space 建筑使用（楼面）面积
~flow zones 建筑气流区
~for international exposition 国际博览会建筑
~frost damage 建筑冰冻损失
~function 建筑功能
~geotechnics 建筑勘探
~glass 建筑玻璃
~ground 建筑工地，建筑基地，建筑地面
~ground elevation 室内地坪标高
~group 建筑群
~groups，preservation of 保存的建筑群
~grouping 居住群体，建筑群
~hardwares 建筑五金
~hardware factory 建筑五金厂
~heating entry 热力入口
~height 建筑高度
~height district 建筑高度区
~height ratio 建筑高度比
~height zoning 建筑高度分区
~in garden 园林建筑
~in landscape 园林建筑，风景园林建筑
~industrialization 建筑工业化
~industry 建筑业，建筑工业
~infrastructure 大厦基础设施（包括电缆管、水管、热管、通风管、空调系统等）{建}
~interval 建筑间距
~land 建设用地，建筑用地
~land available making 形成的可用建筑地面
~law 建筑条例，建筑法
~lease 租地建造权，建筑租约
~legislation 建筑立法
~limit of road 道路建筑限界
~line 建筑界线，建筑线，建筑红线
~line，mandatory（英）必须遵循的（强制性的）建筑线
~line setback 建筑沿街后退
~lot 宅地，地皮，建筑基地
~low-rise 低层建筑
~machinery plant 建筑机械厂
~maintenance 建筑保养，建筑维护

~management 建筑管理，建筑维护
~material 建筑材料
~material factory 建筑材料厂
~materials，physical benefits of 适用建筑材料
~measurement 建筑计量
~model 建筑模型
~module 建筑模数
~occupancy 建筑用途
~of a open space project 开放空间（绿地）工程项目中的建筑
~of civic 民用建筑
~of high-rise 高层建筑
~of industrial 工业建筑
~of residential 居住建筑
~of the Panorama of the Battle of Stalin-grad“斯大林格勒大会战”全景画陈列馆
~office 建筑事务所
~official（美）建筑职员、建筑公务人员
~on stepped terraces 跌落
~on terrace 建在台上的建筑，台阁
~optics 建筑光学
~ordinance 建筑条例，建筑法令，建筑法
~orientation 建筑朝向，建筑物朝向
~owner 建筑业主
~pathology 建筑病理
~performance 建筑性能
~permission（英）建筑许可
~permit 建设工程规划许可证，建筑施工执照
~permit, application for preliminary（美）初级建筑使用许可证
~permit，conditional（美）有条件的建筑许可证
~permit office（美）建筑许可办公室（办公处，事务所）
~physics 建筑物理[学]
~planning regulations 建筑物设计条例
~plot 建筑用地，建设地点，房屋地区图
~process 建筑施工过程
~product 建筑制品
~project 建筑项目，建设计划，建筑方案、建筑草图，建筑设计，建筑工程
~property tax 房产税
~reconstruction 房屋重建
~regulation 建筑规范，建筑规则
~regulations，relaxation of（英）简要的建筑章程
~rehabilitation 建筑复原，建筑修复，建筑重建，改建
~repair 建筑修缮
~research institute 建筑研究所
~restriction 建筑限制
~restriction line 建筑规定线，建筑红线
~restrictions 建筑限制条例
~rubble 建筑垃圾；建筑片石，建筑块石，建筑粗石
~rubble，reuse of 建筑块石重复使用
~safety 建筑安全
~science 建筑科学
~section 建筑区段
~security 建筑保安
~service design 设备设计
~service system 建筑设备系统
~services 建筑内设工程，室内环境工

程，建筑机电设施
~setback 建筑后退线
~setback restriction 建筑后退规定
~sewer 建筑物外污水总管，房层污水管
~sheet 建筑钢板
~site 建筑场地；建筑工地，施工现场，建筑基地，建筑地盘，建筑用地，工地
~site facilities and equipment 建筑工地工具和设备
~site installations 建筑位置设置
~site rent 建筑基地的地租
~size 建设规模
~size regulations（英）建筑规模调整
~slip 造船台
~slope 建筑边坡
~space 建筑空间
~spacing 房屋间距
~spacing minimum 最小建筑间距
~square 建筑广场，建筑物前集散广场
~standardization 建筑标准化
~status 建筑用地性质
~stone 建筑石材
~storm drain 房屋雨水管
~storm sewer 房屋雨水管
~structure 建筑物，构筑物
~style 建筑风格
~surveying 建筑测量
~Surveyors Department（英）建筑测量局
~system 建筑体系
~terrace 建筑台地（露台、晒台）
~thermal stability 房屋热稳定性
~thermal technology 建筑热工学
~thermodynamics 建筑热学
~thermology 建筑热学
~trade 建筑业
~type 建筑型式，建筑类型
~typology 建筑类型学
~unit 建筑单元
~-up curve 增长曲线
~-up part of city 城区，建成区
~use category（美）建筑使用范畴
~-use situation 房屋使用现状
~volume 建筑容积，建筑体量，建筑体积
~volume，reduction of permissible（英）准许减少的建筑体积（容量）
~with dwelling 公寓住宅
~work 建筑工程，建筑操作（运行）
~works 建筑工程
~yard 建筑场地
~zone maps 建筑物区划图
abutting~ 毗连建筑物，毗连房屋
all-brick~ 全砖建筑
alteration to a~ 改建
attached~ 配套建筑物
boundary line~（英）边线建筑，界线建筑
business~ 办公楼
camp~ 施工营地
car park~ 停车房
civic~ 城市房屋
civil~ 民用建筑
commercial~ 商业大厦，商业建筑
concrete-steel~ 钢架混凝土建筑
dwelling~ 住宅区建筑
earth~ 抗震建筑
exhibition~ 展览馆
footprint of a~ 建筑痕迹
health~ 疗养所

high-rise~ 高层房屋
high-rise residential 多层建筑住宅区
highrise office~ 高层办公大楼
intellectualized~ 智能化建筑
intelligent~ 智能大楼（包括电脑控制、局部网络的微波光纤通信和文字处理、大容量多功能交换机等）
line~ 行列式建筑
listed~（英）登记在册的建筑
listed landmark~（英）登记在册的地标
historic~ 历史建筑，古建筑
main~ 主楼，正屋
make shift~ 临时建筑物
multistoried~ 多层房屋
public~ 公共房屋
residence~ 居住房屋
residential~ 居住房屋
single-story~ 平房
super-high-rise~ 超高层建筑（房屋）
supplementary~ 辅助建筑
tall~ 高楼，高层建筑
tennis~（美）网球馆
tier~ 多层房屋
ultra-tall~ 超高层建筑
underground~ 地下建筑
zero lot line~（美）零位房基线建筑

buildings 建筑物，房屋
Buildings and Monuments commission for England, Historic（英）英国建筑与古迹委员会（历史）
~for passenger traffic in station 站场客运建筑
~for port auxiliary operation 港口辅助生产建筑物
~for port operation 港口生产建筑物
~of special architectural or historic interest 特建和古迹建筑物
~square grids 建筑方格网
~square grids survey by axes method 建筑方格网轴线法
~square grids survey by method of control network 建筑方格网布网法
design of landscape around~（英）建筑物周围的风景设计
monuments and sites~ 文化古迹建筑物
planting method for~ 建筑物基底方式
preservation of historic~ 古建保存

build-up area 建成区

built 组合的，组成的；建筑成的，造成的
~area, survey of a 建成区（测量）
~areas, greening of 建成区（绿化）
~areas, landscaping of 建成区（景观）
~environment 城市环境，建筑环境
~-in comfort（建筑物的）砌入式生活设备〈尤指与房屋结构成为一体的全套卫生设备〉
~-in cupboard 壁橱
~-in furniture 镶壁家具
~-in furniture and fitting 固定家具和设施
~-in garage 楼房建有存车库〈上有生活间〉
~portion of a plot/lot 建成地区图(地图)的一部分
~-up area 城市建成区，建成区，市区；组合面积；建筑物多的地区
~-up center line 砌入路面的中央分道线
~-up district 建成区
~-up roofing 柔性防水屋面
~-up urban area 城市建成区

built-up area 建成区
buke（四周有沟渠及篱笆围圈）简单房屋
Bukk Mountain（**Hungary**）碧克山（匈牙利）
bulb 球根植物；小球，泡，球形物；球茎
~garden 球根园
~geophyte 球形地下芽植物
~planter 球根种植器
flowering~ 开花的球茎
top-size~ 最大球茎，最大鳞茎
bulbil 球芽；小球茎
Bulbophyllum Orchid ***Bulbophyllum inconspicum*** **Maxim.** 麦斛
bulbous 球（形）的
~dome 球形屋顶{建}
~plant 球根植物
bulk 容积，体积；大批，大量；散装，堆积
~cargo 散装货，堆货（散堆货物）
~cargo port 散装货物港
~cargo terminal 散货码头
~cargo wharf 散装货物码头
~control 体量控制
~density 毛体积密度，容重，容积密度
~district（=volume district）按建筑容积分区指定的地区
~envelope（美）物体包装物，物体套（罩），物体外壳
~excavation 大面积挖土
~factor 容积（压缩）因素，压缩率
~goods 堆货，散货（如煤、矿石等）
~grade（美）物体地面高度，物体类别，物体等级
~grading（美）物体土工修整，物体作成断面，物体分级
~hauling 散装拖运
~material terminal 散装货码头
~modulus 体积模量
~of building 房屋体积
~plane（美）物体平面
~plant 油库
~property 整体性质
~regulations（美）物体调整，物体调节
~transport 散装运输
~volume 容积，毛体积
~zoning 建筑容积分区（对建筑容积加以区域限制的方法）
maximum~（美）最大体积，最大容量
bulkhead（海滨）堤岸，(横）码头岸壁，驳岸墙
~line 堤岸线
~wall 挡土墙，岸壁
~wharf 堤岸码头
bulking 胀大，湿胀性（砂的）
bulkmeter 容积计
Bulkuksa（**Korea**）佛国寺（韩国）
bulky waste 庞大的消耗，庞大的浪费，庞大的荒地
Bull bay/large magnolia/southern magnolia ***Magnolia grandiflora*** 广玉兰/洋玉兰
Bull Bay ***Magnolia grandiflora*** **L.** 荷花玉兰/广玉兰（英国萨里郡苗圃）
bull barn 公牛舍
bulldozer 推土机；压弯机{机}
bulletin board 公告牌
bullfighting arena 斗牛场
bullgrader 大型平地机，平路机

Bullock's heart ivy ***Hedera colchica*** **'Dentata variegata'** 金边常春藤（英国萨里郡苗圃）

Bullock's Heart/Custard Apple ***Annona reticulata*** **L.** 牛芯番荔枝

bulrush 宽叶香蒲，灯芯草

~swamp（美）芦苇湿地，芦苇沼泽

~wetland（美）芦苇沼泽地

Bulrushes ***Carex siderosticta*** **Hance** 宽叶苔草

Bumalda Bladdernut ***Staphylea bumalda*** **DC.** 省沽油

bump，speed（美）快速，撞击

bumper-to-bumper traffic 交通繁忙

bumpy 不平的，崎岖的

~road 崎岖道路，不平的道路

Bunge Ash/Littleleaf Ash ***Fraxinus bungeana*** **DC.** 小叶白蜡

Bunge Hackberry ***Celtis bungeana*** **Bl.** 小叶朴 / 黑弹树

bunge prickleyash ***Zanthoxylum bungeanum*** 花椒 / 蜀椒

Bunge spindle tree（bunge wachoo） ***Evonymus bungeana*** 丝棉木

Bungua Areca-palm ***Areca triandra*** **Roxb. ex Buch.-Ham.** 三药槟榔

Burkwood osmanthus ***Osmanthus × burkwoodii*** 中裂桂花（英国萨里郡苗圃）

Burkwood Viburnum ***Viburnum × burkwoodii*** 布克荚蒾（英国萨里郡苗圃）

Burnham's Chicago plan 芝加哥规划

bunch（美）束，串，隆起块

~plant（美）一捆树苗

bunched root system 束状根系

bunching 车群，（车辆）成串

bunching onion ***Allium fistulosum*** **var.** ***caespitosum*** 分葱

bund 滨江（河、湖、海）路；岸边；码头，海滨道路

noise~（英）噪声码头

bunding 坝，岸堤

~of a body of water（英）水体堤岸

bungalow（有凉台的）平房，高平房，平房庭院，带回廊的小住宅

~court 平房庭院

~villas 平房别墅

bunk house（山中的）小平房，合宿处，工房

bunker（英）料斗，倒斗，斗仓，浅仓，储藏库，燃料舱，地堡

~station 油料储藏站

Bunker Hill Monument 邦克山纪念碑（美国）

Bukham Park（Philippines） 伯罕公园（菲律宾）

bunkhouse 简易工棚

Bunya-bunya Pine/Banya Pine ***Araucaria bidwilli*** **Hook** 大叶南洋杉

bunyan tree 榕树，榕木

bur beggarticks ***Bidens tripartita*** 狼把草 / 豆渣菜

Bur Rose ***Rosa roxburghii*** 缫丝花

Burchard Caralluma ***Caralluma burchardii*** 龙角

Burchell's zebra/zebra ***Equus burchelli*** 斑马 / 普通斑马

burdened stream 含泥沙的河流

Burdock ***Arctium lappa*** 牛蒡 / 乞丐的纽扣

bureau（简写 Bur）（政府的）局、处、司；

社，所；写字台

~of forestry 林业局

~of public works 市政工程局

~of reclamation 美国垦务局

Bureja Gooseberry ***Ribes bureiense*** **F. *Schmidt.*** 刺果茶藨子 / 醋栗

burg 城，镇

burgh 自治市（尤指苏格兰）

Burgundy Giant fountain grass ***Pennisetum setaceum*****'Burgundy Giant'** 红巨人狼尾草

Burgundy Lace Fern ***Athyrium niponicum*** 日本蹄盖蕨（美国田纳西州苗圃）

burial 埋

~ground 墓地

~marker（美）埋设路标

~monument 埋界碑，埋标石，埋纪念碑，埋藏古迹

~place 埋藏场所，（空地、处、地点）

~plot 墓地

~site 埋藏地点（位置）

~site，coffin 埋棺材位置

~site，family 埋葬亲属（家人）用地

~-site，urn 埋葬骨灰缸地点

~vault 埋葬墓穴，穹窿形墓穴

coffin~ 棺材埋葬

cremation~ 火葬

urn~ 骨灰缸葬

burialplace 墓地，埋葬地

buried 埋入的，埋藏的，埋设的

~abutment 埋置式桥台

~cable 埋置电缆

~channel 古河槽（埋在地下的河道）

~cultural monument 埋藏的文化遗址

~depth 埋设深度

~depth of phreatic water level 潜水埋深

~line 埋设线路，地下线路

~river 埋藏河，地下河

~shelter 地下防空洞

~stream 潜流水；渗流水

~structure 掩体（建筑）

burlap 粗麻袋，粗麻布

~bag 麻布袋

Burle-Marx 布雷·马科思（1909—1994），全名为 Roberto Burle Marx，巴西风景园林师、画家、生态学家、自然主义者

Burma conehead/Persian shield ***Strobilanthes dyerianus*** 红背马兰（红背木）

Burmacoast padauk/pad auk/New Guinea rosewood ***Pterocarpus indicus*** 紫檀 / 红木 / 蔷薇木 / 花榈

burn 燃烧，烧毁，烧掉

~clearing 燃烧，清除

forest~ 森林燃烧

leaf~ 树叶燃烧

winter~（美）冬季燃烧

burnable refuse 可燃垃圾，可燃废物

burned 烧过的

~area 烧毁区，火场

~degree 烧毁程度，烧损程度

Burning Bush Shrubs ***Euonymus alatus*** **'Compactus'** 红叶锦木 / 火焰卫矛（美国田纳西州苗圃 / 英国萨里郡苗圃）

Burning bush/gas plant ***Dictamnus albus*** 白蘚

Burning damage of flowering plant 花木烧伤

burning by catching fire（火灾）蔓延烧毁

burnt 烧毁；烧过
~area 烧毁地区，烧毁区面积
~down 全毁，全烧
~product 烧成制品

Burrowing snake eel *Pisoodonophis cancrivorus* 食蟹豆齿鳗

bus 公共汽车；超过 10 人大车；公共马车，客机；总线，导（电）条；汇流条，硬件总线｛计｝，乘公共汽车（或公共马车）
~bay；parking station 公交（车辆）停靠站
~company 公共汽车公司
~depot 巴士库，公共汽车库
~fleet 公共汽车队
~lane 公共汽车专线，公共汽车道
~lay-by（英）公共汽车路侧停车带
~line 公共汽车路线
~load 公共汽车载客量，公共汽车运载量
~loading bay 公共汽车停车站
~-mile（公共汽车）车英里
~-only lane 公共汽车专用道
~passenger station 汽车客运站
~passenger terminal 汽车客运站
~priority lane 公共汽车专用车道
~pullout（美）公共汽车移动（离开）
~route 公车（交）路线
~station 公共汽车（总）站
~-stop 公共汽车站，公交站点
~stop area 公共汽车终点站（有保养调度车辆设备）
~trailer 公共汽车拖车
~transit 公共汽车运输
~transportation 公共汽车运输
~turnout 公共汽车驶出用分支车道
~way 公共汽车专用道

bush 灌木，灌木丛；丛生；使蓬松
~-form 丛生型
~rose（美）灌木型蔷薇科植物
~tree 矮干树
ornamental rose~（英）观赏性灌木
pyramidal fruit~（英）金字塔形灌木

Bush Allemanda *Allemanda neriifolia Hook./A. schotti Pohl* 黄蝉

Bush Clock vine *Thunbergia erecta* Benth. T. Anders. 直立山牵牛 / 硬枝老鸭嘴 / 立鹤花

bush dog *Speothos venaticus* 薮犬

Bush Honeysucle/Variegated Weigela *Weigela florida* Bge. DC. 锦带花（美国田纳西州苗圃）

bush pig/African water hog *Potamochoerus porcus* 非洲河猪

bush violet/beautiful browallia *Browallia speciosa* 蓝英花 / 紫水晶 / 布洛华丽

bushbaby，lesser galago（***Galago senegalensis***）婴猴

Bushgrass *Calamagrostis epigejos*（Linnaeus）Roth 拂子茅

bushhammered 凿石锤，用凿石锤修整的（石头或混凝土）表面

bushland 矮灌丛地

bushmint *Hyptis suaveolens* 山香 / 山粉圆 / 假藿香 / 毛老虎

bushveld 丛林地带，草原，（南非）灌丛草原

bushy（形）多灌木的；用灌木覆盖的；毛厚的；浓密的
~crown 灌木型树冠

business 商业，行业，企业，实业；事务；业务；职业；工作；职责，权利，商店
~accountability 独立核算
~activity 经济活动
~administration 企业管理
~agent 行业代理机关
~area 商业区，商务办公区
~block 商业建筑
~building 办公楼；商业性建筑物；商业房屋
~career 实业界，商界，经济界
~center 商业中心，商业区
~certificate 经营许可证
~college 商学院
~community 实业界，商界，经济界
~core, central（美）重要的商业（行业，企业，事务）中心
~crisis 商业危机
~cycle 经济周期
~cycle analysis 经济周期分析
~cycle fluctuation 经济周期变动
~development 商业（发展）区
~discussion 业务洽谈
~district 商业区
~district，central 中央商业区
~district street 商业区街道
~entity 企业法人，企业实体
~ethics 商业道德
~failures 企业破产
~frontage 商业区街面，临街地界
~game 事务对策，事务策略
~insolvency 企业破产
~interest 商业界
~license 营业执照，建筑执照
~living building 商住楼
~management 企业管理
~parade 商业街道
~park（英）商业公园
~premise 办公室，事务所
~property 商业地产
~prosperity 经济繁荣
~quarter 商业区
~route marker 商业区路线指示标
~sectien 商业区，商业地段
~street 商业街
~survey 工、商业调查
~tax 商业税，营业税
~tout 经纪人，掮客

bussiness and dwelling complex 商住区

bust portrait 半身画像，胸像

busway 公共汽车专用道

busy 热闹的，繁忙的
~crossing 繁忙的交叉口，负荷很大的交叉口
~period（交通）高峰时间，繁忙时间
~road 交通繁重的道路
~street 闹市

Butchart Garden（**Canada**）布查特花园（加拿大）

Butchers-broom ***Ruscus aculeatus*** **L.** 假叶树

butt 粗端，根端；对接；残株柄
~joint 对接头
~of a tree 树木的残株，树木根端
saber~ 马刀柄，军刀柄

butte 孤山，孤峰，地垛

butter-ang-egg/toadflax ***Linaria maroccana*** 柳穿鱼 / 小金鱼草

buttercup witch hazel/ winter hazel

Corylopsis pauciflora 少花蜡瓣花（英国萨里郡苗圃）

butter cup/bachelor's button *Ranunculus acris* 毛茛

butter wort *Pinguicula vulgaris* 捕虫堇菜

Butterbur *Petasites hybridus* 杂交款冬 / 沼泽大黄

Butterflies 蝶类 [植物害虫]

butterfly 蝴蝶；蝶形物

~damper 蝶阀

~roof 双货棚屋顶

Butterfly Bush *Buddleja davidii* 'Black Knight' '黑武士' 大叶醉鱼草（英国斯塔福德郡苗圃）

Butterfly Bush *Buddleja davidii* Nanho Blue '深蓝' 大叶醉鱼草（英国斯塔福德郡苗圃）

Butterfly Bush *Buddleja davidii* 'Royal Red' 皇红醉鱼草（英国斯塔福德郡苗圃）

Butterfly Bush *Buddleja davidii* White Profusion 白花大叶醉鱼草（英国斯塔福德郡苗圃）

Butterfly Bush *Buddleja Lindleyana Fort* 醉鱼草

Butterfly Bush *Buddleja Lochinch* 紫花醉鱼草（英国斯塔福德郡苗圃）

Butterfly Bush *Buddleja* × *weyeriana* 'Sungold' '金辉' 速生醉鱼草（英国斯塔福德郡苗圃）

butterfly flower *Schizanthus pinnatus* 蛾蝶花

Butterfly Gardenia *Tabernaemontana divaricata* Burk. 'Gouyahua'/*Ervatamia divaric* 狗牙花

Butterfly Japanese Maple *Acer palmatum* 'Butterfly' '蝴蝶' 鸡爪槭（英国萨里郡苗圃）

butterfly lily/garland flower/ginger lily *Hedychium coronaricum* 姜兰 / 姜花（古巴国花）

butterfly lily/Mariposa lily/fairy lantern *Calochortus uniflorus* 蝴蝶百合

butterfly palm/Madagascar palm *Chrysalidocarpus lutescens* 散尾葵

Butterfly Spring，Dali 大理蝴蝶泉

Butterfly tree/purple bauhinia *Bauhinia purpurea* 紫羊蹄甲

Butterfly Weed *Asclepias tuberosa* 块茎马利筋（美国俄亥俄州苗圃）

buttery concrete 高流动性混凝土

butt-jointed 对头（连）接，对挡，平接

button ball 美国梧桐

Button crake/ Swinhoe's yellow rail （***Coturnicops noveboracensis***）黄田鸡 / 花田鸡

button snake root/spike gayfeather *Liatris spicata* 蛇鞭菊

buttonbush 风箱树

Buttonwood *Conocarpus erectus* 锥果木（澳大利亚新南威尔士州苗圃）

buttonwood/American planetree/sycamore *Platanus occidentalis* 美国梧桐

buttress 扶壁，支壁，支墩，支柱

~anchorage 水管支墩

~dam 支墩坝

~flare 支柱外倾，扶壁（扶垛）外倾

~retaining wall 支墩式挡墙

root~ 基础支柱

buttress root 支撑根

butts and bounds 地界（地界的宽窄长短）
Buxus stem sawfly 大叶黄杨茎蜂（膜翅目茎蜂科 ***Cephidae*** 的一种）
buying contract 买卖契约
Buzzard *Serinus canaria* 白玉鸟 / 金丝雀 / 芙蓉鸟 / 花芙蓉
by 旁，支，小，附，副，废
~-census 中期户口统计
~-channel 支渠，溢水道
~-effect 副作用
~-lane 小巷，小路
~-law 附则；细则；地方法
~-law 地方法，不成文法规（个别单位或组织自订的规章）
~-law housing 法规住房（一种最低标准的工人住宅，由厂方或慈善家建造，以低租金租给工人居住）
~-line（铁路）支线，平行线
~-pass 泻水道，绕行线（路），绕行公路，侧线；交换线，旁路，支路；绕道；支流；溢流渠；间管，旁通管，侧管；迂回，绕过；环绕；回避；漠视
~-pass canal 旁渠，间渠，绕道的渠
~-pass channel（英）副航道
~-pass conduit 旁通道，溢流道
~-pass highway 绕行公路；支路，旁路
~-pass line 支线
~-pass motor way 汽车道路支路，支道
~-pass of flood 分洪道
~-pass route 支路
~-pass street 小路，小街
~-passable traffic 分支交通
~-path 间道，小路，旁道，便道
~-product 副产品
~-product processing room 副产品加工间
~-products deliver goods department 副产品发货间
~-road 小路，支路
~-the book 精心设计
~-wash 排水管沟
~-water 牛轭湖，旧河床，废河道
~-workman 临时工
bye-laws，building development（英）建筑开发地方法规，建筑开发内部章程（细则）
byland 半岛
bylaw（美）地方政府制定的地方法规；施行细则
Byokroemaji Cave（Korea） 霹雷摩芝窟（韩国）
byroad 小道
bypass 支路，间路，旁路，绕行路；支管，旁通管
~channel（美）泄水道
~channel，flood 泄水道（水灾）
~damper（空气加热器）旁通阀
~highway 支路
~left turn 绕行左转
~pipe 旁通管
~road 绕越道路（绕越市区之干线道路），支路
~seepage 绕渗
bypassed meander（美）泄水道曲流
bypassing traffic 绕越交通（绕越市区之交通）
bypath 小路、支路，便道
byplace 偏僻处，穷乡僻壤
byproduct 副产品
bystreet 支街

Bytownite 培斜长石
bywalk 僻径，行人小道
byway 偏僻小路、小径、间道
bywork 副业
Byzantine architecture 拜占庭建筑
Byzantine art 拜占庭美术 – 君士坦丁堡时期（330–395 年）的罗马帝国艺术和东罗马帝国（395–1453 年）美术。
Byzantine building 拜占庭建筑
Byzantine church 拜占庭教堂
Byzantine house 拜占庭住宅
Byzantine Museum 拜占庭博物馆
Byzantine style 拜占庭式（建筑）
Byzantium 拜占庭（公元前 667 年创建的古代城市，现为土耳其伊斯坦堡）

C c

Caaba 麦加大寺院中的穆斯林圣堂

CAAD（**computer aided architecture design**）计算机辅助建筑设计

cabana 帐篷屋，小屋，舱房

Cabba 小屋；麦加大清真寺中的小石屋

cabbage（***Brassica oleracea*** **var.** ***capitata***）结球甘蓝 / 椰菜 / 洋白菜 / 圆白菜 / 卷心菜

Cabbage Palm ***Cordyline australis*** **'Red Heart'** 红心合果芋（英国斯塔福德郡苗圃）

Cabbage Palm/Palmetto ***Sabal palmetto*** **（Walt.）Lodd. ex Roem. et Schult. f.** 箬棕 / 菜棕

Cabbage Rose ***Rosa centifolia*** **L.** 百叶蔷薇 / 洋蔷薇

Cabbage Tree ***Cordyline australis*** **'Red Star'** 红星朱蕉（英国斯塔福德郡苗圃）

Cabin cruiser 娱乐游艇（有娱乐及生活、住宿等设备）

cabinet 小室；柜橱；操纵台；壁柜；陈列室；陈列品；内阁；小巧的

~maker 细木工，家具工

~window 陈列橱窗

~work 细木（工）作

cable 缆索；电缆；钢丝绳，钢索；海底电缆，海底电报；锚链

~bent tower 索塔

~box 电缆箱

~brackets 电缆支架

~buildings 电缆构筑物

~cantilever bridge 悬索桥

~-car 缆车

~car 缆车，索道车

~car route 电缆车路线

~erection 缆索吊装

~installation 电缆线路敷设

~railroad 缆车铁路，缆车铁道

~railway 缆索铁路

~road 索道，缆道

~run 索道线路

~saddle 索鞍，（悬索桥上的）缆索支承鞍座

~shoe（吊桥的）缆索脚座

~spacing 索距

~stayed bridge 斜拉（斜张）桥

~-stayed bridge 拉索桥，斜缆桥，张拉桥

~support tower 索塔

~-suspended structure 悬索结构

~suspension bridge 缆索悬索桥

~television line 海底电缆，电视线路

~telpher 电动缆车，高架索道

~tramcar 缆道电车

~tray 电缆桥架（电缆托架）

~trench 电缆沟

~trough 电缆沟

~TV 有线电视，电缆电视

~-way 缆道，索道

~wire 钢丝绳

overhead power~ 高架电源电缆，架空电力电缆

cableway 索道，缆道

~ erecting equipment 缆索吊装设备

~ for anchoring boat 吊船过河索

~ measuring device 缆道测验仪

cacao 可可树；可可豆

cacciatore 水银地震计

cache 地窖，窖藏；高速缓冲存储；缓存 { 计 }

cactus 仙人掌，仙人球（植物）

Cactus scale ***Diaspis echinocacti*** 仙人掌盾蚧

CAD（Computer Aided Design） 计算机辅助设计

cadaster 地籍

cadastral 地籍的

~ map 地籍图

~ plan 地籍图

~ survey 地籍测量，地籍册

cadastration 地籍测量

adastre 地籍簿，土地册

cadmium 镉

~ poisoning 镉中毒

~ pollutant 镉污染物

~ pollution 镉污染

Ca'd'Oro 黄金府邸（15 世纪前期意大利威尼斯）

caducous 早落的，早脱落的，暂时的，不耐久的

cafe 咖啡馆，酒吧，餐室，茶座

cafeteria 自助食堂，自助餐厅，饮食店

cafetorium（学校或大楼内）礼堂、自助食堂两用大厅

cage 笼，笼状物，骨架结构，电梯轿厢，环形，笼形

~ -type screen 骨架过滤器

Cahuita National Park 卡乌伊塔国家公园（美国）

Cai Lun's Memorial Temple in Leiyang（Leiyang City, China） 耒阳蔡侯（蔡伦）祠（中国湖南省耒阳市）

cailloutis 卵石

Caishiji（Ma'anshan City, China） 采石矶（中国安徽省马鞍山市）

caisson 沉箱；藻

~ breakwater 沉箱防波堤

~ ceiling 藻井

~ foundation 沉箱基础

~ hatch covering 沉箱封舱

~ launching 沉箱下水

~ monolith construction 整体沉箱结构

~ storage 沉箱贮存

~ towing 沉箱拖运

cajeput 白千层树

cajan/pigeonpea ***Cajanus cajan*** 木豆 / 黄豆树 / 豆蓉树

calabash 葫芦

Calabash Nutmeg ***Monodora myristica*** 葫芦肉豆蔻 / 牙买加肉豆蔻

Calabash Tree ***Crescentia cujute*** **L.** 炮弹果 / 葫芦树

calaboose 拘留所，监狱

caladium ***Caladium*** 花叶芋（属）

caladium[common]/angel's wing/ elephant's ear ***Caladium bicolor*** 花叶芋 / 彩叶芋 / 杯芋

Caladium bortulanum 花叶芋

calaite 绿松石

calamity 灾害

~danger district 灾害危险区
~danger energy 灾害危险能量（潜在的城市灾害危险的可能性的总称）
~foreknowledge 灾害预知
~precaution planning 城市防灾规划
~statistics 灾害统计
~survey 灾害调查
calamondin/smallfruit citrus ***Citrofortunella mitis*** 金弹柑（金橘）
Calamus ***Scirpus tabernaemontani*** **Geml.** 水葱
calanthe ***Calanthe discolor*** 虾脊兰
Calathea lancifolia **(** ***C. insignis*** **)** 披针叶竹芋
calcareous（石）灰质的，含钙的
~indicator species 石灰（质）显示，种类，含钙显示种类
~rock 石灰岩
calcarious 同 calcareous
calceolaria/slipper flower/slipper wort ***Calceolaria herbeohybrida*** 荷包花 / 蒲包花
calceolaria hybrids 蒲包花
calcibreccia 钙质角砾岩
calcicole species 钙生植物种类
calcicolous species 钙生植物种类
calcification 钙化（作用），石灰化（作用）；骨化（作用）
calcifuge species 避钙植物种类，嫌钙植物种类
calcilutyte 灰质碎屑岩
calcimeter 石灰测定器，碳酸（测定）计
calcimine 刷粉｛建｝，可赛银粉
calciphile 钙土植物
~species 适钙植物种类，喜钙植物种类
calciphobe species 避钙植物种类，嫌钙植物种类
calcite 方解石
calco-sodium glass 钙钠玻璃
calculagraph 计时器
calculate 计算，核算；预测；打算
~curve 计算曲线
~horsepower 计算马力，计算功率
~loading 计算荷载
~weight 计算重量
calculated 计算出来的，预测的
~area 计算面积
~capacity 计算通过能力
~coordinates 推算坐标
~error 计算误差
~length of railway vehicles 车辆计算长度
~mean value 计算的平均值
~target point 计算停车点
calculating 计算的
~area 计算面积
~card 计算卡片
~chart 计算图（表）
~error 计算误差
~hourly rainfall 计算（小）时（降）雨量
~housing deficiency 缺房情况计算
~machine 计算机
~over turning point 计算倾覆点
~punch（er）穿孔计算机
~rule 计算尺
~scale 计算尺
calculation 计算（法）；预测；打算，计划

~data 计算数据
~of contract bid quantities（美）合同要求量
~of costs 计划价格，估计要价
~of permissible coverage，factor for [ZA] 允许范围的计算，要素计算
~of quantities 数额计算
earthworks~ 土方计算结果，土木工事计划
fee~ 费用估计，酬金估计
man/day~ 人 / 天估计
calculator 计算器，计算机；计算者
caldron-shaped crown 锅形树冠，杯形树冠
calefaction 热污染
calendar year 日历年度
calf ***Bos taurus*** 小牛
calfbarn 犊牛舍
calibration 校准
~carriage 检定车
~method 校准法
~of numerical model 数值模型识别
~tank 检定槽
Calico Bush/Mountain Laurel ***Kalmia latifolia*** **L.** 山月桂 / 宽叶山月桂
calico plant/birthwort ***Aristolochia elegans*** 烟斗花 / 花纹马兜铃
California（美）加利福尼亚州，加州
~bearing ratio（CBR）加州承载比
~bearing ratio tester 加州承载比（CBR）测定仪
~ranch architecture 加利福尼亚农场式建筑
California Allspice ***Calycanthus occidentalis*** **Hook. et Arn.** 加州夏蜡梅
California Bay ***Umbellularia californica*** 加州月桂树 / 头痛树
California Privet ***Ligustrum ovalifolium*** 卵叶女贞 / 加州女贞（美国田纳西州苗圃）
California Poppy ***Eschscholtzia californica*** **Cham.** 金英花 / 金杯花 / 花菱草
California Privet ***Ligustrum ovalifolium*** **Hassk. F. aureum Carr. Rehd.** 金边卵叶女贞（美国田纳西州苗圃）
California School 加利福尼亚学派
Californian firecracker ***Brodiaea coccinea*** 花韭
Californian lilac ***Ceanothus*** **'Autumnal Blue'** 加州紫丁香（英国萨里郡苗圃）
Californian sea lion ***Zalophus californinus*** 加州海狮
cal(l)iper（常用复数）卡钳，夹钳，两脚规，弯脚规；测径器，卡尺
~growth 生长测量
~log 孔径测量（记录），钻孔断面测定仪
~logging 井径测量
~measure 测径法
trunk~（美）（树，躯）测量
call 叫；叫作；访问；召唤；调用 {计}
~box 公共电话间
~-back pay 加班工资
~for 请求，要求
~for bid 招标
~for funds 集资
~for question 表示异议
~for tenders 招标
~letter 催款信
~signal 呼叫信号，识别信号

calla lily/trumpet/lily of the Nile *Zantedeschia aethiopica* 海芋 / 马蹄莲（埃塞俄比亚国花）

Calla *Zantedsschia aethiopica* L. Spreng 马蹄莲（慈姑花）

calling 呼唤，召唤；邀请；申请；传呼

~detector（汽车）申请绿灯信号

~for tenders 招标（即招商投标）

~on signal 引导信号，招呼信号机

calliopsis/tickseed/garden tickseed *Calliopsis bicolor* 金钱梅 / 蛇目菊 / 小波斯菊

callow 洼地

callus 愈伤组织，胼胝体

~cushion 愈伤组织垫层

~margin 愈伤组织边缘

callusing 愈伤组织

calm（平）静；无风{气}；平静的，平稳的；使平静

~–belt 无风带

~of Cancer 北回归线无风带

~zone（of Cancer）（北回归线）无风带{气}

calmbelt 无风带

calming，traffic 交通量稳定，运输量稳定

Calvert Vaux 卡尔沃特·沃克斯（1824—1895 年），美国现代风景园林重要实践者，与奥姆斯特德共同设计了纽约中央公园（central park）

Calycine Raintree *Brunfelsia calycina* Benth. 大鸳鸯茉莉

calyptra 根冠

calyx 花萼

Calyx-shaped Carrierea *Carrierea calycina* 山羊角树 / 嘉利树

calyxiess sweet gum *Liquidambar acalycina* 缺萼枫香

calzone 运河地带

Camass/Quamash *Camassia quamash* 卡玛夏花

camber 路拱；预拱度，上拱度，反挠度；反挠

~curve 路拱曲线

cambered road 拱形路面

cambisol 始成土

cambium 形成层

Cambodian dracaena/dragon tree *Dracaena cambodiana* 海南龙血树

Cambodian style 柬埔寨式（建筑）

Cambrian Period 寒武纪

Cambrian period（500 million years ago）寒武纪

Cambrian System 寒武纪

Camel 骆驼

~–back curve（铁路）驼峰曲线

~–hump shaped support 驼峰

camel *Camelus* 骆驼（属）

camellia 山茶花

Camellia *Camellia × williamsii* Debbie 威廉姆斯杂交山茶‘黛比’（英国斯塔福德郡苗圃）

camellia/common camelia *Camellia japonica* 茶花 / 山茶花（英国萨里郡苗圃）

Camellia euphlebia 显脉金茶花

Camellia impressinervis 凹脉金茶花

Camellia pingguoensis* var. *terminalis 顶生金茶花

Camellia pubipetala 毛瓣金茶花

camera shop 摄影器材店

cameralistics 财政学
camerastation 摄影站
Cameron Highlands（**Malaysia**）金马仑高原（马来西亚）
camion 载重汽车
camouflage 伪装
camp 帐篷；野营；休息地方
~and caravan site（英）临时居住的帐篷和活动住房的选址（地皮）
~bed 行军床
~building 施工营地
~car 职工宿车
~-ceiling 帐篷式顶棚
~construction 工地临时房屋建设
~equipment（勘测等工作用的）外业设备
~hospital 野营医院
~ground 野营场地
~out 野营
~site 露营地点，野营区，露营地
~family or youth 家庭或年轻人野营
camp settlement 短期聚落
Campbell's monkey ***Cercopithecus campbelli*** 堪培尔猴
campanile（与主楼分离的）独立钟楼
campanula 风铃草属（植物）
Campanula laciflora 宽叶风铃草
campanulate corolla 钟形花冠
camper 野营车
camper with trailer site（美）带旅行用活动住房的野营车
van~（美）打前站的野营者，野营前卫车
campground（美）野营地，露营园（有各种露营设施的公共或私有园林）
permanent~（美）永久性野营地
short-stay~（美）暂住野营地，临时露营园
camphor 樟脑
~glass 樟脑玻璃（呈浑浊白色，其表面形状与块装樟脑相似）
~tree *Cinnamomum camphora* 樟树 / 小叶樟
~wood 樟木
Camphor Tree ***Cinnamomum camphora*** **L. Sieb.** 樟树
camphortree 樟树
camping（英）野营
~and caravaning（英）野营和旅行
~ground，short-stay（英）暂住野营地
~site 野营区
~trailer（美）野营活动房
~vehicle 野营车辆
farm~ 农场野营
tent~（美）帐篷野营
tent and motor~（美）帐篷和汽车野营
campo 城市小广场；意大利丈量地面单位（约合一英亩）
campsite（英）野营地
camptotheca ***Camptotheca acuminata*** 旱莲 / 喜树
campus（大学）校园；场地
~buildings 学校建筑物
~city 大学城
~computer network 校园网 {计}
~landscaping 校园绿化
~plan（大学）校园平面布置图,（学校）场地平面布置图
~planning（大学）校园规划，学校场地规划

~subsystem 建筑群子系统
~town 大学城
~town-science town 大学－科学城
Camus 卡莫斯式体系建筑（一种法国创立的建筑体系）
Canabis/Marijuana *Cannabis sativa* 大麻
Canada fleabane *Erigeron canadensis* 加拿大飞蓬
Canada Hemlock/Eastern Hemlock *Tsuga canadensis* L. Carr. 加拿大铁杉
Canada Red Chokecherry *Prunus virginiana* 'Schubert' 紫叶稠李（英国萨里郡苗圃）
Canada yew *Taxus canadensis* 曼地亚红豆杉/加拿大红豆杉
Canadia spruce 加拿大云杉
Canadian 加拿大的
~architecture 加拿大式建筑
~Good Roads Association（简写 CGRA）加拿大好路协会
~shield 加拿大地盾{地}
~National Tower 加拿大国家塔
Canadian rice/water banboo *Zizania aquatica* 茭儿菜
canal 渠道；运河；运河渠道，河渠，（庭园中联系壁泉的水池等的）溪流
~appurtenance 渠道附属建筑物
~aqueduct 输水渠道，输水渡槽，运河桥，输水桥
~basin 渠漕
~bridge 运河桥，渠道桥
~capacity 渠道过水能力
~capacity at the headwork 渠首处渠道过水能力
~garden 运河（轴线）庭园（文艺复兴时期的一种几何花园）
~harbour 运河港
~head 渠首，运河起点构筑物
~headwork 渠首工程
~lift 运河船闸水位升降调节机，运河升船机
~lining 渠道衬砌，运河边坡衬砌
~-lock 渠闸，运河闸，船闸
~off-let 渠首放水门
~port 运河港
~reach 运河区（段）
~seepage loss 渠道渗漏损失
~station 渠站
~transition 渠道渐变段
~transport 运河运输
~trimmer 渠槽修整机
~tunnel 运河隧道
~with earth section 无衬砌渠道
irrigation~ 灌溉渠
canalization 渠化交通；开运河；运河化，渠道化，渠化
~of a waterbody for navigability 可行船，水体运河
canalize 开运河；渠化；取某一固定的方向
~road 渠式道路，渠化交通道路
canalized 渠化的，通航的
~river 渠化河道（通航河道）
~waterway 开挖的水道，通航水道
canals and coastal waters，lakes，rivers 运河和近海水体，湖泊，江河地区
Canary Date/Canary Island Date Palm *Phoenix carnariensis* 棕榔竹/针葵/长叶刺葵/加拿利海枣

canary grass swamp，reed（美）芦苇丛，淡黄色草湿地

Canary Island date palm *Phoenix canariensis* 加拿利刺葵

Canary Island Date Palm *Phoenix canariensis* Hort. ex Chabaud 长叶刺葵 / 加那利海枣

Canberra 堪培拉（澳大利亚首都，以花园城市著称）

Canberra master plan by Griffen 堪培拉规划（由风景园林师格里芬所作）

cancellation 取消，废止

~of a construction contract 建筑合同取消

~of contract（美）合同取消

cancer 癌

~–causing power 致癌作用

~due to occupation 职业性癌

~mortality 癌死亡率

~rate 患癌率

Cande Labra Aloe/Torch Aloe *Aloe arborescens* 木立芦荟 / 小木芦荟

candidate 候选人；投考者；应聘者；选择物

~species 选择物种类

~system 可选（控制）系统

candle plant *Senecio articulatus* 仙人笔

candle tree（candle-berry tree）/varnish *Aleurites moluccana* 石栗

candy store 糖果店

Candy Stripe Creeping Phlox *Phlox subulata* L.'Candy Stripe' 丛生福禄考'糖条'（美国田纳西州苗圃）

candy tuft *Iberis umbellata* 伞形屉曲花

cane 甘蔗；藤料，藤、竹等的茎；杖；用藤做

~fiber board 甘蔗板

cane shoots/water banboo/wild rice stem *Zizania caduciflora* 茭白

canebrake 藤丛，竹丛

Caner of Opuntia 食用仙人掌溃疡病（病原待查）

Cang lang ting（Surging Wave Pavilion），Suzhou 苏州沧浪亭

Cangshan（Lanling Country，China） 苍山（中国兰陵县）

Cangshan（Bai Autonomous Prefecture of Dali，China） 苍山（中国云南省大理白族自治州）

Cangyan Mountain（Jingjing Country，China） 苍岩山（中国河北省井陉县）

Canistel *Lucuma nervosa* A. DC. 蛋黄果

Canker of willow 柳溃疡病（***Botryosphaeria ribis*** 茶藨子葡萄座腔菌 / 无性世代：***Dothiorella gregaria*** 聚生小穴壳菌）

canna 美人蕉

canned 罐头

~food 罐头食品

~fruit industry 水果罐头工业

~vegetable industry 蔬菜罐头工业

cannery 罐头厂；监狱

~waste 罐头厂废水

Cannes 戛纳地中海沿岸小镇

canning 罐头（食品）

~factory 罐头食品制造厂

~industry 罐头工业

~industry waste 罐头食品工业废水

canoeing 划独木舟

canonical 典型的

~correlation 典型相关，典型相关分析

~correlation coefficient 典型相关系数
~form 典型形式
canopy 天篷，遮阳顶篷；雨棚，雨篷，华盖；座舱盖；伞衣；用天篷遮覆；森林覆盖
~closure 遮阳顶篷闭合
~cover 顶篷罩面
~cover，degree of 顶篷罩面的质量
~density 树冠郁密度，郁闭度
~display 树冠叶系覆盖
~height 冠 cla 幅高度
~hood 伞形罩
~sidewalk 骑楼式人行道，挑棚式人行道，走廊式人行道
~silhouette 林冠线
~top 天篷式车顶
~tree 树冠茂密的树木
~window 上旋窗，挑窗
closed~ 闭合盖
complete~ 整套雨篷
continuous~ 连续天幕
forest~ 森林覆盖
leaf~ 薄板顶篷
tree~ 树荫
canopy diameter 篷径
canteen 食堂
Canterbury Bells ***Campanula medium*** **L.** 风铃草
cantilever 悬臂，伸臂；悬臂梁，腕臂，悬臂拱桥
~action 悬臂作用
~arch truss 悬臂拱形桁架
~arched bridge 悬臂拱桥
~arm 悬臂距
~beam 挑梁；悬臂梁
~beam bridge 悬臂梁桥
~bracket 普通支架（臂式支架）
~bridge 悬臂桥
~caves rafter（古建）飞椽
~crane 悬臂起重机
~-deck bridge 上弦承重悬臂桥
~for footway 悬臂式人行道
~foot path（桥梁的）悬臂式人行道
~footway 悬臂式人行道
~girder bridge 悬臂梁桥
~method（of design）悬臂（设计）法
~retaining wall 悬臂式挡墙
~steps/stairs 悬臂式台阶 / 楼梯
~stone on cave 挑檐石
~wall 悬臂墙
cantilevered stairway 悬挑楼梯
cantonment 临时营房，兵站，居民点
Cantuta/Kantuta/Qantuta ***Cantua buxifolia*** 坎涂花（秘鲁、玻利维亚国花）
canvas 帆布
canyon 深谷，峡谷
~benches 峡谷阶地
Canyonlands National Park 峡谷地国家公园（美国）
Cao Xueqin Memorial Hall（Beijing City，China）曹雪芹纪念馆（中国北京市）
cap 帽；盖，罩；帽梁；帽盖；帽木；雷管；覆盖顶上；装雷管；戴帽
~and fuse firing 传爆线起爆法
~block 大斗；栌斗
~grouting 顶盖灌浆法
~of a wall（美）墙压顶
~stones（美）压顶石
capability 可能，能力；才能，才干

~Brown 能干的布朗，英国造园家 L. 布朗（1716–1783）的绰号
~class，land（美）土地性能等级
new growth~（美）新增能力
capabilities，yield~可能潜力
capable 有能力的，能……的，易……的
~fault 能动断层
~of 能于，能够
capacitor 电容器
~bank 电容器组
~unit 单台电容器
capacity 容积，能力，能量，功率；承载量；库容；河床输送能力，溢流能力；（道路）通行能力；电容（量）{电}；生产（能）力；计算效力，存储器容量{计}；职位，权力，资格
~analysis 通行能力分析
~-demand analysis 通行能力交通需求分析（法）
~-factor 功率；利用系数
~for survival 生存能力
~of a city 城市容量
~of a contracting firm 签订合同的厂商能力
~of a hydroelectic plant 水（力发）电厂容量（正常水头满流情况下，电厂最大发电量）
~-of an area 容积
~-of bridge 桥梁（交通）容量；桥梁载重能力
~of cargo transfer 疏运能力
~-of carriage 车载量
~-of computer 计算机容量
~-of culvert 涵洞（水流）容量
~of intersection 交叉口通行能力
~of landscape，carrying 风景园林容积（承载能力）
~of lighterage 过驳通过能力
~-of making new shoots 制作新滑槽的功能
~-of natural resources，use 利用自然资源的能力
~-of network 路网通行能力
~of population 人口容量
~of port 港口通过能力
~-of road 道路通行能力，道路容量
~-of saturation 饱和能力，饱和量
~of scenic area 风景区容量
~of soil，bearing 土地承重能力
~of stream 河水泥沙总量
~of track 通过能力
~of urban comprehensive disaster prevention 城市综合防灾能力
~of water supply equipment 给水设备能力
~of wharf 码头通过能力
~rate 通行能力比率
~rating 土地利用分等
~restraint 通行能力限制
~to pay 支付能力
~to survive 生命力
~value 功率；容量
absolute~绝对容量
accommodation 适应能力
aggregate~总功率；机组功率
basic traffic~基本通行能力
broadband~宽带容量
buffer（ing）~缓冲能力，减震能力
caking~粘结能力，固结能力
calorific~热容量

compaction~压实能力，致密能力
computer~计算机容量
data~信息容量，数据容量
data handling~数据处理容量{计}
delivery~生产额，排量
design~设计能量，设计通行能力
erosion~（河岸等）冲刷能力，侵蚀能力
environmental~环境容量（指适应周围环境卫生和交通运输等需要的容量）
exploration~勘探能力，探查能力，探险能力
field~力场力，磁场力
flood~防洪能力，蓄洪能力
flood storage~蓄洪能力
flow~泄水能量，排水能力
grazing~放牧能力
gross~总容量，总能力
highway~公路通行能力，公路容量
infiltration~渗透能力
information~信息（容）量，情报（容）量
information processing~信息处理能力
labour~劳动生产率，工率
load-bearing~承载力
maximum water bolding~最大保水量，最大持水量
moisture~含水量，湿度
moisture-holding~持水量，保水量
nutrient storage~养分存贮能力
output~出产量，生产能力
parking~停车容量
projected~设计能力
recreation~改造能力，保养能力
regenerative~再生能力
road~道路通行能力，道路容量
road carrying~道路运载能力
roadway~道路通行能力，道路通行能量
safe load~安全载重量
safety carrying~安全承载量
self-cleansing~自身净化能力
sewer~污水管容量，下水管道排水能力
soil-bearing~土地负荷能力
sprouting~生长力，发芽能力
traffic（-carrying）~通行能力，交通容量
ultimate limit state of bridge carrying~桥梁承载能力极限状态
water~水容量
water-holding~蓄水量；持水能力
water-retaining~吸水量，存水量，含水量，保水能力
water storage~贮水能力

capcupule oak *Quercus guayae folia* 帽斗栎

cape 岬，海角
Cape Canaveral 卡拉维拉尔角
~cob cottage 低矮的海滨别墅
Cape of Good Hope（South Africa）好望角（南非）

Cape barn owl/ grass owl *Tyto capensis* 草鸮

Cape Honeysuckle *Tecomaria capensis* Thunb. *Spach/Tecoma capensis* Lindl. 硬骨凌霄 / 南非凌霄

cape jasmine/gardenia *Gardenia jasminoides* 栀子花

Cape Leadwort *Plumbago auriculata* Lam. 蓝雪花 / 蓝花丹

Cape Plumbago ***Plumbago auriculata*** **Lam.** 蓝雪花 / 蓝茉莉

Cape primrose ***Streptocarpus hybridus*** 海角樱草

Caper Euphorbia ***Euphorbia lathyris*** 续随子 / 千金子

caper spurge/moleweed ***Euphorbia layhyris*** 续随子 / 千金子

capillarimeter 毛细管测液器，毛细检液器

capillarity 毛细（管）作用，毛细现象

capillary 毛细管；毛细作用，毛细现象；毛细作用的，毛细（管）的，毛发状的

~absorption 毛细管吸水作用

~action 毛细作用

~bond 毛细粘结

~break 毛细断裂

~condensation 毛细凝结；毛细管冷凝作用

~diffusion 毛细管的渗滤

~force 毛细力

~fringe 毛细管上升边缘

~head 毛细上升高度

~interstice 毛细管间隙，毛细空隙

~lift 毛细上升

~migration 毛细移动

~motion 毛细管作用

~pipe 毛细管

~pore 毛细管细孔

~porosity 毛细孔隙

~porous body 毛细多孔体

~pressure head 毛细管压力水头

~rise 毛细上升

~tube 毛细管

~water 毛细管水；毛细水

~zone 毛细管带

capillary sagebrush ***Artemisia capillar*** 茵陈蒿 / 绵茵陈 / 茵陈

capital 资本；首都，首府，省会；柱头，柱顶；主要的，基本的；资本的；首位的，根本的

~accumulation 资本积累

~budget 基本建设预算，基本费用预算

~city 首都，首府，省会

~construction cost 基本建设费用

~construction expenditure 基本建设支出

~construction investment 基本建设投资

~construction item 基本建设项目

~construction procedure 基本建设程序

~construction project（fund）基建项目（基金）

~construction statistics 基本建设统计

~construction works 基本建设工程

~construction 基本建设

~cost 基本投资，投资，投资费；基建费用；资本值

~credit certificate 资本信用证明书

~development 基本建设

~equipment 固定设备

~expenditure 基本费用，主要费用，基本建设费用

~facility 固定资产，不动产；主要设备，主要设施

~fund 基建基金

~gearing 资本结合率

~goods 生产资料

~formation in residential building construction 居民住宅建筑投资

~-intensive industry 资本密集型工业，

资金密集型产业
~intensive industry 资本密集的工业
~-intensive low density industry 高资本低密度工业
~intensive scheme 资本密集的投资计划
~investment 基建投资；资本投资
~levy 财产税，资本税
Capital Museum（Beijing，China）首都博物馆（中国北京）
~nutrient（美）基本营养品，主要养分
~program 建设方案
~raising 筹集资金
~recovery 投资还本，投资回收
~recovery cost 还本讨价
~region 首都区域
~repair 大修
~stone 柱顶石
~structure 资本结构
~surplus 资本公积金
~transfer 资本转移
~value of premises 楼宇资本价值，房产资本价值
~work 基本工程，主要工作
capital repairs fund 大修基金
capitalization 资本化
capitalized 使资本化；核定
~cost 成本；核定投资；资本值（计算某一时期内收益的现在价值）
~expense 基本建设费用
~total cost 核定投资（总）额，核定资本值
~value 核定资本值
capitalizing rate 资本核算率
capitate azalea *Rhododendron capitatum* 头花杜鹃 / 黑香柴
Capitate Willow *Salix capitata* Y. L. Chou et Skv. 圆头柳
capitation 按人收费，人头税
Capitol（美）国会山（美国首都华盛顿）
caplastometer 毛细管黏度计
capoc 木棉，爪哇棉
caponier 阴沟隔断
capped pile 带箍桩，安上桩帽的桩
capping 压顶，槽盖；帽盖；表层岩，表土；板桩帽梁
~beam 盖梁，压檐梁，顶梁，帽梁
~layer 上封层
~mass 盖层物；表土
~piece 压檐木，压檐梁
~-rock 护面块石
~with soil material 土料压顶
Capsicum annuum 观赏辣椒
Captain Rock（Anyuan Country，China）将军岩（中国江西省安远县）
caption 标题，题目；（插图）说明，目录
capture 捕获，俘获；战利品；捕获；攻夺
~area 收集区，捕获区
~radius 就地活动半径
~velocity；control velocity 控制风速
data~数据收集
captured river 夺流河（断头河）
capturing bood 外部吸气罩
Capus Willow *Salix capusii* Franch. 蓝叶柳
capybara/water hog *Hydrochoerus* 水豚（属）
car 车（辆）；汽车；（火车）车厢；吊舱；电车，沼泽
~accident 车祸

~driver（汽车）驾驶员；司机
~dump 车库，停车场
~fare 车费，交通费
~ferry 火车渡口，汽车渡口；汽车轮渡，火车轮渡
~flow 车流
~-following theory 随车理论
~industry 汽车制造业
~inspecting track 检车线路
~license 车辆执照
~loading 货车运输量
~mission 汽车废气
~operation 车辆（的）运营
~ownership rate 汽车自备率（私人占有的汽车平均台数），车辆拥有率
~ownership ratio 汽车持有率，汽车拥有率
~-owning household 有车家庭，自备汽车家庭
~park 车场，停车场
~park approach 停车场引道，车场引桥
~park basement 地下停车场，地下车库
~park building 停车房
~park lawn 车场草坪
~-park lawn（英）车场草地
~park post 停车场标柱
~park, communal 市（镇、村）停车场，公共停车场
~park，decked（美）平台停车场
~park，multi-deck（美）多层停车场
~park，multi-storey（英）多层（楼）停车场
~park，underground（英）地下停车场
~parking basement 地下停车场
~parking roof 屋顶停车场
~parking space 停车位
~-part（英）停车场
~population 小客车保有量
~port（英）车辆入口，汽车总站
~registrations 在（注）册车数，登记车数
~rental 车辆租赁
~repair pit 汽车修理站
~salvage yard（美）车辆工程抢修场地
~scrap yard（英）车辆废料场
~service station 汽车服务站
~shed 车库
~-shed 车棚
~storage park 存车场
~track 电车轨道
~-track lane 有轨电车车道
~wash 汽车洗车台
~wash booth 洗车棚
~wash yard 洗车场
ambulance~救护车
ash~灰车，垃圾车
business~公务用车
chill~冷藏车
crane~起重车
emergency~救急车，抢险车
firm~公务用车
hand~手推车，手摇车
mail~邮车
motor water~洒水车
police~警车
rubberneck~（美）游览车
service~工程车，公务车，服务车
trail~拖车
watering~洒水车

Caracal lynx ***Felis caracal*** 狞猫

caracol(e) 旋梯｛建｝

Caragana mealy bug 金雀花绒粉蚧（同翅目绒蚧科 ***Eriococcidae*** 的一种）

Caraler Eurycorymbus ***Eurycorymbud cavaleriei*** 伞花木

Carambola/Starfruit ***Averrhoa carambola*** **L.** 阳桃

Caramel Heuchera ***Heuchera × villosa*** **'Caramel'** 焦糖矾根（美国田纳西州苗圃）

caravan 敞篷车，大篷车；可居住的拖车；旅行（车）队；商车队

~ground，static（英）大篷车固定场地

~site，camp and（英）野营和可居住的拖车的位置

~site，permanent（英）永久性可居住的拖车地点

camping and~（英）野营和活动房屋

motor~（英）汽车式住宅，汽车式活动房屋（用汽车牵引的居住用车厢）

caravansary 大旅馆

Caraway/Karawya ***Carum carvi*** 葛缕子（英国斯塔福德郡苗圃）

carb-eating mongoos（***Herpetes urva***）食蟹猛 / 石獾

carbon 碳

~dioxide 二氧化碳

~disulfide 一氧化碳

~monoxide poisoning 一氧化碳中毒

carbonate hardness 碳酸盐硬度（暂时硬度）

carbonatite 碳酸岩

carbon-hydrate metabolism 碳水化合物的新陈代谢

Carboniferous period 石炭纪

carbonolite 碳质岩

carborundum 金刚砂

Carcassonne（**Middle Ages**）卡卡松（中世纪法国城堡）

carcinogenic 致癌的

~compound 致癌物质

~contaminant 致癌污染物

~environment 致癌环境

card 卡片，记录卡；纸牌；罗盘面；制成卡片；列入时间表

~telephone 磁卡电话

Cardamom ***Elettaria cardamomum*** 白豆蔻

Cardboard Plam ***Zamia furfurracea*** **L. f.** 鳞秕泽米铁 / 阔叶美洲苏铁

cardinal 主要的，基本的

~index 基本指数

~wind 主要风向

Cardinal Flower ***Lobelia Cardinalis*** 红山梗菜 / 鲜红半边莲（美国俄亥俄州苗圃）

cardinal flower/Mexican lobelia ***Lobelia fulgens*** 红山梗菜 / 墨西哥半边莲

Cardinal's Guard ***Pachystachys coccinea*** （**Aubl.**）**Nees** 红珊瑚

cardiovascular 心血管（系统）的

care 关心；管理，看管，照料；注意，挂念；关心；管理，看管，照料；挂念

~and attention home 敬老院

~center，child（英）儿童管理中心

~center，day（美）日管理中心

~center，day（英）白昼管理中心

~of plant 作物管理

~of sowing 田间管理

~product，plant 车间产品管理
follow-up~随动（系统）管理
lawn~（美）草场管理
programme of after~（英）后期程序管理
tree~（美）树木管理

career 经历；专业，职业；全速；猛冲，飞跑；职业性的
~-long employment 终身雇佣制
~mobility 职业流动
~service 长期服务
caretaker of a tree，voluntary~（美）树木志愿卫士

carfax（英）四条以上马路的交叉口，多条马路交叉路口

cargo 货物
~and passenger ship 客货船
~handling 货物装卸
~handling apron 货物装卸坪
~handling area 货物装卸区
~handling capacity 货物装卸量
~-handling capacity of the seaport 港口吞吐量
~-handling technology 装卸工艺
~（handling）terminal 货运码头，货运终点站，货站
~net 货网
~throughput of port 港口货物吞吐量
~traffic 货运网
~truck 运货卡车
~working area 货物操作区

cargotainer 集装箱

Caribbean Pine ***Pinus caribaea Morelet*** 加勒比松

Caribbean Royal Palm ***Roystonea oleracea*（Jacq.）O. F. Cook** 菜王棕/甘蓝椰子

Carinate mullet/keelback mullet ***Liza carinatus*** 棱鲛/犬鱼/尖头鱼

Carlese Evergreenchinkapin ***Castanopsis carlesii*** 米槠/小红栲

carload 车载货物
~area 货位
~team yard 整车货场

Carlsbad Caverns National Park（美）卡尔斯巴德洞穴国家公园

Carambola ***Averrhoa carambola*** **L.** 阳桃

carnation 淡红色，肉色

carnation ***Dianthus caryophyllus*** 康乃馨/香石竹/麝香石竹（洪都拉斯、摩洛哥国花）

Carnegie Music Hall（美）卡内基音乐厅

carnival 狂欢节，饮宴狂欢

carnivorous plants 食虫植物

Carob ***Ceratonia siliqua*** 长角豆/洋槐豆

carolina allspice/winter sweet/wax flower ***Chimonanthus praecox*** 蜡梅

Carolina Allspice ***Calycanthus floridus*** **L.** 洋蜡梅/美国夏蜡梅（美国田纳西州苗圃）

Carolina Poplar ***Populus×canadensis Moench*** 加杨（加拿大杨）

Carolina Sapphire Cypress ***Cupressus arizonica*** **var.** ***glabra*** **'Carolina Sapphire'** 卡罗来纳蓝翠柏（美国田纳西州苗圃）

Carolingian architecture（8~10 世纪法兰西王国）加洛林王朝建筑，先罗马式的建筑形式

carpark，overflow 流动停车场

Carpathian Bellflower ***Campanula carpatica*** 喀尔巴风铃草（英国斯塔福德郡苗圃）

carpenter 木工；木匠；做木工

~shop 木工场

~'s bench 木工台

~'s joint 榫（接）头

~'s level 木工水平尺

~'s planer 木工刨床

~'s rule 木工尺

~'s sawing machine 木工锯床

~'s square 矩尺，角尺，曲尺

~'s tool 木工工具

~'s yard 木工场

Carpenter Gothic 哥特式木建筑，尖拱式木建筑

Carpenter moths（**leopard-moths**）木蠹蛾类 [植物害虫]

carpentry 木工；木作；木工业

~work 大木作

~shop 木工车间

carpesium ***Carpesium abrotanoides*** 天名精 / 菵蓟 / 天芜菁

carpet 毡层；磨耗层；地毯；铺毡层；铺地毯

~bed 地毯式花坛，毛毯花坛，模样花坛

~bedding 绣毯式植坛，地毯式花坛

~coat 毡层；磨耗层

~flower bed 毛毯式花坛

~-forming perennial 地毯式多年生植物

~of chandelier algae，subaqueous 水生枝形节灯式藻类

~treatment 铺筑毡层，表面处治

~veneer 毡层，表面处治

~weaving mill 地毯厂

creeping dwarf shrub~（美）匍匐植物层

matted dwarf shrub~（美）茂密植物层

carpet plant/flame violet ***Episcia cupreata*** 虹桐草 / 喜荫花

carpeting work 铺筑毡层

carpool 汽车合乘，汽车的合伙使用（指一群有汽车的人轮流合用他们汽车的安排）

carport 开敞式车房，停车场，停车库，（多层）停车库，（多层）停车场（美国口头语）

carrefour 十字路口，位于十字路口的广场

carriage 车（辆）；马车，客车，四轮马车，婴儿车

~by cargo 货运

~by land 陆上运输

~by rail 铁路运送

~by sea 海运

~drive（公园等中的）行车道

~washing shed 洗车厂

~way 车行道，行车道

~-way~（英）车行道，行车道

~-way for turning traffic 转弯（交通）车道

carriageway 车行道，行车道

~markings 车行道标线（车道安全线）

~width 车行道宽度

carrier 运输公司，搬运器，转运工具

~channel 搬运器通道，转运工具通道

~ditch 承重层沟（渠）

~drain 承重层排水沟，承重层阴沟

~equipment 运输设备

carriole 单人马车，小篷车，雪橇

carrot ***Daucus corota*** **var.** ***sativa*** 胡萝卜

carry 携带，搬运；支持，担负；进位；（英）二轮车；（美）运输；进位；进位指令{计}

~away 带去，带走

~-back of loss 扭转亏损

carryall（两边座位相对的）载客汽车；军用大轿车

carrying 运载，承载，通过

~capacity 输水能力，过水能力，负荷容量，（环境的）携带容量

~capacity of landscape 景观容量

~of pipe 管道过水能力

~traffic 道路承担交通量

carry-over（绿灯）信号延长

carse 河漫滩

Carsinal's Hat ***Malvaviscus arboreus*** **var.** ***penduliflorus*** 悬铃花（垂花悬铃花）

carst river 地下河，喀斯特，石岩溶洞

cart 运货马车，双轮轻便运货车，独轮手推车，大车

~road 大车道，马车路，货运道路

~track 大车道，马车道

~way 大车道，马车道

Carthage（Tunisia）迦太基（突尼斯古城）

carting 马车运输，手推车运输，运输

~away（英）长途运输

~-to the site（英）往工地运输

cartogram（地理）统计图

cartographic(al) 地图的

~analysis 地图分析

~document 制图资料

~expression 地图表示法

~generalization 制图综合（法）

~grid 制图格网

~representation 地图表示（法）

~symbolization 制图符号，制图图例

~symbols of topographic maps；topographic map symbols 地形图图式

cartographic analysis/map interpretation 地图判读

cartographic editing system 地图编辑系统

Cartographic information system 地图信息系统

cartography 地图制图学

cartology 地图学，海图学

cartoon 草图，底图，漫画，动画

cartouche 涡卷装饰

carved bamboo picture 竹刻画

carved lacquer picture 刻漆画

carved seal 刻印

carved stone 石雕，石刻

carving 雕刻（品）

~out of lot 分割地段

casa 一种西班牙房屋

Casa de Campo Park（Spain）卡萨德坎波公园（西班牙）

cascade 跌水；分层瀑布，水流梯

~burial（美）小瀑布，瀑布状物，级联，串联

~control system 串级调节系统

cascading 水分层落下

case unit 壁柜

case-work 调查工作

casement window 平开窗

cash 现金

~compensation 现金补偿

cash farming 商品性农业

cashemir lavender ***Lavandula vera*** 新疆薰衣草

Cashew/Cashew Nut ***Anacardium occidentale*** **L.** 腰果
Caserta（Italy）卡塞塔宫（意大利）
cassava ***Manihot*** 木薯（属）
cassava ***Manihot esculenta*** 参茨 / 木薯
cassia bark tree/cinnamon ***Cinnamomum cassia*** 肉桂
cast 铸件；铸造；投掷；铸型，模子；模压品；预测；计算；加起来；班底；型，特色；倾向；浇铸，浇捣；抛，掷，投，扔；铸造，翻砂；投射
~concrete 浇捣混凝土
~-in-cantilever method 悬臂浇筑法
~in cement 用水泥浇牢
~-in-place 就地浇筑（的），现场浇筑（的）
~-in-place concrete 就地浇筑混凝土结构
~-in-site concrete structure 现场浇筑混凝土结构
~iron 铸铁，生铁
~-iron paving 铸铁块铺砌
~-iron pipe 铸铁管
~pipe 铸管
~product 铸造制品
~stone 铸石
cast bronze sculpture 铸铜雕塑
cast iron plant/common as pidistra ***Aspidistra elatior*** 一叶兰 / 蜘蛛抱蛋
castellation 城堡状建筑
castle 城堡，城（堡）；堞形（或槽形）物；巨大建筑物
~Elmina（Ghana）埃尔米纳堡（加纳）
~garden 城堡园（指由城堡围起来的庭园），城堡花园
~Howard 霍华德庄园
~of Diosgyor（Hungary）迪欧什杰尔城堡（匈牙利）
~of Gripsholm（Sweden）格里波斯霍尔姆古堡（瑞典）
~of the Knights（Greece）骑士堡（希腊）
castor 蓖麻
Castor-bean ***Ricinus communis*** **L.** 蓖麻
casual 短工，临时工；偶然的，临时的；不定的，没有准则的
~expenser 临时费用
~labour 临时工
~labourer 临时工，短工
~repair 临时修理
~species 临时工种
~ward 临时收容所
cat-tail ***Typha latifolia*** 蒲菜 / 香蒲
cat-tail tree 猫尾树
Cat-tail Tree ***Dolichandrone cauda-felina*** **Benth. et Hook. f./*****Markhamia caud*** 猫尾木
cataclysm 洪水
catacomb 地下墓穴，陵墓；酒窖
Catalpaleaf Maple ***Acer catalpifolium*** **Rehd.** 梓叶槭
Catalpaleaf Paulownia ***Paulownia catalpifolia*** **Gong Tong** 楸叶泡桐
catalog(ue) 目录，条目，总目；（美）学校一览表；编目录，载入目录中
~room 目录厅
cataloging room 编目室
catalogue for archives 档案目录
catalog(u)er 编目人
cataloguing 编目法，编目学
Catalonian architecture（11 世纪西班牙）

加泰罗尼亚建筑

Catalonian Jasmine/Spanish Jasmine *Jasminum grandiflorum* L. 素馨花

Catastrophe theory 灾变论

catastrophic 大变动（或灾难）的破坏

~collapse 毁灭性破坏

~failure 突然故障，严重损坏，灾难性破坏

~flood 非常洪水

~vibration 突变振动

~wind speed 灾难风速

catch（接）受器；轮挡；（门的）拉手；捕，捉（住），挡住；了解，理会；着（火），燃烧

~-all 垃圾箱，杂物箱；截流器{化}；总（接）受器

~basin 截留井；集泥井；集水池，雨水井，雨水口，进水口

~-basin 贮水池，汇水盆地

~basin inlet（美）贮水池，进水道

~basin with sump（美）集水蓄水池

~crop，green manure 吸收绿色肥料庄稼

~ditch；intercepting channel 截水沟（天沟）

~（water）drain 截水（暗）沟，集水沟，盲沟

~feeder 灌溉沟，灌溉沟渠

~inlet 集水井

~pit 截留井，集水坑，排水井

~-pit 集水坑

~siding 安全线

~-water basin 集水区；集水池

~-water channel 集水槽

catchfly/sweetwilliam silene *Silene armeria* 高雪轮 / 捕虫瞿麦

catching area 就园范围圈（幼儿园入园孩子的居住分布范围）

catchment 汇水，集水；排水；流域

~area 汇水面积，集水面积，集水区，吸引地区（商业、文化、娱乐等的集中地）服务对象范围；项目服务面积

~area，drinking water 饮用水的汇水面积

~basin 流域；集水盆地，汇水盆地

~channel 截水渠

~effective ratio（设施服务的）吸引率

~of water 汇水

~population 设施利用人口，服务对象人口

~sewage system 流域排水系统

~well work 集水井工程

catechu acacia/cutch/khair *Acacia catechu* 茶

categorical data 分类资料

categorization of geotechnical projects 岩土工程分级

category 分类单位，类，种类，类目；状态；范畴

~building use（美）建筑物使用状态

~of cities 城市类型

~of construction quality control 施工质量控制等级

~of road 道路种类

~of scenic areas 风景区类型

recreation time~保养期状态

~theory 分类理论

urban land use~城市土地使用状态

water quality~水质状态

zoning~（美）分区类别

zoning district~（美）分区地区类别

catering facility 公共饮食业
caterpillar 履带；履带式车辆，爬行车，毛虫
~crane 履带起重机
~removal by hand 手操纵履带式车辆
~traction 履带牵引
~tractor 履带（式）拖拉机，履带（式）牵引车
Cathay hickory/Chinese hickory ***Carya cathayensis*** 山核桃 / 山蟹
Cathay poplar ***Populus cathayana*** 青杨
Cathay silver fir ***Cathaya argyrophylla*** 银杉
cathay willow 中国柳
cathaya Japan rose ***Rosa multiflora*** **var.** ***cathayensis*** 红刺玫 / 团蔷薇
Cathaya Silver Fir ***Cathaya argyophylla Chun et Kuang*** 银杉
cathedral 大会堂，大教堂
Cathedral of Notre Dame，Paris 巴黎圣母院（法国）
Cathedral of St. Basil Blazhenny 瓦西里·勃拉仁内大教堂（俄罗斯）
Cathedral of St. Sophia in Kiev（Ukraine）基辅圣索菲亚大教堂（乌克兰）
Cathedral of St. Sophia in Novgorod（Russia）诺夫哥罗德索菲亚大教堂（俄罗斯）
Cathedral on Eger（Hungary）埃格尔大教堂（匈牙利）
cathetometer 测高仪
Catholic Church 天主教堂
Catholic father/priest 神父（即"神甫"）
Catholicism 天主教
cationic emulsified bitumen 阳离子乳化沥青
catladder 直爬梯
Catmint ***Nepeta*** × ***faassenii*** 紫花猫薄荷（英国斯塔福德郡苗圃）
Catnip ***Nepeta cataria*** 荆芥 / 猫欢喜
cattail swamp（美）沼泽地（特有的）香蒲科植物
cattle 牛；牲畜
~breeding 畜牧
~creep（铁道或公路下面的）畜力车
~grazing areas 牲畜牧场（区）
~husbandry 畜牧业
~pass 公路下（立体交叉）牲畜通道
~-pass 畜力车道
~-raising poultry-farming base planning 畜产品生产基地规划
~tram pling 牲畜践踏
Cattle Egret ***Bubulcus ibis*** 牛背鹭 / 黄头鹭 / 畜鹭 / 放牛郎（博茨瓦纳两种国鸟之一）
cattleya ***Cattleya hybrida*** 卡特兰（哥斯达黎加、哥伦比亚国花）
catty 斤（中国，东南亚等地的重量单位）
catwalk 窄人行道
cat-walk 狭窄的人行道（过道）
caudate evergreen chinkapin ***Castanopsis caudata*** 甜槠
caudate maple ***Acer caudatum*** 紫槭 / 长尾槭
caudate wildginger ***Asarum caudigerum*** 尾花细辛 / 圆叶细辛
cauce 河床
cauliflower ***Brassica oleracia*** **var.** ***botrytis*** 菜花 / 花椰菜
causal 原因的；有原因的

~analysis 因果分析

~factor 诱发因素

~forecasting model 因果关系预测模式

~investigation 原因调查

~model 因果模型

~nexus 因果联系

~path analysis 因果途径分析

~relation 因果关系

~sequence 因果顺序

causality 原因，因果关系

causality research 因果关系探讨，因果关系研究

causation 因果关系，因果联系

causative value 发展价值

cause 原因，理由；事业；成为……的原因；使发生，引起

~and effect diagram 因果分析图

~-and-effect relationship 因果关系

~-effect graphing 因果图

~-effect implication 因果关系

~of accident 事故原因

cause and effect/retribution/karma/pre-ordained fate 因果

cause/princial and subsidiary causes 因缘

causer liability 起因责任

causeway 长堤，堤道；湿地；高架人行道，柳堤

~bridge 堤道桥（指穿越沼泽地或滩涂地的桥梁）

~line 堤道线

~of fascine 柴束堤道

causing a nuisance to the surrounding area 对周围地区形成干扰

caution 警告，警惕；小心，谨慎；警告，使小心

~money 保证金，抵押金

~security 保证金

~sign 警告标志

~signal 注意信号，警告信号

cautionary zone 警戒带（接近危险区或未开采煤层）

Cavalerie Cleidiocarpon ***Cleidiocarpon cavaleriri*** **Levl. Airy Shaw** 蝴蝶果

Cavalerie Michelia ***Michelia cavaleriei*** 平伐含笑

cavalerie mosla ***Mosla cavaleriei*** 小花荠苎

Cavalerie's Nothaphoebe ***Nothaphoebe cavaleriei*** 赛楠/西南赛楠/假桂皮

cavalier perspective 散点透视，跑马透视

cavalcade 车队，船队

cave 岩洞，窑洞洞穴，假山洞，山洞；穴居

~art 石窟艺术，洞窟艺术，洞穴艺术

~deposit 洞穴沉积

~dwelling 窑洞

~entrance wall 洞门墙

~in 塌陷，坍塌，陷落

~-in，riverbank（美）河堤坍塌

~in soil 土洞

~-man 穴居人

Cave of Revered Mr Zhang（Yixing，China）张公洞（中国江苏省宜兴市）

~painting 洞穴绘画，岩画

~period 穴居时代

~temple 石窟，石窟寺

caved ground 塌陷的地面

cavern 大洞，洞窑，石窟，大山洞，假山洞，岩洞；使成洞；使凹；闭入洞中

Cauvet 考维特体系建筑（法国创立的一种类似卡莫斯式体系结构）
caving 塌方，坍落，塌陷，岸崩
~bank 淘空的堤岸，崩塌河岸
~ground 塌陷地
~in 塌塌
cavity 孔穴，空穴，窝；中空
~bracing 空穴支撑
~brick 空心砖
~caused by the extraction 采空区
~expansion theory 空穴膨胀理论
~grouting 洞穴灌浆
~-nester species（美）洞穴类
~-nesting bird（美）岩洞鸟
~wall 空心墙，空斗墙｛建｝
cleaning of a~空穴清理
cay（=kay）珊瑚礁，沙洲
cayenne jasmine/Madagascar periwinkle ***Catharanthus roseus*** 长春花
Cayman Island Amazon ***Amazona leucocephala caymanensis*** 开曼岛鹦鹉 / 开曼岛亚马孙鹦鹉（卡曼群岛国鸟）
CBD（**central business district**）中心商务区，中央商务区
CCTV Tower（**Beijing**，**China**）中央电视塔（中国北京）
CDC（**community design center**）（美国的）社区设计中心
Cecilienhof Palace 采琪莲霍夫宫
cedar 雪松，杉木
~nut 红松
Cedar of Lebanon ***Cedrus libani*** 黎巴嫩雪松 / 君主之树
Cedar Pinaceae ***Cedrus atlantica*** 'Aurea' 金叶雪松（英国斯塔福德郡苗圃）
cedrus 雪松
~deodara 雪松
~deodara（Roxb.）Loud.（Deodar Ceder）雪松
Ceed chalcid/Pestacia-seed wasp ***Eurytoma plotnikovi*** 黄连木种子小蜂
ceiling 天花，天花板，顶板；顶棚；上升限度；最高限度；云幕高，吊顶
~fan 吊扇
~free of trussing 无梁平顶｛建｝
~joist 平顶格栅｛建｝
~light 顶棚灯；平顶照明｛建｝
~load 平顶荷载｛建｝
~on rent 房租的最高限价
~panel 平顶镶板｛建｝
~pattern 天花彩画
~price 限价，最高价格
~reflector 天花反射板
~river 天河，悬河（河床高出地面的河流）
~temperature 最高温度
~value 最高限值
cejiao 侧脚
celerity 敏捷；迅速；（水力学的）临界流速
celery ***Apium graveolens*** **var.** ***dulce*** 芹菜
celery sagebrush ***Artemisia apiacea*** 青蒿 / 草蒿 / 茵陈蒿
celeste 天蓝色
celestial 天的，天空的，天上的
~being 仙人
~body 天体
~chart 星图，天体图
~horizon 真正地平｛气｝
cell 小室；盒；电池；蓄电池；蜂巢；

传感器，压力盒；空气囊；细胞；单元，地址，元件{计}；光电元件；地下室，地下井
~chart 方格图
~house 监狱，教养院
cellar 地下室，地窖；（车、船等的）用品箱；油盒{机}
celloidin 火棉
cellophane 透明纸，玻璃纸
~paper 透明纸，玻璃纸
cellular 箱式，格形，格笼式
~building 箱式建筑，格笼式建筑
~sheet pile 格形板桩
celosia 鸡冠花
celotex 用木质纤维毡压制的绝缘板，隔声板，吸声材料
~board 用木质纤维毡压制的绝缘板，隔声板，吸声材料
Celsius thermometric scale 摄氏温（度）标
Celtic architecture（英国）凯尔特式建筑
Celtic art 凯尔特美术（约公元前450年至公元700年西欧凯尔特人创作的美术）
cembra pine 瑞士松
cement 水泥；胶结材料，胶粘剂；涂水泥；粘结，胶结；施行渗碳法{冶}
~aggregate ratio 水泥集料比
~blower 水泥喷枪
~-bound road 水泥结碎石路
~brand 水泥牌号
~brick 水泥砖
~caulked joint 水泥嵌缝
~clay mortar 水泥黏土砂浆
~concrete 水泥混凝土
~concrete mark 水泥混凝土强度等级
~concrete mixture 水泥混凝土混合料
~concrete pavement 水泥混凝土路面
~dust 水泥尘土，水泥灰
~factory 水泥厂
~family coating material 水泥系涂料
~flag pavement 水泥板（铺砌）路面
~floor 水泥地面，水泥地坪
~flour 水泥粉
~fly ash gravel pile 水泥、粉煤灰、碎石桩
~grout 水泥灌浆
~grout，sand-filled joint with 填砂水泥浆
~-grouting 灌水泥浆
~-gun 喷浆机
~-gun 水泥喷枪
~industry 水泥工业
~manufacturing plant 水泥制造厂
~mill 水泥厂
~mortar 水泥砂浆
~mortar surface 水泥砂浆面层
~plant 水泥厂，水泥磨
~rock 水泥岩，水泥石
~stabilization 水泥加固
~steel 渗碳钢
~stone 水泥岩，水泥石
~strength number 水泥强度等级
~-testing sand 水泥试验用标准砂
~throwing jet 水泥喷枪
~tile pavement 水泥板（铺砌）路面
~tube 接合管材，粘结管材
~works 水泥厂
accelerated~ 加凝水泥
acid-proof~ 耐酸水泥
acid resisting~ 耐酸水泥
activity of~ 水泥活性

aged~陈水泥，过期水泥
air-entrained~加气水泥
air-entrapping~加气水泥
air hardening~气硬水泥
air setting~气硬性水泥
alumina~矾土水泥
aluminate~铝酸盐水泥
aluminous~矾土水泥
bag of~袋装水泥
barrel of~桶装水泥（美国标准桶装水泥每桶376磅，合170.5公斤）
blended~混合水泥
bulk~散装水泥
coloured~彩色（普通）水泥
construction without~无水泥建筑
defective~不合格水泥
early setting~快凝水泥
finished~成品水泥
fire~耐火水泥
glue~胶质水泥
high-mark~高强度等级水泥
iron~含铁水泥
iron-ore~铁矿（石）水泥
Keene's~干固（硬石膏）胶结料，干固水泥
liquid~液态水泥
quick~快凝水泥
quick-drying~快干水泥
quick-hardening~快硬水泥
quick-setting~快凝水泥
rapid~快硬水泥
rapid hardening（Portland）~快硬（硅酸盐）水泥
rapid-setting~快凝水泥
sand~水泥（稳定）砂土
slag based~矿渣基水泥
straight~纯水泥（不加掺合料的水泥）
water-proof~防水水泥
water-repellent~防水水泥
waterproof~防水水泥

cementation 粘结性，粘结作用；胶结性，胶结作用；渗碳法，增碳{冶}；硬化；粘结

cemented carbide 一种硬质合金
~soil 胶结土

cementing agent 粘结剂，结合剂

cementing，soil 水泥土

cemetery 墓地，坟地，公墓，陵园
~department 公墓管理处
~department，parks and（英）公园公墓管理处
~garden 墓园
~gardener 公墓园工（园丁）
~gardening 公墓园艺（学）
~groundsman 公墓管理员
~landscaping（美）美化墓地景观
Cemetery of the Fallen Fighters of the Chinese People's Volunteers 中国人民志愿军烈士陵园
~site 公墓用地
forest~森林陵园
park-like~公园式公墓
pet~宠物墓地

cenotaph 纪念塔

census 调查；行车量调查；人口调查，人口普查，人口统计；户口调查；调查（人口、户口、行车量等）
~area 普查区域
~block 人口普查街区
~data 调查数据，资料，人口普查数据

~division 普查地域分区
~information 人口普查数据
~form 普查表
~list 普查表
~map 户籍图，人口统计图
~method 普查方法
~of governments 政府普查
~of housing 住宅调查，居住情况调查
~of industry 产业普查
~of manufacture 制造业普查
~of population 人口普查
~of trade 贸易普查
~of transportation 交通运输业普查
~operation 普查工作
~paper 人口调查表，户口调查表
~quadrat 普查样方
~report 普查报告，调查报告
~returns 人口统计表
~table 人口普查表
~tabulation 人口普查表
~tract 人口普查区段，人口调查区
~undercount 人口调查的不完全统计

centafold door 中悬折叠门

centare 平方米，厘公亩，1% 公亩（1 平方米）

Centaurea 矢车菊属（植物）

Centella/Gotu-kola *Centella asiatica* 积雪草

centennial flood 百年一遇的洪水

center，centre 中心，中心设施
~adjustment 调整中心
~city（美）城市中心
~city redevelopment（美）中心城市再发展
~column 山柱
~for elderly 老人中心
~frequency 中心频率
~hierarchy of population growth（美）人口增长分级中心
~island 街心安全岛，环岛，中心岛
~lane（单数车道道路上的）中央车道，中间车道
~line 中心线
~mall 道路分隔带，路中林荫带
~of a sample 样本中心
~of amusement 娱乐区，娱乐中心
~of attraction（美）引力中心
~of commerce 商业中心
~of distribution 分布中心，扰动中心
~of dispersal 分散中心
~of gravity 重心，重点
~of horticulture 园艺中心
~of housing estate 小区中心

Center of Peking Man Exhibition 北京猿人展览馆
~of population 居民点
~of residential area 居住区中心
~of the circle 圆心
~on heavy industry 以重工业为中心
~pole（立在街道中心的）路中式电车杆
~ramp（立体交叉的）中央匝道，中部接坡
~shop 中心商店
~strip 路中分隔带
~take 中桩
~terminal station 中心终点站
child care~ 儿童看护中心
city~（美）城市中心
commercial~（美）商业中心

day care~（美）儿童日托中心
health resort~（美）健康休养中心
leisure~（美）休闲中心
nature study~（美）天然学习中心，自然研究中心
population growth~（美）人口增长中心
recreation~（美）娱乐中心
centerline 中线
~of road 道路中线
~of wave 波浪中心线
~survey 中线测量
~take 中线桩
~take leveling 中心线调平
centesimal grade 百分制
cent(i)are 一平方米，百分之一公亩，厘亩
centigrade（符号℃）摄氏温度；分为百度的；摄氏度的
centimetre（符号 cm.）厘米（=1/100 米）
centilitre 厘升（=1/100 升）
Centipede Plant ***Homalocladium platycladum*** **F. Muell. Bailey** 竹节蓼/扁茎蓼
Centipede Tongavine ***Epipremnum pinnatum*** 麒麟叶/上树龙/飞天蜈蚣
central 中心的，中央的；重要的，主要的
~air conditioning system 集中式空气调节系统
Central American architecture 中美洲建筑
~angle 中心角，圆心角
~area 中心地区，市中心区
~avenue 中央林荫道
~axis 中心轴
Central Bureau of Meteorology 中央气象局（中国）
~business core（美）中央商业中心
~business district（CBD）中心商务区，中心商业区
~city（美）中心区（大都会的中心区，亦称 core city），中心城市，母城，核心都市
~city environs（美）中心城市环境
~city surroundings（美）中心城市环境
~commercial district 市中心商业区，市中心商业街，商业中心
~control console 中央控制台
~control system 中央控制系统{交}
~control unit 中央控制台
~cooling 集中供冷
~core city 中央核心城市
~corridor apartments 内廊式住宅
~district 中心区，市中心
~divide of road 道路中央分隔
~dividing strip 道路中央分隔带
~drain 中央排水渠，中心排水管
~drainage 集中排水
~earthquake 地震中心
~facilities 中心设施
~fan heating 集中热风供暖
~flyover（道路枢纽的）中心跨线桥
~growth point 中心增长点
~heat 中心发热
~heating；concentrated heating 集中采暖；集中供暖；集中加热，集中供暖法，集中供热
~heating for region 分区集中供热
~heating plant 供暖总站
~heating supply 集中供热
~heating system 集中热水供应系统

~heating plant（美）中心供热厂
~island 中心岛，环岛（环形交叉的中心岛）
~lane 中央车道
~limit theorem 中心极限定理
~line of carriageway 车行道中心线
~link 中心环节
~load 中心荷载（轴心荷载）
~mall（中央）林荫分隔带
~meridian 中央子午线
~office exchange 交换总局
~park 中央公园
~park, New York 纽约中央公园（美国）
~parking 路中停车，街心停车（停车处通常作为中央隔带），路中停车带
~parking district（市）中心停车区
~place（英）中央广场
~place theory 中心地学说，中心地理论（小城市与高级城市连结的城市组群理论），中心场论
~plan 中心平面图
~planning authority 中央规划机构
~plant 总（动力）厂
~plaza 中心广场
~portion of painted beam 枋心
~power supply 集中供电
~processing unit 中央处理机
~projection 中心投影 {测}
~projection of plane figure 平面图像的中心投影 {测}
~railway station 中央铁路车站
~refuge 路中安全岛
~reservation（中央）分隔带；路中预留地带；中央分车带
~reserve of road 道路中央分隔带
~supply 中心供应站
~symmetry 中心对称
~（telephone）exchange 中央电话局
~tendency 集中趋势
~terminal station（CTS）中心终点站，中心总站
~track 中心航道
~treasury 中央金库
~ventilation system; primary air system 新风系统
~village 中心村
~warehouse 总仓库
~wastewater treatment 集中式废水处理
~water supply 集中供水
Central Business District 中心商业区
central city 中心城市
central p1ace theory 中心地理论
centralization 集中，（城市）集中化
centralized 集中的，集中
~AC system 集中式空调系统
~interlocking 集中连锁
~planning 集中规划
~repair 集中修理
~tendency 集中趋势
~traffic control（CTC）调度集中
centralized perspective 中心透视
centrally 中央，集中
~administered municipality 直辖市
~operated turnout 集中道岔
~planned economy 中央计划经济
centre 中心，中央；中点；核心；根源；顶尖 {机}；定中心，对中点；在中心；集中，使集中于一点；中心的；中点的
~-drain 路中排水管

Centre for Nature Conservation, European Information 全欧信息，自然保护中心
~island 中心岛
~joint 中缝，（混凝土路面的）中央纵缝
~-line joint 中线缝，中央纵缝
~line of road 道路中线
~mall 路中林荫带
Centre National d'Art et de Culture Georges Pompidou 乔治·蓬皮杜国家艺术文化中心（法国）
~of attraction 引力中心
~of equilibrium 平衡中心
~of flotation 浮心
~of force 力心
~of form 形心
~of gravity（简写 c. g.）重心，重力中心
~of perspective 透视中心
~of projection 投影中心
~of turnout 道岔中心
~-periphery 中心－外围
~precincts, city（英）市中心周围
~redevelopment, town（英）中心城镇再发展（复兴）
~safety island 路中安全岛
~station 中心站
child care~（英）儿童看护中心
commercial~（英）商业中心
community~居民中心，社区中心
data~数据中心，资料中心
day care~（英）儿童日托中心
document service~资料服务中心
earthquake~震中
exterior perspective~外透视中心
health resort~（英）健康修养中心
information~情报中心；文献中心
information exchange~情报交换中心
leisure~（英）休闲中心
major population~大居民点
nature study~（英）自然研究中心
planning of civic~城市中心的规划
rainstorm~暴雨中心
Recreation~（英）娱乐中心
regional~区域中心
retail~零售商业中心
swimming~（英）游泳中心
toll~收费中心
tourist~（英）旅游中心
centrifugal 离心的
~migration 离心型迁移（指由中心城向外围的迁移）
~movement 离心移动
~settling method 离心沉降法
~urbanization 离心型城市化
centrifugalization 离心过程，离心分离（作用）
centripetial 向心型
~migration 向心型迁移（指由周围乡村向城市的迁移）
~movement 向心移动
~urbanization 向心型城市化
centroid 中心点（如交通区中心点），出行中心
centrum [复 **centra** 或 **centrums**] 中心（点）;（地震的）震源
century plant/agave *Agave americana* 龙舌兰（英国萨里郡苗圃）
ceramic 陶器的

~factory 陶瓷厂

~industry 陶瓷工业

ceramic sculpture 陶瓷雕塑

cerberus tree ***Cerbera manghas*** 海芒果

Cercis chinensis blight 紫荆枯萎病（***Fusarium*** **sp.** 镰刀菌）

Cercospora damage of *Zinnia elegans* 步步登高白星病/百日草白星病（***Cercospora zinniae*** 百日草尾孢菌）

Cercospora leaf of *Prunus mume* 梅花褐斑病（***Cercospora circumscissa*** 核果尾孢霉/有性世代：***Mycosphaerella ceracella***）

Cercospora shot hole of *Prunus* 碧桃褐斑穿孔病（***Cercospora circumscissa*** 核果尾孢霉）

Cercospora shot hole of *Prunus mume* 梅花褐斑穿孔病（***Cercospora*** **sp.** 尾孢霉）

cereal [复] 谷物；谷类制的食品；谷类的，谷物的

~plant 粮食作物

~weed community 谷物除草团体

Cereus/Monotroasity Cereus ***Cereus monstrosus*** 山影拳/仙影拳/仙人山

Ceriman/Window plant ***Monstera deliciosa*** **Liebm.** 龟背竹/蓬莱蕉

Ceriman Splitleaf Philodendron/*Monstera deliciosa* 龟背竹

Ceropegia woodii 吊金钱

Cep/King Bolete（***Boletus edulis***）美味牛肝菌

Cerro Tololo Inter-American Obser-vatory（**Chile**）托洛洛山泛美天文台（智利）

Cerruti's solution 色卢铁解答

certain specialize shops 专业商店

certificate 证（明）书；执照；证券；发证书；批准

~of authorization 授权书

~of completion, provisional 临时竣工书

~of compliance 合格证

~of compliance, issue of a（美）颁发可行执照

~of credit standing issued by bank 银行出具的资信证书

~of entitlement（简写 COE）授权证书

~of final completion, issue of a 颁发最后竣工证书

~of merchandise 出厂证书

~of origin 产地证明书

~of practical completion 实用竣工证书

~of practical completion, issue of a（英）颁发实用竣工证书

~of share 股票

~on progress 进度证明书

interim~临时执照

issue of a sectional completion~颁发分段竣工证明书

official phytosanitary~法定植物检疫证书

tipping~（英）倾卸执照

certification 证明；证明书

~fee 认证费；执照费

~of completion 完工合格证书

certified 批准，认可；发证明书证明

~check 签证支票

~document 公证文件

~public accountant 公证会计师

certifier 保证人

certify 证明，证实

cerulean 天蓝色

cesspipe 污水管
cesspit 污水坑，粪坑
cesspool 污水池，污水渗井，粪坑，渗井
cesspoolage truck 真空污水处理车
cestrum ***Cestrum fasciculatum*** 瓶儿花 / 紫红夜香树
cet. par. condition 如果其他条件均保持不变
Ceylon Cassia ***Cinnanmomum verum*** **J.** ***Presl*** 锡兰肉桂
Ceylon cinnamon ***Cinnamomum zeylanicum*** 锡兰肉桂 / 丁香锡桂
Ceylon ebony/ebony/East Indian ebony ***Diospyros ebenum*** 乌木
Ceylon Elaeocarpus ***Elaeocarpus serratus*** **L.** 锡兰杜英
Ceylon hound's tongue ***Cynoglossum zeylanicum*** 琉璃草 / 锡兰琉璃草
Ceylon Junglefowl/Sri Lanka Junglefowl ***Gallus lafayetti*** 黑尾原鸡 / 蓝喉原鸡 / 斯里兰卡原鸡 / 锡兰原鸡 / 锡兰野鸡（斯里兰卡国鸟）
Ceylon Leadwort/Elanitul ***Plumbago zeylanica*** 锡兰矶松
CG（**Computer Graphics**）计算机画图，电脑画图
CGA（**Computer Generated Animation**）计算机生成动画片，电脑生成动画片
Chabazite 菱沸石
chacma baboon（***Papio ursinus***）豚尾狒狒 / 大狒狒
Chad Lake 乍得湖（乍得、喀麦隆、尼日尔和尼日利亚 4 国交界处）
chad tape（计算机的）穿孔带
chaff 废料；饲料；箔条
Chaff scale/Pergand's scale ***Parlatoria pergandei*** 糠片盾蚧
Chai Rong 柴荣
chain 链，锁链，链条；一系列
~block 手拉葫芦，神仙葫芦（俗称）
~bridge 链式悬桥
~bucket excavator 链斗式挖土机
~bucket trencher 链斗式挖沟机
~cable 链索
~drag bridge 链式升降机，链桥
~draw bridge 链式开合桥
~dredger 链式挖泥机
~hoist 链式起重机，链式升降机
~index number 环比指数
~network 连锁网络
~of bucket 斗链
~reaction 连锁反应，链式反应
~relative index 环比指数
~sampling 连续抽样
~timber 系木，木围梁
~-track tractor 履带式拖拉机
food~ 食物链
chain saw 油锯 / 链锯
Chain-link Cactus ***Opuntia imbriacata*** 锁链掌 / 鬼子角
chair 椅子；座，轨座，钢筋座
~lift 有座位的架空滑车（供山区游览的）
~rail 护墙板；靠椅栏 { 建 }
chairman 主席，委员长，会长
~designate 尚未就任的主席、会长、委员长等
~of board of directors 董事长
~of commission 委员会主席或委员长等
Chairman Mao's Memorial Hall（**China**）

毛主席纪念堂（中国）

chairperson 主席，议长，会长，委员长，（美）（大学）系主任（此词不分性别，不作直接称呼用）

chaitya（印度佛教）石窟寺

chaitya cave 岩窟寺院，圣地石窟

Chalcedonia Lychnis ***Lychnis chalcedonica*** 皱叶剪秋罗，又名鲜红剪秋罗

chalet 瑞士（风格）木屋，农舍式房屋，木造农舍；公共厕所

chalk 白垩；粉笔；石灰水

~grassland（英）白垩草场，白垩牧场

~marl 白垩泥灰岩

~out 打图样，设计

~soil 白垩土

~stone 石灰岩，白垩石

chalk drawing 粉笔画

chamaephyte 地上芽植物

chamber 室，房间，寝室；容器，箱；燃烧室；会议室，接待室；室内的；私人的

~blasting 坑室爆破

~cover slab（英）房间保护层板

~of commerce 商会

~section（英）房间剖面

cleanout~（美）清理孔室

inspection~（英）检验室

Chambers William 威廉姆·钱伯斯，英国 18 世纪造园理论家

Chameleon Plant ***Houttuynia cordata*** 'Chameleon' 变色龙鱼腥草（英国斯塔福德郡苗圃）

chamfer 槽；斜面，削角（面）；斜切；刻槽，削角；斜切

~cut 辙尖斜切

chamfered 刻槽的；削角的；斜切的

~gravity breakwater 削角防波堤

chamois ***Rupicapra rupicapra*** 臆羚

Champac Michelia ***Michelia cheampaca*** **L.** 黄兰花

Champaca ***Michelia champaca*** **L.** 黄兰 / 黄玉兰

Champaign 平原，原野

champion 冠军，优胜者

champion tree（美）勇士树

Champion Rhodoleia ***Rhodoleia championii*** 红花荷 / 红苞木

Chan master/honorific title for a Buddhist monk 禅师

chance 机会，机遇

~variable 随机变量

chancery 使馆房屋；档案馆

chandelier algae 吊灯形藻类

Chandigarh（**India**）昌迪加尔（1950 年勒·柯布西耶规划设计的一座印度城市）

Chang Elm ***Ulmus changii*** 杭州榆

Chang'an（**the Westem Han Dynasty, China**）长安（中国）

~（Everlasting Peace）Avenue（Beijing, China）长安街（中国北京）

~City 长安城（中国）

Changzhou Gardens 常州园林

Changbai larch/Korean Larch/ olga bay larch ***Larix olgensis*** **var.** ***chang-baiensis*** 长白落叶松 / 黄花松 / 黄花落叶松

Changbai Mountain（**China & North Korea**）长白山（中国和朝鲜）

Changbai Mountain Nature Reserve

（China）长白山自然保护区（中国）
changbai scotch pine ***Pinus sylvestris*** **var.** ***silestriformis*** 长白松
Changchun "the Auto City"（China） 长春"汽车城"（中国）
Changdokkung（South Korea）昌德宫（韩国）
change 变化；变更；零钱，交换；找头；换车；变化；变更；交换；换车
~about 变化无常，首尾不一致
~directory（简写 cd）改变目录{计}
~in cross-section 截面改变
~in diameter 直径改变
~in direction 改变方向
~in gradient 坡度改变
~in legislation 立法变更，法律更改
~in quality 质变
~in slope 斜度改变
~of course 河流改道
~of flora composition，anthropogenic 由人类活动引起的植物群组变化
~of level 水平面变化，水准改变
~of pitch（英）节距更改，螺距更改，高跨比更改，斜度更改
~of residence 迁居，居住地变更，住址变动，搬家
~of slope 斜度更改
~of state 物态变化，状态变化
~order 变更指标，更改指令，变更通告单
~side of double line 换侧
gradient~ 坡度更改
incline~ 倾斜更改
landscape~ 景色变化，景观改变
structural~ 结构更改
Change Notice 变更通知书
change order 工程变更通知书
changing 更换，变换
~crew at midway system 中途换班制
~room 更衣室，生活间
Changlang（Long Corridor）（Summer Palace，Beijing，China）长廊（北京颐和园）
Changle Palace and Weiyang Palace 长乐宫和未央宫
Changling of the Ming Dynasty（Emperor Zhudi's Tomb，Beijing，China） 明长陵（中国北京）
channel 河谷，河道
~basin 河谷盆地
~capacity 河道通过能力
channel 槽，渠，渠道，沟渠，沟槽，水道；海峡；航道，河床；吊顶龙骨{建}；（电缆）管道，电路，波路，频道，信道；磁道，通道{计}；系统；开渠，挖槽，凿沟；引导；（交通）分路
~brush reinforcement 河槽柴排加固
~change 水道改道
~control 河槽控制
~cross-section 水道断面
~cutoff 裁弯取直
~deadwood reinforcement 河槽枯枝加固
~discharge cross-section 水道排水横断面
~drain（英）河槽排水沟
~dredging 河道疏浚（工程），疏浚水道
~erosion 河槽冲刷
~excavation 河沟开挖（工程）
~flow 明渠流
~frequency 河道密度
~gradient 河道坡降

~house 藏骸所，停尸室，太平间
~invert 通道转化
~irrigation 水道灌溉
~island 江心洲
~light（水上机场）水道灯
~line 航道（界）线，航道边线
~lining 管路衬砌
~loss 水道损失
~morphology 河床形态
~channel order 河道等级
~realignment 电路改线
~regulation works 河道整治工程，河道整治
~survey 航道测量
~surveying reference level 航道绘图水位
~topographic map 水道地形图
~unit，dished 盘形电路元件
~way 渠道或运河路线
~-way 河床
~with grating，cast iron（英）铸铁格栅管道
by-pass~（英）旁路电路
bypass~（美）旁路电路
carrier~ 载波通道
cold air drainage~ 冷气排水管道
constructed~ 施工通道
divergent~（美）分歧通道
drainage~ 排水管道
flood~ 洪水道
flood by-pass~（英）洪水溢流渠道
flood bypass~（美）洪水溢流渠道
flood relief~ 洪水救济沟渠
natural hillside drainage~（英）自然山坡排水渠道
outlet~ 排水口水道
rough bed~（英）粗制路基水道
stream~ 河槽
tidal~ 排洪沟，排水沟

channelization（交通）渠化方式，分导，（交通）渠化，导流
~island 导流岛
~lane 渠化车道

channelized 渠化，分道，导流
~intersection 渠化交通的交叉（口），导流交叉口，交叉口
~island 渠化交通岛
~lane 渠化车道
~layout 渠化布置
~traffic 渠化交通
~Y intersection 分路式 Y 形交叉

channelizing 渠化
~island 渠化交通岛，路口分车岛，导流交通岛
~line（交通）渠化线，导流线
~traffic 渠化交通

channels 通航水道

chanting sutra 念经

Chaotianmen Dock（**Chongqing**，**China**）朝天门码头（中国重庆）

chaparral 矮树林

chapel 小教堂

Chapelle de Ronchamp（**France**）朗香教堂（法国）

chaptrel 拱基

Chapultepec Park（**Mexico**）查普尔特佩克公园（墨西哥）

char 木炭；散工；烧焦，炭化；烧成木炭；作散工
~-a-banc 大型游览车（法国）

chara 大型游览车

character 特性，性质，性格，品质；人物；字体；字母，记号，符号；电码；字符，组合{计}

~curve 特征曲线

~distinctiveness 特色

~font 字体（根）{计}

~index 特征指数

~of a landscape，unique natural 独特的自然风景特点

~of a landscape，visual 景观视觉特点

~of a（scenic）landscape，unique 独特的风景景观特点

~of natural features，unique 独特的天然地形特点

~of scenic area 风景名胜区性质

~of service 工作状态

~of surface 表面特性

~of the ground 场地特点

~species 特点种类

~species of an alliance 群落属特点种类

landscape~ 风景特点

natural in~ 天然特点

preservation and management of landscape~ 景观特色保存和管理特点

characteristic 特点，特征，特性，特色；（对数的）首数{数}；特性曲线；特有的，表示特性的

~index 示性指标，特征指标

~of a landscape 景观特色，景色特点

~of a plant community 植物群落特点

~of the townscape 城市风景特点，城市景观特点

~plant 特性植物

~point 特性点，特征点

~presentation 图像特征

~river length 特征河长

~river length method 特征河长法

~species 特性种类

~storages of reservoir 水库特征库容

~value nominal value 标准值

~value of a geometrical parameter 几何参数标准值

~value of an action 材料性能标准值

~value of a material property 材料性能标准值（作用标准值）

~water levels of reservoir 水库特征水位

delineation~（美）轮廓特征

natural resource~ 自然资源特点

characteristics 特性

soil~ 土壤特点

charcoal drawing 炭画

chard/red leaf beet *Beta vulgaris* var. *cicla* 红君达菜/红叶忝菜/牛皮菜

charge 荷载，负担，负荷；充电，带电；电荷；委任；费用；捐税；装填；责任；管理；装，装料；使负担；装炸药；充电；充气；注入，委托；索价

~book 装料记录，作业记录簿

~in full 负全责

~on real estate 征收地产税

~side 贷方

~standard 计价标准

chargeable fee 应负担的费用，应征收的费用

charged 使负担，要（价），收费

~mileage 计费里程

charges 费用，付费；管理；责任

cut in~ 字幕管理

increase in~ 增加负担，加大负荷

overtime~ 加班费

reduction in~减少费用，降低费用
remuneration of professional~专家酬金
road~（英）道路费
scale of~（英）责任范围，管理规模
time~调整时间管理，时间管理

Charity Mahonia *Mahonia × media* 'Charity' 十大功劳“慈善”（英国萨里郡苗圃）

Charles Bridge（**Czech**）查理大桥（捷克）

Charles Bridgeman 查尔斯·布里奇曼（1690–1738），斯陀园（Stowe）的设计师

Charles Eliot 查尔斯·艾略特，奥姆斯特德的学生，创建了大波士顿都市开放空间系统（metropolitan system of open spaces for greater Boston）

charlock 田芥菜（植物）

Charming Rhododendron *Rhododendron anthosphaerum* 迷人杜鹃

chart 图（表）；地（形）图；海图
~board 图夹，图板
~for super-elevation 超高图表
~for trees and shrubs，valuation 评价乔木灌木的图表
~matching 图像（与）地图拼合
~of accounts 项目表
~with contour line 有等高线的地形图
fee~交费图表
progress~进展图表
time~时间表

Charte d'Athenes｛法｝（1933 年确定城市规划原则的）雅典宪章

Charter 宪章
Charter Athenes《雅典宪章》
Charter of Machu Picchu（1978 年在秘鲁利马对雅典宪章进行评价，会议发表的）《马丘比丘宪章》

Chartered Land Agents Society（**CLAS**）（英）特许地产经纪人协会

Charterhouse of Miraflores（**Spain**）米拉弗洛雷斯加尔都西会隐修院（西班牙）

Chartre of Venice 威尼斯宪章

chartreuse 黄绿色

chaste adj.（风格）简单的，不修饰的

chat 岩屑，碎石片；闲谈；闲谈
~wood 灌木，矮林

chateau 庄园，别墅；城堡

Chateau de Chenonceau（**France**）舍家索城堡（法国）

Chateau de Versailles（**France**）凡尔赛宫（法国）

Chateau Vaux-le-Vicomte 沃·勒·维贡特府邸庄园

chatelet 小型城堡

chattel 动产，流动资产

chatwood 灌木林，灌木，矮林

Chatsworth House and Gardens 英国宅邸及庭园

chauffeur 汽车司机

chayote/Buddhish's hand gourd *Sechium edule* 佛手瓜

chaulmoogratree/krabao *Hydnocarpus anthelminticus* 大风子 / 泰国大风子

check 核对，对照；检查；（木材）幅裂；细裂缝；补疤｛建｝；防止、控制，监督；棋盘格，方格子；支票；号牌；联单；校对，核对，对照；检查；核算
~analysis 检验分析，校核分析

~area 核对面积
~benchmark 校核水准点
~-board squares 棋盘方格
~-board system 棋盘式街道体系
~by sampling 抽查，取样检查
~by sight 视力检查，肉眼检查
~cable 安全索
~computation 核算
~cross-section 对照断面
~dam 挡水坝，拦砂坝，护坝，节制坝；谷场，砂场，谷坊
~damper non return damper（通风）止回阀
~face（=depth of channel）沟深
~facilities for snow slide 雪崩防止设备
~flood 校核洪水
~for zero 零点校核
~gauge 校核水尺
~hole；check pipe 检查口
~in 报到，登记
~key 校正键，监听电键
~list 检验（查、核对）表（单）
~locking 照查锁闭
~of soil，field（美）工地污物检查
field~ 现场检查
ground~ 地面检查
seasoning~ 季节检查
checker parquet flooring 拼花硬木地板
Checkerberry *Gaultheria Shallon* 北美白珠树（英国斯塔福德郡苗圃）
checkerboard 棋盘，方格形
~street system 方格形道路网，方形道路系统，（城市规划）棋盘式街道体系，棋盘式街道系统，方格式街道系统
~type of street system 棋盘式街道，方格形道路网
checking 核对
~and evaluation of bids（美）投标核对与评估
~and evaluation of tenders（英）投标核对与评估
~of bills（美）核对账单
~of building line 验线
checklist 核对清单，检验清单
checkpoint 公路检查站，（过路车辆的）检查站
checks on population 人口抑制，人口限制
cheek 面颊；颊板；中型箱 { 机 }；成对部件
~wall 颊板墙
~wall with built-in planter 有嵌入花盆的颊板墙
cheetah *Acinonyx jubatus* 猎豹
Cheju Island（Korea）济州岛（韩国）
Chekiang persimmon *Diospyros glaucifolia* 浙江柿
Chekiang phoebe *Phoebe chekiangensis* 浙江楠
chem-crete 化学白垩
chemical（简写 chem.）[复] 化学制品，药品，药品；化学（上）的，化学用的
~action 化学作用
~analysis 化学分析
~antidote 化学解毒药
~coagulation 化学凝聚（用于污水处理）
~consolidation 化学固结（法）
~consumption，regenerate consumption 再生剂耗量

~corrosion 化学腐蚀
~danger 化学反应爆炸危险
~degradation 化学降解
~deposit 化学沉积
~dewatering 化学脱水
~dosing 投药
~dosimeter 化学剂量计
~element 化学元素
~engineering equipment plant 化工机械厂
~fallout 化学落尘，化学粉尘
~fertilizer 化肥
~fertilizer plant 化肥厂
~fiber 化学纤维
~flocculation 化学絮凝（用于污水处理）
~fluid mechanics 化学流体力学
~glass 化学玻璃
~industry 化学工业
~pest control 化学有害物管制
~pest management 化学有害物质使用，化学有害物控制
~plant 化工厂
~pollution 化学污染
~preservation 化学防腐（作用）
~product 化学制品
~project 化工项目
~properties of soil 土壤化学特性
~purification 化学净化（法）
~runoff 化学径流
~sludge 化学污泥
~transformation 化学转化
~treatment department 化疗部，化疗室
~waste 化学制品废水（物）
~water pollution 化学水污染
~weed control 化学除草
~weed killer 化学除草剂
~works 化学制品厂，化学工厂，化工厂建筑

chemical migration/physico-chemical migration 化学迁移，又称“物理化学迁移”

chemical weathering 化学风化 [作用]

chemicals 化学制品，药剂

chemicophysics 化学物理学

chemist 化学家，化学师，化学工作者；（英）药剂师，（美）药店

chemistry laboratory 化学试验室

chemist's shop 药店

chemosphere 臭氧层，光化圈

chemurgy 农业化学

Chen Hoon Teng Temple（**Malaysia**）青云亭（马来西亚）

Chen oak ***Quercus chenii*** 小叶栎 / 黄栎树

Chen Congzhou 陈从周（1918—2000），风景园林理论家、教育家

Chen Junyu 陈俊愉（1917—2012），中国工程院院士，中国风景园林学会终身成就奖获得者，风景园林教育家、园林植物专家

Chen Youmin 陈有民（1926—），中国风景园林学会终身成就奖获得者，风景园林专家

Chen Xiaoli 陈晓丽，中国风景园林学会理事长，城市规划专家

Chen Zhi（**Ch'en Chih**）陈植（1899—1989），风景园林理论家、教育家

CHENG and ZHU's Neo-Confucianism 程朱理学（程颢、程颐兄弟和朱熹为代表）

Cheng Xuke 程绪珂（1899—1989），中国风景园林学会终身成就奖获得者，风景园林专家

cheng cypress ***Cupressus chengiana*** 岷江柏

Chengde Mountain Resort（Chengde City，China）承德避暑山庄（中国承德市）

Chengde Imperial Summer Resort（Chengde City，China）承德避暑山庄（中国承德市）

Chengyang Wind and Rain Bridge，Sanjiang（Liuzhou City，China）三江程阳风雨桥（中国柳州市）

Cheqer-shaped Indocalamus Bamboo ***Indocalamus tessellalus*** 箬竹

Cherishing Clearness Retreat（Beijing，China）含青斋（中国北京市）

chernozem 黑（钙）土；黑土带

~soil 黑（钙）土

Cherokee Indian Reservation 切罗基印第安人特居地（美国）

Cherokee Rose ***Rosa laevigata*** **Michx.** 金樱子

cherry 樱桃（树），樱树；樱桃色，鲜红色；樱桃色的；樱桃木的

~birch 矮桦

~-tree 樱树

Cherry caterpillar ***Phalera flavescens*** 苹掌舟蛾

Cherry Elaeagnus ***Elaeagnus multiflora*** **Thunb.** 木半夏

Cherry horn worm ***Smerinthus planus*** 蓝目天蛾

Cherry Morello ***Prunus cerasus Morello*** 莫利洛黑樱桃（英国斯塔福德郡苗圃）

Cherry Pear ***Pyrus calleryana Decne.*** 豆梨

Cherry Pepper ***Capsicum frutescens*** **L. var. cerasiform（Mill）Bailey** 五色椒

Cherry Prinsepia ***Prinsepia sinensis*** 东北扁核木

cherry tomato ***Lycopersicon esculentum*** **var.** ***Cerasiforme*** 樱桃番茄

Cherrybark Oak ***Quercus pagoda*** 樱皮栎（美国田纳西州苗圃）

chert 燧石

Chervil ***Anthriscus cereifolium*** 峨参 / 庭园细叶香芹

chess room 棋艺室

chessboard 棋盘

chessom 疏松土壤

chest 箱，盒，柜；胸

chestnut 栗木；栗树；栗子；栗色的

Chestnut/Chinese chestnut ***Castanea mollissisa*** 板栗

Chestnut gall wasp ***Dryocosmus kuriphilus*** 栗瘿蜂

Chestnut iron deficiency 栗黄化病（非寄生性，缺铁）

chestnut soil 栗钙土

chestnut tree/chinkapin ***Castanea*** 栗（属）

Chestnut-backed bulbul ***Hypsipetes flavala*** 栗背短脚鹎 / 栗鹎

Chestnut-headed bee-eater ***Merops leschenaulti*** 黑胸蜂虎 / 栗头蜂虎

chevrotain/mouse deer ***Tragulus*** 鼷鹿（属）

Chi pear（pear first grown in Chiping County and other places in Shandong）***Pyrus bretschneideri*** **cv. Chili** 茌梨 / 慈梨 / 莱阳梨

Chicago [美] 芝加哥

~area transportation study(1958 年美国) 芝加哥交通规划

~school 芝加哥学派

Chick Pea *Cicer arietinum* 鹰嘴豆 / 埃及豆

Chickaree/red squirrel *Tamiasciurus hudsonicus* 赤松鼠 / 红松鼠

chicken farm 养鸡场

chicken-blood stone 鸡血石（福建寿山）

chicken's-claw-like terrain 鸡爪形地带

Chickweed *Stellaria media* 繁缕 / 星草

Chicory/Syccory *Cichorium intybus* 花边生菜 / 菊苣 / 野苦苣

chief 领袖，首长；为首的；总的；主要的

~architect 总建筑师

~auditor 总会计师

~business 主要产业

~design engineer 设计总工程师

~drafter 主任绘图员

~editor 主编，总编辑，编辑部主任

~engineer 总工程师，设计总负责人

Chief Executive of English Heritage（英）英国遗产（继承财产）执行官

~frame 主（框）架

~landscape architect in a public authority/agency~（美）公共管理机构（经理处）的首席风景园林师

~of party 班长，队长

~of section 工段长

~officer 行政官员

~pilot 正驾驶员

~quality engineer 总检查师

~resident engineer 驻段主任工程师

~species 主要树种

~town planner 城市总设计师

~wall 主墙 {建}

chieh-gua/hairy gourd/ash gourd *Benincasa hispida* var. *chiehgua* 节瓜 / 毛瓜

Chiemsee（Germany）基姆湖（德国）

Chien Primrose *Primula chenii* 农雨报春 / 青城报春

Chien Spicebush *Lindera chienii* 江浙山胡椒 / 江浙钓樟 / 钱氏钓樟

Chigetai *Equus hemionnus hemionus* 亚洲野驴（指明亚种）

child 婴儿，幼儿，儿童；产物

~-bearing age group 育龄组

~-bearing group 生育年龄组，育龄组

~-bearing pattern 生育模式

~-bearing period 生育期

~-care center 托儿所，幼儿中心

~-care center（美）婴儿看管中心

~care centre（英）婴儿看管中心

~mortality 儿童死亡率

~of school age 学龄儿童组

~safety seat 儿童安全座

~spacing 生育间隔

childbearing years 育龄期

children child 的复数

~'s amusement area 儿童游戏场

~'s center 儿童中心

~'s home 儿童院，幼儿园

~'s nursery 托儿所，幼儿园

~'s playground，supervised 有指导的儿童运动场

~'s playground for traffic education 儿童交通公园

~'s playing space 儿童活动区

~'s crossing 儿童过街道

~'s farm 儿童农庄

~'s garden 儿童园

~'s library 儿童图书馆

~'s merry-go-round 儿童驾骑场

~'s park 儿童公园

~'s play area 儿童游戏场

~'s play park 少年儿童公园

~'s playground 儿童游乐场，儿童活动场地，儿童运动场

~'s playground development plan 儿童运动发展方案

~'s playground development planning 儿童运动发展规划

~'s playroom 儿童活动室

~'s stadium 儿童体育场

Chile Pine/Monkey Puzzle *Araucaria araucana*（Mol.）C. Koch 智利南洋杉（英国萨里郡苗圃）

Chilean monkey flower/musk *Mimulus cupreus* 铜黄沟酸浆

chili pepper（*Capsicum frutecens* var. *longum*）辣椒 / 牛角椒

chilled 冷却了的

~water 冷水，冷却水

~water system 冷水式系统

chiller plant 冷却设施

chilling room 冷却间

Chilon Castle（Switzerland）奇隆古堡（瑞士）

chimney；stack；exhaust vertical pipe（排气）烟囱

~height 烟囱高度

~-stalk（美）工厂的高烟囱，高烟囱，工厂烟囱

chimpanzee *Pan troglodytes* 黑猩猩

China 中国（亚洲）

China Folk Culture Village 中国民俗文化村

~-ink 中国墨

~Official System of Units 中国计量单位制

~rose 月季花（月月红）

China Urban Planning Society 中国城市规划学会

China Urban Studies Society 中国城市科学研究会

~wood oil 桐油（即时 tung oil）

china 瓷器，（白）瓷土

~-clay 瓷土，高岭土

~-fir 杉木

~-stone 瓷土石

China Aster *Callistephus chinensis*（L.）Nees 翠菊 / 江西蜡

China bushcherry *Cerasus japonica* 郁李

China Camptotheca *Camptotheca acuminata Decne.* 风铃草

China eaglewood *Aquilaria sinensis* 沉香 / 蜜香 / 沉水香

China evergreen/China green *Aglaonema modestum* 亮丝草 / 广东万年青

China Fleece Vine *Polygonum auberii* L. Henry 山荞麦 / 木藤蓼

China galangal *Alpinia chinensis* 华山姜 / 华良姜

China girl *Cornus kousa* China Girl ‘中国女娃’四照花（英国萨里郡苗圃）

China greenbrier *Smilax china* 菝葜 / 金刚刺 / 金刚藤 / 乌鱼刺 / 白茯苓

China lingusticum *Ligusticum sinense* 藁本 / 西芎 / 茶芎

China lizarbtail *Sauruaceae chinensis* 三白草 / 五路叶白

China lobelia *Lobelia chinensis* 半边莲 / 急解索 / 半边花

China mosla/stone elsholtzia *Mosla chinensis* 石香薷 / 石苏 / 蚊子草 / 青香薷 / 细叶香薷

China nardostachys *Nardostachys chinensis* 甘松 / 香松

China plumyew *Cephalotaxus sinensis* 粗榧

China snakehead/snakehead *Channa asiatica* 月鳢

China thorowax *Bupleurum chienense* 北柴胡 / 竹叶柴胡

China valerian *Valeriana pseudo ficinalis* 中国缬草

China weasel snout *Galeobdolon chinense* 小野芝麻 / 假野芝麻

Chinaberry *Melia azedarach* 苦楝 / 楝树 / 紫花树

China cyupress 水松属

Chinamail 中国公用电子信箱系统

China Paper Birch/Chinese Red-bark Birch *Betula albo-sinensis* 红桦 / 纸皮桦

Chinar *Platanus orientalis* 悬铃木（法国梧桐）

Chinatown 唐人街

~in Seattle 唐人街（西雅图）

~in Vancouver 唐人街（温哥华）

China-tree *Melia azedarach* L. 楝树（苦楝）

chinchilla *Chinchilla laniger* 绒鼠 / 毛丝鼠

chine 岭，山脊；峡谷

Chinese 中国人，中国话；中国的

~Academy of Agricultural Sciences 中国农业科学院

~Academy of Forestry Sciences 中国林业科学研究院

~arbor-vitae 侧柏

~architecture 中国建筑，中国式建筑

~modern architecture（1840—1949）中国近代建筑

~Aspen 响叶杨（山白杨）

~Association of Science and Technology（CAST）中国科学技术协会

~binary 汉语式二进制，二进制列

~Black Pine *Podocarpus macrophyllus* 罗汉松

~Chestnut *Castanea mollissima* 板栗

~Chrysanthemum *Dendranthema morifolium* 菊花

~classical garden 中国古典园林

~Coir Palm *Trachycarpus fortunei* 棕榈

~contemporary architecture（1949—）中国现代建筑

~contemporary park and garden（1949—）中国现代公园

~culture 中国文化

~Elm *Ulmus parvifolia* 榔榆

~Fan-Palm *Livistona chinensis* 蒲葵

~Fir *Cunninghamia lanceolata* 杉木

~Flowering apple *Malus spectabilis* 海棠花

~Flowering Crab-Apple Garden 海棠园

~Hazel *Corylus heterophylla* 榛树（山白果）

~Herbaceous Peony Garden 芍药园
~hill-water landscape poetry and painting 中国古代山水诗和山水画
~historical architecture 中国古代建筑
~Honey *Citrus reticulata* cv. *Ponkan* 芦柑（汕头蜜柑）
~Honeylocust *Gleditsia sinensis* 皂荚
~ideograph 汉字
~Industrial Standards（简写 CIS）中国工业标准
~ink 中国墨
~juniper 桧柏
~lacquer 中国漆，生漆
~Landscape Architecture《中国园林》杂志
~Landscape Architecture Journal Publishing House《中国园林》杂志社
~larch 红杉
~mahogany 香椿
~manbonia 十大功劳（树）
~matrimony-vine 枸杞
Chinese Millennium Altar（Beijing, China）中华世纪坛（中国北京）
~hill and water garden 中国山水园
~oil 桐油
~olive 橄榄
~parasol tree 梧桐
~modern park and garden（1840~1949）中国近代公园
~pot gardening 盆景
~restaurant 中餐厅
~rockery 假山
~rose 月季
~sapium 乌桕
~seismic degree 中国地震烈度
~snowball 绣球花
~Society of Forestry 中国林学会
~Society of Horiculture 中国园艺学会
~Society of Landscape Architecture 中国风景园林学会
~Society of Plant Protection 中国植物保护学会
~tallow tree 乌桕
~Town 唐人街
~Wall 万里长城
~wax 中国蜡，白蜡
~weeping-cypress 柏木
~white poplar 毛白杨
~wingnut 枫杨
~wood oil 桐油
Chinensis Atraltylodes *Atractylodes chinensis* 北苍术 / 山苍术
Chinese Abelia *Abelia chinensis* R. Br. 糯米条
Chinese Aconite/Chinese monkhead *Aconitum chinense* 乌头
Chinese Alangium *Alangium chinese* (Lour.) Harns 华瓜木
Chinese albizzia *Albizzia chinensis* 楹树
Chinese allspice *Calycanthus chinensis* 夏蜡梅
Chinese aloe/aloe *Aloe vera* var. *chinensis* 芦荟
Chinese Altingia *Altingia chinese* 蕈草 / 阿丁枫
Chinese Angelica Tree *Aralia chinensis* L. 楤木
Chinese Anise/truestar anise tree *Illicium verum* 八角 / 八角茴香

Chinese annamocarya *Annamocarya sinensis* 喙核桃
Chinese Anthocephalus *Anthocephalus chinensis auct. non* Rich ex Walp./*Neolamarckia* 团花（黄梁木）
Chinese Arborvitae/Oriental Arborvitae *Platycladus orientalis* 侧柏 / 扁柏
Chinese artichoke *Stachuys sieboldii* 草石蚕 / 甘露 / 塔菜
Chinese Ash *Fraxinus chinensis Roxb.* 白蜡树
Chinese Aspen/Chinese Poplar *Populus adenopoda* 响叶杨 / 风响杨
Chinese Astilbe/False Goat's Beard *Astilbe chinensis* 红升麻 / 落新妇 / 泡盛草
Chinese Aucuba *Aucuba chinensis* Benth. 桃叶珊瑚
Chinese azalea *Rhododendron molle* 黄杜鹃
Chinese Azalea *Rhododendron molle* 羊踯躅 / 闹羊花 / 黄杜鹃
Chinese babax *Babax lanceolatus* 矛纹草鹛 / 麻啄 / 喳啦
Chinese badger *Meles meles leptorhynchus* 獾（中国亚种）
Chinese bamboo rat *Rhizomys sinensis* 中华竹鼠 / 普通竹鼠
Chinese Bayberry/Chinese Waxmyrtle *Myrica rubra* 杨梅
Chinese Beauty Berry/Purple Beauty Berry *Callicarpa dichotoma* 小紫珠 / 白棠子树
Chinese Beautyberry *Callicarpa cathayana* H. T. Chang 华紫珠
Chinese beech/Engler beech *Fagus engleriana* 恩氏山毛榉 / 米心树
Chinese bhesa（拟）***Bhesa sinensis*** 滕柄木
Chinese birch *Betula chinensis* 坚桦
Chinese black olive *Canarium pimela* 乌榄
Chinese Bladdernut *Staphylea holocarpa* Hemsl. 膀胱果
Chinese blistering cicada *Lycorma delicatula* 斑衣蜡蝉
Chinese Blue Fountain Bamboo *Fargesia nitida* 华西箭竹（英国斯塔福德郡苗圃）
Chinese Bonsai 中国盆景
Chinese Box Thorn/Chinese Wolfberry *Lycium chinense* 枸杞
Chinese Brake/Contipedal Brake *Pteris vittat* 蜈蚣草 / 舒筋草
Chinese Brake/Huguenot Fern *Pteris multfida* 井栏边草 / 凤尾草 / 金鸡尾
Chinese bretshneider *Bretschneidera chinensis* 伯乐树 / 钟萼木
Chinese bronze mirrors 中国铜镜（中国古代一种用于照面的生活日用品）
Chinese brush 中国毛笔
Chinese brush drawing 中国水墨画
Chinese buckeye/Chinese horse chestnut *Aesculus chinensis* 七叶树
Chinese Buckthorn *Rhamnus utilis* Dencne. 冻绿
Chinese bulbul *Pycnonotus sinensis* 白头鹎（白头翁）
Chinese Bush Cherry *Prunus japonica* Thunb. 郁李

Chinese cabbage/pe-tsai ***Brassica pekinensis*** 大白菜 / 绍菜 / 结球白菜 / 黄芽菜
Chinese calligraphy 中国书法
Chinese cardiocrinum ***Cardiocrinum cathayanum*** 荞麦叶大百合 / 荞麦叶贝母
Chinese cat tiger ***Felis bengalensis chinensis*** 华南豹猫 / 查鸡虎
Chinese cat tiger ***Felis bengalensis microtis*** 华北豹猫 / 山狸子
Chinese Catalpa ***Catalpa ovata Don*** 梓树
Chinese caterpillar fungus/*tong-chong-ha-cho* ***Cordyceps sinensis*** 虫草 / 冬虫夏草
Chinese catfish ***Arius sinensis*** 中华海鲶 / 骨鱼
Chinese cedar ***Cryptomeria fortunei*** 柳杉 / 孔雀杉
Chinese cephalomappa ***Cephalomappa sinense*** 肥牛树
Chinese Chast-tree ***Vitex cannabifolia*** **Sieb. et Zucc.** 牡荆
Chinese chestnut/hairy chestnut ***Castanea mollissima*** 板栗
Chinese chinquapin ***Castanea seguinii*** 茅栗
Chinese chives/chives ***Allium tuberisum*** 韭菜
chinese christmas-bush ***Alchornea davidii*** **Franch.** 山麻杆
Chinese Chrysanthemum/Florists Chrysanthemum ***Dendranthema morifolium*** **Ramat. Tzvel.** 菊花（日本皇室象征）
Chinese cicada ***Cryptotympana atrata*** 蚱蝉
Chinese civet ***Veverra zibetha filchneri*** 大灵猫（中国亚种）/ 九江狸 / 青棕
Chinese Clover ***Lespedeza chinensis*** **G. Don** 中华胡枝子
Chinese clover /California bur clover ***Medicago hispida*** 菜苜蓿 / 草头 / 金花菜
Chinese Clovershrub ***Campylotropis macrocarpa*** **Bunge Rehd.** 抗子梢
Chinese cochlid ***Latoia sinica*** 中国绿刺蛾
Chinese coffee tree ***Gymnocladus chiensis*** 肥皂荚
Chinese coir palm/hemp palm ***Trachycarpus excelsa*** 棕榈树
Chinese copper pheasant ***Chrysolophus amherstiae*** 白腹锦鸡 / 花箐鸡（公）麻箐鸡（母）/ 铜鸡
Chinese corktree ***Phellodendron chinense*** 川黄檗 / 黄皮树
Chinese crested tern ***Sterna zammermanni*** 黑嘴端风头燕鸥
Chinese Crinum ***Crinum asiaticum*** **var.** ***sinicum*** 中国文殊兰 / 文殊兰
Chinese crossostephium ***Crossostephium chinense*** 芙蓉菊
Chinese Cryptocarya ***Cryptocarya chinensis*** 厚壳桂
Chinese Currant ***Ribes*** **var.** ***chinensis Maxim.*** 华蔓茶藨
Chinese Cymbidium ***Cymbidium sinense*** 墨兰
Chinese deciduous cypress/Chinese swamp cypress/Chinese water pine ***Glyptostrobus pensilis*** 水松 / 水莲松
Chinese desert cat/pale desert cat ***Felis bieti*** 荒漠猫 / 漠猫

Chinese Desmos ***Desmos chinensis*** **Lour.** 假鹰爪 / 酒饼叶

Chinese Diptexonia ***Diptexonia sinensis*** 金钱槭

Chinese Dogwood ***Cornus macrophylla*** **Wall.** 梾木

Chinese Dogwood ***Macrocarpium chinese*** 川鄂山茱萸

Chinese Douglas Fir ***Pseudotsuga sinensis*** 黄杉

Chinese Dove Tree/Ghost Tree ***Davidia involucrata*** 珙桐（英国斯塔福德郡苗圃）

Chinese drum/Miiuy croaker ***Miichthys miiuy*** 鮸鱼 / 敏鱼

Chinese Dwarf Cherry ***Prunus humilis Bunge*** 欧李

Chinese Eaglewood ***Aquilaria sinensis*** **（Lour.）Spreng.** 土沉香

Chinese Edible Bamboo ***Phyllostachys dulcis*** **McCl.** 白哺鸡竹

Chinese egret ***Egretta eulophotes*** 黄嘴白鹭

Chinese Elaeocarpus ***Elaeocarpus chinensis*** **（Gardn. et Champ.）Hook. f.** 中华杜英

Chinese Elaeocarpus ***Sloanea sinensis*** **（*Hance*）*Hemsl.*** 猴欢喜

Chinese Elder ***Sambucus chinensis*** 接骨草 / 陆英

Chinese Elder ***Sambucus Williamsii Hance*** 接骨木

Chinese Elm ***Ulmus parvifolia*** **Jacq.** 榔榆

Chinese Enkianthus ***Enkianthus chinensis*** **Franch.** 灯笼花

Chinese falsepistache ***Tapiscia sinensis*** 瘿椒树 / 银雀树

Chinese Fan-palm ***Livistona chinensis*** **（Jacq.）R.Br.** 蒲葵

Chinese Fasepistache ***Tapiscia sinensis*** **Oliv.** 银鹊树

Chinese Fevervine ***Paederia scandens*** 鸡矢藤

Chinese Fighazel ***Sycopis sinensis*** 水丝梨

Chinese filbert/Chinese hazel ***Corylus chinensis*** 华榛 / 小白果

Chinese fir ***Cunninghamia lanceolata*** 杉木 / 元杉

Chinese Firethorn ***Pyracantha atalantioides*** **（*Hance*）*Stapf*** 全缘火棘

Chinese Flowering Apple ***Malus spectabilis*** **（Ait.）Borkh.** 海棠花

Chinese flowering crab-apple ***Malus spectabilis*** 海棠

Chinese Flowering-quince ***Chaenomelea sinensis*** **（*Thouin*）*Koehne*** 木瓜

Chinese Forgetmenot ***Cynoglossum amabile*** 倒提壶 / 琉璃草 / 蓝布裙 / 狗尿蓝花

Chinese Fringe-tree ***Chionanthus vetusa*** **Lindl. et Paxt.** 流苏树

Chinese Gambirpiant ***Uncaria sinensis*** 华钩藤

Chinese Glossy Privet ***Ligustrum lucidum*** 尖叶女贞 / 白蜡树

Chinese Golden Larch.Golden Larch ***Pseudolarix amabilisi*** 金钱松 / 水松

Chinese goshawk/ Horsfield goshawk ***Accipiter soloensis*** 赤腹鹰 / 鹞子

Chinese Grand Crinum/Crinum Lily

Crinum asiaticum var. *sinicum* 文殊兰

Chinese Guettardella（拟）***Guettardella chinensis*** 毛茶

Chinese Hackberry *Celtis sinensis* Pers. 朴树

Chinese Hat-plant *Holmskiolida sanguinea* Retz. 冬红（帽子花）

Chinese Hawthorn *Raphiolepis indica*（L.）Liandl. 石斑木春花

Chinese Hawthorne/Red Hawthorne/Chinese Haw Berry（***Crataegus pinnatifida***）红果 / 山里红 / 山楂（乌拉圭国树）

Chinese Hazel grouse/ Severtzov's hazel grouse（**Bonasa sewerzowi**）斑尾榛鸡

Chinese Hazel/Chinese Filbert *Corylus chinensis* 华榛 / 小白果

Chinese Hemlock *Tsuga chinensis* 铁杉 / 仙柏

Chinese Herring/Slender Shad Ilisha elongata 鳓 / 曹白鱼 / 快鱼 / 白鳞鱼 / 鲙鱼

Chinese Hibiscus *Hibiscus mutabilis* L. 芙蓉

Chinese Hibiscus *Hibiscus rosasinensis* 扶桑 / 朱槿

Chinese Hickory/Cathay Hickory *Carya cathayensis* 山核桃 / 山蟹

Chinese Holly *Ilex chinensis* 冬青（丹麦国花）

Chinese Holly/Horned Holly *Ilex cornuta Lindl* 枸骨 / 老虎刺（英国萨里郡苗圃）

Chinese Honey Locust *Gleditsia sinensis* 皂角 / 皂荚树

Chinese Honeysuckle *Lonicera tragophylla* Hemsl. 盘叶忍冬

Chinese Hopea *Hopea chinensis* 狭叶坡垒

Chinese Hornbeam/turczaninow hornbeam *Carpinus turczaninouwii* 鹅耳枥 / 见风干

Chinese Horse Chestnut/Chinese Buckeye *Aesculus chinensis* 七叶树

Chinese House at Shugborough 舒巴勒庄园的中国阁

Chinese Hydrangea *Hydrangea chinensis* 华八仙（华绣球）

Chinese Hydrangea-vine *Schizophragma integrifolium*（Franch.）Olive. 钻地风

Chinese Incense Cedar *Calocedrus macrolepis* 翠柏 / 酸柏

Chinese ink 墨，墨汁

Chinese ink and wash painting 中国水墨画

Chinese ink stand 石砚

Chinese ink stand 石砚

Chinese Iris *Iris pallasii Fisch*, var. *chinensis* Fisch. 马蔺

Chinese Ivy *Hedera nepalensis* K. Kouch var. *sinensis*（Tobl.）Rehd. 中华常春藤

Chinese Ixeris *Ixeris chinensis* 苦荬菜

Chinese Ixora *Lxora chinensis* Lam. 龙船花 / 仙丹花（缅甸国花）

Chinese Jasmine *Jasminum polyanthum* Franch. 多花素馨

Chinese Juniper *Juniperus chinensis* L. 桧柏

Chinese Juniper *Sabina chinensis* 圆柏 / 桧柏

Chinese Kale/Chinese Broccoli *Brassica alboglabra* 芥蓝

Chinese Keys *Boesenbergia pandurata* 凹唇姜

Chinese Kousa Dogwood *Cornus kousa* var. *chinensis* 四照花（英国斯塔福德郡苗圃）

Chinese Kousa Dogwood *Dendrahenthamia japonica*（DC.）Fang. var. *chinensis*（*Oshorn*）*Fang* 四照花

Chinese landscape painting 山水画

Chinese Lantern Plant/Husk Tomato *Physalis alkekengi* 中国灯笼 / 酸浆

Chinese Lantern/Flowering Maple *Abutilon pictum Walp* 金铃花 / 金铃木

Chinese Larch *Larix chinensis* 太白红杉（太白落叶杉）

Chinese Larch/Hung Shan *Larix potaninii* 红杉

Chinese Lawngrass *Zoysia sinica* 中华结缕草

Chinese Leptodermis *Leptodermis oblonga Bunge* 薄皮木

Chinese Lilac *Syringa × chinensis Schmidt ex Willd.* 什锦丁香（华丁香）

Chinese Linden *Tilia Chinensis* 华椴

Chinese litse *Litsea coreana* var. *sinensis* 豹皮樟

Chinese little greens *Pterocladia tenuis* 鸡毛菜

Chinese little-leaf box tree/box tree *Buxus sinica* 黄杨

Chinese loropetalum *Loropetalum chinensis* 檵木

Chinese loropetalum/strap flower *Loropetalum chinensis* var. *rubrum* 红花檵木

Chinese Maackia *Maackia hupehensis Takeda* 马鞍树

Chinese Magnolia *Magnolia coco* 夜合花 / 烧酒花 / 夜香木兰

Chinese Magnolia/Yulan *Magnolia denudata* 玉兰

Chinese Magnolia-vine *Schisandra chinensis*（Turcz.）Baill. 五味子 / 北五味子

Chinese Mahogany *Toona sinensis*（A. Juss.）Roem. 香椿

Chinese Mahonia *Mahonia fortunei*（Lindl.）*Fedde* 十大功劳

Chinese Manglietiastrum *Manglietiastrum sinicum* 华盖木

Chinese Maple *Acer sinense* 中华槭

Chinese Matrimony-vine *Lycium chinense* Mill. 枸杞

Chinese Merganser *Mergus squamatus* 中华秋沙鸭

Chinese Monal pheasant *Lophophorus ihuysii* 绿尾虹雉 / 贝母鸡

Chinese Monkhead/Chinese Aconite *Aconitum chinense* 乌头

Chinese Mulberry *Morus cathayana* Hemsl. 华桑（葫芦桑）

Chinese muntjak/Reeve's muntjak *Muntiacus reevesis* 小黄麂 / 小麂

Chinese Narcissus/Chinese Sacred Lily *Narcissus tazetta* var. *chinensis* 水仙 / 中国水仙

Chinese national painting 中国民族绘画，中国画

Chinese New Year Flower *Enkianthus quinqueflorus* Lour. 吊钟花

Chinese Nightshade *Solanum cathaya-*

num 千年不烂心 / 排风藤 / 野番茄

Chinese Olive *Canarium album* 橄榄 / 青果

Chinese Orange-brown Barked Birch *Betula albo-sinensis* var. *septeutrionalis* 牛皮桦

Chinese Osmanthus *Osmanthus armatus* 红柄木犀

Chinese paddlefish *Psephurus gladius* 白鲟 / 象鱼

Chinese Pagoda Tree *Sophora japonica* f. *pendula* 龙爪槐

Chinese painting 中国画

Chinese painting colours 中国画颜料

Chinese painting of beautiful women 仕女画

Chinese paper 宣纸，竹纸

Chinese Paradombeya *Paradombeya sinensis* 平当树

Chinese Parashorea *Parashorea chinensis* 望天树

Chinese Parasol/Phoenix Tree/Chinese Plane Tree/firmiana *Firmiana simplex* 梧桐

Chinese Pear *Pyrus bretschueideri* Rehd. 白梨

Chinese Pear Sucker *Psylla chinensis* 中国梨木虱

Chinese Pearlbloom Tree *Poliothyrsis sinensis* Oliv. 山拐枣

Chinese Pearleaf Crabapple/Oriental crab-apple *Malus asiatica* 花红 / 沙果

Chinese Peony/Peony *Paeonia lactiflora* 芍药

Chinese Persimmon *Diospyros cathayensis* Steward 乌柿

Chinese Phoebe *Phoebe chinensis* 山楠

Chinese Photinia *Photinia serrulata* Lindl. 石楠

Chinese Photinia *Photinia serrulata* 石楠

Chinese Pine *Pinus tabula formis* 油松 / 东北黑松

Chinese Pink/Rainbow Pink *Dianthus chinensis* 石竹

Chinese Pistacia *Pistacia chinensis* 黄连木 / 楷木

Chinese Plane Tree/Phoenix Tree/ Chinese Parasol/firmiana *Firmiana simplex* 梧桐

Chinese Plum/Japanese Plum *Prunus salicina* 李 / 中国李

Chinese Plumyew *Cephalotaxaceae sinensis* 粗榧

Chinese Plum-yew *Cephalotaxus fortunei* Hook. f. 三尖杉

Chinese Podocarpus/Maki Podocarpus *Podocarpus macrophyllus* var. *maki* 小叶罗汉松 / 雀舌罗汉松

Chinese Polypodiodes *Polypodium pseudoamoenum/Polypodium amoenum* var. *chinese* 中华水龙骨 / 假友水龙骨

Chinese Poplar *Populus lasiocarpa* 大叶杨

Chinese Poplar/Chinese Aspen *Populus adenopoda* 响叶杨 / 风响杨

Chinese Poplar/Chinese Tulip Tree *Liriodendron chinensis* 鹅掌楸

Chinese porcupine/Nepalese porcupine *Hystrix hodsgoni* 尼泊尔豪猪 / 豪猪 / 箭猪

Chinese pottery 中国陶瓷

Chinese Prickly-ash ***Zanthoxylum planispinum*** **Sieb. et Zuoc.** 竹叶椒

Chinese Primrose ***Primula sinensis*** 藏报春 / 中国樱草

Chinese Primrose ***Primula sinensis Sabine*** 藏报春（中华樱草）

Chinese Privet ***Ligustrum sinense*** **Lour.** 小蜡

Chinese Privet/Glossy Privet ***Ligustrum lucidum*** 女贞 / 大叶女贞

Chinese Pulsatilla ***Pulsatilla chinensis*** 白头翁 / 老公花

Chinese Quince ***Chaenomeles sinensis*** 木瓜

Chinese R. Grande Rhododendron ***Rhododendron sinogrande*** 大叶杜鹃花 / 凸头杜鹃 / 凸尖杜鹃

Chinese Radish ***Raphanus sativus*** **var.** ***longipinnatus*** 小红萝卜 / 中国萝卜

Chinese Red-bark birch/chinapaper birch ***Betula albo-sinensis*** 红桦 / 纸皮桦

Chinese Red-bud/Chinese Red-bud ***Cercis chinensis*** 紫荆花

Chinese Redbud/Judas Tree ***Cercis*** 紫荆（属）

Chinese Redwood ***Metasequoia glyptostrcboides Hu et Cheng*** 红杉

Chinese rice grasshoper ***Oxya chinensis*** 中华稻蝗

Chinese Rose ***Rosa chinensis*** 月季 / 月月红（卢森堡国花）

Chinese rose scale ***Aulacaspis rosarum*** 月季白轮盾蚧

Chinese Rosebud/Chinese Red Bud ***Cercis chinensis*** 紫荆花

Chinese Sacred Lily/Chinese—Narcissus ***Narcissus tazetta*** **var.** ***chinensisi*** 水仙 / 中国水仙

Chinese Sassafra/Sassafra ***Sassa fras tsumu*** 擦木 / 梓木

Chinese scale ***Quadraspidiotus perniciosus*** 梨圆蚧

Chinese Schizostacyum ***Schizostacyum chinensis*** 薄竹

Chinese Scholar Tree/Japan Pagoda Tree/Japanese Sophore ***Sophora japonica*** 槐树 / 槐花树

Chinese sculptures 中国雕塑

Chinese seal cutting 中国篆刻：中国篆刻是结合书法（主要是篆书）和镌刻（包括凿、铸），来制作印章的艺术

Chinese Semiliquidamber ***Semiliquidamber cathayensis*** 半风荷

Chinese Shadblow ***Amelanchier sinica*** **Schneid. Chun** 唐棣

Chinese shadow 中国皮影戏

Chinese sharp-headed grasshopper ***Acrida chinensis*** 中华蚱蜢

Chinese Shibataea ***Shibataea chinensis*** 鹅毛竹 / 倭竹 / 小竹

Chinese Silkvine ***Periploca sepium Bunge*** 杠柳

Chinese Silver Grass ***Miscanthus sinensis Malepartus*** 悍芒（英国斯塔福德郡苗圃）

Chinese Silver-bell Tree ***Halesia macgregorii Chun*** 银钟花

Chinese Silvergrass covers ***Stipa.***

bungeana **Trinius.** 长茅草

Chinese sinobambusa ***Sinobambusa tootsik*** 唐竹

Chinese Sinofranchetia ***Sinofranchetia chinensis*** **(Franch.) Hemsl.** 串果藤

Chinese Snowball ***Viburnum macrocephalum*** **Fort.** 绣球花（斗球）

Chinese Soraca ***Saraca chinensis*** 无忧树 / 中国无忧花

Chinese Spicebush ***Lindera communis*** **Hemsl.** 香叶树

Chinese Spiraea ***Spiraea chinensis*** 中华绣线菊 / 黑铁汉条

Chinese Spruce ***Picea sinensis*** 黄杉

Chinese Spruce/Dragon Spruce ***Picea asperata*** 云杉 / 粗皮云杉

Chinese Squill/Squill ***Scilla sinensis*** 绵枣

Chinese St. Johnswort/Johnswort ***Hypericum chinense*** **L.** 金丝桃

Chinese Stachyurus ***Stachyurus chinensis*** 旌节花 / 中国旌节花

Chinese Stauntonvine/False Lychee ***Stauntonia chinensis*** **DC.** 野木瓜

Chinese Stewartia ***Stewartia sinensis*** **Rehd. et Wils.** 紫茎

Chinese Strigose Microdepia ***Microlepia sino-strigosa/M. pseudo-strigosa*** 中华鳞盖蕨 / 假粗毛鳞盖蕨

Chinese sturgeon ***Acipenser sinensis*** 中华鲟 / 腊子

Chinese sucker ***Myxocyprinus asiaticus*** 胭脂鱼 / 黄排

Chinese Sumac ***Rhus chinensis*** **Mill.** 盐肤木（五倍子树）

Chinese sumach ***Rhus chinensis*** 盐肤木

Chinese Swamp Cypress/Chinese Deciduous Cypress/Chinese Water Pine ***Glyptostrobus pensilis*** 水松 / 水莲松

Chinese Sweet-gum ***Liquidambar formosana Hance*** 枫香

Chinese Sweetleaf ***Symplocos chinensis*** **Lour.** ***Druce*** 华山矾

Chinese Tallow Tree ***Sapium sebiferum*** **L. Roxb.** 乌桕

Chinese Tamarisk ***Tamarix chinensis*** **Lour.** 柽柳（西湖柳）

Chinese Textile Bamboo ***Bambusa textilis*** **McCl.** 青皮竹

Chinese thorny bamboo ***Bambusa sinospinosa*** 车筒竹

Chinese Thorny Bamboo ***Bambusa sinospinosa*** 牛角竹 / 麻竹 / 鸡爪竹 / 刺楠竹

Chinese tiger ***Panthera tigris amoyensis*** 华南虎

Chinese Timber Chinquapin/Henry's chestnut ***Castanea henryi*** 珍珠栗 / 锥栗

Chinese Toon Tree ***Toona sinensis*** 香椿 / 红椿

Chinese Torreya ***Torreya garandis Forts.*** 榧树（香榧）

Chinese Trumpet-creeper ***Campsis grandiflora*** **(Thunb.) Loisel.** 凌霄 / 紫葳

Chinese Tulip Tree ***Liriodendron chinense*** **(Hemsl.) Sarg.** 鹅掌楸

Chinese Tupelo ***Nyssa sinensis*** 紫树 / 蓝果树

Chinese Varnish Tree/Peniculed Goldrain Tree ***Koelreuteria paniculata*** 栾树（英国萨里郡苗圃）

Chinese Viburnum/Chinese snowball *Viburnum macrocephalum* Fort. f. *keteleeri*（Carr.）Rehd. 木绣球 / 蝴蝶花

Chinese Virginia Creeper *Parthenocissus henryana* 红叶爬山虎（英国斯塔福德郡苗圃）

Chinese Walnut *Juglans cathayensis* 野核桃 / 小核桃

Chinese Wampee/Galumpi *Clausena lansium* 黄皮

Chinese water deer *Hydropotes inermis* 河麂 / 獐

Chinese Water Pine/Chinese Swamp Cypress/Chinese Deciduous Cypress *Glyptostrobus pensilis* 水松 / 水莲松

Chinese Weeping Cypress/Mourning Cypress *Gupressus funebris* 柏木 / 垂丝柏 / 香扁柏

Chinese white dolphin *Sousa chinesis* 中华白海豚

Chinese White Poplar *Populus tomentosa* 毛白杨 / 大叶杨

Chinese White Poplar *Populus tomentosa* Carr. 毛白杨

Chinese Wingnut *Pterocarya stenoptera* 枫杨 / 花树

Chinese Winter Hazel *Corylopsis sinensis* 蜡瓣花

Chinese Winterhazel *Corylopsis sinensis* 蜡瓣花 / 中国蜡瓣花

Chinese Wisteria *Wisteria* 'Caroline' '卡洛琳'紫藤（英国斯塔福德郡苗圃）

Chinese Wisteria *Wisteria sinensis*（Sims）Sweet 紫藤（英国萨里郡苗圃）

Chinese Wisteria *Wisteria sinensis* 'Blue Sapphire' '蓝宝石'紫藤（英国斯塔福德郡苗圃）

Chinese Wisteria *Wisteria sinensis* 'Prolific' 丰花紫藤（英国斯塔福德郡苗圃）

Chinese Witch Hazel *Hamamelis mollis* Olive. 金缕梅

Chinese Witchhazel *Loropetalum chinese*（R.Br.）Oliv. 中国金缕梅

Chinese Wolfberry/Matrimony Vine *Lycium chinensis* 枸杞

Chinese Wood-oil tree/Tung-oil Tree *Aleurites fordii* 油桐

Chinese Xanthoceras/Shinyleaf Yellowhorn *Xanthoceras sorbifolium* 文冠果

Chinese Yellowwood *Cladrastis sinensis* Hemsl. 小花香槐

Chinese Yew *Taxus chinensis* 红豆杉 / 观音杉

Chinese Zelkova *Zelkova sinica* 小叶榉 / 大果榉

Chinese apple *Malus pumila dulcissima* 绵苹果 / 香果

Chinesecherry/Cherry *Prunus pseudocerasus*/*Cerasus pseudocerasis* 樱桃 / 中国樱桃

Chinesegooseberry/Kiwi Fruit *Actinidia chinensis* 猕猴桃 / 羊桃 / 中华猕猴桃

Chinfir 杉属

Chinfu Mountain Square Bamboo *Chimonobambusa utilis* 金佛山方竹

Ching Manglietia *Manglietia chingii Dandy* 桂南木莲

Chinkapin/Chestnut tree ***Castanea*** 栗（属）

Chinling Mountain Fir ***Abies chensiensis*** 秦岭冷杉

Chinoiserie（法）中国式装饰艺术（18世纪中在英国盛行，如家具、糊墙纸、织造物之类）；中国艺术风格，（17—18世纪在欧洲出现的）中国风格的建筑或工艺品

chionophobous plant 嫌雪植物

chip 小片，碎片；石屑，小石片；木片，木屑；集成电路块，总片，晶片；（用凿）修琢；削，切，劈碎，碎裂

chipper 风凿（镐），凿，錾，风铲工

chipping 琢毛，錾平；削碎；铲除；修整；撒布（碎）石屑；（皮、小石）片

~bark 修整树皮

~carpet 石屑毡层

~chisel（碎）石錾

~hammer 碎石锤

~spreader 石屑撒布机

~stone course 琢石层

chippings，layer of gravel~（英）砾石层錾平

stone~ 石料錾平，石料削碎

chips，bark 树皮碎片

layer of gravel~（美）砾石层石屑（小石片）

Chir Pine/Longleaf Indian Pine ***Pinus roxburghii*** 西藏长叶松

Chiri-san 智异山（韩国）

Chitral Valley（**Pakistan**）奇特拉尔山谷（巴基斯坦）

Chittagong（**Bangladesh**）吉大港（孟加拉国）

Chittagong Chickrassy ***Chukrasia tabularis*** 麻楝

Chitwan National Park（**Nepal**）奇特旺公园（尼泊尔）

chive stalk ***Allium tuberisum*** **stalk of** 韭菜薹

Chives/Purple Onion ***Allium schoenoprasum*** 香葱/虾夷葱（美国田纳西州苗圃）

chiwei 鸱尾

chlor kalk [德] 漂白粉

chloride 氯化物

chloride soil，sodium 氯化钠土壤，盐土

chlorination 氯化

chlorkalk 漂白粉

chlorophyceae 青苔

chlorophyll 叶绿素

Chlorophytum comosum **'Variegatum'** 金心吊兰

chloroplast 叶绿体｛生｝

Chobe National Park（**Botswana**）乔贝国家公园（博茨瓦纳）

choir 圣诗班（教堂内的歌咏队）

choirmaster 圣诗（赞美诗）

chorismite 混合岩

choked gulley 阻塞的水沟

Chongqing 重庆

（**"heating stoves"**"火炉"，**"the Mountain City"**"山城"，**"provisional capital"**"陪都"）

Chongqing Municipality 重庆直辖市

Chonosuki Crab Apple ***Malus tschonoskii*** 野木海棠（英国斯塔福德郡苗圃）

choosing seedlings 号苗
chop house 小饭馆
choragic monument（古希腊）文艺纪念碑
C-horizon C 层（土），丙层（土）（由母岩风化而成的风化层）
chorochromatic map 分区，分片或分层着色图
chorography 地志学，地志
chorology 生物分布学，生物地理学
chorometry 土地测量
chose 动产
~-graded aggregate 密级配集料
~transitory 动产，流动资产
Choubusangaku National Park（Japan） 中部山岳国立公园（日本）
chresard 可用水量
christening 洗礼式
Christian architecture 基督教建筑
Christian Church Castle（Ghana）克里斯琴博堡（加纳）
Christina Loosestrife ***Lysimachia christinae*** 过路黄 / 路边黄 / 金钱草 / 遍地黄
Christianity 基督教
Christmas Cactus ***Schlumbergera bridgesii*** 仙人指 / 绿蟹爪
Christmas Cactus/Crab Cactus ***Zygocactus truncactus*** 蟹爪兰（蟹爪莲，蟹爪）
Christmas Cherry/Jerusalem Cherry/Winter Cherry ***Solanum pseudocapsicum*** 冬珊瑚 / 吉庆果
Christmas Fern ***Polystichum acrostichoides*** 圣诞耳蕨（美国田纳西州苗圃）
Christmas Flower/Poinsettia ***Euphorbia pulcherrima Willd. ex Klotzsch*** 圣诞花 / 一品红 / 猩猩木
Christmas Island 圣诞岛
Christmas Island frigatebird ***Fregata andruwsi*** 白腹军舰鸟
Christmas Rose/Black Christ hellebore ***Helleborus niger*** 嚏跟草 / 大白花铁筷子（英国斯塔福德郡苗圃）
chroma 彩度
chromaticity 色度；色彩质量
chromatics 色彩学，彩色学
chromatology 色彩学，色彩论
chrome 铬
chrome-containing wastewater 含铬废水
chromium 铬
~pollutant 铬污染物
chronic pollution 长期污染
chronicle 记录，记事，叙述；记载，大事记；编年史；记录
chronograph 计时器
chronological 编年的；年代学的；按时间（年、月、日）顺序的
~series method 时历法（长系列操作法）；时间序列；连时序法
~tabulation 资料年表
~time scale 地层时序表
chronology 年代学
chronometer 天文钟，航海时计；精密时计
chronotropic deceleration 时限减速
Chrysanthemum gall midge ***Diarthronoyia chrysanthemi*** 菊瘿蚊
Chrysanthemum leaf miner ***Lyonefiide*** **sp.** 菊潜叶蛾
Chrysanthemum leafminer ***Phytomyza***

albiceps 菊潜叶蝇

Chrysanthemum longicorn beetle *Phytoecia rufiventris* 菊小筒天牛 / 菊虎 / 菊天牛

Chrysanthemum snout moth/Pyralids 菊花螟蛾（鳞翅目螟蛾科 Pyralidae 的一种）

Chrysanthemum stone mine 菊花石矿

Chrysanthemum/Mum *Dendranthema morifolium* 菊花

Chrysocolla 硅孔雀石

Chu Culture 楚文化

Chuanshan Prickleyash *Zanthoxylum piasezkii* 川陕花椒 / 大金花椒

Chuanxiong Ligusticum *Ligusticum chuanxiong* 川芎 / 穹穷

Chukar Partridge/Chuckar *Alectoris chukar* 石鸡 / 朵拉鸡 / 红腿鸡 / 嘎嘎鸡（巴基斯坦、伊拉克国鸟）

Chu-lan Tree/Pearl Orchid *Chloranthus spicatus* 金粟兰 / 珍珠蓝 / 朱兰

Chu-lan Tree *Aglaia Mdorata Lour* 米仔兰

Chua 寺庙（越南）

~But Thap 笔塔寺（越南）

~Can 桥寺（越南）

~Keo 乔寺（越南）

~Kim Lien 金莲寺（越南）

~Mot Cot 独柱寺（越南）

~Pphat Tich 佛迹寺（越南）

~Pho Minh 普明寺（越南）

~Tay Phuong 西方寺（越南）

~Thay 师庙（越南）

~Tran Quoc 镇国寺（越南）

Chub mackerel/Japanese mackerel *Pneumatophorus japonicus* 鲐鱼 / 鲐巴鱼 / 青花鱼

Chum salmon *Oncorhynchus keta* 大马哈鱼

Chun Spicebush *Lindera chunii* 鼎湖钓樟 / 白胶木 / 江浙钓樟

Chung Bambusa *Lingnania chungii* McCl. 粉单竹

church 教堂，礼拜堂

~house 教区非宗教性活动房

~of the Ascension Day 基督教升天教堂

~of Duomo（Italy）杜莫主教堂（意大利）

~of Hagia Sophia（Turkey）圣索菲亚教堂（土耳其）

~of Our Lady（Belgium）圣母玛利亚教堂（比利时）

~of Santa Maria Gloriosa dei Frari（Italy）费拉里圣玛利亚格洛里奥萨教堂（意大利）

~of the Holy Cross 圣十字教堂（美国）

~of the Holy Family（Singapore）神圣家族教堂（新加坡）

~of the Holy Sepulchre（Israel）圣墓教堂（以色列）

Church，Thomas 托马斯·丘奇，美国风景园林师

Church Lily/White Trumpet Lily/Easter lily *Lilium longiflorum* 麝香百合 / 铁炮百合

churchyard 教堂庭园；教堂墓地

Churrigueresque architecture 大量装饰的巴洛克式建筑（18 世纪前西班牙）

Churrigueresque style（17 世纪后期~18 世纪初期西班牙）邱利格拉式

chute 急流槽；跌水槽；斜槽，立槽，滑槽；滑道；陡坡；用斜槽进料
~and funnel 滑槽斗，槽斗联合装置
~feeder 斜槽进料器
chuting 斜槽运输，用滑槽运料
~concrete 用滑槽运送混凝土
~plant 斜槽运料设备
~system 斜槽装料系统
CIAM（**Congres Internationaux d'Architecture Moderne**）国际现代建筑协会
Cicadas（**leafhoppers**，**planthoppers**）蝉类[植物害虫]
Cicadas of lawn 草坪叶蝉类（***Tettigoniella viridis*** 大青叶蝉 /***Tettigoniella fascifrons*** 二点叶蝉 /***Empoasca flavescens*** 小绿叶蝉 /***Empoasca biguttula*** 棉叶蝉 /***Nephotettix cincticeps*** 黑尾叶蝉 /***Erythroneura subrufa*** 白翅叶蝉）
cicus（圆形的）马戏场，杂技场，（古罗马的）竞技场，（英）十字路口的圆形广场，环形广场，环行交叉口
Cider Gum/Gunnii ***Eucalyptus gunnii*** 古尼桉（英国萨里郡苗圃）
cienega 沼泽（潜水面与地面一致或接近地面的地区），地表地下水
Cigar Flower ***Cuphea ignea*** **A. DC.** 萼距花 / 雪茄花
cigarette factory 卷烟厂
cigarette-marking factory 卷烟厂
cilantro（**fresh**）**/coriander**（**its dried ripe seed**）***Coriandum sativum*** 香菜 / 芫荽
cimolite 水磨土{地}
cinder 渣，煤渣，炉渣，煤屑；火山渣，矿渣；[复]灰烬
~block 煤渣砌块，煤渣砖
~brick 炉渣砖
~concrete 炉渣混凝土
~-path 煤渣路，煤渣小路
~road 煤渣路，煤屑路
~track 煤渣跑道
cindering work 摊铺煤渣，铺渣工程
cinema 电影院，电影工业
cinemascope screen 立体银幕
Cineraris/Florists Cineraria ***Senecio cruentus*** 瓜叶菊
Cineraria cruenta **grey mold** 瓜叶菊灰霉病（***Botrytis cinerea*** 灰葡萄孢霉）
Cineraria cruenta **virus disease** 瓜叶菊病毒病（病原初步认为是病毒）
cinerator（垃圾）焚化炉；火葬，火葬场
Cinereous vulture ***Aegypius monachus*** 秃鹫 / 坐山雕
Cinnabar Cuphea/Cigar Flower ***Cuphea miniata*** 雪茄花 / 米红萼距花
cinnabar ink paste used for seals 朱砂印泥
Cinnamom/Cassia Bark Tree ***Cinnamomum cassia*** 肉桂
Cinnamomum scale 太平树盾蚧（同翅目盾蚧科 ***Diaspididae*** 的一种）
cinnamon 樟属植物
Cinnamon Fern ***Osmunda cinnamomea*** 分株紫萁（美国田纳西州苗圃）
Cinnamon flounder ***Pseudorhombus cinnamomeus*** 桂皮斑鲆 / 花点鲆
cinnamon soil 褐土
Cinnamonleaf Maple ***Acer cinnamomifo-***

lium 'Hayata' 樟叶槭
Cinnamon-leafed Viburnum ***Viburnum cinnamomifolium*** 樟叶荚蒾（英国萨里郡苗圃）
Cinnanmon Cactus ***Opuntia microdasys*** **var.** ***rufida*** 褐毛掌
cinquecento 16 世纪意大利艺术
~architecture 意大利文艺复兴时期的建筑（16 世纪）
cinquefoil 五叶饰
Cinquefoil ***Potentilla fruticosa*** **'Elizabeth'** '伊丽莎白' 金露梅（英国斯塔福德郡苗圃）
Cinquefoil ***Potentilla fruticosa*** **'Goldfinger'** '金手指' 金露梅（英国斯塔福德郡苗圃）
Cinquefoil ***Potentilla fruticosa*** **'Princess'** '公主' 金露梅（英国斯塔福德郡苗圃）
Cinquefoil ***Potentilla fruticosa*** **'Red Ace'** 红色王牌委陵菜 / 红色王牌金露梅（英国斯塔福德郡苗圃）
cintinuouse house 联排式多户住宅
cipolline 意大利产的白花和绿花大理石
circadian rhythm 生理节奏周期性，昼夜节奏周期性
circle 圆，圆周；圆状物，圈，环；周期；环形交叉口；圆形场地；（仪器的）度盘；范围；环绕，环行
~brick 弧形砖
~chart 圆形图
~coordinates 圆坐标
~drawbar（平地机等）转盘牵引架
~graph 圆形图
~line 弧线
~network 环形网络
~of curvature 曲率圆
~setting 度盘位置｛测｝
~sprinkler 环动喷灌器，摇臂式喷灌器
~sweep（英）弯道环形交叉口
~swing 全圆回转的；全圆读数的
~system 环式（道路）系统
turning clearance~（英）转弯净空环形交叉口
vehicle turning~ 车辆转弯环形交叉口
Circling Dragon Bridge，Tongdao 通道回龙桥（湖南省）
circuit 环路；电路，线路｛电｝；环行；巡回（路线），迂路；环线｛测｝；范围
~path（美）环行人行路，环行小路
~railroad 环行铁路
~road 环形道路，环路
~style court 回廊式庭院
~trail（美）环行临时道路
~trail system（美）环行临时道路网
~walk system（美）环行人行道网
riding~ 乘车环行，骑马环行
circuitous 迂回线路的
circular 通报，传单；圆的，圆形的；环行的；巡回的，循环的
~arc 圆弧
~bench 环行护道，圆工作台，圆底层平台，圆形阶地
~chart 圆形图，扇形图
~cofferdam 圆形围堰
~curve 圆曲线
~dome 圆穹顶，圆屋顶
~motion 圆周运动
~Mound Altar（Beijing，China）圜丘

（中国北京天坛）
~road 环路
~road system 环形道路系统
~pathway（英）环形小路
~pathway system（英）环形小路网
~pierhead 圆形码头
~planting 环形种植，环植
~stairs 圆楼梯
~street 环路，环行街道
~system of locomotive running 循环运转制
~thoroughfare 环形通道
~track test 环道试验
~valve 环闸
~voided concrete slab 圆孔空心混凝土板

circulating 流动的，通行的，循环的
~assets 流动资产，流动资本
~capital 流动资金，周转资金
~pipe 循环管
~pump 循环泵
~real capital 动产，流动资产
~system 循环系统
~water 循环水，环流水

circulation（城市中人、物、能源、信息等的）循环，循环系统，环流；流通；环路
~area（人行道）转角通行面积
~capital 流动资产
~design 流线设计
~flowline 环行流线，回流流线
~map 路线图
~ network system 流通网络系统
~network 流动网状系统（指公路、运河）脉络；广播网（电视网）
~of traffic 交通流畅，交通运转，交通路线
~of water 水循环
~pattern 流通模式
~period，autumn 秋季环流期
~period，spring 春季环流期
~plan 路线图
~plan，pedestrian 行人路线图
~return 循环回水{环卫}
~return pipe 循环（水）回水管
~space 流通地区，流通面积，通路
~supply pipe 循环（水）给水管
~system 交通系统
~water 循环水
pedestrian~ 行人流动

circulator clarifier 水力循环澄清池

circumferential 环形的，环状的
~highway 环状公路
~road 环路
~street 环形公路，环路

circumscription 限界，界线；外接；范围，区域

circumstance [复]（周围的）情况，环境；（事情的）详情，细节

circumvallation 防御墙，壁垒，城堡

cirque 山凹；冰坑、冰斗，冰川

cirque glacier 冰斗冰川

cirrocumulus 卷积云；絮云{气}

cirrostratus 卷层云{气}

cirrus 卷云{气}

Cissampelos *Cissampelos pareira* 锡生藤/亚乎奴/亚红龙

Cissus rhombifolia 白粉藤

cistern 蓄水池，贮水池，贮水器，水塘，水池，水塔

citadel 城堡；避难所，根据地，大本营

~of Saladin 萨拉丁城堡（埃及）(叙利亚）
Citadelle Du Roi Henry Christophe
（**Haiti**）亨利·克里斯托夫城堡（海地）
cite 引证，引用，例证
~a case 举例
citied 有城市的，似城市的
cities and towns 城镇
citify 城市化，城镇化
citizen 市民；公民，人民；平民（城市）居民，市民
~-band（专供私人无线电通信用的）民用波段
~hall 市民会馆，市民会堂
~participation（美）公民参与
~pressure group（美）公民强制团体
~'s charter 市民宪章
~'s participation 民众参与（指市民对城市规划参与决策）
~'s square 公共集会广场，市民广场，人民广场
citrine 柠檬黄色
citrine pleurotus ***Pleurotus citrinopileatus*** 金顶侧耳 / 榆黄菇
citron [植] 香木橼，圆佛手柑
Citron ***Citrus limonia*** **var.** ***Meyer-slemon*** 香圆（香黎檬）
Citron ***Citrus medica*** 枸橼 / 香橼
Citron Daylily ***Hemerocallis citrina*** 黄花菜 / 金针菜
Citrus 柑橘属
Citrus aphid ***Aphis citricola*** 锈线菊蚜
Citrus blue mold 柑橘青霉病（***Penicillium italicum*** 意大利青霉）
Citrus mealybug/Common mealybug ***Planococcus citri*** 橘臀纹粉蚧

city 都市，城市；市，城镇
~aesthetics 市容
~agglomeration 城市群（城镇群）
~air blanket 城市空气覆盖层，城市热空气层
~and country 城乡
~approach highway 城市出入口公路
~appearance 市容
~archetype 城市原型
~architecture 城市建筑
~area 市区
~beautification（英）城市美化
~beautiful 美丽城市（由 19 世纪末期至 20 世纪初期美国城市运动）
~Beautiful movement（美）城市美化运动
~blight 城市衰落
~block 城市街区；坊
~block distance 街区距离
~-bound traffic 辐射形的交通
~boundary 市界
~brige 城市桥，城市桥梁，市区桥
~bus 城市公共汽车
~bye-law（英）城市地方法规
~center（美）市中心，城市中心
~centre precincts（英）城市中心辖区
~charter 城市宪章
~classification 城市分类
~climate 都市气候，城市气候
~cluster 城市群，城市组团
~community 城市社区
~constitution 城市组成
~detailed planning 城市详细规划
~council 市参议会
~culture 城市文化，城市文物

~development 城市开发，城市发展
~district 市辖区，市区
~district planning 城市分区规划（中国）
~driving 城市驾驶，市区行车
~dweller 城市居民
~'s economic region 城市经济区
~elologincal system 城市生态系统
~ecosystem 城市生态系统
~edge 城市边缘
~enterprise 城市企业
~environment 城市环境
~environmental pollution 城市环境污染
~environmental protection 城市环境保护
~environmental quality 城市环境质量
~environmental quality assessment 城市环境质量评价
~environs, central（美）市中心近郊
~-establishing 设市模式
~-establishing planning 设市规划
~expansion 城市扩张，城市膨胀
~feature 城市特色
~flower 市花
~fog 城市雾
City for Touring on the Sea 海上旅游城
~form 城市形态
~freeway, inner（美）市内高速公路
~function 城市职能
~garden 城市园
~gas 城市煤气
~gas supply system 城市燃气供应系统
~gate 城门，城市入口协议
~gate tower 城门楼
~green activity agreement 城市绿化公约
~green belt 城市绿带
~green space norm 城市绿地指标
~group 城市群，城市组团
~-hall 市政厅，市政府，大会堂
City Hall 市政大厅（亚的斯亚贝巴）
~heating 城市供热
~hinterland 城市腹地
~hot water supply 城市热水供应
~hotel 市区旅馆，市中心旅馆
~hygiene department 市卫生部门
~image 城市形象
~improvement 城市改善，城市改造，城市改建
~in Evolution 演化中的城市
~landscape 城市景观
~lay-out 城市规划，城市布局
~layout 城市布局
~limits 市区范围
~management 城市经营，城市管理
~manager 市长
~master plan 城市总体规划
~moat 护城河，城濠
~model 城市模式
~motor bus 城市大客车，公共汽车
~motorway, inner（英）市内汽车（专用）路
~network 城区网络，城区电力系统，城区电网
~noise 城市噪声
City of Gold Coast 黄金海岸城
~of historical cultural 历史文化名城
~of London 英国伦敦的商业区
~of many-sided industrial 综合性工业城市
~of standard urban structure 标准结构城市，标准城市结构，标准型城市
City of Stockholm 斯德哥尔摩市政厅

City of Stone（Nanjing，China）石头城（中国南京市）
City of the Dead 死城
~operation 城市经营，城市管理
~ordinance（美）城市法令
~outskirts 城市郊外
~-owned utilities 城市公用事业
City Palace 城市宫
~panorama 城市全景，城市景观
~park 城市公园
~park，inner（美）市内公园，市内小公园
~parking lot 市内停车场
~pattern 城市体型，城市格局
~periphery 城市周边
~plan 都市计划，城市平面图
~planner（美）城市规划者（师）
~planning（美）城市规划，市场计划
~planning administration 城市规划事业管理，城市规划行政，城市规划管理
~planning administration bureau 城市规划管理局
~planning area 城市规划区，规划面积，城市规划法定的地区
City Planning Association 城市规划协会
City Planning Association of Japan（简写 CPAJ）日本城市规划协会
City planning commission 城市规划局，城市规划委员会
~planning implementation 城市规划实施
~planning investigation 城市规划调查
~planning law 城市规划法
City Planning Law，People's Republic of China 中华人民共和国城市规划法
~planning management 城市规划管理
~planning management 城市规划图，城市规划用地图
~planning outline 城市规划纲要
City Planning Regulations 城市规划条例
~planning standard 城市规划标准
~police operation 城市型运行
~pollution 城市污染，城市公害
~proper 城区，市区
~railway 城市铁路
~rebuilding 都市重建
~redevelopment 城市改建，城市改造
~region 城市区域
~regional planning 市域规划
~road 城市道路
~road classification 城市道路分级
~'s residential 城市居民
~sanitation 城市环境卫生
~sanitation measures 城市环境卫生设施，城市环境卫生措施
~scape 市景，市容，城市景象，城市景观，城市风貌
~scenery 城市风景，城市景色
~service 公用事业；市内运输
~sewage system 城市排水系统
~sewer 城市下水道
~siting 城市选址
~size 城市规模
~square 城市广场
~-state（古希腊的）城邦，城市国家
~town statues（英）城市法令
~street 市街，城市街道
~strip 城市带
~structure 城市结构
~-suburban route 市区 - 郊区线路
~-suburban test 市区 - 郊区行驶试验

~surroundings, central（美）城市中心环境
~survey 城市测量
~system 城市道路网，市级道路系统
~telephone 市内电话
~terminal 城市航空港，城市港口，城市终点站、枢纽站
~thoroughfare 城市干道
~-town system 城镇体系
~traffic 市内交通，城市交通，市内运输
~traffic driving 市区行车，市区驾驶
~traffic survey 城市交通观测，城市运量调查
~transport 市内运输，城市运输
~transportation 市内运输，城市运输
~tree 市树
~trench 城濠
~wall 城墙
~water 城市给水，自来水
~with a static population 人口停滞增长的城市
~zoning ordinance 城市土地区划管制条例
center~（美）中心城市
central~（大都市）中心区，中心城市（美国），城市中心，市中心
ever bright~ 不夜城
fun~ 游乐城（美国）
garden~ 园林城市，花园城市
global~ 国际城市
greening of the~ 城市绿化
hygienic~ 卫生城市
industrial~ 工业城市
inner~ 内城区（美国）
intellectualized~ 智能化城市
key~ 中心城市
landscape~ 山水城市，园林城市
mature~ 老城市；定型城市
nature close to the~ 城周自然环境
national hygienic~ 国家卫生城市
ocean~ 海洋城市
old part of a~ 城市旧区
open~ 不设防城市
out-~ 市区外的，农村的
outer~ 郊区（美国）
parent~ 母城（城市规划用），原有城市
post~ 后（期）城市
resort~ 度假修养城市
satellite~ 卫星城市
secondary~ 次级城市
surrounding region of a~ 城市周围地区
tourist resort~ 旅游休养城市
citynik 都市迷
cityowned utilities 城市公用事业
cityscape 城市风景（景色），城市景观，城市风貌，城市景象
civic 市的，城市的；市民的，市镇的，公民的
~activity 文娱活动
~architecture 城市建筑，民用建筑
~area 城市用地，城市部分
~art 城市建筑艺术，都市艺术，城市艺术
~building 城市房屋，市政建筑
~center 文化中心，文娱中心，市政中心，市中心
~center area 城市中心区
~centre 全市公共活动中心，市中心
~defence planning 城市人防规划
~design 建筑群体设计，城市设计

~improvement 城市修补
~landscape 城市景观
~plazas 城市广场
~reform 城市改革
~reform movement 城市改革运动
~site 市民，场所，城市位置
~survey 城市（规划）调查，城市勘察
~survey map 城市（现状）调查图
civics 市政学
civil 民用的；市民的，公民的；国内的；民事的；文明的；文职的，文官的；土木（学）的
~air defence basement 人民防空地下室
~air-defence planning 城市人防规划
~air defence works 人防工程，人民防空工程
~air-port 民用机场
~air regulation（简写 CAR）民航条例
~architect 民用建筑师
~architecture 民用建筑
~aviation 民用航空
~building 民用建筑
~building engineering 民用建筑工程
~construction 市政建设
~construction facilities 市政建设设施
~defense planning 城市人防规划
~defence sign 人防标志
~engineer 土木工程师
~engineering 土木工程，土木工程学
Civil Engineering 土木工程（美期刊名）
Civil Engineering and Public Works Review 土木工程与公共建筑综论（英期刊名）
~engineering department（英）城市（工程）技术部门
~engineering fabric；geo-textile 土工织物
~engineering procedure 土木工程程序
~Engineering Works，General Conditions of Government Contracts for Building and（英）工程技术工作建筑合同管理条款总则
~hospital 地方医院
~infrastructure system（简写 CIS）土木基础设施系统
~law 民法
~minimum 城市生活设施最低水平
~service 文官（职务）；行政事务
~time 常用时，民用时
~work 土建工程
civilian 平民，人民
~construction 民用建筑
~map 民用地图
Civilian Conservation Corps 公民维护资源团
civilization（或 civilisation）文明，文化
Clubmoss/Common Clubmoss ***Lycopodium japonicum*** **/*L. divaricatum*/*L. clavatum*** 石松 / 伸筋草 / 鹿角草
clad 覆盖；被……覆盖的
cladding 镶面，表面处理，敷涂，包壳，覆盖层
~material 墙面材料，镶面材料，敷涂材料
Cladosporium damage of *Paeonia suffruticosa* 牡丹红斑病（***Cladosporium paeoniae*** 芍药枝孢霉）
claim 要求，主张，声称；申请地权；要求赔偿，索赔

~for damages 货运索赔
~for default 对违约的索赔
~gamesmanship 申报，标价，手段
~indemnity 索赔
~of damage 要求赔偿损失
~rejected 拒赔
~'remedial construction（美）维修建筑物的要求
~to order 记名债权
remedial works~（英）维修工作要求
claims, further 长远要求
clamatic condition 气候条件
Clammy Hopseedbush ***Dodonaea viscosa*** 车桑子 / 山相思
clan settlement 氏族聚落
claoxylon ***Claoxylon polot*** 白桐
claret 紫红色
clarification 净化，澄清，澄清（法）净化；说明，解释
~bed 沉淀池，滤水池
~of design/planning brief（英）设计 / 规划简要说明
~of sewage 污水净化
~tank 澄清池，净化池
clarified water 净化水
clarifier 澄清池，净化地
Clarkia/Pink Fairies/Mountain Garland ***Clarkia elegans*** 山字草
Clary Sage ***Salvia sclarea*** 南欧丹参 / 明目
clash（颜色等）不调和
~of colours 色彩的不调和
class 等级，组；种类；（社会）阶级；（年）级，班（级）；分类，分级，定级
~index 类指数
~interval 组距
~mark 组中值
~mean 组平均值，中值
~mid-point 组中点
~mid-value 组中值
~of buildings 建筑等级，建筑类别
~of highway 道路等级
~of pollution 污染等级
~of port engineering structure 港口水工建筑物等级
~of soil materials（美）土壤材料种类
~Ⅰ tests Ⅰ级分类试验
~Ⅱ tests Ⅱ级分类试验
~Ⅲ tests Ⅲ级分类试验
quality~（美）品质等级
soil~（英）土壤分类
use~（英）用法分类
classic 名著，经典著作；文豪，经典作家；古典的；模范的
~architecture 古典（式）建筑
~design method 古典设计法
~（public）garden 名胜古典（公）园
~ground 文艺胜地，古迹
~myth 希腊罗马神话
~revival 古典复兴式（15 世纪的雕刻和 19 世纪的绘画）
~style 古典式建筑
classical 古典的，经典的；正统派的
~architectural order 古典样式
~architecture 古典建筑，古典（式）建筑，古典主义建筑
~Chinese garden 中国古典园林
~Chinese painting on silk 中国古代帛画

~economics 古典经济学
~gardens of Shzhou 苏州古典园林
~order 古典柱式
~revival architecture 古典复兴建筑
~theory 经典理论
~garden 古典园林
Classical Revival 古典复兴式，新古典风格
classicism 古典主义
classification 分类，分等，分级；等级
~by broad economic categories 按经济大类分类
~by industry group 按工业部门分类
~by kind of economic activity 按经济活动分类
~by region 按地区分类
~by size 按规模大小分类
~by type of ownership 按所有制形式分类
~chart 分类图
~declaration 分类说明
~method 分类法
~of age 按年龄分类
~of agriculture branches 农业部门分类
~of branches of national economy 国民经济部门分类
~of building 房屋分类
~of city 城市分类
~of data 数据分类
~of economic units according to sectors 经济单位按部门分类
~of heaving property of frozen soil 冻土的冻胀性分类
~of highways 公路分类，公路等级
~of industrial enterprises 产业企业分类
~of industrial wastewater 工业废水分类
~of industry branches 产业部门分类
~of land use 用地分类
~of land-use 城市用地分类
~of plant 植物分类
~of pollutant 污染物分类
~of river 河流分类
~of rivers and streams 河流分类
~of roads 道路分类
~of settlements 聚落分类
~of soil materials 土料分类
~of soils 土的分类
~of traffic 交通分类
~of urban road 城市道路分类
~of urban funtions 城市职能分类
~statistics 分类统计
~test 分类试验
~track 调车线
~yard 调车场（铁路）编组（场）站
age~时期归类
complexity rating~（英）组合特性类别
construction soil~施工土分类
Land Capability~（美）地力分类
Land Use Capability~（英）土地使用能力分类
phytosociological~植物社会学分类
soil~土选分
classified 分类的，分等级的
~highway 等级公路
~population 职业人口
~road 等级道路
Clasterosporium shot hole of Prunus 碧桃霉斑穿孔病（***Clasterosporium carpophilum*** 嗜果刀孢霉）
clastic weathered crust 碎屑型风化壳

clause 条款，款项；子句，短句
~basic specification（英）基本载明条款
~riders 补充条款
escaltion~有伸缩性的条款
price-revision~价格修正条款
clay 黏土；泥土；白土{化}
~anchor 黏土锚定
~ball 土团，土块
~band 黏土夹层
~binder 黏土结合料
~blanket 黏土封层
~-bound macadam 泥结碎石路面
~-brick 黏土砖，砖坯
~-cement grouting 黏土水泥灌浆
~content 黏粒含量
~grouting 黏土灌浆
~-humus complex 泥土腐殖质综合体
~lining 黏土衬
~loam 黏壤土
~mineral 黏土矿物（即胶体矿物）
~paving，baked（英）烘黏土路面
~pipe 瓦管，陶（土）管
~pipe，vitrified（美）釉黏土筒，上釉黏土导管
~pit 黏土坑
~product 黏土质材料
~seal 黏土封水层
~sealing 黏土封闭
~sealing layer 黏土封闭层
~slurry 黏土稀浆
~slurry jacket（沉井）泥浆润滑套
~soil 黏土
~tile 黏土瓦
abysmal~深海黏土
activated~活性白土
bloated~（英）膨胀黏土
bloating~胀性（黏）土（一种拌制混凝土用的轻集料）
boulder~泥砾（层），冰砾泥，冰川泥；粗砾泥
expanded~膨胀黏土
expanding~膨胀（性）黏土
fat~肥粒土，富黏土，重黏土
gault~重黏土，泥灰质黏土
glacial-lake~冰川湖黏土
glass-pot~陶土
lake~湖泥
loamy~壤土（质）黏土
poor~贫黏土，瘠黏土
porcelain~瓷土
pot~陶土
red~红黏土
refractory~耐火黏土
salt~盐土{地}
sand~砂土（砂和黏土混合物）；砂黏土
soil improvement with~黏土改良土壤
translocation of~黏土移位
clay sculpture 泥塑
clayey 黏土质的，带黏土的，黏土似的
~aquitard 黏土隔水层
~gravel 带土砾石
~loam 黏壤土
~sand 砂壤土，粉土
~silt 黏质粉土
~soil 黏（土）质土，黏土类土
~strata 黏土层
claypan 隔水黏土层，黏磐
clean 清除，弄清洁；清洁的，干净的；无瑕疵的；无杂质的；没有节疤的

（指木材）；[副]完全；巧妙；干净
~air 洁净空气
Clean Air Act 洁净空气法
~air area 净化空气范围（区）
~air plan 净化空气规划
~away 擦去
~bench 洁净工作台
~bill 光票{商}
~booth 移动式洁净小室
~-cut 正确的，明确的；轮廓鲜明的；加工光洁的；光洁木板的
~-cut timber 光洁木板
~deal 光洁木板
~down 清扫，刷下
~-down capability 自净时间
~energy 无公害能量
~felling 清除砍伐
~gravel 清除砾石，清除卵石
~oils 轻质石油产品（如汽油，煤油）
~operating department 洁净手术部
~out 清扫口；除尽，扫清
~-out auger 清孔钻
~out openning；cleaning hole 清扫孔
~proof（校对）清样
~ Rivers Estuaries and Tidal Waters Act 1960 净化河流（港湾与潮水）条例
~room 洁净室
~steel 纯钢
~summer fallow 夏季休闲（地）
~technology 巧妙的工艺学；技术熟练的生产技术
~timber 无结疤的木料
~-type ventilation 清洁式通风
~up 清扫；整理；改正
~Water Act 1972（美）1972 净化水条例
~working area 洁净工作区
~working garment 洁净工作服
~workshop 洁净厂房
~zone 洁净区
cleaning 清洁，扫除，净化，洗煤
~cock 排污龙头
~ditches 清理边沟
~eye 清洁眼睛，清除眼孔
~of a cavity 空腔清洁，空穴清除，型腔清理
~of coal 洗煤，选煤
~of sand areas 型砂表面清理，粗矿石表面清理
~out（英）清除外部
~plant 洗煤厂，选煤厂，洗选厂
~strainer 过滤器，滤池
~up 收拾干净
~up planted areas（美）清理厂矿（车间，工场）区
cleanliness 洁净度，清洁（度）
~class100 洁净度 100 级
cleanliness recovery characteristic 自净时间
ditch~ 明沟清理，槽清理
cleanout（美）清扫，清除，弄光，扫除干净，清除口，清理孔
~chamber（美）清理（小）室，清理腔，清理箱（盆），清理容器
~pipe，drain（age）（美）清理排水管
~pipe，earth-covered drain（age）（美）清理地下排水管
cleanroom 洁净车间

cleanse 使纯洁，使纯净，弄清洁；澄清
cleanser 清净剂；滤水器；擦亮粉；清洁工人
cleansing and waste disposal，public~（英）公众净化与排除废弃物
cleansing 清洁，清除，除伐（林）
Cleansing Heart Pavilion（**China**）洗心亭（中国）
cleanup 扫除；肃清
~，water（美）水净化
clean-up 清扫，清除，净化；整理
~，ditch（英）明沟清扫
~，ditch（美）明沟清扫
~，late（英）后期整理
~，late（美）后期整理
~，water（英）水净化
clear 晴朗的；清楚的；无障碍的；透明的；空隙，空间；中空体内部尺寸；清除；晴；澄清，弄明白；理清；扫除；归零，清机{计}[副]清楚地；离开；一直，完全
~area 有效截面（积）；安全道；清除区，空白区，清洁区，无碍航区零区{计}
~away 清除，排除；擦去
~band 清洁区
~coating 透明涂面{建}
~-cut 轮廓鲜明的；确定的
~cutting（美）清理路堑
~cutting area（美）路堑区清理
~cutting system（美）路堑清理系统
~distance 净空
~felling 清理砍伐
~felling area（英）清理砍伐区
~headroom 净高
~headway 净高
~headway of bridge 桥下净高，桥下净空
~height 净高，桥下净高
~lacquer 透明漆
~of goods 报关
~off 清除
~opening 净空
~out 清除，排除
~sky 全晴天天空，晴空，晴天
~space 净空间；空地
~spacing 净间距
~span 净跨
~system（英）清理系统
~the river water 使河水变清
~the site 清除场地
~the way 开路，扫除障碍
~water 清水
~-water basin 清水池
~-water reservoir 清水池
~water tank 清水池
~waters 开敞水域
~way（英）快车道，高速道路，高速干道（全部立交并限制进入）
~width 净宽
~zone 净空带
Clear-wing moths 透翅蛾类[植物害虫]
clearance 净空；间隙；余隙；清除；清车时间；（海关）放行，出港证
~above bridge floor 桥建筑限界
~after project completion，urban 工地竣工后清理
~and redevelopment，urban（美）城市的清理和重建
~area 清理地区，拆迁地区，应拆（除

的）居住区
~headway 桥下净高
~height 净高
~herb formation 除草系统
~herb vegetation 清除草本植物
~limit 规划建筑线，建筑接近限界，清拆界线，规划建筑线
~line 净空线
~loss 净空损失
~marker 净空标志
~of highway 公路建筑限界
~of span 净跨，桥下净空
~of tunnel 隧道建筑限界
~of unwanted site material 无用场地，设备清除，无用场地物质清除
~of unwanted spontaneous woody vegetation 有害自然木本植物的清除
~operation 清拆作业
~radius 净空半径
~space 清理场地
~space for vehicles 清理运输工具场地
~time 车辆通过时间
~under bridge；clearance under bridge super structure 桥下净空
~width 清理广度，清理宽度
block~街区清理
clear-cutting method~（美）清理路堑法
hedgerow~灌木树篱清除
land~（美）地面清理
landscape~（英）风景障碍排除，景观障碍排除
site~现场清理，工地障碍排除
town centre~（英）市中心清理
woody plant~木本植物清除

cleared 净化的，清除的
~agrarian landscape totally 全部净化土地景观
~land，extensively 清除大面积土地

clearing 清理（场地），清除，消除，澄清空旷地
~and grubbing 清除树根，清除施工现场
~and removal of tree stumps 木柱的清理与迁移，木柱墩的清理与迁移
~community，forest（英）清理森林地带居住区
~community，woodland 清理林区居住区
~corporation 清算公司
~herb formation 清除草本植物形成物
~hospital（战地前方）前方医院
~house 票据交易所，（技术）情报交换所
~of site 场地清除
~the area for redevelopment 为改建清除场地
~width（地段）清除宽度
~work（场地）清除工作
~-work，tree（美）（树木）清理工作
burn~焚烧清理
ditch~开沟清理
herb vegetation in woodland~林区非木本植物清理
forest~森林地带清理
snow~积雪清除

clearly definable natural point 明显地物点｛测｝

clearly-defined 清楚释义，明确规定

clear-water lake 清水湖

~-river 净水江河

clearway 高速道路，净水道

cleavage 劈裂；（岩石矿物的）劈理，解理；解理性，劈裂性

~slip 断层裂缝

cleft 裂缝，裂口；裂片，劈片；冲沟；劈开的，裂开的

~association，rock 柱石（基石，磐石）裂缝联结，石头裂缝联络

~plant rock 采石设备，劈片

~rock 岩石裂缝，石缝，石劈片

~water（joint water，fissure water）裂缝水

clematis ***Clematis*** 铁线莲（属）

Clematis ***Clematis*** **'Buckland Beauty'** '巴克兰美女'铁线莲（英国斯塔福德郡苗圃）

Clematis ***Clematis*** **'Carnaby'** '卡纳比'铁线莲（英国斯塔福德郡苗圃）

Clematis ***Clematis cirrhosa*** **var.** ***purpurascens*** **'Freckles'** '雀斑'铁线莲（英国斯塔福德郡苗圃）

Clematis ***Clematis*** **'Early Sensation'** '春早知'铁线莲（英国斯塔福德郡苗圃）

Clematis ***Clematis*** **'Ernest Markham'** '东方晨曲'铁线莲（英国斯塔福德郡苗圃）

Clematis ***Clematis*** **'Gravetye Beauty'** '格拉芙泰美女'铁线莲（英国斯塔福德郡苗圃）

Clematis ***Clematis*** **'Hagley Hybrid'** '如梦'铁线莲（英国斯塔福德郡苗圃）

Clematis ***Clematis*** **'Madame Julia Correvon'** '茱莉亚夫人'铁线莲（英国斯塔福德郡苗圃）

Clematis ***Clematis*** **'Mevrouw le Coultre'** '冰美人'铁线莲（英国斯塔福德郡苗圃）

Clematis ***Clematis montana*** **var.** ***grandiflora*** 大花绣球藤（英国斯塔福德郡苗圃）

Clematis ***Clematis montana*** **var.** ***rubens*** 红木通 / 绣球藤（英国斯塔福德郡苗圃）

Clematis ***Clematis*** **'Nelly Moser'** '繁星'铁线莲（英国斯塔福德郡苗圃）

Clematis ***Clematis*** **'Prince Charles '** '查尔斯王子'铁线莲（英国斯塔福德郡苗圃）

Clematis ***Clematis*** **'Princess Diana'** '戴安娜公主'铁线莲（英国斯塔福德郡苗圃）

Clematis ***Clematis*** **'Rouge Cardinal'** '主教红'铁线莲（英国斯塔福德郡苗圃）

Clematis ***Clematis*** **'Royalty'** '皇室'铁线莲（英国斯塔福德郡苗圃）

Clematis ***Clematis*** **'Temptation'** '诱惑'铁线莲（英国斯塔福德郡苗圃）

Clematis ***Clematis*** **'Ville De Lyon'** '里昂城'铁线莲（英国斯塔福德郡苗圃）

Clematis ***Clematis*** **'William Kennett'** '蓝魅'铁线莲（英国斯塔福德郡苗圃）

cleome ***Cleome gynandra*** 白花菜

Cleopatra's Needle（France）克娄巴特拉方尖碑（法国）

clerestory 侧天窗

Cleveland Select ***Pyrus calleryana*** **'chanticleer'** 豆梨（英国萨里郡苗圃）

clevia 赛番红花（植物）

client 建设单位，业主，委托人，当事人；

顾客，客人
~centered organization 顾客中心组织
~-sever network 客户机，服务器网络
~statement of need 客户需求说明
construction services by~（美）建筑业务当事人
public~公职
services and materials by~业务和资料当事人
services and purchases by~（美）业务和收益当事人
supplies（purchased）by~当事人供货

cliff 悬崖，悬岩，峭壁
~debris 岩堆，岩屑
~dwelling 岩屋
~face 悬崖外观，峭壁外观
~protection 悬崖防护
~quarry 峭壁采石，悬崖采石
coastal~海岸悬崖峭壁

Cliff Oak *Quercus acrodonta* 岩栎

cliffed coast 悬崖海岸

climagram 气候图

climate 气候；风土；一般趋势
~area 气候分区
~damage/climatic hazard 气候灾害
~data 气候资料
~element 气候要素
~modification 气候变化
~near the ground 近地面气候
~system 气候系统
~zone 气候带
site~场地气候，现场气候，遗址气候
topographic~地貌气候，地形气候
town~（英）都市气候，城区气候
urban~都市气候，市区气候

climatic 气候（上）的；风土的
~amelioration forest 气候改善森林
~anomaly 气候异常
~change 气候变化
~chart 气候图
~classification 气候分类
~conditions 气候情况，气候条件
~conditions，seasonal 季节性气候条件
~cycle 气象重现循环时间
~data 气象资料
~division 气候区分
~element 气象要素，气候要素
~environment 气候环境
~factor 气候因素，气候因子
~fluctuation 气候变动
~geomorphology 气候地貌学
~index 气候指标
~map 气候图
~plant formation 气候植物群系
~province 气候区域
~region 气候区
~regionalization 气候区划
~regulation 气候调节
~simulation 气候模拟
~type 气候型
~variable 气候变量
~variation 气候变迁
~zone 气候区（域），气候带
~zoning for highway 公路自然区划

climatography 气候志

climatology 气候学

climatological 气候的，气象的
~conditions 气候情况，气候条件
~data 气候资料
~station 气象站

~zoning for buildings 建筑气候区划

climatology 气候学，风土学

~urban 城市气候学，顶级群落，部落

climax 顶点，极点；（事件）高潮；（使）达顶点；顶极群落

~area 顶级群落面积

~community 顶级居住区

~complex 顶级综合企业

~fluctuation 顶点振幅

~forest 顶级森林

climax soil 顶极土壤

climb 上坡；攀登，上升；爬，攀登，上升；上坡；爬坡

~and fall 上下坡

~-limited weight 爬升限制重量

~-out speed 离场爬升速度

climbable gradient（汽车）能爬升的坡度

Climbed Clumoss ***Lycopodiastrum casuarinoides/Lycopodiastrum casuarinoides*** 藤石松 / 石子藤石松

climber 登山运动员，爬山者，脚扣，攀缘植物

~greening 攀缘绿化

~hooked 吊挂攀缘植物

~house wall（英）覆盖墙攀缘植物

~planting 攀缘植物种植

~root 根攀缘植物

~self-clinging 自绕攀缘植物

~support 攀缘植物支撑物

~tendril 蔓攀缘植物，卷须攀缘植物

~twining 双生攀缘植物

climber-covered wall~（英）覆盖墙攀缘植物

climbing 爬坡的，爬坡

~ability（汽车的）爬坡能力

~capacity 爬坡能力

~crane 自升式（或攀缘式）起重机（塔式起重机的一种，在建筑过程中可随建筑物的升高而上升）

~gallery 爬山廊

~lane 爬坡车道，加宽会车道，慢车线

~perennial 多年生攀缘植物

~plant 攀缘植物，攀爬植物

~root 绕根

~rose 攀缘（拱架）蔷薇（植物）

~shrub 攀缘灌木；藤本植物

~therophyte 攀缘一年生植物

Climbing Fig ***Ficus pumila*** **L.** 薜荔

Climbing Groundsel ***Senecio scandens*** 千里光

Climbing Hydrangea ***Hydrangea anomala*** **ssp.** ***petiolaris*** **McClint.** 多蕊冠盖八仙花 / 蔓性八仙花 / 冠盖绣球（英国萨里郡苗圃）

Climbing Microsorium ***Microsorium buergerianum*** 攀缘星蕨

Climbing Prickleyash ***Zanthoxylum scandens*** 花椒簕 / 藤崖椒 / 藤花椒

Climbing Rose Compassion ***Rosa Compassion*** "怜悯"藤本月季（英国斯塔福德郡苗圃）

Climbing Rose Iceberg ***Rosa*** **'Iceberg Climbing'** '冰山'藤本月季（英国斯塔福德郡苗圃）

climograph 气候图

cline strata 倾斜层 { 地 }

cling 粘着；粘住；卷住；绕住；依附，紧贴；固守

clinging dead leaves 凋而不落的树叶

linker 炼砖，缸砖；熔渣，炼渣，熔块；（水泥）熟料
~asphalt 熔渣（地）沥青（混合料）
~brick 炼砖，缸砖，铺路砖，烧结砖，熔渣砖
~-brick paving（美）熔渣砖铺路面
~cement 熟料水泥
~concrete 熔渣混凝土
~masonry 炼砖圬工，熔渣块圬工
~pavement 缸砖路面；熔渣路面
~road 炼砖路，缸砖路
clint vegetation~（英）石崖植物
lip 夹子，夹头；撞器；截断；夹住，箝紧；截断；剪短，修剪
lipped 修剪的
~hedge 整剪绿篱
~lawn 修剪的草坪
lipping 剪辑资料，资料剪辑；剪形；修剪
~hedge 剪形绿篱
~of hedges 树篱修剪
lawn edge~ 草坪边缘修剪
lippings 修剪，截短
grass~（美）草地修剪
lawn~ 草坪修剪
lithral 早期希腊建筑（有一全遮蔽的屋顶）
Clivia/Scarlet Kaffir Lily ***Clivia miniata*** 君子兰/大花君子兰
Clivia brown spot 君子兰褐斑病（***Macrophoma*** **sp.** 大茎点菌）
Clivia soft rot 君子兰软腐病（***Erwinia*** **sp.** 欧文氏软腐杆菌）
Clivia Treeiron deficiency 君子兰黄化病（病原非寄生性，缺铁）

clivus 斜坡
cloaca 下水道，阴沟，厕所
~Maxima（拉）古罗马）最大排水沟
cloacae 便所；阴沟，下水道
cloak room 衣帽间
clock 钟，钟表
~and Watch Exhibition Hall 钟表馆
~and watch factory 钟表厂
~and watches store 钟表店
~tower 钟塔，钟塔
clogging of river sediment flow 浆河现象
cloister 回廊，走廊，拱廊；修道院
~garden 回廊花园，回廊庭园，寺院庭园
~garth 回廊中庭
clone 克隆，生物复制，无性繁殖；无性系{生}
close 完结，终止；关闭的，封闭的；密实的；接近的；精密的；密集的；关闭，封闭；闭合
~a bargain 成交
~a port 封港
~about 围绕，包围
~abutment 闭合桥台
~accounts 结算，清账
~alley 小胡同
~at hand 接近；靠近；近在眼前；紧迫
~-boarded fence 封板栅栏
~by 在近旁
~classification 细目分类（法）；分类详表
~cut 近路，间道
~down 关闭，倒闭，停业
~-grained wood 密纹木
~in 迫近；封闭

~joint 密缝
~-jointed 封闭接缝的
~-knit surface 密实面层，密实表面
~mesh street network 密格街道网
~nipple；shoulder nipple 长丝
~off 封锁，隔离，阻塞；结账
~out 售完，停闭
~over 封盖，遮蔽，掩没
~-pack 紧密排列
~planting 密植
~port 河流上游港口
~quarter 狭隘的住所
~-sheeted fence（美）封板栅栏
~to the city，nature 自然封闭城市
~to the ground（英）封闭场地
~to traffic 封闭交通
~to unity 接近于一
~-type sprinkler system 闭式系统
~up street 封闭街道，限制通行街道
~up 密集，结束，关闭；停止，堵塞
~-up view 特写图，近视图
~with 接受，同意
abbey~大修道院关闭，大寺院关闭

closed 关闭的，闭合的，封闭的，闭路的
~angle 锐角，尖角
~anticline 闭合背斜｛地｝
~area 封锁区域，禁区
~cab 轿车
~car 轿车
~canopy 关闭座舱盖，闭合天篷，闭合伞衣
~-circuit television（简写 CCTV 闭路电视）
~conduit 封闭式管道；暗沟，涵洞，暗管
~country 丘陵地带
~cycle system 闭路循环系统
~environment 封闭环境
~forest 封山育林
~harbor 闭合（海）港
~hot water heating system 封闭式热水暖气系统
~joint 瞎缝
~leveling line 闭合水准路线
~loop control 闭环控制
~-loop system 闭合环系统｛计｝
~loop system of water treatment 封闭循环水处理系统
~population 封闭（型）人口
~pores 封闭孔
~port 封闭式港；上游港（在内河上游）；（对外国）不开放港
~sea 领海，内海
~season 禁猎（或禁渔）季节，禁猎期
~shell and tube evaporator；closed shell and tube condenser 卧式壳管式蒸发器
~space 稠密地，封塞地，闭塞地
~specification 详细规范
~stack 闭架（指图书资料）
~stack management 闭架管理
~state 闭态，密闭状态
~system；closed loop 闭路循环，封闭系统；闭合系统
~unloading gasoline point 密闭卸油点
~vista 闭端透景

closed basin 闭合盆地，曾用名“封闭盆地”

Closed-fruit Tanauk *Lithocarpus cleistocarpus* 包石栎 / 铁青冈

closely 密实的
~graded soil 同颗粒组成土
~-knit surface 密实面层；密实表面
~spaced 实集的，靠近的
~-spaced intersection 近距交叉口
~united layer 密实粘接层
closer brick 接砖{建}
closet 厕所
closes 死胡同
close-up picture 特写画（面）
closing levee 闭合堤
closure 截止；末尾；关闭；使讨论终止；填塞砖；围墙；闭路；截流，合龙
~by jacking and sealing-off crown 千斤顶法封顶
~by wedging-in crown 拱顶加楔封拱
~dam 堵（支）坝
~discrepancy 闭合差
~error 闭合差
~error of triangle 三角形闭合差
~of arch ring 拱圈封顶
~of bridge structure 桥梁合龙
~section 闭合块；封闭部分
~segment 合龙段
crown~ 拱顶闭合
street~ 街道末，街道尽头
clothing 衣服，衣着，服装
~industry 服装工业
~store 服装店
cloud 云；暗影；混浊；大群；污斑；使黑暗；使混浊
~base 云底
~-burst 大暴雨
~chamber 云室{物}
~forest 密林，雾林
~-kissing（建筑物）高耸入云的，摩天的
~level zone 水平云带
~point 浊点{化}
cloud Seas 云海
（The）Cloud Valley Scenic Spot 云谷景区
~wall 云墙
cloud layers/ cloud sheet 云片；云层
CloudNootkaCypress ***Chamaecyparis obtusa*** **cv. 'Breviramea'** 云片柏
clouded leopard ***Neofelis nebulosa*** 云豹/龟纹豹
Clouds Sea at Dragon-Head Cliff（Jiujiang City, China）庐山龙首崖云海（中国江西省九江市）
cloudburst 暴雨，大暴雨
cloudiness 混浊，阴晴
cloudless 无云
cloudlessness 无云{气}
cloudwall 云墙
cloudy（天气）多云的；云（状）的；混浊的，不透明的
~day 阴天
~water 混浊水
clove/fragrance stopper ***Eugenia aromatica*** 丁香果
clover 苜蓿，三叶草，车轴草
~-leaf 同 cloverleaf
~-leaf crossing 苜蓿叶式交叉，四叶式交叉
~-leaf（type of）grade separation 苜蓿叶式立体交叉
~-leaf interchange 苜蓿叶型互通式立体交叉，四叶型互通式立体交叉，

苜蓿叶形立体交叉

~-leaf junction 苜蓿叶式交叉，四叶式交叉

~-leaf layout（道路立体交叉）四叶式布置

~-leaf loop 苜蓿叶式环形立体匝道

cloverleaf 苜蓿叶，苜蓿叶式，苜蓿叶形

~crossing 苜蓿叶式交叉，四叶式交叉

~grade separation 苜蓿叶式立体交叉，四叶式立体交叉

~interchange 苜蓿叶形互通式立交，四叶式交汇点

~intersection 苜蓿叶式（立体）交叉，四叶式（立体）交叉

~junction 苜蓿叶式交叉

~ramp（美）苜蓿叶式匝道

~slip road（英）苜蓿叶式滑道

~type 苜蓿叶式，苜蓿叶形

club 俱乐部；棍棒（一端较粗）；用棍棒打，使成棍棒形；组成俱乐部

~foot roller 弯脚羊足压路机

~-foot sheep's foot roller 弯脚羊足压路机，扩底羊足压路机

~-footed pile 扩底桩

~house 会所

~-moss 石松（植物）

Clubmoss crossula *Crassula lycopodioides* Lam. 青锁龙

clump（桩）群；树丛；（土）块；丛生；栽成一丛（树）

~of piles 桩束，群桩，集桩

~of trees 树木丛生，树丛

clump planting 丛植

reed~茅草丛生，芦苇丛生

woody~树木茂盛的树丛

clumped trees or shrub 丛植

clumps planting 树丛种植

cluster 集群分类，成组，成团，成群，（枝状道路连接的）住宅组，住宅群，建筑群

~bedding 花丛式坛植

~bent 群桩排架

~city 组团式城市，簇群城市

~cracking 密集裂缝

~development 组团式建设（美国住宅建设方法之一），组团式建筑，集群开发

~house 住宅群

~housing 住宅群，簇式住宅，集聚住宅

~of fender piles 护桩群

~of grains（或 particles）颗粒团

~of piles 桩束，群桩，集桩

~of stone pagodas at Yunjun Temple 云居寺石塔群

~of trees 树丛

~plan 群集式平面布置，成组串联式平面布置

~planning 簇群规划

~rose（美）玫瑰丛

~sampling 分组抽样法

~type 组团式（布局结构）

~zoning 组团式区划（美国区划方法之一）；规定住房密度的区划

attached dwelling in a~（美）配属寓所群

attached single-family house in a~（英）配属独身家庭住宅群

Cluster Fig *Ficus racemosa* L. 聚果榕

Cluster Red Pepper/Conelike Red Pepper *Capsicum frutescens* var. *cerasi-*

forme 爆竹红 / 朝天椒 / 五色椒
clustered 集，群，束
~column 集桩
~pier 集墩
~piles 桩束，群桩，集桩
Clustered Pine *Pinus pinaster* Ait. 海岸松
Clustered Wax Flower/Mada Gascar Jasmine *Stephanotis floribunda* 非洲茉莉 / 蜡花黑鳗藤
coach（旧时）公共马车，长途公共汽车
~bus 长途客车，长途汽车
~park 旅游车停车场
~servicing shed 客车整备库（棚）
~yard 客车场
coagulant aid 助凝剂
coagulation 凝聚
~sedimentation 凝聚沉淀
coal 煤
~bed 煤层
~carbonization waste 炼焦废水
~cleaning 洗煤
~cleaning plant 洗煤厂
~consumption 耗煤量
~drawing 煤炭运输
~field 煤田，煤矿区
~field area 煤田区
~field power plant 火力发电厂
~gas 煤气
~industry 煤炭工业
~mine 煤矿
~mine drainage 煤矿排水
~mining 煤矿业
~-mining 采煤
~mining school 煤矿学院
~-mining waste 采煤废水
~preparation plant 选煤厂
~receiving hopper 受煤斗
~seam 煤层
~slag 煤渣
~smoke 煤烟
~smoke pollution 煤烟污染
~tar 煤沥青，煤焦油
~tar pitch 焦油沥青
~terminal 煤炭码头
~yard 煤场
coal geology 煤（田）地质学
coal pit 煤矿 / 煤窑
coal sludge 煤泥
coaler 专门运煤的铁道，运煤船
coalescence 聚结；结合，合并，联合
coalfield 煤田
coarse（粗）糙的；粗粒的；粗的，原生的，粗暴的
~aggregate 粗集料，粗骨料
~bedding sand 粗垫层砂
~-grained soil 粗料土
~gravel 粗砾石
~plain 滩地，海岸滩台地；滨海平原
~plain soil 海岸平原土
~root 粗根
~sand 粗砂
~silt 粗粉土
~spoil 粗废石料
coast 岸边，海岸，海滨；海滨地区
~erosion 海岸冲蚀，海岸侵蚀
~guard（美）海岸保护，海岸警卫队
~-land 沿海地区
~line 海岸线
~protection 海岸防护

~station 海岸电台
~terrace 海岸阶地
~zone 海岸带
flat~ 浅滩海滨，平地滑行
heritage~（英）遗迹海滨

Coast Redwood/Redwood *Sequoia sepervirens*（Lamb.）Endl. 北美红杉 / 红木杉 / 长叶世界爷

Coast Silk-tassel/Silk Tassel Bush/Wavy-leaf Silktassel *Garrya elliptica* 银穗树（英国萨里郡苗圃）

coastal 海岸的，海滨的，沿海的
~area 海岸区
~bar 沙洲，沿海砂礁
~basin 海岸盆地
~belt 海岸地带
~canal 沿海运河
~city 沿海城市
~climate 沿海气候
~cliff 海岸悬崖
~cliffs，undercutting of 海岸悬崖浮雕
~current 沿岸流
~dike 海堤
~drift 海岸冲积层
~dune 海岸沙丘
~erosion 海岸冲蚀
~fishery 海滨渔场
~flood 潮汐河口潮洪
~flood mark vegetation 海潮标志植物
~harbour 沿海港，沿岸港
~heath 海滨荒地
~heritage 海滨遗迹
~impounding 海岸筑堤堵水
~industrial area 沿海工业区
~industrial location 临海工业区，沿海工业区
~inlet 海口
~landscape 海滨景色，海滨风景，海滨景观
~landscapes，conservation of 海滨景观保持
~levee 防潮堤，海塘
~light 海岸灯
~management 海岸管理
~marsh 海滨湿地，滩地沼泽
~marsh soil 海滨湿地土壤
~marshland 海滨沼泽地（泥沼地，湿地）
~mudflat 海滨泥滩
~park 海滨公园
~plain 沿海平原，海滨平原，滩地
~promenade 海滨散步，海滨堤顶大路，海滨游步道
~protection 海岸防护
~protection area 沿岸保护区
~region 海滨地带，滨海地区，沿海地区
~reserve（美）海滨保护
~road 滨江（河、湖、海）路，岸边街道
~street 滨江（河、湖、海）路，岸边街道
~strip 海滨狭长地带，海滨路带
~waters 沿海水体
~waters，lakes，rivers，canals 沿海水体，湖泊，河流，运河
~woodland，protective 沿海防护林区
~zone 海岸带

Coastal Avicennia *Avicennia marina* 海榄雌

coastal beach 海滩

coastal geomorpho1ogy 海岸地貌学

Coastal Heritera *Heritiera littoralis* Dryand. 银叶树

coastal industry 沿海工业

coastal terrace/marine terrace 海岸阶地

coastline 海岸线

coat 衣服，外套

~hook 衣钩

~room 衣帽间

coated macadam surface（英）覆盖碎石路面

coating of roots 根（部）覆盖

coaxial 合轴的，同轴的

~correlation method 合轴相关法

~power cable feeding system 同轴电力电缆供电方式（CC 供电方式）

Cobbage elongate weevil *Lixus ochraceus* 油菜筒喙象

cobble；cobble stone 卵石（碎石），圆石

~pavement 大卵石路面

cobblestone（美）卵石，圆石

~paving 卵石路面

~paving，random（美）不整齐的卵石路面

large-sized~（美）大尺寸卵石

cobbling 卵石铺砌

Cobia/sargeantfish *Rachycentron canadum* 军曹鱼

Coca *Erythroxylum novogranatense* 古柯/高根

Cocaine *Erythoxylum coca* 古柯

Cochichina Homalium *Homalium cochinchinense* 天料木

Cochinchina momordica *Momordica cochinchinensis* 木鳖/番木鳖

CochinChinamonkey/douclanguar/red-shanked douc *Pygathrix nemaeas* 白臂叶猴

Cochinchinese Asparagus *Asparagus cochinchinensis*（Lour.）Merr. 天门冬

Cochinchinese Excoeacaria *Excoecaria cochinchinensis* Lour. 红背桂（青紫木）

Cocifer-like Oak *Quercus cocciferoides* 铁橡栎

cock（活）栓，旋塞；小龙头；（天平）指针；风向标，风信鸽；尖角

Cockbone Elsholtzia *Elsholtzia frnticosa* 鸡骨柴/双翎草

Cockburn Primrose *Primula cockburniana* 鹅黄报春/科本报春

cockle stair 螺旋梯

Cocklebur *Agrimonia pilosa* 龙牙草/仙鹤草/脱力草

Cocklebur-like Amomum *Amomum villosum* var. *xanthioides* 缩砂密/绿壳砂仁

cockloft 阁楼

~-type structure 两层高临时房屋

Cockscomb *Celosia cristata* 鸡冠花

Cockscomb Hill（Chengdu City，China）鸡冠山（中国成都市）

Cockspur Coralbean *Erythrina crista-galli* L. 鸡冠刺桐/巴西刺桐

cocktail belt 高级住宅区

Cocoa Tree *Theobroma cacao* 可可树

coconut oil 椰子油

Coconut Palm/Tennai/Thenga *Cocos nucifera* 可可椰子树

co-current regeneration 顺流再生

code 法规，规则，法典，惯例；（电）码，密码；代码{计}；记号，符号；制订法规；译码，编码
~and standard of landscape and garden 风景园林法规
~base 编码基数{计}
~of building design 建筑设计规范
~of conduct 行为守则
~of practice 业务法规，实施规程，建筑规程
~of professional 职业道德守则
~of thermal technique in building 建筑热工规范
codified procedure 自动设计程序
codify 把（法律，条例）编集成典；编纂，整理
coding 编码
~system 编码系统{计}
~theory 编码理论
coefficient（简写 coef.）系数，率
~of accumulation of heat；coefficient of thermal storage 蓄热系数
~of adhesion 粘着系数
~of association 相关系数
~of crowd outflow 人群流出系数，人流疏散系数
~of curvature 曲率系数
~of diffusion 扩散系数
~of discharge 径流系数，流量系数
~of effects of actions 作用效应系数
~of friction 摩擦系数
~of growth 增长系数
~of haze 能见度
~of performance 性能系数
~of permeability 渗透系数
~of planar permeability 平面渗透系数
~of population concentration 人口集中系数
~of precipitation recharge 降水入渗补给系数
~of pressure conductivity 压力传导系数
~of return flow 回归系数
~of transmissivity 导水系数（释水系数）
~of uniformity 不均匀系数
~of urban concentration 城市集中系数
~of variation 变异系数
~of vertical permeability 垂直渗透系数
~of viscosity 黏滞系数
~of volume compressibility 体积压缩系数
coffer 藻井，围堰；沉箱；潜水箱；平顶的镶板；浮船坞；保险箱
~wall 围墙
cofferdam 围埝；围堰
coffered 井格的；藻井的，格式的，箱式的
~ceiling 井格顶棚，藻井顶棚
~floor 格式楼（或桥）面
~foundation 围堰底座；沉箱基础，箱式基础
coffin 棺材，柩
~burial 棺材，埋葬
~burial site 棺材埋葬地
cofinancing 共同筹资
CO_2 fire extinguishing system 二氧化碳灭火器
CO from motor vehicle 机动车排放的一氧化碳
CO_2 generator 二氧化碳发生器
COG=Council of Government 规划协调委员会

cognitive 认知的，认识的，有感知的
~map 认识地图
~science 认识科学
Cogongrass ***Imperata cylindrica*****（Linnaeus）Beauvois 'Rubra'** 血草
cohesion 内聚力（黏聚力）
cohesionless 无黏聚性的，无黏聚力的；不黏的
~material 无黏性材料
~soil 无黏性土
cohesive 有黏聚性的；有黏结力的，有附着性的；有结合力的
~force 黏聚力，凝聚力
~material 黏聚性材料，黏性土
~soil 黏性土
cohesiveness 黏聚（性）
cohort 组群，组，分组
~analysis 组群分析
~fertility 分组生育率
~of birth 出生组
~survival method 世代生存法（人口年龄推移法）
~-survival method 年龄组生存法
Coignet 凯歌涅式体系建筑（法国建筑体系之一种，类似卡莫斯式）
coil 盘管
coin 创造，杜撰（新闻，新语等）
coincide（在空间，时间方面）一致；符合
coincidence effect 吻合效应
coke 焦，焦炭；焦化
~-over gas 焦炉气
~-over plant 焦化厂
~plant 焦化厂
Coking 炼焦，焦化
~industry 炼焦工业
~plant 焦化厂
~-plant waste 炼焦厂废水
~residue 炼焦残渣
col 峡路，山隘，坳
Cola Nut/Kola ***Cola nitido*** 可乐果
Colames ***Acorus calamus*** 水菖蒲 / 白菖蒲 / 土菖蒲
Coleus blumei **Benth**. 彩叶草
Coleus Forskohlii ***Coleus forskahlii*** 毛喉鞘蕊花
Colchester Browns-lily ***Lilium brownii*** **F.E.Br. var.** ***colchesteri*** **（Vanh.）Wils.** ***Ex Elwes*** 白花百合
Colchis Bladdernut/Jonjoli ***Staphylea colchica*** 省沽油（英国萨里郡苗圃）
"Colcrete" 胶体混凝土，预填骨料灌浆混凝土
cold（寒）冷；着冷；冷，寒
~adhibiting method 冷粘法
~air damage 冷气害
~-air damage channel 冷气害通道
~-air damage corridor 冷气害通道
~-air damage source area 冷气害源区
~-application（of road material）冷铺（筑路材料），冷施工
~asphaltic concrete pavement 冷铺地沥青混凝土路面
~bending 冷弯
~bituminous road 冷铺沥青路
~bridge 冷桥
~cap 寒带
~chain（生鲜食品的）冷藏流通体
~climate with dry winter 冬干寒冷气候
~climate with moist winter 冬湿寒冷气候

~closet 冷藏箱，冷藏室
~colour 冷色
~colours 冷色
~concrete 冷混凝土
~current 寒流
~damage 冷害
~-drawing shop 冷拉车间
~flattening（钢筋）冷轧
~front 冷锋
~hardiness 耐寒性
~heading 冷镦
Cold-Hill Temple，Suzion 苏州寒山寺
~insulation 保冷
~joint（新旧混凝土之间的）建筑缝（美）；冷缩缝
~laboratory 低温实验室
~-laid 冷铺
~laid method 冷铺法
~light source 冷光源
~locomotive（dead locomotive）无火机车
~-metal work 白铁工
~milling 冷铣（剥除老沥青路面的一种常用方法）
~mix 冷拌；冷拌（沥青）混合料
~mixing method 冷拌法
~moulding 冷塑
~pressing 冷压，冷榨
~proof dwelling house 防寒住宅
~riveting 冷铆
~room 冷间
~-shut 冷焊；冷隔
~spring 冷拉
~storage 冷（藏）库
~storage room 冷藏间
~store 冷库
~stretched 冷拉
~-stretched steel bar 冷拉钢筋
~wave 寒潮
~zone 寒带
protection from~ 防寒
Cold Dew（17th solar term）寒露
coli 大肠菌
~bacillus 大肠杆菌
coliform 大肠杆菌
~bacteria 大肠杆菌
~s 大肠杆菌值
coliseum 圆形露天剧场（古罗马弗拉维安圆形露天剧场，可坐 87000 人）；圆形露天运动场
collaborate 合作，协作
collaboration 合作，协作
collage 拼贴，美术拼贴，拼贴的作品
collapse 崩塌，塌陷，倒塌；崩溃；破坏；瓦解；失败；昏倒；崩塌，塌陷，倒塌
~area 塌陷区
~earthquake 塌陷地震
~fissure 塌陷裂缝
~-proof shed 防倒塌棚架
~，river bank（英）河堤塌陷，河堤崩溃
~settlement 湿陷量
~soil 颓积土
~state 破坏状态
~structure 倒塌结构
riverbank~（美）河堤塌陷
collapsed ratio 倒塌率
collapsibility 湿陷性
~test of loss 黄土湿陷试验

collapsible 可拆卸的；可以卷起来的；可折叠的

~antenna 折叠式天线

~loess 湿陷性黄土

~post 可拆卸的支柱

~sampler 皮囊式采样器

~soils 湿陷性土

~steel shuttering 拼装式活动钢模板

~steering column 柔性转向盘轴管

collapsing soil 崩溃性土

collar 环，圈，环状物；柱环；系梁；维梁；（机械的）轴环；衣领

~of root 根冠

Collar rot of Dendranthema 菊花疫霉病（*Phytophthora parasitica* 寄生疫霉）

Collar rot of Ficus lyrata 琴叶榕疫腐病（*Phytophthora* sp. 疫霉菌）

Collar rot of Salvia splendens 一串红疫霉病（*Phytophthora parasitica* 寄生疫霉）

Collared anteater/lesser anteater/tamandua *Tamandua tetradactyla* 小食蚁兽 / 环颈食蚁兽

Collared finch-billed bulbul *Spizixos semitorques* 绿鹦嘴鹎 / 青翠鸟 / 黄爪鸟 / 绿孬

Collared Lory *Phigys solitarius* 绿领吸蜜鹦鹉 / 绿领鹦鹉（斐济国鸟）

Collared peccary *Tayassu tajacu* 西貒

Collared pigmy owlet *Glaucidium brodiei* 领鸺鹠

Collared scops owl *Otus bakkamoena* 领角鸮

collation 核对；（图书）提要说明

~of data 整理资料

~of information 情报整理

collected and delivered 贷款两清

collecting 收集，聚集；集中

~and dispatching capacity of port for cargoes and passengers 港口集疏运能力

~basin 集水池

~channel 总渠，干管

~conduit 集水涵管

~gutter 集水沟

~main 集水干线

~material 收集资料

~site 取样地点

~stone（美）石料堆

~system 集水系统，排水系统

~well 集水井

collection 收集，聚集；集合；征收，收款，募捐

~and acceptance 托收承付

~for planning purposes 规划意向汇集

~of data 收集资料，收集数据

~of material 整理资料

~of survey information 调查资料汇集

~of water 集水

~of wild plants or animals 野生动植物收集

~time 汇集时间（用于流水或污水）

~without acceptance 托收不承付

~works 取水构筑物

data~ 资料收集，数据收集

domestic waste~（英）家庭污染水收集，家庭垃圾收集

fact-finding data~ 实际数据资料收集

household waste~（美）生活垃圾收集

collective 集合的，聚合性的，共同的，集体的

~advertising 联合广告
~agreement 集体合同
~behaviour 集体行为
~deposit 集体存款
~drawings 图集
~economy 集体经济
~farm 集体农庄
~household 集体户口
~housing 集体所有住房
~migration 集体迁移
~ownership 集体所有制
~property 集体所有制，集体财产
~shelter 公共防空洞，公共隐蔽处
~specification item 综合说明书条目
~will 共同愿望

collectively 全体地，共同地

collector 干管，集中总管；集散道路；集流道路（干道与地方道路之间的联系道路）；共同沟，缩合管道；集合器；收集器；浮选促集剂{化}；集电器，集电极，编辑机{电}

~-distributor 集散干道，主要干道，(车流的）集散干道
~-distributor road（立体交叉上的）集散道路
~-distribution street 集散街道
~-distributor lane 集散车道
~-distributor road 集散道路
~-distributor square 集散广场
~drain 集水沟
~drain，main 干道集水沟
~drainage line 集合排水路线，集合排水系统
~efficiency 太阳集热器效率
~road 集流道路，支路
~sewer 集流下水道
~street（美）辅助干道（连接干道与地方道路的街道）；集散道路
~-street（美）汇集（交通）街道（道路等级）在干道与地方道路之间
~well 总集水深井，集水井

collide 碰撞，抵触

colliery 矿，矿山，煤矿（包括建筑物和设备在内）

~shale 煤矿废料
~spoil 煤矿弃土，煤矿废土
~waste 煤矸石

colliex 运煤船

collimation line method 视准线法

colline 山丘

~belt 山丘，山丘阶梯
~zone 山丘地带

collinearity condition equation 共线条件方程式

Collinia elegans 袖珍椰子

Collinia elegans anthracnose 袖珍椰子炭疽病（*Colletotrichum* sp. 炭疽菌）

collision 碰撞，冲撞；撞车；冲突，抵触；撞车事故

~point 冲突点

collocation 排列，安排，布置，配置

colloquia 论文集，会议录

colloquium（学术）讨论会，座谈会

collusion by bidders（美）投票人共谋，投票人勾结

collusion by tenderers（英）投标人共谋（围标）

colluvial deposit 塌积物，崩积物

~soil 塌积土，崩积土

colluviarium 水渠中的通道（用于养护

和通风）

colluvium 崩积层；塌积层

Colobus monkey ***Colobus polykomos*** 黑白疣猴

Cologne Cathedral（**Germany**）科隆大教堂（德国）

Colonia Pine/Hoop Pine/Moreton Bay Pine ***Araucaria cunninghamii*** 肯式南洋杉/猴子杉/南美杉

colonial 殖民的

~architecture 美国初期建筑（英国乔治时代修正式）；殖民地建筑风格，殖民地建筑

~city 殖民城市

Colonial Revival 殖民地建筑风格重现（指19世纪末美国建筑）；殖民复兴风格

Colonial Revival gardens 殖民复兴式花园

Colonial style 17–18世纪美国独立前的建筑样式，殖民地式，美国初期建筑（英国乔治时代修正式）

Colonial Bentgrass ***Agrostis tenius*** 细弱剪股颖

colonization 拓殖

~by scrub，spontaneous 由自生低矮丛林拓植

natural~ 自然拓植

primary~ 原始拓植，原生的拓植

recent~ 新近拓植

spontaneous~ 自生拓植

colonizer 移植，拓植

colonnade 柱廊，列柱，廊

~foundation process 管柱钻孔法

colony 殖民地，侨居地；（住在国外大都市区域的）侨民，移民队；同类人聚居地；群体，集体，菌落，集群，沉降菌

~of plants 植物群落

colophonium（即 resin）松香

colophony 松香

color（美）色彩

~appearance 色表

~base 底色

~change 退晕

~change of ice cover 冰变色

~code 色标，色码

~map 彩色地图

~photograph 彩色相片

~rendering 显色性

~sense 色感

~simulation 色彩模拟

~style map 彩色地图

~temperature 色温

~tone 色调

color composition 彩色合成

Color Marking Dracaena/Corn Plant/Fragrant Dracaena ***Dracaena fragrans*** **var.** ***massangeana*** 中斑香龙血树/斑叶千年木

Colorado Blue Spruce ***Picea Pungens*** **Englm. f.** ***glauca***（**Reg.**）**Beissn** 蓝粉云杉

coloration 染色效应

colored 彩色的，有色的

~drawing 彩画

~pattern 彩画

~suspended matter 有色悬浮物

~water 有色水

colo(u)red glaze 琉璃

Colored Mistletoe *Viscum coloratum* 槲寄生 / 北寄生 / 飞来草

colo(u)red wood-cut 套色木刻

colorimeter 色度计

colossal 巨大的，庞大的

Colosseo（**Italy**）罗马大角斗场（意大利）

Colosseum 罗马大角斗场，罗马圆形剧场，公共娱乐场（创建于公元 80 年，此剧场大部分至今尚存）

colour（颜）色；色料；色带；风格；外观；着色，色，染色，渲染

~adaptability 颜色适应性 { 汽 }

~asphalt 彩色沥青，着色沥青

~blindness 色盲

~code 色标，色码

~composite 彩色合成

~contrast 颜色反衬，颜色对比

~distortion 彩色失真

~film 彩色片，彩色胶片

~film negative 彩色底片

~index 颜色指数

~-glazed terra-cotta 琉璃

~infrared photography 彩红外摄影

~killer 消色器

~method 比色法

~mixing 调色；混合颜色；调和颜色

~monitor 彩色图像监控器

~photograph，false 辅助彩色摄影

~photograph，infrared 红外摄影

~photography 彩色摄影

~planning 色彩设计

~way（英）彩色配合，彩色设计

autumn~秋天色彩

foliage~叶色

coloured 彩色的，着色的

~ink 彩色墨水；彩色油墨

~map 彩色地图

~pavement 有色路面，彩色路面

coloured sculpture 彩塑

colouring 色彩，色调

colour-painted pottery 彩陶

Colosseum of El Jem（**Tunisia**）杰姆贺形竞技场（突尼斯）

Coltsfoot *Tussilago farfara* 款冬 / 咳嗽草

Columbine/Fanshape Columbine *Aquilegia flabellata* 扇形耧斗菜 / 洋牡丹

Columbus Monument（**Spain**）哥伦布纪念碑（西班牙）

column（简写 col.）柱，圆柱，支柱；杆；（数字）行列；（报纸中的）栏；栏目；纵列 { 计 }

~-and-tie construction 穿斗式构架

~base 柱础，柱座

~bracket（古建）雀替

~cap 柱头

~capital 柱头

~casing 柱筒

~chart 柱状图

~diagram 直方图，柱状图

~foot（ing）柱（底）脚

~-free 无支柱

~grid 柱网

~head 柱头，柱帽

~pile 柱桩；端承桩

~pier 柱式桥墩

~shaft 柱身

~socle 柱基座

columnar 柱的；柱状的，圆柱状的

~architecture 列柱建筑

Columnea microphylla 小叶金鱼藤

columniation 列柱；列柱法{建}

comb plate 梳齿板

combination 联合，混合；组合；配合；化合{化}；组合{数}；(用于开密码锁的)数码组合

~construction 混合建筑

~factions 作用的组合

~for action effects 作用效应组合

~for long-term action effects 长期效应组合

~for short-term action effects 短期效应组合

~of pipe line 管道综合，管线综合

~of slip turnout and scissors crossing 道岔组合

~of species，characteristic 独特种类混合体

~of various land uses 各种土地综合使用

~train 组合列车

~-type freeway 混合式高速公路

~type highway 混合式公路(有立交和平交)

~-type road system 混合式道路系统

~type SPD 组合型 SPD

~value 组合值

~value of actions 作用组合值

~wave 混合波

combination of farming and grazing 农牧结合

combinative residual chlorine 结合性余氯

combined 综合，联合的

~action 综合作用

~balance method 综合平衡法

~bolting and shotcrete 喷锚支护

~bridge；highway and railway transit bridge 公路铁路两用桥

~condition-collision diagram 事故道路状况图

~course 结合层

~curb and grate(美)结合式路缘石和格栅

~discharge forecasting method 合成流量预报法

~distribution systems 组合分配系统

~drainage system 合流制排水系统

~feeder and sprinkler 施肥喷灌器

~flow 合流水量

~footing 联合基础

~index 综合指数

~inlet(英)综合进水口

~open space pattern/system 综合空地类型/系统

~pedestrian-vehicle phase 人车通行信号显示

~recreation center 综合康乐中心

~runoff 混合径流

~sewage 合流污水

~sewer 雨污水合流下水管道，合流沟渠

~sewer system 雨污水合流下水管道系统，合流沟渠系统

~sewerage system 雨污水合流沟管系统

~sprinkler-foam system 自动喷水-泡沫联用系统

~system 沟渠合流制，合流制，合流系统

~traffic 联合运输

~transport 联合运输

~use district 混合使用区(工业、商业、居住等各种用途建筑混合存在的地区)

~vacuum electroosmotic sur-charge preloading method 真空预压加固
~waste water 混合废水
~swelling house 商店（兼用）住宅
Combined Spicebush *Lindera aggregata* (*Sims*) *Kostern* 乌药
combining crown 联合树冠
combustible 燃烧体
~component 燃烧体
~wastes 可燃废物
combustion 燃烧
~furnace 燃烧炉
~of gas and vapo(u)r 气体燃烧
comfort 舒适，舒适性
~air conditioning 舒适性空气调节
~index（居住）舒适指数
~requirements 舒适要求
~station 公共厕所
~zone 舒适区，舒适带
Comfrey/Knitbone *Symphytum officinale* 康富利/块根紫芹
coming 来到，到达，进入，开始
~into effect 生效
~into force（英）发生作用，启动
~thing 新事物；萌芽状态
~together（美）接合，连接，衔接
comitium（古罗马）市民集会场
command tower 指挥塔
commanding height 制高点
commemoration 纪念物，纪念会
commemorative 纪念性
~architecture 纪念性建筑（物）
~column 纪念柱
~construction 纪念性建筑
commencement 开工，开始；（大学）毕业典礼，学位授予典礼，授奖典礼
~data 开工日期，开始日期
~of work 开工，开工典礼
~report 开工报告
comment 评述，评论；注释；说明
~line 注解行{计}
~on quality of work 工程质量评定
commentary 评注，评论；批评
commerce 商业，商务
~office 商业局
commercial（美）商业的，营业的；大量生产的
~activities 商业活动
~and industrial city 工商业城市
~and light industry area 商业和轻工业区
~area 商业（地）区
~bed 可采煤层，可采矿层
~building 商业大厦，商业建筑
~bureau 商业局
~business 商业
~car interview survey 营业车辆访问调查
~center 商业中心，市中心商业区，闹市区
~centre（英）商业中心
~city 商业城市
~company 贸易公司
~complex 综合性商业建筑物
~deposit 可采矿床，工业矿床
~dispute 商务纠纷
~distribution 商流
~district 商业区
~draft 商业汇票
~facilities 商业设施
~facilities and light industries，alloca-

tion of 商业设施和轻工业配置
~facilities and light industries, location of 商业设施和轻工业位置
~fertilizer 商业肥料
~forestry（美）商业森林
~free ports 商业自由港
~garage 营业停车库
~geography 商业地理学
~harbo(u)r 商港
~horticulture 商业园艺
~land 商业用地
~network 商业网（点）
~parking area 收费停车场
~parking facility 收费停车场，商业停车场
~parking lot 收费停车场
~port；trading port 商港
~premises 商业楼寓
~production base 商品性生产基地
~proposal 带报价的建议书
~ property 商业地产
~pursuit 商业
~recreation area 商业性游乐区
~ route 商路
~school 商科学校
~sign（美）商业标志，商业招牌
~space 商业面积
~speed 旅行速度
~sphere 商业范围圈
~street 商业街（道）
~strip 商业街
~terms 商业条件
~town 商业城市
~transaction 贸易
~trip 商务旅行，乘车采购
~truck 卡车
~unit 商业单位
~use 商业用途
~value 经济价值，交换价值

commercialism 商业主义，重商主义

commercialize 使商业化，使商品化

commercially disposable coal 商品煤

Commerson's anchovy ***Anchoviella commersonii*** 康氏小公鱼

commission 命令；职权；委任；委员会；手续费，佣金；委托，委任，任命
~agent 佣金商，佣金代理人
~, earn a 获得佣金，获得授权（委托）
~on Intergovernmental Relation（美）政府关系委员会
~shop 信托商店
~test run 投料试生产
forestry~ 森林委员会
Historic Buildings and Monuments~（英）古建筑和古迹委员会
planning~ 规划委员会
termination of a~（英）委托期满，任命期满

commissioner（地方或部门等的）长官；委员；事务官，特派员
~of public land office 公用土地管理局

commissioning 试运行，投产；开工，启动；委托

commitment fee 保证金

committee 委员会
~of adjustment 调整委员会

commodity 商品，日用品，农产品，矿产品；实用性
~circulation 商品流通
~circulation centre 货物流通中心

~economy 商品经济
~exchange 商品交换
~fair 商品展览会，商品交易会
~grain 商品粮
~grain base 商品粮基地
~housing 商品住宅
~production 商品生产

common 广场，公园，公地；普通的，平常的，一般；公共的、共同的；通约的，公约的 {数}
~aisle 公共过道
~arch 粗拱
~area 公用地，公地
~areaway 公用地
~bald cypress 落叶松
~box tree 黄杨，千年矮
~boundary wall 公共界墙
~camellia 山茶花
~carrier 公共运输
~decrease 共同减地，共同让地，（土地区划整理中）共同负担的宅地缩减面积
~defect 一般缺陷
~division 公因子
~earthing system 共用接地系统
~facilities 公共设施
~factor 公因子
~grazing 公共牧场
~grazing forest 公共放牧林
~juniper 刺柏
~land 公地
~open space（美）空旷地，游憩用地，绿地
~parking area 公共停车场
~parts 公共地方，公共地域
~passage 一般通道
~pine 樟木
~place 共同使用（特定地区的居民对山林、草原共同使用权的地区）
~point 道路交叉点
~pollution control facilities 公害控制设施
~premiss 公用房屋
~purse 公共资金
~room 公共休息室，公共活动室
~school 免费公立学校
~section 共同段
~sewer 总下水道，公共污水道（管）
~space 共用空间，共用面积（一般多指室外空间）
~traffic 公共交通
~transport 公共交通

Commom Dendrobium ***Dendrobium nobile*** **Lindl.** 石斛

Commom Sow Thistle ***Sonchus oleraceus*** 鹅菜 / 苦菜 / 苦苣菜

Common Achyranthes ***Achyranthes aspera*** 土牛膝 / 蔡鼻草 / 土牛七

Common Alder ***Alnus glutinosa*** 凹叶赤杨 / 苏格兰桃花心木（英国斯塔福德郡苗圃）

Common Amentotaxus ***Amentotaxus argotaenia***（***Hance***）**Pilg.** 穗花杉

Common Andrographis ***Andrographis paniculata*** 穿心莲 / 榄核莲

Common Anisochilus ***Anisochilus carnosus*** 排香草 / 拉拉香

Common Anneslea ***Anneslea fragrans*** 茶梨 / 红楣 / 安纳士树

Common Apea-earring ***Archidendron clypearium***（**Jack**）**Nielsen** 猴耳环 /

围涎树

Common Apple ***Malus pumila*** **Mill.** 苹果

Common Apricot ***Prunus armeniaca*** **L.** 杏

Common Atractylodes ***Atractylodes lancea*** 苍术 / 赤术

Common Aucklandia ***Aucklandia lappa*** 云木香 / 广木香 / 木香

Common Augite 普通辉石

Common Banana/banana ***Musa sapientum*** 长脚蕉 / 香蕉

Common Barberry ***Berberis vulgaris*** **L.** 刺檗 / 欧洲小檗 / 普通小檗

Common Beech ***Fagus sylvatica*** 欧洲山毛榉（英国萨里郡苗圃）

Common Bladder-senna ***Colutea arborescens*** **L.** 鱼鳔槐

Common Box ***Buxus sempervirens*** **L.** 锦熟黄杨（英国萨里郡苗圃）

Common Buckwheat ***Fagopyrum esculentumd*** 荞麦

Common Buffalograss ***Buchloe dactyloides*** 野牛草

Common Bulbul ***Pycnonotus barbatus*** 黑眼鹎 / 园鹎 / 羽冠鹎 / 非洲羽须鹎（利比里亚国鸟）

common Burreed ***Sparganium stoloniferum*** 黑三棱 / 三棱

Common Camandra ***Erythrina corallodendron L.*** 龙牙花

Common Camellia ***Camellia iaponica*** **L.** 山茶花

Common Camptotheca ***Camptoptheca acuminata*** 旱莲木 / 千丈树 / 喜树

Common Cassava ***Manihot esculenta Crantz*** 木薯

Common Catalpa/Indian Bean Tree ***Catalpa bignonioides*** **Walt.** 美国木豆树 / 美国梓树

Common Cephalanoplos ***Cephalanoplos segetum*** 刺儿菜 / 小蓟

Common Coleus/Painted Nettle ***Coleus blumei hybrids*** 彩叶草

Common Coralbean/Coral Tree ***Erythrina corallodendron*** **L.** 龙牙花 / 美洲刺桐

Common Crocosmia ***Crocosmia crocosmiflora*** 雄黄兰 / 倒挂金钩 / 黄大蒜 / 观音兰

Common Curculigo ***Curculigo orchioides*** 仙茅 / 地棕 / 独茅

Common Dahlia/Garden Dahlia ***Dahlia pinnata Cav.*** 大丽花（墨西哥国花）

Common Devilpepper ***Rauvolfia verticillata*** **（Lour.）Baill.** 萝芙木

Common Dogwood ***Cornus sanguinea*** 欧洲红瑞木 / 山茱萸 / 洋瑞木（英国萨里郡苗圃）

Common Dracaena ***Cordyline fruticosa*** **（L.）A. Cheval.** 朱蕉

Common Eberhardtia ***Eberhardtia aurata*** 绣毛梭子果 / 山枇杷 / 血胶树

Common Elaeocarpus ***Elaeocarpus decipiens*** **Hemsl.** 杜英

Common Elder/European Elder ***Sambucus nigra*** **L.** 西洋接骨木（英国萨里郡苗圃）

Common Euscaphis ***Euscaphis japonica*** 野鸦椿

Common Everlasting ***Anaphalis margaritacea*** 珠光香青 / 香青

Common Faience 普通彩陶

Common Fig *Ficus carica* L. 无花果（英国萨里郡苗圃）

Common Flowering-guince *Chaenomeles lagenaria*（Loisel.）Koidz. 贴梗海棠

Common Freesia *Freesia refracta Klatt* 小苍兰

Common Garden Canna *Canna generalis Balley* 红艳蕉

Common Garden snail *Bradybaena similaris* 同型灰巴蜗牛

Common Garden Vervena *Verena hybrida* Gronl. Et Rpl. 美女樱

Common Goldenrod *Solidago decurens* 一枝黄花 / 黄花草

Common Grape Hyacinth *Muscari botryoides*（L.）Mill. 葡萄水仙

common Guayava *Psidium guajava* L. 番石榴

Common Guijunoiltree/common gurjun *Dipterocarpus turbinatus* 羯布罗香 / 油树

Common Hawthorn *Crataegus monogyna* 单子山楂（英国斯塔福德郡苗圃）

Common Hazel *Corylus avellana* 欧洲榛（英国萨里郡苗圃）

Common Honeylocust *Gleditsia triacanthos* 美国皂角

Common Hop *Humulus lupulus* 啤酒花 / 欧洲啤酒花

Common Hop Tree *Ptelea trifoliata L.* 榆橘 / 翅果三叶椒

Common Horse Chestnut *Aesculus hippocastanum* 欧洲七叶树

Common Ivy *Hedera helix* 'Glacier' 银边常春藤（英国斯塔福德郡苗圃）

Common Ivy *Hedera helix* L. 长春藤

Common Jointfir *Gnetum montanum* Markgr. 买麻藤

Common Jujube *Zizyphus jujuba* Mill. 枣树

Common Juniper *Juniperus communis Compressa* 密叶瑞典刺柏（英国斯塔福德郡苗圃）

Common Juniper/Irish Juniper *Juniperus communis* L. 欧洲刺柏 / 璎珞柏（美国田纳西州苗圃）

Common lackey moth *Malacosoma neustria testacea* 天幕毛虫

Common Lantana *Lantana camara* L. 五色梅（马缨丹）

Common Lilac *Syringa vulgaris* 'Charles Joly' 重瓣深紫欧洲丁香（英国斯塔福德郡苗圃）

Common Lilac *Syringa vulgaris* Katherine Havemey*er* 凯瑟琳欧洲丁香（英国斯塔福德郡苗圃）

Common Lilac/Old Fashion Lilac *Syringa vulgaris* 欧洲丁香 / 洋丁香（美国田纳西州苗圃）

Common Lime/Linden *Tilia × europaea* L. 欧洲杂种洲椴

Common loon *Gavia immer* 普通潜鸟（加拿大国鸟）

Common Maidenhair Spleenwort *Asplenium trichomanes* 铁角蕨

Common Marigold/Pot Marrigold *Calendula officinalis* L. 金盏菊

Common Melastoma *Melastoma candidum* D. Don 野牡丹

Common Mignonette *Reseda odorata* L.

木犀草

Common Milkweed *Asclepias syriaca* 叙利亚马利筋（美国俄亥俄州苗圃）

Common Morning Glory *Pharbitis purpura* 圆叶牵牛 / 紫花牵牛 / 喇叭花

Common Myripnois *Myripnois dioica Bunge* 蚂蚱腿子

Common Nasturtium *Tropaeolum majus* L. 旱金莲

Common Neolitse *Neolitsea aurata* 新木姜子 / 金叶新木姜

Common Oleander *Nerium oleander* 欧洲夹竹桃

Common Olive/Olive *Olea europaea* L. 油橄榄 / 齐墩果（希腊国树）（英国萨里郡苗圃）

Common Osier/Osier *Salix viminalis* 蒿柳（英国萨里郡苗圃）

Common Pear/Callery Pear *Pyrus communis* L. var. *sativa* 西洋梨

Common Pear-bush *Exochorda racemosa*（Lindl.）Rehd. 白鹃梅

Common Periwinkle *Vinca minor* L. 小长春蔓

Common Petunia *Petunia hybrida* Vilm. 矮牵牛

Common Privet *Ligustrum vulgare* L. 欧洲女贞

Common Quince *Cydonia oblonga* Mill. 榅桲

Common Ragweed *Ambrosia artemisiifolia* 猪草 / 美洲猪草

Common Reed *Arundo donax* Linnaeus 芦竹

Common Reed *Phragmites communis* 芦苇

Common Reevesia *Reevesia pubescens* 梭椤树 / 毛叶梭椤

Common Sagebrush/Bitter Sagebrush *Seriphidium absinthium* 中亚苦蒿

Common Schizonepeta *Nepeta multifida* 多裂叶荆芥 / 东北裂叶荆芥

Common Schizostachyum *Schizostachyum pseudolima* 思劳竹 / 沙勒竹 / 山竹

Common Screw Pine *Pandanus utilis Bory* 红刺露兜树

Common Seagrape *Coccoloba uvifera* 海葡萄（美国佛罗里达州苗圃）

Common Smoketree *Cotinus coggygria* 'Royal purple' 红栌 / 红叶树 / 美国红栌（英国萨里郡苗圃）

Common Souring Rush *Equisetum hyemale/Hippochaete hyemale* 木贼 / 毛管草

Common Stock Violet *Matthiola incana*（L）R. Br 紫罗兰

Common Stonecrop *Sedum erythrostictum* 八宝 / 景天

Common Teasel *Dipsacus fullonum* 起绒草

Common Thyme *Thymus vulgaris* 百里香 / 庭园百里香（英国斯塔福德郡苗圃）

Common Trumpetcreeper *Campsis radicans* 美洲凌霄 / 小花凌霄

Common Tulip *Tulipa gesneriana* L. 郁金香

Common Tutcheria *Tutcheria championi Nakai* 石笔木

Common Wax-plant *Hoya carnosa*（L.）R.Br. 球兰

Common Wedgelet Fern *Stenoloma chusana/Sphenomeris chinensis* 乌蕨

Common White Jasmine *Jasminum officinale* 素方花 / 素馨（巴基斯坦国花）（英国萨里郡苗圃）

Common Wrightia *Wrightia pubescens* R. Br. 倒吊笔

Common Yam *Dioscorea sative* 薯蓣 / 野山豆

Common yellow swallowtail *Papilio machaon* 黄凤蝶

Common Zenia *Zenia insignis Chun* 翅荚木 / 任豆

commonage 公地

commons 平民；群众；公地

~grazing（美）放牧公地

communal 公社的；市、镇、村的；社会的，公共的

~building 公用建筑

~car park 公用停车场

~disposal（排水）共同处理

~facilities 公用设施

~facility 公用设施

~forest 共同林

~garage 公用汽车库，公用车库，公用车房

~garden（公寓式住宅的）公共花园

~household 公共住宅

~land 公有地

~property 公共产业，公共资产

~road 公社道路

~services 公共（服务）设施

~use 公用

commune 社区；法国最小行政区；群；市区，（中国的）人民公社，公社

~-run undertakings 社办企业

communer 上下班乘客

communication 城市通信；（陆路）交通，交通；交通（工具），交通机关；通信系统；通信；传；移

~and transportation 交通运输

~area 交通面积，通信区

~building 通信建筑

~cable 电信电缆（弱电流电缆）

~center 通信中心

~center inter administration 局间通信枢纽（局间枢纽）

~center of railway administration 局通信枢纽（局枢纽）

~center of railway branch administration 分通信枢纽（分枢纽）

~conduit 地下电信电缆

~design 通信系统设计

~facilities 交通工具，通信设施

~line 通信线路

~link 通信线路

~net work 交通网，通信网

~network 通信网

~plan 通信规划

~satellite 通信卫星

~station 通信站

~system 城市通信系统

communities, association of different 各种社会团体，社区

community 公社，团体，社会，社区，城市社区，居住区；乡镇；村社；群落

~action group 社区保卫（安）组

~amenities 社区康乐设施

~antenna television（简写 CATV）共用天线电视

~apartment project 社区共用的公寓项目，社（集）团公寓工程
~appearance（美）社区社容
~appearance analysis（美）社区社容分析
~area 社区地段
~area，historic 历史社区地段
~area，local 本地社区地段
~area，section of a（美）社区地段中的分段
~association 社区协会
~atmospheric 城市大气
~beautification（美）社区美化
~center 社区中心，小区中心，居住区中心
~complex 城市复合体
~composition 群落组成
~daycare housing 社区托儿所（日托）
~design 居民区设计，社区设计
~design center（CDC）（美国的）社区设计中心
~development 社区发展，社区建设，社区开发
~development plan 社区发展计划
~development project 社会开发计划，社区开发项目
~economy 社区经济
~educational facility 社区教育设施
~expansion（美）社区扩展，社区膨胀发展
~facilities 社区公用福利设施，住宅区公用设施
~facilities planning 社区公用福利设施规划，居民区设施，社区设施，公共设施
~facilities standard 社区设施标准
~facility（美）社区设施
~facility plan 社区设施计划
~garden（美）社区花园，社区公园
~garden area，permanent（美）永久社区花园范围
~garden area，temporary（美）社区花园临时范围
~garden development plan（美）社区花园发展计划
~garden development planning（美）社区花园发展规划
~garden plot，temporary（美）社区花园临时基址
~garden shelter（美）社区花园保护设施
~gardener（美）社区园工（丁）
~gardening（美）社区造园
~hall 社区会堂
~health 公共卫生
~health service 基层卫生服务
~land（美）社区用地
~land use plan 社区土地使用计划
~-level population policy 社区级人口政策
~noise 公共噪声，城市噪声
~noise equivalent level 公共汽车等效噪声级
~of hydrosere succession，plant 社区植物水生演替系列有序区
~of trampled areas 社区步行区
~open space（英）社区绿地，社区游憩地，社区空旷地
~organization 社区组织
~ownership 集体所有
~park 小区公园

~participation 社区参与
~plan 社区规划
~planner（美）社区规划师
~planning 居住区规划，社区规划
~pollution 居民区污染
~recreational facility 社区游憩设施
~requirement 社区所需
~residence 社区住宅
~response 城市反应，社会反应
~room 社区活动室，公共活动室
~-run workshop 街道工厂
~service 社区公用福利设施
~structure 群落结构，社区结构
~survey 社会调查
~use 社区用途
~welfare 基层福利，社区福利
~workshop 街道工厂
aquatic plant~ 水生植物群落
arable weed~ 可耕杂草群落
bedroom~（美）郊区，住宅社区
biotic~ 生物群落
cereal weed~ 谷物繁茂群落
climax~ 顶级群落
dune woodland~ 土丘林地群落
dwarf-shrub plant~ 矮小灌木植物群落
ecological~ 生态社区
ecotonal plant~ 群落交错植物群落
edge~ 边界群落
emerged peat moss hollow~ 泥炭苔洼地群落
fire plant~ 防火植物群落
forb~ 非禾本草本植物群落
forest clearing~（英）森林清除社区
fragment~ 分片社区
free-floating fresh water~ 淡水自由流动社区
free-floating lacustrine~ 自由流动湖社区
grassland~ 草地群落
herbaceous fringe~ 外围草本植物群落
initial plant~ 原始植物群落
krummholz~ 高山矮林群落
lacustrine~ 湖沼社区
life~ 生活社区
marina~ 小艇船坞社区
natural forest~ 天然林群落
perennial forb~ 常年生非禾本草本植物群落
perennial herb~ 常年生草本植物群落
permanent~ 永久性社区，固定社区
plant~ 植物群落
range of a plant~ 一排房屋社区，植物成行社区
recreation resort~ 重建游览社区
residential~（美）住宅社区
resort~（美）游览社区
retirement~ 退休员工社区
river~ 水道社区
riverine~ 岸边社区
rock crevice plant~ 岩缝植物群落
root-crop weed~ 块根植物繁茂群落
ruderal~ 杂草丛生的群落
seam~ 接合处社区
segetal~ 谷类田间群落
seral~ 演替系列社区
seral plant~ 演替系列植物社区
snowbed~ 积雪社区
snowland~ 雪盖社区
substitute~ 调换社区
successional~ 新建社区
successional plant~ 演替植物群落

tall forb~ 高非禾本草本植物群落
tall herb~ 高草本植物群落
terrestrialization plant~ 陆地化植物群落
transient~ 流浪者社区，暂住人口社区
transitional~ 过渡社区
tree-fall gap~（美）下垂树间隔群落
wall~ 筑墙社区
weed~ 杂草群落
woodland clearing~ 林地清除群落
woodland edge scrub~ 林地边缘植物灌木社区
woodland mantle scrub~ 林地覆盖灌木群落
woody mantle~（美）树木茂盛覆盖群落
zinc-tolerant plant~ 耐锌植物群落

commutable area 上下班范围圈（至中心城市上下班者的分布范围）

commute 长期车票使用者往返于某两地间的人，通勤者

commuter 长期车票使用人；交换者；（短途）通勤者；（月票乘客上下班所经的）路程；持月票乘车
~belt 月票居民区
~bus 长期车票公共汽车，上下班公共汽车
~flow 月票乘客居住区
~land 月票乘客居住区
~movement 经常客流；长期车票客流
~pattern（美）长期车票使用人类型
~railroad 市郊列车
~ratio 上下班人口率
~route 上下班路线
~time 上下班时间
~traffic 上下班交通
~ zone 通勤带
incoming~ 新来通勤者
outgoing~ 即将离去的通勤者

commuterdom 月票居民区

commuterland 月票居民区

commuters ratio 上下班人口率（与居住人口的比率）

commuting 通勤
~circle 通勤圈
~distance 通勤交通距离，通勤距离
~traffic 上下班交通

compact 坚实（性）；条约；合同；压制坯块；小型汽车；使紧密压实；夯实；紧密的，密实的；密集；不占地位的；小巧的
~city 紧凑城市，小型城市
~development 密集开发，稠密发展，密集发展
~in layers 分层压实
~planning 密集建筑规划{建}
~settlement 密集居民点，聚居地
~soil 坚实土
~zone of first frequency 第一频率密集区

compacting 压实；压实工作，夯实工作
~hammer barge 夯平船
~machinery 碾压机械
~routing method 挤密喷浆法

compaction 压实，击实，夯实；致密，增密
~by rolling 滚碾压实，碾压，碾压法
~by tamping 夯实
~capacity 压实能力
~depth 压实厚度
~depth measurement 压实深度测定
~device 击实仪
~effect 压实效果

~effort 击实功
~energy 压实能量
~factor 压实系数
~in layers 分层压实
~index 紧凑度
~of underwater bedding; underwater foundation-bed tamping 水下基床夯实
~plan 压实（平）面
~strength 压实强度
~technology 压实技术，压实工艺
~test 压实试验
~test apparatus 击实仪
blasting~（of soils）（土的）爆炸压密
coefficient of~压实系数
data~数据精简
deep~深层压实
degree of~压实度
ground~场地压实，地面压实
impact~夯击压实
permanent~永久性压密
soil~土压实
stage~分级压密
subsoil~地基土压实
superficial~表层压实
thick lift~厚层压实
uniform~均匀压实
vibrating~振动压实

compactness 压实性，压实度，密实度；坚实
~of layout 布局紧凑度（松散度）
~test 压实度试验

companile（车站）钟楼

companion 指南，手册，参考书；同伴，战友，成对物之一
~beam 对比梁
~plant 对比植物，对比设备
~test 伴随试验，对比试验

company 公司（简写 Co.），商号；同伴；交往；（一）群，（一）伙；连队；陪伴；交往
~bond 公司债券
~，development（英）开发公司
~horticultural 园艺公司
~housing 公司（提供的）住房
~image 公司形象
~limited 有限公司
~town 居民多为公司员工的市镇，公司城
~with limited liability 有限责任公司
waste disposal~（英）废品处理公司

comparable search area 同一供求圈

comparative 比较的；相当的；比拟物；匹敌者
~analysis 比较分析（法）
~analysis of bid items（美）投标项目比较分析
~analysis of tender items（英）投标项目比较分析
~cost 比价，比较造价
~cost advantage 比较成本优势（法）
~data 比较数据
~density index 人口密度比较指标
~density indices 人口密度比较指标，相对密度指标
~designs 方案比较，比较方案
~economics 比较经济学
~static analysis 静态比较分析法
~statistics 比较统计学
~test 比较试验
~utility 比较效用

comparison 比较，对比，比拟
~line 比较线
~of alternative corridors 可选择通道
compatible use 相配用途
compartment 分隔间；室；间隔，区划
~ceiling 格子平顶；格子天花板；井口天花
compartmentalization n. 区分，划分
~of a landscape 地形划分，地貌划分；景色区分，景观区分
compass 罗盘（仪），指南针，指北针；圆规
~box 罗盘盒
~brick 拱砖
~card 罗盘的盘面
~needle 罗盘针，磁针
~roof 跨形屋顶，半圆形屋顶 { 建 }
compasses 圆规，两脚规
compatibility 相容性，适应性，兼容性，并存性 { 计 }；互换性 { 机 }
~condition 相容条件
~matrix environmental 环境兼容性基质
environmental~ 环境兼容性（适应性）
compendium [复 compendia 或 compen-diums] 概要，摘要；梗概；纲目；一览表，简编
compensate 补偿，赔偿；补助，报酬
compensated transfer of land use right 土地使用权有偿转让
compensating 补偿，赔偿，消色；折减
~bar 均力杆，等制器，补偿杆
~errors 补偿误差
~function 补偿作用，补偿功能
~grade 折减坡度
compensation 赔偿，补偿；赔偿金；报酬；补色，消色；土地补偿费
~adjustment 补偿调整
~area，open space（开放空间）补偿范围
~for building removal 建筑物迁移补偿
~for crops 青苗赔偿费
~for land 土地补偿费
~for losses 赔偿损失
~for removal 迁移费，{ 建 } 迁移补偿
~grade 折减坡度
~measure，environmental 环境补偿措施
~of errors 平差
~of gradient in tunnel 隧道坡度折减
~on land 土地补偿费
~payment（英）补偿支付额，补偿报酬
~trade 补偿贸易，返销贸易，抵偿贸易
~water 补偿税
compensatory 补偿的，赔偿的；报酬的
~budget policy 补偿预算政策
~replacement of demolished housing 原拆原建
~time 加班时间
~trade 补偿贸易
compete 竞争，比赛
competence 能力、胜任、权限
competency 资格；能力
competent 胜任的，有能力的；适宜的
~river 夹沙河流
~velocity 启动流速
competition 竞争，竞赛
~announcement，design（美）设计竞赛通告
~area 竞赛范围

~brief 竞赛简报
~documents（英）竞赛证书
~entrant 竞赛参赛者
~entry 竞赛入场式
~invitation，design（英）设计竞赛邀请书
~jury 竞赛评审
~jury，assessor of a（英）竞赛顾问评审
~jury，official of a 竞赛评委评审
~jury，professional member of a（美）竞赛专业人员评审
~floor 室内比赛场
~participant 竞赛参加者
~pressure 竞赛压力
~program package（美）竞赛程序包
~rules（美）竞赛章程
~standing orders（英）固定竞赛章程
~stress 竞赛压力
~swimming facilities（英）竞赛游泳运动公用设施
~task 竞赛任务
best kept village~（英）全国城市与繁荣乡村竞赛
design~ 设计竞赛
final design~（英）最终设计竞赛
promoter of a~ 竞赛承办人
realization~（英）实现竞赛
root~ 欢呼竞赛
All-America City~（美）全美城市竞赛

competitive 竞争的；比赛的
~-bid 投标竞争（的），比价（的）
~bidding system 招标制，比价制
~cost 竞争价格；比价
~design 竞争设计，竞赛设计，比较设计
~edge 竞争优势
~land-use 竞争土地使用权
~price 投标价，标价
~rent 竞争地租
~tender 竞争性投标，公开招标，公开投标

competitiveness 竞争力
competitor 竞争者；比赛者；敌手
compilation 编辑；编辑物；编绘；编码（程序），编译程序{计}
compiled original 编绘原图
compiler 编译程序，编译器
complementary colo(u)rs 补色，互补色
complementary control point of analytic mapping 图根解析补点
complete 完成；竣工；完全的，全部的，整套的
~alternation 周期，全循环
~cutting（美）完整插条
~documentation 全套文件
~-mixing aeration 完全混合曝气
~projects 成套工程
~protection 全面保护
~purification 完全净化
~self-contained unit 完全独立的单元
~survey 全面调查
~treatment（污水）全面处理
~verification 全面鉴定，全部校验

complete abstract 纯抽象
complete project management 统筹规划管理法
completed 完成，竣工
~acceptance 竣工验收
~construction 完工建筑

~item 建成投产项目
~product 成品
~project 全部竣工项目
~work（美）竣工工程
~works（英）竣工工程
~certificate，issue of a sectional 区段竣工证书
completely penetrating well 完整孔
completion 完成，竣工，结束，完整，整体
~and delivery of construction project 项目竣工验收
~ceremony 竣工仪式
~data 竣工日期
~drawing 竣工图
~of works 竣工
~report 最终报告，竣工报告
issue of a certificate of final~最终竣工证书
practical~（英）实际竣工
project~（美）计划完成，工程竣工
site clearance after project~工程竣工后清理场地
situation of practical~（英）竣工实际情况
time of~竣工时间
Completion Acceptance 竣工验收
completion bond 竣工证书
complex 综合建筑物，（美）多功能的大型建筑物（一般为高层带地下建筑）；综合体，集合体，复合体；络合物{化}；合成物；复杂；复数；杂岩{地}；复合的，复式的；多元的；复杂的；合成的；络合的{化}
~building（房屋的底层与上层不同用途的）复合建筑
~chart 综合图
~environmental protection 综合环境保护
~flat 复式住宅单元
~settlement structure 复杂的居住结构
~zone 综合区
bathing~（美）游泳馆
clay-humus~黏土腐殖土合成物
climax~顶点综合体
high-rise apartment~（美）综合高层公寓
hummock-hollow~综合起伏盆地
indoor bathing~（美）综合室内游泳池
outdoor bathing~（美）综合室外游泳池
recreation~综合娱乐
residential~综合住宅
residential leisure~综合空闲住宅
sports fields~综合户外运动场所
swimming pool~（美）综合游泳池
complexion 外观，情况，样子；状态，性质；形势，局面，天色；配容；面色，气色，体质；染，着色
complexity 复杂（性）
~analysis 复杂性分析
~of site 场地复杂性
~rating classification（英）复杂等级分类
compliance 符合；应允；（弹性限度内的）弯曲；柔顺；服从，顺从
~criteria 容许标准
~with plans and specifications 符合图纸和规格
comply 答应，同意
~with a formality 履行手续
compo 组成；混合涂料，灰泥，水泥砂浆
component 组分，组成部分，部分；分力；分量；元件，部件，构件；构成的，组成的，合成的，成分的，分量的
~assembly parts 部件

~bar-chart 分段条状图
~for recreation landscape 休憩景区
~framework construction 工具式模板建筑
~library 部件图库
~part；piece（通风）部件
landscape~景区部分
composed house hold dwelling 复合户住宅
compositae *Artemisia ageratoides* var. *gerlachii* 南岭紫菀
compositae *Artemisia dubia* var.*subdigitata* 无毛牛尾蒿
compositae *Artemisia roxbrughiana* var. *purpurascens* 紫苞蒿
compositae *Aster ageratoides* var.*gerlachii* 南岭紫菀
composite 集成的，合成的；混合的，混成的，复合的；混合料；合成物；复合物；混合式；组合梁（多种材料组合的梁）
~action 复合作用，混合作用
~beam bridge 联合梁桥，叠合梁，组合梁，联合梁
~breakwater；bottom mounted breakwater 混合式防波堤
~bridge 组合桥梁
~budget norm 综合预算定额
~building 综合用途楼宇，多功能楼宇
~column 混成柱，混合柱
~design 混合式园林，混合式设计
~family 复合家庭
~girder 钢与混凝土结合梁
~gradient 复合坡度
~ground 复合地基
~household 混合户
~index 综合指数
~industrial building 混合式工业楼宇
~land development 土地综合开发
~layout 混合式布局
~lining 复合衬砌
~material 复合材料，组合材料
~mortar 混合砂浆
~panel 复合板
~pipeline 综合管道（综合管廊）
~region 混合使用区，综合区（工业、商业、居住等各种用途建筑混合存在的地区）
~segment 复合管片
~slab 组合板
~slip surface 复合滑动面
~soil 混合土（由砾、砂、粉土、黏土等混合）
~subgrade；composite foundation 复合地基
~terminal 多种交通联合转运基地，综合交通枢纽
~wall 复合墙
~wood 复合木材
~zoning 综合区划
composite fruit 聚合果
composite map 综合图
composition 构成，组成，合成；构造，组织，成分，布局，复合物；合成物；构图；作文
~alluvial fan 复合冲积扇，山麓冲积平原
~in architecture 建筑构图
~of a plant community 作物社区构成
~of displacement 位移合成
~of forces 力的合成
~of households 家庭构成

~of income 收入构成
~of industry 产业构成
~of population 人口结构
~of sample 样本构成
~of society 社会结构
~of urban spaces 城市空间构图
~of water features 水装置构成
~roofing 复合屋面
age class~年龄组构成
anthropogenic change/alteration of flora~植物群构成的人为变化与演进
anthropogenic shift in animal species~动物种类人为转移成分
anthropogenic in floristic species~植物种类人为转移成分
layer~层次构成
compositional shift of faunal or floral communities 动物群落或植物群落转移成分
compositive error 综合误差
compost 堆肥，混合肥料
~heap（英）混合肥料堆
~management 堆肥管理，堆肥经营
~pile（美）混合肥料堆
~production plant，refuse 废物混合肥料制造厂
~production plant，waste（美）废料混合肥料制造厂
~recycling 混合肥料再生利用
amount of~混合肥料量
dressing with~粪肥混合肥料
mulching with~腐土混合肥料
refuse~废料混合肥料
soil improvement with~用混合肥料改良土壤
waste~废料混合肥料
composting~肥堆，混合肥料
refuse~垃圾混合肥料
compound 化合物{化}；复合物，混合物；综合体；复合语；混合，合成；复合的，合成的；复绕的{电}；复式的；复合，混合，配合，组合，组成
~alluvial fan 复合冲积扇，山麓冲积平原
~average 综合平均数
~channel 复式河槽
~curve 复曲线，多圆弧曲线
~function city 多功能城市，综合性城市
~garage 复式汽车库
~interest 复利
~intersection 复式交叉，多路交叉
~leaf 复叶
~lining 复合衬砌
~merging 交叉汇流
~multiple intersection 复式交叉（多条道路会合）
~river 合流河
~seismic capability 综合抗震能力
~stress 综合应力，复合应力
~type apartment house 组合式住宅
~wall 组合墙
~weir 复合堰
compounds，mineral 无机化合物
comprehensive 广泛的，广博的；包括的；综合的；全盘的；理解的，容易了解的
~analysis 综合分析
~area 综合区
~capacity of berth 泊位综合通过能力

~community plan 综合社区规划
~design 综合设计
~development 综合性发展，综合开发
~development area 综合发展区
~development of regional production 地区生产综合发展
~development plan，final approval of a（美）最后批准的综合开发规划
~economic equilibrium 综合平衡(经济)
~engineering geologic map 综合工程地质图
~environmental design 全面环境设计
~industrial development 综合性工业发展
~inquiry 综合调查
Comprehensive Master Plan 详细总平面图
Comprehensive National Development 全国综合开发规划
~national physical planning 国家综合性实体规划
~park 综合公园
~performance judgment 综合性能评定
~plan 综合规划，总体规划，综合计划
~planning 综合（性）规划,全面规划,总体规划
~program 综合计划
~redevelopment 综合性改建
~redevelopment area 综合性改建区
~remedy 综合治理
~report 综合报告
~site survey and analysis 综合场地测量与分析
~sunshade 综合式遮阳
~survey 详细测量，全面测量
~transportation 综合运输
~transportation system（network）综合运输体系
~urban economics 综合城市（经济学）
~urban development 城市综合开发，城市建设综合开发
~utilization 综合利用
~utilization of water resources 水资源综合利用

comprehensive evaluation map 综合评价地图
comprehensive park 综合公园
Comprehensive Unit Price 综合单价
compressed 压缩的
~air station 压缩空气站
~air system 压缩空气系统
compressibility 压缩性
compression 压力；压缩；凝聚
~index 压缩指数
~joint 卡套式连接
~，soil 土压缩
~type refrigerating machine 压缩式制冷机
~type refrigerating system 压缩式制冷系统
~type refrigeration 压缩式制冷
~type refrigeration cycle 压缩式制冷循环
~type water chiller 压缩式冷水机组
compressional wave 压缩波
compressive 有压力的；压缩的；受压的
~capacity 受压承载能力
~force 压力
~region 受压区，受压范围
~strength 抗压强度
compulsory 强迫的，强制的；义务的

~acquisition 强制征用
~acquisition of sites and buildings 强制征用的场地和建筑
~competitive tendering（英）强制竞标
~education 义务教育
~flow 强制流动
~land acquisition 土地征用
~land purchase 征收土地
~purchase（英）强制购买
Compulsory Purchase Order 强制征用命令
~purchase procedure 强制征购土地程序
~purchase proceedings（英）强制购买程序
omputability 可计算性
omputation 计算；估算，估计；电脑操作，电脑应用
~method 计算方法
~of coordinates 坐标计算
~of degradation below reservoir 水库下游河道冲刷计算
~of erosion（scour）冲刷计算
~of full contract value（英）全部合同价格估算
~of reservoir back water 水库回水计算
~of reservoir sedimentation 水库淤积计算
~of runoff regulation 径流调节计算
~of sediment runoff 输沙量计算（固体径流计算）
~of water conservancy 水利计算
~of water logging control 排涝计算
unit of~电脑操作部件
omputer 计算机，电子计算机，电脑；计算者
~aided architecture design（CAAD）计算机辅助建筑设计
~-aided design（CAD）计算机辅助设计
~-aided manufacture 计算机辅助生产
~aided mapping；computer cartography 计算机辅助制图机助制图
~application 计算机应用
~-based consulting system 计算机咨询系统
~calculation 计算机计算
~-controlled traffic 计算机控制的交通
~-controlled vehicle system（CVS）计算机控制的车辆系统（日本创造的一种快速客运）
~data 计算机数据
~generated animation（CGA）计算机生成动画片
~graphic processing 计算机图像处理
~graphics 计算机图形学，电脑图表，计算机绘图（简写 CG），计算机图解法；计算机图形学
~hardware 计算机硬件
~input 计算机输入
~management system 计算机管理系统
~network 计算机网络
~output 计算机输出
~plotter 自动绘图仪
~processing 计算机处理
~program 计算机程序
~programming 电子计算机程序设计
~programs 计算机程序
~room 电子计算机房
~run 计算机运行
~scanning 计算机扫描
~science 电脑科学，计算机科学

~scientist 计算机学家，电脑专家
~simulation 计算机模拟，计算机仿真
~software 计算机软件
~storage 计算机储存，电子计算机记忆
~system 计算机系统
~utilities 计算机利用
~virus 计算机病毒
general-purpose~通用计算机
notebook~笔记本式计算机
pen-based~笔写式计算机
computer compatible tape 图像数据磁带
computerizing construction 计算机化建筑（业）
computing areas 计算面积
computropolis 计算机化城市
comsat 通信卫星
Comstock mealybug ***Pseudococcus comstocki*** 康氏粉蚧
comsumption city 消费城市
concatenation 连接，连锁，并置
concave 凹的，凹形的，凹入的；凹处，陷穴；凹（圆）
~bank 凹岸
~lens 凹透镜
~mirror 凹镜
~slope 凹形坡
~tile 凹瓦{建}
~vertical curve 凹形竖曲线
conceal 掩盖；隐蔽，隐藏
concealed 潜在的，暗的
~household 潜在户口，潜在户
~installation，embedded in stallation 暗设
~wire 暗线
concealed inspection 隐蔽检查
concentrated 集中的；浓（缩）的{化}
~drainage 集中排水
~force 集中力
~leisure activities，area for 集中游览活动区
~load 集中荷载（点荷载）
~power feeding system 集中供电方式
~type data base 集中式数据库
~wheel load 集中轮载
concentrating 集中，浓缩，提浓，聚集
~mill 选矿厂，选煤厂
~of mining 集中开采
~plant 选矿厂
~solar collector 聚光式太阳能集热器
concentration 集中；浓度，浓缩，蒸浓提浓，车流密度；混合比
~degree 集中度
~index 集中指数
~of harmful substance 有害物质浓度
~of noxious substances 有毒物质浓度
~of pollutant 污染物浓度
~of population 人口集中
~of recreation facilities 娱乐设施集中，休养设施集中
~of soot 煤烟浓度
~of stresses 应力集中
-of urban recreation facilities 娱乐设施集中，城市休养设施集中
~on ground 地表浓度
~time 雨水集合时间
urban~城市集中
concentration of industry 工业集中
concentrative city 集中（浓缩）城市
concentrator 选矿厂
concentric(al) 同心的，集中的；聚合的
~circles 同心圆

~circle diagram 同心多圆图
~circles theory 同心圆理论
~city 环中心城市，同心圆城市
~discharge 中心卸粮
~domed bog 集中圆丘沼泽区
~force 集中力
~open space pattern/system 集中开放区形式 / 系统
~rings 环形公路，环路
~route 环状路线，环状道路
~routes 环状路线，环状道路
~system 环式系统，环状路线
~type 同心式；环式
~zonation theory 同心圆带理论
~zone 同心圆带
~zone concept 同心圆论（城市土地利用形态之一，即中央商业区为核心，批发及轻工业区，低级住宅区，中级住宅区和高级住宅区同心圆式向外发展）
~zone model 同心圆模式
~zone theory 同心圆说
concentric zone theory 同心圆地带论
concept 概念，构思
~design 构思设计，概念设计
~phase 规划阶段，方案设计阶段
~plan 概要性规划图，意向性规划
green belt~（英）绿地系统概念，（城市周围的）绿化地带概念
green belt~（美）（城市周围的）绿化地带概念
conception 概念，概念力；概念作用
~of the landscape experience 风景实验概念，景观实验概念
water~ 水概念
conceptual 概念的
~design 方案设计（概念设计），初步设计
~estimate 粗估，初步估算
~hydro geological model 水文地质概念模型
~model 概念性模式
~modern city"现代城市"设想
~phase 概念设计阶段，初步设计阶段
~plan 构想性规划
conceptual sculpture 概念雕塑
concern 商行，企业，康采恩
concert 音乐会，音乐会的
~garden 音乐园
~hall 音乐厅
concertina folding door 手风琴式折叠门
concession（政府对土地使用的）特许权，租用土地
concessionaire（设于公共娱乐场所的）小吃摊
concessionary grant 优待条件批地
Conch Gully 海螺沟（四川省）
conch shell 螺
concluding 结束的，最后的
~note 结论
~project review（美）最后方案评论
~remarks 结论
conclusion 结论；终结，结尾；断定
~of a binding agreement 制约合同终结
~of a contract 合同终结
~of value 估价结果
Concolor Wintersweet ***Chimonanthus praecox*** **var.** ***concolor*** 素心蜡梅
concourse 集合，汇合，群集，群集场所，（公园或车站内、飞机场的）中央广场，

中央大厅

concrete 混凝土（常指水泥混凝土）；凝结物；混凝土（制）的；凝结成的；具体的，实际的；浇筑混凝土；凝结

~area 混凝土截面积

~base 混凝土基层，混凝土底层；混凝土基础，混凝土底座

~beam 混凝土梁

~bed 混凝土基础（或基层），混凝土底座；混凝土路床

~block 混凝土块

~block breakwater 混凝土砌块防波堤

~block for mooring post 系船块体

~-block, lattice（work）（美）网格（细工）混凝土砌块

~block lining 混凝土块衬砌

~-block pavement 混凝土块（铺砌）路面

~block pitching 混凝土铺砌工程

~block wall breakwater 方块防波堤

~blocks, surfacing of latticc（美）格构路面混凝土块

~brick 混凝土砖

~component 混凝土构件

~compound unit, prefab（ricated）（英）活动房屋混凝土合成构件

~construction 混凝土结构，混凝土建筑；混凝土施工

~cover 混凝土保护层

~crib wall 混凝土木笼墙

~crib wall, free-standing 独立式混凝土木笼墙

~cribbing 混凝土预制架堆成的墙（或笼框）

~dam 混凝土坝

~deck 混凝土块层面

~design 混凝土（配合比）设计

~edge bedding（英）混凝土块边缘层面

~edge footing（美）混凝土块边底脚

~element, precast 预制混凝土部件

~face rock fill dam 混凝土面板堆石坝

~floor 混凝土楼（地）板

~for marine structure 海工混凝土

~foundation 混凝土基础

~frame 混凝土构架

~grade 混凝土强度等级

~grout 混凝土浆

~-gun 水泥喷枪（俗称）

~joint cleaner（水泥混凝土）路面清缝机

~joint sealer（水泥混凝土）路面填缝机

~mixing plant 水泥混凝土（混合料）拌和设备

~pavement 混凝土路面，水泥路面

~pavement slab 混凝土路面板

~paver（水泥）混凝土（混合料）摊铺机，混凝土铺路机

~paver with exposed crushed basalt（美）破碎玄武岩的混凝土铺路机

~paver with protective coating（美）防护涂层混凝土铺路机

~paver, standard non-interlocking（美）标准非嵌锁式混凝土铺路机

~paver, tinted（美）着色混凝土铺路机

~pavers, pavement of（美）混凝土铺面铺路机

~paving 铺筑混凝土路面，混凝土路面

~paving block with hardwearing surface layer（英）耐磨路面层混凝土铺砌

块料
~paving block without exposed aggregate, standard 无露骨料的标准混凝土铺砌块料
~paving block, standard（英）标准混凝土铺砌块料
~paving equipment 水泥路铺筑设备
~paving slab, patterned 混凝土铺砌板（型板）
~paving slab, precast 混凝土铺砌板（预制）
~paving unit（英）混凝土铺砌设备
~pavio(u)r（英）混凝土铺路机
~pipe 混凝土管，水泥管
~product 混凝土成品
~protection layer 混凝土保护层，混凝土防冻层
~protective slab（美）混凝土防护板
~pump 水泥混凝土（混合料）泵
~reinforcement 混凝土钢筋
~road-bed 混凝土路基，混凝土路床
~roof slab 混凝土屋顶，石板
~saw（水泥混凝土）路面锯缝机
~sett（英）混凝土小方石，混凝土拳石（铺路用）
~setting 混凝土凝固
~sewer 混凝土污水管
~slab 混凝土（平）板
~slab bridge 混凝土板桥
~slab pavement 混凝土板铺面
~slab with imitation stone 混凝土人造石板
~slab, grass（英）草地混凝土板
~slab, in-situ（英）（施工）现场混凝土石板
~slab, poured-in-place（美）现场浇筑混凝土石板
~small hollow block 混凝土小型空心砌块
~structure 混凝土结构
~surface 混凝土路面
~tree grate（美）混凝土护树栅板
~tree grid（英）混凝土护树格板
~tree grille（英）混凝土护树格栅
~tree vault, precast（美）预制混凝土护树拱顶
~tree well, precast（英）预制混凝土树坑
~trough（美）混凝土槽
~unit, precast 预制混凝土装置
~worker 混凝土工人
acid fast~ 耐酸混凝土
bag~ 袋装混凝土
bamboo~ 竹筋混凝土
barytes~ 重晶石混凝土
batch of~ 一拌混凝土，一盘混凝土
bitumen~ 沥青混凝土
bituminous~ 沥青混凝土
borated~ 含硼混凝土
breeze~ 焦渣混凝土，煤渣混凝土
broken~ 混凝土碎块
bubble~ 泡沫混凝土
cast~ 浇捣混凝土
cast-in-place~ 就地浇筑混凝土，现场浇筑混凝土
cast in-site~ 就地浇筑混凝土
dry~ 干硬（性）混凝土
drying shrinkage of~ 混凝土干缩
dry-mix~ 干拌混凝土
exposed aggregate~ 露石混凝土

face~砌面混凝土
facing~护面混凝土
fair-faced~（英）纵向加强筋混凝土
fine aggregate~细集料混凝土，小石子混凝土
fine sand~细砂混凝土
finished~成品混凝土
gun-applied~混凝土喷射
haunched~梁腋混凝土，拱腋混凝土
in-site~现浇混凝土
lean~贫混凝土，少灰混凝土
lean mix~贫混凝土，少灰混凝土
no-fines~无细（集）料混凝土
poor~贫混凝土，少灰混凝土
porous~多孔混凝土
poured~灌浇混凝土（具有某种稠度，可用泵或凭重力浇注）
poured-in-place~就地灌注（的）混凝土
premixed~预拌混凝土
pre-mixed~预拌混凝土
precast~预制混凝土
ready-mixed~预拌混凝土
sand and gravel~砂砾石混凝土
sandblasted~深暗色环混凝土
site-cast~（美）现场浇捣混凝土
slag~矿渣混凝土，炉渣混凝土
smooth-faced~光面水泥混凝土
spray（ed）concrete~喷射混凝土
spun~旋制混凝土，离心成型混凝土
tooled~修整的混凝土
transit-mixed~运送拌和混凝土，车拌混凝土（用拌和车运送拌和的混凝土）
veneer~面层混凝土

concreting block 混凝土浇筑面
concretize 混凝土化；（使）具体化；（使）定型；凝固
Concubine Zhenfei's Well（**Beijing, China**）珍妃井（中国北京故宫）
condemnation（美）废弃，废除，废止
~order（美）废止指令
~proceedings（美）废除项目
condemned 废弃的
~dwelling（因拆迁等原因）被宣告为废弃的住宅
~road 废弃的道路（丧失使用价值的道路），废弃道路
condensate 凝结
~drain pan 凝结水盘
~pipe 凝结水管
~pump 凝结水泵
~tank 凝结水箱
condensation 表面结露，凝结，冷凝
~control 冷凝控制
~of vapo(u) 气体冷凝
~recharge 凝结水补给
~water 凝结水
condenser 冷凝器
condensing 冷凝
~pressure 冷凝压力
~temperature 冷凝温度
~unit 压缩冷凝机组
condiment 调料调味品
~garden 调味品作物园
~storage 调料库
condition 条件；情况；状态
~at operation 运行状况，工作情况（条件），工况
~before planning starts，existing（美）

规划开始前的状况
~diagram 道路现状图，道路条件图，道路状况图
equation of relative control 相对控制条件方程
~for closing the horizon 圆周角条件
~for final acceptance（美）最后验收条件
~for loans 贷款条件
~for site planning 建筑用地的条件，详细规划的条件
~of building 楼宇状况
~of certainty 确定型{管}
~of circumstance 环境条件
~of contract 合同条款
~of equilibrium 平衡条件
~of exchange 换地条件
~of grant 批地条件
~of ground 土地的（季节）状态
~of intersection；scheimpflug 交线条件
~of particular applications 合同专用条件
~of production 生产条件
~of service 服务条件；使用情况
~precedent 先决条件
~survey 情况调查
acceptance~合格条件
additional~附加条件
adverse~不利条件
ambient~（周围，外部）环境状态（条件，情况）
"as dug" ~原状
auxiliary~附加条件
bad~恶劣条件，不利情况
compatibility~相容条件
essential~必要条件
friable soil~酥性土
geographical~地理环境
geological~地质条件
hostile~恶劣条件，恶劣环境
in-situ~原地条件
labour~劳动条件
maintenance~保养条件
oligotrophic~贫营养环境
natural~自然条件
sufficient~充分条件
safety~保安条件，安全状态
terrain~地形条件
weather~气候条件
wind flow~风流条件
conditional 有条件的，有先决条件的
~development permit（美）特许开发执照
~equation 条件方程式
~observation 条件观测
~planning permission（英）条件规划许可
~plans 条件规划
~probability 条件概率
~use 特许用途
conditioned 有条件的，受制约的
~space 空气调节房间
~zone 空气调节区
conditioner 调节器，调整器；调节剂
air~空调机
conditioner，soil 泥土调节剂
conditioning 调节，调整；调气
~soil 土壤调节
soil~土壤调整
conditioning cause 调节原因
conditions 外界状况，周围情况，条件
~for fauna，disruptive 动物群分裂条件（状况）

~of (a) contract, special 专用合同条款
~of contract for project execution, general 一般方案实施合同条款
~of Contract, General 总合同条款
~of engagement and scale of professional charges (英) 契约条款和专业责任范围
~of entry 注册条件
~of Government Contracts for Building and Civil Engineering Works, General (英) 政府一般土木建筑工程合同条款
~of the Contract for Construction, General (美) 一般建筑合同条款
~of the Contract for Construction, General and Federal Supplementary (美)(总的和联邦政府补充的)建筑合同条款
~of the Contract for Furniture, Furnishings and Equipment, General (美) 一般家具设备和装备合同条款
additional contractual~附加合同条款
contractual~合同条款
environmental~环境状况
habitat~(动、植物)产地状况
light~光亮状况
living~居住条件
participation~参与条款
planning~规划情况
precontract investigation of site~选址预约调查条件
seasonal climatic~季节气候条件
site~选址条件
survival~幸存条件

condo 私人拥有的一套公寓房间;分层出售的住宅

condominium (美)(土地权通常属于置业公司的)分层出售住宅;公寓大厦私人拥有单位,住户自用公寓,住户分套购买的公寓,私有公管式住宅,住户共有公寓,由个人占用的一套公寓房间
~conversion 改为住户自用公寓
~dwelling 住户自用公寓住宅
~housing 住户自用公寓式住房
~mortgage insurance 住宅自用公寓抵押保险
~project 住户自用公寓建设项目

conduction 传导;(液体)引流
~of heat 热传导
~of surface water/storm water 地面水/暴雨水引流

conductivity 导电率,导电系统;导电性;传导率;传导系数;传导性
~hydraulic 水压传导性

conductor installed in conduit 导线穿管敷设

conduit 管道,导管,沟渠,水管,电线管
~pipe 管道
~piping 水管路线

cone (圆)锥,锥体;锥形(物);暴风信号;(路上施工时临时导向用的)锥形路标
~of depression (地下水位)下降漏斗
~of influence (地下水位)下降漏斗
~penetration test (CPT) 静力触探试验
alluvial~冲积扇{地}
dejection~粪便排泄漏斗

Cone Flower ***Rudbeckia fulgida*** 黄金菊 / 全缘金光菊

Coneflower ***Echinacea purpurea*** **'White Swan'** 松果菊 '白天鹅'（英国斯塔福德郡苗圃）

Conelike Red Pepper/Cluster Red Pepper ***Capsicum frutescens*** **var.** ***cerasiforme*** 爆竹红 / 朝天椒 / 五色椒

confection 制作（混凝土等），强制；精巧工艺品；糖果

confectionary 糖果店

~manufactory 糖果厂

conference 商议，谈判；讨论会；会议

~call 电话会议

~block 用于集会、会议的一组建筑物（群）

Conference of Local Planning Authorities，Standing~（英）地方规划局定期会议

~room 会议室

~telephone of administration's branch administration's line 线务局会议电话

confession/shrift 忏悔

Confetti Glossy Abelia ***Abelia grandiflora*** **'Confetti'** 花叶大花六道木 '五彩纸屑'（英国萨里郡苗圃）

configuration 形状，外形；地形；表面配置；构型，排列，配位，线路

~of a plot/lot 地区的地形

~of an area 地区地形

~of earth 地形

spatial~空间配置，受空间条件限制的排列

confined 有（侧）限的；狭窄的

~aquifer 承压含水层

~bed 封闭层

~water 受压水，承压水

~water head 承压水头

~waters 受限制水域

confined groundwater 承压地下水

confining 封闭的，承压的，隔水的

~bed 封闭层，承压层，隔水层

~boundary 隔水边界

~layer 限制层

~stratum 局限层（材料或物质，大气，语言等的）

confirmation 确定；证实

~form 批准书，证明书

~request 证书申请

~，tenderer's（英）投标人确定

confirming route marker 路线确认标

conflagration（大）火灾

~area 火灾区域，火灾面积

~zone 大火灾地带

conflict 冲突，抵触；争执

~area（车流交会）冲突区

~area 车流交会冲突区

~land use 土地使用争执

~point 冲突点

~social 社会冲突

~theory 冲突理论

conflicting 冲突的，交会的

~signal 敌对信号

~traffic 冲突车流，交会车流

confluence 河流会口，汇流；人群汇合处

conformability 适应性

conformance 适应性

conformity 相似，符合，一致，合格

Confucian 儒家，孔子的门徒

Confucianism 儒教，孔子学说

Confucianism/Buddhism/Taoism 三教（指儒、释、道）
Confucism 儒学
Confucius 孔子
Confucius Graveyard（**Qufu City, China**）孔林（中国曲阜市）
Confucius Mansion（**Qufu City，China**）孔府（中国曲阜市）
Confucius Temple（**Qufu City，China**）孔庙（中国曲阜市）
Confused Iris ***Iris confusa*** 扁竹兰 / 扁竹根 / 扁竹
Confused Mahonia ***Mahonia confusa*** 湖北十大功劳
congelifraction 融冻崩解作用
congenial adj. 适合的，意气相投的
congested 拥挤的
~area 交通拥挤地区，人口稠密地区
~population 拥挤人口
~problem 拥挤问题
~traffic 交通拥挤
~waters 拥挤水域
congestion（交通的）拥挤，阻塞；稠密
~degree（交通的）拥挤度，阻塞度
~time 拥塞时间
conglomerate 砾岩
conglomeration 居民点（区），集居点
~of population 集居点
congregate housing 集体住房，集合公寓
congregation plaza 集会广场
Congres Internationaux d' Architecture Moderne（**CIAM**）国际现代建筑协会
Congtai Terrace in Handan（**Handan City**）邯郸丛台（中国河北省邯郸市）
conical 圆锥的，圆锥形的
~cowl；tapered cowl 锥形风帽
~embankment protection 锥体护坡
~slope 锥坡
conifer 针叶松，松柏类植物
~garden 松柏园
~litter 松柏科针叶垫
coniferous 针叶树的，松柏科的
~evergreen thicket/shrubland 松柏科常春树丛 / 灌木林地
~forest 针叶树林
~species 针叶树种
~timber 针叶树材
~tree 针叶树
conifers 针叶树
~，natural seeding of 针叶树自然播种
planting of~ 针叶树栽植
stocking with~ 针叶树堆积，针叶树储存
conjiont analysis 联合分析法
connate 原生的
~deposit 原生沉积 {地}
~water 原生水，天然水
connecting 结合，联结；连接
~angle 结合角钢
~green finger 连接绿色指向带
~line 连接线，联络线
~road（美）连接路
~section 连接区，连接地区
~traverse；annexed traverse 附合导线
connection 连接，结合；联系；连接法
~angle 结合角钢
~block 十八斗，交互斗
~charge，service（英）联系劳务（简写 SC）费用，联系服务费，联系手续费
~charge，utility（美）结合公用事业费

~clip 结合扣
~diagram 连线图
~in parallel 并联，并接
~in series 串联，串接
~payment，utility（美）联系公用事业费支付（缴纳，偿还）
~to 连接到，连接至
communication~ 通信联络
green finger~ 连接绿色指标
junction~ 道路交叉口连接
lumber~（美）木材连接
pipe~ 连接管
roadside green~（英）路旁草坪组合
timber~（英）木材连接，树木组合
visual~ 画面连接
water supply~（美）供水联系
connectivity 连接度
Common Vetch（*Vicia sativa*）巢菜/救荒野豌豆/薇菜
consangumeous group 血缘群体
consent 同意，赞成；允许
~of severance 零星占地许可
~with，in 在……方面同意
conservancy（自然）资源保护区，保存；保护（河、港、林等）；（河道、港湾）管理局；水利委员会
~area 封山育林地区，水土保持地区
Conservancy Council，Nature（英）自然资源保护委员会
~district 保护区
~engineering 水土保持工程
~programme，park（英）公园资源保护计划
~system 储存系统
The Nature~（美）自然资源保护

conservation 守恒，不灭；保守；保持，保存，保护；（文物、资源）地区保护
~and redevelopment 保护与改建
~area 保护区
~area，neighborhood（美）保护街区
~area，water（英）水保护区
~Areas Act 1990，Planning（英）1990 规划保护区条例（英）
~body，nature（英）自然保护体
~criterion 保护规范，保存标准，守恒准则
~crop，soil（土壤）保护作物
~District，Resource（英）资源保护区
~district，soil and water（英）水土保持区
~enactment，nature 自然保护法令
~enactments，nature 自然保护法令
~gasoline 废料汽油
~law 守恒（定）律
~measure 保持度量标准，保持尺度；保护度量工具
~method for the design of foundation in frozen soil 冻土地基保持法设计
~movement 自然资源保护运动
~of coastal landscapes 近海风景保护，近海景观保护
~of energy 能量不灭，能量守恒
~of environment 环境保护
~of European Wildlife and Natural Habitats，Convention on the 欧洲野生动物和自然栖息地保护公约
~of flora and fauna 植物群和动物群系保护
~of forests 森林（林区，林木）保护
~of historic area 旧区保保

~of historic building 古建筑保护，历史建筑保护
~of historic cultural cities 历史文化名城保护
~of historic gardens 历史名园保护
~of historic landmarks and site 文物古迹保护
~of historic monuments（英）古迹保护
~of historic monuments（and sites），measures fo（英）著名历史遗址的保护测量
~of historic sites 历史地段保护
~of historical monument 古迹保护
~of land 土地保护
~of mass 质量不灭，质量守恒
~of matter 物质不灭，物质守恒
~of momentum 动量守恒
~of monuments 古迹保护
~of nature 自然保护
~of nature and natural resources 自然和天然资源的保护
~of plant and animal communities and habitats 植物和动物的生存区和生活环境的保护
~of resources 资源保护
~of scenic spots 风景名胜保护
~of soil and water 水土保持
~of the natural and cultural heritage[CH] 自然和文化遗产的保护
~of the natural environment 自然环境保护
~of the Natural Environment，Federal Act on [CH] 瑞士联邦自然环境保护条例
~of water 水体保护
~of Wild Creatures and Wild Plants Act 1975（英）野生动物和野生植物保护条例（英）1975
~ordinance，nature 自然保护法令
~organization，nature 自然保护学会，自然保护协会，自然保护机构
~plan of historic cities 历史文化名城保护规划
~plant 废料工厂
~property 守恒性
~purposes，protective forest for soil 保护目的（保护土壤的防护林）
~rank 保护级别
~/recreation agency（美）保护 / 保养代理处
~regulations of natural habitats etc.1994（英）动植物自然产地（栖息地）保护规定（英）1994
~Society（英）保护协会，保护学会
~standard 保护标准
~status 保护状态
~status of an animal species 动物种类保护状态
~zone 保护区，资源保护区
animal species~ 动物种类保护
convention on nature~ 自然保护公约
Council for Environmental~（英）环境保护委员会
countryside~（英）乡村保护
environmental~ 环境保护
environmental planning，design and~ 环境规划、设计和保护
energy~ 节约能源
ex–situ~ 移地保护
European Information Centre for Nature

欧洲自然保护信息中心
habitat~动植物栖息地保护
heathland~壁炉地面保护
hedgerow~灌木树篱保护
in-situ~就地保护
integrated landscape~综合景观保护
integrated nature~综合自然保护，综合自然景观保护
integrated species~综合种类保护
landscape~风景保护，景观保护
legislation upon nature~自然保护立法
nature~自然保护
rural~（美）乡村保护
soil~土壤保护
species~动植物种类保护
topsoil~表土保护
valuable for nature~珍贵自然保护
water resources~水资源保护
wildlife~野生动物保护
conservation of natural resources 自然资源保护
conservationist（自然资源）提倡保护者
conservatism 保守主义，守旧性
conservator 水利委员；保护者
garden ~（英）花园管理员（保护者）
conservatory 有保存(力)的，保管人的；温室，暖房
conserve 保存，储藏；守恒 {数}
consideration 考虑；商量；报酬
~of nature conservation and landscape management 自然保护和园林管理报酬
~of plan 图面审核
environmental~环境研究
consistence 浓度，密度
consistency 稠度，黏度，浓度；一致性，相容性，连续性，稳定性；密实度，坚实度
~check 一致性检查
~condition 相容条件，一致性条件
~gauge 稠度计
~index 稠度指数；一致性指标
~limit 稠度限界
~limit（of soil）（土的）稠度界限
~meter 稠度计
~of asphalt 沥青稠度
~of mortar 砂浆稠度
~ratio 一致性比率
~test 稠度试验
console 支柱
consolidate 固结；加固，巩固；强化；压实，捣实（混凝土）；联合，合并，摘录
~scattered land holdings 分散土地的合并
consolidated 加固的；整理过的；统一的
~anisotropically undrained test（简写 CAU-test）各向不等压固结不排水（剪切）试验
~depth 固结深度
~Metropolitan Statistical Area 结合大都市统计区
~soil 固结土
~subgrade 固结路基，压实路基
~subsoil 加固地基，固结地基
~thickness 固结厚度
consolidation 固结；巩固；加固；强化；固结性；渗压
~act, farmland（美）合并耕地（农田）条例
~act，land（英）合并土地条例
~apparatus 固结仪；渗压仪

~area，farmland（美）强化农田面积
~area，land（英）强化土地面积
~authority，land 强化土地管理机构
~characteristic 固结特性
~coefficient 固结系数
~curve（土的）固结曲线
~deformation 固结变形
~for road construction，soil 道路施工固结（土）
~line 渗压曲线，固结曲线
~of agricultural land 耕地（农田）的固结性
~plan，farmland（美）耕地（农田）的固结规划
~plan，land（英）土地的固结规划
~pressure 渗压力
~procedure，farmland（美）耕地（农田）固结程序
~procedure，land（英）土地固结程序
~ratio 固结比
~resolution，land（英）土地固结分解力
~settlement 固结试验
~test 固结试验
~without axial strain 无轴向应变固结
accelerated~加速固结
coefficient of~固结系数；压实系数
degree of~固结度
farmland~（美）耕地（农田）固结性
filtration theory of~固结渗透理论
initial~初始固结
land~（英）土地固结性
manual~手工捣实，人工固结
pre-~先期固结
preloading~预压固结
stabilization by~固结稳定
thaw~融化固结
time of~融化时间

conspicuity 能见度

constance 不变（性），恒定（性），固定（性），坚定（性），持久（性）

constancy 不变性，持久性

constant 不变因素，定值，常数，恒量；系数；不变的，恒定的；恒久的
~-air-volume system 定风量系统
~cost 不变成本
~equilibrium 恒定平衡
~error 常（在误）差，恒差
~fall method 定落差法
~head 常水头，不变水头
~humidity system 恒湿系统
~magnitude 不变量
~maintenance 经常养护
~on-site supervision 固定的现场监理，固定的现场管理
~pressure 常压，恒压
~price 固定价格
~rate injection method 等速注入法
~rise 持续上升
~species 固定种类
~speed 常速，定速，等速
~value control；fixed set point control 定值调节
~weight 恒重，常重

Constantinople（**Middle Ages**）君士坦丁堡（公元 330 年建立的拜占庭帝国首都）

constellation pattern，**star form** 星形城市形态

constitution 组成，组织；宪法；章程，法规

~of forest 森林法规
~of building volume 建筑容积的组成
Constitution Square（Greece）宪法广场（希腊）
constraints 限制条件
construct 建筑，建造；施工
~an embankment/slope 修筑路堤 / 边坡
constructed channel 人工水道
constructing document 施工文件
construction 建筑，建筑物，建设，施工
~activity 建筑业，建筑活动
~banking 建设金融
~business 建筑业
~by swing 转体架桥法
~chart 施工图
~claim，remedial（美）预防性施工要求
~conditions 建筑条件
~contract 施工合同
~contract，cancellation of a 解除施工合同
~contractor 施工承包人
~control 施工管理
~control network 施工控制网
~control network for building 建筑物平面控制网
~cost 工程造价，建筑造价，建筑费用
~cost，establishment of total 总建筑造价
~cost estimate 建筑成本预算，建筑成本估价
~cost estimate，final（英）最后建筑成本估算
~cost estimate，total（美）总建筑成本估算
~cost，estimate of probable 可能的建筑成本估算
~cost index 建筑费指数，工程费指数
~costs 建筑费用（成本）
~costs as a basis 建筑成本基数估算
~costs，estimated 建筑预算费用（价值）
~courses 施工程序
~cycle 建造周期
~debris 建筑垃圾
~deficiency 施工缺陷
~department 建筑部门
~design 修建规划，修建设计
~**design**，**working drawing** 施工图设计
~details 施工详图，建筑细部
~–detail drawing 施工详图
~document design 施工图设计
construction document explanation 设计交底
~document phase（美）建筑文件阶段
~documents 建筑文件（施工规范，说明书）
~drawing 施工图
~drawing budget 施工图预算
~engineer 施工工程师
~engineering 建筑工程学
~equipment 施工设备，建筑设备
~error 施工误差
~estimate 施工预算，施工图预算
~firm，landscape 风景园林建筑商行
~for nonproduction purposes 非生产性建设
~for production purposes 生产性建设
~gauge 规划建筑线，建筑接近限界
~height of bridge 桥梁建筑高度
~home base 生活基地

~in progress 未完工程，在建工程
~industry 建筑（工）业
~inquiry 建筑业调查
~item 建设项目
~joint 施工缝，建筑缝，构造缝，工作缝
~journal 施工日志，施工记录
~land 建设用地
~laws and regulations 建设法规
~load 施工荷载
~machinery 施工机构，建筑机构
~management 施工管理
~management planning 施工组织设计
~management services（英）建筑管理部门
~manager 施工经理
~materials 建筑材料
~material，inert 无用建筑材料
~material，reuse of on-site 就地多次利用建筑材料
~method 施工方法
~Methods and Equipment 建筑方法与设备（美期刊名）
~methods，conventional 常规施工法
~method from information 信息施工法
~of building 房屋建筑，房屋建设，房屋施工
~of flower beds 花坛建造
~of hard surfaces 硬地面施工
~operation 施工程序
~payment 建筑造价
~period 建设工期
~permit（美）建筑许可证，建筑执照
~phase 施工阶段
~phase-administration of the construction contract（美）施工阶段施工合同管理
~phasing 施工分段实施
~plan 施工布置图，施工平面图；施工计划
~planning 施工规划
~procedure 施工程序，生产程序
~program 施工计划
~program（me）施工计划
~progress 施工发展
~progress schedule 施工进度示意图
~project 建设工程项目，建设项目，施工项目
~project document 建设工程文件
~project，government 政府建设项目
~project management by enterprises of construction industry 施工项目管理
~project management team 项目经理部
~project manager 项目经理
~project，public 公开建设方案
~project risk 项目风险
~project section 施工地区
~report 施工报告
~requirements 施工必要条件
~road 施工报告
~road，temporary 施工临时用路
~schedule 施工进度表
~section 工段
~segment（美）施工部门
~segment，altered（美）备用施工部门
~services or supplies，supplemental 施工公司或辅助施工部门
~site 建筑工地，施工现场
~site access road 施工用道路
~site facilities 临时设施

~size 构造尺寸
~soil classification 施工土壤分类
~specifications 施工规范，施工规程
~Specifications，Uniform（美）统一施工规程
~speed 建设速度
~stage 建造阶段，施工阶段
~superintendent（美）施工总段长，施工指挥人
~supervision 工程管理；施工管理，施工监督
~supervision，on-site 现场施工监理
~survey 施工测量
~tax 建筑税
~team 建筑队，施工队
~techniques，biotechnical 施工技术（生化方面）
~techniques，landscape 景观 / 园林施工技术
~time limit 工程限期
~traffic 施工运输
~waste 施工废弃物
~waste water 工程废水
~without mortar/cement 无砂浆 / 水泥建筑
~work 施工作业，施工工作
~work noise 建筑施工噪声
~worker 建筑工人
~work-in-process 在建工程
~works 建筑物（构筑物）
~works，suspension of（英）悬置建筑工程
~zone 施工区
arctic~严寒区建筑
asymmetric~非对称施工
beaten-cob~干打垒建筑
below-grade~不合格工程
capital~基本建设
block~大型砌块建筑
budget for capital~基本建设预算
building~房屋建造；房屋构造
camp~工地临时房屋建筑
civil~土木建筑
civilized~文明施工
cost of~建筑费，造价
course of~施工过程，施工期
detail of~施工详图；（机器）构造详图；零件图
dry rubble~干砌毛石工
earthquake-proof~抗震建筑（物）
enclosing~围护结构
engineering~工程建设
fire-proof~耐火构造，防火建筑
fundamental~基本建设
General and Federal Supplementary Conditions of the Contract for~（美）全国和联邦建筑合同补充规定
General Conditions of the Contract for~（美）建筑（施工）总规定
general description of~施工说明书
green-roof~（美）绿化屋顶施工
inert~惰性施工
landscape~风景园林施工，景观建造
load bearing~承重结构
masonry~圬工工程（学）；圬工建筑，砌石工程，砖石结构
mixed~混合构造，混合建筑
multi-course~多层施工
multilayer~多层结构，多层路面
new~新建

palisade~栅栏构建
period of~建设期，施工期
permissible certificate of~施工许可证
precast~预制构造（物）；预制工程
precast slab type of~预制板式结构
prefabricated~预制构架建筑
preparation of~documents 施工文件拟定
priority~首期建筑，近期建筑
road~道路建造,道路施工,道路工程；路面结构
road-widening~（美）道路加宽施工
rural~乡村建设，农村建设
serial~连续施工
sports area~（美）运动场区建设
sports ground~运动场地建设
stage~分期建设；多层面构造{建}
stairway~楼梯（阶梯）施工
standards for~（美）施工标准
start of~（美）施工开始
stone~石建筑
subcontract~（美）转包工程
tunnel~隧道建筑，隧道施工
veneer（ed）~砌面工程
wicker fence~柴束栅栏（围墙）工程
winter weather~冬期施工
woodwork~细木工程；木结构

constructional 施工的，构成的
~drawing 施工图
~mechanism 构成机制

constructive legislation 建设立法

constructivism 构成主义；结构主义，结构派；构成派

constructivist 结构主义者，结构派艺术家；构成主义者，构成派艺术家

consult 商量，商议；咨询

consultancy 咨询；顾问

consultant 顾问，咨询
~appointment of 施工录用咨询
~s corporation 咨询公司
~report(s)on landscape planning 风景园林（景观）规划报告
~'s report on noise 噪声咨询报告
commissioning a~启动施工
planning~（美）规划咨询
town planning~（英）城市规划咨询

consultation 评议会，(专家等的）会议协商，商议，会商；会诊
~with public agencies，statutory（美）同公共代办处协商（法定）
~with public authorities，statutory（英）同公共管理机构协商（法定）

consultative services 咨询服务

consulting 顾问的，咨询的
~architect 顾问建筑师
~contract 咨询合同
~engineer 顾问工程师；[复]工程咨询公司
~room 诊室

consumer 用户，消费者
~behavio(u)r 用户情况
~city 消费城市
~durable 耐用消费品（常用复数）
~goods 消费品；生活必需品；日用品
~price index 消费物价指数，生活物价指数
~society 消费者协会
~sovereignty 消费者权益
~waste 生活垃圾
~'s surplus 消费者剩余额
~（s'）Council 保护消费者利益委员会

primary~ 原用户，初始用户
secondary~ 二次用户
tertiary~ 三次用户
top~ 最后用户
onsumer geography 消费地理学
onsuming city 消费城市
onsumption 消耗，耗尽；消耗量；用水量；流量；费用；肺结核
~city 消费城市
~goods 生活资料，消费品
~index 消耗指数
~level 消费水平
~of natural resources 自然资源消耗
~pattern 消费模式
~peak 最大消耗量，消费高峰
~per head 人均消费量
~per hour 每小时消费量
land~ 土地消耗量
oxygen~ 耗氧量
onsumptive water 耗损性用水
ontact 接触；相切；联结；接触点；（使）接触；通信
~action 接触作用
~aerator 接触曝气池
~angle 接触角；交会角
~area 接触面积
~chamber 气浮接触室
~herbicide 接触除草剂
~joint 接触缝
~line section 锚段
~loss 离线
~oxidation 除铁接触氧化法
~point （接）触点
~pressure 基底压力（接触压力）
~print 接触印片，接触晒印地图
~printer 接触式晒相机
~size 接触尺寸
~type stage recorder 接触式水位计
~wire 接触线
contagion 接触传染
contagionerization 集装箱运输，集装箱化
contagious diffusion 传染扩散
contagious disease hospital 传染病院
container 容器，贮存器；集装，集装箱
~ball 集装球
~car 集装箱车
~carrier 集装箱货车
~crane 集装箱起重机
~depot 集装箱中转站，货柜仓库
~freight station 货柜装卸站
~garden（美）容器花园
~planting 容器种植
~port 货柜码头
~straddle carrier 集装箱跨运车
~team yard 集装箱货场
~terminal 货柜码头，集装箱码头
~truck 集装箱车
plant~ 植物集装箱
waste~ 废品集装箱
container-grown（蔬菜等）无土栽培的，营养液栽培的
containerized traffic 集装箱运输
containment 容积
contaminant 污染物；杂质；毒物；污染，弄脏
~migration theory 污染物传播理论
~transport 污染物转移
~water 污染水
contaminate 污染

contaminated 污染的
~air 污染空气
~air space（美）污染空间
~area 污染区
~distribution 污染分布
~estuary 污染的港口
~land 污染土地
~land registry（英）污染土地记录
~rock 混杂岩{地}
~site，heavy metal 重金属污染区
~site，orphan 幼小动物污染区
~site，zinc 锌污染区
~soil 污染土，受污染土，污染土壤
~soil，zinc 锌污染土
~waste site 受污染废弃物区
~water 污染水
~zone 污染地带
contaminating distribution 污染分布
contamination 沾污；污秽；污物，污染
~monitoring 污染监测
air~空气污染
danger of~污染的危险物品
genetic~原生污染，遗传学污染
groundwater~地下水污染
heavy metal~重金属污染
subsurface~（美）表面下的（尤指地面或水面下）污染
contemplation n. 注视，沉思，预期，企图，打算
contemplative 沉思的，冥想的，祈祷的{宗}
contemporary 当代的，同时代的；当前的，现代（派）的
content 含量；容积，容量；[复]内容；[复]目录；满足；满足的；使满足
~indicator 信息（内容）显示器
~of bitumen 沥青量
~of free formaldehyde 游离甲醛释放量
~of the contract 合同内容
~of water soluble salts 水溶盐含量
air~含气量，空气含量，含气率{土}
clay~粘粒含量
declaration~申报内容
design asphalt~设计沥青用量
dry solids~干固体含量{环保}
dust~含尘量
gas~含气量
humus~腐殖质含量
hydroscopic water~吸湿含水量
initial moisture~初始含水量
lime~氧化钙含量
mineral~矿物含量
natural water~天然含水量
nitrogen~氮含量
nutrient~营氧素含量
oil~含油量
optimum water~最佳含水量
oxygen~含氧量
salt~含盐量
sand~沙粒含量
water~含水量
contentment 满足，满意
contents description of drawing 图纸目录及说明
contest 争辩，争论，竞争
context 范围；上下文，文脉
~determination of planning（美）规划决定范围
contextual 环境的，背景的
~analysis 环境分析

~environment 背景环境

contextualism 文脉主义

contextuality 文脉性

contiguous zone 毗连区

continental 大陆（性），大陆的

~basin 大陆盆地

~bridge transport 大陆桥运输

~climate 大陆性气候

~deposit 大陆沉积{地}

~drift 大陆漂移{地}

~glacier 大陆冰川

~rise 大陆架上升缓坡

~sediment 大陆沉积层

~sedimentation 大陆沉积，陆相沉积

~shelf 大陆架

~slope 大陆坡（大陆架斜坡）

Continental United States（CONUS）美国大陆

contingence（在一点上）接触；偶然（性）；偶然的事，意外事故；意外费用，临时费，不可预见费

contingencies 不可预见费，未预见费用

contingency 同 contingence

~appropriation 应急经费

~fund 应急费用

~loading 意外荷载

~management 应变管理

~planning 随机规划

continued 连续的，有机连接的

~city planning 连续的城市

~position 有机连接的防灾据点

~urban area 连续的市区，两个以上的市区联成一体时的中间区域

continuing 连续的，持续的，持久的

~education（美）持续（继续）教育

~load test 持久荷载试验

~losses 后损（后渗）

continuity equation of flow 水流连续方程

continuous 连续的，继续的，不断的

~arch effect 连拱作用

~beam 连续梁

~beam bridge；continuous girder bridge 连续梁桥

~blowdown 连续排污

~canopy 持久天篷，持久遮阳顶棚

~clock 连续时钟

~compounding 连续福利

~counter current rinsing 连续式逆流清洗

~distribution 连续分布

~dry years 连续枯水年

~dust dislodging；continuous dust removal 连续除灰

~event 连续事故

~heating 连续供暖

~line 实线

~line lighting 带状照明

~operating 连续作业

~output 连续产出

~process 连续作业，连续过程，流水作业

~production process 连续生产，流水作业

~rainfall 连续降雨

~seam 通缝

~space 连续空间

~spectrum 连续谱

~state material 连续相材料

~stream 常流河

~survey 连续检验

~treatment 连续处理

~welded rail 无缝线路
~wet years 连续丰水年
Conton Fairybells ***Disporum cantoniense*** 万寿竹
contorted 被扭曲的，被歪曲的；畸形的
~bedding 卷曲层
~growth 畸形增长
Contorted Lepisorus ***Lepisorus contortus*** 扭瓦韦
contortion 扭曲，扭弯
contour 等高线，恒值线；周线；轮廓，外形；地形
~alignment 轮廓线形
~blasting 轮廓爆破
~chart 等高线（地）图
~coding 轮廓编码
~compilation map 等高线地图
~farming 梯田耕作
~interval 等高线间距
~line；bathymetric line；isobaths 等深线，等高距，等高线间隔
~line 等高线；恒值线；轮廓线
~map 等高线（地）图；地形图
~map，noise 轮廓图（噪声）
~map of ground water 地下水等水位线图
~microclimate 地形小气候
~pen 曲线笔
~painting 白描
~plan 地形图
~plane 等高面
~planting 等高线栽植，等高种植
~ploughing（英）等高犁地（耕地）
~plowing（美）等高犁地（耕地）
~smoothing（美）等高磨平（磨光）
~software 等值线软件
~strip cropping 等高条形式露头
watertable~ 水头外形（轮廓）
contoured land 坡地
contouring 地形测量，测绘等高线，等高线
~and terrain modelling（美）地形测量和地势模拟
noise level~ 等噪声线
site~（英）场地地形测量
contours 轮廓，等高线
contract 合同，契约；订合同，订约；收缩，缩短；紧缩；承包
~agreement 合同，协议，合同议定书
~amount，determination of final（美）最后决定的合同总额
~award 签订合同
~award，prepare a recommendation for 签订合同（准备推荐合同）
~award，recommendation for 签订合同（推荐合同）
~award，sole source（美）签订合同（唯一出处）
~awarding period 合同签订期
~awarding procedure 合同签订程序
~bid quantities，calculation of（美）收缩投标数额（合同预测）
~bond 合同保证
~bonus system 承包奖金制
~cancellation 合同取消，取消合同
~completion，extension of time for 为合同延长（结束）完成时间
~conditions for tree work，additional technical 树木工程合同条件（补充技术）
~construction 发包工程，承包施工

~curve 契约曲线
~design estimating and documentation manual（简写 CDED）承包设计估计及文本手册
~document 合同文件
~drawing 发包图样，合同图样
~engineer 合同工程师
~expiry 合同期满
~for Construction，General and Federal Supplementary Conditions of the（美）建筑合同及政府和联邦对合同补充规定条件
~for Construction，General Conditions of the（美）建筑合同及其总规定条件
~for Furniture，Furnishings and Equipment，General Conditions of the（美）家具、设备和装备合同及其一般规定条件
~for labour and material 包工包料
~for outlays 经费包干
~for project execution，general conditions of 工程施工合同的通用条件
~form 合同格式
~form，standard（美）标准合同格式
~fund 合同金额，合同资金
~goods 合同货物
~grade 合同等级
~holder（美）合同持有人，合同占有者
~indemnity 赔偿合同
~labour 合同工，承包工
~language 合同语言
~length 合同期限
~life 合同（有效）期
~maintenance 承包养护
~maintenance，separate 独立的承包养护
~management for construction project 项目合同管理
~manager 合同经理
~market 合同市场
~modification 合同修订
~negotiation 谈判
~number 合同号
~obligation 合同责任
~of engagement 雇用合同
~out 委托
~period 合同期限，合同限期
~period，agreement on 合同期限
~preparation（英）合同准备
~preparation，tender action and（英）合同准备（投标活动和合同准备）
~price 发包价格；包价
~“packaged deal” projects 承包整套工程项目
~rent 约定地租
~review 合同评审
~subletting 约定分包
~system 包工制，发包制
~term 合同条款
~termination 合同终止
~time 订约时间
~value，computation of full（英）总计合同数值
~version 合同文本
~work 发包工程
awarding of~（美）授予合同
cancellation of~（美）解除合同
cancellation of a construction~解除施工合同

conclusion of a~合同终结
construction~施工合同
construction phase—administration of the construction~（美）施工阶段—施工管理合同
consulting~咨询合同
content of the~合同内容
daywork~计日合同
design~（美）设计合同
freely awarded~（英）自由签订的合同
fulfil(l)ment of the~合同的履行
General Conditions of~一般合同条件
letting of~（英）英国合同一般规定
lump-sum~工程包定总价合同
party to a~合同当事人
planning~设计合同
special conditions of（a）~合同特殊条件，合同附加条件
special technical requirements of~合同专门技术条件
termination of a~（美）合同终止
win the~（美）获得成功的合同

contracted 收缩的，缩短的
~drawing 缩图
~term 合同期限

contracting 收缩的，缩短的；承包的；订约的
~agency 承包经理处，承包代理人
~band brake 外带式制动器{汽}
~firm 承包公司
~firm，landscape 风景园林承包公司，景观承包公司
~industry，landscape 风景园林承包产业，园林承包工业
landscape~风景园林承包，园林承包

contraction joint 缩缝

contractor 项目承包人；承包人，立契约人
construction~施工承包人
landscape~园林承包人
waste site~（美）废场地承包人

contractor's 承包人的
~agent 承包人代理人
~firm，landscape 景观 / 园林承包公司
~project leader 项目领导人，项目经理
~project representative 项目代理人
~site agent（英）现场经理
~site representative 现场代理人

contractors affidavit（美）承包人誓词

Contracts for Building and Civil，Engineering Works，General Conditions of Government（英）国家建筑和土木工程总标准

contractual 契约的，合同的
~conditions 合同条件（标准）
~conditions，additional 合同补充标准
~engagement 合同义务
~input 合同项目下的投入，契约性投入
~joint venture 契约式合资企业
~risk 合同风险
~terms 合同术语，合同期限，合同条件
~terms，additional 追加合同期限
~terms，special（英）特别合同期限

contradiction 反驳，矛盾

contrast 对比反差
~colors accent 对比色突出
~of spaces 空间对比

contrast adjustment 反差调整

contrast of colours 颜色的对比
contrastive analysis 对比分析
contribution 贡献；协助，辅助；投稿。捐款
~factor 辅助系数，影响系数
~margin 边际收益
~，planning 辅助规划
~private 私人贡献，私人捐款
~professional 专业贡献
~to profit 利润效益
contributions from nature 自然有益因素
contributory 对……有贡献的；协作的，分担的，辅助的，起作用的；贡献者，起作用的因素
~negligence 造成意外事件的疏忽
~population 分担费用人口
~street（分散人流、车流的）广场出入街道
~zone 供水区
contrive 发明；设计；图谋；计划；设法做到
control 管理，管制，控制，节制；调节；操纵；[复]管理规则；管理，管制，控制，节制；调节；操纵；检核
~access 进口控制
~accuracy 操纵准确度，调节准确度
~act，pest 虫害控制条例
~analysis 控制分析
~area（航空）控制区
~board 控制台（盘、板）
~budget 投资限额
~cab 控制室；驾驶室
~center 控制中心
~center alarm system 控制中心报警系统
~chart 控制图，检验图表
~combination 控制组合
~computer 监控计算机{计}
~cross-section 控制断面
~detailed planning 控制性详细规划
~device 控制装置
~elevation 控制标高
~engineering of water pollution 水污染防治工程
~experiment 控制试验
~facility，erosion 防腐剂
~fiber 树皮碎屑堵漏剂
~grade of construction quality 施工质量控制等级
~joint 控制缝
~laboratory 检验室，化验室
~level 控制水平
~limits 控制界限
~line 控制线
~line，fire（美）火灾控制线
~network for monitoring deformation 变形监测网
~network for monitoring slide 滑坡监测网
~network of height；vertical network 高程控制网
~of access 道路入口管理
~of air pollution 空气污染防治
~of malodor 恶臭控制
~of Pollution Act（英）污染行为控制条例
~of pollution sources 污染源的控制
~of traffic 交通管制，交通管理
~of underground water 地下水控制
~panel 控制屏

~period 控制期
~point 控制点
~pool，flood 防洪，治洪
~radius 控制半径
~reach 控制河段
~region，air quality 空气质量控制区
~reservoir，flood 防洪蓄水池
~station（交通量观测的）控制测站
~station，air quality 空气质量监测站
~strategy 控制策略，管理方针
~structure 控制结构
~survey 控制测量
~surveying of photograph 相片控制测量
~system 控制系统，操纵系统
~technique，avalanche 防崩塌技术
~theory 控制理论
~total 控制总数
~tower 控制塔
~valve 调节阀
~variable 控制变量
~works 分洪工程，控制工程
active~（system）有源控制（系统）
admissible optimal~容许最优控制
afforestation for erosion~水土保持造林
air~空气控制；气压操纵
air pollution~大气污染控制
analog（ue）~模拟控制
automatic temperature~温度自动控制
bank erosion~堤岸冲刷控制
beyond~不能控制
biological pest~生物灾害控制
biotechnical pest~生物技术灾害控制
budget~预算控制
building code~建筑（工程）编码控制
central~中央控制
channel~河槽控制
chemical pest~化学灾害控制
chemical plant disease prevention and pest~化工疾病预防和灾害控制
chemical weed~化学除草
construction~施工管理
cost~费用控制
digital~数字控制
distance~远距控制，遥控
distant~遥控，远距控制
ecological pest~生态灾害控制
engineering quality~工程质量管理，工程质量控制
environmental~环境控制
environmental issues and pollution~环境污染控制
erosion~冲刷防治
exchange~外汇管制，外汇管理
execution~施工管理；实施管理
feedback~反馈控制
fine~细调控制，精调控制，微调控制
flood~防洪，治洪
forest for erosion~土沙流失防护林
fuzzy~模糊控制
grade~坡度控制
graphical~图解控制
ground~地面控制
ground-survey~地面测量控制
group~群控
height~高程控制
high-water~防洪，治洪
information~情报控制
integrated~综合防治
integrated pest~综合灾害防治
International Association（or Academy）

of Quality-~（简写 TAQ）国际质量管理协会
land-use~土地使用控制
manual~人工控制，人力控制
mass~质量控制
mechanical pest~机械疾害控制
noise~噪声控制
off-site~场外控制，工地外控制
on-line~联机控制
optimal~最优（佳）控制
optimum~最优控制
pest~防虫灾，灭虫灾
pest and weed~病虫害和杂草控制
physical pest~物理虫灾害控制
planning~计划管理
planning development~规划开发控制
plant pest and disease~植物病虫害控制
planting for traffic~（美）交通绿化控制
pollution~污染控制
pre-~预控
programme~程控，程序控制
project~计划管理，项目管理
quality~（QC）质量管理、质量控制
right of passage for fire~防火通行权
routine~常规控制
safety~安全保障，事故防护；保安控制装置；保安措施，防护装置
safety~(s) 安全保障，事故保护；保安控制装置，保安措施，防护装置
sand~治沙，沙漠控制
schedule~工程管理，进度控制
security~保安措施，安全技术
smog~（汽车的）烟雾控制
snow-and-ice~冰雪控制
strain~应变控制
strategical~战略控制
total quality~（TQC）全面质量管理
torrent~洪流控制
traffic~交通管理，交通控制
urban street traffic flow~市区街道交通流量控制，城市街道交通流量控制
urban traffic~（简写 UTC）城市交通控制
water pollution prevention and~水污染防治
water quality~水质量控制
weed~杂草防治，除草
controllable locomotive 支配机车
controlled 受（可）控（制）的
~-access highway 控制进入的公路
~area 控制区
~flood irrigation 防止洪水灌注
~humidity 控制湿度
~information 受控情报
~landfill site（美）受控填土场地
~-release fertilizer（美）可控施肥（料）
~parking zone 规定停车地段，停车控制区，规定车辆停放场
~plant 调节对象
~premises 受管制楼寓
~strain test 应变控制试验
~tip 废物堆填区
~tipping site 废物堆填区
~variable 被控参数，控制变量
~waters 受控水体
~weir 潜坝
controller 管理员，检查员；（交通信号）控制器；操纵器；控制机；调节器
~automatic irrigation 自动灌水调节器
controlling elevation 控制标高

controversy 争论，争辩，论战
conurbation 都会（区），联合城市，集合城市，大城市地区，城镇集聚区（英）集合都市，有卫星的大城市，城市群
conurbation/city agglomeration 城市辐集
CONUS（**Continental United States**）美国大陆
convalescence 逐渐康复
convalescent 疗养的
~home 疗养院
~hospital 疗养院
convected hospital 疗养院
convection 对流
~heating 对流供暖
convective loop 对流环路
convector 对流散热器
convenience 便利性（城市规划原则之一），便利，方便
~food 方便食品
~center 便利设施中心
~store 杂货店，自选商店
~，traffic 交通方便
conveniences 日常生活设施
convent/nunery 女修道院
conventicle 集会场所
convention 集会，会议；公约，协定；习用性；惯例，常规
~area 集会地区，会议地区
~hall 会议厅
~on biodiversity 关于多种生物公约
~on nature conservation 关于自然保护公约（协定）
~on the Conservation of European Wild-life and Natural Habitats 全欧野生动植物和栖息地保护（协定）
Bern~ 伯尔尼（瑞士首都）（公约）
Bonn~ 波恩（公约）
European Landscape~ 欧洲风景 / 景观公约
Global Landscape~ 全球风景 / 景观公约
The~ on Biological Diversity 生物多样性公约
Washington~ 华盛顿（公约）
conventional 常规的，平常的；习用的，传统的，惯例的；约定的
~aeration 普通曝气
~aggregate 习用集料，约定集料
~approach 惯用的手段，习用方法
~construction methods 传统施工方法
~diagram 传统示意图
~engineering 传统工程
~equipment 常用设备
~place name 惯用地名
~river engineering measures 通用江河工程度量标准
~sign 通用符号，图例
~symbol 惯用符号
~way 常规办法，通常方法
conventions，**plan symbol**（美）惯例，常规（计划符号）
coventual architecture 女修道院建筑
convergence n.. 集中，收敛
~component of storm 暴雨辐合分量
~of tunnel inner perimeter 隧洞周边位移
convergent 交向的，全流的
~angle 交向角
~photography 交向摄影
converging 合流，汇流，收缩
~reach 收缩河段
conversion 变化，变动；转变，转换；

换算；改建
~chart 换算表
~constant 换算常数
~equation 换算公式
~factor 换算系数
~grade 加算坡度
~of organic matter 有机物转化{环保}
~of sea water 海水淡化
~of unit 设备改装
~routine 转换程序
~table 换算表
converted traffic 变增交通量
convex 凸的
~bank 凸岸
~tile 盖瓦
~vertical curve 凸形竖曲线
convey 传送，递交；运送，运输，转运，通报
conveyance 运送，运输；运输工具；运输机关
~factor 输水因数（输水率）
~loss 输水损失
~of property 转让产权
~structure 输水建筑物
~system 配套工程
conveyer gallery 输送机廊道
convolvulus 旋花，旋花属攀缘植物
cooked food center 熟食中心
cooking coal 焦煤
Cool Terrace（Huangshan City，China）清凉台（中国黄山）
Coolness Pavilion（Huangshan City，China）清凉亭（中国黄山）
cooling 降温，冷却
~air curtain 冷风幕
~by ventilation 通风降温
~coil 冷盘管
~coil section 冷却段
~equipment 冷却设备
~pond 冷却池
~processing room 冷加工间
~range 冷却水温差
~storage 冷藏库
~system 冷却系统，散热系统{机}降温系统
~tank 降温池
~tower 冷却塔
~tower distribution system 冷却塔配水系统
~water 冷却水，散热水
~water circulation 冷水环流
Cooling Temperature 防暑降温
coombe 狭谷，峡谷，冲沟
coombe coal 煤粉
cooperation 合作，协作，互助；协作关系
cooperative 合作的；共同的；合作社的
~apartment house 合建公寓楼
~enterprise 合作经营企业
~game 合作对策
~housing 合作住房，集资合建住房，合作建造住房
~housing society 合建住宅协会
coordinate 联运，坐标
~azimuth 坐标方位角
~grid；base grid 坐标格网
~of image point 像点坐标
~transformation 坐标变换
coordinated 联动的
~control 联动控制

~control system（交通信号）联动控制系统

~planning 协调规划

coordinates condition 坐标条件

coordinating size 标志尺寸

coordination 同位；同等，对等；系统关联（指信号在系统中有时间上的关联）；协调；同等关系；配位{化}

~of a planning project 设计方案的协调

~of transportation planning 交通规划协调

Copenhagen finger pattern development plan 哥本哈根指状发展方案

coping 盖顶；墩帽；台帽，墙帽；遮檐；压顶板

~stone 盖石，墙帽

coplanarity condition equation 共面条件方程式

copler 复印机，抄写员，眷写者

~machine 复印机

copper 铜

Copper/Purple Beech ***Fagus sylvatica Purpurea*** 紫叶欧洲山毛榉（英国斯塔福德郡苗圃）

Copper Alterranthera ***Alternanthera versicolor Regel*** 彩叶苋

Copper Leaf/Beefsteak Hedge ***Acalypha wikesiana*** 红桑

Coppertone Eriobotrya ***Eriobotrya*** **'Coppertone'** 香花枇杷‘卡普屯’（英国萨里郡苗圃）

coppice 树丛，小灌木林

~forest 小灌木林区，小灌木森林

~shoot 树丛抽枝（发芽）

~with standards 标准树丛

~stored（英）储备的小灌木

cops（英）矮林

copse 矮树丛；小灌木林；杂树丛

oak~（英）橡树丛，柞树丛，栎树丛

copying room 复印室

copyright 版权，著作权

~law 版权法

~protection 版权保护

~reserved 版权所有

~to publishing 出版的版权

coral 珊瑚

Coral Ardisia ***Ardisia crenata*** 朱砂根

Coral Bells ***Heuchera*** **'Marmalade'** 矾根‘玛玛蕾都’（英国斯塔福德郡苗圃）

Coral Bells ***Heuchera*** **'Obsidian'** 矾根‘欧布西迪昂’（英国斯塔福德郡苗圃）

Coral Bells ***Heuchera Peach Flambe*** 矾根‘栖富浪芭’（英国斯塔福德郡苗圃）

Coral Bells ***Heuchera villosa*** **'Palace Purple'** 小花矾根‘紫色宫殿’（英国斯塔福德郡苗圃）

Coral Bells ***Heucherella*** **'Sweet Tea'** 矾根“甜茶”（英国斯塔福德郡苗圃）

Coral Flower ***Russelia equiseti formis*** 炮仗红

Coral Ginger ***Zingiber corallinum*** 珊瑚姜/阴姜

Coral Plant ***Jatropha multifida*** **L.** 细裂叶珊瑚桐

Coral Plant ***Russelia equisetiformis*** **Schlecht. et Cham** 炮仗竹

coral reef 珊瑚礁

Coral Tree ***Erythrina orientalis*** 刺桐

Coral Vine/Mexican Creeping ***Antigonon leptopus*** **Hook. et Arn.** 珊瑚藤

Coral-plant，Fountain-plant ***Russelia***

***equisetiformis* Schlecht. Et Cham.** 爆竹花（爆仗竹）

Coralgreens/Coastal Glehnia *Glehnia littoralis* 珊瑚菜 / 莱阳参

corallite 海母石

Corban 古尔邦节

corbel 梁托

~arm（古建）拱

Corbett's tiger/SE Asian tiger *Panthera tigris corbetti* 东南亚虎 / 印支虎

Corbusier, Le 勒·柯布西耶（1887–1965年），法国建筑师、建筑理论家

corcass 河岸沼泽地

cord 绳索，缆，线；弦；软电线

Cordate Telosma *Telosma cordata*（Burm. f.）Merr. 夜来香

corden interview survey 小区交通访问调查

cordgrass marsh 堆草泥滩

Cordierite 堇青石

cordon 封锁交通；封锁线；交通计数区划线；（交通调查）区域境界线，警戒线，（区域性交通调查）小区划分线

~area 封锁区；（交通调查用的）分界线内地区

~count 小区交通调查

~interview survey 小区交通访问调查，（区域）圈线交通（访问）调查

~line 周界线（交通调查设置调查站之连线），交通调查区划线

~mark 警戒标志

~traffic survey 小区交通访问调查，境界出入调查

corduroy road 木排道

***Cordyline terminalis* "Tricolor"** 三色朱蕉

core（中）心；岩心；心墙，中心带；城市中心；中心部分；芯；核心；形心；简形模；心形样品；（木）髓；铁芯；磁心

~area 核心地区，中心地区

~city（大城市）中心区（美），市中心区，中心城市，核心城市

~column 芯柱

~frock 岩芯

~housing 核心住宅

~periphery model 核心 – 外围模式

~–periphery theory 核心边缘论

~plan 高层建筑中心式平面布置

~recovery 岩芯采取率

~region 核心区域（投资、工业、行政都集中于此，也常是大城市所在地区）

~reserve（木）髓；岩心保存地

~wall 芯墙

Central business~（美）商业中心

wall~ 墙芯

core area 核心区

core landscape area 核心景区

Coreopsis Moonbeam *Coreopsis verticillata* 'Moonbeam' "月光" 轮叶金鸡菊（美国田纳西州苗圃）

core-periphery theory 核心 – 边缘论

coriander（its dried ripe seed）/ cilantro（fresh）*Coriandum sativum* 香菜 / 芫荽

Corinthian order 科林斯柱式

cork 软木（塞）；塞子

~brick 软木砖

~flooring 软木地板，软木铺面

~plug 软木塞

~slab 软木板
~-tree 软木树
cork picture 软木画
Corkleaf Snowbell ***Styrax suberifolius*** 栓叶安息香 / 红皮树 / 红皮安息香
Cork Oak（corktree）***Quercus suber*** 软橡树 / 西班牙栓皮栎（英国萨里郡苗圃）
Corkscrew Rush ***Juncus effusus f. Spiralis*** 螺旋灯芯草（英国斯塔福德郡苗圃）
corkscrew stair 盘旋楼梯
Corkywing Euonymus ***Euonymus phellomanus Loes.*** 栓翅卫矛（英国萨里郡苗圃）
corkwood 软木
corm [植] 球茎，球根
corn 谷粒，谷类；玉蜀黍，玉米（美）；小麦（英）
~-flag 水仙菖蒲
~-flower 矢车菊
C*，*ornata "Sanderiana" 美丽竹芋
corn cockle ***Agrostemma githago*** 麦仙翁 / 瞿麦
Corn crake ***Crex crex*** 长脚秧鸡
Corn Flower/blue Bottle/Bachelor's Button ***Centaurea cyanus*** 蓝芙蓉 / 矢车菊
Corn Plant\Fragrant Dracaena ***Dracaena fragrans*** 巴西铁树 / 香龙血树 / 巴西木
Corn Poppy/Cup-rose ***Papaver rhoeas*** 丽春花 / 虞美人（比利时国花）
Cornbells/Ixia ***Ixia maculata*** 非洲鸢尾
cornean 隐晶岩
Cornel Bush 山茱萸（植物）
cornelian 鸡血石
Cornelian Cherry/European Cornel or Dogwood ***Cornus mas/Macrocarpium mas*** 欧洲山茱萸 / 欧亚山茱萸（英国萨里郡苗圃）
corner 街道转角；角；隅；棱；墙角，壁角
~bracket 四脚架
~column 角柱
~cutting 切角，道路剪角，交叉口剪角
~filling set 镶隅
~guard 护角
~lot 角隅地段（面临两条以上街道之地段），转角地段，两侧临街地段
~pieces 角件
~pier 角柱石
~planting 角隅种植
~point method 角点法
~radius 转角半径
~rap stone 抱角
~shop 街角商店，（英）住宅区附近的小商店
~sight angle 转角视角
~stone 抱角石，奠基石，基石，基础
~store（美）住宅区附近的商店
cornfield weeds，vegetation of 谷地杂草
corn-growing area 谷物区，产粮区
cornice 檐口
Corniculated Aigiceras ***Aegiceras corniculatum*** 蜡烛果 / 桐花树
cornish stone 陶土，高岭土，瓷土石
cornstone 玉米灰岩
cornubianite 长英云母角岩
cornuted pugionium ***pugionium cornutum*** 沙芥
corolla 花冠，花瓣

Coromandel Lannea ***Lannea coromandelica*** 厚皮树
coronation 加冕典礼
corporate 统筹性，自治的
~planning 统筹性规划
~police planning 统筹性规划
~skyscraper plazas 公司摩天大楼
~town 自治城市
corporation 团体，协会；(股份有限)公司(美)；组合；市政当局
~attorney 公司法律顾问
~，development 开发(股份有限公司)
~law 公司法
corrasion 风蚀/刻蚀
correcting 改正的，调节的，修正的
~coefficient method 改正系数法
~element 调节机构
~stage method 改正水位法
~unit 执行器
correction 修正，改正
~factor for orientation 朝向修正率
~for centering 归心改正
~for curvature of the earth and refraction 地球曲率与折光差改正
~for slope 倾斜改正
~for temperature 温度改正
~of focal length 焦距改正
correctness 准确度
correlation 相关，相关性
~analysis 相关分析
~coefficient 相关系数
~function 相关函数
~index 相关指数
~matrix 相关矩阵
~of indexes 指数相关
corresponding 对比的，对应的，相当的，相应的；符合的
~discharge 相应流量
~river discharge forecasting method 河道相应流量预报法
~river stage forecasting method 河道相应水位预报法
corresponding views 对景
corridor 走廊，通路，廊
~approval procedure (美)通路批准程序
~deciduous vegetation，stream 河道走廊落叶植物
~of high voltage electricity 高压线走廊
~on water 水廊
~selection，transportation 走廊路段(运输)
~street 长廊式街道
~traffic 走廊(地带)交通
~tree planting，ditch (美)沟渠树木种植
cold air drainage~ 冷气排水
communication~ 交通走廊
forest~ 森林走廊
freeway~ (美)高速公路通道
fresh air~ 清洁空气通道
green space~ 绿色空间走廊
native plants and wildlife~ 天然植物和野生动物廊道
noise~ 噪声通路
open space~ (美)空地通路，绿地通路
planting~ 绿化通路
regional green~ 区域绿化通路
road~ 道路通道
stream valley~ (美)河谷(溪谷)走廊

transportation~运输通路
ventilation~通风道
view~（英）风景走廊
visual~景观走廊
wind~防风走廊
corridors, comparison of alternative~（可选方案的比较）通道，走廊
corrosion 腐蚀；溶蚀
~coupon 腐蚀试片
~inhibition 缓蚀
~inhibitor；anticorrosive 缓蚀剂
~prevention 防腐蚀
~proof design 防腐蚀设计
~-proof in building 建筑防腐蚀
~rate 腐蚀率
corrosive water 腐蚀性水
corrosiveness classification 腐蚀性分级
corrugated 皱的，皱纹的；有瓦楞的
~asbestos sheet 石棉水泥波形瓦
~roof 瓦楞屋顶
~tile 波形瓦
corrugation 波纹，皱纹；起皱；（路面上）呈波纹状；波纹起皱状，搓板现象；车辙
~method 起皱法
Corsac fox/Kitt fox ***Vulpes corsac*** 沙狐/东沙狐
Corsican Hellebore ***Helleborus argutifolius*** 科西嘉圣诞玫瑰（英国斯塔福德郡苗圃）
Corsican Mint ***Mentha requienii*** 科西嘉薄荷（美国田纳西州苗圃）
cortile 内院
~unit 庭院单元
Corundum 刚玉
Corymb Wood Sorrel ***Oxalis corymbosa*** 铜锤草/紫花酢浆草/多花酢浆草
Corymbose Epaulette-tree ***Pterostyrax corymbosus*** **Sieb. et Zucc.** 小叶白辛树
cosmic 宇宙的；广大无边的；有秩序的
cosmodom 太空站
cosmodrome 宇宙基地（人造卫星及宇宙飞船发射场）
cosmology 天人感应
cosmopolis 国际城市，国际都市
cosmopolitan 四海为家的人，世界主义者；世界性的
~species 世界物种
cosmos 宇宙
Cosmos ***Cosmos bipinnatus*** 秋英属（植物）；大波斯菊，秋英/波斯菊
cost 价值，成本，代价，费用，价格
~account 成本计算
~accounting 成本会计
~analysis 造价分析，价值分析
~approach 成本法
~at a unit rate, labour（英）单位劳动定额金
~at an hourly rate, labor（美）小时劳动定额金
~audit 成本审计
~-based budgeting 按成本编制预算
~-benefit analysis 成本与收益分析，成本收益分析，投资成本与利润分析
~calculation system of construction project 项目成本核算制
~control 费用控制
~cutting 降低成本
~data 成本数据，费用数据，成本资料
~-effective 良好经济效益

~-effective grassing 铺草良好经济效益
~effectiveness 费用效益
~-effectiveness analysis 工程经济分析，经济效果分析
~efficiency 经济效果，投资效果
~estimate 估价，造价估算，成本估计
~estimate，final construction（英）最终施工估价
~estimate，perliminary 初步施工估价
~estimate，rough 大概施工估价
~estimate，total construction 总施工估价
~estimating 估价，造价估算，成本估计
~excess 超额费用
~factor 造价指标
~function 价值函数，成本函数
~in use 使用期费用
~increase 费用增量
~increment 费用增加
~index 造价指标，成本指数，价格指数
~item 费用项目
~keeping 成本核算
~less depreciation 成本减折旧
~monitoring 成本监督
~of building 房屋造价
~of construction 建筑成本，建筑费，造价
~of construction materials 建筑材料费
~of constrution projects 工程造价
~of draining 排水费
~of equipment 设备费
~of erection 建设费
~of goods manufactured 产品成本
~of grading 土方工程费，土工修筑费
~of floor space 地价成本，建筑房屋造价
~of land 土地费用
~of maintenance 养护费
~of management 管理费
~of materials 材料费
~of materials and equipment 材料和装备费
~of money 利息
~of operation 管理费
~of per-square-meter 每平方米造价
~of removal 拆除费用
~of repairs 修理费
~of turfgrass 草皮铺植费
~of upkeep 维修费，养护费，房屋维修费
~on accessory facilities 配套费
~over-run 超支
~planning 成本计划
~plant materials 植物材料费
~plus fee 成本附加收费
~（of）price 原价，成本价格
~reduction 降低（减少）费用
~saving 节约费用
~unit price 成本单价
aboriginal~原始成本
actual~实际成本
additional~额外费用，追加费用
after-~后续成本
all-in~总费用
annual~年度费用，常年费用
assembling~总成本
construction~建筑费，工程费
current~市价
depreciation~折旧费
estimate of~估价

establishment of total construction~总建筑费编制
item~项目费
leave~休假费
maintenance~养护费，维修费，保养费
mounting~安装费
operation~营运费，经营费
optimum~最佳成本
planned~计划成本
unit~单价；单位成本

Cost Accounting 成本核算

Cost of Quality 质量成本

costings 估价，概算，预算

costs（cost 复数）成本，价钱，费用
~of habitats/ecosystems，reinstatement（生态系统）栖息地修复费用
~of habitats/ecosystems，replacement（生态系统）栖息地更新费用
~of habitats/ecosystems，restoration（生态系统）栖息地重建费用
additional~额外费用，追加费用
calculation of~用费计算
construction~施工费用
dectease in~（英）减少用费
external~外部费用
labo(u)r~劳动费，劳务费
maintenance~养护费，维修费，保养费
maintenance and repair~养护和修理费
overall~概算费用
overall fixed~固定费用
planning~计划费用，规划费用
running~行车费
total fixed~固定费用总额
travel~行车费用

cot 茅舍，小屋

cote 茅舍；（畜）槛

coteau（法语，指美国、加拿大的）高原；（美国西部）冰碛脊

Cotoneaster ***Cotoneaster conspicuus decorus*** 大果栒子（英国斯塔福德郡苗圃）

Cotoneaster ***Cotoneaster dammeri*** 矮生栒子（英国斯塔福德郡苗圃）

Cotoneaster ***Cotoneaster lacteus*** 乳白花栒子（英国斯塔福德郡苗圃）

cotonier 法国梧桐

cottage 村舍；农舍；（郊外、海滨等处的）别墅；（学校等内部的）单幢住所；（小型）住宅
~area 平房区
~garden（英）宅园
~industry 家庭工业
holiday~（英）度假村舍
weekend~（英）周末别墅

Cottage Pink/Garden Pink/Scotch Pink ***Dianthus plumarius*** 常夏石竹

Cotten Tree/Commom Bombax ***Bombax malabaricum*** 木棉 / 攀枝花

cotton 棉花
~base 产棉区
~belt 产棉区
~mill 棉纺厂，纱厂
~printing and dyeing 棉纺织印染厂
~rose 木芙蓉

Cotton aphid/Melon aphid ***Aphis gossypii*** 棉蚜

Cotton bagworm/Giant bagworm ***Cryptothelea variegate*** 大蓑蛾

Cotton bollworm/Corn earworm/Tomato grub/Tobacco budworm ***Helicover-***

pa armigera 棉铃实夜蛾

Cotton grasshopper *Chondracris rosea* 棉蝗

Cotton head marmoset/ cotton-top tamarin *Saguinus oedipus* 绒顶柽柳猴

Cotton leafroller *Sylepta derogata* 棉卷叶野螟 / 包叶虫 / 棉野螟

cotton picture 棉花画

Cottony aphids/Elm gall aphid *Tetraneura akinire* 秋四脉绵蚜

Cotton-ball/Snowball Cactus *Espostoa lanata* 老乐柱

Cottonleaf Physic *Jatropha gossypifolia* L. 棉叶羔桐 / 棉叶麻疯树

Cottonrose *Hibiscus mutabilis* 木芙蓉 / 芙蓉花

cottonwood 三角叶杨

Cottony Botrypus *Botrypus lanuginosus/ Botrychium lanuginosum* 绒毛蕨萁 / 绒毛假阴地蕨 / 绒毛阴地蕨

cotyledon 子叶｛植｝

Coucal [common]/ crow pheasant coucal (***Centropus sinensis***) 褐翅鸦鹃

coulee（美）斜壁谷；小河流，干河谷；深冲沟；熔岩流｛地｝

council（市镇等的）会，委员会

~estate（英）地方当局拥有的地产

~house（英）地方当局营造的房屋

Council for Bird Protection，International 国际鸟类保护委员会

Council for Environmental Conservation（英）环境保护委员会

Council for the Protection of Rural England（英）英格兰乡村保护委员会

~housing（英）住宅委员会

Council Nature Conservancy（英）自然保护委员会

Council of Architectural Registration Boards（美）建筑注册委员会委员

Council of Landscape Architectural Registration Boards（美）风景园林建筑注册委员会

Council Fig *Ficus altissima* Bl. 高山榕 / 高榕

count 总计，计算

~of heterotrophic bacteria 异养菌数

counter 计数器；货柜

~batten 顺水条

~current regeneration 对流再生

~flow cooling tower 逆流式冷却塔

~line 等高线

~-magnetic system 反磁力吸引体系

~-magnets 反磁性

~parking 对向停车

~pedestrian flow 逆行人流

~suburbanization 逆郊迁

~-urbanization 逆城市化

~weight fill；loading berm 反压台

counter urbanization 逆城市化

counterfort 扶壁

~abutment 扶壁式桥台

~retaining wall 扶壁式挡墙

countermeasure 对策，防范（对抗）措施，干扰

~against landslide 滑坡防治措施

counterurbanization 逆城镇化，逆城市化

counterweight 对重，平衡重

counting 计数，计算

~attachment 计数装置

~，bird 计数（鸟）

~inspection 计数检验

country 国，国家，祖国；（英国的）郡，（美国的）县，（中国等国的）县；乡村；乡镇；地区；乡村的；地方的

~administrative map 州县行政区划图

~-area planning 县城规划

~council 郡县委员会，乡镇委员会，村镇委员会

~driving 郊区行车

~extension 郡区扩张

~fair trade price 集市贸易价格

~foot path 乡村步行小道

~garden（美）乡村公园

~highway 县道，县级公路

~lane 乡村车道，农村车道

~-level city 县级市

~life-pattern 乡村生活模式

~map 郡范围地图

~municipal-administered 市辖县

~of arrival 移入国，到过国

~of departure 移出国，迁离国

~of destination 移入国

~of origin 移出国

~park 郊野公园

~park management center 郊野公园管理中心

~people 农村居民

~planning 县或乡镇规划

~project 国家计划，国家项目

~-region planning 县域规划

~road 乡间道路，乡村道路

~route 县道

~seat 县城，城关镇，乡间住宅，别墅

~-seat planning 县城规划

~shipping point 乡村运输点

~side 郊区，乡村

~town 县城，城关镇

~villa 乡间别墅

open~（英）空旷地区

countryside 乡下，农村，郊区

~and nature 乡村和自然

~conservation（英）乡村保护

~conservation area 乡村保护区

~management（英）乡村管理

~planning（英）乡村规划

~recreation 乡村重建

~recreation area 乡村重建区

~recreation planning（英）乡村重建规划

beauty and amenity of the~（英）美化乡村

leisure in the~（英）乡村休息设施

open~ 开放（空旷）乡村

couple fertility 夫妇生育率

coupled planting 对植

coupler compressing grade 压钩坡

couplet 成对

~on pillar 楹联

~written on scroll 楹联

coupling 偶联；耦合；管接头；连接器；联轴节；联轴器；偶联管；偶联器；车钩；连接的，耦合，成对的

~device 连接器

~reducing 还原连接

~speed 连接速度

cour'd honneur（巴洛克建筑的）H 形庭院，马蹄形庭院

course 层；行列；过程；行程；路线；方向；方法；（河）流；教程；航线｛航测｝

~course for a paved stone surface，laying（铺砌）石铺面层

~height 航线高（度）
~of an avalanche（英）雪崩过程
~of city history 城市历史沿革
~of construction 施工过程，施工期
adjoining~邻接层
avalanche~雪崩过程
base~（道路）基层，面层下层；勒脚层{建}
bearing~承重层，承压层
crushed rock top~碎石顶层
drainage~（英）排水层
fitness~（美）适应过程
golf~高尔夫球场
granular surface~（美）粒料面层
header~露头层，丁头层，丁头行
heading~（美）航向方向
hoggin surface~（英）夹砂砾石面层
manhole adjustment~（英）检查孔调节法
manhole leveling~（英）检查孔水平测量法
postgraduate~研究生教程
river~河道
road-mix~路拌层
road wearing~道路磨损层
rollock~竖砌砖层
rowlock~（美）顺砌砖层，竖砌砖层
running~运行路线
screed a laying~用样板刮平敷设层
skid resistant~防滑层
soldier~立砌砖层
stone~石料层
stretcher~顺砌砖层
surface~面层
wall base~墙座层
water~水道，水流
water insulation~隔水层
wearing~磨耗层，磨损层
coursed 成层，层砌
~ashlar（英）层砌琢石
~ashlar masonry 层砌琢石圬工
~dressed ashlar masonry 细琢石圬工
~masonry 层砌圬工
~pavement 成层（铺装）路面，层铺路面
~quarry-faced ashlar masonry 粗面琢石圬工
coursing 急行，追逐，流动；成层
~joint（成）行缝，（成）层缝
~rubble 成层毛石圬工，铺砌毛石
~rubble masonry 成层毛石圬工
~square rubble 成层方块毛石
court 庭院，院子，庭园，天井，法院
~garden in Guangdong 岭南庭园
~house 内院式住宅，（美）县政府所在地
~in castle 城堡庭园
~Place 朝廷
~planting scheme，back（英）庭院后面种植方案
all-weather~（美）全天候庭院
garden~（英）花园式庭院
granular playing~（美）粒料面铺地的游乐场
hard~（美）硬地庭院
hoggin playing~（英）夹砂砾石地运动场院
tournament tennis~网球锦标比赛场
court dress 朝服，大礼服
Court Paintings of Ming Dynasty 明代宫廷绘画（中国明代组织大批画家为

宫廷服务，形成宫廷绘画）

Court Paintings of Qing Dynasty 清代宫廷绘画（中国清代宫廷画家创作的作品及由此形成的流派和风格）

courtyard 院子，庭院

~garden 庭院花园，庭园

~house 四合院，四合院住宅，院落式住宅，庭院式住宅

~housing group 院落式住宅组群

~landscaping 庭院风景（景观）设计

~living area 庭院生活区

~planting 庭院种植

~rehabilitation scheme 庭院重整规划

~with buildings on the four sides 四合院

garden~（美）花园庭院

courtyards，redevelopment of 院子重建

coustoms inspection post 海关检查站

cove 小（海、河）湾/（美）小峡谷

cover 面层；封面；罩面；（钢筋混凝土钢筋外的）保护层；盖子；覆盖物；盖棚；遮蔽

~degree 覆盖度

~slab，chamber（英）室覆盖平板

~slab，manhole（英）（锅炉，下水道等供人出入进行检修等）人孔（检修孔），覆盖厚板

canopy~（宝座等上的）华盖覆盖物，顶篷覆盖物

concrete~有形的面层，水泥面层

crown~（山，帽，头，拱）顶部覆盖物，（车道横断面的）路顶覆盖物

degradation of vegetative~植被退化

degree of canopy~森林覆盖程度

degree of crown~树冠层等级

degree of species~种类等级

degree of total vegetative~总植被层水平

density of vegetative~植被层密度

Duckweed~浮萍科植物层

forest~森林覆盖

forest floor~森林地面保护层

forest soil~森林土壤地层

grass~青草覆盖层

grate~格式防护层

grid~砂粒覆盖层

grille~格栏防护层

manhole~探井盖，窨井盖

manhole frame and~（英）探井和盖

moss ground~青苔地面层

plant~植物覆盖层

range of species~种类排列

tree~树木覆盖

tree pit~树坑覆盖

trench frame with grated or solid~（美）栅式或实体面层的沟槽构造

vegetal~（美）植物覆盖

vegetation~植物覆盖

vegetative~植被

woodland~林地覆盖

coverage 总体；铺砌层，面层；重复经行次数（对机场跑道而言）；所包括的范围（指区域、数量等），钢筋外面的保护层；覆盖范围；优势图

~of burnt houses 烧毁建筑

~of inquire 调查范围

~of residential building 居住建筑密度

~ratio of housing 住宅建筑密度

~ratio of residential building 居住面积密度

~scale 上盖面积比例

building~（美）建筑基底面积

ground~地下铺砌层
lot~（美）地皮面层
relative~相对面层，相关面层
covered 覆盖的，上盖的
~area 上盖面积
~baza（a）r 有顶盖式市场
~bridge 覆盖桥（桥上有房屋覆盖的）
~conduit 暗渠，暗沟
~culvert 暗涵
~ditch 加盖明沟
~gutter 暗沟，加盖排雨水沟
~market 棚盖市场
~parking deck 棚盖停车平台
~parking space 棚盖停车场
~street-way 穿廊式街道
~street way（沿街建筑物连续挑檐形成的）檐街道
~swimming pool 上盖泳池，室内泳池
~terrace 有屋顶的露台，有屋顶的平台
~trench drain（美）棚盖沟槽排水
~truck 棚车
~walk 林荫小径，蔓棚藤架荫道，带顶棚的公共通道
~way 廊道{建}
covering 覆盖层；覆盖物；铺筑面层；套，罩
~domain 覆盖地域
~layer 覆盖层
~material 罩面材料，覆盖料
~of a manhole 人孔盖，检查井盖
~of deck 桥面铺装层
~of roadway 道路铺面
~with soil（美）土覆盖层
~with topsoil 表土层面
~with vines，wall（美）墙面攀缘绿化
~work 覆盖工程
protective~保护层
totally~整体铺砌面层
cow ***Bos taurus*** 母牛
Cowberry/Lowbush Cranberry/Lingonberry ***Vaccinium vitis-idaea*** 越橘
cow-horn picture 牛角画
cowl；weather cap 伞形风帽
Cowpea ***Vigna unguiculata*** 豇豆
Cowslip/Paigle ***Primula veris*** 莲香报春花
coypu rat/swamp beaver/nutria ***Myocaster coypus*** 河狸鼠/海狸鼠
coytoe ***Canis latrans*** 丛林狼/交狼
CPG motifs CPG 模体
CPO=compulsary purchase order 强制征用命令
crab 蟹；酸苹果；（起重）绞车，卷扬机，起重小车，蟹爪式起重机
~derrick 移动式起重机
Crab/Crust/Younghusband Jerusalemsaye ***Phlomis younghunsbandii*** 螃蟹甲/露木/露木尔
Crab Cactus/ Christmas Cactus ***Zygocactus truncatus*** **（Haw）. K. Schum.** 蟹爪仙人掌/蟹爪兰/蟹爪莲/蟹爪
crabapple-shaped door opening 海棠门
crab-eating monkey ***Macaca fascicularis/*** **M.irus** 食蟹猴/长尾猕猴/爪哇猴
Crabwood/Andiroba ***Carapa guianensis*** 螃蟹木
crachin 蒙雨天气
crack 裂缝，冰缝，裂纹，裂隙；破裂声
crack，esication~缩裂缝
~growth 裂纹扩展
~resistance 抗裂度

ageing~ 自然裂纹（时效裂纹）
frost~ 冰冻裂缝
shrinkage~ 收缩裂缝
Crack Willow ***Salix fragilis*** 爆竹柳 / 脆柳
cracked asphalt 裂化（地）沥青，热裂（地）沥青（由裂化油制成）
cracking 破裂，开裂；裂缝，裂纹；爆裂声；磁面碎纹（特指屏幕显像的某种干扰）
Cracow（**Middle Ages**）克拉科夫（中世纪）
craft 手艺，工艺；技巧，技术；船舶；飞机，飞船
craftsman 工匠，手艺精巧的人，艺术家
Craftsman-style 工匠风格
craggy 多峭壁的，崎岖的
Craib Tanoak ***Lithocarpus craibianus*** 白穗石栎
Cranberry（**Viburnum**）蔓越橘（属）
Cranberry ***Vsccinium macrocarpon*** 大果蔓越橘 / 酸果蔓
crandalled dressing 精雕细刻
crane 鹤；起重机，吊车；虹吸器
~and vehicle load 起重运输机械荷载
~girder 轨道梁
Crane Island 鹤岛
~load 吊车荷载
~track；crane way 码头起重机轨道
Crane ***Grus grus*** 灰鹤 / 番薯鹤
Crane fly ***Tipula praepotens*** 大蚊
Cranesbill ***Geranium*** **'Johnson's Blu'*e*** 老鹳草（约翰逊蓝）（英国斯塔福德郡苗圃）
Cranesbill ***Geranium phaeum*** 暗花老鹳草（英国斯塔福德郡苗圃）
Cranesbill ***Geranium × magnificum*** 华丽老鹳草（英国斯塔福德郡苗圃）
Crape Myrtle/Indian Lilac ***Lagerstroemia indica*** 紫薇
Crapemyrtle aphid ***Tinocallis kahawaluokalani*** 紫薇长斑蚜
Crapemyrtle scale ***Eriococcus lagerstroemiae*** 紫薇绒蚧
crash 碎裂；碰撞崩溃；失事；应急；速成
~barrier（英）碰撞护栏，高速公路中央护栏，易毁栏栅
~barrier of highway 防撞栏栅
~pad 防振垫
~program 应急计划
~truck 抢救车
crasher and screen room 破碎筛分间
Crashing 赶工
Crassula rupestris 玉石景天
crater 火山口；明亮表面的坑状地方
Crater Lake National Park 火山口湖国家公园
~lake scenic spot 天池风景区
cray area 衰败地区
crazy paving path 错铺路；水纹路
Cream Clematis ***Clematis florida*** **Thunb.** 铁线莲
creamery 奶品店，奶品厂，奶油制造厂，乳酪厂
create a slope 修斜坡
creation 创造，创作；创设；新增；创造物
~of defined spaces 划定场地的设计（创建）

~of rolling hills 起伏地形创造

creative 有创造力的

~playground（训练克服困难，培养创造能力的）儿童公园，儿童游戏场

creativeness 创造性

creche 托儿所

credit 信用，信贷；信任；记入贷方；信任

creed 信条

creek 小溪小河，河浜；支流；小巷，小湾

tidal~潮汐小港

creep 徐变，蠕变，蠕动，爬行；流变；频率漂移

creeper 攀缘植物，蔓生类植物，常绿蔓生植物

creeping（土的）滑塌，塌方，蠕变；蠕动，爬行

~bent 蔓生草

~dwarf shrub carpet（美）蔓生矮灌木地毯

~dwarf–shrub thicket（英）蔓生矮灌木丛

~groundcover plant 蔓生地被植物

~juniper 匍匐桧

~of track 爬行

~plant 匍匐植物

~pressure 徐变压力

~soil 滑塌土

~soil on frozen ground strong 冻土上土滑塌

~waste 蠕动残渣物

Creeping Bentgrass ***Agrostis stolonifera*** 匍茎剪股颖 / 本特草

Creeping Juniper/Japgarden Juniper/Procumbent Juniper ***Sabina procumbens*** 铺地柏

Creeping Cotoneaster ***Cotoneaster adpressus*** **Bois.** 匍匐栒子

Creeping Dichondra ***Dichondra renpens*** 马蹄金 / 黄胆草

Creeping Liriope ***Liriope spicata*** 麦冬 / 鱼子兰

Creeping Oxalis ***Oxalis corniculata*** 酢浆草

Creeping Raspberry ***Rubus pentalobus*** 大叶悬钩子（美国田纳西州苗圃）

Creeping Rhynchelytrum ***Rhynchelytrum repens*** **（Willdenow）C.Hubbard** 红毛草

Creeping Rockfoil/saxifrage ***Saxifraga burseriana*** 虎耳草

Creeping Rosemary ***Rosmarinus officinalis*** **'prostratus'** 匍匐型迷迭香（美国田纳西州苗圃）

Creeping Sky-flower ***Duranta repens*** **L.** 假连翘

Creeping Wintergreen/Gaultheria/Partridge Berry ***Gaultheria*** 白珠树（属）

cremation 火葬

~burial 火葬埋藏

cremator 垃圾焚化炉；烧垃圾的人

crematorium 垃圾焚化场，火葬场

crematory 火葬场，火葬场建筑

crescent 新月，新月状物，新月形的，新月式（房屋建筑或一排房屋建筑群平面构成弯曲新月形）

~beam 月梁

~city wall 月城墙

crescent dune 新月形沙丘

Crescent Lake（Dunhuang，China） 月牙泉（中国甘肃省敦煌市）

crest 顶；脊；路顶；山顶；（桥墩顶）凸出处；（波）峰
~curve 凸形曲线
~discharge 洪峰流量，过顶流量
~factor 峰值因数
~of embankment/slope 坡顶
~of embankment/slope，rounding the 成圆坡顶
~of overflow 溢流顶峰
~of slope 坡顶
~platform 峰顶平台
~speed 标定速度，名义速率（指在道路的一区段中，驾驶员在没有交通干扰的情况下所能达到的行驶速率）
~stage gauge 最高水位水尺
~value 峰值，极值
~vegetation，marine（海上）峰顶植物
~vertical curve 凸形竖曲线
flood~洪峰
road~路顶
vertical curve of a road~（英）道路凸形垂直曲线

Crested Caracara/Caracara ***Caracara plancus*** 凤头卡拉鹰/凤头巨隼（墨西哥国鸟）

Crested goshawk ***Accipiter trivirgatus*** 凤头鹰

Crested honey-buzzard ***Pernis ptilorhynchus*** 凤头蜂鹰/花豹/蜂鹰

Crested Iris/Iris/Roof Iris ***Iristectorum*** 蓝蝴蝶/鸢尾

Crested myna ***Acridotheres cristatellus*** 八哥/鹦谷/华华/鸲谷

Crested Oleander Cactus/hedge Euphoria ***Euphorbianeriifolia*** 霸王鞭

Crested Serpent Eagle ***Spilornis cheela*** 蛇雕

Crested tree swift ***Hemiprocne longipennis*** 凤头雨燕

creta 白垩

Cretaceous period 白垩纪

Cretaceous System 白垩系

crevasse 冰川隙

crevice 裂缝
~corrosion 裂隙锈（腐）蚀
~plant community，rock 裂缝植物群（堆石）
~plant，rock 裂隙植物（堆石）
~-water 裂隙水

crevices，vegetation of rock（堆石植物）裂隙
vegetation of wall joints or rock~墙缝或石缝植物

crew 队，组；水手们；机务人员；赛艇运动
~boat；traffic boat 交通艇
~changing at turn around depot system 驻班制

crib 叠木框；木笼；框形物
~dam 木笼填石坝
~pier 木笼桥墩；叠木支座
~（retaining）wall 框格式挡土墙，垛式挡土墙
~wall，concrete 垛式混凝土挡土墙
~wall，free-standing concrete 独立式混凝土挡土墙
~wall，timber 木笼墙

crick 高丘陵

Crickets 蟋蟀类［植物害虫］

criminality，environmental 环境的犯罪

行为

Crimson Clover ***Trifolium incarnatum*** 紫红三叶草 / 意大利三叶草

crimson foliage 红叶树

Crimson Fountain Grass ***Pennisetum. setaceum*** **（Forsskal）Chiovenda** 羽绒狼尾草

Crimson Glory Vine ***Vitis coignetiae*** 紫葛（英国萨里郡苗圃）

Crimson King Maple ***Acer platanoides*** **'Crimson king'** 紫叶挪威槭 / "绯红王"挪威槭 / 深红挪威槭（英国萨里郡苗圃）

Crimson Monkey Flower ***Mimulus variegatus*** 红花沟酸浆 / 猴面花

Crimson Sentry Norway Maple ***Acer platanoides*** **'Crimson Sentry'** '正红'挪威槭（英国萨里郡苗圃）

Crimson Sunbird ***Aethopyga siparaja*** 黄腰太阳鸟（新加坡国鸟）

Crimson Weigela ***Weigela floribunda*** **（Sieb. et Zucc.）K. Koch** 路边花

Crimson-bellied tragopan ***Tragopan temminckii*** 红腹角雉

Crimson-breasted Gonolek/Crimson-breasted Shrike ***Laniarius atrococcineus*** 红胸黑鵙 / 红胸黑伯劳（纳米比亚国鸟）

Crinum Lily/Chinese Grand Crinum/Poison Bulb ***Crinum asiaticum*** **var.** ***sinicum*** 文殊兰

Crispaleleaf Ardisia ***Ardisia crispa*** **（Thunb.）A.DC.** 百两金

Crisped Common Perilla ***Perilla frutescens crispa*** 回苏 / 紫苏

crisply 易碎地，清楚地

crisscross 十字形；十字形图案；杂乱无章；十字形的，交叉的

~escalators 剪刀式自动扶梯

cristobalite 方石英

criteria 标准

~for ambient noise 环境噪声标准

~for noise control 噪声控制标准

~of noise 噪声评价准则

criterion 标准，规范，准则，评价准则，规模；依据

~of evaluation 评价指标

~of permissible building noise 建筑噪声容许标准

~of viscoelasticity 黏弹性指标

conservation~ 保护规范

critical 临界的{数}{物}；极限的，危险的；批评的；关键的，决定性的，转折点的，要求严格的；临界值

~activity 关键工作

~area 临界区

~area of extraction 塌陷危险区

~condition 临界情况，临界状态

~density 临界密度

~depth of flow 临界水流深度，临界水深

~depth flume 临界水深水槽

~depth of flow 临界水流深度

~depth of phreatic water ration 潜水蒸发临界深度

~discharge 临界流量

~edge pressure 临塑荷载

~flow 临界流量，临界流

~height（of slope）临界高度

~height of slope 土坡临界高度

~hydraulic gradient 临界水力梯度

~illuminance exterior daylight 室外天然光临界照度
~illuminance of interior daylight 室内天然光临界照度
~lane 临界车道，紧急备用车道
~load 临界荷载
~moisture 临界湿度
~organ 要害部位
~path 关键线路（统筹方法网络中最费时间的线路）
~path analysis 关键分析
~path method（简写 C. P. M.）关键线路法，临界途径法，紧急线法（统筹方法）
~point 临界点
~population size 临界人口位置
~region 拒绝域，临界区
~regionalism 批判地方主义
~species 临界种类
~speed 临界车速，临界速率
~traffic density 交通临界密度
~value 临界值
~velocity 临界流速
~void ratio 临界孔隙比

Crocodile Farm（Tailand）北榄鳄鱼湖（泰国）

Crocodile flathead *Cociella crocodilus* 鳄鲬

Crocus [common]/Dutch crocus *Crocus vernus* 番紫花 / 春番红花

croft（住宅附近）小农场，小田地

crop 露头；（矿床等）露出；庄稼；修剪；发芽；种植
~area 青苗区，青苗面积
~biomass，standing 固定种植生物量
~coal 露头煤
~compensation 青苗补偿
~culture 青苗作物
~farming（美）青苗农户
~forecast 收成预测
~growing 青苗生长
~husbandry 青苗耕作
~loss compensation 农田青苗补偿
~-loss compensation 青苗费
~map 作物图
~of woody plants，nurse 苗圃木本植物苗木
~of woody plants，pioneer 先驱木本植物苗木
~-out 露头，露出 { 地 }
~production 种植业
~production，intensive 集约种植业
~production，mixed 混合种植业
~protection 植物保护
~rotation（农作物）轮作
~system，single 单株青苗
~tree 苗木
green manure~ 绿肥青苗
nurse~ 苗圃青苗
short term~ 短期青苗
soil conservation~ 土保护青苗
standing forest~ 固定森林苗木
timber~ 用木苗
tree~ 树苗

crop combination 作物组合

cropland 农田，耕地

cropper 种植者，修剪工人；修剪机，裁切机

cropping 露头
~out coal 露头煤

cropping system 种植制度

C. roseo-picta 玫瑰竹芋

ross 交叉（口）；十字（路）；十字架；十字梁；十字管，十字接头；横（向）的；交叉的

~adit 横通道
~bar 横木（杆）
~bond 一顺一丁砌式
~check 相互校验
~conflict 交叉冲突点
~connection 连通路
~construction 交叉施工
~contamination 交叉污染
~correlation 互相关性
~-country skier 越野滑雪者
~-cut 剖面
~-cutting 横切
~drain 横向沟渠
~drainage 横向排水
~fall 横向坡度，横坡；横斜度；路拱
~flow 横流
~flow cooling tower 横流式冷却塔
~flow fan；tangential fan 贯流式通风机
~-grade 横断面坡度
~-harbour tunnel 海底隧道
~hole method 跨孔法
~intersection 十字形交叉
~joint 十字接头；横缝；横节理{地}
~mains 配水管
~-over 跨线桥
~-over road 上跨立交道路
~parking 相互交叉的汽车停车方式
~road 横交道路，十字路（口），交叉路
~road sign 十字交叉口标志
~route 交叉道
~-section 横剖面,（横）断面,横截面；断面图
~section area 断面面积，（横）截面（面）积
~-section diagram 断面图
~-section dimension（横）截面尺寸
~-section drawing 断面图，横截面
~section mixing method 全断面混合法
~section model test 断面模型试验
~section of road 道路横断面
~-section of urban road 城市道路断面
~-section paper 方格纸
~section profile 横断面图
~-section sheet（paper）方格纸；横断面纸
~section sign 断面标志
~section survey；cross sectional survey 横断面测量
~section velocity distribution 断面流速分布
~section velocity distribution 断面流速分布
~-sectional profile 横断面图
~sections take 断面桩
~skiing 越野滑雪
~slope 横坡
~-street 横向街道，横街
~-town artery 城市横向干道
~tracks passage 平过道
~traffic 道路交叉点彼此穿越的交通，横向交通，交叉车流
~ventilation 穿越通风
~-ventilation 对流空气
~-walk 行人跨越道，人行横道

~walk 人行横道
~wind 侧风
crossing 交叉，交叉点，十字路口，道口，渡口
~capacity 交叉口通过能力
~discharge（道路）交叉口通过能力，通过率
~efficiency（道路）交叉口通过能力
~gate（铁道与道路）交叉道口栅门
~of urban road 城市道路交叉口
~sign 行人过街标志，行人横道标志，交叉标志
~signal 道口信号
~warning post（铁路与公路）交叉道口警告标志
cycle~（英）自行车道口
cyclist's~ 自行车道口
game~ 比赛路口
pedaler's~（美）自行车路口
vehicle~（英）车辆路口
crossing branches 交叉枝
Cross-leaved Herth ***Erica tetralix*** **L.** 轮叶欧石南
crossover 跨越，横渡，横过，渡过；立体交叉，（铁路）渡线
~point（道路）立体交叉点
~region 交叉区
~road 上跨立交路（跨越铁路或道路的道路），十字路，交叉路，转线路，渡车道
cross-pollination 异花授粉
crossroad 交叉路，叉路；交叉路口
crossroads 十字路口，乡村的集市，活动中心，十字形交叉
Crossvine/Trumpet Flower ***Bignonia capreolata*** 号角藤（美国田纳西州苗圃
crosswalk 过街人行道，人行横道
~line 人行横道线
~sign 人行横道线
crosswise stretching crack 横向缩缝
crotch（河，路等的）岔口；分叉处；叉状物
~pruning，drop（美）分叉剪枝
removal of branch with "V" ~"V" 形剪枝
crotches, formation of "U" or "V" 树"U" 形或 "V" 形叉
crotching，drop 剪叉
Croton ***Codiaeum vagiegatum*** 变叶木
Crow pheasant coucal/ common coucal ***Centropus sinensis*** 褐翅鸦鹃
Crowberry/Foxberry ***Vaccinium vitis-idaea*** **L.** 越橘
crowd 群众
~walking 人群步行，人流的步行状况步行人流，步行人流状况
~walking speed 人群步行速度，人流速度
crowded dwelling 密集居住
crowding effect 密集反应
crow-fly distance 直线距离
crown 路拱；拱度，拱高；拱顶；冕；隆起；花冠
~base 拱基
~cornice 大屋檐
~cover 路拱保护层
~degree 树冠覆盖度
~diameter 树冠直径
~form 树冠形状
~height 路拱高；树冠高度
Crown Jewels Museum 珍宝博物馆

~land 王室领地，官地
~layer 树冠层
~length 树冠厚度
~lifting 路拱提升，树冠增高
~light distribution 树冠光照分布
~of a wall 墙拱顶
~of arch 拱顶
~plan 路拱草图
~projection area 拱顶投影区
~projection diagram 树冠投影
~pruning 树冠修剪
~pruning for public safety 为公共安全作树冠修剪
~pruning，routine 常规树冠修剪
~pruning，severe（美）严冬树冠修剪
~ratio 树冠率
~reduction 树冠剪短
~renewal 树冠更新（大修）
~restoration 路拱修复
~-riding 沿路拱车道
~shape 树冠整形
~spread 路拱扩展
~surface 树冠面
~wall 防波堤胸墙
dead~死树花冠
embankment~路堤拱顶
open~明拱
raising the~（英）高起路拱
reducing of a~（英）修剪树冠
shallwo~（英）浅拱，坦拱
top of~拱顶
tree~树冠

Crown Campion *Lychnis coronata* 剪夏罗

Crown gall of *Catalpa bungei* 楸冠瘿病（***Agrobacterium tumefaciens*** 癌肿野杆菌）

Crown gall of *Chimonanthus praecox* 蜡梅冠瘿病（***Agrobacterium tumefaciens*** 癌肿野杆菌）

Crown gall of *Diospyros lotus* 君迁子冠瘿病（***Agrobacterium tumefaciens*** 癌肿野杆菌）

Crown gall of *Osmanthus fragrans* 桂花冠瘿病（***Agrobacterium tumefaciens*** 癌肿野杆菌）

Crown gall of *Platanus* 悬铃木冠瘿病（***Agrobacterium tumefaciens*** 癌肿野杆菌）

Crown gall of *Poplar* 杨根癌病（***Agrobacterium tumefaciens*** 癌肿野杆菌）

Crown gall of *Prunus* 碧桃根癌病（***Agrobacterium tumefaciens*** 癌肿野杆菌）

Crown gall of *Rosa chinensis* 月季冠瘿病（***Agrobacterium tumefaciens*** 癌肿野杆菌）

Crown gall of *Sabina chinensis* 圆柏冠瘿病（***Agrobacterium tumefaciens*** 癌肿野杆菌）

Crown gall of *Sophora japonica* 槐树冠瘿病（***Agrobacterium tumefaciens*** 癌肿野杆菌）

Crown gall of willow 柳冠瘿病（***Agrobacterium tumefaciens*** 癌肿野杆菌）

Crown Imperial *Fritilaria imperialis* 王冠贝母 / 钟草 / 花贝母

Crown of Thorns *Euphorbia milli* 虎刺梅 / 铁海棠 / 麒麟花

Crown of Thorns Euphorbia *Euphorbia splendens* Bojer ex Hook. 铁海棠

crown-costume 冕服
crowning 拱起，凸起
~of paved surfaces 铺面凸起
Cruciferae *Aubrieta* 'Argenteovariegata' '银边'南庭荠（英国斯塔福德郡苗圃）
cruciform 十字形的
~block 十字形大厦
crude 天然的，原生的，未加工的
~rate 粗出生率，总出生率，毛出生率
~capacity 原容量
~data 原始资料
~death rate 粗死亡率
~deficiency of dwellings 粗缺房量，近似缺房量
~oil 原油
~product 半成品
~rate of increase 粗增长率，总增长率
~rate of natural increase（总）自然增长率
~sewage 原污水
~wastewater 原污水
crude birth rate 人口总出生率
crude death rate 人口总死亡率
cruising 巡游的，巡行的，揽客的
~way 慢车道
~yacht 游览艇
crumb 屑粒，碎片，小片；少许
~structure 屑料状结构，团粒结构
crumbling 风化，崩解；块状崩落
~rock 崩解岩石，风化石
crumbly soil（美）脆土
crush 轧碎，捣碎，压碎
~–barrier（人行道旁）防挤栏杆
~capacity 拥挤容量
~room 休息室
~–run aggregate 机碎集料
~time 赶工时间
crushed 压碎的，碎的
~aggregate 轧碎集料，碎石，碎骨料
~aggregate lawn 轧碎集料草地，碎石草地
~aggregate subbase 碎石底基层
~aggregate，grass on 碎石草地
~ballast concrete 道砟混凝土
~boulder 碎漂石
~brick 碎砖
~rock 碎石
~rock top course 石面层
~sand 轧碎砂，轧细砂
~slag 轧碎矿渣，碎熔渣
~stone 碎石
~stone aggregate 碎石集料
~stone concrete 碎石混凝土
~stone macadam 碎石路
~stone plant 岩石轧碎设备，轧石厂
~stone soil 用碎石加固的土
crusher 破碎机；碎石机，轧石机
~aggregate，base of（美）机碎集料地基
~aggregate，layer of（英）机碎集料层
~–run aggregate（英）机碎集料
crushing strength 压碎值
Crusian carp/gold carp *Carassius auratus auratus* 鲫鱼/鲋鱼
crust（名）壳；地壳；表层；（道路的）硬面（或硬层）；结皮；用外皮覆盖
~breccia 断层角砾岩
~of weathering 风化壳
cryosphere 冷圈

Cryotomeria-like Taiwania ***Taiwania cryptomerioides*** 台湾杉
crypt 土窖，地穴
Cryptomeria ***Cryptomeria foriunei Hooibrenk ex otto et*** **Dietr.** 柳杉
cryptomeria 柳杉属（植物）
cryptovolcanic earthquake 潜火山地震
crystal 结晶（体）；冰晶〔形〕水晶的；透明的；水晶的
Crystal Palace（Britain）水晶宫〈1851年在英国伦敦举办第一届国际博览会的展览馆〉
crystallization 结晶（作用）具体化
CTS（central terminal station）中心终点站，中心总站
cubage 容积，体积
Cuban Pine ***Pinus elliottii Engelm.*** 湿地松
Cuban Trogon ***Priotelus temnurus*** 古巴咬鹃（古巴国鸟）
cubature 容积，体积；求容积法，求体积法，体积法
cubic 立方（体）的；三次的（数）三次方程，三次曲线，三次函数 {数}
~chart 立体图
~contents 立方容量
~curve 三次曲线
~index（of a building）（英）（建筑物）体积指数
~measure 体积容量
~content ratio（of a building）（美）建筑物立方容量比
cubism 立体主义，立体派（1907年始于法国的西方现代艺术运动和流派）
cubist 立体派艺术家；立体派的
cubist architecture 立体派建筑艺术
Cubist Realism 立体现实主义
Cubist theory 立体主义理论
cubo-futurism 立体未来主义
Cuckoo owl/ barred owlet ***Glaucidium cuculoides*** 斑头鸺鹠
cuckoo-flower 酢浆草
cucumber ***Cucumis sativa*** 黄瓜
Cucumberved Sunflower ***Helianthus debilis*** 小花葵 / 观赏向日葵
cuddy 小房间
cudweed ***Gnaphalium affine*** 鼠麹草 / 清明菜
cuesta 单面山，单斜脊〔地〕
cul-de-sac 断头路，尽端路；〈法〉（袋形）死巷，死胡同
cul-de-sac principle 尽端路原则
culinary herb 食用草植物
cull 选出文物；选余之物，除去之物；撮取；采集；选拔；拣出
~of brick 过选砖 {建}
culminate 达到顶点
culminating point 极点
culmination 极点
cult 崇拜，风靡一时
cultivable area 可耕地，可耕地面积
cultivar（美）栽培品种
cultivate 耕作；开垦；栽培，培养
cultivated 耕作的，耕过的，耕耘的
~area 耕作区，耕地面积
~field 耕地
~fill 耕填
~forest 耕作森林
~land 耕地，农田
~plant 耕作种植
~shrub rose 栽培灌木玫瑰

~soil 耕地
~terrace 栽种园坛
cultivating garden 栽种园地，栽培园地
cultivation 耕种，耕作，耕耘，栽培（法），养殖（法），培养法
~depth 耕作深度
~of arable land 可耕地
~of woody plants 木本植物栽培
~tank 培养池{环保}
bog~ 沼泽栽培法
permanent~ 永久栽培法
shifting~ 换排栽培；变速耕作
soil~ 土栽培
surface~ 面栽培
terrace~ 台地栽培
topsoiling and~ 表土与耕作
cultivation index 垦殖指数
cultivator 松土除草机；耕耘机；耕种者
cultural 教养的，文化上的；培养的
cultural boundary 文化边界
cultural convergence 文化汇合
cultural geography 文化地理学
cultural region 文化区
~activites area 文化活动区
~and educational area 文教区
~and historical resources 国土自然环境资源与人文资源
~and recreation park 文化休憩公园
~asset 文化遗产，文物
~building 文化建筑，文化馆
~center 文化中心
~change 文化变迁
~complex 文娱馆，综合娱乐中心
~district 文教区，文化区
~element 文化要素
~environment 文化环境
~facilities 文化设施
~features 文化特征，文化面貌
~heritage 文化遗产
~heritage landscape 文化古迹景观
~heritage of historic gardens 历史园林文化遗产
~heritage，conservation of the natural and [CH] 自然和文化遗产保护
~institution 文教机构，文化机构
~landscape 文化景观
~landscape，agrarian 土地文化景观
~monument 文化古迹
~monument，buried 地下文化古迹
~monument，soil-covered 土藏文化古迹
~palace 文化宫
Cultural palace for Nationalities（Beijing，China）民族文化宫（中国北京）
~park 文化公园
~patrimony 文化遗产
~plaza 文化广场
~pollution 文化污染
~properties 文化财产
~relic preservation area 文物保护区
~relics 文物
~resources，preservation of 文化资源保存（保管）
~scenic 人文景物
~site 文化场地
~use 文教用途，文化用途
~utility 文化事业
culturally sensitive design 文化特色区设计
culture 文化；文化地物{测}；教养；人工培养，人工繁殖；耕作；地物

~adaptation 栽培适应性
~centre 文化中心，文化廊
~connotations 文化内涵
~dish 培养器，培养碟 { 化 }
~，fruit 果木栽培
~medium 培养基，培养个体 { 化 }
~pattern 文化模式
~relics 文物
Culture Square Changchun 长春文化广场
garden~公园文化，花园文化
culvert 下水道，阴沟，涵洞，电缆管道，暗渠
~aperture 涵洞孔径
~box 涵箱
~course 渠道
~end wall 涵洞端壁
~for railway 铁路涵洞
~grade 涵底坡度
~inlet 涵洞进水口
~inlet with flared wing wall 八字翼墙洞口
~outlet 涵洞出水口
~with steep grade 陡坡涵洞
arch~拱涵，拱形涵洞
box~箱（形）涵（洞），矩形涵洞
pipe~管涵，管道涵洞；矩形涵洞；管渠
Cumbernauld（1955~1962 年英国格拉斯哥建设的新城镇）坎伯诺尔德
cumec 立方米每秒
Cumin/Jeera ***Cuminum cyminum*** 孜然芹
cumulate 堆积岩
cumulation chart 累积图
cumulative 累积的，累加的；渐增的，附加的
~curve 累积曲线
~diagram 累积曲线图
separate~分式路缘
sloped~斜坡式路缘石
sod~植草路缘，草皮路缘
street~街道路缘石，街道侧石
top of the~（美）路缘顶
cumulonimbus 积雨云
cumulus 积云
Cuneateleaf Meliosma ***Meliosma cuneifolia*** 泡花树
Cup Plant ***Silphium perfoliatum*** 串叶松香草 / 香槟草 / 菊花草（美国俄亥俄州苗圃）
Cupid's Dart ***Catananche caerulea*** 玻璃菊 / 兰箭菊（属）
cuprite 赤铜矿
Cup-rose/Corn Poppy ***Papaver rhoeas*** 丽春花 / 虞美人（比利时国花）
curbed 有路缘石的
~section 有路缘石的横断面，有路缘石的路段
~separator 有缘石的分车岛
curbing 敷设路缘石，排路缘石，做路缘，做路缘石的材料
curbside 街，街道，街头 路边
~parking 路边停车
~trip 路侧带
curbstone 路缘石
battered~（英）斜路缘石
curcuma 姜黄属（植物）
cure 矿泉疗养地
Curled Kale/Collard Greens/Borecole ***Brassica oleracea*** **var.** ***acephala*** 花菜 / 羽衣甘蓝

Curly Mallow/Musk Mallow/Cluster Mallow *Malva verticillata* 冬寒菜 / 冬葵

curragh 沼泽地

currency 货币，通货；能用；流传
~balance 货币结余
~circulation 货币流通
~depreciation 货币贬值
~depreciation and appreciation 币值升降
~fluctuation 币值变动
~of traffic 交通流量
~reform 货币改革

current（水、气、电、河）流；潮流，趋势；通用的；现行的，流行的；当时的；流畅的，单写的
~account 活期（存款），往来账
~carrying carrier 载流承力索
~chart 海流图
~city 现代城市（一般指第二次世界大战后发展起来的城市）
~condition of the housing market 住宅市场现状
~direction 流向
~estimate 最新估算
~growth 当年枝，当年生长
~housing stock 现有住房量
~increment 当年生长量
~market demand 现状市场需求
~meter 流速仪
~meter calibration 流速仪检定
~meter measuring cross section 流速仪测流断面
~meter method 流速仪法
~observation 水流观测
~of friction 漂流
~of traffic（交通）车流
~operation 经常性业务
~president 现任主席，现任理事长，现任董事长
~price 时价，市价
~price level 现状价格水平
~production 流水生产
~reserve 药剂周转储备量
~situation 现状
~state of the housing market 住房市场现状
~supply 电源，供电
~traffic 现行交通
~using equipment 用电设备
~value 现时值，现行值
~velocity 流速
~year 本年度

Curry Leaf/Karapincha *Murraya koenigii* 科里月橘

Curry Plant *Helichrysum italicum* 意大利蜡菊 / 不凋花

curtailed 简体的，缩写的，缩短的
~rail 缩短轨
~words 简体字，缩写字

curtailment 减少
~of agricultural production（英）农业生产减少
~of service 减少服务（指交通的班次或路线）

curtain 帘幕；幕（窗）；浮坝；〔动〕挂帘子，用幕隔开，遮住
~box 窗帘盒
~dam（有水平回转轴的）闸门式水坝
~grouting 帷幕灌浆
~wall 幕墙，护墙

Curtea de Arges（**Romania**）阿尔杰什苑（罗马尼亚）

curtilage 宅地，地皮，庭院，院子

curve 曲线；弯道；曲线板；曲线图表；弯曲；弄弯

~chart 曲线图

~controlling point 曲线控制点

~description 曲线描述

~fitting 曲线拟合

~fitting method 适线法

~fitting test 适线检验

~-gauge 曲线规

~length 曲线长，曲线长度

~of a road crest，vertical（英）路顶垂直曲线

~of logarithmic spiral 对数螺旋曲线

~of potential energy 势能曲线

~of production 产量曲线

~of water consumption 用水量曲线

~pen 曲线笔

~plotter 绘图器

~radius 曲线半径

~resistance 曲线阻力

~ruler 曲线板

~sign 曲线标志

~super elevation 曲线超高

~widening 平曲线加宽

abnormal~非正态曲线{数}

approximation~近似曲线

compound~复曲线，多圆弧曲线

compound interest~复利曲线{数}

compound transition~复合缓和曲线

crest~凸形曲线

crest vertical~凸形竖曲线

dip~（英）倾斜曲线

parallel~平行曲线

particle-size accumulation~粒径累积曲线

particle-size distribution~粒径分布曲线

sag~垂度曲线，挠度曲线，下垂曲线

sag vertical~凹形竖曲线

skew~斜曲线，不对称曲线

solenoidal 螺旋曲线

solid~实曲线

space~空间曲线

space-time~时－空曲线

temperature~温度曲线

tidal~潮汐曲线

tide~潮汐曲线

virgin~原始曲线

curved 弯曲的，曲的，弯的

~alignment（道路）弯曲线形

~bar 曲杆

~batter 曲线斜坡

~bridge 弯桥

~girder 曲梁

~pattern 曲型板

~rail 弯曲轨道

~stairs 弧形楼梯

~surface 曲面

~thin-shell roof 弯形薄壳屋顶

curvert 涵洞，隧洞，下水道，暗渠，地下缆道

curvilinear 曲线的

~motion 曲线运动

~regression 曲线回归

~road 迂回路

~tunnel 曲线隧道

Cuscuta damages *Cuscuta* **sp.** 菟丝子

cushion 垫子；垫层；垫附块；缓部器；

缓部垫层，气垫；安上垫子；缓冲
~blasting 缓冲爆破
~block 垫块
~board 由额垫板，檐垫板
~coat 垫层
~course 垫层
~guardrail 缓部护栏
~material 衬垫材料，缓冲材料
~pile 垫桩
~plant 垫形植物
~planting 缓冲栽植
~ship 气垫船
~shrubland 垫形灌木地
cullus~颖托垫层

Cushion Aloe/Haworthia/Plant/Star Cactus ***Haworthia fasciata*** 锦鸡尾/条纹十二卷

Cushion-shaped Echeveria ***Echeveria pulvinata*****（Hook.）Rose** 绒毛掌

Cushion-shaped Spikemoss ***Lycopodioides pulvinata/Selaginella pulvinata*** 垫状卷柏/还魂草

Cuspidate Evergreen Chinkapin ***Castanopsis cuspidata*** 米槠/甜槠

Cuspidate Olive ***Olea cuspidata*** 光叶木犀榄

Custard Apple/Sugar Apple ***Annona squamosa*** **L.** 番荔枝

custom 习惯；惯例，常例；海关；[复]关税；顾客；定制的
~duty 关税
~house 海关
~office 海关
~tenant service 用户租赁服务

customer 用户，顾客

customers'area 顾客活动区

customhouse 海关

customs 关税；关；海关
~airport 设海关机场，国际机场
~bond 海关保税，海关罚款
~broker 报关行
~building 海关大楼
~clearance 清关，结关
~declaration 海关申报单，报关单
~declaration for imports and exports 进出口货物报关单
~declaration made at the time of entry 入境申报单
~examination 海关检查处
~formalities 海关手续，报关手续
~inspector 海关检察官
~tariff 关税率

cut 挖方，挖土；路堑；钩车（车组）；切，砍；开挖；切削{机}；相交；中断；挖过的，切过的
~a few times per year 每年中断时间
~-and-carry tool 挖运工具
~and cover 随挖随填
~and cover excavation（美）明挖挖方（工程）
~and cover method 明挖法
~and cover tunnel 明坑道
~and cover tunnelling（英）明挖坑道法施工
~and cover works 单建掘开式工程
~and fill balance 土方平衡
~and fill section 半填半挖断面
~-and-fill 随挖随填，移挖作填，挖方和填方
~-and-fill slope 半填半挖（的）斜坡

~area 挖方面积
~-away view 剖面图
~-back bitumen 轻制沥青
~-bay 跨度
~corner for sightline（路口）截角
~down to grade 挖到设计标高
~face（英）挖方面
~fill adjustment 土石方调配
~fill height 填挖高度
~fill quantity calculations（美）路堤挖方量计算
~fill section 半填半挖式（横）断面
~fill transition 土方调配
~-fill transition 土方调配，填挖方调度，填挖方平衡
~fill transition program 土方调配图
~flower 切花
~flower garden 切花园，剪花花园
~flowers 切花
~fraction 馏分
~glass 雕花玻璃，刻花玻璃
~grade design 割线设计
~-in 插入物；字幕
~-in note 文间注释
~into 挖进，向内挖
~-line 图注
~-log 块状原木，木块
~material 切料
~meat 分割肉
~nail 方钉，切钉
~of a meadow，annual（英）草地每年切草
~-off 隔水路，捷水路
~-off blanket 隔离层，截水层
~-off date 截止日期
~-off drain 截水沟，横截排水沟
~-off trench 截水沟；拦墙沟，隔墙沟
~-off wall 栏墙，隔墙，截水墙，齿墙，隔水墙，防渗墙
~once a year（英）每年一次剪（切）
~-over bog 沼泽地上剪切
~payment 扣款
~product 切削制品
~roof 无屋脊坡屋顶
~section 路堑断面，挖方断面
~section of a track circuit 轨道电路分割
~shelf 切割架
~site 剪场地，切割场地
~slope 路堑边坡
~stone 琢石
~stone masonry 琢石圬工
~stone work 琢石工程
~timber 剪树，割树
~to a point 弄尖
~to line 挖到规定标高
~-to-measure 按尺寸下料
~to pieces 切成碎片，切碎

cut flower arrangements 插花

cutaway 剖面的
~bog（英）剖面泥炭地
~view 剖面图

Cutch/Catechu Acacia/Khair *Acacia catechu* 儿茶

Cutlass fish/hairtail *Trichiurus haumela* 带鱼 / 刀鱼

Cutleaf Corn Flower/Golden Glow *Rudbeckia laciniata* 金光菊 / 九江西番莲（美国田纳西州苗圃）

Cutleaf Lilac *Syringa laciniata Mill./S. persica* var. *laciniata West.* 裂叶丁香

Cutleaved Japanese Maple *Acer palmatum* var. *dissectum* 羽毛槭 / 细叶鸡爪槭
cutline 插图下的说明，图例
cutoff 切断，截止；（河流）裁弯取直；桩的截断处；截距
~angle 截光角
~basin 封闭盆地
~blanket 隔离层，截水层
~dam 截流坝
~frequency 截止频率
~wall 截水墙
cutting 挖土，挖方；开挖；截断；路堑（美）穿过；剪截；插枝；切削；刨磨
~a meander 开挖曲径
~ability 切削能力
~and deboning room 分割车间
~angle 切削角
~area，clear（英）挖方面积（空间）
~back of branches 剪短分枝
~back of perennials 修剪多年生植物
~back of trees and shrubs 修剪乔木和灌木
~brick 切削过的砖
~down a hill 挖倒土堆（小丘）
~height 挖方高度
~instrument 刃具厂
~machine 切削机，切割机
~mosaic 切割镶嵌
~nippers 剪钳，老虎钳
~of heath sods 荒草地挖掘
~of meadows（英）草地挖掘
~of sods（英）剪草皮，草地挖掘
~out（英）切去，剪掉
~point 交汇点
~slope 路堑
branch~ 树枝剪砍
clear~（英）清除剪截
complete~（英）全切，整切
dormant~ 休眠剪切
grass~ 草地挖掘
hay~ 干草切割
improvement~（美）改良剪切
lawn edge~ 草地修边
lawn edge spade~ 草地修边铲土
linear~（英）线形剪切
long grass~ 长草切割
perennial for~ 多年生植物修剪
reed~ 芦苇切割
regeneration~（英）再生剪切，再生切割
reproduction~ 再生剪切，再生切割
root~ 植物根切割
rough~ 粗切割
cutting back 短截 / 回缩
cutting irrigation machine 割灌机
cuttings 插条，插枝
propagation by~ 插枝推广，插枝传播
Cutworms 地老虎类（植物害虫）
Cutworm/Turnip moth *Agrotis segetum* 黄地老虎
Cutworn *Amathes c-nigrum* 八字地老虎
cyanide 氰化物
~waste 含氰废水
cyberculture 自动化社会，电脑化社会
cybernetic 控制论
~cycle 控制论周期
~system 控制论系统
cyberneticist 控制论学者
cybernetics（工程）控制论
Cyclamen *Cyclamen persicum* 萝卜海棠 / 仙客来 / 兔子花（圣马力诺国花）

Cyclamen Persicum anthracnose disease 仙客来炭疽病（*Glomerella rufomaculans* 红斑小丛壳菌）

Cyclamen persicum rotten bud 仙客来芽腐病（*Pseudomonas marginalis* pv. *marginalis* 边缘假单胞菌边缘假单胞致病型）

Cyclamen persicum soft rot 仙客来软腐病（*Erwinia* sp. 欧文氏杆菌）

cycle 循环，周期、一个操作过程；自行车；周波（简写 C）；循环；骑自行车

~casing 自行车外胎

~crossing（英）自行车道口

~flow 自行车流

~length 周期

~of blasting 爆破循环

~of concentration 浓缩倍数

~of development 开发周期

~of freezing and thawing 冻融循环

~of marine erosion 海蚀周期

~of river erosion 河蚀周期

~operation 周期运行，循环作业

~path 自行车道，自行车路

~rack 自行车存（停）车架

~rack，lockable（英）可锁自行车存车架

~racks（英）自行车存车架

~ratio 振次比

~rickshaw 三轮车

~road 自行车专用路

~route 自行车道

~term 周期项

~time 周期时间，循环作业时间，循环周期，信号周期

~track；cycle path 自行车道

~track network 自行车道系统

~traffic 自行车交通

~s of decomposition 分解循环 {环保}

~s of organic matter 有机物循环

~store 自行车停放处

biogeochemical~生物地球化学周期

cybernetic~控制论周期

ecological~生态学周期

element~部件（套，组）

hydrologic~水文学周期

material~物质周期

mineral~矿物周期

nutrient~营养周期

cyclecar 三轮小汽车

cycleway 自行车道

~network 自行车道网

cyclic(al) 循环的；周期性的；环状的

~action 循环作用

~compound 环（状）化合物

~construction 循环施工

~degradation 周期衰化

~load 周期荷载

~movement 周期变化

cycling 骑自行车，骑摩托车

~condition 自行车运行条件

~tourism 自行车旅游

~tube 自行车隧道

~way 非机动车道，慢车道

nutrient~营养周期

cyclist's crossing 自行车路口

cycloidal arch 圆滚线拱 {建}

cyclone（低压）气旋，旋风；旋流分离器，（锤击钻进用的）旋流除砂器；（地下连续墙用的）旋流器

~dust collector 旋风除尘器

~dust separator 旋风除尘器
~fence（美）防旋风栅栏
~grit washer 旋流洗砂器 { 环保 }
~pump 旋流泵
~scrubber 旋风（式）收尘器
~separator 旋风式选粉机，旋流分离器
~-type collector 回旋式集尘机

cyclopean 蛮石堆，乱石堆；巨石堆积的
~concrete 蛮石混凝土，毛石混凝土
~masonry 蛮石圬工
~riprap 乱石堆
~wall 巨石堆积墙

cylinder 圆筒，圆柱（体）；气缸；钢瓶，钢筒
~pile foundation；cylinder caisson foundation 管柱基础
~pile wharf 管桩码头

Cylinder-leaved Bostring-hemp ***Sansevieria canalioulata*** **Carr.** 柱叶虎尾兰（羊角）

cylindrical 圆柱体的，圆柱形的
~compressive values 筒压比
~shell roof 圆柱形壳顶
~ventilator；roof ventilator 筒形风帽

cylindricizing 对称比

cylindroid 椭圆柱；拟圆柱面 { 数 }；椭圆柱的，拟圆柱的

Cylindrosporium leaf spot of Cymbidium 兰花圆斑病（***Cylindrosporium*** **sp.** 柱盘孢）

cyma 反曲线；波状花边，浪纹线脚 { 建 }

Cymbidium ***Cymbidium*** 兰（属）

cynosure 引起众人注视的人（或事物），赞美

cyperone 莎草酮，香附酮

Cyperus alternifolius 伞草

Cypress ***Cupressus*** 柏木（属）

Cypress barkbeetle ***Phloeosinus aubei*** 柏肤小蠹

Cypress Vine/Star Glory ***Quamoclit pennata*** **L.** ***Bojer*** 羽叶茑罗 / 茑罗

cytochemistry 细胞化学

cytoecology 细胞生态学

cytology 细胞学

cytoplasm 细胞质 { 生 }

D d

Daba Mountain（**China**）大巴山（中国陕西、四川、湖北三省交界地区山地的总称）

Dabaotai Museum of the Western Han Tomb（**Beijing**，**China**）大葆台西汉墓博物馆（中国北京市）

Dabry's sturgeon/river sturgeon ***Acipenser dabryanus*** 达氏鲟 / 长江鲟 / 鲟鱼

dacite 英安岩

Dachengdian（**Hall of Great Achievements**）（Qufu，China）大成殿（中国曲阜市）

Dadaism 达达主义—第一次世界大战期间出现的西方现代艺术流派，1916 年 4 月 16 日发表《达达公报》，发起达达艺术运动，对一切持虚无主义态度。

dadaist 达达派艺术家

dado 护壁板，墙裙；裙板；踢脚板（俗称）；柱的基座；小凹槽

~capping 护壁板压顶条

~rail 护壁木条

Dadonghai Beach（**Sanya**，**China**）大东海滩（中国三亚市）

Daffodil/Lent Lily ***Narcissus pseudonarcissus*** 喇叭水仙 / 洋水仙

daffodil 水仙花，黄水仙；黄色

Daffodil Lily/Amaryllis/Barbados Lily ***Amaryllis vittata*** 朱顶红

daga 高原洼地

dagoba/pagoda for Buddhist relics/stupa for relics or ashes of Buddhas or Saints（佛教）舍利子塔

Dagu Fort（**Tianjin**，**China**）大沽炮台（中国天津市）

Dahe Village Ruins（**Zhengzhou**，**China**）大河村遗址（中国郑州市）

Dahecun remain（**Zhengzhou**，**China**）大河村遗址（中国郑州市）

dahlia 天竺牡丹，大利花

dahlia ***Dahlia pinnata*** 大理花 / 西番莲 / 大丽花

Dahur Mint ***Mentha dahurica*** 兴安薄荷 / 野薄荷

Dahurian Buckthorn ***Rhamnus davurica Pall.*** 鼠李

Dahurian Larch ***Larix gmelini*** 落叶松

Dahurian Rose ***Rosa davurica*** **Pall.** 刺玫蔷薇 / 山刺玫

Daidai Plant/Seville orange ***Citrus aurantium*** **var.** ***amara*** 代代花（玳玳）

daily 日报，逐日；逐日的，每日的

~atmosphere temperature 昼夜平均气温

~billing rate（美）日营业率

~capacity 日产水量，日产量

~commuter 每天通勤交通，每天通勤旅客，每天月票乘客

~commuting sphere 日常上班范围圈

~fee 日服务费，日酬金

~flow 日流量
~high tide 日最高潮位
~ice supply capacity per berth 泊位日供冰能力
~kilometrage of locomotive 机车平均日车公里
~living sphere 日常生活范围圈
~load curve 日负荷曲线
~maximum 日最大量
~maximum temperature 日最高气温
~mean 日平均值
~mean temperature 日平均温度
~minimum 日最小量
~minimum temperature 日最低温度
~output 日产量
~precipitation 日降雨
~pursuits 日常工作
~rainfall 日降雨量
~range 日较差
~rate 日差率
~recreation 日常休息娱乐
~sanitation and hygiene management 日常清洁卫生管理
~sheet 日报表，每日工作记录
~stock of freight car 日货车保存量
~temperature range 气温日较差
~traffic 日交通量
~traffic density 日交通密度
~traffic pattern 日交通量变化图
~traffic volume（每）日交通量
~variation 日变化
~variation coefficient 日变化系数
~volume 日车流量（交通量）
~wage 计日工资
~water consumption 日用水量
~water demand 日需水量

Daimyo Oak *Quercus dentata* 槲树 / 菠萝栎

dairy 牧场，牛奶场，牛奶店
~farm 乳牛场

dairy cow（***Bos taurus***）奶牛 / 家牛

dais 高台，讲台，（广场上）演出台

daisy 雏菊，马兰头花

daisy chain 菊花链

Daixian Waterfalls in Dehua，Quanzhou 泉州德化贷仙瀑布（中国福建省）

Delavay Mockorange *Philadelphus delavayi Henry* 云南山梅花

dale 山谷，小谷

Dali（**Yunnan Province，China**）大理（中国云南省）

Dali schizochorax *Schizothorax taliensis* 大理裂腹鱼

dalle 铺路石板

Dalmatian Chrysanthemum *Pyrethrum cinerariifolium* 除虫菊

dam 坝，堰，堤，水闸；筑坝堵水；壅水；堵塞，封闭，堤
~axis 坝轴线
~body 坝体
~break flood 溃坝洪水
~break flood investigation 溃坝洪水调查
~core 坝心
~deformation survey 大坝变形测量
~face 坝面，堤坝承水（压）面
~foundation 坝基
~height 坝高
~length 坝长
~site 坝址
~site flood 坝址洪水

~type hydro power station 堤坝式水电站
arch~ 拱坝
arched~ 拱形坝
boulder~ 顽石坝
brush and rock~ 柴排碎石坝
check~ 挡水坝，拦沙坝，护坝，节制坝；谷场，砂场
concrete face rock fill~ 混凝土面板堆石坝
dike-~ 护堤，堤坝
diversion~ 分水坝
diverting~ 分水坝，导流坝
earth-fill（ed）~ 土坝
flood（water）~ 防洪坝
impervious~ 不透水坝
loose rock~ 松碎岩石坝，松石坝
masonry~ 圬工坝
overtopped~ 溢水坝
reclamation~ 垦拓（滩地用的）围堤
regulating~ 分流坝，分水坝
reinforcing~ 护堤
rock debris~ 碎石坝
rock fill~ 堆石坝
slimes~[ZA] 粘泥坝
stone~ 石坝
storage~ 蓄水坝
wicker~ 砦束坝

damage 损失；损害；[复]损害赔偿，赔款，事故，故障；损失；损害
~by a foundering ship（水底隧道要防止的）由沉船造成的损害
~by flood 泛灾，洪害
~by frost 霜害
~by fume 烟害
~by hail 雹害
~by insects 虫害
~by wind 风害
~caused by environmental pollution 环境污染损害
~due to mining subsidence 采空坍陷损失费
~index 损坏指数
~inventory 损坏清单
~survey 损失调查，破坏现场调查
~to a tree，accidental 意外损坏树木
~to crops 损坏庄稼
~to existing vegetation 损坏现有植物
~to land 破坏土地
~tolerant design 破损设计
building fost~ 建筑物冰冻损害
cold air~ 冷气损害
desiccation~ 干燥损害
drought~ 干旱损害
environmental~ 环境损害
erosion~ 侵蚀损害，风化损害
felling and logging~ 砍伐伐木损害
flood~ 水灾
game~ 对策失误
landscape~ 风景破坏，景观破坏
over-browsing~ 过度放牧损害
pavement frost~ 路面冰冻损伤
root~ 基础损害，根损伤
salt~ 盐害
scaling~（路面）剥落状层事故
scarred bark~ 伤痕斑斑剥树皮损伤
skidding~（美）[CDN]，滑溜事故
slope~ 斜坡损坏，边坡损坏
stem~（英）系统损坏，柄（杆）损坏
trampling~ 踩坏
weather~ 侵蚀损害

wind~ 大风损害，暴风损害

damaged 损害，损伤，损坏，招致损失，受伤

~area 损坏面积（范围，区域）

~non-conforming building 损坏的违章建筑

~beyond repair 损坏难修的

~site 损坏的现场（地点、位置）

damages，liquidated~（美）破产损失

Namaqualand Daisy *Dimorphotheca sinuata* 异果菊

damascening 巡回检测

Damascus（Middle Ages）（Syria）大马士革（叙利亚）

Damascus Museum（Syria）大马士革博物院（叙利亚）

Daming Palace（Xi'an，China）大明宫（中国西安市）

Daming Temple（Yangzhou，China）扬州大明寺（中国）

dammed lake 堰塞湖

Dammerstock Siedlung（1928 年德国卡尔斯鲁厄）达玛施托克居住区

damming 控制；筑坝

damourite-schist 水云母片岩

damp 湿气；减速，制动；使湿润；阻塞，停滞；阻抑，阻尼 {电}；衰减；潮湿的

~meadow 潮湿草地

~mortar 湿砂浆

~proofing course 防潮层

~-proof mortar（英）防潮灰浆，防潮砂浆

~-proofing（英）防潮的

~-proofing wall 防潮墙

~tolerant plant 耐湿植物

damper 风闸阀

damping 衰减；阻尼

~factor 衰减倍数

~ratio 阻尼比

dampng of seeding 苗木立枯病

Damping-off of flowering plant 花苗立枯病 / 猝倒病（病原主要为真菌和线虫）

Damping-off of Hylocereus undatus 量天尺茎枯病（病原为管毛生物、细菌、真菌等）

dampness 湿度，潮湿

~type 潮湿类型

~penetration 建筑受潮

dampproof（ing）同 damp-proof（ing）防潮的，抗湿的

~mortar（美）防潮砂浆

dampproofing（美）防潮的

Dan Kiley 丹·凯利（1912-2004），美国现代风景园林的奠基人之一

dancing 跳舞的

~establishment 跳舞场所

~floor 舞池

Dandelion *Taraxacum mongolicum* 蒲公英

Dandelion *Taraxacum officinale* 蒲公英属 / 蒲公英

Dang Shen *Codonopsis pilosula* 党参

danger 危险；危险品

~board 危险警告牌

~goods team yard 危险品货场

~of contamination 污染危险品

~of high water 洪水危险

~of trees of falling down 树倒危险

~sign 危险标志
~signal 危险信号
~warning 危险警告（标志）
~workings 危险工作区
~zone 危险地带，危险区
~zone，natural 自然危险地带
flood~洪水危险，涨潮危险
frost~冰冻危险，冻伤危险
dangerous 危险的
~building 危险房屋，危楼
~cylinder 危险圆柱面
~goods 危险物品，危险品（货物）
~goods godown 危险品仓库
~goods store 危险品储藏处
~hill 险坡
~industrial district 危险工业区
~intersection 危险交叉口
~rock 危岩
~section 危险地段；危险截面
~shoals 险滩
~sign 危险标志
~structure 危险结构
~waste 危险污水（垃圾）
~zone（受灾）危险区，危险范围分区
Daniell Evodia/Korea Evodia *Evodia daniellii* 臭檀吴茱
dank 潮湿（地）；潮湿的；（杂草等）繁茂的
Danube Delta（Romania）多瑙河三角洲（罗马尼亚）
danubite 闪苏安山岩
"Danxia"landform 丹霞地貌
Danxia mountain（Shaoguan，China）丹霞山（中国韶关市）
Danxia Phoenix Tree（拟）***Firmiana danxiaensis*** 丹霞梧桐
Indochina Dragonplum Fruit *Dracontomelon duperreanum Pierre* 人面子
Daocheng Scenic Area 稻城风景区（中国四川甘孜藏族自治州）
daphne 月桂树
Daphne *Daphne odora Aureomarginata* 金边瑞香（英国斯塔福德郡苗圃）
dappled 有斑点的
Darjeeling Gugertree/Chilauni *Schima wallichii*（DC.）*Choisy* 峨眉木荷 / 西南木荷 / 红木树
dark 暗黑；暗处；暗色；变暗；（黑）的，阴沉的
~room 暗室
dark and light 明暗
Dark cuckoo-dove/ Red Cuckoo-dove Macropygia phasianella 栗褐鹃鸠 / 赤鹃鸠
Dark Golden Rhododendron *Rhododendron phaeochrysum* 褐黄杜鹃花 / 栎叶杜鹃花
Dark Green Bulrush *Scirpus yagara Ohwi.* 荆三棱
Dark green silver-eye/ Japanese White-eye *Zosterops japonicus* 暗绿绣眼鸟 / 粉眼儿 / 相思仔 / 金眼圈
Dark knot-horn moth *Euzophera batangensis Caradja* 皮暗斑螟
Dark Linear Japanese Maple *Acer palmatum* f. *atropurpureum* 深纹鸡爪槭 / 红枫
Dark wood owl *Strix nebulosa* 乌林鸮
Darkling Tenebrionid *Opatrum subaratum* 拟地甲 / 沙潜 / 网目沙潜 / 网目拟步甲

darkness adaptation 暗适应
Dark-scale Wood Fern ***Dryopteris atrata*** 暗鳞鳞毛蕨
Dart's Gold Ninebark ***Physocarpus opulifolius*** **'Dart's Gold'** 金叶风箱果（英国萨里郡苗圃）
data 资料，数据
~acquisition；data capture 数据获取
~aggregation 数据收集
~analysis 数据分析
~analysis statistical approach 数据分析统计方法
~analysis，satellite 卫星数据分析
~and aims，provision of 数据装置与瞄准
~array 数据组
~bank 资料库，数据库
~bank，green space 绿地资料库，绿地数据库
~bank，landscape 风景资料库，风景数据库
~bank，tree 树木资料库，树木数据库
~base（design）资料库，数据库（设计）{计}
~base management 数据库管理{计}
~base management system（简写 DBMS）数据库管理系统
~base system 数据库系统{计}
~bit 数据位{计}
~Book，Red 赤字账面资料
~bulk 数据（数）量
~capture 数据收集
~code 数据编码
~collection（mean）数据采集（手段）数据收集
~collection for planning purposes 规划意图数据采集
~collection，fact-finding 实情研究数据采集
~collection platform 数据收集平台
~conversion 数据转换
~editing 数据编辑
~evaluation 数据评价
~files 数据文件
~handling 数据处理
~handling capacity 数据处理容量
~handling system 数据处理系统{计}
~input 数据输入
~item 数据项
~library 数据库
~management 数据处理，数据控制
~management system 数据库管理系统
~management system，resource 数据管理系统，资源数据管理系统
~model 数据模型
~output 数据输出
~point 数据点
~process 数据处理
~processing 数据处理，数据加工{计}；资料整理，资料处理
~processing method 数据处理方法
~processing system 数据处理系统
~retrieval 数据检索
~security 数据保密
~storage 数据存储
~system 数据库系统
~terminal 数据终端
~transmission 数据传输
~volume 数据量
active~ 现行数据

adjusted~ 订正资料
analog~ 模拟数据
basic~ 基本数据（资料），原始数据
collection of~ 收集资料
cost~ 成本资料
engineering~ 工程资料，技术资料
managerial~ 管理数据（资料）
operating~ 操作数据{计}
operational~ 运算数据，工作数据
planning~ 规划数据，计划资料
process~ 数据处理
rainfall~ 降雨资料
raw~ 原始数据
textual~ 文字数据

database 数据库
~file 数据库文件
~landscape 风景数据库，风景资料库

date 日期，时期；年代，枣椰树，枣，椰子；记时间；定日期；起算
~for submission of bids（美）投标提交日期
~for submission of tenders（英）投标提交日期
~of harvesting 收获期
~of maturity 成熟期
~of ripening 成熟期
~of sampling 采样期
~of seeding 播种期
~of thinning 间苗期
bid opening~（美）开标日期
minutes of submission~（英）提交备忘录日期，提交会议记录日期
submission~（英）委托时期，提交时间

Date line 日界线

Date Palm/ Date（of the date palm tree） ***Phoenix dactylifera* L.** 枣椰子 / 伊拉克枣 / 海枣（加纳国树）

Date-plum *Diospyros lotus* 黑枣 / 君迁子

datum [复 data] 数据；论据；资料；基点，基线；基面；基准（面）；已知数{数}
~bench mark 水准基点
~for rectification；reference plane of rectification 纠正起始面
~level 深度基准面，基准面
~line 基准线
~plane 基准面
~point 基准点，参考点
~survey（城市规划的）基本调查，基础资料调查
~water level 基准水平面，水准面，水准零点

datum 数据，基准面，已知数

Datura Alternaria leaf spot 曼陀罗黑斑病 / 洋金花黑斑病（***Alternaria crassa*** 粗链格孢）

Daurian Juniper *Sabina davurica*（Pall.）Ant.（J. davuricus Pall.） 兴安柏 / 兴安圆柏

Daurian redstart *Phoenicurus auroreus* 北红尾鸲 / 穿马褂 / 红披毡 / 灰顶红尾鸲

davainite 褐闪岩

David Austin English Rose *Rosa* 'Falstaff' '福斯塔夫' 玫瑰（英国斯塔福德郡苗圃）

David Austin English Rose Mary Rose *Rosa* 'Mary Rose' 玫瑰 '玛丽'（英国斯塔福德郡苗圃）

David Calanthe *Calanthe davidii* 剑叶虾脊兰

David Christmashush ***Alchornea davidii*** **Franch.** 山麻杆

David Elm ***Ulmus davidiana*** **Planch. ex DC.** 黑榆

David Falsepanax ***Nothopanax davidii*** 异叶梁王茶 / 梁王茶

David Hemiptele ***Hemiptelea davidii*** **（Hance）Planch.** 刺榆

David Keteleeria ***Keteleeria davidiana*** 铁坚油杉

David Maple ***Acer davidi*** 青榨槭 / 青蛙皮

David Poplar ***Populus davidiana*** 山杨

David Stranvaesia ***Stranvaesia davidiana*** **Decne.** 红果树

David Viburnum ***Viburnum davidii*** 川西荚迷（英国萨里郡苗圃）

David's Pine/Armand Pine ***Pinus armandi*** 华山松 / 白松

David's Schizothorax ***Schizothorax davidi*** 重口裂腹鱼 / 细甲鱼

Davidii Pyrrosia ***Pyrrosia davidii/P. pekinensis*** 华北石韦

David's deer/mi-deer/milu ***Elaphurus davidianus*** 麋鹿 / 四不像

David's Maidenhair ***Adiantum davidii*** 白背铁线蕨

David's Maple ***Acer davidii*** 青榨槭（英国萨里郡苗圃）

David's Peach ***Prunus davidiana*** **（Carr.）Franch.** 山桃

David's rock squirrel（*Sciurotamias davidianus*）岩松鼠

Davidson Photinia ***Photina davidsoniae*** **Rehd. et. Wils** 椤木石楠

Dawn Redwood/Metasequoia ***Metasequoia glyptostroboides*** 水杉

Daxinganling（'the Green Treasure House'）大兴安岭原始森林（"绿色宝库"）

day（符号 d）（一）日；白昼，日光；［复时代

~air temperature 白天气温

~after day 每日，逐日；日复一日

~and night 日日夜夜，昼夜

~book 日记簿，日记账

~by day 每日，逐日

~-care center 全日制托儿所，日间托儿所

~care center（美）全日制托儿所，日间托儿所

~care center（英）全日制托儿所，日间托儿所

~coach（列车的）硬席车厢（美）

~fall 矿山地面塌陷

~flow of sewage 污水日流量

~free of frost 无霜日

~in day out 一天到晚

~labour 计日工作，日工；散工，短工

~labourer 日工（计日工作者）；散工，短工

~length 光照强度

~man 日工（计日工作者）；散工，短工

~-night equivalent sound level 昼夜等效声级

~nursery 日间托儿所

~of hail 雹日｛气｝

~off 休息日

~parking 日间停车场

~population 日间人口，白天人口
~-recreation area（英）日间休息娱乐区
~-recreation area（美）日休息娱乐区
~-recreation room 日休息室
~-recreation zone（美）日休息娱乐区
~-shift 日班
~-time population 日间人口
~-to-day maintenance 日常养护
~traffic 日交通量
~train 日间列车
~trip（美）日间行程
~tripper（美）当天来回的短途旅客
~-tripper 当天往返
~-trips 日行程
~-use recreation area（美）日用休息娱乐区
~wage 计日工资
~-wage work 计日工作，日工；散工
~wave 日潮
~with fog 雾日 { 气 }
~with snow 雪日 { 气 }
~without frost 无霜日
~work 计日工作，日工；散工，短日工
~work rate 计日工资
sunny~ 阳光充足日

Day Flower/Spider Wort *Commelina communi* 鸭跖草

daylight 昼光，天然光
~climate coefficient 光气候系数
~calculation 日照计算
~factor 日照系数，采光系数
~in building 建筑日照
~opening 采光口
~signal 色灯信号
~standard 日照标准
~uniformity 采光均匀度

daylighting 日光照明，采光
~for industrial building 工业建筑采光
~for public building 公共建筑采光
~mode 采光方式
~standard 采光标准，日照标准

Daylily *Hemerocallis* 'Bonanza' '走运'萱草（英国斯塔福德郡苗圃）

Daylily *Hemerocallis fulva* 'Flore - Pleno' 大花萱草（英国斯塔福德郡苗圃）

Daylily *Hemerocallis* 'Golden Chimes' '金铃'萱草（英国斯塔福德郡苗圃）

Daylily *Hemerocallis Stafford* 红萱（英国斯塔福德郡苗圃）

Daylily/Orange Daylily/Tawny Daylily *Hemerocallis fulva* 金针菜 / 萱草

days of heating period 供暖期天数

daytime 日间，白天
~population 昼间人口，白天人口，日间人口
~sphere 昼间活动范围区
~traffic 日间交通

daywork 日工，散工，按日计酬的家务活动
~contract 日工合同，散工合同
~labor 计日工
~sheet 工地汇报

Dazu Rock Carvings（Chongqing，China） 大足石刻（中国重庆市）

de 希腊字母第四字；三角洲；三角形物体；法语前置：……的；用于名称中
De Architectura Libri Decem《建筑十书》
~facto census 现住人口普查

~facto population 现住人口，现有人口
~jure census 常住人口普查
~jure population 常住人口
~river mouth 三角洲
~tower 三角形塔柱

dead 死的；不动的，固定的；不通行的；寂静的；停顿的
~air space 闭塞空间
~angle 死角
~book 死书（指放错位置而无法找到的书）；无参考价值的书
~brushwood construction method 固定柴排构造法
~copy 废稿
~crown 固定拱高，固定拱顶
~door 假门
~end（美）（路的）尽头尽端，（铁路分线的）终点；死巷，死胡同，尽头，终点
~-end main 尽端干管
~-end path 死胡同，断头路，尽头路
~-end road 断头路，尽头路
~-end railroad station 尽端式火车站
~-end siding（铁路的）尽头线，尽头侧线
~-end site 死胡同尽端的拟建用地，死胡同内建筑场地
~end street 独头街，死胡同，实巷
~-end terminal 终点站，尽头站
~file 不用的资料，废文件
~knot（木料的）腐节
~leaves 死叶，枯叶
~leaves，clinging 未落枯叶
~level 绝对水平
~load on bridge 桥（桥梁）恒荷载
~loss 纯损失
~matter 无机物
~parking 空车停车处
~population 死亡人口总计
~rent 固定租金
~river 废河道（古河道）
Dead Sea 死海
~season 寒季
~section of track circuit 轨道电路死区段
~space 死空间；盲区；无信号区；死水域
~standing tree 枯树
~storage 死（垫底）库容
~tide 平潮，最低潮
Dead Valley 死谷，死亡谷
~wall 无窗墙，暗墙
~water 死水，静水；积水
~water level 水库死水位
~wooding（美）修剪枯枝
~zone（空气）闭塞区

deadening 吸声，隔音材料
~dressing（吸声的）粗面修琢
~felt 吸声毡

deadheading of perennials 压低多年生植物

deadline 截止时间，最后期限
~date（简写 DD）截止时间，最后期限
~of bid 投标截止期

Deadly Nightshade ***Atropa belladonna*** 颠茄/莨菪

deadman 锚定桩，圆木锚定

deads 井下废石

deadwater 积水

deadwood reinforcement channel 枯水

加固沟槽

leafen 隔声，消声；使（墙等）不漏声；使听不见

leal 松板，松材，枞板；部分；交易；分派，分配，对付；办理；交易

~floor 板条地板

lean 溪谷，谷涧；矿山坑道的尽端；教务长，学院院长；教长

leasil 顺时针方向的

leath 死亡

~rate 死亡率

~rate of accident 事故死亡率

~-trap 不安全的建筑物；危房；危险境遇

Death's head moth ***Acherontia styx*** 芝麻天蛾

lebacle 崩溃，（冰河的）溃裂；（流水的）奔溢；汜溢；山崩

lebarking protection 剥皮保护（除虫害）

levotee/believer/disciple 门徒

lebris 碎片，岩屑，（积在山底等处的）碎石堆，砂砾堆；垃圾，有机物残渣，废墟

~avalanche 岩屑崩落

~basin 沉砂地；贮砂库；漂流物沉淀池

~dam 冲积堤

~flow 泥石流

~load 垃圾装载

~slide 岩屑滑动

accumulation of drifted~漂流积聚的砂砾地

building~（美）建筑碎石堆

glacial~冰川岩屑

removal of woody~除掉木屑

rock~岩屑

debris flow 泥石流

debt 债，债务，欠款；罪过

~ceiling 债务最高限额

~country 债务国

~receivable 应收账款

decadent art 颓废派艺术家

Decadent Movement 颓废主义运动，19世纪晚期欧洲的一场文艺运动，与象征主义有联系，并宣扬悲观情绪、变态心理和拒绝文艺传统

decantation 缓倾（法）；倾析（法），沉淀分取（法）（通过沉淀并慢慢倾去上层液体，使液体与固体沉淀分开）

~test 倾析试验，缓倾试验

decare 十公亩

decastyle 十柱柱列式，十柱式房屋，十柱式柱廊

decay 朽，腐烂；衰退；衰变；朽，腐烂；衰退；使朽坏；使衰退

~area 减弱区域

~curve 衰减曲线，退化曲线

~leaf litter 树叶腐烂

~period 衰减周期

~rate 衰变率

~root 根腐烂

~stone 石材退化

~time 衰退时间

decayed 腐朽的，腐烂的，风化的

~area 腐烂面积

~knot（木料的）朽节，腐朽节

~rock 风化岩石

deceleration 减速，减缓速度

~area 减速区段

~lane 减速车道

decentralization 城市疏散；疏散，分散（车辆，商店，人口，房屋建筑等）
~of function 机能疏散，职能分散
~of industries 工业疏散
~of population 人口疏散
decentralized 分散的，非集中的
~city 分散（疏散）城市
~interlocking 非集中联锁
decibel 分贝（dB）
~level（英）分贝等级
~level，noise 噪声分贝等级
deciduous 非永久的，暂时的；落叶性的，落叶的
~forest 落叶树林
~forest，needle-leaved 针叶落叶树林
~hedge 落叶绿篱
~leaves 落叶
~plant 落叶植物
~tree 落叶树
~vegetation 落叶植物
~woody plant 落叶木本植物
deciduous forest 落叶林
Deciduous Manglietia（拟）***Manglietia decidua*** 落叶木莲
Deciduousbark Elm *Ulmus lamellosa* T. Wang et S. L. Chang 脱皮榆
decimal 小数的，小数
~number 小数
~place 小数位
~point 小数点
decipher 破译（密码等），解释；密电译文
decision 判决，判定，决策
~analysis 决策分析
~criteria 抉择准则
~design 优选设计
~logic 决策逻辑
~maker 决策者
~making 决策
~-making procedure 决策程序，决策过程
~-making process 方案抉择处理，选择方法，决策过程
~-making technique 决策方法
~-making under risk 风险决策
~model 决策模型 {数}
~package 一揽子决策
~point 决策点
~process 决策过程
~rule 决策规则
~theory 优选理论；决策论，决策理论
~tree 决策树
~tree analysis 决策树分析
~variable 决策变量
decisive factor 决定因素
deck 桥面，层面；面板，结构层；上承；平台板；甲板，舱面；覆盖物；（录音机）走带机构；（数据处理）卡片叠
~bridge 上承式桥
~module，wooden（美）木制桥面模型
concrete~ 混凝土桥面
covered parking~ 覆盖停车平台板
parking~ 停车处平台板
roof~（美）屋顶平台
deckboard 装饰盖板
decked 覆盖式
~car park（美）平台式停车场
~road 有盖板的道路，穿廊式道路
declaration 宣言，声明

declination of city 城市衰退
decline 倾斜（度）；下垂；（水位等的）下降；倾斜；离正道；（树枝等）下垂；拒绝
~number of species 种类数下降
~of underground water level 地下水水位下降
~period of water level 水位下降期
~rate of ground water level 地下水位下降速率
forest~ 森林衰败
declined urban area 城市衰落区
declining population 减少型人口（状态），下降的人口
declining region 衰落区
declivity 倾斜
~rate of mainbody of building 建筑物主体倾斜率
~survey；tilt survey 倾斜测量
decompose 分散，使腐烂；（使）还原；分析
~granite 风化花岗岩
~rock 风化岩石
~schist 风化片岩，分解片岩
decomposer 分解体
raw humus~ 原腐殖土分解体
decomposition 分解（作用），溶解；还原（作用）；腐烂；分析；风化
~algorithm 分解算法
~dump（美）分解垃圾堆，分解废土堆，分解弃土堆
~tip（英）分解垃圾等弃置场
leaf litter~ 树叶腐烂
litter~ 散乱杂物分解
waste~ 废物分解
deconstruction 解构
deconstructionism 反构成主义，解构主义
decontamination 去杂质（作用），去污（作用）；（放毒气后）消毒净化
~room 洗消间
~factor 除污染系数，净化系数
~of soil 地面净化
~of toxic waste sites 有毒废品场地消毒
~of vehicles 车辆净化
~plant 净化车间，净化设备
~with plants，soil 种植土地净化
decorated 装饰的；华饰建筑（英国中世纪建筑式之一种）
~archway 点景牌楼
~gateway 牌楼
~style 盛饰建筑形式，哥特式建筑形式，尖拱式建筑形式
~wall 花墙
~wood-based panels 饰面人造木板
decorating cladding material 覆面装饰材料
decoration 装饰，布景
decorative 装饰的
~art 装饰艺术
~architecture 装饰建筑
~nails on door leaf 门钉
~period 盛饰时代
~plant 装饰植物，观赏植物
decorative art 装饰艺术，装饰美术
decorative painting 装饰绘画
decorative plant 观赏植物
decrease 减少，减退
~for public 公用缩减地（因公共设施而缩减的建筑用地）

~in costs（英）费用减少

~in population 人口减少

~of reservation lane（土地区划整理前后）保留地面积缩减

~of the population 人口减少

decumanus（古代城市中的）东西轴向干道

deductive 减去的；扣除的；可推论的；演绎的；推理的

~logic 演绎逻辑

~method 演绎法

dedusting 除尘，除灰

deed 合同，契约；协定；证书；行动；事实；事迹；立契出让（美）

~box 文件箱；契约箱

~register（美）合同注册

~restriction 使用限制权

deep 煤层；深度；深渊；深处；深的；深奥的；深刻的

~beam 深梁，厚梁

~bin 深仓

~buried bimetal benchmark 深埋双金属标

~buried steel pipe benchmark 深埋钢管标

~cooling pond 深水型冷却池

Deep Ecology 深层生态学

~fill 深填（土）

~flexural member 深受弯构件

~girder 深梁

~lift 深层

~-lift construction 深层（沥青层等）构造（或建筑）

~mine 地下矿，深矿

~mining 深井开采

~mixing method 深层搅拌法

~phreatic water 深井水

~pit mining 深矿井开采

~ploughed soil（英）深耕土

~ploughing（英）深耕

~plowed soil（美）深耕土

~plowing（美）深耕

~pool 深潭，深渊

~ripping（英）深层劈开

~-rooted 根深（蒂固）的

~-rooted plant（美）深根植物

~-rooting plant 深根植物

~sea fan 深海冲积扇

~sea fishing 深海捕鱼

~soil roof planting（美）深土覆盖种植

~soil stabilization 深层土加固

~tillage 深耕

~tunnel 深埋隧道

~water 深层水

~water dock 深水港坞

~water intake 深式进水口

~water table 深地下水位，深潜水位

~water wave 深水波

~well；drilled well 管井，深井

~well method 深井法

~well screen 管井滤水管

~well water 深井水

deepwater harbo(u)r 深水港

~port 深水港

deer（*Cervidae*）鹿（科）

deer mouse/white-footed mouse ***Peromyscus leucopus*** 白足鹿鼠 / 白足犹

Deer Park 鹿苑

Deerhorn Rhododendron ***Rhododendron latoucheae*** **Franch.** 鹿角杜鹃

deer-stop fence（英）鹿场围墙
defacement，visual（美）视力损伤
default 违约
default charge 违约金
defaulter 缺席者，违约人，拖欠
defeasance（契约等的）作废，废止；废除契约的条款
defect 缺点，缺陷；不足，缺乏
deflection 挠度
~angle 偏角
~of the vertical；deflection of plumb line 垂线偏差
defective 有缺点的，有缺陷的；不完全的
~cement 不合格水泥
~concrete 不合格混凝土
~goods 次品
~pavement 有缺陷的路面
~value 亏损值
~work 有缺陷工作，不合格工作
~work，instruction to rectify（英）须改正的工作
defects 缺陷
~liability certificate 缺陷责任证书
~liability period 缺陷责任期｛管｝
~liability release certificate 缺陷责任终止证书
~to be made good，instruction requiring（英）要求完善（改正）的缺陷
list of~（美）缺陷一览表
making good of~（英）缺点消除
remedying~纠正缺陷
defence 防御，防备；保护；防御物；[复]防御工事；堡垒；辩护
~city 国防城市
~industry 国防工业
~town 国防城市
~transport 国防运输
defences，sea（英）海防
defensible space（用建筑处理来加强邻里联系、防止偷盗的、对付犯罪的）可防范空间，防御性空间，可防卫空间，防卫性空间
Defense 德方斯（1958 年以来法国巴黎建设的副市中心）
defenses，sea（美）海洋防御
deferred 延期
~project 停建缓建项目
deficiency 缺陷；缺乏；不足
~in implementation 供给器具不足，履行（契约）不足
~of rain 雨水缺少
nutrient~营养不足
deficit 亏空（额）；赤字
~balance 赤字差额
~financing 财政赤字
~spending 赤字开支
define 下定义，释义；限定；规定；立界限
defined 划定
~area 划定地区
~elevation 限定标高
~space 界定空间
definite bud 定芽
definition 定义；限定；定界；明确
~of services 服务内容确定
~of spatial units 立体部件（设备，器械）限定
deflation 抽出空气，放气；收缩；紧缩；风蚀，吹蚀｛地｝；吹蚀

deflect（使）偏斜,（使）偏转
deflection 偏斜，偏差；挠曲，挠度；变位；偏转
~point 交点
~survey 挠度测量
~test 弯沉试验
defoaming agent 消泡剂
defoliant 落叶剂，脱叶剂，枯叶剂
defoliate（使）落叶,（使）脱叶
~plant 落叶植物
defoliating 落叶
~agent 脱叶试剂
defoliation（使）脱叶
deforest 砍伐森林
deforestation 采伐森林
deformation 变形，形变；失真
~analysis 变形分析
~area 变形区
~joint 变形缝
~survey 变形测量
~velocity 变形速度
degeneration 退化
deglaciation 冰川消退（作用）
degradation 降低，下降；降级；降解，递降分解{化}；退化{生}；剥蚀{地}；（地下土层承冻深度）递降；（能量的）退降，衰变{物}
~in size 粉碎，磨细
~index 衰化指数
~of pollutant 污染物降解
~of vegetative cover 植被退化
~parameter 衰化参数
environmental~环境衰变
river bank~河岸剥蚀
degrade 递降；降级；退化；剥蚀{地}；恶化
degraded bog 退化的沼泽
degree（简写 deg.）度数；次，方次，幂（数）；程度，等级；学位
~-day 度－日
~days of heating period；number of degree days of heating period 采暖期－日数
~of achievement 完成程度
~of accuracy 精（确）度，准确度，精密度
~of approximation 近似度
~of association 并联度，相联度
~of atmospheric pollution 大气污染程度
~of canopy cover 天篷遮覆程度
~of classification 密级，保密级别
~of compaction 压实度
~of confidence 可信度，置信度
~of consistency 稠度
~of consolidation 固结度
~of crowding 拥挤程度
~of crown cover 路拱覆盖程度
~of curvature 曲度，曲率，100 英尺弧长所含的圆心角
~of fidelity 正确程度
~of freedom 自由度
~of inclination 倾斜度
~of landscape modification 景观 / 园林改进程度
~of latitude 纬度
~of longitude 经度
~of mechanization 机械化程度
~of naturalization 自然化程度
~of pollution 污染程度
~of precision 精密度
~of reliability（reliability）可靠度

~of risk 风险度
~of saturation 饱和度
~of security 安全度
~of sensitivity 灵敏度
~of sharing 同屋分户程度
~of species cover 种类覆盖程度
~of structure 结构度（灵敏性土）
~of supercooling 过冷度
~of superheat 过热度
~of total vegetative cover 全部植物生长保护程度
~of treatment 处理程度
~of urbanization 城市化水平
~of use 使用程度
~of vitality 生命力程度，生存力程度
~of weathering 风化度
degrees of presence~ 存在等级，存在程度
environmental stress~ 环境压力程度

de-horning（英）解除警号

dehorning（美）解除警号

dehumidification 减湿

dehumidifying cooling 减湿冷却

dehydration 去水（作用），脱水（作用）
~of sulphur emissions 硫磺排放物脱水
~test 脱水试验

deicing 防冻，除冰
~agent 防冻剂，除冰剂
~chemical 防冻剂，除冰剂
~salt 防冻盐类；除冻剂
~work 防冻工作

de-intensification of agricultural production 农业生产扩大

dejection cone 洪积锥

Delavay Fir ***Abies delavayi*** 苍山冷杉

Delavay Drynaria ***Drynaria delavayi*** 川滇槲蕨

Delavay Lacquer tree ***Toxicodendron delavayi*** 小漆树 / 山漆树

Delavay Osmanthus ***Osmanthus delavayi*** 山桂花 / 云南桂花

Delavay Peony ***Paeonia delavayi*** **Franch.** 滇牡丹 / 紫牡丹 / 黄牡丹

Delavay Schefflera ***Schefflera delavayi*** 穗序鹅掌柴 / 假通脱木 / 大五加皮

Delavay Soapberry ***Sapindus delavayi*** 川滇无患子

Delavay Wildginger ***Asarum delavayi*** 牛蹄细辛 / 川滇细辛

Delavay's Liguster ***Ligustrum delavayanum*** 紫药女贞（英国萨里郡苗圃）

Delavay's Neocinnamo ***Neocinnamomum delavayi*** 新樟 / 香桂子 / 云南桂 / 荷花香

Delavavi Magnolia ***Magnolia delavayi Franch*** 山玉兰 / 优昙花

delay 延误，延误，延缓
~-action detonator 定时雷管
~blasting 延迟爆破
~firing 定时点火
~index 延迟指数
~power 定时（延期），延误率
average individual vehicle~ 平均每车延误（时间）
cost of~ 延误费，延误时间的价值当量
expected~ 期望延误
fixed~ 固定延误时间
random~ 随机延误
weather~ 气候延误，受气候影响的延误
without~ 立刻

delayed 延迟的，延缓的
~action 延缓作用
~elasticity 弹性后效
~signal 延时信号
delaying storm runoff~（美）阻滞暴雨径流（量）
deleterious 有害的，有毒的
~material 有害材料
~reaction 有害反应
~substance 有害物质
Delf 采石场，矿井，煤层
Delicate Fragrance Gingersage ***Micromeria euosma*** 清香姜味草
Delicate Spikemoss ***Lycopodioides delicatula/Selaginella delicatula*** 薄叶卷柏
Delicatessen shop 熟食店
Delicious Chinese Torreya ***Torreya grandis*** **'Merrillii'** 香榧/羊角榧
Delightful Polypodiodes ***Polypodium amoena/Polypodium amoenum*** 友水龙骨
Delimit 限定；定界，分界，划界{计}
Delimitation 定界，划界，界限，区划，区分
~of color 分色
delineation 概（略）图；线条画；草图；图解；清绘，示意图；轮廓；叙述；描绘；（路线，路面，交通岛等用）反光标记显示
~characteristic（美）特征描绘
~line 轮廓线
~mark(ing) 路面画线标示
~marking 路面画线标示
delineator 描图者；叙述者，描写者；路边线轮廓标；（交通岛等的）反光标志
Deling（Emperor Tianqi）（Beijing，China） 德陵（中国北京）
deliver 交付；传达；交付；递送；传达；供给
~on arrival 货到即提
deliverance/to release（liberate）from worldly cares 解脱
delivered plan（美）交付详图，提供平面图，传达计划
delivery 流量；排量；（泵的）排水量；（空气压缩机的）输气量；（样品自模型内）拔出；递送；交付；传达；释放（热量等）
~access 释放排水入口，输气入口
~and haulage traffic 运送拖运交通
~at the construction site free of charge 工程现场免费运送
~capacity 生产额，排量
~car 送货车
~date 交货日期
~department 分娩部
~head 送水扬程，供水水头
~in installment 分期交货
~main 输水干管
~note 交货清单
~of materials 物质运送，材料交付
~of plants 设备运送，树苗交货
~of purification 输水干管
~on spot 现场交货
~pipe 送水管
~platform 卸货台
~port 到货港
~rate 流量
~receiving station 交接站
~receiving track 交接线

~receiving yard 交接场
~room 卸货间
~schedule 交货期
~term 交货期限
~time 交货时间
~window 传递窗
according to certified~（美）根据签证运送
bill of~（美）运送清单
Delphi 特尔斐（希腊古都,因 Apollo（太阳神）的神殿而著称）
Delphinium *Delphinium* 'Black Knight' '黑骑士' 飞燕草（英国斯塔福德郡苗圃）
Delphinium *Delphinium* 'Blue Bird' "蓝鸟" 飞燕草（英国斯塔福德郡苗圃）
Delphinium/Bouquet Larkspur
Delphinium grandiflorum 大花飞燕草 / 飞燕草
delta 角洲
delubrum 古代罗马的寺庙
deluge 大洪水，大雨，暴雨
~system 雨淋灭火系统，雨淋系统
~valves unit 雨淋阀组
deluvium 洪积层；坡水堆积物
Demala Maha Seya（**Colombo**）达米罗大塔（科伦坡）
demand 需求，要求；通行要求（交通感应信号操作用语）；申请；需要；销路；要求；申请；需要；需要量
~analysis 需求分析
~and supply 供求
~and supply analysis of water resources 水资源供需分析
~and supply model 需求与供给模型
~balance system 需求平衡系统
~，biochemical oxygen 生物氧需求
~bus system 根据需要传呼公共汽车方式
~certificate 活期存单
~deposit 活期存款
~estimation 需求估计量
~factor 需用因素，需用率，需求系数
~forecasting 需求预测
~function 需求函数
~ratio 需求率
~variable 需求变量
biological oxygen~生物氧需求
recreational~休养申请，娱乐要求
uncovered~不包括在服务范围的需求
water~水需求
demander light 光线需求，亮光需要
demands nutrient 营养品需求，养分要求
demarcate *vt.* 给……划界，勘定界线
demarcation 标界，分界，定界，限界，区划
demarcation line 分界线
demesne 地产，领地，领域，范围
Demeter 得墨忒耳，主管收获的女神
demineralized water 除盐水
demised premises 转让的土地
demographic 人口统计的
~analysis 人口分析
~behaviour 人口现象
~census 人口调查
~characteristic 人口特征
~composition 人口构成
~condition 人口条件
~data 人口统计资料，人口数据，人口资料
~explosion 人口爆炸
~increase 人口增长

~indicator 人口指标
~model 人口模型
~parameter 人口（统计）参数
~policy 人口政策
~processes 人口（变迁）过程
~projection 人口预测
~pyramid 人口金字塔
~research 人口研究
~situation 人口状况
~statistics 人口统计
~structure 人口结构
~survey 人口调查
~time series 人口变动的时间系列
~trend 人口趋势，人口统计趋势

demography 人口统计学，人口学

Demoiselle crane（***Anthropoides virgo***）蓑羽鹤

demolish 拆毁（建筑物）

demolition 拆毁，拆除；毁坏；爆破；推翻；废墟，遗址
~and construction ratio 拆建比
~and relocation 拆迁
~and relocation cost 拆迁费
~area 拆迁区
~cost 拆除费用
~derby 撞车，撞车比赛
~expense 拆除费用
~grapple 破碎抓斗
~material 拆除器材
~order 拆除法令
~rate（房屋）拆毁率
~permission（英）拆毁许可
~permit（美）拆毁许可证
~tool（混凝土路面）击碎器
~with explosives 爆炸拆屋法
~work（美）拆毁工作（工程）
~works（英）拆毁工作（工程）

demometrics 人口统计学

demonstration 证明，论证；表明，表示；实物说明
~bicycle route 标准自行车路段，示范自行车路线
~farm 示范农田
~garden 示范花园（庭园，果园）
~project 示范工程计划
~study 论证研究

demountable partition 可拆式隔断

Den 祠，寺；（舒适的）书房（作学习或办公用）；兽穴；洞穴
~Dinh Tien Hoang（Vietnam）丁先皇祠（越南）
~Ly Quoc Su（Vietnam）李国师寺（越南
~Ngoc Son（Vietnam）玉山祠（越南）

dense population 人口稠密

Dendranthema brown spot 菊花褐斑病（***Septoria chrysanthemiindici*** 菊科针孢）

Dendrite 松林石，树枝石｛地｝；树枝状晶体｛化｝

Dendritic(al) 树枝状的；树枝石的
~drainage 树枝形排水系统，树枝状河系，枝状排水系统
~structure 树枝状结构，树状结构

Dendrobium ***Dendrobium nobile*** 石斛兰

dendroclimatology 年轮气候学

dendrologist 树木学者

dendrology 树木学

denitrification 反硝化（作用）；脱氮（作用）｛化｝

denizen 居民

denote 指的是

dense 大，浓，密
~fog 大雾，浓雾
~-mat-forming perennial 浓密垫式多年生植物
~planting 密植，密栽
~stand 郁闭林
~traffic 繁密交通
Dense Hypericum *Hypericum densiflorum* Pursh 密花金丝桃
Denseflower Elsholtzia *Elsholtzia densa* 密花香薷
Densefruit Dittany *Dictamnus dasycarpus* 白鲜 / 白鲜皮 / 山牡丹
Densehead Mountainash Ash *Sorbus alnifolia* (Schneid.) Rehd. 水榆花楸
Denseleaf Newlitse *Neolitsea confertifolia* 簇叶新木姜子 / 密叶新木姜 / 簇叶楠
Dense-leaf Poplar *Populus talassica* 密叶杨
densely 集中地，密集地，稠密地
~inhabited district 人口集中区，(日) 稠密的居住区
~-populated 人口密集的
~populated area 人口稠密地区
~settled 居住稠密的
densification 加密，挤密
~by explosion 爆炸加密法
~by sand pile 挤密砂桩
~control point 加密控制点
densified control network 加密控制网
Densitometry 密度测定
density 密（实）度
~district 建筑密度限制区，密集区域
~function 密度函数
~index 相对密度
~map，population 人口密度，地图
~of accidents 事故密度
~of air 空气密度
~of building 建筑（物）密度
~of development 发展（开发）密度
~of distribution 分配密度，分布密度
~of dwelling unit 户数密度
~of frazil slush 冰花密度
~of gross residential 居住区毛密度
~of highway 公路密度
~of housing floor area 住宅建筑面积密度
~of housing units 住宅单元密度
~of inhabitation 居住人口密度
~of leaf canopy 树冠郁闭度
~of living floor area 居住面积密度
~of living 居住面积密度
~of net residential 居住净密度
~of occupancy 建筑密度，居住密度
~of occupation 居住密度
~of planting 定植密度
~of population 人口密度
~of population per unit of cultivable area 单位耕地面积的人口密度
~of population registered inhabitants 居住人口密度
~of population residential floor area 居住建筑面积密度
~of registered inhabitants 居住人口密度
~of residential buildings 居住建筑面积密度
~of residential floor area 居住建筑面积密度
~of road network 道路网密度
~of shade 遮阴度
~of soil 土（的）密度

~of soil particles 土粒密度
~of sediment 泥沙密度
~of shops（英）商业网点密度
~of species 种类密度
~of sprinkling 洒水密度
~of surface contaminated bacteria 表面染菌密度
~of sward 草地密度
~of total passing tonnage 总重密度
~of traffic 交通密度，交通量
~of trains 行车密度
~of urban road network 城市道路网密度
~of use 使用密度
~of vegetative cover 植被密度
~slicing 密度分割
~structure（of city）（城市）密度结构
~zoning 发展密度分区
air~空气密度
animal~动物密度
apparent~表观密度，视密度
as-constructed~建成时密实度
building~房屋密度，建筑密度
bulk~毛体积密度，松密度
canopy~（美）天篷密度
crown~郁闭度，树冠密度
distribution~分布密度
flux~声强
fog~雾浓度
game~对策密度，计划密度
housing~房屋密度
initial~初始密度
initial relative~初始相对密度
land use~（美）土地使用密度
optimum~最优密度
population~人口密度
reference~标准密度，参考密度
residential~住宅密度
settlement~沉陷密度
species~种类密度
stand~架（台）密度
traffic~交通流密度
turf~草地密度

Dentigerous Dendropanax *Dendropanax dentiger*（*Harms*）Merr. 树参/半枫荷/枫荷桂/杞李参

denudation 剥蚀（作用），剥裸（作用）{地}；溶蚀；裸露；瘠化，去肥

Deo Hai Van（Vietnam）海云岭（越南）

Deodar Cedar/Himalayan Cedar/Sugar Berry *Cedrus deodara* 雪松（黎巴嫩国花）（英国萨里郡苗圃）

deoxidate 去氧，除氧

deoxidation 去（除，脱）氧，还原，除（脱）酸

deoxidized steel 脱氧钢

deoxidizer 去氧剂，脱氧剂

deoxidizing agent 脱氧剂

deoxygenation 去氧，除去（水、空气中的）游离氧，脱氧（作用）
~constant 脱氧常数

depart from agriculture but not from native land 离土不离乡

department 部，部门，车间（法）县，行政区，处，局，科
~in charge 主管部门
~manager 部门经理，部门主管
~of economy 经济部门

Department of Housing and Urban Development（DHUD）（美）住房和城市发展部

~of planning and development 计划和开发部

Department of Public Works 市政工程局，市政工程处

Department of Scientific and Industrial Re -search（DSIR）（英）科学与工业研究署

~of statistics 统计部门

Department of Transportation（DOT）（美）交通部

Building Surveyors~Department（英）建筑勘测部

cemetery~公墓部门

city hygiene~城市卫生部门

civil engineering~（英）国家（政府）工程师行业部门；土木工程部门

local government~地方政府部门

municipal hygiene~市（政）卫生部门，自治市卫生部门

park~（英）公园部门，（国家）天然公园部门

parks~（英）公园部门（国家）天然公园部门

parks and cemetery~（英）公园和公墓部门

parks and recreation~（英）公园和娱乐部门

public hygiene~公众卫生部门，社会卫生部门

public works~公共工程部门

sanitation~（美）公共卫生部门，环境卫生部门

waste management~荒地管理部门

departmental 部门的

~construction ordinance 建设部门规章

~quarter 政府部门宿舍

departmentalism 部门化

departure 出发，启程；离开

~dangerous section 出发危险区段

~hall 机场候机楼，候机厅

~line 发车线

~platform 出发站台

~track 出发线

~yard（出）发车场，出发场

depauperation of fauna/flora 动物群 / 植物群的衰弱

dependency 从属物；属地；附属；依赖

~（房屋）附属建筑（两翼建筑等）

~population（被）抚养人口

~ratio 赡养和扶养比，供养比率

dependent 从属；依赖的；从属的；有关的；悬挂的

~layer 从属阶层

~mobile home 挂带的活动住房

~population 被抚养人口

~unit 附属单元（需外接水电的活动住房）

~variable 因变数

depict 描绘

depletion 用尽，耗尽；减少

~coefficient 疏干系数

~of energy 能源危机

~of fauna/flora 动物群 / 植物群减少

~of natural resources 自然资源耗尽

groundwater~地下水减少，地下水用尽

soil~国土减少，土地减少

depollution 清除污染

depopulate 人口减少

depopulated zone 无人居住区

depopulation 人口减少（因过度迁移形成的人口减少）

deposit 沉淀物，沉积物，堆积物（常用于山麓和冲积、洪积环境）；矿床；存款；抵押金；浇注；使沉淀，沉积，堆积；存（款）

~account（D.A.）存款簿

~certificate 存款凭证

~gauge 积尘计

~in security 押金，保证金

~in situ 原地沉积

~pass–book 存折

~receipt 存单，存款收据

alluvial~ 冲积物，冲积

continental~ 大陆沉积{地}

current~ 活期存款

deep sea~ 深海沉积物

delta~ 三角洲沉积{地}

demand~ 活期存款

dust~ 尘土堆积{地}

glacial~ 冰积土，冰川沉积（物）

loess~ 黄土沉积

natural stone~ 天然钻石矿床，天然宝石矿床

surface~ 地面堆积物

depositing bacterial concentration 沉降法细菌浓度

depositary of Buddhist 藏经阁

deposition 沉淀，沉积，堆；堆积作用

~of silt 淤泥沉淀

~site 沉积地

final~ 最终沉积

particulate~ 特有的沉积

depository 存放处，贮藏所，仓库

deposits，detrital 碎屑沉积物

extraction of~ 沉积物提取，沉积物提炼

loose sedimentary~ 散粒（松散）沉淀性沉积物

superficial~ 表面沉积物

depot 火车站，公共汽车站，航空站，库房，仓库

~station 区段站

depreciation 折旧

~charge 折旧费

~cost 单位成本折旧

~expense 折旧费

~factor 折旧系数

~of rate 折旧率

fluvial~ 河流沉积

depressed 压下的，压平的；衰落的；凹陷的

~area 衰落地区，萧条地区，洼地，城市衰退地区

~curb（美）凹陷路缘

~freeway 堑式高速干道

~joint 钢轨低接头

~region 衰落区域

~road 下穿路（在跨线桥下通过），低于地面的道路

~sewer 下穿污水管

depressed area 萧条区

Depressed Bottle Gourd ***Lagenaria siceraria*** 扁瓠瓜/瓢瓜/匏瓜

Depressed Plantain ***Plantago depressa*** 平车前

depression 凹地，洼地，低地，沉降地；低气压；减压；俯角；压下，下降，降低，沉降；萧条

~detention 填洼

~earthquake 陷落地震
~of ground 地面沉降
~of street 街道下沉；街道低洼处
~of support 支座沉陷
~of water table 地下水位的降落
freeze in a~洼地冻结
watering~有排水沟的沼泽洼地
depth（建筑场地、房屋、房间等地）进深，深度，厚度，高度；层次{计}；水深
~area duration relationship 时面深关系
~contours 等深线；河底等高线
~datum 深度基准面
~factor of slope 突破深度系数
~in soil，frost-penetration（建筑场地，房屋、房间等）土深，冰冻深度
~integrating method 积深法
~of beam 梁的高度
~of building 进深
~of burying 埋置深度
~of camber 上拱高
~of channel 沟深
~of construction 建筑高度
~of embedment 埋深，埋设深度
~of fill 填土高度，填方深度
~of flow 水流深度
~of foundation 基础埋置深度
~of freezing 冰冻深度
~of frost penetration 冰冻深度
~of groundwater table 地下水面深度
~of lot 地段进深
~of runoff 径流深度
~of tunnel 隧道埋深
~of zero annual amplitude of ground temperature 地温年变化深度
~ratio 充满度
bonding~（按砌块错缝方式而异的）圬工砌合高度
cultivation~耕作深度
drainage~排水深度
fill~填土深度，路堤高度
gutter~（美）街沟深度，明沟深度
loosening~松动厚度
lot~地皮厚度
planting~（建）基底深度，基础底层深度；种植深度
plot~土深
depuration 净化
derelict 被弃物；漂流船；海水减退后的新陆地；玩忽职守者；被弃的；玩忽职守的
~building 危房
~land 废地，荒废地
~land resulting from mining operation 采矿作业造成的荒地
~sites 废弃工地
derelict land 废弃地
derivative time 微分时间
derived function 派生功能
derrick 井架，钻塔
de-ruralized 去农村化
desalinate 脱盐，（将海水）淡化
desalting plant 海水淡化厂
descaling 除垢
descending branch 下垂枝
descent 下坡；斜坡，坡道
description 叙述，描写，图形，说明书
~form and format 著录格式
~manual 产品说明书
~of benchmark 水准标点图说{测}
~of design 设计说明书

~of professional services 专业服务说明书，专业服务项目
~of property 房地产项目，资产项目
~of station 测站图说，点之记
~of urban construction archive 城建档案著录
project~规划（计划）说明书，规划（计划）项目
descriptive 图式的；叙述的，记事的；描写的
~item 说明项
~manual 说明书
~statistics 描述统计学
~text 地图的文字说明
de-sealing 不密封，拆封
desert 沙漠；荒地，不毛之地，荒漠；沙漠的；荒芜的，无人的；背弃；脱离；脱逃
~belt 荒漠地带，荒芜地带
~climate 沙漠（性）气候
~deposit 沙漠沉积
~garden 沙漠花园
~gray soil 灰漠土，灰漠钙土
~reclamation 荒地开拓
~plant 沙漠植物
~scrub 沙漠灌丛
~soil 荒漠土
~steppe 沙漠草原{地}
~steppe soil 荒漠草原土
~storm 沙暴
Desert Cassia ***Senna polyphylla*** 沙漠黄槐/多叶决明（澳大利亚新南威尔士州苗圃）
desert climate 荒漠气候
Desert Eucalyptus ***Eucalyptus rudis*** 圆叶桉
desert historical geography 沙漠历史地理
Desert Rose ***Adenium obesum*** （**Forssk.**）***Roem. et Schult.*** 沙漠玫瑰
desert soil 荒漠土壤
deserted city 无人的城市，荒芜的城市
desertification 荒漠化
desiccate（使）干燥，晒
desiccated concrete 干燥混凝土
desiccation 干燥，干燥作用；晒干，烘干
~crack 干裂
~damage 干燥损害
~fissure 干缩裂缝
frost~冰冻脱水，冰冻干燥
winter~冬季干燥
design 设计；图样；企图；设计；打（图）样；打算，计划
~accuracy 设计准确度
~adequacy 设计适应性
~administration 设计管理
~agreement 设计协议
~aids 设计工具，设计参考资料
~alternation 设计变更
~alternative 设计方案
~analysis 设计分析
~and build（美）设计施工统包法
~and build competition（英）设计与建造（建筑）竞赛
~and build firm 设计与建筑公司
~and build program（me）设计与建筑程序设计（方案）
~and build tendering 设计与建筑投标
~and conservation, environmental planning 环境规划设计与保护

~and location approval（美）设计和场地的批准
~and location approval process（美）设计和场地的核准程序
~annual runoff 设计年径流
~approval 设计批准
~arrival volume 设计来车流量
~asphalt content 设计沥青用量
~assessment 设计评价
~brief 设计任务书
~capacity 设计容量，设计能力，设计交通能力，设计通过能力
~characteristic period of ground motion 设计特征周期
~chart 设计图表
~capacity 设计能量，设计通行能力
~category 设计等级
~change documentation（DCD）设计更正文件
~change request（CDR）更改设计的要求
~chart 设计图表
~code 设计规范
~commission 设计委托
~competition 设计竞赛
~competition announcement（美）设计竞赛通知
~competition documents 设计竞赛文件
~competition invitation（英）设计竞赛邀请书
~competition，final（美）设计竞赛决赛
~competition，limited 设计竞赛范围
~competition of landscape architects 风景园林师设计竞赛
~competition，open 公开设计竞赛
~concentration 设计重点
~conception 设计意向
~conditions 计算参数
~consideration 设计根（依）据，设计考虑
~constraints 设计约束条件，设计制约
~consultant 设计咨询师
~contract 设计合同
~control drawing（DCD）设计控制图表
~criteria 设计准则，设计标准
~current velocity 设计流速
~（ing）curved surface model 设计曲面模型
~cycle 设计流程
~data 设计资料，设计数据
~decision 设计决策
~deliberation 设计审议，设计评议
~description 设计说明
~development 技术设计，详细设计
~development phase 初步设计阶段
~discharge 设计流量
~discharge for surface drainage 设计排涝流量
~drainage discharge of subsurface water logging control 设计排渍流量
~drawing 设计制图
~drawing，detailed 细节设计制图
~duty 设计生产能力，设计产量
~earthquake intensity 设计地震烈度
~element 设计要素
~elements，street 街道设计要素
~elevation 设计标高，设计高程
~elevation of subgrade 路基设计高程

~engineer 设计工程师
~engineering 设计工程
~equipment（英）设计用具，设计器械，设计才能，设计素养
~factor 设计因素，设计系数
~feature 设计特点
~fee 设计费
~firm's representative（美）设计公司代表
~flood 设计洪水，设计用的洪水位
~flood computation 设计洪水计算
~flood for construction period 施工设计洪水
~-flood discharge 设计洪水流量
~flood hydrograph 设计洪水过程线
~flood frequency 设计洪水频率
~flow；design load 设计流量，水位量，设计交通量
~force 设计力
~freezing index 设计冰冻指数
~frequency（排水）设计重现期
~guideline 设计指南，设计准则
~guidelines（美）设计指南，设计准则
~head 设计水头
~hour volume 设计小时交通量
~hourly volume 设计小时车流量
~hydrograph 设计过程线
~innovation 设计革新
~instruction 设计说明书
~intensity（of earthquake）（地震）设计烈度
~interception 设计截流量
~language 设计语言
~liability 设计义务
~life 设计使用周期
~load 设计荷载，设计载重
~load effect 设计荷载效应
~load factor 设计荷载（安全）系数
~load，recreation 设计荷载（改造）
~load spectrum 设计荷载谱
~loading 设计荷载的
~manual 设计手册
~method based on cumulative damage index 极限损伤度设计法
~method based on equivalent repeated stress with constant amplitude 等效重复应力设计法
~methodology 设计方法学
~object 设计对象，设计目标
~of alignment 线形设计
~of building and civil engineering structures 工程结构设计
~of cities 城市设计
~of concrete（mix）混凝土（配合比）设计
~of elevation（城市街道）竖向设计
~of experiment 试验设计
~of housing areas，landscape 住宅区景观设计
~of landscape around buildings（英）建筑物周围园林（景观）设计
~of material surfaces 材料外观设计
~of the environment，planning and 环境的规划与设计
~office 设计室，设计事务所
~order 设计任务书
~paper 设计图纸
~parameter 设计参数
~partnership 合伙制设计事务所
~period 设计期限，设计周期

~phase 设计阶段
~phase，detailed（英）细部设计阶段
~phase，schematic（美）方案设计阶段
~philosophy 设计思想
~planning brief，clarification of（英）设计规划说明，设计 / 规划概要
~policy 设计政策
~population 预定人口
~precept 设计方案
~pressure 设计压力
~procedure 设计程序，设计步骤
~process 设计程序
~program 设计功能
~projects 设计项目
~prospectus 设计任务书
~rain 人工降雨
~recommendations 设计建议，设计委托
~reference period 设计基准期
~regulations（英）设计规则，设计条例，设计管理
~requirement 设计要求
~review 设计评审{管}
~running speed of passenger train in section（section design speed）路段旅客列车设计行车速度（路段设计速度）
~scheme 设计方案
~schematic 设计方案
~section（section）设计路段，设计截面
~service years 设计使用年限
~sheet，detailed 详细设计图表
~sight distance 设计视距
~situation 设计状况
~specification 设计说明
~speed 设计车速，计算行车速度
~stage 设计阶段
~stage，final 最后设计阶段
~standard 设计标准
~standards 设计标准
~station 设计站
~storm 设计雨洪
~storm pattern 设计雨洪类型
~strength 设计强度
~stress 设计应力
~studio 设计室
~table 设计图表
~temperature 设计温度
~test 鉴定试验
~-theme，garden 花园设计主题
~traffic capacity 设计通行能力
~value 设计价值
~value of an action 作用设计值
~value of a geometrical parameter 几何参数设计值
~value of a load 荷载设计值
~value of a material property 材料性能设计值
~vehicle 设计车辆
~vessel 设计船型
~volume 设计交通量
~water level 设计水位
~water level for surface drainage 设计排涝水位
~watershed 设计流域
~wheel load 设计轮载，设计车轮载重
~with nature 设计结合自然〈一种区域规划的生态学观点〉
~with topographical feature 用地形特点来设计
~working life 设计使用年限

acceptable~合格设计
aided~辅助设计
alternative~比较设计
architectural~建筑设计
automatic~自动设计
block~街区（坊）设计
community~居民区设计，社区设计
competitive~竞争设计，竞赛设计，比较设计
computer aided~（简写 CAD）计算机辅助设计
concept（site）~概念（场地）设计
conceptual~方案设计（概念设计，初步设计）
constructional drawing~施工图设计
cost-effective~投资－效益设计
damage tolerant~破损设计
decision~优选设计
description of~设计说明书
detail~详细设计
detail of~设计细节
detailed~详图设计，施工图设计
draft~方案设计，设计草图
edge~边缘设计
engineering~工程设计
environmental~环境设计
experimental~经验设计，试验设计
fatigue~疲劳设计
feasibility~可行性设计
final~最终设计
final project~最终项目设计
fine arts of garden~花园设计的艺术
fine garden~精美花园设计
garden~花园设计
grading~土地修整设计
grave~墓地设计
gravestone~墓碑设计
highway landscape~高速公路景观设计
industrial~工业设计
initial~初步设计
instruction of~设计说明书
integrated design~整体设计
landscape~造景设计，景观设计，园林设计
logical~逻辑设计
modified~修改设计，修正的设计
object~目标设计
open space~开放空间设计
optimal~最优设计
optimal constituent~最佳组成设计
optimum~优化设计，最佳设计
optimum mix~最佳配合比设计
original~（简写 OD）原设计；独创设计
overall~总体设计
planting~植树造林设计，种植设计
preliminary~初步设计
principle of~设计原则
probabilistic~概率设计
quality of~设计质量
rational~合理设计
reliability~可靠性设计
schematic~原理图设计
scheme~设计草图
seismic resistant~抗震设计
shelter~防护设计
site~场地设计
sketch~概要设计
software~软件设计
standard~标准设计

street~街道设计
theme of garden~花园设计主题
theoretical~理论设计
three-stage~三阶段设计
urban~城市（都市）设计，市区设计

design alteration 设计变更

design development 扩初设计

designate 指示；制定，选定，指名；把……叫做，称；选定的，指派的

designated 制定的，选定的，指名的
~city 指定城市〈由政府制定的人口50万以上的城市〉
~function of a city 城市性质
~land-use area 指定的用地范围
~services（英）补贴，附加服务
~statistics 指定统计，选定统计
~urban planning area 城市规划区
~use 指定用途

designation 指示，指定，选定；指名；任命；名称；意义
~by legally binding land-use plan 依法指定用地计划
~by zoning map（美）按分区地图选定
~number 标准指数
~of land uses 指定土地用途
~of landscape planning requirements, statutory 指定园林规划要求
~of replotting 换地指定，土地重划的选定，土地区划的定名
legal~（美）依法指定
statutory~指定指示，法定名称

designed 设计的，计划的
~capacity 设计能力
~contour 设计等高线
~dense planting 计划密植园
~discharge 设计流量
~elevation 设计高程
~flood frequency 设计洪水频率
~flow 设计流量
~in an informal manner 按照非正规方法设计
~landscape，historic 设计的历史园林（古典园林）
~of luggage office 设计行包库存件数
~output 计划产量
~water level 设计水位

designer 设计师，设计人，设计者
appointment of~设计师的录用，设计师的任命
commissioning a~投产设计师，试运行设计者
project~工程项目设计者，方案设计人
scheme~（英）电路设计者，规划设计者
site~场地设计者

Designs of Chinese Buildings，Furniture，Dresses《中国建筑、家具、服装设计》：钱伯斯1757年出版的欧洲第一部介绍中国建筑的专著

desilication；silica removal 除硅
~basin；grit chamber 沉沙池（沉砂池）

desire 希望，要求，需求
~line 愿望线，要求线
~line diagram 交通需求线图

desolation 荒地

destiny（luck）as conditioned by one's past 缘分

destination 出行目的，目的地，（路程）终点；目的，目标；预定；信宿
~and distance sign 终点方向和距离标志

~area, recreation 休息娱乐目标区，休息娱乐终点区
~board 指路牌，（公共汽车等）站牌
~sign 终点指示标志，终点标志
~traffic 交通终点
~traffic, origin and 交通起点和终点
~zone 终点区，目的区

destruction 毁坏，破坏；拆毁，毁灭
~of vegetation 植物（草木）的毁坏
dune~ 沙丘（沙滩）毁坏

destructive effect 破坏作用

destructor 垃圾焚化炉；破坏者
~plant 垃圾处理厂，垃圾焚化厂

desulphurization 去硫，脱硫（作用）
flue gas~ 烟道气脱硫（作用）
humid~ 湿润去硫

desurbanism 反城市主义

detach 分开，使离开；卸下

detached 独立的，孤立的；分离（着）的
and semi-detached housing~ 独立和半独立式住宅（群）
~breakwater 分离式防波堤，离岸防波堤，岛式防波堤，岛堤
~building 独立式楼宇，独立式房屋
~building development 独立式楼宇发展（开发）
~column 独立柱，单立柱
~dwelling（周围有空地的）独立住宅
~dwelling, single-family（英）单独家庭独立住宅
~garage（周围有空地的）独立车库
~house 独立式住宅
~house quarter 独立式住宅地段
~house, single-family 单独家庭独立式住宅
~palace 离宫
~pier 岛埠头，岛式码头，独立墩
~single family dwelling 一个家庭的独立住宅，独门独户住宅
~wharf 岛式码头

detail 详图，分图；零件图；细目；细节，细部，碎部；详细；详述，详述
~account 明细账
~card 细目卡片
~coordinate point 细部坐标点
~design 详细设计
~designator 详细标记
~development plan 详细开发规划
~drawing 大样图，细部图，详图
~engineering 详图工程
~estimate 工程预算
~file 详细资料
~library 详图图库
~of construction 施工详图；（机器）构造详图；零件图，部件图
~of design 设计详图
~of manhole 检查井大样图
~paper 底图（画详图用的描图纸）
~planning 详细规划
~planting design 种植大样图
~point 碎部点{测}
~point; plan metric point 地物点
~requirement 详细要求
~survey 细部测量，碎部测量

detail drawing 工笔画

detailed 详细的，明细的
~(failure) analysis 详细（故障）分析
~design 详图设计，施工图设计
~design drawing 详图设计制图
~design phase（英）详图设计阶段

~design sheet 详图设计图表
~drawing 明细图，详图
~exploration 详细勘探
~map 明细图，详图
~plan 城市详细规划，详细规划，详图
~planning 详细规划
~scheme 详细规划
~survey 详查
detailing 大样设计，细部设计
~ratio 检出率
details of seismic design 抗震构造措施
detain 留住，阻止
detecting element 检测元件
detection zone 探测区域
detention 阻留；扣留；拖延；回压；阻止，滞留
~basin 拦洪水库，滞洪区
~basin，flood 拦洪水库
~basin，storm-water（暴）雨水滞洪区
~of storm flow 暴雨滞留
~pond，storm-water（暴）雨水滞留池
~reservoir 拦洪水库，阻流蓄水池（用以阻滞和储蓄地面径流）
~room 拘留室
~structure 阻留建筑物
~tank 污水（滞流）沉淀池
~time 停留时间
storm-water~（暴）雨水滞留
deteriorate 破坏；使恶化；退化；降低（品质等）
deteriorated 恶化的，荒芜的，破旧的
~area（城市功能）恶化区，荒芜区
~dwelling house 破旧住宅，不良住宅
~residential quarter 破旧住宅区，不良住宅区
deteriorating 破旧的，破落的，不良的
~area 破旧住宅区，不良住宅区，（城市功能正在）恶化区
~housing 破落住房
~neighborhood 破落街区
~plant growth 植物生长退化
~resistant 降低抵抗力
environmental~环境恶化
forest~森林退化
deterioration 恶化（作用），退化（作用）；变坏，变质；品质降低
~of environment 环境恶化
determinant 行列式，确定的，决定因素
determination 决定，确定；测定；决心
~of a plan（英）方案确定
~of design bitumen content 沥青设计含量测定（法）
~of executed work（美）工程完工的确定
~of final contract amount（美）最后合同金额确定
~of gravity 重力测定
~of planning context（美）规划范围确定
~of position 位置测定 { 测 }
~of presence 存在测定
~of relation curve 定线
~of requirements 需要（要求）测定
~process of a plan（英）样图确定程序，方案确定步骤
price~价格确定
determinism 决定论
deterministic 可定的，明确的；明确性，定数性

~coefficient 确定性系数
~hydrologic model 确定性水文模型
~method 定值设计法
dethatching 除去死亡的草坪草{园艺}
Detian Great Waterfall（**Chongzuo, China**）德天瀑布（中国崇左市）
detonate 爆炸，爆破；发爆炸声
detonated dynamite 起爆炸药筒
detonating 爆炸（性）
detonator 雷管，信管，发爆管
detour 迂回路；便道，绕道；弯路，改道；迂回，曲折；迂回；绕（道）行（驶）
~access 便道
~arrow sign 迂回线指向标志，绕行方向标志
~bridge 便道桥，便桥
~control 绕行控制
~direction 绕道指向
~line 迂回线
~market 迂回线指示标
~plan（施工期）绕行路计划（或平面图）
~road 迂回路；便道
~sign 迂回路标志
detouring 绕行
~section 绕行地段
~to avoid traffic lights 绕道回避红绿灯
~traffic, local（美）市内（近郊）绕行交通
detract 降低，毁损，损坏
detraction from visual quality 视力质量下降
detriment 损害，伤害；损失
~visual 视力伤害，视力损害
detrimental 有害的，不利的
~contamination 有害污染（物）
~expansion（土的）有害膨胀
~settlement 有害沉降
~soil 不稳定土
~to health 不利健康
detrital 岩屑的，碎屑的
~deposits 碎屑沉积物
~minerals 碎屑矿物
~sediment 碎屑沉积
~slope 岩屑坡
detritus 碎石，岩屑，瓦砾，碎片，碎岩；碎屑
~equipment 破碎设备
~rubbish 碎岩屑
~tank 沉砂池
organic~ 有机碎屑
de-urbanization 城镇化反过程
deurbanization 非城镇化，逆城市化，反城市化，非都市化
deuterogene 后生岩/次生岩
Deutzia ***Deutzia purpurea*** **'Kalmiiflora'** '山月桂' 紫花溲疏（英国斯塔福德郡苗圃）
Deutzia Tourbillon ***Deutzia × magnifica*** **'Tourbillon Rouge'** '托比' 红花溲疏（英国萨里郡苗圃）
devaluation（货币）贬值
~caused by planning（美）规划引起的（货币）贬值
~of currency 货币贬值
devastated city 受灾城市
devastation 毁坏
devastated land 荒地
develop resources 开发资源

developable water power resources 可开发的水能资源

developed 发达的，已开发的

~area 已发展地区，发达地区，已开发土地

~country 发达国家

~preliminaries 产生初步规划

developer 显影剂

property~（英）专用显影剂

developing 开发，发展；展示

~area 建筑区，开发区

~beach 开发海滨（湖滩）

~chart of exploratory drift 坑洞展示图

~country 发展中国家

~for the handicapped/disabled 排除障碍开发

~land（英）开发的土地

~momentum 发展推力

~of plant parts 发展植物种植

development 发展，开发；进化；展开，推演（公式）；展式{数}；显影，显像；技术发展，技术革新；推陈出新

~administration 开发行政管理

~area 开发区域，发展地区，发展中地区，开发区

~axis 发展轴线

~bye-laws，building（英）建筑发展细则

~coefficient of lake shore line 湖泊岸线发育系数

~company（英）开发公司

~concept 开发理念

~control 发展管制，建设控制

~control,planning 开发规划管制（控制）

~control plans 发展控制规划

~corporation 开发（股份有限）公司

~curve 发展曲线

~restriction area 开发限制地区

~direction 发展方向

~district（美）发展（开发）区域（地区、地方、行政区）

~engineer 开发工程师

~expenses 开发费，开拓费

~impact analysis 发展影响分析

~impact fee 开发影响费

~intensity system 发展强度系统

~maintenance，project（美）工程项目的发展（维持）

~mitigation plan(美)开发调整方案(计划，规划，草案）

~mitigation planning（美）开发调整计划（规划）

~length 锚固长度

~of a meadow 草原（草地，牧场）开发

~of green spaces 绿地开发

~of land 土地开发，开垦荒地

~of mineral resources 矿物资源开发

~of new area 城市新区开发

~of new residential area 新住宅区开发

~paper 显影纸，显相纸

~permit（美）开发许可证

~permit，conditional（美）有条件开发许可证

~phase 开发阶段

~phase，design（美）设计开发阶段

~plan 发展规划，发展计划，（土地）开发规划

~plan，allotment garden（英）出租花园（分给住户的）发展计划

~plan，approval of an urban（英）批准

城市发展规划
~plan，children's playground 儿童运动场发展规划
~plan，community（美）社区发展规划
~plan，community garden（美）社区花园（菜园，果园，庭园）发展规划
~plan，final approval of a comprehensive（美）最终全盘批准的发展规划
~plan，mandatory landscape 义务园林发展规划
~plan，sports area（户外）运动区发展规划
~plan，state（美）州发展规划
~plan for a rural area 乡村地区（郊区）发展计划（发展规划）
~plan scheme 发展规划纲要
~plan system 发展规划系统
~planning 发展规划，编制发展规划
~planning，allotment garden（英）出租花园（分配给住户的）发展规划
~planning，children's playground 儿童运动场发展规划
~planning，community（美）社区发展规划
~planning，community garden（美）社区花园（庭园，果园）发展规划
~planning，general 总体发展规划
~planning，sports area（户外）运动场发展规划
~pole 发展极
~possibility analysis 发展建设可能性分析
~potential 发展潜力
~pressure（美）发展压力
~program 开发计划，发展方案，发展规划，发展计划，开拓方案
~proposal 发展建议
~restriction 开发限制，开发规定
~restriction area 开发限制区域
~rights transfer 开发权转让
~road 开拓道路，支路
~site，approved 批准的开发工地，批准的开发场地
~strategy 发展策略，发展战略
~test 试制品试验
~traffic 发展交通量（由地区发展所引起的交通量）新增交通量
~traffic volume 开发交通量
~volume 发展交通量
~zone（工业）发展区，（工业）开发区
~zone with maximum building height（英）最高建筑物开发区
attached building~配套建筑物开发
building~建筑物开发
density of~开发（发展）密度
department of planning and[CDN]~规划和发展部门
detached building~配套建筑物开发
dispersed building~（美）分散建筑物开发
enclosed block~封闭区间开发
established industrial~已建工业（实业，产业）发展
forest~森林开发
haphazard~无计划发展
hillside building~山坡（山边、山腹）建筑物开发
humus~腐殖土开发
infill~补充开发
infrastructure~基础设施开发，基础（结

构）开发
landscape~园林开发，风景开发，景观开发
low-density building~低密度建筑物开发
marking available for~利用发展的生产
marking ready for~有准备发展的生产
mid-rise dwellings~中级高（楼梯的）住所开发
mixed use~混合应用开发
new housing~新式住宅开发
odd-lot~（美）零星开发
perimeter block~周边街区开发
peripheral building~周边建筑物开发
planned industrial~计划产业开发
ready for~开发准备
residential leisure~住宅区休憩开发
ribbon~（英）带状发展
river~江河（川，江，水道）发展
root~基础发展
root system~基础系统发展，基础体系发展
shear~削减发展
slip-plane~减退阶段发展
soil~土地开发，国土开发
state~国家发展，州的发展
strip~简易机场开发，路带开发，狭长地带开发
sustainable~可持续发展
urban~市区发展
weekend house~周末住宅开发，周末旅馆开发
developed country 发达国家
developing area 发展区
developing country 发展中国家
development geography 发展地理学
developmental 启发的，开发的；进化的；试验性的
~branch 发育枝
deversoir 分流堤
deviant behaviour 偏差行为
deviation 离差（偏差）
~data test 偏离数值检验
~track 便道
device tensioned 补偿器
devil 魔鬼
Devil Tree ***Alstonia scholaris*** **L. R. Br.** 糖胶树 / 黑板树
Devil-King Tree 魔王树
Devil's Backbone/Maternity Plant ***Kalanchoe daigremontiana*** **Hamet et Perrier** 宽叶落地生根
Devil's Ivy Arum/Money Plant ***Scindapsus aureum*** 绿萝 / 黄金葛
Devils Tower National Monument 魔鬼塔国家名胜地（美国）
devise 想出；发明；计划，发生，产生
deviser 发明者，创造者；计划者
devolution（土地）崩塌；转移，转让
Devonian Period 泥盆纪
Devonian System 泥盆系
devour 毁灭，破坏，贪婪地掠夺
dew 露，露水；以露水润湿
~formation 露水形成
~point 露点
~point temperature 露点温度
~production 露水产物
dewater 排水，去水；疏干（沼泽）
dewatering 脱水，排水，去水；疏干（沼泽）
~method 降水法

~plastic sheet 排水塑料板

Dewberry/American Dewberry *Rubus flagellaris* 露莓

dexterity 灵巧，熟练

dextrose 葡萄糖

***Dracaena. fragrans* 'Massangeana'** 斑叶千年木

***Dracaena. fragrans* 'Victoria'** 巴西千年木

Dracaena. godseffiana 星点千年木

Dharma 法

Dhyana/deep meditation 禅（一意为“静思”）

Dhyana/to sit in deep meditation 禅定

Dhaulagiri I Mountain（Nepal）道拉吉里 I 号峰（尼泊尔）

diagnosis [复 diagnoses] 特性鉴别；特征；诊断；判断；调查分析

diagnostic 诊断；有特征的，诊断的

~expert system 诊断专家系统

~program 诊断程序

~routine 诊断程序

~test 诊断（性）试验

diagnostics of Marshall mix design 马歇尔混合料设计诊断法

diagonal 对角线，对顶线{数}；（对角）斜杆；对角（线）的；斜的，斜纹的

~bar 斜撑

~bond 对角砌合{建}

~crack 斜裂缝

~drain 斜渠，斜（水）沟

~parking lane 斜列式停车道

~ridge for gable and hip roof 戗脊

~ridge for hip roof 垂脊

~route 对角路线，斜向路线

~street 对角线街道，斜交道路，斜交道路，斜向街道

~wattle-work（英）对顶线编织作业，斜纹编织作业

~wattlework（美）斜纹编织作业

~wicker-work（英）斜柳条编织作业

~wickerwork（美）斜柳条编织作业

diagram 图，简图，曲线图，一览表，方案图，示意图

cause and effect~因果分析图

conventional~示意图

correlation~相关图

erection~架设图，安装图

flow（process）~流程图；作业图，生产过程图解；程序方程图{计}

high wind~强风图（记录每秒 10 英里以上风向，风力，风速）

installation~安装图

itinerary~路线图

key~索引图

network~网络图

schematic~简图，示意图

soil texture~土结构图

streamline~流线图

wiring~接线图；线路图

diagrammatic adj. 图解的，图表的

~drawing 示意图，草图

~map 图解统计地图

~sketch 简图，草图

diagraph 作图器；分度尺；分度画线仪；放大绘图器

dial 日晷；日晷仪；刻度盘；打电话

~-a-bus 电话呼叫出租汽车（汽车公司的一种服务，市民可用电话要出租汽车）

~-a-ride 电话呼叫出租汽车

~bus 电话呼叫公共汽车
diameter 直径，径
~，change in 直径变化
~of pump installation section of well 安泵段井径
~of section 截面直径
~of water yielding section of well 开采段井径
internal~内径
trunk~树干直径
diameter of trunk 胸径
diametrical in-town line 直径线
diamond 金刚石，金刚钻，钻石；菱形，斜方形；如钻石的；钻石制成的；菱形的
~bit 金刚石钻头
~crossing 菱形交叉
~disc 金刚石圆锯（用于混凝土路面锯缝）
~drill 金刚石钻机，金刚石钻
~edition 袖珍本
~interchange 菱形立体交叉，菱形互通式立交，菱形道路交会处
~saw 金刚锯
~-shaped pylon 菱形塔架
~shaped damper 菱形叶片调节阀
~-shaped interchange 菱形互通式立体交叉
~-shaped tower 菱形塔（斜拉桥）
~wattle-work（英）菱形编织作业
~wattlework（美）菱形编织作业
Diamond Sutra 金刚经
Diamond Throne Pagoda（**Beijing**，**China**）金刚宝座塔（中国北京市）
Diamondleaf Persimmon ***Diospyros rhombifolia*** 老鸦柿
Dian Chun Yi（**Accessorial Cottage of Late Spring**）（**Suzhou**，**China**）殿春簃（中国苏州市网师园）
Diana 黛安娜，月亮和狩猎女神
Dianchi Lake，**Kunming** 昆明滇池
dianthus garden 石竹园
Dianthus Fire Star ***Dianthus*** **'Fire Star'** 火星石竹（美国田纳西州苗圃）
Dianthus Firewitch ***Dianthus gratianopolitanus*** **'Firewitch'** 石竹（美国田纳西州苗圃）
Diaoshuilou Waterfalls of Jingpo Lake（**Ningan**，**China**）镜泊湖吊水楼瀑布（中国宁安市）
diaphaneity 透明度
diaphragm wall 地下连续墙
diatom 硅藻
diatomite 硅藻土
di-axis door 偏心门
diazo copying；**diazo type** 重氮盐晒图
Dichoromy Forkes Fern ***Dicranopteris dichotoma*** 芒萁
dichotomous search 两分搜索
dicotyledon 双子叶植物
dicotyledonous plant 双子叶植物
Dickson Ehretia ***Ehretia dicksonii Hance*** 粗糠树
dictionary 字典，词典，辞典，辞书
~of foreign adopted words 外来语辞典
~of loan words 外来语词典
Dictyospermum scale/Morga's scale/Palm scale ***Chrysomphalus dictyospermi*** 橙褐圆盾蚧
DID=densely inhabited district 人口集

中区（缩写）

die 模具；冲垫；铸模，冲模；螺丝蛟板；死，死亡

~-back of firs（英）枞木模具基底

~-off of fish，mass 鱼大量死亡（由于污染）

dieback 顶梢枯死

~of firs（美）枞木顶梢枯死

~of trees 树木顶梢枯死

Dieback of Cercis chinensis 紫荆枝枯病（***Botryosphaeria dothidea*** 葡萄座腔菌）

Dieback of Larix 落叶松枯梢病（***Botryospaeria laricina*** 落叶松座腔菌）

Dieback of Lonicera japonica 金银花梢枯病（***Phoma* sp.** 茎点霉）

Dieback of Narcissus 水仙干腐病（***Fusarium oxysporum*** 半知菌类）

Diels Millettia *Millettia dielsiana* Harms ex Diels 香花崖豆藤/山鸡血藤

dietary kitchen 营养厨房

Difengpi Anisetree（拟）***Illicium difengpi*** 地枫皮

difference（diff.）差别,差异,差（数）；差额；差异点

~in altitude 高度差

~in elevation 高差

~in gradients 坡度差

~of elevation 高程差，标高差

~of elevation；level difference 高差

level~标高差

Different Spikemoss *Selaginella heterostachys* 异穗卷柏

differential 微分｛数｝；差速；微分的｛数｝；差动的，差速的，分异的，示差的｛物｝｛机｝；区别的，差别的

~calculus 微分学

~cost 差异成本

~ground rent 级差地租

~photo 微分法测图

~rectification 微分纠正

~rent 级差地租

~settlement 差异沉降，沉降差，不均沉降

~species 差异品种

~temperature 差异温度

differential weathering 差异风化［作用

diffraction 衍射

diffuse 扩散，分散；漫射；渗出；分散的；散漫的，冗长的

~distance 扩散距离

~field 扩散场

~root system 扩散根系，分散根系

diffused 扩散的；漫射的

~aeration system 扩散式曝气系统

~air aeration 空气扩散曝气

~-air system 空气扩散系统

~lighting 漫射照明

~particulate matter 扩散的微粒物质

~particulates 扩散微粒

diffuser 扩散器；格片；散流器

~air supply 散流器送风

~feeding 散流器送风

diffusion 扩散；漫射；散布；蔓延；普及；渗滤｛化｝

~capillary 毛细管渗滤，毛细作用渗滤

~coefficient 扩散系数

~dialysis 扩散渗析

~of contamination 污染物扩散

diffusive radiation 散射辐射

dig 挖掘；开凿；探究；插入

~a planting hole（美）挖掘种植穴
~area，archaeological（美）考古挖掘区
~into 挖入，深入，钻研
~out 挖出，掘开；查出，找到
~over 挖掘
~through 挖通
~up 挖开，挖通；挖松；查出，找到，开垦
archaeological~（美）考古挖掘
garden archaeological~（美）花园（庭园，果园）考古挖掘
digest 摘要，文摘；纲领；摘要；浸润；浸提，蒸煮{化}；消化；体会
digested sludge 消化污泥
digestion 消化（作用）；蒸煮；浸提，煮解{化}
~sewage sludge 污水淤泥消化（化污）
~tank 化污池，消化池
digger 挖掘机；掘凿器；挖掘者
digger，grave（美）墓地挖掘者
~plough 犁式挖沟机
~plow 犁式挖沟机
digging 挖掘；开凿；采掘；[复]矿区
~depth 挖掘深度
~double 重复挖掘；双向挖掘
~in basin；excavated dock basin 挖入式港池
~machine 挖土机，挖掘机
~pile 钻孔桩，挖孔桩
~platform 挖土平台
~tool 挖掘工具
one spit~（英）一锹深度挖掘
protected archaeological area for future~（英）未来保护考古区域挖掘
single~单纯挖掘，单层挖掘，单独挖掘
digit 数字，（数）位
digital 数字的；指（状）的
~camera 数字照相机
~code 数字编码
~combiner 数字组合器
~communication 数字通信
~computer 数字计算机
~correlation 数字相关
~data processor 数字资料信息处理机
~terrain modelDTM 数字地面模型
digital code 数字编码
digital correlation 数字相关法
digital filtering 数字滤波
digital image mosaic 数字图像镶嵌
digital image-processing 数字图像处理
digital map 数字地图
digital mosaic 数字镶嵌
digital terrain model 数字地形模型
digitized mapping 数字化测图
digitized scenic and historic areas 数字景区
dignity 尊严，高贵
diagrammatic representation 图示
digraph 有向图
digs 寓所，住处
Digua Fig ***Ficus tikoua*** 地瓜藤
digue 防波堤
dike 堤，坝；沟；壕；岩墙，岩脉；防护栏，障碍物，排水道；挖沟；筑堤，防堵
~-dam 护堤，堤坝
~-down 护堤，堤坝
~lock 堤坝闸门
coastal~海堤

field~（美）工地防护栏，油田防堵，现场排水道，田野挖沟
main~（美）干道护栏，干道排水道，干线障碍物
summer~夏堤
winter~冬坝
diked area 障碍区，堤防区
diking 筑堤，围堤；开沟排水
~，river 江河围堤
dilapidated 毁坏的，要塌似的，荒废的
~building 老朽房屋，将塌房屋，破烂建筑物，危房
~house 老朽房屋，将塌房屋，破烂建筑物；危房
~housing 危房
dilatancy of rock 岩石扩容
dilemma 进退两难的窘境
dill ***Anethum graveolens*** 莳萝/土茴香
Dill/Aneto ***Anethum graveolens*** 莳萝
Dillleaf Sagebrush ***Artemisia anethifolia*** 大莳萝蒿
Dill-like Sagebrush ***Artemisia anethoides*** 莳萝蒿/小碱蒿/肇东蒿
dilly 平板车，手推车；小型车辆
dilute 淡的，弱的，稀释的
dilution 稀释，冲淡，淡化；稀度，淡度
~and diffusion 稀释扩散
~capacity 稀释能力
~disposal by 经稀释处理
~method for discharge measurement 稀释法测流
~of sewage 污水稀释
~ratio 稀释比，稀释率，稀释倍数
~epoch 洪积世
~fan 洪积扇
~formation 洪积层
~soil 洪积土
diluvium 洪积层，洪积物，洪积土，洪积统{地}；大洪水
dime store 廉价商品店
dimension 尺寸，尺度，维（数），度（数），元
~chart 轮廓尺寸图
~line 尺寸线
~lumber 标准尺寸木材，规格材
~s chart 轮廓尺寸图
~stock（仓储）规格木料
~stone 规格石料
dimensional coordination 尺度协调
dimensioned drawing 尺寸图
dimensioning 定尺度，量尺寸；选定（构件）断面
Dimgreen Sagebrush ***Artemisia atrovirens*** 暗绿蒿/铁蒿/白蒿
diminish 减少，缩小；削弱，成尖顶{建}
diminished 平圆的，缩减的
~arch 平圆拱
diminishing 渐缩，减少
~lane（宽度）渐缩车道
~scale 缩尺
~step 减少梯级，减少（台）阶，缩小步长
diminution 减少，缩小；减低；尖顶{建}
~of water resources 水资源减少
Dimitrov Museum（**Leipzig**）季米特洛夫博物馆（莱比锡）
dimmer 调光器
dimple 波纹，涟漪；凹；启动纹
~spring 波纹涌出，涟漪涌动

inder National Park（**Sultan**）丁德尔国家公园（苏丹）

inghu mountain（**Zhaoqing，China**）鼎湖山（中国肇庆市）

ingling–Underground Palace（**Emperor Wanli**）(**Beijing，China**) 定陵（地下宫殿）(中国北京市）

ining 用餐的

~car 餐车

~hall 餐厅，大食堂；有餐厅建筑

~room 餐室

inosaur National Monument 恐龙国家纪念公园（美国）

inosaur Provincial Park（**Canada**）省立恐龙公园（加拿大）

iopside 透辉石

iopsidite 透辉石岩

iorama 透视图

iorite 闪长岩

iospyros lotus heart rot 君迁子木腐病（*Schizophyllum commune* 裂褶菌）

ioxide 二氧化物

ip 倾斜；倾角；俯角；浸润；汲取；倾斜，下倾；浸入，汲取

~angle 俯角 {测}；倾角 {地}

~application 浸涂施工

~coating 浸涂

~curve（英）倾斜曲线

~fault 倾斜断层 {地}

~of bed 地层的倾斜

~of the horizon 低平俯角 {测}

~sign（道路竖曲线的）洼部（警告）标志

road~（英）道路倾斜

root~基础倾斜

slope~（斜）坡倾角

diploma 执照；奖状；毕业文凭；学位证书

Diploma Area，European 欧洲获奖景区

~European 欧洲执照，欧洲学位证书，全欧奖状，全欧毕业文凭

~in Landscape Architecture（英）风景园林学毕业文凭

diplomatic 外交的，老练的

Diplopod ***Orthomorpha pekuensis*** 马陆 / 北京山蛩虫

Dipper/White-throated Dipper ***Cinclus cinclus*** 河乌 / 白喉河乌 / 小水老鸹（挪威国鸟）

dipping 倾斜，下倾；浸渍；汲取

~，root 基础下倾

dipslope 倾向坡

dipteral 四周双列柱廊式建筑

dipteros 四周双列柱廊式建筑

direct 直接的；（笔）直的；直率的；明白的；[副] 直接；笔直；指向，指引；对准；指导，管理；命令

~activities 直接业务

~air conditioning system 直流式空气调节系统

~and reversed observation 直接和返向观测

~benefit 直接效益

~burying 直埋敷设

~catching ground 直接集水区

~catchment area 直接集水区

~combustion 直接燃烧

~compression 直接压力

~connection 直接连接路

~-connection interchange 直连互通式立交，直连式立体交叉
~cooling water 直接冷却水
~cost 直接费用，直接成本
~desulfurization 直接脱硫
~dialing 直拨电话
~digital control（DDC）system 直接数字控制系统
~discharge 直接排出物；直流量；直接排放
~discharge，person responsible for（英）直接排放负责人员
~earthing 直接接地
~economic loss due to earthquake 直接经济损失
~effect 直接效应，直接效果
~exchange 直接汇兑
~evaporator 直接式蒸发器
~feeding system 直接供电方式（TR 供电方式）
~feeding system with return cable 带回流线的直接供电方式（TRNF 供电方式）
~fired lithium bromide absorption type refrigerating machine 直燃式溴化锂吸收式制冷机
~gain 直接受益
~heating 直接供暖，直接供热
~heating hot water supply system 直接加热热水供应系统
~illumination 直接照明
~interview origin and destination survey 出行起止点调查（家庭访问法）
~labour 直接雇工
~labour cost 直接工资
~lighting 直接照明
~lightning flash 雷电感应
~linear transformation（DLT）直接线性变换
~mail 直接邮寄
~material 基本材料
~measurement method 尺量法
~method 直接法
~observation 直接观测
~proportion 正比例
~question 直接询问
~radiation 直接辐射
~reading instrument 直读仪器
~refrigerating system 直接制冷系统
~return system 异程式系统
~runoff 地表径流（直接径流）
~selection and negotiation（美）直接抉取处理
~shear test 直剪试验
~solar radiation 太阳直接辐射
~sound 直达声
~surface runoff 地表径流
~thermal stratification 正温层

directed 有向的，定向的
~graph 有向图{数}
~tree 有向树，定向树{数}

directing sign 指向标志

direction 方向；方位；趋向；范围，方面；[复]指示，指导，命令
~angle 方向角
~arm 指路牌
~arrow 行车箭头标
~design hour volume 定向设计小时交通量
~method 方向法

~for urban development 城市发展方向
~graph 有向图
~of flow 流向
~of migration movement 移民迁移方向
~of optical axis 摄影方向
~of prevailing wind 常风向
~of strong wind 强风向
~post 指向牌
~sign 指路标志，方向标志
~tower 定位塔
~traffic 定向交通，定向上下行驶
paving in a reverse~反向铺路方向
prevailing wind~盛行风气流方向，主风气流方向
wind~上风方向，气流方向

directional 方向的，指向的，定向的
~census 交通定向调查，定向交通统计
~channelization 交通定向渠化
~indicator 指北针
~interchange 定向立体交叉
~intersection 定向交叉（口）
~island 方向岛，导向岛
~lane 导流车道
~lighting 方向照明
~pavement marking 路面指向标志
~roadway marking 路面指向标志
~separator（车道）方向分隔带
~sign 指路标志，方向标志
~split 流向分配
~split of traffic volume 交通量对向划分率
~traffic 定向交通，单向交通

directive 命令，指令（美）；指向的，定向的；指导的，指挥的；管理的
~on planting requirements（美）植树造林要求指令
~to rectify（美）校正整顿指令
European Union~全欧协会（全欧联盟）指令
rectification~（美）调整（校正，整顿）指令
directives，water authority~水管理机构（水管理局）指令

directivity factor 指向性因数

directly related family 直系家庭

Directoire Style 法国革命时代的风格（过渡的拟古派风格）

director 指导者，指挥者，管理者；社长，校长；理事；董事；长官；（机械的）导向装置；控制仪表
~at large 常务理事，常务董事
project~规划（计划，设计，方案）指导者

Dirk Sijmons 杜克·萨蒙斯，荷兰风景园林师，IFLA 杰里科爵士奖获得者

dirt 烂泥，尘土，泥土；灰尘；污物；废石，废渣，矸石
~and foreign matter 杂质
~band 冰川碎石带
~bank（美）泥土堤
~bed 泥土层
~disposal 废石处理，碎石处理
~road 天然土路
~track 煤渣跑道
fill~（美）装（填）满泥土

dirty 多灰的，脏的，污的，土的
~coal 高灰煤
~road 土路，泥路，泥泞路
~waste 污水
~water 脏水

~wagon 垃圾车（美）

~wall 土墙，泥墙

disabled 丧失劳动力的，残废的；损坏的，不能行驶的

~interruption 禁止中断

~persons，construction 建筑施工丧失劳动力人员

~vehicle 不能行驶的车辆，废车

accessible for the~ 残障病人坐轮椅可进入的

developed for the~ 残障病人坐轮椅可活动的

garden for the~ 残疾人公园（动物园，植物园）

disappear 消失，不见，绝迹

disappeared species 消失种类，绝迹种类

disaster 灾害

~geology 灾害地质学

~planning 城市防灾规划

~prevention 防灾

~prevention design 防灾设计

~survey 灾害调查

~warning 灾害警报

disbudding 除芽，剥芽

disc 同 disk

~，adhesive 粘着盘（植）

~filter 盘形滤池{环保}

~screen 盘式格栅{环保}

discharge 流量，排出量；放水；放电；卸货；排出物；遣散；驶出，驶离；放，泄，排出；地面径流；卸货；放射，发射；驶出，放电；遣散

~and sediment discharge relation curve method 流量输沙率关系曲线法

~area 过水面积

~back routing 流量反演

~bucket 卸料斗

~calculation 流量计算

~capacity 排水能力，排泄能力，通过能力

~coefficient 流量系数

~cross section 过水断面

~culvert 排水涵洞

~device；discharge component 放电器；放电元件

~duct 排水管道；排气管道

~for representative channel storage 示储流量

~hydrograph method 流量过程线法

~jet 射水管，喷嘴

~measurement 流量测量

~measurement of tidal day 全潮流量测验

~of contract 取消合同

~of effluents 排除废水，排除废气

~of flood peak 洪峰流量

~of flow 流量

~of sewage 污水排出量，污水流量

~pipe into the sea，underwater effluent 通往海洋的水下污水（废水）排放管

~pipe，effluent 污水（废水）排放管

~pipe，sewage 污水排放管

~pipe 排水管

~pipeline 排水管线

~pressure 排气压力

~rate 交叉口通过能力

~ratio 排放比

~standard 排放标准

~temperature 排气温度

~valve 排出阀

~velocity 流速

~water 排出水
bed-load~深水排放
direct~直排
flood~泄洪，洪水流量
maximum~最大排出量
peak~波（洪）峰流量
person responsible for direct~（英）直接排放负责人员
point of~排放站，排放点
spring~涌出流量
water~水流量

discharging 排水
~capacity 放电容量
~quay 卸货码头

disciple 门徒，信徒

disciplinary rules 清规戒律

discipline district 风纪区，有戒律区

discolo(u)ration 变色，褪色；斑渍，污染
~of foliage 叶变色

discontinuity 不连续（性），间断（性）；突变（性）；不连续点，间断点；突变点；中断
~layer 间断性夹层，不连续（性）焊层

discount 折扣，折扣额；贴现（水）酌减；折扣；低估；贴现；减低（效果）；忽视；不全信
~price 价格（钱）折扣额
~rate 贴现率，折扣率，折现率

discrepancy between twice collimation errors 两倍照准差

discrete 不连续的，离散的
~distribution 离散分布
~group 离散群
~points 离散点

discrimination 区分，鉴别

disease 疾病；弊病
~and insect control 植物病虫防治
~control，plant pest and 植物病虫害控制
~prevention and pest control chemical plant 植物病虫害控制化学工厂
black spot~黑斑病
Dutch elm~荷兰榆树病
fungus~真菌病
plant~植（物）物疾病
viral~病毒病

disfigurement 畸形，破相，外貌损伤；瑕疵
~of landscape 风景（损害）破坏，景观破坏，园林破坏

disguise 假装，伪装，掩饰；伪装

dish 盘，碟，盆
~cabinet 碗柜
~garden 盆景，盆景园

disinfecting tank 接触消毒池

disinfections 消毒

disjunction 分离，析取

disjunctive range 分离排列，析取范围

disk 圆盘，圆板，圆片；平圆形物；磁盘；圆盘形表面；唱片；盘片{计}
~brake 盘式制动器
~clutch 圆盘离合器{机}
~paving，timber（英）圆板铺料，圆板铺路
~paving，wood（美）木铺路（铺面）
~weeder 圆盘式除草机
self-clinging vine with adhesive~（英）有吸盘的攀援植物

dislocation 位错，断层

dislodging of ice cover 冰滑动

dismal 沼泽
dismantle 拆除（房层设备等），拆掉（壳子板等），拆卸（机器等）
dismantlement of building site installations 建筑工地装置拆除
dismantling 拆除
Disneyland 迪士尼乐园，迪士尼游乐园
disorder 失稠；杂乱；无规律，无秩序；扰乱
~of gauge 轨距失调
~of line 线位偏移，轨道侧向变形
dispatch 发送，派遣
dispatcher's supervision 调度监督
dispatching telephone of administration's branch（administration's line） 局线调度电话
disperation of industry 工业扩散
dispersal 散开，散布，分散，疏散，离散
~area 疏散用地
~by man 人工散布，人力疏散
~model，emission 发行分散样品
~of industry 工业分散，工业疏散
~of population 人口分散，人口疏散
~of seeds，animal 动物传播种子
~range 离散范围
anthropogenic~人为因素散布
pollution~（英）污染散布
seed~播种
water~水分散
wind~吹散
dispersant 分散剂
disperse 疏散
~area 疏散地区
~system 分散体系
dispersed 驱散，使分散，使散开，解除散布，传播，分布，消散，溃散
~building development（美）分散建筑开发，分散建筑发展
~development 分散开发，分散发展
~fruit tree planting（美）分散果树种植
~layer 分散层
~layers 分散层
~service 分散服务点
~settlement 散居村，自然村
dispersed city 分散城市
dispersion 分散（作用）；扩散；分散体；悬浮液；弥散（现象），色散｛物离差，离散度｛数｝；散布，传播；频散；消散
~analysis 方差分析
~measure 离散度
~system 分散体系
pollution~（美）污染散布，污染消散
traffic noise~交通噪声散布
dispersion of industry 工业分散
dispersity 分区度
dispersive clay 分散性黏土
displace 移动，位移
displacement 位移；沉降；排液量，排气量；排水量；置换（作用）；变位｛电｝；移置
~diagram 位移图，变位图
~field 位移场
~method 置换法
~of images 像点位移
~of water 排水量
~of species composition or balance 种类组成的置换或均衡
~stress range 位移应力范围

isplay 显示；展开，陈列；陈列品；显示，表明；显像；示数；表现；展开；陈列
~access 显示存取
~bank 显示器组，指示器组
~conservatory area 观赏温室区
~，floral 植物（群）显示
~greenhouse area 观赏温室区
~room 陈列室
~shelf 展览架
~unit 显示器
summer bloom~ 夏花盛开展示
summer plant~ 夏季植物展示
isport 娱乐，游戏
isposal 处理，处置；处理权
~and reclamation of solid wastes 固体废物的处理和利用
~by dilution 稀释处理
~dump 垃圾倾倒处
~field，sewage 污水处理场
~industry，waste treatment and 废品处治和废品处理产业
~of mining gob（美）采矿杂石处理
~of mining gob，underground（美）地下采矿杂石处理
~of mining spoil 采矿废石料（废石方，废土，弃土）处理
~of mining spoil，underground 地下采矿废石料（废石方，废土，弃土）处理
~of pollutants in water bodies 水体污染处理
~of radioactive waste 放射性废物处理
~of replotting 换地处理，用地重划处理
~of sewage 污水处理
~of surplus material，final 最终剩余物质处理
~of surplus material，off-site 现场外剩余物质处理
~pipe，sewage（英）污水处理管
~plant，sewage 污水处理厂
~price 处理价格
~site 垃圾倾倒场，废料堆放处
~site authority，waste（美）废物（废品，废料，废土，弃土）处理场管理部门
~site for radioactive waste final 放射性废物最后处理场地
~site，hazardous waste 危险废物处理场地
~site，land（美）陆地处理场地
~site，rubble 片石（块石，粗石）处理场地
~system，individual sewage（美）专用下水道污物的处理系统
~system，septic tank（美）化粪池处理系统
effluent~ 污水处理
final~ 最后处理
refuse~ 垃圾处理
toxic waste~ 有毒物质废物处理
transboundary movements of hazardous wastes and their~ 有害废物过境移动和处理
waste~ 废物处理
waste treatment and~（美）废物处理
dispose 处理，处置；安排，分配，布置
~of land 土地处分（地主对其土地处置之行为）
disposer，waste 废物处理者
disproportion 不均衡

disruption 断裂，破裂，分裂，瓦解
environmental~ 环境污染
disseminate 散布
dissemination 散布（作用）；分散（作用）{化}；传播；播种；浸染{地}
~by animals 动物传播
~by man 人传播
~pattern 传播形式（类型，图形）
dissert 论述，讲述；写论文
dissertation 论说；论文，学位论文，学术论文；研究报告
Dissertation On Oriental Gardening《东方造园论》，钱伯斯 1772 年出版的以介绍中国园林为主的书
dissipative structure 耗散结构
dissolved 溶解的，分解的
~air vessel 气浮溶气罐
~gases sampler 溶解气体采样器
~oxygen 溶解氧
dissuade 劝阻
dissymmetry 不对称；不相称
distance 距离；路程；间隔；遥远
~across 横穿距离
~apparatus 遥测仪器（远距测量仪器）
~between buildings 建筑物间距
~between centers of lines 线间距
~between junctions 交叉口间距
~between parks 公园间距
~between plants 株行距
~between rows 行距
~condition 光距条件
~control 远距控制，遥控
~education 电视教育，远程教育
~footpath，long（英）长距离步行路
~from initial point 起点距
~mark 距离标，里程标
~measurement，distance survey 距离测量
~measuring equipment（机场的）距离量测设备
~meter 测距仪
~observation 远距观测，遥测
~of fiducial marks 框标距
~post 里程标
~separation 防火间距，分隔间距
~sign 距离标志，里程标志
individual~ 单个距离
planting~ 绿化（种植）距离
walking~ 行走距离
distance- decay regularity 距离衰减原则
distant 远的；前置的；遥控的；预告的
~signal 前置信号机，遥控信号机，预告信号
~view 远景
~viewing spot 眺望点
distilled water system 蒸馏水系统
distillery waste 酒厂废水
distinction 差别，分别
distinguish 区别
distinguishing feature 特点
distort 畸变；歪曲，扭曲；（使）变形；曲解
distortion 畸变；歪曲，扭曲；变形；曲解
~correction 畸变改正
~of flood wave 洪水波扭曲
distress area 贫苦地区（尤指失业严重的地区）
distressed 贫困的，困难的
~area 困难地区

~city 贫困城市

istributary（江河的）支流，分流，分流河

~system 分流系统

istributed 分散的，分布的

~model 分散式模型

~type data base 分布式数据库

istributing 分布；分配

~center（商品）分配中心

~main 配水干管，配水总管

~net 配水管网，配电网

~network 配水管网

~pipe 配水管

~plan of port 港口布局规划

~reservoir 配水池

~system 配水系统，配电系统

~well 配水井

istribution 分布，分布状态，分类，分配系统，分配；配电｛电｝

~bar 配力钢筋，分布钢筋

~board 配电盘

~box 配水井；配电箱

~center 销售中心，物流中心，商品流通中心

~coefficient 分布系数

~curve 分布曲线

~density 分布密度

~error 分布误差

~estate 商品流通业务中心区（在法律承认的流通业务区中各种流通业务设施集中地区）

~facilities（商品）流通业务设施

~factor 分配率，分布系数

~function 分布函数

~graph 分布曲线

~lane 分流车道

~limit 分布范围，分类界限

~line，water（美）水分布路线，水分配系统

~map 分布图

~model，emission 排放分流模型

~of environmental noise level 环境噪声等级分布

~of error 误差分布

~of errors 误差的分布

~of parks 公园分布

~of plants 植物分布

~of population 人口分布

~of spatial patterns，ecological（生态）立体形式分布

~of sewage 污水分布

~of stations 车站分布

~of traffic 交通分布

~of water 配水

~panel 配电盘

~pipe 配水管

~planning 城市布局规划

~plant，power 电源分配车间，电力分配厂

~pattern，soil 土壤分布图

~revolution（商品）流通方式革新

~road 分支道路交通分散道

~street 分流街道

~system 配水系统，配水网，分流道路系统

~system；pipe system 配水管网

~system capacity 配水系统容量

~warehouse 流通仓库

~well 配水井

~works 配水工程

~zone 配水区
age~ 年龄分布
asphalt~ 沥青喷洒
asymmetrical~ 非对称分布{数}
delay~ 延误分布
density~ 密度分布
domestic~ 国内发行
ecologic~ 生态分布
income~ 收入分配，收入分布
materials earmarked for unified~ 统配物资
normal~ 正态分布
population~ 人口分布
service~ 服务时间分布
space~ 空间分布
spatial~ 空间分布
traffic~ 交通分布
traffic volume~ 交通量分布
water~ 输水，配水
yardage~ 土方分布数量

distributive network 商业网

distributor（沥青）洒布机，配水器，喷洒器；喷布机；（材料）分布机；分配器；配电器{机}；配电盘{电}；发行者，分配者；分流道路（分布交通流量的道路）
~contract 经销合同
~hierarchy 干路等级
~road 分流道路，干路，分配道路（分干道车量于其他道路）；分支道路
~street 分流街道
~system 分流车道系统

district 区，管区，行政区，地区，地带，区域，市区；区段，地方
~boiler room 集中锅炉房
~border 区域界限
~center 地区中心
~city 地区城市
~commercial center 地区商业中心
~communication 区段通信
~count 地方法院
~distributor 辅助干道，地区性干路，地区级分流（交通）道路
~distributor road 地区性干路
~engineer 总段工程师
~facilities 地区设施
~for foreign missions 涉外区
~for provision with parking places 停车场整备区
~heating 城市集中供热区域供热，分区供暖
~heating and cooling center 地区供冷供热中心
~heating district heat supply 区域供热
~heating plant（英）区域供热厂
~heating substation 热力站
~heating system 城市供热系统，城市集中供热系统
~highway 区公路，区域公路
~of a guard 保护区
~of commercial 商业区
~of cultural 文教区
~of house with allotment garden 有菜园的住宅区
~of industrial 工业区
~of residential 居住区
~open space 地区游憩用地
~outline development plan 分区发展规划大纲
~park 地区公园

~plan 地区计划（图），分区规划
~planning 分区规划
~public health clinic 区卫生所
~railway 地方铁路
~redevelopment（英）区域的发展，行政区改建
~road 区域性道路
~school 乡村学校
~station 区段站
~thermal heating 区域供热
~thickly inhabited 人口稠密地区
~thinly inhabited 人口稀少地区
~transformer station and distribution center 地区变、配电所
central business~中心商业区
development~（美）开发区域，发展市区
historic~（美）历史上著名地区，有历史意义的地区
historic zoning~历史上著名区划地区
hunting~猎区
local~（英）局部地区，近郊地区
planning~（美）规划区域
residential zoning~（美）住宅分区地区
Resource Conservation~（英）资源保护区
soil and water conservation~（美）水土保护区
zoning~（美）分区地区

isturb 干扰

isturbance 扰动，扰乱；妨碍；暴动
~frequency 扰动频率
environmental~环境扰乱
long-lasting~持久扰乱（扰动，暴动）
non-preventable~不是可预防的暴动
persistent environmental~持久性环境扰乱，持久性环境干扰
preventable~预防扰乱，防止扰动
severe~激烈扰乱
visual~可见扰动

disturbed soil sample 扰动土样

disturbing calculation current of feeding section 供电臂干扰计算电流

distyle 双柱式的（建筑）

Distylium ***Distylium racemosum*** **Sieb. et Zucc** 蚊母树

disurbanization 逆城市化

disuse 不用，废弃

disutility 无用（效、益），负效用（益）；无用（效、益）的，负效用（益）的

ditch 沟，壕沟，明沟，渠，土堤
~and bank for arresting sand 挡沙沟堤
~check 沟堰，沟中消能槛，沟中跌水设备
~cleaning 清沟
~cleaning machine 清沟机
~clean-up（英）清沟
~cleanup（美）清沟
~clearing 清除明沟，清除壕沟
~conduit 明排管道
~corridor tree planting（美）渠道树木种植，土堤道树木种植
~cut 挖沟
~drainage 明沟排水，明渠排水
~excavation 挖沟
~maintenance 沟渠养护
~or watercourses，piping of 明沟管涌或水道
~spoil 挖沟弃土
berm~护道排水沟
carrier~排水沟渠
ditches or watercourses，pipe~管式明

沟或管式水道
drainage~排水沟
drainage~（美）排水沟
intercepting~截水沟
outlet~出口明沟，排水口明沟
rock-lined~岩石排水沟
ditching（英）开（挖）沟
diurnal 白天的，昼间的，周日的（天）
~fluctuation 日变幅
~inequality 日潮不等
~periodicity 日周期
~range 全日潮
~variation 日变化
Divaricate Ervatamia *Ervatamia divaricata* 豆腐花 / 狗牙花
divarication 河流分支，分叉；分歧；交叉点；意见不同
diver service boat 潜水工作艇
diverge 分支，分歧；偏离，逸出（正轨）；分散；分道，分向
divergence 分向行驶
divergent 分歧的，相异的，发散的，辐散的｛物｝
~channel（美）分支水道，相异通道
diverging 交通分道，分流
~conflict 分岔冲突点，分流冲突
~lane 分流车道
~traffic 分流交通
Diverse Mussaenda *Mussaenda anomala* 异形玉叶金花
Diverse Sagebrush *Artemisia anomala* 奇蒿 / 乌藤菜
Diversecolor Pinangapalm *Pinanga discolor* Burr. 变色山槟榔 / 燕尾棕
Diverseleaf Fig *Ficus heteromorpha* 异叶榕 / 异叶天仙果
Diversifolious Chinese Star Jasmine *Trachelospermum jasminoides* 小络石 / 茉莉藤 / 石血（英国萨里郡苗圃）
Diversifolious Creeper *Parthenosissus heterophylla* Merr. 异叶爬山虎（异叶地锦）
Diversifolious Pimpinella *Pimpinella diversifolia* 异叶茴芹 / 鹅脚板 / 苦爹菜
Diversifolious Prickleyash *Zanthoxylum dimorphophyllum* 异叶花椒 / 刺异叶花椒
diversification 变化，多样化
diversified industrial city 综合性工业城市
Diversifolius Poplar *Populus euphratica* 胡杨
diversion 分出，引出；引水，分水；交通改道，转向，变向；临时支路
~and protection structure 导治建筑物
~aqueduct 引水渡槽
~area 分水区
~blind drain 引水渗沟
~canal 分水渠，引水渠
~channel 疏洪道，泄洪道，分水路，分水渠
~conduit type hydro power station 引水（引水道）式水电站
~dam 分水坝
~dike 导流堤
~manhole 分流井
~of river 河流改向；河道分流
~of road 分路
~of traffic 交通改道，分散交通，疏散交通
~sign 分路标志

~tunnel 导流洞
~works 引水工程
iversity 不同，异样；参差，多种；多样性
~factor 分散系数
genetic~ 遗传差异
landscape~ 景观多样性
spatial~ 空间差别
species~ 种类差别
structural~ 结构不同
taxonomic~ 分类不同，动植物分类不同
ackfruit *Artocarpus heterophyllus* 树菠萝
iverted 使转向的，使（河流等）改道的，转移的，绕行的
~traffic 转移交通量，导增交通量（从其他道路导致本路所增加的交通量）
~traffic volume 转移交通量
iverting 分水，导流
~dam 分水堰，分水坝，导流坝
~weir 分水堰
ivide 分水界，分水岭（美）；分，划分，区分，分界；分割；分摊，分派；除，等分{数}；分度{机}
~crest 分水岭
~line 分水线
~ridge 分水岭
~water shed 分水界，分水岭
ivided 被分割的；分度的；被除的
~carriageway 分离式行车道
~for propagation，tuft 丛林分割繁殖
~for propagation，tussock 芦苇丛分割繁殖
~highway 分隔式公路，有分隔带的公路
~highway ends sign 分车道行驶公路区段终点标志，分隔公路区段终点标志
~highway sign 分车道行驶公路区间前置标志，分隔公路区间前置标志
~lane 分车道
~motorway 分隔式高速公路
~road 分隔行驶道路，（美）两块板道路，分线道路（具有中央分线岛的道路）
dividing 区分的，分划的
~island 分车岛，安全岛
~joint 分隔缝
~line 分界线
~ridge 分水岭
~road（美）复式车行道道路，两块板道路
~strip 车道分隔带，分车带
~stripe greening 分车带绿化
divination 预见，预言，预测
diving 潜水作业；潜水的，潜水用的
~centrifugal fish pump 潜水式离心鱼泵
~equipment 潜水设备
~inspection 潜水检查
~island 分车岛
~platform 跳水台
~pool 跳水池
~ridgc 分水岭
~strip 分车带，分隔带
scuba~ 携配套式水下呼吸器潜水作业
skin~ 裸潜作业
divinity n. 神，神学，神性，上帝
division 区，段，科；分区；部门；部分；划分；分隔；间隔；分派；分界；除法，分度，刻度

~island 分隔岛，分车岛
~into district 区划
~line 分隔线
~of a project into partial tenders（英）工程部分招标项目的划分
~of a project into sections 分段工程项目的划分
~of construction 建筑科，工程科，工务科；建筑部门
~of highway 公路分区
~of labour 分工制，分工
~of responsibility 分工负责制
~of solid waste，collecting and recycling 收集回收固体废物的划分
~of spaces 距离分隔；空间分隔；地方分界
~of work 分工
~plate 分隔板
~surface 分隔面，分界面
~wall 隔墙
physiographic~地文（学）区分
divisional 区分的；分区的；一部分的；除法的{数}
~island 分车岛，中央分车岛，分隔岛
~organization 分区组织
~planting（美）分区种树，分区绿化
~station of railway administration 局界站
~system 分区制，分段制
divorce rate 离婚率
divot 方块草皮
D. *marginata* 'Tricolor' 三色细叶千年木
dock 码头，船坞，停泊处，船厂，飞机库，飞机检修站，（美）站台，月台
~and depot district 码头仓库区
~and harbour 港湾
~expansion 船坞扩建，码头扩充
~harbour 船坞式港，闭合式港
~yard 造船厂，船舶修造厂，海军船坞
docking 入船坞；入船坞的
~accommodations 入船坞设施
~area 碇泊区
~sonar；berthing aid system 靠岸测速仪
dockland（英）码头区
docks 一排船坞（连带码头，办公室，仓库）
dockyard 造船厂，修船厂
doctor 博士，医生
doctor(i)al thesis 博士论文
doctorate 博士，博士学位
document，资料，文件；公文；证书，证件；提货单，用文件证明；授予证书，交给文件
~age 情报资料寿命，文献有效期
~attached 附证件
~collection 文献资料汇编；专题文献
~control clerk 文件管理员
~finding system 文献检索系统
~handling system 文献处理系统
~icon 文档图标
~merging 文档合并{计}
~of approval 批准文件
~of title 所有权证件
~phase，construction 工程文件阶段
prequalification~资历预审文件
unsolicited prequalification~主动提供的资历预审文件
documentation 文件编制

~, project 工程（建设，科研，设计，规划）项目文件编制

documents 文件，公文证书，证件，提货单

~against acceptance 承兑交单{商}

~against payment 付款交单{商}

~, applicant for bidding（美）投标文件申请人

applicant for tendering~（英）投标文件申请人

bid（ding）~（美）投标证书，投标文件

competition~（英）竞赛公文，竞赛文件

contract~合同证件

design competition~设计竞赛文件

inspection of additional bid~（美）附加投标文件审查

inspection of additional tender~（英）附加投标文件审查

inspection of bid~（美）投标文件审查

inspection of tender~（英）投标文件审查

return of bidding~（美）投标文件的退回

return of tendering~（美）投标文件的退回

tender~（英）投标文件

dodecastyle 十二柱式（建筑）

dodo ***Raphus cucullatus*** 渡渡鸟/嘟嘟鸟（毛里求斯国鸟）

Dog Hobble ***Leucothoe axillaris*** **'Curly Red'** '卷红' 木藜芦（英国斯塔福德郡苗圃）

Dog Rose ***Rosa canina*** 狗蔷薇（罗马尼亚国花）

Dogbane Hemp 白麻，野麻，大花罗布麻（固沙植物）

dogged staircase 双跑楼梯

dogleg staircase 双跑楼梯

doglegged staircase 双跑楼梯

dog's-head 狗头石，大卵石

Dogwood ***Cornus*** 株（属）/山茱萸（属）

Dogwood ***Cornus sanguinea*** **'Midwinter Fire'** '隆冬之火' 欧洲山茱萸（英国斯塔福德郡苗圃）

Dogwood（**Black Stemmed**）***Cornus alba*** **'Kesselringii'** 紫杆红瑞木（英国斯塔福德郡苗圃）

Doha National Museum（**Qatar**）多哈国家博物馆（卡塔尔）

dolerite 粗玄岩，辉绿岩

Dolichos/Kudzu Vine（***Pueraria thomsoni***）粉葛/葛

dolina 落水洞，石灰坑，斗淋

doline 溶斗，又称"溶蚀穴"

Dolmabahce Palace（**Turkey**）多尔玛巴赫切宫（土耳其）

Dolomiaea ***Dolomiaea souliei*** 川木香/木香

dolomite 白云岩/白云石

dolomite picture 白云石画

dolomite-marble 白云大理岩

dolphin（***Delphinidae***）海豚（科）

Dolphin/dolphin fish ***Coryphaena hippurus*** 鲯鳅/青衣

dolphin wharf 墩式码头

domain 领域，领地，产业，房地产，域，定义域，范畴

dome 圆屋顶；圆盖；穹顶，穹窿；穹盖；穹地；钟形汽室；岩穹{地}

~brick 穹形砖

~church 穹顶教堂

~grate（美）圆屋顶格栅

~skylight 采光罩
~type 穹式
air pollution~空气污染穹
domestic [复]国货；国产棉织品；家(庭)的；国内的；国产的；自制的；居住用；与人共处的；驯服的
~airport 国内飞机场，国内航空港
~animal 家畜
~animal protection 家畜保护
~architecture 住宅建筑，居住建筑
~block 住宅大厦，居住街坊
~bond 国内债券
~building 住宅楼宇，居住房屋，居住建筑，住宅
~chapel 礼拜堂，小教堂
~construction 住宅建设
~consumption 生活用水量，家庭需水量
~demand 生产用水量；国内需要，生活用水量
~distribution 国内发行
~factory 家庭工场
~fecal sewage（家庭）粪便污水
~harbo(u)r 国内港
~house 民居
~industrial district 居民工业区，手工业区
~industry 国内工业
~market 国内市场
~occupancy rate 个人居住面积率
~pollution source 生活污染源
~preference 国内优惠
~premises 居住用房屋（房产）
~project 国内工程
~quarter 住宅区
~refuse 家庭垃圾，生活垃圾
~sewage 生活污水，家庭污水
~sewer system 生活污水管系统，家庭污水管系统，生活污水管网
~supply system 家庭供水系统
~terminal building 国内乘客候机楼
~town 住宅城镇
~tree 乡土树种
~vacancies 空置的住宅楼
~waste 生活垃圾，生活污水
~waste collection（英）生活垃圾（生活污水）收集
~wastewater 生活污水
~water 生活用水，家庭用水
Domestic camel *Camelus ferus bactrianus* 家骆驼
Domestic goat *Capra hircus* 山羊
Domestic pig *Sus domesticus* 家猪
Domestic rabbit *Oryctolagus cuniculus* 家兔/兔
Domestic sheep/sheep *Ovis aries* 绵羊
Domestic yak *Bos mutus grunniens* 家牦牛
domicile 住处，户籍，户口
dominance 显性，优势，支配
dominant 主因，要素；主要物；支配的；占优势的；显著的；超群的；高耸的
~alternatives 关键方案
~crop 主要作物，优势作物
~discharge 造床流量
~factor 主要因素
~item 主控项目
~member 主要构件
~peak 最高峰，主峰

~shape 主形
~species 占优势种类，超群种类
~stream（of migration）（迁移）主流
~wind 盛行风，主导风向
~wind direction 最多风向
dominating 控制的
~factor 控制因素
~point 制高点，控制点
doming-up of pavement 凸起路面
dominion 领土，版图
donated land 捐赠地产
donative park 御赐公园
Donau Tower（Austria）多瑙塔（奥地利）
Dong family tomb of Jin dynasty, Houma（Houma, China）侯马金代董氏墓（中国侯马市）
Dong, Nationality Autonomous Prefecture（Tongdao, China）通道回龙桥（中国通道县）
Dong Nguoi Xua（Yangchun, China）古人洞（中国阳春市）
Dong Phong Nha（Vietnam）风牙洞（越南）
Donglin Monastery（Jiujiang, China）东林寺（中国九江市）
Dongting Lake（Hunan, China）洞庭湖（中国湖南省）
donjon 城堡主塔
donkey（美）拖拉机；驴子
Donkey's Tail/Stone Crop *Sedum morganianum* 翡翠景天
don't cross 不准超车
door 门，门户；入口，进路，通道，家，户
~and window schedule 门窗表
~bar 门闩
~bearing 门枕
~-bell and button system 门铃系统
~buck 门边立木｛建｝
~butt 门铰链
~case 门框｛建｝
~check 门制，自动关门器
~closer 闭门器
~frame 门框，框槛
~glazing 亮子
~grate（美）入口（门户，进路，通道）护栅
~handle 门拉手
~head 门楣｛建｝
~hinge 门铰链
~knob 门柄
~knocker 门跋
~latch 门闩锁
~leaf 门扇｛建｝
~lock 门锁
~opening 门洞口
~pillar 门柱｛建｝
~post 门柱｛建｝
~rail 门横档｛建｝
~sill 门槛
~step 门阶
~stop 门档
~-to-door service 上门服务
~yard 门前庭院
doorcase 门框
doorframe 门框
doorplate 门牌
doorsill 门槛
doorstep 门前的石阶
doorway 门口

dooryard（美）门前的庭院
Doppler current meter 多普勒流速仪
Dorian 陶立克式（希腊式建筑）
Doric order 多立克柱式
dormancy 蛰伏，休眠（状态）
dormant 横梁；固定的，静止的，蛰伏的
~bolt 埋头螺栓
~cutting 横梁截断
~state 静止状态，休眠状态
~window 屋顶窗，老虎窗
dormer 层顶窗，天窗，老虎窗（俗称）
dormitory（在城市工作人们的）郊外居住区，宿舍，私人机构宿舍，（英）集体宿舍，休养所
~area 宿舍区
~block 住宅区
~building 宿舍楼，宿舍，集体宿舍
~suburb 卧城，卧城郊区
~town 居住性质之城镇，卧城，住宅市镇
dormitory town 卧城
dot 点，圆点
~and dash line 点划线
~-and-dot line 点划线
~area 点面积
~chart 点图表
~line 点线，虚线
~product 点积
dotard（英）年老的人，老年糊涂
dote 朽木，死树
dotted 虚的，点的
~line 虚线
~rule 点线
Dotted gizzard shad ***Clupanodon punctatus*** 斑鰶 / 黄流鱼 / 鼓眼
dotter 划点器
dou 斗
douane（法）海关
double 二倍；相似物；二倍的，双重的；双的，成对的；两个意义的；[副]二倍，二重；加倍；重复
~-acting 双动式（的），复动（的）；双重作用（的）
~action system 双干管系统
~arrow sign 双指向标志
~-back bench 双向工作台，双向钳工台
~bed 双床
~-bed room 双床间
~-bladed plough 双铧犁
~-cable ropeway 双缆索道
~-casement window 双层窗
~coat 双层（表面处治）
~-corridor layout 双走道布局
~-curved vault roof 双曲拱顶
~-deck bridge 铁路公路两用桥
~-deck freeway 双层高速干道
~-deck gallery 双层廊道
~-deck road 双层道路（一为普通道路，一为高速公路），双层超高速干道
~-decked bridge 铁路公路两用桥
~decked bridge 铁路公路两用桥，双层桥
~decker（每户一门的）双层小公寓；双层公共汽车；双层电车；双层结构；双层桥梁
~diamond interchange 双菱形互通式立交，双菱形互通式立体交叉
~digging 双向开凿，双向挖掘

~digit 两位数字，百分之十以上
~door 双扇门，双重门
~drainage 双向排水
~duct system 双风道系统
~eave roof 重檐
~effect lithium bromide absorption type refrigerating machine 双效溴化锂吸收式制冷机
~-ender 两头开的电车
~equipment 休闲设备
~fare 来回票价
~float 双浮标
~frieze balustrade 垂台钩栏
~-frontage lot yard 双面临街院落
~-fronted lot 双面临街地产
~gallery 复廊
~-glazed window 双玻璃窗
~glazing glass 中空玻璃
~-header 两端牵引式列车
~heading locomotive 重联机车
~-horizontal cordon 双平干矮树
~-house 两间式建筑物，一对半分离房屋
~humping and double rolling 双推双溜
~humping and single rolling 双推单溜
~integral 二次积分 { 数 }
~lane 双车道
~lane bridge 双车道桥
~-lane highway 双车道公路
~-lane road 双车道道路
~layer training 二层式整枝
~-leaf bascule bridge 双翼竖旋桥
~level bridge 铁路公路两用桥，双层桥
~level road 双高程道路，双层式道路（上下分驶高度不同的道路）
~line 双线，双轨，复线
~line of rails 双线铁路
~line traffic 双线交通，复线交通
~parking 双行停车，双列停车
~pipe condenser；tube in tube condenser 套管式冷凝器
~purchase counterweight batten 复式吊杆
~rope aerial cableway 复线式架空索道，双缆式架空索道
~-service 两用的
~-sided masonry wall 双面砌体墙
~-sided staff 双面水准尺
~stripe 双车道
~track 双车道道路，双线道路（铁路）双轨，复线
~track bridge 双线桥
~track circuit 双轨条轨道电路
~-track bridge 双轨铁路桥，双轨桥
~track railroad 双轨铁路
~-U espalier 双 -U 羽翼状树冠，双 -U 树篱
~V（butt）joint 双（面）V 形对接，双 V 接头
~wall 空心墙，双层墙
~window 双层平开窗

Doubleflower Cottonrose Hibiscus *Hibiscus mutabilis* f. *plenus* 重瓣木芙蓉

Doubleflower Chinese Hibiscus *Hibiscus rosa-sinensis* var. *rubro-plenus* 重瓣朱槿 / 朱槿牡丹 / 月月开

Doubleflower Kerria *Kerria japonica* var. *pleniflora* 重瓣棣棠（英国萨里郡苗圃）

Double lip Dendrobium *Dendrobium hercoglossum* 重瓣石斛

Double petalous Red Pomegranate *Punica granatum* var. *pleniflora* 重瓣红石榴 / 千瓣红石榴

Double petalous White Pomegranate *Punica granatum* cv. 'Multiplex' 重瓣白石榴 / 千瓣白石榴

Double-serrate Meliosma *Meliosma dilleniifolia* 重齿泡花树

Double-teeth boses/Two-horned stem-boring beetle *Sinoxylon japonicus* 双齿长蠹

doubling up 多户合住一套房

doubly constrained model 双约模型

doughnut-form city 环形城市

Douglas Fir *Pseudotsuga taxifolia* 美国松 / 洋松 / 花旗松

Douglas Fir *Pseudotsuga manziesii*（Mirb.）Franco 北美黄杉 / 花旗松

Douglas Spruce 美国松

dougong 斗栱

wooden frame with~大式

wooden frame without~小式

doukou 斗口

Doum Palms 埃及姜果棕

douroucouli *Aotus trivirgatus* 夜猴

dove 灰蓝色，鸽，鸠

down 冈，丘，沙丘；[复]丘陵，丘陵草原；下位，下行；停机；[副]向下，下降，倒下；低落，减退[介]下，顺流而下向下的，下行的

~cast 下落，陷落

~country 在（或往）沿海地区

~-dip 下倾

~fall（城市的）陷落；（雨雪等大量）下降；垮台

~feed system 上分式系统

~feed system 下行上给式

~-grade 下坡，下坡度；下坡的，衰落

~grade（路等的）下坡

~hill 下坡，下山坡

~hole method 下孔法

~line 下行线路

~mountain skiing 下行山地滑雪

~pipe 落水管，水落管

~platform 下行列车月台

~pour 倾盆大雨；注下

~ramp 下坡道，下行匝道

~sand 丘砂

~stairs 楼下

~stream 下游；顺流；向河口；下游的；顺流的

~throw 下落，下落地块

~town 闹市，商业区，城市中心

~traffic 下行交通

~train 下行列车

~wash（从高处）冲刷下来的物质

~wind 顺风，下降气流

~zoning 降低分区管制，降低密度区划

downcutting/incision/vertical erosion 下切侵蚀又称"垂向侵蚀"

downgrade 下坡

downgrading（英）（路等的）下坡；向下的趋势（或路线）；降低，降级

downhill [名，形]下坡（路，的），下倾（的），倾斜（的），位于斜坡上的；衰退（阶段）；[副]降（向）下；趋向衰退，倾斜

~creep 移动滑坡

~grade 下坡

~ski run 下坡滑雪道

~skiing 下坡滑雪

Downing，Andrew Jackson 安德鲁·杰克逊·唐宁，美国风景园林师

downland 丘陵地

downpipe（英）落水管

downs 沙丘，岗，丘陵，开阔的高地

downslope 下坡

downslope wind 下坡风，顺（坡）风

downstream 下行，下游

~flow 顺流

~section 下游路段

~spray pattern 顺喷

downswing 下降趋势

downthrow 坍陷

downtown 城市商业区，闹市区，市中心

~area 市中心区，城市热闹区，闹市区

~business district 城市商业区

~park（美）城市商业区（街上）小公园（停车场）

~plaza 市区广场

~street 闹市区街道，商业区街道

downward 向下的，下降的

~transition region 下降过渡区

~flash 向下闪击

~landscape 俯视景观

~view 俯视

~zero crossing；zero down crossing 下跨零点

downwind 下风，顺风

Downy Cherry/Manchu Cherry/Nanking Cherry ***Cerasus tomentosa*** 毛樱桃 / 山豆子

Downy mildew of Rosa chinensis 月季霜霉病（***Peronospora sparsa*** 蔷薇霜霉菌）

Downy Myrtle ***Rhodomyrtus tomentosa*** **（Ait.）Hask.** 桃金娘

Downy Sunflower ***Helianthus mollis*** 毛叶向日葵（美国俄亥俄州苗圃）

Dracunculus/Dragon Arum ***Dracunculus vulgaris*** 龙芋（龙海芋）

draft 草稿，草案，草图，牵引，拉；通风，通风装置，气流；（船的）吃水；支票，汇票，付款通知单；画草图，起草一项决定；（方石）琢边；凿槽；汇寄

~amendment 修正方案

~design 方案设计，设计草图

~form（of agreement）（协议）草案

~outline zoning plan 分区计划大纲草图

~plan 草图

~planning proposal 规划草案建议

~ventilation equipment 自然吸风装置

~with grating，cast iron（美）格栅的铸铁通风装置

deposit~（英）存款支票

drafting 制图，绘图

~board 制图板

~room 绘图室

~scale 绘图比例尺，绘图标尺

~system 制图系统

draftsman 制图员

draftsmanship 制图术

drag 货运慢车，（美俚）街道，道路

dragon 龙

Dragon and Phoenix Gate（China）棂星门（中国孔庙的门）

Dragon Bone Hill（Xiyin，China）龙骨山（中国细荫县）

Dragon Head Cliff（Mt. Lu，China）龙首崖（中国庐山市）

Dragon Palace Scenic Area，Anshun 安顺龙宫风景区（中国）

~pattern 和玺彩画

Dragon Pavilion（Kaifeng，China）龙亭（中国开封市）

Dragon Pool 龙潭

Dragon Snow Mountain 玉龙雪山(中国)

Dragon–Spring Nunnery 龙泉寺（中国北京市）

~wall 龙墙

Dragon Arum/Dracunculus *Dracunculus vulgaris* 龙芋（龙海芋）

Dragon Dracaena/Dragon's Blood Tree/Dragon Tree *Dracaena draco* 龙血树（龙雪树）

Dragon Juniper/Kaizuca Chinese Juniper *Sabina chinensis* kaizuka 龙柏

Dragon Tree/Cambodian Dracaena *Dracaena cambodiana* 海南龙血树

dragon boat 龙舟

dragon lantern 龙灯

dragon robes 龙袍

Dragon Spruce/Chinese Spruce *Picea asperata* 云杉 / 粗皮云杉

Dragon's Blood Tree/Dragon Dracaena/Dragon Tree *Dracaena draco* 龙血树（龙雪树）

Dragon's Eye/Longan *Dimocarpus longan* 龙眼 / 桂圆

dragon's descents 龙的传人

Dragon's Saliva Pond（Beijing，China） 龙涎池（中国北京市）

drain 排水沟，排水管，阴沟；排水器；排水；放干

~a fish pond 放干鱼塘

~and sewer 沟渠

~area 排水面积，泄水面积

~basin 排水池

~board 滴水板

~channel 排水渠

~cleanout pipe（美）排水管

~cleanout pipe，earth–covered（美）地下排水管

~collector 排水干管

~conduit 排水管，出水渠

~ditch 排水沟，泄水沟，排水明沟

~grate，storm（美）暴雨排水沟护栅（格栅）

~hole 排水孔

~infiltration，trench 沟槽排水渗透

~inlet 排入进水口

~line 排水管线

~line，subsurface 地（面）下排水管线

~off 流出；放空

~opening 泄水口，排水出口

~outfall 排水出口（沟，渠等的）

~outlet 泄水口，排水出口

~pipe 排水管，泄水管

~pipe with soil separator 有泥土分离器的排水管

~tunnel 排水隧道

channel~（英）沟槽排水

collector~ 干管排水

covered trench~（美）暗沟排水

drop~（美）跌落排水，跌水排水

fascine~ 柴束排水

French~ 法国（式）排水

lateral~ 横向排水沟排水

leader~ 排水管排水

main collector~ 干线集中总管排水

open~ 明渠排水

ring~ 环形排水

slit~（狭）缝排水，裂缝排水
slot trench~（狭）槽沟排水，开缝排水
storm~暴雨排分沟
strip~路带排水沟
trench~（美）沟槽排水

drainage 排出的水，污水；排水区域，流域，水系；排水法；排水系统，排水设备；排污系统；下水道；排水，放水

~and sewerage reserve 排水及污水处理专用地
~area 流域面积（集水面积），汇水面积，排水面积，泄水面积，疏干面积；流域；排水区
~basin（河流）排水盆地，流域
~basin of groundwater 地下水流域
~by gravity 重力排水
~by pumping station（立体交叉）泵站排水
~by well 井群排水
~channel 排水渠
~channel，natural hillside（英）天然山谷排水沟
~characteristic 水系特征，流域特征
~cleanout pipe，earth-covered（美）地下排水导管
~condition 排水条件
~conduit 排水管
~corridor，cold air 冷气放水通道
~cost 排水费
~construction 排水工程
~course（英）排水过程，排水路线，排污系统路线
~density 河网密度，排水密度
~depth 下水道深，排污系统深
~district 排水区
~ditch 排水沟
~facility 排水设施
~facilities 排水设备
~gallery 排水廊道
~gang 排水工程队，沟工队
~grate（美）排水（系统）格栅
~grating 排水格栅
~inlet structure（美）排水进水口结构
~inspection shaft（英）排水检查井（坑）
~inspection shaft，earth-covered（英）地下排水（系统）探坑，（检查坑）
~intensity 排水强度
~layer 排水层
~line，collector 集中总排水管线
~line，main 总管排水管线
~line，subsurface 地（面）下排水管线
~lines，spacing of 排水管线间距
~method 排水法
~net（英）排水网，污水网，下水道网
~of inner basin（堤坝）内侧积水排除
~of soil 土地积水排除
~opening 泄水孔，出水口
~path 排水道
~pattern 排水系统类型
~permeability of soil 土地积水排水渗透
~pipe；blow off pipe；blow down 排污管，排水管道，排水管线
~pipeline 排水管道线
~piping 排水管系
~piping pattern（美）排水管系类型
~reserve 排水专用地
~service charge，storm（美）暴雨排水服务管理
~shaft 排水井，泄水井

~sluice 排水闸
~sump 排水集水坑
~swale 汇水洼地
~system 排水系统，泄水系统，排水
~system，storm-water（暴）雨水排除系统
~system，subsurface 地下排水系统
~system，underground storm（美）地下暴雨水排除系统
~trench 排水沟
~way 排水通道
~work 排水
~works 排水工程，排水设施
agricultural~农业排水
artificial~人工排水
base-course~基层排水，路槽排水
blind~盲沟排水，暗沟排水
cold air~冷气排水
concentrated~集中排水
consequent~顺向排水系
cross~横向排水，交叉排水沟
double~双向排水
farm~农田排水
gravel trench~砾石沟排水
grid pattern~格式排水
gutter~明沟排水；渠道排水
herringbone pattern~人字形（类型）排水，鲱骨式排水
impeded~不良排水
land~地面排水
median~中间带排水
mole~开沟排水
open ditch~明沟排水
parallel~平行排水系统
pipe~管道排水
poor~排水不良
side~路边排水
soil~泥土排水
stone~填石排水
storm~暴雨排除，雨水排除
subsoil~地基土排水
subsurface~地下排水
surface~路面排水，地面排水，表面排水
surface water~路面水排除
transverse~横向排水
trellis~格形排水系统
urban storm~（system）城市暴雨排水（系统）

drainage area/basin 流域

drainage density 河网密度

drainage design and storm water management 排水设计和雨洪管理

drainageway 排水道

drained 排水
~creep 排水蠕变
~granular material（美）经过排水的粒状材料
~soil 经过排水的土壤

drainer 排水器

drains 排水

Drakensberg Range 德拉肯斯堡山（南非与莱索托境内）

drama theater 话剧院

draught 通风，通风装置；气流，草图，草案

draughtiness 通风

draw 牵引；抽拔，吊桥的开合部分（美）牵引，托曳；绘图；回火，退火；拔出（钉等），汲出（水等），取出（款等）；

吸进（空气）；推断；引导

~bridge 吊桥

~down（水库等的）水位下降，（地下水的）抽降

~out 拔出，拔桩；拉长，抽取；画；建立（计划）

~-out track（铁路车站的）导出线（路），出站线

drawback 缺点，障碍

drawdown 下降，低落；水位降低

~area depth 水位降低区域深度

~curve 压降曲线，地下水位降落曲线

~of groundwater table（美）地下水位降低

~ratio 水位下降比

~strip 水位降落路带，水位下降路带

~value interference 水位削减值

drawer 制图员

drawing 绘图，制图；素描，图样，图则，图，设计图

~board 制图板，绘图板

~compass 绘图圆规

~curve 曲线板

~ink 绘图墨水

~instrument 绘图仪器

~list 图纸目录

~of site 基地平面图

~office 绘图室，制图室

~on local resource 就地取材

~paper 绘图纸

~pen 绘图笔，鸭嘴笔

~pencil 绘图铅笔

~pin 图钉，揿钉

~polyester film 绘图聚酯薄膜

~room 绘图室，画室；会客室，休息室

~scale 绘图比例尺

~sphere of city 城市吸引范围

construction~ 建筑，设计图，工程图则，构造图

detail~ 细部图，详图，零件图，大样

detailed design~ 详细设计图

isometric~ 等距绘图，等角图

perspective~ 透视图，配景图，远景图

production~ 生产图样，制作图

shop~ 装配图，生产图

working~ 施工（详）图，工作图

drawing from nature 写生（画）

drawing in charcoal 炭画

drawing in ink 钢笔画

drawing in lines 白描

drawing in pastel 色粉（笔）画

drawing in pen 钢笔画

drawing in pencil 铅笔画

drawings and documents room 图档室

dray 大车，运货马车

drayage 马车拖运

drayman 运货马车车夫

Drechslera leaf spot of *Calathea* 孔雀竹芋叶斑病（***Drechslera setariae*** 德氏霉）

dredge 挖泥机，疏浚机，挖泥船；捞网；挖泥，疏浚；用网捞取

~engineering survey 疏浚工程测量

dredger 挖泥机，挖泥船；疏浚机；疏浚工人

dredging 疏浚

~barge 泥驳，挖泥船

~bucket 挖泥船挖斗

~capacity 疏浚能力

~engine 挖泥机

~engineering 疏浚工程

~muds 淤泥
~of navigable channels 通航水道疏浚
~operation 挖泥工作，疏浚工作
~plant 挖泥设备
~shovel 单斗挖泥机
~tube 吸泥管
drencher 大雨，骤雨；水幕
~head 水幕喷头
~for cooling protection 防护冷却水幕
~systems 水幕系统
dress 衣服；（道路）覆面；修整；（石料）修琢；包扎（伤口）；修饰；整理
dressed 装饰的，修饰的；修琢的；磨光的
~and matched boards 装饰装配部门
~brick 磨（光）砖
~-faced ashlar 修琢砌面琢石
~flagstone 经修琢的石板
~masonry 细琢石圬工；敷面圬工
~one side 单面修整
~stone 料石，修琢石
~stone pavement 细琢石路面
~timber 刨光木材
~two sides 双面修整
dresser 雕琢工
dressing（道路）表面处治；修整；修剪，修饰，（石料）修琢；镶面；衣服；绷带；选矿
~by screening 筛选
~course 找平层
~for turfing，top 铺草皮表面处治，铺草皮敷面
~hammer 敷面锤，修整锤
~material 修整料
~of stone（美）修琢石料，石料砌面，琢石饰面
~room 化妆室
~stone 修琢石
~with compost 加混合肥料修整
~works 选矿厂
top~ 表面处治，浇面，敷面，敷面料
wound~（植物的）创伤（砍伤）修治
dressmaker 时装店
dried 干的，干涸的
~-out 干涸的
drift 飘滴，漂流，漂移；漂流物；流速；冰碛；趋势；乡村道路
~anchor 浮锚
~boulder 漂砾
~clay 漂积黏土
~control 积雪的控制
~eliminator 除水器
~ice 漂冰，流冰
~sand 流沙
coastal~ 沿岸漂移；海岸堆积物
longshore~ 沿岸漂移；沿岸堆积物
drifter 漂流物
drifting 漂流；漂运；砂堆；雪堆；打洞
~ice pack 流冰堆积
~management 流动管理
~population 流散人口
~sand 流沙（沙丘随风向移动）
~sand dune 漂流沙丘
~snow 雪暴{气}，积雪，堆雪
driftline（**litter**）漂流线（废弃的）
~colonizer 漂流移植
~community 流动居住区
~plant 流动车间；漂流植物
driftway 马道，大车路
driftwood 浮木

rill 钻，钻头；钻床；钻孔机，岩心钻机；训练；钻探；钻孔；训练

~ground 练兵场，操练场

rill *Mandrillus leucophaeus* 鬼狒 / 鬼面狒

rilling 钻探；钻孔，打眼；凿井工作；钻屑

~，off-shore 支撑钻探

~technology 钻进工艺

prospective~ 远景钻探

rilling machine 挖坑机

rimate city 爆炸性城市（当代第三世界国家城市发展过程中出现的一种在短期内急剧膨胀起来的特大城市）

rinking 喝，饮；喝酒

~driver 醉酒司机

~fountain 喷嘴式饮水龙头；饮用喷泉

~paper 吸水纸

~water 饮用水

~water catchment area 饮水汇水面积（受水面积）

~water pool 饮水池

~water quality standard 饮用水水质标准

~water standard 饮用水标准

~water treatment 饮用水处理

~water treatment plant 饮用水处理厂

rip 滴水槽；滴水器；（屋）檐；滴，水滴；滴，滴下；使滴

~board 防雨板

~irrigation 滴水槽灌水（法）

~irrigator 滴灌

~line 滴水管线

~-line area 滴水管线范围，滴水管线区

~line protection（美）滴水管线保护

~mould 滴水槽

~proof 防雨的

~stone 钟乳石，石笋，已成钟乳石的碳酸钙

~stone 滴水石｛建｝

~tile 滴水

~trap 积灰处

water~（美）水滴，水滴下

drip irrigation equipment 滴灌设备

dripper 滴水喷头

drive 行车道路；私人车行道；市区街道，林荫大道；驾驶；旅程；行车，驾驶（车辆）；驱；驱动，传动；车道（尤指私宅内的车道）；小区内的道路；

~a bargain 讲价，议价，讨价还价

~-in（美）服务到车上的餐馆、银行等，可坐在车内观看的露天电影院，路旁餐馆

~-in cinema 汽车电影院

~-in theater 停车露天电影场，汽车影院

~pipe（孔口）套管钻孔时为防止坍孔而打入土中（自流井），竖管

~-through access 通车便道

~way 车道

entry~（美）进入行车道

driver 司机，驾驶员

~judgement time 驾驶员判断时间

~perception reaction distance 驾驶员感觉反应距离

~perception reaction time 驾驶员感觉反应时间

~stopping distance 司机停车距离，刹车距离

driveway 出入车道，车行道，汽车路，马车道
~cut（美）车行道近路，汽车路隧道
~entrance（美）车行道入口
~greening 车行道绿化
~over a pavement，access（英）人行道上面的车行道（引桥）
~over sidewalk，access（美）人行道上面的车行道（引桥）
~sunken（英）低于地面（楼面）车行道，地下行车道，水底（中）行车道

driving 驾驶（汽车），行车；打（桩）；赶进；驱动
~ability 驾驶技能
~age 驾车年龄
~age population 驾车适龄人口
~and reversing mechanism 进退机件，进退装置{机}
~area 转弯面积
~band 传动带；（木桩）桩箍
~cab 驾驶室
~condition 行车条件
~fatigue 驾驶疲劳
~force 驱动力
~lane 行车车道
~license 驾驶执照
~offence 违反行车规则
~pile 锤击沉桩
~–rain index 暴雨指数
~–rain rose 暴雨玫瑰图
~route 行车路线，行驶路线
~skill 驾驶技能
~speed 驾驶速率，行车速率
~stress 沉桩应力
~test 驾驶考试
~under influence（of intoxicating liquor（DUI）酒醉驾车
~violation 驾驶违章事件
~visibility 行车能见度

drizzle 细雨

drome 飞机场

Dromedary camel/one-humped camel ***Camelus dromedarius*** 单峰驼

drooping belt stone 垂带，副子

drooping branch 下垂枝

Drooping Campion/Drooping Silene ***Silene pendula*** 矮雪轮 / 大蔓樱草

Drooping Carpesium ***Carpesium cernuum*** 烟管头草

Drooping Juniper/Himalayan Juniper ***Sabina recurva*（Buch.-Ham.）Ant.** 垂枝柏 / 曲枝柏 / 醉柏

Drooping Primrose ***Primula nutans*** 天山报春 / 垂花报春

Drooping Silene/Drooping Campion ***Silene pendua* L.** 矮雪轮 / 大蔓樱草

drop 滴，点滴；落差；微量；跌落；吊饰{建}；（使）滴；掉下；落下；降低；跌落；落差；下垂，跌水
~arch 垂拱
~chute 跌水槽
~curb（美）跌水路缘
~drain（美）滴漏
~，fill rock 抛石，填石
~forging shop 冲压车间
~inlet 落底式进水口，跌水式进水口（有截泥井的进水口）
~kerb（英）跌水路缘
~–kerb（英）跌水路缘
~line（报刊新闻等的）副标题；消除

多余的线（计算机绘图）
~manhole 跌水井
~of a slope（美）斜坡跌水
~-off 陡坡
~out wheeling repair 落轮修
~pruning（美）垂修剪（树枝）
~structure 拦沙坝
~structure installation 拦沙坝设备
~water 跌水
droplet 液滴
Dropmore Scarlet Honeysuckle ***Lonicera brownii* Dropmore Scarlet** 垂红忍冬/布朗忍冬（英国萨里郡苗圃）
dropped head 章节标题
dropper 滴管{化}
drought 干旱，干旱季节；缺乏
~area 干旱地区
~damage 旱灾
~defence 抗旱
~degree 干旱等级
~enduring plant 耐旱植物
~index 干旱指标
~regime 旱情
~-resistant 抗旱能力
~-resistant plant 抗旱植物
~-tolerant planting 耐旱植物种植
droughty 干旱的，口渴的
~water discharge 枯水期流，枯水量，最低水位
droveway 大车路，车马大道
Dr. Sun Yat -sen Memorial Hall（Taibei City, China） 中山堂（中国台湾台北）
drug（美）杂货店
~plant 药用植物
Drug Lions-ear ***Leonotis leonurus R.Br.*** 狮子尾
drugstore 药品杂货店
drum 鼓座
~-shaped bearing stone 抱鼓石
~weir 鼓形堰
Drum Mountain 鼓山
DrumTower 鼓楼
drumlin 古丘，冰河堆积的小丘
Drummond Phlox ***Phlox drummondii*** 小天蓝绣球/福禄考/草夹竹桃/雁来红
Drummond Waxmallow ***Malvaviscus arboreus* var. *drummondii*** 小悬铃花
Drum-tower in Dong Village（Guizhou Province, China） 侗寨鼓楼（中国贵州省）
Drum-Tower in Zengchong（Guizhou Province, China） 增冲鼓楼（中国贵州省）
drupe 核果
dry 干燥（状态）；旱季；干旱地区；干裂；干的，干旱的；无水分的；（使）干燥，弄干；干涸；脱水
~accumulator 干电池
~air 干空气
~and wet bulb thermometer；psychrometer 干湿球温度表
~automatic sprinkler system 干式自动喷水灭火系统
~battery 干电池组，干电池
~beach 沙滩
~blast cleaning 干喷清理
~boat 旱船
~-bound crushed stone base 干结碎石基层
~-brick（building）干砌砖，无砂浆

砌砖
~bridge 旱桥
~cleaning shop 干洗店
~climate 干燥地带，干燥气候
~closet 干厕，茅坑
~concrete 干硬性混凝土
~cooling 干冷却
~cooling condition 干工况
~cooling tower 干式冷却塔
~crust 干泥皮，干地表层
~curing 干养护，空气养护
~damage 旱灾
~density 干密度；干容重
~density of reservoir deposition 淤积物密度
~dock 干船坞
~dust separator 干式除尘器
~excavation 干挖
~expansion evaporator 干式蒸发器
~granulation 干法成粒
~gravel excavation 干砾石挖掘
~habitat 干燥住处
~habitat roof planting 干燥住处屋顶绿化
~haze damage 烟雾损害，雾害
~hole 枯井（洞）
~hot climate 干热气候
~-laid masonry 干砌（石）圬工
~land 干旱地区，陆地
~-landscape gardening 枯山水（日）
~masonry 干砌圬工，干砌石工
~meadow 干旱牧场
~measure 干量
~mix 干拌，干拌混合料
~-mix concrete 干拌混合料混凝土
~monsoon 冬季季风
~pail latrine 旱厕
~paving 干砌，无（灰）浆铺砌
~period 枯水期
~pipe system 干式系统
~pitching 干铺砌，干砌护坡
~pruning（英）干修剪
~return pipe 干式凝结水管
~-rot 干枯，干朽
~rubble construction 干块石建造
~rubble masonry 干砌乱石圬工，干砌毛石工
~salter 干货店
~season 旱季
~season runoff 枯萎径流
~seeding 旱季播种
~soil density（D.S.D.）干土密度
~solids content 干固体含量 { 环保 }
~spell 连续的干燥天气，干旱时期
~stane dyke[SCOT] 干涸石堤
~steam humidifier 干蒸汽加湿器
~-stone base 干石基层
~-stone masonry 干砌石圬工
~stone wall 干砌石墙，无（灰）浆砌石墙
~sward 干草地，干旱草地
~valley 干旱山谷
~wall 清水墙，干砌墙
~-wall 干砌石垣
~-wall garden 墙壁花园（如壁泉或附种植物等）
~wall plant 墙壁植物
~wall, split-face 裂面墙壁
~weather flow 旱流污水
~well 枯井，排水井
~-wet cooling tower 干湿式冷却塔

~wood 烘干木材
dry farming, rainfed agriculture 旱农
dry fruit 干果
dry garden 枯山水庭园
dry valley 干谷
Dry white rot of Ziziphus jujuba 枣白腐病（***Coniothyrium* sp.** 盾壳霉）
drying 干燥，干化，干性；干缩；烘干
~agent 干燥剂
~bed 干化场{环保}
~chamber 干燥室
~kiln 干燥窑
~of air 空气干燥
~oil 干性油（如桐油等）
~out（使）干燥
~oven 干燥箱，烘箱，烘干炉
~shrinkage 干缩
~shrinkage of concrete 混凝土干缩
~up（使）干涸
~zone 干燥带
initial phase of top~（英）顶部干燥初始状态
top~（英）顶部（盖顶）干燥
winter~冬（季）干燥
dry-hot wind 干热风
drywall 干式墙
~garden 墙壁花园（如壁泉或附种植物等）
drywell sump（美）枯井污水坑
DU（dwelling unit）居住单元
Du Fu's Thatched Cottage（Chengdu, China）杜甫草堂（中国成都市）
dual 双数；二的；二重的；二元的；复式的
~bed continuous contactor 双塔连续再生移动床
~carriageway 复式车行道，有中央分隔带的车行道
~carriageway highway 双复式公路（用中央分隔带与边缘分隔带分成四个专用车道的道路，道路中部为过境车道，两侧为地方车道）
~carriageway road（美）复式车行道道路，两块板道路
~control 两国共管，双重管辖
~duct air conditioning system; dual duct system 双风管空气调节系统
~highway 复式公路，双车道公路（上下行车道中间分隔的道路）
~lane 双车道
~mode system 双重方式（交通）系统
~runway 双线（飞机）跑道
~spatial-social orders 空间社会双重序列
~-type highway 复式公路（俗称两块板道路）
dualism 二重性，二元性
duality 二重性，二元性；对偶性{计}；二体；二分
Ducat filter 杜坎特滤池{环保}
Duckbill/Platypus *Ornithorhynchus anatinus* 鸭嘴兽
Duckweed cover 浮萍覆盖
Ducloux Aleuritopteris *Aleuritopteris duclouxii/Doryopteris duclouxii* 裸叶粉背蕨
Ducloux Catalpa *Catalpa duclouxii* 滇楸/楸木/紫花楸/光灰楸
Ducloux Cypress *Cupressus duclouxiana* 冲天柏/干香柏/滇柏

Ducloux Manglietia *Manglietia duclouxii* 盐津木莲/小叶木莲/川滇木莲/古蔺厚朴

duct 管，输送管，渠道，沟，（电线，电缆的）管道

~accessory 风管部件

~attenuation 管道消声

~fittings 风管配件

ductile failure 延性破坏

ductility（of bitumen）（沥青）延度

ductway 管道

ductwork 风管

due 应得报酬；[复]费用；租费；用续费；起因于，由于；应该……的；应有的；当付的，到期的；正当的

~share capital and dividends 到期股金和股息

duff 森林中的落叶，枯草堆

dug-out earth 地下掩蔽处泥土

dug well；open well 大口井

dugong（*Dugong dugon*）儒艮

dugout 防空洞，地下隐蔽部

Dugway 路堑段（沿山侧修筑的道路）

Dujiangyan Irrigation System（Dujiangyan, China）都江堰（中国都江堰市）

Dujiangyan Irrigation Project（Dujiangyan, China）都江堰（中国都江堰市）

Dule Temple（Ji，China）独乐寺（中国蓟县）

dull market 萧条的市场

Dumb Cane/Variegated Tuft Root *Dieffenbachia picta* 花叶万年青

dumbbell tenement 纽约哑铃式平面住宅（1900年左右）

dummy 虚设物；虚拟活动（统筹方法），假程序{计}；假的，虚的；无声的

~activity 虚工作

~building 假建筑

~corporation 影子公司

~director 挂名董事

~job 空头买卖

~joint 假缝，半缝；假接合

~link 虚拟连线

~variable 虚拟变数

dump 堆垃圾的地方；（弃）土堆；垃圾堆；[俚]丑陋场所，场所，地方；倾倒，倾卸；抛弃；（计算机的清除；信息转储；切断电源；撤去功率{计}

~apron 卸料溜槽

~area 垃圾场，废土场，弃土场

~in piles 分堆卸料

~sign（道路竖曲线）凸处标志

~site，hazardous old（美）废弃危险垃圾堆放点

~site, rubble（美）粗石（片石，块石，毛石）堆积场

~site，toxic（美）有毒物质堆积场

~time 卸载时间；（停车库）出空时间

~truck 自卸卡车

~-well 污水井

decomposition~（美）分解（作用）垃圾堆

mine~（美）矿山土堆

sand~砂（沙）堆

dumpcart 倒垃圾车

dumped 倾倒，倾卸；倾销；抛

~fill 倾倒填土

~goods 倾销商品

~riprap 乱石堆

~rock embankment 抛石路堤
~stone lining（美）抛填石衬垫
~waste，unauthorized 未经许可倾卸废品
umper 清洁工人，卸货车，垃圾车
umping 倾卸，卸料；撒布（材料）；倾销{商}
~at sea 倾卸海中
~and filling on land 陆上抛填
~and filling on water 水上抛填
~barge 抛石船
~board 倾卸板
~car 翻斗车
~certificate（美）倾卸许可证
~device 倾卸装置
~gear 倾卸装置
~ground 卸料场；垃圾倾倒场
~layer（美）卸料层
~of earth（美）泥土倾卸
~of refuse（美）废物倾卸
~price 倾销价格
~record（美）倾卸记录
~site，overburden 超载倾卸位置
~site 卸料场；垃圾倾卸场
~wagon 倾卸车
elongated pile~（美）长桩倾卸
front end~ 前端倾卸
side~ 侧面倾卸
umpsite 垃圾场
unauthorized~（美）未经允许的堆垃圾场
unmanaged~（美）难管理的垃圾场
umpster（美）垃圾消毒（杀菌）器
un Pei 蹲配
une 沙丘，沙堆
~destruction 沙丘（沙堆）毁坏
~face 沙丘外貌
~forest 沙丘林
~grassland 沙丘牧场（草场）
~heath 沙丘荒地（尤指不列颠诸岛的）
~plain 沙丘平原
~planting 沙丘人工林
~protection 沙丘防护
~sand（沙）丘沙
~scrub 沙丘低矮丛林（密灌丛）
~slack 沙丘浅谷
~stabilization 稳固沙丘
~system 沙丘系，沙丘体系
~tracking method 沙波法
~trough（美）沙丘排水沟，沙丘波谷
~woodland community 沙丘林区社区
brown~（英）棕色（褐色，咖啡色）沙丘
coastal~ 海岸沙堆（沙丘）
drifting sand~ 吹积沙质土沙丘
embryo~ 初期沙丘
fixed~ 固定沙丘
gray~（美）灰白沙丘
inland~ 内陵沙丘
parabolic~ 碗状沙丘
primary~ 原始（最初的）沙丘
shifting~ 移动沙丘
shrub~ 灌木沙丘
white~ 白色沙丘
dunes 沙丘
stabilization of sand~ 沙丘的稳定
dung 粪，肥料；施肥，上肥
~-hill 粪堆；堆肥
~-cart 粪车
~，straw（谷类作物的）禾秆（稻草、麦秆）肥

Dunhuang Grotto（**Dunhuang**，**China**）敦煌石窟（中国敦煌市）
Dunhuang Mogao Grottoes（**known as world class treasure house of art**）敦煌莫高窟“世界艺术宝库”
dunite 纯橄榄岩
Duobaoliulita（**The Glazed Tile Pagoda of Many Treasures**）多宝塔
dodecastyle 十二柱式（建筑）
Duomo 教区中的主要教堂，大教堂
duorail 双轨铁路
duplex 成双的；双重的；二倍的；二联的；复式的；供两家居住的房屋，跨两层楼的公寓套房，二联式住宅，双户住宅
~apartment 跃层住宅，跨两层楼的公寓，双层套房公寓，公寓套房，二联式公寓
~dwelling 二联式住宅（上下层各一家的住宅），双户住宅
~house 联式房屋（一宅分两家住的房屋）（美）；供两家居住的房屋
~planning 联式房屋平面布置
~slide rule 两面计算尺
~-type house 并联式住宅，两户并联式住宅
duplicate 复本，副本；复制品；双重的；双份的；双联的；复写的；复写；复制；使成似联式；加倍
~carriageway 复线道路
~copy 复本，副本
~production 成批生产
~test 平行试验
duplicating machine 复印机；誊写机
durability 耐久性，耐用性，经久性；持续性
duramen（木料）心材，木心
duration 耐久，持久；继续；持续时间；期间；时间（统筹方法中完成一个活动所需时间）
~compression 工期压缩
~curve 历时曲线
~curve of stage；duration curve of water level 水位历时曲线
~delay 工期延误
~of ebb current 落潮流历时
~of fall；duration of tidal fall 落潮历时；降雨持续时间
~of fire resistance 耐火极限
~of flood current 涨潮流历时
~of insolation 暴晒时间；日光浴期间
~of locomotive complete turn round 机车全周转时间
~of rain 降雨持续时间
~of rainfall 降雨历时
~of repair 检修停时
~of residence 居住持续时间
~of rise 涨潮历时
~of stay 逗留持续时间
~of storm 暴雨历时
~of sunshine 日照时间
~of tidal current 潮流期
~of tide 潮期
~of validity 有效期（间）
~optimization 工期优化
~postpone 工期顺延
durian 毛荔枝，榴莲，榴莲树
Durian/Civet Fruit ***Durio zibethinus*** 榴莲
during flowering 开花期

Dushan jade mine 独山玉矿
Dusky eagle-owl ***Bubo coromandus*** 乌雕鸮
Dusky roncador ***Megalonibea fusca*** 褐毛鲿
Dusky sting fish ***Sebastiscus marmoratus*** 褐菖鲉 / 石头鲈 / 红寨
Dusky titi monkey ***Callicebus cupreus*** 赤褐美猴 / 伶猴
Dusseldorf School 杜赛尔多夫画派—19世纪中期活动在德国杜赛尔多夫的美术家团体。
dust 粉末；尘土，粉尘；尘埃；灰，垃圾；打扫灰尘；撒粉末
~abate 除尘
~-alleviation（work）减尘（工作）
~and aerosol protection forest 粉末和浮质防护林
~and fume 烟尘
~and poison filtering room 除尘滤毒室
~bin（英）垃圾箱
~bowl 旱涸区（长期干旱及有尘暴的地区）
~capacity；clogging capacity；dust holding capacity 容尘量，粉尘量
~cart（英）垃圾车
~chute 垃圾管道，垃圾输送管道
~collecting function of green space 绿地纳尘功能
~-collecting system 吸尘系统
~collecting unit 集尘装置
~concentration 含尘浓度
~contamination 粉尘污染
~content 含尘量
~control 防尘
~devil 小尘暴，尘旋风
~filtration 粉尘（尘土）过滤
~holding plant 滞尘植物
~particle 尘粒
~pollution 粉尘污染
~prevention 防尘，防尘措施
~prevention planting 防尘栽植
~proof 防尘
~-proof in building 建筑防尘
~-proof workshop 洁净车间
~removal 除尘
~removing system 除尘系统
~road 村路，乡村道路
~sampler；dust sampling meter 粉尘采样仪
~screening 粉尘筛选，粉尘筛分，粉尘筛
~separation 除尘
~separator；dust collector；particulate collector 除尘器
~settlement 尘埃降落
~source 尘源
~storm 尘暴 {气}
~-tight construction 防尘建筑
dustfall 降尘
dustman 清道工
dustproof facility 防尘设施
dustroad 乡村道路，村路，土路
duststorm 尘暴
Dust-tight 防尘
dusty gas 含尘气体，含尘空气
Dusty Miller/Silver-green Wattle Acacia ***Senecio cineraria*** 银叶草 / 雪叶莲
Dutch 荷兰人；荷兰语；荷兰（式）的；荷兰人的

~bond 荷兰式砌合{建}

~Colonial architecture 荷兰在北美殖民地建筑风格

~door 上下两部分可分别开关的门

~elm disease 荷兰榆树病

~garden 荷兰庭园

Dutch Crocus/Common Crocus *Crocus vernus* 番紫花 / 春番红花

Dutch Hyacinth/Common Hyacinth *Hyacinthus orientalis* 风信子 / 洋水仙

Dutchman's Breeches *Dicentra cullaria* 兜状荷色牡丹（美国俄亥俄州苗圃）

dwarf 矮小的动物或植物；矮子，侏儒；（使）变矮小

~book 小开本书

~elm 白榆，榆树

~flower bed 矮生花坛

~flowering cherry 郁李

~fruit 棚枝果树，矮果树

~fruit tree（美）矮果树

~fruit tree，pyramidal（美）金字塔形矮果树

~plant 矮生植物

~shrub 矮灌木

~shrub carpet，creeping（美）匍匐生根的地毯式矮灌木

~–shrub plant community 矮灌木植物群落

~–shrubland 矮灌木地

~standard rose 矮标准（直立）玫瑰

~thicket 矮检票栅

~tree 矮树，盆栽树

~–tree orchard 矮生果园

~woody species 矮树种类

Dwarf Elm/Siberian Elm *Ulmus pumila* L. 白榆 / 家榆

Dwarf Ladypalm/Reed Rhapis *Rhapis humilis* 矮棕竹 / 棕竹

Dwarf Lily Turf/Blue Grass *Ophiopogon japonicus* 麦冬 / 绣墩草 / 沿阶草

Dwarf Asparagus-fern *Asparagus plumosus* var. *nanus* 矮文竹

Dwarf Balsam Fir *Abies Balsamea Nana* "矮小" 胶冷杉（英国斯塔福德郡苗圃）

Dwarf Banana *Musa nana* 矮脚蕉 / 香蕉

Dwarf Bigleaf Hydrangea *Hydrangea macrophylla* 矮绣球 / 紫阳花

Dwarf Cymbidium *Cymbidium fioribundum* var. *pumilum* 台兰 / 小蜜蜂兰

Dwarf Dock *Rumex acetosella* 小酸模

Dwarf Galangal *Alpinia pumila* 蘘荷 / 野姜 / 阳荷

Dwarf Japanese Flowering Quince *Chaenomeles japonica* 日本木瓜 / 倭海棠 / 日本贴梗海棠 / 杜鹃海棠

Dwarf Juniper *Juniperus procumbens Nana* 矮生铺地柏（英国斯塔福德郡苗圃）

Dwarf lemur *Microcebus murinus* 倭狐猴

Dwarf Lily Turf *Ophiopogon japonicus* (L.f.) Ker-Gawl. 沿阶草（麦冬）

Dwarf loris *Cheirogaleus medius* 脂尾倭狐猴

Dwarf Palm *Sabal minor* 矮萨巴棕 / 小箬棕

Dwarf Pampas Grass *Cortaderia selloana* 'Pumila' 矮蒲苇（美国田纳西州苗圃）

Dwarf Pomegranate *Punica granatum* cv. 'Nana' 月季石榴 / 四季石榴 / 火石榴

Dwarf She-Oak ***Allocasuarina nana*** 土沉香（澳大利亚新南威尔士州苗圃）
Dwarf Siberian Pine/Japanese Stone Pine ***Pinus pumila*** 偃松
Dwarf Umbrella Tree ***Schefflera arboricola*** 鹅掌藤
Dwarf Variegated Tree Form Holly ***Ilex aquifolium Argentea*** **'Marginata Lollipop'** 金边枸骨叶冬青（英国斯塔福德郡苗圃）
dwarfing 矮化匍匐
~plant 矮化植物
~tree 矮化树
~wall 桥台台帽前缘的矮墙
Dwarfpeach Loosestrife ***Lysimachia clethroides*** 矮桃/珍珠草/调经草/尾脊草
dwell 住，居住；延长，停止，小停顿
dweller 居民，居住者，住户
dwelling 居住；住所，住宅，住房；住处，寓所；居住
~area noise 住宅区噪声
~building 居住房屋
~condition 住宅情况
~construction 住宅建设
~density 户数密度
~district 居住区，住宅区
~duplex 二联式住宅，双户住宅
~environs 住宅附近，住宅环境
~environment 居住环境
~equipment 住房设备
~for special users 特殊需求者住宅
~groups 住宅群，居住群
~house 住宅，住房，独立式住宅，居住房屋
~in a cluster，attached（美）附属住宅
~in multiple occupation 合住住宅，多户合用一套住房的住宅
~insulation 住居区隔离{交}
~on honeycomb 蜂窝式住宅
~place 住处
~quality 住宅质量
~size 房型，住宅规模，套型
~standard 住宅标准
~surroundings 住宅环境
~survey 居住调查，住房调查
~unit 住宅单位，居住单元
~unit/household ratio 套户率
~unit interview（method）居住单元调查法
~unit，multi-family 多户居住单元
~units 住房量，住宅套数
detached~（美）独立住宅
multi-family~ 多户住宅
patio house~（美）院屋住宅
single-family~（美）单户住宅
single-family detached~（美）独立单户住宅
dye 染色，染料
~house 染厂，染房
~waste 染料废水
~works 染厂
dyeing plant 印染厂
Dyer's Chamomile ***Anthemis tinctoria*** 多花菊/黄金菊
Dyer's Greenweed ***Genista tinctoria*** 染料木/染匠的扫帚
Dyers Woad ***Isatis tinctoria*** 欧洲菘蓝
dyestuff plant 染料厂
Dyetree ***Platycarya strobilacea*** 化香树

dying of a water body biological 水体渐消（生物学）

dyke 堤，堤坝，防洪堤，海岸堤

~breaching 决堤

~defect detecting 堤防隐患探测

~maintenance 堤防维修

dry stone~ 干石坝{堤}

field~（英）田野防洪堤

main~（英）主堤

dykes and island 堤岛

Dymaxion House 达玛克新住宅（由美国建筑师富勒设计的住宅——“居住的机器”。名称表示此住宅富于动态而又有最大效益）

dynamic 动态，动力；动力的，动力学的；动态学的；冲击的；有力的

~action 动态作用，动态活动

~air flow factor 气流动力系数

~analysis 动态分析

~approach 动态研究方法

~balance 动态平衡；动（力）平衡

~coefficient 动力系数

~consolidation 强夯法，强夯加固

~consolidation foundation 强夯地基

~control 动态控制

~data 动态资料

~decision-making 动态决策

~deviation 动态偏差

~economic model 动态经济模型

~economics 动态经济学

~effect 动力作用；动力效应

~effect factor 动作用系数

~environment 动态环境（不断变化的环境）

~equilibrium 动力平衡，动态平衡

~force 动力

~information 动态情报

~interaction 动态交互作用

~load 动荷载

~load of nuclear blast 核爆动荷载

~management 动态管理

~model 动态模型

~moment of inertia 转动惯量

~of migration 迁移动态

~of population 人口动态

~optimization 动态优化{数}

~penetration test 动力触探试验

~performance 动态性能

~phenomenon 动力现象，动态现象

~population 动态人口

~pore pressure ratio 动孔压比

~program 动态规划

~programming 非线性规划，动态规划

~range 动态范围

~rest space 动休息区

~scoping 动态域

~simple shear test 动单剪试验

~species equilibrium 动态物种均衡

~stereo photography 动态立体摄影

~storage 动库容（楔形库容）

~system 动态系统

~test 动力试验

~triaxial test 动三轴试验

~vibration absorber 动力吸振器

~water pressure 动水压力

~wind rose 风力风向动力图（风力玫瑰图）

dynamic geomorphology 动力地貌学

dynamic map 动态地图

dynamics 动力，动态学，动力学

~of relationships 关系动态，关联动力学
abundance~ 多动力，富有动力，丰富动态
population~ 人口动态
statics and~ 静力学和动力学
ynapolis 动态发展的城市，沿交通干线有计划发展起来的城市

dystrophic 无养分的
~lake 泥塘，沼泽湖
dystrophication 河湖污染（住户及工业的废料，施化肥田地的污水所引起河湖的污染），富营养污染
Dzungar Sand Sagebrush *Artemisia songarica* 准噶尔沙蒿 / 中亚沙蒿

E e

E. Bureau's Rhododendron ***Rhododendron bureavii*** 锈红杜鹃 / 锈红毛杜鹃

EA（environmental assessment）环境评价

EAA（exterior apartment area）公寓外面的面积（如阳台及晒台）

Eagle-owl（*Bubo bubo*）雕鸮 / 恨狐

ear 耳；耳状物

~defender 护耳器

~drops 灯笼海棠

Ear Drops/Fuchsia ***Fuchsia speciosa/F. hybrids*** 倒挂金钟

Eared Strangler Fig ***Ficus auriculata*** 大果榕

earliness character of buds 芽的早熟性

early 早，初期的；[副]早，初，先

~baroque 早期变态式（装饰过分的）建筑，早期巴洛克建筑

~blooming 早花

~bond 早期结合

~Christian architecture 早期基督教会建筑，初期基督教建筑

~Christian church architecture 早期基督教堂建筑

~completion 提前完工

~cut–off（交通信号）早断，（绿灯信号）提前切断

~development 早期发展，早期开发

~English architecture 早期英式建筑（最早尖拱式建筑）

~English cathedral architecture 早期英国天主教堂式建筑

~English Style 早期英国哥特式（1180~1250 年间）（建筑形式）

~failure 初期故障

~foliage（美）初叶

~frost 早霜

~Gothic 早期哥特式

~Gothic style church 早期哥特式教堂

~Plantagenet style 早期金雀王朝式建筑

~pointed 早期（英国）尖拱式建筑

~Renaissance 早期文艺复兴式

~Romanesque style 早期罗马式建筑

~–warning system 早期警报系统

~wood 早期木版画，早期木制品

Early Cestrum ***Cestrum fasciculatum Miers*** **var.** ***newellii Bailey*** 瓶儿花

Early Deutzia ***Deutzia grandiflora*** **Bung** 大花溲疏

Early Lilac/Broadleaved Lilac/lilac ***Syringa Oblata*** 华北紫丁香 / 紫丁香 / 丁香

Early Purple Orchid/Salep/Cuckoos ***Orchis mascula*** 强壮红门兰

Early Sunflower ***Heliopsis helianthoides*** 赛菊芋 / 日光菊（美国俄亥俄州苗圃

Early Weigela ***Weigela praecox*** **Bailey** 早锦带花

earnest（money deposit）保证金

earnest money 买房定金

earning 收入，收益

arnings 工资，收入，利润、收益

:ar-pod Wattle ***Acaia auriculiformis*** **A. Cunn. ex Benth.** 大叶相思 / 耳叶相思

arth（泥）土；（土）地；地球；陆地；地面，地上；接地；埋入土中；接地{电}

~architecture 生土建筑

~art 地景艺术；大地艺术

~bank 土堤，路堤

~blanket 泥土覆盖

~-bound solar energy 地面太阳能

~building 生土建筑

~closet 干厕，（英）（用土覆盖粪便的）厕所

~conductor 接地线

~-covered drain（age）cleanout pipe（美）泥土覆盖的排水区清除（清洗）管

~creep 土崩，土滑

~crust 地壳

~cutting 挖土

~dam 土堤，土坝

~dam paving 土坝铺面

Earth Day 地球日，地球清洁日，地球环境日（每年 4 月 22 日）

~drain（age）inspection shaft（英）地面排水区检查立井

~electrode 接地体

~embankment 路堤；土堤；填土

~excavation 挖土（工程），土方开挖

~fall 土塌，土崩

~fill 填土

~-fill（ed）dam 土坝

~fill around a tree 在树四周填土

~filling 土装填（填充，填满）

~fissure 地裂隙

~flow 泥流，土流，土崩

~forces（美）地力

Earth Forest，Yuanmou（China）元谋土林（中国）

~formwork 土模板，土模壳

~gravity 地心吸力

~heaving 地面隆起

~house 土屋

~hummock 土岗

~layer 土层，地层

~material 土料

~mound 土墩

~movement 地表移动

~-moving 地球运转

~moving machinery 土方机械

~moving vehicle 运土车辆

~opening（林中）空地，开地

~piled hill 土山

~pressure 土压力

~pressure at rest 静土压力，静止土压力

~-quake 地震

~quantity 土方工程量

~resources 地球资源

~resource satellite 地球资源卫星

~road 土路

~roadbed 土路基

~rock dam；embankment dam 土石坝

~root-ball 地下球状根茎

~satellite 地球卫星

~satellite vehicle 简写 ESV 人造地球卫星

~science 地学

~shaping works（英）地下成形作用

~shock 地震

~slide 土崩，土滑

~slip 土崩，土滑
~station 地面站
~structure 土工建筑（物），土工构造物
~surface 素土地面；地球表面
~survey satellite 地球观测卫星
~termination system 接地系统
~void 地面空间
~（–）volume 土方量
~water 硬水
~work 土作
~work(s) 土方工程，土工；土工艺术品（以泥沙石块制成）
back filled~ 回填土
black~ 黑土地
borrow~ 借土
brown~ 褐色，棕壤
dumping of~（美）泥土倾卸，泥土倾倒
tipping of~（英）泥土倾倒，泥土翻倒

Earth Star/Starfish Plant/Star Bromelia *Cryptanthus acaulis* 紫锦凤梨 / 姬凤梨

earthed blasting 地爆

earthen 土制的，陶制的
~centring 土拱架
~road 土路
~wall fortification（美）土墙筑城，土墙设防

earthing reference point，ERP 接地基准点

earthquake 地震
~acceleration 地震加速度
~action 地震作用
~area 地震地区
~axis 震轴
~center 震源，震中
~country 震区，地震区
~damage 地震损害
~disaster 地震灾害
~dispersal area 地震疏散用地
~dynamic earth pressure 地震动土压力
~dynamic water pressure 地震动水压力
~–effect 地震作用，地震效应
~engineering 地震工程，地震工程学
~epicentre 震中
~fire 地震火灾
~focus 震源
~force 地震力
~hazard 震害
~hazard protection 城市防震
~hypocenter 震源
~intensity 地震强度（烈度）
~magnitude 地震震级
~period 地震时期
~prediction planning 地震预知计划
~–proof 防震，抗震
~–proof construction 抗震建筑
~protection category for buildings 抗震设防类别划分
~record 地震记录
~region 地震区域
~–resistance design 抗震设计
~resistant structure 抗震结构
~resisting 抗震
~response spectrum 反应谱
~seismology 地震学
~zone 地震（分）区，地震带

earthroad 土路，砂土路

earthscape 大地景观学，大地景观

earth's surface 地面

earthwork 土方工程，土工，土石方工程，挖土，填土

~balance 土方平衡
~house 土筑房
~earthworks 土方（工程），土木工事，地景艺术品（改变土地或沙丘自然形态而成）
~calculation 土方计算，土方估计
~construction 土方施工
~measurement，real 实际土方测量（丈量）
~quantities，rough estimate of 土方粗略估计量
Earthworm *Pheretima tschiliensis* 蚯蚓
Earwiy *Labidura riparia* 蠼螋
ease right turn 平顺右转
easement 附属建筑物；土地使用权；缓和曲线，介曲线；地役权；平顺；方便
~curve 缓和曲线，介曲线
utility~附属建筑物功用，地役权效用
vehicular~运输工具(车辆)地役权(土地使用权)
vehicular and pedestrian~车辆与行人的土地使用权
Easiation disease of Dendranthema grandiflorum 菊花柳叶病/柳叶头(植物菌原体 MLO)
easiest rolling car 最易行车
easily 容易地，不费力地，舒适地，从容自在地，流畅地，无疑，很可能
~noticeable 容易感觉到
~soluble 容易溶解的
~workable soil 很可能适合经营的土地
east 东（方），东部；东方的，东来的；[副]在东，向东
East Annex Hall 东配殿
~China 华东
East End（伦敦东部的）贫民区
~-facing slope 朝东的坡
East Lake 东湖
~longitude 东经
East Stele Pavilion 东碑亭
East Asian Tree Fern *Cibotium barometz/Polypodium barometz* 金毛蕨
East China hare *Lepus sinensis* 东南兔
East Indian Coral Tree/Indian Coral-bean *Erythrina indica* 刺桐
East Indian Ebony/Ebony/Ceylon Ebony *Diospyros ebenum* 乌木
East Liaoning Oak *Quercus liaotungensis* 辽东栎/紫树
East Siberian Fir/Khingan Fir *Abies nephrolepis* 臭冷杉/臭松
East Tibetan swallowtail *Byasa daemonius* 藏东麝凤蝶
Eastern black-and-white colobus/Guereza monkey *Colobus guereza* 东非疣猴
Eastern sambar *Cervus unicolor equinus* 水鹿（东南亚亚种）/四不像
Easter 复活节
Easter Lily/White Trumpet Lily/Church Lily *Lilium longiflorum* 麝香百合/铁炮百合
easterlies 东风带
Easter lily/Barrel Cactus *Echinopsis multiplex* 长盛球/福表
easterly 东风
~wave 东风波
eastern 向东方的，来自东方的，东部地区的人

Eastern and Western Imperial Tombs of the Qing Dynasty（China）清东陵与清西陵（中国河北省）

~choir（=eastern church）东方教堂式建筑

~choir tower 东方教堂尖塔

~church 东方教堂式建筑

~crossing tower 东方教堂的中央（平面十字交叉处）尖塔

Eastern Heavenly Gate（China）东天门（中国浙江省）

~hemlock 加拿大铁杉

~larch 美洲落叶松

Eastern plane *Platanus orientalis* 法国梧桐

~quire 东方教堂式建筑

Eastern Tomb（清朝）东陵

Eastern Arborvitae *Thuja occidentalis* 北美香柏

Eastern marsh harrier（***Circus spilonotus***）白腹鹞

Eastern Redbud *Cercis canadensis* 'Forest pansy' 紫叶加拿大紫荆（英国萨里郡苗圃）

Eastern reef heron/ reef heron *Egretta sacra* 岩鹭

Eastern white pelican/ European white pelican *Pelecanus onocrotalus* 白鹈鹕（罗马尼亚国鸟）

East-liaoning Oak *Quercus liaotungensis* Koidz. 辽东栎

easy 容易的，不费力的，舒适的，平缓的，顺利的

~gradient for acceleration 加速缓坡

~rolling car 易行车

~rolling track 易行线

eating house 餐馆，饮食店

eave 屋檐

~column 檐柱

~edging 连檐

~purlin 正心桁，檐檩下平榑

~rafter 檐椽

~tiebeam 老檐枋，檐枋

~tile 勾头

~tile with pattern 瓦当

~wall 檐墙

eaves 屋檐，檐{建}

~gutter 檐沟{建}

~trough 檐槽{建}

ebb 落潮，退潮；衰退；（潮）退落；衰退

~dyke 防潮堤

~tidal current 落潮流

~tidal range 落潮潮差

~tidal volume 落潮量

~-tide 落潮，退潮

~-tide gate 落潮闸

Eberhardtia [common] *Eberhardtia aurata* 梭子果

ebony 黑檀，乌木

~wood 乌木，黑檀木

E-business 电子商务

ECA（**exterior common area**）户外公用面积（如广场等）

eccentric 不同圆心的，古怪的，不正圆的，偏心的

~discharge 偏心卸载

~load 核心荷载

eccentricity 偏心距

ecclesia 教堂

ecclesiastical 教会的，牧师的，神职的
~architecture 宗教建筑（学、术）
~basilica 教堂的长方形会堂
~building 宗教房屋
~building style 宗教建筑式
~monument 教堂纪念碑，教堂古迹
ecclesiology 宗教建筑及装饰研究
echelon 等级；阶层；梯队；梯阵；排
~operation 阶梯操作法（一种摊铺沥青混合料的操作方法，一机在前，一机在一定距离跟在旁边，进行摊铺）
~parking layout（美）梯形停车场布局
echo 回声；回波
~Wall（天坛）回音壁
Echinacea ***Echinacea angustifolia*** 狭叶秋菊/紫锥花
Echinacea Hot Papaya ***Echinacea purpurea*** **（L.）Moench 'Hot Papaya'** 松果菊"热木瓜"（美国田纳西州苗圃）
Echoing-Sand Mountain（Jiuquan City，China）鸣沙山（中国酒泉市）
eclectic(al) 折中主义的，折中的
~architecture 折中主义建筑
~Conrtyards 折中式庭园
~structure 折中式建筑
eclecticism（建筑装饰风格上的）折中主义
eclogite 榴辉岩
eco 生态的，环境的，经济的
~-activist 生态活动家（致力环境保护免受污染）
~-activity 生态活动
~and geographical surveys 生态（学）的和地理的测量
~-audit 环境严密检查，生态严密检查
~-economic comprehensive benefit 生态经济综合效益
~-friendly environment 生态环境
ecocatastrophe 生态灾难
ecocide 生态灭绝，生态破坏（无限制地利用工业污染物，致使地球生态的破坏）
eco-compensation 生态补偿
ecocrisis 生态危机
ecofactor 生态要素，生态因素
ecogeography 生态地理学
Ecole 学派；学校
~Cistercienne（法）（11 世纪法国早期哥特式建筑的）西斯丁学派
~d'Anjou（法）英国安茹王朝式建筑
ecologic(al) 生态（学）的
~amplitude 生态（学）丰富
~architecture 符合生态学法则的建筑
~balance 生态平衡
~benefit 生态效益
~buffer capacity 生态缓冲功能
~city 生态城市
~community 生态群落
~condition 生态条件
~consequences 生态的影响
~control 生态控制
~crisis 生态危机
~cycle 生态循环
~disturbance 生态失调
~distribution 生态分布
~distribution of spatial patterns 空间模式生态分类
~environment 生态环境
~effect 生态效益，生态影响
~equilibrium 生态平衡

~evaluation 生态评价，生态价值
~extinction 生态灭绝
~factors 生态因素，生态要素
~group 生态类群
~habitat 生态环境
~homeostasis 生态平衡
~interactions and interrelationships 生态相互影响和相互关系
~intercompatibility，matrix on 在生态基体（母体）上相互和谐共存
~investment 生态投资
~landscape pattern 生态景观格局
~niche 生态龛
~organization 生态组织
~park 生态公园
~patch type 生态修补类型
~pest control 生态有害生物（害虫）控制
~planning 生态学规划
~plant geography 植物生态地理学
~pollution limit 生态污染极限
~project 生态工程
~protection 生态保护
~race 生态竞争
~range（美）生态领域
~restoration 生态恢复
~risk 生态风险
~significance 生态重要性，生态含义
~spatial unit 生态空间单元（单位）
~stability 生态稳定
~structure 生态结构
~succession 生态迁移
~system 生态系统
~tolerance 生态容限
~type 生态型
~unbalance 生态失衡
~valence 生态效价

ecological balance 生态平衡

ecological benefit 生态效益

ecological corridor 生态廊道

ecological determinants 生态决策，由伊恩·麦克哈格（Ian McHarg，1920~2001）提出的生态规划方法

ecological planning and design 生态规划和设计

ecological restoration 生态修复

ecological succession 生态演替

ecologically 生态
~-based management 生态基地地面管理
~fragile terrain 生态薄弱地带
~land management 生态地面管理
~sensitive area 生态敏感区
~-sound 生态探子（探条），生态发声
~sustainable development（简写 ESD）生态持续发展

ecologist 生态，生态学，生态学家
~，landscape 园林生态学家，风景生态学（家）
~，plant 植物生态学家，植物生态学（家）

ecology 生态学
~environment 生态环境
~of habitat islands（动植物）生境岛屿生态学
~-sensitive 生态敏感
civilization~ 文明生态学，文明世界生态学
human~ 人类生态学
landscape~ 园林生态学，风景生态学
plant~ 植物生态学

population~ 人口生态学
urban~ 城市生态学
vegetation~ 植被生态学，植物生态学
conometrics 计量经济学
conomic 经济（学）的；实用的；节俭的
~accountability 经济责任
~accounting system 经济核算制
~active population 经济活动人口（具有经济活动能力的人口）
~activity 经济活动
~activity analysis 经济活动分析
~advantage 经济优势
~advisor 经济顾问
~agent 经济机构，经济代理人，经济因素
~agreement 经济协定
~ailments 经济失调
~aim 经济目的
~analysis 经济分析，经济调查
~and social development program 经济和社会发展规划
~and technical development zone 经济技术开发区
~and technological cooperation with foreign countries 对外经济技术合作
~and technological development zone 经济技术开发区
~appraisal 经济评价
~appraisal of natural sources 自然资源的经济评价
~area 经济区
~argument 经济论证
~artery 经济命脉
~aspect 经济方面
~attraction area 经济吸引范围
~barometer 经济指标
~base 经济基础，基本经济
~base theory 经济基础理论
~belt 经济带
~benefit 经济效益
~benefit of agglomeration 集聚经济效益
~benefit of optimum location 优位经济效益
~benefit of scale 规模经济效益
~biology 经济生物学
~bloc 经济集团
~bust 经济崩溃
~calculation 经济核算
~capacity of tourism 旅游环境容量
~cartography 经济地图学
~center 经济中心
~center city 经济中心城市
~change 经济转变
~combination 经济联合体
~compensation 经济补偿
~contract 经济合同
~control 经济控制
~cooperation region 经济协作区
~co-ordination 经济协作区
~crisis 经济危机
~damage 经济损失
~data 经济资料
~density 经济密度
~depreciation；economic obsolescence 经济上的折旧
~development forecast 经济发展预测
~development plan 经济发展计划
~development program 经济发展方案
~effect 经济效果

~effect area 经济影响地域
~efficiency 经济效益
~entity 经济实体
~environment 经济环境
~evaluation 经济评价，经济评估
~expansion 经济增长
~factor 经济因素
~feasibility（analysis）经济可行性分析
~forest 经济林
~forestry 经济林地
~gap 经济差距
~geographic position 经济地理位置
~geography 经济地理学
~geology 经济地质学
~groundwater yield 地下水经济产水量
~growth 经济扩张，经济增长
~growth factor 经济增长系数
~growth rate 经济增长率
~investment 经济投资
~land management 经济自然资源管理
~law 经济规律
~map 经济地图
~means 经济手段
~mechanism 经济机制
~model 经济模型
~network 经济网络
~optimum population 经济适度人口
~pattern 经济结构
~phenomena 经济现象
~planner 经济规划师
~planning 经济规划，经济计划
~plant species 经济作物种类
~plants 经济植物
~postulate 经济假设
~potential 经济潜力
~prediction 经济预测
~preeminence 经济优势
~principle 经济原则
~projection 经济预测
~prosperity 经济繁荣
~recession 经济衰退
~reckoning 经济核算
~region 经济区
~regionalization 经济区划
~regulation 经济调整
~relation 经济关系
~relationship 经济关系
~resistance of heat transfer 经济传热阻
~return 经济收益
~sector 经济部门
~sense 经济概念，经济观点
~socialogy 经济社会学
~space 经济空间
~speed 经济车速
~sphere 经济影响范围
~status 经济地位，经济状态
~structure reform city 经济体制改革市
~studies 经济分析评价
~superiority 经济优势
~survey 经济调查
~system 经济体制，经济系统，经济体系
~technical development 经济技术开发区
~test 对经济效果的评价
~thermal resistance 经济热阻
~thickness 经济厚度
~time 经济时间
~value 经济价值
~variable 经济变量，经济指标
~velocity 经济流速

~welfare 经济福利

economic geographical condition 经济地理条件

economic geographical location 经济地理位置

economic technical development area 经济技术开发区

economical 经济（学）的

~basic 经济基础

~behavior 经济行为

~boom 经济繁荣

~city 经济城市

~depth 经济高度，经济深度

~development 经济发展，经济开发，经济建设

~efficiency 经济效果

~haul 经济运距

~hauling distance 土方调配经济运距

~life 经济寿命（工程价值分析用）

~structure 经济结构

economically 经济地；经济学上

~active employed population 在业经济活动人口

~active population 从事经济活动人口

~coordinated region 经济协作区

~inactive population 非经济活动人口

~optimum population 经济适度人口

economics 经济状况，经济，经济学

~force 经济力量

~forecast 经济预测

~foundation 经济基础

~growth rate 经济增长率

~indicator 经济指标

~model analysis 经济模型分析

~of population 人口经济

~of location 区位经济

~of scale 规模经济，规模经济学

~project 经济规划

~reform 经济改革

~relation 经济关系

~rent 经济地租

~research 经济研究

~study 经济研究

~theory 经济理论

~traits 经济特点

~utility 经济效用

~zone 经济区，经济特区

economy 经济；节约

~anatomy 经济剖析

~of scale 规模经济

~study 经济分析，经济研究

econo-technical norms 经济技术指标

ecophysiology 生态生理学

ecoregion 生态区域

eco-roof system（美）生态保护体系

ecosection 生态地段

ecosphere 生态圈，生态界，（生物）大气层，生物域

ecosite 生态点

ecosystem 生态系统，生态系

effective functioning of natural~ 自然生态系有效功能

feasibility of recreating~ 改造生态系的可行性

forest~ 森林生态系统

interactions of~ 生态系统相互作用（相互影响）

interdependency within an~ 在生态系统内相互依存

landscape~ 风景（景观）生态系统

reinstatement costs of~生态系统修复费用（成本，价钱，价格）

replacement costs of~生态系统更换费用（成本，价钱，价格）

ecotechnology 生态技术（学），生态工艺（学），生态工业技术，生态技术应用，生态应用科学

ecotonal 生态调性的

~association 生态调性群丛（结合体）

~plant community 生态调性植物群落

ecotone 群落交错区

timberline~林木线（指山区或高纬度地区树林生长的上限），群落交错区

ecotope 生态环境；生态区

ecotope，pattern of~生态环境原型（模式）

eco-tourism~生态旅游，生态观光

ecotourism 生态旅游

ecotoxicology 生态毒物学，生态毒理学

ecotype 生态型

ecronic 港湾，河口湾

ectotrophic mycorrhiza 体外营养菌根

ecumene 定居区，世界上有人居住的部分，世界上适合人类居住的部分

ecumenopolis 世界都市带，普世城（希腊规划家多克希亚底斯预言未来城市，由于交通速度打破区域甚至国界彼此连接而提出的新词），世界都市（将整个世界看作一个连续的城市）

edaphic 土壤的，（动植物）土生土长的

~factor 土壤因素

~map 土壤图

~properties 土壤性能（符性，性质）

edaphology 土壤学

eddy（空气，水，烟等的）旋涡，涡流

Edelweiss *Leontopodium alpinum* 高山火绒草 / 薄雪草（瑞士、奥地利国花）

edge 边（缘）；边界，边缘；刀口镶边，修边；沿边；渐近；侧进；装刃

~action 边缘作用

~angle 边缘角

~bar 缘杆

~beam 边梁

~bedding，concrete（英）混凝土（制的）镶花边花坛

~clipping，lawn 草坪边缘修剪

~community 边缘社区

~condition 边缘条件，边界条件

~cutting，lawn 草坪沿边切割

~design 边界图

~drain 路边排水

~effect 边缘影响，边界效应；（集料抗滑的）边角效应，边际效应

~enhancement 边缘增强

~footing，concrete（美）混凝土（制的）边缘花边

~grain（sawed）timber 四开木材{建}

~kerb（英）边界路缘

~line 车行道边线

~line，yellow（美）黄色边界线

~lot 沿边建筑基地，街道端部建筑用地，三面临街建筑基地

~of a landslip 崩塌（山崩，地滑，塌方）边缘

~of a pavement at intersection 交叉路口路面拐角

~-of-pavement clearance 路缘净距

~of pavement line（简写 EP）路面边线

~piece 边缘断片，边缘部件

~planting 边缘种植

~protection 边缘加固
~restraint 边缘约束
~scrub community，woodland 林区边缘灌木丛群落
~site 沿边建筑基地，街道端部建筑用地，三面临街建筑基地
~trees 沿边树木
~unit 边缘单位（指构成整体的人、事、团体等）
~water 层边水
bog~ 沼泽地区边缘，泥塘（困境）边缘
city/village~ 城市 / 乡村边缘
field-woodland~（美）广阔的大片林区边缘
forest~ 森林（林区）边缘
herbaceous~ 叶状镶边
laid on~ 放置边缘，平放边缘
lake~ 湖边，池边
lawn~ 草地边缘，（古）林间空地边缘
mowing~ 牧草地边
prairie-woodland~（美）大草原林区边缘
road~ 路（道路、公路）边
soften a pathway's hard~ 变软的小路硬边
upper~ 上，边，上缘
woodland~ 林区边缘

edges 边缘，端部

Edgeworth Sagebrush ***Artemisia edgeworthii*** 劲直蒿 / 直茎蒿

Edgeworth's Maidenhair ***Adiantum edgeworhii/A. caudatum*** **var.** ***edgeworthii*** 普通铁线蕨

edging 边，边缘，饰边，缘饰，缘工（草坪，花坛的）边缘修剪
~plant 装缘植物，饰缘植物
~stone 界石（界碑、纪念碑、墓碑，里程碑）缘饰
flush~ 蛇形门形饰边
kerb~（英）路缘（井栏）边
lawn~ 草地边缘
tree circle~（英）树环形路边
tree pit~（美）树坑边缘
wooden~ 木缘边，木缘饰

Edging Lobelia/Lobelia ***Lobelia chinensis*** 山梗菜 / 半边莲

edible. 可食用的
~plant 可食用植物

Edible Annual Chrysanthemum ***Chrysanthemum carinatum*** 蒿子秆

Edible Burdock/Burdock/Gobo ***Arctium lappa*** 东洋萝卜 / 牛蒡

Edible Canna ***Canna edulis*** 蕉芋 / 姜芋 / 食用美人蕉

Edible Chrysanthemum Flower ***Chrysanthemum morifolium*** 食用菊

Edible Chrysanthemum ***Chrysanthemum coronarium*** 茼蒿 / 日本青药

Edible Debregeasia ***Debregeasia edulis*** 水麻

Edible Deepblue Honey Suckle ***Lonicera caerulea*** **var.** ***edulis*** 蓝靛果

Edible Oil nut ***Pyrularia edulis*** 檀梨

edification（旧称）建筑，建筑物

edifice 大型建筑物，大厦

editor 编辑（者），总编辑，主笔
~-in-chief 主编，总编辑，编辑部主任

edolite 长云角页岩

Edo period 江户时代

Edo Castle 江户城（日本）

education 教育；训练

~background 学历
~in landscape architecture 风景园林学教育
continuing~（美）持续教育
further~（英）后续教育
professional~职业教育

educational 教育的，教养的，文教的
~area 文教区
~attainment ratio 教育程度比较
~block 文教建筑群
~building 文教建筑物
~center 文教中心，文化教育中心
~facilities 教育设施
~fund 教育经费
~garden 教养园
~institute 文教机关
~institution 教育机构
~investment 教育投资
~park 教育园（城市中从幼儿园——大学综合性设施）
~policy 教育方针
~television 电视教育
~trip 教育出行

Edward Goucher Abelia ***Abelia*** **'Edward Goucher'** '爱德华·古舍'六道木（英国萨里郡苗圃）

Edwardian style（英国）爱德华式建筑

Eel/Japanese eel ***Anguilla japonica*** 鳗鲡/鳗/青鳝/白鳝

Eelpout/viviparous blenny ***Zoarces viviparus*** 绵鳚/光鱼

E-fang Palace 阿房宫

effect 效应，作用；效力；效果；实施；实行；促进；引起
~green time 有效绿灯时间
~of an action；effects factions 作用效应
~of capital construction 基建效果
~of cold forming 冷湾效应
~of environmental pollution 环境污染效果
~of investment 投资效果
~of macroeconomy 宏观经济效果
~of surroundings 环境影响
~survey 效果调查
action~作用效应
after~后效（应）
ageing~时效，老化效应
chain~连锁效应，连锁作用
channel~沟渠效应
combination for long-term action~长期效应组合
coming into~开始实施
cooling~冷却作用
crowding~催促作用
earthquake~地震作用
ecological~生态效益
economic~经济效果
edge~边缘影响，边界效应；（集料抗滑的）边角效应
forest~森林作用
green-house~温室效应
isolation~隔离效果
local~局部效应
long time~长期效应
macro~宏观效应
masking~隐蔽效应
mass~质量效应
negative~反对效果，负面效应
pot-binding~（英）装箱捆包效果，盒式装配

potential~潜在效应
seismic~地震效应
sun~日光效应
with legally-binding~具有法律约束作用

effective 有效的
~accumulated temperature 有效积温
~age（建筑物）有效使用年限
~area 实用面积，有效范围，影响范围圈，有效面积
~coefficient of local resistance 折算局部阻力系数
~date 有效日期
~depth 有效水深
~engineering 有效工程
~floor area for civil air defence 人防有效面积
~flow resistance 有效流阻
~functioning of natural（eco）systems 大自然生态系统有效功能
~functioning of natural systems，safe-guarding the 维护自然体系有效功能
~grain size 有效粒径
~green street 有效绿灯时间
~green time 有效绿灯时间
~gross income 有效毛收入
~head 有效水头
~length 折算长度
~length of track 线路有效长度
~management of migratory species of wild animals 野生动物移栖种类有效管理
~measure 有效措施
~perceived noise level 有效感觉噪声级
~population 实际人口
~porosity 有效孔隙率
~porosity of screened well 过滤管进水面层有效孔隙率
~perceptible water 有效降水
~precipitation 有效降水
~radius 有效半径
~rainfall 有效降水，有效雨量
~range 有效范围
~range of spray nozzle 水雾喷头的有效射程
~red time 有效红灯时间
~sound pressure 有效声压
~stack height 烟囱有效高度
~stress analysis 有效应力分析
~stress path 有效应力路径
~support length of beam end 梁端有效支承长度
~temperature 有效温度
~temperature difference；supply air temperature difference 送风温差
~thermal transmittance 有效传热系数
~unit 合格品
~walkway 有效人行道
~width not covered by car 车身外有效宽度
~width to thickness ratio 有效宽厚比
legally~法律上有效

effects 动产；效用（益）
~of the forest，beneficial 有益的森林效用

effectiveness 效益，效用

effective stress 有效应力

efficiency（生产）效率，有效性，效益
~apartment 有厨房、卫浴设备的小套公寓房间
~engineer 工艺工程师，技术操作工程师

~，functional 功能有效
~ratio 平面系数
~type apartment house 集中式公寓住宅（电梯间、楼梯间布置在住宅的中央）

effloresce 风化；开花

efflorescence 风化，（岩石等）粉化；风化物；开花；泛白，盐霜（由于砂浆、混凝土或墙体内盐分析出，在表面结成白色结晶体）

effluent 水流，支流；流出物；污水，废液，废水；出水，尾水；排放大气中污染物；流出的；发出的；渗漏的
~channel 排污水渠
~discharge fee 污水排出管
~discharge pipe 污水输送管，污水排水管
~discharge pipe into the sea，underwater 水下通往海洋的污水排水管
~disposal 污染物清除，废液销毁
~plant 污水处理厂
~pollution 污水污染
~pollution load 污水污染负担（负荷）
~seepage 污水渗出（渗漏）
~standard 排水标准，排放标准
~volume 污水容量
~waste 污水
~water quality standard 排水水质规定标准
mixed~ 混杂污水
reuse of~ 污水重新利用

effluents，discharge of 污水排放

Eggfruit/Canistel/Nervosa/Yellow Sapote ***Pouteria campechiana*** 蛋黄果

Eggleaf Rhododendron ***Rhododendron ovatum*** （**Lindl.**）马银花

Eggplant ***Solanum melongena*** 茄子

egg-shell picture 蛋壳画

eggs，recurrent clutch of 周期性孵蛋

Eggyolk-color Epidendrum/Epidendrum ***Epidendrum vitellinum*** 树兰

Eglise（法）教堂
~Cistercienne（11 世纪法国）西斯丁派教堂
~de la Madeleine Vezelay（12 世纪法国）威兹雷教堂

egocentrism 中间路线

egress time 疏散时间

Egyptian 埃及的
~architecture（古代）埃及建筑
~minaret 伊斯兰教堂寺院的尖塔
~Museum 埃及博物馆
~prayer-tower 埃及的祈祷塔
~style 埃及（建筑）式

EIA report 环境影响评价报告

eidograph 图画缩放仪

Eiffel Tower（**France**）埃菲尔铁塔（法国巴黎）

eight 8，8 个 Eight Great Temples of the Western Hill（Beijing，China）八大处（中国北京）Eight Great Temples（Beijing，China）八大处（中国北京市）Eight Outer Temples，Chengde 承德外八庙
~-sided building 八边形建筑

Eighteen Bends（**Tai Mountain，Taian，China**）十八盘（中国泰安市泰山）

eight-legged essays 八股文

Eight petal Camellia ***Camellia octopetala*** 八瓣糙果茶 / 茶梨 / 大油茶

EIS（**environment impact statement**）环境评价报告书

ejector 喷射器

ekistics 人类群居学；人类聚居学，（美）城市与区域计划学

ekistical 城市规划（学）的，城市与区域规划的

ekistician 城市与区域规划学家

El Nino 厄尔尼诺现象（太平洋地区气候异常现象）

elaborate 用心作成；加工；推敲精巧的，精细的

~construction 精巧建筑

elaborately design，construct and manage 精心设计，精心施工，精心管理

elaboration 用心作成；精制；精巧；推敲；苦心经营

Eland（*Taurotragus oryx*）大羚羊

elastic 弹性的；有伸缩性，灵活的；橡皮线，橡皮带

~analysis scheme 弹性方案

~deformation 弹性变形

~design（method）弹性设计（方法）

~layer 弹性层

~（ity）model 弹性模型

~mounting 弹性支承

~planning 弹性规划

~resistance 弹性反力

~strain 弹性应变

~zoning 弹性分区制，灵活分区制

elasticity 弹性；弹性学；伸缩性

~analysis 弹性分析

~approach 弹性分析

~theory 弹性理论

elbow 肘；肘管，弯管，弯头；肘状物；急弯；用肘推；变成肘状

~pipe 肘管，弯管，弯头

~union 弯头套管

reducing~减少弯头（弯管），缩小弯管

taper~锥形肘管，圆锥形肘状物

elderly 老年的，年长的

~housing 老年住房

~people 老年人（指退休年龄前后的人口）

Elecampane/Horseheal ***Inula helenium*** 土木香

electral geography 选举地理

electric(al) 电（力）的，发电的，电动的；如电的；带(导)电的；电气(测)的；带（起）电体；电（动汽）车，电动车辆

~apparatus 电气设备

~automobile 电动汽车

~car 电车

~-car line 电车路线

~-car playground 电瓶汽车游戏场

~car shed 电车库

~-car station 电车站

~central warm-air furnace 电热风炉

~computer 电子计算机

~conductivity 电导率

~detonator 电雷管

~energy 电能

~energy production 发电量

~fixtures of a room 室内电气装置

~force 电力

~furnace 电炉

hammer 电锤

~heater 电加热器

~heater section 电加热段

~heating system 电热供暖
~industry 电力工业
~interlocking for hump yard 驼峰电气集中
~interlocking 电气集中联锁
~lift 电梯
~lighting 电气照明
~mains 电力网
~motor factory 电机厂
~motors plant 电动机厂
~plant 发电厂
~-plating factory 电镀厂
~power 电力（率）
~-power industry 电力工业
~power line 电力线
~power plant 发电厂，电力厂
~power supply 供电
~power transmission 电力输送
~prospecting 电法勘探
~radiant heating; electric panel heating 电热辐射供暖
~railroad 电车道，电气化铁路，（美）电力铁路
~railway 电力铁路
~resistance humidifier 电阻式加湿器
~shaft 电气竖井
~signal system in building 建筑电气信号系统
~staff（tablet）block system 电气路签、路牌闭塞
~station 发电厂
~traction 电力牵引
~traction feeding system 电力牵引供电系统
~traction tele mechanical system 电力牵引远动系统
~sign 电光标志
~undertaking 电力工业
~water heater 电热水器
~wave current meter 电波流速仪
~wire factory 电线厂
~wiring regulations 装线规则

electricity 电，电力，电学
~appliances factory 电器厂
~control system 电气控制系统
~equipment 电气设备
~-heat analogy 电热模拟
~installation 电气装置
~installation in building 建筑电气工程（装置）
~load 城市用电负荷
~machinery plant 电机厂
~need load 城市用电负荷
~system in building 建筑电气系统
~supply 供电

electrification interference 电气化干扰

electrified 电气化的，电的
~railway 电气化铁路
~wire netting 电网

electro [词头] 电（气、化、动、力、解）
~-acoustics 电声学
~dialyzer 电渗析器
~magnetic distance measurement（EDM）电磁波测距
~magnetic distance measuring instrument（EDMI）电磁波测距仪
~magnetic induction 电磁感应
~optical distance measurement 光电测距
~osmosis method 电渗法
~-pneumatics convertor 电—气转换器

electrobiology 生物电学

electrode 电极

~density 电极密度

~distance 极距

~humidifier 电极式加湿器

electrolysis 电解

~plant 电解厂

~shop 电解车间

electrolytic treatment 电解处理法

electromagnetic 电磁的

~-controlled automatic door 电磁场控制自动门

~radiation 电磁辐射

~shielding 电磁屏蔽设计

~shielding in building 建筑电磁屏蔽

~wave shield door 电磁波屏蔽门

electronic 电子（学）的

~absorber 电子吸声器

~brain 电子计算机，电脑

~calculator 电子计算机{计}

~clinometer 电子倾斜仪

~computer 电子计算机{计}

~digital computer 电子数字计算机

~library 自动化图书馆，电子图书馆

~mail（简写 E-mail 或 e-mail）电子邮件，电子函件

~microscopy room 电子显微镜室

~sound equipment 电声设备

~tachometer 电子测速仪

electronics industry 电子工业

electroplating 电镀

~effluent 电镀废水

~factory 电镀厂

~rinse wastewater 电镀清洗废水

~shop 电镀车间

~waste 电镀废水

~wastewater 电镀废水

electrostatic 静电

~induction 静电感应

~precipitator 电气滤清器

~precipitator 电除尘器

~precipitator; electric precipitator 电除尘器

electrostatics 静电学

Elegant Maple ***Acer fabri*** 罗浮槭 / 红翅槭 / 华氏槭

Elegant Shrubalthea ***Hibiscus syriacus*** **f.** ***elegantissimus*** 雅致木槿

Elegant Spikemoss ***Selaginella compta*** 装饰卷柏 / 缘毛卷柏

Elegant Tanoak ***Lithocarpus elegans*** 椆栎

Elegantissima Buxus ***Buxus sempervirens*** **'Elegantissima'** 斑叶黄杨'恩格斯'（英国萨里郡苗圃）

element 单元，单体；零件，单元体；部件；构件；组合件；要义；组成，部分，要素

~cycle 单元周期；部件系列

~force 单元力

~of design 设计要素

~of production 生产要素

~structure 环境结构

~support 构件支撑

~vector 单元向量

design~ 设计要素

floristic~ 植物区系组成，植物（种类）组成

landscape~ 园林（风景，景观）要素（组成）

elementary 初步的，基本的，本质的

~education 初等教育，小学教育
~item 基础项目
~primary school 国民小学，公立小学
~school 小学
~school building 小学校舍

elementary landscape 单元景观

elements 板件；元素，要素
~of absolute orientation 绝对定向元素
~of centring 归心元素
~of circular curve 圆曲线要素
~of city image 城市意象要素
~of groundwater regime 地下水动态要素
~of relative orientation 相对定向元素
design~（美）设计要素，规划纲要
import of mineral~矿石进口
mineral~矿物（矿石）单体
planter~种植机组成，种植机零件，花盒（花絮）构件
precast concrete~预制混凝土构件
street design~街道（马路，车行道街区）设计要素
street furniture~街道设备要素
streetscape~（美）街区景色要素
trace~遗迹组成
visual~光学部件

Elephant Apple *Dillenia indica* L. 五桠果 / 第伦桃

Elephant Bush *Portulacaria afra* 马齿苋树

Elephant Ears *Ligularia dentata* 'Britt-Marie Crawford' 齿叶橐吾‘克劳福德’（英国斯塔福德郡苗圃）

Elephant Yam/Elephant Taro *Amorphophallus campanulatus* 臭魔芋

Elephant's Ear/Common Caladium/Angel's Wing *Caladium bicolor* 花叶芋 / 彩叶芋 / 杯芋

Elephant's Ear/Earpod-tree *Enterolobium cyclocarpum*（Jacq.）Griseb. 象耳豆 / 红皮象耳豆

Elephant's Ears *Bergenia cordifolia* 岩白菜 / 厚叶岩白菜（英国斯塔福德郡苗圃）

Elephant-Trunk Hill（Guilin City, China）象鼻山（中国桂林市）

Elephant tooth Coryphantha *Coryphantha elephantidens* 象牙球

elevated 高架的，提高的，升高的
~approach 高架引道
~beach 岸边台地
~crossing 高架交叉道口，立体交叉道口
~expressway 高架快车道
~footway 高架人行道
~freeway 高架高速干道，升高式高速公路，高架高速公路
~hedgerow（美）高架铁路灌木树篱
~highway 高架公路
~line 高架线路，高架道路
~over crossing waiting room 高架跨线候车室
~over head roof 架空屋面
~pedestrian crossing 人行天桥
~plain 高原，台地
~platform 高架站台
~railroad 高架道路，高架铁路
~railway 高架铁路
~reservoir 高位水库
~road 高架道路
~sidewalk 高架人行道

~stream 悬河（地上河）
~tank 高位水箱
~tramway 高架电车道
~unloading track 高架卸货线（直壁式低货位）
~walkway 平台街道

levating stage 升降台

levation 高程；标高，海拔；高地，高度；升坡；升高；立面图，立视图；正面图，正视图；建筑外立面

~above（mean）sea level 海拔高度
~computation 高程计算
~drawing 正面图，立面图
~figure 高程数字
~head 高程水头，位置水头（位能）
~height 高程（标高）
~of a building 建筑立面图
~of ice bottom and discharge relation method 冰底高程流量关系法
~of water 水平面高程，水位
~of water level in lake 湖面高程
~of weir crest 堰顶高程
~point 高程点
~point by independent intersection 独立交会高程点
~point with notes 高程注记点
~scheme 竖向设计，高程示意图
assumed~ 假定高程
curb~ 路缘标高
defined~ 限定高程（标高）
design~ 设计高程
design of~（城市道路）竖向设计，高程设计
designed~ 设计高程
establishment of final~（英）编制最后立面图
establishment of finished~ 编制成品立视图
existing~ 实有高度
finish~（美）结束升高
finish（ed）floor~（美）成品地面图
finished~（美）成品立面图（立视图，正视图）
front~ 正面（图），前视图
invert~ 管道内底高程（管道内壁最低点的高程）
rear~ 背面立视图
relative~ 相对标高，相对高程
sectional~ 立剖面，剖视立面图
side~ 侧面图
spot~ 喷射高度
stream~ 河流标高，河流高程
TW-~（美）墙平顶高度

elevational，elevation 形容词

~drawing 立面图样
~zone 高地区，高地（动植物）分布带

elevator 电梯，升降机

~apartment 电梯式公寓，高层公寓
~residence 高层住宅建筑

elfin 矮的

~forest 矮林
~tree 矮树

Elfin Thyme ***Thymus serpyllum*** 铺地香（美国田纳西州苗圃）

elfin wood 矮树林

elicit 引出，诱出

Eliel Saarinen's Decentralization Pattern of Greater Helsinki（**Finland**）大赫尔辛基规划（芬兰）

elimination 除去，消除

~of error 误差的消除

~of disturbing impacts 危害性（有害影响）的消除

eliminator 挡水板

Eliot，Charles 查尔斯·艾略特，美国风景园林师

Elizabethan architecture（16 世纪英国的）伊丽莎白式建筑

Elizabethan style（英国）伊丽莎白建筑式

elk/moose（*Alces alces*）驼鹿 / 麋

Elliot's laughingthrush ***Trochalopteron elliotii*** 橙翅噪鹛 / 画眉子 / 鱼眼画眉

ellipse 椭圆

ellipsoidal shell roof 椭圆形壳顶

Elliptic Fish vine ***Derris elliptica*** 毒鱼藤 / 毛鱼藤

elliptic type weight 铅鱼

elliptical 椭圆形的

~paraboloidal roof 椭圆抛物面壳顶

Elliptic leaf Camellia ***Camellia fraterna*** 连蕊茶 / 毛花连蕊茶

Ellora Caves（India）埃罗拉石窟（印度）

Elm ***Ulmus*** 榆树，榆（木）

~disease，Dutch 荷兰榆树病害

Elm anthracnose disease 榆炭疽病

Elm Ear Fungus ***Gloeastereum incarnatum*** 榆耳

Elm green leaf beetle ***Pyrrhalta aenescens*** 榆蓝叶甲

Elm leaf roll beetles ***Tomapoderus ruficollis*** 榆锐卷象

Elm leaf miner ***Agromyza*** **sp.** 榆叶潜蝇

Elm long-tail moth ***Epicopeia mencia*** 榆凤蛾

Elm purple leaf beetle ***Ambrostoma quadriimpressum*** 榆紫叶甲

Elm-oyster Mushroom ***Lyophullum ulmarium*** 大榆蘑 / 榆生侧耳

Elongate cottony scale ***Phenacoccus pergandei*** 柿绵粉蚧

Elongate hawkmoth ***Macroglossum stellatarum*** 小豆长喙天蛾

Elongate Litsea ***Litsea elongata*** 黄丹木姜子 / 石桢楠 / 长叶木姜子

Elongate lizardfish/shortfin lizard fish ***Saurida elongata*** 长蛇鲻 / 沙梭 / 神仙梭

Elongate loach ***Leptobotia elongata*** 长薄鳅 / 花鱼 / 薄鳅

Elongate Paulownia ***Paulownia elongata*** **S. Y. Hu** 兰考泡桐

elongated 拉长，使伸长，使延长，延长；伸长；拉长的，延伸的，（树叶等细长的

~garden 延伸花园（菜园，果园，园圃

elongated branch 延长枝（树体结构）

elongation 延伸率；延长；伸张度；延长线；距角｛天｝

~due to tension 拉伸

~index 伸长指数

~material 长粒（砂石）材料

~particle 细长颗粒

~ratio（颗粒的）延伸率

~trough 延长凹槽

eloquent 雄辩的，有口才的

eloquently 善辩地

Eephant shrew ***Elephantulus rufescens*** 象鼩

Elsholtzia ***Elsholtzia ciliata*** 香薷 / 土香薷

l-train 高架铁路电汽车
lucidate 阐明，说明
lutration of sludge 污泥淘洗
luvium 残积层；残积物
lysian Fields 极乐园，Elysium（亦称 Elysian Fields）是希腊神话中死后居住的乐土和极乐世界，极乐园是斯陀园一个重要景区。
-mail 电子信箱
manate 散发，发出，发源
mbankment 堤，堰，路堤，筑堤工程，坝体，堤坝，填土
~crown 路堤顶
~darn 堤坝，填筑坝
~failure 土堤破坏
~fill 路堤；筑堤；填土
~foundation 堤基
~gradient 堤坡度
~protection 路堤防护
~stabilization 路堤稳固
brow of~ 堤坡顶
carriage-way~（英）车道路堤
construct an~ 建造路堤
crest of~ 路堤顶点
foot of an~ 路堤底部
paved~ 筑堤
river~ 河堤
road~ 路堤
rounding the crest of~ 圆形堤顶
rounding the top of an~ 圆形堤顶
toe of an~ 堤坡脚
travel way~（美）车行道堤
mbargo 封港，禁运
mbarkation 装（货），装船
~area 装货区
~point 装船地点
embattlement 城垛
embayment 河湾，海湾
embellish 修饰，装饰
Emblic Myrobalan/Oil Orange ***Phyllanthus emblica*** 油柑子 / 余柑子
Emblic/Myrobalan ***Phyllanthus emblica*** **L.** 余甘子 / 油柑
embodied labour 物化劳动
embody 具体表达，使具体化，包含，收录
emboss 作浮雕，作浮凸饰；使（表面）凸起；装饰，修饰
embossed，emboss 的过去分词
~ashlar masonry 浮雕琢石圬工
~glass 浮雕玻璃
~natural stone wall 浮雕天然石料墙（壁）
~painting 沥粉
embouchure（法）河口
embracing 包容性
embroidered parterre 修饰过的花坛
embroidery work 刺绣工作
embryo 胚胎；萌芽（时期）；初期
~dune 初期沙丘
embryonic 萌芽(期)的,初期的,开始的,尚未成熟的
~stage 初期，萌芽期
embussing point 搭乘公共汽车地点
emerald 祖母绿 / 纯绿柱石
Emerald Blue Creeping Phlox ***Phlox subulata*** **L.'Emerald Blue'** 丛生福禄考"蓝宝石"（美国田纳西州苗圃）
Emerald Lake Park，Kunming 昆明翠湖公园

Emerald Necklace 波士顿‘翡翠项链’公园系统（美国）

emerge 露出，浮现，暴露

~from，to … 显露出

emerged peat moss hollow community 浮动泥炭层

emergency（简写 EMER.）紧急，危急；急变，事变；应急的；紧急的；临时的

~access 紧急通道

~aid center sign 急救中心（站）标志

~bridge 便桥，临时桥，战备桥

~bus 备用车，应急车

~car 救急车，抢救车

~care center 急救中心

~construction 紧急防险建筑物

~crossover 紧急防险车道

~department 急诊部，急诊室

~door 太平门，安全门

~elevator 消防电梯

~escape lane 紧急安全车道

~exit 疏散出口，太平门，人流疏散道路，安全门

~house 应急临时住宅

~housing 应急住房，临时性的住所

~lane 应急车道

~lighting 应急照明，事故照明

~outlet 事故排出口

~parking strip；lay by 紧急停车带

~preservation notice（英）临时防腐通知

~repair 抢修，紧急修理

~snow clearing 紧急除雪

~speed sign 紧急车速标志

~storage 应急储备，备用仓库

~traffic 紧急交通

~vehicular access 紧急车辆通道

~ventilation 事故通风

~ventilation system 事故通风系统

~water supply 紧急供水（意外事故发生时的供水）

emergent 冒出的，涌出的，露出的，浮显的；意外的，应急的

~aquatic(美)露出水面的水生植物(水生动物）

~aquatic plant 露出水面的水生植物

~hydrophyte 浮现水生植物，露出水面的水生植物

~macrophyte（美）露出水面的大型植物（尤指水域生藻类）

~plants，planting shoots of 发芽植物

~vegetation，lacustrine zone of 出现湖底水生植物带

~vegetation，riparian zone of 出现湖滨（水边）水生植物带

~vegetation，riverine zone of 出现河岸植物带

~wetland，riverine（美）出现河岸湿地（尤指为野生动物保存的）

~wetland，riverine persistent（美）出现河岸持久湿地

emerging leaves 长出叶片

emigrant 迁出移民，移出者

emigration 移居，迁移，向国外迁移，迁往国外；侨居；移民

~rate 移民率，移民国外率

~policy 移民政策

eminence 卓越，显赫；杰出的或卓越的地位；高地，高丘

eminent 卓越的，崇高的；优秀的

~domain（美）土地征收（为公众需要

征收私有土地），土地征用权

~domain（power of condemnation）（美）土地征用权（征用权力）

eminent monk；a Buddhist monk of great repute 高僧

emirate 阿拉伯酋长（贵族、王公）之职位或阶级，酋长国

emissarium（古罗马的）地下溢洪渠

emissary 分水道，排水道

emission 发射；发射物；发行，发行额；辐射；传播；排放（出），排放物

~angle 光投射角

~-avoiding 排放物倒空，发射宣布无效

~by high chimney 高烟囱排放

~concentration 排放浓度

~criteria 排出标准

~-damaged forest 排放物损坏的森林

~dispersal model 排放物散布模式

~distribution model 发行分发模式，发行额分配模式

~factor 排出系数

emissions，industrial gaseous 工业气体排出物

emitter 滴水喷头

Emmanuel style（16 世纪初葡萄牙的）埃曼努尔式建筑

emperor 帝王

Emperor Tree 帝王树

Emperor Qianlong's Garden（Forbidden City，Beijing，China）乾隆花园（中国北京紫禁城）

Emperor Qianlong's Throne 乾隆宝座

emphasis 重点

empire 帝国

Empire State Building 帝国大厦

empirical 经验的，实验的

~average 实验平均

~curve 经验曲线

~data 经验数据

~distribution 经验分布

~formula 经验公式

~frequency 经验频率

~inventory 经验总结

~point 实验点

~source 实验电源，实验光源，实验辐射源，实验信号源

~standard 实验基准，实验规格，实验模型

~unit hydrograph 经验单位线

employ（使）用；雇用

employability 就业能力

employed 雇员；被雇用的；就业的

~by a public authority/agency，landscape architect 风景园林师（由公共机构 / 专业行政部门雇用的）

~labour force 雇佣劳动力，就业劳动力

~population 就业人口

employee 雇员，雇工

~dormitory 职工宿舍

office~办事处（营业所、事务所、诊所）雇员，公司雇员

technical~（美）技术雇员

employer 项目发包人，雇主，老板；合同甲方

employment 就业

~balance 就业平衡

~center 就业中心

~forecast 就业雇用预测

~generation 提供就业

~region 就业地区

~statistics 就业统计
~status 就业状况
~structure 就业结构
~survey 就业情况调查
empolder 围垦
emporia 商场，商业中心，大百货商店
emporium 商业中心，大商店集中地带，大百货商店
Emptiness/Void of the world of senses 空
Emu 美洲驼
Emu *Dromaius novaehollandiae* 鸸鹋 / 澳洲鸵鸟（澳大利亚两种国鸟之一）
emulsion paint 乳胶漆
enable 使能，给予能力
enabling act（美）使能行动；活动；生效
~**statute**（英）赋予法令（法规，章程，规程，条例）效力
enactment 条例，法令；制定，设定
nature conservation~ 自然保护条例
enactments，nature conservation 自然保护条例
enamel paint 磁漆
encampment 野营，营地
enceinte（法）围廓，围廓以内的地区（城镇），围地
~wall 建筑群围墙
encircling 环路
enclave 飞地（一国内的外国领地）
enclose 包围，围进；包装，封入
enclosed 封闭的，密封的；封入的，附入的；附件
~area 封闭区
~basin 闭合流域
~block development 封闭街区开发
~building 封闭式建筑
~court 四周有墙式建筑物围绕的庭院，大杂院
~dock 闭合港池，带闸港池，闭合船坞，湿（船）坞
~mall shopping center 覆盖的具有走道的商业区
~medieval garden 封闭式中世纪花园
~parking garage 封闭式停车库
~space 封闭空间
~stairwell 封闭楼梯间
~water 闭合水域，封闭水域
enclosing 圈起，围住，包围
~construction 围护结构
~material 闷料（利用某些工业废料筑路时的备料措施）
~wall 围墙
enclosure 包围，围绕；外壳，套；围墙；封闭空间，围场，围栏；围护结构；界限，境内；封入；附件；封入物
~planting 围植
~space 封闭空间
~wall 围墙
game~ 猎物护栏
wild animal~ 野生动物围场
encode 译成密码
encroach（逐步或暗中）侵占，蚕食
encroaching growth 侵蚀生长物，植物（乱草）侵路
encyclop(a)edia 百科全书，专科全书
Encyclop(a)dic dictionary 百科词典，百科字典
end（末）端，终点；结局；终了；结束{计}；终止，结束；加尖端
~bearing pile 支承桩

~effect 端部效应
~elevation 端立面，侧视图
~face of a wall（美）墙端面
~freight platform 尽端式货物站台
~girder 端梁
~moraine 尽端，冰碛
~brick 砖端
~"-of-line" loop turnaround 路端（调向）环道
~of runway 跑道终端
~peg 端点桩
~point 终点
~portion of painted beam 箍头
~reflection loss 末端反射损失
~-state 终态，最终境界，终端状态
~view 侧视图
~view drawing 侧面图，侧视图
~vista 对景
~wall 端墙
~water test equipment 末端试水装置
ndanger 危及，使危险
ndangered 濒危的
~plant 濒危植物
~species 濒危物种
~Species Act（美）濒危物种法
~Species List（美）濒危物种名单（目录，一览表，表）
ndangerment of species 物种濒危
status of~濒危状态
ndemic 风土病，地方病；地方的，风土的，某地特有的
ndemic disease 地方病
ndemic species 地方病种
ndemicity 地方性，风土性
nderbite 紫苏花岗岩
endive（*Cichorium endivia*）苦苣
endless knot 长
endogen tree 无年轮的树，内生的树
endogenous respiration phase 内生呼吸相
endorheic 内流的
~lake 内流湖
~region 内流区
~river 内陆河
energy 能，能量，能力
~absorber 吸能装置
~approach 能量法
~budget 能源预算，能量预算
~conservation 能源储备，节能，能源保护
~consumption 能量消耗，能耗，能源消耗
~cost 能源费用
~crisis 能源危机
~development 能源开发
~dissipating and anti-scour facility 消能防冲设施
~equation of flow 水流能量方程
~facilities 能源设施
~flow 能源
~flux 辐射通量(法定单位为"瓦(特)，watt"，符号为 w，与"功率，power"相同）
~head 能高
~head of retard or location 制动能高
~headline 能高线
~industry 动力工业，能源工业
~of strain 应变能
~plant，wind 风能成套设备
~preservation 能源保护

~production 发电
~resource 能源
~resource development and conservation 能源开发与保护
~saving design 节能设计
~-saving program（me）节能程序，节能计划
~slope 能面比降
~supply 能源供应，能源补充
~-type industry 耗能型工业，多耗能源型工业
~without pollution 无污染能源
A-~原子能
actual~实际能力
amount of~能量
atomic~原子能
clean~无公害能量
conservation of~能量不灭，能量守恒
flux of~（美）能量流量，能量流动强度
macro-~宏观能量
margin of~能量储备
secondary~二次能量
solar~太阳能
thermal~热能
wind~风能
enforcement 实行，实施，执行
~notice on planting requirements（英）关于种植（绿化）必要条件的实施通告
enframed scenery 框景
enframement 框景
engagement，termination of（英）解雇
Engakuji Temple 圆觉寺（中国陕西省渭南县韩城）
engine 机械，机器；发动机；机车
~noise 发动机噪声
~sweeper 扫路机，路面清扫机
engineer 工程师；（美）（火车等）司机；工兵
~-contractor 工程师承包商
~corps 工程队
~in charge 主管工程师
~in chief 总工程师
~manager 工程经理
administrative~管理工程师
advisory~顾问工程师
assistant~助理工程师
building~建筑工程师
chief~总工程师
chief design~设计总工程师
chief quality~总检查师
chief resident~驻段主任工程师
civil~土木工程师
construction~施工工程师
consulting~顾问工程师；（复）工程咨询公司
contract~合同工程师
design~设计工程师
district~总段工程师
efficiency~工艺工程师，设计操作工程师
field~现场工程师，工地工程师
information~信息工程师
landscape~园林工程师
management~管理工程师
operating~施工工程师
process~工艺工程师；程序工程师
professional~专业工程师
project~项目工程师
proof~监理工程师

section~区段工程师
senior~高级工程师
shift~值班工程师
site~工地工程师
structural~结构工程师
student~见习工程师，实习工程师
supervising~督察工程师，监理工程师
water~给水工程师
engineering 工程（学），（工程）技术
~academician 工程院士
~advisor 工程顾问
~college 工（程）学院
~company 工程公司
~construction 工程建设，工程施工
~cost 工程费；工程成本
~contract 建设工程承包合同
~contractor 工程承包人，工程承包商
~cybernetics 工程控制论
~data 工程设计资料（或数据）
~department 工程处，技术处
~design 工程设计
~drafting 工程制图
~drawing 工程图；工程制图
~-economic analysis 技术经济分析
~economy 工程经济
~environment 工程环境
~flow sheet 工艺流程图
~for agriculture, hydraulic 农业水力学工程技术
~geology 工程地质
~geologic columnar profile 工程地质柱状图
~geologic condition 工程地质条件
~geologic location 工程地质选线
~geologic map 工程地质图
~geologic mapping; engineering geological mapping 工程地质测绘
~geologic profile 工程地质剖面图
~geological drilling 工程地质钻探
~geological evaluation 工程地质评价
~geological map 工程地质图
~geological prospecting 工程地质勘探
~geology 工程地质学
~geology features 工程地质条件
~geomorphology 工程地貌
~hydrology 工程水文学
~industry 机器制造业
~institute 工学院
~instructions 技术说明书，技术细则
~legislation 工程法规
~measures, conventional river 常规河流工程测量
~measures, natural river 天然河流工程测量
~measures, river 河流工程测量
~office, structural 建筑工程事务所
~photogrammetry 工程摄影测量
~plotting 工程图
~project 工程项目，工程计划
~remote sensing 工程遥感
~report 技术报告，工程报告
~research 工程研究
~rock mass 工程岩体
~scale 工程比例尺
~science 工程科学
~structure 工程结构
~survey 工程测量
Civil~土木工程（美期刊名）
conservancy~水土保持工程
construction~建造工程（学）

conventional 普通（常规）工程（学）
hydraulic~水利工程（学）
river~河（道）工（程）
soil~土壤工程学
structural~结构工程（学）
supervisory~监理工程
system~系统工程学（运筹学的相邻学科，使用模拟、数理统计、概率论、排队论、信息论等数学方法来处理工程中的系统问题）
wastewater~排水工程
water supply~给水工程（学）

engineering negotiation; construction request form 工程洽商

England（泛指）英国；英格兰
~，Historic Buildings and Monuments Commission for（英）英国古建筑与古迹委员会

Engler Abelia ***Abelia engleriana*** 华西六道木 / 短枝六道木

Engler Beech ***Fagus engleriana*** 米心水青冈 / 米心树

Engler Beech/Chinese Beech ***Fagus engleriana*** 恩氏山毛榉 / 米心树

Engler Oak ***Quercus engleriana*** 巴东栎

Engler Sugar Palm ***Arenga engleri*** 山棕 / 散尾棕 / 矮桄榔

English 英语；英国人；英
English architecture 英式建筑
English basement 英式地下室，半地下室
English bond 丁顺隔皮砌式
English-Chinese garden（18 世纪英国流行的）中英混合式庭院
English Cotswold architecture 英国科茨德式建筑
English Elizabethan 英国伊丽莎白式建筑
English garden 英国园林
English half-timbered（Elizabethan）architecture 英国半木构（伊丽白）建筑
English Heritage, Chief Executive of(英英国遗产的主管
English landscape park 英国风景园
（The）English Landscape School 英国风景园学派
English landscape style garden 英国风景式园林
English style garden 英国式园林
English Tudor architecture 英国都铎式建筑

English Climbing Rose ***Rosa*** **'The Generous Gardener'**'慷慨的园丁'玫瑰（英国斯塔福德郡苗圃）

English Daisy/True Daisy ***Bellis perennis*** 雏菊 / 春菊（意大利国花）

English Elm ***Ulmus procera*** 英国榆 / 没影榆

English Gooseberry ***Ribes grossularia*** **L.** 圆醋栗

English Hawthorn ***Crataegus laevigata*** **Pauls Scarlet**'保罗红'山楂（英国萨里郡苗圃）

English Holly/European Holly ***Ilex aquifolium*** **L.** 欧洲冬青（圣诞树）

English Ivy ***Hedera helis*** 欧洲常春藤

English Mushroom/ Field Mushroom/ Meadow Mushroom/Pink Doffon ***Agaricus campestris*** 蘑菇 / 四孢蘑菇

English Oak ***Quercus robur*** **L.** 夏栎（英国萨里郡苗圃）

English Primrose *Primula vulgaris* 四季樱草（四季报春）

English Rose Gruss An Aachen *Rosa* Gruss An Aachen'致意亚琛'玫瑰(英国斯塔福德郡苗圃）

English Rose L.D. Braithwaite *Rosa* L.D 'Braithwaite''布莱斯威特'玫瑰（英国斯塔福德郡苗圃）

English Rose William Shakespeare *Rosa* 'William Shakespeare''威廉莎士比亚'玫瑰（英国斯塔福德郡苗圃）

English Shrub Rose Abraham Darby *Rosa* 'Abraham Darby''亚伯拉罕达比'玫瑰（英国斯塔福德郡苗圃）

English Shrub Rose Gertrude Jekyll *Rosa* 'Gertrude Jekyll''特鲁德·杰基尔'玫瑰（英国斯塔福德郡苗圃）

English Shrub Rose Winchester Cathedral *Rosa* 'Winchester Cathedral''温彻斯特大教堂'玫瑰（英国斯塔福德郡苗圃）

English Walnut/Persian Walnut/Common Walnut *Juglans regia* 胡桃 / 核桃

English Yew *Taxus baccata* L. 欧洲紫杉

enhance 加强；提高（质量）；增长，增加；夸张

enhancement of soil fertility-village 土壤的肥力增加，乡村改善；生活区增加

enjoin 命令，责成，嘱咐

enjoyment 愉快欢乐，乐趣，乐事，享受，享有自然界乐趣

~of a plan 设计乐趣

~of land holdings 土地财务享有

~of nature 自然界乐趣

enlarge 放大，扩大，增长；详述

enlarged 扩大的，加大的

~intersection 加宽式交叉（口）

~reproduction 扩大再生产

enlargement 扩建部分；放大，扩大；（隧道）扩大开挖；增补；详述

enlightenment 启迪，启蒙，启发；（18世纪欧洲的）启蒙运动

enneastyle 九柱式（建筑）

enneastylos 前面有九根柱子的建筑

enquiry 征询调查，打听，探究

~document 询价文件

enrichment 浓缩

~of aquatic organism 水生物富集（水生物浓缩）

~of resources 资源丰度

nitrogen~ 氮浓缩

nutrient~ 食物浓缩，营养品浓缩

ensemble 集，总体，系集

~aggregate 集结合

Enstatite 顽火辉石

ensue 跟着发生，继起

ensurance degree of natural resources 自然资源保证程度

entablature 檐部

entasis 圆柱收分线

Entellus langur *Presbytis entellus* 长尾叶猴 / 藏叶猴

enter 进入，加入；记入，登记；着手；送入，键入，回车；回车键

~a bid for 投标

~into a contract with 就……订合同

~into details 详述，逐一细谈

~into particulars 细述，详述

~into 从事，开始，参与

~port 入港

entering into force 参与暴力行为；开始生效

enterprise 企业单位，事业单位；公司

~institution 事业单位

~on a large scale 大企业

~on a small scale 小企业

~zone 企业地区，兴业区

enterprise size 企业规模

entertaining performance place 娱乐演出区

entertainment center 娱乐中心

entertainment，holiday 假日（休息天，节日）娱乐

enthusiasm 热情，热诚

enthusiast，garden 园艺活动的热心从事者

entire 全部的，整个的，总体的

~allocation 总体布局

~distribution 总体布局

Entire Ochna ***Ochna integerrima*****(Lour.) Merr.** 金莲木

Entireleaf Goldraintree ***Koelreuteria bipinnata*** 全缘叶栾树

entisol 新成土

~，pioneer plant on（美）移生于新成土上的先锋植物

vegetation establishment on~（美）植物根植于新成土上

entitlement city 受资助城市

entourage（法）（建筑物等的）周围，（建筑四周的）配景，环境；建筑环境设计

entrance 入口，进口，门口；进（加，驶）入，入（进，港，门）口，开始，输入端

~area 进口区，入口范围

~channel 进口航道

~drive（美）进入运转，开始驾驶

~gate 大门

~hall 门厅

~lane 进入车道

~lock（港坞的）进船闸

~of dry harbour 干船坞（的）进口

~of port 港的进口

~ramp 驶入坡道

~ramp control 入口匝道控制

~ramp marking 入口匝道路面标志，入口坡道面标志

~region 入口区

~restriction 限制驶入

~roadway 驶入车行道，入口车行道

~taper 入口锥形岛

~terminal 入口终点

~to harbour 港湾进口，港口门

~to the building 大厦入口

~to the city 城市入口

~to the harbo(u)r 海港入口

~turn 进线转向，转弯驶入，回车道，入口回车场，转弯驶入道

~zone（隧道）入口段

driveway~（美）车行道入口

vehicle~交通工具（车辆，机动车，机械器具）入口

entrant 进入者，参加比赛者（竞赛者），新就业者，新会员

~competition 参加竞赛者

entrapment 夹住，裹住，截留

~，water（美）水截留

entrepot（法）货物集散地，仓库，堆栈，贸易中心，商业集中地；商业中心

entresol（法）半楼（一，二层之间的

阁楼）

ntropy 熵（热力学函数）

ntry 入口，门口，通道，河口；入场；登记，注册；条目

~drive（美）通道驾驶

~procedures 入境手续

~visa 入境签证

competition~ 比赛入口

conditions of~ 通道状况

ntryway（美）入口，通道

numerated population 人口普查区内的所有人口

numeration 计算；列举，统计

~survey 计算测量（测绘），统计调查

forest~（英）森林（林区）统计

nvelope 包迹，包线，包络{数}；包络图；外壳；机壳；信封；封套；外表，包被，包（围）层，炉墙，围砌；方框（图）

~curve 包络曲线

~plan，landscape（英）园林方框示意图（平面图）

building~（英）建筑物（房屋）围砌

bulk~（美）（建筑物前的）凸出结构方框（图）

zoning~（美）（城市规划中分成工厂区，住宅区等的）分区制方框（图）

nveloping curve 外包线

nviron [复] 近数；附近包围，围绕

~-politics 环境政治学

nvironics 环境学

nvironment 周围，环境；包围；环绕（物）

~attribute 环境属性

~capacity 环境容量

~capacity planning 环境容量控制

~class 环境分级（估算饱和流量）

~contamination 环境污染

~control cost 环境控制成本

~control system 环境管理系统

~economy 环境经济

~features 环境特色

~fitness 环境适宜性

~-friendly 环境适用性

~forecasting 环境预报

~impact analysis（简写 EIA）环境影响分析法

~impact statement（EIS）环境评价报告书

~influence assessment report 环境影响评价报告

~inquiry 环境调查

~monitoring 环境监测

~parameter 环境指标，环境参数

~pollution 环境污染

~protection 环境保护

~protection management system（简写 EPMS）环境保护管理系统

~protecting plant 环保植物

~quality 环境质量

~quality standards 环境质量标准

~sanitation 环境卫生

~simulation 环境模拟

~stress 环境压力

atlas of the~ 环境图表册（地图册）

beneficial use of the~ 环境有益利用

conservation of the natural~ 自然环境保护

intrusion upon the natural~ 侵扰自然环境

natural~ 自然环境
planning and design of the~ 环境规划与设计
recreation in the natural~ 自然环境娱乐
related to the~ 相关环境
residential~ 居住环境
root~ 生根环境
technical protection of the~ 环境技术保护
urban~ 城市环境

environmental 环境的，周围的
~acoustics 环境声学
~adaptation 适应环境
~air 周围空气
~amenity 环境舒适
~analysis 环境分析；环境分析法
~appraisal 环境评价
~architecture 环境建筑学（一种适应21 世纪生态要求设计的建筑学），环境建筑
~area 环境区（无交通干扰）
~art 环境艺术
~aspect 环境情况
~assessment 环境评价
~assimilating capacity 环境容量
~attitude 环境态度
~awareness 环境意识
~biology 环境生物学
~capacity 环境容量（指适应周围环境卫生和交通运输等需要的容量）
~capacity of tourism 旅游经济容量
~challenge 环境要求
~clean-up 环境净化
~cognition 环境认识
~compatibility 环境兼容（性）
~compatibility matrix 环境兼容性基质
~compensation measure 环境补偿测量（平衡测量）
~complex 环境综合体
~condition 环境条件
~conditions 环境条件
~conditional system（简写 ECS）环境条件（老化）系统，环境模拟系统
~configuration 环境构型
~consequence 环境效果，环境影响
~conservation 环境保护
~Conservation，Council for（英）环境保护委员会
~conservation plant 环境保护植物
~considerations 环境研究
~contamination 环境污染
~control 环境控制
~control system 环境管理系统
~correlation 环境相互关系
~corridors 环境廊道
~criminality 环境犯罪行为
~criteria 环境标准
~data 环境资料，环境数据
~damage 环境损害
~degradation 环境质量下降
~design 环境设计
~design professions 环境设计专业（包括环卫工程、环境卫生、建筑、风景园林、河湖、生态、市政工程、城市规划等）
~destruction 环境破坏，环境失调
~destruction by traffic 交通公害
~detection set（简写 EDS，环境检测装置）
~detector 环境检测器
~deterioration 环境恶化（衰败），环境

污染
~disruption 公害，环境失调，环境破坏
~economics 环境经济学
~effect 环境效应，环境影响
~effect of water pollution 水污染环境效应
~effects 环境影响，环境效果
~Effects Regulations 1988，Town and Country Planning Assessment of（英）环境影响条例（1988），城乡规划环境影响评估条例
~elements 环境要素
~engineering 环境工程，环境工程学（工程学的一门，专门研究应用工程学，解决多种环境的问题）
~enhancement 环境美化或改善
~error 环境误差
~evaluation 环境评价
~experience，subjective quality of the 环境试验的主观性质
~experience，value of the 环境试验，环境试验值
~factors 环境因素
~factors，evaluation of 环境因素评价（估价）
~forecasting 环境预测
~gap 环境空隙，环境差距
~geotechnics 环境岩土工程
~green space 环境绿地，保护绿带
~greening 环境绿化
~harmony 环境协调
~hazard 环境公害
~health 环境卫生
~health criteria 环境卫生标准
~health movement 环境卫生运动
~heat load 环境热负荷
~horticulture 环境园艺学
~hydraulics 环境水力学
~hydrochemistry 环境水化学
~hydrology 环境水文学，环境水文地质学
~hygiene 环境卫生
~ill 公害
~illnesses 环境疾病
~imagineering 环境模拟
~impact 环境冲击，环境影响
~impact analysis 环境影响分析
~impact assessment（EIA）环境影响评估
~impact statement 环境影响报告；环境预断评价；环境影响说明书
~impact study 环境影响研究
~impact system 环境影响系统
~improvement area 环境改善区
~index 环境指标，环境指数
~industry 环增产业
~influence 环境影响
~issues and pollution control 环境污染控制
~insults 环境对人体的各种危害
~legislation 环境立法
~level 环境水平，环境水准
~limit 环境限度
~load 环境荷载
~management 环境管理
~management system 环境管理系统
~medicine 环境医学
~mercury contamination 环境汞污染
~monitor 环境监测

~monitoring 环境监测
~monitoring network 环境监测网（络）
~monitoring system 环境监测系统
~movement 环境保护运动，环境运动
~noise 环境噪声
~noise control 建筑环境噪声控制
~noise standard 环境噪声标准
~nuisances 环境公害
~objective 环境目标
~pattern 环境模式
~perception 环境感知
~planning 环境规划
~planning input 环境规划投资
~planning，design and conservation 环境规划设计与保护
~policy 环境政策
~Policy Act，National（美）国家环境政策法令
~pollutant 环境污染物
~pollution 环境污染
~pollution advisory committee 环境污染问题咨询委员会
~pollution，background level of 环境污染背景值
~pollution control measure 环境污染对策
~pollution，damage caused by 环境毁坏带来的污染
~pollution，effect of 环境污染的影响
~pollution load，existing 实有环境污染负荷
~pollution，protective forest absorbing 防护林吸收环境污染
~precautions 环境预防措施（防备办法）
~problem 环境问题
~program 环境计划
~project 环境项目
~projection 环境预测
~protection 环境保护
~Protection Agency（简写 EPA）环境保护管理处，环境卫生处
~Protection Law 环境保护法
~protection measure 环保措施
~protection technology 环保技术（学）环保工艺（学）
~protection，complex 综合体环保
~protection，legislation on 环保法规
~psychology 环境心理学
~purposes 环境目的（标）
~quality 环境质量
~quality assessment 环境质量评价
~quality index 环境质量指数
~quality pattern 环境质量模式
~quality，perceived 感知环境质量
~quality standards 环境质量标准
~quality standards for surface water 地面水环境质量标准
~receptivity 环境受纳能力
~regimes 环境状况
~relevance 环境需求，环境限制
~relief 环境影响减少
~research 环境研究（调查）
~resource patch 环境资源地区，环境资源管辖区
~right 环境权
~risk analysis 环境危险分析，环境危险分析报告
~risk assessment 环境危险评价
~sanitation 环境卫生

~science 环境科学
~selection 环境选择
~sensitivity 环境感受性，环境敏感（性）
~sensitivity level 环境敏感（性）程度
~significance 环境重要性
~standard 环境标准
~statement 环境报告
~status 环境状况
~stimulation 环境刺激
~stress 环境压力
~stress degree 环境压力程度
~stress indicator 环境压力指示器
~stress tolerance 环境压力耐受性
~study 环境研究
~survey 环境调查
~susceptibility 环境敏感性，环境过敏性
~system 环境体系
~systems engineering 环境体系工程
~tax 环境税（税款），对环境征税
~temperature 环境温度
~test chamber 环境测试舱
~tolerance（美）环境耐力，环境耐性
~variation 环境变异
~water 环境用水
~abnormality 环境异常
~background value 环境背景值
~capacity 环境容量
~degradation 环境退化
~determinism 环境决定论
~evolution 环境演化
~geochemistry 环境地球化学
~geography 环境地理学
~impact assessment 环境影响评价
~impact statement 环境影响报告
~information system 环境信息系统
~justice 环境正义
~movement 环境运动
~quality comprehensive evaluation 环境质量综合评价
~quality evaluation 环境质量评价
~quality parameter 环境质量参数
~quality 环境质量
~regionalization 环境区划
~remote sensing 环境遥感
~satellites 环境卫星系列
~self-purification 环境自净
~system 环境系统

environmentalism 环境保护论，环境论

environmentalist 环境保护论者，环境问题专家

environmentally 在环境方面，从环境角度
~damaging activities 危害环境的行为
~-oriented 与环境（模拟）工程有关的
~safe 环境安全
~sound 环境闹声，环境嘈杂声

environs 城郊，郊区，（城市的）近郊
~area 近郊区
~，central city（美）中心城市郊区
central city~（美）中心城市郊区
dwelling~住宅（寓所）近郊

Eocambrian Period 始寒武纪

Eocambrian System 始寒武系

Eocene epoch 始新世

Epang Palace（Xi'an，China）阿房宫（秦朝宫殿，遗址位于中国西安市）

Epaulette-tree *Pterostyrax psilophyllus* 白辛树
epecophyte 植物适应气候分类
epeiric sea 陆缘海，浅海
epeirogenetic movement 造陆作用（运动）
epeirogeny 造陆运动
Ephedra *Ephedra sinica* 麻黄
ephemeral stream 季节性河流
ephemerophyte 短生植物，短命植物
epicenter 地震中心，震中；中心，集中点
~area 震中区
~region 震中区
epicentral 震中的
~distance 震中距
~intensity 震中强度
Epidendrum/Eggyolk-color Epidendrum *Epidendrum vitellinum* 树兰
epidote 绿帘石
epifocus 震中
epigeal 地面生长的，浅水生长的，生于地上的
epigeosphere 地球表层
epigraph 刻文，碑文
epilithic（植物）生于石面上的；石面的
~plant 生于石面上的（一株）植物
epiphany 显灵
Epiphyllum/Broadleaf Cactus *Epiphyllum oxypetalum* 昙花
epiphyte 附生植物
epipotamal 矢车菊带
epipotamon 矢车菊带动物群落
Episcia reptans（***Episcia fulgida***）匍匐喜阴花
epistemological 认识论的
epitaph 碑铭，墓志铭
epoxy resin adhesive 环氧树脂系胶粘剂
EPZ=export processing zone 出口加工区
equal 相等的，均等的
~fall method 等落差法
~loudness contour 等响曲线
~percentage flow characteristic 等百分比流量特性
~vibration feeling contour 振动等响曲线
equalizing reservoir 调节水库
equally tilted photography 等倾摄影
equator 赤道
~-facing slope 赤道面斜度
equatorial 赤道的
Equatorial Line Monument 赤道纪念碑（索马里）
equatorial climate 赤道气候
equatorial zone 赤道带
equestrian（美）骑马者
~sport（英）骑马娱乐（消遣）
~trail 骑马踪迹，骑马小道
equidistance 等距离
equilibrium 平衡，平静，均衡，保持平衡的能力
~, biotic 相互依存平衡
~flow 均相流
~line of glacier 冰川平衡线
~of labor market 劳动力市场供需平衡
~volume 等效交通量
dynamic~ 动态平衡
dynamic species~ 动力形式均衡
ecological~ 生态平衡
flow~ 流动均衡
landscape~ 景色平衡，景观平衡
equipluves 等雨量线

equipment 设备，装备；工具
~attached 附属设施；附加设施
~compatibility 设备互换（相容）性
~cost 设备费
~drawing 设备图
~engineer 设备工程师
~for gas purification 煤气净化设备
~insurance 设备保险
~list 设备清单
~management 设备管理
~manhole, irrigation 灌溉设备检修孔
~quality 设备质量
~replacement 设备更新
~room 设备间
~storage site（美）设备保管场所，设备贮藏地
~storing up 设备封存
accessory~ 辅助设备
aid~ 辅助设备
ancillary~ 辅助设备
automatic toll collecting~ 自动收费机
capital~ 固定设备
complete~ 成套设备
complete sets of~ 成套设备
construction~ 施工设备，建筑设备
cost of~ 设备费
cost of materials and~ 材料和设备成本（费用）
design~（英）设计装备，设计设备
dormant~ 休闲设备
engineering~ 工程设备
over-~ 设备过剩
plant~ 固定设备
play~ 游戏设备，运动设备
playground with play~ 配有运动设备的运动场
sanitary~ 卫生设备
snow removal~ 除雪设备

equipment for supervisory and alarm control services 监测及报警控制装置

equipotential 等势的，等位的
~line 等势线

equisetum 木贼屑（植物）

equity capital 新企业投资资本

equivalent 等值，等效；（克）当量；等值的，等效的，等代的，相当的，当量的，同义的
~absorption area 等效吸声面积
~base shear method 底部剪力法（拟静方法）
~coefficient of local resistance 当量局部阻力系数
~continuous A sound level 等效连续 A 声级
~grade 等值坡度，等效坡度，换算坡度
~index sediment concentration 相应单样含沙量
~length 当量长度
~load 当量荷载
~of urban public transport 总公交客运当量
~opening size（EOS）等效孔径
~orifice area 等效孔口面积
~（continuous A）sound level 等效（连续 A）声级，当量声级
~stage 相应水位
~traffic 当量交通量
~traffic volume of grade crossing 道口折算交通量

~uniform live load 等效均布荷载

~volume 当量车流量，等效交通量

era 纪元；时代；代{地}

ERA（exterior residential area）外居住面积〈=住房外面的面积、阳台及晒台=户外公用面积〉

Eranthemum/Blue Sage *Eranthemum pulchellum* 可爱花/喜花草

Eranthemum *Eranthemum nervosum* R. Br. ex R. et S. 可爱花

Erebus Mount（Antarctica）埃里伯斯火山（南极洲）

Erechtheion（Greece）伊瑞克提翁神庙（古希腊）

Erechtheum Temple（Greece）埃雷赫修神庙（希腊）

erect branch 直立枝

Erect Rhododendron *Rhododendron fastigiatum* 密枝杜鹃/小枇杷

erect therophyte 直立一年生植物

erecting by floating 浮动架桥法

erection 建筑物，建设物

~by longitudinal pulling method 纵向拖拉法

~by protrusion 悬臂拼装法

~with cable way 缆索吊装法

erector 安装工人；安装器

ergasiophyte 栽培植物

ergonomic study 工程生理研究；工作条件研究；劳动强度研究

ergonomics 人类工程学，工程生理学，人机工程学；工效学

Ergot/Secale Cornuti *Claviceps purpurea* 麦角菌

Erhai Lake（Bai Autonomous Prefecture of Dali，China）洱海（中国大理白族自治州）

Erica *Erica spp.* 欧石楠属，杜鹃花科植物（挪威国花）

Erlitou remain（Yanshi，China）二里头遗址（中国偃师市）

Erman's Birch *Betula ermanii* 岳桦

Ermine（白色毛）/stoat（棕色毛）（*Mustela erminea*）白鼬/扫雪

Ernest Fir *Abies ernestii* 黄果冷杉

erode 冲刷；侵蚀，侵蚀；腐

erodibility 受侵蚀性，受腐蚀性

eroding bank 冲刷堤（岸）

erosion（河岸等）冲刷；侵蚀，侵蚀；风化；腐蚀

~basin 冲蚀盆地

~by surface runoff，bank 堤（岸）被路面径流冲刷

~capacity 侵蚀（冲刷，风化，腐蚀）能量

~cavity 冲刷孔穴

~control 侵蚀控制

~control and torrential improvement 冲砂防治

~control，bank（堤岸）冲刷控制

~control facility 冲刷控制技能

~control fillet 防冲（滤）层

~control of land 陆地水土保持

~control plastic net 水土保持塑料网

~damage 冲刷毁坏

~gullies，brush placement in 在冲刷沟中放置柴捆

~gully 冲刷水沟，冲刷阴沟

~hazard 侵蚀危险

~potential 侵蚀可能性

~protection 防冲，冲刷防护；防冲刷的铺砌
~ratio 侵蚀率，侵蚀比
~rill 冲蚀水沟
~risk 冲蚀危险
~surface 侵蚀面
~susceptibility 侵蚀敏感性
bank~ 堤岸冲刷
beach~ 海岸侵蚀
channel~ 河床（水道）冲蚀
chemical~ 化学腐蚀
coastal~ 海岸冲蚀
extensive~ 广泛侵蚀
extreme soil~ 末端土侵蚀
flash~ 瞬间冲刷
geologic~（美）地质（学）上的侵蚀
glacial~ 冰川的冲蚀
gully~ 水沟冲刷
local~ 局部冲刷
mass~ 大量（主要部分）冲刷
natural~ 自然冲刷
partial~ 局部冲刷
raindrop~（英）雨点冲蚀
rill~ 细流冲蚀
river~ 河流侵蚀
sheet~ 大片冲蚀
shoreline~ 海岸线冲蚀
soil~ 土蚀，水土流失
splash~ 喷射冲刷
stream bank~（小）河堤岸冲刷
streambed~ 河床冲刷
subsurface~ 地下潜蚀
underground~ 地下侵蚀
vertical~ 垂直冲刷
water~ 水蚀
water loss and soil~ 水土流失
watercourse bed~ 河道河床冲蚀
wave~ 波蚀
wide-scale~ 广泛的（普通的，大规模的）侵蚀
wind~ 风蚀

erosional landform 刻蚀地貌

erratic block 不规则大块木料（石料，冰等）

erroneous 错误的，有误差的，不正确的
~indication 假象
~picture 错误的概念

error 错误，过失，故障
~control 误差控制（质量控制）
~distribution 误差分布
~ellipse 误差椭圆
~equation for interpolating 内插误差方程式
~estimate 误差估算
~function 误差函数
~of sampling 抽样误差
~of sighting 照准误差
~propagation 误差传播
~range 误差范围
~synthesis 误差综合

ersbyite 钙柱石

eruption 喷发

eruptive 火山岩，喷发岩
~rock 火山岩，喷发岩

Erwinia disease of *Opuntia dillenii* 仙人掌软腐病（*Erwinia carotovora* 草生群肠杆菌科）

escabrodura 劣地，劣地形

escalade 活动人行道，自动步道

escalation 逐步升级；自动升降；有伸缩性；物价上涨预留费
~clause 现实定价条款
~lump sum contract 调值总价合同
escalator 自动扶梯，电动楼梯
escape 出口
~canal 排水沟渠
~hatch 应急出口
~lighting 疏散照明
~stair 疏散楼梯
~works 泄水建筑物
escapeway 安全（通）道
escarp 内壕，壕沟内壁，壕沟内岸，内壕悬崖；使成急斜面，筑陡坡
escarpment 急斜面，悬崖，断层，陡坡
escheat 征用
ESD controlled environment 防静电环境
Eskimo whimbrel/ Little whimbrel ***Numenius minutus*** 小杓鹬
espalier 树墙，树棚，树篱，羽翼状树冠，花木架
~and espaliered plants 篱壁及篱壁整枝植物
~lath 花棚板条
~row 树棚（树篱）成行
~shape 树篱整形
double-U~双 U 式树篱
fan~扇形树篱
palmette~棕叶饰树墙
rose~玫瑰树墙
espaliered fruit tree 羽翼状树冠果树
esparto 北非芦苇草，西班牙草
esplanade 广场，散步场，空地，草地
Esquirolii Burretiodendron ***Burretiodendron esquirolii*** 柄翅果
essence 精髓；要素
essential 必不可少的，绝对必要的，本质的，精髓的
~mineral 主要矿物
~traffic 必要交通
establish a line 定线
established 正确的，已被确认的，证实的；已建立的，既定的；已移植生长的
~industrial development 既定开发
~system 建成道路系统
~technology 既定工艺
establishing 建立，建造，设置，安置
~a finished grade 设置精确坡度
~of orchards 建立果园
establishment 行政机关；企业，公司；住宅；建设，建立，创设，开办；制定；编制；产业；机耕
~charge 开办费
~charges 开办费，管理费
~maintenance 产业管理
~of an animal population 建立动物总群
~of final elevation（英）确立最终高程
~of finished elevation 确立精确高程
~of grass/lawn areas 设置草地
~of industries 建立工业
~of orchard 建设果园
~survey 企业调查
~type 编制类型
estaminet（法）小餐馆，小酒吧，小咖啡馆
estate 种植园，庄园，领地，土地，房地产，（英）新社区
~car 旅行车，客货两用轿车
~development 地产开发

~garden（美）新社区花园
~parcel（美）种植园地块
~planning 组团住宅区规划，住宅群用地综合规划
housing~（英）住宅区
industrial~（英）工厂住宅建筑
transfers of real~（美）不动产（房地产）移交
sthetics 美学
sthetics，landscape 风景园林美学，景观美学
stimate 估计，推测，概算，预算，评价
~of cost 成本估算，估价
~of earthworks quantities 土方工程量估算
~of lawn areas 草地面积估算
~of probable construction cost 概略建筑费估算
~of quantities 数量（定额）估算
~of statistical parameters 统计参数估计
~of total construction cost 建筑（工程）费总数估算
~of vegetation 绿化植被预算
~of vegetation on bare rock 裸露岩层植被估算
~price 估价
~sheet 估价单
~summary 汇总估价表
final construction cost~（英）最终工程费估算
preliminary cost~初始成本概算
rough cost~大概费用，成本概算
total~总估算
total construction cost~（美）总成本费概算

estimated 估算出的，估计出的，概算出的，预计的
~amount 估计数量，预算数量
~cost 预算费用（价值）
~population 估计人口，预计人口
~population on full development 建成后估计人口
~value 估计值
~volume，increase in 估计增大体积
~volume，reduction in 估计减小体积
estimation 评价，判断，测定，估计，预算，估算
~flood runoff 洪水径流计算
estimating 编制预算；估价
estimator 估价师
estuarine 河口，港湾
~bar 拦门沙
~delta 河口三角洲
~deposition 港湾沉积
~flow 河口水流
~hydrology 河口水文
~tide 河口潮汐
Estuarine tapertail anchovy ***Coilia ectenes*** 刀鲚 / 凤尾鱼 / 刀鱼
estuary 港湾，河口湾，河口，江湾，三角港，潮区
~closure 河口闭塞
~deposit 港湾沉积，河口沉积
~harbo(u)r 河口港
~pollution 河口污染
~port 河口港
~weir 河口，河口堤
ET 有效温度
Eternal-Health Pavilion（Xi'an，China）永康阁（中国西安市）

Eternal-Peace Temple（**Shenyang**，**China**）长安寺（中国沈阳市）

Eternal–Peace Temple（**Beijing**，**China**）长安寺（中国北京市）

ethereal 轻巧的；超凡的

ethnic ghettos 贫民窟

ethnic geography 民族地理学

ethnography 民族志

ethos 民族精神；思潮，风气

etiologic agent 致病物

Etna Mountain（**Italy**）埃特纳火山（意大利）

Etruscan architecture（古代意大利的）伊特拉斯坎建筑

Eucalyptus ***Eucalyptus*** 桉树（属）尤加利树（属）

Eucalyptus ***Eucalyptus dives*** 薄荷尤加利（澳大利亚新南威尔士州苗圃）

Euclid 欧几里得（约公元前 3 世纪的古希腊数学家）

Eucommia/Hardy Rubber Tree ***Eucommia ulmoides*** **Oliv.** 杜仲

Eucommia Geometrid ***Calospilos suspecta*** 丝棉木尺蛾

Euonymus Japonica ***Phytophthora*** ***blight*** 大叶黄杨疫霉根腐病（***Phytophthora meadii*** 蜜色疫霉 /***Phytophthora palmivora*** 棕榈疫霉 /***Phytophthora citrophthora*** 柑橘褐腐疫霉）

Euonymus japonica **ring spot** 大叶黄杨轮纹病（***Macrophoma*** **sp.** 大茎点菌）

Euonymus japonica **tree iron deficiency** 大叶黄杨黄化病（病原非寄生性，缺铁）

Euonymus Kewensis ***Euonymus fortunei*** **'Kewensis'** '邱园' 扶芳藤（美国田纳西州苗圃）

Euphorbia/Snow-on-the-mountain ***Euphorbia marginata*** **Pursh.** 银边翠

Euphrates Poplar Tree 胡杨（沙漠中生命力顽强的一种植物）

Euphrates，**footing** 拉底：在基础上铺置最底层的自然山石

Eurasian beaver/beaver ***Castor fiber*** 河狸

Eurasian jay /jay ***Garrulus glandarius*** 松鸦 / 山和尚 / 屋鸟 / 松鹊

Eurasian pygmy owlet ***Glaucidium passerinum*** 花头鸺鹠

Eurasian siskin ***Carduelis spinus*** 黄雀 / 金雀 / 黄鸟 / 瓦雀

Euro kangaroo/rock kangaroo/wallaroo ***Macropus robustus*** 岩大袋鼠

Eurocode 欧洲规范

Europe Euonymus ***Euonymus europaeus*** 欧洲卫矛（英国斯塔福德郡苗圃）

Europe Goldenrod/Woundwart ***Solidago vigaurea*** 毛果一枝黄花 / 新疆一枝黄花

European 欧洲的；欧洲人的；全欧的；欧洲人

~Committee for Standardization（简写 CEN）欧洲标准化委员会

~Common Market（简写 ECM）欧洲共同市场

~Community 欧洲共同体

~currency unit（简写 ECU）欧洲货币单位

~Diploma 欧洲执照（奖状、毕业文凭学位证书）

~Diploma Area 欧洲证书地区
~Economic Community（简写 EEC）欧洲经济共同体，欧洲共同市场
~garden 欧洲园林
~Information Centre for Nature Conservation 欧洲自然保护信息中心
~Union Directive 欧洲联盟指令
~Wilderness Reserve 欧洲荒地保留组织
~Wildlife and Natural Habitats，Convention on the Conservation of 欧洲野生动植物及自然栖息地（生境）保护会议
uropean Ash ***Fraxinus excelsior*** **L.** 欧洲白蜡（瑞典国树）
uropean Aspen ***Populus tremula*** 欧洲山杨/小叶杨
uropean bison/wisent ***Bison bonasus*** 欧洲野牛
uropean Columbine/Granny's Bonnet/European Crowfoot ***Aquilegia vulgaris*** 耧斗菜（漏斗菜）
uropean corn borer ***Ostrinia nubilalis*** 大丽花螟蛾
uropean Cowlily/Yellow Pondlily ***Nuphar pumilum*** 萍蓬草
uropean Cranberry ***Vaccinium oxycoccos*** 蔓越橘/小越橘
uropean Cranberry Bush/Rose Elder ***Viburnum opulus*** **L.** 欧洲琼花（英国斯塔福德郡苗圃）
uropean Globe Flower/Globe Flower ***Trollius europaeus*** 金莲花/金梅草
uropean Hazelnut ***Corylus avellana*** **var.** ***grandis*** 欧洲榛子
uropean Hornbeam/ Common Hornbeam ***Carpinus betulus*** 欧洲鹅耳枥(英国萨里郡苗圃）
European Lady Slipper/Slipper Orchid ***Cypripedium calceolus*** 拖鞋兰/杓兰
European Mountain Ash ***Sorbus aucuparia*** **L.** 欧洲花楸（英国斯塔福德郡苗圃）
European Oystercatcher ***Haematopus ostralegus*** 蛎鹬（爱尔兰、法罗群岛国鸟）
European Red Elder ***Sambucus racemosa*** **L.** 欧红接骨木
European Silver Fir ***Abies alba*** **Mill.** 欧洲冷杉
European White Birch/Weeping Birch ***Betula pendula*** **Roth.** 欧洲白桦/垂枝桦（英国萨里郡苗圃）
European White Elm ***Ulmus laevis*** **Pall.** 欧洲白榆（大叶榆）
European white pelican/Eastern white pelican ***Pelecanus onocrotalus*** 白鹈鹕（罗马尼亚国鸟）
European White Water-lily ***Nymphaea alba*** **L.** 白睡莲
Euryale/Gordon Fruit ***Euryale ferox*** (***fruit of***) 鸡头米/芡实
Euryalike Camellia ***Camellia euryoides*** 柃叶连蕊茶
eurytopic 广幅的，广适应性的
eutrophication 富营养化，海藻污染
eutrophic 富养分的
~lake 富营养湖泊
eutrophic mire 富营养沼泽
eutrophication（水体的）富营养化；水体自然老化过程；海藻污染

eutrophy 营养佳良（湖泊等的）富养分性，富养分状态

xerophyte 旱生植物

evacuation 避难

~exit 疏散出口

~walk 疏散走道

evaluating 评价

~indicator 评价指标

~water quality 评价水质

evaluation 评审，估价，评价；计算数值，求值

~factor 评估生产要素（如土地、资本、劳动力等）

~method（美）评估教学法（分类法），评估方法

~of bid 标出评价，评价

~of bids，checking and（美）核对并标出评价

~of building quality 房屋质量评定

~of dam break flood 溃坝洪水计算

~of environmental factors 环境因素评价

~of information 情报评价

~of landscape resources 风景名胜资源评价

~of planning data 规划数据（资料）评价

~of planning schemes 方案评价

~of procedure 程序评价

~of quality 质量评估

~of tenders，checking and（英）投标的评估与检查

~of the adaptability of land 土地适用性评价

~scheme（英）评估方案（计划，规划）

~study 评价研究

~test 鉴定试验，评价试验

data~ 数据评估

landscape~ 园林评估

site~ 选址评估

suitability~ 适当评价，类似评价

tree and shrub~ 乔木和灌木评估(计算

evanescence 逐渐消失，幻灭

Evans Begonia ***Begonia evansiana*** 秋海棠

evaporate（使）蒸发

evaporating 蒸发

~pressure 蒸发压力

~temperature 蒸发温度

evaporation 蒸发（作用）；消散

~capacity 蒸发量，蒸发能力

~capability 蒸发能力

~difference method 蒸发差值法

~from soil 土壤蒸发

~loss 蒸发损失

~observation 蒸发量观测

~of land 陆面蒸发（总蒸发）

~of water surface 水面蒸发

~pan 蒸发器

~pan of type E-601 E-601 型蒸发器

~pond 蒸发池

~tank 蒸发池

evaporative condenser 蒸发式冷凝器

evaporator 蒸发器

~for agricultural land 农田蒸发器

evaporimeter 蒸发计

evapotranspiration 土壤水分蒸发损失总量；蒸发发散作用；总蒸发，又称"散蒸发"

evapotranspirometer 蒸散器

Evelyn Keteleeria chinee ***Keteleeria evelyniana*** **Mast.** 云南油杉 / 云南杉松

ven 平（坦）的；均匀的；对等的；偶数的{数}；整{数}；整（数）的；使平，整平；平衡，使对等；[副]虽，甚至；平坦
~spacing 均匀间隔
~-hoofed game 对等比赛
vening 傍晚；后期
vening Bell at Nanping Hill 南屏晚钟
~tide 潮汐，潮水
vening Primrose/Sundrops *Oenothera biennis* 月见草 / 夜来香
vent（大）事件，事变；结局；事项，过程；现象，（相互）作用；间隙，距离，冲程，缝，孔；核变化
~major natural 主要自然现象
ver flowering rose 月季花
verbloomer 四季开花植物
vereste Crabapple *Malus* 'Evereste' '高峰' 海棠（英国萨里郡苗圃）
verglade 沼泽地
verglades National Park 埃弗格莱兹国家公园（美国）
vergreen 常绿树，常绿植物（如松柏等）；常绿的，常青的
~broadleaf forest（美）常绿阔叶林
~bushland 常绿矮灌丛
~evonymus 大叶黄杨（扶芳树）
~forest 常绿林
~forest，broad-leaved 常绿阔叶林
~fruit tree 常绿果树
~hedge 常绿绿篱
~herbage 常绿草本植物
~orchard 常绿果树
~plant 常绿植物
~shrub 常绿灌木
~silva 常绿林
~thicket/shrubland，coniferous 常绿针叶灌木林 / 灌木林地
~tree 常绿树
~undershrub 常绿小灌木
sclerophyllous vegetation，broad-leaved~ 常绿阔叶硬叶植物
Evergreen Bittersweet *Euonymus fortunei* 'Harlequin' 花叶扶芳藤（英国斯塔福德郡苗圃）
Evergreen Bittersweet *Euonymus fortunei* 'Sunspot' 金心扶芳藤（英国斯塔福德郡苗圃）
Evergreen Bittersweet（Spindle）*Euonymus fortunei* 'Blondy Interbolwi' '保尔威' 扶芳藤（英国斯塔福德郡苗圃）
evergreen broad-leaved forest 常绿阔叶林
Evergreen Chinkapin *Castanopsis* 栲树（属）锥树（属）
Evergreen Dwarf Japanese Azalea *Rhododendron japonica* 'Blue Danube' 杜鹃 '蓝色多瑙河'
Evergreen Euonymus *Euonymus Japonicus* Thunb. 冬青卫矛 / 大叶黄杨（英国萨里郡苗圃）
Evergreen Mucuna *Mucuna sempervirens Hemsl.* 常春油麻藤 / 常绿油麻藤
Evergreen Oak/Holly Oak *Quercus ilex* 冬青栎（英国萨里郡苗圃）
Evergreen Spurge *Euphorbia characias* 'Tasmanian Tiger' '塔斯马尼亚虎' 千魂花 / 常绿大戟 / 阿尔巴尼亚大戟（英国斯塔福德郡苗圃）
Everlasting Spring Pavilion（**Beijing**，

China）万春亭（中国北京紫禁城）

ever-stopped boat 不系舟（unmoved boat）

evidence 资料，数据

evidential testing 见证取样检测

evil 恶

evocation 唤出，唤起

Evodialeaf Acanthopanax ***Acanthopanax evodiaefolius*** 吴茱萸五加 / 吴茱萸叶五加

evoke 唤起，引起

evolutionism 进化论

ewe（***Ovis aries***）母羊

exacerbate 恶化，增剧，激怒，使加剧，使烦恼

exact 正确的，精确的；慎重的；强取，强要

~analysis 精密分析

~instrument 精密仪器

exactitude 精密，正确

exactness 精确度

examinant 检查人；审查人；主考人

examination 检验，试验；检查，调查；考试；验算，校核，审查

~and evaluation of construction project management 项目考核评价

~and approval 审批

~and verification 审核

~in public 公开审查

~of materials 材料检验

~of the building ground 建筑场地土质调查

~of unit prices 单价检验，单价校核，单价审查

~of water 水的检验

~room 检查室

~table 调查表；试验成果表

~-treatment center 治疗部，治疗室

soil~（美）国土调查

Exbucklandia [common] ***Exbucklandia populnea*** 白克木 / 马蹄荷

excavate 挖掘，开挖，挖穿；挖土

~a planting hole 植树挖坑

~a planting pit 种植挖坑

~by hand 用手挖土

~with timbering, to 支撑挖掘

~without timbering, to 无支撑挖掘

excavated 挖掘，挖入，开挖

~basin 挖入式港池

~material 挖掘材料，挖掘素材（资料

~material, surplus 过剩挖掘物质

~muck and plant material 挖厩肥和植物材料，挖厩肥和树苗

~surface 开挖面

excavating 开掘，挖掘

Excavating Engineer 开掘工程师（美期刊名）

~machine 挖掘机，挖土机

~machinery 挖掘机械

~plant 采掘设备

excavation 土方工程，挖方，挖土，挖掘；洞，坑道，开凿成的山路

~and cart-away 挖运工作

~approval（英）土方工程批准

~area, archaeological 考古学的挖掘地区

~for exposure 露光挖方

~for subbase grade（美）基层下层坡开挖

~machinery 开挖机械

~of services trenches 辅助沟槽挖方

工程
~permit（美）挖掘许可证
~process 挖掘程序
~protection 开挖防护
~quantities 开挖数量；挖土数量
~site 挖土工地
~surface 开挖面
~to formation grade（英）道路基面坡开挖
~to formation level（英）道路基面水平面开挖
~to subbase grade（美）基层下层坡开挖
~work 挖方工程，挖土工程
archaeological~考古学的挖掘
base of~开挖基线
building~建筑挖掘
bulk~大面积挖土
cut and cover~（美）切削覆盖挖掘工程
ditch~挖沟
drainage~排水开挖
dry~干挖
dry gravel~砾石开挖
earth~挖土（工程），土方开挖
excess~超挖
footing~基础开挖
footpath~步道开挖
foundation~基坑开挖
full section~全断面开挖
garden archaeological~花园（园林）考古挖掘
haulage，loading and transport of in-situ material~原地工程土方的牵引、装载和运输
hydraulic~水力挖土，水力冲挖
keep soil beside an~（美）挖方工程旁土的保持
large cross section~大断面开挖
leave soil lying by the side of an~（英）挖方工程旁空地开挖
ledge~岩面开挖
linear~（美）直线挖掘
manual~手工挖掘
muck~腐土开挖
open~明堑，明（开）挖
partial~局部开挖
pathway~步行道挖掘
soil~挖土
topsoil~表土开挖
underwater~水下开挖
volume of~挖方体积

excavator 挖掘机

excellent 极好的，优秀的，优良的

Excellent Prizes 佳作奖
~tradition of Chinese landscape architecture 中国优秀的风景园林传统

Excellent Rhododendron ***Rhododendron praestans*** 优秀杜鹃 / 魁斗杜鹃

Excelsum Superbum Liguster ***Ligustrum lucidum*** **'Excelsum Superbum'** '辉煌'女贞（英国萨里郡苗圃）

exceptional flood level 水库校核洪水位

excerpt 摘抄，选录，精华录；摘抄，选录；引用

excess 过量，过度，过剩；超过额；余
~activated sludge 剩余污泥
~air 过量空气
~code 余码 {计}
~condemnation 超额征收（超过实际需要面积之土地征收）

~demand 超额需求
~density of population 人口过密
~draft 过量取水
~excavation 超挖
~gaseous emission 超气体散发
~heat；excessive heat 余热
~of population 人口过剩
~of rates 超额收费
~population growth 人口过度膨胀，人口过度增长
~pore water pressure 超静水压力
~power 剩余动力
~pressure 余压
~rainfall 净雨（产流量）
~rainwater 过多雨水
~speed test 超速试验
~surface water 地面积水
~windfall profit 超额暴利
cost~ 费用过多

excessive 过度的，过甚的，过大的；非常的，格外的
~grade 过大坡度
~price 过高价格
~rain 雨水过多
~rainfall 雨水过多；连绵雨
~residential district 居住专用区
~trucking（超过道路负荷的）货运交通
~urbanization 过度城市化，过度都市化

exchange 交换；兑换，汇兑；兑换率；电话交换局；电话局；交易所；交换；兑换；交易；兑换
~acidity 交换性酸度
~air 空气交换
~broker 外汇经纪人
~control 外汇管制，外汇管理
~economy 市场经济
~flow rate 交换流速
~of commodity 商品交换
~of land 换地
~phase connection 换相连接
~rate 汇兑率
~resin 交换树脂
~settlement 结汇
~water 交换水量
voluntary land~ 自发土地交换

exclave 飞地

excluding through traffic 限制过境交通通行

exclusion area 无人居住处

exclusionary zoning 排斥型分区管制

exclusive 除外的；排他的；专用的；独特的，专有的；高级的，第一等的
~agent 包销商
~auto road 汽车专用道路
~busway 公共汽车专用道
~clause 专营性条款
~economic zone 专属经济区
~events 互斥事件
~green space 专用绿地
~industrial district 工业专用区
~lane 专用车道
~residential district 住宅专用区
~selling rights 包销权
~species 独特品种
~use district 专用区
~use zoning 专用区域分区管制
~way 专用道

Excoecaria *Excoecaria cochinchinensis*

Lour. 青紫木（红背桂花）
xcogitation 计划，方案
xcrement 粪便
xcreta 粪便
xcursion 远足，短途旅行，游览
~area 风景游览区，游览区
~bus 游览公共汽车
~center 游览地
~ship 游览船
xecute 执行，实施；完成；签名盖印
xecuted execute 的过去分词
~work，determination of（美）竣工工程测定
~work，proof of 竣工工程检验
~works，assessment of（英）竣工工程评定
xecution 执行，实施；完成；签名盖印
~control 施工管理；实施管理
~design 施工图设计；实施设计
~of agreement 协议的执行
~of a plan（计划）实施
~of construction items 完成施工项目
~of piece of work 完成施工工程
~plan（工程）实施计划
~planning for construction project management 项目管理实施规划
~sale 强制拍卖
~scheme drawing 施工计划图
project~ 计划（方案、工程）实施
xecutive 管理或执行的人（总经理、社长等）；管理或执行的团体（执行委员会等）；行政官行政部门；行政上的；执行的
~authorities 行政当局
~committee 执行委员会，常务委员会
~cycle 执行周期
~director 执行局长，行政领导，常务理事
~editor 执行编辑，责任编辑
~head 总经理，董事长
~order 执行的命令
~park（美）远离市中心的商业机构办公区
~secretary 执行秘书，常务秘书
exedra（古希腊，古罗马）开敞式有座谈话间，半圆形室，半圆式露天建筑
exemplar 模范，榜样，标本
exempt 免税人，被免除义务的人
exercise 行使；练习；体操；行使；练习；操练
~area，dogs'（英）狗练习场地
~area，pet（美）玩赏动物练习场地
~trail（美）练习小路
exert attraction inwardly and link outwardly 内引外联
exfoliation；desquamation 剥落
exfoliation 页状剥落
exhaustible resource 可耗尽的资源，不可再生的资源
exhaust 用尽；抽空；排出；驶出；使疲倦；抽空；排出；排水；排气（装置）
~air 排气
~air rate 排风量
~contaminant 排气污染物
~emission 废气排放
~fan 排风机，排风扇
~fan room 排风机室
~fume 废气，排烟
~gas 排气，排烟
~gas analysis 排气分析

~gas from car 汽车排气
~heat 废热
~hood；hood 局部排风罩
~opening；exhaust inlet 吸风口
~pollution 排污
~smoke 排烟
~steam heating 废气供暖
~ventilation 排气通风
exhausted 密闭的，排出的
~enclosure；enclosed hood 密闭罩
~water 废水
exhaustion 用尽；抽空；排出；排气；疲惫；（问题等的）彻底研究
~groundwater 地下水用尽；地下水排出
exhibition 展览（会）；展览品；显示
~area，horticultural 园艺展览场地
~building 展览馆
~center 展览会，展览馆，展览中心
~hall 展览馆，会议厅，展览厅
~of floristry 花卉栽培技术展览（会）
~of plans 规划展览
~room 展览室
Exhibition Room of Cultural Relics and Historical Material 文物史料陈列室
garden~园林展览（会）
horticultural~园艺展览
indoor（horticultural）~室内（园艺）展览
exhilarating 使人愉快的，令人振奋的
exist 存在；生存
existence 存在；生存；成立；存在物；存在性
existing 现有的，现存的，现行的，存在的，实有的，目前的
~area of vegetation 现有庭院植物
~building 现有建筑
~building use 建筑物利用现状
~circumstance 现状，现况
~condition 现状
~condition before planning starts（美）设计开始前现状，规划开始前现状
~condition of urban development 城市建设现状
~construction map 建筑物结构分类现状图
~data 现有资料
~elevation 现有高度，现有立面（图）
~environmental pollution load 现有环境污染负担；现有环境污染增收费
~grade（美）现有年级，现有（质量标准，现有坡度
~ground height 现有地面高度
~ground level 目前地面水平
~ground surface 现有地面
~housing stock 现有住房量
~land use map 土地利用现状图
~land uses，mapping of 土地利用现状测图（绘图，制图）
~landscaping 现有的风景，现状景观
~level（英）现有水平（程度）
~levels，marrying with（英）结合现有水平
~plants，obligation to preserve（英）（法律上、道义上）保护现有植物义务
~population 实际人口，现有人口，现状人口
~railway 既有铁路
~residential building-permanent 现存永久性住宅

~residential building-temporary 现存临时性住宅
~road 现有道路
~site conditions, survey of 现存遗址状况调查
~situation before planning starts（英）规划启动前现状
~state for urban development 城市建设现状
~state plane map（城市地形）现况图
~structure 已有结构
~traffic 现有交通
~tree 现存树木
~trees, preservation of 现存树木保护
~trees to be retained 将保留之现存树木
~uses, survey of 现有消费（耗量）调查
~utility 现有公用事业设施
~vegetation 现存植物（植被）
~vegetation, damage to 现存植物毁坏
~vegetation, preservation of 现存植物保护
~volume 现有交通量
xit 安全门，太门平，出口，通道，排风口
~direction sign 出口方向标志
~lane 驶出车道，安全通道
~ramp 驶出坡道，出口坡道
~region 出口区
~roadway 出口车行道
~turn 出线转向，转弯驶出
xoatmosphere 外大气层，外大气圈
xobiology 宇宙生物学，外（层）空（间）生物学
xochorda 'The Bride' ***Exochorda*** × ***macrantha*** **'The Bride'** '新娘' 大花白鹃梅（英国萨里郡苗圃）
exodus 退去，退出
~, rural 农村人口外迁
exonym 外来名
exorheic 外流的
~lake 外流湖
~river 外流河
exotic 外来物；外来语；外来品种外国产的，外来的；异的 {物}
~block 外国料块
~metals 稀有金属
~species 外来品（物）种
expand 膨胀，扩张；展开 {数}
expanded 被扩大的，被扩展的，展开的，膨胀的
~aggregate concrete 膨胀性集料
~clay 黏土，泥土，湿土，白土
~metal and plaster ceiling 钢板网抹灰吊顶
~polystyrene（EPS）聚苯乙烯发泡材料
~polystyrene sheet（EPS）聚苯乙烯板块
~preliminary design 扩大初步设计
~reproduction 扩大再生产
~slate（美）膨胀石板（板岩）
expanding 扩张的，发展的，扩散的
~area 扩张地区
~economy 经济的发展
~reach 扩散河段
~town 扩大城镇
expansion 扩展，膨胀；城市膨胀发展；发泡倍数
~agent 膨胀剂

~and contraction joint 伸缩缝
~bearing 活动支座
~bearing for bridge 桥梁活动支座
~bolt 膨胀螺栓
~-contraction 热胀冷缩
~diffusion 扩展扩散
~joint 钢轨伸缩调节器，伸缩（胀）缝；伸缩接头
~pipe 膨胀管
~project 扩建计划，扩建项目
~steam trap；thermostatic steam trap 恒温式疏水器
~tank 膨胀水箱
community~（美）居住区（社区）扩大
town~（英）城市（城镇）扩大
urban~ 市区扩大
expansionist policy 鼓励生育的政策
expansive 膨胀的，能扩张的；宽广的，辽阔的
~soil 膨胀土
expectancy of life 平均寿命
expectation 期待，希望，期望（值），预期
~of life 平均寿命，平均预期寿命
~value 期望值
expected 期望的
~value 期望值
~vector 期望矢量
expectation 期望值
expel 驱逐，开除，排出，发射
expenditure 支出额，消费额，费用，支出
~on construction 建造费用
expense 支出，经费，消费；损耗；费用
~distribution sheet 费用分配表
~ledger 费用分类表
~expenses，list of 费用清单
~of idleness 窝工费用
~statement 费用表
overhead~ 管理费（间接费，经常费，杂项开支，总开销）支出
reimbursable~（美）赔偿费用
travel~ 旅行费用，差旅费
experience 感受，经验
~conception of the landscape 风景园林的体验概念
~curve 经验曲线
subjective quality of environmental~ 环境感受主观才能
value of environmental~ 环境感受值
experiencing nature 体验自然
experiment 实验，试验
experimental 实验（上）的；经验（上）的
~area 实验地区
~basin 实验流域
~city 实验性城市，实验城市
~design 经验设计，实验设计
~engineering 技术研究工程，试验性工程
~regulation 试行章程
~research in evaporation 蒸发实验研究
~research in hydrology 水文实验研究
~research in runoff 径流实验研究
~stage 试验阶段
~theater 实验剧场
~verification 实验证明
expert 专家；熟练的；有专长的

~adviser（英）专家顾问
~decision-making 专家决策
~on historic garden management 历史名园管理专家
~opinion 专家意见
~opinion on the value of trees and shrubs 专家对乔木和灌木价值的意见
~opinion, prepare an 专家准备意见
~system 专家系统
~witness 专家证人
historic garden~（美）历史名园专家
plant~植物专家
xpertise 专家评价，鉴定
xpiration 满期，截止；呼气
~of a deadline（美）截止日期期满
~of the contract period 合同期满
xpiration date 保质期
xpiry 有效截止，终止，期满
~date 有效截止日期
~of a deadline（英）截止日期期满
~of tenancy 租约期满
xplanation 说明，解释
~legend 说明图例
xplanatory 说明的，解释的
~board 说明板，说明（广告）牌
~notes 凡例；用法说明
~report 说明报告
~statement 说明声明书
~text（美）说明文本
xploding population 激增的人口
xploit 功绩，功劳，贡献，成就；开发，开拓，开采；私用
~natural resource 开发自然资源
xploitable area 可开发地区，可利用地区
exploitation 开采，开发，开拓；采掘；利用；剥削
~of mineral resources 开采矿物资源
complete~全部利用
groundwater~地下水开发
root~基础开发
wasteful~破坏性开采
exploration 探勘，踏勘，探查，探险；勘查，勘探，勘测，测定
~capacity 勘测容量，测定性能（功能）
~for foundation 基础勘测；地基勘测
~map 探勘图，探测图
~production well 勘探开采井
~program 探勘计划
~survey 勘探，勘测
exploratory 探勘的；探查的；探险的
~test 探查试验
~trench 探查沟槽
~trenching 探勘挖沟
explosion 爆炸，爆破
~action 爆炸作用
~-proof armoured door 防爆装甲门
~-proof luminaire 防爆灯具
~proofing 防爆
~protection door 防爆门
~valve 爆破阀
explosive 爆炸性的
~dust atmosphere 爆炸性粉尘环境
~dust mixture 爆炸性粉尘；混合物
~gas atmosphere 爆炸性气体环境
~gas mixture 大气条件下气体、蒸汽、薄雾状的易燃物质与空气的混合物，点燃后燃烧将在全范围内传播
~limits 爆炸极限
~material 易爆物料

~quantity 存药量
~store 爆炸品储存库
~venting 泄瀑
expo 展览会；市集
exponent 典型；标本；例子，指数；解释者，说明者，代表者
~distribution 指数分布
exponential 指数的
~population 按指数率增长的人口
~time function 指数时间函数
export 输出，出口
~-based industry 外向基础产业
~commodity 出口商品
~base theory 出口基地理论
~economy model 外向型模式
~-oriented economy 外向型经济
~-oriented industry 出口导向工业
~processing area 出口加工区
processing free zone 出口加工免税区
~processing zone 出口加工区
~sale 外销
~substitution 出口替代
expose 暴露；暴露，露光，曝光；揭露
~a soil profile 暴露土剖面（土纵断面）
exposed 暴露的；曝光的；明的
~aggregate concrete 露石混凝土
~aggregate, paver with（美）露石铺路机
~aggregate paving block 露石铺路街区
~basalt aggregate paving block（英）露玄武岩石铺路街区
~crushed basalt, concrete paver with（美）露碎玄武岩的混凝土铺路机
~culvert 明涵
~cut（美）明挖土
~face（美）露面，明面
~installation 明设
~joint 明缝，明接头
~mud 裸露泥地
~mud vegetation 裸露泥地植物
~pipe 明管
~road 野外道路，空旷地区的道路
~soil horizons 露土层
~stone formation 露石构成
~to the weather 露天
exposition（理论，计划等的）说明，展览，展览会
exposure 暴露，露光，曝光；（房屋的方位；陈列（品）
~condition 暴露条件
~intensity 照射强度，曝光强度
~map, noise（美）噪声暴露图
~test 暴露试验
excavation for~ 露光洞（坑道）
high level of light~ 灯光高强度曝光
light~ 光线曝光
low level of light~ 光线低度曝光
noise~ 声音暴露
poor light~ 不良光线曝光
solar~ 太阳曝光
strong light~ 强光曝光
weak light~ 弱光曝光
expound 详细说明，解释
express 快车；急信；（报纸）号外；表示，表达；快递；特快的，快递的；明白的
~artery 快速干道
~carriage 快速运输
~delivery 快递
~highway 高速公路

~highway, inner-city（美）内城区高速公路
~line ship 快速班船
~motorway 高速国家公路，高速国道
~post 快递邮件
~road 快速道路，高速道路
~train 特别快车，快车
xpressionism 表现主义
xpressway 高速公路，快速公路（美国高速公路的一种，进入受到部分限制）
four-lane undivided~（英）4 车道未分隔的高速公路（快速公路）
inner-city~（英）内城区高速公路
xpropriate 征用
xpropriation 征用（土地），收用；放收
~of land 征地，土地征用
Exquisite laughing thrush *Garrulax formosus* 丽色噪鹛 / 红画眉 / 红喳山 / 红翅画眉
xtend 延伸，扩张，延长；达到
xtended 延伸的，扩展的
~aeration 延时曝气
~coverage side wall sprinkler 边墙型扩展覆盖喷头
~explanation 详细说明
~family 大家庭（两代人以上组成的家庭），扩展家庭
~foundation 扩展基础
~long-term hydrologic forecasting 超长期水文预报
~lot 增批地段
~preliminary design 扩大初步设计
~range 广泛分布
~structure 扩建建筑物

extension 扩大部分，增设部分，扩展地；扩建，延伸，延长；拉伸；广度；扩展；增加；伸出（部）{机}；延期
~of a wall line 墙界线延伸
~of approach surface（机场）引道表面延长，（机场跑道的）进入面延伸段
~of bracket 出挑：斗栱向建筑物的里、外挑出
~of line 展线
~of relation curve 关系曲线延长
~of time for contract completion 合同竣工时间延长
~project 扩建工程
~to a factory 工厂的扩建部分
extensive 延伸的；广阔的；彻底的
~city 大区域城市
~city planning 大区域城市规划
~erosion 广泛侵蚀
~observation 扩大观察
~open land（美）扩大空地
~recreation 大改造（保养）
~repair 大修理
~roof planting 扩大屋顶绿化
~survey 粗放调查，广泛调查
~town planning 大区域城镇规划
extensively cleared land 广阔空地
extensiveness 推广；外延
extent 范围；程度；分量；大小；延伸
~of planning services 规划工作范围
extension 延期；延长
~of time 延期
exterior 外部，外面，外观，外面的，外表的，外来的，外用的
~components 室外工程
~corridor apartments 外廊式住宅

~-corridor type apartment 外廊式公寓
~finish work 外檐装修
~luminance 室外照度
~joinery 外檐装修（中国古建筑）
~side yard 临街侧院
~wall coating material 外墙涂料
~yard 外面庭院
extermination 根除，灭绝，扑灭，消灭，清除
external 外面,外部 [复] 外形；外面的，外部的；外来的
~audit 外界审计
~benefits 外部效益
~cause 外因
~characteristic 外部特性
~cordon（城市）外围线
~cordon trip（交通调查）小区划分线外的交通，跨越小区交通
~costs 外部成本，外部费用
~distance 外距
~economies 外界经济
~environment 外部环境
~exposure index 外照射指数
~force 外力
~fuses 外熔丝
~-internal cordon 城市外围－内围警戒线
~-internal traffic survey 出入量调查
~migration 外向迁移
~traffic 外来车辆
~trip（起讫点交通调查时）调查区域外的交通
~wall 外墙
externalities in population growth 人口增长的外部因素
externally imposed displacements 附加位移
extinct 绝种的；灭绝的
~books 绝版书
~lake 干涸湖
~species 绝种种类
extinction 灭绝，消光；吸光
threat of~ 灭绝的威胁，灭绝征兆
threatened with~ 有灭绝（动物或植物危险的
extinguish 熄灭；消灭；废止
extinguishment by smothering 窒息灭火
extirpation 连根拔起，灭绝，消灭，根除
extol 赞美
extra 额外（附加）之物；号外，增刊；额外的，附加的；非常的，特优的；[副] 非常，格外
~allowance 额外津贴
~amount 多余部分
~copy 复本
~cost 额外费用
~discount 额外折扣
~dividend 红利
~orientation elements 外定向元素
~quality 特优质量
~tropic zone 温带
~wage 额外工资
~wide 特广阔的
~work 额外工作
extraction 抽提，提取；开采；提炼；抽提法；选出
~apparatus 抽提器，提取器
~area，future 未来开采区
~method 抽提法，提取法

~of root 开方（法），求根（法）{数}
~of deposits 岩淀物提取
~right 开采权
~site 开采地
~site，gravel 砾石地
~site，sand 采砂地
~test 抽提试验，抽取试验
gravel~ 砾石开采
groundwater~ 地下水抽提
mineral~ 无机物提炼，矿物提炼
sand~ 采砂
timber~ 木料选出
water~ 抽水
xtractive industry 采掘工业
xtramural 市外的，城镇（或城墙）以外的
xtraneous traffic 外附交通
xtraordinary 非常的；特别的；临时的
~dry year 特枯水年
~flood 特大洪水
~maintenance 特别养护，临时养护
~storm 非常暴雨，特大暴雨
xtrapolation of existing population trends 现状人口发展趋势预测
xtreme 极端，极度；末端；极端的，过度的；最末端的，最后的
~habitat 最后住处，最后栖息地
~failure 极限破坏
~maximum temperature 极端最高温度
~monthly maximum 极端月最高
~monthly minimum 极端月最低
~point 极点
~site 极地
~size 极端尺寸
~soil erosion 极土侵蚀（风化）
~temperature 极端温度
~value 极值
~value series 极值系列
~vessel breadth 最大船宽
~vessel length 最大船长
extremity 末端，极端
exuberant 丰富的，足够的
exurb 城市远郊高级住宅区
exurban 城市远郊的
~areas，outdoor recreation in（美）城市远郊区户外休息娱乐
exurbanite 市郊居民
exurbia（总称）城市远郊区，城市远郊居民
Eyebright/Casse Lunette ***Euphrasy rostkoviana*** 小米草
eye 眼（睛）；眼状物；环；视域；看，注视
~chart 视力检验表
~estimate 目测，目视估计
~-estimation 目测
~-level rise 视线升高
~-measurement 目测
~-stop 路标
cleaning~ 清洁眼睛
Eyebrow Bambusa ***Bambusa tuldoides*** 青秆竹 / 花眉竹
eyemark 目标
eyeshot 视野
eyesight 视力，视野，眼界，观察
eyot 河心岛，湖心岛
Eyre Evergreen Chinkapin ***Castanopsis eyrei*** 尾叶甜槠
eyrie 高处的房子；鹰巢；高处城堡；高处

~observation, protective(英)防保性(保护性)高处观察(观测)

Eyriesii Sea-urchin Cactus *Echinopsis eyriesii* 短毛球/短刺仙人掌

eyry 同 **eyrie**

F f

'aber Cymbidium *Cymbidium faberi* 夏兰 / 蕙兰

'aber Evergreen Chinkapin *Castanopsis fabri* 罗浮栲

'aber Fir *Abies fabri/Keteleeria fabri* 冷杉 / 泡杉 / 峨眉冷杉

'aber Maple *Acer fabri Hance* 罗浮槭 / 红翅槭

'aber Oak *Quercus fabri* 白栎 / 栎树 / 白皮栎 / 青冈树

'aber Primrose *Primula faberi* 费白报春花 / 峨眉报春

'aber Snowbell *Styrax faberi* 白花龙 / 白龙条

'aber's Phoebe *Phoebe faberi* 竹叶楠

'abos，Julius 法布士，朱利斯，美国风景园林师

abric 建筑物，结构；织物；工厂

~analysis 组构分析

~of the landscape 景观的肌理

~sheet reinforced earth 铺网法

filter~（美）滤器（滤池，滤波器，滤光器）结构

root anchoring~（美）基础稳定建筑物

urban~都市建筑物

abricated 制造，建造；装配

~bridge 装配式桥

~building 装配式房屋

~steel bridge 装拆式钢桥

~structure 装配式结构

fabricating 制造，建造；装配

~cost 建筑造价，装配成本

~industry 金属加工和机器制造业

fabrication 建造；装配；制作；配筋；建造物；制作物；捏造（物）

facade 建筑物正面，立面，门面，表面

~panel 外墙板

~planting（金属）正面种树（绿化）

planted~绿化正面（房屋）

vine-covered~（美）藤本植物覆盖正面（房屋）

Fa-cai *Nostoc flagelliforme* 发菜

face 面（部）；正面；表盘，底座，荧光屏；外观；外表，面貌；面对，盖面；砌面；琢面；削平；对抗；朝（迎）着；遇到；正视；地形

~ashlar 表面琢石

~brick 面砖

~brick clay 面砖土

~concrete 面板混凝土

~-lift 改建

~-lifting 建筑物改建，翻新

~of a block 街段的一面

~of a wall，end（美）端墙面

~of slope 斜坡面，倾斜坡面

~to face 面对面

~velocity 罩口风速

~wall（出）面墙 {建}

cliff~悬崖（峭壁）外观

cut~（美）路堑外观

dune~沙丘（沙堆）外观（外表）
exposed~（美）曝光面
rock~岩（石）外表
wall~墙面
faced 饰面
~wall（美）饰面墙
rock~岩（石）饰面，石块饰面
facies 相{地}；外观
facilitate 使容易；使便利
facilities 设施
~area，health（美）卫生设（施）区
~area，health care 保健设施区
~for throwing the hammer 掷锤设施
communal~公共设施
competition swimming~（英）竞赛游泳设施
concentration of recreation~休息、娱乐集中设施
concentration of urban recreation~市区休息娱乐集中设施
cultural~文化设施
site for public~公众设施地点
social service~社会服务设施
facility 容易，轻便；[复]设备；公用设施；方便，便利
~，communal 公共设施
~for children's welfare 儿童福利设施
~item 配套项目
~management 公共设施管理
community~（美）居住区公用设施
erosion control~侵蚀管制（控制）设施
indoor tennis~（美）室内网球设施
noise screening~噪声、隔离设施
pole vault~使电线杆成穹状设施
power distribution~电力分配设施
pretreatment~预处理设施
public~公众（公共）设施
recreation~休息，娱乐设施
simply-provided recreation~简易提供休息娱乐设施
sports~体育设施
traffic~交通设施
traffic guidance~交通咨询设施
well-provided recreation~提供休息娱乐设施
facing 饰面，砌面，刮面；面层，覆盖层；面料，面饰，表面加工；面对的，对立的，对向的；盖面的
~brick 面砌
~concrete 护面混凝土
~parking 对向停车
~stone 护面石，（出）面石
~tile 面砖
~typesetting 饰面排版
fact 事实，实情；事件[复]论据
~finding 实地调查
~-finding conference 调查会
~-finding data collection 实地调查数据采集
~-finding meeting 调查会
~retrieval system 事实检索系统
~social 社会事业
~s survey 实情调查
factor 因数，系数；因子；因素
~analysis 因素分析，因子分析
~analysis method 因素分析法
~for calculation of permissible coverage[ZA] 允许范围内的计算因素
~of safety 安全系数
~system 因素计算法

active~ 活性系数
amplification~ 放大系数
drainage~ 排水因素，排水系数
energy–efficiency~ 能效系数，能效因子
engineering~ 技术条件
evaluation~ 计算数值系数
influencing~ 作用（影响）因素
landscape~ 园林因素（要素）
lane~ 车道系数
maintenance~ 保养系数，维修率
major~ 主要因素
modification~ 改正系数
personal~ 人为因素
physical~ 物理因素
psychological~ 心理因素
seasonal~ 季节性因素
stability~ 稳定系数
temperature~ 温度系数
time~ 时间因素，时间系数
usage~ 使用因素，利用因素
use~ 利用系数，利用率
weather condition~ 气候条件因素（或系数）

factorial ecology analysis 因子生态分析法

factories and mines road 厂矿道路

factors 因素
ecological~ 生态（学）的因素
environmental~ 环境因素
evaluation of environmental~ 环境因素评价
site~（地点）位置因素
socio–economic~ 社会经济（学）的因素

factory 工厂，工场
~area 工厂区
~building 厂房
~–built house（美）工厂建成住宅
~bus 厂用公共汽车
~cost 生产成本
~district 工厂区
~estate 工厂大厦，工业区
~farming 工厂农业（畜牧业，养殖业）
~garden 工厂庭园，工业花园
~gardening 工厂绿化
~greening 工厂绿化
~in road 厂内道路
~industry 制造工业
~manager 厂长
~noise 工厂噪声
~out road 厂外道路
~planting 工厂绿化
~price 出厂价格
~railway 工厂专用线
~waste 工厂废料，工厂废水

faculty（大学的），系，科，学院
~of medicine 医学院

fad 时尚，一时流行的狂热，一时的爱好

Fagrant Michelia ***Michelia hedyosperma*** 香子含笑 / 香蕉含笑

Fahai Temple（**Temple of Dharma Sea**）（**Beijing，China**）法海寺（中国北京市）

fahrenheit 华氏

faience 彩陶，上彩釉的陶器

fail safe 故障—安全

failure 失败；损坏，破坏，毁坏；不履行
~analysis 断裂分析
~condition 破坏条件

~criterion 破坏准则
~of supply 供应不足
~plane 破坏面，破裂面
~，river bank 河岸毁坏
~strength 破坏强度
~surface 破坏面，损坏面
catastrophic~突然故障，严重损坏，灾难性破坏
critical~临界损坏，致命故障
slope~斜坡毁损，边坡毁坏
slump~沉陷，坍陷
torsion~扭转损坏

faint red 淡红色

fair 定期市集；展览会；美,好；晴(天)的；明晰的；顺利的美丽；明晰；顺利；公正；颇
~copy 清稿
~-faced concrete（英）光顺面混凝土
~ground 集市场所
~rent 公平地租
~weather 晴天（的)，好天气的
~wind 顺风
fun~（英）娱乐场

fairgrounds 集市场地

fairway 通路，航道

Fairy armadillo/pigmy armadillo ***Chlamyphorus truncatus*** 倭犰狳

Fairy-Brush Peak（Quzhou，China） 神笔峰（中国衢州市）

Fairy Lantern/Mariposa Lily/Butterfly Lily *Calochortus uniflorus* 蝴蝶百合

Fairy Lily/Rose Pink Zephyr Lily *Zephyranthes grandiflora* 红花菖蒲莲/韭莲/风雨花

Fairy Primrose *Primula malacoides* Franch. 报春花（樱草）

Fairy rings of lawn 草坪蘑菇圈/仙人圈/仙环病（***Marasmius oreades*** 硬柄小皮伞/***Lepiota gracilenta*** 红顶环柄菇/***Lycoperdon* sp.** 马勃菌/***Scleroderma* sp.** 硬皮马勃菌/***Clitocybe* sp.** 杯伞菌/***Tricholoma* sp.** 口蘑）

faithful 忠实的，诚挚的，诚实的；正确的
~species 真实品种

Fake halibut/marbled sole *Pseudopleuronectes yokohamae* 黄盖鲽/沙盖

fakir 托钵僧

fall 跌水；落下，下降，跌落；减退；坡降；降雨量；瀑布；（美）秋季；秋（季）的；落下，下降，滚落，跌落；减退
~apart 分离，分解
~back 倒退，后退，退却，不履行
~-blooming plant（美）秋季开花植物
~color 秋色
~crest 瀑布顶端，瀑布源头
~exponent method 落差指数法
~-flowering period（美）秋季花期
~flood 秋季洪水，秋汛
~foliage（美）秋叶
~head 降水头
~head of water 降落水头
~into（河流等）注入
~line city 急流沿岸的城市群
~method 落差法
~of a slope（英）坡降
~of ground 冒顶
~of river 河流坡降
~of stream 河流坡降

~of water 水降，水压
~off 下降
~out 发生
~overturn（美）跌落倾覆
~species（美）减退种类，下降品种
~wind 下降风，下吹风
cross~（英）横向坡度
all webworm ***Hyphantria cunea*** 美国白蛾
allacy 谬论，错误
alling 降
~body 落体
~flood stage 落水期（洪水降落阶段）
~due 到期，期满
~gradient（道路）坡降
~tendency 下降趋势
~water 流水别墅（美国建筑师赖特设计）
~weather 雨季，雪季
allout，radioactive（核试验散入大气中的放射性降落物（或尘）
~shelter 防核尘地下室
allow 休闲地，休耕地
~grassland 草地休闲地，草地休耕地
~ground 休耕地
~land 休耕地
green~（公有）草地休耕地
let agricultural land lie~ 出租耕地处于休耕状态
seeded~ 播种休闲地
'allow deer ***Dama dama*** 黇鹿
allowed land 休耕地
alls（美）瀑布；落下，下降；坡降
~lay to（英）坡度 2.5% 的铺面
~long（英）纵坡
~longitudinal（英）纵坡
~reverse（英）背坡，相对的斜坡
false 假的；不可靠的；不成立{计}；[副]假，伪；误，不正
~account 假账
~arcade 假拱廊
~arch 假拱券
~bill 假票据
~colo(u)r aerial photograph 假彩色空中摄影
~colour composite 假彩色合成
~colo(u)r photograph 假彩色摄影
~sense 错觉，假象
~window 盲窗
~work 脚手架，工作架，临时支撑
False Aralia ***Dizygotheca veitchii*** 手树；维奇孔雀木
False Cypress ***Chamaecyparis lawsoniana*** **'Minima Glauca'** 矮蓝美国扁柏(英国斯塔福德郡苗圃)
False Cypress ***Thuja occidentalis*** **'Yellow Ribbon'** '黄丝带' 北美香柏（英国斯塔福德郡苗圃）
False Different Wood Fern ***Dryopteris immixta*** 假异鳞毛蕨
False Goat's Beard/Chinese Astilbe ***Astilbe chinensis*** 红升麻 / 落新妇 / 泡盛草
False Goatsbeard ***Astilbe*** × ***arendsii*** **'Fanal'** 火焰阿兰德落新妇（英国斯塔福德郡苗圃）
False Heather/Mexican Heather ***Cuphea hyssopifolia HBK*** 细叶萼距花 / 满天星
False Holly ***Osmanthus heterophyllus*** **'Goshiki'**（五彩）柊树（英国斯塔福

德郡苗圃）

False Indigo/Amorpha Indigo Bush *Amorpha fruticosa* 紫穗槐

False Rhododendron Lacteum Rhododendron *Rhododendron fictolacteum* 棕背杜鹃 / 假乳黄杜鹃

False Sarsparilla/Purple Coral Pea *Hardenbergia violacea* 小町藤 / 紫哈登柏豆（澳大利亚新南威尔士州苗圃）

False Spiraea *Sorbaria sorbifolia* 'Sem' 珍珠梅（英国斯塔福德郡苗圃）

False-color composite 假彩色合成

False-indian Tea Rose *Rosa odorata* var. *pseudoindica* 橘黄香水月季 / 橙黄香水月季

famed 著名的，闻名的

~summer resort 著名的避暑胜地

family 家庭

~accommodation 家庭设备（供应,贷款）

~burial site 亲属埋葬地

~census 家庭普查

~farm 个体农场，家庭农场

~formation 家庭组成

~function 家庭功能

~household 家庭住户

~housing 家属宿舍

~income survey 家庭收入调查

~living survey 家庭生活调查

~member 家庭成员

~or youth camp 家庭或年轻人野营地

~planning 计划生育，家庭计划

~plot 自留地，宅基地

~size 家庭规模，家庭生育数，家庭子女数，家庭人口

famous 著名的，闻名的；出色的；第一流的

~cultural city 文化名城

~garden of Luoyang 洛阳名园

~garden of Suzhou 苏州名园

~garden of western Sichuan 川西名园

~garden of Yangzhou 扬州名园

~historical city 历史名城

~parks and historic sites 名园古迹

~scenery 风景名胜

~scenic site 风景名胜

~scenic sites 风景名胜区（国家公园）

famous landscape and historic sites 风景名胜

famous landscape and historic sites area planning 风景名胜区规划

famous landscape and historic sites area resources 风景名胜资源

famous trees 名木

fan（风）扇，通风器；风箱；通风机；扇形地{地}；扇状物；风机扇动；成扇形

~belt 风扇皮带

~cable 扇形索

~coil air conditioning system；fan coil system 风机盘管空气调节系统

~-coil cooling unit 风机盘管空调系统

~coil unit 风机盘管机组

~espalier 扇状树篱

~filter（module）unit 风机过滤器单元（FLU FMU）

~pattern（英）扇状形成（花样,模型类型）

~room；fan house 通风机室

~section 风机段

~-trained fruit tree 修剪成扇状果树

~truss 扇形桁架
~vault 扇形拱
alluvial~ 冲积土扇形
rock~ 岩（石）扇形地
vista~ 街景扇形

Fan Licualapalm ***Licuala grandis*****（Bull.）H. Wendl.** 圆叶轴榈 / 扇叶轴榈

Fancy bonsai 异形盆景

Fancy picture 幻想像画

Fangshan stone 房山石

Fanjingshan Fir（拟）***Abies fanjingshanensis*** 梵净山冷杉

Fanlight 亮子

Fanning plume 扇形烟羽

Fanshape Columbine/Columbine ***Aquilegia flabellata*** 洋牡丹 / 扇形耧斗菜

Fantasy 幻想，梦幻

FAR（floor-area ratio）建筑面积比，使用面积率，容积率（建筑基底面积与建筑总面积的比例）

Far east marble beetle ***Liocola brevitarsis*** 白星花金龟

Far field 远场

Farallon Islands Wildlife Refuge（America）法拉隆群岛野生动物保护区（美国）

Fare adjustment office 运费结算处
~zone 车费区（依车费多少划分的区域）

Farewell-to-spring/Satin Flower/Godetia ***Godetia amoena*** 古代稀 / 晚春锦 / 送春花

Farges Catalpa ***Catalpa fargesii*** **Bur.** 灰楸

Farges Decaisnea ***Decaisnea fargesii*** 猫儿屎

Farges Evergreen Chinkapin ***Castanopsis fargesii*** 栲树

Farges Evodia ***Evodia fargesii*** 臭辣树 / 臭辣吴萸

Farges Fir ***Abies fargessi*** 巴山冷杉 / 蒲松

Farges Holboellia ***Holboellia fargesii*** 五叶瓜藤 / 五叶木通 / 紫花牛姆瓜

Farges Paulownia ***Paulownia fargesii*** **Franch.** 川泡桐

Farinose Dendrocalamus ***Dendrocalamus farinosus*** 梁山慈竹

farm 农场，田地；（饲养）场；耕作
~and sideline products 农副产品
~building 农业生产建筑
~business 农业
~camping 农场露营
~commodities 农产品
~crop 农作物
~drainage 农田排水
~electrification 农业电气化
~holdings，relocation of（英）耕地的转让（过户）
~house 农舍
~implement 农用机具
~land，uncultivated 耕垦的农田
~lot 农场地段
~lot within built-up area 城中农地
~machinery station 农机站
~market road 农村集市道路
~people 农业居民
~pond（英）农场池塘，农场水库
~population 农业人口
~produce 农产品
~product market 农贸市场
~production 农业生产
~resource 农业资源

~road 农村道路
~runoff（美）(生产过程中）农场排出的废物
~stead 农庄，农场建筑物
~-to-market traffic 农场至集市交通
~-tool manufacturing and repair plant 农具制造修配厂
~track（美）农村小道
~tractor 农用拖拉机
~vacation（美）农场（一年中定期的）休假
children's~ 儿童寄养所
demonstration~ 示范农场
tenant~（美）租借农场
wind~ 破产农场
farmer 承包者；农民，畜牧者，牧场主
organic~，有组织的承包者（畜牧者）
farmhand 农业工人，农家的雇工
farmhouse 农场里的住房
farming 农业的；务农的；耕种的；耕作；养殖；土地的出租
~，factory 工厂（制造厂）土地，工厂农业（经营）
~community 农村公社
~husbandry 畜牧业
~population 农户人口，农业人口
~system 耕作制度
~village 农村
grassland~ 牧场（草原）耕作
intensive~ 精细耕作
mixed~ 混合的（混杂的）耕作
one-crop~ 单一作物
organic~ 有组织的耕作
pasture~ 牧场农业（耕作）
pond~ 池塘养殖
sheep~（英）羊（尤指绵羊）饲养
slash-and-burn~ 砍烧耕种法农业
strip~ 带状耕作
traditional~ 传统农业（耕作）
Farming-pastoral region 半农半牧区
farmland 农田，耕地
~arrangement 农田分类
~consolidation（美）农田统一
~consolidation act（美）农田统一法
~consolidation area（美）农田统一地区
~consolidation plan（美）农田统一规划
~consolidation procedure（美）农田统一步骤（程序）
~structure 农田结构
~abandoned 废弃农田
~abandonment of 农田废弃
~preservation 农田保护
~re-allocation of 农田重新布置
farmstead 农庄，农场的农田和建筑物
~resettlement（美）农庄重新安置
relocated~（美）重新安置的农庄
farmyard 农场建筑物周围的空地，农家庭院，农业场地，场院
far-seeing plan 远景规划
farseeing plan 远景规划
~planning 远景规划
fascia board 封檐板
Fascicled Redpepper ***Capsicum frutescens* var. *fasciculatum*** 簇生椒
fascicular 丛生的
~root system 丛生（簇生）根系
~tree 丛生树
fascine 柴捆，柴束；（护岸用）柴笼；梢料；柴捆的，柴束的
~building 柴木房屋（圆木和木板建造

~choker 柴笼架
~construction method 柴笼建造方法
~drain 柴笼排水沟
~dyke 柴笼堤坝
~foundation 柴排基础
~mattress bedding 柴排垫层
~road 柴束路
~pole（英）柴束柱
~work 柴束工
~-work 柴笼束工作
brushwood~灌木柴束（柴笼）
Fasciation disease of *Euonymus* 北海道黄杨扁枝病（病原为病毒）
Fasciation disease of *Ligustrum* 女贞扁枝病（病原为病毒）
Fasciation disease of *Sophora japonica* 槐树带化病（病原为病毒，其类群待定）
fashion 时装，风格，时尚
fast 快的；紧的；牢固的；不褪色的；[副]快；紧；牢；固定
~algorithms 快速算法
~drying 快干
~-drying material 快干材料
~food restaurant 快餐馆
~food shop 快餐店
~-growing 速生，速长
~-growing species 速生树种
~-hardening concrete 快硬混凝土
~intra-urban transit link 城市内部快速交通联系
~lane 快车道，内侧车道
~-moving stream 急流
~（moving）traffic 快速交通
~-moving traffic 瞬时交通，快速交通
~-moving traffic load 瞬时交通负荷，快速交通负荷
~moving vehicle lane 快车道
~response sprinkler 快速响应喷头
~road 快速道路
~setting concrete 快凝混凝土
~snow 易塌的积雪，易滑动的积雪
~-speed 快速，高速
~track 快速施工{管}
~traffic 快速交通
~traffic lane 快车道
~traffic path 快车道
~vehicular traffic 快车交通
~water（美）快速浇水
fast；abstinence from meat 清斋
Fast month；Ramadan 斋月
fastigiate 倾斜的，锥形的，帚状的
fastigium 屋脊，山墙
fat 重的，肥的，富的，长的
~clay 可塑性黏土，肥黏土，富黏土
~pine 长叶松（木）
Fat Greenling/Otakii greenling *Hexagrammos otakii* 六线鱼/大泷六线鱼
fatal 致命的，毁灭性的
~accident 死亡事故
~accident rate 死亡事故率
fatality 死亡率
~rate 行车事故率
fatigue 疲劳，疲乏；使疲乏
~capacity 疲劳承载能力
~strength 疲劳强度
fatness 肥大；肥度；肥沃
Fatty barracuda（*Sphyraena pinguis*） 油魣
Father Hugo Rose *Rosa hugonis* Hemsl.

黄蔷薇

Feather Grass ***Achnatherum splendens*** **(Trin.) Nevski** 芨芨草

Feather grass ***Stipa.pennata*** **Linnaeus** 欧洲针茅

Feather Reed Grass ***Calamagrostis x acutiflora Overdam*** 花叶拂子茅（英国斯塔福德郡苗圃）

Feather Reed grass ***Calamagrostis* × *acutiflora*** **(Schrader) 'Karl Foerater'** '卡尔富' 拂子茅

Feathered Cockscomb ***Celosia cristata*** **L. var.** ***pyramidalis*** **Hort.** 凤尾鸡冠花

Feathery Bamboo/Common Bamboo ***Bambusa vulgaris Schrader ex Wendland*** 龙头竹

faubourg（法）市郊，郊区

fault 断层

~line 断层线

~strike 断层走向

~surface 断层面

~terrace 断层阶地

~water 裂隙地下水

~zone 断层带

fault scarp 断层崖

fault valley 断层谷

faultage 地质上的断层作用，地质上的断层

faulting 故障；错误；断层 [地]

~of slab ends 错台

~segment 断层活动段

fault-line scarp 断层线崖

fauna 动物群

~and flora 动物群和植物群

bird~ 鸟（禽）动物区系

~pool 动物群水塘

conservation of flora and~ 动物和植物群的保存

depauperation of~ 动物区系群萎缩

depletion of~ 动物区系枯竭

disruptive conditions for~ 动物区系破坏性环境

small~ 小型动物区系

species of soil~ 滋生地动物区系物种

favela（巴西）贫民窟，木层棚户区

favourable 有利的；顺利的；良好的；有好意的

~balance of trade 贸易顺差

~terrain 有利地形

Faxon Fir ***Abies faxoniana*** 岷江冷杉、柔毛冷杉

Fayum Depression（**Egypt**）法尤姆洼地（埃及）

Fea's muntjak（***Muntiacus feae***）菲氏麂

feasibility 可行性

~area 可行性范围

~design 可行性设计

~investigation 可行性研究

~of recreating ecosystems/habitats 再创造生态系统 / 动植物生境的可行性

~study 可行性研究

~testing 可行性试验

feasible 可能（有）的，可实行的

~alternative 可行方案

~solution 可行解

~study 可行性研究

feather 羽（毛）；轻如羽毛之物；生羽毛；成羽状物；长羽毛

Feather Cockscomb ***Celosia argentea*** 青葙 / 野鸡冠花

eather picture 羽毛画

eathered 羽状的

~tree（英）羽状树木

~tree，one-year-old（英）一岁羽状树木

eature 特征，特色；要素；地势，地形[复]面貌；特写；装置使有特色；特写

~for recreation，landscape 园林/景观的娱乐特征

~in the landscape，recreational 园林/景观中的游憩景点

~spot 景点

~word 特征词，标引词，主题词

design~ 设计要素

green space~（美）绿色空间特征

green townscape~（英）绿色城市景观，绿色城市风景

landmark~ 界标（古迹，文件建筑）特征

landscape~ 景观特色（要素）

major linear~ 主带状地形

outstanding natural~ 显著的自然特征

protected landscape~ 保护的景观特色

unique natural~ 独特的自然景观

feature pavement 花街铺地

features [复]

field~（英）工地面貌，田野面貌

~related frozen ground 冻土现象

natural~ 自然面貌，固有面貌

small cultural~ 小型文化特色

small landscape~ 小型景观特色

uniqueness of natural~（美）自然唯一特征

water~ 水体特征，渗水特征

February Spicebush ***Lindera praecox*** 大果山胡椒

fecal 糟粕的，渣滓的

~pollution 粪便污染

~sewage 粪便污水

feces 粪便

feedbox 给料管，喂料箱

Fedde Sagebrush/Short Sagebrush ***Artemisia feddei*** 矮蒿/牛尾蒿

federal 联邦政府的，中央政府的（美）；联邦的；联合的

Federal Act on Conservation of the Natural Environment 联邦政府（中央政府）自然环境保护条例

Federal Act on Nature Conservation and Landscape Management 联邦政府（中央政府）自然保护和园林管理条例

~aid（美）联邦补助，中央补助，国家补助

~Clean Air Act（美）联邦政府洁净空气法

~government authority 联邦政府管辖区管理机构

~grant（美）联邦政府的拨款、拨地（或其他财产）

Federal Housing Administration（简写 FHA）（美）联邦住宅建设管理局

~housing authority（美）联邦住房管理局

~Specification Executive Committee 联邦规格执行委员会（美）

~Standard（美国）联邦标准

~style 美国联邦古典复兴式风格（1790–1830）

~Supplementary Conditions of the Contract for Construction, General and（美）通用和联邦建筑合同补充条件

~urban mass transportation act（美国）联邦城市公共交通运输法令

federation 联合（会），联邦（政府），联盟，同盟

Fédération Internationale Des Ingenious Conseils（FIDIC）国际咨询工程师联合会

Federation of Civil Engineering Contractors（FCEC）土木工程承包商联合会

fee 费，税；酬金交费；给酬金

~agreement 酬金合同

~based on an hourly rate，professional 每小时基本职业酬金

~calculation 预测费，预测酬金

~chart 酬金图表

~for the compensation of crop 青苗赔偿费

~grade 酬金等级

~installment（美）交费分期付款

~negotiation 酬金洽谈（谈判）

~of permit 牌照税，执照税

~scale 收费标准

~table（英）费用表，酬金表

air pollution~空气污染费

architect's~建筑师的酬金

chargeable~应纳税费，应缴税费

daily~日酬金，按日计算酬金

effluent discharge~排污费

hazardous substances~（英）有害（危险）特质费

hazardous waste disposal~（美）有害废料（废品）处理费

lump-sum~总计费用（工程）包定总价费用总额

professional~专门费，专业费

retainer~律师聘金，顾问聘金

feed 进给；输送；供料；给水；馈电{电}；食料进料，加料；

进给；输送；给水；喂，饲

~apparatus 进给装置；给水器

~apron 板式喂料机

~ditch 灌溉渠，引水沟

~forward control 前馈控制

~mains 配水干管

~pipe 加料管；给水管

~point 供应点

~processing plant 饲料加工间

~solids 进料固体{环保}

~storage 饲料储存处

~water 饮用水；（汽锅）给水

~water pipe 给水管道

~water pump 给水泵

feedback 反馈，回授，回输{电}；回复；反应，重叠

~information 反馈信息，重整资料

~system 反馈系统

feedbox 饲料箱

feeder 进料器，给料管，喂料机；给水器；加油器，加煤器；支线，支流；支脉，支路，进刀装置{机}；馈电线{电}；饲养者；供应者

~airport 支线机场

~bridge 支线桥梁

~bus system 公共汽车支线系统

~highway 支线公路

~line 铁路支线

~port（集装箱）集散港

~road 支路，公路支线

~root 侧根
~service 支线运输
~street 辅助街道，分支街道
~-system road 支线系统道路
feeding 填缝；供电；供热
~branch to radiator 散热器供热支管
~chamber 进料仓，进料室
~reservoir 蓄水池
~section 牵引供电臂
~territory 供电范围，供热范围
~root 基础填缝；根部营养
~tree 木材填缝（树木营养）
feedstock 原料
feedwater treatment 给水处理
feel 触觉；知觉；感触；觉得；触，摸；意识到
~sure of 肯定
feeler 探针；测深杆；测隙规；厚薄规；探试者
fees 费；赏金；封地；世袭土地
Guidance for Clients on~（英）委托人对咨询服务
increase in~酬金增加所有权
payment of professional~职业性支付费
remuneration of professional~职业性赔偿金（酬金）费用
scale of~（英）酬金制度
Feilai Peak（Peak Flying from Afar）（Hangzhou City，China）灵隐寺飞来峰（中国杭州市）
felicitous 适当的；得体的
feller 伐木机；采伐者
felling 伐木的，砍伐的
~and logging damage 砍伐和伐木业损害（赔款）
~area，clear（英）清理砍伐区
~axe 伐木斧
~machine 伐木机
~operation 伐木工作
~saw 伐木锯
~system，clear（英）开垦砍伐组织机构
~work，tree 树木砍伐职业（工作）
clean~（英）开垦砍伐
complete~（英）全部伐倒
grub~（英）掘地砍伐
improvement~（英）改善采伐
regeneration~（英）改造荒山
fellow 同事，同业者；同类；伴侣；个人；学术协会会员；同事的；同伴的，相偕的
fellowship 同事关系；友谊；团体，会；会员资格；（大学）研究员职位；奖学金
felt 油毡
~area（地震）波及区
~carpet 干铺油毡
female 女性，妇女；雌性
~birth rate 女性出生率
~fertility rate 女性生育率
~flower 雌花
~inflorescence 雌花序
~nuptiality 女性结婚率
~population 妇女人口
fen 沼泽，沼地；分（中国辅币单位）
~covered with pine krummholz 松树 高山 矮曲林 覆盖 沼地；低位沼泽
~peat（英）沼泽泥炭（泥煤）
~soil 沼地土
~woodland（美）沼地林区
large-sedges~（英）大莎草（苔）植

床沼地
sedge~莎草（或苔）植床沼地
small-sedges~（英）小莎草（或苔）植床沼地

fence 栅栏，篱笆，拦沙障；围墙；防御用栅栏防护，筑围墙；防御；剑术
~construction，wicker 柳条（枝条）栅栏
~gate 栅门
~in，to 围进，围起
~line 栅栏线
~of lattice work 格构栅栏
~planting 篱垣种植
~post 栅栏柱
~pier 栅栏柱
~time（或 fence month）禁猎期
~wall 栅栏墙
animal-tight~（美）动物封闭围墙
barbed wire~有倒钩金属丝栅栏
chain-link~链条环式栅栏
close-boarded~封板围栏
close-sheeted~（美）密封薄板栅栏
cyclone~（美）气旋式栅栏
deer-stop~（英）鹿网围栏
laths~板条栅栏
metal~金属栅栏
metal grid~金属格栅
paling~（美）尖板条篱笆
palisade~尖板条篱笆，木栅（尤指防卫用坚固木栅）
picket~（拴牲口，做篱栅栏用的）尖木桩栅栏
post and rail~（美）立柱与横挡围栏
silt~（美）淤泥拦沙障
snow~防雪栅
solid board~（美）实木板栅栏
stockade~（美）防护栅栏
tight board~（美）密合板栅栏
timber~（英）木材栅栏
trellis~格子篱栅栏
two-sided picket~双侧面木桩栅栏
vertical slatted~竖板条栅栏
wall base of a~栅栏墙基
wicker~柳条栅栏
wire~金属丝栅栏
wooden~木制栅栏
wooden rail~横木条栅栏
woven wood~编织式木栅栏

fencing 围栏，篱笆，栅栏，围墙；筑墙材料
~area 击剑场地
~around trees，protective 环树护栏
~wall（铁路、公路的）护墙，围墙
ball stop~（英）挡球围栏
perimeter~周边围墙

fender 防冲的；围护的
~log 护木
~pile 防冲桩
~system；dock fender 防冲装置

Feng Jizhong 冯纪忠，建筑学家、风景园林专家、教育家

Feng Shui Environment 风水环境

Feng Shui 风水学，堪舆学

fenland 干沼泽，沼泽地

Fennel/Finocchio/Fenouil ***Foeniculum vulgare*** 茴香（英国斯塔福德郡苗圃）

Fenzelś Pine ***Pinus fenzeliana*** 海南五针松/葵花松

feoff 封地，领地

feral 野的

~species 野兽，种类
becoming~适于野生动物
'erdinand Honeysuckle *Lonicera ferdinandii* Franch. 葱皮忍冬 / 秦岭忍冬
ermentation waste 发酵工业废水
ern 羊齿，凤尾草；蕨类植物
'ern-leaf Aralia *Polyscias filicifolia*（Ridley）Bailey 蕨叶福禄桐
'ernleaf Hedge Bamboo *Bambusa multiplex* cv. Fernleaf 凤尾竹 / 观音竹
'ernleaf Honeylocust *Gleditsia heterophylla* Bge. 野皂荚
'ernlike Asparagus *Asparagus filicinus* 羊齿天门冬
erns/pteridophyte 蕨类植物
'ernspray Cypress *Chamaecyparis obtusa* cv. 'Filicoides' 凤尾柏 / 蕨枝柏
'errara 费拉拉
erret 雪豹
'erret badger（*Melogale moschata*） 鼬獾 / 猸子
erreter 捕猎者
erric cyanide blueprint 铁盐晒图
'errite technique 铁氧体法
errolite 铁矿岩
'errous metals industry 黑色金属工业
erry 渡口，渡船，轮渡
~boat 渡船
~bridge 渡口引桥，（上下渡船的）浮桥，列车轮渡
~-place 渡口
~rack 渡口引桥
~steamer 渡轮
'ertile 肥沃的，丰富的
~peat pot 含肥泥炭盆
fertilizer 肥料；使丰富者；促进发展者；受精媒介物
fertilizer analyzer 肥效分析器
~artificial（英）人工授精媒介物
fertility 人口出生率，生育率，肥力，肥沃，多产，繁殖力
~control 生育率控制
~decline 生育率下降
~，enhancement of soil 提高土壤肥力
~gradient 人口生育变化曲线
~planning 生育计划，计划生育
~planning status 生育计划状况
~rate 生育率
~ratio 生育比例
~survey 生育力调查
~table 人口出生率表
natural soil~天然土肥力
soil~土肥力
fertilization 施肥；肥沃；受精（作用）
mineral~无机物施肥
fertilization in trunk 树干施肥法
fertilized 使肥沃的；使多产的；施肥的；使丰富的；促进……的发展的
~hay field（美）施肥（为收草料而种植苜蓿等的）草田
~meadow 施肥的牧场
~pasture 施肥的牧场
fertilizer 肥料
~analyzer 肥效分析器
~application 肥料使用
~program（me）积肥计划
~yard 积肥场
all-round~（英）全能肥料
chemical~化肥
commercial~质量一般的肥料

complete~综合肥料

controlled-release~（美）控制释放的肥料

humus~腐殖土肥料

mineral~无机肥料

organic~有机肥料

slow-release~慢释放肥料

fertilizing 使肥沃的；使多产的施肥的；使丰富的；使……发展

~hole 施肥水塘

~tree（美）施树肥

~with straw 施草肥

inorganic~无机施肥

organic~有机施肥

fervor 热情，热烈

festival 节日，喜庆日

（**the**）**Festival to Watch the High Tide of the Qiantang River** 国际钱塘江观潮节

~，garden（英）园林节

Festival of Bathing Buddha；the Buddha's birthday festival 浴佛节

fetch 对岸距离，海岸长

feudal town 封建（时代建立的）城市，城堡

Feverfew ***Matricaria eximia*** 小白菊

Feverfew ***Tanacetum parthenium*** 小白菊/羽毛叶

Fewanther Eightangle ***Illicium oligandrum*** 少药八角

Fewflower Cinnamon ***Cinnamomum pauciflorum*** 少花桂/岩桂/香桂

Few-nerve Garcinia ***Garcinia paucinervis*** 金丝李

few times per year，cut a 每年少有收割时间

F.H=fire hydrant 消防栓，消防龙头

fiacre 小型出租马车

fiber 纤维

~-reinforced material 纤维增强材料

fiberboard 纤维板

fiberwood 纤维板

fibric peat 纤维泥炭

fibrous 纤维（状）的

~bark 纤维树皮

~concrete 纤维混凝土（加入纤维质填充料和混凝土）

~dust 纤维性粉尘

~fracture 纤维裂缝

~glass 纤维玻璃，玻璃纤维（增强剂

~material 纤维材料

~peat 纤维泥炭

~root 纤维根

~root system 纤维根系

~stab 纤维板

~soil 纤维土（如泥炭土，腐殖土，沼泽地土，高度有机土）

~turf 纤维泥炭

Ficus carica **dieback** 无花果干腐病（***Macrophoma*** **sp.** 大茎点菌）

Ficus elastica **'Schriveriana'** 花叶橡皮树

Ficus gall-forming thrips ***Gynaikothrips uzeli*** 榕管蓟马

Ficus sunscald 榕日灼病（病原非寄生性，日灼）

Ficus tree iron deficiency 榕黄化病（病原非寄生性，缺铁）

fidelity 诚实；正确

degree of~正确程度

site~位正

ducial 可靠的，有信用的；确定的；作为标准的
~interval 置信区间
~mark 框标
eld 田野，野外；工地，现场；场地；力场；磁场；视野；范围；油田
~bank 野外河畔
~book 工地记录簿，外业记录本 野外工地记录本
~border 工地边缘
~capacity 自然土层（的）含水量，田间持水量
~check 野外检核，野外复核{测}
~check of soil（美）土壤现场检验
~compacted density 现场压实度
~compaction 野外压实，工地压实
~concrete 现拌混凝土
~condition 现场条件，野外条件
~control engineer 现场控制工程师，现场施工工程师
~cultivator 除草耕耘机
~curing 工地养护，现场养护
~data collection 野外数据采集，现场数据收集
~density 现场密度（现场压实的密实度）
~dike（美）野外障碍物，工地防护栏
~drainage 现场排水
~dyke（英）野外障碍物，工地防护栏
~effect 场效应
~engineer 现场工程师，工地工程师
~erection 工地架设，工地装配
~estimator 现场估算师
~features（英）工地面貌；工地特征
~geology 野外地质学
~grown plant 野生植物
~groundwater velocity 地下水实际流速
~guide 现场工作指南
~hedge 田野树篱
~house（运动场）贮藏室，更衣室，运动场周围的房屋
~identification 野外鉴定
~identification of soil 土的现场鉴别
~inquiry 实地调查
~inspection 场地踏勘
~inspector 工地检查员
~investigation 现场勘察，野外调查，实地调查
~life 煤田寿命，煤田服务年限，矿区开采年限
~monitoring 现场监测
~note 野外记录
~nursery 野外苗圃，野外繁殖（养鱼）场
~observation 现场观测，野外观测
~of investigation 调查范围
~operation 野外作业
~of view 视野，视场（视线所及的界限）
~of vision 视野
~overhead 工地管理费
~railway 轻便小铁道，窄轨铁路，工地轻便铁道
~reconnaissance 现场踏勘，实地踏勘
~research 实地研究
~review 现场复查
~sampling 现场取样
~shrub 野外灌木
~study 实地研究，现场研究
~survey 现场调查，实地调查，野外测量
~technique 工地操作（技术）

~track 田野小道
~tree 野外树木
~warehousing 中转仓库
~-woodland edge（美）野外林区边缘
~work 野外考察，实地调查，现场工作
abandoned~废弃工地
athletic~体育场地
grass playing~铺草皮比赛场
nursery~繁殖场
open~开阔视野
playing~比赛场
sewage disposal~污水处理场
small playing~小型比赛场
sporting~（美）(户外，体育）运动场
trickle~（英）积水地带{地}，撒播地{农}
turf playing~铺草皮的比赛场
wastewater treatment~污水（废水）处理场
fields~Field 复数
school sports~学校（户外）运动场
Field Bindweed/Europe Glorybind *Convolvulus arvensis* 田旋花 / 小喇叭花
Field Caraway *Carum buriaticum* 田葛缕子 / 田页蒿
Field Lacquer Tree *Toxicodendron succedaneum* 野漆树
Field mouse/vole（*Microtus*）田鼠（属）
field planting 定植
field system 大田制度
fieldwork 田野调查，野外考察
fiendish weather 险恶天气，极坏天气
Fig（*Ficus carica*）无花果
fig-tree 无花果树，无花果属树木；榕树
figural 人物形象的，借喻的
figurative engineering 形象工程
figurative thought 形象思维
figure 图，附图；数；形体字，数值；位数；用图表示；用数字表示；计算；想象
~condition 图形条件
~-ground theory 图底理论，图底关系理论
~of noise 噪声指数
~rock 象形石
symmetric~对称（图）形
figure（image）of Buddha 佛像
Figwort *Scrophularia ningpoensis* 玄参
Filbert/Japanese Hazelnut *Corylus heterophylla* 平榛 / 榛
filament 花丝
Filarette Ideal City 菲拉雷特的理想城市
file 案卷
~room 档案室
~system 文件系统
Filefish/bluefin leatherjacket *Navodon septentrionalis* 绿鳍马面鲀 / 橡皮鱼 / 面包鱼
[a kind of] Filefish *Monacanthus sulcatus* 绒纹单角鲀 / 迪鱼 / 鹿角鱼
filing 立卷
fill 填方，填土；路堤；填筑，填塞，填（充），填缝；充满
~and-draw tank 间歇处理池
~and embankment 填方路基
~around a tree，earth 树周填土
~construction 填土施工，填土工程
~dam 土坝
~depth 填土深度

~dirt（美）填塞泥土
~height 填筑高
~material 路堤材料，填筑材料
~section 路堤断面，填方断面
~settlement 填方沉陷，填土沉降
~slope 填土边坡
~up to grade 填到设计标高
balance of cut and~平衡填挖方
cut and~填挖方
dumped~倾倒填土
earth~土填塞
granular drain~粒料排出填方
filled 加填料的；填实的；实腹的
~bitumen 加填料的沥青
~pipe column 填实管柱
~spandrel arch bridge 实腹拱桥
~stone arch bridge 实腹（式）石拱桥
~up ground 填出高地
~with liquid mortar，joint 用液体砂浆接缝填方
filler 宾树（指庭园中次于主树的树木）；填料；填缝料；（沥青混合料）矿粉，石粉；装填者；注入器；镶入板；填充数{计}
~course 填充层
~hole 加油（水）孔，注入孔
~plate 填板
~ring 垫圈
fillet（机场）滑行道扩宽部分
filling 填塞，填充，装满；填料；填土
~agent 充填剂
~and compacting in layers 分层填料压实
~element 填（塞）料
~factor 充装系数
~funnel 漏斗
~material 填筑材料
~of paver holes（美）铺料机钻孔填料
~operation 填土工作；填塞工作
~pile 灌注桩
~station 加油站，汽车加油站，（美俚）小城市
earth~土填塞
hydraulic~液压填塞
land~填土
film（薄）膜，薄层；（照相）软片，影片，生薄膜，覆薄膜；摄成影片
~adhesive 薄膜胶粘剂
~distribution 薄层分布
~magazine 软片暗盒
~，oil 油膜
~packing 薄膜式淋水填料
~screen 银幕
~studio 电影制片厂
~water 薄膜水，表膜水
filmsetter 照相排字机
filmsetting 照相排版（术）
filter 滤器，滤机；滤池；反滤层；滤纸；滤波器；绿光器，过滤；滤清；渗入
~bed 滤水池
~blanket 反滤铺盖
~bowl 滤杯
~cloth 滤布
~cylinder for sampling 滤筒采样管
~dam 透水坝
~efficiency 过滤效率
~fabrics 过滤织物（土工织物的别名）
~layer 过滤层；渗透层；透水层；倒滤层（反滤层）

~mat 滤水毡垫
~material 渗滤材料，过滤材料
~membrane 过滤薄膜
~paper 滤纸
~section 过滤段
~stopping layer（美）过滤填塞料层
~under drain system 滤池配水
~up 淤积
~wall 过滤墙
~washing water 洗滤水
~wash water consumption 滤池系统
soil~（美）土过滤

filtering 滤波，过滤；阈限通行（在主要车流停止时挤进通过）
~effect of vegetation 植物过滤效应
~flow 渗流
~media 滤料
sewage~污水过滤
trickle~涓流过滤

filtration 反滤；过滤；把汽车开入车队中
~capacity 过滤能力
~spring 过滤源头
dust~粉尘过滤

Fin Garden 费恩花园

final 末了，结局；最后的，最终的；决定的
~acceptance 竣工验收
~acceptance，condition for（美）竣工验收条件
~account 决算
~account invoice 决算货单（发票）
~act 总结文件；最后决议
~approval of a comprehensive development plan（美）综合发展规划的最终批准
~assembly 总装配，总装；最末组件
~building cost 工程决算
~cause 最终目标
~clarifier 二次澄清池
~cleanup 最后清扫工作
~completion，issue of a certificate of 最后颁发竣工证书
~construction cost estimate（英）竣工估价，竣工成本估计
~construction report 竣工报告
~contract amount, determination of（美最后确定合同金额
~contract cost 最后合同费用，合同结算费用
~cost 终值，（工程）决算
~curing 后期养生
~decision 最后决策
~deposition 最后沉淀物
~design 最终设计
~design competition（美）最终设计竞赛
~design stage 最后设计阶段
~disposal 最终处理（处置，处理权）
~disposal of surplus material 过剩材料最终处理
~disposal site for radioactive waste 放射性废物最后处理工地
~elevation，establishment of（英）最终立视图编制
~engineering 定案设计工作，进行立
~engineering cost 工程决算
~estimate 结算
~estimate survey 最终估价测量
~evaluation 最终评价

~fee invoice 最终酬金发票
~goods 最终货品
~grade 最终坡度
~grade line 最后采用的坡度线
~inspection 最后检查，成品完工检验
~inspection and acceptance 最后验收
~investigative report 最终调查（调研）报告
~invoice amount 最后发票金额
~location survey 最后定线测量
~payment 结算
~plan 最终方案
~plan for approval 待批最终方案
~planning report 最终规划报告
~population 最终人口
~prediction error 最终预报误差
~product storage 成品库
~project design 最终方案设计
~reading 最终报告，总结报告
~resistance of filter 过滤器中阻力
~rinse tank concentration 末级清洗槽浓度
~selection（英）最后确定的金额
~support 后期支护
~survey 竣工测量，最终测量；最终查勘定线测量
~valuation 最后估价
~value 终值

finance 财政,财务,金融；财政学；[复]岁入，收入投资于理财，掌财政
~ability 财力
~accounting 财务会计
~aids 补贴建设资金
~contract 财务和约
~management 财务管理
~risk 财务风险
~source 财源
~year 会计年度

Finback whale/rorqual[common] ***Balaenoptera physalis*** 长须鲸

finding repot 调查报告

fine 罚款[复]细屑，石屑；美好的；精致的；细的；晴朗的（天气）；纯净的；稀薄的（气体）；罚款
~aggregate 细集料，细骨料
~aggregate mixture 细集料混合物
~analysis 细颗粒分析
~art 美术
~arts of garden design 花园设计的精致技艺
~cement grout 细水泥浆
~clay 细（粒）黏土
~crumb 细屑粒
~fit 精巧配合
~garden design 精致的花园设计
~grading 细级配
~grained soil 细粒土
~grained wood 细纹木材
~gravel 细土
~material 细（颗）粒材料
~particles 微粒，微粉
~particles，wash out 冲去微粒，淘汰微粒
~-pointed dressing 细琢，细凿修整
~rain 小雨
~root 细根
~sand 细（粒）砂
~sand concrete 细砂混凝土
~-sight district 街景区，美观区，风景区

~silt 细粉土，细粉砂
~spoil 细废料
~structure 精细结构
~-textured soil 细结构土
~texture topography 细部地形 { 测 }
~-tune，to 进行微调，精细地调节
~type 细线字体，白体字
~weather 晴天，好天气

fine faience 精细彩陶

Fineleaf Schizonepeta ***Nepeta tenuifolia*** 香荆芥 / 裂叶荆芥

fineness（颗粒）细度；纯度；精致，优良
~modulus 细度模数

fines 细粒土

Finet Clematis ***Clematis montana*** **Buch.-Ham. ex DC.** 山木通 / 山铁线莲

finger（手）指；指状物；指形廊道；（钟表的）指针；一指之长，一指之阔；选择指（一种用来探查穿孔卡或纸带系统孔洞的探头）{ 计 }；用指头做
~area 边缘区
~board 道路指向牌，指向标示牌
~connecting green 连接绿色指形廊道
~control 手动控制（调整，操纵）
~joints 指形接头
~lake 指形湖
~pattern 指掌形城市形态
~pier；jetty 突堤码头
~plan 指形城市形态（城市沿辐射形交通线发展的结果），指形平面布置，手指状规划
~post 指路牌，指示柱

Finger Aralia

Finger Citron ***Citrus medica*** **var.** ***sarcodactylis*** 佛手 / 五指柑

Finger Citrus ***Citrus medica*** **L. var.** ***sarcodactylis*** **（Noot）Swingle** 佛手柚

Finger Leaves Brake ***Pteris dactylina*** 指叶凤尾蕨 / 掌叶凤尾蕨

finial [建] 叶尖饰，尖顶饰，顶端饰，物件顶端的装饰物

finish 修整，润饰；最后一道工序；完成；终结修整，精修；竣工；完成；终了
~coat 面层抹灰
~construction survey 竣工测量
~elevation（美）完成立视图
~floor level（美）修整楼面水平面
~grade（美）修整坡度

finished 完成了的；结束了的；完结了的
~cement 成品水泥
~concrete 成品混凝土
~elevation（美）完成立视图
~elevation，establishment of 完成制定立视图
~floor elevation（美）完成楼层立视图
~floor level 完成地面整平
~grade，establishing a 形成坡度
~grade，making flush with（美）做成与……同高的坡度
~grade，meeting（美）符合竣工等级
~grading（美）竣工分级
~ground level（建筑物）室外场地完成面标高，竣工地面高程
~level（英）竣工等级
~levels 竣工调整
~line 竣工线
~market product 成品商品
~product 制成品

~stock 成品

inishing 修整，精加工；竣工

~and decoration 建筑装修和装饰

~touch 最后修整

~work 修整工作

Finletted mackerel scad/hardtail scad ***Megalaspis cordyla*** 大甲鲹 / 铁甲

iord 峡湾，崖谷（两岸为悬岩绝壁的江河狭窄入海口）{地}

Fiordland National Park（New Zealand） 峡湾国家公园（新西兰）

fir 枞木，枞树，冷杉

~pine 枞松，胶冷杉

~-shaped crown-bit 多级钻头

~tree 枞树，冷杉

Fir ***Abies*** 冷杉 / 枞树（属）

fire 火，着火；火灾；射击；点火，着火，烧灼；射击；开除

~alarm 火灾警，报火警

~and ambulance 消防及救护站

~annihilator 灭火器

~atmospheric phenomena 火灾气象

~barrier 防火隔离带

~barriers 防火隔墙

~belt 防火带

~boat 消防艇

~branch 消防水枪

~break 防火线，防火地带（在森林或牧场中防治延烧的净空地带），防火隔墙，挡火墙

~brick（耐）火砖

~brigade 厢房对，救火队

~brigade vehicle 消防车，救火车

~bulkhead 挡火墙

~cement 耐火水泥

~clay 耐火土

~code 防火规范

~communication and command center 消防通信指挥系统

~company 消防队；火灾保险公司

~compartmentation 防火分区

~control 消防

~control line（美）消防控制线

~control，right of passage for 消防通道的畅通

~curtain 防火幕，防火卷帘

~damage 火灾损害

~-damp 沼气，甲烷

~damper；fire resisting damper 防火阀

~demand 消防用水，消防需水量

~demand of water 消防需水量

~detector 火灾检测器

~division wall 隔火墙

~door 防火门；炉门

~duration time 火灾持续时间

~endurance 耐火极限

~engine 消防车，救火机

~engine room 消防车库

~escape 安全梯，安全出口，防火通道

~exit 安全出口

~extinguisher 灭火机，灭火器

~extinguisher equipment 灭火设备

~fighter 消防队员

~fighting 消防

~fighting system 消防制度

~firing access 专用消防口

~flow 消防用水，消防流量

~guard 防火带（线）

~hazard 火灾

~hazard classification 火灾分类

~hazard of high-rise building 高层建筑火灾
~hazardous atmosphere 火灾危险环境
~hose 消防水带
~house 消防车库，消防站
~-house station 消防站
~hydrant 灭火龙头，消防龙头，
~hydrant box 消火栓箱
~insurance 火灾保险
~ladder 消防梯
~lane 防火带，防火巷道
~lift 消防电梯
~limit(s) 防火区，城镇建筑物的防火限制
~line 防火带（线），消防管线
~-mantle 防火植树带，防火树带，防火林带，防火隔离带
~office（英）火灾保险公司
~partition 防火隔墙
~place 壁炉
~plug 消防龙头，消火栓
~plume 火灾气流
~pond（英）消防水池
~prevention 防火隔离带
~prevention district 防火区
~prevention in urban planning 城市防火规划
~-proof building 耐火房屋
~-proof building belt 防火建筑带，建筑区
~proof construction 防火建筑
~protecting tree 防火树
~protection；fire prevention 防火
~protection control center 消防中心
~protection design 防火设计
~protection rating 耐火等级
~protection specification 防火规范
~protection zone 防火区
~protection evacuation walk 避难走道
~protection layer 防火层
~protection pillows 阻火包（防火枕）
~-protection rule 防火规划，消防规范
~protection service 消防设施
~-protection wall 防火墙
~protection zone 防火区
~protective green belt 防火绿带
~record 火灾记录
~records 消防记录
~resistance 耐火性
~resisting sleeves 防火套管
~route 救火路线
~sand 防火沙
~statistics 火灾统计
~stop collar 阻火圈
~subdivision 防火划区
~supply 消防供水
~suppression pond（美）消防扑火水池
~system 消防系统
~-tank wagon 消防车
~tender 消防车，消防船
~trail 防火道
~truck 消防车
~wall 防火墙，隔火墙
~water 消防水
~water supply 消防给水
~window 防火窗
~-works 焰火

Fire Ball Euonymus alatus *Euonymus alatus* 'Select' 火球卫矛（美国田纳西州苗圃）

ire Tree/Royal Poinciana/Peacock Flower/Flame Tree ***Delonix regia*** 凤凰木（马达加斯加国树）（美国佛罗里达州苗圃）

irecracker Flower/Funnel Shaped Crossandra ***Crossandra infundibuliformis*** 皱药花 / 半边黄

irepower Nandina ***Nandina domestica Firepower*** 火焰南天竹（英国萨里郡苗圃）

irethorn ***Pyracantha fortuneana*** 火棘

irethorn ***Pyracantha*** **'Orange Charmer'** 宝塔火棘（英国斯塔福德郡苗圃）

irmiana/Phoenix Tree/Chinese Parasol/Chinese Plane Tree ***Firmiana simplex*** 梧桐

irmiana sucker ***Thysanogyna limbata Enderlein*** 梧桐木虱

irn 粒雪，又称"冰川雪"

irn basin 粒雪盆

irnification 粒雪化作用

irst 第一；最初；首位；第一的；最初的；最上的；首要的；[副]第一；最初；首先

~aid 急救

~aid appliance 急救设备

~aid box 急救箱

~-aid repair 紧急抢修；初步修缮

~-aid station 急救站

~cost 初期投资，生产成本，原始成本〈未计利息〉

~floor（美）底层，一楼，（英）二楼

~frost 初霜

~generation 第一代

~grade 第一流（的），甲级的

~hand data 原始数据

~hand material 第一手材料

~ice date 初冰日期

~moment of area 截面面积矩，面积一次矩

~mowing（美）初割（草）

~party 甲方

（the）~prize 一等奖

~snow 初雪

~stage oxidation treatment 一级氧化处理

First Wormwood ***Artemisia princeps*** 魁蒿 / 野艾蒿

firth 三角港，河口湾 河口港湾

fiscal 财政部长；国库的；财政上的，会计的

~year（FY）会计年度

Fischer's love bird ***Agapornis fischeri*** 情侣鹦鹉 [费希氏]/ 牡丹鹦鹉 / 蜡嘴鹦鹉

fish 鱼；鱼尾板，接合板；悬鱼饰 { 建 }；钓锚器；接（轨条）；起（锚）；捕鱼；捞

~bellied 鱼腹式

~belly 鱼腹式

~bolt 鱼尾（板）螺栓，轨节螺栓

~bone model 鱼骨模式

~box area 鱼箱堆放区域

~box mend room 鱼箱修理间

~breeding pond 鱼苗塘

~culture 渔业

~culture zone 海鱼养殖区

~eye 超广角的，视野可达 180° 的

~farm 鱼塘，养鱼场

~ground 渔场

~habitat area 鱼类栖息区域

~landing 卸鱼及鱼货加工区
~landing capacity per day 泊位日卸鱼能力
~mortality，massive 大量鱼死亡
~out 取出
~pass facility 过鱼建筑物（过鱼设施）
~poaching 偷捕鱼
~pond 养鱼塘，鱼塘，捕鱼池塘，捕鱼人工水池，捕鱼水库
~pond，drain a 捕鱼池塘放水
~population 鱼群种类
~population，management of 鱼群种类管理
~pump 吸鱼泵
~scale paving（美）鱼鳞状物铺装
~spawning area 鱼产卵区
~stall 鱼市
~stocks 鱼类资源
~water separator 鱼水分离器
~winter kill 捕鱼冬季停顿
~works 鱼类制品厂
mass death of~ 鱼大批死亡
mass die-offs of~ 鱼群绝种
restocking of~ 补充鱼类
stocking of~ 鱼类放养

Fish Geranium/Geranium/Bed ding Geranium *Pelargonium hortorum* 天竺葵 / 洋绣球（克罗地亚、匈牙利国花）

fish scale hole 鱼鳞穴

Fished 接合，连接
~beam 接合梁
~joint 鱼尾板连接，夹板接合

Fishermen's Bastion（**Hungary**）渔人堡（匈牙利）

fishery 渔业，水产业，渔场
~base 渔业基地
~city 渔业城市
~harbo(u)r 渔港
~port 渔港
~resource 水产资源
coastal~ 沿海渔场

fishing 渔场，鱼尾板接合，夹板接合；捕鱼
~bank 鱼礁
~center 钓鱼区
~district 渔场
~industry 渔业生产（工业）
~pier 渔场码头
~pond 钓鱼塘
~service zone 渔港后勤区
~village 渔村
~wharf 渔业码头
deep sea~ 深海捕鱼

fishing cat（***Felis viverrinus***）渔猫

Fishpole Bamboo/Golden Bamboo *Phyllostachys aurea* 人面竹 / 罗汉竹（英国萨里郡苗圃）

Fishscale Bamboo *Phyllostachys heteroclada* 水竹

Fishtail Palm/ Fishtail Ochlandra *Caryota ochlandra Hance/C. maxima Bl.* 鱼尾葵

fissured water 裂隙水

Fitch/masked polecat（***Mustela eversmanni***）艾鼬 / 艾虎

five 五
Five-Color Gate（Beijing，China）五色门（中国北京市）
Five-Dragon Pavilion（Beijing，China）五龙亭（中国北京市）

Five-Dragon Shrine（China）五龙祠（中国）
Five-Hued Bay 五彩湾
Five Lords' Temple（Haikou，China）五公祠（中国海口市）
~methods of rock piling 掇山五法
Five- Pagoda Temple（Beijing，China）五塔寺（中国北京市）
Five-Spring Mountain（Lanzhou，China）五泉山（中国兰州市）
Five-Pavilion Bridge（Yangzhou，China）五亭桥（中国扬州瘦西湖）
"Five Regions" 五行（汉代图案）
~year age groups 五岁年龄分组
Five Year Plan 五年计划
ive Finger Syngonium *Syngonium auritum* 五指合果芋
iveleaf Akebia *Akebia quince* 木通
iveleaf Chastetree *Vitex quinata* (Lour.) Will. 山牡荆
iveleaf Gynostemma *Gynostemma pentaphyllum* 绞股蓝 / 甘茶蔓
ive-stamen Tamarisk/Chinese tamarisk *Tamarix chinensis* 柽柳 / 观音柳
ix fence 固定栅栏
ixation 固定，确定；安置；凝固；定影
~fixation，nitrogen 固氮（元素符号 N）作用
~of sand dunes 固沙
~point 注视点
nutrient~ 营养品固定
ixed 固定的；凝固的；不挥发的
~action 固定作用
~arch 固定拱，固端拱
~assets 固定资产
~beacon 固定航标
~bearing 固定支座
~bearing for bridge 桥梁固定支座
~border ice 固定岸冰
~capital 固定资产，固定资本
~capital investment 固定资产投资
~casement window 固定窗
~cost 固定费（用）
~costs，overall 总固定费用
~-costs，total 总计固定费用
~dam 固定坝
~delay 固定延误时间
~fix distributor 固定布水器
~dune 固沙
~end 固定端
~equipment 固定设备
~error 固定误差
~fire pump unit 固定式消防泵组
~input 固定投入
~investment responsibility 投资包干
~levels or control elevations 固定标高或控制高程
~load 固定荷载
~membership 定员
~number 定额
~plant 固定设备
~point（固）定点
~point fixed area relationship 定点定面关系
~point flood investigation 固定点洪水调查
~point ice thickness measurement 固定点冰厚测量
~price tendering 固定价格招标法
~property 不动产

~rate method（定率法）固定比率法
~screen 固定格栅
~section 固定断面
~signal 固定信号
~star 恒星
~time-cycle 固定周期
~time signal 定时信号
~time signal 定时信号，固定周期信号
~time traffic signal 定时交通信号，固定周期交通信号
fixed dune 固定沙丘
fixedness 固定，不变；确定；凝固性
fixing 固定；修理，整理；定影；[复]设备；装修；附件
fixture 设备，装修，装置品
~unit 卫生器具当量
~vent 器具通气管
fixtures 安装件
fjord 峡湾
FL（**formation level**）路基标高
Flabelate Maidenhair ***Adiantum flabellulatum/A. amocnum*** 旱猪毛七/扇叶铁线蕨
Flabellateleaf ***Acer flabellatum*** 扇叶槭/七裂槭
Flaccid Canna ***Canna flaccida*** 柔瓣美人蕉/黄花美人蕉
flag 旗（标）；石板，扁石；板层，层{地}悬旗；用旗通报；铺石板
~bit（或 F bit）特征位
~cut to shape 薄层挖方定形
~pole 旗杆
~stone（铺路）石板，扁石，薄层砂岩，板层砂岩{地}
~stone path paved at random 随意组合方石板路
~stone paving 石板铺砌，用石板铺路；石板路面
~stop（公共汽车的）招手停车站，招手停车站
~type sign 旗型（方向）标志
natural stone~（美）天然石材板
raw stone~ 未加工石材板
roughly-hewn~ 粗毛石石板，粗毛石铺石板
flagpole 旗杆
flags 石板路
flagstone 同 **flag stone**
~pavement 石板铺砌，石板路面
~step 石板台阶
~tread and riser（美）石板踏面和起步板
dressed~ 覆面（道路）石板
sawn~ 锯成扁石
Flaky Fir ***Abies squamata*** 鳞皮冷杉
Flaky Juniper ***Juniperus squamata*** **'Blue Star'** 兰星铺地柏/喜马拉雅刺柏（英国斯塔福德郡苗圃）
flaky material 片状材料
Flaksedgeleaf Cymbidium ***Cymbidium cyperifolium*** 套叶兰
flamboyance 火焰式建筑风格
flamboyancy 火焰式建筑风格
flame~火焰；（使）发火焰
~arrester 灭火器
~extinguishing concentration 灭火浓度
Flame Nettle/Common Coleus ***Coleus blumei*** 彩叶草
Flame of Woods ***Lxora coccinea*** **L.** 红龙船花/橙红龙船花
Flame Smoketree ***Cotinus*** **'Flame'**（火焰）黄栌（英国萨里郡苗圃）

Flame Tree/Royal Poinciana/Peacock Flower/Fire Tree *Delonix regia* 凤凰木（马达加斯加国树）（美国佛罗里达州苗圃）

Flame Vine *Pyrostegia ignea* Presl./*P. venusta*（Ker-Gawl.）Miers 炮仗花

Flame Violet/Carpet Plant *Episcia cupreata* 红桐草，喜荫花

Flame-of-the-forest/African Tulip Tree *Spathodea campanulata* Beauv. 火焰树 / 火焰木（加蓬国花）

Flameray Gerbera/African Daisy *Gerbera jamesonii* 非洲菊 / 扶郎花

Flaming Flower/Common Anthurium *Anthurium scherzerianum* 花烛 / 火鹤花

flaming furnace 燎毛炉（燎毛机）

Flaming Sword *Vriesea splendens* 令箭凤梨 / 丽穗凤梨

flammability 着火性能

flammable 可燃的，易燃的

~liquid 可燃流体，易燃液体

~material 易燃物质

~mist 易燃薄雾

flange 翼缘，凸缘，突缘；法兰（盘）{机}；轨底；摺边；作凸缘，装凸边或法兰（盘）

~flank 厢房；外侧

~flank-riding traffic 外侧交通

~flank traffic 外侧交通（沿路边车道的交通）

Flannel Mullein/Flower Mullein *Verbascum thapsus* 毛蕊花 / 毒鱼草

flanking sound transmission 侧向传声

flare 端部张开；闪光；闪光信号，端部斜展；向外张开；放闪光

flared curb（美）加宽路口缘石

~intersection 喇叭式交叉口，拓宽路口式交叉口

~pipe 喇叭管

~tube 扩口管

flash 闪光；瞬间；堰，水闸；水库泄洪；虚饰的；假的

~back 回火

~dryer 急骤干燥器

~erosion 泄水沟冲刷

~flood（暴雨等造成的）骤发洪水，山洪暴发

~gas 闪发气体

~glass 闪光玻璃，有色玻璃

~lamp 闪光灯

~point 闪点

~point tester（open cup method）闪点仪（开口杯式）

~steam 二次蒸汽

~unit 闪光灯装置

~welding 闪光焊

flashing 闪光；防雨板；（防漏用）盖板；灌水（河水等）暴涨，泛水

~（light）signal 闪光信号

~signal 闪光信号机

flashy stream 暴洪河流

flat 平地，低沼泽，（楼房的）一层，单层公寓（同一层楼的）一套房间；扁平物；成套房间；（英）公寓；走气轮胎；浅滩；平底船平的；扁平的；平淡的；全然的；绝对的；使平，变平，单元式住房

~anchor system 扁锚体系

~bank 浅滩河畔

~bar 扁钢，条钢

~bed trailer 平板车
~bog 平地沼
~brick 扁砖
~car 平板车
~ciling 海墁天花
~cost（预算）直接费
~garden 平地园（在平坦的土地上造园，没有堆山、挖水池的花园）；平坦花园，平庭
~gradient for staring 启动缓坡
~jack technique 扁千斤顶法
~land 平原地（平均坡度每英里）
~land garden 平地园林
~plateau 平坦的高原
~riser 垂直起落飞机
~roof 平（屋）顶〈几乎水平的屋顶，十英寸中落差约一英寸半〉
~roof，planted 种植植物屋顶
~roof deck 平屋面
~sheet 平面图
~shore 岸边浅滩
~shunting yard（地）平面调车场，平地调车场
~stone projecting over the water 石矶
~terrain 平坦地带
~topography 平坦地区
~truck 平板车
~undressed stone（英）扁平未修整石材
~Vweir 平坦 V 形堰
~warehouse 平房仓库
tidal~潮滩，漫滩，水草地

Flat Cabbage/Rosette *Pakchoi/Wuta-tsai Brassica chinensis* var. *rosularis* 塌菜 / 太古菜 / 乌塌菜

Flat Milkvetch *Astragalus complanatus* 背扁黄芪 / 沙苑子

Flat needle fish/pacific needle fish *Ablennes anastomella* 尖嘴扁颌针鱼

Flat Peach *Amygdalus persica* var.*compressa* 蟠桃

Flatfruited Yellow-wood *Cladrastis platycarpa*（Maxim.）Mak. 翅荚香槐

flat-headed cat *Felis planiceps* 扁头鹰（吃素）

Flathead *Platycephalus indicus* 鲬鱼 / 牛尾鱼

flatland 平原，平地

Flatleaf Eryngo *Eryngium planum* 扁叶刺芹

flatlet（英）一室户，单间

flatlet（英）有浴室、厨房的单间，小公寓

flatness 平坦

Flat roof 平屋顶

flats，flat 的复数

Flatspine Evergreen Chinkapin *Castanopsis platyacantha* 峨眉栲

Flatspine Prickly Ash/Chinese Prickly Ash *Zanthoxylum simulans* 花椒

Flatstem Rochvine *Tetrastigma planicaule*（Hook. f.）Gagnep. 扁带藤 / 扁担藤 / 铁带藤 / 扁茎崖爬藤

flatten a slope 整平，斜坡

flattish forms 平缓地形

flattop 平顶（建筑物）

flaw 一阵狂风，短暂的风暴

flax 亚麻；亚麻厂
~waste 亚麻厂废水（物）

Flax bud worm *Heliothis viriplaca* 苜蓿夜蛾 / 苜蓿实夜蛾

lax/Linseed ***Linum usitatissimum*** 亚麻

lea beetle 跳甲虫，跳蚤

~market 欧洲街道上的旧货市场

eck of dust 微粒尘土

eecy cloud 卷毛云

eet 车队；舰队；运输船队；（英）小河，河浜，小海湾；飞速的，飞快的

~operation 汽车运输公司

lemish bond 一顺一丁砌式

~flesh-coloured 肉色的

eshy（succulent）fruit 肉质果

'leury Podocarpus ***Podocarpus fleuryi*** 长叶竹柏 / 桐木树

exi-van 弗立克西型货车，水陆联运车（装载有水陆运通用集装箱的拖车体的货车）

exibility 弹性，灵活性

~factor 柔性系数

exible 可弯（的），柔性（韧）的，软性的，挠性的，可塑造性的，可能变形的

~duct 软管

~joint 柔性接头

~pavement 柔性路面

~pier 柔性墩

~platform 柔性承台

~section of gas pipe 煤气管伸缩器

~sign 柔性标志（车辆经过时弯倒后可以弹回的标志）

~stage 活动舞台

~traffic 无轨电车交通

~transport 无轨电车交通

~water proof layer 柔性防水层

'lexspike Lemongrass ***Cymbopogon flexuosus*** 曲序香茅 / 枫茅 / 柯钦香茅

lextime 弹性上班制，活动上班制（一种容许雇员每天一段颇长的时间内选择开始及结束工作的时间的制度）

flexural 弯曲的，挠曲的

~capacity 受弯承载能力

~strength 抗弯强度

flickering device；**blinking device** 频闪装置

flicks 电影院

flight 定期客机，班机，航班；飞行；射程；楼梯梯段，一段

~altitude（或 light height）航高，飞行高度

~block 摄影分区

~clearance 机场净空限制

~course 航线

~height 航高

~line 航线

~line of aerial photography 摄影航线

~map 航空照相用地图，飞行路线图

~of block steps 砌料梯阶楼梯梯段

~of capital 资本逃避

~of natural stone steps 天然石梯阶楼梯梯段

~of stairs 扶梯楼梯

~of steps 步行楼梯

~of steps on a slope 斜坡阶梯楼梯段

~of steps with lateral edging 有侧边饰的步行楼梯

~of steps，broad 宽步行楼梯

~of steps，side edging of a 侧边饰步行楼梯

~of steps，steepness of a 步行楼梯坡（斜）度

~of steps，step in a 步行楼梯高差（一梯级的高度）

~of steps, total rise of a 步行楼梯总爬升高度

~of steps, width of a 步行楼梯宽度

~stairway 过街楼

~strip 简易机场，着陆场，机场起飞跑道

~strip design 航带设计

~zone 机场飞行区

flint 火石 / 燧石

float（向政府报领得来的）土地许可证；浮坞；浮游物；浮标（仪）；浮筒；浮子；浮码头，镘（刀）；路面整平器；冲积土；（游行用）无边台车；（漂）浮；用镘整平；流通

~bridge 浮桥，（铁路轮渡用的）固定浮坞

~coefficient 浮标测流断面

~method 浮标法

~rod 浮杆

~thrower 浮标投放器

~type stage recorder 浮子式水位计

~valve 浮球阀

~velocity 浮标流速

floatability 漂浮性，浮动性

floatable 可漂浮的；可航行的

~system 漂浮体系

floatage 漂浮物

floatation 漂浮（性），浮动（性）；（矿石）浮选（法）；镘平；发行（债券）

~bridge 浮桥

~tank 气浮池

floated asphalt 摊铺地沥青（混合料），镘整地沥青（混合料）

floater 无固定住的人，游民，流动工，临时工

floating 浮动（的）；漂浮（的），流动（的）；铰接（的）；游离（的）；浮锚；浮雕；浮点（的）{计}；自动定位，自动调节

~address 浮动地址，可变地址{计}

~aquatics 浮动水生动植物

~breakwater 浮式防波堤

~bridge 浮桥

~capital 流动资本

~city 海上城市

~control 无定位调节

~crane 起重船

~-Cups Pavilion 流杯亭

~dock 浮船坞

~dust 浮尘

~evaporation pan 浮式蒸发器

~fender 防冲桩，防浪木，浮式护舷

~floor 浮筑地板

~gang 杂工队，流动工班

~garden 浮动花园（墨西哥城等建在筏上）

~harbour 浮式防波堤港湾

~house 水上住宅

~household 流动户口

~ice cover 冰层浮起

~island 浮岛（人工填成的岛）；水上浮动花园（美洲墨西哥城等在筏上填土建成水上浮动花园）

~-leaf community, rooted 生根的浮叶植物群落

~matter 漂浮物

~meadow 流动牧场

~mixer; floating mixing plant 混凝土搅拌船

~overpopulation 过剩流动人口

~pier；pontoon wharf 浮（趸船）码头
~piled river；pile driving barge 打桩船
~piling；pile driving overwater 水上沉桩
~population 流动人口
~sphagnum mat 浮水藓丛（簇）
~wage 浮动工资
~water surface evaporation yard 漂浮水面蒸发场
~wharf pontoon wharf 浮码头
~zone 未定使用性质的地区（未设定区）
floating Heart ***Nymphoides peltatum*** 荇菜
flocculent structure（土的）絮凝结构，毛絮构造
floe 浮冰块
flood 洪水；大量；涨潮；满溢；泛滥，漫溢，淹；涨满
~abatement 洪水减退
~area 淹水区，泛滥区
~area，brook side（美）小河旁淹水区
~area of a stream/brook 河流 / 小河淹水区
~bank 洪水（河）岸，防洪堤
~barrier 拦洪坝
~basin 泛滥盆地；洪泛平原；洪水面积；洪水流域；蓄洪库；蓄洪区；洪泛区
~berm 防洪坡道
~breadth of river 洪水河面宽度
~bridge 防洪桥
~by-pass 分洪道
~by-pass channel（英）防洪渠
~bypass channel（美）防洪渠
~capacity 防洪能力，蓄洪能力
~carrying capability 泄洪能力
~catastrophe 水灾
~channel 洪水河道，涨潮道
~control channel 泄洪道
~control dam 防洪堤坝
~control facility 防洪设施
~control measures 防洪措施
~control pool 防洪水塘
~control reservoir 防洪水库，滞洪水库
~control scheduling 防洪调度
~control scheduling of reservoir 水库防洪调度
~control standard 防洪标准
~-control storage 防洪蓄水（量），防洪库容
~control structure 防洪建筑物
~-control works 防洪工程
~crest 洪峰
~-crest travel 洪峰行进
~current 洪流，涨潮流
~dam 防洪坝，防洪堤坝
~damage 水灾
~damages 洪水灾害
~danger 洪水危险
~defence 防汛
~detention basin 拦洪水库
~detention dam 拦洪坝，滞洪坝
~discharge 洪水量，洪水流量，排洪量，泄洪
~discharge level 洪水位
~distribution gate 分洪闸
~-diversion area 分洪区
~diversion project 分洪工程
~diversion stage 分洪水位
~division area 分洪区
~flow 洪水流量，洪水径流，最大径流
~forecasting 洪水预报
~formula 洪水计算公式

~frequency 洪水频率（通常为若干年出现一次的水位）
~frequency curve 洪水频率曲线
~fringe area（美）洪水边缘地区
~gate 水闸门，水闸，防洪闸门
~hazard 洪水危险
~hazard area 洪水危险区
~height 洪水位
~hydrograph 洪水过程（曲）线
~immunity 防汛能力，免遭洪水泛滥之能力
~investigation 洪水调查
~irrigation 漫灌，漫溢
~irrigation of sewage 污水漫淹灌溉
~flood land 河漫滩，河滩（地），水淹地区，洪泛地，河漫滩地，洪泛河槽
~level 洪水位
~level，average 平均洪水位
~level duration curve 洪水位过程线
~level in past years 历年平均洪水位
~level mark（ing）洪水水位标记
~light 泛光灯，探照灯
~lighting 泛光照明，强力照明
~line 洪水线
~mark 洪水标记，高潮标记
~marks 洪痕
~of melted snow 融雪洪水
~of tourists 游客洪流
~peak 洪峰
~peak rate 洪峰流量
~peak stage 洪峰水位
~period 洪水期，汛期
~periphery 泛滥区
~pipe 溢水管
~plain 泛滥平原，洪泛区，洪水平原，河漫滩，冲积平原
~plain deposit 泛滥平原沉积
~plain soil 淹没平原土壤
~Plain Zone 冲积平原区
~-plain zoning 洪泛区分区
~precaution 洪水预防
~-prediction service 洪水预报工作，洪水预估工作
~prevention 防洪（工作），防洪措施
~probability 洪水（发生）概率
~profile 洪水过程线
~prone 洪涝
~prone area 洪泛区，淹没区
~protection 防洪工程
~protection works 防洪工程
~relief bridge 排涝桥
~-relief channel 泄洪道
~reporting information 报汛
~reporting network 报讯网站
~reporting station 报汛站
~retarding project 拦洪工程，防洪工程
~retention 拦洪
~rise 洪水上涨
~risk analysis 洪水风险分析
~routing 洪水推测
~run-off 洪水径流
~savanna（h）水淹大草原
~season 洪水季（节），汛期
~series 洪水系列
~spillway 溢洪道
~stage 洪水时期，洪水位
~storage capacity 蓄洪容量
~-storage project 蓄洪工程
~storage work 蓄洪工程
~survey 洪水调查

~tidal current 涨潮流
~tidal range 涨潮潮差
~tidal（tide）volume 涨潮量
~tide 涨潮，高峰
~volume 洪水总量，洪水径流量
~wall 防洪堤
~warning 洪水预报；洪水警报
~water 洪水
~water dam 防洪坝
~-water level 洪水水位
~water mark 洪水标记，洪水记录
~wave 洪波 洪水波
~way 泄洪道，分洪道
100-year~ 百年一遇洪水
flash~ 山洪暴发
hundred-year~ 百年洪水
probable maximum~ 可能最大洪水
floodable land 可淹水地区
flooded（洪水）淹没
~area 泛滥区，淹没面积
~borrow pit 淹没的池塘
~evaporator 满液式蒸发器
~gravel pit 淹没的砾石坑
~riparian woodland 河岸林区
flooding 充溢，泛滥
floodmark 高潮线，涨潮线
~litter 高潮线杂乱
~vegetation，coastal 海滨植物
average~ 平均高潮线
flood meter 洪水记录器，高潮记录器
floodplain 泛滥平原，漫滩
~valley 凹地泛滥平原
~zone，preservation of 泛滥平原的保护区
~zone，statutory 法定泛滥平原区
floodtime 汛期，洪水季节
floodwater 洪水
floodway 溢洪道
floor 楼面，地板，地面；桥面；层楼；底（面）
~area 楼面面积；建筑面积
~area，allowable（美）许可的建筑面积
~area，gross 毛建筑面积
~area，net 净建筑面积
~area of building 建筑楼层面积
~-area，permissible 准许的建筑面积
~-area ratio（FAR）建筑面积比，使用面积率，容积率（建筑基底面积与建筑总面积的比例），建筑面积密度
~arrangement 平面布置
~board 地板；桥面板；汽车底盘
~board of bridge 桥面板
~Ceiling，Staircase Construction 楼层、天花板和楼梯间等结构
~chart 平面布置图
~construction 楼板构造，桥面构造
~construction of bridge 桥面构造
~cover，forest 林区地面保护（覆盖）
~drain 地漏
~drainage（of bridge）桥面排水
~elevation，finish(ed)（美）完成桥面高程
~finish 面层
~finishing 地面
~height 层高
~level，finish（美）最后一层平面
~level，finished 竣工层平面
~litter，forest 森林枯枝层落叶层
~live load；roof live load 楼面、屋面活

荷载
~loading 楼面荷载
~-on-grade 地坪
~panel heating 地板辐射供暖
~parking 地面停车处
~plan 地面平面图，楼面布置图
~plan layout 平面布置
~price 最低价
~slab 楼板；桥面板
~space 居住面积，建筑面积
~space completed 竣工面积
~space density 建筑面积密度
~space index 楼面面积指数
~space index（F.S.I）建筑面积密度
~span 楼面跨径，开间
~spring 地弹簧
~system；bridge decking 桥面系
~through 占整层楼面的公寓
~-through wax 打蜡地板；全层公寓
~tile（铺）地面砖
~-to-floor height 楼层高度
~water 洪水
first~（美）一层楼
forest~林区地面
ground~（英）（房屋）地面层，（房屋）底层
manhole~检查井底，窨井底
moss~沼泽地面
valley~谷底，盆地底
floorage 建筑面积，使用面积
flooring 桥面铺装，铺地面，铺地板；地板（材料），楼地面
~board 铺面板
floor-to-ceiling height 室内净高
flop house 廉价住所，低级旅馆
flophouse street 简易旅馆街
Floppers/Airplant/Kalanchoe ***Kalanchoe pinnata*** 落地生根 / 灯笼
flora 地区性植物，植物群；植物志
~and fauna，conservation of 植物群和动物区系的保护
~and fauna，inventory of 植物群和动物区系的细目表
~composition 植物群组成
~landscape 植物景观
aquatic~水生植物群
depauperation of~植物群枯竭
depletion of~植物群耗减
fungal~真菌植物群
floral 植物（群）的，花的
~crops 花卉
~design 花卉装饰设计
~diagram 花卉图式，花卉图案
~display 花卉展览
~envelope 花被
~zone 植物带
Florence 佛罗伦萨（意大利）
Florence Cathedral 佛罗伦萨大教堂（意大利）
Florentine Renaissance 佛罗伦萨文艺复兴式
florescence 开花；花期
floret 小花
Floribunda Rose ***Rosa hybrida*** 丰花月季
Floribunda Rose Arthur Bell ***Rosa* 'Arthur Bell'** '阿瑟贝尔' 丰花月季（英国斯塔福德郡苗圃）
Floribunda Rose Fragrant Delight ***Rosa* 'Fragrant Delight'** '香乐' 丰花月季（英国斯塔福德郡苗圃）

Floribunda Rose Golden Memories ***Rosa*** **'Golden Memories'** '金色回忆' 丰花月季（英国斯塔福德郡苗圃）
Floribunda Rose Iceberg ***Rosa*** **'Iceberg'** '冰山' 丰花月季（英国斯塔福德郡苗圃）
Floribunda Rose Korresia ***Rosa*** **'Korresia'** '克瑞西亚' 丰花月季（英国斯塔福德郡苗圃）
floriculture 种花，花卉栽培
floriculturist 种花工
florid Gothic 华丽哥特式
Florida Privet ***Forestiera segregata*** 佛罗里达女贞（澳大利亚新南威尔士州苗圃）
florist 花商，花卉爱好者，花店
Florists Cineraria/Cineraria ***Senecio cruentus*** 瓜叶菊
florist's flowering begonia ***Begonia semperflorens*** 四季海棠
florist's show 花卉展
floristic element 植物要素
~kingdom 植物王国，植物界
~species composition 花卉品种构成
floristry 花匠，花商
~work 花匠劳动，花商业务
~exhibition 花卉展
floscule 小花
Floss Flower/Mexican ageratum ***Ageratum houstonianum*** 熊耳草/紫花霍香蓟/鳄耳草
flounder vi.（在水中）挣扎，困难地往前走，踌躇，挣扎，辗转；比目鱼
~zone（英）挣扎区域；比目鱼区
flour 粉末；面粉；撒粉；
~filler 细填料，粉状填料
~mill 面粉厂
flourish 繁荣，茂盛；挥舞
Flous Taiwania ***Taiwania flousiana*** 秃杉
flow 流；水流；流水量；（土的）塑变；流动；涨潮；车流；流动；流出
~bypass（ing）水流间路，支流
~capacity 泄水能量，排水能力，流量
~capacity of control valve 调节阀流通能力
~channel 流槽
~characteristic of control valve 调节阀流量特性
~characteristics 流动特性
~chart 程序框图，流框图（在电子计算机计算中，用一些框图及文字来说明解题的过程和步骤的方法）{计}；流量图；流程图；作业图；作业程序图，生产过程图解
~concentration 汇流
~concentration curve 汇流曲线
~control valve 流量控制器，流量调节阀
~criterion 流动标准
~demand 需求流量
~–density curve 流量－密度曲线{交}
~（process）diagram 程序图，流量图；作业图，生产过程图解；程序方程图{计}
~diagram of bridge construction 桥梁施工流程图
~direction 流向
~direction measurement 流向测量
~direction meter 流向仪
~discharge 流量
~dividing 分流
~equilibrium 车流均衡

~field 流场
~force 水流力
~gauge 流量计，水表
~-graph 流图
~graph analysis 流向图分析
~index（土的）流动指数
~limit 流限
~line 流线
~line operation 流水（线）作业
~line plan 流线图
~line production 流水（线）作业
~measurement by hydraulic structure 水工建筑物测流
~meter 流量计
~method 流水作业法
~net 流网
~of catchment 排水
~of goods between town and country 城乡物资交流
~of ground 地表径流，土地流动；土的塑性变形；土的隆起
~of groundwater 地表水流
~of information 信息流
~of liquid waste 液态废物流出
~of traffic 车流
~-off 径流
~plan 流程图，输送线路图
~plane map 水流平面图
~process 流水作业
~production 流水作业
~property 流动性
~quantity 流量
~rate 流率
~rate per second 秒流速
~ratio 车流比
~regime 流态
~rule 流动法则
~similarity criterion 水流相似准则
~slide 流滑，滑坍
~velocity 流速
~volume 流量
~with hyper concentration of sediment 高含沙水流
air~ 气流，空气流量
back~ 回流
bumpy~ 涡流
cash~ 现金周转，资金周转
channel~ 明渠流
commuter~ 通勤客流
concurrent~ 并流，单向车流
counter-~ 逆流
critical~ 临界流量
current~ 电流
cycle~ 自行车流
daily dry-weather~ 日旱流污水，日旱流量
depth of~ 水流深度
detention of storm~ 暴雨滞留
dry~（土的）干流；旱流量
dry weather~（简写 DWE）旱流，旱流量
earth~ 泥流，土流，土崩
eddy~ 紊流
energy~ 能量流
flood~ 洪流
ground-water~ 地下水流（指潜水层的流动水）
groundwater steady~ 地下水稳定流
information~ 情报流，信息流
loess~ 黄土流

maximum rate of~最大流量
mean day~（河流）平均日流量
minimum acceptable~最小允许流量
mud~泥流
mud-rock~泥石流
open-channel~明渠水流
overland~地面径流
peak of~洪峰
peak traffic~高峰车流（或交通流）
pedestrian~行人交通，行人流
rapid~急流，湍流
rotational~旋流
run-off~表面径流
sand~沙流
saturation~饱和交通量，饱和流量
seasonal variation~流量季节变化
seepage~渗流
series~串流
sewage~污水流量
shear~剪力流
sheet~工艺流程
sinuous~湍流
slump~（混凝土）坍落流，移动流
smooth~平滑流
soil~泥流
spiral~旋流
standard design~标准设计流量
steady~稳流，恒定流；定量水流；稳恒流动
stem~支流，流水量
storm~暴雨流量
stream~河流；缓流
subcritical~缓流，平流
subsurface~地下水流，伏流，潜流
supercritical~湍流，急流，超临界流
surface~地面径流
thermal~热流
tourist~游客流
traffic~交通流；货流
tranquil~缓流，平流
transonic~超音速流
turbulent~紊流，湍流
under~地下水流，潜流
unsteady~非恒（定）流，变量流；不定流动
upslope（air）~上坡流
velocity of~流速，水流速度
velocity of groundwater~地下水（潜水）流速
wet weather~雨天污水量
flowability 流动性
flowage 泛滥，泛滥的河水，积水
flower 花；华{化}；开花；用花修饰
~arrangement 插花
~bed 花坛
~and Penjing Branch 花卉盆景分会
~arm 翘，华栱
~arranging 花卉装饰，花卉布
~base 装饰性花盆
~bed 花坛，花圃，花床，花畦
~bed and bedding plants 花坛和花坛植物
~bed，seasonal 季节性花坛
~beds，construction of 花坛结构
~beds，preparation of 花坛准备
~border 花境
~borders，parterre with formal 传统花坛花缘
~box 花盆
~bud（bud）花蕾
Flower Clock 花钟，时钟花坛

~corsage 花卉装饰
~decoration 花卉装饰
~drop 落花不育
~garden 花园
~garden，cut 切花花园
~hedge 花篱
Flower Path 花径
~piece 花朵装饰
~planter 花播种机
~pot（pot）花盆（花钵）
~（blossom）longitudinal section 花开时的纵剖面
~shoot 花枝
~shop 花店
~show 花展
~trusses 花序
~tub 花桶
~type 花型
cut~ 切花
meadow~ 草地开花
spring~ 春季开花
wild~ 野花
winter~ 冬季开花

Flowering Bamboo *Phyllostachys nidularia* 白夹竹 / 篌竹 / 花竹 / 笔笋竹（英国萨里郡苗圃）
Flowering bonsai 花草盆景
flower border 花境
flower bud 花芽
flowering hedge 花篱
Flower Mullein/Flannel Mullein *Verbascum thapsus* 毛蕊花 / 毒鱼草
flower of chive（***Allium tuberosum***（**flower of**））韭菜花
Flower of the Western Wind/Autumn Zephyr Lily *Zephyranthes candida* 葱莲（葱兰）
flowerage 花饰
flowerer，late 迟开花
flowerer，summer 夏季开花
summer~（英）夏季开花
winter~ 冬季开花
Flower ofan hour *Hibiscus trionum* 野西瓜苗
Flower-fence/Dwarf Poinciana *Caesalpinia pulcherrima*（L.）Sw. 金凤花
flowering 开花
~apricot branch（apricot branch in blossom）开花的杏树枝
~aspect 花貌
~branch（branch in blossom）开花的树枝（花枝）
~branch of the apple tree 开花的苹果树枝
~branch of the pear tree 开花的梨树枝
~branch of the walnut tree 开花的胡桃树枝
~bulb 开花的鳞茎植物
~cane of the currant 穗醋栗状花茎
~cherry 樱花
~gooseberry cane 开花的醋栗茎
~hazel branch 开花榛树枝
~hedge 花篱
~lawn 开花草坪
~peach 碧桃
~period 花期
~period，fall-（美）落花期
~period，spring 春季花期
~period，summer 夏季花期

~plants, seasonal 季节（性）开花植物
~plum 榆叶梅
~rose, perpetual 四季开花的玫瑰
~rose, recurrent（美）再开花的玫瑰
~rose, repeat 重复开花玫瑰
~season, autumnal（英）秋季开花季节
~shrub 观赏灌木
~straw 花草，开花的禾本科植物
~time 开花时节，花期
~trait 开花特性
~tree 观花树木
~tree or shrub 开花树或开花灌木
~woody plant 开花的木本茂盛植物
Flowering Almond ***Prunus glandulosa*** **Thunb.** 麦李
Flowering Almond/Flowering Plum ***Prunus triloba*** 榆叶梅
Flowering Begonia ***Begonia semperflorens*** **Link et Otto** 四季秋海棠
flowering branch groups 花枝组（由开花枝和生长枝共同组成的一组枝条）
Flowering Cherry ***Prunus lannesiana*** （**Carr.**）**Wils** 日本晚樱
Flowering Chinese Cabbage /choy sum/ false pakchoi（***Brassica campestris*** **L.ssp.*chinensis*** **var.*utilis***）菜薹/菜心
Flowering Dogwood ***Cornus florida*** 多花梾木/美丽四照花/美国四照花（美国田纳西州苗圃）
Flowering Flax ***Linum grandiflorum*** 红花亚麻/亚麻
Flowering Plum/Flowering Almond ***Prunus triloba*** **Lindl.** 榆叶梅
Flowering Quince/Japanese Quince ***Chaenomeles Lagenoria*** 贴梗海棠（贴梗木瓜）
Flowering Stones/Living Stones/Stone Face ***Lithops pseudotruncatella*** 生石花
flowers 花，花卉
~and plants 花草
~-and-plants production 花卉产品，花卉业
~on current season's shoot 通常按季节发芽花卉
usefulness for cut~ 切花有效寿命
Flowers and trees wither temporary 花木萎蔫症
flowery mead（英）多花草地
Flowery Spicebush ***Lindera floribunda*** 绒毛钓樟
flowing 流动（畅）的，继续不断的，（潮）上涨的
~alignment 水管定线，水道流向
~artesian 自流承压水
~concrete 流态混凝土
~cup pavilion 流杯亭
~line 出水管线，排水管线
~sheet water 地表径流
~surface water 地表径流
~tide 涨潮
flowmeter 流量表，流速计
flowsheet 工艺图，流程图
fluctuating 涨落，起伏；波动；动摇，不定；使波动，使涨落
~drag load 波动阻力荷载
~（exchange）rate 波动汇率
~of groundwater level 地下水水平面起伏
~of species 外形不定；品种不定
~rate method 涨落比例法

fluctuation 波动，起伏；变动；动摇
~range of stage 水位变幅
~water level 涨落水平面
climax~ 顶级群落波动
population~ 种群波动
flue 烟道，焰道；暖气管；[复]毛屑，乱丝
~dust 烟（囱）灰；转窑水泥飞灰
~gas 烟道气
~gas desulphurization 烟道气除硫
~gas purification 烟道气净化
fluent 流,水流；流利的,流畅；流动的，易变的
fluid 流（液气）体；流质，……液，射流；流体（动，态）的，流体的，气态的，不固定的，易变的
~mud 浮泥
~population 流动人口
~transportation piping 流体输送管道
fluidized bed 浮动床
flume 斜槽，沟槽；水槽；测流槽；放水沟，流水槽，渡槽，滑运沟；（有溪流的）峡谷；用斜槽运输；装斜槽
fluorescent lamp 荧光灯
fluoridation of drinking water 饮用水的氟化作用（反应）
fluoride 氟化物
fluorine 氟
flurry 阵风；风雪，小雪；小雨；搅乱
flush 冲洗；泛滥；骤增；沼地；齐平的；冲洗；使齐平；泛滥
~curb 平缘石，平齐路缘面，平埋路缘
~cut 平磨
~edging 平磨边
~gable roof 硬山
~-jointed 平接（式）的
~kerb（英）平接路缘石
~light panel 筒灯
~strip 平（齐）式分隔带
~toilet 有抽水设备的厕所，抽水马桶
~with finished grade，making（美）最后整平加工
~with the ground，cut 地面磨平
~with，make a finished grade（美）最后整平加工
flushing media 冲洗介质
flute 槽沟
Fluted scale ***Icerya purchasi*** 吹绵蚧壳虫
flutter echo 颤动回声
fluvial 河边，河流，河积，河床，河口
~bog 河边低地
~deposits 河流沉积
~erosion 河流侵蚀
~geomorphology 流水地貌学
~landform 流水地貌
~plain 河积平原
~process 河床演变；流水过程
~processes observation 河床演变观测
~processes of estuary 河口演变
fluviatile deposits 河流沉积
fluviomarine deposit 河海沉积
flux 不断的变动；变迁；流动；助熔剂，稀释剂；[电磁]通量{物}，磁力线；软制，稀释（沥青等），使成流体，熔化；流出
~of energy（美）能量流
~of heat 热流
fly 飞；飞程；公共马车；运货马车；（旗的）横幅；绳；机敏的；逃离；

飞；飞过；飞扬；飞驶

~ash 粉煤灰，飞灰

~ash brick 粉煤灰砖

~bridge 飞梁

~gallery 天桥

~-over 跨线桥，行车天桥

~-over bridge 跨线桥

~-over intersection 分层交汇点，立体交叉

~-tip（英）航行终点

~-tipping（英）向街上乱倒垃圾

~tipping site（英）向街上乱倒垃圾现场

~tower 舞台塔

Fly Agaric ***Amanita muscaria*** 蛤蟆菌 / 鬼毛鹅膏

Fly Catcher/Venus Flytrap ***Dionaea muscipula*** 捕蝇草

flyer（公共汽车，火车的）快车

flying 飞的；悬空的；浮动的

~bridge 天桥，浮桥，架空小桥，跨线桥

~cage 禽笼

~field 飞行场（常指私人飞机起落场）

~rafter 飞椽，飞子

~spark（火灾的）飞火

Flying fish ***Cypselurus agoo*** 燕鳐鱼 / 飞鱼

Flying fox/fox bat ***Pteropus giganteus*** 狐蝠

Flying squirrel ***Pteromys volans*** 飞鼠 / 飞鼯

flyover 高架公路，上跨交叉，立体交叉路，跨线桥，天桥，（有）旱桥跨在上面的道路交叉点

~crossing 上跨交叉

~junction 立体交叉

~roundabout 跨线环形交叉

Fiddleleaf Fig ***Ficus.Pandurata*** 琴叶榕

Fiddle-leaf Fig ***Ficus lyrata*** **Warb.** 大琴榕 / 枇杷榕

FM（**facility management**）公共设施管理

foam 泡沫，起泡沫，喷泡沫，（泡）汹涌

~descending groove 泡沫降落槽

~dust separator 泡沫除尘器

~extinguishing system for area under wing 翼下泡沫灭火系统

~fire extinguishing system 泡沫灭火器

~flowing groove 泡沫溜槽

~guiding cover 泡沫导流罩

~producing device 泡沫发生装置

~transit tube 导泡筒

~water deluge system 泡沫－水雨淋系统

Foamy Bells ***Heucherella*** **'Redstone Falls'** '赤砂岩红' 矾根（英国斯塔福德郡苗圃）

focal 焦点的，在焦点上的

~axis 焦轴 {数}

~distance 焦距（简写 F.D.）

~length 焦距

~plane 焦面

~point 节点，（城市功能或交通道路的）交叉点，（街景式园林布置的）焦点，结点，（城市构图的）

~species 焦点物种

focalization of interest 焦点

focus 震源，焦点

~of landscape composition 构图重心

focus perspective 焦点透视

focused interview 重点访问

fodder 草，饲料
~market 草市
~meadow 粗饲料牧场
~plants（forage plants）饲料植物
~tree 饲料灌木
Foebes Notopterygium *Notopterygium forbesii* 宽叶羌活 / 鄂羌活
foehn 焚风
Foetid Eryngo *Eryngium foetidum* 刺芹 / 洋芫荽 / 刺芫荽
fog 雾，浓雾；模糊，生雾，为雾所笼罩；使迷惘
~alert system 大雾警报装置
~bell 雾钟
"Fog City""雾都"
~density 雾浓度
~detector 雾检测器
~pollution 雾害
~prevention forest 防雾林
~spray 喷雾（器）
~warning sign 雾天警告信号
frequency of~ 浓雾出现率
fogbank 雾堤（指海上的浓雾）
fogbroom 除雾机，除雾器
foggy 有雾的，多雾的；模糊的，不明净的
Foguang Temple（Wutai Country, China）佛光寺（中国五台县）
fohn 焚风，热燥风
foil [建] 烘托，衬托
Fokienia-Cypress *Fokienia hodginsii* (Dunn) Henry et Thomas 福建柏
fold 褶皱，地形的起伏
folded 折叠的；褶皱的
Folded Brocade Hill 叠彩山
~plate roof 折板屋顶
~plate structure 折板结构
folding 折叠（式）的，折弯（的），褶皱（的作用）
~bridge 折合桥
~door 折叠门
~window 折叠窗
Folgneri Mountainash *Sorbus folgneri* (Schneid.) *Rehd.* 石灰花楸
foliage 植物的叶子（总称）；叶子及梗和枝叶；叶饰 { 建 }
~colo(u)r 植物叶色
~cutter 切叶机
~effect 树冠（或叶从）效应
~leaf 寻常叶
~of woody plants 木本植物叶
~of woody plants, dense 稠密的木本植物叶
~of woody plants, heavy 稠密的木本植物叶
~of woody plants, new 新长的木本植物叶
~of woody plants, sparse 稀疏的木本植物叶
~plant 观叶植物
~tree 观叶树
autumn~ 秋叶
discoloration of~ 植物叶变色（色斑）
early~（美）早叶，嫩叶
fall~（美）落叶
spring~ 春叶
unfolding~ 展开的叶子
foliation plain 层状沉积平原
folic acid 叶酸
foliolate 小叶的

olk 人（们，民）；民间的
~art 民间美术
~art forms 民间艺术形式
~arts and crafts 民间工艺品
~custom 民间习俗，民俗，民间风气
~dance 民间舞蹈
~house 民居
~lore 民间传说，民间创作
~song 民歌，民谣
~story 民间故事，传说
~tale 民间故事，传说
~tune 民间风格（情调）
~way 社会习俗
~wood-engraving of China 中国民间木版画
~-urban typology 城乡类型
folklorist 民俗学者
follow 追随，持续，采纳，从事，归纳；追随，跟踪；仿效；了解
~suit 照样，依照先例
~town 卫星城镇
~-up 跟踪（系）随动（系统），伺服（系统）硬反馈；追随的，随动的，急需的，补充的
~-up care 跟踪（系统）管理
~-up control 随动控制，跟踪（装置）控制
~up control system 随动系统
~up investment 后续投资
~-up survey 追踪调查
folly 夺目的小建筑物
Florence（**Italy**）佛罗伦萨（意大利）
font 小河，泉水；喷水池；泉源；字模，全副活字
Fontainebleau 枫丹白露[法国北部城镇]
Fontainebleau Palace Garden（**France**）枫丹白露宫苑（法国）
Fontainebleau School（**of Painting**）枫丹白露画派（16 世纪活跃在法国宫廷的美术流派）
Fontana bi Trevi（**Italy**）特来维喷泉（意大利）
food 食物，食品
Food and Agriculture Organization（of the United Nations）（联合国）粮食及农业组织（简写 FAO）
~chain 食物链
~company 食品公司
~crop 粮食作物
~factory 食品工厂
~grain 粮食
~industry 食品工业
~plant 食品工厂
~plant for birds，woody 禽类食用木本植物
~preparation room 备餐间
~processing 食品加工（工业）
~processing factory 食品加工厂
~product factory 食品厂
~products factory 食品厂
~shop 食品店
~-stuff industry 食品工业
~stuffs 食品
~supply，richness of 食品供应丰富程度
~waste 食品加工废水
~webs 食物网
supply of~ 食品供应
foodstuff production base planning 副食品生产基地规划
foodstuffs store 副食店

food web 食物网

Foolproof Vase Plant/Summer Torch/*Billbergia pyramidalis* 水塔花

fool's gold 黄铁矿，黄铜矿

foot [复 feet] 英尺；脚，足部；最下部；[复 foots] 渣滓；树立

~accelerator 脚踏加速器

~board 脚踏板 {汽}

~bridge 人行桥，行人桥

~-crossing 人行横道，人行过街道

~hill 山麓（小）丘

~hills 丘陵地带

~-loose type industry 选址不受限制的工业

~-note（书中的）脚注

~of a perpendicular 垂足 {数}

~of an embankment/slope 路堤 / 边坡脚

~of slope 边坡脚

~pace 步测

~passenger 步行者，行人

~-path 小路

~path 人行道；小路，步径

~path alignment 园路线形

~path bridge 步道桥，人行桥

~path or trail 游路

~path paving 人行道铺面

~stone 基石

~street 步行街道

~-tight type industry 选址受限制的工业

~traffic 步行交通，人行交通

~valve 底阀 {机}

~walk 人行道，人行小路

~way 人行道；小路，步径

football 足球

~court 足球场

~game ground 足球场

footbridge 行人桥，小桥

Footcatkin Willow *Salix magnifica* 大叶柳

foothills 山脉的丘陵地带

footing 基脚，底脚；立脚点；基础；地位；合计，总额

~beam 基础梁

~course 底层，基层

~excavation 基础开挖

~foundation 底座基础，底脚基础

~load 基脚荷载，底脚荷重

~of foundation 底座基础，基脚基础

~of wall 墙基（脚），墙底脚

bottom level of a wall~ 墙基基脚水平

concrete edge~（美）混凝土边缘底脚

strip~（美）带状地基

wall~ 墙基

footlog 独木桥

footpath 人行道，小路

~excavation 人行道挖掘

~network 人行道网

hiking~（英）步行小路

long distance~（英）长距离人行道

rambling~（英）散步人行道

footprint 足迹

~of a building 建筑轨迹

footstone（英）人行道

Footstool Palm *Livistona rotundifolia*（Lam.）Mart. 圆叶蒲葵

footway 漫步路，散步道，人行道，小路

~crossing 人行横道

forage 草料

forb 非禾本草本植物

~community 非禾本草本植物群落

~community，perennial 多年生非禾本

草本植物群落
~community，tall 高非禾本草本植物群落
~formation 非禾草本植物形成
~plant，bees 蜜源非禾本草本植物
~plant，bird 鸟食用非禾本草本植物
~plant，woody bee 木本蜜源植物
~reed marsh，tall（美）高非禾本草本植物芦苇属植物湿地
~reed swamp，tall（英）高非禾本草本植物芦苇属植物湿地
~-rich 富非禾本草本植物
~vegetation 非禾本草本植物的生长
~vegetation in woodland 森林中非禾本草本植物的生长
perennial~多年生非禾本草本植物
tall~高非禾本草本植物
Forbes Wildginger ***Asarum forbesii*** 杜衡/南细辛/苦叶细辛/杜葵
Forbidden City（北京）紫禁城；宫城
Forbidden Garden 禁苑
Forbidden Palace Flower ***Vaccaria hispanica*** 西班牙王不留行/乳牛草
Forbidden zone 禁区
forbs，rich in 多产非禾本草本植物
force（英）瀑布；力；强制（力）；（部）队；劳动力；强制；用力；促成
~-account basis 计工制
~account construction 计工制工程，计工建筑
~-circulation 压力环流
~diagram 力图
~main 压力干管
~mains 压力总管
~majeure 不可抗力（如天灾、战争等，使无法履行契约）；优势，压倒的力量；（外交上）不可抗拒的胁迫
~of support 支承力
~of traction 牵引力
~per unit area 面分布力
~per unit length 线分布力
~per unit volume 体分布力
~pipe 压力管
~polygon 力多边形
~(d)pump 压力泵，压力水泵
~（weight）density 重力密度
acting~作用力
active~主动力，有效力
bending~弯曲力
binding~结合力，胶合力
central~中心力
centre of~力心
coming into~（英）生效的
concentric(al)~集中力
constrained~约束力
compressive~压力
entering into~成为劳动力；生效
external~外力
extraneous~外力
final prestressing~最终预应力
labour~劳动人，劳动人口
maintenance~养护工队；养护力量
mechanical~机械力
seismic(al)~地震力
traction~牵引力
attractive~牵引力
vital~生命力
wind~风力
forced 强制，强迫，迫使，促成
~centering 强制对中

~circulation system 机械循环系统
~convection 受迫对流，强迫对流
~draft mechanical cooling tower 鼓风式机械通风冷却塔
~flowers [forcing] 促成栽培的花
~vibration 强迫振动
forces，earth（美）地力
forcing 强制（的）
~house 温室，花房，玻璃房
~pipe 压力管
ford 过水路面；浅滩；涉水，渡河
~road 涉水路
Ford Erythrophleum ***Erythrophleum fordii*** 格木
Ford Evergreen Chinkapin ***Castanopsis fordii*** 南岭栲
Ford Licuala Palm ***Licuala fordiana*** 穗花轴榈
Ford Woodlotus ***Manglietia fordiana*** 黄心树 / 木莲
fore bay 前池
forecast 预测，预报
~device 预测手段
~error 预报误差
~interval 预测区间
~lead time 预见期
~period 预测期
~population 预测人口
~precision 预测的准确性
~revision 预测修正
~scheme 预报方案
forecasted statement 预测表
forecasting 预估的；预测的
~demand 预估需求量
~model 预测模型
~reliability 预测的可靠性
forecourt 前庭，屋前，前院
foredike 前堤
foredune 水边低沙丘
foreground 前景
foreign 外国（产）的；外来的；无关的；异样的；不适合的
~assets 外国资产，海外货产
~body 异体；外来物
~capital 外资
~capital enterprise 外资企业
~capital investment 外资投资
~currency 外汇，外币
~exchange 外汇
~exchange earning 创外汇
~exchange rate 外汇牌价
~guests reception room 外宾接待室
~material 外来材料；异物
~matter 杂质；外来物
~patent abstract 外国专利文摘
~settlement 外国人留居区，租界
~tourism 国外旅游业
foreigners settlement 蕃坊，外国人住所
~trade 外贸，对外贸易
foreland 海岬，海角，海岸（地），滩地，前沿地，前陆
~of a river 河滩地
alpine~ 高山海岸
foreman 工长，领工员
foreshore 岸坡；涨滩（潮涨则淹、潮退则现的岸）岸坡，海滩
foreslope 前坡
forest 森林；造林
~absorbing environmental pollution, protective 防环境污染的保护林

~aerial photogrammetry 森林航空摄影测量
~against air pollution，protective 防空气污染的保护林
~animal 森林动物
~area 森林区
~aspect 林相
~belt 森林地带，林带
~belt for urban ventilation 城市通风林带
~bioc(o)enose 森林生物群落
~biomass 森林生物群
~biotope 森林群落生境
~border trees 森林边缘树
~bridge 林区桥梁
~burn 森林燃烧
~canopy 林冠
~canopy，opening up of 树冠向上开放
~cemetery 林区墓地
~clearing 森林间伐林
~clearing community（英）森林群落
~climate 森林气候
~community，natural 天然森林群落
~constitution 森林法规，森林宪法
~corridor 森林走廊
~cover 森林覆盖层，林被
~covering rate 森林覆盖率
~crop，standing 固定林分
~decline 森林衰退
~deterioration 森林退化
~development 森林发育，森林开发
~disease 森林病害，树病
~district 林业区
~division 森林区划
~ecology 森林生态学
~ecosystem 森林生态系统
~edge 林缘线
~effect 森林效应
~enumeration（英）森林普查
~fertilization 林木施肥
~fire 森林火灾
~fire prevention 森林火灾预防
~fire suppression 森林火灾扑救
~floor 林地，森林地被物
~floor cover 林地覆盖
~floor litter 林地杂物
~for earthfall prevention 土崩防护林
~for erosion control 土砂流失防护林
~for human sanitation and health 卫生保健林
~for protection 防护林
~for public health 保健林
~for rockfall prevention 落石防护林
~for sand fixation 固沙林
~for soil and water conservation 水土保持林
~for soil conservation purposes，protective 土壤防护林
~for special purpose 特种用途林
~for water resources，protective 水资源保护林
~fragmentation 森林分块（分片）
~fringe 林缘
~function 森林功能
~functions，mapping of 绘制森林功能图
~garden 森林公园
~geography 森林地理
~grazing ground 林内放牧地
~habitat 森林生境
~harvesting 森林采伐
~harvesting and log transport 森林采伐

运输
~heritage 森林遗产
~highway 森林公路，林区公路，林业道路
~hydrology 森林水文学
~industry 森林工业
~inventory 森林资源调查
~land 林地
~land，multiple-purpose 多样用途林地，多功能林地
~landscape 森林景观
~law 森林法
Forest Law of the People's Republic of China 中华人民共和国森林法
~litter 森林枯枝落叶
~management 森林经理
~management system，economic 经济上的森林管理系统
~mantle 森林覆盖
~marble 树景大理岩｛地｝
~maturity 森林成熟
~-meadow boundary（英）森林草地范围
~mensuration 森林测量
~meteorology 森林气象学
~mire 红树林沼泽
~nature reserve（英）森林天然储备
~of rock 石林风景
~of scenery 风景林
~park（savage park）森林公园
~pasture 森林草地，森林牧场
~path（英）森林小路
~patrimony 森林遗产
~peat 森林泥炭
~Pests 森林害虫
~plant 森林植物
~plantation 植林区
~planting 林植
~play area 森林运动区
~preserve 保护林
~preserve district 森林保护区
~product 木材，木料
~products area（美）林产区
~Forest Products Laboratory 美国林产品研究所
~protection 森林保护
~railway hauling 森铁运材
~recreation 森林游乐
~regeneration 森林更新
~region 林区
~research natural area（美）森林研究自然区
~reservation 保留林地
~reserve 森林资源，护林区
~reserve，natural（英）自然森林资源
~resource 森林资源
~resources 森林资源
~ride（英）森林马道
~road 林区公路，林道
~science 森林科学
~scenic spot 森林风景区
~seam 林缝
~seam formation 林缝形成
~site 森林立地，森林生境
~soil 林业土壤
~soil cover 林业土壤面层
~soil，brown 褐色林区土
~species 森林种类
~stand 林分，林木
~stand inventory（美）林分调查
~stand，structure of a 林木结构

~steppe 森林草原
~structure 林区结构
~study trail 森林调查踪迹
~succession 森林演替
~surveying 森林测量
~terrain 林区地形
~track 森林路
~trail 林荫小径
~tree breeding 林木育种
~tree seed 林木种子
~tree seed storage 林木种子贮藏
~tree seed testing 林木种子检验
~tree selective breeding 林木选择育种
~tree liner 林木幼苗
~tree nursery 林木苗圃
~tree seedling 林木树苗
~type 林型
~wind shield 森林防风
~windbreak 林区防风林
~zone 森林地带，林区
amenity benefits of a~ 森林对福利生活区的种种益处
amenity value of a~ 森林对福利生活区的价值（益处）
avalanche protection~ 雪崩防护林
beneficial effects of the~ 森林的有益作用（影响）
beneficial influences of the~ 森林的有益影响
bottomland hardwood~（美）滩地阔叶树林
broadleaf~（美）阔叶林
broad-leaved~ 阔叶林
broad-leaved evergreen~ 阔叶常绿树林
climatic amelioration~ 气候改善森林
climax~ 顶级群落森林
cloud~ 云雾森林，阴暗林区
common grazing~ 公共放牧林区
coniferous~ 针叶树森林
coppice~ 矮树林
cultivated~ 非野生森林（耕种的森林，栽培的森林）
deciduous~（落叶树）阔叶森林
dune~ 沙丘林区
dust and aerosol protection~ 尘土和浮质防护林
elfin~ 幼林
emission-damaged~ 防灾林区
evergreen broadleaf~（美）常绿阔叶森林
fringing~ 毛缘森林
gallery~ 长廊森林
high~ 高原森林
lowland~ 低地森林
marginal trees of a~ 森林边缘树群
mixed~ 混合森林，混交林
mountain~ 山区森林
multiple-use~ 多用途森林
National~（美）国有森林
natural~ 天然森林
needle-leaved deciduous~ 刺状叶落叶树森林
noise attenuation~ 防噪声森林
old-growth~（美）老龄森林
ombrophilous~ 嗜雨林，喜雨林
open meadow in a~ 林中开阔草地（高处草地）
permanent state~ [NZ] 永久的国家森林
Pole-stage~ 壮幼林（树干适于做木干）
prim(ev)al~ 原始森林
primordial~ 原始森林，原生森林

pristine~原始森林，太古森林
production~造林
protected aquifer recharge~防地下水回灌的防护林
protected habitat~保护（动、植物）栖息地森林
protective~防护林
protective marine~（美）护海林
pure~纯林
rain~（美）雨林
ravine~沟壑林
recreation~（美）游憩林
recruitment of a~森林复原
reserved~储备林，专用林
riparian~河岸林，湖滨林
royal hunting~（英）国王狩猎林
sapling-stage~幼树（尤指树干直径在4时以下的森林树木）级森林
screen~屏式森林
secondary~（英）再生森林，次生林
second-growth~（美）（森林被采伐火焚毁后的）次生林
selection~选择森林
social benefits of the~森林社会益处
sprout~（美）速成森林
State~（英）国家森林
suburban~郊区森林
swamp~沼泽地森林
temple~（美）庙宇（寺院）森林
town~市镇森林
tropical ombrophilous cloud~热带喜（嗜）雨云雾森林
urban~城市森林
virgin~未开垦的森林

Forest eagle owl *Bubo nipalensis* 林雕鸮

forest musk deer *Moschus berezovskii* 林麝

Forest Red Gum/Gray Gum *Eucalyptus tereticornis* 细叶桉

Forest Service（美国农业部）林务局

Forest wagtail *Dendronanthus indicus* 山鹡鸰/刮刮油/树鹡鸰/林鹡鸰

forestage 台唇

forested area 绿荫面积，植树面积

forestation 造林（法）
~area 绿化面积

forested land 植林地区

forester 林业居民；护林人员；护林人；林务官，森林学者；林业动物

forestry 森林学；林政，林业，农林业
~area statistics 森林面积统计
~capital 林业资金
~college 林学院
~commission 林业委员会
~division 林业区划
~economics 林业经济学
~education 林业教育
~labour 林业劳动
~measure of soil and water conservation 林业水土保持措施
~planting 植树造林
~policy 林业政策
~production land（英）林产区
~road 森林道路
~science 林业科学
~techniques 林业技术
commercial~（美）商务林业
economic~经济林业
science of~林业科学

urban~城市林业

orests, conservation of 林业保护

oreword 序（言），绪言，前言

orfeit 罚款，没收物；没收（执照）；被没收的

~for breach of contract 违约金

orfeiture 撤销，失效，撤销工程；没收；罚金

orged documents 伪造的单据，伪造的文件

orged steel sculpture 铸钢雕塑

Forget-me-not *Myosotis syluatica* 毋忘我/勿忘草/鼠耳朵草

orging shop 锻造车间，锻工车间

ork 叉；耙；分岔，岔路口；分支；叉状；Y形；分叉，分歧；作成叉形；用耙掘

~junction 叉形道路交汇点，Y形交叉

~road 分岔道路

ork factor 分岔系数

orked 叉；分叉

~axle 叉轴｛机｝

~crown 分叉的树冠

~growth 分叉生长（植物）

~road 分叉道路，岔道

~stick used for fastening 固定用的叉状枝

form 形状，形式，格式；模板，模壳；型；表格纸；形成，构成，作成

~and structure zoning 体型分区，形态分区

~composition study 造型研究

~line 地形线

~of agreement 合同格式

~of Agreement between Owner and Architect, Standard 业主和建筑师之间标准合同格式

~of bid（美）投标书；投标形式

~of layer crown 层式树冠

~of tender 招标形式；招标书

~of tier crown 层式树冠

~of tierless crown 无层式树冠

crown~树冠形状

growth~生长形状

life~生活型

standard contract~（美）标准合同形式（格式）

form of art 艺术形式

formal 正式的；形式（上）的

~abstract 形式抽象

~definition 正式定义

~design 规则式设计，正式设计

~flower bed 整形花坛

~garden 规则式庭园，规则式园林，几何形式庭园，整齐式庭园，整齐式园林

~garden（formal style）规则式园林

~gardens 规则式园林

~group 正式群体

~landscaping 规则式景观

~lawn 规则式草坪

~notice 正式通知

~road system 规则式道路系统

~style 规则式

~style garden 规则式家园，整齐式庭园

formalin 甲醛水，福尔马林

formation 社区，组；组织，构造；构成物；系统；层；地层（岩）；道路基面，路床面，路肩高程；形成，构成，组成；群系

~grade, excavation to（英）挖土构

成坡度

~level 路基面，施工基面，路基标高

~level of a road/path（英）公路 / 人行道路基面

~level，excavation to（英）挖土做路基面

~level，grading of（英）土工修整路基面

~of bog 沼泽的生成

~of family 家庭人口构成

~of ice crystals 冰晶体构成

~of marsh 沼泽的生成

~of soil 土（壤）的生成

~of “U” or “V” crotches “U” 或 “V” 形 Y 叉木生成

~period 成型期

~width（道路的）成形宽度

clearance herb~ 除草系统

dew~ 露水形成

exposed stone~ 露石结构

forest seam~ 林区地层结构

peat~ 泥煤（炭）组成

pinus-dominated krummholz~ 松科高山矮曲林构成

plant~ 植物构成（分类）

reed-swamp~ 芦苇沼泽地构成

rock~ 岩石（矿石）构成，牢固的基础构成

root~ 根茎（根，地下茎，基部）构成

tuft~ 小树林（矮树丛）生成

turf~ 草皮形成

tussock~ 丛生草生成

formative 格式化的，影响…的发展，形（构）成的，造型（形）的，易受影响的，使成型的

~pruning 成型修剪

former 从前的

Former residence of Pu Songling，author of The Strange Stones from a Lonely Studio（Liaocheng，China）蒲松龄（聊斋志异作者）故居（中国聊城市）

Formosa Sweet Gum ***Liquidamber formosana*** 枫香树 / 大叶枫

Formosan rock monkey（***Macaca cyclopis***）台湾猴 / 岩栖猕猴

formula [复 **formulae** 或 **for mulas**] 公式；配方

~，step 步测公式

Gauss~ 高斯公式

general~ 通式，一般公式

graphic~ 图解（结构，立体）式

precipitation~ 雨量公式

predetermined~ 预定公式

predictor~ 预测公式

rainfall intensity~ 降雨量公式，降水量公式

rational runoff~ 雨量理论公式，径流理论公式

formwork 模壳工作；模板工程；模板；桥梁施工临时支架

~jumbo 模板台车

~reaction modulus 模壳反力模量

~uprighting survey 立模测量

earth~ 地球模壳

permanent~ 永久性模壳

Forrest Gingerlily ***Hedychium forrestii*** 圆瓣姜花

Forrest Manglietia ***Manglietia forrestii*** 滇桂木莲

Forrest Podocarpus ***Podocarpus forrestii*** **Craib et W. W. Smith** 大理罗汉松

'orrest White pearl *Gaultheria forrestii* 地檀香 / 岩子果 / 老鸦果

'orrest's Fir *Abies forrestii* 川滇冷杉

'orsythia/Golden Bells/Weep *Forsythia suspensa* 连翘

ort 卫所，堡垒，要塞；边界上的贸易站

Fort Santiago（Philippine）圣地亚哥堡（菲律宾）

Fort Sumter 萨姆特堡（美国）

ortalice 小堡垒

orthright 直路

ortification 筑城，设堡；筑城学；防御工事，要塞；碉堡

earthen wall~（美）土墙碉堡

town~（英）城市防御工事

ortifications 防御工事

ortified 加强的；设防的

~manor house 坞壁

~port 军港

~town 设防城市

~zone 设防地带，要塞地带

'ortress 城堡或大的碉堡；要塞；堡垒

Fortress of the Lion（Germany）狮子堡（德国）

Fortress of Ukhaidir（Iraq）乌克海迪尔城堡（伊拉克）

Fortune Holly Fern *Cyrtomium fortunei* 贯众 / 黑狗脊

Fortuna [罗马神话] 福耳图那（命运女神）

Fortune Chinabells *Alniphyllum fortunei* 赤杨叶 / 拟赤杨

Fortune Fontanesia *Fontanesia fortunei* 雪柳

Fortune Keteleeria *Keteleeria fortunei* 油杉

Fortune Microsorium *Microsorium fortunei* 江南星蕨

Fortune Paulownia/Foxglove Tree *Paulownia fortunei* 白花泡桐 / 大果泡桐 / 白花桐

Fortune's Chinabells *Alniphyllum fortunei* 赤杨桐 / 白花梨

Fortune's mououenaron *Rhododendron fortunei* 云锦杜鹃

Fortune's Drynaria *Drynaria fortune* 槲蕨 / 石岩姜

Fortune's Eupatorium *Eupatorium fortunei* 佩兰 / 泽兰

Fortunes Japanese Spiraea *Spiraea japonica* L. f. var. *fortunei*（Planchon）Rehd. 粉花绣线菊光叶变种

Forty Columns（Iran）四十柱宫（伊朗）

forum 古罗马城镇的广场（或市场），论坛，法庭，讨论会讲台

Forum Romanum（拉）古罗马广场（遗址）

forward 促进，发，送，寄，运送，转运向前的；前方的；进步的 [副] 向前；前进

~agency 运输业

~analysis 前进分析

~angle 前方位角 { 测 }

~delivery housing 期房

~direction 前进方向

~flow zone 射流区

~forward intersection 前方交会

~overlap 前后重叠

~price 期货价格

~probe 超前探测

~tipping 向前倾倒；前倾的

~visibility 前方能见度，前方视距

forwarding business 运输业

fosse 护城壕，护城河

fosseway（英国的任一条罗马式的）主干道

fossil 化石；化石植物（动物），旧事物；守旧者；化石的；陈旧的

~content 化石含量

~fuel（煤，石油，天然气等）矿物燃料

~ground water 古地下水

~lake 古湖

~landslide 古滑坡

~oil 石油

~soil 古土壤，化石土

foul 污物；违法；污秽的；错误多的；不良的；违反的；阻塞的；变污；弄污；阻碍

~air 污浊空气，不干净的空气

~copy 草稿（图）

~gas 恶臭气体

~sewage（英）恶臭污水

~sewer 污水管

~smell 臭气

~water 恶臭水

~water sewer 下水道

fouling 污垢

~resistance 污垢热阻

foundation 基础，地基；（机）座；奠基；根据；基金

~base 基底

~beam 基础梁，地基梁

~bed 基础底面，基床

~ditch 基（底）坑

~earth layer 基土

~embedment 基础埋置深度

~engineering 基础工程（学）

~excavation 基坑开挖

~footing 基脚

~improvement 基础加固

~level 基础标高

~of a stairway 楼梯地基

~of masonry 圬工基础

~pile 基桩

~plan 基础平面图

~planting 基础种植

~planting and corner planting 基础种植与角隅种植

~platform 基础承台

~pressure 基础底面（土）压力，基底压力

~rock 基岩

~set 基组

~settlement 基础沉降

~soil；sub grade；sub base；ground 地基，地基土

~stone 基石（开工典礼用），基础屋基石

~strata 地基土层

~trench 基坑，基槽

~under rail 轨下基础

~wall 基墙

~wall，masonry 砖石建筑基墙

~works 地基工程

base of~ 基底

embankment~ 堤基

exploration for~ 对基础勘查

extended~ 扩展基础

National Science Foundation（简写 NSF）（美）国家科学基金会

natural foundation 天然地基，天然基础
pavement~路面基础
peat~泥炭地基
pillar~（美）支柱（墩，柱子）基础
post~（美）柱（杆，桩，标杆，标桩）基
ring~环形基础
spot~场所地基
square~方形基础
step strip~短距离简易跑道基础
stepped~阶形基础；阶式底座
strip~条形基础
wall~墙基，墙式基础

oundling hospital 育婴堂

oundry 铸造厂

ountain 源，源泉；泉水，喷泉，水源，人造喷泉，饮用喷泉，喷水池
~basin 喷水池，喷泉池
Fountain Court（Beijing，China）水泉院（中国北京市碧云寺）
~failure（土坝的）涌毁
~head 喷水头
~lighting 喷水照明
Fountain of Peirene 皮莱内喷泉
~pool 喷水池

ountain Bamboo *Sinarundinaria nitida* 箭竹

ountain Butterfly-bush *Buddleja alternifolia* Maxim. 互叶醉鱼草

ountain Grass *Pennisetum alopecuroides*（Linnaeus）Sprengel 狼尾草

our 四（个），第四；四个一组；四气缸发动机（汽车）
~aspect automatic block 四显示自动闭塞
Four Buddhist Holy Mountains 佛教四大名山
~corners 十字路口
~-lane bridge 四车道桥梁
~-lane divided roadway 四车道分隔
~-lane undivided expressway（英）四车道未分开隔的高速公路
~-leg intersection 四线交叉
~major factors：oddly shaped pines，grotesque rocks，clouds sea and hot spring（Huang Mountain，China）"奇松、怪石、云海、温泉"四绝（中国黄山）
~pipe water system 四管制水系统
~seasons 四季
~undivided highway（美）四个无分隔带公路
~way 十字路；四向的
~-way stop sign 四向同时停车标志
~-wing revolving door 四扇式转门

Four O'clock/Marvel of Peru/Mirabilis *Mirabilis jalapa* 草茉莉 / 紫茉莉 / 胭脂花 / 夕照花

Four spotted beetle *Popillia quadriguttata* 四纹丽金龟

four treasures of study 文房四宝—中国传统书画主要工具材料的统称，一般指笔、墨、纸、砚

Fourcalyx Actinidia *Actinidia tetramera* 四萼猕猴桃

Fourfinger threadfin/giant threadfin *Eleutheronema tetradactylum* 四指马鲅 / 鲤后 / 午鱼

Foveolate Michelia *Michelia foveolata* 金叶含笑 / 广东白兰花

fox（***Vulpes/Alopex***）狐狸（属）
Foxiangge（**Pagoda of Buddhist Incense**），**Pavilion of the Fragrance of Buddha**（**Beijing, China**）佛香阁（中国北京市颐和园）
fowl 家禽，禽，鸟禽类
~run（英）养鸡场
Foxglove ***Digitalis purpurea*** **L.** 毛地黄/指顶花/自由钟
Foxglove Beardtongue ***Penstemon digitalis*** 毛地黄/钓钟柳（美国俄亥俄州苗圃）
Foxglove Tree/Royal Paulow-nia ***Paulownia tomentosa*** 毛泡桐/毛白桐
Foxtail millet ***Setaria italica*** 梁/小米/粟
Foxtails/Redhot Cat Tail ***Acalypha hispida*** 狗尾红/红猫尾
foyer（法）（剧场，旅馆的）门厅，前厅，休息处
fracture 破裂，断裂，裂面，裂痕；破裂，断裂
~criteria 断裂判据
~mechanics 断裂力学
~pattern 裂缝形态，破裂形态
~phenomenon 破（断）裂现象
~plane 破裂面，断裂面
~resistance against 抗阻力断裂
~temperature 断裂温度
~test 破裂试验，断裂试验
fractured 破裂的，破碎的
~surface 破裂面，破碎面
~zone 破裂带，断裂破碎带
fragile 易碎的，脆的
~area（美）易破区
~collapse 脆性破坏
fragment 碎片，碎块，碎屑
~community 碎片堆
~s of stone 碎石片
fragmentation 破碎，破裂，分裂
forest~ 林区分裂
process of habitat~（动植物的）生境分裂过程
fragrance 芳香；香味，香气
~pollution 香气污染
fragrance Stopper/Clove ***Eugenia aromatica*** 丁香果
fragrant 香的，芬芳的
~flower 桂花（即木樨）
~garden 芳香花园
Fragrant Hills Park（**Beijing**，**China**）香山公园（中国北京市）
Fragrant Hills Hotel 香山饭店
Fragrant Pavilion（Beijing，China）妙香亭（中国北京市恭王府）
~plant 芳香植物
Fragrant-World Temple（**Beijing**，**China**）香界寺（中国北京市）
Fragrant Amomum ***Amomum subulatum*** 香豆蔻
Fragrant Birch ***Betula insignis*** 香桦
Fragrant Bogorchid/Aircraft Grass ***Eupatorium odoratum*** 飞机草/紫茎泽兰
Fragrant Cinnamomun ***Cinnamomun subavenium*** 香桂/细叶月桂/香树皮
Fragrant Dracaena/corn Plant ***Dracaena fragrans*** 巴西铁树/香龙血树/巴西木
Fragrant Elsholtzia ***Elsholtzia communis*** 吉龙草/打帮香/暹罗香菜
Fragrant Evening Primrose ***Oenothera***

odorata 待霄草

ragrant Glorybower ***Clerodendrum philippinum Schauer*** **var.*simplex*** 重瓣臭茉莉

ragrant Greenorchid ***Dracocephalum moldavica*** 香青兰 / 山青兰 / 青兰

ragrant Heteropanax ***Heteropanax fragrans*** **（D. Don）Seem.** 幌伞枫

ragrant Magnolia ***Magnolia odoratissima*** 馨香木兰

ragrant Manglietia/Ching Manglietia ***Manglietia chingii*** 万山木莲 / 桂南木莲

ragrant Orange ***Citrus junos*** 香橙 / 蟹橙

ragrant Plantain-lily ***Hosta plantaginea*** **（Lam.）Aschers.** 玉簪

ragrant Poplar ***Populus suaveolens*** 甜杨

ragrant Sarcococca ***Sarcococca ruscifolia*** **Stapf** 野扇花 / 清香桂

ragrant Siris/Black Siris ***Albizzia odoratissima*** 香合欢 / 香须树 / 夜合欢

ragrant Snow and Clouds Pavilion 雪香云蔚亭

ragrant Snowbell ***Styrax obassia*** **Sieb. et Zucc.** 玉铃花

ragrant Solomonseal ***Polygonatum odoratum*** 玉竹

ragrant Spicebush ***Lindera fragrans*** 香叶子 / 香树

ragrant Syzygium Syzygium odoratum 香花蒲桃

ragrant Viburnum ***Viburnum farreri*** **W. T. Stearn/V.** ***fragrans*** **Bunge** 香荚迷（香探春）

ragrant Viburnum ***Viburnum odoratissimum*** **Ker** 珊瑚树（法国冬青）

ragrant Waxplant ***Hoya lyi*** 香花球兰

Fragrant Woodlotus ***Manglietia aromatica*** 香木莲

Fragrant Yunnanclove ***Luculia gratissima*** 馥郁滇丁香 / 香滇丁香

Frail Horsetail ***Equisetum debile/Hippochaete debilis*** 笔管草

frame 结构，机构，框架，架，构架，支架；温床，栽培植物用床架；图框；体制；构成，构造；制定，编制；装配，装框架

~and cover，manhole（英）（锅炉，下水道等供人出入进行检修，疏浚等的）人孔（检修孔）

~bridge 框架桥

~building 框架建筑

~house 木屋，木板房，构架房屋

~of government 政府机构

~of reference 参考系统，参照系

~of society 社会组织

~shear wall structure 框架－剪力墙结构

~structure 框架结构

~type foundation 框架式基础

~with grated or solid cover，trench（美）有格栅或实心盖的排水管结构

~with raking struts 斜腿刚架

~with slant legs 斜腿刚构

~work 构架（工程）；框架，体制；组织

bank~ 排架

base~ 底座，支架

bell~ 钟形构架

box~ 箱形构架

butterfly type~ 蝴蝶架

concrete~ 混凝土构架

hand~ 担架

hanger~ 吊架
timber~ 木构架
framed 框
~scenery 框景
~view 框景
framing 龙骨；构架，结构，组织，编制
~scaffold 脚手架
framework 控制网，网；骨架
~of fixed points 控制点网
~space 骨架空间
France Landscape Design 法式风景园林设计
Franchet Groundcherry ***Physalis alkekengi*** **var.** ***franchetii*** 挂金灯 / 红姑娘 / 天泡果
Franchet oak ***Quercus franchetii*** 锥连栎
Franchet's Cotoneaster ***Cotoneaster franchetii*** 西南栒子 / 佛氏栒子（英国萨里郡苗圃）
Franciscan Raintree ***Brunfelsia acuminata*** **Benth.** 鸳鸯茉莉 / 二色茉莉
Francois's leaf monkey/white side-burned black leaf monkey ***Presbytis francoisi*** 黑叶猴 / 乌猿
Fragrant Tail-grape ***Artabotrys hexapetalus*** （**L. f.**）**Bhand.** 鹰爪花
Frangipani/Sambac ***Plumeria rubra*** 红花缅栀（美国佛罗里达州苗圃）
Frank Waugh 弗兰克 · 沃（1869–1943），倡导 乡土化设计，寻求对乡村自然美景的认知和农业景观的保护（美国）
Frankincense ***Boswellia carteri*** 乳香 / 卡氏乳香树 / 熏陆香
Františkovy Lázně（**Czech**）弗朗齐歇克温泉镇（捷克）
fraternity 兄弟关系，友爱，互助会，兄弟会
Fraxinus cottony scale ***Phenacoccus fraxinus*** 白蜡绵粉蚧
fray 擦，磨；磨损，擦伤
~off the velvet（英）擦掉线绒
frazil slush 冰花
free 自由的；自然的；游离的；免费的；任意的；使自由，释放；免除；自由；免费
~action 自由（可动）作用
~air 大气
~airport 自由机场（免税）
~board 安全超高（富余高度）
~board of caisson 沉箱干舷高度
~body 自由体，孤立体
~cantilever 自由悬臂
~car park 免费停（存）车场
~city 自由城市
Free City of Copenhagen 哥本哈根自由城
~convection 自然对流，自由对流
~drainage 天然排水
~enterprise（企业的）自主经营，私人企业
~exercise 自由体操
~expansion 自由膨胀
~face 临空面
~–floating fresh water community 自由流动的淡水区
~flow 自由流
~flow speed 自由车速
~–flow speed 自由车速
~–flowing sand 流动砂，散砂
~foreign exchange 自由外汇
~form 自由式造型设计

~ground-water 无压地下水
~hand drawing 徒手画
~-hand sketch 手绘草图，徒手素描
~head 自由水头
~heat 自由热
~height 净空高（度）
~market 自由市场
~market economics 自由市场经济
~migration 自由移民
~-moving traffic 无阻碍交通
~-moving traffic capacity 畅行交通量
~of charge 免费
~of charge，delivery at the construction site 建筑工地内运载免费
~of charge，work（英）加工免费
~of cost 免费
~play area 免费娱乐区
~port 自由港
~port quarter 自由港区
~reading 开架阅览
~residual chlorine 游离性余氯
~road 不收费道路
~service and repair 免费服务与修理
~silica；free silicon dioxide 游离二氧化硅
~sound field 自由场
~speed 自由速率，自由速度
~-standing 独立式
~standing bench/seat 独立式长椅 / 椅子
~standing concrete crib wall 独立式混凝土框格墙
~standing wall 独立墙
~style 自由式
~-style layout 自由式布局
~style road system 自由式道路系统
~swelling ratio 自由膨胀率
~time 自由时间
~time activity（美）自由时间活动
~trade 自由贸易
~transit 自由过境，免费运输
~transit zone 自由转口区
~view 视野
~water 自由水
~water elevation 地下水位
~water plant 地下水生植物
~water surface 地下水位
~wind 顺风
~zone 自由区（免税），（海港或机场附近）收受（或转送，堆放）货物不需付关税的地区

freedom 自由度
Freedom Tower 自由纪念塔
~of the mind 自在

freeholder（完全的）房产主，（完全的）地产主

freely 自由地
~awarded contract（英）自由签订的合同
~falling body 自由落体
~movable bearing 活动支座
~moving traffic 畅行交通，无阻碍交通

freestanding new town 独立新城

freeway（美）超高速公路，高速公路（全部采用立体交叉和限制进入车辆并能保证不间断交通的快速道路）
~access monument 高速公路入口界石（标志）
~corridor 高速公路通道
~interchange 高速公路互通式立交

~junction（美）高速公路会合点
~median strip（美）高速公路中间带状地带（或森林或水面）
~motorway 高速公路
~operation 高速公路管理
~ramp 高速公路坡道
~surveillance 高速公路监控
~system 高速公路系统
~traffic 高速公路交通
~traffic density 高速公路交通密度
~wall 高速公路挡土墙（多为直立式）
inner-city~（美）内城高速公路

freezable water 冻结水

freeze 严寒期；冰冻，冻结；凝固；使冻僵，冷藏；
~-drying 冻干现象
~in a depression 冻结在洼地中
~in 冻结在冰中
~over 面上结冰
~-proof agent 防冻剂
~road 冻结道路，冻板道路
~up 封冻（封河）
~up duration 封冻历时
~update 封冻日期
~upstream 封冻河流

freezer storage room 冷冻间

freezing 冻结
~and thawing 冻结及融解；冻融
~and thawing test 冻融试验
~method 冻结法
~room 冻结间
~temperature 冻结温度

freezing damage 冻害

Freezing injury of Philodendron 红宝石冷害（病原非寄生性）

freight（英）（船运）货物，（美）（水陆空运的）货物，货车，货运，运输
~area 货区
~car 火车，卡车，运货卡车，小型汽车
~car inspection depot 货物列车检修所（列检所）
~car temporary repairing shed 修车棚（库）
~container 货运集装箱
~elevator 载货电梯
~handling 货物搬运
~handling area 货物搬运区面积
~house 货栈，货仓
~liner 高速货运定期列车
~net ton-kilometers 货运净吨公里
~platform 货物站台
~shed 货棚
~space 仓位
~station 货运站
~station pier 货运站码头
~terminal 货运码头，货运（终点）站
~traffic 货运交通，货运（量）
~traffic flow 货流
~train（美）货运列车
~transport major road 货运干道
~transportation 货运
~turnover 货物周转量（即吨公里数）
~vehicle 货运车
~volume 货运量
~wagon 货车
~yard 堆货场

freightage 载货容量，运费

freighter 运输机，货船，承运人

French 法语；法国人，法国（式）的
French architecture 法（国）式建筑

French Baroque gardens 法国巴洛克式园林
~chalk 滑石粉
French classic architecture 法国古典主义建筑
~coefficient of abrasion 法国（石料）磨耗系数
~curve 曲线板
~drain（用碎石或砾石填满的）盲沟，暗沟
French garden（十七世纪）法国式庭院，法国园林
French Renaissance 法国文艺复兴式
French style garden 法兰西式园林
~window 落地长窗，落地窗
French Bean ***Phaseolus vulgaris*** 菜豆 / 四季豆
French Marigold ***Tagetes patula*** **L.** 孔雀草 / 红黄草（阿拉伯联合酋长国国花）
French Rose ***Rosa gallica*** **L.** 法国蔷薇
French Tarragon/Estragon ***Artemisia dracunculus*** 香艾菊
frequency 频率，周率，频繁
~allocation 频率分配
~analysis 频率分析
~curve 频率曲线
~distribution 频率分布
~division telemetry system 频分制遥测系统
~interval 频程
~of arrival 来车频率
~of fog 烟雾频率
~of traffic 交通频率
~of trip 出行频率
~of use 使用频率
~of wind direction 风向频率
~spectrograph 频谱仪
~spectrum 频谱
~sweep test 频率扫描试验
holiday~（英）假日频率
vacation~（美）假期（休假）频率
frequent 频繁的；常遇的；常来往；常在；常用
~combination 频遇组合（短期组合）
~mowing 频繁割草
~value 频遇值
fresco 在灰泥墙壁上作的水彩画，壁画
fresh 淡水；泛滥；河水暴涨；（大学）新生；新制的；新鲜的；淡的（无咸味）；无经验的；新进的；有生气的
~air 新鲜空气；新风
~air corridor 新风通道
~air handling unit 新风机组
~air requirement 新风量
~breeze 五级风（清劲风）
~gale 八级风，大风
~lake 淡水湖
~rock 新鲜岩石
~snow 新雪，初雪
~soil 荒地
~wastewater 新鲜废水
~water 淡水（的）
~water barrier 淡水阻隔体
~water lake 淡水湖
~water sediment 淡水沉积物
freshet（由雨或融雪形成的）河水暴涨，泛滥
freshwater 淡水
~fishery 淡水养鱼业
~lake 淡水湖

~marl 沼泽淤泥
~marsh 淡水湿地
~resource 淡水资源
fret 侵蚀
fretwork {建}浮雕细工；回纹饰，回纹装饰，交错装饰
friability 脆性；脆度；易碎性；脆弱（性）
friable 脆（弱）的；易碎的
~material 脆性材料，易碎材料
~particle 脆弱颗粒，易碎颗粒
~rock 易碎岩石
~soil 酥性土（松散土壤）
~soil condition 酥性土状态
friction 摩擦（力）；摩阻（力）
~factor 摩擦系数
~internal 内摩擦（力）
~pile 摩擦桩
frictionless；**frictional resistance** 摩擦阻力
Friday Mosque（**Maldives**）星期五清真寺（马尔代夫）
frieze 檐壁；雕饰；（墙头或建筑物上端的）带状装饰
~panel 栏板，华板
Frigate mackeral ***Auxis thazard*** 扁舵鲣
frighten away 惊走，惊飞（动物）
frigid 寒带的
~climate 寒带气候
~zone 寒带
fringe 边缘；缘饰；外围；加边缘，加缘饰
~area（市中心）外围地区，边缘区
~area，flood（美）水灾外围地区
~biotope，herbaceous（草本植物）边缘生物小区（动），群落生境（植）
~community，herbaceous 草本植物边缘群落
~industry 次要工业部门
~material 镶边材料
~of a water body，shallow 浅水体边缘
~parking 市郊停车场，市区边缘地带车辆停放处（场）
~water（毛细管）边缘水
capillary~ 毛管边缘
green space~ 绿化带外围
urban~ 城市边缘
Fringe Tree ***Chionanthus virginicus*** 北美流苏树/老人胡须
Fringed Hibiscus ***Hibiscus schizopetalus***（**Mast.**）**Hook. f.** 吊灯花（拱手花篮）裂瓣朱槿
Fringed Hibiscus ***Hibiscus schizopetalus***（**Masters**）**Hook. f.** 吊钟扶桑
Fringed Iris ***Iris japonica*** **Thunb.** 蝴蝶花
Fringed Sagebrush ***Artemisia frigida*** 冷蒿/小白蒿
fringing forest 边缘林区
fringing reef 岸礁
frith（亦作 firth）海湾，海口，河口
frog
~-jumped development 蛙跃式发展
~number 辙叉号数
front 前面，正面；前线；战线；锋（面{气}；额；面对，向；装饰正面；前面的，正面的；临街的
~curtain 大幕
~desk 接待厅
~elevation 正面（图），前视图
~elevation drawing 正面图

~end dumping 前端倾卸
~end（type）loader 前端装载机
~garden 前庭，前院，宅前花园
Front Gate（Beijng，China）前门（中国北京市）
~lighting 面光
~line of a zone lot 区划地块的界线
~lot line（美）临街地区线
~mounted loader 前悬装土机
~piled platform 前方承台
~plot boundary（英）前方小块土地范围
~（rear）nodal point of lens 物镜前（后）节点
~setback line（美）前收进线（建筑）
~slope 仰坡
~view 前视图，前景
~yard 前庭，前院，房前
front perspective 正面透视
frontage 正面；前面，前方；屋向；建筑基地面宽，正面的宽度；建筑地段的正面宽度；屋前临街的空地；屋前空地；临街面（房屋的）；检阅场地
~line 临街建筑线
~of lot 一块地正面宽度
~road 沿街道路，集散道路，平行主干线的复线，街面道路
street~临街，屋前空地
frontal（建筑物的）正面的；临街的
~land 临街土地
frontier 国境，边境，边疆，边远地区；尖端；新领域
~area 边缘地区
~science 前缘科学，尚待研究的科学领域
frontiersman（靠近未开发地区的）边疆居民
frontispiece（房屋的）主立面
frontline 前线；最重要位置；第一流的；与敌对国（或地区）毗邻的
frost 霜（冻），冰冻；严寒；霜冻，降霜，冻结；冻伤；使（玻璃等）失去光泽，消光
~accumulation 冰冻累积物
~action 冰冻作用
~action design 防冻害设计
~blanket（course）防冻层
~boiling 翻浆
~boiling area 翻浆地区
~crack 冻裂
~damage 冻害，霜冻损害
~damage，building 建筑物冻害
~damage，pavement 路面冻害
~danger 冰冻危险
~day 霜日
~depth 冻结深度
~-desiccation 冻干
~effect 冰冻作用，冰冻影响
~exposure 冻结（暴露）面
~fracture 冻裂缝
~free depth 冰冻深度
~-free period 无霜期
~free period 无霜期
~-free season 无霜期
~front 冰冻面
~gritting 撒砂防滑
~hazard 冰冻危险
~heave（道路的）冻胀，冰冻隆胀
~heave capacity 冻胀量
~-heave of plants（美）设备冻胀

~heaving forces；frost heaving pressure；frost heave force；frost heave pressure 冻胀力
~heaving ratio 冻胀率
~index 霜冻指数（冷季连续日平均负气温的最大值）
~injury 霜害
~injury，plant 作物霜害
~lifting 霜冻解除（结束）
~line 冰冻线
~-melting period 融冻时期
~mist 霜雾，白霜
~penetration 冰冻深度
~-penetration depth（in soil）冰冻深度（在土中）
~period 霜期
~phenomena 冰冻现象
~pocket 受霜冻的局部地区（被围地区，阻塞区，小海湾等）
~point 霜点
~polygon 冰冻龟裂形{地}
~prevention 防霜
~prone 易冻的
~-proof 防冻（的）
~proof depth 防冻深度，防冻厚度
~-proof material 防冻材料
~protection 霜冻防护，防霜；霜挡；防冻设施
~protection course 防冻层
~protection design 防冻害设计
~region 冰冻地区
~resistance 抗冻性，抗冻能力
~-resistant 防冻
~season 霜期
~shake 冻裂
~soil 冻土
~split（美）冻裂
~splitting 冻爆裂
~strength 冻结强度
~subbase 冰冻基层
~susceptible soil 易冻土
~-susceptible soil 易冻土
~thawing 冻融
~-weathering 冰冻风化
~zone 冰冻区，冰冻地带
early~ 初期冰冻
late~ 末期冰冻
lifting by~ 因冰冻（地面的）隆起

frost damage of flowering plant 花木霜冻害

frost damage of *Hylocereus undatus* 量天尺冻害

frost heaving force 冻胀力

frost heaving 冻胀

frostbite 霜冻

frosted glass 毛玻璃

frost-free period 无霜期

frosting 冻结；（玻璃等）消光
~agent 消光剂；成霜剂
~on a clear night 晴夜降霜

frosting period；**frost season** 霜期

frostless season 无霜期
~zone 无霜带

frostline, below 在冰冻线以下

frostproof 防冻（的）
~soil 防冻土

Frost's Descent（18th solar term）霜降

frothing 道路翻浆

frozen 结冰的，冰冻的；严寒的；冻伤的；冻结的；固定的

~droplet 冻雨｛气｝
~earth 冻土
~funds 冻结资金
~ground（soil rock）；frozen soil 冻土
~-ground phenomena 冻土现象
~land 冻结土地
~root ball 冻伤根球
~soil（水）冻土
~zone 永冻区，（发展）冻结区

fruit 果实；[复]水果；结果；产物；收益
~（raspberry），an aggregate fruit（compound fruit）果实（树莓，覆盆子），一种聚合果（复果）
Fruit and Vegetable Garden 果菜园
~-bearing branch 结果的树枝
~belt 水果产区
~bush，pyramidal（英）金字塔形水果灌木丛
~culture 水果种植
~-effect plant 观果植物
~garden 果园
~growing 成长果
~picker 果实采集器
~shop 水果店
~shrub 灌木果树
~species 果类（品种）
~stall 果市
~tree 果树
~tree fence 果树围墙，果树篱
~tree grove（美）果园
~tree planting，dispersed（美）分散的水果树种植
~tree pruning 水果树修剪
~tree，dwarf（美）矮生水果树
~tree，espaliered 嫁接水果树
~tree，fan-trained 扇形整型水果树
~tree fence 果树围墙，果树篱，果树围栏
~tree，miniature（美）微小型水果树
~tree，pyramidal dwarf（美）金字塔形矮水果树
~tree，semi-dwarf（美）半矮水果树
~variety 水果品种
~zone 果树带

fruit rot of *Ziziphus jujuba* 枣果霉烂病（病原为不同的真菌）

fruit rust of *Chaenomeles speciosa* 贴梗海棠锈病（***Gymnosporangium haraeanum*** 梨胶锈菌）

fruit split of *Prunus* 冬桃裂果病（病原非寄生性）

fruit split of *Punica granatum* 石榴裂果病（病原非寄生性，生理病害）

fruiting 结果的
~branch 结果枝
~year 结果年

fruition（希望、计划等的）实现；完成

fruits garden 果树园，果木园，果园

frustration 挫败，挫折，受挫

frutescent 灌木状的

frutex 灌木

fruticeta 灌木丛，灌木群落

fruticose 灌木状的

fruticulus 小灌木

fry 鱼苗，鱼秧，群生的幼小动物

FSI（floor-space index）建筑面积指标

Fuchsia [拉]倒挂金钟（植物）

Fuchsia *Fuchsia Riccartonii* ‘里卡顿’倒挂金钟（英国斯塔福德郡苗圃）

Fuchun River（**Zhejiang**，**China**）富春江（中国浙江省）

FUD（flexible use district）弹性利用区

fuel 燃料；加燃料

~ash 燃料灰，煤灰

~atomization 燃料雾化

~brick 煤块，燃料块，块状燃料

~burning power plant 火力发电厂

~consumption 燃料消耗量

~cost 燃油费用

~depot 油库

~economy 燃料经济

~electric station 火力发电厂

~industry 燃料工业

~injection 燃料喷射

~oil system 燃油系统

~pipe 燃油管，燃料管

~pump 燃油泵

~ratio 燃料构成

~reprocessing 燃料再处理

~reprocessing plant，nuclear 核燃料再处理工厂

~resisting joint sealing 抗（燃）油封

fuelling station 加油站，燃料供应站

Fuhu Temple（**Emei**，**China**）伏虎寺（中国峨眉山市）

Fuji Cherry ***Prunus incisa*** **'Kojo-no-mai'** 富士樱花（英国斯塔福德郡苗圃）

Fuji Hakone Izu National Park（**Japan**）日本富士箱根伊豆国立公园（日本）

Fuji Mountain 富士山（日本）

Fujian Cypress ***Forkienia hodginsii*** 福建柏

Fujian Wildginger ***Asarum fukienense*** 福建细辛

Fukien Crapemyrtle ***Lagerstroemia limii*** 福建紫薇

Fukuba Hayato 福羽逸人（1856—1921），日本近代园艺家、风景园林专家

fulfilment 成就；履行

~obligation，guarantee 保证履行义务

~of planning requirements 履行规划要求条件

fulfil(l)ment of professional responsibilities 履行职业责任

~of the contract 履行合同法

planning goal~ 履行规划目标

fuliginosity 烟雾，黑暗阴沉态

Fuling Mausoleum（**Shenyang**，**China**）福陵（中国沈阳市）

full 完全；全部；充分；完全的；充满的，充足的，丰满的；饱满的；完全；充分；极，很

~authority 全权

~-bloom 盛花期

~brick 整（块）砖

~contract value 全部承包合同估价

~consultancy service 全面咨询服务

~depth asphalt pavement 全厚式沥青（混凝土）路面

~development 完全发展

~employment 充分就业

~-fruit period 盛果期

~gauge railway 标准轨距铁路

~mast 丰年

~scale 足尺（比例）

~size design 足尺设计图

~size drawing 足尺图

~size model 足尺模型

~speed 全速

~supply level 最高运行水位，最高控制水位
~time administrative commission 专职管理的委员会
~time labour 全劳动力
~-time student 全日制学生
~use of cars 用车饱和点
~view 全景，全视图
~width weir 全宽堰
~yield 全部（出）产量
ull-length portrait 全身像，全身画像
ull-moon Maple ***Acer japonicum*** **Thunb.** 日本槭 / 羽扇槭
ullness 丰满度
ulvous pitta ***Pitta oatesi*** 栗头八色鸫
ume（浓烈或难闻的）烟，气，汽，烟雾；气味；发烟；蒸发
~pollution 烟害
umes 烟气
~，exhaust 排（烟）气
traffic~ 排（煤）气
umitory ***Fumaria officinalis*** 荷包牡丹 / 地烟
un 娱乐
~about 游乐用小汽车，游乐车
~city（美）游乐城
Fun City 娱乐城（纽约的绰号）
~fair（美）露天游乐场
unction 函数 { 数 }；作用，功能，机能；职能；起作用；行使职务
~analysis 功能分析
~building 专用房屋
~classification 功能分类法
~，compensating 补偿作用
~definition 功能定义
~evaluation 功能评价
~of city 都市机能，城市职能
~of civic center 市中心功能
~of settlement 住宅区功能，新住宅区职能
~of structural performance 结构功能函数
~of urban 城市机能
~planting 功能栽植（在路中或路旁着眼于某一功能的栽植，如防眩光、视线诱导、防风、缓冲等栽植）
~simulation 功能模拟（仿真）
forest~ 森林功能
recreation~ 休憩功能
functional 函数的；有作用的；机能的；职能的
~analysis 泛函分析
~architecture 实用建筑
~arrangement 功能图，方块图
~category 功能类别
~classification 功能分类
~deceleration 功能性减速
~depreciation，functional obsolescence 功能上的折旧
~design（of road）（道路的）功能设计
~development 功能开发
~diagram 工作图，方块图
~districts 城市功能分区
~economic area 功能性经济区
~efficiency 功效
~evaluation 功能评价
~landscape planning（美）功能上的园林规划，景观规划，风景园林规划
~management 职能管理
~material 功能性材料

~obsolescence 建筑过时（失掉实用价值，装修陈旧，平面布局低劣，使用不便，通风采光不良等），功能衰退
~performance 使用性能
~plan（美）功能规划
~planning 功能计划，功能规划
~space schedule 功能空间一览表
~specialization of city 城市功能专门化
~system 功能系统
~urban district 城市功能范围
~urban region 功能性城市区域
~zoning 功能分区，城市功能分区
~zoning for urban land use 城市功能分区

functionalism 实用建筑主义，功能主义，强调实用的主张，实用主义

functionality 功能度；函数性，泛函性

functionalist 功能主义

functioning 功能，潜能
~of natural（eco）systems，effective 自然生态体系的有效功能
~of natural systems 自然体系的功能

functions of city 城市功能

fund 资金，基金，经费；[复]公债；作为资金；投资公债；专款
~，contingency（美）应急资金
~of labour 劳动力储备
retention~保留资金

fundament 基础，基本原理

fundamental 原理，原则；纲要；基本，根本；基本的；主要的；纲要
~combination 基本组合
~combination for action effects 作用效应基本组合
~combination of actions 作用的基本组合
~construction 基本建设
~conventions 基本惯例
~frequency 基本频率，基频
~graph 基本图
~norms 基本规范
~of forecasting 预测基础
~parameter 基本参数
~theorem 基本定理
~species 主要（树）种，基本（树）种
~unit 基本单位
~urban function 都市基本机能

funding agency 投资机构

funds 资金，基金，经费；土地，地产
~for urban development 城市建设资金
~of the European Community regional 欧洲共同体区域性的资金
public~公债

funeral 葬礼
~home（美）殡仪馆
~house 殡仪馆

fungal flora 真菌植物群

Funghom Schizostachyum *Schizostachyum funghomii* 沙罗单竹/罗竹

fungi（fungus 的复数）菌，霉菌
~，mycorrhizal 菌根

fungicidal sealant 杀菌密封剂

fungicide 杀（霉）菌剂

fungus [复 fungi 或 funguses]（真）菌，霉菌
~disease 霉菌病
~resistance 防霉性
~test 防霉性能试验
noxious~有害（有毒）霉菌

funicular（缆索铁道，）缆车
~railway 缆索铁道

Funiu mountain（**Xixia**，**China**）伏牛

山（中国西峡县）

unnel 漏斗；烟筒；漏斗形承口，灌进漏斗；（使）向某点集中，通风井

~flow 管状流动

~-shaped corolla 漏斗状花冠

~-shaped flower 漏斗状花

~town 漏斗式城市（倒锥形）

unneling 车行道宽度缩窄

ur squirrel/squirrel[common] ***Sciurus vulgaris*** 松鼠

urious storm 狂风暴雨

urnace room 烧制车间

urnish 提供，供应，供给；装备，布置，陈设

~and install 供给和安装

urnished 陈设；装备；供给

~flat 备有家具的出租公寓

~house 家庭式出租房间（备有家具的出租房）

~house for rent 全套出租〈住宅及家具设备全套出租〉

~room 备有家具的出租房间

urnishing 陈设

urniture 家具；器具；设备

~elements 设备单元

~store 家具店

garden~花园设施，园林小品

items of street~街区设施

movable outdoor~户外移动器具

outdoor~户外器具

park~公园设备

site~现场设施

street~街区设施

urniture made of rattan and bamboo 藤竹家具

furniture made of rattan and wood 藤木家具

furrow 畦；沟槽；垄沟；耕地，农田；车辙；皱纹；作沟槽，作畦沟；起皱纹

~irrigation 农田灌溉

~irrigation，cross-slope 横坡农田灌溉

~planting 耕地种植

planting~种植畦

Furry Jasmine/ Star Jasmine ***Jasminum multiflorum*** **（Burm.f.）Andr.** 毛茉莉（印度西尼亚、菲律宾国花）

further 更远的；更加的；增进，助长，促进；更远；更进一步；更加，而且

~claims 进一步要求

~copy 复本，复印本

~education（英）继续教育

Fusarium disease of lawn 草坪镰刀菌枯萎病（***Fusarium culmorum*** 黄色镰刀菌）/（***Fusarium graminearum*** 禾谷镰刀菌）/（***Fusarium equiseti*** 木贼镰刀菌）/（***Fusarium heterosporum*** 异孢镰刀菌）/（***Fusarium poae*** 梨孢镰刀菌）

Fusarium disease of ***Schlumbergera bridgesii*** 仙人指镰刀菌茎腐病（***Fusarium oxysporum*** 尖孢镰刀菌）

Fusarium leaf spot of water lily 荷花腐败病（***Fusarium bulbigenum*** **var.** ***nelumbicolum*** 球茎状镰刀菌莲专化型）

fusion 熔化，熔融；融合；聚变{物}

~jointing 熔接

~of cultures 文化融合

~of layers 岩层熔化

~of lots 地段合并，几块地会合

fusma（日）绘画屏风

Fusuma（日）拉门—日本房屋的滑动拉门

future 将来；前途；[复]期货(交易)；将来的，未来的；远景的

~access 未来通道

~art 未来艺术

~city 未来城市〈未来主义理想的城市〉

~digging 将来的挖掘

~edition 再版

~extraction area 期货提取地

~land-use pattern 土地使用远景

~population 未来人口

~road 拟建道路，未来的道路

~traffic 远景交通量

~traffic forecast 交通预报

~traffic volume 远景交通量（车流量）

~traffic volume estimating 交通量预测

~value 未来价值

~village expansion area 乡村未来扩展区

futures market 期货市场

futurism 未来主义，未来派 -20 世纪初的西方文艺思潮和运动，流行于意大利，影响到西方各国。

futurist 未来派艺术家

futurology 未来学

fuzzy 模糊的

~algorithm 模糊算法

~evaluation 模糊评定

~language 模糊语言

~logic 模糊逻辑

~reasoning 模糊推理

~set 模糊集（合）

~system 模糊系统

~system theory 模糊系统理论

Fuzzy Deutzia ***Deutzia scabra*** **Thunb.** 溲疏

fylfot 卍字形（装饰）

G g

G. W. Trail's Rhododendron *Rhododendron traillianum* 川滇杜鹃 / 特雷氏杜鹃花

garbage bin 垃圾箱

Gabbaniya Lake（*Iraq*）哈巴尼亚湖（伊拉克）

gabbro 灰长岩

gabion 石笼，篾筐，生态格网

~mat 石筐垫层（保护桥梁免遭水流冲刷用）

gabionade 泥石筐垒成的堤坝

gable 山墙，三角墙，三角形建筑物；双坡的

~and hip roof 歇山

~eave board 搏风板

~roof 人字屋顶

~wall 山墙

~wall head 墀头

~window 山墙窗

Gaillardia *Gaillardia pulchella* 天人菊

Gaillardia/Rose Ring *Gaillardia pulchella Foug.* var. *picta A. Gray* 天人菊

Gaillardia Arizona Sun *Gaillardia aristata* 'Arizona Sun' '亚利桑那阳光' 宿根天人菊（美国田纳西州苗圃）

Gaillardia Burgundy *Gaillardia aristata* 'Burgundy' '酒红' 宿根天人菊（美国田纳西州苗圃）

gaining stream 盈水河，有源小河

Gal Vihare（Sri Lanka）伽尔寺（斯里兰卡）

Galanga Resurrection Lily *Kaempferia galangia* 沙姜 / 山柰

gale 大风，八级风

Galingale，a cyperacious plant of the sedge family 香根莎草（莎草科植树）

gallant soldier 辣子草

gallery 横坑道；地道；集水道；地下通道；画廊；长廊，廊道，游廊；看台，楼座；陈列室；展览室；美术馆，照相馆

~apartment house 通廊式公寓

~driving 坑道开凿

~forest 长廊式森林

~frame 坑道支撑

~system 行人廊道体系，坝内廊道系统

~tall building of apartment 通廊式高层住宅

gallop bridge 立体交叉道桥

Galpagus lion/southern fur seal *Zalophus wollebaeki* 南美海狗 / 南美毛皮海狮

galvanize 电镀；镀锌；通电流

galvanized 镀锌的

~bolt 镀锌螺栓

~chain link metal mesh 镀锌链环金属网

~steel sheet 镀锌钢板

~steelwork 镀锌钢件

gambling town 赌城

game 猎物；计划；策略；博弈，对策；

（有规则的）游戏，比赛；[复]运动会
~against nature 对大自然的对策
~analysis 对策分析
~animal 狩猎动物
~area 狩猎区
~biologist 野水禽生物学家
~birds 猎鸟
~court 运动场，游戏场
~crossing 比赛横道
~culling 比赛选拔
~damage 比赛会费用
~density 比赛强度
~enclosure 运动会观众席
~hunting 比赛打猎
~keeper（英）猎物看管人
~management（美）狩猎管理
~management，balanced 平衡狩猎管理
~park 狩猎苑，野兽园
~pass 猎物通道
~path 猎物跑道
~population 猎物群体
~population，restocking of 野生动物群体再生
~preserve（美）禁猎区
~refuge（美）禁猎区
~reserve 预备狩猎区
~sanctuary 猎物庇护所
~-theoretic equilibrium 对策均衡
~theory 对策论{数}；人的行动数学化模拟理论{计}
~thinning 猎物控制
~trail 猎物踪迹
~value 对策值
~warden 管理人，猎物
even-hoofed~偶蹄目猎物
fair~模范农场
huntable~可狩猎空间
legal~合法狩猎区

games 运动会
~hall complex 综合体育馆

Ganba fungus ***Thelephora ganbajun*** 干巴菌

Gandhi Tomb（India）甘地陵（印度）

gang of wells 井群，井组，组合井

Gangdise Mountain（Tibet，China）冈底斯山（中国西藏自治区）

ganger 工长，领班，工作队长，监工

Ganges Amaranth/Josephs-coat ***Amaranthus tricolor*** **L.** 雁来红

gangue 尾矿，废石

gangway 通路，过道，工作走道；渡桥跳板，出口，木桥

Gansu Crazyweed ***Oxytropis kansuensis*** 甘肃棘豆/色舍儿

Gansu Summerlilic ***Buddleja purdomii*** 甘肃醉鱼草

Gan Weilin 甘伟林，中国风景园林学会终身成就奖获得者

gap 裂缝；空档，间隙；缺口，裂口；山凹；坳；缺陷；分歧（航区间航航摄的）空隙，空白区；漏洞；使成裂口，使生罅隙
~at joint 缝隙
~-bar 接缝杆（栓）
~community，tree-fall（美）林中空地的植物区系
~site（英）间断地带
~-stopping（英）裂缝填实
~survey 裂缝测量
~-tooth appearance 裂缝牙出现（显露

~town 峡谷城市

arage 汽车库，汽车房，汽车间；汽车修理厂，汽车修理间；飞机库

~apartment（有）停车库的公寓

~bin 垃圾箱

~，communal 公共汽车库

~court 车库小院

~disposal plant 垃圾处理厂

~parking 汽车停车库

~truck 垃圾车

~underground parking（美）地下汽车停车库

aramba National Park（Congo） 加兰巴国家公园（刚果）

arambulla/Blue-candle *Myrtillocactus geometrizans* 神龙柱

arbage 废料，垃圾，污物，垃圾堆

~bin 垃圾箱，清洁箱

~-can washer 垃圾箱冲洗器

~collection 垃圾收集

~collection system 垃圾收集

~disposal 垃圾处理

~disposal facilities 废物处理工厂，废物焚化场

~disposal plant 垃圾处理厂

~disposer 碎污机

~dump 垃圾倾弃地

~furnace 垃圾焚化炉

~incinerator（美）垃圾焚化炉

~shaft 垃圾筒

~truck 垃圾车，清洁车

arden 苑，果园，庭园，院子，花园，田园；露天饮食店；园林，公共娱乐地区或公园；造园

~aesthetics 园林美学

~aficionado（美）园林爱好者

~and field pests 园林与农田害虫

~and park 花园和公园

~apartment 花园住宅，花园公寓，庭院住宅，别墅公寓

~archaeological dig（美）园林考古挖掘

~archaeological excavation 园林考古挖掘

~architect 造园师

~architecture 园林建筑

~area 园林区

~area division 园林区划

~art 园林艺术

~at Stowe，England 英国斯道维园

~bench 园凳

~block planning 园林分区规划

~（wall）bond 园墙砌合

~bridge 园桥

~building 园林建筑物

~-buildings 园林建筑

~chair 园椅

~chromatics 园林色彩学（颜色学）

~city 园林城市，花园城市

~city movement 园林城市运动

~city theory 园林城市理论

~club，allotment（英）租赁园俱乐部

~composition 园林构图

~conservator（英）园林保护者，园林管理员

~construction 园林施工

~court（英）园林式庭院，园林式王宫

~courtyard（美）园林式庭院，园林式天井

~craft 造园术

~crop 园艺作物

~culture 园林文化

~design 园林设计，花园设计
~designer 园林设计师，花园设计师
~design theme 园林设计主题
~design，theme of 园林设计主题
~development plan 园林发展规划
~development plan，community（美）社区园林发展规划
~development planning，community（美）社区园林发展规划
~displaying potted landscape 盆景园
~engineering 园林工程
~enthusiast 园林爱好者
~entrance 园门
~equipment 园林设备
~exhibition 园林展览会
~expert，historic（美）历史园林专家
~feature maintenance 园貌维修
~fence（paling fence，paling）果菜园栅栏（木栅，园篱）
~festival（英）花园节
~flowers 园花
~for connoisseurs 鉴赏家花园
~for plant lovers 植物爱好者的花园
~for the blind 盲人花园
~for the disabled 残疾人花园
~for the handicapped 残疾人花园
~form 园林形式
~furniture 园林设施；庭园设施
~furniture and ornament 园林设施和饰品，园林小品
~gallery 园廊
~gate 园门
~hedge 园篱
~hose 花园浇水管
~house 花园住宅
~house lot 花园住宅地段
~hut（英）花园（简陋的）小屋
~hut，allotment（英）出租菜园小屋
~implement 园林实施
~in Oceania 大洋洲园林
~instrument 园林工具
~isles 花园岛
~ladder（ladder）园林梯子
~lamp 园灯
~land 花园地
~layout 园林施工，园林布局
~living space（英）花园生活（居住）空间
~lot 花园地段
~machine 园林机械
~maintenance（美）花园养护
~making 造园学，造园
~-making 造园，造园学
~management 园林管理
~management，expert on historic 历史园林管理专家
~master planning 园林总体规划
~microclimate 园林小气候
~narrative 园林故事
~of annuals 一年生植物花园
Garden of Eden 伊甸园
Garden of England 英国花园（指 Kent 和 Worcestershire 等郡）
~of remembrance 纪念花园
Garden of Six Flags over Texas 得克萨斯六面旗公园（美国）
~of Southern Chang-jiang delta（China）江南园林（中国）
Garden of the Gods 众神花园
Garden of the Sun King 太阳王的花园

~of wuxing 吴兴园林
~on the Yangtze delta 江南园林
~ornament 园林小品，园林饰品
~party 游园会
~path 花园小路，果菜园小路
~–path 园路，苑路
~path design 园路设计
~pavilion 园亭
~paving 园林铺装
~paving block（美）园林铺装街区
~paving slab（英）园林铺装混凝土路面
~perennial 多年生园林植物
~plan 园林 / 庭园计划
~planning 园林布局，园林规划
~planning direction 园林规划说明书
~planning map 园林规划图
~plant 园林植物，园艺植物
~plot 园地
~plot area 园地面积
~plot，allotment（英）租赁果菜园地
~plot，temporary community（美）临时社区园地
~pond 园池
~pool 园塘
~preservationist，professional 专业园林保护者
~refuse 园林垃圾
~road design 园路设计
~rose（China rose）月季花
~school 园艺学校
~sculpture 庭园雕刻物，园林雕塑
~seat 园椅
~seeder 播种器
~shed 花园棚屋，花棚
~shelter，community（美）社区花园保护
~–shelter forest 护园林
~show 园艺展览
~site survey map 园址测量图
~soil 园土
~space 园林空间
~spot 绿化地带，园艺场
Garden State 花园州
~statuary 庭园雕像
~stone 园石，庭园石
~stuff 蔬菜，水果，花卉
~style 园林形式，园林风格（式）
~subject plan，allotment（英）租赁园地园林主体规划
~suburb 园林（化）郊区，田园市郊
~system，roof 屋顶花园系统
~table 园桌
~technical management 园林技术管理
~terrace 庭园露台
~tool 庭园工具
~town 花园城镇
~tree 庭园树木，（赏玩的）木本盆景
~tree and shrub 园林树木和灌木
~trees and shrubberies 庭园树木，花园草木
~type apartment 花园式公寓
~upkeep（英）花园保养；花园保养费
~variety 园艺品种
~vase 园林瓶饰
~village 园林村庄（从城市煤气，水道等公益设施受益的农业村庄），花园村
~visitors analysis 园林游人分析
~wall 园墙，花园围墙

~-wall bonds 花园围墙式砌合（多用于砌单砖低界墙，要求墙两面美观）
~wicket 花园小门，庭园便门
~yard（英）花园围栏
~zoning 园林分区
alpine~高山园林
aromatic~芳香庭园
back~（英）后花园
backyard~（美）后院花园
baroque~巴洛克式花园
botanic~植物园
botanical~（美）植物园
cloister~修道院花园（设回廊于花园，用回廊环绕花园）
community~（美）社区花园
condiment~调料园
container~（美）容器花园
cottage~（英）农舍花园
country~（美）乡村庭院
cut flower~切花花园
demonstration~示范花园
enclosed medieval~中世纪围合花园
estate~（美）房产花园
flower~花卉园
formal~规则式园林
French classic~法国古典派园林；法国古雅（指传统风格的质朴和谐、匀称、雅致等）园林
front~（英）临街花园
fruit and vegetable~果菜园
funerary~墓园
herb~(叶或茎可作药用或调味等用的）芳草园
heritage~（英）传统园林
historic~古典园林，历史名园
imperial~御园，皇家花园，宫苑
informal~非规则式园林
kitchen~厨房庭院（种蔬菜和调味料植物）
landscape~风景园，风致园
lapidary~雕刻园
leasehold~租赁庭园
medicinal herb~药草园
miniature~微型花园
model~模型花园，模型园林，标准花园
monastery~寺院园林，隐修院园林
naturalistic~自然主义园林
natural-like~有天然特征的园林
old-style~老式园林
ornamental~（植物）观赏园林
park-like~天然公园式园林，野生动物园式园林
perennials test~多年生植物试验园
perennials trial~（英）多年生植物试验园
physic~（英）自然科学园
picturesque~画意园林
private~私人园林
public~（英）公共园林
rear~（英）后花园
rented~（英）出租园林
residential~（美）居宅园
rock~岩石园，岩生植物园
roof~屋顶花园
rooftop~（美）屋顶花园，屋顶餐馆
rose~玫瑰园，蔷薇园
row house~街道住宅花园
sacred~神庙园林
school~（中，小）学校花园
special~专用园

spices~ 香料园
sunken~ 下沉园
tenant~ 租赁园
test~ 试验花园
theme~ 主题花园
trial~（英）试验花园
trough~（英）低谷园
vegetable~（美）菜园
villa~（英）别墅花园
zoological~ 动物园

Garden Abutilon ***Abutilon × hybridum*** 杂种金铃花

Garden Alternanthera/Joseph's Coat ***Alternanthera bettzickiana*** 五色草 / 锦绣苋 / 模样苋

garden and park 园林

Garden Asparagus/Sprenger Asparagus ***Asparagus densiflorus*** **var.** ***sprengeri*** 天冬草 / 天门冬 / 武竹 / 羊齿竹

Garden Balsam，"Touch Me Not" ***Impatiens balsamina*** **L.** 凤仙花

garden building 园林建筑

Garden Burnet ***Sanguidorba officinalis*** 地榆

Garden Canna/Canna ***Canna generalis*** 美人蕉 / 大花美人蕉

Garden Crowfoot/Persian Buttercup ***Ranunculus asiaticus*** 花毛茛 / 波斯毛茛

Garden cress ***Lepidium sativum*** 家独行菜

Garden Petunia [common] ***Petunia hybrida*** 碧冬茄 / 矮牵牛 / 喇叭花

Garden Phlox ***Phlox paniculata*** **'Prince of Orange'** '橙色王子' 宿根福禄考(英国斯塔福德郡苗圃）

Garden Phlox ***Phlox paniculata*** **'Starfire'** '星火' 宿根福禄考（英国斯塔福德郡苗圃）

Garden Plum/Prune/European Plum ***Prunus domestica*** 欧洲李

Garden Ranunculus ***Ranunculus asiaticus*** **L.** 花毛茛（芹）莱花

Garden Sphagnum Moss ***Sphagnum recurvum*** 弯叶泥炭藓

Garden Spurge ***Euphorbia hirta*** 飞扬草 / 大飞扬

garden-making，gardening 造园

gardens 园林
~conservation of historic 历史名园保护
organic~（美）有机园
prairie~（美）大草原园
wildflower meadow~（美）野花草地园

gargoyle 滴水兽

garland 花环

Garland Chrysanthemum/Chrysanthemum Green ***Chrysanthemum coronarium*** 大叶茼蒿 / 茼蒿

Garland Flower/Butterfly Lily/Ginger Lily ***Hedychium coronarium*** 姜兰 / 姜花（古巴国花）

Garlic ***Allium sativum*** 大蒜 / 蒜

Garlic Stalk ***Allium sativum*** **（stalk of）** 蒜苗 / 蒜薹

Garlicleaf Germander ***Teucrium scordium*** 蒜叶香科科

Garlic-scented Vine ***Saritaea magnifica*** **Dug./*Pseudocalymma alliaceum*** **Sandw.** 蒜香藤 / 紫铃藤

garner 谷仓

garnet 石榴石

Garnier's industrial town 伽尔尼埃工业

城市规划（现代城市规划先驱者，法国建筑家 T. Garnier 于 1901-1909 年提出的规划理论）

garret 屋顶层，阁楼，顶楼；填塞石缝

Garrett Eckbo 盖瑞特·埃克博，美国风景园林师

garrison 驻军，卫戍部队，警卫部队，驻地，要塞

garth（英）庭园，花园，围场，内院，场地

gas 气（体）；气态；煤气，燃（料）气；汽油（美）；毒气；发散气体；供给煤气；充气

~analysis 气体分析

~burner 煤气炉，煤气灯，燃气炉

~coal（适于提炼煤气和焦炭的）气煤

~concrete 加气混凝土，发气混凝土

~conduit 煤气管道

~contaminant 气体污染物

~cutting（金属的）气割（氧乙炔切割）

~detect reagent 气体检测剂，气体检验剂

~detector 气体检测器，气体探测器，可燃气体探测器

~distributing station 气体分输站

~dynamics 气体动力学

~explosion 瓦斯爆炸

~field 天然气产地

~filling island 加气岛

~fire 煤气取暖器

~fired infrared heating 煤气红外线辐射采暖

~fired unit heater 燃气热风器

~fitting work 煤气安装工程，煤气装备工程

~fitting works 煤气安装工程

~fittings 煤气装置

~fuelled bus 煤气燃料公共汽车

~furnace 煤气炉，煤气发生炉

~generating station 煤气发生站

~heater 煤气炉

~heating 煤气供暖

~holder 煤气库，气柜

~house 煤气厂

~kitchener 煤气灶

~laser 气体激光器

~main 煤气总管

~making plant 煤气厂

~mask 防毒面具

~meter 煤气表

~oil 粗柴油，汽油

~-oven 煤气灶

~pipe 煤气管，燃气管

~pipe line 煤气管道

~piping 煤气管道

~plant 煤气厂

~pollution 煤气污染

~-pressure regulating station 燃气调压站

~primary filling station 压缩天然气加气站

~second refilling station 压缩天然气加气子站

~seepage 漏气

~station 煤气站，加油站

~storage well 储气井

~supply system 城市燃气供应系统

~sweetening 气体净化

~-tar 煤焦油

~transmission branch line 输气支线

Gas Works Park 西雅图煤气厂公园
Cottage Pink/Scotch Pink *Dianthus plumarius* 常夏石竹
garden in a garden 园中园
Garden of Perfect Splendor 圆明园
Garden Tickseed/Tickseed/Calliopsis *Calliopsis bicolor* 金钱梅 / 蛇目菊 / 小波斯菊
Garden Verbena *Verbena hybrida* 草五色梅 / 铺地锦 / 美女樱
gardener 园艺师，园丁，园艺工人，苗圃工人
~，allotment（英）租赁果菜园园林师
~（nursery gardener，grower，commercial grower）园工（苗圃园工，栽培者，商品生产者）
amateur~ 业余爱好者园丁
cemetery~ 墓地园工
community~（美）社区园艺工人
landscape~ 园林园丁
urban~（美）城市园林工人
gardener's knife（pruning knife，bill-hook）园艺刀（剪枝刀，钩刀）
Gardener's Magazine《园林师杂志》
gardenesque 花园般的
Gardenia/Cape Jasmine *Gardenia jasminoides* 栀子花 / 白蝉
Gardenia jasminoides Sulfurdeficiency 栀子缺硫症（病原病原非寄生性，缺硫）
gardening 造园，造景，园艺（学）
~，allotment（英）租赁果菜园造园
~machine 园林机具设备
~plan 园林平面布置
~plan 园林设计（图），园林平面布置（图）
bio-intensive~（美）生物密集型造园
cemetery~ 墓园
community~（美）社区园
hobby and allotment~ 业余爱好者，造园
~transmission last station 输气末站
~transmission pipe line engineering 输气管道工程
~transmission station 输气站
~transmission trunk line 输气干线
~water heater 燃气热水器
~welder 气焊机
~works waste 煤气厂废水
exhaust~ 排出燃气
flue~ 管道（烟）燃气
gas plant/burning bush *Dictamnus albus* 白蘚
gasdynamics 气体动力学
gaseous 气体的，气态的；过热的
~contaminants 气体污染
~density 气体密度
~emissions，industrial 工业气体散发
~nuisance 气体公害，过热（蒸气）公害
~phase 气相
~pollutant 气体污染物
~state 气态
~waste 废气
gasholder station 燃气储配站
gashouse 煤气厂，贫民区
gasket 密封垫
~groove 密封垫沟槽
gasohol 酒精汽油
gasoline 加油
~automobile 汽油汽车

~capacity 汽油容量
Gasoline Engine 汽油机
~feed pump 加油
~filling island 加油岛
~filling station（汽车）加油站
~service station 汽车加油站
~station 加油站，汽油站
~trap（美）汽油凝汽阀，汽油收集器

gasometer 大型储煤气柜，贮气罐，煤气罐，贮气器，煤气表

gaspipe 煤气管

gasser 气井

gasworks 煤气厂，煤气工程

gate 门，大门；闸门；活门，阀门；洞口，隘口；巷道；（翻砂）浇口，[古]街道，路出入口，通道，峡谷
"~as a single building" 单体门
~closure（水）闸门
~dam 闸坝
~garden 门外庭园
~groove 闸槽
~leaf 闸板
Gate of Dispelling Clouds 排云门
Gate of Heavenly Purity 乾清门（中国北京故宫）
Gate of Divine Prowess 神武门（中国北京故宫）
Gate of Heavenly Peace 天安门（中国北京故宫）
Gate of Luminant Peace 昭泰门（中国北京故宫）
Gate of Supreme Harmony 太和门（中国北京故宫）
~opening 闸门开启高度
~valve 闸门阀，闸式阀，闸阀

gatehouse 传达室，门房

gatepost 门柱

gateway 门口，入口，口部

Gateway Arch in Saint Louis（美）圣路易斯拱门（美国）
~building 入口处建筑

gateway city 要冲城市

gathering
~ground 集水区，流域
~haulage 汇集运输
~material 收集资料

gauge 规，表，计量计，量规；尺度；标准尺寸，规格，规号；轨距；（铆钉的）行距；压力计；标准尺，比例尺；量测仪器；样板；量，测，衡量，测度；使成标准尺寸
~line 轨距线
~of track 轨距
~the rod 轨距杆
~zero 水尺零点
rain~ 雨量计，雨量器
river~ 水标，水尺
vernier~ 游标尺，游标规

gauging 测量，量测，校准
~line 水位线
~rule 轨距规，轨距尺
~station 测水站，水文测量站，水文站
~vehicle on bridge 桥测车

Gaultheria/Creeping Winter-green/Partridge Berry ***Gaultheria*** 白珠树（属）

gaur（***Bos gaurus***）白肢野牛 / 白袜子 / 野牛

Gaussen Douglas Fir ***Pseudotsuga gaussenii Flous*** 华东黄杉

Gaussen Juniper ***Sabina gaussenii***

Cheng et W. T. Wang 昆明柏
Gave of Peking Man（Beijing，China） 周口店猿人遗址（中国北京市）
Gay Feather *Liatris spicata* 麒麟菊 / 蛇鞭菊
gazebo 跳台，望台，露台，凉亭，阳台
Gazelle（*Gazella*）瞪羚（属）
GBA（gross building area）总建筑占地面积
GDP=gross domestic product 国内生产总值
Ge Yuliang 戈裕良，中国明代造园师
Geckowood *Sauropus androgynus* 守宫木
Gefion Fountain（Denmark）杰芬喷泉（丹麦）
Gegard Monastery（Armenia）格加尔德修道院（亚美尼亚）
Geiger Tree *Cordia sebestena* 盖格氏树 / 芦荟木（澳大利亚新南威尔士州苗圃）
gem 宝石
Gem-faced civet/large Indian civet *Viverra zibetha* 大灵猫
Gem-faced civet/masked civet *Paguma larvata* 花面狸 / 果子狸 / 木龙
Gen Yue（Imperial Garden in Song Dynasty，China）中国宋代艮岳（皇家园林）
Gendarussa Vulgaris Nees *Gendarussa Vulgaris* Nees/*Justicia gendarussa* Burm. f. 小驳骨 / 驳骨丹
gene 基因｛生｝
~industry 基因工业
~pool 基因库｛生｝
general 一般；全体；[复]梗概，总则，纲要；将军；一般的，通用的，普通的；全体的，概括的，总的，全面的；非专门的；综合的；简略的
~act 总协议书
~age groups 全体年龄组
General Agreement on Tariffs and Trade（简写 GATT）（联合国）关税及贸易总协定
General and Federal Supplementary Conditions of the Contract for Construction（美）通用和联邦建筑合同补充条款
~arrangement 总体布置，总协定
~arrangement drawing 总平面布置图，总平面图
~arrangement plan 总平面布置图
~assembly 总装配；大会，全体会议
~aviation 通用航空
~aviation aircraft 专用飞机
~birth rate 总出生率
~budget 总预算
~cargo wharf 杂货码头，一般客货码头
~census 全面普查
~clause 一般条款
~communication center 总枢纽
~conditions of contract 通用合同条款，合同一般条款
~conditions of contract for project execution 通用方案实施合同条款
General Conditions of Government Contracts for Building and Civil Engineering Works（英）通用政府建筑和土木工程作业合同条款
General Conditions of the Contract for Construction（美）通用建筑合同条款
General Conditions of the Contract for Furniture，Furnishings and Equipment（美）通用家具、用具和设备提供合

同条款
~contractor 总（承）包者；建筑公司
~corrosion 全面腐蚀（均匀腐蚀）
~cross reference 通用参照（条目），通用互见条目
~death rate 一般死亡率，总死亡率
~description of construction 施工说明书
~development planning 全面开发规划，总体开发计划
~diffused lighting 一般漫射照明
~dimension 概要尺寸，总尺寸
~director's room 总指挥室
~drawing 总图，全图；概（要）图
~economics analysis 一般经济分析
~editor 总编辑，主编
~environment 总环境
~estimate 概算
~estimates 总概算
~extension 总伸长；全面扩建，大体的扩建
~features of construction 施工概要
~flowchart 综合流程图
~formula 通式，一般公式
~function 一般职能
~geology 普通地质学
~hospital 综合性医院
~index 总索引
~industrial occupancy 常规工业建筑
~industry 一般工业
~internal combustion plant 内燃机总厂
~investigation 普查
~item 一般项目
~layout 总布置图，总平面图，总体布置，总体规划
~layout and transportation design 总平面运输设计
~layout of pipe line 管道总平面布置
~layout of pipe system 管道综合图
~layout of port 港口总体布置
~lighting 一般照明
~location sheet 地盘图，位置图
~office 总办公室
~outline 概要
~park 综合公园
~plan 全面规划，总体规划，总图，总体布置图，计划概要
~plan for urban open spaces（美）城市绿地总体规划
~plan of finish construction 竣工总平面图
~planner 综合规划师
~planning 综合规划，总体规划
~planning of development 综合开发规划
~population movement 一般性人口流动
~price index 物价总指数
~principles 总则，通则
~probability 总概率
~program 通用程序
~provisions 总则
~-purpose cement（即 normal cement）普通水泥
~reconstruction 大修，翻修
~recreational use，area intended for 一般娱乐用地区
~regulation of building 单幢建筑管理规定
~report 综合报告
~route 总体路线
~routine 通用程序，标准程序{计}
~rules 总则
~-service 通用的，普通的；万能的，

多用的，一般用途的
~services 公用设施
~settlement plan 总体开发规划
~sub grade 一般路基
~urban green space planning 总体城市绿地规划
~ventilation；entirely ventilation；general air change 全面通风
~view 全视图，全景；大纲，概要
~visibility 普通视度
~waste disposal 一般废弃物处理
~welfare 全民福利
general contracting plan 施工组织设计
General geographical name 地理通名
General geography 普通地理学
General physical geography 普通自然地理学
Generalife（Spain）赫内拉利费宫（位于阿尔罕布拉宫所在地邻山上的夏宫）（西班牙）
generalist 多面手，博学者，有多方面知识的人
~species 多面手类型，博学者类型
generalize 一般化，普遍化；法则化；概括，归纳，综合；推广、普及；形成概念
generalized 概括的，综合的；推广的，广义的；普遍的
~capacity 一般车道通行能力
~development plan 总发展规划
generally [副] 大概，通常地，一般地；广泛地，普遍地
generated 发（电、光、热）；产生；引起；新增
~energy 发电量
~traffic 引发交通，新增交通量（地区发展引起的交通量）
~volume 新增交通量
generating 同 **generated**
~capacity 发电量
~Mechanism 生成机制
~station 发电站
generation 发生，引起，产生；一代（约三十年）；世代；造型 { 数 }，形成
~of trip 出行发生
~rate 出行生成率，世代率
~time 一代人时间（一般指每 30 年）
Generation of landforms 地貌世代
generator 发生器；发电机
generic 一般的，通有的
~cabling system 综合布线系统
~cabling system for building and campus 建筑与建筑群综合布线系统
~conditions 一般条件
genes，inherited 遗传基因
genesis 原始，起源；发生；成因
genetic 原生的；发生（学）的；遗传学的
~analysis 成因分析
~contamination 发生放射性污染
~diversity 遗传学多样性，遗传学差异性
~fauna pool 原生动物群组合
~potential 原生潜能
~resource 遗传资源
~resource conservation center 遗传资源保护中心
~soil 原生土，生成土
genetically modified organism 转基因生物

Geneva (**Switzerland**) 日内瓦(瑞士)
Genghis Khan 成吉思汗(中国元太祖)
Genius loci 地方精神
Genoa (**Italy**) 热那亚(意大利)
GENOZOIC ERA 新生代
genre painting 风俗画
genre sculpture 风俗雕塑
gentian 龙胆属(植物)
gentian ***Gentiana scabra*** 龙胆(龙胆草)
Gentig Highlands (**Malaysia**) 云顶高原(马来西亚)
gentle breeze 三级风(微风)
gentle slope 平缓坡度,缓坡
Genuine porgy/red sea bream ***Hemiramphus georgii*** 真鲷 / 加吉鱼 / 铜盆鱼
genus 类,种类,类概念
geoanalysis 地理分析
geobelt 土工带
geocell 土工格室
geocomposite 土工复合材料
Geocryology/cryopedology 冻土学
geodesy 大地测量学,测地学
geodesy and cartography; **surveying and mapping** 测绘学
geodetic(al) 测地学的,大地测量学的;最短浅的{数}
~coordinates 大地坐标
~datum 大地基准点
~levelling 大地水准测量
~orientation 大地定向{测}
~survey 大地测量
geoecology 地生态学
geofabriform 土工模袋
George's fir ***Abies georgei*** 长苞冷杉
George's halfbeak ***Hemiramphus georgii*** 乔氏鱵
geogram 地学环境图(某地区各环境要素图),地学环境制图(即把某一地区各种环境要素编制成图)
geograph distribution 地理分布
geographer 地理学家,地理学者
geographic 地理(学)的,地区(性)的
~condition 地理环境
~correlation 地理相关法
~determinism 地理决定论
~distribution 地理分布
~distribution of the population 人口的地理分布
~division 地理区划
~element 地理因素
~environment 地理环境
~feature 地理特征
~information system (GIS) 地理信息系统
~landscape 地理景观
~latitude 地理纬度
~location 地理位置
~longitude 地理经度
~name 地名
~nomenclature 地名
~region 地理区
~setting 地理环境
geographical 地理(学)的
~boundary 地理界线
~condition 地理环境
~coordinates 地理坐标
~data bank 地理数据库
~data handling 地理数据采编
~distribution of dwellings 住宅的地理分布,住房的地理分布

~distribution of population 人口的地理分布
~distribution 地理分布
~environment 地理环境
~factors 地理因子
~features 地理特点，地势
~information system/GIS 地理信息系统
~landscape 地理景观
~latitude 地理纬度
~longitude 地理经度
~mobility 人口的地理移动
~name data bank 地名数据库
~name 地名
~position 地理位置
~process 地理过程
~remote sensing 地理遥感
~research 地理学研究
~sphere 地理圈
~survey 地理考察
~unit 地理单元
geography 地理学，地形，地势；（生产、建设等的）布局、配置
~of communication 交通地理学
~of crime 犯罪地理
~of energy 能源地理学
~of goods now 货流地理
~of historical administration 沿革地理
~of leisure 闲暇地理
~of passenger now 客流地理
~of population 人口地理学
~of postal services 邮政地理学
~of production 生产地理学
~of race 人种地理学
~of recreation 游憩地理
~of religion 宗教地理
~of resources 资源地理学
~of tourism，~of tourism and
humanistic~人本主义地理学
leisure~旅游地理
plant~种植地理学
vegetation~植物地理学
geogrid 土工格栅
geohydrology 水文地质学，地下水文
geohydrologic 水文地质的
~condition 水文地质条件
~environment 水文地质环境
geoid 大地水准面；地球体
geologic 地质（学）的，地质的
~chronology 地质年代
~data 地质资料
~environment 地质环境
~environment element 地质环境要素
~erosion（美）地质腐蚀（冲刷）
~examination 地质调查，地质勘测
~formation 地质构造
~log 地质柱状图
~map 地质图
~province 地质区域
~section 地质剖面
~sheet 地质图
~structure 地质结构
~survey 地质调查
geological 地质学的，地质的
~ages 地质年代
~disaster 地质灾害
~landscape 地质景观
~map 地质图
Geological Museum 地质博物馆
~prospecting 地质勘探
~section（道路）地质剖面图

~survey 地质调查
geology 地质学，地质
geomatics 地理信息学
Geomancy 风水
geomechnical model test 地质力学模型试验
geomechanics 地质力学
geomenbrane 土工膜
geometric 几何的，几何学的
~abstraction 几何抽象
~abstractionism 几何抽象主义—国际抽象主义艺术之分支。
~and physical analysis 几何物理分析
~art 几何艺术
~average 几何平均数，几何平均法
~characteristic 几何特征
~condition of rectification 纠正几何条件
~design 线形设计，几何（形状）设计
~distance 几何距离
~distribution 几何分布
~garden 几何式园林
~garden style 几何式园林
~mean 等比中项，几何平均数
~mean particle diameter 几何平均粒径
~series 几何级数
~style garden 几何式花园，几何图案式庭园
~water 规则式水体
geometrical 几何学的，几何的
~acoustics 几何声学
~center 几何中心
~figure 几何图形
~garden 规则式庭园，整齐式庭园，几何形式庭园
~progression 几何级数，等比级数
~stairs 弯曲楼梯
geometrics（美）几何图形
Geometrid moths 尺蛾类 [植物害虫]
geometry 几何学；几何形状，几何结构几何条件
geomorphic geology 地貌学
geomorphochronology 地貌年代学
geomorphogenesis/landform genesis 地貌成因
geomorphography 地貌叙述学
geomorphologic 地貌的
~element 地貌要素
~instantaneous unit hydrograph 地貌瞬时单位线
~map 地貌（类型）图
geomorphological 地貌的
~map 地貌图
~survey（of river）（河流的）形态调查；地貌调查
~process 地貌过程，又称“地貌作用”
geomorphology 地形学，地貌学，地貌
geomorphometry 地貌量计学
geonet 土工网
geonomy 地球学
geophyte 地下芽植物（指体眠芽深埋在土层中的多年生植物）
bulb~球茎（鳞茎植物）地下芽植物
geopolitics 地缘政治，地缘政治学
George Washington Bridge 乔治 · 华盛顿桥（美国）
Georgian architecture 乔治时代式建筑
Georgian colonial architecture 乔治殖民式建筑（英王乔治至四世时的殖民地建筑）
geosphere 陆界，地圈

ostatic stress：**self-weight stress** 自重应力

osynthetic 土工的

~clay liner（GCL）土工织物膨润土垫

~fiber mattress 土工网垫

osynthetics 土工合成材料

~foundation 土工合成材料地基

osystem 地理系统

otechnical 土工技术的

~centrifugal model test 土工离心模型试验

~engineering 岩土工程

~investigation report 岩土工程勘察报告

~exploration 岩土工程勘探

~investigation geotechnical engineering investigation 岩土工程勘察

eotechnological 土工学的，地质工程学的

eotextile；**civil engineering fabric** 土工织物

eothermal 地热的

~area 地热区

~energy 地热能

~power plant 地热发电厂

~power station 地热发电站

~resource 地热资源

Geothermal resources of Yangbajain（Lhasa，China）羊八井地热（中国拉萨市）

eothermics 地热学

eranium 老鹳草属（植物）

eranium/bedding geranium/fish geraium ***Pelargonium hortorum*** 天竺葵/洋绣球（克罗地亚、匈牙利国花）

eranium Root ***Geranium macrorrhizum*** 巨根老鹳草/大根老鹳草

Geranium-leaf Aralia ***Polyscias guifoylei*** **（Bull）Bailey** 福禄桐/南洋参

gerbera 非洲菊，大丁菊属，大丁草

gerbil/sand rat ***Gerbillus gerbillus*** 小沙鼠

geriatric hospital 老人医院

germ 萌芽，幼芽，胚种；病菌，细菌；根源；萌芽，发芽

German 德国人；德语；德国的，德国人的，德语的

~architecture 德国式建筑

~Pavilion of Barcelona International Fair 巴塞罗那博览会德国馆

~Standards 德国标准（规格，水平，规范，准则）

German Iris ***Iris germanica*** **L.** 德国鸢尾

Germander Spiraea ***Spiraea chamaedryfolia*** **L.** 石蚕叶绣线菊

germicide 杀菌剂，杀菌物；杀菌的

germinated 发芽，萌芽

~plantlet 发芽小植物

~young plant 发芽幼树

germination 发芽，生长；产生，发生；连晶，晶核化

germination rate 萌芽率

gerontology 老年学

gestalt psychology 形态心理学

Gettysburg 葛底斯堡（美国）

geyser 喷泉

GFA=gross floor area 建筑毛面积

GH（ground height）地基高度，地面高度

ghetto 贫民区，（美）少数人种聚居区，（城市中的）犹太人区，（城市中）少

数民族的集中居住区；隔坨区，城市少数民族集聚区

ghost 魔鬼，幽灵

~station（英）鬼站（已停用或无职工驻守的火车站）

~town（美）被遗弃城市的遗迹，魔鬼城

ghost tree/Chinese dove tree ***Davidia involucrata*** 珙桐（英国斯塔福德郡苗圃）

ghost weed/snow on the mountain ***Euphorbia marginata*** 高山积雪 / 银边翠

ghostplant sagebrush ***Artemisia lactiflora*** 白苞蒿 / 鸭脚艾

Ghumdan Palace（Yemen）霍姆丹宫（也门）

ghyll（英）峡谷

Gianf Stone Buddha of Keyan（Shaoxing City, China）柯岩石佛（中国绍兴市）

giant 巨物；巨人；卓越人物；水枪；巨人的；伟大的

Giant Buddha Monastery of Zhangye 张掖大佛

Giant Buddha of Leshan 乐山大佛

Giant Buddha of Lingshan 灵山大佛

~'s stride（在公园内的）旋转秋千

giant alocasia/common aloca-sia ***Alocasia macrorrhiza*** 广东狼毒 / 姑婆芋

giant anteater ***Myrmecophaga tridactyla*** 大食蚁兽

Giant Bamboo ***Dendrocalamus giganteus*** **Munro** 龙竹

Giant Cardiocrinum ***Cardiocrinum gigantuem*** 大百合 / 心叶大百合

Giant catfish ***Arius thalassinus*** 海鲶 / 大海鲶

Giant Chinese silver grass ***Miscanthuss inensis*** **'Giganteus'** 奇岗

giant clitocybe/giant puff-ball/thunder mushroom ***Leucopaxillus giganteus*** 大白桩菇

Giant cutworm ***Trachea tokionis*** 大地老虎

giant dogwood ***Cornus controversa*** 灯台树（英国斯塔福德郡苗圃）

Giant Eeed ***Arundo donax*** **L.** 芦竹

giant eland/Lord Derby's eland ***Taurotragus derbianus*** 德氏大羚羊 / 巨羚羊

Giant Feather Grass ***Stipa.gigantean*** **Link** 大针茅

giant flying squirrel[common] ***Petaurista petaurista*** 鼯鼠 / 大鼯鼠

giant forest hog ***Hylochoerus meinertzhageni*** 巨林猪 / 大林猪

giant granadilla ***Passiflora quadrangularis*** 大果西番莲 / 日本瓜

Giant grey weevil ***Sympiezomias velatus*** 大灰象

Giant Lobelia ***Lobelia siphitica*** 大山梗菜 / 蓝花半边莲（美国田纳西州苗圃）

Giant mealy bug ***Drosicha corpulenta*** 草履蚧

giant onion ***Allium giganteum*** 巨葱

giant panda/panda ***Ailuropoda melanoleuca*** 大熊猫 / 大猫熊 / 熊猫

Giant Puffball ***Langermannia gigantea*** 大颓马勃 / 灰色的星星

giant rhubarb ***Gunnera manicata*** 大根乃拉草 / 大叶蚁塔（英国萨里郡苗圃）

Giant scale ***Eulecanium gigantea*** 瘤坚大球蚧

iant Sequoia/Giant Redwood ***Sequoidendron giganteum*** **(Lindl.) Buchh.** 巨杉 / 世界爷

ant sequoia/giant redwood/Sierra redwood/Sierran redwood/Wellingtonia ***Sequoiadendron giganteum*** 巨杉（英国萨里郡苗圃）

ant snowdrop ***Galanthus elwesii*** 大雪钟 / 雪花莲

iant Tea Rosa ***Rosa gigantea*** **Coll. ex Crep.** 巨花蔷薇

iant threadfin/fourfinger threadfin ***Eleutheronema tetradactylum*** 四指马鲅 / 鲤后 / 午鱼

iant Timber Bamboo/Zitchiku Bamboo ***Phyllostachys bambusoides*** 桂竹 / 斑竹 / 实心竹 / 刚竹

iant Yucca ***Yucca elephantipes*** **Hort. ex Regel** 象脚丝兰 / 巨丝兰

iant-reed ***Arundo donax*** **L.** 芦竹

ibbon 长臂猿

ibbon ***Hylobates*** 长臂猿（属）

ibert Laing Meason 梅森（苏格兰艺术家）

igantic Redbud ***Cercis gigantea*** **Cheng et Jebg f.** 巨紫荆

igantic rhodendron ***Rhododendron giganteum*** 大树杜鹃

igantic Typhonium ***Typhonium giganteum*** 独角莲 / 白附子

ilde ager 六十五岁以上的退休人员

ilding 贴金箔，镀金

ill（英）峡谷

ill Edge Elaeagnus ***Elaeagnus × ebbingei*** **'Gill Edge'** 金边埃比胡颓子（英国萨里郡苗圃）

gilliflower/stock flower ***Matthiola incana*** 紫罗兰

gillyflower 紫罗兰花

Ginger ***Zingiber officinalis*** 姜

ginger lily/butterfly lily/garland flower ***Hedychium coronaricum*** 姜兰 / 姜花（古巴国花）

Gingerbread style 一种装饰华丽的建筑风格

gingerbread work 华而不实建筑，庸俗建筑装饰，华丽俗气装饰

gingersage ***Micromeria biflora*** 姜味草 / 小姜草 / 柏枝草

Ginkaku-Ji（Japan）银阁寺（日本）

Ginkgo 银杏，白果树

~Orchard 银杏园

Ginkgo ***Ginkgo biloba*** 银杏 / 白果 / 公孙树 / 鸭脚树 / 鸭脚子(英国萨里郡苗圃）

Gingko fish/gray bare nose ***Gymnocranius griseus*** 灰裸顶鲷 / 白立 / 白鲷

Gingko nut/nut of Maidenhair tree ***Gingko biloba*** 白果 / 银杏

gingko tree/maidenhair tree ***Gingko biloba*** 银杏树 / 白果树 / 公孙树

gin-palace（英）豪华的酒店

Gipsywort ***Lycopus europaeus*** 欧地笋 / 埃及草

giraffe（***Giraffa camelopardalis***）长颈鹿

Girald Jasmine ***Jasminum giraldii Diels*** 毛叶探春（黄素馨）

girald sagebrush ***Artemisia giraldii*** 华北米蒿 / 吉氏蒿

Giraldi Daphne ***Daphne giraldii*** 黄瑞香 / 纪氏瑞香

give 给，授，赋予，让与；交付；委托；献身于；产生，发生；引起；捐助；屈服；给予；弹性，可变性

~a discount 打折扣

~approval 给予批准

~effect to 实行，生效

~legal advertisement 发合法公告

~legal notice 发合法通知

~notice 通知；预告

~off 发出，发散，放

~one's word 保证

~out 发表，发出；交出

~over 停止，放弃

~public notice 发出公开通知

given conditions 特定条件

Glabripetal Elaeocarpus ***Elaeocarpus glabripetallus*** **Merr.** 秃瓣杜英

glabrous barrenwort ***Epimedium sagittatum*** **var.*glabratum*** 光叶淫羊藿 / 三枝九叶草

Glabrous Greenbrier ***Smilax glabra*** 土茯苓 / 光叶菝葜

Glabrous Largeleaf Ehretia ***Ehretia macrophylla*** **var. *glabrescens*** 光叶粗糠树

Glabrous Oleaster ***Elaeagnus glabra*** **Thunb.** 蔓胡颓子

Glabrous Sarcandra ***Sarcandra glabra*** 草珊瑚

glabrous tanoak ***Lithocarpus glabra*** 石栎

glabrousleaf China corktree ***Phellodendron chinense*** **var. *glabriusculum*** 秃叶黄皮树

glabrousleaf epaulette tree，*Pterostyrax psilophyllus* 白辛树 / 裂叶白辛树

Glabrousleaf Pittosporum ***pittosporum glabratum*** **Lindl.** 光叶海桐

GLC（Great London Council）1960 年改组建立的英国大伦敦议会

glacial 冰川的，冰河的；冰（状）的；极冷的

~action 冰川作用

~alluvion 冰川冲积层

~debris 冰川岩屑

~erosion 冰蚀

~geology 冰川地质学

~kettle 冰川锅状陷落

~lake 冰川湖

~stream 冰川河流

glaciation 冰河作用，冰蚀

glacier 冰河，冰川

~flow 冰川运动

~fluctuation 冰川变化

~garden 冰川公园

~loam 冰川壤土

~mass-balance 冰川物质平衡

~National Park 冰川国家公园

~plain 冰川平原

~relict 冰川残缺地貌

~runoff 融雪径流

~sands 冰川沙质土

~scree（英）冰川岩屑堆

~soil 冰川土

~table 冰川台地

~terrace 冰川阶地

~valley 冰川谷

~variations 冰川变化

glacieret 小冰川

glacierization 冰川化

glaciology 冰川学，冰川特征

glacis 缓坡

lade 林间空地（或通道），沼泽地

ladiolus（sword lily）*Gladiolus hybrida* 十样锦 / 唐菖蒲 / 剑兰

landbearing Oak *Quercus glandulifera* Bl. 枹栎（枹树）

landular oak *Quercus glardulifera* 桴砾 / 大叶青冈

landular Ovary Rhododendron *Rhododendron adenogynumg* 腺房杜鹃

landular Parathelypteris *Parathelypteris glanduligera* 金星蕨

landuliferous fennelflower *Nigella glandulifera* 腺毛黑种草

lare 眩光

~index of window 窗眩光指数

lasgow School 格拉斯哥画派—19 世纪 50 年代成立于苏格兰格拉斯哥的英国画家组织，他们反对守旧的学院派风格，支持国外光派风格，而创造了苏格兰的新艺术风格。

lass 玻璃，玻（璃）杯，玻片，玻璃仪器，玻璃制品；玻璃状物；玻璃暖房，一杯的量；望远镜；显微镜，观察窗；车窗；[复] 眼镜；双筒镜

~block 玻璃砖

~culture 暖房栽培

~factory 玻璃厂

~fiber 玻璃丝

~fiber reinforced plastic 玻璃钢

~house（玻璃）温室，花房，暖房

~-house climate 温室气候

~-making machinery factory 玻璃机械厂

~manufactory 玻璃厂

~manufactory waste water 玻璃制造厂废水

~manufacture 玻璃制造业

~product 玻璃制品

~roof 玻璃屋顶

~waste 玻璃厂废水

glass rice-pearl picture 玻璃米珠画

glasshouse 玻璃暖房，温室

~bench 温室栽培床

~crop 温室作物

~cultivation 温室栽培

~culture 温室栽培

~plant 温室植物

glassless windows 漏窗

glasstone 玻璃岩

glass wall 玻璃幕墙

glassworks 玻璃厂

Glasswort *Salicornia europaea* 欧洲碱蓬 / 沼泽海蓬子

glasswort 欧洲海蓬子，海蓬子属植物，钾猪毛菜

~mudflat 欧洲海蓬子泥滩

~vegetation 欧洲海蓬子植物

Glauconite 海绿石

Glaucophane 蓝闪石

Glaucosleaf Cotoneaster *Cotoneaster glaucophyllus* 粉叶栒子 / 粉叶铺地蜈蚣

Glaucous Canna *Canna glauca* 粉美人蕉

Glaucous Diplopterygium *Diplopterygium glaucum/Hicriopteris glauca* 里白

Glaucous Echeveria *Echeveria glauca* 莲花掌 / 石莲花

glaucous oak/blue *Japanese oak Cyclobalanopsis glauca* 青冈砾 / 铁槠

Glaucousback Threewingnut *Triptergium hypoglaucum* Hutch. 粉背雪公藤（昆明山海棠）

Glaucousback Winterhazel *Corylopsis glandulifera* 灰白蜡瓣花
glaves 格拉威斯风
glazed 釉面的，琉璃的
~aggregate 釉面集料
~roof tile 琉璃瓦
~stoneware pipe（英）釉面粗陶器导管
~tile 琉璃瓦，釉面砖
Glazed-Tile Pagoda 琉璃塔
~window 玻璃窗
glazed pottery pot 釉陶盆
glazing floor area ratio 窗地面积比
glebe 田，土地
Gleditsia sinensis Lam（**chinese Honey-locust**）皂荚
glen 峡谷，幽谷
Glen Canyon Dam 格伦峡水坝（美国）
gley 潜育土，格列土
~soil 潜育土，格列土
water-saturated~ 水饱和潜育土（层）
gliding mark 浮游测标
glimmerite 云母岩
glinkite 绿橄榄石
Glittering Scales Rhododendron *Rhododendron heliolepis* 亮鳞杜鹃
global 整体的，总的，全球的
~analysis 整体分析
~climate change 全球气候变化
~indicator 总指标
~positioning system 全球定位系统
~property 总体性质
~product 社会总产品
~radiation 总辐射
~value 全程值，总值
globalization 全球化
Global cut-leaf daisy *Brachyscome multifida* 多裂鹅河菊（澳大利亚新南威尔士州苗圃）
Global village 全球村（麦克卢汉所创造的术语，指 20 世纪后期的世界，到那时电子交通传播发达，人类距离缩短缩小，使人感觉世界像一个村落
globe 球
~thistle（Echinops）球蓟（单州漏卢属
~valve 球阀
globe amaranth *Gomphrena globosa* 火球 / 千日红
Globe Artichoke/Alcachofra *Cynara scolymus* 朝鲜蓟（巴西葡萄牙语）
globe flower/European globe flower *Trollius europaeus* 金莲花 / 金梅草
Globe Thistle *Echinops ritro* Veitch's Blue'薇姿蓝'小蓝刺头（英国斯塔福德郡苗圃）
Globe-amaranth *Gomphrena globosa* L. 千日红
globeshaped crown 圆头形树冠
Globose chinese Juniper *Sabina chinensis* 'Globosa' 球柏
globular 球形树冠
globular Cacti/red crown *Rebutia minuscula* 子孙球 / 宝山 / 仙人球
globular cactus *Echinopsis tubiflora* 仙人球
Glomerate Viburnum *Viburnum glomeratum* 球花荚蒾 / 聚花荚蒾
gloriosa lily/glory lily *Gloriosa superba* 嘉兰（津巴布韦国花）
Glory Bush *Tibouchina urvilleana*（DC. Cogn. 蒂杜花 / 巴西野牡丹

ory-hole 大型露天矿

ory lily/gloriosa lily *Gloriosa superba* 嘉兰（津巴布韦国花）

ory-of-the-snow *Chionodoxa luciliae* 雪光花（雪宝花）

lory-of-Texas *Thelocactus bicolor* 大统领 / 两色玉 / 丽容球

oss over 辩解；掩饰

lossy abelia *Abelia grandiflora*（Andre）Rehd 大花六道木（英国斯塔福德郡苗圃）

lossy ibis（***Plegadis falcinellus***）彩鹮

lossy privet/Chinese privet *Ligustrum lucidum* Ait. 女贞 / 大叶女贞

lossy Shower *Cassia surattensis* Burm. f. 黄槐

lowing Bambusa *Bambusa rutila* 木竹 / 实心竹 / 扁担竹

loxinia *Sinningia speciosa* 大岩桐

loxinia*（*Sinningia*），*a gesneriaceous plant 大岩桐（大岩桐属），一种苦苣苔科植物

lue 胶，胶水

~-water 胶水

lued 胶合的，胶结的

~board 胶合板

~joint 胶结接头

~laminated timber 层板胶合木

melin sagebrush *Artemisia gmelinii* 白莲蒿 / 白蒿

narled（树等）多节瘤的，扭曲的

~wood 多节瘤五叶银莲花（栎树银莲花）

naw（物质）侵蚀

neiss 片麻岩

GNI=gross national income 国民总收入

GNP（gross national product）国民生产总值

GNP at constant prices 按固定价格计算的国民生产总值

GNP at current prices 按现价计算的国民生产总值

GNP at factor cost 按要素成本计算的国民生产总值

GNP at market prices 按市场价格计算的国民生产总值

GNP=Gross National Product 国民生产总值

go 走，行使，运行，开动

~-cart 小人车，手推车，轻便马车

~-round road 环行路

~round style garden 环游式庭园，绕游式庭园，游赏式庭园

goa/Tibetan gazelle *Procapra picticaudata* 藏原羚 / 山黄羊 / 原羚

goal 目的，目标；目的地；终点；球门，（球）得分

~achievement analysis 目标达成分析

~for urban development 城市发展目标

~fulfil(l)ment，planning 规划目标的实现

~management 目标管理

~node 目标节点

~of transportation planning 交通规划目标

~plan 目标规划

~programming 目标规划

planning~ 规划目标

goat willow/sallow/French Pussy Willow/ *Salix caprea* 黄华柳 / 润叶柳（美国田纳西州苗圃）

goat's beard 假升麻属（植物）

Goat's Beard ***Tragopogon pratensis*** 草原婆罗门参 / 牧羊人的钟

Goat's Rue ***Galega officinalis*** 山羊豆 / 法兰西丁香

gob（填筑用的）杂石；粘块；[复] 许多，大量

~area 采空区，塌落区

disposal of mining ~（美）采矿清除采空区

underground disposal of~

mining~（美）地下采矿清除采空区

gobi 戈壁

goblet 杯状

~pruning 杯状修剪

~training 杯状整枝

God of Wealth Hall 财神殿（中国）

God/deity 神

god-daughter 教女

Goddess of Mercy Hall 观音殿（中国）

Godesberg（Germany）哥德斯堡（德国）

godetia/Farewell-to-spring/satin flower ***Godetia amoena*** 古代稀 / 晚春锦 / 送春花

god-father 教父

god-mother 教母

God's design；hidden plans of Providence 天机

god-son 教子

godown 仓库，货

Gods of Earth and Grain 社稷

godwit 鹬科之长嘴涉水鸟

Goering cymbidium/spring orchid ***Cymbidium goeringii*** 草兰 / 春兰

goering lemongrass ***Cymbopogon goeringii*** 桔草 / 橘草 / 野香茅

Goethe's Home（Germany）歌德故居（德国）

going 踏步宽度，地面（或道路）和状况，工作条件

Goitred gazelle/Persian gazelle ***Gazella subgutturosa*** 鹅喉羚 / 羚羊 / 长尾羚羊

gold 金；金的

~foil painting 贴金

~mine 金矿

Gold Museum 黄金博物馆

~pointing 点金

gold and silver inlay 金银镶嵌工艺

Gold carp/crusian carp ***Carassius auratus auratus*** 鲫鱼 / 鲋鱼

gold drawing 描金

gold dust 金粉

Gold fish ***Carassius auratus auratus*** 金鱼

gold foil 金箔，金叶子

Gold Leylandii ***Cupressocyparis leylandii Castlewellan Gold*** 黄叶柏（英国斯塔福德郡苗圃）

gold lily/goldband lily ***Lilium auratum*** 山百合 / 天香百合

Gold Shower ***Thryallis glauca Kuntze*** （***Galphimia glauca*** **Cav.**）金英

gold work 金制品，金首饰

goldband lily/gold lily ***Lilium auratum*** 山百合 / 天香百合

Gold-banded goatfish/molucean goatfish ***Upeneus moluccensis*** 马六甲绯鲤 / 单线 / 金丝

goldcrest ***Regulus regulus*** 戴菊（卢森堡

国鸟）

olden 金的，金制的，含金的；金色的；贵重的

~avenue（商业繁盛的）黄金大道

~bells 金钟花

Golden–Cock Rock，Shanoguan 昭关金鸡石

Golden Gate Bridge（美）金门大桥（主跨 1280 米悬索桥，1937 年建于美国旧金山海湾）

Golden Gate Park 旧金山金门公园（1870）

~larch 金钱松

Golden Hall（Kunming，China）金殿（中国昆明市）

Golden Mountain Temple（Zhenjiang，China）金山寺（中国镇江市）

~rain tree 栾树

~section 黄金分割

Golden Summit Sunrise（Emei Mountain，China）金顶日出（中国峨眉山）

iolden alder *Alnus incana* 'Aurea' '金叶' 毛赤杨（英国斯塔福德郡苗圃）

iolden Ball Cactus *Notocactus leninghausii* 黄翁

olden bamboo/fishpole bamboo *Phyllostachys aurea* 罗汉竹（英国萨里郡苗圃）

olden bells/forsythia/weep-ing forsythia *Forsythia suspensa* 连翘

iolden Calla *Zantedeschia elliottiana* 黄花马蹄莲

olden camellia *Camellia nitidissima* 金茶花

iolden Candles *Pachystachys lutea* Nees 金苞花 / 金苞爵床 / 黄虾花

golden carpet/stone crop *Sedum acre* 金毡景天 / 景天

golden cat *Felis temmincki* 金猫 / 墨豹

Golden Chain *Laburnum anagyroides* Medic. 金莲花

golden chain *Laburnum anagyroides* 金链花 / 毒豆树

golden chanterelle/chanterelle *Cantharellus cibatia* 鸡油菌

Golden Chinese Juniper *Sabina chinensis* 'Aurea' 金边龙柏

Golden comma *Polygonia c-aureum* 黄钩峡蝶

Golden Creeping Jenny *Lysimachia nummularia Aurea* 金叶过路黄（英国斯塔福德郡苗圃）

Golden Delicious Apple *Malus domestica* 'Golden Delicious' '金冠' 苹果（英国萨里郡苗圃）

Golden eagle *Aquila chrysaetos* 金雕 / 洁白雕 / 鹫雕（阿尔巴尼亚、哈萨克斯坦国鸟）

Golden Forsythia Flowering Shrub *Forsythia intermedia* var spectabilis 美丽金钟花（美国田纳西州苗圃）

golden glow/cutleaf corn flower *Rudbeckia laciniata* 金光菊 / 九江西番莲（美国田纳西州苗圃）

Golden Gymnopetalum *Gymnopetalum chinense* 金瓜

golden hairy tanoak *Lithocarpus chrysocomus* 金毛石栎

golden hamster *Mesocricetus auratus* 金仓鼠

Golden Hornet crabapple *Malus* ‘Golden Hornet’ 海棠‘金蜂’（英国萨里郡苗圃）

Golden Irish Yew *Taxus baccata Fastigiata Aurea* ‘金柱’欧洲红豆杉（英国斯塔福德郡苗圃）

Golden Japanese Forest Grass *Hakonechloa macra*‘Aureola’ 金色箱根草

Golden Japanese Ogon Sedum *Sedum makinoi* ‘ogon’ 黄金丸叶景天（美国田纳西州苗圃）

golden larch/Chinese golden larch *Pseudolarix amabilis* 金钱松 / 水松

Golden Lemon Thyme *Thymus citriodorus* ‘Aureus’ 金叶柠檬百里香（英国斯塔福德郡苗圃）

Golden Leylandii Hedge *Cupressocyparis leylandii* ‘Castlewellan Gold’ 黄叶柏

Golden Lily *Bulbine bulbosa* 金百合鳞芹（澳大利亚新南威尔士州苗圃）

Golden Lycoris *Lycoris aurea* 忽地笑 / 黄花石蒜 / 老鸦蒜

Golden mayberry *Rubus palmatus* 槭叶莓 / 悬钩子

golden monkey/snub nose monkey *Rhinopithecus roxellanae roxellanae* 金丝猴 / 蓝脸猴 / 川金丝猴

Golden Monterey cypress *Cupressus macrocarpa Goldcrest* 金冠柏 / 金冠大果柏木金叶桧 / 黄金柏（英国萨里郡苗圃）

golden nasturtium/nasturtium *Tropaeolum majus* 旱金莲 / 金莲花

Golden Niobe Willow *Salix alba* var. *tristis* 金枝垂白柳（美国田纳西州苗圃

Golden Oats *Stipa gigantea* 大针茅（英国斯塔福德郡苗圃）

Golden Pheasant *Chrysolophus pictus* 红腹锦鸡 / 金鸡 / 鷩雉 / 山鸡 / 采鸡（中国两种国鸟之一）

golden rod *Solidago canadensis* 秋麒麟草 / 加拿大一支黄花

Golden Scots Pine *Pinus sylvestris* ‘Aurea’ 金黄叶樟子松（英国斯塔福德郡苗圃）

Golden Seal *Hydrastis canadensis* 金印草 / 白毛莨 / 北美黄莲（美国俄亥俄州苗圃）

golden shower senna *Cassia fistula* 阿勃勒 / 腊肠树

Golden St. Johnswort *Hypericum patulum* Thunb. 金丝梅

Golden Sword Adam’s Needle *Yucca filamentosa* ‘Golden Sword’ 金剑丝兰（英国萨里郡苗圃）

Golden tai/yellow porgy *Taius tumifrons* 黄鲷 / 黄加立

golden takin *Budorcas taxicolor bedfordi* 金毛牛角羚

Golden threadfin bream *Nemipterus virgatus* 金线鱼 / 刀鲤

golden tremella *Tremella aurantialba* 金耳

Golden Trumpet Tree *Tabebuia chrysantha*（Jacq.）Nichols. 金花风铃木 / 掌叶紫葳

Golden twig Dogwood *Cornus sericea Glaviramea* 金枝梾木（英国斯塔福德郡苗圃）

olden wave coreopsis ***Coreopsis drummondii*** 金鸡菊
;olden Weeping Willow ***Salix* × *sepulcralis*** **'Chrysocoma'** 金垂柳（英国斯塔福德郡苗圃）
;olden-blue fusilier ***Caesio caerulaureus*** 褐梅鲷 / 石青鱼
oldenearrings ***Asarum insigne*** 金耳环 / 纤梗细辛
;olden fruit fissistigma ***Fissistigma cupreonitens*** 金果瓜馥木 / 桂南瓜馥木
;oldenmargin Agave ***Agare americana*** **var.** ***marginata-aurea*** 金边龙舌兰
;oldenmargin Sansevieria ***Sansevieria trifasciata*** **var.** ***laurentii*** 金边虎尾兰
;olden-margined Japanese Spindle-tree ***Euonymus japonicus*** **f.** ***aure-marginatus*** 金边冬青卫矛 / 金边黄杨
;olden-rain Tree ***Koelreuteria bipinnata Franch*** 复羽叶栾树
;olden-shower Tree ***Cassia fistula*** **L.** 腊肠树
Goldfish 金鱼
~pond 金鱼池
Gold-hairy Tree-fern ***Cibotium barometz*** **（L.）J. Sm.** 金毛蕨
Goldheart Ivy ***Hedera helix Goldheart*** 金心常春藤（英国斯塔福德郡苗圃）
Goldie Dracaena ***Dracaena goldieana*** **Hort. ex Baker** 虎斑龙血树 / 虎斑木
Gold-plating 镏金
Goldplush Prickly pear ***Opuntia microdasys*** **（Lem.）Pfeiffer.** 黄毛仙人掌
Golestan Palace and Museum（Iran） 古勒斯坦宫（伊朗）
golf 高尔夫球
~course 高尔夫球场
~links 高尔夫球场
Gombe National Park（Tanzania） 贡贝国家公园（坦桑尼亚）
gompholite 泥砾岩
Gonçalo Ribeiro Telles 贡卡罗・罗比奥・塔里斯，葡萄牙风景园林师，IFLA 杰里科爵士奖获得者
gong 拱
Gongga Mountain（Ganzi Tibetan Autonomous Prefecture，China） 贡嘎雪山（中国甘孜藏族自治州）
goniometer 量角器
Good King Henry ***Chenopodium bonus-henricus*** 藜菜 / 皆佳
Good-luck Plant ***Cordyline fruticosa*** **（L.）A. Chev.** 朱蕉 / 红叶铁树
goodluck palm/parlor palm ***Chamaedorea elegans*** 袖珍椰子 / 客室棕
goodness 优势，优度；优良，精华；善
goods 商品，货物，动产
~freight volume 货运量
~handling 物资管理
~shed 货棚
~station 货站
~traffic 货运交通
~traffic；volume of goods traffic 货运量
~transport 货物运输
~van 货车
~vehicle 运货卡车
~yard 货场
goose foot 鹅脚（法国园林师称这种交汇道路的形式为鹅脚）
Gooseberry/wine berry ***Ribesgrossularia***

鹅莓 / 欧洲醋栗 / 圆醋栗

gooseberry 醋栗

~flower 醋栗花

goosefoot 藜

goral（***Nemorhaedus goral***）斑羚 / 青羊

gore 三角形块，（车行道的）三角形分道点

gorge 峡，峡谷，凹钊 { 建 }；障碍物；塞满，山峡

Gorilla 猩猩

gorilla（***Gorilla gorilla***）大猩猩

Gorky Central Park of Culture and Rest（**Russia**）高尔基中央文化休息公园（俄罗斯）

Gorky Cultural Park 高尔基文化休息公园（俄罗斯）

Goshawk/ northern goshawk *Accipiter gentilis* 苍鹰 / 鸡鹰 / 黄鹰

Gothic 哥特式建筑，尖拱式建筑

~revival 哥特式复兴时代

Gothicism 哥特式

Gothic style 哥特式风格

Gouldian finch *Chloebia gouldiae* 七彩文鸟 / 胡锦鸟

gourd 葫芦类植物

gout plant/Australian bottle plant *Jatropha podagrica* 佛肚树

governing 执行，决定，控制

~body 执行机构，理事机构

~factor 决定性因素

~point 控制点

government 政府；政权；管理，支配；管辖区域

~agency 政府机关

~authority agency 政府机关

~authority，major 主要政府管辖权

~authority，state/federal 国家 / 联邦政府当局

~bond 公债

~bulletin 政府公报

~business enterprises 国营企业

~construction project 政府建筑规划

~Contracts for Building and Civil Engineering Works，General Conditions of（英）建筑和土木工程合同通用条款

~department，local 当地政府部门

~department responsible housing 负责住房的政府部门

~document 官方文件，公文

~engineer 政府工程师，国家工程师

~enterprises 国有企业

~-funded research report 政府资助研究报告

~house 政府办公楼，官邸

~housing 政府投资

~library 政府图书馆

~loan 公债

Government Museum and Library 国家博物馆和图书馆

~office 衙署

~ownership 国家所有制

~property 国有土地，公有财产

~publication 政府出版物，官方出版物

~quarter 政府宿舍

~railway 国营铁道

~reservation 政府保留用地

~-run facility 国营企业

~service 政府服务（设施）

~-sponsored research 政府主办的研究项目

~undertaking 国营事业
~use 政府用途
overnmental 政府的，政府设立的；统治的
~agencies 政府机关
~organ 政府机关
~regulation 政府法规
overnments 政府，政体
overnments，**Metropolitan Council of**（美）大城市政府，大城市政务委员会
RA（**gross residential area**）总居住面积（公寓单元总面积 + 公寓服务面积 + 公寓辅助面积 + 技术用房）
radation 级配；分级，分类；渐进性；渐近性；粒级作用，分粒作用，均夷作用｛地｝；层次
~of stones（路用）石料等级
rade 坡度；（等）级；品位，阶级；度；定坡度；平土方；分等级，定等级；分类；分度；级配；室外地坪
~ability 爬坡能力
~builder 整坡机
~change point 变坡点
~compensation 纵坡折减
~control 坡度控制
~crossing（美）（铁路，公路等的）平交口，平交道，平面交叉
~crossing pavement 平交道路面
~efficiency；fractional separation efficiency 分级除尘效率
~elevation 路面标高
~elimination 坡度消除
~flush 阶级沼地
~intersection 平交口
~length limitation 坡长限制
~limit 坡度限制
~line limit 坡长限制
~location 坡度设计，路基设计
~of scenic areas 风景名胜区等级
~of side slope 边坡坡度
~of slope 坡度
~of station site 站坪坡度
~of switch area 道岔区坡
~of waterproof 防水等级
~post 坡度标
~resistance 坡度阻力
~section 坡段
~separated bridge；overpass bridge 跨线（立交）桥
~separated intersection 道路分层交汇处
~-separated intersection（美）立体交叉
~separated junction 立体交叉
~separated parkway 立体交叉花园公路
~separation 简单立体交叉，立体交叉，道路分层
~-stake 坡度桩，坡桩
~trimmer 坡度整平机，整平机
~-up 上坡，升坡
acceleration~ 加速坡度
adverse~ 反向坡度
bulk~（美）主体坡度
curb~ 路缘坡度
descending~ 降坡，下坡
establishing a finished~ 建造完成（终饰）坡度
excavation for subbase~（美）开凿底基层坡度
existing~（美）实有坡度
fee~ 交费坡度
final~ 最终坡度

finish~（美）终饰坡度
finished~竣工坡度
level~平坡度
meeting finished~（美）交叉点竣工坡度
quality~（英）优质坡度
rough~粗糙坡度
subbase~（美）底基层坡度
uniform~均匀坡度

Grace Smoketree ***Cotinus coggygria*** **×** ***obovatus*** **'Grace'** 美国黄栌（美国田纳西州苗圃）

Grace Smoketree ***Cotinus coggygria*** **×** ***obovatus*** **'Grace'** 雅色红栌（英国萨里郡苗圃）

graceful gypsophia/common gypsophia/ baby's breath ***Gypsophila elegans*** 霞草/满天星/丝石竹

Grackle/ hill myna ***Gracula religiosa*** 鹩哥/秦吉了/了哥

graded 级配的；分度的；定等级的；有坡度的；作成一定断面的
~aggregate pavement 级配路面
~crossing 立体交叉
~gravel layer 承托层
~junction 有坡度交叉口
~sediment group（美）坡度沉渣基
~sizes（集料）分级规格尺寸
~-soil mixture 级配（砂）土混合料
~track for freight work（货运厂）上坡线，爬坡线，骆驼线
~tube 刻度管
~width 修整宽度

grader 平地机，平路机，推土机

gradient 倾斜度；斜面；斜坡；坡道；上坡；生坡；梯度、温度、气压等的增减率
~break 坡度折点，坡度变更点
~change 坡度更改
~current 梯度流
~of a slope 斜坡的斜率
~of landscape modification 景观改造的坡度
~of river 河流坡降
~profile（美）坡道剖面（图），坡道外观
~ratio 梯度比
~resistance 坡道阻力
~section 坡道段
change in~坡度变化
embankment~堤岸坡度
hydraulic~水力坡降，水力梯度，水力坡降线
longitudinal~纵坡度
lost~已毁坡道，废弃坡道
pipe~输送管倾斜度
slope~斜坡坡度
gradients' gradient 的复数
surveyed to proposed falls and~对拟建瀑布及其斜度进行测量

grading 土工修整，平整土地；削坡，平整坡度；作成断面；级配；定纵坡度；分等级
~analysis 颗粒分析
~and level(l)ing 土工修整并水准测量
~curve（颗粒）级配曲线；土积曲线
~design 土工修整图样；级配设计
~elevation 路基标高
~envelope 级配范围
~factor 级配系数
~job 土工平整工作，平土工作

~limitation（颗粒）级配范围
~map 土方地形整理图，地均图
~of aggregate(s) 集料级配
~of formation level（英）道路基面水平面土工修整
~of river bank 河岸整坡
~of soil 土的级配
~of subbase（美）底基层（基层下层）土工平整
~operation 土工平整工作，平土工作
~plan（美）竖向土地规划
~system in chinese historical architecture 中国古代建筑等级制度
~work 土工整平工作，平土工作
average~平均级配
bulk~（美）大小级配，尺寸级配
coarse~粗级配
cost of~土方工程费，土工修筑费
fine~细级配
finish~（土工）最后整平，（路基）最后整型
finished~（美）完工的土工修整
major~（平地机的）初次主要整平行程
maximum density~最大密度级配
minor~局部级配
rough~（路基）初步整型，（土方）初步整平
typical~典型级配
radometer 坡度测定仪，量坡仪，测斜器，测坡器
radual 渐进的，逐渐的；逐次的
~irregularity 渐变不平整度
~slope 缓坡
~sloping ground 渐进倾斜地面
raduate school（美）（大学中的）研究院
Graessner Ballcacus ***Notocactus graessneri*** 黄雪光
graffito pollution 涂写污染（指在公共场所的乱涂）
graft（接枝用的）嫩枝；接枝，嫁接；贿赂；接枝，嫁接；使接合；受贿
~copolymer 接枝共聚物 {化}
~copolymerization 接枝共聚作用
~polymer 接枝聚合物
~rubber 嫁接橡胶（加聚合物的橡胶浆或粉），（高分子）接枝橡胶 ~union 接合
graftage 嫁接
grafting 嫁接，接枝，便接合
~knife 切接刀；嫁接刀
~technique 接木技术
~-tool 平铲，平锹
grain 粒，颗粒；（城市规划的）粒布；肌理；纹理，混合布置
~composition 颗粒组成
~elevator（美）高粮仓，谷物仓库
~output per mu 粮食亩产量
~processing machinery plant 粮食机械加工厂
~processing plant 粮食加工厂
~-producing area 产粮区
~shop 粮店
~silos；granary 粮食筒仓
~size 粒径
~storehouse 粮食平房仓
~terminal 散粮码头
Grain Full（**8th solar term**）小满
Grain in Ear（**9th solar term**）芒种
grain production base 粮食生产基地

Grain Rain（**6th solar term**）谷雨
grainfield 粮田
graminoid 禾本科植物；禾本科的
Granada 格兰纳大〈十世纪西班牙南部安达路西亚的城市〉
granary 粮库，粮仓，谷仓；产粮区
grand 大的；主要的；全部的；最重要的；伟大的
~award 大奖
~canal 大运河
Grand Canyon National Park 大峡谷国家公园（美国）
Grand Chancellor's Temple 大主教教堂
Grand Coulee Dam 大库利水坝（美国）
~entrance 正门
Grand Mosque of Xining（China）西宁清真大寺（中国）
Grand Palace（Thailand）大王宫（泰国）
Grand Place in Brussels（Belgium）布鲁塞尔大广场（比利时）
~staircase 双分楼梯
Grand Teton National Park 大德顿国家公园（美国）
~tier 花坛顶层
~total 总计，总合，共计，总计数
Grand View Garden（Beijng，China）大观园（中国北京）
Grand View Tower（Kunming，China）昆明大观楼（中国）
Grand Torreya ***Torreya grandis*** 榧子 / 香榧 / 野杉
Gtandiflower Wintersweet ***Chimonanthus praecox*** **var.** ***grandiflorus*** 磬口蜡梅
Grandiflower-concolor Wintersweet ***Chimonanthus praecox*** **'Grandiflora-concolor'** 磬口素心蜡梅
grandiose 雄伟的，壮观的
grandstand 大看台，正面看台，看台
grange 农场；农庄，庄园
granite 花岗岩，花岗石
~bed 花岗岩地基，花岗岩路基
~block 花岗石块
~coating 花岗石墙面
~plate 花岗石板
~sett 花岗岩小方石块
~surface 花岗石面层
granitic 花岗岩（似）的，由花岗岩做成的
~stucco coating 水刷石墙面
granitite 黑云花岗岩
granny's bonnet/European columbine/European crowfoot ***Aquilegia vulgari*** 耧斗菜（漏斗菜）
granolith 人造铺地石
granodiorite 花岗闪长岩
granodolerite 花岗粒玄岩
granogabbro 花岗灰长岩
granophyre 花斑岩
grant 许可，答应；承认；授予，让与；补助金；许可，答应；承认；授予，让与；补助；假定；容忍
~of land 批地
~s-in-aid 补助金
~，private（美）私人资助
public~ 社会资助
Grant's gazelle（***Gazella granti***）格氏瞪羚
granular 粒状的，粒料的；有小粒形成的
~base 粒料基层，粒料底层
~bed filter；gravel bed filter 颗粒层除

尘器
~deposit 粒状沉积
~drain fill 粒料排出填方
~fill 粒料填方
~material 粒料，粒状材料
~material，drained（美）排出的粒料
~ped（美）粒状（土壤）集料
~playing court（美）粒料比赛（网球，棒球）球场
~playing surface（美）粒料比赛地面
~（road）base（英）粒料路基础
~soil 粒状土，颗粒土
~soil structure 粒料土结构
~subbase 粒料底基层
~surface course（美）粒料地面跑马场
~terrace 粒料平台
ranule 粒；粒砂；团粒
~soil 小粒土，微粒土
rape 葡萄
~-myrtle 紫薇
rape Orchard 葡萄园
rape/European grape/wine grape(***Vitis vinifera*** **)** 葡萄（欧洲种）(英国萨里郡苗圃）
rape/fox grape（*Vitis labrusea*）葡萄（美国种）
rape Fern *Sceptridium ternatum/Botrychium ternatum* 阴地厥 / 一朵云
rape hyacinth *Muscari botryoides* 蓝瓶花 / 葡萄风信子
rape horn worm *Ampelophaga rubiginosa* 葡萄天蛾
rape leaf beetle *Oides decempunctata* 葡萄十星叶甲
rapefruit（*Citrus paradisi*）葡萄柚
grapefruit *Citrus changshanhuyou* 常山胡柚 / 常山金柚
Grape-Flower Vine Kidney-bean Tree *Wisteria flortbunda* (willd.) DC var. alba Bailey 白花紫藤（英国萨里郡苗圃）
Grape-myrtle *Lagevstroemia indica* L. 紫薇
grapery 葡萄园
grapevine 葡萄藤，葡萄属植物
~arbor（美）葡萄藤棚架
graph representation 图表示
graphic(al) 图解的；记录的；绘图的；雕刻的；生动的
~analysis 图解分析
~analytic method 图解分析法
~art 图表（印刷）艺术
~design 装帧设计
~example 图例
~illustration 图解说明
~information system 标示系统
~language 图像语言
~mapping control point 图解图根点
~method 图解（法），图示法
~pattern recognition 图形识别
~representation 图示
~representation of building of Zhou dynasty 周代建筑图像
~scale 图解比例尺，绘图标尺
~solution 图解法
~statics 图解静力学
graphical symbol 图例
graphics（计算机）图形学；利用计算机处理图形信息；制图法；图解计算法；图形数据
graphite 石墨

graphy presentation 图示
graptolite 笔石
Graptopetalum ***Graptopetalum Paraguayense*** **E. Walther** 宝石花
grasp 抓住，紧握；抱住；理解
grass 草，草地，草坪，草皮；植草，铺草皮
~area 草坪面积；草坪区
~area，establishment of 补充草坪区
~areas，establishment of 草地建设面积
~areas，seeding of 草地播种面积
~carpet 草坪
~clippings（美）草坪修剪
~concrete slab（英）草坪混凝土
~cover 草皮覆盖
~covered land 生草地，青草覆盖的土地
~cutter 割草机
~cutting 割草
~cutting，long 长期割草
~ditch check（沟中防冲刷的）草堰
~-filled joint 草皮填满接缝
~garden 草地庭园，草坪庭园
~green 草绿色
~growth uncontrolled 不受控制的长草
~intrusion，uncontrolled 不受控制的闯入草地
~land 草地，牧场
~mixture，sports 体育活动的混合草地
~mixture，standard 标准混合草地
~modular paving（美）草填缝组合式路面
~on crushed aggregate 碎石草坪
~paver 草皮（水泥或沥青混凝土等路面）摊铺机
~pavers，pavement of（英）草地路面摊铺机
~paving block（英）草填缝路面街区
~playing field 草地（体育等）比赛场地
~plot（小块）草地
~-plot 小草坪，小草地
~plugging 切割草皮
~prairie，tall（美）高棵草草地，高棵草大草原
~root 农业区，基层
~roots 农业地带，农业区
~savanna（h）长满草的（美国佛罗里达州等的）无树草原，长满草的热带（或亚热带）稀树草原
~seed and fertilizer spreader 草种及肥料撒布机
~-seed mixture 草籽混合（拌和）
~seeding 草地播种
~setts paving（英）草地石板铺路
~shears 剪草剪刀
~shoulder（铺）草皮路肩
~sportsfield 草地体育运动场
~steppe，tall 长满高棵草的（亚洲、东南欧和西伯利亚等地的）干草原长满高棵草的俄罗斯大草原（吉尔吉斯大草原），大草原
~strip 草地起降场地
~type 草地类型
~verge 路边草坪，草皮路肩
~walk 铺草路，铺草人行道
accent~ 特色草地
arching ornamental~ 弓形观赏草坪
lawn~ 林间草地草坪
nurse~ 草坪护理员，草坪养护者
ornamental~ 观赏草坪
shade~ 阴凉处草坪

shade-tolerant~耐阴草坪
rass carp（*Ctenopharyngodon idellus*）草鱼 / 鲩鱼
rass-leaved Sweetflag *Acorus tatarinowii* Schott 石菖蒲
ass nut/triplet lily/brodiea *Brodiaea laxa* 紫山慈姑
rass owl/ cape barn owl（*Tyto longimembris*）草鸮
assbox 草箱
assed 植草的，铺草的
~area 植草（地）带，铺草（皮）地区
~margin 植草边缘带
~roof 植草屋顶
~strip 带状铺草地带
~surface 铺草地面
rassing 长满草，产草，使长满草
cost-effective~成本效益产草
low-cost~低成本价格产草
rassland 牧场，草原，草地
~agriculture 草原农业
~community 牧场社区，草原社区
~farming 牧场农业（畜牧业，养殖业）
~management 牧场管理（经营）
~species 牧场种类，草原种类，草地种类
Grassland Tourist Zones 草原旅游区
~vegetation，mapping of 草原标记植物
~yield index 牧场产物标志
abandoned~废弃的草牧场
acidic~酸性草地
alpine~高山草地
arid~干旱草原
avalanche~雪崩区草原
chalk~（英）施白垩（作肥料的）草地
dune~沙丘草原
fallow~休耕草地
limestone~石灰岩草地
natural~自然草原，原始草原
nutrient-poor~贫瘠草地
open orchard~（美）开阔果园草地
permanent~永久（性）草原
ploughing-up of~（英）草原耕地
plowing up of~（美）草原耕地
semi-dry~半干旱草原
steppe-like~有（亚洲、东南欧、西伯利亚等的）干草原特征的草原，有（俄罗斯、吉尔吉斯）大草原特征的草原
temporary~（美）临时草地
tropical~热带草原
turning-over of~草地翻耕，草地重新播种
Grassleaf Liriope *Liriope graminifolia* 禾叶土麦冬 / 寸冬 / 麦门冬
grassleafed sweetflag *Acorus gramineus* 石菖蒲 / 金钱蒲 / 岩菖蒲
grate 格栅；栅格，格子；花（铁）格{建}；壁炉；炉算，炉栅，炉排；选矿筛；装格栅等；摩擦，磨损
~area 炉算面积
~bar 炉条
~bar structure 栅格式结构
~cover 格栅盖
~inlet（美）帘格进水口
~opening（of inlet）（进水口的）栅格
~type inlet 栅式进水口
concrete tree~（美）混凝土树栅
dome~（美）圆屋顶护栅
door~（美）门护栅
drainage~（美）排水格栅

gutter~（美）街沟进水（偏沟，明沟）格栅
inlet~（美）进水口栅格
steel~钢栅格
storm drain~（美）雨水沟渠栅格
tree~（美）树格栅（保护树根部的）
grated 格式
~inlet 栅式进水口
grated or solid cover 格式或实盖的
graticule 方格图
gratification 奖金，报酬；使人满意的事，可喜的事；满足，喜悦
grating 格栅，窗格，格子；栅栏；光栅；花（铁）格{建}；雨水箅；滤栅；炉栅；摩擦的
~beam 槛木，排架座木
~cast iron channel with（英）栅格式铸铁槽
~guttert 栅格式街沟
~inlet 栅格式进水口
cast iron drain with~（美）栅格式铸铁排水沟
gully~（英）进水井栅格，进水口栅格
gratuity 退职金，退伍金，养老金，抚恤金；小费
~fund 养老金
grave 坟地，地窖；严肃的，庄重的；重大的
~cross 坟地十字架
~design 坟地设计
~digger（美）坟地挖掘者
~emulsion 重质乳液（法国用于道路基层的乳化沥青）
~garden 陵园，墓地
~in a row，urn 骨灰瓮公墓
Grave Mounds of Bahrain 巴林墓丘
~planting 坟地绿化
~site 坟地选址
~slab 坟地停尸板，坟地混凝土路面
~tablet 坟地（铭刻文字的）匾（牌）
~yard 墓地，坟地
~yard，auto（美）报废车辆堆积场
bi-level~（美）双层墓地
individual urn~个人骨灰瓮坟地
memorial~纪念性公墓
rest period of~（英）墓地休息时间
single row~单排坟地
urn~骨灰瓮坟地
use period of~（美）坟地可用时间
gravel 砾，砂砾，砾石，卵石；铺砾石
~additives 铺砾石外加物
~ballast 砾石道碴
~bank 砾石堤（岸），砾石边坡
~bed 砾石河床
~by nature 天然砾石
~chippings，layer of~（英）砂砾层碎屑
~-covered roof 砂砾覆盖屋顶
~desert 砾漠
~drive 砾石路
~excavation，dry 干涸砾石挖掘
~extraction 砾石采掘
~extraction plant 砾石提选厂
~extraction site 砾石采掘场
~fill 砾石填方
~pack 滤料
~packed screen 填砾过滤器
~pavement 碎石路面
~pit 采砾坑，砾石坑
~pit reclamation 采砾坑围垦
~pit，wet 湿采砾坑

~river terrace 砂砾河沿岸阶地
~road 砾石路，砂石路
~sidewalk 砾石人行道
~track 砾石路，铺放砂砾的线路〈禁止车辆通行的一种方法，将沙砾堆积在线路的长度上〉
~walk 砾石人行道（公园中的）砂砾小路
~-walk 砾石布道，砾石小路
~working，sand and 沙和砾石开采
air~ 气干砾石
alluvial~ 冲积土砂砾
clean~ 干净砂砾，洗净后没用过的砂砾
coarse~ 粗砾石
fine~ 细砾土
in site~（施工）现场砂砾
loamy~ 带土砾石
medium~ 中等砂砾
pea~ 豆（粒）砾石，绿豆砂
pit~ 坑砂砾
quarrying of~ 砂砾采石场
washed~ 洗净砾石
gravelled path 铺砂砾路，石子路
gravelling of road 砾石铺路面
gravelly soil 砾类土
gravesite planting 墓地栽植
gravestone 墓碑
~design 墓碑设计
graveyard 墓地，墓场
~hours 少有车辆往来的时候，流量稀少时间
gravimetric method 称重法
graving dock 干船坞
gravitational 引力的，重力的，地心吸力的
~water 重力水
gravity 重力；认真；严重性
~dam 重力坝
~density；unit weight 重力密度（重度）
~density of grain 粮食重力密度
~model（土地利用，交通规划应用的）重心法，引力模型
~model of migration 迁移的重力模型
~pier（abutment）重力式墩、台
~quay-wall 重力式码头
~retaining wall 重力式挡土墙
~separator；settling chamber 沉降室
~supply 重力输配
~-type retaining wall 重力式挡土墙
gray 灰色；灰色颜料；（符号 Gy）戈端（吸收剂量单位）；灰色的；阴沉的
~brown podzolic soil 灰褐色灰化土，灰褐色灰壤
~dune（美）灰色沙丘
~scale 灰阶
~soil（天然砂土混合物的）灰土
Gray bare nose/gingko fish *Gymnocranius griseus* 灰裸顶鲷 / 白立 / 白鲷
gray bark Sargent spruce *Picea brachytyta* var. *complanata* 油麦吊云杉
Gray cod/pacific cod *Gadus macrocephalus* 鳕鱼 / 大头鳕 / 大头
gray desert soil 灰漠土
gray echeveria *Echeveria secunda* var. *glau-ca* 石莲花
gray gum/forest red gum *Eucalyptus tereticornis* 细叶桉
gray lemming/wood lemming（*Myopus schisticolor*）林旅鼠

Gray mullet/stiped mullet *Mugil cephalus* 鲻鱼 / 乌鱼

gray seal *Halichoerus grypus* 灰海豹

Gray thrush *Turdus cardis* 乌灰鸫 / 牛屎巴巴

gray wolf/timber wolf *Canis lupus* 狼 / 青狼 / 灰狼

Graybeard Grass *Spodiopogon sibiricus* Trin. 大油芒

Gray-bellied tragopan *Tragopan blythii* 灰腹角雉

Gray-fronted green pigeon *Treron pompadora* 灰头绿鸠

grayling zone（英）灰色状态（地）带，灰色状态区

Gray's Sledge *Carex grayi* 金碗苔草（美国俄亥俄州苗圃）

graze 擦过，擦伤；牧畜；轻擦；长草；放牧

grazed woodland 放牧林区

graziery 畜牧业

grazing 放牧，牧场

~cattle 放牧的牛

~animals 放牧动物

~areas 放牧区，牛草区

~capacity 牧畜容量

~common（land）（英）放牧公地

~commons（美）公用放牧地

~forest，common 公用放牧林区

~ground，forest 林区放牧场

~land 放牧场

~-land 牧场

~pressure 牧场利用强度

~stress 牧场压力

~system 牧场系统

common~公用牧场

grazing land 放牧地，牧场

grease（润）滑脂，润滑膏；牛油；动物脂，油脂；油腻；涂（润）滑脂，涂油脂

~interceptor 隔油井

~separator 油脂分离器；除油池

~trap 隔油器

great 全部，全体；巨大的，伟大的；重大的；主要的；非常的

~agricultural theory 大农业理论

Great Bell Temple（Beijing City，China）大钟寺（中国北京市）

Great Britain 大不列颠（即英国）

~calorie 大卡，千卡（热量单位）

~canal 大运河

~circle 大圆，（地球的）大圈

Great-Compassion Temple（Haicheng，China）大悲寺（中国海城市）

Great Geysir（Iceland）大间歇泉（冰岛

Great Golden Stupa，Rangoon（see Shwe Dagon Pagoda）（Burma）仰光大金塔，瑞德宫塔（缅甸）

Great Hall of the People（Beijing，China）人民大会堂（中国北京市）

~industry 大工业

Great Mosque of Cordoba（**Spain**）科尔多瓦大清真寺（西班牙）

Great Mosque of Ez-Zitouna（**Tunisia**）宰图纳大清真寺（突尼斯）

Great Mosque of Mecca（**Saudi Arabia** 麦加大清真寺（沙特阿拉伯）

Great Mosque of Omayyad（**Syria**）倭马亚清真寺（叙利亚）

~society programs 大社会计划

~soil group（美）土类（亦作 great group）
Great Temple at Baalbek（Lebanon）巴勒贝克神庙（黎巴嫩）
Great Vermilion Gateway（Beijing，China）大宫门（中国北京市）
Great Wall（Beijing,China）万里长城，长城（中国北京市）
Great Wall at Badaling（Badaling Section of the Great Wall）(Beijing，China）八达岭长城（中国北京市）
Great Wall at Huangyaguan Pass（Tianjin，China）黄崖关长城（中国天津市）
Great Wall at Jinshan ling（Chengde，China）金山岭长城（中国承德市）
（The）Great Wall at Jinshanling，Shan-haiguan and Laolongtou sections（Chengde，China）金山岭、山海关、老龙头长城（中国承德市）
Great Wall at Mutianyu（Beijing，China）慕田峪长城（中国北京）
Great Wall at Simatai（Simatai Section of the Great Wall）(Beijing，China）司马台长城（中国北京市）

Great bustard（***Otis tarda***）大鸨 / 地鵏（匈牙利国鸟）

Great Cold（**24th solar term**）大寒

great gerbil ***Rhombomys opimus*** 大沙鼠

great gray kangaroo ***Macropus giganteus*** 大灰袋鼠

Great Heat（**12th solar term**）大暑

Great hornbill ***Buceros bicornis*** 双角犀鸟

great red kangaroo/red kangaroo ***Macropus rufus***）大赤袋鼠 / 红大袋鼠

Great Rosefinch ***Carpodacus rubicilla*** 大朱雀（科威特国鸟）

Great Snow（**21th solar term**）大雪

Great tit ***Parus major*** 大山雀 / 仔仔黑儿 / 黑子 / 子规

Great Wood-rush ***Luzula sylvatica*** **'Aurea'** 金叶丛林地杨梅（英国斯塔福德郡苗圃）

Greater 较大的，大的
~coasting area 近海区域
Greater London Council（GLC）(1960 年改组建立的英国）大伦敦议会
Greater London Plan（1944 年的）大伦敦规划

Greater Celandine ***Chelidonium majus*** 大白屈菜 / 燕子草

greater galago ***Galago crassicaudatus*** 粗尾婴猴

Greater lizardfish ***Saurida tumbil*** 多齿蛇鲻

Greater necklaced laughingthrush ***Garrulax pectoralis*** 黑领噪鹛 / 大花脸

Greater Periwinkle ***Vinca major*** **L.** 长春蔓（蔓长春花）

Greater pipefish/narrow snouted pipefish ***Syngnathus acus*** 尖海龙 / 海龙 / 杨枝鱼

Greater spotted eagle ***Aquila clanga*** 乌雕 / 皂雕 / 花雕

great-headed garlic/blueleek ***Allium ampeloprasum*** 大头蒜 / 南欧蒜

Grecian architecture 希腊建筑

Grecian Foxglove ***Digitalis lanata*** 毛地黄 / 巫婆的手套

Greco 希腊的，希腊式的

Greco-Roman-Museum（**Egypt**）希腊－罗马博物馆（埃及）

Greco-Roman style 希腊罗马式

Greek 希腊的，希腊式的，希腊人的

~architecture 古希腊建筑

~revival 希腊复古式

~theater 古希腊露天剧场

Greek art 希腊美术—前 12 世纪至前 1 世纪希腊本土及其附近岛屿和小亚细亚西部沿海地区的美术。

Greek Oregano ***Origanum vulgare hirtum*** 希腊奥勒冈 / 希腊牛至（美国田纳西州苗圃）

Greek Orthodox Church 希腊正教

green 绿色；草原；绿色颜料；（公有）草地；草坪，[复]绿叶；蔬菜；绿（色）的；青年的；新（鲜）的；赞成环境保护及环境生态的；无经验的；有精神的；使成绿色。

Green and Clear Mountain Room 澄碧山房

~area 绿化区，绿地面积

~area for environmental protection 防护绿地

~area, industrial 工业绿化区

~area plan 绿地布置图，绿化区总平面图

~area, private 私人绿地面积

~area, zoned（美）地区绿化面积

~areas, suburban 郊区绿化面积

~areas, system of 绿化系统面积

~band 绿波带

~barrier 绿篱，防护绿地

~-belt 绿化带，绿地系统

~belt concept（英）城市绿带概念

~belt planning 城市绿地规划

~belt sprinkling; green plot sprinkling 绿化用水

~belt town（1935—1938 年美国建设的）绿（地）带城镇

~buffer 防护绿地

~book 绿皮书

~brick 砖坯

~connection, roadside（英）路边草地连接

~corridor, regional 地区绿色走廊

~coverage 绿化覆盖率

~covering 植被

~crop 蔬菜作物

~culture 绿文化

~district 绿化地段，绿地区

~Dragon 青龙

~facilities 绿地设施

~fallow 绿地休耕地

~fence 树篱笆，绿篱

~-field site（英）绿化地选址

~finger connection 绿色指形廊道连接

~fingers（英）园艺技能

~grocery 蔬菜水果商店

~hand 园艺技能

~house 温室，花房，暖房

~-house effect 温室效应

~illumination 绿色照明

~infrastructure 绿色基础设施

~island 绿（色）岛（屿）

~light 绿灯

~lumber 新伐木材，生材

~manure catch crop 绿肥作物

~manure crop 绿肥作物
~manure plant 绿肥植物
~manuring 施绿色肥
~masonry 新筑圬工
~matrix 绿化均布，绿地矩阵
~network 绿地网，绿地系统
~oak roller moth（green oak tortrix）a leaf roller 橡树卷叶蛾，卷叶蛾科的一种
~of a city 城市的绿化地带
~oil 绿油
~open space 绿化公共开放地区
~open space ring 环状绿地
~open space structure plan 绿地结构规划
~open spaces，suburban 市郊绿化开阔地区
~or "brown" roof 绿色或棕色屋顶
Green Paper 绿皮书（英）（提出意见、建议以备讨论的政府文件）
~park 天然公园，草地公园
~plant 绿色植物
~-planted city 绿化城市
~plot 块状绿地
~production 绿色产品，无污染产品
~pruning 绿地修剪
~public space 公共绿地
~ratio in visual field 绿视率
~revolution 绿色革命，农业革命
~-roof construction（美）绿色屋顶建造
~room 演员休息室
~schist 绿色片岩
~sculpture 绿色雕塑
~separation zone 绿色隔离带
~setting 绿色背景
~signal 绿色信号
~space 绿地
~space conservation area 绿地保护区
~space corridor 绿地走廊
~space data bank 绿地资料库
~space effect 绿地效果
~space feature（美）绿地特征，绿地景物
~space fringe 绿地边缘
~space in point，bett and patch 点线面绿化
~space in residential area 居住区绿化
~space index of residential area 居住区绿地指标
~space indices of residential area 居住区绿地指标
~space layout 绿地布局
~space microclimate 绿地小气候
~apace of residential 居住区绿化
~space planning，general urban 城市总体绿化规划
~space policy 绿地政策，绿化政策
~space，private 私人绿地
~space ratio 城市绿地面积率
~space，residential 住宅绿地
~space resource 绿地资源
~space survey 绿地调查
~space system 绿地系统
~space，zoned 区域绿地
~spaces，administration and maintenance of public 公共绿地的管理和保护
~spaces，development of 绿地开发
~spaces，maintenance of 绿地维护
~spaces，peripheral urban 城市周边绿地

~spaces, provision of 绿地条款（规定，条文）

~spaces, supply of developed 提供开发绿地

~spaces, travel way（美）道路网状绿地

~spaces, urban 城市绿地

~split 绿色信号比，绿信比

~spot 点状绿地

~surface 绿地

~survey 自然环境保护调查

~thumb 园艺技能

~timber 新伐木材，湿材，生材

~townscape feature（英）绿色城市园林特色，绿色城市景观特色，绿色城市风景特色

~tunnel 绿荫道

~wave band width 绿波带宽

~waves 绿波（交通信号形式）

~way 绿化道路，绿荫道路，园林路

~wedge 绿楔（农地或林野伸入城市之部分），楔形绿地

~weight 湿材重

~wood 新伐木材，生材，湿材

cosmetic~装饰草地

public area~公共地区草地

public space~公共场地草地

putting~高尔夫球场草地

roadside~（英）路边地带草地，路边草地

summer~夏季草地

winter~冬季草地

Green Bee-eater *Merops orientalis* 绿喉蜂虎

Green cochlid *Latoia consocia* Walker 褐边绿刺蛾

green coverage ratio 绿化覆盖率

green emerald *Philodendron erubescens* cv. Green Emerald 绿宝石喜林芋（即绿宝石）

Green imperial pigeon（***Ducula aenea***）绿皇鸠

green movements 绿色运动，又称生态运动

Green peach aphid *Myzus persicae* 桃蚜

Green peafowl/ peafowl *Pavo muticus* 绿孔雀 / 孔雀

Green Pheasant *Phasianus versicolor* 绿雉 / 日本雉 / 绿雉鸡（日本国鸟）

green pricklyash *Zanthoxylum schinifolium* 青花椒 / 香椒子 / 崖椒

Green scarabs *Mimela holosericea Fabricius* 粗绿彩丽金龟

green space ratio 绿地率

Green Spleenwort *Asplenium viride* 绿柄铁角蕨 / 欧亚铁角蕨

Green stink bug 草坪蝽类 ***Scotinophara lurida*** 稻黑蝽 ***/Dolycoris baccarum*** 斑须蝽 ***/Nezara viridula*** 稻绿蝽 ***/Stibaropus formosaus*** 根土蝽

Green swallowtail *Actias selene ningpoana* 长尾水青蛾

Green Wattle Acacia *Acacia decurrens* 鱼骨松 / 绿荆树 / 澳洲细叶金合欢

green wedge 楔形绿地

Greenback Fortune Plumyew *Cephalotaxus fortunei* var. *concolor* 绿背三尖杉

greenbelt 绿化地带

~cities 绿带城

~concept（美）绿化地带概念

~policy 绿化地带政策

Green-blacked flycatcher/ black-and-yellow flycatcher ***Ficedula narcissina*** 黄眉[姬]鹟/黑背黄眉翁

Green-breasted pitta ***Pitta sordida*** 绿胸八色鸫

greenery 草木；草木园，绿叶，绿树

~with climber 攀援绿化

Greenfinch（***Carduelis chloris***）金翅雀

green-fleshed radish（***Raphanus sativus*** **var.** ***longipinnatus*** **(variety of)**）绿萝卜

green grove bamboo ***Phyllostachys aurosulcata*** **f.** ***spectabilis*** 金镶玉竹

Greenhouse 花房，玻璃暖房，温室

~climate controller 温室气候控制器

~covering 温室覆盖

~effect 温室效应

~equipment 温室设备

~plant 温室植物

Greenhouse whitefly ***Trialeurodes Vaporariorum*** 白粉虱

greening 绿化

~design 绿化设计

~Engineer 绿化工程师

~of built-up areas 建成区绿化

~of the city 城市绿化

Greening of the People's Plaza in Shanghai 上海人民广场的绿化

~rate 绿地率

Greening of Rosa chinensis 月季绿瓣病（植物菌原体 MLO）

Greenish Flower Rhododendron ***Rhododendron chloranthum*** 黄绿杜鹃

greenland 绿地

Greenleaf Piptanthus ***Piptanthus concolor*** **Harrow et Craib** 黄花木

greenroom 演员休息室

greens 绿叶植物（观赏用），蔬菜

Green-stem Forsythia ***Forsythia Viridissima Lindl.*** 金钟花

greenstone 绿岩{地}

greenstuff 蔬菜，草木

greensward 草地，草皮，草坪

Green-tailed lycaenid ***Favonius orientalis*** 艳灰蝶

greenway 林荫路/绿道

~urban（美）林荫路城市

Greenwich mean time 格林威治平时

Greenwich Village（**Britain**）格林威治村（英国）

greenwood 绿林

Greeter Galangal ***Alpinia galanga*** 南姜/暹罗姜

gregariousness（动物）群居，合群

Grenada Dove ***Leptotila wellsi*** 格林纳达棕翅鸠（格兰纳达国鸟）

Gressit screwpine ***Pandanus gressittii*** 小露兜

Grevillea juniperina ***Grevillea juniperina*** 桧叶银桦（澳大利亚新南威尔士州苗圃）

grey 同 **gray**

~area（英）灰区〈指就业率颇低，但并非低至可获得政府特别补助的地理区域〉；黑人区（美国）

~brick 青砖

~collar 灰领职工（指服务性行业职工）

~dune（英）灰色沙丘

~system 灰色系统

~system theory 灰色系统理论

~water system 中水系统

Grey bunting *Emberiza variabilis* 灰鹀

Grey Crowned Crane *Balearica regulorum* 灰冠鹤 / 东非冠鹤 / 东非冕鹤（卢旺达、坦桑尼亚、乌干达国鸟）

Grey Eucalyptus *Eucalyptus cinerea* 灰桉

grey fragrant-bamboo *Chimonocalamus pallens* 灰香竹 / 灰竹

Grey hawk moth *Psilogramma menephron* 霜天蛾

Grey Manglietia *Manglietia glauca Bl.* 灰木莲

Grey Mock orange *Philadelphus incanus Koehne* 山梅花

Grey mold of *Aechmea* 凤梨灰霉病（***Botrytis cinerea*** 灰葡萄孢 / 有性世代：***Botryotinia fuckeliana*** 葡萄孢盘菌）

Grey mold of *Alocasia mycrorhiza* 海芋灰霉病（***Botrytis cinerea*** 灰葡萄孢）

Grey mold of *Begonia* 竹节秋海棠灰霉病（***Botrytis cinerea*** 灰葡萄孢霉）

Grey mold of cockscomb 鸡冠花灰霉病（***Botrytis cinerea*** 灰葡萄孢）

Grey mold of *Cyclamen persicum* 仙客来灰霉病（***Botrytis cinerea*** 灰葡萄孢霉）

Grey mold of *Dahlia pinnata* 大丽花灰霉病（***Botrytis cinerea*** 灰葡萄孢）

Grey mold of *Dracaena* 香龙血树灰霉病（***Botrytis cinerea*** 灰葡萄孢霉）

Grey mold of *Euphorbia pulcherrima* 一品红灰霉病（***Botrytis cinerea*** 灰葡萄孢）

Grey mold of *Ficus elastica* 橡皮树灰霉病（***Botrytis cinerea*** 灰葡萄孢霉）

Grey mold of *Hippeastrum* 朱顶红灰霉病（***Botrytis cinerea*** 灰葡萄孢霉）

Grey mold of *Hydrangea macrophyllum* 八仙花灰霉病（***Botrytis cinerea*** 灰葡萄孢 / 有性世代：***Botryotinia fuckeliana*** 富氏葡萄孢盘菌）

Grey mold of *Nephrolepis* 肾蕨灰霉病（***Botrytis cinerea*** 灰葡萄孢）

Grey mold of *Pelargonium* 天竺葵灰霉病（***Botrytis cinerea*** 灰葡萄孢霉）

Grey mold of *Punica grannatum* 石榴灰霉病（***Botrytis cinerea*** 灰葡萄孢霉）

Grey mold of *Rosa chinensis* 月季灰霉病（***Botrytis cinerea*** 灰葡萄孢霉）

Grey mold of *Salvia splendens* 一串红灰霉病（***Botrytis cinerea*** 灰葡萄孢菌）

Grey mold of *Strelitzia reginae*（***Botrytis cinerea*** 灰葡萄孢霉）

Grey mold of *Tulipa* 郁金香灰霉病（***Botrytis cinerea*** 灰葡萄孢霉）

Grey peacock pheasant *Polyplectron bicalcaratum* 孔雀雉 / 灰孔雀雉（缅甸国鸟）

Grey- throated spinetail swift *Hirundapus cochinchinensis* 灰喉针尾雨燕

Grey treepie *Dendrocitta formosae* 灰树鹊

Grey wagtail *Motacilla cinerea* 灰鹡鸰 / 黄令 / 金香炉 / 牛屎鵖

grey willow *Salix cinerea* 灰柳 / 灰毛柳

Greyblue Deutzia *Deutzia glauca Cheng* 黄山溲疏

Greyblue Spicebush *Lindera glauca*（*Sieb. et Zucc.*）*Bl.* 山胡椒

Grey-capped pygmy woodpecker *Dendrocopos canicapillus* 星头啄木鸟 / 赤裂 / 花啄木

grey-cheeked monkey/white cheeked mangabey ***Cercocebus albigena*** 白颊白脸猴 / 灰颊白眉猴 / 灰白眉猴

Grey-faced Buzzard ***Butastur indicus*** 灰脸鵟鹰 / 屎鹰

Grey-headed Parrotbill ***Psittiparus gularis*** 灰头鸦雀 / 李子红

grey leaf back oak ***Quercus senescens*** 灰背栎

grey leaf mountain ash ***Sorbus pallescens*** 苍白花楸

grid 格子，框格，帘格；网格；（铁路、电力）网；高压电网；电台网；植子盘；栅极 { 物 }；（电池）铅板；栅档 { 机 }，地图的坐标方格，格网；格形管

~analysis 梁格分析

~azimuth 平面方位角，坐标方位角

~beam 格梁，梁格

~block（美）框格空心砖

~ceiling 栅顶

~convergence；meridian conver-gence 子午线收敛角

~cover 网格盖

~data bank 格网数据库

~fence，metal 金属网格栅栏

~formation 格构式布置，格构形成

~interval 格网间隔

~iron road system 棋盘式道路系统，方格网道路系统

~map 网格地图

~method 格网法

~pattern 方格型，棋盘式（路网结构形式）

~pattern drainage 棋盘式排水系统

~pavement（美）方格路面

~plan 房屋建筑设计总体平面

~planting of reed 芦苇的格网种植

~plate 格网板

~point 网格点

~street layout 棋盘式街道布置

concrete tree~（英）护树混凝土格网

light well~（英）天井（光孔）网格

metal~金属网格

planting~种植格网

quincunx planting~梅花点（五角）形种植格网

square（planting）~正方形种植格网

tree~（英）护树格网

triangular（planting）~三角形种植格网

turf~草泥格网

wooden~木制格网

gridiron 葡萄架；城市道路，道路网；格状物；格状结构；铁框格；方格形的，棋盘式的；环状管网；

~and diagonal road system 棋盘加对角线形式道路网

~city 采用棋盘式道路系统的城市

~pattern 方格型，棋盘式（路网结构形式）

~plan 网格规划图，方格式路网

~road system 棋盘式道路系统，方格形道路系统，棋盘式道路网，方格形道路网

~system 网格法，格状系统；网格式系统，棋盘式系统〈城市规划及排水管布置方法之一〉

~town 采用棋盘式道路系统的城市

Griffon vulture ***Gyps fulvus*** 兀鹫

Grijsii's Machilus ***Machilus grijsii*** 黄绒

润楠 / 黄桢楠

grill 棂子（帘格，铁栅，铁篦子，铁丝格子；焙器

~leakage window 漏窗

~steel 钢格栅

grille 格栅，格子，铁格；格子窗；铁花格 {建} 格栅式风口

grille cover 格栅盖

~fence 格式栅栏

grilled 铁栅的

~sliding door 铁栅推拉门

~ventilation door 通风栅门

grillwork 格架

concrete tree~（英）护林混凝土格架

tree~ 树格架

Grinder 粉碎机

grip 握固，握力；铆头最大距离；铆钉深入度；（为排除路面水而设在路肩上的）小沟；（穿过草地的）小阳沟

~length 握裹长度

grit 沙粒，砂砾，石屑，粗砂，粗砂岩；硬渣；摩（擦），铺砂等

~gravel 细粒砾石，砂砾

gritstone 粗砂岩

grivet-guenon/grivet ***Cercopithecus aethiops*** 灰长尾猴 / 绿猴

grog brick 耐火砖

groin；**spur dike** 丁坝，防波堤，海堤；丁字堤，拦沙坝

Grometrid of pagodatree ***Semiothisa cinerearia*** 槐尺蛾

gromwell ***Lithospermum erythrorhizon*** 紫草 / 硬紫草 / 大紫草

groove 沟纹，槽，凹槽；企口；（焊接接头）坡口；习惯；常轨；刻槽，开槽，挖沟

~connection 企口连接，槽式接合

~joint 凹缝，槽缝；槽式接合

~vegetation，lime-stone（美）石灰岩沟植被

~welding 槽焊

tongue and~ 榫舌和凹槽

Grooved click beetle/White wireworm ***Pleomomus canaliculatus*** 沟叩甲

Gropius，Walter（1883—1969）格罗皮乌斯，美国建筑师

gross 大半，总计，全体；总的，毛的（连包装的，如毛重等），全体的；庞大的；严重的；显著的，全部

~analysis 全量分析

~and net production rate 总生产率和净生产率

~area 总面积，毛面积；总屋面积，全部面积

~building area 总建筑占地面积

~building density 总建筑密度

~charge 总支出，支出毛数

~contamination 总污染

~coverage 总建筑占地面积系数

~credit 总收入，毛收入

~crop（谷类等）总产量

~death rate 总死亡率

~death-rate 总死亡率

~density 总密度，毛密度

~density of population 总人口密度

~domestic product 国内生产总值

~earning 总收入

~error 粗差

~fertility rate 总生育率

~floor area 建筑毛面积，楼面总面积，

建筑面积，建筑总面积
~floor space 建筑总面积
~floor space index 总占地指标〈指建筑总面积与建筑用地的比率〉
~generation 总发电量
~head 总水头
~income 总收入
~industrial output value 工业总产值
~investment 总投资
~load 毛重；总载量
~migration 粗迁徙，总迁移，迁移人口总数
~migration rate 总迁移率
~national income（简写 GNI）国民总收入
~national product（GNP）国民生产总值，国民生产毛额
~national product at current price 按现价计算的国民生产总值
~national product at market price 按市场价格计算的国民生产总值
~national product by industry 按行业分组的国民生产总值
~national product per capita 人均国民生产总值
~output 总产量，总产值
~output of agriculture 农业总产出（品，量）
~output of breeding 畜牧业总产出（品，量）
~output of building 建筑业总产出（品，量）
~output of industry 工业总产出(品,量)
~output of national economy 国民经济总产出（品，量）
~output of trade 商业总产出（品，量）
~output of transport 运输业总产出（品，量）
~output value 总产值
~output value of industry and agriculture 工农业总产值
~population 人口总数
~population density 人口总密度
~produce 总产品
~product 总收入，总产值
~production of transport 运输业总产品（量，值）
~production turnover 产品总周转额
~profit 毛利润
~profits 毛利润，总利润
~rainfall 毛雨量
~rate 粗增长率
~repair 大修
~reserves 总储量
~residential area 总居住区面积，住宅用地
~residential density 居住毛密度
~return 总收入
~sales 销售总额
~site area 总建筑基地面积，用地总面积
~social product 社会总产值
~trade turnover 商业周转总额
~turnover 总周转额
~value 总值
~value of industrial output 工业总产值
~weight（简写 gr.wt. 或 g.w.）毛重，总重

Grosso Lavender *Lavandula intermedia* ‘Grosso’ 薰衣草（美国田纳西州

苗圃）

grotesque 奇形怪状的，奇异的

~rocks 怪石

Grotts of the Bingling Temple of Yongjing（Yongjing，China）永靖炳灵寺石窟（中国永靖县）

grotto（庭园中的）岩洞，洞室，石窟，洞穴，岩穴，人工洞室

~engineering 石窟工程

ground（土）地，地面；场，处；（河海的）底；[复]庭园；母岩；矿区；根据，原因；范围；底子；接地{电}；[复]木嵌条；木砖；碾碎，磨细的，磨过的；建立，树立；打基础；放在地上；上底子；接地{电}

~anchor 地锚

~area 房屋外围占地面积〈地盘总面积〉

~avalanche 大坍方；全层雪崩

~base 地基，土基

~based 地面的

~beam 地基梁

~brace 卧木，枕木，槛木

~branching tree（美）地面分叉树

~breeder 土地繁殖植物

~cable 地下电缆

~chalk 地白垩，纯白垩

~check 矿区调查

~clearance 离地净高，（桥梁等）车架净空

~communication 地面交通

~compaction 地面夯实

~concentration of pollution 地面污染浓度

~concentration 落地浓度

~control point survey 地面控制点测量

~control 地面控制

~count 路面（交通量）计数

~cover 地面覆盖（层）；草皮；植被，地被植物

~cover，moss 地面覆盖苔藓植物

~cover perennial 地面终年覆盖

~cover plant 地被植物

~coverage 地面覆盖范围

~crew 地勤人员

~data 地面数据

~depression 地面下沉

~device 接地装置

~distance 地面距离{测}

~elevation 地面标高，地面高程，地面高度

~engineering 地基工程

~equipment 地面设备

~finish 磨光

~floor（英）一楼，楼房的底层

~floor plan 底层平面图

~flora 地表植物区系，植物群

~fog 低雾

~fracturing 地裂

~glass 磨砂玻璃，毛玻璃

~height 地面标高，地面高度

~height，existing 实有地面标高

~improvement 地基加固

~landlord 地主，地产主

~layer 表层土，近地面层

~level 地面标高，地平高度，地平面

~-level. 地面标高，地平高度，地面，地平面

~level，at 近地面水平高度

~level concentration 落地浓度

~level, existing 实有地面水平高度
~level freeway 地平式高速公路
~-level pedestrian 地面人行（横）道
~line（简写 G.L.）地平线，地面线
~line gradient 地面坡度，自然坡度
~loss 地面下陷，塌方
~map 地形图
~model(l)ing 地形模型制造
~moraine 底碛
~motion 地表运动，地震震动
~nadir point 地底点
~-nesting bird 地面筑巢鸟禽
~noise 本底噪声
~object 地物
~parking 停车场
~plan 水平投影，平面图，初步计划，草案，大体方案，图，地面图，底层平面
~plane 地下水面
~plot 平面（地形）图
~preparation 地形制作
~price 土地价格
~radiation, night of 地面夜间辐射作用
~receiving station 地面接收站
~reconnaissance 初步勘察，初步踏勘
~relief（土）地税收减免
~rent 地租
~reshaping 地面重新修整
~resistance 接地电阻
~resolution/spatial resolutlon 地面分辨率
~restoration 地面修复，地面重建
~rule 基本法则，程序
~rupture 地裂
~sea 海啸
~settlement 地面沉陷，地面塌陷
~shaping（美）地面整型（整平）
~shoot 地面喷水
~sill 卧木，槛木，地槛
~sinkage 地面下沉，地面下沉程度
~sketch 地形略图
~stereo photogrammetry 地面立体摄影测量
~subsidence; land subsidence 地面沉降
~surface 地面
~surface, below 在地面以下
~surface, existing 现有地面
~surface, natural 固有地面
~survey 地面测量
~swell 隆起地
~table 地面标高，地平高度
~temperature 地温
~treatment 地基处理
~truth 地面景物；地面实况
~water 地下水，潜水
~water artery 地下水干道
~water contamination 地下水污染
~water discharge 地下水流量
~water elevation 地下水位，潜水位
~water increment 地下水补给量
~water level 地下水水平面，地下水水位
~water line 地下水位，潜水位
~water lowering 地下水位下降
~water plane 地下水面，潜水面
~water pollution 地下水污染
~-water pressure 地下水压
~water protection 地下水保护
~water recession 地下水亏损
~water recharge 地下水补给
~water resource 地下水资源

~water run-off 地下水流量，地下水径流
~water storage 地下水储量
~water surface 地下水位，地下水面
~water（subsurface）flow 地下水流
~water supply 地下水供水，地下水补给
~water table 地下水位，地下水面，潜水位
~wire 地线，接地线
~work 基础；铁路路基，地基
~works 土方工程，土方工作
breeding~ 育种地
breaking~（美）断裂地面
character of the~ 地面特征
climate near the~ 近地面气候
close to the~（英）接近于地面
cut flush with the~ 根据地面剪截枝条
gradual sloping~ 逐渐倾斜地面
hunting~（英）打猎范围
level~ 平坦地面
pleasure~ 娱乐场
sports~ 游戏场，娱乐场，运动场
wintering~ 冬眠场地

ground birch ***Betula rotundifolia*** 圆叶桦
ground chilli thyme ***Thymus quinquecostatus*** 地椒
ground cover 地被植物
Ground hardening damages of trees 树木地面硬化综合征
ground hog/woodchuck（***Marmota monax***）北美土拨鼠 / 美洲旱獭
Ground Ivy/Alehoof ***Glechoma hederacea*** 连钱草 / 金钱薄荷 / 田脂草
ground phlox/moss phlox/Candy Stripe Creeping Phlox ***Phlox subulata*** 丛生福禄考（美国田纳西州苗圃）
groundcover 地被，地被植物
~plant 地被植物
~plant，creeping 匍匐地被植物
~plant，low 矮地被植物
~rose 蔷薇科地被植物
~vegetation，shrubby 灌木地被植物
Groundcover Rose Swany ***Rosa Swany*** ‘天鹅’地被玫瑰（英国斯塔福德郡苗圃
groundsman，cemetery 墓地地面工作人员
groundwater 地下水
~available yield 地下水可开采量
~balance 地下水均衡
~balance plot 地下水均衡场
~cascade 地下水阶梯状下降流动，地下水瀑布
~contamination 地下水污染，地下水放射性污染
~depletion 地下水耗尽，地下水枯竭
~depression cone 地下水降落漏斗
~divide 地下水分水岭，地下水位界面
~dynamics 地下水动力学
~dynamics 地下水动力学
~evaporation 地下水蒸气
~exhaustion 地下水抽空（耗尽，枯竭
~exploitation 地下水开采
~extraction 地下水采掘
~floor 地下水层
~flow 地下水流
~flow，velocity of 地下水流速
~flow concentration 地下汇流
~flow concentration curve 地下汇流曲线
~forecast 地下水预报
~hardness 地下水硬度

~hazard 地下水公害
~hydrology 地下水水文学
~level 地下水水平面（水位）
~level，fluctuation of 地下水水平面波动（涨落，波动）
~level，lower（美）地下回水平面降低
~level，natural rise of 地下水水平面自然上涨
~model 地下水模型
~monitoring 地下水监测
~movement 地下水运动（渗流）
~observation well network 地下水观测井网
~over draft 地下水超量开采
~pollution 地下水污染
~pollution，remediation of 地下水污染补救
~pollution，risk of 地下水污染危险
~recession，natural 地下水自然退回
~recharge 地下水补给，地下水回灌量
~regime 地下水动态
~regime forecasting 地下水动态预报
~regime observation 地下水动态观测
~regime under exploita-tion 地下水开采动态
~replenishment 地下水补充
~reservoir 地下水水库
~resources 地下水资源，水资源量
~resources assessment 地下水资源评价
~resources，available 可利用的地下水资源
~runoff 地下水径流
~seepage 地下水渗漏
~soil 潜水土
~stage gauge 地下水位计
~storage 地下水储存量
~storage，recharged 地下水回灌
~surface 地下水面
~system 地下水系统
~table 地下水位，地下水面，潜水位
~table，artificial raising of 地下水位提高
~table，depth of 地下水位深度
~table，drawdown of（美）地下水位下降
~table，bower 地下水位降低
~table，lowering of 地下水位减低
~velocity 地下水流速
~withdrawal 地下水退回
~yield 地下水出量
~yield，potential 地下水潜在出水量，地下水可能出水量
bank seepage~河岸渗漏地下水

Ground-rattan Cane *Rhapis excelsa* (Thunb.) *Henry ex* Rehd. 棕竹（筋头竹）

groundwork 基础；铁路路基；基本原理

ground works（英）基础；土方工程

group 组，系，队，班；族{化}；群体，群；属，团；派，区分；团体；集团{商}；界{地}；分组，分类；组合，集合；类，成组，成群，集，组集；小类（[美]科技情报用语）
~action 裙桩作用
~data 分类资料
~dwelling 住宅群
~enterprise 集体所有制企业
~garage 集合停车库
~houses 住宅组群，住宅组团；合租住宅，联立住宅组群，集体宿舍
~housing development 群体住房建设
~index 分组指数，分类指数

~interaction 群体交互
~lead track 溜放线
~migration 集体迁移
~of beds 岩层群
~of enterprises 企业集团
~of piles 桩群，桩组，桩束
~of tracks 线束
~of trees 树群
~overnight accommodation 接待集体住宿
~piers 群墩
~planting 群植，丛植，组植
~quarters 集体住宅，集体住所
~scenery composition 组景式构成
~silos 仓群
~staggered parking（汽车）成组交错停车
~transport 团体交通
~visa 团体签证
citizen pressure~（美）公民施压团体
community action~社区积极活动团体，社会积极活动团体
graded sediment~（美）分层沉积物类
particle size~（英）微粒（粒子）大小（尺寸，量值）分组
pressure~环保团体
soil separate~（美）土质分类
survival~残留（物）类

group planting 丛植

group portrait 群像

grouped 集合，集中，组合
~commercial district 商业集中区
~fire zone 防火集团区域
~site 组团住宅区，住宅组群用地，集中规划和经营的一片地方

grouping 合；集团；分类，分组；组合配合，集团；（建筑空间的）分组处理；分类处理，群体处理；车群
~bed 集合花坛
~error 分组误差
~of hump yard 驼峰调车场头部
~of population 人口分组

grout（薄）浆，灰浆，水泥浆，薄胶泥；灌（薄）浆，涂薄胶泥；浆砌
~cart 灰浆手推车，灰浆小车
~for concrete small hollow block 混凝土砌块灌孔混凝土
~hole 灌浆孔，喷浆孔
~injection pipe 灌浆管
~key 灌浆（连续）键
~laying 灌浆砌筑
~mix 薄浆混合料
~pipe system 灌浆管系
~pump 灌浆泵，灰浆泵
~, sand-filled joint with cement 用水泥浆填砂接缝
~tube 灌（压）浆管

grouted joints 灌浆接缝

grouter 灌浆机

grouting 灌（水泥）浆；灌浆法；（英）灌沥青（即灌入式）
~foundation 注浆地基
~pump 灌浆泵
~test 灌浆试验

grove 小树林，树丛
fruit tree~（美）水果树林

Grove of Cyathea Spinulosa in Chishui 赤水桫椤林

grow 生长，成长；增加；变强；发芽；渐成……

~up 长大，成长；成人；壮大起来；发生，发芽

rower 栽培者，种植者

~association 种植者协会

perennial~ 多年生植物栽培者

rowing 适宜于（植物等）生长的；生长（的），增大（的）增强的，发展的，扩大的

~district 生长区

~in large groups 大群体生长

~medium 适中生长

~population 增长型人口（状态）

~season 发展时期，生长季节

~singly 独立发展

~stock 生长的树干

~timber 发展的林木

Growing on Tree Rhododendron *Rhododendron dendrocharis* 树生杜鹃

rowth 栽培；生长；增长，增大；发达；发育；草木，植物，一簇植物

~analogy 增长类推法

~axis 增长轴

~capability，new（美）增长新技能

~center，population（美）人口增长中心

~centers，hierarchy of population（美）人口增长中心

~centers theory 增长极核理论，有吸引力的发展中心论

~curve 增长曲线

~factor 增长系数，增长因素

~factor method 增长指数法（交通预测）

~-factor model 增长因素模型

~form 增长类型（形式）

~formula 增长公式

~industry 新兴工业

~inhibitor 生长抑制剂

~layer 增长层次

~model 增长模型

~node 生长节点

"~" of concrete 混凝土的膨胀

~of production 生长的发展

~of population（人口增长）

~parameters 增长参数

~pattern 增长模型

~per year 按年度发展，年增长

~phase 生长相，增长相

~point 生长极

~point，central 中心生长极

~pole 生长极（点）

~pole theory 增长极核理论，有吸引力的发展中心论，增长极论

~potential 增长潜力

~rate 增长率，生长率

~ratio of drainage area 流域面积增长率

~regulator 增长调节

~retardant 生长减缓

~ring 增长圈；年轮

~ring boundary 增长圈界

~target 增长目标

~theory 增长理论

~trend of population 人口增长趋势

~zone 生长区

bog~ 阻碍增长

caliper~（树等的）直径增长

contorted~ 扭曲生长

epicormic~ 嫩枝生长

forked~ 分叉生长

inhibiting plant~ 抑制植物生长

one year's~ 一年结果，一年生长

overhanging~ 悬垂生长
plant~ 植物生长
population~ 人口增长
regenerated woody~ 更新树木的生长
root~ 根生长
spontaneous~ 自发的生长
stunting plant~ 矮化植物的生长
sustained~ 持久性增长
twisted~ 缠绕生长，扭曲生长
volunteer~（美）自生植物生长
weed~ 杂草生长

groyne 海堤，防波堤，折流坝，丁坝，拦沙坝

grub 苦工；垦荒地余留下的树根；蛆；除根，挖根；掘出，掘除；找出
~felling（英）（垦荒地余留下的）树根砍伐
~out（美）掘出
~screw 无头螺丝，平头螺丝；木螺丝
~up（英）果树除根

grubber 除根机；掘土工具；挖根者
~point 标准配置点

grubbing 清理场地
~up 掘除（树根等）
~winch 除尘机

Grubs ***Scarabaeidae*** 蛴螬（金龟子科 Scarabaeidae 昆虫幼虫的总称）

Guan Yun Feng（Cloud Capped Peak）（Suzhou, China）冠云峰（中国苏州市）

Guanabana Soursop ***Annona muricata*** **L.** 刺果番荔枝

guanaco ***Lama guanaco*** 原驼 / 大羊驼

Guang Minaret in Huai-sheng Mosque（Guangzhou, China）怀圣寺光塔（中国广州市）

guangdong pricklyash ***Zanthoxylum austrosinense*** 岭南花椒 / 搜山虎

Guanghua Temple 广化寺

Guangmingding Peak（Huangshan, China）光明顶（中国黄山）

Guangsheng Temple（Hongdong, China）光胜寺（中国洪洞县）

guangxi jasminorange ***Murraya kwangsiensis*** 广西九里香 / 广西黄皮

Guangxi turmeric ***Curcuma kwangsiensis*** 广西莪术 / 毛莪术

Guangxi vatica（拟）***Vatica guangxiensis*** 广西青梅

guarantee 保证；保证人；担保品；保证，作保证人；承认
~bond（英）保证合同
~fulfil(l)ment obligation 保证人履行合同
~period（美）保证时间（期）
~to pay compensations 包赔
bank~ 银行保证
replacement~ 更换保证人

guaranteed stage 保证水位

guarantor 保证人
~enterprise 担保企业

guaranty 保证书；保证；担保

guard 防护物，防卫物；防护装置，防护器；看守者；挡泥板；保护，防守，看守；警戒，小心
~bar 护栏
~board 护板
~cable 钢索护栏，栏栅，安全防护钢绳
~-fence 护篱，护栅，护栏，围墙，栏栅
~pile 护桩

~planting 门卫种植
~-post 护柱，标柱
~rail 栏栅，护栅，护轨，护舷木
~rail crossing 设栏平交道〈设有栏木，过火车时，放下横木阻平交公路行车〉
~stake 护桩
~stand 岗亭，排衙石
~stone 护石
~，tree 树木看守者，护树金属支架
~wall 护墙
~wood 护木
wire mesh tree~ 金属丝网护树装置
wire netting tree~ 金属丝网护树装置
uarded 保护
~hot box method 保护热箱法
~plate method 保护平板法
uardrail 护栏
uards' room 看守室
Guatavita Lake（**Columbia**）瓜塔维塔湖（哥伦比亚）
Guava ***Psidium guajava*** 番石榴
guelder rose ***Viburnum opulus*** **'Roseum'** 欧洲木绣球"玫瑰"(英国萨里郡苗圃)
guest 宾客
~guest chamber 客房
~-hill 次山
~house 宾馆
~-room 客房
guesthouse 宾馆，招待所，高级寄宿舍
Guggenheim Museum（**America**）古根海姆博物馆（美国）
guglia 方尖碑，方尖柱
Guia Hill（**Macao, China**）东望洋山（中国澳门）
guidance 向导，指导；导槽{机}；制导；导航
~equipment 导向设备
~facility，traffic 交通导向设施
~plan 指导性计划
~system 制导系统；导航系统
optical~ 光学制导
planting for traffic~（英）交通导向种植
traffic~（英）交通向导
guide 向导，指导；指导者；指导原则；指南，指向；路标；导杆{机}；指针；引导，指导，指向；管理；指示；教导
~bank 导流护岸
~bar 导杆
~board 路牌；标板
~line 导向；标线
~manual 参考手册，入门指导书
~marker 导向标
~plan 引导性规划
~plate 导向板
~runner 导板
~post 导木；（道路）标注，路标
~rail 导轨
~sign 指路标（志），导向标志
~vane；turning vane；splitter 导流板
~wall 导墙
~way 导向道；导机；导向槽
field~ 现场工作指南
users~ 用户指南
guideboard 路牌
guided 导洞
guideline in planning 规划指导原则，规划准则
~value 标准价格
design~ 设计准则

guidelines 指导原则，准则，指标，标线，规划纲领

~design（美）设计指导原则，规划指导原则

~of pollutant control for industries 污染物排放控制指标

guidepost 路标

guides 导向架

guildhall 会馆

Guildhall of the City of London 伦敦城市政大厅

guinea pig ***Cavia porcellus*** 豚鼠 / 荷兰猪

Guiyuan Temple（Wuhan，China）归元寺（中国武汉市）

Guizhou Slagwod ***Beilschmiedia kweichowensis*** 贵州琼楠 / 缙云琼楠

Guizhou-Guangxi Machilus ***Machilus chienkweiensis*** 黔桂润楠

Gulangyu Island（"Garden on the Sea"）（Xiamen, China）鼓浪屿"海上花园"（中国厦门市）

gulch（美）干谷，峡谷，冲沟

gulf 海湾（封闭型）；深渊

gullet 水道，冲沟，沟，海峡，峡谷，进水口

Gullfoss（Iceland）居德沃斯瀑布（冰岛）

gully 冲沟，沟，排水沟，集水沟；（雨水）进水口，进水井；水谷；雨水冲成的沟；开沟

~bed neighboring to culvert 涵洞沟床

~drain 排水渠，雨水口连接管，下水道

~erosion 沟状侵蚀，沟蚀

~grating 进水井盖，进水井帘栅

~hole（沟渠）集水孔，进水口

~pot 雨水井，排水井

~trap 进水口防臭设备，雨水井

~with sump，road（英）道路有聚水坑的排水沟

erosion~侵蚀排水沟

road~（英）道路（公路）集水沟

gum tree ***Eucalyptus liquidamber*** 桉树

Gumbo ***Abelmoschus esculentus*** 咖啡黄葵 / 秋葵

Gumbo Limbo ***Bursera simaruba*** 苦木裂榄木（澳大利亚新南威尔士州苗圃）

Gummy shark/white-spotted smoot hound（*Mustelus manazo*）石斑星鲨 / 星鲨 / 白点鲨

gun 枪，喷枪，喷射器；汽锤

~-applied concrete 混凝土喷枪

~dog 猎犬

guncrete（英）压（力）灌（浆）混凝土，喷射灌浆混凝土

Gunung Mulu National Park（Malaysia）莫鲁山国家公园（马来西亚）

Gur-Emir Mausoleum（Uzbekistan）古尔-艾米尔陵墓（乌兹别克斯坦）

Gushan Hill, Hangzhou 杭州孤山

gushing spring 喷泉

gusher 自喷井

gust 阵风

gut 海峡

gutter 沟，边沟，接沟；陋巷，贫民区，贫民窟；檐沟；开沟；成沟

~apron 平石

~board 封檐板

~cleaner 清沟机

~depth（美）沟深

~drainage 明沟排水，渠道排水

~grade 沟底坡度

~-grating inlet 街沟进水口
~inlet 街沟进水口
~man 摊贩
~section 街沟断面，边沟断面
~stone 沟石，沟底石；街沟石
curb and~（美）路缘和边沟
kerbstone with~（英）边沟（街道或人行道的）路缘石
uy 牵索,拉索,支索,拉条,拉线；钢缆,用支索拉住
~derrick 牵索起重机
~-rope 牵索，支索，张索，拉张，钢缆
~stake 系索桩
~wire 牵索，支索，张索，拉线；钢缆
uying 用支索撑住
root~攀援根茎用支索撑住
azebo 阳台
uzmania ***Guzmania insignis*** 锦叶凤梨
uzmania ***Guzmania lingulata*** 果子蔓 / 姑氏凤梨
yangze 江孜
ym 体育馆
ymnasium 健身房，体育馆
ymnure/shrew（***Hylomys***）毛猬（属）
ynaecologic hospital 妇科医院
gynura/suizen jina ***Gynura bicolor*** 红背菜 / 紫背天葵
Gynura aurantiaca 紫绒三七
Gyeongbokgung（**Korea**）景福宫（韩国）
gypsophila [common]/grace-ful
gypsophila/baby's breath
Gypsophila elegans 霞草 / 满天星 / 丝石竹
gypsum 石膏
~board 石膏板
~concrete 石膏混凝土
~mortar 石膏灰浆
~road 石膏路
~salt swamp 石膏盐湿地
~sand 碎屑石膏
~slag cement 石膏矿渣水泥
Gypsy moth ***Lymantria dispar*** 舞毒蛾
gyratory 旋转的，回转的，环动的
~intersection 环形交叉，转盘式交叉（道路）
~system of traffic（道路交叉口的）环形交通方式
~traffic（道路交叉口的）环形交通
Gyrfalcon ***Falco rusticolus*** 矛隼（冰岛国鸟）
gyttja 淤泥，腐泥；湖相沉积

H h

ha. 公顷

Ha Ha 防止动物侵犯的深沟

HAA=Housing Assistance Administration（美）住房援助署

habit 习惯，习性；体质；[复]生活常态；服装；服，着；住

~factor 习惯因素

~of growth 生长习性

branching~ 分叉习性，分枝习性

habitability 居住适宜性，可居住性，适宜居住

habitable 可住的，适于居住的

~house 住所

~room 居室

~space 居住空间

~space standard 居住面积标准

habitancy 居住，居民

habitant 居民，居住者

habitat（动植物的）生活环境，生境，产地，栖息地，居留地，自身生地，聚集处；住处，居所，（某事物）经常发生的地方；

~area，protected fish 保护鱼生境区域

~conditions 住处环境

~conservation（动植物的）生境保护

~forest，protected 保护（动植物的）生境林区

~fragmentation 栖息地分裂

~island 栖息草原林地，栖息岛

~island，remnant 栖息岛残迹

~islands，ecology of 栖息岛生态

~management 生境管理

~mapping 生境测图

~mapping，urban 城市居所绘图

~network 住处网状系统（如公路网，运河网等）

~range（美）生境分布区

~restoration 生境恢复

~transition line/zone 生境转换路线 / 地带（分布带）

bark~ 金鸡纳（树）皮产地，树皮鞣料产地

dry~ 干涸栖息地

extreme~ 极度群落生境

forest~ 森林生境

hostile~ 不利生境

isolated patch~ 孤立小块（地）生境，独立小块栖息地

isolated patches of~ 独立小块生境

mesic~ 湿度适中的生境

nesting~ 安乐生境，安适栖息地

reinstal(l)ment of a~ 生境修复

remnant~ 残余生境

replacement~ 取代生境，接替生境，更换生境

replacement of a~ 生境更换

ruderal~ 生长在荒地上（或垃圾堆上，路旁）杂草生境

severe~ 危险生境，危险栖息地

substitute~ 替代生境

transitional~ 过渡时期生境
wetland~（尤指为野生动物保存的）湿地生境
xeric~ 耐旱生境
abitation 住宅，住所，居住，聚居地
abitats habitat 的复数
~，conservation of plant and animal communities and 植物和动物群落及生境保护
Convention on the Conservation of European Wildlife and Natural~ 欧洲野生动植物及自然生境保护会议
feasibility of recreating~ 再创造生境可行性
fragmentation into isolated~ 分裂成独立生境
protection of natural~ 自然状态（原始状态）生境保护
reinstatement costs of~ 生境修复费用
replacement costs of~ 生境更换费用
habitual residence 惯常居住地
hachure（法）（地图上表示山岳等的）蓑状线，影线
~lines 蓑状线边界
hacienda 农场，牧场，种植园，大庄园，工场
hacienda（西）（郊外的）农场，牧场，工厂，矿山，种植园，庄园，庄园住宅
hack 出租汽车，出租马车
~stand（美）出租汽车（马车）停车场
Hackberry *Celtis* 朴树（属）
Hackberry Tree *Celtis occidentalis* 朴木（美国田纳西州苗圃）
hackmatack 欧洲刺柏，美洲落叶桧，杜松
hackney 出租马车，出租汽车
hackstand（美）出租汽车（或马车）停车处
hadal 超深渊的，超深渊海域的，离海面 6000 米以下深的水中
Hedge Bamboo ***Bambusa multiplex*** **（Lour.）Raeusch. exschult** 凤凰竹
hedgehog[common]（***Erinaceus europaeus***）刺猬
Hadj 朝觐
Hadrian's Villa 哈德良宫苑
haematite 赤铁矿
haematocinite 赤石灰岩
hafnefjordite 拉长石
Haga parken（Sweden）哈加公园（瑞典）
hagatalite 波方石
Hagg，Richard 理查德·黑格，美国风景园林师
ha-ha 哈－哈，不遮视线的花园界沟
~fence 沟中边篱，隐篱，隐垣
Hai Rui's Tomb（Haikou，China）海瑞墓（中国海口市）
Hai Tang Chun Wu（Dock of Spring Crabapples）（Suzhou，China）海棠春坞（中国苏州市）
（Al-）Haider Hhana Mosqu（Iraq）海德尔哈纳清真寺（伊拉克）
Haikou 海口
hail 雹子，冰雹
hail damage 雹灾
hail damage of flowering plant 花木冰雹害
hailstone 雹子，冰雹
hail-storm 雹

Hainan 海南

Hainan Alphonsea ***Alphonsea hainanensis*** 海南藤春 / 海南阿芳

Hainan Alseodaphne ***Alseodaphne hainanensis*** 油丹

Hainan Amomum ***Amomum longiligulare*** 海南砂仁 / 海南壳砂仁

Hainan Bushbeech ***Gmelina hainanensis*** 海南石梓 / 苦梓

Hainan Chaulmoogratree ***Hydnocarpus hainanensis*** 海南大风子

Hainan Chuniophoenix ***Chuniophoenix hainanensis*** **Burr.** 琼棕

Hainan Cycas ***Cycas hainanensis*** 海南苏铁

Hainan Elaeocarpus ***Elaeocarpus hainanensis*** ***Oliv.*** 水石榕

Hainan hare（***Lepus hainanus***）海南兔

Hainan hill partridge（***Arborophila ardens***）海南山鹧鸪

Hainan Hopea ***Hopea hainanensis*** 坡垒

Hainan Horsfieldia ***Horsfieldia hainanensis*** 海南风吹楠

Hainan Island 海南岛

Hainan Keteleeria ***Keteleeria hainanensis*** 海南油杉

hainan moonrat（***Neohylomys hainanensis***）海南毛猬

Hainan Oncodostigma ***Oncodostigma hainanensis*** 蕉木

Hainan Paranephelium ***Paranephelium hainanensis*** 海南假绍子

Hainan Phoenix Tree（拟）***Firmiana hainanensis*** 海南梧桐

Hainan Province 海南省

Hainan Rambutan ***Nephelium topengii*** 海南韶子

Hainan Rosewood ***Dalbergia hainanensi*** 海南檀 / 花梨木

Hainan Sonneratia ***Sonneratia hainanensis*** 海南海桑

Hainan Woodlotus ***Manglietia hainanensis*** 海南木莲 / 龙楠树

hair 头发，毛发，（动植物的）毛，茸毛

~dresser 理发店

~-dressing 理发业

~hygrometer 毛发湿度计

~-pencil 画笔

~，root 根须

~salon 美发廊

Hair Knotweed ***Polygonum barbatum*** 毛蓼 / 四季青 / 水辣蓼

Hairgrass ***Deschampsia caespitosa*** **L. Beauv.** 发草

Hairless Licorice ***Glycyrrhiza glabra*** 洋甘草

hairpin 回头急弯，急转弯，发针形转弯

~bend（道路的）U 形弯，回头弯

Hairy Bamboo leaf Pricklyash ***Zanthoxylum armatum*** **var.** ***ferrugineum*** 毛刺竹叶花椒

Hairy Beardtongue ***Penstemon hirsutus*** 美丽钓钟柳（美国俄亥俄州苗圃）

Hairy Bitter Cress ***Cardamine hirsuta*** 碎米芥 / 苦水芹

Hairy Chestnut/Chinese chestnut ***Castanea mollissima*** 板栗

Hairy Chittagong Chickrassy ***Chukrasia tabularis*** **var.** ***velutina*** 毛麻楝

Hairy Cinnamon ***Cinnamomum appelia-***

num 毛桂 / 香桂子

airy Keteleeria ***Keteleeria pubescens*** 柔毛油杉

airy Knotweed ***Polygonum barbatum*** 毛蓼

airy Leaves Enkianthus ***Enkianthus deflexus*** 毛叶吊钟花 / 小丁木

airy Lilac ***Syringa pubescens*** 小叶丁香 / 毛叶丁香 / 柔毛丁香

airy Lilac ***Syringa pubescens*** **Turcz.** 毛叶丁香（玲珑花）

airy Mouthed Rhododendron ***Rhododendron trichostomum*** 毛嘴杜鹃

airy Sagebrush ***Artemisia vestita*** 毛莲蒿 / 老洋蒿

airy Saisy ***Dendranthema vestitum*** 毛华菊

airy schlumbergera ***Schlumbergera truncata*** 毛蟹爪兰 / 蟹足霸王鞭（巴西国花）

airy Seed Hainania ***Hainania trichosperma*** 海南椴

airy sinocalamus，bamboo shoot of（***Sinocalamus vario-striatus***）吊丝丹 / 甜笋竹

airy Spine Pricklyash ***Zanthoxylum acanthopodium*** **var.** ***timbor*** 毛刺花椒 / 木本化血丹

airy Twig Rhododendron ***Rhododendron trichocladum*** 糙毛杜鹃

airyflower Spiraea ***Spiraea dasyantha*** **Bunge** 绒毛绣线菊 / 毛花绣线菊

airyfruit Actinodaphne ***Actinodaphne trichocarpa*** 毛果黄肉楠 / 毛果六驳

airyfruit Musella ***Musella lasiocarpa*** 地涌金莲

Hairyleaf Cinnamon ***Cinnamomum mollifolium*** 毛叶樟 / 革叶樟 / 革叶芳樟

Hairyleaf Floweringquince ***Chaenomeles cathayensis*** 毛叶木瓜 / 木桃 / 木瓜海棠 / 芒刺海棠

Hairyleaf Litse ***Litsea mollis*** 毛叶木姜子 / 香桂子 / 野木浆子

Hairyleaf Rose ***Rosa mairei*** 毛叶蔷薇

Hairysepal Rabdosia ***Rabdosia eriocalyx*** 毛萼香茶菜

Hairystalk Spicegrass ***Lysimachia capillipes*** 细梗香草 / 香排草

Hairystyle Mockorange ***Philadelphus subcanus*** 毛柱山梅花

Hairytury Largeleaf Spicebush ***Lindera megaphylla*** 毛黑壳楠

Haizhow Elsholtzia ***Elsholtzia splendens*** 海洲香薷

Halryleaf Peony ***Paeonia obovata*** 毛叶芍药

Hakone Grass ***Hakonechloa macra***（**Munro**）**Makino.** 箱根草

hakutoite 白头岩

Hal Saflieni's Underground Temples（**Malta**）哈尔撒夫黎尼地下宫殿（马耳他）

Haleakala National Park（**America**）哈莱亚卡拉国家公园（美国）

half 半，一半，分数词 1/2，半场，半时

~carcass 二分胴体（片猪肉）

~circular system of locomotive running 半循环运转制

~cloverleaf intersection 半苜蓿叶形交叉

~embankment 半填高（地段），半路堤，

高场地

~–hardy plant 半耐寒植物

~sign 停车标志

~standard（英）部分规格，部分标准

~submerged flow 半淹没流

~–sunk roadway 半下沉公路

~–through bridge 半穿式桥

~through bridge 中承式桥

~–timbered building 露明木（骨）架建筑（英国传统做法）

~–truck 半履带式车辆

Half-fin anchovy *Setipinna taty* 黄鲫 / 薄口 / 毛扣

half-length portrait 半身画像

Halfsmooth tongue sole（***Cynoglossus semilaevis***）半滑舌鳎

halfway 半途

~house 中途旅馆（两城当中公路上的旅馆）

~housing 半途停工的住房建设

hall 堂，殿，厅，会堂，礼堂，大厅，门厅，过道，（大学的）学院，讲堂，学生宿舍，办公大楼

~，multi–purpose 多功能大厅

Hall of Abstinence（China）斋宫，斋堂（中国北京天坛）

Hall of Accumulated Wisdom 慧聚堂（中国北京戒台寺）

Hall of Arhats（China）罗汉堂（中国）

Hall of Avalokitesvara Buddhisattva（Mercy Buddha Hall）观音殿

Hall of Beasts of Prey（China）猛兽馆（中国北京动物园）

Hall of Benevolence and longevity 仁寿殿

Hall of Brilliant Kings（China）明王殿（中国北京潭柘寺）

Hall of Buddhas of the Three Ages（China）三世佛殿（中国）

Hall of Complete Harmony（China）中和殿（中国北京紫禁城）

Hall of Dispelling Clouds 排云殿

Hall of Distant Fragrance（China）远香堂（中国苏州拙政园）

Hall of Embracing Purity（China）抱冰堂（中国武汉市）

Hall of Eternal Blessing（China）永佑殿（中国北京雍和宫）

Hall of Garan 伽蓝殿

Hall of Genuine Powers（China）真武殿（中国）

Hall of Great Achievements in the Confucius Temple（China）孔庙大成殿（中国）

Hall of Great Compassion and Truth 大悲真如殿（中国）

Hall of Great Mercy（China）大悲殿

Hall of Heavenly Kings（China）天王殿（中国）

Hall of Imperial Longevity（China）寿皇殿（中国北京市景山）

Hall of Ksitigarbha Bodhisattva 地藏殿

药师殿，华严殿，文殊殿

Hall of Lü Dongbin（China）吕祖殿（中国）

Hall of Mizong（China）密宗殿（中国）

Hall of Moral Glory 德辉殿

Hall of Nine Prayers 九祈殿（中国）

Hall of Paintings（China）绘画馆（中国北京紫禁城）

Hall of Paintings of Successive Dynasties

(China)历代艺术馆(中国北京紫禁城)
Hall of Prayer for Good Harvests (Beijing, China)祈年殿(中国北京天坛)
Hall of Preserving Harmony (China)保和殿(中国北京紫禁城)
Hall of Pure Trinity (China)三清殿(中国)
Hall of Qiu Changchun (China)丘祖殿(中国青岛崂山)
Hall of Recalling Imperical Favor, Mindful of Duty (China)顾恩思义殿(中国北京大观园)
Hall of Ruxian (a scholar immortal) (China)儒仙殿(中国)
Hall of Saintly Mother of Jinci Memorial Temple (China)晋祠圣母殿(中国)
Hall of Simplicity and Mist Sincerity 澹泊敬诚殿(中国承德避暑山庄)
Hall of Supreme Harmony (China)太和殿(中国北京紫禁城)
Hall of the Eight Immortals (China)八仙殿(中国)
Hall of the Founder of Buddhism (China)祖师殿(中国)
Hall of the God of Wealth (China)财神殿(中国)
Hall of the Dragon King (China)龙王殿(中国)
Hall of the Jade Emperor (China)玉皇殿(中国)
Hall of the King of Medicine (China)药王殿(中国)
Hall of the Major Female Deities (China)元君殿(中国)
Hall of the Old Discipline (China)老律堂(中国北京白云观)
Hall of the Sixty Year Deities (China)元辰殿(中国)
Hall of the Tutelar Deities (China)灵官殿(中国)
Hall of the Wheel of the Law (China)法轮殿(中国)
Hall of Treasures (China)珍宝馆(中国北京紫禁城)
Hall of Union (China)交泰殿(中国北京紫禁城)
~system apartment(各户出入口向大厅的)厅式公寓
~to Receive the Light 逞光殿
~-type building 厅式大楼，厅式建筑
Mahavira~ (the Great Buddha's Hall) 大雄宝殿
Sun Yat-sen Memorial~ 孙中山纪念堂
swimming pool~(美)游泳大厅

hallmark 特点

Halls Crabapple *Malus halliana* (*Voss*) *Koehne* 垂丝海棠

halls of ivy (美)著名大学古老建筑物；高等学校

hallway (美)门厅，过道

Hollyhock *Althaea rosea* L. *Cav.* 蜀葵

halon fire extinguishing system 卤化烷灭火器

halophilous 适盐生物，喜盐生物
~vegetation 喜盐生物植物

halophyte 盐碱土植物，盐生植物

halophytes, vegetation of perennial 盐碱土植物，多年生植物

halophytic vegetation 喜盐生物植被
halo-sylvite 钾石岩
Halprin，Lawrence 劳伦斯·哈普林，美国风景园林师
halt（英）（铁路）招呼站，旗站；停止
~sign 停车标志
halting place 野餐场所；（英）候车站；（美）路边休息处，休息区
ham（旧时的）小镇，村庄
Hamadryas baboon/sacred baboon（*Papio hamadryas*）阿拉伯狒狒/神圣狒狒
Hamana Lake（Japan）滨名湖（日本）
Hamarikyu-teien（Japan）滨离宫庭园（日本）
Hami Melon，a variety of Muskmelon ***Cucumis melo*** **var.** ***saccharine*** 哈密瓜
Hamilton Spindle-tree/Hamilton Euonymus ***Euonymus hamiltonianus*** 西南卫矛/桃叶卫矛
hamlet 小村庄，小村，村庄（尤指没有教堂的小村子）
hammer（铁）锤；锤打，锤击，敲打
~and tongs 全力以赴地，大刀阔斧地
~dressed 锤琢的，锤整的
~-dressed ashlar masonry 锤琢石圬
~-dressed quarry stone 锤琢毛石
hammered 锤击的，锤煅的，喝醉了的
~finish of stone 石面锤琢
~rivet 锤铆钉
hammerhead 有锤状头的
~crane 伸臂式塔吊，塔式起重机
~section（桥梁）墩顶梁段
~turnaround 塔式起重机转向
hammock 圆丘，小丘
Hammurabi 汉谟拉比，巴比伦王国国王
Hampton Court 汉普顿宫，全称为 Hampton Court Palace，是英国文艺复兴时期最著名的大型规则式园林，有"英国的凡尔赛宫"之称。
Han 汉代
Han burial case on cliff 汉代崖墓
Han strategic fortification 汉代关塞建筑
Han Tombs of Mawangdui（Changsha，China）马王堆（中国长沙市）
Han Bin Quan（Spring Containing Green）（Suzhou，China）涵碧泉（中国苏州市）
Han Bi Shan Fang（Hill-cottage Containing Green Water）（Suzhou，China）寒碧山房（中国苏州市）
Hance Date ***Phoenix hanceana*** 刺葵/小针葵
Hance Viburnum ***Viburnum hanceanum*** ***Maxim.*** 蝶花荚蒾
Hancheng Wildginger ***Asarum sieboldii*** **var.** ***seoulense*** 汉城细辛
Hancock Dendrobium ***Dendrobium hancockii*** 细叶石斛
Hancock Everlasting ***Anaphalis hancockii*** 零零香青/稀毛香青
hand 手；把柄；（钟表的）针；职工，雇员；手动手法；（一）侧，方面；交付；递给；用手扶
~auger 手钻
~brick 手工砖
~car 手推车，手摇车
~control 手工控制，手控，手操纵
~drill 手（摇）钻
~-driven batten 手动吊杆

~-laid 手砌（的）
~-laid foundation 手砌基础
~-laid stone subbase（美）手砌纪念碑基础下卧层，手砌石料基层
~lawnmower 手推剪草机
~mower 手推钊草机
~operating cable way 手动缆道
~pitched broken stone 手铺碎石
~-pitched stone subbase（英）手铺碎石基层
~pump 手摇泵
~rail 栏杆，扶手
~signal 手提信号，手动信号
~sowing 手种
~work 手工
~written copy 手抄本
excavate by~ 手工开凿
Handan（the Zhao Dynasty）邯郸（赵）
handball court 手球场
handbook 手册，便览；指南
handcart 手推小车
handicap 障碍，不利，困难；妨害，置于不利地位
handicapped 有生理缺陷的，智力低下的，残疾的
~parking 障碍停车
~person 残疾人
~persons，construction for 残疾人建筑物
accessible for the~ 残疾人可使用的
developed for the~ 为残疾人开发的
garden for the~ 残疾人花园（菜园、果园、园地、园圃）
handicraft 手工业
~factory 工艺美术厂
~industry 手工业
~room 劳作教室
~stage 手工业阶段
handing 竣工，交接
~over document 竣工验收文件
~over inspection 交接检验
~over inspection of machine room sand wells 土建交接检验
handling 装卸
~efficiency 装卸效率
~volume 装卸量
handover（英）移交
~plan（英）移交计划，移交进度表，移交（建筑物，公园等地区的平面图、示意图、详图）
handrail 扶手，寻杖，扶手栏杆
~conveyor 扶手橡胶带
hanger 吊，悬
~rod 吊杆
~wire 吊杆
hanging 吊，悬
~basket 悬篮
~bridge 吊桥
~cabinet 吊柜
~garden 悬园，悬空园，架高园，空中花园，架空花园；（古巴比伦建的）空中花园；（现代的）屋顶花园，高空花园
~glacier 悬冰川
~Gardens of Babylon 巴比伦空中花园（遗址）
~glacier 悬冰川
~houses 悬空楼
~over 拔檬，叠涩
~pipe 悬吊管
~stair 悬挂楼梯

Hangzhou 杭州
Hanjia Granary（**Luoyang**，**China**）含嘉仓（中国洛阳市）
Hankow Willow/Peking Willow ***Salix matsudana*** **Koidz.** 旱柳 / 红皮柳
Hanuman Dhoka（**Nepal**）哈努曼多卡宫（尼泊尔）
haphazard 偶然（事件）；偶然的，不测的；偶然地
~development 偶然形成
happy 愉快的，幸福的，幸运的
Happy and Carefree Pavilion Park（**Beijing, China**）陶然亭公园（中国北京）
haplobasalt 人造玄武岩
haplodiorite 人造闪长岩
haplogranite 人造花岗岩 / 细岗岩
Haplophyllum-like Edelweiss ***Leontopodium haplophylloides*** 香芸火绒草
harbor 港，港口，海港
~radar 港口雷达
~，sailboat（美）帆船港口
harbour 港（湾）；海港，港湾码头，港口码头，安身所；停泊；暂住；避难，隐匿
~area 港区
~authority 港务局
~basin 港湾洼地
~block 港区
~breakwater 港湾防波堤
~capacity 港口吞吐能力
~cargo transfer 港口疏运
~chart 港口图
~city 港口城市
~development 港湾开发
~district 港口区，港湾地区
~engineering 港湾工程学，海港工程学
~engineering survey 港口工程测量
~entrance 港湾入口
~estuarine 港湾
~extension 港口扩建（工程）
~industry 港口工业
~line 港口线，港区界线
~mud 港口废品
~of refuge 避风港
~port 港湾
~railroad（美）海港线，海港铁路，港区铁路，港口铁路
~reach 港口河段，港区
~station 港湾站
~traffic 港口交通（运输量）
~transload 港口吞吐量
~transport 港口运输
~work(s) 海港工程，港口建筑物，港口工程，港口设施
leisure~ 悠闲安身所；游船港
sailing boat~（美）航海船港湾码头
yachting~ 快艇港，游艇港
harbo(u)rage 泊地，避风港，停泊处，港湾
hard（坚）硬的，坚固的；困难的，繁重的；刻苦的，苛刻的，勤劳的；严厉的，严格的；猛烈的；冷酷的；确实的；硬；牢；困难；竭力；猛烈
~base（美）坚固底座
~cash 现金
~coal 硬煤，无烟煤
~combustible component 难燃烧体
~copy 底图
~core 天然岩石碎块，碎砖块，矿渣碎块，硬核

~court（美）硬质铺面运动场
~disc 硬盘 { 计 }
~equipment 码头装卸设备
~landscape 硬质景观（指除绿化和建筑物以外的城市的一切有形物体）
~landscaping（城市）硬质景观设计
~pan 硬土，坚土，硬盘（土）；硬（土）层，硬质地层
~pitch 硬焦油脂，硬（焦油）沥青
~plant 耐寒植物
~rain 暴雨
~road 硬质道路面
~rock 坚硬岩石
~rolling car 难行车
~rolling track 难行线
~shoulder 硬质路肩
~space 硬空间
~stand（ing）（坚固）停车场，停机坪
~stone 磐石
~surface 硬面，硬表面，硬质路面
~surfaces，construction of 硬质路面建筑
~system（英）硬层系
~-top 硬面区，硬质地面的空地或道路
~water 硬水
~wood 硬木；阔叶树材
~work 艰苦奋斗
Hard/Deer Fern ***Blechnum spicant*** 穗乌毛蕨（英国斯塔福德郡苗圃）
hardening 硬化
hardiness 耐久力；顽强；强壮；坚强；耐寒（性）；耐劳；抗性；硬度，硬性
~，cold 耐寒（性）
~degree of rock 岩石坚硬程度
~of water 水的硬度
~surface road 有硬质路面的道路
~surfacing 硬质路面
hardscape 硬质景观
~area（美）硬质景观区
hardstand 停机坪
Hardtail scad/finletted mackerel scad（***Megalaspis cordyla***）大甲鲹 / 铁甲
hardware 五金，铁器；（电子计算机）硬件；{ 计 } 金属器具，金属构件
~manufactory 五金工厂
~，street（美）五金街
hard-edge abstract 硬边抽象派
hard-wearing 耐损的，耐磨的
~lawn 耐损草坪；耐穿上等细布
~surface layer 耐损铺面层
~turf 耐损草地（皮）
hardwood 同 hard wood
hardy 坚固的，强壮的；耐劳的；耐寒的（指植物）
~plants 耐寒植物
~variety 耐寒品种
root~（美）根耐寒植物
Hardy Cluster Amaryllis/Magic Lily/Resurrection Lily/Autumn Lycoris ***Lycoris squamigera*** 鹿葱 / 夏水仙
Hardy Fuchsia ***Fuchsia magellanica*** 短筒倒挂金钟 / 短筒吊钟海棠
Hardy Geranium ***Geranium renardii*** 肾叶老鹳草（英国斯塔福德郡苗圃）
Hardy Plumbago ***Ceratostigma willmottianum*** 岷江蓝雪花（英国斯塔福德郡苗圃）
Hardy Rubber Tree/Eucommia ***Eucommia ulmoides*** 杜仲

harebell 钓钟柳（植物）；经济餐馆

Harebell ***Campanula rotundifolia*** 圆叶风铃草 / 苏格兰蓝钟花

Hare's Foot Fern ***Davalla canariensis*** 兔蹄蕨 / 鹿蹄蕨

Hare's-tail Grass ***Lagurus ovatus*** **Linnaeus.** 兔尾草

harijan 神的子民（指印度社会最底层的"贱民"）

Harity punjab Sumac ***Rhus punjabensis*** **var.** ***pilosa*** 毛叶麸杨 / 毛红麸杨

hark 听

~back to 重新提到或想起原先的问题、旧事等 / 回溯到

Harland's Box ***Buxus harlandii*** 雀舌黄杨 / 细叶黄杨 / 匙叶黄杨

Harleguin Glorybower ***Clerodendron trichotomum*** **Thunb.** 海州常山

Harlow 哈罗（1947 年起建设的伦敦东北的新城镇）

Harmel Peganum ***Peganum harmala*** 骆驼蓬 / 臭蓬

harmful 有害的

~gas and vapo(u)r 有害气体

~industry 有害工业

~insect 害虫

~residue 有害残渣

~substance 有害物质

harmonic analysis 调和分析（谐波分析）

~average 调和平均数

Harmonious Fragrance Pavilion 辑芳亭（中国北京景山）

Harmonious Interests Garden 谐趣园

harmony 协调，谐和感，谐调

~between Human and Nature 人与自然和谐

Harpdent Oak ***Cyclobalanopsis oxodon*** 曼青冈

harpooning 用鱼叉叉

Harpy Eagle ***Harpia harpyja*** 角雕 / 哈佩雕 / 哈比鹰（巴拿马国鸟）

harrier 猎兔犬

Harrison，Charles 查尔斯·哈里森，美国风景园林师

harvest 收成，产量

Haselberg Ballcactus ***Notocactus haselbergii*** 雪光

Haussmann's projected transformation of Paris 欧斯曼巴黎改建规划

Hasselt's round herring（***Dussumieria hasselti***）圆腹鲱 / 米嘴

hassock 草丛；草垫；蒲团

hasty 急速的；急性的；紧急的；轻率的

~road 简易公路

~pudding 泥泞的路

hatch 闸门；舱口；沉箱的水闸室；画影线；图谋，策划

~roof 顶部舱口

haul 搬运，运土；运程；运输量；土积距（指土方体积乘以运距的总和）；拖运；搬运，拖运

~distance 运距

~length 运距

~road 运材道路，运输公路，运料路

~to the site（美）运到现场

~unit 运输工具，运输设备

haulabout（供）煤船

haulage 拖运

~fleet 车队

hauling 搬运，拖运；牵引；运费；运

法；运距

~charges 运费

~equipment 运输设备

aunch 梁腋，拱腋；拱腰；腰，臂部；（路面的）厚边；[复] 后部

aunched 加腋的，加托臂的

~arch 加腋拱

~beam 加腋梁，托臂梁

~concrete 加腋混凝土

~member 加腋构件

~slab 加腋板

aunching 加腋，加托臂，（道路上）水泥混凝土镶边

austorium（寄生植物的）吸器

avana wood 西印度杉木，哈瓦那杉木

ave 有

~a bid accepted（美）中标

~a tender accepted（英）中标

aven 港口，泊船处，锚地；避难所

awaii Volcanoes National Park 夏威夷火山国家公园（美国）

awaiian beet webworm ***Hymenia recurvalis*** 甜菜叶螟 / 甜菜螟

awfinch（***Coccothraustes coccothraustes***）锡嘴雀 / 老锡儿 / 锡嘴

awk moth ***Theretra oldenlandiae*** 凤仙花天蛾 / 芋双线天蛾 / 双线斜天蛾 / 凤仙花斜条天蛾

awk owl（***Surnia ulula***）猛鸮

awker 小贩

~bazaar 小贩市场

~center 小贩中心

awksbeard Velvetplant/Gynura ***Gynura crepidiodes*** 假茼蒿 / 野茼蒿

aworthia/Wart Plant/Star Cactus/Cushion Aloe ***Haworthia fasciata*** 锦鸡尾 / 条纹十二卷

Hawthorn ***Crataegus*** 山楂属（植物）

Hawthorn Crimson Cloud ***Crataegus laevigata Crimson Cloud*** 红云山楂（英国斯塔福德郡苗圃）

Hawthorn Rasberry ***Rubus crataegifolius*** **Bunge** 山楂叶悬钩子

Hawthorn spider mite ***Tetranychus viennensis*** 山楂叶螨

Hawthorne Tree ***Crataegus pinnatifida*** 山楂

hay 干草；小额款项

~cutting 割干草

~field，fertilized（美）施肥干草地

~making 干草加工

~meadow（英）干草饲料种植地

~road 农村道路

hayfield 干草地

haying 割（草）；翻晒成干草，制干草

hayrick 干草堆

hazard 危险，冒险；事故；公害，失事；（英）马车停车场；冒险

~area，flood 水灾危险地区

~engineering 危险工程学（有关于工程中潜伏的事故、破坏和灾害的鉴定和处理）

~geography 灾害地理学

~marker 危险指示标

~marking light 危险标灯

~of reservoir cold water 水库冷害

~point 危险点

erosion~ 侵蚀危险

flood~ 水灾危险

frost~ 冰冻危险，严寒天气危险

landslide~ 崩塌（塌方，地滑，山崩）危险
natural~ 非人为的公害，自然公害
slippage~ 打滑事故

hazardous 危险的，冒险的
~area 爆炸危险区域
~building 危险性建筑物
~cargo（tracing）危险载货（跟踪）
~chemical 有害化学品
~facility perimeter，protective 防险设施周边
~industrial slags 工业有害废渣
~location 危险地段；危险路线
~material 危险品
~material storage 危险品库
~materials 危险品
~old dump site（美）危险倾倒场地
~shoulder 危险路肩（不能保证行车安全的路肩）
~site and spot 危险场所和地点
~slope 危险倾斜
~substance 危险物（质）
~substances fee（英）有害物质（材料，东西）费
~waste 有害废物
~waste control system 有害废料控制系统
~waste disposal fee（美）有害废物销毁费
~waste disposal site 有害废物销毁场所
~waste，incineration plant for 有害废物火化工厂
~waste material 有害废料
~wastes 有害废物
~wastes and their disposal 有害废物及其销毁

hazardousness index 危险指数

haze 烟雾；霾

Hazel grouse（*Tetrastes bonasia*）花尾榛鸡 / 飞龙

hazmat（美）危险废料

HDB=Housing Development Bureau [新] 住房发展委员会

HDC（**housing development Corporation**）住房开发公司

He Jiqin 何济钦，中国风景园林学会终身成就奖获得者，风景园林专家

He Jingtang 何镜堂，中国工程院院士，建筑学家，建筑设计大师

head 头（部）；水头，蓄水高度，水位差，压头；扬程；源头；顶（盖）；拱心石；上部，前部；首领，首席；一匹，一头；标题；磁头；率领，在前头，向……前进，起头，发源
~beam 顶梁
~bridge 高架桥
~conduit 压力管道
~count 人口清查
~deposit 源头沉积（属冰碛沉积）
~end operation（车辆）调头
~fall 跌水，水头落差
~gate 运河的水闸门，总水闸门
~joint 压头；连接（方式），顶（盖）接合（方式）
~loss 水头损失，压头损失
~of pile 桩顶，桩头
~of river 河源
~of water 水头，水柱高度
~resource 水源
~spring 源泉
~stone 墓碑，基石
~tree 支柱横木

~wall 端墙，正墙，山墙
~water 上游水体
~-water control 上游水位控制
~wind 逆风
~works 渠首工程，进水口工程，渠头控制水量设施
raising the~（美）提高蓄水高度
tree~（英）树木绘图；树头
wall~ 墙头
Headed Flowers Rhododendron ***Rhododendron cephalanthum*** 毛喉杜鹃
headend equipment 前端设备
header 露头砖，丁（头）砖；露头石，顶头石；集水管，联（管）箱，分水器，集水器，首长，标题，题目，报表表首；巷道承托
~bond 丁砖砌合
~bond（pattern）（美）丁砖砌合（形式）
~brick 露头砖，丁（头）砖
~course 露头层，丁头层，丁头行
~joint 丁砖砌合，丁砖缝
~pipe 总管
~stone 露头石，丁头石，墙基石
radial~（英）径向集水器
headers-on-edge 沿边顶头石，沿边露头砖
headframe 井架
heading 标题，题目，报表表首；巷道；平巷；掌子面；税目；露头；导坑，导洞；浇口布置法
~-back（美）巷道承托
~back of tree scaffolds 木架巷道承托
~bond 丁砖砌合
~bond（pattern）（美）丁砖砌合（形式）
~course（美）巷道路线，导洞路线
~off（NZ）巷道切断，巷道截止
headland 岬，海角
headquarters（机构，企业等的）总部，总店
headroom 净空，净空高度
headroom of flight 楼段净高
~of landing 平台净高
head span suspension 软横跨
headship rate 户主率
headspring 水源，源头
headstone 墙基石
headstream（英）河源，源头
headwall with wing walls 带翼墙（八字墙，耳墙）的端（正，山）墙
headwater 上游水；河源；上源（多用复数）
~channel 引水渠，前渠
~elevation 上游水位
~forest 水源树林
~stream（美）上游水流
headward deposition 溯源堆积
headward erosion 溯源侵蚀
headwaters（美）上游水，河源上源
headway 净空，净空高度，车距
headworks 渠首工程，引水工程；拱顶石饰；准备工作
healing 康复，复原
horticultural~ garden 园艺治疗园
health 卫生；健康（状态）
~and quarantine station 防疫站
~building 疗养所，医院
~care 保健
~care facility 保健设施
~care station 保健站
~care system 卫生服务体系

~center 保健中心，休养中心，卫生所
~clearance 健康许可证
~facility 卫生设备
~facilities area（美）卫生设备场地（地方）
~guard 检疫员；卫生员
~hazard 卫生事故
~institution 卫生机构
~quarantine 卫生检疫
~requirements and standards for surface water 地面水卫生要求和标准
~resort 疗养地，休养胜地
~resort centre 休养胜地中心
~resort，climatic 受气候影响的疗养地
~resort park 休养胜地（国家）天然公园
~resort recuperation 疗养地康复
~resort town 休养疗养城市
~service 卫生设施
~stream 无污染河流
~zone 休疗养区
detrimental to~ 对健康有害
injurious to~ 对健康有害

healthy building 健康建筑

Heiankyo（Japan）平安京（日本）

heap 堆,块,土（堆）；堆积；群（众）；大量，许多；汽车（俗称）〈美〉（堆）积；积聚；装载
~capacity 堆载量
~，compost（英）堆肥堆
~of earth（composted earth，prepared earth,garden mould,ammold）土堆（堆肥土，调配土，园用肥土）
~up 填土升高
rubble~（美）碎石堆，瓦砾堆，粗石堆积
silt~（英）泥沙堆，淤泥堆
slag~（英）产渣（熔渣，矿渣）堆
soil~（英）土堆
spoil~（英）废土堆，弃土堆，废石料堆积
topsoil~（英）表土，地面土

heaps，seeding of topsoil 表土植草土堆

hear 听（见），闻（知）；听从，应允
~to 听从；倾听

Hearer 听者

hearing 听，倾听，听到，听力，听觉；开审，审讯
~aid 助听器
~loss 听力损失
~protector 听力防护器
~，public（美）公开审讯，民众倾听

Hearst Castle（美）赫斯特城堡（美国）

heart 心（脏）；中心，心形物

Heart Leaf Hornbeam ***Carpinus cordata*** 千金榆 / 心叶鹅耳枥

Heart Leaf Philodendron ***Philodendron scandens*** 攀援喜林芋（攀蔓绿绒）

Heart rot Chaenomeles speciosa 贴梗海棠木腐病（病原主要为担子菌门的数种层孔菌）

Heart rot of ***Ligustrum*** 女贞木腐病（***Schizophyllum commune*** 普通裂褶菌）

Heart rot of ***Paulownia*** 泡桐立木腐朽（***Coriolus versicolar*** 采绒革盖菌等真菌）

Heart rot of ***Prunus percica*** 桃花木腐病（***Poria*** **sp.** 卧孔菌 ***/Trametes*** **sp.** 香栓菌 ***/Schizophyllum*** **sp.** 裂褶菌）

Heart rot of ***Quercus*** 栎木腐病（病原为担子菌门多孔菌科 ***Polyoraceae*** 的一种）

Heart rot of Rhus 火炬树木腐病（***Schiz-***

ophyllum **sp.** 裂褶菌）
Heart rot of Syringa 紫丁香木腐病（担子菌门层菌纲非褶菌目 ***Aphyllophorales*** 的一种）
Heart rot of Zanthoxylum 花椒木腐病（病原为担子菌门的多种真菌）
Heartease/Pansy ***Viola tricolor*** 蝴蝶花 / 三色堇
heartland 心脏地带，中心地带
Heartleaf Houttuynia/Houttuynia cordata 蕺菜 / 鱼腥草
Heart-leaved Eucalyptus ***Eucalyptus cordata*** **Labill. f.** ***lanceolata*** **Philip.** 异心叶桉
Heartsease/Pansy ***Viola tricolor*** **L. var.** ***hortensis*** **DC.** 三色堇 / 猫儿脸 / 蝴蝶花 / 人面花 / 猫脸花 / 阳蝶花（波兰国花）
heartwood 中心林地
heat 热（量）；热学；（炼钢的）装炉，熔炼；加热，发热
~absorbing glass 吸收玻璃
~absorption 吸热（量）
~and moisture transfer 热湿交换
~and power plant 热电厂
~balance 热量平衡
~bridge 热桥
~capacity 热容量
~conduction 热传导，导热
~consumption 设计小时耗热量
~convection 热对流
~damage 热害
~dissipating capacity 散热量
~exchanger 热交换器，换热器
~fire detector 感温火灾探测器
~flow 热流
~flow intensity 热流强度
~flow meter 热流计
~flowrate 热流量
~gain from lighting 照明散热量
~gain from occupant 人体放热量
~impulsive method 热脉冲测定法
~insulating window 保温窗
~insulation 绝热，热绝缘，保温，隔热
~island（城市形成高温的）热岛现象
~–island circulation 热岛环流
~island effect（城市的）热岛效应
~insulation in building 建筑防热
~（thermal）lag；detention period 延迟时间
~load 热负荷
~load intensity 热流密度
~load of the air 大气热流
~operated refrigerating system 热力制冷系统
~operated refrigeration 热力制冷
~pipe 热管
~pollution 热污染
~power station 火力发电站
~preservation in building 建筑保温
~protection 热（量）保护
~pump 热泵
~quantity 热量
~reclamation device 热回收装置
~release 散热量
~resisting plant 耐热植物
~stress 热应力
~stress index 热应力指标
~supply 供热
~supply heating 供热
~supply network heat distributing network

热网
~supply pipeline 供热管道
~transfer 传热
~transfer coefficient 水面综合散热系数
~transfer for underground structure 地下建筑传热
~transfer heat transmission 传热
~treatment 热处理
~-treatment shop 热处理车间
~unit 热（量）单位
~wave 热浪
central~ 总热量
radiant~ 辐射热
reradiation of~ 热量再辐射
waste~ 废热
white~ 白热

heated 供热的
~brick bed 火炕
~wall 火墙

heath 荒地，石南荒原；石南（属常青灌木），欧石南属（植物）
~fruit garden 荒地果园
~invasion 石南荒原侵袭，荒地侵袭
~land 荒地
~sod 石南荒原草皮，荒地草皮（草泥）
~sods，cutting of 荒地草皮切割
~vegetation 荒地（植物）生长，荒地植物（植被，草木）
coastal~ 近海岸荒地
dune~ 沙丘（土丘）荒地

heather 石南属的植物
~moor（英）石南属植物（大片未开垦的）荒原

Heather *Erica carnea* 'Pink Spangles' '闪烁之粉' 春花欧石楠（英国斯塔福德郡苗圃）

heathland（英）欧石南丛生的荒野
~conservation 欧石南丛生荒野（自然资源的）保护
~pool 欧石南丛生的荒野水洼
woody~ 树木茂盛的欧石南丛生的荒野

heating 加热，供暖，发热；（加）热的供暖的
~and power plant 热电厂
~and ventilating 暖（气与）通（风）
~and ventilation design 暖通设计
~capacity 供暖能力，给热能力
~coil 热盘管
~coil section 加热段
~equipment；heating appliance 采暖设备
~facilities 采暖设备
~industry 供热（暖）工业
~load 热负荷
~main 暖气总管，供暖干管
~medium 热媒
~medium parameter 热媒参数
~method 供暖方法
~passage 暖气通道
~pipe 暖气管，供暖管
~pipeline 采暖管道
~plant 暖气厂（如热电厂、锅炉房）加热设备，供热厂
~plot 供热地区
~range 供热范围
~riser 供热立管
~season 供热（暖）季节
~plant，central（美）中心供暖设备
~plant，district（英）地区供暖设备
~；space heating 采暖
~supply pipeline 供热管道

~system 供暖系统
~system，district 地区供暖系统
~up 发热
~value 发热量
eat-water balance 热水平衡
eave 冻胀；胀起，隆起；举起，扛起；（道路）冻胀；胀起，隆起
~，frost 冰冻，隆起
"Heavenly Bridge"on the Pen-Rest Mountain Jinzhou 锦州笔架山“天桥”（中国）
eavily 重的，厉害的
~polluted area 高浓度污染区，严重污染区
~travelled road 交通繁重的道路
eaving 冻胀，胀起，隆起
~of the bottom 基坑底隆胀
heavy 重物；重的，负重的，浓的，大量的，大型的，粗的，繁重的，泥泞的，难行的（道路），猛烈的
~and light industries 重工业和轻工业
~construction 重型建筑，大型工程
~density 稠密度
~duty highway 交通繁忙的公路
~-duty highway 大交通量公路
~-duty pavement 重量级路面（用于繁重交通）
~-duty runway 重量级飞机跑道
~-duty traffic 重型货车交通
~-duty truck 重型卡车
~-going road 难以通行的道路
~industrial district 重工业区
~industry 重工业
~industry area 重工业区
~machinery plant 重型机械厂
~machine tool plant 重型机床厂
~maintenance 大修
~metal 重金属
~metal contaminated site 重金属污染地方（场所，部位，位置）
~metal contamination 重金属放射性污染，重金属污染
~metal poisoning 重金属中毒
~metal pollution 重金属污染
~metal plant 重金属工厂
~metal-tolerant 重金属耐受性的（有药物的，有免疫的）
~metal-tolerant vegetation 重金属耐受性植物
~oil 重油
~overcast 阴天{气}
~parking 大量停车
~pine 美国西部黄松
~rain 大雨
~rainfall 大雨，大降雨量
~rain fall 大雨
~rainwater run-off（英）大量雨水径流（量），大量雨水溢流
~recreation use 大型娱乐消费用途
~repair 大修
~seas 大浪
~snow 大雪
~soil 重质土，黏土
~steel rolling mill 大型轧钢厂
~storm runoff（美）大暴雨径流量
~storm water（美）大暴雨（水）
~storm-water（英）大暴雨（水）
~street traffic 繁重街道交通
~swell 巨涌
~tamping foundation 重锤夯实地基

~traffic 拥挤的交通，大流量交通，繁密交通

~-traffic artery 繁密交通干道

~traffic period 交通繁忙时间

~-traffic road 繁忙交通的道路

~-traffic stream 繁密车流

~-traffic volume 繁密交通量

~traffic zone 交通繁忙地区

~truck 重型载货卡车

~truck traffic 重型货车交通

~turning movements 繁密的转弯交通

~-use lawn 大用途草坪，重用草坪

~weight concrete 重混凝土

~work 重作业

Hebei cabbage stink bug *Eurydema dominulus* 菜蝽

hecatompedon（古希腊雅典的）百尺庙

hectare 公顷

hectometers take 百米桩

Hedera 常春藤属（植物）

Hedera canariensis 加拿利常春藤

hedge 植篱，绿篱，（树）篱；栅栏；围以树篱或栅栏

~acacia 银合欢

~and hedge plants 绿篱和绿篱植物

~brush layer 灌木绿篱

~layer 绿篱压条

~layering 绿篱压条（法）

~living fence 绿篱

~plant 绿篱植物

~planting 绿篱式栽植

~school 露天学校，野外学校

~shears 修篱剪刀

~trimmer 绿篱机

clipped~ 截短绿篱

field~ 牧场栅栏

quickset~（英）绿篱栅栏

thorny~ 长满荆棘的绿篱

trimmed~ 修剪的绿篱

untrained~（英）未处理绿篱

untrimmed~（美）未修剪绿篱

Hedge Acacia *Leucaena glauca* 银合欢

Hedge Bambusa/Hedge Bamboo *Bambusa multiplex* 孝顺竹/凤凰竹/观音竹

Hedge Euphorbia *Euphorbia neriifolia* L. 麒麟阁

Hedge Euphoria/Crested Olean-der Cactus *Euphorbia neriifolia* 霸王鞭

Hedge Mustard *Sisymbrium officinale* 大蒜芥/歌手之草

Hedge Prinsepia *Prinsepia uniflora* Batal. 西北扁核木/单花扁核木

Hedge Sageretia *Sageretia thea* 雀梅藤（雀梅）

Hedge Sageretia *Sageretia theazans*-(L. Brongn 雀梅藤

hedgerow 灌木篱墙，树篱（笆）（灌木树篱）

~clearance 灌木篱墙清除

~conservation 灌木篱墙保护

~landscape 灌木树篱园林，灌木树篱景观（景色）

~maintenance 灌木树篱养护

elevated~（美）高灌木树篱

hedgerows and woodland patches, planting of 灌木树篱及林区小块地栽种

hedges, clipping of~ 绿篱修剪

shearing of~（美）绿篱修剪

hedgetrimmer 树篱修剪器

hedging（英）树篱种植

~plant（英）树篱种植

Hedging Eleutherococcus/Free Pips *Eleutherococcus sieboldianus* 异株五加

Hedin Sagebrush ***Artemisia hedinii*** 臭蒿 / 海定蒿

heed 注意，留意

heel（脚）跟，踵；拱座，柱脚；任何器具（特指平地机刮刀）近柄处；钻井口；加（后）跟，紧随，（使船）倾侧

~cutting 坝踵开挖

~pressure 跟压力，踵压力

~slab（挡土墙的）踵板

heeling in/temporary planting 假植

~on site 现场假植

Heian Shrine（Japan）平安神宫（日本）

height 高（度）；高程，海拔，顶点，[复]高地

~above sea level 海拔（高度）

~computation 高程计算

~control 高度限制

~datum 高程基准

~district 建筑高度限制区

~finder 测高仪

~limit 高度限制

~of arch 拱高

~of building 房屋高度

~of capillary rise 毛管上升高度

~of chimney 烟囱高度

~of clearance 净空高度

~of cut and fill at centers take 中桩填挖高度

~of dam 坝高

~of drop 落差

~of level 地（表）面标高，地平高度，地平高程

~of release 排放高度

~of run-off 径流高度

~of section；depth of section 截面高度

~of smoke outlet 排烟口高度

~of storey 层高

~of tree 树高

~of trunk 干高

~of water 水位；水柱高

~of weir 堰高

~restriction 建筑物高度之限制

~survey 高程测量

~zoning 建筑高度分区，建筑高度区划

above eye~ 视线以上高度

below knee~ 地表至膝下高度

branching~ 出枝高

clearance~ 净空高度

course~（墙砖、屋顶瓦等）的层高

curb~（美）路缘石高度

cutting~ 路堑高度；修剪高度

existing ground~ 实际地面高度

fill~ 填（注）高度

kerb~（英）路缘高度

knee-waist~ 膝盖至腰部高度

knee to eye~planting（medium height planting）到膝盖高度的植物（中等高度的植物）

planting above eye~（tall shrubs/small tree planting）高于视平线的植物（高灌木或小型乔木种植）

riser~ 梯阶竖板高度；起步板高度，立管高度

shrubs and herbaceous plants below knee~（low planting）低于膝盖高度的灌木及草本植物（低矮植物）

waist–eye~ 到腰部高度
heights 高台，高地，高台地集体住宅
Heilongjiang Thyme ***Thymus amurensis*** 黑龙江百里香
heir 继承人，后嗣
heirship 继承权
Helianthemum 半日花属
helical 螺旋（形）的，螺旋纹的
~stair 螺旋形楼梯
helicline 逐渐上升的弯曲斜坡
heliocentric 以太阳为中心的
heliochrome 彩色照片
heliohobe 避阳植物，嫌阳植物
heliophile 喜阳植物
heliophilous 喜阳，嗜阳
~plant 适阳植物，喜光植物
~species 喜阳类种类
~woody species 喜阳木本种类
heliophytes 阳地植物
Heliopsis Summer Sun ***Heliopsis scabra Summer-Sun*** 骄阳赛菊芋 / 糙叶赛菊芋‘夏日骄阳’（美国田纳西州苗圃）
heliotaxis 趋日性
heliotrope 鸡血石 / 日光回照器
Heliotrope ***Heliotropim arborescens*** 天芥菜 / 樱桃派 / 香水草
Heliotrope/South America Heliotrope ***Heliotropium arborescens*** 南美天芥菜 / 洋茉莉 / 海南沙
helipad 直升飞机机场
heliport 直升飞机场
helistops 直升飞机停机坪
helitropism 向日性
hell/inferno 地狱
Hellenic zrchitecture 希腊建筑
Hellenize（使）希腊化；（使）受希腊文化之熏陶
Hell's Mouth（**Portugal**）地狱嘴（葡萄牙）
helophyte 沼生植物
tall~ 高大沼生植物
helper 辅助，补助
~grade（平地调车场的）辅助坡度，推进坡度
~hold track 辅助机车停留线
~station 辅助机车牵引始终点站
hematite 赤铁矿
hemeroecology 人为地面形态，栽培生态学，人工环境生态学
hemerophilous species 适人为生境物种
hemicryptophyte 地面芽植物
Hemlock ***Tsuga*** 铁杉
Hemlock ***Conium maculatum*** 独参 / 冬蕨
Hemlockleaved Moonwort/Rattlesnake Fern/Virginia Grape Fern ***Botrypus virginianum/Botrychium virginianum*** 蕨萁 / 一朵云
hemp 大麻，苎麻，麻絮
~mill 麻纺厂
Hemp Bogorchid ***Eupatorium cannabinum*** 大麻叶泽兰
Hemp longicorn beetle ***Thyestilla gebleri*** 麻天牛
Hemp Palm/Chinese Coir Palm ***Trachycarpus excelsa*** 棕榈树
Hempleaf Negundo Chastetree ***Vitex cannabifolia*** **Sieb. et Zucc.** 牡荆
Hemsley（**Hemsley Paliurus Broadnut**）***Paliurus hemsleyanus*** 铜钱树
Hemsley Cornel Dogwood ***Cornus hems-***

leyi 红棕子

Hemsley Mountainash *Sorbus hemsleyi* 江南花楸

Hemsley Sloanea *Sloanea hemsleyana* 仿栗

Hen and Chicks Plant *Sempervivum tectorum* 凌樱（美国田纳西州苗圃）

Hen harrier *Circus cyaneus* 白尾鹞

Henbane *Hyoscyamus niger* 天仙子 / 猪豆

hencoop 鸡舍

Hengduan Mountain（China）横断山（中国）

Heng Mountain（Datong，China）恒山（中国大同市）

Heng Mountain Scenic Area 恒山风景区

Heng Mountain，the South Sacred Mountain of China 南岳衡山（中国）

henhouse，multiple（美）多种多样的鸡舍

Henna *Lawsonia inermis* L. 散沫花 / 指甲花

Henna *Lawsonia inerma* 指甲花 / 木樨草树

Henna sphinx moth/Red sphingid *Pergesa elpenor lewisi* 红天蛾 / 红夕天蛾 / 暗红天蛾

Henon Bamboo *Phyllostachys nigra* var. *henonsis* 毛金竹 / 黄枯竹 / 淡竹

Henry Acanthopanax *Acanthopanax henryi* 糙叶五加

Henry Anisetree *Illicium henryi Diels* 红茴香

Henry Chinkapin *Castanea henryi* 珍珠栗 / 尖栗

Henry Emmenopterys *Emmenopterys henryi* 香果树

Henry Galangal *Alpinia henryi* 小草蔻 / 直穗山姜

Henry Linden *Tilia henryana Szysz.* 糯米椴（英国萨里郡苗圃）

Henry Magnolia *Magnolia henryi Dunn* 大叶木兰

Henry maple *Acer henryi* 三叶槭 / 建始槭

Henry Moore Sculpture Garden 亨利·摩尔雕塑公园

Henry Ormosia *Ormosia henryi* 花榈木 / 花梨木

Henry Pine *Pinus henryi* 巴山松

Henry St. John'swort *Hypericum beanii N. Robs.* 栽秧花 / 大花金丝梅

Henry Tanoak *Lithocarpus henryi* 绵石栎

Henry's Brake *Pteris henryi* 狭叶凤尾蕨

Henry Wise 亨利·怀斯，英国造园家、园林设计师

Heraeum（Greece）赫拉女神庙（希腊）

herb 青草，草类，草本植物；药草

~border，perennial 多年生草本植物（药草）花境

~community，perennnial 多年生草本植物群落

~community，tall 高草本植物群落

~doctor 中医

~formation，clearance 清理药草群系

herb garden 药草园，药用植物园

~garden，medicinal 药草植物园

~layer 药草压条培植

~-medicine 草药；中药

~vegetation，clearance 清理药草植物

culinary~ 烹饪草本植物

medicinal~ 药用草本植物

perennial~ 多年生草本植物

wild~ 野生草本植物

Herb Bennet ***Geum urbanum*** 路边青 / 林地水杨梅

Herb Paris ***Paris quadrifolia*** 四叶重楼 / 一粒浆果

Herb Treemallow ***Lavatera trimestris*** 三月花葵 / 花葵 / 裂叶花葵

herbaceous（植物）草本的，草质的，绿色的

~border 草本花境，草本植物的花草坛

~edge（美）草本植物边缘

~flower bed 草药花坛

~fringe biotope 草本植物边缘生境

~fringe community 草本植物边缘群落

~perennial flower 多年生草本花

~plant 草本植物

~seam（英）草本植物疤痕

~stratum 草本植物层

~vegetation 草本植物生长

herbage 草本植物（尤指牧草）

~grasses 草本植物

herbal 草的；本草书；植物志

herbary 草本园，菜园

herbicide 除草剂（除草的化学药剂），除莠剂

~application，post-emergent（植物种子）出土后施用除草剂的

~application，pre-emergent（植物种子）出土前施用除草剂的

contact~ 接触除草剂

non-selective~ 非选择性除草剂

root~ 根用除草剂

selective~ 选择性除草剂

herbosn 草本植被

Herbst Bloodleaf ***Iresine herbstii*** 血苋 / 红叶苋

hereditament 不动产

hereditary 世袭的

heritage 遗产，世袭财产；继承财产；传统

~coast（英）遗产海滨

~garden（英）传统花园，遗产花园

~landscape 遗产景观，传统景观

~landscape，protected cultural 保护的文化遗产园林

~management（英）遗产管理

~site，world 世界遗产地

Chief Executive of English~（英）英国遗产最高行政长官

coastal~ 沿海遗产

conservation of the natural and cultural ~ 自然和文化遗产保护

cultural~ 文化遗产

forest~ 森林遗产

landscape resource~ 景观资源遗产

natural~ 自然遗产

protection of local/national~ 地方 / 国家遗产保护

Hermann Cobacactus ***Lobivia hermanniana*** 朱丽球

hermaphrodite flower 两性花

hermit 隐士

hermitage 修道院

Heroes Square（**Hungary**）英雄广场（匈牙利）

Heron（鸡）鹭

Heron rookery（美）鹭群

Heronbill ***Erodium stephanianum*** 牻牛儿苗 / 牛扁

Heronicae Dilatatae ***Veronica linariifolia subsp.dilatata*** 水蔓菁 / 追风草 / 五气

朝阳草 / 细叶婆婆纳

eronry（英）鹭巢群，鹭群栖息繁殖处

erring bone track 箭翎线

erringbone 人字形，鲱骨（式）；人字形的，鲱骨状的；作人字形，作交叉缝式

~bond 人字（式）砌合

~drainage system 人字形排水系统，鲱骨式排水系统

~parquet flooring 席纹硬木地板

~pattern 人字式，人字形

~pattern drainage 人字式排水系统

~pavement 人字式（铺砌）路面

~paving 人字式铺砌法

~system 人字形排水系统，鲱鱼骨形排水系统

errlite Medinilla ***Medinilla magnifica* Lindl.** 宝莲花 / 宝莲灯 / 粉苞酸脚杆

essian 一种粗麻布，粗麻袋（大麻或与黄麻合制）

~-based bitumen sheeting 粗麻布底的沥青油毛毡

~fly, a gall midge (gall gnat) 麦蝇（似蚊，属瘿虫科）

~strips, wrapping with（英）用粗麻布条缠绕

~wrapping 一种粗麻布缠绕

eterogeneity 不均匀(性)；多相(性)；异类，异质性，异种；不同性质，不均质，杂质

landscape~ 多质景观 / 园林

scenic~ 自然景色的不同性质，（公路等）景观美化的不同性质

spatial~ 空间不均匀（性）

eterogeneity of buds 芽的异质性

heterogeneous 异类的；不同的

~atmosphere reaction 异质大气反应，多相大气反应

Heterophyllous Negundo Chastetree ***Vitex negundo* var. *heterophylla*（Franch.）Rehd.** 荆条

Heterophyllous Wingseedtree ***Pterospermum heterophyllum*** 翻白叶树 / 异叶翅子木 / 半枫荷

heterotroph 异养生物

Heulandite 片沸石

heuristic 启发式的

Heviz Lake (Hungary) 海维兹湖（匈牙利）

hexastyle 六柱式；六柱式门廊

hexastyloc 六柱式筑廊

Hedera helix 英国常春藤

***Hedera helix* "Glacier"** 冰雪常春藤

hibernaculum 离体冬芽，越冬巢，冬眠场所，（某些淡水苔藓产生的）冬芽

hibernation 冬眠

~area/region 冬眠地区 / 地带

~cocoon 越冬茧，冬眠茧

~site 冬眠地方

Hibiscus/Scarlet Rose Mallow

Hibiscus coccineus 红秋葵 / 红蜀葵

Hibiscus Blue Satin ***Hibiscus syriacus* 'Marina'** 玛丽娜蓝木槿花（美国田纳西州苗圃）

Hibiya Park (Japan) 日比谷公园（日本）

Hickory ***Carya*** 山核桃属（植物），山核桃木

Hicks Yew ***Taxus media* cv.*Hicksii*** 曼地亚红豆杉（英国萨里郡苗圃）

Hida-kisogawa-Quasi National Park (Japan) 飞木曾川国立公园（日本）

hidden axis 暗轴，隐轴

~line 隐藏线

Hidcote Blue Lavender ***Lavender angustifolia*** 狭叶薰衣草（美国田纳西州苗圃）

Hideo Sasaki 佐佐木英夫（1919–2000）

hierarchical 分等级的

~approval of city plan 城市规划分级审批

~**diffusion** 等级扩散

hierarchy 级系，阶层系统，等级制度

~of central places（英）中心区级系

~of population growth centers（美）人口增长中心区域系级

~of roads 道路网主干线

~of territory 领域层次

~of urban economic development 城市经济发展的层次性

hieroglyph 象形文字

Higan Cherry ***Prunus subhiretella*** **Miq.** 日本早樱 / 彼岸樱

high 高位，高档，高速；高的，高处的；高级的，高尚的，强烈的；[副] 高，大，强

~–accident location（交通）经常事故地点

~–altitude 高空的

~–altitude afforestation 高空造林地区

~antiquity 远古

~art 纯艺术

~ball 高速火车

~bank 高堤；高坡

~beam 汽车远光灯束

~bed 沙洲，浅滩

~–class 高级的，优质的，高精度级的

~consumption economy 高消费经济

~density development 高密度发展，高密度开发

~density residential district 高密度居住区，高密度住宅区

~education 高等教育

~efficiency storm 高效暴雨

~–flats 多层高楼

~flood tide 高潮

~flood tide damage 高潮灾害

~–flying bridge 高架桥

~–flying highway 高架公路，上跨道路

~forest 乔林木

~frequency noise 高频噪声

~grade 高坡，陡坡；高质量（的），高等级（的）

~grade hotel 高级旅馆

~grade residence 高级住宅

~ground 高地

~growth industry 迅速发展的工业部门

~hedge 高篱

~intensity recreation area 高使用程度游憩地

~land 高地，高原，高山区

~latitude 高纬度

~level，average 平均高潮位

~–level bridge 高架桥

~level cistern 高水箱

~level crossing 立体交叉，高架跨越

~–level language 高级语言

~–level man–power 高级人才

~（level）of watercourses 水道（河道）高潮位

~level，peak 峰值高潮位

~level，record 记录高潮位，自动记录

标明高潮位
~-level round-about 高标准环形交叉路
~level platform supported on piles 高桩承台
~lunitidal interval 高潮间隙
~maintenance 高位养护
~maintenance planting 高位养护花圃
~mast lighting 高杆照明
~-maturity 高度成熟性
~mountain pasture（美）高山牧场，高山放牧，高山牧草地
~mountain plant 高山栽种，高山种植
~mountain region 高山地带
~observing tower 高观测塔
~-occupancy vehicle lane 高占有率车辆车道
~pitch 摆在车上的小摊
~plateau 高原
~platform 高站台
~-pressure sodium vapour lamp 高压钠灯
~pressure system 高压系统
~pressures team heating 高压蒸汽采暖
~-pressure water 高压水
~pressurized jet grouting 高压喷射注浆法
~purity water; ultra high purity water 高纯水
~rate aeration 高负荷曝气
~-rise（建筑物）超高层的，高楼的；高层住宅，多层大厦
~-rise apartment 高层公寓
~-rise apartment complex（美）高层综合公寓
~-rise block 多层高楼街区
~-rise building 高层楼寓，高层建筑，高层房屋
~rise building 高层建筑
~-rise city 空间发展城市，摩天楼城市
~rise flat 高层住宅
~rise garage 高层汽车库
~-rise/high density 高层高密度
~-rise housing 高层住宅
~rise/low density 高层低密度
~-rise residential area 高层住宅区
~residential building 高层居住房屋
~rise structure 高耸结构
~-riser 高层住宅，高层办公楼
~-road 大路，公路
~school（美）中学
~seas 公海
~-sounding horn 高音喇叭
~speed 高速
~speed area 高速区
~-speed automated highway（交通控制）自动化高速公路
~-speed highway 高速公路
~speed national motorway 高速国家公路，高速国道
~speed photography 高速摄影
~speed road 高速道路
~-speed traffic 高速交通
~-speed underground railroad（美）高速地下铁道
~-speed underground railway（英）高速地下铁道
~speed vehicle lane 快车道
~spoil pile（美）高速废土（料）堆集
~strength 高强度
~strength bolt 高强螺栓
~street 高街，大街，正街，干道

~summer 盛夏
~-tech 高技派
~temperature water heating；high pressure hot water heating 高温热水采暖
High Temple at Zhongwei 中卫高庙
~tension 高（电）压；高张力，强拉力
~tension apparatus 高压设备
~tension coridor 高压线走廊
~tension line 高压线
~tension line coridor 高压线走廊（高压架空线路走廊）
~tension powerline 高压输电线（电源线，电力线）
~tension wire 高压线
~-tension wires 高压线
~tide 高潮，满潮
~tip（英）高倾斜，高端
~-type highway 高级公路
~-type road 高级道路
~type pavement 高级路面
~utilized district 高度利用区
~-veld [ZA] 高（尤指无林的）开阔草原
~-veld(t) 高（尤指无林的）开阔草原
~voltage deeping types of electric power supply 高压深入供电方式
~voltage power supply（简写 HVPS）高压电源
~voltage supply system 高压供电系统
~voltage switchgear equipment 高压开关设备
~voltage transmission line（美）高压输送线
~volume air sampler 大容量空气取样器
~-volume road 高交通量道路
~voltage wire 高压线
~water 高潮；洪水；高水位
~water alarm 高水位报警器；高水位警报
~water bed 洪水河床
~-water control 洪水控制
~water dam 高水坝
~water，danger of 洪水危险
~water level 高潮位
~-water line 高潮线，高水位线
~-water mark 高潮线，高水位线
~-water mark，average 平均高潮线，平均高水位线
~-water mark，peak 峰值高潮线，峰值高水位线，自动记录标明高潮线（高水位线）
~-water margin（英）极限高潮线，极限高水位线
~water period 丰水期
~water table pond 高水位池塘
~wind 大风
~yield plot 丰产田
High Mallow/Mallow ***Malva sylvestris*** 锦葵 / 欧锦葵
highbrow 有高度文化修养的人，知识分子，卖弄知识的人
higher 较高的；高等的
~education 高等教育
~high water 高高潮，较高高水位
~leading body 高级领导机关
~leading organ 高级领导机关
~low water 高低潮
~plant 高等植物
highest 最高的
~and best use 最高最佳使用
~annual hourly volume 年最大小时交

通量

~bidder（美）最高出价人，最高投标者，最高（桥牌等）叫牌人

~flood level 最高洪水位

~high water 最高高水位

~high water level 最高潮位

~hourly volume 最大小时交通量

~speed 最高车速

~tenderer（英）最高投标人

~tide level 最高潮水位

~water level 历史最高水位

ighgate Cemetery 海格特公墓（英国）

ighland 高地

ighly 高，大；很，非常

~industrialized area 高度工业化地区

~industrialized cities 高度工业化城市

igh mountain soil 高山土壤

igh-rise 高层房屋；高耸的，摩天的，高层的

~apartment 高层公寓

~building 高层建筑

~city 空间发展城市

~office building 高层办公大楼

igh-rise apartment building 高层公寓建筑

ightech 高技术的

~architecture 高技术建筑

~industrial development zone 高技术产业开发区

~industry 高技术产业

ighway 公路，高速路；（水陆）交通干线，航线；信息通路{计}

~accident 高速路事故

~alignment 高速路线形公路定线

~and rail transit bridge 高速路铁路两用桥

~bridge 高速路桥，道路桥

~bus station 高速路客运站

~capacity 高速路通过能力

~classification 高速路分类，公路等级

~contractor 公路承包商

~construction 高速路建设

~corridor 高速路通道

~cost 高速路费

~cross-section 高速路断面

~crossing 公路交口，公路交叉

~crossing signal〈铁路与高速路〉交叉口报警机

~department 高速路管理处

~design 高速路设计

~ditch 高速路排水沟

~economic effect 高速路经济效果

~embankment 高速路堤

~engineer 高速路工程师

~engineering 高速路工程（学）

~environment 高速路环境

~environmental protection design 高速路环境保护设计

~facilities 高速路设施

~fork 高速路分叉

~freight transportation 高速路货运

~grade crossing（铁路与高速路）交叉道口，公路平面交叉

~grade separation 高速路立体交叉

~grading 高速路（路基）整型，公路（土方）平整

~greening 高速路绿化

~guardrail 公路护栏

~interchange 高速路立体交叉

~intersection 高速路交叉口

~investment criteria 高速路投资标准
~landscape 高速路景色
~landscape design 高速路景观设计
~landscaping 高速路景观美化
~lane 高速路行车道
~lighting 高速路照明
~location 高速路定线
~marking 高速路交通标志
~markings 高速路（交通）标志，公路路标
~network 高速路网，道路网
~noise 高速路噪声
~on stilts 高架高速路
~over crossing 高速路立体交叉，旱桥立体交叉
~overpass 上跨高速路桥
~passenger transportation 高速路客运
~plan 高速路规划
~plan（ning）高速路规划，道路计划
~planning survey 高速路规划调查，
~planting 高速路绿化
~programming 高速路规划
~rail bridge 高速路—铁路桥
~-railway level crossing 高速路铁路平面交叉
~ramp（美）高速路坡道
~relocation 高速路改线
~research 高速路研究
~road marker 高速路路牌
~route 高速路路线
~structure 高速路建筑物
~subgrade 高速路路基
~survey 高速路测量
~system 高速路系统
~traffic 高速路交通
~traffic control 高速路交通管理
~traffic signal 高速路交通标志
~transport 高速路运输
~transportation 高速路客货运量
~tunnel 高速路隧道
~type 高速路类型
arterial~ 干线高速路
classified~ 等级高速路
forest~ 森林高速路
four-lane undivided~（美）四车道无分隔带高速路
inner-city express~（美）内城高速路
interprovincial~ 省际高速路
interstate~（美）州际高速路
limiter-access~ 限制进入的高速路
major~ 主要高速路
park~ 公园高速路
peripheral~（美）外围高速路
state~（美）州际高速路
trunk~ 干线高速路
two-lane~ 双车道高速路
urban~ 城市高速路

hiking 长途徒步旅行，步行；提高，增加
~accommodation（美）长途徒步旅行膳宿
~area 步行区，长途步行旅行区
~footpath（英）步行人行小径，步行人行道
~holiday 长途徒步旅行假日
~network 步行网，长途步行旅行网
~trail（美）长途徒步旅行小道
~trails，marking of 长途徒步旅行小道标记

hill 小山，丘（陵）；土堆；山坡；堆成小山；拥土

~-and-dale route 横越分水线的道路
~climbing 上坡，爬坡
~country 丘陵地
~crest 山顶，峰
~-foot 山麓
~-foot garden 山麓园林
~garden 筑山庭园
~gooseberry 桃金娘{植}
~gravel 山坡砾石
~making 掇山
Hill of the Nymphs 山林水泽女神山
~point 山顶，峰
~shading 晕滃，晕渲（画墨线的阴影）
Hill-Shaking Tathagata 震山如来
~side（小山）山腰，山坡
~sideline 山坡线（山腰线）
~sign 山坡标志
~station（印度等地的）山中避暑地
~-water 山水
artificial~ 假山
make~ 堆山，掇山
mound~ 堆山，掇山
hilliness coefficient 起伏系数
hilling terrain 重丘区
hillman 住在山区的人
hillock 小山，小丘，山岗
hillocky 多小丘的，多土墩的，丘陵地带的
hills, creation of rolling 创造起伏的丘陵
hillside 山坡，山边，山腹；丘陵的侧面
~breeze（美）山坡微风
~bridge 傍山桥
~building development 山坡房屋开发
~covering works 山坡覆盖工程
~covering works 山坡覆盖层（防止雨水冲刷，土壤移动）
~development 坡地开发
~ditch 山脚沟，傍山沟
~drainage channel, natural（英）天然的山坡排水水道
~flanking 护坡
~line 山坡线
~location 山坡勘定；山坡地段
~road 傍山路；山坡线；山坡道路
~section 山坡断面
~waste 山腰岩屑
~works 山坡工程，山腹工程
hillslope 山坡（面）{地}
hilltop（小山）山顶
hilly 多丘陵的，丘陵似的，丘陵地带的；峻峭的，险阻的
~area 丘陵地区
~hilly 山城
~country 丘陵地区
~ground 丘陵地
~land 丘陵地
~landscape 多丘陵景观，丘陵风景
~road 丘陵区道路
~terrain 重丘区
Himalaya Blue Poppy *Meconopsis betonicifolia* 蓝色罂粟花
Himalaya Dogwood *Dendrobenthamia capitata*（Wall.）Hutch. 头状四照花
Himalayan Birch/Indian Birch *Betula utilis* 糙皮桦
Himalayan Bulbul/White-eared Bulbul/White-cheeked Bulbul *Pycnonotus leucogenys* 白颊鹎（巴林国鸟）
Himalayan Cedar/Deodar Cedar/Sugar Berry *Cedrus deodara* 雪松（黎巴嫩

国花）（英国萨里郡苗圃）

Himalayan Coralbean *Erythrina arborescens* Roxb. 鹦哥花 / 乔木刺桐 / 刺木通

Himalayan Creeper *Parthenosissus himalayana*（Royle）Planch. 三叶爬山虎（三叶地锦）

Himalayan Cypress/Bhutan Cypress *Cupressus torulosa* 西藏柏 / 西藏柏木 / 喜马拉雅柏木

Himalayan Euonymus/Largeflower Euonymus *Euonymus grandiflorus* Wall. 大花卫矛

Himalayan Fir *Abies spectabilis* 喜马拉雅冷杉

Himalayan grey-headed fishing eagle（*Ichthyophaga humilis*）渔雕

Himalayan Hemlock *Tsuga dumosa* 云南铁杉

Himalayan Honeysuckle *Leycesteria formosa* Wall. 鬼吹箫 / 风吹箫

Himalayan Larch/Sikkim Larch *Larix griffithiana* 西藏红杉

Himalayan monal pleasant *Lophophorus impejanus* 棕尾虹雉（尼泊尔国鸟）

Himalayan musk deer *Moschus leucogaster* 喜马拉雅麝

Himalayan Pine/Bhutan Pine *Pinus griffithii* 蓝松 / 乔松

Himalayan snow cock *Tetraogallus himalayensis* 暗腹雪鸡

Himalayan Spruce *Picea smithiana*（Wall.）Boiss 长叶云杉

Himalayan tahr/tahr *Hemitragus jemlachicus* 塔尔羊 / 喜马拉雅塔尔羊

Himalayan vulture *Gyps himalayensis* 高山兀鹫

Himalayan Yew *Taxus wallichiana* 喜马拉雅红豆杉 / 红豆杉

Himalyan Firethorn *Pyracantha crenulata*（D. Don）Roem. 细圆齿火棘

Himalayas Mountain 喜马拉雅山（中国与印度等国间）

himalayas wildginger *Asarum himalaicum* 单叶细辛

Hinayana/Little Vehicle 下乘（即“小乘”

hindrance 障碍（物）

~to traffic 交通障碍物

Hinds Kumquat *Fortunella hindsii* 山橘 / 山金柑

Hindu Datura *Datura metel* 洋金花 / 白花曼陀罗 / 闹羊花

Hindu Lotus/Lotus/Chinese Water-lily *Nelumbo nucifera* Gaertn 莲 / 荷花（印度国花）

hinge 铰（链）；折翼；枢纽；枢要部，要点；铰接，装铰链；视……而定，依……为转移

hinged 铰接的

~arch 铰接拱

~cantilever 旋转腕臂

~post 铰支撑

hinny 驴骡（雄马雌驴所产）

Hinoki Cedar *Chamaecyparis obtusa*（Sieb. et Zucc.）Endl. 日本扁柏

Hinoki Cypress *Chamaecyparis obtusa Nana Aurea* 金边云片柏（英国斯塔福德郡苗圃）

Hinoki False Cypress *Chamaecyparis*

obtuse 日本扁柏 / 钝叶扁柏

hinter land 内腹地，远离城镇地方；海岸或河岸的后部地方，港口可供应到的内部地区

hinterland 港口可供应到的内地贸易区，腹地穷乡僻壤，远离城镇的地方，内地物资供应地区，内腹地，腹地，港口腹地，城市腹地

hip 屋脊

~roof 四坡屋顶

~and gable roof 歇山式屋顶

~rafter 斜面梁，角梁

~roof 四坡屋顶，庑殿式屋顶，庑殿，四阿

hippodrome 竞技场

hipped（屋顶）有斜脊的

~end（四坡屋顶的）山墙端

~gable 歇山屋顶的山墙

~roof 四坡屋顶，庑殿式屋顶

Hippodamus 希波丹姆

~System 希波丹姆规划模式

hippopotamus（hippo）*Hippopotamus amphibius* 河马

Hippopotamus Hall 河马馆

hira-niwa 坪庭（平庭）

hi-rise 高层住宅大厦（或办公楼）

hire purchase 分期付款购买

Hiroshima Peace Memorial Park（Japan） 广岛和平纪念公园（日本）

Hiryur Rhododendron *Rhododendron obtusum*（Lindl.）Planch. 朱砂杜鹃（春鹃）

Hispaniolan Trogon *Temnotrogon roseigaster* 伊岛咬鹃 / 伊斯帕尼奥拉咬鹃（海地国鸟）

Hispid Bottle Gourd *Lagenaris siceraria* var. *hispids* 瓠子

Hispid Fig *Ficus simplicissima* 粗叶榕 / 五指榕 / 爪龙 / 指槟榔

Hispid Turpinia *Turpinia affinis* 硬毛山香园 / 大果山香园

histogram 直方图，矩形图，柱状图，频率曲线

~normalize 直方图正态化

~specification 直方图规范

historic 历史上著名的；有历史意义的

Historic Buildings and monuments Commission（英）英国古建筑和古迹委员会

Historic Buildings and Mouments Commission for England（英）英国古建筑和古迹委员会

~buildings，monuments and sites，list of（英）古建筑古迹和遗址一览图

~buildings，preservation of 历史上著名建筑物保护，古建筑保护

~city 历史名城，古城市

~community area 历史上著名居住地区

~core 老城区

~cultural city 历史文化名城

~designed landscape 历史设计的景观

~district 历史性市区，历史地区

~flood 历史洪水

~flood level 历史洪水位

~garden 历史园林，古园林

~garden expert（美）历史园林专家

~garden management，on 历史园林管理

~gardens，conservation of 历史园林保护

~gardens，cultural heritage of 历史园林文化遗产

~interest，list of historic buildings of

special architectural of（英）独特古建筑名录
~landmark（美）历史地标（可指人为设置物或自然景物）
~Landmarks，Registry of（美）历史地标注册处，历史地标注册簿
~landscape 历史园林，历史风景园林
~monument 古迹，古址
~origin 历史渊源
~period 有史时期
~preservation 历史性建筑保护
~preservation movement 历史保护运动
~Preservation Act National 1966（美）国家历史保护法案（法令，条例）
~preservation and reclamation 历史保护与改造
~preservation measures（美）历史保护措施
~Preservation Office，State（美）国家历史保护事务所
~Preservation Officer，State（美）国家历史保护法警官员
~range 历史领域，历史走向，历史类别
~records 历史纪录，原始记录
Historic Relics Protection Law 文物保护法
~rose 老蔷薇
~site 历史地段，文物古迹用地
~site park 古迹公园
~spot 古迹
~structure 古建筑物
~structures and sites，preservation of 古建筑物及遗址保护
~structures，preservation of 古建筑物保护
~town 古城
~tree 古树
~value 历史价值
~vernacular landscape 古民间风格园林；历史的乡土（本土）景观
~village 古村落
~zoning district 历史规划区

historical 历史的
~atlas 历史地图集
~background 历史背景
~building preservation 古建筑保护
~building 历史建筑
~city 历史名城
~climate 历史气候
~context 历史背景，历史条件
~environment 历史环境
~flood investigation 历史洪水调查
~geography 历史地理学
~human geography 历史人文地理
~monument 文物纪念物，历史遗产，古迹
~park 历史公园
~physical geography 历史自然地理
Historical Museum of Hokkaido（Japan）北海道开拓纪念馆（日本）
~relic preservation 历史文物保护区
~relic preservation area 历史文物保护区
~relics area 历史古迹区
~site 历史地段，历史遗迹
~statistics 历史统计
~tree and famous tree 古树名木
~tree potential resources 古树后续资源

historicity 历史文化名域

history 历史，史学；沿革，来历缘起；经历

~and theory of LA 风景园林历史与理论
~, landscape 风景园林历史，景观史
~of cities 城市史
~of garden 园林史
history of cartography 地图学史
history of geographical thought 地理学思想史
history of geography 地理学史
histosol 有机土
Hittites Museum（Turkey）赫梯博物馆（土耳其）
hive 闹市
HOA（home owner's association）房主协会
Hoang Lang Hue（Vietnam）顺化皇陵（越南）
Hoang Thanh Hue 顺化皇城
hoarding（修建房屋时的）临时围篱，板围
hoarfrost 白霜
Hoary redpoll *Carduelis hornemanni* 极北朱顶雀
Hobby *Falco subbuteo* 燕隼 / 青燕 / 燕虎
hobby and allotment gardening 业余园艺活动
hobo 流动工人，流浪汉
hockey field 曲棍球场
Hodgson's hawk eagle *Spizaetus nipalensis* 鹰雕
hoe 锄，除草锹；耕耘机；用锄翻松；用锹除草
hoeing operation 用锄翻松作业，用锄除草作业
Hoesch 赫氏建筑体系〈德国首创，薄型钢和预制混凝土楼板梁，外墙为轻质板〉
hog 土工，挖土工人；拱；猪；（使）拱曲；不顾危险地开快车
~lot 养猪场
Hog badger（hog-nosed badger）/sand badger *Arctonys collaris* 猪獾 / 三花脸
Hog deer（*Axis procinus*）豚鹿
hogback ridge 猪背脊
Hogfennel *Peucedanum praeruptorum* 前胡 / 水前胡
hoggin 夹砂砾石，含砂砾石；筛过的碎石；级配砾石（或碎石）混合料
~playing court（英）夹砂砾石比赛（网球，棒球等的）球场
~playing surface（英）夹砂砾石运动广场
~surface（英）夹砂砾石面层
Hogweed *Heracleum sphondylium* 原独活 / 牛防风
Hoinan Terminalia *Terminalia hoinanensis* 鸡占
hoist incline 斜桥
hoistway 井道
holarctic region 泛北极区
holard 土壤水
hold 占有，保持延续
~-over（美）继续保持；砍剩的树，保残木
~track of break down train 救援列车停留线
~track fo reserved locomotive 贮备机车停留线
holder 支持物，夹，托，座，架；柄；占有者；持票人
~, allotment（英）小块园地占有者

holding 把握；支持；保有；所有物；所有权；租借地；占有的土地；租用的土地；存储；含矿地区

~power 握力

~site（美）占有的土地位置，租借地选址

holdings 馆藏资料；藏书量，藏书品种

~，reorganization of land（英）国土馆藏资料整理

scattered agricultural~ 散布的农学馆藏资料

hole 孔，洞，穴；坑洼；钻孔，凿洞，穿孔

~in ozone layer 臭氧层空洞

~placement 钻孔布置

~planting（美）挖洞种植

~seeding 穴播

dig a planting~（美）挖掘种植坑洞

drain~ 阴沟洞

excavate a planting~ 挖掘种植坑洞

fertilizing~ 施肥穴

fish~ 接合板孔

nesting~ 筑巢穴

pipe~ 输送管（管子，导管）孔

planting~ 种植穴，苗圃坑洼

weep~ 滴水洞

hole gate 洞门

hole-nesting bird（英）筑巢穴鸟

holes，filling of paver（美）铺砌工铿孔

~soiling of 挖洞施肥

holiday 假日，休息天，节目；宗教节目，圣日；假期，休假

~accommodation（英）假日膳宿，节日膳宿

~accommodation，rural（英）乡村节日膳宿

~activity（英）假日活动，宗教节日活动

~area（英）节日庭园，休假区

~bungalow 度假别墅，度假住宅

~chalet 度假别墅，度假住宅

~cottage（英）假期别墅，度假住宅

~entertainment 节日娱乐

~frequency（英）节日次数

~home（英）假期疗养所，节日家庭生活

~occupation（英）假日消遣，假日日常事务

~park（英）节日公园，假日狩猎区，节日停车场

~residence（英）节日居住时间

~resort 假日胜地，度假村

~traffic 假日交通量，节日（一定时期内）顾客数量

~traffic，summer 夏季节日交通量

~village（英）假日村庄，度假村

farm~（英）农场假日，儿童寄养所假期

hiking~ 徒步旅行假日，远足假日

subsidized~（英）有津贴的节假日

holiday-maker（英）度假的人，旅行度假的人

accommodation-seeking~（英）旅游的人

holidayer（英）出行度假的人

holidays（英）每逢假日

holistic 整体的，全盘的

~design 整体设计

hollow 穴，孔；凹地，（山间）盆地，谷；废坑；空的，空心的；凹的；空虚的；（作）成中空，（使）成空穴；弄凹

~abutment 空心桥台
~block 空心砌块
~bond wall 空斗墙
~brick 空心砖
~brick wall 空心砖墙
~community 凹地群落
~-core slab 空心板
~dam 空心坝
~floor slab 空心楼板
~girder 空心梁
~glass 中空玻璃
~joint 凹缝，空缝
~tining 草地通风管
~tree 空心树
~way 沿谷道路
bog~ 沼泽凹地
tree water~ 树水窝
watering~（英）灌溉凹地

olly 冬青属植物

Iolly *Ilex purpurea* 冬青 / 冻青

Iolly *Ilex* × *altaclerensis* 'Lawsoniana' '牢苏尼阿纳' 哈克勒雷冬青（英国斯塔福德郡苗圃）

Iolly/Common Holly/English holly/European Holly/Occasionally Christmas Holly *Ilex aquifolium* 构骨叶冬青 / 欧洲冬青（英国萨里郡苗圃）

Iollywood 好莱坞（美国）

olm 圣栎；冬青属植物；河中小岛，河旁低地

oly 神圣的
~city 圣城

Ioly Lamp 圣灯

Ioly Mountain and Lake 神山圣湖

Ioly Basil *Ocimum sanctum* 圣罗勒 / 神罗勒

Holy Basil/Sacred Basil/Kaphrao/Komko/Komkadong *Ocimum tenuiflorum* 泰国圣罗勒

Holy Thistle *Cnicus benedictus* 圣蓟

Holly Grape Mahonia fortunei 十大功劳 / 狭叶十大功劳

Holly Oak/Evergreen Oak *Quercus ilex* 冬青栎（英国萨里郡苗圃）

Holly Osmanthus *Osmanthus heterophyllus*（G. Don）P. S. Green 柊树

Holly Osmanthus *Osmanthus heterophyllus*（G. Don）P.S. Green 栋树

hollyfern/Hooker's hollfern *Cyrtomiun fortunei* 贯众（贯节）

Hollygreen Barberry *Berberis pruinosa* Franch. 粉叶小檗（三棵针，大黄连刺）

Hollyhock *Althaea rosea* 熟季花 / 蜀葵

Hollyleaf Acanthus *Acanthus illicifolius* 老鼠勒 / 金蝉脱壳

Hollyleaf-like-oak *Quercus aquifoliodes* 川滇高山栎

Holst's Balsam *Impatiens holstii* 玻璃翠 / 何氏凤仙

Homalomena *Homalomena occulta* 千年健 / 香芋 / 团芋

home 家（庭），住处；本国；故乡；产地；根据地；家的；本国的；内地的；[副] 在家；在本国；国家；回国；十分（彻底）密切
~-based trip 家庭出行
~-based work trip 家庭 - 工作出行
~building 住宅建设
~construction activity 住宅建设

~consumption 国内消费
~for the aged 敬老院
~garden 家庭花园，庭院花园
~gardening 家庭园艺
~greening 住宅绿化
~ground garden 住宅花园
~grown 土生的
~industry 家庭工业，国内工业
~interview 家庭访问
~interview survey 登门访问调查统计法
~interview origin and destination survey 行程起止点调查（家庭访问法）
~landscape 家庭园景
~life 家庭生活
~-made 土产的，本地制的；手工制的
~occupation 家庭副业
~office 总公司，总店，总行，总机构
~owner 屋主
~owner's association（HOA）房主协会
~ownership programme 居者有其屋
~page 主页，起始页
~products 国产品
~range 住宅类别
~scrap 生活垃圾
~signal 场内信号机，进站信号机
~stead 宅基
~town 家乡，故乡
~-to-work peak hour 上班高峰小时
~trade 国内贸易
~-yard orchard 宅旁果园
holiday~（英）假日住处
mobile~ 移动式住宅
motor~（美）移动住宅

Home Ownership Scheme 居者有其屋计划

homebased 从家的，以家为基础的
~other trip 从家其他出行
~school trip 从家上学出行
~shopping trip 从家购物出行
~social recreation trip 从家社会娱乐出行
~trip 从家出行

homebuilder 住宅建筑商

homebuilding 住宅建设

homeless family 无房户，无家可归的家庭

homeostasis（社会）自动平衡，自动调节机能

homeostatic process 内稳定过程

homes for aged（**seniors**）老人之家

homesite 住宅基地

homestead〈分给移民的〉自耕农场宅基（住宅）（美国、加拿大）

Homestead Law（美）定居移民分地法

homezone 生活区

homogeneity 均一性

homogenous 均一的，同类的，同性质的，均匀的，单一的
~area 均质地域
~frequency enlargement 同频率放大
~material 单一材料
~medium 均匀介质
~multiple enlargement 同倍比放大

Hondapora/Dillenia/Showy Dillenia ***Dilleniaindica*** 地伦果 / 五桠果

Honduras Mahogany ***Swietenia macrophylla King*** 大叶桃花心木

honey 蜂蜜
~-comb wall 蜂窝式墙壁
~locust 美洲皂荚

~pot 蜜罐

~~suckle 忍冬，金银花

~wagon 粪车，垃圾车（美俚）

Ioney Locust *Gleditsia* 皂角（属）

Ioney Locust *Gleditsia triacanthos Sunburst* 金叶皂荚（英国斯塔福德郡苗圃）

Ioney Mushroom *Armillariella mellea* 蜜环菌 / 榛蘑

Ioney Suckle/Japanese Honey Suckle Lonicera japonica 金银花（金银藤）/ 忍冬

Ioney-bunny *Opuntia microdasys* var. *albispina* 白毛掌 / 白桃扇

oneycomb dunes 蜂窝状沙丘

oneycombed 蜂窝结构的

Ioneydew Melon *Cucumis melo* cv. Cassaba 白兰瓜

Ioney-plant 蜜源植物

Ioneysuckle *Lonicera japonica* 忍冬，金银花

Ioneysuckle *Lonicera henryi* 巴东忍冬（英国斯塔福德郡苗圃）

Ioneysuckle *Lonicera japonica* Mint Crisp '薄荷碎片' 忍冬 / 花叶忍冬（英国斯塔福德郡苗圃）

Ioneysuckle *Lonicera* × *heckrotti* Gold 'Flame' 忍冬"金火焰"（英国斯塔福德郡苗圃）

Iong Kong 香港

Iong Kong Convention and Exhibition Center 香港会议展览中心

Iong Kong Special Administrative Region 香港特别行政区

the policy of "One country，Two systems" "一国两制" 政策）

（a shopper's and tourist's paradise "旅游购物天堂"）

（the Pearl of the Orient "东方之珠"）

Hong Kong Park 香港公园

Hong Kong Orchid Tree/bauhinia Bauhinia blakeana 洋紫荆 / 紫荆花（香港区花）

Honghe Orange *Citrus hongheensis* 红河橙 / 阿蕾

Hong Lake（China）洪湖（中国）

Hongkong 香港（同 **Hong Kong**）

Hongkong Dogwood *Dendrobenthamia hongkongensis* 香港四照花

Hongkong Fissistigma *Fissistigma uonicum* 香港瓜馥木 / 打鼓藤 / 山龙眼藤

Hongkong Gordonia *Gordonia axillaris* （Roxb.）Dietr. 大头茶

Hongkong Kumguat *Fortunella hindsii Swingle* var. *chintou Swingle* 金豆

Hongkong Orchid Tree *Bauhinia blackana Dunn* 红花羊蹄甲 / 艳紫荆

Hongkong Paphiopedilum *Paphiopedilum purpuratum* 香港兜兰 / 热带兰 / 香港拖鞋花

Hongkong Rhaphidophora *Rhaphidophora hongkongensis* 崖角藤 / 过山龙 / 狮子尾

Hong-xiao Pear/（Red-Cloud Pear） *Pyrus bretschshneideri cv.hong-xiaoli* 红霄梨

Hongze Lake（Jiangsu，China）洪泽湖（中国江苏省）

hono(u)r 荣誉；尊敬；光荣

hono(u)rable mention 光荣传令嘉奖，光荣通报表扬

honorarium 荣誉，酬金（谢礼）
Honorary President 名誉理事长
Hooded crane（*Grus monacha*）白头鹤 / 玄鹤 / 锅鹤
Hoo-do Pavilion of the Byodo-in（**Japan**）平等院凤凰堂（日本）
hoodoos 石林
hook（吊）钩，钩状物；河湾；圈套；钩住；挂上；弯成钩形
~and eye 风钩
~gauge 钩形水尺
Hook New Town（英）霍克新城（英国）
hooked 钩状的，弯曲的
~arching stems，vine with（美）弯成拱茎的藤本植物，弯成拱干的葡萄
~bar 带钩钢筋
~bolt（带）钩螺栓
~climber 弯曲的攀缘植物，钩状攀缘植物
Hooked Spikemoss ***Lycopodioides uncimata/Selaginella uncimata*** 翠云草
Hooked Tongueleaf ***Glottiphyllum uncatum*** 佛手花 / 弯叶日中花
Hookedspine Hamatocactus ***Hamatocactus hamatacanthus*** 大虹
Hooker Begonia/Perpetual Begonia ***Begonia semperflorens*** 四季秋海棠
Hooker Rhaphidophora ***Rhaphidophora hookeri*** 大叶崖角藤 / 毛过山龙
Hooker's Hollyfern/Hollyfern ***Cyrtomiun Fortunei*** 贯众（贯节）
Hoolock gibbon/white browed（***Hylobates hoolock***）白眉猿 / 白眉长臂猿 / 呼猿
Hoopoe（***Upupa epops***）戴胜 / 呼饽饽 / 鸡冠鸟 / 山咕咕 / 山和尚（以色列国鸟）
hoop edging 围埂
Hoop Pine/Colonia Pine ***Araucaria cunninghamii*** 南洋杉 / 南美杉
Hoop-petticoat Daffodil ***Narcissus bulbocodium*** 围裙水仙
hoos(e)gow 监狱，警卫室，厕所
hop 短途旅行，免费搭乘
Hopea exalata 无翅坡垒 / 铁凌
Hopea mollissima 多毛坡垒
Hopei Poplar ***Populus hopeiensis Hu et Chow*** 河北杨
Hopleaf Ampelopsis ***Ampelopsis humulifolia*** **Bunge** 葎叶蛇葡萄
hopper 漏斗
Hoppophac Carpenter Moth ***Holcocerus arenicola*** 沙棘木蠹蛾
Horehound ***Marrubium vulgare*** 普通夏至草 / 白夏至草
horizon 地平线，水平线，地层，层位（地
~of soil 土层
~plane 地平面，水平面
argillic~（美）陶土层，白土层位
illuvial~ 沉积地层
organic~ 构成整体的地层；有机层
soil~ 土层
spring~ 缓流灌溉
horizons，exposed soil 露土层
horizontal 地平线，水平线；水平的，地平的；横的、卧式的，平放的
~alignment 平面线形
~and elevation（picture）control point 相片平高控制点，平高点｛测｝
~and vertical alignment 水平垂直准线
~and vertical control points of phptograp
相片平高控制点

~angle 水平角
~bar 单杠
~boards 平板；操纵台
~branch 水平枝
~city 水平式城市
~clearance 横向净距
~control network 平面控制网
~control point 平面控制点
~control survey 平面控制测量
~curve 平面曲线，平曲线
~displacement measurement 水平位移测量
~distance 水平距离
~economical ties 横向经济联系
~flow sedimentation tank 平流沉淀池
~inscribed board 额匾
~line 水平线
~mobility 水平流动
~monitoring control network 平面监测网
~parallax 左右视差
~partition wall 扇面墙
~pipe 横管
~plane 水平面
~precipitation 水平降水
~ridge for gable and hip roof 博脊
~scale 水平刻度（盘，表）
~segregation（交通）平面分离方式
~sliding window 水平推拉窗
~spacing between purlins 步架
~subsystem 配线子系统（水平子系统）
~sunshade 水平遮阳
~unidirectional sir flow 水平单向流
~water-film cyclone 卧式旋风水膜除尘器
~zonality 水平地带性
~zone 水平地带
horizontally 水平地，与地平线平行地
~-coursed wall 水平层砌墙
~-pivoted window 中悬窗
horn 警报器；岬，半岛，海角；河流的支流，海湾的分叉
~work（城堡用）角堡
hornbeam 鹅耳栗枥属（植物）
Hornbeam Tree *Carpinus* 鹅耳枥（属）
Hornblende 普通角闪石
Horned grebe（***Podiceps autirus***）角鸊鷉
Horned Holly/Chinese Holly *Ilex cornuta* 枸骨/老虎刺/鸟不宿
Horned lark/ shore lark（***Eremophila alpestris***）角百灵/凤头百灵
Horned Poppy/Bruise Root *Glaucium flavum* 海罂粟/金花海罂粟
Hornuwort *Ceratophyllum demersum* 金鱼藻/松针草
Horny turbot（***Pleuronichthys cornutus***）木叶鲽
Horologe of Prague（**Czech**）布拉格古钟（捷克）
horse 马；搁架；有脚的架子；夹层，夹石｛地｝
Horse-Hoof Pool 马蹄潭
~latitudes 副热带回归线无风带
~lawnmower 畜力剪草机
~road 马路
~stable 马厩
Horse *Equus caballus* 家马/马
Horse Bean/Broad Bean *Vicia faba* 蚕豆/胡豆
Horse Chestnut/Buckeye Tree *Aesculus* 七叶树（属）

Horse flies *Tabanus mandarinus* 华虻

Horse mackerel *Trachurus japonicus* 竹荚鱼 / 大目鲢 / 刺鲅

Horse Mint *Mentha longifolia* 欧薄荷

horseback riding（美）骑马术

~riding sport（美）骑马运动

~riding stable（英）骑马术训练场

~riding trail network（英）骑马追踪网

Horsechestnut 七叶树

Horsefail Beefwood *Casuarina equisetifolia* 木麻黄

horseless carriage 汽车（尤指老式的）

horseshoe arch 马蹄券

Horse-shoe Pelargonium *Pelargonium zonale* 马蹄纹天竺葵

Horseradish *Armoracia rusticana* 辣根

Horsfield goshawk/ Chinese goshawk *Accipiter soloensis* 赤腹鹰 / 鹞子

Horsetail Beefwood *Casuarina equisetifolia* Forst. 木麻黄

Horseweed *Conyza canadensis* 小白酒草 / 小蓬草 / 加拿大蓬

horticultural 园艺（学）的

~center 园艺中心

~exhibition 园艺展览（展览会）园艺博览会

~exhibition area 园艺展览区

~exhibition，indoor 室内园艺展览会

~firm/company 园艺商行 / 公司（商号）

~gardening 造庭园艺

~peat 园艺泥炭土

~show 园艺展销，园艺展览

~show，indoor 室内园艺展销（展览）

~structure 园艺建筑

horticulture 园艺（学）

~，commercial 商业园艺，商品化园艺

~under structure 设施园艺

ornamental plant~ 观赏植物园艺

horticulturist 园艺工作者，园艺家

Horyu Temple（Japan）法隆寺（日本）

hose 软管，皮带管；水龙带；蛇形管；用软管浇水，用水龙浇水

~bib 蛇形管歪嘴龙头

~bib，underground（英）地下蛇形管歪嘴龙头

~cart（消防队的）水管车

~connector 软管接头

~coupler 软管接头

~end sprinkler 管端喷灌器

~reel 消防水喉

~reel（reel and carrying cart）浇水软管卷筒（车）

hoseman 消防队员

hosie ormosia *Ormosia hosiei* Hemsl et Wils 红豆树 / 鸡翅木（红豆树古名）

hosiery 针织厂；针织品

hospice 收容贫、病者的机构，济贫院旅客招待所（尤指教会办的），救济院；

hospital（修理小物品的）修理商店；慈善收养院；医院

~bed 医院病床

~bed index 医疗床位指标

host 主人；多数，许多一（大）群

~country 东道国

~-hill 主山

~plant 寄主植物

~plant for bees 养蜂寄主植物

~plant for birds，woody 养鸟寄主植物（树木）

~plant, woody（树木茂盛的）寄主植物

Hosta Blue Mouse Ears *Hosta* 'Blue Mouse Ears' 蓝鼠耳玉簪（美国田纳西州苗圃）

Hosta Fire and Ice *Hosta hybrida* 'Fire and Ice' '火与冰' 杂种玉簪（美国田纳西州苗圃）

Hosta Francee *Hosta* 'Francee' '法兰西'玉簪（美国田纳西州苗圃）

Hosta Golden Tiara *Hosta* 'Golden Tiara' 金头饰玉簪（美国田纳西州苗圃）

Hosta Royal Standard *Hosta* 'Royal Standard' 玉簪 '皇标'（美国田纳西州苗圃）

Hosta Sum and Substance *Hosta* 'Sum and Substance' 玉簪 '巨无霸'（美国田纳西州苗圃）

hostel 招待所，旅店，寄宿舍，宿舍，(在校外的）学生宿舍

ramblers'~（英）漫游者旅店

hostelry 旅店，旅馆

hostile 不利的，有害的，恶劣的

~condition 恶劣条件，恶劣环境

~environment 有害环境

~habitat 恶劣的（动植物的）生境（栖息地）

hot 热的；热烈的；激烈的；最近的（消息等）；热；刺激；使恢复；[副]热烈，猛烈

~air engine 热气机

~-air generator 热风器

~air heater-defroster 暖气除霜器

~-air seasoning（木材）热气烘干

~and cold water system 冷热水管系统

~bed 温床，栽培植物用床架

~bending 热弯

~cure 热处治，热养护

~driving 热铆

~joint 热接缝

~laid method 热铺法

~mixing method 热拌法

~plate 电炉，煤气炉

~pressing 热压

~-rolling 热轧

~-rolling waste water 热轧厂废水

~season 热季

~spring 温泉

Hot Springs Park 温泉公园

~spring scenic spot 温泉风景区

~stability（of bitumen）（沥青）热稳性

~waste water 高温废水

~water boiler 热水锅炉

~water circulating flow 热水循环流量

~water distribution basin 池式配水系统

~water heating 热水采暖，热水供暖

~water heating system 热水供暖系统，热水采暖系统

~water pipe 热水管

~-water piping 热水管道

~water pollution 热水污染

~water service 热水供应

~water supplier 老虎灶

~water supply 热水供应

~water supply system 热水供应系统

~wave 热浪

~weather 酷热天气

~well 温泉

Hot Well Falls 热井瀑布

~wine 热风

~-working 热工

~workshop；hotshot 热车间
~-zone 热带
hotbed（**forcing bed**，**heated frame**）温床（促成栽培的温床，温框）
~vent（frame vent）温床通风口
hotel 旅社，（法）（要人的）公馆，宅邸
~building 旅馆建筑
~garden 旅店花园
~industry 旅馆业
hothouse（**forcing house**，**warm house**）暖房（人工加速栽培室，温室）
~effect 温室作用，温室效应
~plant 温室植物
~production 温室生产
Houbara bustard ***Otis undulate*** 波斑鸠
Houdin Roses ***Rosa*** **sp.** 乌丹玫瑰（沙特阿拉伯国花）
hour variation coefficient 时变化系数
hourly 每小时的；时时的；[副]每小时地；时时地，常常
~billing rate（美）每小时广告率
~capacity 时交通量；每小时产量
~cooling load 逐时冷负荷
~maximum water consumption 小时最大用水量
~rainfall depth 小时降雨量
~rate（英）每小时比率，每小时进度
~rate，labor cost 每小时劳动成本比
~rate，professional fee 每小时专业费
~rainfall depth 小时降雨量
~sol-air temperature 逐时综合温度
~speed factor 小时风速系数
~traffic volume 小时交通量
~utilization ratio 时用比，时用率，每小时利用率
~variation 每小时变化
~volume variation 每小时流量变化
~variation variation 小时变化系数
~wage（美）每小时工资，每小时工钱
~wage rate 每小时工资比率
~water consumption 小时用水量
hours of sunshine 日照时数
house 家，屋，住宅；房间；房子；农舍；家庭，家族；议院；（美）旅馆；宿舍；住家；收容，留宿；藏纳，安放（装）嵌入{建}
~agent 房地产经纪人
~alteration 房屋改建
~and lot 房屋与地基
~-base survey 家基调查
~-building 住宅建设
~cat（cat）家猫
~density 房屋密度
~document 内部文件
~drain 住宅排水管（沟）
~famine 房荒
~for the elderly 老年公寓
~garden，row 街道住宅花园
~garden 宅园；府邸花园
~garden in Beijing 北京宅园
~holder 户主
~hunter 等房户（者）
~improvement 住房改建
~insects，food pests，and parasites 家虫、粮食害虫及寄生虫
~of correction 教养院，改造所
~of detention 拘留所
House of Confucius at Kew 邱园的孔子亭
House of Georgia 佐治亚之家

~of god 寺院，教堂
~of prayer 教堂
House of President 总统府
House of 36 Mandarin Ducks 苏州拙政园三十六鸳鸯馆
~of worship 街区内做礼拜的地方
~place 农场住宅中的起居室
~plants 室内装饰植物，室内植物
~plunder 家庭用品
~property 房产
~property tax 房产税
~purchase price 住房零售价格
~refuse 生活垃圾
~sewage 生活污水
~sewer 建筑物外污水总管，家庭污水管
~silhouette 房屋轮廓
~storm drain 房屋雨水管
~substation 专用变电所
~tabs 大幕
~trading 住房交易
~unfit for habitation 不宜居住的房屋
~urban sweeping 城市住宅的垃圾
~wall climber（英）住宅围墙攀缘植物
~wastewater 生活废水
atrium~(古罗马建筑物的)中庭(正厅)房间
courtyard~ 庭院（院子，天井）式住宅
factory-built~（美)工厂预制件组合屋
individual~ 单独住宅，独特住宅
patio~ 尤指西班牙或拉丁美洲式房子的庭院（天井，院子）式住宅
pre-assembled（英）预先装配的房间
prefabricated~ 预先建造的住宅
row~（英）街道住宅
semidetached~ 半独立式住宅
single~ 单人房间
single-family~ 独户住宅
single-family detached~ 独户住宅
stepped~ 有阶梯的住宅
terrace~（英)排屋宿舍
terraced~ 成排的宿舍
town~（美)市镇住宅
vacation~（美)假日旅馆
weekend~（美)周末休息日旅馆
House mouse ***Mus musculus*** 小家鼠 / 鼠
house building program 住宅建设规划，住宅建设计划
housefront 房屋正面
househeating 住宅的集中供热
household 家庭，户，户口
~appliances and utensils 家用器具
~-based heat metering 分户热计量
~book 户口簿
~check 户口查对
~consumption 家庭消费
~fuel 民用燃料
~fuel gas 民用煤气
~garbage 生活垃圾，家庭垃圾
~garden（宅旁）菜园、果园
~habitation-shortage 居住困难户
~income 家庭收入
~inconvenient co-habitation 居住不方便户
~interview 家庭采访
~panel analysis 家户组群分析{交}
~projection 户数推算
~refuse 生活垃圾，家庭垃圾
~register 户口簿

~registration 户口登记
~sewage 生活污水
~single-generation 无子女户
~size 户数，家庭类型（家庭结构），家庭人数，户的大小，每户的人口
~size method 带眷系数法
~survey 住户调查，户口调查
~to be relocated 拆迁户
~trip 家庭出行
~wares 家用器具
~waste 家庭浪费，生活浪费，生活废品
~waste collection（美）生活废品收集
~waste water 生活污水
~wastewater 生活废水
~with inconvenient space distribution 居住不方便户

householder 住户，户主

housekeep-in depot 房产建筑段（房建段、建筑段）

Houseleek ***Sempervivum tectorum*** 屋顶长生花 / 母鸡和小鸡

houselet 小房子

housetop 屋顶

housing 住宅群，房屋，住房，住宅，公寓，住宅建设，住房建筑，住房供给
Housing Act 住房法规，住房条例
Housing Act of 1937（美）1937年的房屋法案
~administration 住房管理
~allocation 住房分配
~allowance 房租津贴
~and Development Board（新）房屋行政及住宅财务总署
~and land 房地产
~and land tax 房地产税
~and urban development（HUD）房屋建设与城市发展；房屋建设与城市发展部
~area 住宅区
~area standards of towns and cities 城镇住宅区标准
~area，general（英）普通住宅区
~areas，landscape design of 住宅区园林（景观）设计
~areas，landscape planting in 住宅区内景观种植
Housing Assistance Administration（美住房援助署
~association 房屋协会
~association，co-operative 房屋合作协会
~association，non-profit 非盈利房屋协会
~authority 住宅管理局，住房管理部门
~betterment 房屋修缮和扩建
~block 居住街坊
~bonds 住房债券
~business of a grouped site 地段住宅群经营，地段住宅组团，一片地上的住宅群
~census 住房普查
~cluster 居住组团
~code 住宅法，住房建筑规范
~colony 住宅群（体）
~complex 居住综合楼
~condition 居住条件，住房状况
~conditions 住房状况
~construction 住宅建设
~construction put-in-place 住房建造量

~co-operatives 居住组团，住房合作社
~costs 住房造价
~criteria 居住标准
~demand 住房需求（指住房的市场需求）住宅需要
~density 房屋密度
~density，reduction in 房屋密度降低
~development，new 新住房开发
~depreciation 住房折旧
~development 住宅开发
~development plan 住宅建设计划
~development，wide spacing in a 宽大间距住房开发
~district 居民区
~estate 住宅区，居住小区，住宅群，居民点，住宅地产
~estate road 住宅小区道路，居民点道路
~estate planning 住宅小区规划
~expenditure 住房建设费用
~finance 住房金融
~financing 住宅资金供应
~for relatively comfortable standard 小康住宅
~fund 住宅建设资金
~foundation 住房基金
~group 住宅组团，住宅组群
~in row 行列式
~incentives 住房鼓励措施
~industry 房屋建筑业
~joint 藏纳接头
~land 住宅建设用地
~law 居住法（律）
~layout 住宅布局
~legislation 住房立法
~loan 住房贷款
~market 住房市场，住宅市场
~mobility 住址变动
~mortgage 住房抵押
~need 住房需要（按一定标准计算的需求），住房需求
~needed to make good existing shortage 为解决现状住房短缺的住宅需求
~needed to replace losses due to redevelopment 重新安置拆迁户的住房
~obsolescence 住宅老化
~of a grouped site 地段住宅组团，一片地上的住宅群
~of family 家属宿舍
~of transition 周转房
~output 住宅建设（指建设过程）
~policy 住宅政策，房屋政策，住房政策
~price 住房价格
~problem 住房问题，居住问题
~procurement process 住宅购置过程
~production 住宅建设（指建设过程）
~program 住房建设规划
~project 住宅建设项目
~quality 住房质量
~question 住房问题
~questionaire 住房调查表
~（system）reform 住房（体制）改革
~scheme 住宅区方案
~shortage 住宅短缺，住房不足
~shortage ratio 住宅短缺率，房荒率
~site，multifamily（UA）多户家庭住宅选址
~situation 居住状况，住房状况
~sociology 住宅社会学

~standard 住房标准，住房建筑标准，住宅标准
~statistics 住房统计
~stock 住房总量，住房数量，住房现有量
~subdivision（美）住房重分
~subdivision，new（美）新住房再分
~subsidy 住房补贴
~supply 住宅供应
~surplus 剩余住房
~survey 住房调查，住房统计
~tenure 住房的产权，住宅的所有权
~type 住宅类型
~unit 房屋单位，住宅单元，套
~value engineering 住宅价值工程
~waiting list 等房户一览表，无房户名单
~zone（美）住宅区
council~（英）（英）市（或郡等）政会住房
detached and semi-detached~ 独立式和半独立式住房
landscape of proliferated~ 激增住宅的园林
low-density~ 低密度住宅群
low-income~ 低收入住房
multi-family~ 多户家庭住房
multi-storey building for~（英）多层建筑住房
poor quality~（美）劣质住房
poor quality stock~（英）劣质储备住房
publicly assisted~（英）公助住房

Houzeau Bamboo ***Phyllostachys viridis*** 槽里黄刚竹 / 碧玉间黄金竹 / 绿皮黄金竹

hovercar 气垫车

hovercraft 气垫船

hovergem 民用气垫船

hoverplane 直升飞机

hoverport 气垫船码头

hovertrain（高速行走于混凝土轨道上的）气垫火车，气垫列车；（英国称呼气垫式高速铁路

How Ormosia ***Ormosia howii*** 缘毛红豆

Howard，Ebenezer 埃比尼泽·霍华德，英国城市学家，社会活动家

Hsienmu ***Excentrodendron hsienmu*** **（Chun et How）H. T. Chang et Miau/** ***Burretiodendron hsienmu*** 蚬木

Hsueh et W. D. Li ***Drepanostach yum scandens*** 爬竹

Hu Yunhua 胡运骅，中国风景园林学会终身成就奖获得者，风景园林专家

huabiao 华表

Huaihe river（China）淮河（中国）

（Mt.）Huang National Park（World Natural and Cultural Heritage List） 安徽黄山风景名胜区（世界自然文化遗产）

Huan Yun Zhao（Washing Cloud Pond）（Suzhou City，China）浣云沼（中国苏州市）

Huangguoshu Waterfall（Anshun，China）黄果树瀑布（中国安顺市）

Huanglong Scenic Area（Songpan Country，China）黄龙风景名胜区（中国松潘县）

Huangshan（Huangshan，China）黄山风景区（中国黄山市）

Huangshan Magnolia ***Magnolia cylindri-***

ca **Wils.** 黄山木兰

Iuangshan Mountain scenic spot（**Huangshan，China**）黄山风景区（中国黄山市）

Iuangshan pine/Taiwan pine ***Pinus huangshanensis/Pinus taiwanensis*** 黄山松 / 台湾松 / 黄松

Iua-Qing Palace（**Xi'an，China**）华清宫（中国西安市）

Iuaqing Palace（**Xi'an，China**）华清池（中国西安市）

Iuashan（**Chongzuo，China**）左江花山风景区（中国崇左市）

Iuaxi（**Flower Stream**）**Park，Guiyang**（**Guiyang，China**）贵阳花溪公园（中国贵阳市）

Huan Xiu Shan Zhuang（**Scenery Embraced Mountain Villa**）（**Suzhou City，China**）环秀山庄（中国苏州市）

Huayan Temple in Datong（**Datong，China**）大同华严寺（中国大同市）

Hua Zhong You（**Scenic Stroll**）（**Beijing，China**）画中游（中国北京市颐和园）

hub 中心；焦点

~of commerce 商业中心

~of communications 交通枢纽

~of industry 工业中心

Hubei Cinnamon ***Cinnamomum bodinieri*** 湖北樟

Huckleberry ***Vaccinium*** 越橘类（植物）

HUD（housing and urban development）房屋建设与城市发展；房屋建设与城市发展部〈全名是 Department of Housing and Urban Development 是美国政府于 1965 年创设的一个部门〉

Hudson River Valley 哈德逊河谷

hue 色彩；混合；嘈杂声；色调

hues of leaves，autumn(al) 秋色

（**The**）**Huizhou Culture** 徽州文化

Huizhou style bonsai 徽派盆景

Hujia/Sichuan taimen ***Hucho bleekeri*** 川陕哲罗鲑 / 长江哲罗鲑

Hukou Warerfalls of the Yellow River（**Yan'an，China**）黄河壶口瀑布（中国延安市）

human 人（类）；人（类）的；通人情的

~association 人际结合〈一种以人为核心的城市设计思想〉

~behavior 人类行为

~being 人类

~biometeorology 人类生物气象学

~capital 人力资本

~-caused landscape 人造景观

~comfort 人体舒适

~comfort zone 人体舒适区

~contamination 人为污染

~culture 人文

~-culture landscape 人文景观

~dimensions 人体尺寸

~ecological environment 人类生态环境

~ecological system 人类生态系统

~ecology 人类生态学

~element accident 责任事故

~engineer 人类工程师

~engineering 人机工程学；环境工程学；运行工程学；机械设备利用学；人事管理

~environment 人类环境

~error 人为误差

~excreta 粪便

~factor 人为因素，人的因素
~factor engineering [人因] 工效学
~geography 人文地理学
~habitant 人类生活环境
~habitat 人居
~habitat environment 人居环境
~interest 人类利益
~landscape 人文景观
~living space 人类生存空间
~mortality 人口死亡率
~pollution burden 人体污染负荷
~potential 人的潜力
~pyramid 年龄金字塔
~resource 人力资源
~-scale 人的尺度
~settlement environment 人居环境
~settlements 人居，人类聚居地〈指邻里、乡镇、城市、都市地区、区域乃至州和国家〉；聚居学
~settlements development 人类居住地开发
~system 人体系统
~thermal sensation 人体热感觉
~wellness 人类健康
humanistic geography 人本主义地理学
humanity 人类；人文学科
humanized computer 智能化计算机
Humata tyermanni Moore ***Humata tyermanni*** 圆盖阴石蕨
Humber Suspension Bridge 亨伯吊桥
humble 谦卑的，恭顺的
Humble Administrator's Garden 拙政园
Humen Battery in Panyu，Guangzhou 广州番禺虎门炮台
humic 腐殖质的，腐殖质丰富的，由腐殖质形成（或衍生）的
~acid 腐殖酸，黑腐酸
~coal 腐殖煤，泥煤
~location 腐殖质丰富地点
~soil，man-made 合成腐殖质土
humid（潮）湿的，湿润的
~climate 湿润气候
~farming 灌溉农业
~soil 湿润土
~volume 湿比容，（潮）湿空气比容，湿容积
humidifier 加湿器
humidifier section 加湿段
humidistat 恒湿器；湿度；湿气
humidity，atmospheric 空气湿度
~absorbing goods 吸湿性货物
~box 湿度盒
~ratio 含混量
humification 腐殖化，腐殖作用
humified 腐殖化的
~organic matter 腐殖化有机质
~raised bog peat 腐殖化发泡泥炭沼
hummock 波状地；圆丘，小丘，冈；冰丘；沼泽中的高地；浮冰排
~-and-hollow topography 起伏地形
~-forming peat moss 沼泽中高地形成的泥沼
~-hollow complex 波状凹地综合体
humous soil（美）腐殖土
hump 驼峰；小圆丘，小丘，丘陵，山脉
~classification yard 驼峰调车场
~crest 峰顶
~crest coupler's cabin 驼峰连接员室
~crest dispatcher's cabbing 峰顶调车员室
~height 峰高

~lead 推送线
~signal 驼峰信号
~trimming signal 下峰信号
~yard（铁路）驼峰调车场
Humpback whale（***Megaptera novaeangliae***）座头鲸
Humphead parrotfish（***Scarus ovifrons***）突额鹦嘴鱼
Humphry Repton 汉佛莱·雷普顿（莱普敦）（1752—1818），英国第一位造园家，"Landscape Garden"一词的首创者
humping 驼峰；推送
~capacity 驼峰解体能力
~section 推送不分
~track 驼峰线路
humus 腐殖质，腐殖土
~content 繁殖土成分
~decomposer，raw 自然状态繁殖土腐生物
~development 繁殖土培育
~fertilizer 腐殖土肥料
~-forming plant 形成腐殖质的植物
~sludge 腐殖污泥
~soil 腐殖（质）土
~tank（生物滤池的）二沉池 {环保}
~type 腐殖土类型
layer of raw~ 自然状态层次腐殖土
mor~ 粗腐殖质
raw~ 自然状态腐殖质
shredded bark~ 破碎树皮腐殖质
Hunan Phoebe ***Phoebe hunanensis*** 湘楠
hundred 一百的，一百个的
Hundred-Flower Garden 百花园
Hundred Island National Park（**Japan**）百岛国立公园（日本）
hundred-year flood 百年水灾
Hung Shan /Chinese Larch ***Larix potaninii*** 红杉
Hungarian architecture 匈牙利式建筑
huntable game 狩猎运动
hunting 寻找；寻线；摆动，震荡 {电}；打猎；追求；狩猎
~area 狩猎区
~clothes 猎人装
~district 狩猎区
~forest，royal（英）皇家狩猎林
~ground 狩猎场
~laws 狩猎法
~management（英）狩猎管理（人员，部门）
~park 猎苑
~right 狩猎权
~season 狩猎季节
~weapons，hunting equipment 狩猎武器，狩猎装备
game~ 娱乐狩猎
recreational~ 休闲狩猎
huntsman（**hunter**）猎人
Hunyuan Midair Temple（**Datong City，China**）浑源悬空寺（中国大同市）
Hupe Dalbergia/Hupeh Rose-wood ***Dalbergia hupeana*** 黄檀 / 檀木
Hupeh Anemone ***Anemone hupehensis*** 打破碗花花 / 野棉花
Hupeh Crabapple/Tea Crabapple ***Malus hupehensis***（**Ramp.**）**Rehd.** 湖北海棠（茶海棠）
Hupeh Mountainash ***Sorbus hupehensis*** **Schneid.** 湖北花楸

Hupeh Rosewood/Hupe Dalbergia *Dalbergia hupeana* 黄檀 / 檀木
Hupeh wingnut *Pterocarya hupehensis* 湖北枫杨 / 山柳树
Hupei Roseweed *Dalbergia hupeana* Hance 黄檀 / 檀木
Huqingyutang Pharmacy 胡庆余堂国药号
hurdle 篱笆，编枝篱，栅栏，疏篱
hurley house 坍坏房屋
hurricane 飓风，十二级风，龙卷风
hurst 有树林的高地，树林，小丘，（河海的）沙岸
Hu's Phoebe *Phoebe hui* 细叶楠 / 小叶楠
husbandry 农业，耕作；节俭；家政；畜牧业；饲养
Hushan Section of the Great Wall（Dandong City，China）虎山长城（中国丹东市）
Husk tomato/Chinese Lantern Plant *Physalis alkekengi* 中国灯笼 / 酸浆
Hussein Mosque（Iraq）侯赛因清真寺（伊拉克）
hut 棚屋，小屋，茅舍
~，allotment garden（英）小园棚屋
alpine~ 高山棚屋
garden~（英）园中小屋
mountain~（美）山上茅舍
trail~（美）开路小屋
hutch 小屋，棚屋，茅屋
hutment 临时营房；棚户区
hutong 胡同，里弄
Huyang-tree forest 胡杨林
Hwa-mei *Garrulax canorus* 画眉 / 金画眉
H.W.S. Cleveland 克里夫兰（1814—1900），美国近代风景园林师之一，与奥姆斯特德共同致力于美国早期的景观规划与土地规划
hyacinth [common]/Dutch hyacinth *Hyacinthus orientalis* 风信子 / 洋水仙
Hyacinth Bletilla *Bletilla striata*（Thunb.）Rchb. F. 白芨
Hyacinth Bean /Lablab Bean *Lablab purpureus* 扁豆 / 面豆 / 眉豆
hybrid['haibrid] 混合物；杂种；混合语；间生；混合的；间生的
~analog computer 混合模拟计算机
~bridge 组合桥，混合结构桥
~probabilistic method 综合概率法
~solar house 混合式太阳房
~tea 杂种茶
~tea rose 杂种香水月季
Hybrid Coralbean *Erythrina* × *bidwillii* Lindl 珊瑚刺桐
Hybrid Tea Rose Alec's Red *Rosa* 'Alec's Red' "亚历克红" 杂交香水月季（英国斯塔福德郡苗圃）
Hybrid Tea Rose Blue Moon *Rosa* 'Blue Moon' '蓝月' 杂交香水月季（英国斯塔福德郡苗圃）
Hybrid Tea Rose Deep Secret *Rosa* 'Deep Secret' '奥秘' 杂交香水月季（英国斯塔福德郡苗圃）
Hybrid Tea Rose Elina *Rosa* 'Elina' '伊琳娜' 杂交香水月季（英国斯塔福德郡苗圃）
Hybrid Tea Rose Freedom *Rosa* 'Freedom' '自由' 杂交香水月季（英国斯塔福德郡苗圃）
Hybrid Tea Rose Just Joey *Rosa* 'Just

Joey' '杰斯特乔伊' 杂交香水月季(英国斯塔福德郡苗圃)

Hybrid Tea Rose Lenip *Rosa* 'Pascali' '帕斯卡利' 杂交香水月季(英国斯塔福德郡苗圃)

Hybrid Tea Rose Lincoln Cathedral *Rosa Lincoln* 'Cathedral' '林肯大教堂' 杂交香水月季(英国斯塔福德郡苗圃)

Hybrid Tea Rose Precious Platinum *Rosa Precious* 'Platinum' '白金' 杂交香水月季(英国斯塔福德郡苗圃)

Hybrid Tea Rose Renaissance *Rosa* 'Renaissance' '复兴' 杂交香水月季(英国斯塔福德郡苗圃)

Hybrid Tea Rose Silver Wedding *Rosa* 'Silver Wedding' '银婚' 杂交香水月季(英国斯塔福德郡苗圃)

Hybrid Tea Rose With Thanks *Rosa* 'With Thanks' '感恩' 杂交香水月季(英国斯塔福德郡苗圃)

Hybrid Witch Hazel *Hamamelis intermedia* 'Diane' '戴安娜' 间型金缕梅(英国斯塔福德郡苗圃)

Hybrid Witch Hazel *Hamamelis* × *intermedia* 杂种金缕梅

Hybrida Vicary Privet *Ligustrum* × *vicaryi* Rehd. 金叶女贞

hybridizer 杂种

~, perennial plant(美)杂交多年生植物

rose~ 玫瑰杂交品种

Hyde Park(Britain)海德公园(英国)

Hydrangea [common]/Big-leaf Hydrangea *Hydrangea macrophylla* 绣球 / 八仙花

Hydrangea Limelight *Hydrangea paniculata* 'Limelight' 圆锥绣球 '聚光'(美国田纳西州苗圃)

Hydrangea Vanilla Strawberry *Hydrangea paniculata* 'Vanille Fraise' 圆锥绣球"香草草莓"(英国斯塔福德郡苗圃)

hydrant 消防龙头,配水龙头,给水栓,取水管

~passenger train 客车给水栓

~for street cleaning 清街配水龙头

fire~ 消防龙头

underground~(美)地下取水管

hydraulic 水利的;液力的;水压的;液压的;水硬的;水利学的;[复]水利学

~analogy 水力模拟

~analysis 水文分析

~and hydroelectric engineering 水力发电工程(水电工程)

~architecture 水工建筑(技术)

~calculation;hydraulic computation 水力计算

~computation 水力计算

~conductivity 水渗导性;水力传导度,又称"导水率"

~dam 水坝,水力冲积堤

~disorder 水力失调

~dust removal 水力除尘

~elevator 油压驱动电梯

~engineering 水利工程(学)

~engineering for agriculture 农业水利工程(学)

~excavation 水力挖土,水力冲挖

~factor 水力因素

~fill 水力填土,水力冲填

~filling 水力供应，水利装填
~fracturing technique 水力劈裂法
~gradient 水力坡降，水力梯度；水力坡降线，液压线
~gradient of groundwater 地下水力坡度（地下水水面坡度）
~-head 水头差
~jump 水跃
~model test of port 港口水工模型试验
~power 水力，液压功率
~power plant 水力发电厂
~pressure 水压（力）液压
~profile 高程图
~radius 水力半径
~reclamation；hydraulic fill 吹填
~resistance balance 阻力平衡
~seal 防水层
~seeding 水力播种
~slope；energy gradient 水力坡度（水利比降）
~structure；marine structure；
maritime construction 水工建筑物，水工结构
~surface loading 表面水力负荷
~tunnel 水工隧道
~work 水利工程

hydraulician 水利工程师，水利学家，水理学家

hydraulics 水力学

hydric（含）氢的

hydric forest（含）氢森林
~soils（含）氢土

hydro 水力发电的，水力发的电，复（-dros）水力发电站，水力发电厂（加拿大）电力 [hydropathic 的缩略]
~chemistry 水化学
~-dynamic pressure 动水压强
~dynamics 水动力学
~-electric station；hydropower station 水电站
~energy computation 水能计算
~geological condition 水文地质条件
~geological drilling 水文地质钻探
~geological exploration bore hole 水文地质勘探孔
~geological investigation 水文地质勘察
~geological parameters 水文地质参数
~geological unit 水文地质单元
~-junction 水利枢纽
~-plane 水上飞机
~-power 水力发电，水电
~-power station 水力发电站
~seeder 种子液肥喷洒机
~-static leveling 液体静力水准测量

hydrobiology 水生生物学（尤指淡水生物学）

hydrocarbon 烃，碳氢化合物
~dew point 烃；露点

hydrochart 水文图

hydrochemistry 水化学

hydrochory 水分布

hydroeconomics 水利经济学

hydroelectric 水电的，水力发电的
~development 水力发电建设
~Engineer of Landscape Architecture 园林水电工程师
~generation 水力发电
~planning 水力发电规划
~plant 水力发电厂（站）
~potential 水力资源

~power development 水力发电开车
~power plant 水力发电厂，水电站建筑
~-power project 水力发电工程方案，水电工程
~power station 水力发电站，水电站
~resource 水力资源
~schemes 水电开发计划，水电站系统
~station 水电站，水电枢纽
ydroelectricity 水电
Hydrogeography 水文地理学
ydrogeological map 水文地质图
ydrogeology 水文地质学，水文地质
ydrograph 水文过程线
~enlargement 过程线放大
~method of index and cross-section average sediment concentrationratio 单断沙比过程线法
~method of index sediment concentration 单样过程线法
~of groundwater element 地下水动态曲线
~of water（tide）level 水位过程线
ydrographic 水文（地理）的；水路的
~data 水文资料
~net 水系（河系）；水道网，又称“河网”
~net investigation 水系调查
~process 水文过程
~regime 水文情势
~(al)station 水电站
~(al)survey 河海测量，水道测量；水文测量
hydrography 水道图，水文学
hydroisohypse 等深线
hydrologic(al) 水文（学）的
~analogy 水文比拟
~analysis 水文分析
~atlas 水文图集
~balance 水文平衡
~basic data base 水文基本数据库
~benefit 水文效益
~budget 水分平衡
~characteristic value 水文特征值
~computation 水文计算（水文分析计算）
~conceptual model 水文概念模型
~cycle 水文循环（水循环）
~data 水文资料（水文数据）
~data correction 水文资料改正
~data interpolation 水文资料插补
~data processing 水文资料整编
~database 水文数据库
~drought 水文干旱
~effect 水文效应
~effect of human activities 人类活动水文效应
~elements 水文要素
~experimental station 水文实验站
~forecasting 水文预报
~forecasting for construction period 施工水文预报
~forecasting of lake 湖泊水文预报
~forecasting of reservoir 水库水文预报
~frequency distribution curve 水文频率分布曲线（水文频率曲线）
~handbook 水文手册
~information 水文情报
~instrument 水文仪器
~investigation 水文调查
~investigation in Karst areas 岩溶地区水文调查
~map 水文图，水理图

~mathematic model 水文数学模型
~mathematic model of watershed 流域水文数学模型
~model 水文模型
~model method 水文模型法
~network 水文站网
~ network planning 站网规划
~observation of tidal river 潮水河测验
~reconnaissance 水文勘察
~regime 水文情势
~regionalization 水文分区
~reporting station in flood season 汛期水情站
~series 水文系列
~simulation 水文模拟
~statistic forecasting method 水文统计预报法
~statistics 水文统计
~stochastic analysis 随机水文分析
hydrological 水文的，水分的，水位的
~balance 水分平衡
~condition 水文状况，水文条件
~basin 水域
~cycle 水文循环
~geology 水文地质
~hydrological map 水文地质图
~survey 河流调查
hydrology 水文学，水理学
~of bridge crossing 桥渡水文学
~analysis 水文分析
~investigation 水文调查
Hydro-meteorologic station 水文气象站
hydrometeorology 水文气象学
hydrometer 比重计（密度计）
~method 比重计法（密度计法）
hydrometric(cal) 测定比重的
~boat 水文测船
~bridge 水文测桥
~cable car 水文缆车
~station 水文测站，水文站
~station code 测站代码
~station evolution 测站沿革
hydrometry 水文测验
~of reservoir 水库水文测验
hydromorphic soil 水成土
hydrophilic dust；**lyophilic dust** 亲水性粉尘
hydrophilous plant 水生植物
hydrophobic dust；**lyophobic dust** 疏水性粉尘
hydrophysical model 水文物理模型（水文实体模型）
hydrophysics 水文物理学
hydrophyte 水生植物
emergent~ 自生水生植物
hydropolis 水上城市
hydropower 水力发出的电；水能，又称“水力”
~station 水力发电站
hydroseeding 水播种
hydrosere succession，**plant community of** 水生演替系列植物群落
hydrospace 海洋水界
hydrosphere 水圈，地球水圈
hydrospheric water 水圈水
hydrostatic pressure 净水压力
hydrostatics 水静力学
hyetograph 雨量图，雨量计，降雨历时线
hyetography 雨量学；雨量图法；降雨（地理）分布

etology 降水学，雨学，降水量学，降雨学

etometer 雨量计，雨量表

giene 保健学

~department，city 城市卫生（学）部门

~department，municipal 市卫生（学）部门

~department，public 公共卫生（学）部门

environmental~ 环境卫生（学）

genic area 清洁区

grometer 湿度表

grophyte 湿生植物

paethron 院子，天井；天窗

paethros 庙宇院子

perbolic paraboloidal roof 双曲抛物面壳顶

persthene granite 紫苏花岗岩

permarket（英）特级商场，巨型超级市场〈一所规模巨大的低层商店，通常设在郊区〉

perspecialization 高度专业化

ypersthene 紫苏辉石

pertrophication 肥大；畸形发展

phae，mycorrhizal 菌根，菌丝

pocaust（罗马式）火坑供暖系统

pocentre 震源

pocotylar tuber（植物）下胚轴块茎

Hypoestes ***Hypoestes sanguinolenta*** 枪刀药

hypogeal 地下建筑，山洞建筑

hypogene 深成的；上升的；地下的

~rock 深成岩

~water 上升水

hypogeum 地下建筑，山边建筑；地窖，地下室；古代地下墓室；古代房屋的地下部分

Hypoglaucous Styrax ***Styrax hypoglaucus*** 白花树 / 白叶安息香

hypostyle 多柱式建筑（的）

~column 金柱，内槽柱，内柱

hypothetical 假设的，假定的，假说的

~development method，residual method 假设开发法

~storm 假设暴雨，臆拟暴雨

hypsography 等高线法，表示不同高度的地形图，地形测绘学

Hyrax/rock hyrax ***Procaviidae*** 蹄兔（科）

Hyssop ***Hyssopus officinalis*** 海索草〈神香草属〉

Hyssop/Issopo Celestimo ***Hyssopus officinalis*** 药用神香草（英国斯塔福德郡苗圃）

Hyssop Cuphea ***Cuphea hyssopifolia*** 海草叶萼距花 / 满天星 / 神香草叶萼距花

hysteresis effect 滞后效果

hythergraph 温湿图 { 气 }

I i

IAP=international air-port 国际机场

Ian Mcharg 伊恩·麦克哈格（1920—2001），美国风景园林师和教育家，其著作《设计结合自然》（Design with Nature）是有关生态规划和分析的具有里程碑意义的专著

Iberian 伊比利亚的，伊比利亚人的；伊比利亚人，古代伊比利亚人，伊比利亚半岛

Ibex（*Capra ibex*）羱羊 / 北山羊 / 悬羊

ice 冰；冰凌；冰水；挂糖衣

~accretion 结冰，积冰

~age 冰期

~atlas 冰图 { 气 }

~avalanche 冰崩 { 地 }

~base boundary 冰底边

~basket 冰网

~bound 冰丘

~bound season 冰封期

~box 冰箱

~breaker 破冰船；破冰设备

~bridge 冰桥

~clearance 除冰

~code 冰情符号

~control 冰冻防护措施

~cover 冰盖

~cover with intercalated water layers 层冰层水

~crust 冰壳

~crystal 冰晶体

~crystals，formation of 冰晶体形成，冰晶体组成

~dam 冰坝

~discharge 冰流量

~drill 冰钻

~edge of freeze up 封冻冰缘

~fall 冰崩

~field 冰原

~floe 凌汛，大片浮冰

~food 冰凌洪水（凌汛）

~flood control 防凌

~-free 无冰区

~-free harbo(u)r 不冻港

~-free port 不冻港

~frozen period 结冰期

~frozen stream 结冰河流

~hockey rink 冰球场

~house 冰库，冷藏库

~jam（ming）冰障，流冰拥塞，冰（凌拥）塞

~-lane 冰区航道

~-making room 制冰间

~making plant 制冰厂

~motion 冰流

~pack（大）冰块，大块浮冰，冰堆

~plant 制冰厂

~point 冰点

~pressure 冰压力

~production plant 制冰厂

~reef 冰礁

~regime 冰情
~regime charts 冰情图
~regime forecasting 冰情预报（冰凌预报）
~regime observation 冰情观测
~ridge 冰脊
~rink 溜冰场
~road 冰道，滑行道
~ruler 量冰尺
~run 冰凌
~run concentration 溜冰疏密度
~segregation 冰隔作用
~sheet 冰盖
~sheet depression 冰层塌陷
~slide 滑冰道
~sliding conveyer 滑冰槽
~snowmelt flood 冰雪洪水
~snowmelt runoff 冰雪融水径流
~sickle 冰针
~storage room 冰库
~supply quay 供冰码头
~thickness meter 冰厚仪
~–up 全面结冰
e Plant *Sedum spectabile* cv. *Brilliant* 红花八宝景天（英国斯塔福德郡苗圃）
e Plant *Mesembryanthemum crystallinum* 冰花 / 冰叶日中花
eberg 冰山
escape 冰景
ehouse 冰窖
eland 冰岛
hang Bitterorange *Citrus ichangensis* 宜昌橙 / 罗汉柑
hnography 平面图（法）
ing tower 碎冰楼

icon 画像，肖像，雕像，偶像，图标
icon painting 圣像画
iconism 偶像崇拜主义
iconist 偶像崇拜者
icy 覆盖着冰的，结冰的
~road 覆盖着冰的路
~waters 结冰的河水
idea of beauty 美的观念
ideal 理想的
~city 理想城市
~figure 理念人物，虚构人物
~formula 理想公式
~functional diagram 功能分区图
~structure 理想结构
~value 理想值
idealism 理想主义，唯心主义
idealist 唯心主义者，理想主义者
idealistic aesthetics 唯心主义美学
ideality of art 艺术想象力
idealized system 理想化系统
identification 同一；辨别，识别，签定；身份证明；标志，符号
~and mapping 识别与测图
~card 身份证；借书证；专用证
~paper 身份证明
~test 签定试验
identity 可识别性，识别性
ideology 意识形态，思想（体系）
idiom 风格，特色
idiosyncratic 特殊的，异质的
idle 闲置的，闲散的
~capital 闲置资本
~fund 游资，闲散资金
~land 闲置地
~resourced 未开采的自然资源

idol 偶像
idolatry 偶像崇拜，盲目崇拜
'Id-al-Fitr；Lesser Bairam；the Festival of Fast-breaking 开斋节
idyllic 田园短诗的，牧歌的，生动逼真的
IFHP=International Federation of Housing and Planning 国际住宅和城市规划联盟（缩写）
IFLA 国际风景园林师联合会
IFLA World Council and World Congress IFLA 世界理事会和世界大会
IFLA Asian-Pacific Awards for Landscape Architecture IFLA 亚太区风景园林奖
Igart Poisonnut/Luzon Fruit ***Strychnos ignatii*** 吕宋果 / 云海马钱
igloo 爱斯基摩人的冰屋；圆顶茅屋，圆顶建筑
igneous｛地｝（岩石）火成的
~magma 岩浆
~rock 火成岩
Ignition temperature 引燃温度
IGU=International Geographical Union 国际地理联合会
Iguazu Falls（Brazil，Argentina）伊瓜苏大瀑布（巴西巴拉那和阿根廷边界）
IHTPC=International Housing and Town Planning Committee 国际住宅和城市规划会议
Iigiri Tree ***Isesia polycarpa Maxim.*** 山桐子
ikebana（日）插花艺术
illegal 非法的，违法的
~building 违法建筑，违章建筑
~construction 违法建设
~house 非法占建
~housing 非法占建
~land use 违法用地
~structure 非法建筑物
illiterate population 未受教育人口
illnesses，environmental 环境疾病
illuminance uniformity 照度均匀度
illuminated sign 受照标志〈用外部光源照明的照明标志〉
illuminating calculation 照明计算
illumination 发光，照明；照（明）度照明设备；照明学；启发
~design 照明设计
~for industrial building 工业建筑照明
~for public building 公共建筑照明
~meter 照度计
~mode 照明方式
~on building facade 建筑夜景照明
~quality 照明质量
~source 照明光源
~standard 照明标准
~system 电气照明系统
illuminator 照明灯具
illusionary art 幻觉艺术
illustrative 说明的，解明的；例证的
~site plan 说明选址计划
illustrator 解说员，说明者
illuvial 淀积的
~horizon 淀积层｛地｝
IMAGE（**infrastructure management for a growing environment**）发展环境的基础设施管理〈一种地理信息系统
image 像，影像；映像；印象；想象
~ability 表像能力〈环境评价用语〉
~classification 图像分类

~coding 图像编码
~converter 图像转换器
~complex 图像复合
~digitizing/~digitization 图像数字化
~editor 一种图像编辑软件{计}
~enhancement 图（影）像增强
~enhancement 图像增强
~geometry 图像几何测定
~greyscale 影像灰度
~hologram 影像全息图
~ilbrary 形像图库
~in artistic conception 意境
~interpretation 影像判读
~map（城市）印像图，形态地图
~of a profession 职业形像
~overlapping 图像重叠
~plan 形像规划
~processing 图像处理
~processing/~manipulation 图像处理
~-projection method（超声检测的）图像投影法
~projection transformation 图像投影变换
~quality 影像质量
~resolution 影像分辨率
~sensing system（简写 ISS）图像感知系统，图像感应系统
~simulation 图像模拟
~transformation 图像变换
nagery 肖像（总称），比喻，雕刻
nagery recognition 图像识别
naginative geomorphologic figuration 造型地貌
the）Imaginization of Natural Scenery 山水意象化
imagism 意象主义，意象派
imagist 意象主义者，意象派作者
imagist movement 意象派运动
Imbricate Mosquito Fern *Azolla imbricata* 满江红 / 红浮萍
imitation 模仿，仿造；仿造品
~gold 人造金，装饰用铜铝合金
~leather 假皮，人造革
~moon rocket 登月火箭
~stone 假石，人造石
~stone，concrete slab with 人造石混凝土平板
immature 不成熟的，不完全的，未完成的，未发育的，幼年的；生硬的，粗糙的
~concrete 未凝结的混凝土
~residual soil 新残积土
~plant 幼年植物，不成熟植物
~soil（英）粗土
~soil，pioneer plant on（英）在粗土上开垦播种
~soil，vegetation establishment on（英）粗土上植物的生长
immediate 近期的，初始的
~plan 近期建设规划
~settlement 初始沉降（瞬时沉降）
immigrant 迁入移民
immigration 迁移，向境内迁移，迁入国内，移入者
~law 移民法
~policy（针对迁入移民的）移民政策
~quota 迁入移民控制额
imminence of war 临战时
imitating wooden structure 仿木构筑物，仿木建筑

immobile estate 不动产
immobile property 不动产
immobilization，nutrient 营养品固定
immortal ***adj.*** 不朽的，流芳百世的
Immortals Cave of Mount Lushan（Jiujiang，China）庐山仙人洞（中国九江市）
Immortelle/Straw Flower ***Helichrysum bracteatum*** 麦秆菊 / 蜡菊
immovable 不动的
~estate 不动产
~pleasure boat 不系舟
~property 不动产
immunization 免疫
impact 冲击，撞击；冲力；碰撞；反响，影响，效果；击中，冲击；装填；压紧；库存管理程序与计算技术 {计}
~analysis 效果分析，影响分析
~assessment 影响评定
~assessment of a landscape，visual 视觉景观效果评价
~assessment，environmental（美）环境影响评价
~dust collector；vortex scrubber 冲激式除尘器
~on the landscape，adverse 对景观的不利影响
~sound 撞击声
~statement，environmental 环境影响报告
~study（交通投资的）间接效果研究，影响研究
~study，environmental（美）环境影响研究
~study，vegetation 植物生长影响研究
adverse~ 不利影响
analysis of environmental~ 环境影响分析
environmental~ 环境影响
initiator of an~ 对自然环境造成不利影响或损害的负责者
negative~ 负面影响
very adverse~ 很不利的影响
impacted area（美）因人口激剧增加以至公共设施不敷应用的地区
impacts，elimination of disturbing 清除动乱的影响
impairment 损害，毁损；减损
~of landscape 园林毁损
visual~ 视力损害
impasse 死路，死胡同
impassible road 不可通行的道路
Impatiens ***Impatiens*** 凤仙花（属）
Impatiens wallerana（I. ***Sultanii*****）**瓦勒凤仙
impeccable 没有缺点的，无瑕的
impedance muffler 阻抗复合消声器
impeded 阻挡的，妨碍的
~drainage 不良排水
~water 阻水
~water indicator plant 阻水指示器设备
imperfect combustion 不完全燃烧
imperial 帝国的，皇帝的
Imperial Academy 明堂辟雍：中国古代最高等级的皇家礼制建筑之一。明堂是古代帝王颁布政令、接收朝觐和祭祀天地诸神及祖先的场所。辟雍即明堂外面环绕的圆形水沟
Imperial Academy of Empress Wuzetian 武则天明堂
Imperial Ancestral Shrine（Beijing，

China）北京太庙

ıperial Ancestral Temple（Beijing，China）太庙（中国北京市）

ıperial Archive（Beijing，China）皇史宬（中国北京市）

~basilica 皇宫，古罗马长方形会堂（建筑）

ıperial Carriage Way 辇道

~city 皇城，大内

nperial College（Beijing，China）国子监（中国北京市）

nperial Forum，Roma（Italy）帝国广场（意大利）

nperial Garden 御花园，皇家园林

nperial Garden in Forbidden City（Beijing，China）紫禁城御花园（中国北京市）

nperial Heavenly Vault（Beijing，China）皇穹宇（中国北京市）

nperial Kitchen（Beijing，China）神厨（中国北京天坛）

nperial Mansion（美国纽约）帝国大厦

nperial Mountain Cloud and River Grotto（Beijing，China）上方山云水洞（中国北京市）

~palace 宫城，皇宫

~palace garden 帝王宫苑

nperial Palace，Shenyang（China）沈阳故宫（中国）

~park 苑

~park in the North 北方宫苑

~path 御路

~road 御路

nperial Rome style 罗马帝国的（建筑）风格

~scale 特大规模

Imperial Summer Resort（Mountain Villa for Escaping Summer Heat）（Chengde，China）避暑山庄（中国承德市）

Imperial Tombs of the Ming and Qing Dynasties（Ming tombs，Beijing，China）明清皇陵（明十三陵）（中国北京）

Imperial Tombs of the Ming and Qing Dynasties（Qing Eastern Tombs，Zunhua City，China）明清皇陵（清东陵）（中国遵化市）

Imperial Tombs of the Ming and Qing Dynasties（Qing Western Tombs，Yi County，China）明清皇陵（清西陵）（中国易县）

Imperial Amazon/Imperial Parrot ***Amazona imperialis*** 帝王亚马逊鹦鹉 / 帝王亚马孙鹦哥 / 帝王鹦哥（多米尼克国鸟）

Imperial eagle（*Aquila heliacal*）白肩雕 / 御雕

imperial envoy 钦差大臣

imperial examinations 科举

imperial garden；Royal garden 皇家园林

Imperial Morning Glory ***Ipomoea nil*** 牵牛花

Imperial Painting Academy 翰林图画院

Imperial pigeon（*Ducula badia*）山皇鸠

Imperial sandgrouse/ black-tailed sandgroose（*Pterocles orientalis*）黑腹沙鸡

impermeability 抗渗性，不渗透性，不透水性

~of film coating 涂膜抗渗性

impermeable 不渗透的，不能透过的

~bed 不透水层
~soil 不渗透土，黏土
~stratum 不透水地层

impervious 防渗的，不透水的，隔水的
~blanket 防渗铺盖
~curtain; cut-off 防渗帷幕
~layer 不透水层（隔水层）
~wall 防渗墙

implantation 移植

implement 家具

implementary plan 实施规划

implementation 实现，执行，履行，实施
~and supervision 实施与规划
~management 建设管理
~of a plan 规划执行（实施，实现）
~plan 实施规划
~schedule 实施计划
deficiency in~ 实施中的不足

implicit rate of natural increase 固有自然增长率

impluvium（**=compluvium**）院内蓄水池；房顶采光井〈古罗马〉

import 输入，进口；输入，进口；移入，引入
~license 进口许可证
~nutrient 食物输入，营养品引入
~of mineral elements 矿物输入
~of technology 技术引进
~substitution 进口替代
~surplus 入超
~tender 进口招标
~traffic 入境交通
matter~ 物质进口，材料进口

important 重要的
~construction on top of slope 坡顶重要建（构）筑物
~office、building、laboratory、archive 重要的办公楼、科研楼、档案楼

Imported cabbage worm ***Pieris rapae*** 白粉蝶 / 菜粉蝶 / 菜白蝶 / 菜青虫 / 白蝴蝶 / 菜花蝶

Imported willow leaf beetle ***Plagiodera versicolora*** 柳蓝叶甲

importing（美）进口的，输入的，引进的

impose tax 征税

imposed deformation 外加变形

impossible stereoscopic effect 零立体效应

impound 筑堤堵水；（在贮水池中）集水，蓄水

impoundage 集水区

impounded 集水的，蓄水的；聚集的
~area 集水面积
~melt of snow 聚集的雪水
~roof 蓄水屋面
~surface water 地面积滞水，聚集的表面水

impounding 蓄水（在贮水池中），筑堤堵水，（把水）栏住（蓄）；扣押，没收
~of a water course（英）栏住水流
~reservoir 蓄水池，蓄水库
coastal~ 沿海筑堤堵水，沿岸蓄水

impoundment 人工湖；圈围，围住；扣押，没收
water~（英）蓄水

impoverished area 贫穷区

impoverishment 贫瘠，不毛之地
~and structural degeneration，soil 土壤贫瘠且结构退化

mpregnation 注入，浸渍，浸透，充满，饱和
~test 浸渍试验
mpressionism 印象主义，印象派 – 印象主义是指 19 世纪在法国兴起的一个画派，又指具有世界性的美术思潮。
mpressionist 印象主义者，印象派艺术家
mpromptu 即席演出，即席的
mproved 改良的
~Bermudas grass 改良草坪
~land 改良地段；基本设施已建成地段
~road 改善道路
mprovement 改建，改进，改善，改良
~area 改建区
~cut（timg）（美）改良插条
~district 改建区域
~felling（英）改进伐木
~line 房屋建筑线（界），公路改建线（界）
~measures，water quality 水质改进措施
~of a river course 河道改进
~of agrarian structure 耕地结构改进
~of rivers and streams 江河改进
~of tree pits 树坑改进
~plan 改进方案，改进设计
~scheme 改进方案，改进规划，改进线路（电路）
~with clay，soil 用黏土改良土壤
~with compost，soil 用混合肥料改良土壤
agricultural land~ 农田改良
infrastructure~ 基础设施改善
neighbo(u)rhood~ 居住环境改善
park~ 公园改进
river bed~ 河床改善
soil~ 土改良
stream~ 小河改善
surface~（美）外观改善，地面改善，表面改善
timber stand~ 砍伐改进
urban~ 城市更新
village~（美）乡村改善，乡村改建
improvident 无远见的，目光短浅的
improving 改善，改良
~the environment of an area 改善一个地区的环境
~waste land 变荒地为良田
impulse 冲击，刺激
~current 冲击电流 Imp
~store 刺激商店〈珠宝，毛皮，妇女用品以及屠侈品商店〉
impulsive 冲动的；由冲动引起的
~response 脉冲响应
~sound 脉冲声
impure water 不干净的水
impurity 不纯，不洁；杂质，夹杂物，不纯洁性
~of seed 籽杂质，种子不纯
in [词头] 无，非；在内，向内，进，入
in [介] 在……内，在……方面，在……情况下；[副] 在内，往内，与动词连用构成词组；在里面的，到站的，流行的；入口，门路
~an open hunting area 在开放的狩猎区内
~-batter pile driving；front raking pile driving 俯打
~-bound lane 入境车道
~-bound traffic 入境交通
~-coming population 迁入人口
~-group 内群体

~-migration 迁入

~-motion viewing 动观（沿游览线行走中的观赏）

~-patient department（医院的）住院部

~-plant recirculation 循环供水系统

~-position viewing 静观（在静止中对景点的观赏）

~rush transient current 涌流

~service freight car maintenance depot 装卸检修所

~-shore fishery 近海渔业

~-situ inspection 现场检验

~-situ monitoring 现场监测

~-situ tests 原位测试

~situ 就地，在原处；在（施工）现场；在天然岩层中；原位{化}

~-situ asphalt mixture recycling mixing plant 沥青混合料就地再生拌和设备

~situ cable spinning technique 缆索现场纺（旋）制工艺（技术）

~-situ concrete（=cast-in-situ concrete）就地浇筑混凝土，现浇混凝土，原地混凝土

~-situ concrete slab 就地浇筑混凝土平板

~-situ conversion 原址改建

~-situ exchange 原址换地

~-situ gravel 原地沙砾

~-situ sand 原地沙质土

~-situ soil 原地土

~-situ strength 自然条件下的强度，现场强度

~-situ test 现场试验，现场测试，原位试验

~stream water uses 河道内用水

~the extreme 达于极点，极端

~the wild（英）在开放的狩猎区

~train repair 不摘车修理

inactive population 非职业人口，非经济活动人口

inadequate 不；不适当的；不能胜任的

~housing 居住面积不足

~housing condition 设施水平较差的居住条件

inbound 入境的，入站的，返航的

~lane 入境车道

~line 入站线路

~traffic 入境交通

Inca architecture 秘鲁印第安式建筑

incandescent lamp 白炽灯

Incanous Begonia ***Begonia incana*** 灰白秋海棠/莲叶秋海棠

incense 香，香气；烧香

~cedar 翠柏

Incense-Burner Peak 香炉峰

~juniper 香刺柏

incentive zoning 鼓励性区划

incentives 鼓励，刺激

Inch Plant /Wandering jew Zebrina ***Zebrina pendula*** 吊竹梅（吊竹兰）

incineration 灰化炉；焚化，烧尽；固体废物焚化{环卫}

~house 垃圾焚化站

~of garbage 垃圾焚化

~plant for toxic/hazardous waste 有害废物（废料）焚化车间（工厂）

~plant，waste 废物（废料）焚化车间（工厂）

~refuse furnace 城市垃圾焚化炉

waste~ 弃物（废料）焚化

ncinerator 火葬炉，焚化（垃圾）炉，焚秽炉

~，garbage（美）垃圾焚化炉

waste~（美）弃物（废料）焚化炉

ncipient motion of sediment 泥沙启动

ncise 刻，雕刻；切，切开

ncised 切的，切开的

~meander 深切曲流{地}

~slope 切斜度，切坡

ncised Notopterygium ***Notopterygium incisum*** 羌活/姜活/太姜活

ncised Spleenwort ***Asplenium incisum*** 虎尾铁角蕨/地柏枝

nclement weather 恶劣的天气

nclination 倾斜；斜度，倾角；倾向

~of ground 地面坡度

ncline（使）倾斜；倾向，偏向；斜坡，（倾）斜面，倾斜线，斜井；山坡

~change 倾斜线改变，斜坡改变

inclined 倾向于……的，有……意向；倾斜的，斜坡的，斜面的

~approach 斜坡道

~bedding 倾斜层理{地}

~breakwater 斜坡式防波堤

~bridge 坡桥，有纵坡的桥

~gauge 倾斜水尺

~length 坡长

~letter 斜体字

~parking 斜列停车

~plane 斜面

~shaft 斜井

inclusionary zoning 包容性用地分区管制

income 进款，（定期）收入，所得

~account 进款账

~approach；income capitalization approach 收益法

~bracket 收入分类

~distribution 收入分配，收入分布

~effect 收入效应

~group 收入分类

~per hand 按平均人口的收入

~-producing enterprise 盈利企业

~tax 所得税

~tax credit 所得税抵免

~tax return 所得税申报表

incoming 进来；[复]收入；进来的；接任的；移民的

~direction 引入方向

~inspection 进货检验

~waste water 入流废水

incompatible 不相容的，矛盾的

~use 不相配用途

incompleted 未完的

~building work 未完施工

~engineering 未完工程

~project 未完工程

incongruity 不一致，不调和，不相称

Inconnu（***Stenodus leucichthys nelma***）长颌白鲑/白北鲑

incorporated 合并的；建制的；股份（有限）公司的

~city 建制市

~town 建制镇

increase 增加，增大；增进；增加量，增大额；增加，增大；增进

~and decrease of population 人口增减

~in charges 收费增加

~in estimated volume 预算量增大

~in fees 费用额增大

~in productivity 生产增长率

~in soil acidity 土壤酸度增大
~in stock ratio 储备率增大
~in stocking density 堆积密度增加
~of staff 编制人数增加；现有人数增加
~of the population 人口增长
~rate 增长率
cost~ 成本增加，费用增大额
population~ 人口增加
increased machine 断根机
increaser（美）锥体增大
increasing 增加的，越来越多的，提高的，递增的{数}
~function 递增函数{数}
~of pH value pH 升高
increment 增量，增值；增加；增加物；步距
~，cost 费用增加，成本增加
~curve 生长曲线
~investment 投资增加额
~of coordinate 坐标增量
~speed 增长速度
incremental 附加的
~launching method 顶推法
~tax 增值税
~value 增值
incrustation 用外皮包裹；外皮，结壳；矿渣；水垢；（建筑物）表面装饰；镶嵌细工
incubate 孵卵，孵化；酝酿
incubation period 孵卵期
Indawgyi Lake（**Burma**）因道支湖（缅甸）
indeciduate 终冰日期
indefinite equation 不定方程
indemnity for area loss 用地补偿
indented 锯齿状的，犬牙交错的
independence 独立
Independence Arch（Ghana）独立门（加纳）
Independence National Historical Park 国家独立历史公园（美国）
Independence Monument（Cambodia）独立纪念碑（柬埔寨）
Independence Square 独立广场
independent 独立的
~and integrated industrial system 独立完整的工业体系
~coordinate system 独立坐标系
~medium 独立式中央分隔带
~mobile home 独立旅游居住车，独立活动式家庭挂车
~unit 独立单元
~variable 自变量
indeterminate 不确定的，模糊的
~coefficient 不定系数
index 指数，指标，标度；索引；（铣床）分度头{机}；编索引
~and cross-section average sediment concentration relation curve method 单断沙关系曲线法
~catalogue 索引目录
~circuit 最不利环路
~contour 注字等高线，标记等高线，加粗等高线
~contour；thickened contour 计曲线
~map 索引图
~mark 指标
~method 指数法
~number 指数
~number of building cost 建筑费指数
~numbers of agricultural production 农业

生产指数
~numbers of industrial production 工业生产指数
~(of a building), cubic(英)(房屋的)立方指数
~of average land values 平均土地价值指数
~of characteristic 特性指标
~of concentration 集中指数
~of living environment 生活环境指数
~of living standard 生活水平指数
~of locomotive operation 机车运用指标
~of multiplicity 多样化指数
~of number employed 就业人数指标
~of persons 人名索引
~of photography; index photo 相片索引图
~of places 地名索引
~of public passenger transport 城市公共客运指标
~of routine analysis for water pollution 水污染常规分析指标
~of spaciousness 宽敞度指数
~of specialization(用地平衡)特别指数
~property 特性
~sample grain size distribution 单样颗粒级配
abrasion~ 磨蚀指数
accession~ 入藏新书索引, 新到资料索引{情}
failure~ 破坏指数
floor space~(英)楼面面积(占地面积)指标
general~ 总索引
grassland yield~ 草地(牧场)生产指标
labor~ 劳动指标
leaf area~ 叶面指标
pluvial~ 雨量指数
price~ 物价指数
sludge~ 污泥指数
technical economic~ 技术经济指数

indexes of water resources assessment 水资源评价指标

India Adenosma ***Adenosma indianum*** 球花毛麝香 / 地松茶

India Canna ***Canna indica*** 美人蕉

Indian arts and crafts 印度工艺美术 – 南亚次大陆印度河文明时代(公元前2300—前1700年)至印巴分治(1947年)的工艺美术, 包括陶瓷、装饰品、象牙雕刻、印染和织绣等。

India Cassia/Tamala Cassia ***Cinnamomum tamala*** 柴桂 / 桂皮

India Epimeredi ***Epimeredi india*** 广防风 / 防风草

India Gate(India) 印度门(印度)

India Hawthorn ***Raphiolepis indica*** **L. Lindl.** 石斑木

India Lovegrass ***Eragrostis spectabilis*** **(Pursh) Steudel.** 画眉草

India Madder ***Rubia cordifolia*** 茜草 / 四轮草 / 拉拉蔓

India mustard ***Brassica jumcea*** 芥菜 / 芥子

India Quassoawood ***Picrasma quassioides*** **(D. Don) Benn.** 苦木 / 苦树

India Rubber Plant/Rubber Plant ***Ficus elastica*** 橡皮树

India Sagebrush ***Artemisia indica*** 五月艾 / 小叶艾

Indian 印度的
~architecture 印度原始建筑

~garden 印度园林
~mahogancy 印度红木
~redwood 印度红木
~style 印度式（建筑）

Indian Almond *Terminalia catappa* L. 榄仁树

Indian Azalea *Rhododendron simsii* Planch. 杜鹃映山红

Indian Birch/Himalayan Birch *Betula utilis* 糙皮桦

Indian Coralbean/East Indi-an Coral Tree *Erythrina indica* 刺桐

Indian Damnacanthus/Touch-me-not

Indian Dendranthema *Dendranthema indicum* 野菊 / 野黄菊

Indian Fig *Opuntia ficus-indica* 仙桃 / 梨果仙人掌 / 宝剑

Indian Hibiscus *Hibiscus indicus* 美丽芙蓉 / 野芙蓉

Indian Kalimeria/Asterlike Plant（***Kalimeris indica***）马兰（马兰头）

Indian Laburnum *Cassia fistula* 印度金链花 / 黄金雨

Indian Lilac/Crape Myrtle *Lagerstroemia indica* 紫薇（美国佛罗里达州苗圃）

Indian mackerel（***Rastrelliger kanagurta***）羽鳃鲐

Indian Mock Strawberry *Duchesnea indica* 蛇莓 / 蛇泡草

Indian Mulberry *Morinda citrifolia* 海巴戟 / 海巴戟天

Indian Nightshade *Solanum indium* 刺天茄 / 紫花茄

Indian Painted Lady *Vanessa indica* 大红蛱蝶 / 苎麻赤蛱蝶 / 苎麻蛱蝶

Indian pangolin（***Manis crassicaudata***）印度穿山甲

Indian Peafowl/Peafowl *Pavo cristatus* 蓝孔雀 / 印度孔雀（伊朗两种国鸟之一、印度国鸟）

Indian pike conger *Muraenesox talabonoides* 鹤海鳗

Indian Pokewees *Phytolacca acinosa* 商路 / 山萝卜

Indian Polyscias *Polyscias fruticosa* L. Harms 复羽叶福禄桐

Indian rhinoceros（***Rhinoceros unicornis***）印度犀 / 大独角犀牛

Indian river tern（***Sterna aurantia***）黄嘴河燕鸥

Indian rorippa（***Rorippa indica***）焊菜 / 塘葛菜

Indian Rose Chestnut/Mesua[common] Iron Wood *Mesua ferrea* 铁力木（铁梨木）

Indian Rubber Tree *Ficus elastica* Roxb ex Hornem 印度胶榕（印度橡皮树）

Indian Stringbush *Wikstroemia indica* L. C. A. Mey. 了哥王

Indian tiger（***Panthera tigris tigris***）孟加拉虎 / 印支虎

Indian Trumpetflower *Oroxylum indicum* L. Benth. ex Kurz 木蝴蝶 / 千张纸

Indian white-backed vulture（***Gyps bengalensis***）白背兀鹫 / 拟兀鹫

Indian Wild Date/Silver Date Palm *Phoenix sylvestris* L. Roxb. 银海枣 / 林刺葵

Indian wild pear（***Pyrus pashia***）川梨

dian Willow ***Polyalthia longifolia*** **Sonn. Thw.** 长叶暗罗

dian fig ***Opuntia stricta*** 仙人掌

dicating plant 指示植物

dication sign 指示标志

dicator 指针，指示器；指示物；指示剂{化}；示功器{机}

~**community** 指示群落

~fossil 化石指示物，指示化石

~of economic development 经济发展指标

~plant 指示植物

~plant，aridity（气候、地区等）干旱指示植物

~plant，bad drainage 不良排水区指示植物

~plant，impeded water 阻水指示植物

~plant，moisture 潮湿（湿度）指示植物

~plant，wetness 温度潮湿指示植物

~species 指示物种

~species，calcareous 钙质指示物种

~species，nitrogen 氮指示物种

~species，site 现地指示物种

~value 指示值

biological~ 生物指示物

environmental stress~ 环境应力指示物，周围应力指示物

north~（美）北指示物，指北针

ndica Azalea ***Rhododendron indicum*** 大花杂种杜鹃/夏鹃/西鹃/皋月杜鹃

ndifference curve 无差异曲线

ndifferent 平凡的，不重要的；不关心的；中立的；中性的{电}

~equilibrium 随遇平衡

~gas 惰性气体

~species 平凡种类，中性类

indigenous 本土的，固有的

~coal 本地煤

~inhabitant 本地居民

~plant 乡土植物

~plant species 固有植物类，本土植物类

~population 本地人口

~species 固有类，本土种类

~village 原居村落

Indigo/Nil-awari ***Indigofera tinctoria*** 木蓝

indirect 间接的

~catchment area 间接集水区

~cooling water 间接冷却水

~earthing 间接接地

~economic loss due to earth-quake 间接经济损失

~expense 间接费用

~heat exchange 间接换热

~heating 间接供暖；集中供暖

~heating hot water supply system 间接加热热水供应系统

~interpretation key 间接解译标志

~lighting 间接照明

~method 间接法

~route 迂回道路，绕行道路

~sampling 间接抽样

~survey 间接调查

~urbanization 职能型城市化

~waste pipe 间接排水管

individual 个人；个体；单一的，单独的；个别的，个人的，独特的，特别的

~building plot 单独的建设地点

~business 个体户，个体企业，个体

经营
~choice behaviour 个人（体）选择行为
~construction 个体建筑
~consumption 个人消费
~distance 特定距离
~economy 个体经济
~environment 特有的环境
~footing 单独基础，独立基础
~house 个人住房
~income tax 个人所得税
~overnight accommodation 个人夜宿住处
~ownership 个人所有制
~peasant economy 个体农民经济
~sewage disposal system（美）独特污水清除系统
~shingle 单层屋面板
~territory 独有区域，专署区域
~transport 个人运输
~urn grave 个人骨灰瓮墓地
~woody plant 单株木本植物

Indochina Asparagus ***Asparagus cochinchinensis*** 天冬草（天门冬）

indoor 室内的，户内的
~air design conditions 室内空气计算参数
~air flow 室内气流
~air velocity 室内空气流速
~and outdoor design conditions 室内外计算参数
~bathing complex（美）室内游泳综合体
~calculate temperature 室内计算温度
~climate 室内气候
~decoration 室内装饰
~decorative plant 室内装饰植物
~environmental pollution 室内环境污染
~fire extinguishing system 室内消防系统
~fire hydrant 室内消火栓
~games hall 室内运动场
~garden 室内花园，室内庭院，室内绿化
~（horticultural）exhibition 室内园艺展览会，室内（英）博览会
~horticultural show 室内园艺展览(展销
~market 室内市场
~plant 室内植物
~planting 室内绿化
~plants（houseplants）室内植物
~pool（英）室内游泳池
~rainwater system 雨水内排水系统
~recreation 户内休憩
~recreation center 室内康乐中心
~reference for air temperature and relative humidity 室内温湿度基数
~show 室内陈列，室内展出（展览，展销）
~sound-amplification 室内扩声
~stadium 室内体育场
~staircase 室内楼梯
~steps 室内梯级，室内台阶
~swimming baths（英）室内游泳池
~swimming pool 游泳池
~temperature（humidity）室内温（湿）度
~tennis courts（英）室内网球运动球场
~tennis facility（美）室内网球运动设施
~thermal environment 室内热环境
~transportation system 室内运输系统
~ventilation system 室内通风系统
~W.C 室内厕所
~water supply system 室内供水系统

~weather 室内气候
duced 诱增的；抽风的
~draft mechanical cooling tower 抽风式机械通风冷却塔
~traffic 诱增交通，吸引交通
~traffic volume 诱增交通量，吸引交通量〈因道路交通设施改进所增加的交通量，包括新增交通，导增交通和变增交通量〉
ducing joint 诱导缝
-duct electric heater 管中电热器
duction 诱导的；感应的
~AC system 诱导式空调系统
~air conditioning system 诱导式空气调节系统
~unit 诱导器
ductive 归纳的；感应的
~method 归纳法
~ventilation 诱导通风
ndus River 印度河
ndus River valley 印度河流域
ndus River valley art 印度河文明时期美术：发源地于印度河流域，以哈拉帕与莫亨朱达罗两处遗址为代表的史前次大陆的都市文明时代（约公元前2300—前1750年）的美术。
ndustrial 工业的，实业的；产业的；工业上的；产业工人；工业家
~-agro population 亦工亦农人口
~and mining area 工矿区
~air conditioning；proess air conditioning 工艺性空气调节
~air pollution 工业大气污染
~analysis 产业分析，工业分析
~and agricultural product 工农业产品
~and commercial income tax 工商所得税
~and mining area 工矿区
~and mining establishment 工矿企业
~architecture 工业建筑（学）
~area 工业区
~areas，redevelopment of（英）重建工业区，重新开发工业区
~arts 工艺
~base 工业基地
~belt 工业地带
~block 工业街坊
~build system 工业化建筑系统
~building 工业馆；工业房屋，工业建筑
~by-products 工业副产品
~capacity 工业生产能力
~catalog 工业厂商目录；产品目录
~census 产业调查，工业普查
~center 工业中心，工业区
~chimney 工业烟囱
~city 工业城市，工业区
~classification 产业分类
~complex 工业联合企业
~construction 工业建筑（物）
~consumption 工业消耗
~contaminant 工业污染
~country 工业国
~crop 工业原料作物，经济作物，工艺作物
~density 工业密度
~department 工业部门
~design 工业设计（20世纪前期的一个艺术潮流，包括20世纪初的新艺术运动，20年代的风格派运动以及包豪斯。它们主张绘画、雕塑、建

筑与工业结合的新艺术形式。）
~development 工业发展
~development area 工业发展区
~development，established 确定的工业发展
~development，planned 计划的工业发展
~development planning 工业发展规划
~directory 工业指南，工业厂商名录
~disaster 工业灾害
~discharge 工业排放
~disease 职业病，工业病
~dispersion 工业分散
~distribution 工业分布
~district 工业区
~district road 工业区道路
~dust 工业粉尘，工业垃圾
~economy 工业经济
~effluent 工业排放物，工业废水
~effluent treatment 工业排放物处理
~engineering 工业工程，企业管理
~estate 工业用地，工业集中布置地段
~estate development plan 工业区发展计划
~estate for small and medium size industries 中小工业企业用地
~explosive materials 民用爆破器材
~furnace 工业用炉，工业窑炉
~garden 工业园
~gaseous emissions 工业废气散发
~gaseous waste 工业废气
~geography 工业地理学
~goods 工业品
~growth 工业增长
~green area 工业绿化区
~handicrafts 工艺美术
~harbo(u)r 工业港
~hazard 工业事故，工业公害
~housing 工业房屋（建筑）
~hygiene 工业卫生
~incinerator 工业焚烧炉
~junction 工业枢纽
~labour force 工业劳动力
~land 工业用地
~land，class I 一类工业用地
~land，class II 二类工业用地
~land，class III 三类工业用地
~landscape 工业园林；工业景观
~line（铁路）工厂专用线
~linkage 工业联系
~liquid waste 工业废水
~location 工业区位，工业用地选择，工业选址，厂址选择
~location policy 工业区位政策
~location theory 工业区位论
~node 工业枢纽
~noise 工业噪声
~nuisance 工业干扰，工业公害
~occupancy 工业区
~output 工业总产值
~park 公园式工业区，工业园，工业区（在郊区）
~plant 工厂
~plant abandonment 工厂关闭（停产）
~plant operation 工厂运行
~plant toxic accident 工厂中毒事故，工厂毒物
~point 工业点
~poison 工业毒物
~poisoning 工业中毒
~pollution 工业公害，工业污染，工业

污染物
~pollution source 工业污染源
~population 工业人口
~port 工业港口，工业港
~portable track 工业轻便轨道
~producing waste 工业废水
~project 工业项目，在建的工业项目
~proletariat(e) 工业无产阶级
~public nuisance 工业公害
~psychology 劳动心理学
~quarter 工业区，工业小区
~radioactive waste 工业放射性废物
~railroad 厂内铁路
~refuse 工业垃圾
~region 工业区
~region distribution plan 工业地区调整规划
~region，old 老工业区
~reserve army 产业后备军
~residue 工业残渣
~revitalization（美）工业复兴
~revolution 工业革命
~river 废水处理出水河
~road 工业区道路，货运道路
~scale 生产规模
~school 工艺学校，工业劳作学校
~section 工业区
~sewage 工业污水，工业废水
~siding（铁路）工厂专用线
~silt 工业淤泥，工业粉沙
~site 工业旧址
~site，abandoned 废弃的工业旧址
~solid wastes 工业废渣
~spirit 工业酒精
~standard 工业标准
~station 工业站
~status 工业地位
~structure 工业结构，产业结构
~suburb 工业市郊
~survey 工业调查
~system 工业体系，工业系统
~territorial complexes 工业地域综合体
~town 工业城市，工业市镇
~transport 工业运输
~truck 工业用汽车
~truck route 工业干线
~undertaking 工业企业
~unit 生产单位
~upgrading area 工业发展改进区
~use 工业用途
~use zone 工业用区
~use，area for 工业用区
~utilization 工业用气
~ventilation 工业通风
~waste 工业废水，废料，工业废渣
~waste base course 工业废渣基层
~waste disposal 工业废水处置，工业废物处置
~waste drainage 工业废水
~waste gas 工业废气
~waste land 工业废弃土地
~waste liquid 工业废液
~waste water 工业废水
~wastewater treatment 工业废水处理
~water 工业用水
~water law 工业用水法规
~water pollution 工业用水污染，工业水污染
~water requirement 工业蓄水量

~water service 工业用水设施，工业给水
~water supply 工业供水，工业给水
~water treatment 工业用水处理
~water works 工业用水水厂，工业用水工程
~water use 工业用水
~worker 产业工人
~zone 工业区
industralization 工业化
~building 工业化生产房屋
~of building 建筑工业化
~of rural area 农村工业化，农业工业化
Industrial belt 工业地带
industrial city 工业城市
industrialized 工业化的
~area 工业化地区
~building system 工业化建筑体系
~building system 工业化房屋建筑体系
~housing 工业化住房
~unit 工业化的单元
industries 工业，企业，产业
~，allocation of commercial facilities and light 商业设施和轻工业的配置
~fair 工业展览
location of commercial facilities and light~ 商业设施和轻工业布局
planned establishment of~ 工业计划开办
relocation of~ 企业迁移至新址
industry 工业，实业，产业
~and commerce tax 工商统一税
~area，commercial and light 商业和轻工业区
~construction 工业建设
~of marine products 水产业
~of national defence 国防工业
~study 产业部门研究
~zone，light 轻工业区
livestock~ 畜牧产业
fishing~ 捕鱼产业
landscape(contracting)~ 园林(承包的产业
leisure~ 休闲产业
waste treatment and disposal~ 垃圾处理并销毁产业
inedible and waste processing room 不可食用肉处理间
inert 惰性的，惯性的，不活泼的；无自动力的；不起化学作用的；无效果的，中性的
~construction 惯性结构，惰性结构
inertial dust separator 惯性除尘器
infant 婴儿，幼儿，初学者
~death 婴儿死亡数
~industry 新建的工业
~mortality 婴儿死亡数
~mortality rate 婴儿死亡率
infected water 含菌的水，污染的水
infection 传染
infectious 传染的
~disease hospital 传染病医院
~hospital 传染病院
infernal circle 恶性循环
infertile soil 贫瘠的土地
infestation 侵扰，(动植物的) 寄生虫侵扰
plant~ 植物寄生虫侵扰
infield 可耕地
infill 填充，填满；，填实 (空隙等) 填充的
~development 密集发展 (农村城镇化

~factor; shoaling rate 回淤率
~system 填充体系
infilling 填充物，空隙填料；填空部件，空隙的填实；在旧房间隙处填建房舍
infiltration 渗入，渗透（作用）；渗滤，渗流；浸润；（流入盲沟或土粒空隙中的）地下水下渗（入渗）
~capacity 渗透量，渗入量；（土的）渗水强度，吸水能力下渗能力
~capability curve 下渗能力曲线（下渗曲线）
~gallery 渗渠
~stress 渗透应力
~swale 渗入低湿地
~test 渗入试验
~water 渗入水
trench drain~ 渗沟排水渠渗流
inflorescence 花序
inflatable structure(building)充气结构，膨胀式建筑
inflection 变形
inflict 造成，使遭受（损伤、痛苦等）
inflow 流入；吸入；流入物；进水
~control 流入控制
~current 进流，正极电流
nutrient~ 营养品（食物）吸入
salt~ 盐吸入
influence 影响，作用；势力；感应｛电｝；影响；感动，感化
~area 影响面积，影响圈
~chart 感应图
~circle 影响圈
~coefficient 影响力系数
~line 影响线
~radius 影响半径
~surface 影响面
~zone，water（美）水影响区，水作用区
influences of the forest，beneficial 有益的森林影响
influential sphere 影响范围，影响圈
influencing factor 影响因素
influent 支流
~pipe 进水管
~structure 进水口
influx 河口；（河流）汇流，入流
~of traffic 交通汇流（辆）流
informal 非正式的，非正规的，简略的；非正式，不拘礼节
~garden（naturalistic garden style）非规则式庭园，不规则式园林，非规整式园林（自然式园林）
~garden style 非规整园林
~group 非正式群体
~manner，designed in an 非正式设计方案
~road system 自然式道路系统
~suburbs（英）非规正郊区
informatics 信息学
information 通知，情报，报导；资料；消息，新闻；信息，信息化；数据｛计｝
~acquisition 情报收集
~activities 情报活动，情报工作
~age 信息时代
~agency 情报机构
Inform Analysis Center（简写 IAC）（美）情报分析中心
Information Centre for Nature Conservation，European 欧洲自然保护情报中心
~bureau 情报局，情报所

~compression 信息压缩
~control 情报控制，信息控制
~demand 情报需求
~desk 问询处
~document 情报文献，情报资料
~economics 情报经济学
~economy 信息经济
~engineer 信息工程师
~engineering 信息工程（学）
~environment 情报环境学
~exchange 情报交换，情报交流
~extraction 信息提取
~feedback 信息反馈
~management of construction project 项目信息管理
~materials 情报资料
~notes 情报札记；情报注解
~notice（英）信息通知，信息评价
~resources 信息资源
~retrieval 信息检索
~science 情报科学；情报学；信息学
~system 信息系统，情报系统
~system，geographic 地理信息系统
~system，land management 土地管理（信息）系统
~system，land（scape）园林信息系统，景观信息系统
~system，natural resources 自然资源信息系统
~theory 信息论
~transmission 信息传递
collection of survey~ 资料收集总结（鉴定）
infra modularize 分模数
infrared 红外线的{物}
~colo(u)r aerial photograph 红外线彩色航空照片，红外线彩色航空拍照
~colour film 彩色红外片
~colo(u)r photograph 红外线彩色摄影
~detection 红外探测
~distance measurement 红外测距
~humidifier 红外线加湿器
~photograph 红外线摄影
~photography 红外摄影
~radiant heater 红外线辐射器
~ray 红外线
infrastructural development 基础设施之发展
infrastructure 下部结构，底层结构；基础设施；基础（结构）；永久性基地；永久性防御设施
~cost 基础设施费用
~development 基础设施研制
~improvement 基础设施改进
~management for a growing environment（IMAGE）发展环境的基础设施管理〈一种地理信息系统〉
public supply~ 公众需要的基础设施
recreational~ 娱乐（消遣）基础设施
traffic~（英）交通基础设施
transportation~（美）交通运输基础设施
vehicular and pedestrian~ 车辆和引人基础设施
ingenite 内成岩
ingle route 进路
ingra-urban-society 城市以外社会
ingress 入口处；进入，浸入
~of groundwater 地下水浸入
inhabitable 适于居住的

inhabitancy 居民，住户
~of a slum 住在贫民窟里的人，贫民窟的居民
~of a villiage 农村居民
inhabitants 居民，住户
inhabition 居住，住处
inheritance 继承权
inherited 通过继承取得的，遗传的；固有的
~error 继承误差｛计｝；固有误差
~genes 遗传基因
inhibit 防止，制止
~noise 禁止干扰｛计｝
inhibiting 起抑制作用的，起约束作用的
~（plant）growth 抑制植物生长
inhibition time 抑制时间
inhibitor 阻化剂｛化｝；除莠草剂，防锈蚀剂，抗氧化剂；禁止器｛计｝
~，growth 生长阻化剂
~of steel in concrete 钢筋阻锈剂
inhomogeneous medium 非均匀介质
inhumation 土葬，埋葬
inimical 有害的，不利的
initial 当头字母；大写字母；草签；最初的，初始的，原始的，初期的；字首的
~age 初始年份
~border ice 初生岸冰
~capital 初始资本
~condition 起始条件
~collapse pressure 湿陷起始压力
~concentration of dust 初始浓度
~condition 初始条件
~cost 原价；基本建设费，初期费用
~crack 初期裂缝
~data 原始数据，原始资料
~data error 起始数据误差
~day 起算日
~design 初步设计
~expenditure 创办费，开办费
~expenses 创办费，开办费
~ice 初生冰
~investment 创办投资，初期投资
~losses 初损
~meeting 初次会晤
~period 初期
~phase of top drying（英）茎叶干枯初期
~phase of top-kill（美）（植物）茎叶枯死初期
~pioneers association of alpine belt 地带初期开垦者协会
~plant community 原始职务群落
~reading 起始读数
~resistance of filter 过滤器初阻力
~site analysis 初期选址分析报告，原始遗址分析
~speed 初速度
~stage 初始阶段，初期，初态
~stress field 初始应力场
~support 初期支护
~value 初值
~velocity 初（始）速（度）
initial payment 首付款
initial shoot 一次枝（树木春季休眠芽萌芽后，头一次萌发抽生的枝条）
initiate 创始；发起；开始，着手
initiation rites 冠礼
initiator 引爆药；创始者，开创者
~of an impact/intrusion 撞击注入引爆药

injection 注入，喷射
~cross-section 注入断面
~test 注水试验
~type steam heating system 蒸汽喷射热水系统
injunction 命令，指令；禁令
~of alteration，preliminary 初步更改指令
preliminary~ 永久（性）禁令
injure-accident rate 伤害事故率
injurious 有害的，致伤的；不公正的；中伤的；招致损害的
~amount 有害含量
~insect 害虫
~organism 有害微生物
~to health 对健康有害
injury 伤害，损害；危害；不法行为
~accident 伤害事故（率）
~accidental 伤害事故
~limit 危害范围
threshold~ 损害界限，损害阈
plant frost~ 植物冰冻损害
stem~ 遏制损害，（树木的）干损害，（花草的）茎损害
trunk~（美）树干损害
ink 墨水，墨汁；油墨，印色
~aeration 浅层曝气
~drawing 墨水画，墨水图
~slab 墨砚
~slab case 墨盒
~stick 墨块
~stone 墨砚
~-strips 色带
inkiness 涂黑
inking 上墨水线
inkstone 砚

inland 内地，堤内地；国内；内地的，国内的
~basin 内陆平原
~canal 内陆运河
~city 内陆城市，内地城市
~desert 内陆沙漠，内地沙漠
~dune 内陆沙丘
~harbour 内陆港，内地港，内河港
~industry 内地工业
~lake 内陆湖
~lot 内地段
~navigation 内河航行
~river 内河
~sea 内陆海
~sea dike 内陆海堤
~terminal depot 内河码头，内陆枢纽港
~town 内地城市
~trade 国内贸易
~water recreation area 内港水上游憩区
~water transportation 内陆水运
~waterway 国内水道，国内河道，内地水道，内地河道
~waterway network 内河水道网
~waterway port 内河港口〈内陆水道港口〉
Inle Lake（**Burma**）茵莱湖（缅甸）
inlet 进入，入口；进水口，雨水口；入口管；（水、气）进入；水湾子，海湾；插入物；镶嵌物；进入的，进口的
~channel 进水渠
~duct 进水道，进风道
~grate（美）进水口帘格，进水口篦
~；gully 雨水口
~pipe 进水管
~submerged culvert 半压力式涵洞
~time 集水时间，地面集水时间

catch basin~（美）截水池进水口

combined~（美）综合入口，综合进水口

drain~（美）排水沟进水口

drop~ 落底式进水口，跌水式进水口

gutter~（英）街沟（偏沟，明沟）雨水口

in-line 列式

~parking（美）一列式停车场地

~parking layout（美）一列式停车场地布局

~parking row（美）一列式停车场地街道

inner 内部的，里面的

~bank 内岸（河曲的凸岸）

~belt 内环路

~circumference highway 内环路

~city（美）内城区〈城市中为数庞大的穷人或低层人民的居住区，以别于中层阶级居住区及郊区〉，城内衰落区，闹市区，中心城地区，城内衰落区，旧城，子城

~Inner City 旧北京内城

~-city express highway（美）内城快速公路

~city park（美）内城公园

~court 内场，内院，内宫

~distribution beltway 内分流环路〈在中央商业区边界分配交通流的，两侧有停车结构物的环路〉

~expressway（英）内环高速公路，内环高速干道

~freeway（美）内环高速公路，内环高速干道

~gallery apartment 内廊道式公寓建筑

~garden 内花园

~harbour 内港

~heat gain 建筑内部得热

~lane 内侧车道

~loop（立体交叉的）内转匝道，内环路

~motorway（英）内环高速公路

~ring 内环

~ring road 内环路

~suburban district 近郊区

~water 内陆水，内部水

Inner Mongol Dry Sagebrush *Artemisia* × *erophytica* 内蒙古旱蒿 / 小砂蒿

innercity area 内城地区

innermost suburbs 近郊

inning（荒地，尤指海滩的）围垦

innings 围垦地；冲积土，涨出地

inoculate 接芽；接木；接种；打预防针；种痘

inoculation，mycorrhiza（植）菌根接种

mycorrhizal~（美）（植）菌根接种

innocuous effluent 无害废水

inorganic 无生物的，无生物界，无机的，人造的；无机物，无机化学制品

~binder 无机结合料

~fertilizing 无机物施肥

~material 无机材料

input 输入量，进料量，消耗量；输入，（把数据）输入计算机

~of mineral elements 无机物成分消耗量，矿料消耗量

~-output 投入—产出

~-output analysis 输入输出分析，购入销售分析，投入产出分析

~-output structure 投入产出结构

~variable 输入量，输入变量

mutrient~ 营养品消耗量

salt~ 食盐消耗量

inquestion 调查
inquire office 问讯处
inquiry 调查，询问
~，public（英）公众调查，大学调查，政府询问
insane asylum 精神病院，疯人院
insanitary 不卫生的，对健康有害的
~dwelling 有害健康的住处
~premises 易引起疾病的建筑物（污水处理厂，火葬厂等）
inscribed tablet in garden 园林匾额
inscription 铭刻，碑文
~on cliff 摩岩石刻
insect 虫，昆虫；虫的，昆虫的
~damage 虫害
~，harmful 害虫
~powder 杀虫粉
injurious~ 害虫
insecticide 杀虫剂，杀虫药
~factory 农药厂
~paint 杀虫涂料
~waste 农药厂废水
insect-pollination；entomophily 虫媒
insensitive 对……没有感觉的，感觉迟钝的
insert map 插图，附图
inserting 插入；插入的
~individual point 插点
~network 插网
insertion loss 插入损失
inshore water recreation area 沿岸水上游憩区
inside 内部，内面；（道路的）内侧；内容；内部的，里面的；内侧的；[副]在内部，在里面
~gallery apartment building 内廊式公寓建筑
~lane 内车道
~of fouling post 警冲标内方
~tunnel controlling survey（through survey）洞内控制测量（贯通测量）
Insignis Wingnut ***Pterocarya insignis*** 华西枫杨 / 山麻柳
insolation 曝晒，日晒，晒干，中暑{医}；日光浴
~duration 日照时间
~standard 日照标准
duration of~ 日照时间
insoluble anode 不溶性阳极
inspecting period for monitoring control network 检测周期
inspection 检查，检验；视察，调查；检阅
~and acceptance 检查与验收
~and Approval of Concealed Work 隐蔽工程验收
~and approval of plants 植物栽植前检查
~and reception department 验收间
~at original space 原位检测
~certificate 检查证明；技术检查报告
~chamber 检查井
~hole 检修孔
~lot 检验批
~of additional bid documents（美）附加投标文件检查
~of additional tender documents（英）附加投标文件检查
~of bid documents（美）投标文件检查
~of construction 施工检查
~of structural performance 结构性能检查

~of tender documents（英）投标文件检查
~pit 检查坑，车辆检修坑，探坑，探井
~planning 检验计划
~record 验收记录
~report 检验报告
~shaft 探坑，探井；检查坑
~shaft，drain（age）（英）排水检查坑
~shaft，earth-covered drain（age）（英）土盖排水检查坑
final site~ 竣工工地检验
make available for public~（英）规划方案公开征求意见
open for public~（美）规划方案公开征求意见
phytosanitary~ 植物检疫检查，植物检疫证书检查，控制植物（尤指农作物）病害的调查
tree~ 树木调查

inspector 检验员，检查员，监察员，视察者

inspiration 灵感，启发

install 装置，装设，安装，装配（机器）；任命，使就职
~a laying course 敷设砌层
~at a prescribed level 在规定水平面安装
furnish and~ 供给并安装
provide and~ 供给并安装
supply and~ 供给并安装

installation 装备，设备，设施；装置，安装，装配；装置艺术
~ art 装置艺术
~cost 设备投资；安装成本
~diagram 安装图
~fee 安装费
~grant 安置津贴
~of a sculpture 雕刻作品（雕像，雕塑品）安装
~of high voltages hunt capacitors 高压并联电容器装置
~of lifts，escalators and passenger conveyors 电梯安装工程
~of street furniture 户外设备安装
~of utilities 公用设施装备
~survey 安装测量
~work 安装工程
air relief~ 排气设备
drop structure~ 拦沙坝设施
girder~ 大梁安装
high jump~ 跳高装置
open~ 露天装置
sanitary~ 卫生装置，卫生设备
site facilities~ 现场设备安装
swimming meet~（美）游泳比赛设施

installment（**payment**）分期付款

installment mortgage 分期偿还抵押贷款

instant city 当代城市

instantaneous 瞬间的，瞬时的，即时的
~maximum current of feeding section 供电臂瞬时最大电流
~sampler 瞬时式采样器
~unit hydrograph 瞬时单位线

instinct 本性，天赋，本能

instinctual（出于）本能的，（出于）天性的，（来自）直觉的
~migration 本能（候鸟等动物的）迁徙，移栖
ventilation~ 通风装置
water service~ 给水装置

institute 学会，协会；讲习会，学术会

议；学院，专科大学，专科学校，研究所，研究院；设立；制定；开始

Institute of Civil Engineers（简写 ICE）（英）土木工程师学会

~polytechnic（美）（英）工艺专科学校（理工专科学院），学院；学会，协会；研究会

management~ 管理学院，管理研究所

research~ 研究院，研究所

technical~ 工业专科学校，工艺学院，技术研究院

institutes and colleges district 文教区

institution 学会；学院；研究所；机关；设立；制度

~of architectural design 建筑设计机构

~of higher learning 高等学校

institutional 制度上的；法律的；社会事业性质的，（对）公共机构的，慈善机构的，基本原理的

~and corporate landscapes 社会机构及公司园区景观

~environment 社会公共机构环境

~household 集体户

~inmate 集体户居民

~land use 集体土地的使用

~mechanism 管理机构体制

~population 集体户人口，特殊人口

~wastewater 公共机关废水

institutionalize 把（某人）置于公共机构照料之下

instruction 领导；指示；说明；通知；指令（美称，英用 command）{计}

~book 说明书；指南

~card 说明卡（片）

~for rectification（英）修正（校正，纠正，改正）说明

~manual 说明书

~of design 设计说明书

~requiring defects to be made good（英）催促调整不足之处的通知

~to bidder 投标人须知

~to rectify defective work（英）通知调整不足之处

~to tender 招标说明

instructional television 教学电视

instrument 仪器

~and equipment error 仪器设备误差

~and meter factory 仪器仪表厂

~and meter plant 仪表厂

~plant 仪器厂

~station 测站

insufficient employment 就业不足

insula（周围为道路的）独立地段；岛状建筑场地；建筑群（罗马建筑）多层式公共住宅；群屋

insulae 群屋，古罗马的一种建筑群

insularity 岛屿率

insulate 隔离，使孤立……

insulated 绝缘的，保温的

~joint 绝缘接头

~paint 绝缘漆

~stream 地表水流

insulating 绝缘的，绝热的，隔离的

~conduit 绝缘导管

~course 隔断层

~layer 保温层

insulation 绝缘，隔离；绝热，保温；隔层；绝缘材料

~against air-borne sound 空气声隔声

~against solid-borne sound 固体声隔声

~board 绝热板；绝缘层
~heat 高温绝热
~layer 保温层
~plate 绝缘板；绝热板
~strip（把变速车道和公路本身分隔开来的）分隔带

insurance 保险；保险费，保险金额，保证
~claim 保险索赔
~contract 保险合同
~industry 保险业
~liability for professional 职业责任保险费
~of works 工程保险
~premium 保险费
~proceeds 保险赔款
~slip 投保单
obligation to take out professional liability~ 扣除职业责任保险金的责任
professional liability~ 职业责任保险费

intact rock 完整岩石

intactness 完整性
~index of rock mass 岩体完整性指数（岩体速度指数）
~index of rock mass（velocity index of rock mass）岩体速度指数

intake 入口，进口；进水头；进气{汽}；引入；引入量，进水（口），取水口
~area 进水渠，取水区
~chamber 进水室，进气室，进水间
~channel 进水槽
~duct 进水渠
~of water works 水厂进水口，水厂取水口
~pipe 进水管，进气管
~place 流域
~structure 进水建筑物，取水构筑物
~tower 进水塔
~unification 交叉点，道路交叉（口），会流口，汇流口
~valve 进水阀；进气阀，近给阀{机}
~velocity 进水速度
~velocity coefficient 进口流速
~works 进水工程，取水工程；进水建筑物，取水建筑物

intangible 难以明了的，无形的
~heritage 无形遗产

integral 构成整体所必需的，固有的，基本的，整体的，集成的
~control 整体控制
~curb 整体路缘〈和路面结合在一起的路缘石〉
~enclosure 整体密闭罩
~lining 整体式衬砌
~time 积分时间

integrate 使成整体；结合

integrate damage to trees in transplanting 树木移植缓苗期综合症

integrated 整体的，完全的，综合的，互相协调的
~agricultural regionalization 综合农业区划
~beam 综合式梁，组合梁
~building system 建筑系，综合建筑系统
~control 综合防治
~control of environmental pollution 环境污染综合治理
~curb 整体路缘〈和路面结合在一起的路缘石〉
~development for regional economy 地区

经济综合发展
~design 整体设计{建}
~design for subgrade piping system 城市工程管线综合设计
~design for utilities pipelines 工程管线综合
~enterprise 综合（性）企业，联合企业
~environment design 一体化环境设计
~industrial system 综合工业体系
~iron and steel works 钢铁联合企业
~landscape conservation 总体园林保护，总体景观保护
~model 综合模型
~nature conservation 综合自然状态保护
~network 集成管网，复杂管网
~oil company 大型石油联合公司
~optics 集成光学
~pest control 综合害虫控制
~pest management 综合害虫处理
~physical geography 综合自然地理学
~planning 整体计划，综合计划
~regional cooperation 一体化区域合作
~regional planning model 综合区域规划模型
~reuse 综合（再）利用
~river-basin development 江河流域综合开发
~rural development 农村综合开发
~species conservation 综合物种保护
~structure 结合式结构{计}
~survey 综合考察
~system 综合系统{计}
~transportation 综合运输
~transportation system 综合交通体系
~utilization 综合利用
~voice 集成话音，集成语言
integrating 积分；总和；集成；集总；使成整体
~method 积分法（一次注入法）
~sphere 积分球
integration 积分，积分法；结合，综合；整体；集成,合成；整合（作用）同化（作用）
~of people and urban environment 人与环境的整合作用
~of structures into the landscape 建筑物与景观整合
~of urban and rural 城乡一体化
intellectual labour 脑力劳动
intelligent building 智能建筑，智能办公楼
intend 想（要），打算，企图，有意；固定；指定；意思是
intended investment 集约投资
intense 强烈的，激烈的；热烈的
~fall 暴雨
~heat 酷暑
~industrialization 高度工业化
intensification 集约化
intensity 强度；密度；集度；强烈，激烈；极端
~of back washing 冲洗强度
~of labour 劳动强度
~of land use 土地集度使用
~of radiation 辐射强度
~of rainfall 降雨强度
~of rainstorm 暴雨强度
~standards，land-use 土地使用密度标准
light~ 光线强度

rainfall~（一次）降雨强度

traffic~ 通行密度

intensive 强烈的；密集的；彻底的；充分的

~agriculture 集约农业

~crop prodution 集约种植

~cultivation 集约经营

~culture 集约栽培

~development 集约发展

~farming 集约农业，细耕农业

~investment 集约投资

~management 集约经营

~planting（英）集约种植

~recreation area 集约休憩区

~roof planting 集约屋顶种植

intensively grazed pasture 集约经营的牧场

inter [词头] 内，间，中；相互

~-cities traffic 城市对外交通

~-city communication 城市间通讯，市际交通

~-city transportation 城市对外交通运输，市际交通

~-communication system 内部通信系统

~-community highway 社区（市镇）间公路

~-floor travel 不同层次（桥面或楼面）间的交通

~-industry analysis 部门间分析

~-industry relations anslysis 产业部门间关系分析

~-regional drift of population 区域间的人口流动

~-regional flow 区域间流量（区域间货物资产之流通量）

~-regional highway 区域间公路

~-urban communication 城市对外交通

~-zone traffic 区间交通

~-zone trip 区间交通，区间行程

interaction 互动，相互作用，相互影响；交相感应

~effect 交互影响

interactions and interrelationships, ecological 生态的（生态学的）相互作用，相互联系

~and relationships, pattern of 相互作用和关联的模式

~of ecosystems 生态系相互影响

interactive forecast system 交互式预报系统

interal cordon trip（交通调查）小区划分线内的交通

interannual varability 年际变率

interbasin water transfer 跨流域调水

interbasinal development planning 跨流域开发计划

interborough 市镇间的，自治区间的

intercept 截线；截距；遮断，阻断；阻止；拦截；（在两点或两线间）截取 { 数 }

~planting 隔离林带栽植，防护林带栽植

intercepted 截流的，封闭的，间断的

~crossroad 丁字交叉口，封闭式交叉口

~drain system 截流式排水（管）系统

~green 隔离绿地

~stream 间断性河流

intercepting 截水，截流

~ditch 截水沟

~drain 截水沟，截水盲沟

~effect 截流效果

~factor 截流倍数
~green 隔离绿地
~layout 截流式布置
~sewer 截流污水管
~subdrain（深埋在边沟下面的）地下截水管
~system 截流（排水）系统
interception 截留
~ratio 截留倍数
interceptor 遮断器；窃听器，截流管
~basin，rainwater 雨水截流盆，雨水截流水池
~drains 截流排水管
~main 截流总管
~pipe（美）拦截管，截流管
interchange 道路立体枢纽，交流道，道路交汇处，互通式立体交叉，高速道路入口处；交换道
~cross-platform 互通式立体交叉平台
~loading station 换装站
~loading track 换装线
~loading yard 换装场
~of trip between zones 区间出行交换
~point 货物转运站
~ramp 互通式立体坡道
~station 交换站，枢纽站
~track 交换线
~with special bicycle track 分隔式立体交叉
~yard 交换场
cloverleaf~ 苜蓿叶形（互通式）立体交叉
diamond~ 菱形立体交叉
freeway~ 高速公路互通式立交
information~ 信息交换
multi-level~ 多层立交
rotary~ 环形立体交叉
interchangeability 互换性，可交换性，可交替性
intercity 城市间的，市际的，来往于城市间的
~bus 市际公共汽车
~communication 市际交通
~motor bus 长途公共汽车，长途大客车
~network 城市间电网
~relay system 城市间中继系统，城市间电视传播系统
~road 市际道路
~traffic 市际交通
~transportation 市镇间运输
~transportation land 对外交通用地
~trucking 市际汽车货运
intercompatibility 互相依赖的，互相协调的，互相兼容的
~，matrix on 基质相依的
matrix on ecological~ 生态相容的基质
interconnectedness 交键，交联；网络化；interconnect
interconnecting 互相连接的
~road（way）联络道
~taxiway 互联汽车道
intercurrent branch 并生枝
interdependence 相互依赖，相依，互相依存
interdependency within an ecosystem 在生态系（统）内互相依存
interdisciplinary 关联（边缘）学科的；（各）学科（之）间的
~planning（边缘）学科规划
interest 兴趣；利益；利息；关心使发

生兴趣；使发生关系
~coupon 息票
~due 到期利息
~in land 土地要求；土地权利
~on call 活期借款利息
~rate 利率
site of special scientific~（英）具有特殊科学意义的场所
~subsidy home 利息补贴住宅
terference 干涉，干扰，扰乱；妨碍；冲突
terfinger 交错，相互贯穿，互相楔接
tergreen interval delay 绿灯间隔延误
terglacial period 间冰期
tergrown knot（木材）隐节
terim 间歇；暂时，临时；中间时候；暂定的，临时的
~agreed measurement of completed work(s) 竣工工作量临时测量法
~bill 临时账款，临时议案
~certificate 中间验收；临时证书
~criterion 暂行准则
~estimate 暂时的估计，毛估
~improvement 临时的（或权宜的）改善措施
~invoice 临时发票，临时发货清单，临时货物托运
~means 临时（中间）措施
~measure 暂定措施
~regulations 暂行条例
~report 中期报告，中间报告
~specifications 暂行规范
~storage of recyclable materials 可回收物资的临时保管
nterior 内地，内部
~architecture 室内建筑
~basin 内陆盆地
~city 内地城市
~-corridor type building 内走廊型建筑物
~court 室内庭院
~decorating 室内装饰
~decoration 内部装饰
~decoration of housings 住宅装饰装修
~delta 内陆三角洲
~design(s) 室内设计
~fire prevention system 室内消防系统
~finish work 内檐装修
~gallery apartment building 内廊道式公寓建筑
~garage sign 内部车库标志
~garden 室内花园
~heating system 建筑供暖系统
~lake 内陆湖
~layout 室内布置，室内规划
~lot 街坊内部建筑用地，内基地（不临街的基地）
~low voltage system 室内弱电系统
~net storey height 室内净高
~orientation 内定向
~orientation elements 内定向元素
~partition 内部隔断
~pipe fitting 房屋管道配件
~plain 内陆平原
~space 内部空间
~plumbing system 室内排水系统
~storm system 内排水系统
~structure 内部结构
~transportation design 室内交通设计
~view 内景，内视图，内部图
~wall 内墙

~wall coating material 内墙涂料
~water-supply and plumbing system 室内给水排水系统
~waterway 内陆水道，内河水道，内河航线
interlacing diagram（交通）交叉图
interline traffic 联运
interland 腹地
interlock 连接；联锁器；联锁转辙器{铁}；嵌锁；锁结；联锁；保险设备；连结，结合；互锁{计}
~protection 联锁保护
interlocked 交错的，锁结的，联锁的
~grain 交错木纹；锁结颗粒
~pattern of land uses 土地便用的结合形式
~turnout 联锁道岔
~zone 联锁区
becoming~ 合适连接的
interlocking 咬合作用；（集料的）锁结，嵌锁，联锁
~block 嵌锁式砌块
~concrete block pavement 嵌锁式混凝土块路面
~paver（美）嵌锁式铺路石
~paving block（英）嵌锁式铺砌大块石料（木料）
~table 联锁表
~test 联锁试验
intermediate 中间物；中间人；中间站；中间、中层；中型轿车（美）；中间的，居间的；中级的
~area 中间地带，缓冲地带
~assembled structure 中拼单元
~belt 中环路，中间带
~belt road 中环路
~class pavement 中级路面，过渡式路
~contour 首曲线
~exchange 中间电话局
~goods 中间产品，中间货品
~grade 中间坡；中间坡度；中间等级（的）
~landing 中间平台
~maintenance 中修，中修工程
~planting 中间播种
~ports 中途口岸
~pumping station 中间泵站
~purlin 金桁，金檩，上中平榑
~rafter 花架椽
~ring road 中环路
~safe storage space 放射性废料和放射性散发物的存库
~section 中间部分
~sphere 昼夜活动范围圈
~station 中间站，中途（车）站
~technical examination 中间技术检查
~technical examination position 中检台位
~traffic volume road 中等交通量道路
~type pavement 中级路面
~type surface 中级路面
~variable 中间变量
~water supply station 中间给水站
~water system of building 建筑中水系
~zone 中间地带
Intermediate Sinobambusa ***Sinobambusa intermedia*** 晾衫竹
Intermediate Wintersweet ***Chimonanthus praecox*** **var.** ***internedius*** 狗蝇蜡梅
Intermediflower Wintersweet ***Chimonanthus praecox*** **var.** ***intermedius*** **Mak**

狗牙蜡梅

terment capacity 安葬容积

termittent 间歇的，断断续续的，周期性的，间断的

~counter current rinsing 间歇式逆流清洗

~gauging 间测

~heating 间歇采暖，间接采暖

~riprap 间断式抛石护坡

~spring 间歇泉

~stream 间歇河（时令河）

termixture of housing and industry 住宅与工业项目混合布置

termodal transportation（汽车，火车，船舶）联运

termodel transportation（汽车、火车、船舶等）联合运输，联运

termontance 山间的

~ basin 山间盆地

~plain 山间平原

termountain basin 山间盆地

termural railway 市内铁路

nternal 内部的，内面的；国内的、内政的

~combustion engine plant 内燃机厂

~cordon trip（交通调查）小区划分线内的交通，小区内交通

~court 内部庭院，内天井

~damping 内阻尼

~diameter 内径

~exposure index 内照射指数

~friction 内摩擦力，内摩阻力

~friction angle 内摩擦角

~gallery apartment building 内廊道式公寓建筑

~migration 国内迁移，内向迁移

~ramp（立体交叉的）内匝道，内坡道

~shake（木材）内环裂

~structure of city 城市内部结构

~traffic 本地车辆（当地车辆）

~trip（起讫点交通调查时）调查区域内的交通；市内乘车出行，境内出行

~waters 内部水域，内地水域

internal growth theory 内部发展理论

international 国际（上）的，国际间的，世界的

~agreement 国际协定

~aid 国际援助

~airport 国际机场

~bidding 国际投标，国际招标

（the）International Boat Festival on the West Lake 西湖国际游船节

International City Management Association（ICMA）国际城市管理协会

~clearing 国际结算

International Code of Nomenclature for Cultivated Plants 简写 ICNCP 国际栽培植物命名法规

~competitive bidding 国际竞争性招标

International Commission on Irrigation and Drainage（简写 ICID）国际灌溉和排水委员会

International Congress of Cities 国际都市会议（1932 年召开，有 40 多国参加）

~convention hall 国际会议大厦

~cooperation 国际合作

International Council for Bird Protection 国际鸟类保护会议

~convention 国际惯例；国际会议；国际

~exchanges and collaboration 国际交流与合作

International Federation of Housing and Planning 国际住宅和城市规划联盟
International Federation of Landscape Architects 简称 IFLA 国际风景园林师联合会
International Friendship Forest 国际友谊林
International Geographical Union 国际地理联合会
~harbo(u)r 国际港
~highway 国际公路
International Housing and Town Planning Committe（IHTPC）国际住宅和城市规划会议
~investment 国际投资
~laws and practices 国际法规与惯例
~migration 国际间人口迁移
~monetary 国际货币制度
~practice 国际惯例
~relation 国际关系
~river 国际河流
International Scientific Vocabulary（简写 ISV）国际通用科技词汇
~significance，wetland of 世界（尤指为野生动物保护的）重要湿地
International Society of Soil Science（简写 ISSS）国际土壤学会
International Standard Book Number（简写 ISBN）国际标准书号
~style 国际风格
~style architecture 国际式建筑
~tender 国际招标
~traffic 国际交通
International Union of Architects 国际建筑师协会
International Union for Conservation of Nature（IUCN）国际自然保护联盟
International Urban Research 国际城市研究小组（1956 年在美国成立）
~usage 国际惯例

internship（美）实习医师（或实习教师、实习生）的职位（或职务）；实习期
interpenetrate 互相渗透；贯穿；扩散
interplanting of trees and crops 林粮间作
interpolated point between contours 内插高程点
interpretation 解释，说明；翻译；判读，鉴别，判识
~key 解译标志
~of aerial photographs 航空照片判读
~section 注释余款
~system 游览解说系统
~technique 判读技术
aerial photographic~ 航空摄影判识（读）
interpretation key 判读标志
interpreters' room 翻译室
interprovincial highway 省际公路
interregional 地区之间的，区域之间的；在地区内，在区域内
~traffic 地区间往来交通
~transportation 区域间运输
interrelationship 相互关系，互相联系
interrelationships，ecological interactions and 生态学的相互作用和相互联系
interrogation room 讯问处
interrupt 中断，切断；阻止；妨碍
interrupted 中断的，间断的
~alignement 中断的调整
~appearance 间断的出现

~discharge of traffic 交通中断，车流中断
~drive transmission 间歇变速传动
~flow 间断车流，不连续车流
~production 间断生产
interruption of communication 交通中断
intersect 贯穿；横切；和……交叉
intersected 地形起伏的
~country 地形起伏地区，丘陵地区
~terrace 交叉阶地
intersecting 交叉，交错
~arcade 交叉拱廊
~roads 相交道路
intersection 交叉点，十字路口，道路交叉口，前方交汇
~；road crossing 平面交叉口
~analysis 交叉口分析
~angle 交叉角
~approach 道口引道，交叉口引道
~at grade（道路）平面交叉
~capacity 交叉通行能量，交叉口通行容量
~census 交叉口交通调查
~chart 网络图，交织图
~count 交叉口交通调查
~crosswalk 交叉口人行横道
~design 交叉口设计
~diagram 交叉口略图
~entrance 交叉口进口
~exit 交叉口出口，道口驶出道
~grade（交叉道路的）相交坡度
~leg(s) 岔道，（交叉口的）相交路段
~method 交会法
~multiway 多路交叉口
~plan 交叉口平面图
~point 交叉点，交点
~road 道路交叉
~spacing 交叉口距离
~speed controller 交叉口车速控制器
~traffic control 交叉口交通控制
~treatment 交叉口处理（法）
~type 交叉口类型
~with widen corners 加宽转角式交叉口
cross~ 十字形交叉，十字形交叉口
dangerous~ 危险交叉（口）
grade-separated~（美）（一般用于高速公路或铁路中的）立体交叉口
motorway~（英）高速公路交叉口，高速滑雪道交叉口
traffic~ 通行道路交叉口
vehicular~ 车行道路交叉口
intersectional friction（车流的）交叉阻力
interstate 州间的，州际的（美）
~highway 州际公路（美）
~traffic（美）州内交通
~water（美）州间水系（江、河、湖、泊）
interstation train openation telephone 站间行车电话
interstice 空隙，孔隙裂缝
~of soil 土壤罅隙，土壤裂隙
~silo 星仓
capillary~ 毛细管孔
interstrated water 层间水
intertidal marsh 潮汐之间沼泽地
intertillage 中耕
intertown bus 长途公共汽车
intertown bus service 市间公共汽车交通
intertown traffic 城镇间交通
interurban 城市间（的），市际（的），

镇与镇间（的），城市间（或镇之间）的交通路线（或交通车辆）
~bus 市际公共汽车
~bus service 市间公共汽车交通
~railroad 穿城铁道，市间铁路，城际铁路
~railway 穿城铁路，市间铁路
~service 市间（汽车）交通
~street 市间街道
~traffic 市间公共汽车交通
interval 间隔
~between cut sat hump crest 峰顶间隔
~between two generations 两代人之间的间隔
~between two trains 列车运行时间间隔
~of isoline 等值距
~of topographical point 地形点间距
~phase（信号相位）显示时间
interval of houses 房屋间距
intervale（美）丘陵间的低地（尤指沿河适宜耕作的地方）
interventive planning 干预规划
interview 访问，会见；访问记；访问，会见
~on street 街头采访法
inversion of landform 地貌倒置
inverted landform 倒置地貌
interweaving traffic 交织交通
interwoven 交织在一起的，混杂在一起的
~lattice fence 交织斜条格构栅栏
~wood fence 交织木栅栏（篱笆，拦沙障）
Interwoven Rhododendron ***Rhododendron conplexum*** 环绕杜鹃 / 环绕杜鹃花 / 锈红杜鹃花
interzonal trip 区际出行
interzone trip 区间行程
intolerant tree 阳性树，喜光树
intra– [词头] 在内，中间
~–city 市内的
~–city commuting 市内通勤交通
~crystalline water 内结晶水
~–regional highway 区域内公路
~–zone traffic 区内交通
~–zone trip 区内出行
intracity 市内
~movement 市内交通
~traffic 市内交通
~transportation 市内运输
~travel 市内运行
intracontinental 内陆的
~waterway 内陆水道，沿海（岸）运河（约平行于海岸）
intramural railway 市内铁路
intraprovince mingration 省内迁移
intraregional transportation 区域内运输
intraspecific 种内的
intrastate 州内的
~migration 州内迁移
~traffic 州内汽车交通
intricate 复杂的，错综的
intrinsic（指价值、性质）固有的，内在的，本质的
~value 内在价值
introduce 引入，引导；插入；介绍；采用；推广
introduced species 引入种，采用（推广）种
introduction 介绍；绪论，前言；推广；插入

~of advanced techology 传播先进技术
~of plants or seeds 树苗或种子推广
new~ 新推广
ntropolis 向内式城市，漏斗式城市
ntrusion 注入，侵入；干涉；妨碍；打扰
~concrete 注浆混凝土
~upon the natural environment 损害自然环境
causer of an~ 干扰起因
serious~ 严重干扰
ntrusive 打扰的，插入的
ntuitive 直觉的
nula *Inula japonica* 旋复花 / 金钱花 / 夏菊 / 六月菊 / 小黄花
nundate 淹没，泛滥；充满
nundated 泛滥的，淹没的
~district 泛滥区域，水淹地区
~land 泛（滥地）区
nundation 洪水，大水；淹没，泛滥，充满
nvade 侵入，干扰，侵害，侵袭；渗入，渗透；遍布
nvader 入侵者，侵略者，侵犯者；侵入物
nvariant factor 不变因素
nvasion 侵占，侵犯；侵入；发病
heath~（荒原上的）低矮灌木蔓延
nvasive 侵入的
~species 侵入种类
~test（ing）侵入试验，探视检查，打开试验（观察）
nventory 清单，技术档案；目录；存货；开清单，清点，盘存
~cost 库存费用
~model 库存模型
~of fauna and flora 动物群和植物群目录
~of flora and fauna 植物群和动物群清单
~record 财产目录登记
~survey 现状情况
damage~ 损害技术档案
emission~ 发射物（散发物）技术档案
forest stand~（美）森林位置技术档案
landscape~ 园林（景观）技术档案
recreation resources~ 旅游娱乐资源清册
soil~ 土壤技术档案
soil resource~（美）土资源清册
species~ 物种技术档案
urban wilds~（美）城市荒地清册
Inverness gold-dot bentwing moth *Leucoptera susinella* 杨白纹潜蛾
inverse 倒的，逆的
~slope 倒坡
~thermal stratification；inversion layer；thermal inversion layer 逆温层
inverse branch 逆行枝
inversion 转化,转换；转位{化}；倒转，反转，颠倒；反演（变换）{数}
~frequencies 转换频率
~layer 逆温层
~of relief 地形倒置，地形倒转{地}
~of tidal salt water 咸潮倒灌
~type roof 倒置式屋面
~weather 变换天气
atmospheric~ 大气变换
invert 仰拱；管道内底（管道内壁最低点）；反转，倒置，颠倒；转化
~elevation 管道内底高程（管道内壁最低点的高程）
~form 仰拱模板
~grade 管道内底坡度

~level 管道内底标高
~level，drain 排水道管道内底标高
channel~ 渠底
inverted 倒的，反的
~age pyramid 倒年龄金字塔
~population pyramid 倒人口金字塔现象
~siphon 倒虹管
~siphon pipe 倒虹吸管
~V-shaped brace 由戗，叉手
invertendo 反比定理
invertes T-type restaining wall 倒 T 形挡土墙
investigated flood 调查洪水
investigation 调查；审查；勘测；试验；研究；调查报告；研究论文
~and study 调查研究
~area 调查范围
~data 调查资料
~during construction 施工勘查
~of pollution sources 污染源调查
~of site conditions 场地情况调查
~of tunnel 隧道调查（地形、地质、有无断层以及施工条件等）
~report 调查报告
~stage 勘察阶段
~zone 调查区
investment 投资
~analysis 投资分析
~appraisal 投资评价
~climate 投资环境，投资气候
~cost 投资额
~cycle 投资周期
~decision 投资决策
~dollors 投资（额）
~environment 投资环境
~for urban development 城市建设投资
~in capital construction 基本建设投资
~in housing 住房投资
~in land 土地投资
~income 投资收益
~model 投资模型
~project 投资项目
~structure 投资结构
~tax credit 投资宽减税额
invigorating 充满活力的，使精力充沛的，鼓舞人的
~the economy 搞活经济
invigoration pruning（美）更新修剪
invisible axis 暗轴，隐轴
Invisible Gardens 无形的花园
invitation 邀请，招待，邀请书，请帖
~for bid（简写 IFB）招标
~for a bid（美）投标邀请书
~for a tender（英）投标邀请书
~to bid 招标通知，招标邀请书
~to tender 招标
design competition~（英）设计竞赛邀请书
invite 请帖；招待；邀请
~bids 招标
~tenders 招标
invoice 货单，发票，装货清单，配货单；开发票；开清单
~amount，final 最后发票总额
~approval stamp 发票单核准戳记
~book（简写 I. B.）发票簿
final account~ 最后账目发票
final fee~ 最终酬金清单，最后费用发票
interim~ 临时配货单

nvoices, checking of 发票（货单，装货清单）核对

nvolute Spikemoss ***Lycopodioides involrens/Selaginella involrens*** 兖州卷柏/地柏枝

nvolvement 卷入，介入，牵连；包含；牵连到的事物；复杂的情况；（经济上的）困窘，财政困难

~, public（美）公众卷入（介入）

nward 向内的；内部的

~-opening door 内开门

~-opening window 内开窗

nward branch 内向枝

olani Palace（美）依奥拉尼皇宫（美国）

on 离子

~concentration 离子含量

~discharge 离子流量

~exchange 离子交换法

~exchange bed expansion 离子交换剂床层膨胀率

~exchange column 离子交换柱

~exchange resin 离子交换树脂

~exchanger 离子交换剂

onic 爱奥尼克

~architecture 爱奥尼克建筑

~colonnade 爱奥尼克柱廊

~order 伊奥尼亚柱式，爱奥尼亚柱式

~portico 爱奥尼克式门廊

~temple 爱奥尼克式寺院，爱奥尼克神殿，爱奥尼克式庙宇

raq Museum（**Iraq**）伊拉克博物馆（伊拉克）

ris（***pl. irises***，***irides***）鸢尾属植物，鸢尾，蝴蝶花

ris/Roof Iris/Crested Iris ***Iris tectorum*** 蓝蝴蝶/鸢尾/香根鸢尾（法国国花）

Iris ensata ***Iris lacteal*** **var. chinensis**（**Fisch.**）**Koidz.** 马蔺

Iris sibirica Blue Moon ***Iris sibirica*** **'Blue Moon'** 西伯利亚鸢尾'蓝月'（英国斯塔福德郡苗圃）

Irish 爱尔兰的

~architecture 爱尔兰建筑

~bridge 过水路面（浅滩或可超过的水面，处理后使用固定永久），石砌明水沟

Iris-like Cymbidium ***Cymbidium iridioides*** 黄蝉

iron 铁（元素符号 Fe）；铁器、烙铁，熨斗；铁剂；铁的，铁制的；熨平

~aggregate 铁屑集料

~and steel company 钢铁公司

~and steel industry 钢铁工业

~and steel industry waste 钢铁工业废水

~and steel works 钢铁厂

~architecture 铁建筑

~bolt 铁（螺）栓

~bridge 铁桥

~cable 铁索

~chain 铁索

~channel with grating（英）格栅铁管道

~drain with grating 格栅铁排水道

~foundry 铸铁厂

Iron Lion（Cangzhou City，China）沧州铁狮子

~ore 铁矿石，铁矿

Iron Pagoda（Kaifeng City，China）开封铁塔（中国）

~pan 铁盘

~pipe 铁管

~plate 铁板，钢板
~rake 铁耙
~rod 铁杆
~rust 铁锈
~sand 铁砂
Iron Shadow Screen 铁影壁
~smelting plant 炼铁厂
~wire 铁丝
~work 铁工；铁制品
~worker 钢铁工人
~works 铁工厂，钢铁厂
cast~ 铸铁，生铁
dug--~ 熟铁
edge~ 角铁，铁制边缘
I--~ 工字钢，工字铁
knobbled~ 熟铁
native~ 天然铁
wrought~ 熟铁，锻铁
Z--~ Z 形铁

Iron deficiency of *Aglaia* 米兰黄化病（缺铁 / 根腐 / 生理性萎蔫 / 复合侵害）

Iron deficiency of *Asparagus cetaceus* 文竹黄化病（病原非寄生性病害，生理、营养失调）

Iron deficiency of *Bougainvillea glabra* 叶子花黄化病（病原非寄生性，缺铁）

Iron deficiency of *Brunfelsia hopeana* 鸳鸯茉莉缺铁症（病原非寄生性，缺铁）

Iron deficiency of *Chaenomeles speciosa* 贴梗海棠黄化病（病原非寄生性，缺铁）

Iron deficiency of *Cineraria cruenta* 瓜叶菊黄化病（病原病原非寄生性，缺铁）

Iron deficiency of *Dendranthema* 菊花黄化病 / 菊花缺铁症（病原非寄生性，缺铁）

Iron deficiency of *Forsythia* 连翘黄化病（病原非寄生性，缺铁）

Iron deficiency of *Gardenia jasminoides* 栀子黄化病（病原病原非寄生性，缺铁

Iron deficiency of *Hibiscus rosa-sinensis* 扶桑黄化病（病原病原非寄生性，缺铁

Iron deficiency of *Hydrangea macrophyllum* 八仙花黄化病（病原非寄生性，缺铁）

Iron deficiency of *Jasminum sambac* 茉莉黄化病（病原非寄生性，缺铁）

Iron deficiency of jujube 枣黄化病（病原非寄生性，缺铁）

Iron deficiency of *Lagerstroemia* 紫薇黄化病（非寄生性，缺铁）

Iron deficiency of *Prunus* 碧桃缺铁症（病原非寄生性）

Iron deficiency of *Prunus mume* 梅花黄化病（病原非寄生性，缺铁）

Iron deficiency of *Rhododendron simsii* 杜鹃黄化病

Iron deficiency of *Rosa chinensis* 月季黄化病（病原非寄生性，缺铁）

Iron deficiency of *Salpichroa origanifolia* 人参果缺铁症（病原非寄生性，缺铁）

Iron Holly *Ilex rotunda* 铁冬青 / 熊胆木

Iron Wood/Mesua[common]/Indian Rose Chestnut *Mesua ferrea* 铁力木 /（铁梨木）

Iron-chopstick *Helleborus tibetanus* 铁筷子 / 黑毛七

Iron-cross *Begonia masoniana* 铁十字秋海棠 / 刺毛秋海棠 / 马蹄海棠 / 毛叶秋海棠

ironpan（英）硬化砂岩（层）
irradiance 辐射照度
irregular 不规则的，非正规的；不整齐的
~bond 不规则砌合
~bond，random 不规则乱砌（体）
~course 乱砌层
~coursed ashlar masonry 乱砌琢石圬工
~–coursed rubble 不成层乱石（工）
~diurnal tide 不正规日潮
~pattern 不规则形式
~pattern，random 不规则形式
~profile 不规则纵断面
~rangework 不规则成层石工（整层石工）
~semi–diurnal tide 不正规半日潮
~temperature variation 不规则温度
~wave 不规则波
irregularity 不规则，不整齐，不一致
~of track 轨道变形
irreversibility 不可逆性
irrigable 可灌的
~area 可灌面积
~land 可灌溉地
irrigate 灌溉（土地）；灌注
irrigated 已灌溉的
~area 灌溉面积
~land 灌溉地，水田
irrigating water 灌溉用水
irrigation 灌溉，灌注，灌水
~area 灌溉面积
~by pop–up sprinklers 用发射喷水装置灌注（灌水，灌溉），喷灌
~canal 灌溉渠
~channel 灌溉渠
~controller，automatic 自动灌溉控制器
~ditch 灌溉支渠，灌溉明沟
~equipment manhole 灌溉设备检修孔
~field 灌溉场，灌溉地
~intensity 灌溉强度
~pipe 灌溉水管
~pumping station 灌溉泵站，灌溉唧站
~recharge coefficient of ground water 灌溉补给系数
~requirement 灌溉需水量
~season 灌溉期
~sewage disposal farm 污水灌溉田
~system 灌溉系统
~water 灌溉用水
~water quality standards 农田灌溉水质标准
basin check method of~ 灌溉水池
channel~ 水渠灌溉
controlled flood~ 可控制洪水灌溉
cross–slope furrow~ 横坡沟槽灌溉，横坡畦灌溉
drip~ 滴水槽灌溉
flood~ 漫灌，洪水灌溉
furrow~ 沟槽灌溉，畦灌溉
prefreezing~ 灌冻水
sprinkler~ 喷水装置灌溉
underground~ 地下灌溉
irrigational agriculture 灌溉农业
irrigationist 灌溉者
irruptive 侵入的，突（冲、闯、侵）入的
isarithmic map 人口密度图
isba 俄国式木屋
Iseshima National Park（**Japan**）伊势志摩国立公园（日本）
Isfahan（**the10~17th Century**）伊斯法

罕（10~17 世纪）
Iskra Typography Museum《火星报》印刷所博物馆
Isla de Pascua（**Chile**）复活节岛（智利）
Isla Robinson Crusoe（**Chile**）鲁滨逊·克鲁索岛（智利）
Islamabad（**Pakistan**）伊斯兰堡（巴基斯坦）
Islamic 伊斯兰教的，伊斯兰教国家的
Islamic 伊斯兰教
Islamic architecture 伊斯兰建筑
Islamic city 伊斯兰城市
Islamic garden 伊斯兰庭园；伊斯兰园林
Islamism 伊斯兰教
island 岛，岛屿；路岛，安全岛，路心岛，交通岛
~breakwater 岛式防波堤，独立式防波堤
~garden 岛园
~, green 绿岛
~harbour（空腹海堤）岛式港
~platform 岛式站台
~site 不临街的建筑基地
~type wharf 岛式码头
central~ 中心岛 {交}
centre~ 中心岛
centre safety~ 路中安全
habitat~（动植物的）生境岛
heat~（市区等）热岛 {气}
planting~ 种植岛，绿化岛
remnant habitat~ 残留（动植物的）生境岛
turnaround with central~（英）有中心岛的回车场
islands，**ecology of habitat**（动植物的）生境岛的生态
isle 岛（尤指小岛）
isles 群岛，列岛
islet 小岛，小岛状物，岛状地带，孤岛
Ismail Samani Mausoleum（**Uzbekistan**）伊斯迈尔·萨曼尼陵墓（乌兹别克斯坦）
isobath interval 等深距
isochronal 等时（线）的
~line 等时线
~map 等时线图
isochrone（自市中心出发的）交通等时区；（土压密过程中的）等时曲线（表示土中过剩孔隙水压力的分布）；等时水坡线，等时孔压线
isochrones 等流时线
isochronous plan 等时（线）图
isoclimatic zone 同气候带，气候相同地带
isogram 等值线图
isohel 等日照线
isohyet 等雨量线
isohyetal map 等雨（量）图，雨量等值图
iso hyetal method 等雨量线法
isohygrometric line 等温度线
isohypse 等高线
~，watertable 地下水位（地下水面，潜水面）等高线
Isola Bella（**Italy**）伊索拉·贝拉园（意大利）
isolate 绝缘，隔离；孤立；使游离，使分离
isolated 隔离的，分离的，孤立的，单独的

~actuated（signal）control 单点感应（信号）控制，独立感应（信号）控制
~beam 独立梁
~bell-tower 独立钟楼
~block 独立区段
~building 独立建筑物
~chapel 独立小教堂
~control system 独立控制系统
~hall 独立大厦
~house 独立住宅，独立建筑物
~patch habitat 独立小块生境
~patches of habitat 独立小块（动植物的）生境
~planting 孤植
~signal 独立（单点）交通信号
~site 独立场地
~storm 局部暴雨
~ventilation 隔绝式通风
isolating 隔离的，分离的，离析的，绝缘的
~course 隔离层
~room 隔离间
isolation 绝缘，隔离；孤立，单独；游离，离析；封锁交通
~barn 病兽隔离室
~cell 隔离牢房
~effect 绝缘作用
~hospital 隔离医院
~joint 单独接头，独立连接处
~layer 隔热层
~of noise 噪声隔绝
~of trees 树林隔离
~room 隔离室
~trench 隔振沟
~ventilation 隔绝式通风
~ward 隔离病房
isoline 等高线
~method 等值线法
isoline map 等值线图
iso-luminance curve 等照度曲线
isometric(al) 等容线；等量的；等角的；等距的；立方的，等轴的；等容的；同分异构的（化）
~diagram 单线图
~drawing 等视图，等角图
~plotting 等距绘图
~projection 等角投影
~view 等角图
isometrical perspective 等角透视
isopercental method 等百分数法
isopleth 等值线
isopluvial 等雨量线
isotherm 等温线
isothermal 等温线
~humidification 等温加湿
~jet 等温射流
issue 出口；河口；结果，收获；颁布；版本；发行（额）；（流）出，发出；颁布；发行；争论，争议，辩论
~note 发料单
~of a certificate of compliance（美）发合格证书
~of a certificate of final completion 发最后竣工证书
~of a certificate of practical completion（英）发实际完工证书
~of a sectional completion certificate 发部分完工证书
~of bid specification 发标
~of license 颁发执照

issuses and policies 课题与对策

Issyk Lake（**Kyrgyzstan**）伊塞克湖（吉尔吉斯斯坦）

isthmus 地峡

Isthmus of Corinth（**Greece**）科林思地峡（希腊）

Isubra deer（***Cerphus leudorfi***）黄臀马鹿

Isurumuniya Vihara（**Sri Lanka**）伊苏鲁牟尼耶寺（斯里兰卡）

Isutree/Racemose distylium *Distylium racemosum* 蚊母树

Italian 意大利的

~architecture 意大利式建筑

~Baroque 意大利巴洛克式

~garden 意大利园林

~Gothic 意大利哥特式（建筑），意大利尖拱式（建筑）

~Modern style 意大利现代式（建筑）

~Renaissance 意大利文艺复兴

~renaissance architecture 意大利文艺复兴时期式庭园

~Romanesque 意大利罗马式（建筑）

~ryegrass；sim：perennial ryegrass（English ryegrass）意大利黑麦草；类似：多年生黑麦草（英国黑麦草）

~style garden 意大利式园林

Italian Cypress 'Totem Pole' *Cupressus sempervirens* 'Totem Pole' '图腾' 意大利柏木（英国萨里郡苗圃）

Italian Forget-me-not/Alkanet/Bugloss *Anchusa azurea* 牛舌草

Italian Jasmine *Jasminum humile* L. 小黄馨 / 矮探春

Italian Stone Pine/Stone Pine *Pinus pinea* 意大利松意大利石松 / 伞松（英国萨里郡苗圃）

Italianate style 意大利式风格

Italianism 意大利式，意大利风格

Italy I-214 Poplar *Populus* × *canadens* *cv.* 意大利 214 杨

item 项目，科目，条目；条款；节，

~-by-item plan 计件管理方案

~-by-item investigation method 分项调查法

~checked 检验项目

~cost 项目成本

~number 项目编号

~of description for urban construction archive 城建档案著录项目

add-on~ 附加项目

basic specification~ 基本载明条款

bid~（美）投标项目

collective specification~ 总述条目

lump sum~（美）转包工款项条目

provisional~ 临时（暂定的，暂时性的）条款

separate specification~ 分开明确说明条目

tender~（英）投标项目

items 项目

~of street furniture 街区（户外）装备项目

comparative analysis of bid~（美）投标项目比较分析

comparative analysis of tender~（英）投标项目比较分析

execution of construction~ 建造项目的完成

schedule of tender~（英）投标项目明细表

inerary map 路线图，航线图
JCN 国际自然及自然资源保护联合会
ory sculpture 牙雕，牙雕工艺品
y 攀援植物，蔓生类植物，常春藤
~buttercup 常春藤毛茛（植物）
y *Hedera helix* 'Green Ripple' 青枫常春藤（英国斯塔福德郡苗圃）
y Arum/Ddevil's Ivy/Money Plant *Scindapsus aureum* 绿萝 / 黄金葛
Ivy Geranium *Pelargonium peltatum* 蔓生天竺葵 / 盾叶天竺葵
Ivy Tree/Octopus Tree *Schefflera octophylla* 鹅掌柴 / 鸭掌木
Ivy–vine Pelargonium *Pelargonium peltatum* L. Ait 盾叶天竺葵
Ixia/Cornbells *Ixia maculata* 非洲鸢尾

J j

J. M. Delavay's Rhododendron *Rhododendron delavayi* 马缨杜鹃 / 苍山杜鹃 / 马缨花

jacal 小茅屋（墨西哥及美国西南印第安人的杆柱，泥草茅屋）

jack 男人，男孩，（普通）人；千斤顶，起重器；插座；插口，塞孔

~pine 黑松

Jack Pine *Pinus banksiana* Lamb. 美国短叶松 / 班克松

Jackal（***Cuon aureus***）豺 / 金豺

Jack-by-the-Hedge *Alliaria petiolata* 葱芥 / 蒜芥

jacked in bridge or culvert 顶进桥涵

Jackfruit *Artocarpus heterophyllus* Lam. 木菠萝（菠萝蜜）

Jacob's Ladder *Polemonium caeruleum* 花葱 / 希腊败酱（英国斯塔福德郡苗圃）

jacuzzi 波浪式浴盆

jade 玉，玉石，翡翠

Jade Belt Bridge（**Beijing，China**）玉带桥（中国北京市颐和园）

Jade Emperor Summit（**Tai Mountain，China**）玉皇顶（中国泰山）

jade sculpture 玉雕，玉石雕刻品

jade seal 玉玺

Jadeite 硬玉

jaguar（***Panther onca***）美洲豹

jail 监狱

jailhouse 监狱

Jain architecture 耆那式建筑〈耆那教起于印度的宗教〉

jalousie window 固定百叶窗

jam-up 交通堵塞

Jama Masjid（**India**）贾玛寺（印度）

Jamaica Mountain Sage/yellow Sage/Common Lantana *Lantana camara* 马樱丹 / 五色梅

jamb 边框

~on door or window 抱框

James Rose 詹姆斯·罗斯（1913—1991）美国风景园林师

Jamestown Festival Park 詹姆斯节日公园（英国）

jami 伊斯兰大教堂

Janaki Temple（**Nepal**）贾纳基庙（尼泊尔）

janitor's room 值班室

Japan 日本

Japan cedar 柳杉

Japan-China Friendship Monument 日中友好纪念碑

Japan Industry Standard（**JIS**）日本工业标准

Japan Institute of Landscape Architecture（**JILA**）日本造园学会

~pagoda-tree 槐树

Japan Atractylodes *Atractylodes japonica* 关苍术 / 东苍术

apan Butterbur *Petasites japonicus* 蜂斗菜

apan Cleyera *Ternstroemia gymnanthera* Sprague. 厚皮香

apan Dodder *Cuscuta japonica* 金灯藤 / 日本菟丝子

apan Ducklingcelery *Cryptotaenia japonica* 鸭儿芹 / 山芹菜 / 鸭脚板

apan Farfugium *Farfugium japonicum* 大吴风草 / 活血莲

apan Hop *Humulus scandens* 葎草 / 勒草 / 葛勒蔓

apan Nothosmyrnium *Nothosmyrnium japonicum* 白苞芹

apan pagoda tree/Chinese scholar tree/ Japanese sopho-ra *Sophora japonica* 槐树 / 槐花树

apan pollia *Pollia japonica* 杜若 / 地藕 / 竹叶莲

apan sagebrush *Artemisia japonica* 牡蒿 / 齐头蒿 / 日本牡蒿

apan stemona *Stemona japonica* 百部 / 白条根 / 百部草 / 闹虱药

apanese 日本人；日本语；日本的；日本语的

~alder 赤杨

~architecture 日本建筑

~birch 白桦

~black pine 黑松

~Engineering Standards（简写 JES）日本工程标准

~flowering cherry 樱花

Japanese Alder *Alnus japonica* 日本桤木 / 赤杨

Japanese Ampelopsis *Ampelopsis japonica* (Thunb.) *Makino* 白蔹

Japanese anchovy（***Engraulis japonicus***）鳀鱼 / 日本鳀

Japanese Andromeda *Pieris japonica* 日本马醉木（英国萨里郡苗圃）

Japanese Anemone *Anemone japonica* 秋牡丹

Japanese angel shark（***Squatina japonica***）日本扁鲨

Japanese Angelica Tree *Aralia elata* (Miq.) *Seem.* 辽东楤木

Japanese Apricot *Prunus mume* Sieb. et Zucc. 梅

Japanese Apricot/Plum Tree/Mei Flower *Prunus mume* 梅花

Japanese Aralia *Fatsia japonica* (Thunb.) Decne. et Planch. 八角金盘（英国萨里郡苗圃）

Japanese Aralia，tender sprout of（***Aralia elata***）辽宁楤木

Japanese Arborvitae *Thuja standishii* (Gord.) Carr. 日本香柏

Japanese Ardisia *Ardisia japonica* 紫金牛

Japanese Aucuba *Aucuba japonica* Thunb. 东瀛珊瑚 / 青木

Japan Laurel *Aukuba chinensis* 桃叶珊瑚

Japanese Bamboo *Sasa tsuboiana* 曙伊吹笹（英国斯塔福德郡苗圃）

Japanese Banane/Cold Hardy Banana *Musa basjoo* Sieb. et Zucc. 芭蕉（美国田纳西州苗圃）

Japanese barberry *Berberis thunbergi* 小檗 / 日本小檗

Japanese Barberry *Berberis thunbergii* f. *atropurpurea* 'Rose Glow' 玫瑰红小檗

（英国斯塔福德郡苗圃）

Japanese Barberry *Berberis thunbergii* 'Golden Rocket' '金火箭' 小檗（英国斯塔福德郡苗圃）

Japanese Barberry *Berberis thunbergii* 'Starburst' '星光' 小檗（英国斯塔福德郡苗圃）

Japanese Beauty-berry *Callicarpa japonica* 'Thunb.' 日本紫珠 / 紫珠

Japanese Black Pine *Pinus thunbergii* 黑松 / 日本黑松

Japanese Bullhead shark（*Heterodontus japonicus*）宽纹虎鲨

Japanese butterfish（*Psenopsis anomala*）刺鲳

Japanese butterfly ray（*Gymnura japonica*）日本燕魟 / 蝴蝶鱼

Japanese castles 日本城郭 – 日本封建领主在其居住的城镇兴建的特殊建筑。

Japanese Cedar *Cryptomeria japonica*（L.f.）D. Don. 日本柳杉

Japanese Cedar/Sugi *Cryptomeria japonica* 日本柳杉

Japanese Cherry *Prunus Serrulata* 'Kanzan' '关山' 樱（英国萨里郡苗圃）

Japanese Cinnamon *Cinnamomum japonica* Sieb. ex Nees 天竺桂

Japanese Clethra *Clethra barbineris* 华东桤叶树

Japanese Climbing Fern *Lygodium japonicum/Ophioglossum japonicum/* L. microstachyum 金海沙 / 左转藤 / 转转藤

Japanese Cornel *Macrocarpium officinale*（Sieb. et Zucc）Nakai 山茱萸

Japanese Cornel/Japanese Cornelian Cherry *Cornus officinalis* 山茱萸 / 山萸肉 / 山芋肉（英国萨里郡苗圃）

Japanese courtyard 日本庭园，日本观赏性园林

Japanese Creeper/Boston Ivy *Parthenocissus tricuspidata*（Sieb. etZucc.）Planch. 爬山虎（地锦）

Japanese crested ibis *Nipponia nippon* 朱鹮 / 朱鹭

Japanese Dogwood/Kousa Dogwood Tree *Cornus kousa* 四照花 / 东瀛四照花（美国田纳西州苗圃）

Japanese Dwarf Striped Sasa Bamboo *Pleioblastus angustifolius*（*Mitford*）*Nakai* 菲白竹

Japanese eel/eel *Anguilla japonica* 鳗鲡鳗 / 青鳝 / 白鳝

Japanese Elaeocarpus *Elaeocarpus japonicus Sieb. et Zucc.* 日本杜英 / 薯豆

Japanese Elm *Ulmus davidiana* var. *japonica* 春榆 / 柳榆 / 白皮榆

Japanese Euonymus/winter creeper *Euonymus japonica* 冬青卫矛 / 鬼箭羽

Japanese Eupatorium *Eupatorium japonicum* 泽兰

Japanese Eurya *Eurya japonica Thunb.* 柃木

Japanese Felt Fern *Pyrrosia lingua* 石韦 / 小石韦

Japanese Fern Palm/Sago Cycas/Saga Palm *Cycas revoluta* 苏铁 / 铁树（英国萨里郡苗圃）

Japanese Flowering Cherry *Prunus serrulata Lindl.* 樱花（日本国花、民

间象征）

apanese Flowering Fern *Osmunda japonica* 紫萁 / 贯众

apanese Flowering Quince *Chaenomeles japonica*（Thunb.）Lindl. ex Spach 日本贴梗海棠（倭海棠）

apanese garden 日本庭园，日本园林

apanese Glorybower *Clerodendrum japonicum*（Thunb.）Sweet 赪桐

apanese Grass Sedge *Carex morrowii Variegata* 莫罗氏苔（英国斯塔福德郡苗圃）

apanese gurnard *Lepidotrigla japonica* 日本红娘鱼

apanese Hedgeparsley *Torilis japonica* 小窃衣 / 破子草 / 大叶山胡萝卜

apanese Helwingia *Helwingia japonica*（Thunb.）Dietr. 青荚叶 / 叶长花

apanese Holly *Ilex crenata* Thunb. 钝齿冬青（波缘冬青）

apanese Honey Suckle/Honey Suckle *Lonicera japonica* 金银花（金银藤）/ 忍冬

apanese Honeylocust *Gleditsia japonica* Miq. 山皂荚 / 日本皂荚

apanese Honeysuckle *Lonicera japonica* Thunb. 金银花

apanese horsehead *Branchiostegus japonicus* 日本方头鱼

apanese Ivy *Hedera rhombea*（*Miq.*）*Bean* 菱叶常春藤

apanese Jasmine/Primrose Jasmine *Jasminum mesnyi* 大叶迎春 / 云南黄素馨

apanese Katsura Tree/Kat-sura tree *Cercidiphyllum japonicum* 连香树 / 紫荆叶树（英国萨里郡苗圃）

Japanese Kerria *Kerria japonica*（L.）DC 棣棠花

Japanese Knotweed *Reynoutria japonica* 虎杖 / 羊毛花

Japanese Larch *Larix kaempferi*（Lamb.）Carr. 日本落叶松

Japanese Laurel *Aucuba japonica* 桃叶珊瑚 / 东瀛珊瑚（英国萨里郡苗圃）

Japanese Laurel *Aucuba japonica* 'Rozannie' 绿角桃叶珊瑚（英国斯塔福德郡苗圃）

Japanese Lawn Grass tutworm *Sidemia depravata* 淡剑袭夜蛾

Japanese Lawn-grass *Zoysia japonica* Steud. 结缕草

Japanese Linden *Tilia japonica*（Miq.）Simonk. 华东椴

Japanese Literati painting 日本文人画

Japanese macaque *Macaca fuscata* 日本猕猴 / 日本猴

Japanese mackerel/chub mackerel *Pneumatophorus japonicus* 鲐鱼 / 鲐巴鱼 / 青花鱼

Japanese Maesa *Maesa japonica* 杜茎山

Japanese Mahonia *Mahonia japonica*（Thunb.）DC. 日本十大功劳 / 华南十大功劳

Japanese maple *Acer palmatum* 槭树 / 鸡爪槭

Japanese Maple *Acer palmatum* 'Dissectum Viridis' '翠绿' 鸡爪槭（英国萨里郡苗圃）

Japanese Maple *Acer palmatum* 'Orange Dream' '橙之梦' 鸡爪槭（英国萨里

郡苗圃）

Japanese Maple *Acer palmatum Aka* 'Shigitatsu Sawa' '赤鸭立泽' 鸡爪枫（英国斯塔福德郡苗圃）

Japanese Maple *Acer palmatum* 'Beni Maiko' '红舞子' 鸡爪枫（英国斯塔福德郡苗圃）

Japanese Maple *Acer palmatum dissectum* 'Atropurpureum' '深裂紫叶' 鸡爪槭（英国萨里郡苗圃）

Japanese Maple *Acer palmatum dissectum* 'Red Dragon' '红龙' 羽毛枫（英国斯塔福德郡苗圃）

Japanese Maple *Acer palmatum* 'Fireglow' '火光' 鸡爪槭（英国萨里郡苗圃）

Japanese Maple *Acer Palmatum* var. *Dissectum* 'Garnet' '黑叶' 羽毛枫（英国萨里郡苗圃）

Japanese Maple *Acer palmatum* var. *dissectum* 'Inaba-shidare' 日本枫 '垂枝稻叶'（英国萨里郡苗圃）

Japanese Maple/Smooth Japanese Maple *Acer palmatum* 'Bloodgood' 血红鸡爪槭（英国萨里郡苗圃）

Japanese Morning Glory *Pharbitis nil*（L.）Choisy 牵牛花

Japanese Mulberry *Morus australis* Poir. 鸡桑

Japanese Nightshade *Solanum japonense* 野海椒

Japanese onion *Allium grayi* 野蒜 / 山薤

Japanese Painted Fern *Athyrium niponicum* var. *pictum* '色叶' 华东蹄盖蕨（美国田纳西州苗圃）

Japanese Pepper *Zanthoxylum piperitu*[m] DC. 胡椒木

Japanese perch/Japanese sea bass *Late*[o]*labrax japonicus* 鲈 / 花鲈

Japanese Photinia *Photinia glabra*（Thunb.）Maxim. 光叶石楠 / 扇骨木

Japanese Plum *Prunus salicina* Lindl. 李

Japanese podocarpus/nagai podocarpu[s] *Podocarpus nagi* 竹柏 / 大果竹柏

Japanese Poplar *Populus maximowiczii* 辽杨 / 大白杨

Japanese primrose *Primula japonica* 日本报春花

Japanese Privet *Ligustrum japonicum* Thunb. 日本女贞（英国萨里郡苗圃）

Japanese Quince/Flowering Quince *Chaenomeles lagenoria* 贴梗海棠（贴梗木瓜）

Japanese Raisin Tree *Hovenia dulcis* 北枳椇 / 拐枣

Japanese Red Maple *Acer palmatum atropurpureum* 日本红枫（美国田纳西州苗圃）

Japanese Red Pine *Pinus densiflora* 赤松 / 日本赤松

Japanese Rush *Acorus gramineus* 'Ogon' '金叶' 菖蒲（英国斯塔福德郡苗圃）

Japanese Saussurea *Saussurea japonica* 风毛菊

Japanese saw shark *Pristiophorus japonicus* 日本锯鲨

Japanese sea bass/Japanese perch *Lateolabrax japonicus* 鲈 / 花鲈

Japanese seahorse *Hippocampus japonicus* 日本海马 / 海蛆

Japanese Sedge ***Carex oshimensis* Evergold** 花叶蒲苇（英国斯塔福德郡苗圃）

Japanese sike deer ***Cervus nippon nippon*** 日本梅花鹿

Japanese Skimmia ***Skimmia japonica*** 日本茵芋（英国斯塔福德郡苗圃）

Japanese Skimmia ***Skimmia japonica Rubella*** 金红茵芋（英国斯塔福德郡苗圃）

Japanese Snailseed ***Cocculus orbiculatus* L. DC.** 木防己

Japanese Snowball ***Viburnum plicatum* Thunb. var. *tomentosum*（Thunb.）Miq.** 蝴蝶树 / 雪球荚迷（美国田纳西州苗圃）

Japanese Snowbell ***Styrax japonica* Sieb. et Zucc.** 野茉莉（英国萨里郡苗圃）

Japanese Sophora/Japan Pagoda Tree/Chinese Scholar Tree ***Sophora japonica*** 槐树 / 槐花树

Japanese Spanish mackerel ***Scomberomorus niphonius*** 蓝点马鲛 / 马加 / 蓝点鲅

Japanese Spice Bush/Laurel-bay Tree ***Lindera obtusibula*** 月桂

Japanese Spikemoss ***Lycopodioides nipponica /Selaginella nipponica*** 伏地卷柏

Japanese Spiraea ***Spiraea japonica* L.f.** 粉花绣线菊 / 日本绣线菊

Japanese Spurge/Pachysandra ***Pachysandra terminalis* Sieb. et Zucc.** 富贵草 / 顶花板凳果 / 转筋草（美国田纳西州苗圃）

Japanese Stephania ***Stephania japonica*（Thunb.）Miers** 千金藤

Japanese Stewartia ***Stewartia pseudocamellia*** 红山紫茎（英国萨里郡苗圃）

Japanese Stone Pine/dwarf Siberian pine ***Pinus pumila*** 偃松

Japanese Tallow Tree ***Sapium japonicum*** 白木乌桕

Japanese temple 日本庙宇

Japanese Thistle ***Cirsium japonicum*** 大蓟

Japanese threadfin bream（*Nemipterus japonicus*） 日本金线鱼 / 瓜三

Japanese Timber Bamboo ***Phyllostachys bambusoides* Sieb. et Zucc.** 刚竹（台竹）

Japanese Torreya/Kaya Nut ***Torreya nucifera*（L.）Sieb. et Zucc** 日本榧树

Japanese Umbrella Pine ***Sciadopitys verticillata*（Thumb.）Sieb. et Zucc** 金松

Japanese Viburnum ***Viburnum awabuki*** 日本珊瑚树 / 法国冬青 / 珊瑚树

Japanese Viburnum ***Viburnum plicatum*** 雪球荚蒾 / 粉团荚蒾 / 粉团 / 斗球

Japanese Water Iris ***Iris laevigata* 'Snowdrift'** '吹雪' 燕子花（英国斯塔福德郡苗圃）

Japanese wax scale ***Ceroplastes japonicus*** 日本龟蜡蚧

Japanese waxwing ***Bombycilla japonica*** 小珠太平鸟 / 十二红

Japenese weevil ***Lepyrus japonicus*** 波纹斜纹象甲

Japanese Weigela ***Weigela japonica* Thunb.** 杨栌（日本锦带花）

Japanese White Pine ***Pinus Parviflora*** 日本五针松

Japanese Whiteberry ***Ilex serrata* Thunb.** 落霜红

Japanese white-eyed/ dark green silver-eye *Zosterops japonica* 暗绿绣眼鸟 / 粉眼儿 / 相思仔 / 金眼圈

Japanese Wingnut *Pterocarya rhoefolia* 水胡桃

Japanese Wisteria *Wisteria floribunda* (Willd.) DC. 多花紫藤 / 日本紫藤

Japanese Witch Hazel *Hamamelis japonica* Sieb. et Zucc. 日本金缕梅

Japanese Xylosma *Xylosma japonicum* 柞木

Japanese yew *Taxus cuspidata* 东北红豆杉 / 紫杉

Japanese Yew *Taxus cuspidata* Siteb. et Zucc var. *umbraculifera* (Sieb) Mark. 矮紫杉（加罗木）

Japanese Zelkova *Zelkova serrata* 光叶榉 / 鸡油榉

Japaneses Horsechestnut 日本七叶树

Japanism 日本特性，日本精神 – 日本艺术对欧洲艺术的影响。

Japgarden Juniper/Creeping Juniper/ Procumbent Juniper *Sabina procumbens* 铺地柏

japonica 日本山茶

Japonica Cayratia *Cayratia japonica* 乌蔹莓 / 五爪龙

Japonica Orixa *Orixa japonica* 常山 / 日本常山

Japonica style 日本式（建筑）

Jara Cymbidium *Cymbidium javanicum* 无齿兔耳兰

Jardin D'Essai 实验公园

jardiniere 花盆架，花盆，花瓶

jasmin(e) 紫馨，茉莉；淡黄色

Jasmine/Arabian Jasmine *Jasminum sambac* 茉莉

Jasmine/Night Jasmine *Cestrum nocturnum* 夜丁香 / 夜香树

Jasmine of Africa Phytophthora blight 非洲茉莉疫病(***Phytophthora* sp.** 疫霉

Jasmineorange[common]/orange Jasmine *Murraya Panicalata* 九里香

Jasminum sambac leafhopper *Nausinoè geometralis* 茉莉野螟

jasper 墨绿色

jasper mine 碧玉矿

***Jatropha podogrica* Hook.（*Tartago*, *Guatemala Khubarb*）**玉树珊瑚

jaunt 短途旅游

jaunty 轻松愉快地，亮丽的

Java Almond/Elemi *Canarium commune* 爪哇橄榄

Java Amomum *Amomum compactum* 爪哇白豆蔻

Java Apple/Wax Apple *Syzygium samarangense* (Bl.) Merr. et Perry 洋蒲桃

Java Bishopwood *Bischofia javanica* 重阳木

Java Podocarpus *Podocarpus imbricatus* 异叶罗汉松 / 爪哇罗汉松 / 鸡毛松

Java rhinoceros *Rhinoceros sondaicus* 爪哇犀 / 小独角犀牛

Java Roseapple/Jambosa/Jambu/Makopa *Syzygiums amarangense* 莲雾 / 洋蒲桃 / 蓬莲

Java sparrow *Padda oryzivora* 爪哇禾雀 / 灰文鸟 / 爪哇稻米雀

Javan Hawk-eagle *Nisaetus bartelsi* 爪哇鹰雕（印度尼西亚国鸟）

avan Podocarpus *Dacrycarpus imbricatus*（Bl.）de Laub. 鸡毛松

avelin grunt/lined silver grunter *Pomadasys hasta* 断斑石鲈

avelin throwing zone 标枪投掷区

awab 对称房屋，配称建筑

ay/ Eurasian jay *Garrulus glandarius* 松鸦 / 山和尚 / 屋鸟 / 松鹊

ay walking 不守交通规则随意穿越街道

ct（=junction）结合（处）；枢纽；交叉口；（河流）会流点；联络点

Jellicoe，Geoffrey 杰弗瑞 · 杰里柯，英国风景园林专家、教育家，IFLA 创始人

Jefferson Memorial 杰斐逊纪念馆（美国）

Jehol lingusticum *Ligusticum jeholense* 辽藁本 / 热河藁本

Jenolan Caves（Australia）吉诺兰岩洞（澳大利亚）

Jensen Cinnamon *Cinnamomum jensenianum* 野黄桂 / 桂皮树

jerboa（*Jaculidae*）跳鼠（科）

jerry building 简陋的房屋

Jerusalem（Middle Ages）耶路撒冷（中世纪）

Jerusalem Artichoke *Helianthus tuberosus* 鬼子姜 / 毛姜 / 菊芋

Jerusalem Cherry/Christmas Cherry/ Winter Cherry *Solanum pseudocapsicum* 冬珊瑚 / 吉庆果

Jerusalem Thorn *Parkinsonia aculeata* L. 扁轴木

Jerusalem Cherry *Solanum pseudo-capsicum* 珊瑚樱 / 冬珊瑚

jesamin(e) 紫馨，茉莉

Jessfield Park（Shanghai，China）兆丰公园（中国上海市）

Jessop Asparagus *Asparagus densiflorus* Benth. 武竹

Jesuitical stle（拉丁美洲的）耶稣教会式（建筑）

jet 射流

~flow 射流

~-formed product 喷射制品

Jetbead *Rhodotypos scandens*（Thunb.）Mark. 鸡麻

jettied construction 悬挑式建筑，悬挑建筑

jetty 码头；防波堤；栈桥，突堤，导堤，突堤式码头

~bent pile 码头排架桩

~harbour 突堤港

~head 坝头

~pier 突堤，突堤码头

~wharf 突堤码头，指形码头

brush~（美）灌木丛防波堤

Jetty Palm *Butia capitata*（Mart.）Becc. 布迪椰子 / 弓葵（英国萨里郡苗圃）

jewel 宝石

jeweler 珠宝店

jewelry 珠宝，首饰

~art 珠宝艺术

~design 珠宝设计

~shop 珠宝店

~stone 珠宝首饰店

~store 金银首饰店

Jewelvine *Derris* 鱼藤木（属）

Jewelweed/Touch-me-not/Indian Damnacanthus *Damnacanthus indicus* 虎刺

/伏牛花

Jewish art 犹太艺术

Jewish architecture 犹太建筑

Jews-mallow ***Corchorus olitorius*** 长蒴黄麻/长果黄麻

Ji Cheng（Chi Cheng1582—?）计成

Ji cheng's "*Yuan Ye*", the first work of landscape architecture in the world, marked the maturity and perfection in the late Ming Dynasty, of Chinese mountain and waters art of landscape architecture, an unprecedented artistic achievement. 计成的《园冶》,明末计成所著《园冶》,是世界最古的造园名著，标志着以自然山水为主题的中国造园艺术，已发展到成熟和完善，在艺术上达到很高境界和水平。

Jianzhang Palace 建章宫

Jianzhen 鉴真

Jianchuan Grottoes（Jianchuan Country, China）剑川石窟（中国剑川县）

Jiangzi sagebrush ***Artemisia gyangzeensis*** 江孜蒿

Jianmen Pass, Bamboo Sea in south Sichuan（Yibin, China）蜀南竹海（中国宜宾市）

Jianzhang Palace 建章宫（汉武帝刘彻于太初元年（公元前104）建造的宫苑）

Jiaxiu Tower（First Scholar's Tower）, Guiyang（Guiyang, China）贵阳甲秀楼（中国贵阳市）

Jiayin Hall 嘉荫堂

Jiayu Pass on the Great Wall（Jiayuguan, China）长城嘉峪关（中国嘉峪关市）

Jietai（Ordination Terrace）Temple（Beijing, China）戒台寺（中国北京市）

jin-back 双线索道〈一来一往〉

Jin Shrine in Taiyuan（Taiyuan, China）太原晋祠（中国太原市）

Jin Stele of Houtu Temple（Wanrong, China）金后土庙碑（中国万荣县）

"Jing Yuan"（a " forbidden garden"）禁苑

Jingbai Pear（Beijing white pear）（*Pyrus ussuriansis* var.*calta*）京白梨

Jingdong Pterospermum（拟）***Pterospermium kingtun-gense*** 景东翅子树

Jing-Shan Park（Beijing, China）景山公园（中国北京市）

Jinggang Mountain（Jinggang, China井冈山（中井冈山市）

（"Cradle of the Revolution""革命摇篮"）

Jingjie ***Nepeta japonica*** 荆芥

Jingling（Emperor Xuande）（Tangshan, China）景陵（中国唐山市）

Jingyi Garden（Beijing China, China）静宜园（中国北京市）

Jingyue（Clear Moon）Pool Park（Changchun, China）静月潭公园（中国长春市）

Jinming Pool（Kaifeng, China, North Song Dynasty）金明池（中国北宋开封）

Jinping Birch ***Betula jinpingensis*** 金平桦

Jiuqu（Nine-Crooked）Stream（Wuyishan, China）九曲溪（中国武夷山市）

Jiuzhaigou Scenic Area（Jiuzhaigou, China）九寨沟风景区（中国九寨沟县）
Job 工作；职业；职位；职责；人物；事物
~classification 职业分类
~displacement 裁员
~duplication 兼职
~enlargement 扩大就业
~in process 在建工程
~location 施工现场，施工场所
~overhead 工程直接管理费
~practice 施工方法
~program 加工程序，工作程序
~rate 就业率
~rates 生产定额；包工制
~ratio 工作岗位比〈白天人口 / 夜间人口〉
~responsibility system 岗位责任制
~rotation 轮替工作制，职务轮流
~route sheet 作业计划单
~site 工地，施工现场
~site scheduler 现场进度计划师
~specification 施工规范
~subsidies 岗位津贴
~ticket 作业通知单
~title 职称，职别
~training 职业培训
~-work 包工；散工；零工
jobless rate 失业率
Job's-Tears ***Coix lacryma-jobi*** **L.** 薏苡
Joe-pye-weed ***Eupatorium maculatum*** 斑茎泽兰（美国俄亥俄州苗圃）
Jog Falls（India）乔格瀑布（印度）
Johore's Safari Park（Malaysia）柔佛野生动物园（马来西亚）
joiner's work 木装修
joinery work 小木作
joinery 细木工作，细木行业
~and non-structural carpentry 小木作
~joinery work 小木作
joint 接缝；接头；结点；节点；结合连接；关节；节理{地}；结合的；共有的；结合
~action 接头作用；接合作用；联合行动
~adventure 共同投资
~cleaning 清缝
~configuration 接缝形式
~creditor 共同债权人
~-cutting equipment（混凝土路面）切缝机
~cutting machine（混凝土路面）切缝机
~development 联合建设，联合开发
~enterprise 联合企业
~family 复合家庭
~filler 填缝料；嵌缝料
~filled with liquid mortar 用液体粘合物填缝，用液体砂浆（灰浆）填缝
~fillet 填缝板，嵌缝条
~floor 企口地板
~seal 封缝；密接
~topped with liquid cement 用胶合水泥接缝
~vegetation 连接植被（植物，草木）
~with cement grout 用灰浆填缝
asphalt~（灌）（地）沥青缝
bed~（圬工）底层接缝，平缝，平层节理
butt~ 对抵接头，平接，对接
earthquake proof~ 防震缝

expansion~ 伸缩（胀）缝；伸缩接头
expansion and contraction~ 伸缩（接）缝
exposed~ 明缝，明接头
flat~ 平缝
grass-filled~ 铺草皮接缝
heading~ 端接（合），直角接（合）
hollow~ 凹缝，空缝
interlocking~ 连锁缝
isolation~ 隔离缝
jump~ 开缝接头，露缝接头，明缝；清缝；开口接合，离缝
overlap~ 搭接
overlapping~ 重叠搭接
poured~ 灌注缝
pouring~ 灌注缝
recessed~ 方槽（灰）缝；凹缝
riveted~ 铆接，铆钉结合
soil-filled~ 用育草土嵌填的接缝
stack bond~ 通风管（烟囱）结合缝
staggered~ 错列缝，交错缝
staggered rivet~ 错列铆接
table~ 嵌接
true~ 真缝
turf-filled~ 加填草皮填缝
vertical~ 竖缝
vertical construction~ 垂直建筑缝
wall~ 墙缝
water~ 防水接头

jointing 缝接；结合
~material 勾缝料，填缝料
~pattern 填缝类型（式样，形式）
~pattern plan 填缝式样平面图（详图）
~tool 填缝器，接缝器，接榫工具，接缝工具

joints 接缝；接头；结点，节点；关节；接合
~with sand，brush cyclopean wall with 砂石、矮林接缝
hammer-dressed~ 用锤琢接合的巨石堆积的墙
lay with staggered~ 错列接合的铺砌
plant association of pavement~ 路面接缝
sand-swept~ 吹砂填缝
vegetation of wall~ 墙缝植物

joist 搁栅，小梁；托梁；架搁栅，安装托梁

Jokhong Monastery（**Lhasa**，**China**）大昭寺（中国拉萨市）

Jojoba ***Simmondsia chiensis*** 油栗 / 山羊坚果

Jomon culture 绳纹样式，一种日本传统建筑风格

Jonquil ***Narcissus jonquilla*** **L.** 丁香水仙

Joseph's Coat/Garden Alter-nanthera ***Alternanthera bettzickian*** 五色草 / 锦绣苋 / 模样花

Joseph's Coat/Tampala ***Amaranthus tuicolor*** 老来少 / 雁来红 / 老少年 / 三色堇

journal（简写 **jour**）轴枢，轴颈；日报，定期刊物，杂志，流水账，日记账 { 商 }
~ledger 分类账，总账
~of the Construction Division（美国土木工程师学会）建筑工程（美期刊名）
~，professional 专业定期刊物
technical~ 技术定期刊物，技术杂志

journey 旅行，路程
~speed 实际车速，运行速度
~time 行程时间
~-to-work 上下班路程（工程路程）
~-to-work commuting traffic 上下班交通

~-to-work pattern（英）上下班交通

ourney's end 目的地，路程终点

oyner's tongue-sole ***Cynoglossus joyneri*** 短吻红舌鳎 / 焦氏舌鳎

ozani Natral Reserve（Tanzania）乔扎尼自然保护区（坦桑尼亚）

ubilee 小型的

~truck 小货车

~wagon 小货车

udaism 犹太教

udaist 犹太教教徒

udas Tree/Chinese Redbud ***Cercis*** 紫荆（属）

udas Tree/Love Tree ***Cercis siliquastrum*** 南欧紫荆（英国萨里郡苗圃）

udgement 判断

~forecasts 判断预测

~time（行车）判断时间

udgemental criteria 判断准则

Jufuku Temple（Japan）寿福寺（日本）

Jujube/Date/Chinese Date ***Zizyphus jujuba*** 枣

Jujube Anthracnose 枣炭疽病（***Colletotrichum gloeosporioides*** 胶孢炭疽菌）

Jujube crown gall 枣冠瘿病（***Agrobacterium tumefaciens*** 癌肿野杆菌）

Jujube gall midges ***Contarinia*** **sp.** 枣瘿蚊

Jujube Macrophoma leaf spot 枣黑腐病（***Macrophoma kuwatsukaii*** 轮纹大茎点菌 / 有性世代为子囊菌门 ***Physalospora piricola***

Jujube mosaic 枣花叶病（病原为病毒，其类群待定）

Jujube Phyllosticat leaf spot 枣灰斑病（***Phyllosticta*** **sp.** 叶点霉）

Jujube shoot wilt 枣梢枯病（***Fusicoccum*** **sp.** 壳梭孢）

Jujube witches' broom 枣疯病（植物菌原体 MLO）

Julian Hackberry ***Celtis julianae*** **Schneid.** 珊瑚朴 / 大果朴

jump 跳跃，跳动；一跳的距离；阶差{建}；矿脉的断层；转移；跳变{计}；跳跃，跳动

~economic development theory 跳跃理论

~grading 间断级配

~joint 对（头）接（合）

~seat 活动座位，可折座位

Jumping plant lices 木虱类 [植物害虫]

junction 交叉点，道路交叉（口），道路枢纽；连接点，会合点；联轨站，枢纽站；河道会流处，会流点

~box 接线箱

~center 汇接局

~circuit 枢纽环线

~connection 道路枢纽连接

~marker 路口指示标

~of park and shift 换乘枢纽

~of the star type（道路）星形枢纽

~piece（英）连接段

~point 结点

~port 转口港

~roundabout 道路枢纽环道，交叉环道

~station 枢纽站，接轨站

at-grade~ 平面道路交叉（口）

cloverleaf-leaf~ 苜蓿叶式交叉

grade-separated~ 立体交叉

gyratory~ 环形交叉，转盘式交叉

June Berry/Shadblow/Service Berry ***Amelancher asiatica*** 棠棣（唐棣）

June Snow/Serissa/Snow-in-summer *Serissa foetida* 六月雪 / 满天星
Jungfrau 少女峰
Junggar basin 准噶尔盆地
jungle 热带丛林，（美）人口稠密热闹的居住区
~gym 儿童游戏攀爬架
jungle cat（***Felis chaus***）丛林猫
junior 年少者；低级的，初级的
~middle school 初级中学
~school 初中
Juniper *Juniperus* 刺柏（属）
Juniper *Sabina* 圆柏（属）
junk point 废物站
Jupiper leafminer *Argyresthia sabinae* 侧柏种子银蛾
Jupiper tussock moth *Parocneria furva* 侧柏毒蛾
Jupiter 木屋；木星
Jurassic Period 侏罗纪
Jurassic System 侏罗系
Jursassic period（**135 million years ago**）侏罗纪
juridical person 法人
jurisdiction 管辖权；管辖区域；权限，审判权，司法权
~planning 计划权限，规划管辖区域
Jurong Bird Park（**Singapore**）裕廊飞禽公园（新加坡）
jury 审查委员会，陪审委员会，陪审团；应急构件，临时备用构件；备用的，应急的；临时用的
~，assessor of a competition（英）竞赛评审委员会委员
competition~ 比赛评审委员会
official of a competition~ 比赛审查委员会官员
professional member of a competition ~（美）比赛审查委员会专业人员
jute 黄麻，黄麻纤维
~mesh，woven 黄麻纤维网，机织织物
~mill 麻纺厂
~packing 黄麻填缝
~rope（黄）麻绳
~sacking 黄麻带
juvenile 岩浆源的，童期的{地}；少年的，适合于青少年的，幼稚的
~water 岩浆水，初生水{地}
juveniles，playground for（美）少年运动场
Juyong Pass of the Great Wall（**Beijing，China**）居庸关长城（中国北京市）
Jyohou-do（**Japan**）秋芳洞（日本）

K k

kaaba 建于麦加回教大寺院中的石造圣堂

Kabarega Falls（**Uganda**）卡巴雷加瀑布（乌干达）

Kabarega National Park（**Uganda**）卡巴雷加国家公园（乌干达）

Kabe（日）日本壁画

Kadhimain Mosque（**Iraq**）卡齐迈因清真寺（伊拉克）

kado 花道 – 日本传统的造型艺术。

Kadsura Pepper ***Piper kadsura*** 风藤 / 细叶青蒌藤

Kacho（日）花鸟，草虫禽兽画

Kaempfer Golden Ray/Leopard Plant ***Ligularia kaempferi*** **var.** ***aurea-maculata*** 花叶如意

Kaempferia Galangal/Maraba ***Kaempferia galanga*** 番郁金

Kaesong History Museum（**North Korea**）开城历史博物馆（朝鲜）

Kafir-lily ***Clivia nobilis*** 垂笑君子兰

Kafue National Park（**Zambia**）卡富埃国家公园（赞比亚）

Kagera National Park（**Rwanda**）卡盖拉国家公园（卢旺达）

Kahun（**Egypt**）卡洪城（埃及）

Kaieteur Falls（**Guyana**）凯厄图尔瀑布（圭亚那）

Kaigetsudo（日）怀月堂—日本画家怀月堂安度所创的画风。

Kailasa Temple（**India**）凯拉萨庙（印度）

Kainji Reservoir（**Nigeria**）卡因吉水库（尼日利亚）

Kairakuen（**Japan**）偕乐园（日本）

Kaiyuan Temple, Quanzhou（**Quanzhou City，China**）泉州开元寺（中国泉州市）

Kaizuca Chinese Juniper/Dragon Juniper ***Savina chinensis cv. Kaizuca*** 龙柏

kakemono（日）挂轴—日本卷轴的绘画、版画或书法。

kakemonoe（日）挂轴画

Kaki Persimmon ***Diospyros kaki Thunb.*** 柿

Kalahari Desert（**Africa**）卡拉哈里沙漠（位于非洲南部内陆干燥区）

Kalahari Gemsbok National Park（**Africa**）卡拉哈里羚羊国家公园（位于南非和博茨瓦纳的跨界公园）

Kalambo Falls（**Africa**）卡兰博瀑布（位于赞比亚和坦桑尼亚边境上）

Kalman filtering technique of hydrology 水文卡尔曼滤波技术

Kalanchoe/Airplant/Floppera， ***Kalanchoe pinnata*** 落地生根 / 灯笼花

Kaleidoscope Abelia ***Abelia × grandiflora*** **'Kaleidoscope'** 花叶大花六道木'万花筒'（英国萨里郡苗圃）

Kalij pheasant（***Lophura leucomelana***）黑鹇

Kalanchoe blossfeldiana 红落地生根 / 燕子海棠

kalpa 劫
Kamakura period 镰仓时代
Kami（日）（神道教的）神；日本书画纸
Kan Song Du Hua Xuan（**Open Hall for Enjoying Pines and Appreciating Paintings**）（**Suzhou，China**）看松读画轩（中国苏州市）
Kanas Lake（**Aletai Buerjin Country，China**）哈纳斯湖（中国阿勒泰布尔津县）
Kandelia ***Kandelia candel*** 秋茄
Kang Primrose ***Primula kialensis*** 康报春花
Kanga 日本受中国南宋绘画影响而产生的水墨画。
kangaroo（***Macropus***）袋鼠（属）
Kangaroo Apple/Poropore ***Solanum aviculare*** 乌茄
Kangaroopaws ***Anigozanthos manglesii*** 袋鼠爪 / 澳洲袋鼠花 / 澳大利亚袋鼠花（澳大利亚新南威尔士州苗圃）
Kanran ***Cymbidium kanran*** 寒兰
Kansu Viburnum ***Viburnum luzonicum*** 吕宋荚蒾 / 福州荚蒾
Kansui ***Euphorbia kansui*** 甘遂 / 苦泽 / 甘泽
Kaogongji jiangren《考工记 · 匠人》
kaolin(e) 瓷土，陶土，高岭土
Kaolinite 高岭石
kapor 龙脑香樟树
Kapuka/New Zealand broadleaf ***Griselinia littoralis*** 滨海山茱萸（英国萨里郡苗圃）
kar 冰斗，冰坑{地}；凹地
Kara-e（日）唐绘〈7 世纪至 9 世纪中国绘画输入日本，日本艺术家用中国绘画风格创作的绘画作品；后来泛指模仿中国绘画内容、形式和技法的日本绘画〉
Karanda ***Carissa carandas*** **L.** 刺黄果 / 瓜子金
kare-sansui，dry landscape 枯山水
Karhunenloeve transformation 卡洛变换
Karl Foerster Grass ***Calamagrostis* × *acutiflora*** 杂交拂子茅（美国田纳西州苗圃）
Karley Rose Grass ***Pennisetum orientale*** 东方狼尾草（美国田纳西州苗圃）
karma/retribution for sin/punitive justice 因果报应
kariz 坎儿井，灌溉暗渠
karren 溶沟
karst 岩溶，水蚀石灰洞，喀斯特{地}
~aquifer 岩溶含水层
~cave 溶洞
~collapse 喀斯特塌陷
~ditch 溶沟
~erosion 喀斯特侵蚀，岩溶侵蚀
~ karst geomorphology 喀斯特地貌学，又称“岩溶地貌学”
~land feature 喀斯特地貌
~landscape 喀斯特景观，溶岩景观，岩溶景观，岩洞风景
~ karst plain 喀斯特平原，又称“岩溶平原”
~processes 岩溶（水蚀石灰洞）变化过程
~region 岩溶地区，喀斯特地区
~subgrade 岩溶地基，喀斯特地基
~trench 溶槽
~well 天然井

arstic 岩溶的，喀斯特的
~feature 喀斯特地形
~region 喀斯特地区，岩溶地区
arstification 喀斯特（或溶岩）作用；喀斯特化，又称“岩溶化”
arstland 岩溶地区
ashima Shrine（**Japan**）鹿岛神宫（日本）
ashmir Rowan ***Sorbus cashmiriana*** 克什米尔花楸（英国斯塔福德郡苗圃）
aspa 城堡
asaya/cassock of a Buddhist monk 袈裟
astha Mandap（**Nepal**）独木庙（尼泊尔）
Kasubi Tombs（**Uganda**）卡苏比王陵（乌干达）
Kasungu National Park（**Malawi**）卡松古国家公园（马拉维）
Kat thermometer 卡他温度计
Katabasis（**Italy**）希腊正教会教堂（意大利）
Katori Shrine（**Japan**）香取神宫（日本）
Katsumada Galangal ***Alpinia katsumadai*** 草豆蔻 / 豆蔻
Katsura Tree/Japanese Katsura Tree ***Cercidiphyllum japonicum*** 连香树 / 紫荆叶树（英国萨里郡苗圃）
Katzura Rikyu（**Palace**）（**Japan**）桂离宫（日本）
Kauri ***Araucaria heterophylla*** 澳洲杉
kawa（日）河，川
Kawakami Fir/Taiwan Fir ***Abies kawakami*** 台湾冷杉
Kawakami Paulownia ***Paulownia kawakamii Ito*** 华东泡桐 / 台湾泡桐
Kawakami Sagebrush ***Artemisia kawakamii*** 白艾
Kawakawa/Yaito/Lesser tunny（***Euthynnus yaito***）鲔鱼 / 白卜
Kazinoki Paper-mulberry ***Broussonetia kazinoki*** **Sieb. et Zucc.** 小构树
Keelback mullet/carinate mullet（***Liza carinatus***）棱鲅 / 犬鱼 / 尖头鱼
keep 拿着；保存；记住；保持，保护；防守；继续；维持，备有，照料，履行
~-like tower 城堡主楼形塔
~of castle（中世纪的）城堡主垒
~off median sign 禁止进入中央分隔带标志
~right sign 右行标志
keeper 锁螺帽；看守人，保管人；记录员；竖向导板
~，game（英）游戏器具（运动器具）保管人
keeping 保管，保存，照顾，保护
~period 保存期，贮藏期
~quality 耐贮性
sheep~ 野羊保护
Kelaniya Raja Maha Vihare（**Sri Lanka**）克拉尼亚大佛寺（斯里兰卡）
Kelp/sea tangle（***Laminaria japonica***）海带
Kelp grouper/marbled grouper（***Epinephelus moara***）云纹石斑鱼 / 石斑 / 草斑
Kenaf Hibiscus ***Hibiscus cannabinus*** 木麻槿 / 芙蓉麻 / 洋麻
Kencho Temple（**Japan**）建长寺（日本）
kennel 下水道，阴沟，沟渠
Kent，William 威廉·肯特，英国造园家，被誉为英国风景园之父
Kentia Palm/Sentry Palm ***Howea forsteriana***（**F. v. Muell.**）**Becc.** 荷威椰子 /

金帝葵

Kentuchy Bluegrass ***Poa pratensis*** 草地早熟禾 / 牧草早熟禾 / 六月禾

Kentucky Coffee Tree/Soap Tree ***Gymnocladus dioicus*** **K. Koch.** 美国肥皂荚

kerb 同 curb 路缘，路缘石，侧石，井栏

~brick（路）缘砖

~edging（英）路缘边缘

~footway 带路缘石的人行道

~height（英）路缘高度

~-inlet（英）路缘入口

~lane 外侧车道，边缘车道，靠侧石车道

~level（英）路缘水平，路缘标高

~line 路边线

~parking 路边停车

~parking place（英）路边停车区

battered~（英）斜式路缘

drop~（英）降低路缘

edge~（英）修路缘边

flush~（英）平路缘

splayed~（英）斜式路缘

kerbed footway 铺侧石的步行道

kerbing 同 curbing 敷设路缘石，排路缘石，做路缘；做路缘石的材料

kerbstone 路缘石，侧石，道牙

~with gutter（英）有明沟（街沟，偏沟）的道牙

Kerchov Arrowroot ***Maranta leuconeura*** **var.** ***kerchoveana*** 克氏白脉竹芋

Kerean leopard/Siberian leopard ***Panthera pardus orentalis*** 东北豹 / 朝鲜豹

kermess（美国慈善性质的）义卖集市

kern；curbing 护轮槛

kerogenite 油母岩

Kerri Bauhinia ***Bauhinia Kerri*** 羊蹄藤

Keshan disease 克山病（一种以心肌坏死为主要症状的地方病）

Kestrel/Eurasian Kestrel/Common Kestrel ***Falco tinninculus*** 红隼 / 茶隼 / 红鹰 / 黄鹰 / 红鹞子（比利时国鸟）

kettle（水）壶；锅；洋铁桶；（美）火车头（俗称）；溪水冲成的凹处；锅状陷落

~-hole（英）锅状陷落裂口（坑）

~moraine 多穴碛{地}

glacial~ 冰川锅状陷落

Kew Blue Mist Shroud/Kew Blue Spireaea ***Caryopteris × clandonensis*** **'Kew Blue'** '邱园蓝'莸（英国萨里郡苗圃）

Kew garden（英）英国皇家植物园邱园（英国）

Kew Red Lavender ***Lavandula stoechas*** **'Kew Red'** 西班牙薰衣草'裘园红'（美国田纳西州苗圃）

key 销子，楔，栓，键；拱心（石）；按钮，枢纽；图例；关键；钥匙；电钥；解答，答案；纲要，索引；基础的，主要的；锁上

~board 键盘，按钮板

~branches of the economy 经济命脉

~causes 主要原因

~city 中心城市

~colour 基本色调

~component 主要组分

~criteria 关键准则，关键规定；基本准则，基本规定

~diagram 索引图，要览图

~drawing 解释图，索引图

~engineering project 关键工程项目，主

要工程项目
~factor 重要因素
~feature 关键特性，主要性能，主要特征，要点，主景
~floating 抹灰的底层
~forecast 关键的预测
~function 主要功能
~groove 键槽
~industry 主要工业，基本工业，重要工业，关键产业，主导工业
~item 重点项目
~link 中心环节
~map 索引图，总图
~note speech 主体报告
~parameter 关键参数，基本参数
~personnel 主要（工作）人员，主要职员
~pile 主桩，枢桩
~plan 索引图，平面布置总图
~-point investigation 重点调查
~points of the economy 经济命脉
~project 重点工程
~resources type industry 关键资源型工业
~sector 关键部门
~-stone 填缝石，嵌缝石；拱顶石，冠
~term 关键术语；关键顶
~trouble spot 问题关键，要害处；麻烦所在
~university 重点大学
~water control project 水利枢纽
~word 关键字
~words 关键词
keyboard 键盘｛计｝；电键，（开关）板，按钮
keystone species 关键物种
Keyword 关键词
khair/catechu acacia/cutch ***Acacia catechu*** 儿茶
Khalifa's House Museum（Sultan）哈里发纪念馆（苏丹）
khan 可汉
Khanbalik City（The capital of the Yuan Dynasty，China）元大都城（元世祖忽必烈所建，现遗址位于中国北京）
Khingan Fir/East Siberian Fir ***Abies nephrolepis*** 臭冷杉 / 臭松
Khorsabad 科萨巴德城（古亚述）
Khyber Pass（Pakistan）开伯尔隘口（巴基斯坦）
Kiang/Tibetan wild ass ***Equus kiang*** 西藏野驴 / 藏驴
kiblah（=keblah）穆斯林礼拜时的朝向（朝向麦加）
kick 踢；反冲｛机｝；凹槽砖
~-about area（英）（孩子们能踢足球的）运动场，游戏场
~back 逆转，倒转；踢回；退还；报复
kid/lamb ***Ovis aries*** 羔羊
Kidepo Valley National Park（Uganda）基代波河谷国家动物园（乌干达）
kidney 小圆石，小卵石；矿肾｛地｝；肾；肾状（的）
~vetch（lady's finger，ladyfinger）野腰子豆
Kidney Bean /Ggarden Bean ***Phaseolus vulgaris*** 菜豆 / 四季豆 / 玉豆 / 芸豆
kieselgur 硅藻土
Kiev-Pechersk Lavra（Ukraine）基辅－佩彻尔斯克大修道院（乌克兰）
Kiley，Dan 丹·凯利，美国风景园林师

Kilk Mockorange *Philadelphus sericanthus* Koehne 绢毛山梅花
kill 杀；减轻；消炎；停住；截断；沉淀，沉积
~time 消遣的（工作）
~time 消磨时间，浪费时间
fish winter~ 鱼冬季窒息（因湖面结冰）
Killarney Lakes（Ireland）基拉尔尼湖（爱尔兰）
killer whale *Orcinus orca* 虎鲸
kilning 窑作
kilogram（me）千克，公斤
kilom 公里，千米
kilometer 公里，千米
~-post 里程标
~stone 里程碑，里程桩
kilometre（简写 **km, kil** 或 **kilom**）千米，公里
Kinabalu National Park（Malaysia）基纳巴卢国家公园（马来西亚）
kind of activity（经济）活动种类
kindergarten 幼儿园
kindred 相类似的，同种类的，同源的
~effect 邻近效应
~member 一种构件
kinds of tax 税种
kinematics similarity 动力学模型
king 国王，大王，主……，中（心）……，特大（号）的
~flower 中心花
~post 脊瓜柱，蜀柱
King's Attendant Tree 配王树
king's highway 水陆交通干线
king's master mason 王宫建筑师
king's tomb 王陵
~wood 紫木
kingdom 王国，领域，……界
~，animal 动物王国
~ Kingdom of God；Kingdom in Heaven 天国（亦称"上帝的国"）
floristic~ 植物志领域，统计植物地理学领域
plant~ 植物王国
King Palm *Archontophoenix alexandra* 假槟榔 / 亚历山大椰子
King Vulture *Sarcoramphus papa* 王鹫 国王秃鹫（哥斯达黎加国鸟）
Kingfisher [common]（*Alcedo atthis*） 翠鸟 / 鱼狗 / 鱼虎 / 翠雀儿
King's Crown/Paradise Plant/Water Willow *Justicia carnea* 珊瑚花 / 水杨柳
kino 电影院
Kino Eucalyptus/Kinogum/Redmahogany *Eucalyptus resinifera* 树脂桉
kinzigite 榴云岩
kiosk 售报亭，凉亭，亭，茶座，公共电话室
kip 旅店，客栈，工地临时小房
Kirilow Falsespiraea *Sorbaria kirilowii* 华北珍珠梅 / 珍珠梅
Kirilow Indigo *Indigofera kirilowii* Maxim ex Palib. 花木蓝 / 花蓝槐 / 吉氏木蓝
Kirishima-yaku National Park（Japan 雾岛屋久国立公园（日本）
kirk 苏格兰礼拜堂
kitchen 厨房
~cabinet 餐具柜
~fitment 厨房设备
~garden 厨园
~utilities 厨房设施

~waste 厨房垃圾，厨房污水
~waste，organic（英）厨房有机垃圾
~wastewater 厨房废水
~yard 厨园，菜园
tchenware 厨房用具店
ite Museum of Weifang 潍坊风筝博物馆
ite ray ***Myliobatis tobijei*** 鸢鲼
iwi Jenny ***Actinidia deliciosa*** **'Jenny'** '珍妮'猕猴桃(英国斯塔福德郡苗圃)
iyomizu Temple(Japan)清水寺(日本)
izil Thousand-Buddha Grottoes（Baicheng，China）克孜尔千佛洞（中国拜城县）
lip（岸边）悬崖
long 水道
nag 木节
naggy wood 多节木
nap 小山，丘的顶；轧碎；敲，打
nar 木结节，（木）结疤
nit 编织，针织
nit goods mill 针织厂
nitter 编织者，编织机
nitting mill 针织厂
nob 门捎；捏手，圆形把手；雕球饰；圆丘；小丘；节；旋钮
nobs（美）丘陵地带
noll 小山
not 海里（约 1852 米），节（= 海里 / 小时）；结；绳结；节疤；波节；结，打结；聚成块
~bed 花结花坛
~garden 节结园，结纹园
~hole 节孔，木节孔
~wood 有节木料
Knotted Figwort/Rosenoble ***Scrophularia nodosa*** 林生玄参
Knotweed Indigo ***Polygonum tinctorium*** 蓼蓝 / 蓝
know how market 技术知识市场
knowledge 知识，学问；熟悉；通晓；见闻；经验；理解；认识
~base 知识库
~-based system 知识库系统
~engineer 知识工程师
~explosion 知识剧增，知识爆炸
~industry 知识产业；知识界
~-intensive industry 知识密集（型）产业，知识集约产业
~，plant 植物知识，栽种（播种）经验
Koala（*Phascolarctos cinereus*）树袋熊
Kobori Ensyu 小掘远州（1579—1647），日本古典园林师、作庭家
Kohlrabi/Cabbage Turnip ***Brassica oleracea*** **var.** ***caulorapa*** 苤蓝 / 球茎甘蓝
Koishikawa Korakuen（Japan）小石川后乐园（日本）
Koklas Pheasant/ Pucras pheasant（*Pucrasia macrolopha*）勺鸡
Kolomikta ***Actinidia Kolomikta*** 狗枣猕猴桃（英国斯塔福德郡苗圃）
Kolomikta Vine ***Actinidia kolomikta*** **（Maxim.）Maxim.** 深山木天蓼（狗枣猕猴桃）
Komarov Juniper ***Sabina komarovii*** **（Florin）Cheng et W. T. Wang** 蜀柏 / 笔柏 / 塔枝圆柏
kondo 日本佛教庙宇的主屋，多指日本飞鸟时代（公元 593 年起）到平安时代前半段（公元 1000 年左右）的佛教庙宇主殿

Kong Family Mansion Qufu（Qufu，China）曲阜孔府（中国曲阜市）
Kongmin wangrung（North Korea）恭愍王陵（朝鲜）
Konjac/Giant Arum *Amorphophallus rivierir* var. *kanjac* 蒟蒻 / 魔芋
Kopok Tree *Ceiba pentandra* L. Gaertn. 吉贝 / 爪哇木棉（危地马拉国花）
Korea Atractylodes *Atractylodes coreana* 朝鲜苍术
Korea Raspberry *Rubus coreanus* 插田泡 / 高丽悬钩子
Korea-China Friendship Tower（North Korea）朝中友谊塔（朝鲜）
Korean Arborvitae *Thuja koraiensis Nakai* 朝鲜崖柏 / 长白香柏
Korean arborvitae *Thuja koriensis* 朝鲜崖柏
Korean art 朝鲜美术
Korean Azalea *Rhododendron mucranulatum* Turcz. 蓝荆子（迎红杜鹃）
Korean Berberry *Berberis koreana* Palib. 掌刺小檗
Korean Box *Buxus microphylla Sieb. et* Zucc. var. *koreana Nakai* 朝鲜黄杨
Korean Evodia *Evodia deniellii*（Benn.）Hemsl. 臭檀（北吴茱萸）
Korean Feather Reed Grass *Calamagrostis brachytricha* 宽叶拂子茅（英国斯塔福德郡苗圃）
Korean Feather Reed Grass *Calamagrostis. brachytricha* Steudel. 短毛野青茅
Korean Fir *Abies Koreana* 朝鲜冷杉（英国斯塔福德郡苗圃）
Korean Forsythia/Early Forsythia *Forsythia ovata Nakai* 卵叶连翘
Korean Hackberry *Celtis koraeinsis* 大叶朴
Korean lecanium *Didesmococcus koreanus* 朝鲜球坚蚧
Korean paper 高丽纸
Korean Pine *Pinus koraiensis* 海松 / 红松
Korean Poplar *Populus koreana* 香杨
Korean Spruce/Koyama spruce *Picea koyama/Picea koraiensis* 红皮臭 / 红皮云杉
Korean Weigela *Weigela coraeensis* Thunb. 海仙花
Korean Pine 红松
koris 干河谷
Korshinsk Peashrub *Caragana korshinskii* Kom. 柠条 / 毛条
Silver Fern，Porga *Cyathea dealbata* 银蕨 / 银蕨（新西兰国花）
Koryu Temple（Japan）广隆寺（日本
Kosoji New Town 高藏寺新城
Kouraku-En（Japan）后乐园（日本）
Koyama Spruce/Korean Spruce *Picea koyama/Picea koraiensis* 红皮臭 / 红皮云杉
Kra Chaai/Kachai *Boesenbergia rotunda* 凹唇姜
kraal 茅舍（南非），牛栏，家畜栏，浅海围场
Kraton of Jogyakarta（Sultan）日惹王宫（苏丹）
Kremlin Palace（Russia）克里姆林宫（俄罗斯）
Krishna Mandir（Nepal）黑天神庙（尼泊尔）

ronborg Castle (Denmark) 克伦堡宫（丹麦）

ruger National Park (South Africa) 克鲁格国家公园（南非）

rummholz 高山矮曲林

~community 高山矮曲林群落

~formation 高山矮曲林形成

fen covered with pine~ 布满高山矮曲林的沼泽

pine~ 松树高山矮曲林

ryometer 低温计

rystic geology 冰雪地质学

uai Xiang (K'uai Hsiang, Ming dynasty) 蒯祥，明代建筑师

uangshan Plumyew ***Cephalotaxus lanceolata*** 贡山三尖山

uangxi Elaeocarpus ***Elaeocarpus duclouxii*** 广西杜英 / 多克龙 / 冬桃

udingcha Holly（拟）***Ilex kudingcha*** 苦丁茶

udzu Vine ***Pueraria thunbergiano*** 葛藤

uimen (Fengjie, China) 夔门（中国奉节县）

uiwen Pavilion (Guizhou, China) 奎文阁（中国贵州市）

umbum Monastery (Xining, China) 塔尔寺（中国西宁市）

uma bamboo grass ***Sasa veitchii*** 山白竹（英国萨里郡苗圃）

umana Birds Sanctuary (Sri Lanka) 库马纳鸟类保护区（斯里兰卡）

umquat/oval kumquat ***Fortunella margarita*** 金橘 / 罗浮 / 金枣

unlun Mountain 昆仑山

unming Lake (The Summer Palace, Beijing, China) 昆明湖（中国北京颐和园）

Kunshan Stone 昆山石

Kusamaki/Long-leaf Podocarpus ***Podocarpus macrophylla*** 罗汉松

Kuthodaw Pagoda (Burma) 鸠娑陶佛塔（缅甸）

Kuyedao Mint ***Mentha sachalinensis*** 东北薄荷

Kwangshi parashorea ***Parashorea chinensis*** **var.** ***kwangsiensis*** 擎天树

Kwangsi Alangium ***Alangium kwangsiense*** 广西八角枫

Kwangsi Erythropsis ***Erythropsis kwangsiensis*** 广西火铜

Kwangtun Lemon/Lemandarin ***Citrus*** × ***limonia*** **Osb.** 黎檬 / 广东柠檬

Kwangtung Bulbophyllum ***Bulbophyllum kwangtungense*** 广东石豆兰

Kwangtung Holly ***Ilex kwangtungensis*** 广东冬青

Kwangtung Pine ***Pinus kwangtungensis*** 华南五针松

Kwangtung Rehder-tree ***Rehderodendron kwangtungense Chun*** 广东木瓜红

Kyaikthanlan Pagoda (Burma) 吉丹兰佛塔（缅甸）

Kyaiktiyo Pagoda (Burma) 吉谛瑜佛塔（缅甸）

Kyanite 蓝晶石

Kylin（日）麒麟—中国神话中象征吉祥的怪兽。

Kyushu Maple/Red Snakebark Maple ***Acer capillipes*** 细柄槭（英国萨里郡苗圃）

Kyoto Goshyo (Japan) 京都御所（日本）

L l

La Cite Ideale，Ledoux（法）（十八世纪法国）勒杜规划的理想城市

La Defence，Paris 巴黎德方斯综合区

LA Landscape architecture 的缩写

LA professionals 风景园林行业人士

Labdanum ***Cistus ladanifer*** 胶蔷树 / 劳丹脂

label 标签；披水石；楣（即门上的梁）{建}；记录单；句名，标号，标记，标志；注识；贴标签；分类

labeled 贴标签于；被列入图

~graph 标号图，赋值图

~plants park 植物公园

label(l)ing 加标签（或签条）于，用标签表明，把……称为，把……列为，把……归类为；示踪

lability 不稳定性

labor 同 **labour** 劳动，努力，工作；任务；劳动果实；劳工，工人；工会；耕作

~capacity 劳动能力，劳动生产率

~cost at an hourly rate（美）每小时定额劳动工资费

~equilibrium 劳动平衡法（人口预测）

~-force oriented location 劳力型区位

~intensive industry 劳动密集型产业

~market 劳务市场

~population 劳动人口

~potential 潜在劳动力

laboratory 化学厂，药厂，试验厂，实验教室

~building 试验楼

~hood；fume hood 排风柜

~，natural area 自然区试验室

~ room 试验室

Labord's Spikemoss ***Lycopodioides labordei/Selaginella labor*** 细叶卷柏

laborer（美）**=labourer** 体力劳动者，工人，（熟练工人的）辅助工

labour 劳动；劳动力；劳动；工作；努力

~capacity 劳动生产率，功率

~conciliation 劳工争议调解

~condition 劳动条件

~contractor 承包商，承包工，订约人

~cost 人工费，劳动工资费

~cost at a unit rate（英）单位定额劳动工资费

~costs and wage rates 劳动工资费和工资定额

~costs，percentage of（美）劳动工资费（百分比）

~day 劳动日，工作日

~discipline 劳动纪律

~efficiency 劳动效率

~equilibrium method 劳动平衡法

~famine 劳动力人缺乏

~flux 劳动力流动，劳动力流出

~force 劳动力

~force balance 劳动平衡

~force sample survey 劳动力状况抽样调查
~force survey 劳动力调查
~index 劳动指标
~insurance 劳动保险
~insurance regulations 劳保条例
~intensive industry 劳动密集型产业
~-intensive maintenance 劳动力密集维修（保养）
~-intensive manufacturing industry 劳动力密集加工工业
~-intensive project 劳动密集型项目
~intensive technique 劳力密集技术
~law 劳动法
~management 劳动管理
~market 劳动市场
~orientation 劳动力指向
~population 劳动人口
~-population ratio 劳动力与总人口之比
~power 劳动力
~productivity 劳动生产率
~protection 劳动保护
~psychology 劳动心理学
~quota 劳动定额
~rate 劳动力价格
~resources 人力资源
~slowdown 怠工
~specialization 劳动专业化
~statistics 劳动力统计
~status method 劳动平衡法
~statute 劳工条例
~stringency 劳力不足
~stock 劳动定额
~structure 人口劳动构成
~troubles 劳资纠纷；工潮
manual~ 手工劳动，用手操作劳动
provision of~ 劳动条款
labouring population 劳动人口
labour-intensive industry 劳力密集工业
Labradorite 钙钠斜长石
Labrang Temple（Xiahe，China）拉卜楞寺（中国夏河县）
Labrang Monastery（Xiahe，China）拉卜楞寺（中国夏河县）
labyrinth 迷宫，迷路园，迷园，迷阵，迷篱；错综复杂
~hedge 迷宫绿篱
~of Crete 克里底王的迷宫
Lace-bark Pine *Pinus bungeana* Zucc. 白皮松
Lace Orchid/Odontoglossum/Star of Columbia *Odontoglossum crispum* 瘤瓣兰 / 皱齿瓣兰
laceration 湖泊率
lacet 盘山道，回旋道路
~road 盘山道，回旋道路
Laciniate Kalanchoe *Kalanchoe laciniata* 伽蓝菜 / 鸡爪三七
lackey moth 苹果蠹虫
lacquer 漆，漆器
lacquer articles 漆器，堆漆摆件
lacquer painting 漆画，磨漆画
lacustrine 湖的；生在湖中的，生在湖底的；湖成的
~community 生在湖中群落，湖成群落
~community，free-floating 自由浮动的湖生群落
~clay 湖成黏土
~deposit 湖（沉）积
~limestone 介壳灰岩

~plain 湖成平原
~reed zone 湖中芦苇分布带
~soil 湖积土
Lacustrine Village of Ganvie 冈维埃水上村庄（贝宁）
~zone of emergent vegetation 湖生植物分布带
Lacy Tree Philodendron ***Philodendron selloum*** 春羽 / 羽裂喜林芋
ladder 爬梯，码头爬梯，梯，梯状物
~fish { 水利 } 鱼（梯）道
~-shaped economic development theory 梯度经济发展理论
~track 梯线
Ladder Brake/Robbin Fern ***Pteris vittata*** 蜈蚣草 / 长叶甘草蕨
laden weight of a vehicle 车辆总重
ladies 公共女厕所
~room 公共女厕所
lading 装载，装货；加荷
~, bill of（美）装货清单，装货票据
Lady Chapel 圣母院
Lady Ear Drops/Fuchsia ***Fuchsia hybrida Voss*** 吊钟海棠 / 倒挂金钟 / 灯笼海棠
Lady in Red Fern ***Athyrium filix-femina*** **'Lady in Red'**'红衣女士' 蹄盖蕨（美国田纳西州苗圃）
Lady Lavender ***Lavandula angustifolia*** **'Lady'** 狭叶薰衣草 '女士'（美国田纳西州苗圃）
Lady Palm/Bamboo Palm ***Rhapis excelsa*** 观音竹 / 棕竹
Lady Slipper ***Paphiopedilum hirtiorrhiza*** 拖鞋兰 / 兜兰 / 带叶兜兰
Lady Washington Pelargonium/Fancy Geranium ***Pelargonium domesticum*** **Bailey** 蝴蝶天竺葵 / 大花天竺葵 / 洋蝴蝶 / 麝香天竺葵
Ladybell ***Adenophora stricta*** 沙参 / 杏叶沙参
Lady's Mantle ***Alchemilla mollis*** 斗篷草 / 露杯（英国斯塔福德郡苗圃）
Lady's Smock ***Cardamine pratensis*** 草地碎米芥 / 杜鹃鸟花
Laeagnuslike Distylium ***Distylium elaeagnoides*** 鳞毛叶蚊母树
lag 滞后，延迟，停滞
~-and-route method 移滞演算法
~of controlled plant 调节对象滞后
~phase 停滞生长期
Lago Argentino（**Argentina**）阿根廷湖（阿根廷）
Lago Yojoa（**Honduras**）约华湖（洪都拉斯）
lagoon 湖，泻湖，咸水湖，礁湖；浅湖污泥贮留池，（处理污水的）氧化塘
~harbo(u)r 湖港（由海湾或河湾形成的港）
~sand 湖砂
beach~ 湖滩污泥贮流池
lahar 火山泥（石）流
Lahore Fort（**Pakistan**）拉合尔城堡（巴基斯坦）
Lahore Museum 拉合尔博物馆（巴基斯坦）
laid 放（布，安，装）置，摆，安排，铺，砌
~cold，to be 冷铺
~dry，to be 干砌
~hot，to be 热铺

~in panels（按）格铺砌
~–off work 停工；解雇
~on edge 平面边（缘）铺砌
~–up 拆卸修理
Lajang scad ***Decapterus lajang*** 颌圆鲹 / 竹叶鲃浪
lake 湖泊，湖；深红色；媒色颜料，沉淀色料
~and river water quality map 湖泊与江河水质图
~area 湖泊面积
~asphalt 湖（地）沥青
Lake Balaton（Hungary）巴拉顿湖，别名匈牙利海（匈牙利）
~basin 湖盆
~basin bog 湖沼
~beach 湖滨
Lake Bled（Slovenia）布莱德湖（斯洛文尼亚）
~bottom reclamation 开垦湖地
~circulation 湖水环流
~city 湖上城市
~clay 湖泥
Lake Conggo（China）错高湖（中国）
~current 湖流
~dwelling 湖上房屋
~edge 湖边
~eutrophication 湖泊富营养化
~hydrology 湖泊水文学
Lake Ladoga（Rusia）拉多加湖（俄罗斯）
~landscape 湖泊园林；湖泊景观
~layering 湖泊分层
~–let 小湖
Lake Manyara National Park（Tanzania）马尼亚拉湖国家公园（坦桑尼亚）
~margin 湖边（缘）
~–marl 湖成泥灰岩，沼灰土
Lake Mobutu Sese Seko（Congo）蒙博托湖（刚果）
Lake Nakuru Naional Park（Kenya）纳库鲁湖国家公园（肯尼亚）
Lake of Geneva（Switzerland）日内瓦湖（瑞士）
Lake of Neuchatel（Switzerland）纳沙泰尔湖（瑞士）
Lake of Zurich（Switzerland）苏黎世湖（瑞士）
~pitch 湖沥青（通常指特里泥达岛所产者）
~port 湖港
~residence period 湖泊换水周期
~resources 湖泊资源
~round scenic spot 湖泊风景区
~sand 湖砂
Lake Seliger（Russia）谢利格尔湖（俄罗斯）
~stage gauging station 湖泊水位站
~station 湖泊站
~storage 湖泊蓄水量
Lake Tahoe 太浩湖（美国）
Lake Tanganyika 坦噶尼喀湖（非洲）
Lake Taupo（New Zealand）陶波湖（新西兰）
Lake Vanern（Sweden）维纳恩湖（瑞典）
Lake Volta（Ghana）沃尔特湖（加纳）
Lake Victoria（Africa）维多利亚湖（非洲）
~view 湖泊景观
Lake Waikaremoana（New Zealand）怀卡里莫阿纳湖（新西兰）

Lake Wakatipu（New Zealand）瓦卡蒂普湖（新西兰）
~wave 湖浪
Lake Wudalianchi（China）五大连池（中国）
bog~ 泥塘湖，沼泽湖
brown-water~（英）褐水湖
clear-water~ 清水湖
dystrophic~ 无滋育湖，无营养湖
mesotrophic~ 中滋育湖，中营养湖
oligotrophic~ 贫滋育湖，贫营养湖
polytrophic~ 多滋育湖，多营养湖
raised bog on a silted-up~ 淤塞湖上的突起泥沼地
plant community in silting-up pond or~ 淤积池或湖中的植物群落
water quality of rivers and~ 河流及湖泊水质
barrier~ 堰塞湖

lakebank 湖岸，湖堤

lakefront 湖滨

lakeland 湖水地区

lakelet 小湖

lakes and streams，management 湖泊和河流管理

Lake seiche 湖泊波漾（假潮）

lakeshore 湖滨

lakeside 湖滨
~park 湖滨公园

Lakshmi Narayan Temple（India）拉克希米—纳拉因庙（印度）

lam 砂质黏土；亚黏土

lama 喇嘛

Lamaism 喇嘛教

lamaist/lamaite 喇嘛教徒

lamasery 喇嘛寺院，喇嘛庙
~shop 法物流通处

Lambs Ears *Stachys byzantina* 绵毛水苏（美国田纳西州苗圃）

Lamb's Ear *Stachys byzantina* Silver Carpet 绵毛水苏‘银色地毯’（英国斯塔福德郡苗圃）

Lambsquarters/Pigweed *Chenopodium album* 灰菜 / 藜 / 猪粉菜

lamella 壳层 { 地 } 薄片，薄层；同向流斜板沉淀池

lamellar 成薄层的，成薄片的；层纹状的 { 地 }
~roof 叠层屋顶
~structure 层状结构，层状组织
~truss 叠层屋架

laminar flow 层流

laminarization 层次
~data base 层次数据库
~data model 层次数据模型

laminate material 层压材料

laminated 层板的，夹层的
~arch 层板拱
~glass 夹层玻璃
~rubber bearing for bridge 桥梁板式橡胶支座
~strand lumber（LSL）层叠木片胶合木
~veneer lumber（LVL）旋切板胶合木

Lamont Evergreen Chinkapin *Castanopsis lamotii* 鹿角栲

lamp 灯，灯泡，发光器，照明器
~bracket 灯架
~bridge 灯桥
~efficacy 发光效率
~flashing 灯闪

~oil 灯油
~pole 灯柱，路灯柱
~post 灯柱，路灯柱
~socket 灯座，灯插座
~standard 灯柱，路灯柱
~switch 灯开关
lamppost 灯柱
Lancang River（China）澜沧江（中国）
Lancaster Wax Museum（Britain）兰开斯特蜡像博物馆（英国）
Lance Asiabell ***Codonopsis lanceolata*** 羊乳 / 轮叶党参 / 山胡萝卜
Lance Coreopsis ***Coreopsis lanceolata*** 剑叶金鸡菊 / 狭叶金鸡菊 / 大金鸡菊
Lanceleaved Hamilton Spindle-tree ***Euonymus hamilronianus*** **var.** ***lanceifolius*** 小果西南卫矛 / 披针叶卫矛 / 毛脉卫矛
Lancelot "Capability" Brown（1715–1783）兰斯洛特·"可为"（或"万能"）布朗，既是肯特的学生也是他的女婿，被誉为英国"风景园林之王"。绰号"万能的布朗"（Capability Brown）
Lanceolate Cymbidium ***Cymbidium lancefolium*** 兔耳兰
Lanceolate Elaeagnus ***Elaeagnus lanceolata*** 披针叶胡颓子
Lanceolate Jasmine ***Jasminum lanceolarium*** 清香藤素云花
Lanceolateleaf Anisetree ***Illicium lanceolatum*** **A. C. Smith** 莽草 / 披针叶茴香 / 木蟹树
Lanceolate-leaf Spathiphyllum ***Spathiphyllum patinii*** 披针叶白鹤
lancet 矢状饰，长窄尖头窗｛建｝；折角条；小枪
~arch 尖顶拱
~architecture 尖拱式建筑
Lanchow Lily ***Lilium davidii*** **var.** ***unicolor*** 兰州百合
land 陆，地，陆地；土地，地皮，地面；国土；登陆；（飞机）着陆
~abandonment，agricultural 废弃农业土地
~access benefit 田庄通道受益〈道路筑成后田庄的得益〉
~–access road 田庄出入道路，当地道路；进路，通路
~acquisition 获得用地，征地
~act 土地法
~administration 地政管理
Land Administration Law 土地管理法
~aerodrome 机场，航空站
~agent（英）土地经纪人，土地管理人，地产商
~allocation 土地分配，拨地
~and house tax 土地房产税
~and water development 土地和水资源开发
~–and–water transport 水陆联运
~area of port 港口陆域
Land Art 大地艺术〈从 1967 年起美国一些艺术家所创造的一种新的艺术形式〉
~asphalt 陆产（地）沥青
~assembly policy 土地组合政策，土地组合策略
~assembly strategy 土地组合策略
~assignment 土地划拨
~bank 土堆

~-based pollution 陆地污染源
~batture 河滩地（洪水期淹没）
~board 地政局
~boundary 地界
~breeze 陆风
~caisson 陆上沉井
~capability class（美）地力等级
~capability classification(美)地力分级，地力分类
~capability map 地力图，土地可用性地图，土地规划图
~capacity 土地能力
~carriage 陆运，陆上运输
~category 土地类目，土地种类编目
~certificate 土地证
~characteristics 土地特性
~charge 土地负荷
~classification 土地分等，土地分类
~classification，agricultural（英）农业土地分类
~clearance 清理场地，土地上房屋拆除，清除地面树木；贫民窟的拆除
~clearing 清除地面（树木）
~clearing blade 除荆机，灌木清除机
~-clearing machine 地面清理机械
~closure 用地封闭，用地围墙
~consumption 土地消耗
~conservation 土地保护
~consolidation（英）土地联合，土地统一，土地合并
~consolidation act（英）土地联合（统一，合并）行动（法）
~consolidation area（英）土地统一地区
~consolidation authority 土地联合管辖权
~consolidation plan（英）土地联合规划
~consolidation procedure（英）土地联合步骤
~consolidation resolution（英）土地联合决定
~consumption 土地消耗
~control measures 土地管制措施
~controlled climate 大陆性气候
~cost 地价
~cruiser 城市间长途汽车
~datum value method 基准地价修正法
~developed 公路发达陆地
~disposal site（美）土地处理现场；土地处理场所
~divider 分车岛
~drain 地面排水沟，地面排水，土地排水道
~drainage 地面排水
~dredge(r) 挖土机，挖泥机
~driver 陆上打桩机
~element 土地要素
~evaluation 土地评价
~evaluation for urban development 城市开发用地评价
~exchange，voluntary 土地自愿调换
~expropriation 土地征用
~extensive industry 广占土地之工业
~evaporation 陆面蒸发
~facet 地面形态
~facies 陆相{地}
~fall 山崩
~feasible for cultivation 可耕地
~feature 地貌
~fill 土地填筑
~filling 土地填筑
~floe（大）陆冰

~fog 浅雾，低雾
~for air transport 机场用地
~for building 建筑用地
~for business and finance 金融贸易用地
~for commercial and service facilities 商业服务业用地
~for common warehouses 普通仓库用地
~for construction bases 施工与维修设施用地
~for cultural and recreational use 文化娱乐用地
~for educational and science institutions 教育科研用地
~for external transport 对外交通用地
~for funeral use 殡葬设施用地
~for green 绿化用地
~for harbour facilities 港口用地
~for hazardous warehouses 危险品仓库用地
~for health facilities 医疗卫生用地
~for highway 高速路用地
~for industrial use 工业用地
~for municipal public utilities 市政公用设施用地
~for outward transport facilities 对外交通用地
~for piped transmission 管道运输用地
~for postal and telecommunication use 邮电设施用地
~for public administration 行政办公用地
~for public facilities 公共设施用地
~for public sanitation 环境卫生设施用地
~for public utilization 公用事业用地
~for railway 铁路用地
~for residential use 居住用地
~for roads 道路用地
~for roads and squares 道路广场用地
~for sale in lots 分售地（分成几块出售的一组建筑用地）
~for special use 特殊用地
~for sports activities 体育用地
~for squares 广场用地
~for transport 交通运输用地
~for transport facilities 交通设施用地
~for transportation 交通运输用地
~for utilities 市政公用设施用地
~for warehouses 仓储用地
~forecast model 土地利用预测模型
~form；topography 地形，地形线，地貌
~form unit 地貌单元
~form element 地形单元
~formation 陆地建造，陆地形成，陆相层（地）
~freeze 土地冻结（政策）（指政府对土地的出卖或转让等所作出的限制）
~function 土地功能
~grab（美）土地拓殖（垦殖）；土地霸占
~grade，agricultural（英）农业土地（质量）标准
~grader 除荆机，灌木清除机，推土机
~grant 土地许用证
~holding agency 土地经理处
~holdings 土地资产
~holdings，enlargement of 增大土地财产
~holdings，reorganization of（英）土地财产整顿
~holdings tax 土地占有税
~hunger 土地占有热、领土扩张热
~hydrology 陆地水文学

~ice（大）陆冰
~improvement 土地改良；垦拓土地
~improvement，agricultural 农业土地改良
~improvement district 土地改良区域
~increment 土地增值
~increment value duty 土地增价税
~index 土地指数
~information system（简写 LIS）用地信息体系
~intensive 土地集约（经营）
~intensive industry 土地集约工业
~jobber 地产投机商；地皮掮客，地产经纪人
~law 土地法
~leasing 土地出让
~legislation and control 土地立法及土地管理
~-level(l)ing 场地平整，场地抄平
~level(l)ing project 土地平整工程
~limitation 土地限制性
~line 岸边线；道路用地边线；道路征地线，路界线；陆地通讯线
~locked country 内陆国家
~management 土地管理，土地经营
~management information system 土地管理（经营）信息系统
~management measures 土地管理（经营）标准（比较，估价，判断）
~management，ecologically based 生态基地土地管理
~management，economic 经济上土地管理
~map 地形图
~mark 界标，界桩，岸标，目标，陆标，地标
~mark planting 陆标栽植
~mass 地块
~movement 土体位移，土体滑动
~occupation（英）土地工作（行业）
~of agricultural use 农业用地
~of industrial use 工业用地
~of uncertain ownership 所有权不明的土地
~option for urban development 城市用地选择
Land Ordinance of 1785（美）1785 年的土地法令
~over 地表
~ownership 土地所有权
~ownership pattern（美）土地所有权形式
~ownership structure（英）土地所有权结构
~parcel 地块
~parcel lot 基地
~parcels，agricultural 农业地块
~pasture 土地共同牧畜权；陆地牧场
~patent 土地转让证
~pier 岸墩
~planning 土地规划
~planning，overall 全面土地规划
~planning survey 土地规划测量
~plat 土地图，地籍图，地段图，地区图
~play 地产交易
~policy 土地政策
~pollution 大地污染，土地污染
~preparation for urban development 城市用地工程准备措施

~price 地价，土地价格
~price per floor area 楼面地价
~problem 土地问题
~productivity 土地生产率
~property 地产
~quality 土地质量
~ratio 容积率
~ratio 土地使用率
~readjustment 用地再调整，用地重新区划，用地区划整理图
~readjustment drawing 用地区整理区划图，土地区划整理图
~readjustment work 土地调整工作，土地重划，土地区划整理工作
~readjustment work for urban renewal 城市改建中的用地调整工作
~readjustment works 土地区划整理工作
~reclamation 土地整治
~reassignment（英）土地再分配
~reclamation 填埋土地，填筑土地，垦拓土地，土地改良，土地开垦
~reduction 建筑让地，（土地区划整理前后）宅地面积缩减
~reform 土地改革
~region 土地改革
~register 土地登记簿，土地登记，地籍
~registration map（英）土地注册地图
~registry map（英）土地注册簿地图
~registry office（英）土地注册事务所（办公室，营业所）
~requirements 土地要求，土地必要条件
~requirement，open 土地要求，空旷土地要求
~requisition 土地取得，土地征用
~reservation for public facilities 公共设施保留地
~reserved for environmental purposes 环境用途保留地
~resource 土地资源
~resources satellite 国土资源卫星
~restoration 土地整修
~resumption 收回土地
~retirement 土壤侵蚀（风蚀）
~revenue 土地收益
~rights 土地权
~ripe for development 土地开发划区
~rotation 土地轮作，土地换茬
~runoff 地表径流
~saving 节约用地
~scientist（英）土地科学家
~-service road 地方道路
~serverance 零星占地（指从一块土地上切割出一小块地块进行开发、租赁、买卖或抵押的过程，土地细分的一种特殊类型）
~shaping 土地整形
~side 地面工作区
~side of airport 飞机场控制区
~slide 坍方，土崩，山崩，坍坡
~slide classification 坍坡分类
~slide correction 滑坡整治
~slide mass 滑坡体
~slide protection wall 防坍墙
~slide slope failure 滑坡
~slip 同 land slide
~slips zone of slope 边坡塌滑区
~speculation 土地投机
~spout 旋风，暴风
~squatting，overnight 非正式擅自占用土地

~status 土地类别，土地性质
~subdivision 土地划分，园地划分，土地细分
~subleased 转租土地，地面沉降
~subsidence 地面沉降，地面下沉，陆沉，地沉，土地沉陷
~suitability 土地适用性能，土地适宜性，用地适宜性
~suitability study 土地适宜性研究
~supply 土地供应
~surface 地面，地表
~survey 土地测量，城市测量
~surveying 陆地测量，土地测量
~surveyor 陆地测量员，土地测量员
~swap，voluntary（美）自愿交换土地
~system 地形分类系统
~take 占地，用地
~tax 土地税
~taxes 土地税
~tenure 土地占有制度，租用权，土地占有
~transaction 土地交易
~transfer 土地转让，土地（所有权）转移（或过户）
~transport 陆上运输
~transportation 陆上运输
~treatment（污水）土地处理
~treatment of wastewater 废水土地处理法
~treatment system 土地处理系统
~type 土地类型
~–type map 土地类型图
~under crop 播种面积
~upheaval 地面隆起
~use 土地使用，（城市区域规划）土地类别分区
~use adjustment 用地调整
~use administration 城市规划用地管理
~use，agricultural 农业土地利用
~–use analysis 可用场地分析
~use balance 用地平衡
~use capability 土地利用率
~use capability classification（英）土地使用可能分级
~use capacity 土地利用潜力
~use category，urban 城市土地利用类别
~use certificate 土地使用证书
~use certification 土地使用证
~use claim 用地申请
~use classification 土地利用分级，土地利用分类
~use classification for urban area 市区土地用途分类
~use conflict 土地使用矛盾
~use density（美）土地利用密度
~use economics 土地利用经济学
~use，industrial（工业）土地利用
~use，institutional（公共机构、慈善机构）土地使用
~use intensity 土地使用强度
~use，intensity of 土地强化使用
~use intensity standards 土地利用密度标准
~use map 用地图
~use，mixed 土地综合利用
~use model 土地利用模型
~use patterns 土地利用型式
~use permit 建设用地规划许可证
~use plan 土地利用规划（图），土地使用计划

~use plan，community 社区土地利用规划（图）
~use plan，urban（英）城市土地利用规划（图）
~use planning 土地使用规划，土地利用规划
~use ratio 土地使用率
~use，recreational 娱乐、消遣土地使用
~use，residential 住宅土地使用
~use right 土地使用权
~use right granting 土地使用权出让
~use right transfer 土地使用权转让
~use specification 土地使用规范
~use structure 土地使用结构
~use suitability evaluation 土地使用适宜性评价
~use survey 土地使用调查
~use system 土地利用制度
~use transport optimization（LUTO）土地利用和交通优化
~use type 土地利用类型
~uses，combination of various（不同组合、结合体）土地使用
~uses，designation of 土地指定（选定）使用
~uses，interlocked pattern of 土地连锁型使用
~uses，layering of various 土地分层使用
~uses，mapping of existing 现有土地使用绘图
~uses，overlapping of 土地重叠使用
~uses，segregation of 土地分开使用
~utilization 土地利用
~valuation 土地评价
~value 土地价值
~value increment 土地增值
~value increment tax 土地增值税
~waste 岩屑，风化石；砂砾；土地荒废
~–water ratio 公园水陆面积比率
~–water transport junction 水露联运枢纽，水陆联运码头
~wind（大）陆风{气}
~with fruit trees（英）果树地
~with planning approval–residential use 规划确定的居住用地
~zoned for development 土地开发划区
~zoned for residential 规划划定的居住用地
agricultural~ 农业土地
agricultural production~ 农业生产用地
arable~ 可耕地，耕地
barren~ 不毛之地，贫瘠土地
common~（英）共有土地
community~（美）社区土地
consolidation of agricultural~ 农用土地合并，农用土地联合
contaminated~ 污染土地
cultivated~ 耕地
damage~ 毁损（破坏）土地
derelict~ 废弃土地
developed~（英）扩展土地，开发土地
disused~（美）废地，不用地
eroded~ 侵蚀的土地
extensive open~（美）广阔空闲地
extensively cleared~ 粗放（经营）光秃土地
fallow~ 休闲地，（耕地）犁过而未播种地

floodable~ 易于淹没的土地
forest~ 林区土地
forested~ 植林土地
grazing common~（英）公共放牧地
industrial waste~ 工业荒地
interest in~ 土地利益
leftover~（美）剩余土地
local authority~（英）地方政府管辖土地
marginal~ 贫瘠土地
non-accessed~（英）不可进入土地
orphan~（美）无人照管土地，无主土地
reclamation of~ 土地开垦
reclamation of derelict~ 废弃土地开垦
reservation of~ 土地储备
residual parcel of~ 土地剩余部分
restoration of~ 土地整修
riparian~ 湖滨地，河岸地
rural~ 农村土地，农业土地
setting-aside of arable~（英）可耕地周边环境
temporary allotment~（英）临时分配地
tenant agricultural~ 佃户农用地
uncultivated farm~ 未经开垦的农场土地
undeveloped~ 未（充分）开发的土地
undeveloped zoned~ 未开发的区划土地
unserviced~（美）未利用土地
waste~ 未充分利用的土地，荒地
white~（英）农业用地
wild~（美）未开垦土地，荒芜土地

land preparation 整地

landcover（美）土地保险（保证金、信贷准备金），土地植被

landed 不动产

landed estate 地产，不动产
~property 地产

landfill 填埋垃圾，填土
~disposal（垃圾）填埋处理
~for reclamation（土地）围填利用
~of municipal refuse 城市垃圾填埋
~site（英）垃圾埋填场地
~site，controlled（美）受控废渣埋填场地
~site，refuse 垃圾废渣埋填场地
~to original contour 原始地形填土
~waste site 垃圾填筑地
sanitary~ 卫生垃圾填埋
landform~ 地形
~map 地形图
artificial~ 人工地形
leftover~（美）残余地形

landform design，grading design 地形设计

landforms 地貌形成作用

landforms series 地貌序列

landforms 地形学

landing 楼梯平台，平台
~area（飞机）降落场，着陆场
~beam 平台梁
~length 平台长度
~pier（美）平台基墩
~pitch 踏面
~stage（英）浮码头，趸船栈桥
stair~ 楼梯平台

landline 陆上通讯线

landlord（of a rented dwelling）（出租住宅的）房主
~lessor 房东

landmark 地界标志，标志性建筑物，里程碑，地区标志，岸标，界标，界桩
~building 地界标志建筑物

~feature 标志性建筑物外观
~tree（美）地界标志树，界标树，地区标志树
andmarks，preservation of historic 历史性地标保护
Registry of Historic~（美）历史性地标登记处
historic~（美）历史性地标
natural~ 自然地标
andmass 大片陆地，地块
andownership 土地所有权
andsat 陆地卫星
andscape 风景，景象，景观，自然景色；风景画；风景园林，园林；〈一词最早出现于文献中是 1598 年，由荷兰画家发明的。荷兰语中的意思是"大地的一片区域或一片地带"。后来被英国著名散文家 J·艾迪生（Joseph Addison，1672–1719）引入英语之中。其含义为"描绘大地景色的图画"（A picture depicting scenery of land），在英语中使用了 34 年之后，该词则被赋予了"自然风光的一景或一处景色"（A view or vista of natural scenery）的新内涵，即由当初的对风景画的欣赏转为对现实风景的欣赏。这也是 Landscape 一词在现代的基本含义〉
~aesthetics 景观美学，风景美学，园林美学，风景园林美学
~aesthetics management 景观美学管理
~analysis 景观分析，风景分析
~and urban coalescence 景观和城市结合
~appeal 景观的魅力
~architect 风景园林师，景观建筑师
~architect employed by a public authority/agency 公共管理机构雇用的风景园林师
~architect in a public authority，senior（英）公共管理机构的高级风景园林师
~architect in a public authority/ agency，chief（美）公共管理机构的首席风景园林师
~architect in charge of a branch office（美）负责分支机构的风景园林师
~architect in private practice 私人机构的风景园林师
~architect in private practice，senior 私人机构的高级风景园林师
~architect principal 总风景园林师
~architect，project 项目风景园林师
Landscape Architectural Economics & Management Committee 风景园林经济与管理委员会
Landscape Architectural Festival 风景园林节
Landscape Architectural Information Committee 风景园林信息委员会
Landscape Architectural Month 风景园林月
~architectural registration 风景园林执业注册
Landscape Architectural Program 风景园林专业
Landscape Architectural Disciplinary 风景园林学科
~architecture 风景园林学，景观建筑学，景园学，造园学；美国出版的风景园林杂志
Landscape Architecture Interpretation 风

景园林诠释
Landscape Architecture Practice 风景园林实践
Landscape Architecture Symposium of China, Japan and Korea 中日韩国际风景园林学术研讨会
~area 风景区
~area, natural 自然风景区
~around buildings, design of（英）建筑物周围园林（景观）设计
~art 风景园林艺术，景观艺术
~assessment, aesthetic 景观美学评估
~assessment, visual 景观视觉评估
~-as-system 将景观看作一个系统
~bureau 风景园林（管理）局
~change 景观变革，景观改变
~character 景观特色，风景特色
~character, preservation and management of 景观特色保护与管理
~characteristics/resources, spatial 景观空间特征 / 资源
~city 风景城市
~clearance（英）景观 / 园林清理
~component 景观 / 园林组成部分
~component for recreation 娱乐景观部分
~consciousness 景观 / 园林意识
~conservation 景观 / 园林保护
~conservation, integrated 整合的景观保护
~construction 景观 / 园林建设
~construction and maintenance work 园林建设和园林维护工作
Landscape Construction Branch 景观 / 园林建设分会
~construction firm 景观 / 园林建设公司
~construction techniques 景观 / 园林建设技术（技能、工艺、方法）
~contracting 景观 / 园林契约
~contracting firm 景观 / 园林承包商
~contracting industry 景观 / 园林承包行业
~contractor 景观 / 园林承包商
~contractor's firm 景观 / 园林承包商公司
~Contractors Association, American（美美国景观 / 园林承包人协会
~creating 造景
~damage 景观损害（损失、破坏）
~data bank 景观 / 园林数据库
~database=data bank
~design 景观 / 园林设计，风景园林设计，造景设计
Landscape Design in The Primeval Environment 原始环境里的景观设计
Landscape Design in The Rural Environment 农村环境里的景观设计
Landscape Design in The Urban Environment 城市环境的景观 / 园林设计
~design of housing areas 住宅区景观 / 园林设计
~designing 景观 / 园林设计
~development 景观 / 园林开发
~development plan, mandatory 必须履行的景观开发规划
~diversity 景观 / 园林多样性
~ecologist 景观生态学者
~ecology 景观生态学
~ecosystem 景观生态系统
~element 景观 / 园林要素
~engineer 景观 / 园林工程师

~engineering 园林工程，景观工程学，造园工程
~equality 景观质量
~equilibrium 景观 / 园林平衡
~anesthetics 景观 / 园林美学
~evaluation 景观 / 园林评价
~experience，conception of the 景观 / 园林经验的概念
~factor 景观 / 园林要素
~feature 景观 / 园林特点，园景
~feature for recreation 景观娱乐特点
~feature，protected 受保护的景观特点，受保护的景点、景物
~features，natural 自然景观特点，自然景色
~features，small 小型景观特色，小景
~for climate change and future proofing 景观适应气候变化和未来
~for drainage 景观引导排水
~for health & wellbeing 景观带来健康幸福
~for microclimate & air quality 景观调节微气候，改善空气质量
~for noise attenuation 景观弱化噪音
~for people 景观关注民生
~for rooftops 屋顶景观
~forest 风景林
~from waste 垃圾塑造景观
~garden 风景园，风致园
（The）Landscape Garden in England 英格兰风景园
（The）Landscape Garden in The United States（United States =United States of America）美利坚合众国风景园
~gardener 风景造园师
~gardening 风景式造园
Landscape Gardens LG 风景式园林（英国）
~geographical research 景观地理研究（调查）
~heterogeneity 景观不同性，园林多样性
~history 景观史，园林史
~horticulture 风景园艺学
~ideology 景观思想，造园思想
~industry 风景园林行业
Industries，British Association of~（英）英国风景园林行业协会
~information system 景观 / 园林信息系统
~insurance 景观 / 园林保险
Landscape Interpretation 景观 / 园林诠释
~intervention 景观干预
~inventory 景观 / 园林目录，园林自然资源调查（目录）
~journal 美国出版的风景园林 / 景观学刊
Landscape Kuang-ao ranking 风景旷奥度
~lay-out 景观 / 园林设计，园林布局
landscape lighting 景观 / 园林照明
~maintenance 景观 / 园林维护
~management（美）景观 / 园林管理
~management area 景观 / 园林管理区
~management，considerations of nature conservation and 自然保护和景观管理考量
~management system 景观 / 园林管理系统
~management，visual 视觉景观 / 园林管理
~marble 景观大理石

~meanings 景观 / 园林内涵
~modification，degree of 景观 / 园林改造程度
~modification，gradient of 景观改变坡度
~modification，level of human-caused 人为景观改变水平
~mosaic pattern 景观镶嵌图案，景观镶嵌模式
~obscurity 景观的模糊性
Landscape of Guilin 桂林风景
~of reclaimed surface-mined land 地表矿改造的景观
~organizing 组景
~painting 风景画
~panel 风景木纹板（造景工程使用）；园林造景镶板壁(园景作品之一部分)
~park 风景公园
~patrimony 景观 / 园林遗产
~pattern，ecological 生态景观格局
~plan 景观 / 园林平面图，风景规划
~planner 景观规划师，风景园林规划师
~planning 景观规划，风景园林规划
Landscape Planning & Design Committee 景观 / 园林规划与设计委员会
~planning measures 景观 / 园林规划计量单位
~planning proposals 景观 / 园林规划建议
~planning requirements，statutory designation of 法定景观 / 园林规划必要条件
~planning，consultant's report(s)on 景观 / 园林规划咨询报告
~planning，functional（美）景观 / 园林功能规划
~planning，pertaining to 附属景观 / 园林规划
~planning，sectoral（英）分区景观 / 园林规划
~plant 园林植物
Landscape Plants Committee 园林植物委员会
Landscape Plants Protection Committee 景观 / 园林植物保护委员会
~planting 风景造林；造景栽植，植物配植
~planting in housing areas 住宅区内植物配植
~policy 景观 / 园林政策
~potential，natural 自然景观潜能
~practice 景观 / 园林实践
~preservation 景观 / 园林保护，风景保护
~preservation and archaeology 景观 / 园林保护与考古
~profession 风景园林行业
~program（me），regional 地区性景观 / 园林计划（方案）
~protection（英）景观 / 园林保护
~protection area 景观 / 园林保护区
~-related 相互联系的景观，相关景观
~reservation 风景保护区，景观保护（区）
~resources 风景 / 景观资源
~resources development 风景 / 景观资源开发
~resource evaluation 风景 / 景观资源评估
~resource heritage 风景 / 景观资源遗产
~resources protection 风景 / 景观资源保护

~sector 分区景观
~semiotics 风景 / 景观符号
~space 风景 / 景观 / 园林空间
~sphere 风景圈
~strategy plan（英）景观 / 园林战略规划
~structure 风景 / 景观 / 园林结构
~structure plan 风景 / 景观 / 园林结构方案
~structure planning 风景 / 景观 / 园林结构规划
~survey 风景 / 景观 / 园林调查（查勘，检视、检验，测绘）
~style 风景式，风景型，景观 / 园林型
~treatment 景观 / 园林处理
~unit 景观 / 园林单位
~unit，natural 自然景观单位
~urbanism 景观都市主义 / 风景城市主义
~view 景观视线
~& visual impact assessment（LVIA）景观 & 视觉影响评估
~zone 风景区，景观区
adverse impact on the~ 对景观不利影响
aesthetic value of a~ 景观 / 园林美学价值
agrarian~ 农耕风景（景观）
agrarian cultural~ 农耕文化景观
agricultural~ 农业景观
beauty and amenity of the~（美）风景优美宜人
characteristic of a~ 风景 / 景观 / 园林特色
coastal~ 海岸景观
compartmentalization of a~ 风景 / 景观 / 园林划分（分隔）
cultural~ 人文景观，文化景观
current state of a~ 景观现有状况
disfigurement of~ 景观损毁
energy-resource saving~ 节约型景观 / 园林
ethnographic~ 文化人类学景观
fabric of the~ 景观构筑
hard~ 硬质景观
hedgerow~ 灌木树篱景观
heritage~ 遗产景观
hilly~ 多山景观
historic~ 历史景观
History of~ Architecture 风景园林史，景观史
impairment of~ 景观 / 园林损伤
industrial~ 工业景观
instant urban~ 瞬息而现的城市景观
integration of structures into the~ 建筑融入景观
karst~ 喀斯特景观，岩溶景观
lake~ 湖泊景观
managed~ 被管理的景观 / 园林
man-made~ 人造景观
modification of~ 景观 / 园林改造
（the）motif of~ 景观主题
natural~ 自然景观，自然风景
natural character of a~ 景观自然特色
natural~ features 自然景观特色，自然风景
natural~ planning 自然景观规划
near-natural~ 接近自然的景观
open-ended~ 广泛的景观
ordinary~ 普通景观
paradigms of~s analysis and assessment 景观分析评价模式

park-like~ 有公园特征的景观
physiognomy of a~ 景观外貌
planning and design of LA 风景园林规划与设计
portion of a~ 景观一部分
potentials of a~ 景观潜能
（The）Practice And Profession Of~Architecture 风景园林的实践和行业
protected cultural heritage~ 受保护的文化遗产景观 / 园林
recreational feature in the~ 景观 / 园林的娱乐特色
recultivated mining~（英）重整矿区景观
river~ 江河景观
rolling~ 可变景观
romantic~ 富浪漫色彩的景观 / 园林
sequent occupance of~ 景观 / 园林序列
soft~ 软质景观
spatial unit of a~ 景观空间组合单位
structured~ 结构化的景观，有条理的景观
structuring of~ 景观结构性
The Chinese Society of Landscape Architecture 中国风景园林学会
transfer and interpretation of~ information 景观 / 园林信息转译
unique character of a（scenic）~ 风景的独有特色
uniqueness of a~ 景观的独特性
（The）Universality and Regionality of~ Cultures 景观 / 园林文化的普遍性和地域性
urban~ 城市景观
virgin~ 未开发的景观，原始景观
visual~ 直观景观，视觉景观
visual character of a~ 景观视觉特性

landscaped 景观 / 园林化的
~area 景观 / 园林化的区域
~open space 景观 / 园林化的空间

landscapes，conservation of coastal 海岸景观保护

landscaping 风景化，造景
~around public building 公共建筑景观 / 园林化
~in factory 工厂景观 / 园林化
~of built-up areas 建设地区景观 / 园林化
~of residential area 居住区景观 / 园林化
~of square 广场景观 / 园林化
~plan 景观 / 园林平面图
~planting 景观 / 园林化种植
~practice 景观 / 园林实践
~urban district 城市地区景观 / 园林化
~within factory 工厂景观 / 园林化
cemetery~（美）墓地景观 / 园林化
courtyard~ 庭院景观 / 园林化
hard~ 硬质景观 / 园林化
roadside~（美）路边景观 / 园林化
school~ 学校景观 / 园林化
soft~ 软质景观 / 园林化
street~（美）街道景观 / 园林化

landscaping and greening 园林绿化

landside 堤内地

landslide 滑坡，坍坡，坍方，山崩
~body；landslide mass 滑坡体
~due to engineering 工程滑坡
~hazard 滑坡（坍坡、坍方、山崩）危险
~survey 滑坡测量

landslip 滑坡，坍坡，坍方，山崩

edge of a~ 滑坡边缘（边界）

land-use 土地利用，土地使用，用地

~analysis 土地利用分析

~area，designated 指定土地利用区

~assessment 城市用地评价，用地评定

~balance 用地平衡

~capacity 土地利用率

~claim 用地申请

~control 土地使用控制

~forecast model 土地利用预测模型

~inventories 土地使用资料要目

~plan 土地利用规划图

~plan，adoption of a legally binding~plan, designation by legally binding 法定土地利用规划图

~plan，preparatory 预备性土地利用规划图

~planning，urban（英）城市土地利用规划

~pressure，competing 土地利用压力（竞争）

~ratio 土地利用率

~requirements 用地需求

~statistics 土地利用统计

~survey 土地利用调查

~type 土地利用类型

~-use and transportation plan 土地使用与交通规划

pressure of competitive~ 竞争性土地利用的压力

landwall 岸壁

landward 向陆的，近陆的

landwaste 同 land waste

lane 车道；小路，街，巷，弄；（规定）航路，航线，空中走廊

~，acceleration 加快车道（快车道），增速车道

~allocation 车道布置

~arrangement 车道布置

~balance 车道平衡

~blockage 车道阻塞

~capacity 车道通行能力（车辆按照某种速率行驶而无显著延滞时，每条车道的最大通行交通量）

~closure 车道关闭（高速干道交通控制的一种方法）

~distribution 流量的车道分布

~divider（路面）分道线；分车线，分车岛，分车道，车道分隔设施

~flow 车道车流

~guide 车道指示标志

~indicating signal 车道指标信号机

~line（道路）车道线，分道线

~load 车道荷载

~loading 车道荷载

~separator 车道分隔带，分车带

~untwining 面疏解

~-use control 车道使用控制（如指定左转弯专用等）

~-use sign 车道使用指定标志

~way 巷道，街堂

~width 车道宽（度）

abutting~ 相邻车道

accommodation~ 专用车道

accumulation~ 储备车道

air~ 空中走廊，空中航道，航空路线

bicycle~ 自行车专用道

bike~ 自行车专用车道

bus~ 公共汽车专用车道

bus priority~ 公共汽车优先通行车道

by-~ 小巷，小路
car-track~ 有轨电车车道
centre~ 中间车道
centre line~（公路弯道的）内侧车道
crawling~ 爬坡车道
critical~ 关键车道，临界车道，紧张车道；紧急备用车道
cross over~ 转换车道
deceleration~ 减速车道
dedicated~ 专用车道 {交}
directional~ 导流车道
distribution~ 分流车道
dual~ 双车道
emergency escape~ 紧急安全车道
emergency stopping~ 应急停车(车)道，临时停车（车）道
exclusive~ 专用车道
fast~ 快车道
filter~ 分流车道
fire~（美）消防车道
main~ 主车道
one~ 单车道
parking~（路上）停车道
promenade~ 游览观赏慢车道（汽车可以时驶时停）
pull-off~（美）路侧停车带车道
rapid-vehicle~ 高速车道
skidding~（英）下滑车道，用滑动垫木移动通道
slow（traffic）~ 慢车道
slow-vehicle~ 慢车道
stopping~ 停车车道
sunken~ 路堑车道
truck~ 卡车道，货运车道；货车专用车道
waiting~ 短时停车道
4-~ 四车道

lanes and alleys 里弄，胡同

Lang Chu Tich Ho Chi Minh（**Vietnam**）胡志明主席陵（越南）

Lang Hung Vuong(**Vietnam**)雄王陵(越南)

Lang Kim Lien(**Vietnam**)金莲村(越南)

Lantana/Yellow Sage/Jamaica Mountain Sage ***Lantana camara*** 马樱丹 / 五色梅

lantern 灯笼

[a kind of] Lantern Fish（***Myctophum pterotum***）七星鱼

Lantern Wildginger ***Asarum inflatum*** 灯笼细辛

Lao Mytilaria ***Mytilaria laosensis*** 壳菜果 / 米老排

lap 搭接，重叠（部分）；互搭；（瓦的）鳞比；余面 {机}；膝；搭接，重叠；叠成鳞状；卷；覆盖
~joint 搭接，互搭接头，搭接缝
~joint，welded 焊接搭接缝

lapicide 石匠，碑文雕刻工

lapidary garden 雕刻园

lapie 岩沟，石灰岩沟

lapis lazuli 青金石，在中国古代称为璆琳、金精、瑾瑜、青黛等。佛教称为吠努离或璧琉璃。属于佛教七宝之一。

Lappet moth ***Brahmaea undulata*** 波水蜡蛾

Larch 落叶松木
~pine 南欧黑松

Larch ***Larix*** 落叶松（属）

Larch ***Larix decidua***（**Europea**）欧洲落叶松（英国斯塔福德郡苗圃）

Larch corn maggot ***Lasiomma laricicola***

落叶松球果花蝇

arge 大的

~aggregate concrete 大集料（大于4厘米）混凝土，大粒料混凝土

~annual ring 大年轮

~cabbage white butterfly 菜粉蝶，菜白蝶，白蝴蝶，白粉蝶

~-caliper tree 大直径树

~calorie 千卡

~city 大城市，大都会

~gradings 大粒径级配

~-growing 快长的，生长快的{植}

~housing estate 大型居民点

~nursery stock 大苗圃苗木

~park 大公园，综合公园（具有观赏、疗养、运动等多种功能的城市大公园）

~scale 大比例尺；大量；大规模（的）；大型（的）

~scale aero photogrammetry 大比例尺航空摄影测量

~scale development project 大规模开发方案

~scale industrial districts 大规模工业基地，大型工业区

~-scale land holdings 大规模土地占有

~-scale migration 大规模人口迁移

~-scale planning 大比例尺规划

~-scale pollution 大范围污染，大规模污染

~scale system 大系统

~scale test 大规模试验

~scale topographic mapping 大比例地形测图

~sedge swamp 大莎草（或苔）植床沼泽（沼泽地）

~-sedges fen（英）大苔草沼泽（植物）

~shrub 大灌木

~size 大号，大型，大尺寸

~-sized cobblestone（美）大号圆石，大号大卵石

~-sized granite sett（英）大花岗岩石板

~-sized pavestone（美）大铺路石（石料，石块，石子）

~-sized paving sett（英）大铺路石板

~-sized paving stone（美）大铺路石

~space enclosure；closed booth 大容积密闭罩

~spoil area（美）大弃土区，大废料场

~tip（英）大堆，大垛

~tree transplanting 大树移植

Large Comptie *Macrozomia communis* L. Johns. 普通大泽米铁/澳洲苏铁

Large icefish *Protosalanx hyalocranius* 大银鱼

Large Janpanese mole *Mogera robusta* 缺齿鼹

Large Leave Dogwood *Cornus macrophylla* 梾树/大叶梾木

Large Magnolia/Southern Magnolia/Bull Bay *Magnolia grandiflora* 广玉兰/洋玉兰

Large mouth queenfish *Chorinemus lysan* 长颌鲭鲹

Large spotted cat *Veverra megaspila* 大斑灵猫

Large Stemona *Stemona tuberosa* 大百部/对叶百部/大春根药

Large Yellow Croaker *Pseudosciaena crocea* 大黄鱼/大黄花

Large-eye Bambusa *Bambusa eutuldoides* McCl. 大眼竹

Largeflower Bleedingheart *Dicentra macrantha* 大花荷包牡丹

Large-flower Carrion Flower/Stapela *Stapelia grandiflora* 大花犀角

Largeflower Holboellia *Holboellia grandiflora* 牛姆瓜

Largeflower Motherwort *Leonurus macranthus* 大花益母草

Large-flower Purslane *Portulaca grandiflora* Hook. 半支莲 / 大花马齿苋

Largeflower Shrubalthea *Hibiscus syriacus* f. *grandiflorus* 大花木槿

Largeflower Wildginger *Asarum macranthum* 大花细辛 / 花叶细辛 / 花脸细辛

Large-flowered Calamint *Calamintha grandiflora* 大花新风轮菜 / 山脂草

Largefruit Holly *Ilex macrocarpa* Oliv. 大果冬青

Large-fruit Mucuna/Rasty-leaf Mucuna *Mucuna macrocarpa* 大果油麻藤

Largefruit Oilresiduefruit *Hodgsonia macrocarpa* 油渣果 / 猪油果 / 油瓜

Largefruit Pachira *Pachira macrocarpa* 瓜栗 / 大果瓜栗

Largehead Atractylodes *Atractylodes macrocephala* 白术 / 于术

Largeleaf Manglietia *Manglietia megaphylla Hu et Cheng* 大叶木莲

Largeleaf Chinese Ash *Fraxinus chinensis* var. *rhynchopylla* 花曲柳

Largeleaf Curculigo *Curculigo capitulata* 大叶仙茅 / 野棕

largeleaf gentian *Gentiana macrophylla* 秦艽

Largeleaf Holly Fern *Cytomium macrophyllum Tagawa* 大贯众 / 大羽贯众

Largeleaf Kalanchoe *Bryophyllum daigremontianum* 大叶落地生根

Largeleaf Newlitse *Neolitsea levinei* 大叶新木姜子 / 厚壳树 / 土玉桂 / 假玉桂

Largeleaf Sansevieria *Sansevieria frifasciata* var. *macrophylla* 大叶虎尾兰

large-leaf spicebush *Lindera megaphylla* 黑壳楠

large-leaf tanoak *Lithocarpus grandifolius* 耳叶石栎 / 粗穗石栎

largeleaf tuftroot *Dieffenbachia macrophilla* 大叶花叶万年青

largeleaf wildginger *Asarum maximum* 大叶马蹄香

Large-leaved Linden *Tilia platyphyllos Scop.* 欧洲大叶椴

Largemouth bronze gudgeon *Coreius guichenoti* 圆口铜鱼

largescale chosenia *Chosenia arbutifolia* 钻天柳 / 红毛柳

Largescale therapon *Therapon therpas* 鯻鱼

large-spike hornbeam *Carpinus fargesiana* 川黔千金榆

largest peak discharge 最大洪峰流量

large-tooth red-backed vole *Clethrionomys rufocamus* 赤背鼾

largeseed kiwifruit *Actinidia macroperma* 大籽猕猴桃

large-tree rhododendron *Rhododendron*

giganteum 大树杜鹃
argewing Euonymus ***Euonymus macropterus*** **Rupr.** 大翅卫矛（黄瓤子）
arkspur ***Consolida ajacis*** **（L.）Schur** 飞燕草
arkspur ***Consolida ambigua*** 飞燕草 / 火箭飞燕草
arsen-Nieson 拉森耐尔逊式体系建筑（丹麦建筑体系之一，构件尺寸与房间相等，装配成厢形，外墙覆面为隔热层夹心板）
arva（grub）幼虫（蛴螬）
aser（=light amplification by stimulated emission of radiation）激光，激光器
~alignment survey 激光准直测量
~beam 激光束
~collimator 激光准直仪
~distance measurement 激光测距
~level 激光水平仪
~profile-meter 激光断面仪
~rangefinder 激光测距仪
~remote sensing 激光遥感
aser-comp 激光电脑排版机
asher 蓄水池
assen Volcanic National Park（America）拉森火山国家公园（美国）
ast-period forecast 根据近期资料进行预测
ate 迟,晚；近来的；后期的；晚期的；已故的；迟，过迟，晚；夜深；以前是，原先是
~Art Nouveau 后期青春艺术风格
~Baroque 后期巴洛克艺术风格
~Baroque architecture 后期巴洛克建筑形式
~blooming plant 晚开花植物
~clean-up（英）后期打扫，后期净化环境，后期清除污染
~cleanup（美）后期清扫，后期净化，后期清除
~comers' seat 迟到席
~cut 后期挖掘，后期剪切
~flowerer 晚开花
~-Frankish architecture 法兰克晚期建筑艺术
~frost 晚霜
Late-Gothic 后期哥特式（装饰）风格
Late-Gothic hallchurch 后期哥特式大厅教堂
~（-）medieval architecture 中世纪晚期建筑艺术
Late Point Style 英国哥特式建筑风格之后期，垂直线建筑风格
~Renaissance architecture 文艺复兴后期建筑艺术，巴洛克建筑艺术
~Romanesque（style）后期罗马式建筑风格
~Romanesque church 后期罗马式教堂
~wood 晚材
Late Dutch Honeysuckle ***Lonicera periclymenum*** **'Serotina'** 香忍冬“瑟柔缇娜”（英国斯塔福德郡苗圃）
Late Goldenrod ***Solidago altissma*** 北美一枝黄花
Late Lilac ***Syringa villosa Vahl*** 红丁香 / 长毛丁香
latent 潜在的，潜伏的，隐性的
~heat 潜热
~pollutant 潜在污染物

lateral 横向排水沟；（线路）支线；支管；侧向；侧部，侧面；横的；侧面的
~branch 侧枝
~canal 支渠
~clear distance of curve（平曲线）横净距
~clearance 侧向净距
~daylighting 侧面采光
~drain 横向排水
~drains，spacing of 横向排水沟间距
~edging，flight of steps with 侧镶边步行楼梯
~erosion 侧向侵蚀，又称“旁蚀”
~garden 旁院，侧庭，（建筑物的）侧面庭院
~hood；side hood 侧吸罩
~plan 侧视图
~recharge 侧向补给
~root 侧根
~sewer 污水支管（沟）
~station 分输站
~sway force of train 列车摇摆力
~tilt 旁向倾角
~view 侧视图

Laterally banded grouper/broad band grouper ***Epinephelus latifasciatus*** 纵带石斑鱼 / 宽带石斑鱼

Lateran（罗马）拉特兰大教堂，拉特兰宫

laterite 红土，砖红壤

latest 终，最迟的，最后的，最近的、
~frost 终霜
~snow 终雪

lath 板条；钉板条，板筋
~and plaster 板条抹灰
~and plaster ceiling 板条抹灰吊顶
~brick 条形砖
~wood 板条木材

laths fence 板条栅栏（围栏，篱笆）

latices latex 的复数

Latifolia Maculata Buxus ***Buxus sempervirens*** **'Latifolia Maculata'** 黄叶锦熟黄杨（英国萨里郡苗圃）

latifundium 大地产，大庄园，大领地

Latin architecture 拉丁建筑

latitude 纬度，地理纬度

latrine 厕所，公共厕所

Latter Pine ***Pinus latteri*** 海南松 / 南亚松

lattice 格构，格架，格子，格子窗，格子门，格子点阵，支承桁架，承重结构
~concrete block（美）格状混凝土块
~drainage 格状水系
~window 花格窗
~work concrete block（美）格构工程混凝土块
wooden~ 木制格子窗

latticed 缀合的，方格的
~bamboo fence 方孔竹篱
~bar 缀条
~road system 方格形道路系统
~structure 晶格结构
~wall 花格墙

Latz，Peter 彼得·拉茨，德国风景园林师、风景园林教育家

lauan 柳安木

Laumontite 浊沸石

laundry 洗衣店，洗衣房
~drying ground 晾衣场
~waste 洗衣店废水

Laurel 月桂树｛植｝；桂冠；［复］名誉，荣誉，殊荣

Laurel forest 照叶林

Laurel Sweetleaf ***Symplocos laurina*** 黄牛奶树 / 花香木 / 水东瓜 / 苦山矾

Laurelbay Tree/Japanese Spice Bush ***Lindera obtusibula*** 月桂

Laurel-leaf Poplar ***Populus laurifolia*** 苦杨

Laurelleaf Snailseed ***Cocculus laurifolius*** 樟叶木防己

Laurustinus ***Viburnum tinus*** 地中海荚蒾（英国斯塔福德郡苗圃）

Lav 盥洗室

Lava 熔岩

~ash 熔岩灰

~flow 熔岩流｛地｝

~-mower 剪草器

~，processed 加工熔岩

~stalactite 熔岩钟乳

Lavabo 盥洗室

Lavatory 厕所，盥洗室

~basin 洗面器

Lavender ***Lavandula angustifolia*** **'Hidcote'** 希德寇特薰衣草（英国斯塔福德郡苗圃）

Lavender ***Lavandula angustifolia*** **'Munstead'** '孟世德' 薰衣草（英国斯塔福德郡苗圃）

Lavender ***Lavandula angustifolia*** **'Rosea'** 英国玫瑰薰衣草（英国斯塔福德郡苗圃）

Lavender ***Lavandula species*** 薰衣草属（葡萄牙国花）

Lavenderleaf Daisy ***Dendranthema lacandulaefolium*** 甘菊 / 岩香菊 / 香叶菊

Lavenderleaf Sagebrush ***Artemisia lavandulaefolia*** 野艾蒿 / 野艾 / 狭叶艾

Laver（**edible seaweed**）***Porphyra*** 紫菜

law 法律；定律，法则，规律；法学

~clerk's room 秘书室

~court 法院

~court building 法院建筑

~observance study 遵守法规（如交通规则）调查

~of causation 因果律｛物｝

~of chance 偶然性

Law of Environmental Protection of the People's Republic of China 中华人民共和国环境保护法

~of migration 人口迁移规律

~of nature 自然规律

~of planning 规划法

~of value 价值规律

~office 律师事务所

~violation 违法，违法事件

binding in~ 法律约束力

lawn 草地，草皮，草坪，草场；上等细麻布，细亚麻布；细筛

~and lawn grasses 草坪与草坪植物

~aeration 草地通气（风）

~aerator 草地通气器（灌气器）

~area 草坪面积，草场区

~areas，establishment of 草场区的建立

~areas，seeding of 草场区播种

~belt 草地带

~care（美）草地管理

~clippings 草地修剪

~comber 草坪机

~edge 草地边界（边缘）

~edge clipping 草地边缘修剪
~edge cutting 草地边缘切削
~edge spade cutting 草地边缘铲土插枝
~edging 草地缘饰，草地边缘
~edging with a spade 用铲修整的草地边缘
~feeder 草坪加肥器
~garden 草坪园；草庭
~gathering 草坪剪修
~grass 草坪植物
~island 草坪岛
~maintenance 草坪养护
~mower 剪草机
~plant 草坪植物
~planting 草坪栽植
~reseeding（美）草坪重新播种，草坪追播（补播）
~seeding 草坪播种
~space 草坪区
~substitute plant 草坪代用植物
~-trimmer 剪草机，推草机
~type 草坪类型（种类）
~work，remedial 补救草坪作业
all-around~（英）多用途草地
amenity~（英）美化市容的草坪
bare patch of~ 草坪秃斑
car park~ 停车场草地
clipped~ 修剪草地
crushed aggregate~ 碾平聚生草地
edging up of a~ 草地修边
game~ 运动场草坪
hard-wearing~（英）耐磨草地
heavy-use~ 负重用草地
parking lot~（美）停车地段草坪
play~（美）游戏草地，（体育等）比赛草地
play area~（英）游戏区草地，比赛区草地
playfield~（美）室外运动场草地，球场草地
pleasure~ 娱乐（消遣）草地
shade-tolerant~ 耐阴草地
sunbathing~ 沐日光浴草地
wildflowers in the~ 草地野花

Lawn Pennywort ***Hydrocotyle sibthorpioides*** 天胡荽 / 鹅不食草 / 满天星

Lawnmower 剪草机

LawnPunchingMachine 草坪打孔机

Lawrence Halprin 劳伦斯·哈普林（1916–2009），美国风景园林师

laws and regulations 法规
~，hunting 狩猎法
planning~ 计划编制法，规划法

Lawson Cypress ***Chamaecyparis lawsoniana*****（*****A.Murr.*****）*****Parl.*** 美国花柏 / 劳森花柏

Lawson's False Cypress ***Chamaecyparis lawsoniana Columnaris*** 柱形美洲花柏（英国斯塔福德郡苗圃）

lawyer's room 律师室

lay 放，放下；设置，敷设；铺砌；安排，形势；绳索的股数及拧法；捻；位置，方向，地形
~-aside（干路）路侧停车处；超车或避车车道；备用车道
~-by（干路）紧急停车带，路侧停车处；超车或避车车道；备用车道
~in mortar 砂浆铺砌
~land 生荒地，处女地
~of land 地形，地貌

~of line 路线
~of the land 地形
~-out 规划，布置，布局，设计；敷设（线路）；规划；工作计划
~pavers on mortar（美）砂浆铺砌工（铺路机）
~pavers on sand（美）沙摊铺机
~setts on mortar（英）砂浆铺砌石板
~setts on sand（英）沙敷设石板
~the dust 除尘，灭尘
~the foundation of 奠基，打基础，开始
~to falls（英）铺砌斜坡
~to slope（美）放倾斜，成坡度铺砌
~up 贮蓄；闲置不用；使休息
~up in mortar bed（美）砂浆层储存
~with a（50mm）blinding layer of sand 用（50mm）贫混凝土垫沙层铺砌
~with staggered joints 用错（列）接（缝）铺砌，用错缝铺砌
yer 层，层次，层面，岩层，夹层，焊层{机}；涂层；铺筑者；压条，用压条法分出的植物；借助压条法生根繁殖
~-built embankment 分层铺筑的路堤
~composition 岩层构造，涂层成分
~of a roof，weatherproofing 抗日晒雨淋屋顶层
~of crusher-run aggregate（美）机碎集料层
~of gravel chippings（英）砾石碎屑层
~of gravel chips（美）砾石碎片层
~of headers-on-edge（英）沿边露头石层，沿边露头砖层
~of insulation 隔离层，绝缘层，隔热层，防水层
~of raw humus 粗腐殖质层
~of sand，blinding（英）铺撒填缝石屑的沙土层
~spread method 层铺法
~wise summation method 分层总和法（地基沉降）
~with roots 带根压条
alluvial~ 冲积层
anti-skid~ 防滑层
aqueous~ 水层
bearing~ 承重层，承载层，持力层
bedding~（英）层面层次，顺层层面
blinding~（英）细石屑层，铺撒填缝石屑层
clay sealing~ 黏土封缝（填缝，嵌缝）层
closely united~ 紧密结合层
concrete~ 混凝土层
concrete protection~ 混凝土保护层
confining~ 封闭层
cover~ 防护层
dependent~ 依托层，从属层
discontinuity~ 间断面层
drainage~ 排水层
dumping~（美）倾倒岩层
earth~ 土层
elastic~ 弹性层
filter~ 过滤层，渗透层，透水层
ground-level air~ 地面大气层
growth~ 成长层，形成层
hedge~ 树篱层
hedge brush~ 树篱矮林层
herb~ 草本植物层
ice~ 冰层
inversion~ 转换层次
levelling~ 同 levelling course

litter~ 碎屑层
moss~ 泥沼层
overburden~ 重叠层
ozone~ 臭氧层{气}
pavement structure~ 路面结构层
permeable~ 透水层
pipe~ 埋管工人，管子安装工；管道安装机
protective~ 保护层，防冻层
resilient~ 柔韧层
root-zone~ 根区层
seepage~ 渗漏层
shallow~ 薄层
shrub~ 灌木层
single~ 单层
sod~（美）草皮层
stone~ 石子层，石料层
surface~ 面层，表层
tipping~（英)(倾卸）层
top bog~（美）大泥炭地层面
tree~ 树层
turf~（英）草根土层
vegetation~ 植被层
waterproof~ 防水层
weathered~ 风化层

layered coating 多层涂料

layering 成层，压条（法)；(制图中的）分层设色
~of different uses 各种用途压条（法）
~of plant communities 植物群落成层
~of various land uses 不同土地使用的分层、层次
branch~ 树枝压条法
brush~ 灌木林层
hedge~ 树篱成层

layers layer 的复数
~，compact in~ 分层压实
filling and compacting in~ 分层填土压实
fusion of~ 焊层熔合
outflow of permeable~ 渗透层流出
surface~ 面层，表面层

laying 布置，铺筑（道路),敷设（管道建筑（桥梁）
~arch by rings 分环砌拱
~arch by sections 分段砌拱
~arch continuously 连续砌拱
~course for a paved stone surface 铺砌石料面敷设层
~course，screed a 用整平板压实整平敷设层
~course，level a 整平敷设层
~depth 埋置深度，铺筑厚度
~length 铺筑（道路）长度
~of prefabricated stones 预制石材铺筑
~of roadway 路面铺筑
~of turf and seeding techniques（英）草皮布置及播种技术
~-out land 规划土地，布置土地
~pipes 敷设管道
~work 铺筑作业

Layland Cypress ***Cupressocyparis leylandii*** 莱兰柏（英国萨里郡苗圃）

layout 场地规划，布置，设计，布局（工厂等的）布局图，设计图案，(书刊等编排，版面，配线，放样，定线
~area 设计区域
~for artificial harbour 人工港布置
~in clusters 组团式布局
~in rows 行列式布局
~of construction site 施工场地布置

~of green space 绿地布局

~of green space in belts 带状绿地布局

~of green space in patches 块状绿地布局

~of green space in ring-form 环状绿地布局

~of green space in wedges 楔状绿地布局

~of road 道路规划，道路布置

~of station line 车站线路布置

~plan 建筑布置图，总平面布置，发展蓝图

~planning 总体布置，总平面布置，总平面设计

~sheet 总布置图

~survey 定线测量

~with cortile 庭院式布局

90-degree parking~ 90 度停车布局

angle-parking~ 停车角（度）布局

echelon parking~（美）梯阵停车布局

in-line parking~（美）一列式停车布局

non-cortile~ 非庭院式布局

parallel parking~（英）平行停车布局

parking~ 停车场布局

perpendicular parking~ 直角（垂直的）停车布局

topographic~ 地形学（地形测量的，地形的）场地规划

ayover 中途停留，（公共交通）终点

aystall 垃圾堆

azienke Park（**Poland**）瓦津基公园（波兰）

azy strike 怠工

CC（**London Country Council**）（英国）伦敦州议会

D=long distance 长途电话通讯

'Enfant，P. C. 朗方，美国工程师

Le Corbusier（**1887-1965**）勒·柯布西耶，法国建筑师

Le Enfant's Washington plan 朗方的华盛顿规划

Le Havre reconstruction project 勒·阿弗尔重建规划（1951 年法国）

Le Nôtre（**Ardre**）勒·诺特（安德烈）（1613-1700），另译勒诺特尔，法国 17 世纪著名造园师，巴黎凡尔赛宫设计者，被誉为王者之造园师和造园师之王（the gardener of kings and king of gardeners）

Le Notre's style garden 勒诺特尔式园林

lea 草地

Leace bug ***Homalogonia obtusa*** 全蝽

leach 滤析；沥滤；浸沥，（用水）漂；淋溶，溶滤

~out，to 浸出，渗漏；淋溶，溶滤

leachate 浸出液，沥滤液

leaching 浸出，浸沥，渗漏，淋溶，溶滤，沥滤（法）

~agent 助滤剂

~basin 滤水池

~cesspool 污水坑

~of nutrients 养分浸出

~well 渗水井

lead 导线，引线，导程，搬程，由挖方到填方的运距；通路，清沟，测锤；含铅的；引导，领导，率领，带头，超前，移前

~branch 主枝

~time 筹建时间

~track（铁路车站的）导出线（路），出站线

leaded fuel 加铅燃料

leader 水落管，排水管；导管；导杆；领导者；领袖，指导人
~drain 排水管排水
~head 水落斗
~pipe 水落管
leading 领（引，主，指，先）导的，指引的，导向的；第一流的；最主要的
~industry 主导产业
~light 定向导航灯
~locomotive 本务机车
~marks 导标
~phase feeding section 引前相供电臂
~view 导景
project~ 规划（计划、方案）指导
leadworks 制铅工厂
leaf 叶，树叶；开合桥的翼，薄板，薄片，箔，页，门扉；生叶
~actuator 闸刀开关
~area 叶面积
~area index 叶面积指数
~–bearing forest 阔叶树林
~–bearing species 阔叶树种
~–bearing tree 阔叶树
~blade（blade，lamina）叶片（叶身）
~bridge 开合桥
~bud 叶芽
~canopy 叶状顶篷
~clump branches 叶丛枝
~drop（美）叶落
~fall（美）叶落
~fall，premature（美）早期叶落
~（grain leaf）叶子（谷物的叶子）
~litter 枯枝落叶
~litter decay 枯枝落叶腐烂
~litter decomposition 枯枝落叶腐烂
~–mould 腐殖土
~mo(u)ld/sand mixture 叶腐殖土 / 砂混合物
~necrosis 叶枯班
~sheath（sheath）叶鞘
~surface 叶面，叶外观
~surface index 叶面积指数
~tendril 叶卷须
~tree 阔叶树
Leaf curl aphids *Tuberocephalus liaoningensis* 樱桃卷叶蚜
Leaf grey spot of cockscomb 鸡冠花灰病 / 鸡冠花斑点病（***Cercospora celo[illegible]ae*** 青箱尾孢菌）
Leaf grey spot of *Lycius* 枸杞灰斑病（***Cercospora lycii*** 枸杞尾孢菌）
Leaf grey spot of Murraya paniculata [illegible]里香灰斑病（***Hendersonia* sp.** 壳色多隔孢菌）
Leaf miners 潜叶类 [植物害虫]
leaf monkey（***Presbytis***）叶猴（属）
Leaf mosaic of Codiaeum variegatum 洒金柳花叶病（病原为病毒，其类[illegible]待定）
leaf mustard，dried and fermented *Brassica juncea* var. *foliosa* 冬菜
leaf mustard/Chinese mustard *Brassica juncea* var. *foliosa* 小叶芥 / 叶用芥菜
leaf mustard/India mustard/mustard greens *Brassica juncea* 芥菜 / 盖菜
leaf mustard/potherd mustard/green-in-the-snow mustard *Brassica juncea* var. *multiceps* 雪里红 / 雪里蕻
Leaf rust of *Populus* 白杨叶锈病（***Mel-***

ampsora magnusiana 马格栅锈菌 / *Melampsora rostrupii* 杨栅锈菌等）

eaf spot of *Althaea rosea* 蜀葵枯斑病（***Phyllosticta althaeina*** 蜀葵褐斑叶点霉 /***Phyllosticta pucciniospila*** 蜀葵叶点霉）

eaf spot of *Begonia* 秋海棠枯斑病（***Xanthomonas begoniae*** 秋海棠黄单胞菌）

eaf spot of *Osmanthus fragrans* 桂花枯斑病（***Phyllosticta osmanthi*** 木犀叶点霉 /***Phyllosticta osmanthicola*** 木犀生叶点霉）

eaf spot of *Punica granatum* 石榴斑枯病（***Phyllosticta* sp.** 叶点霉）

eaf spot of *Rosa chinensis* 月季叶斑病（灰斑病：***Cercospora puderi*** 尾孢菌 / 褐斑病：***Cercospora rosicola*** 蔷薇生尾孢 / 大斑病：***Cercospora rosae*** 蔷薇尾孢 / 叶枯病：***Phyllosticta rosarum*** 蔷薇叶点霉 / 小斑病：***Alternaria* sp.** 链格孢）

eaf spot of *Toona sinensis* 香椿斑枯病（病原待查）

eaf spraying fertilizer 叶面喷肥

Leaf wilt moth *Gastropacha quercifolia* 李枯叶蛾

Leaf wilt of *Aloe Teptosphaeria* sp. 芦荟叶枯病

Leaf wilt of *Cercis chinensis* 紫荆叶枯病（***Phyllosticta* sp.** 叶点霉）

Leaf wilt of *Hemerocallis* 萱草叶枯病（***Macrophoma* sp.** 大茎点菌 /***Virmicularia* sp.** 炭疽菌）

Leaf wilt of *Iris* 鸢尾叶枯病（***Virmicularia* sp.** 炭疽菌）

Leaf wilt of *Michelia figo* 含笑叶枯病（***Phyllosticta youkwa*** 木兰叶点霉）

Leaf wilt of *Parthenocissus* 五叶地锦叶枯病（***Alternaria* sp.** 链格孢）

leafage 叶子；叶状装饰，叶饰

~of woody plants 木本植物叶

leaf-feeding animals 食叶动物 [植物害虫]

leaf miners 潜叶类植物害虫

Leafhoppers of lawn 草坪飞石虱类（***Laodelphax striatellus*** 灰飞虱 /***Nilaparvata lugens*** 褐飞虱 /***Sogatella furcifera*** 白背飞虱）

leafing out 长叶，出叶

leafless 光秃秃的，少叶的

leaflike oyster mushroom/green oyster mushroom *Hohenbuehelis serotina* 亚侧耳 / 元蘑

Leaflikebract Sagebrush *Artemisia phyllotrys* 叶苞蒿

Leafroller moths 卷蛾类 [植物害虫]

Leafspine Brain Cactus *Echinofossulocactus phyllacanthus* 太刀岗 / 太刀岚

leafy 树叶茂盛的

Leafy Lupine *Lupinus polyphyllus* 多叶羽扇豆 / 鲁冰花

League of Nations（Switzerland）万国宫（瑞士）

leak 漏，漏水，漏气，漏洞，裂缝；漏，渗漏，漏出，渗流

leak scene 漏景

leakage 渗漏，渗透，渗流，漏出；漏出量，管网漏失水量

~coefficient 越流系数

~factor 渗漏系数

~of piping 管的漏出量
~recharge 越流补给
~protection 堵漏
~test 检漏试验
~water 漏出水，渗透水
leakiest 泄漏性试验
leaking through scenery 漏景
lean 倾斜，歪曲，偏曲，依靠，倾向；贫瘠的，贫乏的，瘦的；偏斜，偏曲
~clay 贫黏土，瘠黏土
~concrete 贫混凝土，少灰混凝土
~concrete base（简写 LCB）贫混凝土基层
~mix concrete 贫混凝土，少灰混凝土
~-mixed concrete 贫混凝土，少灰混凝土
Lean West Lake 瘦西湖（中国）
leaning 斜的
~tower 斜塔
Leaning Tower of Pise（Italy）比萨斜塔（意大利）
leap of the fire flames（火灾的）飞火
lease 租契，租约；租期，租借权；出租，租借（土地）
~back 租赁契约背书
~conditions 租约条件
~without fixtures 不带设备的房屋出租
leased 已出租的，租出的
~housing 租出房屋
~land 已出租土地
~territory 租借地
leasehold 租借的；土地租用权，租地权；租借地
~garden 租借花园
~of land 土地批租
~（property），agricultural 农业租借权
least 最少的，最小的，尽可能小的；最少量
~error 最小误差
~-square method 最小二乘方法
~time path 最短时程
leather 皮，皮革
~ factory 皮毛加工厂
~industry 皮革工业
~industry sewage 皮革工厂废水
~waste 皮革废水
leather-leaf mahonia ***Mahonia bealei*** 阔叶十大功劳
Leather-leaf Mahonia ***mahonia bealei*** **（Fort.）Carr.** 阔叶十大功劳
leatherleaf millettia/millettia ***Millettia reticulata*** 鸡血藤
Leatherleaf sedge ***Carex.buchananii*** **Berggren.** 硬叶苔草
Leatherleaf Viburnum ***Viburnum rhytidophyllum*** **Hemsl.** 枇杷叶荚蒾/山枇杷/皱叶荚迷（英国萨里郡苗圃）
Leathery Holboellia ***Holboellia coriacea Diels*** 鹰爪枫
leave 许可；休假，告别；离开，离去，舍去，遗留；出发，动身；听任……；委托，托管；把……交出，使处于某种状态；生叶片，长叶
~behind 留下，遗留
~in trust 委托
~soil lying by side of an
~uncultivated 许可不开垦的
leaves 叶子，叶
dead~ 枯叶
emerging~ 长叶，出叶

live deciduous~ 活落叶

bbeck albizzia ***Albizzia kalkora*** 山合欢 / 山槐

bbeck albizzia/woman' stongue ***lbizzia lebbeck*** 大叶合欢

bbek-tree 山槐

chan michelia ***Michelia chapensis*** 乐昌含笑

chwe/Zembesi lechwe ***Onotragus leche*** 驴羚 / 赤列羚

cture theater 阶梯教室

dge 横档；壁架，墙架；岩石；矿脉，含矿岩层

dger 横木，卧木；脚手架；总账，分户账；注册，登记

~account 分类账

~board 栏顶板；脚手架；木架隔层横木

edum ***Ledum palustre*** 杜香

ee 下风，背风面；背风的

~shore 下风岸

~-side 背风面

~tide 顺风潮

eechee 荔枝

eek ***Allium porrum*** 扁葱 / 韭葱

eeks 韭葱（石蒜科）

eeward 下风的，背风的；（副）在下风，向下风；下风，背风处

~chord 下风弦（杆）

~side 背风边

~slope 背风坡

eft 左边，左面，左部，留下

~hand turn out 左开道岔

~bank 左岸

~lane（多车道道路的）左边车道

~-luggage office 行李寄放处

~over area 荒地

~turn lane（交叉口处的）左转车道

~turn slot 左转弯专用道

leftover 剩余物，残存物；剩余的

~area 剩余面积

~bits and pieces 边角料

~land（美）剩余土地

~landform（美）残存地势

legacy 先人或过去遗留下来的东西

~，natural 自然遗迹

legacy in literature and art 文学艺术遗产

legal 法律上的，法定的，合法的；正当的

~advice 法律顾问

~age to solely occupy a room 分室标准

~basis 法定准则

~binding force 法律约束力

~counsel 法律顾问，律师

~designation（美）法定

~entity 法人

~game 合法狩猎

~hour 法定时

~load 法定荷载

~notice（美）合法启事

~obligation 法律义务，法律责任

~ordinance 法律条例（条令），法律法令（法规）

~person 法人

~personality 法人资格

~population 本籍人口，户籍人口

~protection，place under 法律保护的住所（寓所，乡间住宅）

~residence 法定住址

~rights 法定权利

~sanctions 法律制裁
~successor 法定继承人
~year 法定年
legalis homo 法人
legalize 批准，使合法，合法化
legally 合法地
~binding land-use plan 法定土地使用规划
~effective 法律生效的
~-binding 有法律约束力的
~effect，with 具有法律效力
legend 图例；代号，说明书；传奇；题铭
legendary 传奇故事书，传奇文学；传说中的
~Three-fairies Mount 海上三神山
legibility 明确性，易识别性，明了性（城市设计方法的一种分析概念）
legislation 立法，制定法律；法律
~for city planning 城市规划法规
~on environmental protection 环境保护法规
~on urban planning 城市规划法规
~upon nature conservation 自然保护法规
legislative 立法权
~system 法律体系
legume 荚，豆荚；[复] 荚豆，豆科植物，苜蓿类植物
leguminous plants（**Leguminosae**）豆科植物（豆料）
Leifeng Pagoda（**Hangzhou**，**China**）雷峰塔（中国杭州市）
leisure 空闲，闲暇，闲散，悠闲，安逸；得便时间，
~activities，area for concentrated 闲暇消遣性活动集中区
~activities，promotion of 促进闲暇活动
~activities，study of 闲暇学习活动
~activity pattern 闲暇活动模式
~and recreation 闲暇娱乐
~area 游览区
~avocation（美）悠闲娱乐
~-based 休闲活动基地
~behaviour 休闲活动
~budget 休闲预算
~center 消闲中心，休息中心
~centre（英）消闲中心，休息中心
~complex 休憩活动综合大楼
~complex，residential 住宅区休憩活动综合楼
~development，residential 住宅区休憩活动发展
~facility 休息设施
~harbo(u)r 休憩活动避风港
~in the countryside（英）农村地区休憩活动
~in the open 开放休憩活动
~industry 休憩活动业，旅游业
~motorist（英）休憩驾车旅行者
~-oriented society 休憩导向协会，导游协会
~park 休憩公园
~perspective，from a 休憩远景
~pine 自在松
~provisions 休憩食物
~pursuit 休憩娱乐活动
~-related 相关休憩活动
~time 自由时间（一日中个人可自由之时间）

~time activity（美）自由时间活动
~time living space 余暇生活空间
~time，organized use of 自由时间有组织利用
~traffic 闲时交通
~value 休憩活动益处
type of~ 休憩活动类型
Lemon ***Citrus limon*** 柠檬 / 洋柠檬
Lemon Balm/Melissa ***Melissa officinalis*** 蜜蜂花（英国斯塔福德郡苗圃）
Lemon Eucalyptus ***Eucalyptus citriodora*** 柠檬桉 / 油桉树 / 留香久
Lemon Grass ***Cymbopogon citrates*** **Stapf.** 柠檬草 / 香茅
Lemon Grass/Sereh ***Cymbopogon citratus*** 柠檬香茅 / 蜂花草
Lemon Thyme/mother-of-thyme ***thymus serpyllum*** 百里香
Lemon Upright Thyme ***Thymus*** × ***citriodorus*** 香柠檬百里香（美国田纳西州苗圃）
Lemon Verbena ***Aloysia triphylla*** 防臭木 / 柠檬马鞭草
Lemon Vine/Leafy Cactus/Barbados Gooseberry ***Pereskia pereskia*** 叶仙人掌 / 虎刺
lemon yellow 柠檬黄
lemonfragrant hillcelery ***Ostericum citriodorum*** 隔山香 / 金鸡爪 / 鸡爪参
lemonlike citrus ***Citrus limonia*** 黎檬 / 广东黎檬
lemon-scented gum ***tucalyptus citriodora*** 柠檬桉
Lemperg Barberry ***Berberis lempergiana*** 长柱小檗

lending 收费
~department 出纳处
~library 收费图书馆
L'Enfant Plan 朗方规划
Leng Quan Ting（Pavilion of Cold Spring）（Hangzhou，China） 冷泉亭（中国杭州市）
length 长度；距离；程度
~flake 湖泊长度
~of a stairway（英）阶梯长度
~of construction line 线路建筑长度
~of embedment 埋入长度
~of grade 坡长
~of grade line 坡长
~of lake shore line 湖泊岸线长度
~of life（使用）寿命，使用期
~wise shrinkage crack 纵向缩缝
active~ 有效长度，作用长度
effective~ 有效长度
focal~ 焦距
free~ 自由长度
gauge~ 标距；计量长度
inclined~ 坡长
landing~（楼梯）平台长度
overall~ 总长，全长（度）
tread~ 踏步宽度；轮距（左右轮），轨距（履带）
trip~ 行程长度
lengthen 加长，接长，延长，变长，延伸
lengthening 接长，增长
~piece 接长杆件
~shoot 嫩枝增长，芽条增长
Lenne，Peter Joseph 彼得・约瑟夫・莱内，德国 18–19 世纪园林设计师

Lenin Mausoleum（**Russia**）列宁陵墓（俄罗斯）

lens 透镜；（汽车的）灯玻璃；（照相机的）镜头；（眼球的）晶状体；扁豆状矿体

lens-shaped raised bog 透镜状泥炭沼

lent lily/daffadil ***Narcissus pseudonarcissus*** 喇叭水仙 / 洋水仙

Lenten 斋期

Lenten Rose ***Helleborus x hybridus*** 圣诞蔷薇 / 冬蔷薇 / 黑鹿食草（英国斯塔福德郡苗圃）

lenticel（植）皮孔

lentil ***Lens culinaris*** 兵豆

Leon Battista Alberti 阿尔伯蒂

leopard/panther ***Panthera pardus*** 豹 / 金钱豹

leopard cat/tiger cat ***Felis bengalensis*** 豹猫 / 钱猫 / 金钱猫

leopard plant/Kaempfer golden ray ***Ligularia kaempferi*** **var.** ***aurea-maculata*** 花叶如意

lepidopterology 鳞翅昆虫学

Leshan Giant Buddha（**Leshan**，**China**）乐山大佛（中国乐山市）

Leshoutang（**Hall of Happiness and Longevity**）（**Beijing**，**China**）乐寿堂（中国北京市）

less 较少数量；更少；更小；较次的

~-than-carload freight store 沿线零担仓库（沿零仓库）

~-than-carload team yard（LCT team yard）零担货场

lessee 租户

lessen 使小；减少

~a slope 减小倾斜

~the difference between the city and the countryside 缩小城乡差别

lessening of water resources（美）水资源减少

wind~ 风力减小

lesser 更小的，较小的

~road 简易道路，低级道路，小路

Lesser Wild-Goose Pagoda（Xi'an，China）小雁塔（中国西安市）

Lesser blister beetle/Telini fly ***Mylabris cicharii*** 眼斑芫菁

Lesser crow pheasant/ black caucal ***Centropus toulou*** 小鸦鹃

Lesser cuckoo dove（***Macropygia ruficeps***）棕头鹃鸠

Lesser Galangal ***Alpinia officinarum*** 高良姜 / 良姜

Lesser Gymnure ***Hylomys suillus*** 小毛猬

Lesser Kestrel ***Falco naumanni*** 黄爪隼

Lesser Malay chebrotain/lesser mouse deer ***Tragulus javanicus*** 小鼷鹿 / 爪哇鹿

Lesser necklaced laughingthrush ***Garrulax monileger*** 小黑领噪鹛 / 小花脸

Lesser panda/red panda ***Ailurus fulgens*** 小猫熊 / 小熊猫 / 金狗

Lesser Periwinkle ***Vinca major*** **var.** ***minor*** 小蔓长春花

Lesser Periwinkle ***Vinca minor Illumination*** 金心蔓长春花（英国斯塔福德郡苗圃）

Lesser slow loris ***Nycticebus coucang pygmaeus*** 小懒猴 / 倭蜂猴

Lesser Spearwort/Labdanum/Rock Rose

Cistus laaniferus 岩蔷薇 / 赖百当

esser tunny/Kawakawa/yaito *Euthynnus yaito* 鲔鱼 / 白卜

esser white-nose monkey *Cercopithecus petaurista* 小白鼻长尾猴

et 使，让，许；借出，出租；放泄（液体，气体等）

~agricultural and lie fallow 使农用土地（农田）处于休耕状态

etchworth 列奇沃斯（莱奇沃思）（1903年创建的英国哈弗德郡田园城市）

ethal fluid 剧毒流体

etter 文字，字母；书信；写上字；按文字分类；加标题

~drop-off 邮箱，信箱

~of acceptance 中标通知书

~of appointment（英）任命书，委派函

~of authority 授权信

~of contract 委托书

~of guarantee（简写 L/G）保证书，保函

~of indemnity（简写 L/I）赔偿保证书；保函

~of intent 意向书，委托书；交付书

~of intention 意向书

~patent 特许证书，专利证

ettering 标注

etting of contract（英）签订合同

~to sub-contractors 签订转包合同

ettuce（cabbage lettuce，head of lettuce）莴苣

~leaf 莴苣叶

Lettuce（*Lactuca sativa* var. *capitata*）结球莴苣 / 生菜

Levant Cotton *Gossypium herbaceum* 草棉

levee 堤，大堤；坝，堤防，天然堤，冲积堤；码头；筑堤

~core wall 堤（核）心墙

~crown 堤顶

~muck ditch 堤脚泥沟

~raising 堤坝加高

~ramp 堤防坡道

~road 堤路

river~（美）江（河）堤

level 水平，水准，标高；水平面，水平线；水准仪；级（高、深、程、强、密）度，层次，阶层，态；地位；水平的，水准的；同高的，同程度的；相齐的，相等的，等位的{电}；均匀的，平均分布的，平稳的，笔直的；测量水准；整平，使同高，使平衡，使均匀；对准，调整

~a laying course 整平敷设道路

~area 平原地区

~bar 水平尺，水准尺

~-control point 高程控制点

~correction 水平校正，气泡校正{测}

~crossing 平交，水平交叉，平面交叉，平交道，铁路与公路交道

~device 水准器

~difference 标高差异，水平差异

~grade 平坡度

~grade between opposite gradients 分坡平段

~ground 平地

~head 位置水头

~junction 平交路口

~land 平地

~line 等高线，水平线

~of a wall footing, bottom 基础墙基水平面
~of activity 活动水准
~of aggregation 综合水平
~of air pollution, acceptable 可忍受的大气污染水平
~of air pollution, threshold 临界（阈值）大气污染水平
~of artificialization 人工化水平
~of compaction 压实水平
~of education 文化程度，教育水平
~of environment achievement 环境目标水平
~of environmental pollution background 隐蔽的地方环境污染程度
~of human-caused landscape modification 人工景观改变水平
~of illumination 照明等级
~of light exposure, high 高光源曝光（量）程度
~of light exposure, low 低光源曝光（量）程度
~of literacy 文化程度
~of living 生活水平
~of pollution, background（美）隐蔽地方（不引人注目的地方）污染程度
~of pollution, basic（英）基本污染程度
~of population 人口水平
~of production 生产水平
~of productive employment 生产性就业水平
~of recreation use 消遣（娱乐、游戏）用途水平
~of saturation 地下水位，潜水面
~of service 服务水平，道路服务水平；路况等级
~of subsoil water 地下水位
~of wall, top 墙顶标高
~register, noise 噪声强度自动记录器
~rod 水准（标）尺
~stake（英）标高桩
~terrain 平原地带，平原；（线路）平坦部分
~to all falls and gradients 修平坡降坡度
~-to-level administration 分级管理
~-up; level finding 找平
~view 平视
~, ambient noise 环境噪声级
at ground~ 对准地面调整
average flood~ 平均洪水位
average high-water~ 平均最高水位
average sound pressure~ 平均声压级
base~ 基准面
bottom~ 地基标高
change of~ 标高变更，深度变更，含量变更
curb~ 路缘石顶面标高，路缘水平，路缘标高
datum~ 基准面
datum water~ 基准水平面，水准面，水准零点
decible~（英）（DB）分贝级
decline of underground water~ 地下水位下降
design water~ 设计水位
drain invert~ 排水管道内底标高
elevation above（mean）sea~ 海拔高度
engineering~ 技术水平，工程水平
environmental sensitivity~ 环境响应级

existing~（英）现有标高
existing ground~ 现有地面标高
finished ground~（建筑物）室外场地完成面标高，竣工地面高程
flood~ 洪水位
formation~（简写 F.L.）路基标高，路基面，路面－路基交界面
grading of formation~（英）道路基面（路床面）土工修整
ground~ 地面标高，地平高度
ground–~ planting（carpeting plants）地表植物种植（地毯植物）
ground water~ 地下水位，潜水位，地下水面，潜水面
groundwater~ 地下水位，潜水位
height above mean sea~ 平均海平面上高度，平均海拔高度
height of~ 水平面标高，水准仪高
height of running water~ 流水位高度，流水面高度
high highwater~ 最高水位，最高高潮位
highest tide~ 最高潮水位
historic flood~ 历史洪水位
inspection~ 检查水平
install at a prescribed~ 按规定水准安装
curb~（英）路缘标高
low~ 低标高，低标准
low water~ 低水位
low–water~ 低水位
lowest low water~（简写 LLW）最低水位
lowest water~（简写 L. W. L.）最低水位
maximum~ 最高级，最大含量，最高水平
maximum water~ 最高水位
mean water~（简写 M. W. L.）平均水位，常水位
minimum water~ 最低水位
noise~ 噪声水平，噪声级
noise decibel~ 噪声分贝级
noise pollution~ 噪声污染级
normal water~ 常水水位
peak high–water~ 峰值高水位
planning~ 规划高度，规划层次，规划范围
planning on a higher statutory~ 按上级规定范围的规划
projected water~ 设计水位
proposed~（英）建议范围，建议标高
record high–water~ 记载高水位，记录高水位
saprobic~ 腐生范围，腐生级
sound pressure~ 声压级
stocking~ 贮藏程度，装料深度
stress~ 应力级位，应力水平
top~ 最高水位
topmost~ 最高水平
trophic~ 营养水平
warning water~ 警戒水位
water~ 水位，水平面，水准器

leveling（美）整平，找平；测平
~course 整平层
~layer 找平层
~network 水准网
~of ground 土地平整，土方修整，平整路基
~of model 模型置平
~survey 水准测量

levelling（英）水准测量，测平，抄平；整平（路型）
~course，manhole（英）（检查井）水准测量方法
~plan（英）整平（路型）方案，水准测量平面图
~，grading and 土工修整并测平
~of ground 土地平整
lever 杠杆；杆；柄
~crossing 平面交叉，铁路与公路平交道
~-wood 美洲铁木
Levittown 列维特镇〈美国列维特父子公司建设经营的大规模郊区居住镇〉
LG Landscape gardening 的缩写
L-horizon 地平（线）
Li 里（中国的长度单位）
Li Zhengsheng 李铮生，中国风景园林学会终身成就奖获得者，风景园林专家、教育家
liability 责任，义务；负担；[复]负债；有……倾向；易生，易遭，易受
~for professional insurance 职业保险责任，专业人员保险责任
~insurance 责任保险
~insurance，obligation to take out professional 职业保险义务
~insurance，professional 职业保险
~period 义务期，责任期
causer~ 引起责任
liana 藤本植物
Liang Sicheng（Liang Ssu-ch'eng 1901—1972）梁思成，建筑学家，中国风景园林学科创始人之一
Liang Yongji 梁永基，中国风景园林学会终身成就奖获得者，风景园林专家、教育家
Liao Dong Lilac/Wolf's Lilac *Syringa wolfii* 辽东丁香
Liaotung Privet *Ligustrum suave* 东北水蜡树
Libanii Cedrus *Cedrus libanii* 黎巴嫩雪松（英国萨里郡苗圃）
Libbek Albizzia *Albizia kalkora* Prain 白花合欢
liberalism 自由主义
liberalist 自由主义者
Liberian Coffee *Coffea liberica* Bull. ex Hiern 大粒咖啡
Liberty Bell 自由钟（美国）
library 图书馆，藏书楼，图书馆建筑
Library of Congress 国会图书馆
license 执照
lichen 地衣{植}；苔藓{医}
Lichen damage of *Armeniaca* 杏地衣害
Lichen damage of tree 树木地衣害（病原为地衣属植物界地衣门 ***Lichenes***，是真菌和藻类共生的植物）
Lichensteins's hartebeest *Alcelaphus lichetensteini* 礼氏狷羚/牛羚
Licorice Flag *Acorus illicioides* 茴香菖蒲/香菖蒲
lid 罩，帽，盖
~manhole 人孔盖，检修孔盖
shaft~ 通风井盖
lie 位置；方向；形势；谎言；躺，卧；停驻；处在，位于；处于……状态；（道路）通过
~of the land 地势
Lievrite 黑柱石

fe 生命；寿命；生活
~belt 安全带，保险带，救命带
~boat 救生船，救生艇
~-buoy 救生圈
~community 生物群落
~cycle cost 全寿命费用
~-cycle costing 全寿命周期成本核算
~-cycle flows 全寿命周期循环
~expectancy 预期（使用）寿命，预计（使用）期限，平均寿命
~expectancy at birth 出生预期寿命
~field 生活领域
~form 生活型
~form spectrum 生活型谱
~guard 救生员
~line 安全线；救命带
~of water proof layer 防水层合理使用年限
~period 寿命，存在时期，生存时期
~project 生命工程
~pyramid 生物金字塔
~range 生活圈，生活范围
~science(s) 生命科学（包括生物学，医学，心理学，人类学，社会学等）
~span 使用寿命，使用年限
~style 生活方式
~-support system 生命维持系统
~table 生命（统计）表，寿命表，生存表
~-time 使用期限，使用寿命
~truck 升降式装卸车，起重车
quality of~ 生活品质，生活质量
life-carrying capacity 生命承载能力
lifestyle 生活方式
lifetime fertility 终身生育率
lift 升，举，抬；升举高度；（混凝土等的）层；升降机，电梯；升液器；浮力；升举，上升；升起，举起；提高
~arm 升降臂，动臂{机}
~chair 升降座（椅）
~gate 拦路木；升降闸门
~irrigation 扬水灌溉
~park 升降式停车库（场）
~-pruning（美）（树枝的）修剪，升降机修剪，升降式修剪（整枝）；修剪升降机
~shaft 电梯井
~station 抽水站
~well 井道
ski~（把滑雪者送上坡的）牵引装置
lifting 举，抬，拔，升；升降的
~bridge 升降桥
~by frost 冰冻（地面的）降起
~capacity 提升量；升举能力
~height 拔起高度（克服高度）
~industry 轻工业
frost~ 冰冻（地面的）隆起
light 光；灯光；光线；发光体；亮的；明朗的；轻的；轻快的；轻微的；浅的，淡的；点火；照明，明耀；点灯
~air 一级风（软风）
~availability 灯光利用率，发光体有效性
~availability，relative 相关灯光利用可能性
~beacon 灯桩
~boat 灯船
~breeze 二级风（软风）
~buoy 灯浮标
~car 小汽车

~climate 光照气候
~climate factor 光照气候系数
~conditions 光照状况，光照条件
~-control junction 灯号控制路口
~control room 灯光控制室
~court 天井；光庭
~demander 阳性树，喜光树种
~demanding plant 阳性植物，喜光植物
~draft；unloaded draft 空载吃水
~exposure 光辐照（量），光线照射，光线曝光时间
~exposure，high level of 光线高强度辐照（量）
~exposure，low level of 光线低强度辐照（量）
~exposure，poor 弱光辐照（量）
~exposure，strong 强光辐照（量）
~exposure，weak 微弱光辐照（量）
~for fire evacuation 火灾疏散照明灯
~industrial district 轻工业区
~industries，allocation of commercial facilities and 商业设施和轻工业配置
~industries，location of commercial facilities and 商业设施和轻工业位置
~industry 轻工业
~industry area，commercial and 商业和轻工业区
~industry district 轻工业区，轻工业用地
~industry zone 轻工业区，轻工业分布带
~intensity 光强
~-life plant 阳性植物
~-loving plant 喜光植物
~on buoys 浮标灯
~on land 陆上灯标
~plane（美）轻型飞机
~pollution 光污染
~rail 轻轨
~rail system 轻轨铁路系统
~rail transit reserve 轻轨铁路专用地
~rail transit terminus 轻轨铁路终站
~railway 轻便铁路
~railway track 轻便铁轨
~rain 微雨
~rolling area 微丘地区
~screen planting 遮光栽植
~soil 轻质土，砂土
~source 光源
~steel construction 轻型钢结构建筑
~tower 灯塔
~traffic 稀疏交通，轻量交通
~tree 阳性树
~truck 轻（型）运货汽车
~-vehicular traffic 轻型汽车交通
~vessel 灯船
~-weight concrete 轻质混凝土
~well（英）光孔，天井（采光用）
~well，basement（美）（地下室）光孔
~well grid 光孔棚格
~wood fiber board 轻质木材纤维板
~woody species 阳性树种
~work 轻作业
aiming~ 标灯
arc~ 弧光灯
flood~ 泛光灯，探照灯
green~ 绿灯
neon~ 氖灯，霓虹灯
protection from~ 防光
red~ 红灯
roadway~ 路灯

search~ 探照灯
source of~ 光源
yellow~ 黄色灯光
ght planting soil 轻质种植土
ight Yellow Azalea *Rhododendron flavidum* 淡黄杜鹃
ghten 驳船
~aboard ship 驳船
ghterage 过驳作业
~anchorage 过驳锚地
ghthouse 灯塔，航标
ighthouse of Alexanderia 亚历山大灯塔
ghting 照明，光照
~climate 光气候
~environment 光环境
~facilities of road 道路照明设施
~for fire evacuation 火灾疏散照明
~load 照明负荷
~measurement in building 建筑光学测量
ightness 轻，淡；明度，亮度；轻浮；机敏；巧妙
~adaptation 明适应
ightning 闪电，电光，灯光
~arrester 避雷针，建筑防雷装置
~cement 闪光水泥
~conductor 避雷针
~current 雷电流
~electro magnetic impulse，LEMP 雷击电磁脉冲
~induction 闪电放电时，在附近导体上产生的静电感应和电磁感应，它可能使金属部件之间产生火花静电感应
~prevention design 避雷设计
~protection 防雷设计
~protection zone，LPZ 防雷区
~rod 避雷针，避雷器
~storm 雷暴
~stroke 雷击
~surgeon in coming services 雷电波侵入
lightplane 轻型飞机
ligneous plant 木本植物
lignicolous species 木本植物物种
lignification 木质化
lignified 本质的
~stem 木质梗（茎，柄，杆）
lignify（梗）木质化
lignite 褐煤
Lignum-vitae *Guaiacum* spp. 愈疮木（牙买加国树）
ligule（**ligula**）叶舌，舌状片
Ligustrum tree dieback 女贞干腐病（***Macrophoma* sp.** 大茎点菌）
Lijnbaan 林巴恩〈1956 年建成的荷兰鹿特丹市中心的商业区〉
Likiang Spruce *Picea likiangensis* (Franch.) Pritz 丽江云杉
Lilac 丁香花，紫丁香；淡紫色；淡紫色的
Lilac *Syringa vulgaris* 洋丁香
Lilac/Early Lilac *Syringa oblata* 紫丁香
Lilac[common] *Syringa affinis* 白丁香
Lilac Clematis *Clematis patens* Morr. et Decne 转子莲
Lilac Daphne *Daphne genkwa* 荛花 / 芫花 / 紫花瑞香 / 闹鱼花
Lilac Daphne *Daphne genkwa* Sieb. et Zucc. 芫花

Lilac Honeysuckle ***Lonicera syringantha*** 红花忍冬 / 粉红金银花

Lilac Pink/Fringed Pink ***Dianthus superbus*** 瞿麦

Lilac-breasted Roller ***Coracias caudatus*** 紫胸佛法僧（博茨瓦纳两种国鸟之一）

Lily 'Casa Blanca' ***Lilium 'Casa Blanca'*** 香水百合 / '卡萨布兰卡' 百合（美国田纳西州苗圃）

Lily-Magnolia Garden 木兰园

Lily Magnolia/Purple Magnolia ***Magnolia liliflora Desr.*** 木兰 / 紫玉兰 / 辛夷 / 木笔

Lily of the Nile/African lily/Agapanthus ***Agapanthus africanus*** 百子莲（百子兰）

Lily of the Nile/Calla Lily/Trumpet ***Zantedeschia aethiopica*** 海芋 / 马蹄莲（埃塞俄比亚国花）

lily root（***Lilium***）百合（属）

Lily Root /Lily Bulb（***Lilium brownie var.viridulum***）百合 / 山丹（姜黄色百合为尼加拉瓜国花）

Lily-of-the-valley ***Convallaria majalis*** 铃兰 / 草玉铃（芬兰国花）（英国斯塔福德郡苗圃）

Lily-of-the-Valley ***Pieris japonica*** **'Valley Valentine'** '情人谷' 马醉木（英国斯塔福德郡苗圃）

Lily-of-the-Valley Shrub ***Pieris Flaming*** **'Silver'** '银光' 马醉木（英国斯塔福德郡苗圃）

Lily-of-the-Valley Shrub ***Pieris*** **'Forest Flame'** '森林火焰' 马醉木（英国斯塔福德郡苗圃）

Lilyturf ***Liriope spicata*** **Lour.** 山麦冬

lima bean /sieve bean ***Phaseolus lunatu*** 菜豆 / 棉豆 / 荷包豆

liman 河口

limb 肢；分度弧；肢状的；翼；边缘；针盘；电磁铁心

main~（美）主边，主翼

limbo 垃圾场；监狱；中间过渡地带

lime 石灰；用石灰处理

~-avoiding species 无效石灰种类，废灰种类

~concrete 石灰混凝土

~content 石灰含量

~earth surface 灰土地面

~grout 石灰灌浆

~-loving species 喜石灰质土壤植物种类

~marl 灰质泥灰岩

~pile 石灰桩

~pile method 石灰桩法

~putty 石灰膏

~sandy clay mixture 灰土混合料

~slurry 石灰浆

~soil pile 灰土桩

~soil well 灰土井

~treated soil 灰土

~tree 菩提树，欧椴树

~water 石灰水

available~ 有效石灰

calcined~ 生石灰

lean~ 贫石灰

milk of~ 石灰乳（液），石灰浆

unslaked~ 生石灰，未消化石灰

white~ 熟石灰

KeyLime ***Citrus aurantifolia*** 来檬

Lime ***Tilia species*** 欧椴 / 椴

limeclast 灰岩屑 / 灰屑

mekiln 石灰窑
mestone 石灰岩，石灰石
~cave 钟乳洞
~grassland 石灰岩草地（牧场）
~groove vegetation（美）石灰岩沟植被
~prairie（美）石灰岩大草原（尤指北美的）高草原，草地，草甸
marly~ 泥灰质石灰石
ming 用石灰处理，撒石灰；侵入石灰水中
mit（简写 **lim.** 或 **lm.**）限，限度，限额，极限；界限；限制；范围；限，限制；立界限
~analysis 极限分析
~deflection 极限压缩量
~defornation 极限变形
~design 极限（荷载）设计
~equilibrium method 极限平衡法
~law 极限定律
~of accuracy 精确限定
~of error 误差限度
~of precision 精密限度
~of rents 房租限价
~（of soil），plastic（泥土的）塑性极限
~state 极限状态
~state equation 极限状态方程
~states method 极限状态设计法
~switch 限位开关
adulteration~ 掺杂限度
distribution~ 分布（分流）限度
injury~ 损伤极限
plugging~ 堵塞限度
quantitative~ 定量界限
range~ 转向（定向）范围
resolving~ 分辨极限
road~ 公路（道路）限制
time~ 期限，限期
tree~ 树高极限
limitation 限度，限定；界限，局限性；缺点
~of building coverage 建筑面积比限制
~of rents 房租限制
~，period of 限期
~velocity 临界速度，限制速度
limited 特别快车；有限（制）的
~access highway 限制进入的公路
~-access road 限制进入的道路
~highway 机动车专用公路
~population growth 有限制的人口增长
~recreation use 有限的娱乐（消遣）消费（用途）
~speed 限制速度
~vehicular access 有限制的车辆通道（入口）
limiting 限制
~design value 设计限值
~factor 限制因素
~height of hump 限制峰高
~noise emission 噪声限制
~velocity 极限流速
limnetic 湖泊的，湖沼的，湖栖的，湖泊生物的，湖沼生物的
~facies 湖相 { 地 }
~zone 湖沼区域（地带，分布带，地区）
limnic 湖泊的，湖沼的，湖栖的
limnology 湖沼学
limonite 褐铁矿
limousine 轿车
Limpricht's Spicebush *Lindera limprichtii* 卵叶钓樟 / 汶川钓樟

Lin'an (the Southern Song Dynasty) 临安（南宋）

Lincoln 林肯

Lincoln Center for the Performing Arts 林肯表演艺术中心

Lincoln Memorial 林肯纪念堂

Lincoln Museum 林肯博物馆

Lincoln's Tomb 林肯墓园

Linden 菩提树，椴树

Linden/Basswood ***Tilia*** 椴树（属）

Linden Hisbiscus ***Hibiscus tiliaceus*** **L.** 黄槿

Linden Viburnum ***Viburnum dilatatum*** 荚迷

Lindley Bogorchid ***Eupatorium lindleyanum*** 林泽兰 / 尖佩兰

Lindley Butter-bush ***Buddleja lindleyana*** **Fort.** 醉鱼草

line 线；铁路线；电线；路线，线路；管路，管线；排行；轮廓，外形；界线；系列，系统；衬里；排齐，排列；用线划分；设计；草图

~agency（美）管路（线路，管线，铁路线，电线等）主管机构

~analysis 线性分析

~building 行列式建筑

~development 展线

~divider（道路）分道线，车道线

~drawing 线条画，线图

~drawing in traditional and brush 白描

~feeder 加强线

~for locomotive to shed 入段线

~for locomotive to station yard 出段线

~for special use 专线

~load 线荷载

~map 路线图

~of building 建筑界线，房基线

~of elevation 标高线

~of level 水准线

~of policy 方针

~of production 生产流程，生产部门

~of right of-way 道路红线

~of row houses 房列线，成行房屋线

~operated 运营铁路线

~-out（英）成行栽植（木本植物）

~perspective 线透视

~spectrum 线谱

~symbol 线状符号

~thickness 线路密度

~-type fire detector 线型火灾探测器

A-~ A 线（塑性图）

belt~ 环行线，流水线

block~ 街区线

border~ 边线，界线；国界；两可之间

boundary~ 边线，界线；（道路）限界

branch~ 支线

branch rail~（美）铁路支线

branch railway~（英）铁路支线

building~ 建筑（界）线，红线

clearance~ 净空线；界限线；（指示车辆绕行的）导引线

collector drainage~ 集中总管排水管道

construction~ 施工线，建筑线

continuous~ 实线

contour~ 等高线，恒值线，轮廓线

credit~ 出处说明，材料来源注解

cross walk~ 人行横道线

curb~ 路缘线，路边线

cut-~ 图注

dash~ 虚线，短划线

dead~ 最后期限
delineation~ 轮廓标线
demarcation~ 界线
dimension~ 尺寸线
dot~ 虚线，点线
double~ 双线，复线
drain~ 排水管线，泄水管线
drainage pipe~ 排水管道，排水管线
drip~ 滴水管
edge~ 车行道边线
electric power~ 电力管线（线路）
excavation~ 开挖线
extension of a wall~ 墙线延伸
fire control~（美）防火控制线
frontage~ 临街建筑线
ground surface~ 地面线
habitat transition~（动植物）生境迁移路线，（动植物）生境变迁概况
high voltage transmission~（美）高压输电线路
highway boundary~ 高速路界线
hill-side~ 山坡线
land~ 岸边线；道路用地边线；道路征地线，路界线；陆地通讯线
level~ 等高线，水平线
location centre~ 定位的中心线
lot~（美）地区界线，地皮轮廓
main~ 干线，正线
main drainage~ 干道排水系统，主排水管路
main traverse~（测量）主导线
main water supply~（英）供水总管
national main trunk~ 国道主干线
open~ 开通路线
overhead~ 架空线
overhead telephone~ 架空电话线
overhead trolley~ 架空电车线
pedestrian crossing~ 人行横道线
power transmission~ 输电线，电力输送线
production~ 生产线，作业线
propertry~ 地界线，用地线；建筑红线
public utility~ 公用供水（气）管道
random~ 试测线
range~ 边界；限程；国境线；方向线；延线
rear lot~（美）后分段，后场地
ridge~ 山脊线；分水岭线
service pipe~ 给水管线
setback~（建筑）收进线
sewer~ 污水管道，污水管线
shade~ 遮线，阴影线
shadow~ 阴影线，投影线
shore~ 海岸线
side~ 傍线，横线，侧道；副业；兼职
side lot~（英）侧分段，侧场地
sight~ 视线
snow~ 雪线
solid~ 实线
special~ 专线
spring~ 起拱线
subsurface drain（age）~ 地（面）下排水管线
supply~ 给水管线；供应管线，供应线
tape-~ 卷尺，皮尺，带尺
terrain~ 地表线
traffic~ 车道线；交通线，运输线
tree~ 乔木植被界线
vertical~ 垂直线
water~ 水线；吃水线；水管线路

water distribution~（美）配水管线
water supply~ 给水管线，上水道
yellow~ 黄色交通线
yellow edge~（美）黄边线
zero~ 零位线；中和轴

lineal 带形的，线形的，线状的
~city 带形城市
~development 线形发展
~town 线状延伸的城市

linear 线的；直线的；线状的，线性的；纵的；一次的 { 数 }
~analysis 线性分析
~-angular intersection 边角联合交会
~channel 线性渠道
~city 线状连续发展城市，直线城市，带形城市，带状城市（19 世纪由西班牙人马拉提出的城市规划理论）
~city region 线状城市地区，线状连续发展的城市地区，带状城市区域
~correlation 线性相关
~cutting（英）直线切削
~development 线状发展
~error 线性误差
~excavation（美）纵向挖掘
~feature 线性特征
~fire zone 沿线带形防火区
~flow characteristic 线性流量特性
~hydrological model 线性水文模型
~model 线性模型
~open space pattern/system 带形空地图形 / 网
~park 带形公园（专供散步、游憩以及联结建筑物的特殊公园）
~pattern（城市）带形型，直线型，线状连续发展型
~perspective 直线透视，线性透视
~plan 线型平面，线型布置
~planting 列植
~prediction 线性预测
~programming 线性规划
~register 线性计数器
~regression 线性回归
~relation 线性关系
~reservoir 线性水库
~section 线形路段
~system 线性系统
~town 带形城镇，带状城市
~triangulation chain 线形三角锁
~triangulation network 线形三角网

linear planting 列植

Linear Stonecrop ***Sedum lineare*** 佛甲草 / 龙牙草

Linearleaf Cymbidium ***Cymbidium goeringii*** **var.** ***serratum*** 线叶春剑

Linearleaf Sagebrush ***Artemisia subulata*** 线叶蒿 / 全赞形叶蒿

Lined silver grunter/javelin grunt ***Pomadasys hasta*** 断斑石鲈

linen 亚麻布，画布；亚麻色的，灰白色的

liner 衬管；衬砌；衬垫，衬圈 { 机 }；定期列车；定期（客货）轮船，班船；班机；画线者；混凝土模板
forest tree~ 森林苗木
strongly branched~（美）粗支管衬圈

lines，hachure（影）线，（晕翳）线
railroad~（美）铁路线
railway~（英）铁路线，有轨车道线
sewer~（美）污水管线，排水管线（道）

Ling 灵

~Tai 灵台
~You 灵囿
~Zhao 灵沼
~bi stone 灵璧石
Ling Canal 灵渠（中国广西）
Lingyin Temple（Hangzhou，China） 灵隐寺（中国杭州）
Ling Long Guan（Hall of Nimbleness）（Suzhou，China）玲珑馆（中国苏州市）
Lingnan style bonsai 岭南盆景
Lingnan Gardens 岭南园林
linguistic geography 语言地理学
lining 衬，衬砌；衬垫；镶衬；窑衬，衬壁；衬料；面料(俗称来令){气}；气套{机}；拨道，整道{铁}
~board 衬板
~，channel 沟槽（河槽，渠）衬壁
~grouting 衬砌内注浆
~material 衬垫料，衬砌材料
~peg 路界，界标
~pole 花杆，标杆
~tube 衬管，套管
~with column–typed sidewalls 柱式边墙衬砌
clay~ 黏土衬料，粘木窑衬
dumped stone~（美）倾倒石料衬垫，倾卸石料衬垫
link 环节；链条；链环；连杆；河道弯曲处；连接物；连接线；联系人；连接设备，连接部件，网络连接，支路{数}；键{化}；信道线路；环接，连接，接合，联合，接线，联络
~belt 链带
~bridge 链式悬桥
~index 环比指数
~pedestrian 步行连线
linkage 联系，联结（城市设计方法上的一种分析概念）；连合；关联；连锁；联动装置
~program 综合性计划
~theory 联系理论，空间联系理论
~，traffic 运输连锁，运输连合
~tree 枝状图
linked trip 全程出行
linking-uproad 连接道路，联络线
link species 链接物种
linn 瀑布；溪谷；绝壁
linoleum surface 油地毡地面
lintel 楣，过梁
Linzhi spruce ***Picea likiangensis*** **var.** ***linzhiensis*** 林芝云杉
Linzi（the Qi Dynasty）临淄（齐）
lion 狮子
Lion and Tiger Hill 狮虎山
Lion Grove（Suzhu，China）狮子林（中国苏州）
Lion ***Panthera leo*** 狮
Lion baboon ***Theropthetcus gelada*** 狮尾狒 / 棕狒
Lion-tailed macaque ***Macaca silenus*** 狮尾猴
lip 唇；凸缘；突起；挖土机舌瓣
~kerb 斜口式路缘石，唇状侧石
~step 阶梯凸缘
Lipstick Tree/Annatto/Urucu ***Bixa orellana*** 胭脂木 / 红木
liquefaction 液化
~of sand；liquefaction of sandy soil；liquefaction of saturated soil 砂土液化

~potential 液化势

liquefied 液化的，液态的

~natural gas 液化天然气

~petroleum gas 液化石油气

~petroleum gas bulk plant 液化石油气储配站

liquid 液体，流体；液体的，液态的，流动的；不稳定的；透明的

~absorbent 液体吸收剂

~air 液态空气

~ammonia cell 液氨电池

~asphalt 液体（地）沥青（包括轻制地沥青）

~asphaltic bitumen 液体沥青

~cement 液态水泥，液体胶结材料

~cement，sand-filled joint topped with（美）把沙嵌填的接缝注以液体混凝土

~concrete 液态混凝土

~fertilizer mixer-proportioner 液肥混合调配器

~-level ga(u)ge 液位计

~limit apparatus 液限仪

~limit device 液限仪

~limit of soil 土液限

~manure 液体肥料，液体粪肥

~manure silo 液体肥池（槽）

~manuring 施液体肥

~mortar，joint filled with 液体砂浆（灰浆，黏合物）填缝

~petroleum gas plant 液体石油气厂

~petroleum gas system 液化气系统

~receiver；receiver 贮液器

~state 液态

~waste 废液，废水

liquidate 清算；偿还；破产；使成液体，熔解

liquidated damages 违约罚金

liquidation of replotting 换地清算，用地重换后清算

liquidity index 液性指数

Liquorice ***Glyeyrrhiza glabra*** 甘草 / 甜木

Liriope Big Blue ***Liriope muscari* 'Big Blue'** 大蓝麦冬（美国田纳西州苗圃）

Lishan Mountain（Xi'an，China）骊山（中国西安市）

list 表（册）；目录，清单，名册；记入目录，记入表（册），镶边，航线横向的倾斜

~entry 登记入口

~of award 决算单

~of bid items and quantities（美）投标项目及数量表

~of chart 图表目录，统计图

~of defects（美）瑕疵表，缺陷表

~of expenses 耗费清单

~of historic buildings of special architectural of historic interest（英）独特古建筑目录

~of historic buildings，monuments and sites（英）历史建筑、纪念物和遗址名录

~of professional services 专业服务目录

~of species 种类，目录

~of table 统计表

~of undesirable plants 不良植物目录

Blue~（美）蓝色目录（鸟类保护）

Endangered Species~（美）濒临灭绝物种目录

plant~ 植物目录

species~ 物种目录

undesirable plant~ 不良植物目录
unit price~ 单价清单
isted 列表
~building（英）列入目录的建筑物
~Buildings and Conservation Areas Act 1990，Planning（英）列表建筑物和保护区法（1990，规划）
~landmark building（美）列表地标（陆标——可指人为设置物或自然景物）建筑物
Listening to the Orioles Hall（Beijing，China）听鹂馆（中国北京市）
istening 听，闻，聆
Listening to Orioles Singing in the Willows（Hangzhou，China）柳浪闻莺（中国杭州市）
Listening to the Bells Tower 闻钟楼
Listening to the Waves Pavilion 聆涛亭
literalism 写实主义
literalist 写实主义者
literary 文学的，文艺性
~and artistic circles 文艺界
~and artistic creation 文学艺术创作
~and artistic creation 文艺创作
~critic 文艺评论家
~criticism 文艺批评
~man's painting 文人画
literate 有文化的
~population 受过教育的居民
literati 文学家
Literati painting 文人画 – 中国传统绘画的重要风格流派，在创作上强调个性表现和诗、书、画等多种艺术的结合，作者多属于具有深厚全面的文化修养的文人士大夫。
lithology 岩石学，岩性学
lithosoil 石质土
lithosphere 岩石区，岩石分布区；陆界；地壳；岩石圈｛地｝
litter 散乱的杂物；废弃物；碎屑；枯枝落叶；担架
~and weeding on planted areas，picking up（英）在播种区捡除杂物并除草
~bag 废物袋，垃圾袋
~bin 垃圾桶
~bin support（英）垃圾桶
~breakdown 散乱杂物分类
~decay，leaf 落叶腐烂
~decomposition 落叶腐烂
~decomposition，leaf 落叶腐烂
~layer 枯枝落叶层
~magnet 磁力清理垃圾器
~meadow（英）落叶草甸
conifer~ 针叶树落叶层
driftline~ 杂乱堆积的废弃物
floodmark~ 洪水冲积杂物
forest（floor）~ 林区（地面）枯枝落叶层
leaf~（森林中的）枯枝落叶层
needle~（英）针叶树落叶层
little 小的，少的
~children's park 少年公园
~theatre 小型剧场
Little bittern *Ixobrychus minutes* 小苇鳽
Little Bunny Pennisetum Grass *Pennisetum alopecuroides*（L.）Spremg. 'Little Bunny' 狼尾草 '小兔子'（美国田纳西州苗圃）
Little bustard *Otis tetrax* 小鸨

little Chinese jird/midday gergil *Meriornes meridianus* 子午沙鼠
Little crake *Porzana parva* 姬田鸡
Little Flying Rainbow 小飞虹
Little Fruit Machilus *Machilus microcarpa* 小果润楠 / 润楠
Little gull *Larus minitus* 小鸥
Little ice age 小冰期
Little owl *Athene noctus* 纵纹腹小鸮
Little pratincole *Glareola lacteal* 灰燕鸻
Little Schizonepeta *Nepeta annua* 小裂叶荆芥
Little whimbrel/ Eskimo whimbrel *Numenius minutus* 小杓鹬
Littleflower Meliosma *Meliosma parviflora* 细花泡花树 / 小花泡花树 / 马溜光
Littlefruit Uvaria *Uvaria macrophylla Roxb.* 紫玉盘
Littleleaf Ash/Bunge Ash *Fraxinus bungeana* DC. 小叶白蜡
Littleleaf Box *Buxus microphylla* Sieb. et Zucc. 小叶黄杨（美国田纳西州苗圃）
Littleleaf Buckthorn *Rhamnus parvifolia Bunge* 小叶鼠李（琉璃枝）
Littleleaf Dogwood *Cornus paucinervis* 小梾木
Littleleaf Jasminorange *Murraya microphylla* 小叶九里香 / 满江香 / 七里香
Little-leaf Lilac *Syringa microphylla* Diels/S. pubescens ssp. *microphylla* (Diels) 小叶丁香（四季丁香）
Littleleaf Peashrub *Caragana microphylla* Lam. 小叶锦鸡儿
Littleleaf Pepper *Piper arboricola* 小叶爬崖香
littoral 海岸，沿海地，潮汐区；海滨的沿海的，沿岸的
~area 海岸区，潮汐区，海区
~climate 海滨气候
~drift；long shore transport 沿岸输沙
~environment 滨海环境
~faces 滨海相
~industrial area 沿海工业区
~industrial zone 沿海工业地带
~region 海岸区，潮汐区，滨海区
~vegetation 海滨植被，海滨植物
~zone；littoral region 潮间带
Liu Dunzhen（Liu TunTseng）刘敦桢 1897—1968，建筑学家，古建园林专家
Liu Jiaqi 刘家麒，中国风景园林学会终身成就奖获得者，风景园林专家
Liu Shaozong 刘少宗，中国风景园林学会终身成就奖获得者，风景园林专家
Liu Xiuchen 刘秀晨，中国国务院参事室参事，风景园林专家
Liu Yuan（Lingering Garden，Suzhou，China）留园（中国苏州市）
luminous night cloud 夜光云
livability 适于居住性，适居性
~space 可居住的空间
~space ratio 居住面积比值
Livable Winter City Association 适居的冬季城市协会
live 活的；活泼的；活动的；实况播送的，实况转播的；住；生存，生活
~arch 绿化拱门
~birth rate 存活出生率
~brush mattress（美）活树柴排

~brushlayer barrier 活树屏障
~enclosure 树篱，矮树栏，绿篱
~fence（用树木组成的）绿篱，树篱
~knot（木材）坚固节
~load on bridge 桥（桥梁）活荷载
~picket（美）活动（拴牲口，作篱栅等用的）尖木桩
~stake 活动桩（标桩，篱笆桩）
~stock 牲畜，家畜
~stock hydrant 牲畜给水栓
Live Oak ***Quercus virginiana*** 弗吉尼亚栎 / 美国栎（澳大利亚新南威尔士州苗圃）
livestock 家畜，牲畜
~farm（畜）牧场
~industry 畜牧业
living 生活，生存；活着的，有生命的；现代的，活动的，生活的
~area 居住面积，居住使用面积；住宅区，生活区
~area，courtyard 庭院式住宅区
~condition 生活条件，居住条件
~construction unit 住宅建筑物单元
~cost 生活费
~density 居住密度
~–dwelling zone 生活居住区
~environment 生活环境，生存环境，居住环境
~fence 树篱
~floor area 居住面积
~floor space 居住面积
~green fence 绿篱，树篱
~habit 生活方式，生活习惯
~hut 临时居住木板房
~plant material 活植物素材（资料）
~quarter 宿舍，住宅区，居所，住处
~quarters for staff and workers 职工宿舍
~resources 生活资源
~snow fence 拦雪绿篱
~space 居所，住处，生活空间，居住（建筑）面积
~space，garden（英）花园居所
space norm 居住面积定额
~space，outdoor 户外住处，露天（野外）住处
~space per capita 人均居住面积
~standard 生活标准，生活水平
~–tree pergola 树棚
~unit 居住单元，公寓
~van（美）大篷车
Living Buddha 活佛
Living Buddha（**Kntnchtu**）活佛
living resources conservation 生物资源保护
living space 生存空间
Living Stones/Stone Face/Flowering Stones ***Lithops pseudotruncattela*** 生石花
Livingstone Daisy/Midday Flower ***Mesembryanthemum spectabile*** 龙须海棠 / 松叶菊 / 美丽日中花
Livingstone Game Park（**Zambia**）利文斯通野生动物公园（赞比亚）
Li Yu 李渔，清代文学家，造园家
Llama ***Lama peruana*** 驼羊 / 美洲驼
LNG=liquefied natural gas 液化天然气
load 荷载，荷重，载重；负荷，负载；装载；加荷，加载；装载，装填；寄存{计}，发电量；工作量
~and unload siding；loading 装卸线
~application 施加荷载

~background 负荷背景
~-bearing 负荷，承重
~-bearing capacity 承载能力，承载量
~bearing construction 承重施工（建筑）
~bearing soil，good 优良承重土
~bearing soil，poor 劣质承重土
~bearing structure 重结构
~bearing wall 承重墙
~-carrying ability 承载能力
~dispatching office 配电所
~effect 荷载效应
~meter 测力计
~on bridge 桥（桥梁）荷载
~pressure 负载压力
~rate 荷载率
admissible~ 容许荷载
design~ 设计荷载，设计载重
environmental pollution~ 环境污染负荷
existing environmental pollution~ 现有环境污染负荷
fatigue~ 疲劳荷载，重复荷载
fixed~ 固定荷载
ground~ 地面荷载
live~（简写 L.L.）活载；动荷载，临时
maximum~ 最大荷载
operating~ 工作荷载{机}，施工荷载
permissible~ 容许荷载，容许载重
recreation~ 娱乐荷载
recreation design~ 娱乐设计荷载
removal of~ 卸载，除去荷载
return~ 回载
roof~ 屋顶载重
safe bearing~ 安全承载，容许承载
sediment~ 沉积物荷载
service~ 营运荷载（使用荷载）
snow~ 雪（荷）载
structural~ 构造荷载，结构荷载
thermal~ 热负荷
traffic~ 行车荷载，交通负荷
wash~ 冲刷（泥沙）量
wind~ 风载
wind drag~ 风阻力荷载

loadbearing 承载能力

loading 加载，装载；荷载，载重；装；填
~area 载重面积，装载面积；（码头）装卸区
~berm 反压护道
~coefficient 装载系数
~combinations 荷载组合
~factor 装量系数
~instruction 载重定额（规定）
~intensity 荷载强度
~island 装卸岛；（公共车辆上下乘客用的）停车岛
~of soil 土装卸
~plate 承载板
~plate test 承载板试验
~platform 装卸站台，上下客站台
~wharf 装载码头，堆栈码头
~yard 装卸场
~zone 装卸区，站台
design~ 设计负荷

loadings，structural 结构载重

loam 垆坶，亚黏土，亚砂土；壤土，肥土，沃土
~seal 亚黏土堵壁（围堰）
glacial~ 冰川壤土
loess~（美）黄壤土

loamy 壤土（质的），亚黏土的，亚砂土的
~clay 壤土（质）黏土
~gravel 带土砾石
~sand 壤土（质）砂，亚砂土
~soil 壤土
loan 借出，借出物；公债；借款；外来语；借出
lobby 穿堂，前厅；休息室，接待室，门廊，门厅
Lobed-leaf Elm/Manchurian Elm *Ulmus laciniata* 裂叶榆 / 青榆
Lobelia/Edging Lobelia *Lobelia erinus* 山梗菜 / 半边莲
Lobes Kudzuvine *Pueraria lobata* （Willd.）Ohwi 葛藤
Loblolly Pine *Pinus taeda* L. 火炬松
local 地方的；市内的；近郊的；当地的；局部的；地方性
~access 地方支路入口；专线入口；必停站口（公共交通逢站必停站的路口）
~airfield 地方机场
~alarm system 区域报警系统
~application extinguishing system 局部应用灭火系统
~area network 区域网络
~authority 地方当局
~authority land（英）地方当局土地，近郊土地
~authority reorganization 地方当局整顿（改革）
~authorities 地方当局，当地政府
~building material 地方建筑材料
~call 市内电话
~center 地方中心
~center in rural area 乡区中心
~city 地方城市
~city area 地方城市区域
~clean zone with clean lines class 100 局部 100 级洁净区
~climate 地方气候
~commercial center 地方商业中心
~communication 地区通信
~community area 当地社区范围
~construction laws and regulations 地方性建设法规
~construction regulations 地方建设规章
~data 局部数据
~detouring traffic（美）区域绕道通行
~development city 地方开发城市，地方开拓城市
~development value 地方性发展价值
~district（英）地方行政区，近郊地区
~exhaust ventilation（LEV）局部排风
~express train（英）地方快运列车，地方特快邮送列车
~feeder road（美）市郊铁路支线
~fire alarm control panel 区域报警器
~flavo(u)r 地方风味
~government 地方政府
~government department 地方政府部门
~government enterprise 地方国营企业
~heating 局部采暖
~heritage，protection of（CH）地方遗产保护
~highway 地方公路
~history 地方志
~industries 地方工业

~industry 地方工业
~material 当地材料
~migrant 当地移民
~movement 城市间的人口流动
~ordinance 地方法规，地方计划图，地方规划图，局部规划
~park 当地公园
~people 当地居民
~physical planning 地方实体规划
~plan 地方规划，地方计划图，地方规划图
~planning 局部规划，地方规划
~planning agency/office（美）地方规划行政部门 / 办事处
~Planning Authorities，Standing Conference of（英）地方规划行政管理机构（常务会议）
~planning authority 地方规划机构
~power supply 地方电源
~pollution 局部污染
~population 本地居民
~product 土产
~project 地方项目
~public works 地方性公共工程
~railway 地方铁路，铁路支线
~recreation area 当地消遣区
~regional administrative authority/agency 地方（地区）行政当局（机构）
~relief 局部送风
~residential community 地方居住社区
~residents 本地居民
~road 地方道路，支路
~service urban bus 市内公共汽车
~shopping center 地区商业中心，居住区商业中心
~solar time 地方太阳时
~street 小街；（美）次要道路
~street with access only for residents 仅居民可进出的小街
~telephone network 地区电话网
~time 地方时
~topography 地形，局部地貌
~traffic 地方交通，一定地区内的交通局部交通
~transit 慢速交通运输工具
~transmission network 城市供电网
~transport system（英）地方运输系统
~ventilation 局部通风
~view 局部视图
~visual amenities，preservation of 局部直观生活福利设施维护
~wind environment 局部风环境
locality 地，位置，地点，所在地，产地地区，场所；方向
localized 局部的，就地的，分区的
~control 就地控制
~lighting 分区一般照明，局部照明
locally operated turn out 非集中道岔
locate 确定地点
located frequency for railway use 铁路专用频率
location 位置，场所；（铁路）定线；区位；选址，建筑用地选定，放线；测设；安装；外景
~address data 定位地址数据
~approval，design and（美）定位鉴定，设计和定位鉴定
~centre line 定位的中心线
~condition 用地选择条件，选址条件
~differential theory 位置差别理论〈由

德国人冯·瑟尼（Von Thiinen）创立的理论〉
~factor 用地选择因素，选址因素
~in a basin 盆地外景，盆地位置
~map 建筑基地位置图，基地现状示意图；定线图；建筑物现状图
~map，avalanche 崩坍位置图
~of buildings 建筑选址
~of commercial facilities and light industries 商业设施和轻工业布局
~of economic activity 生产布局
~of industry 工业区划，工业选址
~of line 定线，定位图
~of parking facilities 停车场选址
~of pier and abutment 桥梁墩台定位
~of pipe 管道位置
~of pollution sources 污染源分布
~plan 位置图，地盘图，总平面图，平面布置图，平面位置图
~procedure 定线程序
~quotient 区位商值法；位商
~selection 选址
~survey 定测
~theory 地理区位理论，选址理论，区位论，位置理论
bridge~ 桥位
final~ 最终定线，最终位置
flaw~ 缺陷定位，探伤定位
grade~ 坡度设计，路基设计
hillside~ 山坡定位
humic~ 腐殖地段
marginal~ 限界选址
plant in a semi-shaded~（美）半成荫植物
semi-shaded~（美）半成荫树木
shady~ 成荫位置
site~ 工地位置图，地盘图
sunny~ 阳光充足场所
~valve 保险阀
locational 成组的，区位的
~pattern of grouping firms 成组布局
~requirement 区位要求
lock 交通的堵塞；船闸
~station 闸站
lockage 水闸高低度；水闸用材料；水闸通行税；过船闸
~water 闸（内蓄）水
locker room 生活间
locking 锁闭
lockup 拘留所
locomotive 机车，火车头；有运转力的；运转的；运动的；起运动作用的
~and coach wagon factory 机车车辆厂
~crew changing station 机务换乘所
~daily out put 机车日产量
~depot 机务段
~facilities 机务设备
~hold track 机待线
~kilometers 机车走行公里
~operation and maintenance 机务（机车业务）
~repairing depot 检修机务段
~shed 机车库
~temporary rest 机车待班
~turn around depot 机务折返段
~turn around point 机务折返所
~under repair 在修机车
locus [复 loci] 轨迹；场所，位置，所在地
~in quo 当场，现场

locust 刺槐，刺槐类植物；蝗虫
~-tree 刺槐
locusts 蝗虫类 [植物害虫]
Locust Tree/Black Locust/Bastard Acadia ***Robinia pseudoacacia*** 刺槐 / 洋槐
Locust tree marking the site where the last Ming emperor，Chongzhen，anged himself（Beijing，China）明崇祯皇帝自缢处（中国北京市）
lode（英）排水沟，矿脉
lodestone 天然磁石
lodge 山村小屋；（游览区的）小旅馆；传达室；门房，看守小屋；庐舍；住宿，寄宿
~，mountain（美）山村小屋
lodgement 堆积；寓所
Lodgepole Pine 红松，黑松
lodging 临时住宿处，寓所
~house 旅馆，宿舍
~system 调休制
lodgings 公寓
loess 黄土，大孔性土
~area 黄土地区
~cave dwelling 土窑洞
~deposit 黄土沉积
~-doll 黄土结核，礓石
~flow 黄土流
~hill/ "mao" 黄土峁
~highland 黄土高原
~landform 黄土地貌
~-like soil 黄土状土
~loam（美）黄土壤土
~plain 黄土平原
~ridge/ "liang" 黄土梁
~tableland/ "liang" 黄土塬
loessal 黄土质的
~soil 黄土质土，黄土类土
~plateau 黄土高原
~-soil 黄土质土
loessleem（英）黄土质湿软泥
loft 阁楼
~building 大空间房屋
lofty 高高的，极高的
Lofty Fig ***Ficus altissima*** 高山榕
log logarithm 的简写；大木料，（未经刨削的）原木，圆木；记录；测程仪；笨重的人；伐木
~bridge 圆木桥
~cabin 圆木墙山屋，木屋
~cabin construction 井干式构架
~culvert 圆木涵洞
~house 木房
~-normal distribution 对数正态分布
~peg 圆木桩
~，site 工地记录
logarithm-normal distribution 对数正态分布
logger 记录器；测井仪；伐木工
loggia 凉廊
logging 记录；存入；联机 { 计 }；伐木业（量）；阻塞
~damage，felling and 伐木和伐木损失
~industry 木材工业
~off（Aus）锯开
~road 伐木道路
~truck 运木材卡车
logic 逻辑
~diagram 逻辑图
~model 逻辑模型
logical 逻辑的

~abstract 逻辑抽象
~analysis 逻辑分析
~decision 逻辑判断
~thought 逻辑思维
~variable 逻辑变量
ogwood 苏方木，苏木，苏方树
ogwood/Bloodwood Tree *Haematoxylum campechianum* L. 墨水树
okao Buckthorn *Rhamnus globosa* Bunge 圆叶鼠李（山绿柴）
ollipop Plant/Yellow Bract pachystachys *Pachystachys lutea* 黄虾花 / 金苞花
ombard architecture 伦巴第建筑，意大利北部建筑
ombard street 伦巴第人街（为伦敦金融中心）
ombardy，Lombardia 伦巴第（意大利一地区）
ombardy Poplar *Populus nigra* var. *italica* 钻天杨 / 美国白杨 / 美杨（美国田纳西州苗圃）
ondon 伦敦（英国首都）
~Bridge 伦敦桥
~City 伦敦城
~clay 伦敦黏土
~Obelisk 伦敦方尖碑
~smog 伦敦烟雾
~Tower Bridge 伦敦塔桥
London planetree *Platanus acerifolia* 英国梧桐
long 长，长的；[副] 长久；始终；渴望，极想
~age strength 后期强度，长期强度
~arm 万拱，慢拱
Long Corridor 长廊
~day plant 长日照植物
~distance 长途电话通信，长途电话局
~-distance bus 长途汽车
~-distance bus line terminal 长途汽车站
~-distance cable 长途电缆
~-distance circuit 长途线路
~-distance commuting 长距离通勤交通
~distance footpath（英）长距离人行桥
~-distance line 长途线路
~distance transmission 长距离传输
~distance transmission line 远距离传输线路
~-epoch environmental effect 远期环境效应，远期环境影响
~-lasting disturbance 长期扰动
~-lasting storage 耐久储藏
~-lived 长命的，长存的
~-period runoff relation 长期径流关系
~pruning shear 高枝剪
~-radius 大半径，大半径的
~range development 长远发展
~-range development plan 长期发展计划
~-range perspective 远景
~-range plan 远景规划
~-range planning 编制远景规划，长远规划
~-range population plans 远景人口规划
~-range program 长期规划
~-range projection 长期预测
~-range transport plan（英）长期（远景）运输计划
~routing 长交路
~-run analysis 长期分析
~-run forecast 长期预测
~-span construction 大跨度结构建筑

~standing issue 长期存在的问题
~steep grade 长大坡道
~–term benefits 长远利益
~–term contract 长期合同
~–term credit 长期贷款
~term development 长远发展
~–term development plan 远景开发计划
~–term environmental effect 远期环境效应，远期环境影响
~term forecast 长期预测
~–term goal 远景目标
~–term maintenance 长期维护
~–term measure 长期测量
~–term modulus 长期模量
~–term objectives 远景目标
~–term plan 长期计划
~–term planning 长期规划，远期规划
~–term program 长期计划
~–term project 长期项目
~–term rainfall recorder 长期雨量计
~–term recreation 长期休憩
~–term stability 长期稳定性
~time aging 长期老化
~time count（交通量）长时观测，长时计数
~–time trend 长期趋势

Long fruited changiostynax ***Changgiostyrax dolichocarpa*** 长果安息香

Long horn bretles ***Trichoferus campestris*** 家茸天牛

Long Paniculated Cinnamom ***Cinnamomum longepaniculatum*** 油樟

Long Spike Birch ***Betula cylindrostachya*** 长穗桦

Long Tongue Fragrantbamboo ***Chimonocalamus longiligulatus*** 长舌香竹 / 刺竹

Longan/dragon's eye ***Euphoria lingana*** 桂圆 / 龙眼

Longbracketed Hemlock ***Tsuga longibracteata*** 长苞铁杉

Longbrocted Cymbidium ***Cymbidium goeringii*** 春剑

Longcalyx Pink ***Dianthus longicalyx*** 长萼瞿麦 / 长萼石竹

Long-eared jerboa ***Euchoreutus naso*** 长耳跳鼠

Long-eared owl ***Asio otus*** 长耳鸮 / 长耳猫头鹰

longeval 长寿的，长命的

longevity 长寿，长命；寿命

Longevity Hill and Kunming Lake 万寿山和昆明湖

Longfoot Broadnut ***Platycarya longipes*** 小化香

Longhorn beetles 天牛类 [植物害虫]

Long-horn beetles/Glabraus spotted borer ***Anoplophora glabripennis*** 光肩星天牛

Longhu Mountain（Yingtan，China） 龙虎山（中国鹰潭市）

Longhua Temple（Shanghai，China） 龙华寺（中国上海市）

Longimamma Dolichothele ***Dolichothele longimamma*** 金星

longitude 经度，地理经度

longitudinal 纵的，纵向的；经度的
~aisle 纵过道
~beam，stringer 纵梁
~dike 顺坝

~dune 纵向沙丘
~error of traverse 导线纵向误差
~falls（英）纵坡
~grade 纵坡
~gradient 纵坡度，纵坡
~parking 纵列式停车，顺列式停车，平行式停车
~photographic distance 摄影纵距
~platform 纵向站台
~profile 纵剖面图，纵断面图；路中心线纵坡图
~section 纵断面，纵剖面；纵剖面图
~section of road 道路纵断面
~slope 纵坡（度）
~valley 纵谷
~valley profile 纵谷纵断面
~wave 纵波

Longitudinally-striped Hippeastrum *Hippeastrum vittatum* 花朱顶红 / 朱顶兰 / 百枝莲

Longleaf Beefwood *Casuarina glauca* Sieb. ex Spreng. 粗枝木麻黄

Longleaf Debregeasia *Debregeasia longifolia* 长叶水麻

Longleaf Deutzia *Deutzia longifolia* 长叶溲疏

Longleaf Idian Pine/Chirpine *Pinus roxburghii* 西藏长叶松

Longleaf Pine *Pinus palustris* Mill. 长叶松 / 大王松

Longleaf pine 长叶松

Longleaf Plantain *Plantago lanceolata* 长叶车前 / 车前子 / 车辙子

Long-leaf Podocarpus/Kusamaki *Podocarpus macrophylla* 罗汉松

Longleaf Xylosma *Xylosma longifolium* Clos 长叶柞木

Long-leaved Podocarpus/Buddhist Pine *Podocarpus macrophyllus*（Thunb.）Sweet 罗汉松

Long-legged buzzard *Buteo rufinus* 棕尾鵟

Longmen Grotto（Luoyang，China） 龙门石窟（中国洛阳市）

Long-nose monkey/Proboscis monkey *Nasalis larvatua* 长鼻猴

Longpedicel Hibiscus *Hibiscus parmutabilis* var. *longipedicellatus* 长梗庐山芙蓉 / 滇芙蓉

Longpeduncle Kadsura *Kadsura longipedunculata* Fin. et Gagn 南五味子

Longpeduncled Alder *Alnus cremastogyne* 桤木

Longpetiole Beech *Fagus longipetiolata* 长柄山毛榉 / 水青冈

Longpetiole Beech *Fagus longipetiolata* Seem. 水青冈 / 山毛榉

Longpetiole Hydrangea *Hydrangea longipes* 长柄绣球

Longracceme Elm *Ulmus elongata* 长序榆

Longroot Chive *Allium victorialis* 茖葱 / 薤

Longsepal Violet *Viola inconspicua* 长萼堇菜 / 翁域

Longshan（Longshan，China） 龙山（中国龙山县）

longshore 沿海岸的
~bar 沿海岸沙洲
~drift 沿海岸漂流物

Long-spine sea bream *Argyrops bleekeri* 四长棘鲷 / 长旗立

Long-stalked Yew/Yellow/Wood/Podocarpus ***Podocarpus*** 罗汉松（属）

Longstamen Garlic ***Allium macrostemon*** 小根葱 / 山蒜 / 苦蒜 / 泽蒜 / 薤白

Long-stem Onion ***Alliun macrostenon*** 薤白 / 山蒜

Longtail tuna/northern tuna ***Thunnus tonggol*** 青金枪鱼 / 青干金枪鱼

Long-tailed Blue/Long-tailed Cupid ***Everes lacturnus*** 长尾蓝灰蝶

Long-tailed broadbill ***Psarisomus dalhousiae*** 长尾阔嘴鸟

Long-tailed marmot ***Marmota caudata*** 长尾旱獭

Long-tailed parakeet/ red-cheeked parakeet ***Psittacula longicauda*** 长尾鹦鹉

Long-tailed shrew mole ***Scaptonys fusicaudatus*** 长尾鼩鼹

Long-tailed tit ***Aegithalos caudatus*** 银喉长尾山雀 / 洋红儿 / 十姊妹

longterm planning 长期规划，远期规划

Longtube Groundivy ***Glechoma longituba*** 活血丹 / 连钱草 / 金钱草

Longwood Gardens（America）长木公园（美国）

Lonicera japonica Alternaria leaf spot 金银花斑点落叶病（***Alternaria*** **sp.** 链格孢）

Lonicera japonica aphid ***Aphis*** **sp.** 金银花蚜虫

lonyan/dragon's eye ***Dimocarpus longan*** 龙眼 / 桂圆

Lonqing Gorge（Beijing，China）龙庆峡（中国北京市）

looking glass tree 银叶树

lookout 望楼，眺望亭，瞭望台；守望警戒；观景处

~gondola（观光塔的）瞭望舱

~tower 瞭望塔

loon(e)y bin 精神病院

Loop 芝加哥闹市区

loop 环路，环线，环道，交通环线；回道；圈，环；窄眼，狭孔；回线；泌腹{物}；回路{计}；使成圈，用圈围住，循环

~area 环状地区

~cable 循环索

~curve 绳套曲线

~line 环线

~network 环状管网

~road 环路

~plan 滚动计划

~ramp 环形匝道

~road 环线，绕路，环路

~street 环路，回路

~track 环形线路

~track of hump 驼峰迂回线

~trail（美）环形小路

~turnaround 回车道

~vent 环形通气管

loose 松散的，散粒的，散开的；自由的；放松，松开，放开，解开；释放

~base 松基层，松底层

~cement 散装水泥

~earth 松土

~ground 松地

~masonry 干砌圬工

~peat 散装泥炭

~planting 散植

~rock dam 松碎岩石坝

~sand 散砂
~soil 松（散）土
~soil material 松土料
~stone 干砌石
oosening 松动
~blasting 松动爆破
~depth 松动深度
~earthwork 松土工作
~equipment 松土工具
~of planting areas，soil 种植区松土
soil~ 土松（散）
op 砍下的树枝，柴把；下垂的；（使）下垂，砍，截短，缓慢
opped tree 砍伐的树，修剪的树
opper saw 高枝锯
opping 修剪（树枝），截去（树枝）
oquat 枇杷（树）
Loquat ***Eriobotrya japonica*** 枇杷
Lorbong Fall（**Malaysia**）龙望瀑布（马来西亚）
Lord Derby's parakeet ***Psittacula derbiana*** 大绯胸鹦鹉
Lorely Rhododendron ***Rhododendron pulchrum*** **Sweet** 锦绣杜鹃
orry 推料车，运料车，运货汽车；手车；平台四轮车
Los Angeles abrasion test 洛杉矶（石料）磨耗试验
Los Angeles smog 洛杉矶光化学烟雾
lose 失去，丢失；误（火车等）迷路
~a bid 未中标
~employment 失业
losing stream 水流失的河流
loss 损失，损耗；损伤；丧失；遗失；失败
~due to friction 摩擦损失
~in level 水平损失
~in mass 质量损失
~of head 水头损失
~of nutrients 营养丧失
~of pressure 压力损失
abrasion~ 磨耗损失
at a~ 亏本
chance of a~ 随机损失
dead~ 纯损
net~ 净损，净亏
nonphysical~ 无形损失
nutrient~ 营养丧失
short-term~ 短期损失
soil and water~ 水土流失
lost 失去的，损失的；迷路的
~gradient 失去的坡度
~ground 失败的，失利的
~head 水头损失
~space 失落空间
Lostwood National Wildlife Refuge（美）洛斯特伍德野生动物保护区（美国）
lot 地皮；地段；一块地；用地，占地；建筑基地，建筑用地；地皮的块数单位
~area 建筑用地面积，现有地段面积，土地面积，用地面积
~boundary 地段界线
~coverage（美）用地范围
~depth 基地深度
~level map 建筑基地标高图，建筑用地地形图
~line 地界，土地边界线，房地产边界线，区段边界线（楼群）
~line building（美）地界建筑物

~line，rear（美）（背面）地界
~number 地段编号
~of ornamental plant 观赏植物园地
~plan 地段图
~production 成批生产
~reassignment（美）用地重新评估，用地再鉴定
~shape 地段成形
~size problem 批量问题
~survey 用地调查
~utilizing factor 建筑用地的利用率
~width 地段宽度
~zone 拟建房屋的土地
adjoining~（美）邻接地段
built portion of a~ 占地建成部分
configuration of a~ 占地外形（轮廓）
front line~（美）临街建筑线地段
neighboring~（美）邻地
parking~（美）停车地段
permissable built area of a~ 地皮容许建筑面积
play~（美）游乐用地
sand~（美）沙地
side line~（英）边线地段
tot~（美）儿童游乐区
vacant~（美）空地

lotic species 激流生物物种

lots 地皮，基地
~for sale 分售地（分成几块出售的一组建筑用地）
rearrangement of~（美）地皮调整

Lotschberg Tunnel（**Switzerland**）勒奇堡隧道（瑞士）

Lotung Magnolia ***Parakmeria lotungensis*** 乐东拟单性木兰 / 乐东木兰

lotus 荷花，莲花；藕
~column 莲花式柱
Lotus Breeze from all Sides 荷风四面亭
Lotus Fragrance Anchorage（Suzhou，China）藕香榭（中国苏州市）
Lotus in the Breeze at Crooked Courtyar（Hangzhou，China）曲院风荷（中国杭州市）
Lotus Pond 荷花池

Lotus/Hindu Lotus/Chinese Water-lily ***Nelumbo nucifera Gaertn*** 莲 / 荷花（印度、越南国花）

lotus root ***Nelumbo mucafera***（**root of**）莲藕 / 藕

low land gorilla ***Gorilla gorilla gorilla*** 大猩猩（西非亚种）

loudness 响度

Loudon，John Claudius 约翰·克劳迪斯·卢顿，苏格兰古典园林造园师，园艺学家

Louis le Vau 路易·勒·沃（1612—1690），法国著名的古典主义建筑师，沃·勒·维贡特府邸及凡尔赛宫的建筑师

Louvre（**France**）卢浮宫（法国），卢浮宫博物馆 – 位于巴黎市中心塞纳河边的 17 世纪至 18 世纪巴洛克、罗可可式建筑，亦称卢浮宫博物馆，原为法国巴黎王宫。

louvre 百叶窗

Lovage ***Levisticum officinale*** 圆叶当归 / 情人香芹（英国斯塔福德郡苗圃）

lovebamboo ***Neosinocalamus affinis*** 慈竹 / 钓鱼竹

Love-in-a-mist/Wild Fennel ***Nigella dam-***

ascena 黑根草 / 黑种草 / 黑子草

ove-lies-bleeding/Tassel Flower ***Amaranthus caudatus*** 千穗谷 / 流苏花 / 老枪谷

w 低的；小的；弱的；低级的，低廉的，低度的；[副] 低，在低处；低价，便宜

~alloy 低合金

~-and-moderate-income housing 中低收入住房

~block 低矮建筑（群）

~bog 低泥沼地

~building 低矮建筑（群）

~carbon landscape 低碳景观 / 园林

~consumption 低消耗

~-cost grassing 低价植草皮

~cost home 低价住宅

~cost housing 低价住房，廉价住宅建设，廉价房屋

~-cost pavement 简易路面

~cost road 简易道路，低造价道路

~-cost road 简易道路，低级公路

~-density building development 低密度建筑物开发

~density district 低密度住宅区

~density housing 低密度住宅

~density residential area 低密度居住区

~density residential development 低密度住宅开发

~-energy building 低能耗建筑

~-flow forecasting 枯季径流预报

~-flow investigation 枯水调查

~-flow period 枯水期（枯季）

~flow year 枯水年，少水年

~-frequency noise 低频噪声

~grade cement 低标号水泥

~gradient 平缓坡度

~-hedge 矮树篱

~hill 山冈，低山

~income 低收入

~-income block 低租金住区

~income housing 低收入住宅

~-income housing project 低收入者住房建筑项目

~impact development 低影响开发

~impact design 低影响设计

~intensity recreation area 低使用程度游憩地

~land 低洼地

~-level railway 地下铁道

~-lift pumping station 一级泵站

~lunitidal interval 低潮间隙

~-lying 低的，低洼的，低地的，比平常高度低的

~-lying area 低地

~lying land 低洼地

~-lying sand 河谷砂

~maintenance areas 初级养护区

~-maintenance grass type 初级养护型草地

~maintenance planting 初级养护种植（绿化）

~maintenance roof planting 初级养护屋顶种植（绿化）

~moor 低沼泽

~-moor peat（美）低沼泽泥炭

~noise asphalt pavement 低噪声沥青路面

~pitch 地摊

~-pitch roof 低坡屋顶

~platform 低站台

~-pol wood 矮干木树
~pollution 低度污染
~pollution vehicle 低公害车
~-pressure sodium vapour lamp 低压钠灯
~-pressures stem 低压系数
~productivity，pasture of 低生产力牧场
~-rainfall area 低雨量地区
~-relief terrain 丘陵区
~rent 低房租
~-rent apartment（unit）低租金公寓，社会资助公寓
~-rent housing 廉租房屋，简易楼，低租金房屋建设，低层住宅
~-rent public housing 低（房）租公共住房
~-rise building 低层建筑，低层楼宇
~-rise/high density 低层高密度
~-rise housing 低层住宅
~-rise structure 低层建筑
~roof wall（美）低屋顶墙
~sedge swamp 低芦苇沼地
~solubility 低溶解度
~speed vehicle lane 慢车道
~-tall tree 矮生树
~tide 低潮
~type pavement 低级路面
~vegetation 矮生植被
~voltage distribution system 低压配电系统
~voltage equipment 低压电器设备
~voltage switch equipment 低压开关设备
~wall 矮墙
~-waste technology 低耗技术
~-water 低水位，低潮
~water level 低水位，低潮位
~water level，lowest 最低水位
~-water stage 低水位
~water stage 低水位
~water year 枯水年

Low Ground-rattan *Rhapis humilis* Bl. 矮棕竹

Low Indocalamus *Indocalamus pedalis* 矮箬竹 / 矮苦竹 / 小擦叶竹

Low Lily *Lilium pumilum* 细叶百合 / 山丹

lower 下级的，低级的；下层的，下部的；劣等的；降低，降下，放低
~age limit 年龄下限
~-bound 下限
~bound theorem 下限定理
~course 下层，底层
~groundwater level（美）低地下水水位
~high water 低高潮
~-income housing 低收入者的住房
~low water 低低潮
~plant 低等植物
~plaza 下沉式广场，低广场
~reaches（of river）（河的）下游
~riparian/riverine alluvial plain 低河滨冲积平原
~riparian/riverine woodland 低河滨林地
~river terrace 河流下游台地
~swampy zone 低湿地带
~tension carriage 下部拉紧装置

lowering 降低；阴天的；昏暗的
~of girder 落梁
~of ground water level 地下水位降低
of groundwater table 降低地下水位
~of horizon 水平线的降低
~of pH value pH 值，氢离子浓度负对数值（表示酸碱度）

~of water courses 降低水流
~of water resources 降低水资源
owest 最低的，最下的
~bidder（美）最低（价）投标人
~ever known water level 最低枯水位
~low water level 最低低水位
~low-water level 最低水位
~monthly mean level 最低月平均水平
~temperature 最低温度
~tenderer（英）最低（价）投标人
~yearly mean level 最低年平均水平
owland 低地
~forest 低地森林
owlands 低地
owmoor 低沼泽
LPG（CNG）dispenser 加气机
LPG plant 液化石油气厂
LPG system 液化气系统
L-shaped retaining wall unit L 型挡土墙单元
L-shaped type retaining wall L 型挡土墙
Lu Ban（Lü Pan）鲁班，中国古代著名木匠
Lü Yanzhi（Lü Yenchih）吕彦直，建筑师，中山陵设计者
Luban scale 鲁班真尺
Lubanjing《鲁班经》
lube 润滑油
lubricating oil system 润滑 油系统
lucerne（lucern，purple medick）紫苜蓿
Luck-nut Thevetia ***Thevetia peruviana*** **（Pers.）K. Schum.** 黄花夹竹桃
lucullite 碳大理岩
luggage 行李
~and parcel house 行包房
~room 行李室
Lugu Lake（China）泸沽湖（中国四川省凉山彝族自治州盐源县与云南省丽江市宁蒗彝族自治县之间）
Luhuitou（Sanya，China）鹿回头（中国三亚市）
Lujiazui（Shanghai，China）陆家嘴（中国上海市）
Luliang Mountain（Shanxi，China）吕梁山（中国山西省）
lumber 木材，木料；锯木，锯材
~connection（美）木材结合（连接）
~metropolis 木材业中心
~-mill 制材厂
~rough 粗木材
lumberyard 贮木场
lumen 流（明）
luminance 亮度
~contrast 亮度对比
~meter 亮度计
luminaire 灯具
~efficiency 灯具效率
~limitation curve 灯具亮度限制曲线
luminous 照明
~environment 照明环境
~intensity distribution curve 光强分布曲线
Lumley Beach（Sierra Leone）拉姆莱海滩（塞拉利昂）
lump 块，团；瘤；使成块，使成堆，使成团；总括
~sum 总数，总额，总计；（工程）包定总价
~sum agreement 总额承包协定
~sum contract 包定总价合同，总包合

同，包干合同，包工契约

~sum fee 总额收费

~sum items 包干项目，总包项目

~–sum payment 一次性的付款

~–sum price（美）包干总价

~–sum tax 一次总赋税

lumped model 集总式模型

Lumpini Park（Thailand）仑披尼公园（泰国）

lunar 月的，太阴的，似月的

~day 太阴日

~park 月光公园

~transit 月中天

lunatic asylum 精神病院

lung（英）可供呼吸新鲜空气的空旷地方

lunge 圆形练马场

Lungwort *Pulmonaria officinalis* 疗肺草 / 耶路撒冷莲香花

Lungwort *Pulmonaria* 'Opal' "奥伯尔" 肺草（英国斯塔福德郡苗圃）

Lungwort *Pulmonaria rubra* 红花肺草（英国斯塔福德郡苗圃）

Luo Zhewen 罗哲文，古建筑学家、风景园林专家

Luohan/Buddhist Saint 罗汉("阿罗汉")的简称

lupine *Lupinus micranthus* 羽扇豆

Lushan Barberry *Berberis virgetorum Schneid.* 庐山小檗

Lushan Hibiscus *Hibiscus parmutabilis* 庐山芙蓉

Lushan Moutain Grass House 庐山草堂

Lusterleaf Holly *Ilex latifolia* Thunb. 大叶冬青

lux 勒（克斯）

luxmeter 照度计

luxury housing 豪华住宅

Lvorywhite Cymbidium *Cymbidium eburneum* 独占春

Lychee/Litchi *Litchi chinensis* Sonn. 荔枝

lying lie 的现在分词

~anchorage 待泊锚地

~fallow 休闲地

Lynch，Kevin 凯文·林奇，美国著名城市规划专家

lynx 猞猁

lyric painting 抒情画

lyric poet 抒情诗人

lyrical abstract 抒情抽象（艺术）

Lyrical Abstraction 抒情抽象主义：20 世纪 60 年代至 70 年代流行的一种继承抽象表现主义传统的艺术。

lyricism 抒情风格

lyricist 抒情诗人

M m

M-roof 双山墙屋顶，M 形屋顶
maar 小火口，低平火山口
macadam 碎石，碎石路（面），马克当路（面）
~-aggregate mix 碎石（集料）混合料
~aggregate type 碎石路面
~base 碎石基层；碎石底层
~foundation 碎石基层，碎石基础
~pavement 碎石路面
~road 碎石路
~roller 碎石压路机，碎石路碾
~surface 碎石路面（或面层）
~surface，coated（英）碎石地面
~surface，tar 沥青碎石地面
bitumen~ 沥青碎石（路）
coated~ 拌沥青碎石路，黑色碎石路
dense tar~ 密级配焦油沥青碎石路
mastic~ 砂胶碎石路
open-textured bitumen~（开式）级配沥青碎石路
pervious~ 透水沥青碎石
slag~ 矿渣碎石；矿渣碎石路
tar-~ 焦油沥青碎石；焦油沥青碎石路
water-bound~ 水结碎石；水结碎石路
Macadama Nut/Queensland Nut ***Macadamia tetraphylla L.Johnson*** 澳洲坚果/四叶澳洲坚果
Macadamia Nut/Queensland Nut ***Macadamia ternifolia*** 澳洲坚果/昆士兰栗
macadamization 碎石筑路
Macarhur Palm ***Ptychosperma macarthurii*** （**H.Wendl.**）**Nichols** 青棕
Macartney Rose ***Rosa bracteata*** **Wendl.** 硕苞蔷薇
macchia 科西嘉岛的丛林，密林
Macclure Michelia ***Michelia macclurei*** 醉香含笑/火力楠
Macedonian Tombs（**Greece**）马其顿墓（希腊）
Macgregor Silver Bell/Snow Drop Tree ***Halesia macgregorii*** 银钟花
Macgregor Silverbell ***Halesia macgregorii*** 银钟树
machine 机（器），机械；机制，机器加工
~art 机器艺术，机械艺术
~building 机械制造，机械制造工艺
~-cutting shop 金工车间
~drawing 机械素描
~-making building industry 机器制造业
~making factory 机械厂
~manufacturing 机械制造，机械制造工业
~parts storage 零件库
~plant 机床厂
~repair shop 机器修理厂
~repair shop 机修车间
~room 机房
~tool factory 机床厂
~usage 机械的使用

~work 机械工作
~works 机械厂
machinery 机器，机械
~noise 机器噪声
~plant 机器厂
~shed 机器房（棚）
machining 机械加工，机械制造
machinist 机械师，机器工
Machu Picchu 马丘·皮丘（宣言）
Maclure Galangal ***Alpinia maclurei*** 假益智
mackerel sky 鱼鳞天
macro 宏观（组织）；宏指令；宏观的，大量的；长的；极厚的；成批使用的
~–analysis 宏观分析，总体分析
~–approach 宏观方法
~–check 宏观检查，宏观分析
~–control 宏观调控
~–data 宏观数据
~economic analysis 宏观经济分析
~economic environment 宏观经济环境
~–economics 宏观经济学
~effect 宏观效应
~–energy 宏观能量
~–economic planning 宏观经济规划
~–economic region 大经济区，经济协作区
~–forecast 宏观预测
~model 宏观模型
~–phanerophyte 大高位芽植物
~–planning 宏观规划
~–region 大型区域
~reticular type ion exchange resin 大孔型离子交换树脂
~–system 宏观系数
~–turbulence 宏观紊流
macroanalysis（经济的）大分析，宏观分析
macroclimate 大气候
macrocosm 宏观世界
macroeconomic 宏观经济学
~efficiency analysis 宏观效益分析
~forecasting 宏观经济预测
~model 宏观经济模型
~theory 宏观经济理论
~urban economics 宏观城市经济学
macroeconomics 宏观经济学
macrograph 宏观图
macrometeorology 大气象学
macrophyte 大型植物
macroplan 庞大的计划
Macropodous Daphniphyllum ***Daphniphyllum macropodum*** 交让木
macropolis 宏观城市
macroscopic 宏观的
~ approach 宏观（方）法
~concept 宏观概念
~efficiency analysis 宏观经济效益
~simulation 宏观模拟
~system 宏观系统
macrostatistics 宏观统计学
macrostructure 宏观结构
Maculata Elaeagnus ***Elaeagnus pungens*** **'Maculata'** 花叶胡颓子（英国萨里郡苗圃）
Madagascar Palm/Butterfly Palm ***Chrysalidocarpus lutescens*** 散尾葵
Madagascar Jasmine/Clustered Wax Flower ***Stephanotis floribunda*** 非洲茉莉 / 腊花黑鳗藤

Madagascar Periwinkle/Cayenne Jasmine ***Catharanthus roseus*** 长春花
Madame Galen Trumpet Creeper ***Campsis radicans*** **'Madame Galen'** 美国杂交凌霄'盖伦夫人'（美国田纳西州苗圃）
Madara's Knight Relief（Bulgaria）马达腊骑士浮雕（保加利亚）
madder 茜草（植物）
Madder ***Rubia tinctorum*** 西洋茜草 / 染料茜草
made make 的过去分词
~ground 填土造地，人工开辟场地
~land 填土
~port 入港
~to order，to be 定制
~-to-measure，piece（英）部件人工测量
~-up ground 填成地
madhouse 精神病院，疯人院
Madison Memorial 麦迪逊纪念馆（美国）
Madonna Lily（Annunciation Lily, Lent Lily）白色百合花，一种百合
Madonna Lily ***Lilium candidum*** 纯白百合 / 波旁百合
Madwort/Sweet Alyssum ***Alyssum maritimum*** 香雪球
magazine 期刊，杂志；暗盒；卡片存储装置；自动储送料装置；仓库；军械库
~professional 专业刊物
Magellan's Cross（Philippines）麦哲伦十字架（菲律宾）
Magic Lily/Resurrection Lily/Hardy Cluster Amaryllis/Autumn ***lycoris Lycoris squamigera*** 鹿葱 / 夏水仙
maggots 根蛆 [植物害虫]
magma 岩浆
magmatic rock；igneous rock 岩浆岩（火成岩）
magmatite 岩浆岩
Magnesium deficiency of Callistephus chinensis 翠菊缺镁症（病原病原非寄生性，缺镁）
magnetic card 磁卡
magnetic(al) 磁性的
~levitation high speed ground transportation 磁浮式超高速铁路
~levitaion of vehicles 车辆磁浮
~separator 磁选分离设施
magnetically levitated vehicle（简写 **Maglev**）磁浮车辆
magnetism of the capital 首都吸引力
magnetite 磁铁矿
Magnificent Frigatebird ***Fregata magnificens*** 丽色军舰鸟 / 华丽军舰鸟（安提瓜和巴布达、基里巴斯国鸟）
Magnificent night-heron（*Gorsachius magnificus*）海南虎斑鳽
Magnificent Quetzal/Resplendent Quetzal（*Pharomachrus mocinno*）凤尾绿咬鹃 / 格查尔鸟 / 爱沙尔克鸟 / 绿咬鹃 / 大咬鹃（危地马拉国鸟）
magnify 放大，扩大
magnitude of traffic flow 交通（流）量，车流量
Magnolia 木兰属植物，木兰花
Magnolia ***Magnolia coco*** 夜合香
Magnolia ***Magnolia denudata Yellow River*** '黄河' 玉兰（英国斯塔福德郡

苗圃）

Magnolia ***Magnolia*** **‘Susan’** ‘苏珊’木兰（英国斯塔福德郡苗圃）

Magpie/Common Magpie/Black-billed Magpie ***Pica pica*** 喜鹊 / 欧亚喜鹊 / 鹊 / 客鹊 / 飞驳鸟（朝鲜、韩国国鸟）

Magpie moth larva 醋栗蠖幼虫

Magpie robin/ shama（***Copsychus***）鹊鸲（属）

Mahabuddha Temple（**Beijing**，**China**）大觉寺（中国北京市）

Mahamuni Pagoda（**Burma**）摩诃牟尼塔（缅甸）

Mahavira Hall 大雄宝殿（在佛教寺院中，大雄宝殿就是正殿）

Mahayana/Great Vehicle 上乘（即“大乘”）

Mahdi’s Tomb（**Sultan**）马赫迪陵（苏丹）

Mahogany ***Swietenia mahogoni*** 桃花心木，红木；红棕色

Mahommedan architecture 回教建筑

maiden field 未采的井田，未采的矿区

Maiden Grass ***Miscanthussinensis*** **Anderss.** 芒

Maiden Pink ***Dianthus deltoides*** **‘Flashing Lights’** ‘闪光’西洋石竹（英国斯塔福德郡苗圃）

Maiden’s Gum ***Eucalyptus maideni F. Muell.*** 直干桉（直干蓝桉）

Maiden’s Tower in Baku（**Azerbaijan**）巴库处女塔（阿塞拜疆）

Maidenhair/Southern Maidenhair ***Adiantum Raddianum*** 铁线蕨

Maidenhair ***Adiantum capillus-veneris*** 猪鬃草

Maidenhair Fern ***Adiantum capillus-veneris*** 铁线蕨 / 维纳斯的头发

Maidenhair Fern ***Adiantum pedatum*** 掌叶铁线蕨（美国田纳西州苗圃）

Maidenhair Tree/Gingko Tree ***Gingko biloba*** 银杏树 / 白果树 / 公孙树

Maigrun Boxleaf Honeysuckle ***Lonicera nitida*****‘Maigrun’** 匍枝亮绿忍冬（英国萨里郡苗圃）

Maijishan Grotto（**Tianshui**，**China**）麦积山石窟（中国天水市）

Maiji Mountain（**Tianshui**，**China**）麦积山（中国天水市）

Maikoa ***Brugmansia arborea*** （**L.**）***Lagerh./Datura arborea*** **L.** 曼陀罗木 / 木本曼陀罗

mail 邮递；邮政；邮件；邮包

~box 邮箱，信箱

~car 邮车

~distribution room 收发室

~route 邮路

mailgram 潮汐曲线

main 干管，干道，干线；总线；总管；（水气的）总管道；主要部分，要点；主要的，基本的；总的；充分的；强力的

~aisle exposed tiebeam 挑尖梁

~artery 主干道

~axis 主茎，主轴

~bar 主钢筋

~beam 主梁

~block 主街区

~body of road 路基

~bottom 基座

~branch 主枝
~branch road 主要支路
~branch，upright-growing 直长的主枝
~bridge 主桥
~bud 主芽
~building 主楼，正屋
~cable 主索
~canal 主渠
~carriageway 主要车（车）道
~channel 主（河）槽，主航道
~collector 主干管，总干管
~collector drain 主干管排水沟
~commercial center 主商业中心
~conduit（地下）综合管道（各种地下管线的共用管道）
~contract 总体合同，主要合同
~course 主航道，干道
~crossing 主要交叉口
~current 主流，主要倾向；干流
~dike（美）干线沟渠
~distributor 主要分流道路
~drain 排水总管，干线沟渠，排水干沟
~dome 主穹顶
~door 主门
~drainage line 干线排水管道
~duct（通风）干管
~duct；trunk duct（通风）总管
~dyke（英）干线沟渠
~effect 主要效果
~entrance 主要出入口
~feature 主景
~flow 主流
~garden 主屋前庭园；主庭
Main Gate 主门
~hall 正厅
Main Hall of Baoguo Temple（Ningbo City，China）保国寺大殿（中国宁波市）
Main Hall of Chuzu Convent in Shaolin Temple（Dengfeng，China）少林寺初祖庵大殿（中国登封市）
Main Hall of Fengguo Temple（Yi，China）奉国寺大殿（中国义县）
Main Hall of Hualin Temple（Fuzhou，China）华林寺大殿（中国福州市）
Main Hall of Nanchan Temple（Wutai，China）南禅寺大殿（中国五台县）
Main Hall of Tiantai Convent（Pingshun，China）天台庵正殿（中国平顺县）
Main Hall of Wulong Temple（Ruicheng，China）五龙庙正殿（中国芮城县）
Main Hall of Yanfu Temple（Wuyi，China）延福寺大殿（中国武义）
Main Hall of Zhenguo Temple（Pingyao，China）镇国寺大殿（中国平遥县）
Main Hall of Zhenru Temple（Yongxiu，China）真如寺大殿（中国永修县）
~highway 干线公路
~land 大陆，本土
~lane 主车道
~-laying 干管敷设
~lead 主枝
~level mire 高位沼泽（贫营养沼泽）
~limb（美）主枝
~line 主线，干线，正线
~line for passenger train 客运线
~line of a railroad 铁路干线

~line of inner drainage（堤坝）内陆排水干线
~lines of communication 交通干线
~navigation channel 主航道
~number of lot 地段标号的首要代号
~part 主体
~passage 主要通道
~pier 主墩
~pipe 干管，总管
~port 主要港口
~precipitation core 主要降水中心
~producing industries 主要生产部门
~product 主要产品
~rail 主轨（条）
~ridge 正脊
~riser 总立管，主立管
~river 干流，主要河流
~river channel 主河槽
~road 主要道路，主干道
~root 主根
~route 主要路线
~scaffolds 主脚手架
Main scenic spots and sites in China 中国的主要景区景点
~sewer 污水干管，污水主管，排水总管
~shaft 主干，主茎
~shopping center 主要商业区
~shrine 主殿
~signal 主体信号
~span 正（主）桥
~stream 干流，主要河流
~stream control station 大河控制站
~street 主要大街，主要街道，大街
~street traffic volume 主要道路车流量
~street volume 主干道车流量
~trunk 主干
~system 主系统
~targets of the plan 主要计划指标
~technical standard of railway 铁路主要技术标准
~temple hall 大殿
~through road 过境干道
~thoroughfare 主要通道，主要大街
~track 主干线，干线，正线
~traffic artery 主要交通干道
~traffic flow 总交通流量
~traffic route 主要交通路线
~tree 主景树
~truck highway 公路主干线
~truck road 主干线
~truck highway 主要公路干线
~trunk sewer 污水总管（沟）
~vent stack 主通气立管
~-water 自来水
~water supply line（英）自来水供应管道
~work 主业
water~ 总水管道
main branch 主枝（树体结构）
main bud 主芽
main trunk 主干（树体结构）
mainframe（计算机）主机（不计外部辅助装置）{计}；主车架{机}
~computer 主机
mainland 大陆
~climate 大陆气候
mains 干管网
mainstay 支柱
mainstream 主流，主要倾向

~flow 主流流量，主流交通量

maintain 养护，保养；维持，支持；抚养；继续；主张；坚持

~at grade 保持纵坡，保持坡度

maintainability 维修能力，保养能力，可修复性

maintainer 养护工；养路机

maintaining of plant equipment and site installations 种植设备和现地设备的保养

maintenance 养护，维修，保养，养路；维持；支持；保存

~analysis（简写 M/A）维护分析

~and repair 保养与修理

~and repair costs 保养和修理费用

~areas 养路区

~complex 维修综合场

~condition 养护条件

~cost 养护费，维修费，保养费

~costs 养护费，维修费，保养费

~counterproposal 养护对策

~equipment 养护设备，养路设备

~expenditure 养护开支

~factor 保养系数，维修率，维护系数

~-free life（路面）耐久年限，无养护年限

~interval 养护周期

~labor cost 养护工费用

~management 养护管理，养护经营

~obligation 养护义务，养护责任，养护合同（契约）

~of green spaces 绿地养护，绿色空间维护

~of public green space，administration and 公共绿地的管理和保养

~operation 养护业务，维护经营（管理）

~operation centre 养护工作中心

~organization 养护机构

~pathway 养护小径

~period 保养期

~practice，tree 树木护理惯常做法，树木护理常规工作，树木养护理实践

~process 养路工程；养护方法，养护程序

~program，plant（美）植物养护程序（规划）

~quality 养护质量

~quota 养护定额

~regulation 维护规程，技术保养细则

~responsibility 维护责任（职责，任务，负担）

~shop 保养间

~system of random repair 随时修缮制度

~work 养路工程，道路维修；保养工作

annual~ 年度养护

bridge~ 桥梁养护

building~ 建筑物养护

condition-based~ 视情况维护

constant~ 经常养护

contract~ 承包养护

cost of~ 养护费

day-to-day~ 日常养护

deferred~ 逾期养护

ditch~ 沟渠养护

dyke~ 堤防维修

establishment~ 保证期养护（维修）

extraordinary~ 特别养护，临时养护

garden~（美）花园（菜园，果园，园子）养护

general~ 一般养护

heavy~ 大修
hedgerow~ 灌木树篱养护
high~ 集约养护，集中养护
initial~ 初期养护
labo(u)r-intensive~ 集约养护，集中养护
landscape~ 园林养护，景观养护
lawn~ 草坪养护，林间空地养护
long term~ 长期维护
non-routine~ 非常规养护
party responsible for~ 专门养护队（组群）
pathway~ 道路养护
periodic(al)~ 定期养护
pre-handover~（英）移交前养护，交接前养护
project development~（美）工程移交前绿地养护
remedial~ 预防性养护
river~ 河道维护，河道保持
road~ 道路养护
scope of~ 养护范围
separate contract~ 按不同合同（契约）养护
street~ 街道养护
toll of road~ 养路费
trail~（美）跟踪养护
tree~ 树木护理
unscheduled~ 计划外维修，不定期维修，恢复维修
yearly~ 年度养护，全年维修
zero~ 无养护，不需养护

Maire Peony ***Paeonia mairei*** 美丽芍药
Maire Sophora ***Sophora prazeri*** 西南槐
maison(n)ette 小房宅，两层楼公寓，公寓住宅，出租公寓房间，独层独立设备完全房屋，两层一套住宅；寓，复式住宅
Maitreya 弥勒（佛教菩萨之一）
Maitreya Buddha（**Mi-Le-Fo**）弥勒佛
maize 玉米；硬玉米，荚玉米，甜玉米
majestic 庄严的，雄伟的，壮丽的
（The）majestic and solemn Taoist architectural complex built in the Ming Dynasty，Wudang Mountains 武当山古建筑群
majeure（法）重大的；压倒的，成年的
~force 压倒的力量，支配力（感染力，势力，威力）
major 大分类{计}；主科，成年者；较大的；较多的；较长的；多数的；主要的，较重要的
~accident 严重事故，重大事故
~advantage 主要优势，主要优点
~artery 主干道
~bed 洪水河槽，滩
~bridge 大桥
~community 主体群落
~commuter flow 主要交通流量
~construction project 大型建筑工程计划，重点建筑工程计划
~cross street 主要横街
~cross-town artery（美）主要横穿城市的要道（干线）
~directional desire line（交通）综合愿望线〈城市各区间主要车流流向的综合愿望线〉
~drainage reserve 主要排水域
~dump 主要垃圾（或废物）堆场
~exit（of interchange）（互通式立体交

叉的）主要驶出口
~factor 主要因素
~grading（英）主要土坡修整；主要级配；主要分级
~grading，provision of basic facilities and（英）基础设施和主要土工修整条款
~（soil）group（英）主要土类
~highway 主要公路，干线公路
~highway artery 主要干线公路
~industry 主要工业，大型工业，重工业
~item 重点项目
~junction 重要交叉口，主要连接点
~linear feature 主要线性特征
~maintenance cost 大修工程费
~–minor rotary 主要道路与次要道路环形交叉
~natural event 主要自然事件，主要非人为事件
~–orthotropic bridge 立体正交桥
~population center 大居民点
~port 主要港口
~principal plane 大主平面
~project 重点工程，大型（工程）计划
~repair fund 大修基金
~road 主要道路，大路，干路
~road system 干道网
~roads network 干道网
~stop（公共车辆）大站，乘客很多的停车站
~street 大街，（美）城市干道，主干道
~structure（城市中的）重点结构，大型结构
~through road 过境干道，直达干道
~urban arterial highway 城市主干线，城市主干公路
~use areas 主要功能分区
~weaving section 主要交通路段（区）
Makamong/Woodyfruit Afzelia ***Afzelia xylocarpa*****（Kurz）Craib** 缅茄
make 制造，做成；使……成为；形状；样式构造，组成；商标；制造
~a bid for 投标
~a finished grade flush with（美）做成齐平的坡度
~a junction 连接起来，取得联络
~a raise 筹款
~advance 垫款，贷款，预支，先付{经}
~amend for 赔偿（损失），改善
~application 申请，请求
~available for public inspection（英）使成为适合公众检查的
~compensation 补偿，赔偿
~free use of 自由使用，免费使用
~good a loss 赔偿损失
~good the deficit 弥补差额
~known 公布，公告
~record 创纪录
~restitution 赔偿损失
~shift building 临时建筑物
~shift road 临时便道
~–up room 化妆室
~–up water 补充水
~–up water pump 补充水泵
~–up water treatment 补充水处理
maker 制造者；创造者
makeup 构成，结构
~of manpower 劳动力构成
~rail 标准短轨
~water 补给水

Makgadikgadi Salt Pan (**Botswana**) 马卡迪卡迪盐沼(博茨瓦纳)

Maki Podocarpus/Chinese Podocarpus ***Podocarpus macrophylla* var. *maki*** 小叶罗汉松 / 短叶罗汉松 / 雀舌罗汉松

making 制造，生产；制造法

~available for development 使便于开发

~building land available 使建筑用地适用

~flush with finished grade (美) 使与完工坡度齐平

~good 修理

~good of defects (英) 故障修复

~ready for development 预备开发

~rockery 掇山

~up of train 编组列车

Makino Bamboo ***Phyllostachys makinoi*** 台湾桂竹

Makino Bottle Gourd ***Lagenaria siceraria* var. *makinoi*** 瓠瓜

Makino's Shield Fern ***Polystichum makinoi*** 黑鳞耳蕨

maksoorah 伊斯兰教寺院中围隔的祈祷空间

Malabar Chestnut ***Pachira macrocarpa*** 发财树 / 马拉巴栗 / 瓜栗

Malabar grouper ***Epinephelus malabaricus*** 点带石斑鱼

Malabar Nightshade/Basella ***Basella alba*** 落葵 / 木耳菜 / 藤菜

Malabar nut ***Adhatoda vasica* L. *Nees/Justicia adhatoda* L.** 鸭嘴花

Malabar pied hornbill ***Anthracoceros coronatus*** 斑冠犀鸟 / 斑犀鸟

Malabar Randia ***Catunaregam spinosa* Thunb. *Tirv.*** 山石榴

Malbar trevally ***Citula malabaricus*** 马拉巴裸胸鲹魟

Malabartree Euphorbia/Pencil Tree/Milk Bush ***Euphorbia tirucalli*** 光棍树 / 绿玉树

Malacca Galangal ***Alpinia malaccensis*** 毛瓣山姜

Malawe Lake (**Africa**) 马拉维湖(位于非洲马拉维与坦桑尼亚、莫桑比克的边界)

Malachite 孔雀石

Malay tapir ***Tapirus indicus*** 马来貘 / 印度貘

Malayan bear ***Helarctos malayanus*** 马来熊

Malaysian pitta ***Pitta moluccensis*** 马来八色鸫

maldevelopment 不正常发展

male 阳性；男；雄的；阳性的

~population 男性人口

~inflorescence (male flowers, catkins with stamens) 雄花序(雄花,雄蕊花)

Male Bamboo ***Dendrocalamus stritus*** 牡竹

Male Fern ***Dryopteris filix-mas*** 欧洲鳞毛蕨 / 甜羊齿

male flower 雄花

Male Prickly Heath (**Pernettya**) ***Gaultheria mucronata*** (***Male***) 丽果木(英国斯塔福德郡苗圃)

Malformation of ***Rosa chinensis*** 月季畸花病(病原初步认为是植物菌原体)

mall 林荫路，林荫道，林荫散步路，草地广场，步行商业中心

~net 散步用林荫路网

Mallagascar Dragon Tree ***Dracaena***

marginata 缘叶龙血树 / 红边竹蕉 / 三色铁

allet (木) 锤; 桉树

Mallow/High Mallow ***Malva syivestris*** **var. *mauritiana Boiss.*** 锦葵

alm 石灰质砂, 泥灰岩, 灰泥; 白垩土; 麻姆 (上侏罗纪) {地}

almstone 砂岩 / 灰砂岩 / 玛姆砂岩

Malthusian theory 马尔萨斯 (人口) 理论

Maltiflower Knotweed/Tuber Fleece-flower ***Polygonum multiflorum*** 何首乌 / 夜合 / 夜交藤

Mamillate Ardisia ***Ardisia mamillata Hance*** 虎舌红

mammal, small 小哺乳动物

Mammoth Cave National Park 猛犸洞穴国家公园 (美国)

man [复] 人; 个人; 成年男子; [复] 雇员, 士兵, 水手, 部下; 人科 {生}; 合适的对象; 配备人员; 操纵, 在……就位; 振作精神

~-computer interaction 人机配合 (人机通信)

~-day 人日, 人工日

~day calculation 人工 / 日计算

~-developed 人工培育

~hole 工作井

~-land ratio 人地比率

~-land relationship 人地关系论

~-machine engineering 人机工程学; 人机学

~-machine-environment system 人 - 机 - 环境系统 {交}

~machine interaction 人 - 机交互作用

~ (-) machine system 人机系统 {管}, 人机通信系统

~-made 人工的, 人造的

~-made culture 人造地物

~-made earth satellite 人造地球卫星

~-made environment 人工环境

~-made features 人为地形

~-made fiber 人造纤维, 化学纤维

~-made interference 人为干扰

~-made humic soil 人工腐殖土

~-made lake 人工湖, (人造) 水

~-made land 人造地, 人造土

~-made landscape 人造景观

~-made landscape features 人工造景

~-made noise 人为噪声

~-made pollutant 人为污染物质

~-made pollution 人为污染

~-made pond 人工池塘

~-made soil 人造土

~-made stone 人造石

~-made surface 人工地表

~-power 人力, 劳动力

~power planning 人力规划

~-time 人次

~-year 人年工作量

~dispersal by 由人传播

dissemination by~ 由人传播

man's physical environment 人类物质环境

Manaca ***Brunfelsia uniflora*** **(Pohl.) D. Don** 番茉莉

manage 管理, 办理; 处理, 驾驶; 操纵, 使用, 支配; 设法

manageability 可管 (处) 理, 可使用 (驾驶, 操纵) 性

manageable 能处理的，能控制的
managed landscape 被管理的景观
management 管理，办理，处理；经营；管理处，经理部（写成 the management）
~analysis center 管理分析中心
~area，landscape 风景园林管理（经营）区
~by objective 目标管理
~by results 目标管理
~contract 管理合同
~contractor 管理承包商
~cycle 管理流程
~effectiveness 管理效率
~engineer 管理工程师
~function 管理机能
~hierarchy 管理层次
~indirect cost 间接管理费
~information and text system（简写 MITS）管理信息和文本系统
~information system 信息控制系统，管理信息处理系统
~institute 管理学院，管理研究所
~measures，land 土地管理措施
~objective 管理目标
~of fish population 渔民管理
~of flood-prevention facilities 城市防洪设施管理
~of lakes and streams 湖河管理
~of land development 土地开发管理
~of land register 地籍管理
~of migratory species of wild animals，effective 移栖野生动物类有效管理
~of public-owned buildings in cities 城市公房管理
~of scenic quality 风景质量管理
~of street lightings 城市道路照明设施管理
~of urban water environment 城市水环境管理
~of village and rural town construction 村镇建设管理
~of waste water and sewage treatment 废水管理和污水处理
~of water resources 水资源管理
~on city bridges and culverts 城市桥涵管理
~on city public passenger transport 城市公共交通管理
~on city roads 城市道路管理
~on sewerage 城市排水设施管理
~organization 管理组织，管理机构
~plan 管理规划，管理计划
~plan，water 水管理规划（方案）
~planning，water 水管理规划，水管理计划的实行
~policy 管理方针
~pond，storm-water（美）（暴）雨水管理人工水池
~practices，best（美）最佳管理实践
~principles 管理原理
~procedure 管理程序
~process 管理方法
~program（me），park 公园管理程序（计划，方案等）
~project 管理工程，管理项目
~review 管理评审
~science 管理科学 {管}
~services，construction（英）施工管理服务

~services，site（英）场地管理服务
~system，economic forest 经济林区管理系统
~system，resource data 资源资料管理系统
~technique 管理技术
~through finance 财务管理，金融管理
academy of~ 管理学院
administrative~ 行政管理
agricultural~ 农业管理
air quality~ 大气（空气）质量管理
automatic~ 自动化管理
balanced game~ 均衡对策管理
centralized~ 集中管理
chemical pest~ 化学有害物管理
compost~ 堆肥管理
construction~ 施工管理
consultative~ 协商管理
contingency~ 应变管理
cost of~ 管理费
data~ 数据处理，数据控制
countryside~（英）农村（乡下）地区管理
drifting-~ 流动管理
dynamic~ 动态管理
economic land~ 经济土地管理
file~ 档案管理
forest~ 森林管理，林区管理
functional~ 职能管理
game~（美）娱乐管理；对策管理
goal~ 目标管理
grassland~ 草地（指原生态群落）管理，草场（牧地，牧场）管理
habitat~ 产地管理
hazardous waste~ 有害废料处理
heritage~（英）遗产管理
hunting~（英）打猎（狩猎）管理
ill-~ 管理不善
implementation~ 建设管理
integrated pest~ 综合有害生物（害虫，有害东西）处理
intensive~ 集约经营
labour~ 劳动管理
labour wage~ 劳动工资管理
landscape~ 园林 / 风景园林 / 景观管理
landscape aesthetics~ 园林美学处理
maintenance~ 维修（养护）保养管理
market~ 市场管理
mechanics of~ 管理机制
natural resources~ 天然资源管理
objective~ 目标管理
participatory~ 参与管理
personnel~ 人事管理
pest~ 有害生物（害虫，有害东西）处理
production~ 生产管理
project~ 项目管理，项目经营
records~ 档案管理
recreation area~ 休养（娱乐，游览）区管理
recreational area~ 娱乐（消遣，游戏）区管理
residential traffic~ 居住区交通管理
resource~ 资源管理，物资管理
resources~ 资源管理
risk~ 风险管理
river~ 河（江，川，水道）管理
scientific~ 科学管理
silvicultural~ 造林管理
soil~ 国土管理，土壤管理，粪肥，（粪

便，污水，污物）管理
strategic(al)~ 策略管理
sustainable~ 可持续的管理
system~ 系统管理
system of~ 管理体系
target~ 目标管理
technical~ 技术管理
total operational~ 全面经营管理
total quality~（简写 TQM）全面质量管理
tourist~ 旅游管理
tree~ 树木管理
urban~ 城市管理
value~ 价值管理
vegetation~ 植物生长管理，植物（草木，植被）管理
visual landscape~ 视觉景观管理
visual resource~ 可见现有资财（资财，财力）管理，可见资源管理
water~ 水管理
water quality~ 水质管理
water resources~ 水资源管理
wildflower meadows~（英）野花草地管理，野花（河或湖边）肥沃的低草地管理
wildlife~ 野生动植物管理

manager 经理；管理者，经营者；领导人；指导者
project~ 计划经理

managerial 管理性的，处理的，治理的；管理人的
~data 管理数据（资料）
~economics 管理经济学

managerialist 管理专家

Manaplant Alhagi ***Alhagi sparsifolia* Shap.** 骆驼刺

Manatee/sea cow ***Trichechus manatus*** 海牛

Mancharian Lilac/Amur Lilac ***Syringa reticulata*** 暴马丁香 / 荷花丁香

Manchu Rose ***Rosa zanthina*** 黄刺梅 /（黄刺玫）

Manchur Wildginger ***Asarum heterotropordes*** **var.** ***mandshuricum*** 北细辛 / 山细辛 / 东北细辛

Manchurian 满洲的；满洲人
~ash 水曲柳
~linden 糠椴
~walnut 胡桃树

Manchurian Apricot ***Prunus*** **mandshurica（Maxim.）Koehne** 东北杏 / 辽杏

Manchurian Ash/Northeast Chinese Ash ***Fraxinus mandshurica*** 水曲柳

Manchurian Basswood/Manchurian Linden ***Tilia mandshurica*** 辽椴 / 糠椴

Manchurian Birch/Asian White Birch ***Betula platyphylla*** 白桦 / 粉桦

Manchurian brown bear ***Ursus arctos cameloides*** 东北棕熊 / 人熊

Manchurian Catalpa ***Catalpa bungei*** **C. A. Mey.** 楸树

Manchurian Crane/Japanese Crane ***Grus japonensis*** 丹顶鹤 / 仙鹤 / 红冠鹤（中国两种国鸟之一）

Manchurian Currant ***Ribes mandshuricum*** **（Maxim.）Kom.** 东北茶藨子

Manchurian Elm/Lobed-leaf Elm ***Ulmus laciniata*** 裂叶榆 / 青榆

Manchurian Fir/Needle Fir ***Abies holophylla*** 杉松冷杉 / 沙松 / 辽东冷杉

Manchurian Linden/Manchurian Basswood *Tilia mandshurica* 辽椴 / 糠椴

Manchurian Maple *Acer mandshuricum Maxim* 白牛槭 / 东北槭

Manchurian moose *Alces alces cameloides* 驼鹿（东北亚种）

Manchurian polecat *Mustela amurensis* 小艾鼬

Manchurian rabbit *Lepus mandschuricus* 东北兔

Manchurian Rhododendron *Rhododendron micranthum* Turcz. 照山白（照白杜鹃）

Manchurian tiger *Panthera tigris altaica* 东北虎

Manchurian Viburnum *Viburnum burejaeticum* Regel et Herd. 暖木条荚蒾

Manchurian Walnut *Juglans mandshurica* 核桃楸 / 楸树

mandala 曼陀罗

mandarin 柑

Mandarin duck *Aix galericulata* 鸳鸯

Mandarin fish/auhun *Siniperca chuatsi* 鳜鱼 / 桂鱼 / 花鲫鱼

Mandarin Orange/Tangerine *Citrus reticulata Blanco* 柑橘 / 宽皮橘

Manda's Woldly-bear Begonia/Woldly-bear *Begonia leptotricha* 细毛秋海棠

mandate 命令，要求

mandated territory 委任统治地

mandatory 代理人，代理者；命令的，训令的；指示的；委托的

~building line（英）指定的施工线

~landscape development plan 指定的园林开发规划

mandir 印度教庙宇

Mandrake *Mandragora officinarum* 独参茄 / 魔苹果

Mandrill *Mandrillus sphinx* 山魈

maneuver=manoeuver 机动，机动动作

~space，parking（美）停车场机动场地

maneuvering space 车辆行驶净空

Manfeilong Pagoda（Jinghong，China） 曼飞龙塔（中国景洪市）

Manflower Galangal *Alpinia polyantha* 多花山姜

Mangachapo Vatica（拟）***Vatica mangachapoi*** 青皮 / 青梅

Manganese deficiency of Rosa chinensis 月季缺锰症（病原非寄生性，缺锰）

manganosite 方锰矿

manger 食槽

Mango *Mangifera indica* 芒果

Mangosteen *Garciniamangostana* 罗汉果 / 莽柿子 / 山竹子

mangrove 红树（林），红树属树木

~coast 红树林海岸

~stand 红树群落地段

~swamp 海滨沼泽

~wood 红树森林，红树木材

Mangrove/Sharp Leaf Man grove *Rhizophora apiculata* 红树

Mangup-Kale Cave City（Thailand） 曼古普卡列山洞城（泰国）

Mangyongdae（North Korea） 万景台（朝鲜）

manhole（进）人孔；窨井，（管道）检查井；检查孔；升降口；避险洞

~cover 窨井盖，探井盖，人孔盖；升

降口盖
~cover slab（英）窨井盖板,探井盖板,人孔盖板，升降口盖板
~floor 窨井底面，避险洞底面，检查井底面
~frame 检查井座
~frame and cover（英）检查井架和盖
~leveling course（英）检查井水准测量方法
~lid 检查井盖，升降口盖，窨井盖
~sump 检查井沉泥槽；检查井落底
covering of a~ 检查井罩，检查井覆盖物
irrigation equipment~ 灌水设备检查井

manhour 工时

manifestation 表明，表现形式；现象

Manila Cathedral（**Philippines**）马尼拉大教堂（菲律宾）

Manila Grass ***Zoysia matrella*** 沟叶结缕草 / 马尼拉草 / 半细叶结缕草

manipulated variable 控制变量

manipulation（用手）操作；手术；操作
~robot 操作机器人

man-made lake 人工湖

man-made rockery 假山

man-relationship 人地关系

Mann Plumyew ***Cephalotaxus mannii*** 海南粗榧 / 西双版纳粗榧

Manna Ash ***Fraxinus ornus*** 欧洲白蜡树 / 多花白蜡树

Manna Gum/Ribbon Gum ***Eucalyptus viminalis*** 多枝桉树

manner 方法；态度；风格；样式；[复]习惯，惯例；手法
~designed in an informal 非规则设计手法
~of origin 起源形式，成因形式

mannerism 风格主义〈16 世纪末，意大利古典建筑风格〉，手法主义

mannerist architecture 强调独特风格建筑，矫揉造作建筑，程式化建筑，守旧派建筑〈17 世纪意大利的〉

manoeuvre 机动演习；调动，调遣；策略；演习；操纵，运用
~space，parking（英）停车场机动空间

manor 庄园，宅第；采邑领地（英），永久租借地（美）
~house（庄园主的）宅第

manpower 劳动力；人力
~drain 劳力外流
~forecasting 劳动力预测
~quota 劳动定员
~resource 劳动力资源
~utilization survey 劳动力利用调查

Manpuku Temple（**Fuqing**，**China**）万福寺（中国福清市）

mansard 阁楼

manse 牧师住宅

mansion 大厦，大楼，公寓大楼，住宅，邸宅，府邸，官邸，堂，馆

Mansion House（**Philippines**）麦逊宫（菲律宾）

mantle 罩，盖层；表层；覆盖；套膜；（煤气灯的）纱罩；披风；（触探试验锥头的）套筒；覆盖的；覆盖；隐蔽；（液面）结皮
~community，woody（美）（树木）覆盖群落
~friction 表面摩擦
~of rock 岩石表层；风化岩；表皮岩
~of soil 土（的）表层，表皮土，表层土

~of vegetation 植被
~scrub community, woodland 覆盖林地的灌木丛群落
forest~ 森林覆盖
manual 手册；袖珍书籍；便览，指南；教本；手（工）的，手动的；人工操作的
~acting 人工操作的
~adjustment 人工调整，人工调节
~breakdown 手册分编
~computation 笔算
~consolidation 手工捣实，人工固结
~control 人工控制，人力控制
~cutting 手工切割，人工切割
~excavation 手工挖掘
~fire alarm call point 手动火灾报警按钮
~input 人工输入
~intervention 人工干预
~labour 手工；体力劳动
~operation 手工操作
~patching 人工修补
~procedure 手工操作程序
~program 手工程序
~work（英）手工劳动，手工作业，手工工件，手动效果
auto-~ 半自动的，自动
automatic~ 自动－手动的，手动－半自动的
construction~ 施工手册
contract design estimating and documentation~（简写 CDED）承包设计估计及文本手册
description~ 产品说明书
descriptive~ 说明书
design~ 设计手册
earth~ 土工（手册）
guide~ 参考手册，入门指导书
instruction~ 说明书
material~ 材料手册
operating~ 操作规程，操作（手册），使用指南
quality~ 质量手册
service~ 维护手册，操作（使用）手册
technical~ 技术规程（手册）
manufactory 制造厂，工厂
manufacture 制造业，工业，制造厂
manufactured 工业的
~goods 工业品
~housing 活动住房
~products 工业产品
manufacturing（简写 **mfg.**）制造
~business 制造业
~city 生产城市
~cost 生产成本
~district 工业区
~engineering 制造工艺（技术，工程学）
~industry 制造业
~measurement 加工尺寸
~plant 制造厂
~population 工业人口
~process 生产流程
~waste 工业废物
Manuka/Tea-tree ***Leptospermum scoparium*** **J. R. Forst. et G. Forst** 松红梅／鱼柳梅
manure 肥料，厩肥
~catch crop, green 绿色肥料填闲作物（两茬主要作物之间土地休闲时种植的速生植物）

~crop，green 绿色肥料作物（庄稼）
~hoe 施肥锄耙
~pile 粪堆
~pit 粪坑
~spreader（fertilizer spreader，manure distributor）堆肥撒布机（化学肥料撒布机）
~plant，green 绿肥植物
barn~（美）牲口棚厩肥
liquid~ 液体肥料，流体肥料
semi（–）liquid~ 半流体肥料
stable~ 稳定肥料
straw~（谷类作物的）禾秆肥料
manuring 积肥（的），施肥于……
~irrigation 培肥灌溉
green~ 绿肥
liquid~ 流体肥料
Many Prickle Acanthopanax ***Acanthopanax senticosus*** 刺五加
Many Seeded Euptelea ***Euptelea pleiospermum*** 领春木
Many Stamens Rhododendron ***Rhododendron stamineum*** 长蕊杜鹃花 / 多蕊杜鹃 / 六骨筋
Manybud Primrose ***Primula gemmifera*** 苞芽粉报春
Manyflower Cotoneaster ***Cotoneaster multiflorus Bunge*** 水栒子 / 多花栒子
Manyflower Cymbidium ***Cymbidium floribundum*** 多花兰 / 大花蕙兰
Manyflower Garcinia ***Garcinia mutiflora*** 多花山竹子 / 山橘子 / 山枇杷
Manyflower Glorybower ***Clerodendrum cyrtophyllum*** 大青
Manyflower Lespedeza ***Lespedeza floribunda*** **Bunge** 多花胡枝子
Manyflower Michelia ***Michelia floribunda*** **Finet et Gagnep.** 多花含笑
Manyflower Sagebrush ***Artemisia myriantha*** **var.** ***pleiocephala*** 白毛多花蒿
Manyflower Sagebrush ***Artemisia myriantha*** 多花蒿 / 苦蒿
Manyflower Supplejack ***Berchemia floribuda*** **（Wall.）Brongn.** 多花勾儿茶
Manyflower Winterhazel ***Corylopsis multiflora*** 多花蜡瓣花 / 大果蜡瓣花 / 瑞木
Many-flowered Japanese Barber ***Berberis thunbergii*** 重瓣小檗（英国萨里郡苗圃）
Many-flowered May-apple ***Dysosma versipellis*** 八角莲
Manyfruit Idesia ***Idesia polycarpa*** 山桐子 / 水冬瓜
Manyhead Pincushion ***Mammillaria multiceps*** 绒毛球 / 红霞松
Manyhead Visnaga ***Echinocactus polycephalus*** 大龙冠
Manynerve Hornbeam ***Carpinus polyneura*** 多脉鹅耳枥 / 岩刷子
Manynerve Primrose ***Primula polyneura*** 多脉报春
Manyroot leek ***Allium polyrhizum*** 碱韭 / 多根葱 / 碱葱
many-sided utilization 综合利用，多种利用
Manyspike Tanoak ***Lithocarpus polystachyus*** 多穗石栎 / 多穗柯 / 大叶椆
Manyvein Elm ***Ulmus castaneifolia*** **Hemsl.** 多脉榆
Manywinged Schield Fern ***Polystichum***

hecatopteron 多翼耳蕨 / 芒齿耳蕨

Iao Bamboo/Moso Bamboo ***Phyllostachys pubescens*** 毛竹

Iao Mausoleum（Xi'an，China）茂陵（中国西安市）

Iaoling（Emperor Chenghua）茂陵

ap（地）图；作（地）图；用（地）图表示

~accuracy 地图精度

~board 图板

~border 图廓

~catalogue 地图目录

~code 地图符号

~compilation 地图编制｛测｝

~composite 合成图

~data structure 地图数据结构

~date 地图资料

~decoration 地图整饰

~document 地图资料

~delineation 地图清绘

~digitizing 地图数字化

~drawing 绘图

~evaluation 地图评价

~fair drawing 清绘

~feature code 地图特征码

~graph 地图

~interpretation 地图判读｛测｝

~lettering 地图注记

~making 制图

~manuscript 地图底稿

~mathematic model 地图数学模型

~of avalanche courses 雪崩（山崩）过程图

~of existing condition 城市现状图

~of land evaluation for urban development 用地分析图

~of short-term city development planning 近期建设规划图

~of trees，cadastral 树木图册

~overlay/overlay method 叠图（分析法）

~partitioning 地图分幅

~plotting 地图绘制｛测｝

~printing 地图印刷

~printing plate making 地图制版

~process and printing 地图制印

~projection 地图投影学｛测｝

~reprography 复照

~scale 地图比例尺｛测｝

~showing inter-censal population change 两次人口普查期间人口变化图

~symbol 图例

aerial~ 航空地图

area ownership~（美）场地所有权图

avalanche location~ 雪崩（山崩）定位置图

base~ 基地图，基础图

cadastral~（美）划界图

climatic~ 气象图

contour~ 地形图

hydrological~ 水文图

lake and river water quality~ 湖河水体特性图

land registration~（英）土地注册图，地产（地皮）注册图

land registry~（英）土地注册处图

metes and bounds~（美）界石（界标）和界限（界线）图

noise contour~ 噪声等值线图

noise exposure~（美）噪声音响图

ownership~ 划界图
population density~ 人口密度图
reference~ 参考图，附图以供参考
relief~ 地形图，模型地图，浮雕图
slope analysis~ 斜坡分析图
soil~ 土分布图，土壤图
vegetation~ 植物分布图，植物图
zoning~（美）（城市规划中分成工厂区，住宅区等的）区划图

maple 枫树，槭木

Maple Bridge，Suzhou 苏州枫桥

Maple Lemongrass ***Cymbopogon winteriamus*** 爪哇香茅 / 枫茅

Maple Tree ***Acer*** 槭树（属）

Maple Japanese Butterfly Tree ***Acer palmatum*** **'Butterfly'** 蝴蝶鸡爪槭（美国田纳西州苗圃）

Maple Japanese Coral Bark ***Acer palmatum*** **'Sango kaku'** 红枝鸡爪槭 / 珊瑚阁日本枫（美国田纳西州苗圃）

Maple Japanese Tamukeyama ***Acer palmatum disectum*** '手向山'羽毛枫（美国田纳西州苗圃）

Mapleleaf Wingseedtree ***Pterospermun acerifolium*** **（L.）Willd.** 翅子树

Maple-leaved Begonia ***Begonia heracleifolia*** **Cham. Et Schlecht** 枫叶秋海棠

mappable unit 图幅

mapping 绘图，测图；映射{数}
~by survey and record method 测记法成图
~camera 测绘照相机
~control leveling 图根水准测量
~control point 图根控制点
~control survey 图根控制测量
~from photographs 像片测图
~height survey 图根高程测量
~of existing land uses 现有土地利用绘图{测图}
~of forest functions 森林功能绘图
~of grassland vegetation 草地植物分布绘图
~of urban wild sites（美）城市未开垦地区绘图
~pen 绘图笔
~survey 地图制作测量
~traversing 图根导线测量
~triangulation 图根三角测量
biotope~ 生物小区绘图，（群落）生境绘图
habitat~（动植物的）生境（栖息地）绘图
identification and~ 打印与绘图
site~ 选址测图，遗址（旧址）绘图，场地绘图
soil~ 土分布测图
topographic~ 地形测图
tree~ 树木分布绘图
urban habitat~ 城市（动植物的）生境绘图

mappingsat 测图卫星

maquette 蜡或胶泥模型，房屋模型

Maracaibo Lake（**Venezuela**）马拉开波湖（委内瑞拉）

Maranta makoyana ***Caladium. Makoyana*** 孔雀竹芋

Maranta zebrina ***Caladium zebrina*** 斑纹竹芋

marble 大理石，大理岩，云石；大理石雕刻品；大理石的
~aggregate 大理石集料

Marble Boat 石舫
~building 大理石建筑物
~coating 大理石墙面
~factory 大理石厂
~flag pavement 大理石板铺面，云石板铺面 { 建 }
Marble Lion 石狮子
Marble Palace 大理石宫
~slab 大理石板
~surface 大理石面层
Marble Temple（Thailand）云石寺（泰国）

Marble Bamboo *Chimonobambusa marmorea* 寒竹 / 黑刺竹

Marble Bamboo *Chimonobambusa neopurpurea* 黑刺竹 / 牛尾竹 / 牛尾笋

Marbled cat *Felis marmorata* 云猫 / 石纹猫

Marble Gasteria *Gasteria lactipunctata* 银点牛月利

Marbled grouper/Kelp grouper *Epinephelus moara* 云纹石斑鱼 / 石斑 / 草斑

Marbled sole/Fake halibut *Pseudopleuronectes yokohamae* 黄盖鲽 / 沙盖

Marbled swellshark *Cephaloscyllium umbratile* 阴影绒毛鲨

Marbled weasel/tiger weasel *Vormela peregusna* 虎鼬

marches 边界地区居民

Marco Polo sheep *Ovis ammoa polia* 马可波罗羊

mare's tails 马尾云

margent 边缘

margin 路缘；边缘；限界，余地；余裕；汽车的间距；空白；差数；差额，赚头；保证金
~callus（植）胼胝体边缘，（植）愈伤组织边缘
~draft 路缘（石）琢边
~of error 误差限
~of prefit 边际利润
high-water~（英）高水位限界
lake~ 湖边
mowing~ 牧草地边缘

marginal 边（缘）的，边际的，限界的
~adjustment 边限（边际）调整
~analysis 边际分析
~area 路边（应急）地带，边缘地区
~bank 边岸，路堤岸
~bar（混凝土的）边缘钢筋；护栏
~beam 边（缘）梁
~charge 边际式变化
~cost 边际成本
~data 图例说明
~density 边缘密度
~density of population 饱和人口密度
~distribution 边缘分布
~land（道路）边缘用地，边际土地，边角地
~location 边际场所（地点，位置）
~material 边缘材料，界限材料；边次材料；勉强合用的材料
~product 边际产品
~project 边际工程
~protection area 边际保护区
~quay 沿岸码头
~rent 边际地租
~revenue 边际收益
~revenue curve 边际收益曲线

~social cost pricing 边际社会费用
~soil 边缘土，边际国土
~strip（车行道）路缘带
~test 边缘试验
~trees of a forest 林区（森林）边际树
~utility 边际效用，界限效用
~value 边际价值，临界值
~weather 不利气候
~whart 顺（岸）码头，堤岸码头
~zone 边（缘）区，边缘地带
~zoning 边（缘）区，边缘地带

Marginate Microlepia *Microlepia marginata* 边缘鳞盖蕨

Marginate Nipponlily *Rohdea japonica* var. *marginata* 金边万年青

Marguerite Chrysanthemum /marguerite/paris daisy *Chrysantemum frutescens* 东洋菊 / 木菊 / 茼蒿菊 / 蓬高菊

marguerites（**oxeye daisies**，**white oxeye daisies**）茼蒿菊,木春菊（牛眼菊，春白菊）

Maria Japanese barberry *Berberis thunbergii Maria* 玛利亚小檗（英国萨里郡苗圃）

Marianske Lazne（**Czech**）马里安温泉镇（捷克）

Marie Luise Gothein 玛瑞亚·路易斯·格赛恩，德国学者、园林史艺术家

Maries Azalea *Rhododendron mariesii* Hemsl. et Wils. 满山红

Marigold *Tagetes* 万寿菊（属）

marina 海滨广场，游船码头，系船池，小船坞（供小船停泊、补充物资和修理等用），游艇停泊处
~community 海滨广场社区
~village 游船码头乡村

marine 海蚀，磨蚀，冲蚀；海事，海运业；船舶；海（上）的；海运的；海产的
~airpart 海军航空港
~atmosphere 腐蚀大气
~beacon 航空岸标灯
~belt 领海
~biology 海蚀生物学，海（上）生态学
~chart 海图
~climate 海洋性气候
~cycle 海蚀周期，海蚀轮回
~engine workshop 船只修理工厂
~engineering 海事工程
~environment 海洋环境
~erosion 海蚀作用
~faces 海相
~forest，protective（美）海洋防护林区
~fuel depot 水上储油库
~fueling station 船只加油站
~industry 水产业
~-oriented industry 倚靠海运之工业
~park 海上公园，海中公园，海洋公园
~pollution 海洋污染
~research center 海洋研究中心
~resource 海洋资源
~soil 海积土
~soil mechanics 海洋土力学
~structure 港口水工建筑物
~terminal 海运终点站
~traffic 海上交通，海运
~water quality standards 海水水质标准

marionette 牵线木偶

Mario Schjetnan 马里奥·苏吉纳，墨

西哥风景园林师，IFLA 杰里科爵士奖获得者
ariposa Lily/Butterfly Lily/Fairy Lantern *Calochortus uniflorus* 蝴蝶百合
arital 已婚妇女
~fertility 已婚妇女生育率
~fertility rate 已婚妇女生育率
~status 婚姻状况
aritime 海（上）的；海运的；海岸的
~belt 海滨区，沿岸区
~canal 通海运河
~casualty 海上意外事故，海上不幸事故
~climate 海洋（性）气候
~customs 海关
~engineering 海（事）工（程）学
~glacier 海洋性冰川
~plant 海生植物
~port 海港
~transportation 海运
~work 海事工程，海工建筑，海上作业
Maritime Customs 海关
aritime provinces 沿海各省
Iarjaniya School（Iraq） 马尔贾尼亚书院（伊拉克）
ark 记号；符号，标号；标点；痕迹；特征，特性；界限；刻度，指标；商标；目标，标准；标示，标线；作记号；注出位置；作标志，划线，打印；标明，表示；记下，记录；设计，计划；注意；传号
~at or below ground level；setting monument 埋石
~average flood 平均洪水标记
~board 标志牌
~number 标号
~post 标杆
~stone；monument 标石
~test 符号检验
asphalt~ 沥青标号
average high-water~ 平均高水位标记
book~ 书签
concrete~ 混凝土标号
datum~ 标高，基准点标高；基（准）点，水准点
flood~ 洪水标记，高潮标记
flood level~（ing）洪水痕迹
flood water~ 洪水标记
high water~（简写 HWA）高水位线，高潮线
high（-）water~ 高水位线，高潮线
land~（地）界桩，（地）界标；古迹，文物建筑
monument~ 界碑，标石，标志桩
pavement~（ing）路面标记（示）
peak high-water~ 峰值高水位标记
quality~（of cement）（水泥）标号
record high-water~ 记录高水位标记
time~ 时记
trade~ 商标
way~ 路标
zero~ 零刻度，零标记，基准标志
marked price 标价
marker（路面上指示交通用的）路标，标线；路钉，路钮；标记（表示某段信息开始或终了的符号）{计}，指路标，信标，标杆；标志器；里程碑；（美）纪念碑；记分员，划线（打印）工
~，burial（美）埋置标记
~post for snow clearing 除雪标准

~price 标志价格
time~ 时标，计时器
market 市场；市价，集市，市场；墟
~administrative office 市场管理办公室
~analysis 市场分析
~area 市场所在地
~building 市场房屋
~comparison approach；sales comparison approach 市场比较法
~competition 市场竞争
~cross 市场办公室（市场中的十字形房屋，常作办公室）
~day 集市日
~demand 市场需求
~development 市场发展
~economics 市场经济
~economy 市场经济
Market Garden（Am. Truck Garden. Truck Farm）（美）商品菜园，蔬菜农场
~gardening 市场园艺（学）
~hall 市场
~management 市场管理
~officer 市场管理员
~oriented location 市场型区位
~overt 公开市场
~place 商业中心地，市场
~plaza 市场广场
~prediction 市场预测
~price 市价，市场价格
~rent 市面租金
~requirements 市场需要量
~research 市场调查
~square 市场广场
~stall 街市摊位
~stead 市场
~street 市场街
~structure 市场结构
~survey 市场调查
~town 农业市镇，集镇，城镇
~trend 市场趋势
~value 市场价格，市价
seed~（英）种子市场
seed exchange~ 种子交流市场
marketability 商品率
marketable grain 商品粮
market-orientated industry 市场导向工业
marketplace 集市，市井，市
marking（路面）标线，路标；标号，标记；痕迹；作记号
~gauge 划线规，边线规
~lamp for fire vacuation 火灾疏散标志灯
~material 路面标线材料
~of hiking trails 步行（荒野中踩出的）小道路标，（山林间的）崎岖小路路标
~separated 划线分；隔
marl 泥灰岩；灰泥，泥灰土
~asphalt 泥灰沥青
~loam 泥灰质壤土
~slate 泥灰板岩
lime~ 石灰灰泥，石灰泥灰土
marlite 泥灰岩
marlstone 泥灰岩，石料（石材）
marly 泥灰质的
marmoset ***Calltherix jacchus*** 毛狨 / 绢毛猴
maroon 爆竹，鞭炮
Marquis of Wu's Temple（**Chengdu**，**China**）武侯祠（中国成都市）

arriage 结婚
~rate 结婚率
arriageable population 可婚人口
arried 已婚的
~couple 已婚夫妇
~persons 已婚人口
~population 已婚人口
arrigum Redgum ***Eucalyptus calophylla*** 美叶桉 / 尾叶桉
arry 结婚；匹配成对；使紧密结合
arrying with existing levels（英）使与现有平面匹配
ARS London Plan MARS 伦敦规划
arsabit National Park（**Kenya**）马尔萨比特国家公园（肯尼亚）
arsh 沼泽；湿地
~gas 沼气
~plant 沼泽（湿地）植物
~soil，coastal 近（或沿）海岸湿地土
coastal~ 近（或沿）海岸湿地
cordgrass~（植）米草湿地
freshwater~ 淡水湿地（沼泽）
salt~ 盐沼
saltwater~（含）咸水沼泽，（含）海水沼泽
tall forb reed~（美）高非禾本草本植物芦丛沼泽，杂草芦苇沼泽
tidal~（美）潮（汐）沼泽（湿地）
Marsh harrier ***Cirus aeruginosus*** 白头鹞 / 铜色鹞
Marsh Horsetail ***Equisetum palustre/ E. palustre*** **var.** ***szechuanense*** 犬问荆 / 马草
Marsh Mallow/Mallards ***Althaea officinalis*** 药蜀葵 / 霍克草
Marsh Marigold ***Caltha palustris*** 猿猴草 / 驴蹄草（英国斯塔福德郡苗圃）
marsh mongoose ***Atilax paludinosus*** 沼猛 / 沼泽猛
Marshall stability apparatus 马歇尔稳定度仪
Marshall stability test 马歇尔试验
Marshes Rhododendron ***Rhododendron telmateium*** 沼泽杜鹃花 / 草原杜鹃
marshland 沼泽地，泥沼地
~，coastal 近（或沿）海岸沼泽地（泥沼地）
marshy 沼泽地的，湿地的
~area 沼泽地，泥沼地，湿地沼泽地区
~field 水田
~ground 沼泽土；沼泽地，湿地
~land 沼泽地，泥泽地，湿地
Marshy Betony ***Stachys palustris*** 沼生水苏
Marshy Germander ***Teucrium scordioides*** 沼泽香料科
mart 商业中心，市场
marten（***Martes***）貂（属）
martial arts ground 武术场地
Martin Lemongrass ***Cymbopogon martinii*** 鲁沙香茅 / 红杆草
Martin Michelia ***Michelia martinii*** 黄心夜合 / 黄花夜合
martyr memorial park 烈士公园，烈士纪念公园
Martyrs' Mausoleum 烈士陵墓
Martyrs' Memorial 烈士纪念碑
Martyrs' Monument 烈士纪念碑
Marvel of Peru/Four o'clock/Mirabilis ***Mirabilis jalapa*** 草茉莉 / 紫茉莉 / 胭脂

花 / 夕照花
Marx's Family Museum（Germany）马克思家庭博物馆（德国）
Marx's home（Germany）马克思故居（德国）
Masai Mara Game Reserve（Kenya）马赛马拉野生动物保护区（肯尼亚）
Masaic of Pedilanthus 红雀珊瑚花叶病（病原为病毒，其类群待定）
Mascarene-grass *Zoysia tenuifolia* Willd. 细叶结缕草
masculinity 男子气概，男性
~proportion 男性比例
~proportion sex ratio 男性比例
~ratio 男性比例
Masjid Negara（Malaysia）国家清真寺（马来西亚）
Masjid Sultan（Turkey）苏丹清真寺（土耳其）
mask artwork；tracing 蒙绘
Masked hawfinch *Coccothraustes personatus* 黑头蜡嘴雀 / 梧桐 / 铜嘴蜡子
masking effect 掩蔽效应
mason（砌）石工，砌石工，圬工，泥瓦工，泥水工，土方工
masonette 出租公寓房间
masonry 圬工，（砖）石工；砖石建筑，瓦石作；圬工建筑物；圬工技术；砌体
~arch 圬工拱，砖石拱
~beam 圬工梁
~between two channels 槽间砌体
~bond 圬工砌合
~bridge 圬工桥
~cement 砌筑水泥
~construction 圬工工程（学），圬工建筑（学）；砖石工程，砖石结构
~dam 圬工坝
~foundation wall 圬工地基墙（壁）
~grout（ing）圬工灌浆
~lining 圬工衬砌
~mortar 圬工砂浆
~of natural stones，regular coursed 整层天然石料砌体
~pier 圬工墩
~pitching of slope 砌石护坡
~retaining wall 砌体挡墙
~structure 圬工结构，砖石结构，砌体结构
~wall 砌筑墙
~wall，double-sided 双面砌筑墙
~wall，rough faced 毛琢面砌筑墙
~with pinned joints，rubble 铰接缝粗石（块石，片石）砌体
~work 圬工工程
above-grade~ 斜坡上砌体
above-ground~ 地面上砌体
ashlar~ 琢石砌体
bossage~ 凸饰砌体
coursed ashlar~ 层琢石砌体
coursed dressed ashlar~ 层细琢石砌体
coursed quarry-faced ashlar~ 层粗面琢石砌体
dry~ 干裂砌体
natural stone~ 天然石料砌体
one-leaf~（英）单叶饰砌体
one-sided~ 单面砌体
one-tier~（美）单层层叠叠砌体
polygonal~ 多角形（多边形）砌体
quarry-faced~（美）（石料）粗面砌体，粗石建造的（原开石建造的）建筑物

random rough-tooled ashlar~ 非规则斧凿粗制琢石砌体
random rubble ashlar~ 乱砌粗方石圬工
range~ 成层圬工
rough faced wall~ 毛琢面墙
rusticated~（英）粗琢石工（圬工）
squared rubble~ 方块毛石砌体
two-leaf~（英）双叶饰砌体
two-tier~（美）双层砌体
two-wythe~（英）双壁砌体
ass 物质，质量；大量；体量；团，块；堆；群众；聚，集；使成一团
~absorption intensity 物质吸收强度
~action 质量作用
~balance 质量平衡
~behaviour 大众行为
~-calculation 土方计算
~centre 质心，质量中心
~concentration 质量浓度
~control 质量控制
~curve 累积曲线
~data 大量数据
~density 质量密度
~erosion 大量腐蚀（侵蚀，磨损，受蚀）
~estimation 质量测定
~flow 整体流动
~meeting square 群众集会区
~movement（滑坡现象中的）整体移动{地}
mass observation 民意调查
~observation 大量观测
~of atmosphere 大气质量
~of humanity 大量人流
~of profit 利润总额
~planting 群植；群栽
~planting movement 群众绿化运动
~production 大量生产
~rapid transit 大运量快速交通
~slippage（美）团块滑移，大量滑移
~sport（美）群众体育运动
~thickness 质量厚度
~tourism 大众旅游
~transit 大量客运，公共交通运输系统
~transit rail way concourse 铁路车站广场，铁路车站中央大厅
~transit survey 公共交通运输调查
~transit system 公共交通系统
~transit vehicle（美）物质运输工具（车辆，机动车等）
~transfer 传质
~transport 大量运输
~transportation 公共交通
~transportation facilities 公共交通设施
~transportation loading zone 公共车辆站台
~transportation system 公共交通系统
~wasting（英）物质损耗（消耗）
peat~ 泥炭（泥煤）质量，泥炭堆
Massang Arrowroot *Maranta leuconeura* var. *massangeana* 马桑白脉竹芋
massed planting 集中种植（栽植）
masses sport enjoyed by the 群众体育运动
massif 整体，整块；地块，断层块；山丘
massing flower bed 集栽花坛
massive 块状的；整块的，大块的；大的；重的，结实的；笨重的
~and rigid structure 大体积刚性结构
~bedrock 大块基岩，整块基岩

~character 整体性能
~dam 圬工坝
~footing 整体式底脚
~section 大体积断面
~structure 整体结构，大体积结构，重型结构，块状结构
~timber 桅木

Masson pine *Pinus massoniana* 马尾松 / 青松

mastaba（回教建筑）露天石头平台

master 主人；校长；老师；船长；控制者；硕士；主导装置；主控机，总体；精通，掌握
~block 街区总体布置
~builder 营造师，营造工长
~contract 主合同
~copy 原本，标准本
~data 基本数据
~drawing 样图
~landscape plan 市容总体规划
~layout plan 总布置图，总体规划，总设计
~mason 熟练圬工，圬工领班

Master of Architecture 建筑学硕士

Master of Arts（简写 MA）美术硕士
~of Landscape Architecture 风景园林学硕士
~of Landscape Design（英）风景园林设计硕士
~of Science（简写 M.Sc.）科学硕士
~piece（of work）杰（出工）作
~plan 总（平面）图，总布置图；总计划，城市总体规划
~plan for a project（英）规划平面图
~plan of port 港口总体规划
~planning 总体规划，城市总体规划
~planning outline 城市总体规划纲要
~planning study 总体规划研究
~river 主河流，主流，干流
~sample 标准样本
~schedule 总进度计划
~sheet 原图，总图
~station 主站
~stream 主流，干流
~street plan 街道总图；街道总体规划
~switch 总开关
~well 主源泉
~work 杰（出工）作

master/a title of respect for a Buddhist or Taoist priest 法师

Masters Larch *Larix mastersiana* 四川红杉

Masterwort *Astrantia major* 大星芹（英国斯塔福德郡苗圃）

Masterwort *Astrantia major* 'Snow Star 大星芹 '雪星'（英国斯塔福德郡苗圃

Masterwort *Astrantia major* 'Roma' 粉红大星芹（英国斯塔福德郡苗圃）

Masterwort *Astrantia major* subsp. *involucrate* Shaggy 卷叶星芹 '粗毛'

Mastic Tree/Lentisco *Pistacia lentiscus* 乳香树

mat 柴排；垫子；席子；蒲包，麻袋；编织物；芦席；坐垫；底板；罩面；丛，簇，团；面层；无光泽的，不光滑的；缠结，编织；铺垫子，覆盖
~base 垫层
~coat 罩面，面层，保护层
~dike 柴排堤坝
~-forming plants 杂生的植物（如野草

~of bush 树枝席排，柴排
~of floating aquatics（美）漂浮的水生植物簇（丛，团）
~plant 铺地植物
~seeding（草种等）席播
~shed 芦席棚
~work 编工，席工
brush~ 灌木丛
filter~ 滤水毡垫，过滤垫
floating sphagnum~ 漂浮的水藓（水苔）簇
planting~ 绿化覆盖
precultivated~ 合成编织物
pregrown~ 预先植物覆盖
preplanted~ 预先种植覆盖
seed~ 播种，编织物
vegetative~ 植物地席
match 对手；伙伴；火柴；比赛，相竞争；配合，相称；装配；对比
~board 企口板，拼花板
~board door 拼板门
~casting 密贴浇筑（法），镶合浇制
~（ed）joint 舌槽接合，企口结合；舌槽接缝，企口接缝；合榫
matched boards 拼花板
matching 匹配
material（简写 matl）材料；物资；资料；物质的；具体的；重要的
~and equipment schedule 材料设备表
~handling 物资管理
~civilization 物质文明
~cycle 物质循环
~demands 物质需求
~distribution map 材料分布图
~engineer 材料工程师
~factor 物质系数
~field investigation 料场调查
~imperfection 材料缺陷
~index 原料指数
~infrastructure 物质性基础设施
~manual 材料手册
~parameter 材料参数
~quotation 材料报价
~record 材料登记，材料记录
~requisition 材料请领单
~saving 节约材料
~staff 材料员
~standards 材料标准
~storage 材料库
acid-proof~ 耐酸材料
acoustic~ 吸声材料
air-placed~ 喷注材料
alternative~ 代用材料
amount of polluted~ 污染物质总计
animate~（美）有生命物质
antifrictional~ 耐磨材料
available~ 可用材料
backfilling of on-site excavated~ 就地挖出物的回填
base course~ 基层材料
bedding~ 垫层材料
blasting~ 炸药
blotting~ 吸油材料
borrow~ 借土土方
brittle~ 脆性材料
building~ 建筑材料
ceramic~ 陶瓷材料
coarse~ 粗料
cold-stored~ 冷藏材料
combustible~ 可燃材料，易燃材料

construction(al)~ 建筑材料
decorative~ 装饰材料
deleterious~ 有害材料
design of~ surfaces 材料外观设计
deslicking~ 防滑材料
drainable~ 排水性材料
economy of~ 节约用料
elastic~ 弹性材料
energy~ 能源材料
engineering~ 工程材料（学）；工程技术资料
excavated~ 挖出的材料
expendable~ 消耗性材料
facing~ 涂面料，护料
fast-drying~ 快干材料
fill~ 填料
filling~ 填（塞）料
final disposal of surplus~ 剩余物质的最终处理
fine graded~ 细级配材料（水泥与细集料的总称）
fine-sorted~ 细粒材料
fire-proof~ 耐火材料
first hand~ 第一手材料
foreign~ 外来材料；异物
free draining~ 自然排水材料
fresh~ 新（材）料
friable~ 脆性材料，易碎材料
frost-proof~ 防冻材料
graded~ 级配材料
grinding~ 磨料
hard~ 硬质材料
hazardous~ 有危害物质，危险物质
impervious~ 不透水性材料
inert~ 惰性材料，惰性物
inert construction~ 惰性建筑物材料，惰性结构材料
inflammability~ 易燃材料
joint~ 接缝材料
joint filling~ 填缝料
light sensitive~ 感光材料
lining~ 衬垫料；衬砌材料
local~ 当地材料，地方材料
lump~ 块料
maternal~ 母料
mulching~ 覆盖材料
non-traditional~ 非常用材料，非传统材料
off-site disposal of surplus~ 多余物质的场外处理
on-site~ 当地材料，就地取材
organic~ 有机材料
parent~ 原材料，母材
plant~ 草木材料，植物材料
plant-mixed~ 厂拌材料
production~ 成批生产的材料
proprietary~ 专卖材料，专利材料
raw~ 原（材）料
reclaimed~ 再生材料，回收材料
recovery of raw~ 原（材）料再生
recyclable~ 可修复木料
recycled~ 再生材料
reflector~ 反光材料
refractory~ 耐火材料
replacement~ 代用材料
reusable~ 可再用的材料，可重复使用的材料
reuse of recycled~ 再生材料的多次利用
road（building）~ 筑路材料
rock~ 岩石材料

rough~ 毛料
scrap~ 废料
screened~ 筛分材料
semifinished~ 半成品材料
shredded~ 碎片材料，微量材料
sieved~ 过筛材料
sound absorption~ 吸声材料
sound-deadening~ 吸声材料
sound insulation~ 隔声材料
spend~ 废料
spillage of~ 材料损耗
submission~（英）提交材料
substitute~ 代用材料
surfacing~ 铺面材料
transportation of soil~ 土料运输
typical~ 常用材料，典型材料
wash fine~ 漂洗细颗粒材料
waste~ 废料
weathered~ 风化材料

materialistic aesthetics 唯物主义美学

materialized labour 物化劳动

materials 材料
cost of~ 材料成本
delivery of~ 材料传送（运载）
hazardous~ 危险物质，有害物质
reapplication of used~ 用过材料的再利用

Maternity Plant/Devil's Backbone ***Kalanchoe daigremontiana Hamet et Perrier*** 宽叶落地生根

mathematic 数学的
~model 数学模型
~programming 数学规划

mathematical 数学的
~model 数学模型
~planning 数学规划
~programming 线性规划；数学程序编制；最优化理论
~programming approach 数学规划法
~simulation 数学模拟
~statistics 数学统计

mating 匹配的；相配，匹配，结婚
~territory 匹配范围

Matrimony Vine/Chinese Wolfberry ***Lycium chinensis*** 枸杞

matrix [复 **matrices**] 结合料；基质；母岩，基岩；填质 { 地 }；模型；母式，方阵，矩阵 { 数 }；原色
~on ecological intercompatibility 生态兼容结合料
~on intercompatibility 兼容模型
~type organization of project management 矩阵式项目管理组织
environmental compatibility~ 环境兼容模型

Matschies Tree Kangaroo ***Dendrolagus matschiei*** 麻氏树袋鼠

matsu 日本松

Mattae Wildginger ***Asarum geophillum*** 地花细辛 / 大瓦块 / 铺地细辛

mattamore 地下室，地下仓库

matte 无光的
~lacquer 无光漆
~paint 无光泽油漆，无光泽涂料

matted 缠结在一起的；表面无光的，不光洁的
~dwarf shrub carpet（美）地毯状交错矮灌木
~dwarf-shrub thicket（美）交错矮灌木丛

matter 物质，物体；材料；问题；事件
~import 物质进口（输入，引进）

diffused particulate~ 扩散的颗粒物质
particulate~ 微粒（颗粒）物质
suspended particulate~ 悬浮微粒(颗粒)物质
matting 覆盖物，覆盖
~，brush（美）灌木丛垫层覆盖，矮林覆盖
mattress 柴排；沉排，沉床褥（垫）
~，live brush（美）活灌木柴排
~pole stiffener 柴排的支杆，柴排加劲杆
reno~ 篮形柴排
willow~ 柳树柴排，柳木柴排
maturation [生]成熟阶段,成熟（过程）
~pond 熟化塘{排}
mature 成熟的；到期的，完全发达的；慎重的；使成熟；完成
~city 老城市；定型城市
~larva（grub）成熟的幼虫（蛴螬）
~soil 成熟土壤
~tree 成熟树木
Maudia Michelia *Michelia maudiae* *Dunn* 深山含笑
mausoleum 陵墓
Mausoleum of Dr. Allama Mohammed Iqbal 伊克巴尔陵墓
Mausoleum of Dr. Sun Yat-sen 中山陵
Mausoleum of Emperor Qin Shihuang and Terra-Cotta Warriors 秦始皇陵及兵马俑
Mausoleum of Genghis Khan 成吉思汗陵
Mausoleum of King Yu，Shaoxing 绍兴禹陵
Mausoleum of Madagascar's kings 马达加斯加王陵
Mausoleum of the First Emperor of Qin 秦始皇陵
Mausoleums of the Western Xia Kingdom（"the Pyramidas of China"）西夏王陵（"中国的金字塔"）
Mausoleum of the Yellow Emperor 黄帝陵
Mausoleum of Xixia dynasty 西夏王陵
maximum [复 **maxima**] 简写 **max** 极大（值）{数}，最大；最高（额）；最大的；最高的；最多的
~acceptable concentration 最大容许浓度
~admissible concentration 最大容许浓度
~allowable concentration 最大容许浓度
~allowable entrance velocity through well screens 允许过滤管进水流速
~allowable entrance velocity through well wall 允许井壁进入流速
~allowable level 最大容许水平，最大容许级
~（annual）hourly volume 年最大小时交通量
~annual hourly volume of traffic 年度最高小时交通量
~atmospheric concentration 大气污染最大平均浓度
~bulk（美）最大体积（容积）
~coefficient of heat transfer 最大传热系数
~computed flood 最大设计洪水
~consumption 最大耗用量
~continuous operating voltage 最大持续运行电压
~daily consumption 最高日耗量
~daily consumption of water 最高日用水量
~daily out put 最高日供水量
~daily temperature 最高日温
~demand 高峰需求（如电力、水量等），

最大需求量
~density 最大密（实）度
~depth of frozen ground 最大冻土深度
~depth of lake 湖泊最大深度
~discharge 最大流量
~discharge current Imax for class Ⅱ test 二级测试最大放电电流
~discharge per second 最大秒流量
~dry density 最大干密度
~dry unit weight 最大干密度
~dust content 最大含尘量
~error 最大误差（极限误差）
~flow 最大流量
~flood flow 最大洪水流量
~flood，probable 可能的最大洪水流量
~flow problem 最大流问题{数}
~grade 最大坡度
~gradient 最大坡度
~high-water 最高水位
~hourly consumption 最大小时用水量
~hourly demand 最大小时雨量
~intensity of downpour 最大降雨强度
~level 最高水平，最高水准，最高标高，最高层次
~likelihood method 极大似然法
~load 最大装载量，最大载重（量），最大荷载
~load current of feeding section 供电臂最大负荷电流
~load point 最大负荷（客运）点
~longitudinal grade 最大纵坡
~mining yield 最大开采产量
~molecular moisture content 最大分子吸水量
~observed precipitation 最大观测降水量
~occupancy 最多居住人数
~passengers in waiting room 旅客最高聚集人数
~permissible concentration 最大允许浓度
~permissible content 最大许可含量
~permissible velocity 最大容许速度
~point velocity 最大测点流速
~population 最大人口，最高人口
~population capacity 最高人口量
~possible flood 极限洪水，最大可能洪水
~possible precipitation 最大可能降水量
~precipitation 最大降水量
~probable flood 最大可能洪水
~probable rainfall 最大可能降雨量
~range of edm 电磁波测距最大测程
~rate 最大流速
~rate of flow 最大流量
~safe speed 最大安全车速
~seismic intensity 最大地震烈度
~settling rate 最大沉降率
~speed 最高车速
~stage；highest water level 最高水位
~steady state operating pressure 最高稳态操作压力
~stream flow 最大河流流量
~sum of hourly cooling load 逐时冷负荷综合最大值
~temperature 最高温度
~value 最高价格（购买力，交换力）；最大值（有用性，重要性，益处）
~velocity 最大速度
~velocity of flow 最大流速
~water consumption 最大用水量
~water level 最高水位

~wind velocity 最大风速
~yield 最大涌水量
May Apples ***Podophyllum pelttum*** 盾叶鬼臼（美国俄亥俄州苗圃）
Maya architecture 玛雅建筑（中美洲印第安人建筑）
mazarine 深蓝色
maze(labyrinth)迷路园，迷园，曲径园；迷阵，迷宫、迷篱；（事情等的）错综，复杂；困惑
Mazu Temple 妈祖庙
McMillan Commission 麦克米伦委员会
mead 草地
meadow 草原，草地；牧场
~district 牧业区
~flower 草地花卉
~gardening，wildflower（美）野花草地造园（学）
~in a forest，open 林区草地
~ladies-smock 布谷鸟剪秋罗（植物）
~land 草场
~marsh 苔草沼泽
~mown several times per year（美）每年草地几个刈草期
~soil 草甸土
~strip 草原带状地带
~valley 草原山谷（溪谷）
alpine~（美）高山草原
annual cut of a~（英）草地年刈草
damp~ 微湿草地
development of a~ 草地的开发
dry~ 干涸的草原
fertilized~ 施肥草地
floating~ 浮动牧场
fodder~ 秣草地
hay~ 待割草地
Litter~（英）杂草草地
moist soil~（英）湿土草地（草原）
natural~ 天燃牧场
once-a-year cut~（英）一年一次割草地牧场
once-a-year mown~（美）一年一次刈草草地
open orchard~（英）开阔的果园草地
riparian~（美）湖滨草地，河岸草地
rush~ 灯心草草地
salt~ 含盐草地
straw~（美）禾秆饲料种植地
subaqueous~ 半水生草地
water~（英）水草地
wet~ 湿草地
wildflower~ 野花草原
xerothermous~ 干热性草原
meadows 草地，牧场
~management，wildflower（英）野花牧场管理（经营）
cutting of~（英）草地割草
mowing of~（美）草地割草
seeding of~ 牧场草地播种
Meadowsweet ***Filipendula ulmaria*** 欧洲合欢子 / 草地女王
meadowy land 牧场草坪，牧草地
meager coal 贫煤，瘦煤
Mealy peach aphid ***Hyalopterus amygdali*** 桃粉蚜
Mealycut Sage ***Salvia farinacea*** **Benth.** 蓝花鼠尾草
mean 平均数；平均的；中等的，中间的；低卑的；意思是，意味着
~age 平均年龄

~age at child bearing 平均生育年龄
~age at death 平均死亡年龄
~age of the population（人口的）平均年龄
~annual discharge 年平均流量，年均排放量
~annual ground temperature 年平均地温
~annual precipitation 年平均降雨量
~annual range 平均年较差
~annual rate of increase 年平均增长率
~annual runoff 年平均径流
~annual temperature（humidity）年平均温（湿）度
~annual water level 年平均水位
~channel bed elevation profile 平均河底高程纵剖面
~daily temperature（humidity）日平均温（湿）度
~day flow（河流）平均日流量
~density 平均密度
~depth 平均深度
~depth at across-section 断面平均水深
~depth of lake 湖泊平均深度
~error 平均误差｛数｝
~folld level 多年平均洪水位
~height of partial highwaves 部分大波平均波高
~high tide 平均高潮
~high water level（简写 M.H.W.L.）平均高水（潮）位
~higher high water 平均较高高水位
~highest temperature 最高平均温度
~life 平均寿命
~low water level 平均低水位
~lower low water 平均较低低水位
~lowest temperature 最低平均温度
~monthly maximum temperature 月平均最高温度
~monthly temperature（humidity）月平均温（湿）度
~particle diameter 平均粒径
~population 平均人口（数）
~radius of curvature 平均曲率半径
~relative humidity 平均相对湿度
~sea level 平均海平面
~sea level datum 平均海水面基点
~settling velocity 平均沉速
~side length 平均边长
~solar day 平均太阳日
~speed 平均速度
~sphere level 地面平均高度
~stage；mean water level 平均水位
~temperature 平均温度
~temperature of insulation materials 绝热材料的平均温度
~thermal transmittance 平均传热系数
~time（简写 m.t.）平均时间｛天｝
~time between failures 平均无故障工作时间
~value（简写 m.v.）平均值，平均数
~-value theorem 均值定理
~variation 平均变化
~velocity 平均速度
~velocity at a segment 部分平均流速
~velocity at a vertical 垂线平均流速
~velocity at across-section 断面平均流速
~water level（简写 M.W.L.）平均水位，常水位
~wave height 平均波高

~wind speed 平均风速
~years 平均年龄
~yield 平均产量
meaning of landscape 风景园林意义
meander 曲路，曲径，羊肠小道，河曲；曲折；迷路；散步；曲折地流；散步，漫步，闲逛，徘徊，漫谈，闲聊
~belt 曲流河段
~line 折测线
~neck 曲路地段
by-passed~（英）绕过曲路
bypassed~（美）绕过曲路
cutting a~ 穿过曲径，截断曲路
meandering 曲路；羊肠小道；曲流曲折的；曲流的；散步的
~crack 曲折裂缝
~watercourse 曲折水道
means 工具；手段，方法，措施
~of communication 交通工具
~of livelihold 生活资料
~of subsistence 平均生活标准，生计
~of transportation 运输工具
Mearns Acacia/Black Wattle ***Acacia mearnsii*** 黑荆树
measure（测）量，量度；计量单位；度量工具；度量标准；大小，尺寸，尺度；方法，手段，措施；程度；范围；测度｛数｝；公约数；（测）量，量度，计量
~analysis 量测分析
~distance 测度距离
~of characteristics 特征度量
~of reliability 可靠性度量
alleviation~ 减轻程度
analysis by~ 量测分析
conservation~ 保护手段，保存尺寸
effective~ 有效措施
emergency~ 应急措施
environmental compensation~ 环境补偿（或赔偿）金措施
environmental protection~ 环保措施
half~ 折中办法
interim~ 暂定措施
mitigation~ 减轻手段（措施）
pace~（行走，跑步等的）步速量度，梯台尺寸，楼梯转弯的宽台尺寸
precautionary~ 预防措施
preliminary~ 初步措施
prevention~ 安全技术，保护措施
preventive~ 防护措施；预防措施
remedial~ 补救措施
safe~ 安全措施
safety~ 安全措施
stopgap~ 权宜措施，临时措施
transitional~ 过渡措施
measured 量过的，实测的；精确的，根据标准的；有分寸的，慎重的，仔细考虑的
~depth 测得水深
~geological map 测定地质图
~profile 实测纵断面
~surface area 测得地面面积
~value 测量值（实测值）
~water level 测得标准水平面
measurement 测量，量度，计量；尺寸；测量法
~contract 计量合同
~method of environmental pollution 环境污染测定法
~of completed project 全部竣工工程的

测量
~of completed work(s) 竣工工程测量
~of environmental pollution 环境污染测量
~of quantities 计量，量的测定，量方
~range 量程，测量范围
~science 计测学（研究测量理论与技术的物理科学）
agreed~of completed project 全部设计项目的已审核量度
agreed~of completed work(s) 竣工工程已审核的量度
interim agreed~of completed work(s) 竣工工程已审核的临时测量
real earthworks~ 实际土方工程测量（丈量）
stadia~ 测距测量
measurement(s) 测量，量度，计量；尺寸
measurer 量具，量器，测量仪器；（土地）丈量员
measures 测量仪器
~against noise，precautionary 防噪声的预防性测量仪器
~for conservation of historic monuments（and sites）（英）历史遗址（场所）保护测量仪器
conventional river engineering~ 常规河（道）工程测量仪器
land management~ 地面管理测量仪器，土地管理测量仪器
landscape planning~ 园林规划测量仪器
natural river engineering~ 天然河（道）工程测量仪器
precaution(ary)~ 预防性测量仪器
preventive~ 预防测量仪器
river engineering~ 河（道）工程测量仪器
water quality improvement~ 水质改良测量仪器
measuring 测量，测验，量测
~accuracy 测量精度，计量精度
~appliance 量具，仪表，测量用具
~by sight 目测
~cross-section 测验断面
~glass 量杯
~point sampling error 测点抽样误差（Ⅱ型误差）
~implement 量具，量测仪器
~instrument 量具，量测仪器
~machine 量测机具，量测仪器
~reach 测验河段
~reel 卷尺
~rule 量尺
~vertical sampling error 垂线抽样误差（Ⅲ型误差）
meat 肉；实质，内容
~market（美）肉类食品店
~-packing 肉类加工业〈包括屠宰、装罐、批发等〉
~packing plant 肉类加工厂
~processing waste water 肉类加工业废水
~products factory 肉类加工厂，肉类制品厂
Mecca（Saudi Arabia）麦加（沙特阿拉伯）
mechanic 机械工人，技工，机械师
mechanical 机械的，机械制的；机械学的，力学的；物理上的；无意识的
~air supply system 机械送风系统
~analogy of city 城市机械模型

~and hydraulic combined dust removal 联合除尘
~and stereoscopic garage 机械式立体汽车库
~change of population 人口机械变动
~digger 挖掘机
~draft cooling tower 机械通风冷却塔
~dust removal; mechanical cleaning off dust 机械除尘
~engineer（简写 M.E.）机械工程师
~engineering 机械工程（学）
~finishing 机械整修
~growth of population 人口机械增长
~growth rate of population 人口机械增长率
~increase 机械增长
~load 机械负荷
~migration 机械迁移
~migration of population 人口机械迁移
~pest control 机械虫害控制
~pick 机凿，机镐，凿碎机
~plant 机械厂
~properties laboratory 机械性能试验室
~properties of rock 岩石力学性质
~signal 机械信号机
~sowing 机械播种
~surface aeration 机械表面曝气
~surveiliance 机械监视
~system 力学体系
~transport 机动车交通，汽车交通
~ventilating system 机械通风系统
~ventilation forced ventilation 机械通风
~weathering 机械风化 [作用]

mechanician 机械师；机械工，技工，机械技术人员

mechanics 力学；机械学
~of granular media 散体力学
~of landslide 滑坡力学
~of management 管理机制
~of materials 材料力学
~of mixture 混合体力学
~of solids 固体力学
~soil 土力学

mechanism damage of flowering plant 花木机械伤害

mechanist 机械师，技工

mechanization 机械化

mechanized 机械化的
~hump 机械化驼峰
~parking garage 机械化停车库
~work-platform of maintenance 养路机械作业平台

Meconopsis *Meconopsis henrici* Bur. *et* Franch. 蓝花绿绒蒿（不丹国花）

medial 中央的；交会的；平均的
~divider 中央分隔带
~friction 交会阻力
~island 中央分隔岛
~strip 中央分隔带，中央分隔岛
~temperature 平均温度

median 中央分隔带，中间分车带；中位数，中值，中数
~age 年龄中位数
~age of the population（人口的）年龄中位数
~barrier 路中护栏
~design 路中分隔带设计
~end 分割带端点
~island 中央分车岛
~lane 分隔带车道

~particle diameter 中数粒径
~strip 中央分隔带
~strip planting 中央分隔带栽植
medianfruit coffee ***Coffea canephora*** 中果咖啡
medical 医疗的；药用的
~building 医疗卫生建筑
~center 医疗中心
~district 医疗区
~garden 药草园〈文艺复兴时期德国风格的一种花园〉，百草园
~geography 医学地理学
~plant 医疗器械厂
~medicinal plants garden 药用植物园
~station 医疗站
Medici Villa at Careggi 卡瑞吉的美第奇庄园（意大利）
medicinal 医药的，药用的
~herb 药草
~herb garden 药草园
~spring 医疗泉（指温泉）
Medicinal Changium ***Changium somyrnioides*** 明党参 / 山花根 / 山萝卜
Medicinal Evodia ***Evodia rutaecarpa*** 茶辣 / 吴茱萸
Medicinal Indian Mulberry ***Morinda officinalis*** 巴戟天
Medicinal Rhubarb ***Rheum officinale*** 药用大黄 / 中国大黄
medicine 药，内服药；医学；内科学，内科治疗；有功效的东西，良药
~environmental 环境医学
Medicine Dandelion ***Taraxacum oddicinale*** 药用蒲公英
medieval 中世纪的，仿中世纪的，老式的
~architecture 中古（时代）建筑
~garden 中世纪花园
~city 中古城市
~road pattern 中世纪道路模式
~town 中世纪城市
medieval art 中世纪美术：5 世纪至 15 世纪的西方艺术，包括拜占庭美术、爱尔兰－撒克逊和维金美术、奥托美术、加洛林美术、罗马式美术和哥特式美术。早期基督教美术有时也被归入中世纪美术
medieval painting 中世纪绘画
Medieval Paris（**Middle Ages**）巴黎（中世纪）
medieval style 中世纪风格
Medina Azahara（**Spain**）阿萨哈拉宫（西班牙）
meditation 沉思，冥想
~meditation abode 禅房
~room 禅堂
Mediterranean climate 地中海气候
Mediterranean Cypress/Italian Cypress ***Cupressus sempervirens*** **L.** 地中海柏木 / 意大利柏木
medium [复 **media**]（简写 **med.**）中间，中央；中间物；介质；媒体；装置{计}；传导体；中等的，普通的，中级的，中位的
~and long-term hydrologic forecasting 中长期水文预报
~and long-term planning of water supply and demand 水中长期供求水计划
~barrier 分隔栏
~bridge 中桥

~concrete 普通混凝土
~construction item 中型建设项目
~density district 中密度居住区
~economy 中观经济
~grabel 中等砂砾（砾石）
~hard steel 中硬钢
~（heavy）traffic 中等（密度）交通
~intensity recreation area 中使用程度游憩地
~level mire 中位沼泽（中营养沼泽）
~maintenance 中修
~-rise building 中层楼宇
~root 中等根
~sand 中（粒）砂
~silt 普通泥沙（淤泥）
~-sized city 中等城市
~-term forecast 中期预测
~-term goal 中期目标
~type gas station 中型煤气站
~-urban 中等城市
~view 中景
growing~ 适于植物生长的泥土
Medlar/Common Medlar ***Mespilus germanica*** 欧楂（英国萨里郡苗圃）
meeting 会合，集会；（交通及河川等的）合流点，交汇点
~finished grade（美）中等竣工坡度
~minutes 会议纪要
~point（道路或车流）交汇点
~room 会议室
megacith masonry 巨石砌体，大块石砌体
megacity（人口超过 100 万的）大城市
megalopolis 城市集群
megalopolitan 特大城市居民；特大城市的
~elephantiasis 特大城市象皮病（肿大病
~region 城市连绵区
megapark 特大公园
megaron（古希腊建筑的）中央大厅
megastructure 设想中高 300 层，宽 1~
英里的特级大厦，复合体建筑
megatemperature 高温
megathermal period 高温期
Mei Flower/Plum Tree/Japanese apricot ***Prunus mume*** 梅花
Meiji Shrine（**Japan**）明治神宫（日本
Meiji 明治（日本明治天皇睦仁）
Meiji Restoration 明治维新
Meili Snow Mountain of the Protected o
Three Parallel Rivers 三江并流景区梅里雪山
Meiyu/Plum Rain 梅雨
Meiwa Kumguat ***Fortunella crassifolia*** **Swingle** 金柑
Melilot ***Melilotus officinalis*** 黄香草木樨 /
黄香苜蓿
mellow 柔软的，松散的
~soil 松透性土
Melon leafminer/Vegetable leafminer ***Liriomyza sativae*** 美洲斑潜蝇 / 蛇形斑潜蝇 / 甘蓝斑潜蝇 / 蔬菜斑潜蝇
Melon seed（**of pumpkin**）白瓜子
Melon seed（**of water melon**）瓜子
Melon Tree ***Carica papaya*** 番木瓜（树）
melted soil 融土
melting pot（美）大熔炉
member 构件；机件；杆件；成员；会员；肢体；层组，段 { 地 }
memoir 研究报告，论文；[复]学会志，

学会纪要

memorandum（简写 memo.）备忘录；摘要，便笺

~of association 公司、协会等章程

memorial 纪念物；纪念馆；纪念的

~arch 纪念（性）拱门

memorial archway 牌楼

~building 纪念建筑

Memorial Column for the Great Fire 大火纪念碑

~forest 纪念林

~hall 纪念馆，纪念堂

Memorial Hall of Dr.Sun Yat–sen（China）中山纪念堂（中国）

~monument 纪念碑

~park 纪念公园，陵园

~plaque 公墓陵园

~stone 纪念碑

~tablet 纪念碑

~tree 纪念树

Memorial Temple of Qu Yuan 屈原祠

Memorial to the Liberation 解放碑

Memorial Rose *Rosa wichuraiana* 光叶蔷薇

Mencius 孟子（孟轲）

Mencius Masion in Zoucheng City（Jining，China）邹城孟府（中国济宁市）

Meng Zhaozhen 孟兆祯，中国工程院院士，中国风景园林学会终身成就奖获得者，风景园林专家、教育家

Mengdong River，Yongshun County（Yongshun， China）永顺县猛洞河（中国永顺县）

Menglun Pterospermum（拟）***Pterospermium menglunense*** 勐仑翅子树

mental 精神的；心理的；脑力的

~health hospital 精神病院

~hospital 精神病院

~labour 脑力劳动

~map 意境地图

***Mentha haplocalyx* Briq.（Japanese Mint）**薄荷

mentor［希神］门特（良师益友），贤明的顾问，导师，指导者

menu 菜单，饭菜；项目单，选择单；菜单命令文件｛计｝

Menura *Menura alberti* 艾伯氏琴鸟（澳大利亚国鸟）

Menura *Menura novaehollandiae* 华丽琴鸟（澳大利亚国鸟）

mercantile 商业的

~building 商业大楼

~occupancy 商业用户，商务占用

~pursuit 商业

merchandise 商品

~car 货车

~mart 商品批发中心

mercuric compound 汞化合物

mercury pollution 汞污染

mercy/compassion 慈悲

Mercy Nunnery（Beijing，China）慈悲庵（中国北京市）

merging 汇流，交织

~conflict 交织冲突点

~control 交汇控制

~design 交汇设计

~end（交通）汇流点，汇合点，交汇点

~intersection 汇合交叉口

~lane 合流车道

~road 交汇道路

~traffic 合流交通

meridian 子午线

Meridian Gate（Beijing，China）午门（北京故宫）

Merlin/ pigeon hawk ***Falco columbarius*** 灰背隼 / 朵子

merlons 城垛齿（城墙垛突出部分）

Merritt Island Wildlife Refuge（America）梅里特岛野生动物保护区（美国）

Merris Persimmon ***Diospyros morrisiana*** 罗浮柿

merry-go-round（儿童游乐园的）旋转木马

Meru National Park（Kenya）梅鲁国家公园（肯尼亚）

mesa 台地；峻峭高原；栎木；方山

mesh 网络，网状结构

~pot 网孔盆

mesmerize 施催眠术，吸引住（某人）

meso 中间，中位

meso-American architecture 中美洲建筑

meso and micro-scale weather system 中小尺度天气系统

Mesolithic period 中石器时期

mesophyte 中生植物

mesopic vision 中间视觉

Mesopp tamoan architecture 美索不达米亚式建筑

mesoscale 中等规模

mesosilexite 中英石岩

mesotrophic mire 中营养沼泽

mesozoic era 中生代

mess hall 食堂，餐馆

messmate 桉木

messuage 住宅及基地

Mesa Verde National Park 梅萨维德国家公园（美国）

Mesua [common]sri Lankan ironwood Indian rose chestnut ***Mesua ferrea*** 铁力木（铁梨木）

metabolism 新陈代谢主义；新陈代谢

metal 金属，金属元素；铺路碎石；用金属包镀；用碎石铺路

~adhesive 金属粘结剂

~conduit 金属导管

~plating waste water 电镀工业废水

~radiant panel 金属辐射板

~radiant panel heating 金属辐射板采暖

~road 碎石路（面）

~structures plant 金属结构厂

metallic 金属的

~dust 金属粉尘

~plastic composite water barrier 金属塑料复合阻水层

~sculpture 金属雕塑

Metallic wood-boring beetles 吉丁甲类 [植物害虫]

metallurgical industry 冶金工业

metallurgy 冶金

metals 金属材料

metamorphic rock 变质岩

metamorphose 变形，变质，使变成

metamorphosis 变形

metaphor 隐喻，象征

metaphorical 隐喻性的，比喻性的

metaphysical 形而上学的，纯粹哲学的，超自然的

metaphysics 玄学

Metaplexis aphid ***Aphis asclepiadis*** 萝藦蚜

metascope 红外线显示器

Metasequoia 水杉

Metasequoia/Dawn Redwood ***Metasequoia glyptostroboides*** 水杉

Metekhski Zamok（**Georgia**）密杰赫城堡（格鲁吉亚）

meteor 气象

meteoric 流星的

~shower 陨石雨，流星雨

~trail communication 流星余迹通信

~water 降水（雨，雪等），雨水，大气水

meteorite 陨石

meteorogram 气象图

meteorologic 气象（学）的

~drought 气象干旱

~dynamics 气象动力学

~satellite 气象卫星

~tide 气象潮汐

meteorological 气象（学）的

~analysis 气象分析

~broadcast 气象广播

~condition 气象条件

~correction 气象改正

~department 气象部门

~disaster 气象灾害

~diversity scenery 气象多样性景观

~element 气象要素

~factor 气象因素

~model 气象模型

~observation 气象观测，气象台

~observatory 气象台

~parameter 气象参数

~phenomena 气象现象

~report 气象报告

~station 气象站

~visibility 气象能见度

~water 大气水

meteorology 气象，气象学

meteosat 气象卫星

meter（符号 **m.**）米，公尺；表，量表；韵律；（用计算仪具）计量，量度

moisture~ 湿度仪

ride~ 测震仪（测量路面行驶质量的仪器）

slope~ 坡度计

vibration~ 震动计，测震仪

water~ 水表，水量计，量水器

metering 测量，计量，测完；记录，统计，计数；限油，限流

metes and bounds 土地边界（线）

methane 沼气

method 方法，方式

~for consolidation of metropolitan area 大城市圈整顿方式，大都会区区划整理法

~for measurement of noise level 噪声级测量法

~of cross-section survey 断面法

~of deflection angles 偏角法

~of design 设计方法论

~of direction observation 方向观测法

~of distance measurement by phase 相位法测距

~of geographic comparison 地理比较法

~of implementation 实施方法

~of information design 动态设计法

~of least squares 最小二乘法

~of lowering the center of gravity of rocks 上轻下重法（假山技艺）
~of making the front part of rock lighter than the back part 前轻后重法（假山技艺）
~of making the rock equational and balanced 等分平衡法
~of small angle measurement；minor angle method 小角法
~of statistical analysis 统计分析方法
~of statistical survey 统计调查方法
~of synthesis 综合法
~of tension wire alignment 引张线法
~of topographic survey 地形法
~of transit projection 经纬仪投点法
~of weighted mean 加权平均法
~of weighting 加权法
acceptable construction~ 合格施工方法
assembling line~ 流水作业法
classic design~ 古典设计法
classification~ 分类法
construction~ 施工方法
flow~ 流水作业法
grid~ 格网法
mine tunnelling~ 矿山法
mining~ 矿山法
natural freezing~ 天然冻结法
open surface~ 明挖法
optimum seeking~ 优选法
paper~ 纸上作业法，室内作业法
predicted~ 预测法
seismic(al)~（探矿用）地震探测法
seismic(al)geophysical~ 地震物探法
simulation~ 模拟方法
streamlined~ 流水作业法
traditional~ 传统方法，惯用方法
tree retard~ 树木挂淤法（控制河漕时用）

methodology 方法学，方法论；研究法

metric(al) 量测的；公制的；米制
~camera 量测摄影机
~gauge 米制尺度，米制规（公制）
~scale 米尺度
~system 公制，米制

metro 地下铁道，大都市快速客运系统；大都市地方政府；大都市的
~area 大都市区
~car 地下铁道车辆
~station 地铁车站
Metro Toronto Zoo（Canada）蒙特罗多伦多动物园（加拿大）

metroliner 城市间高速列车

metrology room 计量室

metropolis 首都；大城市，大都会；都市母城，文化商业中心；（英）伦敦

metropolitan 大都市的，大城市的
~area 大都会地区，大城市圈，大城市范围圈，大城市地区
~area planning 大城市范围圈规划
~area population 大城市区人口
~benefits 大城市的好处
~center 大都会中心
~community 大都会社区
~district 大城市（中心）区，大都会区，首都行政区
~economy 大都市经济
~freeway 大都市的高速道路
~function 大都会机能
~galaxy 大都市银河，大都市群
~government 都会政府

Metropolitan Museum of Art（美）大都会艺术博物馆（美国纽约）
~open space 都市开放空间
~park 大都市公园
~park system 都市公园系统
~planning 特大城市规划，大都市区规划
~problems 大都市问题
~railway 市内铁路，市内地下铁路，城市铁路
~region 大都会地区，大都市地区，大城市圈
~regional plan 都会区域规划
~sphere 大都市范围圈
~statistical area（MSA）大都市统计区
~ bus 都市型公共汽车
metro's noise 地下铁道噪声
Mexican Ageratum/Floss flower *Ageratum houstonianum* 熊耳草 / 紫花藿香蓟 / 鳄耳草
Mexican architecture 墨西哥建筑
Mexican Blue Palm /Blue Hesper Palm *Brahea armata* 长穗棕（英国萨里郡苗圃）
Mexican Feather Grass *Stipa tenuissima* Trinius. 细茎针茅（英国斯塔福德郡苗圃）
Mexican Feather Grass *Nassella tenuissima* 墨西哥羽毛草 / 墨西哥羽毛草（美国田纳西州苗圃）
Mexican Fern Palm *Dioon edule* Lindl. 食用双子铁
Mexican Fire Plant/Painted Euphorbia *Euphorbia heterophylla* 猩猩草 / 草本象牙红
Mexican Firebush/Cypress *Kochia scoparia* 地肤 / 扫帚菜
Mexican Lobelia/Cardinal Flower *Lobelia fulgens* 红山梗菜
Mexican Marigold/African Marigold *Tagetes erecta* 万寿菊
Mexican Prickle Poppy *Argemone mexicana* 蓟罂粟
Mexican Shell Flower/Tiger Flower *Tigridia pavonia* 虎皮花（虎皮百合）
Mexico City（colonial period）墨西哥城（殖民时期）
Meyer Clematis *Clematis meyeniana* 毛柱铁线莲
Meyer Lilac *Syringa meyeri* Schneid. 蓝丁香（南丁香，细管丁香）
Meyr Juniper *Sabina squamata* var. *meyri* Rehd. 翠蓝柏
Meyer single-seed Juniper *Sabina squamata* cv. Meyeri 粉柏 / 翠柏
Meyer Spruce *Picea meyeri* 白扦
mezzanine 夹层
mi-lan tree *Aglaia odorata* 米兰
mia-mia [澳洲] 临时棚屋
Miami Beach 迈阿密海滩（美国）
mica 云母
micacite 云母片岩
Michelangelo Buonarroti 米开朗琪罗（1475—1564）
Michelia *Michelia figo*（Lour.）Spreng. 含笑
Micholitz Cycas *Cycas micholitzii* 叉叶苏铁
micro 微米；微的，显微的；微观的
~-analysis 微观分析

~biological control 菌藻处理
~climate 小气候
~-climate 微小气候，当地气候，小气候
~crack 微裂纹
~-fabric 微观组织
~-region 小型区域
~-regional planning 小区规划
~station 地铁车站
~structural analysis 微观结构分析
~structure 微观结构
microanalysis 微观分析
microbe 微生物，细菌
microbial 微生物的
microbicide 杀微生物剂，杀菌剂
microbiological pollution 微生物污染
microbiology 微生物学
microbiotic 抗生（物）素
microbus 微型公共汽车
microclimate 小气候，微气候
microclimatic heat island 小气候热岛
microclimatology 地方气候；微气候学
microcline 微斜长石
microcosmic urban economics 微观城市经济学
microdot 缩微照片
microeconomic 微观经济的
~analysis 微观经济分析
~theory 微观经济理论
microenvironment 小环境
microfiche 缩微胶卷
microfile 缩微档案
microfilm reading room 微缩图书阅览室
micrography 显微摄影
microimage 缩微图像
microlandscape 小景观，微景观
micrometeorology 微气象学
micromorphology（土壤的）微型结构；微观形态学
microorganism 微生物
microperforated absorber 微穿孔吸声结构
micropolitan 微型城市
microprint 缩微印刷品
microscopic 显微的，微观的；显微镜的；细微的
~efficiency analysis 微观经济效益
~plant 微生植物
microsoft 微软 { 计 }
microtherm 低温
microtopography 小地形
microwave 微波
~communication 微波通信
~distance measurement 微波测距
~remote sensing 微波遥感
~shield door 微波屏蔽门
~soil hygrometer 微波土壤湿度计
~transmission tower 微波塔
mid 中部的，中间的，中央的
~-air block 内敞街区（中间留有公共绿地）
~feed system 中分式系统
~-frequency noise 中频噪声
Mid-Heaven Gate（Tai Mountain，China）中天门（泰山，中国）
~-rise building 中层建筑
~-rise mult-storey housing 多层住宅
~-water 中层水
~year population 年中人口
~-year population size 年中人口总数

idair 中间的；悬空的
~block 中间留有公共绿地的街区
idair Temple 悬空寺
idblock 中间街区
idday Flower/Livingstone Daisy ***esembryanthemum spectabile*** **N，E，Br.** 龙须海棠 / 松叶菊 / 美丽日中花
idden（英）粪堆，垃圾堆
iddle 中央，中部，中间；中央的，中部的，中间的；中等的
~ages 中世纪
~-aged 中年人（一般指 35~55 岁）
~-aged people 中年人
~ages 中世纪
iddle Capital of Jin 金中都
iddle Capital of Liao 辽中京
~city 中等城市
~class 中层社会
~density district 中密度居住区
~-floor 中间层
~-guide folding door 中悬折叠门
Middle Hall 中殿
~lane 中间车道
"Middle Part" of a Single Building-Torso 单体建筑的"中分"屋身
~rail 中冒头
~school 中学
~work 中作业
middle trunk 中干（树体结构）
middletown 中等城市
Midget Crab-apple/Smallfruit Crab-apple ***Malus micromalus*** 西府海棠 / 重瓣粉海棠 / 小果海棠
Midhill Pavilion（**Hengyang，China**）半山亭（中国衡阳市）
Midland Hawthorn ***Crataegus laevigata*** **'Rosea Flore Pleno'** 玫红重瓣钝裂叶山楂（英国斯塔福德郡苗圃）
Midland Hawthorn ***Crataegus*** × ***media*** **'Paul's Scarlet'** '保罗红' 钝裂叶山楂（英国斯塔福德郡苗圃）
midnight 正子，子夜
~noise 深夜噪声
midpoint crossing（道路）区间交叉口
midst 中间，正中
midstream 中泓，中游
~float 中泓浮标
~float coefficient 中泓浮标系数
~velocity 中泓流速
midsummer 仲夏
midtown（城市的）商业区与住宅区之间的地区
Mies van der Rohe 密斯·凡·德·罗，美国建筑师
Migao Cinnamon ***Cinnamomum migao*** 米槁 / 麻告 / 大果樟
mighty ***n.*** 有势力的人；有势力的，强大的；***adv.*** 很，极，非常
Mignonette ***Reseda odorata*** 木犀草 / 草木犀
migrant 迁移人口，移居者，候鸟
~labour 移民劳工，外籍工人
migrate 迁移，移居
migration 移民，人口迁移，人口移动，人口流动
~agent 迁移媒介
~and immigration of urban population 城市人口流动
~defining area 迁移规定地区
~defining interval 迁移规定间隔

~effectiveness index 迁移有效指数
~from rural areas 农村人口迁移，来自农村的人口迁移
~from the countryside 农村人口迁移，来自农村的人口迁移
~increase（人口）迁移增加
~map 人口移动图
~movement 迁移变化
~of population 人口迁移
~preference index 迁移偏好指数
~probability by order of move 按移动次序分组的迁移概率
~propensity rate 迁移倾向率
~rate 迁移率，迁移比率
~statistics 迁移统计

migratory 迁移的
~flows 迁移流动
~population 迁移的人口

Mihály Möcsényi 米哈利·莫科斯伊匈牙利风景园林师，IFLA 杰里科爵士奖获得者

mihrab 圣龛

Miiuy Croaker/Chinese drum（***Miichthys miiuy***）鮸鱼 / 敏鱼

Mikumi National Park（**Tanzania**）米库米国家公园（坦桑尼亚）

Miky Rhododendron ***Rhododendron lacteum*** 乳黄杜鹃 / 乳白杜鹃花

mild 温和的；轻度的
~climate 温和的气候
~concentration 轻度污染

mildew 霉，霉菌；（使）发霉

mile 英里（=1.6093 公里）
~-post 距离标，里程标
~-post stone 里程碑

mileage 里程
~post 里程碑
~stone 里程碑

mileometer 里程计，路码表

milien（法）环境，社会环境

militancy 剪胀性

military 军事的，军用的，军队的
~aircraft noise 军用飞机噪声
~architecture 军事建筑
~engineering 军事工程
~geography 军事地理
~horse barn 役马场，军马场
Military Museum of the Chinese People' Revolution（Beijing，China）中国人民革命军事博物馆（中国北京市）
~port；naval harbo(u)r 军港
~reservation 军用地
~road 军用道路
~terminal 军港，军用终点站
~use 军事用途

Military macaw（***Ara militaris***）军用鹦鹉

milk 乳
~kitchen 配乳室
~of lime 石灰乳
~products plant 乳品加工厂

Milk Bush/Pencil Tree/Malabartree euphoria ***Euphorbia tirucalli*** 光棍树 / 绿玉树

Milk Thistle ***Silybum marianum*** 大蓟 / 赐福蓟草

Milkfish ***Miichthys miiuy*** 遮目鱼 / 虱目鱼

milkhouse 牛乳处理间

milking parlour 挤乳间

ilkvetch ***Astragalus membranaceus*** 黄芪／棉芪／东北黄芪
ilkwhite Euphorbia ***Euphorbia lactea*** 龟纹箭
ilkwhite Everlasting ***Anaphalis lactea*** 乳白香青／大矛香艾
ilky Bellflower ***Campanula lactiflora Loddon Anna*** 阔叶风铃草'罗登安娜'（英国斯塔福德郡苗圃）
ill 厂房，制造厂，磨坊，面粉厂，工厂
ill building 厂房
illenium 一千年，千年期
iller house 米勒庄园（1955）
illes garden（**Sweden**）米勒斯公园（瑞典）
illet 黍，稷，小米
illet Adinandra ***Adinandra millettii*** 毛药红淡／黄瑞木
illettia reticulata Benth.（**Leatherleaf Millettia**）鸡血藤
iletus（**Turkey**）米利都（土耳其古城）
illibar 毫巴
illing 磨粉，选矿
illion car miles 百万车英里
illionaire city 百万人口城市
illionth-scale map 百万分之一地图
illwork plant 加工厂
ilton Keynes（**Britain**）米尔顿·凯恩斯（英国园林城市）
ilutin's plan for Stalingrad（米留廷）斯大林格勒（现称伏尔加格勒）规划
imbar 讲坛
imosa Tree/Pink Siris/Silktree silktree albizzia ***Albizzia julibrissin*** 合欢
Min Fir/Purplecone Fir ***Abies recurvata*** 紫果冷杉
Minamata 水俣病
Minamata disease 水俣病
Minami Alps National Park（**Japan**）南阿尔卑斯国立公园（日本）
minar 印度纪念塔；灯塔，望塔
Minar-e-Pakistan（**Kampuchea**）独立纪念塔（柬埔寨）
minaret 回教尖塔（伊斯兰教清真寺尖塔，近顶周围处有走廊），宣礼塔，光塔，邦克楼
mine 矿山，矿场，矿井；矿坑；资源；地雷；开矿；挖坑，开坑道
~age 矿山寿命
~capacity 矿井生产能力，矿山储量
~drainage 矿井排水
~machine plant 矿山机械厂
~refuse 矿渣
~run coal 原煤
~site 矿区
~tailing 尾矿
~waste 矿山废物
~wastewater 矿山废水
~water 矿坑水
~workings 矿山工作区
mined-out area 采空区
miner bridge 小桥
mineral 矿物，矿质，矿石，矿泉水
~aggregate 矿料
~content 矿化度
~deposit 矿床
~industry 采掘工业
~matter 矿物质
~pollution 矿物污染

~powder 矿粉
~resource 矿产资源，矿藏
~spring 矿泉
~water 矿泉水
~wool 矿棉

mines and other enterprises 工矿企业

Ming（Ming dynasty，China）明代，明朝（中国）
Ming dwelling，Huizhou（China）徽州明代住宅（中国）
Ming dwelling，Xiangfen（China）襄汾明代住宅（中国）
Ming-Qing Gongyi Meishuguan（Ming and Qing Dynasties Arts and Crafts Exhibition Hall）（Beijing，China）明清工艺美术馆（中国北京市）
Ming Se Lou（Storied Building of Brightness and Rustling）明瑟楼
"Ming Tang"（Ritual Hall）明堂
Ming Tombs（Chang Ling，Ding Ling and the Sacred Way，Beijing，China）十三陵（中国北京的定陵、长陵、神路）
Ming Tombs Reservoir（Beijing，China）十三陵水库（中国北京市）
ming tree 盆景树
Ming Xianling Tomb（Zhongxiang，China）明显陵（中国钟祥市）
Ming Xiaoling Mausoleum（Nanjing，China）明孝陵（中国南京市）

mini 微型汽车；同类中的极小者
~-area 小区
~pile 微型桩
~-roundabout 微型环岛，微型环交
~-soccer pitch 小型足球场

mini bonsai 微型盆景

miniature 小型的，微小的
~garden 雏型园，小型花园
~gardening 盆景
~landscape 盆景，微缩景观
Miniature Palace 玩偶宫，微缩宫
~scenery 微缩景观

Miniature Date Palm/Pygmy Date Palm ***Phoenix roebelenii*** 美丽针葵，软叶刺葵

miniaturized feature 缩景

miniaturized landscape 缩景

minibus 微型公共汽车，面包车小巴

minicab 微型出租汽车

minimal art 极简艺术〈尤指简单几何形状构成的雕塑〉，最少派艺术 -20 世纪 50 年代以美国为中心的美术流派最少派艺术源于抽象表现主义，属于抽象表现主义的直接后裔。

minimalism 极简主义，最简化的抽象派艺术（1968—1974），最低限度艺术。

minimalist 最少主义者，极简派艺术家

minimalist garden 极简园林

minimum [复 **minima**]（简写 **min**）最小，最低；最小值，最少量；最小限度，最少限度；极小{数}；最小的，最低的，最少的
~annual flood 最小年洪水量
~consumption 最低用水量
~fill height of sub grade 路基最小填筑高度
~flow 最小径流，最小流量
~fresh air requirement 最小新风量
~grade 最小纵坡，最小坡
~habitable room size 最小的可住房间

大小
~height of fill（路基）最小填土高度
~house size requirement 最小住房尺寸要求
~housing code 最低住房标准法规
~housing standard 最低住房标准
~landscape open space 最少的绿地
~lateral clearance 最小侧向净距
~longitudinal gradient 最小纵坡
~lot 最小限额地段（最小限额的一块地）
~network 容许最稀站网
~non-passing sight distance 安全停车视距，最小停车视距
~operation time 最少运转时间
~-roundabout 微型环岛，微型环交
~passing sight distance 最小超车视距，安全越车视距
~path 最短路程，最短路径
~path tree 最短路径树
~path ving 最短路径蔓
~pedestrian volume 最小行人交通量
~pool level 最低库水位
~population 最低人口，最小人口
~radius of curve 最小曲线半径
~radius of horizontal curve 最小平曲线半径
~resistance of heat transfer 最小传热阻
~runoff 最小径流
~safe altitude 最低安全高度
~sector altitude 最低分区高度
~service head 最小服务水头
~standard of living 最低生活标准
~standards of occupancy 最低居住标准
~stage；lowest water level 最低水位
~sunlighting spacing 最小日照间距
~temperature 最低温度
~thermal resistance 最小热阻
~time path tree 最短时间路径树，捷径树（法）(用于交通分配)
~traffic volume 最小交通流量
~turning radius 汽车最小转弯半径
~value 最小值，极小值
~value of daylight factor 采光系数最低值
~vehicular volume 最小车辆流量
~velocity 最小速度
~wage 最低工资
~water consumption 最小用水量
~water level 最低水位

mining 开矿，开采，采矿；采矿的；矿用的
~activity 采掘作业
~area 开采区，采矿区，矿区
~city 矿山城市，矿业城市
~damage 开采损坏
~engineering 采矿工程
~industrial city 矿业城市
~industry 采矿工业，矿业
~institute 矿业学院
~settlement 矿业聚落
~subsidence can 采空凹陷坑
~town 矿业城市
~waste 采矿废水

minipark 小游园，迷你公园，微型公园

ministry 政府的各部；内阁
Ministry of Town and Country Planning（英）城乡规划部

minisurvey 小规模调查

mini-tiller 微耕机

Minoan architecture（Greece）米诺建筑（希腊）

minor 小分类，子式{计}；形]（较）小的，较少的；次要的

~access road 次级道路

~axis of building square grids 建筑方格网短轴线

~betterment 局部改善，次要改进

~distributor roads 小的集散道路

~enterprises 中小企业

~highway 次级公路

~loop（道路）小回路

~place of outdoor assmbly 小型室外集会场所

~places of assembly 小型集会场所

~residential layout 小住宅区布置

~road 次要道路，次级道路，次干道

~street 次要道路，小街

~street traffic volume 次要道路车流量

~structure（城市）辅助结构

~subdivision 小区(街面小于 250 英尺)

~variance 局部性调整，规划调整

minority 少数民族

~areas 少数民族地区

Minos Palace（**Sri Lanka**）米诺斯王宫（斯里兰卡）

minster 修道院礼拜堂，大教堂

minsteryard 教堂寺院

Mint（*Mentha arvensis*）薄荷

Mint Bush *Elsholtzia stauntonii* **Benth.** 木本香薷 / 华北香薷

Mints/Erba Santa Maria *Mentha species* 绿薄荷

Minute Gonocormus *Gonocormus minutus/G. saxifragoides* 团扇蕨

Minwan Eightangle *Illicium minwanen* 闽皖八角

Miocene 中新世

Miquel Linden *Tilia miqueliana* **Maxim** 南京椴 / 菩提椴

mirabelle（**transparent gage**），**plum** 黄李子（透明的李子），李属植物

Mirabilis/Marvel of Peru/Four o'clock *Mirabilis jalapa* 草茉莉 / 紫茉莉 / 胭脂花 / 夕照花

mirage 蜃景，幻景，海市蜃楼

Mirbell Starcactus *Astrophytum ornatum* 金刺般若

mire 泥沼，泥潭，泥地

~area rate 沼泽率

~ecosystem 沼泽生态系统

~evaporation 沼泽蒸发

~formation process 沼泽形成过程

~hydrology/peat~hydrology 沼泽水文

~plant 沼泽植物

~ratio 沼泽率

~runoff 沼泽径流

~science 沼泽

~water 沼泽水

Mirisavati Dagaba（**Sri Lanka**）摩利沙伐帝佛塔（斯里兰卡）

mirror 镜；反射镜，反光镜；平滑表面；反映，反射

~Mirror Bridge 镜桥

~pool 倒影池，镜池

Miscanthus Gracillimus Maiden Grass *Miscanthus sinensis* **'Gracillimus'** 细叶芒（美国田纳西州苗圃）

Miscanthus sinensis Strictus Grass *Miscanthus sinensis 'Strictus'* 斑叶芒（美

国田纳西州苗圃）

iscellaneous 其他项目

Iiscellaneous Type 杂式

ise-en-scene（法）社会环境，自然环境

Iission architecture 教会建筑（西班牙天主教的建筑）

Iission 66 66 计划，美国二战后国家公园普遍处于荒废失修状态，1956 年康拉德・沃斯提出了 10 年国家公园恢复计划（10-year national park renewal）

iist 轻雾，雾，霭；下雾

~sprinkler 喷雾喷灌器

Iistletoe *Viscum album* 白果槲寄生 / 德落伊之草

iisty 有薄雾的

nisuse land 使用不当的土地

Iite Citrus *Citrus madurensis Lour.* 四季橘 / 唐金柑

nites 螨类 [植物害虫]

nitigate 减轻

nitigation of hazard 减灾

Iitsuba/Japanese Hornwort *Cryptotasnia japonica* 三叶芹 / 鸭儿芹

nix 混合料，混合物；新浇混凝土，未结硬的混凝土；配合比；拌和，混合；拌制

~system 混合式系统

mixed 混合的

~adhesive 混合粘结剂

~airflow 混合流

~and joint development 综合使用开发

~bed 集栽花坛

~border 混合花镜

~cement 混合水泥

~composition 混合式构图

~construction 混合建筑

~development 混合开发

~economy 混合经济

~farming 农业的混合经营

~forest 混交林

~-in-place construction of road 就地搅拌筑路

~light sources 混光光源

~lighting 混合照明

~liquor 混合液

~macadam 混合碎石路

~material 混合材料

~passenger and freight station 客货运站

~rubbish 混合垃圾

~shop 小杂货店

~structure 混合结构

~style gardens 混合式园林

~style road system 混合式道路系统

~tide 混合潮

~traffic 水陆联运，混合交通

~type highway（各类交通）混合行驶的公路

~use area 综合区

~-use building 多用途房屋

~use center 多功能中心

~-use development（MXD）多用途建筑

~-use district 综合区

~-use zone 多用途区

~-use zoning 多用途区划

~user building 混合用途楼宇

~wave 混合浪

~wood（或 forest）混交林

~woodland 混交林地

~zone 混合区，综合区

mixed bud 混合芽

mixing 混合，拌合
~box section 混合段
~deep method 深层搅拌法
~length 混匀长度
~method 拌和法
mixture 混合料
~bedding 混合坛植
Mlilwane Wildlife sanctuary（**Switzerland**）姆利尔瓦纳野生动物禁猎区（瑞士）
moat 水沟，壕沟，护城河，城壕；挖壕围绕
mob psychology（城市防灾）结群心理
mobile 动态雕塑；可动装置；汽车（美）；发动机；可动的，机动的
~dune，wandering dune 流动沙丘
~equilibrium 动态平衡
~fire communication and command center 移动消防通信指挥中心
~fumigation chamber for fumigating nursery saplings，vine layers，seeds，and empty sacks with hydrocyanic（prussic）acid 用氢氰酸熏蒸苗床树苗，藤压条，种子和倒空袋的移动熏蒸器
~home 活动房屋，拖车式住宅
~home community 活动住房社区
~home court 活动住宅泊地
~home development 活动住房建设
~home dwelling 活动住宅，活动住所
~home lot 活动住宅泊地
~home pad 活动住宅（驻）泊地
~home space 旅游居住车所需面积
~home stand 活动住房场地
~house 活动房屋
~housing development 活动住房开发区
~labour 流动劳动力
~monitoring 流动监测
~of high 移动式高倍数、中倍数泡沫灭火系统
~pollution source 移动污染源
~population 流动人口
~residence 移动（汽车拖带）住房
~mobile residence park 移动（汽车拖带）住房停车场
~structure 活动建筑
mobility 移动性，滚动性，机动性，变动性，活动性；（表示城镇交通方便程度的）流动能量，迁移率；人口流动
~of population 人口流动
~rate 人口流动率
~ratio 迁移率
~scale 变动范围
~status（人口）流动情况
Moccasin Flower ***Cypripedium*** 杓兰属（植物）
mock 模拟的，模仿的
~-orange 山梅花
~-up 模型；大模型
Mock Orange ***Philadelphus coronarius*** **'Aureus'** 金叶山梅花（英国斯塔福德郡苗圃）
Mock Orange ***Philadelphus Manteau*** **'d'Hermine'** 曼提荷马山梅花（英国斯塔福德郡苗圃）
Mock Orange ***Philadelphus virginalis*** 山梅花（美国田纳西州苗圃）
Mock Orange ***Pittosporum tobira*** （**Thunb.**）**Ait.** 海桐 / 海桐花（英国萨里郡苗圃）

ock Orange/Syringa *Philadelphus coronarius* L. 西洋山梅花

ocket Privet-like Oak *Quercus phillyraeoides* 乌冈栎

odal 众多的；通常的；典型的

~age 众数年龄

~age at death 通常死亡年龄

~industrial city 模范工业城镇

~speed 常见速率（观测车速中出现频率最高的速率）

~split 定型的交通分流

ode 形式；模样；运输工具；方法，方式；数值分布曲线中频率最高的数值；实际矿物；众数，众值

~analysis method 振型分解法

~of cargo transfer 疏运方式

~of life 生活方式

~of production 生产方式

~of signal indication 显示方式

~of traction 牵引方式

~of transportation 交通模式，运输方式

~of trip 交通工具，出行方式，出行车种

~of vibration 振型

odel 模型；标本，样品；模范；设计图样，样式；模式；做模型；模仿；型号

~analysis 模型分析

~appraisal 模型评价

~area 模型面积（模型占用面积）

~baseline 模型基线

~building 建立模型

~building code 典型建筑法规（在美国指国家级机构制订的）

~calibration 模型率定

Model Calligraphy of Song Dynasty 宋代法帖：中国宋代汇集历代名家书法墨迹刻在石板或木板上并拓成墨本称为帖，因为这些墨迹是学习书法的范本，所以又称为法帖。

~city 样板城市，典型城市

~code 典型法规（在美国指国家级机构制定的）

~community 示范社区

~coordinate 模型坐标

~deformation 模型变形

~dwelling 典型住宅

~error 模型误差

~experiment 模型试验

~for air pollution 空气污染模型

~garden 典型花园

~home 模型住房；示范性住房

~industrial city 模范工业城镇（与工业革命以后工业城市的出现相对由英国首相倡导提出的理想的田园式工业城市）

~investigation 模型研究

~of ground water system analysis 地下水系统分析模型

~of large scale water resources system 水资源大系统模型

~of metropolis 城市模式

~of population migration 人口移动模型

~of river 河道模型

~of surface water system analysis 地表水系统分析模型

~parameter 模型参数

~scale 模型比例尺

~set 模型

~shop 模型室

~split 交通方式划分
~(municipal) traffic ordinance 标准(城市)交通条例
~structure 模型结构
~survey 典型调查
~test 模型试验
~tree 标准树木
~verification 模型检验
mechanical~ 力学模型
micro~ 微观模型
microscopic model~ 微观模型
mix~ 混合模型
moving~ 移动模型
network~ 网络模型
network data~ 网络数据模型
optical~ 光学模型
optimization~ 最优化模式
stochastic~ 随机模型
strategic~ 战略模型
surficial curved surface~ 地表曲面模型
three-dimensional~ 三维模型，三维图样
transport~ (废水、污染质等的)输移模型
transshipment~ (废水、污染质等的)输移模型
urban development~ 城市建设模式

modellation 模拟作用

modelling 模拟，建模
~linear system 模拟线性系统

moderate 中等的
~breeze 四级风(和风)
~fire hazard 中等火灾危险
~gale/ near gale 七级风(疾风)
~-income housing 中等收入水平住房
~tide 中潮
~traffic 中量交通，中等交通量

moderately 中等地，中度地
~contaminated 中度污染
~polluted water 中等污染水

modern 现代人；有新思想的人；现代的
~architecture 现代建筑
~and contemporary architecture 现代与当代建筑
~architecture 现代建筑，近代设计
~Baroque style 近代巴洛克式园林
~British architecture 英国现代建筑
~city 近代城市
~city planning 现代城市规划
~convenience 现代化设施
~English architecture 现代英格兰建筑
~environment system 近代环境系统
~garden design 现代园林设计
~gardens 现代园林，现代花园
~Georgian architecture 现代乔治式建筑
~Japanese architecture 日本现代建筑
~Latin American architecture 拉丁美洲现代建筑
~North European architecture 北欧现代建筑
~style 现代风格

modern sources of energy 现代能源(新能源)

Modern Garden Roses *Rosa hybrida* Hort. 现代月季(杂种月季)

modernism 现代主义
~in architecture 现代主义建筑

Modernismo 西班牙的新艺术形式

modernist 现代主义者

modernistic 现代风格的，现代式的
modernity 现代性，现代风格
modernization 现代化
modernize 使现代化
modernizing a house 住宅改建，住宅现代化
modification 改性；改动
~factor 改正系数
modified 改进的
~asphalt 改性（地）沥青
~bitumen 改性沥青
~cement 改良水泥，中热水泥（抗酸盐性能较好的标准水泥，水化热低）
~design 修改设计，修正的设计
~Griffith's criterion 修正的格里菲斯准则
~moisture density 改正湿密度
~resin 改良树脂
~soil 改良土壤
~temperature difference factor 温差修正系数
modify 变更，修改；减轻，缓和；使变态；变址{计}
modular 模（数）的，模块式的，系数的；标准组件的，按标准型式（尺寸）设计（制造）的
~air handling unit 组合式空气调节机组
~component 模数化构配件
~coordination 模数协调
~coordination in building 建筑模数协调
~design 积木化设计
~design method 定型设计法
~element 模数化组合件
~home 预制模件住宅
~house 模数制房屋
~housing 模数制房屋，模数制住房
~market 标准型街市
~system 模数制
module 模数，系数
modulus 模量
~of compressibility 压缩模量
~of deformation 变形模量
~of elasticity 弹性模量
~of resilience 回弹模量
~of sediment runoff 输沙模数
~of water logging control 排涝模数
modus 方法，方式
Mogan Mountain（**Huzhou**，**China**）莫干山（中国湖州市）
Mogao Caves（敦煌）莫高窟
Mogen David 六角星（犹太教标记）
Moghul architecture 莫卧儿建筑（印度和巴基斯坦建筑）
Mogosoaia Palace（**Romania**）莫戈索亚宫（罗马尼亚）
Mohammed Ali Mosque（**Egypt**）穆罕默德·阿里清真寺（埃及）
Mohammedan architecture 回教建筑
Mohenjo Daro 摩亨约·阿达罗城，莫恒觉达罗（公元前3250–2750年印度的古代城市）
moil 鹤嘴锄，十字镐
moire stone 龟纹石
moist 潮湿的，润湿的；多雨的
~air 湿空气
~climate 湿润气候
~earth 湿土
~season 雨季
moistograph 湿度仪
moisture 湿度，水分；湿气

~absorbent 吸湿剂
~capacity 湿度
~content 湿度，含水量
~content at capillary rupture 毛管断裂含水量
~correction 水汽改正
~equivalent 含水当量，持水当量
~excess 余湿
~gain 散湿量
~pick-up（土的）吸水量
~-proof 防湿的，不透水的；水稳定的
~proof course 防潮层
~proofness 耐湿性，防湿性
~property of mire 沼泽含水性
~-repellent 防水的，憎水的
~resistance 耐湿性，抗湿性
~-resistant 抗湿的；水稳定的
~retention 保水性，吸湿性

Mokdanbong（North Korea）牡丹峰（朝鲜）

mokuga（日）木画 – 日本奈良时代流行的木镶嵌工艺品上的画。

molding 线脚

Moldovita Monastery 莫尔多维查修道院

mole 防波堤，海堤；有防波堤的海港；克分子（量）隧道，管道等全断面掘进机；掘土，穿土，掘地道
~drain 暗渠，暗沟
~drainage 开沟排水
~plough 挖沟犁，鼹鼠犁
~-root；shore-end of breakwater 堤根

Mole（*Talpa turopaea*）鼹鼠

Mole crickets 蝼蛄 [植物害虫]

moler 硅藻土

Molucean goatfish/Gold-banded goatfish（*Upeneus moluccensis*）马六甲绯鲤 / 单线 / 金丝

Mombasa National Museum（Kenya）蒙巴萨国家博物馆（肯尼亚）

moment 力矩，统计矩，弯矩，扰矩；磁矩；片刻，瞬时
~method 矩法
~of force 力矩
~of momentum 动量矩

momentary 瞬时的，瞬息间的

momentum 动量；冲力
~equation of flow 水流动量方程
~grade 动能坡度
~line 动量线

Momi Fir/Japanese Fir *Abies firma* Sieb. et Zucc 日本冷杉

monarch 君主

monarchy 君主政体，君主政治，君主国

monastery 修道院，庙宇，寺院
~garden 寺庙园林

Monastery of Sednaya 塞德纳亚修道院

Monastery of St. Simeon Stylite 圣西门高柱苦行僧修道院

monastic 寺院的
~architecture 寺院建筑
~building 寺院房屋

monazite 独居石

moncable 单线缆索，架空索道

Mondorf-Les-Bains（Luxemburg）蒙多尔夫温泉（卢森堡）

money [复 **moneys** 或 **monies**] 货币；金钱；财富
~advanced 垫款，借款
~at long 长期贷款
~exchange 外币兑换店

~market 金融市场

Money Plant/Devil's Ivy/Ivy Arum ***Scindapsus aureum*** 绿萝 / 黄金葛

Mongo anthracnose 杧果炭疽病（***Colletotrichum gloeosporioides***）长孢状刺盘孢 / 有性世代为子囊菌门 ***Glomerella cingulata***

Mongo Thyme ***Thymus mongolicus*** 麝香草 / 百里香

Mongol architecture 蒙古式建筑

Mongol leek ***Allium mongolicum*** 蒙古韭 / 野葱 / 山葱 / 沙葱

Mongol Sagebrush ***Artemisia mongolica*** 蒙古蒿 / 蒙古莸

Mongolia Ephedra ***Ephedra equisetina Bunge*** 木贼麻黄

Mongolia Linden Mongolia Basswood ***Tilia mongolica*** 白皮椴 / 蒙椴

Mongolia mole cricket/Giant mole cricket ***Gryllotalpa unispina*** 华北蝼蛄 / 蒙古蝼蛄 / 单刺蝼蛄

Mongolian Ammopiptanthus ***Ammopiptanthus mongolicus*** **(Maxim. ex Kom.) Cheng f.** 沙冬青

Mongolian Bluebeard ***Caryopieris mongolia Bunge*** 蒙古莸

Mongolian Calligonum ***Calligonum mongolicum*** **Turcz.** 沙拐枣 / 头发草

Mongolian gazelle ***Procapra gutturosa*** 黄羊 / 黄羚

Mongolian lark/ Mongolian skylark ***Melanocorypha mongolica*** 蒙古百灵 / 告天子 / 蒙古鹨

Mongolian Mulberry ***Morus mongolica*** **(Bur.) Schneid.** 蒙桑

Mongolian mushroom/kou mushroom ***Tricholoma mongolicum*** 白蘑 / 蒙古口蘑 / 口蘑

Mongolian Oak ***Quercus mongolica*** 柞栎 / 蒙古栎

Mongolian Pear ***Pyrus ussuriensis*** **Maxim.** 秋子梨 / 花盖梨

Mongolian Scotch Pine ***Pinus sylvestris*** **var.** ***mongolica*** 樟子松 / 蒙古赤松

Mongolian Snakegourd ***Trichosanthes kirilowii*** **Maxim.** 瓜蒌

Mongolian tetraena ***Tetraena mongolica*** 四合木 / 油柴

Mongolian Wild Horse/Przelwalski's Horse ***Equus przewalsikk/*** **E.*ferus*** 普氏野马 / 蒙古野马 / 野马

Mongolian wild ass/Asiatic wild ass ***Equus hemionus*** 亚洲野驴 / 蒙古野驴 / 野驴

Mongoose（***Herpestes***）獴（属）

Mongoose lemur ***Lemur mongoz*** 獴狐猴

monitor room 监听室

monitoring 监测

~area 保护面积

~car 监测车

~coupon 监测试片

~measurement 监控量测

~net 监测网

~of land slide 滑坡监测

~of pore water pressure 孔隙水压力监测

~of settlement and deformation 沉降变形监测

~parameter 监测参数

~radius 保护半径

~standard 监测标准

~station 监测站

~test coupon 监测试片

monkery 寺院，修道院

~bridge 天桥

monkey（***Primate***）猴（目）

Monkey Cinnamon *Cinnamomum bodinieri* 猴樟 / 大胡椒树

Monkey Hill（**Gongyi，China**）猴山（中国巩义市）

Monkey Flower/Monkey Musk *Mimulus luteus* 锦花沟酸浆 / 龙头草

Monkeys Rhododendron *Rhododendron simiarum* 猴头杜鹃

Monkshood *Aconitum carmichaeli* 乌头 / 卡氏乌头

Monkshood *Aconitum carmichaelii* 'Arendsii' '阿兰德西' 乌头（英国斯塔福德郡苗圃）

Monkshood *Aconitum napellus* 舟形乌头 / 乌头 / 狼毒

Monkshood-vine *Ampelopsis aconitifolia Bunge* 乌头叶蛇葡萄

mono [词头] 单，一

~–bed and single cycle moving bed 单塔单周期移动床

~–bed ion exchanger 单床离子交换器

~–cable ropeway 单线架空索道

~–fountain 喷泉

Mono Maple *Acer mono* 色目槭 / 五角枫

monochromatic harmony 单色谐调

monoindication obstruction signal 遮断信号机

monolith 孤赏石

monolithic 单片，单块；整体的；独块的

monolithic churches 独石教堂

~construction 整体式结构，整体式建筑

~concrete construction 整体式混凝土建筑

~floor surface 整体面层

~monument 独石碑

~roofing 刚性防水屋面

~way 单轨铁路

monopolistic 垄断（者）的，专利（者）的；垄断论者的

~competition 垄断竞争

monopteral 圆形外柱廊式建筑

monopteron 排柱圆屋，圆形外柱廊式建筑

monorail 单轨铁路，独轨铁路

~railway 单轨铁路，独轨铁路

monostyle（纪念碑、柱、塔等的）独立柱式，单柱式；全体建筑单一风格

monotheistic 一神论的

monsoon 季（节）风，贸易风

~climate 季风气候

~forest 季（风）雨林

~rain 季风雨

Montagu's harrier *Circus pygargus* 乌灰鹞

Montane Spicebush *Lindera reflexa* 山橿 / 钓樟 / 生姜树

Montaza Palace（**Egypt**）蒙塔扎宫（埃及）

Montbretia *Crocosmia Lucifer* 香鸢尾（英国斯塔福德郡苗圃）

Montbretia *Crocosmia* × *crocosmiiflora Emily McKenzie* "艾米丽 · 麦肯齐" 雄黄兰（英国斯塔福德郡苗圃）

Montbretia 'George Davison' *Crocosmia* × *crocosmiiflora* 'George Davison' "乔治戴维森" 雄黄兰（英国斯塔福

德郡苗圃）

Monterey Pine *Pinus radiata* 辐射松

Monterey Spanish architecture 蒙特雷西班牙式建筑

Montezuma Cypress *Taxodium mucronatum Tenore* 墨西哥落羽杉 / 墨杉

month 月

~traffic 月交通量

monthly 月度，每月一次的，按月的

~average daily traffic 月平均日交通量

~certificate 月度证明

~distribution of precipitation 月降水量

~installment house 按月分期付款购买的住宅

~mean 月平均

~rose 月季花（植物）

~statement 月度报告

~variation 月度化

monticule 小丘；小火山

Montserrat Oriole *Icterus oberi* 蒙特塞拉特岛拟鹂 / 蒙特塞拉特莺 / 蒙岛拟鹂（蒙特塞拉特国鸟）

Monotroasity Cereus/Cereus *Cereus monstrosus* 山影拳 / 仙影拳 / 仙人山

monument 纪念碑，纪念堂，纪念性建筑物；界碑，标石；古迹；遗志

Monument in Memory of The Japan–China Peace and Friendship Treaty 日中和平友好条约纪念碑

~mark 界碑，标石，标志桩

Monument of Heroes 英雄纪念碑

Monument Pagoda to February 7 Workers' Uprising Zhengzhou（Zhengzhou，China）郑州二七纪念塔

Monument to Garibaldi 加里波第纪念碑

Monument to Heroes of the Ghetto 犹太区英雄纪念碑

Monument to the People's Heroes（Beijing，China）人民英雄纪念碑（中国北京）

monumental 纪念碑的，纪念物的，不朽的，非常的

~art 纪念性艺术

~building 纪念建筑

Monumental Column 华表

Monumental Gate 牌坊

~gateway 纪念牌坊

~gateway or column 坊表

Monumental Piers 阙

~plaza 纪念性广场

~square 纪念性广场

（The）mood of expectation and prospect（artistic conception，poetic imagery） 意境

Moon fish/black pomfret *Formio niger* 乌鲳 / 黑鲳

moon gate 月洞门

moor 沼泽，泥沼，沼泽土；停泊，下锚；停泊，下锚荒地

~land 高沼地，沼泽地

~soil 沼泽土

Moorcroft Sagebrush *Artemisia moorcroftiana* 小球花蒿 / 大叶青蒿

Moore Agapetes *Agapetes moorei* 树萝卜

mooring 停泊，系泊，系留；停泊区，泊地；系泊索具，系泊设备，锚定设备

~buoy 系船浮筒

~dolphin 系船墩

~force 船舶系缆力

~post；bollard 系船柱

~ring 系船环
~type at anchorage 锚泊方式
Moorish 摩尔族建筑式（装饰），萨拉森建筑式（阿拉伯回教建筑式）
~gardens 摩尔园林
~style architecture（中古时代北非或西班牙的）摩尔族建筑式
moorland 高沼地
~soil 沼泽地土
moorpan（湿泥炭）沼泽洼地
moorpeat 沼煤，泥沼土
moorstone 黄冈石，花岗石质孤石
moory 多沼泽的，泽地的；原野的
Moosewood ***Acer pensylvanicum*** 条纹槭 / 宾州槭（英国斯塔福德郡苗圃）
mor humus 粗腐殖质腐殖土壤
moraine（冰）碛
~garden 石床园，冰碛土生植物园
~soil 冰碛土
ground~ 地面（冰）碛
lateral~ 横向排水沟冰碛
terminal~（铁路，公共汽车）终点站冰碛
moral function 精神功能
moralistic 道学的，说教的，教训的
morass 沼泽（地），泥沼
Morava school 摩拉瓦学校（拜占庭式建筑）
Moravian Karst（**Czech**）摩拉维亚岩洞（捷克）
morbidity 发病率
~rate 发病率
~survey 发病率调查
more frequent mowing 更频繁割草
Morel Mushroom/Yellow Morel ***Morchella esculenta*** 羊肚菌
Moremi Wildlife Reserve（**Botswana**）莫雷米野生动物保护区（博茨瓦纳）
Moresque 摩尔式建筑
Moreton Bay Cheatnut ***Castanospermum australe A. Cunn. et C. Fraser*** 大叶栗子 / 澳大利亚栗树 / 栗豆树
morning 早晨，上午，初期，早期
~-glory 牵牛花（植物）
~room（上午使用的）起居室
~session 早市，上午市
morning glory ***Pharbitis nil*** 大花牵牛 / 喇叭花
Morning Glory/Tlililtzin/Piule ***Ipomoea hederacea*** 葛叶牵牛
Morning Light Miscanthus Grass ***Miscanthus sinensis Morning Light*** 晨光芒（美国田纳西州苗圃）
morphogenesis 地貌形成，形态形成
~，root 根茎形成
morphology of reservoir deposition 淤积形态
morphometric parameter of lake 湖泊形态参数
mortality 死亡率，死亡
~curve 死亡率曲线
~massive fish 大量鱼死亡
~rate 死亡率
mortar 砂浆，灰浆，胶泥；研钵；用砂浆涂抹或接合
~admixture 灰浆混合料
~bed 灰浆层；化灰池
~bond 灰浆砌筑
~design method（沥青）砂浆设计方法
~for concrete small hollow block 混凝土

砌块砌筑砂浆
~grouting method 压浆法
~injection 砂浆注射
~joint 灰缝
~mixer 砂浆拌和机，灰浆拌和机
~plaster 灰泥
~rubble masonry；mortar pitching 浆砌块石
~setting bed（美）砂浆凝固层
air-blown~ 吹气砂浆
air-entrained~ 加气砂浆，加气水泥砂浆；泡沫水泥砂浆
construction without~ 不用砂浆施工
damp~ 防潮砂浆
damp-proof~（英）防潮砂浆，抗潮湿砂浆
Dampproof~（美）防潮砂浆，抗潮湿砂浆
hair~ 麻刀灰泥 { 建 }
joint~ 接缝灰浆
joint filled with liquid~ 用液体灰浆填缝
lay in~ 储存砂浆
lay pavers on~（美）敷设砖石砂浆
lay setts on~（英）敷设拳石砂浆
lean~ 贫砂浆，瘠砂浆，贫灰浆
refractory~ 耐火泥
soil~ 泥灰浆，泥砂浆
straw mud~ 草泥灰
mortarless wall 干砌墙
mortgage 按揭
mortise of cap block 斗口
mortiser 凿榫机，凿眼机
mortlake 弓形湖，牛轭湖
mortuary 停尸房，太平间
~house 殡仪馆
Morus disease of Chimonanthus 蜡梅萎缩病（初步认为是病毒）
Morus disease of Jasminum sambac 茉莉萎缩病（病原初步认为是病毒）
Morus virus disease 桑萎缩病（病原为植物菌原体 MLO 或其与病毒复合侵染，花叶型是一种病毒引起）
mosaic 马赛克，锦砖；镶嵌（细工）；镶嵌花样，嵌花式（样）；镶嵌图案；（相片）镶嵌；镶嵌（细工）的，拼成的；嵌花的；镶嵌（装饰），嵌花
~asphalt 预制镶嵌（地）沥青（块）
~bed 镶嵌花坛
~block paving（美）镶嵌块料铺砌（法）
~flower bed 图案花坛
~map 镶嵌图
~mimic map 马赛克模拟地图
~of landslide 复杂滑坡
~pattern，landscape 景观镶嵌模型
~pavement 嵌花式（铺砌）路面，马赛克铺面；拼花地面 { 建 }
~paver（美）镶嵌铺砌工
~paving sett（英）镶嵌铺砌小方石
~sett paving（英）镶嵌小方石铺砌
~surface 马赛克贴面，拼花面 { 建 }
~tile 马赛克瓷砖
~tile surface 锦砖面层
Mosaic of *Ailanthus* 臭椿花叶病（病原为病毒，其类群待定）
Mosaic of *Asclepias* 莲生桂子花叶病（病原为病毒，其类群待定）
Mosaic of Begonia 玫瑰秋海棠病毒病（***Tomato spotted wilt virus*** 番茄斑萎病毒）

Mosaic of *Calendula* 金盏菊花叶病（CMV 黄瓜花叶病毒）

Mosaic of *Camellia japonica* 山茶花叶病（病原为病毒，其类群待定）

Mosaic of *Canna* 美人蕉花叶病（黄瓜花叶病毒 CMV）

Mosaic of *Codiaeum variegatum* var. *Pictum* 洒金榕花叶病（病原为病毒，其类群待定）

Mosaic of *Cucurbita pepo* 观赏南瓜花叶病 / 南瓜花叶病毒病（MMV 甜瓜花叶病毒 /SqMV 南瓜花叶病毒 /CMV 黄瓜花叶病毒）

Mosaic of *Cymbidium* 国兰花叶病（国兰花叶病毒 CMV）

Mosaic of *Euphorbia antiquorum* 霸王鞭花叶病（病原为病毒，其类群待定）

Mosaic of *Hibiscus rosa-sinensis* 扶桑花叶病（病原为病毒，其类群待定）

Mosaic of *Iris tectorum* 鸢尾花叶病（病原为病毒）

Mosaic of *Jasminum nudiflorum* 迎春花叶病（病原为病毒，其类群待定）

Mosaic of *Jasminum sambac* 茉莉花叶病（病原为病毒，其类群待定）

Mosaic of *Momordica charantia* 苦瓜花叶病 / 癞葡萄花叶病（CMV 黄瓜花叶病毒 /WMV 西瓜华野病毒）

Mosaic of *Prunus yedoensis* 日本樱花花叶病（病原为病毒）

Mosaic of redflower bracketplant 红花吊兰花叶病（病原为病毒）

Mosaic of *Rhaphidophora aureum* 绿萝花叶病（病原为病毒，其类群待定）

Mosaic of *Rosa chinensis* 月季花叶病（病原为病毒，目前我国已知有 3 种：月季花叶病毒 RMV、苹果花叶病毒 AMV、南芥菜花叶病毒 ArMV）

Mosaic of *Salvia splendens* 一串红花叶病（主要为 CMV 黄瓜花叶病毒）

Mosaic of *Sophora japonica* 槐树花叶病（病原为病毒，其类群待定）

Mosaic of *Thevetia* 黄花夹竹桃花叶病（病原为病毒，其类群待定）

Mosaic of *Wisteria* 紫藤花叶病（病原为病毒，其类群待定）

Mosaic of *Zinnia elegans* 步步登高花叶病 / 百日草花叶病（病原初步认为是病毒）

Mosaic virus of *Pelargonium* 天竺葵花叶病（病原为病毒，其类群待定）

Mosaic virus of *Viola* 堇菜花叶病（病原为病毒，其类群待定）

mosaiculture 立体花坛

Moscow（Middle Ages）莫斯科（中世纪）

~master plan 莫斯科总体规划

~Metro 莫斯科地下铁路

~University 莫斯科大学

Moslem architecture 回教建筑

Moslem Calendar 伊斯兰教历

Moso Bamboo/Mao Bamboo *Phyllostachys pubescens* Mazel ex H. de Leh. 毛竹（南竹）

mosque 清真寺

~architecture 清真寺建筑

Mosque at Emin Minaret 额敏塔礼拜寺

Mosque at Huajuexiang 化觉巷清真寺

Mosque at Niujie（Beijing，China）牛街清真寺（中国北京市）

moss 苔，藓，地衣；青苔；沼泽，泥沼

~bog 藓沼
~floor 泥沼层
~ garden 苔庭
~ground cover 苔（藓）地层覆盖
~-grown garden 苔皮园，苔藓园
~layer 泥沼层，苔（藓，青苔）层
~pink（moss phlox），a phlox 尖叶福禄考，福禄考属
~rose 苔类蔷薇，苔类玫瑰
hummock-forming peat~ 沼泽地中高地形成的泥炭沼
peat~ 泥炭沼泽，泥炭苔
Moss Cypress *Chamaecyparis pisifera* cv. squarrosa 绒柏
Moss Phlox/Ground Phlox *Phlox subulata* 丛生福禄考
mosses/bryophyte 苔藓植物
mossy 苔状的，生苔的
most 最
~frequent wind direction 最频风向
~probable value 最或然值
~spectacular features 自然奇观
Mostbeautiful Pincushion *Mammillaria perbella* 大福球 / 大福丸
motel（专为汽车旅客开设的）汽车旅馆，汽车旅客旅馆
mother 母亲；母性
~city 母城市，中心城市，核心城市
~garden 母本植物园
~nature 大自然
~plantation 母本园
~town 母城
Mother-in-law's Tongue/Snake Plant *Sanseviera trifasciata* 虎尾兰 / 千岁兰
Mother-of-thyme/Lemon Thyme *Thymus serpyllum* 百里香
Motherwort *Leonurus cardiaca* 欧益母草 / 狮尾草
motif 主旨，动机，主题；艺术作品特色；花边；图形
Motif Palladio 班兰亭建筑构图特色
motifs of architecture 建筑主旨，建筑特色，建筑主题
motivational research（消费者）动机分析
motive power 动力
Moto Manglietia *Manglietia moto Dandy* 毛桃木莲
motopia 在建筑顶层行车的理想城市
motor 电动机，马达，发动机，内燃机，机动机，摩托车，汽车；用汽车搬运；乘汽车，开汽车；汽车的，发动的，发（电）动机驱动的
~-assisted bicycle 机动自行车
~bike 机动脚踏两用车；摩托车
~bus 公共汽车
~cab 出租汽车
~camping，tent and（美）帐篷和野营汽车
~car 汽车，小汽车
~car repair and assembly plant 汽车修配厂
~car repair plant 汽车修理厂
~caravan 汽车式住宅（用汽车牵引的居住用车厢）
~carrier 汽车运输公司
Motor City 汽车城（底特律市的别称）
~coach 长途汽车，公共汽车
~court 汽车旅客旅馆〈设有停车场〉
~cultivator 马达耕耘机

~cycle 摩托车，机动脚踏车
~depot 汽车库，汽车场
~-depot 汽车场
~-driven vehicle 机动车（辆），汽车
~home 汽车住宅，流动住宅，汽车住房
~hotel 汽车旅客旅馆
~industry 汽车制造业
~inn 多层汽车旅客旅馆
~-lorry 卡车
~noise 机动车噪声
~omnibus 公共汽车
~park 停车场
~pool 汽车库（机关等的）汽车调度场，车场
~repair shop 修车库
~road 公路，高速公路
~service 机动车交通
~sweeper 扫路机
~traffic 机动车交通，汽车交通
~transport 汽车运输
~transportation 汽车运输
~truck 运货卡车
~trunk road 汽车干道
~vehicle 机动车，汽车
~vehicle assembly plant 汽车装配厂
~vehicle emission 机动车（废气）排放（量），机动车排放（物）
~vehicle plant 汽车制造厂
~vehicle prohibited sign 禁止机动车通行标志
~-vehicle storage 汽车库
~wagon 小型运货卡车
~-way 汽车（专用）路，（控制进口的高速公路）（英）
~way 汽车道
~way restaurant 公路饭店

motorbike 摩托车

motorboat 汽船

motorcoach 公共汽车

motorcycle 摩托车

motorist 乘汽车者，汽车驾驶人
~，leisure（英）业余汽车驾驶人员
pleasure~（英）游乐汽车驾驶人员；乘汽车的游人

motorization 机动化，摩托化

motorized 机动的，电动的
~cableway 机动缆道
~valve 电动调节阀
~（pneumatic）2-way valve 电（气）动两通阀
~（pneumatic）3-way valve 电（气）动三通阀

motorway 汽车路，快车路，（英）高速公路
~aesthetics 公路美学
~and trunk road（英）高速公路（汽车路，快车路）和干线公路
~central reservation（英）高速公路中央分隔带，路中预留地带
~corridor（英）汽车路（快车路，高速公路）线路
~intersection（英）汽车路（快车路，高速公路）交叉
~junction（英）汽车路（快车路，高速公路）会合点道路交叉（口），道路枢纽
~network 高速公路网
~traffic 公路交通
inner-city~（英）内城区（美）公路

motte 大草原树丛

Mottled Bamboo ***Phyllostachys bambusoides f. tanakae*** 斑竹 / 湘妃竹

mould 型，模，铸型，模型，样板，曲线板；模板；形状；（建筑）线脚；霉菌；模制，造型，翻砂，铸造

~board 型板，模板，样板

~cavity 阴模

~humus 黑（钙）土

~, leaf（英）叶泥土肥

moulding 装饰线条

mound 丘陵，小山，墩；堤；墟；垛；冈阜；筑堤；堆土

~planting 小山（丘陵，堤）绿化

~-type breakwater 倾斜防波堤

acoustic screen~（英）声屏障

earth~ 土墩

noise attenuation~ 减声

noise screen~（英）防噪声屏障

residue~ 残余物堆

slate~ 石板堤

Mound Lily/Spanish Dagger ***Yucca gloriosa*** 凤尾丝兰（塞舌尔国花）（英国萨里郡苗圃）

mount 山峰，丘（简写 **Mt.**）；固定件，装置，装配，安装；登上；骑，增加

Mount Cook National Park（New Zealand）库克山公园（新西兰）

Mount Emei Scenic Area（Leshan，China）峨眉山风景区（中国乐山市）

（Kingdom of Plants 植物王国，Paradise of Animals 动物乐园）

Mount Huangshan（Huangshan，China）黄山（中国黄山市）

（Having seen the all-inclusive Mount Huangshan，one does not wish to see any of the five major mountains 黄山归来不看岳）

Mount Huangshan Scenic Area（Huangshan City，China）黄山风景名胜区（中国黄山市）

Mount Jiuhua（Chizhou，China）九华山（中国池州市）

Mount Laoshan，Qingdao（Qingdao，China）青岛崂山（中国青岛市）

Mount Lushan（Jiujiang，China）庐山（中国九江市）

（He who hasn't been to the Three Tier Spring is not a real visitor to the Mount Lushan "不到三叠泉，不算庐山客"）

Mount Lushan Scenic Area（Jiujiang，China）庐山风景名胜区（中国九江市）

Mount Mckinley National Park 麦金莱山国家公园（美国）

Mount of Olives（Palestine）橄榄山（巴勒斯坦）

Mount Olympus（Greece）奥林匹斯山（希腊）

Mount Qingcheng（Chengdu，China）青城山（中国成都市）

Mount Qiyun（Huangshan，China）齐云山（中国黄山市）

Mount Rushmore National Memorial（America）拉什莫尔峰国家纪念像（美国）

Mont Saint Michel（France）圣密契尔山城（法国）

Mount Songshan，the Central Sacred Mountain（Dengfeng，China）中岳嵩

山（中国登封市）

Mount Songshan Scenic Resort（Dengfeng, China）嵩山风景名胜区（中国登封市）

Mount Taishan（Tai'an, China）泰山（中国泰安市）

Mount Taishan（Daizong or Daishan）（Tai'an, China）泰山（古称岱宗、岱山）（中国泰安市）

Mount Taishan Scenic Area（Tai'an, China）泰山风景名胜区（中国泰安市）

Mount Vernon 维尔农山庄（美国）

Mount Wuyi（Wuyishan, China）武夷山（昆虫世界，鸟类天堂，蛇的王国）（中国武夷山市）

Mount Xiaogu（Susong Country, China）小孤山（中国宿松县）

Mount Zijin（Purple Gold）（Nanjing, China）紫金山（中国南京市）

Mount Morrison Spruce/Taiwan Spruce *Picea morrisonicola* 台湾云杉

mountable 斜式的，可越式的

~curb 斜式缘石，可越式缘石（容许车辆驶上的缘石）

~curb 斜面路缘石

mountain 山（岭），山地

~and valley breezes 山谷风

~ash 山梨，花楸

~breeze 山风

~building 造山运动

~chain 山脉

~-chain 山脉，山系

~climate 山地气候

~coast 陡海岸

~creep 坍坡，坍方，崩塌

~effect 山地效应

~forest 山地森林

~forms 山形

Mountain Gate 山门

Mountain Gate Hall 山门殿

~glacier 山地冰川（山岳冰山）

~group 山群

~house 山庄

~hut（美）山区简陋房，山村茅屋

~landscape 山岳景观

~lift 山区缆索铁道

~location 山区定线

~lodge（美）山区旅舍；山区兽穴

~mire/up~mire 山地沼泽

Mountain of Garbage 垃圾山

Mountain of the Four Girls（China）四姑娘山（中国）

~peak 山峰

~pipe 山松

~plant, high 高原（高地的）山区植物

~railway 山区铁路

~range 山脉

~refuge（英）（登山运动员住的）高山小屋；[狩猎] 被追逐的野兽的藏匿处

~region, high 高山地区（地带，区域）

Mountain Resort 山庄

Mountain Resort and its Outlying Temples 避暑山庄及周围寺庙

Mountain Resort and its outlying imperial temples in Chengde 承德避暑山庄及外八庙

~ridge 山脊，山岭

~road 山区道路，山路

~route 山区路线
~shelter（英）山岭动物栖息处
~sickness 高山病
~side 山腰
~slope 山坡
~spur 山嘴，山脊
~stream 山溪，山涧
~terrain 山岭区
~top 山顶
~torrent 山洪
~town 山城
~tunnel 穿山隧道，山岭隧道
~uplift 山脊，山岭
~valley 山谷
~-valley wind 山谷风
~village 山村，寨
~waste 山地岩屑
~water tank 山上给水池
~wind 山风

Mountain Ash *Sorbus* 花楸（属）

Mountain Ash *Sorbus aucuparia* 'Autumn Spire' '秋焰' 欧洲花楸（英国斯塔福德郡苗圃）

Mountain carp *Aspiorhynchus laticeps* 新疆大头鱼

Mountain Fire Japanese Andromeda *Pieris japonica* 'Mountain Fire' '山火' 马醉木（英国萨里郡苗圃）

Mountain Garland/Pink Fairies/Clarkia *Clarkia elegans* 山字草

Mountain Laurel *Kalmia latifolia* 山月桂

mountain lion/puma *Puma concolor* 美洲狮

Mountain Mint *Pycananthemum tenuifoliu* 山薄荷（美国俄亥俄州苗圃）

mountain sheep/bighorn sheep *Ovis canadensis* 大角羊 / 加拿大盘羊

Mountain Silverbell *Halesia monticola* 洋银钟花（英国萨里郡苗圃）

Mountain Spainash *Atriplex hortensis* 滨藜 / 榆钱菠菜

Mountain Spicy Tree *Litsea cubeba*（Lour.）Pers. 山苍子 / 山鸡椒 / 木姜子

Mountain Tallow Tree *Sapium discolor*（Champ. ex Benth.）Muell. Arg. 山乌桕

Mountain-water city 山水城市

mountainous 山岭的；多山的
~area 山地
~calamity 山地灾害
~country 山岭区，山岳地带
~ground 山地
~land 山区，山地
~region 山区，山地
~terrain 山岭区；山岭地区
~topography 山岭地形，山区地形，山地地形

mountains 山
~and waters 自然山水

mountain-valley breeze 山谷风

mounted spreader 盖土机

Moupin Blueberry *Vaccinium moupinenis* 穆坪越橘 / 宝兴越橘

Mourning Cypress/Chinese Weeping Cypress *Cupressus funebris* 柏木 / 垂丝柏 / 香扁柏

Mourning Dove/American Mourning Dove *Zenaida macroura* 哀鸽 / 泣鸽（安圭拉国鸟）

mouse 耗子（俗名）

mouse deer/chevrotain *Tragulus* 鼷鹿（属）

mousetrap 捕鼠器

Moustached parakeet/ red-breasted parakeet（***Psittacula alexandri***）绯胸鹦鹉 / 海南鹦鹉 / 英哥

mouth 口；孔口，出入口；坑口；洞口；排出口；河口；港口；输入端，输出端

~of river 河口

movabillity 能动性；可动性

movable 家具 [复] 动产；活动的，移动的，可动的

~accommodation 活动房屋

~barrier 移动式栅栏

~bearing 活动支承

~bridge 活动桥，跨路桥，天桥，开合桥

~bridge approach 活动引桥

~crane 桥式吊车，活动吊车

~dam 活动坝

~distributor 活动布水器

~flower bed 活动花坛

~gate 活动闸门

~hood back washing filter 移动罩滤池

~office 移动办公室

~outdoor furniture 户外移动家具

~partition 活动隔断；移动式隔断

~platform 活动月台，活动式运输站台

~point-movable area relationship 动点动面关系

~river bed 移动河床

~scraper floor 活动刮板

~stand 活动看台

~support 活动支架

~trestle 活动支架

~dwelling 活动房屋

~replotting 迁移换地

move 搬迁

~in 迁入

~-in ratio 迁入率

~-out ratio 迁出率

movement 移动；运动；行动

Movement，City Beautiful（美）城市美化活动

Movement of City Beautiful（20 世纪初美国开展的）城市美化运动

~of population 人口流动

~system 运动系统

commuter~ 乘公交车辆上下班者行动

Garden City~（英）花园城市运动

mass~（英）（人的）大量移动；大众运动

population~ 人口移动

movie 电影院，电影，电影制片业

~house 电影院

~theater 电影院

moving 活动（的），移动（的），运动（的）；自动（的），主动（的），开动（的）；运输业（的）；可调（的）；使人感动（的）

~average curve 滑动平均曲线

~bed 移动床

~boat method 动船法

~dunes 游动沙丘

~expenses 迁移费用

~pavement 活动人行道

~pedestrian 自动式人行道

~sidewalk 活动人行道，自动人行道

~spare system 移动备用方式

~traffic 行驶车流，行车交通

~urban pollution source 城市移动污染源

~walk 移动式人行道，自动人行道，电动走道
~walk system 电动人行道系统
ow 干草堆；割，刈，收割
owing 割草（或谷类植物）；一次刈割之量；（美）牧草地
~edge 牧草地边缘
~machine 割草机，刈草机
~margin 牧草地边缘
~of meadows（美）草地割草
~operation 割草工作
~strip 草地边缘
~tolerance 割草容隙
first~（美）首次割草
more frequent~ 较频繁割草
Mowlem 摩勒姆式体系建筑（一种低水平的体系建筑专利型式）
mown mow 的过去分词
~grass path 草坪路
~once a year（美）一年刈草（割草）一次
~once a year，to be（美）一年割草一次
Mozarabic 摩莎拉布式建筑西班牙基督教建筑式样
Mozarabic architecture 摩莎拉布式建筑（9 世纪以后建的北西班牙建筑）
MPI=migration preference index 迁移偏好指数
Mt. Rainier National Park 雷尼尔山国家公园（美国）
Mrs. Hume's pheasant/ black-necked long-tailed pheasant（***Syrmaticus humiae***）黑颈长尾雉 / 雷鸡 / 地花鸡
Mrs. Roxie's Rhododendron *Rhododendron roxieanum* 卷叶杜鹃
MSA-metropolitan statistical area 大都市统计区
Mt. Everest 珠穆朗玛峰（位于中国和尼泊尔交界的喜马拉雅山脉之上）
Mt. Fanjing National Nature Reserve 梵净山自然保护区（中国贵州省）
Mt. Hua National Park in Shanxi Province（Huayin，China）陕西华山风景名胜区（中国华阴市）
muck 腐残土，软泥，肥土，污泥；淤泥；废料，垃圾，废渣，弃渣；渣；泥炭；粪
~and plant material，excavated 挖腐土和植物材料
~car 土斗车，泥车
~excavation 腐土开挖
~foundation 淤泥地基，泥炭地基
~haulage 运土，运渣
~soil 黑色腐残土（美）
mucking 挖泥，（从开挖面）挖土
muckland 沼泽地，腐泥地
mucky soil 淤泥质土
MUD（mixed-use development）多用途开发
mud 泥（浆）；淤泥
~avalanche 泥石流
~avalanche aqueduct 泥石流渡槽
~avalanche cave 泥石流明洞
~avalanche ditch 泥石流排导沟
~avalanche retaining dyke 泥石流拦挡坝
~barge 泥驳
~basin 泥地
~capping 泥盖

~cleaning machine（街道）清泥机
~collar 泥环
~flat 河滨泥滩，泥滩
~flow 泥流
~flow soil 泥流土
~line 泥线
~mortar 泥（土）灰浆，泥砂浆
~peat 烂泥炭
~pumping 翻浆冒泥
~residue 泥渣，残渣
~-rock flow 泥石流
~scraper 刮泥刀，刮泥机
~scum 浮泥
~seam 泥缝
~shovel 泥铲
~stone 泥岩{地}
~surge 涌泥，泥沙涌流
~trap 淤泥存水湾
~vegetation，exposed 露泥草木
~volcano 泥火山{地}
~wall 土墙
~wave 泥波，泥滑
exposed~ 露泥
harbo(u)r~ 港湾淤泥
organic~ 有机泥
tidal~ 潮汐淤泥
muddiness 泥泞，泥污
mudding 翻浆
muddy 多泥的；泥浆覆盖的；混浊的
~ground 泥泞地，淤泥地
~-plain coast 淤泥质平原海岸
~water 泥浆水，混浊水
Muddy Bambusa ***Bambusa dissemulator*** 埿勒竹
muddying of soil 土烂泥

Mudejar 马德加建筑，穆斯林式西班牙基督教建筑
Mudejar architecture 马德加建筑〈13和14世纪受基督教统治的摩尔人创立的西班牙建筑形式〉，穆斯林式西班牙基督教建筑
mudflat 河口浅滩，海滨泥地，泥滩{地}
~，coastal 海岸泥滩地
glasswort~ 欧洲海蓬子泥沼地
tidal~ 潮汐泥滩地
muffler 消声器
~section 消声段
~sound absorer；deaf-en-ter 消声器
mudflows 泥石流
mudslide 泥滑
mudstone 泥石，泥岩{地}
Muggelsee（**Germany**）米格尔湖（德国）
Mughal gardens 莫卧儿园林
Mugo Pine ***Pinus mugo*** 欧洲山松（英国斯塔福德郡苗圃）
Mugwort ***Artemisia vulgaris*** 艾草/艾
Mugwort cutworm ***Melicleptria scutosa*** 宽胫夜蛾
Mugwort/Seleng Wormwood ***Artemisia selengensis*** 芦蒿/蒌蒿
mulberry 桑木，桑树
Mulberry borer ***Apriona germari*** 桑天牛
Mulberry tussock moth ***Porthesia similis*** 盗毒蛾
Mulberry/White mulberry ***Morus alba*** 白桑/桑（桑葚）
Mulberry harbour 摩尔布里港（用预制块等筑成的人工港）
mulch 覆盖（物）；[林]林地覆盖物，护根物，地面覆盖料；覆盖料；腐

土；护根；用盖料覆盖（路面）；用草皮或植物覆盖
~method 覆盖法，用路拌堆土法稳定土；护路面法；护树根法，护土处理
~spreader 覆盖物分散机
bark~ 用树皮覆盖
mulching 用覆盖料（或物）覆盖（地面、树木根部等）
~material 覆盖料
~with compost 用混合肥料覆盖（树木根部等）
mule 骡 / 马骡（雄驴雌马所产）
mule deer（***Odocoileus hemionus***）黑尾鹿
mull 岬，海角
mullein 毛蕊花属（植物）
Mullein-pink ***Lychnis coronaria*** 毛缕 / 毛叶剪秋萝
mullet zone 鲻科鱼（尤指鲱鲤、鲻鱼）地域
multi-[词头] 多
~–access 多路存取的，多用户的 { 计 }
~–arch dam 连拱坝
~–band 多频带，宽频带
~–band spectrum transformation 多波段频谱变换
~–building 多层楼房
~building for housing（英）住宅、多层楼房
~car park（英）多层（汽车）停车场
~–center 多中心
~–center 多路线的
~–city sewage treatment 多城市污水处理
~–course construction 多层建筑物
~–cropping index 复种指数
~–cyclone；multi–clone 多管
~–deck bridge 多层（桥面的）桥
~–deck car park（美）多层（汽车）停车场
~–dimensional mapping program 多维分析
~–directional shear 多向剪切
~–disciplinary 多学科
~–family apartment house 多住户公寓
~–family building 多户住宅
~–family dwelling（unit）多户住宅（单元）
~–family house 多户住宅
~–family household 大家庭户
~–family housing 多户住房
~–family rental housing 供出租的多户住宅
~–family residence 多户住所
~–floor building 多层建筑
~–floor car park 多层停车场
~–floor factory block 多层工厂建筑
~–floor garage 多层车库
~–function city 综合性职能城市
~–function hall 多功能厅
~–function station 综合性铁路车站
~–functional 多功能的
~–gable building 复坡屋顶建筑
~housing 多层住宅
~–industry 多种工业，工业的多种经营
~–intersection 多线道路交汇点
~–lane highway 多车道公路
~–lane pavement 多车道路面
~–lane road 多车道道路
~–layer interchange 多层互通式立交
~–legs intersection 复式交叉，多条道路交叉

~-level interchange 多层立交
~-level intersection 多层立交（多层式交口）
~-level junction 多层道路交汇点，多层（立体）交叉
~-level parking garage 多层停车库
~-line 多线，复式线路
~module 扩大模数
~-nucleus city 多核心城市，多中心城市
~-objective optimization technology 多目标优化技术
~-operating mode automatic conversion 工况自动转换
~-operating mode control system 多工况控制系统
~ple land use 复合土地利用
~ple nuclei theory 多核心论
~-point mooring system 多点系泊设施
~purpose 多目标
~-purpose bucket 多用途铲斗
~-purpose building 多功能建筑
~purpose dam 多功能坝
~-purpose hall 多功能大厅
~purpose hydraulic project；key water-control project；hydro junction 水利枢纽
~-purpose（type）loader 多用途装载
~-purpose park 综合公园
~-purpose reservoir 综合利用水库，多目标水库
~-purpose terminal 多用途码头
~-purpose use 综合利用
~-purpose water utilization 水利资源综合利用
~reservoir regulation 水库群调节
~-road crossing 多路交汇交叉口
~-service center for the elderly 多种服务之老人中心
~shell condenser 组合式冷凝器
~spectral image 多波段图像
~spectral photography 多光谱摄影
~-spectral remote sensing 多波段遥感
~-spectral scanner/MSS 多波段扫描器
~-stem tree（美）多芽条树木
~-stemmed tree（英）多芽条树木
~-storey 多层（指房屋）
~-storey block 多层大厦，多层建筑
~-storey building 多层房屋建筑
~-storey car park 多层停车场
~-storey car park（ing）多层车库，多层停车场
~-storey carpark 多层停车场
~-storey factory building 多层工厂建筑
~-storey garage 多层车库，多层停车场
~-storey high density 多层高密度
~-storey housing 多层住宅
~-storey parking space 多层式停车场，立体停车场
~-storied building 多层建筑
~-storied garage 多层车库
~-story 多层楼
~-story car parking 多层车库
~-strata planting system 多层种植设施
~-temporal image 多时相图像
~-unit apartments 单元式住宅
~-use 综合性，多功能，多用途
~-use auditorium 多功能礼堂
~-use building 多功能建筑物，多用途大楼

~-way 多条道路的，多方向的，多方法的
~-way service pipe system 双向供水
~year variation of runoff 径流多年变化
~-zone 多区域
ulti-peaks bonsai 群石盆景
ultiple buds 副芽
lulti-vein Oak ***Cyclobalanopsis multinervis*** 多脉青冈
ultianalysis 全面分析，详细分析，多方面分析
ulticentered 多中心的
~arch 多心拱
ulticompany 跨业公司；控制或经营多种公司的
ultidisciplinary（涉及）多种学科的
ultidwelling building 公寓大楼
ultifactor 多因素
ultifamily 多户家庭的；给多户家庭使用的
~housing 多户住房
ultifamily housing site（美）多户住房场地
ultifunctional room 多功能会议室
ultigraph（旋转式）排字印刷机，油印机
~paper 复印纸，油印纸
ultilane 多车道
~highway 多车道公路
~road 多车道道路
ultimedia performance 多媒体演出
ultimeter 万用表，多量程测量仪表，通用测量仪器；多次计量，多点测量
ultinational 跨国
~company 跨国公司
~corporations 多国公司，跨国公司
multiperson household 多人口家庭
multiple 倍数{数}；倍数的；复合的，复式的；多样的，多重的；多的，并联的{物}
~arch dam 连拱坝，多拱坝
~bridge 群桥
~-bridge intersection 群桥交叉，复式立交桥〈由几个交叉所组成，一般由用于多层交通，各交叉道路直接相互连接〉
~cropping area 复种面积
~crossing 复式交叉，复式交叉口
~-deck station 多层车站
~-deck trestle 多层式栈桥，多层高架桥
~dwelling 多户住宅
~-dwelling system 复式寓所系统，多用户送冷风系统
~echo 多重回声
~event flood 多峰洪水
~factor analysis 多因素分析
~-family 多户住宅，多家庭住宅〈一幢内有两套以上住宅的〉
~-floor station 多层车站
~function city 综合职能城市
~henhouse（美）综合鸡舍
~household 复合户
~-household structure 多户结构
~injection method 多点注入法
~intersection 多路交叉，复式交叉
~-lane 多车道（指四车道以上）
~-lane road 多车道道路
~lane road 多车道道路
~-leg intersection 多岔交叉
~-level station 多层车站
~living quarter 公寓

~-nuclei model 多核心模式
~nuclei theory 多核心理论
~nucleus concept（城市）多核心理论
~-purpose forest land 多用途林地，综合林地
~purpose land development 土地综合开发，国土综合开发
~purpose project 综合开发计划，综合利用工程
~purpose reservoir 通用蓄水池（水力发电、航行、灌溉、给水等）
~regression analysis 多元回归分析
~roller bearing for bridge 桥梁辊轴支座
~room dwelling unit 多房间居住单元
~rows 多行，多排，多列
~shop（or store）联号商店（同一公司属下的商店）
~span bridge 多跨桥
~-stemmed tree（美）多枝树木
~stor（e）y 多层（建筑）
~-stor（e）y dwelling 多层住宅楼
~-stor（e）y trestle 多层式栈桥，多层高架桥
~-story trestle 多层高架桥
~-structure 多层结构
~-structure interchange 多桥式立体交叉
~-track 多车道的，多路的，多线轨道的
~unit dwelling 多单元住房
~use 多样使用，多用途
~-use forest 综合林区（森林）
~-use building 综合楼
~utilization 综合利用

multiples 联号商店（同一公司属下的商店）

multiplication 乘法；增加

multiplying 放大
~arrangement 放大设备
~glass 放大镜

multipurpose 多目标（的）；多项用途（的），综合利用（的）

multistorey building 多层大楼

multistoried 多层的
~building 多层房屋
~rigid frame 多层刚架；多层刚构

multistory（美）层，楼层
~building 多层建筑
~building for housing（美）多层住宅建筑
~garage 多层车库
~office 多层办公楼
~parking garage 多层停车库

multitalent 多面手，多才多艺的人

multitudinous city 人口众多的城市

multiuse 多用途
~auditorium 多用途观众厅
~office building 综合性办公楼

multivariate 多元变量的，多元的
~analysis 多元变量分析
~analysis method 多元分析法
~regression analysis 多元回归分析
~statistical analysis 多元统计分析

multiway 多条道路
~intersection 复式交叉口，（多条道路汇合交叉口
~junction 复式交叉口，（多条道路）汇合交叉口
~stop of intersection 交叉口多路停车

multizone system 多区域系统

Mum/Chrysanthemum ***Dendranthema***

orifolium 菊花

lumeplum/Japanese Apricot ***Amygdalus mume*** 梅

lumford, Lewis 刘易斯·芒福德，美国城市学家，历史学家

lunan Woodlotus ***Manglietia chevalieri*** 睦南木莲

lunda Wanga Botanical Garden (Zambia) 蒙达万加植物园（赞比亚）

ung bean sprouts ***Phaseolus radiutus*** **(sprout of)** 绿豆芽

lunich 慕尼黑（德国巴伐利亚洲首府）

Munich Olympic Park 慕尼黑奥林匹克公园

unicipal 城市的，市政的；内政的，地方自治的

~administration 市政管理，市政

~architecture 城市建筑

~area 市区

~authority 城市管辖权，市政行政管理机构，市政当局

~block 市区街道

~building 市政大楼，市政厅

~bus 市区公共汽车

~center 市区中心

~civil engineering 市政工程

~code 市政法规，市政规程

~configuration 城市构造

~construction financing 城市建设资金

~destructor 城市废料焚化炉

~development 城市发展，市区开拓

~development committee 城市发展委员会

~drainage 城市排水

~effluents 城市废水

~engineering 城市工程；市政工程

~engineering facility 市政工程设施

~environment 城市环境

~expenditure 城市财政支出

~expressway 城市高速公路

~extension 市区扩建

~facilities 公用设施

~federation 都市联盟

~finance and budgeting 市政（城市）财政及预算

~fire communication and command system 城市消防通信指挥系统

~forest 市区树林

~garden 城市园林

~government 市政府

~hall 市政厅

~heating 城市供热

~highway 城市道路，市区道路

~housing management bureau 市房管局

~hygiene department 市（政）卫生局

~incineration 城市（垃圾）焚烧

~incinerator 城市（垃圾）焚烧炉

~league（美）城市联盟

~noise 城市噪声

~nursery 市苗圃

~office 市政厅

~ordinance 城市法令，城市（环境保护）条例

~palace 市政厅

~park 城市公园

~planning 城市规划

~planning act 城市规划条例

~planning institute 城市规划院

~planning studies 城市规划研究

~municipal planning system 城市规划系统

~planning theory 城市规划理论
~pollution 城市污染
~port 城市港口
~power plant 市营发电厂，公用发电厂
~power supply system 公用电力系统
~program 城市规划
~refuse 城市垃圾
~revenue 城市财政收入
~road 城市道路
~rubbish 城市垃圾
~sanitary 城市卫生
~sanitary engineering 城市卫生工程（学）
~sanitation 城市环境卫生
~service 市政业务
~services 市政服务
~sewage；municipal wastewater；municipal sewage 城市污水
~sewage plant 城市污水处理厂
~sewer 城市污水管
~sewerage 城市排水工程
~sludge（美）城市污水，城市污泥
~solid waste 城市固体废水
~supply 城市给水
~transportation 城市交通，城市运输
~utilities 市政公用设施用地
~ward 政府区
~waste 城市垃圾
~waste water 城市废水
~water 城市用水
~water pollution 城市水系的污染
~water system 城市给水系统
~water supply 城市供水，城市给水
~woodland 城市林地
~works 市政工程
~year-book（美）城市年鉴
~zone 政府区

municipality 市（区）；自治市，自治区
~administered county 市辖县
~affiliated county 市管县
~directly under the central government 直辖市，中央直辖市
~of provincially administered 省辖市
~owned housing 房管部门住房
~under the central government 中央直辖市

municipium [拉]（古罗马）自由市

muniments house 贵重品库，档案库

Mu-oil Tree ***Vernica montana* Lour./*Aleurites montana* Wils.** 木油桐（千年桐）

mural 建筑壁画，壁画，墙壁装饰；墙壁的；墙壁
~background 墙壁背景
~in Eastern Jin tomb，Zhaotong 昭通东晋墓壁画
~in Han tomb，Anping 安平汉墓壁画
~in Han tomb，Horin-ger 和林格尔汉墓壁画
~in Yanshan Temple 岩山寺壁画
~painting 壁画，墙壁油画

murals in Shaolin Temple 少林寺壁画

Muramachi period 室町时代

Murry Pine 山地松

muscari 百合科，蓝壶花属

muse 艺术家（尤指诗人）的创作灵感，灵感的源泉

museum 博物馆，博物馆建筑
Museum of Bardo 巴尔多博物馆
Museum of Charles Dickens 狄更斯博物馆
Museum of Chinese Gardens and Land-

scape Architecture (Beijng, China) 中国园林博物馆（中国北京市）
Museum of Chinese History (Beijng, China)中国历史博物馆(中国北京市)
Museum-Estate of I. S. Turgnev(Russia) 屠格涅夫故居博物馆（俄罗斯）
Museum Estate of L. N. Tolstoy (Russia) 托尔斯泰庄园博物馆（俄罗斯）
Museum of London 伦敦博物馆（英国）
Museum of Madame Tussaud's Wax-works 杜莎夫人蜡像馆（英国）
Museum of Modern Art 现代艺术博物馆
Museum of Natural History 自然博物馆
Museum of the Chinese Revolution (Beijing, China) 中国革命博物馆（中国北京市）
Mausoleum of Dr Sun Yat-sen, Nanjing (China) 南京中山陵（中国）
mush 烂泥；软块
mushroom 阀（古）；菌，蘑菇；迅速
~cross section 蘑菇形截面
~growth 迅速发展，猛增
~pavilion 蘑菇亭
~picker 蘑菇采摘者，蘑菇采摘机（采摘工具）
~valve 菌形阀
music 音乐，乐曲，音乐作品
~bowl 碗形音乐场
music hall 音乐堂，音乐厅
Music Hall in Vienna 维也纳音乐厅
~instruments factory 乐器厂
~paging system 音乐跟踪系统
~quality 音色
~room 音乐教室
music teahouse 音乐茶座
Musk/Chilean Monkey Flower ***Mimulus cupreus*** 铜黄沟酸浆
musk deer (***Moschus***) 麝（属）
musk deer/Siberian musk deer ***Moschus moschiferous*** 麝 / 原麝 / 香獐 / 麋鹿
Musk Mallow ***Malva moschata*** 麝香锦葵 / 切叶锦葵
musk mole ***Scaptochirus moschatus*** 麝鼹
musk ox ***Ovibos moschatus*** 麝牛
musk rat ***Ondatra zibethicus*** 麝鼠
muskeg 沼泽
Muskmelon Cantaloupe/Casaba ***Cucumismelo cv. cantalupe*** 甜瓜 / 香瓜
Muskseed/Ambrette ***Abelmoschus moschatus*** 麝香黄葵
Musky Hibiscus ***Hibiscus moscheutos*** 芙蓉葵 / 草芙蓉
Muslim food products factory 清真食品厂
Muslim architecture 伊斯兰教建筑
Muso Soseki 梦窗疎石（1275—1351），日本古典园林师、禅修寺院作庭之父立枯山水的造园家
mustache planting（美）环带状绿化（种植）
Mustansiriya College (**Iraq**) 穆斯坦西里亚书院（伊拉克）
mustard tuber (**pickled with salt and chili**) /***tsa-tsai Brassica juncea*** **var.** ***tsatsai*** (**pickled**) 茎芥菜（腌制）/ 榨菜
Mustard Tuber/Swollen-stem Mustard/ ***Tsa-tsai Brassica juncea*** **var.** ***tsatsai*** (**fresh**) 茎芥菜（鲜）/ 青菜头
Mute swan (***Cygnus olor***) 疣鼻天鹅 / 哑声天鹅（丹麦国鸟）

mutilative traffic 破坏路面交通
mutual 相关的，双方的
~agreement 双方协议
~benefit organization 互利性组织
~housing 互助住房协会
~overtaking 相互超车
~passing 相互超车
mutualism 互惠共生
mutuality 相互关系，相关
Muztagata Peak（Xinjiang，China）幕山塔格峰（位于新疆维吾尔自治区阿克陶县与塔什库尔干塔吉克自治县交界处）
MXD（**mixed-use development**）多用途建设
Mycenae（**Greece**）迈西尼（希腊）
Mycenaean art 迈锡尼美术
Mycenaean architecture 美锡尼建筑
mycorrhiza 菌根
~inoculation 菌根接种（埋植）
ectotrophic~ 外生菌根
mycorrhizal 菌根的
~fungi 菌根真菌
~hyphae 菌根菌丝
~inoculation（美）菌根埋植
Myoporum ***Myoporum bontioides*** 苦槛蓝 / 海菊花
Myrica-like Distylium ***Distylium myricoides*** 萍柴
Myrica-like Distylium ***Distylium myicoides*** 杨梅叶蚊母树
Myriosrus Maidenhair ***Adiantum pesatum***
A. myriosorum 灰背铁线蕨 / 铁扇子
Myrobalan plum ***Prunus cerasifera*** 红叶李 / 樱李 / 紫叶李
Myrrhtree ***Commiphora myrrha*** 没药 / 末药
Myrsine Leaved Evergreen Chinkapin ***Castanopsis myrsinaefolia*** 面槠 / 青栲
Mystery Lily/Short Tube Lycoris/Spider Lily ***Lycoris radiata*** 石蒜
Myrtle Whortleberry/Blackfruit Blueberry ***Vaccinium myrtillus*** 黑果越橘 / 蓝果
myrtle 茂树（香叶子），山桃，番，桃金娘科植物，香桃木属植物
Myrtle/Greek Myrtle ***Myrtus communis*** **L.** 香桃木（茂树）
Mysorethorn ***Caesalpinia sepiaria*** **Roxb.** 云实
mystic 神秘家，神秘主义者
mysticism 神秘主义
myth 神话，虚构的故事
mythology 神话，（希腊神话）神话：在希腊文中，原义为关于神和英雄的故事。

N n

Nachi-No-Taki(Japan)那智瀑布(日本)

Nachod Castle(Czech)纳霍德古堡(捷克)

nacrite 珍珠石

Nadam Festival 那达慕草原旅游节

Nagai Podocarpus/Japanese Podocarpus ***Podocarpus nagi*** 竹柏 / 大果竹柏

Nagasaki Peace Park(Japan)长崎和平公园(日本)

Nagoya City(Japan)名古屋城(日本)

Nahanni National Park(Canada)纳汉尼国家公园(加拿大)

nail 圆钉

nail household 钉子户

Nairobi National Park(Kenya)内罗毕国家公园(肯尼亚)

naive 自然的，单纯的，朴素的，天真的简捷法

Naizi River in Shangrila(Shangrila Country, China)香格里拉奶子河(香格里拉)

Naked Boys/Autumn Crocus/Autumnal Meadow Saffron ***Colchicum autumnale*** 秋水仙

Naked Flower Tetrameles ***Tetrameles nudiflora*** 四数木

naked mole rat/sand rat(*Heterocephalus glaber*)裸鼠

naked tree 光干树

Nakepetal Violet ***Viola yedoensis*** 光瓣堇菜 / 白毛堇菜

Nakestem Poppy ***Papaver nudicaule*** 野罂粟 / 山罂粟

Nalati Grassland(Kazak Autonomous Prefecture of Ili, China)那拉提草原(中国伊犁哈萨克自治州)

Namas/Namo 南无

Namco Lake(Lhasa, China)纳木错(藏语意为“天湖”)(中国拉萨市)

name 名称，称谓

botanical~(植物)学名

common~(植物)俗名

nameko(*Pholiota nameko*)滑菇 / 珍珠菇

naming pailou 点景牌楼

Nandina ***Nandina domestica Thunb*** 南天竹(天竺)(美国田纳西州苗圃)

Nandina Gulf Stream ***Nandina domestica*** **'Gulf Stream'** 海湾南天竹(美国田纳西州苗圃)

Nandina/Heavenly Bamboo ***Nandina domestica*** 南天竹

Nanfang Hemlock ***Tsuga chinensis var tchekiangensis*** 南方铁杉 / 浙江铁杉

Nanking Cherry ***Prunus tomentosa*** **Thunb.** 毛樱桃(美国田纳西州苗圃)

Nanmu ***Phoebe nanmu*** 楠木 / 滇楠

Nanning 南宁

nano- [词头],(符号 **n**),纳[诺]

nano(符号 **n**)纳(诺),毫微

nano-phanerophyte 小灌木
nan(n)oplankton 微小浮游生物
Nanputuo Temple（**Xiamen**，**China**）南普陀寺（中国厦门市）
Nan Mountain（**Sanya**，**China**）南山（中国三亚市）
Nan Mountain Temple（**Sanya**，**China**）南山寺（中国三亚市）
Nantong style bonsai 通派盆景
Nanxijiang River（**Wenzhou**，**China**）楠溪江（中国温州市）
Naoko Machilus ***Machilus nakao*** 纳槁润楠
Nara period 奈良时代
Narayanhity Royal Palace（**Nepal**）纳拉扬希蒂宫（尼泊尔）
naphtholithe 沥青页岩
Napoleon III's projected transformation of Paris（19 世纪法国）拿破仑三世的巴黎改建方案
nappe 水舌，溢流堰坝的水幕；外层，表面
Narcissus 水仙属（植物）
narrative 叙述，讲述
narrative painting 叙事画
narrow 狭的，窄的；细的；使狭，变狭；缩小；狭窄的地方；山峡；[复]海峡
~base 窄基础
~ecological range 窄生态（动物、植物等的）分布区（生长区）
~ga(u)ge 窄轨
~gauge railway 窄轨距铁路
~-gauge railway 窄轨铁路
~-plant terrace 窄播种梯田
~strip foundations 窄条形基础
~upright tree 金字塔形的树（具有向上直立的主枝）
Narrow-apex Holly Fern ***Cyrtomium mediocre*** 狭顶贯众
Narrow-banded thick-legged moth ***Parallelia arctotae*** 玫瑰巾夜蛾
Narrow-barred king mackerel（***Scomberomorus commerson***）康氏马鲛
Narrowcalyx Primrose ***Primula stenocalyx*** 窄萼报春花 / 狭萼报春
narrowing pavement 变窄路面
Narrowing Valerian ***Valeriana stenoptera*** 窄裂缬草
Narrowleaf Dracaena ***Dracaena angustilolia Roxb.*** 狭叶龙血树 / 长花龙血树
Narrowleaf Podocarpus ***Podocarpus macrophyllus*** **var.** ***angkstifolius*** 狭叶罗汉松
Narrowleaf Spicebush ***Lindera angustifolia*** **Cheng** 狭叶山胡椒
Narrowleaf Agave ***Agare angustifolia*** 狭叶龙舌兰
Narrowleaf Burmann Cinnamon ***Cinnamomum burmannii*** **f.** ***heyneanum*** 狭叶阴香
Narrowleaf Cattail ***Typha angustifolia*** 水烛 / 水蜡烛 / 蒲草
Narrowleaf Dogwood ***Dendrobenthamia angustata*** 狭叶四照花 / 尖叶四照花
Narrowleaf Lavender ***Lavandula angustifolia*** 薰衣草 / 拉文达香草 / 穗状薰衣草
Narrowleaf Ledum ***Ledum palustre*** **var.** ***Angustum*** 细叶杜香 / 狭叶杜香
Narrow-leaf Lepisorus ***Lepisorus angus-***

tus 狭叶瓦韦

Narrow-leaf Pittosporum ***Pittosporum podocarpum*** 线叶柄果海桐

Narrowleaf Prickleyash ***Zanthoxylum stenophyllum*** 狭叶花椒

Narrowleaf Tanoak ***Lithocarpus confinis*** 窄叶石栎 / 窄叶椆

narrowly 狭窄地

~curtilage 小于住宅标准规模的宅地，庭院

~over–crowding 狭窄过密居住

Narrow-snouted pipefish/greater pipefish（***Syngnathus acus***）尖海龙 / 海龙 / 杨枝鱼

Narrow-spike Bambusa ***Bambusa stenostachya*** 刺竹 / 郁竹 / 勒竹

narwhal（***Monodon monoceros***）一角鲸

nascent 初生的,新生的{化}；初期的；发生中的

Nasturtium/Golden Nasturtium ***Tropaeolum majus*** 旱金莲 / 金莲花

Nasturtium Indian tropaeolum ***Tropaeolum majus*** 金莲花，旱金莲（安水芹）

natal 诞生的，初生的，出生的

~day 出生日

~place 诞生地

Natal Palm ***Carissa macrocarpa***（**Eckl.**）**A. DC.** 大花假虎刺

natality 出生率

~rate 生育率

Natant Salvinia ***Salvinia natans/Marilea natans*** 槐叶萍 / 蜈蚣漂

natatorium 游泳馆，室内游泳池

nation 国家；民族

~–building 国家建设

~–wide 全国（性）的；全民（族）的

national 国家的，国民的，国立的，国有的

National Academy of Science and National Research Council（简写 NAS–NRC）全国科学院和全国研究协会（美）

National Academy of engineering（简写 NAE）美国全国工程研究院

National Aeronautics and Space Administration（简写 NASA）国家航空和宇宙航行局，国家宇航局（美）

~aid 国家补助

~and regional planning act 国家和区域规划条例

National Agriculture Exhibition Center（Beijing, China）全国农业展览馆（中国北京）

National Air and Space Museum 国家宇宙航行博物馆（美国）

National Archaeological Museum（Greece）国家考古博物馆（希腊）

~architecture 民族建筑{学}

National Archives 国家档案馆

~asset 国家财产，国有财产

~budget 国家总预算

National Building Agency（**NBA**）（英）国家住房管理局

National Building Organization（NBO）国家建筑组织

National Building Specification（英）国家建筑（申请专利用的）发明说明书，国家建筑规范，国家建筑工程设计（书）

~capital region 首都圈，首都范围圈〈以

首都为中心的首都地区〉
~census 人口普查
~character 民族性
~comprehensive development 国土综合发展规划
National Congress Building, Brasilia（Brazil）巴西议会大厦（巴西）
~debt 国债
~defence 国防
National Defence Council 国防委员会
~defence highway 国防公路
~development planning 国土发展规划
~economic and social development planning 国民经济和社会发展计划
~National Economic Commission 国家经济委员会
~Economic Development Office（简写 NEDO）国家经济开发署
~economic plan 国民经济计划
~economy 国民经济
~enterprise 国有企业，国营企业
~Environmental Policy Act（美）国家环境政策法案（法令，条例）
National Environmental Protection Act（简写 NEPA）国家环境保护法（美）
~environmental protection agency 国家环境保护机构
~feature 民族特色
~feature of architecture 民族特征建筑
~finance 国家财政
~flower 国花
~forest 国家森林，国有林
~form 民族形式
National Gallery of Victoria 维多利亚国家艺术馆
~health planning 国民卫生规划
~height datum 国家高程基准
~highway 国道，国有公路
~heritage, protection of[CH] 国家(民族遗产保护
~Historic Preservation Act 1966（美）国家历史文物保护法（1966）
~historical park 国家历史公园
~Historic Site 国家历史遗址
~housing policy 国家住房政策
~hygienic city 国家卫生城市
~income 国民收入
~industries 国家行业
~inheritance 国家遗产
~Joint Consultative Council for Building Code of Procedure for Single or Two Stage Tendering（英）国家一或二阶段投标程序建筑法联合咨询委员会
~key scenic area 国家重点风景名胜区
~mall（美）国家广场，华盛顿
~land planning 国土规划
National Library of Australia 澳大利亚国立图书馆
National Library of China 北京国家图书馆
~minorities 少数民族
~monument 民族纪念碑，民族纪念馆，名胜古迹区
National Museum of Afghanistan 阿富汗国家博物馆
National Museum of Kenya 肯尼亚国家博物馆
National Museum of Tokyo 东京国立博物馆
~or state surveillance system for air pollu-

tion 国家或州大气污染状况监督系统
~park 国立公园，国家公园
National Park in Sutjeska (Yugoslavia) 苏捷斯卡国家公园（南斯拉夫）
National Park of Lake Nahuel Haupi (Argentina) 纳韦尔瓦皮湖国家公园（阿根廷）
National Park Service（美）国家公园管理局
national park system 美国国家公园系统：包括20个类别，国家公园（National Park）、国家历史公园（National Historical Park）、国家休闲娱乐区（National Recreation Area）、国家历史地（National Historic Site）、国际历史地（International Historic Site）、国家纪念地（National Monument）、国家纪念碑（National Memorial）、国家战场（National Battlefiled）、国家战场公园（National Battlefiled Park）、国家战场遗址（National Battlefiled Site）、国家军事公园（National Military Park）、国家海滨（National Seashore）、国家湖滨（National Lakeshore）、国家河流（National River）、国家公园道（National Parkway）、国家风景小径（National Scenic Trail）、国家荒野风景河流及河道（National wild and Scenic River and Riverway）、国家保护地（National Preserve）、国家保留地（National Reserve）
~physical planning 国家实体规划
~planning 国土规划，国家计划
~population census 普查人口，全国人口情况调查
~primary ambient air quality standard（美）国家一级环境空气质量标准
~project 国家项目
~railroad 国有铁路
~railway 国家铁路
~railway network 国家铁路网
~recreation forest 国有游乐森林
~register 人口登记
Register of Natural Areas（美）自然区名录
National Resources Committee（美）国家资源委员会
~road 国道
~road network 全国道路网
~Romantic style 民族浪漫风格
National Safety Council（简写 NSC）全国安全委员会（美）
~scenic trail（美）国家风景路线
National Science Foundation（简写 NSF, US）国家科学基金会（美）
~seashore（美）国家海岸（由联邦政府拨款管理的海岸游乐区）
~spirit 民族精神
National Standard 国家标准
~style 国家风格，民族风格
~supergrid 国家超级电力网
~survey 国土调查
~tariff 国定税率
~tourism 国家旅游业（观光业）
~treasure building 国家保存的文物建筑
~tree 国树
~trunk highway 国家干线公路（国道）
National Wildlife Refuges 美国国家野生动物保护区
National Zoological Park in Washington

（美）美国首都华盛顿国家动物园
national excellent park 国家重点公园
nationalization 国家化，国有化
nationalized undertaking 国有企业
nationalism 民族主义
nationalist 民族主义者
native 天然的，天生的；本地的，本国的；本地人；当地产的动植物
~asphalt 天然（地）沥青
~disease 地方病
~habitat 原产地
~industry 地方工业
~minorities 少数民族
~-or drought-tolerant species 本土的或耐旱的物种
~pasture 天然草地，天然牧草场
~plant 乡土植物
~plants and wildlife corridor 乡土植物及野生动植物地带（走廊）
~produce 土特产品，地方产品
~species 本地物种，乡土植物
~style 当地风格，天然形式
~vegetation 原土植被，乡土植被
Natrolite 钠沸石
natural 自然的，天然的；固有的；无虚饰的
~ageing 自然老化
~agent 自然要素
~aggregate 天然集料
~amenity 自然美景
~and cultural heritage 自然文化遗产
~and cultural heritage，conservation 国家自然文化遗产的保护
~and cultural resources 自然和人文资源
~and mechanical combined ventilation 联合通风
~angle of repose 自然休止角
~angle of slope 天然倾斜角
~arch 天然拱
~area 自然区
~area laboratory 自然区实验室，自然区试验点（试点）
~area preserve（美）自然区保护
~area，forest research（美）自然区森林研究
~Areas，National Register of（美）国家自然区名录
~areas，protection of 自然区保护
~asphalt 天然（地）沥青
~attenuation 自然衰减
~attenuation quantity of noise 噪声自然衰减量
~background 自然本底，自然背景
~background analysis 自然背景分析
~background radiation 自然背景辐射
~balance 自然平衡
~Beauty，Area of Outstanding（英）自然美，突出自然美景区
~bed 天然石层
~boundary 天然；界限
~bridge 天生桥，天然桥
~building materials 天然建筑材料
~calamities 自然灾害
~calamity 自然灾害
~catchment area 自然汇集面积
~character of a landscape 园林自然特性，景观自然特征
~circulation 自然循环
~city 自然城市（在漫长的岁月中或多或少地自然生长起来的的城市）

~colonization 自然（动，植物）移植
~colonization by seed rain 雨季播种，自然种植
~complex 自然综合体
~condition 自然条件
~conservation 自然（资源）保护
~conservation area 自然环境保护区
~conservation zone 自然保护区
~ conservation planning 自然保护区规划
~consistency of soil 土的天然稠度
~consistency test 天然稠度试验
~containment 天然保护（防护）层
~convection（空气的）自然对流，自由对流
~cover 天然掩蔽
~crack 自然裂纹
~curing 自然养护
~cycle 自然循环
~danger zone 天然危险地带
~disaster 自然灾害
~disaster mitigation 减灾学
~draft 自然通风
~draft cooling tower 自然通风冷却塔
~draft ventilation 自然通风
~drainage 自然排水
~drainage way（美）自然排水法
~earth 天然土
~economy 自然经济
~ecosystem 自然生态系统
~ecosystems 自然生态系统
~ecosystems，effective functioning of 自然生态系统作用
~elements 自然要素
~energy resource 自然能源
~environment 自然环境
~environment，conservation of the 自然环境保护
~environment deterioration 自然环境恶化
~environment，intrusion upon the 对自然环境的不利影响
~environment，recreation in the 在自然环境休憩
~epidemic focus 自然疫源区
~erosion 自然侵蚀
~event 自然事件
~exhaust system 自然排风系统
~feature，outstanding 显著的自然特色
~feature，unique 独特的自然特征
~features（天然）地形，地势
~features，unique character of（天然）地形的独特特征
~features，uniqueness of（美）（天然）地形的独特性
~feed land 天然牧场
~fertility 自然生育率
~flow 天然水流
~flow station 自流水力发电站
~flowering hedge 自然式花篱
~forest 天然森林
~forest community 天然森林群落
~forest reserve（英）天然森林储备
~fortification 天然防御工事
~foundation 天然地基
~frequency 固有频率
~garden 天然园（林），天然庭园，自然式庭园
~garden style 自然式园林风格
~gas 天然（煤）气
~gas system 天然气系统
~geomorphology 风景地貌

~granary 天然粮仓，鱼米之乡
~grade 天然坡，自然坡度
~grassland 天然草场（牧场，牧地，草原，草地）
~ground 天然地面，天然地基
~ground surface 天然地基表面
~ground water regime 地下水天然动态
~groundwater recession 天然地下水退回
~group 自然群体
~growth 自然增长
~growth-rate method 自然增长率法
~growth of population 人口的自然增长
~growth rate 城市人口自然增长率，人口自然增长率
~habitats etc 1994，conservation of（英）1994 自然生境等保护条例
~Habitats，Convention on the Conservation of European Wildlife and 欧洲野生动植物及自然生境会议
~habitats protection of 自然生境保护
~harbo(u)r 天然港
~hazard 自然危害物，自然危险源
~heritage 自然遗产，自然传统
~history museum 自然历史博物馆
~in character 自然特性
~increase 自然增长
~increase of population 人口自然增长
~increase rate（人口）自然增长率
~landmark 天然地标（陆标），天然界标（界石）
~landscape 自然景观，天然景观，自然风景
~landscape area 自然风景区，天然景观区
~landscape features 自然风景特征，天然景观特色
~landscape potential 自然风景潜能，天然景观潜能
~landscape unit 自然风景单元，天然景观单元
~legacy 自然遗产
~levee 天然堤
~lighting 天然照明 { 建 }
~garden 自然式花园
~water 自然式水体
~looking 自然主义，自然仿景
~material 天然材料
~meadow 天然草地（牧场），天然肥沃的低草地，天然水草地
~-modeling（庭园的）自然仿景
~moisture content [简写 NMC] 天然含水量
~monument 天然纪念物，自然纪念物
~monuments，register of（英）自然历史遗迹名录
~movement of the population 人口自然变化
~navigable waterway 天然航道
~noise 自然噪声
~open museum 天然博物馆
~park 天然公园，自然公园
~patrimony 自然遗产
~pattern 自然形态
~period of vibration 自振周期
~phenomenon 自然现象（迹象），自然独特的事件
~philosophy 自然哲学
~pollutant 天然污染物
~pollution source 天然污染源
~pond 天然池塘

~population growth 人口自然增长
~potential 自然潜能
~potential productivity 自然生产潜力
~preservation 自然保存
~preserves 自然保存地
~process 自然过程，自然进程
~protection area 自然保护区
~purification 自然净化
~purification power 自然净化能力
~range 产地
~refreshment forest 自然休养林
~refreshment village 自然休养村
~regeneration 自然新生（恢复，复兴，再生，更新）
~region 自然区（域）
~regionalization 自然区划
~reproduction 自然生殖（繁殖，殖育），自然更新
~research area（美）自然研究（调查，探索）区
~reserve 自然保护区，自然保存地
~reserve area 自然保护区
~resin 天然树脂
~resource 自然资源，天然资源
~resource characteristics 自然资源特性
~resources 自然储备力量，自然资财
~resources，conservation of nature and 自然和自然资源保护
~resources，consumption of 自然资源浪费（消耗，耗尽，挥霍）
~resources information system 自然资源信息系统
~resources management 自然资源管理
~resources，preservation of 自然资源保护
~resources，use capacity of 自然资源利用最大限度
~resources，utilization of 自然资源利用
~risk 自然风险
~rise of groundwater level 地下水平面自然升高
~river 天然河流
~river engineering measures 天然河流工程测量
~road 天然（土）路
~rock 天然岩石
~sand 天然砂
~scale 天然尺寸，自然比例尺
~scenery 自然风景（景色）
Natural Scenery Image 山水意象
~scenic object 自然景物
~science 自然科学
~scientist 自然科学家
~scour 自然演变冲刷
~seasoning（木材）自然干燥法
~seeding of conifers 针叶树自然播种，（生球果的）松柏目植物自然播种
~selection 天然淘汰，自然选择
~settling tank 自然沉淀池
~silviculture 自然造林
~site characteristics 自然遗址特征，自然场地特征
~size 自然规模，自然面积
~skyline 地平线，自然轮廓
~slope 天然斜坡，天然坡度
~sod 天然草皮
~soil 天然土
~soil fertility 天然土肥沃，天然土肥力
~–soil road 天然土路
~soil surface 天然土面

~steam power plant 地热发电站
~stone 天然石料（石头，石块，石子，宝石，钻石）
~stone deposit 天然石料砂床（存储）
~stone flag（美）天然石料标记
~stone masonry 天然石料工程（圬工建筑物）
~stone pavement(美)天然石料路面(铺砌层)
~stone paving 天然石料路（面），天然石料路面铺砌
~stone sett（英）天然石板
~stone slab 天然石板（条石）
~stone staircase 天然石料楼梯
~stone steps 天然石料台阶（梯级）
~stone wall 天然石墙
~stone wall，embossed 雕刻凸饰天然石墙
~stone wall rough-tooled 粗凿天然石墙
~stones 天然石材
~storeys 自然层数
~style garden 风景式庭园，自然风致园，自然式园林
~subsoil 天然地基
~surveillance 自然监视
~system 自然系统
~systems 自然系统
~systems，effective functioning of 自然系统，自然系统的有效运转
~systems. safeguarding the effective functioning of 自然系统保护（维护），自然系统的有效运转
~terrace on a slope 有坡度的天然阶地（露天平台）
~terrain 天然地形（地势）
~trail（树林中的）天然小径
~transition curve 自然缓和曲线
~vegetation 自然植被
~vegetation，potential 自然植被，潜在自然植被
~ventilation 自然通风
~ventilation atmosphere 自然通风环境
~vibration 固有振动
Natural Villages Museum 自然村博物馆
~water 天然水
~water content 天然含水量
~water quality 天然水质
~water resources 天然水力资源
~water way 天然水道
~waterbody 天然水体
~watercourse 天然水道
~waterway 天然水道
~wealth 自然财富，天然资源
~world 物质世界
~zoological garden 天然动物园
naturalism 自然主义：19 世纪后期风行整个欧洲的，对描写普通生活琐事感兴趣的艺术倾向。
naturalist 自然主义者
naturalist painter 自然主义画家
naturalistic 自然的，天然的；写实的
~garden 自然风致式庭园，自然式庭园，风景园
~park（美）自然公园
~style 自然式（公园布置）
naturalization（动、植物的）驯化
degree of~ 驯化程度
naturalized species（移植）移养物种，引造物种
naturally-sprayed area 自然喷洒区

ature 自然，天然；本性，性质；特性，原始状态，天然状态；自然界；实际，实况；种类，品种

Nature and natural resources，conservation of 自然状态和自然资源保护

Nature close to the city 市郊区

~Conservancy Council（英）自然资源管理委员会

Nature Conservancy，The（美）自然保护

~conservation 自然资源保护

~conservation and landscape management of 自然（对自然资源的）保护和风景园林管理（经营）

Nature Conservation and Landscape Management，Federal Act on [D] 联邦自然保护和风景园林管理法

~conservation area 自然保护区

~conservation body 自然保护主体

~conservation，convention on 自然保护大会（定期），自然保护会议（正式）

~conservation enactment 自然保护法律（法规，法令，条例），自然保护（法律等的）条款

~conservation enactments 自然保护法律（法规，法令，条例），自然保护（法律等的）条款

Nature Conservation，European Information Centre for 欧洲自然保护信息中心

~conservation，integrated 综合自然保护，集成式自然保护

~conservation，legislation upon 自然保护立法（法律的制定），自然保护法律（法规）

~conservation ordinance 自然保护（美）法令（法规，条令，条例）

~conservation organization 自然保护组织（机构）

Nature Conservation，Royal Society for（英）皇家自然保护协会

~conservation，valuable for 自然保护，有自然保护价值的

~hazard 天险

natural-like 自然式

~-modeling（庭园的）自然仿景，自然模式

~of the terrain 地形特征

~park 自然公园

~protection 自然保护

~protection area 自然保护区

~reserve 自然保护区

~reserve district 自然保护区

~reserve，forest（英）森林自然保护区

~reserve，strict 严密的自然保护区

~resource 自然资源

~ restoration and rehabilitation 自然恢复再生

~sanctuary 自然保存区，自然保留地

~study center 自然研究中心

~study path（英）自然研究途径

~trail 自然探胜小路，自然公园观赏路（自然公园教育设施之一，沿道设有植物、地质等说明板及休息设施的路）

countryside and~ 农村和自然

enjoyment of~ 自然享受

experiencing~ 体验自然

NAUA（**net apartment unit area**）公寓净面积，公寓可使用面积（公寓内除去结构面积的面积）

naval 海军的，船舶的

~base 海军基地

~harbo(u)r 海军港
~operating base 海军行动基地
~port 军港

nave 毂{机}，中殿[建]；听众席；建筑中间广场，(铁路车站等建筑)中央大厅，(铁路车站等的)中间广场

navigability 适航性，为适航性而改建水体为运河

navigable 导航的，导行的；可航行的，可通船的
~channel 通航水道，航道
~condition 通航条件
~depth 通航深度
~pass 航道，航道水位
~river 通航河流
~span 通航宽度
~water 通航水道，可航水域
~water level 通航水位
~water-way 通航水路

navigating zone 航区，航行区域

navigation 海上交通，航行，航海，通航
~canal 通航运河
~clearance 通航净空
~condition 通航条件
~dam（使有通航条件的）通航坝
~head 水陆转运站
~lock 船闸
~mark 航道标志
~reservoir 航运水库
~signal 航行号志
~stream 通航河流
~structure；navigation construction 通航（过船）建筑物
~water-level 通航水位

navigational clearance 通航净空

navvy 挖凿机；挖土机；挖掘工人；掘（地）

navy yard 军港

naze 海角，岬角

NBC（**National Building Code**）国家建筑规范

NBO（**National Building Organization**）国家建筑协会

NE China sagebrush ***Artemisia manshurica*** 东北牡蒿 / 关东牡蒿

neap 小潮，最低潮；小，低
~tide 小潮，最低潮

near 接近的；近似的；（马或车）左侧的；（接）近；精密；接近，在……的近旁；接近，靠近
~field 近场
~-shore pollution belt 岸边污染带
~side lane 外侧车道，边缘车道，靠路边石车道
~waters 近海（河、湖）

nearby 近旁的，附近的；在……附近
~material 当地材料
~recreation areas，traffic to 附近游览区，通行到附近游览（休养，娱乐）区的交通
~view 近景

neat area 净面积

Neat Rhododendron ***Rhododendron concinuum*** 枇杷杜鹃 / 臭枇杷 / 秀雅杜鹃

Nebrown Caralluma ***Caralluma nebrownii*** 水牛掌 / 水牛角

nebulization 喷雾（作用）

nebulizer 喷雾器

ebulous 星云的，云雾状的，模糊的，朦胧的

ecessary 需要的，必要的

~height of hump 必要的山丘高度

~living space 必要生活空间

eck 颈；（器物的）颈状部；颈弯饰；地带，地段，附近地区，窄路（隘路）；地（海）峡；断面收缩，颈（凹）缩；（锻件下料时）冲槽

~gutter（屋顶）天沟

~，meander 曲径地段

~of land 地峡；狭窄地带

root~ 根茎

ecropolis 墓地（尤指城市的大墓地），公墓

ecrosis 坏死，枯斑

leaf~ 叶子枯斑

ectar 花蜜

ectar plant 花蜜植物

~plant，woody 木本花蜜植物

Nectarine（***Amygdalus persica*** **var.** ***nectaina***）油桃

eed 需要；缺乏；危急的时候；需要，必须

~for housing land 住宅用地的需求

~，recreation 休养（娱乐，游览）需要

water~ 缺水，需水

eedle 针；指针；针叶，针状物，刺状物；横撑木{建}；（桥下面）横梁；方尖塔；针状结晶；穿以针，缝纫；用横木支持；使成针状结晶

~juniper（英）杜松

~-leaved deciduous forest 针叶每年落叶林

~-leaved forest at frigid-temperate 寒温带针叶林

~-leaved plant 针叶植物

~leaved tree 针叶树

~litter（英）针叶枯枝落叶层

~-punched geotextile 针刺土工织物

~species 针叶类

~straw（美）刺状禾秆

~ tree 针叶树

Needle Fir/Manchurian Fir ***Abies holophylla*** 杉松冷杉/沙松/辽东冷杉

Needle grass Stipa. ***capillata*** 丝颖针茅

Needle Juniper/Stiff-leaf Juniper ***Juniperus rigida*** 杜松

Needle-on-both-sides ***Zanthoxylum nitidum*** 两面针/双面蓟

Needle rust of Helianthus 向日葵锈病（***Puccinia helianthi*** 向日葵柄锈菌）

Needle-bush/Silky Hakea ***Hakea acicularis*** **R. Br.**（**H. sericea Schrad.**）哈克木/针叶哈克木

needs 需要，必需（要），必须，缺乏，不足；贫困，危急；必需品，要求

~analysis 需求分析

~，nutrient 食物（营养品）缺乏，食物（营养品）需要

~，open space 开放空间的需要，绿地需要

~test 经济情况调查

Neem Tree/Margoso ***Melia azadirachta*** 印度楝树

negative 负片；负的；否定的；阴（性）的；反面的

~correlation 负相关

~feedback 负反馈

~growth 负增长

~image 阴像
~ion generator 负离子发生器
~landform 负地貌
~population growth 人口负增长
~space 负空间，消极空间
~urbanization 消极性城市
~wave height 负波高
Negoro（日）根来漆器— —种日本漆器，因根来庙而得名，日本空县根来庙是首先生产这种漆器的地方。
negotiate 商议，交涉；使（证券等）流通；克服（困难等）
~bidding 议标，谈判招标
~purchase 议价
negotiation 谈判，商议，交涉；流通
~phase（美）谈判（商议，交涉）阶段（时期）
~phase，bidding and（美）投标和谈判阶段
~tendering 协商标，议标
bid~（美）投标协商，议标
contract~ 合同（契约，承包合同，承包契约）商议
direct selection and~（美）直接选择和谈判
fee~ 费用（报酬）协商
tender~（英）投标协商
negotiations, bid（美）投标谈判（洽谈）
Negundo Chaste Tree *Vitex negundo* 黄荆
neighborhood 里，闾里，坊；街坊，邻里，邻近，附近；社区；近邻的人们
~administrative office 邻里管理办公室，街道办事处
~analysis 相邻分析，邻里分析
~center 邻里中心
~commercial district 邻里商业区
~committee 居民委员会，居委会
~（residents）committee 居民委员会
~community 邻里社区
~conservation area（美）邻近（附近）保护区
~density 邻里密度
~factory 街道工厂
~garden 小区花园
~improvement（美）社区改善
~improvement area 社区改善范围(面积
~noise 毗邻环境噪声
~park 街坊花园，邻里公园
~recreation 社区（街坊，邻里）消遣（娱乐，游戏）
~redevelopment（美）社区重建
~revitalization 邻里复兴
~rights 邻里相邻产权
~shopping center 邻里商业中心，地区商业中心，居住区商业中心
~unit 邻里单位，居住小区
~unit area（城市规划中的）邻里单位面积
~workshop 街道工厂
neighborliness 亲切，友善
neighbor 邻居，邻点，邻区
neighboring 邻近的，附近的，接壤的
~country 邻国
~lot（美）邻近地区，邻近地段
neighbouring=neighboring
~pile 邻桩
~plot（英）邻近小块土地，邻近小块地皮
~property 相邻地界线
~region 邻域

~unit 邻里单位
~village 邻村
Nemophila/Baby Blue Eyes ***Nemophila menziesii*** 幌菊
Nengren Temple（Jiujiang，China）能仁寺（中国九江市）
Neo- [词头] 新
Neo-Abstractionism 新抽象主义
Neo-Archaism 新拟古主义
Neo-Archaist 新拟古主义者
Neo-Attic style 新雅典风格：希腊化时代后期至公元前 1 世纪的装饰性雕塑。
Neo-Babylonians 新巴比伦人
~-Baroque 新巴洛克的（建筑形式）
Neo-Baroque art 新巴洛克艺术
~-Byzantine architecture 新拜占庭建筑
~-Classic 新古典建筑式
Neo-classic art 新古典主义艺术
~-classicism 新古典主义，18 世纪 50 年代至 19 世纪初风靡西欧的美术形式。
Neo-classicist 新古典主义者
Neo-classicist painting 新古典主义绘画
Neo-Dada 新达达主义
Neo-Dadaism 新达达主义—20 世纪 50 年代后期和 60 年代兴起的复兴达达主义艺术运动。
Neo-Expressionism 新表现主义— 一种表现强烈感情的具象艺术，被称为 20 世纪早期德国表现主义的复兴，20 世纪 70 年代后期在美国、意大利和德国风行一时。
~-glaciation 新冰期
~-Gothic 新哥特式的（建筑）
Neo-Greek 新希腊式（1840 年在法国开创的建筑形式）
Neo-Impressionism 新印象主义—继印象主义之后在法国出现的美术流派，即 19 世纪 90 年代法国的一种艺术理论和实践。
Neo-impressionist 新印象主义者
~liberty（1945 年后）意大利的新艺术复兴，新自由派风格的（建筑）
~-lithic period 新石器时期
~-medi(a)eval 新中世纪式的（建筑）
~-natal mortality 新生儿死亡率
~-natal mortality rate 新生儿死亡率
Neo-Plasticism 新造型主义：1912 年至 1920 年蒙德里安弟子们的绘画，其特点为艺术必须完全是抽象的，只能采用水平垂直位置的直角，彩色主要采用原色。
Neo-plasticist 新造型派（画家）
Neo-Platonism 新柏拉图主义
Neo-Poussinism 新普桑主义
Neo-Primitivism 新原始主义
Neo-Realism 新现实主义
Neo-realist 新现实主义者
~-Renaissance 新文艺复兴式
~-Romanesque 新罗马（建筑）风格
~-Romanticism 新浪漫主义，20 世纪 30 年代和 40 年代一种极其夸张的浪漫主义风格。
Neoantique architecture 新古典建筑
Neoclassicism 新古典主义
Neoimpressionism 新印象派
Neolithic 新石器时代的
neon-street 霓虹灯街
neonatal death rate 新生儿死亡率
neophyte 初学者，新手；新引进植物

neopolis 新城邦
Neorationalism 新理性主义
Neorealism 新写实主义
neoteric 现代的；新式的；新发明的
neotropic(al)region 新热带区
Neowveich Spruce ***Picea neoveitchii Mast.*** 大果青扦
Nepal Alder ***Alnus nepalensis*** **D. Don** 旱冬瓜（西南桤木）
Nepal Camphor Tree ***Cinnamomum grandule ferum*** 云南樟 / 臭樟 / 香叶樟
Nepal Cycad ***Cycas pectinata Hamilt*** 篦齿苏铁
Nepal Ivy ***Hedera nepalensis*** 常春藤 / 尼泊尔常春藤
Nepalese porcupine/Chinese porcupine ***Hysteix hedsgoni/alophus*** 尼泊尔豪猪 / 豪猪 / 箭猪
Nepali Paper Plant/Kagatpate ***Daphne bholua*** 宝录瑞香
Nerium-leaf Rapanea ***Rapanea neriifolia*** 密花树
Nerve-Leaf Podocarpus ***Podocarpus neriifolius*** 脉叶罗汉松 / 百日青
Nerved Flower Phoebe ***Phoebe neurantha*** 白楠
Never-never Plant ***Ctenanthe oppenheimiana*** 锦竹芋 / 密花竹芋
Nervose Skimmi ***Skimmia multinervia*** 多脉茵芋
nervous earth 遭受地震地带
ness 海角，海岬 巢，窝；一套相似物；矿巢 { 地 }
nest 置于巢中，重叠放置；鸟巢，鸟窝；一窝，一群；筑巢，做窝
~，stork's growth 鹳的巢中发育
nestbox（美）鸟巢，鸟窝（箱）
nester，**summer** 夏季筑巢鸟（窠中鸟）
nesting 筑巢的，做窝的，巢居的
~box 筑巢
~habitat 巢居栖息地，巢居生境
~hole 做窝；巢穴（洞穴）
~site 做窝地点
nestle box 鸟舍
nestling precocial 早成性的（指刚孵出即能自行觅食的）雏鸟
net 网；网状物；网络；（简写 n.）净的纯的，网状的；有网脉的；撒网；结网
~and gross 净额与毛额
~area 净面积
~assets 净资产
~balance 净余额
~benefit 净收益
~cememt grout 纯水泥浆
~cost 实际价格，成本
~cross section 净截面
~density 净密度
~density of population 净人口密度
~density product 国内净产值，国内生产净值
~site area 净占地面积，净工地面积，住房基地净面积；设计区净面积
~duty 纯能率，纯用水量
~earning 净利，净收益
~efficiency 净效率，有效率
~emigration 净迁出
~floor area 楼面实用面积，楼面净面积，地板（或楼层）净面积，楼层净面积（使用面积）

~gains 净收益额，纯收益
~head 有效水头
~immigration 净迁入
~income；net operating income 净收益，净收入
~income ratio 净收益率
~line 施工限制线；建筑线，红线
~load 净荷载
~loss 净损，净亏
~-migrants 净迁移人口
~migration 净迁移，（人口）净迁移
~migration loss 净迁出
~migration rate 净迁移率
~national product 国民净产值
~population density 净人口密度
~population growth 人口净增长
~price 实价，净价
~production value 净产值
~profit 净利，纯利
~rainfall 净雨量
~reproduction rate 净增长率
~residential area 居住（用地）净面积
~residential density 人口净密度，居住净密度
~result 最终结果
~room area 房间净面积
~-shaped cracking 路面网裂
~storey height 净高
~value 净值
~value added 净增值
~value of industrial output 工业净产值
~weight（简写 n. wt. 或 nt. Wt.）净重
~worth 净值
drainage~（英）排水网，排水系统网，下水道网络
space~ 空间网络

netizen 网民{计}

Nettle grub/Flattened eucleid caterpillar ***Thosea sinensis*** 扁刺蛾

Netted stinkhorn/veiled lady（***Dictyophora duplicata***）短裙竹荪

Net-veined Camellia ***Camellia reticulata Lindl.*** 云南山茶花

network 网络；网络图，广播网，电视网；网，网状物；网状系统；网络，统筹方法中（由活动和事项组成）的流线图；道路网；河网；网状电路；网织品
~adjustment 站网调整
~analyzer 网络分析器（仪）{计}
~analysis 网络分析，站网分析
~coding 路网编码
~configuration 网络节构
~connection 联网，网络联接
~data model 网络数据模型，网状数据模型
~density 站网密度
~design 网络设计
~diagram 网络图
~examination 站网检查
~of distributor roads and pedestrian ways 分流道路和步行道路网
~of flight strip 航线网
~of highway 公路网
~of pipe lines 管网
~of pipes 管道网
~of rail road 铁路网
~of rail ways 铁路网
~of road 公路网
~of services 服务网，服务设施网

~optimization 站网优化
~plan 网络计划（方案，打算，方法，示意图，详图，平面图）
~planning technique 网络计划技术
~rule 网络控制，网络规律
~theory 网络理论 {数}
~type database 网络式数据库
~with junction points 结点网
activity~ 作业网络
air quality monitoring~ 大气质量监控网络
analog~ 模拟网络
balancing~ 平衡网络
bikeway~（美）自行车车道（慢车道）道路网
bridle path~（美）控制轨道网络，控制（竞走或自行车比赛中的）跑道网络
circle~ 环形网络
circulation~ 环形网络；（书报等的）发行网络；（消息等的）传播网络；（书信，通告等的）传递网络
computer~ 计算机网络
data~ 数据网络
digital~ 数字网络
environmental monitoring~ 环境监测网（络）
footpath~ 人行小径（人行道）道路网
geodetic survey~ 大地测量控制网
habitat~（动植物的）生境网
hiking~ 步行道路网
horse riding trail~（英）马道路线网
information~ 情报网
open space~ 开放空间网，绿地网
pathway~（物体运动的）路线网络
public utility~ 公用事业公司网络
road~ 道路网
services~ 服务性工作网，（包括公共交通、学校、医院等的）服务性事业网络，售后服务网，公共设施网服务网
transportation~ 运输网
urban road~ 城市道路网

neuston 漂浮生物

neutral 中立者，中立国；非彩色，齿的空当；中立的，中立国的；中性的无确定性质的；（颜色等）不确定的
~level 中立水平
~plant 中性植物
~section 中性部分
~zone 中间区，中立地带

neutron 中子，中性
~activation analyses（NAA）中性活化分析
~moisture gauge 中子测水仪

Neva Boulevard，**Petersburg** 涅瓦大街（彼得堡）

neve 粒雪，万年雪（冰河源的半冻雪）；冰原〈法〉

new 新的；新式的，新造的；新奇的；生的；新，新近
~Austrian tunneling method（NATM）新奥法
New Baroque 新巴洛克（建筑）
New Brutalism 新粗野主义〈主张混凝土木作装修，任其裸露粗糙表面〉
~building 新建筑
~city 新城市
New Communities at Harmony by Robert Owen（1825—1828 年美国印第安那州哈莫尼建设的）欧文新公社规划

~community 新社区
~community development plan 社新区发展计划
~construction 新建工程，新建筑，新建
~construction activity 新项目施工
~development 新开发，新发展
~development plan 新发展规划，新开发规划
~dwelling construction started 新建住宅开工数
New England Colonel（美国初期的）新英格兰格式（建筑）
~environmentalism（1949 年后美国出现的）新环境主义
New Equatorial Line Monument 新赤道纪念碑
~grant lot 新批地段
~growth capability（美）新长能力
~housing development 新式住房建筑的开发
~housing subdivision（美）新式住房建筑的再分（重分）
~industrial city 新兴工业城市
~industrial economic city 新工业经济城市
~introduction 新引进，新传入
New Jerusalem Monastery 新耶路撒冷寺
~leaves 新叶
~-located road 新定线道路
~-look 最新样式
~-make 新建的，才做好的
~-moon pool 月池
New Palace Gate 新宫门
~project 新计划（规划，方案，提议），新项目（课题）
~regionalism（美国）新地方主义（建筑）
New Siberia Science City 新西伯利亚科学城
~soil 生荒地，处女地
~s，stand 报摊
~substance 新物质，新材料
~town（大城市周围的）新城，新市镇
New Town Act（英）新镇法，卫星城法
~town development plan 新市镇发展计划
~town in town 城中城理论
~town in town（NTIT）城中新城
~town movement 新建设运动，新城运动
~towns around Paris 巴黎新城
~transportation system 新交通系统
~village 新村
New-Year painting 新年画，年画—反映新生活、新思想的中国现代年画艺术
New-Year picture 年画
New York master plan，1811 纽约城市总图（1811 年）
New Guinea Rosewood/Padauk/ Burmacoast Padauk *Pterocarpus indicus* 紫檀 / 红木 / 蔷薇木 / 花榈 / 青龙木
New Jersy Tea *Ceanothus americanus* 美洲茶 / 红根
new shoot 新梢
New York Aster/Tatarian Aster *Aster novi-belgii* 荷兰菊
New Zealand Cabbage Tree *Cordyline australis* Hook. f. 剑叶铁树 / 新西兰朱蕉（英国萨里郡苗圃）
New Zealand Flax *Phormium* 'Golden Sword' '金剑' 新西兰麻（英国斯塔福德郡苗圃）

New Zealand Flax *Phormium* 'Jester' '杰斯特'新西兰麻(英国斯塔福德郡苗圃)
New Zealand flax Harakeke *Phormium tenax* 新西兰麻(英国萨里郡苗圃)
New Zealand Spinach *Tetregonia expansa* 番杏
Newark Lake 纽瓦克湖(美国)
newcomer 移民
newel(旋梯)中柱
~post 中柱
~stair(旋梯)中柱楼梯
Newly 新近
~-built district 新区
~-laid 新铺的,新浇灌的
~rising city 新兴城市
news-stand 书报亭
news window 新闻图片栏
newspaper office 报社
newstand 书报亭
Newveltch Spruce *Picea neovetchii* 细叶云杉/刺儿松
next-door 邻居
Ngoc Ho Temple(Vietnam)玉壶寺(越南)
Ngorongoro Caldera Game Park(Tanzania)恩戈罗恩戈罗火山口野生动物园(坦桑尼亚)
Niagara Falls 尼亚加拉瀑布(位于加拿大美国交界处)
Niangzi Pass of the Gaeat Wall(Shijiazhuang, China)娘子关(中国石家庄市)
niche 龛,壁龛{建};适当场所;放在壁龛;安顿(在适当场所),小生境
~and cabinet 龛橱
~ecological(生态)位,洞

nidificating avifauna(营巢)作巢鸟类
nidifying birds(营巢)作巢鸟(禽)
Nie Er Monument in Fujisawa(Japan) 藤泽聂耳纪念碑(日本)
Nigella/Kalonji *Nigella sativa* 黑种草
night 夜(间),黑夜,黑暗
~blindness 夜盲症
~-cart 粪车
~construction noise 夜间施工噪声
~garden 夜花园
~joint 隔夜(施工)缝
~mark 夜间标志
~population 夜间人口
~shift 夜班
~soil 粪便,大粪
~-time lighting 夜间照明
~-time population density 夜间人口密度
~town 不夜城;夜市
~traffic 夜间交通
~vision 夜间视觉
frosting on a clear~ 晴夜降霜
Night Jasmine/Jasmine *Cestrum nocturnum* 夜丁香
Night monkey/douroucouli *Aotus trivirigatus* 夜猴
nightscape 夜景
night town 夜市,不夜城〈入夜后仍然灯光璀璨,夜生活蓬勃的城市〉
Night-blooming Cerus *Hylocereus undatus* 量天尺/三棱箭
Nightblooming Cestrum *Cestrum nocturnum* L. 木本夜来香
Nightingale *Luscinia megarhynchos* 夜莺/新疆歌鸲/夜歌鸲(伊朗两种国鸟之一)

ightshade ***Solanum lyratum*** 白英 / 白毛藤

ikita Botanical Gardens（**Ukraine**）尼基塔植物园（乌克兰）

ikko National Park（**Japan**）日光国立公园（日本）

ikko Toshyogu（**Japan**）日光东照宫（日本）

ilgai/blue bull ***Boselaphus tragocamelus*** 鹿牛羚 / 蓝牛羚 / 蓝牛

imbostratus 雨层云 {气}

imbostratus 雨层云

imbus 雨云 {气}，佛像光轮

ine 九

Nine-Dragon Pine 九龙松

Nine-Dragon Screen 九龙壁

~frontier military towns 九边重镇

Nine-Heaven Palace 九天宫

Ninebark ***Physocarpus opulifolius*** **Lady in Red** '红夫人' 荚蒾叶风箱果 / "红夫人" 北美风箱果（英国斯塔福德郡苗圃）

Ninebark ***Physocarpus opulifolius Maxim*** 北美风箱果

ninety 九十

~-degree parking layout 直角停车带

~parking row 直角停车带

Ninewing Amomum ***Amomum maximum*** 九翅豆蔻

Ningbo 宁波

Ningpo Deutzia ***Deutzia ningpoensis*** **Rehd.** 宁波溲疏

Nipple Eggplant/Papillate Nightshade ***Solanum mammosum*** 角茄 / 乳茄

Nippon bells ***Shortia uniflora*** 裂冠花 / 单花岩扇

Nippon Hawthorn ***Crataegus cuneata*** 野山楂

Nirvana/death 入灭

Nirvana Sutra 涅槃经

Nishihongan-Ji（**Japan**）西本愿寺（日本）

Nishiki Willow ***Salix integra*** **'Hakuro Nishiki'** 彩叶杞柳 / 花叶杞柳 / 金丝柳（美国田纳西州苗圃）

Nissen hut 尼森式活动房屋

nitrate 硝酸盐

nitre 硝石 / 钾硝石

nitric 含氮的；硝酸根的

~acid 硝酸

~oxide 含氮氧化物

nitrification 硝化（作用）

~bacteria 硝化细菌

nitrogen 氮

~balance 氮平衡

~content 氮容量，含氮量

~cycle 氮循环（自然界中物值守恒的一种图示）

~dioxide 二氧化氮

~enrichment 氮浓缩

~fertilizer 化学肥料(人工肥料)种类：钾肥，磷肥，石灰肥料，氮肥

~fixation 固氮作用

~indicator（species）氮指示器（种，类）

~oxide 氮氧化物

~peroxide 过氧化氮

~-rich 富含氮的

rich in~（近乎）纯氮

vaporizing of~ 氮气化（蒸发）

volatilization of~ 氮气化（蒸发）

nitrophlous species（植物）亲氮类

nival 雪的，多雪的，终年积雪地区的，生长在雪地附近的

~belt 多雪地区

~zone 多雪地带，多雪（动植物）分布带，多雪地区

nivation 霜蚀作用，雪蚀{地}

no 无，没有；不是；非，决非；不许，禁止

~–admittance area 非游览区

~horn 禁止鸣笛（一种交通标志）

~no–entry sign 禁止车辆驶入标志

~–fines concrete 无细（集）料混凝土

~–humping car storage 禁溜车停留线

~–passing 不准超车

~–passing line 不准超车线

~passing zone 不准超车区

~project option 未计划选择

~readout 未检出

Noble Bottle Tree ***Sterculia nobilis Smith*** 苹婆（凤眼果）

Noble Sanchezia ***Sanchezia speciosa*** **J. Leonard/S. nobilis Hook. f.** 金脉爵床/金鸡蜡

nobleman's residence garden 贵族宅园

nocturnal 夜（间）的；夜出的；夜间发生的；夜间时刻测定器{天}

~inversion 夜间逆温

~roost 夜间栖息，夜间进窝

Noctuid moths 夜蛾类（植物害虫）

nodal 形式的，波形的

~point 节点，（城市功能或交通道路的）交点

~region 结节地域，枢纽区，又称"节点区"

~urban area 结节点的城市地区

Nodding Billbergia ***Billbergia nutans*** 比尔见亚/比尔伯吉亚/垂花凤梨/狭叶水塔花

Nodding Onion ***Allium cernuum*** 垂花葱（美国俄亥俄州苗圃）

node 节点，结点

~point 节点，结点

nodule（不规则的）球，粒；小结；结核；根瘤；岩球{地}

~bacteria 结核菌

root~ 根瘤

Noerdlingen（**Middle Ages**）诺林根（中世纪）

noise 噪声，闹声；声音；作大声，喧闹；哄传

~abate 减少噪声

~abatement 减声，噪声防治，噪声控制

~abatement campaign 消除噪声运动

~abatement of green space 绿地消声功能

~abatement zone（英）噪声控制地带

~absorbing 消噪；噪声吸收

~–attenuation 减声

~attenuation forest 减声森林

~attenuation mound 减声土堤

~attenuation planting 减声人工林

~attenuation structure，planted 减声植物结构

~background 本底噪声

~baffle（英）噪声阻隔

~barrier 防噪栅，防噪栏，减声栅隔声屏障

~barrier wall 防噪声墙

~blanker 消噪装置

~bund（英）防噪声堤

~characteristics 噪声特性

~coefficient 噪声系数
~contour map 噪声升降曲线图
~control 噪声控制
~control in HVAC system 通风空调系统的噪声控制
~corridor 防噪声通道
~criteria 噪声标准值
~criterion curve [s]: NC–curve [s] 噪声评价 NC 曲线
~decibel level 噪声分贝等级
~dispersion，traffic（交通）噪声散布
~distortion 噪声畸变
~distribution 噪声分析
~effect 噪声影响
~elimination 消声
~energy 噪声能量
~exposures 声暴，噪声音响
~exposure map（美）声暴图谱
~exposure time 噪声音响时间
~factor 噪声系数，噪声因子，噪声因素
~figure 噪声系数，噪声指数
~immunity 抗噪性，抗扰性（度）
~impact 噪声冲击
~index 噪声指标
~insulation 噪声隔绝（法）
~level 噪声水平，噪声级
~level，ambient（环境）噪声水平
~level contouring 噪声水平测绘等高线
~level register 噪声水平自动记录器
~meter 噪声计
~nuisance 噪声干扰，噪声公害，噪声危害
~of airplane 飞机噪声
~pollution 噪声污染，噪声骚扰
~pollution level 噪声污染级
~precaution 噪声预防，防止噪声
~prediction 噪声预测
~–producing source 噪声发生源
~protection area 噪声防护区
~rating contour 噪声评价曲线
~rating number 噪声评价曲线，噪声评级数，降噪系数
~ratio 噪声比
~reduction 噪声降低，减声
~reduction by sound absorption 吸声降噪
~reduction coefficient 噪声减低系数
~regulation 噪声控制
~screen mound（英）噪声屏蔽土堤
~screening 挡噪屏
~screening facility 挡噪屏蔽设施
~–sensitive area 噪声敏感地区
~source 噪声源
~suppression 噪声消除
~zone 噪声区
consultant's report on~ 噪声咨询报告
precautionary measures against~ 对噪声预防测量
traffic~ 交通噪声
noiseless pavement 无噪声路面
noiselessness 无声
noiseproof green space 防噪绿地
noisiness 噪声；吵闹；噪度
Nolina recurvata Cercospora leaf spot 酒瓶兰叶斑病（*Cercospora* sp. 尾孢霉）
nomadic 游牧的，游牧生活的
~bird 流浪鸟，无定居鸟
~life 游牧生活
~population 流动人口
nomadism 游牧生活，流浪生活

nominal 名义上的，有名无实的
~accuracy of EDM 电磁波测距标称精度
~diameter 等容粒径
~discharge current 标称放电电流
~value of geometric parameter 几何参数标准值
nomogram 列线图，线解图，诺谟图，尺解图，计算图表
non-[词头]非，不，无
non [副]非，不是
~-accessed land（英）未开垦的土地，未开发的土地
~ageing 不老化的，经久的
~-agricultural population 非农业人口
~-air-entrained concrete 不加气混凝土
~-artesian water 非自流地下水（指无向上压力）
~-attendant service 无人服务（商店）
~-auto 非机动车
~-basic activity 非基础行业
~-bearing wall 非承重墙
~-bituminous material 非沥青材料
~-building area 非建筑用地
~-capillary 无毛细的，非毛细的
~-carbonate hardness 非碳酸盐硬度（永久硬度）
~-clear decision 模糊决策
~-cohesive soil 非粘性土，无粘结性土
~-combustible 非燃烧体
~-combustible building 防火建筑
~combustible component 不燃烧体
~-commercial recreation 非营业性游乐场
~-commercial traffic 非商业性交通
~-common section 非共同段
~-compactable substrate 不能压实的底土
~-competitive bidding 非竞争性招标
~-condensable gas；foul gas 不凝性气体
~-conforming use 不符计划用途，不合理使用
~-conservative pollutant 非持久性污染物
~-consumptive water 非耗损性用水
~-contamination atmosphere 未污染的空气
~-conventional energy 非常规能源
~-cropland 非耕地
~（-）decaying 不衰退的，不衰落的不衰变的，不腐败的
~-deleterious 无害的
~-designated area 未拨用地，未指定用地，待定用地
~-destructive test method 非破坏试验法
~domestic 非住宅用
~-domestic block 非住宅区
~-domestic building 非住宅楼宇
~-domestic construction 非民用建筑
~-domestic premises 非住宅用楼宇
~-domestic use 非住宅用途
~-ecclesiastical architecture 非宗教建筑
~-ecclesiastical building 非宗教建筑物
~-ecclesiastical Gothic（style）非基督教哥特式（建筑）
~enclosed basin 不闭合流域
~-erodible subbase 耐蚀底基层
~-essential 不重要的，次要的
~-farming population 非农业人口
~-ferrous materials 有色金属材料
~-fireproof construction 不防火建筑
~-firm power 备用电力，非恒供电
~-flood season 非洪水季节

~-freezing port 不冻港
~-freezing soil 非冰冻土，不冻土
~-frost susceptible material 不冻材料，霜冻不敏感材料
~（-）game species 非猎物物种
~-hazardous area 非灾害区域
~-homogeneity 不均匀性
~-hygienic area 非清洁区
~-ideal 非理想的，不理想的
~（-）indigenous species（尤指动植物分布）非本地物种
~-industrial land 非工业用地
~-labouring population 非劳动人口
~linear programming 非线性规划
~-luminous sign 无光标志
~manufacturing population 非工业人口
~-mechanical vehicle 非机动车
~-metal 非金属
~-metallic 非金属的
~-metals industry 非金属工业
~-metric camera 非量测摄影机
~-motorized traffic 非机动交通
~-motorized vehicle 非机动车
~-nails layouts 无钉铺设
~（-）native species 非本地产物种
~-negativity 非负值性
~-occupation 空置，未占用
~-official sign 非正式标志
~-operative vehicle-days 停驶车日
~-oriented free water 不定向自由水
~-passing minimum sight distance 最短超车视距
~-passing sight distance 停车视距
~-passing zone 禁止超车区
~-peak hours 非高峰小时，平时
~-peat mire 无炭泥沼泽
~-permanent housing 非永久性房屋
~-permeable soil sub grade 非渗水土路基
~place realm 非地域
~-point pollution 不定污染
~ -point pollution source 非点污染源（面污染源）
~（-）point source pollution 非点源污染
~-political city 非政治城市
~-polluted industrial waste water 生产废水
~-polluted industrial wastewater 无污染工业废水，生产废水
~-polluting auto 无污染汽车
~-pollution 无污染
~-pollutive technology 无污染工艺
~-potable water 非饮用水
~-pressure drainage 无压排水
~（-）preventable disturbance 不可预防的干扰
~-productive branches 非生产部门
~-productive construction 非生产性建设
~-productive construction investment 非生产性建设投资
~-productive population 非生产人口
~（-）profit（not-for-profit）housing association 非营利住宅协会
~（-）profit organization 非营利组织（机构）
~（-）profit organization suit（美）非营利组织高级管理人员
~（-）profit organization，litigation brought by a（英）通过非营利组织提起诉讼

~property 防滑性能
~(–) putrefying 非坏死，非化脓，非腐化（堕落，腐烂）
~–reinforced spread foundation 无筋扩展基础
~–renewable 不可再生的，不可更新的
~(–) renewable power source 不可再生能源
~–renewable resource 非再生资源
~–residential street 非居住区街道
~–return valve 止逆阀
~(–) rotting 非常规的
~–routine maintenance 非常规养护
~–rust steel 不锈钢
~–rusting solution 防锈剂
~–seismic region 非地震区
~(–) selective herbicide 无选择性的除莠剂（灭草剂）
~–skid (concrete surface) 混凝土（抗滑）糙面
~–skid 不滑的，防滑的
~(–) skid 不滑的，防滑的
~–skid device 防滑装置，防滑设备
~–skid pile 抗滑桩
~–skid properties（路面）防滑性能
~–skid quality 不滑特性，防滑特性
~–skid surface 不滑路面；不滑面
~–slip 不滑的
~–slip paint 防滑涂料
~(–) slippery 不滑的，非滑的
~–sparking floor 防火地面
~–staple food storage 副食库
~–staple food processing room 副食加工间
~–statutory planning 非法规划
~–stop overtaking station 越行站，不停车通过站（公路收费站）
~–structural measures of flood mitigatio[n] 防洪非工程措施
~–swelling 不膨胀的
~–topographic photogrammetry 非地形摄影测量
~–traditional material 非常用材料，非传统材料
~–traversable gallery 非人行廊道
~–unidirectional air flow 非单向流
~–uniform 不均匀的；不一致的，变化的；非均匀流（变速流）
~–uniform settlement 不均匀沉降
~–uniformly compressed elements 非均匀受压板件
~–urban land 非都市土地
~–waste technology 无废物工艺
~–work trip 生活出行，非工作出行
~–working population 非劳动人口
~–zero coefficient 非零系数

nonagicultural population 非农业人口
nondestructive test 非破坏性试验，无损试验
nondwelling facilities 非居住设施
nonfarm 非农业的
~population 非农业人口
~sector 非农业部门
nonfishing season（美）非捕鱼（钓鱼）季节
nonhunting season（美）非打猎（狩猎）季节
Noninfectious wilt of *Cordyline* 朱蕉枯萎病
Noninfectious wilt of *Lagerstroemia* 紫薇

枯萎病（病原非寄生性）

oninfectious wilt of *Ligustrum lucidum* 女贞枯萎病

oninfectious wilt of *Cycas* 苏铁枯萎病（病原非寄生性，干旱）

oninteracting control 非自律式控制，非相互控制

oninterlocking concrete paver 非制动式混凝土铺路机

onlinear 非线性的

~correlation 非线性相关

~hydrologic model 非线性水文模型

~plans 非线性规划

~programming 非线性规划

~system 非线性系统

onlinearity 非线性

onmetallic duct 非金属材料风管

onmetals 非金属材料

onmotorized vehicle lane 非机动车道，慢车道

nonplastic soil（美）无塑性土

nonproductive branches 非生产部门

nonprofit organization 非营利性机构

nonresidential 非居住用的

~building 非居住用建筑物

~constructure 非居住用建筑物

Non-spot japanese beetle *Popillia mutans* 无斑弧丽金龟

nonurban 非城市

~air 非城市空气

~source 非城市（污染）源

noon 正午，中午

nopal 仙人掌

Nopalxochia achermannii Kunth 令箭荷花

Norbulinka（Lhasa，China）罗布林卡（中国拉萨市）（**"the Treasure Park"**"宝藏花园"）

Nordmann Fir *Abies nordmanniana* 高加索冷杉（英国萨里郡苗圃）

Norfolk Island Pine（an araucaria，grown as an ornamental）*Araucaria heterophylla* 小叶南洋杉（南洋杉属，装饰植物），诺和克南洋杉

norm 规范，标准，定额，指标

~and quota in urban planning 城市规划定额指标

normal（简写 N. 或 n.）正常的；标准的，规定的；法向的，正交的；当量（深度）的{化}；正（链）的；{化}法线；垂直线；正常；标准；当量{化}；常量，常度

~age distribution 正常的年龄结构，正常的年龄分布

~annual runoff 正常年径流

~climate 正常气候

~coldest 3-month period；normal three winter months 历年最冷三个月

~coldest month 历年最冷月

~condition 正常状态，正常情况

~consolidation 正常固结

~coordinates 正坐标

~correlation 正态相关

~country 平坦地区

~curb 正常路缘

~discharge 最大效率流量，正常流量

~discharge sewage 一般家庭污水

~distribution 正规分布，正则分布，正态分布（高斯分布）

~domestic sewage 一般家庭污水，正常

浓度家庭污水
~fall method 正常落差法
~force 轴向力
~high water level（简写 N.H.W.L.）正常高水位
~hottest 3 - month period；normal three summer months 历年最热三个月
~hottest month 历年最热月
~incidence absorption coefficient 法向入射吸声系数
~（pool）level 水库设计（正常）蓄水位
~landform 正常地貌
~lighting 正常照明
~low water level 正常低水位
~procedure 常规
~process 正态过程
~section 正剖面
~sight 平视
~stress 正应力
~traffic increment 正常交通增长量
"Normals Type""正式"
~water level 常水水位
~water period 平水期
~width 标准宽度
~year 平水年（中水年），正常年
normality 正统性，正常状态
normalization 标准化，归一化；正常化，规格化
normally consolidated soil 正常固结土
normals 历年值，多年平均值，标准
Norman 诺尔曼，诺尔曼式
~architecture 诺尔曼式建筑
~crypt 诺尔曼式地穴
~Gothic style 诺尔曼哥特风格
~style architecture 诺尔曼风格（建筑）
normative 标准化的，规范化的
~model 标准模型
~scale 标准尺度
~planning 规范化规划
north（简写 N.）北（方），北部（的）来自北方的；向北，在北，自北方
North African architecture 北非洲建筑
North American architecture 北美洲建筑
~arrow 指北针
North Cascades National Park 北瀑布山国家公园（美国）
~-facing slope 向北面倾斜，北砌面倾斜
~frigid zone 北寒带｛气｝
North Gate 北门
~indicator（美）指北针
~latitude 北纬
~orientation（建筑物等）指北针指向点朝北
~point 指北针指向点
~pole 北极
~star 北极星
~temperate zone 北温带｛气｝
North Temple pagoda（Suzhou，China）（中国苏州市）北寺塔
~tropic 北回归线｛气｝
North American pika *Ochotona princeps* 北美鼠兔
North American Redbud *Cercis canadensis Forest Pansy* 紫叶加拿大紫荆（英国斯塔福德郡苗圃）
North China leopard *Panthera pardus japonensis* 华北豹
North China red fox *Vulpes vulpes tschiliensis* 北狐

orth Cinnamomon/Broadleaf Cinnamomon ***Cinnamomun septentrionale*** 银木 / 大叶樟 / 油樟 / 香棍子
orth Pole 北极
ortheast Chinese Ash/Manchurian Ash ***Fraxinus mandshurica*** 水曲柳
orthern 北方的，北部的，来自北方的
~Heavenly Gate 北天门
~hemisphere 北半球
~latitude 北纬
orthern Museum 北欧博物馆
Northern bank vole ***Clethrionomys rutilus*** 北岸鼠平 / 红背鼠平
Northern black chafer ***Holotrichia oblita*** 大黑鳃金龟
Northern bronze gudgeon ***Coreius septentrionalis*** 北方铜鱼
Northern fur seal/sea bear ***Callorhinus ursinus*** 海狗 / 海雄
Northern goshawk/ goshawk ***Accipiter gentilis*** 仓鹰 / 鸡鹰 / 黄鹰
Northern Highbush Blueberry ***Vaccinum corymbosum*** 高大越橘 / 北方高丛蓝莓（英国萨里郡苗圃）
Northern Japanese Magnolia ***Magnolia kobus*** **DC.** 日本辛夷(英国萨里郡苗圃）
Northern Kmeria ***Kmeria septentrionalis*** 单性木兰
Northern Red Oak ***Quercus rubra*** 北方红橡木（美国田纳西州苗圃）
Northern sparrow hawk/ sparrow hawk ***Accipiter nisus*** 雀鹰 / 鹞鹰
Northern tuna/longtail tuna ***Thunnus tonggol*** 青金枪鱼 / 青甘金枪鱼
northwest of China 中国的西北部
northwester 西北大风
Norway Maple ***Acer platanoides Crimson King*** 紫叶挪威槭（英国斯塔福德郡苗圃）
Norway Maple ***Acer platanoides*** **L.** 挪威槭
Norway Pine 挪威红松
Norway Spruce ***Picea abies*** **L.** ***Karst*** 欧洲云杉 / 挪威云杉（美国田纳西州苗圃）
Norwegian architecture 挪威建筑
Nose 鼻；物端；突出部；机头 { 机 }；（桥墩）尖端；地角；船头；接近端；（交通岛，行车道分隔带的）端部，引道的尽头；嗅；探寻；（船、机车等）冲进
~-to-kerb parking（英）靠路缘停车
~to nose 顶对顶
~-to-tail 首尾相接
Notable Rhododendron ***Rhododendron arizelum*** 夺目杜鹃 / 斜钟杜鹃
notation 标志，符号音标，标志法；计数法
~regulations，plan（英）标志规定
notch 凹槽，凹口；刻痕；小路，垭口，路堑〈美〉；劈植；刻凹槽，作凹口；放入凹槽
~groove 刻槽
~planting（英）劈植种植
Notchleaf Sea Lavender ***Limonium sinuatum*** 深皮叶补血草 / 勿忘我
note 笔记，摘录；注解；[复] 草稿；记号；票据，注意；记；加注解；加记号；注意，指示
~book 记录簿；笔记簿；期票簿

~delivery（英）交货清单
~form 记录格式，记录表格
information~（英）信息（情报，资料）摘录
public prequalification bidding~（美）公开提前取得投标资格信息
public prequalification tendering~（英）公开提前取得投标资格信息
notebook computer 笔记本式计算机
notekeeping 记录
notice 注意；公告，通知；（报纸，上）短评，评介；注意到，提及；通知；（在报上）评介
~board 通知栏，布告板
~of a call 催款通知，催交股款通知
~of contract award，written 合同签订通知
~to commence 开工通知，开工令
notification 通知，通告，通知书
~of award 获奖通知书
~of contract award，written（英）合同签订通知书
notified party 被通知方，被通知人
notion 概念；见解，想法
The~of landscape as a text with encoded meaning，a place of memory and association，an experiential space in which to stroll and enjoy the unfolding of sequential views or to sit quietly and ponder the thoughts prompted by the impressions of scenery upon the sense—these fundamentals were common to both East Asian gardens and the gardens developed in England in eighteenth century. 景观的概念作为一种具有编码意义的题目，作为记忆和联想的地方，作为漫步和享受系列风景展开的体验空间，或者坐下来静静地沉思风景对感觉所带来的印象——这些基本要素对于东亚园林以及后来 18 世纪在英国所发展的园林是共同的。
notional 概念上的，观念的；理论的，抽象的；想象的；名义的，象征的
Notodontid moths 舟蛾类（植物害虫）
Notre-Dame D' Afrique（**Algeria**）非洲圣母院（阿尔及利亚）
Notre-Dame de Paris（**France**）巴黎圣母院（法国）
nouveau（法）新艺术派形式
novel design 新颖设计
novelty 新奇，新颖；新事物
Novosibirsk 新西伯利亚（1958 年扩建的西伯利亚第一大城市）
noxious 有害的；有毒的
~fumes 有害气味
~fungus 有害真菌类植物
~gases 有害气体
~industry 有害工业
~product 有害产品，有毒物
~substance 有害物质（材料，东西）
~substances，concentration of 有害物质浓缩
~substances，emission of 有害物质散发
~waste pollution 固体废弃物污染
~weed 有害的杂草
NR contour 噪声评价曲线
NRC 降噪系数
NTIT（**new town in town**）城中新城
nuclear 核的，有核的，含核的；原子核的，核子的｛化｝；核心的

~city 单核城市
~device 核设备（或装置）
~engineering 核工程
~fall-out 核散落物
~family 核心家庭（由父母与子女组成的单位家庭）
~fuel reprocessing plant 核燃料后处理工厂
~fusion 核聚变{物}
~part of city 城市的中心部分
~-plant 核工厂
~pollution 核污染
~power（原子）核动力
~power plant 核电厂
~power station 核电站，核电站建筑
~powerstation 核发电站，原子发电站
~proliferation 核扩散
~radiation（原子）核辐射
~reaction（原子）核反应
~reactor（原子）核反应堆

nucleus 核心，中心，基点

nude land 不毛之地

Nui Ngu Hanh（Vietnam）五行山（越南）

Nui Non Nuoc（Vietnam）山水山（越南）

Nui Tam Dao（Vietnam）三岛山（越南）

Nui Thien An（Vietnam）天印山（越南）

nuisance 障碍，妨碍；公害；妨碍的事物；烦麻事（或人）
~-free 无公害的
~ground 垃圾场
~value 有害物指标
gaseous~（有关）气体公害
noise~ 噪声公害
odorous~ 有气味公害

nuisances，environmental 环境公害，环境障碍

null hypothesis 原假设（零假设）

nullah 沟壑，峡谷；（干枯的）水路，河床
~bridge 沟壑桥，峡谷桥
~bund road 防洪渠旁道路

number 数（目）；数字；数值；号码；第……号（简写NO.）；数，计算；记号数，编号
~and percentage of unemployment 失业人数和失业率
~concentration；particle number concentration 计数浓度
~of births per 1000 population 每千人出生人数
~of dwellings 住房量，住房套数
~of dwellings built 住宅建设量
~of dwellings completed 住宅竣工量
~of dwellings in course of construction 住宅在建量
~of dwellings in course of erection 住宅在建量
~of（departures of）emigrant 迁出人口数
~of flowers 开花量
~of households 户数
~of（arrivals of）immigrants 迁入人口数
~of inhabitants（常住）居民数
~of individuals 个体（个人）编号；个体量
~of lot 地段编号，规划用地号数
~of nuclear family 核心家庭数量
~of persons employed 就业人数
~of persons per household 平均每户人数，户均人口
~of population 人口数

~of precipitation days 降水日数
~of rain 降雨日数
~of rain days per year 年降雨天数
~of sample 样本组数
~of species，decline in 物种减少量
~of（housing）starts（住宅）开工量
~of storeys，permitted（英）许可的楼层数
~of stories，permitted（美）许可的楼层数（story=storey）
~of "takes" 成活率
~of the household 家庭人口数
specification item~ 说明项目（条目，条款）编号
visitor~ 参观者（游客）数量，访问者数量

numbering 编号

numeral data 数据，数字资料

numerical 数字的，用数字表示的
~analysis 数值分析
~coefficient 系数
~invariant 不变数
~model of groundwater 地下水数值模型
~value 数值

nunnery 女修道院，尼庵，庵
~church 修道院

nuptiality rate 结婚率

Nuremberg（**Middle Ages**）纽伦堡（中世纪）

nurse 护士；护理，保育，照料，培养，扶植
~bed 苗床（育苗用）
~crop 护理作物（庄稼），育秧
~crop of woody plants 护理木本植物
~grass 培育禾本科植物，护理牧场（草地）
~plant 培养植物

nursemaid bed 苗床

nursery 托儿所，幼儿园，苗圃，苗床园艺圃；温床；养鱼场；生产绿地
~and kindergarten 托幼建筑
~bed 苗床，苗圃
~-bred stock（美）苗圃繁殖树木储备
~field 苗圃地，苗床地
~for tree 树木苗圃
~garden 苗圃，园艺圃，生产园地
~-grown stock 成年树木储备
~hand 苗圃工人
~home 小型私人医院
~of trees 树木苗圃
~school 幼儿园（学校）
~specialist，tree 树木苗圃专家
~stock 由苗圃供应的成批树苗
~stock，advanced（英）先进的苗木储备
~stock，large 大量苗木储备
~stock，quality of 苗木，苗木质量
~stock，quality standards for 苗木质量标准
~stock package material 苗木包装材料
~stock，specimen 苗木样品（抽样，标本）
~trade（美）苗木贸易（交易）
day~ 白天托儿所
field~ 田间苗圃
forest tree~ 林区树木苗圃
municipal~ 市营苗圃，市苗圃
perennial~ 多年生植物苗圃
perennials test~（美）多年生植物试验苗圃

plant~ 栽种苗木
site~ 苗木假植沟
sod~（美）（铺草坪用的）草皮苗床
temporary site~ 苗木假植沟
Tree~（英）树木苗床
turf~（英）（铺草坪用的）草皮块苗床
nurseryman 苗圃工作者
nursing 护理，保育
~facilities 保育设施
~home（英）私立医院，小型医院，家庭病床，疗养院，养老院
~room 哺乳室
nurture 培养；教育；发展
nut 坚果，硬果（如胡桃）；（非正式）疯子，怪人
~college 精神病疗养院
~factory 精神病疗养院
~farm 精神病疗养院
~-tree 坚果树，胡桃树
Nutgrass Cypressgrass *Cyperus rotundus* 香附子 / 莎草根
Nutmeg *Myristica fragrans* 肉豆蔻
Nutmeg Pelargonium *Pelargonium odoratissimum* L. Ait 豆蔻天竺葵
Nutria/coypu rat/swamp beaver *Myocaster coypus* 河狸鼠 / 海狸鼠
nutrient 营养的；营养物，营养品；养分
~absorption 养分吸收
~assimilation（美）营养吸收
~capital（美）营养品资源
~content 营养品成分（含量）
~cycle 养分循环
~cycling 养分循环（交替）
~deficiency 养分缺乏
~demands 营养需求
~enrichment 营养丰富
~fixation 营养固定
~grassland 营养（水分充足）草地
~immobilization 营养固定
~import(s) 营养物质的提供
~inflow 养分流入
~input 养分输入
~mobilization 养分释放
~needs 营养缺少（欠缺），营养需要
~pool 营养库
~-poor 营养品缺少，营养品质差
~requirements 营养品需要，食物需要
~-rich 富营养的，富养分的
~storage capacity 营养品贮藏容量
~stress 营养品（食物）重要性
~supply 营养品供应（补给）营养品满足
~transfer 养分转移
~transport 营养物输送
~uptake 营养摄入
~vaults 营养储备
plant~ 植物养分，植物营养品
nutrient solution injection 树干注射营养液
nutrients 营养物质
~availability of 营养物质的可用性
buffering of~ 营养物质缓冲液
leaching of~ 营养物质滤取
loss of~ 营养物质损失
reserve of~ 营养物质储备
nutrition 营养；食物，滋养物；营养作用，营养学
plant~ 植物营养学

nutritional 营养的
~resources 营养资源
~source 营养源
Nux Vomica/Snake Wood/Poison Nut *Stryhnos nux-vomica* 马钱 / 蛇根树
NW China Spunsilksage *Seriphidium nitrosum* 新疆绢蒿 / 西北绢蒿
nylon 尼龙，（聚酰胺纤维的统称）耐纶〈一种人造纤维，即用煤、水和空气制造的坚韧人造丝〉
~anchorage net（美）尼龙网
~fabric 尼龙织物
~fiber 尼龙纤维
nymphaeum 古罗马花园休息场所〈有喷水、雕像、花木等〉

O o

O and D（origin-destination survey）起讫点调查

O horizon O 地平线，O 视平线，O 人工地平

oab 栎木，橡木

oak 橡，栎树，槲；橡木，栎木；橡木（制）的

~copse（英）栎树矮林（萌生林）

Oak Ridge 橡树岭

~scrub（美）栎树低矮丛林

oak *Quercus* 栎（属）/ 橡树（属）

Oak Moss ***Pseudevernia prumastri*** 槲苔 / 栎之肺

Oakleaf Hydrangea ***Hydrangea quercifolia*** 栎叶绣球（美国田纳西州苗圃）

Oakleaf Hydrangea ***Hydrangea quercifolia*** **'Ice Crystal'** '冰晶' 栎叶绣球（英国斯塔福德郡苗圃）

Oaks gall sawfly ***Cynips*** **sp.** 槲柞瘿蜂

oasis（沙漠中）绿洲，沃洲｛地｝

oasis cultivation 绿洲耕作

oat 燕麦，雀麦，麦片粥

Oats/Groats ***Avena sativa*** 燕麦

Obateleaf Holly ***Ilex rotunda*** **Thunb.** 铁冬青

Obedience Plant/Arrowroot ***Maranta arundinacea*** 竹竿

obelisk 方尖碑，方尖塔，方尖石柱

Oberlander，Cornelia Hahn 卡妮利亚·汉·奥博兰德，加拿大风景园林师，IFLA 杰里柯爵士奖获得者

object 目的，目标；物体，实物

~control for construction project 项目目标控制

~function 目标函数

~program 目标规划

~space coordinate system 物空间坐标系

objection 异议，反对；障碍；缺点

objections and supporting representations 反对和支持的意见

objective 客观的；目标的，目的的；物镜｛测｝；目标，目的

~aesthetic 客观美学

~aesthetics 客观的美学

~analysis 客观分析

~angle of image field 像场角

~appraisal 目标评价，客观的评价

~condition 客观环境

~function 目标函数

~idealism 客观唯心主义

~laws 客观规律

~management 目标管理

~of survey 调查目的

~parking lot 规定附设停车场

~，planning 规划目标（目的）

~probality distributions 客观事物的概率分配

~set 目标体系

~space 目的空间

~view 配景

obligation 义务，责任；契约；证书；债务
~of client 顾主的义务，顾主的责任
~of organizations to provide housing 住房分配
~of private property 个人资产证书
~to a bid，binding（美）投标契约
~to a tender，binding（英）投标契约
~to preserve existing plants（英）保护现有植物的义务（责任）
~to take out professional liability insurance 订立职业保险契约
guarantee fulfil(l)ment~ 保证履行契约
legal~ 法律义务，法律责任，符合法律条文的契约
maintenance~ 养护义务（责任）
oblique（倾）斜的，斜交的；倾斜；歪曲
~aerial photograph 倾斜航摄像片
~air photograph 倾斜航摄像片
~bridge 斜桥
~compartment 倾斜地形
~crossing 斜交叉路
~error 倾斜误差
~intersection（美）斜向交叉
~perspective 斜角透视
Oblique Pinna Brake *Pteris oshimensis* 斜羽凤尾蕨
Oblique-leaf Ceriman *Monstera obliqua* 'Leichtlinii' 斜叶龟背竹
obliteration 涂去，清除，消灭；磨损
~，soil（美）污物清除，土壤清除
Oblong Kumquat *Fortunella margarita* 金橘
Oblongleaf Litse *Litsea rotundifolia* var. *oblongifolia* 豺皮樟
Oblongleaf Zinnia *Zinnia angustifolia* 小百日草
Oblong-leaved Maple *Acer oblongum* 飞蛾槭/飞蛾树
observation（简写 **obs.**）观察；观测[复]观察报告
~balloon 观测气球
~boardwalk（英）观察（木板）人行道
~elevator 观光电梯
~error 观测误差
~groups 分组观测
~in questionnaire form 填表式的调查
~of the work 现场检验，现场视察
~point 观测点
~points 观测点
~port 观察窗
~post；observation pillar 观测墩
~station 观测站，气象台
~well 观测井
~well of ground water 地下水观测井
array~ 台震观测（地震）
astronomic(al)~ 天文观测
direct~ 直接观测
distance~ 远距观测，遥测
indirect~ 间接观测
long-term~ 长期观测
protective eyrie~（美）禽鸟防护巢穴观察
visual~ 目测，目视观察；直接研究法
observational data 观测资料
observatory 观象台，天文台，气象台，观测站，天象台
observed 实测的
~data 实测资料
~flood 实测洪水

observing 观察的，观测的

~station 观测站；气象台

~tower 观测塔；气象塔；测量觇标

obsolescence 陈旧（建筑），过时（建筑）

~allowance 折旧

obsolescent housing 过时住房

obsolete road 废弃道路

obstacle 障碍（物）

obstacle view，view barrier 障景

obstetric hospital 妇产医院

obstruct 阻碍，阻挠，妨碍

~the traffic 阻碍交通

~the view 阻碍视线

obstruction 阻碍；闭塞，遮断；障碍物

~restriction surface（机场周围）障碍物限制面

~，view 视力（视域，视野）阻碍

obtain 得到，获得

obtaining a mutual agreement on planning proposals 对规划提案取得共识

obtainment 获得，达成

Obtuse Leaf Rosewood *Dalbergia obtusifolia* 钝叶黄檀

Obtuseleaf Cinnamon *Cinnamomum bejolghota* 钝叶桂 / 假桂皮 / 土桂皮

Obtuseleaf Shortstyle Camellia *Camellia obtusifolia* 钝叶短柱茶

Obtusifolia Peperomia *Peperomia obtusifolia* 圆叶椒草

occasion 场合，机会，时机；原因

occasional 偶然的，非经常的，特殊场合的，临时的

occasionally flooded riparian woodland 偶发泛滥的河滨林区

occluded water 吸留水

occlusion 吸留，包藏；闭塞

occupancy 占有，占用；居住；被占用的建筑物，建筑物的被占用部分；占有率

~factor 人均占住房面积数（由此可得楼层居住人数）

~permit 居住证；使用执照；职业许可证

~rate 住房占用率，个人居住面积率

~rate of hotel 旅馆利用率

~rate of storage area 库场利用率

~standards 居住标准

~study 车位占用调查

~time 占用时间

occupant 居住者，占有者

occupation（简写 occ）职业，工作；占有，占用，占领；占有权；占有地，居住

~classification 职业分类

~composition 职业构成

~distribution 人口职业分布

~，holiday（英）假日活动（居住）

~number 占有数

~period 使用时间，占有时间

~probability 占有概率

~road 专用道路

~structure 职业结构

Land~（英）土地（田地）占用

occupational 职业的

~census 职业统计调查，职业普查

~class 职业组

~classification 职业分类

~composition 职业组成

~disease 职业病

~diseases 职业病

~division of labour 职业分工
~health 职业卫生{医}
~index 职业指数
~mobility 职业流动性
~noise 职业噪声
~pattern 就业结构
~specialization 职业专门化
~structure 职业结构

occupied 在使用的；施测的
~area 在使用的面积，占用面积
~station 施测站

occupier（土地、房屋的暂时）占用者，住户

occurrence 发生；出现；遭遇；存在；事件
~of soils 土的形成

ocean 海洋；无限，无量
~beach 海滩，海滨
~current 海流
~circulation 海洋环流
~city 海洋城市
~climate 海洋性气候
~engineering 海洋工程，海洋工程学
~outfall 入海河口
~pollution 海洋污染
~port 海洋港口
~resource development 海洋资源开发
~shipping 海运
~space 海洋空间
~transport 海运

oceanarium 海洋馆

oceanic 海洋的，海的
~basin 洋盆
~condition；sea state 海况
~current 海流，洋流

oceanics 海洋工程学

oceanite 大洋岩

oceanogenic sedimentation 海洋沉积（作用）

oceanology 海洋开发技术，海洋学

octagon 八边形，八角形

octagonal 八角形的
~building 八角楼，八角形建筑物
~dungeon 八边形城堡
~donjon 八边形城堡
~keep 八角楼
~spire 八角形尖塔
~tower 八角塔

octastyle 八柱式建筑
~temple 八柱式庙宇

octastylos 八柱式建筑物

octave；**octave band** 倍频程

October Glory Maple ***Acer rubrum*** **'October Glory'** 十月灿烂红枫 / '十月光辉'红枫（英国萨里郡苗圃）

octobolite 辉石

Octopus Tree/Ivy Tree ***Schefflera octophylla*** 鹅掌柴 / 鸭掌木

OD chart（**origin and destination chart**）（交通）起讫表，OD 表

OD data（**origin and destination data**）（交通）起讫点资料

OD（**origin and destination**）出行起讫，（交通）起讫

OD study（**origin and destination study**）（交通）起讫调查，**OD** 调查

OD survey（**origin and destination survey**）**OD** 调查，（交通）起讫调查

OD table（**origin and destination table**）**OD** 表，（交通）起讫表

O-D traffic 起讫点交通

odd 奇数的，单数的；零星的，多余的，剩下的；不完全的，无配对的；偶然的，临时的，不固定的；附加的，补充的；奇异的，特别的

~-lot development（美）零星交易量开发

~-pitch roof 不规则坡度屋顶，怪坡屋顶

odeon 演奏厅，剧场

Odessa Tunnel（**Ukraine**）敖德萨地道（乌克兰）

odeum（古希腊、罗马）音乐厅，奏乐堂

Odontoglossum/Lace Orchid/Star of Columbia ***Odontoglossum crispum*** 瘤瓣兰 / 皱齿瓣兰

odor 气味；香气；臭味

~concentration 臭气浓度

~control 臭气防治

~effect 气味影响

~emission 臭气排放，臭气发散

~evaluation 臭气评价

~intensity index 臭气度（指数）

~nuisance 恶臭公害

~pollution 臭气污染

odorless 无气味的

odorous 有气味的

~annoyance 气味刺激

~nuisance 气（味）害

odour 气味，香味，臭味

~trap 凝气阀，防臭瓣

emission of~ 气味排放

off 之外；之后；脱离，离开；关，停，闭；休息；完，光；离开，隔开；掉下；休息的，空闲的；远的

~bound traffic 出境交通，外向交通

~-colo(u)r industry 炭黑工业

~crowning [AUS] 修剪树冠

~duty 下班

~-gas 废气

~highway truck 越野载重车，马路禁行的重车

~hours 业余时间

~-limit 止步，禁止通行

~-line operation 脱机作业

~peak hour（交通的）非高峰小时

~-peak hours 非高峰时间，非繁忙时间

~-road parking 道路外停车

~-road vehicles 路外行车，驶离路外车辆

~-scum 废渣

~-season 淡季

~-shore drilling 近海钻井

~shore platform；self-elevating platform 海上作业平台

~-site disposal of surplus material 场外处理剩余物质

~-site work 场外工程

~stream water uses 河道外用水

~-street entrance 路外进口

~-street parking 路外停车

~-street parking lot 路外停车场

~street parking space 街(道)外停车场，路外停车场

heading~[NZ] 树冠修剪

offensive behavior 侵犯行为

off grade product 等外产品

office 办公处，办公室，事务所；政府机关

~area 办公区

~automation（简写 OA）办公自动化
~automation system 办公室自动系统
~block 办公楼集中街区，办公楼
~-block 办事处集中的街区
~building 办公楼，办公建筑
~employee 办公室雇员，办事处（营业所，事务所）雇员
~expenses 办公费，事务费
~industry 事务所工业
~landscape 景观式办公室布置
~layout 办公室室内设计
Office of the Charge d'Affaires 代办处〈法〉
~park 商务园
~practice 业务实习
~record 内业记录
~room 办公室
~skyscraper 摩天办公大楼
~submission 公开投标
~tower 办公大厦，高层办公楼
~work 内业，室内工作，业务工作
~worker 公务人员
Building Permit Office（美）营造业执照办事处
land registry~（英）土地登记处办公室
local planning~（美）地方性规划办公处
State Historic Preservation Office（美）国家历史古迹保护局
structural engineering~ 建筑工程办公室，建筑工程师行业事务所

officer 官员，工作人员；（团体，医院等）干事；职员；军官；高级船员
~in charge 主任，主管人员
~，State Historic Preservation（美）国家历史古迹保护官员（工作人员，干事）

official 公务上的，职务上的；正式的；法定的；公务人员，职员
~capital 国家资本
~gazette（政府）公报，官报
~holiday 法定假期，法定假日
~map 正式地图
~phytosanitary certificate 植物检疫办公室
~plan 法定规划，正式规划
~publication 政府出版物
~sample 法定样品，规定样品
~seal 公章
~submission 公开投标
~town planning 法定城市规划
Building~（美）建筑职员，营造业职员

Officinal Magnolia ***Magnolia officinalis*** 厚朴

offlet 路边引水沟；放水管

offset 旁支；偏移，偏心，位移；失调；横距；偏置；抵消，补偿；支距
~house 错层建筑
~intersection 错位式交叉
~，wall 围墙变形，堤坝水平断错

offsets take 外移桩

offsetting 支距测法｛测｝；位移，倾斜；偏心距
~open space（美）剩余空地

offshore 海滨；离开海岸的，向海面的
~area 离岸区，近岸海域
~bank 海滨外浅滩
~beach 海滨外滩
~bench 近海岸台，近岸海蚀台
~breakwater 岛式防波堤
~terminal 离岸式码头
~wind 吹开风，离岸风

Ogawa Jihei 小川治兵卫（1860—1933），

日本近代作庭师

Ohrid Lake 奥赫里德湖（Albania，Yugoslavia）（位于阿尔巴尼亚与南斯拉夫边境）

oil 油；（有时指）石油，铺路油；沥青材料；油分；浇油，涂油，加油；润油

~chemical works 油脂化工厂

~content 含油量

~conveying pipe 输油管

~cooler 油冷却器

~depot 油库，油站

~dock 油码头

~feed 给油，加油

~field 油田

~gas 石油气

~industry 石油工业

~line 油管

~paper 油纸

~pipe 油管

~pipe-line（输）油管

~pipeline 输油管

~plant 炼油厂

~platform 石油钻井平台

~polluted waters 石油污染的水域

~pollution 石油污染，油污

~pollution accident 石油污染事故

~pollution，shore（海滨）石油污染

~-protecting floor 耐油地面

~-refinery（精）炼油厂

~separator 分油器，隔油器；隔离油箱设备，隔油池

~slick（美）涂油装饰

~-slick portion（路面）油滑地段

~spill（美）溢油

~spills 溢油

~storage 汽油贮油库

~supply pier 供油码头

~tank washing plant 油罐车洗刷所（洗罐站）

~tanker 油船；油罐车，油轮

~tanker security 油船安全

~terminal 石油码头

~transportation station 输油站

~waste 含油废物，含油废水

~wastewater 含油废水

~well 油井

used~ 余油，残余油

Oil of Ben Tree ***Moringa oleifera*** 辣木 / 山葵树

Oil Sindora ***Sindora glabra*** 油楠

Oilpalm/African Oilpalm ***Elaeis guineensis*** 油棕

Oily Malania ***Malania oleifera*** 蒜头果

Oily Persimmon ***Diospyros oleifera Cheng*** 油柿

oily waste 含油废水，含油废物

Okame Cherry Tree ***Prunus*** **'Okame'** '才力'樱花（美国田纳西州苗圃）

okapi（***Okapia johnstoni***）霍加狓 / 獾加狓

Okra/edible abelmoschus /***Hibiscus esculentus*****/** 溽茄 / 黄秋葵 / 秋葵

oktastyles（古希腊神庙的）八柱式

old 老的，年老的，旧时的，过去的

~-age home 养老院

~-age population 老年人口

~balance 上期结余

~channel 古河道

~Chinese prints 中国古代版画

~city 旧城

~district 旧城区
~dwelling（unit）老年人住宅
~-field succession 农业荒地演替
~growth 原始生长的，成熟的
~-growth forest（美）原始森林，成熟林
~hand 熟练工人
~industrial region 原工业区，老工业区
“~” loess 老黄土
Old Mdina City（Malta）姆迪纳古城（马耳他）
~part of a city 老城区
~people 老年人（更多时是指大于70–75岁的人口）
~people’s community center 老年活动中心
~people’s home 养老院，老人之家
~population 老年（型）人口
~quarry（美）旧采石场；废弃跑马场
~Red Sandstone（series）老红砂岩（统）（泥盆记）{地}
~ruins 古迹，遗迹
~stone age 旧石器时代
~-style garden 旧式花园
~times 从前，往年；古代
~town 古镇，古城

Old Fashioned Snowball Viburnum *Viburnum opulus* ‘roseum’ 欧洲木绣球‘玫瑰’（美国田纳西州苗圃）

Oldham Daphniphllum *Daphniphyllum oldhami* 虎皮楠

Oldham Fissistigma *Fissistigma oldhamii* 瓜馥木 / 飞杨藤

Oldham Sinocalamus/Oldham Bamboo *Bambusa oldhami* 绿竹 / 坭竹 / 长枝竹

Olduvai Gorge（Tanzania）奥杜瓦伊峡谷（坦桑尼亚）

Old-woman Cactus *Mammillaria hahniana* 玉翁

Oleander/Rose Bay *Nerium indicum* 夹竹桃（阿尔及利亚国花）

Oleander Flowered Rhododendron *Rhododendron neriiflorum* 火红杜鹃 / 夹竹桃杜鹃花

Oleander Podocarpus *Podocarpus neriifolius* D. *Don* 百日青

Oleander scale/Ivy scale/Orchid scale *Adpidiotus hederae* 圆盾蚧

Oleaster *Elaeagnus ebbingei Gilt Edge* 金边埃比胡颓子（英国斯塔福德郡苗圃）

Oleaster *Elaeagnus* × *ebbingei* 埃比胡颓子（英国斯塔福德郡苗圃）

Oleic Camellia *Camellia oleifera* 油茶

Olga Bay Larch/Changbai Larch /*Larix olgensis* var. *changbaiensis* 长白落叶松 / 黄花松 / 黄花落叶松

Oligocene epoch 渐新世

Oligoclase 奥长石

oligomitic facies 海陆过渡相

oligosaprobic 低污染的，轻污染的
~waters 低污染水域，低污染水体
~zone 轻度污染带

oligotrophic 寡营养的，（湖泊，池塘等的）贫营养的
~bog 贫营养沼泽
~condition 贫营养状态
~lake 贫营养湖
~watercourse 贫营养河道

oligotrophy 贫营养

Olmsted，Frederick Law 弗雷德里克·劳·奥姆斯特德，美国风景园林师，

当代风景园林行业创始人

lin, Laurie 劳瑞·欧林，美国风景园林师、教育家

live/Common olive ***Olea europaea*** **L.** 油橄榄 / 齐墩果（希腊国树）（英国萨里郡苗圃）

live ***Olea europaea*** **var.** ***Europaea*** 欧洲橄榄 / 橄榄

live baboon ***Papio anubis*** 猎神狒狒 / 绿狒

live flounder/bastard halibut ***Paralichthys olivaceus*** 牙鲆 / 偏口鱼 / 比目鱼

liveblo Calathea/Rattle Snake Plant ***Calathea insignis*** 肖竹芋 / 紫背竹芋 / 披针竹芋 / 箭羽竹芋

live-like Foliage Rhododendron ***Rhododendron oleifolium*** 橄榄叶杜鹃 / 云南杜鹃

liver Linden /Oliver Basswood/ ***Tilia oliveri*** 粉椴 / 椴木

liver Maple ***Acer diverianum*** 五裂槭

liver Plumyew ***Cephalotaxus oliveri*** 篦子三尖杉 / 篦子粗榧

livine 橄榄石

lympia Village 奥林匹亚村

Olympic Stadium 奥林匹克体育场

Olympieion（Greece）奥林帕斯神庙（希腊）

ombrogenous peatland 雨水造成的泥炭地

ombrograph 自计雨量器

ombrometer 雨量器，雨量计 {气}

ombrophilous bog 嗜雨沼泽地区

~cloud forest，tropical（热带）嗜雨云雾森林

~forest 嗜（喜）雨森林

~peatland 喜雨泥炭地

ombrotrophic bog 需雨营养的沼泽地区

Omei Actinodaphne ***Actinodaphne omeiensis*** 峨眉黄肉楠 / 峨眉六驳

Omei Chain Fern ***Woodwardia omeiensis*** 峨眉狗脊蕨

Omei Mountain Acuba ***Aucuba omeiensis*** 峨眉桃叶珊瑚 / 青皮树

Omei Mountain Bamboo ***Bambusa omiensis*** 慈竹

Omei Mountain Cymbidium ***Cymbidium faberi*** **var.** ***omeiense*** 峨眉春蕙 / 春蕙

Omei Mountain Rose ***Rosa omeiensis Rolfe*** 峨眉蔷薇

Omei Parapmeria（拟）***Parapmeria omeiensis*** 峨眉单姓木兰

Omei Phoebe ***Phoebe shereri*** **var.** ***omeiensis*** 峨眉紫楠

Omei Shield Fern ***Polystichum omeiense*** 峨眉耳蕨

Omei Violet-purple Rhododend ***Rhododendron netidulum*** 峨眉光亮杜鹃花

omnibus 公共汽车，公共马车

omnidirectional 不定向的，全向的

omnipresent 无所不在的，普遍存在的

Omnrensis leaf spot of ***Ligustrum lucidum*** 女贞叶斑病（***Phyllosticta ligustri*** 女贞叶点霉）

Omnrensis leaf spot of ***Sansevieria*** 虎尾兰叶斑病（***Fusarium moniliforme*** 串珠镰刀菌）

Omoto Nipon-lily ***Rohdea japonica mica*** **（Thunb.）Roth** 万年青

omphacite 绿辉石

omphacitite 绿辉岩

on 关于，在…上，在…里，靠近…，在…旁，沿着…，向，朝，针对，凭…，处于…，在…的时候，通过…，以…方式

~a broad scale 大规模地

~duty 上班

~Housing Problems 论住宅问题

~line operation 联机作业

~-off passengers 上下车旅客

~shore wind 吹拢风，向岸风

~-site construction 就地建造

~-site construction material，就地建造材料

~site construction supervision 就地建造管理（指导，监督）

~soil investigation 现场土调查

~soil，volume of 现场土体积（容量，容积）

~stilts 吊脚

~-street parking 沿街停车

~supervision，constant 固定管理

~-the-job training（美）在职培训

~-the-spot 实地

~-the-spot inquiry 现场调查

~-the-spot investigation 现场调查，现场考察

~-year 大年

once 一次，一回；从前，曾经；一经，一旦；一次，一回；以前的

~a year, to be cut（英）一年一次（修剪）

~a year, to be mown（美）一年一次（刈草）

~-a-year cut meadow（英）一年一次草地割草

~establishment control network 一次布网

~mown meadow（美）一次草地刈草

oncoming traffic 迎面车流，对向交通

one 一，单

~-and-two pipe combined heating syste[m] 单双管混合式采暖系

~-bed dwelling unit 单人居住单元

~-bed flat 单人公寓

~center system（分区规划的）一中心方式

~-crop farming 一季耕作

~-family detached dwelling 一家独用的住房

~-family dwelling 私人住宅，单家住宅

~-family house 独户住宅

~-floor house 平房

~-horse town 乡村小镇

~lane 单车道

~-lane highway 单车道公路

~-layer planting system 单层种植方式

~-leaf masonry（英）单壁砖石建筑

~-person household 单身户

~-pipe circuit system 单管环行系统

~-pipe drop heating system 单管上行下给供暖系统

~-pipe drop system 单管上行下给系统

~-pipe hot water heating system 单管热水供暖系统

~pipe system 单管系统

~point perspective 一点透视

~-room apartment 单间房公寓

~-room flat 单间公寓，一居室公寓

~-room system 每户以一大室做灵活分间的住宅体系

~-roomed flat 单间公寓

~-sided masonry 单砌面墙

~-sided street 一面有房子的街
~-step cross beam 单步梁
~-stop shopping 在一处购买多种多量商品
~-storey house 单层房屋，平房
~-storey building 单层建筑物，单层房屋
~-third octave band；1/3 octave 1/3 八度的音程
~-tier masonry（美）单层砌体
~-way access 单行道路
~-way drainage 单面排水
~-way feeding 单边供电
~-way pavement 单向车行道
~-way ramp 单向匝道
~-way restricted zone 单向通行，限制区间
~-way road 单向线，单行线，单向路，单行路
~way service pipe system 单向供水
~-way street 单向街道，单行线，单向交通
~-way traffic 单向行车
~way water supply station 单向给水站
~year age groups 一岁年龄分组
~-year-old feathered tree（英）一年生羽状树
~-year-old wood 一年生新枝
~year's growth 一年生长
Oneflower Kingdonia ***Kingdonia uniflora*** 独叶草
One-humped camel/Dromedary camel ***Camelus dromedarius*** 单峰驼
One-lake-three-hill 一池三山
One-leaf Shield Fern ***Polystichum neolobatum*** 单叶耳蕨
Onepistil Alphonsea ***Alphonsea monogyan*** 藤春 / 阿芳
One-row Shield Fern ***Polystichum monotis*** 单列耳蕨
One-sided Echeveria ***Echevaria secunda Booth*** 石莲花
onflow 支流
onion 洋葱
onion（***Allium cepa***）葱头 / 洋葱
only-child family 独生子女户
Onuma National Park（**Japan**）大沼国定公园（日本）
opaque 不透明物；不透明的，不传热的，迟钝的
open 户外的；开的，开放的，敞开的，明露的，无遮盖的，开阔的；公开的；坦白的；不设防的；开；断（电路）；公开；开放；开辟；通向；订约，打开{计}；空地；露天
~air 露天，户外；空气
~-air museum 露天博物馆
~-air parking garage 露天停车库
~air plant 露天工厂
~air recreation 露天娱乐
~air shopping malls 户外商业街
~air swimming baths（英）露天游泳池
~air swimming pool 露天游泳池
~-air theatre 露天剧场
~arch 明拱
~area 开放地区，广场
~area factor（筛子的）开孔面积系数（以开孔面积占 50% 者为 1）
~area ratio 开孔面积率
~areas，social benefits of 露天广场对社

会的益处
~barbecue 露天烤炉
~beam construction 露梁结构
~bid 开标
~bidding 公开招标
~bridge 敞式桥
~building 开放建筑
~caisson foundation 沉井基础
~cast 露天矿，露天开采
~cast mine road 露天矿山道路
~cast mining 明挖采矿，露天采矿
~casting 露天开采
~centre，turnaround with（英）有露天中心的回车道
~channel 明沟，明渠
~channel drainage 明渠排水
~-channel flow 明渠水流
~channel hydraulics 明渠水力学
~circuit 断路，开（电）路
~city 不设防城市
~conduit 明渠，明管道
~country 空旷地区，野外
~countryside 空旷乡村
~culvert 明涵
~cut 明堑，明（开）挖；大（规模）开挖；露天开采（矿）
~cut drainage 明挖排水，路堑排水，明沟排水
~cut foundation 明挖基础
~cut method（开挖隧道的）明挖法；（埋管）开挖法
~-cut mining 露天采矿
~cut technique 露天开采技术
~cut tunnel 明挖隧道，明洞
~cutting 明堑，明（开）挖
~development 不受限制的开发
~district 未建成区，房屋稀少地区
~ditch 明沟，明渠
~ditch drainage 明沟排水
~drain（排水）明沟
~dredging process 明挖法，大开挖
~dug foundation 明挖基础
~dug reservoir 露天水池
~dump 露天垃圾厂
~economy 开放经济
~-ended landscape 开放的风景
~estuary 不冻河口
~excavation 明堑，明（开）挖
~field 开阔原野
~flame 明火
~for public inspection（美）开放公众检查
~freeway 高速通道
~freight storage 露天堆货场
~freight yard 露天堆货场
~garage 露天汽车库
~garden dancing place 园林露天舞池
~garden theater 园林露天剧场
~ground 天然地面，无保护层的地面
~grounds 空地
~harbo(u)r 自由港
~hearth 平炉
~housing 房屋，住房；[美]黑人白人的混合居住
~hunting area 开放的狩猎区
~land（美）开阔土地，开放土地，自然区
~land，extensive（美）广开阔地
~land requirement 开放土地要求，农村土地需要

~land，unzoned（美）无建筑开阔地带
~landscape layout 大空间景观 / 园林布局
~levee 敞堤，开口堤
~line 车站交通线
~-line city 带形城市
~loop control 开环控制
~market 自由市场，露天市场
~market rent 市面租金
~market rental 市面租值
~market value 公开市场价值
~meadow in a forest 森林中开阔草地，林区中开阔草地
~mining 露天开采，露天矿
~orchard grassland（美）开阔果园草地
~orchard meadow（英）开阔果园草地
~outside court type 外院式平面布置
~parking ground 露天停车场
~peristyle court 周围列柱的院场
~pier on piles；high pile wharf 高桩码头
~pit 采石场，露天开采坑
~-pit 露天开采的矿山
~-pit mine 露天矿
~-pit mining 露天开采
~place 开放式市场
~plain 开阔平原
~-plan system 开敞式平面布置方法
~planning 自由式平面布置，开敞布置
~port 对外贸易港，自由港，（全年）不冻港
~pricing 公开定价
~question 自由询问，公开询问
~recycling system 露天循环系统
~reservoir 露天水池，集水坑
~return 开式回水
~-road capacity 无阻碍道路通行能力
~road ditch 明路沟
~road drain 道路排水明沟
~season 开放季节，狩猎开放季节
~shop（不受工会约束的）自由商店
~sided building 侧敞开式大楼
~-sided multi-stor（e）y garage 侧敞开式多层车库
~space 游憩用地，空旷地，绿地，旷地，开放空间，空地，自由用地，公共用地，开敞用地，无建筑物区域（如公园、森林、草坪、休息场所等）
~space compensation area 游憩用地（开放空间）补助区
~space corridor（美）游憩用地（开放空间）走廊
~space design 游憩用地（开放空间）设计
~space needs 游憩用地（开放空间）需要
~space network 绿地（开放空间）网
~space pattern/system，combined 联合绿地（开放空间）模式（系统）
~space pattern/system，concentric 同心绿地（开放空间）模式 / 系统
~space pattern/system，interfingering 相互贯穿绿地（开放空间）模式 / 系统
~space pattern/system，linear 线形绿地（开放空间）模式 / 系统
~space pattern/system，radial 放射状绿地（开放空间）模式 / 系统
~space plan 绿地（开放空间）布置图
~space planning 绿地（开放空间）规划
~space policy（美）游憩用地（开放空间）政策

~space ratio 绿地（开放空间）率
~space ring，green 环状绿地
~space standard 绿地（开放空间）标准
~space structure plan，green 绿地（开放空间）构造规划
~space system 开放空间系统
~space system forming a radial pattern 辐射状绿地（开放空间）系统
~space system of peninsular 半岛状绿地（开放空间）系统
~space，common（美）公共绿地（开放空间）
~space，community（英）社区绿地（开放空间）
~space，green 绿色开放空间，绿地
~space，landscaped 景观美化的开放空间，园林化的绿地
~space，offsetting（美）由于建筑物建设时绿地没达标，而出现的补偿的绿地（开放空间）
~space，private 私人绿地 / 游憩用地（开放空间）
~space，public 公共绿地 / 游憩用地开放空间
~space，use of 绿地 / 游憩用地（开放空间）使用（利用）
~spaces，general plan for urban（美）城市绿地 / 游憩用地（开放空间）总体规划
~spaces，provision of 提供绿地（开放空间）
~spaces，requirements for 绿地（开放空间）必要条件
~spaces，suburban green 郊区绿地（开放空间）
~storage area 露天存货用地
~surface method 明挖法
~system 敞开式系统，开放系统，装配式房屋，装配式体系（建筑）
~tender 开标
~tendering 公开招标
~terrace 露天阶地
~terrain 开阔地形
~–terrain wind 旷野风
~–terrian wind model 开阔地带风模型
~territory 空旷地区
~–timber house 露木房屋
~–to–public area 游览区
~track（铁路）直通线，开放线，车站交通线
~trench 明渠，明沟
~trench tunnel 明挖隧道（露天开挖式）
~type break water；permeable break water 透空式防波堤
~ wharf；open jetty 透空式码头
~user 土地用途不受限制
~water 地表水
~–water width 敞露水面宽
~wharf area 露天码头面积
~–wharf mooring island 系泊岛式码头
~working area 露天工场
leisure in the~ 露天休憩

opencast 露天开采
~mine 露天矿
~mining 露天开采

opencut 明挖
~coal mill 露天煤矿
~mining 露天开采

opened 开口的，开放的，敞开式的
~coastal city 沿海开放城市

~recirculating cooling water system 敞开式循环冷却水系统
~track circuit 开路式轨道电路
opening 开放；开始；孔，口，穴，隙；空隙，通道，无林地，疏林空地；空地；开放的；开始的
~date，bid（美）开标日期
~for drainage 排水孔，泄水口
~of bids 开标
~of tenders（英）开标
~rate 开口比
~section 开放区间，供用区间
~time 开放时间
~up of tree crowns 树冠展开
bid~（美）投标开始，投标开标
clear~ 净孔，净空
earth~ 地面空地，土穴
minutes of bid~（美）开标会谈纪要
openness 开放性
openspace 公用空地
openwork 露天开采，露天矿
opera 歌剧
~house 歌剧院，剧场
Opera House，Sydney 悉尼歌剧院
Opera Theater 戏楼
operating 操作的，工作的；经营的；投产
~accident rate 运行事故率
~agency（美）经营代理处，经营经销处
~capacity 工作交换容量
~control point 闸楼，工作基点
~cost 运行成本
~distance 线路运营长度
~engineer 施工工程师
~expense 营运费，营业费，行车费
~fund 周转金
~hours 操作小时
~life 使用（工作）寿命
~line of cargo handling 装卸作业线
~locomotive 运用机车
~maintenance 日常修理
~manual 操作规程，操作（手册），使用指南
~mine 生产矿，生产矿井
~mode 工况，工作状态，工作制度
~performance 操作性能
~pressure 操作压力
~program 操作程序，运算程序{计}
~radius 作用半径
~railway 运营铁路
~range 作用半径
~record 操作记录
~repair 维护检修
~specification 操作说明书，使用说明书
~speed 运行速度，实际车速，最佳车速
~system 操作系统
~technique 操作技术
~time 运行时间；操作时间
operation 工序；操作，工作；运行；运转；经营，营运；实施；运算；运筹；手术{医}
~cost 营运费，经营费
~cycle 操作周期
~flow chart 操作流程图
~，hoeing 锄草工作
~instruction 使用说明书
~of appropriation 拨款程序
~sign 行车标志

~skills 操作技巧
~specification 操作规范
~time 操作时间
all-weather~ 全天候作业
construction~ 施工程序
felling~ 伐木工作
filling~ 填土工作，填塞工作
grading~ 土工平整工作，平土工作
industrial plant~ 工厂运行
maintenance~ 维修工作（操作）
manual~ 手工操作
preliminary~ 初步工序，准备工序
quarrying~ 采石工作
real-time~ 实时操作，实时运算
safe~ 安全工作
site~ 现场实施，现场（操作）
sprigging~ 绿化；种子、幼苗和嫩枝移植工艺
tree clearing and stump removal~（美）树木清除和树桩排除操作

operational 动态；运行的，操作（上）的，工作的，业务的，（可供）使用的；计算的
~forecasting 作业预报
~life 使用年限
~safety ground motion 运行安全地震震动
~time 可操作时间

operations，planting 种植操作
~analysis 运筹分析｛数｝

Operations Research Society of America（简写 ORSA）美国运筹学学会
preparatory~ 预备性工作（工程）

operative 工作的，操作的，运转的，有效力的；实施的；（制造厂等的）职工，工人
~constraint 有效约束
~decision 营运决定，经营决策

Operculate Waterfig ***Cleistocalyx operculatus*** 水翁 / 水榕

ophthalmologic hospital 眼科医院

opinion 意见，见解
~poll 民意测验
~sounding 民意调查
~survey 民意调查，意向调查
expert~ 专家意见
prepare an expert~ 准备专家鉴定

Opium Poppy ***Papaver somniferum*** 罂粟

Opopanax/Sweet Acacia ***Acaia farnesiana*** **L. Willd.** 金合欢（澳大利亚国花）

opossum（***Didelphis marsupialia***）负鼠

oppidan 城市居民，城里人；走读生

opportunities，recreation（休养）机会

opportunity 机会
~cost 机会费用，时机代价
~loss 机会损失
~model 机会模型
~study 机会研究，设想研究

opposed movements 对向运行

opposing traffic 对向交通

opposite 相对的，对向的
~joint 相对式接头（对接）
~planting 对植
~scenery 对景

Oppositeleaf Fig ***Ficus hispida*** 对叶榕

opposition 对抗，反对；对立，对置，对向；障碍物；（天）冲；（月）望
~group，highway（美）（高速公路）反对群体
~group，nuclear power（美）核能（动

力）反对群体

psearch 运筹学

ptic(al)（简写 OPT）光（学）的；视力的，眼的，视觉的

~angle 光角

~art 视觉艺术

~automatic ranging（简写 OPTAR）光学自动测距仪

~axis of camera 摄影主光轴

~condition of rectification 纠正光学条件

~engineering 光学工程

~fiber 光导纤维，光纤

~fiber communication 光纤通信

~guidance（对驾驶员）视线引导；视光诱导

~image processing 光学图像处理

~instrument 光学仪器

~measurement of distance 光学测距

~mechanical rectification 光学机械纠正

~model 光学模型

~projection 光学投影

~stereoscopic model 光学立体模型

optics 光学，光学器件

optimal 最佳的，最理想的

~control 最优控制

~design of control network 控制网优化设计

~land utilization 节约用地

~point 最佳点

~transportation network 最优化运输网

~value 最优值

optimization 适宜，合宜；优选（法），最优法，最优化｛数｝

~calculation 最优化计算

~criteria 最优化原则

~technique 优选技术｛数｝

~technique system 最优化技术体系

combinatorial~ 组合优化

optimize（使）适宜，（使）适合；乐观

optimizing 使…尽可能完善的，使…发挥最大效益的

optimum（简写 OPT）最佳的，最适宜的，最优的；最适宜点；最佳情况，最适宜条件

~city size 最佳城市规模，城市合理规模

~consumptive use 最佳耗水量，最佳耗用量

~density 最佳密度，适度密度

~design 最优设计，最佳设计

~development 适度发展

~environmental quality 最佳环境质量

~gradation 最佳级配

~linear prediction 最佳线性预测

~location 最优区位

~moisture content 最佳含水量

~population 适度人口

~population of theory 适度人口理论

~program 最优方案

~reverberation time 最佳混响时间

~size 最合理的规模

~speed 最适宜速度

~speed；critical speed 临界速度

option 选择；可选择的东西；选择权；任意，随意；有特权买卖

~fee 附加费，供选择方案，选择权利

~，'no project'"零方案"选择

~of urban plans 城市规划决策

preemptive~（美）优先选择

optional 任意的，随意的；任选的，可

选的；选科（美）

~port(s) 自由港

~specification item 可选（产品等的）说明书项目，任选工程设计（书）项目

~traffic 非必要的交通

spicatum~（英）配椽子

OR（operation research）运筹学

oral 口头的，口述的，口试（美）

~agreement 口头协议，口头合约

~communication 口头传达，口头沟通

~history 口述历史

~presentation 口头表示

orange 桔（子、色、树），橙黄色，柑；橘色的，橙黄色的

~–red 橙红色

~osmanthus 丹桂（金桔）

~tree 柑橘树

Orange Daylily/Daylily/Tawny Davlilv ***Hemerocallis fulva*** 金针菜 / 萱草

Orange Erysimum ***Erysimum aurantiacum***（***Bunge***）**Maxim.** 七里黄

Orange Firethorn ***Pyracantha angustifolia***（**Franch.**）**Schneid.** 窄叶火棘

Orange Jasmine/Common jasminorange ***Murraya paniculata*** 九里香

Orange Magnoliavine ***Schisandra sphenanthera*** 华中五味子

Orange New Zealand Sedge ***Carex testacea*** 橘红苔草（英国斯塔福德郡苗圃）

Orange Osmanthus ***Osmanthus fragrans*** **var.** ***aurantiacus*** 丹桂

Orange Primrose ***Primula aurantiaca*** 橙红灯台报春 / 橙黄报春

Orange-breasted green pigeon ***Treron bicincta*** 橙胸绿鸠

Orange-breasted trogan ***Harpactes oreskios*** 橙胸咬鹃

Orange-cheeked waxbill ***Estrilda melpoda*** 橙颊梅花雀 / 金山珍珠鸟 / 锦花鸟 锦华鸟

Orange-eye Butterfly-bush ***Buddleja davidii*** **Franch.** 大叶醉鱼草

Orange-flanked bush robin ***Luscinia cyanurus*** 橙胁蓝尾歌鸲 / 蓝点冈儿 / 青翁 / 蓝尾杰

Orangenblume ***Choisya ternata*** 墨西哥橘（英国萨里郡苗圃）

orangery 柑桔园，养桔温室

Orangeyellow Amomum ***Amomum aurantiacum*** 红壳砂仁

orangutan ***Pongo pygmaeus*** 猩猩

oratory 小礼拜堂

Orbicular Primrose ***Primula orbicularis*** 圆瓣报春花 / 圆瓣黄花报春

orchard 果（树）园，瓜果园

~garden 果树园，果木园，果园

~grassland，open（美）开阔的果园草场

~meadow，open（英）开阔的果园草地

~planning 果园规划

orchestra level 池座层

~pit 乐池

orchid 红门兰属，兰花

Orchid Pavilion，Shaoxing 绍兴兰亭

Orchid Canna ***Canna orchioides*** 兰花美人蕉

Orchid Iris/Fringed Iris/Water Flag ***Iris japonica*** 花公草 / 蝴蝶花

Orchid Tree/Buddhist Bauhinia ***Bauhin-***

ia variegata 羊蹄甲
rchis 红门兰属，兰花
rdeal 苦难经历；严峻考验
rder 次序；阶{数}；位；秩序；等级；指令；命令；定货；定单；命令；定货
~bill 定料单，定货单
~lists 定货清单
~of sceneries 景序
~of the day 议事日程
change~（美）改变次序（指令、定单）
compulsory purchase~（英）必购货定单
condemnation~（美）作废定单
soil ~（美）土壤等级
tree preservation~（英）树木保管指令
use class~（英）使用分类指令
rderly bin（路旁的）废纸箱，垃圾桶
rders，competition standing（英）竞赛章程
~of architecture 建筑柱式，建筑风格
ordinance 规格；法令，条例，布告
~，aesthetic（美）美学规格
~datum 规定基础
~load 规定荷载
city~（美）城市法令
legal~ 法律条例
nature conservation~ 自然保护条例
town~（美）城市法令
tree preservation~（美）树木保养法令
zoning~（美）城市区法令
ordinary 一般的，普通的
~construction 一般建筑
~constructure 一般建筑
~household 普通住户
~landscape 一般景观 / 园林
~ lighting luminaire 普通照明灯具
~open space 一般开放空间
~sight distance 视距，一般视距
~steel bar 普通钢筋
~water level 常水位
ordinate 纵坐标
Ordination-Terrace Temple（**Beijing，China**）戒台寺（中国北京市）
ordonnance 建筑物布局，建筑配置；法令，法规
Ordovician period 奥陶纪
Ordos Sagebrush ***Artemisia ordosica*** 黑沙蒿 / 沙蒿 / 鄂尔多斯蒿
ore 矿，矿石
~body 矿体
~deposit 矿床
~dressing 选矿
~industry sewage 采矿工业污水
~mass 矿体
~mineral 矿物，矿砂
~terminal 矿石码头
Oread Rhododendron ***Rhododendron oreotrephes*** 女山神杜鹃 / 山育杜鹃 / 山生杜鹃
orebed 矿床
orebody 矿体
orefield 矿区，矿产地
Oregano/Marjoram ***Origanum vulgare*** 牛至 / 野生马约兰（英国斯塔福德郡苗圃）
Oregon Grape ***Mahonia aquifolium*** **'Apollo'** '阿波罗'冬青叶十大功劳（英国斯塔福德郡苗圃）
Oregon Maple ***Staphylea forrestii*** 枫树，大叶枫
Oregon Pine ***Pinus ponderosa*** 美国黄松，

花旗松

organic 有机的{化}；组织的，器官的；不施化肥（或农药）的；有机物

~acid 有机酸

~analogy of city 城市有机体论

~architecture 有机建筑，有机建筑理论

~binder 有机结合料

~binding agent 有机结合料

~cation 有机阳离子

~clay 有机黏土

~compound 有机化合物

~debris 有机岩屑

~decentralization 有机疏散，有机性疏散

~detritus 植物有机碎屑

~farming 有机培植

~fertilizer 有机肥料

~fertilizing 有机肥料，施有机肥料

~fiber 有机纤维

~gardening（美）有机园艺（学）

~glass 有机玻璃

~growth 自然发展

~horizon 有机生物界

~kitchen waste（英）有机厨房废物

~material 有机材料

~matter 有机物（质）

~matter content 有机质含量

~matter，soil（土壤）有机物质

~mud 有机泥土

~pollutant 有机污染物

~pollution 有机污染

~soil 有机质土

~sphere 生物界

~turnover 有机物质分解（腐烂）

organism 有机体，生物组织；组织，机构；微生物

~，injurious 有害微生物

soil~ 土壤有机体

organisms，soil 土壤有机体

organization 组织；编制；机构，团体

~chart 组织机构层次示意图

~coordination for construction project 项目组织协调

~cost 筹备费

~of urban spaces 城市空间组织

~structure 组织结构

nature conservation~ 自然保护（大自然保护）机构

non-profit~ 非营利组织（机构）

professional~ 职业性组织

regional economic integration~ 区域经济一体化组织

self~ 私人组织

organize 组织，编成；创办，发起；有机化

organized 有组织的，参加组织的

~air supply 有组织进风

~exhaust 有组织排风

~natural ventilation；controlled natural ventilation 有组织自然通风

~use of leisure time 有组织使用休闲时间

Oribi ***Ourebia ourebia*** 奥羚 / 侏羚

orient 东方，东方诸国（指地中海以东各国）；东方的，上升的，灿烂的；使朝东，使适应，确定方向

oriental 东方的

~arbor-vitae 侧柏

~architecture 东方建筑

~garden 东方园林

~plane tree 悬铃木，法国梧桐

Oriental Arbor-Vitae/Chinese arborvitae *Platycladus orientalis* L. *Franco* 侧柏（扁柏）

Oriental armyworm *Pseudaletia separata* 黏虫 / 行军虫 / 夜盗虫 / 剃枝虫 / 五彩虫 / 麦蚕

Oriental Bittersweet *Celastrus orbiculatus* Thunb. 南蛇藤

Oriental black swallowtail *Papilio bianor* 碧凤蝶

Oriental Blueberry *Vaccinium bracteatum* Thunb. 乌饭树

Oriental Cherry *Cerasus serrulata* 山樱花 / 绯寒樱

Oriental Fountain Grass *Pennisetum orientale* Richard 东方狼尾草

Oriental fruit moth *Grapholitha molesta* 梨小食心虫

Oriental greenfinch *Carduelis sinica* 东方金翅 / 黄楠鸟 / 绿雀 / 黄弹鸟 / 黄豆鸟

Oriental hobby *Falco serverus* 猛隼

Oriental Itoa *Itoa orientalis* Hemsl. 栀子皮 / 伊桐

Oriental Magpie-robin *Copsychus saularis* 鹊鸲 / 猪屎渣 / 吱渣 / 信鸟 / 四喜（孟加拉国鸟）

Oriental mole cricket *Gryllotalpa orientalis/Gryllotalpa africana* 东方蝼蛄

Oriental moth/Yellow cochlid *Cnidocapa flavescens* 黄刺蛾

Oriental Oak *Quercus variabilis* 栓皮栎 / 厚皮栎

Oriental Paperbush *Edgeworthia chrysantha* Lindl. 结香（三桠）（英国萨里郡苗圃）

oriental pickling melon *Cucumis melo* var. *conomon* 菜瓜 / 越瓜 / 白瓜

Oriental Planetree *Platanus orientalis* 法国梧桐 / 悬铃木

Oriental Poppy *Papaver orientale* 东方罂粟花（英国斯塔福德郡苗圃）

Oriental sailfish *Histiophorus orientalis* 东方旗鱼

Oriental Sesame *Sesamun indicum* 胡麻 / 油麻 / 乌麻

Oriental sheatfish *Silurus asotus* 鲶

Oriental Sweet Gum *Liquidambar orientalis* 东方枫香树 / 苏合香

Oriental Thuja *Platycladus*（*Thuja*）*orientalis* 'Aurea Nana' 黄金侧柏（英国斯塔福德郡苗圃）

Oriental tobacco budworm/Cape gooseberry budworm *Helicoverpa assulta* 烟实夜蛾 / 烟夜蛾 / 烟青虫

Oriental Variegated Coral-bean *Erythrina variegata* var. *orientalis* 刺桐 / 山芙蓉 / 广东象牙红

Oriental velvety chafer *Serica orientalis* 东方绢金龟

Oriental weasel/yellow weasel *Mustela sibirica* 黄鼬 / 黄鼠狼 / 元皮

Oriental White Oak *Quercus aliena* Bl. 槲栎

orientation（建筑物）朝向，方位；定位；定向，标定方向；向东

~and levelling 取正定平

~coefficient of clear sky 晴天方向系数

~line 标定线 { 测 }

~point 定向点
~to sun 向太阳定向，向恒星定向
north~ 北定向，N 定向
solar~ 日光定向
south~ 南定向，S 定向
visual~ 目视定向

oriented strand board（**OSB**）定向木片板

orienting line；**heading line** 方位线

orifice 洞口，通气口
~feeding 孔板送风

origin 出行源，起源，来源；成因；原点{数}，起点
~and destination 起讫点
~and destination chart（OD chart）（交通）起讫表，OD 表
~and destination data（OD data）（交通）起讫点资料
~and destination study（OD study）（交通）起讫调查，OD 调查
~and destination table（OD table）OD 表，（交通）起讫表
~and destination traffic 起讫点交通
~cohesion 原始粘聚力
~destination study 起讫点调查
~-destination survey 起讫点调查
~of coordinate 坐标原点
~of curve 曲线起点
~traffic 起点运输
of foreign~ 移植源，外来源
tree of seedling~ 幼苗树木来源

original 原始的，最初的，原状的；原生的{地}；原物；原文；原型
~asphalt 原生（地）沥青，天然（地）沥青
~bench mark 水准原点
~cohesion 原始凝聚力，天然凝聚力
~contour 原始轮廓
~data 原始资料，原始数据
~design（简写 OD）原设计；独创设计
~documents 原始单据
~edition 原版
~evidences 原始证据，原始凭证
~function 原始功能
~picture 原图
~record 原始记录
~resident 原有居民
~sin 原罪
~state 初始状态
~text 原文

originality 独创性，创造力；创新，独特，新颖；固有，原本

originating 发源，来自，产生，起始，起航，引起，创始，开创，发明
~traffic 始发交通
~traffic volume 始发交通
~treatment 初次处理；原来处理
~work 原著

origination 创办；改造；发起，发源；起点；起因
~area（美）发源区，创办区域，创始区
~area，recreation 游览起点区

ornament 建筑的造型、构造和色调均华丽夺目，盛饰建筑；装饰品；装饰
~brick 釉面砖

ornamental 装饰的；观赏的
~animal 观赏动物
~architecture 庭园建筑，园林建筑；盛饰建筑
~beast 观赏兽类

~bird 观赏鸟类
~flower 观赏花
~flower bed 观赏花圃
~foliage plant 观叶植物
~forest 风景林
~garden 观赏植物园
~gardening 观赏园艺
~glass 装饰玻璃
~grass 观赏禾本科植物
~grass，arching 成拱的观赏禾本科植物
~grasses 观赏禾草类
~horticulture 观赏园艺，观赏园艺学
~insect 观赏昆虫类
~iron work 装饰铁件
~pattern 观赏模式
~perennial 多年生观赏植物
~pillar 华表
~plant 观赏植物
~plant horticulture 观赏植物园艺
~plantation 风景林，观赏林
~planting 观赏种植
~plants area 观赏植物区
~rose bush（英）观赏月季（玫瑰）丛
~sculpture 装饰性雕塑
~section 观赏树木区
~shrub 观赏灌木
~tree 观赏树木
~trees and shrubs 观赏乔木和灌木
~treesand shrubs 观赏树木
~vessel 庭园雕刻装饰
~well 装饰井，观赏用井
~woody plant 观赏木本植物

Ornamental peach *Amygdalus persica* L. var. *persica* f. *duplex* Rehd. 碧桃

ornamentation 装饰（术）；装饰品

ornamented architecture 盛饰建筑，华丽建筑

ornithological 鸟类学的
~station 鸟类学科学考察站

ornithologist 鸟类学家，鸟类学专家

ornithology 鸟类学

orogen 造山地带 { 地 }

orogenesis 造山运动 / 造山作用

orogeny 造山运动 / 造山作用

orographic(al) 山志的，山形的 { 地 }
~character 山势特征，地形特征
~condition 山形状态，地形条件
~effect 地形影响，地形效果
~factor 地形因素
~influence 地形影响
~precipitation 地形性降雨
~rain 地形雨

orography 山志学（即山岳形态学）{ 地 }

orology 山理学（即山岳成因学）{ 地 }

orphan 孤儿；失去母兽的小动物；无人照管的；被遗弃的
~asylum 孤儿院
~contaminated site 废弃污染场地
~land（美）废弃的土地

orphanage 孤儿院

orpine 紫花景天（植物）

Ornamental Aglaonema *Aglaonema pictum* 斑叶亮丝草 / 斑叶万年青

Orris Root/Fleur-de-lis *Iris germanica* var. *florentina* 泽芳

Orthoclase 正长石

orthod（美）砂岩 [层]

orthodox construction method 传统建筑法

Orthodox Eastern Church 东正教堂（即

正教教堂）

orthoeluvial weathered crust 正残积风化壳

orthogrape 正视图

orthographic plan 平面图

orthography of geographical names 地名正名

orthophotomap 正射影像地图

orthophyre 正长斑岩

orthoquartzite 正石英岩 / 沉积石英岩

orthostyle 列柱式建筑，柱廊式建筑

Osage Orange ***Maclura pomifera*** （**Raf.**）**Schneid.** 橙桑 / 桑橙 / 面包刺

Osakasuki Norway Maple ***Acer palmatum*** **var.** ***Osakazuki*** '红灯笼'鸡爪槭（英国萨里郡苗圃）

oscillate 摆动，振动

oscillation 摆动，振动

osier 柳树；柳条

~-bed 柳园；柳林

~twig 细柳枝（嫩枝）

~willow 筐柳

Osmanthus 木犀属植物，桂花 {植}

Osmanthus/Sweet Osmanthus ***Osmanthus fragrans*** 桂花 / 木樨

osmosis 渗透作用

osmotic 渗透的

~membrane 渗透隔膜

~pressure method 渗透压法

Osmunda ***Osmunda japonica*** 紫萁

Osprey ***Pandion haliaetus*** 鹗 / 鱼鹰

ossuary 藏骨罐；藏骨堂；骨灰瓮

ostrich 鸵鸟

Ostrich Fern ***Matteuccia struthiopteris*** 黄瓜香 / 荚果蕨（美国田纳西州苗圃）

Otaki greenling/fat greenling ***Hexagrammos otakii*** 六线鱼 / 大泷六线鱼

other 另外的，其他的

~end of double working turn out 双动道岔乙端

~specified uses 其他指定用途

otter 水獭

out 向外；外出；在外；离开（城市、国家）；远离；去除；出现；突出

~bound traffic 出境交通

~building 外屋，附属房屋，外围建筑，附属建筑

~-city 郊区

~-door sitting space 室外起居空间，户外起居室

~-going population 迁出人口

~-group 外群体

~line 外形，轮廓；略图，大纲

~-migration 迁出，向外迁移

~of balance 不平衡

~of city park 市郊公园，市郊停车场

~of control 失控

~-of -doors 室外，露天

~-of-doors recreation（英）野外游览，户外娱乐

~of employment 失业

~of square 广场外的

~of town 出城；城外的

~of town park 市郊公园

~-of-town shopping center 城郊商业区

~work 户外工作；防御工事，城

outbound 向外的；向外地的

~platform 发送站台

~traffic 出境交通，外驶车辆（由市区驶向市外之车辆）

utbuilding 附属建筑物，外屋（指车库，谷仓等）

utcome 结果，成果；产量；输出（量）；出口，排气口

utcoming 出口（的），结果

~signal 输出信号

utcrop（岩层等的）露头；露出

~mining 露天开采

~of water 水流溢出口

outdoor 户外的；野外的

~advertisement 室外广告牌

~air design conditions 室外空气设计条件

~architecture 室外建筑

~area 露天区

~assembly 露天会场

~bathing complex（美）露天综合游泳设备

~bed 露地苗床

~calculate temperature 室外计算温度

~critical air temperature for heating 采暖室外临界温度

~critical illuminance 室外临界照度

~design dry bulb temperature for summer air conditioning 夏季空气调节室外计算干球温度

~design hourly temperature for summer air conditioning 夏季空气调节室外计算逐时温度

~design mean daily temperature for summer air condition 夏季空气调节室外计算日平均温度

~design relative humidity for summer ventilation 夏季通风室外计算相对湿度

~design relative humidity for winter air conditioning 冬季空气调节室外计算相对湿度

~design temperature for calculated envelope in winter 冬季围护结构室外计算温度

~design temperature for heating 采暖室外计算温度

~design temperature for summer ventilation 夏季通风室外计算温度

~design temperature for winter air conditioning 冬季空气调节室外计算温度

~design temperature for winter ventilation 冬季通风空外计算温度

~design wet-bulb temperature for summer air conditioning 夏季空气调节室外计算湿球温度

~dining terrace 露天用餐凉台

~exhibition area 户外展览场地

~exposure（露天）暴露

~fair-exhibition area 户外展览用地

~furniture 室外家具，庭园家具

~furniture，movable 可移动庭园家具

~illumination 室外照明

~living space（美）室外生活空间

~mean air temperature during heating period 采暖期室外平均温度

~music stand 露天音乐台

~parking space 室外停车场，室外停车设施

~picture control point 像片野外控制点｛航测｝

~piping 室外管系｛水｝

~rainwater system 雨水外排水系统

~recreation 户外游憩，户外游乐

~recreation in exurban areas（美）城市远郊区的露天游乐
~recreation in outlying areas 边远地区的露天游乐
~recreation resource 户外娱乐资源
~staircase 室外楼梯
~steps 室外台阶，室外梯凳
~swimming pool 露天游泳池
~temperature（humidity）室外温（湿）度
~theatre 露天剧场
outdoors 露天，野外；在野外（或户外）；向野外（或户外）
outer 外（面）的，在外的，外部的；边远的；外线
~bailey 瓮城
~bank 外岸（河曲的凹岸）
~bark 树皮，茎皮；皮层
~belt 外环路
~bypass 外过境线（路）
~circumference highway 外环路
~circumferential highway 外环路
~city 郊区（美），外城，罗城
~city wall 外廓，罗城
~connection（立体交叉的）外接式匝道
~court 外院
~flow 外侧流量
~garden 外苑，前园，外部庭院
~harbo(u)r 外港
~lane 外侧车道，边缘车道，靠侧石车道，超车车道
~loop（立体交叉的）外坡道，市郊外环
~protective structure 围护结构
~ring road 外环路
~separation 高速公路旁加宽道路，干道附设便道
~separator 外分割带（限制进入的干道与其副路之间的分割带）
~-side bracket arm 单材拱
~suburb 远郊
~urban region 远郊区
outerlying area 城市外围区，城市周边区，外围地区
outfall 排水口，出水口，河口，渠口，湖口
~diffuser pipes 排放口扩散管
~ditch 排水沟
~（of sewage）排水口（污水）
~pipe 排水管
~structure（美）出水口
drain~ 排水出水口，渠口
outfit 牧场，庄园
outflow 流出（量）；流出物；流出口；流出
~of permeable layers 可渗透层流出物
outgoing 出发的，输出的，离开的；出发，启程；[复]开支
~air 废气
~commuter 出发乘公交车辆上下班者
outhouse 外屋，偏房，附属的小屋，（户外）厕所
outing 外出；旅行
outlay 经费，费用，支出；支付
outlet（河流等的）出口，出路，出水口
~air velocity 出口风速
~channel 出口管道，出口水道
~conduit 出口管道
~device 出口装置
~discharge 出口流量
~ditch 出口水道，出口明沟

~elevation 出口标高
~of sewer 污水出口
~pipe 出水管
~point（美）出口位置
~road 出城道路
~sewer 污水出口
~sluice 排水闸
~stream 排水渠，排水沟
~structure；outlet works；sluice works 泄水建筑物
~structure for closed drain 地下管道出口建筑物
~submerged culvert 压力式涵洞
~water 废水
~work 排水工程

outline 轮廓，略图，外形线；大纲，摘要；画轮廓，描略图；说梗概，略述
~and sketch scheme proposals（英）草图，草案，草稿
~development plan 总体发展计划
~dimension 外形尺寸
~drawing 略图，轮廓图
~for investigation 调查提纲
~map 轮廓地图，略图
~plan 初步计划，提纲，轮廓规划图
~sketch 略图
~specifications 清单；说明书
~zoning plan 分区规划大纲图
earthwork~ 土方工程界线
front~ 正视图，前视图
general~ 概要

outlook 景色，外景，远景，前景，风光，形势；看守；看守人；前途，远景，展望；望台，望楼

outlot（美）剩余空间

outlying 远离中心的，边远的，边界以外的，无关的，题外的
~area（城市）周边区，外围地区
~business district 市郊商业区，外围商业发展区
~district 边沿区
~zone（城市）周边区，外围地区

outpatient department 门诊部

outport 外港（非主要海关的港口）

output 产量，输出量，供水量
~of plant 工厂生产量
~structure 产出结构
~variable 输出量

outside 外部，外面
~condition 外界条件
~dimensions（简写 OD）外尺寸
~drawing 外观图，外形图
~financing 外来投资
~lane 外车道
~storm system 外排水系统
~tunnel controlling survey 洞外控制测量
~work 户外工作

outskirt 外边，郊区，城郊，城市外围，关厢

outskirts，city 城市郊区
rural~（美）城郊乡村

outspread intersection 扩散式交叉口

outstanding 显著的，杰出的，著名的，突出的；未付的；未解决的
~flood 特大洪水
Outstanding Natural Beauty，Area of（英）显著的自然美的景区
~natural feature 杰出的自然特色（景物）
~scenic beauty，area of 自然景色优美地区

outward 向外的，往外去的，外出的
~movement 外迁运动
~-opening door 外开门
~-opening window 外开窗
outwash plain 冲积平原
oval 卵形，蛋形，椭圆形；卵形线{数}；卵形物；卵形的，蛋形的，椭圆形的
~arch 椭圆形拱
~arm 瓜拱，瓜子拱
~court 椭圆庭院
Oval Kumquat/Meiwa Kumquat ***Fortunella crassifolia*** 金弹 / 长安金橘
ovary 子房
Ovate Catalpa ***Catalpa ovata*** 梓树
Ovate Pompano ***Trachinotus ovatus*** 卵形鲳鲹
Ovateleaf Cinnamom ***Cinnamomum rigidissimum*** 卵叶桂
Ovatus Aureus ***Euonymus japonicus*** **'Ovatus Aureus'** 金边大叶黄杨（英国萨里郡苗圃）
oven 烤箱
~dry method 烘干法
over- [词头] 过，过度；在上；在外，额外
over 在……上方，放……上面；盖上，盖住
~-all planning 总体规划
~-beam 悬梁
~break 超挖
~-bridge 跨线桥，上跨桥，天桥，旱桥
~-browsing damage 鹿啃树皮之害
~build 超额建设；重建
~-building freeway 越建筑物（高架），高速干道
~burden layer 覆盖层
~burden pressure 覆盖压力
~coarse grained soil 巨粒土
~-concentration 城市过密
~consolidated soil 超固结土
~construction site plan 施工总平面图
~-crossing 人行天桥
~-crowded 过度拥挤
~-crowding 居住密度过密，（人口）过密，（工业）过分集中
~-crowded city 人口过密城市
~-crowded population 稠密人口，过密人口
~-dwelling 过密居住，居住密度过密
~-fertilization 过度施肥
~flood spillway 洪水溢流道
~-hunting（英）过度打猎
~land 陆路交通
~-limit pollution 超限污染
~limit ratio 超标率
~-line bridge 跨线桥
~pavement 过水路面
~-population 过剩人口，过度人口，人口过多（过密）
~pressure 超压，过压
~（-）protection 过分防护
~pumping 过量抽吸（地下水）
~-rolling 过度碾压
~-sea dike 过海堤
~section seamless track 跨区间无缝线路
~-seeding（美）补植外加播种
~shoot 过度狩猎
~-sowing（英）补植外加播种
~sparse city 人口过稀城市

~-spill 外迁过剩人口
~standard 超定额，超标准
~super elevation 超高
~-urbanization 过分都市化，超都市化
~urbanization 过度城市化
~-use（英）过度使用
~-use land 过度使用土地
~-year storage 多年调节库容，多年调节水库
verall（简写 **O.A**）外衣，罩衣；[复]工作裤；全部的，总（括）的
~analysis 全分析
~approximate estimate 总概算
~area planning 全区规划
~area，proportion of an 全部地区比例
~benefit 整体利益
~characteristics 总特性
~commissioning 总调试
~costs 总成本
~density 总建筑密度
~design 总体设计
~development 总体开发
~economic effect 综合经济效果
~efficiency 总效率，全部效率
~efficiency of separation；total separation efficiency；collection efficiency 除尘效率
~factor 综合系数，总系数
~fixed costs 总固定成本
~floorage 总建筑面积
~height 总高度
~housing 包括一切的住房
~index 综合指数（多指标路面质量）
~land planning 总土地规划
~length 总长，全长（度）
~location loss 全程定位衰耗
~model test；three dimensional model 整体模型试验
~pattern 总体格局
~perspective 全景，全貌
~plan 总体规划
~planning 综合规划，城市总体规划，全面计划，统筹兼顾，整体规划
~process 全过程
~project 全面计划方案，综合计划方案
~project planning 总体方案编制（规划）
~rationing system 包干制
~site plan 总体规划
~size 总尺寸
~speed 区间车速，总速率（路程的总距离除以包括停车时间的总时间）
~stability 整体稳定性
~travel speed 区间车速，总速度
~view 全景，全图
~width 全宽
~yield 总产量，总收益
overbank 河滩
~flow 溢岸流，漫滩流，滩流
overbounded city 边界过宽的城市
overbridge 跨线桥，跨路桥，天桥
overbuilding freeway 高架高速干道
overburden 超载，过重；过度负担；上部沉积，积土层；废岩堆；覆盖层，覆土，上覆（土）荷载
~dump（美）覆土卸载
~dumping site 覆土卸载场地
~layer 覆盖层
~pile 覆土卸载
overcapacity 生产能力过剩
overcast/dull/gloomy 阴

overcast sky 全阴天天空
overcrossing（立体交叉的）上跨交叉跨线桥，上跨桥
overcrowded 过度拥挤（的）
overcrowded dwelling 过度拥挤的住宅
~household 居住拥挤户
overcrowded population 稠密人口
Overcup Oak ***Quercus lyrata*** 琴叶栎（美国田纳西州苗圃）
overdevelopment 地下水过量开发，过度开发
overestimation 估计过高，过度估价
overexploitation（对资源等的）过度开采
overfall 溢水，溢流；溢流堰，溢水道
~dam 溢流坝
overfill 超填
overfilling 重新盖土；超填
overfinishing 过度修整
overflow 溢流，溢出，泛滥；上溢；计算机溢出{计}；溢流，汜滥；洪水；溢水沟
~bridge 过水桥，漫水桥
~carpark 溢流停车场
~chute 溢水沟
~dam 溢流坝，滚水坝
~land 漫水地，河滩地
~parking area 溢流停车场
~passage 溢水通路，溢水道
~pavement 过水路面
~pipe 溢水管，溢流管
~river 洪水河
~spillway 溢水道，溢洪道
~spillway dam 溢水坝
~stage 洪水期
~structure 溢水结构
~tank 溢水箱，溢水池
~tube 溢流管
~weir 溢流堰
~well 溢水井
overflowing 溢流，流出
~bypass 溢流岔道
~facility 溢流设备
~weir 溢流堰
~well 溢流井
overgrazing 牧区的放牧过多
overgrow 蔓生；长得过大或过快，长满
overgrowing overgrow 的现在分词
overgrowth 路肩上的植物蔓延或侵占了车行道
overhang 伸出，突出，悬垂；突出物；悬垂物；突出，悬空；灯具悬伸距
overhanging 悬伸
~bank 陡岸，悬岸
~beam 伸臂梁，悬臂梁，伸出梁
~eaves 飞檐{建}
~footway 悬臂式人行道
~gable roof 悬山
~growth 悬生植物
overhead 头上的，上跨的；架空的，在上面通过的；总的，经常的；普遍的；管理费，间接费，经常费，杂项开支，总开销
~bridge 高架桥，上跨桥，跨线桥
~bridge for coal conveyer 运煤栈桥
~cabin 高架仓，高架小屋
~charges 管理费，经常费；杂项开支
~clearance 跨线桥净空，竖向净空，(拱下)净高，(桥下)净空
~cost 管理费用

~crossing 立体交口，高架交叉，线岔
~ditch 天沟
~expenses 企业一般管理费用
~monorail 高架单轨道
~pipe 架空管道
~pipe grid 架空管网
~power cable 架空电力电缆
~powerline 架空电力线（火线）
~railway 高架铁道
~shelter 高架工棚（风雨棚）
~sign structure 高架标志构筑物
~telephone line 架空电话线
~timber（美）搁栅，小梁
~transportation 高架运输
~transmission line 架空输电线
~trolley line 高架电车线路，高架电车线
~trolley system 架空电车线路系统
~view 俯视图

overheads 管理费；附加费

overhunting（美）过度打猎

overland 陆路（上）的，横跨大陆的；地表的；陆路上；由地面
~flow 地面径流，地表水流
~flow concentration 坡面汇流
~flow concentration curve 坡面汇流曲线
~runoff 地表径流

overlap 重叠，互搭；覆盖，搭接；飞边；锚段关节
~joint 搭接
~slope and valley

overlapping overlap 的现在分词
~averages；running means 滑动平均
~degree 重叠度 {航测}
~joint 重叠搭接；连接（方式）
~layer 涂层；覆盖层
~lines 套线
~maps 叠图
~of land uses 土地使用重叠
~system 覆盖体系

overlapping branch 重叠枝

overlay 罩，遮掩；覆盖物
~analysis 覆盖物分析
~of pavement 罩面

overline 跨路（线）的
~bridge 高架桥，天桥
~bridge for ice transportation 输冰桥
~bridge for passenger 旅客天桥（天桥）

overload protection device 继电保护装置

overlook 俯视；监视；视察；忽视；鸟瞰；俯瞰中的景色，景观
~，scenic（美）景色俯瞰

overlying 上覆的
~deposit 表沉积层
~roadway 上层路
~strata 上覆层

overnight 昨晚；通宵；（美）前晚；昨晚的；隔夜的
~accommodation，group 集体（团体）住宿处
~accommodation，individual 个人住宿处
~accommodation，rural 乡村住宿处
~loan 即还贷款

overpass 上跨路，跨线路，天桥，上跨式立体交叉
~bridge 上跨桥
~grade separation 上跨铁路立体交叉
~ramp 上跨交叉的匝道

overproduction 生产过剩

overriding 最重要的；高于一切的

overrun 越过，跑动；（飞机）跑道延伸段，备用跑道

oversea(s)（来自）海外的，外国的；向海外，在海外，在外国

~allowance 海外津贴

~tourism 海外旅游（观光）

~training 海外培训

overspill 疏散，过剩的人口，疏道发展

~town（英）用于疏散人口的新城

overstock 存（货）过多；供应过剩

overstocking 进货过多，存货过多

overstory 上层{建}

overtake lane 超车道

overtaking lane 超车车道

~sight distance 超车视距

overtime 加班时间；超限时间；在规定时间之外

~allowance 加班津贴

~bonus 额外工时奖金

~charges 加班时间酬金

~compensation 加班工资

~job 加班工作，加班加点

~pay 加班费

~payment 加班工资

overtopped dam 漫水坝，溢流坝

overtopping 洪水越顶

~of spillway 溢洪道溢流

Over traffic 超运输量

overtravel 多余行程，超越里程

overuse 使用过度

overwet land 沼泽地

overwintering 越冬，过冬天

~area 冬前耕翻区

~part 越冬装置

overwork 工作过度，过劳；过多的工作，额外的工作，加班（加点），过劳

ovoid 卵形的

Owlet moth ***Antha grata*** 斜额夜蛾

own 自己的；拥有；承认；固有量

~-account construction of fixed assets 固定资产

~plane 固有平面

~root plant 根生植物

~-rooted（英）直根的

~-user berth 货主码头

~weight 自重

owner 所有者，物主，业主，屋主

~-built house 自建住房

~-driver cabby 车主出租汽车（美）

~interview survey 车主访问调查

~occupied house 屋主自住住宅

~-occupier 私房自住者

~of building land 建设用地的所有者

~ship system 所有制

abutting~（美）沿街土地所有人，沿街居民

adjoining~ 沿街居民

construction services by~（美）业主营建服务业

riparian~ 沿河（或湖）岸土地所有人

services and materials by~ 业主提供服务和物质

services and purchases by~（美）由业主服务和购买

supplies（purchased）by~ 由业主供应（购置）

ownerless land 无主地

owner's obligation, private 私营业主的义务

~risk 货主承担风险

wnership 所有制，所有权；占有，拥有；物主身份

~map 地籍图

~map，area（美）地籍图

~of housing 房产的所有权，住宅的产权

~of land 地权

~of the entire people 全民所有制

~pattern 所有权形式

~pattern，land（美）土地所有权形式

~structure 所有制结构

~structure，land（英）土地所有制结构

Owston's banded cat/palm civet *Chrotogale owstoni* 印支缟狸 / 长颌狸 / 缟灵猫

Owston's sand shark Carcharias ownstoni 欧式锥齿鲨

Ox *Bos taurus* 公牛

Ox Street Mosque（Beijing，China）牛街清真寺（中国北京市）

ox-bow lake 牛轭湖，弓形湖 { 地 }

ox-eye 牛眼菊属（植物）

Oxeye Caper *Capparis zeylanica* 牛眼睛 / 槌果藤

Ox-eye Daisy *Leucanthemum vulgare* 牛眼菊 / 月亮雏菊（英国斯塔福德郡苗圃）

Oxford 牛津

Oxford University 牛津大学

oxidation ditch 氧化沟

oxide 氧化物 { 化 }

~，nitric 氮氧化物

nitrogen~ 氮氧化物

Oxtail Sagebrush *Artemisia dubia* 牛尾蒿 / 荻蒿 / 紫杆蒿

Oxtongue Gasteria *Gasteria verrucosa* 沙鱼掌 / 脂麻掌 / 星白龙

oxygen 氧（元素符号 O）；氧气 ~absorbed（简写 OA）吸氧量（水样在 27℃时 4 小时自过锰酸盐中吸取的养量）{ 排 }

~balance 氧平衡

~balance in water bodies 水体中的氧平衡

~consumed（简写 OC）耗氧量

~consumption 耗氧量

~content 氧含量

~cutting 氧（气）切割

~cycle（大气中的）氧循环

~deficit 亏氧，缺氧 { 环卫 }

~demand 需氧量

~demand，biochemical（简写 B.O.D）生化需氧量

~demand，biological 生物需氧量

~-producing function of green space 开发空间制氧功能

~station 氧气站

~supply 供氧量

~transfer efficiency 氧转移率

~utilization 氧利用 { 环卫 }

~welding 氧（气）焊接

oxygenate 充氧，以氧化合

oxygenated asphalt 氧化（地）沥青

oxygenation 充氧（作用），以氧化合

~capacity 充氧量，充氧能力

~efficiency 充氧效率 { 环卫 }

oxyphyte 酸土植物

Oyama Magnolia *Magnolia sieboldii* 天女花 / 矮玉兰 / 天女木兰（朝鲜国花）

Oyster mushroom *Pleurotus ostreatus* 侧耳 / 平菇

Oyster Plant/Boat Lily ***Rhoeo discolor*** 蚌花 / 紫万年青（紫背万年青）

ozone 臭氧（O_3）{ 化 }

~depletion 臭氧损耗

~layer 臭氧层 { 气 }

~layer，hole in 臭氧层洞

~shield 臭氧（O_3），防护，臭氧（O_3）防护屏

ozonometer 臭氧（测定）仪

ozonosphere 臭氧层 { 气 }

P p

.a (**per annum**) 每年

ace 步，一步；步速；步调；流畅；步度；梯台，楼梯平台（楼梯转弯处的宽台）；步行；用步行量距，步测；定步速

~counter 记步器

~measure 步速测量

~-setter 标兵，模范；先进个人或集体；定步速者

Pachysandra Green Sheen ***Pachysandra terminalis*** **'Green Sheen'** '绿光' 富贵草 / '绿光' 转筋草 / '绿光' 顶花板凳果（美国田纳西州苗圃）

Pachystachys lutea 金苞花

Pachysandra Variegated ***Pachysandra terminalis*** **'Variegata'** 花叶富贵草 / 花叶转筋草（美国田纳西州苗圃）

Pacific 太平洋的，太平洋沿岸的

~coast cypress 太平洋岸柏树

~coast spruce 太平洋岸云杉

~red cedar 太平洋红松

~sliver fir 太平洋银杉

~yellow cedar 太平洋岸黄雪松

~yew 太平洋紫杉

Pacific cod/gray cod ***Gadus macrocephalus*** 鳕鱼 / 大头鳕 / 大头

Pacific gray whale ***Eschrichtius gibbosus*** 灰鲸

Pacific herring ***Clupea harengus pallasii*** 太平洋鲱 / 鲱 / 青鱼

Pacific Imperial Pigeon ***Ducula pacifica*** 太平洋皇鸠 / 太平洋帝鸽（汤加国鸟）

Pacific Island Silvergrass ***Miscanthus floridulus*** **(Lab.) Warb. ex Schum. et Laut.** 五节芒

Pacific needle fish/flat needle fish ***Ablennes anastomella*** 尖嘴扁颌针鱼

pacificite 太平洋岩

pacing 步测，步调

pack 包，捆；驮子；包装（量）；包装；填实；夯实，压紧

~house 仓库，堆栈；包装车间；肉类果品加工包装厂

~man 小贩

package 包，捆；包装；包装费；程序包 {计}；打包，装箱〈美〉

~AC plant 整体式空调器

~arrangement 一揽子安排

~bid 整体投标

~，competition program（美）竞赛规划卷宗

~contract 一揽子合同

~deal 总承包，一揽子承包

~dealer 总揽承包商

~development 组合发展，整体发展

packaged 整体式；成套的

~air conditioner 整体式空气调节器

~design 成套设计

~heat pump；heat pump air condition 整

体式热泵空气调节器
~refrigerating unit 整体式制冷设备
packed 挤满的，塞满的；压紧的；包装；填实，夯实
~array 合并数组
~fascine-work 打包柴束工作
~joint 堵塞缝，填实缝，填塞接缝；包垫接头
~soil 夯实土，捣实土，素土夯实
~tower；packed column 填料塔
packing 包装；填密，填塞；夯实；灌筑；按最大密度选择级配；淋水填料，填料，衬料；衬垫；填实的
~block 填塞块，包装区
~brush（美）包装刷
~department 包装间
~design 包装设计，包装图案
~-house 肉类冷藏所，牲畜屠宰加工厂；食品罐头厂，食品加工厂
~industry 罐头工业
~plant 肉类冷藏所，屠宰加工厂；食品罐头厂，食品加工厂
pad 垫，衬垫，垫板，踏板，压缝条；缓冲器；[美俚]房间，公寓；[英俚]路；填塞；涂底；整平道路
~adhesive 粘合剂填塞
~-coat 垫层
foundation~ 基础垫层
Padang Cassia ***Cinnamomum burmanii*** 阴香 / 广东桂皮
Padatifid Begonia ***Begonia pedatifida*** 掌裂叶秋海棠
Padauk ***Pterocarpus*** 紫檀（属）
Padauk/New Guinea Rose Wood/ Burmacoast Padauk ***Pterocarpus indicus*** 紫檀 / 红木 / 蔷薇木 / 花榈 / 青龙木
padding 大石块；填料，填塞物；填塞
paddle-boat rental dock 脚踏船码头
paddling pool 儿童涉水池，儿童戏水池
paddock 围场，围起来的土地，小牧场驯马围场
paddy 水稻，稻
~-field 水稻田，稻田，水田
~-Sweet Village 稻香村
pads，self-clinging vine with adhesive（美）有粘性物质的自绕藤本植物
Paecilomyces leaf spot of Chrysalidocarpus lutescens 散尾葵基腐病（***Paecilomyces* sp.** 瓶梗青霉）
Paeonia suffruticosa brown spot 牡丹褐斑病（***Cercospora variicolor*** 变色尾孢菌）
Paestum 帕埃斯突姆〈古希腊在意大利南部西岸的殖民城市〉
pagan 异教徒，多神教徒
~arena（古罗马）竞技场
~basilica（古罗马）教堂
page design 版面设计，页面设计
pageant 盛会，庆典，游行，虚饰，露天表演
pageantry 壮观，华丽
paging communication 传呼通信塔
pagoda 宝塔，浮屠，塔状建筑物
~for Buddhist relics 舍利塔
Pagoda for Entertaining Immortals 佛牙舍利塔
Pagoda in Ci'en Temple 慈恩寺塔
Pagoda in Jianfu Temple 荐福寺塔
Pagoda in Kaiyuan Temple，Dingxian（Ding County，China）定县开元寺塔（中国）

~tree 塔状树木〈如槐树、榕树等〉
Pagoda with Vajra-base in Zhengjue Temple 正觉寺金刚宝座塔
Pagoda Flower *Clerodendrum paniculatum* L. 塔形赪桐 / 圆锥大青
Pagoda Tree *Plumeria rubra* cv. *Acutifolia* 鸡蛋花（老挝国花）
pagodite 寿山石，冻石，叶蜡石
pail latrine 旱厕
pailoo（中）牌楼
pailou 牌楼
paint 油漆，涂料；颜料；绘画作品；颜色；涂漆；涂刷；涂色，画，绘
~box 颜料盒
~factory 油漆厂
paintbrush 画笔
Painted Dragon Lily *Dracaena fragrans* 'Victoria' 金边香龙血树 / 巴西千年木 / 王莲千年木
Painted Euphorbia/Mexican Fire Plant *Euphorbia heterophylla* 猩猩草 / 草本象牙红
Painted stork *Ibis leucocephalus* 白头鹮鹳 / 彩鹳
Painted-leaf Begonia/Assamking Begonia/Beefsteak Begonia *Begonia rex* 蟆叶秋海棠 / 毛叶秋海棠
painted 画
~pleasure boat 画舫
~tile mural tablet 瓷砖壁画
painter 油漆工；着色者；绘画者
painterly manner 绘画式手法
painting 涂漆，刷涂料，涂色；油漆；颜料；油画，画法，绘画，着色
Painting Pavilion 丹青阁
~and calligraphy 书画
~cloth 画布
~of birds and flowers 花鸟画
~of figure and genre 人物风俗画
~of man-of-letters 文人画
~of moutains and water 山水（画）
~of moutains and water in~and wash 水墨山水（画）
~of moutains and water in blue and green colours 青绿山水（画）
~position 油漆台位
~scroll 画卷，画轴
~shop 油漆车间
paintwork 油画
pair 偶，对；一副，一套；成对；配合
breeding~ 繁殖成对
~glass 双层玻璃
~parking 车尾相对的停车方式
~planting 对植
Paiyundian（Cloud-Dispelling Hall）（Beijing, China）排云殿（中国北京市）
Pak Choi /Chinese Cabbage /Bok Choy *Brassica chinensis* 白菜 / 青菜 / 小白菜
palace 华丽的公共娱乐场所，宫，宫殿，宏伟的建筑物
~city 大内，宫城
Palace de la Bastille（France）巴士底狱遗址（法国）
Palace Gate 宫门
~hotel 豪华的旅馆
Palace in Forbidden City（Beijing, China）紫禁城宫殿（中国北京市）
Palace Museum（Beijing，China）故宫（中国北京市）
Palace of Cleopatra（Egypt）克娄巴特

拉女王宫（埃及）
~of culture 文化宫
Palace of Culture and Science（Poland）华沙文化科学宫（波兰）
Palace of Harmony（Yonghe）雍和宫（中国北京市）
Palace of Heavenly Purity（Beijing, China）乾清宫（中国北京市）
Palace of Nations（Switzerland）万国宫（瑞士）
Palace of Queluz（Portugal）基卢兹宫（葡萄牙）
Palace of Terrestrial Tranquility(Beijing, China）坤宁宫（中国北京市）
Palace of The Oba of Benin 贝宁王宫（贝宁）
Palace of Winds（India）风宫（印度）
Palace With 55 Windows（Nepal）五十五窗宫（尼泊尔）

Palacio Miraflores（Peru）米拉弗洛雷斯宫（秘鲁）
Palaeocene epoch 古新世
palaeobiology 古生物学
palaeoclimate 古气候
palaeohydrology 古水文学
palaeoid 上古
Palaeoproterozoic Era 始远古代
Palaeozoic era 古生代
palaestra 体育学校，体育场；（古代）健身房
palafitte 古代湖上桩基住房
palais（法）宫殿
Palais-Bourbon（France）波旁宫（法国）
Palais de L'Elysee（France）爱丽舍宫（法国）
Palais de Versailles（France）凡尔赛宫（法国）
Palais des Papes（France）教皇宫（法国）
Palais du Louvre（France）卢浮宫（法国）
Palais du Luxembourg（France）卢森堡宫（法国）

palanquin 轿子
palatial 宫殿的，似宫殿的；庞大的
~architecture 宫殿式建筑
~hall 殿堂
Palatine 巴勒登丘（古罗马七丘之一）
Palau Fruit Dove ***Ptilinopus pelewensis*** 帕劳岛果鸠 / 帕岛果鸠（帕劳国鸟）
Palazzeto Dellospori of Rome（Italy） 罗马小体育宫（意大利）
palazzo（意大利）豪华的宫殿，邸宅
~Ducale（意大利威尼斯）总督宫
~in Italian renaissance architecture 意大利文艺复兴时期的府邸建筑
pale（o）-［词头］古，原始，归
pale 栅栏，界限，范围，（在某一范围内或管辖权下的）地区
~fencing 栅栏；桩排；围栅
~flood 古洪水
Pale Butterfly-bush ***Buddleja officinalis*** **Maxim.** 密蒙花
Pale desert cat/Chinese desert cat ***Felis bieti*** 荒漠猫 / 漠猫
Pale Flax-lily ***Dianella longifolia*** 长叶山管兰（澳大利亚新南威尔士州苗圃）
Pale Swordflag ***Iris pallida*** 香根鸢尾
Paleocene Epoch 古新世
Paleocene Series 古新统

aleogeography 古地理学
aleogeophysics 古地球物理学
aleolithic Period 旧石器时期
aleomagnetism 古地磁学
aleontologist 古生物学家，化石学家
aleontology 古生物学，化石学
aleosoil 古土壤
aleotropic(al)region 原始（史前）热带地区
alepolis 旧城邦
alette 调色板
aling 木栅，围篱；打桩做栅栏；（做栅栏用）桩，尖板条
~fence（美）木栅围栏
alisade 栅，木栅，围篱；桩；[复]（河边的）断崖，悬崖；用栅围绕
~construction 栅栏建造式样，栅栏构筑
~fence 木栅围栏，用栅围绕防护
alladian 帕拉迪欧（第奥）式的
~architecture 帕拉迪欧式建筑〈16 世纪意大利改良的古典建筑形式〉
~motif 帕拉迪欧建筑特色，~ 母题
~motive 帕拉迪欧母题
allas [希神] 智慧女神帕拉斯
allas sea eagle ***Haliaeetus leucoryphus*** 玉带海雕 / 黑鹰
allas's rosefinch ***Carpodacus roseus*** 北朱雀 / 靠山红
allet 集装箱；货架
~carrier 集装箱运输车
~service 集装箱运输
~truck 集装箱货车；架装货车
alletization（码头运输）集装化；码垛堆放
Pallid giant squirrel ***Ratufa bicolor*** 巨松鼠
Pallid harrier ***Circus macrourus*** 草原鹞
pallisade 寨
Pallus's cat/Steppe cat ***Felis manul*** 兔狲 / 乌伦
palm 棕榈类
~column 棕榈叶式柱
Palm Springs 棕榈泉
Palmchat ***Dulus dominicus*** 棕榈鵖 / 棕榈即鸟（多米尼加国鸟）
palm civet/ toddy civet ***Paradoxurus hermaphroditus*** 椰子猫
Palmate Begonia ***Begonia palmata*** 裂叶秋海棠
Palmate Girardinia ***Girardinia palmata*** 大蝎子草
Palmeira butia ***Butia eriospatha*** 紫苞冻椰 / 毛冻子椰子（英国萨里郡苗圃）
palmer/pilgrim 朝圣者，行脚僧
palmette espalier 棕叶饰树篱（树墙）
palmleaf rhubarb ***Rheum palmatum*** 掌叶大黄 / 葵叶大黄
Palmyra Palm ***Borassus flabellifer*** **L.** 糖棕 / 扇叶糖棕
Palms 棕榈
paludification 沼泽化
palustrine 多沼泽
palustrine area 多沼泽地区
~region 多沼泽地区，沼泽地带
pampa 南美（尤指阿根廷的）大草原
Pampas Grass ***Cortaderia selloana*****'Pumila'** 矮蒲苇（英国萨里郡苗圃）
Pampas grass/White Pampas Grass

Cortaderia selloana 蒲苇（美国田纳西州苗圃）

Pamplemousses Botanical Gardens（**Mauritius**）庞普勒穆斯植物园（毛里求斯）

pan- [词头] 全，总；万；泛；蹲便器；硬土层；底土；母岩；垫木

~-cake ice 圆扁冰

~-European 泛欧（洲）

~-ice 浮水

~soil 硬土，坚土

~tile 波形瓦

iron~ 生铁锅

plough~（英）犁底层，犁磐层

plow~（美）犁底层，犁磐层

tillage~（美）耕作硬土层

Panama 巴拿马

Panama Canal 巴拿马运河

Panama City 巴拿马城

Panax ginseng *Oriental Ginseng* 东方人参 / 人参

***Pandorea jasminoides*（Lindl.）K.Schum.** 肖粉凌霄

panda/giant panda *Ailuropoda melanoleuca* 大猫熊 / 大熊猫 / 熊猫

Panda's Hall 熊猫馆

Pan Guxi 潘谷西，中国风景园林学会终身成就奖获得者，风景园林专家、教育家

pane 边；面；窗格玻璃；（棋盘等的）方格；嵌玻璃

panel 面板，节间；护墙板；嵌板，裙板，镶板；配电板；各种格子；切石的面；嵌板子

~analysis 固定样本分析

~，assessment（英）评估小组

~brick 护墙板砖

~ceiling 板材吊顶

~heating；radiant heating 辐射采暖

~joint 节点

~system 大板（建筑）体系

~type heating system 辐射采暖系统

~-type house 预制墙板式房屋

~wall 大板墙〈承重或非承重墙〉

paneled door 镶板门

panels panel 的复数

veneering with~ 用镶板镶贴面板

Pangium/Pokok keluak *Pangium edule* 马来西亚大风子

pangolin *Manis pentodactyla* 鲮鲤 / 穿山甲

panhandle 狭长区域

Panicle Hydrangea / PeeGee Hydrangea *Hydrangea paniculata* Sieb. 圆锥八仙花 / 水亚木（美国田纳西州苗圃）

Panicled Hydrangea *hydrangea paniculata* 'grandiflora' 大花圆锥绣球（英国萨里郡苗圃）

Panicled localginseng *Talinum paniculatum* 土人参 / 水人参

Paniculate Amaranthus *Ameranthus cruentus* 繁穗苋

Painted lady *Vanessa cardui* 小红峡蝶 / 赤峡蝶 / 花峡蝶 / 苎麻峡蝶

panning 淘选（金、砂砾等）

Pannlform Pyrrosia *Pyrrosia drakeana* 毡毛石韦

panorama 全景；全景电影；回转画；盆景

~lift 观光电梯

anoramic 全景的
~camera 全景摄影机
~cinema 全景电影院
~perspective 全景透视
~view 全景视图，全景风景画（风景照片）
view，road with~ 全景视图道路
Panoramic View Pavilion 富览亭
anshan Scenic Resort（Tianjin City，China）盘山风景区（中国天津市）
antechnicon（英）大型仓库，家具仓库
antheon（古罗马）万神殿（建于120—124 年）伟大祠；大教堂
Pantheon，Rome 罗马万神庙
antheism 泛神论
anther/leopard ***Panthera pardus*** 豹 / 金钱豹
antograph 缩放仪
antry 备餐间
anzhihua Cycas ***Cycas Panzhihuaensis*** **L.Zhou et S.Y. Yang** 攀枝花苏铁
paocai/assorted vegetable fermented in salt and spiced water 泡菜
paoh-tah 佛塔（中国宝塔）
papacy 教皇的任期
papal 罗马教皇的，教皇制度的
Papaya/Pawpaw/Tree Melon ***Carica papaya*** **L.** 番木瓜 / 万寿果
paper 纸；报纸；论文；糊墙纸；[复] 文件；纸的；纸上的；用纸包、覆、糊等；弥补，掩饰
~bush Edgeworthia 结香（属）
~industry 造纸工业
~industry sewage 造纸工业污水
~location 纸上定线，图上定线（法）
~mill 造纸厂
~mill waste 造纸厂废物
~mill wastewater 造纸厂废水
~mulberry 楮树
Paper Bush ***Edgewerthia chrysantha*** **Lindl.** 结香
Paper Flower ***Bougainvillea glabra Choisy*** 光叶子花（宝巾）
Paper Mulberry ***Broussonetia papyrifera*** **L.Her. ex Vent.** 构树
Paperbark Cherry/Birch Bark Cherry/Tibetan Cherry ***Prunus serrula/ Cerasus serrula*** 细齿樱（英国萨里郡苗圃）
Paperbark Maple ***Acer griseum*** 血皮枫（英国萨里郡苗圃）
Paperbark Tea Tree ***Melaleuca leucadendra*** **（Cav.）S. T. Blake** 白千层（白树）
paper-cut artist 剪纸艺人
paper-cut picture 剪纸作品，~ 画
papermaking waste 造纸废水
Papery Sasa ***Sasa chartacea*** 箬竹
Paphiopedilum purpuratum **（Lindi.）Pfitz.** 兜兰（拖鞋兰）
Papillate Nightshade/Nipple Eggplant ***Solanum mammosum*** 角茄 / 乳茄
Papillons blues ***Hysudra selira*** 彩灰蝶
Papper Wort ***Marsilea quadrifolia*** 苹 / 田字草 / 四叶菜
Papyrus ***Cyperus papyrus*** 纸莎草 / 埃及纸芦
papyrus column 纸草花式柱
para [词头] 表示辅助；表示超、外、侧
~–transit 辅助交通
~–transit vehicle 加班车辆

Para Rubber *Hevea brasiliensis* 橡胶树

parabolic 抛物线的

~arch 抛物线拱

~asymptotes 渐近抛物线｛数｝

~curve 抛物线

~dune 抛物线状沙丘（土丘）

~flow characteristic 抛物线流量特性

parachute club 跳伞俱乐部

parachuting tower 跳伞塔

paraclase 断层

Paracress Sportflower/Wall Flower *Spilanthes oleracea* 千日菊 / 桂圆菊 / 金纽扣

parade 公共散步场所（尤指海边的宽阔而有装饰的人行道）；列队行进，游行

~-ground 练兵场；阅兵场

paradigm 范例

（The）~of quadripartite landscape space 四景观空间范例

paradigms of landscapes analysis and assessment 风景分析评价范例

paradise 天堂，天国；乐园

Paradise garden 乐园

Paradise Plant/King's Crown/Water Willow *Justicia carnea* 珊瑚花 / 水杨柳

parakarst 类喀斯特，又称"类岩溶"

parallel 平行线；纬线；平行的；并行的；并联的｛电｝；同一方向的；平行；对比

~alley 平行小路

~averted photography 等偏摄影

~bars 双杠

~crossover 平行渡线

~curb parking 平行路边停车

~dike 导流堤

~drainage 平行排水系统

~escalators 平行式自动扶梯

~measure 平行测定

~multi-blade damper 平行式多叶阀

~parking 顺列式停车，纵列式停车，平行停车

~parking layout（英）顺列式停车（纵列式停车，平行停车）布局

~perspective 平行透视

~rack circuit 并联式轨道电路

~road 平行路

~route 平行进路

~runway（机场的）平行跑道

~stairs 两跑楼梯

~strand lumber（PSL）平行木片胶合木

~taxiway（机场的）平行滑行道

~wharf 顺岸式码头

parallel branch 平行枝

parallel inspection 平行检验

parallelogram 平行四边形

parameter 参数，参量，参项，指标，｛数｝；半晶轴；（根据基底时间、劳动力、工具、管理等的）工业生产预测法

~detection 参数检测

~for external temperature and humidity 室外热湿参数

~of pollution 污染指标

parameters of shear strength 抗剪强度参数

parametric 参数的

~equation 参数方程

~model 参数模式

paramo（南美洲北部尤指安第斯山脉的）高山稀疏草地

aramount 最高，至上；首长；最高的；首要的；卓越的
~clause 首要条款
araolisaea apeda *Paradisaea raggiana* 新几内亚极乐鸟（巴布新几内亚国鸟）
arapet 护墙，女儿墙；护栏，栏杆；胸墙
~gutter 箱形水槽
~stone 栏墙石｛建｝
~wall 护墙，女儿墙，压檐墙，防波墙，胸墙
ararendzina 超黑色石灰土，相似黑色石灰土
arc（法）公园
Parc de la Villette（France）拉维莱特公园（法国）
Parc National de l'Upemba（Congo）卢彭巴国家公园（刚果）
Parc National de Virunga（Congo）维龙加国家公园（刚果）
arcel 包裹，小包；一批，一群，一宗；地块；分配；打包
~of land 一块土地
~of land，residual 剩余的一块土地
arable~ 可耕地块
real estate~（美）不动产分配
real property~（美）不动产分配
vacant~（美）未使用（未被占用的）地块
arceling-out 土地分配
arcels，agricultural land 农用土地地块
arch 炒，烘，使焦；干透，焦
~blight 烘（炒）坏，使焦，坏
arching 焦干的，灼热的
arcours(e) 里程，行程
arent 父母；母体；母本；亲本原始的，起始的
~body 母体，根本，根源
~city 母城（城市规划用），原有城市
~company 母公司
~corporation 母公司
~lot（未分割前）原来地段
~material 原材料，母料
~plant（英）亲本植物
~rock 母岩，原生岩
~soil 原生土，原状土
parental home 儿童教养院
Parinirvana；to pass away（of Buddhist priests）圆寂
Paris 巴黎（法国首都）
Paris convention 巴黎（正式）会议，巴黎（定期）大会
~green 巴黎绿，碱性甲基绿（杀虫剂）
Paris Daisy/Marguerite *Chrysanthemum frutescens* 东洋菊/木茼蒿/茼蒿菊
parish 教区（英国地方行政区划之最小单位）
~road 教区道路（指郡以下的分区道路）
Parish Cymbidium *Cymbidium eburneum* var. *nutans* 大雪兰
park 公园，园林，公共游憩场，（街上）小公园；停车场；停车
~And Boundless Space 公园与无际空间
~and garden 园林，公园和花园
~and recreation planning 公园和游憩规划
~and recreation system 公园和游憩系统
~and ride 停（泊，存）车换乘其他交通方式
~and shift 停车换乘，泊车换乘
~architecture 园林建筑

~avenue 花园路，公园大道
~bench 公园长椅，公园（木或石制的）长凳
~block 多层停车库
~category 公园类型
~cemetery 公园墓地，墓区
~conservancy programme（英）公园保护计划（方案，程序等），公园保护说明书（布告）
~department（美）公园部
~development 公园开发
~drives 公园车道
~engineering 造园工程
~equipment 公园设施
~for culture and rest 文化休息公园
~for visually impaired 盲人公园
~forest 公园森林
~furniture 公园家具
~highway 公园大路，风景区干道，林荫公路
~improvement 公园的改善
~park land per capita 人均公园绿地面积
~-like cemetery 公园式公墓
~-like landscape 公园式景观
~-like vacation development（美）公园式度假设施的发展
~management program（me）公园管理程序（表），公园管理计划（方案）
Park Movement 公园运动
~nursery 公园苗圃
Park of Eternal Spring 长春园（中国北京市，清代）
Park of Everlasting Spring 长春园（中国北京市，清代）
~of scenic beauty 风致园林
Park of Perfection and Brightness 圆明园（中国北京市，清代）
Park of the Ming City Wall Ruins 明城墙遗址公园（中国南京市）
Park of Window of the World 世界之窗（中国深圳市）
~parallel 平行式停车
~path 公园小路
~planning 公园规划
~reservation 公园保留地
~reserve 园林护理区
~road 林荫路，公园路，公园道路
~rose 公园月季（花），公园蔷薇（花）
~savanna(h) 园林热带（或亚热带）稀树草原
~shelter 园林隐蔽处，园林保护
~sightseeing bus 公园游览车
~strip 林荫道式公园，带形公园
~styles 公园风格
~system 公园系统
~system plan 公园系统规划
~type 公园类型
~way 风景路，公园路
agricultural~ 农业园
amusement~ 娱乐（消遣）公园
business~（英）商务园
car~ 汽车公园
communal car~ 公共停车场，大众停车场
country~ 国家公园
district~（英）地区公园，行政区公园
downtown~（美）（城镇的）商业区（中心区，闹市区等的）公园
game~ 狩猎公园
health resort~ 保健公园，疗养公园

holiday~（英）假日公园
industrial~（美）工业园
inner city~（美）市中心公园
landscape~ 风景式公园
leisure~ 休闲公园
local~（英）地方色彩公园，乡土特色公园
metropolitan~ 大城市公园，大都会公园
national~ 国家公园
naturalistic~（美）自然公园，模仿自然公园
neighborhood=neighbourhood~（美）邻里公园，街坊公园
pastoral~（英）田园式公园
pleasure~ 游乐公园
public~ 国家公园，民众公园
recreation~ 娱乐（休养，游览）公园
regional~ 地区公园，地区性公园
riverside~（英）滨河公园
science~ 科学园
stream valley~（美）溪谷公园
suburban~ 郊区公园
urban~ 城市公园
zoological~ 动物园

parked vehicle 停驻车辆，停放的汽车

Parkia/Duaga ***Parkia roxburghii*** 球花豆

parking 停车，停车场；街心（花）园；车辆停放
~access 停车场入口（通道）
~access road 停车场入口道路
~aisle 停车通道
~allocation 停车布置
~angle 停车角（度）
~apron 停车处，停车道，停机坪
~area 停车区，停车场地，停车场
~area，overflow 溢流停车场（因车辆太多临时增设的）
~area sign 停车场标志
~area with charge 收费停车场
~arrangement 停车场布置
~arrangements 停车场布置
~ban 禁止停车
~ban road 禁止停车路
~ban sign 禁止停车标志
~bay（道路上的）港湾式停车处；停车带，停车港
~building 公园建筑
~by（路边）停车加宽段
~capacity 停车场容量，停车场最大停车台数
~census 存放车辆数调查，驻车数调查
~configuration 停车排列方式
~control area 停车控制区
~court 存车小院（子）
~deck 存（停）车坪，存（停）车平台
~demand 停车需求
~district 停车区
~duration 停车（延时）时间，停站延续时间，停放延续时间
~facility 停车设备
~fee 存（停）车费
~fine 存（停）车罚款
~floor 停车层
~forbidden（此处）禁止停车
~garage 停车库
~garage，underground（美）地下停车库
~ground 停车场
~index 车辆存放指数
~lamp 停车灯

~lane（路上）停车车道
~lay-by 路旁停车场
~layby 路旁停车场
~layout 停车车位布置
~layout，90-degree 90° 停车车位布置 90° 度停车车位布置
~layout，echelon（美）排成梯形停车车位布置
~layout，in-line（美）一列式停车车位布置，排成行的停车车位布置
~layout，parallel（英）并列（平行的）停车车位布置
~layout，perpendicular（美）成直角（垂直的）停车车位布置
~light 停放车的信号灯
~line 停车线
~load 停车延续时间，停车量
~lot 停车地段，停车地点，停车场
~lot lawn（美）停车场草坪
~management program 停车管理程序
~maneuver space（美）停车场机动场地
~manoeuvre space（英）停车场机动场地
~meter 汽车停放计时器，汽车停放收费器，停车计时表
~multi-garage 多层停车库
~need 存车车位需求（量）
~ordinance 停车规则
~period（征收基本停放费的）停车时间
~place 停车场
~plan 停车计划
~point 停车地点，停车地段，停车场地
~pool 停车场
~prohibited 禁止存车，禁止驻车，禁止停车
~prohibition 停车禁令
~railings 公园栅栏
~ramp 停机坪
~regulation 停车规则
~restriction 限制停放车辆，停车限制
~road 公园路
~row 停车行列
~row，90° 垂直停车行列
~row，in-line（美）直线停车行列
~row，perpendicular（美）横列式停车行列
~rules 汽车停车规则
~sign 停车标志
~space 停车空地，停车间距；停车车位，停车位置，停车广场
~space，covered 有篷停车车位
~space limit 停车净空限界
~space limit mark（ing）停车（区间）限界标示
~space requirement 停车间距规定
~spaces，total 总计停车车位
~square 停车空地，停车广场
~stall（汽车）停放场所，停车车位
~strip 停车线，停车带
~structure 停车场建筑；停车场机械设施
~study 存车调查，停放车辆调查
~survey 存车调查，停放车辆调查
~tier 多层停车场的一层
~time limit 停车时限
~turnout 停车处的让车岔道
~turnout and rest area 路侧停车道和休息区
~turnover 泊车位使用率

~turnover rate 停车场周转率

~turnover rate 停车场周转率

all-day~ 全日驻车，全日停车

centre~ 路中停车，街心停车

emergency~ 应急停车场，紧急停车

in-line~（美）一列式停车

inclined~ 斜列停车，斜列驻车

"no~" 不准停车

nose-in~ 车头向内停放

nose-to-kerb~（英）车头向路缘停放

parallel~ 顺列式停车，纵列式停车

perpendicular~ 横列式停车

parkitecture 公园式建筑

parkland 公园土地，公园用地

parklike 公园般的，公园式的

parks 公园

~and cemetery department（英）公园和墓地部门

~and recreation department（美）公园和休闲（游览等）部门

~department（英）公园部门

~of zoning system 分区制公园

parkway 公园路，道路公园，风景路，林荫道

~treatment 公园路处理

parliament 议会，国会

~building 议会大楼

Parliament Buildings 国会大厦（渥太华）

Parliament House 国会大厦（布达佩斯）

Parlor Palm/Good-luck Palm ***Chamaedorea elegans*** **Mart./*Collinia elegans*** **Liebm.** 袖珍椰子 / 客室棕

parlor car 豪华铁路客车

Parque Las Leyendas（Peru）拉斯莱延达斯公园（秘鲁）

parquet 木条镶花（的地板），拼花地板，席纹地面；镶木细工的；铺镶木地板

~floor 镶木地板

parquetry 镶木细工，镶木工作

Parrot Alstroemeria ***Alstroemeria pulchella*** 鹦鹉六出花

Parrot crossbill/red crossbill ***Loxia curvirostra*** 红交嘴雀 / 交嘴 / 青交嘴 / 红交嘴

Parsley ***Petroselinum hortense*** 荷兰芹 / 洋芫荽 / 香芹菜

Parsley/Persil ***Petroselinium crispum*** 欧芹

parsonage 牧师住宅

part 地区，区域，部分，零件

~-built structure 部分建成建筑物

~correlation 部分相关

~-cut part-fill section；cut-fill section 半堤半堑

~-cut part-fill sub road 半填半挖式路基

~-time agricultural business 部分时间务农工作

parterre（对称）花坛，花圃，一块平地（包括房址），图案花坛群，绣毯式植坛：花坛园（这种 Parterre 是把许多 knot Garden 和许多 Carpet bed 毛毡花坛组成一个中轴对称的花坛群造成的园）

~de broderie 刺绣花坛

~garden 图案花坛群花园

~with formal flower borders 带花边的规则图案花坛群花园

embroidered~ 绣花式（对称）花坛

parthenocarpy 单性结实

Parthenon 希腊雅典女神（Athena）之神殿，帕提农神庙〈公元前 438 年建

于希腊雅典〉

Parthian 帕提亚人；帕提亚语；帕提亚的；帕提亚人的，又译安息

~architecture 安息建筑〈在今伊朗北部的古建筑〉

parti 建筑设计基本总方案；计划；图解；路线

~-colored painting（杂色）彩画

partial 部分的，局部的，不完全的

~analysis 局部分析

~burn-out 部分烧毁

~excavation method 分部开挖法

~facilities，service area with 有部分设施的服务区

~loss by fire 因火灾部分损失

~migrant 部分移民

~occupancy 部分使用（建筑未完工）

~payment 分期付款，部分支付

~plan 部分规划，局部规划

~scour 局部冲刷

~shade（美）局部隐蔽处，局部遮光屏

~submergence 局部淹没，部分下沉

~tenders，部分招标

~view 部分图，局部图

Partial cloverleaf 不完全的四叶式（指交叉口），部分苜蓿叶（指道路枢纽）

partially 不完全地，部分地；偏袒地；不公平地

~anchored 半锚式

~-exposed basement 半地下室

~penetrating well 非完整孔

~prestressed concrete girder 部分预应力混凝土梁

~separated system（排水系统）部分分流制

~treated industrial waste 部分处理的工业废物

partical size 粒径

partical-size class 微粒（尺寸、体积、规模等）大小等级

~-size classification 粒径分类

~-size distribution 粒径分布

~-size distribution curve 粒径分布曲线

~-size distributor 粒径分布机

~size factor 粒径系数

~size group（英）颗粒大小分组

water-graded~ 水质按粒径等级分类

participant 参加者，参与者；参与的，分享的

competition~ 竞争（比赛）参加者

participation 参加，参与；合作

~conditions 合作状况；参加条件

citizen~（美）公民参与

public~ 公众参与

statutory provision for~ 法定参与条款

participatory 供人分享的；参与

~sport（美）参加文体运动

~management 参与管理

particle 颗粒，微粒；质点，粒子{物}{数}

~board 颗粒板

~concentration 含尘浓度

~counter 粒子计数器

~diameter；particle size 粒径

~fall out 微粒状放射性坠尘（污染性坠尘等）

~-size analysis 粒径分析，颗粒尺寸分析，颗粒级配分析，颗粒分析试验

particles，dust 灰尘（尘土、尘埃、尘雾）颗粒

fine~ 颗粒微小的粒子
wash out fine~ 冲刷颗粒微小的粒子，排洗颗粒微小的粒子
articular data 详细数据
articulate 微粒飘尘微粒，颗粒；微粒的
~air pollution 微粒飘尘大气污染
~deposition 颗粒沉积
~matter 微粒物质
~matter，diffused 散布的微粒物质
~matter，suspended 悬浮的微粒物质
~pollutants 粒子污染物
articulates，diffused 散布的微粒（颗粒，粒子）
arting 道路岔口，错车道
~strip 分车带
artition 间壁，隔墙；间隔，隔断；分划；分割物；整数分剖（数）
~board 隔板
~door 格扇，隔门
~，property 花园住宅隔墙
~wall 隔墙，间壁，廊墙
partly cloudy 少云，局部多云
partnership agreement 合作协议
Partridge Berry/ Creeping Wintergreen/Gaultheria ***Gaultheria*** 白珠树（属）
part-time farming 兼营农业
party 共有的，共用的；党，政党，党派，团体，一群（班，队，组）；当事人；用户
~line 分界线，（两地相邻的）界线，合用线
~line telephone 共线电话
~responsible for maintenance 维修（养护，保养，保持等）班组
~to a contract 签订合同一方
~wall 共用墙，通墙
parvis 天井，院子
paseo 散步，散步道
Pashupatinath Temple（Nepal） 帕苏帕蒂纳特寺（尼泊尔）
Pasqueflower ***Pulsatilla vulgaris*** 常白头翁 / 风花
Pasquier Madhuca ***Madhuca pasquieri*** 紫荆木 / 滇木花生
pass 小路；垭口，隘口；关口；狭路；通道；通行证；免票；护照；及格；走过，通过；越过；（时间）经过；及格；消灭；传递
~box 传递窗
~-by 绕道通过
~-course 通过路线
~-over major road 过境干道
fish~ 鱼通道
game~ 猎物通道
passage 通道；水路；出入口；走廊；甬路，甬道；经过，通过；通行
~aisle 小通道
~area 通行面积
~for fire control 消防通道
~for freight handling 货物装卸通道，货运通道
~migrant 迁移动物
~of crowd 人流
~time 通过时间
~ventilating duct；through air duct 通过式风管
~way 通道，道路，廊
bird of~ 候鸟

passenger ferry 旅客渡船
passageway 通路；走廊
~，pedestrian（美）步行通路（走廊）
passage of crowd 人流，通行人群
Passenger（法）=Passage 乘客，旅客
~automobile 载客汽车，客车
~block 客运大厦
~capacity 客运量
~car 客车，轿车，小客车
~car equivalent 客车换算值
~car unit 客车交通量单位〈计算通行能力用〉
~carrying capacity 载客量
~depot 客运站
~facilities 客运设备
~foot-bridge 人行天桥
~gang way 旅客上下船用的走道
~platform 旅客站台
~shelter 旅客雨棚
~station 客运（车）站台
~subway 旅客地道
~terminal building 客运枢纽站主楼
~traffic 客运交通，客运
~train 旅客列车，客车
~tunnel 旅客地道
~wharf 客运码头
~zone 乘客上下车区域
passenger 乘客，旅客
~automobile 客车
~boat 客船
~capacity 客运量
~car 轿车，客车，小汽车
~car equivalent 客车换算值，小客车当量
~car inspection depot 旅客列车检修所（客列检）
~-car service yard 客运技术作业站
~car technical servicing depot 客车技术整备所（库列检）
~car unit 小客车单位（以小客车换算各种其他车辆），客车交通量单位，载客车辆单位
~-car yard 客车整备场
~carried 客运量
~coach 客车
~coaches turn-around siding 客车转向线
~concourse 旅客通道
~controlled elevator 乘客自控电梯
~depot 客运站
~elevator 载客电梯
~facilities 客运设备
~foot-bridge 人行天桥
~guide system 旅客向导系统
~high platform 旅客高站台
~intermediate platform 旅客中间站台
~machine 客机
~main platform 旅客主站台
~miles 旅客周转量
~platform 旅客站台
~s-kilometers 客运人次 / 公里数
~'s overpass 旅客跨线桥
~station 客运车站
~station building 旅客站房
~stopping point 旅客乘降点
~subway 旅客地道，人行地道
~terminal 客运码头
~terminal building 客运枢纽站主楼
~traffic 客运交通，客运，客流
~traffic communication system in station 车站客运通信系统

~train 客车
~train washing plant 客车洗刷所
~transport 客运
~transportation 客运
~travel 旅客周转量
~tunnel 旅客地道
~turnover 客运周转量
~wharf 客运码头
passageway 港与港之间的航程，通道，航线
passimeter（车站）自动售票机
passing 通过；超越
~bay 错车道，让车道，避车道
~cross-traffic 通过横向交通
~distance 超车距离
~lane 公路超车车道，公路（加宽）让车车道
~loop 会让线
~minimum sight distance 最短超车视距
~place（行人）避车处，（行人）避车道，让车道
~siding 让车侧线
~sight distance 超车视距
~signal 通过信号机，通过预告信号
~station 会越站，会让站
~through 通行
~track（铁路）避车侧线，越行线
Passion Flower *Passiflora* Linn.，a climbing plant（chimber，creeper） 西番莲（西番莲属），攀缘植物
Passion fruit/purple granadilla（*Passiflora edulis*） 鸡蛋果 / 紫果西番莲
passionate 充满热情的
passive 被动的；钝态的 { 化 }；消极的；无源的
~control 被动控制
~earth pressure 被动土压力
~failure 被动破坏
~recreation 静态游憩
~recreation area 静态 游憩用地
~solar house 被动式太阳房
pastime 消遣，娱乐
pastor/clergyman；priest 牧师
pastoral 牧歌，田园文学，田园诗；牧人的，田园生活的，牧师的
~farming 畜牧业
~land planning 放牧地规划
~park（英）乡村景色公园
~region 牧业区
pasture 牧草地，草地，牧场；牧草
~farming 牧场农业（畜牧业，养殖业）
~land 牧场
~of low productivity 低生产率牧场
~weeds vegetation 牧草地杂草植物
~woodland 牧场林地
abandoned~ 废弃牧草地
fertilized~ 施肥的牧草地
forest~ 林区（森林）草地
intensively grazed~ 集中放牧的牧场
land~ 市镇牧场
permanent~ 宿存牧草地，固定（性）牧草地
rotation~（美）轮作性牧草地
sheep~ 牧羊草地
wood~ 树林牧草地
pastry store 点心铺
pasturing（牛、羊等）吃草，放牧（牛、羊等）
pata guenon/red hussar monkey *Erythrocebus patas* 赤猴

patagonian cavy ***Dolichotis patagona*** 长耳豚鼠

patch 小块土地；补片；碎片；修补，补坑；临时修补（错误电脑程序）；插入接电线

~habitat，isolated 孤立的（单独的，分离的）小片动植物生境

~of lawn，bare 草地秃斑

~repair 修补路面坑槽，补坑

~type，ecological（生态）斑块类型

~work 修补工作

bare~ 秃斑

environmental resource~ 环境资源修补

food~ 饲料地

remnant wood~ 剩余木料碎片

wood~（英）木料碎片

wooded~（美）长满树木的小块地

patches of habitat，isolated（动植物）生境的单独小块地

patching（路面）补坑，修补，修理

patent 明显的

Patenthairy Melastoma ***Melastoma normale*** **D. Don** 展毛野牡丹

path 路，小道，小径，人行道，园路，苑路

~analysis 园路分析

~in woodland 林间小道

~-method 路径法

~method，critical 极限路径法

~network，bridle（美）马道路网

~of travel 通路，走道

~space 道路空间

~surfacing 道路平整表面（覆面）

~way 小路，小径

bicycle~（英）自行车道

bridle~（美）（英）（不通车辆的）马道

circuit~（美）环形道

cycle~（英）环道

fire~（英）消防通道

forest~（英）森林小径

formation level of a~（英）道路路床面标高

migratory~ 季节性小道

nature study~（英）大自然探索之路

stepping stone~（小溪中的）踏脚石路

subbase grade of a~（美）道路基层质量标准

subgrade of a~（美）道路地基

sunken~ 下陷的（凹陷的）道路

towing~（美）拖车（拽引）道

walking~（美）步行路

pathlet 小径

pathogen 病原

biotic~ 生物性病原

abiotic~ 非生物性病原

pathogenic 病原菌的，致病的

~bacteria 病原菌

~organism 致病菌

paths 行驶路线，途径

pathside strip（美）小路边狭长带

pathway 小路，小径

~excavation 小路挖掘

~maintenance 小路保养

~network 小路网

~network plan 小路网规划

~system，circular（英）环形小路系统

alignment of a~ 小路直线

circular~（英）环形小路

interrupt a hard-edged~ 切断硬边的小路

maintenance~ 养护小路

rambling~（英）漫步小路
stepped~ 有阶梯的小路
patio [西] 院子，天井，亭院，廊柱园，中庭
~block 便道砌块，凉台砌块，庭园砌块
~home 带庭院住宅
~house 庭院住宅
~house dwelling（美）带庭园住宅寓所
~housing 天井式住宅
Patio de los Arrayanes 桃金娘庭院
Patio de la Acequia 水渠中庭（格内拉里弗宫内最有代表性的一个庭院）
Patio de los Leones 狮子院
Patio Rose *Rosa* 'Rainbow Magic' '彩虹魔法' 庭院玫瑰（英国斯塔福德郡苗圃）
Patio Rose Queen Mother *Rosa* 'Queen Mother' '太后' 庭院玫瑰（英国斯塔福德郡苗圃）
Patio Rose Sweet Dream *Rosa* 'Sweet Dream' '美梦' 庭院玫瑰（英国斯塔福德郡苗圃）
patriachal family 父系家庭
patrimony 遗产
cultural~ 文化遗产
forest~ 森林遗产
landscape~ 园林遗产
natural~ 自然遗产
patrol maintenance 巡回养护
patronage 资助，赞助，支持
Pattaya Beach（Thailand）芭堤雅海滩（泰国）
pattern 式样，形式，榜样；模型，型板；类型；图形，图案，花样；格式{计}；仿造，摹制；作为模型，形成图形
~analysis 模式分析
~and drawing 模型及图样
~correction 图形改正
~design 图案设计
~drainage，grid 网格式排水系统
~drainage，herringbone 人字形图案排水系统
~dwarf hedge 图案矮篱
~enumeration 模式列举
~-filling 模型－填塞{电标}
~generation 模型形成，模式生成
~language 模式语言
~matching 模型匹配
~of city layout 城市布局形式
~of consumption 消费模式
~of ecotopes 生态环境（区）类型
~of interactions and relationships 相互影响和关联的形式（类型）
~of land uses 土地使用形式
~of load 荷载形式
~of migration movement 人口迁移模式
~of production 生产结构
~recognition 模式识别
~of tesserae（美）特塞拉式，小块镶嵌大理石（或玻璃）式样
~path 花纹路
~plan，jointing 连接模型计划，焊接型板方案
~selection 模型选择
~shop 模型工场
basket-weave~ 席纹，编篮纹
branching~ 支管类型，叉形接头类型，插销头类型
combined open space~ 组合开放空间

模式
commuter~（美）市郊间下上班交通类型
concentric open space~ 集中开放空间模式
dissemination~ 分散模式
drainage~ 排水系统类型
drainage piping~（美）排水系统管道类型
ecological landscape~ 生态园林（景观）格局
fan~（英）风扇类型，风机类型
header bond~ 丁砖砌合类型，丁砖砌合图案
heading bond~（美）丁砖砌合图案
herringbone~ 人字形图案，鲱骨状图案
interfingering open space~ 交错开放空间图案
irregular~ 不规则图案
jointing~ 接合（头，缝，榫）类型（式样）
journey-to-work~（英）上班交通形式，值勤交通形式
land ownership~（美）土地所有权类型
land use~ 土地使用类型
landscape mosaic~ 景观 / 园林马赛克式样，园林镶嵌式样
leisure activity~ 闲暇（休息）活动类型
linear open space~ 线状开放空间形式
open space system forming a radial~ 辐射状开放空间系统
ornamental~ 装饰类型
ownership~ 所有权类型
pavement~ 铺面类型，（桥面）铺装类型
paving~ 铺路（铺砌）形式（型板）
paving in curved~ 曲线铺路形式
planting~ 绿化形式，种植模式
radial open space~ 辐射状开放空间模式
random irregular~ 不规则乱砌模式
random rectangular~ 长方形乱砌模式
random-jointed rectangular paving~ 不规则接缝矩形铺面（材料）形式
running bond~ 侧砖砌合形式
segment arc~（英）弓形圆弧式
slab paving~ 石板铺砌形式，用板铺砌形式
soil distribution~ 土壤分布图
species~ 种群格局
square~（美）正方形式样
stretcher bond~ 横砌石（顺砖）砌合式
patterned concrete paving slab 混凝土铺路板模型
~glass 压花玻璃
patterns，ecological distribution of spatial 空间生态分布模型
Paulo Afonso Falls（**Brazil**）保罗阿丰索瀑布（巴西）
Paulownia 桐树，泡桐属
Paulownia fortunei 白花泡桐
pavage 铺筑，铺设
pave（法）铺筑过的地面（或路面）；铺砌；铺路；准备
~mill 路面铣削机（刨路机）
paved 已铺筑
~area 已铺筑之地区
~bed 铺石花坛
~channel 铺面渠道
~crossing 铺面（铁路）道路；铺面交叉口；道路铺面
~ditch 铺砌沟
~embankment 铺砌路堤，铺砌堤
~floor 铺砌地面；铺砌地板

~full 全铺装（的道路）
~garden 铺石园，铺地园
~gutter 铺砌（街）沟
~inlet 铺砌进水口
~“leak-off” 铺砌的泄水沟
~partial 部分铺装（的道路）
~path 铺石路
~ratio 铺装率
~road 铺石路，有路石的路，铺装道路
~runway（飞机场）铺面跑道
~shoulder 铺装路肩
~stone surface 铺筑石料面
~stone surface，laying course for a 铺筑石料面铺设层
~surfaces，crowning of（美）铺筑面拱起（凸起）
~walk 铺石路

pavement（英）人行道，铺过的地面（或路面），铺过的道路，路面，铺砌层；铺面，（桥面）铺装；（机场跑道）道面
~area（美）人行道区
~artist 马路画家
~behavior 路面状态，路面状况
~characteristics 路面特性
~construction survey 路面施工测量
~damage ratio 路面破损率
~depression 路面沉陷
~design 路面设计
~distress 路面损害
~drainage 路面排水
~edge curb 路边缘石（即平式缘石）
~evenness 路面平整度
~failure 路面破坏
~foundation 路面基础
~frost damage 路面冻损
~grade 路面坡度
~improvement 路面改建；路面改善
~joints，plant association of 路面接缝植物群丛
~life 路面寿命
~moisture damage 路面水毁，路面水损害
~of asphalt 沥青路面
~of cobble stone 大卵石路面
~of concrete block 混凝土块路面
~of concrete pavers（美）混凝土铺砌机铺筑
~of grass pavers（英）草皮铺砌机铺筑路面
~of rip-rap 乱石铺面，乱石路面
~of stone block 块石路面
~pattern 路面模型
~planting 路面绿化
~recapping 路面翻修
~role 铺垫作用
~slab 路面板
~slab pumping 路面板唧泥
~strengthening 路面补强
~striping 路面车道线，路面标线
~structure 路面结构
~structure layer 路面结构层
~type island 平式安全岛
all concrete~ 全混凝土路面
bitulithic~ 沥青碎石路面
concrete~ 混凝土路面
concrete-block~ 混凝土块（铺砌）路面
dressed stone~ 细琢石路面
enveloped~ 封闭式路面结构
flexible~ 柔性路面
graded aggregate~ 级配路面

grid~（美）网格路面
high-type~ 高级路面
inservice~ 旧路面，现有路面
interlocking block~ 嵌锁式大块石料（或木料）路面
interlocking concrete block~ 嵌锁式混凝土块路面
natural stone~（美）天然石料路面
non-rigid~ 非刚性路面（指柔性路面）
rigid~ 刚性路面
stone~ 石块（铺砌）路面，石料（铺砌）路面；石块铺面{建}
stone block~ 石块（铺砌）路面
stone-sett~ 小方石（块）路面
three-line~ 三车道路面
width of~ 路面宽度
wood~ 木块（铺砌）路面；木块铺面
wood block~ 木块（铺砌）路面；木块铺面{建}

paver 铺筑材料；（水泥或沥青混凝土等路面）摊铺机，铺路机，铺料机；铺砌工
~boom（混凝土摊铺机的）桁梁
~brick（美）铺路砖
~bucket 摊铺机卸料斗
~holes，filling of（美）铺筑材料填充裂口（破洞）
~with exposed aggregate（美）露石铺筑材料
~with protective coating，concrete（美）有保护涂料的混凝土铺筑材料
concrete~（美）混凝土铺筑材料
grass~ 草皮铺料机
interlocking~（美）嵌锁式铺筑材料
module~（美）预制件铺筑材料
turf~（美）草皮铺筑材料

pavers paver 的复数
~on mortar，lay（美）灰浆敷设铺筑材料
~on sand，lay（美）砂土敷设铺筑材料
pavement of concrete~（美）混凝土路面铺筑材料（铺路机）
pavement of grass~（英）草皮路面铺筑材料（铺路机）
radius~（美）辐射式铺路机

pavestone，large-sized（美）大号铺砌石料（石材，石头）

pavetta ***Pavetta hongkongensis*** 满天星

pavier =paver

pavilion 搭帐篷（盖住）；大帐篷；小巧玲珑的建筑；亭，亭台，碑亭，园亭，亭子，凉亭，楼阁，阁，馆
~bridge 亭桥
~for inscribed tablet 碑亭
Pavilion for Viewing the Green Bamboo 揽翠亭
~garden 伞篷花园
~，garden 花园亭
Pavilion of Four Languages 四体文碑亭（中国北京市雍和宫）
Pavilion of Friendly Cranes 友鹤亭（中国北京市白云观）
Pavilion of Longevity Hill 寿山亭（中国
~on bridge 桥亭

paving 铺筑材料，铺过的地面（或路面），铺过的道路，铺面；铺路，铺筑，铺砌，铺装；铺路用的，铺砌的，铺砌层
~alignment 铺砌线向
~asphalt 铺路用（地）沥青
~rammer 铺路夯具

~block 铺路块料
~block with hard-wearing surface layer, concrete（英）面层耐磨的混凝土铺砌块料
~block without exposed aggregate, standard concrete 不露粒料（集料等）标准混凝土铺砌块料
~block, coloured（英）着色铺砌块料
~block, exposed aggregate 露粒料铺砌块料
~block, exposed basalt aggregate（英）露玄武岩集料铺砌块料
~block, garden（美）花园（庭院，果园等）铺砌块料
~block, grass-filled（美）草地铺砌块料
~block, interlocking（英）嵌锁式砌块
~block, precast（美）预制砌块
~block, standard concrete（英）标准混凝土砌块
~brick 铺路砖；铺地砖
~course 铺砌层
~equipment 铺路设备
~finisher 铺面修整机，整面机
~in a forward direction 正向铺面
~in a reverse direction 反向铺面
~in curved pattern 曲线图案铺面
~in echelon 梯形铺砌
~in running bond 直线砌合铺面
~in setts 小方石铺砌，石块铺砌
~in stone blocks 石块铺砌
~joint vegetation 砌缝植物
~machine 铺路机
~notch 铺砌的谷道
~of a square/plaza 广场铺装
~pattern 铺砌图（图案）（式样）
~pattern, plan of a 铺砌式样平面图
~pattern, random-jointed rectangular 不规则接缝矩形铺砌图
~pattern, slab 石板铺砌图
~repair 路面修补
~sett 铺路小方石，铺路石块
~sett, large-sized（英）大尺寸铺路石块
~sett, mosaic（英）镶嵌式铺路石块
~sett, small（英）小型铺路小方石
~slab 铺路板
~slab, garden（英）花园铺路板
~slab, patterned concrete 型板混凝土铺路板
~slab, precast concrete 预制混凝土铺路板
~sloping way 实体斜坡道
~stone 铺路石
~stone, large-sized（美）大尺寸铺路石
~stone, precut（美）预开铺路石
~stone, small（美）小型铺路石
~strip 条状铺路石
~tile 铺路砖
~unit（美）铺路构件
~unit, concrete（英）混凝土铺路构件
~with pebbles 卵石铺面，卵石铺砌
~wood 铺面木块
asphalt~（地）沥青路面；（地）沥青铺路
block~（美）砌块铺路
brick~ 砖块铺砌；铺砖
cast-iron~ 铸铁块铺砌
clinker brick~（美）炼砖（缸砖）铺路
clinker brick for~（英）铺路缸砖
cobble~ 卵石路面，圆石路面

cobblestone~ 卵石路面，圆石（粒径为 60 ~ 200mm）路面
concrete~ 铺筑混凝土路面；混凝土路面
diagonal~ 斜向铺砌
dry~ 干砌，无（灰）浆铺砌
fish scale~（美）鱼鳞状铺砌
grass setts~（英）植草小方石路面
grass-filled modular~（美）加植草标准组件铺路
mosaic block~（美）马赛克砌块铺路
mosaic sett~（英）马赛克小方石铺路
natural stone~ 天然石料铺路
random~ 乱石铺砌；乱石路面；简易路面（砂砾上做薄垫层和表层）；不整齐小方石铺砌路面
random cobblestone~（美）不整齐圆石（粒径为 60~200mm）铺路
random sett~（英）不整齐小方石（拳石）铺路
round wood~ 圆木铺路
sett~ 石块铺砌；石块路面
slab~ 石板铺砌，用板铺砌
slope~ 斜面铺砌，砌坡
small sett~ 小方石铺砌；小方石路面
stone~ 砌石；块石铺砌
timber disk~（英）木圆板路面
timber sett~（英）木格图案路面
wood~ 木质地面，铺砌
wood block~ 木块铺路
wood disk~（美）木圆板路面
wood sett~（英）木格图案路面

pavio(u)r（英）铺路工；铺路机，铺路材料

pawn shop 当铺

PawPaw Tree ***Asimina triloba*** 巴婆（美国田纳西州苗圃）

Pax Maple Acer paxii 金江槭

pay 支付；报酬；工资；支付；酬劳；给薪资；有利，值得；进行（访问等）给予（注意等）；收费的，付费的；富矿的；有关支付的
~by installments 分期付
~in installments 分期付款
~station 公用自动收费电话亭，公用电话

payable 可付的；应付的；有利的

payasat 缅甸塔

payawat 缅甸佛堂

payback 偿还，赔偿，恢复

payee 收款人

payer 付款人，付给者

payment 支付；缴纳；偿还；报酬；支付额
~by installment 分期付款
~by remittance 汇拨支付
~in advance 预付
~on shipment 交货付款
~on terms 定期付款
bonus~ 红利（奖金）支付
compensation~（英）补偿（或赔偿）金支付
interim~ 临时缴纳
overtime~ 加班报酬
penalty~（英）罚款支付额
progress~（美）累进支付
with phased payments 分期兑现

payoff（game）matrix 赢得（对策）矩阵
~period 清偿期限，回收期｛管｝

~table 结算表 { 商 }

payor 付款人，付给者

payroll 工资单，薪水账

paysage（法）乡村景色，风景

Peperomia caperata 皱叶豆瓣绿

PCD（planned community development）有规划的社区开发（与 PUD 同义）

PCD（protection–conservation– development）保护、保留与开发

Pe Pae，Loquat ***Eriobotrya japonica*** **（Thund.）Lindl.** 枇杷

pea 豌豆 [子]；豌豆似的，小粒的

~flower 豌豆花

~gravel 豆（粒）砾石，绿豆砂

~green 豆绿色

~grit 豆（粒）砾石，绿豆砂

~stone 豆（砾）石

~tendril，a leaf tendril 豌豆卷须，叶卷须

Pea/Garden Pea/Vegetable pea（***Pisum sativum***）豌豆

Pea Tree ***Caragana sinica*** **（Buc' hoz.）Rehd.** 锦鸡儿

peace 和平

~time 平时，和平时期

Peace Gate 和平门

Peace Pagoda 和平塔

peach 桃（树）

~blossom 桃红色，桃花

~flower 桃花

Peach Orchard 桃园

~tree 桃树

Peach ***Prunus persica*** **（L.）Batsch** 桃

Peach aphid ***Tuberocephalus momonis*** 桃瘤蚜

Peach hornworm ***Marumba gaschkewitschi*** 枣桃六点天蛾

Peach leaf miner/Clerek's snowy ***Lyonetia clerkella*** 桃潜叶蛾

Peach Lilac/Persian Lilac ***Syringa persica*** 花叶丁香 / 波斯丁香（美国田纳西州苗圃）

Peach longicorn beetle ***Aromia bungii*** 桃红颈天牛

Peach/Peach Tree ***Amygdalus persica*** 桃 / 桃花（塞尔维亚国花）

Peachleaf Bluebell/Peachleaf Bellflower ***Campanula persicifolia*** 桃叶风铃草

Peach-leaved Bellflower ***Campanula punctata*** **'White Bells'** '银铃' 紫斑风铃草（英国斯塔福德郡苗圃）

peacock blue 孔雀蓝

Peacock Cactus/Red Orchid Cactus ***Nopalxochia ackermannii*** 令箭荷花

Peacock Flower/Royal Poinciana/Flame Tree/Fire Tree ***Delonix regia*** 凤凰木（马达加斯加国树）（美国佛罗里达州苗圃）

Peacock Plant ***Calathea makoyana*** 孔雀竹芋

peak 峰，高峰；最大量

~annual output 最高年产量

~blooming 大量开花，盛花

~cable car 登山缆车

~discharge 洪峰流量，顶峰流量，最大流量

~discharge modulus 洪峰流量模数

~factor 峰值因子，~ 系数

~flood 洪峰

~–flood intervals 洪峰间歇

~flow 高峰流量，洪峰流量

~flow discharge 洪峰流量
~forest 峰林
~gust 最大阵风
~high-water level/mark 最高水位 / 标线
~-hour（交通量）高峰时间
~hour 最繁忙时间，高峰小时，高峰时间
~hour factor（交通量）高峰小时系数
~-hour factor 高峰小时系数
~-hour flow 高峰小时车流，高峰小时交通
~-hour traffic 最繁忙交通，高峰小时交通（量）
~hour volume 高峰小时交通量
~hourly volume 高峰小时交通量
~load（交通，用电等的）高峰负荷，最大负荷
~of flow 洪峰
~output 最高产量，峰值输出
~period 高峰时期，高峰周期
~production 最高产量
~rate of flood discharge 洪峰最高流速
~rate of flow 交通流高峰比率
~response 峰值响应
~runoff 峰值径流量，峰值流量，最大雨量
~season 旺季，高峰季节
~strength 峰值强度
~time 旅游高峰，高峰时间
~time lag 洪峰滞时
~traffic 高峰（时间）交通，高峰交通量
~traffic flow 高峰交通量
~-traffic flow 高峰交通流量
~visitor use 游客云集高峰
~volume 高峰交通量
~volume change 高峰交通量变化，最大体积变化
~volume relation 峰量关系
~year 最高年份
flood~ 洪峰

peakflow 洪峰流量

peaking variation factor 总变化系数

peaks 峰

Peanut ***Arachis hyponea*** 花生 / 落花生

peanut 花生；渺小的人；[复] 小数目，小企业；渺小的，微不足道的
~oil 花生油

Peanut Cactus ***Chamaecereus silvestrii*** 仙人掌指 / 葫芦拳 / 白檀

pear 梨树，梨
~blossom 梨花
~orchard 梨园
~tree 梨树

Pear ***Pyrus communis*** 洋梨 / 西洋梨

Pear aphid ***Aphanostigama jakusuiensis*** 梨黄粉蚜

Pear aphid ***Schizophis piricola*** 梨蚜

Pear brown spot of ***Sophora japonica*** 槐树褐斑病（***Pseudocercospora*** **sp.** 坏死假尾孢菌）

Pear brown spot 梨褐斑病（***Mycosphaerella sentina*** 梨腔菌 / 无性世代：***Septoria piricola*** 梨生壳针孢）

Pear lace-bug ***Stephanitis nashi*** 梨网蝽

Pear white scale ***Lophoeucaspis japinica*** 日本长白盾蚧

Pearl Harbor 珍珠港（美国）

Pearl Haworthia ***Haworthia margaritifera*** 珍珠十二卷

earl millet ***Pennisetum americarum*** （**L.**）**Leeke.** 御谷
earl Orchid/Chu-lan Tree ***Chloranthus spicatus*** 金粟兰 / 珍珠兰 / 朱兰
earleaf crabapple ***Malus prunifolia*** 楸子 / 海棠果
earlite 珍珠岩
earlstone 珍珠岩
'early-shining Maesa ***Maesa perlarius*** 鲫鱼胆
easant 农夫，乡下人
~community 农民社区，农民社会
~economy 小农经济
~household 农户
~population 农业人口
~proprietor 自耕农，占有土地的农民
easantry 农民总称
eashoot ***Pisum sativum***（**sprout of**）豌豆苗
eat 泥炭，泥煤；泥炭土
~ball 泥煤球
~bed 泥炭地，泥炭田
~-bog 泥炭沼，沼煤
~brick 泥炭砖，泥煤砖
~-cut area 泥炭开采区
~（-）cutting 泥炭开采
~，fen（英）沼泽泥炭
~formation 泥炭层
~-forming species 泥炭组成种类，泥炭形成物质
~foundation 泥炭地基
~garden plant（英）泥炭园植物
~hag 泥炭沼池
~land 泥炭地，泥炭田，泥煤田
~mass 泥炭块，泥炭沼，泥炭苔
~mire 泥炭沼泽
~-moss 泥炭沼，泥炭苔
~seeding pellet 泥炭压制播种机
~seeding starter 泥炭压制播种机
~soil 泥炭土，泥沼质土
fabric~ 纤维泥炭
growing on~ 泥炭中生长的
humified raised bog~ 腐殖化高位沼泽泥炭
loose~ 疏松泥炭
low-moor~（美）低地沼泽泥炭
Michigan~（美）密歇根泥炭
raised bog~ 高位沼泽泥炭
sapric~ 含极腐烂生物泥炭
sedge~（美）苔泥炭，沙草泥炭
sphagnum~ 泥炭藓泥炭土，泥炭藓块泥炭土
peatfication 泥炭化（作用）
peatland（美）泥炭地
mesotrophic~ 中营养泥炭地
minerotrophic~ 滋养泥炭
ombrogenous~ 雨泥炭
ombrophilous~ 雨泥炭土
ombrotrophic~ 需雨滋养泥炭
rheophilous~ 喜流泥炭
soligenous~ 地面水流泥炭
transition~ 过渡泥炭
peaty 泥炭（似）的
~deposit 泥炭层
~soil 泥炭土，泥沼质土
pebble 卵石，小石子，小砾；透明水晶；铺以卵石砾石
~beach 石砾海滩
~pavement 卵石路面
pebble painting 石子画

pebbles 卵石，小圆石，小漂砾，透明水晶

Pecan ***Carya illinoensis*** **（Wangenh.）K.** ***Koch*** 薄壳山核桃 / 长山核桃 / 美国山核桃

pecanpeck 美洲山核桃木

Pecam leaf-collecting moth ***Locastra muscosalis*** 缀叶丛螟

Pectinate Hedgehog Cactus ***Echinocereus pectinatus*** 三光球 / 蓖刺鹿角柱

ped（pedestrian 的缩写〈美〉）行人；土壤自然结构体；（pedestal 的缩写），支座基座，基础轴承

~stability（美）基础稳定

granular~（美）含颗粒的土壤自然结构体

pedal 垂足线，垂足面{数}；（脚踏车、缝纫机等的）踏板；垂足（线）的（数）；踏板的；足的；踏踏板

pedaler 骑自行车的人，骑自行车者

~'s crossing（美）自行车道口

peddle 挑卖，沿街叫卖

pedestal 台，承台，架，垫座，支座，托轴架，柱脚，基础；加台脚；搁在架上；支持

~pile 爆扩柱，扩底柱

~-rock 基岩

~signal 柱座信号

pedestrian 行人，步行者，行人的，人行的，步行的

~access only 行人专用通道

~accessibility 行人可达性〈指到达一个地方的方便程度〉

~activity 行人活动

~and cycle track 行人与自行车道

~area 步行区

~barrier 行人护栏

~barrier panel 行人分隔板

~bridge 人行桥，步行桥，行人桥，人行天桥

~circulation 行人流动

~circulation plan 行人流动图表

~clearance time 清理行人时间

~control 人行道交通管制

~control fence 行人管制栅栏

~count 行人（数）观测，行人计数

~crossing 行人过路线，步行交叉，人行横道

~crossing line 人行横道线

~crossing point 行人过路处

~crossing sign 人行道标志，行人过街标志

~crosswalk 人行横道，人行过街道

~deck 立体人行道

~detector 行人感知器，行人探测器

~distribution system 客运运输系统

~easement，vehicular and 车辆和行人的缓和曲线

~enclave 步行区

~facility 人行交通设施

~flow 行人流

~guard-rail（英）行人护栏（扶栏）

~guard rail 行人护栏

~guardrail 行人护栏

~infrastructure，vehicular and 车辆和行人基础设施

~island（交叉口处）行人安全岛，人行岛

~lane 小巷，人行道

~link 步行连接

~load 人群荷载
~mall 人行林荫路，步行林荫广场（街道），步行街
~network 人行道路网
~over crossing 人行天桥
~overbridge 人行天桥，行人天桥
~overcrossing 人行天桥
~overcrossing screen 人行天桥护网
~overpass 人行天桥
~passageway（美）人行通道，人行走廊
~path 人行小路，人行道
~period 人行时期，〈道路上只许人行的时期〉
~platform 行人步廊
~point 行人集中点
~precinct 行人专用区，步行区
~promenade 行人散步道
~psychology 行人心理
~railing 行人栏杆
~ramp 人行坡道
~recall 行人请求绿灯
~refuge island 行人安全岛
~right-of-passage，vehicular and 车辆和行人通行权
~road 人行专用道
~road-crossing tunnel 地下过街人行道
~safety 行人安全，行人交通安全
~safety devices 行人安全设施
~segregation 行人与车辆分流
~separation fence 行人隔离栏
~shelter 行人风雨棚
~shopping mall 步行商业街
~shopping precinct 步行商业区
~skyway 行人天桥
~space 行人净空；行人占地面积，人行空间，散步区
~speed 步行速度
~street 步行街
~study 行人研究
~subway 人行隧道，人行地道
~ system 步行系统
~thoroughfare 人行大道（大街）
~traffic 行人交通
~traffic way 步行街
~tunnel 人行地道
~underpass 人行地道
~value 人口流量，人行参数
~-vehicle conflict 行人与车辆冲突
~volume 行人交通量
~walk 人行道
~-way 人行道
~way 人行道
~zone marker 行人地带标线
pedestrianization（市中心和居住区街道的）步行化
pedestrianize 使（街道）行人道化，禁止车辆交通
pediatric hospital 儿科医院
pedicab 三轮车
Pedilanthus tithymaloides 红雀珊瑚
pediment 山花，山形墙
pedimented 有人字墙的，人字形的
pedestrian crossing line 人行横道线
~guard 行人护栏
pedlar 挨户叫卖的小贩，沿街兜售的商贩
pedogenesis 成土作用
pedogenetic 成土作用的，土壤发生的
pedogenic 成土作用，土壤发生

pedogeography 土壤地理学
pedohydrology 土壤水文学
pedological 土壤学的
~classification system 土壤学分类系统
~map 土壤图
~system of soil classification 土壤学的土分类法
pedology 土壤学
pedosphere 土壤圈
Pedunculate Acronychia ***Acronychia pesunculata*** **（L.）Miq.** 山油柑
peduncle/pedicel（flower stalk）花梗
Pehpei Maple ***Acer pehpeiense*** 缙云槭 / 北碚槭
Pei，Ieoh Ming 贝聿铭，美国当代建筑大师
Peking 同 **Beijiing**
Peking Man Site at Zhoukoudian（Beijing，China）周口店北京猿人遗址（中国北京）
Peking Cotoneaster ***Cotoneaster acutifolius*** **Turcz.** 灰栒子
Peking Lilac ***Syringa pekinensis*** **Rupr.** 北京丁香
Peking Mock-orange ***Philadelphus pekinensis*** **Rupr.** 太平花 / 京山梅花
Peking mouse-eared bat ***Myotis pequinius*** 北京鼠耳蝠
Peking Peashrub ***Caragana pekinensis*** ***Kom.*** 北京锦鸡儿
Peking Spleenwort ***Asplenium pekinense*** 北京铁角蕨
Peking Willow/Hankow Willow ***Salix matsudana*** 旱柳 / 红皮柳
Pelagic cormorant/ sea cormorant ***Phalacrococrax pelagicus*** 海鸬鹚
pelagic zone 远洋地区（地带，带），远洋（动植物）分布带
Pelargonium **（crane's bill），*a geranium*** 天竺葵（龙牛儿苗），龙牛儿苗属
Pelargonium and Geranium 天竺葵与老鹳草（属名）
pellicular water 薄膜水
pelmet box 窗帘盒
pelt（雨等）大降，猛降
Peltelott camellia（拟）***Camellia petelotti*** 金花茶
pelting rain 倾盆大雨
Pemako Rhododendron ***Rhododendron pemakoense*** 假单花杜鹃 / 东藏杜鹃花
pen container bonsai 笔筒盆景
pen and ink sketch 钢笔速写
pen drawing 钢笔画
penalty 罚金，罚款，处罚；损失；（性能等的）恶化
~clause 罚则
~payment（英）罚款支付
Penang Pronephrium ***Pronephrium penangiana/Abacopteris penangiana*** 披针叶新月蕨
penchant（强烈的）倾向，爱好，嗜好
pencil 铅笔；光线锥{物}；光束；用铅笔写；用画笔画
~of rays 光束
~sketch 铅笔草图，~速写
Pencil Tree/Milk Bush/Malabartree Euphoria ***Euphorbia tirucalli*** 光棍树 / 绿玉树
pencil sketch 铅笔速写，草图
Pencil-tail tree mouse ***Chiropodomys***

gliroides 笔尾鼠

endant lighting 吊灯

~signal 悬垂式信号机

endentive 帆拱

endula Deodara Cedru *Cedrus deodara*'Pendula' '垂枝' 雪松（英国萨里郡苗圃）

endulne tit *Remiz pendulinus* 攀雀 / 洋红儿

'endulous Euonymus *Euonymus oxyphyllus* Miq. 垂丝卫矛

endulous plant 垂枝植物

'endulous Sedge *Carex pendula* 悬垂苔草（英国斯塔福德郡苗圃）

endulum 摆

~bearing for bridge 桥梁摇轴支座

~pattern for industrial allocation 钟摆式工业布局

eneplain 侵蚀平原，准平原 { 地 }

enetrable 可贯入的，可穿过的，可渗入的

~，wind 风可穿过的，透风的

penetrating 贯通，穿插

~glacier 贯通冰川（山麓冰川）

~tie 穿插枋

penetration（沥青）针入度；贯入，灌入；贯入度；（润滑脂）锥入度；贯穿；透入度

~macadam with coated chips 上拌下贯式（沥青）路面

~method 贯入法

~of bitumen（沥青）针入度

~resistance 贯入阻力

~，roof 顶部贯入

root~ 根部灌入

penetrative radiation 贯穿辐射

penetrometer（沥青）针入度仪

Peng Yigang 彭一刚，中国工程院院士，建筑学家、风景园林专家

Peniculed Goldrain Tree/Chinese Varnish Tree *Koelreuteria paniculata* 栾树（英国萨里郡苗圃）

peninsula 半岛

~garden 半岛园

~quay 半岛式码头

peninsular 半岛的居民；半岛状的

penitentiary 教养院；监狱

penjing 盆景

~accessories 盆景配件

~art 盆景艺术

~flower bed 盆景花坛

~garden 盆景园

~plant 盆景植物

~planted with old dwarf trees 树桩盆景

~planted with pendulous trees 垂枝盆景

~pot 盆景盆体

***Pennisetum alopecuroides* L. Spr-emg. 'Hameln'** 狼尾草 '哈美恩'（美国田纳西州苗圃）

pennsylvania farmhome colonial architecture 美国宾夕法尼亚州农舍殖民式建筑

Pennsylvanian Period 宾夕法尼亚纪

Pennsylvania Sedge Grass *Carex pennsylvanica* 宾夕法尼亚莎草（美国田纳西州苗圃）

Pennsylvanian System 宾夕法尼亚系

Pennyroyal *Mentha pulegium* 唇萼薄荷 / 普列薄荷 / 圆叶薄荷

pension（欧洲大陆国家的）膳宿学校，膳宿公寓；津贴；年金，养老金；奖
pensioner 领取退休金的人口，大于退休年龄的人口
penstock 救火龙头，给水栓，水渠，水槽，引水管道
Pentagon（**America**）五角大楼（美国）；五角形，五边形
pentastyle 五柱式
pentastylos 五柱式建筑物
penthouse 雨篷，（靠在大楼边上搭的）披屋，阁楼；披屋；电梯机器房；（建于大楼顶上的）楼顶房屋
pent-house apartment 屋顶公寓
pentium processor 奔腾处理器，奔腾总片{计}
Peony 牡丹
Peony Court 牡丹院
Peony Garden 牡丹园
Peony Pavilion 牡丹亭
Peony/Chinese peony ***Paeonia lactiflora*** **Pall.** 芍药
Peony ***Paeonia officinalis*** 药用芍药 / 花王
people 人，人民
~mover 大众交通工具
~watching people 人看人〈一种设计理论〉
people's 人的，人民的
People's Assembly Hall 人民大会堂
~commune 人民公社
~commune in rural area 农村人民公社规划
People's Palace（Kinshasa，Zaïre）人民宫（扎伊尔金沙萨）
People's palace（Addis Abeba，Ethiopia）人民宫（埃塞俄比亚首都亚的斯亚贝巴）
~square 人民广场
Peotr I Palace 彼得一世宫（俄罗斯）
peperite 混积岩
Peperomia ***Peperomia*** 椒草 / 豆瓣绿（属
Peperomia argyreia（***P.sandersii***）西瓜皮椒草
Peperomialike Clearweed ***Pilea peperomioides*** 镜面草
Pepino/melon pear ***Solanum muricaatum*** 人参果 / 香瓜梨
Pepper Face ***Peperomia magnoliaefolia*** 花叶豆瓣绿 / 花叶椒草 / 翡翠椒草
Peppermint ***Mentha piperita*** 辣薄荷
Peppermint ***Mentha x piperita*** 欧洲薄荷（英国斯塔福德郡苗圃）
Peppermint Gum/Black Peppermint ***Eucalyptus amygdalina*** 杏仁桉树
Pepperweed/Peppergrass ***Lepidium apetalum*** 独行菜 / 胡椒草
per 每，每一，通过，经，由，按照，根据
~annum（P.a）每年
~capita 人均，每人，按人口（计算）
~capita consumption 人均消费
~capita consumption expenditure 人均消费支出
~capita cost 以人口为单位的费用（人均费用）
~capita demand 人均需求量
~capita GDP 人均国内生产总值，按人口平均的国民生产总值
~capita gross product 人均总产值
~capita income 人均收入

~capita national income 人均国民收入
~capita output of grain 人均粮食产量
~hour change coefficient 时变化系数
~unit area 单位面积
eradeniya Royal Botanic Gardens（**Sri Lanka**）佩拉德尼亚王家植物园（斯里兰卡）
erak Tong Cave Temple（**Malaysia**）霹雳洞寺庙（马来西亚）
erceive 理解，理会；注意
erceived delay 感觉延误
~environmental quality 感觉环境质量
~noise decibels（简写 PNdB）可闻噪声分贝
~noise level 感觉噪音级
~scenic quality 感觉自然景色质量
~travel cost 直观运行费
~value 直观价值
ercent articulation 清晰度
ercentage 百分率，百分数，百分比；百分法
~basis 百分比基矢量
~by weight 重量百分比
~cost fee 百分比收费
~of bed expansion 膨胀率
~of employees living with dependents 职工带眷比
~of forest cover 森林覆盖率
~of greenery 城市绿化覆盖率
~of labo(u)r costs 劳动成本百分比
~of oxygen utility 氧利用系数
~of possible sunshine 日照率
~of staff with dependents 职工带眷比
~passing 通过率
granulometric~（沙粒等）颗粒测定（粒度测定）百分比
perception 感觉，察觉
~reaction distance（司机的）感觉反应距离
~reaction time（司机的）感觉反应时间
~geography 感应地理学
perceptionism 直觉主义
perceptionist 直觉主义者
perch 量度名；安全位置；棒，竿；坐；休息；放置；(使)栖息；(使)飞落；(使)暂歇
winter~ 冬季休息
perched 栖息，上栖，高踞，放置
~water 潜水，上层滞水
~water table 静止水位
precinct（城市的）区域，区；界限，范围；环境
perclose 围栏，栏杆，篱笆
percolation 渗透（作用），渗滤，渗流
~filter 渗滤池
~pit 渗水坑
Pere David's Deer 麋鹿
Pere Faryes Rhododendron ***Rhododendron fargesii*** 粉红杜鹃 / 法氏杜鹃花
Peregrine falcon ***Falco peregrines*** 游隼 / 鸭虎子 / 花梨鹰（阿拉伯联合酋长国、安哥拉国鸟）
perennating part 多年生部分
perennial 多年生植物，多年生宿根草本；四季不断的；多年不断的，宿根植物，宿根花卉
~border 多年生植物花境
~blue flax *Linum perenne* 蓝亚麻 / 宿根亚麻

Perennial-Flower Garden 宿根花卉园
~for cutting 扦插（插条）宿根植物
~forb 宿根非禾本草本植物，多年生杂草
~forb community 宿根非禾本草植物群落
~garden 宿根园，多年生宿根花卉园
~grower 多年生宿根植物种植者
~halophytes，vegetation of 多年生盐生植物植被
~herb 多年生药草
~herb border 多年生药草花境
~herb community 多年生药草群落
~hydrologic reporting station 常年水情站
~nursery 多年生植物苗圃
~nurseryman 多年生植物苗木培养工（苗圃主，花圃工，园丁）
~plant 宿根植物，多年生植物
~plant breeding 多年生植物繁殖
~plant hybridizer（美）多年生植物杂交种
~stream 常年河
accent~ 特色多年生植物
carpet-forming~ 地毯状多年生植物
climbing~ 攀缘多年生植物
dense-mat-forming~ 浓密多年生植物丛（簇）
focal point~ 焦点多年生植物
ground cover~ 地被多年生植物
ornamental~ 观赏用多年生植物，装饰性多年生植物
shade-tolerant~ 耐阴多年生植物
showy~（美）装饰性多年生植物
specimen~ 标本（样本，样品）多年生植物
tall~ 高棵（高株的）多年生植物
theme~ 主题多年生植物
wild~ 野生多年生植物

Perennial Chamomile ***Chamaemelum nobile*** 黄金菊 / 英国黄春菊

perennially 终年地，常年地，长期地，不断地，常在地，反复地，多年生地多年生植物
~frozen ground（perma-frost）多年冻土
~frozen soil 多年冻土

perennials 多年生植物
~test garden 多年生植物试验园
~test nursery（美）多年生植物试验苗圃
~trial garden（英）多年生植物（质量性能，用途等的）试验园
cutting back of~ 多年生植物原状插枝
deadheading of~ 多年生植物枯穗
quality standards for~ 多年生植物质量标准
terrace of border~（沿花园，人行道等边缘设置的）狭长花坛露台种多年生植物
testing of~ 多年生植物检验（试验）

perfect graph 完备图，完全过程线

perforated 钻孔的；穿孔，打眼；贯通，刺穿
~board 多孔板
~brick 多孔砖
~caisson breakwater 开孔沉箱防波堤
~ceiling air supply 孔板送风
~drain pipe 多孔排水管
~-drain pipe 多孔排水管
~percentage 穿孔率
~plate 多孔板
~stone 多孔石；透水石
~wall 穿孔墙

perforation 穿孔，打眼；孔洞，孔眼

~, turf 草地（穿孔）通风

performance 运行；行为；施行；实行；措施；完成；适用性；性能；（路面的）耐用性能；效益

~bond 履约保证金

~centre 表演中心

~characteristics 性能特性，运行性能（通常用图表表示）

~chart 性能图

~criteria 性能指标，性能标准

~curve 运行曲线，性能曲线

~figure 性能指数，质量指标

~function 功能函数

~manual 性能手册

~observation 运行观察

~standard zoning 功能标准分区

~zoning 用地性能分区管制

grand award for best overball~ 最佳效益大奖

performing arts center 表演艺术中心

perfume garden 香草园，芳园，香料植物园

perfumery 香水店

Pergamon 倍尔迦蒙〈古希腊在小亚细亚西北部的城市〉

pergelisol 永冻土（permafrost 的同义词）

pergola 绿廊，藤廊，廊架，蔓棚，藤顶棚，凉亭，花架

~post anchor 绿廊柱固定，绿廊柱固定桩

beam of a~ 绿廊横梁

peribolos 庙宇庭院

Perilla/Purple Perilla ***Perilla frutescens*** 紫苏

Perilla leafhopper/Perilla pyralid ***Pyrausta phoenicealis*** 紫苏野螟 / 苏子野螟

perimeter 周，周边，周界；周长；边缘，圆度，界限；视野计{物}

~blasting 周边爆破

~block development 周边街区开发

~car park 外围存（停）车场，市缘存（停）车场

~ditch 围沟

~fencing 周边栅栏，周边围墙

~of reinforcement 钢筋周长

~of section 截面周长

~protection zone 周边保护区（域），周边保护（地）带

~wall 围墙，界墙

protective hazardous facility~ 防护有害场所周边

perimetric 周的，周长的；周边的

~length 外延长度

~pattern 周边式

period 周期；时期；时代纪{地}；（循环小数的）循环节{数}；句点

~averages 长期平均

~for acceptance of a bid（美）投标接受期

~for acceptance of a tender（英）投标接受期

~mean 长期平均

~of concentration（雨水）集中时间

~of construction 建设期，施工期

~of declining growth 衰减增殖期

~of dormancy 休眠期

~of emergence 出苗期

~of enlightenment 启蒙时期

~of florescence 抽苔期

~of flowering 开花期

~of growth 生长时期

~of limitation 限止时期
~of validity（合同）有效期
~wind 周期风
~styte 时代风格
accounting~ 会计年度，结算期
ageing~ 成熟期
agreement on contract~ 合同达成协议时期
amortization~ 偿还期
at fixed~ 定期
autumn circulation~ 秋季（水、空气等的）流通期，秋季环流期
base~ 基本周期
binding~ 收缩期，粘合期
brooding~ 孵卵期
construction~ 工期
contract~ 合同期限，合同限期
contract awarding~ 合同签订期，决标期
defects liability~ 保险期，保修期
design~ 设计期
design reference~ 设计基准期
designed~ 设计期限
dormant~ 潜伏期，休眠期
dry~ 枯水期
endurance~ 持续（运转）时间
fall-flowering~（美）秋季开花期
flood~ 洪水期
flowering~ 花期
guarantee~（美）商品使用保证期，担保期
half life~ 半衰期，半寿期
incubation~ 孵化期，酝酿期
initial~ 初期
investment~ 投资期
keeping~ 保存期，贮藏期
life~ 寿命，存在时期，生存时期
peak~ 高峰期，高峰季节
peak flow~ 高峰流量期
planning~ 部署期，规划期
planting~ 种植期
protective hazardous facility~ 危险设施防护期
renewal~ 更新期，重建期（路面），大修期
repose~ 静止期
settlement~ 沉降期
spawning~（鱼、虾、蛙等）产卵期
spring circulation~ 春季传播期
spring-flowering~ 春季花期
summer-flowering~ 夏季花期
transition~ 变革时期，跃迁（转变）时期
valid~ 有效期
vegetal~ 生长期

periodic 定期的，周期的
~dust dislodging；intermittent dust removal 定期除灰
~function 周期函数
~motion 周期运动
~repair 定修
~reversal 周期换向
~vibration 周期振动，周期变化
~visits 定期访问
~wind 周期风

periodical maintenance 定期养护

periodicity 周期性
annual~ 年周期性
circannual~［生］年节律周期性，以一年为周期的周期性，近似年周期性

diurnal~ [植]（花）昼开夜闭的周期性；日间活动的周期性

eriodigram 周期图

eripatetic 到处走的，漫游的，巡回的

eripheral 周边的，周围的，外围的；外面的，外部的；外部设备，附加设备，辅助设备 { 计 }

~building development 周边建筑物开发

~built area 外围建筑区域

~development area 边缘建设区

~highway（美）周边公路

~layout 周边布局

~planting 周边种植

~road（英）周围街道（马路）

~urban green spaces 周边城市绿色空间，城市外围绿地

eripherization 边缘化

eriphery（城市）外围地区〈城市核心和外围地区，有时亦被称为中心商业区和郊区〉圆周，周线，周边；圆体（的）外面；周围

eripteros 圆柱式建筑物

eriptery 围柱式房屋

eriscope 潜望镜

erisphere 球形建筑物；势力范围

eristyle（古罗马）列柱廊式建筑，周柱廊式建筑，以柱围绕的内院，柱廊园

~garden 廊柱园

eristylium（古罗马的）列柱廊中庭，周柱廊中庭

eristylos 列柱廊式建筑，周柱廊式建筑

eri-urban 城市近郊

~area 城市周围地区，市区外围地带

~population 城市周围人口

~road 市郊道路，近郊道路

perlite 珍珠岩

permafrost 多年冻土（永冻土）

~table 多年冻土层面

permafrozen ground 永冻土

permanence 持久，耐久，永久；持久性，耐久性

~of building 建筑的持久性

permanent 持久的，耐久的，永久的

~action 永久作用

~allotment site（英）永久性（租借或分配给个人经营的）小块园地选址

~assets 固定资产

~bank protection（河道的）永久性护岸

~bridge 永久性桥

~building 永久性建筑

~caravan site（英）=caravan park（英）永久性活动住房停车场

~commission 常务委员会

~community 永久性社区

~community garden area（美）永久性社区花园区域

~construction 永久（性）建筑

~cropping 永久（性）种植

~cultivation 永久（性）耕种

~dam 永久坝

~error 永久误差

~feature 永久性设施

~formwork 永久性模板

~grassland 永久性草场（牧场，牧地）

~housing 永久性住宅

~injunction 永久性命令，永久性禁令

~load 永久荷载（恒载）

~marker 永久性路标

~monument 永久标石，永久界碑

~non-self-contained housing 永久性设

备不齐全的房屋
~pasture 永久性牧场
~population 常住人口
~population register 常住人口登记
~quadrat [农][生] 永久性样方（quadrate 的变体）
~resident 常住居民
~resident population 常住人口
~route 永久性路线
~sample plot 永久性样方（样地，标准地）
~self-contained housing 永久性设备齐全的房屋
~site 永久性（建造房屋等的）地皮（场地），永久性遗址
~slope 永久性边坡
~spare system 固定备用体系
~structure 永久性建筑，永久性构筑物，永久性结构
~structure, supportive（美）永久性（支持）结构
~supplementary artificial lighting 常设人工辅助照明
~tree 常绿树
~trestle 永久栈道
~way 轨道铁路线路，永存性线路
~wind 恒定风
~work 永久性工程
campground~（美）永久性露营园
permanent planting 定植
permanently 永久的，常设的，固定的
~frozen soil 永冻土
~installed bench 安装固定（木或石制的）长椅（长凳）
permeability 渗透；渗透性；渗透度；磁导率；通气性
~coefficient 渗透系数
~grouting 渗水性注浆
~of soil, drainge 土渗透性，排水
~test 渗透试验
water~ 水渗透
permeable 可渗透的，渗透性的
~bed 透水层
~boundary 透水边界
~layer 透水层
~layers, outflow of 透水层流出量
~soil 渗水土
~soil sub grade 渗水土路基
permeate 弥漫，渗透，透过，充满
Permian Period 二叠纪
Permian period（**225 million years ago**）二叠纪
Permian System 二叠系
permigration（候鸟等动物的）季节性移栖
permissible 容许的，许可的，准许的
~building area 建筑（面积和高度）限定区
~built area of a plot/lot 地块可建区域
~building volume, reduction of（英）容许建筑量减少
~certificate of construction 施工许可证
~concentration 容许浓度
~contamination 容许污染
~coverage, factor for calculation of[ZA] 容许覆盖量的预测系数
~discharge 容许排放
~error 容许误差
~floor-area[ZA] 准许的地板面积
~level 容许等级
~limit 容许限量

~limit of pollution 容许污染极限
~load 容许荷载，容许载重
~noise level 容许噪声级
~settlement 容许沉降量
~（allowable）stresses method 容许应力设计法
~velocity 容许流速
ermission 容许，许可，准许；答应
~, building（英）建筑许可
~notes for location 选址意见书
conditional planning~（英）附有（先决）条件的规划许可
planning~（英）规划许可
ermissive signal 容许信号
ermit 许可证；容许，许可，准许
~application form（美）许可证申请表格
~ application, building and site plan（美）建筑和选址计划许可证申请
~building 建造许可证，核准建筑
~for mineral extraction（美）矿物采掘许可证
~zoning 区划许可证
application for preliminary building~（美）初步建筑许可证申请
building~（美）建筑许可证
conditional development~（美）附有（先决）条件的研制（开发）许可证
construction~（美）建筑（施工）许可证
development~（美）研制（开发）许可证
excavation~（美）挖掘许可证
permitted 允许的
~retention time of chemicals 药剂允许停留时间
~noise level in room 室内允许噪声级
~use 土地许可使用，获准使用
permittivity 透水率
permutation 排列，序列
Pernstejn Castle（**Czech**）佩尔恩什特因城堡（捷克）
Perny Holly ***Ilex pernyi*** 猫儿刺 / 皱皮枸骨
perpendicular 垂直，正交；垂直线；垂直面；垂直式；垂直的，正交的，直立的，成直角的；垂直式的
~architecture 哥特式建筑
~distance 垂直距离
~drain system 垂直式排水系统
~line 垂直线，正交线
~offset 垂直支距
~parking 横列式停车，直交停车
~parking layout（美）横列式停车布局
~plane 垂直面
perpetual 永久的，永恒的，永存的，不变的
~ bloom 四季开花
~flowering rose 四季开花月季（蔷薇科植物）
~inventory system 连续性库存系统
Pperpetual Begonia/Hooker Begonia ***Begonia semperflorens*** 四季秋海棠
perron（建筑物门前的）露天梯级，室外梯级
Persian 波斯的
~architecture 波斯建筑
~blinds 百叶窗 {建}
~style 波斯式
~walnut 胡桃
Persian Buttercup/Garden Crowfoot ***Ranunculus asiaticus*** 花毛茛 / 波斯毛茛

Persian gazelle/Goitred gazelle ***Gazella subgutturosa*** 鹅喉羚 / 羚羊 / 长尾羚羊

Persian Ivy ***Hedera colchica Dentata Variegata*** 花叶常春藤（英国斯塔福德郡苗圃）

Persian Lilac ***Syringa* × *persica* L.** 波斯丁香

Persian Shield/Burma Conehead ***Strobilanthes dyerianus*** 红背马兰（红背木）

Persian Walnut/English Walnut /Common Walnut ***Juglans regia*** 胡桃 / 核桃

persimmon 柿子（树）

Persimmon Orchard 柿子林

Persimmon/Kaki/Oriental Persimmon ***Diospyros koki*** 柿

Persimmon ***Diospyros armata*** **Hemsl.** 瓶兰花

Persimmon anthracnose disease 柿炭疽病（***Colletotrichum gloeosporioides*** 长孢状刺盘菌）

Persimmon cicular leaf spot 柿圆斑病（***Mycosphaerella nawae*** 柿叶球腔菌）

Persimmon mealy bug ***Eriococcus kaki*** 柿绒蚧

persistence 耐久性，持久度；坚持

persistent 持久的；坚持的

~emergent wetland，riverine（美）河流长年形成的湿地

~retention of moisture 积水，滞湿

persisting supply，principle of（美）持久供应原则

person 人，自然人，法人，人物，角色，外貌，人品

~affected by planning

measures/proposals 规划措施 / 建议影响的相关人员

~-capacity 人员运载能力

~household 单身户

~looking for a flat 等房户（者）

~looking for a housing 等房户（者）

~of no fixed abode 无固定居所的人

~responsible for direct discharge（英）直接放水（排水）负责人

~trip 人的流通，行人行程，人的出行

~trip survey 行人行程调查，行人外出活动调查

~-trips 出行人次

disabled~ 丧失能力的人，残疾人

handicapped~ 有生理缺陷的人，智力低下的人

persons engaged 从业人数

personal 人的；个人的，自身的，私的；本人的，亲自的

~autobiography 履历

~consumption 个人消费

~disposal income 个人收入所得

~equation 人为误差（在观察的）

~error 人为误差（计算上的）

~estate 动产

~income 个人收入

~living unit system 个人居住单元体系〈美国一种房屋构造体系，采用钢框架和箱式构件〉

~mobility 个人流动

~plot 宅旁园地，自留地

~property 动产

~rapid transit 快速客运

~rapid transit（PRT）快速客运

~seal 私人印章

~space 个人空间

~tax 个人直接税

~trip survey 个人出行调查
provision of~ 个人供应品（储备物）
ersonality 人格，个性
ersonnel 全体人员，全体职员；人员；人事
~administration 人事管理
~, administrative（美）管理人员，办事人员
~management 人事管理
~training 人员培训，员工培训
erspective 透视；透视画法；远景，配景；透视的；配景的
~center 透视点，视点，灭点，透视中心
~drawing 透视画
~image 透视图
~line 透视线
~method 透视画法
~model 透视模型
~picture 透视图画
~plan 远景规划
~projection 立体投影 { 测 }
~ray 透视（光）线
~scale 透视比例，远近比例
~view 透视图
from a leisure~ 以娱乐观点看
pertaining 附属（物）附属的，有关系的
~to 属于
~to landscape planning 属于风景园林规划的
pertinent 有关的，相干的，中肯的
~data 有关数据
Peruvian Bark Tree/Red-bark Cinchona ***Cinchona succirubra*** 金鸡纳树
Peruvian Cherry/Lantern Plant/Husk Tomato ***Physalis pervuviana*** 灯笼果 / 酸浆
Peruvian Cherry/Ground Cherry/Poh ***Physalis peruviana*** 灯笼果 / 酸浆
Peruvian Gold Museum（**Peru**）金子博物馆（秘鲁）
pervious bed 透水层
perviousness of mire 沼泽透水性
~test 透水度试验
Peshawar 白沙瓦〈巴基斯坦北部城市〉
pessimism 悲观主义，悲观厌世派 –20 世纪西方颓废画派。
pessimist 悲观主义者；悲观厌世派画家
pest 害虫；有害动物；病虫害；瘟疫，灾害；疫病；鼠疫，黑死病
~and disease control，plant 植物病虫害防治
~and weed control 病虫害与杂草控制
~control 疫病控制，园林病虫害防治
~control act 疫病防治条例、法令（法）
~control，biological 生物虫害防治
~control，biotechnical 生物技术虫害防治
~control，chemical 化学虫害防治
~control，chemical plant disease pre–vention and control，生态虫害防治化学植物疫病预防和虫害控制
~control，integrated 综合虫害防治
~control，mechanical 机械虫害防治
~control，physical 物理虫害防治
~eating animal species 食害虫动物种类
~house 隔离医院，传染病医院
~management 虫害处理，疫病处理
~management，chemical 化学虫害治理
~management，integrated 综合虫害治理

plant~ 植物病虫害
pesthouse 隔离医院，传染病医院
pesticide 杀虫剂；农药
~application 杀虫剂应用，杀虫剂用法
~plant 农药厂
~residues 农药残留物
~spraying machine 打药机
~spraying vehicle 打药车
~use 农药应用，农药使用
~wastewater treatment 农药废水处理
pesticide damage of flowers and trees 花木药害
pestilence 流行病，传染病；鼠疫；毒害
pet 玩赏动物，宠畜；抚摸；轻按，宠物
~ cemetery 宠物公墓
~ cock 同 petcock（水管等的）小龙头，小旋塞，（内燃机等的）泄气阀；油门
~ exercise area（美）宠物训练区
petal 翘；花瓣
Petalite 透锂长石
petcock 小型旋塞；扭塞；小龙头（放泄用）；油门
Peter 彼得
~ and Paul Fortress（Russia）彼得保罗要塞（俄罗斯）
~ the Great's Cottage（Russia）彼得大帝小舍（俄罗斯）
~ the Great's Summer Palace（Russia）彼得大帝夏宫（俄罗斯）
Peterhof（**Russia**）彼得宫苑（俄罗斯）
Peter Latz 彼得·拉兹，德国风景园林师，IFLA 杰里科爵士奖获得者
Petioled Pyrrosia ***Pyrrosia petiolosa/Polypodium petiolosum*** 有柄石韦
Petit Palais-Bourbon（**France**）小波旁宫（法国）
Peter Walker 彼得·沃克，美国风景园林师、教育家，IFLA 杰里科爵士奖获得者
Petrarch 彼特拉克（1304~1374，意大利诗人，学者、欧洲人文主义运动的主要代表）
Petrified Forest National Park 化石林国家公园（美国）
Petro-chemical 石油化学的
~industry 石油化学工业
~plant 石油化工厂
~works 石油化工厂
petrochemical 石油化学产品
~industry 石油化学工业
Petrodvorets（**Russia**）彼得宫（俄罗斯
petrofabric 岩石组构 / 岩组
petrofacies 岩相
petrol 汽油〈英〉；石油；加汽油
~asphalt 石油（地）沥青
~dump 汽油库
~filling station 加油站
~pipe line 石油管线
~station 汽油加油站
~storage 汽油库
~trap（英）石油凝气阀
~vapour 汽油气
~wharf 油码头
petrolite 石油岩
petroleum 石油；汽油〈英〉
~asphaltic bitumen 石油沥青
~company 石油公司
~gas 石油气
~industry 石油工业

~product 石油产品
~refining 石油提炼
~refining waste 炼油厂废物
~terminal 输油管终点
etrophysics 岩石物理学（研究岩石孔隙空间及其特征）
etrophyte 石生植物
etting zoo 儿童赏玩动物园
etty street garden 街头小游园
etunia 矮牵牛（植物）
etunia hybrida iron deficiency 矮牵牛黄化病 / 碧冬茄黄化病（病原病原非寄生性，缺铁）
eyote ***Lophophora williamsii*** 白药贴仙人掌 / 梅斯考尔纽扣
eperomia griseoargentea Peperomia hederifolia 灰绿豆瓣绿
H 表示 pH 值的化学符号（参阅 pH value 条）
~-meter 氢离子浓度计
~value pH 值，氢离子浓度负对数值（表示酸碱度）
~-value computer 土壤酸度探测器
~value of soil 土壤 pH 值
~value，increasing of pH 值渐增
~value，lowering of pH 值减低
~value，raising of pH 值提高
~value，reducing of pH 值减少
HA=public housing administration（美）公众房产管理局
haeton 游览车，敞篷旅行车
haius ***Phaius taukeruilliae*** 鹤顶兰
halaenopsis ***Phalaenopsis amabilis*** 蝴蝶兰
halanstere（法）共产自治村，法兰斯泰尔，另译法朗吉〈法国空想社会主义者傅立叶提出的 2000 人左右为基本生产消费单位的社会主义生活共同体〉
phanerophyte 高位芽植物
pharmaceutical factory 药厂
pharmacy 药房，药店
Pharos 灯塔，立标
phase 相，位相，周相，金相；形象，状态；方面；（交通）信号相；阶段，时期，局面；定（信号）相位，调整相位；分阶段
~analysis 阶段分析
~angle 相角，相位角，相移角
~boundary 相界
~coordinates 相坐标
~diagram 相图，相位图，金相图；信号相运行图（色灯信号每相的交通运行图）
~of exploration 勘察阶段
~of top drying，initial（英）初始顶层干燥状态
~of top-kill，initial（美）最初（直根作物的）茎叶枯死状态
bidding and negotiation~（美）（拍卖时的）出价和洽谈（谈判）阶段
construction~ 建造阶段
design development~（美）（机器建筑物等的）设计深化阶段
negotiation~（美）谈判（洽谈）阶段
planning~ 计划编制（规划）阶段
schematic design~（美）简图（略图）设计阶段
soil~（美）土壤状态
stagnation~ 停滞（不发展）状态

summer stagnation~ 夏季停滞状态

survey~ 测量（测勘，测绘）阶段；调查阶段

winter stagnation~ 冬季停滞状态

work~（美）工作状态

phasing 分段实施

~arrangement 相位分布

~, construction 建造分段实施

Phayre's leaf monkey *Presbytis phayrei* 菲氏叶猴 / 大青猴

Phayre's pitta *Pitta phayrei* 双辫八色鸫

Pheasant grouse *Tetraophasis obscures* 雉鹑

Pheasant/Ring-necked Pheasant/Common Pheasant *Phasianus colchicus* 雉鸡 / 环颈雉山鸡 / 野鸡 / 项圈野鸡（格鲁吉亚国鸟）

Pheasant's Tail Grass *Anemanthele lessoniana Stipa arundinacea* 苇状针茅（英国斯塔福德郡苗圃）

phenol waste 含酚废物

~water disposal 含酚水处置

phenolic waste treatment 含酚废物处理

phenology 物候学；物候现象

phenomenal environment 现象环境

Phenomenal Lavender *Lavendula x intermedia* 'Phenomenal' 非凡薰衣草（美国田纳西州苗圃）

phenomenology 现象学

phenomenon[复 **phenomena**] 现象；稀有的事物；症候

~, natural 自然现象

phenophase 物候期

Philadelphia（colonial period）费城（殖民时期）

Philadelphia City Centre 费城中心区

Philip H. Lewis Jr. 菲利普 · H · 刘易斯 他在美国威斯康星州进行了全州休闲规划，并建立遍及全州的环境保护廊道，还提出了环境廊道的概念

Philippine Violet *Barleria cristata L.* 假杜鹃

Philippine Eagle/Monkey-eating Eagle *Pithecophaga jefferyi* 食猿雕 / 菲律宾鹰 / 菲律宾雕 / 食猴鹰（菲律宾国鸟

Philodendron *Philodendron andreanum* 喜林芋（喜林蕉）

philosophy of（architecture）design（建筑）设计原理

phloem（植）韧皮部

Phlox/Annual Phlox *Phlox drummondii* 福禄考（福禄花）/ 草荚竹桃

Phnom Koulen Falls（Kampuchea） 荔枝山瀑布（柬埔寨）

Phoebe *Phoebe sheareri*（Hemsl.）*Gamble* 紫楠（楠木）

Phoebus（希腊神话）太阳神（即 **Apollo**）

Phoenix *Phoenix loureiroi* 刺葵（海地国花）

Phoenix canariensis 加拿利海枣

Phoenix dactilifera 海枣

Phoenix Park（Ireland）凤凰公园（爱尔兰）

phoenix tree/Chinese parasol/Chinese plane tree/firmiana *Firmiana simplex* 梧桐

Phoenix-tail mushroom *Pleurotus sajor-caju* 凤尾菇 / 环柄侧耳

hone 电话
~booth 公用电话亭，电话间
Photinia glabra [拉] 光叶石楠
photo 像，像片；照像，摄影
~baseline 像片基线
~coordinate system 像平面坐标系
~index 像片索引图（镶辑复照图）
~-interpretation 像片判读
~mosaic 像片镶嵌图
~nadir point 像底点
~plan 像片平面图
~planimetric method of photo grammetric mapping 综合法测图
~rectification 像片纠正
~studio 照像馆
~theodolite 摄影经纬仪
photocell 光电池
~-controlled automatic door 光电管控制自动门
photocharting 摄影制图
photochemical 光化学的
~air pollutant 光化学空气污染物
~air pollution 光化学空气污染
~degradation 光化学降解
~oxidant 光化学氧化剂
~smog 光化学烟雾
photoelectric 光电的
~particle size meter 光电颗分仪
~sediment concentration meter 光电测沙仪
~type smoke detector 光电感烟探测器
photogrammetric coordinate system 摄影测量坐标系
photogrammetry 摄影测量
aerial~ 大气摄影测量
photograph 像片，照片；照相，摄影
~，aerial 大气摄影，航空摄影
~annotation 像片调绘
~axes 像片轴，摄影轴
~center 像片中点
~coordinate 像片坐标
~decentration 像片离心
~distance 航摄像片距离
~nadir 像片天底点
~parallel 像片水平线
~scale 相片比例尺
false colo(u)r~ 辅助彩色摄影
false colo(u)r aerial~ 辅助彩色航空摄影
infrared~ 红外摄影
infrared colo(u)r~ 红外彩色摄影
infrared colo(u)r aerial~ 红外彩色航空摄影
oblique~ 倾斜摄影，倾斜像片
oblique aerial~ 倾斜航摄像片
satellite~ 卫星像片，卫星摄影
vertical aerial~ 竖直航摄像片
photographer's shop 照像馆
photographic(al) 照像的，摄影的
~baseline 摄影基线
~cover（或 coverage）摄影资料地区，摄影覆盖地区
~emulsion 摄影乳胶
~flight 摄影飞行
~inclinometer 摄影测斜仪
~interpretation 像片判读
~interpretation，aerial 航摄像片判读
~map 影像地图
~method 照相法
~plan 像片平面图
~scale 摄影比例尺

~studio 照相馆

~survey 摄影测量

~, interpretation of aerial 航摄像片判读

photography 摄影，照相术，摄影术

~flying height 摄影航高

~, infrared 红外线摄影术，红外线摄影

~shop 照相馆

photomap（空中摄影的）照像地图

photoperiod 光周期

photosynthesis 光合（作用）

photosynthetic activity（植物）光合（作用）活动

Phra Panom（**Thailand**）拍侬佛塔（泰国）

Phra Pathom Chedi（**Thailand**）帕巴吞金塔（泰国）

phreatic 井的；凿井取得的

~aquifer 无压地下水含水层

~discharge 地下水流量

~line 地下水位线，浸润线

~rise 地下水上升

~surface 透水地面

~water 地下水，井水，潜水

~water evaporation 潜水蒸发

~water evaporation test 潜水蒸发试验

~water level 潜水位

~water over flow to surface 潜水溢出量

~water surface（钻）井水面，地下水（静止）水位

~zone 饱和区

Phyllosticta leaf spot of *Hedrangea macrophyllum* 八仙花叶斑病（***Phyllosticta hydrangeae*** 绣球叶点霉）

Phyllosticta leaf of *Chimonanthus praecox* 蜡梅叶斑病（***Phyllosticta chimonathi*** 蜡梅叶点霉）

Phyllosticta leaf of *Gardenia jasminoides* 黄栀子叶斑病（***Phyllosticta gardenicola*** 栀子花褐斑菌 /***Phyllosticta gardeniae*** 栀子花叶点菌）

Phyllosticta leaf spot of *Philodendron* 红宝石斑点病（***Phyllosticta* sp.** 叶点霉）

physic 医学；医药

physic garden（英）药园

physical 物理（学）的；物质的；自然界的；身体的；实物的，实体的，实际的

~acoustics 物理声学

~amusement 体育娱乐

~assets 有形资产，实物资产

~benefits of building materials 建筑材料的实际效益

~capacity of an area 一个地区的（人口）自然容纳量

~chart 地势图

~component 物质要素

~condition 自然条件

~depreciation; physical deterioration 物质上的折旧

~determinism 形态建设决定论〈指城市规划者的一种假设，认为形态建设规划是影响社会变化的〉

~development（城市的）物质设施发展

~distribution 物流，物质流通

~environment 物质环境，自然环境

~fabric 物质环境结构

~factor 地位要素，物理因素，物质性因素

~feature 地形，地势

~geographic process 自然地理过程

~geographic regionalization 自然地理区划
~geographic unit 自然地理单位
~geography 自然地理学
~impairment 物理损伤
~layout 实际布置
~performance standards 物理性能标准
~pest control 自然界害虫防治，自然界疫病防治
~plan 实质计划
~planner 实体规划师，实质规划师
~planning 实质规划，体型规划，物质规划，实体规划，形态建设规划〈指建筑和建造方面的规划，内容主要有土地使用、建筑物、公园、交通及公共设备〉
~planning legislation 实体规划立法
~properties of rock 岩石的物理性质
~properties of soils 土壤物理性质
~regionalization 陆路交通自然区划
~regionalization for land transport 陆路交通自然区划
~resources 物资资源
~science 自然科学
~structure 实质结构，物质环境结构
~transformation 物理转化
~transport 机械迁移
~utopians 形体理想主义者
~weathering 物理风化 [作用]
physically based hydrologic mathematic model 水文数学物理模型
physicochemical transport 物理—化学迁移
physics 物理学
~laboratory 物理试验室
physio- [词头] 天然，自然，生理
physiognomy of a landscape 风景地貌，景观地貌
physiography 地文学，自然地理学
physiographic 地文学的；地形学的
~analysis 地文分析
~characteristics of basin 流域自然地理特征
~division 自然地理学分类
~map 地文图
~province 地文学范围，地形学领域
~region 地理区域，地文区域
physiography 地文学
physiological factor 生理因素
Physiology deciduous disease of flowers and trees 花木生理性落叶病
phyt（o）-[词头] 植物
phyte [词尾] 表示“植物”
Phytium and so on leaf spot of Euphorbia trigona 缀化彩云阁茎腐病（病原为管毛生物、细菌、真菌等）
phytocenosis（美）植物群落
phytochemical 植物化学的
phytochemistry 植物化学
phytocoenosis 植物群落
phytocoenosium 植物群落
phytogeography 植物地理学
phytocommunity 植物群落
phytology 植物学
phytomass 植物量
phytome 植物营养体
Phytophthora blight of Canna 美人蕉疫病（***Phytophthora*** **sp.** 疫霉菌）
Phytophthora blight of cockscomb 鸡冠花疫病（***Phytophthora*** **sp.** 疫霉）
Phytophthora damage of Phlox 福禄考

疫病（*Phytophthora* sp. 疫霉）

phytoplankton 浮游植物

phytosanitary 植物检疫的

~certificate，official 正式植物检疫证（明）书

~inspection 植物检疫检验

phytosociological 植物群落学的，植物社会学的，地植物学的

~classification 植物群落学分类

phytosociologist 植物群落学者，植物社会学者，地植物学者

phytosociology 植物群落学，植物社会学，地植物学

piazza 有顶的长廊，[美]游廊，外廊，广场，市场（尤指意大利城市中的），露天市场

Piazza and Piazzetta San Marco（Italy）圣马可广场（意大利威尼斯）

Piazza del Campidoglio（Italy）（1546年意大利罗马建造的）坎庇多利奥广场

Piazza del Popolo（Rome，Italy）波波罗广场（意大利罗马）

Piazza della Signoria and Uffizi Gallery（Florence，Italy）西格诺利亚与乌菲齐街（意大利佛罗伦萨）

Piazza d'Italia，New Orleans（美）意大利广场（美国新奥尔良）

Piazza di Venezia（Venice，Italy）威尼斯广场（意大利威尼斯）

Piazza San Marco（Venice，Italy）圣马可广场（意大利威尼斯）

Piazza San Pietro（Rome，Italy）圣彼得教堂广场（意大利罗马）

Picasso Museum（**Spain**）毕加索博物馆（西班牙巴塞罗那）

pick 鹤嘴锄，（洋）镐；（用鹤嘴锄等）掘；凿；琢平（石块）；挑选；抓取；摘取

~-up 小货车，皮卡车

~up point 桩吊点

picket 尖木桩；用木桩围上

~fence 尖桩篱栅，木桩栅栏

~fence，two-sided 双边木桩栅栏

~type snow fence 尖桩式雪栅

live~（美）天然木桩栅栏，常绿槠木桩栅栏

picking（用尖锄）掘；摘取采集；挑选；摘取物，采集物；壳碎片；过烧砖

~season 收获季节

~up 撬出（颗粒）；（轮胎）带出（路面材料）

~up litter and weeding on planted areas（美）在播种区捡拾枯枝落叶并除杂草

stone~ 石子（石块，石头等的）采集

pickup 轻型运货车

~bus 沿途接送汽车

picnic 野餐，郊游

~area 郊游地区

~fireplace 野餐炉

~place 野餐区

~shelter 野餐棚

~site 郊游营地，野餐营地

~spot 野餐地点

~unit 野餐空地

pictograph 古代石壁图；统计图表

pictographic stone 象形石

pictorial 有图画的，用图画表示的

~directory 区域平面示意图

~skill 绘画技巧

icture 画，图画，插图；像片，肖像，照片，电影；画；描写

~control point 像片控制点

~drome 电影院

~gallery 画廊

~house 电影院

~molding 挂镜线

~monitor 图像信号监视器

~of a town，visual（直观）城市图画

~palace（英）电影院

~phone 电视电话

~plane 像片图，图画

~window 威尼斯式窗，陈画窗；眺望窗，借景窗

picturesque（景色等）似画的；（语言）生动的

pie chart 圆形图，扇形图

piece 片，块；件；部分；断片

~made-to-measure（英）量身定做的，定制的配件

~development 零星建筑

~number 件号

~of work，execution of 工件制作

~rate principle 按件计酬原则

~-rate system 计件工资制

~rate wage 计件工资

edge~ 铺面边（端）件

fitted~（美）配件

Pied harrier ***Circus melanoleucos*** 鹊鹞 / 喜鹊鹞

Pied wagtail/ white wagtail ***Motacilla alba*** 白鹡鸰 / 白面乌 / 白马兰花（拉脱维亚国鸟）

piedmont 山麓，山前地段

piedmont plain 山麓平原

pier 墩；桥墩；凸式码头；支柱；窗间壁{建}

~base 桥梁墩座

~coping 墩帽

~head line 突堤建筑线，码头建筑线

~shaft 墩身

boating~ 游艇凸式码头，行船凸式码头

landing~（美）栈桥码头

pierce 戳穿，刺穿；突破；渗透

pierced brick 穿孔砖

~buttress 穿孔式护壁

~wall 穿孔墙

piercing 刺穿的；锐利的；深深感动的

pierhead trestle 码头栈桥

Pierre Dacrydium ***Dacrydium pectinatum*** **de Laubent.** 陆均松 / 卧子松

piezometric head 测压管水头

pig 猪

~farm 养猪场

pig ***Suidae*** **(*family*)** 猪（科）

pig tailed monkey ***Macaca nemestrina*** 豚尾猕猴 / 平顶猴 / 豚尾猴

Pigeon hawk/ merlin ***Falco columbarius*** 灰背隼 / 朵子

Pigeonplum ***Coccoloba diversifolia*** 鸽子梅（澳大利亚新南威尔士州苗圃）

piggery 养猪场

piggyback container 背式集装箱

~system 托运集装箱系统

~traffic~ 运输

pigment 颜料，色料

Pigmy armidillo/fairy armadillo ***Chlamyphorus truncatus*** 倭犰狳

Pigmy Sword Fern ***Nephrolepis cordifolia*** 肾蕨/蜈蚣草

Pigmy Water Lily/Water Lily ***Nymphaea teragona*** 矮生睡莲/子午莲

Pigmy weasel/snow weasel ***Mustela nivilis*** 伶鼬/银鼠

pigsty（**sty, Am.pigpen, hogpen**）猪栏，猪圈，猪舍

Pig-tailde snub-nosed monkey ***Nasalis concolor*** 豚尾叶猴

pigweed vegetation 苋植物，藜植物

pike 关卡，收费卡，收税路

Pike eel ***Muraenesox cinerous*** 海鳗/狼牙鳝

pilaster 壁柱

pilastered wall 带壁柱墙

pile 一群建筑物；桩，桥桩；堆；电堆；大量；打桩；堆积

~and plank retaining wall 桩板式挡土墙

~bent pier 排架桩墩

~break water 桩式防波堤

~building 岸边房屋〈半水半陆，以桩支承〉

~cap；pile cover 桩帽

~collar；pile band 桩箍

~cut-away 截桩

~driving 导桩架

~driving helmet；driving cap 打桩帽

~dumping，elongated（美）突出填土（堆积）

~dwelling 岸边住房〈半水半陆，以桩支承〉

~foundation 桩基

~frame 桩架

~holder；waling 夹桩

~location 桩位

~shoe 桩靴

~splice；pile extension 接桩

~-supported platform 桩基台

compost~（美）堆肥堆积

high spoil~（美）高处弃土堆

rubble~（美）片石（块石）堆；粗石堆

sand~（美）砂（沙）堆

slag~（美）矿渣（熔渣，炉渣等的）堆

soil~（美）土堆

timber~ 木桩

topsoil~（美）表土堆积

Pilea cadierei 冷水花

piled 打桩，堆积，掇

~brocade picture 锦丝堆画

~river 打桩机

~stone hill 掇山

piled hill，**hill making** 掇山

piles，**seeding of topsoil**（美）表土植草

stacked in spoil~（美）在弃土堆堆垛

pilgrim 香客，朝山进香的人

pilgrimage 朝圣，香客

piling 桩，桩基

~baseline 沉桩基线

~deviation 沉桩偏位

~survey 沉桩测量

pillar 柱，支柱；墩；桩状物；用柱支持；用柱装饰

~bearing 墩支座，柱支座

~box 柱座，柱基{建}；聚水筒，集水箱；（英）信箱，邮筒

~foundation（美）柱基

~quay 墩柱式码头

Piloseless Primrose ***Primula epilosa*** 川南

报春 / 鄂西粗叶报春 / 二郎山报春

pilot 向导，指导者；导洞；（飞机等）驾驶员；领港员；驾驶（飞机等）；领港；向导，指导；小规模试验性质的

~investigation 试点调查

~plant 中试车间

~project 试点项目

~scheme area 实验性重建区

~study 实验性研究

Pilot whale/pothead whale *Globicephala malaena* 黑圆头鲸 / 巨头鲸 / 领航鲸

pin 销；栓；钉；钉住，拴住；刺穿

~-point 刺点

~-point photograph 刺点像片

~-up lamp 壁灯

Pin Oak/Swamp Oak *Quercus palustris* Muench. 沼生栎(美国田纳西州苗圃)

Scabious *Scabiosa* 蓝盆花（属）

Pincushion Flower/Sweet Scarbious *Scabiosa atropurpurea* 轮锋菊 / 紫盆花 / 松虫草

pine 松，松木；菠萝（即 **pineapple**）

Pine-Forest Restaurant 松林餐厅

~hawkmoth，a hawkmoth 松树天蛾，一种天蛾科的蛾

~krummholz 松高山矮曲林

krummholz，fen covered with 有松高山矮曲林遮蔽着的沼泽地带

~moth，a geometrid 松树蛾，尺蠖蛾

~oil 松木油

~-seed oil 松子油

~-tree oil 松树油

（The）Pine Valley Spot 松谷景区

pine *Pinus* 松（属）

Pine caterpillar *Dendrolimus spectablis* 赤松毛虫

Pine caterpillar *Dendrolimus tabulaeformis* 油松毛虫

Pine grosbeak *Pinicola enucleator* 松雀

Pine mushroom/Japanese mushroom/matsytake mushroom *Tricholoma matsutake* 松口蘑 / 松茸

Pine nut（of Armand pine）*Pinus armandii* 华山松子

Pine nut（of Korean pine）*Pinus koraiensis* 海松子 / 红松子

pineapple *Ananas comosus* 凤梨 / 菠萝

pineapple *Ananas* 凤梨 / 菠萝花（属）

Pineapple Guava *Feijoa sellowiana* O. Berg 南美棯 / 非油果

Pineapple Mint *Mentha suaveolens* 'Variegata' 斑叶凤梨薄荷（美国田纳西州苗圃）

Pineapple Sage *Salvia elegans* 雅美鼠尾草 / 室内鼠尾草（美国田纳西州苗圃）

pinery 菠萝温室，菠萝园；松林

pinetum 松树园，松林

pinewood 松林，松木

Ping Juniper *Sabina pingii*（Cheng ex Ferre）Cheng et L. K. Fu 垂枝香柏

Ping Machilus *Machilus pingii* 润楠

Ping-Pong Room 乒乓球室

Pingxing Pass of the Great Wall 平型关

Pingyao（China）平遥（中国）

Pink 石竹；粉红色

~garden 石竹园

~noise 粉红噪声

Pink *Dianthus* 石竹（属）

Pink and white Shower *Cassia nodosa* Buch.-Ham. ex Roxb. 节果决明

Pink Autumn Cherry *Prunus x subhirtella Autumnalis Rosea* 玫瑰十月樱（英国斯塔福德郡苗圃）

Pink Calla *Zantedeschia rehmannii* 红花马蹄莲

Pink Fairies/Clarkia/Mountain Garland *Clarkia elegans* 山字草

Pink Floss-silk Tree *Ceiba speciosa*（A. St. Hil.）Gibbs et Semir 美人树 / 美丽异木棉

Pink Japanese Spiraea *Spiraea japonica* 'Goldflame' 粉花绣线菊（英国萨里郡苗圃）

Pink Jasmine *Jasminum stephanense* 淡红素馨（英国萨里郡苗圃）

Pink lepista *Lepista irina* 肉丝香蘑

Pink Mempat/Derum *Cratoxylum formosum* 粉色黄牛木

Pink Muhly Grass *Muhlenbergia capillaris* 毛芒乱子草（美国田纳西州苗圃）

Pink Pampas Grass *Cortaderia selloana* 'Rosea' 玫红蒲苇 '粉翎毛'（美国田纳西州苗圃）

Pink Perfume Lavender *Lavandula angustifolia* 'Pink Perfume' 粉红香水薰衣草（美国田纳西州苗圃）

Pink Reineckia *Reineckia carnea*（Andr.）Kunth 吉祥草

Pink Rose *Rosa rugosa* Thunb. 粉玫瑰（马尔代夫国花）

Pink Shower *Cassia grandis* L. f. 粉花山扁豆

Pink Siris/Silktree（Silktree albizzia）/ Mimosa Tree *Albizzia julibrissin* 合欢

Pink Spotted Rhododendron *Rhododendron hunnewellianum* 汶川杜鹃 / 粉点杜鹃 / 岷江杜鹃

Pink Trumpet Tree *Tabebuia rosea*（Bertol）DC. 蔷薇风铃木

Pink Tulip Tree *Magnolia campbellii* Hook.F. et Thoms. 滇藏木兰

Pink Velour Crape Myrtles *Lagerstroemia indica* 'Rosea' 粉红丝绒紫薇（美国田纳西州苗圃）

Pink-and-white Powderpuff *Calliandra surinamensis* Benth. 粉扑花

Pink-Flowering Dogwood *Cornus florida* f. *Rubra* 玫瑰梾木（英国萨里郡苗圃）

pinkquill/tillandsia *Tillandsia cyanea* 紫花凤梨 / 铁兰

Pinky Winky™ Hydrangea *Hydrangea paniculata* 'DVPpinky' '粉色精灵' 圆锥绣球（美国田纳西州苗圃）

pinnacle 山顶，山峰，顶点（主要指哥特式建筑上的）小尖塔，尖顶

pinnate leaf 羽状叶

Pinnateleaf Lilac *Syringa pinnatifolia Hemsl.* 羽叶丁香 / 复叶丁香

Pinnate-leaf Philodendron *Philodendron bipinnatifidum* 羽叶喜林芋 / 喜林芋

pinned joints 铰接头

Pintailed green pigeon *Treron apicauda* 针尾绿鸠

Pintaya Cave（Burma）宾地亚石窟（缅甸）

Pinteri/Chinese dicplitera *Dicliptera chinense* 狗肝菜

Pinus 松（属）

pinus-dominated krummholz formation

松树占优势的高山矮曲林群系
nyon pine 矮松
oneer 先锋，先驱；拓荒者；开路工兵；少先队；开辟，开路
~architecture 先锋建筑
~crop of woody plants 木本植物先锋作物
~plant 先驱植物
~product 新产品，首创产品
~plant on entisol（美）新成土上的先锋植物
~plant on immature soil（英）未成熟土上的先锋植物
~plant/species，woody 木本先锋植物/物种
~population 先锋种群
~road 拓荒道路，荒区道路
~species 先锋种类
~species，association of scattered 分散（植物）群丛先锋种类
~tree 先锋树种
~vegetation 先锋植物
ioneering work 先行（开垦）工程
ioneers association of alpine belt，initial 最初高山地带先驱（植物）群丛
ipa（Loquat）Mountain 枇杷山
ipage 管道系统，管线工程，管道运输，管子
Pipal（or Peepul）Tree/Sacred Fig Tree/Botree Fig *Ficus religiosa* 菩提树
pipe（管）子；筒；导管；液量名（=105 英加仑，或 126 美加仑）；烟斗；装管子；用管子输送
~accessory 管道附件
~alignment 管道定线
~alley 管道
~bridge 管桥
~bursting 管道炸裂
~capacity 管道容量
~casin 管套，套管
~casing 套管
~coil；pipe radiator 盘管，管散热器
~-connected（用）管子接的
~connection 管子连接法（件关系，机构）
~cooling 用管冷却
~coupling 管子偶接
~culvert 管涵，管道涵洞；管渠
~cutter 切管机，割管器
~discharge cross-section 管子流量断面图（横截面）
~ditches or watercourses 管沟或水道
~drain 排水管，管沟
~drainage 管道排水
~duct 管道，管子通道
~elbow 管子弯头，管子弯管，管肘
~fitter 装管工人
~fitting 管子配件，接管零件
~fittings 管件
~forceps 管钳，管夹
~gang 管道工程队
~gradient 管子倾斜度
~grip 管钳
~hole 管子钻孔，管孔
~jacking method 顶管法
~layer 埋管工人，管子安装工；管道安装机
~laying 埋管工作，安装管道
~laying machine 安管机
~leakage 管道渗漏
~line 管道

~-line conveyance 管道输送
~line engineering for oil transportation 输油管道工程
~line gas temperature 管输气体温度
~method 吸管法
~network 管网
~pliers 管钳
~range 管道分布区
~run 管道
~section 管段
~-shed support 管棚
~sleeve 管式套筒
~subway 管式地下铁路
~support sand hangers 管道支吊架
~-supporting elements 管道支架
~system 管线系统，管路系统管网
~tee “T”形管结，丁字管节
bell~（美）承口管；钟形口管；漏斗口管
bell end~ 承插管
bell mouth~ 承插管
clay~ 瓦管，陶（土）管
clay sewer~ 黏土污水管
drain~ 排水管，泄水管
drain（age）cleanout~（美）排水清理孔管
earth-covered drain（age）cleanout~（美）盖土排水清理孔管
earthenware-~ 瓦管
effluent discharge~ 污水排放管
fall~ 水落管
feed~ 加料管；给水管
feed water~ 给水管道
glazed earthenware~ 釉面陶管
glazed stonewae~（英）釉面粗陶瓷管
interceptor~（美）截流管
irrigation~ 灌溉水管
outfall~（沟渠等的）出口管
outlet~ 出水管
overflow~ 溢水管，溢流管
sag~ 弯曲管
sewage~ 污水管
sewage discharge~ 污水排放管
sewage disposal~（英）污水处理管
socket~ 套节管，承口管，套管
taper~ 锥管
tapered~（英）锥形管
vitrified~ 陶（土）管
vitrified clay~（美）釉面黏土管
wood~ 木管

pipeage 管道输送

pipelayer 管道安装工，铺管工人

pipeline 管线；管道，管子通道；输油管；流水线{计}
~conveyance 管道输送
~coordination 管网综合，管线工程综合
~gas 管输气体
~layout 管线布置
~network 管网
~spread 管道施工，铺设管道
~survey；duct survey 管道测量
~transport 管道运输

pipes and cables 管道及电缆

pipework 管道工程

piping 管道，管路；管子，管系；管涌，管流；气泡缝
~and instrument diagram 管道和仪表流程图
~components 管道组成件
~course 管道敷设层

~distribution system 管式配水系统
~factory 制管厂
~layout 管路布置
~of ditches or watercourses（明）沟管道或水道
~pattern，drainage（美）排水管类型
~system 管线系统，管道系统

piracy 盗版

pier（凸式）码头，直码头，防波堤，户间壁，扶壁，支柱

Pirelli Tower（Italy）皮瑞里大厦（意大利）

Piret Barberry *Berberis poiretii* 针雀 / 细叶小檗 / 三颗针

Pisa 比萨〈意大利城市，以斜塔著名〉
~ Campanile（Italy）比萨斜塔（意大利）

piscina 养鱼池塘，（古罗马的）浴池

pise 泥土建筑，砌墙泥
~de terre 捣实土建筑，干打垒（墙）建筑

Pisonia grandis 麻风桐

pissoir（欧洲）街道厕所

Pistachio//Pistacia/green almond *Pistacia vera* L. 阿月混子 / 开心果

Pistache *Pistacia chinensis* Bge. 黄连木

pistil 雌蕊

piston sampler 活塞式取土器

pit 坑；底坑；料坑；取土坑；矿井；探坑，样洞；地窖；熔岩穴｛地｝；作坑；弄凹
~cover，tree 树木坑盖
~gravel 坑砾石
~heap 矸石堆
~method 坑测法
~mining，deep 深矿井采矿
~planting（英）坑植
~reclamation，gravel 砾石料坑改良
~surface，tree（树木）纹孔表面
~test 坑探
~water 矿井水
borrow~ 取土坑
clay~ 黏土坑
excavate a planting~ 挖种树坑
flooded borrow~ 漫溢取土坑
flooded gravel~ 漫溢砾石坑
gravel~ 砾石坑
partially unfilled~ 部分填充料坑
plant~ 树穴，秧穴
planting~ 种植坑
sample~ 采样探坑
sand~ 砂坑，采砂场
sand and gravel~ 砂和砾石场（坑）
sand borrow~ 砂取料坑
seepage~ 渗漏坑
test~（美）试验坑，测验坑
tree~ 树穴
trial~（英）试验坑，试用样洞
wet gravel~ 湿砾石坑

Pitanga/Surinam Cherry *Eugenia uniflora* L. 红果仔 / 番樱桃 / 毕当茄

Pitard Camellia *Camellia pitardii* 西南山茶 / 野山茶

Pitard Camellia *Camellia pitardii Cohen-Stuart* 西南红山茶

pitch 硬焦油脂，硬沥青；硬煤沥青；节距，齿节，螺距，间距；坡度，商贩摆摊处；上市的商品量；（屋面）高跨比；伏角；伏向，倾伏，立脉｛地｝；音调；顶点；斜度；斜坡；倾斜｛测｝
~and curvature of roof 举架

~coal 沥青煤，烟煤
~face 斜凿面
~-faced stone 凿面石
~interval 音程
~line 坡度线
~man 摊贩
~of building 建筑间距
all-weather~（英）全天候坡度
change of~（英）硬沥青更换
hard~（英）坚硬硬沥青
Pitch Pine *Pinus rigida* Mill. 刚松
pitched 护坡；铺砌；琢边
~dressing 琢边石工
~felt 油毡
~paper 油纸
~roof 坡屋顶
pitcher（英）摊贩，铺路石
Pitcher Plant *Nepenthes mirabilis* 猪笼草
pitching（道路的）铺底石块层，护坡
~method 铺砌法
~road 沥青路，柏油路
pith 木髓
pithead 矿井口
pitman 矿工，煤矿工人
pits and quarries 料坑和采石场
pitting 点蚀
~factor 点蚀系数
Pittosporum tobira 海桐
Pittosporumlike Nothapodytes *Nothapodytes pittosporoides* 马比木 / 南柴花树 / 中华假柴龙树
pivot 中枢，枢纽，中心点
~bridge 旋开桥，开合桥
pivotal 枢轴的，关键的
~root 直根，主根
pixel/picture element 像元，又称“像素
place 地方，场所，住所，寓所，处；广场，空地；职位；座位；位，地点；数位{计}；放，置；存；铺撒（路面材料）；配置；任命
~brick 欠火砖
Place Cortile（Cortile Type B）宫殿型庭院（B 型庭院）
Place de la Bastille（France）巴士底狱（法国）
Place de La Concorde（France）协和广场（法国巴黎）
Place de l'Etoile（Place Charles de Gaulle），Paris（France）星形广场（法国巴黎）
~for resort 休养胜地
~in layer(s) 分层铺料
~in operation 投产
~-name 地名
~name sign 地名牌
~of abode 居住区
~of amusement 娱乐场所
~of culture 文化场所
~of historical interest 古迹
~of interest 名胜
~of origin 原产地
~of popular resort 人们常去的休闲胜地
~of public amusement 公共娱乐场所
~of public assembly 公众聚会场所
~of public entertainment 公共娱乐场所
~of public resort 公共休养场所
~of public worship（英）公共敬神（拜神）场所
~of residence 居住场所，居住地点
~of usual residence 常住地

~of work 工作场所，工作地点
~of worship 宗教崇拜地方，礼拜场所
Place Stanislas，Nancy 南锡中心广场
~theory 场所理论
~to place comparison 不同地区对比
Place Vendome, Paris 旺多姆广场(巴黎)
burial~ 葬地（墓地）场所
central~（英）中心地带
parking~（美）停车（泊车）场
pleasuring~ 娱乐（游乐）场所
stopping~（美）车辆停放场地
winter resting~ 冬眠处
placed rock fill；dry pitching 干砌块石
placement 布局，布置；方位；位置（设计）；铺筑，铺装，填筑
~area 施工现场，工地
~in layer(s) 分层填筑
~of soil 土铺筑，土填筑
~policy 布局政策、方针
~water content 铺筑时的含水量，填土含水量
stake~（美）篱笆桩铺筑；标桩位置
placer（含金，铂等的）砂矿，砂积矿床
~mining 砂矿开采
places, hierarchy of central（英）场地，中心场地等级
recreation in wild~ 旷野娱乐（休息）
placing 配置；灌筑；安装；铺设
Plagate brush-footed butterfly ***Argyreus hyperbius*** 斐豹峡蝶
plage（法）游乐海滨，海滨浴场
plaggen 生草
~epipedon（美）生草表层
~soil 生草土
plagioclasite 斜长石
plagiogranite 斜长花岗石
plagiotropic branch 斜生枝
plain 平原，平地；旷野；[副] 平；平易；明白；清楚；平的，平坦的；单纯的；简单的；明白的；直率的；无钢筋的；素的
~area 平原区
~asphalt 纯（地）沥青
~bearing for bridge 桥梁平板支座
~cement 清水泥
~concrete structure 素混凝土结构
~country 平原地区
~intersection（道路）平面交叉
~mire 平原沼泽
~of denudation 剥蚀平原
~sedimentation 自然沉淀
~soil 纯土
~stage of slope 边坡平台
~terrain 平原区
~water fire extinguisher 清水灭火器
alluvial~ 冲积平原
loess~ 黄土平原
lower riparian/riverine alluvial~ 下游河岸 / 水道冲积平原
regularly flooded alluvial~ 规则泛滥冲积平原
upper riparian alluvial~ 上游河岸冲积平原
Plains Coreopsis ***Coreopsis tinctoria Nutt.*** 两色金鸡菊 / 蛇目菊（美国俄亥俄州苗圃）
plainsman 平原居民
plan 规划，方案，计划，进程表，程序；草案，表，时间表，(城镇、区域、公园等的）详图，平面图，轮廓图，

设计图，图样；规划，计划；设计；作图
~alteration 规划改动，设计图更改
~alternative~ 可选方案，替代方案
~area of a legally binding land-use 法定土地使用规划面积
~centrally governed city 计划单列城市
Plan de la bille de 3 millions d'habitants [法文]三百万人现代城市〈1922 年法国勒柯比基埃提出的理想城市规划方案〉
~determined by Secretary of State（英）国务卿决定的规划
~-do-see 计划–实施评价
~ enlargement 平面大样图
~for approval，final（最后）待批计划
~for expanded town 城市扩展规划
~for green and open space 公园及绿地规划
~for momentous projects approved（美）（已批）重要规划项目
Plan for the Construction of New Delhi（印度）新德里建设规划
~for the national economy 国民经济计划
Plan for the Reconstruction of Dublin（爱尔兰）都柏林改建规划
Plan for the Reconstruction of Moscow（1935 年制定的）莫斯科扩建规划
~for urban open spaces，general（美）城市游憩用地（开放空间）总体规划
~layout 平面布置
~management 计划管理
~map 规划图；平面（地）图
~model 规划模型
~notation（英）标准规划符号
~notation regulations（美）标准规划符号规定
~number 图则编号
~of a town 城镇地图
~of a paving pattern 铺路图案详图
~of building structure 建筑结构平面图
~of capital construction 基本建设计划
Plan of Chicago（1909 年美国）芝加哥规划
~of city 城市规划
~of foundation construction 建筑基础平面图
~of land utilization 土地规划
~of national economy 国民经济计划
~of necessities 各项需用量计划
~of observation points 观测点位置图
~of power transmission and tele commu-nication 输电及通信线路图
~of sewerage system 排水管道布置图
~of site 总布置图，总平面布置图
~of steam and gas piping 动力管网图
~of transportation system 交通运输图
~of water and drainage piping 给排水管网图
~of works 计划任务书
~-oriented market economy system 适应计划的市场经济体制
~position 平面位置
~preparation 图则制定
~-profile sheet 平面–侧面图（幅）
~ranking schemes 计划排序法
~report，regional 地区性规划报告书
~revision 规划修改；设计图修改；平面图修改
~sheet 平面图（幅）

~symbol（美）平面图代号（符号）
~symbol conventions（美）平面图代号惯例
a realistic~ 切实可行的方案
action~ 行动方案；实际方案
all-out development~ 综合开发计划
allotment garden development~（英）租赁花（菜）园开发规划
allotment garden subject~（英）租赁花园项目规划
alternate~ 比较方案，交替方案
approved~（美）已批准的规划
arrangement~ 布置图，配置图
as-built~ 竣工图
author of a~ 规划编制人
bikeway~（美）自行车车道（慢车道）平面图
block~ 区划图，分区规划
body~ 正面图
borrowing~ 贷款计划
children's playground development~ 儿童游乐场开发规划
circulation~ 路线图
city master~ 城市总体规划
clean air~ 净化空气计划
community garden development~（美）社区花园开发规划
community land use~ 社区土地利用规划
comprehensive~（美）综合规划
construction~ 施工布置图，施工平面图；施工计划
crown~ 路拱图样
delivered~（美）提交计划
determination of a~（英）方案确定
determination process of a~（英）方案确定程序
development~ 发展规划
enlargement of a~ 规划扩展
execution~（工程）实施计划
far seeing~ 远景规划
farmland consolidation~（美）农田合并规划
final~ 最终规划
floor~ 楼面布置图，楼层平面图
flow~ 流程图，输送线路图
foundation~ 基础平面图
general~ 总图，布置图；计划概要
general arrangement~ 总体（总平面）布置图
grading~（美）土工修整（路基平整，减小坡度等）计划
green open space structure~ 绿地（绿色开放空间）结构规划
ground~ 水平投影，平面图，底层平面图，地面图
ground floor~ 底层平面图
guidance~ 指导性计划
handover~（英）移交计划（方案）
horizontal~ 平面图，水平投影
illustrative site~ 例证场地平面图
improvement~ 改进程序，改进计划
isochronous~ 等时设计，同步设计（规划）
item-by-item~ 计件管理方案
key~ 索引图
land consolidation~（英）土地合并计划
land-use and transportation~ 土地使用与交通规划
landscape~ 风景园林（景观）规划
landscape strategy~（英）风景园林战

略规划
landscape structure~ 景观 / 园林结构规划
layout~ 布局规划；平面图，详细规划
levelling~（英）整平规划
local~（英）地方规划
location~ 位置平面图
long-range transport~（英）长期运输计划
long-range transportation~（美）长期运输计划
long-term development~ 远景开发计划
lot~ 地段图
management~ 经营计划，管理计划
mandate~ 指令性计划
mandatory landscape development~ 指定的风景园林开发计划
master~ 总平面图，总体规划
master street plan 街道总图；街道总体规划
modification of a~ 设计图更改，计划修改
outline~ 规划大纲，提纲
overall~ 总体规划
overall site~ 总体选址计划
parking~ 停车计划
pathway network~ 人行道网规划
pedestrian circulation~ 步行环行规划
planting~ 种植规划，绿化规划
preferred~ 优选规则（方案）
preparation of a~ 规划预制
preparatory land-use~ 土地利用规划预制
production~ 生产计划
project~ 项目计划
quality~ 质量计划
redevelopment~ 复兴规划，重建规划
reduction of a~ 图样缩小，规划缩减
regional~ 区域图
rehabilitation~ 修复规划
reinforcement~（英）强化计划
reinforcing steel~（美）强化钢铁工业计划
renewal~ 更新计划，改建规划
revision of a~ 复审规划
revitalization~ 更新计划
river basin~ 流域规划
rolling~ 滚动计划
rough~ 初步计划；草图
schematic~ 平面示意图
section~ 剖面平视图
sectional~ 部分平面图，分段平面图
setting-out~（英）定线详图
site~ 地盘图，总平面图，平面布置图
sketch~ 概要计划
sports area development~ 运动区开发计划
staking-out~（道路）放样详图,(道路定线详图
state development~（美）国家（政府）开发计划
statutory regional~ 法定区域性规划；法定地方性规划
strategic~ 战略计划（书），战略规划
street~ 街道平面图
structural~ 结构平面图
subregional~（区以下的）分区计划，次区域规划
super-block~ 特殊街坊规划
survey~ 测量详图；查勘规划
unified~ 综合规划

utilities~ 实用图样；设施详图
water management~ 水管理规划
work~ 工作计划
work organization~ 施工部署计划，施工组织计划
working~ 工作规划，工作程序图，施工图
planar 平面的；在平面内的；平的
~belt 平地带
~zone 平地区
plane 面，平面；（平）刨；镘；飞机；平的；平面的；弄平，使平滑；刨，刨平
~alignment 平面线形
~ashlar 平面琢石
~，bulk（美）（整体）平面
~configuration 平面构图
~coordinate azimuth 坐标方位角
~coordinates 平面坐标
~design（城市道路）平面设计
~figure 平面图
~graph 平面图
~heat-source method 平面热源测定法
~of living 生活水平
~rectangular coordinate 经纬距
~sketch（道路）平面示意图
~skylight 采光板
~strain test 平面应变试验
~surveying 平面测量
~table 平板仪，平板绘图器
~tree 法国梧桐，悬铃木
datum~ 基（准）面
light~（美）轻型飞机（尤指私人小飞机）
setback~（美）壁阶面；屋顶平台平面
sky exposure~（美）建筑物之间的最低空间
slump~ 滑动平面
Plane Tree/Sycamore *Platanus* 悬铃木（属）
Plane Tree/London Plane *Platanus* × *acerifoliaPlatanus hispanica* Muenchh. 悬铃木 / 英桐 / 二球悬铃木
Planeleaf Alangium *Alangium platanifolium* Harms 华瓜木 / 八角枫 / 瓜木 / 白锦条
planetarium 天文馆，天文馆建筑
planetary 行星的，地球（上）的
~scale weather system 行星尺度天气系统
Plangleat Alarlgium *Alangium platanifolium*（Sieb.et Zuce.）Harms 八角枫
planimeter 求积仪
planimetric 平面的；平面测量的
~feature；culture 文化地物
~features 地物〈对地面上天然物和构造物的总称〉，地平面面貌
~map 平面图，无等高线地图
~photo 综合法测图
~rectangular coordinates 平面直角坐标
plank 基础，厚板
~bridge 木板桥
Plank Pathway，Qingdao 青岛栈桥
~pavement 木板铺面，水板路面
planking 铺板，铺板工作；板材
~and strutting 板架支撑（挖土支撑）
planned 计划（的）
~adjustment 计划调节
~birth 计划生育
~birth program 计划生育方案
~birth rate 计划生育率
~birth target 计划生育指标
~city 有规划的城市

~community development（PCD）有规划的社区开发〈与 PUD 同义〉
~cost 计划成本
~development 计划发展，计划开发
~dispatching 计划调度
~district 计划地区
~economics 计划经济
~economy 计划经济
~establishment of industries（工业）生产计划制定
~event 节庆活动
~fertility 计划生育
~industrial development 计划工业开发
~parenthood 计划生育
Planned Parenthood–World Population 计划生育－世界人口组织
~price 计划价格
~project 计划项目
~population 规划人口
~purchase and supply 统购统销
~spacing of birth 计划生育间隔
~unit development 有规划的地段建设，有计划地联合开发
~urban development 市区发展规划

planner 计划员，规划（工作）者，策划者，计划（制定）者，规划师
appointment of~ 规划（工作）者职位
city~（美）市规划（工作）者
commissioning~ 开工计划员
community~（美）社区规划（工作）者
landscape~ 风景园林规划（工作）者，风景园林设计者
preliminary project~（美）初步方案策划者
regional~ 地区性规划（工作）者
town~（英）市镇规划（工作）者，都会（城市）规划（工作）者
urban~（美）城市规划（工作）者

planning 规划，设计，计划，平面布置
~Act:（Listed Buildings and Conservation Areas）Act（英）规划条例（法规）:（注册建筑物和保护区）条例（法规）
~agency/office，local（美）地方性设计专业行政部门（代理行，办事处事务所）
~aim 规划目标
~analysis 规划分析
~and control technique 计划管理技术
~and design of the environment 环境规划与设计
~and development，department of [CDN] 规划和开发部门
~application 计划申请（书）
~application form（英）计划申请（书）（规定或惯常的）方式
~application，detailed（英）详细计划申请（书）
~application，outline（英）计划申请（书），提纲性计划申请（书）
~approach 规划方法
~approval 批准规划
~approval procedure 批准规划程序（手续）
~area 规划范围，设计区，计划地区
~area boundary 设计区的界线
~area number 设计区的编号
~assignment 计划任务书
~atlas，regional 地区性（区域性）规划图表集

~authority 规划机构
~authority, local（英）规划机构（地方性）
~balance sheet 规划平衡表
~basis 规划根据，规划基本原则（准则）
~blight（英）计划损害
~board（=planning commission）计划委员会，规划委员会
~body，public（美）公众事务计划社团
~brief 规划要领
~brief，clarification of（英）规划要领说明（阐明）
~by objective 按目标制定规划
~chart 计划表，计划图
~comments，submission of 规划评定提出
~commission 计划委员会，规划委员会
~concept 规划构想
~conditions 规划必要条件
~consent 规划获准，设计获准
~consultant（美）规划顾问，规划咨询
~consultant，town（英）城市（市镇、城镇）规划顾问
~context，determination of（美）规划范围确定
~contract 规划合同
~contribution 规划作用
~control 计划管理
~costs 计划成本
~criteria 规划（设计）标准
~data 计划数据
~data，analysis of 计划数据分析
~data，evaluation of 计划数据评价（估算）
~department 计划部门，规划部门，设计部门；计划处，设计处
~development control 规划开发管理
~district（美）规划区，规划区域，规划管区（行政区）
~exploration 规划性勘察
~for expanded town 城镇扩展规划
~for industrial district 工业区规划
~for one-way street 单向交通街道规划
~for protection against fire 防火规划
~for residential area 居住区规划
~for rural development 农村发展规划
~for short term development 近期建设规划
~for the public welfare 公众福利规划
~grain 规划收益〈在开发活动过程中，规划部门以规划许可（planning permission）为条件，在满足开发商获得正常收益的情况下，要求其提供公共设施所获得的收益〉
~grid 规划网格，平面草图，设计网格；模数比尺方格〈以模数为比例尺，用于模数法设计的建筑〉；房屋布置图
~guide 设计纲略
~goal 计划目标（目的）
~goal fulfil(l)ment 计划目的实现
~input, environmental 有关环境（保护）的计划（资金、材料、劳动力等的）投入（量）
~jurisdiction 计划管辖范围，计划权限
~laws 计划法律（法），规划法律（法）
~legislation 计划法令，规划立法
~level 规划水平（水准）
~manual 规划手册，规划指南
~map 规划地图
~measures，landscape 风景园林规划

（比较、估价、判断的）标准（尺度）
~measures/proposals 规划措施、提案
~method 规划方法，设计方法
~methodology 设计（规划）方法论，设计（规划）教学法
~objective 规划目标
~of ancient Chinese city 中国古代城市规划
~of civic center 市政中心区规划
~of civil center 城市中心的规划
~of comprehensive water pollution control 水污染综合防治规划
~of crop-rotation area 轮作区规划
~of earthquake hazard control 城市防震规划
~of environment 环境规划
~of Greater London 大伦敦规划
~of flood control 防洪规划
~of green space system 绿地系统规划
~of highway location 路线规划
~of industrial district 工业区规划
~of La Defence of Paris 巴黎德方斯区规划
~of land use for external transport 对外交通用地规划
~of land use for ware house 仓储用地规划
~of landscape conservation in urban region 城市风景区规划
~of open space system 绿地系统规划
~of Paris 巴黎规划
~of park and green 公园、绿地规划
~of parks and green 公园及绿地规划
~of parks and green space 公园及绿地规划
~of play areas（体育等）比赛区规划
~of public facilities 公共设施系统规划设施规划
~of public transport 公共客运规划
~of Pyong'yang 平壤规划
~of residential area 住宅区规划，居住区规划
~of road system 道路系统规划
~of scenic area 风景区规划，风景区设计，风景名胜区规划
~of survey 调查计划
~of transport system 线路系统规划
~of transportation 运输规划
~of trees and shrubs 树种规划
~of urban environmental protection 城市环境保护规划
~of urban flood control 城市防洪规划
~of urban road system 道路系统规划
~of village and town 村镇规划
~office，commissioned（英）受委托的设计事务所
~on a higher statutory level 法定高水平设计
~on project management 项目管理规划大纲
~period 规划期
~permission 规划许可（书），规划审批
~permission，conditional（英）附有（先决）条件的规划许可（书）
~permission for mineral extraction（英）矿物采掘规划许可（书）
~permit for construction project 建筑工程规划许可证件
~permit for land 建设用地规划许可证
~personal 规划人员

~phase 规划阶段
~police 规划政策
~policy，regional 地区性规划政策
~population size 规划人口规模
~power 规划权
~powers，public authority with（英）有规划权力的公共行政管理机构
~practice 计划实施
~procedure 规划程序
~procedure of the green space 绿地规划程序
~procedure，regional 地区性规划程序
~process 规划程序，规划步骤
~program（me），regional 地区性规划程序（表）
~programming and budgeting system（PPBS）计划规划和预算系统
~project 规划方案，规划工程，规划项目
~project，coordination of a 规划方案协调
~proposal 计划建议书，城市设计建议，计划建议，设计建议
~proposal，draft 挑选计划建议
~proposal，preliminary 初步计划建议
~proposals，landscape 风景园林规划建议
~proposals，obtaining a mutual agreement on 对计划（设计）建议达成共识
~proposals，publication of 计划建议公布
~prospect（proposal）计划任务书（建议书）
~purpose 规划目的
~purposes，data collection for 规划目的数据采集
~region 规划区域
~-related，regional 地区性规划相关
~requirements 规划必要条件
~requirements，statutory designation of landscape 法定景观设计规划要求
~services 设计业务
~services，additional（英）追加的（额外的）设计业务
~services，extent of 设计业务范围
~stage 规划阶段
~standard 规划标准
~status 规划状态，规划情况
~structure 规划结构
~study（按）计划研究，规划研究，方案设计
~survey（区域）规划调查
~task 设计任务
~technique，network 网络设计技巧，网络设计技术（手段，方法）
~transportation 规划运输
~unit 规划单位
~work 规划工作（量），规划工作成果
agricultural~ 农业规划
allotment garden development~（英）租赁花园开发规划
children’s playground development~ 儿童游乐场开发规划
city~（美）城市规划
community~（美）社区规划
community garden development~（美）社区花园开发规划
consultant’s report(s)on landscape~ 风景园林规划顾问报告书
countryside~（英）农村社区规划
countryside recreation~（英）农村地区

游憩规划
environmental design and conservation~ 环境设计与保护规划
detail~ 详细规划
development mitigation~（美）开发减缓计划
ecological~ 生态保护计划
existing condition before~starts（美）规划开始前条件
existing situation before~starts（英）规划开始前情况
functional~（美）实用规划，功能规划
functional landscape~（美）实用景观设计
general~（美）总体规划
general development~ 总体开发规划
general urban green space~ 总体城市绿地规划，总体城市绿化空间规划
guideline in~ 规划指导原则，规划指导方针（准则，标准）
highway~ 公路规划，（水上、陆上和空中的）交通干线规划，主要领域规划，主要方面规划
integrated~ 综合规划
interdisciplinary~ 跨学科规划
landscape~ 风景园林规划，景观规划
landscape envelope~（英）园林周边规划，景观周边规划
large-scale~ 大规模规划，大范围规划
master~ 总体规划，总体设计
metropolitan area~ 大都会区（包括大城市及其郊区）规划
metropolitan region~ 大都会（大城市）地区规划，大都会区域规划
multi-disciplinary~ 多学科规划，（涉及）多种学科规划
open space~ 游憩用地（开放空间）规划
overall area~ 整体地区规划
overall land~ 总体土地规划
overall project~ 总体工程（建设、科研设计、规划）项目规划
pertaining to landscape~ 关于景观设计关于景观规划
physical~ 实体计划
preliminary agrarian structure~ 初步耕地结构规划
project~ 工程（建设、科研、设计、规划项目规划
property devaluation caused by~ 规划导致房地产股票（投资）下降
recreation~ 娱乐（休养，游览）规划
recreation area~ 娱乐区规划
regional~（英）地区（区域的）规划；地区性规划；整个地区规划
road~ 道路规划
rural area~（美）农村地区规划
rural recreation~（美）农村娱乐（休养等）规划，农村改建规划
site~ 选址计划
sports area development~ 体育运动区开发规划
State regional~（美）国家（政府）地区规划
strategic~（英）战略规划
target~ 目标规划
town and country~（英）城乡规划
traffic~ 交通规划，运输计划
transboundary~ 几市镇共有地区规划，跨边界规划
transfrontier regional~ 越境地区规划

transnational~ 超国界规划，跨国规划
transportation~ 公共交通（网）规划，交通运输系统规划；运输计划
understanding of~ 规划协定
urban~ 城市规划
urban area recreation~ 城市地区娱乐（休养、游览等）规划
urban land-use~（英）城市土地利用规划
village redevelopment~ 乡村改建规划
water management~ 水管理规划

planology 土地使用规划学

plans and specifications 规划和说明书

plant 工厂，车间，厂房；（机械）设备；植物，作物，树苗；设置；种植
~abandonment，industrial 工厂关闭
~age 植物年龄
~and animal communities and habitats，conservation of 植物和动物群落与生境保护
~arrangement 植物配植
~association 植物群丛
~association individual 植物群丛个体
~association of pavement joints 路面接合处（接缝）植物群丛
~bed 苗床；秧地；秧土层
~bowl 树苗钵；植物钵；作物钵
~boxing 树苗装箱
~breed 树苗培育
~breeder 植物培育者，植物育种者
~breeder，perennial 多年生植物培育者
~breeding 植物育种，植物培育；植物育种学
~breeding，perennial 多年生植物培育
~capacity 工厂生产量；发电厂容量
~care product 植物检疫产品
~classification 植物分类
~clearance，wood 林中空地
~communities，layering of 植物群落压条法
~communities，re（-）establishment of 植物群落重建
~communities，stratification of 植物群落分层
~community 植物群落
~community，aquatic 水生植物群落
~community，composition of a 植物群落构成（组成）；植物群落结构；植物群落组合方式
~community，dwarf-shrub 矮灌木植物群落
~community，ecotonal 交错区植物群落
~community，fire 防火植物群落
~community in silting-up ponds or lakes 淤积池沼或湖泊植物群落
~community，initial 原始植物群落
~community of hydrosere succession 水生演替植物群落，水生演替系列世系植物群落，水生演替系列顺序性植物群落
~community of trampled areas 践踏区植物群落
~community，range of a 植物群落生长区（分布区）
~community，rock crevice 岩缝植物群落
~community，seral（生态）演替系列植物群落
~community，structural characteristics of a 植物群落结构特色
~community，structure of 植物群落结构

~community，successional 演替植物群落
~community，terrestrialization 陆生植物群落
~community，zinc-tolerant 耐锌植物群落
~container 植物集装箱；植物贮存；植物包装物
~cover 植被
~disease 植物病害
~disease prevention and pest control，chemical（化学）植物病虫害防治
~display，summer 夏季花的种植
~distribution 植物分布
~ecologist 植物生态学家
~ecology 植物生态学
~effluent 工厂废水
~engineering 设备安装工程
~equipment 固定设备
~equipment and site installations 工地设备及现地安装
~expert 植物专家，植物权威
~factor 设备利用率
~factory 植物工厂
~for bees，host 蜜源植物
~for shade 成荫植物
~for shade，woody 木本成荫植物
~for toxic/hazardous waste，incineration 焚烧有毒 / 有害植物弃物
~formation 植物群系
~frost injury 植物冰冻损害
~geography 植物地理学
~growth 植物栽培（种植）；植物生长（或发育）阶段；植物生长
~growth，deterioration of 植物生长退化
~growth，inhibiting 抑制植物生长
~growth，primary 原生植物生长
~growth，stunting 发育障碍的植物生长，矮化植物生长
~hedge 绿篱
~height 株高
~hormones 植物激素
~horticulture，ornamental 观赏植物园艺（学）
~hybridizer，perennial（美）多年生植物杂交种
~，hygrophilous 喜水生植物，喜湿植物
~in a semi-shaded location（美）半荫植物；半喜荫植物
~in a semi-shaded position（英）半荫处种植；半喜荫植物
~in pot 盆栽
~industry 设备安装工业
~infestation 植物寄生虫侵扰
（The）~is admired as a foliage 观叶植物
（The）~is admired as an ornamental fruit 观果植物
~kingdom 植物界
~knowledge 植物知识
~label 植物名牌
~list 植物一览表
~list，undesirable 不良植物一览表
~lovers，garden for 植物爱好者花园
~maintenance and management 植物养护管理
~maintenance program（美）植物养护程序
~material 植物（材）料
~material，dead 无生命植物材料
~material，living 有生命植物材料
~material，sculpture[vb] 刻纹（雕纹）植物材料；雕刻式植物材料

~material, use of 植物材料利用（使用）
~mulching 植物覆盖
~nursery 植物苗圃
~nutrient 植物营养品
~nutrition 植物营养学；植物营养；植物营养物
~on entisol，pioneer（美）新生土上种植先锋植物
~on immature soil，pioneer（英）生土（未成熟土）上种植先锋植物
~operation，industrial 产业栽种作业；产业工人栽种作业
~parts，aerial 气生植物区域
~parts，subterranean 地下种植区
~parts，underground 地下种植区
~parts，developing of 种植区开发
~percent 苗木成活率
~pest 植物害虫
~pest and disease control 植物病虫害防治
~physiology 植物生理学
~pit 树穴；秧穴
~population 植物群体
~pot for road use 路用栽植盆器
~preservation requirement（美）植物保护规定；植物保护要求（必要条件）；植物保护必需品
~production 种植业
~propagation greenhouse 繁殖温室
~protection 植物保护，种植保护，植被保护
~protection agent 植物防护剂
~receptacle 植物花托
~register 设备记录
~remains 残根剩草
~requiring protection 植物必要保护
~reservoir 苗圃，栽植园
~rubber 天然橡胶
~sample 厂拌样品，工厂样品
~schedule（英）苗木清单
~school 苗圃
~shipment 苗木装运
~size 苗木规格
~sociability 植物群集度
~sociology 植物群体生态学
~spacing（美）植物行距调节
~species 植物种类
~species stock 植物种类原种
~species，economic 经济植物种类
~species，hygrophilous 有实用价值植物类，关系国计民生植物类
~species，indigenous 本土（本地）植物类；土生土长植物类
~species，useful 实用植物类；可用植物类；有用植物类
~survival ratio 种植成活率
~terrace，narrow 狭长植物露台（与房屋连接的露天平台，作为花园的一部分）
~tissue 植物组织
~tolerance 植物耐性
~toxic accident，industrial 工业工厂中毒事故
~track 工厂专用线
~trees or shrubs in nursery rows 苗圃中种植成排的树木或灌木
~trimming and pruning 植物整形修剪
~trough（英）种植容器
~trough，balustrade 矮护墙式种植花架
~turn-over ratio 固定设备周转率

~under topiary 整形植物
~waste 工厂废物
accent~ 特征植物
adventitious~ 偶生植物，外来植物
aggressive~ 侵占型植物
alpine~ 高山植物
annual~ 一年生植物
aquatic~ 水生植物
aridity indicator~ 干旱指示植物
aromatic~ 芳香植物
autumn-blooming~ 秋季开花植物
bad drainage indicator~ 有害排水指示植物
balled and potted~（美）盆栽植物
balled container~（英）带土容器植物
bare-rooted~ 露根植物
bedding~ 花坛植物
bee~（美）蜂食植物
bees forage~ 蜂食植物
biennial~ 两年生植物
bird forage~ 鸟食植物
bird refuge~ 鸟类庇护植物
broadleaf woody~（美）阔叶木本植物
bulbous~ 鳞茎状植物
bunch~（美）丛生植物
central heating~（美）中央加热设备
characteristic~ 独特植物
chasmophytic~ 岩生植物
climbing~ 攀缘植物
companion~ 伴植
container~ 容器栽培
container-grown~ 容器栽培植物
creeping groundcover~ 蔓生地被植物
cultivated~ 栽培植物
cushion~ 垫状植物
deciduous woody~ 凋落木本植物
deep-rooted~（美）深根性植物
deep-rooting~ 深根性植物
district heating~（英）分区供暖设备
driftline~ 漂移植物
drinking water treatment~ 饮水处理设
dry wall~ 清水（干砌）墙植物
emergent aquatic~ 挺水水生植物
epilithic~ 石面植物
ericaceous~ 欧石南属植物；杜鹃花科植物
fall-blooming~（美）秋季开花植物
field-grown~ 大田生长植物
floating-leaved~ 漂浮有叶植物
flowering woody~ 开花木本植物
foliage~ 叶子植物，叶植物
food~ 食用植物
fragrant~ 芳香植物
free-floating water~ 自由浮移水生植物
germinated young~ 初发芽植物
green manure~ 绿肥植物
groundcover~ 地被植物
heavy metal-tolerant~ 耐重金属植物
hedge~ 绿篱植物，树篱植物
hedging~（英）绿篱植物
high mountain~ 高山植物
hygrophilic~ 喜水（亲水的）植物
hygrophilous~ 嗜湿（适湿的）植物
immature~ 未成熟植物
impeded water indicator~ 阻水指示植物
indicator~ 指示植物
individual woody~ 个体（单株）木本植物
industrial~ 工业设备，工业用植物
late blooming~ 晚开花植物

lawn substitute~ 草坪替代植物
light-demanding~ 需光植物
low groundcover~ 矮地被植物
marsh~ 沼泽植物；湿地植物
miniature sewage treatment~（英）小型污水处理设备
moisture indicator~ 湿度指示植物，含水量指示植物
moisture-loving~ 喜湿植物
nectar~ 花蜜植物
nuclear~ 核工厂
nuclear fuel reprocessing~ 核燃料作后处理工厂
ornamental~ 观赏植物
ornamental woody~ 观赏木本植物
parent~（英）亲本植株
peat garden~（英）泥炭园植物
pioneer~ 先锋植物
pollen~ 花粉植物
power~ 发电厂，发电站；动力设备，电源设备
power distribution~ 电力配电厂
private sewage treatment~（英）私营污水处理厂；私用污水处理设备
raw humus-forming~ 粗腐殖质植物
recently introduced~ 新引进植物
reed~（英）芦苇植物
refuse compost production~ 垃圾混合肥料生产厂
representative~ 样品植物，标本植物
rock~ 岩石植物，石生植物
rock cleft~ 岩缝植物
rock crevice~ 岩缝植物
root-balled~ 根球状植物
rooted water~ 有根水生植物
rosette~ 丛生植物
rubble~ 乱石生植物
ruderal~ 杂草植物
rupicolous~ 岩生植物，石生植物
scandent~ 攀缘植物
sciophilous~ 适阴（喜阴的）植物
seasonal variation of~ 季相，植物季节性变化
sewage disposal~ 污水处理厂
sewage treatment~ 污水处理厂
shade~ 阴地植物
shade-tolerant woody~ 耐阴木本植物
shallow rooting~ 浅生根植物
shallow-rooted~（美）浅生根植物
specimen~ 标本植物
spring-blooming~ 春季开花植物
spring-flowering~ 春季开花植物
stock~（美）母株，供畜牧用植物
submerged aquatic~ 水底水生植物，沉水水生植物
submergent~ 沉水植物
summer-blooming~ 夏季开花植物
summer-flowering~ 夏季开花植物
surface~ 地表植物
swamp~（美）沼泽（沼泽地）植物
tap-rooted~ 生直根植物
tendril-climbing~ 卷须攀缘植物
treatment~ 治疗设备，处理设备
tuberous-rooted~ 块根植物
tussock~ 丛生植物
wall-climbing~（美）攀墙植物
waste compost production~（美）垃圾混合肥生产工厂
waste incineration~ 垃圾焚烧工厂
waste recycling~ 垃圾回收利用工厂

waste reprocessing~（美）对垃圾进行再加工工厂
water purification~ 垃圾净化工厂
water treatment~ 垃圾处理工厂
wetness indicator~ 湿度指示植物
widely-spaced~ 广范围分布植物
wild~ 野生植物
wind energy~ 风能工厂
woody~ 木本植物
woody bee~ 木本蜜蜂植物
woody bee forage~ 木本蜂食植物
woody host~ 木本寄主植物
woody nectar~ 木本蜜源植物
woody pioneer~ 木本先锋植物
woody pollen~ 木本花粉植物
xerophile~ 适旱性植物；旱生植物
xerophilous~ 喜旱植物，旱生植物
zinc-enduring~ 耐锌植物
zinc-tolerant~ 耐锌植物

Plantagenet style 英国金雀花王朝式（建筑）

plantain 种植,栽植；植树造林,大农场,庄园,种植园；人工林,人造林；[复]新开地；创设
~appropriate to the site 专供场地种植
wind-penetrable~ 透风人工林

plantain 车前属（植物）；大焦（植物）

Plantain ***Plantago major*** 大车前草 / 白人脚

Plantain Lily ***Hosta*** （***Tardiana Group***）**'Halcyon'** '翠鸟' 玉簪（英国斯塔福德郡苗圃）

Plantain Lily ***Hosta*** **'Blue Angel'** '蓝色天使' 玉簪（英国斯塔福德郡苗圃）

Plantain Lily ***Hosta fortunei*** **var.** ***albopicta*** 白云玉簪（英国斯塔福德郡苗圃）

Plantain Lily ***Hosta Francee*** （***fortunei*** 法兰西玉簪（英国斯塔福德郡苗圃）

Plantain Lily ***Hosta Sum and Substance*** '巨无霸' 玉簪（英国斯塔福德郡苗圃

Plantain Lily ***Hosta*** **'Wide Brim'** '宽边玉簪（英国斯塔福德郡苗圃）

Plantain Lily/Fragrant Plantain Lily ***Hosta plantaginea*** 玉簪（玉簪棒）/ 白玉簪

plantation 种植园

planted 种植，栽植，绿化；人工林
~area 种植地，绿地，绿化面积
~areas，cleaning up（美）绿地清除
~areas, picking up litter and weeding on（英在绿地上捡拾废弃物并锄去杂草
~bed 栽植苗床
~border 绿化路边
~facade 栽植面
~flat roof 绿化平屋顶
~noise attenuation structure 人工林噪声减弱结构
~roof 种植屋顶
~slope 有植物覆盖的边坡

planter 播种机
~element 播种机元件（部件，零件）
~module 播种机模型；播种机组件
~seat 播种机修理；播种机安装
~serving as a handrail 扶手式播种机
~unit 播种机部件（元件，组件）
balustrade~ 扶手式播种机
cheek wall with built-in~ 带种植容器的颊墙
flower~ 花卉播种机
raised~（美）种植播种机

anting 植树，造林；种植，栽植，定植，移植，播种；绿化；基础，底层，基底{建}
~area 植树区，种植面积
~area，shrub 灌木栽植区
~areas，soil loosening of 种植区松土
~arrangement 园林植物配置
~at 8 m centres（英）按 8m 间距种植
~at 8 m on centers（美）按 8m 间距种植
~basin（美）种植盆；种植水池
~bed 种植池
~bed，raised 高地种植池；高位种植池
~bed，tree 树木种植池
~belt 种植带，绿化带
~belt，screen（屏蔽）植树带
~box 植树箱
~container 种植容器
~contract 种树合同
~corridor 种植走廊
~depth 种树深度；种植深度
~design 种植设计
~distance 种植间距
~engineering 种植工程
~for birds 招鸟种植
~for roadside protection 路旁防护栽植
~for shade（英）遮荫种植
~for traffic control（美）交通管理绿化
~for traffic guidance（英）通行引导绿化
~furrow 种植犁沟
~grid 种植框格
~grid，quincux 梅花点式种植框格
~grid，square 正方形（四方形）种植框格
~grid，tree（树）种植框格
~grid，triangular 三角（形）种植框格
~hole 植树坑
~hole，dig a（美）挖掘植树坑
~hole，excavate a 挖掘植树坑
~in cluster 树丛
~in group 树群
~in housing areas 住宅区绿化
~in pair 对植
~in row 行植
~island 绿化岛
~layout 植树配置，配植
~machine 栽植机械；栽植机
~mattocok 植树锹
~method for buildings 建筑物的绿化方法
~method for extreme sites 大面积造林植树方法
~method，roof 屋顶绿化方法
~mileage 绿化里程
~mix（ture）（美）混合造林
~of a streambank 河岸造林
~of conifers（生球果的）松柏目植物种植，针叶树种植
~of greenery 绿化，植林
~of hedgerows and woodland patches 灌木树篱种植和林区块状植树
~of reed rhizome clumps 芦苇根茎簇（丛）栽植
~of riparian vegetation 河岸植被种植；湖滨植物种植
~of trees and shrubs 种植乔木和灌木
~operations 绿化作业
~pattern 绿化模式；植树模式
~pattern，tree 树木种植模式
~period 造林期，植树期
~pit 种植洼；植树坑；种植沟
~pit，excavate a 挖掘种植坑

~plan 种植计划，植树计划
~preparation 种植准备（状态）
~process 种植过程；种植程序；种植方法
~protect slope 植被固坡
~prototype（美）栽植样品
~requirements，directive on（美）种植要求指令
~requirements，enforcement notice on（英）种植要求和注意事项
~saucer（美）种植碟，种植盆
~scheme，back court（英）(篮球场、网球场等的）后场种植规划
~scheme，prototypical（英）标本（样品）种植规划
~screen 树障，树屏，树墙，绿篱
~setback 种植失败；种植受挫
~shoots of emergent plants（芦竹、芦苇）茬的栽植
~site，tree 树木栽植地
~slab（英）移植板
~soil 种植土
~stock（美）定植
~stock，size of 定植规格
~strip 植树带，栽植带，绿化带
~structure 种植结构
~system，multi-strata 多层种植体系
~system，one-layer 单层种植体系
~system，single-stratum 单层种植体系
~technique 种植技术（技巧、手段、方法）
~treatment 种植处理
~trench 种植沟
angle~ 角形种植
anti-dazzle~（英）防眩光种植
antiglare~（美）防强光种植
base~（美）山脚造林
boundary~ 边界造林
climber~ 攀缘植物种植
concealment~ 伪装绿化
coupled~ 对植
courtyard~ 庭院绿化
deep soil roof~（美）深土屋顶绿化
ditch corridor tree~（美）沟狭长地带树木种植
divisional~（美）分开种植
dry habitat roof~ 干生境屋顶种植
dune~ 沙丘绿化
extensive~（英）广泛栽种；大面积浅耕粗作种植
facade~ 建筑物立面绿化
formal~ 规则式种植
furrow~ 犁沟种植
grave~ 墓地种植
group~ 群植
high maintenance~ 高养护栽种
hole~（美）穴植；穴栽法
intensive~ 集约栽种
intensive roof~ 集约屋顶栽种
intermediate~ 中间种植
linear~ 列植
low maintenance~ 低养护种植
low maintenance roof~ 低养护屋顶栽种
mass~ 大量种植，群植
massed~ 混合种植；集中种植
mound~ 垄作，墩植，垄脊栽培
natural~ 自然式种植
naturalistic~ 自然式种植
noise attenuation~ 防噪声栽种
notch~（英）铲隙栽植，锹植

ornamental~ 观赏树木栽培
pavement~ 人行道栽植；路面栽植
peripheral~ 周边栽植
pit~（英）坑植，窝植
preconstruction~ 建造前栽种，施工前栽植
preparation for~ 种植准备
protective~ 防护栽植
pruning at~ 栽植修剪
reed plug~ 芦苇栽种
replacement~ 补植
ridge~ 山脊造林
right-of-way~（美）优先权种植
roadside~（英）路边造林；路旁地带造林
roof~ 屋顶种植
rooftop~（美）屋顶种植；在屋顶上种植
row~ 畦植
school（-）ground~ 学校场地种植
screen~ 遮蔽栽植
shade~（英）绿荫栽植
shade-tolerant~ 耐荫栽植
side~（山等的）斜坡造林；（河等的）岸（堤）栽种
slit~（美）缝隙栽植
specimen~ 孤植
step~ 垄植
street~ 道旁种植
structure~ 格式种植
temporary~ 假植
three-layered~（英）三层绿化
three-level~（美）三层绿化
tree and shrub~ 树林和灌木种植
trench~ 沟植
windbreak~ 防风林种植，防风林造林

planting density 种植密度
planting design 种植设计
planting soil 种植土
plantlet 小植物；植物幼苗；发育不全的植物
germinated~ 发芽植物幼苗；发芽小植物
plants 植物
~and wildlife corridor，native 乡土植物和野生动物走廊
~landscape 植物景观
~or animals，collection of wild 收集（采集）野生植物或动物
~or seeds，introduction of 植物或种子引种
~ with ornamental trunks and branches 观枝干植物
aquatic~ 水生植物
cultivation of woody~ 木本植物栽培
delivery of~ 植物分送（供应）
distribution of~ 植物分送；植物分配
frost-heave of~（美）植物冻胀
list of undesirable~ 不良植物目录
obligation to preserve existing~（英）保护现存植物的义务
screening with~ 植物屏蔽
revitalization of woody~ 木本植物复壮
salvaging of~ 植物补救
seasonal flowering~ 季节性开花植物
shipping~ 植物装运
sizing of woody~ 木本植物规格测定
soil decontamination with~ 植物净化土
spontaneous~ 自生植物；非人工培养植物
understor(e)y~ 下层林木（植物），下木

（植物）

plants survival rate 种植成活率

plantsman 苗圃工作者，花卉栽培者

plash wood 织编绿篱

plaster 熟石膏 / 灰泥 / 胶泥

~cast 石膏模型

~figuer 石膏像

~model 石膏模型

~of Paris 熟石膏

~picture 石膏画

~slab 石膏板

~stone（生）石膏

plastering 泥作

plastic 塑料，塑胶，胶质物；可塑的，塑性的，柔软的；塑料的，塑胶的；造型的，成形的

~analysis 塑性分析

~bed divider 塑料花坛分界隔板

~-coated 塑胶覆盖的

~-coated chain link fencing 塑胶覆盖围篱

~-coated chain link metal mesh 塑胶覆盖钢丝网

~-cover greenhouse 塑料大棚

~deformation 塑性变形

~factory waste 塑料厂废物

~failure 塑性破坏

~industry 塑料工业

~light-passing material 塑性透光材料

~limit 塑限

~limit（of soil）（土的）塑限，塑性限度

~membrane 塑料薄膜

~nursercan 塑料苗木桶

~products plant 塑料制品厂

~sheet 塑料薄片（板）塑料植物标本卡

~soil 塑性土，可塑土

~stereo picture 塑料立体画

~strain 塑性应变

~tunnel（polythene green-house）塑胶棚（聚乙烯暖房）

~veneer 塑料贴面板

~zone 塑性区

plasticity 可塑性，塑性

~chart（土的）塑限图，塑性图

~index 塑性指数

plasticism 造型学

plastics 塑料

~industry 塑料工业

~factory 塑料厂

~plant 塑料厂

plastism 造型主义

plat 平台；地段，地区；地皮；小块地；编条；图，地图，地区图，平面图；编，织

~form for remote sensing 遥感平台

~form for station building 站房平台

~form of grade crossing 道口平台

platan 法国梧桐

platband 低平花坛，带状花坛

plate 板，平板；盘；钢板，金属板；电极板；感光板；板玻璃；图版；镀，电镀；打成薄板；铺以板

~exchanger 板式换热器

~glass door 玻璃门

~heat exchanger 板式换热器

~load-bearing test 平板承载试验

~load test（地基的）平板载荷试验，承载板加载试验

~loading test 平板荷载试验

lateau [复 plateaus 或 plateaux] 高原，坪；台地；海台，平顶，台阶；大盘子

~basalt 高原玄武岩

~climate 高原气候

~glacier 高原冰川{地}

high~ 高坪

~mire 高原沼泽

~tip（英）垃圾倾卸场台地

spoil~（美）弃土坪；废石方坪

lateresque 仿银器装饰，豪华型装饰〈16 世纪西班牙盛行的建筑风格〉

~architecture 仿银器装饰的〈16 世纪西班牙〉建筑风格

latform 台，平台；讲台；工作台，街道交叉口平台；台地；月台，站台；陆台；导航台；放在台上；设月台

~bridge 板梁桥，天桥

~roof 月台棚，站台棚

~shed 站台雨棚

~structure 站台结构

trash~（美）废物（垃圾）站

~wall 站台（档土）墙

viewing~（英）看台

plating 电镀

~industry sewage 电镀厂废水

platonic 柏拉图（哲学）的

Platt National Park（Austria） 普拉特国家公园（奥地利）

platoon 车队

Platycerium bifurcatum 鹿角蕨

Platypus/duckbill ***Ornithorhynchus anatinus*** 鸭嘴兽

play 行动，开动；游戏；运动；戏剧；游隙，间隙；起作用；使用；游戏；演奏

~activity 游戏活动

~apparatus（美）运动器械；游戏机

~area 游戏区；运动区

~area，lawn（英）运动区草坪

~area，forest 森林游戏区

~area，free 自由游戏区

~area，toddlers（英）学步儿童游戏区

~area，unstructured（美）自由（松散的）游戏区

~areas，strategic planning of 运动区战略规划

~equipment 运动器械

~equipment，playground with 有运动器械的（学校的）操场（运动场）

~equipment，playground with basic 有基本运动器械的（学校的）操场（运动场）

~facilities 游乐设施

~field 游戏场

~field park 运动公园，体育公园

~-house 剧场

~lawn（美）游戏草坪

~lot 儿童游戏场，幼儿游戏场地

~sculpture（庭园中的）游戏雕刻

~section 运动区域

~space 运动场地

active~ 剧烈运动

playa 干荒盆地，干盐湖，滨滩，河岸

~lake 干盐湖，雨季浅水湖

playday（学校）假日

playfield 运动场，室外运动场；球场

~lawn（美）运动场草坪

~turf（美）运动场草皮

playground 游乐场，游戏场地，儿童游

戏场，运动场，(学校)操场
~development plan，children's 儿童游乐场开发规划
~development planning，children's 儿童游乐场开发规划
~for 5 to 8 years old children 5 到 8 岁儿童游乐场
~for juveniles (美) 青少年运动场；青少年游戏场地
~for youths 青年运动场
~with basic play equipment 有基础运动器械的运动场
~with play equipment 有运动器械的运动场
~with water feature 有水景的游乐场
adventure~ 冒险性游戏场
children's~ 儿童游乐场
sand~ 沙滩游乐场
supervised children's~ 受监控儿童游乐场
teenage~ (美) 青少年运动场
youth~ (英) 青年运动场
playhouse 儿童游戏室，剧场，剧院
playing 运动的，竞技的，(儿童)游戏的
~court，granular (美) (网球、棒球) 粒料球场
~court，hoggin (英) (网球、棒球) 级配料球场
~field 运动场
~field，grass 草地运动场
~field，small 小型运动场
~field，turf 草皮运动场
~surface，granular (美) 颗粒料运动地面
~surface，hoggin (英) 夹砂砾石级配料运动地面
~surface，water-bound (美) 跳水运动水面
playland (学校) 操场，运动场，(儿童游戏场
playlot 儿童游戏场
playpit (英) 供小孩玩耍的小沙坑
playroom 儿童游戏室，文娱活动室
playscape，sand 沙上游戏景
playstreet 街头文化娱乐，游戏街
plaza 广场，[西] (城市中的) 广场，集市场所
Plaza de Mayo (France) 五月广场 (法国
Plaza de Republic (France) 共和国广场 (法国)
paving of a~ 广场铺面材料；广场铺砌
Pleasance 游乐园 (主要指附属于邸宅的庭园)
Pleasant Melocactus ***Melocactus amormus*** 层云球
pleasure 愉快，娱乐，消遣，乐事；意向，愿望；高兴，喜爱；享乐
~-boat 游船，游艇
~driving 娱乐驾驶
~ground 游乐场，娱乐场
~land 游乐园地，供公众户外娱乐的绿地
~lawn 游乐草坪
~motorist (英) 喜爱驾车旅行的人
~park 游乐公园
~traffic 游览交通
pleasuring place 游乐场；娱乐场
Pleioblastus Bamboo ***Pleioblastus Distichus*** 无毛翠竹 (英国斯塔福德郡苗圃)

leione[common] ***Pleione bulbocodioides*** 独蒜兰

leistocene epoch 更新世

leistoseismic zone 强震带{地}

lenum 充气增压；增压气体；充气室，增压室

~chamber 静压箱

~space 稳压层

leurisy Root ***Asclepias tuberosa*** 柳叶马利筋/蝶乳草

lexiglass 树脂玻璃

lienology 物候学

linth 柱基，柱础；勒脚；底座

~course 墙基层

~of a wall 墙柱基

~stone 底石{建}，地伏

Pliocene epoch（3 million years ago）上新世（300万年前）

Pliocene Epoch 上新世

Pliocene Series 上新统

Plitvice Lake（Croatia）普里特维采湖（克罗地亚）

plot 计划；小块土地，小块地皮；标绘图，地区图；建筑用地区划，建筑基地，建筑用地；基址；绘图

~area 建筑用地区域；小块土地区

~area，unbuilt（英）未建设的建筑用地区域

~boundaries，reorganization of（英）建筑用地区分界线重新制定

~boundary（英）建筑用地边界；建筑用地区划边界

~boundary，front（英）正面建筑用地边界

~boundary，rear（英）后面（背部）建筑用地边界

~boundary，side（英）侧面建筑用地边界

~coverage 建筑密度

~depth 建筑用地纵深（深度）

~of land 小块土地

~plan 基址图，地块位置图

~planning 总体布置，总平面布置，总平面设计

~program 计划程序

~program bank 绘图程序库

~ratio 容积率，占地率

~ratio；floor area ratio 容积率

~shape 建筑用地外形

~survey 建筑用地测量（测勘，测绘）

~width 建筑用地宽度

allotment garden~（英）租赁花（菜）园土地

built portion of a~ 建筑用地建筑部分

configuration of a~ 建筑用地配置，建筑用地布局

neighbouring~（英）邻里建筑用地

permanent sample~ 固定试样地区图

permissible built area of a~ 建筑用地容许建筑区

sample~ 实例用地区划

temporary allotment~（英）临时租赁

temporary community 小块土地 garden~（美）临时社区花园土地

plotholder，city（英）城市一小块地皮占有者

plottage 一块地皮的面积

plotted line 规划线

plotting 地区划分，街区区划；建筑用地区划分划（土地经济分划后可建筑

之基地），测绘，标图，制图，填图
~instrument 绘图机
~paper 方格绘图纸
~scale 绘图比例尺
~symbol 填图符号

plough 耕地
~pan（英）耕地硬土层

ploughed field 耕地
~soil，deep 深层耕地土

ploughing（英）耕地，犁地，耕作，耕翻

ploughing-up of grassland（英）草地耕翻
contour~（英）等高耕作
deep~（英）深耕

ploughland（一块）耕地，可耕地

plow pan（美）犁底层，犁磐层

plowed land with fruit trees（美）有果树的耕地（可耕地）

plowing（美）犁，耕地，用犁耕田
~up of grassland（美）草地犁耕
contour~（美）等高耕地
deep~（美）深耕

plowsole（美）犁底层，犁磐层

plug 插，塞，栓；填料
~-in city 插入式城市，组合城市
~-in（fit-in）building 插入建筑
~planting，reed 芦苇插植

plugging 塞（堵）住，闭塞
grass~ 用草塞住
reed~ 用芦苇塞住

plum 梅树，李树
~leaf 李树叶
~rains 梅雨（霉雨）
~tree 李树，梅树

Plum bactrial shot hole 李穿孔病（***Xanthomonas campestris* pv. *pruni*** 甘蓝黑腐病单胞菌桃穿孔致病型）

Plum Pockets 李袋果病（***Taphrina pru*** 梨外囊菌）

Plum stinging caterpillar ***Latoia hilarat*** 双齿绿刺蛾

Plum tree gummosis 紫叶李流胶病（***Botryosphaeria ribis*** 茶藨子葡萄座腔菌 / 非寄生性病原）

Plum tree/Japanese Apricot/Mei Flower ***Prunus mume*** 梅花

plumb 铅锤；垂直
~line 铅垂线
~instrument orientation by gyro~theodolite 铅垂仪、陀螺经纬仪联合定向

plumbago 白花丹属（植物），石墨

plumbing 管道工程，管件总称，抽水马桶
~fixture；fixture 卫生器具
~regulation 装管规则
~survey 垂直度测量

plume 烟羽

Plume Acacia ***Acacia pinata*** 羽叶金合欢 / 南蛇筋藤

Plumeria rubra **L. Red Frangipani** 红鸡蛋花

plummet 铅垂线

Plumose Fulse Cypress ***Chamaecyparis pisifera*** **cv. '*Plumosa*'** 羽叶花柏

plunge 投入，跳进

pluralism 多元化社会，多元性

pluralistic 多元文化的

plutonic water 深成水

plutonomy 政治经济学，经济学

pluvial 洪水的，多雨的
~erosion 洪水侵蚀

~region 多雨地区

luviograph 雨量图

ly 层

lymouth Plantation 普利茅斯种植园（美国）

lywood 胶合板

~door 胶合板门

~facing 胶合板墙面

.M.peak hours 午后高峰时间

.M.peak（交通）下午高峰

MF（probable maximum precipitation）最大可能降水量

neumatic 充气；气力；气动

~architecture 充气建筑

~conveying；pneumatic transport 气力输送

~structure 充气结构

~tube system 气动输送系统

~valve 气动调节阀

pneumatics 气体力学

poaching 偷猎，偷捕鱼；侵犯他人领域

fish~ 违禁捕鱼，偷捕鱼

game~ 违禁打猎，偷猎

Po-yang Lake Nature Reserve 鄱阳湖自然风景区

Pocellio ***Armadillidium vulgare*** 鼠妇/西瓜虫/潮虫

pocket 袋，囊；气窝；死胡同，(孤立的）小块地区；凹处，穴；矿囊，矿穴；袖珍的，小型的；放入袋中

~computer 袖珍计算机

~，frost 霜袋地

~of poverty 贫困区域，贫困地带

~green 袖珍绿地

~park 小型公园，小游园

soil~ 土袋

P.O.D.=post office department 邮政部门

pod/legume 荚果

podium 交通指挥台，裙房

Podocarpus ***Podocarpus nagi*** **（Thunb.）Zoll. et Morizti** 竹柏

Podocarpus/yellow wood/ long-stalked yew ***Podocarpus*** 罗汉松（属）

podunk 不重要偏僻小城镇，偏僻小村

podzol 灰化土，灰壤

podzolic soil 灰化土，灰壤

~soil，gray brown 灰褐色（或灰棕色）灰化土

podzolization（土壤）灰化作用

Poedery mildew of Euonymus japonica 大叶黄杨白粉病（***Oidium euonymi-japonicae*** 黄杨粉孢白粉菌）

poem-engraved stone slab 诗条石

poetic 诗的，诗意的

~imagery 意境

~imagery of garden 园林意境

poetical 诗的，诗意的

poetic feeling and picturesque imagery 诗情画意

poetic and pictorial splendor 诗情画意

poet's narcissus（pheasant's eye，poet's daffodil）；sim：polyanthus narcissus 雉眼水仙；类似多花水仙

Poets Narcissus ***Narcissus poeticus*** **L.** 红口水仙

pogonip（气象）冻雾

Pogostemon cablin/Pucha-put ***Pogostemon cablin*** 到手香

Pogostemon cablin/Pucha-put/cablin potchouli ***Pogostemon cablin*** 广藿香/枝香/南藿香

Pohuashan mountain ash *Sorbus pohuashanensis* 花楸
poinsettem 一品红（温室观赏植物）
Poinsettia *Euphorbia pulcherrima* Willd. ex Klotzsch 象牙红
poinsettia/Christmas flower *Euphorbia pulcherrima* 圣诞花 / 一品红 / 猩猩木
point 点；地点，位置，处所，中心；时刻；交点，要点；标点，尖端；小数点；细目；条款；指向；指出；瞄准；使尖
~area conversion coefficient 点面换算系数
~area relationship 点面关系
~block 塔式建筑群，多层大厦点式住宅
~block apartments 点式住宅
~–block housing 塔式住房
~building 塔式建筑
~design 解决关键问题的设计
~gauge 测针水尺
~house 点式住宅
~integrating method 选点法
~load strength index；point loading strength index 点荷载强度指数
~loading test 点荷载试验
~of change slope；point of gradient change 变坡点
~of discharge 排出点
~of inflection 拐点
~of reference 基点，参考点
~of square control network；point of square grids 方格网点
~of strike 雷击点
~pollution source 点污染源
~rainfall 点雨量
~source pollution 点源污染
~symbol 点状符号
transfer~ 换乘点
~velocity coefficient 测点流速系数
attraction~ 吸引点，引力点
central growth~ 中心生长点，中心增长点
datum~ 基准点
emission~ 发射点；传播点
focal~ 焦点
growth~ 生长点，增长点
north~ 北向
outlet~（美）出口位置，排气口位置
stopping~（英）停车点
water supply~（英）供水点
wilting~ 萎蔫点
pointed 有尖头的，尖的；有尖顶的，有尖拱的；突出的
~arch 尖券
~architecture 哥特式（尖拱）建筑
~ridge 尖顶屋脊
~style 尖头式，哥特式
Point bean bug *Riptortus pedestris* 点蜂缘蝽
Pointed sawfish *Pristis cuspidatus* 尖齿锯鳐
Pointhead plaice *Cleisthenes herzensteini* 高眼鲽 / 高眼 / 长脖
pointing 勾缝
points of distribution 配水点
Poiret barberry *Berberis poireti* 细叶小檗 / 波氏小檗
poise（使）平衡，（使）悬着
poison 毒；毒物，毒药；毒害
Poisonous Eightangle *Illicium anisatum*

莽草 / 毒八角

oisonous Eightangle *Illicium lanceolatum* 红毒茴 / 披针叶八角

oison Nut/Snake Wood/nux vomica *Strychnos nux-vomica* 马钱 / 蛇根树

poisonous 有毒的

~gas 毒气

~metal 有毒金属

~plants 有毒植物

~waste 有毒废物

'oisson Primrose *Primula poissonii* 海仙报春 / 平瓣报春

'oke *Phytolacca americana* 美国商路 / 垂序商陆

'oke Milkweed *Asclepias exaltata* 极高马利筋（美国俄亥俄州苗圃）

'okeberry *Phytolacca acinosa* 商陆 / 章柳 / 山萝卜 / 见肿消 / 倒水莲（乌拉圭国花）

Poker Plant 剑叶兰

ooker drawing 烙画

Pokeweed *Phytolacca americana* 洋商陆 / 鸽子浆果

Pokhara Valley（Nepal）博卡拉河谷（尼泊尔）

polar 极线；极的，南北极的

Polar Bear Hill 北极熊山

~condition 极地条件

~climate 极地气候

~day 极昼

~glacier 极地冰川

~night 极夜

~orbit meteorologic satellite 极轨气象卫星

~outbreak 寒潮

~second moment of area；polar moment of inertia 截面极惯性矩

polar bear/white bear *Thalarctos maritimus* 北极熊 / 白熊

Polaris 北极星

polarization effects 极化效应

polarization process 极化过程

polder（由水下填筑的）低地；围垦地，围海造田

~dyke 围垦堤

poldering 围堤（造地）

pole 竿，杆；杆材；杆材树；花杆，测杆；电信杆；极；磁极，电极，地极；杆（英制长度名，等于五码半）

~-stage forest 杆材林区

~vault facility 撑竿跳高设施

~vault runway 撑竿跳高场地

fascine~（英）束柴杆；（用以护堤岸等）梢捆杆材

growth~ 增长极

police 警察

~box 岗亭

~office 警察局，警察分局

~post 派出所

~power 警察权

~station 警察局，警察分局

~substation 派出所

policy 政策，策略；保险单，保险证券

Policy Act, National Environmental（美）国家保护环境政策条例

~action 政策措施

~analysis 政策分析

~clause 保险条款

~decision 决策

~evaluation 政策评价

~fee 保险单签发手续费
~for industrial 工业政策
~intent 政策意向，政策目的
~initiation 政策创议
~making 政策的制定
~of population 人口政策
~plan 政策性计划
~simulation 政策模拟
~/strategy plan, regional（英）（地区性）规划政策 / 策略
environmental~ 环境（保护）政策
green space~ 绿地政策
greenbelt~ 绿化带政策
land assembly~ 土地联合政策
landscape~ 景观政策，风景园林策略
open space~（美）游憩用地（开放空间）政策
regional planning~ 地区性规划政策
polis（复 **poleis**）城邦（古希腊的城市国家），（由村落联合的）早期城市
polish 磨光；擦亮；擦光油；光漆，泡立水；琢磨；磨光；擦亮；琢磨
polished 擦亮的，擦光的；光洁的；完美的，精良的
~coefficient 磨光系数
~concrete pavement 磨光的混凝土路面，抹光的混凝土路面
~stone value 石料磨光值
political 政治的
~city 政治城市
~division 行政区划
~economic goal 政治经济目标
~geography 政治地理学
~map 行政区划图
~organization 政治性组织
Polje 溶蚀谷，又称“坡立谷”
poll 人头；人数；投票；投票记录；民意测验：投票；查询，民意测验；剪去，截去
opinion~ 民意测验
representative~ 代表人数；代表投票
pollard 截梢树，剪顶树
~pruning 剪顶树，修剪（整枝）
~system 截梢树分类：截梢树系
pollarded tree 截梢树，截头树，无顶树
~willow 截梢柳树
pollarding 头木作业，截头
pollen 花粉
~plant 花粉植物
~plant，woody 木本花粉植物
pollination 授粉
pollination medium 传粉媒介
polling 查询
~-answer back system 查询 – 应答式系统
pollutant 污染物，污染物质（尤指工业废物，废气及放射性污染物质）
air~ 空气污染物
~burden 污染物负荷
~concentration 污染物浓度
~dispersion 污染物扩散
~emission 污染发散物
~index 污染物指数
~load per unit 污染物单位负荷
~monitoring plant 监测植物
~source distribution 污染源分布
~source type 污染源类型
~treatment 污染物质处理
pollutants in water bodies，disposal of 水体中污染物清除

residual~ 残留污染物
ollute 玷污，污染，弄脏
olluted 被污染（玷污）的
~agriculture land 污染农田
~air 污浊空气，污染空气
~air space（美）污染大气层，污染大气空间
~atmosphere 污染大气
~environment 污染环境
~industrial waste water 受污染的工业废水
~material，amount of 被污染物质总量
~industrial sewage 受污染的工业废水
~river water 污染河水
~water 污水
polluter 环境污染者（如企业等），污染物；造成污染者，污染源
~pays principle "谁污染，谁治理" 的原则
~should pay principle 惩罚造成污染者原则
polluting 污染
~firm，water（美）造成水污染的公司
~load 污染负荷（量）
~property 污染特性
~strength 污染程度
pollution 玷污，污染，污秽；腐败
~abatement 减轻污染，消除污染
~accident，oil 油污染事故；石油污染事故
~Act，Control of（英）污染管理法，污染管理条例
~by particulates 颗粒物质污染
~by traffic 交通污染，交通公害
~casualty，oil 油污染事故；油污染死伤
~-causing industry 引起污染的工业
~charge 污染收费
~charges 排污收费
~coefficient 污染系数
~concentration 污染浓度
~control 污染控制
~control，air 大气污染控制
~control facility 污染控制设施
~control facilities 公害防止设施，污染防止设施
~control planning 公害防止规划，污染防止规划
~control registering 控制记录
~control regulation 污染控制保护法
~-creating source 污染产生源
~discharge standards 污染排放标准
~disease 污染病
~dispersal（英）污染散布
~dispersion（美）污染散布
~distribution 污染分布
~dome，air 大气污染圆盖
~effect 污染（产生的）影响
~fee，air 大气污染费
~-free energy 无污染能源
~-free energy resources 无污染能源
~-free equipments 无污染设备
~-free fuel 无污染燃料
~-free installations 无污染装置
~-free technology 无污染工艺
~from tourism 旅游污染
~in limited area 局部污染
~in wide area 大面积污染
~index 污染指数
~indicator plants 环境污染指示植物

~intensity 污染强度
~level 污染程度
~level，noise 噪声污染程度
~level tolerance of a water body 水体污染程度耐性
~load 污染负荷
~load，effluent 流出水（从河湖，阴沟等）污染负荷
~load，environmental 环境污染负荷
~load，existing environmental 生存（生活）环境污染负荷
~loading amount 污染负荷量
~monitoring，air 大气污染监控
~of beaches 海滨污染
~of coastal waters 海岸水域污染
~of estuary 港湾污染
~of ground water 地下水污染
~of lake 湖泊污染
~of natural water 天然水污染
~of reservoir 水库污染
~of river 河流污染
~of seawater 海水污染
~of stream 河川污染
~of surface water 地表水污染
~of the atmosphere 大气层的污染
~of the sea 海洋污染
~of watercourses 水道（或河道，沟渠）污染
~-plagued city 受污染城市
~prediction 污染预报
~prevention 污染防治，防污染
~prevention technique 公害防止技术，污染防止技术
~-related disease 公害病，污染病
~resistant plant 抗污染植物
~sink 污染汇集地
~source 污染源
~source and source strength analysis 污染源与源强分析
~source control 污染源控制
~source of water body 水体污染源
~standard，air 空气污染标准
~survey 污染调查
~type 污染类型
~under gusty condition 疾风污染
~zone 污染区
acceptable level of air~ 允许大气污染程度
acoustic~ 噪声污染
aerial~ 大气污染
agricultural~（美）农业污染
air~ 空气污染
air-borne~ 大气污染
anti-~ 反污染
asphalt~ 沥青（烟雾）污染
atmospheric~ 大气污染
background level of~（美）污染自然背景值
background level of environmental~ 环境污染自然背景值
basic level of~（英）污染基本级
biological~ 生物污染
biological index of water~（简写 BIP）（水的）生物污染指数
chemical~ 化学污染
city~ 城市污染，城市公害
comprehension prevention and control of water~ 水污染综合防治
control engineering of water~ 水污染防治工程

cultural~ 文化污染
damage caused by environmental~ 环境污染灾害
dust~ 粉尘污染
effect of environmental~ 环境污染影响；环境污染作用
effluent~ 废水污染；废气污染
environment~ 环境污染
environmental~ 环境污染
exhaust~ 排气污染、废气污染
fragrance~ 香气污染
gale-~ 暴风污染
gas~ 煤气污染
groundwater~ 地下水污染
heat~ 热污染（同 thermal pollution）
industrial~ 工业公害，工业污染
information~ 情报公害，信息污染
integrated control of environmental~ 环境污染综合治理
integrated treatment of water~ 水污染综合治理
land~ 大地污染
light~ 光污染
marine~ 海（洋）污染
micro particle~（汽车内）微粒污染
national or state surveillance system for air~ 国家或州大气污染监督（监管、检查）系统
noise~ 噪声污染
non-~ 无污染
non（-）point source~ 非点状放射源污染
oil~ 石油污染
over-limit~ 超限污染
particulate air~ 颗粒（微粒）大气污染
point source~ 点状放射源污染
protection against~ 防污染保护措施
protective forest absorbing environmental~ 吸收环境污染的防护林
protective forest against air~ 防大气污染的防护林
radiation~ 放射性污染
remediation of groundwater~ 地下水污染补救
risk of groundwater~ 地下水污染危险
river~ 河道污染
salt~（大地的）盐污染
scale of~ 污染标度
shore oil~（海）岸油污染；（海，湖）滨油污染
sight~ 视觉污染
sound~ 噪声污染
stink~ 臭气污染
thermal~ 热污染
transboundary air~ 跨边界大气污染
transfrontier air~ 跨国境大气污染
urban~ 城市污染，城市公害
vehicle~ 汽车（排气）污染
vehicular~ 道路交通污染，车辆污染
visual~ 视觉污染
water~ 水污染
white~（废弃泡沫塑料等制品引起的）白色污染

pollutional 污染的
~contribution 污染（影响）后果
~index 污染指数
~load 污染负荷

Polpala/Pol-kudu-pala ***Aerva lanata*** 白花苋

Polyanthus Narcissus ***Narcissus tazetta*** **L.**

var. *orientalis Hort* 崇明水仙

Polyanthus Primrose *Primula* × *polyantha* 西洋樱草 / 多花报春

Polyantha Rose *Rosa multiflora* 多花蔷薇（亦作 **polyantha**）

polycenter 多中心的

~system 多中心系统

~theory 多中心理论

polycentric type of metropolis 多中心型大城市

polychrome 彩饰的多彩艺术品

~decorative painting（古建）彩画

~printing 多色印刷

polychromy 彩色（画或雕刻）艺术

polyclinic 综合医院，分科医院

polygon map 多边形地图

polygonal 多边形的，多角形的

~angle 导线角 { 测 }

~ground 地面龟裂 { 地 }

~line 折线

~masonry 多角石（砌）圬工

polylith 巨石建筑〈用数块或多块石头造成的纪念碑等建筑物〉

polymer cement water proof coating 聚合物水泥防水涂料

Polynesian Cultural Center（**America**）波利尼西亚文化中心（美国）

polynomial method 多项式法

polynucleated city 多中心城市

polyp 珊瑚虫

polystyle 多柱式，多柱式建筑

polytechnic 综合性工艺学校，工业大学；多科性的，多种工艺的

polytechnic institute（美）多科性学会（学社、协会），综合性工艺学校，（教师等的）短训班

~school 工艺（或科技）学校

polytechnical college 综合性工科大学

polytheism 多神论

polytheist 多神论者

polytrophic lake 富营养湖

polyvinyl acetate adhesive 聚醋酸乙烯胶粘剂

pome 梨果

Pome-granate *Cudrania iricuspidate*（Carr）. Bur 柘树

Pomegranate/Granada *Punica granatum* L. 石榴 / 安石榴 / 花石榴（利比亚国花）（英国萨里郡苗圃）

Pomelo *Citrus grandis*（L.）Osbeck 柚 / 文旦 / 朱栾 / 香栾

Pomeranian Lake District（**Poland**）波美拉尼亚湖区（波兰）

Pomfret/silver butterfish *Pampus argentrus* 银鲳 / 平鱼

Pompeian architecture 庞贝（培）建筑〈被火山灰埋没的意大利古都〉

Pompeii（**Italy**）庞培城（意大利）

pompier ladder 救火梯

pompier 救火梯

Pompon Dahlia，a dahlia 绒球大丽花，大丽菊属

pond 水塘，池，池塘，水池，池沼，生物塘，蓄水池，水库，堵水成塘

~area 淹没地区

~bank 池岸，生物塘岸

~farming 池塘养殖业

~garden 池沼园

Pond of Goose，Shaoxing 绍兴鹅池

~pine 湖松〈英国南部产〉；北大西洋松

~surface 池塘水面
drain a fish~ 排干鱼塘
farm~（英）水产养殖池
fire~（英）防火蓄水池
fire suppression~（美）防火蓄水池
fish~ 鱼塘
man-made~ 人造池塘
natural~ 自然池塘
stone~edge 水池石驳岸
storm-water detention~ 暴雨水滞留池
storm-water management~（美）暴雨水处理池

Pond Apple ***Annona glabra*** 圆滑番荔枝 / 牛心果

Pond Cypress ***Taxodium ascendens*** **Brongn.** 池柏（池杉）

Pondaerosa Pine ***Pinus ponderosa*** 美国西部（黄）松

pondage 蓄水池，数量调节池；（池塘）蓄水量；调节蓄水，调节泄水，库容调节
~reservoir 调节水库；蓄水池

ponded stream 阻塞河，堰塞河

ponding 积水

Pond-lily Cactus ***Nopalxochia phyllanthoides*** 小朵令箭荷花
ponds，plant community in silting-up~or lakes 池沼，淤塞池沼或湖中的植物群落

Ponkan（**a variety of tangerine**）（***Citrus reticulata*** **cv.** ***poonensis***）芦柑

pontoon 浮桥；趸船；浮船；起重机船；浮筒；潜水钟；浮码头；架浮桥；用浮桥渡河
~at anchorage area 锚地趸船
~bridge 浮桥
~dummy barge 趸船
~swing bridge 浮旋桥

pony 小（型）的；小马
~engine 小火车头
~girder bridge 半穿过式梁桥
~hair 马尾发型
~stable 小马房，小（牛、马的）厩
~truss bridge 半穿过式桁架桥

Pony Tail ***Nolina recurvata***（**Lem.**）***Hemsl.*** 酒瓶兰

pool 油田地带；石油层；池塘，水池，游泳池，小水坑，潭；库；合办，联营；合伙；共同分享
~car 合用（小）汽车，合乘汽车
~for non-swimmers（英）不会游泳者游泳池
~hall，swimming（美）游泳池大厅

Pool of Heaven 天池
~spring 水池涌泉
~the experience，to 交流经验
~train（铁路）联营列车
anthropogenic alteration of the generic fauna~ 遗传动物区系人为变更
car~ 小汽车（轿车）合用
cycling~ 循环式水池
diving~ 跳水游泳池
flood control~ 洪水控制库，防洪库
fountain~ 喷泉水池
garden~ 花园水池
gene~ 基因库
heathland~（英）欧石南丛生的荒野水洼（小水坑）
indoor~（英）室内游泳池
nutrient~ 营养品库

paddling~（英）儿童戏水池
precast~ 预制水池
resurgence~ 再生石油层
spring-fed~ 涌泉池塘
stilling~（美）消力池
swimming~ 游泳池
toddlers wading~（美）儿童戏水池
wading~（美）浅水池
wave~ 波浪游泳池
pooled system 轮乘制
pooler，car 合伙用车人
~of land 土地入股
pooling 联营，积水
poolroom 弹子房
Poonga-oil Tree ***Pongamia pinnata*****（L.）Pierre** 水黄皮
poop-scoop area（英）狗粪清理区
poor 不良的，劣质的；贫瘠的，贫乏的，贫穷的
~drainage 排水不良
~nutrient lake 贫营养湖泊
~quality housing（美）
~quality housing stock（英）劣质房屋
~soil 瘠土
~surroundings 不良环境
Poor Mans Box ***Lonicera nitida Baggesens Gold*** 金叶亮叶忍冬（英国斯塔福德郡苗圃）
poorhouse（资本主义社会的）贫民院，养育院
poorly 拙劣地；不足地；贫穷地；贫乏地；贬低地
~drained soil 不良排水土
~-graded soil 不良级配土
~soluble 不良（尤指食品的）可溶成分
pop 爆裂；突然；噼啪声
Pop Art 波普艺术
pop-architecture（颓废派的）流行建筑
~-up sprinkler 可折叠的喷水器
~sprinklers，irrigation by 自动喷水车灌溉
Popcorn 玉米花
Pope/Pontiff/the Holy Father/the Sovereign Pontiff 教皇
poplar ***Populus*** 白杨，杨属（植物）
Poplar clearwing moths ***Paranthrene tabaniformis*** 白杨透翅蛾
Poplar crown leaf beetle ***Parnops glasunowi*** 杨梢叶甲
Poplar hairy aphids ***Chaitopnorus*** **spp.** 杨毛蚜
Poplar Hybrid Tree ***Populus deltoides × Populus nigra*** 欧美杂交杨（美国田纳西州苗圃）
Poplar iron deficiency 杨黄化病（非寄生性，缺铁）
Poplar lace bug ***Hegesidemus habrus*** 膜肩网蝽
Poplar mosaic virus 杨花叶病毒病（香石竹潜隐病毒群花叶病毒 PMV）
Poplar oystcrshell scales ***Mytilaspis yanagicola*** 槐蛎盾蚧
Poplar prominent ***Clostera anachoreta*** 杨扇舟蛾
Poplar rot 杨伞菌木腐病（担子菌门伞菌科 *Agaricaceae* 的一种）
Poplar twing blight 杨枝枯病（病原可能为细菌，待定）
Poplar white leafminer ***Phyllocnistis saligna*** 杨银潜叶蛾

oppy 深红色罂粟花

oppy Anemone *Anemone coronaria* 罂粟银莲花 / 白头翁

oppy Tree Peony *Paeonia rockii*（S. G. Haw et L. A Lauener）T. Hong et J. J. Li 紫斑牡丹

opular 大众的，流行的

~opinion 民众舆论

~opinion poll 民意测验

opularization of LA science & technology 普及科学技术知识

opularleaf Litse *Litsea populifolia* 杨叶木姜子

opulated 居住

~area 居住区

~country 居民区

opulation 人口，人数，居民；数目，总数，个数；总体，全体，全域{数}；母体；种群

~accounting 人口统计

~aggregates 人口聚居，居民点

~aging 人口老化

~analysis 人口分析

~average annual rate of decrease 人口年平均减少率

~average annual rate of increase 人口年平均增长率

~balance 人口平衡

~base 人口基数

~behaviour 人口的变动

~bomb 人口爆炸

~boom 人口骤增

~built-up 人口递增

~by sex 按性别统计的人口数

~carrying capacity 人口供养能力，人口负荷能力

~census 人口普查

~census statistics 人口普查统计（资料）

~center 人口中心，居民点

~change 人口变动，人口变化

~change due to migration 因迁移引起的人口变化

~characteristics 人口特征，人口构成，人口组成，人口构成情况分析结果

~composition 人口组成，人口构成

~composition by age 人口年龄构成

~composition by sex 人口性别构成

~concentration 人口集中

~control 人口控制

~curve 人口增长曲线

~cycle 人口周期

~data 人口资料

~decline 人口减少，人口下降

~decrease 人口减少

~density 人口密度

~-density 人口密度

~density of a region 一个地区的人口密度

~density map 人口密度图

~density of land 土地人口密度

~dependent on agriculture 依靠农业为生的人口

~development 人口动态，人口发展

~distribution 人口分布

~dynamics 人口动态

~ecology 人口生态学

~equilibrium 人口平衡

~equivalent 人口当量

~estimate 人口推算，人口估计

~estimation 人口估计

~explosion 人口爆炸，人口激增
~fluctuation 人口波动
~forecast 人口预测
~geography/demographic geography 人口地理学
~graph 人口增长曲线图
~growth 人口增长
~growth center（美）人口增长集中地区
~growth centers，hierarchy of（美）人口增长集中地区等级
~growth from migration 人口机械增长
~growth rate 人口增长率
~implosion 人口失调
~increase 人口增加；人口增长
~information system 人口信息系统
~-land ratio 人地比，人地比例
~level 人口水平
~map 人口地图
~mean 总体均值
~mechanical decrease 人口机械减少
~mechanical increase 人口机械增长
~migration 人口迁移
~migration and movement 人口移动
~mobility 人口流动
~movement 人口流动
~movement schedule 人口流动表
~natural increase rate 人口自然增长率
~not in labour force 非劳动力人口
~of cities 城市人口
~of city district 城市区人口
~of working age 劳动年龄组人口
~over working age 劳动年龄以上组人口
~parameter 人口参数
~per bed 平均每个（医院）床位负担人口数
~per physician 平均每个医生负担的人口数
~planning 人口规划，人口计划
~plans 人口规划
~policy 人口政策
~potential 人口潜力
~prediction 人口预测
~pressure 人口压力
~problem 人口问题
~process 人口发展过程
~program 人口规划
~project 人口规划
~projection 人口推测，人口预测
~pyramid 人口金字塔，人口分布（如性别、年龄等）统计图表，人口百岁图
~quality 人口质量
~questionnaire 人口调查表
~redistribution policy 人口再分布政策
~regulation 人口调节
~research 人口研究
~science 人口科学，人口学
~shift 人口迁移
~situation 人口状态
~size 人口规模
~size，critical 临界人口规模
~statistics 人口统计
~structure 人口构成，人口结构
~study 人口研究
~surplus 人口过剩
~survey 人口调查
~theory 人口理论
~total 人口总数
~transfer 人口转移，人口迁移

~tread 人口趋势
~trend 人口结构和数量变化的动向，人口趋势
~under working age 劳动年龄以下组（人口）
~waiting for employment 待业人口
~15 years old and over 15 岁及以上人口
animal~ 动物种群
fish~ 渔民
game~ 狩猎人口
management of fish~ 渔人管理
pioneer~ 拓荒者人数，拓荒人口
remnant~ 剩余人数
residual~ 剩余人数
restocking of~ 人口补充
roosting~ 栖息种群
populationist 主张控制人口增长论者
porcelain 瓷器，瓷瓷制的，精美的，脆的
porcelain basin 瓷盆
porch（有顶棚的）门廊，入口处，（美）走廊，游廊
Porcupine Grass ***Miscanthus.sinensis*** **'Strictus'** 劲芒
Porcupine Grass ***Miscanthus.sinensis*****'Zebrinus'** 斑叶芒
Porcupine mouse/spiny mouse ***Acomys cahirinus*** 亚非刺鼠 / 刺毛鼠
pore 空隙，孔隙，细孔；气孔
~air pressure 孔隙气压力
~-fissure aquifer 孔隙－裂隙含水层
~pressure 孔隙压力
~pressure parameter 孔隙水压力系数
~pressure ratio 孔隙压力比
~space 空隙
~structure 空隙结构
~volume 空隙容积
~water 孔隙水
~water head 孔隙水头
~water pressure 孔隙水压力
capillary~ 毛细管细孔
pores，silting up of soil 土淤积（淤塞）空隙
porosity 空隙率，空隙度；多孔
air~ 大气空隙度
capillary~ 毛细孔隙
total~ 总空隙率
porous 多孔的，有空洞的，有气孔的；疏松的；液体可透入的
~absorption material 多孔吸声材料
~aquifer 孔隙含水层
~court，water-bound 强渗透性铺面运动场
~stone 多孔石，透水石
~windbreak 多孔防风墙（篱，设备）；多孔风障
porphyry 斑岩
port 港市，港口；口岸，港，机场，航空港；航空站；总站；入口；炮眼，枪眼，射击孔；扩散管出水孔眼
~and harbour construction 港口建设
~and harbour design 港口设计
~and harbour planning 港口规划
~and transport development 港口和运输发展
~（harbour）and water way engineering 港口与航道工程
~area 港口区域，码头区
~boundary 港界
~building 港口建筑物

~，car（英）车辆（小汽车，电车等）总站
~capacity 港口吞吐量
~city 港口城市
~design capacity 港口设计能力
~development 港口发展；港口发展区
~district 港口地区，港口区
~drainage system 港口排水系统
~engineering；harbor(u)r engineering 港口工程
~hinterland；port backland 港口腹地
~of arrival 到达港
~of call（沿途）停泊港，停靠港
~of coaling 装煤港
~of debarkation 卸载港口
~of delivery 卸货港，交货港
~of departure 出发港
~of destination 驶向港，目的港
~of discharge 卸货港
~of distress 避风港，避难港
~of embarkation 装载港
~of entry 进口港，输入港
~of loading 装货港
~of refuge 避风港
~of registry 船籍港
~of reshipment 转口港
~of sailing 启航港口
~of shipment 载货港，出发港
~of transshipment 中转港〈货物中转换船〉
~office 港务局，港务处
~operating district；port handling operation area 港口作业区
~planner 港口规划人员
~planning 港口规划（工作）
~power supply 港口供电
~railroad 海港铁路线
~railway 港口铁路
Port Royal 皇家港
~road；dock road 港口道路
~station 港口车站
~structure 港口建筑物
Port Sunlight（1888 年在英国利物浦附近建设的）阳光港模范工业村
~town 港口城市
~traffic ability of loading unloading siding 港口铁路装卸线通过能力
~water depth；harbo(u)r water depth 港口水深
~water supply system 港口给水系统
~warehouse 港口仓库
portable 可移动的，轻便的，手提式的
~cabana 移动式棚屋，轻便式棚屋
~bridge 轻便桥，可拆浮桥
~house 活动房屋
~luminaire 手提式灯具
~sign 移动标志，(可移动的)柱座标志
~signal 临时信号机，移动式信号机，携带式信号机
~water quality monitor 便携式水质监测仪
portage 搬运，运输，水陆联运
portal 门，入口，桥门，隧道门
~slewing crane 门座起重机
~structure 硬横跨
portcullis 城堡的吊闸，吊门
porte-cochere（法）（楼门前有顶棚的）上下车的停车处，车辆出入门道
portentous 不寻常的；难以置信的
porter 搬运工人，（英）门房

porterage 搬运业

porterhouse（美）小酒馆，小饭馆

portico 门廊，柱廊

portion 一部分；一份；分配

~of a landscape 景观一部分，园林一部分

~of a plot/lot，built 一小块地皮的建筑部分（面积）

Portland 波特兰（美国俄勒冈州西北部港市；美国缅因州西南部港市）

~blast-furnace cement 矿渣硅酸盐水泥

~Cement slurry 波特兰水泥（普通水泥），密封用沥青砂浆，波特兰水泥稀（泥，砂浆）

portray 画；描写

portrait painter 肖像画家

portrait painting 肖像画

portraitist 肖像画家

ports and harbours development 港湾发展，港口开发

Portugal Laurel ***Prunus lusitanica*** 卢李梅 / 葡萄牙桂樱（英国萨里郡苗圃）

Portuguese architecture 葡萄牙建筑

Portuguese Cypress/Mexican Cypress ***Cupressus lusitanica*** **Mill.** 墨西哥柏木

Portunella margarita tree iron deficiency 金橘缺铁症（病原非寄生性，缺铁）

posada [西] 小旅馆，旅店，客栈

position 位置；地位，职位；形势；状态；放在适当位置；规定位置

~error 位误差

~for repairing a rolling stock 修车台位

~light signal 灯列式信号机

~statement（美）职位说明；状态报表（结算单，清单等）

plant in a semi-shaded~（英）半阴地植物，半阴地栽植

semi-shaded~（英）半阴处

positioner 定位器

positioning of cast –in –place pile 灌注桩定位

positive 正，积极的

~and negative change in natural resource 自然资源的增减变化

~ energy 正能量

~landform 正地貌

~image 阳像

~feedback 正反馈

~pressure of shock wave 冲击波超压

~space 正空间，积极空间

~urbanization 积极性城市化

positivist 实证哲学家，实证主义者

possession of lot 地段所有权

possessive interval for construction 施工天窗

possibilities 可能性

possible 可能的

~capacity 可能通过能力，可能交通量

~error 可能误差

~maximum cross-section 可能的最大断面

~precipitation 可降水量

~sunshine duration 可照时数

~traffic capacity 可能交通量，可能通行能力

possum-trot plan 分隔式住宅平面图

post -［词头］后，继，次，晚

post 柱，支柱；支撑；标柱；邮政，邮局；邮件；商埠，贸易站，驻地，兵营，守备部队，职务；公布；邮寄；［副］

在后〈拉〉
~analysis 事后分析
~and block fence 柱，板转墙
~and lintel 连梁柱
~-and-lintel construction 抬梁式构架
~and paling 木栅围篱
~and rail fence（美）柱，栏杆围墙
~and telecommunications 邮电
Post-Classical art 后古典主义艺术
Post-Classicalism 后古典主义
Post-Classicist 后古典主义者
~code 邮政编码
~-completion advisory services（英）竣工后咨询服务
Post-Conceptual Art 后概念艺术 -20 世纪 70 年代极少主义和独色画风格。
Post-Conceptualism 后概念主义
Post-Conceptualist 后概念主义者
~-construction drainage 施工后排水
~-construction evaluation 施工验收
~-construction monitoring 竣工后监测
~-construction treatment 工后处理
~-disaster restoration dwellings 灾后复兴住宅
~duty 岗位责任制
~earthquake 余震
~-evaluation 事后评估
~-facto valuation 事后评价
~-factum 事后
~foundation（美）柱式基础，支柱基础
Post-glacial 冰期后
~house 邮政所
Post-Impressionism 后印象主义 -19 世纪 80 年代至 90 年代法国美术史上继印象主义之后的美术现象。
Post-Impressionist 后印象主义者
Post-Impressionist Painting 后印象主义绘画
~-industrial era 后工业时代
~industry society 后工业化社会
Post-Modern 后现代——一种试图改进 20 世纪现代主义建筑传统的倾向。
Post Modern architecture 后现代建筑
Post-Modern Classicism 后现代古典主义
Post Modern formalism 后现代形式主义
Post-Modernism 后现代主义 -20 世纪 50 年代以后欧美各国继现代主义之后前卫美术思潮的总称，又称后现代派。
Post-Modernist 后现代主义者
~-modernist trend in architecture 后现代主义建筑思潮
~-occupation evaluation 使用后评估
~office 邮局，邮局建筑
~office department 邮政部门
~-process（ing）后处理
Post-Pop Art 后波普艺术
~-qualification 资格后审
~-renaissance architecture 文艺复兴后的建筑
~service 邮政服务
~stone 界石
Post-Structuralist 后结构主义者
~-tensioned prestressed concrete structure 后张法预应力混凝土结构
~-tensioning method 后张法
~town（某一地区内）设有邮局的市镇
~-treatment 后处理
~wage system 岗位工资制
~-war building 战后建筑

~-war house 战后房屋
barrier~ 栅栏支柱
car park~ 车场（停车场）标柱
collapsible~ 可拆卸支柱；可折叠支柱
fence~ 栅栏柱
hinged~ 铰接柱
removable~ 可拆装支柱；可移动标柱
road edge guide~ 路（道路，公路）边路标标柱

postage-stamp yard（美）微型花园

Postdoctoral Fellow 博士后研究员

posted speed 限制速度

posterity 子孙，后裔

postern 后门，边门，便门，边道

postgraduate 研究生

postgraduate course 研究生生涯；研究生课程

posthouse 邮局，（旧时）驿馆，驿栈

posticum 后楹廊；后门

posting 任命，委任的职务；过账（记录），誊入总账

postmodernism 后现代主义

Postojnska Jama（Slovenia）波斯托伊那溶洞（斯洛文尼亚）

postoptimality analysis 优化后分析

postscript（书的）附录，跋；（信的）附言

pot 壶，瓶；罐；深锅；花盆；置于罐中
~，firepath（英）草地用蜂窝状水泥板
~flower 盆花
~-holes（路面上的）坑洞
~marigold *Calendula officinalis* 黄金盏/长春花/金盏菊（金盏花）
~mixture for penjing 盆景土
~-plant 盆栽植物，（玩赏的）木本盆景
~plant 盆栽植物
~rubber bearing for bridge 桥梁盆式橡胶支座
~watering system 盆栽灌水系统
~with picture inside 内画壶

potable [复] 饮料；可饮的，饮用的
~water 饮（用）水
~water quality standards 生活饮用水水质标准
~water supply 饮水
~water supply system 饮用水供给系统
~water system 饮水系统

Pot Marjoram ***Origanum onites*** 欧尼花薄荷/法兰西马约兰

Potala Palace（**Lhasa**，**China**）布达拉宫（中国拉萨市）

potamoclastic rock 河成碎屑岩

potamogenic rock 河流沉积岩

potamology 河流学，河川学

Potanin Sumac ***Rhus potanini Maxim.*** 青麸杨

Potassium deficiency of Prunus percica 桃花缺钾症（病原非寄生性，缺钾）

potato/white potato/Irish potato ***Solanum tuberosum*** 马铃薯/土豆

Potato Vine/Potato Climber/Jasmine Nightshade ***Solanum jasminoides*** 素馨叶白英（英国萨里郡苗圃）

potential 势（能），位（能）；电势，电位；潜力（能）；（动力）资源；势差的，位差的；潜在的
~capacity 潜在能力
~competition 潜在竞争
~demand 潜在需求
~effect 潜在效应

~gross income 潜在毛收入
~groundwater yield 潜在地下水出水量
~household 潜在户口，潜在户
~for growth 增长潜力
~impact 潜在影响
~model 潜能模式
~natural vegetation 潜在自然植被
~pollutant 潜在污染物
~productive force 生产潜力
~range 潜在幅度
~resource 潜在资源
~source 潜在原因
~yield 潜在出水量；潜在沉陷
erosion~（河岸等）冲刷潜能
genetic~ 原生潜力（能）
natural~ 自然的潜能
natural landscape~ 自然景观潜能
recreation~ 再（重新）创造潜力；休养（娱乐，游览）资源

potentials of a landscape 景观潜力

Potentilla Gold Drop ***Potentilla fruiticosa*** **'Gold Drop'** 金雨点金露梅（美国田纳西州苗圃）

potholes 路面坑槽

Potomac 波托马克河（美国东部重要河流）

potted 盆栽的；罐装的
~flower bed 盆栽花坛
~landscape 盆景
~plant 盆栽植物
~plants（plants in pots，pot plants）盆栽植物
~surface 有坑洞的路面
balled and~ 带土球盆栽植物

potter 陶工

potter's clay 陶土

potter's earth 陶土

potter's ware 陶器

potter's wheel 陶工旋盘

potter's work 陶器

Pottery and Porcelain Exhibition Hall 陶瓷馆

pottery clay 陶土

Potting 盆栽
~machine 盆栽机
~table（potting bench）盆栽桌（盆栽台）

potto ***Perodicticus potto*** 树熊猴

Potts Flower ***Crocosmia pottsii*** 射干鸢尾 / 射干水仙

Pouch Nemesia ***Nemesia strumosa*** 龙面花

poultry 家禽
~farm 家庭饲养场，养鸡场
~ranch 家禽饲养场
~stall 禽市
~yard 养鸡场

Poured 灌（浇，铸）的；灌注的；倾泻的；倒（出）的
~asphalt 摊铺（地）沥青（混合料），浇注（地）沥青（混合料）
~concrete 现浇混凝土
~concrete slab（美）浇注混凝土（平）板
~–in–place concrete 就地灌注（的）混凝土
~joint 灌注缝
~joint filler 灌注式填缝料

pouring 灌注；灌油

poverty level 贫困线
~region 贫困地区

owder 粉；火药；炸药
~fire extinguisher 干粉灭火器
~magazine 火药库
owderpuff *Calliandra haematocephala* *Hassk.* 朱缨花 / 红绒球 / 美蕊花
owdery mildew of *Ailanthus altissima* 臭椿白粉病（***Phyllactinia ailanthi*** 臭椿球针壳 /***Uncinula delavayi*** 香椿钩丝壳）
Powdery mildew of *Aster novibelgii* 荷兰菊白粉病（***Erysiphe* sp.** 二孢白粉菌）
Powdery mildew of Balsamina 凤仙花白粉病 / 指甲花白粉病（***Sphaerotheca fuliginea*** 凤仙花白粉病）
Powdery mildew of *Dendranthema* 菊花白粉病 / 秋菊白粉病（***Oidium chrysanthemi/Erysiphe cichoracearum*** 真菌，子囊菌门的 2 种）
Powdery mildew of *Diospyros lotus* 君迁子白粉病（***Phyllactinia kakicola*** 柿白粉菌）
Powdery mildew of *Helianthus tuberosus* 菊芋白粉病 / 洋姜白粉病(***Sphaerotheca* sp.** 胆囊白粉菌）
Powdery mildew of *Heliantus annus* 向日葵白粉病（***Sphaerotheca fuliginea*** 苍耳单丝壳 /***Erysiphe cichoracearum*** 菊科白粉菌）
Powdery mildew of *Koelreuteria* 灯笼树白粉病（***Erysiphe* sp.** 白粉菌）
Powdery mildew of *Lagerstroemia* 紫薇白粉病（***Uncinula sustroliana*** 南方钩丝壳菌）
Powdery mildew of lawn 草坪白粉病（***Blumeria graminis/Erysiphe graminis*** 和布氏白粉菌）
Powdery mildew of *Lonicera japonica* 金银花白粉病（***Microsphaera lonicerae*** 忍冬叉丝壳）
Powdery mildew of *Lycium* 枸杞白粉病（***Arthroclaiella mougeotii*** 多孢穆氏节丝壳）
Powdery mildew of *Oxalis rubra* 酢浆草白粉病（白粉菌科 ***Erysiphaceae*** 的一种）
Powdery mildew of *Pharbitis* 牵牛白粉病 / 喇叭花白粉病（***Sphaerotheca* sp.** 单囊白粉菌）
Powdery mildew of *Portunella margarita* 金橘白粉病（子囊菌门白粉菌科 ***Erysiphaceae*** 的一种）
Powdery mildew of *Prunus* 碧桃白粉病（***Podosphaera tridactyla*** 三只叉丝单囊壳菌 / ***Sphaerotheca pannosa*** 桃单壳丝菌）
Powdery mildew of *Quercus* 栎白粉病（病原为子囊菌门的不同属）
Powdery mildew of *Robinia* 刺槐白粉病（***Microsphaera* sp.** 叉丝白粉菌）
Powdery mildew of *Rosa chinensis* 月季白粉病（***Oidium leucoconium*** 白尘粉孢霉 / 有性世代：***Sphaerotheca pannosa*** 蔷薇毡毛单囊菌）
Powdery mildew of *Rosa rugosa* 玫瑰白粉病（***Oidium* sp.** 粉孢霉）
power（动、电、能）力，电（能）源；功率；乘方，幂{数}；势力，权力；动力的；装发动机，发动，开动〈美〉
Power and Glory：The Genius of Le Nôtre and The Grandeur of The Baroque 力量和光荣：勒·诺特的天才和巴

洛克的宏伟
~boat 汽艇、机动艇
~cable，overhead 架空电缆
~conduit 动力管道
~consumption 耗电量
~distribution facility 公用配电设施
~distribution panel 电力配电箱
~distribution plant 配电厂，配电车间
~distributor 机动喷洒机，动力喷油车
~factor compensation 功率因数补偿
~farming 机械化农业经济
~generation 发电量
~house of hydropower station 水电站厂房
~industry 电力工业
~lawnmower 动力剪草机
~line，electric 电力管线
~line，underground 地下线路
~line voltage 供电电压
~network 电力网
~plant 发电站，发电厂
~rammer/ramming machine 打夯机
~resource 动力资源
~roof ventilator 屋顶通风机
~source 能源，城市供电电源
~source，alternative 备用电源（能源）
~source，nonrenewable 非再生性能源
~source，renewable 再生性能源
~source，sustainable 能持续能源；能维持能源
~station 发电站
~station，hydroelectric 发电站，水电站
~station，nuclear 核发电站
~station，solar 太阳（能）发电站
~substation 变电所
~supply 供电，电力公司
~supply area 供电区
~supply，electric 供电，发电电力公司
~supply of electric traction system 电力牵引供电系统电源
~supply system 城市供电系统
~system 电力系统
~system design 动力系统设计
~transmission 输电，电力传输
~transmission line 电力输送线
~transmission network 输电网
~tunnel 水电站引水隧道
labour~ 劳动力
man~ 人力，劳动力
producing~ 生产力
root absorbing~ 根吸收力
solar~ 太阳能
supplementary~ 补充供电
water~ 水力，水能
wind~ 风力

powered ramp 机动坡道
powerhouse 发电站
powerline，high tension 高压输电线
overhead~ 高架电线
powers of attorney 委托书
~of compulsory purchase 强制征地权
powersprayer 电动喷雾器
PP=power plant 发电站，发电厂
PPD 预测不满意百分率
PPWP=planned parenthood-world population 计划生育－世界人口组织
practicability 实用性，可行性，实行可能性
practical 实用的，应用的；实际的；经验丰富的
~arts 工艺美术，实用艺术

~capacity 实际交通容量，实际通行能力，实际生产能力
~completion（英）实际竣工
~completion，situation of（英）实际竣工情况
~degree of saturation 实用饱和度
~experience 实际经验
~knowledge 实用知识
~levels of development 实用发展水平
~maximum level 实际最高水平
~situation 实际情况
~training 实用教育（训练，培养）
~unit 实用单位
~value 实用价值
practicality 实用性
practice 实行，实施；习惯，惯例；练习，实习；开业；熟练；实行，实施；练习，实习；开业
~game area（美）自由游戏（主要为球类）运动场
~instructions 操作规程
~workshop 实验工厂
Codes of~（英）操作密码，操作规则
landscape~ 风景园林实践，景观实践
planning~ 规划（计划编制）实施
professional~ 专业人员实习
tree maintenance~ 树木养护实施
practices，best management（美）最有效管理惯例
pragmatism 实用主义
Prague（Middle Ages）布拉格（中世纪）
Prague Castle 布拉格城堡
Prague National Theatre 布拉格国家剧院
prairie 大草原，牧场，林间小空地
arctic~ 北极地区大草原
~climate 草原气候
~ecosystem 草原生态系统
~gardening（美）草原造园
~landscape 草原景观
limestone~（美）石灰岩草原
~soil 湿草原土
~tall grass（美）高棵禾草草原
~-woodland edge（美）草原林地边缘
Prairie dog *Cynomys ludovicianus* 草原犬鼠
Prairie Dropseed Grass *Sporobolus heterolepis* 异鳞鼠尾粟（美国田纳西州苗圃）
Prairie Milkweed *Asclepias sullivantii* 草原马利筋（美国田纳西州苗圃）
pram 手推车
~park（英）婴儿车停放处
Prambanan Temple（Indonesia）巴玛南神庙（印度尼西亚）
prang 13–18 世纪泰国建筑中的神殿
Pratt Crabapple *Malus prattii* 西蜀海棠 / 川滇海棠
Pratt's Rhododendron *Rhododendron prattii* 普拉杜鹃 / 康定杜鹃
partum 草甸，草地
prawn and fish farming 海产养殖场
praxeology 人类行为学
prayer niche 圣龛
pre-［词头］前，先，预；在上
~-aeration 预曝气
~-assembled house（英）预先组装的房子
~-Columbian architecture 哥伦比亚前的建筑
~-construction trial（施）工前试验

~-contract view 签约（即改建）前景色
~-disaster planning 灾害预先防止规划，灾害预先防止计划，防灾规划
~-dryer 预干燥机
~-emergent herbicide application 植物生长期开始前预先使用除莠剂
~-emption，ring of（英）优先购置权
~-emptive right（英）先买权
~-fab 预制房屋，活动房屋
~-handover maintenance（英）移交前维修
~-Hellenic architecture 古希腊前建筑
~-industrial city 前工业城市
~-liberation slum area 20 世纪 50 年代前的棚户区
~-modern architecture 近代建筑
~-occupation evaluation 使用前评估
~-planning 初步规划
~-Romanesque style 罗马风格以前的形式
~-school child 学（龄）前儿童
~-sedimentation tank 预沉池
~-timbering（隧道开挖作业的）前期支撑，准备工程
~-timed signal 定时信号
~-watering planting hole 浸穴
preach/homily/sermon 讲道（布道，传教）
preacher/missionary/ecclesiastic 传教士
preanalysis 事前分析
preappraisal 预评估
Precambrian Period 前寒武纪
Precambrian System 前寒武系
precast 预浇铸的，预制的，厂制的
~bridge 装配式桥
~concrete 预制混凝土
~concrete bridge 预制混凝土桥
~concrete component 预制水泥构件
~concrete element 混凝土预制件
~concrete（paving）block 预制混凝土（铺）块
~concrete paving slab 预制混凝土铺路板
~concrete tree vault（美）预制混凝土树穹窿
~concrete tree well（英）预制混凝土树坑
~concrete unit 预制混凝土构件
~garage 预建（汽）车库，装配式车库
~pile 预制桩
~pool 预挖水池（塘）
~unit 预制构件
precasting 预制
~plant 预制厂
precaution 小心，警戒，注意；预防办法；小心，警戒；预防
precaution measures 防范措施
precaution system 预系统，预警
precautionary 小心的，警戒的；预防的
~measures 预防措施
~measures against noise 噪声预防措施
~principle 预防原则
precautions，environmental 环境保护预防办法
precedence 领先；优先（权）；次序优先
~diagram 优先图解法
~，recreation 娱乐优先
precept 准则，戒律，箴言
precinct 围地；境域，区，分界，分区；选区；辖区；[复]周围，附近
~，pedestrian 步行区

~planning 辖区规划

recincts（城镇的）周围地区

~，city centre（英）市中心周围地区

recipice 悬崖，峭壁

recipitated water 降水

recipitation 降雨，下雨；雨量，降水量；沉淀（作用）；落下，降水

~area 降水区

~duration 降水历时

~effectiveness index 降水有效指数

~efficiency 降水效率（雨湿比）

~formula 雨量公式

~grading 沉析级配（为了取得轻制粗粒料，浮于混凝土面上，以增强耐磨力的一种粒料级配）

~intensity 降水强度

~monitoring radar 测雨雷达

~observation 降水量观测

~rate 降水率

~recharge 降水入渗补给

~regime 降水情势（情态）

~tank 沉淀池

~water 降雨积水

acid~ 酸雨

amount of~ 降水总量

dust~ 尘埃落下

range of~ 降雨范围

precise 精确的，精密的

~engineering survey 精密工程测量

~leveling 精密水准测量

~traverse 精密导线

precision 精密度

~instrument factory 精密仪器厂

~workshop 精密车间

precious 珠宝的，珍贵的

Precious City 宝城

Precious-Pearl Cavern 宝珠洞

precocial 早成性的

~animal 早成性动物

~nestling 早成性幼小动物

preconception 预想；先入之见

precondition 前提，先决条件；预处理，预安排

preconditions for tenderers（英）投标人先决条件；投标前提

preconstruction 预先（前期）固结

~fill 预压填土

~planting 前期固结栽植

~stage 施工前阶段

precontract 预约；先约，前约；婚约；预先约定；预先规定

precontract investigation of site conditions 选址环境预约调查研究

precursor 前兆，预兆；先驱；前辈

predator 捕食其他动物为生的动物，捕食者，食肉动物

predatory bird 食肉鸟（禽）

predesign 初步设计，草图设计；预谋，预定

~work 设计前期工作

predestination 命运，预先注定

predestination from the past；fate inherited from previous incarnation 夙缘（宿缘）

predetermined cost 预计成本

predictability 可预报性的，可预计性

~，yield 产量可预计性；（投资等的）利润可预计性

predicted 预测的

~percentage dissatisfied 预测不满意百

分率
~value 预测值
~volume of traffic 预计交通量
predicting future transportation demand 未来交通量估算
prediction 预测，预报，预言
~error 预测误差
~estimation 预测估计
~implication 预先推断
~interval 预测区间
~model 预测模型
~of water use 用水预测
~problem 预测问题
~range 预测范围
~-realization diagram 预测与实际对比图
~theory 预测理论
predictive 预测的
~index 预测指数
~mean vote 预测热舒适指标
predilection 偏爱，偏好
predominant 支配的，主要的
~radius 优势半径
~species 优势树种
~use 主要用途
~wind 主要风向
preempt 优先，先取，先写
preemption 优先权
preemptive option（美）优先购买选择供应的附件（或设备）
prefab 活动房屋；预制的
prefabricated 预制的；预先建造的；预先编造的；预先准备的
~beam 预制梁
~bituminous surfacing 预制沥青混凝土板路面（或面层）
~building 预制安装建筑
~concrete block structure ; block work 预制块体结构
~concrete compound unit（英）预制混凝土构件
~concrete structure 装配式混凝土结构
~construction 装配式建筑
~house 预制装配式房屋
~single-story factory 装配式单层厂房
~stones 预制石材
~strip drain, geo-drain 塑料排水(带法
~unit 预制构件
~wood I - joist 预制工字形木搁栅
prefabrication 预制，预制件
preface 序，序言，绪言；前言；写序言
prefectural road 地方道路，省级道路
prefecture 地区（中国省、自治区的派出机构）
~-level city 地级市
preference road 优先通行路（在交叉口可直通穿过）
preferential 优先权；优先的，特惠的
~axes of development 优先发展轴
~interest rate 优惠利率
~lane 优先车道{交}
~species 适宜种
~treatment 优惠待遇
preferred 优先的，优先选用的，择优的，可取的，较佳的
~noise criteria curve(s) 选定的噪声标准曲线
~pattern of land use 选定的土地使用模式
prehistoric art in Europe 欧洲史前艺

术–欧洲旧石器时代、中石器时代和新石器时代建筑、雕刻、绘画和工艺的总称。

rehnite 葡萄石

reliminary 初步的，开端的，初级的；预备的；绪言的

~agrarian structure planning 初步耕地结构规划

~analysis 初步分析

~appraisal 初步估价

~budget 初步预算

~calculation 初步计算，概算

~cast estimate 初步价格估计

~cleaning 初步净化

~conclusion 初步结论

~data 初步数据

~design 初步设计

~design stage 初步设计阶段

~estimate 初步估计

~feasibility study 预可行性研究

~investigation 初步调查，初步研究

~layout 初步设计

~marks 前言，序言

~master plan 初步总体方案设计

~measure 初步措施

~operation 初步工序，准备工序

~phase 初勘阶段

~plan 初步计划

~plan of proposed project 计划初步任务书

~planning 初步规划

~planning proposal 初步规划提案

~project planner（美）初步规划制定者；初步规划设计者；初步规划策划者

~scheme 初步规划

~sketch 初步设计

~study 初步研究

~survey 初测，初步调查

~test 初步试验

~work 初步工作

preloading 预压

preloading by materials 堆载预压加固

~foundation 预压地基

~method 预压法

prelude 前奏，序奏

premature 早熟的；过早的，不到期的

~cracking 早期开裂，早期裂缝

~deterioration 过早破坏

~leaf fall（美）早期叶脱落

~shedding of leaves 过早落叶

prematurely 过早地，早熟地

premises 楼宇，房产，房屋（及其附属建筑，基地等）

premium 土地补偿；额外费用；奖金，奖赏；保险费

premixed 预先混合的，预先拌和的

~aggregate 预拌集料

~concrete（美）预拌混凝土

preoccupation 当务之急

preparation 预制剂；预备，准备

~for planting 植物栽培准备，种植准备

~of a plan 方案准备，计划准备

~of flower beds 花（苗）床准备，花坛准备

~of land 土地平整，整地

~of program 程序设计

~of site facilities 场地设施准备

~room 准备室

contract~（英）合同准备，承包合同

准备
ground~ 场地准备
planting~ 种植准备，绿化准备
soil~ 备土
work(s)~ 工作准备；产品预备
preparatory 准备的
~land-use plan 准备土地使用方案
~operations 准备工序；准备运行；准备实施；准备手术
prepare 准备,预备；布置；做成(计划、图案等)；拌制，制造
~a recommendation for contract award 准备签订合同的建议
~an expert opinion 准备专家鉴定(意见)
prequalification 资历预审
~bidding notice，public(美)(政府)资历预审招标通知
~budget 编制预算
~document 资历预审文件
~document，unsolicited 主动提供资历预审文件
~questionnaires 资历预审调查表
~tendering notice，public(英)(政府)资历预审投标通知
prerequisite conditions 前提条件
presale 预售
preschool 幼儿园
~population 学龄前儿童总数
preschooler 学龄前儿童
prescribed 规定的
~level 规定平面
presence 在，存在；出席
degrees of~ 存在等级
determination of~ 存在测定
present 现在；赠品；出席的，在场的；献赠；介绍；提出；呈现(电)
~-in-area 当时当地
~-in-area population 当地现有人口，普查区内的实际在场人口
~pattern method(交通量)现状模式预测法
~population 现状人口
~situation 现状
~situation map of station 站场现状图
~worth 现值
presentation 报告书；介绍，引见；赠予；图像，扫描；提出；呈现，表现{电}
~，characteristic 特征图解
~of awards 授奖
preservation 防腐作用；保存，保持，保管，保留，保护
~Act，National Historic(美)国家历史文物保存法(条例)
~and management of landscape character 风景园林特色保持与管理
~and management of scenic quality 风景质量保持与管理
~measures，historic(美)历史文物保护标准
~notice 保护通知
~of building groups 建筑群保护
~of culture relics 文物保护
~of cultural resources 文化资源保护
~of existing trees 现有树木保护
~of existing vegetation 现有植被保护
~of flood(-)plain zone 漫滩地带保护
~of historic area 保护历史区
~of historic buildings 古建筑保护
~of historic landmarks(美)历史古迹

保护
~of historic monuments 历史性建筑保护
~of historic structures 历史性建筑保护
~of historic structures and sites 历史性建筑物及遗址保护
~of local visual amenities 地方性视觉（环境）便利设施的保护，市容美化地段的保护
~of natural resources 自然资源保护
~of the surrounding area 周围空地保护，环境空地保护
~Office，State Historic（美）国家历史文物保护办公室
~Officer，State Historic（美）国家历史文物保护官员
~order，tree（英）树木保护法则
~ordinance，tree（美）树木保护法规
~planning of historic Munich 慕尼黑旧城保护规划
~planning of historic Paris 巴黎古城保护规划
~requirement，plant（美）植物保护要求（规定）
landscape~（美）风景 / 景观保护
wood~ 林地保护

preservative 防腐剂；保护料；预防药；防腐的；预防的
~substance 防腐剂，防腐料
~treatment（of timber）（木材）防腐处理
~，wood 森林防腐剂（保护剂）

preserve 保藏物；禁猎地；鱼塘；[复]太阳眼镜，护目镜；防腐；保存，保藏；禁猎
existing plants，obligation to~（英）保护现存植物的责任
game~（美）禁猎地
natural area~（美）自然区保护地
shooting~（美）狩猎区

presidium 主席台

pressed 压制的
~pile by anchor rod 锚杆静压桩
~product 压型制品

pressing 压（榨）；压滤；压干；榨油；紧急的，迫切的
~of seeds 播种后把土压实

pressure 压力；压强；强制
~adjustable sampler 调压式采样器
~apparatus 压力装置
~bulb 压力泡
~conduit 压力管道，压力水管
~-difference sampler 压差式采样器
~drop 压力损失
~enthalpy chart 压焓图
~filter 压力滤池
~flow pipe-line 压力管道
~gauge 压力表，压力计；气压计
~gradient 压力梯度
~group 地方性施压社团
~group，citizen（美）市民施压社团
~-grouted aggregate concrete 压力灌浆混凝土
~maintenance pumps 稳压泵
~of competition 竞争压力
~of competitive land-use 竞争土地使用的压力
~of grain 粮食压力
~of steam supply 供汽压力
~of surrounding rock 围岩压力
~pipe 压力管

~pipe line 压力管线
~piping 压力管线
~relief device 泄压装置
~relief opening 泄压口
~relief valve 减压阀
~thermometer 压力式温度计
~treatment（木材防腐）压力处理（法），压力蒸炼（法）
~-type stage recorder 压力式水位计
~volume chart 压容图
~zone 压力区
area of~ 受压面积
bar~ 大气压力
competing land-use~ 竞争土地使用压力
competition~ 竞争（比赛）压力
development~（美）发展压力
earth~ 土压力
grazing~ 放牧压力
population~ 人口压力
recreation~ 娱乐压力
settlement~（英）都市化压力
soil~ 土压力
stream flow~ 水流压力
traffic~ 交通压力
uplift（ing）~ 反力，反向压力；浮力
uplift wind~（美）反向风压力
wind~ 风压（力）
working~ 工作压力，作用压力，资用压力

prestress 预应力
anchor 预应力锚杆
prestressed 预应力的
~concrete 预应力混凝土
~concrete bridge 预应力混凝土桥
~concrete broad sleeper 预应力混凝土宽枕（混凝土宽枕）
~concrete girder 预应力混凝土梁
~concrete pavement 预应力混凝土路面
~concrete structure 预应力混凝土结构
~steel bard rawing jack 张拉预应力钢筋千斤顶

prestressing tendon 预应力钢筋
pretensioned prestressed concrete structure 先张法预应力混凝土结构
Pretoria National Zoo 比勒陀利亚国家动物园
pretreatment facility 预处理设施
prevailing direction of wind 主导风向
prevailing 盛行的，流行的，普通的，主要的；显著的
~price（美）流行价格，现价
~rate 市价
~tendency 主要的倾向
~wind 主导风，主方向风，盛行风，恒风
~wind direction 主导风向，盛行风向

prevalent 普遍的，流行的
prevent 防止，预防；妨碍
preventable 可防止的，可预防的，可阻止的
~disturbance 可防止的骚乱

prevention 防止，预防，妨碍
~and control of pollution 污染防治
~cost 预防成本｛管｝
~of flood 水灾预防
~forest for drying damage 干旱防护林，防旱林
~maintenance 预防性养护
~measure 安全技术，保护措施
~of decay 防止腐烂

reventive 预防的，防止的；预防法；防止物；预防药
~action 预防措施
~belt 防护（林）带
~coating 保护层，防护涂层
~maintenance（简写 PM）预防性养护；（设备）预防维修
~maintenance program（简写 PM program）预防性养护计划
~measure 防护措施；预防措施
~measures 预防措施
~medicine 预防医学
~repairing 预防修理
~treatment 预防措施，预防处理
rey，**bird of** 猎食鸟（禽），猛禽
rice 价格，价值；定价，估价
~analysis 价格分析
~cartel 价格协定
~ceiling 价格上限
~component 价格构成
~determination 价格确定；价格限定
~discount 价格低估；价格贬低
~discrimination 价格歧视
~elasticity 价格浮动，价格弹性
~floor 价格下限
~for account 代销价格
~for an alternative，unit 供选择的价格（单位）
~hikes 价格上涨
~index 物价指数
~level 物价水平
~line 价格线
~lining 底价，最低拍卖价，保留价
~list 价目表，价格表，物价表
~list，unit 单位价格表，单价表
~management system 价格管理体制
~mechanism 价格结构，价格机制
~of delivery to destination 目的地交货价
~of ex-factory 工厂交货价
~of land 地价
~policy 价格政策
~-proportion 价格比值，单价比
~quotation 价格报价
~reduction 价格下降
~-revision clause 价格修改条款
~structure 价格结构
~upswing 涨价
~vector 价格向量｛管｝
contract~ 合同定价
dumping~（英）（廉价）倾销价格
excessive~ 过高价格
local~（英）本地价格
lump-sum~（美）承包价
predatory~（美）廉价出售价钱
prevailing~（美）通行价格，现价
reasonable~ 公平价格
unit~ 单位价格，单价
priced bill 单价表
~bills of quantities（英）估价单
pricing 定价，估价
~out routine 比价程序
~，road（道路）收费，（道路）定价
~service 估价服务
~the proposed design 估算工程造价
prick 刺，穿孔
pricked-out seedling（**pricked-off seedlings**）移植幼苗
pricking 刺，扎，戳；刺痛感
~out（pricking off，transplanting）移植
~over 草皮通风

~pin 刺针
prickle 刺；棘；针刺般的感觉；刺痛；驱使
Prickly Applerose/tsyr-li ***Rosa roxburghii*** 刺梨
Prickly Castor-oil tree/septem-lobate kalopanax/sennoki ***Kalopanax septemlobus*** 刺楸
Prickly Cypress ***Juniperus formosana*** **Hayata** 刺柏
Prickly Pear ***Opuntia dillenii*** 仙人掌
Prickly pear/tuna ***Opuntia tuna*** 仙人桃
Prickly Xylosma ***Xylosma japonicum*** **（Walp.）A. Gray** 柞木
Priene（Indonesia）普南城（印度尼西亚）
primacy 首位度
~rate 首位（城市）率，首位度
~ratio 城市首位度
primal 最初的，原始的；首要的
~forest 原始森林
~problem 主要的问题
~sketch 基本要素图
primary 初步的；最初的，原来的；基本的；首要的，主要的；干道；主要事物；原色；（油漆的）底子；原线圈{电}；原生{地}
~accounts 主要账目
~air fan coil system 风机盘管加新风系统
~air quality standard 主要空气质量标准
~beam 主梁
~clarifier 初级澄清池
~circulating system 第一循环管系
~cleaning 初级净化
~colonization 最初定居；初步建群
~colo(u)rs 原色，基色
~commodity 初级产品
~consolidation 初始固结，初步固结；主固结
~consumer 基本消费者，基本用户
~data 原始资料，原始数据
~demineralization system 一级除盐系统
~distributor（英）城市干道，主干道
~distributor network 主要干路网
~distributor road 主要干路
~dune 原始沙丘
~education 初等教育，小学教育
~effect 主要影响
~employment 第一级就业，主要就业
~forest 原始森林
~Gothic 早期哥特式
~highway 主要公路，干路
~industry 第一产业（指农、林、水产业
~investigation 原始调查
~land market 初级土地市场
~lighting 常用照明
~Metropolitan Statistical Area 基本大都市统计区
~network 主要干路网
~oil 原油
~（plant）growth（植物）初生生长
~pollutant 初始污染物，原生污染物，一次污染物
~pollution 初始污染，一次污染
~population 基本人口
~power 主要电力
~production 初级产业，主要生产
~record 原始记录
~response 初步反应，基本反应
~road 主要道路
~road network 主要道路网

~route 公路干线
~scale 基本比例尺
~school 小学
~sector 初级产业
~sector of economy（经济的）第一产业
~sedimentation tank 初次沉淀池
~sewage treatment 一级污水处理
~sludge 初次污泥
~soil 原生土
~soil structure 原生土结构
~standard 一级标准
~state highway（美）州级干道
~statistical material 原始统计资料
~stress 初始应力（地应力）
~structure 基体
~support 初期支护
~system 主要系统
~trading area 基本商业服务范围
~treatment 一级处理，初级处理
~wastewater treatment 污水一级处理

primate 初级的，首位的
~city 初级城市（都市化水平较低的单一的大城），大城市，首位城市
~distribution 首位分布

prime 初期；最初；第一的，原始的，最初的；主要的；浇透层油（指沥青路面）；涂头道油漆；装火药
~coat 打底，透层
~contract 总承包合同
~cost 成本，原价
~lot 贵重地皮，最佳地段，黄金地段
~mover industry 主导工业，基础工业
~site 贵重地皮，最佳地段

primeval 原始的
~environment 原始环境
~forest 原始森林，原生林
~inhabitant 原始居民

primitive 原始的，本来的；不发达的；原语{计}
~art 原始艺术：1. 指 1500 年以前欧洲艺术家所创作的作品，尤指古代风格；2. 指非洲黑人艺术，美洲印第安人艺术和大洋洲艺术；3. 亦称雅拙派，特指 20 世纪初以法国为中心、以卢梭为代表的美术家群。
Primitive arts and crafts of China 中国原始工艺美术 – 中国原始工艺美术有石器、陶器、染织、骨雕、牙雕、玉雕等。
~architecture 原始社会建筑
~buildings 原始建筑
~environment 原生环境
~equation 原始方程
~forest 原始森林，原生林
Primitive painting of China 中国原始绘画 – 中国绘画始于原始社会，有 6000 年以上的历史。
Primitive porcelain of China 中国原始瓷器 – 中国最早的瓷器萌芽于商代，是在新石器时代晚期制陶技术的基础上发展起来的。
~recreation（美）原始娱乐；森林娱乐
~road 干路
Primitive sculpture of China 中国原始雕塑 – 中国原始社会雕塑可分为人像雕塑和动物雕塑。

primordial forest 原始森林

Primrose ***Primula acaulis*** 大花樱草 / 单花樱草 / 欧洲单花报春

Primrose *Primula vulgaris* 宿根报春花 / 报春

Primrose Jasmine/Japanese jasmine *Jasminum mesnyi* 南迎春 / 云南黄素馨 / 野迎春 / 大叶迎春

Primrose-flowered Rhododendron *Rhododendron primulaeflorum* 樱草杜鹃花

primula garden 樱草园

prince 王子，亲王；王孙；国君；诸侯；贵族

~Albert fir 冷杉

Prince Gong's Mansion（Mansion of Prince Gong（Beijing，China）恭王府（中国北京市）

Prince Louis Rwagasore Mausoleum 路易斯・鲁瓦加索尔王子陵墓

Prince Rupprecht's Larch *Larix principisrupprechtii Mayr* 华北落叶松

Prince's Feather *Polygonum orientale* 荭草 / 红蓼 / 狗尾巴花

Prince's-feather *Amaranthus hypochondriacus* 千穗谷 / 籽粒苋

Princess Pine *Pinus banksiana* 加拿大短叶松

principal 主构；主材；（主要）屋架；首长；校长；社长，会长；资本；主要的；基本的；领头的，第一的

~and interest 本息，本利

~building 主要建筑物

~component analysis 主分量分析

~comporents analysis 主成分分析法

~distance of camera 摄影机主距

~distance of projector 投影器主距

~earthquake 主震

~estimates 概算

~factor analysis 主因子分析

~in-charge 项目负责人

~investigator（简写 PI）项目负责人，主要研究者

~landscape architect 首席风景园林师

~line 主要路线，干线

~local road 主要地方道路

~plane 主平面

~point of photograph 像主点

~point of photograph on water 像主点落水

~road 主要道路

~route 主要路线

~traffic route 主要交通线

~strain 主应变

~stress 主应力

~truck 主要干道

~trunk 主要干道

~use 主要用途

~vanishing point 主合点

principle 原则，原理；法则，规律；主义；要素

~of architectural design 建筑设计原理

~of causal responsibility 污染环境者付款原则

~of causation 因果关系原则，污染环境者付款原则

~of design 设计原则

~of effective stress 有效应力原理

~of equidistance 等距原则

~of persisting supply（美）持续供应规律

~of probability 最优原理

~of rent 地租原理

~of sustained yield 持久（投资等）生息法则

~of views 视景原则
ability to pay~ 支付能力原则
allocation of cost~ 成本分配原则
cardinal~ 基本原理
operational~ 工作原理
piece rate~ 按件计酬原则
polluter should pay~ 造成污染者罚款原则
polluter-pays~ 造成污染者罚款原则
precautionary~ 预防原则
public responsibility~ 公职责任原则
summarized~ 总则，简则
sustainability~ 可持续原则
Principles of Village and Rural Town Planning 村镇规划原则
print plate 版画，铜版画
print shop 版画店
printery（棉布）印花厂
printing 印刷；印刷术；印刷业；印相；印花工艺；印刷品；印刷字体
~and dyeing mill 印染厂
~and dyeing industry 印染工业
~house 印刷厂
~press 印刷厂
prior 先前的，居先的；更重要的；[副] 在前，居先
~criterion 优先准则
~investigation 先前调查；事先调查研究
~study 先行研究
~weight 先验权
priority 先；前；优先（权），优先级；优先项目
~agricultural area 优先农业地区
~area 优先地区
~construction 重点建筑，近期建筑，首期建筑
~control 优先（通行的）控制
~lane 优先车道 {交}
~parking 优先停车
~project 重点工程
~rating method 优先评价法
provident fund 公积金
prison 监狱，看守所；禁闭室，监狱建筑
~cell 牢房
pristine 太古的；原始（状态）的；早期的；原来的
~forest 原始（状态）森林
privacy 私密性，保密，隐私
private 私人的，专用的
~apartment 私人公寓
~driveway 专用支路
~dwelling 私人住宅
~flats 私人公寓
~forest 私人森林
~lot 宅基地
~parking garage 专用车库，私用车库
~residence 私人住所
~road 私营道路
private 私人的，私有的，私立的；个人的；民间的；亲启的（指信件）；非公开的
~car 私人汽车；专（用）车
~collective enterprise 民间集体企业
~consumption 个人消费
~contribution 个人捐款；个人捐献（物）
~dwelling 私人住宅
~economy 私有经济
~enterprise 民营企业，私人企业，私

营企业
~finance 私人投资
~garden 私家园林
~grant（美）私人财产转让
~green area 私人绿化区
~green space 私人绿化空间
~household 住家户，家庭户
~housing 私房，私有房，私产房，私人建房屋
~landscape 私人园林 / 景观
~lot 私家地段
~open space 私用游憩用地（开放空间）
~owner's obligation 私营业主（法律上或道义上的）义务（责任）
~parking garage 专用车库，私用车库
~practice，landscape architect in 私营业务，私营开业中的风景园林师
~practice，senior landscape architect in 私营开业中的高级风景园林师
~property 私人财产，私人所有权
~right 专用权
~road 私营道路专用道路
~sewage treatment plant（英）内部污水处理车间
~sewer 内部污水管
~siding 专用支线
~space 私人用地
~telephone 专线电话，自用电话
~transport 私人运输；私人交通车辆
~village housing 私人乡村屋宇
privately 私下；秘密地
~aided public housing 公建民助住宅
~owned housing 私房，私有房，私产房
~rented housing 私人出租住宅
privet 女贞属（植物）
Privet Honeysuckle ***Lonicera pileata*** 水晶子 / 蕊帽忍冬（英国斯塔福德* 苗圃）
privy 厕所
~pit 茅坑
~vault 茅坑
prize 奖赏（资金，奖品）；战利品；撬；撬起
~ring 拳击场
prizewinner 获奖人；获奖物
pro- [词头] 赞成；友好；向前，在前
pro [介] 为……的；随……投票赞成者
~bono，work（美）职业性（为慈善机构穷人等提供的）无偿（专业性）服务
probabilism 盖然论，或然说；或然论
probabilistic 概率的
~information theory 概率信息论
~model 概率模型
~method 概率设计法
probability 概率，或然率，几率 { 数 }；或然性
~analysis 概率分析
~curve 概率曲线
~distribution 概率分布
~distribution of random error 随机误差概率分布
~function 概率函数
~maximum precipitation 可能最大降水量
~method 概率法（数理统计法）
~model 概率模型
~of（structural）failure 失效概率
~of survival 可靠概率
~of word error 误码率
~paper 机率格纸（频率格纸）
~tree 概率树

~weight-moment method 概率权重矩法

probable 概率的，或然的；大概的，可能的；近真的

~capital planning 陪都计划（规划）

~construction cost，estimate of 大概建造成本估计

~error 概率误差

~maximum dew point 可能最大露点

~maximum flood（PMF）最大可能洪水

~maximum precipitation（PMP）最大可能降水量，可能最大降水量

problem 问题，难题

~-behavior graphs 问题行为图

problems 问题

~of obsolescent and substandard housing 住宅老化和低标准住宅问题

~of rented housing（关于）出租住宅问题

Proboscis monkey/long-nose monkey ***Nasalis larvatus*** 长鼻猴

procedure 程序，手续，步骤；方法；过程｛计｝

~for approval of urban plan 城市规划审批程序

~for claims 索赔程序｛管｝

~for tendering 投标程序

~of analysis 分析程序

~of capital construction 基本建设程序

~of cargo handling 装卸工序

acceptance~ 验收程序

administrative~ 管理程序

budgetary~ 预算编制程序

calibration~ 标定方法

capital construction~ 基本建设程序

civil engineering~ 土木工程程序

codified~ 自动设计程序

construction~ 施工程序

contract awarding~ 合同签订程序

corridor approval~（美）通道核准程序

curing~ 养护步骤，养护方法

decision-making~ 决策程序

design~ 设计程序，设计步骤

entry application and approval~ 开业报批程序

evaluation~ 评价程序

farmland consolidation~（美）农田合并程序；农田联合（或统一）程序

field identification~（of soil）（土的）野外鉴定法

finishing~ 修整手续，修整程序

laboratory~ 实验（室）程序，实验步骤

land consolidation~（英）土地合并程序

management~ 管理程序

planning approval~ 规划批准程序

project~ 项目程序

regional planning~ 地区性规划程序

route approval~（美）线路（草图）批准程序

site~ 施工程序，施工步骤

proceedings 事项，项目；活动；诉讼；会议录；活动记录；记录汇编；科研报告集

~，arbitration 仲裁程序，诉讼程序

compulsory purchase~（英）征用（征购）程序

condemnation~（美）征用程序

process 程序，过程，步骤；方法，制法；手续；历程；处理；加工（大自然的）作用，活动

~analysis 过程分析

~chart 工艺流程图
~-color relief presentation 多色地形表示
~controller 工艺过程控制装置
~data 数据处理
~design 工艺程序设计
~diagram 工艺图
~drawing 加工图
~engineer 工艺工程师；程序工程师
~flow sheet 工艺流程图
~industry 加工工业
~of deposition 沉积过程
~of habitat fragmentation（动植物的）生境分裂过程
~of production 生产过程
~sheet 进度表，工艺过程卡
~water 生产用水，工艺用水
bio-contact oxidation~ 生物接触氧化法｛环保｝
biofiltration~ 生物过滤法｛环保｝
biological~ 生物处理法；生物过程
building~ 建筑程序，建筑过程
building-up~ 合成过程
cyclic~ 循环过程
decision~ 决策过程
design~ 设计程序；构思过程
design and location approval~（美）设计和局部批准程序
excavation~ 开凿过程
extrusion~ 压挤方法
planning~ 规划程序
planting~ 种植过程

processed 处理的；加工的
~lava 处理熔岩
~material 流程性材料，加工材料
~plant（石油等）加工厂，炼油厂
~rock 加工石料

processing 加工，处理，配制
~by computer 电算整编
~data 处理数据｛计｝
~industry 加工业
~industry area of aquatic product 水产品加工工业区
~of information 信息处理
~on order 来料加工
~-plant 加工厂，处理厂
~program 处理程序｛计｝

procession 层次

Procumbent Cuphea ***Cuphea procumbens*** 平卧萼距花 / 草紫薇 / 匍匐萼距花

Procumbent Hedgehog Cactus ***Echinocereus procumbens*** 匍匐鹿角柱

Procumbent Juniper/Creeping Juniper/Japgarden Juniper ***Sabina procumbens*** 铺地柏

producer 发生器；煤气发生炉，制气炉；生产者
~-city 生产城市
~gas（发生炉）煤气
~goods 生产资料，生产物资

producing power 生产力

product 产物，产品，制品；结果，成果；生成物｛化｝；（乘）积
~appraisal certificate 产品鉴定证书
~cost 生产成本
~information 产品信息
~line 生产线
~mix 产品结构，产品构成
~of industry 工业品
~of quality 优质产品
~structure 产品结构

~tax 产品税
~test 产品试验
roduction 生产，制作；著作，作品；延长线{数}
~areal complex 生产地域综合体
~base 生产基地
~building in countryside 农业生产建筑
~capacity 生产量，生产能力
~cost 生产成本，生产费用
~drawing 生产图（样）
~-marketing regionalization 产销区划
~rate 生产率
~relation 生产关系
~specification 生产技术条件
~system 生产系统
~waste 生产污物
~waste drainage 生产废水
~water supply system 生产用水系统
roductive 多产的，生产的，富有成效的
~age population 劳动年龄人口
~arterial road 生产干线
~branch road 生产支线
~city 生产性城市
~construction 生产性建设
~consumption 生产消费
~element management for construction project 建设项目生产要素管理
~force 生产力
~green 生产绿地
~green barrier 生产防护绿地
~investment 生产性投资
~output 生产量
~plantation area 生产绿地
~population 生产人口
~power 生产力
~rate 生产率
~-territorial complex 生产地域综合体
~-territorial structure 生产地域结构
products 产物，产品，制品；结果，成果；生成物（化）
~area，forest（美）林木产区
~efficiency 生产效率
~forest 林木产区
~land，agricultural 农产品产地
~land，forestry（英）林产品产地
~line 生产线，作业线
~management 生产管理
~material 成批生产的材料
~of quality 优质产品
~output 生产产量，生产效率
~permit 生产许可{管}
~plan 生产计划
~plant，refuse compost 垃圾混合肥料制品工厂
~plant，waste compost（美）废物混合肥料制品工厂
~quota 生产定额
crop~ 农作物生产
curtailment of agricultural~（美）粗放农业生产
de-intensification of agricultural~ 粗放农业生产
extensification of agricultural~（英）粗放耕作物产品
intensive crop~ 集约农作物产品
mixed crop~ 混合农作物生产
primary~ 初生产品
secondary~ 次生产品
productivity 生产力，生产率
~of the workers 劳动生产率

~per worker 人均劳动生产率
pasture of low~ 低生产率的牧场
site~ 土地单位面积产量
soil~ 土壤生产力

profession 专业，职业
（the）~of Garden craft 造园术专业
（the）~of Landscape architecture 风景园林行业，风景园林职业

professional 专家；内行；专门的；职业的，职业上的
~body 专业主体
~charges 职业税
~competition 专业竞赛
~contribution 专业贡献
~education 职业培训，专业教育
~engineer 专业工程师
~engineers' law 职业工程师法
~fee 职业税
~fees/charges，payment of 缴纳职业税 / 收费
~garden preservationist 历史名园保护人
~grouping 职业分组
~indemnity insurance 职业保障保险
~insurance，liability for 职业保险责任
~journal 专业杂志（期刊等）
~liability insurance 职业责任保险
~magazine 专业杂志（期刊）
~member of a competition jury（美）竞赛评判委员会专家成员
~organization 专业机构
~paper 专题报告，专门论文
~practice 专业练习；职业常规工作
~responsibilities，fulfil(l)ment of 职业责任的履行
~school building 职业学校建筑
~service agreement 专业服务合同
~services 专业服务
~services，additional 额外专业服务
~services，basic 基本专业服务
~services，description of 专业服务说明
~services，list of 专业服务目录
~services，scope of 专业服务范围
~services，special 特殊专业服务
~services，supplemental 补充专业服务
~training 职业训练（教育，培养）；专业训练（教育，培养）

proficient 能手，专家；熟练的，精通的

profile 纵断面，纵剖面；纵断面图，纵剖面图；侧面；轮廓
~design；design of vertical alignment 纵断面设计
~diagram 纵断面图
~portrait 侧面像
~scanning 断面扫描
~spacing 断面间距
~survey 纵断面测量
gradient~（美）坡度纵剖面图
longitudinal valley~ 纵向山谷轮廓（纵剖面图）
soil~ 土纵断面图；土剖面

profit 利润率
~margin 利润率，利润幅度
~submission 上缴利润
~submission changed to taxation 利改税

profitable haul 经济运距

profound 深的；奥妙的

Profusion crabapple ***Malus Profusion*** ‘丰花’海棠（英国萨里郡苗圃）

prognostic map 预报地图

program 程序；次序表；节目单；计

划；纲领；时间表〈美〉；项目，课题；作次序表；拟订计划；编程序
~，agricultural reduction（美）农业削减项目
~authorization 程序审定
~card 程序卡片
~composition 程序设计，编程序
~control；sequence control 程序控制
~design language 程序设计语言
~development 策划
~of work 工作程序，工序，工作计划
~package 程序包{计}
~package，competition（美）比赛程序包
~protection 程序保护
active~ 活动程序
“ad hoc” ~ 特定程序
annual~ 年度计划
annual working~ 年度工作规划
construction~ 建设程序；施工计划
dynamic~ 动态规划
investment~ 投资计划
job~ 加工程序，工作程序
objective~ 目的程序，目标程序，结果程序{计}
operating~ 操作程序，运算程序{计}
plot~ 计划程序
preparation of~ 程序设计，程序准备
safety~ 安全计划
target~ 目标程序
testing~ 试验程序，试验大纲
trusted~ 受托（委托）程序

programme 同 program 节目单，说明书；计划；方案；程序（表）；布告；大纲
~，construction 建设计划
~，project 工程计划；方案说明书
design and build~ 设计与建造计划
energy-saving~ 节能方案
environmental~ 环境项目
fertilizer~ 肥料项目
park conservancy~（英）公园保护计划
park management~ 公园管理项目
regional landscape~ 地区性风景园林规划
regional planning~ 地区性计划编制；地区规划

programming 程序设计，编制程序{计}，编程序
~phase 计划阶段

progress 前进，进步；进展；发展；前进，进步；发展
~chart 进度（图）表
~claims 进度申报
~estimate 进度估计
~map 进度图
~of work 工作进展
~payment 进度付款，分期付款
~record 进度记录
~report 进度报告，进度记录
~schedule 进度时间表
~schedule，construction 建设进度时间表
construction~ 建设进度，施工进度

progression 级数；波段；前进

progressive 前进的，发展的，递增的，推进的
~failure 渐进破坏
~payment 分期付款
~system of traffic control 推进式交通控制信号联机系统
~wave 推进波

prohibited 禁止的，阻止的，防止的
~area 禁区
~zone 禁区
prohibition zone 禁止开发区
prohibitory sign 禁止标志，禁令标志
project 计划，规划，方案，设计方案，草案；草图；设计；工程（建设、科研、设计、规划）项目；事业，企业；设计，计划；打算；投影；投射，射击；使凸出
~accountant 工程会计
~already undertaken 已进行的工程项目
~appraisal 工程项目评价
~archive 建设工程档案
~boundaries 建筑项目用地界线
~brief 项目说明
~budget 建筑项目投资预算
~budgeting 按项目编制预算
~-by-project 按项目的，逐项的
Project Change 项目变更
Project Communication Management 项目沟通管理
~completion（美）工程竣工
~completion，site clearance after 工程竣工后场地清理
Project Contact Form 工程联系单
Project Contract Administration 项目合同管理
~control 计划管理，项目管理
~coordination 项目协调
Project Cost Management 项目成本管理
~cost-benefit assessments 项目利润评价
~crashing 任务速成
~criteria 项目准则
Project Cycle（Landscape Architecture）（园林）项目周期
Project Department（Project Team）（Landscape Architecture）（园林）项目部（项目团队）
~data 设计数据
~database 项目数据库
~description 项目描述；项目说明
~design，final 最终项目设计
~designer 工程项目设计者
~development maintenance（美）项目开发维护
~director 工程项目主管
~documentation 项目文件
~engineer 项目工程师
~engineering 项目工程（建设项目统盘实施的技艺，包括美学、功能、技术、经济和各项有关问题的解决）
~estimate 工程概算
~estimator 项目估算师
~evaluation 工程评价
~evaluation and review technique（简写 PERT）工程评审技术
~execution 计划实施；工程项目实施
~execution，general conditions of contract for 工程项目实施合同一般条款
~feasibility analysis 工程可行性分析
~implementation agency（简写 PIA）项目实施单位
~implementation schedule 项目实施表
~inception 开项目，项目启动
Project Information Management 项目信息管理
~item 项目
~landscape architect 项目风景园林师
~lending 计划贷款，项目贷款

~management 项目管理，项目经营
Project Manageme（Landscape Architecture）（园林）项目管理
~management document 监理文件
~management problem 项目管理问题
~manager 项目经理，计划经理
~negotiation 工程谈判
~network analysis 计划网络分析
Project Objectives 项目目标
~plan 项目计划
Project Plan（Landscape Architecture）（园林）项目计划
~planner，preliminary（美）初步项目策划者
~planning 工程规划，项目规划
~planning，overall 总体项目规划；总体工程设计（及策划等）
Project Position 项目岗位
~procedure 项目程序
Project Procurement Management 项目采购管理
~program[me] 项目计划；项目方案；项目程序（表）
~program(m)ing 项目计划，项目大纲
~proposals 建议计划书
Project Quality Management 项目质量管理
Project Rectification 项目整改
Project Regular Meeting（Engineering）（工程）项目例会
~report 计划报告
~representative，contractor's 工程代理人，承包代理人
~requirements for bidding（美）工程项目投标要求
~requirements for tendering（英）项目投标要求
Project Resource Management 项目资源管理
Project Retention Money 项目质保金
~review，concluding（美）最后工程检查
Project Risk Management 项目风险管理
Project Safety Management 项目安全管理
~schedule 工程进度表
Project Schedule Management 项目进度管理
Project's Technical Director 项目技术负责人
~scheduler 项目进度计划师
~scope 建设规模
~section 工段
~speed 项目完成速度
~title 项目名称
Project Visa Form（On-site）（现场）工程签证单
building~ 建筑工程项目
construction~ 建筑工程；施工工程
construction of a~ 工程施工
local authority~ 地方当局项目
master plan for a~（英）工程总（平面）图，工程总布置图；工程总计划
measurement of completed~ 竣工项目测量
new~ 新建工程
planning~ 规划方案
statement of the~（美）项目报表
suspension of~（美）工程停工
projected project 的动名词
~capacity 设计能力
~diameter 投影直径

~–due date 指定完工日期{管}
~route 预定路线
~traffic volume 设计交通量
~water level 设计水位
~window 滑轴窗
projecting 设计，计划；投影；凸出的，突出的
projection 预测，估计，推算；投影；投射；突出，凸起；突出部；设计，计划
~area，crown 路拱凸面
~booth 放映室
~lamp 投影灯
~lantern 幻灯；映画器
~period 预测期，规划期，(人口)预测的时期
~port 放映孔
~printing 投影晒印
~room 放映室
isometric~ 等角投影
projective 投影的
~geometry 投影几何学
projector 设计者，计划者；投射器；投影仪；放映机，幻灯
projects project 的复数
~in capital construction 基本建设项目
proliferated housing，**landscape of** 扩建住房的景观
proliferation 增生，增加，增多，激情，增殖；扩散
~of settlements 沉降扩散
prolific 多产的；富于创造力的
Prolongates Spleenwort ***Asplenium prolongatum*** 长生铁角蕨/长叶铁角蕨
proluvial fan 洪积扇
proluvium/proluvial deposit 洪积物
proluvium 洪积层
promenade 散步；骑马；开车；散步场；步游道；堤顶大路；长廊式散步广场；(骑马或乘车的)队伍，行列；散步；运动；骑马；开车
park~ 公园散步道
beach~ 滨海散步场
coastal~ 海岸散步场
pedestrian~ 步行道，步游道
waterfront~ 沿河(沟)陡岸散步
prominent 突出的，显著的，卓越的
~area，visually(英)自然景观和文化遗产卓越区
~landmark 明显地标
~urn burial site 家族骨灰瓮园
promise 契约，合同；语言；约定，订约
promoter of a competition 竞赛发起人，竞赛承办者
promotion 增进；进级，升级
~of foreign tourism 促进外来旅游
~of leisure activities 促进休闲活动
~of national tourism 促进国家旅游业
prompt subsurface flow 壤中流
pronaos(寺庙)门廊；(古建筑)前室
pronatalist policy 鼓励生育的政策
Pronghorn/pronghorned antelope ***Antilocapra americana*** 叉角羚
proof 证明，证据；论证；检验；校对；有保证的；耐……的，防……的，(水、火、子弹等)不入的；校样的；合乎标准的；试验过的；校对；检验；使不穿透
~engineer 监理工程师
~of claim(要求)索赔的证明

~of executed work 施工证明
~-of-feasibility 可行性论证，可行性检验
~of verified delivery notes，on（英）校核交付单据证明
~reading 校读；校对；校样
~sample 复核试样
~sheet 校样
~test 验收试验，复核试验
proofed，weather 耐反常气候的
proofing，weather 耐反常气候的
prop 支柱，临时支柱；支持者；道具；支持
~root 支柱根，支持根
~stay 支柱
tree~ 树枝主枝
propaganda in family planning 计划生育宣传
propagate 传播；推广，普及；（光、音、地震等）波及
~by layering 压枝推广
propagated 传播的
~error 传播误差
~from seed 种子传播
propagation 传播；推广，普及；（光、音、地震等）波及
~by cutting 插枝推广
~by layering 压枝培植
~by root suckers 根出条繁殖，萌蘖分枝繁殖
~by runners 匍匐茎繁殖
~of error 误差传播
~of explosion 传播
~velocity 传播速度
tuft divided for~ 分束推广
tussock divided for~ 生草丛分裂推广
propel 推，推进
proper 适当的；正当的；固有的；独特的；本部
~redistribution of industry 工业重新合理布局
~tree 正常树{数}
properties 性质
~of soil，chemical 土壤的化学性质
~of soil，physical 土壤的物理性质
edaphic~ 土壤性质
property 财产，资产，房（地）产，产业；性质，属性，本性，特性
~boundary 区域所有权，土地所有权
~boundary wall 土地所有权界墙
~corner 地界标石
~devaluation caused by planning（美）规划引起的贬值
~developer（英）产业开发者
~identification map 资产鉴定图
~line 地界线，红线，建筑红线，地产线，基地线
~-line post 地界标
~line survey；construction line survey 建筑红线测量
~management 物业管理
~parcel 地块所有权
~partition 资产配分
~rehabilitation standard 房产更新标准
~right 产权
~survey 资产调查
~tax 财产税
adjacent~ 临近房地产
non（-）skid~ 防滑特征
social obligation of private~ 私有资产的

社会义务
soil~ 土壤属性
unimproved~（美）未利用财产、地产
prophet 预言者，先知
Propinquity Bamboo *Phyllostachys propinqua* McCl. 早园竹 / 沙竹
proportion 比,比例；平衡；调和；[复]大小（长、宽、厚）；部分；使相称；使均衡；分配；配置
~of an overall area 总面积的一部分
~of births to the population 人口出生率
~of urban population 城市人口的比重
proportional 比例的
~band 比例带
~control 比例控制
~expansion 比例扩张
~-integral（PI）control 比例积分调节
~integral-derivative（PID）control 比例积分微分调节
proportions 面积
proposal 申请；提议，建议；计划；投标（美）
~, draft planning 草图规划建议
preliminary planning~ 初步规划建议
sketch~（英）初步建议，草图建议
proposals 建议
landscape planning~ 景观规划建议，风景园林规划建议
outline and sketch scheme~ 略图和草图建议
publication of planning~ 规划建议的公布（出版）
request for~（美）建议要求
proposed 拟用的
~alignment 拟用路线，假定路线
~extraction site 拟选场址
~falls and gradients 假定坡降和梯度
~grade 推荐坡度，拟用坡度
~level（英）建议水准
~life 拟用年限
~programme 建议方案，建议计划
~structure 拟用建筑物，计划（采用）的建筑物，计划建造的建筑物
propping 用支柱加固，支撑
proprietary software 专用软件
propulsion 推进，推进力
proscenium 台口
~frame stage 箱形舞台
prospect 勘探，调查，探查景色，景象，视野，远景，林荫路，有希望开出矿产的地区
~deck 眺望台
~hole 探孔，探井，试坑
~pit 探（查）坑
Prospect Park 布鲁克林展望公园(1866
prospective 有希望的；远景的，预见的，预料的
~plan 远景规划
~traffic volume 远景交通量
prospectus 计划（任务）书
prosperous wind 顺风
prostrate shrub 平卧灌木丛
prostyle 柱廊，柱廊式建筑
prostylos 多柱建筑
Protea *Protea cynaroides* 帝王花 / 菩提花（南非国花）
protect 保护，守护；防止
protected 防护的，保护的，安全的
~apron 防护墙，防护板
~aquifer recharge forest 水源涵养林，

水补给防护林
~area 保护区
~archaeological area 受保护考古区
~band 防护带，安全带
~cultural heritage landscape 受保护文化遗产景观
~fish habitat area 受保护鱼生境区
~habitat forest 受保护生境林
~harbour 保护港
~landscape feature 受保护景观特征
~lowland 堤内地
~roof 护棚
~（roof）monitor；wind-proofed monitor 避风天窗
~spawning area 安全产卵区
~species 受保护物种
~turns 保护转弯，安全转弯
~wall 胸墙，挡土墙，防护墙
~zone 保护区
protecting 保护，防护
~the ecological environment 保护生态环境
~woods 防护林
~wall 挡土墙，护墙
protecting green buffer 防护绿地
protection 保护，防御；保护物
~against pollution 防污染保护物
~against transpiration 防气化保护物
~agent，plant 植物防护剂
~area against hunting and tree cutting 禁猎禁伐区
~area for scientific research 科学保护区
~area，landscape 景观保护区
~area，marginal 边缘保护区
~area，noise 防噪声保护区
~area，spring 矿泉保护区
~course 保护层
~embankment 防护堤
~fence 护篱，护栏
~forest 防护林
~forest，avalanches 雪崩防护林
~forest，dust and aerosol 尘雾防护林
~forest fire-proof road 护林防火道路
~from avalanches 防雪崩
~from cold 防冻
~from light 防光
~grade 防护等级
~layer，concrete 水泥保护层
~membrane，root 根保护膜
~of an unexcavated area 非挖掘区保护
~of bank 护岸
~of Birds，Royal Society for the（英）皇家护鸟协会
~of conservation areas 保护区防护
~of ecosystem 生态系统保护
~of historic area 旧区保护，历史地区保护
~of land 土地保护
~of local/national heritage 地方和国家遗产保护
~of natural areas 自然区保护
~of natural habitats 自然生境保护
~of nature 自然保护
~of pedestrians 行人交通安全措施
~of spring water 泉水保护
~of the environment 环境保护
~of traffic 交通安全措施
~of trees 树木保护
~of water resources 水源保护，水资源保护

~of wildlife 野生动植物保护
~ordinance of tree（美）树木保护法规
~plate 钢板防护
~research center，bird（美）鸟类保护研究中心
~sealing door 防护密闭门
~suitability 保护适应性
~technology，environmental 环境保护技术
~unit 护脚块体
~zone of water source 水源保护区
~zone，perimeter 圆周区保护，环形防区（军事）
~zone，raw material 原（材）料保护区
antiglare~ 防眩（遮光）保护
bank~ 堤岸保护
benchmark~ 基准点保护
bird~ 鸟类保护
browsing and debarking~ 防啃食和剥皮保护
coastal~ 海岸保护
complex environmental~ 综合环境保护
domestic animal~ 家畜保护
drip line~（美）防水线
dune~ 沙滩保护
environmental~ 环境保护
erosion~ 冲刷防护
flood~ 防洪
forest~ 森林保护
frost~ 防冻
heat~ 防热，抗热，耐热
International Council for Bird~ 国际鸟类保护会议
landscape~（英）风景园林保护，景观保护
legislation on environmental~ 环境保护立法
nature~ 自然保护
place under legal~ 法律保护场所
plant requiring~ 要求保护的植物
radiation~ 防辐射
root zone~ 根区防护，种植坑保护
shoreline~ 沿岸地区保护
trunk~ 树干保护
watercourse bed~ 河床保护
worth of~ 保护价值

protective 保护的，防护的
~area 保护地
~bank of earth 防护土堤
~belt 保护（地）带
~coastal woodland 保护海岸林地
~coat 保护层
~coating 保护涂料
~colloid 保护胶体，保护胶质
~conductor（PE）保护导体（PE）
~course 保护层
~covering 护面，保护层
~door 防护门
~duty 保护关税
~export duty 保护性出口税
~forest 保护森林，防护林
~forest absorbing environmental pollution 能吸收环境污染的防护林
~forest against air pollution 抗空气污染的防护林
~forest belt 防护林带
~forest for soil conservation purposes 水土保持的防护林
~forest for water resources 水源保护的林
~ground 保护地

~import duty 保护性进口税
~layer 保护层，防冻层
~marine forest（美）海洋防护林
~plantation 防护林
~planting 保护性栽植
~rock blanket 块石护层
~screed 防水面层[建]；防护斗篷
~sealant（混凝土的）保护封面料
~sealing door 防护密闭门
~sheathing 防护索套
~sheet 防护层（片）
~slab，concrete（美）（混凝土）防护板
~spacing 防护间距
~structure 防护建筑物，防护构筑物
~structure for tide - water 防潮设施
~system 保护体系
~treatment 防护处理
~tree barrier 防护树障
~turnout 防护道岔
~unit 防护单元
~wire 保护线
~zone 保护区，保护带
planting~（美）植被保护

protector 保护层，保护物，保护装置；保护人

Proterozoic era（1000 million years ago） 元古代

Protestantism/Reformed Church 新教，耶稣教

proto industry 原始工业

proto urban 原始城市

protogene 原生岩

prototype 原型，样机，样品；典型，标准，模范；足尺模型；实验性的
~monitoring 原型监测

prototypical planting scheme（英）原（典）型种植规划

Provence Lavender ***Lavandula* × *inter-media*** **'Provence'** 荷兰薰衣草'普罗旺斯'（美国田纳西州苗圃）

provide 预备，准备；供应，供给
~and install 准备和安装

providence/God's will 天命

providing 提供
~children's playgrounds and car parks 提供儿童活动场地和停车场
~more convenient accommodation 提供更方便的房间

province 省；职权范围
~-wide 全省范围内的
~，physiographic（地理区域）省

provincial 省的
~capital 省会
~economy 地方经济，省级经济
~government city 城市省会首府
~head city 省府城市
~highway 省道
~highway system 省公路系统，省道网
~road 省道
~trunk highway 省干线公路（省道）

provincially administered municipality 省辖市

provincialism 地区性

provision 设备；预防措施，保障；预备，准备；条款；供应；补充；[复]粮食；食品；供应粮食
~for participation，statutory 法定参与条款
~of access for the public 公众出入口设施
~of basic facilities and major grading（英）

基础设施和主要土工修整准备
~of basic facilities and rough grading（美）基础设施和初步整型准备
~of data and aims 数据和目标准备（保障）
~of green spaces 绿化空间提供
~of labo(u)r/personnel 劳动人员提供
~of open spaces 提供空地
~of services 提供服务设施
recreational~ 休闲设备
provisional 暂时的，临时的；假定的
~budget 临时预算
~certificate of completion 临时竣工证书
~certificate of completion with reduction in payment for contract item 缩减合同项目付款的临时竣工证书
~estimate 概算，估算，暂估价
~item（合同的）临时项目，暂定项目
~marker 临时标志
~regulations 暂行条例
~replotting 暂定换地
provisionment 粮食供应
provisions 食品
~for recreation 休闲食品
~shop 食品店
leisure~ 闲时食品
proxemics 亲近学
proximal/disal 远近（景深）均衡
proximity 亲和性
PRT（**personal rapid transit**）快速客运
pruning 剪修，剪枝，剪叶
~at planting 剪枝栽植
~saw（saw for cutting branches）修枝锯
~shear 剪枝刀；修枝剪
~vehicle 修剪车
wound~ 创伤剪枝
branch~ 分枝剪枝
crown~ 树冠修剪
drop crotch~（美）下垂丫杈修剪
dry~（英）干剪修
formative~ 整形修剪
fruit tree~ 果树剪枝
green~ 绿化修剪
invigoration~（美）更新修剪
pollard~ 截顶树修剪
rejuvenation~ 复壮（更新）修剪
root~ 根修剪
routine crown~ 常规冠部修剪
severe~ 重度修剪
severe crown~（美）重度冠部修剪
summer~ 夏季修剪
tip~ 顶端（芽）修剪
tree~ 树木修剪
tree and shrub~ 树木和灌丛修剪
Prunus mume* tree gummosis** 梅花流胶病（Botryosphaeria ribis*** 多主葡萄壳菌 / 无性世代，***Dothiorella ribis*** 多主小穴壳菌 / 病原非寄生性的病原）
Prunus salicina Powdery mildew 李白粉病（***Podospaera* sp.** 叉丝单囊壳菌）
Prytaneum（古希腊城市中的）公共建筑或大厦
Przewalsk Ajania ***Ajania przewalskii*** 细裂亚菊 / 青亚菊
Przewalsk Azalea ***Rhododendron przewalskii*** 陇蜀杜鹃 / 青海杜鹃
Przewalsk Juniper ***Sabina przewalskii*** 祁连山圆柏
Przewalskii gymnocarpus ***Gymnocarpus przewalskii*** 裸果木

rzewalski's gazelle ***Procapra przewalski*** 蒙原羚 / 蒲氏原羚 / 滩黄羊

rzewalski's horse/Mongolian wild horse ***Equus przewalskii/E.ferus*** 普氏野马 / 蒙古野马 / 野马

sammophilous 适沙生物的，喜沙生物的

~plant 喜沙植物

seudo– 表示"伪，假拟，虚"之义

~–classic architecture 仿古（典）建筑

~colour density encode 假彩色密度编码

~–dipteral 仿双廊式

~–dipteral building 仿双廊式建筑

~–Gothic style 仿哥特式

~–peripheral（四周有柱的）仿单廊式

~–peripheral architecture 仿古典建筑

~–prostyle 仿柱廊式

~–urbanization 虚假都市化

seudokarst 假喀斯特，又称"假岩溶"

'seudomonas leaf spot of ***Dahlia pinnata*** 大丽花青枯病（***Pseudomonas solanacearum*** 细菌）

Pseudomonas leaf spot of ***Rhaphidophora aureum*** 绿萝细菌性叶斑病（***Pseudomonas cichoric*** 菊苣假单胞菌）

pseudostereo scopy 反立体

psychics 心理学

psychological factor 心理因素

psychology 心理学

psychrometer 干湿表

Pteris cretica 大叶凤尾蕨

Chinese Ash ***Pterocarya stenoptera*** **DC.** 枫杨

pub（英）小酒店，小旅馆，客栈

Pubescent leaf Albizzia ***Albizia mollis*** **(Wall.) Boiv.** 毛叶合欢 / 滇合欢

public 公用的，公共的，公立的；公开的；公众；社会，民众

~access，right of 公众进出口，进路权

~access to rural land 公众通往乡（农）村地区的进出口

~accumulation 公共积累

~active recreation areas and facilities 公众游乐场及设施

~address system 公共广播系统

~–address system 公共广播系统

~agency（美）公立公众服务机构

~and civic site（英）公共及平民场所

~announcement 公开宣布

~arcade 公共拱廊步道

~area 公共广场，公共场所

~assembly hall 公共会场，礼堂

~authority 公共管理机构

~authority/agency，chief landscape architect in a（美）在公共管理机构 / 公众服务机构中的首席风景园林师

~authority/agency，chief landscape architect employed by a 公共管理机构 / 公众代理机构雇用的首席风景园林师

~authority or agency with planning powers（英）公共管理机构或具有规划授权证书的代办机构

~authority，senior landscape architect in a(英)公共管理机构中的高级(资深)风景园林师

~bath(s) 公共浴室；公共温泉浴场

~bath–house 公共浴室

~benefit 公益

~bid opening 公开开标

~bidding 公开招（投）标

~billiards saloon 公众桌球室
~bowling alley 公众保龄球场
~building 公共建筑，公共房屋
~building for active recreation 公众游乐场馆
~building groups 公共建筑群
~bus 公共汽车
~canteen 公共食堂
~car park 公共存（或停）车场
~center 公共中心
~cleansing 公共清洁（指街道）
~cleansing and waste disposal（英）公共清洁及垃圾处理
~client 公众委托人
~comfort room（美）公共厕所（或盥洗室）
~comfort station（美）公共厕所（或盥洗室）
~conservatory 展览温室
~construction project 公共建设工程；公共建筑工程
~consultation 公共咨询，群众评议
~contract manager（美）公共合同法（契约法）管理系统（或管理程序）
~convenience 公共厕所
~corporation-forest 公有林
~dance hall 公众舞厅
~disaster 公害
~district open space 公众地区游憩用地
~domain（美）国有土地，公产
~driveway 公用车道
~elementary school 公立小学
~enquiry（英）公众咨询；公众调查；公众问题
~entertainment 公众娱乐
~expense 公共消费，公共费用
~facilities 公共设施用地公共（服务）设施
~facilities institutions 公共福利设施
~facilities，site for 公共设施场所；公共设施部位
~facility 公共建筑，公共设施
~facility index 公共服务设施定额指标
~funds 公共基金（专款）；公用资金（或现款，金钱，财源）
~garden 公园
~good 公益
~green area 公共绿化面积
~green space 公共绿地，公共开放空间
~green space norm 公共绿地定额
~green space quota 公共绿地定额
~green space，administration and maintenance of 公共绿地管理和养护
~hall 公堂，大会堂
~hazards 公害
~health 公共卫生，公众健康
~health standard 公共卫生防护标准
~hearing 公共聆听〈这是英国规划程序中的一个步骤，城市规划部门将他们的规划公开展示，并组织公众集会，在集会上公众可以发表意见，提出问题〉；公众意见听取会
~highway 公路
~highway facility 公路设施
~holiday 公休假日
~house 小酒店，饮食店；居住小区集会处
~household 公共户
~housing 国民住宅建设，公共住房，公房，公产房

~housing acquisition 为公共住房建设置地
Public Housing Administration（美）公众房产管理局
~housing agency 公共住房机构
~housing program 国家住房建设计划
~housing project 公共住房建设项目
~hygiene department 公共卫生部门
~improvement 公共设施的改进
~inquiry 公众访问，公开调查，公众质询
~inspection 公众调查，公开检查
~inspection，open for（美）开放公众检查
~institution 公共机构（指孤儿院，医院，学校等）
~investment 公共投资（用于经济和社会福利方面），政府投资
~involvement（美）公开参与
~land 公共土地，公地
~land ownership 土地公有制
~latrine 公共厕所
~lavatory 公厕
~–library 公共图书馆
~life 公共生活，社会生活
~light bus（PLB）轻便公共汽车
~light bus stand 公共小型巴士站
~lighting 公共照明，街道照明
~notice 公告
~nuisance 公害
~nuisance disease 公害病
~nuisance abatement 公害消除
~nuisance analysis 公害分析
~nuisance control 公害防治
~nursery 托儿所
~offer 公开报价
~officer 公务员，公职（人员）
~open space 公众游憩用地，公共绿地
~operated house 公营住宅〈地方公共团体接受国家补贴而建设的出租住宅〉
~opinion 群众意见，舆论
~opinion survey 民意调查
~or semi（–）public authority 公共或半公共行政管理机构
~paratransit 公共辅助交通
~park 公园
~park system 公园系统
~parking area 公共停车区
~parking garage 公共车库
~parking place 公用停车场
~parks 公园；公园绿地
~participation 公众参政，公众意见，群众参与
~passage 公共通道
~passenger transport 公共交通运输，公共汽车运输，长途客运
~phone booth 公用电话亭
~place 公共广场，公共场所
~planning body（美）公共规划主要部分
~prequalification bidding notice（美）公开投标资格预审通知
~prequalification tendering notice（英）公开投标资格预审通知
~realm 公共领域
~recreation facilities 公共娱乐设施
~relations 公共关系；交际，社交；对外关系
~rental house 公营出租住宅〈国家或地方公共团体经营的住宅〉

~reserve funds 公积金
~responsibility 社会责任；公共义务
~responsibility principle 社会责任准则
~restaurant 公共食堂
~revenue 公共收入，政府收入
~right-of-way 公共（道路）用地权；公共（车辆，船等的）通行权
~road 公路，公用道路
Public Roads（Journal of Highway Research）公路（美期刊名）
~Roads Administration（简写 P. R. A.）公路管理局
~Roads（Administration）classification of soil（美国）公路管理局土分类法（分成 A-1 到 A-8 八种）
~safety 公共安全，大众安全
~safety, crown pruning for 为公共安全修剪树冠
~school（美）公立中学（或小学）
~seal 公章
~secondary school 公立中学
~security 公共安全
~security bureau 公安局
~service 公共设施，公用事业
~servic area 公用区，服务区
~service facility 公共服务设施
~service vehicle 公共车辆，公共汽车
~services 公用设施，公共工程设施，城市公共设施〈指交通、情报、通信公用事业等设施〉
~services building 公共建筑，公共服务楼
~sewer 市政排水管道，公共排水管道
~space 公共空间，公共场所
~square 广场
~station 公用电话亭
~supply infrastructure 公共设备，集体设备
~supply mains 城市供应管网，城市给水管网
~tender 公开招标
~transit 公共交通，公共运输
~transit facility 公共交通设施
~transit shelter（美）公共交通车棚
~transit system 公共交通系统
~transit vehicle 公共交通车辆
~transport 公共交通，公交客运
~transport assignment 公共交通客运分配 {交}
~transport management system（简写 PTMS）公交管理系统
~transport, mode of（英）公共交通运输方式
~transport shelter（英）公共交通车棚
~transportation 公众运输
~transportation planning 公共交通规划
~transportation system（美）公共运输系统
~transportation vehicle 公共运输车辆
~undertaking 国有企业，事业单位
~use 公共事业，公用事业
~use of water 公共用水
~use site（美）公用场所
~utilities 市政公用设施，公用事业
~utility 公用事业，公用设施
~utility building 公用设施用房
~utility line 公用事业（管线）
~utility network 公用事业网络
~utility service 城市公用事业
~utility system 公用事业系统

~vehicle traffic 公共车辆交通
~water 公用水
~water supply 公用给水，公共给水工程
~waterworks 自来水厂，自来水工程
~way 公用道路
~welfare 公用福利设施，公共福利
~welfare facilities 公共福利设施
~welfare institution 公共福利设施
~welfare，planning for the 公共福利规划
~work policy 公共工程政策
Public Workers Administration（联邦）公共工程局
~works 市政工程，公共建筑，公共工程
~works department 公共建筑部门，市政工程部门
~Works，Department of [CDN] 市政工程部
~worship，place of（英）公众敬神（拜神）场所
provision of access for the~ 公共通道规定（条款）
publication 公布；出版；出版物，刊物
~of planning proposals 公布规划提案
~original 出版原图
publicly 公开的；由公众（或）政府同意的
~aided private housing 自建公助住房
~assisted housing（英）由公众（或政府）补助的住房
publisher 出版社
publishing 出版事业，出版
~firm 出版社
~house 出版社
~industry 出版业
PUD（**planned unit development**）有规划的地段建设
pudding 捣（涂）泥浆，揉搓黏土，捣实（密）；布丁（状物）
~bin 化（石）灰池
~rock 圆砾岩，蛮石
~，root 根部捣实
~stone 圆砾岩
pueblo（美国印第安人的）村庄，集体住所
puffballs ***Calvatia*** 马勃菌（属）
Puget Blue Ceanothus ***Ceanothus Puget*** **Blue** 帕杰特兰美洲茶（英国萨里郡苗圃）
Pulau Seribu（**Indonesia**）雅加达千岛区（印度尼西亚）
Pulesi（**Temple of Universal Joy**）（**Chengde**，**China**）普乐寺（中国承德市）
pull 拉力，拖力，牵引力；援引；柄，拉手；拉，拖，牵，曳，曳引，拔、摘
~-lane（美）路侧停车道
~-off（美）拖出；可拉开的；可脱去的；（英）路侧停车带（=lay-by）
~off test 拉伸试验
~slanting cable 拉偏索
~-strip（美）路侧停车带
~-up（英）沿路休息处，路边咖啡馆
pulloff track（美）停车线，备用线，侧线，交会线
pullout（美）路侧停车
bus~（美）公共汽车路侧停车

pulp 纸浆
~mill 纸浆厂
~mill pollution 纸浆厂污染
pulpit 讲坛
pulsate 搏动，（有规律的）跳动
pulsator 脉冲澄清池
pulse electrolysis 脉冲电解
pulvation action 尘化作用
pulverized coal 末煤
Pulverulent Primrose ***Primula pulverulenta*** 粉莛报春
pumice 浮石；浮水石
pumicite 火山尘埃
Pummelo/shaddock ***Citrus grandis*** 柚子/文旦
pump 泵，唧筒，抽机；水泵，抽水机；用泵抽，抽吸
~house 水泵房
~–in test 压力试验
~, recirculating（使）再循环（回流）水泵
~station 水泵站（抽水站、扬水站、提水站）
~well 抽水井
~submersible 潜水泵
pumped 抽水，泵送
~storage 抽水蓄能
~storage power station 抽水蓄能电站
pumper 装有水泵的消防车，抽水机
pumping 抽吸，泵送，抽水
~capacity 排水能力
~house 泵房
~plan 排水系统图，排水平面图
~room 水泵房
~sampler 泵式采样器
~station 泵站
~test 抽水试验
~test of well group 群孔抽水试验
~well 抽水孔
~works 泵站
pumpkin 西葫芦，南瓜
Pumpkin ***Cucurbita pepo*** 西葫瓜
pun 打；捣
Puna 普那草原
punch 冲孔；冲床，冲压机；打眼钻；冲孔器；穿孔器；穿孔机；山凹；剪票铗；冲孔，穿孔；轧票
~card（简写 PC）穿孔卡
~list（美）穿孔登记表
~list checkout 检查清单
~tape 穿孔纸带
punchings hear failure 冲剪破坏
pungent odor 刺激性臭气
Punting Pole Bambusa ***Bambusa pervariabilis*** 撑篙竹/油竹/花眉竹
puppet 木偶，傀儡
~play theater 木偶剧院
Puppet State's Imperial Palace（Shen–yang, China）伪皇宫（中国沈阳市）
purchase 买，购买；获得（物）；起重装置
~on installment 分期付款购买
~order 订货单
compulsory~（英）强制购买
purchasing power 购买力
Purdom Poplar ***Populus purdomii*** 冬瓜杨/水冬瓜
pure 纯净的，纯粹的；纯正的；单纯的；清洁的
~art 纯艺术

~bitumen 纯沥青

Pure Brightness（5th solar term）清明

~forest 纯林

~Land/Paradise of the West 净土

~rent 纯地租

~science 纯粹科学

~shear 单纯剪力，纯剪

~shear test 纯剪试验

~stand 纯群落地段，纯植物群落，纯林分

~tone 纯音

Purging Croton ***Croton tiglium*** 巴豆

purification 净化，净化作用，提纯，提纯作用；清洗

~capacity 净化能力

~efficiency 净化效率

~of sewage 污水净化

~of water 水的净化

~plant 净水场，净化池，净水厂

~process 净化过程

~structure 净水构筑物

~tank for liquid waste 废水处理池

flue gas~ 烟道气净化

water~ 水净化

purified 净化的

~sewage 净化污水

~water basin 清水池

purity 纯度，品位

~of style 式样的纯净

~water； pure water 纯水

purlieu 近郊；胜地；森林边缘地

purlieus 范围，界限，环境

purlin 檩条，桁，檩

~on hypostyle 老檐桁

Purokered Pentapetes ***Pentapetes phoenica*** 午时花 / 夜落金钱

Purple Bamboo Park（Beijing，China） 紫竹院公园（中国北京市）

Purple Bauhinia/Butterfly Tree ***Bauhinia purpurea*** 紫羊蹄甲

Purple Beauty Berry/Chinese Beauty berry ***Callicarpa dichotoma*** 小紫珠 / 紫珠

Purple Beauty-berry ***Callicarpa dichotoma*** **（Lour.）K. Koch** 紫珠

Purple Bergenia ***Bergenia purpurascens*** 岩白菜

Purple Blow Maple ***Acer truncatum*** 五角槭 / 元宝槭

purple clay pot 紫砂盆

Purple Cloud Restaurant 紫云餐厅

Purple Coneflower ***Echinacea purpurea*** 紫松果菊 / 松果菊 / 紫锥花（美国俄亥俄州苗圃）

Ppurple Cone Spruce ***Picea purpurea*** 紫果云杉

Purple Cupdaisy ***Cyathocline purpurea*** 杯菊 / 小红蒿

Purple European Beach ***Fagus sylvatica Atropurpurea Group*** 紫叶欧洲山毛榉（英国斯塔福德郡苗圃）

Purple Flowering Chinese Cabbage/ Purple Flowering ***Choy sum Brassica chinensis*** **var.** ***purpurea*** 红菜薹 / 紫菜薹

Purple Fountain Grass ***Pennisetum setaceum*** **'Rubrum'** 红宝石狼尾草

Purple Giant-hyssop ***Agastache scrophulariifolia*** 紫花藿香（美国俄亥俄州苗圃）

Purple Grape Vine ***Vitis vinifera Purpurea*** 紫葡萄（英国斯塔福德郡苗圃）

Purple Haze Buddleia *Buddleia* × 'Purple Haze' '紫雾' 醉鱼草（美国田纳西州苗圃）

Purple Hazel *Corylus maxima Purpurea* 紫叶榛（英国斯塔福德郡苗圃）

Purple Heart/Purple Setcreasea *Setcreasea purpurea* 紫露草 / 紫竹梅 / 紫叶草

Purple Leaf Plum *Prunus cerasifera* cv. 'Pissardii' '紫叶樱' 李 / 紫叶李（英国萨里郡苗圃）

Purple Loosestrife *Lythrum salicaria* 水柳 / 千屈菜

Purple Magnolia/Lily Magnolia *Magnolia liliiflora* 木兰 / 紫玉兰

Purple Milkweed *Asclepias purpurascens* 淡紫马利筋（美国俄亥俄州苗圃）

Purple Onion/Chives *Allium schoenoprasum* 香葱 / 虾夷葱(美国田纳西州苗圃）

Purple Orach *Atriplex hortensis* var. *Rubra* 紫滨藜 / 滨藜

Purple Osier/Purple Willow *Salix purpurea* var. *multineruis* 杞柳

Purple Setcreasea/Purple Heart *Setcreasea purpurea* 紫露草 / 紫叶草

Purple Toona *Toona microcarpa* 紫椿 / 小果香椿

Purple Velvet Plant/Velvet Plant *Gynura aurantiaca* 紫鹅绒 / 金兰三七草

Purple Weigela *Weigela florida Foliis* 'Purpureis' '紫色福利斯' 锦带花（英国斯塔福德郡苗圃）

Purple Wildginger *Asarum porphyronotum* 紫背细辛

Purple Willow *Salix purpurea* L. 杞柳（红皮柳）

Purple Willow/Purple Osier *Salix purpurea* var. *multineruis* 杞柳

Purple Wreath *Petrea volubilis* L. 蓝花藤 / 紫霞藤

Purplebell Cobaea *Cobaea scandens* 电灯花

Purplebloom Maple *Acer pseudo-sieboldianum*（Pax）Kom. 紫花槭 / 假色槭

Purplebract Windhairdaisy *Saussurea purpurascens* 紫苞风毛菊

Purpledoubleflower Shrubalthea *Hibiscus syriacus* f. *violaceus* 紫花重瓣木槿

Purpleflower Aangelica *Angelica decursive* 紫花前胡 / 土当归 / 鸭脚七

Purpleflower Deadnettle *Lavandula maculatum* 紫花野芝麻

Purpleflower Michelia *Michelia crassipes* Law 紫花含笑

Purple-flower Star Jasmine *Trachelospermum axillare* 紫花络石

Purple-flowered Rosewood *Dalbergia szemaoensis* 思茅黄檀

Purplefruit Holly *Ilex tsoii* 紫果冬青

Purpleleaf European beech *Fagus sylvatica Atropunicea* 紫叶欧洲水青冈（英国萨里郡苗圃）

Purpleleaf Japanese Barberry/Red Barberry *Berberis thunbergii* cv. *Atropurpurea* 紫叶小檗（美国田纳西州苗圃）

Purple-leaved Cherry Plum *Prunus cerasifera* Elhrh.f. Atropurpurea（Jacq.）Rehd. 红叶李

Purple-red Mullein *Verbascum phoeniceum* 紫毛蕊

Purple-red Pentapetes ***Pentapetes phoenicea*** 夜落金钱 / 子午花

Purplestreak Alstroemeria ***Alstroemeria ligtu*** 紫条六出花

purpose 目的；意思；决心；用途；企图；打算；决心要

~area，scientific[CDN]（科学）专用保留地，公共生物专用保留地

~-built 有目的建造的，特造的

~-made 定制的，特制的

~of trip 出行目的

planning~ 规划目的

purposes，land reserved for environmental 环境保护专用保留地

Purpur-Magnolie ***Magnolia liliiflora Nigra*** 黑色紫玉兰（英国萨里郡苗圃）

Purpus Privet ***Ligustrum quihoui*** 小叶女贞

pursuit 追求，寻求；从事；娱乐

~，leisure 悠闲娱乐

~-，recreation 消遣娱乐

push 推动；冲击；推，按；推动，推进；压迫

~bicycle（英）自行车

~-bike（英）自行车

~cycle（英）自行车

pushcart 手推车，婴儿车

pusher grade（平地调车场的）辅助坡度，推送坡度，加力牵引坡度

Pushkin Museum（**Russia**）普希金博物馆（俄罗斯）

Pushkin Square（**Russia**）普希金广场（俄罗斯）

pussley/purslane（***Portulaca oleracea***）瓜子菜 / 马齿苋

put 搁，放；连结{电}

~a premium on 奖励，鼓励，重视，助长

~off 延期

pureal（古罗马）井栏

Putna Monastery（**Romania**）普特纳修道院（罗马尼亚）

Puto hornbeam ***Carpinus putoensis*** 普陀鹅耳枥

putting（高尔夫）轻击区，球穴区，（供练习用）场外轻击区（或球穴区）

~green 高尔夫球场绿化

~into record 归档

Putuo Mountain（**Zhoushan City，China**）普陀山（中国舟山市）

Pygmy buffalo/anoa ***Anoa depressicornis*** 倭水牛

Pygmy cormorant ***Phalacrococrax niger*** 黑颈鸬鹚

Pygmy Date Palm/miniature date palm ***Phoenix roebelenii*** 美丽针葵 / 软叶刺葵

Pygmy hippopatamus ***Choeropsis liberiensis*** 倭水马

Pygmy Water-lily ***Nymphaea tetragona Georgi*** 睡莲（泰国、斯里兰卡、孟加拉国、埃及国花）

pylon 柱台；（飞机场）定向塔；埃及式门楼；标塔；塔门，门口，牌楼门

pyramid 棱锥体，棱锥（式），角锥，锥；金字塔

~ construction 金字塔式建筑

~crown 塔型树冠

~cut 角锥式钻眼；锥形掏槽

~，demographic 人口金字塔

~flower bed 圆锥花坛

~roof 多边形屋顶〈亭、台、阁、榭屋顶〉

life~ 生命金字塔，生命锥体

population~（美）人口金字塔

pyramidal 棱锥体的，锥状的，角锥的；尖塔的，尖塔状的

~dwarf fruit tree（美）尖塔形矮果树

~fruit bush（英）尖塔形结果灌木

~fruit tree 尖塔形果树

Pyramidal Billbergia *Billbergia pyramidalis* 水塔花

Pyramids of Giza（Egypt）吉萨大金字塔（埃及）

Pyralid moths 螟蛾类 [植物害虫]

Pyrethrum *Tanacetum cinerariifolium* 除虫菊 / 达尔马提亚雏菊

pyrolith 火成岩

pyrophyllite mine 叶蜡石矿

pyroschist 沥青页岩

pyrosphere 火圈 / 岩浆圈

pyroxene 辉石（类）

pyroxenite 辉石岩

Pythium* disease of lawn** 草坪腐霉菌枯萎病 / 油斑病 / 絮状疫病（Pythium aphanidermatum*** 卵菌瓜果腐霉 /***Pythium ultimum*** 终极腐霉 /***Pythium graminicola*** 禾谷霉菌 /***Pythium myriotylum*** 群结腐霉 /***Pythium arrhenomanes*** 禾根腐霉）

Q q

anat 暗渠，坎儿井
asr 阿拉伯宫殿，阿拉伯城堡，阿拉伯公馆
atar art 卡塔尔美术（亚洲）
i Kang 齐康，中国科学院院士，建筑学家、风景园林专家
ian Mausoleum of Tang dynasty（Xianyang，China）唐乾陵（中国咸阳市）
ian Xuesen 钱学森，科学家，山水园林城市倡导者
iandaohu（One-Thousand-Island Lake）（Chun'an，China）千岛湖（中国淳安县）
ianling Mountain，Guiyang（Guiyang，China）贵阳黔灵山（中国贵阳市）
ianling tombs（Xianyang，China）乾陵（中国咸阳市）
ianxun Pagoda in Chong-sheng Temple（Dali，China）崇圣寺千寻塔（中国大理县）
iao Feng Jing（Woodman's Breezy Path）樵风径
iaojia Pine（拟）***Pinus squamata*** 巧家五针松
qibla 伊斯兰教中要求祈祷壁龛朝向麦加方向
Qing stone 青石
Qinggongbu Gongcheng Zuofa 清工部《工程做法》
Qinghai Lake and Bird Isle 青海湖和鸟岛
Qingjing Mosque（Quanzhou，China）清净寺（中国泉州市）
Qingling（Emperor Taichang）（Bahrain Right Banner，China）庆陵（中国内蒙古巴林右旗索博力嘎）
Qingshi Yingzao Zeli《清式营造则例》
Qingtian stone carving 青田石刻
Qingtian stone mine 青田石矿
Qingtong Gorge（Qingtongxia，China）青铜峡（中国青铜峡市）
Qingyi Garden 清漪园，即颐和园
Qinhuai River（Nanjing，China）秦淮河（中国南京市）
Qinling lenok ***brachymystar lenok tsinlingensis*** 秦岭细鳞鱼
Qinling Sagebrush ***Artemisia qinlingensis*** 秦岭蒿
Qu Yuan's Memorial Temple in Miluo（Miluo，China）汨罗屈子（屈原）祠（中国汨罗市）
quack-grass digger 剪草机
quacker 白云岩
quad［名，形］四合院；四边形，方形；象限，扇形体，扇体齿轮；四倍的，由四部分组成的；四芯线组｛电｝
quad tree 象限四分树
quadplex 四个单元拼在一起的住宅楼
quadrangle 四边形，四角（平面）形；

四合院；方庭，方院；方院四边的建筑物

~-houses 四合院

quadrat 一块长方形的地

~，permanent 一块永久性长方形的地

quadrate 正方形的，正方形；使适合，使一致；将圆作成等积正方形；四等分

quadric mean deviation 均方差

quadrilateral peristyle 四边列柱廊式建筑

quadro 方型住宅区〈位于城市或郊区，起码有一幢住宅及一座购物中心的住宅区〉

quadrominium 四户公寓楼

quag 沼泽地，泥沼；绝境

quagmire 泥沼，沼泽；泥沼地，沼泽地；泥泞地；绝境

quai（法）码头，站台，船埠，堤岸

quake 震动，摇动，抖；地震；震动；地震

~prone 经常发生地震的

~-proof structure 抗震结构

Quaking Aspen ***Populus tremuloides*** 美洲山杨 / 响杨 / 颤杨（美国田纳西州苗圃）

quaking bog 跳动沼，颤沼 { 地 }

quaking mire/floating mire 颤沼

qualification 资格；条件；限制；执照；评定；资历介绍；资质审查

~certificate 资格证书，合格证书

~documents 资格证明文件，资格文件

~process 鉴定过程 { 管 }

~，references for 资质审查依据

~statement 资格声明

~test 检定试验，合格试验

qualified 有资格的；经过检定的；合格的

~ratio of scheme 方案合格率

~technician 合格技术员

~town 建制镇

qualifier 合格的人（或物）

qualitative 定性的

~analysis 定性分析

~data 定性资料

~housing shortage 住宅质量困难〈指住宅质量不能满足社会发展的需要〉，合格住宅短缺

~relationship 定性关系

quality（品）质，性质；特性；优质的高级的

~accident 质量事故

~aggregate 优质集料，高级集料

~，air 空气质量 / 品质

~analysis，soil（土壤）性质分析

~audit 质量审核 { 管 }

~bonus 质量奖

~category，water（水）质量分类

~certificate 质量证明

~class（美）质量级别 / 等级

~classification of soil samples 土试样质量分级

~concrete 优质混凝土，高级混凝土

~control（QC）质量控制，质量管理

~control and quality assurance system（简写 QA/QC）质量监督和保证体系

~control audit 质量管理监督

~control engineer 质量控制工程师

~control region，air（空气）质量控制区

~control station, air（空气）质量监控站
~control, water（水）质量控制
~, detraction from visual 目视质量的降低
~distribution chart 质量分布图
~engineer 质量工程师
~evaluation 质量评价
~grade（英）质量（等）级
~improvement measures, water（水）质量改良措施
~indicator 质量指标
~management 质量管理
~management, air（空气）质量管理
~management system（简写 QMS）质量管理体系
~management, water（水）质量管理
~manual 质量手册
~map, lake and river water 湖泊和江河水质图
~objectives 质量目标
~of air environment 空气环境质量
~of appearance 观感质量
~of building engineering 建筑工程质量
~of design 设计质量
~of landscape, visual（视觉）景观质量
~of life 基本生活条件，生活质量
~of nursery stock 苗圃供应的成批树苗的质量
~of population 人口质量
~of river water 河水质量
~of rivers and lakes, water 江河和湖泊的水质
~of the environmental
experience, subjective（主观）环境体验质量
~of water supply 供水质量
~plan 质量计划
~planning 质量策划{管}，质量规划
~rating 质量分级
~-related cost(s) 质量成本
~scheme 定性方法
~specification 质量标准质量方案规范，质量说明书
~standards for nursery stock 苗圃供应的成批树苗的质量标准
~standards for perennials 多年生植物质量标准
~standards, environmental 环境质量标准
~standards, water 水质量标准
~system review 质量体系评审{管}
aesthetic~ 美学质量
dwelling~ 居住质量，住宅质量
environmental~ 环境质量
perceived environmental~ 感觉环境质量
preservation and management of scenic~ 风景质量的保护和管理
recreation~ 休闲质量/游憩品质
reduction in visual~ 目视质量降低
scenic~ 风景质量
visual~ 目视质量，直观质量
visual resource~（景观）视觉资源质量

quantification 定量，量化，以数量表示

quantify 定量，表示分量

quantitative 定量的；量的，数量的；分量上的
~analysis 定量分析
~approach 定量方法
~change 量变

~classification 定量分类
~criteria 计量标准
~data 数量数据
~economy 计量经济学
~evaluation 定量评价
~geography 计量地理学
~housing shortage 住宅数量短缺
~inspection 计量检验
~limit 定量界线
~method 数量法，定量法 ~relation 数量关系
quantities 数量，定额，定量
bill of~（英）数量清单
calculation of~ 数量计算，数量预测
calculation of contract bid~（美）合同投标数目计算
estimate of~ 数量概算
list of bid items and~（美）投标项目和数量表
schedule of~（美）数量一览表
quantity 数量，定量，量，定额
~calculations 数量计算
~of employment 就业人数
~of precipitation 降水量
~of rainfall 降雨量
~per capita 人均量
~relative 数量关系
~Surveyor 预结算员
~take–off（美）数量估计
quarantine anchorage 检疫锚地
quarry 采石场，采石矿；采石，钻掘，凿石；发掘，努力寻找
~blasting 采石爆破
~engineering 采石工程
~–faced（石料）粗面的
~–faced ashlar masonry 粗面方石圬工
~–faced masonry（美）粗面圬工
~faced stone 粗石，原开石
~flagstone 采板石
~hammer 采石锤
~material 粗采石料
~pavement 粗石路面，块石路面，粗石铺面
~rock 粗石料，毛石料
~rock face 粗石料面
abandoned~ 废弃采石场（矿）
cliff~ 悬崖采石
old~（美）（老）旧采石场
quarrying 采石，采石工程
~by hand 人工开采
~machine 采石机
~of gravel 采砾石
~of sand 采沙
~operation 采石工作
quarters 住宅区，宿舍
quartz 石英
quartz glass factory 石英玻璃厂
quartzite 石英岩
quase-satellite city 准卫星城市
quasi 似，准，类，拟，半，伪
~–industrial zone 准工业区，无污染工业区
~–judicial 准司法权
~–permanent combinations 准永久组合
~–permanent value 准永久值
~satellite city 准卫星城市
~–stable population 准稳定人口
quaternary industry 第四产业
Quaternary Period 第四纪
Quaternary System 第四系

uatrefoil 四叶饰
uattrocento 文艺复兴初期〈1400 年代〉/ 十五世纪
uattrocento architecture 十五世纪意大利文艺复兴建筑
uay 码头；堤岸，岸壁
~floor 码头地面
~pier 突堤码头，防波堤
~shed 码头前方仓库，码头前方货栈
~-side 码头区，码头沿岸
~space 码头（附属）区
~surface 码头用地〈堤岸边至仓库间的地面〉
~wall；solid pier 实体式码头
uayage 码头用地，码头使用费
uayside 码头区
uaywall 岸墙，驳岸
ue 阙
uebrada（美国西南部的）峡谷，高低不平的地形区，山涧
ueen 女王；王后；
Queen Ann style（英国 18 世纪）安娜女王时代的建筑家俱式样
~（-post）girder 双柱上撑式梁，双柱托梁，双柱桁梁
~post 双柱架
~-size 大号的
~（-post）truss 双柱桁架
~trussed beam 双柱上撑式梁
Queen Anne's Lace ***Daucus carota*** 野胡萝卜
Queen Crape Myrtle ***Lagerstroemia speciosa*** **L. Pers.** 大花紫薇
Queen of the Prairie ***Filipendula rubra*** 红花蚊子草（美国俄亥俄州苗圃）
Queen Palm ***Syagrus romanzoffianum*** **（Cham.）Glassm./*****Arecastrum romanzoff*** 皇后葵（金山葵，山葵）
Queen's Tomb of Jupa Ⅱ（Algeria）尤巴二世王后墓（阿尔及利亚）
Queens Bird-of-paradise-flower ***Strelitzia reginae*** **Banks** 鹤望兰
Queensland Umbrella Tree ***Schieffera actinophylla*** **（Endl.）Harms.** 澳洲鹅掌柴 / 大叶鹅掌柴
Quercus Boreslis 北方红栎
question blank 调查表
questionnaire 一组问题；调查表，征询意见表，调查提纲，（法）征求意见表；调查表法
~data 调查表资料
~method 调查表法，置疑法
questionary 调查表
Quetta（Pakistan）吉达（巴基斯坦）
queue 排队 / 队列
~length 排队长度
~shelter（排队）候车棚
queueing 排队
~phenomena 排队现象
~problem 排队问题
~theory 排队理论
Qufu 曲阜（市）
（Temple，Mansion and Cemetery of Confucius in Qufu 曲阜三孔：孔庙、孔府、孔林）
quick 快的，迅速的，敏捷的
~-drying cement 快干水泥
~drying epoxy undercoat 快干环氧涂层
~drying paint 快干油漆
~-drying varnish 快干清漆

~-fence 树篱
~fence 树篱
~open flow characteristic 快开流量特性
~planting works 速成绿化
~sand 流砂
~set 快凝；插活的树；插条
~shear test 快剪试验
quickly taking cement 快凝水泥，早凝水泥
quicksand 流砂
quickset 绿篱，树篱
~hedge 插树篱（笆）
quiet [形, 名]（平）静；安静, 使……静，平定；安慰
quiet area 安静区
~-riding 安静行驶
~road 安静道路，冷僻道路
~zone 安静地区
Quince ***Cydonia oblonga*** 榅桲 / 金苹果
quincuncial 五点形的，梅花形的
quincunx planting grid 梅花点式幼苗网格
Quinnipiac Mountain Laurel ***Kalmia latifolia*** **'Pinwheel'** '风车' 山月桂（英国斯塔福德郡苗圃）
quintessence 精华，典范；实体；浓粹
quire architecture 教堂建筑艺术
Quirinal Palace（**Italy**）魁里纳尔宫（意大利）
Qujiang Pool（**Xi'an**，**China**）曲江池（中国西安市）
quoin 凸角，楔子
quota 定额，限额，配额
~for public open space 公共开放空间定额
~management system 定额管理制度
~system（in migration policy）（迁移政策中的）移民限额制度
~system 定额分配制，限额制度
~wage system 定额工资制
quotation 引用，引证；引用语，语录；行市，时价；报价单，估价单；估价报价
~of price 报价，牌价
Qutab Minar（**India**）库塔布塔（印度）
Qutang Gorge（**Chongqing**，**China**）瞿塘峡（中国重庆市）

R r

R. E. Faber's Rhododendron *Rhododendron faberi* 金顶杜鹃 / 费氏杜鹃 / 康定杜鹃（文莱国花）

rabbit warren 养兔场；过度拥挤之共同住宅

Rabbit-ear Iris *Iris laevigata* 燕子花 / 花菖蒲

Rabbit-ears/Yellow bunny Ears *Opuntia microdasys* 黄毛掌 / 金乌帽子 / 兔耳掌

rabbitry 养兔场

Rabdosia *Rabdosia amethystoides* 香茶菜 / 铁棱角

raccoon *Procyon lotor* 浣熊

raccoon dog *Nyctereutes procyonoides* 貉，狸

race 竞赛；赛跑；赛马；疾驶；急流；（滚珠轴承的）座圈；渠道；种族；竞赛；赛跑

~course 赛马场

ecological~ 生态种

racecourse 赛马场，赛马跑道

Raceme Flowers Rhododendron *Rhododendron racemosum* 腋花杜鹃 / 总状杜鹃花

Raceme Redbud *Cercis racemosa* Oliv. 垂丝紫荆

Racemosa Inula *Inula racemosa* 总状土木香 / 臧木香

Racemose Distylium/isutree *Distylium racemosum* 蚊母树

raceway 水道，电缆管道，赛车跑道

rack 架(子)；齿条；齿棒；齿轨；[复] 粗帘格，粗格栅 { 排 }；撕裂；折磨；剥削

~, bike（美）自行车架

cycle~（英）自行车存车架

trash~（美）垃圾滤栅（栅栏）

radar detection line 雷达警戒线

radar remote sensing 雷达遥感

radar vehicle detector 雷达车辆探测器，雷达侦车器，雷达车辆感应器

Radburn 拉德伯恩镇〈1928 年在美国新泽西州建设的城市，采用人行道与车行道分开的交通方式，以“汽车时代的城市”而闻名〉

~system 拉德伯恩镇方式〈居住区中人行道与车道分开方式的设计手法〉

raddle 圆木；树干；灌木；篱笆

radial [复] 辐射路；辐射（状）的，放射的，半径的；径向的；沿视线的

~and checker board street system 方格放射形混合式街道网

~and ring road system 放射环形道路网，放射环形道路系统

~artery 辐射干线

~clearance 径向间隙

~corridor 放射走廊型城市形态

~distortion of lens 透镜径向畸变

~drainage 辐射形排水（系统）

~highway 辐射式公路

~layout of green space 放射状绿地布局
~open space pattern/system 放射状绿地（开放空间）模式 / 体系
~pattern 辐射型
~pattern，open space system forming a 放射状模式，形成放射状模式的绿地（开放空间）体系
~road 放射式道路，辐射道路
~shaped city 放射型城市
~shear zone 城市径剪切带，城市辐射路切割地区〈城市规划用词〉
~street 放射街道
~symmetry 辐射对称
~system 辐射式系统
~system of street 辐射式街道系统
~transformation 辐射变换
~wells 辐射井

radiant 放射的，辐射的；放热的；照耀的；灿烂的
~city 辐射式城市，放射型城市，光明城市，阳光城
~energy 辐射能
~heat 辐射热
~intensity；radiation intensity 辐射强度

radiate 放射状，放射形
~green space 放射状绿地
~road system 放射形道路系统

radiated road 放射路

radiating route 放射式路线

radiation 辐射，放射；辐射线，放射线；照射（作用）；发光；放热
~balance 辐射平衡
~impedance 辐射阻抗
~of a city 城市辐射力
~pollution 放射性污染
~-proof design 防辐射设计
~-proof in building 建筑辐射防护 / 建筑防辐射
~protection 辐射防护
~protection guide 辐射防护指导限值
~rod 辐射杆
electromagnetic~ 电磁辐射
natural background~ 自然背景辐射
night of ground~ 地辐射造成的寒夜
solar~ 太阳辐射
terrestrial~ 地面辐射

radiator；heat emitter 散热器
~heating 散热器采暖

radical geography 激进地理学

radical plan 激进规划

Radicalism 激进主义，激进主义画派 -2 世纪流行的一种现代画派。

radicalist 激进主义画派画家

radii radius 的复数半径
~，transition（过渡）半径
vehicle turning~（美）车辆转弯半径

radio 无线电
~broadcast 无线电广播
~-broadcasting station 广播电台
~communication 无线电通信
~communication system 无线电通信系统
~factory 无线电厂
~positioning 无线电定位
~relay system 无线电中继系统
~station 无线电台
~telegraph 无线电报
~transmitter 广播发射塔

radioactive 放射性的
~contaminant 放射性污染物

~contaminating area 放射线污染区
~contamination 放射性污染
~department 放射部，放射科
~fall-out 放射性灰尘，放射性微粒
~fallout 放射性灰尘
~isotope（RI）放射性同位素
~managing area 放射线管理区
~pollutant 放射性污染物
~pollution 放射性污染
~waste 放射性废物
~waste，disposal of 放射性废物处理
~waste，final disposal site for 放射性废物最后处理场
~water pollution 放射性水污染
radioecology 放射生态学
radioisotope 放射性同位素
~sediment concentration meter 同位素测沙仪
~unit 同位素室
radish ***Raphanus sativus*** 萝卜
Radish mosaic 萝卜病毒病（TuMV 芜菁花叶病毒 /CMV 黄瓜花叶病毒 /REMV 萝卜耳突花叶病毒）
radish sprouts ***Raphanus sativus*** **(sprout of)** 萝卜芽
radius [复 **radii**] 半径
~of action 活动半径
~of curvature 曲率半径
~of curvature in meridian 子午圈曲率半径
~of influence 影响半径
~of movement 活动半径，行动半径
~pavers（美）半径铺料机
~served 服务半径
radix 基数
~number 基数
radon consistence 氡浓度
raft 木筏，水排
~bridge 浮桥，筏桥
~foundation 筏形基础
rafter 椽
rag 石板瓦；硬质岩石；破布，碎布
~stone 硬石
ragstone 同 **rag stone** 硬石
ragwort/string-of-beads ***Senecio rowleyanus*** 翡翠珠 / 绿串珠
rail 钢轨，轨条；铁路；栏杆；横木，横档；[复] 围栏；铺（铁）轨；由铁路运输；装栏杆
~and water terminal 水陆联运站
~facility 铁路
~fence 栅栏
~fence，post and（美）支柱和栅栏
~fence，wooden 木栅栏
~ferry 火车轮渡；火车渡口
~service 铁路运输
~-track 铁路轨道
~traffic 铁路运输
~transit 铁路直达（中转）运输，城市高速铁路运输，轨道交通
guard~（美）护栏
railhead 铁路终点站，铁轨末端
railing 栏杆，围栏，扶手
~to prevent falling 预防坍方围栏
railroad 铁路，铁道，有轨车道
~apartment（美）车厢式住宅单元〈纵长排列的公寓房间〉
~bridge 铁路桥
~building 铁路房屋；铁路建设
~car 有轨电车

~clearance 铁路建筑限界，铁路净空
~construction 铁路工程，铁路建筑
~crossing（铁路，公路）交叉道口，铁路交叉点
~crossing angle 铁路道路交叉角
~crossing protection device（铁路与公路）交叉道口安全设备
~crossing sign（铁路与公路）交叉道口警告标志
~curve 铁路弯道
~ferry 铁路轮渡
~freight activity 铁路货运
~grade crossing（铁路与道路的）平交道口
~junction 铁路枢纽
~line 铁路线
~line, branch（英）铁路线（支线）
~lines（美）铁路线路
~overcrossing 铁路天桥，跨线桥
~right-of-way 铁路用地，铁路筑路权
~system 铁路系统
~terminal 铁路终点站，转运站
~track 铁路轨道
~transport 铁路运输
~underbridge 铁路跨线桥
~warning sign 铁路警告标志

railway 铁路（铁道）
~accident 铁路事故
~aero surveying 铁路航空测量（铁路航测）
~bed 铁路路基
~bridge 铁路桥梁
~cars plant 铁路车辆制造厂
~classification 铁路等级，铁路分级
~clearance 铁路限界
~communication 铁路通信
~construction 铁路建筑，铁道工程
~-container terminal 铁路集装箱站
~crossing（铁路，公路）交叉道口，铁路道口，铁路交叉
~electrification 铁路电气化
~engineering 铁路工程
~freight transportation 铁路货运
~greening 铁路绿化
~junction 铁路枢纽
~land 铁路用地
~land and siding 铁路用地及侧线
~level-crossing 铁路平交道口
~line 线路，铁路线
~location 铁路选线，铁路定线
~network 铁路线网，线路网
~network marshaling station 铁路网编组站
~passenger station 铁路旅客车站，铁路客运站
~passenger transportation 铁路客运
~platform 站台
~planting 铁路绿化
~power supply network 铁路供电网
~protection forest 铁路防护林
~roof 月台棚，站台棚
~shoulder 铁路路肩
~sign 铁路标志
~signal 铁路信号
~station 铁路车站，火车站
~station sphere 铁路车站范围
~system 铁路线网，线路网
~terminal 铁路枢纽，铁路终点站
~track 铁路轨道
~transport 铁路运输
~tunnel 铁路隧道

~yard 铁路车场

Railway Beggarticks *Bidens pilosa* 三叶鬼针草

rain 雨；[复]阵雨，(热带)雨季，(大西洋)多雨地带；电子流(俗称)下雨

~and snow melt flood 雨和融雪洪水

~and snow recorder 雨雪量计

~-area 降雨面积

~belt 雨区，雨带

~cats and dogs 倾盆大雨

~channel 雨水沟

~chart 降水分布图

~day 雨日

~diagram 雨量图

~duration 降雨历时

~forest 雨林

~frequency 降雨频率

~gauge 雨量计，雨量器

~gauge glass 雨量杯

~gauging network 雨量站网

~gauging station 雨量站(降水量站)

~-gun 人工降雨器

~gush 暴雨

~gutter 雨水沟，檐沟

~height 雨深

~hours 降雨时数

~intensity 雨量强度

~leader 雨水管，水落管

~leader downspout 雨水立管

~observation yard 雨量观测场

~penetration 雨水渗透

~precipitation (降)雨量；降雨，降水

~print 雨痕{地}

~-proof 防雨的

~rill 雨水沟

~screen 防雨屏

~sculpture 雨水侵蚀，雨蚀带

~season 雨季

~spout 水落管；排水口

~storm 同 rainstorm，暴风雨

~-tight 防雨的

~wash 雨水冲刷

~water 雨水，降水

~-water goods 雨水管件

~-water hopper 雨水斗

~-water pipe 雨水管

~-water sewer (英)雨水排水管(下水道)

acid~ 酸雨

Rain Tree/Saman Tree *Samanea saman* (Jacq.) Merr. 雨树/雨豆树

rainbow bridge 拱桥

Rainbow Bridge 虹桥

Rainbow Fetterbush *Leucothoe fontanesiana* 'Rainbow' '花叶'木藜芦(英国萨里郡苗圃)

Rainbow Pink/Chinese Pink *Dianthus chinensis* 石竹

Rainbow-billed Toucan *Ramphastos sulfuratus* 彩虹巨嘴鸟/彩虹鵎鵼(伯利兹国鸟)

raindrop erosion (英)雨滴侵蚀

rainfall (降)雨量；降雨，降水

~area 降雨面积

~at point 点雨量

~curve 雨量曲线

~data 降雨资料

~density 雨量强度，降雨密度

~depth 降雨量

~depth duration curve 雨量历时关系曲线
~distribution 降雨分布
~duration 降雨持续时间
~frequency 降雨频率
~hours 降雨时数
~in tropic cyclone 热带气旋雨
~infiltration 雨水渗入
~intensity 降雨强度
~intensity area curve 雨强－面积曲线
~intensity duration curve 雨强－历时曲线
~on area 面雨量
~precipitation 降雨
~province 雨区
~rate 降雨率
~recorder 雨量计
~runoff 暴雨径流，降雨径流，地面径流
~runoff method 暴雨径流法
~runoff model method 降雨径流模型法
~pattern 雨型 {气}
~precipitation（降）雨量；降雨，降水
~recorder 雨量记录器
~volume 降雨量
heavy~ 大雨，大降雨量
rate of~ 降雨率，降水率
rainfield 雨区
rainforest 雨林
raingraph 雨量图
raininess 雨量强度，降雨强度
raining region 多雨地区
rainless region 无雨地区
rainshadow 雨影（指山脉等背风坡上雨量比迎风坡要小的区域）
rainstorm 暴（风）雨
~center 暴雨中心
~intensity 暴雨强度
~runoff 暴雨径流，地面径流
rainwater 雨水
~channel 雨水明沟
~interceptor basin 雨水截流排水区域
~run-off heavy（英）大雨径流，大雨流量
~garden 雨水花园
retention of~ 滞蓄雨水
rainy 下雨的，阴雨的，多雨的
~climate 多雨气候
~day 雨日
~season 雨季
raise 升起，举起；加价；（矿）天井，（道路的）升坡段上升巷道；升，举；抬高，提高，举起（重物）；竖立，建立，兴建（桥梁、房屋等）；引起，扬起（灰砂）
raise the branch point 提高分叉点
raised 突起，高起
~arch 突起拱
~bog 高位沼泽
~bog on a silted-up lake 淤积湖上的高位沼泽
~bog peat 高位沼泽泥炭土
~bog peat，humified 腐殖化高位沼泽泥炭土
~cottage 架空住宅
~crossing 高起的道口，高起的交叉口
~curb 高起路缘
~face 突面
~flower bed 高设花台
~planter（美）突起式播种机

~planting bed 高设植物苗床
~separater（道路）突起式分隔带,（道路）高架式分隔带
~soil level near a tree trunk 近树干的突起土面
aising raise 的现在分词
~of groundwater table artificial（人工）地下水位升高
~of pH value pH 值（表示酸碱度）升高
~the canopy（美）支起天篷（遮阳顶篷）
~the head（美）修剪（植物）
~the purlin 举架
~the temperature 提高温度
Raisin-tree *Hovenia dulcis* Thunb. 枳椇
Raja Kelkar Museum（India）拉贾·科尔卡尔博物馆（印度）
rake（路）耙,长柄耙；耙（平）；刮（平）
Rakkyo/baker's garlic/*chiao-tou Allium chinensis* 荚头 / 薤
Rallail Cactus *Aporocactus flagelliformis* 鼠尾掌 / 金钮
ram *Ovis aries* 公羊
ramble 散步；徘徊
~rose 攀缘蔷薇（植物）
ramblers'hostel（英）漫游饭店
~route（英）漫步路线
rambling area 旧宅区
~footpath（英）闲逛人行小道
~pathway（英）漫步小路
~rose 攀缘蔷薇
Rambling Rose Albertine *Rosa Albertine* ‘艾伯丁’玫瑰（英国斯塔福德郡苗圃）
Rambutan/Hairy Litchi *Nephelium lappaceum* L. 红毛丹 / 毛荔枝
rammed 夯筑，夯实
~earth construction 夯土房
~earth wall 夯土墙
Ramose Scouring Rush *Equisetum ramosissimum/Hippochaete ramosissima* 节节草
ramp 匝道，坡道，斜路，斜坡道
~beam 斜梁
~bridge 引桥，坡道桥
~capacity 匝道（立体入口）通行能力
~carriage 斜梁
~crossing 有接坡的交叉口
~entrance 斜坡进口
~–freeway junction 匝道与高速公路的连接点
~merge 立体道口车辆汇流
~metering 匝道车流调节
~park 迴旋式停车场，坡道式停车场
~road 斜坡道
~step 坡道梯阶
~turnout 匝道让车道，坡道岔道
~type（高速干道的）坡道型式
~–type garage 坡道式车库
~up 向上斜路
~–weave section 匝道交织路段
cloverleaf~（美）苜蓿叶式匝道
slope~ 斜坡匝道，引道；接坡
speed check~（英）控速匝道
speed transition~（交叉口处的）变速坡道
wood~ 木坡道
concrete~ 混凝土坡道
step~ 阶梯坡道
stepped~ 阶段式匝道
stream~ 河流坡道
two–way~ 双向坡道，双向匝道

rampant 蔓生的
rampart 城墙，壁垒；防御物；筑垒，防御；保护
Rampion/Balloon Flower ***Platycodon grandiflorus*** 地参 / 桔梗
~，stream-bed（英）河床保护
ramson 熊葱（植物）
ranch house 平房建筑
random 乱；随机；随便；任意的，随便的；无一定目的的；偶然的；乱（砌）的；不整齐的；随机的{数}
~access 随机存取{计}
~analysis 随机分析
~arrangement 随机排列
~arrival 随机到达
~arrival of traffic 不规则来车
~bond 乱砌（体）
~cobblestone paving（美）不规则圆石铺路（面）
~course 乱砌
~distribution 随机分配，随机分布
~effect 随机效果
~error 随机误差（偶然误差）
~event 随机事件
~index 随机指标
~inspection 随机抽查
~irregular bond 随机不规则砌合
~irregular pattern 随机不规则图案
~masonry 乱砌圬工
~noise 杂乱噪声
~number 随机数
~pattern 不规则图案
~paving 简易铺装，乱石铺砌，不规则铺砌路面
~placed riprap 乱石工程，抛石工程
~programming 随机规划
~-range dressed-faced ashlar 乱排列磨面琢石
~range masonry 乱砌圬工
~rectangular bond 乱矩形砌合，乱长方形砌合
~rectangular pattern 乱矩形模式，乱长方形模式
~rough-tooled ashlar masonry 乱粗凿琢石（方石）圬工
~rubble 粗石乱砌
~rubble ashlar masonry 乱粗方石圬工
~rubble masonry 乱石圬工
~rubble range ashlar 乱粗成层方石
~rubble range work 乱粗石整层石工
~sampling 随机抽样
~series 随机系列
~service 随机服务
~sett paving（英）非整齐小方石铺砌；不整齐小方石路面
~uncertainty 随机不确定度
~variable 随机变量
~variation 随机变化
~vibration 随机振动
~work 乱砌方石工程
random setting 散置，随机设置
range 幅度，范围；排列；梯级，阶段；区域；山脉；射程；量程；限程；距离；音域；波段；极差；排列；对准，定向；延伸；达到
~ashlar, random rubble 乱砌成层(乱粗)方石
~finder 测距仪
~limit（空气）范围限界
~line 边界；限程；国境线；方向线；

延线
~of a plant community 植物群落区域
~of daily life 日常生活范围圈
~of distribution 分布域
~of mountain 山脉
~of precipitation 降雨范围
~of recharge zone 补给带宽度
~of species cover 优势物种区域
~of stage；amplitude of water level 水位变幅
~of visibility 视界，能见度，视野
~of vision 视野，视界
~work 成层石工，整层石工
~work，broken（不等形）整层石工
~work，random rubble（粗石乱砌）成层石工
breeding~ 育种区域
ecological~（美）生态范围
habitat~（美）生境范围
historic~ 历史范围
mountain~ 山脉
narrow ecological~ 狭义生态范围
natural~ 自然放牧区；（动植物）自然分布区
potential~ 潜力范围
real~ 实际范围
total~ 总范围
wide ecological~ 远缘生物区

Ranger Club House 护林员会所，位于约塞米蒂国家公园内

rangework 成层石工，整层石工
irregular~ 不规则成层石工

Rangoon-creeper ***Quisqualis indica*** **L.** 使君子

rank 排列；等级，地位；排列；分等，分类；（英）出租汽车站
~，conservation（保护）分类（等级）
~-size distribution 位序－规模分布

ranker（英）排列者；列兵，士兵；行伍出身的军官

rankinite 硅钙石

rapid [复] 石滩，险滩；激流；快的，急的；险峻的
~filter 快滤池，快滤器
~hardening（portland）cement 快硬（硅酸盐）水泥
~hardening concrete 快硬混凝土
~mass transit system 高速大运量公共交通系统〈一般指各种高速有轨交通，特别是地下铁路〉
~river 湍急河流
~road 高速公路
~setting 快凝；快结；快裂
~-setting cement 快凝水泥
~transit 捷运路线（城市内大规模高速客运路线），快速运输系统，快速公共交通
~transit bridge 快速交通桥
~transit guideway structure 快速交通导向结构
~transit line（有轨）快速交通（路）线
~transit routes 高速公共交通线路〈一般指地铁，郊区铁路快车，高架铁路，公共汽车快车线〉
~transit system 快速交通系统
~transit vehicle（美）快速交通车辆
~transportation 捷运（市区内大规模高速客运）
~-vehicle lane 高速车道

raptor 猛禽，猛禽类

rareness 稀薄度；稀疏度

rarity 稀薄（疏）；稀有；珍品

Ras el Tin Palace（**Egypt**）蒂恩角宫（埃及）

Rasa deer/sambar deer ***Cervus unicolor*** 黑鹿 / 水鹿

Rasamala Altingia ***Altingia excelsa*** 细青皮 / 青皮树

Rashtrapati Bhavan（**India**）印度总统府（印度）

Raspberry/European Raspberry ***Rubus idaeus*** 树莓 / 覆盆子 / 红树莓

Rasse/little civet ***Viverricula indica*** 小灵猫

rat 绕

~-run 绕道

~run traffic（英）绕道交通

rate（比）率，定率；速率；利率；定额；等级；评价，价格；关税；评价，评定，率定；判断；认为；征税

~base 价格基数

~of bed-occupancy 床位占用率

~of building volume to lot 建筑容积率〈指建筑容积与建筑用地之比〉

~of economic development 经济发展速（率）

~of economic growth 经济增长率

~of fire danger 火灾危险度，火灾危险率

~of flow 给水额定流量，水流量，流量，交通流率

~of flows of the migration stream 人口迁移流动率

~of growth 增长率

~of immigration 移民（迁入）速度

~of increase 增长速度，增长率

~of increase of population 人口增长率

~of land for-building 建筑用地率

~of land for public utilization 公共场地（比）率

~of land use 土地利用率

~of marriage 结婚率

~of migration 人口迁移率

~of mortality 死亡率

~of natural growth of population 人口自然增长率

~of natural increase 自然增长率

~of natural increase of population 人口自然增长率

~of open space 游憩用地（开放空间）比（率）

~of paved road（道路）铺装率，铺面率

~of population increase 人口增长率

~of rainfall 降雨率，降水率

~of reservoir storage change 水库蓄水变率

~of rise and fall 涨落率

~of road area 道路面积率

~of run-off 径流系数，流量系数

~of social increase of population 人口社会（机械）增长率

~of stripping 剥离比

~of traffic flow 交通强度，行车密度

~of unemployment 失业率

~of urban area to city area 市区面积比〈城市人口集中地区面积与整个市区面积之比〉

~of utilization 使用率

~of water demand 用水标准

average growth~ 平均增长率

blowing~ 风量

chilling~ 冷冻速率
condensing~ 冷凝速率
daily~（英）日利率；日定额
daily billing~（美）日付款率（额）
day work~ 计日工资
exchange~ 汇兑率
fatal-accident~ 死亡事故率
fatality~（行车）致死率
feed~ 进料速度
growth~ 增长率
hiring~ 就业增长率
hourly~（英）每小时定额
hourly billing~（美）每小时付款定额
hourly wage~ 每小时工资率（工资标准）
inflation~ 通货膨胀率
labour~ 劳动力价格
labor cost at an hourly~（美）每小时人工费，每小时劳务费
labour cost at a unit~（英）每单元（计件）劳务费
maximum settling~ 最大沉降率
on-time departure~ 发车正点率
opening~ 开盘价
prevailing~ 市价
professional fee based on an hourly~ 每小时劳务费的专业税
sowing~ 播种率
survival~ 成活率

rated working pressure 额定工作压力

Rates, Schedule of（英）速率表；定额表

ratification 批准；承认

ratify 批准；承认

rating 分类；定等级；估价，评价；评级；检定，率定；定额；运费率；工资率；税率；功率；生产率；规定值；额定载量（或容量）；分摊，分配
~classification 估价分类
~curve 关系曲线，特性曲线
~table 流率表

ratio 比（率）；系数
~, air space（气隙）比，（空间）比
~by volume 体积比
~enhancement 比例增强
~of building volume to lot 建筑体积场地比
~of children in nursery school 入托率
~of full units 成套率
~of glazing to floor area 窗地面积比
~of green space 绿地率
~of high to sectional thickness of wall or column 砌体墙、柱高厚比
~of land for building 建筑用地率
~of land for public utilization 公共场地比率
~of land use 土地利用率
~of net gain 得房率
~of open space 游憩用地（开放空间）比
~of population increase 人口增长率
~of run-off 径流系数
~of urban area to city area 市区面积比
~of vacant lot 空地率
~of wall sectional area to floor area 墙体面积率
~of water deficiency 缺水率
availability~ 可用率
average of~ 平均比率
budding~ 发芽率（破面铺草时，草种发芽比率）
cubic content (of a building) ~（美）(建

筑物的）立方容量比
direct~ 正比
evaporation-rainfall~ 蒸发－雨量比，蒸发－雨量率
floor area~（美）地面（楼面）面积比，容积率
flow~ 流量比（到达或设计流量与饱和流量之比）
green time~ 绿时比
hourly utilization~ 时用比，时用率，每小时利用率
inverse~ 反比
noise~ 噪声比
recovery~ 采取率，回收率
rise（-to）-span~ 矢跨比
root-crown~ 根茎比
root-top~ 根冠比
slope~（美）坡度比
water-air-cement~ 水气灰比
rational 合理的，有理的，理性的；推理的
~examination 合理性检查
~formula 推理公式
rationalism 理性主义；唯理主义；
rationality 理性
Rattan Palm ***Calamus*** 藤（属）
ratten furniture 藤制家具
Rattle Snakemaster ***Eryngium yuccifolium*** 剑兰叶刺芹（美国俄亥俄州苗圃）
Rauvolfia ***Rauvolfia serpentina*** 萝芙藤／印度蛇根草
ravelling 剥落，解开，（路面）松散
~of pavement 路面松散
Raven/Northern Raven/Common Raven ***Corvus corax*** 渡鸦／老鸹／渡鸟／胖头鸟（不丹国鸟）
Ravenna 拉温那〈公元五世纪意大利北部城市〉
ravine 皱谷，峡谷，细谷；沟壑，山沟
~forest 峡谷森林
~stream 溪流，涧流
raw 生的，原状的；未加工的，未制炼的；未熟的；粗的，生硬的；未经训练的
~data 原始资料，原始数据
~hand 生手
~humus 生腐殖土
~humus decomposer 生腐殖土分解者
~humus layer of 生腐殖土质层
~humus-forming plant 形成生腐殖质植物
~land 生地，未开垦的土地
~material 原（材）料
~material base 原料基地
~material crises 原料危机
~material handling plant 原料加工车间
~material industry 原材料工业
~material protection zone 原料保护区
~material, recovery of 原材料再生
~material site 原料基地
~plaster 生石膏
~produce 原料
~sewage 原污水，未处理污水
~sludge 生污泥，原状污泥
~slurry 生料浆
~soil 生土，原土，未处理土
~soil, subaqueous 水下原土
~stone flag 原石板
~water 原水，生水，未净化的水
raze to the ground 推平，夷平（房屋）

RE=real estate 不动产
reach 有效范围，有效半径，可达到的距离；范围，区域，领域；射程；作用区；工作半径；（机具的）运用限距；（河流的）段，河区；到（达）；扩散，延伸
~of river 河区，河流流程，河的上下游
~of stream 河区，河流流程，河的上下游
~of woodland 林区
~port 入港
middle~ 中游河区
upper~ 上游河区
reaches，lower 下游河区
reactance ratio 电抗率
reaction 反应，反作用；反（动）力；反冲
~coefficient 感应度系数
~soil（土）反应
reactive muffler 抗性消声器
readjust 重新调整
readjustment of arable land 耕地调整，耕地重新整理
ready 有准备的，预备好的；现成的；轻便的；容易的；现金，现款；使准备好，准备，预备
~house 现房
~for checking 检查准备
~for development 开发准备
~for development making（生产，制造）发展准备
~-made 预制的，预先准备的，现成的
~-mixed 预拌的
~-mixed concrete 预拌混凝土
reafforestation 再造林
real 实在的；真实的，真正的；现实的，实际的；客观的；实型{计}；实在的东西，现实
~asset 不动产，实物资产
~density 现实密度，实际密度
~earning 实际收入
~earthworks measurement 实际土方测量（尺寸）
~effect 实际效果
~estate 不动产，房地产
~estate agency 房地产公司
~estate agent 房地产经纪人
~estate appraisal；property valuation 房地产估价
~estate bureau 房地产管理局
~estate market 房地产市场
~estate parcel（美）一宗地产，一块地产
~estate title deeds 房地契
~estate，transfers of（美）房地产转让
~load 有效荷载
~money 现金，硬币
~national income per head 人均国民收入
~number 实数
~object 实物
~population 实际人口
~position 实际位置
~power 有效功率
~property 不动产
~property identification map（美）不动产鉴定图
~property parcel（美）一块不动产
~range 实际空间（地段）
~-time dynamic 实时动态
~-time reservoir scheduling 水库实时调度

~value 实际值
~wage 实际工资
~-world 真实世界，现实，实地
realignment 改线，重新定线
~channel 水道改线
realistic art 现实主义艺术
realistic rendering 逼真的渲染（绘画）
realization 实现；成就
realization（or awakening to truth）禅悟
re（-）allocation of farmland 小块农田的合并（集中，归并）
realm 区域，范围，领域
realty 不动产
~industry 房地产业
reap 收割，收获
reaper 收割机
reapplication of used materials 旧（材）料再利用
rear 后（部），后面，背面；后面的，背后的
~elevation 背面立面图
~garden（英）后花园
Rear Hall 后殿
~land 背面的建筑基地，不临街的建筑基地
~lot line（美）背面地区线
~mounted loader 后辍装土机
~piled platform 后方承台
~plot boundary（英）背面地区图边缘
~street 后街
~view 后视图
~yard 后院，后庭
rearrange 调整，整顿；重新安排，重新布置，重新排列
rearrangement 调整，整顿；重新安排，重新排列；分子重排作用
~of crossings 交叉口的重新布置
~of lots（美）地块调整
rearranging 重新规划，重新安排
reasonable 合理的，适当的
~arch axis 合理拱轴线
~design state 合理设计状态
~price 合理价格
~time path tree 合理时间路径树
reassignment land（英）土地重新分配
lot~（美）地块重新分配
Reathery Pincushion ***Mammillaria plumosa*** 白星
rebidding 再度投标
rebound 回弹
rebuilding 重建
receding line（建筑物）后退线
receive 接受，收到；容纳，承认；接见，会见
~dividend 分红
receiving receive 的现在分词
~country 接收国，移入国
~probability 接收率
recent 新（近）的，近代的，现代的
~colonization 现代开拓殖民地
~epoch 近代
re-centralization 城市集散〈城市设施和人口按合适规模分成几处有计划的分散〉
receptacle 容器，收受器，贮器；插座{电}；贮藏所；仓库
plant~（植物）花托
reception 接收，接见
~desk 总服务台
~hall 接待厅

~point 接待点
~room 接待室，执事房
recess 凹处，深处；山凹；壁凹；休假，休会；作凹处；退隐
recessed 凹槽
~dry joint 凹槽干（灰）缝
~joint 凹缝；方槽（灰）缝
recession 后退，撤退；经济衰退
~curve 退水曲线
~，natural groundwater 自然地下水退水
recharge 再装载；再充电；回灌（地下水）；注水；（地下水）补给
~area 补给区
~area aquifer（蓄水池）补给区
~coefficient of lake 湖泊补给系数
~method 回灌法
~rate 补给率
~well（地下水）回灌井
groundwater~ 地下水回灌
recharged groundwater storage 回灌地下水储存
recharging 回灌（地下水）
reciprocal 互相给予的，互惠的，相互的
recirculate 再循环，回流
recirculated water 循环水
recirculating 循环
~cooling water 循环冷却水
~cooling water system 循环冷却水系统
~pump 循环泵
recirculation 再循环，回流
~cavity；zone of recirculating flow；zone of aerodynamic shadow 空气动力阴影区
~of wet air 湿空气回流
~system 循环系统

reclaim 收复，回收；复拌；再生；重新使用；革新；开垦；填筑
reclaimable 可回收的，再生的，可复用的；宜耕的
~material 废料利用，可回收的材料
~waste water 废水利用，可复用的废水
~wasteland 宜耕荒地
reclaimed 回收的，再生的
~aggregate material 回收的集料，再生集料
~asphalt mixture 再生沥青混合料
~bituminous pavement 再生沥青路面
~land 土地复垦，新生地
~paper container 再生纸容器
~surface-mined site landscape（美）再生采矿区景观
~water 回收水
~water system 循环水系统
reclamation 收复，回收；再生；开垦，垦拓；填筑；围垦工程；土壤改良，土地填筑，整治，土地改造，填海工程，填海区
~after subsidence 沉陷后填筑
~dam 垦拓（滩地用的）围堤
~land 填筑土地
~of derelict land 废地垦拓
~of hazardous waste sites 有害废料场地整治
~of land 土地垦拓，土地填筑
~of sewage 污水资源化
~of solid wastes 固体废物资源化
~of used resources 旧资源回收
~of wetlands 围垦地填筑
~project 围垦工程，垦拓计划
~service 回收服务

desert~ 荒地（沙漠）开垦
gravel pit~ 砾石坑填筑
land~ 土地复垦
spoil~（美）弃土利用
tip~（英）垃圾场整治
toxic site~ 有毒场地整治

Reclining Buddha 卧佛（像）

Reclining Buddha Hall（**Yangzhou, China**）卧佛殿（中国扬州市）

Reclining-Dragon Pavilion 卧龙亭

Reclining Dragon Pine 卧龙松

recluse 隐居的，遁世的；孤寂的；隐士，遁世者

recognition mode 识别模式

recognized object 识别对象

recolonization 重新开拓殖民地；（植物）重新移植于

recommendation 推荐，推举；介绍；建议
~for contract award 合同签订建议
~for contract award, prepare a 准备合同签订建议

recommendations, design（设计）推荐

recommended scheme（英）推荐的方案

recomposition 改组

reconditioning 修复工程，修复（工作）恢复，复原
~of rivers and streams 江河水道修复
~of road 道路的修复

reconfiguration of an area/terrain 改造地形

reconnaissance 踏勘，草测，查勘，勘测；选线；侦查；探索
~for control point selection 控制网选点
~map 踏勘地图，草测图
~phase 踏勘阶段
~report 踏勘报告
~, site（英）现地勘测
~, soil map 土壤概图
~, soil survey 土壤草测
~survey 草测，踏勘，勘测；选线

reconstruct 重建，再建，改建；复兴

reconstruction 重建，再建，改建，翻建；复兴，重新规划，改建规划
~expenses 改建费用
~geography 建设地理学
~of old district 城市旧区改建
~of pavement 路面翻修，路面改建
~plan 重建计划，改建计划
~planning 重建规划，改建规划
~policy 改建政策
urban~ 城市改建

record 记录；登记，记载；报告；档案；履历；唱片；[复]数据；记录，登记，记载
~drawing 竣工图
~flood 历史记录特大洪水
~high-water level 记录高水位
~high-water mark 记录高水位标志
dumping~（美）卸载记录
tipping~（英）倾卸记录

recorder 记录器，录音机

recording 记录的；记录
~room 录音室
~thermometer; temperature recorder 自记温度计

recoverability 恢复性，修复性，复原性
~from trampling 抗践踏能力

recoverable 可恢复的，可修复的；可回收的

~materials, reuse of 可回收材料的再利用

recovering the original state 复位

recovery 恢复，复原；收回；矫正；再生，利用（废物）；分离，萃取

~of raw material 原材料利用

~ratio 回收率

resource~ 资源恢复

recreate 改造，重做；保养；休养

recreating ecosystems/habitats, feasibility of 改造生态系统 / 生境，改造生态系统 / 生境的可行性

recreation 改造；保养；休养；游憩

~activity 休养活动，游憩活动

~area 休养游憩用地，游览区，游憩地，游艺场，休息游憩区，娱乐区

~area, countryside 乡村休息游憩区

~area, day-trip（英）一日游休息游憩区

~area, day-use（美）一日游休息游憩区

~area, intensive 游人密集的休息游憩区

~area, local 地方休息游憩区，近郊休息游憩区

~area management 休息游憩区管理

~area planning 游憩区规划

~area, rural 乡村休息游憩区

~area, suburban 市郊休息游憩区

~areas, traffic to nearby 通往休息游憩区附近的交通

~behavior（美）休息游憩区行为

~benefits 休息游憩区收益（效益）

~building 游憩建筑

~camp 文艺游憩营地

~capacity 休息游憩容量

~center 游憩中心，游憩中心

~centre（英）休息游憩中心

~complex 综合旅游区

~construction 游憩设施

~department, parks and（美）休息游憩管理部门，公园和管理处

~design load 休息游憩设计负荷，旅游压力

~desk 游憩台，屋顶康乐场地

~destination area 游憩目的地

~development 专设户外游憩区

~district 游憩区

~engineering 游憩工程

~facilities 游憩设施，休养设施

~facilities, concentration of 休养（游憩）设施的集中（密度）

~facilities, concentration of urban 城市游憩设施的集中

~facility 游憩设施

~facility, simply-provided 设备简单的游憩设施

~facility, well-provided 设备良好的游憩设施

~forest（美）供游憩的森林

~function 游憩功能

~function of green space 绿地游赏功能

~ground 游憩场，游乐园地，公众户外游憩的绿地

Recreation Hall 文艺厅

~in exurban areas, outdoor（美）城市远郊区户外游憩

~in outlying areas, outdoor 城郊区户外游憩

~in the natural environment 自然环境游憩

~in wild places 野外游憩

~load 游憩负荷（压力）
~need 游憩需要
~opportunities 游憩机会
~origination area 游憩起点区
~park 游憩公园
~planning 休养游憩规划
~planning，countryside（英）郊区游憩规划
~planning，rural（美）乡村游憩规划
~planning，urban area 城区游憩规划
~policies 游憩原则（策略）
~potential 游憩潜能
~precedence 游憩优先原则
~pressure 游憩压力
~priority area 游憩优先区
~pursuit 游憩追求
~quality 游憩质量
~resort community 游览团体
~resource 游憩资源
~resources 游憩资源
~resources inventory 旅游资源现况
~room 休息室，文娱室，游憩室
~seeker 旅游追求者
~site 休养地，游憩地
~space 游憩空间（场所）
~suitability 游览适宜性
~time category 游览时间分类
~type 游憩类别
~use 游憩用途（利用）
~use，heavy 重度游憩利用
~use，level of 游憩利用程度
~use，limited 有限游憩利用
~value 游览值，游览意义
~vehicle（美）游览车辆
~zone，day-use（美）（一日游）游览区
boondocks~（美）边远乡村地区旅游
countryside~ 农村旅游
daily~ 一日游
extensive~ 集约旅游
forest~ 森林旅游
landscape component for~ 游览景观组分
landscape feature for~ 游览景观特征
leisure and~ 休闲游憩，休假和游憩
local~ 当地游览
long-stay~ 长时间逗留旅游
long-term~ 长期旅游
neighbo(u)rhood~ 邻近地区游憩
open air~ 户外（露天）游憩
outdoor~ 户外游憩
out-of-doors~（英）野外游憩
passive~ 被动（静态）消遣（如看报、听广播等）
primitive~（美）朴素消遣
provisions for~ 游憩准备
short-stay~ 短期逗留旅游
short-term~ 短期旅游
water~ 水上游览
weekend~（英）周末旅游
wilderness~ 野外地区旅游

recreational 休养的；游憩的；消遣的
~activity 消遣活动，游乐活动，游戏活动
~area 休养区；游览区，游乐场（所），文娱场地
~area management 游览区管理
~behaviour（英）游憩行为（状况）
~center 游憩中心
~demand 游憩需求
~facility 文娱设施；游憩设施
~focal area 休养区

~forest 游憩林
~hunting 娱乐狩猎
~infrastructure 游览基础设施
~land use 游憩土地利用
~precinct 游乐区；休养区
~provision 游憩准备
~requirement(s) 游憩要求
~system 游憩系统
~system plan 游憩系统计划
~traffic 旅游交通
~trip 游乐性出行，消遣性出行
~use，area intended for general 预计的一般游乐区
~vehicle（周末等）旅游车
~weekend（美）周末游乐
reconcile 使和解，调解，调和
recruitment 招工，补员，补给
~of a forest 森林补植
rectangle 矩形，长方形
rectangular 矩形的，长方形的
~beam 矩形梁
~block 矩形区段，长方形街坊，长方形街区
~coordinates 直角坐标
~drainage 矩形排水（系统）
~gridiron city 方格状城市
~layout of streets 方格式街道（系统），棋盘式街道（网）
~notch weir 矩形堰
~pattern，random（不规则）矩形图案
~paving pattern，random jointed（不规则接缝）矩形铺面图案
~step 矩形踏步
~stone（园路用）长方形石块
~stone slab 阶条石，压阑石
~street 棋盘式街道，方格式街道
~street system 方格式街道系统
~system of city planning 棋盘式城市规划体系
~system of street layout 棋盘式街道布局
~timber 方木材，（矩形）锯材
rectification 调整；矫正；纠正，改正；精馏{化}；整流，矫频{物}；改直河道（如截弯取直）
~directive（美）调整指令，整改指令
~of alignment 路线整直，线位拨正
instruction for~（英）调整说明（指示）
rectify 调整；矫正，改正；精馏{化}；精制；净化；整流{物}
~defective work，instruction to（英）改正缺陷工程的指示
~drainage 直线形排水（系统）
directive to~（美）调整指令，整改指令
rectilinear 英国中世纪建筑式；直线的
~period 直线式时代
~style 直线条式建筑
recuperate 恢复，复原；复得
~and sanatory area 休养，疗养区
recuperation 恢复，复原，疗养；回流换热（法）{化}
health resort~ 恢复保健游憩场所
recurrence interval 重现期
recurrent 再生的；复现的；再发的；循环的
~clutch of eggs 复现卵窝
~flowering rose（美）再生开花蔷薇
recycable 能回用的，能重复利用的
~material 再生材料
~materials，interim storage of 再生材料的临时储藏

recycle 再回收；复循环，再循环
~-water 回收水，回用水，循环水
recycled 再生的，回用的
~asphalt pavement 再生（地）沥青路面，复拌沥青路面
~material 再生材料
~material，reuse of 材料的复用
~mixture 再生混合料
~water 再循环水分
recycling 复循环；回收，周转；再生利用
~additives 再生添加剂，再生添加物
~agent 再生剂；回收剂
~and re-use 回收利用
~bituminous mixture 再生沥青混合料
~economy 再生利用经济
~level 再生利用水平，再生利用率
~of cities 城市循环论
~of derelict sites 废弃物场循环论
~of wastewater 废水回收
~plant，waste 废料（再生）厂
~precaution system 重复启闭预作用系统
~system，closed（闭合）循环系统
~system，open（开放）循环系统
~water 循环用水
compost~ 混合肥料产业
red 红色；红色颜料；红染料；赤字；红的；赤热的；磁化的；革命的，共产主义的
~alder 桤木，赤杨（植物）
Red-beak gulls 昆明红嘴鸥
~birch 红桦（植物）
~brick 红砖
~clay 红黏土
~cypress 红柏木（植物）
~deal 洋衫，红木（植物）
Red Data Book 红皮书；红参考书
~earth 红壤
~fir 红杉
~lead paint 红丹漆
Red Maple Lake，Anshun 安顺红枫湖
Red maple leaves 红枫叶
Red Mountain in Lhasa（China）拉萨红山（中国）
~oak 红橡木
Red palace 红宫
Red Phoenix 朱雀
~pine 红松（植物）
~sandal wood 紫檀
Red Sect of Lamasim 红教
Red Square（Russia）莫斯科红场（俄罗斯）
~tide 赤潮
~wood 红木（植物）
Red Ash *Fraxinus pennsylvanica Marsh.* 洋白蜡（宾州白蜡）
Red Bean/Rice Bean *Phaseolus calcaratus* 赤小豆
Red Bigbloom Magnoliavine *Schisandra grandiflower* 红花五味子
Red bird *Pedilanthus tithymaloides* 红雀珊瑚
Red Cap/Hibotan/Oriental Moon *Gymnocalycium mihanovithii* 绯牡丹
Red Cedar/Pencil Cedar *Sabina virginiana*（L.）Ant. 铅笔柏
Red Clover *Trifolium pratense* 红车轴草 / 红三叶草
Red Clover *Trifolium pratense* 红三叶草

/ 草地三叶草

Red coffee borer *Zeuzera* sp. 枣豹蠹蛾

Red Crown/Globular Cacti *Rebutia minuscula* 子孙球 / 宝山 / 仙人球

Red Currant *Ribes rubrum* 红加仑 / 红穗醋栗

Red deer/stag *Cervus elaphus* 赤鹿 / 马鹿

Red Deutzia *Deutzia rubens* 粉红溲疏

Red eel goby/red wolf tooth goby *Odontamblyopus rubicundus* 狼牙鰕虎鱼 / 红狼牙鰕虎鱼 / 龙须鱼（油炸后名称）

Red Eightangle *Illicium dunnianum* 红花八角 / 野八角

Red Emerald *Philodendron erubescens* cv. 'Red emerald' '红宝石' 喜林芋（即红宝石）

Red Euphorbia *Euphorbia cotinifolia* L. 紫锦木 / 肖黄栌

Red Fiowered Came Foot *Bauhinia variegata* L. 羊蹄甲

Red fox *Vulpes vulpes* 赤狐 / 狐

Red Fruit Faber Maple *Acer fargesi* 红果罗浮槭

Red Goldenearrings *Asarum petelotii* 红金耳环

red goral *Nemorhaedus cranbrooki* 赤斑羚 / 红斑羚羊

Red Gum *Eucalyptus camaldulensis* Dehnh. 赤桉（澳大利亚新南威尔士州苗圃）

Red Gum *Eucalyptus rostrata* 赤桉树

Red Jade C rabapple *Malus* 'Red Jade' '红玉' 海棠（英国萨里郡苗圃）

Red Junglefowl *Gallus gallus* 原鸡 / 红原鸡 / 茶花鸡（肯尼亚国鸟）

Red Kamala *Mallotus philippinensis* (Lam.) Muell.-Arg. 粗糠柴 / 菲岛桐

Red kangaroo/great red kangroo *Macropus rufus* 大赤袋鼠 / 红大袋鼠

Red Lauan *Shorea vegrosensis* 红柳安

Red leaf of *Prunus persica* 桃花红叶病（桃树红叶病毒 PRLV）

Red Teruntum *Lumnitzera littorea* 红榄李

Red Malabar Spinach *Basella rubra* 红落葵 / 胭脂菜

Red Maple *Acer rubrum* L. 美国红槭（美国田纳西州苗圃）

Red Mohagany *Eucalyptus resinifera* 树胶桉树

Red Nnanmu *Machilus thunbergii* 红楠 / 小楠木

Red necked wallaby *Macropus rufogriseus* 赤颈袋鼠

Red nose anchovy *Thrissa kammalensis* 赤鼻棱鳀

Red Oak *Quercus rubra* L. 红槲栎

Red Orchid Cactus/peacock cactus *Nopalxochia ackermannii* 令箭荷花

Red panda/lesser panda *Ailurus fulgens* 小熊猫 / 小猫熊 / 金狗

Red pepper *Capsicum annuum* 朝天番椒

Red pineapple *Ananas bracteatus* 蜻蜓凤梨

Red Powderpuff *Calliandra emarginata* (Humb. et Bonpl.) Benth. 红粉扑花

Red Robin *Photinia × fraseri Red Robin* 红叶石楠（英国萨里郡苗圃）

Red Rooster Carex Grass ***Carex buchananii*** **‘Red Rooster’** ‘红色雄鸡’布氏苔草（美国田纳西州苗圃）

Red Rose ***Rosa rugosa*** 红玫瑰（伊拉克、保加利亚国花）

Red Sandalwood ***Pterocarpus santalinus*** 檀香紫檀/紫榆/酸枝树

Red sea bream/genuine porgy ***Pagrosomus major*** 真鲷/加吉鱼/铜盆鱼

Red Sedge ***Carex comans bronze*** 棕色苔草（英国斯塔福德郡苗圃）

Red Sentinel Crabapple ***Malus*** **‘Red Sentinel’** ‘红哨兵’海棠（英国萨里郡苗圃）

Red Silky Oak ***Grevillea banksii*** **B. Br.** 红花银桦

Red Silver Ball Cactus ***Notocactus scopa Berger*** **var.** ***ruberrimus*** 红小町

Red snout sevengill shark/broad head sevengill shark ***Notorynchus cepedianus*** 扁头哈那鲨/哈那鲨/七鳃鲨

Red Snowberry ***Symphoricarpus orbiculatus*** **Moench** 红雪果

Red Squirrel/chickaree ***Tamiasciurus hudsonicus*** 赤松鼠/红松鼠

Red sting bug ***Tropidothorax elegans*** 红脊长蝽

Red stingray ***Dasyatis akajei*** 赤魟/黄鲼/土鱼

Red turpentine beetle ***Dendroctonus calens*** 红脂大小蠹

Red Twig Dogwood/Red Osier Dogwood ***Cornus stolinifera*** 红瑞木/红枝茱萸（美国田纳西州苗圃）

Red Valerian ***Centranthus ruber*** **‘Coccineus’** ‘猩红’红缬草（英国斯塔福德郡苗圃）

Red Wall Virginia Creeper ***Parthenocissus quinquefolia*** 美国地锦（美国田纳西州苗圃）

Red Water Lily ***Nymphaea alba*** **var.** ***rub*** 红睡莲

Red wolftooh goby/red eel goby ***Odontamblyopus rubicundus*** 狼牙鰕虎鱼/红狼牙鰕虎鱼/龙须鱼（油炸后名称

Red-and-green macaw ***Ara chloroptera*** 红绿鹦鹉

Redback Christmashush ***Alchornea trewioides*** **（Benth.）Muell.-Arg.** 红背山麻杆

Redball Ginger ***Zingiber zerumbet*** 红球姜/野阳荷

Red-bark Cinchona/Peruvian Bark tree ***Cinchona succirubra*** 金鸡纳树

Red-barked Dogwood ***Cornus alba Elegantissima*** 银边红瑞木（英国斯塔福德郡苗圃）

Red-barked Dogwood ***Cornus alba Spaethii*** 金边红瑞木（英国斯塔福德郡苗圃）

Red-bellied squirrel ***Callosciurus erythraeus*** 赤腹松鼠

Red-berried Elder ***Sambucus racemosa*** **‘Plumosa Aurea’** 金叶接骨木（英国斯塔福德郡苗圃）

Red-billed leiothrix ***Leiothri*** × ***lutea*** 红嘴相思鸟/相思鸟/红嘴玉/红嘴绿观音

Red-billed Streamertail ***Trochilus polyt-***

mus 红嘴长尾蜂鸟（牙买加国鸟）

Redbird Flower *Pedilanthus tithymaloides*（L.）Poit. 红雀珊瑚 / 龙凤木

Redbird Slipper-flower *Pedilanthus lithymaloides*（L.）Poit. 红雀珊瑚

Redbracted Lysidice *Lysidice brevicalyx* *Wei* 仪花

Red-breasted goose *Branta ruficollis* 红胸黑雁

Redbud *Cercis canadensis* L. 加拿大紫荆（美国田纳西州苗圃）

Redbud *Cercis chinensis* Bge. 紫荆

Redbud Pear-bush *Exochorda giraldii* Hesse 红柄白鹃梅

Red-capped green pigeon *Treron formosae* 红顶绿鸠

red-cheeked long-nosed squirrel *Dremomys rufigenis* 长吻松鼠

Red-crowned crane *Grus japonensis* 丹顶鹤 / 仙鹤 / 白鹤

Reddish brown beetle *Anomala exoleta* 黄褐丽金龟

Reddish-brown Rhododendron *Rhododendron rubiginosum* 红棕杜鹃 / 锈毛杜鹃花

redemption fund 折旧费

redesign 重新设计

~, partial 局部重新设计

redevelopment 地区再开发，地区重新开发，复兴，再开展，再开发

~of courtyards 院子（天井）再发展

~of industrial areas（英）工业区重新开发

~plan 再开发计划，重建计划

~planning, village 乡村复兴（重建）规划

~scheme 重建计划

~, urban dwellings 再发展市区住宅

center city~（美）中心城市再发展

comprehensive~ 综合再开发

district~（英）区域（地区）再发展

neighborhood~（美）社区改建，邻里再发展

road~（美）道路改建

total~（美）总体再开发

town centre~（英）城市中心再发展

urban~ 城市再发展

urban clearance and~（美）城市清理和再发展

Redfin cutter *Culter erythropterus* 红鳍鲌 / 鲌 / 红鱼

Red-flower Camellia *Camellia chekiang-oleosa* Hu 浙江红山茶 / 浙江红花油茶

Redflower Kalanchoe *Kalanchoe flammea* 红花伽蓝菜 / 玉海棠 / 红川莲

Redflower Manglietia *Manglietia insignis*（Wall.）Bl. 红花木莲

Redflower Peashrub *Caragana rosea* Turcz. ex Maxim. 红花锦鸡儿

Redfoot Sagebrush *Artemisia rubripes* 红足蒿 / 红茎蒿

Red-footed booby *Sula sula* 红脚鲣鸟

Red-footed falcon *Falco vespertinus* 红脚隼 / 青鹰

Redfruit Actinodaphne *Actinodaphne cupularis* 红果肉楠 / 杯被六驳 / 红果树 / 红果黄肉楠

Redfruit Elm *Ulmus erythrocarpa* 红果榆 / 四川榆

Red-fruit Pencilwood ***Dysoxylum binectariferum*** 红果坚木 / 红果葱臭木

Redfruit Spicebush ***Lindera erythrocarpa*** 红果山胡椒 / 红果钓樟 / 詹糖香

Red-headed blister beetle ***Epicauta tibialis*** 红头芫青 / 红头贼

Red-hot Cat-tail ***Acalypha hispida*** **Burm. f.** 狗尾红 / 红穗铁苋

redirect 使改方向，使改道；更改…上的名字地址

redirection 改变方向

~of a watercourse 水道改向

traffic~（英）交通改向

redistribution 再分配，重新分布

Red-knees ***Polygonum hydropiper*** 水蓼

Red-leafed Palm ***Livistona mariae*** **F. v. Muell.** 红叶蒲葵 / 旱生蒲葵

Redlip Sage ***Salvia coccinea*** 朱唇 / 红花鼠尾草

Red-necked grege ***Podiceps grisegena*** 赤颈鸊鷉

Redpoll ***Carduelis flammea*** 白腰朱顶雀 / 苏雀

Redpunjab Sumac ***Rhus punjabensis*** 红麸杨

Redroot Amaranth ***Amaranthus retroflexus*** 反枝苋 / 苋菜

Red-rooted Sage ***Salvia miltiorrhiza*** 丹参 / 红根

Red-shanked douc/douc languar/Cochin China monkey ***Pygathrix nemaeas*** 白臀叶猴

Redsheath Bamboo ***Phyllostachys iridescens*** **C. Y. Yao et S. Y. Chen** 红哺鸡竹 / 红壳竹

Red-side long-horn beetles ***Asias halodendri*** 红缘天牛

Red-spotted Apollo ***Parnassius bremeri graeseri*** 红珠绢蝶 / 红星绢蝶

Red-thighed falconet ***Microhierax caerulescens*** 红腿小隼

redtop 小糠草，牧草

reduce sign 慢行标志

reducer 变径管（俗称大小头）；还原剂；还原器；减压阀；退粘剂

reducing reduce 的现在分词

~agent 还原剂

~of a crown（英）树冠还原

~of pH value pH 值减少

reduction 减少，缩短；缩小；降低；减速；降级；化成；折合；还原（法）{化}；简化{数}

~coefficient of evaporation 蒸发量折算系数

~in estimated volume 估量减少

~in fees/charges 费用减少

~in housing density 住宅密度减小

~in recreation use 游憩用途减少

~in species diversity 物种多样性减少

~in visual quality 视觉质量降低

~of a plan 计划缩减

~of gradient 坡度折减

~printer 缩印机

~program，agricultural（美）农业规划缩减

agricultural yield~ 农业产量减少

crown~ 树冠缩小

noise~ 噪声降低

price~ 价格降低

traffic~ 交通量减少

unit price~ 单价降低

waste~ 废物减少

edundant 多余的，过剩的

~observation 多余观测

~population 过剩的人口，多余人口

Redvein Enkianthus *Enkianthus campanulatus*（Miq.）Nichols. 红脉吊钟花（英国斯塔福德郡苗圃）

Redvein Spicebush *Lindera rubronervia* 红脉钓樟

Red-whiskered bulbul *Pycnonotus jocosus* 红耳鹎/高髻冠/帽子雀

Redwing *Turdus iliacus* 白眉歌鸫（土耳其国鸟）

Redwing sea robin/smallfin gurnard *Lepidotrigla microptera* 短鳍红娘鱼/红头鱼

Redwood National Park 红杉树国家公园（美国）

reed 芦苇，茅草（植物）

~-bank zone of rivers or streams（英）河流芦苇岸带

~reed bed 芦苇河床

~beds 苇地

~belt，riverine 繁密芦苇带状区

~canary grass swamp（美）芦苇加那利草沼泽

~clump 芦苇丛

~cutting 割切芦苇

Reed Flute Cave（Guilin，China）芦笛岩（中国桂林市）

~mace 宽叶香蒲（植物）

~marsh，tall forb（美）（高非禾本草本植物）芦苇沼泽

~plant（英）芦苇植物

~plug planting 芦苇塞植

~plugging 芦苇加塞

~rhizome and shoot clumps planting 芦苇根茎簇栽植

~rhizome clumps，planting of 芦苇根茎簇栽植

~roof 芦苇屋顶

~sand-break 芦苇沙障

~slab wall 芦苇加筋土墙

Reed Snow Cottage 芦雪庵

~sod 芦苇草皮

~spike 宽叶香蒲（植物）

~strip（英）芦苇带

~swamp 芦苇沼泽

~swamp，tall forb（英）（高非禾本草本植物）芦苇沼泽

~zone，lacustrine 湖生芦苇带

grid planting of~ 芦苇格网栽植

Reed Canary Grass（Gardener's Garters）*Phalaris arundinacea* var. *picta* 丝带草（英国斯塔福德郡苗圃）

Reed Canarygrass *Phalaris arundinacea* Linnaeus 虉草

Reed Grass/Carrizo *Phragmites australis* 南方芦苇

Reed Rhapis/Dwarf Ladypalm *Rhapis humilis*（Thunb.）Bl. 细叶棕竹/矮棕竹

reed tube stone 芦管石

reeding 防滑条

reedy 芦苇丛生的

reedmace swamp（英）香蒲沼泽

reek 烟雾，臭气

re-entry 收回

re-entry on leased land 收回已批租土地

re-equipping a house 增设住宅辅助设施
reestablish 重建；重兴
re-establishment of plant communities 植物群落重建
Reeve's muntjak/Chinese muntjak ***Muntiacus reevesis*** 小黄麂 / 小麂
Reeves Skimmia ***Skimmia reevesiana*** **Fort.** 茵芋 / 红茵芋
Reeves Spiraea ***Spiraea canioniensis*** **Lour.** 麻叶绣球
Reeves Spiraea ***Spiraea cantoniensis*** **Lour.** 麻叶绣球 / 麻叶绣线菊
refer 参考，参看，引证；涉及，有关；提到；指点；交付；委托；认为……属于，将……归因于
referee's seat 裁判席
reference 参考，参照；依据，参考资料；引证；旁法；提到；查询，关系；委托
~alternative 备选方案
~book 参考书；手册
~count 参考读数，基准计数
~data 参考数据，参考资料
~group 参考群体
~literature room 文献资料阅览室
~map 参考地图
~material 参考资料
~period 对照期
~point 参考点，控制点，视点
~snow pressure 基本雪压
~speed 参考速度
~sound source 标准噪声源
~surface 参考平面，假定工作面
~value 参考值
~wind pressure 基本风压
references for qualification 资格证明参考（依据）
reference system 参考系统
refill 回填，再填
refilling 回填，再填；还土
~of trench 沟槽还土，堑壕回填
refinement 修订，提纯
refinery 精炼厂，炼制厂
reflecting pool 倒影池，镜池
reflection 反射
~crack 反射裂缝
~prism 棱镜反光镜
reflective glass 反射玻璃
reflectivity 反射率
reflector 反光镜
~button（交通标线用）反光路钮，反射路钮
~marker post 反射式引导路标，反光路标杆
~sign 反光标志，反射标志
reflux pipe 回流管
Reflex Calanthe ***Calanthe reflexa*** 反瓣虾脊兰
reforestation 再造林，重新造林
reform 改革，革新；改造；改正，改善；改过
~，land 土地改造（改革）
reformation 改革；革新；改造，改善
Reformation period 宗教改革时期
Refracted Asparagus ***Asparagus retrotractus*** 绣球松 / 德国松
refraction 折射
refrigerant 制冷剂
refrigerated storage room 冷藏间
refrigerating 制冷，冷藏

~coefficient of performance（COP）(制冷）性能系数
~compressor 制冷压缩机
~cycle 制冷循环
~effect 制冷量
~engineering 制冷工程
~machine 制冷机
~station；refrigerating plantroom 制冷机房
~system 制冷系统
efrigeration 制冷
efuelling station 加油站
efurbishment 改造
efusal 拒绝，不承认；（桩的）止点
~of pile 桩的止点；桩的抗沉
~point 桩的止点
efuge（街上）安全岛；（桥上）避车台
~area 安全岛区域
~harbo(u)r 避风港
~hole 避车洞
~island 安全岛，避车岛
~manhole（行人）避车处，（车行）避车道，让车道
~platform 避车台
~recess 避车洞
~shelter 避难所
~siding 避难线
~track（铁路）避车侧线，越行线
refuse 废料，废物；垃圾；渣滓，残渣；拒绝；辞退
~box 垃圾箱
~burner 垃圾焚化炉
~chute 垃圾道
~cleaning 垃圾清除
~collection 垃圾清运，垃圾收集
~collection lorry 垃圾运输汽车
~collection point 垃圾收集站
~collection truck 垃圾（收集）车
~collection vehicle 垃圾运输车辆
~collector 垃圾运输汽车
~compost 垃圾混合肥；垃圾堆肥
~compost production plant 垃圾混合肥制造厂
~composting 施垃圾混合肥
~conduits 垃圾管道
~container 垃圾桶
~crusher 垃圾研碎机
~destructor 垃圾焚化炉
~destructor plant 垃圾焚化场
~disposal 废物处理，垃圾处理
~disposal installation 垃圾处理装置
~disposal system 垃圾处理系统
~dump 垃圾倾弃地，垃圾场
~handling 垃圾处理
~hopper 垃圾斗
~incineration 垃圾焚化
~incinerator 垃圾焚化炉
~-landfill site 废渣埋填场
~plant，bird 鸟禽垃圾厂
~receptacle 垃圾箱，垃圾桶
~tip 垃圾场
~treatment 垃圾处理
~treatment plant 垃圾处理厂
~-up 垃圾堆，废料堆
~wagon 垃圾车
domestic~ 家庭垃圾
household~ 家庭垃圾
game~（美）狩猎垃圾
mountain~（英）山区垃圾
rotting of~ 垃圾腐烂

urban~ 城市垃圾

refuser to removal 钉子户

Regal Fern *Osmunda Regalis* 欧紫萁（英国斯塔福德郡苗圃）

Regel Lily *Lilium regale* 岷江百合 / 王百合

regenerate 再生的；革新的，刷新的；改造的；（使）再生，使新生；革新；改造

regenerated 再生的

~cell 再生电池

~noise 再生噪声

~woody growth 新生木本植物

regeneration 重生，新生；更新；再生；革新；改造，交流换热法

~cutting（美）更新砍伐

~felling（英）更新砍伐

~level 再生水平

~period 再生周期

area of~ 再生区

bog~ 沼泽改造

natural~ 自然改造

spontaneous~ 自然更新

urban~（英）城市改造

regenerative 再生的；交流换热的，回热式的 {机}

~border ice 再生岸冰

~capacity 再生容量；再生能量

~noise 再生噪声

regent 摄政者

Regent's Park（Britain）摄政公园（英国）

regime 制度；政体；社会组织；河况；状态

~flow 缓变平衡水流

~，groundwater 地下水状态

~of river 河流状况，河况

precipitation~ 降水状况；沉淀状况

region（地）区、地方、地带；境界，领域范围；（OD）调查区域

~closed for afforestation 封山育林区

~forbidden for tree cutting and hunting 禁伐禁猎区

~of a city，surrounding 城市周围地带

~of no relief 平原区

~planning，metropolitan 大城市区域规划

~pollution 区域污染

air quality control~ 空气质量控制区

alpine~ 高山区

Antarctic~ 南极地区

arid~ 干旱（地）区，干燥（地）区

boreal~ 北方地区，北极地区

climatic~ 气候区

coastal~ 海岸地带；近（或沿）海岸地带

earthquake~ 地震区

frost~ 冰冻地区

hibernation~ 越冬地区

high mountain~ 高山地区

hotter~ 较热地区

industrial~ 产业区，工业区；工业高度发达区

metropolitan~ 大城市行政区

mountainous~ 山（岭）区

neotropic(al)~ 新热带区范围（新热带区为大陆动物地理区之一，包括南美、中美至墨西哥热带平原以及西印度群岛）

non-seismic~ 非地震区

old industrial~ 老工业区
rainless~ 无雨区
river~ 河川地区
seasonal frost~ 季节性冻区
seismic(al)~（地）震区
semi-arid~ 半干旱（地）区，半干燥（地）区
tourist~（美）游览区；旅游区
urban~ 城市行政区

egional 区域性的，地方性的；局部的
~administrative authority/agency 地区行政当局
~analysis 区域分析
Regional and Urban Design Assistance Team（R/UDAT）区域与城市设计协作小组
~capital city 区域首府城市
~center 区域中心，地区中心
~center city 区域中心城市〈在政治、经济、文化等方面具有影响的城市〉
~city 区域城市
~climate 区域气候
~constitution 区域结构
~cooperation 区域合作
~development 地区开发，区域发展，区域开发
~development planning 地区发展规划
~development policy 地区发展政策
~difference 地区差别〈国内各地区经济指标，生活福利指标的差别〉
~differentiation 区域分异
~disparities 地域差异区域性分流街道，区域性分布
~economic development strategy 地区经济发展战略
~economic geography 区域经济地理学
~economic integration 区域经济一体化
~economics 区域经济
~environment 区域环境
~environmental assessment 区域环境评价
~environmental water quality standards 地区水环境质量标准
~flood 区域性洪水，地方性洪水
~funds of the European Community 欧洲共同体（略作 EC）区域性基金
~geology 区域地质学
~geomorphology 区域地貌学
~green corridor 区域性绿色走廊
~highway 区域性公路
~historical geography 区域历史地理
~industry 地方工业
~influence 地区影响
~infrastructure 区域基础设施
~interest 区域利益
~landscape analysis and planning 区域景观分析与规划
~landscape program（me）地区风景园林计划
~mobility 地区流动性
~park 区域公园
~physical plan 区域实质计划
~plan 区域规划，地区计划，区域图
~plan association 区域规划协会
~plan report 区域规划报告书
~plan，statutory 法定（或法律承认的）区域规划
~planner 区域计划（制定）者（或设计者；安排者；策划者）
~planning 区域规划
~planning act for the metropolitan region

大都市区域规划条例
~planning atlas 区域规划图集
~planning authority 区域规划机构
~planning commission 区域规划委员会
~planning concept 区域规划理论
~planning in metropolitan areas 都市区域规划
~planning policy 区域规划政策
~planning program（me）区域规划计划
~planning-related 相关区域规划
~planning，State（美）国家区域规划
~planning，transfrontier 越境区域规划
~policy/strategy plan（英）区域政策/战略计划
~pollution 区域污染
~pollution source 地区性污染源
~port 区域性港口
~production complexes 地域综合生产体
~recreational facility 区域游憩设施
~recreational system 区域游憩系统
~representative station 区域代表站
~research and knowledge 区域研究和认识
~residence 区域住宅
~road network 区域道路网
~science 区域科学
~sewerage system 区域污水沟管系统，区域排水系统
~shopping center 区域性购物中心
~sociology 区域社会学
~specialization 区域专业化，地区专业化
~structure of population 地区人口结构
~superiority 地区优势
~survey 区域勘测
~sustainable development 区域持续发展
~synthesis 地区综合体
~system 区域系统
~town planning 区域城镇规划
~traffic 区域交通
~transportation district（RTD）区域交通管理区
~transportation planning 区域运输规划
~urban network 区域城镇网络
~water supply 区域供水
~water supply system 区域给水系统，区域供水系统
~water system 地区水系
~weather office 地区气象站

regionalism 地区特性；地方主义；行政区划分

regionality 区域性

regionalization 地区化，分区化
~of transportation 交通运输区划

regionally 区域性地，地区性地

register 记录，登记，注册；挂号；自动记录器；节气门；百叶型风口，通风装置，调温装置；登记簿，注册簿，寄存器；记录，登记
~of land 土地登记簿
Register of Natural Areas，National（美）国家自然区登记簿
~of natural monuments（英）自然历史遗迹登记簿
architectural~ 有关建筑注册
deed~（美）证书登记；功绩记录
land~（英）土地登记
noise level~ 噪声等级登记

registered 已注册的；已登记的
~architect 注册建筑师〈有执照的建

筑师)
registering 探测，测量，注册，登记
~balloon 探测气球
~，pollution control 污染控制测量
registration 记录，登记，注册；挂号；(仪表的)自记；读数；配准(图像){电}
~board 注册委员会
Registration Boards，Council of Architectural(美)建筑师注册理事会
Registration Boards，Council of Landscape Architectural(美)CLARB 风景园林师注册理事会
~certificate 注册证书
Registration Council，Architects(英)建筑师注册委员会
~fee 登记费；挂号费
~map，land(英)土地注册地图，土地登记地图
~number 登记号码
~number origin and destination survey 录号 OD 调查(记录车号作出)
~of population 人口登记
~seal 注册章
~statistics 动态人口统计
~wire 定位索
registry 记录，登记；登记处，注册处
~map，land(英)土地登记地图
~of Historic Landmarks(美)文物古迹登记
~office，land(英)土地登记办事处
Regolith 风化层
regression 回归
~analysis 回归分析(相关分析)
~correlation analysis 回归相关分析
~equation 回归方程
~estimation 回归估计
~function 回归函数
~line 回归线
regroup 重组，重编
regular 正(规)的；整齐的，有规则的，有秩序的；常规的，不变的；定期的；一贯的；一律的；等角等边的{数}
~aerodrome 主用机场
~aid 定期补助金
~air service 定班航机，班机
~bus 定班公共汽车，班车
~cement 普通水泥
~centers(美)整齐的中心区
~coursed rubble 整层砌毛石
~coursed masonry of natural stones 整层砌天然石料
~program 正规计划
~semi-diurnal tidal current 半日潮流
~spacing 等间距
~work 常规工作
regularly 定期地，有规则地，经常的
~flooded riparian woodland 经常淹水的河滨林地
regulated 管制，调节，调整
~crossing(道路)管制交叉口
~factor 调节系数
~flow 调节水流
~state of a track circuit 轨道电路调整状态
regulating(路面)整平，整形；(仪表)校正；调整，管理，管制
~function of green space 绿地调节功能
~of topsoil 表土整平

~period 调节周期
~reservoir 调节水库，调节蓄水池
~sign 指导标志，道路标志
~structure 整治建筑物
~water 调节水

regulation 调整，调节；调节；调整率{电}；规章，规范；整治（河道）规则；规定，条例；管理，节制，控制；
~of load 载重的规定
~of river 河道整治
~of vehicle 车辆管理
~of watercourses 河道整治
Regulation on City Appearance and Environmental Hygiene Control 城市市容环境卫生管理条例
Regulation on Planning and Construction Management of Villages and Rural Towns 村庄和集镇规划建设管理条例
Regulation on Private-built Houses in Cities 城镇个人建造住宅管理办法
Regulation on Private Houses Administration in Cities 城市私有房屋管理条例
Regulation on Water Quality Control 城市供水水质管理工作的规定
Regulation on Water Saving in Cities 城市节约用水管理规定
~speed 规定车速，限制车速
~through market 市场调节
automatic~ 自动控制（调节）
building~ 建筑规程
experimental~ 试行章程
impact mitigation~ 撞击（碰撞，冲击）减轻调节
local~ 地方规定，地方条例
maintenance~ 维护规程，技术保养细则
planned~ 计划调节
qualitative~ 质量法规，质量条例
river~ 河道整治
safety~ 安全规程（则）
technical~ 技术规范
traffic~ 交通管理
transitional~ 过渡性调整
use~ 使用规则

regulations 规章，章程；规则，规定；条例；调整，调节，管理；控制；校准
~of natural habitats etc.（动植物）自然生境等的管理
~conservation（英）自然保护法
building~（英）建筑物规程
building size~（英）建筑物尺寸规定
design~（英）设计规章
plan notation~（英）规划标志
relaxation of building~（英）建筑物规程例外
standard building~[ZA] 标准建筑物规程

regulator 调节器；调节剂；调整器，校正器；调整者，整理者
~，growth（生长）调节物

regulatory 控制性，规定
~plan 控制性详细规划
~sign 规定标志，规章限制标志

rehabilitation 再建，更新，复兴，重整；复原，修复；重建（如路面等）；复职
~centre 康复中心
~plan 更新规划，重建计划
~scheme（如桥梁的）修复方案
~scheme，courtyard 庭院修复方案
~technique（路面的）修复技术，重建技术

~work 修复工程
building~ 建筑物修复
Rehder Oak ***Quercus rehderiana*** 光叶高山栎
Rehder-tree ***Rehderodendron macrocarpum*** **Hu** 木瓜红
rehearsal room 排练厅
re-housing of the occupants 拆迁户的重新安置
rehydration 再水化（作用）
reimbursable 赔偿的；补偿的
~expenses（美）赔偿费；补偿业务津贴
reimburse 偿还，付还，赔偿；补偿
rein 缰绳；驾驭；支配，控制；钳制；拱衣石{建}
reincarnation 转生
Reindeer（英国名称），**caribou**（美国名称）***Rangifer tarandus*** 驯鹿/四不像
reinforced 加强的；加筋的（指混凝土）
~brick 钢筋砖
~brick masonry 钢筋砖圬工
~concrete 钢筋混凝土
~concrete and brick construction 钢筋混凝土和砖建筑
~concrete bridge 钢筋混凝土桥
~concrete foundation 钢筋混凝土基础
~concrete girder 钢筋混凝土梁
~concrete masonry shear wall structure 配筋砌块砌体剪力墙结构
~concrete pavement 钢筋混凝土路面
~concrete structure 钢筋混凝土结构
~earth 加固土
~earth retaining wall 加筋土挡土墙
~framing 钢筋混凝土构架
~glass 钢化玻璃
~masonry 配筋砌体
~masonry structure 配筋砌体结构
~soil wall 加筋土挡墙
reinforcement 钢筋；加筋；加固，加强；增援
~cage 钢筋骨架
~metal 钢筋
~plan（英）强化计划，加固计划
concrete~ 混凝土加固
reinforcing 增强，加强，加固工作
~–bar truss 格栅钢架
~dam 护堤
~steel 钢筋
~steel area 钢筋截面积
~steel plan（美）钢筋计划
reinstallability 可重安装性，重新安装能力
reinstallation 重新安装，重新设置
~of stockpiled materials 恢复储备物质（如商品、原料、武器等）
reinstallment of a habitat 恢复群落生境
reinstatement 恢复，复原；修复
~costs of habitats/ecosystems（动植物的）生境、生态系（统）修复费
reintroduction 重新采用；再介绍，再引荐，再引进
Reishi Mushroom ***Ganoderma lucidum*** 灵芝
reject 废渣，尾矿
rejuvenate（使）更新，（使）复苏；（如用表面处治法复苏已老化的沥青路）；翻新；恢复青春
rejuvenation（使）更新，（使）复苏；（使）恢复翻新；复壮
~cut 复壮修剪

~of the population 人口年轻化
~of trees 树木复苏（复壮）
~pruning 更新修剪，更新整枝
rejuvenation of old tree 古树复壮
Rek Lok Si（**Harbin**，**China**）极乐寺（中国哈尔滨市）
related 有关的；同类的，相近的
~coefficient 相关系数{地}
~data 有关数据，有关资料
~to the environment 有关生态环境（或自然环境）的
relation 关系，相关
~between population and resources 人口与资源的关系
~curve of water level 水位相关曲线
~data model 关系数据模型
~database 关系数据库
relational 有关系的，相关的
~matrix 关系矩阵
~survey 关系调查，亲属调本
relations production 生产关系
relationship 关系，联系，共同性；亲属
~, visual 视觉关系
dynamics of~ 关系动态
pattern of interactions and~ 相互作用和关系模式
relative 亲属；有关系的，相关的；相对的，比较的，比例的；相应的
~acceleration 相对加速度
~ accessibility 相对可达性
~analysis 相关分析
~closing error 相对闭合差
~compactness 相对密实度
~control 相对控制
~cost 相对费用，比较费
~coverage 相对覆盖范围（或覆盖量）
~curve 关系曲线
~density 相对密度
~depth 相对水深
~eccentricity 偏心率
~error 相对误差
~frequency 相对频率
~height 相对高度
~humidity 相对湿度
~ice content 相对含冰量
~intensity 相对强度
~moisture content（of soil）（土的）相对含水量
~overpopulation 人口相对过剩
~standard deviation 相对标准差
~sunshine duration 相对日照时间
~surplus population 相对过剩人口
~thickness 相对厚度，深度
relatively comfortable house 小康住宅
relaxation 松弛；张弛；缓和；休息
~area 休息区
~of building regulations（英）建筑条例放宽
~time 松弛时间
relay 继电器
~meter 中继机
~point 中继站，转播站
~station 中继站
release 释放
releasing land for（**building**）**development** 提供土地用于开发建设
relevance，**environmental** 环境相关性
relevant 有关（系）的，关联的；切合的；适当的
~data 相关数据

eliability 可信度，可靠（性），可靠率；确定性，确实（性）；保证率
~analysis 可靠性分析
~assessment 可靠性评估
~coefficient 可靠度系数
~design 可靠性设计
~engineering 可靠性工程
~index 可靠指标
~theory 可靠性理论
elic 遗迹，遗物
~preservation 文物保护
Relic gull ***Larus relictus*** 遗鸥
elict 残留
~area 文物古迹区
~bedding 残留层理
~species 残留物种
~texture 残余结构
glacial~ 冰川遗迹
relief 起伏；地势，地形，地貌；浮雕；（品）救济；辅助；解除；减轻；调班，替换；地形起伏，凹凸；卸货，卸载；接班人；离隙
~brick sculpture 画像砖
~channel 减河
~channel，flood 洪水溢流槽（沟，渠）
~displacement 地形位移；投影差
~drain（溢流）排水管
~map 浮雕图，模型地图，地形图
~model 地形模型
~road 间道，分担交通的道路，辅助道路，辅道
~sewer 排污水管
~stone sculpture 画像石
~well 减压井
environmental~ 环境救济
ground~ 地面起伏
terrain~ 地形起伏
religion 宗教，宗教信仰
religionist 宗教家
religious 宗教的，笃信宗教的，虔诚的
~building 宗教建筑
~doctrine/creed/dogma 教义
~house 修道院；寺院
~institution 宗教机构
Religious Shrine 神庙
~sect 宗教派别
~service 礼拜
~symbolism 宗教象征
relocatable building 可搬迁的建筑物
relocate 重新安置，搬迁，迁移
relocated farmstead（美）农场转移
relocation 改线，重新定线（位）；移位，变换；重新装置，搬迁
~diffusion 迁移扩散
~household 拆迁户
~housing 周转房，周转住房
~of building 建筑物易位
~of farm holdings（英）农场租借地周转
~of industries 工业重新配置
~of road 道路改线，重定路线
~payment 搬迁费
~settlement costs 搬迁安置费用
~workload 搬迁任务；搬迁对象登记
road~ 道路改线
remain 遗迹，遗物；废墟，残余
~of Panlong City（China）盘龙城遗址（中国）
~of royal academy and Wang Mang's ancestral temple of Western Han（China）西汉明堂辟雍和王莽宗庙遗址(中国)

~of Secondary Capital of Yan（China）燕下都遗址（中国）
~of stilted building，Maojiazui（China）毛家嘴干阑遗址（中国）
~of Zhouyuan architecture（China）周原建筑遗址（中国）
remaindership 继承权
remaining 剩余的
~population 留住人口，未迁移人口
~service life 剩余使用年限
~useful life of a house 延长住房的使用寿命
remains 废墟，遗迹
remaking of nature 自然的再造
Remaming Snow at Broken Bridge（Hangzhou，China） 断桥残雪（中国杭州市）
remedial 补救性的
~construction claim（美）补救性建筑索赔
~lawn work 修补草坪工作
~maintenance 养护补救性
~measure 补救措施
~work 修理工作，修补工作
~works claim（英）修补工程索赔
remediation 消除
~of groundwater pollution 消除地下水污染
~of toxic waste sites（美）有毒废物场地消除
remedy 改善；补救（办法）；药剂
remedying defects 补救效应；改善效果
remnant 残余，痕迹；剩余的，残留的
~deformation 残余变形
~habitat 残留生境
~habitat island 残留生境岛
~population 残留人口
~wood patch 残留小树林（树丛）
remodeling（of city center）（市中心区的）重新规划
re-modelling 翻建，改建，改造
~a house 住宅翻建
~of a site 场地改造
~of nature 改造自然
~road pattern 改建路型
remolded strength 重塑强度
remote（遥）远的；疏远的；悬殊的；间接的
~alarm system 远距报警系统
~control 遥控
~control system in station 车站遥控系统
~measuring 遥测
~~measuring system of water quality by satellite 卫星水质遥测系统
~sensing 遥感（技术），遥测
~~sensing monitoring of water pollution 水污染遥感监测
~sensing cartography 遥感制图
~sensing geology 遥感地质学
~sensing information 遥感信息
~sensing mapping 遥感制图
~sensing platform 遥感平台
~sensing prospecting 遥感勘测
~sensing technique 遥感技术
~~sensing technology in hydrology 水文遥感技术
~surveillance system in station 车站遥控监视系统
~telemetry station 遥测站
~telemetry unit 遥测装置

Remote-leaf Spikemoss ***Lycopodioides remotifolia /Selaginella remotifolia*** 疏叶卷柏
remoulding index（土的）重塑指标
removable 可移动的；可拆装的，可拆卸的
~floor 活动楼板
~railing 活动栏杆
~post 流动邮政
~snow fencing 移动式防雪栏
~window 支摘窗
removal 拆除，拆迁，除去，排除；移动，迁移；移积；剥除
~for replanting，vegetation 植物移栽重植
~of branch with "V" crotch 除去带 V 型叉的分枝
~of bridge 桥梁的拆除，拆桥
~of fortifications 筑城工事拆除
~of oxygen 脱氧
~of surplus soils 余土处理
~of tree stumps，clearing and 除去树木伐根
~of woody debris 修剪死树枝
~ratio 迁居率
~site，sod（美）（草皮）采取地
~site，turf（英）（草皮）采取地
sediment~ 沉积物去除
tree clearing and stump~（美）树木清除和伐根去除
removing dirty or noisy land uses from the area 搬迁有污染和噪音的用地项目
remuneration 报酬，酬劳；赔偿
~for personal services 劳务报酬
~of professional fees/charges（自由职业者的）酬金
~on a percentage basis 基数百分比报酬
~on a time basis 时间基数报酬
Renaissance 复兴，复活，新生；文艺复兴，文艺复兴时期，文艺复兴时期的风格
~architecture 文艺复兴时期建筑〈14–16 世纪意大利建筑式样〉
~period 文艺复兴时期
~style villa 文艺复兴式的庄园
renaturalization 恢复自然状态
render 表达；描绘
rendering 透视图；示意图；渲染
renew 更新，更换，新生；修复；恢复；重订（如合同等）
renewable 可更新的，再生的
~energy resource 再生能源
~power source 再生能源
~resource 可更新资源，可再生的资源
~resource of energy 可再生能源
~resources 再生资源，可更新的资源
~sources of energy 再生能源
renewal 新修，大修；恢复，更新；更换；复兴，再发展，再开发
~area，urban 城市再开发区
~area 更新地区
~charge 更新费，更换费
~cost 更新费，更换费
~of air 换气
~period of water bodies 水体的更新周期
crown~ 树冠更新
urban~ 城市更新
village~ 乡村更新

renewal branch 更新枝
renovation 修复，更新
Renshoudian（**Hall of Benevolence and Longevity**）（**Beijing**，**China**）仁寿殿（中国北京市）
rent 地租，房租，租金；裂缝，裂隙
~-a-car 租用的汽车（美）
~charge 地租税
~control 房租控制
~of water surface 水面使用费
~restriction 房租限制，房租管制
~restriction Act 房租管制条例，房租限制法
~to cover maintenance 以租养房
~tribunal 房租审理委员会
rentable 出租的
~area 出租面积，租地面积
~space 出租面积，租地面积
rental housing 出租住宅建设，出租的住房
rented 租用的，出租的
~accommodation 出租的房间
~flat 出租公寓
~garden（英）出租花园、菜园
~house 租用房屋
~housing 出租的房屋，出租的住宅
~space 租用空间，租用场所
renting with fixtures 全套出租（住宅及家具设备全套出租）
reoccurrence of a species 物种（动物）再现
reorganization 改组，改编；改革；整理；调整
~of a road（英）马路（街道）重新画线
~of land holdings（英）地产调整
~of plot boundaries（英）地块界限调整
local authority~ 地方当局改革
reoxygenation by water body 水体复氧
repair 修理，修补，修复；改正修理，修补；改正；返修
~according to status 状态检修
~bay 修理间
~bench 修理台
~costs，maintenance and 修理费和养护费
~cycle 检修周期
~equipment 修理设备
~in depot 段修
~on the schedule 定期修
~outfit 修理工具，修理设备
~parts 配件，备用零件
~rate 返修率，修复率
~ship 修理船
~shop 修理厂，修理工场
~siding 修车线
~track 检修线
~welding 补焊
~work 修理工作，修理工程
maintenance and~ 养护和修理
repairs beyond the scope of repairing course 超范围维修
repeat 反复，重复；再做；重说
~flowering rose 重复开花蔷薇
repeated 重复的
~action；cyclic action 多次重复作用
~utilization factor 重复利用率
repeating signal 复示信号
repertory 仓库，贮藏所
repetition 重复
replacement 替代，重建

~biotope 重建植物群落生境
~cost 更换费用
~cost of building 建筑物重建价格
~costs of habitats/ecosystems 生境 / 生态系统重建价格
~guarantee 更换承诺
~habitat 更换生境
~housing 拆迁户住房
~method（软土的）置换（换土）施工法
~of a habitat 更替生境
~of soil 换土填层
~pavement 重铺路面
~planting 重植
sand~ 换沙
soil~ 换土
topsoil~ 表土更换
eplanting 补种，补植
~vegetation removal for（去除）植被补植（种）
eplenish 补充，添补；装满
eplenishment 补充，充实，供给
~of sand areas 沙区补沙
groundwater~ 地下水补充
eplication 模拟
eplotted land 重划地
eplotting 换地，土地区划整理，重划用地
~design 换地设计，用地重划设计
~in original position 原地换地〈城市规划用地时，对原有土地予以就近调整〉
~plan 换地规划，重划用地规划
report 报告；报告书；记录；报告，提出报告书，发表公报；记录
~of survey 调查报告书
~on noise, consultant's 噪声咨询报告书
explanatory~ 说明报告
final investigative~ 最终审查报告
final planning~ 最终规划报告
interim~ 临时报告
progress~ 进度报告
provisional~ 临时报告
regional plan~ 区域规划报告
site~（英）选址报告
stopgap~（美）权宜报告，临时报告
submissions~（英）建议报告
reporting period 报告期
repose 安静，静止；休息，安息；（使）休息
~, natural angle of 静态自然角
~period 静止期
repository 仓库，贮藏所；容器；（美术品）陈列馆
repotting machine 换盆机
represent 代表，代理；描述，描画；表示，表现；象征；说明
~wave parameters characteristics of wave 波浪特征值
representation 表示，表现；描述，描画；代表，代理（人）；表象{数}；说明
~, graphic（图解）报告
representational art 表现派艺术，表现主义美术，再现性艺术
representational art 具象派艺术，表象艺术
representational painting 表现主义绘画
representational theory 表现主义理论
representationalism 表现派艺术；表象论

representative 代表人，代理人；典型；标本；样品；表示的；代表的，有代表性的；象征的，典型的
~basin 代表性流域，典型流域
~dew point 代表性露点
~fraction 制图比例尺
~office 代表处
~plan 典型计划
~sample 示范试件
~station 代表站
~tide 代表潮
client's project~（美）客户项目代表
contractor's project~ 承包人项目代表
contractor's site~ 承包人现场代表

reprocessing 重新处理
~plant，nuclear fuel 核燃料重新处理厂
~plant，waste（美）废料处理厂

reproduction 再生，再生产；复制；复现；伪造；翻印；转载
~cost of building 建筑物重建价格
~cutting 再生插条（割切）
~room 晒图室
natural~ 自然繁殖

reproductive age 生育年龄，育龄
~period 生育期（女为 14~49 岁，男为 15~69 岁）

Republic Palace（**Germany**）共和国宫（德国）

Republican Forum（**Italy**）（罗马）共和广场（意大利）

republish 再版，再发行

reputation 声誉，名声，声望

request 请求，申请要求；需要
~for proposal 要求提交建议，征求意见
~for proposals（美）要求提交建议
~for qualification（美）资格要求，要求提供资历介绍

requesting proposals 要求意见，征求意见

require（需）要，要求，请

required 要求的，规定的，需要的
~green time 所需绿灯时间
~side yard 所需侧旁场地
~value 预期值
~yard（美）所需场地

requirement 需要，要求；必要条件；必需物品
~，minimum yard（美）所需起码场地
open land~ 开放用地需要
parking space~ 停车空地要求
plant preservation~（美）植物保护要求
recreational~ 游憩要求

requirements 要求，需求；必要条件；必需物品
~for bidders（美）投标者必要条件
~for green spaces 绿地要求
~for open spaces 开放用地要求
~for tenderers（英）投标人必要条件
~of contract，special technical（专门技术）合同要求
analysis of~ 要求分析
bidding~（美）投标要求
design~（英）设计要求
determination of~ 必要条件确定
directive on planting~（美）种植要求指令
enforcement notice on planting~（英）种植要求通知
land-use~ 土地使用要求
minimum set-back~（英）最低退进要求，建筑物从道路红线最小缩进要求
nutrient~ 营养要求

recreational~ 游憩要求
site~ 选址要求，场址要求
spatial~ 空间要求
special construction~ 专门建设要求
statutory designation of landscape planning~ 法定景观规划要求
uncovered~ 无覆盖要求
unsatisfied~ 未满足的必要条件

requisition 征用
~of land 征用土地
~of surplus land 征用剩余土地

reregulating reservoir 水库反调节

reroute 道路改线

rerouting 绕行，改换路线
~，traffic（美）交通改换路线
~for slow vehicles 加设（重订）慢车路线
~of road 道路改线，重定路线{计}

rerun 重新运行，重复运行

rescheduling（英）重新规划，重新安排

research 研究，调查，探讨；追究
~agency 研究所
~and development（简写 R&D）研究与开发
~and knowledge，regional（地区）研究与知识
~area 研究区（范围）
~area, natural（美）自然研究区（范围）
~area，timber 木材研究区（范围）
~associate 副研究员
~bureau 调查局，研究所
~center 研究中心
~center，bird protection（美）（鸟类保护）研究中心
~institute 研究院，研究所
~natural area，forest（美）（森林）调查自然区
background~（英）背景研究
causality~ 因果关系研究
environmental~ 环境研究
field~ 实地研究，现场调查
landscape geographical~ 景观地理研究
spatial~ 空间研究

re(-)seeding 补种，再播种，再植草
~，breaking ground and 开垦土地并补种
~，lawn（美）（草坪）再植草

Resembling Hippophae Rhododendron ***Rhododendron hippophaeoides*** 灰背杜鹃/沙棘状杜鹃花

reservation（位置或空间的）保留；定座；预约；储备
~area 保留地，预留地
~clause 保留条款
~land 保留地（指土地区划整理中土地所有者提供的不作为换地，而作为再开发事业用的地）
~of land 保留（土）地
~price 保留价格，最低价格
motorway central~（英）公路中央分隔带

reserve 保留，保存；保留地；预留地；专用范围；储量；埋藏量；贮藏；储备；储备物；保留的；预备的；多余的；保留，保存；预定；租定；贮藏，储备
~area 古迹保护地（区）
~capacity 储备量；后备能力；储备通行能力；储备功率
~fund 公积金，准备金，储备基金
~garden 园林保留地
~lighting for fire risk 火灾备用照明

~of building material 建材储备
~of nutrients 营养品储备
~power 储备功率
~price 底价，保留价格
~storage 储备仓库
biogenetic~ 生物保留地
biosphere~ 生物圈保留地
coastal~（美）沿海保留地；沿海储备
core~ 核心储备
European Wilderness~ 欧洲旷野保留地
forest nature~（英）森林自然储备
game~ 猎区储备
natural forest~（英）自然森林储备
nature~ 自然储备，自然保留地
scientific~ 科学储备，生物圈保留地
shooting~（英）围猎储备
strict nature~ 严格自然保护
strict wilderness~（美）严格旷野保护
wildlife~（英）野生动物保护（保留）

reserved 备用的，保留的
~deformation 预留变形量
~energy 备用能
~for public facilities land 公共设施保留地
~land 保留地
~land for replotting 换地预定地，土地重划备用地
~lane 保留车道，备用车道
~locomotive 备用机车
~open space 保留绿地，保留空地
~road 保留（某种交通专用）道路，专用道路
~strength 保留强度
~tree（英）保留树木

reservoir 蓄水池，贮水池，水库；储备库；储器；蓄力器；贮油器，油桶；油箱
~area capacity curve 水库面积－库容曲线
~bank caving 水库塌岸
~bed 蓄水层，储水层
~capacity 水库库容
~deposition 水库淤积
~earthquake 水库地震
~, flood control 洪水控制水库
~flood routing 水库调洪
~inflow 入库水流
~in flow 入库水量
~in flow flood 入库洪水
~induced earthquake 水库诱发地震
~inundation 水库浸没
~outflow 出库水量
~port 水库港
~regulation for comprehensive utilization 综合利用水库调节（多目标水库调节）
~regulation for water supply 水库供水调节
~scheduling 水库调度
~scheduling based on forecast 水库预报调度
~scheduling for 水库调度
~sedimentation 水库淤积
~sedimentation survey 水库淤积测量
~sedimentation volume 水库淤积量
~seepage 水库渗漏
~seepage volume 水库渗漏量
~site 库址
~stage gauging station 水库水位站
~station 水库站
~storage 库容，水库蓄水量

~water quality planning 水库水质规划
water supply~ 供水水库
ground water~ 地下水蓄水池
impounding~ 蓄水池，蓄水库
resetting 重新铺砌
resettle 重新安居
resettlement 搬迁
farmstead~（美）农庄搬迁
reshape 重新修整，重新整型；恢复路形
reshaping 布局调整
ground~ 地面布局调整
reside 住，居留；存在；归，属
residence 住宅，居住；居留期间
~building 居住建筑
~certificate 居留证件
~-commercial-manufacturing district 住宅商业工业综合区
~district 居住区，住宅区
~permit 居留证
holiday~（英）假日居住，节假日住宅
vacation~（美）度假居住，假期住宅
resident 常住居民；侨民；居民，居住者，住户；居住，居留的；固有的
~bird（美）留鸟
~certificate 居民证
~community 居住社区
~death rate 常住人口死亡率
~engineer 工地工程师，驻工地工程师
~needs 居民需求
~office 常驻办事机构
~population 常住人口
~registration 户口登记
~representative office 常驻代表机构
Resident Representative Office Registration Certificate 常驻代表机构登记证
~time 停留时间
~trip survey 居民出行调查
~unit 居住单位
adjoining~ 相邻住宅
summer~ 夏季住宅
residenter（美）常住居民
residential 住宅的，居住的
~allotment 住宅分配
~area 住宅地区，居住区
~area development work 居住区开发工作
~area，low-density（低密度）居住区
~area traffic 居住区交通
~belt 居住带
~block 住宅街区，街坊
~block green belt 街坊绿带
~building 住宅建筑，居住建筑，住宅楼宇，居住房屋
~building，high-rise 高层住宅楼
~buildings 住宅建筑
~centre 居住区中心
~commercial land 住宅及商业用地
~community（美）居民团体，居民社区
~complex 住宅综合体
~compound 居民大院
~construction 住宅建设，住宅建筑
~Cortile（Cortile Type A）居住型庭院（A 型庭院）
~density 人口毛密度，居住密度
~development 居住区开发
~development project 住宅区发展计划
~district 住宅区，居住区
~district planning 居住区规划
~district road 居住区道路
~dwelling 住宅单元
~environment 居住环境

~floor area 居住建筑密度，居住建筑面积
~floor space density 居住建筑面积密度
~frontage 居住区街面，住宅街
~garden（美）住宅区花园
~green space 住宅区绿地
~heating 住宅（区）供热
~hostel 供旅客长期逗留的旅馆
~housing 住宅建筑
~housing unit 住宅
~land 居住用地
~land，class Ⅰ 一类居住用地
~land，class Ⅱ 二类居住用地
~land，class Ⅲ 三类居住用地
~land，class Ⅳ 四类居住用地
~land use 居住用地
~land-use index 居住用地指标
~leisure complex 休闲综合建筑
~leisure development 休闲开发
~location utility index 居住择位效用指标
~mobility 住址变动
~occupancy 住房占有率
~park 居住区公园，社区公园
~parking program 住宅区停车场计划
~part of a town 城镇居住区
~population 居住人口
~quarter 住宅区，居住区，居民点，居住小区
~quarter green area 居住区绿地
~section 居住区，住宅区
~space 居住空间
~square 住宅小区广场
~standard 居住标准
~street 居住区街道
~structure 居住用建筑物，住宅
~sub-district 居住小区
~sub-district road 小区道路
~subdivision（美）住宅区分段
~subdivision road（美）住宅区分段道路
~suburb 居住城郊，近郊居住区，城郊住宅区
~town 卧城，住宅城市〈分担大城市等就业区的居住功能的城市〉
~traffic management 居住区交通管理
~upgrading area 住宅提升区
~usable floor area 住宅使用面积
~use 居住用途
~zone 住宅用地区域，居住区，居住带，住宅区
~zoning district（美）居住区分区

residual 残余，剩余；偏差{数}；残余的，剩余的
~agricultural medicine 残留农药
~carrying capacity 剩余承载力
~chlorine 余氯
~current 余流
~hill 残丘
~ice accumulation 残冰堆积
~mass curve 差积曲线
~parcel of land 土地余块
~pollutants 残留污染物
~population 残留种群（动植物）
~soil 残积土，原积土
~space 剩余空间
~water 残留水
~woodland 残留林地

residue 残渣；滤渣；余渣，渣滓；残留物；残余；留数{计}
~mound 残堤；残墩

esidues, crop（修剪）残余
pesticide~ 农药残留物
esilient landscape 弹性景观
esilient layer 弹性层
esilience 回弹；回（弹）能；弹性；冲击韧性；恢复力
esilient 有复原力的，能复原的
esin 树脂
~degradation 树脂降解
~exchange capacity 树脂交换容量
~fouling 树脂污染
~trapper 树脂捕捉器
esistance 抗力；阻力；电阻
~against fracture 抗裂力
~of heat transfer 传热阻
~of soil 土的抗力，土的阻力
~thermometer 电阻温度计
~to abrasion 抗磨力
~to air pollution 抗空气污染性
~to skidding 防滑性
~to temperature test 抗温度试验
~to water 抗水性
~to wear 抗磨（损），抗磨性，磨耗阻力
~to wear and tear 抗磨和抗裂性
~to weather 抗风化能力；气候稳定性，气候抵抗能力
age~ 抗老化力
frost~ 抗冻性，抗冻能力
frost thaw~ 冻融抗力，抗冻融力
fungus~ 防霉性
heat~ 耐热性
salt~ 耐盐性
shear（ing）~ 抗剪（阻）力
weather~ 耐候性，抗风化性
weathering~ 风化抗力，耐候性
resistant 防染剂；有抵抗力的；坚实的；顽强的
~earth pressure 土抗力
~metal 耐蚀金属
~soil，frost 耐冻土
~to corrosion 防蚀的，不生锈的
~to oxidation 抗氧化
~to tarnishing 抗锈蚀
air pollution~ 空气污染防护剂
deterioration~ 退化（变质）防护剂
frost-~ 抗冻剂
salt~ 抗盐剂
resite area 安置区
resolution 分解，分解力；分辨力；溶解；变化，转化；决定，决议；解决
~，land consolidation（英）土地整治（固结）
resolving power of image 影像分辨率
resonance 共振（现象），共鸣反响
~absorption 共振吸收
resonant 共振
~frequency 共振频率
resort 依靠，凭借；游憩场所，游览胜地；依靠，凭借
~city 游览城市，休养城市
~community（美）旅游团体
~community，recreation（游憩）游览团体
~hostel 旅游地旅馆
~park，health（保健）游乐园
~town 疗养城市，休养城市
~village 休闲村
climatic health~ 气候疗养地
health~ 疗养地

health recuperation~ 保健康复疗养地
seaside~ 海滨疗养地
tourist~（美）旅游胜地
winter sports~ 冬季运动胜地

resource 能力；资源；物资；方法，手段；[复] 原料
~allocation 资源分配，资源调配，资源配置
~area 资源区域
~characteristics，natural 自然资源特征
Resource Conservation District（英）资源保护区
~conserving 节省资源
~contraints 资源限制
~cost 资源成本
~development 资源开发
~distribution 资源分布，资源分配
~economics 资源经济学
~exploitation planning 资源开发规划
~frontier 资源边疆〈指资源矿业中心，远离人口密集地区，没有大城市，中等城市也少，往往缺乏中心城市带动全区的发展〉
~heritage，landscape 景观资源遗产
~information system 资源信息系统
~intensive 资源密集
~–intensive planning 资源密集规划
~management 资源管理，物资管理
~management，visual（视觉）资源管理
~map 资源分布图
~materials 资源物质
~oriented location 资源型区位
~patch，environmental（环境）资源管辖区
~quality，visual（视觉）资源质量
~recovery 资源回收，资源再生
~sharing 资源共享
~superiority 资源优势
~utilization 资源利用

resources 资源
~awaiting exploitive region 资源待开发区
~conservation，water 水资源保护
~exploitation planning 资源开发规划
~information system，natural 自然信息资源系统
~inventory，recreation 游憩资源现况
~management，natural 自然资源管理
~management，water 水资源管理
~transform model 资源转换模式
~unexploitive region 资源待开发区
available groundwater~ 可利用地下水资源
conservation of nature and natural~ 自然和自然资源保护
consumption of natural~ 自然资源消耗
depletion of natural~ 自然资源耗尽
development of mineral~ 矿产资源开发
groundwater~ 地下水资源
landscape~ 景观资源，园林资源
living~ 生活资源
mineral~ 矿物资源
natural~ 自然资源
nutritional~ 营养资源
preservation of cultural~ 文化资源保护
preservation of natural~ 自然资源保护
protective forest for water~ 水资源防护林
reclamation of used~ 资源回收（再生）
recreation~ 游憩资源
use capacity of natural~ 自然资源利用能力
utilization of natural~ 自然资源利用

water~ 水资源

resource conservation 资源保护

resource-saving landscape 节约型园林 / 景观

respiration 呼吸作用

respondent 调查对象

~household 被调查户

responder 被调查者

responding household 作出回答的住户

response 回答，反应，响应，感应，灵敏度

~rate 回答率

~time 响应时间

responsibilities，fulfi(l)ment of professional 履行职业责任（义务）

responsibility 责任，义务；职责；负担；响应性；可靠性

~content 责任内容

~documents of construction project management 项目管理目标责任书

~principle，public 公职责任原则

~system of construction project manager 项目经理责任制

maintenance~ 养护义务

principle of causal~ 因果责任原则

public~ 公共义务

responsible 有责任的，应负责任的；可靠的

~crew system 包乘制

~for maintenance 养护责任

~institution 主管机关

respreading，topsoil 表土再铺展

rest 座，台，架，托；支座，支柱；支持物；其余；安静；休息；剩余{数}；静止；休息；靠，搁在，安置在

~area 休息区

~area，roadside（英）（路边）休息区

~area，vegetation of animal 动物休眠区的植被

~assured 深信不疑

~center 疗养中心

~condition 初（原）始状态 / 静止状态

~garden 游憩花园

~home 疗养院，疗养所

~house 休养所，（旅途）招待所

~pier 支墩

~place（美）休息地，接待地

~quarter 生活间；生活区

~-room 公共场所内的休息室

~room 洗手间

Rest temple on the way to the imperial Palace 行宫下寺

Restalotia leaf spot of *Camellia japonica* 山茶灰斑病（***Pestalotia guepini*** 茶褐斑盘多毛孢菌）

restaurant 餐馆，酒馆，餐厅，饭馆

resting 休息

~area 休息区

~area，vegetation of animal 动物休眠区的植被

~place，winter（冬季）休眠地

restocking 再贮备

~of game population 狩猎动物再养殖

~of population 再养殖动物或再种植植物

restoration 恢复，复兴；修复，修缮；重建；复原；归还

~costs of habitats/ecosystems 生境 / 生态系统修复费

~of contaminated land 受污染土地的恢复

~of derelict land 废地恢复
~of land 土地恢复
~of monuments 古迹修复
~of water courses 水道恢复
bog~ 泥沼复原
crown~ 树冠复原
ground~ 土壤恢复
habitat~ 生境恢复
land~ 土地复原
river~ 河川修复
toxic site~（美）有毒场地恢复

restoring 还原
~computation of runoff 径流还原计算
~water quantity 还原水量

restrain 抑制，制止；克制；限制；约束，束缚；防止，禁止
~block 防震挡块

restrained deformation 约束变形

restraining order，temporary（美）（临时）限制指示

restrainment scheme，traffic（英）（交通）限制计划（方案）

restraint 抑止；禁止；约束

restricted 限制的；专用的；特定的
~area 限制区
~area of industry 工业限制区
~industrial district 工业区，工业专用地区
~passing sight distance 制约超车视距，限制超车视距
~residential district 特定居住区，居住专用地区
~stopping sight distance 制约停车视距，限制停车视距
~traffic 限制交通

restriction 限制；约束
~area of industry 工业限制区，工业专用地区
~of liability 责任限制
~sign 限制标志
~，use 限用，限制使用

resurfacing 重做面层，翻修路面，重铺路面；重修表面

resurgence 河道复流（河道再生）
~pool 再生水塘

resurrection 复活，复苏

Resurrection Lily/Magic Lily/Hardy Cluster Amaryllis/Autumn Lycoris ***Lycoris squamigera*** 鹿葱 / 夏水仙

Resurrection ***Kaempferia angustifolia*** 角叶山柰 / 喜马拉雅姜百合

retail 零售；零售的
~business 零售商业
~center 零售商业区
~market 零售市场
~service 零售服务
~shop 零售商店
~shopping center 零售商店中心，零售商业街
~shopping district 零售商店区
~store 零售商店
~trade 零售商业
~trade district 零售商业区
~turnover 零售额
~turnover of commodities 商品零售额

retailing 零售
~sphere 零售范围圈，零售区域

retain 保留；维持，保持；记忆

retainer 护圈；乘盘；抵住物
~-ring 护圈

retaining 抵挡，拦护
~backwall 子墙
~dam 挡水坝，拦水坝
~lock 挡水闸，蓄水闸
~structure 挡土结构，支挡结构
~wall 挡土墙，拥壁
~wall with anchored bulkhead 锚定板挡土墙
~wall with anchored tie rod 锚杆挡土墙
~wall with anchors 锚杆挡墙支护
~works 蓄水工程
retard 减速；减缓，推迟，延迟；阻碍
retardant，growth 迟长
retardation 减速（作用）；阻力（作用），阻滞（作用）；缓凝作用；滞后；推迟；阻碍；减速度；障碍物
~basin 滞水池 {水}
retarder（水泥）缓凝剂；阻滞剂；减速制动器，辅助制动器
~location 制动位
~vapor（美）（蒸气）制动器
retarding 阻化，阻滞
~agent 阻化剂，阻滞剂；缓凝剂
~basin 滞洪区
~reservoir 拦洪水库，滞洪水库
~wall with stepped back 踏步式挡土墙
retention 保留，保持；保持力；保持量；记忆力
~basin 蓄水坑
~basin，sediment（沉积）盆地
~money 保证金
~of payment 保留支付
~of rainwater 保留雨水
~reservoir 洪水调节池
~strategy 保留策略 {管}
~structure 保留结构
Reticulate Camellia *Camellia reticulata* 南山茶 / 滇山茶
Reticulate Embelia *Embelia rudis* 网脉酸藤子
Retinerve Markingnut *Semecarpus reticulata* 肉托果
retired 收回的，报废的；退休的
~dossier（设备）报废单
~person 已退休的人口，大于退休年龄的人口
retirement（道路的）修复；收回（成本、通货等）；退休
~age 退休年龄
~pay 退休费
~period 收回期
retreat 退隐；退却；作罢；重新处理，重复处治
~，shoreline 海岸线后退
retreatment 重新处理，重复处治
retribution 报应；来世报应说
retrogradation of shoreline 海岸线海蚀后退
return 回路，回程；返回；归还；报答
~air 回风
~air duct 回风管道
~-air-duct 回气管道
~air inlet 回风口，风口
~branch of radiator 散热器回水支管
~fan 回风机
~flow 回归水
~flow zone 回流区
~main 回流总管
~migration 回迁，迁回
~of bidding documents（美）返回投

标文件

~of tendering documents（英）返回投标文件

~on investment 投资效果 / 回报

~period 重现期

~period of design wave；recurrence interval of design wave 设计波浪重现期

~pipe 回流管，回汽管，回水管

~piping 回水管线

~seepage 回渗流

~sludge ratio 污泥回流比

~to urban scale 恢复城市规模

~visit and guarantee for repair of construction project 工程项目回访保修

~water 回水

Retuse Ash *Fraxinus retusa* 苦枥木

reurbanization 再城市化

reusability 可再用性

reusable 可重复利用的

~material 可重复利用的材料

~waste 可重复利用的废料

~water 可重复利用的水

reuse 重复利用

~of building rubble 建筑块石的重复利用

~of effluent 污水重复利用

~of on-site construction material 现场建筑材料重复利用

~of recoverable materials 可回收材料重复利用

~of recycled material 再生材料重复利用

~of waste 废料重复利用

revaluation of data 数据换算

revelation/apocalypse 启示，揭露

revegetation 再植被，植被重建

revenue from domains 土地收入

reverence 尊敬，（尤指宗教的）崇敬

reverse 回程，返程；颠倒；反向，相反，逆流；颠倒的；相反的，反向的；逆流的；反对的；颠倒，倒转，反转；倒退；换向；取消

~Carnot cycle 逆卡诺循环

~curve 反向曲线

~direction，paving in a 反向铺路

~falls（英）反向瀑布

~filter 反滤设施（倒滤设施）

~intersecting 逆向交叉

~slope（美）反坡

reversibility 可逆性

reversible 可逆的，可转换的

~change 可逆变化

~cycle 可逆循环

reversing 反向的，换向的；往复的；修改

~a forecast 修改预测

~current 往复流

reversion 返原，复原，复归，回返；颠倒，反转

revet 铺面，砌面；护坡，护岸

revetment 护岸，护坡；护墙，护底；铺面，砌石面

~，bank 堤（岸）护墙

~in garden 园林驳岸

~wall 护墙，护岸墙

brush mat~（美）柴排护坡

rock~ 石块护坡（铺面）

review（简写 **rev.**）温习，复习；评论，评述；校阅；再看；检查；观察

~of governing regulations 政府条例的分析 / 审视

board，architectural~（美）建筑审查委员会

concluding project~（美）结论方案评论
coordinated public agency~（美）公众协调代理机构评论
evise 改正，校正；改变（意见）
evised 修正的
~drawing 修正图
~earthquake intensity scale 修正地震烈度表
evision 校订，校正；复审；校订本
~of a plan 计划复审
~of map 图纸校正
~test 再试验，重复试验
plan~ 计划复审
revitalization 复兴，更新
~of（street）tree pits（街道）改善树坑
~of woody plants 木本植物更新
~plan 复兴计划
industrial~（美）工业复兴
neighborhood~（美）社区（街坊）改建
village~（美）农村改建/振兴、复兴
revitalize 使新生，使恢复元气，使有新的活力
Revival of Learning 文艺复兴
revivalism 复古主义
revocation 取消
revolutionary 革命的
Revolutionary Memorial Hall of the Red Crag Village 红岩村革命纪念馆
Revolutionary Site 革命纪念地
revolving 旋转的
~airplane 旋转飞机
~door 转门
~restaurant 旋转餐厅
~stage 旋转舞台
reward and bonus 奖金
rewarding by merit 按劳付酬
rework 返工
rezoning 重新区划
RH（**rush hour**）上下班交通拥挤时间
Rhaphidophora aureum anthracnose disease 绿萝炭疽病（***Colletotrichum* sp.** 半知菌类）
Rhapis excelsa 棕竹
Rhenish style 莱茵式建筑
rheology 流变学（研究塑性变形和流动性的科学）；河流学；液流学
rheophilous 流水源，流水植物
~bog 流水植物沼泽，流水源沼泽
~peatland 流水源泥炭地沼泽
rheotrophic peatland 向流性泥炭地
Rhesus monkey *Macaca mulatta* 猕猴/恒河猴/黄猴/广西猴
Rhine 莱茵河
Rhine R. Waterfall 莱茵河瀑布
Rhine-Ruhr regional planning 莱茵—鲁尔区域规划（德国）
Rhinoceros Hornbill *Buceros rhinoceros* 马来犀鸟（马来西亚国鸟）
Rhinoceros *Rhinocerotidae*（*family*） 犀牛（科）
Rhipsalidopsis gaertneri 亮红仙人指
rhizogenesis {植}根系发生
rhizoid 假根{植}
rhizomatous {植}根茎的，根状茎的；有根茎的
rhizome 根茎{植}，根（状）茎
~and shoot clumps planting reed 根茎和团块栽植（芦苇）
~clumps，planting of reed 芦苇团块栽植

rhizosphere 根际，根围

Rhododendron/azalea ***Rhododendron*** 杜鹃花（属）（尼泊尔、巴林国花）

Rhodonite 蔷薇辉石

Rhubarb ***Rheum officinale*** 食用大黄

Rhubarb Timperley Early ***Rheum*** **×** ***hybridum*** **Timperley Early** 大黄（英国斯塔福德郡苗圃）

rhythm 节律；节奏，韵律；周期性（变动），有规律的循环运动

~circadian（昼夜）节律

circannual~ 年节律

rhytidome 落皮层

rialto 市场；市场区，商业市场中心，剧场区（如纽约），交易所

Rialto Bridge 里阿尔托桥

rib bed vault 肋骨拱

ribbed birch ***Betula costata*** 枫桦 / 千层桦

ribbon 带，带状物，钢盘尺，条板；狭条；带形城市

~building（市区到郊区）沿干道发展的一系列建筑，带状布置的房屋

~clay 带状黏土

~conveyer 带式输送机

~development 带形发展，带状扩展（街市沿干道外郊扩展），带状发展

~flower bed 带状花坛

~iron 扁钢，带钢，条钢

~road 带状路

~skylight 采光带

~structure 带状结构

~tape 卷尺，皮（带）尺

Ribbon Bush ***Homalocladium platycladium*** 扁竹蓼

Ribbon Grass ***Phalaris arundinacea*** **'Feesey'** 花叶虉草

Ribbon Gum/Manna Gum ***Eucalyptus viminalis*** 多枝桉树

Ribbon Plant/Sanders Dracaena ***Dracaena sanderiana*** 金边富贵竹 / 曲梗花龙血树 / 仙达龙血树

Ribbon-bu/Centipede-Plant ***Muehlenbeckia Platyclada*** **（F.v.Muell.）Meissn.** 竹节蓼

Ribfern/Oriental Blechnum ***Blechnum orientale*** 乌毛蕨

rice（大）米；水稻；米饭

~paper 宣纸，米纸

~paper plant picture 通草画

Rice Terraces at Banaue 巴纳韦水稻梯田

Rice Cypressgrass ***Cyperus iria*** 碎米莎草 / 三楞草 / 三轮草

Rice leaf bug ***Trigonotylus ruficornis*** 赤须盲蝽 / 赤脚盲蝽

Rice leafforder ***Psara licarsisalis*** 稻切叶野螟

Rice/Ine ***Oryza sativa*** 稻（泰国国花）

Rice-papaer Plant ***Tetiapanax papyriferis*** **（Hook.）K. Kouch** 通脱木（通草）

rich 富；肥；重

~clay 富黏土，肥黏土，重黏土

~concrete 富混凝土（含砂浆比例大的混凝土）

~in，to be 富余

rich in forbs 富非禾本草本植物，富杂草的

~in nitrogen 富氮的

~lime 富石灰，肥石灰

~mortar 富砂浆，富灰浆，浓砂浆

Richett's big-footed bat ***Myotis ricketti***

大足蝠

ichness 丰（富）度；浓度

~of food supply 食品供应的丰富度

~of mix 拌合浓度（指混合料中结合料用量的多少）

species~ 物种丰富度，物种多少

ickshaw 人力车，黄包车

ide 乘坐；乘骑；乘行，行驶；（森林中的）马道，林间道路，交通工具；乘（车），坐（车）；骑（马）；乘行，行驶；停泊

~forest（英）林间乘骑

ridership（某种公共交通系统的）乘客量

ridge 脊；背；屋脊；山脊；高压脊；山背；山岭，分水岭，山脉；畦，田塍；隆起，隆起物

~cap（屋）脊盖

~capping 脊瓦，天窗，屋脊盖瓦

~crossing line 越岭线

~line 山脊线；分水岭线

~piece 栋木

~planting 山脊种植

~roll 栋木

~roof 人字屋顶，有脊屋顶

~route 分水岭（路）线，山脊（路）线

~tiebeam 脊枋

~tile 脊瓦

~way 山脊（道）路

mountain~ 山脊

sharp pointed~ 尖屋脊

ridged purlin 脊桁，脊檩

ridgeline 山脊线

riding 乘车；骑马；乘行；行驶；马道；围埂；（英国及其自治领的）行政区

~circuit 乘骑环行（环形路）

~distance 乘距

~efficiency 乘车效率，客车定员利用率

~habit 乘车习惯系数〈以市民每人每年平均乘车次数表示〉

~high tide level 乘潮水位

~public（泛指）公共车辆的乘客

~school 马术学校

~sport，horse（英）骑马运动

~sport，horseback（美）骑马运动

~stable（美）牛马厩，马房

~stable，horse（英）马厩，马房

~track 马道（专供骑马者往来之路径）

~trail 乘骑小路，马道

~trail network，horse（英）马道网

equestrian~（美）骑马、马术

horseback~（美）骑马、马术

riffle 浅滩，浅石滩；溪水作潺潺声

rift valley 裂谷，地堑

~zone（地质）断裂地带

right（简写 r.）弄直；改正；权（利）；正当；右（面），右边；正当的，正确的，公正的；真的；直的；直角的；右方的，合宜的，合适的；[副]笔直地；正确地，正当地；公正地；完全；向右；弄直；扶正；改正

~angle 直角

~-angle intersection 直角交叉，正交交叉，十字交叉（道口）

~-angle parking 垂直式停车，直列式停车，横列式停车

~-angle triangle 直角三角形

~-angled 成直角的，正交的

~-angled bend 直角弯转
~bank（河道）右岸，右堤
~bridge 正桥，正交桥
~driving 靠右行驶
~hand turn out 右开道岔
~lane 右侧车道
~line 直线
~marginal bank 右边岸
~of homestead 宅地权
~of land usage 土地使用权
~of occupancy 居住权
~of passage for fire control 消防通行权
~of patent 专利权，特许权
~of pre-emption（英）优先权
~of property 财产权
~of public access 公众使用权
~of use 使用权
~of water 水利权
~of way 道路通行权
~-of-passage, vehicular and pedestrian 车辆和行人通行权
~planting（美）右侧种植
~turn 右转
~turn effect 右转弯影响
~turn lane 右转车道
~turning traffic volume 右转交通流量
extraction~ 抽提权，提取权
hunting~ 狩猎权
public~ 公用权
railroad~（美）铁路权
railway~（英）铁路权

Rightangle Viburnum *Viburnum foetidum* var. *retangulatum* 直角荚蒾 / 山洋柿子 / 半牛尾藤

rights 权益
~of way 道路权益
neighbo(u)rhood~ 社区权，邻里权益
riparian~ 岸线权，岸线使用权
water~ 水权

rigid 刚性的；坚固的,坚硬的；刚接的固定连接的；严格的
~analysis scheme 刚性分析方案
~armouring 刚性钢筋
~-elastic analysis scheme 刚弹性分析方案
~fixing 刚性固定
~foundation 刚性基础
~frame 钢架
~frame bridge 刚构（钢架）桥
~hangers 刚性吊架
~overlay 刚性盖层，刚性面层
~pavement 刚性路面
~pier 刚性墩
~platform 刚性承台
~surface 刚性路面，刚性面层
~transverse wall 刚性横墙
~-type base 刚性基层
~water proof layer 刚性防水层

Rrigid Bamboo *Bambusa rigida* 硬头黄竹

Rigidleaf Cymbidium *Cymbidium pendulum* 硬叶吊兰

Rila Monastery（Bulgaria）里拉修道院（保加利亚）

rill 小河，小溪；小沟
~erosion 细流冲蚀

rillet 小河小溪

rim 水面，海面；边，缘；轮缘，轮辋，轮圈；胎环；装边缘；装轮圈

rime（白）霜；结霜

~ice 冰淞
mland（心脏地区的周围地带）复带，中原地带
nd 树皮；果皮；皮壳
ing 环，圈；环路 环绕，包围；鸣铃，鸣钟
~and radial road system 环形辐射式道路系统
~arch 环拱
~beam 圈梁
~boundary，growth 生长轮界
~city 环状城市
~distribution system 环形配水管网
~drain 环形排水管（沟）
~fence 围栏，围墙
~green 环形绿地，城市周边绿化带
~highway 环形公路
~main 环形干线
~pipeline 环状管网
~pit 环形泄水沟
~-radial city 环状放射状城市
~road 环路，环形道路
~street 环行街道，环形街道
~to safety net 系网环
~village 环形村
~wale 环撑（木）
annual~ 年轮
green open space~ 绿色开放空间圈
growth~ 生长轮
manhole adjusting~（人孔）检查井调整环
manhole adjustment~（人孔）检查井调整环
Ringed bird（英）套环标的鸟
Ringo Crabapple ***Malus asiatica Nakai*** 花红 / 沙果
rings 吊环
Rring-tailed lemur ***Lemur catta*** 环尾狐猴
ringway（英）环形道路（或公路）；环形电车路（或火车路）
rink 溜冰场，滑冰场
rinse displacement 再生液置换
~tank 清洗槽
rinsing 清洗
~ratio 清洗倍率
~water norm 清洗用水定额
rip 扯裂；绽线；破绽；裂口；粗木锯；劣马；割；劈；撒；扯开，割开；劈开；凿开；剥去；割掉；拆掉；暴露；突进
riparial=riparian
riparian 河岸的；水边的；海岸的；湖滨的
~alder stand（美）河岸桤木属林木
~alluvial plain，lower 河岸（下游）冲积平原
~alluvial plain，upper 河岸（上游）冲积平原
~forest 河滨森林
~land 沿岸地
~law 河岸法
~meadow（美）沿岸草地
~owner 河岸所有者，河岸业主
~rights 沿岸
~upland woodland 河岸高地森林
~vegetation 沿岸植被
~vegetation，planting of 沿岸植被，沿岸种植
~wattle（-）work 沿岸柴排工程

~woodland 河岸森林，河岸林地
~woodland，lower 下游河岸林地
~woodland，occasionally flooded 沿岸偶然水淹林地
~woodland，regularly flooded 沿岸有规律水淹林地
~woodland，upper（美）（上游）河岸林地
~woody species 河岸木本物种
~work 河湖岸滨工程
~works 治水工程，河岸工程
~zonation 河岸分带
~zone of emergent vegetation 河湖岸滨突出植被带

Riparian Greenbrier *Smilax ripaia* 牛尾菜 / 草菝葜

riparious 河边的，河岸的；河栖的，河边生的

ripening seed 成熟芦苇

ripicolous 岸栖的

ripper 松土机，粗齿锯

ripping（英）细长；粗；撕的，拆的；极，非常
~chisel 细长凿（刀）
~saw 粗木锯
deep~（英）深耙；深凿；深割

Ripple Seed Plaintain/plaintain *Plantago major* var. *asiatica* 车前草

riprap 抛石，乱石
~protection 抛石护坡，乱石保护（边坡）
~revetment 抛石护岸
~stone 抛石，乱石
intermittent~ 断续抛石，周期抛石

rise 上升，升高；（楼梯的）级高；（弓形的）矢高；涨水；高地；踏步高度；岗，丘；上升，升高；提高；增长
~and fall 升降
~-and-fall luminaire 升降式吊灯
~and run（美）升高运行
~，capillary 毛细上升
~of groundwater level，natural（自然）地下水往上升
~of water table 地下水位上升高度
~of wave centerline；波浪中心线上升

riseflats 多层高楼

riser 井（点）管；立管；起步板；梯阶竖板；提升器
~and tread 阶高和阶宽
~height 起步板高度
~pallet 挡板
~ratio 升高比
~，stair 梯级起步
~step 升高梯级
~time 起升时间
~unit（美）管节，套管
flagstone tread and~（美）石板级宽和起步板
slab on~（英）（阶梯）竖板上的平石板

rising rise 的过去分词
~arch（inclined 或 rampant arch）（起拱线非水平的）跛拱，跷拱
~pipe 提升管，出水竖管
~spring 涌泉
~standard of living 生活标准提高

risk 危险，冒险冒……的危险
~analysis 风险分析
~analysis，environmental 环境风险分析
~analysis technigue 危险分析术
~assessment，environmental 环境危险

评定
~aversion 风险厌恶
~insurer 风险保险人
~management 风险管理
~management of construction project 建设项目风险管理
~of avalanches 雪崩风险；崩坍危险
~of falling 滑坍危险
~of groundwater pollution 地下水污染危险
~probability analysis 风险概率分析
~prophecy 风险估计
ecological~ 生态风险
erosion~（河岸等）冲刷危险；腐蚀危险
Ritsa Lake（Georgia）里察湖（格鲁吉亚）
ritual/religious rites 宗教仪式
rival 对手；竞争者；对抗的，竞争的；对抗；竞争
river 河川，江，河流
~authority（英）河川管理局
~-bank（英）河岸
~bank collapse（英）河岸坍陷
~bank cutting 河岸开挖
~bank degradation 河岸衰化
~bank erosion 河岸侵蚀
~bank failure 河岸损坏
~bank slippage 河岸滑动
~bank stabilization 河岸稳定（加固）
~bank 河岸
~basin development 河川流域综合开发
~basin model 流域模型
~basin plan 流域规划
~basin planning 流域规划
~basin 河流盆地，流域
~-basin 流域，河流流域
~bathing beach 河滩浴场
~bed deformation 河床变形
~bed elevation 河底高程
~bed evolution 河床演变
~bed improvement 河床改良
~bed pier 河墩，河底桥墩
~bed 河床
~bend 河弯
~bioc(o)enosis 河川生物群落
~bottom control 河底控制
~bottom 河底
~branch 支流
~bridge 跨河桥
~capture 河流截夺
~channel 河槽，河道
~city 河城
~（-）cliff 江河悬崖
~community 江河生物群落
~course 河道
~course，improvement of a 河道改良
~courses，braiding of 河道交错
~cross-section 河道横断面
~crossing 过河管，河流交叉
~-crossing bridge 跨河桥
~-crossing tunnel 过河隧道
~cutoff 河道裁弯
~density 河流密度
~deposit 河流沉积
~deflection 河流偏移
~development 河流开发
~diking 江河围堤
~diversion 河流改道
~drift 河积物，河流沉积
~embankment（河）岸堤

~engineering 河（道）工（程）
~engineering measures 河道工程措施
~engineering measures, conventional（传统、常规）河道工程措施
~engineering measures，natural（自然）河道工程措施
~erosion 河流侵蚀
~estuary 河口
~faces 河流相
~facies 河（积）相 { 地 }
~facies relation 河相关系
~fall 河水位差
~feeding 河流补给
~flat 河漫滩
~flood plain 洪水漫淹平原，洪水漫淹滩地
~flood routing method 河道洪水演算法
~-flow cross-section 河流横断面
~gauge 水标，水尺
~gravel 河砾石
~harnessing 河流治理
~head 河源，河流源头
~inprovement 河道整治，治河，河道改善
~intake 河流取水口
~landscape 江河景观，江河风景
~landscape district 江河风景区
~length 河长
~-let 小河
~levee 河堤；防汛墙
~level（河）水位
~location 河址，河道位置
~longitudinal profile 河道纵断面
~maintenance 河道维护，河道保持
~management 河川管理
~mouth 河口
~mouth improvement 河口改善
~mud 河泥
~net 河道网
~network 河网
~network flow concentration 河网汇流（河槽汇流）
~network flow concentration curve 河网汇流曲线
~network unit hydrograph 河网单位线
~of zero flow 干枯河
~offing 河流出海口
~pier 河墩
~pipe 过河管
~plain 河成平原
~pollution 河流污染，河道污染
~port 河港（内河港口）
~profile 河道纵断面
~reach 河的上下游，河区
~region 江河区
~regulation 河道整治
~restoration 河道整治
~runoff 河川径流
~sand 河砂
~-scape 河景
~side 河边，河旁，河畔
~side garden 河岸园，滨河公园
~span 河跨
~stage 河水位
~station 河道站，河边式泵站
~stone 河石
~straightening 河道裁弯取直
~survey 河道测量，河道观测
~system 河流系统，河系，水系
~terrace 河岸台地，河岸阶地

~terrace，gravel 河岸砾石阶地
~terrace，lower 下游河岸台地
~terrace，middle 中游河岸台地
~terrace sand 河坡砾
~terrace，upper 上游河岸台地
~traffic 内河交通
~training 河道整治
~training work 治河工程
~training works 治河工程，河道整治工事
~transport 内河运输
~upkeep 河道维护
~valley 河谷
~wall 河堤
~-wall 河堤
~water authority（英）河水管理机构
~water quality planning 河流水质规划
~zone 河区，河川地带
braided~ 网状河道
clear-water~ 净水河道
foreland of a~ 江河前陆（前沿地），河堤前岸
wild and scenic~（美）野外景观河
winding~ 曲折河流

River Birch Tree *Betula nigra* 河桦（美国田纳西州苗圃）

River otter *Lutra lutra* 水獭

River sturgeon/Dabry's sturgeon *Acipenser dabryanus* 长江鲟 / 达氏鲟 / 鲟鱼

riverain 河边的；住在河边的人

riverbank（美）河岸
~cave-in（美）河岸坍陷
~collapse（美）河岸坍陷

riverbasin 流域

riverine 岸线，河滨；河上
~alluvial plain，lower 河滨下游冲积平原
~community 河滨生物群落
~emergent wetland（美）河滨自然，自然发生湿地
~persistent emergent wetland（美）河滨持续自发湿地
~reed belt 河岸芦苇地带
~species 河上物种
~traffic 河上交通，内河交通
~upland（美）河岸高地，河岸山地
~vegetation 河岸植被
~woodland，lower 下游河岸林地
~woodland，upper（美）上游河岸林地
~woody species 河岸木本物种
~zone of emergent vegetation 河岸自发植被区
~zone，upper 上游河岸区

rivers river 的复数
Rivers [Prevention of Pollution]Act（英）河川（防污染）法
~and lakes，water quality of 江河和湖泊，江河和湖泊水质
~and streams，bioengineering of（美）河流，河流生物工程（学）
~and streams，classification of 河流分类
~and streams，improvement of 河流整治
~and streams，reconditioning of 河流修复
~or streams，reed-bank zone of（英）江河岸芦苇带
canals and coastal waters lakes~ 运河和沿海水域，湖泊水域

riverside 河岸，河边
~land（河）滩地

~park 河滨公园，滨河公园，河岸公园
~promenade 河畔公园，河畔漫步
~road 滨河路
riveted steel girder or truss 铆接钢梁
Rivier Giant Arum ***Amorphophallus rivieri*** 磨芋 / 花秆莲
riviera（意）滨海疗养区，沿海游憩胜地
rivulet 小河，小溪，溪流
Riyue 日月
Riyue（Sun and Moon）Mountain 日月山
Rizal Park（Manila，Philippines） 黎刹公园（菲律宾马尼拉）
road 街道，大道，公路，道路，车行道
~accident 道路事故
~administration 道路管理
~aesthetics 道路美化（学）
~alignment 道路线形，道路定线
~angle 道路交叉角
~appearance 路容
~approach 道路引道，桥梁引道；桥头接坡
~area 道路区域，路域
~area per citizen（城市）人均道路面积
~area ratio 道路面积率，道路面积密度
~asphalt 筑路沥青，路用沥青
~axis 道路轴线
~base（道路）基层（英）
~base，granular（英）道路粒料基层
~bay 弯曲小路，曲路，曲径，深入小道；路弯〈根据街景需要在街区内的弯入路〉
~beacon（筑路地点的）警告标灯
~bed 路床，路基（表）面，路槽底（面）
~bed box 路基箱（安置观测设备用）
~bed section 路床断面
~bed shoulder 路肩
~block 路障
~board 道路局，公路局
~book 路程（旅行）指南
~border 路边，路肩
~boundary 道路界限
~bridge 公路桥，道路桥
~building 筑路，道路建筑，道路施工道路建筑物
~building beyond boundary 越界筑路
~capacity 道路通行能力，道路容量
~carrying capacity 道路运载能力
~category 道路等级，道路类别
~charges（英）道路地方税
~circuit 道路环线
~classification 道路分类
~clearance 道路净空，路面与车身之间的空隙，（车身）离地距
~closed sign 道路不能通行标志，“此路不通”标志
~closure 道路封闭，路段阻塞
~condition survey 路况调查
~conditions 路况
~congestion 道路（交通）拥挤 / 拥堵
~construction 道路建筑，道路施工，道路工程；路面结构
~construction，soil consolidation for 土筑路面结构
~corridor 道路通道（走廊）
~cost 道路费，筑路成本
~coverage density 道路面积密度
~crest 路顶
~crest，vertical curve of a（英）路顶竖曲线

~cross-section 道路横断面
~crossing 道路交叉，（平面）交叉口
~crossing design 道路交叉口设计
~crossing signal 道路交叉口信号
~curve 道路曲线，道路弯道
~Cutting Machine 路面切割机
~data bank 道路数据库
~design 道路设计
~dip（英）道路倾斜，道路纵剖面
~diversion 绕行道路，迂回道路
~drainage 道路排水
~dust 道路尘埃
~edge 道路边缘
~embankment 路堤
~engineer 道路工程师
~engineering 道路工程（学）
~equipment 道路设备
~expenditure 道路用费
~fatality 道路伤亡事故
~fork 道路分叉
~foundation 路基
~furniture 道路附属设施
~grade 道路坡度
~green area 道路绿地
~green mileage 公路绿化里程
~guard 道路护栏，道路防护物
~gully（英）道路排水沟
~gully with sump（英）道路集水排水沟
~illumination 道路照明
~improvement 道路改善
~interchange 道路枢纽，互通式道路立交
~intersection 道路交叉；交叉口
~junction 道路交叉点，路口
~land 道路用地
~lay-out 道路定线
~laying 道路铺设，道路设置
~length ratio 道路网密度
~life 道路（使用）年限，道路（使用）寿命
~lighting 道路照明
~limit 路肩，路边
~location 道路定线，道路放样
~maintenance 道路养护
~maintenance fee 养路费
~making 道路建筑，筑路
~-man 路工，筑路工人
~map 道路图
~margin 道路界线，路界
~marking 路面划线，道路标线，路标
~markings 道路标线
~-mending 道路修补，修路
~mixing method 路拌法
~mower 道路除草机
~narrows sign 路幅缩窄路标
~net 道路网
~network 道路网
~network density 道路网密度
~network pattern 道路网形式，道路网型
~network planning 道路网规划
~/path，formation level of a（英）路基标高，路基面；路面－路基交界面
~pattern 路型
~pavement 道路路面
~pavement bed 路基
~plan 道路计划；道路平面图
~planning 道路规划
~planting 道路绿化，路旁植树
~pricing 道路定价

~project（plan）道路工程（计划）
~profile 道路纵断面
~reconstruction 道路重建（或改建）
~redesign 道路重新设计
~redevelopment（美）道路再发展
~relocation 道路改线，道路重新定线
~-repair 道路修补，修路
~research board 道路研究所
~reserve 道路专用范围
~safety 道路安全
~salt 路用盐类，除水盐
~salting 道路撒盐
~section 路段，道路断面
~service 道路营运
~shelf 路栅
~shoulder 公路路肩
~-side 路边，路旁地带，路侧地带
~side installation 路边设施，路边装置
~-side tree planting 路旁植树
~sign 道路交通标志
~-sprinkler 道路洒水车
~standard 道路标准
~straightening 道路整直
~sructure 道路结构物，道路建筑物
~surface 路面，道路面层
~surfacing 铺筑路面（或面层）
~survey 道路测量，路线测量
~sweeper 道路清扫车
~system 道路系统，道路网
~toll 过路费（美），通行税
~toll system 道路收费系统
~traffic 公路交通，道路交通
~traffic sign 道路交通标志
~transit 公路运输
~transport 公路运输
~transport system 公路运输网
~trough 路槽
~tunnel（英）道路隧道
~upkeep 道路维护
~usage 道路使用，道路运营
~verge 路肩
~wave 道路起伏不平
~way 路幅
~wear 道路磨耗
~wearing course 道路磨耗层
~widening 道路加宽
~-widening construction 道路加宽工程
~width 路幅
~with panoramic view 具有全景视野的道路
~work 筑路工作
~work(s) 筑路工作（工程）
abandoned~ 废路
access~ 入境道路，进路；便道，支路
accessory~ 进口道路
accommodation~ 专用道路
agricultural~ 农村道路
all purpose~ 混合交通道路，多功能道路
all-weather~ 晴雨通车路，全天候道路
alpine~ 高山道路，山岭道路，山道
ancient post~（China）驿道（中国）
approach~ 引道
arterial~ 主干路，主干道，干线道路
arterial forest~ 森林干线公路
back~ 地方性道路，乡村道路
bank line of~ 路基边缘
belt~ 环路，带状道路
blocked~ 封闭道路
body of~ 路基

brick~ 砖砌道路，砖铺路面
bridle~ 驮道，马车道，大车道
broken stone~ 碎石路
bumpy~ 崎岖道路，不平的道路
carriage~ 马车路
cart~ 马车路，乡村道路
circular~ 环路
city~ 城市道路
classified~ 等级道路（列入规定等级的道路）
cloverleaf slip~（英）苜蓿叶式匝道
collector~ 集流道路（干道与地方干道之间的联系道路）
collector-distributor~ 集散道路
connecting~ 联络道，连接道
country~（或 route）乡村道路，乡道，乡路
dirt~ 土路，泥路，泥泞路
earth~ 土路
earthen~ 土路
elevated~ 高架道路
estate~ 庄园道路，种植园道路
existing~ 现有道路
farm~ 农村道路
forest~ 森林道路，林区道路
forestry~ 森林道路
freeze~ 冻结道路
gravel~ 砾石路
greasy~ 泥泞道路，油滑道路
hasty~ 简易公路
hay~ 农村道路
high~ 大路，公路
high-type~ 高级道路
ice~ 冰道，滑行道
lacet~ 盘山道路，回旋道路
local~ 地方道路
local branch~ 地方支路
local distributor~（英）地方分流道路（分布交通流量的道路）
local feeder~（美）地方支线道路
loop~ 环路，环道，环行线，绕越道路
major~ 主要道路，大路，干路
motor trunk~ 汽车干道
motorway and trunk~（英）控制进出口的高速公路和干线（英）
mountain~ 山区道路，山路
multilane~ 多车道道路
national~国道
natural~ 天然（土）路
occupation~ 专用道路
outer ring~ 外环路
outlet~ 出城道路
overhead~ 高架道路
pack~ 驮马道
parallel~ 平行路
parish~ 教区道路（指郡以下的分区道路）
park~ 公园路
parking access~ 停车引道（入口）
parking ban~ 禁止停车路
paving~ 铺面道路
peripheral~（英）周边道路
peri-urban~ 城市周围（或近郊）道路，城郊道路
pioneer~ 荒区道路，拓荒道路
primary~ 主要路，干路
primary distributor~ 主要分流路
principal~ 主要道路；干路（英）
private~ 私营道路
rapid~ 高速公路

relief~ 辅道，辅路（分担交通的道路），辅助道路
reorganization of a~（英）公路整治
residential subdivision~（美）住宅区分段道路
ring~ 环路
service~ 服务性道路，辅助道路，副路，便道；沿街面道路
side~ 旁路
siding~ 旁路，支路
silk~ 丝绸之路（中国）
site~ 工地道路
skid~（林区）集材道路，滑道
stone~ 石质路，碎石路
subbase grade of a~（美）道路底基层坡度
subgrade of a~（美）道路路基
temporary construction~ 临时筑路
through（traffic）~ 过境道路，直达道路
through traffic~（英）过境交通路线，联运（交通）路线
timber~（美）木筑路
travois~（美，加）(北美平原地区印第安人用作运输工具的）马（或狗）拉无轮滑撬的路
trunk（line）~ 干线道路，主干路（英）
two-lane~ 双车道道路
two-way~ 双向（交通）道路
urban-~ 城市道路，市区道路
urban through~ 城市过境道路
village~ 村庄道路
zero maintenance~ 无养护道路，不需养护的道路

roadability 车辆适应性〈在道路上行驶的稳定性〉
roadbase（道路）基层，路面承重层
roadbed 同 road bed
roadblock 路障
roading 公路的修建和养护
roadmaking 筑路工程，筑路
roads 道路
~and squares 道路广场
Roads and Streets 道路与街道（美期刊名）
roadside 路旁，路边，路旁地带，路肩
~beautification 路旁美化
~channel 路边排水渠
~development 路边开发，路边建设
~ditch 公路边沟
~embellishment 路旁绿化，路旁美化
~flower bed 路边花坛
~garden 街头小绿地，道路公园
~green（英）路边绿化
~green belt 路旁绿化带
~green connection（英）路旁绿地连接
~gully 路旁进水口
~landscaping 路旁风景，沿路景观
~park 街道花园，街心花园，路边公园
~planting 路旁种植，路旁植树
~rest area（英）路旁休息区
~turnout 路边让车道
roadtown 道路城市（以交通为城市规划唯一决定因素的城市）
roadway 车行道，机动车道，快车道；路幅
~capacity 通行能力
~width 道路宽度
Robbin Fern/Ladder Brake *Pteris vittata* 蜈蚣草、长叶甘草蕨

Rober Cranebill *Geranium robertianum* 汉荭鱼腥草
Robert Smithson 罗伯特·史密森（1938–1973）美国大地艺术家
Robert Young Bamboo *Phyllostachys viridis* cv. 'Youngii' 黄皮绿筋竹 / 金竹 / 黄皮刚竹
Robert Young bamboo *Phyllostachys viridis* 胖竹
Roberto Burle Marx 罗伯特·布雷·马克斯，巴西风景园林师
Robin flycatcher *Ficedula muginmaki* 鸲 [姬] 鹟 / 白眉紫砂 / 金肚子 / 白眉赭胸
Robinia 洋槐，刺槐（植物）
Robinia aphid *Aphis robiniae* 槐蚜
robot 机器人，自动机，遥控设备；机器人的，自动化的，遥控的
robust 有活力的，强健的
Robust Cicada *Oncotympana maculaticollis* 昼鸣蝉
Robust Silk Oak *Grevillea robusta* 银桦
Robust Tuna Cactus *Opuntia robusta* 仙人境
Robust W alsura *Walsura robusta* 割舌树
Roch Ford Silver *Tradescantia albiflora* 'Albovittata' 银线水竹草 / 白条紫露草
rock 岩（石），石块；暗礁振动，摇动
~and water penjing 水石盆景
~arrangement 置石
~avalanche 岩崩
~bank 石岸
~base（美）石基
~–bedding 岩层
~breaker 凿岩机
~breaking vessel；rock cutter（dredger）凿岩船
~burst 岩爆，石滚，山崩，岩崩
~classification 岩石分类
~–cleft association 岩缝（植）群丛
~cleft plant 岩缝植物
~clefts，vegetation of 岩缝植物，岩缝植被
~cliff 悬崖
~creep 岩石蠕变
~crevice plant 岩隙植物
~crevice plant community 岩隙植物群落
~crevices or paving joints，vegetation of wall joints 岩隙或铺缝、墙缝植被
~crevices，vegetation of 石缝植被
~–cut temple 石窟庙宇
~dam 岩石坝
~dam，loose（松散）石坝
~discontinuity structural plan 岩体间断结构图
~engineering 岩石工程
~face 粗石面，琢石面
~–faced 粗石面的，琢石面的
~–faced finish 粗石面修整
~–faced stone 粗琢石
~fall 岩崩
~–fall（英）岩崩，落石
~fan 石洪扇，石质扇形地
~fill dam 堆石坝
~formation 岩系，岩层
~garden 岩石园〈以叠石为主的花园〉，岩生植物园
~gardening 岩石造园，岩生植物园造景
~mass 岩体
~mechanics 岩石力学（岩体力学）

Rock of Lao Tzu on Qingyuan Mountain, Quanzhou（China）泉州清源山老君岩（中国）
~oil 石油
Rock Park 石头公园
~plant 岩生植物，岩石植物，采石工场；采石设备
~projecting over water 矶
~quality designation（RQD）岩石质量指标
~retaining wall 山石挡土墙
~revetment 岩石护坡（护面）
~rilled gabion 石笼
~salt 岩盐，石盐
~sill, vegetated 长满植物的石门槛（口）
~-slide（英）岩石滑坍
~stairway 岩梯，假山石楼梯
~substance 岩石物质
~surface 岩盘面
~vegetation 岩石植物
~waste 岩屑
~work 采石工程，采石工作；假山；粗面石工
artificial~ 塑石（GRC 材料等）
bed~ 岩石地基
cleft~ 岩石裂缝
crushed~ 碎石
establishment of vegetation on bare~ 裸露岩石上植物定居
hard~（美）坚硬岩石
loose sedimentary~ 松沉积岩（水成岩）
parent~ 母岩，原生岩
sedimentary~ 沉积岩
siliceous~ 硅质岩
solid~ 坚石，坚岩，原地岩
wind~（英）风积岩

Rock Cotoneaster ***Cotoneaster horizontalis*** **Decne.** 平枝栒子 / 铺地蜈蚣（英国萨里郡苗圃）

Rock Cress Bloom ***Arabis caucasica*** **'Hedi'** '赫迪' 高加索南芥（英国斯塔福德郡苗圃）

Rock Cress Bloom ***Arabis caucasica*** **'Snowcap'** '积雪' 高加索南芥（英国斯塔福德郡苗圃）

Rock Cress Bloom ***Arabis caucasica Variegata*** 金叶高加索南芥（英国斯塔福德郡苗圃）

Rock Hyrax/hyrax（Procaviidae） 蹄兔（科）

Rock Pittosporum ***Pittosporum heterophyllum*** 异叶海桐 / 鸡骨头

Rock ptarmigan ***Lagopus mutus*** 雷岩鸟

Rock Samphire ***Crithmum maritimum*** , 钾猪毛菜 / 海茴香

Rock wallaby ***Petrogale*** 岩袋鼠（属）

rockery 假山
~contacting with storied building 楼山
~engineering 假山工程
~in courtyard 庭山
~in pool 池山
~peak 石峰

Rocket Candytuft/Annual Candy Tuft ***Iberis amara*** 屈曲花 / 蜂室花

Rocket Larkspur ***Delphinium ajacis*** 飞燕草 / 南欧翠雀

rockface（垂直）岩面

rockfall（美）岩崩，落石

Rockefellower Center（America） 洛克

菲勒中心（美国）

rocking 摆动；空气局部扰动；摇（摆）动的

~，wind（美）风摇

rockslide（美）岩滑，坍方，岩崩

catastrophic~ 灾难性岩崩

Rockspray Cotoneaster/Littleleaf Cotoneaster *Cotoneaster microphyllus* Wall. ex Lindl. 小叶栒子（英国斯塔福德郡苗圃）

rockwool 岩棉

rockwork 假山；天然岩石群

rocky 岩石的，多石的；杂有石块的

~desert 戈壁

~road 岩石路

~shore 多岩的海滨

Rocky Brake *Pteris deltodon* 岩凤尾蕨

Rocky mountain goat/white goat *Oreamnos americanus* 雪羊 / 落基山羊

Rocky Mountain Juniper Skyrocket *Juniperus scopulorum* 'Skyrocket' '焰火'落基山圆柏（英国斯塔福德郡苗圃）

Rococo 洛可可〈以模仿贝壳、叶子和涡卷曲线汇集华丽装饰式，17—18 世纪盛行于欧洲〉

Rococo architecture（欧洲 17—18 世纪的）洛可可式建筑

~style 洛可可风格

Rococo style garden 洛可可式园林

rod 棒，杆；测杆；拉杆；标尺；避雷针；竿；用棒捣

~bracing 加固拉杆支撑

~，screw（美）螺旋杆

~，stadia 视距尺

~，step（美）梯级测杆

~，threaded 车螺纹杆

rodding 用棒捣实；插扦

Roe/roe deer *Capreolus capreolus* 狍

Rogers，R 罗杰斯

Rokuonji Temple（Japan）鹿苑寺（音译为金阁寺，Kinkakuji Temple）（日本）

roll 压路机，碾压机，滚筒机，路磙；滚轮，滚轴，滚筒；卷（柱头的）旋涡饰；滚；波动，起伏；滚，轧，碾（平）；旋转

~cloud 卷轴云

~coating 滚涂

~-on roll-off terminal；roro terminal 滚装码头

~，reed 芦苇柴束

rolled 碾压过的，压实的；辊成的，滚轧的

~-beam bridge 主轧制刚性梁桥

~cement concrete 碾压式水泥混凝土，辗实（光面）混凝土（路面）

~fill earth dam 碾压土坝

~-lift bascule bridge 滚动式开启桥

~sod（美）压实生草土（布满草根的表层土，或长满草的土地）

~turf 压实草皮

roller 压路机；滑轮；碾压机

~bucket 消能戽（消能戽）

~coaster（公园中游乐用）滑行铁道

~shutter door 卷帘门

~shutter window 卷帘窗

rolling 滚压，碾压；辊轧；滚动；溜放；滚压的，碾压的；辊轧的；滚动的；起伏的

~area 丘陵地区

~bridge 滚动式竖旋桥，滚动开启桥

~car in favourable condition 溜车有利条件

~car in unfavourable condition 溜车不利条件

~compaction 滚动压实

~compaction test 碾压测试

~country 准平原，丘陵区

~direction 溜车方向

~ground 丘陵地，丘陵区

~hill 起伏的小山

~hills，creation of 起伏小山的创造

~land 丘陵地

~landscape 岗峦起伏的景色（景观）

~planning 滚动规划

~terrain 微丘区；丘陵地带

~topography 丘陵地形，起伏地形

Roman 罗马的；古罗马的

Roman amphitheater 罗马角斗场

Roman imperial architecture 罗马帝国建筑

Roman architecture 古罗马建筑

Roman Catholic Church 罗马公教（即“天主教”）

Roman Empire 罗马帝国

Roman forum 古罗马城市广场

Roman palace 古罗马皇宫

Roman Renaissance 罗马文艺复兴时期艺术

Roman road 罗马道路〈古罗马帝国为使首都与其统治下的欧、亚、非等远隔地连接起来而建造的道路网〉，古罗马道路遗迹

Roman school 罗马学派（如拉裴尔画派）

Roman style 罗马式

Roman thermae 古罗马浴场

Roman town 古罗马城镇

Roman triumphal arch 罗马凯旋门

Romanesque 罗马式

Romanesque architecture 罗马式建筑，罗曼式建筑

Romanesque style 罗马风格

Romanian 罗马尼亚的

~architecture 罗马尼亚建筑

~Atheneum Hall 罗马尼亚雅典厅

Romanization of geographical names 地名罗马化

Romanticism 浪漫主义（画派），浪漫派 -19 世纪前期流行的文学艺术思潮。

romanticism architecture 浪漫主义建筑

romanticist 浪漫主义者，浪漫派艺术家

Rome 罗马

roof 屋面，屋顶；顶棚，顶盖，顶板，顶部；车顶；给……盖（屋顶），覆盖；保护，遮蔽

~arch 屋顶拱

~blockout 顶面孔

~boarding 屋面板

~covering 屋面，瓦面

~deck 屋顶层楼面

~garden 屋顶花园

~garden system 屋顶花园系统

~greening 屋顶绿化

~hatch 屋面上人孔

~membrane 保护（遮蔽）薄膜；顶膜

~membrane，thermal stress on 顶部薄膜热应力

~panels，waterproofing sheet of（美）屋面板，顶板防水层

~parapet 屋顶护栏

~parking 屋顶停车

~penetration 屋顶渗透力
~planting 屋顶花圃；屋顶栽植（种植）
~planting，deep soil（美）（深土）屋顶栽植
~planting，dry habitat 干生境屋顶栽植
~planting，extensive 粗放屋顶栽植
~planting，functional 功能性屋顶栽植
~planting，intensive 集约屋顶栽植
~planting，low maintenance 低养护屋顶栽植
~planting method 屋顶栽植方法
~planting，shallow soil（美）浅土屋顶种植
~ponding 屋面积水
~scuttle 屋顶天窗
~slab，concrete 屋顶水泥板
~slope 屋顶坡度
~structure 屋顶结构
~system，eco-（美）屋顶生态系统
~terrace 屋顶晒台
~tile 屋瓦
~-top car park 屋顶存（停）车场
~tree 栋梁，屋脊梁
~truss 屋架
~wall，low（美）（低）屋顶墙
~with indigenous material 地方材料屋顶
dead-level~ 全水平面屋顶
flat~ 平屋顶
grassed~（铺）草皮屋顶
gravel-covered~ 砾石覆盖屋顶
low-pitch~ 低倾度顶盖
pitched~ 琢边顶盖
planted~ 种植屋顶
planted flat~ 种植平屋顶
sod~ 草泥屋顶，草皮屋顶
weatherproofing layer of a~ 屋顶防风层

roof greening 屋顶绿化

Roof Iris/iris/Crested Iris ***Iris tectorum*** 蓝蝴蝶 / 鸢尾

roofed vehicular entrance 有顶篷车辆入口

roofing 屋面，屋顶；屋面材料；盖屋顶，盖瓦；覆盖；保护
~board 望板，尾面板，顶篷
~fabric 屋顶构造

rooftop 屋顶
~garden（美）屋顶花园
~planting（美）屋顶种植

rookery 破旧的住房；贫房窟
heron~（美）鹭巢，鹭群栖息地

room 房间；余地，空间
~acoustics 室内声学
~air conditioner 房间空调
~for cleaning human body 人身净化用室
~for cleaning material 物料净化用室
~-habitable 适于居住的房间
~noise 室内噪声
~-temperature noise 室温噪声

rooming house 寄宿房屋〈可出租的公寓单间〉

roost 栖巢
nocturnal~ 夜栖巢

roosting 栖息
~colony 栖息群
~population 栖息种群
~tree 栖息树木

root 根{数}；根，地下茎；根本，基础；原因；（使）生根；（使）固定
~absorbing power 根吸收力
~anchoring fabric（美）根锚固结构

~anchoring membrane（英）根固着膜
~ball 根部泥球（带泥扎成球形的树木根部）
~ball，burlapped 粗麻布根部泥球
~-ball，earth 土根泥球
~ball，frozen（冻结）根泥球
~ball，hessian-wrapped（英）粗麻布包裹根泥球
~ball，soil -（土-）根茎泥球
~ball，straw-wrapped（禾秆缠绕）根茎泥球
~ball，wired 夹线根泥球
~-balled plant 根泥球植物
~balling with straw 禾秆缠绕根泥球
~bracing 根缚枝
~climber 根攀植物
~collar 根茎
~competition 根系竞争
~curtain 根幕
~-crop weed community 露根杂草群落
~-crown ratio 根茎比
~cutting 根插
~damage 根损坏
~decay 根腐烂
~development 根发展
~dip 根倾斜
~environment 根环境
~exploitation 根采掘
~formation 根系形成
~growth 根系生长
~guying 根系支索
~hair 根毛
~hair zone 根毛区
~hardy（美）耐寒植物根
~herbicide 根除草剂
~hole 根孔
~morphogenesis 根形态发生
~neck 根茎
~nodule 根小结
~nodule bacteria 根瘤菌
~out 除根
~penetration 根病侵入
~pile 树根桩
~pressure 根部压力
~protection membrane 根保护膜
~pruning 根修剪
~pudding 根黏闭
~rake 除根耙
~shoot 根冠
~spread 根扩散
~spreading weed 根散布杂草
~sprout（美）根蘖
~spur 根距
~stock 根状茎
~sucker 根出条
~suckers，propagation by 根出条繁殖
~system 根系
~system development 根系发育
~system spread 根系扩散
~system，bunched 丛生根系
~system，diffuse 扩散根系
~system，fascicular 簇生根系
~system，fibrous 纤维状根系
~system stage 根系阶段
~tendril 根卷须
~tip 根尖
~-top ratio 根冠比
~treatment 根处理
~tuber 块根
~zone layer 根层

absorbing~ 吸收根
active~ 主动根
adventitious climbing~ 不定攀缘根
aerial~ 气生根
anchor~ 底根
brace~ 支柱根
coarse~ 粗根
feeder~ 补给根
fibrous~ 须根
fine~ 细根
lateral~ 侧根
medium~ 中等根
prop~ 支柱根
scaffold~ 支架根
side~ 侧根
sinker~ 次生吸收根
skeletal~ 骨架根，骨骼根
skeleton~ 骨架根，骨骼根
stilt~ 支柱根，升高根
structural~ 结构根
take~（美）生根，扎根
tap~ 直根
tuberous~ 块根

Root Mustard/Datoucai Leaf-mustard *Brassica juncea* var. *megarrhiza* 大头菜 / 疙瘩菜 / 根芥菜

Root rot of *Clivia miniata* 君子兰根腐病（***Fusarium* sp.** 镰刀菌）

Root rot of *Hyacinthus* 风信子根腐病（***Fusarium* sp.** 镰刀菌）

Root rot of *Impatiens balsamina* 凤仙花根腐病（***Thielaviopsis* sp.** 拟黑根菌）

Root rot of *Pachira macrocarpa* 发财树根腐病（***Thielaviopsis* sp.** 拟黑根霉 / 有性世代：***Ceratocystis* sp.** 长喙霉菌）

Root rot of *Sansevieria* 虎尾兰根腐病（***Fusarium* sp.** 镰刀菌）

rootdozer 除根机

rooted 生根
~floating-leaf community 生根浮叶植物群落
~water plant 生根水生植物

rooting 生根
~plant，shallow 浅根植物
~stress 生根应力
~zone 根系层

rootproof 根防护层
~membrane（美）根防护层薄膜

roots 根
~，coating of 根包被
undercutting of~ 根底切，根暗掘

root-tuber 块根

rootzone layer 根系层

rope 绳，索，缆；钢丝绳，钢丝索；束；串；（用绳）捆
~suspension bridge 绳索桥，悬索桥，缆式悬桥
~way 架空索道

ropes，wrapping with straw 禾秆绳

Roquette/Rocketsalad *Eruca sativa* 芝麻菜 / 火箭生菜

Rrorqual[commom]/finback whale *Balaenoptera physalis* 长须鲸

Rosa 蔷薇属（植物）

Rosa damascena *Rosa damascena* 突厥蔷薇（保加利亚国花）

Rosa flatheaded borer 月季吉丁虫（鞘翅目吉丁虫科 ***Buprestidae*** 的一种）

Rosa Hot Chocolate *Rosa* 'Hot Chocolate' '热可可' 玫瑰（英国斯塔福德郡苗圃）

Rosa xunthina iron deficiency 黄玫瑰黄化病（病原非寄生性，缺铁）
rosacentifolia 洋蔷薇（植物）
rosarium 玫瑰花园，蔷薇花圃
rosary 玫瑰花园，蔷薇花园
rose 蔷薇花，玫瑰花，玫瑰；淡红色；圆花窗；（泵进水口的）滤网，莲蓬头；玫瑰线 { 数 }
~bed 玫瑰花坛，蔷薇苗床
~breeder 蔷薇培育者
~bush，ornamental（英）（观赏）蔷薇矮灌木丛
~diagram of wind direction 风玫瑰图
~espalier 蔷薇匍地生
~for the connoisseur 业余爱好者喜爱的玫瑰 / 蔷薇
Rose Garden 月季园
~garden 蔷薇园
~hybridizer 杂交月季
Rose Valley 玫瑰谷
~window 玫瑰窗
~wood 花梨木
bedding~ 层状蔷薇
bush~（美）丛生蔷薇
climbing~ 攀缘蔷薇
cluster~（美）簇生蔷薇
cultivated shrub~ 栽培丛生蔷薇
dwarf standard~ 矮标准月季
floribunda~ 丰花月季
groundcover~ 地被蔷薇
historic~ 历史蔷薇
hybrid tea~ 杂种香水月季
miniature~ 小蔷薇
moss~ 苔蔷薇
old–fashioned~ 老式蔷薇
park~ 公园蔷薇
perpetual flowering~ 四季月季
polyantha~ 多花月季
rambling~ 蔓生蔷薇
recurrent flowering~（美）周期性开花蔷薇
remontant~ 四季开花蔷薇
repeat flowering~ 重复开花蔷薇
shrub~ 灌丛蔷薇
standard~ 标准蔷薇
standard form~（美）标准形蔷薇
tea~（美）香水月季
tree~（美）树蔷薇，标准式月季
weeping standard~（英）垂枝标准蔷薇
weeping tree~（美）垂枝树蔷薇，垂枝标准式蔷薇
wild~ 野生蔷薇
wind~ 防风蔷薇
Rose Acacia/Moss Locust ***Robinia hispida*** **L.** 毛刺槐 / 毛洋槐 / 江南槐
Rose aphid ***Macrosiphum rosivorum*** 月季长管蚜
Rose Apple/Malabar Plum ***Syzygium jambos*** **（L.）Alston** 蒲桃
Rose Ballerina（Polyantha shrub）***Rosa*** **'Ballerina'**‘芭蕾舞女’玫瑰（英国斯塔福德郡苗圃）
Rose Bay/Oleander ***Nerium indicum*** 夹竹桃（阿尔及利亚国花）
Rose Campion ***Lychnis coronaria*** 毛叶剪叶罗 / 醉仙翁
Rose Geranium ***Pelargonium capitatum*** 花头天竺葵 / 香味天竺葵
Rose Geranium ***Pelargonium graveolens*** **L'Her.** 香叶天竺葵

Rose Glory-bower/Glory Flower *Clerodendrum bungei* Steud. 臭牡丹

Rose leafcutter *Megachile nipponica* 蔷薇切叶蜂

Rrose Mallow *Hibiscus palustris* 草芙蓉

Rose myrtle/downy myrtle *Rhodomyrtus tomentosa* 桃金娘

Rose Shower *Cassia roxburghii* G. Don 粉红决明

Rose stem sawfly *Neosyrista similis* 玫瑰茎蜂

Rose-apple/Jambos/Malay Apple *Syzygium jambos* 蒲桃

Roselle *Hibiscus sabdariffa* 洛神葵 / 柠檬水灌木

Rosemary *Rosmarinus officinalis* 迷迭香 / 海洋之露（美国田纳西州苗圃）

Rosemary Majorca Pink *Rosmarinus officinalis* ‘Majorca Pink’ 马约卡红迷迭香（美国田纳西州苗圃）

Rose-moss/Sunplant/Large-flower purslane *Portulaca grandiflora* 太阳花 / 半支莲

Rose-of-China/Chinese Hibiscus *Hibiscus rosa-sinensis* L. 扶桑（马来西亚、斐济国花）

Rose-ring Ggaillardia/Blanket flower *Gaillardia pulchella* 天人菊 / 忠心菊（美国俄亥俄州苗圃）

Rose-root *Rhodiola rosea* 岩景天 / 仲夏人

Rose-winged parakeet *Psittacula krameri* 红领绿鹦鹉

Rose/Turkestan Rose *Rosa rugosa* 玫瑰（英国、美国、斯洛伐克、保加利亚国花）

rosebay 杜鹃花（植物）

Rosefinch [common]/ scarlet grosbeak *Carpodacus erythrinus* 朱雀 [普通]/ 红麻料

Roselle/Indian Sorrel *Hibiscus sabdariffa* 玫瑰茄

Rosemary 迷迭香（植物）

Rrosepink Zephyr Lily/Fairy Lily *Zephyranthes grandiflora* 红花菖蒲莲 / 韭莲 / 风雨花

rosery 蔷薇花园，玫瑰花圃

Rosetta Stone 罗塞塔石碑（最早于 1799 年在埃及港湾城市罗塞塔发现，1802 年起保存于大英博物馆中）

rosette 圆花饰；蔷薇花饰；圆花窗；应变组合片；组合天花板电线匣

~plant 莲座状植物

Rosewood/Bombay black-wood/Siamese Senna *Cassia siamea* 铁刀木

Rosewood *Dalbergia* 红木（某些属于黄檀（属）红色木材的俗称）

Roster *Gallus gallus* 公鸡（法国国鸟）

Rosthorn Lily *Lilium rosthornii* 南川百合

Rosthorn Snakegourd *Trichosanthes rosthornii* 华中栝楼

Rosthorn Wood Fern *Dryoperis rosthornii* 黑鳞鳞毛蕨

rostrum 城门楼，坛

Rosy Dipelta *Dipelta floribunda* Maxim 双盾木

Rosy Jasmine *Jasminum beesianum* Forrest et Diels 红茉莉 / 红素馨

Rosy Rocket Japanese barberry *Berberis thunbergii* ‘Rosy Rocket’ ‘玫色火箭’小檗（英国萨里郡苗圃）

rot 腐烂，腐朽，腐蚀；风化

~，area of 腐蚀区

~-proof 防腐（的）

rotary 转盘式交叉，环形交叉

~current 旋转流

~dehumidifier 转轮除湿机

~heat exchanger；heat wheel 转轮式换热器

~hoe 旋转锄

~interchange 环形立体交叉

~intersection 转盘式交叉，环形交叉，圆环（环岛式）交叉的交叉口

~island 交通环绕岛，交通转盘

~roadway 环行车道

~rake 搅捧

~snow-plough 旋转式雪犁，旋转式犁雪机

~system 环路系统，环形道口

~traffic 环行交通

rotating 旋转；转盘

~air outlet with movable guide vanes；rotary supply outlet 旋转送风口

~biological disk 生物转盘

~distributor 旋转布水器

~-element current-meter 转子式流速仪

rotation 旋转，转动；循环；轮流；自转；旋度；旋（偏）光度；旋光性；轮种（法）

~axis 转动轴（线），旋转轴（线）

~capacity 转动能力

~of alpine pasture 高山草场轮牧

~of cropping 轮种

~of irrigation 轮灌

~pasture（美）轮牧地

~speed 转速，转动速率

~time 转动时间

~volume of freight transport 货运周转量

crop~ 农作物轮种

land~ 土地轮耕

rotational 旋转的，转动的，循环的；轮流的

~flow 旋流

~grazing system 轮牧制

~motion 旋转运动

~slide 旋滑

~slip 圆面滑动；滚动滑坡

rotavator 旋（转）耕（耘）机

Rothschild Glory Lily/Broad-petal gloriosa ***Gloriosa rothschildiana*** 宽瓣嘉兰

rotor sprinkler 圆筒喷灌器

rototiller 转轴式松土机

rototilling（美）用旋耕机耕（地）

rotted area 风化区

rotting 腐烂，（岩石的）风化；散裂

~of waste/refuse 废物腐烂

rounding -off 膨胀，城市膨胀发展

rough 粗（糙）的，毛的，不平的；未加工的，粗制的；未完成的；约计的，大约的，粗略的；粗暴的；弄粗；粗制；高低不平的地面

~arch 粗拱

~ashlar 毛方石，粗琢方石，粗方石块

~bed channel（英）不平底沟渠

~calculation 概算

~cast 毛石工

~cast concrete 粗面混凝土

~cast glass 毛玻璃

~copy 草图（稿）

~cost 大概费用，成本概算

~cost book 成本概算表

~cost estimate 大概费用估算
~country 丘陵地带
~cut arch 粗加工石拱
~cutting 粗切
~ditch 未整形边沟，粗挖边沟
~draft 草图，略图，示意图
~drawing 草图，略图，示意图
~dressing 粗琢，粗饰
~estimate 约计、概算
~estimate of earthworks quantities 土方工程量概算
~-faced masonry wall 粗琢面圬工墙
~finished stone 粗琢石，粗修石
~floor 粗地面，毛地面
~grade 粗坡度，初步坡度
~grading（路基）初步整型，（土方）初步整平
~grading，provision of basic facilities and（美）基础设施保障和土工修整
~lumber 粗木材
~material 毛料
~plan 初步计划；草案
~purification 初步净化
~road 不平整的道路
~rule 规章草案，准则草案
~sketch 草图，略图
~slope 未修整的斜坡
~stone 粗石，毛石
~survey 草测，初步勘测
~terrain 复杂地形
~-tooled 粗琢石
~-tooled ashlar masonry，random（乱）粗琢小方石圬工
~-tooled natural stone wall 粗琢天然石墙
~wall 粗砌墙，毛石墙，乱石墙
~wooded country 丘陵森林地带
Rough Hairy Cone Flower/ Black-eyed Susan *Rudbeckia hirta* 黑心菊
Rough-barked Maple/Three Flower Maple *Acer triflorum* 柠筋槭 / 三花槭
Roughhairflower Storax *Styrax dasyanthus* 垂株花 / 小叶硬田螺
Rough-leaves Rhododendron *Rhododendron scabrifolium* 糙叶杜鹃
Rough-legged buzzard *Buteo lagopus* 毛脚鵟 / 雪花豹
roughing 粗加工
roughly 粗琢地
~squared stone 粗方石（粗琢棱角的毛石）
roughness 糙率
~factor 相对粗糙度
Roughskin sculpin *Trachidermus fasciatus* 松江鲈 / 四鳃鲈
round 环形路；行驶一圈；圆拱；圆形饰；圆形物；圆钢筋；一圈；周围；圆（形）的；绕一圈的；完全的；整数的；弄圆；使完全；环绕；使旋转
~about 环形交叉
~bed 圆花坛
Round City（Beijing, China）团城（中国北京）
~figure 整数
~number 整数
~pavilion roof 圆攒尖
~ridge roof 卷棚
~sculpture 圆雕
~tile 筒瓦
~timber step 圆木梯阶

Round Tower 圆塔（哥本哈根）

~wood paving 圆木铺面

Round herring *Etrumeus micropus* 脂眼鲱

Round Kumquat *Fortunella japoniaca* (Thunb.) *Swingle/Citrus japonica* Thunb. 圆金柑 / 圆金橘

Round mackerel *Auxis tapeinosama* 圆蛇鲣

round table 圆几

Round Wingfruit Cyclocarya *Cyclocarya paliurus* 青钱柳

Roundedcrown Elm *Ulmus densa* Litv. 圆冠榆

Roundhead Sagebrush *Artemisia sphaerocephala* 圆头蒿 / 黄毛菜籽

Round-leaf Poplar *Populus rotundifolia* 圆叶杨

Roundleaf Sundew *Drosera rotundifolia* 圆叶茅膏菜

Roundpinna Maidenhair *Adiantum capillus-junonis* 团羽铁线蕨 / 圆叶铁线蕨

Roundscaled Keteleeria *Keteleeria fortunei* var. *cyclolepis* 江南油杉 / 浙江油杉

roundabout 环行交叉，圆环（中心岛，转盘），环形交叉式交能组织，环形交叉

~crossing 路心圆盘式道路交叉，大转盘（俗称）

~inland 中心岛，环岛〈环形交叉的中心岛〉

~way 迂回道；（俗称）大转盘

rounding 使成圆形；四舍五入；圆整，化整

~the crest of embankment/slope 圆整路堤 / 坡顶

~the top of an embankment/slope 圆整路堤 / 坡的顶部

Rousham in Oxfordshire 牛津郡的罗莎姆庄园

route 路线，航线，通路；方法；定路线；划定航线；安排程序，发送指令；指导；通信；演算；进路

~adjusting survey 线路调整测量

~alignment 路线走向

~alternative 道路替代线

~approval procedure（美）路线批准程序

~determination 线路决定

~development 路线延展，展线

~direction 路线方向

~intersection 路线交叉

~location 公路定线

~locking 进路锁闭（预先锁闭）

~map 路线图

~of road 道路路线

~plane control survey 线路平面控制测量

~reconnaissance 路线踏勘，路线草测

~selection 选线，路线选择

~selection，approval procedure for（英）路线选择批准程序

~selection，transportation 运输路线选择

~sign 线路标志

~signal 进路信号

~survey（ing）路线测量

~three-dimensional space design 路线三维空间设计

~traverse 路线导线

~vertical control survey 线路高程控制测量

all-weather~ 全天候路线，晴雨通车路线

circumferential~ 环形路线，环路
communication~ 交通路线
fire~ 救火路线
journey~ 航线
main~ 主要路线，主要道路
mountain~ 山区路线
optimum~ 最佳路线
permanent~ 永久性路线
principal~ 主要路线
priority~ 优先放行线 { 交 }
projected~ 预定路线
ramblers'~（英）散步路线
scenic~（英）观景路线
traffic~ 交通路线
transportation~ 运输路线

routine 常规，惯例；程序 { 计 }；例行工作，日常工作；常规的，例行的，日常的；定期的
~analysis 常规分析
~crown pruning 例行树冠修剪
~data 常规资料，常规数据
~maintenance 日常维修 / 维护
~soil test 常规土工测试
~test 常规测试，例行测试

routing 路线选择，路径选择
~problem 路径问题

row 一排，一行，一列；街，路，街道，地区；联立式（建筑）
~grave，single 联排式单人墓穴（或坟墓）
~house 行列式房屋，连栋住宅，联排式住宅
~house garden 联排式住宅花园
~of piles 排桩，板桩
~of setts 成排小方石
~of stakes 桩列；标桩列
~of straw bales 大捆禾秆（或稻草或麦秆）列
~of trees 树列，成行的树木，行道树
~planning 成行种植
~spacing 行距
angle-parking~ 斜列停车行列
espalier~ 贴墙种植的果树行列
parking~ 停车行列
urn grave in a~ 骨灰瓮墓穴行列

Rowan/Moutain Ash hybrid ***Sorbus discolor*** 北京花楸（英国斯塔福德郡苗圃）

rowlock course（美）竖砌砖层

rows，in multiple 多行列
spacing between~ 行距

Roxburgh Engelhartia ***Engelhardtia roxburghiana*** 黄杞 / 黑油换

Roxburgh Sagebrush ***Artemisia roxburghiana*** 灰苞蒿

royal 皇家的
Royal Botanic Gardens 皇家植物园
Royal Botanical Garden（Kew）英国皇家植物园，邱园
Royal Castle in Warsaw（Poland）华沙皇宫城堡（波兰）
Royal Deer Park 皇家鹿园
~garden 皇家园林
Royal Institute of British Architects（简写 RIBA）英国皇家建筑师学会
Royal London Wax Museum 维多利亚蜡人馆（伦敦）
Royal Society for Nature Conservation 皇家自然保护学会（英国）
~Society for the Protection of Birds 皇家鸟类保护学会（英国）

Royal Azalea ***Rhododendron schlippenbabachii*** **Maxim.** 大字杜鹃（大字香）
Royal Fern ***Osmunda regalis*** 欧紫萁（美国田纳西州苗圃）
Royal Gala ***Malus domestica*** **'Royal Gala'** '皇家嘎拉' 苹果（英国萨里郡苗圃）
Royal Palm ***Roystonea regia*** （***Kuhth***）**O. F. Cook** 王棕（大王椰子）
Royal Paulownia/Foxglove Tree ***Paulownia tomentosa*** 毛泡桐 / 毛白桐
Royal Poinciana/Peacock Flower/Flame Tree/Fire Tree ***Delonix regia*** 凤凰木（马达加斯加国树）（美国佛罗里达州苗圃）
Royalty Crabapple ***Malus Royalty*** 王族海棠（英国萨里郡苗圃）
Rozannie Japanese Laurel ***Aucuba japonica*** **'Rozannie'** 绿角桃叶珊瑚（英国萨里郡苗圃）
RTD（**regional transportation district**）区域交通区
rub 摩擦；障碍；崎岖；摩擦；揩，擦亮；涂
~-out signal 错误的信号
~stone 磨石
ruban flood control 城市防洪
rubber 橡胶
~dam；flexible dam；fabric dam 橡胶坝
~fender 橡胶护舷
~industry 橡胶工业
~plant 橡胶厂
~shock absorber 橡胶隔振器
Rubber Plant/India Rubber Plant ***Ficus elastica*** **Roxb.** 橡皮树
rubberneck 游览，观光
~-bus 游览大巴（美）
~-car 游览车（美）
~-wagon 游览旅行车（美）
Rubbery Sage ***Salvia glutinosa*** 胶质鼠尾草
rubbish 碎屑；垃圾，废物
~can 垃圾箱
~disposal 垃圾处理
~dump 垃圾堆
~heap 垃圾堆
~，scattered 铺撒碎屑
rubble（路用）片石，块石；粗石，毛石，碎石
~aggregate 粗石集料
~arch 粗石拱
~ashlar 毛方石，粗方石
~ashlar masonry，random 乱砌毛方石圬工
~bedding foundation 明基床
~catch-water channel 乱石集水沟，填石集水沟
~concrete 毛石混凝土，粗石混凝土
~construction，dry 干砌毛石工程
~disposal site 毛石处理场
~drain 乱石盲沟，填石排水沟
~drop chute，paved（美）（铺砌）毛石跌落滑道
~dump site（美）毛石堆积场地
~fill 毛石填筑
~fill foundation 暗基床
~heap（美）毛石堆；毛石堆积
~masonry 毛石圬工，乱石圬工，蛮石圬工
~masonry，squared 方块毛石圬工

~mound 毛石护坡，乱石护坡
~mound；rubble base 抛石基床
~-mound breakwater 抛石（护坡）防波堤
~paving 粗石铺砌，粗石铺面
~pile（美）粗石桩；粗石堆
~plant 粗石（机械）设备；粗石厂
~range ashlar，random（乱砌）粗石方
~range work，random（乱砌）毛石工程
~slope 毛石堆，毛石护坡
~soling 乱石基底
~stone 乱石，粗石，块石
~stone footing 毛石基础
~stone paving 圆石铺面，卵石铺面，（园路的）粗砾铺面
~tip（英）粗石垃圾等弃置场
~wall，snecked 杂乱毛石墙
~work 毛石工（程），乱石工（程）
building~ 建筑物毛石，大厦毛石，房屋毛石；建筑毛石
coursed~ 层砌毛石
ranged~ 层砌毛石
reuse of building~ 建筑毛石的重复利用
rubblerock 角砾岩
rubine 玉红；红宝石
ruby 红宝石
Rudbeckia Denver Daisy ***Rudbeckia hirta*** **'Denver Daisy'** '丹佛黛丝'金光菊（美国田纳西州苗圃）
rude drawing 草图
ruderal 杂草
~community 杂草群落
~habitat 杂草生境；动植物的栖息地
~plant 杂草植物
~vegetation 杂草植被
~vegetation，urban（城市）杂草植被
ruderalization 生长在荒地上（或垃圾堆上，路旁的）杂草
rudimentary 基本的；未发展的
Rudolph Crabapple ***Malus*** **'Rudolph'** '鲁道夫'海棠（英国萨里郡苗圃）
Rue ***Ruta graveolens*** 芸香 / 恩宠之草 / 七里香（英国斯塔福德郡苗圃）
Rue Lemongrass ***Cymbopogon distans*** 芸香草 / 麝香草
ruffle 波纹
Rufous bellied hawk eagle ***Aquila kienerii*** 棕腹隼雕
Rufous Hornero ***Furnarius rufus*** 棕灶鸟（阿根廷国鸟）
Rufous-backed crake ***Porzana bicolor*** 棕背田鸡
Rufous-bellied Thrush ***Turdus rufiventris*** 棕腹鸫（巴西国鸟）
Rufous-chinned laughingthrush ***Garrulax rufogularis*** 棕颏噪鹛 / 大眼吊
Rufous-headed crowtit ***Paradoxornis webbianus*** 棕头鸦雀 / 红头子 / 黄腾 / 黄头 / 黄月豆
Rufous-necked hornbill ***Aceros nipalensis*** 棕颈犀鸟 / 无斑犀鸟
Rufous-necked scimitar babbler ***Pomatorhinus ruficollis*** 棕颈钩嘴鹛 / 小钩嘴鹛
Rufous-vented Chachalaca ***Ortalis ruficauda*** 棕臀稚冠雉 / 棕臀小冠雉（多巴哥国鸟）
Rufous-winged buzzard-eagle ***Butastur liventer***）棕翅鵟鹰
rufu 乳袱，两椽袱

rugged 高低不平的，崎岖的
Rugged Pine ***Pinus aspera*** 锦松
Ruhuna National Park（**Sri Lanka**）卢胡纳国家公园（斯里兰卡）
ruin 墟
~garden 废墟园，古迹园
ruined building 毁失建筑物，被毁建筑物
Ruined site of the Han Dynasty Great Wall 汉长城遗址
ruinous building 毁坏的房屋
ruins 废墟，旧址
Ruins of Ancient City of Qi State in Zibo 淄博齐故城遗址（中国）
Ruins of Ancient State Bohai of the Tang Dynasty（China）唐渤海国上京遗址（中国）
Ruins of Copan（Honduras）科潘遗址（洪都拉斯）
Ruins of Fragrant Hills Temple（Beijing, China）香山寺遗址（中国北京）
Ruins of Gaochang Ancient City（China）高昌故城（中国）
Ruins of Jiaohe（China）交河故城（中国）
Ruins of Lothal（India）洛塔耳古城遗址（印度）
Ruins of Tiahuanaco（Bolivia）蒂亚瓦纳科遗址（玻利维亚）
Ruin of Western-Style Building（Beijing, China）西洋楼遗址（中国北京）
Ruin of Yuanmingyuan（Beijing, China）圆明园遗址（中国北京）
rule 规则，法规，法则，章程；规律，惯例；统治；支配；管理，用尺划线
~of footway 人行道规则
~of road 行路规则，行车规则
ruler of frazil slush 冰花尺
~for implementation 施行细则
~of thumb 经验法则
ruling grade 限制坡度，最大（容许）坡度
rumble 隆隆声，吵闹声；作隆隆声
rumbling 车轮作隆隆声
~noise 车轮噪声
~strip（英）车轮噪声路带
run 跑；行驶；运行；开动；行程；路线，管线；（测微器）行差；（机器）运转；跑；行驶；驾驶；运用，运行，经营；进行；（机器）运转，开动；（河川）流动，流量，水量；（道路）通达（某地）；逃走
~after 追寻，追求；追随
~curve 运转线图，车辆调度曲线，运行流线图
~-down housing fit for rehabilitation 适于修复的旧住房
~idle 空转；窝工
~of a stairway, total（美）楼梯总长度
~-of-bank gravel 原岸砾石，未筛砾石
~-of-bank stone 河岸石堆
~-of-hill stone 山麓石堆
~of micrometer; run error of micrometer 测微器行差
~-off 径流（量）；雨量，流量〈美〉
~-off coefficient 径流系数
~-off, heavy rainwater（英）大雨水径流（量）；大雨水流量
~out of work 窝工
~phase 运行阶段
~the risk 冒险

rise and~（美）踏步高度和宽度
ski~ 滑雪道，滑雪路线
stair~ 楼梯宽度
Runcorn 兰考恩（伦康）
Runcorn planning 兰考恩规划（1967 年英国英利物浦新城规划）
Runcorn New Town 伦康新城
Rung Nguryen Sinh Cuc Phuong（**Vietnam**）菊芳原生森林（越南）
runlet 小河，小溪，细流
running 运行；运转；流动；作用；行程；运行着的，运转的；流动的；持久的；连续的；使用中的；例行的
~against current of traffic 反向行车
~cost 运行成本，行车费
~course 行车路线
~expenses 行车费，行车支出
~lane 行车道，行车车道
~sand 流砂
~sand/silt 流砂 / 粉土
~sight distance 行车视距
~speed 运转速度，运行速度，行驶车速，（车辆）行驶速度，行车速度
~system of locomotive 机车运转制
~time 行车时间
~water 自来水，流水
runoff 径流同 run–off
~area 径流区，径流面积
~coefficient 径流系数
~curve 径流曲线
~factor 径流系数
~flow 径流
~generation 产流
~, heavy storm（美）大暴雨水径流
~intensity 径流强度
~modulus 径流模数
~plot 径流场
~rate 径流速率
~regulation 径流调节
~regulation of hydropower station 水电站径流调节
~volume 径流量
~water 径流水
~yield 产流
bank erosion by surface~ 地表水径流冲刷堤岸
delaying storm~（美）延缓暴雨径流
farm~（美）农田径流
peak~ 高峰径流，峰值径流，最大量径流
storm water~（暴）雨水径流
surface water~ 地表水（地面水）径流
runway（机场）跑道；滑槽；河床；吊车滑道；悬索道；架空铁道的轨梁；窗框滑沟
~alignment indicator 跑道方向指示灯
~and landing area，shotputting（铅球运动员）跑道和着铅球地场
~center line 跑道中线
~center line light 跑道中线灯
~edge light 跑道边灯
~end light 跑道端灯
~localizing beacon 飞机场跑道标灯
~pavement 跑道铺砌层，（飞机场中）跑道路面
~visual range（RVR）跑道视距
Rupestrine Greenorchid ***Dracocephalum repestre*** 毛建草 / 毛尖 / 毛尖茶
rupicoline 生长在岩石上的，石生的
rupicolous plant 岩生植物

rupture 破裂，决裂，敌对
~，fracture 断裂
rural 乡下的，乡村的，农村的；城外的，郊区的，田园的，乡村风味的，生活在农村的
~agricultural industry 乡村农用工业
~architecture 乡村建筑
~area 乡村，乡村地区；郊区
~area planning（美）郊区（农村，乡村，乡下等）地区规划
~area，development plan for a 郊区（农村地区）开发规划
~building lot 郊区建屋地段
~center 郊区中心
~community 农村社区
~conservation 乡村保护
~construction 乡村建设，农村建设
~depopulation 农村人口减少
~development 农村开发
~development area 郊区发展区
~district 乡村地区
~domestic waste 农村生活废水
~economy 农业经济，农村经济
~England Council for the Protection of（英）英格兰乡村保护联合会
~enterprise 乡镇企业
~environment 农村环境
~exodus 迁离农村，农村人口外流
~expansion area 郊区扩展区
~-farm population 乡村农业人口
~feeder road 郊区支路
~geography 乡村地理学
~highway 乡村公路，郊区道路
~holiday accommodation（英）乡村假日住处（住所）
~house 农村住宅
~improvement area 郊区改善区
~industry 农村工业
~inhabitant 乡村居民，乡村住户
~intersection 郊区道路交叉
~land 乡村地区，城外和乡村外地区
~land，public access to 通往城外和乡村外地区的公共便道
~landscape 乡村景观
~location 郊外地区
~mail delivery route 郊区邮政路线
~market 农村集市
~motorway 乡村高速公路
~-non farm population 乡村非农业人口
~outskirts（美）乡村边缘
~park 郊区公园
~penetration（深入）农村的小路
~planning 乡村规划，农村规划
~planning objective 农村规划目标
~population 农村人口，乡村人口
~potable water 农村饮用水
~protection area 郊区保护区
~recreation 乡村游憩
~recreation area 乡村游憩区
~recreation planning（美）乡村游憩规划
~road 乡村道路，郊区道路
~sanitation 乡村环境卫生
~scene 乡村景色
~section 郊区，乡村地区
~settlement 居民点，乡村集居，乡村
~settlement zone（英）农村定居地区
~sewage disposal 农村污水处理
~sewerage 乡村污水系统
~sewage disposal farm 乡村污水灌溉田
~society 乡村社会，田园社会

~station 乡村车站
~subsidiary occupations 农村副业
~town 农业市镇
~township 乡镇
~traffic survey 乡村交通调查，乡村运量观测
~-urban continuum 城乡统一体，城乡连续体理论
~-urban dichotomy 城乡分工
~-urban differential 城乡差别
~-urban fringe 城乡交汇区
~-urban interdependence 城乡互相依赖
~-urban migration 农村向城市迁移，农村向城市移民
~-urban ratio 城乡比率
~urbanization 农村城市化，农村都市化
~vacation accommodation（美）乡村休假膳宿（住处）
~water supply 农村供水
~zone 乡村地区
rurality 农村特征，农村景色，田园风味
ruralization 农村化
rural-urban fringe 城乡交错带
rurban 城乡社会（城市与乡村混合之社会），城乡中间化，城镇郊区
~area 农村都市混合区
rurbanization 乡村城市化
Ruscus-leaved Bamboo（**Okame Zasa**）***Shibataea kumasasa*** 倭竹（英国斯塔福德郡苗圃）
rush 猛冲；迅速运动；灯心草；猛冲的；蜂拥而来的；突击的；飞驶；猛冲
~hours（上下班）交通拥挤时间，高峰小时
~meadow 灯心草丛，灯心草丛生地
~-repair work 抢修工程
~swamp 灯心草沼泽
~work 突击工作
Rush ***Juncus effusus*** 灯心草 / 水灯心 / 龙须草
Russian Art 俄罗斯美术－从 10 世纪至 1917 年十月革命的美术，分为 10 世纪至 17 世纪、18 世纪和 19 世纪三个阶段。
Russian architecture 俄罗斯式建筑
Russian Olive/Oleaster/Silveberry ***Elaeagnus angustifolia*** 沙枣 / 桂香柳（美国田纳西州苗圃）
Russian Peashrub ***Caragana frutex***（**L.**）**C. Koch.** 金雀梅
Russian Sage ***Perovskia*** **'Blue Spire'** '蓝塔' 分药花（英国斯塔福德郡苗圃）
Russian Sage 'Little Spire' ***Perovskia atriplicifolia*** **'Little Spire'** 滨藜叶分药花 '小塔尖'（美国田纳西州苗圃）
Russian Vine（**Polygonum**）***Fallopia baldschuanica*** 巴尔德楚藤蓼（英国斯塔福德郡苗圃）
rust 锈；铁锈，锈铁，停滞；生锈，锈蚀
Rust of ***Helichrysum bracteatumm*** 麦秆菊锈病（***Puccinia*** **sp.** 柄锈菌 /***Phakopsora*** **sp.** 层锈菌）
Rust of ***Hemerocallis*** 萱草锈病（***Puccinia hemerocallidis*** 萱草柄锈菌）
Rust of willow 柳锈病（***Melampsora*** **spp.** 栅锈菌）
Rust weevil ***Poegilophilides rusticola*** 褐锈花金龟

rusthair woodlotus *Manglietia rufibarbata* 锈毛木莲

rustic 粗面石工的；乡间的；粗野的；质朴的；乡村风味的

~garden 乡趣园

~home 乡村房屋，田野小舍

~vernacular architecture 乡村民间风格建筑

~work 粗面石堆；〈用树枝树皮等造成的〉简陋房屋

rusticate [建] 使成粗面石工

rusticated 使成乡下风格的，使变得质朴的；便居住在农村的；使成粗面石工的

~dressing 粗琢面

~joint 粗琢缝，明显缝

~masonry（英）粗面石工砌体

rustication（英）乡村生活

rusticity 村野；朴素；乡村式，乡村风味，乡村特点；田园生活的

Rusts of lawn 草坪锈病（条锈病：***Puccinia striiformis*** 条形柄锈菌 / 叶锈病：***Puccinia recondita*** 隐匿柄锈菌 / 秆锈病：***Puccinia graminis*** 禾柄锈菌 / 冠锈病：***Puccinia coronata*** 禾冠柄锈菌）

Rusty tussock moth/Common rapourer moth *Orgyia antiqua* 古毒蛾

Rusty-cheeked scimitar babbler *Pomatorhinus erythrogenys* 锈脸钩嘴鹛 / 大钩嘴鹛 / 老钩嘴雀

Rustyhairy Litse *Litsea monopetala* 假柿木姜子 / 毛蜡树 / 葫芦木

Rustyleaf Astronia *Astronia ferruginea* 褐鳞木

Rrusty-leaved rhododendron 赭叶杜鹃花（植物）

rut 沟，槽

Rrutabaga *Brassica napobrassica* 芜菁甘蓝 / 洋大头菜

rutting 路面上形成车辙

RVR（runway visual range）跑道视距

Ryoanji（Japan）龙安寺（日本）

Ryosen Cave（Japan）龙泉洞（日本）

S s

.China pepper *Piper austrosinense Tseng* 华南胡椒

.sarmentosa "Tricolor" /*Saxifraga stolonifera* 'Tricolor' '三色' 虎耳草

Sasaki, Hideo 佐佐木英夫（1920–2000），美国风景园林师、教育家

Sable *Martes zibellina* 黑貂

Sable antelope *Hoppotragus niger* 貂 / 美洲貂羚

Succulents 多肉植物

Sacked concrete；concrete in bag 袋装混凝土

Sacred 神圣的，宗教（性）的，庄严的，神圣的

sacred bamboo =nandina（植物）南天竹

Sacred baboon/Hamadraya baboon ***Papio hamadrayas*** 阿拉伯狒狒 / 神圣狒狒

Sacred Fig Tree/Pipal（or peepul）Tree/Bo tree ***Ficus religiosa*** 菩提树

Sacred ibis ***Threskiornis aethiopica*** 圣鹮 / 白鹮

sacredness 神，宗教

Saddharma Pundarika Sutra 妙法莲华经

saddle 鞍；鞍形物；钢筋垫块；马鞍山｛地｝；鞍座；座板，滑动座架｛机｝；加鞍；使背上；使负担（责任等）

saddleback 鞍状物；鞍形山；鞍形屋顶

safe 保险箱；安全的，可靠的；稳定的

~adjustment value 安全修正值

~bearing load 容许承载

~blasting 安全爆炸

~clearance 安全净空，安全线

~–conduct 安全通行证

~，environmentally（环境）安全

~escape 安全出口

~exit 安全出口

~fast road 安全快速道路

~feature 安全装置

~for persons or vehicles obligation/duty of occupier to make land or premises 公共安全保证，土地房屋占用人对人员车辆安全的义务（责任）

~guard 保护；安全措施，防护设施

~load 安全负载，安全荷载

~operation 安全工作

~passing sight distance 最小超车视距，安全超车视距

~range 安全范围

~sight distance 安全视距

~stopping distance 安全停车距离

~stopping sight distance 安全停车视距，最小停车视距

~traffic facilities 交通安全设施

safeguard 保护；保护物，护栏；安全措施，防护设施；保护，防护

~construction 安全结构

Safeguard Peace Arch（Beijing，China）保卫和平坊（中国北京市）

safeguarding structure 防护构筑物（如护栏等）

~the effective functioning of natural systems 自然系统有效功能的防护（保护）

safelight 安全灯

safety 安全（性），可靠性；安全器（措施），保险（器）

~accessory 安全附件

~accident 安全事故

~appliance of railroad crossing（铁路与公路）交叉道口防护设备

~barrier 安全栅栏

~–belt 安全带，保护地带

~check 安全检查

~classes 安全等级

~code 安全规程

~colour（交通标志）安全色，安全标志色

~criterion 安全准则

~，crown pruning for public 为公共安全修剪树冠

~device 安全设施

~discharge of river 河道安全泄量

~distance（建筑物）安全间距，安全距离

~emergency Plan 安全应急预案

~engineer 安全工程师

~engineering 安全工程学

~exit 安全出口

~facilities 安全设施

~fence 防护栅

~harness 安全设备

~installations 安全设施

~island（路中）安全岛

~isle 安全岛

~lighting 安全照明

~management 安全管理

~precaution 安全措施

~production 安全生产

~program 安全计划

~provision 安全设施

~regulation 安全规程（则）

~siding（铁路）安全（侧）线，安全避车道

~strip 安全区，安全带，安全地带

~traffic 安全运行，安全行车，交通安全

~training 安全培训

~tread 防滑踏步

~turnout（铁路）安全让车道，安全避车道

~valve；pressure relief valve 安全阀

~zone 安全区，安全带，安全地带，安全区域

road~ 道路安全（性）

Safflower ***Carthamus tinotorius*** 川红花 / 红花 / 红蓝花（萨摩亚国花）

Saffron Crocus/Karcom ***Crosus sativus*** 番红花 / 藏红花

Saffron Milk-cap/Delicious Lactarius/ Orange-latex Milky ***Lactarius deliciosus*** 奶油菌 / 松乳菇 / 松菌 / 雁鹅菌

Saffron tritonia ***Tritonia crocata*** 火花莲 / 观音兰

Saffronspike/Zebra plant/Saffronspike Zebra ***Aphelandra squarrosa*** **var.** ***leopoldi*** 金苞花 / 花叶爵床

saffronspike zebra/zebra plant/ saffronspike ***Aphelandra squarrosa sacred*****var.** ***leopoldi*** 金苞花 / 花叶爵床

sag 凹部，垂度；挠度；下垂；凹陷；下垂；凹陷；弯曲

~curve 垂度曲线，挠度曲线，下垂曲线
~grading 降坡，下坡，凹坡
~pipe 弯管
road~（美）道路弯曲
ga Palm/Sago Cycas/Japanese Fern Palm ***Cycas revoluta*** 苏铁 / 铁树（英国萨里郡苗圃）
agarmatha National Park（**Nepal**）萨加玛塔国家公园（尼泊尔）
ge/Pineapple Sage ***Salvia officinalis*** 鼠尾草 / 凤梨鼠尾草 / 雅美鼠尾草（美国田纳西州苗圃）
agebrush ***Seriphidium tridentatum*** 山艾 / 大鼠尾草丛
aglionis Chin Cactus ***Gymnocalycium sagliones*** 新天地
ago palm ***Metroxylon rumphii*** 西谷椰子
aguaro National Monument（**America**）仙人掌国家纪念公园（美国）
a'gya Monastery（**Sa'gya Country, China**）萨迦寺（中国西藏自治区日喀则市萨嘎县）
ahn 伊斯兰寺院天井
aiga（**saiga antelope**）***Saiga tatarica*** 高鼻羚羊 / 赛加羚羊
ail 帆；航行；（船的）驾驶
~board 帆舨（一种平底单桅三角帆小船）
ailboat harbor（美）帆舨港
ailing boat harbor（美）帆舨港
ailing-harbour（英）帆舨港
aint 圣人，圣徒
~Gotthard Tunnel（Switzerland）圣哥达隧道（瑞士）
~Helena Island 圣赫勒拿岛（美国）
~Patrick's Cathedral（Pakistan）圣帕特里克大教堂（巴基斯坦）
~Patrick's Church 圣彼得教堂（美国）
~Peter's Square（Vatican）圣彼得广场（梵蒂冈）
Saint Lucia Parrot/Saint Lucia Amazon ***Amazona versicolor*** 圣卢西亚亚马逊鹦鹉 / 圣卢西亚亚马逊鹦哥 / 圣卢西亚鹦鹉 / 露西亚亚马逊鹦鹉（圣卢西亚国鸟）
Saint Vincent Amazon/Saint Vincent Parrot ***Amazona guildingii*** 圣文森亚马逊鹦鹉 / 圣文森特鹦哥 / 圣文森亚马孙鹦哥 / 圣文生亚马逊（圣文森特和格林纳丁斯国鸟）
Saintpaulia ionantha 非洲紫罗兰
Saker falcon ***Falco Cherrug*** 猎隼
Sakhalin Island（**Russia**）萨哈林岛（俄罗斯）
Sakyamuni 释迦牟尼
Sakyamuni Pagoda of Fogong Temple（**Shuozhou City, China**）佛宫寺释迦塔（中国山西省朔州市）
Salad Burnet ***Sanguisorba minor*** 小地榆 / 庭园地榆（英国斯塔福德郡苗圃）
Salad Rocket/Roquette/Arugala ***Eruca vesicaria*** **subsp.** ***sativa*** 箭生菜
Salamanca（**Spain**）萨拉曼卡（西班牙）
salat 礼拜
sale 销售
~analysis 销售分析
Salem-rose/Brier-rose ***Rubus rosaefolius Smith*** **var.** ***coronarius***（***Sims***）***Focke***

茶藤 / 佛见笑 / 重瓣空心泡

sales 售货，出售

~area 售货区

~by public auction 公开拍卖

~by tender 招标出售

salination 盐碱化

saline 盐皮；盐碱滩，盐沼；盐田；盐栈，制盐工场；含盐的，盐质的，咸的

~–alkali tolerant plant 耐盐碱植物

~lake 盐湖

~site 盐场

~soil；salty soil 盐渍土

salinity 盐（浓）度，咸度；含盐量，盐分

~of frozen soil 冻土盐渍度

salinization 盐碱化

~of lake water 湖水咸化

Salix glandulosa 红柳 / 水杨柳

sallow ***Salix permollis*** 阔叶柳，山毛柳（植物）；柳枝，柳条

Sallow/Goat Willow/French Pussy Willow ***Salix caprea*** 黄华柳 / 润叶柳（美国田纳西州苗圃）

Sallow Thorn/Sea Buckthorn ***Hippophae rhamnoides*** 沙棘（英国萨里郡苗圃）

Salmon Blood-lily ***Haemanthus multiflorus*** **Martyn.** 网球花

salt 盐，食盐；咸度；盐的，含盐的；咸的；撒盐（使路上的雪融化）；加盐于；盐析{化}

~accumulation 盐分累积

~balance 盐量平衡

~–box type ~ 美 ~ 两坡不对称的硬山顶住宅

~content 含盐量

~corrosion 盐侵蚀

~crust 含盐地壳

~damage 盐损害

~desert 盐漠

~elimination 除盐

~inflow 盐传入（吸入）

~injury 盐害

~input 盐消耗量

~lake 盐湖

Salt Lake City 盐湖城

~lick 盐碱地

~marsh 草甸沼泽

~marshes 盐碱滩

~meadow 盐碱沼泽

Salt Museum 盐业博物馆

~pit 采盐场

~pollution 盐害，盐分污染

~resistance 抗盐性

~resistant 耐盐的

~，road（美）道路扫雪盐

~，rock（美）扫雪盐

~sensitivity 盐敏感度

~spray 盐喷洒

~swamp 盐沼地

~swamp，gypsum 石膏盐沼地

~sward 盐草地

~–tolerant 耐盐的

~water 盐水

~water intrusion 海水入侵

de–icing~ 防冻盐

sensitive to~ 对盐敏感的

Salt damage of flowering plant 花木盐害

Salt Tree ***Halimodendron halodendron***

(Pall.) Voss 盐豆木 / 铃铛刺

ltatire 索尔太阿〈1851 年英国西普列市的模范工业城镇〉

ltern 碱土

lting 盐碱化

~of soil 土壤盐碱化

~, road(道路)盐碱化

ltliving Sagebrush ***Artemisia halodendron*** 盐蒿 / 沙蒿

ltpeter 硝石

lt-water lake 咸水湖

ltwater marsh 盐水沼泽

altwort ***Salsola kali*** 盐草 / 滚草

lty wind protection forest 防海风林

lvage 废料利用；工程抢修；船舶救难；救难费；抢救，废物利用

~cost 残值

~yard, car(美)报废机器拆卸场；汽车抢修场

alvaged water 回收水

alvaging 利用废料；打捞船舶；抢修工程(对损坏工程的补救或加固)

~of plants 植物移植

alver-shaped Cherry ***Prunus majestica*** **D. Don** 高盆樱

alvia May Night ***Salvia*** **'May Night'** '五月夜'鼠尾草(美国田纳西州苗圃)

Salwin River Rhododendron ***Rhododendron saluenense*** 怒江杜鹃

Samalanga Syzygium ***Syzygium samarangense*** 洋蒲桃 / 金山蒲桃

Samburu Game Reserve (Kenya) 桑布鲁野生动物保护区(肯尼亚)

same-sense curve 同向曲线

Samgharama Hall 伽蓝殿

samphire vegetation 海蓬子植被

sample 样品；试样，子样；样本；取样，采样

~average 样本平均，抽样平均数

~book 样本

~data 抽样数据

~inquiry 抽样调查

~mean 样本平均值

~median 样本中位数

~pit 样坑

~plot 采样地块

~plot, permanent 永久采样地块

~processing 水样处理

~range 样本范围，抽样幅度

~significance level 样本显著性水平

~size 样本大小，样本容量

~survey 抽样调查

~survey design 抽样调查设计

~total 样本总量

~traffic survey 抽样交通调查

~value 样本值

soil~ 土壤样品

sampled 抽样的，样本的

~household 被抽中住户

~region 被抽中区域

sampler of frazil slush 冰花采样器

sampling 抽样，采样；取样

~analysis 抽样分析

~cross-section 采样断面

~efficiency 采样效率

~error 抽样误差

~inquiry 抽样调查

~inspection 抽样检验

~interval 采样间隔

~investigation 抽样调查

~method 抽样调查法
~port；sampling hole 测孔
~rate 抽样率
~scheme 抽样方案
~survey 抽样调查
~traffic survey 抽样交通调查
~–section 取样断面
soil~ 土壤抽样

San 圣
San Francisco 旧金山
San Sophia Church（Haerbin，China）圣索菲亚教堂（中国哈尔滨市）

sanatorium 疗养地，休养所，疗养院
~park 疗养公园

sanctuary 圣殿；庇护所，避难所；野生动物保护区
~，bird 鸟类保护区
game~ 禁猎区，自然保护区
wildlife~ 野生生物保护区

sand 砂，沙；砂层，沙地；铺砂，填砂
~accumulation 沙堆积，淤沙
~and gravel concrete 砂砾石混凝土
~and gravel pit 砂砾石料坑
~and gravel working 砂砾石工作
~area 沙区，砂区
~areas，cleaning of 沙区清理
~areas，replenishment of 沙区充实，沙区供给
~areas，topping–up of（英）沙区补植
~arresting bank 拦沙堤
~arresting hedge 拦沙栅，防砂篱
~arresting trap（美）滗洗器；除沙室
~arresting wall 拦沙墙
~avalanche 沙崩
~bank 沙坝，沙洲
~bar 沙洲
~barrier 沙障
~base（美）沙床
~beach 沙滩海岸，沙质海滩
~bed 砂层，砂垫层
~blasted glass 毛玻璃，磨砂玻璃
~blasting 喷砂（法）
~borrow pit 采沙坑
~box 砂箱
~–break 防沙林
~clay road 砂黏土路
~defence forest 防沙林
~disaster 沙灾
~drain（sand pile）砂井（砂桩）
~drains；sand pile；compaction pile 砂桩（普通砂井）
~dump[ZA] 废沙（砂）场
~–dune 沙丘
~dune area 沙荒，沙丘面积
~dune，drifting 流沙沙丘
~–dune terrain 沙丘地带
~dunes，stabilization of 沙丘稳定
~–dwelling 喜沙生物的
~extraction 沙采掘
~extraction site 采沙场
~garden 砂地园
~gravel 砂砾
~hazard 沙害
~hill 沙冈，沙丘
~joint 沙缝，砂缝
~–lime brick 灰砂砖
~lot（美）沙区
~mat of subgrade 排水砂垫层
~mixture 沙混合料
~obstacle 沙障

~paper 砂纸
~patch test 铺砂试验
~pile（美）砂桩
~pit 沙地，采砂场
~playground 沙地运动场
~playscape 铺沙娱乐场
~pool 砂池，砂场
~prevention 防沙
~protection facilities 防沙设施
~protection green 防沙林
~ratio 砂率
~replacement 砂充（法）
~-replacement method 砂充法，代砂法（测定密实度时用）
~setting bed（美）沙沉床
~spit 沙嘴
~soil 砂质土，沙土
~sweeping 回砂
~sweeping equipment 回砂机
~-swept joints 沙曲缝
~tip（英）废砂场
~track 砂子道床线路，铺放砂砾的线路〈禁止车辆通行的一种方法，将砂砾堆积在线路的长度上〉
~trap 截砂阱
bedding~ 垫层砂
blinding layer of~（英）砂细石屑封层
coarse~ 粗（粒）砂
coarse bedding~ 粗沙层面
emery~ 金刚砂
fine~ 细（粒）砂
in site~ 现场沙
medium~ 中（粒）砂
protection forest for shifting~ 流沙防护林
quarrying of~ 采沙
running~ 流沙
sharp~ 多角砂
washed~ 洗净砂，净砂
wind-aggregated~ 风积细沙
wind-blown~ 风（吹）沙

Sand badger/hog hadger（long-nosed badger）*Arctonyx collaris* 猪獾/三花脸

Sand borer/silver stillage *Sillago sihama* 多鳞鱚/砂钻

Sand cutlass/Sand hairtail *Trichiurus savala* 沙带鱼

Sand hairtail/ Sand cutlass *Trichiurus savala* 沙带鱼

Sand lance *Ammodytes personatus* 玉筋鱼/面条鱼

Sand pear/Asian pear/Chinese pear *Pyrus pyrifolia*（Burm. f.）Nakai 沙梨

Sand Pine *Pinus clausa* 沙松

Sand rat *Gerbillinae* 沙鼠（亚科）

Sand rat/gerbil *Gerbillus gerbillus* 小沙鼠

sand rat/naked mole rat *Heterocephalus glaber* 裸鼠

Sand ryegrass *Leymus. arenarius*（Linnaeus）Hochstetter 欧洲滨麦

sandal 檀香木

sandal wood 檀香木

sandal wood fan 檀香扇

Sandal/Sandalwood/Sandaltree *Santalum album* 檀香/檀香树

Sandalwood *Sandalum* 檀香（属）

Sanderii Peperomia/Watermelon Peperomia *Peperomia sandersii* 西瓜皮椒草（西瓜皮豆瓣绿）

sandbank 沙洲

sandbar 河口沙洲，拦门沙
sandblast 喷砂；喷砂器（同 **sand blast**）
sandblasted concrete 喷砂混凝土
sandblasting 喷砂
sanded siding 砂子道床线路，铺放砂砾的线路〈禁止车辆通行的一种方法，将砂砾堆积在线路的长度上〉
Sandhill crane ***Grus canadensis*** 沙丘鹤
Sandlal Beadtree/Zumbic-Tree ***Adenanthera pavonina*** **L.** 海红豆（孔雀豆）
sandrock 砂岩
sands 沙，砂，滩，河滩
~，glacial 冰川砂
sandstone 砂岩
sandstorm 沙暴
sandy 多砂的，含砂的，砂质的；沙色的
~clay 砂（质）黏土，亚黏土
~clay loam 砂质黏土，砂质黏壤土，砂质黏土垆姆
~clay stratum 砂质黏土层，亚黏土层
~desert 沙漠
~land 沙田
~loam 亚砂土，砂质壤土，砂质垆姆
~loam soil 砂质壤土
~soil 砂（性）土
Sandy Windhairdaisy ***Saussurea arenaria*** 沙生风毛菊
Sanguine Begonia ***Begonia sangumea*** 牛耳海棠
Sanicle ***Sanicula europaea*** 变豆菜 / 木变豆菜
sanidine 透长石
sanidinite 透长岩
Sanin Kaikan National Park（**Japan**）山阴海岸国立公园（日本）
sanitary 卫生的；公共卫生的
~drainage 生活污水排放
~drinking fountain 卫生饮水喷泉；公共饮水台
~engineering 卫生工程（学）
~equipment 卫生设备
~fill 垃圾填埋（场）
~fixtures 卫生器具
~isolation distance 卫生防护距离
~landfill 垃圾填土
~protection zone 卫生防护带
~protective zone 卫生防护区
~provision 卫生设备
~science 环境卫生学
~sewage 污水，生活污水，家庭污水
~sewer 生活污水管道，污水管（沟），下水道
~sewer manhole 下水道检查井
~sewerage system 污水管网系统
~statistics 卫生统计
~survey 水污染调查，（环境）卫生调查
~waste 生活废物
~wastewater 生活废水
sanitaryware 卫生洁具
sanitation 环境卫生，卫生
~department（美）环境卫生部门，卫生部门
~statistics 卫生统计
Sans Souci, Potsdam/Palace（**Germany**）无忧宫（德国）
Sanskrit 梵文
Sant' Elia's Future City 桑·伊利亚未来城市

anta Rosa National Park（**Costa Rica**）圣罗莎国家公园（哥斯达黎加）

antolina ***Santolina chamaecyparissus*** 绵杉菊 / 薰衣草棉（英国斯塔福德郡苗圃）

ap 树液；（树皮下的）白木质；挖掘；逐渐毁坏；渐次侵蚀；除去树液

~shoot 白木质枝条，白木质茎干

~wood 边材，白木质，液材

apling 树苗，小树；年轻人

~-stage forest 幼树林

apodilla（西印度和中美洲所产的一种）大常青树；人心果

Sapodilla/Chico ***Manilkara zapota***（**L.**）**van Royen** 人心果

Sappan Wood Tree/Sappan Caesalpinia ***Caesalpinia sappan*** **L.** 苏木

Sapphire 蓝宝石

Sapphire Sweetleaf ***Symplocos paniculata***（**Thunb.**）**Miq.** 白檀

apric peat 黑泥炭，腐生植物泥炭

saprobe 污水生物 { 生 }

saprobic 腐生的

~level 腐生水平（程度）

~system 污水生物 [带] 系统

saprobien system 污水生物系统

sapropel 腐殖泥 { 地 }

saprophage 食腐动物；腐食；腐 [物寄] 生物

saprophytic 腐生的

saprovore 食腐动物

sapwood 同 **sap wood**

SAR（**Stitching Architecture Research**）拼接建筑研究（将住宅建造分为两部分——支撑体和可分体的设计理论和方法）

Saracenic architecture 阿拉伯回教建筑，穆斯林建筑

Saratoga National Historical Park 萨拉托加国家历史公园（美国）

Saratoga Springs 拉萨托加矿泉城（美国）

Sarawak Museum（**Malaysia**）沙捞越博物馆（马来西亚）

sarcophagus 石棺（复 sarcophagi）

Sardine ***Sardina pilchadus*** 沙丁鱼

Sargeant fish/Cobia ***Rachycentron canadum*** 军曹鱼

Sargent Barberry ***Berberis sargentiana*** 黑刺珠

Sargent Cherry ***Prunus sargentii*** **Rehd.** 大山樱

Sargent Cranberry Bush/Sargent Viburnum ***Viburnum sargentii Koehne*** 天目琼花（鸡树条荚迷）

Sargent juniper ***Sabina chinensis*** **var.** ***sargentii*** 偃柏 / 真柏

Sargent Magnolia ***Magnolia sargentiana*** **Rehd. et Wils.** 凹叶木兰

Sargent Spruce ***Picea brachytyla*** 麦吊云杉 / 米条云杉

Sargent Viburnum ***Viburnum sargentii*** 鸡树条荚蒾 / 天目琼花

Sargent-gloryvine ***Sargentodoxa cuneata***（**Oliv.**）**Rehd. et Wils.** 大血藤

Sarira/Buddhist relics 舍利

Sarira Dagoba in Qixia Temple(**Nanjing City**，**China**）栖霞寺舍利塔（中国南京市）

Sarus crane ***Grus antigone*** 赤颈鹤

Sasanqua ***Camellia sasanqua*** **Thunb.** 茶

梅（英国萨里郡苗圃）

sash 窗扇

Saskatoon Berries/Shadbush ***Amelanchier alnifolia*** 赤杨叶唐棣

Saskatoon Serviceberry ***Amelanchier alnifolia*** **'Obelisk'** '方尖塔' 桤叶唐棣（英国萨里郡苗圃）

Sassafra/Chinese Sassafra ***Sassafras tsumu*** 檫木 / 梓木

Sassafras/White Sassafra ***Sassafras albidum*** 洋擦木 / 茴香木 / 黄樟木（英国萨里郡苗圃）

Sassanian architecture 萨桑里式建筑

Sassenach 撒克逊人，英格兰人；撒克逊人的

Satan 撒旦（即"魔鬼"）

satellite 卫星{天}；附属社区，郊区，卫星区；随从；卫星的；附属的

~band（同 satellite cities and towns）卫星城镇

~-based positioning system（简写 SBPS）卫星定位系统

~city 卫星城市

~cloud picture 卫星云图

~communication 卫星通信

~communities 卫星城镇

~data analysis 卫星数据分析

~depot 卫星地面站

~earth station 卫星地面接收站

~geodetic network 卫星大地测量网

~ground station 人造卫星地面站

~image 卫星影像

~industries 卫星工业

~infrared picture 卫星红外云图

~photogrammetry 卫星摄影测量

~photograph 卫星相片

~photography 卫星摄影术

~positioning 卫星定位

~remote sensing 卫星遥感测量

~station 卫星站

~town 卫星城（卫星城镇）

~transmission 卫星传送

satin 缎子，缎纹

Satin Flower/Argentine Blueeyed Grass ***Sisyrinchium striatum*** 庭石菖

Satin Flower/Farewell-tospring/Godetia ***Godetia amoena*** – 古代稀 / 晚春锦 / 送春花

Satin Pothos/Silver Ivy Arum ***Scindapsus pictus*** **var.** ***argyraeus*** 银叶绿萝

saturate（使）饱和；浸透

~solution 饱和溶液

saturated 饱和的

~colo(u)r 饱和色

~humidity 饱和湿度

~moisture content 饱和含水量（全持水量）

~soil 饱和土

~steam 饱和蒸汽

~zone 饱和层（区）

saturation 饱和；浸透；（色度学的）章度{物}

~air temperature 饱和空气温度

~capacity 饱和量，饱和能力

~capacity of an area 区域饱和量

~coefficient 饱和系数

~curve 饱和曲线

~deficit 饱和差

~flow 饱和流量

~humidity ratio 饱和含湿量

~index 饱和指数
~level 饱和点
~line 饱和线
~soil 饱和土
~traffic flow 饱和交通量
~vapour pressure 饱和水气压
water~ 水饱和

Satyr tragopan ***Tragopan satyra*** 红胸角雉 / 哇哇鸡 / 角角鸡

saucer 盆，碟
planting~（美）种植盆，浇水盆

Saucer Magnolia ***Magnolia soulangeana*** **（Lindl.）Soul. –Bod.** 朱砂玉兰 / 二乔玉兰

Sauer Klee ***Oxalis adenophylla*** 腺叶酢浆草（英国斯塔福德郡苗圃）

Saum/Fast 斋戒

sauna 桑拿
~bathroom 桑拿浴室

Sausage Tree ***Kigelia africana*** **（Lam.）Benth./K.pinnata DC.** 吊瓜树 / 羽叶垂花树

savanna 热带草原；（美国南部的）大草原；稀树草原；萨瓦纳
~climate 热带草原气候
park~ 公园稀树草原（萨瓦纳群落）
scrub~ 灌丛稀树草原
flood~ 水淹稀树草原
grass~ 热带稀树草原
shrubland~ 灌丛稀树草原
tree~ 热带稀树草原林

savannah 热带草原；南美稀树草原（亦作：**savanna**）

Savin Juniper ***Sabina vulgalis*** **Ant.** 沙地柏 / 叉子圆柏 / 新疆圆柏

saving 节约；保存；储蓄；救助；节约的；保存的；救助的
~; cost 救助费
~s account（定期）存款

savings bank 储蓄银行

saw 锯；锯机；锯，锯开；用锯
~into pieces 锯开
~and round timber structures 方木和原木结构
~contraction joint 锯成缩缝
~flagstone 锯成石板
~timber 锯原木

Sawara Cypress ***Chamaecyparis pisifera*** 日本花柏 / 五彩松 / 花柏

Sawara Cypress ***Chamaecyparis pisifera*** **'Filifera Aurea'** 金线柏 / 撒瓦那扁柏 / 金叶日本花柏（英国斯塔福德郡苗圃）

Sawara Cypress Boulevard ***Chamaecyparis pisifera*** **'Boulevard'** 蓝湖柏 / 蓝色'波尔瓦'花柏 /'波尔瓦'日本花柏（英国斯塔福德郡苗圃）

Sawara False Cypress ***Chamaecyparis pisifera*** **'Filifera'** 线柏

Sawasa Cypress ***Chamaecyparis pisifera*** **（Sieb. et Zucc.）Endl.** 日本花柏

sawdust board 木屑板

sawed 锯开的
~finish of stone 锯成石面

sawflies 叶蜂类 [植物害虫]

sawmill 锯木厂

Sawtooth Oak ***Quercus acutissima*** 麻栎 / 橡树（美国田纳西州苗圃）

Saxifrage，Rockfoil ***Saxifraga stolonifera*** **Meerb.** 虎耳草

Saxifrage Saxifraga 虎耳草属（植物）

Saxon 撒克逊
~architecture 撒克逊式建筑
~style（英国的）撒克逊式
Sayram Lake（**Bole**，**China**）赛里木湖（中国新疆博乐市）
SBS（Sick Building Syndrome）建筑综合症
scab land 崎岖地
Scab of *Diospyros lotus* 君迁子黑星病（***Fusicladium kaki*** 柿黑星孢）
Scab of *Prunus* 碧桃黑星病（***Fusicladium carpophilum*** 嗜果枝孢菌 / 有性世代：***Venturia carpophilum*** 子囊菌门）
Scabiosa 'Butterfly Blue' *Scabiosa columbaria* 'Butterfly Blue' '蓝蝶' 鸽子蓝盆花（美国田纳西州苗圃）
Scabious（Pincushion Flower）*Scabiosa* 山萝卜属（植物）
Scabious/Pincushion Flower *Scabiosa* 蓝盆花（属）
scabland 劣地
Scabrous Aphananthe/tulip wood *Aphananthe aspera* 糙叶树
Scabrous Boulder Fern *Dennstaedtia scabra/D. scabra* 碗蕨
Scabrous Mosla *Mosla scabra* 石荠苎 / 痱子草 / 野土荆芥 / 假紫苏
Scabrous Patrinia *Patrinia scabra* 糙叶败酱
scaffold 脚手架，架子；搭脚手架，搭架
~branch 脚手架分叉
~branch，upright 直立脚手架分叉
~root 脚手架根
scaffolding 脚手架，搭脚手架；搭材作

scale 秤；（刻度）尺，比例尺，缩尺；尺度，规模；制度；锅垢；结垢；硬壳；鳞片；按比例缩小，用缩尺制图；约略估计；度量；去锈
~-down test 模拟试验
~drawing 缩尺图
~effect 尺度效应
~error 指标误差，比例误差
~expansion 比例扩张
~mark 刻度线
~model 比例尺模型
~of charges（英）酬金税率
~of economy 经济规模
~of fees（英）酬金税率
~of living 生活水平
~of pollution 污染指数，污染规模
~of reduction 缩小比例尺，缩尺
~of seismic intensity 地震强度计
~of topographic map 地形图比例尺
~of urbanization 城市化规模
~-paper 方格纸
~，vertical（垂直）缩尺
horizontal~ 长度比例尺
shown to~ 匀称的，成比例的
Scale insects 蚧虫类 [植物害虫]
scaling 脱皮；（路面）剥落状层；剥离；生锈
~bark 去树皮
~damage（树）脱皮害
Scalloped hammerhead *Sphyrna lewini* 路氏双髻鲨
Scaly lentinus *Lentinus lepideus* 豹皮香菇
Scaly yellow armillariella *Armillariella lutio-vireus* 黄绿蜜环菌

Scaly-leaved Nepal Juniper /Single-Seed Junipe ***Sabina squamata*** **（Buch.-Ham.）Ant.（J. squamata Buch.-Ham.）**高山柏

Scamozzi Ideal City 斯卡摩齐理想城市

scandent plant 攀缘植物

Scandinavian architecture 斯堪的纳维亚建筑

scanner 扫描仪，扫描设备

scanning 扫描（法）

scape 景观（后缀）

scarcity 缺乏，不足，稀少，罕见

~of labour 劳动力不足

~of natural resource 自然资源稀少

scare 惊动，惊走，惊飞；使害怕；受惊

scarifier 松土机

scarify 翻松，翻挖

scarifying 翻松（路面）

Scarlet Banana ***Musa coccinea*** 红芭蕉 / 指天蕉

Scarlet Basket Vine/Red-bugle ***Aeschynanthus pulchra*** 口红花 / 花蔓草

Scarlet Begonia ***Begonia coccinea*** 红花竹节秋海棠 / 竹节秋海棠 / 珊瑚秋海

Scarlet Blood Lily/Blood Lily ***Haemanthus coccineus*** 网球花 / 血莲

Scarlet Bottle-brush ***Callistemon citrinus*** **（Curtis）Stapf** 橙花红千层 / 橘香红千层（澳大利亚新南威尔士州苗圃）

Scarlet Bush/Fire-bush ***Hamelia patens*** **Jacq.** 希茉莉 / 长隔木

Scarlet Columnea ***Columnea glorisa*** 可伦花 / 金鱼花

Scarlet Ibis ***Eudocimus ruber*** 美洲红鹮 / 红鹮 / 红朱鹭（特立尼达国鸟）

Scarlet Kadsura ***Kadsura coccinea*** 冷饭团 / 过山龙藤 / 钻地风

Scarlet Kaffir Lily/Clivia ***Clivia miniata*** 君子兰 / 大花君子兰

Scarlet Kafir-lily ***Clivia nobilis*** **L.** 君子兰

Scarlet macaw ***Ara macao*** 绯红鹦鹉

Scarlet Oak ***Quercus coccinea*** **Muenchh.** 大红槲

Scarlet Rose-mallow ***Hibiscus coccineus*** **（Medic.）Walt.** 红秋瑾 / 槭葵

Scarlet runner bean ***Phaseolus coccineus*** 荷包豆 / 红花菜豆

Scarlet Sage ***Salvia splendens*** **Ker-Gawl.** 一串红

Scarlet Starglory ***Quamoclit coccinea*** **（L.）Moench** 圆叶茑萝

Scarlet Sterculin ***Sterculia lanceolata*** 假苹婆

Scarlet-flowered Gum ***Eucalyptus ficifolia*** 美丽桉树

scarp（悬）崖，陡坡

~slope 悬崖陡坡

scarred bark damage 有痕树皮伤害

scatter 撒布，铺撒；分散，扩散；散射{物}

~diagram 分布图

~of population 人口分散

~point 分布点

scattered 离散的，分散的

~agricultural holdings 分散的农业占有地

~allocation 分散布局

~distribution 分散布局

~feeding system 分散供电方式

~groups pattern 分散集团型城市形态

~pioneer species 分散的先锋物种

~planting 散植
~rubbish 岩屑，碎屑，碎片
~stone 散点石
scattering 散射
scattersite housing（美）零散住屋（计划）〈由政府资助的公共屋屯计划，使贫民区域或城市中心区的低收入居民迁往他处，分散于城市各点的住屋〉，分散住宅
scavenger 清道工；清除机，吹洗泵；清道夫；排除废气
schematic design 方案设计
schematic plan 平面方案，平面草图，平面示意图
schematic studies 草案研究
Schmia ***Schima superba*** **Gardn. et Champ.** 木荷
scenario 想定
scene 景物，景色，风景；布景
~analysis 景物分析
scenery 景，景观，风光，景色，风景（scene 是一部分景色，scenery 是全景）；布景
~，city（城市）景观
Scenery of Changdao（Long Island）（China）长岛风光（中国山东省烟台市）
~of humanities 人文景观
natural~ 自然风景
scenic 实景电影；风景的；布景的；景观
~area 风景区，风景胜地
~area sign 风景区标志
~beauty 风景优美
~beauty，area of outstanding 风景优美，优美风景区
~byways 风景道路
~district 风景区，景区
~easement 点（缀）景（色）建筑物
~forest 风景林
~heterogeneity 风景多样性
~highway 游览公路
~landscape 自然景观
~landscape，unique character of a 大地风景特性
~object 景物
~overlook（美）全景，景观；观景
~overlooks 景观，观景
~–overlooks intrusion 景观干扰
~–overlooks spot 风景区
~preservation 风景保护
~quality 景象；风景质量
~quality，perceived 感觉景象；感觉风景质量
~quality，preservation and management of 景观保护与管理
~railway 风景区铁路
~resource 风景资源
~river，wild and（美）风景河川，荒野河川与风景河川
~route 游览路线
~spot 名胜（地），风景胜地，风景区，景点
~spot of minority customs 民族风俗风景区
Scenic Spots of Wutai Mountain（China）五台山景点（中国）
~–tourist city 风景旅游城市
~–tourist town 风景旅游城市
~trail，national（美）国家游览路线
~value，assessment of 风景评价

~vantage point 景色眺望点
~zone 风景区，景区
~zone，landscape area 风景区
scenic and historic areas 风景名胜区
scenic and historic areas system 风景名胜区体系
scenic vista 夹景
scenicology 风景学
scenography 透视法，配景图法
Scented Solmon's Seal *Polygonatum odortum* 香黄精 / 棱角黄精
schedule 目录，一览表；时间表，进度表；预订计划；清单；编制时间表等；记入一览表等
~control 工程管理
~diagram 示意图
~drawing 工程图，工序图，示意图，略图
~of construction 施工进度表，建筑一览表
~of payment 付款清单
~of prices 价格清单
~of quantities 数量清单
~of Rates（英）单位价格表
~of requirements 要求一览表
~of supplementary information 补充资料表
~of tender items（英）投标项目目录
~speed 规定速度
~time 预定时间
~weight 额定重（量）
construction~ 建筑一览表，施工进度表
plant~（英）种植一览表
progress~ 进度表，进度时间表
scheduling of water and sediment 水沙调度
schematic 简要的，概略的，示意的；图表；简图，示意图
~design 方案设计
~design estimate 方案估算
~design phase（美）方案设计阶段
~diagram 简图，示意图
~drawing 示意图
~map 草图，概图
~plan 平面示意图，图解规划
~section 示意剖面
scheme 方案，规划；计划，图解，略图，图式；线路，电路；计划，策划
~comparison 方案比较
~design 设计草图
~designer（英）方案设计人（师）
~of execution 施工计划
~of haul 运土计划
~of thinking 构思方案
alternative~ 备用方案
approved~（英）审定方案，已批准的方案
back court planting~（英）内庭（后院）种植规划
basic~ 基本方案
bikeway~（英）自行车道规划
block~ 结构图，功能图
courtyard rehabilitation~ 庭院重建方案
design~ 设计方案
economical~ 竖向设计，高程示意图
evaluation~（英）评质图
improvement~ 改建规划
operation~ 经营计划，经营组织
preferred~ 优选方案，较佳方案
preliminary~ 初步规划

prospecting~ 探察计划
prototypical planting~（英）标准种植，实验性种植方案
standard design~ 标准设计方案
tentative~ 试验性方案
traffic management~ 交通管理方案
traffic restrainment~（英）交通管制计划

Schisandra *Schisandra chinensis* 五味子/木兰藤

schist 片岩

schloss 德国城堡；庄园房屋

Schneider zelkova *Zelkova schneideriana* 大叶榉/南榆

scholar 学者；学生
~-garden 文人园

scholars' garden 文人园林

Schonbrunn（Austria）绚波纶宫苑（奥地利）

Schonbrunn Castle（Austria）舍恩不龙宫（奥地利）

school 学校；学派
~age population 学龄人口
~architecture 学校建筑
~attendance 入学状况，入学
~attendance sphere 就学范围圈
~building 校舍，学校建筑
~child 学龄儿童
~crossing sign 学童过街标志
~district 教育行政区，学区
~enrollment 入学人数，入学注册（人数），在校人数
~garden（campus）书院园，学校园
~（-）ground planting 校区种植，校区绿化
~landscaping 校园风景（校景）设计，校园风景园林化
~of art 美术流派
~population 就学总人数，学生人口
~room 课堂
~sports fields 学校运动场
~town 学校城镇
~yard 校园
nursery~（美）托儿所，幼儿园

schools 学说

Schottky Oak *Cyclobalanopsis glaucoides* 滇青冈

Schrenk Mockorange *Philadelphus schrenkii* Rupr. 东北山梅花

Schrenk Spruce/Tianshan mountain Spruce *Picea schrenkiana* 天山云杉/雪鳞云杉

schwingmoor[EIRE] 不稳定泥炭层

science 科学
~and industry park 科学工业园
~building 科学馆，科学建筑
~city 科学城
~management 科学管理
~museum 科技馆
~of forestry 林学；林业政策学
~of human settlements 人居环境科学
~park 科学园区
Science Park on Highway 128，Boston 波士顿 128 号公路高技术园区
~-technology industrial park 科技工业园区
~town 科学城
advanced~ 尖端科学
applied~ 应用科学
behavio(u)ral~ 行为科学

bordering~ 边缘科学
boundary~ 边缘科学
cognitive~ 认识科学
contiguous branches of~ 相邻（的）科学分支
earth~ 地学
empirical~ 经验科学
environmental~ 环境科学
forest~ 林业科学
frontier~ 边缘科学，前沿科学
information~ 情报科学；情报学；信息学
life~(s) 生命科学（包括生物学，医学，心理学，人类学，社会学等）
management~ 管理科学 {管}
natural~ 自然科学
surveillant~ 监测学
system~ 系统科学
urban~ 城市科学

Sciences，University of Applied（英）应用科学大学，专门技术大学

scientific 科学（上）的
~and technical cooperation 科学技术协作
~and technical manpower 科技人员
~computer 科学用计算机
~developing area 科学开发区
~epitomization 科学总结
~experiment 科学实验
~instruments factory 科学仪器厂
~management 科学管理
~name 学名
~methodology 科学方法论
~purpose area[CDN] 科学特区
~payoffs 科研成果
~research achievements 科研成果
~reserve 科学储备，全自然保护区
~symposium 科学讨论会
~terminology 科学名词

scientist 科学家
~，land（英）土地科学家

Scimitar horned oryx/white orys *Oryx dammah* 白长角羚 / 弯角大羚羊

scion 子孙，后代或继承人
~bud，a bud 接芽，芽

sciomantic 扶乩（中国道教的一种占卜方法）

sciophile 适阴植物，喜阴植物

sciophillous 阴生叶的
~plant 阴地植物

scissor 剪，剪式
~crossing 剪式交叉，锐角交叉
~crossover 交叉渡线
~junction（英）斜向交叉，锐角交叉
~stairs 剪刀式楼梯

scissors 剪刀，剪子
~cross-over 立体斜交线路
~crossing 交叉渡线

Sclater's monal pheasant *Lophophorus sclateri* 白尾梢虹雉 / 雪鸡

sclerophyllous forest 硬叶林

sclerophyllous vegetation 硬叶植被

Sclerotium damage of *Dendranthema* 菊花白绢病（***Sclerotium rolfsii*** 齐整小核菌）

scoop 铲子
范围，领域，辖域，工作域；视界；余地；示波器
~of construction project 建设项目规模
~of construction work 建设工程规模

~of experimentation 试验范围
~of inquiry 调查范围
~of maintenance 养护范围
~of production 生产规模
~of professional services 专业服务范围
~of project 项目范围
~of statistics 统计域，统计范围，统计口径
~of survey 调查范围
~of work 工作范围

scoping study（英）影响研究

Scops owl ***Otus brucei*** 纵纹脚鸮

Scops owl ***Otus scops*** 红脚鸮

scorch 烧焦，燃烧；过早硫化{化}；[俚]（汽车等）高速疾驶
bark~ 树皮的日照
sun~ 日烧伤

score line 路面线纹

scoreboard 记分牌

scoria 火山（岩）渣，熔渣，矿渣

scoring 评分；得分；画线；刻痕
~of masonry 圬工画线，分格
~of turf（英）草皮画线
~test 刻痕硬度试验

Scorodite 臭葱石

Scotch Broom ***Cytisus scoparius*** **(L.)** ***Link*** 金雀花/金雀儿

scotch light（作道路标志用的）反射光

Scotch Pine ***Pinus sylvestris*** **L.** 欧洲赤松（英国萨里郡苗圃）

Scotch Pink/Cottage Pink/Garden Pink ***Dianthus plumarius*** 常夏石竹

Scotch Heather/Ling ***Calluna vulgaris*** 帚石南

Scots Pine：***Pinus sylvestris*** 苏格兰松，欧洲赤松

Scots Thistle ***Onopordum acanthium*** 大翅蓟/棉蓟

Scott connection 斯柯特联结

Scott Wood Fern ***Dryoperis scottii*** 无盖鳞毛蕨

scour 疏浚；洗净；冲刷，侵蚀；洗净

scrape 刮，削，擦，刮痕，擦痕；刮削，擦
~down 弄平
~dozer（铲运）推土机
~off 刮去，削去

scraper 铲运机；平土机

scrapyard 废料场

scratch coat 底层抹灰

scream boundary 流域界

scree 山麓碎石，岩屑堆
~formation 岩屑堆形成
~vegetation 岩屑堆植被
glacial~（英）冰川岩屑堆
tapered~ 渐缩型岩屑堆

screed（路面）整平板，夯样板；砂浆层（作为地面整饰或花砖垫层用）；用整平板压实整平，用样板刮平（找平）
~a laying course 整平铺筑层

screen 筛（子），格栅；粗眼筛（常指圆孔）；屏障，遮板；滤网；银幕；屏幕，屏蔽{物}；（调查的）流向线交织图{交}；筛（选）；遮蔽；屏蔽{物}；放映
~analysis 筛（分）析
~assembly 过滤器
~bar 筛子条；栅条{排}
~door 纱门

~effect of pile 桩的遮帘作用
~forest 屏蔽林
~line 交通越阻线〈交通调查时以地图上划出的河流、山脊等为线，调查穿越此线的交通点〉，交通调查线，屏栅线
~line survey 交通越阻线调查
~mound，acoustic（英）声波防护堤
~mound，noise（英）噪声防护堤
~pipe 过滤管
~planting 遮蔽栽植，障景
~planting belt 防护绿化带
~planting strip 屏障植树带
~ratio 遮挡率
~stone 屏石
~sunshade 挡板式遮阳
~unit 筛分装置
~wall（装饰性）屏蔽矮墙，花格墙，漏花墙，影壁，照壁
~wall，acoustic（英）声波防护墙
~window 纱窗
anti-dazzle~（英）防眩屏（即遮光栅）
antiglare~（美）反眩光屏
planting~ 防护林
sewage plant~（铁或木制的）栅栏，栅栏门
vegetation~ 植被遮蔽
visual wood~ 木栅
wooden~ 木栅
screened 过筛的，筛出的
~gravel 过筛砾石
~material 筛分材料
~vista 帷幕透景
screening 筛选，筛分；遮蔽；屏蔽{物}；[复]筛屑
~capacity 筛分能力，筛选能力（通常以每小时进料吨数计）
~facility，noise 防噪声设施
~plant 筛分设备；筛分工场，筛石厂
~with plants 植物屏蔽
dust~ 尘埃遮蔽物
visual~ 视力遮蔽物
screenings 筛屑
screw 螺旋，螺丝，螺钉，螺杆；旋紧螺钉，用螺钉拧紧
~compressor 螺杆式压缩机
~nipple 丝对
~rod（美）螺杆；丝杆
~spike 螺纹道钉
screwed plug；**plug** 丝堵；螺丝堵；螺塞
scribing 刻图
scribing coating 刻图膜
scripture/text 经
scripture hall 经堂
scroll 画轴，卷轴，卷轴画，纸卷，漩涡饰，螺旋饰，（罗可可式的）漩涡
~designed and mounted to be hung horizontally 横幅
~designed and mounted to be hung vertically 立轴，挂幅，直幅
~painting 轴画，卷幅画
scrub 灌木；擦洗，洗刷；涤气，洗气{化}
~community，woodland edge 灌木群落（森林边缘）
~community，woodland mantle 灌木群落（森林覆盖）
~savanna(h) 小灌木沼泽地
~-up 手术洗涤室
dune~ 沙丘灌木

hydrophilic~ 喜湿灌木
oak~（美）栎属灌木
spontaneous colonization by~ 灌木自然群集现象
wetland~ 湿地灌木

scrubland 灌木林

scud 飞云，雨云

sculpture 雕塑，雕像
~garden 雕塑公园
Sculpture of the Five Rams，Guangzhou 广州五羊雕像
~park 雕塑公园，雕塑园
~planning 雕塑规划
installation of a~ 安置雕塑

sculptured wall 雕塑墙

Scurfpea *Psoralea corylifolia* 补骨脂 / 黑故子

scuttle 天窗；煤斗
~roof（屋顶）天窗

scythe（大）镰刀；用镰刀

SD（space design）空间设计

SE Asian tiger/Corbett's tiger *Panthera tigris corbetti* 东南亚虎 / 印支虎

SE（system engineering）系统工程

sea 海（洋）；内海；海浪
~access 海道
Sea-Animal Hall 海兽馆
Sea-Animal Pool 海兽池
~bank 海岸，海堤
~beach 海滨，海滩
~berth；open sea terminal 开敞式码头
~board 海岸线，海滨，沿海地区
~breeze 海风
~cave 海蚀洞
~chart；nautical chart 海图
~cliff 海蚀崖
~coast 海岸
~-coast defence 海岸保护，海岸防御
~coast harbo(u)r 海岸港
~condition 海况，海情
~defenses（美）海防
~drome 水面飞机场
~dyke 海堤
~embankment 海堤
~front 城市临海地段，海滨人行道
~horizon 海平面
~level 海面，海平面
~level，elevation 海拔高度
~level，elevation above mean 海拔高度
~level height above mean 海拔高度
~-level pressure 海平面气压
~line 海岸线
~-marsh 海岸湿地
Sea of Clouds 云海
Sea Park 海洋公园
~port 海港
~promenade 海滨大道
~reclamation 海面填筑，填海扩地
~-scape 海景（画）
~-shore 海滨
~-side city 海滨城市
~stack 海蚀柱
~transport 海上运输
~transportation 海运
~wall 海堤，防波堤
~-water bath 海水浴场
~water encroachment 海水侵蚀（地）
~water intrusion 海水入侵
~-wave damage 浪害
dumping at~ 海上倾卸（卸料）

pollution of the~ 海污染

Sea bear/northern fur seal *Callorhinus manatus* 海狗 / 海熊

Sea Buckthorn/Sallow Thorn *Hippophae rhamnoides* L. 沙棘

Sea Cow/manatee *Trichechus manatus* 海牛

Sea Holly *Eryngium bourgatii* 地中海刺芹 / 保佳氏刺芹（英国斯塔福德郡苗圃）

Sea Holly/Sea Holm *Eryngium maritimum* 滨刺芹

Sea Lavender Statice/Suworow Sea Lavender *Limonium suworowii* 矶松 / 苏沃补血草

Sea Lettuce *Scaevola aericca* 草海桐

Sea Lettuce/Oyster Green/Sloke *Ulva lactuca* 海白菜

Sea Lily *Pancratium illyricum* 蜇蟹水仙

Sea otter *Enhydra lutris* 海獭 / 海龙

Sea Pink *Armeria maritima* 海石竹

seabeach 海滨

~park 海滨公园

~scenic spot 海滨风景区

seabook 海图

Sea buckthorn/Sand thorn *Hippophaerhamnoides* 沙棘 / 中国沙棘

seagrass *Zosteria marna* 大叶藻

seal 密封，封闭；封层；图章，印，海豹；密封，封闭；使不透水；盖印

~box 印盒

~character 篆书

~coat 封层

~cutting 篆刻〈中国印章镌刻，因古代印章多采用篆书入印而得名〉

~of State 国玺

~ring 印章戒指，图章戒指

~stone 印章石料

fungicidal~ 封闭杀菌剂

insecticidal~ 封闭杀虫剂

sealane 海路

sea-land breeze 海陆风

sealant 嵌缝膏，填缝料；密封剂；封面料

sealed window 密封窗

seal-engraving 刻图章

sealing；seal；water stop 止水；铺筑封层；封缝，填缝，嵌缝

~layer，clay（泥土）铺筑封层

~of soil surface 表土填缝

clay~ 泥土填缝

Sealing-wax Palm *Cyrtostachys renda* Bl. 大猩红椰 / 红柄椰

seals 封闭

seam 缝；（薄）层，矿层{地}；缝合；生裂缝，咬口

~biotope 缝（植）群落生境

~community 裂缝群落

~formation forest 森林缝形成

forest~ 森林缝

herbaceous~（英）草本植物缝

seaport 海港

search 查找

seasat 海洋卫星

seascape 海（上）景（观）

seashore 海岸

Seashore Iris *Iris spuria* 拟鸢尾

Seashore Sumac *Rhus chinensis* var. *roxburghii* 滨盐肤木 / 盐霜柏

seaside 海滨；海滨的

~hotel 海滨旅馆
~park 海滨公园
~promenade 海滨大道
~resort 海滨胜地，海滨浴场，海滨避暑地

season 季，季节；风干（指木材）；调味
breeding~ 育种季节
closed~（狩猎）封闭季节
growing~ 生长季节
hunting~ 狩猎季节
nonfishing~（美）禁捕鱼季节
nonhunting~（美）禁猎季节
open~ 开放季节
shooting~ 茎干发育季节

season's shoot 季苗；季枝

seasonal 季节（性）的
~agricultural labourer 季节性的农业劳动者
~appearance of plant 植物季相
~aspect 季相
~bedding 季节性种植
~change 季节性变化
~character 季节特征
~climatic conditions 季节性气候条件
~distribution 季节性分布
~effects 季节性效应
~factor 季节性因素
~flood 汛
~flower bed 季节性苗床；季节性花坛
~flowering plants 季节性开花植物
~fluctuation 季节性变化
~freezing layer 季节冻结层
~frost area 季节性冰冻地带
~frost region 季节性冰冻区
~frozen ground 季节性冻土
~frozen soil 季节性冻土
~garden 四季园，季节性园林
~industry 季节性工业
~influence 季节影响
~lake 季节性湖泊
~migration 季节性迁移
~movement 季节性流动
~nature 季节性
~phenomena 季相景观
~species composition 季节性物种组成
~stream 季节性河流，时令河
~thawed layer 季节融化层
~trade 季节性贸易，季节性行业
~traffic pattern 交通量季节变化图，季节交通模型
~variation 季节性变化
~weather 季节性天气
~weather patterns 季风气候类型
~wind 季节风 { 气 }
~worker 季节工

Seasonal Shad ***Macrura reevesii*** 鲥鱼

seasonally 季节性
~-flooded soil 季节性水淹土
~frozen ground 季节冻土，季节性冰冻地带
~run road 季节性通车路，晴通雨阻路

seasoned 风干的，晾干的
~timber 风干木材，晾干木
~wood 风干木材，晾干木

seasoning 风干，晾干；调味
~check [地质] 收缩裂缝
~of wood 木材晾干

seat 座；座圈；场所，位置；使坐；安置；固定
~bollard 护柱（装于行人安全岛顶端的）

~mile 客运（英）里程〈一个旅客一英里旅程为一个客运里程单位〉
~of commerce 商业中心
~rail 坐凳栏杆
~step 梯阶座位
free-standing~ 独立式座位，安置的长椅
garden~ 公园坐凳
planter~ 播种机座位
tree~ 树周长椅
wall~ 贴墙长椅
Seated Buddha 坐佛（像）
seating capacity 坐位量
seatwall 坐墙
~surrounded pool 池边坐墙
brick veneered~ 砖贴面坐墙
ceramic tile veneered~ 瓷砖贴面坐墙
granite veneered~ 花岗岩贴面坐墙
mortared stone~ 砌石坐墙
wood veneered~ 木贴面坐墙
seawater pollution 海水污染
second 第二，次等的，二级的，从属的
~-class road 二级道路，次要道路
Second Empire architecture（Germany）第二帝国建筑形式（德国）
~-growth（forest）（美）后生（林）
~house 别墅，周末休息的郊外住宅
~party 乙方
~stage oxidation treatment 二级氧化处理
Second Lemongrass ***Cymbopogon nardus*** 亚香茅
secondary（简写 sec.）副（线）圈；副手；第二的；二次的；次等的；副的；从属的；补充的；次生的{地}；仲的{化}
~air 补充空气
~air pollutant 次生大气污染物
~cause 次要原因
~circulating system 第二循环管系统
~consolidation 次固结
~consolidation settlement 次固结沉降
~consumer 二次消费者，二次用户
~damage 次生灾害
~education 中等教育
~emission 二次排放
~employment 第二级就业，附带就业
~energy 二次能源
~entrance 次要入口
~feature 副景
~forest 再生林，次生林
~gauging cross section 辅助水尺断面
~Gothic 第二期哥特建筑（放射式）
~highway 次要道路
~industry 第二产业〈指矿业、制造工业、建筑业〉
~lead 再生清沟
~levee 副堤，次堤
~lining 二次衬砌
~migration 次要性迁移
~occupation 兼职，第二职业
~plan 辅助规划
~pollutant 二次污染物
~pollution 二次污染
~production 加工工业，副业，副产品
~refrigerant；refrigerating medium 二次制冷剂
~return air 二次回风
~road 次要道路，次要干线，郊区次道
~rural road 郊区次要道路
~safety zone 二级安全区

~school building 中学建筑
~sector 二次产业，制造、加工业
~sector of economy（经济的）第二产业
~sedimentation tank 二次沉淀池
~sewage treatment 二级污水处理
~sludge 二沉污泥
~standard 二级标准
~street 次要街道
~treatment 二级处理
~structure 辅助结构
~trunk road（厂内）次干道
~wastewater treatment 污水二级处理
~water pollution 次生水污染

secondary shoot 二次枝〈当年在树木一次枝上抽生的枝条〉

Secret Fountain 隐头喷泉

secretary（简写 Sec.）书记，秘书；（协会等）干事；大臣（英），部长（美）
~general 秘书长
Secretary of State Approval（of a plan）（英）（美）（计划获得）部长（国务卿）的批准
~of State approved plan by（英）部长批准的计划
~of State，plan determined by（英）部长确定的计划

Secretarybird ***Sagittarius serpentarius*** 蛇鹫 / 秘书鸟 / 行军鹰 / 鹭鹰 / 食蛇鹫 / 蜿鹫 / 书记鸟 / 射手鸟（苏丹国鸟）

section 断面，截面，剖面；断面图，截面图；路段，工段；段；部分；区域；行政管理机构的基层单位
~construction 分段施工
~control 断面控制
~engineer 区段工程师
~locking 区段锁闭
~looked 区间闭塞
~modulus 截面模量（抵抗矩）
~of a community area（美）（法国某些市镇的）辖区；管辖区
~of alternating pit 分段跳槽
~of insufficient grade 非紧坡地段
~of sufficient grade 紧坡地段
~paper（英）方格纸
~post 分区所
~wire method 断面索法
chamber~（英）坑室截面图
chief of~ 工段长
connecting~ 连接部分
construction~ 工段
construction project~ 施工计划阶段
critical~ 临界断面，危截面
cross-~（横）断面；横截面；断面图
highway~ 路段
hillside~ 山坡断面
interpretation~ 注释条款
linear~ 线形截面图
longitudinal~ 纵断面，纵剖面；纵剖面图
play~ 游戏区
side-hill~ 山边断面
soil~ 土剖面，土纵断面
transverse~ 横断面（图）
working~ 工作断面，有效断面

sectional 分区的，分段的，段落的；部分的；地方性的
~acceptance 分段验收
~building 具有地方特色的房屋
~capacity 路段通行能力
~check block system 区间照查闭塞

~completion certificate 区段竣工证明
~drawing 剖面图，断面图
~elevation 截视立面图；立剖图
~makeup of national economy 国民经济部门结构
~plan 部分平面图；分区平面图，分断平面图
~plane 截面
~view 剖视图

sections，division of a project into 计划分段

sector 区段；部门；扇形
~，landscape 景观要素（部分）
~model 扇形模式
~of demand 需求部门
~of economy 经济部门
~of employment 就业部门
~of national economy 国民经济部门
~of production 生产部门
~planning 局部规划
~theory 扇形理论〈城市土地利用形态之一，即以中心商业区为核心，批发及轻工业区、高级住宅区按交通路线的放射状呈扇形分布〉
~weir 扇形堰

sectoral 部门的；分区的；扇形的
~economics 部门经济
~landscape planning（英）分区景观（风景园林）规划
~plan（英）分区计划
~planning（英）分区规划

sectorial economic geography 部门经济地理学

sectorization 功能分区
~of function 功能分区

Sectra 色克特拉式体系建筑〈一种法国首创建筑体系，预制房宽、层高钢模构件〉

secular architecture 非宗教性建筑

Secundspike Elsholtzia ***Elsholtzia blanda*** 四方蒿 / 沙虫药

secure 可靠的；确实的；稳固的，安全的；确有把握的；使安全，保障；担保，保证；获得

securing sods（美）稳固预植草皮
~turf（英）稳固草泥（草皮块）
underground~ 地下保障

securities market 证券市场

security 稳固，安全；保护；担保；担保品；[复]证券
~，bid（美）（投标）担保
~check 安全检查
~control 保安措施，安全技术
~door 防盗门
~level 安全水准
~monitoring 安全监视（测）
~protection 安全防护
~rectification 安全整改
~system 保安系统
public~ 公共安全

sedentary（指人）久坐的；定居的；固着的；原地的
~bird 稳居鸟
~deposit 原地堆积物
~population 定居一地的人口
~product 风化产物
~soil 原生土，原地土

sedge 芦苇；莎草；苔草
~fen 芦苇沼泽
~formation，tall（高）苔草形成（群系）

~mire 芦苇沼泽
~peat（芦苇沼泽或湿地边生长的）草状植物，泥炭
~swamp 木本沼泽
~swamp，large 大苔草沼泽
~swamp，low 矮苔草沼泽
~swamp，tall 高苔草沼泽

sediment 沉积；沉积物
~accumulation belt 沉积物累积带
~accumulation zone 沉积物累积区
~balance 沙量平衡
~basin（美）沉积盆地
~bucket（英）污泥筐，沉积物筐
~concentration 含沙量
~content ration at a point 测点含沙量
~delivery ratio 泥沙输移比
~deposition 沉积物处理
~discharge 泥沙流量，沉积（物）流量，输沙率
~forecasting 泥沙预报
~gauging network 泥沙站网
~group，graded（美）级配沉积物群
~load 泥沙荷载；沉积
~measurement 泥沙测验
~movement 泥沙运动
~removal 泥沙排除
~retention basin 泥沙沉积盆地
~runoff 输沙量
~settling 泥沙沉降
~station 泥沙站
~transport 泥沙输移
~transport capacity of flow 水流挟沙能力
~transport in river 河流泥沙运动
~trap efficiency of reservoir 水库拦沙效率

sedimentary 沉积；沉降
~basin 沉积盆地{地}
~deposits，loose 散粒沉积物
~rock 沉积岩，水成岩
~rock loose 松散沉积石

sediments 沉积物，常用于海湖环境

sedimentation 沉积，淤积，沉积(作用)；沉降；沉积学；沉积法
~analysis 沉淀分析（按斯托克定律分析颗粒大小）
~basin 沉积池，沉淀地
~delta 淤积三角洲
~lagoon 淤积浅湖
~pool（排水管道）沉积池，沉淀池
~tank 沉积池，沉淀池
~test 沉淀分析法，沉淀试验
~tube 沉降管

sedimentary sandstone 沙积石（砂）

sedum 景天属的植物

Sedum Angelina ***Angelina Stonecrop*** 岩景天'安吉丽娜'（美国田纳西州苗圃）

Sedum Blue Spruce ***Sedum reflexum*** 逆弁庆草/反曲景天（美国田纳西州苗圃）

Sedum Dragon's Blood Red ***Sedum spurium*** **'Dragon's Blood'** 龙血/小球玫瑰（美国田纳西州苗圃）

Sedum morganianum 玉米景天

seed 种子；晶子{化}；播种；结（成）子
~and fertilizer drill（沿路地带的）播种施肥机
~bank 种子库
~bank，soil 土壤种子库
~bearer [林业] 母树
~-bearing 结实种子

~bed 播种床；苗床
~dispersal 种子传播，播种
~drill 条播机
~exchange market 种子交易市场
~exchange trade 种子交易商业
~market（英）种子市场
~mat 种子麻袋
~maturation 种子成熟
~merchant 种子商人
~mix 混合种，杂种
~mixture 杂种，混合种
~pan 种子箱
~plot 苗圃
~potato（seed tuber）马铃薯种（种块）
~-propagated 推广种
~rain 种子雨，种子流（排出）
~ripening 种子成熟
~selection room 选种室
~shop 种子商店
~sowing（sowing）播种
~stalk，winter 冬季种柄
~stalks 种柄
~spraying（草种等）喷播
~stand 森林苗圃
~storage 种子库
~store 种子库
~surface 植草面；播种面
~tray 播种盘
broadcasting of~ 种子广种
impurity of~ 种子不纯
propagated from~ 种子推广
seed-bearing plants 种子植物
seeded 播种的，植草的
~area 植草区
~fallow 休植，休播
~slope 植草边坡
~strip（道路）植草带，绿带，绿化分隔带
~surface 植草面；播种面
seeder 播种机，播种者
~，broadcasting with a（美）用播种机广种
seedheads 种子穗
seeding 播种；植草
~lawn 播种草坪
~machine 播种机
~of conifers natural 松柏类植物自然播种
~of embankment 路堤植草
~of grass/lawn areas 草原 / 草坪区播种
~of lawn areas 草坪区种植
~of meadows 草地播种，草甸播种
~of stockpiled topsoil 成堆表土种植
~of topsoil heaps（英）表土堆种植
~of topsoil piles（美）表土堆种植
~of topsoil stores 表土堆种植
~techniques，laying of turfs and（英）草泥土铺筑和种植技术
~techniques，sod laying and（美）草泥铺筑种植技术
dry~ 干种植
grass~ 草种植
hydraulic~ 水力种植
lawn~ 草坪种植
seedling（**seedling plant**）幼苗（苗木）
~nursery 苗圃
~origin 苗源
forest tree~ 森松树木幼苗
seeds 种子
animal dispersal of~ 种子的动物散布
certifying of~ 种子检验

introduction of plants or~ 植物或种子的引进
pressing of~ 种子压榨，种子榨油

seedsman 种子商，播种者

seedtime 播种期
~document of a construction project 工程准备阶段文件

seek 找，寻求，探求；企图

seeker，recreation 游客，寻求休憩者

seep 渗出，漏出；水陆两用吉普
~water 渗透水

seepage 渗流，渗透，渗漏；油苗{地}
~area 渗漏区
~control facility 防渗设施
~deformation 渗透变形
~exit 渗流出口
~face 渗流面
~failure 渗透破坏
~flow 渗流
~force 渗流力
~groundwater bank 渗流地下水的堤岸
~layer 渗漏层
~loss 渗漏损失
~path 渗径
~pit 渗流坑
~spring 渗流泉
~water 渗流水，渗透水
~water，slope 坡渗流水
~well 渗水井
~zone 渗流区
effluent~ 污水渗漏
groundwater~ 地下水渗流
return~ 回水渗流

Seeping Fragrance Pavilion 沁芳亭

seesaw 秋千，跷跷板

segetal community 谷田生群落

segment 一部分，一片；部分；部门；段；断片；弓形；节{数}；扇形体；分割，分裂
~arc pattern（英）弓形拱模式
~area 部分面积
~discharge 部分流量
~of flight strip 航线段
~of leveling 水准测段
~of survey 测段
~of the economy 经济部门
altered construction~（美）蚀变建筑物部分

segmental arch 弧形券；弓形拱

segmentation 分裂；分节；分割；部分
~watercourse 水道分裂

segregate 分开，隔开；分离

segregated use 土地分区专用

segregation 分割，分离，离析，分凝
~ green belt 卫生防护带
~（of land uses）（土地使用）分隔
~ of traffic 交通（按车种、车速）分隔行驶
~ of water（混凝土或砂浆）泌水
~shelterbelt 卫生防护林带
~system 分流制

seism 地震
~–active（seism tectonic）fault 地震活动断层

seismic(al) 地震的，地震所引起的
~activity 地震活动
~appraiser 抗震鉴定
~area 地震区域
~belt 地震带
~center 地震中心

~centre（地）震源
~concept design of buildings 建筑物抗震概念设计
~country 地震区
~focus（地）震源
~fortification criterion 抗震设防标准
~fortification intensity 抗震设防烈度
~fortification measures 抗震措施
~intensity 地震烈度
~magnitude 地震震级
~origin 震源
~planning 城市抗震规划
~precursor 地震前兆
~program 地震探测计划
~prospecting 地震波探查，地震勘探
~regime 震情，地震范围
~region（地）震区
~sea wave 海啸
~survey 地震探测
~zone 地震带
seismicity 地震
seismism 地震现象
seismology 地震学
select 选择，挑选，选拔；挑选的，精选的
selected 选择的
~bidder（美）选择投标者
~bidding 选择招标（即邀请投标）
~elements of flood data 洪水水文要素摘录
~tenderer（英）选定的投标人
selection 选择，挑选；精选物
~and negotiation，direct（美）直接选择和协商
~forest 选择森林
~of port site 港址选择
~system 选择制
approval procedure for route~（英）路线选择的批准程序
final~（英）最终选择
site~ 场址选择；选址
transportation corridor~ 运输走廊的选择
transportation route~ 运输路线的选择
selective 有选择性的，选择的，挑选的；淘汰的
~absorption 选择吸收
~bidding（美）挑选的投标
~control system 选择控制系统
~herbicide 挑选的除草剂
~immigration policy 有选择性迁入的政策
~species 选择物种
~tendering（英）选择性投标
selectivity 选择，选择性
~coefficient 选择系数
~of migration 迁移的选择性
selector 选择器
self 自己，自身
~actualization 自我实现
~-calibration method 自检校法
~-cleaning 自净，自洁
~-cleansing capacity 自净能力
~-clinger（英）自黏；自缠
~-clinging climber 自缠攀植物
~-consciousness 自我意识
~-contained 完备的，设施独立的
~-contained cooling unit；cooling unit 冷风机组
~-contained dwelling 独户住宅
~-contained flat 设备齐全的居住单位

~-contained unit 独立门户，独立居住单位、公寓
~-employment 个体经营
~-heal 夏枯草属（植物）
~-help housing 自助（公建）住宅
~learning system 自学系统
~-maintained 自我维持的
~-organisation 自组织
~portrait 自画像，自雕像
~purification 自净作用，自净
~-purification ability 自净能力
~-purification，biological 生物自净能力
~-purification capacity 自净能力
~-purification of water 水的自净
~-purification of water bodies 水体自净
~-regulation 自动调整，自动调节
~-reporting system 自报式系统
~-retained land 自留地
~-rooted（美）自根（植物）
~-service shop 无人售货商店，自动售货商店
~vine（美）卷须攀缘植物（藤本植物）
~-waterproofing roof 构件自防水屋顶
~weight 自重
biological-cleansing~ 生物自净

Self Heal *Prunella vulgaris* 夏枯草

self-pollination 自花授粉

Selous Game Sanctuary（**Tanzania**）塞卢斯野生动物保护区（坦桑尼亚）

semi [词头] 半，部分，不完全
~-arid region 半干旱地区
~-arid zone 半干旱区
~-basement 半地下室
~-bungalow 附有阁楼的平房
~-circular drain 半圆形排水管
~（-）circular step 半圆形台阶
~（-）desert 半荒漠地
~-detached building 半独立式楼宇
~-detached dwelling 半独立式住宅，双连式住宅
~-detached house 半独立式住宅〈有一面墙公用〉，双连式住宅，并联式住宅
~（-）detached housing 半独立式住宅，并联式住宅
~-direct lighting 半直接照明
~-directional intersection 半定向交叉口
~-dome 半穹顶
~（-）dry grassland 半干草地
~-dry state 半干状态
~-dwarf fruit tree（美）半矮水果树
~-evergreen plant 半常绿植物
~-fire zone 半防火区，类防火区
~formal garden 半规则式园
~-Gothic arch 半哥特式拱
~-gravity type retaining wall 半重力式挡土墙
~-health stream 轻度污染河流
~-indirect lighting 半间接照明
~-liquid 半液体的
~（-）liquid manure 半液体肥料
~-liquid stage 半液体阶段
~-mall 半封闭步行街
~-mature trees，transplantation of 半成年树木，半成年树木的移植
~-natural 半天然（的），半自然的
~-permanent building 半永久建筑
~（-）productive cultivation 半高产耕作；半生产性耕作
~（-）public authority 半公共管理机构

~-public space 半公共空间，半公共场所
~-shade 半耐阴的，半适阴的
~-shaded location（美）半适阴位置
~-shaded location，plant in a（美）半适阴地植物
~(-) shaded position（英）半适阴位置
~(-) shaded position，plant in a（英）半耐荫植物
~-sloping wharf 半斜坡式码头
~-urban population 半城市人口
~-vertical-face wharf 半直立式码头
semiannual report 半年度报告
semicircular arch 半圆券
semidetached house 半独立式住宅
semidiurnal tide 半日潮
semifixed dune 半固定沙丘
semifluid 半液体
semilattice 半网络，半网络结构
seminal 种子的，生殖的；有发展性的
seminatural harbour 半天然港
semiotic 符号学
semiproduct 半成品
semiskilled worker 半熟练工人
semispherical dome 半球形穹顶
Necklace Cactus *Senecio rowleyanus* 项链掌
Senecio Sunshine *Brachyglottis Sunshine* 阳光千里光（英国斯塔福德郡苗圃）
Senegal Mahogany *Khaya senegalensis* (Desr.) A. Juss. 非洲楝 / 非洲桃花心木 / 塞楝
senescence 衰老，老化
senior 年长者，前辈；上级；最高年级生，大学四年级生（美）；年长的，前辈的；上级的；四年级的
~citizen center 年长公民中心
~citizen housing 老年人住房，敬老院〈一般为教育、宗教、慈善机构等的非营利事业〉
~engineer 高级工程师
~landscape architect in a public authority（英）公共机构高级风景园林师
~landscape architect in private practice 私营公司高级风景园林师
~middle school 高级中学
~staff 高级职员
~town planner 高级城市规划师
seniority 工龄，资历；前辈
Senno Campion *Lychnis senno* 剪秋萝 / 洛阳花
Sennoki/Septemlobate Kalopanax / Prickly Castor-oil Tree *Kalopanax septemlobus* 刺楸
sense 知觉，感觉
~of continuity 连续感
~of order 秩序感
~of place 场所感
sensible 敏感的；可感觉的；明显的
sensing 读出；传感
~device 传感器，感受器
~element 敏感元件
~，remote 遥感
~thresholds 感觉界限
sensitive 灵敏的，敏感的，易感应的；易感光的（如软片）
~area 敏感区
~design 敏感性设计
~material 感光材料
~to salt 对盐敏感的，感盐的

Sensitive Plant *Mimosa pudica* L. 含羞草 / 猴面花

sensitiveness 灵敏度

sensitivity 灵敏度（性）；敏感度（性）；感光性

~experiments 灵敏度实验

~level 响应级

~level，environmental（环境）响应级（敏感级）

environmental~ 环境敏感级

salt~ 盐敏感度

sensor 传感器

sensuous 感觉上的，给人美感的

sentimentalism 感情主义，沉于情感

sentimentality 多愁善感，感伤癖

sepal 萼片，花萼

separate 分离的，分开的；不相连的；独立的；分离，分隔；脱离；分类，区分

~contract maintenance 分包养护

~-contract project 分包工程，分包项目

~-contractor 分包人，分包单位

~crossing 立体交口

~facilities 分隔设施

~sewer 分流制污水管

~sewerage system 分流制排水系统

~sidings 分车线

~structure 高架桥，分隔结构

~system 分流系统，分流制

~traffic 分道交通

~water supply system 分区给水系统

separated 分流的，分离的

~drainage system 分流制排水系统

~scenery 分景

~-sewage system 分流制排水系统

~traffic lane 分向车道

~turning lane 分隔式转弯车道

separating 分流，分隔

~sewer 分流污水管

~strip 分隔带，分车带

separation 分离，分开，隔离，分隔；分类，区分；离析，析出{化}

~bridge 立交桥

~distance 防火间距

~levee 隔堤

~of hydrograph 流量过程线分割

~point 脱钩点

~strip 分隔带，分车带

~strip，traffic（交通）分隔带，分车带

~structure 分隔结构；跨线桥

~system 分流制

~wall 分隔墙

~zone，green 绿化分隔带

separator（道路）分隔带；分车设备；分离器，分选器，分隔器，离析器；分隔符

~，central reserve 中央分隔带

grease~ 滑脂分离器；除油池

oil~ 分油器，隔油器；隔离油箱设备

perforated drain pipe with~ 有分离器的多孔排水管

soil~ 土选分机

separate dwelling 多居寓所，属于妻方独有的寓所

Septemlobate Kalopanax/Prickly Castor-oil Tree/Sennoki *Kalopanax septemlobus* 刺楸

septic 腐败物；腐败（性）的

~conditions 腐化条件，化粪条件

~gas 腐化气体

~system（美）腐化系统
~system，wetland（美）湿地腐化系统
~tank 化粪池
~tank disposal system（美）化粪池处理系统

sepulchral 坟墓的，埋葬的，丧葬的
~architecture 坟墓建筑
~chapel 坟堂；骨灰堂
~effigy 墓像
~monument 墓碑
~mound 冢

sepulchre 坟墓，（穹窿形）墓穴

sequence 场面的展开；风景的连续；时序{交}；（在正常控制下的）相位次序；结果；连续；次序；序列{数}
~analysis 序列分析
~by form change 形体序列
~by textural change 质地序列
~by color change 色彩序列
~in time 时间序列
~list 序列表
~of development 开发顺序
~of number 数列
~of operations 运筹序列

sequent 结果，相继发生的事；相继式{数}；结果的，连续的，继续的，相随的

sequential analysis 序列分析

Sequin Chinkapin ***Castanea sequinii*** 茅栗

Sequoia and Kings Canyon National Park 红杉和金斯峡谷国家公园（美国）

Sera Monastery（**Lhasa**，**China**）色拉寺（中国拉萨市）

seraglio（土耳其的）宫殿；（伊斯兰的）闺房

serial 演替列系的
~（plant）community（植物）演替系列群落
~community 演替系列群落

Serbian architecture 塞尔维亚建筑（拜占庭建筑）

Serbian Bellflower ***Campanula poscharskyana*** 垂吊风铃草（英国斯塔福德郡苗圃）

Serbian Spruce ***Picea omorika*** 塞尔维亚云杉（英国萨里郡苗圃）

sere 干枯的，枯萎的

serene 平静的，宁静的

Serengeti National Park（**Tanzania**）塞伦格蒂国家公园（坦桑尼亚）

serial migration 分期迁移

Sericeous Newlitse ***Neolitsea sericea*** 新木姜子 / 舟山新木姜子 / 五爪楠

Sericinus butterfly ***Sericinus telamon*** 丝带凤蝶 / 细尾凤蝶

series 连贯，连续；系列，组，序；级数{数}；串联{物}；统，系{地}；丛刊，丛书；第……辑；串行{计}；批，套，串；成批的；串联的；串行的
~extension 系列延长
~interpolation 系列插补
~observation in place 定点连续观测
~planting 列植，成排种植
~production 成批生产，批量生产
~representativeness 系列代表性
~section 串联段
~，soil（美）小堆土
~track circuit 串联式轨道电路

~with non-successive order 不连序系列

serious 严重的；认真的；严肃的

~defect 严重缺陷

~intrusion 严重侵入

Serissa/June Snow/Snow-in-summer ***Serissa foetida*** 六月雪 / 满天星

Serow ***Capricornis sumatraensis*** 鬣羚 / 苏门羚

serpentine 蜿蜒的

~plate 蛇纹石板

Serrate Protium ***Protium serratum*** 马蹄果

Serrateleaf Pearl-bush ***Exochorda serratifolia*** **S.** ***Moore*** 齿叶白鹃梅

Serval ***Felis serval*** 薮猫

served area 服务对象范围,（设施服务）吸引范围

service 服务，服役；工作；职务，业务，公务，事务；供给（煤气、自来水等）；运行，使用，操作；维修，检修，保养；设备，辅助装置；机关，部门；服务公司；工作期限，寿命；作用，帮助，机能，贡献；服务性的，辅助性的，备用的

~ability 适用性

~ability limit state for fatigue 疲劳正常使用极限状态

~ability limit states 正常使用极限状态

~area 服务区域；有效范围；插区；供应区；服务性设施用地，辅助面积；服务圈，服务范围

~area with all facilities 拥有全套设施的服务区

~area with partial facilities 拥有部分设施的服务区

~bridge 辅助桥，临时桥

~building for port 港口辅助生活建筑物

~capacity 服务容量

~carriageway 服务性道路，辅助道路，便道

~center 服务中心，服务区

~charge（简写 SC）劳务费用,服务费，手续费

~charge，storm drainage（美）暴雨排除费用，雨水排除费

~connection 接户管（连接市政管道与用户的连管）

~connection charge（英）接户管费

~counter 服务台

~distance 吸引距离，服务距离〈日常利用某些设施的人的住地和设施的距离〉

~elevator 服务电梯

~establishment 服务性企业

~facilities 生活服务设施

~facilities，social 社会生活服务性设施

~facility 服务设施 { 管 }

~flats（英）提供服务的公寓

~floor area 辅助面积

~industry labour force 服务性劳动力

~level 服务水平，工作水平

~life 使用年限

~load 营运荷载，使用荷载

~period 自然采光时间〈对于日照系统提供的规定照明水平的每天小时数；通常用一个月的平均值表示〉

~pipe 给水管

~pipe；inlet pipe 引入管

~population 服务人口

~radius 服务半径，（设施服务）吸引

半径
~radius of green space 绿地服务半径
~regulation 操作规程
~reserve 公用服务专用范围
~road 服务性道路，辅助道路，副路，便道；沿街面道路
~roadway 辅助道路，便道
~sign 服务设施标志
~sector 服务行业
~speed 营运速度
~station 加油站，服务站，修理站
~street 服务性街道，辅助街道
~trade 服务性行业
~volume 营运交通量，可行交通量
~worker 服务人员
public~ 公共服务业
ervice Tree/True Service tree *Sorbus domestica* 欧亚花楸（英国萨里郡苗圃）
erviceability index 使用系数
erviced land 已备有基础设施的用地
ervices（英）服务；业务；服务费用；服务性工作，服务性劳动；路边服务，路边服务站；商业性服务机构；（公共事业的）公共设施；装置；设备；部门；公职；公职人员
~and materials by owner 业主提供的服务和物品
~included，all additional 全部附加服务费用
~network 服务网
~or supplies 服务与供应
public utility~ 公用服务
additional~ 附加服务
additional planning~（英）附加规划服务
additional professional~ 附加专业服务
basic professional~ 基础专业服务
construction management~（英）建筑物管理服务部门
description of professional~ 专业服务说明书
designated~（美）设计服务部门
extent of planning~ 规划服务范围
list of professional~ 专业服务一览表
planning~ 规划服务
provision of~ 服务保障
scope of professional~ 专业服务范围
site management~（英）工地管理服务
special professional~ 特种专业服务
supplemental professional~ 补加专业服务
servicing 整备，检修，维修，服务
~population 服务人口
~position 整备台位
serving center 加油站，服务中心
serving depot 加油站，服务寄存处
Sesame/Bene/Til *Sesamum indicum* 芝麻
Sesellike Libanotis *Libanotis seseloides* 香芹
Sessileflower Acanthopanax *Eleutherococcus sessiliflorus*（Rupr. et Maxim.）S. Y. Hu/ Acantho 无梗五加
Sessilfruit Chinarue *Boenninghausenia sessilicarpa* 石椒草 / 臭草
set 一套、一组、副；变余；残留变形；（桩工）贯入度；触发器，置位，系统，装置，调整｛计｝；装好的；固定的；预定的；规定的；放，安置，安装，树立；决定；固定；凝固，凝结；安排；着手；下沉；嵌，镶；校准（钟表）；集（合），配套

~apart（美）孤立的；绝缘的；偏僻的
~back 退红线
~-back（美）红线后退进去的
~-back requirements，minimum（英）红线后退最低要求
~-down；fall 减水
~point 给定值
~-up 增水；装置；构造

setback 后退，收进，退进
~building 由红线后退的房屋
~building line 后退建筑线，建筑收进线
~distance of outer wall 外墙退后距离
~line 后退建筑线，建筑收进线
~line，front（美）（正面）后退建筑线
~plane（美）规定距离
~，planning 规划后退
street tree~ 街树后退，行道树后退

Setcreasea purpurea 紫竹梅

Setcreasea striata ***Callisia elegans*** 斑纹鸭跖草

Setonaikai National Park（**Japan**）濑户内海国立公园（日本）

sett 小方石，拳石（铺路用），石块
~paved road 石块路
~paving 石块铺砌；石块路面
paving，mosaic~（英）石块铺砌（镶嵌）
paving，random~（英）石块不规则铺砌
paving，small~（英）（小）石块铺砌
paving，timber~（英）（木料）石块铺砌
paving，wood~（英）（木料）石块铺砌
concrete~（英）混凝土拳石
large-sized granite~（英）大号花岗石石块
large-sized paving~（英）大号铺砌石块
mosaic paving~（英）镶嵌铺砌石块
natural stone~（英）天然石石块
paving~（英）铺砌石块
random~（美）乱石块
small paving~（英）小号铺砌石块

setting 安置，安装，装置；决定；凝固，凝结；下沉；镶嵌；镶嵌物；机位（机械部件等的工作位置）；环境背景，（公园等的）风景布置；定线放线，放样；测设
~apart of trees（美）树木分隔
~bed（美）整层，底层
~bed，mortar（美）砂浆垫层
~bed，sand（美）沙凝结垫层
~horizontal point of portal 洞口投点
~course 结合层
~detail 定线详图
~in pots 盆中定植
~of ground 地基沉降
~orientation element 安置定向元素
~out 公路定线，放样
~out area 憩息处，测定区
~out；construction layout 施工放样
~out of building centre lines 建筑轴线测设
~out of curve 曲线测量
~out of footing foundation peripheral points 填筑轮廓点测量
~out of route 放线
~out using the perpendicular coordinate；offset method 直角坐标法放点
~plan（英）安装计划
urban~ 城市环境（背景）

setting root water 定根水

settled 沉积的

~area 沉积区
~sludge 沉积（的）淤泥
~soil 沉积土
~soil material 沉积土料
~solution 澄清溶液
ttlement 沉降；沉陷，沉积；沉积物；沉淀；决定，确定；解决；付清，结算；殖民（地）；租界；居留地；新建区，住宅区，居民点；住所；聚落墟；集居（地），居住（地），定居（地）村落，聚居地，小住宅区（棚屋区）
~area 居民区，住宅区
~calculation depth 沉降计算深度
~curve 沉降曲线
~density 人口密度，居民居住密度
~effects chart 相邻影响曲线图
~function 沉降作用
~geography 聚落地理学
~house 社区中心建筑；公社中心〈为区中居民进行文娱、文化、社交、教育用的房屋〉
~joint 沉降缝
~near city gate 关厢
~observation point 沉降观测点
~pattern 聚落形态，聚落类型
~planning 村落规划，居住地规划，居住区规划
~pressure（英）城市化压力
~site（美）建筑工地，建筑地
~work 小型邻里区福利事业
~zone 沉淀区
~zone，rural（英）农村居住区
dispersed~（英）散居区
dust~ 尘埃沉降
ground~ 地面沉陷，地面塌陷
retirement~（美）小型老年人住宅区
sparse~ 稀疏居民区
squatter~（美）擅自占地居民住宅
settler 移民
settling 安放，安顿；移民，殖民；变紧；沉降；沉淀；决定；解决；和解
~basin 沉降盆地
~diameter 沉降粒径
~solids 沉降颗粒
~pond 沉淀池
~tank 沉淀池
~tube meter 粒径计
~tube method 粒径计法
~vat 沉淀池
~velocity 沉降速度
settlings 沉淀物；沉渣，渣滓
setts 小方石，拳石（筑路用）
setts on mortar，lay（英）砂浆上铺筑拳石
~on sand，lay（英）沙上铺筑小方石
~paving，grass（英）（草地）小方石铺面
Sevan Lake（**Armenia**）塞凡湖（亚美尼亚）
seven 七，七个
Seven-Star Cave（China）七星岩（中国）
Seven-Star Rocks Scenic Area，Zhaoqing（China）肇庆七星岩风景区（中国广东省肇庆市）
Seven Star Stones（China）七星石（中国）
Seven Sisters Rose ***Rosa multiflara*** **Thuna. var.** ***platyphylla*** **（Thory）Rehd.** 七姊妹 / 十姐妹
Seven Sons plant ***Heptacodium miconioides*** 七子花（英国萨里郡苗圃）

Sevenlobe Primrose *Primula septemloba* 七指报春 / 七裂报春

Seventeen-Arch Bridge（Beijing，China）十七孔桥（中国北京市）

Sevenstar Lotus/Climbing Violet *Viola diffusa* 七星莲 / 蔓茎堇菜 / 地白草

Seven- thread anchovy *Coilia grayii* 七丝鲚 / 凤尾鱼

several times per annum，meadow cut（英）每年草地割草时间

severe 严格的，严厉的；激烈的；艰难的（指工作）

~climate 严寒气候

~cold 严寒 {气}

~conditions 苛刻条件

~contamination 严重污染

~crown pruning（美）大修剪树冠

~cyclic condition 剧烈循环条件

~frost 严霜 {气}

~habitat 严寒生境

~pruning 大修剪

~service 繁重的业务，艰难的工作

~style 简洁式样，紧凑的风格

~tropic storm 强热带风暴

~winter 严冬

Seville *Citrus aurantium* 酸橙

Seville Orange/Daidai Plant *Citrus aurantium* var. *amara* 代代花（玳玳）

sewage 污水，污物；下水道

~analysis 污水分析

~characteristic 污水特性

~chlorination 污水加氯消毒

~composition 污水成分

~conduit 污水管道，污水总管

~discharge 排污量

~discharge pipe 排污管

~discharge standard 污水排放标准

~disposal 污水处理，污水排除

~disposal field 污物处理场

~disposal pipe（英）污水处理管

~disposal plant 污水处理厂

~disposal system 污水处理系统

~disposal system，individual（美）特殊污水处理系统

~disposal works 污水处理厂

~farm 污水灌溉田，灌溉田

~farming of land treatment 污水灌溉法

~filter 污水滤池

~filtering 污水过滤

~flow 污水流量

~fly 生物滤池灰蝇

~-farm 污水处理场

~fungus 污水真菌

~grit chamber 污水沉砂池

~irrigation 污水灌溉

~line 下水管道

~load 污水负荷量

~per capita per day 每人每日污水量

~pipe 污水管

~plant 污水处理厂

~plant screen 污水处理厂护栏

~pollution 污水污染

~pump 污水泵

~pumping plant 污水泵站

~pumping station 污水泵站

~purification 污水净化

~purification plant 污水处理厂

~quantity 污水量

~reclamation 污水回用

~sludge 下水道污泥，污水（中的）污泥

~sludge digestion 污水（中的）污泥（污水处理利用厌氧细菌的）菌致分解
~sludge disposal 污水污泥处置
~sludge drying bed 污水污泥干燥床
~system 污水系统，排水系统
~tank 污水池
~treatment 污水处理
~treatment plant 污水处理厂
~treatment system 污水处理系统
~treatment works 污水处理厂
~water 污水
~works 污水工程
~utilization act 污水利用条例
domestic~ 家庭污水
foul~（英）违法污水
industrial~ 工业污水
outfall of~ 污水排泄口
purified~ 净化污水
raw~ 原污水，未经处理污水
sanitary~ 环境卫生污水
storm water~（暴）雨水污水
untreated~ 未处理的污水

sewer 污水管（沟），下水道，排水管，裁缝
~capacity 下水管道排水能力
~catch basin 沉泥井
~district 下水道区
~gas 污水管（沼）气
~line 污水管道，污水管线
~lines（美）下水道管线
~pipe 污水管，排水管
~system，combined 综合污水管道系统
~tank 化粪池，污水（沉淀）池
~treatment 污水处理
~treatment basin 污水处理槽
~treatment basin，biochemical 生化污水处理槽
~treatment plant 污水处理厂
~treatment plant，miniature（英）小型污水处理厂
~treatment plant，private（英）私人污水处理厂
~treatment structure 污水处理结构物
~tunnel 污水管隧道，污水管沟
~ventilation 管道通风
~volume 污水管（沟）容量
~water 污水
~works 污水厂
collector~ 综合污水管道
combined~ 综合污水管
rain-water~（英）雨水下水道
trunk~（美）污水干管

sewerage 污水，污物，污水处理，污物处理；下水道工程，污水系统
~and sewage treatment 排水工程
~district 下水道区
~filter 污水过滤池
~lagoon 污水池
~system 排水系统，沟渠系统，污水工程，污水工程系统
~system，separate 独立式污水处理系统
~treatment 污水处理
~treatment plant 污水处理场，下水道系统

sewered area 下水道设施地区

sewerline 污水管道

sewing machine plant 缝纫机厂

sex 性，性别；男人，女人
~-age-specific death rate 分性别年龄死亡率

~-age structure 性别年龄构成
~composition 性别构成
~ratio 性比例，性别比
~ratio at birth 出生时婴儿性别比，出生时性比例
~structure 性别结构

Sezession 赛泽逊〈奥地利新艺术的变异〉

shack area 棚户区

shacks 棚户

shade（遮）罩；阴影；色调；庇荫，翳盖
~and shadow 光影
~bearer 阴性树，耐阴结果实（或开花）植物
~-enduring plant 阴性树，耐阴树
~-enduring plants 耐阴植物
~-enduring tree 阴性树，耐阴树，庭荫树
~grass 耐阴（青）草（或禾本科植物）
~-life plant 阴性植物
~line 遮线，阴影线
~-loving 喜阴的
~plant 阴性植物，喜阴植物，耐阴植物
~planting 绿荫栽植
~-shed 凉棚
~-tolerant 耐阴的
~tolerant grass 耐阴（青）草（或禾本科植物）
~tolerant lawn 耐阴草地（草坪，草场）
~tolerant perennial 耐阴多年生植物
~tolerant planting 耐阴人工林，耐阴苗圃
~-tolerant tree 阴性树，耐阴
~tolerant woody plant 耐阴木本植物
~tree 庭荫树，浓荫树，行道树
~tree section 绿荫区
part~（美）部分耐阴
partial~（美）部分（局部的）耐阴
plant for~ 耐阴植物，浓荫植物
planting for~（英）耐阴人工林；耐阴苗圃
woody plant for~ 耐阴木本植物

shaded 遮阳的，为……挡光
~effects 遮阳效果，阴影色调效果
~walk 遮阳步行道

shadescreen 遮阳屏（幕，帘，隔板）

shading 覆盖层，阴影
~coefficient 遮阳系数
tree canopy~ 树冠阴影

shadow（荫）影，阴影，影子，影像；（电波传播的）静区｛电｝；投影；遮蔽；保护
~area criteria 计算阴影面积
~line 阴影边界
~pattern analysis 阴影模式分析
~wall 影壁，照壁

shady 成荫的；朦胧的，多影的；背阳的；荫凉的
~location 背阴位置
~site 阴影区
~slope 背阴山坡

shaft 竖井，导井，竖坑；轴，杆状物
~connection survey 竖井联系测量
~cover slab 竖井盖板
~enclosure 竖井封闭
~lid 竖井盖
~space 空间甬道
basement air~（美）地下室通风竖井
drain（age）inspection~（英）排水检查竖井

earth-covered drain（age）inspection~（英）泥土覆盖排水检查竖井

hag 粗毛，长绒（呢）；蓬乱的一丛（簇）；杂乱，粗糙；追赶

haggy Hydrangea *Hydrangea bretschneideri* Dipp. 东陵八仙花 / 东陵绣球 / 华北八仙花

haggy Mane/Shaggy Ink cap *Caprinus comatus* 鸡腿蘑 / 毛头鬼伞

hagspine Peashrub *Caragana jubata*（Pall.）Poir. 鬼箭锦鸡儿

hake-cabin 棚屋

hakhi-Zinda Mansoleum（Uzbekistan） 沙赫静达陵墓（乌兹别克斯坦）

haking test（土的）振荡试验，摇动试验

hale（油）页岩

red~ 红页岩

halimar Gardens（Pakistan） 夏利玛花园（巴基斯坦）

hallow 浅水（处），浅滩；浅的

~bog 浅滩泥沼地

~cooling pond 浅水型冷却池

~draft water way 浅水航道

~fringe of a water body 贮水池（或水体）浅水处界限

~marine environment（浅海环境）

~reach 浅水河段

~-rooted plant（美）浅根植物

~rooting plant 浅根植物

~soil 浅层土

~soil roof planting（美）浅层土屋顶种植

~water 浅水

~water area 浅水区

~water wave 浅水波

~well 浅井

Shallot/Scallion *Allium ascalonicum* 火葱 / 胡葱 / 香葱 / 青葱 / 蒜头葱 / 亚实基隆葱

shallows 浅滩，浅水处

Sham Wampee *Clausena excavata* 假黄皮 / 番仔香草 / 山黄皮

Shan Yuan（namely，"mountain garden"） 山园

shadow puppets 皮影戏

Shanghai style bonsai 海派盆景

Shanglin Imperial Garden（China），Shang-Lin Yuan 上林苑（中国秦汉时期建筑宫苑）

Shangri-la（Yunnan，China） 香格里拉（中国云南省）

Shangsi Fissistigma *Fissistigma shantzeense* 上思瓜馥木 / 藤蕉

Shaniodendron *subaequalum* 银缕梅

shanty 简易小屋

~town 棚户区

~town renewal 棚户区改造

shantyboat 水上棚屋

Shaolin Temple，Dengfeng（Dengfeng，China） 登封少林寺（中国河南省登封市）

shape 形状，形象；模型；类型；具体化；成形，定形；整形；定出标准横断面；使具体化

~，crown 树顶（冠）；山顶

~factor 建筑物体型系数

espalier~ 树篱类型；羽翼状树冠整形

flag cut to~ 石板切削成形

lot~ 许多类型

plot~ 基址定形

shaping（=regulating）（对路床或路面的）整形，成型，整平；做出横断面（形状）

~the ground（美）整平地面

ground~（美）地面整平

land~ 地面整平

share 共负；分享

~certificate stock 股票

~-taxi 几个人共租出租汽车

shared 共用的；合住的；共享的

~lane capacity 共用车道通行能力

~occupancy 合住

~space 共享空间

Shark sucker/Slender sucker fish ***Echeneis naucrates*** 䲟鱼 / 吸盘鱼

sharp 尖锐的，锐利的，成尖锐角度的；敏锐的，机警的；剧烈的，急的；明确的

~bend 急转弯

~curve in the road 道路的急转弯

~-pointed 尖锐的

~pointed ridge 尖屋脊

~turn 急转弯，急弯（交通标志）

Sharp Leaf Mangrove/Mangrove ***Rhizophora apiculata*** 红树

Sharpleaf Galangal ***Alpinia oxyphylla*** 益智 / 摘芋子

Sharpleaf Gambirplant ***Uncaria rhynchophylla*** 钩藤

Sharpleaf Lingusticum ***Ligusticum acuminatum*** 尖叶藁本 / 水藁本

Sharp-leaf Oak ***Quercus oxyphylla*** 尖叶栎

Sharplobed Daphne ***Daphne acutiloba*** 尖瓣瑞香

Sharptooth Buckthorn ***Rhamnus arguta*** **Maxim.** 锐齿鼠李

Sharptooth Oak ***Quercus aliena*** **var.** ***acuteserrata*** 锐齿槲栎 / 光齿槲栎

Shasta Daisy Becky ***Leucanthemum* × *superbum*** **'Becky'** 大滨菊 '贝基'（美国田纳西州苗圃）

shaving board 刨花板

Shaving Brush Tree ***Pachira aquatica*** **Aubl.** 水瓜栗

shear 剪切，剪（切）力；[复] 大剪刀剪断机，剪床；剪，切，割；修剪；消减

~capacity 受剪承载力

~force 剪力

~strain；tangential strain 剪应变

~strength 抗剪强度，剪切强度

~stress；tangential stress 剪应力

~wall structure 剪力墙（结构墙）结构

Shearer Phoebe ***Phoebe sheareri*** 紫楠

Shearer's Pyrrosia ***Pyrrosia sheareri*** 庐山石韦

shearing 剪切，修剪

~of hedges（美）（矮）树篱修剪

~resistance 抗剪（阻）力

Sheath Hemlock Parsley ***Conioselinum vaginatum*** 鞘山芎 / 新疆藁本

sheathing 排版挡土，挡土构筑物；望板

shed 棚，小屋，车库，分水岭

~on city wall 窝铺

shedding 分离；脱落；蜕落；脱（蜕）落物

~of leaves 落叶

~of leaves，premature 树叶早落

sheep 羊；绵羊；野羊；羊皮

~farming（英）羊养殖业

~-foot roller 羊足压路机，羊足路碾
~keeping 羊饲养
~pasture 羊牧放；羊吃草
~raising 育羊
heep（***Ovis aries***）羊（族）
heep/domestic sheep *Ovis aries* 绵羊
heepear Inula *Inula cappa* 羊耳菊 / 白牛胆 / 绵毛旋复花 / 毛柴胡 / 大力王
heep-roller 羊足压路机（羊足碾）
heer 全然的，绝对的，彻底的
heet 片，张；层；薄板，广阔扁平的薄片物；表，图表，植物标本卡，地图；岩席，岩床，岩基；扩展，展开，铺设
~-asphalt pavement 地沥青片路面，砂质沥青路面
~erosion 全表面侵蚀；片蚀
~flood 洪流，漫流，表流，片流，层流
~flow 片流，片层流动；坡面径流
~glass 平板玻璃
~metal 金属板，金属皮，金属片
~of roof panels，waterproofing（美）防水屋面；嵌板层
~of water 水槽
~pile 板桩
~-pile anchorage； anchoring of sheet wall 板桩锚碇结构
~-pile quay-wall ； sheet pile bulk head 板桩码头
~pile wall 板桩墙
~-wall-wall 板桩码头
~wash 片蚀，层状冲蚀；片流
daywork~ 日工图表
detailed design~ 详细设计图表
plastic~ 塑料薄板
protective~ 保护层
rootproof~（美）根防护膜
take-off~ 施工前测量表格
time~ 工作时间表
waterproofing~ 防水层
sheet-lightning 片状闪电
Sheikh Marouf Minaret（**Iraq**）谢赫·马劳夫尖塔（伊拉克）
Sheikh Omar AI- Sahrawardi's Mosque（**Iraq**）谢赫奥玛尔·萨赫拉瓦迪清真寺（伊拉克）
shelf 沙洲；暗礁；架(子)；货架；罩；搁板；大陆架，陆棚；搁置
~，working（美）工作（用）搁板
shell 壳
~and tube condenser；~and coil con-denser 壳管式冷凝器
~and tube evaporator 壳管式蒸发器
~carving picture 贝雕画
~roof 壳顶
~structure 壳体结构
~-tube heat exchanger 壳管式换热器
Shell-flower *Alpinia zerumbet.*（**Pers.**）**Burtt et Smith** 艳山姜
shelter 掩蔽处，庇护所，隐藏所，避身处，掩体；工棚，风雨棚；掩护物；隐蔽，掩蔽，保护；隐藏；掩蔽，躲避
~belt 护田林，防护林（带），护路林
~breakwater 蔽风防波堤
~design 防护设计
~forest 防护林
~forest belt 防护林带，防风林带
community garden~（美）社区花园掩

蔽处；社区花园风雨亭
mountain~（英）山区庇护所，高山小屋
overhead~ 掩护地带
park~ 公园掩蔽处；公园风雨亭
pedestrian~ 行人避身处
picnic~ 郊游野餐（或户外用餐等的）避身处
public transit~（美）公共通行避身处
public transport~（英）公共运输防护处

shelterbelt 防护林（带）护路林

sheltered 保护的，隐蔽的
~anchorage 避风锚地
~bay（河、海）避风湾

sheltering 保护，隐蔽
~area 掩蔽面积
~effect 隐蔽作用，庇护作用

ShengJidian（Hall of Holy Remains）（Qufu，China）圣迹殿（中国山东省曲阜市）

Shengsi Islands（Zhoushan，China）嵊泗列岛（中国浙江舟山市）

Shenlu Michelia *Michelia shiluensis* Chun et Y. F. Wu 石碌含笑

Shennongjia（Hubei）神农架（中国湖北省西部边睡）

Shensi Euonymus *Euonymus schensianus* Maxim. 陕西卫矛（金丝系蝴蝶）

Shenyang Imperial Palace（Shenyang，China）沈阳故宫（中国沈阳市）

Shepherd's Purse *Capsella bursa-pastoris* 荠菜 / 圣詹姆斯草

Shi Diandong 施奠东（1937—），中国风景园林学会终身成就奖获得者，风景园林专家

Shibatuealike Indosasa *Indosasa shibataeoides* 倭竹

shield 盾；盾构；挡泥板；地盾{地}；保护物；罩，屏；保护，防御；防护；用盾掩护
~door 屏蔽门
~driving method；shield method 盾构法
~，forest wind 林区防风屏
~tunnelling method 盾构法隧道
ozone~ 臭氧屏

shielding angle 遮光角

shift（道路中心线）内移；变更；替换；移位；轮班；轮班职工；轮班时间；变位，平移{地}；（堆砖瓦的）互接法；权宜之计；移动；替换；转嫁；交替；变；搬移
~in animal species composition，anthropogenic（人为改变）动物种类组成
~in floristic species composition，anthropogenic（人为改变）植物种类组成
~in product mix 产品结构的变化
~of faunal or floral communities，compositional 动物区系（动物群的）或植物区系（植物群的）的结构（组成）改变
~-share analysis 移动 - 平均法
stream alignment~ 河流泛滥

shifting 移动；替换；变；移位
~cultivation 交替耕作；交替栽培
~dune 移位沙丘
~gear 变速，换排，调档{汽}
~of roadbed（铁路的）路基变位

Shiitake Mushroom/Glossagyne *Lentinula edodes* 香菇

Shikotsu-Toya National Park（Japan）

支笏洞爷国立公园（日本）

hima ***Schima superba*** 木荷 / 荷树

hin Gyo So 真行草（日本置石法）

hiner 大面

hingle 扁砾石，粗砾；砂石；木（片）瓦，薄层面板

~bar 粗砾石（长方或椭圆形的）块

~beach 砂砾海滨，砾石岸滩

~tile 木瓦

pea~（英）豆（粒）砂石

Shining Eurya ***Eurya nitida*** **Korth.** 细齿柃 / 亮叶柃

Shining Leaf Beech ***Fagus lucida*** 光叶青冈

Shining Leaf Birch ***Betula luminifera*** 亮叶桦 / 光叶桦

Shining Wintersweet ***Chimonanthus nitens*** **Oliv.** 亮叶腊梅 / 山腊梅

Shinto Shrine of Kamiji-Yama in Ise（Japan）伊势神宫（日本）

Shiny Bugleweed ***Lycopus lucidus*** 地瓜儿苗 / 地笋

Shiny Rhododendron ***Rhododendron vernicosum*** 亮叶杜鹃 / 蜡光叶杜鹃花

Shinyleaf Michelia ***Michelia fulgens*** 亮叶含笑

Shinyleaf Ternstroemia ***Ternstroemia nitida*** 亮叶厚皮香

Shinyleaf Yellowhorn/Chinese Xanthoceras ***Xanthoceras sorbifolium*** 文冠果

ship 船；装运

~berth 停船处，船泊位

~breasting force 船舶挤靠力

~building berth 船台

~building yard 造船场，造船所

~canal 通航运河

~impact force 船舶撞击力

~lift；ship elevator 升船机

~load 船舶荷载

~motions 船舶运动

~repair yard 船舶修造厂，修船区

~-terminal utilities 码头公用设施

shiplap joint 截口

shipment 装货，载货；装运的货物

~order 装货单

~，plant 植物装运

transboundary waste~（美）越界垃圾装运

shipping 装运；航运业

~-building industry 造船业

~business 海运业

~industry 航运业

~interest 航运业，航运界

~lane 航线，航道

~of plants 植物装运

~terminal 船运终点，靠船码头

~trade 航运业

shipside 码头

shipyard 造船厂，修船厂，船坞

Shiraito-No-Taki（Japan）白系瀑布（日本）

shirt factory 衬衫厂

Shizhuanshan（Shizhuan Mountain，Chongqing，China）石篆山（中国重庆市）

Shkoder Lake 斯库台湖（位于南斯拉夫与阿尔巴尼亚边境）

shoal 浅滩，沙洲；暗障碍物；大群；变浅，使浅

shoaling 淤浅，浅滩淤积

~effect 淤浅作用，滩浅影响

shoaly land 湖田
shock 冲击
shockwave 冲击波
shoe 鞋；鞋形物；支座，梁屐；桩靴；装靴
~factory 鞋厂
Shoe Hill in Hukou County Jiujiang（Jiu-jiang，China）湖口鞋山（中国九江）
~-scraper 鞋状铲土机
~store 鞋店
shoemaking factory 鞋厂
Shoo-Fly *Nicandra physaloides* 假酸浆 / 秘鲁苹果
shoot 急流，奔流；喷水；垃圾物；（滑运木材、煤等的）急流水路；滑槽；射击；嫩枝；芽条；发芽，抽枝，长苗，长出（幼芽、枝、叶等）；爆炸，爆破
~clumps planting，reed rhizome and 芦苇根茎和苗丛泥团栽植
~elongation 植物茎的伸长
~lengthening 植物茎的伸长（延伸）
~tendril 芽条卷须，嫩枝卷须
adventitious~ 偶生嫩枝
annual~ 一年生植物嫩枝
bamboo~ 竹笋
coppice~ 矮林{林}（萌生林）嫩枝
epicormic~（树枝）新长出的嫩枝
epicormic of stem~ 新长出的树干嫩枝
ground~ 地面芽条，（树木）基干
root~ 根蘖
sap~ 矮林新枝
stool~ 矮林新枝
water~（英）徒长枝
Shoot blight of *Michelia figo* 含笑枝枯病（***Phomopsis* sp.** 拟茎点霉）
Shoot blight of *Pinus* 油松枯枝病（***Cenangium ferruginosum/Cenangium abietis*** 铁锈薄盘菌
Shoot blight of *Rosa chinensis* 月季枝枯病（***Coniothyrium fuckelii*** 蔷薇小壳霉
Shoot wilt of *Euonymus japonica* 大叶黄杨梢枯病（病原待查）
shoofly（铁道）临时轨道，临时道路
shooting 芽，苗；射击；射猎；快速成长的；急速移动的
~box 猎屋
~distance 喷射距离
~flow 射流，急流
~gallery 靶场，射击场
~method 追赶法，打靶法
~out 萌发，长出，生长
~preserve（美）芽保护，苗保存
~range 靶场，射击场
~reserve（英）芽苗储备
~season 快速成长季节；射猎季节
shoots of emergent plants 新生植物嫩枝（芽）
shop 车间，工场，工厂；商店，店肆
~detail drawing 工厂施工详图
~drawing 装配图，生产图
~front 店铺门面
~window 橱窗
seed~ 种子商店
shoppers carpark（商场）顾客停车场
shopping 购物
~arcade 购物中心；商店街
~area 商业区
~center 零售商业中心，商业区，购物中心

~center of a town 城镇的商业区
~centre 购物中心
~district 商业区
~hall 营业厅
~mall（禁区车辆通行的）商业区，步行商业区
~precinct 商店区，商业步行街
~promenade 购物散步广场
~sphere 商业圈，商业设施利用圈
~street 商业街（道），商业区街道，购物街道
~terminal 商业区交通终点站
~town 商业城镇
~trip 购物行程
shore 岸，滨；支柱，顶柱；用支柱撑住
~-based radar chain 岸基雷达链
~bridge 栈桥
~deposit 沿岸沉积
~drift 沿岸漂积物，海滨漂积物
~intake 河岸进水建筑物
~line 水岸线
~oil pollution 海岸油污染
~pier 岸墩
~protection 护岸
~-protection structure 护岸结构
~span 近岸跨
~terrace 水岸阶地
~wind（海）岸风{气}
~zone 水岸带
flat~ 浅滩
shoreline 岸线
~decks 滨水平台
~erosion 岸线侵蚀
~planning 岸线规划
~protection 岸线防护
~retreat 岸线后退
retrogradation of~ 沿岸线后退
short 概略，大要；短篇；短茎，短枝；短的；不足的；脆的；浅陋的；[副]简短；缺乏；脆；使短路{电}；缩减
~column 瓜柱
~cut 捷径
~-day 短日照
~-day plant 短日照作物
~-distance move 短距离流动
~-distance traffic 短程交通
~-distance transport 短途运输
~-leaf pine 短叶松（植物）
~-range forecast 短期预报，短期预测
~routing 短交路
~-run analysis 短期分析
~-stay 暂住；供暂住用的
~-stay campground（美）短时野营地
~-stay camping ground（英）暂住野营（或露营）地
~-stay recreation 当地游览，过路旅游，短时休憩
~term 短期
~-term analysis 短期分析
~term crop 短期作物
~-term forecast 短期预测
~-term goal 近期目标
~-term hydrologic forecasting 短期水文预报
~-term planning 短期规划
~-term program 短期方案
~-term recreation 短期休憩
~-time average 短时平均
~-time trend 短期趋势
~wave communication 短波通信

Short nose tripespine/Tripotfish *Triacanthus brevirostris* 短吻三刺鲀 / 羊鱼 / 绒皮鱼

Short Stipes Oak *Quercus glardulifera* var. *brevipetiolala* 短柄枹栎

Short Tube Lycoris/Mystery Lily/Spider Lily *Lycoris radiata* 石蒜

shortage of housing 住房短缺

shortage of manpower 劳动力缺乏

Short-eared owl *Asio flammeus* 短耳鸮 / 短耳猫头鹰

shorten 弄短，变短，缩短，减少

shortened crossover 缩短渡线

shortening 缩短；简写；简缩；缩略词

shorter rail 短尺寸路轨

shortfall 缺少，不足；亏空

Shortfin lizard fish/Elongate lizard fish *Saurida elongata* 长蛇鲻 / 沙梭 / 神仙梭

Short-front grasshopper *Atractomorhpa sinensis* 短额负蝗

Shorthair Cowparsnip *Heracleum moellendorffii* 短毛独活 / 香白芷 / 川白芷

Shorthorn Barrenwort *Epimedium brevicornum* 淫羊藿 / 刚前

Shortleaf Pine *Pinus echinata* Mill. 萌芽松

Shortleaf Hyacinth *Hyacinthus azureus* 短叶风信子

Shortleaf Sagebrush *Artemisia brachyphylla* 高岭蒿 / 长白山蒿

Shortleaf Sanseviera *Sanseviera trifasciata* var. *hahnii* 短叶虎尾兰

Shortleaf Water-centipede *Kyllinga brevifolia* 短叶水蜈蚣 / 无头土香 / 金钮草

Shortpedicel Asparagus *Asparagus lycopodineus* 短梗天门冬

Shortpetiole Acanthopanax *Acanthopanax brachypus* 短梗五加 / 短柄五加

Shortspine Carlese Evergreen chinkapin *Castanopsis carlesii* var. *spinulsa* 小叶栲 / 短刺米槠 / 西南米槠

Shortstyle Cratoxylum *Cratoxylum cochinchinense*（Lour.）Bl. 黄牛木

Shorttail Wildginger *Asarum caudigerellum* 短尾细辛 / 接气草

Short-tailed albatross *Diomedea albatrus* 短尾信天翁

Short-tailed parrot/ Vermal hanging parrot *Loriculus vernalis* 短尾鹦鹉

Short-toed eagle *Circaetus gallicus* 短趾雕

Shorttube Hippeastrum *Hippeastrum reginae* 短筒朱顶红

Short-tube Lycoris *Lycoris radiate*（L'Her）Herb. 石蒜

shot 弹丸，硬粒，小球；冲击；注射；发射，射击，投放；飞行；爆炸；照像；装弹，（金属溶液）粒化，（用喷射法）制粒，制丸；杂色的；粒状的；点焊的；闪色的，用坏的，破旧的

~firing 放炮，引爆

~hole 炸孔，爆破孔

~rock 爆破岩石，爆碎石料

Shot hole of Prunus 碧桃细菌性穿孔病（***Xanthomonas campestris* pv. *Pruni*** 甘蓝黑腐黄单胞菌桃穿孔致病型）

shotcrete 喷射混凝土，喷浆混凝土

~and bolt lining 喷锚衬砌

~and rockbolt support 喷锚支护

~-bolt construction method 喷锚构筑法

shothole 炮眼

~blasting method 炮眼爆破法

shoulder 路肩；肩；肩状物；肩，挑起，肩起

~，hard（英）硬质路肩

~of sub grade 路基的路肩

soft~（美）软质路肩

unpaved~（美）未铺路面的（未铺装的）路肩

ShouRen Wang 王守仁（儒家代表人物之一）明代思想家军事家心学集大成者

Shoushan stone mine 寿山石矿

show 展览会；展览物；陈列；表现；外观；展览；陈列；显示；表现，表明

~bill 招贴；广告

~card 广告牌

~case 橱窗，展览橱窗，陈列柜

~，florist's 花卉展览会

~house 剧场，花草陈列馆，花房

~place 名胜；供参观的场所；展出地

~room 陈列室

~window 橱窗

flower~ 花展

garden~ 花园陈列

horticultural~ 园艺展览

indoor horticultural~ 室内园艺展览

shower 暴雨

~case 淋浴间

showery 阵雨（般）的

~rain 阵雨

shown to scale 与……成比例，与……相称

showy 观赏的

~-bark 华美树皮（观赏皮树）

~perennial（美）多年生观赏植物

Showy Aregelia *Neoregelia spectabilis*（Moore）L.B.Smith 筒凤梨

Showy Bleeding Heart/Bleeding Heart *Dicentra spectabilis* 荷包牡丹

Showy Deutzia *Deutzia × magnifica* 壮丽溲疏 / 华美溲疏

Showy Eriolaena *Eriolaena spectabilis* 泡火绳

Showy Jasmine *Jasminum floridum* Bunge 探春花 / 迎夏

Showy Lily/Brilliant Lily *Lilium speciosum* 鹿子百合 / 药百合

Showy Sedum，Blush Stonecrop *Sedum erythrostictum* Miq. 景天

Showy Sedum/Stone Crop *Sedum spectabile* 八宝 / 弁庆草

Showy Yellow Groove Bamboo *Phyllostachys aureosulcata* f. *spectabilis* 金镶玉竹

shred 碎片，细片；微量，少量；扯碎，切碎

shredded 碎片的，微量的

~bark humus 破碎树皮腐殖质（或腐质土）

~material 破碎材料，碎料

shredding，stump（美）把伐根轧碎

Shredleaf Staghorn Sumac *Rhus typhina* 'Dissecta' 羽裂火炬树（英国萨里郡苗圃）

Shrew/gymnure *Hylomys* 毛猬（属）

Shrimb-plane *Calliaspidia guttata Brandegee Bremek* 虾衣花

Shrimp Plant *Calliaspidia gutata*

Bremek./Justicia brandegeana **Wassh. et L. B.** 虾衣花 / 红虾花 / 麒麟吐珠 / 狐尾木 / 小虾花 / 虾夷花

shrine 祠；神坛

Shrine of Guru Arjan Dev 阿尔贾·德夫师尊神殿（巴基斯坦）

shrink 收缩；收缩，缩进；变小；弄皱

Shrink disease of ***Rosa chinensis*** 月季萎缩病（病原待查）

shrinkage 收缩（性）；缩误 { 物 }

~crack 收缩裂缝，缩裂，缩缝

~index 缩性指数

~joint 伸缩缝

~limit 缩限

~of concrete 混凝土收缩

shroud 覆盖

shrub 灌木，灌木丛

~bed 灌木园，灌木花坛

~bed，a flower bed 灌木苗床，花坛

~belt（保护，防噪）灌木林带

~border 灌木花境

~clearing 灌木清除

~dune 灌木土丘（或沙丘）

~evaluation，tree and 树木灌木评价

~layer 灌木层

~planting 灌木种植

~planting area 灌木种植区

~planting，tree and 树木与灌木种植

~pruning，tree and 树木与灌木修剪（整枝）

~rose 灌木月季（花）；灌木蔷薇（花）

~rose，cultivated 栽培的（非野生的）灌木蔷薇（花）

~species 灌木树种

~transplant，young 幼灌木移植

~zone 灌木带

dwarf~ 矮生灌木

field~ 原野（旷野）灌木

flowering~ 开花的灌木

large~ 大灌木

ornamental~ 观赏（用）灌木

prostrate~ 爬地灌木

small~ 小灌木

specimen~ 标本灌木

suffruticose~ 半灌木状灌木

tall~ 高棵（高株的）灌木

trailing~ 蔓生灌木

Shrub Althea/Tree Hollyhock ***Hibiscus syriacus*** **L.** 木槿（韩国国花）

Shrub Lespedeza ***Lespedeza bicolor*** **Turcz.** 胡枝子

Shrub Nypa ***Nypa fruticans*** 水椰

shrubbery 灌木丛，灌木林

shrubby 灌木形（状）

~crown 灌木形树冠

~groundcover vegetation 灌木状地被植物，灌木状植被

~plantation 灌木园

Shrubby Baeckea ***Baeckea frutescens*** 岗松 / 铁扫把 / 扫把枝

Shrubby Cananga ***Cananga odorata*** **var.** ***fruticosa*** 小依兰

Shrubby Cinquefolia ***Potentilla frutjcosa*** **L.** 金露梅

Shrubby Veronica ***Hebe ochracea*** **'James Stirling'** 赫叶木本婆婆纳（英国斯塔福德郡苗圃）

Shrubby Veronica ***Hebe odora*****（*****buxifolia*****）**香拟婆婆纳（英国斯塔福德郡苗圃）

Shrubby Veronica ***Hebe pinguifolia Pagei*** 长阶花（英国斯塔福德郡苗圃）

Shrubby Woodfordia ***Woodfordia fruticosa*** **L. Kurz** 虾子花

shrubland 灌丛带

~savanna（h）灌丛带稀树草原

coniferous evergreen~ 针叶常绿灌丛带

cushion~ 垫状灌木丛带

dwarf–~ 小灌木丛带

suffruticose~ 半灌木状灌丛带

shrubs，band of trees and 树木和灌木带

cutting back of trees and~ 树木和灌木林修剪

valuation chart for trees and~ 树木灌木林定价表

shuga 冰屑

Shunk Bugbane ***Cimicifuga foetida*** 升麻 / 绿升麻

shut 关闭，闭塞；完结；关闭的；关闭，关拢

shutter 遮蔽物；百叶窗；窗板

shuttered zone 破碎带，破裂带

shuttering 模板，模壳

shuttle 往复式的，穿梭式的

~movement 往复式通行，穿梭式通行

~one–way traffic control 单向复行车控制，定期往返交通控制

~service 往复行车，穿梭交通

~–shaped column 梭柱

Shwe Maw Daw Pagoda（Burma）瑞摩都佛塔（缅甸）

Shwedagon Pagoda（Burma）仰光大金塔（缅甸）

Shwekyimin Pagoda（Burma）瑞祇敏佛塔（缅甸）

Shwezigon Pagoda（Burma）瑞西光塔（缅甸）

SIA social Impact Assessment 社会影响评价

Siamese connection 水泵接合器

Siamese Fireback ***Lophura diardi*** 戴氏鹇（泰国国鸟）

Siamese Senna/Bombay Blackwood/ Rosewood ***Cassia siamea*** 铁刀木

Siberia Cocklebur ***Xanthium sibiricum*** 苍耳 / 虱麻头

Siberia Fritillary ***Fritillaria pallidiflora*** 伊贝母 / 伊犁贝母

Siberia Motherwort ***Leonurus sibiricus*** 细叶益母草 / 四美草 / 龙串彩

Siberian Alder ***Alnus hirsuta*** 赤杨

Siberian Alder ***Alnus sibirica*** 辽东桤木 / 水冬瓜

Siberian Apricot ***Prunus sibirica*** **L.** 西伯利亚杏（山杏）

Siberian blue robin ***Luscinia cyane*** 蓝歌鸲 / 蓝靛杠 / 青长脚

Siberian Bugloss ***Brunnera macrophylla*** **'Jack Frost'** 心叶牛舌草（英国斯塔福德郡苗圃）

Siberian chipmunk/Asiatic chipmunk ***Eutamias sibiricus*** 花鼠 / 豹鼠 / 金花鼠

Siberian Crabapple ***Malus baccata*** **L. Borkh.** 山荆子

Siberian Dogwool，Tatarian Dogwood ***Cornus alba*** **L.** 红瑞木

Siberian Elm/Dwarf Elm ***Ulmus pumila*** 白榆 / 榆树（美国田纳西州苗圃）

Siberian Elm ***Ulmus pumila*** **'Turluosa'**

龙爪榆 / 白榆

Siberian Filbert *Corylus heteropohylla* 榛子

Siberian Fir *Abies sibirica* 西伯利亚冷杉

Siberian ground thrush *Zoothera sibirica* 白眉地鸫 / 地穿草鸡

Siberian Hazel *Corylus heterophylla* Fisch. ex Trautv. 榛

Siberian Iris *Iris sibirica* 西伯利亚鸢尾

Siberian Juniper *Juniperus sibirica* 西伯利亚刺柏

Siberian Larch *Larix sibirica* 西伯利亚落叶松

Siberian leopard/Korean leopard *Panthera pardus orientalis* 东北豹 / 朝鲜豹

Siberian musk deer/musk deer *Moschus moschi ferous* 麝 / 原麝 / 香獐 / 麝鹿

Siberian Peashrub/Pea-tree *Caragana arborescens* Lam. 树锦鸡儿（美国田纳西州苗圃）

Siberian rubythroat *Luscinia calliope* 红点颏 / 红脖 / 红歌喉鸲 / 长尾练鹊

Siberian Spruce *Picea obovata* 西伯利亚云杉

Siberian Squill/Squill *Scilla sibirica* 海葱

Siberian Stone Pine *Pinus sibirica* 西伯利亚红松

Siberian tiger *Panthera tigris longipilus* 朝鲜虎

Siberian waldsteinia *Waldsteinia ternata* 林石草（英国斯塔福德郡苗圃）

Siberian Wallflower *Cheiranthus allionii* 七里香

Siberian white crane *Grus leucogeranus* 白鹤 / 黑袖鹤

Sichuan Cinnamon *Cinnamomum wilsonii* 川桂 / 桂皮树

Sichuan Fritillary *Fritillaria cirrhosa* 川贝母 / 卷叶贝母

Sichuan hill-partridge/ Boulton's hill-partridge *Arborophila rufipecutus* 四川山鹧鸪

Sichuan Province 四川省（“the Natural Storehouse”“天府之国”）

Sichuan Sphinx moth *Langia zenzeroides szechuana* 川锯翅天蛾

Sichuan Square Bamboo *Chimonobambusa szechuanensis* 川方竹 / 瓦山方竹 / 八月竹

Sichuan style bonsai 川派盆景

Sichuan taimen/Hujia *Huchio bleekerii* 川陕哲罗鲑 / 长江哲罗鲑

Sichuan Tangshen *Codonopsis tangshen* 川党参 / 天宁党参 / 巫山党参

Sickle Hare's Ear *Bupleurum falcatum* 柴胡 / 培菜

Sickle Senna *Cassia tora* 决明

sickle shaped arch 月牙拱，镰口形拱

Sickle-winged grouse *Falcipennis falcipennis* 镰翅鸡

Sidabuzhou（The Four Great Regions） 四大部洲（佛教）

side 边 { 数 }；旁边；侧面；方面；旁边的，侧面的；刨平侧面；装上侧面

~borrow 路旁借土

~-borrow operation 路旁借土工作

~borrow pit 路旁借土坑

~borrow work 路旁借土工作

~boundary line 建筑基地边线（不包括

前后临街边界）
~casting 路边弃土
~cutting 山边开挖；堤旁借土
~ditch 边沟，侧沟，路边排水沟
~drain 路边排水沟
~edging of flight of steps 阶梯式楼梯一段缘饰（或边缘，饰边）
~feeding 侧向送风
~gutter 街沟
~hill 山坡，山边，山侧
~lighting 侧光
~line 傍线，横线，侧道；副业；兼职
~parking 路边停车
~pavement 人行道
~planting（防风保温）垄上种植
~plot boundary（英）侧旁地块界线
~pocket 隧道避车洞
~pole 沿路式电线杆
~road 旁路
~room 厢
~root 侧根
~stage 侧台
~stream 旁流（水）
~stream filtration 旁流过滤
~stream treatment 旁流水处理
~street 小巷，横街
~strip（美）道路路边分隔带〈通常种植草木〉
~track（铁路的）侧线，旁轨
~tube 支管
~view 侧视图，侧面图；侧面形状
~wall 边墙
~-way 小路，旁路
~yard 旁院，侧庭（建筑物的侧面庭园）
~yard，required 必需的旁院；规定的侧庭
lee~ 背风面
leeward~ 背风地区，背风面
weather~ 向风面，迎风面
windward~ 向风面，迎风面
Sideflower Primrose ***Primula secundiflora*** 偏花报春 / 侧花报春
sideline occupation 副业
~production 副业生产
sidelong ground 山边斜地
sidewalk 人行道，行人道
~arm 人行道栏木，边门栏木
~bracket 人行道托架
~greening 人行道绿化
~joist 人行道格栅
~loading 人行道荷载
~planting 行道树种植
Sidi Okba Mosque（**Tunisia**）西迪·奥克巴清真寺（突尼斯）
Siebold Wildginger ***Asarum sirboldii*** 细辛 / 希氏细辛
Siedlung（德）规划居住用地，规划居住区，移民村
Sie-la Rhododendron ***Rhododendron selense*** 多变杜鹃 / 滇西杜鹃 / 变色杜鹃
Siemensstadt Siedlung（德）（1929 年西德柏林郊外）西门子镇居住区
Siena 栖亚那（意大利的山城）
sierra [地] 齿状山脊
sieve 分析筛
~analysis 筛分
~analysis method 筛分析法
~diameter 筛析粒径
~-plate column；perforated plate tower

筛板塔

sieved material 过筛材料

Sievers Apple ***Malus sieversii*** 新疆野苹果

sight 视力；视线，视野；视距；瞄准（器）；观察孔；风景；瞄准；照准；观测；看见

~angle 视角

~applicability 景观适用性

~control 目视检查，观察检验

~distance 视距

~distance of intersection 路口视距

~hole 检查孔，人孔，窥视孔

~lamp 信号灯

~light 信号光

~line 视线

~line design 视线设计

~obstruction 视线障碍

~point 视点

~–seeing highway 旅游公路

~–seeing road 旅游路；观光道路

stopping~distance 停车视距

~triangle（交叉口）视距三角形，（交叉口）视距三角

~triangle，minimum（美）最小（交叉口）视距三角形

sighting 照准

~centring 照准点归心

~cylinder 照准圆筒

~point 照准点

sightline 视线

sightseeing 旅游，观光

~bus 游览车

~city 游览城市，旅游城市

~facilities 旅游设施

~harbo(u)r 游览港

~resort 游览区，旅游休养区

~road 游览道路，旅游道路

~tower 瞭望塔

Sigiriya（Sri Lanka）锡吉里亚古宫（斯里兰卡）

sign 标志，记号；（正、负）符号；征象；用标志表示；签字；订（契约）

~and advertisement control 广告管理

~board 招牌，广告牌

~contract 签署合同

~device 信号装置

~ordinance 标志条例

~post 标语牌

commercial~（美）商业（商务）标志

route~ 路线标志

scenic area~ 风景区标志

speed–limit~ 限速标志

turn~ 急弯标志

weather~ 天气预兆

wild animals protection~ 野生动物保护标志

signage（美）（总称）标记，标志，标识系统；标志图样

outdoor~ 室外标识

signal 信号，标志；征象；信号的；显著的；打信号

~alarm 警告信号

~apparatus 信号装置

~bracket 信号托架

~bridge 信号桥

~control 信号控制

~co–ordination 信号控制系统

~indication 信号显示

~station 信号站

~tower 信号楼

~system 信号系统
~valve 信号阀
signalized intersection 有交通信号的交叉（口）
signature 签名，盖章
signboard 标志牌，招牌，广告牌
signboarding 设置（道路）标志牌
significance 有意义；重要（性）；显著性；有效位，有效数 { 计 }
~analysis 显著性分析
~，ecological 生态保护的重要性
~level 显著性水平
~test 显著度检验
environmental~ 环境重要性
wetland of international~ 具有国际意义的湿地
significant 有效的
~figure 有效数字
~tidal range 有效潮差
~wave height 有效波高
Sika deer ***Cervus nippon yakashima*** 梅花鹿 / 日本鹿
Sikkim Larch/Himalayan Larch ***Larix griffithiana*** 西藏红杉
Sikkim Primrose ***Primula sikkimensis*** 锡舍报春 / 钟花报春
silence pit 消声坑
Silent Spring 寂静的春天（名书）〈蕾切尔·卡逊于 1962 年出版的图书〉
silexite 英石岩
silhouette 城市轮廓线，外形，轮廓，侧
siliceous 含硅的，硅质的
~lime 硅质石灰
~rock 硅质岩石
silicilith 石英岩 / 硅质生物盐
Silicon Valley（美国加州）硅谷
Siling（**Emperor Chongzhen**）(**Beijing**, **China**）思陵（中国北京市）
silk and wool fabric store 呢绒绸缎店
silk mill 丝厂
Silk Oak ***Grevillea robusta*** **A. Cunn. ex R. Br.** 银桦
silk-piled picture 堆绢画
silk scroll 绢本
silk -stocking district（车市中的）富人区
silk textile industry 丝绸工业
Silk-tree/Silktree Albizzia/Pink Siris/Mimosa Tree ***Albizzia julibrissin*** **Durazz.** 合欢，合欢木
Silky Pincushion ***Mammillaria bombycina*** 丰明球 / 丰明丸
Silky starling ***Sturnus sericeus*** 丝光椋鸟
sill 基石；底木；（门）槛；窗台；岩床；潜坝
~beam 槛梁
~control 槛式控制
~elevation 基石标高
~，ground 挡水横槛
~rail 窗台栏杆
~wall 槛墙
~wall window 槛窗
vegetated rock~ 长满植物的岩石
Sillimanite 夕线石
silo 筒仓；地窖；[空] 竖井，（导弹）发射井
silo wall 仓壁
silt 粉土，粉砂；淤积；粉土的；淤泥的；淤积，淤塞
~arrester 拦沙坝
~box（美）沙土箱

~content 含泥量
~control 泥砂控制
~covered 淤泥覆盖的
~deposit 淤泥沉淀
~divider 分沙器
~pressure 泥沙压力
~–quantity investigation 沙量调整
~–seam 粉土层；淤泥层
~slurry 淤泥浆
~stratification 淤泥层
~trap（英）滗析防水保护层；粉砂暗色岩；拦砂
~trap dam 拦沙坝
~up（使）淤塞
alluvial~ 冲积粉砂
coarse~ 粗粉土
fine~ 细粉土
medium~ 中等粉土
running~ 流动粉砂

silted 淤积
~land 淤积地
~–up lake 淤积（塞）湖

siltation 淤积
~volume 淤积量

silting 泥泞，泥淤；淤积
~basin 沉沙池
~of soil pores 土孔隙淤塞
~ponds or lakes，plant community in 淤积水塘或湖中植物群落
~–up 淤塞
~up 淤积，淤塞

silty 粉土质的
~soil 粉性土

Silurian period（400million years ago） 志留纪

silva 森林区；森林志

Silver Beach，Beihai（Beihai's Silver Beach）（Beihai，China） 北海银滩（中国广西北海市）

Silver Birch Golden Cloud *Betula pendula* 'Golden Cloud' 金叶垂枝桦木(英国斯塔福德郡苗圃）

Silver butter fish/Pomfret *Pampus argenteus* 银鲳 / 平鱼

Silver carp *Hypophthalmichthys molitrix* 鲢鱼 / 白鲢

Silver chimaera *Chimaera phantasma* 黑线银鲛 / 兔子鱼

Silver fir 银枞松（植物）

Silver fox/eastern red fox/American red fox *Vulpes vulpes* 美洲赤狐 / 银黑狐

Silver Gugertree *Schima argentea* 银木荷

Silver Ivy Arum/Satin Pothos Scindapsus pictus* var. *argyraeus 银藤

Silver Leaves Rhododendron *Rhododendron argyrophyllum* 银叶杜鹃 / 羊角花

Silver Lime/Silver Linden *Tilia tomentosa* 银毛椴（英国萨里郡苗圃）

Silver Maple *Acer saccharinum* L. 银槭

Silver *Messerschmidia argentea* 银毛树

Silver Net Plant/Snake plant *Fittonia verschaffeltii* var. *argyroneura* 白网纹草

Silver pheasant *Lophura nycthemera* 白鹇 / 山鸡 / 银鸡

Silver stillage/Sand borer *Sillago sihama* 多鳞鱚 / 砂钻

Silver Torchcactus *Cleislocactus strausii* 银毛柱 / 蛇纹柱 / 吹雪柱

Silver Variegated English Holly *Ilex*

aquifolium **'Argentea Marginata'** 金边枸骨叶冬青（英国斯塔福德郡苗圃）

ver Vine ***Actinidia polygama*** **Franch. et Sav.** 木天蓼（葛枣猕猴桃）

lver Vine ***Scindapsus pictus*** 彩叶绿萝

lver Wattle ***Acacia dealbata*** 银荆 / 澳洲金合欢 / 圣诞树（澳大利亚新南威尔士州苗圃）

lver Wattle ***Acaia dealbata*** **Link** 银荆树 / 鱼骨松

lver white croaker/White Chinese croaker ***Argyrosomus argentatus*** 白姑鱼 / 白米子

lverbells ***Halesia carolina*** 北美银钟花 / 卡罗莱那银铃（英国萨里郡苗圃）

ilverberry scale ***Aulacaspis crawii*** 茶花白轮盾蚧

ilver-breasted hornbill ***Serilophus lunatus*** 银胸丝冠鸟

ilverbush ***Convolvulus cneorum*** 银旋花（英国斯塔福德郡苗圃）

ilver-eared leiothrix ***Leiothrix argentauris*** 银耳相思鸟

ilver-green Wattle Acacia/Dusty Miller ***Senecio cineraria*** 银叶草 / 雪叶莲

Silverleaf Evergreenchinkapin ***Castanopsis argyophylla*** 银叶栲

Silver-leaved Cotoneaster ***Cotoneaster pannosa*** **Franch.** 茸毛木旬子

Silver-studded Blue ***Plebejus argus*** 灰豆蝶 / 银蓝灰蝶 / 豆小灰蝶 / 大豆灰蝶

Silvervein Creeper/Henry Creeper ***Parthenosissus henryana*** **(Hemsl.) Diels et Gilg** 花叶地锦 / 川鄂地锦 / 川鄂爬山虎 / 彩叶爬山虎 / 红叶爬山虎

Silverweed ***Potentilla anserina*** 鹅绒委陵菜 / 王子的羽毛

Silverwood Cinnamon ***Cinnamomum septentrionale*** 银木 / 土沉香

Silvery Aleuritopteris ***Aleuritopteris argentea/ Cheilanthes argen*** 银粉背蕨 / 铜丝草

Silvery Bud Willow ***Salix leucopithecia*** **Kimura** 银芽柳（棉花柳）

Silvery Gugertree ***Schima argentea*** **Pritz.** 银木荷

Silveryleaf Cassia ***Cinnamomun mairei*** 银叶桂 / 川桂皮 / 樟桂 / 关桂

silveryleaf cinnamon ***Cinnamomum mairei*** 银叶桂 / 银叶樟

silvicultural management 育林管理

silviculture 育林，造林；造林学

natural~ 天然育林

silviculturist 造林专家，林学家，森林学家

Sim's Azalia ***Rhododendron simsii*** 杜鹃 / 映山红

similar 相像的，相仿的，类似的

~basin 相似流域

~colo(u)rs 同类色

~property 类似房地产

Similar Sagebrush ***Artemisia simulans*** 中南蒿

similarity 相似性

Simon Poplar ***Populus simonii*** 小叶杨 / 南京白杨

Simonds，John O. 约翰·西蒙兹（1913–2005），美国风景园林师、风景园林理论家

simple 简练的，简单的，简易的；单纯

的；单一
~average 算术平均数
~bridge 简易梁桥，简支桥
~curve 单曲线
~fruit 单果
~function city 单功能城市
~leaf 单叶
~span bridge 单跨桥
~supported beam bridge 简支梁桥
~terracing works 台地工程，露台工程，草坪工程

simplified 简化的，精简的；使简易的；使简明的
~hump 简易驼峰

simply 简单地，简易地；简明地，简朴地，朴素的
~ordered 全序（的）{数}
~-provided recreation facility 轻巧布置的文娱设施
~supported beam 简支梁

simulated boat 舫

simulated plant community 人工植物群落

simulation 模拟（统筹法中对备选方案进行计划和安排，观察其效果）；模拟（工程上用实验来模仿实际情况）；假装，伪装；仿真
~analysis 模拟分析
~device 仿真设备，（模拟）设备
~model of water resources system 水资源系统模拟模型
macroscopic~ 宏观模拟，宏观仿真
microscopic~ 微观模拟（法）

simultaneous 同步的；同时完成的；同时进行的
~interpretation booth 同声传译控制室

Sinai Rosefinch/Pale Rosefinch ***Carpodacus synoicus*** 沙色朱雀（约旦国鸟）

sinful cause 孽因

Singapore Daisy ***Wedelia trilobata*** 三裂蟛蜞菊/黄花小菊花/南美蟛蜞菊

Singha Durbar（**Nepal**）狮宫（尼泊尔

Singkwa Towelgourd ***Luffa acutangula*** 棱角丝瓜/广东丝瓜/八棱丝瓜

single 一个；单程票；单（一）的，单独的；单纯的；单层的；一次的；挑选
~-age classification 按一岁分组
~-bed room 单床间
~buoy mooring system 单点系泊设施
~carriageway 非分隔式车行道
~carriageway road 一块板道路
~channel 单式河槽
~child rate 独生子女率
~-corridor layout 单走道布局
~crop system 单一作物体制
~-curve method 单一曲线法
~digging 单层开凿；单独挖掘
~direction automatic block 单向运行自动闭塞
~direction thrusted pier 单向推力墩
~door 单扇门
~drainage 单向排水
~duct air conditioning system；single duct system 单风管空气调节系统，单风道系统
~dwelling（美）单独居住
~effect lithium-bromide absorption type refrigerating machine 单效溴化锂吸收式制冷机

~exterior-corridor layout 单外廊布局
~family 单身家庭
~-family 独身家庭
~family attached dwelling 相连式独户住宅
~family detached dwelling 独立式独户住宅
~-family detached house 独立式独户住宅
~family home 独家住宅
~family house 独户住宅
~-family housing with yard space 带有前宅后院的独户住宅
~-family semi-detached dwelling 半独立式独户住宅
~footing 独立基础
~frieze balustrade 单钩栏
~function city 单一职能城市
~-generation household 无子女户
~-grain structure 单粒结构
~-grained structure（土的）单粒结构，非团粒结构
~house 单身住房；单身住宅
~house in a cluster 建筑群中的单身住宅
~household 单身住户
~intersection 单交叉
~lane 单车道
~-lane highway 单车道公路
~-lane road 单车道道路，单行车道
~-leaf bascule bridge 单翼竖旋桥
~line 单线；单行，单车道
~-line bridge 单线桥
~-line traffic 单车道交通，单向交通
~line of rails 单线铁路
~occupancy 独门独户
~-person household 单人户，单身户
~pipe district heating system 单管区域供热系统
~pipe system of hot water supply 单管热水供应系统
~planting 单株栽植，孤植
~-ply roofing 刚性防水屋面
~project 单位（项）工程
~purchase counterweight batten 单式吊杆
~-purpose reservoir 单目标水库〈专为防洪或灌溉、城市供水等单一目标设计的〉
~-purpose road 专用道路
~-rail 单线，单轨道
~room apartment 单室户公寓
~-rope aerial 单索式架空索道
~row grave 单排墓穴（或坟墓）
~silo 单仓
~size aggregate 同粒径集料
~-source supply 单一水源供水
~-span bridge 单跨桥
~species forest 纯林
~-stor (e) y 单层的
~-storey house 平房
~-story building 平房，单层建筑
~-stratum planting system 单层种植制
~track 单线，单轨道
~track bridge 单线桥
~track circuit 单轨条轨道电路
~-track railway 单线铁路
~unit dwelling 独户单元住宅
~way 单车道
~-way railroad 单线铁路

single bud 单芽
Singleberry Cotoneaster ***Cotoneaster uniflorus*** 单花栒子木
single-peak bonsai 独石盆景
singly constrained model 单约模型
Sinia[common] ***Sinia rhodoleuce*** 合柱金莲木
Sinian period 震旦纪
Sinicuichi ***Heimia myrtifolia*** **Cham. et Schlecht.** 黄薇
Sinjuku Sub-centre，Tokyo（Japan） 新宿副中心（日本东京）
sink-hole 圬水井，渗坑；落水洞
sinkage 沉（陷）；沉没的东西
sinkage ground 地面下沉（陷）
sinker 冲钻，钻孔器；沉锤
sinker root 次生吸收根
Sinningia speciose ***Gloxinia speciosa*** 紫蓝大岩桐
Sinningia speciosa **（Lodd.）Hiern.（Gloxinia）** 大岩桐
Sinology 汉学
Sino-Japanese Youth Friendship Grove 中日青年友谊林
Sinoia Caves（Zimbabwe） 锡诺亚洞（津巴布韦）
Sinopurple Primrose ***Primula sinopurpurea*** 华蓝报春花
sinter 矿渣，熔渣
sintering plant 烧结厂
Sinuata Acacia ***Acacia sinuata*** 藤金合欢 / 小金合欢
sinuous coil 蛇形管
sinusoid 正弦曲线
sinusoidal 正弦曲线的

siphon 虹吸；虹吸管；通过虹吸管
~culvert 倒虹涵
~filter 虹吸滤池
~pipe 虹吸管
~rainfall recorder 虹吸式雨量计
~tube 虹吸管
Sir William Chambers 威廉·钱伯斯勋爵（1723–1796），苏格兰建筑师、造园家
siris tree 大叶合欢（树）
Sisal Agave/Sisal Hemp ***Agave sisalana*** 剑麻 / 菠萝麻
Sissoo/Sisso/Sisso Rosewood ***Dalbergia sissoo*** **Roxb. ex DC.** 印度黄檀 / 茶檀
sisiter（of the Roman Catholic and Greek Orthodox churches）；nun；conventual 修女
sister city 姊妹城市，友好城市
site 建筑用地，用地，基地，场地，场所，位置，地点；（建筑）工地，场地现场；设置，布置；定场所；使……坐落在；决定建设地点；定线（或点
~acceptance 进场验收
~accessibility 场地通达度
~advantage 场地有利条件，场地优势
~analysis 建筑用地分析，建筑场地分析
~analysis initial（开始建筑）用地分析
~area 建筑用地面积，现有地段面积，场地面积
~assessment 相地
~area，unbuilt（英）未建场地面积
~boundary 场地边线
~-cast concrete（美）现场（就地）浇筑混凝土

~characteristics natural 天然场地特点
~choice of the factory 厂址选择
~clearance（建议）场地清理
~clearance after project completion 工程竣工后（建议）场地清理
~-clearing 清除场地，清（除现）场
~climate 当地气候
~conditions 建筑用地环境，建筑用地条件
~conditions，precontract investigation of 建筑用地环境的预先调查研究
~conditions，survey of existing 现有建筑用地环境测勘
~datum 建筑用地原始数据（基点，基线）
~design 场地设计
~design criteria 场地设计标准
~designation memorandum 选址意见书
~designer 建设场地设计者
~development 建设场地开发
~development cost 场地开发成本
~dimensions 建设场地尺寸
~engineer 工地工程师
~engineering（建设场地）竖向规划，用地工程准备
~enviromental assessment 场地环境影响评估
~evaluation 场地评价
~exploration 场地勘探
~facilities and equipment，building 建筑工地设施和装备
~facilities installation 建筑工地设施安装
~facilities，preparation of 场地设施准备
~facility 场地设施
~factors（建筑）场地要素
~fidelity 场地精确度
~for public facilities 公共设施用地
~for rail-line 铁路用地
~formation（建议）场地平整
~frontage decrease 基地临街建筑后退
~furnishings 基地小品设施
~furniture 场地公用设施
~grade map 建筑基地标高图，建筑用地地形图
~grading 场地平整
~hut 工棚
~illumination 场地照明
~impact traffic evalution 用（场）地对交通影响的评估
~indicator(species)用地指示物(物种)
~inspection 现场考察，现场视察，现场检查
~inspection，final 竣工现场检查
~installations，building 建筑工地设备
~installations，maintaining of plant equipment and 固定设备和现场设备的维修
~intensity 场地密度
~investigation 现场调查，工地勘测，就地踏勘，相地
~laboratory 现场试验室
~load 施工荷载
~location 工地位置图，地盘图，场地位置
~log 工地日志（记录）
~management for construction project 项目现场管理
~managemnent services（英）场地管理服务
~map 地盘图，现场图

~mapping 现场地绘图（测图等）
~material，clearance of unwanted 现场多余物质清理
~-mixed 现场拌和的
~nursery 工地苗木假植沟
~nursery，temporary 工地临时苗木假植沟
~of Capital of Kingdom Lu，Qufu（China）曲阜鲁国故城（中国山东省）
Site of Capital of Kingdom Qi，Linzi（China）临淄齐国故城（中国山东省淄博市）
Site of Capital of Kingdom Zhao，Handan（China）邯郸赵国故城（中国河北省邯郸市）
Site of Eastern Zhou Capital（China）东周王城（中国河南省洛阳市）
~of historical interest 具有历史价值地点
Site of Peking Man（China）周口店猿人遗址（中国北京）
~of special scientific interest（英）自然优美区，自然古迹
Site of the Parliament 议会旧址
~of work 工地
Site of Zunyi Meeting（China）遵义会议会址（中国贵州省）
~operation 现场实施（操作）
~organization 工地组织
~orientation 场地方位
~pile 就地灌注桩
~plan 地盘图，总平面图，平面布置图，总平面设计（图）
~plan，illustrative 总平面图（解说图）
~plan，overall 总体平面图
~plant（英）建设场地植物
~planning 建设场地规划，总体布置，地盘规划，厂址规划，用地规划，竖向规划，总平面设计，总图设计场地设计，景点规划；相地
~prefabrication method 工地预制吊装工法
~preparation 场地准备
~procedure 施工程序，施工步骤
~productivity 工地生产力（率）
~reconnaissance 场地查勘
~-related functional diagram 相关环境的功能分区图
~renovation 建筑用地造成〈对用地进行必要的工程措施，使符合各项建设对用地的要求〉
~report（英）建筑用地报告
~requirements 用地要求
~road 工地道路
~selection 厂址选择
~selection（investigation）选址（查勘
~selection for factory 厂址选择
~soil 建筑用地土壤
~-specific adaptive model 项目级模型，适用于某一具体地点的模型
~stability（evaluation）场地稳定性（评价）
~-staff 现场人员
~stressing 现场张拉
~study 建筑用地研究
~suitability 工地适应性
~supervision 工地监理
~supervision by the contractor's representative 合同方代表监理
~supervisor representing a design practice（英）设计施工代表监理人

~supervisor representing an authority/public agency representative（美）管方/公共管理机构代表监理人
~survey 建筑工地调查
~survey and analysis，comprehensive 工地调查和综合分析
~survey plan（建设）场地测量图
~test 现场试验
~-to-site variations 处处变化
~topography 场地地形
~traffic（建筑）工地交通，（施工）现场交通
~traffic impact analysis 用（场）地交通影响分析
~-welded 现场焊接的
abandoned industrial~ 废弃工业场地
breeding~ 繁殖地；育种地；饲养地
burial~ 埋葬地，墓地，坟地
camp and caravan~（英）帐篷和大蓬车场地
camp with trailer~（美）带活动房的野营车场地
coffin burial~ 墓地，坟地
construction~ 施工现场
contouring~（英）测绘等高线位置
controlled landfill~（美）受控土地填筑场地
cultural~ 文化遗址
damaged~ 破损场地
equipment storage~（美）装备存储地
excavation~ 挖掘场地，开挖场地
extraction~ 提取地
extreme~ 极端生境
fly tipping~（英）飞扬倾卸地
gap~（英）间隙地
grave~ 墓地，坟地
gravel extraction~ 砾石提选场
green-filed~（英）绿地场所
heavy metal contaminated~ 重金属污染地
hibernation~ 冬眠地
historic~ 历史名地，历史遗址
holding~（美）暂时垄沟，苗木假植沟
industrial~ 工业用地
landfill~（英）土地填筑位置
memorial~ 纪念性场所（纪念馆，纪念碑等）
mesic~ 湿地生境；湿度适中的地方
nesting~ 筑巢场地，巢居场地
permanent~ 永久场所
plantation appropriate to the~ 适于种植地
public and civic~（英）公有和私有场地
public use~（美）公用场地
refuse-landfill~ 垃圾填筑（埋）场地
remodelling of a~ 场地重新规划
rubble disposal~ 毛石处理场
rubble dump~（美）粗石倾卸场
saline~ 盐沼地
sod removal~（美）草皮提取场地
spoil~（美）弃土场，废料场
tip~（英）垃圾弃置场
tipping~（英）倾卸场
tree planting~ 树木栽植场地
turf removal~（英）草皮提取场地
unmanaged tipping~（英）无管理倾卸场地
urn burial~ 骨灰存放所，骨灰瓮园
world heritage~ 世界遗产地
xeric~ 干旱地，耐旱土地，旱生土地
zinc-contaminated~ 锌污染场地

sites site 的复数

~，mapping of urban wild（美）城市荒地绘图

~of Capital of Kingdom Zheng and Han 郑韩故城（中国河南省新郑市）

planting method for extreme~ 特殊场地的种植方法，屋顶花园体系

preservation of historic structures and~ 历史上著名建筑物及遗址保护

recycling of derelict~ 废地再生利用

sitework 场地工程

siting 选址（城市实质设施位置选择），建设地点的决定；（道路）定线

~of houses 住宅群选址定点

Siwer spruce ***sitka spruce*** 银云杉

sitting 坐，就座；（一次）会议，会

~area 休息地方

~room 起居室，客厅，休息室

~step 阶梯座位，台阶

~steps 楼梯台阶

~wall 适合就座的挡土墙

situation 位置，场所；环境，形势；情况

~before planning starts，existing（英）规划开始前的情况（现状）

~of practical completion（英）实际竣工前的情况

bowl-shaped~ 低气压状态

general stagnation~（美）一般沉积状况

Situation Group 情境派〈1960 年在伦敦英国皇家艺术家协会画廊举行一次名为“情境”的画展，后来这一名称便指参加这次展览的画家〉

situationist 情境画家，情景画家

situs 位置，地点，部位

~of ownership 所有权

six 六，六个

Six East Palaces 东六宫

Six-Harmony Pagoda，Hangzhou 杭州六和塔（中国浙江省杭州市）

Six West Palaces 西六宫

Sixangled Bruguiera ***Bruguiera sexangula*** 海莲

Sixpetal Taigrape/Fragrant Taigrape ***Artabotrys hexapetulus*** 鹰爪

Six-spotted Buprestid ***Chrysobothris succedanea*** 六星吉丁虫

size 大小，规模，尺寸；胶水

~-class of locality 居民区人口数量等级，地方等级规模

~distemper 水粉画，胶水色粉涂饰

~distribution of dwellings（不同居室数目的住宅结构比例）户室比

~distribution of dwelling unit 套型化

~distribution of households（不同人口户的结构比例）户型比

~group，particle（英）（颗粒）粒径尺寸

~of household 户的人数，户的大小，户数，家庭结构（家庭类型）

~of planting stock 栽植树干尺寸

~of population 人口规模

~of scenic area 风景名胜区规模

~of settlement 集居规模

~of urban population 城市人口规模

critical population~ 临界人口规模

plant~ 植物大小

tubing~（美）管道尺寸

sizing of woody plants 木本植物尺寸

Skate ***Raja porosa*** 孔鳐 / 甫鱼

skating rink 溜冰场

skeeling 搭连屋〈类似坡屋附连于其他房屋的外墙〉

skeletal 骨架{建}；基本的，骨干的；概略的；轮廓的；骨骼的

~diagram 三相图，轮廓图

~root 主根

~soil 石质土

skeleton 草图,略图,轮廓；骨架,构架；骨骼；梗概；基干

~construction 框架结构，骨架结构建筑

~drawing 轮廓图，草图

~frame 骨架构架，钢骨构架

~layout 草图，初步布置

~line 干线

~map 概略图

~root 主根

~structure 框架结构

tree~ 树干

~branch 骨干枝（树体结构）

skepticism 怀疑态度，怀疑主义

skerry 悬崖岛

sketch 简图，草图；草稿；素描；概要；作草图；画素描；记概要

~design 草图设计；简图打（图）样

~map（地形）草图，示意图

~master 相片转绘仪

~plan 概要计划，草图，初步计划

~planning method 概要规划法

~project 初步设计

~projection 投影转绘{测}

~proposal（英）初步计划；概要建议

~scheme proposals，outline and（英）略图与初步方案建议（申请）

~from nature 写生

sketching board 绘图板

skew 斜交的；歪的，斜的

~-bridge 斜桥〈与河床成斜角的桥〉

~crossing 斜交叉道

~intersection 斜交叉

skewness coefficient 偏态系数(偏差系数)

ski 滑雪鞋；雪橇；滑雪；坐雪橇

~lift 滑雪上升

~run 雪橇滑行

~run，downhill 下坡雪橇滑行

~touring 坐雪橇游览

skid 滑行器；滑，（汽车轮）滑溜，打滑

~-free 自由滑

~road（林区）集材道路，滑道

~-row 城镇中破落地区〈低档商店，低级酒吧，廉价客店等〉

~sign 路滑标志

skidding 滑行，（汽车）滑溜

~accident 滑溜事故

~damage(美，加)（汽车）滑行损害

~distance（车辆）滑行距离

~lane（英）滑行车道

~road(美，加)滑行路

resistance to~ 滑行阻力；滑溜阻力

skier 滑雪者

~，cross-country 越野滑雪者

skiing 滑雪（运动）；滑雪技术；滑雪者

~area 滑雪地区

back-country~ 偏僻地区(或边远地区)滑雪运动

cross-country~ 越野滑雪运动

down mountain~ 下山滑雪

downhill~ 向山下滑雪

skimmer wall 挡热墙

skin 表皮，表面；皮肤；剥落；脱皮；（拿皮）覆盖

~diving（只戴面罩，不穿潜水衣的）赤身潜水（运动），裸潜，潜游

~frictional long the pile 桩侧摩擦力

Skin carp ***Hemibarbus labeo*** 唇䱻 / 重唇鱼

Skinner Michelia ***Michelia skinneriana*** 野含笑

skip 桶，斗，翻斗，（有倾卸斗的）小车；（计算机的）空白指令，跳跃进位 { 计 }；跳过，漏去；跳读

~-floor apartments 跃廊式住宅

~-stop 跃廊式住宅

Skipjack tuna ***Katsuwonus pelamis*** 鲣鱼

Skirret/Chervin ***Sium sisarum*** 泽芹

skirt 踢脚

~building 裙房

~retaining wall 斜面下部的挡土墙

skullcap ***Scutellaria baicalensis*** 黄芩 / 黄金茶 / 山茶根 / 条芩

Skunkcabbage ***Symplocarpus foetidus*** 臭菘 / 黑瞎子白菜

sky 天（空）；空中的

~count（交通量）高空计数

~-exposure plant 天空暴露面，暴光面，天空敞开面

~light of upper confining bed 含水层天窗

~parking 多层停车场，立体式停车场

~radiation 天空散射辐射

skyblue 天蓝色

Skyblue Amethystea ***Amethystea coerulea*** 水棘针

Skybluewing Passionflower ***Passiflora alatocoerulea*** 蓝翅西番莲

Skylark ***Alauda arvensis*** 云雀（丹麦国鸟）/ 朝天柱 / 告天鸟 / 打鱼郎 / 吉天子

skylight 天窗

skyline 地平线；（山、大厦等的）空中轮廓；天际线；树冠线

~of a town 城市轮廓线〈高楼大厦群形成城市天空的轮廓线〉

Skyrocket Rocky Mountain Juniper ***Juniperus scopulorum*** **'Skyrocket'** '焰火' 落基山圆柏（英国萨里郡苗圃）

skyscraper 摩天楼

~city 摩天楼城市〈高层建筑林立的城市〉

skywalk 人行天桥

skyway 高架公路，航路，航空线路

slab 板，平板，石板，厚片；铺石板

~-and-stringer bridge 梁板式桥

~block 板式住宅

~bridge 板桥

~-column system 板柱结构

~-on-girder bridge 梁—板式桥

~-on-girder structure 梁—板式结构

~on riser（英）（楼梯）阶梯石板

~paving 石板铺砌，用板铺砌

~paving pattern 石板铺砌式样

~-type stairway 板式楼梯

~with imitation stone，concrete 混凝土人造石板

asphalt~（地）沥青板

base~ 底板，承台

chamber cover~（英）人孔盖板

concrete~ 混凝土（平）板

concrete protective~（美）混凝土保护板

fibrous~ 纤维板

flat~ 平板；无梁板

garden paving~（美）花园铺路板

grass concrete~（英）草地混凝土板
grave~ 墓碑石板
in-situ concrete~（英）现浇混凝土板
manhole cover~（英）窨井盖（探井盖，人孔盖，升降口盖）板
natural stone~ 天然石板
patterned concrete paving~ 图案式混凝土铺路板
paving~ 铺路板
planting~（英）种植基础底层
poured-in-place concrete~（美）就地灌注（的）混凝土板
precast~ 预制板
precast concrete~ 预制混凝土板
precast concrete paving~ 预制混凝土铺路板
shaft cover~ 竖井盖板
stone~ 石板
structural~ 结构平板
under-~ 底板

slabs on risers, flight of step 阶梯石板；楼梯段

slack 松弛；下陷；消化（指石灰）；煤屑，（铁路）曲线缓和段；弱的；松弛的；煤屑的；变弱，变慢；减少，放松
~, dune（沙丘）下陷
~farming season 农闲季节
~hours（交通）低峰时间

slade 斜路

slag 矿渣，熔渣，炉渣
~brick 矿渣砖
~heap（英）矿渣堆
~macadam 矿渣碎石路
~pile（美）矿渣堆
~road 矿渣路

slaking 湿化

slant 倾斜，（岩层）斜向｛地｝；倾斜的，歪的；使倾斜，使歪
~legged rigid frame bridge 斜腿刚构桥

slanting stake｛建｝斜撑，支撑

slash 低洼沼泽地，林中空地〈林中伐木后所成空地〉，湿地，多沼泽地；猛砍，乱砍
wind~ 风害迹地；
~and burn cultivation 刀耕火种

slate 板岩；石板；石板瓦；用石板瓦盖（屋顶），铺石板
~mound 石板筑堤
bloated~（英）胀性板岩
expanded~（美）胀性板岩

Slaty-headed parakeet *Psittacula himalayana* 灰头鹦鹉

slaughtering room 屠宰车间

sleep 卧，睡，眠
~car 卧车
~, winter 冬眠

sleeper 轨枕
~box 轨枕盒
~wall 地垄墙

Sleeping Waxmallow *Malvaciscus arboreus* var. *penduliflorus* 垂花悬铃花

sleet 霰（雨夹雪）

sleeve 套筒｛机｝；袖子
~, pipe 套管

slender 细（长）的；薄弱的；狭窄的；微小的
~branch（美）细枝

Slender Bambusa *Bambusa textilis* var. *gracilis* 崖州竹

Slender Chinese Cane *Rhapis gracilis* 细棕竹

Slender Deutzia *Deutzia gracilis* Sieb. et Zucc. 小溲疏

Slender Dutchmanspipe *Aristolochia debilis* 马兜铃

Slender Oak *Cyclobalanopsis gracilis* 细叶青冈

Slender Pincushion *Mammillaria gracilis* 银毛球

Slender shad/Chinese herring *Ilisha elongata* 鳓 / 曹白鱼 / 快鱼 / 白鳞鱼 / 鲙

Slender sucker fish/Shark sucker *Echeneis naucrates* 鲫鱼 / 吸盘鱼

Slenderstalk Altingia *Altingia gracilipes* 细柄蕈 / 细柄阿丁枫

Slenderstalk Mahonia *Mahonia gracilipes* 刺黄柏 / 老鼠刺 / 木黄连

Slenderstyle Acanthopanax *Eleutherococcus gracilistylus*（W. W. Smith）S. Y. Hu/Acanthopa 五加（细柱五加）

Slenderstyle Acanthopanax *Acanthopanax griacilistylus* 五加 / 五加皮 / 南五加皮

slender-tail mongoose/suricate *Suricata suricata* 细尾獴 / 沼泽狸

slick（水等的）平滑面；平滑器；穿眼凿；油滑的；巧的；[副] 滑溜地；巧妙地；使光滑；弄整齐

~，oil（美）油层

slide 滑坡，坍坡，坍方；滑板；（显微镜的）载片，幻灯（滑）片；滑坍，滑动

~–resistant pile 抗滑桩

~time 弹性上班制

flow~ 流滑，滑坍

slideway 运输滑道

sliding 滑行的，滑动的

~barrier 滑栅门

~door 推拉门

~snow 滑雪

~supports 滑动支架

Slight Cold（23th solar term）小寒

Slight Heat（11th solar term）小暑

Slight Snow（20th solar term）小雪

Slim maiden Grass *Miscanthus Sinensis* 'Gracillimus' 细叶芒

slime 粘质物；粘泥，软泥；粘液；[复] 矿泥；用粘泥涂

~；biological fouling 生物粘泥

~content 粘泥量

Slimes Dam[ZA] 矿泥坝

slip 滑动，滑移；片，条；节理，滑距 { 地 }；滑动，滑移；使滑

~bank（美）凸状陡峭的河岸

~cleavage 滑坡；劈裂面 { 地 }

~coefficient of faying surface 抗滑移系数

~fixing 挠性固定

~–off slope（英）凸出陡峭的河岸

~–plane development 滑面发展

~–plane medium 滑面介质

~–resistant floor 防滑地面

~road 岔道（与快车道相连的道路），岔路，匝道，引道

~surface 滑动面

~zone 滑动带

rotational~ 圆面滑动；滚动滑坡

translational~ 推移式滑坡

slippage 滑动（量）；滑程；推挤

~crack 滑动裂纹（因沥青面层对底层

滑动而造成的 V 形或新月形裂纹）
~hazard 滑动危险，滑动事故
~skate 滑动垫板，滑板，滑动装置
mass~（美）(滑坡现象中的）整体移动 [地]
river bank~ 河岸滑动
soil~ 土滑动

Slipper Flower/Slipper Wort/Calceolaria ***Calceolaria herbeohybrida*** 荷包花 / 蒲包花

Slipper Orchid/European Lady Slipper ***Cypripedium calceolus*** 拖鞋兰 / 杓兰

Slippery Elm ***Ulmus fulva*** 糙枝榆

slipway 滑道

slit（狭）缝,缝隙,裂缝；槽,长条切口；切开；扯裂
~drain（英）边沟排水
~planting（美）缝隙栽植

slitting 开沟；切成长条

sloe 黑刺李（植物）

slogan 标语；口号

slop 水坑；[复] 污水；倾泼的水；弄湿了的地方；泼出，溢出

slope 斜坡，坡度；坡，边坡；倾斜；比降，斜率
~analysis map 坡度分析图
~angle 坡角
~area 坡面占地，斜坡地
~area method 比降面积法
~aspect 坡度形势
~board 坡板
~cutting 斜坡挖土，开挖边坡
~coefficient 边坡系数
~deposit 坡积物
~environment 边坡环境
~gradient 斜坡坡度，斜坡坡率
~land 坡地
~line；depression line 示坡线
~of a stairway 楼梯坡度，阶梯坡度
~of cut 路堑边坡
~of cutting 挖方边坡
~of embankment 路堤边坡
~of moving walk 自动步道坡度
~of river 河道坡度
~of tread 梯阶坡度
~pavement 坡面铺砌
~protection；revetment 护坡
~ratio（美）坡度比降，坡率
~ratio method 坡率法
~retaining 边坡支护
~seepage water 边坡渗流水
~stability 边坡稳定性
~stabilization 边坡处理,边坡稳定（法）
~tamping 边坡培土，边坡夯实
~unit hydrograph 坡地单位线
~wall 护坡墙
~wash 斜坡侵蚀；坡积物，坡积土
~way 斜坡路，坡道
~wind 边坡风
abrupt~ 陡坡
adverse~ 反坡
back~ 后坡，内坡
bank~ 岸坡；路堤边坡
bare cut~ 新开挖的边坡
base of~ 坡底；坡脚底宽
bottom of~ 斜坡基址
break of~ 边坡裂缝
brow of~ 坡边，坡缘
change in~ 坡度变化，坡变
change of~ 坡度变化，坡变

concave~ 斜坡凹处
construct a~ 造坡，筑坡
crest of~ 坡顶
critical~ 临界坡度
cross~ 横坡
cut~ 路堑边坡
dip~ 倾斜坡
drop of a~（美）斜坡落差
earthwork~ 土工坡度
east-facing~ 东面坡，向东坡
equator-facing~（美）向阳坡，向南坡
fall of a~（英）坡度下降
fill~ 填方边坡
flat~ 平坦坡度，平坦斜坡
flatten a~ 平坦斜坡，平坦坡度
foot of~ 坡脚
grade of~ 坡度
grade of side~ 边坡坡度
gradient of~ 斜坡坡度，斜坡坡率
hazardous~ 危险斜坡，危险坡度
incised~ 陡坡，边坡
inside~ 内侧边坡
lay to~（美）筑坡
lessen a~ 减小坡度
natural~ 天然坡度
natural terrace on~ 自然台阶斜坡
north-facing~ 向北坡，背阳坡
ogee~ S 形曲线坡
reverse~（美）反向坡
rounded~ 圆角边坡
rounding the crest of~ 修圆坡顶
scarp~ 陡坡坡度，悬崖坡度
shady~ 背荫斜坡
slip-off~（英）滑移斜坡
soil-slippage-prone~（美）易坍斜坡
south-facing~ 向南坡，向阳坡
standard~ 标准坡度
steep~ 陡坡
sunny~ 向阳坡
terrace~ 上下坡踏步；台阶
terraced~ 台级形斜坡
terracing of a~ 把坡做成台阶
toe of~（边）坡脚
transition~ 缓和坡，过渡坡
transitioned cross~ 缓和横坡
unstable~ 不稳定边坡
up-~ 上坡
up stream~ 上游坡
uphill~ 升坡，上山坡
verge~ 边坡
virtual~ 虚坡
west-facing~ 西向坡

sloped 斜坡的，斜的，倾斜的
~cable 斜缆
~curb 大斜面路缘石
~wharf 斜坡码头

slopes（美）slope 的复数

sloping 斜的，斜式的，斜面的；倾斜的
~breakwater；mound breakwater 斜坡式防波堤
~core 斜心墙，斜墙
~curb 斜式（路）缘石，斜口侧石
~down（成向）下（的斜）坡
~gallery 爬山廊
~grading of rock mound 抛石理坡
~ground 倾斜地面
~ground，gradual（坡度）不陡峭的倾斜平面
~shaft 斜井
~wharf 斜坡式码头

~wharf with cableway 缆车码头

lopshop 现成（低档）服装商店

lot（狭）槽，缝；长孔；（相邻两交织车流之间的）槽形地带；切槽，开缝

~outlet；slot diffuser 条缝型风口

~trench drain 漕沟排水

lough 泥泞；泥沼，沼泽；低温地；碎落，滑坍，剥落，剥离

~，tidal（美）潮汐跌落

loughing 坍陷

Slovakian Paradise（**Slovakia**）斯洛伐克天堂（斯洛伐克）

slow（缓）慢的；迟钝的；慢慢地；弄慢，变慢，减速

~-drive zone 慢行区域

~-down signal 减速信号

~-growing 缓慢生长

~lane 慢车道

~line 慢车道，慢车线

~moving lane 慢车道

~-moving stream 缓流河流

~-moving traffic 慢行交通，慢车行车道

~-moving vehicle 慢车车辆，慢行汽车

~-release fertilizer 缓释肥料

~shear test 慢剪试验

~sign 慢行标志

~speed signal 慢行标志

~traffic 慢行交通

~-vehicle lane 慢速车道，缓速车道，慢车道

Slow loris ***Nycticebus coucang*** 懒猴/蜂猴

Slum 贫民窟

sludge 污水，污泥，淤泥；矿泥；淤渣

~activation 污泥活化

~back 淤泥沉积

~blanket clarifier 悬浮澄清池

~cake production 泥饼产率

~concentration 污泥浓度

~dewatering 污泥脱水

~digester 污泥消化池

~digestion 污泥消化

~disposal 污泥处置

~drying 污泥干化

~elutriation 污泥净化

~gas 沼气，污泥气

~handling 污泥处理，泥浆处理

~incineration 污泥焚化，污泥焚烧

~lagoon 淤泥塘，污泥池

~landfill 污泥填埋

~loading 污泥负荷

~pressure filtration 污泥压滤

~seeding 污泥接种

~settling 污泥沉淀

~thickening 污泥浓缩

~treatment 污泥处理

~utilization 污泥利用

~vacuum filtration 污泥真空过滤

activated~ 活性污泥

digested~ 消化污泥

municipal~（美）城市污泥

sewage~ 泥水污泥

Slug ***Agriolimax agrestis*** 蛞蝓/野蛞蝓/鼻涕虫

Slug caterpillar moths 刺蛾类 [植物害虫]

sluggish stream 滞流河川

sluice；**barrage** 水闸

~chamber 闸室

~flow 孔流

~gate；lock gate 闸门
~pier 闸墩
slum 破落区，贫民住区，贫民窟；陋巷；润滑油渣
~area 陋巷区，贫民窟区
~clearance 贫民窟清除，贫民窟改造，陋巷改造{建}
~clearance area 贫民窟清理地区
~clearance scheme 贫民窟清理计划
~district 陋巷区，贫民区
~dweller 贫民窟居民
~dwelling 贫民窟住宅
~housing 贫民住区住宅
~land 贫民区
~upgrading programs 旧区改造计划
slumber 不活跃或休眠的状态；睡眠；处于休眠的或静止的
slumism（美）贫民窟的存在，贫民窟的扩散
slump 滑移，滑动，沉陷，坍塌；坍；坍落度
~plane 滑移平面
slums 贫民区，贫民窟
~and squatter settlement 贫民窟和棚户居住地
slurb（美）市郊贫民窟〈大城市郊区残破不堪的地方〉
slurbia 市郊贫民窟
slurry 稀（泥）浆，稀砂浆；炸药混合浆；沥青稀浆（乳化沥青、水与石屑的混合物，用于封层，可以冷铺）；稀污泥
~penetration 灌浆
~pond（英）泥浆池
~spreading，topsoil（路面表土）泥浆散布
clay~ 黏土稀浆
Portland Cement~ 浇铸混凝土浆
tailings~ 石渣稀砂浆
slush 软泥；泥浆；油灰（白铅石灰）；积雪；灌泥浆；涂油灰
~ice 雪冰
slushier 流冰花
SMA=standard metropolitan area 标准城市区域（缩写）
small 小的，小型的
~-animal area 小动物区
~branch 细枝（条）
~city 小城市
~commodity market 小商品市场
~cultural features 小型文化遗产
~district 小区
~fauna 小型动物区系
~float 小浮标
~garden 小游园
~garden ornaments 园林小品
~holder 小土地所有者
~house 小型屋宇
~knot 小树节
~landscape features 小型园林 / 景观特色
~mammal 小哺乳动物
~park 小公园
~paving sett（英）小铺路石块
~paving stone（美）小铺路石
~playing field 小型运动场
~pocket of slum clearance（贫民区清除后的）小块地
~project 小规模（工程）计划，小型（工程）计划

~sample 小样本
~scale 小比例尺
~-sedges fen（英）小型泥炭沼地
~sett paving 小方石铺砌；小方石路面
~shrub 小灌木
~square 小广场
~stone paver（美）小石铺路机
~stone paving（美）小砌石
~-stream station 小河站
~town 小城市，小城镇
~sype station 小型煤气站
~urban 小城市
~urban space 城市小空间
~village 小村
~waterbody or watercourse 小水体或水道
~wood 小木材；小树木；小林地
~yard 天井
Small Azalea *Rhododendron microphyton* 亮毛杜鹃花
Small bagworm *Cryptothelea minuscula* 小蓑蛾
Small Capenter moth *Holcocerus insularis* 小木蠹蛾
Small Centipeda Herb *Rhaponticum minima* 鹅不食草 / 食胡荽 / 野园荽
Small Copper *Lycaena phlaeas* 红灰蝶
Small Cranberry *Vaccinium axycaccos* 小果蔓桔
Small Crowea/Crowea exalata *Crowea exalata* 克罗威花（澳大利亚新南威尔士州苗圃）
Small cutlass/Small hairtail *Trichiurus muticus* 小带鱼
Small Dendrocalamus *Dendrocalamus minor* 吊丝竹
Small fin gurnard/Redwing sea robin *Lepidotrigla microptera* 短鳍红娘鱼 / 红头鱼
Small Fruit Fig/Banyan Tree *Ficus microcarpa* 细叶榕 / 榕树
small garden ornaments and site furniture 园林小品
Small green pant bug *Lygus lucorum* 绿盲蝽
Small hairtail/Small cutlass *Trichiurus muticus* 小带鱼
Small Indian mongoose/spot-ted mongoose *Herpestes auropunctatus* 斑点獴 / 红颊獴
Small poplar borer *Saperda populnea* 青杨天牛
Small twing beetle *Xenolea* sp. 花椒小枝天牛
Small yellow croaker *Pseudosciaena polyactis* 小黄鱼 / 黄花鱼
Smallage *Apium graveolens* 旱芹 / 野芹菜
Small-clawed otter *Aonyx cinerea* 小爪獭 / 江獭 / 亚洲小爪獭
Smaller Citrus Dog/Chinese Yellow swallowtail *Papilio xuthus* 柑橘凤蝶
Smaller Green Flower Chafer *Oxycetonia jucunda* 小青花金龟
Smaller green leafhopper *Empoasca flavescens* 小绿叶蝉
Smaller june beetle *Polyphylla gracilicornis* 小云斑鳃金龟
Smallflower Cinnamon *Cinnamomum micranthum* 沉水樟 / 水樟 / 臭樟
Smallflower Deutzia *Deutzia parviflora* Bunge 小花溲疏

Smallflower Dutchmanspipe *Aristolochia delavayi* var. *micrantha* 山草果 / 山蔓草

Smallflower Grewia *Grewia biloba* var. *parviflora* 扁担木 / 小花扁担杆 / 小花解宝叶

Smallflower Houndstongue *Cynoglossum lanceolatum* 小花琉璃草 / 牙痛草

Smallflower Sagebrush *Artemisia parviflora* 西南牡蒿 / 小花牡蒿

Small-fruit Bottle Gourd *Lagenaria siceraria* var. *microcarpa* 观赏葫芦 / 小葫芦

Smallfruit Citrus/Calamondin *Citrofortunella mitis* 金弹柑（金桔）

Smallfruit Crab-apple/Midget Crab-apple *Malus micromalus* 西府海棠 / 重瓣粉海棠 / 小果海棠

Smallfruit Rose *Rosa cymosa* 小果蔷薇

smallholding 自留地

Smallleaf Carmna *Carmona microphylla* (Lam.) G. Don 基及树（福建茶）

Small-leaf Girouniera *Girouniera cuspidata* 小叶白颜树

Small-leaf Heritiera *Heritiera parvifolia* 蝴蝶树 / 小叶银叶树

Smallleaf Jointfir *Gnetum parvifolium* 小叶买麻藤 / 细样买麻藤

Smallleaf Scrub Persimmon *Diospyros dumetorum* 小叶山柿 / 小叶柿

Small-leaved Linden *Tilia cordata* Mill. 心叶椴 / 欧洲小叶椴（英国斯塔福德郡苗圃）

~town revitalization 小城镇复兴

smart building 智能办公楼

smaze 烟霾

Smelling Rosewood *Dalbergia odorifera* 降香黄檀 / 黄花梨 / 香红木 / 花梨 / 降香檀（名贵木材）

Smilax *Asparagus asparagoides* 蔓竹

smog 烟雾（烟与雾的混合物）；光化学烟雾；毒雾

~forecast 烟雾预报

~warning 烟雾注意警报

London~ 伦敦烟雾

Los Angeles~ 洛杉矶光化学烟雾

summer~ 夏雾

smoke 烟，煤烟

~abatement 煤烟防治

~abatement campaign 减少烟害运动

~bay 防烟分区

~control 防烟

~control area 烟雾管制区

~damper 防烟挡板

~density 烟浓度

~dust 烟尘

~-enduring plant 耐烟树木，抗烟树种

~evacuation 排烟

~evacuation system 排烟系统

~exhaust damper 排烟阀

~extraction 排烟

~extractor exhaust fan 排烟风机

~fire detector 感烟火灾探测器

~fog 烟雾

~-laden atmosphere 含烟空气

~pipe 烟囱

~pollution 烟害，烟尘污染，煤烟污染

~prevention stair case 防烟楼梯间

~-prevention stairwell 防烟楼梯间

~proof damper; smoke damper 防烟阀

~shaft 排烟竖井

~vent 排烟道

~vent opening 排烟口

black~ 煤烟

Smoke Bush *Cotinus coggygria Golden Spirit* 金叶黄栌（英国斯塔福德郡苗圃）

Smoke Bush *Cotinus coggygria* 'Young Lady' '年轻女士'黄栌（英国斯塔福德郡苗圃）

smoking value 冒烟量，发烟量

smokeless zone 无烟区

Smoke-tree *Cotinus coggygria* Scop. var. *cinerea* Engl. 黄栌

smo(u)ldering 发烟，冒燃

smooth 平滑的，光滑的；平稳的；顺当的；弄平滑；使容易；消除；使镇静

~blasting 光面爆破，平整爆破

~-faced concrete 光面混凝土

~finished concrete 光面混凝土

~-riding surface 平稳行车的路面

Smooth Blue Aster *Aster laevis* 瑠璃菊 / 平光紫菀（美国俄亥俄州苗圃）

Smooth luffa/towel gourd/sponge gourd *Luffa cylindrica* 丝瓜（无棱）

Smooth otter *Lutra perspicilata* 江獭 / 滑獭

smoothing 粉光；镘光（路面）；滤除；精加工；校平；平滑，修匀

~, contour（美）塑造地形

Smoothleaf Maple *Acer laevigatum* 光叶槭 / 长叶槭

smoothly-connected landforms, creation of 塑造具小丘的地形

Smoothsheath *Phyllostachys vivax* 乌哺鸡竹 / 生长竹

smother 烟尘，水（蒸）气；浓雾窒息；闷熄

SMSA-standard metropolitan statistical area 标准大都市统计区（缩写）

Smuts of lawn 草坪黑粉病（***Ustilago striiformis*** 条形黑粉菌 /***Urocystis agropyri*** 秆黑粉病 /***Entyloma dactylidis*** 疱黑粉病）

Snagov Lake（Romania）斯纳科夫湖（罗马尼亚）

Snake Gourd *Trichosanthes anguina* 蛇瓜 / 野王瓜

Snake Melon *Cucumis melo* var. *flexnosus* 菜瓜 / 蛇甜瓜 / 酱瓜

Snake Plant/Mother-in-law's Tongue *Sanseviera trifasciata* 虎尾兰 / 千岁兰

Snake plant/Silver Net Plant *Fittonia verschaffeltii* var. *argyroneura* 白网纹草

Snake Sansevieria *Sansevieria trifasciata* Prain 虎尾兰

Snake Temple（Malaysia）蛇庙（马来西亚）

Snake Wood/Nux Vomica/Poison Nut *Strychnos nux-vomica* 马钱 / 舌根树

Snakebed *Cnidium monnieri* 蛇床 / 蛇麻子

Snakehead/China Snakehead *Channa asiatica* 月鳢

snaking of cable 电缆的蛇形敷设

Snapdragon/Dragon's Mouth *Antirrhinum majus* L. 金鱼草 / 龙头花 / 龙口花

snecked 杂乱的

~rubble 杂乱毛石

~rubble wall 杂乱毛石墙

sneezeweed *Helenium autumnale* 喷嚏菊

Sniardwy Lake (**Poland**) 希尼亚尔德维湖(波兰)
snig track[AUS] 从伐木场运出木材的小路；从采石场运出石料的小路
snooker 桌球室
snow 雪；[复]积雪；雪状物；下雪；雪一般地落下；用雪覆盖
~bank 雪堆
~barrier 防雪栅，防雪板
~blade 除雪机刀片
~blockade 积雪，雪堆
~break forest 防雪林
~board 挡雪板，防雪板
~cleaner 除雪机
~clearer 铲雪车
~clearing 除雪，铲雪
~cover 积雪
~cover damage 积雪灾害
~-cover investigation 积雪调查
~cover over ice 冰上覆雪
~damage 雪害
~density 积雪密度
~depth 积雪深度
~drain 排雪沟
~drainage ditch 排雪沟
~drift (为风所吹集的)雪堆；雪流；雪花飘
~-fall 降雪(量)
~fence 防雪栅(栏)，雪栅
~flower (=snowdrop)雪花莲属(植物)
~gauge 雪量器
~hazard 雪害
~hydrology 积雪水文学
Snow Hill 大雪山
~ice 冻雪
~line 雪线
~load 雪(荷)载
~load stress 雪载应力
~loader 装雪机
~maker 人工造雪机
~measuring rod 量雪标尺，雪深尺
~melt runoff 融雪径流
~melter 融雪机，融雪器
~-melting equipment 融雪设备
Snow Mountain 雪山
~pack 积雪
~plough 除雪犁，除雪锹，扫雪机
~-plough car 雪犁车
~-plough train 雪犁车队，排雪车队
~plow 扫雪机，雪犁
~-protection 防雪
~protection facilities 防雪设施
~protection fence 防雪栅栏
~protection forest 防雪林
~protection tree 防雪树木
~removal 除雪，铲雪
~removing 除雪作业
~scale 量雪标尺，雪深尺
~scraper 除雪犁，除雪锹
~screen 防雪栅
~-shed 除雪设备，防雪设备
~shelter forest 防雪林
~shovel 雪铲，除雪铲
~slide 雪崩
~slip 雪崩
~stake 量雪标尺，雪深尺
~storm 雪暴，暴风雪
~survey 积雪测量，测雪，量雪
~-sweeper 扫雪机
~wall 挡雪墙

sliding~ 滑动雪

Snow Azalea *Rhododendron mucronutum*（Bl.）G.Don 毛白杜鹃

Snow Bauhinia *Bauhinia acuminata* L. 白花羊蹄甲 / 马蹄豆

Snow Drop Tree/Macgregor Silver Bell *Halesia macgregorii* 银钟花

Snow Gum *Eucalyptus pauciflora* 稀花桉（英国萨里郡苗圃）

Snow Gum *Eucalyptus niphophila* 雪桉（英国萨里郡苗圃）

Snow hare *Lepus timidus* 雪兔

Snow leopard *Panthera uncia* 雪豹

Snow on the mountain/Ghost Weed *Euphorbia marginata* 高山积雪 / 银边翠

Snow Pea/Sugar Pea *Pisum sativum* var. *macrocarpon* 荷兰豆 / 软荚豌豆

Snow weasel/pigmy weasel *Mustela nivilis* 伶鼬 / 银鼠

snowbed community 雪背斜谷生物群落

Snowberry *Symphoricarpus albus*（L.）S. F. Blake 雪果

Snowberry 'Hancock' *Symphoricarpos* ×*chenaultii* 'Homcock' 查纳尔特毛核木（英国斯塔福德郡苗圃）

snowbreak（雪的）融化；防雪林带；雪挡

snowbreakage 雪破坏；堆雪造成树干或树枝的断裂

snowbreaker 除雪机

Snowbush/Foliace Flower *Breynia disticha* J. R. Forst. et G. Forst. 雪花木

Snowcap Shasta Daisy *Leucanthemum* × *superbum* 'Snowcap' 大滨菊'雪冠'（美国田纳西州苗圃）

Snowdon Hills（英）斯诺登山（英国）

snowdrift 同 **snow drift**

~control 防止堆雪（的）措施

~site 堆雪场；吹积的雪堆

Snowdrop（**=snow flower**）雪莲花属（植物）

Snowdrop[common] *Galanthus nivalis* 雪花莲 / 小雪钟 / 雪地水仙

snowdrops（**snow flake**）***Leucojum vernum*** 雪铃花 / 雪片莲

snowfall 降雪，降雪量

snowflake 雪花

Snow-in summer Bush *Serissa foetida*（L.f.）Comm. 六月雪（白马骨）

Snow-in-summer Bush *Serissa japonica*（Thunb.）Thunb./S. foetida Lam. 六月雪

snow-in-summer/June snow/serissa *Serissa foetida* 六月雪 / 满天星

snowland community 雪地生物群落

snowline 雪线

snowmelt 融雪

~flood 融雪洪水，雪洪

~flood forecasting 融雪洪水预报

~runoff 融雪径流

Snow-on-the-mountain/Euphorbia *Euphorbia marginata* Pursh. 银边翠

snowplowing（美）用扫雪机清扫道路

snowpocket association 背斜谷雪上生物群落

snowscape 雪景

snowstorm 雪暴；暴风雪

Snowy Mespilus/snowy mespil *Amelanchier lamarckii* 平滑唐棣（英国萨里郡苗圃）

Snowy owl *Nyctea scandiaca* 雪鸮

Snowy Woodrush ***Luzula nivea*** 白穗地杨梅（英国斯塔福德郡苗圃）
Snub nose monkey/golden monkey ***Rhinopithecus roxellanae*** 金丝猴 / 蓝脸猴 / 川金丝猴
soak 浸湿；渗入；吸入
soakaway 渗滤坑
soaking 浸湿，浸透
soap 肥皂；皂（有机酸与金属的化合物）{化}；用肥皂洗；上肥皂，打肥皂
Soap Nut Tree ***Sapindus mukorossi*** **Gaertn.** 无患子（肥皂树）
Soapwort ***Saponaria officialis*** 石碱草 / 肥皂草 / 朱栾
soaring 高飞的；高耸如云的
soccer court 足球场
sociability，plant（植物）群集度
social 社会的，社会性的，社交的
~amenity 生活服务设施
~analysis 社会分析
~and economic structure 社会经济结构
~area analysis 社会区域分析法
~attitude 社会态度
~balance 社会平衡
~benefit 社会利益，社会效益
~benefits of open areas 绿化空间社会效益
~benefits of the forest 森林社会效益
~burden coefficient 社会负担系数
~capacity of tourism 旅游社会容量
~capital 社会资本〈城市内的公共服务、公共树木、公园、运动场、历史文物建筑都是城市的社会资本〉
~category 社会类属
~change 社会变迁
~charge 社会福利费，福利费
~city 社会城市
~club 社团会所
~cohesion 社会凝聚力
~contact 社会交往
~control 社会控制
~cost 社会成本，社会费用
~development 社会（公益）发展
~differentiation 社会差异
~dividend 社会红利
~division of labour 社会分工
~ecology 社会生态学
~-economic formation 社会经济形态
~-economic indicator 社会经济指标
~education facilities 社会教育设施
~educational facilities 社会教育设施
~effect due to earthquake 由地震产生的社会影响
~effects 社会效益
~environment 社会环境
~factor 社会因素
~formation 社会结构
~geography 人文地理学
~group 社群
~housing 国民住宅建设
~increase of population 人口社会（机械）增长
~increase or decrease of population 社会人口增减
~indication 社会文化指标，社交水平
~indicator 社会指标，社会指数
~infrastructure 社会基础设施
~infrastructure of city 城市社会基础设施
~integration 社会一体化

~intervention mechanism 社会干预的手段
~investigation 社会调查
~investment 社会投资（用于公共福利方面）
~mobility 社会流动
~morphology 社会形态学
~motive 社会动机
~necessary labour time 社会必要劳动时间
~need 社会需要
~norm 社会规范
~obligation of private property 私有财产者的社会义务
~optimum 社会适度人口
~organizations 社会团体
~overhead 社会间接资本〈如道路、学校、医院等〉
~overhead capital 生产与社会资本，社会基础设施资本〈包括道路、上下水道、教育、福利、医疗等〉
~phenomena 社会现象
~phenomenon 社会现象
~physical training facilities 社会体育设施
~physical model 社会物质 / 实体模型
~planner 社会规划师
~planning 城市社会（公益，福利）规划，社会规划
~population growth 人口机械增长
~position 社会状况，社会地位
~problem 社会问题
~productivity of labour 社会劳动生产率
~quality of life indicator 社会生活质量指标
~realization 社会认知
~reform 社会改革
~reproduction 社会再生产
~science 社会学
~service 社会福利事业，社会服务
~service facilities 社会福利设施，社会服务设施
~setting 社会环境，社会条件
~situation 社会情境
~standard 社会标准
~statistics 社会统计
~status 社会状况
~stratification 社会分层
~structure 社会结构
~survey 社会调查
~system 社会系统
~system engineering 社会系统工程
~technology 社会工程学
~utility 社会福利事业
~utopians 社会理想主义者
~value 社会价值
~welfare 社会福利
~welfare facilities 社会福利设施

socialist 社会主义的；社会主义者
~economic base 社会主义经济基础
~system of economy 社会主义经济制度

socialization 社会化

socially social 的副词
~acceptable standard 社会接受的标准

society 协会，会，社；社会；学会
Society for Research in Chinese Architecture 中国营造学社
Society of Chinese Architects 中国建筑师学会
allotment~（英）租赁花园协会

conservation~（英）保护协会
consumer~ 消费者协会
leisure-oriented~ 娱乐协会，休闲协会
throw-away~ 反浪费自然资源协会

Society Garlic Herb *Tulbaghia violacea* 紫娇花 / 非洲小百合（美国田纳西州苗圃）

socio [词头] 表示"社会"，"社会的"
~-economic 社会经济的
~-economic environment 社会经济环境
~-economic factors 社会经济因素
~-economic index 社会经济综合指标
~economic mix 社会经济综合指标
~-economic planning 社会经济学规划
~-economic problem 社会经济问题
~-economic status 社会经济状态
~-economic survey 社会经济调查
~-economic system 社会经济系统

socioeconomic 社会经济的
~situation 社会经济形势
~development 社会经济发展
~factor 社会经济因素
~formation 社会经济结构
~group 社会经济集团
~grouping（按社会经济地区）居民分类
~index 社会经济指标
~trend 社会经济趋势

sociology 社会学
~，plant 植物社会学

sociopetal form 社会亲近方式

sociopetal space 社会向心空间

socket 承窝，套节 { 机 }；插座 { 电 }；（承物的）孔，窝，承口
~pipe 套节管，承口管，套管

Socrates 苏格拉底（公元前 469—前 399，古希腊哲学家）

sod 草皮，草泥；铺草皮，覆以草泥
~curb 植草路缘
~cutter 剪草机，割草机
~ditch check（沟中防冲蚀的）草皮沟槛
~layer（美）草皮层
~laying and seeding techniques（美）草皮铺种技术
~nursery（美）草皮苗圃
~removal site（美）草皮提取地
~roof 草皮屋顶
~sowing（英）草皮播种
~swale 草地
heath~ 荒草皮
reed~ 芦苇草泥
rolled~（美）压实草皮
turf~ 草地草泥

soda fountain 冷饮店

sodalite 方钠石

sodalitite 方钠岩

sodded "leak-off" 铺草皮的泄水沟
sodded slope 植草坡，铺草皮的边坡
sodded strip 铺草皮（地）带

sodding 铺草皮，铺草坪
~lawn 铺草皮块草坪
~protection 草皮护坡
~works 铺草皮作业

soddy 草皮的，被草皮覆盖的
~soil 生草土

sodium 钠（Na）（化学元素）
~chloride 氯化钠，食盐（NaCl）
~chloride soil 氯化钠土，盐土

Sodoapple Nightshade *Solanum suranthense* 牛茄子 / 刺茄 / 颠茄

ods, cutting of（美）草皮剪割
cutting of heath~ 荒草皮剪割
securing~（美）用木钉或铁钉固定草皮
oft（柔）软的；平静的；柔和的；[副] 柔软地；平静地；柔和地
~clay 软黏土
~coal 烟煤
~floor covering 软性覆面
~focus picture 软焦点画，朦胧柔和画
~fruit and pomes 浆果和梨果
~ground 软弱地基
~landscape 软质景观
~landscaping 软质景观化
~science 软科学
~soil 软土
~space 软空间
~water 软水
Soft Pyrrosia *Pyrrosia mollis* 柔软石韦
Soft rot of *Aloe* 芦荟软腐病（***Erwinia* sp.** 欧文氏软腐杆菌）
Soft rot of cockscomb 鸡冠花软腐病（***Erwinia carotovora*** 胡萝卜欧文氏杆菌）
Soft rot of *Dieffenbachia* 斑马软腐病（***Ercinia* sp.** 欧文氏杆菌）
Soft rot of redflower bracketplant 红花吊兰软腐病（***Erwinia* sp.** 欧文氏软腐杆菌）
Soft rot of *Rhaphidophora aureum* 绿萝软腐病（***Erwinia carotovora* subsp. *carotovora*** 胡萝卜软腐欧文氏杆菌胡萝卜软腐致病型）
softball court 垒球场
soften 弄软，变软；使弱；变弱；使柔和，变柔
~a pathway's hard edge 小路硬边软化
softened water 软化水
softening 软化；减弱
~of water 水的软化
~point（of bitumen）（沥青）软化点
softgoods 轻工业品
Softleaf Ash *Fraxinus malacophylla* 白枪杆
softscape 软柱身；软景
software 软件，软设备
~design 软件设计
~engineering 软件工程
~performance 软件性能
softwood 同 **soft wood** 软木（材）；针叶树
Sohoton National Park（**Philippines**）苏佛特国立公园（菲律宾）
soil 土，土壤；污物；粪便污水；弄脏、玷污；施肥
~acidity, increase in 土壤酸度
~Acidity Meter 土壤酸度计
~additive 土壤外加物
~affected by impeded water 不良水影响的土壤
~aggregate mixture 碎石土，集料土，含骨料土
~-aggregate mixture 土集料混合物，碎石土
~-aggregate surface 碎石土面层，骨料土面层
~-air 土壤中空气
~amelioration（英）土壤改良
~amendment（美）土壤改良
~amendments 改善土掺加料，土壤改善
~analysis 土分析，土质分析
~anchor 图层锚杆

~anchor driller 土锚钻机
~and rock mass 岩土体
~and water conservation 水土保持
~and water conservation district（美）水土保持地区
~and water loss 水土流失
~and water preservation 水土保持
~and water utilization 水土利用
~arching action 土拱效应
~asphalt（地）沥青土
~-asphalt road 地沥青稳定土路，地沥青土路（面）
~-asphalt stabilization 地沥青土稳定（法）
~assessment cone penetrometer 判定土体承载力用触探仪
~association 土壤组合
~auger 螺旋取土钻
~bank 土堤
~beam test 土梁试验
~bearing capacity 土承载量，土承载力
~bearing ratio 土承载比
~bearing test 土承载（能力）试验
~binder 土结合料
~beside an excavation，keep（美）挖洞侧旁堆土
~-bitumen 沥青（稳定）土
~bituminous road 沥青稳定土路，沥青土路（面）
~blister 土胀；冻胀
~block 土块
~body 土体
~-bound 土结的
~burning 土的烧灼，烧土
~cavity 土洞
~-cement 水泥（稳定）土
~（-）cement base 水泥稳定土基层
~-cement mixed pile foundation 水泥土搅拌桩地基
~-cement pavement 水泥土的铺面
~（-）cement processing 水泥稳定土法
~-cement road 水泥（稳定）土路
~-cement slurry 水泥土浆
~-cement treatment 泥稳定土处治
~cementing 粘结土
~characteristics 土的特性
~class 土级，土类
~classification 土分类，土壤分类
~classification，construction（建筑）土分类
~classification system 土的分类体系
~classification test 土分类试验
~climate 土壤气候
~compaction 土的压实，土的压密
~compaction control kit 土压实控制仪
~compactor 填土夯实机
~complex 土壤复区
~composition 土的组成
~condition 土况，土的条件，土质条件
~conditioner 土质调整剂
~conditioning 土况改良，土质结构改良
~conservation 土（壤）保持，水土保持
~conservation crop 水土保持林木
~conservation purposes，protective forest for 土壤保持防护林
~consolidation（for road construction）土壤固结（为修路或建筑）
~constitution 土（壤）组成
~contamination 土的污染，土壤污染

~core 土样
~cover，forest 森林土保护层
~-covered cultural monument 被土覆盖的文化纪念物
~creep 土滑，土爬，土潜动，土蠕变
~crumbing 团块状土壤
~crust 土结皮
~cultivation 土壤培养
~cushion 土垫层
~decontamination 土壤净化
~degradation 土壤退化
~denudation 土壤侵蚀（作用）
~depletion 土壤耗竭
~development 土壤发育
~distribution pattern 土壤分布法（式）
~drainage 土壤排水
~dynamics 土动力学
~engineering 土工学
~erosion 土蚀，水土流失，土壤侵蚀
~examination（美）土壤检验
~excavation 土壤挖掘，挖土
~exploration 土（壤）探查，土质调查
~fabric 土的结构，土的组构
~fall 土崩，土坍
~fauna species of 土壤动物区系（物种）
~fertility 土壤肥力
~fertility，enhancement of 土壤肥力增长
~fertility，natural 自然土壤肥力
~-filled joint 用育草土嵌填的接缝
~filter（美）土壤渗滤器，土壤筛
~fines 土的细粒部分，细土
~fixation 土（壤）加固
~flora，species of 土壤植物区系物种
~flow 泥流，流土
~-footing contact 土基接触面
~formation 土（壤）形成，土（壤）构成；土层
~-forming factor(s) 成土因素
~forming process 成土作用
~fraction 土的粒组
~gas 土内的气体
~geography 土地理学
~grain 土（颗）粒
~grain size accumulation curve 土粒累计曲线，土粒累积曲线
~granulation 土（壤）团粒作用
~granule 土壤团粒
~group 土类
~group，great（美）土壤大类
~group，major（英）土壤大分类
~heap（英）土堆
~heaps，turning-over of（英）翻土堆
~horizon 土层，土壤层位
~identification chart 土鉴定图
~improvement 地基加固；土质改良
~impoverishment and structural degeneration 土壤贫瘠和退化
~improvement 土壤改良
~improvement by working in a leaf mo(u)ld/sand mixture 用腐殖土 / 沙混合料改良土壤
~improvement with clay 用黏土改良土壤
~improvement with compost 用混合肥料改良土壤
~in site 原生土
~inrush 涌土
~inventory 土壤目录，土壤现况
~investigation 土质调查，土质研究
~investigation，on-site 现场土壤研究（调查）

~investigator 土调查者，土学家
~lab 土工试验室
~legend 土工图例
~level near a tree trunk，raised 近树干土高
~level，stable（美）稳定的土层
~-lime 石灰土
~-lime compacted column 土与灰土挤密桩地基
~-lime-flyash 石灰粉煤灰土，二灰土
~-lime-pozzolan 火山灰石灰土
~lines of equal pore pressure 土内等空隙水压线
~liquefaction 土的液化
~loosening 土壤流失
~loosening of planting areas 种植区土壤流失
~lying by side of an excavation leave(英）挖方旁堆土
~management 土壤管理
~map 土分布图，土壤图
~mapping 土壤测图
~mass 土体
~material 土壤物质，成壤物质
~material，loose 散粒土壤物质
~material，settled 沉积土壤物质
~material，transportation of 土壤物质运输
~materials，class of（美）土壤物质，土级，土类
~materials，use classification of（美）土壤物质，土壤利用分类
~matrix 土基
~-mechanic instrument 土工仪器
~mechanics 土力学
~mellowness 土壤松透性
~mineralogy 土矿物学
~mixing plant 土壤拌合场（机）
~modification 土壤改良
~moisture 土壤含水量，土湿度
~moisture constant 土壤含水量常数，土湿度常数
~moisture constants 土壤水分常数
~moisture content 土壤含水量
~-moisture content analyzer 土壤水分测定仪
~moisture deficit 土壤缺水量
~moisture-density meter 土的湿度密度仪
~moisture forecasting 墒情预报（旱情预报）
~moisture stress 土的水分应力
~mortar 泥灰浆，泥砂浆
~-moulded concrete 土壤模制混凝土
~nailing 土钉法（地基处理），土钉
~name 土名
~obliteration（美）腐殖土荒废
~of silt size 粉土
~order（美）土纲
~organic matter 土壤有机物质
~organism 土壤有机体（生物）
~particle 土粒
~pat 土块，土饼（块）
~pattern 土样
~permeability 土（壤）渗透性
~pH map 土壤 pH 值图
~phase 土相
~physics 土壤物理学
~pile（美）土堆
~piles transferring of（美）土堆转运

~-pipe 污水管，粪管
~piping 土的管涌
~pocket 土袋
~pollution 土壤污染
~pores 土孔隙
~preparation 土壤准备
~pressure 土压力
~pressure cell 土压力盒
~pressure measurement 土压力量测
~productivity 土壤生产力（率）
~profile 土剖面，土纵断面
~profile characteristics 土（壤）剖面特征
~profile development 土壤剖面发育
~pulverizer 松土机，（土的）粉碎机
~pusher 推土器
~quality analysis 土壤质量分析
~road 土路
~rating 土（的）分级
~reaction 土壤反应
~reclamation 土地垦拓，土壤改良
~reconnaissance 土质踏勘
~replacement 土壤更新（置换）
~resources 土壤资源
~resource inventory（美）土资源目录，土资源技术档案
~-root ball 土根球
~sample 土样
~sample barrel 取土筒
~sampler 取土样器
~sampling 取土样
~science 土质学
~scientist 土学家
~section 土剖面，土纵断面
~seed bank 土种储备
~separate group（美）土壤粒组，土壤颗粒分组
~separator 土选分机
~series 土系，土壤系，（美国农业部的）土级数
~shredder 碎土机
~shrinkage 土收缩
~skeleton 土骨架
~slip 滑坡，坍方，土滑
~slippage 土滑，滑坡，坍方
~-slippage-prone slope（美）易土滑斜坡
~slope 土体边坡
~slump 土崩（坍）
~sounding device 土触探装置
~specimen 土样
~stabilization 土稳定（法）
~stabilization technique 土的稳定技术
~stabilization with bitument 沥青稳定土（壤）
~stabilization with brushwood（美）灌木丛稳定土
~stabilization with lime 石灰稳定土
~stabilizer 土稳定剂；稳定土筑路机
~stablizing machine 土壤稳定机
~stack 放臭气管，排水立管
~stockpile（美）土壤贮料堆
~storage 储土库
~store 储土库
~strata 土层
~strength test 土强度试验
~strip map 土壤分布图
~stripper 铲土机
~structure 土结构
~structure，granular 土壤结构（颗粒）

~-structure interaction 土与结构物的相互作用
~suborder（美）土壤亚纲
~suction 土吸水能力，土吸收作用
~suction potential 土吸力势
~support value 土基支承值
~surface 土路面，土表
~surface road 土面路
~surfaced road 土路面
~survey 土质调查
~-survey map 土质调查图
~surveying of site 建筑基地土质调查
~suspension 土悬液
~symbols 土的图例
~taxonomic unit 土壤分类学单位
~temperature meter 土壤温度计
~tensiometer 土壤张力计
~test（ing）土壤试验
~textural class 土壤质地级
~texture 土（壤）组织
~texture diagram 土壤质地图表
~thermometer 地温计
~tone 土色
~trafficability 土体通过汽车能力
~type 土组，土类
~water 土中水，地下水，土壤水
~water，available（可利用）土壤水
~water belt 地下水带，土中水带
~-water observation 土壤水观测
~water potential 土水势
~water retention 土的持水性
~water，superheated（过热）土壤水
~wedge 土楔，楔形土体
~wetness 水湿度
abnormal~ 不正常土，异常土
acid~ 酸性土
acidic~ 酸性土
acolian~ 风积土
adobe~（砂）灰质土，龟裂土；制砖
aeolian~ 风积砂
aeolic~ 风积土
aggregate stability of~ 土集料稳定度（性）
agricultural~ 耕种土，种植土
air（-）dried~ 风干土
alkal（ine）~ 碱（性）土
alkali~ 碱性土
alkaline~ 碱性土
allophane~ 水合硅酸铝土
alluvial~ 冲积土
altered~（美）蚀变土
ando~ 暗色土
anisotropic~ 各向异性土
anthropic~ 耕作土
aqueous~ 含水土，饱水土；沉积土
arable~ 可耕土
arid~ 旱带土
artificial~ 人工填土
artificially improved~ 人工加固土
average consistency of~（土的）平均稠度
azonal~ 原生土（层），未发育土（层）
backfill~ 填土
bank of~ 土坡，土堤
base~ 底土，基土，基层土
basement~（=subgrade）土路基，基土
basic~ 碱性土
bearing capacity of~ 土壤承重能力
binder~ 胶结土
black~ 黑土

black alkali~ 黑碱土
black cotton~ 黑棉土（一种膨胀土，分布于印度、非洲等地）
blended~ 混染土
blow-out of~ 土的风力移动
bog~ 沼泽土
borrow~ 借土，外运土
bottom~ 底土，下层土
briefly frozen~ 暂冻土
brown forest~ 棕色森林土
buried~ 下层土，底土
calcareous~ 石灰质土，石灰土
calcium~ 钙质土
calculous~ 间隔土；砾质土
calculus~ 砾质土
cave in~ 土洞
cement modified~ 水泥改善土〈水泥用量较少，用来降低土的塑性，增大土的颗粒〉
cement-stabilized~ 水泥加固土
cement-treated~ 水泥加固土
cemented~ 胶结土
chalk~ 白垩土
characteristics of~ 土（壤）特性
chemical properties of~ 土壤化学特性
chemically nuisance~ 含有害化学成分的土
classification of heaving property of frozen~ 冻土的冻胀性分类
classification of~ 土的分类
clay~ 黏土
clay-bearing~ 含黏土的土
clay pan~ 黏磐土
clayey~ 黏（土）质土，黏土类土
closely graded~ 同颗粒组成土
coarse grained~ 粗（颗）粒土
coastal marsh~ 海岸湿地土
coastal plain~ 海岸平原土
cohesion of~ 土（壤）黏性；土（壤）粘聚力
cohesionless~ 无黏性土
cohesive~ 黏性土
collapse~ 坍积土
collapsible~ 湿陷性土
collapsing~ 崩解性土
colluvial~ 塌积土，崩积土
compact~ 坚实土
compacted~ 压实土
composite~ 混合土（由砾、砂、粉土、黏土等混合）
compressibility of~ 土的压缩性
compressible~ 可压缩土
conservation method for the design of foundation in frozen~ 冻土地基保持法设计
consistency limit（of）~（土的）稠度限界
consolidated~ 固结土
constituents of~ 土（壤）成分
contaminated~ 受污染土
contractive~ 收缩土
coral reef~ 珊瑚礁土
cotton~ 棉花土
covering with~（美）土覆盖层
creeping~ 滑坍土
creeping~on frozen ground~ 冻土上滑坍土
cross-anisotropic~ 交叉各向异性土
crumby~ 屑粒土
crushed stone~ 用碎石加固的土
cultivated~ 耕种土壤

cumulose~ 碳质土，腐殖质有机土
decontamination of~ 土壤净化，土壤去污
deep~ 深层土
deep ploughed~ 深犁耕土
density of~ 土（的）密度
density of saturated~ 土饱和密度
deposited~ 沉积土
desert~ 荒漠土
desert gray~ 灰漠土，灰漠钙土
desert steppe~ 荒漠草原土
dilatable~ 膨胀土
dilative~ 膨胀性土
diluvial~ 洪积土
dispersive~ 分散性土
disturbed~ 扰动土
drainage permeability of~ 土壤排水渗透性
drainage-poor~ 排水不良土壤
drained~ 经过排水的土壤
easily workable~ 容易加工的土壤
easy work-ability of a~ 土壤的容易加工度
efficiency of subgrade~ 基层土承载能力
electric-osmotic stabilization of~ 土的电渗稳定
eluvial~ 残积土
engineering classification of~ 土的工程分类
ever-frozen~ 永冻土
expanding~ 膨胀土
expansion~ 膨胀土
feebly cohesive~ 弱粘（聚）性土
field check of~（美）土壤的野外检查
fine-grained~ 细颗粒土
fine-textured~ 细密结构土壤
finite layer of~ 有限土层
firm~ 坚实土，硬土
flood plain~ 淹没平原土壤
fluvial~ 河流冲积土
fly ash stabilized~ 粉煤灰加固土
forest~ 森林土壤
formation of~ 土（壤）的生成
fossil~ 古土壤，化石土
foundation~ 地基土
frost-penetration depth in~ 土壤霜冻深度
frostproof~ 防冻土
frost-resistant~ 耐冻土
frost-susceptible~ 易冻土
frozen~ 冰冻土
garden~（美）花园土，公园土
genetic~ 原生土，生成土
geotextile-encapsulated~（被）土工织物密封的土
glacial~ 冰川土
glacial-fluvial~ 冰水沉积土
gley~ 潜育土，格列土
good load-bearing~ 好承载土层
grading of~ 土的级配
granular~ 粒状土，颗粒土
gravelly soil~ 含砾土，砾土
gray~ 灰土（一种天然砾土混合物）
gritty~ 粗砂土
ground-water~ 潜水土
half bog~ 半沼泽土
hard~ 硬土
heaving value of frozen~ 冻土的冻胀量
heavy~ 重质土，黏土
heavy clay~ 重黏土

heavy textured~ 黏性土
heterogeneous~ 非均质土
high liquid limit~ 高液限土
highly compressible~ 高压缩性土
highly sensitive~ 高敏感土
highway~ 公路土（壤）
highway subgrade~ 公路路基土
homogeneous~ 均质土
horizon of~ 土层
humid~ 湿润土
humose~（英）腐殖质土
humosic~（美）腐殖质土
humus~ 腐殖（质）土
hydromorphic~ 水成土
immature~（英）生土，未成熟土
immature residual~ 新残积土
impermeable~ 不渗透土，黏土
improved~ 改善土，改良土
in situ~ 就地土，现场土
inhomogeneous~ 非均质土
inorganic~ 无机土（壤）
internal friction of~ 土（壤）内摩擦力
interstices of~ 土壤裂隙
lacustrine~ 湖积土
laterite~ 砖红壤，铝红土，铁矾土
lateritic~ 铝红土，红土
less-cohesive~ 低粘性土
light~ 轻质土，砂土
light-textured~ 砂性土
lime~（石）灰土
liquefaction of~ 土的液化
liquid limit of~ 土的液限
living in the~ 土生物种
load-bearing~ 承载土层
loading of~ 土荷载
loamy~ 壤土
loessial-~ 黄土质土，黄土类土
loose~ 松（散）土
lower-horizon~ 下层土
macroporous~ 大孔性土
man-made~ 人造土
man-made humic~ 人造腐殖土
manipulated~ 重塑土
mantle of~ 土（的）表层，表皮土
marginal~ 边（缘）土
marine~ 海积土
marsh~ 沼泽土，湿地土
meadow~ 草甸土
mechanical stabilization for~ 机械（物理）加固土
mellow~ 松透性土
micaceous~（含）云母土
mineral~ 矿土
modified~ 改良土壤
moor~ 沼泽土
moorland~ 沼泽地土
moraine~ 冰碛土
muck~ 黑色腐殖土（美）
mucky~ 淤泥质土
mud flow~ 泥流土
muddying of~ 多泥土，土泥浆
natural~ 天然土
natural consistency of~ 土的天然稠度
neutral~ 中性土
new~ 生荒地，处女地
night~ 粪便，大粪
non-cohesive~ 非粘性土，无粘结性土
non-freezing~ 非冰冻土，不冻土
nonhomogeneous~ 非均质土
non-plastic~ 无塑性土

normal~ 正常土
normally loaded~ 正常固结土
occurrence of~s 土的形成
organic~ 有机（质）土
organic mineral~ 有机矿质土
oven-dried~ 烘干土
over-clayey~s 过黏土
over coarse-grained~ 巨粒土
over-consolidated~s（o.c.soils）超固结土
packed~ 夯实土，捣实土，素土夯实
paddy-field~ 稻田土（砂粒含量大于 40%，粘粒含量小于 20% 的粉性土）
pan~ 硬土，坚土
parent~ 原生土，原状土
peat~ 泥炭土
peaty~ 泥炭土，泥沼质土
perennially frozen~ 多年冻土
permanently frozen~ 永冻土
permeable~ 渗透性土
pH value of~ 土的 pH 值（表示酸碱度）
pioneer plant on immature~（英）生土先锋植物
placement of~ 土铺筑
plaggen~ 生草土
plain~ 纯土
planting~ 种植土
plastic~ 塑性土，可塑土
plastic clay pan~ 塑性粘盘土，塑性硬黏土
plasticity classification of~ 土的塑性分类
plasticity of~ 土的可塑性
pockets of~ 土壤
podzolic~ 灰化土，灰壤
poor graded~ 不良级配的土
poor load-bearing~ 不良承载土层
poorly drained~ 不良排水土
porous~ 多孔隙土
prairie~ 湿草原上
preconsolidated~ 先期固结土
primary~ 原生土
primitive~ 生荒地，未开垦土地
putty soil~ 油灰土
quasi-saturated~ 准饱和土
raw~ 生土，原土，未处理土
recently deposited~ 新近堆积土
red~ 红土
red desert~ 红漠土；红漠钙土
red podzolic（laterite）~ 灰化红土
reduced height of~ 土的骨架净高
regional~ 地区性土
relative moisture content of~ 土的相对含水量
remo(u)lded~ 重塑土
removal of surplus~s 余土处理
replacement of~ 换土填层
residual~ 残积土，原积土
resistance of~ 土的抗力，土的阻力
rocky~ 岩石（类）土
rolling of~ 土基压实
running~ 流动土
sagging~ 融沉土
saline~ 盐渍土，（含）盐土
saline-alkali~ 盐碱土
salting of~ 土壤盐碱化
salty~ 盐渍土
sand~ 砂质土，含砂土
sandy~ 砂（性）土
saturated~ 饱和土

seafloor~ 海底土
seasonal frozen~ 季节性冻土
seasonally-flooded~ 季节性水淹土
sedentary~ 原生土，原地土
self healing~ 自愈性土料（坝工）
self sealing~ 自封性土料（坝工）
sensitivity of~ 土的灵敏度，土的敏感性（= 不扰动的土样无侧限抗压强度 / 重塑的土样无侧限抗压强度）
settled~ 沉积土
settlement of~ 土的沉陷
shallow~ 潜层土
silica~ 硅土
silty~ 粉（性）土
site~ 就地土，现场土
skeletal~ 骨板土
soddy~ 生草土
sodium chloride~ 氯化钠土
soft~ 软土
soft sub-~ 软底土
solidified~ 加固土
solodic~ 脱碱土
spongy~ 弹簧土，松软土
stabilized~ 稳定土
steppe~ 草原土
sterile~ 生荒地
stratified~ 分层土
strengthening~ 加固土
structural stability of~ 土壤结构稳定度
structurally stable~ 结构稳定土
structure of~ 土壤结构
structureless~ 无结构土
subaqueous raw~ 水下生土
subgrade~ 路基土
subhydric~ 水下土
sunbaked~ 晒干土
supercooled~ 过冷土
surface~ 表土，面层土
swamp~ 沼泽土
swell-shrinking~ 胀缩土
swelling~ 膨胀土
swollen~ 隆胀土，冻胀土
taxon~ 分类单元土
texture of~ 土结构，土组织
thermal economy of~ 土热量交换 {气}
thirsty~ 干燥土
tilled~ 耕作土，耕种层表土
top~ 表土
triangle classification of~ 土的三角形坐标分类
tropical~ 热带土
tundra~ 冰沼土
turfy~ 草皮土，草根土，生草土
types of~ 土（壤）类别
under-consolidated~ 欠固结土
undisturbed~ 未扰动土，原状土
unsaturated~ 不饱和土
upland~ 高原土（一种天然砂土混合物）
upper horizon~ 上层土
upper layer of~ 上层土
vegetable~ 繁殖土，植物土
vegetation establishment on immature~（英）定居生土植物
very compact~ 极坚实土
very firm~（美）极硬土
virgin~ 处女地，未垦土壤
viscoelastic~ 粘弹性土
volcanic~ 火山土
volume of on-site~ 就地土值

volume of spread~ 摊铺土值
volume of void in~ 土中孔隙体积
volume of water in~ 土中水的体积
water-bearing~ 含水土
water-deposited~ 水积土
water（-）logged~ 浸湿土
water-saturated~ 水饱和土
water sensitive~ 含水沉陷土
weak~ 软土
well-drained~ 排水良好土
well-graded~ 级配良好土
wet~ 湿土
white alkali~ 白碱土
wind~ 风积土
wind-borne~ 风积土
yellow~ 黄土；黄壤
yielding~ 流动土，软土
zinc-contaminated~ 锌污染土

soil compaction 土壤紧实度

soiled stream 污染的溪流

soiling 填土
~of holes 洞（孔）填土
~of voids（英）空隙填土

soils 土壤，表土
~removal 表土移动
zonal~ 分带土壤，分区土壤
hydromorphic~ 水成土
physical properties of~ 土壤的物理性质
terrestrial~ 地面土

Sokolniki Park of Culture and Rest（Russia）索科尔尼基文化和休息公园（俄罗斯）

Sol-air temperature 综合温度

Solanum pseudocapsicum 珊瑚豆

solar 太阳的，日光的；太阳；太阳能；日；日照
~-air temperature 太阳－空气温度
~altitude sun's altitude 太阳高度角
~angle 阳光入射角
~azimuth；sun's azimuth 太阳方位角
~battery 太阳能电池
~building 太阳能建筑
~calculation 日照计算
~constant 太阳常数
~day 太阳日
~declination 太阳赤纬
~eclipse 日蚀
~energy 太阳能
~energy car 太阳能汽车
~energy collector 太阳能集热器
~energy drying 太阳能干燥
~energy engineering 太阳能工程学
~envelope 日光包络体：建设用地内设定的虚拟边界，在此虚拟边界内的建筑物不会在预设时间段内遮挡日光照射相邻建筑物
~evaporation 太阳能利用法
~exposure 太阳曝光，太阳照射，光照强度
~generator 太阳能发电机
~heating 太阳能采暖
~house 日光（加热）玻璃房，日光玻璃暖房
~irradiance 太阳辐射照度
~orientation 朝阳，朝阳方向
~periscope 太阳潜望镜（航测用）
~power 太阳能
~power station 太阳能站
~radar 太阳雷达
~radiant heat 太阳辐射热

~radiation 太阳辐射
~radiation absorbility factor 太阳辐射吸收系数
~radiation energy 太阳辐射能
~radiation intensity 太阳能辐射强度
~right 日照权
~system 太阳系
~tide 太阳潮，日潮{天}
~time 太阳时
solaria 阳光室
solarimeter 日射总量图
soldier 兵，军人；[复]立砌砖{建}；装配支柱，模板支撑
~course 排砖立砌层{建}
~pile 排桩
sole 底基；脚底，鞋底；单一的，唯一的，单独的
~source contract award（美）自由签订合同，不预先投标而签订合同，经选择和谈判后签订合同
solenoid valve 电磁阀
solfataric clay 硫质黏土
solid 固体，固态；立体；实体；[复]固体颗粒；固体的，固态的；立体的；实体的；坚固的，坚实的；硬的
~base 坚实基层
~board fence（美）坚固的木栅栏
~body 固体
~-borne sound 固体声
~bracing（英）坚实的支撑（系杆）
~brick 实心砖
~coal seam 未开采煤层
~cover 坚实的覆盖物
~curve 实曲线
~deck pier 连片式码头
~drawn steel pile 无缝钢管
~filling 填实
~framework 固体骨架
~fuel 固体燃料，固态燃料
~line 实线
~loading 固体负荷
~masonry 实体圬工
~masonry wall 实体墙
~mass 实体
~newel stair 中柱旋梯
~rock 坚石，坚岩，原地岩
~state 实境
~wall（美）实墙
~waste 土体废物，固体垃圾，固体污泥
~waste pollution 固体废物污染
Solidarity Mosque 固结清真寺
solids，settling 沉淀物，沉渣
solifluction 解冻泥流；泥流作用，融冻作用{地}
soligenous peatland 由地面水流入造成的泥炭田
solitary 单个的，唯一的，单独的
~wave 孤立波
Solitary Rose ***Rosa bella*** **Rehd. et Wils.** 美丽蔷薇
Solomon's Seal ***Polyoygonatum canaliculatu*** 多花黄精（美国俄亥俄州苗圃）
solonchak 盐土
solonetz 碱土
solubility 溶解度；溶解性，可溶性；可解（决）性
~（of bitumen）（沥青）溶解度
~，of low 低溶解度
soluble 可溶的；可解（决）的

~，easily 易溶解的
~glass 水玻璃
~matter 可溶物质
~medium 易溶介质
~phosphoric manure 可溶磷肥
poorly~ 不易溶解的
water~ 水溶解

solvent 溶剂；有溶解力的
~-thinned adhesives 溶剂型，胶粘剂
~-thinned coatings 溶剂型涂料

Somali wild ass *Equus asinus somalicus* 非洲野驴

sonar remote sensing 声纳遥感

Song 宋朝，宋
~Dynasty Street，Zhenjiang 镇江宋街（中国江苏省）
~Tomb 宋陵（中国河南省）

Songbird Hall 鸣禽馆

Songdowon（Japan）松涛园（日本）

Songhua Lake（Jilin，China）松花湖（中国吉林省吉林市）

Songhua River（China）松花江（中国）

song-ology 宋学

sonic boom 废声

sonneratia *Sonneratia caseolaris* 海桑

Soong Ching Ling Children's Science Park（Beijing，China）宋庆龄儿童科学公园（中国北京市）

Soong Ching Ling's Former Residence（Beijing，China）宋庆龄故居（中国北京市）

soot 煤烟，烟灰
~and dust 烟尘

Sooty mold of *Camellis japonica* 山茶煤污病（病原为真菌，子囊菌门煤炱菌科 **Capnodiaceae** 和子囊菌门小煤炱菌科 ***Meliolaceae*** 的一些种）

Sooty mold of *Citrus medica* 香橼煤污病（***Fumago vagans*** 表丝联球霉）

Sooty mold of *Coral legume* 珊瑚豆煤污病（***Fumago* sp.** 半知菌类）

Sooty mold of *Damnacanthus macrophyllus* 大叶虎刺煤污病（***Fumago vagans*** 表丝联球霉）

Sooty mold of *Euonymus japonica* 大叶黄杨煤污病（***Capnodium* sp.** 子囊菌门）

Sooty mold of jujube 枣煤污病（子囊菌门煤炱菌科 **Capnodiaceae** 的一种）

Sooty mold of *Lagerstroemia* 紫薇煤污病（***Capnodium* sp.** 煤炱菌）

Sooty mold of *Ligustrum quihoui* 小叶女贞煤污病（***Fumago vagans*** 表丝联球霉）

Sooty mold of poplar 杨煤污病(***Fumago vagans*** 表丝联球霉）

Sooty mold of *Portunella margarita* 金橘煤污病（***Fumago* sp.** 半知菌类）

Sooty mold of *Prunus* 碧桃煤污病（真菌，煤污菌在不同地区种群组合不尽相同）

Sooty mold of *Rhododendron simsii* 杜鹃煤污病（煤炱科 **Capnodiaceae** 和小煤炱科 **Meliolaceae** 的一些种）

Sooty mold of Robinia 刺槐煤污病（病原为子囊菌门小煤炱科 **Meliolaceae** 的一种）

Sooty mold of *Rosa chinensis* 月季煤污病（***Fumago* sp.** 半知菌类）

Sooty mold of *Sophora japonica* 槐树煤

污病（*Capnodium* sp. 子囊菌门）

Sooty mold of *Zanthoxylum* 花椒煤污病（子囊菌门煤炱科 **Capnodiaceae** 的一种）

Sophia Church（**Harbin, China**）圣·索菲亚教堂（中国哈尔滨市）

Chinese scholar tree *Sophora japonica* 槐（植物）

Sophora japonica* tree *gummosis 槐树流胶病（***Botryosphaeria* sp.** 子囊菌门 / 非寄生性病原）

***Sophora* leaf wilt** 龙爪槐缘叶病 / 龙爪槐叶枯病（病原非寄生性，缺铁或缺钾）

Sophorae* globula scale *Eulecanium kuwanai 槐花球蚧

Rowan/Moutain Ash hybrid *Sorbus commixta* 混种花楸（英国斯塔福德郡苗圃）

Sordid Lapista *Lepista sordida* 紫花脸香蘑

sorrel-top（美）红褐色树顶（树冠枯死先兆）

Sort San Pedro（**Cuba**）圣佩得罗古堡（古巴）

sorting 分类，分选作用

~sidings（铁路）编组线，车辆分类线

~track（铁路）编组线，分类调车线

Soriay Mata Linear City 苏瑞亚 · 马塔带形城市

soul/spirit 灵魂

sound 声音；声学；健全的，完善的；可靠的；坚固的；发声音；测探，触探；测量水深

~absorber 吸声体；吸声器

~-absorbing 吸声的

~-absorbing material 吸声材料

~absorption 吸声

~absorption coefficient，acoustic absorptivity 吸声系数

~absorption construction 吸声结构

~absorption material；absorbent 吸声材料

~absorption reduction 吸声降噪

~amplification system 扩声系统

~arrester 隔声装置

~attenuation；noise reduction，sound deadening 消声

~attenuation room 消声室

~barrier 声屏障

~-barrier 声障

~bridge 声桥

~control（美）噪声控制

~event 声源

~field 声场

~focus 声聚焦

~image 声像

~-insulating criterion 隔声标准

~insulation 隔声

~insulation curtain 隔声幕

~insulation enclosure 隔声罩

~insulation factor 隔声量

~insulation of building 建筑物隔声

~isolated road 隔声道

~level 噪声级，声级

~pollution 噪声污染

~power 声功率

~power level 声功率级

~pressure 声压{物}

~pressure level 声压级

~quality 音质

~signal 音响信号
~source 声源
sounding 测深
~course 测深线
~fix；sounding positioning 测深定位
~level 测时水位
~line 测深线
~line correction 悬索偏角改正，测深线改正
~point 测深点
~point spacing 测深点间距
~rod 测深杆
~vertical 测深垂线
~weight 测深锤
soundproof 隔声的
~course 隔声层
~door 隔声门
~room 隔声室
Sour Bamboo *Acidosasa chinensis* 酸竹
Sour Orange *Citrus aurantium* L. var. *amara* Engl. 代代花
source 本源，来源，起源；水源；（资料等）出处
~area，avalanche 雪崩源区
~area，cold air 冷空气源区
~index 资料索引
~material 原始资料
~of data 数据来源
~of error 误差来源
~of heat release 散热源
~of irrigation water 灌溉水源
~of light 光源
~of natural water flow 天然水流源
~of noise pollution 噪声污染源
~of odor 恶臭源
~of pollution 污染源
~of river 河源
~of supply 给水水源
Source of The Nile 尼罗河源
~of water 水源
non（–）point~pollution 面污染源
Point source pollution 点污染源
~recording 原始记录
~reference 原始资料
~zone（发源区）
air pollution~ 空气污染源
alternative power~ 再生能源
emission~ 辐射源
energy~ 能源
noise~ 声源
non（–）renewable power~ 非再生能源
nutritional~ 营养源
pollution~ 污染源
power~ 能源
renewable power~ 再生能源
sustainable power~ 可持续能源
Sourwood Tree *Oxydendrum arboretum* 酸木（美国田纳西州苗圃）
souterrain 地下通道；地下建筑物
south 简写 **S**，南（方）；南部；南（方）的；向南的；南来的；向南；从南
South Africa 南非
South American architecture 南美洲建筑
South–Facing Gate 正阳门
~–facing slope 向南坡，向阳坡
South Gate 南门
South Gulf National Historic Park（Canada）南海湾国家历史公园（加拿大）
South Lake 南湖

South Lake Island 南湖岛
~latitude 南纬
South Luangwa National Park（Zambia）南卢安瓜国家公园（赞比亚）
~orientation 方向朝南
~pole 南极
South African Aloe ***Aloe arborescens*** **var.** ***natalensis*** 南非芦荟 / 大芦荟 / 芦荟
South African Orchid Bush ***Bauhinia galpinii*** **N. E. Br.** 橙红羊蹄甲 / 南非羊蹄甲
South African oryx ***Oryx gazella*** 长角羚 / 直角大羚羊
South American tapir/Brazilian tapir ***Tapirus terrestris*** 南美貘 / 中美貘
South China Birch ***Betula austro-sinensis*** 华南桦
South China Evergreen Chinkapin ***Castanopsis concinna*** 华南锥
South China leopard ***Panthera pardus fuscus*** 华南豹
South China red fox ***Vulpes hoole*** 南狐
South China Rosewood ***Dalbergia balansae*** **Prain** 南岭黄檀
South China Xylosma ***Xylosma controversum*** 南岭柞木
South China Yew/Maire Yew ***Taxaceae mairei*** **var.** ***mairei*** 南方红豆杉 / 美丽红豆杉
South Chysanih ***Chrysanthemum segetum*** 南茼蒿
South Lake Islet 南湖岛
South Yunnan horsfieldia ***Horsfieldia tetratepala*** 滇南风吹楠
South-China Cycas ***Cycas rumphii*** 刺叶苏铁 / 华南苏铁
South-North Water Transfer project 南水北调工程
Southeast Study（英）东南研究计划
Southern 南（方）的；向南的；在南的
~Heavenly Gate 南天门（中国泰山）
~Mountains 南山
~pine 南方松
Southern Crapemyrtle ***Lagerstroemia subcostata*** **Koehne** 南紫薇
southern elephant seal ***Mirounga leonina*** 南象海豹
southern fur seal/Galpaguslion ***Zalophus wollebaeki*** 南美海狗 / 南美毛皮海狮
southern hairy-nosed wombat/wombat ***Lasiorhinus latifrons*** 毛鼻袋熊 / 南澳毛吻袋熊
Southern hemisphere 南半球
Southern jade mine 南方玉矿
Southern Lapwing ***Vanellus chilensis*** 凤头距翅麦鸡 / 南方麦鸡（乌拉圭国鸟）
Southern Magnolia/Large Magnolia/Bull Bay ***Magnolia grandiflora*** 广玉兰 / 洋玉兰
Southern Maidenhair/Maidenhair ***Adiantum Raddianum*** 铁线蕨
Southern musk deer ***Moschus sifanicus*** 马麝
Southern sheatfish ***Silurus soldatovi meridionalis*** 南方大口鲶 / 河鲶
Southern Viburnum ***Viburnum fordiae*** 南方荚蒾
Southernwood ***Artemisia abrotanum*** 苦艾 / 小情人
souvenir 纪念品，纪念物

~salesroom 纪念品门市部

~shop 土产品店，纪念品商店，礼品商店

sow 大铸型{冶}；撒，播，播种

sower 播种者

sowing 播种

~rate 播种率

hand~ 手工播种

mechanical~ 机械播种

sod~（英）草皮播种

sown area 播种面积

Sowthistleleaf Primrose *Primula sonchifolia* 苣叶报春 / 苦苣叶报春花

Soya/Daizu/soybean sprouts *Glycine max* 大豆 / 毛豆 / 黄豆芽

Soybean looper *Calothysanis comptaria* 紫线尺蛾 / 紫蚕豆尺蛾

Soybeer 'Wooly Bear'/Red-costate Tgermoth *Amsacta lactinea* 红袖灯蛾 / 红边灯蛾

spa 温泉，矿泉；矿泉疗养地；（兼作药房的）冷饮店，疗养村

space 太空，宇宙；空间；场所；空白；空地；间隔；距离；余地，地方，地位；留空间；隔开，空地

~about buildings 地盘（内）非建筑面积

~analysis 空间分析

~area 建筑面积，楼面面积

~band 空白带

~between building 房屋间距

~building 太空建筑

~capsule 航天舱

~change 空间变化

~city 空间城市，太空城市

~configuration 空间构图

~coordinates 空间坐标

~craft 宇宙飞船

~curve 空间曲线

~design 空间设计

~distribution 空间分布

~frame 空间框架

~needs，open 空地需求

~net 空间网

~network，open 空地网

~outline 空间轮廓线

~perception 空间感觉，空间知觉

~perspective 空间透视（法）

~photogrammetry 航天摄影测量

~planning 空间规划，空间布局；空地规划

~remote sensing 航天遥感

~resource 空间资源

~rigid unit 空间刚度单元

~science 太空科学

~sound absorber 空间吸声体

~standard 空间标准，面积标准

~structure 空间结构

~survey，green 绿地调查

~system，open 开放空间 / 绿地系统

~-time 时空

~-time concept（ion）时空概念

active~ 活动空间

clearance~ 净空

common open~（美）公共开放空间 / 绿地

community open~（英）社区空地

external~ 外部空间

green~ 绿地

green open~ 开放绿地

green public~ 公共绿地

hemmed-~ 限定的空间
landscaped open~ 美化的开放空间 / 园林绿地
living~ 生活空间，生存空间，居住空间
open~ 空地；空间隙
parking~ 停车空地，停车间距；停车车位，停车位置
play~ 游乐空间
pore~ 空隙
private green~ 私人绿地
private open~ 私人开放空间 / 绿地，私人游憩用地
public~ 公共场所
public green~ 公共绿地，公用绿化地带
public open~ 公共空地
recreation~ 娱乐（休憩）场地
residential green~ 住宅区绿地
street~ 街道绿地
turnaround~ 回车场
urban~ 城市空间
use of open~ 绿地 / 开放空间利用，游憩用地利用
zoned green~ 分区绿地

spaced 彼此隔开的，有间距的

spaces space 的复数
division of~ 空间划分
peripheral urban green~ 城市周边绿地
provision of green~ 绿地保障，绿地设备
suburban green open~ 市郊绿地 / 开放空间
total of separate~ 分类空间合计
travelway green~（美）行车道绿地
urban green~ 城市绿地

spacial city 空间发展城市

spacing 间隔，间距；跨距；布置；净空；安装间距
~between rows 行列间隔
~of buildings 建筑物间距，房屋间距
~of drainage lines 排水管线间距
~of lateral drains 横向排水沟间距
~of rows 行列间距
even~ 均匀间隔
minimum building~ 最小的建筑物间距
plant~（美）植物间距
regular~ 常规间距

spaciousness 空灵；宽敞（度）

spade 铲；铲，挖；铲土，挖土
~cutting，lawn edge 草地边缘铲切
~-work 铲土工作，挖土工作

spader 挖土机

Spalato 斯帕拉托〈南斯拉夫沿亚得里亚海岸的城市，现在的斯普利特城〉

span 跨，孔；跨径；跨度；跨距；翼展{机}；跨，跨越
~by span method 移动支架逐跨施工法
~structure for signage 信号桥

spandrel 拱肩；拱上空间；上下层窗空间 [建]
~arch 腹拱
~structure 拱上结构
~wall 拱上侧墙

Spanish 西班牙的，西班牙人的，西班牙语的
~style 西班牙式建筑
Spanish style garden 西班牙式园林，西班牙庭园

Spanish Bayonet ***Yucca aloifolia* L.** 千手兰

Spanish Broom ***Spartium junceum* L.** 鹰

爪豆

Spanish Cherry ***Mimusops elengi*** 牛油果 / 唐炯树

Spanish Dagger/Mound Lily ***Yucca gloriosa*** 凤尾兰（塞舌尔国花）(英国萨里郡苗圃)

Spanish iris ***Iris xiphium*** 球根鸢尾 / 西班牙鸢尾

spare [复] 备件；节省；备用的，准备的；多余的；节省的；出让；使免……

~time 备用时间

~unit 备用材料；备用设备；备用部件

sparrow 麻雀

sparse 疏枝

sparse traffic 稀疏交通

sparsely populated area 人口稀少地区

Sparsepinna Wood Fern ***Dryoperis sparsa*** 稀羽鳞毛蕨

spate 暴风雨，洪水

Spathe Flower ***Spathiphyllum kochii*** 白鹤芋 / 苞叶芋 / 白掌

Spathe White ***Lysichiton camtschatcense*** 观音莲

Spatholubus ***Spatholobus suberectrus*** 密花豆 / 鸡血藤

spatial 空间的，立体的；篇幅的

~analysis 空间分析

~arrangement 空间布局

~articulation 空间联接

~beauty 空间美

~behavior 空间行为；空间工作性能

~capacity of tourism 旅游空间容量

~character 空间特色

~city 空间发展城市，摩天大楼城市

~combination of mineral resources 矿产资源组合

~composition of garden 园林空间构图

~composition 空间结构

~configuration 空间构型

~data base management system 空间数据库管理系统

~disparity 空间差距

~distribution of population 人口空间分布

~distribution of storm 暴雨地区分布

~distribution 空间分布

~diversity 空间异样（多种）

~economy 空间经济

~heterogeneity 空间不均匀（性）

~interaction model 空间互感模型

~interaction 空间交互作用

~interconnection 空间联系

~landscape characteristics/resources 空间景观特点 / 资源

~mobility 迁移，空间流动，(人口的）空间移动

~organization 空间组织

~pattern of design flood 设计洪水地区组成

~pattern of typic flood 典型洪水地区组成

~pattern 空间模式，空间格局

~patterns，ecological distribution of 地区，地区生态分布

~requirements 空间需求

~research 空间研究

~structure 空间结构

~synthesis 空间综合

~system 空间体系

~transformation 空间变换
~unit 空间单元
~unit，ecological 生态空间单元
~unit of a landscape 景观（风景园林）空间单元
~units，definition of 空间定义（界定）
spawning 产卵；大量生产
~area 产卵区
~area，fish 鱼产卵区
~area，protected 产卵保护区
~period 产卵期
~water 产卵水
Spearmint *Mentha spicata* 留兰香 / 青薄荷（英国斯塔福德郡苗圃）
special 特殊的；专门的，专用的；专车；特刊；特派员
~acquisition area 特别留用地区
~administrative region 专区
~area 特殊用地，特别地区，（英）长期不景气的工业地区
~area for passenger station 旅客车站专用场地
~assessment 特别税
~car 专车
~cement 特种水泥
~conditions of contract 专用合同条款，合同特殊条款
~construction requirements 特种建筑需求
~contractual terms（英）特种建筑项目
~database in hydrology 水文专用数据库
~dictrict 特别行政区，特定区，特区
~district plan 特区规划
~economic system 地域经济系统
~economic zone 经济特区
~economic zone city 经济特区市
~engineering structure 特种工程结构
~fund 专款
~garden 专用园，特种花园，专类园
~geology 特殊地质
~housing survey 专门的住房调查
~indoor system 专门室内系统
~industrial building 特种工业建筑
~industry 特殊工业
~instance 特例
~investigation surveying and mapping 专项调查与测绘
~line 专线
~line for freight train 货运专线
~line for passenger train 客运专线
~open space 专用开放空间
~park 特种公园，专类公园
~permit 特许
（the）~prize 特别奖
~professional services 特种专业服务
~provision 特殊（专门）措施，专门条款（规定）
~railway 专用铁路
~residential area 特殊居住区
~road 专用道路
~soils 特种土
~spur track 铁路专用线
~station 专用站
~setting 特置
~survey 专门调查
~symbol 特殊符号
~technical requirements of contract 合同技术要求
~topic 专题
~use 土地特殊专用

~use area 特殊用途地区
~-use office building 专用办公楼
~using siding 特别用途线
~vehicle 特种车辆
~waste 特种废料
~zoning district 特别区划区
specialist 专家
specialities 专门项目
specialty 专业，专长；特产，名产
~restaurant 特色饭店，特色餐馆，风味餐厅
~session 专题讨论会
specialization 专门化，专业化
~of production 生产专业化
~of regional economy 地区经济专业化
specialize 专门化，专业化；特殊化；限定（意义等）
specialized 专门的
~city 专业化职能城市
~port；specialized terminal 专业性港口
~repair system 专业化修制
~station and yard 专业性铁路车站
~terminal 专业化码头
specialized park 专类公园
specially -designated land 特殊用地
species 种，种类，生物种
~and genus 种与属
~abundance 种类丰富；物种丰富；种丰度
~area curve 种面积曲线
~composition 物种组成；树种组成
~composition，anthropogenic shift in animal 物种组成，人工植物物种移动（转变）
~composition，anthropogenic shift in floristic 人工动物物种组成转变
~composition or balance 物种组成或平衡
~composition，seasonal 季节性物种组成
~conservation 物种保护
~conservation，animal 动物物种保护
~conservation，integrated 综合物种保护
~cover，degree of 物种优势（程度）
~cover，range of 物种优势（程度）
~density 物种密度
~diversity 物种多样性
~diversity，reduction in 物种多样性减少
~equilibrium 物种平衡
~inventory 物种目录，物种现况
~list 物种目录
~List，Endangered（美）濒危物种目录
~living on wood 木栖生物
~of an alliance 群属物种；联姻物种
~of soil fauna 土壤动物区系物种
~of soil flora 土壤植物区系物种
~of wild animals 野生动物物种
~pattern 物种模式（图式）
~-poor 缺乏物种
~-rich 丰富物种
~richness 物种丰度
~-specific 特种异性物种
~stock，plant（植物）物种原种
~-tight fence（美）紧密物种栅
acidophilous~ 嗜酸性物种，喜酸物种
animal~ 动物物种
anthropophilous~ 嗜人血物种
autochthonous~ 本地种，原地产种，自生种
basophilous~ 喜碱物种，嗜碱性物种
beneficial~ 有益物种
broad-leaved woody~ 阔叶树种

calcareous indicator~ 石灰质指示物，钙质指示物
calcicole~ 钙生植物
calcicolous~ 喜钙植物
calcifuge~ 避钙植物，嫌钙植物
calciphile~ 适钙植物，喜钙植物
calciphobe~ 避钙植物，嫌钙植物
candidate~ 候选物种
casual~ 偶见种，偶见物种
cavity-nester~（美）穴巢居物种
character~ 性状物种
characteristic~ 特性物种，独特物种
climax~ 顶级种群
coniferous~ 具球果类植物，松柏类植物
constant~ 恒有种，恒有物种
cosmopolitan~ 世界性物种，遍生物种
critical~ 临界物种
cultivated~ 培植物种
density of~ 物种密度
differential~ 差别物种
disappeared~ 绝迹物种
domesticated~ 驯化物种
dominant~ 优势物种
economic plant~ 经济植物物种
endangered~ 濒危物种
endangerment of~ 物种濒危
endemic~ 地方性物种
exclusive~ 确限种（按布朗布兰奎特的确限度分级方案确限度限种）
exotic~ 外来种，引进种
extinct~ 灭绝种
faithful~ 真种
fall-blooming ~（美）秋季开花植物种
feral~ 野生物种
fluctuation of~ 物种变动，物种彷徨变异
forest~ 森林树种
fruit~ 果树种
generalist~ 广幅种
grassland~ 草原物种
heliophilous~ 喜阳生物物种
heliophious woody~ 喜阳树木
hemerophilous~ 近宅物种
indicator~ 指示种，指示生物
indifferent~ 随遇种
indigenous~ 多土种，本地种
introduced~ 引入种
invasive~ 入侵种
light-demanding woody~ 阳性树种
lignicolous~ 木栖生物种
lime-avoiding~ 避钙生物种
lime-loving~ 喜钙生物种
list of~ 物种目录
mesophi（ic）~ 嗜温生物种
migratory~ 迁移物种
native~ 天然生物种，本土物种
naturalized~ 驯化生物种
needle-leaved~ 针叶植物种
nitrogen indicator~ 氮指示物种
nitrophilous~ 嗜氮物种
non（-）game~ 非狩猎动物
non（-）indigenous~ 非本地种
non（-）native~ 非自然种，非本地种
peat-forming~ 泥炭生物种
pest-eating animal~ 有益动物种，食害虫动物，益鸟
pioneer~ 先锋物种
plant~ 植物物种
preferential~ 适宜种
protected~ 受保护的物种
relict~ 残存物种

reoccurrence of~ 物种再现
resident~ 居留种
riparian woody~ 河岸木本物种
riverine~ 繁密物种
riverine woody~ 繁密木本物种
selective~ 选择性物种
site indicator~ 现场指示物种
strange~ 稀见种
subclimax~ 亚顶极种群
suppressing~ 抑制物种
synanthropic~ 近宅物种
taking of~ 物种收集
target~ 目标种，防治种
terrestrial~ 陆栖生物种
threatened~ 濒危物种
transitional~ 过渡种
ubiquitous~ 随遇种
useful plant~ 有用植物物种
vulnerable~ 渐危种
wild woody~ 野生木本物种
woody~ 木本物种
woody pioneer~ 木本先锋物种

specific 特效药；特定的，特殊的；有特效的；明确的
~capacity of a well（单）井单位出水量
~character 特性，特点
~energy 单位能量
~geographical name 地理专名
~gravity 比重
~gravity of soil particle 土粒比重
~grout absorption 单位吸浆量（比吸浆量）
~heat 比热
~heat load 散热强度
~humidity 比湿
~items 特殊条款；具体项目
~natural scenes area 特异景观风景区
~production 单位产量
~property 特性
~reagent 特效试剂
~sample survey 典型调查
~test 专门试验，特定试验
~value 比值
~vent stack 专用通气立管
~water absorption 单位吸水量
~yield 给水度，单位产水量
~well yield 井的产水率

specifically 特别；按种类；逐一，各别地
~agreed rate 按种类商定价格

specification 载明，评述；[复]规范，规格；说明书；清单
~clause，basic（英）主要规格条款
~for materials 材料规格
National Building~（英）国家建筑规范

specifications 规范，规格；说明书；清单
~of quality 品质规格
acceptance~ 验收规范
adherence to~ 遵守技术规范
closed~ 详细规范
end-product~ 终端产品规范
engineering inspection and acceptance~ 工程验收规范
equipment requirement~ 设备要求规格
free draining~ 自由排水规范
gradation~ 级配标准，级配规范
issue of bid~ 发标
job~ 施工规范
off-~ 不合格

open~ 公布细则
operation~ 操作规范
out-dated~ 过时规范，旧规范
outline~ 外形规范；梗概规范；略图说明书
preparing~ 制定规范
quality~ 质量标准，质量说明书
sizing~ 尺寸说明
standard~ 标准规格
system~ 系统技术说明
technical~ 技术规范，技术说明书
tentative~ 暂行（技术）规范，试行（技术）规范
test requirement~ 试验技术规范
Uniform Construction~（美）统一建筑规范
working~ 操作规程

specified 规定的，指定的；详细说明的
~conditions 特定条件
~criteria 明细规范，给定（技术）条件
~date 规定日期
~flower garden（special collections）专类花园
~future date 远期
~grading 规定级配，指定级配
~green space 专用绿地
~park 专类公园
~strength 标准强度，规定强度
~use 指定用途

specifying constraint 给定约束条件

specimen 样品，标本；试件，孤植
~copy 样本，样品目录
~mold 试（件）模
~nursery stock 样品苗圃苗木
~perennial 多年生植物标本
~plant 园景树（亦作 specimen tree）
~planting/isolated planting 孤植
~tree 园景树
~tree/shrub 园景树 / 灌木
topiary~ 林木修剪标本

Specious Lily ***Lilium speciosum*** 美丽百合 / 鹿子百合 / 药百合

Speckled Toad Lily ***Tricyrtis formosana*** 油点草

Spectacled bear ***Tremarctos ornatus*** 眼镜熊

spectator（比赛等的）观众，旁观者
~sport 群众体育运动
~stand 观众看台

spectral luminoius efficiency 光谱光视效率

spectral resolution 波谱分辨率

spectrum [复 spectra] 谱；光谱；波谱；领域范围；系列
~analysis 谱分析
~character of ground feature 地物波谱特性
~，life form 活型领域范围

speculation 思索
~in land 土地投机

speech interference level 语言干扰级

speed 车速，速率；速度；加快
~and delay study（交通）速率及阻滞调查
~bump（美）（=sleeping policeman）"隐身警察"〈指为防止车速过快而在住宅区道路上建造的路面突起〉
~change area（车辆）变速区段
~-change lane 变速车道
~change section 变速区间

~check ramp（英）车速控制匝道（或坡道）
~control signal 速度控制信号，控速信号
~factor 速度因素
~limit 速率限度，速度限制
~limit marking 限速标记
~-limit sign 限速标志
~-limit zone 速度限制区间
~of growth 增长速度
~of increase 增长速度
~per hour 时速
~regulation 速度调节，速度管制
~track 快车道
~trap 汽车速度监视站（在高速公路上）
~-volume-density relation 车速—流量—密度关系
~way 高速车道，快车道
~zone 限速区
design~ 设计车速，计算行车速度
full~ 全速
fast-~ 快速，高速
high~ 高速
hump~ 界限速度
hypersonic~ 超音速
initial~ 初速（率）
mean~ 平均速度
normal~ 正常速度
pedestrain~ 步行速度
radar-based~ 雷达测出的速度
reference~ 参考速度
regulation~ 限制车速
rush-hour~ 高峰小时时速
safe~ 安全速率
subsonic~ 亚音速
transonic~ 超音速
wind~ 风速

speedway 高速（快）车道

Speedwell ***Veronica*** **'Shirley Blue'** 奥地利婆婆纳"蓝色雪莉"（英国斯塔福德郡苗圃）

Speedwell/Beach Speedwell ***Veronica longifolia*** 四方麻

speleology 洞穴学

spent regenerant 洗脱液

sperm collection room 人工采精室
~fertilization room 授精配种室

Sperm whale ***Physeter catodon*** 抹香鲸

spermatophyte 种子植物

sphagna sphagnum 的复数

Peat moss ***sphagnum*** [复 sphagna] 水藓，水苔，泥炭藓
~and peat 泥岩藓（属）与泥炭
~mat，floating 浮动的泥炭藓丛
~peat 水藓泥炭

sphene 榍石

sphere 活动范围，影响范围圈，（设施或经营涉及的）范围，汇集区，集中地区，领域
~of influence 影响范围圈，有效范围圈

Sphere Dolichothele ***Dolichothele sphaerica*** 八卦掌 / 金星掌

spherical roof 球形屋顶

Sphinx（**Egypt**）狮身人面像（埃及）

Sphinx moths 天蛾类 [植物害虫]

Sphinx moth ***Theretra japonica*** 爬山虎天蛾

spicatum opus（英）方材设备 { 建 }

spice 香料，调味品；香气，香味；黄褐色，加香料于

Spice Bush ***Lindera benzoin*** 黄果山胡椒 / 本杰明灌木

Spice Litse ***Litsea euosma*** 清香木姜子 / 毛梅桑 / 驱蚊树

spices garden 香料园

spicule 针状体；小穗状花 { 植 }

Spider Cactus ***Gymnocalycium denudatum*** 蛇龙球

Spider Flower ***Cleome spinosa*** 醉蝶花 / 西洋白花菜 / 蜘蛛花

Spider Lily/American Hymenocallis ***Hymenocallis americana*** 美洲蜘蛛兰 / 水鬼蕉

Spider Lily/Mystery Lily/Short Tube Lycoris ***Lycoris radiata*** 石蒜

Spider monkey（***Ateles***）蜘蛛猴（属）/ 蛛猴

Spider Plant/Bracket Plant ***Chlorophytum comosum*** 吊兰 / 挂兰

Spider Valerian ***Valeriana stenoptera*** 蜘蛛香 / 马蹄香 / 雷公七 / 鬼见愁 / 心叶缬草

spider web city 蛛网状城市

Spider Tree ***Crateva adansonii*** 鱼木

Spider Wort/Day Flower ***Commelina communis*** 鸭跖草

spiderweb type of street system 蛛网型道路系统

Spiderwort ***Tradescantia virginiana*** 紫露草 / 紫霞草 / 大花紫鸭跖草

spike 大钉，长钉；（铁路用）道钉；路面防滑凸纹；尖锋，尖锋信号，（尖锋）脉冲；打上大钉；钉入

Spike Gayfeather/Button Snakeroot ***Liatris spicata*** 蛇鞭菊

spill 流出，溢出；倒出；木屑，刨花；流出，溢出，倒出

~，oil（美）油流出

spillage oil 流出油

spillway 溢洪道，溢水道，泄水道

~dam 溢洪坝

~design flood 溢洪道设计洪水

spillweir dam 溢流坝，溢洪坝

Spinach ***Spinacia oleracea*** 菠菜

spindle mower 旋轴剪草机

Spindle Palm ***Hyophorbe verschaffeltii*** **H. Wendl.** 棍棒椰子

Spindle-tree ***Euonymus bungeanus*** **Maxim.** 丝棉木 / 白杜 / 明开夜合 / 华北卫矛

spine 脊柱，隆起地带；中心，支持；熔岩塔

~road 主道

Spine Date ***Zizyphus jujuba*** **var.** ***spinosus*** 酸枣

Spine Leaf Oak ***Quercus spinosa*** 刺叶栎

Spine Prickleyash ***Zanthoxylum acnthopodium*** 刺花椒 / 岩椒

Spined scale/Spinose scal ***Oceanaspidiotus spinosus*** 刺痒圆盾蚧 / 刺圆盾蚧

Spine-horned beetle ***Trirachys orientalis*** 刺角天牛

Spineless Common Jujube ***Ziziphus jujuba*** 无刺枣 / 枣树 / 枣子 / 大甜枣

Spineless Yellow Locust ***Robinia pseudoacacia*** **var.** ***inermis*** 无刺洋槐

Spintail mubula ***Mobula japonica*** 日本蝠鲼 / 角叉

Spiny Ailanthus ***Ailanthus vilmoriniana*** 刺椿 / 刺樗

Spiny Alsophila ***Alsohila spinulosa/Lyat-***

hea spinulosa 桫椤 / 树蕨

Spiny Amaranth/Thorny Amaranth *Amaranthus spinosus* 勒苋菜

Spiny anteater *Tachyglossus aculeatus* 针鼹

Spiny Barrel Cactus *Ferocactus acanthodes* 琥头 / 利刺仙人掌

Spiny Barrel Cactus/Fishhook Cactus *Ferocactus horridus* 巨鹫玉

Spiny Brake *Pteris setuloso-costulata* 有刺凤尾蕨 / 刺脉凤尾蕨

Spiny dogfish *Squalus acanthias* 白斑角鲨 / 锉鱼

Spiny Licuala *Licuala spinosa* 刺轴榈 / 刺扇叶棕

Spiny mouse/porcupine mouse *Acomys cahirinus* 亚非刺鼠 / 刺毛鼠

Spiny Persimmon *Diospyros armata* Hemsl. 瓶兰花

Spinybracket Evergreen Chinkapin *Castanopsis hystrix* 红锥 / 红栲

Spinyflower Strophanthus *Strophanthus gratus* 旋花羊角拗

Spinyhead croaker *Collichthys lucida* 棘头梅童鱼 / 梅童 / 大关宝

Spiny-head Mat-rush / Basket Grass *Lomandra longifolia* 多须草（澳大利亚新南威尔士州苗圃）

Spiny-tooly Fern *Cyrtomium caryotideum* 刺齿贯众

spiral 螺（旋）线 { 数 }；蜷线 { 物 }；螺旋；螺旋形物；螺旋形的；螺线的 { 数 }；使成螺旋形

~slide 螺旋式滑冰道

~stairs 螺旋楼梯

~stairway（美）螺旋楼梯

spire（教堂的）塔尖，塔顶，尖顶

spit 沙嘴，岬，狭长的暗礁；一铲（或一锄）的深度；吐（唾沫等）

~out 出水口

~，sand 沙嘴

top~（英）沼泽上层

splash 溅的泥，溅的水，喷射；溅，泼喷射

~board 挡泥板，挡溅板

~erosion 溅水浸蚀

~zone 浪溅区

splay 斜面，斜削 { 建 }；承托；展宽的向外张开的；弄斜；展宽，形成喇叭状

splayed 斜式，展宽式；八字形

~abutment 翼形桥台，八字形桥台

~kerb（英）斜式路缘

"Splendid China", a garden of miniature Chinese landscapes（China）锦绣中华园（中国）

split 劈裂，分裂；裂隙；裂片；绿信比，划分；等信号区；劈开的，裂开的；劈裂，裂开，分裂

~AC unit 分体式空调器

~air conditioning system 分体式空气调节器

~central island 中分式中心岛

~delivery 分批交付

~-face 扯裂面

~-face dry wall 扯裂面干砌墙

~level 错层

~-level dwelling 错层式住宅

~-level house 错层式住宅

~-level interchange 立体交叉

~-level viaduct 多层式旱桥
~parking 分岔式停车场
~ranging control 分程控制
frost~（美）冰冻分裂
Splitleaf Philodendron/Ceriman ***Monstera deliciosa*** 龟背竹
Syngonium. podophyllum **'Albolineatum'** 银白合果芋
spodosol 灰土 { 地 }
spoil 弃土，废土；废石方，废石料；损坏，破坏；变坏；腐败
~area 弃土场，废料场
~bank 弃土堆，废土堆
~disposal 废料处理
~ground 弃土场
~heap（英）废土堆，废石堆
~heaps 废土堆，废石堆
~pile（美）废土堆，废石堆
~pile，high（美）高废土堆
~pile，stacked in（美）废土堆上堆积
~plateau（美）废石方坪
~reclamation（美）废石料回收
~site（美）废料场
~tip（英）废料垃圾等弃置场
~yard 废石场
coal mine~（美）煤矿废料
coarse~（粗）糙废料
colliery~（英）煤矿废料
disposal of mining~ 开矿废料处理
fine~ 细屑废料
mining~ 开矿废料
underground disposal of~ 开矿废料地下处理
spoiled beach 废弃海滩
Spongetree/Sweet Acaia/West Indian Blackhorn ***Acacia farnesiana*** 金合欢 / 银荆 / 澳洲白色金合欢
spontaneous 自发的，自动的
~colonization（动、植物）自发移植，自发建群
~colonization by scrub 由灌木自生建群
~combustion 自燃
~growth 自生植物
~plants 自生植物
~regeneration 自发再生
~vegetation 自生植被
Spoonbill [common]/ white spoonbill ***Platalea leucorodia*** 白琵鹭（荷兰国鸟）
Spoonleaf Rockjasmine ***Androsace integra*** 匙叶点地梅 / 石莲叶点地梅
Spoonshape-leaf Oak ***Quercus spathulata*** 匙叶栎
sporadic- 散在的，散见的，分散的，非集中处的，零散的
~development 蔓延式发展（沿公路两侧发展）零散开发，零星发展
sporadically 偶发地，零星地
spore 芽孢，孢子
sport 游戏；[复]（户外）运动；适于户外运动的，运动用的；游戏；作户外运动
~building 体育建筑
~center 体育中心
~enjoyed by the masses（英）群众体育运动
~fishing 钓鱼（娱乐）
~roadster 跑车 { 汽 }
sportground 运动场
sports 体育运动

~activities area 体育运动区
~and Recreation Space in City 城市里的运动休闲空间
~area 户外体育运动区
~area construction（美）户外体育运动区建筑物
~area development plan 户外运动区开发规划
~area development planning 户外运动区开发规划
~building 体育建筑
~center 体育中心，综合性运动场，大型体育馆
~facilities 体育设施
~field 运动场
~fields complex 综合运动场
~fields, school（中、小）学校运动场
~grass mixture 混合式运动草地
~ground 运动场
~ground construction 体育场建造；体育场建筑物
~ground turf（英）体育场草皮
~hall 体育馆
~park 体育公园
~pitch（英）体育场
~resort, winter 冬季体育场
~stadium 带看台运动场，体育馆
aquatic~ 水上运动
equestrian~（英）骑术运动
horse riding~（英）马术运动
mass~（美）群众体育
participatory~（美）参加运动；参与游戏
spectator~ 观众游戏；群众体育运动
water~ 水上运动
winter~ 冬季运动

sportsfield, grass 草地体育运动场

sportsman's seat 运动员席

spot 地方，地区，地点；部位，点；斑点；污点；点滴；打点；弄上污点，弄脏
~adhibiting method 点粘法
~-check 缺点检验
~disease, black 黑斑病
~elevation 点高程
~height 高程点
~market 区域市场，集市
~priming 填补
~repair 现场修理
~sample 现场取样
~scenery composition 点景式构成
~sod method 点铺草皮法
~speed 点速度,（地）点车速
~speed study 车道上某一点车速调查
~survey 现状踏勘
~trading 现货交易
~-type fire detector 点型火灾探测器
rest~ 郊游点，野餐点，休憩点

Spot Bitter Bamboo ***Pleioblastus maculatus*** 斑苦竹 / 苦竹

Spot-billed pelican ***Pelecanus philippensis*** 斑嘴鹈鹕 / 伽蓝鸟 / 塘鹅 / 淘鹅

Spotfin bigeye perch ***Priacanthus tayenus*** 长尾大眼鲷 / 大目

spotlight 聚光灯

spotlighting 定向照明

Spotted Begonia ***Begonia maculata*** 竹叶秋海棠 / 斑叶竹节秋海棠 / 银斑叶秋

Spotted Callalily ***Zantedeschia albo-maculata*** 银星马蹄莲

Spotted codlet/antenna codlet ***Bregmaceros macclellandii*** 麦氏犀鳕

Spotted cuscuses ***Phalanger maculatus*** 斑袋貂

Spotted drum ***Nibea diacanthus*** 双棘黄姑鱼

Spotted hyena ***Crocuta crocuta*** 斑鬣狗

Spotted laughingthrush ***Garrulax ocellatus*** 眼纹噪鹛 / 花子

Spotted Laurel ***Aucuba japonica*** **'Crotonifolia'** '巴豆叶' 桃叶珊瑚（英国萨里郡苗圃）

Spotted Laurel ***Aucuba japonica*** **'Crotonifolia'** '金斑' 日本桃叶珊瑚（英国斯塔福德郡苗圃）

Spotted Laurel ***Aucuba japonica*** **'Picturata'** '中斑' 日本桃叶珊瑚（英国斯塔福德郡苗圃）

Spotted Laurel ***Aucuba japonica*** **'Variegata'** '洒金东瀛' 珊瑚 / 花叶青木（英国斯塔福德郡苗圃）

Spotted linsang ***Prionodon pardicolor*** 斑林狸

Spotted maigre/yellow drum ***Nibea albiflora*** 黄姑鱼 / 黄婆鸡

Spotted scops owl ***Otus spilocephalus*** 黄嘴角鸮

sprawl 爬卧；挣扎；扩展；（市区的）无规划扩大；散漫；蔓生；蔓延；散蔓

~phenomenon（市区的）无规划扩展现象

~，urban 城市（市区的）无规划扩展

sprawled area 市区散漫扩展地区，市区无规划蔓延地区

sprawling 无计划地占用山林农田建造房（的）

spray 喷洒器；火花；喷洒，喷雾，喷射；花枝

~chamber；spray-type air washer section 喷水段

~coating 喷涂

~head sprinkler 喷雾喷灌器

~nozzle 溅水喷嘴；喷嘴；水雾喷头

~nozzle density 喷嘴密度

sprayer 喷雾器

spread（在路上摊铺混合料时的）工作行程；扩大，传播；范围；管道敷设工程，埋管工程；扩大的，展开的；伸开，展开，铺开；摊铺（混合料等）；传播，扩散

~city 扩散的城市，铺开的城市

~footing 扩展基脚，扩展底座

~foundation 扩大基础；扩展底座

~；jet divergence angle 射流扩散角

~mortar 喷布砂浆

~of flow 水面宽度，水流宽度

~soil，volume of 土方量

~span 展宽端跨

crown~ 树冠展开

root~ 根展开

root system~ 根系展开

spreading 摊铺；流展，漫流；展布，扩散

~depth 摊铺厚度

~in layer(s) 层铺法

~mixture 摊铺混合料

~of soil 撒土

~weed，root 杂草根扩散

topsoil~ 土表摊铺

Spreading Cotoneaster *Cotoneaster divarcatus* 散生栒子 / 张枝栒子

Spreading Euonymus *Euonymus kiautschovicus* Loes. 胶东卫矛

Spreading Hedyotis *Hedyotis diffusa* 散凉喉茶 / 蛇舌草

Spreading Horsetail *Equisetum diffusum* 散生木贼 / 披散木贼

Spreading Pine *Pinus patula* 展叶松

Sprenger Magnolia *Magnolia sprengeri* Pamp. 武当木兰 / 应春树

spiral loop access 螺旋式通道

sprigging 幼苗移植
 ~operation 绿化；种子、幼苗或嫩枝移植工艺

spiritual enlightenment 灵魂的升华

spring 春天，春季；泉；弹簧；拱脚；（汽车的）钢板；回弹，回跃；弹力；跳跃；跳起；弹起；使弹回；（拱等）开始；发源，大潮
 ~balance 弹簧秤
 ~bloom 春季开花
 ~bloomer（美）春季开花植物
 ~-blooming plant 春季开花植物
 ~bud break（美）春季芽裂
 ~chamber 泉室
 ~circulation period 春季循环期
 ~compasses 弹簧圆规（绘小圆用）
 Spring Dawn Sudi 苏堤春晓
 ~equinox 春分
 ~-fed pool 涌泉池
 ~Festival picture 春节画，中国年画
 ~flood 春汛
 ~flower 花蕾
 ~flowerer（英）春季开花植物
 ~-flowering period 春季开花期
 ~foliage 春叶
 ~freshet 春汛
 ~garden 春景园
 ~horizon 泉水地层
 ~investigation 泉水调查
 ~overturn（美）春季循环
 ~plant 春季植物
 ~protection area 春季保护区

Sping shoot 春梢
 ~swamp 春汛
 ~tide 大潮
 ~vegetation 春季植被
 ~water 泉水
 ~-water bog 泉水泥沼地
 ~wood 春材，（木材）早材
 dimple~ 点状泉水源，孤立泉水源
 filtration~ 过滤泉，泉水出口
 pool~ 水塘泉
 rising~ 涌泉
 seepage~ 渗流泉水
 vauclusian~ 涌泉池塘

Orchid/Goering Cymbidium *Cymbidium goeringii* 草兰 / 春兰

Spring bamboo shoot（usually of Mao bamboo）*Phyllostachys pubescens* 春笋

Spring looper *Apocheima cinerarius* 春尺蛾

Spring mushroom/spring agaricus *Agaricus bitorquis* 大肥菇

Spersimmon Persimmon /Armour Persimmon *Diospyros armata* 金弹子 / 瓶兰花

springwater，protection of 泉水保护

Springbok ***Antidorcas marsupialis*** 跳羚
Springhaas/springhare ***Pedetes capensis*** 跳兔
sprinkle 洒水车
sprinkler 喷洒器；洒水车；洒水设备
~，a revolving sprinkler 洒水机，旋转式洒水机
~cart 洒水机（立）架
~coverage 喷灌覆盖面
~guards and shields 喷头防护罩
~head［喷］水喷头
~hoses 洒水软管
~irrigation 喷水灌溉
~pipe 洒水管
~stand 洒水车
~systems 自动喷水灭火系统
~truck 洒水车
~wagon 洒水车
sprinkling 洒水，喷水
~basin 喷水池
~pool 喷水池（庭园景物）
sprout 萌芽，发芽；生长
~forest（美）萌芽林，矮林
~fountain 涌泉
sprouting 萌发，萌芽
~capacity 发芽能力
~（shooting）cutting 嫩芽（新梢）插枝
~vigo(u)r 萌芽活力
Spruce ***Picea*** 云杉属
~pine 山地松
spun 旋制的；纺过的
~concrete 离心成形混凝土，旋制混凝土
~glass 玻璃丝，玻璃纤维
spur 凸壁，支撑物；山嘴，坡尖｛地｝；踢马刺；铁路支线，地方铁路；督促；齿（轮）；排出口；突出物；丁坝；悬岩；刺激，鼓励，激励，推动，督促
~dike 丁坝，挑水坝
~dike; groin 丁坝
root~ 根距
Spur Leaf ***Tetracentron sinensis*** **oliv.** 水青树
Spurge ***Euphorbia characias*** **'Silver Swan'** '银天鹅' 大戟（英国斯塔福德郡苗圃）
Spurge ***Euphorbia characias*** **subsp.** ***wulfenii*** 伍尔芬大戟（英国斯塔福德郡苗圃）
Spurge ***Euphorbia griffithii*** **'Fireglow'** '火红' 圆苞大戟(英国斯塔福德郡苗圃)
Spurge ***Euphorbia*** × ***martinii*** 马天尼大戟（英国斯塔福德郡苗圃）
Spurge laurel 桂叶芫花（植物）
Spur-winged Goose/Spur-winged Wood Goose ***Plectropterus gambensis*** 距翅雁（冈比亚国鸟之一）
square 方，正方形；丁字规，直角尺；方形小公园，广场，方形广场；街区，方十字程园（在街道交叉处设置的方形风景部分）；正方形的，四方的，直角的，正直的；弄成方形，弄正
~bridge 正交桥
Square City(Nanjing, China)四方城(中国南京市)
~crossing（道路）十字形交叉，直角交叉，正交交叉

~dome 方穹顶
~-fashion planting 正方形栽植
~footage 建筑面积
~measure 面积
~pattern（美）方形模式
~paving 方形铺石
~planting 正方形栽植
~-（planting）grid（种植）方格
~root of the sum of square method 方和根法
paving of a~ 广场路面
residential~ 住宅区广场
urban~ 城市广场
Square Bamboo ***Chimonobambusa quadrangularis*** 方竹 / 四方竹
squared 方格的，平方的
~absolute value 平方模数，绝对值的平方 { 数 }
~paper 方格纸，坐标纸
~rubble masonry 毛方石圬工，乱方石圬工
~stone 琢方石
~stone masonry 方石圬工
~timber 方木材
Square-lipped rhino/white rhinoceros ***Ceratotherium simum*** 白犀
Squaretail rock cod /areolated grouper ***Epinephelus areolatus*** 宝石石斑鱼 / 石斑
squatter 违章户，擅自占地（或空屋）者；在政府公地上定居以图获得所有权的人；（澳洲）牧羊场主；蹲着的人；涉水而行
~areas 棚户区，木屋区
~camping[ZA] 牧民露营
~house 违章建筑
~settlement 违章居留地，棚户居住区搭建定居
squatter's right 土地所有权（通过长期占用取得的）
Squash /Winter squash /autumn squash ***Cucurbita maxima*** 北瓜 / 笋瓜
Squash/Winter Squash/Pumpkin ***Cucurbita moschata*** 南瓜 / 倭瓜
squatting 违章建筑
squatting side rock 蹲配
squeeze-in development 见缝插针开发
Squill/Chinese Squill ***Scilla sinensis*** 绵枣
Squill/Siberian Squill ***Scilla sibirica*** 海葱
Squirrel monkey ***Saimiri sciureus*** 松鼠猴
Squirrel（common）/fur squirrel ***Sciurus vulgaris*** 松鼠
Sri Maha Bodhi Tree 大菩提树
Srirangapatna Island Fortress（India） 斯里兰加帕特纳岛古堡（印度）
Sedum sieboldii **'Medio-Variegatum'** 花叶垂盆景天
SST（super sonic transport） 超音速运输，超音速飞机
St. 圣
~John Co-Cathedral（Malta）圣约翰联合大教堂（马耳他）
~John's Cathedral（Malta）圣约翰教堂（马耳他）
~Mark's Basilica（Italy）圣马可大教堂（意大利）
~Mark's Bell Tower（Italy）圣马可钟塔（意大利）
~Mark's Square（Italy）圣马可广场

（意大利）
~Paul Cathedral，London（Britain）伦敦圣保罗大教堂（英国）
~Paul's Hill（Malaysia）圣保罗山（马来西亚）
~Peter（Vatican）圣彼得大教堂（梵蒂冈）
~Peter and St. Paul Cathedral（Vatican）圣彼得保罗大教堂（梵蒂冈）
~Peter's Cathedral（Vatican）圣彼得大教堂（梵蒂冈）
~John's Wort Hypericum Hidcote 金丝桃（英国斯塔福德郡苗圃）
~John's Wort Hypericum × moserianum 摩斯金丝桃（英国斯塔福德郡苗圃）
~John's Wort. Calycinum Hypericum Hypericum Calycinum 大萼金丝桃（美国田纳西州苗圃）
~John's Wort/Hypericum Hypericum perforatum 金丝桃

stab station 尽头站，尽头客运站

stability 稳定度；稳定（性）；安定（性）；巩固，稳固
~analysis 稳定（度）分析
~chart 稳定度图
~condition 稳定度条件
~factor 稳定因素
~index 稳定度指数
~number 稳定数
~of atmosphere 大气稳定度
~of slope 边坡稳定（性）,土坡稳定（性）
~of soil，aggregate 土壤稳定度（粒料）
~of soil，structural 土壤稳定度（结构）
~of trees，structural 树木结构稳定性
~population 稳定人口
~test of monitoring control point sand deformation points 点位稳定性检验
biological~ 生物稳定性
ecological~ 生态稳定
ped~（美）行人稳定性
structural~ 结构稳定性

stabilization 稳定（作用）；安定（作用）{化}
~by consolidation 固结稳定
~of sand dunes 沙丘稳定
~pond；oxidation pond 稳定塘（氧化塘）
~system 稳定系统
~with brushwood，soil（美）用灌木林稳定土壤
~with cement 水泥稳定（土）法
biotechnical~（美）生物技术稳定
dune~ 沙丘稳定
embankment~ 堤稳定
river bank~ 河堤稳定
slope~ 边坡处理，边坡稳定（法）
soil~ 土稳定（法）

stabilized 稳定的
~ash（石灰或水泥）稳定灰渣
~soil 稳定土
~sub（-）grade 稳定路基

stabilizer 稳定土拌和机

stable（牛、马的）厩，马房；稳定的，安定的；坚固的，坚定的
~age distribution 稳定（人口的）年龄分布
~area 稳定地区
~channel 稳定河槽
~crack 稳定裂缝

~crack growth 稳定裂纹扩展
~diagram 稳定状态图，平衡图
~freeze-up stream 稳定封冻河流
~manure 厩肥
~population 稳定型人口（增长率为一个常数）
~，riding（美）稳定（乘行，骑马）
~soil road 稳定土路
~soil，structurally 稳定土壤（结构）
~stage-discharge relation 稳定水位流量关系
~structure 坚固结构，稳定结构
pony~ 小种（小型）马乘骑中心

stack 竖管，通风管，烟囱；垃圾道；成排书架；堆，垛；堆积，推起

stacked stack 的过去分词
~in spoil heaps（英）废土堆堆土
~in spoil piles（美）废土堆堆土
~plate 堆积式承载板

stacking 堆积；积堆干燥法

stadia 视距；视距尺
~rod 视距尺
~survey 视距测量
~table 视距计算表

stadiom（古希腊的）赛跑运动场；有看台的露天大型运动场；体育场，看台，体育馆

stadium 体育场
~facilities 体育场设施
~palaestra 体育场

staff 杆；[复]职员；纤维灰浆{建}；测尺，（水准）标尺{测}
~building 职工宿舍楼
~person 职工人员
administrative~ 行政职员
increase of~ 职员增加

Stag/red deer ***Cervus elaphus*** 赤鹿/马鹿

stag-headed 枯梢；梢枯的，顶枯的

stage 站；驿站；台，舞台；阶段；级，层；期；程度；水位；信号(阶)段；剧场
~behind dam 坝上水位
~C&D，work C&D 工程阶段，概念设计阶段，初步设计阶段
~-capacity curre 库容曲线
~coach 公共马车
~construction 分期建造，分期修建
~design flood 分期设计洪水
~design storm 分期设计暴雨
~development plan 开发阶段规划
~-discharge curve 水位流量曲线
~-discharge relation 水位流量关系
~duration curve 水位变化曲线
~for heaping soil and broken rock 碎落台
~gauge 水位计
~gauging network 水位站网
~gauging station 水位站
~in demographic development 人口发展阶段
~in reservoir region 库区水位
~lighting 舞台灯光
~observation 水位观测
~of a watercourse 水道水位
~of development 发展阶段
~of zero flow 断流水位
~（phase）development 分期发展
~plan 阶段规划
~property 道具
~recorder installation 自记水位计台
~scenery 布景

construction~ 施工阶段
final design~ 最终设计阶段
planning~ 规划阶段
root system~ 根系阶段
successional~ 演替阶段
thicket~ 抗侵蚀防护林（灌木林）
work~（英）工作阶段，工程阶段
stagewise regression procedure 逐段回归方法
staggered stagger 的过去分词
~cross road 错位交叉路
~joint 错（列）接（缝），错缝
~joints 错缝
~junction 错位式交叉
~parking 交错式停车
~seating 错排座席
~working hours 错开的上下班时间
Staghorn Fern ***Platycerium bifurcatum* C.Chr.** 鹿角蕨（蝙蝠兰）
Staghorn Sumac ***Rhus typhina* L.** 火炬树
stagnant ground water 静止地下水
stagnation 停滞，不流动；钝呆
~phase 停滞阶段，沉滞阶段，静止阶段
~phase，summer 夏季滞水阶段
~phase，winter 冬季滞水阶段
~situation，general（美）逆温情况，气温逆增情况
~zone（沙漠）沉积区
Stag's Horn Clubmoss ***Lycopodium clavatum*** 石松子 / 地松
stained glass 有色玻璃
stainless steel 不锈钢
stair [复] 楼梯，阶梯；（梯的）一级
~axis 楼梯轴线
~enclosure 楼梯间
~landing 楼梯平台
~opening 楼梯间开间
~post 楼梯柱
~rail（ing）楼梯栏杆
~riser 梯级起步
~run 踏步宽度，级宽
~step 楼梯步级
~tread 楼梯步级
~well 楼梯井（楼梯扶手档中的空间）
circular~ 环行楼梯
cockle~ 螺旋楼梯
corkscrew~ 螺旋式楼梯
helical~ 螺旋形楼梯
solid newel~ 固定中柱旋转楼梯
spiral~ 螺旋形楼梯
staircase 楼梯，阶梯；楼梯间
~curve 阶梯曲线
~function 阶梯函数 { 数 }
~step 楼梯步级
cantilever~ 悬臂阶梯
flight of~ 楼梯一段
natural stone~ 天然石阶梯
spiral~ 螺旋形阶梯
stairs~ 楼梯，阶梯；（梯的）一级
stairway（美）楼梯，阶梯
~construction 楼梯施工
~without cheek walls（英）无扶梯肩阶梯
foundation of a~ 阶梯基础
length of a~（英）阶梯长度
open~（美）无扶梯肩阶梯
slope of a~ 阶梯坡度
spiral~（美）螺旋形阶梯
steepness of a~ 阶梯陡峭度

total run of a~（美）阶梯总级宽

stairwell 楼梯井

stake 桩，标桩；柱；小铁砧；立桩，加桩

~gauge 矮桩水尺

~out 放样，定线，立桩；标出

~placement（美）标桩布置

~-setting 立桩，定线，放样

angled~ 斜角桩

grade~（美）坡度桩，坡桩

level~（英）水准桩

live~ 活动桩

slanting~ 倾斜桩

surveying~（美）测量桩

tip of a~ 桩尖

tree~ 树桩

stakes，row of 扩列

staking 立标桩

~-out（道路）放样，定线

~-out plan 定线平面图

~pin 测针，测针

~with field rods（美）立脊野外标尺的标柱

stalactite 钟乳石

~grotto 钟乳石洞

~vault 钟乳拱

stalacto-stalagmite 石柱

stalagmite 石笋

stalk（叶）柄；（花）梗；叶梗饰{建}；高烟囱

~，winter seed 冬季种子梗

Stalkedfruit Pittosporum *Pittosporum podocarpum* 柄果海桐/广栀仁

Stalkedfruit Prickleyash *Zanthoxylum podocarpum* 柄果花椒

stall 马房，厩；小屋；失速{机}；失去作用；矿坑；敞式矿砂焙烧炉；前排席位；停车场；汽车间；阻止；妨害；发生障碍；失速，停车，停止，停止动作

~，parking（美）（汽车）停车场地，停车车位

~urinal 立式小便器

stalled stall 的过去分词

~traffic 被阻塞的交通

~vehicle 停驶车辆

stallion barn 种马场

stamen 雄蕊

Stamp Museum 邮票博物馆

stamp pad method 打印法

stamp picture 邮票画

stanchion 支柱，柱子；标准

~barn 牛舍

~sign 移动式标志，（可移动的）柱座标志

stand 架，台；立场；位置；林分，林木；站，立；竖起；持久，坚持

~by heating 值班采暖

~-by plant 备用电厂

~by reserve 药剂固定储备量

~-by system 应急系统，备用系统

~density 林分密度

~inventory，forest（美）林分调查

~of rushes 灯心草丛

~structure，stratified 分层结构

~thinning 疏伐，疏苗

~timber 林木

~-up time of rock mass for underground excavation 地下工程岩体自稳能力

bike~（英）脚踏车架

forest~ 林分，林木
mangrove~ 红树林
pure~ 纯林
seed~ 苗木总称，森林苗圃
tending of a~ 抚育林
young~ 幼林

Stand Stemona *Stemona sessilifolia* 直立百部 / 百部袋

standard 水平；标准，规范；准则；规格；标准的；直立的
~architectural design 建筑标准设计
~area of urban structure 标准结构城市
~atmosphere condition 标准大气条件
~axial loading 标准轴线
~brick 标准砖
~concrete consistometer（混凝土）标准工业粘度计
~concrete paving block（英）标准混凝土铺路块料
~concrete paving block without exposed aggregate 无露石标准混凝土铺路块料
~condition 标准工况，标准状态
Standard Consolidated Statistical Area 标准结合统计区
~contract form（美）标准合同格式
~cross section of roads 道路标准断面
~density 标准密度
~description 标准说明书
~design 标准设计
~design flow 标准设计流量
~design scheme 标准设计方案
~deviation 标准（偏）差
~drawing 标准图
~dwelling 标准住房，标准寓所
~error 标准误差
~effective temperature 标准有效温度
~fertility rate 标准生育率
~figures 标准数值
~for potable water 饮用水标准
~for water logging control 排涝标准
Standard Form of Agreement between Owner and Architect 业主和建筑师之间合同标准格式
~form rose（美）直立型月季（花）；直立型蔷薇（树）
~frost penetration 标准冻深
~frozen depth 标准（冰）冻深（度）
~fruit tree 直立式果树
~gauge 标准量规；标准轨距（=1.435 米）
~gauge length 标准标距
~gauge railway 标准轨距铁路
~grade 标准坡度
~grading 标准级配
~grass-seed mixture 草地用标准混合草种
~highway vehicle load 公路车辆荷载标准
~housing unit 标准住房单元
~item description 标准条款说明（书）
~labour time 标准人工工时
~load spectrum 标准荷载
~method 标准方法
~metre 标准米
~metropolitan area（美）标准城市区域，标准的大城市地区
~metropolitan statistical area（美）标准都会统计区
~nomenclature 统一命名，标准命名
~non-interlocking concrete paver（美）标准非连锁式混凝土铺路机

~normal distribution 标准正态分布{数}
~of living 生活标准，生活水平
~of quality 水质标准
~of sewage discharge 污水排放标准
~of transportation planning 交通规划标准
~of water environmental protection 水环境保护标准
~of water environmental quality 水环境质量标准
~operation procedure 标准操作过程{计}
~pattern 标准形式
~paving brick 标准铺路砖
~port 标准港〈有潮位、潮流预报的港〉
~rose（standard rose tree）嫁接于树干上的蔷薇（树）
~rose，dwarf 矮种直立型蔷薇
~rose，weeping（英）有垂枝的直立型蔷薇
~sand 标准砂
~sewage 标准污水
~slope 标准斜率，标准坡度
~solution 标准溶液
~span（桥梁）标准跨径
~specifications 标准技术规范，技术准则
~sprinkler 标准喷头
~street tree（美）标准行道树
~time 标准时（间）
~unit 标准单位
~wage 标准工资
~weight and measuere 标准度量衡
~year 基年
acceptable~ 验收标准
accepted~s 通用标准
active~ 现行标准
air pollution~ 大气污染标准
charge~ 计价标准
Chinese Industrial Standards（简写 CIS）中国工业标准
commercial~（简写 CS）商用标准（或规格）
conservation~（对自然资源的）保护准则
current~ 现行标准
department~ 部门标准
design~ 设计标准
emission~（废气）排放标准
engineering~ 技术定额，工艺标准
environment(al) noise~ 环境噪声标准
environment quality~ 环境质量标准
environmental~ 环境标准
exhaust emissions~（汽车）废气排放标准
geometric~ 线形标准，几何标准
half~（英）(生长被抑制的）中等高度的果树
index of living~ 生活水平指数
index of~ 标准索引
industrial~ 工业标准
International Organization for Standard（简写 ISO）国际标准化组织
international~ 国际标准
irrigation water quality~ 农田灌溉水质标准
material~ 材料标准
national~ 国家标准
non–~ 非标准的
open space~ 游憩用地标准，开放空间标准

over~ 超定额，超标准
parking~ 停车场标准
potable water quality~ 生活饮用水水质标准
road~ 道路标准
speed~ 速率标准
state specified~ 国标专用标准
tall~（英）高生树
technical~ 技术标准，技术规格
temporary~ 暂定标准
tentative~ 暂行标准
up to~ 合格，合乎标准
wage~s 工资标准
wastewater discharge~ 废水排放标准
workmanship~ 工艺标准
zoning~ 分区标准，划区标准

Standard Rose Hot Chocolate *Rosa* 'Hot Chocolate' '热可可' 树月季（英国斯塔福德郡苗圃）

Standard Rose Iceberg *Rosa* 'Iceberg' '冰山' 树月季（英国斯塔福德郡苗圃）

Standard Rose Remembrance *Rosa* 'Remembrance' '纪念' 树月季（英国斯塔福德郡苗圃）

standardization 标准化
~in architectural design 建筑设计标准化
~of geographical 地名标准化
~of variables 变量的标准化

standardized classification 标准分项

standards 标准，指标
~for construction（美）建筑物标准；结构标准；建筑（工）业标准
~for nursery stock，quality 苗圃苗木质量标准
~for perennials，quality 多年生植物质量标准
~of domestic equipment（室内）设施标准
~of public green space 公共绿地指标
coppice with~ 标准（林业用语）矮林（或萌生林）
environmental quality~ 环境质量标准
German~ 德国（主要用于德国，奥地利、瑞士等地）标准
land-use intensity~ 土地使用集约度标准
water quality~ 水质标准

standby 备用
~electric power 备用电源
~lighting 备用照明

standing 起立；持续；立场；地位；短时停车；直立的；停滞的；不变的，固定的；常备的
~area 停机坪
~apron 停机坪
~biomass 现存生物量
~Buddha 立佛（像）
~capacity 车场容车能力
~charge 固定费用
~committees 常务委员会
Standing Conference of Local Planning Authorities（英）地方性规划局常设会议
~crop biomass 现存林木生物量
~forest crop 现存林分，现存用材林木
~harbour 低潮港口（浅水位时使用的小港）
~lane 短时停车道
~orders，competition（英）竞赛章程
~stone 孤赏石，点石
~time（交通工具）停留的时间

~water 静水，止水
~water level 静水位
~waterbody 静水体
~wave；clapotis 立波
standort 环境综合影响
standpipe 消防立管
standpoint 目标，观点
stane dyke，dry 干砌圬工，干砌石工
staple 主要成份，主要产品，原料，贸易中心城镇，商业中心
~food processing room 主食加工间
~food storage 主食库
~industry 主要产业，重工业
star 星；星况
~city 星状城市
~form 星形城市形态
~house 星形平面的塔式住宅
~junction（道路）星形交叉
~-like fashion 星状平面
~-type junction 道路星形枢纽
Star Anise *Llicium verum* 大茴香 / 大料 / 中国大茴香
Star Bromelia/Starfish Plant/Earth Star *Cryptanthus acaulis* 紫锦凤梨 / 姬凤梨
Star Cactus/Haworthia/Wart Plant/Cushion Aloe *Haworthia fasciata* 锦鸡尾 / 条纹十二卷
Star Cluster *Pentas lanceolata*（Forssk.）Schum. 五星花 / 繁星花
Star fruit/carambola/country gooseberry *Averrhoa carambola* 五敛子 / 阳桃（羊桃，杨桃）
Star Gloryl/Cypress Vine *Quamoclit pennata* 羽叶茑萝 / 茑萝
Star of Columbia/Lace Orchid/Odontoglossum *Odontoglossum crispum* 瘤瓣兰 / 皱齿瓣兰
Star Jasmine/Furry Jasmine *Jasminum multiflorum*（Brum. f.）Andr. 毛茉莉（印度尼西亚、菲律宾国花）
Star Jasmine/Confederate Jasmine *Ttrachelospermum jasminoidcs*（Lindl.）Lem. 络石（石龙藤）
Star Magnolia *Magnolia stellata* Maxim 星花木兰（英国萨里郡苗圃）
Star white moth *Spilosoma menthastri* 星白雪灯蛾
Star-apple *Chrysophyllum cainito* L. 星苹果
Starfish Plant/Star Bromelia/Earth Star *Cryptanthus acaulis* 紫锦凤梨 / 姬凤梨
Stargazer Hybrid Oriental Lily *Lilium* 'Stargazer' 葵百合（美国田纳西州苗圃）
Starking Apple *Malus domestica* 'Starking' 红星苹果（英国萨里郡苗圃）
Stinking Gladwyn *Iris foetidissima* 红籽鸢尾（英国斯塔福德郡苗圃）
Stinking Hellebore *Helleborus foetidus* 臭圣诞玫瑰 / 异味铁筷子（英国斯塔福德郡苗圃）
Starshape Sweetleaf *Symplocos stellaris* Brand 老鼠矢
start 开始；起动，发动；出发；出发点；启辉器；开始；起动；发动（机器、汽车等）；出发
~humping signal 推送信号
~of construction（美）开工，工程开工

starting 起动，发动
~point 起始点
~position 起始位置，原始位置
~-of-run 开工，开始运转，运转初期
~signal 出站信号机，发车信号机
~value 初始值
Starry conger ***Conger myriaster*** 星康吉鳗
state 国家，政府；（美国、澳洲的）州；状态；形势；身份；国家的；州的；正式的；陈述，说；指定
~apartment 大厅
~assets 国有资产
~budget revenue 国家预算收入
~convention hall 国家会议大厦
~description 状态描述
~development 国家开发（发展）
~development plan（美）国家开发计划
State Economic Commission 国家经济委员会
~enterprise 国有企业，国营企业
~farm 国营农场
State Forest（英）国有林；州有林
State Forest，Permanent[NZ] 国家保留林（预备林）
State Hermitage Museum（Russia）国立艾尔米塔奇博物馆（俄罗斯）
~highway 州道（相当于省级公路）
~highway department 州公路局
~highway division（美）州公路局
~highway system（美）州道系统，州道网
State Historic Preservation Office（美）国家历史文物古迹保护局
State Historic Preservation Officer（美）国家历史文物古迹保护官员
~investment 国家投资
~land 公（有）地
~of a landscape，current 当前风景园林状况
~of art 现代技术发展水平
~of-（the）-art technique 现代技术发展水平；已发展技术的，非实验性的工艺状况（现状）
~of mind 心境，心情
~of plastic equilibrium 塑性平衡状态
~of population 人口状况
~of the system 系统状态
State Opera Theatre of Vienna 维也纳国家歌剧院
~-operated industry 国营工业
~organs 国家机关
~-owned 国有的
~-owned economy 国营经济
~-owned land 国有地
~ownership 国家所有制
~parameter 状态参数
~plan 国家计划
~planning 国家计划（规划）
State Planning Commission 国家计划委员会
~-provided credit 国家贷款
~regional planning（美）国家地区性规划
~-run 国营的
~-run farm 国营农场
State Science and Technology Commission 国家科学技术委员会
~sector 国营部门
~specified standard 国标
~surveillance system for air pollution，

national or 国家大气（空气）污染监视系统
~treasury 国库
~variable 状态变量
active~ 主动状态
actual~ 现状
dormant~ 休眠状态
final~ 终态
liquid~ 液态
technical~-of-the-art 现代技术发展水平；科学发展动态
steady~ 稳态 {计}
steady-~ 稳（定）态的，稳定的
trophic~ 营养状况
ultimate limit~ 极限状态

statement 陈述，概要，说明；声明；声明书；语句 {计}
~of affairs 财产状况说明书，清算资产负债表
~of final accounts 会计决算报表
~of the project（美）方案概要（说明）
environmental impact~ 环境影响说明
explanatory~ 说明概要
position~（美）信息告知
written~ 书面说明

state-owned 国有土地

static 静态的，固定的
~action 静态作用
~analysis 静态分析
~analysis scheme of building 房屋静力计算方案
~balance 静态平衡
~balancing 静态平衡
~deflection 静态压缩量
~deviation 静态偏差
~electric dust sampler 静电式尘粒取样器
~grounding device; earthling device 码头静电接地装置
~head 静水头，落差
~head of water 静水头
~level 静水位
~method 静力法
~pressure 静压
~pressure for outflow 流出水头
~rest space 静休息区
~stereo photography 静态立体摄影

statics 静力学
~and dynamics 静力学和动力学

station 局；站，工作站；测站；车站；航空站；电台，电视台；位置；岗位；定测站；就位安置
~and yard communication 站场通信
~building 车站建筑
~centring 测站归心
~circus 车站广场
~esplanade 车站广场
~examination 测站考证
~for head-end operation 调头车站
~hall 车站候车大厅
~house 站房
~in advance of terminal 枢纽前方站
~layout 车站布置
~line 站线
~main building 车站主楼
~place 车站广场
~platform（车站）站台，月台
~plaza 车站广场，站前广场
~signal 车站信号
~site 站坪

~square 站前广场，车站广场
~track 站线
~yard 货场，站场
~yard post（铁路上的）车站场区标
~year 站年
~-year method 站年法
air transport~ 空运站
air quality control~ 大气质量监控站
hydroelectric power~ 水力发电站
nuclear power~ 核电站
ornithological~ 鸟类学研究站
solar power~ 太阳能发电站

stationary 不动的，静止的；不变的，固定的
~datum 冻结基面
~gauging 驻测
~pollution source 固定污染源
~population 静止型人口（增长率为零或接近零）
~sprinkler 固定喷灌器
~state 静态
~traffic 静态交通

statistic(al) 统计（上）的
~acoustics 统计声学
~analysis 统计分析
~average 统计平均
~chart 统计图表
~data 统计数据，统计资料
~distribution 统计分析
~error 统计误差
~figure 统计数据，统计数字
~forms 统计报表
~graph 统计图表
~induction 统计归纳
~inference 统计推断
~information 统计资料
~inquiry 统计调查
~investigation 统计调查
~map 统计地图
~material 统计资料
~method 统计方法
~parameter 统计参数
~probability 统计概率
~research 统计研究
~result 统计结果
~sampling 统计抽样
~survey 统计调查
~table 统计图表
~tabulation 统计汇总
~test 统计检验
~test method 统计试验法(蒙特卡罗法）
~testing method 统计检验法
~theory 统计理论

statistics 统计资料，统计学，统计表，统计
~analysis 统计分析
~approach 统计方法
~chart 统计图
~data 统计数据，统计资料
~map 统计地图
~method 统计方法
~of building acitivities and losses 建筑动态统计
~of population 人口统计
~of population change 人口变化统计
~of population movement 人口变动统计

statue 像，铸像，雕像
Statue of Avalokitesvara of Overlook–ing the Sea on the Lotus Mountain, Guangzhou（China）广州莲花山望海

观音（中国）
Statue of Fishing-Girl，Zhuhai（China）珠海渔女像（中国）
Statue of Liberty（美）自由女神像（美国）；是法国政府于 1886 年赠送给美国政府的礼物，现已成为纽约市甚至是美国的象征。
Statue of Manna-Avalokitesvara of Jianchuan Grottoes（China）剑川石窟甘露观音（中国）

statuette 小雕像，小塑像

status 情况，状态；资格；（经济）地位，状况
~bar 状态条
~bit 状态位
~of an animal species，conservation 动物种保护状况
~of employment 就业状况
~of endangerment 濒危状况
~（in）quo 现状；维持现状
bestowed protection~（国家公园）分类保护法
conservation~ 保护状况
planning~ 规划状况

statute 法令；条例，章程，规定法定的，规定的
~labour 法定劳动
~law 成文法
~mile 法定英里（=5280 英尺）
enabling~（英）权力授予法，授权法

statutory 法定的，规定的
~consultation with public agencies（美）法定咨询，法定磋商，法定向公共管理机构咨询，法定同公共机构磋商（征求意见）
~consultation with public authorities（英）法定咨询，法定磋商，法定向公共管理机构咨询，法定同公共管理机构磋商（征求意见）
~designation 法定名称，法定称号
~designation of landscape planning requirements 景观规划需求的法定名称
~flood（-）plain zone 法定淹没平原带
~formula 法定公式
~land use specification 法定土地使用规范
~level 法定水平
~plan 法定规划
~provision for participation 法定参与条款
~regional plan 法定区域性计划
~requirement 法定要求
~undertaker 特许业者（英国，从事政府特许业者）
~undertaking 特许事业（英国指政府特许之事业）

stay 牵条，拉索；支承物；持久力；固定；阻止；逗留；支持，撑；固定；阻止；逗留，停机
~fastener [窗] 撑头
~，period of 停留时期

steading 小农场；农场建筑

steady 坚定的；稳固的，稳恒的，不变的；无间断的；使稳固，使稳定
~demand 稳定需求
~flow 恒定流
~-flow pumping test 稳定流抽水试验
~gradient 连续坡度，均坡
~increase 稳定增长
~infiltration 稳渗

~rain 连续降雨
~seepage 稳定渗流
~space 稳定车距
~speed 稳定速度
~state 平稳状态，稳态 { 计 }
~–state 稳（定）态的，稳定的
~–state acceleration 稳态加速度
~–state analysis 定态分析
~state characteristic 静态特性
~state heat conduction 稳定传热
~–state heat transfer 稳态传热

steam（水）蒸汽；蒸，用力开动
~boiler 蒸汽锅炉
~conduit 蒸汽管道
~ejector 蒸汽喷射器
~heating 蒸汽采暖，蒸汽供暖
~heating system 蒸汽采暖系统
~pipe 蒸汽管
~pipeline 蒸汽管道
~power plant 火电厂
~power station 火力发电厂
~trap 疏水器
~–water heat exchanger 汽 – 水 [式] 换热器
~water mixture 汽水混合物

steel 钢；钢制品；钢的；钢化；使坚硬；包以钢
~alloy 钢合金，合金钢
~arch bridge 钢拱桥
~ball 钢珠
~–band tape 钢卷尺
~bar 钢筋；钢条
~bar heading press machine（预应力）钢筋冷镦机
~beam 钢梁
~bridge 钢桥
~casement 钢窗
~complex 钢铁联合企业
~concrete 钢筋混凝土
~extension machine（预应力）钢筋拉伸机
~frame 钢架
~grade 钢号
~grate 铁丝格子，铁栅
~grill(e) 铁栅
~mill 钢厂
~plant 炼钢厂
~plate 钢板
~plate girder 钢板梁
~rail 钢轨
~rolling mill 轧钢厂
~sheet mill 钢薄板厂
~structure 钢结构
~work 钢铁工程，钢结构
~works 钢铁厂建筑
acid~ 酸性钢
alloy~ 合金钢
angle~ 角钢，角铁
bar~ 条（形）钢，钢条
carbon~ 碳钢
cast~ 铸钢
flat~ 扁钢
forged~ 锻钢
high alloy~ 高合金钢
high carbon~ 高碳钢
low~ 低碳钢
manganese~ 锰钢
Martin~ 平炉钢，马丁钢
non–rust~ 不锈钢
open–hearth~ 平炉钢

plate~ 钢板
steep 悬岸，绝壁；陡（峭），峻峭的
~setting 陡坡
~slope 陡坡
steepen an existing slope 筑斜坡
steeping 浸渍
~treatment（英）浸渍处理
steeple（教堂上的）尖塔
steeplehouse 教堂建筑
steepness 陡度
~of a stairway/flight of steps 楼梯陡峭度
~of setting 斜坡陡峭度，边坡陡度
~of slope 斜坡陡峭度，边坡陡度
stele 石碑
~engraved with map of Pingjiang prefecture, Suzhou（China）平江府图碑（中国苏州）
Stellaehair Vatica ***Vatica astrofricha*** 青皮
Stellate Hairs Rhododendron ***Rhododendron asterochnoum*** 星毛杜鹃 / 川西杜鹃花 / 汶川星毛杜鹃
Steller's sea eagle ***Haliaeetus pelagicus*** 虎头海雕
stem 树干，干茎，柄，杆；系统；（为居民提供联系的）通道，也包括为住宅服务的各种设施，如商业、文化、教育、娱乐以及步行道、汽车道、公用管线等；发生于；阻塞，堵住（水等）；防止；阻止
~apex 茎端，茎尖
~cutting（hardwood cutting）枝插
~damage（英）茎损伤
~flow 茎流
~thorn 茎刺
~tuber 块茎
~wound（英）茎创伤
base~ 中心茎
epicormic shoot of~ 茎的嫩萌芽条
lignified~ 木质化茎
removal of codominant~ 次优茎去除
stems stem 的复数
Stem rot of ***Catharanthus*** 长春花茎腐病（***Fusarium*** **sp.** 镰刀菌）
Stem rot of ***Eupharbia*** 虎刺茎腐病（***Fusarium*** **sp.** 镰刀菌）
Stem rot of ***Sophora japonica*** 槐树裂褶菌木腐病（***Schizophyllum*** **sp.** 裂褶菌）
Stem sawflies 茎蜂类 [植物害虫]
Stemless Carline Thistle ***Carlina acaulis*** 无茎刺苞树 / 矮蓟
stenecious 狭适性的
stenoecic 狭栖性，狭适性（的）
stenoecious 狭栖性的，狭适性的
stenotopic 窄幅的，狭适性的
step 步；踏步，踏级，踏垛，（台）阶，梯级；阶段；步骤
~arrangement 台阶布置
~back 阶段式退进，逐层后退
~counter 步进计数器
~curve 阶梯曲线
~cutting 台阶式挖土
~hillside house 坡地住宅
~in a flight of steps 楼梯踏步（梯级）
~iron（英）梯级用铁
~joints 齿连接
~ladder 梯凳
~lip 梯级正缘（凸缘）
~planting 梯阶种植
~rail 阶梯式路轨
~ramp 梯级斜面

~response 瞬态特性，过渡特性，阶跃响应
~rod（美）楼梯拉杆
~slabs on risers，flight of 梯阶竖板
~stone 山石踏跺
~street 阶梯式（人行）街道，踏步式（人）行街道
~strip foundation 梯阶条形基础
~substation 变电站
~width 步宽
~with nosing，block 突缘饰阶梯
angle~ 角形梯阶
block~ 料块梯阶
diminishing~ 渐缩梯阶
flagstone~ 石板梯阶
garden~ 园中台阶
ramp~ 坡道梯阶
riser~ 起步板梯阶
roughly-hewn block~ 粗削石梯阶
round timber~ 圆木梯阶
seat~ 座梯
semi（-）circular~ 半圆形（楼梯的）踏步
sitting~ 阶梯座位
staircase~ 楼梯，阶梯
steppe 大草原（特指东南欧或西伯利亚等处的草原）
~climate 草原气候{气}
~-heath 大草原荒原
~-like grassland 大草原草地
~soil 草原土
becoming~ 变成草原
tall grass~ 高草草原，牧场
Steppe cat/Pallus's cat *Felis manul* 兔狲/乌伦
Steppe eagle/ tawny eagle *Aquila rapax* 草原雕
stepped 有台阶的；成阶段的
~abutment 阶形桥台
~foundation 台阶形基础
~gable wall 五花山墙
~house 台阶式住宅
~pathway 台阶式小路
~ramp 台阶式坡道
~terrace dwellings 阶台式住宅
stepping 台级
~-off of slab ends（路面）板端（因垂直位移而形成的）台级
~stone 步台，踏石〈指园林内草坪上或砂地上供步行的石块〉；（浅水中）踏脚石；（中途的）歇脚地；（上下马用）踏脚台；敲门砖
~stone method 踏脚石法（一种线性规划方法）{管}
~stone on water surface 水面踏脚石
~stone path 踏脚石小路
~stones 踏脚石，汀步
steps 踏道，台阶
~on a slope 斜坡台阶
~-teller 记步器
~with adjacent soil 邻近土踏道，凸斜坡台阶
~with lateral edging 侧缘台阶（踏道）
cantilever~ 悬臂式踏道
flight of natural stone~ 天然石台阶一段
indoor~ 室内台阶
outdoor~ 户外台阶
seat~ 座位台阶
sitting~ 座位台阶
steepness of a stairway/flight~ 楼梯坡度

stepwise 分步，逐步
~regression analysis 逐步回归分析
~sequential test 逐步序列检验
stere 立方米
stereo 立体
~camera 立体摄影机
~pair 立体像对
stereogram 立体图，体视图
stereographic projection 赤平投影
stereophonic cinema 立体电影院
~system 立体声系统
stereoscopic map 立体地图
stereoscopic viewing 立体观察
steward 管事者；（学校的）膳务员；（团体、公会等的）会计员；招待员、服务员
Steward Oak ***Quercus stewardii*** 黄山栎
stewardship 管理工作
~of trees 树木管理工作
stream~ 河川管理工作
Stewart's law 斯图尔特（人口分布）定律
St. George Church（**Malaysia**）圣乔治教堂（马来西亚）
stibite 辉沸石
stickup lettering 植字
Sticky Adenosma ***Adenosma glutinosum*** 毛麝香 / 五凉草
Sticky Rehmannia/adhesive rehmannia ***Rehmannia glutina*** 地黄
Stiff Bottlebrush ***Callistemon rigidus*** **R. Br.** 红千层
Stiff-leaf Juniper/Needle Juniper ***Juniperus rigida*** 杜松
stiffened 加劲，刚性
~roadway（桥上）刚性行车道
~suspension bridge 加劲悬（索）桥
stigma 柱头
still 静止；寂静；蒸馏器，蒸馏锅；蒸馏所；酿酒场；静止的，寂静的；使静止；使寂静；平定；[副] 至今还是，仍然，依然；更甚，愈加
~basin 静水池，消力池
~equipment 静置设备
~less 更少；更不；何况
~more 更多；更加；况且
~water 静水
~storage 静库容
~tide 平潮
~water level 静水位
stilling still 的现在分词
~basin（沟中的）消力塘
~pond 消力塘，消力池
~pond overflow 消力池溢流 { 排 }
~pool 消力池
~well 静水井
stilt 高跷；高架；支撑物
~house 吊脚楼
~root 支柱根，升高根
stilted arch bridge 高矢拱桥，上心拱桥
stimulus diffusion 刺激扩散
Stinging Nettle ***Urtica dioica*** 异株荨麻 / 普通荨麻
Stinkbird ***Opisthocomus hoazin*** 麝雉 / 爪羽鸡（圭亚那国鸟）
stipule 托叶
Stitching Architecture Research（**SAR**）拼接建筑研究〈将住宅建造分为设计理论和方法两部分 - 支撑体和可分体的〉

stoa 希腊古建筑的拱廊；（有屋顶的）圆柱大厅〈拜占庭建筑〉

Stoa of Zeus Eleutherios（Greece）宙斯·埃雷赫里奥斯拱廊（希腊）

stoat（棕色毛）**/ermine**（白色毛）***Mustela erminea*** 白鼬

stochastic 随机

~generating series 随机生成系列

~hydrologic model 随机水文模型

~processes 随机过程

~programming 随机规划

~sampling 随机抽样

~simulation 随机模拟

~simulation method 随机模拟法

~variable 随机变量

stock 烟囱；（原）料；备料，存料；储藏物；资源；螺旋纹板{机}；岩株{地}；股票；紫罗兰花；树干，茎；桩；砧木；牲畜；普通的；现有的；储藏

~assessment 资源评价

~cart 兽力车

~farm 畜牧场

~-farming district 牧业区

~of available housing 可提供的住房量

~of cars 汽车总数

~of dwellings 住房（总）量

~of housing 住房量

~pile loading 堆装材料

~pile manure 积肥

~room 储藏室，仓库

~yard 堆货场；牲畜场

bare-rooted~（美）裸根茎

container-grown~ 容器长植物

fish~ 水体中养鱼总数

growing~ 立体材积（森林贮积量）

nursery~ 苗木

nursery-bred~（美）苗木

nursery-grown~ 苗木

plant species~ 生存区植被，植物种存储

planting~（美）定植苗

quality standards for nursery~ 苗木质量标准

root~ 根状茎

root-balled~ 带土根苗

size of planting~ 定植苗数量

Stock Flower/Gillyflower *Matthiola incana* 紫罗兰

stockade 栅栏，围栏，篱笆；围桩；桩打的防波堤；用栅栏围住

~fence（美）桩打栅栏

~groynes 栏栅丁坝（防波堤）

stockaded village 寨

stockbreeding pollution 畜产公害，畜产污染

stockholder 股东

stocking 贮藏，装料；长袜

~of fish 鱼的贮藏

~yard 堆料场，成品仓库

stockpile 同 **stock pile**，积蓄，库存，原料储备

~area 原料储备区

soil~（美）土原料储备

stockpiled 成堆的

~materials 堆料

~topsoil 表土堆

stockpiling 装堆；存料，存货

~of topsoil（美）表土装堆

Stokes Aster（**Stokesea**）***Stokesia laevis***

琉璃菊 / 美国蓝菊
stolon 匍匐茎
Stolonbearing Sagebrush *Artemisia stolonifera* 宽叶山蒿 / 天目蒿
stoloniferous 具匍匐茎的
stolonizing 匍匐繁殖
stoma（pl. stomata）气孔
stone 石（头），石料，石材；石（重量名，一般规定为十四磅，但在实用上往往因不同物料而异）（英）；石（头）的，石质的
~animal 石像生
~animal，minister and general statues 石兽、望柱、翁仲雕像
Stone Animals and Humans 石像生
~appended to wall 附壁石
~arch bridge 石拱桥
~arching 石拱圬工
~arrangement/stone setting 置石；组石
~ashlar 琢石块
~ballast 石渣
Stone Bear Jumping down the Cliff（Beijing，China）石熊跳崖（中国北京市）
Stone Bell Hill（Houkou，China）石钟山（中国湖口县）
~bench 石凳
~block 石块
~block pavement 石块（铺砌）路面
~boat（园林中的）石舫
~bridge 石桥
~building 石屋；石砌建筑物
Stone carving of Huian，Quanzhou 泉州惠安石雕
~cavern 石洞
~chip filler 石屑填充料
~chippings 石屑，石片
~coating test 石料裹覆试验
~collecting（美）石料采集
~concrete 石子混凝土
~construction 石建筑
~course 石层
~crumbling 石风化
~crusher 碎石机
~crushing machine 碎石机，轧石机
~cutter 切石机；石工
~cutting 切石
~dam 石坝
~decay 石衰变
~deposit，natural 石料自然沉积
Stoue Dhanari Column 石幢
~drain 石砌排水沟
~drainage 填石排水
~dressing 石料砌面，琢石饰面
~drier 干石机
~drill 石钻
~dust 石粉，石屑
~-faced masonry 石面圬工
~facing 石料砌面（或镶面），琢石面
~fence 石围栏
~fill 填石
~-filled drain 填石排水沟
~filling 填石
~flag 石板，板石
~flag，natural（美）天然石板
~flag，raw 粗石板
~flower bed 石花台
Stone Flower Cave（Beijing，China）石花洞（中国北京市）
Stone Forest of Lunan（China）路南石林（中国）

~formation，exposed 露石生成
~foundation 石基础
~garden 堆石庭园，叠石庭园
Stone henge 石砌围墙；英国沙里斯伯里（Salisbury）遗留的史前大石柱群
~hill arrangement 掇山
~human statue 石人
~lantern 石灯笼，石灯
~layer 石层
~layout 置石
~levee 石堤
~lining，dumped（美）河床铺石
~marker 标石
~masson 石工
~masonry 砌石工程，石圬工；块石砌
~material 山石材料，石料
Stone Memorial Arch 石牌坊
~monument 标石
Stone of Heavenly Kings 天王石
~ornament 点缀石
Stone pagoda in Kaiyuan Temple，Quanzhou（China）泉州开元寺石塔（中国）
~path，stepping 梯阶石块铺砌小路
~pavement 石块（铺砌）路面；石块铺面
~pavement，natural（美）天然石块路面
~paver，small（美）小铺路机
~paving 砌石，石料（铺砌）路面，块石铺砌
~paving，natural 天然砌石，天然石料（铺砌）路面块石铺砌
~paving，small（美）小天然砌石
~pavilion 石亭
~picking 石料采集
~pinacles 石林
~pine 意大利五针松，石松
~pit 采石场
~pitching 石砌护坡
~post 界石
~press 压石机
~product 石材制品
~quarry 采石场
~riprap 乱石（块）
~river 石河
~road 碎石路
~sand 碎石砂
~sculpture 石雕
~sculptures of the Feilai（Hangzhou，China）飞来峰造像（中国杭州市）
~selection 石料挑选
~sett 小方石（块）
~sett，natural（英）天然小方石
~-sett pavement 小方石（块）路面
~-setter 砌石工
~setting 置石
~shrine 石祠
~sidewalk 石砌人行道
~slab 石板
~slab bridge 石板桥
~slab，natural 天然石板
~spreader 碎石撒布机
~subbase，hand-laid（美）手砌石料底基层
~subbase，hand-pitched（英）手工铺砌底基层
~stair 蹬道
~steps（楼梯）石级，（登山）蹬道
~structure 石（料）结构，砖石结构
~surface，paved 石料铺面

~-surfaced road 石砌路面
~surfacing 石料砌面，石面 {建}
~tablet 碑碣，石碑
~tomb with bas-relief，Yinan（China） 沂南画像石墓（中国）
~tooling wastage 石料修整废品
~turtle 赑屃,趺(\在石碑下的龟状动物)
~veneer 石料砌面（或饰面），石面
~wall，dry 干砌石墙，无（灰）浆砌石墙
~weathering 石料风化（风蚀）
~wheel 砂轮
~work 石方工程，石工
~works 石方工程
artificial~ 人造石
bed-~ 垫石，底石，座石，基石
block~ 块石
building~ 建筑石材
carborundum~ 金刚石
cement~ 水泥石
china~ 瓷土石
chipped~ 琢石
concrete~ 混凝土石，混凝土块
cover~ 罩面石料，撒布用的石料
crushed~ 碎石
cut~ 琢石
derrick~ 巨石，大块石
dressed~ 料石，修琢石
dressing~ 修琢石
edge~ 边缘石
edging~ 修边石
flat undressed~（英）未修整的平石板
foot~ 基石
foundation~ 基石
imitation~ 人造石，假石
natural~ 天然石
parapet~ 拦墙石 {建}
paving~（美）铺路石，铺面石
peacock~ 孔雀石
pebble~ 卵石
plaster~ 石膏
precut paving~（美）预开铺路石
river~ 河石
round~ 圆石
rub~ 磨石
rubble~ 乱石，粗石；块石
small paving~（美）小铺路石
step~ 楼梯石级 {建}
stepping~s 汀步
stepping-~ 踏脚石；进身之阶；达到目的的手段
tooling of~（美）石料修整
undressed~ 未修整的石料
work~ 料石

Stone Bamboo *Phyllostachys nuda* 净竹 / 石竹

stone basin 石盆

Stone Catalogue of the Cloudy Forest 《云林石谱》(是中国第一部论石专著，由宋代的矿物岩石专家杜绾编著)

Stone Crop/Donkey's Tail *Sedum morganianum* 翡翠景天

Sstone Crop/Golden Carpet *Sedum acre* 金毡景天 / 景天

Sstone Crop/Showy Sedum *Sedum spectabile* 八宝 / 弁庆草

Stone Face/Living Stones/flowering stones *Lithops pseudotruncattela* 生石花

Stone marten/beach marten *Martes foina* 石貂 / 扫雪貂

Stonecrop ***Sedum acre*** 锐叶景天 / 墙边胡椒

Stonecrop ***Sedum Spurium*** **Purple Carpet** 紫地毯景天（英国斯塔福德郡苗圃）

Stonecrop ***Sedum telephium Atropurpureum Group*** **'Purple Emperor'** 紫景天（英国斯塔福德郡苗圃）

stones 石料

~laying 叠石

laying of prefabricated~ 叠（预制）石

stoneware 陶瓦器，缸瓷

~pipe 陶土管

stoneway 碎石路，石子路

stonework 石细厂；石作，石方工程；石造物；[复]石工厂

stony 多石的

Stony Bambusa ***Bambusa lapidea*** 油勒竹

stool 凳子，小凳，踏脚凳；模底板

~shoot 根蘖

stop 车站，停车站；停车；停止

~ahead sign "前面停止通行"信号

~and go signal 停止再行信号

~buffer 车档；车挡

~control 停车管理

~-controlled intersection 有停车管制的交叉口

~-go signal 红绿灯交通信号

~light area（交叉口）停车区域

~-line 停车线，停止线

~section 停车区段

~shelter 风雨停车站

~short 空档

~sign 停止信号

~signal 停车标志，停车信号

stopgap 塞洞口的东西；临时代替物；权宜之计

~measure 权宜措施，临时措施

~report（美）临时报告

stopping 停车；填塞（料）；油漆木料前用以填塞裂缝的塑性材料，腻子；停止的；塞住的

~area（英）停车区

~brake 止动阀，制动阀

~distance 停车距离，刹车距离，停车视距

~lane 停车道

~layer，filter（美）过滤器的填塞（料）层

~off 封闭交通，禁止通行

~pad 停车坪

~place 停止的地方；车站

~point（英）停车点

~sight distance 停车视距

~sign 停车标志

~time 停车时间，刹车时间

~truck heap（厂矿道路）阻车堤

stopway 停车道

storability 贮水系数

storage 贮藏，存贮；贮物室，仓库，贮藏库；存贮器；仓库费；记忆，存储器{计}

~area 堆场用地

~capacity 储藏量；储罐容量；蓄水量；存储（器）容量{计}

~capacity，flood 蓄洪量

~capacity，nutrient 土壤矿物养分量

~capacity，water 土壤贮水量

~coefficient 储水系数

~dam 蓄水坝

~of recyclable materials，interim 暂定可回用料储量
~of topsoil（英）表土存储
~of water 蓄水
~place 贮料场
~pond 储水池，沉淀池
~reservoir 储水池，蓄水库
~room 储藏室
~shed 库棚，贮料棚
~site，equipment（美）装备储藏场地
~space 贮藏场所
~space，intermediate safe 中间安全存储（核废料等）场所
~tank 储油罐
~track 储备路线，留置路线，存车线〈收容留置车辆的路线〉
~volume 贮藏容积；水库储存容积
~yard 港口堆场
~yards 堆场，贮藏场
~zone 仓库区
groundwater~ 地下水储水
long-lasting~ 持久储存库
recharged groundwater~ 回灌地下水储存
soil~ 土壤储存
trash~（美）废料库
store 贮藏；贮藏所，堆栈，仓库；存储器；店铺；[复]存贮品，备用品；必需品；商店；大量；贮藏，存贮；蓄电
~building 仓库；商店房屋
~keeper 仓库管理员
~room 贮藏室
~shed 贮藏棚，贮料棚
seed~（美）种子库
soil~ 土壤贮藏
topsoil~ 表土贮藏
stored 储藏的
~coppice（英）储藏的萌芽（萌条）
storehouse 库房
~and archive 仓廪府库
storeroom 仓库，储藏库，库房
stores，seeding of topsoil 表土播种的备用品
storey 楼，层（楼）
~grave，two（英）双层墓
permitted number of~（英）容许层数
storeyed building 楼阁
storeys 楼，层（楼）
storied building 楼
storied house 楼房
stories（美）楼，层（楼）
~，over passage 过街楼
storing 贮藏，可贮的
~of topsoil 表土的贮藏
~properties 可贮藏性
Stork-billed kingfisher ***Pelargopsis capensis*** 鹳嘴翡翠
stork's nest growth 鹳巢生长，婴儿诞生
storm 暴风雨；暴雨；暴风（十一级风）{汽}；风潮
~and foul water drain 雨污水渠道
~beach（美）（暴风形成的）风暴海滩
~-beach（英）风暴海滩
~belt 风暴地带
~center 风暴中心
~centre 风暴中心{气}
~circle 风暴圈
~-collector system 雨水沟渠系统
~combination method 暴雨组合法
~curve 暴雨曲线

~down-pipe 暴雨水落管{建}
~drain 排水沟，排水渠，雨水排水道，雨水管
~drain combined with sanitary drainage 雨污水合流排水管
~drain grate（美）雨水格栅
~drain outlet 雨水管出口
~drainage 暴雨排除，雨水排除
~drainage service charge（美）雨水排除服务费用
~drainage system，underground（美）（地下）雨水排除系统
~duration 暴雨历时
~enlargement 暴雨放大
~flood 暴雨洪水
~flood forecasting 暴雨洪水预报
~flow 暴雨流量
~frequency 暴雨频率
~gate 防洪闸（门）
~inlet 雨水进水口，雨水井
~investigation 暴雨调查
~（sewage）overflow 雨水溢水沟
~overflow well 暴雨溢流井
~parametric isoline map 暴雨参数等值线图
~-pattern 暴雨型
~-proof 暴风雨防备，防暴风雨的
~protection 防风
~rainfall 暴雨，豪雨；暴雨量
~reduction index 暴雨递减指数
~runoff 暴雨径流
~runoff,delaying（美）暴雨径流（延缓）
~runoff，heavy（美）暴雨径流（大）
~sewage 雨水，暴雨污水
~-sewage system 雨污水合流系统
~sewer 雨水沟渠
~sewer system 雨水沟渠系统，雨水管网系统
~-surge 风暴袭击；风暴潮；巨浪
~surge forecasting 风暴潮预报
~tide 暴潮
~transposition correction 暴雨移置改正
~transposition method 暴雨移置法
~warning 暴雨警报
~water（暴）雨水
~-water collection 雨水集水管
~water detention 雨水阻留
~water detention pond 雨水阻留池
~-water drain 雨水沟渠
~water drainage system 雨水疏导系统
~-water flume 雨水槽
~-water inlet 雨水进水口，雨水井
~water management pond（美）雨水控制池
~water runoff 雨水径流
~water sewage 雨水污水
~-water sewer 雨水沟渠，雨水干管
~-water system 雨水系统
~water system，underground 地下雨水系统
~water，conduction of 雨水引流
~water，heavy（美）大雨水
10-year~ expectancies 十年一遇暴雨
stormwater 同 storm water 雨水
~curb opening（美）雨水路缘开口
~detention basin 雨水排水区域，雨水拦水区
~drainage（美）雨水排水
~management 雨水管理
story 楼，层（楼）（同 storey），故事；

经历，阅历

~height 层高

storyboard（电影、电视节目或商业广告等的）情节串连图板

Stourhead 斯托海德园（英国）

stove 炉灶

~exhauster 厨房排烟机

~heating 火炉采暖

~plant 温室植物

stovepipe 烟囱

Stowe 斯陀园

straggler 蔓生枝条（或植物）

straight 直的，直线的，挺直的，平直的

~bridge 直线桥

~coast 平直海岸

~flight of stairs 直跑楼梯

~-going traffic 直行交通

~line 直线

~line and function type organization of project management 直线职能式项目管理组织

~reach 顺直河段

Straight Coral Bean ***Erythrina stricta*** 劲直刺桐

straighten 弄直，矫直，变直；整顿

straightening of watercourses 水道整直

river~ 河川整直

road~ 道路整直

stream~ 河流整直

street~ 街道整直

straightway 公路（水路）上的直线路段

strain 应变

~energy 应变能量

~hardening 应变硬化

~softening 应变软化

~space 应变空间

strainer 粗滤器，滤网，滤净器；除污器；拉紧螺栓，松紧螺扣

strait 海峡

Strait of Bosporus（**Turkey**）博斯普鲁斯海峡（土耳其）

Strait of Gibraltar 直布罗陀海峡（西班牙最南部和非洲西北部之间）

Strait Hormuz 霍尔木兹海峡（阿拉伯半岛与伊朗南部之间）

stramonium 曼陀罗

strand 滨，岸

~flat 海滨浅滩，沿海平地

~plain 海滨平原

strandline community（海洋等与陵地的）滨线群落（植被）

strange 奇怪的，稀奇的；陌生的；别处的

~species 稀有物种

Strap-leaf Caladium ***Caladium picturatum*** 画叶芋

Strasbourg（France）斯特拉斯堡（法国）

strata stratum 的复数

~bed；multi-bed 双层床

strategic(al) 战略的；要害的

~center 战略中心

~city 军事战略城市

~control 战略控制

~decision 战略决策

~growth 策略性增长

~management 策略管理

~material 战略材料

~model 战略模型

~plan 战略计划（书），战略规划

~planning 发展策略规划，战略规划

~planning of play areas 体育场战略规划，娱乐区战略规划
~point 据点，战略要点；交通要害点，交通信息收集点
strategy 策略，战略；要害；决策
~for urban development 城市发展战略
~for urban growth 城市发展战略
~of cultural development 文化发展规划
~of economic development 经济发展规划
~of urban development 城市发展战略
~plan，landscape（英）（景观、风景园林的）战略计划
~plan，regional（英）地区性战略计划
land assembly~ 土地组合战略
survival~ 生存战略，存活战略
stratificated air conditioning 分层空气调节
stratification 层化，成层，层理 {地}；层叠；成层作用；阶层的形成
~of plant communities 植物群落层化
thermal~ 热层化
stratification treatment 层积处理 / 沙藏处理
stratified 成层的，分层的
~crown 分层型树冠
~in one，two，three or several layers 分成一层、二层、三层或数层
~lake 层结湖
~sampling 分层抽样
~stand structure 分层备用结构
stratify 成层，分层，层叠
stratigraphy 地层学；地层图
stratum [复 strata] 地层，岩层 {地}；层
~，confining 封闭层
herbaceous~ 草本层
impermeable~ 不透水层
water-bearing~ 含水层
straw 禾杆，稻草，麦秸
~bales 稻草捆
~dung 稻草肥料
~manure 稻草肥料
~meadow（美）稻草草地，禾杆草地
~mud mortar 草泥灰
~rope 草绳
~ropes 稻草绳
~-wrapped root ball 稻草包根球
fertilizing with~ 用稻草施肥
needle~（美）针状垫草
root balling with~ 稻草包根
Straw Flower/Immortelle *Helichrysum bracteatum* 麦秆菊 / 蜡菊
Straw mushroom/paddy straw mushroom *Volvariella volvacea* 草菇 / 麻菇 / 蓝花菇（世界三大食用菌之一）
strawberry 草莓
~cherry 灯笼果
~plant；varieties：wildstrawberry（woodland strawberry），garden strawberry，alpine strawberry 草莓植物；变种：野草莓（森林草莓），园生草莓，高山草莓
~tree 野草莓树，莓实树 {植}；美洲卫矛
Strawberry *Fragaria ananassa* 草莓
Strawberry Tree *Myrica rubra*（Lour.）Sieb. et Zucc. 杨梅
Strawberry Tree/Manzanita *Arbutus unedo* 莓实树（英国萨里郡苗圃）
Strawflower *Helichrysum bracteatum*（Vent.）Andr. 蜡菊

strawhat theater 夏季剧场〈露天剧院〉
stream 流，河流；溪流；流水；溪水；气流；潮流；流；注；(光线等)射出
~alignment shift 河流中心线位移
~allocation procedure 河流分配规划
~bank 河岸
~bank erosion 河岸冲刷
~bank protection 河岸保护
~banks 河岸
~bed 河床
~-bed rampart (英) 河床保护堤
~boundaries 流域界
~capture 河流截夺{地}
~channel 河道
~characteristic 河流特征
~course 河道，水流方向
~crossing 跨河桥，渡口
~crossing in skew angle 斜交水道；斜交渡口；斜跨桥
~day 连续开工日
~discharge 河流流量
~dissection 河流分支
~elevation 河流标高，河流高程
~erosion 河流冲蚀，流水冲刷
~flow 河流，缓流
~friction (交通) 流阻，通行阻滞
~-gauging station 水文站，河道水位站
~improvement 河流改善
~length 河长
~liner 流线型火车
~outlet 河口
~pattern 河川类型，河流类型
~pollution 河流污染，河川污染
~ramp 河流坡道 (匝道)
~sanitation 河川环境卫生
~stewardship 河川管理工作，河川管理人员
~subject to backwater 回水倒灌河流
~survey 河流调查
~system 河系，水系
~valley 河谷
~valley corridor (美) 河谷走廊
~valley park (美) 河谷公园
air~ (英) 气流，空气流量
bed of a continually-flowing~ 连续流河流河床
braided~ 网状河流
canalized~ 渠化水道
channelized~ 渠道水流
fast-moving~ 急流河流
headwater~ (美) 上游河流，源头河流
intermittent~ 断续河流
outlet~ 出口水流
piped~ (美) 管子给水流
receiving~ 受纳水体 (河流)
slow-moving~ 缓流河流
streambank, planting of a 河岸种植
streambed erosion 河床冲刷
streaming potential 流势
streamlet 小河，小溪
artificial~ 人工小溪
streamline 流线
streams stream 的复数
~, bioengineering of rivers and (美) 江河水系生物工程学
classification of rivers and streams~ 江河水系分类
improvement of rivers and~ 江河水系改良
management of lakes and~ 湖泊水系管理

reconditioning of rivers and~ 江河水系修复

streamside flood area（美）河滨淹水区

street 街，街巷，街道，市街，车道（多指东西向者）

~abandonment（美）废弃街道

~amenities（美）街道设施，街道美化

~and square green area 街道广场绿地

~appearance（美）市容

~approach 市街进站口

~architectural features 街道建筑小品

~architecture 街道建筑，沿街建筑

~area ratio 街道面积比，街道面积率

~arrangement 街道布置

~art 街道艺术

~authorization map 街道规划图

~block 街区，街坊

~building 街道建筑，市区建筑

~canyon 街道通道，街道走廊

~car（市内）电车，（美）有轨电车

~-car line（有轨）电车线

~-car crossing 电车道交叉

~-car terminal 电车站点

~-car track 电车轨道

~center line 街道中心线

~cleaning 街道清扫

~cleaning，hydrant for 街道清扫给水栓

~closure 街道关闭

~commercial district 沿路商业区

~congestion 街拥挤

~construction 街道建筑

~cross section 街道横断面

~crossing 人行横道

~crossing center garden 街心花园

~curb 街道路缘石，街道侧石

~design elements 街道设计要素

~drainage 街道排水

~excavation 街道开挖，掘路

~facilities belt 道路公共设施地带，街道铺设管网地带

~feeder 街道支线

~flush 街道冲洗

~flushing demand，road watering 浇洒道路用水

~front 屋前空地，街面，沿街屋前空地

~frontage 街道正面，街面；屋前空地

~function 街道功能

~furniture 道路公共设施，街道管线，街道家俱，商业街的建筑小品

~furniture，elements 街道附属设施要素

~furniture，installation of 街道附属设施安装

~furniture，items of 街道附属设施项目

~garden 街道园，街头游园

~grade 街道坡度

~greening 街道绿化

~gutter 路边排水沟

~hardware（美）街道（五金）设备

~in air 空中街道

~inlet 街道进水口

~intersection 街道交口

~lamp 街灯，路灯

~landscaping 街道园林化

~layout 街道布置，街道规划

~level 街道路面高程

~life 街道生活

~lighting 街道照明，街灯

~line 街道线

~loading zone 街上搭车区

~main 街道干管

~maintenance 街道养护
~name 街名
~name-plate 路名牌
~name sign 街名标志，路名牌
~manhole 街道检查井
~network 街道网，道路网
~noise 街道噪声
~park 路边公园
~parking 街道上停车
~pattern 街道模式
~pictures 街景
~plan 街道平面图
~planning 街道规划
~planting 街道绿化，街道栽植
~projection 房屋突出在街道的部分
~railroad 有轨电车道
~railway 市街铁道，电车道
~refuge 街道安全岛，街道安全带
~refuse 街道垃圾
~scape 街景；街景画
~-scape 街景
~scenery 街景
~scenery from neighbour 街道借景
~sewer 街道排水管
~shadow area 楼宇投影面积
~sign 街道标志
~signs 路牌
~space 街道空间
~straightening 街道整治
~sprinkling 街道洒水
~surfacing 街道铺面
~survey 街道交通量观测
~sweeper 扫路机
~system 街道系统，道路系统
~traffic 街道交通量
~traffic control 街道交通管制
~traffic control lights 交通管制灯
~-traffic markings 街道交通标线
~traffic signals 街道交通信号
~tramway 市区电车道
~trash 街道污物
~tree 街道树，行道树，路树
~tree setback 行道树收进
~utilities 道路公共设施，街道管线
~value 街道评价值
~wall 街道墙〈指构成街道空间的两侧建筑物集合成的界面〉
~wash 街道污水
~widening 街道拓宽
~width 街道宽度
~with access only for residents，local 当地仅有常住居民入口的街道
~works 道路工程
arterial~ 城市干道，干线街道
back~ 后街
business~ 商业街
by-~ 旁街，支巷
circular~ 环路，环行街道
city~ 市街，城市街道
collector-~（美）汇集（交通）街道（道路等级在干道与地方道路之间）
cross-~ 横街，横向街道
dead-end~ 断头街道，死胡同
diagonal~ 对角线街道，斜向街道
downtown~ 闹市区街道，商业区街道
elevated~ 高架街道
fashionable~ 华丽街道
feeder~ 支线街道，分支街道
high~ 大街，正街
intersection~ 交叉街道

loop~ 环行街道
main~ 大街，主要街道
major~ 大街，主要街道
major cross~ 主要横街
non-residential~ 非居住区街道
one-way~ 单向通行道
pedestrian~ 步行街
pedestrianized~ 步行街道
residence~ 住宅区街道，居住区街道
residential~ 居住区道路
ring~ 环形街道
service~ 服务性街道，辅助街道；沿街面道路
shopping~ 商业（区）街道
T-shaped~ 丁字街
through~ 直通街道，干道
underground~ 地下街道
unsymmetrical~ 不对称街道
urban~ 市区街道
wind~ 弯曲街道
streetcar 电车，有轨电车
streetscape 街景，街景图
~elements（美）街景要素
~planning 街景规划
Strelitzia reginae 鹤望兰
strength 强度；浓度；力（量）
~envelope 强度包线
~of sewage 污水强度
~of solution 溶液浓度
~of trees，structural 树木结构强度
~of waste 废水强度
compressive~ 抗压强度
shear~ 抗剪强度，剪切强度
tensile~ 抗拉强度，抗张强度
strengthening 加固，加强，强化；（路面）补强
~band 加强带
~layer 补强层
stress 应力；胁强{物}；着重点；压迫；受力；着重
~concentration 应力集中
~controlled test 应力控制试验
~degree，environmental 环境污染程度
~indicator，environmental 环境污染指示器（物）
~tolerance，environmental 环境污染容限
~wave 应力波
admissible~ 容许应力
competition~ 竞赛压力
environmental~ 环境压力
grazing~ 牧区放牧压力
heat~ 热应力
nutrient~ 营养压力，过分提供营养物质
rooting~ 根胁迫
safe~ 安全应力，容许应力
seismic(al)~ 地震（引起的）应力
snow load~ 雪载应力
temperature~ 温度应力
ultimate~ 极限应力
stretch 路段；伸（长）；伸（出）；展开，扩张；拉直；拉长
stretch from nature 写生
stretched 受拉；展开；拉伸
~-out view 展开图
~plate 拉伸板
stretcher 顺（砌）砖，露侧砖，条砖，顺边砖；露侧石；联撑；伸张器
~bond 顺砖砌合
stretching 顺砌
~bond 顺砖砌石

~crack 伸缝

strict 严格的，严密的；精密的；严厉的；完整的，全部的

~nature reserve 严格的自然（生物圈）保护

~wilderness reserve（美）严格的旷野（秀丽景观）保护

Strigose Hydrangea ***Hydrangea strigosa*** 腊莲绣球 / 毛叶绣球

Strigose Microdepia ***Microlepia strigosa/ Trichomanes strigosa*** 粗毛鳞盖蕨

strike（岩层）走向{地}；打；罢工；打，击，敲；碰，撞；刺穿；铸造；刮平；罢工；拆模

bird~（如飞机等）与鸟碰撞

string 弦；线，索，带子；一串，一排；纤维；串行；行；连系；成线索状；用带子等捆扎；排成一串

~bog 带状泥炭地

~course 凸砖层

~development 带状城市建筑

String-of-beads/Ragwort ***Senecio rowleyanus*** 翡翠珠 / 绿串珠

stringer-type stairway 梁式楼梯

Stringy Stonecrop ***Sedum sarmentosum*** **Bunge** 柔枝景天（垂盆草）

strip（在市区或郊区两旁有商店、加油站、餐厅、酒吧密集的）街道，闹市；路带，狭长地带；（板）条；细长片；剥（光），剥落；拆模；除去；翻开（上层泥土）；使露出；汽提{化}

~building 平行长排的简易房屋

~city 相连的城市，狭长形市区地带（美）（由两相邻城市逐步形成）

~cropping，contour 条形耕作（种植）

~development 条形商业街

~development（美）（城市）带形发展

~drain 带状排水沟

~farming 条形耕作

~footing 带状地基，条形基础

~foundation 条形基础

~foundation，step（梯阶）条形基础

~load 条形荷载

~mine 露天矿

~mining 露天开采

~pit 露天矿

~radiant panel 带状辐射板

~topographic map 带状地形图

~wooden flooring 木条地板

buffer~ 缓冲地带

central~ 中间带，中央分隔带

centre~ 路中分隔带

channelizing~ 渠化（路）带

city~ 城市带

coastal~ 海岸地带

drawdown~ 水面下降带

freeway median~（美）高速公路中央分隔带

grass（ed）~ 草地带

meadow~ 草地带

median~ 中间地带

mowing~ 割草地带

pathside~（美）人行道边地带

paving~ 铺砌带

planting~ 种植带

pull-off~（美）拉伸带

reed~（英）芦苇带

rumble~ 造成隆隆声的路面装置片（用来警告减速或警醒驾驶员之用）

traffic~ 交通带，行车带
traffic separation~ 交通分隔带
turf~ 草地带
vegetated~ 植被带
white-coloured~（英）路肩白线
stripe 车道，条纹；条纹布，种类划分车道；弄成条纹，在……上划线
Striped Dracaena ***Dracaena deremensis*** **cv. 'Warneckii'** 银线龙血树 / 白边千年木
Striped Giant Reed ***Arundo donax*** **var.** ***variegata*** 花叶芦竹
Striped mullet/gray mullet ***Mugil cephalus*** 鲻鱼 / 乌鲻
Striped skunk ***Mephitis mephitis*** 臭鼬
Striped sole/zebra sole ***Zebrias zebra*** 条鳎 / 花牛舌
Stripedfin goatfish ***Upeneus bensasi*** 条尾绯鲤
striping（在路面上）划标线
~machine 划线机
~season（道路）划线季节
strippable deposit 露天开采的矿床
stripped surface 清基面
stripping 剥离，剥开；拆模；挖除表土，剥除面层土；地面剥层；路面剥落
~agent 剥离剂
~test for aggregate 集料剥落试验
~，topsoil 表土挖除
stroll 闲逛，漫步
~garden 路边花园；回游式庭园
Strolling Through a Painting（**Beijing**，**China**）画中游（中国北京颐和园）
Stromanthe amabilis 可爱竹芋
strong 强的，有力的，强壮的；强烈的（风等）；坚固的
~acid 强酸
~breeze（wind of Beaufort force 6）强风，六级风
~clay 强黏土
~creeping 强匍匐性的
~earthquake 强烈地震
~gale（wind of Beaufort force 9）烈风，九级风
~-growing 强生长的
~motion earthquake 强震（即强烈地震）
~sewage 浓污水
~solution；strong liquor 浓溶液
~typhoon 强台风（最大风力在 12 级以上）
~upright branch 强直立枝
Strong Aromatic Azalea ***Rhododendron anthopogoides*** 烈香杜鹃 / 白香柴
Strongfragrant Spicegrass ***Lysimachia foenum-graecum*** 灵香草 / 零陵香 / 广灵香 / 驱蛔虫草 / 留兰香草
Strophanthus ***Strophanthus divaricatus*** （**Lour.**）**Hook. et Arn.** 羊角扭
structural 结构的，结构上的，构造的；建筑上的；组织上的
~aesthetics 结构美学
~analysis 结构分析
~approach limit of tunnel 隧道建筑限界
~basin 构造盆地 { 地 }
~behaviour 结构性能，构造质量
~block 结构体
~capacity 结构能力
~carpentry 大木作
~casting 结构铸件
~change 结构变化

~composite lumber（SCL）结构复合木材
~concrete column 混凝土构造柱
~configuration 结构造型
~constituent 结构组成
~damage 结构破坏
~design 结构设计
~detail 结构详图
~deterioration 结构破坏
~distress 结构性破坏，结构性损坏
~diversity 结构异样（多种）
~drawing 结构图样
~dynamics 结构动力学
~economy 结构经济
~element 结构构件
~engineer 结构工程师
~engineering 结构工程学
~engineering office 结构工程机构
~failure 结构破坏
~fault 结构缺陷
~feature 结构特征
~geomorphology/tectonic geomorphology 构造地貌学
~geology 构造地质学
~glued-laminated timber 胶合木结构
~group 结构族，结构基团
~layer（道路）结构层
~load（ings）结构荷载
~mechanics 结构力学
~model 构造模型
~model test 结构模型试验
~order 结构阶数
~pattern 构造模式
~performance 结构性能
~petrology 岩石构造学
~plan 结构平面图
~plane 结构面
~planning 结构规划
~plywood 结构胶合板
~stability 结构稳定性
~stability of soil 土壤结构稳定度
~stability of trees 树木结构稳定度
~steel 结构钢材
~strength 结构强度
~strength of trees 树木强度
~strength，testing the 树木强度，检验树木强度
~style 结构形式，结构风格
~testing 强度检验
~theory 结构理论
~type so frock mass 岩体结构类型
~unit 结构构件，结构杆件
~urban decline 结构性城市衰退
~welding 结构焊接
~wood-based panel 木基结构板材

structuralism 结构主义；构造主义，结构主义，构造派

structuralist 结构主义者，构造派艺术家

structurally stable soil 结构稳定土

structure 结构；构造；建筑物，构筑物
~approach 构筑物引道
~area 结构面积
~change 结构变化
~depth 结构高度
~design 结构设计
~diagram 结构图
~ductility 结构延展性
~factor 结构因数
~for signage 信号设备结构
~in space 空间结构
~of a forest stand 林分结构，林木结构

~of capital construction 基建投资结构
~of consumption 消费结构
~of employment 就业结构
~of industry 产业结构
~of plant community 植物群落结构
~of soil 土壤结构
~opening 结构跨径
~parking 停车结构
~plan 城市结构规划，发展结构纲领
~plan，green open space 绿地（绿色开放空间）结构规划
~plan，landscape 景观结构规划
~planning 结构规划
~planning，landscape 景观结构规划
~planning，preliminary agrarian 前农作结构规划
~planting 结构种植，构筑物绿化
~plateau 构造高原
~stream-gauging 建筑物测流
~terrace 构造阶地
~zoning 结构分区〈从防灾观点出发，对建筑物的规模、形状、构造做出分区规定〉
accessory~ 附属结构（物）
aerial~ 架空结构，高架结构
age~ 年龄结构
aggregate~ 团聚结构，集合体构造
ancillary~ 辅助结构
antiseismic~ 抗震结构，抗震建筑
appurtenant~ 附属建筑物
area of~ 构造面积，建筑面积
aseismatic~ 抗震结构
atomic~ 原子结构
banded~ 带状构造
blocky~ 块状结构
capital~ 资本结构
control~ 控制结构
cost~ 成本结构
crumb~ 屑粒状结构，团粒结构
dendritic(al)~ 树枝状结构
detention~ 拦洪结构
drop~ 拦砂坝
earth~ 土工建筑（物），土工构造物
farmland~ 农田结构
flood-control~ 防洪建筑物
forest~ 森林结构
geologic~ 地质构造
granular soil~ 团粗土壤结构
group~ 群体结构｛物｝
historic~ 历史结构
ideal~ 理想结构
jointless~ 无缝结构
lamellar~ 层状结构，层状组织
land ownership~（英）土地所有权结构
land use~ 土地使用结构
landscape~ 景观结构
layered~ 成层结构，层状结构
light~ 轻型结构
linear~ 直线（型）结构
load-bearing~ 承载结构
load-carrying~ 承重结构
micro~ 微观结构
ocean~ 海洋结构物
open~ 开式结构
outfall~（美）排水结构，（沟、渠等的）出口结构
overhead~ 顶（上）部结构，上空结构
overhead sign~ 高架标志结构
pavement~ 路面结构
plane~ 平面结构

planted noise attenuation~ 绿化减声结构
planting~ 种植结构
primary~ 主要结构；基本结构
primary soil~ 原生土结构
retention~ 保留结构
road~ 道路结构物，道路建筑物
roof~ 屋顶结构
secondary~ 辅助结构
single-grain~ 单谷粒结构
soil~ 土结构
stable~ 坚固结构，稳定结构
stratified stand~ 分层林分结构
support~ 支承结构，下部结构
supportive permanent~（美）持久支撑结构
underground~ 地下结构物
unit of~ 构件，结构单元

structured 有结构的
~continua 结构连续统{数}
~landscape 有结构的景观

structures 建筑物；结构；构成
~and sites，preservation of historic 建筑物和场所，古建筑物和历史遗址保护
~into the landscape 构成景观

structuring 构成
~of landscape 景观构成
~of townscape 城景构成
spatial~ 立体构成

struggle for survival 生存竞争

strut 支撑,支杆,支柱；压杆；对角撑；轨撑；支撑

strutted beam bridge 撑架桥，斜撑梁桥

strutting 支撑

stub 粗短支柱，柱墩，桩墩；树桩，树根；残干，断株；掘去树桩；根除
~out（加，美）深耕[农]
~type station 尽头站，尽头客运站
branch~（美）树桩，断枝

Stubble Plough 起草皮机

stubbing（美）清除地里的树或残根

stucco[建]装饰用的灰泥；拉毛

stud 散布；点缀；立筋；板墙筋；槛
~welding 焊钉

（**The**）**student design competition** 大学生设计竞赛

study 学习；调查，研究；书房
~approach 研究方法
~area 研究范围
~center，nature（美）自然研究中心
~centre，nature（英）自然研究中心
~of highway 公路的调查研究
~of leisure activities 娱乐活动调查
~tour 考察
~trail，forest 森林研究跟踪
~up，to 调查，研究
demonstration~ 示范研究
environmental impact~（美）环境影响研究
feasibility~ 可行性研究
pilot~ 试验性研究
scoping~（英）影响研究
site~ 场址研究
suitability~ 适用性研究
university~ 大学学习
vegetation impact~ 植被影响研究

stultify 使显得愚笨，使变无效，使成为徒劳

stump 短柱，柱墩，桩墩；根株，伐根；树槎；树桩；残干，残株；砍伐，掘去树桩；绊倒

~-chipping 切根
~out 除根
~removal，tree clearing and（美）根株终伐，树木清除与终伐
~shredding（美）残干碎片
branch~（英）树桩，残干
tree~ 树桩
Stumpnose bream ***Rhabdosargus sarba*** 平鲷
Stump-tailed macaque/redface macaque ***Macaca arctoides/M. spesiosa*** 红面短尾猴 / 短尾猴 / 红面猴
stunted wood（美）短干木
stunting（plant）growth 矮小植物生长
stupa 印度神龛塔，（佛教）佛塔
Stupa Forest in Shaolin Temple 少林寺塔林
~garden 塔园
sturdy branch 壮枝，茁壮枝
Sturdy Sagebrush ***Artemisia robusta*** 粗茎蒿
style 格式，式样；风格；字体；花柱
~character 风格特征
~characteristic 风格特征
~device（建筑上的）特点
~feature（建筑上的）特点
~modern 现代建筑形式
~of living 生活方式
stylistic 风格（上）的
~development 风格形成，风格演变
~feature 风格特征
stylized 按固定的传统风格处理的
stylobate 台基
Stylose Mangrove ***Rhizophora stylosa*** 红海榄
stymie 阻碍，妨碍
Styrax japonica 野茉莉（植物）
Su Dyke 苏堤
sub［词头］下，低；亚，次，副；下级的，次等的；有些，稍微；不足；辅助
sub 管子接头，异径接头，特型接头
~-aqueous concreting；concreting in water 水下灌注混凝土
~-area 副区，小区，分区，分地区
~-arterial street（英）辅助干道〈连接干道与地方道路的街道〉
~-arterial road 次干路
~-ballast 底碴（垫层）
~（-）base 底基层，基层下层
~-base and surfacing course（英）底基层和面层
~-basement 半地下室
~bottom profiling exploration 水下地层剖面勘探
~-civic center 副城市中心，副中心
~-civic center planning 副市中心规划
~-contractor 分包工，小包（俗称）；"二包"单位
~-contractors 分包工，小包（俗称）；"二包"单位
~cooling 过冷
~-country 城市化的农村地区
~-critical flow 缓流
~-depot 附属仓库
~-division of land 土地重划分
~-grade 地基
~-grade；foundation soils 地基
~-grade bed 基床
~-grade cross-section 路基横断面
~-grade drainage 路基排水

~-grade of highway（railway）路基
~-grade of special soil 特殊土路基
~-grade side ditch 路基边沟
~-grade，stabilized（英）稳定地基
~-grade surface；sub grade 路基面
~-grade under the special condition 特殊条件下的路基
~-high type pavement 次高级路面
~-lease 转租
~-movement 分层运动
~-population 人口分组
~-region 次区域
~-region center 次区域中心
~-region plan 区域发展纲领
~-regional planning 区域发展规划，次区域规划
~-standard dwelling 低标准住宅
~-system 子单元
~-system of fire alarms receiving and dispatching 火警受理子系统
~-system of fire management 消防管理子系统
~-system of fire training 消防培训子系统
~tropic high 副热带高压
~tropic zone 副热带（亚热带）
~-tropical laurisilvae 亚热带常绿阔叶林

subalpine 亚高山

subaqual landscape 水下景观

subaqueous 水下的，水底的；半水生的，半水栖的
~concrete 水底混凝土
~concreting 水下灌注混凝土；水底混凝土
~foundation 水下基础
~-meadow 水下草地
~raw soil 水下生土
~pipe 水下管
~survey 水下测量
~tunnel 水底隧道

subarea 分区，次区

subarterial 次要道路
~street 辅助干道

subassociation 亚群丛

subbase 底基层（基层下层）
~course drainage 底基层排水
~drain 底基层排水
~friction 底基层摩擦
~grade（美）底基层坡度
~grade of a road/path（美）道路底基层坡度
~grade，excavation for（美）底基层挖方坡度
~grade，excavation to（美）底基层挖掘坡度
crushed aggregate~ 抗碎 / 集料底基层
frost-resistant~ 抗冻底基层
grading of~（美）底基层土工修整
granular~ 粒料底基层
hand-laid stone~（美）手砌石底基层
hand-pitched stone~（英）手铺小石块底基层

subcenter 次中心〈尤指城市最繁盛区域外的购物等中心〉，副市中心
~planning（城市）次中心规划

subclass 子类

subconsciously 潜意识地

subcontract 转包合同，分包合同；（承做）转包的工作；转包（工作）给第三者；转包工作；转做承包的工作
~construction（美）分包合同施工

~works（英）分包合同工程

subcontractor 项目分包人

subdistrict office 街道办事处

subdivision 再分，细分；一部分；分部；分水界，再分界；小块土地（供出售），分块土地；土地再分，土地分块管理；区划

~control 分段管制

~of lot 细分用地〈一块用地的所有权再细划分〉

~plan 土地划分规划

~regulation（土地）重划规章

~，residential（美）住宅区道路区划

housing~（美）住宅房屋区

new housing~（美）新住宅房屋区

~，residential（美）住宅区区划

subdrain 暗沟

~pipe 暗沟管（道）

subdrainage 地下排水，暗沟排水

~structure 地下排水构筑物

subdue 征服

subdued 柔和的，缓和的

subemployment 就业不足〈指包括失业、半失业及难以维持生计的全日就业等〉

subfrigid zone 亚寒带

subglacial channel 冰下河道

subgoal 子目标

subgrade 路基，路床，土基；路基标高；路基面；地基

~drainage 路基排水；地基排水

~dry-moist type 路基干湿类型

~earth 路基土

~engineering 路基工程

~of a road/path（美）道路 / 小路路基

~soil 路基土

~，stabilized（美）（稳定）路基

~strength 路基强度

~strengthening 路基加固

~width 路基宽度

consolidated~ 固结路基

design elevation of~ 路基设计高程

earth~ 土路基

undisturbed~（美）原状路基

unsurfaced~ 土路基

subhydric soil 半含氢土壤

subject 题目，主题；学科；服从的，从属的；易受的；使经受；使服从

~condition 主观条件

~diagram 分类图表

~matter 题目，主题，题材；要点

~plan 分类计划，专业规划

~plan，allotment garden（英）租赁菜园 / 花园专项计划

~plann（ing）专项规划

~property 估价对象

subjective 主观（上）的

~aesthetics 主观的美学

~evaluation 主观评价

~forecast 主观预测

~idealism 主观唯心主义

~indicator 主观指标

~painting 主观绘画

~probability（同 judgmental probability）主观概率

~quality of the environmental experience 环境试验的主观质量

~rating 主观评分，主观评级

~response（路面评价时的）主观反映，主观感受

~standard 主观标准
subjectivism 主观主义，主观论
subjectivist 主观主义者，主观论者
subjugate 使屈服，征服，使服从；克制，抑制
subjugation 征服，克制
sublet 分包（工）；分租，转租
subletting，contract 分租（转租）合同
sublime 庄严，崇高
sublittoral zone 次大陆架地带，远岸浅海底地带
submain 次干管
submarine city 海底城市
submairne tunnel 海底隧道
submairne pipe line 海底（出口）管线
submerge 沉没，淹没；浸在水中，潜水；消失
submerged 水下的，沉水的，沉没的，淹没的
~aquatic plant 沉水水生植物
~area 淹没地区
~bar 潜洲
~breakwater 潜水堤
~current 潜流
~flow 淹没流
~joint 暗缝
~reef 暗礁
~structure 水下建筑
~valley 水下排水沟
~weir 潜水堰
submergence 沉没，淹没，泛滥
~coefficient 淹没系数
~of ground 地沉，地面下沉
submergent plant 水生植物
submersed aquatic 水下生的
submersible 可浸入水中的，可潜水的
~bridge 漫水桥
~pump 潜水泵
submersion 沉没，淹没，泛滥
subminiaturization 超小型化
submission 服从，屈服；看法；提交（仲裁）；认错
~date（英）开标日期
~date，minutes of（英）开标时间
~deadline 开标最后期限
~of a report 提交报告
~of bids（美）投标
~of bids，date for 投标日期
~of planning comments 提交规划说明
~of tenders（英）投标
~of tenders，date for（英）投标日期
submit（使）服从，屈服；提交，提出；委托；请求判断；认为
~a tender for 投标
~bid 投标
submittal 服从，屈服；呈送，提交
~of a report 呈送报告，提交报告
submountain region 山脚，山麓
Suancai/fermented Chinese cabbage（fermented in own juice，similar to sauer kraut）*Brassica pekinensis* 酸菜
Suan Sam Pran 玫瑰花园（泰国）
subnival belt 亚雪带
suborder，soil（美）亚纲土
subordinate 部属，部下；下的，次（级）的；次要的；附属的
~behaviour 从众行为
~entrance 次要（出）入口
subprogram 子程序

subproject 分部工程
Subprostrate Pagodatree ***Sophora subprostrata*** 柔枝槐 / 广豆根
subregion 分区，子区域，部分区域
subregional center 次区域中心，分区域中心
~plan 分区计划
subring 子环，辅助环
subscriber 用户，订户
subscript 下标
subscription 签署，同意，赞助；亲笔签名，有亲笔签名的文件；预订，订购，订阅费，预订费；认捐额，认缴额，认股
subsequent 后的，次的；作为结果而发生的
~effect 后继效应
~payment 分期缴付
~use 分期使用
subservient 次要的，从属的
subsidence（土壤、路基、地面等的）沉陷，坍陷，沉落；下沉，沉淀
~of ground 地基下沉
area subject to mining~ 露天矿沉陷区
bog~ 沼泽地沉陷
damage due to mining~ 矿难，矿灾
reclamation after~ 坍陷后填筑
subsidiary 子公司；辅助的；补足的；附属的
~bid（美）补充投标，辅助投标
~building 辅助建筑
~business center（美）辅助商业中心
~business centre（英）辅助商业中心
~company 子公司
~drain 排水支沟，集水暗管
~main track（车站内的）副干线
~occupation 副业
~road 低级道路，次要道路，支路
~ring road 辅助环路，次要环路
~street 辅助街道
~tender（英）辅助投标
~test 辅助试验
subsidization 补助
subsidize 补贴，津贴；给奖金
subsidized subsidize 的过去分词
~apartment 公助的住房
~holiday（英）假日补贴
~housing 补贴住房
~vation（美）补贴福利
subsistence 生存
~agriculture 自给农业
~farming 自给农业
~level 生存水平
subsoil 下层土，亚层土；地基土，底土，地基；掘起……的底土
~and foundation 地基和基础
~asset 矿藏，地下资源
~compaction 地基土压实
~deterioration 底土衰变，下层土恶化
~drain 地下排水沟
~exploration 地基土勘探
~improvement 底土改良
~investigation 地基勘探
~level（美）地基高程
~pipe 地基土排水管
~test 地下试验
~tilling（美）深耕
~water 地下水，潜水
undisturbed~（英）原状底土，未扰动底土
subsoiling 耕心土，耕底土；深翻

subspecies 亚种

substance 物质；实质，本质；内容；要领，梗概；材料

~，noxious（有害）物质，（有毒）物质

toxic~ 有毒物质，中毒物质

water–polluting~ 水污染物质

substances substance 的复数

~，concentration of noxious 有毒物质浓度

emission of noxious~ 有毒特质散发

mineral~ 无机物，矿质

substantial lane flow 实际车道车流

substation 分站；变电站

~study 变电站

substitute 代理人，代替者；代用品；代（以）；代用；代入（数据）；取代{化}调换

~association 替代群丛

~biotope 替代群落生境

~community 替代群落

~habitat 替代生境

~plant 替代植物

substrate 底物；基质；结构层；衬底；被酶作用物{化}

~mat 衬底面层

non–compactible~ 非压实性结构层

substructure 下部结构，底层结构，下层建筑，地下建筑

subsurface 下层土面；（形）地（面）下的；表面下的

~contamination（美）地下污染

~disposal 地下排放

~drainage 地下排水

~drain（age）line 地下排水管线

~drainage system 地下排水系统

~flow 地下水流，潜流

~irrigation 地下灌溉

~road 地下道路，下层道路

~runoff 地下径流

~tramway 地下电车道

~water 地下水，潜水

~water logging 渍

~water logging control 排渍

~work acceptance 隐蔽工程验收

subsystem 子系统，分系统，次级系统

subterranean 地下的；隐蔽的

~deposit 地下矿床

~plant part 地下植物成分

~drainage 伏流，潜流

~railway 地下铁道

~river course 地下河道，地下河流

~stream 地下河流

~tunnel 地下隧道

~water 地下水，潜水

~works 地下工程

subterraneous stem 地下茎

Subtleties/Buddhist allegorical word or gesture 禅机

subtlety 稀薄，微妙，精明

subtopia［主要英国用］开发为工业区的乡间地区〈已失去乡间的特色〉

subtotal 小计

subtropical climate 副热带气候

subtropical zone 亚热带，又称“副热带”

subtropics 亚热带

suburb 郊区，郊外，近郊

~，bedroom（美）郊区（中等住宅区）

~dispersal 市郊的扩大，延伸

~farming 郊区农业

~garden 郊区园林，郊区菜园、果园
~planning 郊区规划
~populated area 市郊居民区
~sprawl 市郊扩大、延伸
~uptown 近郊住宅区
suburban（美）郊区的，市郊的，近郊的；郊区居民
~agriculture 城郊农业
~area 近郊（区），市郊
~bus traffic 市郊交通
~center 郊区中心
~district 近郊区，郊区
~electrified railway 市郊电气铁路
~estate 市郊房地产，郊区庄园领地
~forest 郊区森林
~green area 近郊绿化区，近郊绿地
~green areas 郊区绿地
~green open spaces 郊区绿地
~highway 郊区公路
~house 郊区住宅
~landscape 郊区景观
~park 郊区公园；郊野公园
~park reserves 郊野公园保护区
~railroad 近郊铁路，郊区铁路
~railway 郊区铁路，近郊铁路，市郊铁路
~recreation area 郊区休憩区
~residential quarter 近郊住宅区
~road 近郊道路，市郊道路，乡村道路
~service 郊区公共交通
~shopping center 城郊购物中心
~traffic 市郊交通，郊区交通
~transportation 郊区交通
~wood（英）郊区树木
~woods（美）郊区林木
suburb 郊区
suburbanite 郊区居民，市郊居民
suburbanization 郊区城市化；近郊化；城郊化；郊区扩展现象；郊区建造；郊迁；
suburbia 都市的郊区，市郊，郊区，近郊居民
suburbs 郊区，郊外，市郊
suburbs，inner（英）近郊区
subwalk 人行隧道，地下过街人行道
subway 地下铁道（路），隧道
~crossing 地下交叉口，地下人行过道
~district under flourishing quarters 地下街
Subway in New York City 纽约地下铁道
~noise 地铁噪声
~station 地铁车站
subzone 区域的一部分，次区域或附属区域，亚区，亚地区
succah 棚舍，茅屋
success 成功，成就；成果，成绩
successful 成功的；成绩好的；及格的
~bidder（美）成功投标者，中标者
~tenderer（英）中标者，成功投标者
succession 顺序，序列；演替；连续发生；依次进行；继续，继承
~area 演替区
old-field~ 弃耕地（撂荒地）演替
plant community of hydrosere~ 水生演替系列植物群落
successional 演替的，连续的
~plant community 连续植物群落
~community 演替群落
~stage 演替时期（阶段）
successive 连续性的
~contrast 连续对比

~interchange 连续式道路立体枢纽
succory 菊苣属（植物）
succulent plant 多肉植物
sucker 吸（入）管；徒长枝，根出枝，萌生枝
root~ 根出枝
suckering 吸枝（植物）的
suckers，propagation by root 由根繁殖的徒长枝
suction 进气，吸气；吸收，吸入，吸取；吸力，空吸{物}；吸水管
~fan 吸风机，吸气风扇，排气通风机
~pipe 吸入管，吸水管
~velocity at return air inlet 回风口吸风速度
~，wind 吸风
Sudeten Mountains 苏台德山（地处波兰、捷克和德意志联邦的边境）
Suez Canal（**Egypt**）苏伊士运河（埃及）
suffice 能满足（某人/某事物）之需要的；足够的
sufficient condition 充分条件
suffruticose 半灌木状的
~shrub 半灌木状灌木
~shrubland 半灌木状灌丛带
~thicket 半灌状密灌丛
sugar 糖
~beet，a beet 甜菜
~industry 制糖业
~mill 糖厂
~refinery 制糖厂
Sugar Berry/Himalayan Cedar/Deodar Cedar ***Cedrus deordara*** 雪松
Sugar Cane ***Saccharum officinarum*** 甘蔗
Sugar Cane/Ka-thee ***Saccharum officinarum*** 甘蔗
Sugar Gum ***Eucalyptus corynocalyx*** 糖桉树
Sugar Maple ***Acer saccharum*** **Marsh.** 糖槭/糖枫/岩生槭树（加拿大国树）（美国田纳西州苗圃）
Sugar Palm ***Arenga pinnata***（**Wurmb**）**Merr.** 桄榔/砂糖椰子/桄榔
Sugar Stevia Leaf ***Stevia rebaudiana*** 甜叶菊/甜菊
Sugarbeet stink bug ***Olycoris baccarum*** 斑须蝽
Sugarbeet webworm ***Loxostege sticticalis*** 草地螟/草皮网虫/网锥额野螟/黄绿条螟/甜菜网螟/甜菜螟蛾/甜菜幕毛虫
sugarcane [植] 甘蔗，糖蔗
Sugi/Japanese Cedar ***Cryptomeria japonica*** 日本柳杉
Suicheng Tower（**Beijing，China**）绥成楼（中国北京市）
suit 控告；请求；一套服装；适合，相配
~，nonprofit organization（美）（非营利性机构）控告
suitability 适合，相配，适用性
~evaluation 适用性评估
~for human use 人用适用性，对人适用性
~inspection（路面）适用性检查
~study 适用性学习
protection~ 保护适用性
recreation~ 休憩适用性
site~ 场地适用性
suite 序列，一套房间，套间客房

sukkah 棚舍，茅屋
Sule Pagoda（**Burma**）素丽佛塔（缅甸）
sulfonated coal 磺化煤
sulfur dioxide 二氧化硫
Sulfur-crested cockatoo ***Cacatua galleria*** 葵花凤头鹦鹉
sullage 污水
sulphur 硫，硫磺（元素符号 S）；硫（磺）的，硫化的；用硫处理，硫化处理
~anchorage 硫磺锚固
~emissions,dehydration 硫磺排出（脱水）
~ore 硫矿石 / 黄铁矿
~oxide 氧化硫（大气污染物，主要为二氧化硫）
~-sand mortar 硫砂砂浆
sulphuric 硫的，含硫的
Sultan Ahmed Camii（**Turkey**）苏丹艾哈迈德清真寺（土耳其）
Sultan Hassan Mosque（**Egypt**）苏丹·哈桑清真寺（埃及）
sum（总）和，总数；概略，大要；金额；总计；概括，摘要
~，ascertainment of the final（英）最终总额分析
~of tidal volume 潮流总量
~total 总数，总额
~up 总计，摘要；简言之，总起来
lump~（英）总数，总额，总计；（工程）包定总价
Sumach ***Rhus*** 盐肤木（属）
Sumatra rhinoceros ***Dicerorhinus sumatrensis*** 苏门犀 / 双角犀牛
Sumatra Snowbell/Benjamin Tree ***Styrax benzoin*** 安息香树 / 辟邪树
Sumerian architecture 苏美尔建筑
Sumatran tiger ***Panthera tigris sumatrae*** 苏门虎
summary 摘要，概要，概略；一览表；摘要的，简略的
~，bid（美）投标地段一览表
~index 总和指数
~indicator 综合指数
~report 综合报告
~table 汇总表，一览表
~statement 总表
tender~（英）投标项目一览表
summer 夏（季）；大（楣）梁；加法器；基石；夏（季）的
~annual 全年夏季
~annual weekday daily traffic 全年夏季工作日交通量
~beach 避暑海滩
~bloom display 夏季花卉陈列
~bloomer 夏季开花植物
~-blooming plant 夏季开花植物
~dike 子堤，夏堤〈欧洲某些地区夏洪小于冬洪〉
~flood 伏汛
~flowerer（英）夏季开花植物
~-flowering period 夏季开花期
~-flowering plant 夏季开花植物
~green 夏季绿
~holiday traffic 夏季假日交通
~house 凉亭；避暑别墅，夏季别墅
~nester 夏季筑巢鸟，营巢穴兽
~plant display 夏季植物陈列
~pruning 夏季剪枝，夏季修剪
~resident 夏留鸟
~resort 避暑地

~retreat 避暑地
~shelter 凉亭
~smog 夏雾
~solstice 夏至
~stagnation phase 夏季停滞期，夏季滞水期
The Summer Palace in Beijing（China）北京颐和园（中国）
~time 夏令时间，夏时
~visitor 夏季访问者
~wood 大（木）材；夏材（夏季砍伐的木材）；秋材

summer patch of lawn 草坪夏季斑枯病 / 草坪夏季斑病 / 草坪夏季环斑病（*Magnaporthe poae* 真菌）

Summer Perennial Phlox ***Phlox paniculata*** 宿根福禄考 / 天蓝绣球

Summer Purslane ***Portulaca oleracea*** 马齿苋

summer shoots 夏梢

Summer Torch/Foolproof Vase Plant/ Villetrium Airbrom ***Billbergia pyramidalis*** 水塔花

Summer Truffle ***Tuber aestivum*** 夏块菌 / 黑块菌

Summer Wine Ninebark ***Physocarpus opulifolius*** **'Summer Wine'** 紫叶风箱果

summerhouse 凉亭，亭子

summit（道路）坡顶，顶端，凸处
~yard 驼峰调车场

sump 聚水坑，集水坑；污水坑；油池；油箱；盐田
~well 集水井
catch basin with~（美）有集水坑的排水区域
drywell~（美）排水井集水坑
road gully with~（英）有集水坑的道路排水沟

Sumuntia Sweetleaf ***Symplocos tetragona*** 棱角山矾 / 留春树

sun 太阳；日光；太阳灯晒，晾；晒太阳
Sun Moon Pool 日月潭（中国台湾）
~blind 百叶窗
~deck 日光浴台
~effect 日光效应
~-energy curing 太阳能养护
~lamp 日光灯
~light 日光
~louver 遮阳板
~-loving plant 阳性树，喜光树
Sun-Moon Pavilion 日月亭
~plant 阳性植物，喜光植物
~scorch 日光烧伤 [植]，光致枯萎
~screen 日光屏；遮阳百叶板，遮阳栅
~shade 遮阳（罩）；遮荫棚，天棚；阳伞；阔边帽
~shadow curve 日影曲线
~shine deformation survey 日照变形测量
Sun Yat-sen Memorial Hall，Guangzhou（China）广州中山纪念堂（中国）
Sun Yat Sen Villa 晚清园
Sun Yat-sen's former residence，Zhongshan（China）中山故居（中国中山市）
orientation to~ 向阳，朝阳

sun rose ***Helianthemum nummularium*** 半日花 / 铺地半日花

Sun Xiaoxiang 孙筱祥，中国风景园林学会终身成就奖获得者，风景园林专家、教育家，IFLA 杰里科爵士奖获得者

sunbathing 沐日光浴

~area 日光浴区

~lawn 草地日光浴

sunburn 晒黑，晒焦

Sundance Orangenblume *Choisya ternata* 'Sundance' 光舞墨西哥橘（英国萨里郡苗圃）

sundew *Drosera rotundifolia* 毛毡苔

sundial（通过太阳知道时间的）日规，（花园中作装饰用的）日晷

Sundrops/Evening Primrose *Oenothera biennis* 月见草 / 夜来香

sundry store 杂货店

Sunflower *Helianthus annus* 向日葵 / 葵花（秘鲁、玻利维亚国花）

Sunflower seed *Helianthus annuus*（seed of）葵花子

sunk 沉没的；水底的；地中的；凹下去的

~basin 集水井

~garden 下沉园，盆地园

~skylight 下沉式天窗

sunken 沉没的，凹陷的

~driveway（英）凹陷汽车道

~fence 隐垣

~flower bed 盆地花坛，凹地花坛

~garden 低于地面的花园，凹地园，盆地园，沉（床）园，下沉式花园

~lane 下沉车道

~path 下沉步行道

~plaza 下沉式广场

sunlight 直射光

~ordinance 日照标准

sunning ground 晒场

sunny 阳光充足的，暖和的

~day 和暖天

~location 光照良好的定线

~slope 光照良好的坡度

Sunplant/Rose-moss/Large Flower Purslane *Portulaca grandiflora* 太阳花 / 半支莲

sunscald 晒伤，日灼病 [植]

Sunscald of *Aglaia* 木兰日灼病

Sunscald of *Ailanthus altissima* 臭椿日灼病（病原非寄生性）

Sunscald of *Alocasia macrorhiza* 海芋日灼病

Sunscald of *Cliva miniata* 君子兰日灼病

Sunscald of *Euonymus japonica* 大叶黄杨日灼病

Sunscald of *Euphoribia pulcherrima* 象牙红日灼病（病原非寄生性）

Sunscald of *Oxalis rubra* 酢浆草日灼病

Sunscald of *Portunella margarita* 金橘日灼症

Sunscald of *Sansevieria* 虎尾兰日灼病

Sunscald of *Schlumbergera bridgesii* 仙人指日灼病

Sunscaled of *Camellia japonica* 山茶日灼病

sunscreens 遮阳棚

Sunset Abelmoschus *Abelmoschus manihot* 黄蜀葵 / 秋葵 / 野芙蓉

Sunset Glow over Lerfeng Peak（Hangzhou，China）雷峰夕照（中国）

Sunset Hibiscus/Yellow Mallow/Sunset mallow *Hibiscus manihot* 黄蜀葵 / 黄秋葵

sunshade 遮阳

~characteristics diagram 遮阳特性图

~hours 遮阳时间

sunshield 遮阳，避光

sunshine 阳光；阳光晒着的地方；晴天；日照

~area 日照面积

~condition 日照条件

~duration 日照时数

~spacing 日照间距

~time 日照时间

sunshining interval coefficient 日照间距系数

super- [词头] 过（度），超，高于；再；特别；在……之上

~-block 超大街区，城市改建中的合并街坊

~-block plan 大街区规划

~-community 超级社区

~-market 超级市场，超级商场

~-peak 超高峰时间

super 超的

~elevation 超高

~elevation runoff 超高缓和段

~elevation slop 超高顺坡

~heated steam over heat steam 过热蒸汽

~highrise building 超高层建筑

~highway 超级公路

~human scale 超人尺度〈指超过人的尺度的空间尺度〉

~major bridge 特大桥

~market 超级商场，自动售货商店

~sonic transportation(SST)超音速运输，超音速飞机

~-store 超级百货商场

superaqual landscape 水上景观

superblock 大街坊

superblocks 车辆禁行区

superbly 雄伟地，壮丽地；可克服的

supercharge ading 过载，超载

supercritical flow 急流

supercity 超级城市，特大城市

superelevation（曲线）超高，斜面

superette 小型自动售货店，小超级市场

superficial 表面的，外部的；面积的；肤浅的

~deposits 表生矿床 [地]

superficially 表面地，浅薄地

superflood 特大洪水

supergraphic 超级构图

superheat 过热

superhighway 高等级公路，超级公路（包括高速公路、快速公路及公园公路等）

superimposition 重叠，叠上，添（加）上

superior industry 优势产业

supermart 超级市场

superport 超级港

supersaprobic zone 过度污染带

supersonic-controlled automatic door 超声波控制自动门

superstructure 上层结构，上层建筑

supertall building 超高层建筑

supertrain 超高速火车

superurban 超级城市

supervise 监督，管理，领导，指导

supervised children's playground 有监督的儿童运动场

supervising 监理的，督察的

~architect 监理建筑师

~engineer 督察工程师，监理工程师

~officer（美）监理官员，督察官员

supervision 监督，监理，管理，领导，

指导
~and overhead（charges）监理及管理费
~of construction 施工监理
~of the building works（英）建筑工程的监理
~of the project（美）工程项目监理
site~ 现场监理
~planning 监理规划
supervisor 监督人员，督察人员；监理员，管理人；（研究生）指导者（导师）
supervisory 监督的
~authority 监督机构
~computer control（SCC）system 监督控制系统
~engineering 监理工程
~system 监理系统
supplemental 同 supplementary
~area 公寓辅助面积〈如大厅、会议室、卸货台、游泳池等〉
~construction services or supplies 辅助（建筑）施工服务或供应
~professional services 辅助专业服务
~water-supply sources 辅助供水水源
supplementary 补充的，补足的，附加的；副的；补角的{数}
~building 辅助建筑
~condition 补充条件，附加条件
Supplementary Conditions of the Contract for Construction，General and Federal（美）国家或州建筑合同附加条件
~direction sign 辅助指路标志
~ditch（截流）辅助沟渠
~industry 辅助产业
~room 辅助用室
~terms 补充条款
~zoning 补充区划
supply 供给，供应；补充；电源，供电；供应品；[复]口粮；给养；供给，供应；补充，填补；弥补
~air rate 进风量
~and disposal services 上、下水道设备；供应处理设施
~and install 供应和安装
~and marketing co-op 供销合作社
~by contractor 承包人供货
~by owner 业主供货
~cistern 给水池
~conduit 给水管道，输电电缆管道
~connection，water 给水接头
~contract 供应合同
~equipment 供应设施，服务性设施
~infrastructure，public 供应基础设施（公共）
~line 供应管线，给水管线；供应线；供电线路
~line，main water（英）给水干线
~line，water 给水管线
~main 供应总管（水、蒸气），供电干线
~net 供电网，给水管网
~of developed green spaces 供应开发的绿地
~of equipment contract 设备供应合同{管}
~of housing land 住宅用地的供应
~of sustenance 生活资料供应
~of water 给水，供水
~pipe 给水管，供水管
~point，water（英）给水点
~riser 给水立管
~route 供应线

~service wharf 物资码头
~services 供应设施，服务性设施
~tender 供应船
~voltage 供电电压
~water temperature 供水温度
electric power~ 电力供应
energy~ 能源供应
nutrient~ 营养供应
oxygen~ 氧气供应
principle of persisting~（美）持久供应原则
public water~ 公共用水供应
richness of food~ 食物供应的丰（富）度

support 支架，支柱，支撑，支座；支点；支持；配套；援助；拥护；支承，支撑；支持；援助，帮助；拥护；证明
~（hanger）of duct 风管支（吊）架
~item 配套项目
~member 构件支撑
~pillar 支柱
~system 支撑体系
climber~ 攀缘植物支架
metal anchor~ 金属锚杆
tying to a climber~ 将攀援植物捆到 到攀援支架

supported type abutment 支撑式桥台

supporting 支撑的；救援的；辅助的；配角的
~information 辅助资料
~structure of silo bottom 仓下支承结构
~view 配景
~wall 筒壁

supportive 支持的；维持的；赞助的
~permanent structure（美）辅助设备，备用设备

suppressing species 抑制物种

suppression 抑制，制止；删除；扑灭（火等）；镇压；遏制，封锁

supra-［词头］上；超越；前
~-local（英）超地方的，超本地的
~-regional（英）超地区的

supralocal（美）超地方的，超本地的

supraregional（美）超地区的

Suramgama Altar（ruins）楞严坛（遗址）

surbmerged tenth 最穷困的阶层

surcharge 附加费；超载
~preloading consolidation 预压加固

Suren Toona ***Toona sureni*** **auct.non Roem./T.** ***ciliata*** **Roem.** 红椿（红楝子）

surety 保证人；保证金；保证物
~bond（美）保证金
~company 保险公司

surf zone 破波带

surface 面，表面；路面，面层；界面；广场，空地；表面的；平地上的（相对于高架、地下）；外观，外表；铺路面；装面；使成平面
~area 表面（面积），土地面积
~area，measured 测量的表面（面）积
~arrangement 地面处理，地面布置
~articulation 表面布置（整理）
~blistering 表面起泡
~channel 排水明渠
~coat 面层抹灰
~configuration 地表形态
~contour map 等高线地形图
~course 面层
~course，granular（美）粒料面层
~course，hoggin（英）夹沙砾石面层
~course mix 面层混合料

~cultivation 地面耕作
~curvature apparatus 路面曲率半径测定仪
~deposit 地面沉积物
~detention 地面滞留
~drain 明沟排水，地面排水
~drainage 地表水系，地面排水，地表排水
~evenness 路面平整度
~feature 场地地貌
~finish 面层
~finish（ing）路面整修，表面终饰，表面修琢，表面抛光
~fitting 曲面拟合
~float 水面浮标
~float coefficient 水面浮标系数
~flooding 地面泛流，地面洪水
~flow 地面流（坡面流），地面径流
~frost heave 路面冻胀
~improvement（美）路面改善
~inflow 地面水流入量
~inlet（美）地面水流进口
~inversion 地面逆温
~layer flow of mire 沼泽表层流
~-mined land，landscape of reclaimed 采矿后矿区重新整治的景观
~-mined-site landscape，reclaimed（美）采矿后矿区重新整治的景观
~mining（美）地面采掘
~mining area 地面采掘区
~movement 水陆运输
~of underground water 地下水位
~peeling 表面剥落
~plant 地面植物
~railway 地面轨道
~relief 地势，地面起伏
~roughness 路面粗糙度，（路面）平整度
~runoff 地面径流，降水径流，地表径流
~runoff，bank erosion by 地面径流造成的岸堤冲刷
~shelter 地上隐避所
~slipperiness 路面滑溜
~slope 水面比降
~soil stabilization 浅层土加固
~stream pollution 地表河流污染
~sweating 表面结露
~temperature 地面温度
~（film）thermal conductance surface conefficient of heat transfer 表面换热系数
~texture 路表构造，路面纹理；表面结构；表面纹理
~transport 水陆运输
~treatment（沥青）表面处治；表面处理；路面处理
~vegetation 地面植被
~velocity 水面流速
~velocity coefficient 水面流速系数
~washing 表面冲洗
~water 地表水，地面水
~water，coduction of 地表水引流
~water drain 地面排水沟，路面排水沟，街沟
~water drainage 地面排水
~water，flowing（流动）地表水
~water logging 涝
~water pollution 地面水污染
~water quality 地面水水质

~water resource 地面水资源
~water resources amount 地表水资源量
~water resources assessment 地表水资源评价
~water runoff 地表水径流
~water sewer 雨水沟渠
~water source 地表水源
~water supply 地表水供应，地表水供水
~waterbody 地表水体
~watershed 地面水流域
~workings 露天开采
~wave velocity method 表面波法
all-weather~ 全天候路面
below ground~ 地表下，地表面下，下层土，地下层
coated macadam~（英）黑色碎石铺面
compacted~ 压实路面
compacted granular~ 压实粒料地面
existing ground~ 现有地面
flexible~ 柔性路面（或面层）
granular playing~（美）粒料运动场地面；水结面层
granular stabilized~ 粒料稳定路面（或面层）
ground water~ 地下水面
hard~ 硬质表面
leaf~ 叶面
natural earth~ 天然土路面；天然土表面
natural ground~ 天然地面
natural soil~ 天然土面
paved stone~ 铺砌石面
pervious bitumen macadam~ 透水式沥青碎石路面，透水式马克当路面
processed aggregate~（美）加工集料面层
sealing of soil~ 土层填缝
slip~ 滑溜表面
stabilized~（美）稳定表面，稳定层
stabilized clay-bound~ 稳定泥结路面（或面层）
tar~ 焦油沥青路面（或面层）
tar macadam~ 焦油沥青碎石路面（或面层）
water~ 水面
water-bound~ 水结面层
water-bound playing~（美）水结运动场地面

surfaces surface 的复数
crowning of paved~（美）铺面凸起
design of material~ 具体表面设计

surfacing 路面，面层；铺路面；路面修整；表面修整
~course 面层
~course，sub-base and（英）底基层和面层
~material 铺面材料
~mixture 铺面混合料
~of lattice concrete blocks（美）格构混凝土块料
path~ 筑路（人行道，小路）材料
road~ 筑路材料

surfactant 表面活性剂

surge；**swell** 涌浪（余波）

surgery，**tree** 树木外科学

Suricate/slender-tail mongoose ***Suricata suricata*** 细尾獴 / 沼泽狸

Surinam Quassia ***Quassia amara*** 苏里南苦木 / 苦味木

surplus 剩余的，过剩的
~agricultural commodities 剩余农产品
~capacity 过剩生产能力

~excavated material 剩余挖掘材料
~heat utilization 余热利用
~labour 剩余劳动力
~material，final disposal of 剩余材料最终处理
~material，off-site disposal of 剩余材料现场外处理
~population 过剩人口
~water released from reservoir 水库弃水
surrender 交出，交回；放弃
~of land 交回土地
~value 交回土地之价值
surrounding 周围的情况；周边的，周围的，相邻的
~area，preservation of the 相邻区保护，周边区保护
~district 相邻区
~region of a city 城市周边地区
~rock 围岩
~structure for civil air defence 人防围护结构
Surrounding View Pavilion 周赏亭
~zone 周边区
surroundings 环境
~，central city（美）中心城市环境
dwelling~ 住宅区环境
surtax for education 教育附加税
surveillance 监视，管制；观察
~system 监视系统
~system for air pollution 大气污染监视系统
surveillant science 监测学
survey 测量，查勘；调查；观测；鉴定；总结，综述，评价，述评；俯瞰；概观；纵览；视察；概括的研究，全面观测，概况
~adjustment 测量平差
~air route for power transmission 架空送电线路测量
~analysis 调查分析
~and analysis，comprehensive site 综合场地调查分析
~area 调查区域，勘测区
~data 测量资料，勘测资料，调查数据
~design 调查设计
~drawing 测量图
~information，collection of 调查信息收集
~map 实测图
~objective 调查目的
~of a built-up area 建成区调查，市区调查，组合面积调查
~of city existing state 城市现状调查
~of existing circumstance 现状调查
~of existing condition 现状调查
~of existing site conditions 现有场地条件调查
~of existing uses 现有用途调查
~of gauge zero 水尺零点测量
~of natural calamities 自然灾害调查
~of site 建筑用地调查，现场调查
~on building activities and losses 建筑（房屋）动态调查
~on people's living condition 人民居住条件调查
~phase 调查阶段，测量阶段
~plan 土地测量图
~plan，tree 树木调查计划
~sheet 测量图
~work 调查工作，测量工作

accident~ 事故调查
area study~ 面积研究测量
boundary~ 边界测量
brief~ 简要的总结
cadastral~ 地籍测量
centre-line~ 中线测量
chain~ 链测，测链测量
city~ 城市测量
dam site~ 坝址测量
economic~ 经济调查
engineering~ 工程测量
enumeration~ 计算测量，统计测量
environmental~ 环境调查
facts~ 实情调查
field~ 野外测量，勘测
final~ 竣工测量，终测；最终查勘
final estimate~ 最终估价测量
final location~ 最后定线测量
finish construction~ 竣工测量
flood~ 洪水调查
green~ 自然环境保护调查
green space~ 绿地调查
home interview~ 家访调查
hydrologic(al)~ 水文测量
inventory~ 现况调查
land use~ 土地使用调查
landscape~ 景观调查
line~ 线路测量
location~ 定测，定线测量
lot~ 地段调查
mail~ 邮件调查
metes and bounds~（美）边界范围量测
objective~ 客观量测
opinion~ 意见调查
plant ecological~ 植物生态调查
plot~ 计划调查
property~ 财产调查
regional~ 地区调查
seismicity~ 地震调查
site~ 场地调查，现场调查，场地测量
snow~ 积雪测量，测雪，量雪
soil~ 地质调查
topographic~（ing）地形测量
tree~ 测树
vegetation~ 绿化植被调查，自然环境保护调查
surveyed to proposed falls and gradients~ 测量拟用坡降和坡度

surveying 测量；测量学，测量术；调查
~control network 测量控制网
~mark 测量标志
~ship 测量船
~stake（美）测量标桩

surveyor 测量员，勘测员，测地员；调查员，检查员

survival 存活，成活，生存，残存；存活者
~conditions 成活条件，存活条件
~group 存活种群，成活种群
~rate 成活率
~strategy 生存战略
capacity for~ 生存能力

survive 保持完好；还活着，保存生命；残存
~，capacity to 生存能力

susan magnolia ***Magnolia*** **'Susan'**'苏珊'木兰（英国萨里郡苗圃）

susceptibility 感受性，敏感性，易感性；磁化率{电}

~，environmental 环境敏感性
erosion~ 侵蚀敏感性
Susin Lan ***Cymbidium ensifolium*** **var.** ***susin*** 素心建兰 / 秋素
suspend 悬，吊，挂；悬浮；暂停，中止；保留
~work 停工
suspended 悬，吊，挂；悬浮；中止
~absorber 空间吸声体
~beam 挂梁
~cable roof 悬索屋顶
~cableway 悬索缆道
~ceiling 吊顶 { 建 }
~column 雷公柱
~construction 悬挂结构建筑
~highway bridge 悬索公路桥
~hood 吸风罩
~ice cover 悬冰
~load 悬移质，悬浮物
~matter 悬浮物质
~particles 悬移质，悬浮颗粒
~particulate matter 悬浮颗粒物质
~railroad 高架铁路，悬索铁道
~rod cableway 悬杆缆道
~sediment 悬移质，悬浮泥沙
~sloping way 架空斜坡道
~solid 悬浮固体
~structure 悬挂结构
~velocity 悬浮速度
suspension 合同中断；悬置；悬浮（体）；悬融（系）；悬胶液；暂停，中止，悬而未决；悬架 { 机 }
~bridge 悬索（吊）桥
~cable 起重索
~city 吊城
~load 悬移质
~of construction works（英）施工工程暂停
~of project（美）工程项目暂停
~of work 工程停顿，停工
sustainability 持续性，持久性
~principle 持续原则
sustainable 可持续的
~development 可持续发展
~development of water resources 水资源可持续开发
~economics 可持续经济学
~management 可持续管理
~power source 可持续能源
~tourism 可持续旅游业
~use 可持续使用
sustainably，use 持久地使用
sustained 被支持的；持续的；一样的，一律的
~grade 持续坡度
~growth 持续生长
~yield 稳定产量，持续产量
sustenance，supply of 粮食，食物，粮食供应
Sutra（婆罗门教《吠陀》经中的）箴言；（佛教的）经
~–Explanation Hall 讲经殿
~Library In Yunyan Temple 云岩寺飞天藏殿
~–Storage Tower 藏经楼
~Writing Room 写经室
Suworow Sea Lavender/Sea Lavender Statice ***Limonium suworowii*** 矶松 / 苏沃补血草
Suzhou 苏州

~Creek 苏州河
~gardens 苏州园林
~Gudian Yuanlin（Classical Gardens in Suzhou）《苏州古典园林》
~style pattern 苏式彩画
~traditional garden 苏州传统园林
Classical Gardens of~ 苏州古典园林

Suzhou style bonsai 苏派盆景

Sverdlov Square（**Russia**）斯维尔德洛夫广场（俄罗斯）

swag 洼地，水潭

swale 沼地，洼地；滩槽；牧场；放火烧林，烧山沟，焚烧
concrete cellular turfgrid~
~，drainage 排水沟混凝土多孔嵌草块排水沟
infiltration~ 渗流排水沟

swaller 伏流，地下河

swallow 燕子；吞；并吞；忍耐；耗尽；取消

Swallow/Barn Swallow/European Swallow ***Hirundo rustica*** 家燕 / 燕子 / 拙燕（爱沙尼亚、奥地利国鸟）

Swallowtail butterfish ***Pampus nozawae*** 燕尾鲳

Swallow-tailed hawkmoth ***Rhopalopsche nycteris*** 黄腰雀天蛾

swamp 沼泽，沼地，湿地；煤层聚水；陷入沼泽；淹没；使陷入困难
~bulldozer 沼泽地推土机，湿地推土
~ditch 沼泽沟
~forest 湿地森林，沼泽森林
~muck 沼泽腐泥
~plant 沼泽植物
~road 沼泽地道路
~shoe 湿地覆带板
~soil 沼泽土
~vegetation 湿地植被
~wood 湿地（沼泽）森林（树木）
~woodland，alder（英）沼泽（湿地）森林（桤木）
bulrush~（美）薫草属植物沼泽
cattail~（美）香蒲沼泽
club–rush~（英）薫草属植物沼泽
gypsum salt~ 石膏盐沼泽
large sedge~ 大苔草沼泽
low sedge~ 矮苔草沼泽
reed~ 芦苇沼泽
reed canary grass~（美）芦苇淡黄草沼泽
reedmace~（英）香蒲沼泽
rush~ 灯心草沼泽
salt~ 盐沼
sedge~ 苔草沼泽
spring~ 泉水沼泽
tall forb reed~（英）高（非禾本草本植物）芦苇沼泽
tall sedge~ 高苔草沼泽

Swamp beaver/coypu rat/nutria ***Myocaster coypus*** 河狸鼠 / 海狸鼠

Swamp Mahogany ***Eucalyptus robusta*** 大叶桉

Swamp Milkweed ***Asclepias incarnata*** 沼泽马利筋（美国田纳西州苗圃）

Swampy Sagebrush ***Artemisia palustris*** 黑蒿 / 沼泽蒿

swampness 沼泽化

Swan Lake in Korla（**Xinjiang，China**）库尔勒天鹅湖（中国新疆自治区）

Swan River Daisy ***Brachyacome iberidifolia*** 五色菊 / 鹅河菊

Swane's Golden Cupressus *Cupressus sempervirens* 'Swane's Golden' 金叶铅笔柏（英国萨里郡苗圃）

swap 交换，交流，对换，互惠外汇信贷

~credit 互惠信贷

~，voluntary land（美）（志愿）互换土地

sward 草地，草皮；铺草，植草

alpine~ 高山草地

arid~ 贫瘠草地，干旱草地

density of~ 植草密度

dry~ 干旱草地

salt~ 盐碱草地

turf~ 草皮草地

Swedish circle method 瑞典圆弧法

sweep（道路上平缓的）弯道，曲线；弯路；弯流；扫除；淘汰；眺望；眼界；范围；扫，刷；扫除，清除；刮去；掠过；疏浚（河床）；眺望

sweepings of street 街道尘土垃圾

sweet 脱硫的，无有害气体的

~gas 无硫气

Sweet Alyssum *Lobularia maritima* L. Desv. 香雪球

sweet basil/basil *Ocimum basilicum* 罗勒/佩兰/矮糠

Sweet Bay Tree/Common Laurel *Laurus nobilis* L. 月桂（美国田纳西州苗圃）

Sweet Box *Sarcococca hookeriana* var. *humilis* 羽脉清香桂（英国斯塔福德郡苗圃）

Sweet Box/Christmas Box *Sarcococca confusa* 美丽野扇花（英国萨里郡苗圃）

Sweet Cherry/Cherry *Prunus avium* L. 欧洲甜樱桃（英国萨里郡苗圃）

Sweet Chestnut *Castanea sativa* 欧洲甜栗/西班牙栗树

Sweet Cicely *Myrrhis odorata* 没药树/庭园茴香

sweet corn *Zea mays* 甜玉米

Sweet False Chamomile *Matricaria recutita* 母菊

Sweet Flag *Acorus calamus Variegatus* 花叶菖蒲（英国斯塔福德郡苗圃）

Sweet Gum *Liquidambar stryraciflua* L. 北美枫香

Sweet Jasmine *Jasminum odoratissimum* L. 浓香探春（金茉莉）

Sweet Joe Pye *Eupatorium purpureum* 紫兰草/砂砾根

Sweet Marjoram *Origanum majorana* 马约兰花/打结马约兰

Sweet Myrle *Myrtus communis* 甜香桃木/桃金娘（英国萨里郡苗圃）

Sweet Orange *Citrus sinensis* L. Osb. 甜橙（橙）

Sweet Osmanthus/osmanthus *Osmanthus fragrans*（Thunb.）Lour. 桂花（木犀）

Sweet Pea *Lathyrus odoratus* L. 香豌豆/麝香豌

Sweet Pepper/Capsicum *Capsicum annuum* 番椒

Sweet potato *Ipomoea batatas* 白薯/甘薯/红薯

Sweet Scabious/Morning Bride/pincushion flower *Scabiosa atropurpurea* L. 轮蜂菊（松虫草）

sweet sultan *Centaurea moschata* 香芙蓉/香矢车菊

Sweet Summer Love Clematis *Clematis*

'Sweet Summer Love' 铁线莲‘甜蜜之夏’（美国田纳西州苗圃）
Sweet Vernal Grass ***Anthoxanthum odoratum*** 黄花茅 / 香子兰草
Sweet Violet ***Viola odorata*** **L.** 香堇菜，香堇菜 / 小脸花
Sweet William ***Dianthus barbatus*** 五彩石竹 / 美国石竹 / 石竹梅
Sweet William Catchfly ***Silene armeria*** **L.** 高雪轮 / 捕虫瞿麦
Sweet Woodruff/Waldmeister ***Galium odoratum*** 香猪殃殃
Sweet Wormwood ***Artemisia annua*** 黄花蒿 / 青蒿素
Sweet Wrack ***Laminaria saccharina*** 糖昆布 / 糖海带
Sweetbay Magnolia ***Magnolia virginiana*** 弗吉尼亚木兰（美国田纳西州苗圃）
Sweetgum Shoot Mistetoe ***Viscum liquidambaricolum*** 枫香槲寄生
Sweetheart Tree ***Euscaphis japonica*** **(Thunb.) Dippel** 野鸭椿
Sweetleaf ***Symplocos sumuntia*** 山矾 / 山桂花
Sweetpea ***Lathrus odoratus*** 香豌豆 / 麝香豌豆
Sweetpotato hornworm ***Herse convolvuli*** 旋花天蛾 / 甘薯天蛾 / 白薯天蛾 / 虾壳天蛾
Sweetscented Snowbell ***Styrax odoratissimus*** **Champ. ex Benth.** 芬芳安息香 / 乳白野茉莉 / 郁香野茉莉
Sweetshell Rhododendron ***Rhododendron decorum*** **Franch.** 大白杜鹃（大白花）
swell 膨胀、冻胀，泡胀
swellex bolt 水胀锚杆
swelling 膨胀，城市膨胀发展
~ground（膨）胀土地基
~force 膨胀力
~index 回弹指数
~pressure 膨胀压力，膨胀性土压
~ratio 膨胀率
~soil 膨胀土
~test 膨胀试验；崩解试验
Swertia Bimaculata ***Swertia chirata*** 奇拉塔獐牙菜 / 绿色龙胆 / 瘤毛獐牙菜 / 当药
Swida alba ***Phytophythora blight*** 红瑞木根腐病（***Phytophthora*** **sp.** 疫霉）
swiftly moving traffic 快速交通
swim 游泳；浮动；游（泳）；浮，漂；浸在水里
swimming swim 的现在分词
~bath 室内游泳池
~baths，indoor（英）室内游泳池
~baths，open air（英）室外游泳池
~beach 海滨游泳场
~centre（英）游泳中心
~hole 溪流和小河中可供游泳的深水潭
~lane 泳道
~pool，public 公共游泳池
swing 秋千；旋转；摆动；吊，挂
~angle 相片旋角
~bridge（平）旋桥，（平）转桥
~gate 枢转式栏路栅，枢转式栅门
swinging door 弹簧门
Swinhoe's pheasant/ Taiwan blue pheasant ***Lophura swinhoii*** 蓝鹇 / 山鸡 / 蓝腹鹇
Swiss centaury ***Rhaponticum uniflorum***

祁州漏芦 / 漏芦花

Swisscentaury ***Stemmacantha uniflora*** 漏芦 / 独花山牛蒡

switch 开关；转换

~area（铁路）道岔区

~-back Z 字形铁道路线，转向线

~board 电话交换台

~cabin 夹层（电缆汇接室）

~cleaner's cabin 道岔清扫房

~yard 调车场

Switch grass ***Panicum virgatum*** **'Heavy Metal'** 细枝稷'钝金属'（英国斯塔福德郡苗圃）

Switch grass ***Panicum virgatum*** 柳枝稷

Switch Ivy ***Leucothoe Scarletta*** 木藜芦（英国斯塔福德郡苗圃）

switchboard 开关柜

switching 开关；转接，转换

~area 调车区

~center 交换中心

Swollen Nodded Bamboo ***Chimonobambusa tumidinoda*** 筇竹 / 罗汉竹

swollen soil 隆胀土，冻胀土

sword 剑，刀，泥刀

Sword Bean/Jack Bean/Sabre bean ***Conavalia gladiata*** 刀豆

Sword Brake ***Pteris ensiformis*** 剑叶凤尾蕨 / 三叉草

Sword Fern ***Nephrolepis cordifolia*** **L. Presl** 肾蕨（圆羊齿）

Sword Fern/Boston Fern ***Nephrolepis exaltata*** **var.** ***bostoniensis*** 高大肾蕨 / 波士顿肾蕨

Sword Lily/Gladiolus ***Gladiolus hybrida*** 十样锦 / 唐菖蒲 / 剑兰

Sword Plantainlily ***Hosta ensata*** 东北玉簪 / 剑叶玉簪

Swordfish ***Xiphias gladius*** 剑鱼（箭鱼）

Swordleaf Cymbidium ***Cymbidium ensifolium*** 建兰

Swordleaf Dracaena ***Dracaena cochinchinensis*** 剑叶龙血树

Sword-lik Iris ***Iris ensata*** 玉蝉花 / 马蔺 / 紫花鸢尾（英国斯塔福德郡苗圃）

sycamore 悬铃木属（植物）

sycamore fig 桑叶无花果，西克莫无花果

Sycamore/Buttonwood/American Planetree ***Plantanus occidentalis*** 美国梧桐

Sycamore/Plane Tree ***Platanus*** 悬铃木（属）

Sycamore Brilliantissimum ***Acer pseudoplatanus*** **Brilliantissimum** 辉煌欧亚槭（英国斯塔福德郡苗圃）

Sycamore Maple ***Acer pseudoplatanums*** **L.** 欧亚槭 / 假桐槭

Sydney 悉尼（澳大利亚港口城市）

~Harbour Bridge 悉尼海港大桥

~Opera House 悉尼歌剧院

~Tower 悉尼塔

~Blue Gum *Eucalyptus saligna* Smith 柳叶桉

syllabus 摘要，要目；提纲

sylvan 森林（多）的；乡村的

Sylvestral Elaeocarpus ***Elaeocarpus sylvestris*** **（lour.）Poir.** 山杜英

symbiosis 共生

（**the**）**Symbiosis of Nature，Culture and Human** 自然—文化—人类的共存

symbol 记号，符号；象征

~conventions，plan（美）（计划），平

面图符号常规

~list 符号表

~word marking（道路交通用的）文字标牌

plan~（美）计划符号；平面图符号

symbolic 记号的，符号的；象征的

（the）~and spiritual replica of nature “神似”和“意境”

~art 象征艺术

~interactionism 象征符号交往理论

~language 符号语言

~meaning 象征意义

~space 象征空间

symbolism 象征主义，象征手法〈19 世纪 80 年代至 90 年代流行于欧洲的艺术思潮和运动〉

symbolist 象征主义者

symbolization 符号表示

symcenter 对称中心

symmetric setting 对置

symmetric(al) 对称（位）{化}；对称的，相对称的；平衡的

symmetrical 对称的，均匀的

~balance 对称平衡

~double curve turn out 单式对称道岔（双开道岔）

~double turn outs 复式对称道岔（三开道岔）

~luminaire 对称配光型灯具

~pattern 对称图案

symmetrical planting/coupled planting 对植

symmetry 对称

~and balance 对称与平衡

symphony 交响乐，交响曲；和谐（的东西）

~hall 交响乐厅

symposium [复 symposia] 讨论会，座谈会；论文集，会议文集

synagogue 犹太教堂

synanthropic species 与人有生态关系的物种，伴人物种

synchorology 群落分布学；植物时间分布史

synchronization 同步

synchronous 同步的，同期的

~system 连接交通信号系统

~inspection 同步检验

~meteorologic satellite 同步气象卫星

~series 同步系列

syndrome 综合症，症候群

syndynamics 群落动态学

synecology 群落分布学

synergetics 协同学

synergistic 增效的，协作的，互助作用[促进] 的

synergy 协同，配合，共同合作

syngenetic mineral 共生矿物

Syngonium podophyllum 合果芋

synoecism 联村城市〈数个村镇结合为城市或社区〉

synoecize 使结合成一个城市或社区

synoptic 天气的；大纲的

~plan 纲要规划

~table 汇总表

~weather chart 气候图

synoptics 天气学

synthesis 综合

~plan of pipe lines 综合管线图

synthetic 综合

~building syndrome 建筑综合症
~city 综合城市
~correction 综合改正
~economics 综合经济学
~gum adhesive 合成橡胶系胶粘剂
~hospital 综合性医院
~hydrograph 水文综合过程线
~momentum 综合推力
~optical cable 综合光缆
~park 综合公园〈具有观赏、疗养、运动等多种功能的城市大公园〉
~pollution data 综合污染数据

synthetical reconstruction 综合改建

synusia 同型同境群落

Syrian architecture 叙利亚建筑

Syringa 丁香属（植物）（坦桑尼亚国花）

Syringa vulgaris 西洋丁香，欧洲丁香（植物）

system（操作）系统，体系；系；组；组织；体制；网；制，制度（操作）方式，方法；装置；组织
~analysis 系统分析
~approach 系统分析，系统方法
~attribute 系统属性
~bolt 系统锚杆
~building 系统建筑，体系建筑
~capacity volume 系统容积
~components 系统组件
~control 系统控制
~desingn 系统设计，体系（建筑）设计；计算机软件与硬件设计；总体设计
~diagram 流程表，操作程序表，工作进度表
~engineer 系统工程师
~engineering 系统工程学（运筹学的相邻学科，使用模拟、数理统计、概率论、排队论、信息论等数学方法来处理工程中的系统问题）
~ensemble 综合系统
~environment 系统环境
~epistemology 系统认识论
~flowchart 系统流程图
~forming a radial pattern，open space 开放空间辐射网状结构
~height-encumbrance 结构高度
~management 系统管理
~model 系统模型
~of anchor bars 系统锚杆
~of curves 曲线系
~of cycle track 自行车道系统
~of environmental standards 环境标准体系
~of green areas 开放空间 / 绿地系统
~of peninsular interdigitation，open space 长条空地网状结构
~of public buildings 公共建筑体系
~of rating 定额制度
~of units 单位制，单位系
~of water supply 给水系统
~optimization 系统优化
~pipes 配水管道
~planning 系统规划
~reliability 系统可靠性
~research 系统研究
~resistance 系统阻力
~science 系统科学
~stage，root 根系阶段
~state 系统状态
~synthesis 系统综合
~technology 系统技术

~theory 系统理论
~thinking 系统思维
~valuation 系统评价
aboveground~ 地上系统
accounting~ 会计系统，会计制度
air pollution surveillance~ 空气污染监视系统
air quality monitoring~ 空气质量监测系统
alarm~ 报警系统
analog~ 模拟系统
analytic(al)~ 分析系统
aquo~ 水系
assembly~ 汇编系统
automatic data-processing~（简写 ADPS）自动数据处理系统
backup~ 备用系统
base~ 基本结构，基本体系
basic~（结构）基本体系
bicycle trail~（美）自行车道网
bunched root~ 丛生根系
circle~ 环式（道路）系统
circuit trail~（美）环行车道系统；环行滑雪道系统
circuit walk~（美）环路行走系统
circular pathway~（英）环路步行系统
circulation~ 循环系统，环流系统，流通系统
city sewage~ 城市排水系统
clear cutting~（美）皆伐作业法 [林]
clear felling~（英）皆伐作业体系 [林]
collector street~（美）次路系统
closed recycling~ 郁闭再循环系统
combined~ 合流（制作排水）系统,（沟渠）合流制；混合制
combined open space~ 综合空地体系
combined sewer~ 合流下水道系统，合流沟渠系统
combined sewerage~ 合流制排水系统，沟渠合流制
concentric~ 环式系统，环状路线
concentric open space~ 环状绿地系统
contract~ 包工制，发包制
contract bonus~ 承包奖金制
database~ 数据库系统
district heating~（中心厂）分区供暖系统
domestic sewer~ 生活污水管系统，家庭污水管系统
domestic supply~ 家庭供水系统
drainage~ 排水系统，泄水系统，排水网
dune~ 沙丘网
freeway~（美）快速路系统
ecological~ 生态系统
economic accounting~ 经济核算制
economic responsibility~ 经济责任制
eco-roof~（美）生态屋顶花园系统
environment protection management~（简写 EPMS）环境保护管理系统
environmental conditional~（简写 ECS）环境条件（老化）系统，环境模拟系统
environmental management~ 环境管理系统
environmental monitoring~ 环境监测系统
exhaust~ 排气体系
expert~ 专家系统
fascicular root~ 丛生根系
fibrous root~ 须根系
file~ 文件系统

filing~ 档案制度
fire fighting~ 消防制度
fog alert~ 大雾警报装置
gallery~ 行人廊道体系
geodetic reference~ 大地测量参考系
geographic information~（简写 GIS）地理信息系统
gridiron~（美）方格式系统，棋盘式系统
gridiron road~ 棋盘式道路系统，方格式道路网
hard~（英）常规工程建设法，常规工程（技术）
heating~ 供暖系统
human~ 人体系统
human ecological~ 人类生态系统
individual sewage disposal~（美）个人污水处理系统
interfingering open space~ 相互楔接空地系统
irrigation~ 灌溉系统
land~ 地形分类系统
land information~（简写 LIS）用地信息系统
land management information~ 土地管理信息系统
land status automated system 土地状况自动分析系统
land treatment~ 土地处理系统
lighting~ 灯光系统；照明系统
linear~ 线性系（统）
linear open space~ 线性空地系统
local street~（美）次路系统
local transport~（英）地方运输系统
man machine~ 人－机系统｛管｝，人机通信系统
man–machine–environment~ 人－机－环境系统｛交｝
major arterial~（美）主路系统
man–machine processing~ 人机调节系统
multi function~ 多功能系统｛计｝
multi–strata planting~ 多层种植系统
natural resources information~ 自然资源信息系统
one–layer planting~ 单层种植系统
open recycling~ 露天物质复用系统
open space~ 绿地 / 开放空间系统
park–and–ride~ 存车换乘制；停车换承系统
public transportation~（美）公共运输系统
public utility~ 公用事业系统
radial~（of streets）放射式系统；放射式街道系统
radial open space~ 辐射状绿地系统
resource data management~ 资源资料管理系统
roof garden~ 屋顶花园系统
rotational grazing~ 轮流放牧制
saprobic~ 腐生系统
saprobien~ 污水生物系统
selection~ 选择系统
separate~ 分流制排水系统，（沟渠）分流制
separate–sewage~ 分流制排水系统，（沟渠）分流制
separate water supply~ 分区给水系统
septic~（美）腐化系统
septic tank disposal~（美）化粪池处理系统
sewer~ 下水道系统，污水管系统
sewerage~ 排水系统，沟渠系统

silvicultural management~ 造林管理系统
single-stratum planting~ 单层种植系统
storm-collector~ 雨水沟渠系统，雨水管网
storm sewer~ 雨水沟渠系统，雨水管网
storm water drainage~ 雨水排水系统
subsurface drainage~ 地下排水系统
transportation~ 运输系统，交通系统
underground~ 地下系统
underground storm drainage~（美）地下雨水排除系统
underground storm water~ 地下雨水排除系统
water-carriage~ 输水系统
water cooling~ 水冷系统，水散热系统
water supply~ 给水系统，给水管网
wetland septic~（美）湿地化粪系统
wetland wastewater treatment~ 湿地污水系统

systematic 系统的，有规则的，有秩序的，有组织的
~context 系统环境
~error 系统误差
~geography 系统地理学
~investigation and study 系统的调查研究
~mapping 系列制图
~sampling 系统抽样
~uncertainty 系统不确定度

systematical error 系统误差
systematics 分类系统，分类学
systematism 体系建筑（方）法
systemize 系统化
systems 系统
~analysis 系统分析
~engineering 系统工程学
~management 系统管理
~programming 系统程序编制设计
natural~ 自然系统

Szechuan Cycas ***Cycas Szechuanensis*** 四川苏铁
Szechuan Poplar ***Populus szechuanica*** 四川杨
Szechuan Primrose ***Primula szechuanica*** 四川报春花
Szechuan Sweet Leaf ***Symplocos setchuanensis*** 四川山矾
Szechuan White Birch ***Betula platyphylla*** **var.** ***szschuanica*** 川白桦
Szechwan Chinaberry ***Melia toosendan*** **Sieb. et Zucc.** 川楝
Szechwan Cymbidium ***Cymbidium faberi*** **var.** ***szechuanicum*** 送春
Szechwan Deutzia ***Deutzia setchuenensis*** 川溲疏
Szechwan Lilac ***Syringa sweginzowii*** **Koehne et Lingelsh.** 四川丁香
Szechwan Manglietia ***Manglietia szechuanica*** 四川木莲
Szechwan Michelia ***Michelia szechwaniaca*** 川含笑
Szemao Pine ***Pinus kesiya*** **var.** ***langbianensis*** 思茅松

T t

T T 字形，丁字形

T-crossing 横穿通行；丁字街

T-cut T 字形切口

T-dike 丁字突堤，丁坝

T-grade separation T– 形立体交叉

T intersection 丁字形交叉（T 字形交叉）

T-junction T 型（平面）交叉，丁字型交叉

T-jointed pipe fitting T 形接缝管接合

T-notching T 形刻槽

T-shaped intersection T 字形交叉

T-shaped rigid frame bridge T 形构桥

T-square 丁字尺

T-traffic 货车交通

T（truck）-type highway 卡车公路，货运公路

Taal Lake（Philippines）塔尔湖（菲律宾）

Tabeculate Alder ***Alnus trabeculosa* Hand.- Mazz.** 江南桤木

tabernacle 暂居，临时住所，临时住房

tablature 图案平面

table 表，表格；桌，台；平板；高原，台地；放在桌上；嵌接（木材）

~of fee（英）酬金表

~land 高原，台地

~–look–up 一览表

~–mountain pine 山松，台地松

~ of contents 目录，目次

~ of correction 改正表，勘误表

table fern ***Pteris nervosa*** 凤尾蕨

table like unfolded volume 书卷儿

tableland 台地，高原

tablet 小平板；牌子，标牌，（图形）输入板｛计｝；笠石，顶层｛建｝；小块，扁片；药片

Tablet at grave 盖墓石板；墓碑

tabular computation 表格计算

tabulation 制表，列表

tack coat 粘层

tack system 流水作业线

tactical 战术的，作战的，策略（上）的，巧妙设计的

~ decision 策略决定，战术决策

~ model 战术模型

TACV（tracked air cushion vehicle）有轨气垫运输工具

Ta'er Monastery（Xining，China）塔尔寺（中国西宁市）

tag 金属箍（常装在带子末端）；附属物；标签，签条；特征〈计〉；装金属箍；附签条；附，添加

tagging（美）标记，特征；磨尖

tagline 断面索

Tagong Grassland Scenic Area，Garze（Kangding Country，China）甘孜塔公草原风景区（中国康定县）

Tahr/Himalayan tahr ***Hemitragus jemlachicus*** 塔尔羊 / 喜马拉雅塔尔羊

Taiga 泰加林，又称“北方针叶林”

Taihu rock 太湖石

Tai yuan 台苑

Taihang Mountain（**Henan**，**China**）太行山（中国河南省）

Tai Lake（**Jiangsu**，**China**）太湖（中国江苏省）

Tai Lake scenic resort（**Jiangsu**，**China**）太湖风景区（中国江苏省）

Taiye Pond 太液池

Tai Lake stone 太湖石

Taj Mahai Mausoleum（1630–1643 年印度阿格拉）泰吉·玛哈尔陵，泰姬墓，泰姬陵园

tail 尾；尾状物；尾部，末端，后部；[复]瓦当{建}；尾渣；尾砂；装尾；添上；尾部的，后面的

~bay 下游河段

~fan 扇形铁路支线网

~of hump yard 驼峰调车场尾部

Tailed Spicebush ***Lindera caudata*** 香面叶 / 黄脉山胡椒 / 毛叶三条筋

tailing 尾材；筛余物，尾粉；石屑，石渣；尾渣，渣滓；砖（石）墙凸出块{建}；回笼石子

Tailing（**five-dynasty-emperor's tombs in China**）泰陵（中国）

tailings 尾矿

~dam 尾矿坝

~disposal 尾矿处理

~lagoon 尾矿浅湖（废水处理用）

~pond 尾矿池

~slurry 尾矿泥浆

tailor shop 裁缝店，缝纫车间

tailrace 尾水渠

Taimen ***Hucho taimen*** 哲罗鱼

Taiping Lake（**Huangshan**，**China**）太平湖（中国黄山市）

Taisetsuzan National Park（**Japan**）大雪山国立公园（日本）

Taishanian System（**China**）泰山系

tai-tsai/taicai ***Brassica campestris chinensis*** **var.** ***tai-tsai*** 薹菜

Taiwan Acacia ***Acacia confusa*** 相思树 / 台湾相思树

Taiwan Beautyberry ***Callicarpa formosana Rolfe*** 杜虹花

Taiwan Cycas ***Cycas taiwaniana*** 广东苏铁 / 台湾苏铁

Taiwan Cypress/Formosan False Cypress Tree of ***Chamaecyparis formosensis Matsum*** 红桧 / 台湾扁柏

Taiwan Fir/Kawakami Fir ***Abies kawakami*** 台湾冷杉

Taiwan Helicia ***Helicia formosana*** 台湾山龙眼

Taiwan Hemlock ***Tsuga formosana*** 台湾铁杉

Taiwan Juniper ***Juniperus formosana*** 刺柏

Taiwan long-tailed pheasant ***Syrmaticus Mikado*** 台湾黑长尾雉 / 帝雉

Taiwan Mosla ***Mosla formosana*** 台湾荠苧

Taiwan Osmanther ***Osmanthus matsumuranus*** 牛矢果

Taiwan Pine/Huangshan Pine ***Pinus hwangshanensis/Pinus taiwanensis*** 黄山松 / 台湾松 / 黄松

Taiwan serow ***Capricornis crispus*** 台湾鬣羚

Taiwan Spruce/Mount Morrison Spruce ***Picea morrisonicola*** 台湾云杉

Taiwan Tree-fern *Alsophila spinulosa* 桫椤

Taiwan Wattle *Acacia confusa* Merr 台湾相思树

Taiwan-cedar *Taiwania cryptomerioides* Hayata 台湾杉 / 秃杉

Takahas Pine *Pinus densiflora* var. *ussuriensis* 兴凯赤松

take 拿，取，抓；搬移；使用；承担，接受；预订；吸收；乘，骑；理解，领会；喜欢，爱好

~down 拆毁

~-home pay 实得工薪

~off 移去，离去

~-off sheet 输出表，放水表

~root（美）生根，扎根

Takin *Budorcas taxicolor* 羚牛 / 扭角牛

taking take 的现在分词，吸引人的，迷人

~all things together 总而言之

~of species 物种取样

Talc 滑石

Taleju Temple（Nepal）塔莱珠女神庙（尼泊尔）

talk-back loud-speaker system in station and yard 站场扩音对讲系统

Tali Range Rhododendron *Rhododendron taliense* 大理杜鹃

Talipot Palm *Corypha umbraculifera* L. 贝叶棕

tall 高的，高层的

~block 高大楼房，高层建筑（物），摩天（塔）楼，大厦

~building 高楼，高层建筑

~building of apartment 单元式高层住宅

~flats（英）高层公寓，塔楼公寓

~forb 高非禾木草本植物，高杂类草

~forb community 高非禾本草本植物群落

~forb reed marsh（美）高芦苇沼泽

~forb reed swamp（英）高杂草芦苇沼泽

~grass prairie（美）高草草原

~grass steppe 高干草原

~helophyte 高沼生植物

~herb community 高草群落

~industrialized block（英）工业化建筑高层公寓，预制塔楼公寓

~perennial 高多年生植物

~sedge formation 高苔草群系

~sedge swamp 高苔草沼泽

~shrub 高灌木

~stack 高烟囱

~standard（英）高标准

~structure 高层建筑（物）

~timber 偏僻地区，人烟稀少地区

Tall Brake *Pteris excelsa* 溪边凤尾蕨

Tall Chlorantus *Chloranthus elatior* 鱼子兰 / 野珠兰

Tall Euryodendron *Euryodendron excelsum* 猪血木

Tall Gastrodia *Gastrodia elate* 天麻

Tall oatgrass（*Arrhenatherum elatius* var. *bulbosum* f. *variegatum*）银边草

Tall Oplopanax *Oplopanax elatus* 刺参

Tall umbrella-sedge *Cyperus eragrostis* Lamarck 红鳞扁莎草

Tallow Tree *Ehretia thyrsiflora*（Sieb. et Zucc.）Nakai 厚壳树

Talmud 犹太教法典

talweg（河道）深泓线，主航道中心线，水谷线

Tama New Town 多摩新城（日本东京的卫星城）

Tama Zoo（**Japan**）多摩动物园（日本）

Taman Impian Jaya Ancol（**Indonesia**）寻梦园（印度尼西亚）

Tamandua/collared anteater/lesser anteater ***Tamandua tetradactyla*** 小食蚁兽 / 环颈食蚁兽

tamarack 落叶松

Tamarack ***Larix laricina*** 美洲落叶松 / 东方落叶松

Tamarind Tree ***Tamarindus indica*** **L.** 罗望子 / 酸豆

tamarisk 柽柳（一种耐旱植物或固沙植物）

Ttampala/Joseph's coat ***Amaranthus tricolor*** 老来少 / 雁来红 / 老少年 / 色堇

tamped sloped of earth dam（土坝）夯土坡，路堤边坡坡面

tamper 夯土机

Tanaka ***Fortunella polyandra*** 长叶金橘 / 长叶金柑

Tananarive Palace Madagascar 塔那那利佛王宫（马达加斯加）

tangent 切线，正切；直路，直线；切线的

~circle pattern 旋子彩画

tangential 切向的

Tangerine（**a variety grown in Huangyan**）***Citrus reticulata*** **var.** ***sub-com-pressa*** 黄岩蜜橘

Tangerine ***Citrus reticulata*** **var.** ***tangerina*** 红橘

Tangerine Orange/Loose-skinned Orange ***Citrus deliciosa Tenore*** 桔

Tanggula Mountain（**Tibet Autonomou Region，China**）唐古拉山（中国西藏自治区）

tangible 明确的，切实的，确实的

Tangled Rhododendron ***Rhododendron impeditum*** 粉紫矮杜鹃 / 云界杜鹃花

Tangut Cacalia ***Cacalia tangutica*** 羽裂蟹甲草 / 唐古特蟹甲草

Tangut Clematis ***Clematis tangutica*** 甘青铁线莲（英国斯塔福德郡苗圃）

Tangut Daphne ***Daphne tagutica*** 甘肃瑞香 / 唐古特瑞香

Tangut Primrose ***Primula tangutica*** 甘青报春花

tank 游泳池，储水池，油罐车；箱，柜；池；坦克（车）

~car 洒水车，油槽（罐）车

~car washing 洗罐

~disposal system，septic（美）（腐败物）箱罐处理系统

~farm 油库

~treatment 槽内处理法

~vehicle washing siding 洗罐线

detritus~ 沉砂池

sedimentation~ 沉积池，沉淀池

tanker 油船；沥青喷洒机

tankship 油轮

Tanner's Tree ***Coriaria sinica*** **Maxim./C.** ***nepalensis*** **Wall.** 马桑

tannery 制革厂

~industry 皮革工业

~effluent 皮革厂废水

~sewage 皮革厂污水

~waste 制革厂废水

annia/cocoyam ***Xanthosoma sagittifolium*** 箭头芋

Tansy ***Tanacetum vulgare*** 艾菊 / 金色钮扣

Tansy Phacelia/Fiddleneck ***Phacelia tanacetifolia*** 芹叶钟穗花

tanyard waste 制革厂废水

Tanzhe（Pool and Cudrania Temple）（**Beijing, China**）潭柘寺（中国北京市）

Taohuayuan 桃花源

Taoism 道教

Taoist 道士，道教信徒

~God；Emperor of Heaven 玉帝

~monastic name 道号

~nun 道姑（女道士）

~priest 道士（道人）

~priest's robe 道袍

~scriptures 道经

~temple /Taoist abbey 观，道观，道教庙宇

~Trinity Hall of Xuanmiao Temple（Suzhou，China）玄妙观三清殿（中国苏州）

~writings；a book from heaven 天书

tap 直根，主根；龙头

~root 直根，主根

~-rooted plant 具直根的植物

~water 自来水

tape air sampler 滤纸式空气取样器

taper 宽度渐变段；渐缩地带；渐尖形；圆锥形；锥形；斜度；小蜡烛；渐尖的，锥形的，斜削的；使渐细，弄尖；锥削，楔削

~elbow 锥管

tapered taper 的过去分词，锥形的，逐渐变小

~pipe（英）锥管

~portion（加宽车道的）渐变部分，宽度渐变路段

Tapertail anchovy ***Coilia mystus*** 凤尾鲚 / 凤鲚

tapestry 花毯，挂毯，壁毯

tapestry satin 织锦缎

Tapieh mountain pine ***Pinus dabeshanensis*** 大别山五针松

Tapiola 塔庇奥拉（1951 年以来芬兰赫尔辛基建设的新城镇）

tapping 车螺丝，车丝；冲孔，穿孔；出铁；出渣

~machine 攻丝机，纸箱粘合机

Tapir ***Tapirus terrestris*** 貘（属）

tap-stamp step 踏跺

tar 焦油沥青（已蒸制过），焦油（未蒸制），（常指）煤沥青（为有机物，如煤、木材、页岩、石油等的蒸馏产物）；涂沥青，浇沥青，浇油

~coated road 柏油铺面的路

~mac 煤焦油沥青碎石，柏油碎石混凝土

~macadam 焦油沥青碎石；焦油沥青碎石路

Tarmac（或 tar-mac）一种冷铺焦油沥青碎石路面（或混合料）

tarmacadam 柏油碎石路

~macadam pavement 煤焦油沥青碎石路面，柏油碎石路面

~macadam surface 柏油碎石面

~oil 煤焦油

Tar leaf spot of ***Acer*** 槭漆斑病（***Rhytisma acerinum*** 槭斑痣盘菌）

Tar leaf spot of *Syringa* 丁香漆斑病（***Rhytisma* sp.** 斑痣盘菌）

Tara Vine *Actinidia arguta*（Sieb. et Zucc.）Planch. ex Miq. 软枣猕猴桃

tarantulite 白岗英石岩

Taraw Palm *Livistona saribus*（Lour.）Merr. ex A. Chev 高山蒲葵 / 大蒲葵

Tarbela Dam（Pakistan）塔贝拉水坝（巴基斯坦）

target 目标，指标；觇板 { 测 }；圆板信号机〈铁〉；靶子；觇牌

~assessment 目标评价

~background 目标背景

~biotope 目标群落生境

~braking 目的制动

~contract 目标合同

~data 目标日期（指工程完工）

~dates 规划期限

~management 目标管理

~planting 目标种植

~population 目标人口，对象总体，人口指标

~species 目标物种

~tree 目标树

~year 目标年度

tariff-free zone 保税区

Tarim basin（Xingjiang Autonomous Region，China）塔里木盆地（中国新疆）

Tatra Mountain（Slovakia）塔特拉山（斯洛伐克）

tarn 山中小湖

taro/dasheen/eddoc *Colocasia esculenta* 芋（芋艿）

tarragon *Artemisia dracunculus* 狭叶青蒿 / 香艾菊（英国斯塔福德郡苗圃）

tarred road 柏油路

Tartarian aster/starwort/aster *Aster tataricus* 紫菀

Tartarian Buckwheat *Fagopyrum tatarican* 苦荞麦

Tartogo/Australian Bottle Plant *Jatropha podagrica* Hook. 佛肚树

tarsier *Tarsiidae*（*family*）眼镜猴（科）

tarviated macadam 柏油碎石路

Tarxien Temples（Malta）塔尔辛古庙群（马耳他）

task 工作；任务，职务；功课；事业；派给工作；使辛苦

competition~ 比赛任务

planting~ 种植规划

Tasman Flax Lily *Dianella tasmanica* 塔斯马尼亚山菅兰（澳大利亚新南威尔士州苗圃）

Tasmanian Blue Eucalyptus 塔斯马尼亚蓝桉

~bluegum 蓝桉

Tasmanian devil *Sarcophilus harrisii* 袋獾

taspinite 杂块花岗岩

tassel 穗，缨

Tassel Flower/Love-lies-bleeding *Amaranthus caudatus* 千穗谷 / 流苏花 / 老枪谷

Tassel Hyacinth *Muscari comosum* 束毛串铃花 / 荷包穗

Ttasselflower *Emilia sagittata* 一点樱（一点红）/ 绒樱菊

tatami（日）榻榻米（日本人铺在室内地板上的稻草垫）

Tatar Wingceltis ***Pteroceltis tatarinowii Maxim*** 青檀

Tatarian Aster/New York Aster ***Aster novi-belgii*** 荷兰菊

Tatarian Dogwood（Red Stemmed）*Cornus alba* 'Gouchaultii' 金边红瑞木（英国斯塔福德郡苗圃）

Tatarian Honeysuckle ***Lonicera tatarica*** **L.** 鞑靼忍冬（新疆忍冬）

Tatarinow Honeysuckle ***Lonicera tatarinovii*** **Maxim.** 华北忍冬 / 藏花忍冬

Tathagata 如来（释迦牟尼的称号）

Taunus（Germany） 陶努斯山（德国）

tavern 小旅馆酒楼

Tawny Daylily/Daylily/Orange Daylily ***Hemerocallis fulva*** **L.** 金针菜 / 萱草

Tawny Eagle/Tawny Eagle and Steppe Eagle ***Aquila nipalensis*** 茶色雕 / 茶色草原雕（埃及国鸟）

Tawny fish-owl ***Ketupa flavipes*** 黄脚渔鸮

Tawny wood owl ***Strix aluco*** 灰林鸮

Tawny-flowered Rhododendron ***Rhododendron fulvum*** 镰果杜鹃 / 粘叶杜鹃花

tax 税，税金；重负；征税，抽税；使负重担

~of environmental 环境税，空气污染费

~on appreciation 增值税

~rate 税率

~revenue 税收

~system 税收制度

taxi 计程车，出租汽车

~coach 大型出租汽车

~stand 出租汽车停车处，出租汽车站

~way（TW）（机场候机处与起飞点或降落点间的）滑行道

taxicab 出租汽车

taxirank 出租汽车停车处

taxology 分类学

taxonomic 分类的

~diversity 分类多样性

~unit of soil 土壤分类单位

taxonomy 分类学，动植物

Taylor，A.K. 泰勒国际旅行机构（A.K.Taylor International）

TCPA（Town and Country Planning Association） 城乡规划协会

TDM（transportation demand management） 交通需求管理

tea 茶

~booth 茶亭

~break 会间小憩（供吃茶点）

~factory 茶厂

~garden 茗茶园，饮茶花园，有茶室的公园，茶庭，饮茶园

~house 茶馆

~kiosk 茶亭

~room 茶馆，茶室

~rose 香水月季

~-rose（英）香水月季

Tea ***Camellia sinensis*** 茶

Tea Bush ***Ocimum gartissimum*** 丁香罗勒 / 东印度罗勒

Tea Plant ***Camellia sinensis*** **（L.）O. Kuntze** 茶

Tea Rose ***Rosa odorata*** **（Andre）Sweet** 香水月季

tea tree hydrolat ***Melaleuca alternifolia*** 互叶白千层

tea Viburnum ***Viburnum setigerum*** **Hance/*V. theiferum* Rehd.** 茶荚蒾 / 汤

饭子 / 刚毛荚蒾

teaberry 冬青树

teacup syndrome（美）盆（坑）栽综合症状

teahouse 茶室，茶馆

Teak Tree/ teak ***Tectona grandis*** **L. f.** 柚木

team 组，群，队；套

~design 成套设计

~track 货物装卸线

tearing 破裂，裂开；崩坍

~away of bank 河岸崩坍

~of river bed 揭河底现象

teasel ***Dipsacus asperoides*** 川续断 / 川断 / 续断 / 山萝卜 / 起绒草

Teat-shaped Euphorbia ***Euphorbia mammillaris*** 丝瓜掌

technic 同 technique，同 technical

~-economics index 技术经济指标

technical 技术的，工艺的，工业的；专门的，专业的；[复] 技术细则（节）；技术术语

~advisor 技术顾问

~advisory 技术咨询

~agricultural methods 技术耕作法

~analysis 技术分析

~characteristic 技术特色

~classification 技术分类

~code 技术规范

~collaboration 技术协作

~conditions 技术条件

~consultant 技术咨询

~cooperation 技术合作

~design 技术设计

~documentation 技术资料

~economic index 技术经济指标

~economy 技术经济

~employee（美）技术雇员

~expertise 技术鉴定

~function 技术职能

~institute 工艺学院，技术研究院

~journal 技术刊物

~monitoring 技术监控

~operation station 技术作业站

~performance 技术性能

~protection of the environment 环境的技术保护，技术环保

~reconstruction 技术改造，技术重建

~regulation 技术规定

~report 技术报告

~requirement 技术要求

~requirements of contract（special）（专门）合同的技术要求

~resource 技术资源

~revolution 技术革命

~school 技术学校

~service 技术服务

~size 技术尺寸

~specification 技术规范，技术说明书

~speed 技术速度

~staff 技术人员

~staff member（英）技术人员成员

~standard 技术标准，技术规格

~standard of road 道路技术标准

~state-of-the -art 现代技术发展水平

~surveillance 技术监视

~term 术语，技术名词，专门名词

~terminology 技术术语，专门名词

technics 工艺学，艺术学，专门技术，艺术论，术语

technique（简写 Tech. 或 tech.）技术；技巧，技艺；手法
~of avalanche control 雪崩（冰崩，崩坍）监控技术
~for the optimal placement of activities in zones（TOPAZ）托巴芝模型（在地区中安排最合理的活动）
~of city planning 城市规划技术
energy~ 能源技术
landscape construction~ 景观建设技术
network planting~ 网络种植技术
ocean~ 海洋技术
open cut~ 明洞，明挖隧道，随挖随填的隧道（技术）
planting~ 种植技术
state-of-the-art~ 最新技术发展水平
vegetation~ 绿化植被技术，自然环保技术
techniques，forestry 森林技术
technique-intensive industry 技术密集工业
techno-economic appraisal 技术经济论证
technological 技术的，工艺（上）的，工艺学的
~document 技术文件
~process of cargo-handling 装卸工艺流程
~school 工艺学校
~system 科技体系
technological explanation 技术交底
technological geography 技术地理学
technology 工艺学；工艺规程，生产技术；制造学；术语汇集
~assessment 技术评价
~hall 科技馆
~intensive industry 技术密集型产业
~market 技术市场
~structure 技术结构
environmental protection~ 环境保护技术
low-waste~ 清除（低水平废料）技术
techno-economical analysis 技术经济分析
Tecomaria/Cape Honeysuckle ***Tecomaria capensis*** **Thunb. Spach** 南非凌霄（硬骨凌霄）
tectonic lake，structural lake 构造湖
tee 三通，T 字，T 形
teenage 青少年（一般指 13~19 岁）
~playground（美）青少年运动场
teil 菩提树
tekram 市场
telecast 电视广播
telecommunication 电信
~building 电信楼
telegraphic dispatch 电讯
Tel-el-Amarna（Egypt）阿玛纳城（埃及）
telemetering 遥测
~evaporimeter 遥测蒸发计
~stage recorder 遥测水位计
~rainfall recorder 遥测雨量计
telemetry 遥测
~terminal meter 遥测终端机
telephone 电话；电话机
~booth 电话间
~box（公共）电话间，电话亭
~line 电话线路
~overhead line 高架电话线
~penetration rate 电话拥有率
~system 电话系统
~system for port dispatching 港口调度电话
telescope in normal position 正镜

telescope in reversed position 倒镜
telford 锥形块石，大石块基道路
~base 大石基层，泰尔福式基层，（锥形）块石基层
~pavement 大石块铺面，泰尔福式路面
~road 块石基碎石路面道路
Tell Harmal（**Iraq**）哈尔马勒古城址（伊拉克）
telpher 电动缆车；电动索道
~line 电动缆车索道；电动缆车线路（电路）
~railroad 电动缆车索道；电缆铁路
telpherage 高架电动缆车
Telragonous Hinoki False Cypress ***Chamaecyparis obtusa*** **'Tetragona'** 孔雀柏
Tembusa ***Fagraea fragrans*** 香灰莉
temperate 温和的；适中的；节制的
~climate 温带气候
~deciduous laurisilvae 温带落叶阔叶林
~forest zone 温带林带
~rainy climate 温带多雨气候
~westerlies 温带西风带
~zone 温带
temperature 温度；体温
~action 温度作用
~alarm 温度报警钟
~amplitude 温度振幅
~at work area 作业地带温度
~at workplace；spot temperature 工作地点温度
~climate 温带气候
~damping 温度衰减
~difference between supply and return water 供回水温差
~difference correction factor of envelope 围护结构温差修正系数
~distribution 温度分布
~field 温度场
~gradient 温度梯度
~inversion 逆温
~of outgoing air 排风温度
raising the~ 提高温度
~variation curve 温度变化曲线
tempered 钢化的，回火的，调和的
~glass 钢化玻璃
~paint 调和漆
tempest 暴风雨
temple 庙，寺庙，大教堂，神殿，宫
~architecture 寺院建筑
~forest（美）祠庙森林
~garden 祠庙园林，寺观园林
Temple，Mansion and Cemetery of Confucius（Qufu，China）孔庙、孔府、孔林（中国曲阜市）
Temple of Ancient Virtue 先德之庙
Temple of Athena Nike（Greece）雅典娜胜利女神庙（希腊）
Temple of Aztec（Mexico）阿兹特克大庙（墨西哥）
Temple of Azure Clouds（Beijing，China）碧云寺（中国北京市）
Temple of Changu Narayan（Nepal）那罗衍金翅鸟庙（尼泊尔）
Temple of Confucius，Qufu（Qufu，China）曲阜孔庙（中国曲阜市）
Temple of Divine Light（Beijing，China）灵光寺（中国北京市）
Temple of Enlightenment（Beijing，China）大觉寺（中国北京市）
Temple of Great Charity（Beijing，China）

广济寺（中国北京市）

Temple of Heaven（Beijing，China）天坛（中国北京市）

Temple of Heaven Park（Beijing，China）天坛公园（中国北京市）

Temple of Heavenly Virgin Boy，Ningbo（Ningbo，China）宁波天童寺（中国宁波市）

Temple of Karnak（Egypt）卡纳克神庙（埃及）

Temple of Kumani（Nepal）童女神庙（尼泊尔）

Temple of Liberty 自由之庙

Temple of Luxot（Egypt）卢克索神庙（埃及）

Temple of Modern Virtue 新德之庙

Temple of Pataleshwar（India）帕塔莱什瓦尔庙（印度）

Temple of the Central Sacred Mountain，Dengfeng（Dengfeng，China）登封中岳庙（中国登封市）

Temple of The Emerald Buddha（Shanghai，China）玉佛寺（中国上海市）

Temple of the Origin of the Dharma（Beijing，China）法源寺（中国北京市）

Temple of the Reclining Buddha（Beijing，China 卧佛寺（中国北京市）

Temple of the Tooth（Sri Lanka）佛牙寺（斯里兰卡）

Temple of Zeus（Greece）宙斯庙（希腊）

Templer Park（Malaysia）邓普勒公园（马来西亚）

temples 寺庙（复数）

~and churches 寺庙道观和教堂

temporal resolution 时间分辨率

temporal sequence 时间序列

~spirit 时代性

temporality 暂时性

temporary 临时的，暂时的，顷刻的；临时工

~absentee 临时外出的居民

~accommodation 临时住宅，临时住所

~allotment land（英）暂时分配土地，暂时自留地

~allotment plot（英）暂时分配小块地

~benchmark 临时水准点

~bridge 便桥，临时桥

~building 临时（性）房屋；临时（性）建筑；（施工用）暂设房屋

~community garden area（美）暂时社区花园区

~community garden plot（美）暂时社区花园小块土地

~construction 临时建筑，暂设工程

~-curve method 临时曲线法

~dwelling 暂设住宅，应急住宅，临时简易住宅

~gauge 临时水尺

~grassland（美）暂时草地

~household 临时户

~housing 临时房屋

~housing area 临时住宅区

Temporary Imperial Palace Courtyard 行宫院

~industrial area 临时工业区

~measuring cross-section 临时测流断面

~move 临时流动

~pass 临时性通路

~paving 临时铺装，临时性路面
~planting 假植
~population 暂住人口
~provisions 暂行规定
~repair siding 临修线
~residence 临时住宅，临时住处
~rest position 待班台位
~rest track 待班线
~restraining order（美）职务等级
~route 临时路线
~shade house 临时遮阳棚
~shade plant 短期荫蔽植物
~site 临时用地
~site nursery 临时用地苗圃
~slope 临时性边坡
~standard 暂定标准，暂行规范
~structure 临时建筑物
~track 临时线路，便线
~use 暂时用途
~-use land 临时用地
~visitor 临时访客
~water 季节性地下水
~worker 临时工
~workers 临时工程，临时工作

ten 十,十个
Ten Ferries（Beijing, China）十渡（中国北京）
Ten-Thousand-Happiness Pavilion 万福阁
Ten-Thousand-Pine Pavilion 万松亭

tenant 租户，住户，房客；租地人，租房人；租（地），租屋
~agricultural land 租用耕地
~farm（美）租用农场
~garden 租用花园

tenantless house 空宅〈指尚未住人的待出租或出售的房屋〉

tendency 倾向，趋势
~chart 趋势图
~equation 趋势方程
~method 趋势法

tender 投标，认购；煤水车；供应船；提供物；投标；提出，申请；软的；温和的；脆弱的
~action and contract preparation（英）投标活动和合同准备
~analysis（英）投标分析
~bond 投标保证金
~competition 竞标
~document 标书，投标文件
~documents（英）投标文件
~documents, inspection of（英）投标文件检查
~inspection of additional documents（英）投标附加文件检查
~evaluation 评标
~for the construction of 投标承建
~item（英）投标项目（方案）
~ comparative analysis of items（英）投标方案比较分析
~schedule of, items（英）工程项目一览（进度）表
~mix 脆弱（沥青）混合料
~negotiation（英）投标谈判，投标协商
~notice（英）投标通知
~plant 不耐寒植物
~period 投标期间，标定限期
~price 标价，投标价格
~process 投标过程
~stage 投标阶段，投标期间

~sum 投标总价
~summary（英）投标摘要
accept a~（英）接受投标
acceptance of~（英）中标
binding obligation to a~（英）投标制约义务
firm whose~was accepted~（英）中标公司
form of~（英）投标形式
have a~accepted~（英）中标方案
period for acceptance of a~（英）投标期间，投标期限
subsidiary~（英）辅助投标，补充投标

tender bamboo shoot tip（usually dried slices）*Bambusoides* spp. 玉兰片（笋干制品）

Tender Bedstraw *Galium aparine* var. *tenerum* 猪殃殃

tender soybean *Glycine max* 毛豆

tenderer 投标人；提供者
~offering the best value for the money（英）报价最高的投标人
highest~（英）最高报价投标人
lowest~（英）最低报价投标人
selected~（英）选择投标人
successful~（英）成功投标人，投标获胜者，中标人

tenderer's confirmation（英）中标人证明书

tenderers 投标人
preconditions for~（英）投标人先决条件
requirements for~（英）对投标人要求

tendering（英）招标，投标
~documents（英）招标文件，标书
~applicant for documents（英）接受投标的文件
~return of documents（英）退回投标文件
~notice of public prequalification（英）公开资格预审投标通知书
~procedure（英）投标程序
compulsory competitive~（英）义务竞赛投标，强制竞赛投标
project requirements for~（英）投标方案要求

tenders tender 的复数
division of a project into partial~（英）工程项目分工投标
opening of~（英）开标
submission of~（英）开标前提交的建议

tending of a stand 林木抚育

tendril 卷须；蔓{植}
~climber 卷须植物
~-climbing plant 卷须植物
leaf~ 叶卷须
root~ 根须
shoot~ 枝条卷须

Tendrilleaf Solomonseal *Polygonatum cirrhifolium* 卷叶黄精

tenement 地产；寓所，一套房间，分租房屋；经济公寓
~block 出租大楼，出租公寓
~building 经济公寓（美国多指破旧公寓），公寓
~house 出租住宅，经济公寓

Tengmalm's owl/ Boreal owl *Aegolius funereus* 鬼鸮

Tennessee Valley（美）田纳西河谷（美国）

tennis 网球
~building（美）网球建筑
~court 网球场

~tournament，court（比赛）网球场
~indoor，courts（英）室内网球场
~indoor，facility（美）室外网球场
~stadium 网球场

Tenochtitlan（**Mexico**）丹诺奇迪特兰城（古墨西哥城）

tenon and mortise joint 榫接

tensile 拉力的，张力的，受拉力的，抗拉的；可引伸的
~capacity 受拉承载能力
~strength 抗拉强度，抗张强度

tensiometer 土壤水分张力计

tension 拉力,张力,牵力；电压；紧张；（使）紧张
~high powerline 高压线

tensioning equipment tensioning terminal 输油末站

Ten-spotted lema ***Lema decempunctata*** 枸杞负泥虫

tent 帐篷；帐篷状物；寓所，住所；搭帐篷，住帐篷
~and motor camping（美）帐篷和摩托车野营
~arbor 活树亭
~camping（美）帐篷野营

Tent caterpillars and lappet moths 枯叶蛾类 [植物害虫]

Tent caterpillar ***Malacosoma rectifascia*** 绵山天幕毛虫

tentative 试验性的，试探性的，不确定的
Tentative Ordinance for City Planning Norms and Standards 城市规划定额指标暂行规定
Tentative Regulations of Urban Parks and Green Space Administration 城市园林绿化管理暂行条例
~specification 暂行（技术）规程
~standard 暂行标准

tenure 占用
~of land 土地占有权（期）
~of use 使用年限

Tenotihuacan 特奥蒂瓦坎城（墨西哥境内的古代印地安文明）

tephra 火山灰 / 火山碎屑

tephros 火山灰

TER（**total fertility rate**）总和生育率

territorial 地方的，区域的

term 期限，期间；学期；术语；胸像柱 { 建 }；[复] 关系（谈判、合同）条件（尤指费用、代价等）
~loan 中长期贷款
~s of an agreement 协议条款
~(s)of redemption 偿还期限
~of service 使用期限
~of validity 有效期

terminable contract 有限期的合同

terminal 终点，终点站，候机楼，中转油库；转运基地，卸货码头，场站总站；末端；电极 { 电 }；端饰 { 建 }；终点站的；电极的；末端的；定期的，末项的，极限的 { 数 }
~airport 终点站机场
~apron（机场）终点停机坪
~area 航站区
~area chart 航站区域图
~bud 顶芽
~building 港口房屋；终点站房；街道尽端建筑
~equipment 终端设备

~facilities 港口设施，港口设备
~facility 终点站设施
~feature 街道尽端布置，尾景
~hostel 终点站旅馆
~interchange 道路终点枢纽
~loop 纽环线
~market 车站市场，码头市场；农产品集散中心市场
~moraine 终碛，尾碛〈地〉
~office for communication 通信端站（端站）
~point 终点
~station 终点站
~statue（街道布置）轴线尽端的雕像

Terminalia ***Terminalia chebula*** 诃子 / 诃黎勒

Terminalis plant ***Cordyline terminalis*** 朱蕉 / 红铁树

terminate 停止，结束，终止

terminating traffic 到达交通
~traffic volume 到达交通量，集中交通量

termination 终止，结束，归结；末端，终点；界限
~of a commission（英）委任终止
~of a contract（美）合同终止
~of agreement 协定期满，契约期满
~of contract 合同期满，契约期满
~of engagement（英）契约终止

terminology 术语，专门名词；术语学，名词学

terminus 终点，目标，终点站，终点城市

Termite mushroom/termitophile ***Termitomyces albuminosus*** 鸡枞菌 / 夏至菌

Termites 白蚁类 [植物害虫]

terms term 的复数
additional contractual~ 附加合同条件
contractual~ 合同条件
special contractual~（英）专用合同条件

ternate leaf（**trifoliate leaf**）三出叶（三轮叶）

Ternate Pinellia ***Pinellia ternata*** 半夏 / 半月莲 / 三步跳

Ternstroemia gymnanthera 厚皮香（植物）

Ternstroemioiodes ***Illicium ternstroemioiodes*** 厚皮香八角

terra 地，土地；地球
~cotta 陶土制品

terrace（马路中央的）狭长形小园地草；台，坪，阶地，台地，露台；平台，晒台；园坛；地坛；公园林荫；梯田；车排房屋；里弄路；露坛
~cultivation 梯田耕作；台地栽培
Terrace Garden 台地园（这是较大型的园林，是意大利建造在山坡上，一级，一级梯形台阶地上的几何式园林），平台园（意式园林）；露台花园，梯形花园，台地园，梯园，阶地园
~house 联排式房屋，（建在坡地的）阶梯式房屋，高台基房屋，里弄住宅，平屋顶房屋，连栋住宅，排列连接式屋宇
~–house development 联列式住宅区
~–housing 联排台阶式住宅
~mire 阶地沼泽
~of border perennials 宿根花镜花台
Terracer of King Yu，Kaifeng（China）开封禹王台（中国）
~natural on a slope 自然斜坡阶地

~slope 上下坡踏步；台阶
~steps 平台踏步
~walk 梯级式步道
~wall 梯级式护土墙
~winding 登坡盘道
building~ 建筑平台
cultivated~ 耕作台地
gravel river~ 砾石河台地
lower river~ 下游河台地
middle river~ 中游河台地
narrow plant~ 狭长植物台地
roof~ 屋顶平台
upper river~ 上游河台地

terraced 梯阶式
~building 台榭
~field 梯田
Terraced fields，Yuanyang（China）元阳梯田（中国）
~garden 露台花园
~house 台阶式住宅
~housing block 台阶式住宅区
~of a slope 斜坡的台阶式
~riprap 台级形乱石堆砌
~slope 台级形斜坡
~townhouse garden（美）露台式联排住宅花园

terracing 做成台阶

terrain（指定用途的）地面；地带，地方；地形；地层，岩层，岩群
~analysis 地形分析，地表分析
~classification 地表分类
~condition 地形条件
~line 地表线，地形线
~modeling 地形模型化
~profile recorder（简写 TPR）（空中）纵断面记录器
~radiation 大地辐射
~relief 地形
~roughness 地面粗糙度
~sampling 地形采样
flat~ 平坦地形
forest~ 森林地貌
natural~ 自然（天然）地形
nature of the~ 地形特征
open~ 开旷地形
reconfiguration of~ 地形改造

terrazzo 水磨石

terrazzo surface 水磨石地面

terrestrial 地球上的人；[复]地上的动物；地球的；地面的；地上的；现世的
~deposit 陆地沉积{地}
~erosion 地表侵蚀
~faces 陆相
~photogrammetric coordinate system 地面摄影测量坐标系
~photogrammetry 地面摄影测量
~plant 陆生植物
~soils 陆地土壤
~species 陆地物种

terrestrialization 冲积地；淤塞
~plant community 冲积地植物群落

terrier 地籍册，地产册

territorial 领土的，土地的，地区的，地方的
~behaviour（英）领土状况
~boundary 边界
~combination of industry 工业地域组合
~development 国土开发
~division of labour 地域分工，地区分工

~industry 地方工业
~management 国土整治
~planning 国土规划
~production complex 地域生产综合体
~property 地产
~scope 地域范围
~sea 领海
~sky 领空
~waters 领海
territoriality 领域性
territory 地域，领域，地区，范围，领土，国土
breeding~ 生殖地域，繁殖地域
feeding~ 放牧地区
individual~ 私人地区
mating~ 交配地域
tertiary 第三纪，第三系〈地〉；第三纪的；第三位的；叔的，特的，三代的〈化〉
~consumer 第三级消费者
~Gothic 第三期哥特（火焰式）
~industry 第三产业
~highway 三级公路
~industrial sector 三次产业部门
~industry 第三产业〈指商业、金融业、公务、公益及其他服务行业〉
~occupation 服务性职业，第三产业
~period 第三纪
~road 三级道路
~sector 第三产业
~sector of economy（经济的）第三产业
Tertiary System 第三系
~treated wastewater 三级处理的废水
~treatment 三次处理
Tesoro Lake（Cuba）多宝湖（古巴）
tessera 特塞拉，小块镶嵌大理石（或玻璃），镶嵌地砖
tesserae 嵌石铺面
tesserase，pattern of（美）嵌石铺面小路（人行路）
test 试验，检验；测验
~area 试验区
~boring 试钻，钻探
~chart 草图
~garden 试验花园
perennials~garden 多年生植物试验园
~gauging 检测
perennials~nursery（美）多年生植物苗圃
~of drinking water 饮用水检验
~of sewage 污水检验
~of significance 显著度检验
~trench 探槽
~trenching 试挖沟
~waterproofing 试防水
~working 试开（车）
sedimentation~ 沉淀分析法，沉淀试验
testing 检验，试验
~counter 试验台
~element 检测单元
~equipment 试验设备
~field 试验场地，试验工地
~instrument 试验仪器
~laboratory 试验室
~machine 试验机
~of perennials 多年生植物试验
~point 测点
Tetramerous Jasminorange ***Murraya tetramera*** 四数九里香
tetrapylon（十字交叉通道的）凯旋门

古建筑

tetrastyle 四柱立面式〈古建筑正面有四根柱子的立面形式〉

text 题，题目；本文，原文；主文

~book 教科书，教本

~file 文本文件 { 计 }

explanatory~（美）（说明）文本

textile 纺织的

~college 纺织工学院

~industry 纺织工业

~machinery plant 纺织机械厂

~material 织物材料

~mill 纺织厂

~-mill waste 纺织厂废水（物）

~waste 纺织废水（物）

texture 组织，结构，构造；纹理；织物；实质；特征；质感；质地

~diagram of soil 土结构图表

~of soil 土组织，土结构

surface~ 面层结构

texturing 拉毛

Thac Ban Gioc 版约瀑布（中越边境交界处）

Tha-Lyaung（**Burma**）瑞达良卧佛（缅甸）

Thai Temple（**Malaysia**）泰禅寺（马来西亚）

thalweg（德）谷线（河流横断面中最低点连成一线，在平面图上表示出来），河流谷底线

~profile 深泓纵断面

Thames River（**Britain**）泰晤士河（英国）

Thap Chua Thien Mu（**Vietnam**）天姥寺塔（越南）

Thap Rua（**Vietnam**）龟塔（越南）

thatch（盖屋顶用的）茅草；茅屋顶，稻草屋顶；用茅草盖屋顶

~-roofing 茅草屋顶

thatched pavilion 茅亭

thatching 茅草屋顶；盖茅草屋顶

~with brushwood 枝桠材茅草屋顶

brushwood~ 枝桠材茅草屋顶

thaw 融化，融雪，融解，解冻

thawing 融冰

the [定冠词]

~agrarian landscape 土地景观，农村景观，农业景观

The Alhambra(Spain)阿尔罕伯拉宫(西班牙)

~allocating factor of service track 整备线配置系数

The Art of Building Cities 建设城市的艺术

~average length of railway vehicles 车辆平均长度

The Baidi（West Lake，Hangzhou，China）白堤（中国杭州西湖）

The Bund of Shanghai 外滩（上海）

The Champs Elysees of Paris（France）爱丽舍田园大街（法国巴黎）

~chart of the population age structure 人口百岁图

The City：Its Growth，Its Decay，Its Future 城市：它的发展、衰败与未来（书名）

The City in Hisfory，Its Origins，Its Transformation，and Its Prospects 城市发展史—起源、演变和前景（书名）

The Civic Centre of Changchun 长春行政中心

The Code of Hammurabi 汉摩拉比法典
~condition of car detained for repair 扣车条件
The Culture of Cities 城市文化
~ecosystems of natural and built environments 自然与人工环境生态环境系统
~establishment of landscape architect registration system 风景园林师执业制度建设
The Forbidden City in Beijing（China）北京紫禁城（中国）
The Garden of Eden 伊甸园
The Grand Central Axis of Beijing（China）北京中轴线（中国）
The Great Stage（The Summer Palace of Beijing，China）德和园大戏楼（中国北京颐和园）
The Hanging Garden of Babylon（Iraq）巴比伦空中花园（伊拉克）
~holy city 圣城
Huangpu Park（Shanghai，China）黄浦公园（中国上海市）
The Image of City 城市意象（书名）
The largest desert of Taklimakan 塔克拉玛干沙漠
The Mansion of Shen's Family Zhouzhuang（Shanghai，China）周庄（中国上海市）
~motif of landscape 景观主题
The Nature Conservancy（美）自然保护管理局
~number of allocated passenger car 客车配属辆数
~number of allocated passenger train 客车配属辆数
~order of urban size 城市规模等级
The Oriental Pearl TV Tower Broadcasting and Television Tower of Oriental Pearl（Shanghai，China）东方明珠广播电视塔（中国上海市）
The Peak of Five Old Men of Lu Mountain（China）庐山五老峰（中国）
The Pilgrimage to the Putuo Mountain（China）普陀山朝圣（中国）
~planning design process 规划－设计过程师
~position length for repairing car 修车台位长度
The Qinhuai River and The Confucius Temple，Nanjing（China）秦淮河－夫子庙（中国南京市）
~ratio of depot repairing 检修率
The Red Square，Moscow（Russia）莫斯科红场（俄罗斯）
~regional hypothesis 区域假定
The Royal Botanic Garden of Kew Garden（英）英国皇家植物园；丘园
~ruins of Banpo（China）半坡遗址（中国）
~smallest assembled rigid unit 小拼单元
~strictly controlled preservation area of Berne old city（Switzerland）伯尔尼老城绝对保护区（瑞士）
The Sudi 苏堤（West Lake，Hangzhou，China）白堤（中国杭州西湖）
The Summer Palace in Beijing（China）北京颐和园
~system of the city subordinating counties 市带县
The Temple of City God，Shanghai（Chi-

na）上海城隍庙（中国）
~theme of this symposium 研讨会的主题
~Treasure House of Species 生物宝库
~way of living 生活方式
The Way of Scenery Composition 构景方式
~way of urbanization 城市化道路
~weakest point 最弱点
~weakest 最弱边
The West Causeway（The Summer Palace，Beijing，China）中国北京颐和园西堤
The Wetland Area of Yanggong Dyke in Hangzhou（China）杭州杨公堤的湿地景区（中国）
The White Deer Hollow Academy（The Lu Mountain，China）白鹿洞书院（中国庐山）
The World Cup Park（Korea）世界杯公园（韩国）
~ World Cities 世界大城市
The Analects of Confucius 论语
The Autumnal Equinox（16th solar term）秋分
The Beginning of winter（19th solar term）立冬
The Beginning of Autumn（13th solar term）立秋
The Beginning of Spring（1st solar term）立春
The Beginning of Summer（7th solar term）立夏
The birthday of Jesus Christ 圣诞
The Blue Crane *Anthropoides paradisea* 蓝鹤（南非国鸟）
The Book of Changes 礼记
The Book of History 尚书
The Book of Rites 周易
The Book of Songs 诗经
The Doctrine of the Mean 中庸
The Eight Diagrams（eight combinations of three whole or broken lines formerly used in divination）八卦
The Father 圣父（三位一体之一位）
The Five Classics 五经（《诗经》《尚书》《礼记》《周易》《春秋》）
The founder of a religion 教主
The Four Books 四书（《大学》《论语》《孟子》《中庸》）
The Four Elements 四大元素
The Future World 来世
The Great Discoveries Of Geography 地理大发现
The Great Learning 大学
The Hall of the Sea of Wisdom 智慧海
The Holy 圣地（指巴勒斯坦）
The Holy City 圣城（指耶路撒冷、罗马、麦加等地）
The Holy Ghost；the Holy Spirit 圣灵
The human world 下界
The Laws of God in heaven 天条
The Limit of Heat（14th solar term）处暑
The material world 凡尘
The meditatibe mind 禅心
The merciful ferry（way of salvation）慈航
The minority nationalities 各少数民族
The Mortal World 浊世
The prophets 先知书
The Scaly-leaved Nepol Juniper *Junipe-*

rus squamata Lam. var. *meyerii* Rehd. 翠柏

The seven emotions：joy，anger，sorrow，fear，love，hatred，desire 七情

The six carnal ldesires 六欲

The Son of God 圣子（指耶稣。三位一体指一位）

The Spring and Autumn Annals 春秋

The Spring Equinox（4th solar term）春分

The Summer Solstice（10th solar term）夏至

The theological virtues（Christian virtues）（基督教徒的）三德：faith 信，hope 希望，charity 爱。

The three cardinal guides the lamprey 三纲八目

The three orders of Buddha's disciple 三乘

The Threee "Geniuses"：the heaven，the earth and the man 三才（指天、地、人）

The Tripitaka；the whole collection of Buddhist texts 藏经

The Waking of Insects（3rd solar term）惊蛰

The Winter Solstice（22th solar term）冬至

The yonder shore of salvation 彼岸

The "third front" industry 三线工业，根据国防观点，配置在中国内地的工业

thearchy 神权统治

theater 同 theatre 戏楼，剧场

~district 剧院区

water~（美）水上剧院

theatre 剧场，戏院；（阶梯式）讲堂；手术教室；现场

Theatre of Dionysos（Greece）狄俄尼索斯剧场（希腊）

water~（英）水上剧院

theatrical 剧场的；戏院的

~building 戏场，观演建筑

~stage 戏楼

theatricality 戏剧风格

Thebes 底比斯城（古埃及城市）

theism 有神论

thematic map 专题地图

Thematic Mapper/TM 专题制图仪

theme 论文；论题，题目，课题

~-circle 议题范围，论文范围

~feature 主景

~garden 主题花园

~-group 议题小组，课题小组

~of garden design 花园设计课题

~park 主题公园

~perennial 主题多年生植物

garden design~ 花园（公园）设计专题

Themeda trianda ***Themeda japonica*** **（Will.）C.Tanaka** 黄背草

thenceforth 从那时，其后

theologian 神学家

theology；divinity 神学

theocracy 僧侣集团；神权政治

theoretic error 理论误差

theoretical 理论的

~basis 理论基础

~value 理论值

~velocity 理论速度

theorize 理论化

theory 理论，论

~of Chinese calligraphy 中国书法论，中国书法理论
~of crowd passage 人群通行理论，人流理论
~of dynamic programming 动态规划理论
~of game 对策论
~of industrial location 工业区位论
~of organic decentralization “有机疏散”论
~of planning 规划理论
~of population density 人口密度理论
~of probability 概率论
~of programming 规划论
~of spiral movement 螺旋运动理论
~of structure and function 结构功能理论

thermal 热的，热量的；温热的
~atmospheric inversion 逆温层
~balance 热平衡
~belt 热带
~bridge 热桥
~energy 热能
~infrared remote sensing 热红外遥感
~insulating course 隔温层
~insulation 保温，绝热
~insulation berm 保温护道
~insulation construction 绝热结构
~insulation door 保温门
~insulation layer 绝热层
~insulation material 保温材料
~inversion 逆温
~inversion layer 逆温层
~island 热岛
~isolation 建筑隔热
~isolation by vegetation 植被隔热
~isolation by water storage 蓄水隔热
~measurement and testing in building 建筑热工测试
~pollution 热污染，高温污染
~pollution control 热污染控制
~pollution of watercourses 水道热污染
~power plant 火力发电厂
~pressure；thermal buoyancy；stack effect pressure 热压
~region 温泉区
~spring 温泉
~storage tank 蓄冷水池
~storage roof 蓄热屋顶
~storage wall 蓄热墙
~stratification 热成层作用
~transmittance 传热系数
~wheel 转轮式换热器

thermistor thermometer 热敏电阻温度计

thermo-electric power station 火力发电站

thermo-physical property of building material 建筑材料热物理性能

thermodynamic 热力的，热动力的
~cycle 热力循环

thermometer 温度计；寒暑表

thermophilic 高温
~digestion 高温消化

thermophysical index 热物理指标

thermostat 恒温器

thermostatic expansion valve 热力膨胀阀

therophyte 一年生植物

Theseion 古希腊神庙

thesis [复 theses] 论文，作文；命题，题目，课题，学术论文

thesunrus 仓库

Thian Hock Keng（**Singapore**）天福宫（新加坡）

thick 茂密处，厚膜（集成电路原料）；厚的；粗的；密集的；茂盛的（树林等）；浓厚的；混浊的
~clouds 密云
~fog（visibility50~200m）浓雾（能见度50~200米）
~set 丛林；密篱
~stage 薄层
~undergrowth 茂密灌木丛
~wall 厚墙
~wall sampler 厚壁取土器
coniferous evergreen~ 针叶常绿植物茂密处
creeping dowarf-shrub~（英）匍匐性小灌木茂密处
matted dwarf-shrub~（美）铺地小灌木茂密处
suffruticose~ 灌木状植物茂密处
Thick Hairs Rhododendron ***Rhododendron pachytrichumg*** 绒毛杜鹃/毛硬杜鹃
Thick-billed green pigeon ***Treron curvirostra*** 厚嘴绿鸠/绿斑鸠
thicket 植丛，密灌丛
thickleaf dolomiaea ***Dolomiaea berardioidea*** 厚叶川木香/青木香
Thickleaf Jasmine ***Jasminum pentaneurum*** 厚叶素馨/樟叶茉莉
Thickleaf Spruce ***Picea crassifolia Kom*** 青海云杉
Thick-legged moth ***Parallelia stuposa*** 石榴巾夜蛾
thickness 厚度；浓度；稠密
~of confined aquifer 承压含水层厚度
~of frazil slush 冰花厚
~of immersed ice 水浸冰厚
~of phreatic water aquifer 潜水含水层厚度
~of section 截面厚度
thickset 草丛，灌木丛
thin 薄处；细小部分；薄的；稀薄的；稀疏的；细的；瘦的；使薄；变薄；使稀薄，变稀薄；使稀疏，变稀疏；使细瘦，变细瘦
~coating 薄质涂料
~-film construction 薄膜建筑
~planting 疏种植
~-plate weir 薄壁堰
~wall sampler 薄壁取土器
Thin wing beetle ***Megopis sinica*** 薄翅天牛
Thinfruit Sloanea ***Sloanea leptocarpa*** 薄果猴欢喜
things personal 动产
Thinhair cinnamon ***Cinnamomum tenuipilum*** 细毛樟/细毛芳樟
Thinleaf Adina ***Adina rubella Hance*** 细叶水团花/水杨梅
Thinleaf Ajania ***Ajania tenuifolia*** 细叶亚菊/细叶菊文
Thinleaf Celery ***Apium leptophyllum*** 纤叶芹/细叶芹
Thinleaf Milkwort ***Polygala tenuifolia*** 远志/细叶远志
Thinleaf Sunflower ***Helianthus decapetalus*** 薄叶向日葵/黄葵/宿根向日葵/千花葵/千瓣葵
Thinleaf Sweet Leaf ***Symplocos anomala*** 薄叶山矾
Thin-leaves Rhododendron ***Rhododen-***

dron leptothrium 薄叶马银花 / 薄叶杜鹃花

thinly populated country 居民稀少地区

thinning 稀释

~-out（美）疏伐；疏苗

crown~ 树冠疏剪

game~ 有控制的狩猎

Thin-snake Rattail Cactus ***Aporocactus leptophis*** 黄金钮 / 细蛇鼠尾掌

third 第三；三分之一；第三的；三分之一的

~level of education 高等教育

Third Month Street Fair of Dali 大理三月街

thirtieth highest annual hourly volume 年第 30 位最大时交通量

this life 今生

thixotropy 触变性

Thomas Church 托马斯·丘奇（1902—1978），全名 Thomas Dolliver Church，美国现代著名的风景园林师

Thomson's gazelle ***Gazella thomsoni*** 汤氏瞪羚

Thomson Creeper ***Parthenosissus thomosonii*** **（Laws.）Planch.** 粉叶爬山虎 / 俞藤

Thomson Spicebush ***Lindera thomsonii*** 三股筋香

thorn 刺，荆棘

stem~ 茎刺

Thorn Apple ***Datura stramonium*** 曼陀罗 / 吉姆森草

Thorny Elaeagnus ***Elaeagnus pungens*** **Thunb.** 胡颓子

thorny plants hedge 刺篱

thorough way 直达道，过境道路，通向后街的道路

thoroughfare 干道，道路，大街，超高速公路

~, main 干道

Thorowort Crassula ***Crassula perforata*** 串钱景天 / 燕子掌

thousand 一千，一千个，一千的，第一千

Thousand Buddha Mountain，Jinan（China）济南千佛山（中国）

Thousand-Buddha Pavilion（relics）千佛阁（遗址）

~-inhabitant index 千人指标

Thousand veined mustard ***Brassica juncea*** **var.** ***multisecta*** 花叶芥菜

thread 线，细丝，螺纹；微细的矿脉；穿线；刻螺纹

Thread Palm ***Washingtonia robusta*** **H. Wendl.** 大丝葵 / 墨西哥蒲葵

Threadleaf Falsearalia ***Aralia elegantissima*** 孔雀木

threat 威胁；迹象

~analysis 破损分析

~of extinction 灭绝迹象

~of trees toppling over 树倒迹象

threaten 恐吓，恫吓；有……危险的

threatened plant 濒危植物

~species 濒危物种

~with extinction 有濒危迹象的

three 三（的），三（个），三者；三点钟

~aspect automatic block 三显示自动闭塞

~building 三维模数式住房

~-dimensional structure 三维结构

Three Echo Stones（The Temple of

Heaven，Beijing，China）三音石（中国北京天坛）

~family dwelling 三家（合住）房屋

~-field system 三田制度（一块公田划分成三部分，其中一部分每年休耕不种，其余部分种植，如此每年轮换下去的一种耕种制度）

~-flight stairs 三跑楼梯

Three Hierarchs Church（Romania）三圣教堂（罗马尼亚）

Three Hills and Five Gardens 三山五园

Three hills in Zhenjiang（China）镇江三山（中国）

~-lane highway 三车道公路

~-lane road 三车道道路

~-layered planting（英）三层种植

~-level grade separation 三层的立体交叉

~-level planting（美）三层种植

~P，3P（population，pollution，poor）3P〈人口、污染、贫穷〉

Three Pagodas at Dali（China）大理三塔（中国）

Three Parallel Rivers（China）三江并流（中国）

Three Pools Mirroring the Moon（China）三潭印月（中国杭州西湖）

Three Sisters Mount（China）三姐妹峰（中国）

Three-Tier Spring（China）三叠泉（中国）

Three Treasure Trees（China）三宝树（中国）

~-way intersection 三路交叉（口）

Three band sweetlip *Plectorhynchus cinctus* 花尾胡椒鲷 / 班佳吉

Three Flower Maple/Roughbarked Maple *Acer triflorum* 柠筋槭 / 三花槭

Three-angle Oak *Tigonobalabanus doichangensis* 三角栎 / 三棱木

Three-Colored Cabbage *Brassica oleracea* L. var. *acephala* DC. f. *tricolor* Hort. 羽衣甘蓝

Three-dimensional mapping 三维图程序

Three-leaf Akebia *Akebia trifoliata*（Thunb.）Koidz. 三叶木通

Threeleaf Ladybell *Adenophora tetraphylla* 沙参 / 轮叶沙参

Threelobed Spiraea *Spiraea trilobata* L. 三桠绣球 / 三裂绣线菊

Three Mounains in a Pond 一池三山

three-point perspective 三点透视，斜角透视

Threesplitleaf Spicebush *Lindera obtusiloba* Bl. 三桠乌药 / 红叶甘姜

Three-spotted plaut bug *Adelphocoris fasciaticollis* 三点盲蝽

Three-spotted plusia *Argyrogramma agnata* 银纹夜蛾 / 菜步曲 / 豆银纹夜蛾 / 黑点银纹夜蛾

three-toed sloth *Bradypus tridaclytus* 三趾树懒

Threewinged Shield Fern *Polystichum tripteron* 三叉耳蕨

Thresher shark *Alopias vulpinus* 狐形长尾鲨

threshold 门槛；门口；开端；谷坎〈地〉；临界，界限，最低限度；阈〈物〉起始；终点

~analysis 临界分析（门槛理论），规范分析

~legibility（标志的）可读临界（度）
~level of air pollution 空气污染临界水平
~population 阈限人口
~theory 门坎理论，门槛理论
adulteration~ 掺杂临界度
injury~ 伤害最低限度
thrift shop（美）旧货店
Thrips 蓟马类 [植物害虫]
thrive 兴旺，繁荣，茁壮成长，旺盛
throat 咽喉；咽喉状部分；入口；窄路；滴水槽 { 建 }
~length 咽喉区长度
~of station（yard）车站（或车场）咽喉区
~points 咽喉道岔
throats of crossing 交叉口入口，广场入口
throbbing 跳动的，颤动的
throng 群集；挤进；塞满
throttling expansion 节流膨胀
through 过筛物，筛余物；过境的，贯穿的；直达的，直通的，（道路）可通行的；[前] 通过，穿过，贯穿；从头到尾；经由；借，赖；[副] 自始至终；充分；彻底；完毕
~analysis 全面分析
~and through 完全
~bridge 下承式桥
~building freeway 穿越建筑物的高速干道
~flo/through – draught/cross–ventilation 穿堂风
~lot 前后都是街道的建筑基地
~movement 过境交通（运行），直达交通
~plane 贯通面
~put 生产量，生产能力，生产率
~road 过境交通道，过境道路
~route 过境路线，直达路线
~station 通过式车站，过路站
~street 直通街道，快速道路（享有优先通行权的主要道路）
~terminal 过境总站
~traffic 过境交通，联运（交通）
~–traffic highway 过境公路，直达公路
~traffic lane 过境交通车道
~traffic road 直通快速车道，过境交通车道
~traffic roadway 过境交通车道
~transport 联运
~transport by land and water 水陆联运
~trip 过境交通
~way 直通街道，过境道路
Throughhill Yam ***Dioscorea nipponica*** 穿龙薯蓣 / 穿山龙
throughput 吞吐量，通过量，生产量
~rate 吞吐率，通过率，生产率
~time 吞吐时间，通过时间
throughway 高速公路
thru traffic（美）过境交通，联运（交通
thrust stage 凸出舞台
thruway 过境道路，直达道路，高速公路，快速道路
thuja 侧柏，金钟柏
thumb nail 略图
thumbnail sketch 略图，草图
Thunberg Lespedeza ***Lespedeza thunbergii*** 美丽胡枝子（英国萨里郡苗圃）
Thunberg Spiraea ***Spiraea blumei*** **G.Don** 珍珠绣球 / 绣球绣线菊
Thunberg's Lepiserus ***Lepisorus thun-***

bergianus 瓦韦
thunder 雷；轰响；打雷；轰响
~storm 雷暴雨
~-storm damage 雷灾，雷害，雷雨灾害
thunderbolt 雷电击毁，落雷
thunderclap；thunderbolt 霹雷
Thundercloud Sedum Stonecrop(*Sedum* 'Thundercloud') 雷云八宝景天（美国田纳西州苗圃）
thundershower 雷（暴）雨
thunderstorm 雷（暴）雨
~rain 雷雨
thundery sky 险恶天气
thyme 麝香草属的植物，[植] 百里香
Thyme Broomrape *Orobanche alba* 列当 / 幽灵草
Thyme Creeping Red *Thymus praecox* subsp. *Arcticus* 北极百里香（美国田纳西州苗圃）
Thyme Lemon Upright *Thymus* × *citriodorus* 柠檬百里香（美国田纳西州苗圃）
Thymeleaf Azalea *Rhododendron thymifolium* 千里香杜鹃
Tiananmen Square，Beijing 天安门广场（北京）
Tiananmen（Gate of Heavenly Peace）Tower（Beijing，China）天安门城楼（中国北京市）
Tianchi Lake of Changbai Mountain（Baishan，China）长白山天池（中国白山市）
Tiandu Peak（Huangshan，China）天都峰（中国黄山市）
Tianhou（Goddess Matsu）Temple（China）天后（妈祖）宫（中国）
Tianjin 天津
Tianjin Municipality 天津直辖市
Tianmu Litsea *Litsea auriculata* Chien et Cheng 天目木姜子
Tianmu Magnolia *Magnolia amoena* Cheng 天目木兰
Tianmu Mountain(China)天目山(中国)
Tianmu Mountain Hophorn beam *Ostrya rehderiana* 天目铁木
Tianshan Mountain 天山（东西横跨中国、哈萨克斯坦、吉尔吉斯斯坦和乌兹别克斯坦四国）
Tianshan Mountainash *Sorbus tianschanica* Rupr. 天山花楸
Tianshan Mountain Spruce/Schrenk spruce *Picea schrenkiana* 天山云杉 / 雪鳞云杉
Tiantai Hornbeam *Carpinus tiantaiensis* 天台鹅耳枥
Tiantai Mountain（Chengdu，China）天台山（中国成都市）
Tianya Haijiao（Sanya，China）天涯海角（中国三亚市）
Tianyi Pavilion（Ningbo，China）天一阁（中国宁波市）
Tianzhu（Heavenly Pillar）（Yichun City，China）天柱峰（中国宜春市）
Tianzi Mountain（Zhangjiajie，China）天子山（中国张家界市）
Tibbatu/Terong Pipit *Solanum violaceum* 紫花茄
Tibelan Hydrangea *Hydrangea anomala* 冠盖绣球 / 蔓性八仙花
Tiber（Italy）台伯河（意大利）

Tiberias Lake（Israel）太巴列湖（以色列）
Tibet Evergreen Chinkapin ***Castanopsis tibetana*** 钩栲
Tibet Juniper ***Sabina tibetica*** 大果圆柏
Tibet musk deer ***Moschus chrysogaster*** 藏麝 / 高山麝
Tibet Rockjasmine ***Androsace maireae*** **var.** ***tibetica*** 西藏点地梅
Tibet Tofieldia ***Tofieldia thibetica*** 岩菖蒲
Tibetan antelope/chiru ***Pantholpos hodgsoni*** 藏羚
Tibetan eared pheasant/ white eared-pheasant ***Crssoptilon crossoptilon*** 藏马鸡 / 白马鸡 / 血雉
Tibetan fox/Tibetan sand fox ***Vulpes ferrislata*** 西藏狐 / 藏狐
Tibetan macaque ***Macaca mulatta vestito*** 西藏猴
Tibetan snow cock ***Tetraogallus tibetanus*** 藏雪鸡 / 淡腹雪鸡
Tibetan stump-tail monkey ***Macaca thibetanus*** 毛面短尾猴 / 大青猴 / 青皮猴 / 四川猴
Tibetan style 西藏风格
Tibetan wild ass/kiang ***Equus kiang*** 西藏野驴 / 藏驴
ticket agency 售票（代理处）
ticket booth 售票房
ticket office 火车售票处，票房
Tickseed/Calliopsis/Garden Tickseed ***Callkiopsis bicolor*** 金钱梅 / 蛇目菊 / 小波斯菊
tidal 潮的；潮水的；定时涨落的
~channel 排洪沟，排水沟
~creek 排水支流（小河），潮水河
~current 潮流
~current curve 潮流曲线
~current table 潮流表
~cycle 潮汐周期
~discharge 潮流量
~factor relation method 潮汐要素法
~flat 潮滩，漫滩；水草地；滩涂（海涂
~flow 潮汐式车流
~gauge 验潮仪
~generation force 引潮力
~harbo(u)r 潮港
~inlet 潮汐通道
~level 潮位（潮水位）
~level observation 潮水位观测（验潮）
~level station 潮水位站（验潮站）
~limit 潮区界
~marsh 潮流湿地
~mud 潮流淤泥
~observation 潮汐观测
~power resources 潮汐水能资源
~power station 潮汐电站
~prediction 潮汐预报
~range 潮位差
~reach 潮区，潮水河，感潮河段
~rise 潮升
~river 潮汐河流，潮水河
~slough（美）潮落泥沼
~table 潮汐表
~velocity 潮流速
~wave 潮汐波，潮浪；海浪，海啸
~zone 潮差段
tidalwater industry 潮水工业〈即配置于河口地区，依靠海潮升涨，水位提高而进出大型货轮，并组织货运的工业〉

ide 潮，潮汐，潮水；潮流，趋势；顺潮而行

~back（美）/ebb~ 退潮

~bore 海啸，潮浪

~embankment 海岸堤，防波堤

~gate 潮门

~level 潮位

~prevention 防潮

~range 潮差

~staff 水尺

~water 潮水

tideland 潮淹区

tidemark 涨潮点

tidewater 水位受潮水影响的沿海低洼地区

~railroad（railway）station 海港车站

tideway 潮水河，河水受潮水影响的部分

tidework 潮汐工程（在高、低潮位之间建造的工程）

tiding up waste land 清理废弃地

tie 系材，系标，拉杆；系线；轨枕；结，扣；连接；相持{管}；领带；系；扎，绑；拉紧；位（在）于；保持（处于）……状态，停驻（泊）；（道路）通过，展现，伸展

~bar 拉杆

~point 连接点

~-up 船只停泊处

tieback wall，anchored wall 锚杆挡墙

tiebeam 枋

tier building 多层建筑

tiff 方解石 / 重晶石

Tiger ***Panthera tigris longipilus*** 虎

Tiger Aloe ***Aloe variegata*** 什锦芦荟 / 翠花掌

Tiger cat/leopard cat ***Felis bengalensis*** 豹猫 / 钱猫 / 金钱猫

Tiger Eyes Cutleaf Staghorn Sumac ***Rhus typhina*** **'Tiger Eyes'** 火炬树'虎眼'（英国萨里郡苗圃）

Tiger Flower/Mexican Shell Flower ***Tigeridia pavonia*** 虎皮（皮皮百合）

Tiger Lily/Trumpet Lily（***Lilium tigrinum***）卷丹

Tiger Nut ***Cyperus esculantus*** 地栗 / 油沙豆

Tiger paw fungus/scaly tooth ***Sarcodon imbricatus*** 虎掌菌

tiger weasel/marbled weasel ***Vormela peregusna*** 虎鼬

tiger wood 美洲核桃木

Tiger-Hill，Suzhou（Suzhou，China） 苏州虎丘（中国苏州市）

Tiger-Jumping Gorge of the Protected Areas of Three Parallel Rivers（Lijiang，China） 三江并流景区虎跳峡（中国丽江市）

Tiger-Running Spring，Hangzhou（China） 杭州虎跑泉（中国）

Tiger-tail Spruce ***Picea torana*** **（Sieb. et Zucc.）** ***Koehne*** 日本云杉

tight 紧（密的），密合不漏的；拉紧的；坚牢的；紧迫的；[副]紧紧地

~board fence（美）坚牢的木栅栏

~-butted 撞紧的

~-jointed 联牢的，紧对接的

tightening in cold condition 冷态紧固

tightening in hot condition 热态紧固

Tigris 底格里斯河（流经土耳其和伊拉克）

tile 花砖，瓷砖，瓦
~edging 瓦口，领版
~end 瓦当
~floor 花街铺地，瓷砖地
~paved surface 地砖面层
~roof 瓦屋顶
~-roofing 瓦作
~roofing 瓦屋顶
tiled 砖瓦的
~floor 花砖地面
~roof 瓦屋面
tilery 烧瓦厂
tiling 砖瓦结构
tillage 耕地；耕作，耕种
Tillandsia leiboldiana 雷葆花凤梨
Tillandsia/Pinkquill *Tillandsia cyanea* 紫花凤梨 / 铁兰
tiller 翻土机；耕作者，农民，发芽的树桩；生新芽
tillering 发芽的树桩分蘖
tilling 填满
subsoil~（美）底土填补
tiltable sunshade 花园太阳伞
tilted garden parasol 花园太阳伞
tilth 耕地
timber 木材，用材，木料；（可作木材的）树木；森林；用木材造，用木料支持
~basin 贮木场，储水池
~brick 木砖，木块
~bridge 木桥
~building 木房屋
~component 木构件
~connection（英）木结合
~construction 木结构建筑
~crack 木裂缝
~crib 木屋；木笼
~crib wall 木屋墙
~crop 木材收额，树木林分
~depot 贮木场
~disk paving（英）圆木板铺装
~extraction 木材集运
~fence（英）木栅栏
~fender 木围墙，木栅
~forest 乔木林
~land 森林，林地
~-land 森林，林地
~pile 木桩
~product 木质制品
~production base 木材生产基地
~research area 木材研究区
~road（美）木材路
~sett paving（英）木材小方石铺砌
~source 木材资源
~stand 用材林分
~stand improvement 用材林分改良
~round step 圆木阶梯
~structure 木结构
~terminal 木材码头
~trestle 木栈桥，木栈道
~truss bridge 木衍架桥
~warehouse 木材仓库
~work 木材工作，木工
~-works 木材工厂
~yard 木材堆置厂，贮木场
cut~ 采伐林木
growing~ 生长林木
overhead~（美）上木
sawn~ 锯材
Timber wolf/gray wolf *Canis lupus* 狼 / 青狼 / 灰狼

imbering 木模；木结构；木撑；加固，支撑

~of trenches 沟槽（木）支撑

imberline 森林线，树木线

~ecotone 树木线群落交错区

imberman 木材工人；木材

ime 时间；时期，时代；时势；倍（常用复数）；次，回；测定时间；配时，使同时（步），计算时间；调整时间；合拍；时间的，计（定）时的，记录时间的

~arrival 到达时间

~bargain 定期贸易

~base（简写 T.B）时基，扫描基线，时间坐标，时间轴

~basis，remuneration on a 基本（主要）工时报酬

~belt 时区

~charge 计时费用

~chart 工作进度表

~constant 时间常数

~contour map（交通）等时线图

~cycle 周期

~distance 时距

~distribution of storm 暴雨时程分配

~–division telementry system 时分制遥测系统

~–expired 满期的

~factor 时间系数，时间因素

~for completion 竣工期限

~for contract completion 合同竣工时间

~interval 时间间隔，时段

~lag 时间延迟

~–load and time–displacement chart 荷载、时间、位移量曲线图

~mean speed 时间平均速度

~of advent 到达时间

~of completion 完成期限

~of concentration 集流时间

~of concentration in pipes 管道集流时间

~of duration of rainfall 降雨持续时间

~period 周期

~–rate system 计时（工资）制

~series 时间序列，时间数列

~series analysis 时间数列分析

~series analysis method 时间序列分析法

~sheet 时间表

~–space composition 时空构成

~–space diagram 时距图，时间 – 空间运行图，绿波运行图

~span of forecast 预测期

~table（工作）时间表，时刻表

~to time change 随时间而变化

~unit 时间单位

~–variant hydrologic model 时变水文模型

~–wage 计时工资

~work 计时工作

~zero 时间零点，计时起点

~zone 时区

aging~ 老化时间

commuter~ 上下班时间

compensatory~ 加班时间

contract~ 合同时间

expected~ 期望时间

extension of~ 延期

free~ 自由时间

job flow–~ 作业流程时间

man–~ 人次

operating~ 运行时间；操作时间

operation~ 操作时间

quitting-~ 下班时间
rotation~ 转动时间
slack~ 富余时间 { 管 }
space-~ 时空
standard~ 标准时（间）
summer~ 夏令时间，夏时
working~ 工作时间
zero~ 零时，起始瞬间
zone~ 区时，地方时间

Timgad 梯姆伽德〈公元 100 年建北非阿尔及利亚城市〉

tin 锡（化学元素，符号 Sn）；锡器；白铁皮；白铁器，罐头；锡的；白铁皮制的；镀锡；包以白铁皮；装成罐头

T'ing（中）亭

Tinmbleberry ***Rubus parvifolius*** 茅莓

tinted concrete walk 着色混凝土人行道

tip 尖头，尖端，尖物；小费，小帐；垃圾等弃置场；使偏倾；倾卸，倒出；装尖头；轻轻拍击；装上龙头；忠告；暗示
~of a stake 标桩尖端
~of a tree 树顶端，树尖
~of pile 桩（尖）端
~plateau（英）高原顶
~pruning 树（顶）端修剪 [植]
~reclamation（英）顶端再生 [植]
~site（英）顶端部位
high~（英）高顶芽 [植]
large~（英）大顶芽
root~ 根尖
rubble~（英）乱石堆，乱石桩
sand~（英）砂桩，砂堆
spoil~（英）废土堆，废石堆

tipping 倾卸，倾倒
~bin 倾卸仓
~bucket 倾卸斗，翻斗
~-bucket rainfall recorder 翻斗式雨量计
~certificate（英）倾卸证书
~layer（英）倾卸层
~of earth（英）泥土倾倒
~of refuse（英）废料倾倒，垃圾倾倒
~record（英）倾倒记录
~site（英）倾卸场地
~site，fly（英）野蛮倾卸场
~site，unmanaged（英）无人管理的倾卸场

tipple 倒煤场

Tirgoviste Castle（**Romania**）特戈维什特城堡（罗马尼亚）

tissue 薄绢，纱；薄纸，棉纸；组织 { 生 }；连篇；一连串；碳素印相纸
~paper 薄纸，棉纸
~，underprovided plant 营养不良植物的组织

Titicaca Lake 的的喀喀湖（玻利维亚和秘鲁两国交界）

title 题目；书名；称号；职别；权利；加标题；命名，称呼
~block 图画或地图下边注释题名用的位置
~deed 地契
~survey 地界测量

Tivanka Image House（**Sri Lanka**）蒂梵伽佛殿（斯里兰卡）

Tivoli 蒂沃里（意大利罗马东方的风景城镇）

Tivoli Gardens 蒂沃里（趣伏里）公园

Tjandi 印度 8–14 世纪的墓塔

TMA（**transportation management**

association）交通管理协会
TNI（**traffic noise index**）交通噪声指标
toad 蟾蜍，癞蛤蟆；讨厌的家伙
Toad lilies ***Tricyrtis macropoda*** 油点草（英国萨里郡苗圃）
Toad Lily ***Tricyrtis hirta*** 毛油点草（英国斯塔福德郡苗圃）
Toadflax/Butter-and-egg ***Linaria maroccana*** 柳穿鱼 / 小金鱼草
tobacco 烟草店
Tobacco ***Nicotiana tabacum*** 烟草 / 普通烟草
Tobacco semi-looper ***Prodenia litura*** 斜纹夜蛾
Tobago Hummingbird ***Saucerottia tobaci*** 多巴哥蜂鸟（特立尼达和多巴哥国鸟）
toboggan 一种扁长平底的雪橇（作滑雪和比赛用）
Todaji Temple（**Japan**）东大寺（日本）；日本奈良时代的佛教寺院。
toddlers 儿童
~play area（英）儿童娱乐区
~wading pool（美）儿童戏水池
Toddy civet/Palm civet ***Paradoxurux hermathroditus*** 椰子猫
toe 趾；坡趾，坡脚；柱脚；坝脚；柄尖
~of an embankment/slope 坡脚
~of fill 填土坡脚，路堤坡脚
~of slope 坡脚，坡底
~wall 坝址墙，趾墙，（土）坡脚墙
toft 宅基；花园地；（孤立）小丘（或高地）
Togore's House（**India**）泰戈尔故居（印度）
Tohongan Temple（**Japan**）东本愿寺（日本）
Tokei Temple（**Japan**）东庆寺（日本）
token 标识；象征；纪念品
~payment（美）额外酬金
tokonoma（日）壁龛，室内壁龛
Tokyo 东京（日本首都）
Tokyo Disneyland 东京迪斯尼乐园
Tokyo Plan 2000 by Kenzo Tange 东京 2000 年规划（丹下健三）
Tokyo Tower 东京塔
tolerance 公差，限差，容隙（容许间隙）；容限；容许差异额；容忍；宽大；（树木）耐阴性
~deviation 容许偏差
~of a water body，pollution level 水体污染容度
ecological~ 生态耐性
environmental~（美）环境耐性
mowing~ 割草容限
plant~ 植物耐阴性
tolerant 忍耐的；宽大的；能耐的
~，air pollution– 耐空气污染的
tolerated structure 暂准建筑物
toll（道路，桥梁）通行税，通行费，长途电话
~area（道路）收通行税地区
~-booth（道路）收税亭，收费亭
~bridge 收税桥，收费桥
~communication 长途通信
~communication network 长途通信网
~-free bridge 免费桥
~-free highway 免费公路
~-free road 免费道路
~house 通行税收费处
~plaza 收费广场

~road 收费道路
~telephone 长途电话
~telephone circuit 长途电话电路
~thorough（英）道路税，过桥费
~tunnel 收税隧道，收费隧道

Toltec architecture 托里特克建筑（中美洲建筑）

tomato ***Lycopersicon esculentum*** 番茄 / 西红柿

Tomentosa Kalanchoe ***Kalanchoe tomentosa*** 月兔耳 / 褐斑伽蓝菜

Tomentose Anemone ***Anemone tomentosa*** 大火草 / 绒毛银莲花

Tomentose Japanese Snowbell ***Viburnum plicatum*** **var.** ***tomentosum*** 蝴蝶荚蒾 / 蝴蝶戏珠花 / 绣球花（美国田纳西州苗圃）

Tomentose Machilus ***Machilus velutina*** 绒毛润楠 / 猴高铁

tomb 坟，墓
Tomb of early Tibetan King（China）藏王墓（中国）
Tomb of Emperor Yandi（China）炎帝陵（中国）
Tomb of General Yue Fei（China）岳飞墓（中国）
Tomb of Zhu Yuanzhang（the Ming Tomb）（China）朱元璋（明孝陵）陵墓

Tombolo 连岛坝

Tombolo Island 陆连岛

tombs 陵墓（中国）
~of Southern dynasties 南朝陵墓（中国）
memorial~ 纪念陵墓

tombstone 墓碑，墓石

tommy-shop 厂内商店

ton 吨

ton carried 运送吨数（货运量）
~conveyed 运送吨数
~-kiometer 吨 / 公里
~-mile 货运量，吨英里

Tonwanda Pine Pinus strobus 北美乔松

tone 风格

tone contrast 色调对比

Tong Jun(Chuin Tung)童寯，建筑学家、教育家、风景园林学家

Tong Yuzhe 佟裕哲，风景园林专家、教育家

Tongariro National Park（New Zealand）汤加里罗国家公园（新西兰）

Tongbai mountain（Tongbo，China）桐柏山（中国桐柏县）

Tongli，An Ancient Town of Tongli（Suzhou，China）古镇同里（中国苏州市）

tongue 舌，舌状物；雄榫，榫舌；舌饰〈建〉；l 岬；岩舌〈地〉；尖轨〈铁〉；做榫舌等
~-and-groove（简写 T.&G.）企口，舌槽
~and groove joint 企口缝

Tongue Leaf ***Glottiphyllum linguiforme*** 佛手掌 / 宝绿 / 舌叶花

tonkilometer 吨公里

Tonkin Bamboo ***Pseudosasa amabilis Keng*** **f./*Arundinaria amabilis*** **McCl.** 茶杆竹（青篱竹）

Tonkin Cane ***Pseudosasa amabilis*** 茶杆竹 / 青篱竹 / 沙白竹

Tonkin Deutzianthus ***Deutzianthus tonkinensis*** 东京桐

Tonkin Galangal ***Alpinia tonkinensis*** 滑叶山姜 / 白蔻

Tonkin Snowbell ***Styrax tonkinensis*** 越南安息香 / 泰国安息香 / 青山安息香

Tonkin Wingnut ***Pterocarya tonkinensis*** 越南枫杨 / 滇桂枫杨 / 麻柳

tonnage 船舶吨位

tonsure/to cut off hair and join monastery 剃度

Toog Tree ***Bischofia javanica*** **Bl.** 秋枫

tool 工具，器具，量具；用工具加工；用凿刀修整（石块）

~bag 工具袋

~box 工具箱

~shed 工具棚

garden~ 园林工具

tooled 用工具加工，用凿刀修整，琢

~concrete 修整混凝土

~-finish of stone（平行）琢石面

tooling 琢

~of stone（美）琢石

~stone wastage 加工废石料

toolshed 工具间

Toothache Tree ***Zanthoxylum americanum*** 美洲花椒 / 北方刺梣

Tooth-billed Pigeon ***Didunculus strigirostris*** 齿嘴鸠 / 齿鸠（萨摩亚国鸟）

Toothed Waterlily/White Egyptian Lotus ***Nymphaea lotus*** 齿叶睡莲

Toothedcalyx Primrose ***Primula odontocalyx*** 齿萼报春

Toothleaf Wampee ***Clausena dunniana*** 齿叶黄皮 / 邓氏黄皮

Toothless Maidenhair ***Adiantum edentulum/A. capillusveneris*** **var.** ***stnuatum/A. refracum*** 月牙铁线蕨

top 顶，盖顶；上部，顶部；车顶；陀螺；梢；极点；最高的；最大的；装顶部；盖上；截去顶端

~aspect 顶容

~ballast 面碴

~beam 顶梁

~bed 顶层，上层

~bog layer（美）原泥炭，顶泥炭层

~course 面层，顶层

~course，crushed rock 碎石面层

~daylighting 顶部采光

~dressing 表面处治，浇面；敷面料

~dressing（for turfing）为铺草皮进行表面处治

~-dressing（培育草皮用）过筛的细土，铺石地面的填缝土

~floor 顶楼，顶层

~hinged window 上悬窗

~level of wall 墙的最高度

~of a tree 树梢，树冠

~of an embankment/slope（边）坡顶

~of crown 树冠顶

~of cutting 堑顶

~of embankment 路堤顶

~of slope 坡顶，坡肩

~of the curb（美）路缘顶

~-of-well diameter 开口井径

~overhaul 大修

~packer method 上塞注水泥（固井）法

~-quality 最优质（的）

~rafter 顶椽

~retaining wall 上挡墙

~secret（简写 T.S.）绝密

~sod 面层草皮

~speed 最高速度
~spit（英）顶面（粗）废料
~spit from quarries 采石场顶面（粗）废料
~story 楼顶层
~view 顶视图，俯视图，鸟瞰图
top end 收顶
Top Primrose ***Primula obconica Hance*** 鄂报春 / 四季樱草 / 中国樱草 / 年景花 / 球头樱草
Top rot disease of pear 梨果顶腐病（病原非寄生性，生理病害）
topaz mine 黄玉矿
topdressing（美）追肥，土面施肥
tope 印度塔，佛教圆顶塔；印度种植园
topek 爱斯基摩房屋
topiary 修整树型，修整树态
~garden 剪形园，整形树木园，绿色雕塑园
~tree 整型树
~specimen 整型标本
~work（树木的）修剪整形，定形修剪
Topkapi Palace Museum（**Turkey**）托普卡珀宫博物馆（土耳其）
topmost 最高处
Topmouth culter ***Erythroulter ilishaeformis*** 翘嘴红鲌
topoclimate 地形气候
topographic 地志的，地形学上的，地形的
~analytical program 地形分析程序
~adjustment 地形设计
~annotation 地形测绘
~climate 地形气候
~condition 地形条件，地形情况
~detail 地形详图
~factor 地形因素
~features 地形情况，地貌，地势
~increasing factor 地形增强因子
~influence 地形影响
~map 地形图
~map content elements 地形图要素
~map database 地形图数据库
~map of construction site 工点地形图
~map revision 地形图修测
~map subdivision 地形图分幅
~mapping 地形测图，绘制地形图
~mapping with electronic tacheometer 电子速测仪测图
~mapping with plane table 平板仪测图
~mapping with transit 经纬仪测图
~matching 地形匹配
~original map 地形原图
~reconnaissance 地形勘察
~relief 地形起伏
~（quadrangle）sheet（四方形）地形
~street system（依）地形（布置的）道路网
~survey 地形测量
~symbols 地形图符号，地形图图例
topographical 地志的，地形学（上）的，地形的
~condition 地形状况
~factor 地形因素
~map 地形图
~mapping 地形测绘
~point 地形点
~reform design 地形改造设计
~reform of garden 园林地形改造
~street system 顺应地形布置的道路网

~surrvey 地形测量
~undulations 地形变化
topography 地形学，地形，地形测量（学）；地志，地形
~feature 地形特征
~，local（地方）地形
~interpretation 地形判读
~notes 地形测量手簿
topological analysis 拓扑分析
topology 地志学；拓扑学；风土志研究
topo-map（美）地形图
Topo-meter 地形仪
Toponomanistics，**toponomy** 地名学
toponomy（toponymy）一国、一地区等中之地名；地名研究
toponym 地名
toponymy 一国、一地区等中之地名；地名研究
Topos 托伯斯，德国出版的风景园林杂志
topping 上部，上层；面层；保护层；去梢，去头；脱轻（蒸去轻质油）；高耸的
~of road 路面；辅筑路面
~-up of sand areas（英）铺筑沙区
topple 摇动；推倒
toppling 倾倒
~over of threat of trees 树倒危险
topsoil 同 top soil 表土
~conservation 表土保持
~excavation 表土开挖
~heap（英）表土堆
~seeding of heaps（英）表土堆移种
~mix（ture）表土混合物
~pile（美）表土堆
~seeding of piles（美）表土堆播种
~planting 土皮植草法
~replacement 表土置换，表土替代
~spreading 表土扩散
~store 表土层
~seeding of stores 表土层播种
~stripping 表土挖除
covering with~ 表土覆盖层
regulating of~ 整平表土
seeding of stockpiled~ 表土堆播种
stockpiling of~（美）表土成堆
storage of~（英）表土存贮
topwater level 水库最高蓄水位
Torch Festival in Lunan 路南火把节
Torch Rhododendron ***Rhododendron spinuliferum*** **Franch.** 爆仗杜鹃
torii 鸟居神社牌坊（日本）
Toringe Crab/Siebold Apple ***Malus sieboldii*** **（Reg.）Rehd.** 裂叶海棠 / 三叶海棠
Toringo crabapple ***Malus asiatica*** **var.** ***pinki*** 槟子
Toronto 多伦多（加拿大一港市）
~City Centre 多伦多市中心
~City Hall 多伦多市政厅大厦
~TV Tower 多伦多电视塔
torque 扭矩
torrent 奔流，急流，洪流；山溪
~control 洪流监控
~zone 洪流区
torrential 奔流的，急流的；猛烈的，急激的
~erosion 山洪侵蚀
~flood 山洪
~rain 大暴雨

torrenticolous 急流中生活的
torrid zone 热带
Tortoise Island 龟岛
Tortoiseshell Bamboo *Phyllostachys heterocycla* 龟甲竹/龟纹竹/人面竹/罗汉竹
tortuosity 弯曲率
tortuous 曲折的，复杂的
~line 迂回线
~road 迂回道路，绕行道路
Tortuous Hankow Willow/ Willow Cork-screw *Salix matsudana* 'Tortuosa' 龙爪柳（美国田纳西州苗圃）
Tortuous Mulbery *Morus alba* 'Tortusa' 龙爪桑（英国萨里郡苗圃）
torus 圆底线脚
Toshodai Monastery（Japan）唐招提寺（日本）
tot lot 小型儿童游戏场
total 总数,总计；全体；总的,总计的；全部的；加起来，合计
~air pollution 总空气污染
~absorption 总吸收量
~acidity 总酸度
~alkalinity 总碱度
~amount 总数，总量
~amount of water resources 水资源总量
~birth rate 总出生率
~bitumen 纯沥青（含）量
~building density 总建筑密度
~building systems 综合建筑系统，建筑体系
~capacity 总产量
~consumption rate 总消耗率
~congestion time 总的拥塞时间
~construction cost 总建筑费
~construction cost estimate（美）总建筑费估算
~content 总含量
~control of air pollution 大气污染总量控制
~control of pollution 污染总量控制
~correlation factor 全相关因子
~coverage 总建筑（占地）面积系数〈总建筑占地面积和总面积之比〉
~cultivated area 耕地总面积
~decrease 保留地让出总量，总减少量
~demand 总需求
~deflection 总形变
~development area 总发展面积
~equivalence 总当量
~estimate 总估算，总概算
~fertility 总生育率
~fertility rate 总生育率，总和生育率
~fixed costs 固定费
~floor area 总建筑面积
~floor space per hectare plot 每公顷建筑面积密度
~flow 总流量
~gain 总收益，总盈余
~head 总水头
~headline 总水头线
~height 总高度
~in flow of river network 河网总入流
~income 总收入
~industrial output value 工业总产值
~input 总投入
~labour force 劳动力总数
~load 总荷载
~national economy 国民经济合计

~output 全部产出，总产出，总产量
~parking spaces 总停车空地，总停车车位
~planning scheme area 总规划区面积
~population 总人口
~-prefabricated construction 全装配式建筑
~probability 总概率，全概率{数}
~production 总产量
~quality management（简写 TQM）全面质量管理
~quantity 总数量
~quantity of output 总产出量
~quantity produced 总产量
~radiation 总辐射
~range 总范围；总梯级；总量程
~receipt 总收入
~redevelopment（美）总复兴，总再发展
~reservoir storage 水库总库容
~rise of a flight of steps 楼梯一段的总级高
~run of a stairway（美）楼梯的总行程
~runoff 径流总量，总径流量
~space（城市的）综合空间
~stream load 总输沙量
~stress 总应力
~stress analysis 总应力分析
~supply 总供水量
~thickness of pavement 路面总厚，总路面厚度
~travel 总行程
~travel time 总行程时间
~value of agricultural production 农业总产值
~value of export 出口总值
~value of farm output 农业总产值
~value of import 进口总值
~value of industrial production 工业总产值
~value of output 总产值
~value of products 总产值
~vegetative cover 总植被
~water requirement 总需水量
~well capacity 井的总容量
~worker 职工总数
~working population 在业人口总数

totally 总地，全地，综合地
~cleared agrarian landscape 全清除农田景观
~covering 全覆盖
~distributed traffic control system 总分布式交通控制系统

Totara 新西兰深红梗木，新西兰罗汉松

totem 图腾

totem pole 物象柱〈北美洲印第安屋前刻的图腾象柱〉

totemism 图腾崇拜

Tou Temple（Japan） 东寺（日本）

Touch-me-not 凤仙花属（植物）

Touch-me-not/Garden Balsam/Balsam ***Impatiens balsamina*** 凤仙花 / 指甲花

Touch-me-not/Jewelweed/Indian Damnacanthus ***Damnacanthus indicus*** 虎刺 / 伏牛花

touchstone 试金石

toukul（非洲大陆）圆形茅草顶独室房屋

tour 游览，观光，旅行；铁塔
~description and direction 导游解说
~garden 环游式庭园，游赏式庭园

~gauging 巡测
~gauging station 巡测站
~gauging vehicle for hydrometry 水文巡测车
Tour Tuide Office 导游处
tourer 游览车
touring 游览
~bus 旅游公共汽车
~car 旅行车，游览车
~route 游览路线
ski~ 滑雪游览
tourism 旅游；观光、导游业、旅游者的接待工作
Tourism Airport 旅游机场
~and resort zone 旅游度假区
~for medical therapy 保健旅游，疗养
~geography 旅游地理
~geology 旅游地质
~regionalization 旅游区划
~resort 旅游中心
~resource 旅游资源
bike~ 骑脚踏车旅游
cycling~ 骑自行车旅游
educational~ 教育旅游
holiday~（英）假日旅游
mass~ 群众旅游，团队旅游
overseas~ 海外旅游，国外旅游
pleasure trip~ 文化旅游，闲暇旅游，学习旅游，科学旅游
promotion of foreign~ 促进外（国）来旅游
promotion of national~ 促进国内旅游
scientists~ 科学家旅游
sustainable~ 可持续旅游
vacation~（美）假期旅游
waste~（英）废料出口，废料输出（越境）
tourist 游客，游览者，观光客
~agency 旅行社
~area 旅游区
~attraction 旅游胜地
~capacity 游客容量
~card 旅游护照
~centre（英）旅游中心
~city 旅游城市
~coach 旅游大客车
~demand forecasting 旅游需求预测
~density 旅游密度
~facility 旅游设施
~flow 旅游流
~high-season 旅游旺季
~impacts 旅游影响
~industry 观光业，旅游业
~management 旅游管理
~map 旅游图
~nuisance 观光公害
~off-season 旅游淡季
~path 游人小道
~point 旅游点
~region（美）旅游区
~resort（美）游览胜地
~resort city 旅游风景城市
~resource 旅游资源
~road 游览路，风景区道路
~route 观光路线
~ticket（火车等的）游览优待票
~town 旅游城市
~trade 旅游业
~traffic（peak）旅游交通（高峰）
auto~（美）驾车旅游者
touristry 旅游

flood of tourists，旅客流动高潮

tourmaline 电气石

tourmalite 电英岩

tournament tennis court 网球联赛场，网球比赛场

tow 拖索；用绳拖曳；麻屑；曳引，拖带；曳引的，拖带的

~away zone（不准停车的）拖车区，违章停车即行拖走

~-lift（把滑雪者送上坡的）机械牵引装置

~operation 拖运作业

~-path（英）纤道

tower 台；楼阁，塔；塔架；觇标〈测〉；高耸

~block（英）塔式大楼〈高层的住宅或办公大楼〉

~Bridge（伦敦）泰晤士河塔桥（英国）

~building 塔式建筑，摩天楼，造标

~dwelling 塔式住宅，塔楼

~leg 塔腿

Tower of Buddhist Incense 佛香阁

Tower of Looking over the River，Chengdu（China）成都望江楼（中国）

Tower of Panchen Lama（China）班禅楼（中国）

Tower of the Shining Buddha（China）照佛楼（中国）

Tower of Varegated Splendor（China）缀锦楼（中国）

Tower of Viewing the Mountain 见山楼

Tower of Viewing the River on the Lion Mountain，Nanjing（China）南京狮子山阅江楼（中国）

Tower of Water Reflection 苏州拙政园倒影楼

~shaft 塔身

~-shaped church 塔式教堂

~signal 觇标

~structure 塔式结构，塔式建筑物

~superstructure 塔式建筑的上部建筑

~top 塔顶

apartment~（美）塔式公寓楼

office~ 办公楼塔

towing 拖曳，牵引，拖拉

~（-）path［s］纤道

~unit；tug barge combination 拖带船队

town 城市，城镇，都市，镇，市，城，市内商业中心区域，闹市，市区，街道

~and country planning 城乡规划，市乡规划（英国对都市规划之名称）

~and county planning act 城乡规划法，城乡规划条例

~and country planning（Assessment of Environmental Effects）Regulations（英）城乡规划（环境效益评估）条例

~and country planning association（TCPA）城乡规划协会

~beautification（英）市镇美化

~built in blocks 棋盘式城市建设

~car 市内公共汽车

~center 城镇中心

~centre clearance（英）市镇中心清除

~centre redevelopment（英）市镇中心再发展

~climate（英）市镇气候，市镇风土

~cluster 城镇群

~commons（美）市镇共用地（公有地）

~-country magnet 城乡磁体
~design 市镇设计
~development 城镇开发
~drainage 城市排水，市镇排水
~dweller 城市居民，区镇居民
~economy 城镇经济
~extension 城市扩展
~fire-proof plan 城市防火规划
~fog 都市雾（气）
~forest 市镇森林
~fortification（英）城堡
~gas 城市煤气
~hall 市政厅
Town Hall of Brussels 布鲁塞尔市政厅
~house（美）平房，单幢小住宅，拼联式住宅，城市住宅，成排住宅
~in a plain 平原城市
~map 城市范围地图
~meeting 镇民会（新英格兰地区具有一定资格的镇民组成以处理公共事务的一个组织）
~park 市镇公园
~plan 市镇规划
~planner 城市规划者
~planning 城市规划
~planning act 城市规划法规
~planning area 城市规划法规定的地区，城市规划区
~planning consultant（英）市镇规划顾问
~planning map 城市规划图
~planning restriction 城市规划限制
~planning survey 城市规划调查
~planning works 城市规划工作，城市规划事业
~refuse 城市垃圾
~renovation 城镇改造
~road 城镇道路，市街
~sewage 城镇污水
~ship road（county road）乡公路（乡道）
~site 城市用地
~square 市镇广场
~street 市街，市内街道
~sunniness 城镇白天亮度
~township enterprise 乡镇企业
~traffic 市区交通
~water supply 城镇供水，城镇给水
~way 城镇公路
old~ 老城，旧城
old part of a~ 老城区
overspill~ 为过剩人口新建的市镇
satellite~ 卫星城
visual picture of a~ 市镇直观图像

townfolk 都市居民

townhouse garden 城镇住宅花园

townlet 小城镇

townscape 市容，城市景观，城市风景，城市风景画，城镇的建筑艺术
~analysis 城市景观分析
~design 城市景观设计
~green feature（英）城镇景观绿化特征
~townscape plan 城市景观规划，市容规划
characteristic of the~ 城镇景观特点
structuring of~ 城镇景观结构

townsfolk 市民，镇民，城里人

township（美国、加拿大的）镇区（县、郡以下的地方行政单位），测区（测量单位，美国土地测量的六英里见方

的地区);(澳大利亚)城市规划地区,乡间的商业中心城镇,城镇的商业中心;(南非)黑人居住区镇

~highway 镇区公路

~line 由东至西的两条平行线之一,划分城镇的南北疆界

townsin 旅游业

townsite 城镇所在地,城镇预定地,城镇用地,城镇建设基地,城址,镇址

townspeople 住在城里的人

towpath(美)纤道,牵道

toxic 毒药,有毒物质;毒的,有毒性的;中毒的

~industrial plant accident 工厂中毒事故

~agent 毒剂

~chemical 有毒化学品

~dump site(美)有毒垃圾堆积场

~fluid 有毒流体

~gas 毒气

~industry waste 有毒工业废物

~pollutants 有毒污染物

~site inventory(美)有毒场地存货

~site reclamation 有毒场地再生

~site restoration(美)有毒场地修缮

~substance 有毒物质

~waste 有毒废料

~waste disposal 有毒废料处理

~waste, incineration plant for 有毒废料焚化厂

~wastewater 有毒废水

toxicant 毒药,有毒物质;有毒性的

toxicity 毒性

toxicology 毒物学

toy making factory 玩具厂

TPI(**Town Planning Institute**)(1834年英国成立的)城市规划协会

TQC(**total quality control**)全面质量管理,全面质量控制

trace 迹,踪迹;痕迹量;追踪;轨迹,迹线;图样;描图,摹写;追踪;追溯;探索;曲线图

~element 微量元素

tracery 花色窗棂,花饰窗格,窗饰

trachybasalt 粗玄岩

tracing paper 描图纸

track 路,小道;轨道;铁路线;踏成的路;赛路道;径迹;轮距;履带;磁道;航线;足迹;追踪;车辆循旧辙行驶

~cable(架空索道的)轨道索

~capacity of a line 线路容量

~center 轨道中心,轨道中

~-center distance 轨道中心间距,轨道中线距

~clearance 规划建筑线,建筑接近限界;轨距净空;车道间隙

~cross over 路轨交叉

~field 田径场

~raising 升坡,起坡,起道,上坡路

~terminal 货运汽车站

avalanche~(美)雪崩径迹

bicycle~(美)自行车跑道

farm~(美)乡村道路

field~ 工地道路

trackless transportation 无轨运输

trackless trolley 无轨电车

tracks of grazing animals 牧畜径迹

trackway 轨道

tract 地区,地带,地域;广阔地面,大片森林,一片土地

~house（设计相同的）屋屯住宅
traction 牵引，拖拉
~network 牵引网
tractive（形）牵引的，拖的
~force 牵引力
~power 牵引力，牵引能力
tractor 牵引车；拖拉机；牵引式
~driver 牵引机司机
~plant 拖拉机厂
~wagon 拖车
trade 商业，行业，贸易；商业的，贸易的；经商，交易
~association 同业公会，商会
~block 贸易集团
~center 贸易中心，商业中心
~city 贸易城市，商业城市
~effluent 工业污水
~-off 权衡，抉择，交替使用
~price 批发价
~refuse 工业废物；工厂垃圾
~region 商业区
~sewage 工业污水
~waste sewage 工业废水
~water 工业用水
~wind 信风；贸易风
nursery~（美）苗圃行业
seed exchange~ 种子交换行业
tourist~ 旅游业
Tradescantia albiflora 白花紫露草
Tradescantia reginae ***Dichorisandra reginae*** 紫背鸭跖草
trading 贸易，商业
~city 贸易城市，商业城市
~estate 商业用地
~place 肆，贸易市场
tradition 传统，惯例；传说
traditional 传统的，惯例的；传说的
~agriculture 传统农业
~architecture 传统建筑
~Chinese garden 中国传统园林
~Chinese medical hospital 中医院
~Chinese medicine store 中药店
~farming 传统耕作
~garden 传统园林
~garden building 传统园林建筑
~gardening 传统园林
~institute of Chinese medicine 中医医院
~material 传统材料，常用材料
Traditional Opera Exhibition Hall 戏曲陈列馆
~strip foundation 传统条形基础
~technique 传统技术，常用技术
traditionlism 传统主义；因循守旧
Trafalgar Square（Britain） 特拉法尔加广场（英国）
traffic 交易，贸易；交通；交通量〈车辆与行人通过量〉；信息量；通信；通信量；运务；业务量；运输业；话务量；旅客；货物通话
~ability 可通行性，交通能量，行车能量〈指道路能通过车辆能力〉
~ability conditions 交通能量条件，车辆通行情况，能通行情况
~accident rate 交通事故，行车事故
~-actuated control 交通（信号）传动控制，交通（信号）感应控制
~actuated signal 车动信号机，交通传动信号
~adjusted system 交通调整系统
~amount 运输量

~analysis 交通分析
~architecture 交通建筑，交通建筑学，交通建筑艺术处理
~artery 运输干道，交通要道
~assignment 交通量分配
~axis 交通轴线
~behavior 交通现象〈开车状况，开车行为〉
~block 交通堵塞
~bollard 交通护柱
~bottleneck 交通瓶颈地段
~calming 交通宁静（区），交通稳静化
~capacity 交通容量，交通量，通过能力，输送能力
~carrying capacity 交通业务量
~carrying street 交通频繁的大街
~-caused wind（美）气流，空气流量（车辆的）
~census 交通统计，交通调查，交通量调查
~-census chart 交通调查表
~city 交通城市
~classification 交通分类
~clearance 行车净距，车辆净距
~-compacted road 交通密集的路
~composition 交通组成
~computation 交通计算
~conditions 交通状况，行车条件
~congestion 交通拥挤，交通阻塞
~console 交通控制台
~control 交通管制，交通管理，交通整顿
~control barrier 交通路栏
~control device 交通管制设施，交通管理设备
~control in park 公园内交通管理
~control measures 交通控制措施
~control of combined system 合理式交通管理
~planting for control（美）为交通管理种植
~control regulations 交通管理规则
~control（light）signal 交通管制（色灯）信号
~control system 交通控制系统
~convenience 交通方便性
~convergence 车流汇合
~conversion equation 车辆换算公式
~cop 交通警察
~cordon count 区界交通出入量调查
~corridor 交通走廊，交通通道
~count 交通量观测，车辆计数
~counter 交通量计数器，交通量记录仪
~delay 交通延误
~demand 交通需求（量）
~density 交通流密度
~destination 交通终点
~detector 交通传感器，交通探测器
~diagnosis 交通评定，交通判断
~direction 交通流向
~direction flow 交通流动方向
~discharge 交通量，通车量
~distribution 交通分布，交通（量）分配
~disturbance 交通混乱
~divergency 交通分流
~diverting 交通分道
~element 交通要素，交通单元
~engineering 交通工程（学）
~facilities 交通设施
~facility 交通设施

~flow 交通流；货流
~flow density 交通密度
~flow diagram 交通流量图
~flow map 交通流量图
~flow model 交通流模型
~flow sheet 交通流量表
~flow theory 交通流理论
~forecast 交通预测
~friction 交通拥挤
~fumes 交通烟雾
~generation 交通产生，交通生成
~generation factor 交通产生因素
~growth 交通增长
~growth rate 运输（量）增长率
~guidance（街道）交通管理，（街道）交通指挥
~guidance facility 交通管理设施
~guide light 交通指挥灯，红绿灯
~hazard（道路等的）险段
~index 交通指数
~information 交通信息
~infrastructure（英）交通基础设施
~intensity 交通强度，交通密度，车辆密度
~interchange 互通式立体交叉
~intersection 互通式平面交叉
~investigation 交通调查
~island 交通岛
~isle 交通（安全）岛
~jam 交通阻塞，交通拥挤
~junction 交通运输枢纽
~lane 行车道
~light 交通管理色灯，红绿灯
~light signal 交通信号灯
~line 车道线，交通线，运输线
~linkage 交通联动
~links 运输联系
~load 行车量，交通负荷
~management（简写 TM）交通管理
~management device 交通管理设施
~management information system（简写 TMIS）交通管理信息系统
~management plan（简写 TMP）交通管理计划
~marker 交通路标
~measurements 交通计算
~model 交通模型，交通模式
~model choice 交通方式选择
~movement phase 通信信号时间，通行信号显示
~network 交通网
~network study tools（TRANSYT）交通网研究方法
~noise 交通噪声
~noise analysis 交通噪声分析
~noise control 交通噪声控制
~noise dispersion 交通噪音散布（消散）
~noise index（简写 TNI）交通噪声指标
~nuisance 交通公害
~of hub 交通中心
~operation 交通运转
~operation office 运转室（行车室）
~parking-transit problem（市区道路的）交通停车 - 过境问题
~pattern 交通量变化图，交通形式图表〈以图、表显示交通量在一定时间内的变化〉
~peak 交通高峰
~peaking 高峰时交通
~planning 交通规划

~playground 交通公园（对儿童进行交通教育的游戏场）
~point city 交通枢纽城市
~ponding 交通阻塞，交通拥挤
~potential 交通潜力
~prediction 交通预测
~prognosis 交通预测
~prohibited 禁止交通，禁止通行
~prohibited sign 禁止通行标志
~railing 行车栏杆
~regulation 交通规则，交通管制
~restrainment scheme（英）交通限制方案
~restraint 交通约束，交通限制，交通管制
~restraint precincts 交通限制区
~restraint project 交通约束计划，交通管制计划
~rotary 环形交叉
~route 交通路线
~rules 交通规则
~safety 交通安全，行车安全
~safety device 交通安全设施
~segregation 交通分隔，交通分流
~separation 立体交叉，交通分隔
~separation strip 交通分隔带，分车带
~separator 交通分隔带
~shed 候车棚
~sign 交通标志
~signal 交通信号
~signal and sign 交通号志
~–simulating park 交通训练公园
~simulation 交通模拟
~square 交通广场
~stability 交通稳定性
~stagnation 交通停滞
~station 交通站
~statistics 交通统计学
~stream 交通流，车流
~stream line 车流线，交通流线
~strip 车道，公车带
~stripe 路面交通标线
~striping（路面上）划车道线
~structure 交通结构
~surveillance 交通监理
~surveillance system 交通监视系统
~survey 交通调查，交通观测
~system 交通系统
~system analysis 交通系统分析
~tangles 混乱的交通情况
~test 行车试验
~theory 交通理论
~to nearby recreation areas 通往休闲区附近的交通
~underground interchange 地下交通枢纽
~volume 交通量，交通流量，运输量
~volume flow map 交通流量图
~volume forecast 交通量预测
~volume observation station 交通量观测站
~volume of intersection 交叉口分流量
~volume prognosis 交通量预测
~volume survey 交通量观测，交通量调查
~wave theory 交通波动理论
~way 交通要道
~zone 行车带，交通分区，交通管制段
abnormal~ 反常交通
barring~ 封锁交通
block~ 妨碍交通
block in~ 交通阻塞

circulation of~ 交通流畅，交通运转，交通路线
control of~ 交通管制，交通管理
delivery and haulage~ 运输交通
dense~ 繁密交通
density of~ 交通密度，交通量
destination~ 终点交通
flow of~ 车流
free~ 畅行交通，无阻碍交通
holiday~ 假日交通
interregional~ 间歇交通，中断交通
interurban~ 市际（汽车）交通
leisure~ 闲时交通
local~ 境内交通，地方交通
main~ 主流交通
"O" ~（美）起点交通
O&D~（美）起讫点交通
open to~ 开放交通，通车
opposed~ 对向交通
origin~ 始发交通
origin and destination~ 始发和终点交通
originating~ 始发交通
parked~ 停放车辆交通
pedestrian~ 行人交通
rat run~（英）绕道交通
recreational~ 休闲交通
stationary~ 静态交通
summer annual weekday daily~（简写 SAWDT）全年夏季工作日交通量
summer holiday~ 夏季假日交通
through~ 过境交通，联运（交通）
tourist~（peak）旅游交通高峰
underground~ 地下交通
vacation~（美）假期交通
weekend~ 周末（旅游）交通

trafficway 开放通行的道路，公路

trail 踏成的小路，临时道路；漫步路，散步道；足迹；拖曳物；拖，曳；追踪；踏成路（道路）伸展
~bike 爬山车
~breaker 开路先锋
~car 拖车
~hut（美）（登山运动员住的）高山小屋
~maintenance（英）道路养护
~horse riding network（英）骑马出游道路网
~road 临时通道，试用道路
~system，bicycle（美）自行车道系统
~system，circuit（美）环路系统
alignment of a~（美）道路线向
circuit~（美）环行道路，迂回道路
equestrian~ 马道
exercise~（美）操练道路，教练道路
fitness~ 适应性小道
forest study~ 森林调查研究足迹
game~ 狩猎小道
hiking~（美）长途步行旅行小路
loop~ 环路，环线，绕行道路
migratory~ 流动路线，动物足迹，猎物踪迹
national scenic~（美）国家风景路
nature~（美）天然小路
riding~ 骑马出游道路
trim~ 整齐的小路
walking~ 步行道路

trailer 挂车，拖车；拖曳之人（或物）；（美）汽车拖着的活动住房；爬地野草
~bus 带拖车的公共汽车
~camp 拖车居住营地，拖车住户集中地〈美国水利或路工工地工人居住

拖车中，集中地有水、气管道〉
~-mounted container 拖车载运的集装箱
~park 活动住房集中地
~pick-up transport 拖挂运输
~camper with site（美）野营拖车场地
~truck 双节卡车〈带平板拖车的卡车〉
~yard 挂车编组场
tamping~（美）野营拖车住房
travel~（美）旅行拖车住屋

trailing 牵引
~cable 牵引索
~shrub 贴墙成行的小灌木

Trailing Periwinkle *Vinca minor* 小蔓长春花（美国田纳西州苗圃）

trails，marking of hiking 信标设置，信标系统

train 列车，火车；车队；一串，行列；（传动的）轮系{机}；训练，锻炼；乘火车旅行
~-approach signal 列车接近信号
~-assembly station 编组站，调车站
~dispatch schedule 列车调度时刻（表），火车发车时间表
~ferry 火车轮渡
~journal 列车行程
~levee 导流堤，顺坝
~-make-up station 编组站，调车场
~noise 火车噪声

trained tree 整形树木

training 训练，练习；整枝，整形；整枝法（用于园艺）
~dike 顺坝
~dyke 导流堤，导流坝
~field 训练样区
~levee 导流堤
~mole 导流堤
~of young trees 幼树整枝
~sample 训练样本
~tower 训练塔
~wall 导流壁，导流堤
practical~ 实习训练
professional~ 专业训练

trait 特征；特性；品质
flowering~ 开花特征

tram 有轨（电车）
~car 有轨电车，市内电车
~car network 有轨电车网
~depot 有轨电车车库，有轨电车停车场（站）
~pole 电车线杆
~rail 电车轨道
~road 电车（轨）道，电车路
~way 有轨电车道，路面轨道

tramline 有轨电车线路

trampled areas，plant community of 被践踏区植物群落

trampling 踩，践踏，伤害
~damage 践踏伤害（破坏）
cattle~ 牲畜践踏
recoverability from~ 被践踏后的可恢复性，抗践踏性

tramway 同电车轨道，（公共）电车运输系统（英）；（有轨）电车路线；缆车索道（系统）（美）

tranquil 安静的，宁静的，平静的
Tranquil-Heart Studio 见心斋
~rest area 安静休息区

tranquility 宁静

trans 跨越
~-mountain diversion 跨流域引水；引

水贯山

~-watershed diversion 跨流域引水

transaction 处理，执行；交易，业务；报导；会刊，会报；议事录

transactions，land（英）土地交易

transboundary air pollution 跨界空气污染

transboundary movements of hazardous wastes and

their disposal 危险废料的移动和处理

transboundary planning 转移规划

transboundary waste shipment（美）废料转移（输出）

transboundary water 大陆跨界江河湖泊

transducer；sensor 传感器

transfer 传递，传送；转运；移交；过渡处；换车；印刷传输，转移；渡轮，渡轮码头；传递，传送，转运；移动；移交；换车或船；传授，翻译；进位

~and interpretation of landscape information 风景信息转译

~bridge 渡桥

~centre 换乘枢纽

nutrient~ 养分转移

~of building lines 轴线投测

~of domicile registration 转户口

~of names 过户

~of projects 项目移交

~station 中转车站，换乘站

~train 小运转列车

transferable development rights（**TDR**）开发权转让

transferring of soil piles（美）土堆转移

transfers of real estate（美）房地产转移

transformation 改造；转化；变形；变态；变化

~of city 城市改造

~of pollutant 污染物转化

~of tide wave 潮波变形

transformer 变压器

~station 变电站

~substation 变电站

transfrontier 跨国界的，跨境的

~air pollution 跨国大气污染

~regional planning 跨境地区规划

transient 暂时停留的旅客；流浪者；暂时性的东西；瞬变，瞬态；过渡过程；暂时的，瞬时的；短促的；路过的

~community 短命群落

~load 瞬时荷载

~population 暂住人口

~residential building 临时居住建筑

~situation 短暂状况

transit 经纬仪；运输；通行，过境；过境车道；交通，公共交通；中天，凌日〈天〉

~center 公交换乘中心，转运站

~company 运输公司

~duties 过境税，通行税

~expressway 过境快速道路

~lane 过境交通专用车道

~mall 转运式步行街，公交步行街

~port 中转港

~ride 乘公共车辆出行

~route 过境路线，捷运路线（高速公路上的客运路线）

~shed 临时安置所

~shelter，public（美）公共临时风雨棚

~stop 公共汽车停车站

~strip 中途换车出行
~system 运输系统
~traffic 过境交通
~transportation 过境运输
~trigonometric leveling 经纬仪三角高程测量
~vehicle 过境车辆
~mass vehicle（美）大量过境车流
~public vehicle 过境公交车辆
~rapid vehicle（美）快速过境车辆
~yard 通过车场（直通场）车辆
mass~（美）大量车辆过境
public~（美）公交车辆过境

transition 过渡；缓和；转变，变迁；迁移；过渡期
~area 过渡带（区）
~bog 过渡泥炭地
~condition 瞬（暂）时状态，过渡状态
~curve（铁路）过渡曲线，缓和曲线
~layer 过渡层
~line，habitat 过渡生境线
~peatland 过渡泥炭地,过渡泥炭田（泥煤田）
~period 过渡时期
~section 缓和区，渐变段，过渡区
~slope 缓坡
~temperature 过渡温度
~zone（路线的）过渡段，转变区，缓和段，渐变段；过渡地带，过渡区；（车辆出入隧道的）光度变化段
~zone of cross section 断面渐变段
~zone of curve widening 加宽缓和段

transitional 过渡的；缓和的；转移的；变迁的
~area 过渡面积；过渡区 { 地 }
~belt 过渡带
~biotope/habitat 过渡植物群落生境，过渡生物小区
~community 过渡群落
~grade 缓和坡段
~grading zone 缓和坡段
~growth（of population）（人口的）过渡性增长
~measure 过渡措施
~mire 中位沼泽
~neighborhood 演变中的邻里
~region 过渡区
~regulation 过渡性规定
~stage of economic growth 经济增长的过渡阶段
~style 过渡式
~yard 过渡庭院〈指位于两个分界区之间的庭院〉
~zone 过渡带

translation 翻译；译本，译文；直动，平行运动 { 机 }，移动；直移，移位 { 地 }

translator 翻译者；译码器
~device 翻译机，译码器；译码程序，翻译装置 { 计 }

translocate 移位

translocation of clay 泥土移位；白土移位 { 化 }

translucent haworthia ***Haworthia cymbiformis*** 水晶掌 / 宝草

transmigrant 中转移民

transmissibility 传递率，传递比

transmission 传递，传送；传动；输电；变速箱，牙齿箱 { 机 }；透射，发射 { 电 }
~line 供电线路，输电线路，传输线路
~line，high voltage（美）高压输电线

~pipeline 输送管道
transmit electricity 输电
transmitter 变送器
transnational 跨国的
~planning 跨国规划
~water（美）跨国水体
transparency 透明，透明度
transpiration 蒸发，蒸发作用；发散，气化；流逸{物}；散发（植物蒸腾）；蒸腾〈地〉
~coefficient 蒸发系数
~loss 蒸腾损失
protection against~ 蒸发防护
transplant 移植，移种
~in nursery row 苗圃畦作移植
young shrub~ 幼灌木移植
transplantation 移植
~of semi-mature 半野生树木移植
transplanting 移植，移种
transplanting with soil ball 带土球移植
transponder 询问机（火车站、宾馆设备）
transport 运输，转运；运输船；运送装置（在记录或复印时传送磁带的装置）；运输，转运，运送
~and communication 交通运输
~area 交通用地
~by conveyer 机械化运输
~by simple machine 半机械化运输
~facility 交通运输工具，交通设施
~industry 运输业
~junction 交通枢纽
~junction city 交通枢纽城市
~network 交通网，运输网
~of pollutant 污染物迁移
~orientation 运输指向
~plan，long-range（英）远程运输计划
~service 交通服务，运输业
public~shelter（英）公共交通棚站台
local~system（英）地方运输系统
~to the construction site 通施工现场的运输
mode of public~（英）公共交通模式
nutrient~ 养分传输，营养物转运
private~ 私营运输
public~（英）公共交通
soil~ 土壤运送
transportability of sediments 输沙能力
transportation 运输，转运，搬运；移置
~accident 交通运输事故
~activity 出行活动
~administration 运输管理
~advertising 运输广告，交通广告
~and communication 交通运输业
~and land use study（TALUS）交通与用地研究
~building 交通建筑
~capacity 运输能力
~center 交通中心
~condition 交通条件
~corridor 运输走廊
~corridor selection 运输走廊选择
~demand management（TDM）交通需求管理
~economics 运输经济学
~engineering 运输工程
~facilities 交通设施
~forecasting model 交通预测模式
~geography 运输地理学
~infrastructure（美）交通基础设施
~map 交通图

~medium 运输方式，运输手段
~network 运输网
~park 交通公园
~plan 运输计划
~planning 交通规划，运输规则
~regionalization 运输区划
~route 运输路线
~route selection 运输路线选择
~structure 运输结构
~study 交通研究
~survey 运输调查，运量观测
~system 运输系统，交通系统
~system management（TSM）交通系统管理
~system plan 运输系统规划
~system planning 交通系统规划
~system，public（美）公交运输系统
~vehicle，public 公交车辆
~volume 运输量
public~ 公交运输

transporting 运送，运输
~power 运送能力
~velocity 运送速度

Transvaal Daisy *Gerbera jamesonii* Bolus ex Hook.f. 非洲菊

transverse 横向物；横轴；横墙；横梁；格坝；横的，横向的，横过的，横切的
~aisle 横过道
~arch 横向拱
~beam 横梁
~distribution 横向分布
~drainage 横向排水
~dune 横向沙丘
~fissure 横裂缝
~joint 横缝
~pavement line 横道线，道路横向标线
~profile 横断面
~section 横断面（图）
~section of road 道路横断面
~-section of road 道路横断面
~slope of water surface 水面横比降
~valley 横谷

trap 存水湾；存水管；防臭瓣；凝气阀；暗色岩{地}；陷阱；安装防汽阀等；截获；陷入
~door 上翻门
~，water-sealed joint 存水弯
gasoline~（美）汽油阀
grease~ 油脂分离器
odo(u)r~ 防臭瓣
petrol~（英）汽油阀，防汽阀
sand~（英）清沙器，除沙器
sand arresting~（美）清沙器，除沙器
silt ~（英）淤泥防护层

trapeze（健身或杂技表演用的）吊架，秋千

trapezoidal notch weir 梯形堰

trash 垃圾；废料；破碎物；除去废料
~box 废物箱，垃圾箱
~compactor 垃圾压实机
~dump（美）垃圾堆
~platform（美）垃圾平台
~rack 拦污栅
~receptacle（美）垃圾库
~storage（美）垃圾库
~truck（机动）垃圾车
urban~（美）城市垃圾

travel 旅行；行程；动程〈机〉；旅行；步行；运行；前进；移动

~behavior 旅行行为〈指人们外出时选择哪一种交通工具〉
~direction 出行方向
~expenses 旅行消费（费用）
~frequency 出行频率
~industry 旅游业
~intensity 交通强度
~mode 交通方式
~path 车行道
~speed 行车速度
~time 出行时间，旅程时间，行车时间，旅运时间（一日中各人用于旅次之时间）
~time delay 行程时间延误
~time ratio 行程时间比
~trailer 旅行拖车
~utilization ratio 行程利用率

Traverler's Plant *Ravenala madagascariensis* Sonn. 旅人蕉 / 扇芭蕉（马达加斯加国花）

travelled 行车的，车行的

travelled lane 行车车道

travelled way 车行道

Traveller's Joy *Clematis vitalba* 葡萄叶铁线莲 / 老人须

travel(l)ing 旅行，游历；旅行的，游历的；移动的
~distributor 移动式喷水车
~lighting gallery 灯光渡桥
~road 人行道

travel(l)ator（英）自动行人输送带，活动人行道

travelway（美）车行道
~embankment（美）车行道路堤
~green spaces（美）车行道绿化空间（绿地）

traverse 导线
~network 导线控制网
~point 导线点
~survey；traversing 导线测量

travertine 凝灰石

travois road（美，加）运卸木材的道路，从伐木场运出木材的道路，从采石场运出石头的道路

tread（践）踏；（楼梯）级宽；踏步面；（车轮）着地面（如车胎花纹表面、拖拉机履带等），轮胎花纹；车辙；（左右轮）轮距，（履带）轨距；踩，（践）踏，蹂躏；（踏步板）踩硬；踏平，踏扁
~length 踏板长度；轨距长度
~plank road 踏板路
~ratio（楼梯）级宽比
caterpillar~ 履带
slope of~（楼梯的）踏步坡度

treasure 财富；珍宝；珍藏；珍重，珍惜

treasury 财富；宝藏；金库
~bill 国库券
Treasury Department 财政部
~manager 财务经理

treat（防腐）处理，处治；对待，款待；协商，讨论；交涉；治疗

treated 处理过的
~roofing 浸渍（处理）过的屋顶材料
~sewage 已处理污水
~sleeper 防腐枕木
~surface（已）处理的路面
~water 处理过的水，已处理水

treatment 处理，处治；作业；论述；治疗

~and disposal industry，waste 废物处理和废物处理工业
~and disposal，waste（美）废物清理和清除
~basin，biochemical sewage 生化污水净化池
~sewage basin 污水净化池
~by chlorinated copperas 绿矾氯化处理{水}
~wastewater field 废水（污水）处理现场
~of contaminated land（英）受污染土地处治
~of elevation（façade）立面处理
~of municipal sewage 城市污水处理
~of visitors opinions 游人意见处理
~of wastewater 废水处理，污水处理
~plant 处理厂，处理车间
~plant，miniature sewage（英）小型污水处理工厂
~sewage plant 污水处理工厂
~plant，water 水处理工厂
~wetland wastewater system 湿地（沼泽地）污水处理系统
~tree，work 育林修整工作
acid~ 酸性处理
acoustic~ 声学处理，防声措施
advanced~ 高级处理，深度处理
after~ 后期处理
anti-corrosion~ 防腐性处理
anti-skid~ 防滑处理
antiskid~ 防滑处理
architectural~ 建筑（艺术）处理
artistic~ 美化处理
asphalt surface~（地）沥青表面处治
biochemical~ 生物化学处理，生化处理
biological~ 生物处理（法）
biological waste~ 生物废物处理
biotechnical~（美）应用生物学处理
brush~（木材防腐）涂刷处理（法）
chemical~ 化学处理（法）
curative~ 补救措施，补救处理
deslicking~ 防滑处理
drinking water~ 饮用水处理
high-temperature~ 高温处理
industrial effluent~ 工业污水处理
industrial wastewater~ 工业废水处理
initial~ 初步处治
land~（污水）土地处理
landscape~ 景观处理
mechanical~ 机械处理（法）；机械加工
neutralization~ 中和处理
open tank~（美，加）露天池净化处理
original~ 初次处理；原来处理
pesticide wastewater~ 农药废水处理
planting~ 绿化处理，种植处理
preferential~ 优惠待遇
preliminary~ 简易处理
pressure~（木材防腐）压力处理（法），压力蒸炼（法）
protective~ 防护处理
root~ 根处理
rough~ 初步处理，粗糙处理
seal~ 封闭处理，封层处治
secondary~（污水）二级处理
sewage~ 污水处理
sewage farming of land~ 污水灌溉法
sewage~ 污水处理
sludge~ 污泥处理
slurry~ 泥水处理

spray~ 喷射处理
sprinkle~ 喷洒处理，路面撒（涂有沥青的）集料处治法
stage~ 分级处理
steeping~（英）浸泡处理
surface~（沥青）表面处治；表面处治；路面处理
symmetrical~ 对称处理
waste~ 废物处理
waste bank~ 废方处理
water~ 净水处理；软水处理
water-repellent~ 防水处理
wetland wastewater~ 湿地污水处理
wound~（树木等植物组织的）损伤伤痕处理

treaty 条约，协议，协定，合同，契约；协商，谈判
~port 交通口岸
~trading district 商埠区

tree 树，树木；乔木；木材；（交通量树状图）
~age 树龄
~and shrub evaluation 树木灌木评价鉴定
~and shrub planting 树木灌木种植
~and shrub pruning 树木灌木修剪
~visual assessment 木材目视估价
~protective，barrier 树木护栏
~bed 树畦
~belt 树带〈尤指街道的绿化带，林荫带〉
~bench 木长凳（长椅）
~-branch pipeline 树枝状管网
~brush（bark brush）树皮刷
~butchery 滥伐树木
~caliper 树径尺
~canopy 树冠覆盖面
~canopy level（美）树冠覆盖面等级
~canopy shading 树冠覆盖面庇荫
~care（美）树木护理
~circle edging（英）树木围栏
~clearing and stump removal（美）树木伐除与掘根
~clearing work（美）树木伐除工作
~cover 树木覆盖，林被
~crop 树木产量，树木收成
~crown 树冠
~opening up of crowns 树冠疏开
~data bank 树木资料库（数据库）
~derivation 树形图
~diagram 树状图解，树形图
~digging machine 挖树机
~dozer 铲树机
~-fall gap community（美）林中空地的植物区系
~farm 林场
~feeding 树木施肥
~feller 伐木锯
~felling 采伐树木
~fertilizing（美）树木施肥
~form 树形
~graph 树图
~grate 树池保护格栅
~grate，concrete（美）混凝土树池保护格栅
~grid（英）树池保护（铁）格栅
~concrete grid（英）混凝土树池保护格栅
~grille，concrete（英）混凝土树池护栅
~grove，fruit（美）果树林

~guard 树干保护套栏
~-guard 树木护栏，树木的保护装置
~wire mesh guard 金属网状树木护栏
~wire netting guard 金属网状树木护栏
~head（英）树头
~house 巢屋
~identification 树木（类型）辨认
~inspection 树木检验
~lawn 人行道与缘石之间的树坪绿化带〈美〉
~layer 树层
~limit 树木限界（指纬度限界）
~line 树木线，森林线
~-lined avenue 林荫道
~forest liner 森林区苗圃
~maintenance 树木护理
~maintenance practice 树木护理实践
~management 林木经营
~mapping 林木测图（或绘图，制图）
~-meter ruler 测树尺
~method 植树方法
~nursery 苗圃，树苗圃
~forest，nursery 林区树苗圃
~nursery specialist 树苗圃专家
~nursery woker 树苗圃工作人员
~of a game 狩猎树林
~of economic value 经济林木
~of heaven 樗树（臭椿）
~of heaven Ailanthus 臭椿
~of seedling origin 苗木源树，由实生苗长成的树
~-offset pattern 树木分枝型式
~flowering or shrub 开花的树木或灌木
~peony 牡丹
~pit 树木种植穴
~pit cover 树穴防护，树根防护
~pit edging（美）树穴缘
~pit surface 树穴表面
~pits，improvement of 树穴改善
~revitalization of（street）pits 街道树穴复壮（松土、施肥等）
~planting 植树
~（planting）bed 植树（苗）床
~planting day 植树节
~planting，dispersed fruit（美）分散果树的种植
~planting，ditch corridor（美）沟渠边缘植树
~planting grid 植树网格
~planting pattern 植树方式
~planting site 植树造林区
~preservation area 树木保护区
~preservation order（英）树木保护等级
~preservation ordinance（美）树木保护条例（规格、法令等）
~prop 树木支柱
~protection ordinance（美）树木保护条例
~pruner（long-handled pruner）高枝剪（长柄剪枝刀）
~pruning 树木修剪
~pruning，fruit 果树修剪
~removal，alternate 树木轮换
~rose（美）木本蔷薇
~rose，weeping（美）垂枝独干蔷薇
~retard method 树木挂淤法（控制河漕时用）
~retards（河道）树丛滞流
~ring（树木）年轮
~savanna(h) 有热带（或亚热带）稀树

的草原
~scaffolds 树木支架
~scape 多树的风景，树木景观
~forest seedling 森林树苗
~shears 修枝剪刀
~skeleton 林木叶脉
~stake 护树桩
~steward（美）树木管理员
~structure 树形结构
~stump 树墩，树桩；树残株（或根茬等）
~clearing and removal of stumps 树墩清除和终伐
~surgery 树木外科学
~survey 测树
~survey plan 测树方法，测树计划
~to be preserved 计划保留的树木
~treatment work 树木处理（或抚育，医治）工作
~trunk 树干
~trunk，raised soil level near a 近树干的凸土水平
~boarding up of trunks 近树干装木板罩
~vault，precast concrete（美）预制混凝土木拱顶
~vigor 树势
~wall 树篱；树墙
~water hollow 树水坑
~well 树坑
~precast concrete well（英）预制混凝土树坑
~work 树木保护和整形
~wrapping 树木保护覆盖
accidental damage to a~ 树木意外灾害
avenue~（英）行道树
ball wiring of a~ 用金属丝捆紧的树根泥团
broadleaf~ 阔叶树
broadleaved~ 阔叶树
butt of a~ 树木根段（或根兜）
canopy edge of a~ 树冠缘
champion~（美）一等树木
city~ 城市树木
coniferous~ 针叶林木
crop~ 主伐木，商品林
deciduous~ 落叶林木
earth fill around a~ 绕树堆土
Feathered~（英）羽状树木
field~ 野外林木
fodder~ 饲料树木
fruit~ 果树
ground branching~（美）地面分枝的树木
groundfill around a~ 绕树填土
high branched~（美）高分枝树
high crowned~ 高树冠树木
Landmark~（美）地标树
large-caliper~ 大直径树木，树干挺拔林木
lopped~ 截枝树木
mature~ 成熟林木
miniature fruit~（美）小果树
monarch~（美）单原型树
multiple-stemmed~（美）多干树木
multi-stem~（美）多干树木
multi-stemmed~（英）多干树
needle-leaved~ 针叶树木
old and notable~ 古树名木
one-year-old feathered~（英）一年生羽状树
ornamental~ 观赏树木

pollarded~ 截去树梢的树；截头树
pyramidal fruit~ 金字塔形果树
reserved~（英）留作专用的树；储备树
roost（ing）~ 栖息树
semi-dwarf fruit~（美）半矮生果树
shade~ 阴性树
specimen~ 样本（标本）树
standard street~（美）标准行道树
street~ 行道树
tip of a~ 树末梢
top of a~ 树头；树梢端
voluntary caretaker of a~（美）树木自愿看管人，管理树木志愿者
weed~ 杂木

Tree canker of Pinus babulaeformis 油松烂皮病（***Valsa kunzei*** 孔策黑腐皮壳菌 /***Cytospora kunzei*** 孔策肾孢菌）

Tree canker of Punica granatum 石榴腐烂病（***Cytospora*** **sp.** 壳囊孢菌）

Tree Eligma moth ***Eligma narcissus*** 臭椿皮蛾

Tree Fern ***Dicksonia antarctica*** 树蕨（英国斯塔福德郡苗圃）

Tree heart rot 梨木腐病（***Fomes truncatospora*** 截孢层孔菌等真菌）

Tree Hollyhock ***Hibiscus syriacus*** **'Blue Bird'** '蓝鸟' 木槿花（英国斯塔福德郡苗圃）

Tree Hollyhock/Shrub Althea ***Hibiscus syriacus*** 木槿

Tree ***Ivy × Fatshedera lizei*** **(Cochet) Guill.** 熊掌木 / 常春金盘

Tree Morning Glory ***Ipomoea fistulosa*** **Mart. ex Choisy/*I. carnea* ssp. *fistulosa*** **D. F. A** 树牵牛

Tree of Heaven/Ailanthus ***Ailanthus altissima*** 臭椿

Tree Peony ***Paeonia suffruticosa*** **Andr.** 牡丹

Tree shrew ***Tupaia belangeri chinensis*** 树鼩

Tree shrew (common) ***Tupaia glis*** 树鼩

Tree soft scales ***Pseudaulacaspis cockerelli*** 考氏白盾蚧

Tree stem base variation 桂花小脚病（病原非寄生性）

Tree stump bonsai 树桩盆景

Tree Tomato ***Cyphomandra betacea*** **Sendt.** 树番茄

Tree-cornered Palm/Triangle Palm ***Neodypsis decaryi*** **Jum.** 三角椰子

treedozer 推树机；伐木机；除根机

treeless 无树木的

tree ring（树木）年轮

trees 树木，林木，森林
~and shrubs，band of 乔灌木带
~and shrubs，cutting back of 乔灌木的修剪
~and shrubs，expert opinion on the value of 专家对乔灌木评价的意见
~and shrubs，valuation chart for 乔灌木估价（图）表
~marginal of a forest 林区林缘树
~threat of toppling over 树倒（坏）兆头；树倒迹象
block of~（英）伐木区（或施业区，作业区）
cadastral map of~ 树木地籍图
clump of~ 树丛

cluster of~ 树群
danger of falling down~ 树木倾倒危险
dieback of~ 树木枯萎
edge~ 林缘树
forest border~ 森林边缘树木
group of~ 树木种类，树木类群
isolation of~ 树木解除伐（离伐）
preservation of existing~ 现有树木保护
protection of~ 树木保护
protection fencing around~ 树木护栏
rejuvenation of~ 树木复壮
setting apart of~ 树木孤植
stewardship of~ 树木保护
structural stability of~ 木材结构稳定性
training of young~ 幼树整形（整枝）
transplantation of semimature~ 半野生树移植

treescape 树木景观

treetop 树冠

tree worker（英）伐木工人，树木整修工人

trefoil 三叶形，三叶花样{建}；三叶植物，车轴草

treillage 格沟；格子墙；格子篱；花格架；格子架

trellis 格沟；格子墙；格子篱；花格架；格子架；格子，棚，架；格子凉亭；装格子等；用棚架支撑
~drainage 格形排水系统
~drainage pattern 格状水系
~fence 格状栅栏
~girder 格构大梁
~-work bridge 格构桥；桁梁桥
wooden~ 木格子架；木栅栏

trellised 成格状的
~arch 攀藤拱架
~fence 方格篱笆，方孔竹篱

trelliswork 格沟工程

Tremella/silver ear fungus/white butter ***Tremella fuciformis*** 银耳

Tremolite 透闪石

trench 沟，壕，堑壕，管沟，电缆沟；沟槽，路槽；战壕；挖沟，开槽；探槽；掘翻田地，耕
~bottom 沟底，壕底
~cover 沟槽盖板
~cut method 挖沟法
~cutting machine 挖沟机
~drain（美）沟槽排水
~drain，covered（美）暗沟排水
~drain infiltration 沟渠排水渗流
~drainage 沟槽排水
~opening 沟壕上口
~planting 沟植
~work 挖沟工作，开槽工作
drainage~ 排水沟槽
exploratory~ 探沟，探槽
foundation~ 基沟，基础沟，基坑
planting~ 种植沟
services~ 排水沟

trencher 挖沟机

trenching 挖沟，挖沟工作
~machine 挖沟机
~plough 犁式挖沟机

trend 方向，方位；倾向，趋向；向，倾向，趋向，趋势
~analysis 趋势分析
~curve 趋势曲线
~extrapolation 趋势外推法
~of population growth 人口增长趋势

~term 趋势项
~towards urban development 城市化发展趋势
trending planning 趋势规划
transfer station theory 中转站论
Treptower Park（**Germany**）特雷普托公园（德国）
trestle 支架，栈架；栈桥，高架桥；架柱，架台；栈道
~bent（高架桥）桥墩,（栈桥）排架
~bridge 栈桥，高架桥
tri [词头] 三,三重，三层
~-level grade separation 三层式立体交叉
~-truck 三轮卡车，三轮载货车
trial 尝试；试验；试用；审判；近似解；考验
~area of paving surface（英）铺面试验区
~asphalt 试用地沥青
~garden（英）试验园
~garden，perennials（英）多年生植物园，宿根花卉实验园
~hole（试验性）钻孔，探坑，样洞
~lot 试验路段
~manufacture 试制
~pile 试验桩
~pit 探坑，样洞
~run 试车
~test 试探试验
~value 试用值
triangle 三角形；三角板
~belt 三角皮带
~file 三角锉
~irregular network 不规则三角网格
minimum sight~（美）最小视角
triangular 三角形的，三角的
~arch 三角拱
~chart 三角形图表
~framing 三角形框架
~method 三角形法
~notch weir 三角形堰
~（planting）grid 三角（种植）格
~-profile weir 三角形剖面堰
~space 象眼
~-truss bridge 三弦桥
Triangular Gasteria ***Gasteria trigona*** 三棱脂麻掌
Triangular-toothed Shield Fern ***Polystichum deltodon*** 对生耳蕨
triangulation 三角测量
~network 三角控制网
~point 三角点
Triassic period（**180 million years ago**）三叠纪
triaxial 三轴的
tribal territory 部落领土
tributary 支流；从属的，辅助的，支流的
~area 从属面积
~area of port 港口腹地〈使用港口的内陆〉
~basin 集水区，流域
Tricarinate Calanthe ***Calanthe tricarinata*** 三棱虾脊兰
tricity 三核城市〈被当作一个城市而实质上已联合成一城市的三个邻近而关系密切的市镇〉
trickle 滴；细流；（使）滴下；滴流
~field（英）污水净化场，垃圾倾倒场
~filtering 高空喷撒,高空施播（指肥料）

~irrigate（细）滴灌（溉）
~irrigation（英）（细）滴灌（溉）
~irrigator 滴灌

trickling filter（污水处理）滴滤池，洒滴池，生物滤池

Tricolor flycatcher/ yellow-rumped flycatcher ***Ficedula zanthopygia*** 白眉［姬］鹟 / 黄翁 / 鸭蛋黄

Tricuspid Cudrania ***Cudrania trees*** 柘树

tricycle 三轮（脚踏）车；三轮机器脚踏车；乘三轮（脚踏）车等

trident ***n.*** 三角叉

Trident Maple ***Acer burergerianum*** 三角枫（三角槭）

Trifo Liate Orange ***Poncirus trifoliata*** （**L.**）**Raf.** 枸桔（枳）（英国萨里郡苗圃）

Trifoliate Orange ***Poncirus trifoliate*** 枸桔

Trifurcate-bitter ***Evodia lepta*** 三桠苦 / 三叉苦

Trigonella foenum-graecum ***Fenugreek*** 葫芦巴 / 希腊干草

trigonometric 三角的
~height traversing 三角高程导线测量
~leveling 三角高程测量

trigonometry 三角学，三角法，三角术

trim 整理；装饰；贴脸板；贴脸〈建〉；整齐的；修整；修枝；修剪；修饰；刨平
~stone 镶边石｛建｝
~trail 体育基础训练跑道

Trimmed hedge 装饰边，修整边

trimming 修剪，整枝；剪枝，整姿，修饰；整理；配料；［复］装饰品；修下残枝
~of shoulder 路肩修整
~of slope 斜坡修整
~saw 修枝锯

trimmings 装饰品；修下残枝

trip（短程）旅行；行程；（短程）旅行
~assignment 出行分配
~attraction 出行吸引
~characteristics 出行特征
~, day（美）出行日
~destination 出行终点〈交〉；旅行终点
~distribution 行程分布，出行分布
~duration 出行时间
~end 交通汇集点，行程的终点，出行端
~length 行程长度
~length frequency distribution 出行距离频率分布
~maker 出行者
~map 路程图
~numbers 出行次数
~origin 行程的起点
~production 出行产生，交通产生
~purpose 出行目的
~reduction ordinance（TRO）出行减少条例
~table 出行表
~time 出行时间
~valve 截流阀
auto~ 乘汽车旅行
average~ 平均行程
business~ 商业出行，因公出差
car~ 汽车出行
commercial~ 商务旅行，乘车采购
home-based~ 家庭出行

home based shopping~ 家庭－购物出行〈交〉
home–based work~ 家庭－工作出行
household~ 家眷出行
inter–zone~ 区间行程
internal~ 市内乘车出行，境内出行
local~ 境内出行
pedestrian~ 徒步出行
return~ 回程
round~ 往返行程，来回路程
school~ 上学出行
work~ 上下班乘车出行

Tripitaka 三藏经

triple 三层，三级，三线
~–decker 三层立体交叉，三层道路
~jump runway 三级跳远场地
~strand 三线规划（指道路系统是以公共交通专用为主，两侧为分配性道路）

Triplet Lily/Grass Nut/Brodiea *Brodiaea laxa* 紫山慈姑

triplex 由三部分组成的房屋〈如三层一套的公寓或有三套住房的房屋〉
~apartment 三层楼公寓
~building 有三套住房的房屋
~house 三联式住宅

Tripot fish/short nose tripespine *Triacanthus brevirostris* 短吻三刺鲀／羊鱼／绒皮鱼

trips distribution 出行分布

Tristram's bunting *Emberiza tristrami* 白眉鹀（白眉毛）

Triticum Chinense *Leymus chinensis*（Trin）Tzvel. 蓝羊草

triumphal 凯旋
~arch 凯旋门；教堂大拱门
~column 凯旋柱

triumphant 胜利的，成功的，狂欢的，洋洋得意的

TRO（trip reduction ordinance）出行减少条例

troglodyte 史前穴居人

Troia（小亚细亚西北部的）特洛伊古城

trolley 无轨电车，电车上的触轮，空中吊运车，手推车，手摇车
~conduction 电机车架空线
~bus（英）无轨电车
~car 市内电车，电车
~coach 无轨电车
~wheel（电车）触轮
~wire 电车（电）线，（触轮）滑接导线

trolleybus 无轨电车

trophic 营养的
~level 营养水平；营养级
~level of a waterbody 水体营养水平
~state 营养状态

tropic 回归线；[复 the tropics] 热带，热带地方；热带的，热带地方的
~cyclone 热带气旋
~depression 热带低压
~of Cancer 北回归线，夏至线
~of Capricorn 南回归线，冬至线
~ombrophilous cloud forest 热带嫌雨云雾林
~rain forest climate 热带雨林气候
~storm 热带风暴
~tide 回归潮，热带潮
~zone 热带

Tropic Ageratum *Ageratum Conyzoides* L. 藿香蓟

Tropic Snow *Dieffenbachia amoena* 六月

雪万年青

tropical 热带（地方）的；回归线下的；酷热的；热烈的

~belt 热带

~calm zone 热带无风带〈气〉

~climate 热带气候

~crop 热带作物

~forest 热带林

~grassland 热带草地

~plants garden 热带植物园

~rainforest 热带雨林

~-rain-forest climate 热带雨林气候{气}

~red earth 热带红土

~soil 热带土

~vegetation 热带植物

~wood 热带（木）材

~year 回归年，太阳年（相当于 365 日 5 小时 48 分 46 秒）

~zone 热带

Tropical Almond/Indian Almond/Tavola ***Terminalia catappa*** 榄仁

Tropical house cricker ***Gryllotalpa hemelytrus*** 斗蟋蟀 / 灶马蟋

tropics 热带

trottoir 人行道，步道〈法〉

trouble-free 无困难

trough 槽，水槽，电槽，油槽；木盆；长而浅的容器；凹处；谷，沟；深海槽；海沟；波谷{物}；槽形低气压〈气〉；槽的，槽形的

~beam 槽形梁

~garden（英）谷地园

~girder 槽形大梁

~gutter 檐沟，雨槽

~structure 槽形引道

~vault 倒槽式拱

concrete~ 混凝土层

dune~（美）沙丘凹处

plant~（英）植物槽

troughing distribution system 槽式配水系统

troupe（演出的）班子，团，队

trout zone 鳟鱼带

Trout-leaf Begonia ***Begonia argenteo-guttat*** 麻叶秋海棠 / 银星秋海棠 / 斑叶秋海棠

trowel（移植用的）小铲

troweling course 找平层

truck 运货汽车；卡车，载重车类；无盖货车，敞车〈铁〉；交易；商品蔬菜；转向架〈机〉；用运货汽车运

~capacity 卡车载重量

~factor 卡车系数

~farm（美）蔬菜农场

~farming 蔬菜耕作

~garden 蔬菜农场

~gardening（美）蔬菜园艺

~lane 卡车道，货运车道；货车专用车道

~line 干线，干线道路

~-line traffic 汽车货运线交通

~loading 货车荷载，卡车荷载

~-loading platform 装车台

~route 干线

~terminal 卡车站，载重汽车站，货运汽车站

~-tractor 卡车牵引机，卡车拖头

~traffic 货车交通

~transportation 卡车运输

~-type highway 卡车公路

~–weighing platform 汽车地磅

trucking area 卡车货运服务区

true 真的，真实的，真正的；正确的，准确的；纯粹的；[副]真正地；正确地；整形；配齐（工具等）；成立〈计〉

~bay 月桂

~height 标高，海拔

~joint 真缝

~midday 真正午

~noon 真正午

~to name 名称准确的

~to nature 逼真

~to shape 形状正确的

~to size 尺寸准确的

True bugs 蝽类[植物害虫]

True Daisy/English Daisy *Bellis perennis* 雏菊/春菊（意大利国花）

True Lacquer Tree *Toxicodendron vernicifinum* 漆树

True Lacquer Tree/Varnish Tree *Rhus verniciflua* 漆木/山漆

True myrtle *Myrthus communis* 香桃木/桃金娘

Truestar Anise Tree/Chinese Anise *Illicium verum* 八角树

Truffle Tuber melanusporum 黑蘑菇/块菌

Trujillo（Peru）特鲁希略城（秘鲁）

trump（一套）王牌，法宝，最后大的手段

~stone 主景石（在造园中起重要作用的堆石）

~tree 主景树〈在功能、美观及手法上起重要作用的树木〉

trumpet 喇叭形，喇叭式

~grade separation 喇叭形立体交叉

~interchange 喇叭形交流道，喇叭式立体交叉

~intersection T形交叉

Trumpet Creeper[common]/ Trumpet Vine *Campsis radicans*（L.）Seem. 美洲凌霄/美国凌霄（美国田纳西州苗圃）

Trumpet Honeysuckle *Lonicera sepervirens* L. 贯月忍冬/贯叶忍冬

Trumpet Lily/Tiger Lily *Lilium tigrinum* 海芋/马蹄莲（埃塞俄比亚国花）

Trumpet Narcissus *Narcissus pseudo-narcissus* L. 喇叭水仙

Trumpet Narcissus *Trumpet daffodil*, Lent lily, a narcissus 喇叭水仙，一种水仙

Trumpet Tree *Tabebuia caraiba* 洋红风铃木（澳大利亚新南威尔士州苗圃）

Trumpet Tree *Cecropia peltata* L. 号角树

Trumpet Vine/Common Trumpet Creeper *Campsis radicans*（L.）Seem. 美洲凌霄/美国凌霄（美国田纳西州苗圃）

Trumpet/Calla Lily/Lily of the Nile *Zantedeschia aethiopical* 海芋/马蹄莲（埃塞俄比亚国花）

Trumpeter sillago（trumpet whiting）*Sillago maculata* 斑鱚

truncate 截，切，削，剪；方头的，平头的；截头形的，截顶的；不完全的

Lruncate Fruit Tanoak *Lithocarpus truncatus* 截果石栎

truncated 截头的，截顶的；方头的；平头的

~cone 截头圆锥体
~cone banking 锥坡
Truncatetail bigeye ***Priacanthus macracanthus*** 短尾大眼鲷 / 红目鲢
trunk（躯）干,树干；主要部分；总管,干管,干线,干路；柱身{建}；衣箱；总线导（电）条；汇流条{计}
~cable 长途通讯电缆
~caliper（美）干管卡尺，树干卡尺
~diameter 树干直径，干管直径
~feeder 供电干线
~grid 干线网，干线系统
~highway 干线公路，干路
~injury（美）干线伤害
~line 干线，正线
~line duct 干管，干线
~main line 管道干线
~movement 干线运输
~（line）road 干线道路，主干路（英国最高级公路）
~protection 干线保护
~railway 铁路干线
~road 干线，干道，干路，县干道
~route 干路，干线
~sewer 污水干管，污水总管
~system 干管系统
~wound（美）干茎伤痕
~wrapping 缠裹树干
raised soil level near a tree~ 近树干土高
tree~ 树干
trunkline airport 干线机场
trunks trunk 的复数
truss 桁架
trussed 撑架的
~beam bridge 撑架桥，斜撑梁桥
~bridge 桁架桥
trust 信任，确信；信托，委托；托拉斯，企业联合；信任，确信；信托
~account 信用账户
~company 信托公司
~deed 委托书
~fund 信托基金
~territory 托管地区
Trustees of Public Reservations 公共保护协会
truth/true meaning；**true essence** 真谛
tryst 集合所；市场；约会处
Tsang Cinnamon ***Cinnamomum tasangii*** 辣汁树 / 辣汁樟
Tsang Eightangle ***Illicium tsangii*** 粤中八角 / 增城八角
Tsaoko Amomum ***Amomum tsao-ko*** 草果 / 草果仁
Tsar Bell（**Russia**）钟王（俄罗斯）
Tsavo National Park（**Kenya**）察沃国家公园（肯尼亚）
Tschonosk trillium/wake robin ***Trillium tschonoskii*** 延龄草
Tsimbazaza Park Madagascar 津巴扎扎公园（马达加斯加）
Tsinling Paulownia ***Paulownia tomentosa*** **var.** ***tsinlingensis*** 光泡桐
Tsinyun Mountain Sloanea ***Sloanea tsinyunensis*** 北碚猴欢喜 / 缙云猴欢喜
TSM（**transportation system management**）交通系统管理
Tso Michelia ***Michelia tsoi*** 乐昌含笑
Tsoong's tree ***Tsoongiodendron odorum*** 观光木
tsukuba-san（**Japan**）筑波山（日本）

Tsukuba Academic New Town（日本）筑波科学城
tsunami 海啸，潮波
Tsurugaoka Hachimangu Shrine（Japan）鹤冈八幡宫（日本）
Tsushima Shield Fern ***Polystichum tsus-simense*** 对马耳蕨
Tuan Basswood ***Tilia tuan*** 椴树 / 青科榔（捷克国树）
tub plant 盆栽植物，桶栽植物
tube 管，筒；隧道，地下铁道；车胎内胎；真空管；装管；使成管状；由地下铁道去；管形的
~，capillary 毛细管
~freight traffic system 管道运输系统
~line 地下管道铁路线
~line train 地下管道列车
~railroad 地下铁道
~railway 地下铁路
~rose 晚香玉（植物）
~（plate）settler 异向流斜管（或斜板）沉淀池
~structure 筒体结构
~train 地下铁道列车
Tube Clematis ***Clematis heracleifolia*** 大叶铁线莲 / 牡丹藤
Tubeflower Viburnum ***Viburnum cylindricum*** 水红木 / 山女桢 / 抽刀红
Tubeleaf Kalanchoe ***Bryophyllum tubiflorum*** 棒叶落地生根
tuber 块茎；结节
tuber，hypocotylar 下胚轴结节
root~ 块根
stem~ 块茎
Tuberose ***Polianthes tuberosa*** 晚香玉 / 夜来香
tuberous 有块茎的，块茎状的；有结节的，结节状的
~root 块根
~-rooted plant 块根植物
Tuberous Begonia ***Begonia tuberhybrida Voss*** 球根秋海棠
Tuberous Sword Fern ***Nephrolepis auriculata/Polypodium auric*** 肾蕨 / 吴松草 / 篦子草
Tubeshaped Cistanche ***Cistanche tubulosa*** 管花肉苁蓉 / 观音柳
tubing 装管；敷设管道；管工；管系；管道
~pipe 标管
tubing size~（美）管道尺寸
tubular 管状的
~colonnade foundation；cylinder pile foundation 管柱基础
~pole 管式电车杆，空心电车杆
Tuckehoe ***Poria cocos*** 茯苓
Tudor architecture 英国都德式建筑（1485—1603）
tufa 凝灰岩，泉华；石灰华；钙华
tuff 凝灰岩
Tufted deer ***Elaphodus cephalophus*** 青麂 / 毛冠鹿 / 黑麂
tuft 一簇，一团；丛林；簇生；丛生；成簇球
~divided for propagation 繁殖分离的丛生植物
~formation 丛林形成
~-forming 丛林成型
Tufted Fishtail Palm ***Caryota mitis*** **Lour.** 短穗鱼尾葵 / 酒椰子

tugboat 工作拖轮

Tugela Falls（**South Africa**）图盖拉瀑布（南非）

Tuhuluke Mausoleum（**Huocheng，China**）吐虎鲁克玛扎墓（中国霍城县）

tulip-shaped 郁金香形的，钟形的

Tulip Tree/Yellow Poplar *Liriodendron tulipifera* 北美鹅掌楸（英国萨里郡苗圃）

Tulip *Tulipa gesneriana* 郁金香（阿富汗、土耳其、阿曼、哈萨克斯坦、荷兰国花）

Tulip Tree /Tulip Poplar*Liriodendron tulipfera* 北美鹅掌楸（英国斯塔福德郡苗圃）

Tulip Wood/Scabrous Aphananthe *Aphananthe aspera* 糙叶树

tumble 滚动；滚下；翻滚，跌倒；滚动；翻筋斗；混乱

tumbling bay（英）泄流堰；静水池

Tundikhel Square（**Nepal**）通迪凯尔广场（尼泊尔）

tundra（西伯利亚北部等处的）冻原，冻土地带；冰沼土；苔原

~-climate 冻原气候

~soil 冰沼土

Tung-oil Tree/Chinese Wood-oil Tree *Aleurites fordii* 油桐

tungsten halogen lamp 卤钨灯

tunnel 隧道，隧洞；坑道；风洞；烟道；建筑隧道（或坑道）

~-arbo(u)r 隧道式（树枝、蔓藤等交叉而成的）棚架

~arch 隧道拱圈

~for amphibians 两栖动物隧洞

~for passenger 旅客地道（地道）

~for transporting luggage and postbag 行包邮政地道

~for utility mains 总干道隧道（水、电、气、电信等公用事业管道合用的地下管道或隧洞）

~lighting 隧道照明

~lining 隧道（洞）衬砌

~of love 爱情隧道（公共乐园中的曲折而黑暗的隧道，供情侣乘车或小舟通过者，娱乐公园里供游人穿行的暗隧道）

road~（英）公路隧道

~sidewall 隧道边墙

~support 隧道支撑

~surrounding rock 隧道（洞）围岩

~work 隧道工程，隧道作业

tunneling 隧道法施工

turbidity 浑浊度（浊度）

Turbinate Dillenia *Dillenia turbinata* Finet et Gagnep 大花五桠果

turbine 透平机，涡轮，叶轮机

~house 涡轮机房

~pump station 水轮泵站

~-type rotary intersection（道路）涡轮式环形交叉口

turbulence 骚乱，动荡，(液体或气体的)紊乱

turbulent 动荡的，骚乱的，暴乱的

turbulent flow 紊流

Turczaninow Hornbeam/Chinese Hornbeam *Carpinus turczaninowii* 鹅耳枥/见风干

turf 草皮，草地；草坪，剪齐的草坪；草根土；泥煤，泥炭；铺草皮，植草

~area 草坪面积
~block（美）植草街区
~bound 有草皮的
~corning（英）草皮播种
~cover 草皮
~density 草皮密度
~development 泥炭产生地；泥炭生成史
~filled joint 长满青草的草地连接
~formation 草皮形成
~grid 草皮格砖
~layer（英）草皮铺设者
~moor 沼泽，泥沼地
~nursery 草皮苗圃
~paver（美）草皮摊铺工（机）
~peat 泥炭
~perforation 草皮透气孔
~playing field 草皮运动场
~removal site（英）草皮提取现场
~-seed mixture（美）草皮混合播种
~shoulder 草皮路肩，植草路肩
~slope 草皮坡
~sod 石南腐殖层，生长在泥炭沼里的草皮
~strip 草皮路带，草皮狭长地带
~sward 草皮草地
~wall 草皮土墙
hard-wearing~ 耐磨草皮
playfield~（美）运动场草皮
natural~ athletic field 自然草坪运动场
sports ground~（英）运动场草皮

turfary 泥炭沼地

turfed 铺草皮的
~area 铺草皮的面积，草坪
~pitch（英）铺草皮的斜坡
~slope 植草坡，铺草皮的边坡

turfing 铺草皮，植草

turfy 多草的；草地似的；含泥炭的
~soil 草皮土，草根土，生草土

Turkana Lake（**Kenya**）图尔卡纳湖（肯尼亚）

Turkestan Ash ***Fraxinus sogdiana*** **Bge.** 新疆小叶白蜡

Turkestan Rose/Rose ***Rosa rugosa*** 玫瑰（英国、美国、斯洛伐克、保加利亚国花）

Turmeric/Besar（***Curcuma longa***）郁金

turn 旋转；圈数，匝数；绕道；变向，转弯；转角；转向；轮流；倾向；转，旋转；转弯；转变；翻转，颠倒；变成；出现；（用旋床）旋，超过
~around area 转盘地带
~bridge 平旋桥，旋开桥
~crossing 调头路口〈允许调头道路交叉口〉
~lane 调向车道
~off point 避让点
~out lane 避车道
~place 调头车场，车辆调头处
~radius 转弯半径
~-round 回车场
~space 调头车场，车辆调头处
~table（转换机车方向的）转车台，旋车盘，转盘

turnaround 回车场，回车道；街道交叉处转盘
~loop 回车道
~plants 检修计划
~space 回车场空地
~speed 周转速度

~taxiway（飞机）回旋滑行道
~time 周转时间
~with central island（英）有中心岛的回车场
~with open centre（英）有中心岛的回车场
hammerhead~ T 形回车道
loop~ 环线回车道

turning 旋转；转变，转向，翻转；旋；[复]旋屑；旋转的；转弯的，回转的
~basin 回旋水域
~circle（车辆）回转圆（以直径计）
~circle，vehicle 汽车转弯半径
~clearance circle（英）汽车转弯半径
~curvature 转弯曲度
~equipment 转向设备
~lane 转弯车道，回车道
~lane design 转弯车道设计
~movement 转弯运动
~-over of grassland 草地耕地
~-over of soil heaps（英）转运土堆，转移土堆
~point 转点，转折点，变坡点
~vehicle radii（美）汽车转弯半径
~radius 转弯半径
~roadway 转弯车行道
~speed 转弯速率
~station 转点，转折点，变坡点
~traffic 转弯交通

turnip ***Brassica rapa*** 蔓青 / 芜菁

turnkey（监狱的）看守；（工程房屋等）一切齐全即可使用的；（合同等）总承包的，全承包的
~contract 全部承包合同，包括规划、设计和管理的施工合同
~delivery 承包（建筑安装工程的）安装及启用
~job 承包（使建筑安装工程达到投产或使用要求）
~leasing 交钥匙租赁〈专指给低收入住户的公共住房〉
~-new construction “交钥匙” 新建公共住房，总承包整套新建住房
~project 包建工程
~type building 总承包型建筑，交钥匙型建筑

Turnopshape Neoporteria ***Neoporteria napina*** 豹头 / 芫玉 / 黑翠玉

turnout（行人）避车处，（车行）避车道，让车道，分道，铁路岔道；生产量，产额
~track（铁路）岔道线

turnover 周转，周转率；犁翻，翻转；更新；代谢；（车等的）翻倒，颠倒，颠覆；临时投资额；工程维持费；营业额
~capacity；turnover capacity of storage space 库（场）通过能力
~rate 周转率

turnpike 交流道（高速公路出入口），收税路
~road 收税路，收税高速公路
~theorem 大道定理

turntable 转台

Turpan basin 吐鲁番盆地

turquoise mine 绿松石矿

Turquoise-browed Motmot ***Eumomota superciliosa*** 绿眉翠鴗（尼加拉瓜、萨尔瓦多国鸟）

turret 塔楼

Turtlehead ***Chelone glabra*** 窄叶蛇头草（美国俄亥俄州苗圃）

turves and seeding techniques 铺草皮和播种技术（构建草坪的两种方法）

scoring of~（英）草皮分格

securing~（英）草皮钉住

Tuscan 托斯（卡）堪

~order 托斯卡柱式

Tuscan style 托斯（卡）堪式建筑（古罗马建筑）

Tuscan Blue Rosemary ***Rosmarinus Officinalis*** **'Tuscan Blue'** 托斯卡纳浅蓝迷迭香（美国田纳西州苗圃）

tussock 芦苇丛（植物）

~divided for propagation 芦苇丛分株繁殖

~formation 芦苇丛形成

~plant 芦苇丛植物

Tussock moths 毒蛾类 [植物害虫]

tussocky 草丛状的，多草丛的

TV center 电视中心

TV transmission tower 电视塔

TW（**taxi way**）（飞机的）滑行道，跑道

Tweaksheath Lemongrass ***Cymbopogon hamatulus*** 扭鞘香茅

TW-elevation（美）墙的最高水平

Twenty-eight-spotted ladybird ***Henosepilachna sparsa orientalis*** 茄二十八星瓢虫

Twenty-eight-spotted ladybird ***Henosepilachna vigintioctomaculata*** 马铃薯瓢虫

twig 细枝，嫩枝，枝条；探矿条注意；看出

osier~ 柳树枝条

Twig blight of Albizzia 合欢枝枯病（***Melancomium*** **sp.** 黑盘孢菌）

Twig blight of Hibiscus syriacus 木槿枝枯病（***Phomopsis*** **sp.** 拟茎点霉）

twiggy 细枝的

twilight area 衰落区

twin 一对中的一方；双生子的一人；[复] 双生子；一对；双晶；双生的，成一对的；酷似的；成对

~cities 孪生城，姐妹城

~core 双中心核

~ fish（es）（双）鱼

~geminate（由根基长成的）双干树，（雌雄株）并列生长树

~house 成对房屋，拼连的两所房屋

Twin Peaks Piercing the Clouds（Hanzhou, China）双峰插云（中国杭州市）

~planting（由根基长成的）双干树，（雌雄株）并列生长树

~rivers 双生河流，双支河流，孪生河川

~-tower blocks 双塔式大厦

~wheels 双轮

twin cities 孪生城市

twiner 缠绕植物

Twinflower Abelia ***Abelia biflora*** **Turcz.** 六道木

twining 缠绕的；孪生的

~climber 攀缘植物

~plant 缠绕植物

twist 扭转；绞旋状；捻线；绳；扭转；拧，捻；呈螺旋形；呈漩涡形；曲解

twisted auger 螺旋钻，取土样的麻花钻

~growth 扭曲生长

~wood 扭曲树木，扭曲木材

twister 扭曲者，缠绕者；缠绕物；磁扭

线{电}；龙卷风；尘旋，棘手的事

twisty road 迂回道路，绕行道路

two 二，两个（人或物）；第二；两岁；两点钟

~banks opposing spray pattern 对喷

~-family house 两户住宅

~-flight stairs 两跑楼梯

~-generation household 两代家庭

~-lane 双车道

~-lane highway 双车道公路

~-lane road 双车道道路，双车道公路

~-lane roadway 双车道道路

~-lane traffic 双车道交通

~-lane tunnel 双车道隧道

~-leaf masonry（英）双壁圬工

~level junction 双层式立体交叉

~level roundabout 双层式环形立体交叉

~-medium photogrammetry 双介质摄影测量

~mausoleums of Southern Tang（Nanjing, China）南唐二陵（中国南京市）

~-position control; on-off control 双位调节

~-sided picket fence 两侧木桩栅栏，两侧尖桩篱栅

~-sided weaving section 两侧交织段

~-stage aeration tank 两级曝气池

~-stage bids 两步投标

~-stage biofilter 两级生物滤池

~-stage digester 两级消化池

~-stage sodium ion exchange 二级钠离子交换

~storey grave（英）双层墓穴

~storey settling tank 双层沉淀池

~-way（curved）arch bridge 双曲拱桥

~-way curved arch bridge 双曲拱桥

~-way left-turn lane 双向左转车道

~-way ramp 双向匝道

~-way road 双向（交通）道路

~-way street 双向街道

two-way traffic 双向行车

Two longspine bream ***Parargyrops edita*** 二长棘鲷 / 红立鱼 / 板鱼

Twoanther Mosla ***Mosla dianthera*** 小鱼仙草 / 小本土荆芥

Two-color Arrowhead ***Maranta bicolor*** 双色竹芋 / 花叶竹芋

Twocoloured Flower Rhododendron ***Rhododendron dichroanthum*** 两色杜鹃

Twocoloured Lepisorus ***Lepisorus bicolor*** 两色瓦韦

Twoflower Jerusalem cherry ***Solanum pseudo-capsicum*** **var.** ***diflorum*** 珊瑚豆 / 洋海椒

Two-humped camel/Bactrian camel ***Camelus bactrianus*** 骆驼 / 双峰驼

Two-lobed Oficinal Magnolia ***Magnolia officinalis*** **subsp.** ***biloba*** 凹叶厚朴

Twospine Pincushion/Whiley ***Mammillaria geminispina*** 白玉兔

Two-spotted cat/African palm civet ***Nandinia binotata*** 双斑狸 / 双斑椰子猫

two-point perspective 两点透视

Two-stup long-horn beetles/Juniper bark borer ***Semanotus bifasciatus*** 双条杉天牛

Two-toed sloth ***Choloepus didactylusi*** 二趾树懒

Twotooth Achyranthes ***Achyranthes***

bidentata 牛膝 / 红牛膝

Twovittae Cryptanthus/Earth Star *Cryptanthus bivittatus* 双条姬凤梨 / 纵缟小凤梨 / 绒叶小凤梨 / 斑纹凤梨

Twowing Abelia *Abelia macrotera* 二翅六道木 / 紫荆桠

tying contracts 约束合同

type 式样，型式，类型；典型；（等）级；记号；象征；活字；代表；成为典型；打字

~A distribution A 型分布

~A region A 型区域

~B distribution B 型分布

~B region B 型区域

~house 定型（设计）房屋

~inspection 型式检验

~of building development 建筑开发类型

~of dwelling unit 套型

~of green space 绿地类型

~of household 住户类型

~of intersection 交叉口类型

~of leisure 休息类型

~of locomotive 机车类型

~of organization 组织形式

~of ownership 所有制形式

~of population 人口类型

~of single building 单体建筑形态

~of track 轨道类型

~of use 使用类型，用途类型

construction~ 建筑类型

ecological patch~ 生态斑块类别

humus~ 腐殖土类别

landscape~ 景观类型

lawn~ 草地类别

recreation~ 休憩类别

soil~（英）土壤类别

types of roof or floor structure 屋盖楼盖类别

typhoon 台风

typhoon eye 台风眼

~rain 台风雨

~track 台风路径

typic 典型的

~flood hydrograph 典型洪水过程线

~hydrograph 典型过程线

~storm 典型暴雨

~year 典型年（代表年）

typical 典型的，代表的，模范的；独特的，特有的；象征的

~capacity 典型通行能力，标准通行能力

~cross-section（道路）标准横断面

~design 标准设计，典型设计，定型设计

~detail 定型详图

~drawing 定型图

~grading 典型勾配（路拱坡度）

~floor 标准层

~house 定型房屋

~layout 典型布置

~model 定型

~module 典型模式

~sample 典型样式

~section of room 房间典型剖面

~year 代表性年份

typology of folk-urban 城乡类型

tyrannopolis 专制统治的消费城市

Tzuyuan Fir（*Abies ziyuanensis*）资源冷杉

U u

U-abutment U 形桥台
ubac/shady slope 阴坡
U-bahn 地下铁道〈德〉
Ubame Oak ***Quercus phillyraeoides A. Gray*** 乌冈栎
U-beam U 形梁，槽钢
U-bend U 形弯头
U-shape U 形，马蹄形
U-shaped abutment U 形桥台
U-trap 虹吸管
U-turn（车辆等的）U 形转弯，改变方向
U-Vale（喀斯特地形的）干宽谷，溶崖
UDA=urban development authority [马来西亚] 城市发展局
udalf（美）湿润淋溶土
UED（**urban environment design**）城市环境设计〈是从公共管理的角度研究城市建设的决策过程和方法的综合性学科，主要通过 分区法、税收法、社会计划和公共交流等管理手段控制和影响城市形体环境变化的趋向、数量〉
UI（**urban institute**）（美）城市研究所
UIA（**International Union of Architecs**）国际建筑师协会
Ueno Garden（**Japan**）上野恩赐公园，简称上野公园（日本）
ukiyo-e（日）浮世绘 -17 世纪至 19 世纪的日本大众艺术
Ulmus 榆属
ULPA（**ultra low penetration air filter**）超高效空气过滤器
ultimate 极限，基本原理
~bearing capacity 极限承载力
~capacity 极限容量
~carrying capacity of station 车站最终通过能力
~deformation 极限变形
~duty 极限生产能力
~environmental threshold 终极环境门槛
~limit state for fatigue 疲劳承载能力极限状态
~limit states 承载能力极限状态
~objective 最终目标
~population 最终人口
~production 总产量
~value 极限值
ultimately [副] 毕竟，终究，归根结底
ultra 超的；极端的；过度的
~filter 超滤器
~-high-strength concrete 超高强混凝土
~-tall building 超高层建筑
ultrared（同 infrared）红外线的
ultrasonic 超声波；[复] 超声学；超声的，超音速的
~gauging method 超声波测流法
~humidifier 超声波加湿器
~sounder 超声波测深仪（回声测深仪）
~stage recorder 超声波水位计
~profile current-meter 超声波剖面流速仪

ultrasonics 超声学
ultraviolet 紫外线辐射；紫外（线）的
ultraviolet remote sensing 紫外遥感
Ulugh Beg Observatory（**Uzbekistan**）兀鲁伯天文台（乌兹别克斯坦）
Umayyad 倭马亚王朝（在大马士革或西班牙）的哈里发或埃米尔
Umbellate Rockjasmine（***Androsace umbellala***）点地梅 / 铜钱草 / 喉咙草
Umbelliform Hankow Willow（***Salix matshudana* 'Umbraculifera'**）馒头柳
umbrella 伞
Umbrella Bamboo *Fargesia murielae* 神农箭竹（英国斯塔福德郡苗圃）
Umbrella Bamboo *Thamnocalamus spathacea* 拐棍竹
umbrella effect（大气中增加微粒引起的）雨伞效应
~roof 车站棚顶，独柱式屋顶
~-shaped roof 伞形屋顶
Umbrella Flats/ Umbrella Plant Edge *Cyperus alternifolius* 旱伞草 / 风车草
Umbrella Plant *Darmera peltata* 印度大黄（英国斯塔福德郡苗圃）
ume（日）梅花—日本绘画、雕塑和建筑中常见的长寿象征。
Ume aphid *Myzus mumecola* 梅瘤蚜
Umland [德] 腹地，影响范围（城市）
unallotted household 无房户
unaround track 转线
unauthorized 没有根据的；未经许可的；独断的；越权的
~construction 违章建筑
~dumped waste 违章倾倒的垃圾
~dumpsite（美）违章倾倒场地
unavailable water 无效水
unbalance 不平衡
~protection 不平衡保护
unbalanced 不平衡的
~coefficient of storage 入库不平衡系数
~traffic 不平衡交通
unballasted track 无碴轨道
unbounded space 无限空间
unbroken 完整的，未破坏的；连续不断的；未开垦的
unbuilt area 非建成区，未建区；未建成面积
~plot 空地
~plot area（英）空地区
~site area（英）空地区
uncertain region 不确定区域
uncertainty 不确定度
unchannelized intersection 非渠化交通的交叉口，非渠化交叉口
UNCHBP（**United Nations，Center for Housing，Building and Planning**）联合国住房、建造与规划中心
unclear water 混浊的水，混水
unenclosed land 公共土地
unconditional forecasting 无条件预测
unconditioned zone 非空气调节区
unconfined 无约束的，无侧限的，自由的
~aquifer 自由含水层
~groundwater 非承压地下水
uncontaminated water 未污染水
uncontracted weir 非收缩堰
uncontrollable 非可控的，不可控的
~element 非可控因素
~variable 不可控变量

uncontrolled 无控制的
~grass growth 无控制的草类生长
~grass intrusion 无控制的草类侵入
~intersection 无控制交叉口
~pedestrian crossing 无控制人行横道〈即行人可优先于车辆而通过的人行通道〉
~proliferation of settlements 无控制的植物集落增殖
~weir 自由溢流堰，无控制堰
uncoordinated 不协调的，杂乱无章的，无组织的
uncorrelation 不相关
uncountable 不可数
uncover 除去盖料；露面，暴露；开盖子
uncovered 未遮盖的，无遮盖的；无盖的；赤裸的；无掩护的
~demand 某些活动设备不足的要求
~requirements 某些活动设备不充足的要求
uncovering 露面
~foundation 基础露面
~plough 翻地犁
uncultivated 未开垦的；未开化的；未受培养的
~farm land 未开垦的农田
~land 荒地
~leave 让（田地）荒芜
undecidability 不可判决性
under 在……下面；在……中；不足；下部的；从属的
~branch（保持树形的）下部枝条
~break 欠挖
~clearance 桥跨净空
~consolidated soil 欠固结土
~construction 在建造中，在施工中
~-croft 地下室
~-crossing 地下通道，地道
~crossing 下穿式（立体）交叉
~dam culvert 坝下埋管
~-drain 地下排水暗管
~-drainage 地下排水
~ground diaphragm wall 地下连续墙
~-ground water 地下水
~growth 树下植被，树下草地
~layer 垫层
~-pass 高架桥下通道
~plant 树下矮灌木
~-population 人口稀少（不足），人口过稀
~population area 人口过稀区
~population front 人口过稀地区边缘
~-serviced 公共设施不足的
~-serviced city 公共设施不足的城市
~super elevation 欠超高
~supply 供给不足
~-use land 低度使用土地
underbounded city 边界不足城市
underbridge 桥下；跨线桥
~clearance 跨线桥桥下净空
underbrush 小树丛，矮丛树
undercut 潜挖，暗掘；基蚀；底切
~anchor 暗掘锚固
~bank 底切边坡
~slope（河湾）凹岸；底切坡；暗掘坡
undercutting 下切法，暗挖法
~method（隧道）下切法，暗挖法
~of roots 根暗挖法
underdeveloped area 未开发区

underdevelopment 开发不足的，不发达的
~area 开发不足的地区
~region 不发达地区
~of industrial resource 工业资源开发不足
~stream 未污染河流
underdrain 地下排水管
~system 地下排水系统
underdrainage 地下排水，暗沟排水
underemployment 就业不足
underexploition of natural resource 自然资源开发不足
undergraduate 大学本科学生，大学肄业学生
underground 地下；地下铁道；地下的；隐蔽的；在地下
~access 地下通路
~building 地下建筑
~cable 地下电缆
~cable route 地下电缆线路
~car park 地下停车场
~channel 地下河，地下渠道
~city 地下城市
~cold storage 地下冷库
~department store 地下商场
~disposal of mining gob（美）采矿杂石地下处理
~disposal of mining spoil 采矿废土（石）地下处理
~dwelling 地下窑居
~engineering 地下工程
~erosion 地下侵蚀
~explosion 地下爆破
~free way 地下通道
~garage 地下车库
~gold treasury 地下金库
~granary 地下粮仓
~haulage 地下运输
~headquarter 地下指挥所
~heat storage 地下贮热
~holding tank 地下储水箱（或油箱）
~hose bib（英）地下软管弯嘴龙头
~hospital 地下医院
~hydrant 地下消防栓
~interchange 地下交通枢纽
~irrigation 地下灌溉
~lake 地下湖
~laying 地下敷设
~leakage 地下渗漏
~leveling 地下水准测量
~line 地下管线
~market 地下商业街，地下商场
~mining 地下采矿，地下开矿
~opening 地下开挖，地下洞室
~parking 地下停车，地下停车场
~parking garage 地下停车库
~passage 地下通道
~passway 地下道
~percolation 地下渗流
~pipe 暗管，地下管道
~pipe comprehensive design（地下）管线综合设计
~pipe line survey 地下管线测量
~pipe network 地下管网
~pipe system 地下管网
~pipes comprehensive design 地下管线综合设计
~plant 地下工厂
~plant part 地下装置

~pollution 地下污染
~power line 地下电线
~power plant 地下电站
~power station 地下电站
~railway 地下铁道
~recharge 地下回灌（灌注）
~reservoir 含水层，地下水库
~residue 地下水储量
~river 地下暗河（地下河）
~securing 树土块(土团)固定(用支索、稳索）
~shelter 地下防空洞
~shopping centre 地下商业中心
~space 地下空间
~spring 地下泉
~storage gasoline tank 埋地油罐
~storage IPG tank 埋地液化石油气罐
~store 地下商场
~store room 地下仓库
~storm drainage system（美）地下雨水排除系统
~storm water system 地下暴雨水系统
~street 地下街道
~structure 地下结构物，地下建筑
~sub-station 地下变电站
~survey 地下测量
~system 地下系统
~tank 地下水池
~testing laboratory 地下试验室
~town 地下街，地下商业街
~traffic 地下交通
~transmission line 地下输电线
~treasure chamber 地下珍宝馆
~tunnel 地下隧道
~utilities 地下管网，地下管线
~warehouse 地下仓库
~water 地下水；潜水
~water level 地下水位
~water pollution 地下水污染
~water proof engineering 地下防水工程
~water resource 地下水资源
~water supply 地下水供应
~water table 地下水面
~watercourse 地下河道
~watering（英）地下加水
~work 地下工程

undergrowth 矮树丛，灌木丛

underlease 转租，转借，分租

underlet 分租，转租

underlying 下伏的，在下（面）的；根本的，基础的；作为基础的
~land use zone 未指定土地用途区
~stratum 下卧层
~surface 下垫面
~zoning 备选用地区划

undermined 潜挖，暗挖；底切；挖坑道
~works with low exit 坑道工程

undermining 潜挖，暗挖，底部深挖

underpass 地道，地下过道
~approach 地道引道
~bridge 地道桥
~grade separation 下穿铁路立体交叉

underplanting 植于……之下，种下；下木栽植

underprivileged area of the city 市内贫民区

underprovided plant tissue 营养不足的植物组织

undersea tunnel 海底隧道

underseed 掩护地带播种，有遮盖下播种

understanding 理解；理解力；谅解；协定；聪明的

~of planning 规划协定

understock 存货不足；未充分供应（商店等）存货

understor(e)y [生态] 下层林木

~plants 下层植物

undertaking 企业，事业

~of wide scope 大企业

underwater 水下的，水中的

~blasting 水下爆破

~clearing 水下清碴

~construction 水下施工；水下工程

~cross section survey 水下横断面测量

~current 水中暗流，潜流

~cutting 水下切割

~defect detecting；underwater fault detection 水下探伤

~desilting 水下清淤

~drilling and blasting ship 钻爆（炸礁）船

~effluent discharge pipe into the sea 水中污水通海排水管

~explosion 水下爆破

~foundation bed leveling 水下基床整平

~ice 水内冰

~longitudinal section survey 水下纵断面测量

~operation 水下作业

~patching 水下修补

~salvage 水下打捞

~television 水下电视

~topographic survey；bathymetric surveying 水下地形测量

~topography 水下地形

underwood 矮林；林分；下木

~planting 林下种植

undesigned 未指定用途的

~area 未拨用地，待定用地

~land use zone 未指定土地用途区

undesirable 不希望的；不方便的；讨厌的；不良的

~geologic phenomena 不良地质现象

~plant list 不良植物目录

~list of plants 不良植物，不良植物目录

undesired sound 噪声

undetermined 未确定用途

undeveloped 未开发的（如土地等），不发达的，未发展的

~land 未开发的地区，没有建筑物的空地

~natural resource 未开发的自然资源

~peripheral area（英）未开发的周边地区

~water power 未利用的水能，未开发的水能

~zoned land 未开发的分区土地

undevelopment 未开发，不发达

~area 未发展地区

~estate 未开发的土地

~region 不发达区域

~territory 未开发地区

undisturbed 原状的，原来的；未搅动的；静的，安稳的

~soil 未扰动土，原状土

~soil sample 不扰动土样（原状土样）

~subgrade（美）不扰动基面（路基）

~subsoil（英）不扰动地基土

undivided road 无分隔带道路

undressed 未修整的；剥除的
~stone 未修整的石材
~stone，flat（英）未修整的平石
undulate 波动，起伏，成波浪形；波浪形的，起伏的
undulating 丘陵的，起伏的
~ground 丘陵地
~range of surface 水面起伏度
unearned increment（土地的）自然增值
unemployed 失业者
unemployment 失业，失业人数
~labour force 失业劳动力
~rate 失业率
UNEP（**United Nations Environment Program**）联合国环境规划署
Unequal Brake ***Pteris inaequalis/*** **P.** ***sinensis/*** **P.** ***excelsa*** **var.** ***simplicor*** 变异凤尾蕨 / 中华凤尾蕨
unequal settlement 不均匀沉降
uneven 不平的；不一律的，参差不齐的；奇数的；品质不匀的
~distribution 分布不均
~frost heaving 不均匀冻涨
~parallel bars 高低杠
unexcavated area，**protection of an** 考古区，考古区保护
unfavorable geology 不良地质
unfit dwelling 不宜居住的住宅
unfold 铺开，展开；表明；显露
unfolding foliage 叶伸展，展叶
unforeseen 未预知的，意外的，不测的
~construction work 未预见施工工程，未预见施工工作
~demand 未预见用水量
unfrozen 不冻的
~port 不冻港
~-water content 未冻含水率
unhealthy area 不卫生地区
unidirectional 单向的
~airflow 单向流
~flow ventilation 单向流通风
unified 一致的，统一的，一元化的
~construction 统一规划
~housing development [中] 统建住房
~plan 综合规划
~planning 综合规划
Uniflower Orchid ***Changnienia amoena*** 独花兰 / 独蒜兰
uniform 制服；均匀的；均等的；同样的；一致的；齐的；不变化的；同一标准的；使一致；使穿制服
~building code（美）统一的建筑法规，同一标准的建筑技术标准
~Construction Specifications（美）统一的施工规范（规程）
~distribution 均匀分布
~flow 均匀流（等速流）
uniformity 一致性
~of day lighting 采光均匀度
uniformly 均匀地，一致地
~distributed load 均布荷载
Unigemmate Chain Fern ***Woodwardia unigemmara*** 单芽狗脊蕨
uninhabitable 不适于居住的，不能居住的
unilateral 单向的，单边的
~parking 道路单边停车
~waiting 道路单边停车
Unilaterale Spleenwort ***Asplenium unilaterale/A. szechuanense*** 半边铁角蕨

unimproved 未改善的，未利用的，没有坚实路面的

land~ 未改善土地

~property（美）未改善地产；未改善特性

uninhibited 不受禁止的

~area 开放区，非禁区

uninterrupted（traffic）flow 不间断车流，连续流

union 活接头，管接；联合，一致，结合；同盟；协会，工会

bud~，（美）接芽

Union of International Architects（UIA）国际建筑师协会

~station 联合车站，联运站

graft~ 嫁接

unique 无双的东西；唯一的；无双的，无比的；独特的；单价的{数}

~character of a（scenic）landscape 风景特性，景观特性

~character of natural features 自然（天然）景物特性

~copy 珍本，孤本

~feature 特殊情况；特色，特点，特性

~mechanism 独特机制

~natural feature 独特自然特征

~opportunity 极难得的机会

~project 特殊（建设，设计，规划）项目

~style 独特风格

uniqueness 唯一（性）{数}

~of a landscape 景观（物）的唯一性

~of equilibrium 均衡的唯一性

~of natural features（美）天然特征的唯一性

~of utility index 效用指数的唯一性

unit 单位；单元；元件，组份；整数；个体；基数；部件，附件；设备，器械，仪器；组合，机组，全套装备；总成；电池，电源；滑车，滑轮；接头；部队，单位的；单一的；一元的；一套的，组合的

~area 单位面积

~area fee 单位面积收费

~body 建筑群中的个体建筑，单体，个体，组合体的基本单位

~conversion 单位换算

~design 单元设计

~green area 单位绿地

~heater with centrifugal fan 离心式暖风机

~hydrograph 单位线

~kitchen 单元式厨房，定型厨房的基本单位

~length 单位长度

~load 单位负荷

~load system 单位装载运输方式〈如集装箱运输〉

~mass 单位质量

~of a landscape，spatial 景观空间单元

~of capacity 容量单位

~of computation 计算单位

~of construction 建筑单元；构件

~of geographical division 地理区划单位

~of structure 构件，结构单元

~of time 时间单位

~of weight 重量单位

~plan 单位平面〈建筑物平面构成的基本单位〉

~price 单价

~price analysis 单价分析
~price contract 单价合同，单位价格合同
~price for an alternative 可变单价
~price list 单价表
~price reduction 单价降低
~prices，examination of 单价检查
~radiant panel 块状辐射板
~rate contract 单价合同
~labour cost at a rate（英）单价人工费，日人工费，小时人工费
~time 单位时间
~train 单元列车
~volume 单位体积
~water use 单位用水量
~weight 单位重量
arithmetical~ 计算单位
building~ 建筑单元
business accounting~ 经济核算单位
caloric~ 热量单位，卡
charge~ 计价单位
concrete building~（预制）混凝土房屋构件
concrete masonry~ 混凝土砌块
concrete paving~（英）混凝土铺砌单元（单位）
conversion of~ 设备改装
cost~ 成本单位
dwelling~ 居住单位
ecological spatial~ 生态空间单位
edge~ 边缘单元
Euro-currency~（简写 ECU）欧洲货币单位
landscape~ 景观单元
masonry~ 圬工单位，砌块
natural landscape~ 天然景观单元
paving~（美）铺路器械
planter~ 播种机部件
practical~ 实用单位
precast~ 预制构件
precast concrete~ 预制混凝土构件
precast concrete pavement~（简写 PCPU）预制混凝土路面元件
prefabricated~ 预制构件
prefab（ricated）concrete~ 预制混凝土构件
soil taxonomic~ 土壤分类单位
spatial~ 空间单位
taper~ 检视孔

unit engineering 单位工程

unite 联合，结合；合成一体，混合；一致

united 联合了的，合并了的；一致的；团结的
United Kingdom（简写 U.K.）联合王国（即英国）
~layer，closely 密实连结层
United Nations（简写 U. N.）联合国
United Nations Buildings 联合国总部大厦
United Nations Conference on the Human Environment（简写 UNCHE）联合国人类环境会议
United Nations Environment Program 联合国环境规划署（简称 UNEP）
United Nations Headquarters 联合国总部
United Development Program（简写 UNDP）联合国开发计划署
United Economic Commission for Europe

（简写 UNECE）联合国欧洲经济委员会

United Nations Educational Development Organization（简写 UNEDO）联合国教育发展组织

United Nations Educational，Scientific and Cultural Organization（简写 UNESCO）联合国教（育）科（学）文（化）组织

United Nations Environment Programme（简写 UNEP）联合国环境计划署

United States（简写 U.S.）美国

United States Conference of Mayors 美国市长会议

United States Housing Authority 美国住房管理局

United States of America（简写 U.S.A.）美利坚合众国（即美国）

units，definition of spatial 空间单元定义

unity 单位，整体，统一性

universal 宇宙的，全世界的；万能的，全能的；通用的；普遍的，一般的，泛的；全称的

Universal Bay of the Yellow River（China）黄河乾坤湾（中国）

~method of photogrammetric mapping 全能法测图

Universal Peace（Yuanming Garden，Beijing，China）万方安和（中国圆明园景区之一）

universe 全体，总域

university 大学

~building 大学建筑

~of applied sciences（英）应用科学大学

~study 大学学习（高等教育课程）

unknown 未知的

~quantity 未知量

Unknown Soldier Monument 无名战士纪念碑

unlawful 非法的，不正当的

~trading 非法交易

unloaded fish shelter 卸鱼棚

unloading 卸载，卸货，卸料

~place 卸货场，卸货处

~port 卸货港

~yard 卸货场，卸货处

unlocated household 不定居户

unmanageable 难管理的

unmanaged 未受管理（或控制）的，(土地）荒芜的

~dumpsite（美）未受管理的卸载（倾卸）场地

~tipping site（英）无管理的倾倒场地

unnatural 不自然的，反常的，不正常的，反自然的

unobstructed sight 无阻视线

unoccupied 空着的，无人住的，未被占用的，无人使用的

~dwelling 空宅，未使用的住房

~land 空地

~population 无职业人口，非在业人口

unorganized 无组织的

~air supply 无组织进风

~exhaust 无组织排风

~natural ventilation；uncontrolled natural ventilation 无组织自然通风

unpaved 未铺路面的，未铺装的

~area 未铺装区，未铺路面区

unplanned 计划外的，盲目的

~birth 计划外生育

~urban growth 城市盲目发展，城市盲目增长

unpleasant smell 难闻的气味

unpolluted 未污染的

~area 未污染区

~supply 未污染的水供应

unpredictable 不可预测的

~unpredictable factor(s) 不可预测的因素

unpriced 不带报价的

~bill of quantities 不带报价的工程量清单

~proposal 不带报价的建议书

unproductive 非生产性的；无结果的；陡然的；不毛的

~labour 非生产性劳动

unprofessional 非专业的，外行的，非职业性的

unprotected 无保护的；无防护设备的

unpruned 未修剪的，未剪枝的；未删去的

unreclaimed area 未复垦区

unremunerative 无利可图的，无报酬的；不合算的

unrest 不安的状态，动荡的局面

unsafe 不安全的，危险的，不可靠的

unsafety 危险，不安全，不可靠

unsanitary 不卫生的，有碍健康的

unsatisfactory 不满意的；不充分的

unsatisfied requirements 未得到满足的要求

unseasonable 不合时令的，不适时的

unseasoned timber（或 wood）未干燥木材，新伐木材

unserviceable 无用的，不适用的；运行（使用）不可靠的

unserviced land（美）无用土地

unsewered 未设下水道的

Unshiu Orange/Satsuma（**tangerine grown in wenzhou**）***Citrus unshiu*** 温州蜜橘

unsignalized intersection 无信号交叉口

unsodded 未铺草皮的

unsolicited prequalification document 主动提供的资历预审文件

unspecialis(z)ed 非专业化的；不特殊化的

unspoilt 未被破坏的，原始的

unstability 不稳定性

unstable 不稳定的；不安定的，不坚定的

~channel 不稳定河槽（冲淤河槽）

~equilibrium 不稳（定）平衡

~flow 不稳定交通流；平稳定流

~freeze-upstream 非稳定封冻河流

~image 不稳定影像

~slope 不稳定边坡

~stage-discharge relation 不稳定水位流量关系

~state 不稳定状态

unsteady 不稳定的，不固定的，非稳定的，波动的

~development 不稳定的发展

~flow 非恒定流

~-flow pumping test 非稳定流抽水试验

~state heat conduction 非稳定传热

~-state heat transfer 非稳态传热

unstiffened 使曲的；使变得柔软的；非加劲的

~elements 非加劲板件

~suspension bridge 非预应力悬（索）桥
unstrained pile（**head**）自由桩头
unstructured play area（美）自由娱乐区
unsurfaced road（无路面的）土路
unsurpassed 未被凌架的，非常卓越的
unsymmetrical 不对称的
~double curve turn out 单式不对称道岔（不对称双开道岔）
~street 不对称街道
unsymmetry 不对称（现象）
unsystematic 无系统的，不规则的，紊乱的
untangle 解开
untenantable 不适宜居住的；非租赁的
Unter Den Linden Avenue（**Germany**）菩提树下大街（德国）
untrained 未受训练的，未处治的
~hedge（英）未处治的边（缘）
~aggregate 未处治集料，无结合料集料
untreated 未处理的，未处治的，未污染的
~sewage 未处理的污水
~subbase 未处治底基层
~surface 未处治的路面（或面层）
untrimmed hedge（美）不整齐的树篱，未修剪的树篱
untwining 疏解，解开，拆开
~at separate grade crossing 立体交叉疏解
~for approach line 出站线路疏解
~for train types 车种类别疏解
unusable land 无发展价值的用地
unused 未用的，不用的
~land 荒置地，未用地
~water 未用过的水
~zone 不利用地区
unwanted birth 不愿有的生育，计划外出生
~spontaneous woody vegetation，clearance of 野生天然木本植物的清除
unwatering 排水
unweighted 未加权的，非加权的
~arithmetic average 未加权算术平均值
~arithmetic mean 未加权算术平均数
~average 未加权平均数
~index number 未加权指数
~mean 未加权平均值
Unzen Amakusa National Park（**Japan**）云仙天草国立公园（日本）
unzoned 未分带的，未划分的，未分区的，无约束的
~open land（美）未划分的空地
up [副词，介词] 向上，上行；到；在
~-and-down traffic 上下行交通
~-country 内地，在内地
~-date 更新，刷新；修改；新的
~-dated version 修订的译文；修改的意见
~-feed system 上行下给式
~-flow regeneration 逆流再生
~-grade 上坡，升坡
~-hill 上坡
~-hole method 上孔法
~-to-date style 现代式
~traffic 上行交通
~zoning 上升分区管制〈由降低分区管制（down zoning）而引起的其他地区的容积率上升，常与降低分区管制结合，促进发展地区建设〉
update 现代化；最新资料；使现代化，适时修正，不断改进，更新；修改，

校正

updated 更新的，适时的；校正的，修改的

~constant 更新常数

updating 校正，更新，修改

~formula 校正公式

upfeed distribution 下行上给式

upkeep 维持，保养；维持费，维修费

~river 保养河川

garden~（英）花园保养

upland 高地，山地，高原；高地的，山地的，高原的

~afforestation（英）高原造林，山地造林

~field 旱地

~moor 高沼，高地沼泽

~plain 高（平）原

~soil 高原土（一种天然砂土混合物）

~swamp 高地沼泽

~water 地表水，上游来水

~woodland，riparian 河岸高山林地

riverine~（美）河边的高山

Upland buzzard ***Buteo hemilasius*** 大鵟 / 花豹

Upland Cotton ***Gossypium hirsutum*** 高地棉 / 棉花根

uplift 提高，抬起；（土的）隆起；反向压力；被动土压力；提高，使向上

~pile 抗拔桩

~（ing）pressure 反力，反向压力；浮力，扬压力

~test（桩工）抗拔试验

~wind pressure（美）旋风涡流

wind~（美）旋风滑流

upper 较高的；较上的；上层的

~age limit 年龄上限

~and lower quartile 上下四分点

~boom 上杆，上弦

~-bound 上限

Upper Cave 山顶洞

~cyma 上枭

~class 上层社会

~class limit 级别上限

~coat 上层

~confining bed 隔水顶板

~course 上层；上游

~edge 上部边缘

~fillet and fascia 上枋

~flexible and lower rigid complex multi-story building 上柔下刚多层房屋

~forest limit 森林上限

~hand 优势

~horizon soil 上层土

~layer of soil 上层土

~ledge 上框

~limb 上缘

~limit 上限，顶点

~pond level 上游水塘水位

~pool 上游水塘

~purlin tiebeam 上金枋

~quadrant 上象限

~rafter 脑椽

~rail 上冒头

~reaches（of river）（河的）上游

~riparian alluvial plain 上游河岸冲积平原

~riparian/riverine woodland（美）上游河岸茂密林地

~river 上游

~river terrace 上游阶状河床

~water 上游水

~wind 高空风{气}

upright 直立的，竖立的；正直的；[副]笔直，竖立着；立杆；竖立的东西

~angle 竖直角，垂直角{测}

~branch，strong 直立棒枝

~bucket type steam trap 浮桶式疏水器

~course 竖砌层，立砌层

~freeze-up 立封

~-growing main branch 直立主枝

~scaffold branch 直立支架枝

UPSC（Urban Planning Society of China）中国城市规划学会

upslope（air）flow 上坡（气）流

upstate 北部地区，在远离大城市的地区

upstream 上游；上行，上方；向上游的；上行的；溯流而上的；[副]向上游，溯流

~flow 逆流

~ponding 上游积水

~slope 上游坡

~spray pattern 逆喷

~water 上游水

~water line 上游水位线

uptake，nutrient 营养摄取

uptown 城市居住区，住宅区，城市高地，市内较高处，市内安静区，郊区，上城（区）

upturned roof-ridge 翼角

upward 向上，仰

~flash 向上闪击

~landscape 仰视景观

~view 仰视

~zero crossing；zero up crossing 上跨零点

upwelling 上涌，上升流

Ur 乌尔〈古代美索布拉米亚南部的城市〉

Ural False Spiraea ***Sorbaria sorbifolia*** **（L.）A. Br.** 东北珍珠梅

Ural Licorice ***Glycyrrhiza uralensis*** 甘草/国老/甜根子

Ural Mountains（Russia）乌拉尔山（俄罗斯）

Ural Peony ***Paeonia anomala*** 窄叶芍药/乌拉尔芍药

Ural River（Russia）乌拉尔河（俄罗斯）

Ural wood owl（*Strix uralensis*）长尾林鸮

Urals（Russia）乌拉尔山脉（俄罗斯）

urb（美）城市区域

urban 市的，都市的，市区

~aesthetics 城市美学，市容

~affairs 都市行政

~age 都市化时代

~agglomeration 城市集聚，城市集结，城市聚集体，城市群，城市群落团块，城市聚集区

~air defense 城市防空

~air pollution concentration 城市空气污染浓度

~air pollution model 城市空气污染模型

~air pollution source 城市空气污染源

~afforesting and greening 城市绿化

~amenity 城市美观，城市宜人的特性

~analysis 城市分析

~and regional planning 都市与区域规划

~and rual ecosystem 城乡生态系统

~and rural zones act 城乡分区条例

~appearance 市容

~area 城市地区〈指城市建成区和准

备发展的市区化地区〉，城市范围，市区
~area recreation planning 城市地区休憩规划
~area source 市区（污染）源
~area study 城市范围圈研究
~area survey 城区调查
~art 城市（美观）艺术
~arterial highway 城市干道，市区干路
~atmosphere 城市大气
~attraction 城市吸引力
~authorities 城市管理机构
~branch road 城市支路
~building code 城市建筑法规
~built-up area 城市建成区
~bus transport 城市公共客运
~busway 城市公共汽车路
~capacity 城市容量
~beauty 城市美观
~blight 城市衰退
~census 城市普查
~centre 市中心区
~character 城市性质
~clearance 城市清理
~clearance and redevelopment（美）城市清理和再发展
~clearway 市区超速道路，高峰时禁止停车道路
~climate 城市气候
~climatology 城市气象学，城市风土学
~communication equipment 城市通信设备
~communication system 城市通讯系统
~community 城市社会，都市社区
~complex 城市综合体
~concentration 市区密度
~congestion 城市过密化，市区拥挤
~connector 城市连接地区
~conservation 城市保护，城市保全
~conservation area 城市保护区
~constitution 城市组成
~construction 城市建筑
~construction administration 城市建设管理
~construction archive 城建档案
~construction cost 城市开发费
~construction maintenance tax 城市建设维护税
~construction management 城市建设管理
~container 城市容器
~context 城市文脉，城市的历史延续
~core 城市中心，城市核心
~cosmetology 城市整容术
~crisis 城市危机
~critic 城市问题评论家
~culture 城市文化
~customer's load 城市用电负荷
~damages 城市灾害
~deagglomeration 城市扩散
~decline 城市衰退
~decoration 城市装饰
~demography 城市人口学
~design 城市设计
~development 城区发展，城市开发
~development area 城市开发区，城市发展区
~development authority 城市发展局
~development corporation 城市开发公司
~development pattern 都市发展模式
~development plan，approval of an（英）

城市发展计划的批准
~development planning 城市建设计划，城市发展规划
~development policy 都市发展政策
~development strategy 城市发展战略
~diagnosis 城市调查分析
~disaster prevention 城市防灾
~dispersion 城市疏散
~distribution 城镇布局
~district 市区
~district heating system 城市热力供应系统
~district sprawl 市区扩展，城市扩展
~domestic water 城镇生活用水
~drift 城市人口集中，城市人口流入
~dwelling 市区住宅
~dynamics 城市动态
~earthquake hazard protection 城市防震
~ecological environment 城市生态环境
~ecological system 城市生态系统
~economic administration 城市经济管理
~economic benefit 城市经济效益
~economic effects 城市经济效益
~economic function 城市经济职能
~economic information 城市经济信息
~economic region 城市经济区
~economic structure 城市经济结构
~economic survey 城市经济调查
~economics 城市经济学
~economy 城市经济
~economy network 城市经济网络
~ecosystem 城市生态系统
~effect 城市效应
~effective area 城市功能影响区域
~electric power network 城市电网（简称城网）
~electricity supply 城市供电
~electricity system 城市电力系统
~element 城市要素
~engineering 城市工程学
~environment 城市环境
~environment design（UED）城市环境设计〈是从公共管理的角度研究城市建设的决策过程和方法的综合性学科，主要通过分区法、税收法、社会计划和公共交流等管理手段控制和影响城市形体环境变化的趋向、数量〉
~environment protection 城市环境保护
~environmental planning 城市环境规划
~environmental quality assessment 城市环境质量评价
~esthetics 城市美观
~evaluation 城市评价
~expansion 市区膨胀，城区无计划扩展
~exploration 城市勘察
~explosion 城市扩张，市区膨胀，都市爆炸（由于人口增加）
~expressway 城市高速干道
~extension 市区扩展，市区扩建
~facilities 城市公共设施，城市设施
Urban Field Service（哈佛大学的）城市现场服务组
~fabric 城市结构
~features 城市特色
~field 城市场
~finance 城市财政
~fire control 城市消防
~flight 城市衰败

~flood control 城市防洪
~forest 城市森林
~forestation 城市绿化
~forestry 城市绿化
~form 城市形态，城市形式
~framework 城市结构，城市格局，城市骨架
~freeway 城市高速干道
~freight movement 城市内货流，城市内物流
~fringe 城市边缘，市郊，市边缘区
~fringe area 城市边缘区
~fringe park 市区边缘公园
~function 城市职能，城市功能
~garden 市区园林
~gardener（美）城市园工，城市园丁，城市种花工
~gas supply system 城市燃气供应系统
~gas utilities 城市煤气公司
~geography 都市地理学
~green 城市绿地
~green coverage 城市绿化覆盖率
~green space 城市绿地
~green space norm 城市园林绿地率及定额指标
~green space planning，general（总体）城市绿地规划
~green space system 城市绿地
~green space system planning 城市绿地系统规划
~green spaces 城市绿地
~green spaces，peripheral 城市周边绿地
~greening 城市绿化
~Greening Committee 城市绿化委员会
~greenway（美）林荫道，园林路（常为行人和骑自行车者设计的通往大公园的）
~group 城市群
~grouping 城市组团
~growth 城市扩展，城市成长
~growth pole 城市生长极
~habitat mapping 城市生态环境（植物生境，动物栖息地）绘图
~heat island 城市热岛
~heat island effect 城市热岛效应
~heat supply 城市供热
~heating system 城市供热系统
~hierarchical planning 城镇体系规划
~hierarchy 城市体系层次（级别）
~highway 城市公路
~historical geography 城市历史地理
~history 城市史
~homesteading 城市定居
~hospital 市区医院
~house 城市住宅
~hydrology 城市水文学
~improvement 城市改建，城市改善
~improvement area 城市整备区
~improvement scheme 市区改善计划
~industrial society 城市工业社团，都市工业社会
~industry district 城市工业区
~infrastructure 城市基础设施
~inhabitant 城市居民
Urban Institute（美）城市研究所
~issues 城市问题，城市病
~land 城市用地
~land administration 城市土地管理
~land classification 城市用地分类
~land management 城市土地管理

~land policy 都市土地政策
~land-use 城市土地利用
~land use 城市土地利用
~land use balance 城市用地平衡
~land-use balance table 城市用地平衡表，城市土地使用平衡表
~land use evaluation 城市用地评价
~land-use index 城市用地指标
~lands（城）市区土地
~landscape 城市景观
~layout 城市布局
~lighting 城市照明
~living 城市生活，都市生活
~living standard 城市生活标准
~main forces power plant 城市主力发电厂
~management 城市管理
~mass 城市人口
~mass transportation 城市公共交通
Urban Mass Transportation Administration（简写 UMTA）城市公共交通管理局
~master plan 城市总体规划
~mechanics 城市设备，城市装备〈指为适应城市流动、消费、情报等大量化而产生的机构、装置，如加大广场、地下铁路、车行道、管道输送、交通控制等〉
~-metropolitan ratio 城镇都市比
~mileage 市内行驶里程
~milieu 都市社会环境
~mobility 城市交通流（动性）
~morphology 城市形态学，都市形态学
~motorway 城市高速（或快速）路，城市汽车专用路
~（municipal）sanitation 都市环境卫生
~network 城市网架
~noise 城市噪声
~open spaces，general plan for（美）城市绿地（开放空间）总体规划
~overall planning 城市总体规划
~park 城市公园，市区公园
~park and garden system 城市园林绿地系统
~park system 城市公园系统
~parks and green space administration 城市园林绿地管理
~parkway 城市公园道路
~pathology 城市病理学
~pattern 城市形式，城市形态
~peripheries 城市边缘区
~physical environment 城市形体环境
~place 城市空间，市区
~planner（美）城市规划者，城市规划师
~planning 城市规划，城市计划
~planning administration 城市规划管理
~planning and development control 城市规划建设管理
~planning and development control land use permit 建设用地规划许可证
~planning area 城市规划区
~Planning Commission 城市规划委员会
~planning land use administration 城市规划用地管理
~planning management 城市规划管理
~planning of disaster management 城市防灾规划
~planning procedure 城市规划程序
Urban Planning Society of China（UPSC）

中国城市规划学会
~planning standard 城市规划标准
~planning theory 城市规划理论
~policy 城市政策
~pollutant 城市污染物
~pollution 城市污染，城市公害
~pollution model 城市污染模型
~poor 城市贫民
~population 城市人口，市区人口
~population density 城市人口密度
~population forecast 城市人口预测
~population growth 城市人口增长
~population growth rate 城市人口增长率
~population projection 城市人口推算
~population structure 城市人口结构
~population survey 城市人口调查
~postal and telecommunication system 城市邮电通信系统
~power plant 城市发电厂
~power supply 城市电源
~power supply sources 城市供电电源
~power supply system 城市供电系统
~primacy 城市首位度
~primary 城市首位数
~problem 城市问题
~public finance 城市财政
~public transportation system 城市公共交通系统
~pyramid 城市金字塔
~radiation 城市辐射力
~railway 市区铁路〈一般指地铁〉
~rapid transit 城市高速铁路
~rebuilding 城市改建
~reconstruction 城市改建，城市重建
~reconstruction planning 城市改建规划
~recreation facilities，concentration of 城市娱乐设施集中度
~redevelopment 市区重建，都市重建，城市改造，旧城改建，城市复兴
~redevelopment work 城市再开发工作，城市复兴工作
~refuse 城市垃圾
~~refuse incineration 城市垃圾焚化
~~refuse incinerator 城市垃圾焚化炉
~regeneration（英）城市改造
~region 市区
~rehabilitation 都市整建，城市修复
~renewal 城市改造（计划），城市重建，城市更新
Urban Renewal Administration（URA）（美）城市更新局
~renewal area 城市更新区
~renewal housing 城市更新住房
~renewal plan 都市更新规划，旧城改造规划
~renewal planning 都市更新规划，城市改建规划
~renewal projects 城市更新建设项目
~renewal scheme 市区重建计划
~requirement 城市需求
~residential area 城市住宅区
~revitalization 城市复苏
~revolution 城市革命，城市改革
~~road 城市道路，市区道路
~Road and Traffic Network Simulation Model（简写 URTRAN）城市道路及交通网模拟模型
~road area ratio 城市道路面积率
~road classification 城市道路等级
~road hierarchy 城市道路体系

~road network 城市道路网
~road right-of-way 城市道路用地
~road system 城市道路系统，城市道路网
~ruderal vegetation 城市杂草植被
~runoff 城市径流
~-rural 城市与乡村的，城乡的
~-rural concentration pattern 城乡人口集中模式
~-rural continuum 城乡连续体
~-rural differential 城乡差别
~-rural economic integration 城乡一体化
~-rural integration planning 城乡结合规划
~-rural population composition 城乡人口构成
~-rural split of population 城乡人口比
~safety minimum 城市安全基准
~sampling area 城市取样区
~sanitation 城市下水系统，城市环境卫生
~scale 城市规模
~science 城市科学
~sculpture planning 城市雕塑规划
~section 市区
~self-image 城市自我形象
~service 城市公用事业
~setting 城市环境
~settlement 城市居住区，都市集居
~sewage 城市污水
~sewerage and drainage 城市污水排水
~sewerage and drainage system 城市污水排水系统
~sewerage system 城市污水排水系统
~site 城市基地
~skeleton 城市网架
~social transformation 城市的社会变化
~society 城市社会，都市社会
~sociology 城市社会学
~space 城市空间，都市空间
~spatial model 城市空间模型
~sprawl 城市无计划扩展，都市蔓延
~square 城市广场
~storm drainage（system）城市暴雨排水（系统）
~strategy plan 城市战略规划
~street 市区街道
~street traffic flow control 市区街道交通流量控制，城市街道交通流量控制
~structure 城市结构，城市建设组成
~structure plan 市区发展结构纲领
~studies 城市研究
~study 城市研究
~study area 都市研究地区
~substation 城市变电所
~survey 城市调查
~system 城镇体系，城市系统
~system planning 城镇体系规划
~-system road 城市（系统）道路
~through road 城市过境道路
~tissue 城市肌理
~traffic 市区交通
~traffic control（简写 UTC）城市交通控制
~traffic control system（简写 UTCS）城市交通控制系统
~traffic control/bus priority system 城市交通控制 / 公共汽车优先系统
~traffic planning 城市交通规划
~traffic survey 城市交通调查

~transit 城市运输
~transport economics 城市运输经济学
~transport modes 城市运输模式
~transportation 城市交通运输
~transportation area 城市交通范围圈
~transportation forecast 城市交通预测
~transportation modeling system（简写 UTMS）城市运输系统
~transportation plan system（简写 UTPS）城市交通运输规划系统
~transportation planning 城市交通规划
~transportation study 城市运输研究
~trash（美）城市垃圾，城市废料
~trend 城市化趋向
~tunnel 市区隧道
~type industry 城市型工业
~units 都市性单元
~upgrading 城市改善
~utility tunnel 城市市政隧道
~vegetation 城市植被
~waste 城市废料
~wastes 城市垃圾
~water management 城市用水管理
~water resource 城市水资源
~water supply resources 城镇供水水源
~water supply system 城市给水系统
~wild sites，mapping of（美）城市荒野土地绘图
~wilds inventory（美）城市荒野目录
~zone 市区地带

Urban and Rural Planning Law of the People's Republic of China 中华人民共和国城乡规划法
urban biodiversity 城市生物多样性
urban famous landscape and historic sites park 风景名胜公园
urban forest park 城市森林公园
urban green buffer 城市绿化隔离带
urban green space boundary line/urban green line 城市绿线
urban heat island effect 城市热岛效应
urban water body boundary line/urban blue line 城市蓝线
urban wetland park 城市湿地公园
urbanism 城市生活，城市特性〈指居民生活、生活方式现代化的状态，城市的典型生活方式〉，城市建设规划，城市规划，城市化
urbanist 城市规划专家，城市建设者，都市计划者
urbanite 都市居民，城市居民
urbanity（城市固有的）文化特性，都市气氛
urbanization 乡村城市化，城镇化，城市化，都市化
~by enclave 飞地型城市化
~by expansion 外延型城市化
~control area 市区化调整区域〈规划中对建设加以抑制地区，即非市区化地区〉
~curve 城市过程曲线
~level 城市化水平
~promotion area 市区化区域

urbanize 使城（都）市化，城市化
urbanized 城市化的，城市的
~agglomeration 城市化集聚区
~area 都市化地区，城市化地区
~belt 城市地带
~civilization 城市文明
~country 都市化国家

~land 城市化土地

~population 城市化居民（数）

~village 城市化村城中村

urbanoid 具有大城市特点的

urbanologist 城市学家

urbanology 城市学，都市学

urbatecture 城市建筑体系

urbiculture 城市特有的习俗

urinal 小便器

urn 瓮，缸；骨灰瓮；坟墓

~burial 骨灰瓮葬地

~burial site 骨灰瓮葬地

~burial site of prominent 名人骨灰瓮葬地

~grave 骨灰瓮埋葬处

~grave in a row 成列骨灰瓮埋葬位

~grave，individual 私人骨灰瓮埋葬地

~hill 瓮山

Urn Plant ***Aechmea fasciata*** 美叶光萼荷/蜻蜓凤梨

U.S. Forest Service 美国林业局

US Housing Act（**USHA**）美国住房法

usability 使用能力

usable 可用的，有用的，能使用的

~area 使用面积，可用地区

~floor area 可用地板面积；建筑使用面积

~floor space 可用地板面积；建筑使用面积

~land 可用土地

~length of track 线路有效长度

~size 有效面积

~storage 水库兴利（有效、调节）库容

usage 用途；用法；使用；用损

~factor 使用因素，利用率，利用系数

~frequency 利用频度

machine~（机械）用途

use 用，使用，应用，运用，利用；使用权；用法，用途；价值、效用，益处；习惯，惯例；（不动产的）收益权；用，使用，应用；行使，运用，耗费，消费，耗尽；利用；对待；服用；惯常（用过去式）

~and wont 惯例，使用习惯

~as defined by Use Class Order（英）用途分类次序确定的用法

~capacity of natural resources 天然资源利用量

~category，building（美）建筑物使用分类

~class（英）使用分类

~class order（英）使用分类次序

~use as defined by Class Order（英）分类次序规定的用法

~classification of soil materials（美）土壤物质使用分类

~development，mixed 混合利用开发

~district 按功能分区规定的地区，可用区域〈规定用途的区域〉

~factor 利用系数，利用率

~fee 使用费

~of beneficial animal species 有益动物种的使用

~of leisure time，organized 有组织的使用闲暇时间

~of open space 游憩用地（开放空间）使用

~of plant material 植物物质的利用

~of the environment，beneficial（有益的）环境的利用

~land pattern 土地使用模式
~rate 耗用率{管}
~regulation 使用规定
~restriction 使用限制，用途限制
~public site（美）公共用地
~sustainably 可持续使用
~up 用尽，用完
~value 使用价值{管}
~zone，industrial 工业使用分区
~zone plan 使用分区图
~zoning 功能分区，使用分区，用途分区
agricultural~ 农业使用，农业用
arable~ 适于耕种的使用，耕作用
area for industrial~ 工业用区
area intended for general recreational~ 一般娱乐集约使用区
communal~ 公用，公社用，市镇用
degree of~ 使用程度
density of~ 使用密度
frequency~ of 使用频率
heavy recreation~ 大型娱乐使用
institutional land~ 公共机构土地使用
land~ 土地使用
level of recreation~ 休憩使用水平
mixed land~ 综合土地使用
multiple~ 复合使用；多样使用
pesticide~ 农药的使用
public~ 公用
recreation~ 休憩用
recreational land~ 休憩地使用
reduction in recreation~ 减少休憩使用
right of~ 使用权
subsequent~ 后继使用，分期使用
suitability for human~ 对人使用的适宜性
sustainable~ 可持续使用
type of~ 使用类型

used 用过的，用旧的，习惯于……的；过去惯常
~goods 旧货
~reapplication of materials 旧货再利用
~oil 用过的油，废油

useful 有用的；有效的；有益的
~area 有效面积
~cross section 有效截面
~economic life 有效经济使用期
~efficiency 有效功率
~energy 有用能；有效能
~horsepower 有效马力，有用马力
~flow 有效流量
~life 使用期，使用寿命
~load 有效荷载，作用荷载
~output 有效输出
~plant species 有效植物物种
~quantity 有效量
~storage 有效库容
~work 有用（的）功

Useful Viburnum ***Viburnum utile*** 烟管荚蒾/洋石子

usefulness 有用；有效；有益
~for cut flowers 益于切花

user 土地用途；用户，使用者
~need research 研究用户需求
~participation 用户参与设计
~requirement 用户需求
~survey 用户调查
recreation~ 游客

users 用户，使用者；土地用途
~association，water（美）水用户协会

~survey of existing 现有用户调查

user's equilibrium（简写 UE）用户均衡 {交}

~guide 用户指南

USHA（**US Housing Act**）美国住房法

usher 传达；招待（员）引进，预示

using local material 就地取材

usual residence 常住地，常住所

Ussuian Pear/Chinese White Pear/Asian White Pear ***Pyrus ussuriansis*** 秋子梨

Ussuri Buckthorn ***Rhamnus ussuriensis*** 乌苏里鼠李 / 老鸹眼

Ussuri poplar ***Populus ussurensis*** 大青杨

usufruct 使用收益权，用益权

Usuki 臼杵石佛群

UTC（**urban traffic control**）城市交通控制

utilitarian organization 功利性组织

utilities 设备；工程

~engineering 管网综合，公用工程

~pipeline 工程管线

~plan 工程计划

installation of~ 设备安装

utility 有用，有益；实用，效用，功用；公用事业；公用设施

~availability 公用设施条件

~circle（公用设施）利用范围圈

~company 公用事业公司

~connection charge（美）（公用设施）地方税

~connection payment（美）（公用设施）地方税

~construction 公用设施建设

~cost 公用设施费用

~easement 使用方便，公用设施

~factor 效用率，利用系数

~factor of berth 泊位利用率

~factor of the position 台位利用系数

~function 效用函数

~green 利用绿地，资用绿地

~index 效用指数

~line 公用事业管线

~line，public 公用事业管线

~network，public 公用事业网

~pipe 公用事业管线

~piping 公用工程管道

~plant 公用企业（如发电厂等）

~refuse 公用事业（水、电、煤气等厂）垃圾，服务行业废物

~service 公用事业，服务事业

~public services 公用事业，公共服务业

~structures 公用事业建筑

~survey 公用设施调查

~waste 公用事业（水、电、煤气等厂）废物，服务行业废物

utilizable water 可利用量（水）

utilization 利用，使有用

~efficiency of passenger car 乘车效率，客车定员利用率

~factor 利用系数，利用率

~factor of water resources 水资源利用率

~of debris 废品利用

~of land 土地利用

~of natural resources 天然资源的利用

~of water 水利

~ratio 利用率

~tree 应用树 {数}

utilizing materials right on the spot 就地取材

utmost 极限

Utopia 乌托邦
Utopian ideal of city 空想社会主义者的城市设想
Uvala 溶蚀盆
Uvarialike Leaves Rhododendron ***Rhododendron uvarifolium*** 紫玉盘杜鹃
Uva-ursi ***Arctostaphylos uva-ursi*** 熊莓
Uyematsu's Pine ***Pinus wallichiana*** 乔松（英国萨里郡苗圃）
Uygar Garden 维吾尔族园林

V v

V-belt V 形皮带，三角皮带

V-cut V 形开挖；V 形割法

V-drain V 形边沟，V 形排水沟

V-gutter V 形沟，V 型砌沟

V-joint V 形缝，V 形接合

v-junction V 形（道路）枢纽，V 形交叉

V-leveler V 形整平机，V 形整平器

V-notch V 形凹口，V 形凹槽

V-roof V 形屋顶

V-shaped V 形的，三角形的（如边沟等）；锥形的，楔形的，漏斗状的

V-shaped ditch V 形边沟

V-type snow plough V 形雪犁，V 形双犁式除雪机

vacancy 空；空处，空隙；空职，空地，空房间

~area 空地区

~land 空地

~lot 空置土地

~rate 空房比，空房率

vacant 空的，空虚的；空着的；空职的；无人住的房子

~building land 闲置的建设用地

~building site 空置建筑地盘

~development land 空置发展地

~ground 空地

~house 空房〈指无人住的房屋〉

~houses 剩余住房

~housing 住房营造量（剩余住房）

~land 闲置地，空地

~lot 空地，空地出卖（广告用）

~lot tax 空地税

~room 未住人房间，未使用房间

~run 无载运行，空转

~site 空置地盘

~state 空位，空态

~tenement 空置住宅

~time 空闲时间

vacation 空出，迁出；假日；休假；辞去（职位）；度假，休假

~accommodation（美）假日调节，休假设备

~accommodation，rural（美）乡村休假设备

~activity（美）休假活动

~development park（美）旅游公园，度假公园

~house 假日住宅

~pay 假期工资

~recreation 假期游憩

~residence（美）假日住所

~traffic（美）假日交通

farm~（美）农场假日

subsidized~（美）补贴休假

vacationer（美）休假人

accommodation-seeking~（美）寻找住处的游客

vacationist（美）度假者

accommodation-seeking~（美）寻找住处的度假者

Vachell's Interrupted Fern *Osmunda vachellii* 华南紫萁

vacuo〈拉〉真空

vacuous 真空的

vacuum [复 vacuums 或 vacua] 真空；空虚；空处

~cleaning installation；~ cleaner；cleaning~ plant 真空吸尘装置

~-processed concrete pavement 真空吸水处理混凝土路面

~pump 真空泵

~system 真空系统

~type steam heating system 真空采暖系统

Vajra 金刚

valence（原子）价，化合价 { 化 }

~，ecological 生态 [价] 值

vale 谷，溪谷，山沟

Valerian/Phu *Valeriana officinalis* 药用缬草 / 痊愈草（英国斯塔福德郡苗圃）

valid 有确实根据的；正当的；有效的

~argument 有效论证

~ballot 有效票

~contract 有效合同

~evidence 确凿证据

~formula 有效公式，永真公式 { 数 }

~period 有效期

~reason 正当理由

valley 谷，谷地；屋顶排水沟 { 建 }；流域；盆地；天沟

~bridge 谷桥

~bulging 山谷（底）鼓胀

~stream corridor（美）（河流）谷地走廊

~fen 谷沼 { 地 }

~flat 河漫滩

~floor 谷底

~glacier 谷冰川

~gravel 河谷砾石

~gutter 斜沟槽

~head 谷源，谷脑 { 地 }

~line 沿溪线

~moor 低沼 { 地 }

~of corrugation 瓦楞槽

Valley of the Kings（Egypt）帝王谷（埃及）

~point 谷点

~profile，longitudinal 谷纵断面；谷纵剖面图

~project 流域规划

~route 谷线，山谷（路）线

~scenic spot 峡谷风景区

~terrace 河谷阶地

~-train 谷（边）碛 { 地 }

wall~ 谷壁

wind~ 谷风 { 气 }

bottom of the~ 谷底

dry~ 干谷

meadow~ 草原流域

Vallingby（瑞典斯德哥尔摩郊外的）魏灵比新城，魏林比

valuable [复] 贵重物，珍宝；有价值的；贵重的，宝贵的

~for nature conservation 对保护自然有价值的

valuation 评价，估价，定价；价值；值 { 数 }

~chart for trees and shrubs 树木和灌木评价图表

value 价值，价格；数值；评价；看重

~added 增值

~-added system 增值系统

~added tax（简写 VAT）增值税
~analysis（简写 VA）价值分析
~at cost 按成本定价
~declared 公布价格
~engineer 造价工程师
~engineering 有效管理，最经济管理法；价值工程；工程经济学
~engineering change proposal（简写 VECP）价值工程改变（设计）建议
~for the money，tenderer offering the best（英）投标者提出的最高币值
~for the price，bidder offering best（英）投标者提出的最高价值
~function 价值函数
~index number 价值指数
~indices 价值指标
~judgment 价值判断
~management 价值管理
~of a forest，amenity 森林便利设施价值
~of a landscape，aesthetic 景观的（美学）价值
~of construction output 建筑业产值
~of currency 币值
~of expectation 期望值 {数}
~of occupants' time 乘客时间价值（把公路交通改善所节约的时间估算为一定的货币价值）〈美〉
~of output 产值
~-of-service 服务价值
~-of-service consideration 服务价值的研究
~of the environmental experience 环境试验价值
~of time 时间价值
~of trees and shrubs，expert opinion on the 专家对树木和灌木价值的意见
abrasion~ 磨耗值，磨耗量
absolute~ 绝对值
actual~ 实际值
added~ 增值，附加值
aesthetic~ 美学价值
annual~ 年值
approximate~ 近似值
assessed~ 估税价值
assessment of scenic~ 风景价值的评定
asymptotic~ 渐近值
attrition~ 磨损值
average~ 平均值
capacity~ 功率；容量
codified~ 规定值，有根据的值
commercial~ 经济价值，交换价值
computation of full contract~（英）全部合同价估算
cost~ 成本价值
crest~ 峰值，极值
critical~ 临界值
defective~ 亏损值
design~ 设计值
desired~ 期望值
economic~ 经济价值
expectation~ 期望值
face~ 票面价值
fair market~ 公平市场价值
final~ 终值
future~ 未来价值
game~ 对策值
gate~ 闸门值
given~ 已知值
going~ 经营价值

gross~ 总产值
gross output~ 总产值
guess~ 估价
guideline~ 指标值
indicator~ 指示值
land~ 土地价值
law of~ 土地法则
leisure~ 娱乐值
market~ 市场价格，市价
maximum~ 最大值
mean~（简写 mv.）平均值，平均数
minimum~ 最小值，极小值 {数}
open-market~（简写 OMV）市场公开价格
original book~ 账面价格
output~ 产值
par~ 票面值，票面额
peak~ 峰值，最大值
pH~ pH 值，氢离子浓度负对数值（表）
practical~ 实用价值
predicted~ 预报值，预测值
preferred~ 优选值
quasi-maximum~ 准最大值
recreation~ 休憩值
reference~ 参考值
sample~ 样本值
simulation~ 模拟值
threshold~ 阈值，限值 {数}
virtual~ 有效值

Vampire bat *Desmodus rotundus* 吸血蝠

van 篷车，大篷货车；箱式车，面包车；搬运车；（铁路）行李车；用车搬运
~camper（美）篷车野营
~container 大型（货运）集装箱；集装箱车辆
~line 长途搬运公司
~ship 火车轮渡
~track 车路
~vehicle 运货卡车
living~（美）野营车

Vancouver（Canada）温哥华（加拿大）

Vanda Miss Joaquim /Orchid（*Vanda spp.*）胡姬花 / 万代兰 / 卓锦万代兰（新加坡国花）

vandalism 破坏（故意破坏文化、艺术和他人财产的行为）
~damage 人为损坏

vane 风向针

vanguard（运动或学术研究的）先驱者

Vanilla *Vanilla planifolia* 梵尼兰 / 香兰

vanillagrass *Hireochloe odorata* 茅香 / 香草 / 白茅香

vanishing 消没，等于零
~line 灭线〈透视图中的消失线〉
~point 灭点（透视图中的平行线条的会聚点），合点
~-point condition 合点条件
~point control 合点控制

vanpool 合乘

vantage point 优越的地点，（屋顶或花园小山供观赏用的）平台，阁，亭子

vapor 蒸汽
~condensation 蒸汽冷凝
~diffusion 蒸汽扩散
~permeation 水蒸汽渗透
~retarder（美）隔蒸汽屏

vaporizing of nitrogen 氮气蒸发

vapour 蒸汽
~barrier 隔汽层

~pressure 水气压

variable 变量

~action 可变作用

~air volume（VAV）air conditioning system 变风量空气调节系统

~-air-volume system 变风量系统

~load 可变荷载

Variable Oxalis *Oxalis variabilis* Jacq. 红花酢浆草

Variable Tuttroot *Dieffenbachia picta* Schott 花叶万年青

Variableleaf Pepper *Piper mutabile* 变叶胡椒

variables 变量

~bound 约束变量

~free 自由变量

variance 变化，变动；差异；方差{数}；数据的偏离值

~analysis 方差分析

~distribution 方差分布

Variant Spleenwort *Asplenium varians* 变异铁角蕨

Variant Wood Fern *Dryoperis varia* 变异鳞毛蕨

variate 变量

variation 变化，变更；变量；变位；偏差；变分{数}

~coefficient 变差系数（离差系数）

~in traffic flow 交通量变化

~in water level 水位变化

~of reservoir storage 水库蓄水变量

Variegata *Carex morrowii* 'Variegata' 花叶苔草

Variegata calamus *Scirpus tabernaemontani* 'Zebrinus' 花叶水葱

Variegata Carrionflower（*Stapelia variegata*）杂色豹皮花/国章/牛角

Variegata English Ivy *Hedera helix* 'Varigata' 花叶洋常春藤

Variegata Pagoda dogwood *Cornus alternifolia Variegata* 花叶宝塔茱萸（英国萨里郡苗圃）

Variegated Bamboo *Pleioblastus viridistriatus*（*auricomus*）菲黄竹（英国斯塔福德郡苗圃）

Variegated Bermuda Arrowroot *Maranta arundinacea* var. *variegata* 斑叶竹芋

Variegated carp/bighead *Hypophthalmichthys nobilis* 鳙鱼/胖头鱼/花鲢

Variegated Feather Reed Grass *Calamagrostis.acutiflora* 'Overdam' 花叶拂子茅

Variegated Female Holly *Ilex aquifolium* 'Handsworth New Silver' '银边'枸骨冬青（英国斯塔福德郡苗圃）

Variegated Holly *Ilex* × *altaclerensis Golden* King 金叶枸骨（英国斯塔福德郡苗圃）

Variegated Ivy *Hedera algeriensis* 'Gloire De Marengo' '马伦哥荣耀'阿尔及利亚常春藤（英国斯塔福德郡苗圃）

Variegated Leaf Croton *Codiaeum variegatum*（L.）Bl. var. *pictum* Muell-Arg 变叶木

Variegated Lily-Turf *Liriope muscari Variegata* 金边阔叶山麦冬（英国斯塔福德郡苗圃）

Variegated Lilyturf/Variegated Liriope *Liriope muscari* cv. Variegata 金边阔叶麦冬（美国田纳西州苗圃）

Variegated Maiden Grass ***Miscanthus sinensis*** **'Variegatus'** 花叶芒
Variegated Mihanorich Chin Cactus ***Gymnocalycium mihanovithii*** **var.** ***friedrichii*** 绯牡丹锦
Variegated New Zealand Flax ***Phormium tenax Variegata*** 花叶新西兰麻（英国斯塔福德郡苗圃）
Variegated Norway Maple ***Acer platanoides*** **'Drummondii'** 银边挪威枫（英国萨里郡苗圃）
Variegated Periwinkle ***Vinca major*** **'Variegata'** 花叶蔓长春花 / 斑叶长春花（英国斯塔福德郡苗圃）
Variegated philodendron-leaf Peperomia ***Peperomia sandersii*** **'variegata'** 花叶蔓生椒草
Variegated Pineapple ***Ananas comosus*** **cv. Variegatus** 艳凤梨
Variegated Shell Ginger ***Alpinia zerumbet*** **cv. Variegata** 花叶艳山姜 / 花叶良姜
Variegated Stonecrop ***Sedum kamtschaticum*** **var.** ***kamtschaticum Variegatum*** 金叶勘察加费菜（英国斯塔福德郡苗圃）
Variegated Tuftroot/Dumb Cane（***Dieffenbachia picta***）花叶万年青
Variegated Wall Cress ***Arabis alp. caucasica*** **'Variegata'** 金叶高加索南芥（英国斯塔福德郡苗圃）
Variegated Weigela ***Weigela florida*** **'Nana Variegata'** 斑叶锦带花（英国斯塔福德郡苗圃）
Variegatedleaf Aspidistra ***Aspidistra elatior*** 条斑一叶兰 / 嵌叶蜘蛛抱蛋 / 金线一叶兰
variegate-leaved plant 斑叶植物
Variegatum Ash-leaf Maple ***Acer negundo*** **'Variegatum'** 花叶复叶槭（英国萨里郡苗圃）
variety 变化；多样(性)；变种；种类；簇{数}
~hall 杂技场，曲艺场
~shop 杂货店
fruit~ 果树变种，果树多样化
varnish 清漆
Varnish/Candle Tree（**candleberry tree**）***Aleurites moluccana*** 石栗
Varnish Tree/True Lacquer Tree ***Rhus vaerniciflua*** 漆木 / 山漆
vartography 地图学
vary 变化改变，改换
~directly 正比变化
~inversely 反比变化
vase 瓶，花瓶；瓶饰〈建〉
vassal 诸侯，封臣，附庸
vast scheme 庞大的计划
Vatican. 梵蒂冈，罗马教廷
~Library 梵蒂冈图书馆
~Museums 梵蒂冈博物馆
~Palace 梵蒂冈宫
Vatphou Temple（**Laos**）瓦普庙（老挝）
vauclusian spring 涌泉水塘
vault 拱顶，拱穹；有拱顶的室，拱顶窖；穹苍，天空；跳跃；作成拱形，覆以拱顶；跳跃
~facility 拱形设施
~roof 拱形屋面（顶棚，顶盖，顶部），拱顶
type~ 拱式

burial~ 地下墓室，墓穴

vaulted dam 拱坝

vaulting horse 鞍马

vaults，nutrient 营养物质保留（储备）库

Vaux-le-Vicomte（**France**）孚·勒·维贡府邸花园，沃－勒－维贡特府邸花园（法国）

vector map 向量地图

vee gutter V 形变沟，V 形砌沟

vegetable 植物；蔬菜；植物的；蔬菜的

~field 菜田

~garden 菜园

~fruit and garden 果菜园

~market 菜市场

~matter 植物质

~oil 植物油

~plot 菜地

~production base planning 蔬菜生产基地规划

~soil 腐殖土，植物土

~store 菜店

Vegetable Chrysanthemum *Chrysanthemum nankingenses* 菊花脑（菊花菜）

Vegetable sponge Phytothora blight 观赏丝瓜疫病（***Phytophtora parasitica*** 寄生疫霉）

vegetal 植物，蔬菜；植物（性）的；生长的

~cover 植物覆盖

~period 生长期

vegetarian food 斋饭

vegetate（植物）生长

vegetated 植草的，植物生长的，植被的

~area 植草区，植被区，植物生长区

~rock sill 植草石门槛（房子入口处乱石地基）

~（stabilized）shoulder 植草（加固）路肩

~strip 植草路带

vegetation 植物生长，植被，植物，草本

~（altitudinal）zone（高山）植物带（区）

~belt 植物带（带状）

~（climatic）zone（气候）植物带（区）

~community 植物群落

~cover 植被覆盖

~ecology 植物生态学

~geography 植物地志，植物地理学

~impact study 植物影响（阻生）研究

~in woodland 林地植物

~layer 植物层

~management 植物管理

~map 植生图，植被图

~of animal rest area 动物休息区植物

~of animal resting area 动物休眠区植物

~of cattle grazing areas 牲畜放牧区植物

~of cornfield weeds 种谷物的田地杂草植物

~of perennial halophytes 多年生盐生植物

~of rocks 石缝植物

~of rock crevices 岩隙植物

~rock crevices of wall joints 墙缝（石缝）植物

~on bare rock，establishment of 定植在裸岩植物

~removal for replanting 移植植物

~science 植物学

~screen 植物屏蔽

~survey 绿化植被调查，自然环境保护调查

~type 植被型
actual~ 现存植被
area of~ 植被面积，植被区
bog~ 沼泽植物
clearance herb~ 清除草本的植物
clearance of unwanted spontaneous woody~ 无用野（自）生木本植物的清除
coastal flood mark~ 海岸洪水标记植物
damage to existing~ 对现有植物的损害
destruction of~ 对植被的破坏
establishment of~ 植物定殖
existing~ 现存植物
existing area~ 现有区内植物
exposed mud~ 暴露淤泥植物
filtering effect of~ 植物的过滤效应
glasswort~ 海蓬子属植物
gypsum~ 石膏植物
halophytic~ 盐生植被，盐生植物群落
heath~ 石南灌丛
heavy metal-tolerant~ 耐重金属植物
herbaceous~ 草本植物
lacustrine zone of emergent~ 湖生挺水植物带
lime-stone groove~（美）灰岩沟植物
littoral~ 海岸植物
low-maintenance~ 低成本维护植物
mapping of grassland~ 草地植物绘图
marine crest~ 海蓬子属植物
pasture weeds~ 牧场杂草植物
paving joint~ 路面接缝植物
pigweed~ 苋藜植物
pioneer~ 先锋植物
planting of riparian~ 河滨植物种植
potential natural~ 潜在自然植被
preservation of existing~ 现有植被保护
riparian~ 河滨植物
riparian zone of emergent~ 河滨挺水植物带
ruderal~ 生长在荒地（垃圾堆或路旁）的杂草
samphire~ 圣彼得草；海蓬子；生长于海岸岩缝间的多肉科植物
shrubby groundcover~ 灌木状地被植物
spontaneous~ 自生植物
spring~ 春生植物
stream corridor deciduous~ 河流走廊落叶植物
surface~ 表面植物
swamp~ 沼泽植物
urban ruderal~ 城市荒草植物
xeric~ 旱生植物
zonation of~ 植物分带（分区）

vegetative 有关植物生长的，植物的，有生长力的
~cover 植被（利于植物生长的表土层）
~coverage 植被
~lining（渠道）植草衬护
~mat 植物浓密覆盖

vegetative branches 营养枝

vehicle 汽车，车辆
~park 停车场
~repair garage 汽车修理厂

vehicle 交通（运输）工具，车辆；运送装置，运载器，飞行器，飞船，导弹，火箭，运动体；载体，载色体（剂）；媒介物，媒液
~access restricted 限制车行通道
~barrier 车辆障碍，车辆隔栅
~classification 车辆分类

~control 车辆控制
~crossing（英）车辆交叉
~accumulation 车辆累计
~detecting equipment 侦车设备，侦车器
~detector 侦车器，车辆探测器，车辆感应器
~entrance 车辆入口
~equivalent coefficient 车辆折算系数
~exhaust emission 车辆排气
~fleet 车队，车群
~flow 车流
~flowrate 车流量
~for Tree Transportation 运苗车
~lane，slow 慢车道
~noise 车辆噪声
~ship use tax 车船使用税
~stopping distance 车辆停止距离
~stream 车流
~traffic 车辆交通
~trip 汽车行程
~tunnel 公路隧道，行车隧道
~turning circle 车辆转弯圆盘
~turning radii（美）车辆转弯半径
~type 车辆种类
camping~ 野营车辆
mass transit~（美）运输大量的车辆
parked~ 停放的车辆，停驻车辆
public service~ 公共汽车
public transit~ 公共交通车辆
public transportation~ 公共运输车辆
rapid transit~（美）快速运输车辆
recreation~（美）休憩车辆，旅游车
recreational~（周末）旅游车
space~ 航天器，航天船
space covered by a parked~ 停放车辆占满的空间（场地）

vehicles，clearance space for 清车场地
vehicular 车辆的，用车辆运输的；供车辆通过的；媒介的
~access，limited 限制进入的车辆进出口
~and pedestrian easement 车辆和行人的缓和曲线
~and pedestrian infrastructure 车辆和行人的基础设施
~and pedestrian right-of-passage 车辆和行人的通过权
~bridge 公路桥，车行桥
~easement 车辆缓和曲线
~entrance 车辆进出道，车辆出入口
~gap 车（辆）间净距
~intersection 车辆交叉道口
~subway 公路隧道，行车隧道
~travelway 车行道
~tunnel 公路隧道

Veiled-lady mushroom/long net stinkhorn ***Dictyophora indusiata*** 长裙竹荪 / 竹荪
veiling reflection 光幕反射
Veined Fig ***Ficus nervosa*** 九丁树
Veiny Actinidia ***Actinidia venosa*** 显脉猕猴桃 / 脉叶猕猴桃 / 毛梨子
Veitch Peony ***Paeonia veitchii*** 川赤药
Veitchi Glabrous Cinquefoil ***Potentilla glabra*** **Lodd.** 银露梅
veld 稀树草地，稀树干草原
velocity 速度，速率；流速；迅速；周转率
~area method 流速面积法
~at a point 测点流速

~coefficient 流速系数，速度系数
~distribution 流速分布
~field 速度场
~gradient 流速梯度
~head 流速水头（动能）
~head of flow 流速水头
~measurement 流速测量
~of discharge 排水速度
~of flow 流速，水流速度
~of groundwater flow 地下水流速
~pressure 动压
~pulsation 流速脉动
~pulsation error 流速脉动误差（Ⅰ型误差）
flow~ 流速
groundwater~ 地下水流速
velodrome 自行车赛场，赛车场
Velutinous Michelia ***Michelia velutine*** 绒叶含笑
Velveby Evodia ***Evodia velutina*** 绒毛吴茱萸
velvet 丝绒，天鹅绒；丝绒制的；如丝绒的
velvet picture 丝绒画
Velvet Ash ***Fraxinus velutina*** **Torr.** 绒毛白蜡
Velvet Plant/Purple Velvet Plant ***Gynura aurantiaca*** 紫鹅绒 / 金兰三七草
Velvet Sagebrush ***Artemisia pubescens*** 柔毛蒿 / 立沙蒿
Velvetplant ***Gynura segetum*** 三七草 / 红背三七
Velvetseed ***Guettarda speciosa*** 海岸桐
Velvety Honeylocust ***Gleditsia japonica*** **var.** ***velutina*** 绒毛皂荚
Velvety huge-comma ***Speiredonia retorta*** 旋目夜蛾
Velvety Lilac ***Syringa velutina Kom./S. pubescens*** **ssp.** ***patula***（**Palib.**）**M. C. Ch** 关东丁香
vendor 小贩，自动售货机
veneer 表层，面层（常指面层的一种薄木板）；饰面，镶面；镶木；薄木片；外饰；镶盖；粉饰
~board 镶板；胶合板
~brick 饰面砖
~concrete 饰面混凝土
~of mortar 灰浆胶层
~of the crust 地壳表层
~wall 砌面墙
~wood 镶木；胶合板
veneered 砌面的
~construction 砌面建筑物
~wall 砌面墙
veneering 镶贴面板；镶盖；粉饰
~with panels 镶贴面板
venerated revolutionary place 革命纪念地
venery 打猎，狩猎；猎物
Venetian 威尼斯的
~blinds 活动百叶窗
Venetian motif 威尼斯风格
Venetian Renaissance（15 及 16 世纪）威尼斯文艺复兴式
Venetian school（文艺复兴时代）威尼斯学派
Venetian Walls 威尼斯城墙
Venezuela Treebine ***Cissus rhombifolia Vahl*** 白粉藤 / 菱叶粉藤
Venezuelan Troupial ***Icterus icterus*** 委内瑞拉拟黄鹂 / 拟黄鹂（委内瑞拉国鸟）

Venice（**Italy**）威尼斯（意大利）

the~ charter 威尼斯宪章

vent 通风孔，排气空；通风，排气

~pipe；vent 通气管

air~ 放气管

~stack 通气主管

~window 排烟窗

ventilated roof 通风屋顶，架空通风屋面

ventilating 通风

~duct 通风管道

~function of green space 绿地通风功能

ventilation 通风，换气；通风量；通风装置；通风法

~corridor 通风走廊

~equipment；ventilation facilities 通风设备

~heat loss 通风耗热量

~rate 通风率

~stack 通风道

~window（window vent，hinged ventilator）通风窗（铰接通风）

~with underground air 地道风利用

~works 通风工程

ventilators（**vents**）通风口

Venturi 文丘里（意大利物理学家）

~-effect 文丘里效应

Venturi flow meter 文丘里水流计

~flume 文丘里槽

~loader 文丘里细腰式管

Venturi scrubber 文丘里除尘器

Venus 维纳斯（女神、雕像），美神，金星

Venus Flytrap/Fly Catcher *Dionaea muscipula* 捕蝇草

Venus Kousa Dogwood *Cornus kousa* 'Venus' '维纳斯' 四照花

Venus's Hair Fern/Maiden Hair Fern *Adiantum capillaries-veneris* 铁线草（铁线蕨）

veranda(h) 骑楼，游廊，走廊，园廊；阳台

Verbascum 毛蕊花属

verbatim 逐字的（地）

Verbena 马鞭草

Verbena *Verbena bonariensis* 柳叶马鞭草（英国斯塔福德郡苗圃）

verdant 翠绿的，青翠的

verdict 结论

verdure 青绿；葱绿；新鲜，有生气

verge 边缘，边际；接近，毗连；界限；路肩，路边；路边花坛；山墙檐边突瓦｛建｝；草地的围边草；接近，毗连；倾向；斜向……

~board 封檐板｛建｝

~cutting 边缘切割；路肩修整

~of road 路边预留地，公路路旁

road~ 公路路旁，路边预留地

~slope 边坡

~trimmer 边缘整平器；路肩整平器

verification 检验，鉴定，校对，证明，作证；确定

~of numerical model 数值模型检验

verified 检验过的

~delivery notes 检验过的交货清单

verifier 核对员，校验员；核对器；检孔机；检验器；取样器

verify 检验，鉴定；证明，证实；核实；确定

Vermiculated puffer *Fugu vermicularis* 虫蚊东方鲀 / 面艇巴 / 腊头

vermiculite 蛭石
vermilion 朱红色
Vermilion Stairway Bridge（**Beijing**, **China**）丹陛桥（中国北京市）
vermin（单、复同）害虫（指虱的），寄生虫；害兽；害鸟；害人虫，歹徒
~-proof 防虫（的）
vernacular 本国语；本地话；本国的；乡土的，方言的
~architecture 乡土建筑，地方建筑
~construction 乡土建筑，地方建筑
~housing 民居
~historic landscape 本国历史景观，乡土历史景观
vernal 春的；春天生的，春天开的；青春的
~equinox 春分
~point 春分点
Veronica Georgia Blue ***Veronica peduncularis*** **'Georgia Blue'** 地被婆婆纳'蓝乔治亚'（美国田纳西州苗圃）
Veronica spicata Royal Candles ***Veronica spicata*** **'Royal Candles'** 穗花婆婆纳'国王蜡烛'（美国田纳西州苗圃）
Versailles（**France**）凡尔赛（法国）
Versailles garden 凡尔赛庭园
Versailles Palace Park 凡尔赛宫苑
versatility 适应性
version 译本，译文；意见，说法；说明，叙述
amended~ 校订的译文；修改的意见
revised~ 修正译文；修正说明
up-dated~ 修改过的译文，修改过的意见
vertex 顶点，峰
vertical（简写 vert.）垂直线，垂直面，垂直圈；竖向；竖杆；垂直的；直立的，竖向的；顶点的
~accent（哥特式）突出竖线条的建筑
~aerial photograph 垂直航空摄像片
~air photograph 竖直航摄像片
~alignment（of road）（道路）纵面线形；竖向定线
~alignment, horizontal and 水平线和竖向定线
~angle 垂直角
~boards, visual screen with 直立板视屏
~breakwater 直立式防波堤
~city 空间发展城市，摩天楼城市
~clearance 竖向净空
~control 高程控制
~control point 高程控制点
~control survey 高程控制测量
~cordon 单干形果树，直立单干形果树
~curb 立缘石（侧石）
~curve（简写 V, C.）竖曲线
~curve at sag 凹形竖曲线
~crest curve（美）凸形垂直曲线
~curve of a road crest（英）路顶垂直曲线
~design/landscape section and elevations 竖向设计
~development 立体发展
~displacement measurement; settlement observation 垂直位移测量
~division block 竖向分布
~erosion 垂直冲刷
~face wharf; quay wall 直立式码头
~garden city 垂直园林（花园）城市
~gauge 直立水尺

~greening 垂直绿化，立体绿化
~hinged door 平开门
~joint 竖缝
~landscaping 垂直绿化
~lines fence for distinguishing hidden line 判别栅
~mobility 垂直流动
~monitoring control network 高程监测网
~one（single）pipe heating system 垂直单管采暖系统
~parallax 上下视差
~partition wall 隔断墙
~pile 直桩
~pipe；riser；stack 立管
~planning 竖向规划
~profile map（路线）纵断面图
~ridge for gable roof 垂脊
~scale 高度标尺
~shaft 竖井
~slatted fence 垂直石板围墙
~sunshade 垂直遮阳
~survey 竖向测量
~view 鸟瞰图，俯视图，立面视图
~visibility 垂直能见度
~well of water distribution 冷却配水竖井
~zonality 垂直地带性
~zone 垂直地带
~zoning of water system 水系统竖向分区
vertically-pivoted window 立转窗
vertisol 变性土，转化土
Vervain ***Verbena officinalis*** 马鞭草
Vervet ***Cercopithecus aethiops*** 长尾猴/翠猴
vessel 容器；船；舰；飞船，飞机
~traffic service（VTS）船舶交通服务行业
~transportation 航运
Vest-pocket 袖珍，小型
~-pocket park 小型公园（小游园）
vestibule 门廊，前厅，门厅
Vesuvianite 符山石
via（法）路，道
Via Appia Antica（意）（公元前 312 年古罗马建造的）阿庇亚街道
viability 可行性，耐久性，生存性，生活力
viable 可行的
viaduct 高架铁路，跨线桥，高架跨线桥，陆桥，高架桥
~expressway 高架快速公路
~overbridge 高架立交桥
~，wildlife 野生动物通道
Vial's Primula ***Primula vialii*** 高穗花报春（英国斯塔福德郡苗圃）
veterinary station 兽医站
Vetiver/Khus-khus ***Vetiveria zizanoides*** 香根草
VF selective calling 音频选叫
VHF direction finder（**VHF-DF**）甚高频测向仪
vibrancy 振动，振动性，活跃，响亮
vibrant 有活力的，活跃的
vibrating eliminators 减振装置
vibration 振动（危害）
~control design 防振设计
~hazard for citizen 振动公害
~isolation 隔振
~isolation in building 建筑设备隔振
~isolator；isolator 隔振器

~meter 振动计

~pick-up 拾振器

~pickup 拾振器

vibratory roller 振动压路机

Viburnum ***Viburnum plicatum*** **f.** ***tomentosum Lanarth*** 蝴蝶戏珠花（英国斯塔福德郡苗圃）

Viburnum Pragense ***Viburnum rhytidophyllum*** × ***Viburnum Utile*** 普拉根斯绣球 / 普拉根斯荚蒾（美国田纳西州苗圃）

vicarage 牧师住宅

vice 英国古建筑中螺旋楼梯

vice- [冠词] 副，次；代理

~president 副理事长，副会长

~Secretary General 副秘书长

vicinage 附近（地区），近郊

vicinity 附近地区

vicious 恶性的；邪恶的；有错误的

~circle 恶性循环上升

~spiral 恶性循环

Vicksburg 维克斯堡（美国）

Victoria 维多利亚，维多利亚时代的，与此相关或属于这一时代的

Victoria and Albert Museum 维多利来和艾伯特博物馆（英国）

Victoria Bay（Hong Kong，China）维多利亚湾（中国香港）

Victoria Falls（Zambia）维多利亚瀑布（赞比亚）

Victoria Park 伦敦维多利亚公园

Victoria Park（Hong Kong，China）维多利亚公园（中国香港）

Victorian 维多利亚的

~architecture 维多利亚建筑

~Gothic Revival 维多利亚哥特式复兴风格

~style（1837—1901 年）英女皇维多利亚时代建筑形式

Victory Square（**Russia**）胜利广场（俄罗斯）

video sign 视频广告牌

Vienna Woods（**Austria**）维也纳森林（奥地利）

Vietnam gurjun ***Dipterocarpus retusus*** 东京龙脑香

Vigeland Park（**Norway**）维格兰公园（挪威）

view 图，视图；看，望；视察，观察；见解；观点，意见；目的，意图；估量；检验；展望；视野，视界，视景，风景，景色；看，望；观察；检验；估计

~-borrowing 借景

~borrowing 借景

~classification 视景分类

~corridor 视景通廊，透景线

~distance 视距

~in opposite place 对景

~menu 视图菜单

~plane 视平面

~point 观点，见解；观景点

~tower 眺望塔

~volume 视体

bad~ 劣景

borrow~ 借景

enframe~ 框景

good~s 佳景

leak~ 漏景

obstruct~ 障景

panoramic~ 全景图
motion-~ 动观
non-motion-~ 静观
plan~ 平面视图
top~ 顶视图，俯视图
Viewing Fish at Flowers Harbor（**Hang zhou，China**）花港观鱼（中国杭州市）
~platform（英）赏景平台，观景台
~point 观赏点，视点
Viewing Scenery Composition 观景式构成
viewpoint 同 **view point** 观点，看法
viewshed（美）（观察者视线所及的）视域
vigor 精力，活力，力量，效力
vigour 同 vigor
sprouting~ 萌芽力
vigorous 有力的；强健的；活泼的；朝气蓬勃的，精力旺盛的
~-growing 蓬勃生长
vihara 佛教僧院，佛教僧侣集会所，（印度僧院）精舍
vihara/main hall of a Buddhist temple 大殿
Viking Museum（**Norway**）海盗博物馆（挪威）
Viking-ship Museum（**Norway**）海盗船博物馆（挪威）
vile climate 恶劣的气候
villa 别墅，山庄；豪华府邸；〈英〉郊区中产阶级的住宅
Villa Castello（Italy）卡斯特洛庄园（意大利）
Villa d'Este（Italy）埃斯特庄园（意大利）
Villa Gamberaia（Italy）甘伯利亚庄园（意大利）
~garden 庄园
Villa Hadrian，ancient Rome（Italy）哈德良庄园（意大利）
Villa Lante，Bagnaia（Italy），兰特庄园（意大利）
~marina 海滨房舍，海滨别墅
Villa Savoie（France）萨伏伊别墅（法国）
village 自然村，村庄
~area 乡村用地
~building lot 乡村建屋地段
~community 农村公社，村社
~best kept competition（美、法）全国城乡花卉竞赛
~development area 乡村发展区
~edge 乡村边（缘）
~enhancement 乡村开发
~green 村内活动绿地
~hospital 乡村疗养院；农村医院
~house 村屋
~house lot 乡村屋宇（庐）地段
~housing 乡村屋宇（庐）
~improvement（美）乡村改进
Village Museum 乡村博物馆
~of Co-operation 协作村〈基于社会主义合作运动的理想，1800 年建于苏格兰的纺织工业械〉
Village of Li Ethnic Minority（China）黎族村（中国）
~people 农村居民
~redevelopment planning 乡村再发展规划
~removal 搬村，乡村迁移

~renewal 乡村更新
~revitalization（美）乡村复兴
~road 村庄道路，乡村道路
~statistics 乡村统计
~type development 乡村式发展
~type house 乡村房屋
holiday~（英）假日乡村
marina~ 小船坞乡村

villager 农村人

villagization 农村化

villanette 小别墅

Villetrium Airbrom/Summer/Torch/ Foolproof Vase Plant ***Billbergia pyramidalis*** 水塔花

Villous Amomum ***Amomum villosum*** 砂仁 / 阳春砂仁 / 长泰砂仁

Villous beetle ***Proagopertha lucidula*** 苹毛丽金龟 / 长毛金龟子

Villous Hydrangea ***Hydrangea villosa*** 柔毛绣球

Villous Jew's Ear ***Auricularia polytricha*** 毛木耳

Villous Wisteria ***Wisteria villosa*** **Rehd.** 藤萝

Vilmorin Deutzia ***Deutzia vilmorinae*** 卫氏溲疏

Vilmorin Dovetree ***Davidia*** **var.** ***vilmoriniana*** **（Dode）Wanger** 光叶珙桐

Vilmorin's Mountain Ash/Vilmorin's rowan ***Sorbus vilmorinii*** 川滇花楸（英国萨里郡苗圃）

Vimineous Hornbeam ***Carpinus viminea*** 大穗鹅耳枥

vimana 婆罗门寺院上的塔，印度方（尖）庙

Vinca Major/Big Leaf Periwinkle（***Pervinca major***）攀缠长春花 / 长春蔓 / 蔓长春 / 蔓性长春花（美国田纳西州苗圃）

vine 葡萄树，葡萄藤；葛藤；攀缘植物；藤本植物；蔓草；蔓茎状
~-arbour（英）葡萄架，葡萄棚
~-covered façade（美）爬满攀缘植物的房屋正面
~wall（美）爬满藤本植物的墙
~with adhesive disks，selfclinging（英）黏附圆盘（自缠）藤本植物
~with adhesive pads，selfclinging（美）黏附衬垫（自缠）藤本植物
~with hooked arching stems（美）钩拱茎藤本植物
self-clinging~（美）自缠藤本植物
wall-covering~（美）覆（爬满）墙的藤本植物

vinery 葡萄温室，葡萄园

vines，wall covering with（美）覆墙藤本植物

vineyard 葡萄园

Vinous russula ***Russula vinous*** 正红菇

vinyl chloride incinerator 氯乙烯焚化炉

viod house 空房

Viola Hederacea ***Viola hederacea*** 常春藤叶堇菜（澳大利亚新南威尔士州苗圃）

violent 猛烈的，激烈的；热烈的；强暴的
~storm 暴风（十一级）
~typhoon 强台风

Viole-rim Airbrom（***Billbergia pyramidalis*** **（Sims）Lindl.**）水塔花

violet 紫罗兰，紫（罗兰）色；紫（罗兰）色的
~wood 紫（色）硬木
Violet Orychophragmus *Orychophragmus violaceus* 诸葛菜 / 二月兰
Violet Poplar *Populus violascens* 青紫杨
Violet-coloured Rhododendron *Rhododendron violaceum* 紫丁杜鹃
Violet-crested Turaco *Tauraco porphyreolophus* 紫冠蕉鹃（斯威士兰国鸟）
Viper's Bugloss *Echium vulgare* 蓝蓟 / 蓝草
viral disease 病毒性疾病
Virescent russula *Russula virescens* 绿菇 / 青头菌
Virgate Sagebrush *Artemisia scoparia* 猪毛蒿 / 石茵陈 / 东北茵陈蒿
Virgilian 古罗马 [风格，诗歌] 的
virgin 处女的；纯洁的，无污点的；未掺杂的；未用过的；未开垦的；原始的
~area 未开垦区
~field 未采的井田，未采矿区
~forest 原始森林
~ground 处女地，未开垦地
~land 处女地，未开垦地
~landscape 未开发的景观
~material 新料
~soil 处女地，未垦土壤，生荒地
Virginia Bluebells *Mertensia virginica* 弗吉尼亚蓝钟花（美国俄亥俄州苗圃）
Virginia Creeper（American Ivy, Woodbine）, a climbing plant（climber, creeper）*Parthenocissus quinquefolia* 美国藤，五叶地锦（一种生长在北美的爬山虎类植物，忍冬），攀缘植物（匍匐植物）
Virginia Deer/white-tailed deer *Odocoileus virginianus* 白尾鹿
Virginia Pine *Pinus virginiana* 弗吉尼亚松，矮松
Virginia Skullcap/Quaker Bonnet *Scutellaria lateriflora* 美洲黄芩
Virginia Spiderwort *Tradescantia virginiana* L. 美洲鸭跖草
Virginia Sweetspire/Virginia Willow *Itea virginica* 弗吉尼亚鼠刺（英国萨里郡苗圃）
Virginian Witch Hazel *Hamamelis virginiana* L. 美国金缕梅
Viridity sedge *Carex. leucochlora* Bge. 青绿苔草
virology 病毒学
virtual 虚的，虚拟的
~discharge 虚流量
~sound source 虚声源
virtuosi *n*. 艺术能手
virtuosic 专家的
Virus disease of *Bougainvillea glabra* 叶子花碎色病（病原为病毒，其类群待定）
Virus disease of *Capsicum* 五色椒病毒病（PeVMV 辣椒脉斑驳病毒）
Virus disease of *Clivia miniata* 君子兰坏死斑纹病（病毒）
Virus disease of cockscomb 鸡冠花病毒病（CMV 黄瓜花叶病毒）
Virus disease of *Cycas* 苏铁病毒病（线虫传多面体病毒组苏铁坏死萎缩病毒 CNSV）
Virus disease of *Dianthus* 石竹病毒病

（病原为病毒，其类群待定）

Virus disease of *Euonymus japonica* 大叶黄杨病毒病（病原为病毒，其类群待定）

Virus disease of *Ficus* 榕病毒病（病原为病毒，其类群待定）

Virus disease of *Hedrangea macrophyllum* 八仙花病毒病（病原为病毒，其类群待定）

Virus disease of *Hippeastrum* 朱顶红病毒病（黄瓜花叶病毒 CMV 和孤挺花叶病毒 HMV）

Virus disease of *Narcissus* 水仙病病毒（病原为多种病毒符合侵染）

Virus disease of *Opuntia robusta* 仙人镜病毒病（黄瓜花叶病毒 CMV）

Virus disease of *Petunia hybrida* 矮牵牛碎色病 / 杂锦病 / 碎色花病（病原为病毒）

Virus disease of *Populus tomentosa* 毛白杨病毒病（病原为病毒，其类群待定）

Virus disease of *Prunus* 李病毒病（病原为病毒，其类群待定）

Virus disease of *Tagetes patula* 孔雀草病毒病（病原为病毒）

Virus disease of *Zanthoxylum* 花椒病毒病（病原为病毒，其类群待定）

visa（护照等）签证，查讫证；（护照等）签准，背签

~-granting office 签证，背签

Viscid Germander *Teucrium viscidum* 山藿香 / 血见愁 / 贼子草

viscosity（of bitumen）（沥青）粘（滞）度

visibility 能见度，可见度；视见度｛物｝；视界；可见距离；显著

~coefficient 可见度系数

~curve 能见度曲线

~distance 视距，能见距离

~function 可见度函数

~into an area 可见区

~meter 能见度测定器

~scale 能见度等级｛气｝

visible 能见的，可见的，明显的，显著的

~horizon 视地平，可见地平，地平线

~signal 视觉信号

~structure 可视建造物，外露结构

Visigoth 西哥特人（公元 4 世纪后入侵罗马帝国并在法国和西班牙建立王国的条顿族人）

vision 视觉

visionary 有远见的；有洞察力的

~city（future city）未来城市〈未来主义理想新城市〉

visiting 访问

~professor 访问教授，客座教授

~scholar 访问学者

visitor 参观者，访问者，来宾；检查员

~number 旅游人群，游客群集

~pressure 旅游压力

~peak use 旅游高峰

recreation~ 休闲旅游者

summer~ 夏季游客

visitors 游人

~capacity 游人容纳量

~center 游人中心

~flowrate 人流量

~investigation 游人调查

~management 游人管理

~regulation 游人规则

~statistics 游人统计

vista 视界；对景（园林），夹景，风景线，视景线；展望透视线；远景，视景；

~clearing 清理视界；扩大视野

~fan 视界扇形

~garden 街景园

~line 夹景，风景线

~point 对景点，观景点（屋顶或花园小山上供观赏风景用的）平台，亭子，阁

visual 视的，视觉的；视力的；可见的

~absorption capability 视觉吸收能力

~acuity 视觉敏锐度，视晰度，视力

~aids 视觉航标

~amenities 视觉便利设施

~analysis（街景设计的）视觉分析

~angle 视角

~arts 视觉艺术

~assessment 外观评定

~assessment of a landscape 景观（风景园林）外观评定

~center 视中心，主点

~character of a landscape 景观视觉特征（特性）

~characteristic(s) 视觉特性，视觉特征

~classification 视频分类

~cleanliness 目测清洁度

~comfort 视觉舒适

~condition rating（路面的）外观状况评定法

~connection 视觉连接

~corridor 视觉走廊，视线走廊

~criteria 目检标准

~degree 视度

~detriment 视觉损害

~display 视觉显示

~disturbance 视觉妨碍

~element 视觉要素

~environment 视觉环境

~evaluations 外观评价，外观评估

~examination 外表检查；目测

~field 视野

~form 视觉外形，外观形状

~fragmentation 视觉碎化，视觉残碎

~guidance 视线引导

~horizon 可见地平线

~illusion 视错觉

~impact 视觉反应（或影响）

~（impact）assessment of a landscape 景观的视觉评估

~impairment 视觉损害，视觉减弱

~impressions 视觉印象

~in motion 动视觉

~information（inside vehicle）（车内）可见信息，视觉情报

~intensity 可见（光）强度

~interpretation 目视判读

~interest 视觉趣味

~intrusion 视线干扰

~landscape 视觉景观

~landscape assessment 视觉景观评估

~landscape management 视觉景观管理

~line 视线

~measurement 目测

~observation 目测，目视观察；直接研究法

~obstructions 视线障碍物

~orientation 视觉朝向，视觉方向

~performance 视觉功效

~picture 直观曲线；直观图形（或图像）
~picture of a town 城镇直观图形
~planning 视觉规划
~policy 景观政策
~pollution 视觉污染
~procedure 目检方法
~property of light 光的视觉性质
~quality 视觉质量
~quality of landscape 景观视觉质量
~range 视距
~relationship 视觉关系
~resource management 视觉资源管理
~resource quality 视觉资源质量
~resources management 视觉资源管理
~screen with horizontal boards 水平板视屏
~screen with interwoven split boards 交织拼合板视屏
~screening 视觉筛分，视觉遮蔽
~signal 视觉信号，图像信号
~survey 视觉分析
~task 视觉作业
~wood screen 视障；挡视线木屏

visually prominent area （英）可见（文化和自然）遗产区

vital 活的，生命的；生动的；必要的；致命的
~communication line 交通要道
~events 生命真实，人口动态事实，人口统计事件
~force 生命力
~index 生命指数
~interest 切身利益
~part 要害部位
~plant 关键设备，主要设备
~question 要害问题
~record 人口（动态）纪录
~registration of vital events 人口出生、死亡、结婚变动登记
~services 重要的公用（共）设施
~statistics 人口动态调查，人口统计，生命统计

vitality 活力
degree of~ 活力度

vitamin(e) 维生素，维他命

Vitex/Chaste Tree/Chasteberry/Abraham's Balm/Monk's Pepper ***Vitex angus-castus*** 紫花牡荆（英国萨里郡苗圃）

vitrification 玻璃化（作用）；上釉；陶化

vitrified 成玻璃质的；上釉的；陶化的
~bond 陶瓷结合剂
~brick 缸砖，玻璃砖，瓷砖，陶砖
~clay 缸化黏土，上釉黏土
~-clay drain tile 上釉陶土泄水管
~-clay pipe 上釉陶土管，缸管，陶管
~-clay pipe culvert 上釉陶管涵洞
~enamel 搪瓷

Vitruvius 维持鲁威
Vitruvius Ideal City 维特鲁威理想城市

vivarium 人工环境动植物园

Viviparous blenny/eelpout ***Zoarces viviparus*** 绵鳚 / 光鱼

vocation 职业，行业

vocational 职业的，业务的
~education 职业教育
~knowledge 业务知识
~school 职业学校
~training school 职业训练学校

void 孔隙；空处；真空；空间；空旷；

虚体；空虚；怅惘；空；空虚的，作废的，无效的；没有的；放出；作废

~，earth 蜂房；洞穴

~ratio 孔隙比

~space of grain 粮食孔隙度

~state 虚境

volatilization 挥发

~of nitrogen 氮挥发

Volcano Chimborazo（**Ecuador**）钦博拉索火山（厄瓜多尔）

Volcano de Izalco（**Salvatore**）伊萨尔科火山（萨尔瓦多）

volcanic 火山的

~island（火山岛）

~lake 火山湖

~rock 火山岩

volcanism 火山作用，又称“火山活动”

volcano 火山

Volcano Irazu（**Costa Rica**）伊拉苏火山（哥斯达黎加）

Volcano Poas（**Costa Rica**）博阿斯火山（哥斯达黎加）

Volcanoes Park 火山公园

Vole/field mouse *Microtus* 田鼠（属）

volleyball court 排球场

voltage 电压；伏特数

~limiting type SPD 限压型 SPD

~switching type SPD 电压开关型 SPD

~transmission line，high（美）高压输电线

voltmeter 电压表

volume 卷，部，册；体积，容积，（容）量，车流量，交通量；强度{物}；响度，音量{物}；大量的

~balance of cut and fill 边冲淤（曲流）量平衡

~basis 容积基位

~/capacity ratio 流量与通行能力之比

~change 体积变化

~concentration 体积浓度

~data 交通（量）数据

~density；apparent density ；bulk density 堆积密度，体积密度

~district（bulk district）按建筑容积分区指定的地区

~loading 容积负荷

~of cargo transferred at berth 泊位作业量

~of cut and fill 边冲边淤（曲流量）

~of domestic retail sales of commodities 社会商品零售额

~of earthwork 土方工程量

~of ebb tide 落潮总量

~of excavation 挖方体积

~of flood 洪水量

~of flood tide 涨潮总量

~of flow 流量

~of freight traffic 货流量

~of freight transport 货运量

~of goods transported 货运量

~of migration 迁移人口总数，迁移量，迁移总数，迁移总量

~of on-site soil 现地土量

~of passenger traffic 旅客运输量，客流量

~of passenger transport 客运量

~of road haulage 货运量

~of runoff 径流量

~of spread soil 蔓延土量

~of stream flow 河水流量

~of stripped topsoil 清基表土量
~of the circular flow 周转量
~of traffic 交通量
~of transport 运输量
~of void in soil 土中孔隙体积
~of water in soil 土中水的体积
~per hour green 每小时绿灯通过车辆数
~point 车辆集中点
~prognosis 交通量预测
~resistance 体积电阻
~resistivity 体积电阻率
~shrinkage ratio 体缩率
increase in estimated~ 预算数量增大
pore~ 孔隙量
reduction in estimated~ 预算数量减少

volumetric 体积的，容积的，容量的
~concentration 体积浓度
~content of system 系统容积
~enclosure 空间围合
~joint count of rock mass 岩体体积节理数
~strain 体应变

voluntary 自发的，自愿的；志愿的；随意的
~chain（商业的）自愿联合
~land exchange 自愿土地交易
~land swap（美）自愿土地互惠
~organization 志愿性组织

volunteer growth（美）自生作物；自生

von Thunen model 杜能模式

vortex 低涡

Voss Laburnum ***Laburnum* × *watereri Vossii*** 多花沃氏金链花（英国斯塔福德郡苗圃）

votive/to redeem a vow to a god 还愿

Votive Church（**Hungary**）沃泰韦教堂（匈牙利）

vulnerable species 渐危种

Vysehrad Castle（**Czech**）维谢哈拉德城堡（捷克）

W w

W. Sichuan Sagebrush ***Artemisia occidentali-sibuanensis*** 川西腺毛蒿 / 川西蒿
Wadden Sea 瓦登海（登赫尔德 [荷兰] 至埃堡 [丹麦] 感潮水域）
wade 跋涉，步涉；浅水；涉水
wader 涉水者；跋涉者；涉水鸟
wadi（**wady**）旱谷，干河床，沙漠中绿洲
wading wade 的现在分词
~bird 涉水鸟，涉鸟
~pool 儿童戏水池，浅水池，涉水池
~toddlers pool（美）学步儿童涉水池
~rod 测杆
~step 涉水踏步
~stream gauging 涉水测流
wage 工资，薪水
~earner 工资劳动者
~labour(er) 雇佣劳动者
~rate 工资率，工资标准
~hourly rate 小时工资标准
~labo(u)r costs and rates 劳务费和工资率
~scale 工资等级，工资标准
~standards 工资标准
~work 日薪工；工资劳动
hourly~（美）小时工资标准
wag(g)on 四轮运货马车；篷车；小型客车；手推车；厢式载重车；铁路货车；汽车
~bridge 公路桥
~kilometers per day 货车日车公里
~load 货车（荷）载
~road 贷车道路，马车路
~stage 车台
~washing plant 货车洗刷所
~way 货车道路，马车路
~-set 车组
wag(g)onyard 运货车停车场
Wahoo ***Acanthocybium solanderi*** 沙氏刺鲅 / 交吹鱼
Waikiki Beach 华基基海滩（美国）
Wailing Wall（**Jerusalem**，**Israel**）哭墙（以色列耶路撒冷）
wain 运货马车
~house 运货马车车库
Waipoua Forest（**New Zealand**）怀波阿森林区（新西兰）
wait 等候，等待；拖延，耽搁
~bay 短时停车湾，避车道
~lane 避车道，短时停车道
~line theory 排队论
~place（短时）停车处
waiting 短时停车；等候
~lane 避车道，短时停车道
~line 排队，等待线
~lounge 候诊室，候车室
~room 休息室，候车室
Waiting Room 朝房
~vehicle 候行车辆

~zone 等候空区

Waitomo Caves（**New Zealand**）怀托莫溶洞（新西兰）

waiver [律] 自动放弃，弃权，弃权证书

（**A kind of**）**wak** ***Wak cuja*** 花鳅

Wake Robin/Tschonosk Trillium ***Trillium tschonoskii*** 延龄草

waldsterben（英）树木枯萎

walk 人行道，步道，散步道，散步之处，走道，散步林荫大道，步行小径；步行，散步“行走”（行人过街的交通信号）；步行距离；行走，步行，散步

~path（散）步道

~signal 行走信号

~system，circuit（美）环行步道体系

~trellis–covered 格状步道

~–up 无电梯公寓大楼，无电梯公寓大楼底层以上的房间

~–up aparment 无电梯公寓

~–up apartment 无电梯公寓，低层公寓

~–up building 无电梯楼房

Walker，Peter 彼得·沃克，美国风景园林师、风景园林教育家

Walker's Low Catmint ***Nepeta faassenii*** **'Walker's Low'** '沃克' 荆芥（美国田纳西州苗圃）

walking 行走的

~arrangement 行走装置

~asphalt sprayer 手扶式沥青洒布机

~city 步行城市

~distance 步行距离

~line 楼梯线

~path（美）步行小径

~rate 步速

~sphere（居民生活，工作所需要的）徒步距离；步行距离圈

~tractor 手扶拖拉机

~trail（美）步行小道

~–up domestic block 无电梯的住宅楼

walkway 人行道

wall 墙，壁；[复] 城墙；围墙

~arcade 实心连拱〈建〉

~–background rock 壁山

~base 墙座

~base course 墙座层

~base，bottom of 墙座地基

~base of a fence 围墙墙座

~beam 墙托梁，墙梁

~bearing construction 承重墙结构

~board 墙板

~brick 墙砖

~chase 墙槽

~cladding 墙面覆盖层

~house climber（英）屋墙攀缘植物

~–climbing community 攀墙植物群落

~–climbing plant（美）屋墙攀缘植物

~core 墙心

~covering 墙面涂料

~–covering vine（美）爬墙藤本植物

~covering with vines（美）墙面爬有藤本植物

~cracking 墙体开裂

~cupboard 碗柜

~face 墙面

~fence 墙式护栏，护墙

~finishing 墙面

~footing 墙（基）脚

~bottom level of a footing 墙脚地基水平

~foundation 墙基，墙式基础
~fountain 壁泉
~frame 立贴架，承托墙的框架
~garden 墙园，墙壁花园〈以壁泉或附种植物等〉
~head 墙头
~heel 墙踵
~hitch 墙障
~-hung cupboard 吊柜
~joint 墙缝
~vegetation of joints，rock crevices or paving joints，墙缝，石块裂隙或砌缝，墙缝植被
~extension of a line 墙线，墙线延伸
~lining 墙衬
~luminance 墙面亮度
~mounted luminaire 壁灯
~niche 壁龛
Wall of the Federals of Paris 巴黎公社战士墙
~offset 墙位移（变形）
~painting 壁画
~panel 墙板
~panel display 挂壁式仪表显示
~panel heating 墙壁辐射采暖
~paper 壁纸
~piece 搁墙撑头木
~pier 墙墩
~plant 爬墙植物
~plant，dry（干砌墙）爬墙植物
~plaster 墙面粉饰（或粉刷）
~plastering 墙面抹灰
~plate 承梁板（砌入墙内的托梁垫板）
~post 壁柱
~saddle 墙鞍
~screw 墙螺丝，棘螺栓，锚栓
~seat 墙座
~strength discontinuity（岩体）不连续分界墙强度
~stringer 墙梁
~supports 墙座
~surface line 墙面线（沿街建筑物所规定的墙面位置线）
~surface straightness（挡土）墙面顺直度
~thickness 壁厚
~toe 墙趾
~type foundation 墙式基础
~unit 壁柜
~L-shaped retaining unit L 形矮墙单元（预制混凝土制作的墙支承件）
~with built-in planter，cheek 带有固定植物容器的颊石砌墙
~with indigenous material 地方材料墙
cyclopean~with hammer-dressed joints，锤琢蛮石接缝墙
acoustic screen~（英）防噪声屏壁
anti-collision~ 防撞墙
anti-flood~ 防洪墙
arch~ 拱墙
back~ 背墙
backing of~ 墙托{建}
baffle~ 隔墙
basement~ 地下室墙
battened~ 板壁{建}，板条墙
battered~ 斜墙
bearing~ 承重墙
bench~ 承拱墙
bin-type retaining~ 仓式挡土墙
blank~ 无窗墙

blind~ 无窗墙
boundary~（边）界墙
breast~ 胸墙，挡墙
brick~ 砖墙
brick-and-a-half~ 一砖半厚墙
buttress~ 扶垛墙
buttressed~ 前扶墙，扶撑墙
buttressed retaining~ 扶壁式挡土墙
cantilever retaining~ 悬壁式挡土墙
cantilevered~ 悬臂墙
cap of a~（美）墙顶盖
carrying~ 承压墙
cast-in-place diaphragm~ 就地灌注地下连续墙
cave entrance~ 洞门墙
cavity~ 空心墙；空斗墙〈建〉
cellular retaining~ 格间挡土墙
cement-rubble retaining~ 水泥毛石挡土墙
chief~ 主墙〈建〉
city~ 城墙
clay-core~（of dam）~（堤坝的）黏土夹心墙
climber-covered ~（英）攀缘植物覆盖的墙
cob~ 土墙，夯土墙
coffer~ 围墙
coffered~ 围堰墙
column engaged to the~ 半柱〈建〉墙
common boundary~ 分界共有墙
concrete unit retaining~ 混凝土预制块挡土墙
cross~（横）隔墙（一般指用作内部隔墙的承重墙）
curtain~ 幕墙，护墙
cut-off~ 栏墙，隔墙；截水墙；齿墙
cutoff~ 截水墙
cyclopean~ 蛮石墙
damp-proofing~ 防潮墙
dead~ 无窗墙；暗墙
diaphragm~ 地下连续墙
dirt~ 土墙，泥墙
division~ 隔墙
double-sided masonry~ 双面圬工墙
dry~ 清水墙，干砌墙
dry laid stone~ 干摆石墙
dry stone~ 干砌石墙，无（灰）浆砌石墙
dwarf~ 桥台台帽前缘的矮墙
elastic~ 弹性墙
embossed natural stone~ 浮雕天然石墙
enclosing~ 围护墙
end~ 端墙
end face of a~（美）墙端面
fabric retaining~ 土工布挡土墙
face~（出）面墙〈建〉
faced~ 光面墙
fencing~ 围墙，护墙
filler~ 填充墙
filter~ 过滤墙
fire~ 隔火墙
fire division~ 隔火墙
fire-protection~ 防火墙
flare~ 八字墙
flare wing~ 八字翼墙，斜翼墙
flexible~ 柔性墙
flexible retaining~ 柔性挡土墙
footing of~ 墙基（脚），墙底脚
foundation~ 基墙
free-standing~ 独立式墙

free-standing concrete crib~ 独立式水泥围墙
freeway~ 高速公路挡土墙（多为直立式）
gabion retaining~ 石笼挡土墙
gable~ 山墙，人字墙
garden~ 园墙，花园围墙
gravity~ 重力（式）墙
gravity retaining~ 重力式挡土墙
guard~ 护墙
guide~ 导墙
half-bat~ 半砖墙
head~ 端墙，正墙，山墙
hollow brick~ 空心砖墙
hollow brick composite~ 空心砖复合墙板
honey-comb~ 蜂窝式墙壁
land slide protection~ 防坍墙
lattice~ 花格墙
levee core~ 堤（核）心墙
living~ 活体墙，生物墙
load bearing~ 承重墙
low~ 矮墙
masonry foundation~ 石基础墙
miter~ 人字墙
mortared stone gravity retaining~ 浆砌石重力式挡土墙
mortar rubble retaining~ 浆砌片（块）石挡墙
mortarless~ 干砌墙
mud~ 土墙
natural stone~ 天然石墙
noise barrier~ 防噪栅墙
parapet~ 护墙，女儿墙，压檐墙
partition~ 隔墙；间壁
perforated~ 穿孔墙
perimeter~ 围墙，界墙
peripheral~ 周边墙，地下连续墙
pierced~ 穿孔墙
pigeon-holed foundation~ 地龙墙
pile and plank retaining~ 柱板式挡土墙
pile-plank retaining~ 柱板式挡土墙
piling~ 桩垣，桩墙
plain brick~ 清水砖墙
plinth of a~ 墙基
property boundary~ 地界墙
protected~ 胸墙，挡土墙，防护墙
reed slab~ 芦苇加筋土墙
relieving~ 辅助墙
retaining~ 挡土墙，拥壁
revetment~ 护墙
rigid~ 刚性墙
river-~（河）堤
rough~ 粗砌墙
rough faced masonry~ 粗砌砾石圬工墙
rough-tooled natural stone~ 粗砌凸雕天然石墙
sand arresting~ 拦砂墙
scenic~ 景墙
sea~ 海塘，海堤；防波堤
separation~ 分隔墙
side~ 边墙
sitting~ 坐墙，护坡墙
sleeper~ 地龙墙｛建｝
slope~ 护坡墙
solid~（美）承重墙
sound separate~ 隔声墙
stepped face~ 阶梯形面墙
stepped retaining~ 阶式挡土墙
thick~ 厚墙
timber crib~ 木屋墙
top level of~ 墙顶水平

training~ 导流壁，导流堤
tree~ 树篱；树墙
upper thrust~ 上游承推墙
valley~ 谷壁
veneer~ 饰面墙
veneered~ 砌面墙
vine-covered~（美）爬满攀缘植物的墙
water seal~ 止水墙
watertight~ 不透水墙，防水墙
wing~ 翼墙，八字墙；耳墙

Wall Flower ***Cheiranthus cheiri*** **L.** 桂竹香 / 黄紫罗兰

Wall Flower/Paracress Sportflower ***Spilanthes oleracea*** 桂圆菊 / 金纽扣

Wall Germander ***Teucrium chamaedrys*** 地胶苦草 / 普通苦草

Wallace's line 华莱士线

Wallaroo/rock kangaroo/Euro kangaroo ***Macropus robustus*** 岩大袋鼠

walled enclosure 筑墙围地

walled garden 墙面花圃；墙园

Wallflower ***Erysimum Bowles's Mauve*** 淡紫鲍尔斯糖芥（英国斯塔福德郡苗圃）

Wall-hanging bonsai 挂壁盆景

Wallich's Brake ***Pteris wallichiana*** 西南凤尾蕨

walling，ashlar（琢石）筑墙
~masonry 筑墙圬工
~plant 壁栽植物

walnut 胡桃属，胡桃树

Walnut [common] /English Walnut/Persian walnut（***Juglans regia***）胡桃 / 核桃

Walnut Geometrid ***Culcula panterinaria*** 黄连木尺蛾

Walnut heart rot 核桃木腐病（担子菌门伞菌科 ***Agaricaceae*** 的一种）

Walnut melanconis disease 核桃黑粒枝枯病（***Melanconis juglandis*** 核桃黑盘壳菌 / 无性世代：***Melanconium oblangum*** 矩圆黑盘孢和 ***Melanconium juglandinum*** 胡桃黑盘孢）

Walnut moth/Pecun moth ***Atrijuglans hetaohei*** 核桃举肢蛾

Walnut powdery mildew 核桃白粉病（***Microsphaera yamadai*** 山田叉丝壳菌 /***Phyllactinia fraxini*** 核桃球针壳菌）

Walnut Tree ***Juglans*** 胡桃（属）

Walrus ***Odobenus rosmarus*** 海象

Walt Disney World 华特・迪士尼世界（美国）

Walter Dogwood ***Cornus walteri*** 毛梾木

Walton Cyclorhiza ***Cyclorhiza waltonii*** 环根芹 / 当归恩

Walton Sagebrush ***Artemisia waltonii*** 藏龙蒿

Wan Mountain（**present Tianzhu Mountain**）(**Anqing，China**）皖山（天柱山）（中国安庆市）

Wand Flower ***Sparaxis tricolor*** 菖蒲莲 / 三色魔杖花

wandering 游动的，移动的
~dune 游动沙丘
~lake 移动湖
~monk 云水僧

Wandering Jew ***Tradescantia flumnensis*** 白花紫露草 / 吊竹草 / 白花紫鸭趾草

Wanderingjew Zebrina/Inch Plant（***Zebrina pendula*** **Schnizl.**）吊竹梅 / 吊竹兰 / 淡竹叶

Wanfooding (**Summit of Ten Thousand Buddha**), **the main peak of Mount Emei** (**Leshan**, **China**) 主峰万佛顶（峨眉山）(中国乐山市)

Wang Bingluo 王秉洛，中国风景园林学会终身成就奖获得者，风景园林专家

Wang Juyuan 汪菊渊，中国工程院院士，风景园林专家、教育家、理论家，中国风景园林学科创始人之一

Wang Que 王缺，中国风景园林学会终身成就奖获得者，风景园林专家

Wang Pine ***Pinus wangii*** 毛枝五针松

Wangchuan Garden Residence 辋川别业

Wangchuan Villa 辋川别业

Wang shi yuan (**Garden of the Master of the Fishing Nets**), **Suzhou** (**Suzhou City**, **China**) 苏州网师园（中国苏州市）

Wankie National Park (**Zimbabwe**) 万基国家公园（津巴布韦）

Wannian (**Ten Thousand Years**) **Temple** (**Leshan**, **China**) 万年寺（中国乐山市）

Wanping Town 宛平县城（原北京市属县，辽代地方建置之一）

Wanquan River (**Hainan Island**, **China**) 万泉河（中国海南岛）

Wanshoushan (**Longevity Hill**) (**Summer Palace**, **Beijing**, **China**) 万寿山（中国北京颐和园）

Wantien Camellia ***Camellia polydonta*** 宛田红花油茶 / 多齿红山茶

war 战争

~damaged city 战灾城市

~damaged city rehabilitation plan 战灾城市复兴规划

ward 市政区，区，住院部

warden 司；州长；(大学等的)校长；管理员

game~ 猎场看守人

warehouse 货仓，仓库

~area 仓库区

~district 仓库区

~land 仓储用地

Warthogs ***Phacochoroerus aethiopicus*** 疣猪

warm 温暖的；热烈的；使暖；使兴奋

~air curtain 热风幕

~air duct 热风管道

~air heating；hot air heating 热风采暖

~air heating system；hot air heating system 热风采暖系统

~color 暖色

~front 暖锋

~–house plant 温室植物

~lake 热湖

~room 暖房

Warm Scented Arbor 暖香坞

~season 暖季

~sector 暖区

~spring 温泉

Warm Spring at Pine Mountain 松山温泉

~–up 加热(的)

warmwater port 不冻港

warning 警告，警戒；预告，预先通知

~sign 警告标志

~stage 警戒水位

~water level 警戒水位

warren 养兔场；拥挤地区，拥挤房屋；

拥挤

Warren H. Manning 沃伦·H·曼宁（1860–1938），以生态学为基础进行风景园林规划设计的先行者之一

warrior 战士

Warsaw 华沙

~Mermaid 华沙美人鱼

~reconstruction plan 华沙重建规划

Warscewicz Canna ***Canna warsewiczii*** 紫叶美人蕉

Wart Plant/Haworthia/Star Cactus/Cushion Aloe ***Haworthia fasciata*** 锦鸡尾 / 条纹十二卷

Wasabi ***Wasabia japonica*** 山葵 / 日本辣根

wash 冲积土；冲积物；旧河床；冲洗，洗涤；洗涤剂；冲刷；洗矿；刷色

~fine material 冲洗细粒材料

~load 冲刷（泥沙）量，冲泻质

~out 洗去，冲去；淘汰；水毁

~out fine particles 洗去细颗粒

washed wash 的过去分词

~finish 洗石子面

~gravel 洗净砾石

~sand 洗净砂，净砂

washing wash 的现在分词

~hand 洗脸间

~machine 清洗刷白机

~plant 选煤，选矿厂

Washington 华盛顿（美国首都）；（美国州名，简写 WA）

Washington Convention 华盛顿公约

Washington lupine/lupine *Lupinus polyphylla* 羽扇豆

Washington Monument 华盛顿纪念碑

Washington Palm/Desert Fan Palm ***Washingtonia filifera*** **H. Wendl.** 丝葵 / 加州蒲葵 / 老人葵

Washingtonia robusta palm 光叶加州蒲葵

warship 军舰，战船

washland 泛滥地，河漫滩

washoff of fine particles 洗去细颗粒

washout 水毁，水洗

~of the way 道路冲毁

~repair 洗修

washroom 卫生间

wasp 黄蜂，胡蜂

Wasp–Waist Bridge 蜂腰桥

wastage 损耗，消耗；消耗量；废物，废品；渗漏；（木材等的）干缩

~recycling 废物回收利用

~, stone tooling（琢石）损耗

waste 消耗；浪费；荒地；废物；废品，废料；弃土，废土；破布；碎纱；残渣；废的,无用的；未垦的；剩余的；

~aggregate concrete 废集料混凝土

~air 废气

~area 弃土场，废料场

~avoidance 废料减少

~bank 废土堆，弃土堆，矸石堆

~bank refarming 弃土还耕

~bank treatment 废方处理

~–basket 废纸篓，纸篓

~bin（英）废料斗

~canal 溢水沟

~collecting shop 废品收购站

~domestic collection（英）家庭废品收购

~household collection（美）家庭废品

收购
~compost 废物混合肥料
~compost production plant（美）废物混合肥料生产厂
~concrete 废混凝土
~container 废物容器，废物集装箱
~decomposition 废物分解，废物腐烂
~deposit 弃土堆
~disposal 废物处理
~disposal authority（英）废物处理管理机构
~disposal company（英）废品处理公司
~disposal facilities 废物处理设施
~disposal ordinance（美）废物处理规定
~disposal plant 污物处理厂
~public cleansing and disposal（英）公共废物清除和处理
~disposal site authority（美）废物处理场管理机构
~hazardous disposal site 危险废物厂，有毒废物厂
~disposer 废物处理者；废物处理器
~exchange service（英）(工业）废品交易所
~fluid 废液
~gas 废气
~gas pollution control 废气污染治理
~heat 废热
~heat utilization 废热利用
~heating 废气供暖，废热供暖
~incineration 废物焚化
~incineration plant 废物处理厂，废物焚化场
~incinerator（美）废物焚化炉
~-injection well 污水喷射井
~land 荒地，空地
~industrial land 工业荒地
~management 废物管理
~management department 废物管理部门
~mantle 风化层
~material 废料
~hazardous material 危险废料，有毒废料
~（water）pipe 废水管，污水管
~producer 废物生产者
~producer，allocation of disposal cost to 废物生产者承担的处理费
~products 废弃物资
~reception area 废物接收处
~recycle system 废水再循环系统
~recycling 废物回收利用，废物再循环
~recycling plant 废物回收利用厂
~reduction 废物减少
~removal 污水排放
~reprocessing plant（美）废物重新处理厂
~residue 废渣
~residue treatment 废渣处理
~separation plant 废物分类厂
~shipment（美）废品装载
~site contractor（美）废物场承包人
~site，contaminated 污染废物场
~sludge 剩余污泥{环卫}
~solid 固体废物废渣
~traffic 空驶交通，无效交通，空载交通，无效果交通，多余交通
~treatment 废物处理，废水处理
~treatment and disposal（美）废物处理
~treatment and disposal industry 废物处

理业
~treatment plant 废物处理厂
~utilization 废物利用
~vapour treatment 废气处理
~water 废水
~water and sewage treatment，management of 污水处理，污水管理
~water，agricultural 农业废水
~water disposal（或 treatment）废水处理，污水处理
~water，industrial 工业废水
~water processing station 废水处理场
~water，toilet（美）盥洗室废水
~water treatment 废水处理
~–water utilization 废水利用
~weir 溢流堰，泄洪道
~wood 废木料
~yardage 弃土土方
bulky~ 松散废物
collecting and recycling division of solid~ 固体废物的回收、循环和划分
dangerous~ 危险废物
disposal of radioactive~ 放射性废物处理
final disposal site for radioactive~ 放射性废物最终处理场
flow of liquid~ 液体废物流
hazardous~ 危险废物
household~ 家庭废物
incineration plant for toxic/hazardous~ 有毒 / 危险废物焚化场
industrial~ 工业废物
kitchen~ 厨房废物，厨房垃圾
organic kitchen~（英）有机厨房废物（垃圾）
radioactive~ 放射性废物
reusable~ 可重复利用的废物
reuse of~ 废物再利用
rotting of~ 废物风化
special~ 特殊废物
toxic~ 有毒废物
unauthorized dumped~ 未经许可倾倒的垃圾
urban~ 城市垃圾

wasteful 浪费的，不经济的
~exploitation 浪费开发，浪费采掘

wasteland 荒地，荒原，未垦地，废墟
~reclamation 荒地开垦

waster 废物；浪费者

wastes and their disposal，transboundary movements of hazardous 危险废物跨国输出及其处理

wastewater 废水，污水
~analysis 废水分析
~charge 废水收费
~composition 废水成分
~disposal 废水处理
~disposal facility 废水处理设施
~engineering 排水工程
~farming 废水农用（灌溉）
~flow；sewage flow 污水量
~flow norm 排水定额
~irrigation 废水灌溉
~management project 废水管理工程
~purification 废水净化
~reuse 废水再用，废水利用
~reclamation 废水回收
~sewer 污水沟道，污水管道
~survey 废水调查
~treatment 废水处理
~treatment field 废水处理场

~treatment of ore-dressing 选矿废水处理
~treatment plant 污水处理厂
~wetland treatment system 湿地废水处理系统
~treatment wetland 废水处理湿地
~treatment works 废水处理工程
~wetland（美）废水湿地
Wasteway 废路，废弃道路；退水道
wasteyard 废物场，垃圾场
wasting，mass（英）大量损耗的，大规模破坏性的
Wat Arun（Thailand）郑王寺（泰国）
Wat Mahathat（Thailand）玛哈达寺（泰国）
Wat Suthom（Thailand）梭通佛寺（泰国）
Wat Trimitr（Thailand）金佛寺（泰国）
watch 看守，注视，看守人
~box 守望亭，岗亭
~buoy 标志浮标
~man 守门人
~platform over city wall 楼橹，橹楼
~-tower 岗楼，瞭望塔
~tower 望楼
watchdog 看门狗
watching loft 屋顶层瞭望所
watchmaker 钟表店
watchmaker's shop 钟表店
watchman tour system 值班巡视系统
Watchtower（Turret of the Palace Museum）角楼瞭望台阙
water 水；水体洒水，浇水
~-absorbing quality 吸水性
~absorption 吸水性；吸水量
~Act 1945（英）1945 年水法
~-air ratio 水气比
~-air system 水－空气系统
~affinity 润湿性；亲水性
~analysis 水分析，水质分析
~and power supply section 水电段
~and soil conservation 水土保持
~and soil conservation measure 水土保持措施
~and soil loss 水土流失
~area 水区，水域
~area and others 水域和其他用地
~area for stopping ship；water area for braking ship 制动水域
~area/region，brackish 盐水域，碱水域
~area，shallow 浅水水域
~as refrigerant 冷剂水
~-asphalt preferential test 地沥青亲水性试验
~atlas 水图
~authority（英）水管理机构
~authority directives 水管理机构指令
~river authority（英）江河水管理机构
~balance 水均衡，水量平衡，水分平衡
~balance of mire 沼泽水量平衡
~ballast in caisson 沉箱注水
~barrier 防水层
~based adhesives 水性胶粘剂
~based coatings 水性涂料
~based treatment agents 水性处理剂
~basin 水池
~-bearing bed 含水（地）层
~bearing capacity 容水量
~-bearing formation 含水结构
~-bearing layer 含水层
~-bearing medium 含水层
~-bearing stratum 含水层

~bed 含水层
~bodies，disposal of pollutants in 水体污染物处理
~oxygen balance in bodies 水体氧平衡
~body 水质，水体
~body pollution 水体污染
~pollution level tolerance of a body 水体污染宽容度
~body，shallow fringe of a 水体浅层边缘
~-borne sediments 水生沉积物
~-borne sewerage 雨污合流制下水，水冲污水
~-borne system 水冲式系统（用水冲洗废物加以排泄之系）
~-borne waste 污水
~-bound macadam 水结碎石路面
~-bound playing surface（美）水结运动场
~-bound porous court 水结多孔球场
~-bound surface 水结面
~-break 防波堤，破浪堤
~budget 水分平衡
~calculation 水力计算
~capacity 含水量
~carriage 水上运输，水运；（由管道）送水，排水沟渠
~-carriage system 水冲式系统
~carriage tunnel 输水隧道
~carrier 含水层
~-carrying tunnel 输水隧道
~cart 洒水车
~catchment area 受水区，集水区
~catchment area，drinking 饮用水集水区
Water Cave in Benxi（China）本溪水洞（中国）
~cement ratio 水灰比
~channel 水道，水渠
~circulation 水（的）循环
~clean-up 水清理
~closet 水厕，坐便器
~collecting 集水
~-collecting area 集水面积
~color rendering 水彩渲染
~concession 水许可
~conditioning 水处理
~conduit 水管道，引水管
~conservancy 水利，（英国）水利局
~conservancy project 水利工程
~-conservancy project 水利工程
~conservancy survey；hydrographic engineering survey 水利工程测量
~conservation 水资源保护（利用）
~conservation area（英）水保护区
~conservation district，soil and（美）水土保持区
~conservation of green space 绿地保水功能
~constructional works 水工构造物
~consumer 用水户
~consumption 耗水量，用水量
~consumption in water-works 自用水量
~consumption limitation 用水指标
~consumption norm 用水定额，用水量标准
~consumption of steam locomotive 机车用水
~contamination 水污染，耗水量
~content 含水量
~-content rock property 含水岩性

~-content rock series 含水岩系
~conversion 海水淡化
~-cooled condenser 水冷式冷凝器
~course 水道，水流，河道，水景
~course，impounding of a（英）河道蓄水
~restoration of courses 河道修缮
~crane 水鹤
~crane indicator 水鹤表示器
~crane well 水鹤室
~critical gradient 临界水力坡降
~current 水流
~curtain 水幕
~curtain cave 水帘洞
~curtain for fire compartment 防火分隔水幕
~cycle 水的循环（水由湖、海、河流等蒸发成云，然后下雨回流入湖、海、河流等的循环现象）
~-deficient area 缺水地区
~delivery 供水，输水；配水
~demand 需水量
~-demand curve 需水量曲线
~-deposited soil 水积土
~-depth in front of wharf 码头前水深
~detention，storm（暴雨）水滞留
~discharge 流量，排水（量）
~discharge pipe 排水管
~discharge rate 流量率，出水率
~dispersal 水消散，水分散
~distribution 配水
~distribution line（美）配水管线
~distribution network 配水管网
~distribution pipes 配水管（网）
~distribution system 配水网，配水系统
~district 给水管理区，供水管理区，供水区
~diversion 排水，分水
~-diversion ditch 排水沟，分水沟
~divide 分水岭
~drain pipe 泄水管，排水管
~drainage pipe 泄水管，排水管
~drainage，surface 地面排水
~drainage system for yard 站场排水系统
~drainage works 排水工程
~drenching density 淋水密度
~drip（美）滴水槽，滴水器
~drop 跌水
~energy resource 水能资源
~engineering 自来水工程，都市给水工程
~entrapment（美）水截流
~environment 水环境
~environmental background value 环境背景值（水环境本底值）
~environmental capacity 水环境容量（纳污量）
~environmental effect 水环境效应
~environmental elements 水环境要素（水环境基质）
~environmental impact assessment 水环境影响评价
~environmental investigation 水环境调查
~environmental protection 水环境保护
~environmental quality 水环境质量
~environmental quality assessment 水环境质量评价
~equivalent of snow 雪水当量
~erosion 水蚀，水力侵蚀
~examination 水质检验
~exchange 水量交换

~exhaust 排水沟
~extraction 水抽取
~face 水面
~facilities 水利设施
~fall 同 waterfall 瀑布
~famine 水荒
~feature 水景
~feature，playground with 有水特征的运动场
~features 水景
~features，composition of 水景构成
~-film cyclone；water-film separator 水膜除尘器
~filter 滤水器
~flow over ice 冰上流水
~for city's residential use 城市居民生活用水
~for fire-fighting 消防用水
~for production 生产用水
~front 城市中河、湖、港口附近地区，水滨的土地，岸线，岸边线；江边
~front construction 沿岸建筑；驳岸工程，堤岸工程
~front development 水岸发展（指沿岸的用于游憩的建筑）
~front green 水边绿地
~front green space 滨水绿地
~front of wharf；face-line of wharf 码头岸线
~front park 滨水公园
~-front station 港湾站
~furnishing ability 供水能力，升水力
~furrow 明沟，无盖排水沟
~gallery 水廊
~gap 水口
~garden（19 世纪末期 20 世纪初期，美国庭园中的）流水庭园，水景园，水景庭园；水生植物园；泉水园；水滨园
~gardening 水景造园
~gas 水煤气
~gate 闸门，水闸，水门
~gathering ground 集水区
~grade 水力坡降，水力梯度
~grade line 水力坡降线
~-graded particle 坡降水微粒
~gradient 水力坡降（线）
~hammer 水锤（水击）
~head 水头，水位差
~head site 水源地
~heater 热水锅炉
~heater room 开水间
~heating wash boiler 温水洗炉
~holding 持水
~-holding capacity 持水度
~holding capacity 保水量，蓄水量，持水能力
~holding rate 蓄水率
~hose 水龙带，软管，皮带管
~impoundment（英）人工湖，蓄水池
~inflow 流入水，进水
~influence zone（美）水影响区
~injection test 注水试验
~inlet 进水口
~inlet pipe 进水管
~inlet works 取水工程
~intake 进水口
~jet 水冲，水射，水力喷射
~knockout 除滴器
~level 水位；水平面；水准器

~level discharge relation curve 水位流量关系曲线
~level duration curve 水位持续曲线（显示一年间的水位变化）
~level gauge 水位计
~level indicator 水位标
~low level 低水位
~level，lowest 最低水位
~level，mean 平均水位
~measured level 实测水位
~normal level（英）正常水位，标准水位
~-lily pool 睡莲池
~lines 给水管线
~log 积水（现象）
~logged soil 浸湿土
~logging 积水，储水，水浸，浸透
~-logging control planning 排涝规划
~loss 水量损失
~loss and soil erosion 水土流失
~magic 水魔术〈16-17 世纪意大利巴洛克式庭园中利用流水的各种技法〉
~main 给水总管，给水干管，总水管
~management 水管理
~management plan 水管理计划
~management planning 水管理规划
~mark 水位标记
~flood mark 洪水水位标记
~high mark 高水位标记
~mass 水团
~meadow（英）淹水草甸，浸水草甸
~meter 水表，水量计，量水器
~mill 水力磨粉机
~mining 地下水超量开采
~mining（and use）地下水超量开采
~modeled stone 太湖石
~need 水需要，水需求；水缺乏
~nozzle 喷（水）嘴
~of combination 结合水
~of crystallization 结晶水
~of infiltration 渗入水，渗透水
~of mixing 拌和用水
~of saturation 饱和水（总量）
~organ 流风水琴（洞窟内利用流水奏出风琴声的技法）
~outlet 出水口
~paint 水（溶）性涂料
~parting 分水岭，水分线
~-parting 分水岭
~passage 水道
~passway 水道
~penetration 漏水，渗水，透水；建筑漏水
~permeability test 透水性试验
~pipe 给水管，水管
~pipeline 水管线
~piping 水管线路
~pit 水坑
~plane 水面，地下水面，潜水面；水上飞机
~plant 水厂，水生植物
~plant of railway 铁路给水厂
~plant，free-floating 水上自由流动植物
~rooted plant 水上漂浮固定植物
~plug 防水剂
~polluting firm（美）污染水厂商
~-polluting substance 污染水物质
~pollution 水质污染，水的污染，水污染
~pollution by inorganic substance 无机物水污染

~pollution by organic substances 有机物水污染
~pollution by organism 有机物水污染
~pollution by toxic substances 有毒物质水污染
~pollution caused by human activities 人类活动水污染
~pollution control 水污染防治（管制）
~pollution control plant 水污染控制厂
~pollution control works 污水处理厂
~pollution prevention and control 水污染防治
~pollution source management 水污染源管理
~-ponding roof 蓄水屋面
~power 水力，水能
~power plant 水力发电厂
~-power site 水力发电厂址
~power station 水电站，水力发电站
~pressure 水压（力）
~-producing area 汇水面积
~-producing zone 产水带
~-proof 同 waterproof 防水物料；防水的
~proof asphalt mastic 沥青胶砂防水层
~proof layer 防水层
~-proof paper 防水纸
~proofing 防水层
~-proofing course of water tight plastic sheet 塑料防水板防水层
~-proofing on outer panel joint 外墙板接缝防水
~-project investigation 水工程调查
~pump 水泵，抽水机
~pump factory 水泵厂
~pumping station 抽水站
~purification 水的净化
~purification plant 净水厂，自来水厂
~purification station 净水厂，自来水厂
~quality 水质
~quality assessment 水质评价
~quality category 水质分类
~quality control 水质控制
~quality criteria 水质标准
~quality evaluation 水质评价
~quality improvement measures 水质改良量度
~quality investigation 水质调查
~quality management 水质管理
~lake and river quality map 水质图，湖泊江河水质图
~quality model 水质模型
~quality monitoring 水质监测
~-quality monitoring 水质监测
~quality of rivers and lakes 江河湖泊水质
~quality parameters 水质参数
~quality planning 水质规划
~quality prediction 水质预报（水质预测）
~-quality stabilization technology 水质稳定技术
~-quality standard 水质标准
~quality standards 水质标准
~quality standards for fishery 渔业水质标准
~quality station 水质站（水质监测站）
~quantity assessment 水量评价
~quantity of per day，per person 日用水量
~quench 水淬
~-race 水道

~ramp 水流梯；水扶梯
~rate 经水费率，供水费率；用水率
~recreation 水上娱乐活动
~recreation area 水上康乐游活动区
~regime 水文状况
~removal 去水，脱水，除水；排水
~-repellent 抗水的，防水的；防水剂
~repellent admixture 抗水剂
~-repellent cement 防水水泥
~requirement 需水量，需水性
~reservoirs 水源，水库（复）
~resistance of film coating 涂膜耐水性
~-resisting property 抗水性，防水性
~resource 水资源
~resource planning 水资源规划
~resource protection 水资源保护
~resources 水源，水资源，水利资源
~resources allocation 水资源分配
~resources assessment 水资源评价
~resources basic assessment 水资源基础评价
~Resources Board（英）水资源委员会
~resources conservation 水资源保护
~resources crisis 水资源危机
~resources decision support system 水资源决策支持系统
~resources development and utilization 水资源开发利用
~diminution of resources 水资源减少
~resources management 水资源管理
~lessening of resources（美）水资源减少
~lowering of resources 水资源下降
~resources planning 水资源规划
~resources protection 水资源保护
~resources，protective forest 水资源防护林
~resources regionalization 水资源分区
~resources scheduling 水资源调度（水利调度）
~resources system 水资源系统
~resources system analysis 水资源系统分析
~retaining capacity 持水度
~retaining structure；retaining works 挡水建筑物
~retention of mire 沼泽持水性
~reuse system 复用水系统
~-rich stage 丰水期
~right 水权（例如灌溉用水等）
~surface runoff（地面）水径流
~sample 水样
~-sample preservation 水样保存
~sand miscellaneous 水域和其他用地
~-saturated soil 饱水土壤
~saturated test 饱水试验
~saturation 水饱和
~saving 节约用水
~scarcity 缺水
~scenes of garden 园林水景
~science 水科学
~screen；water curtain 水幕
~seal 水封；止水
~seal equipment 排水器
~seal ring 防水圈
~seal wall 止水墙
~service 供水
~service installation 给水装置
~service pipe 供水管
~storm sewage 暴雨排水工程
~rain sewer（英）雨水排水管道

~-shed 流域
~shed ridge 分水岭
~shield 挡水
~shoot 水槽
~shooting 水中爆炸
~-shortage 缺水
~-side 水边，水滨，河畔
~-side pavilion 水榭
~slope 水力坡降，水力坡度
~softening 水净化
~softening in boiler 炉内软水
~softening out of boiler 炉外软水
~softening plant 软水所
~-soluble 水溶（性）的
~source 水源，给水水源
~source protection 水源保护
~sources selection 水源选择
Water-Splashing Festival in Olive Dam 橄榄坝泼水节
~sports 水上运动
~spray extinguishing system 水喷雾灭火系统
~-spray nozzle 喷（水）嘴，水幕喷嘴
~sprayer 喷洒机，洒水机，洒水器
~sprinkler 洒水设备，洒水装置
~sprinkler tank 洒水机，喷洒机
~sprinkling 洒水
~sprout 水里生长
~stability 水稳定性，水稳性
~stage 水位
~stage register 水位（记录）表
~stair 水流梯，水扶梯
~staircases 水阶梯
~stand 停潮
~standards 水质标准
~station 水站，给水站
~sterilization 水消毒
~storage capacity 蓄水能力
~storage roof 蓄水屋顶
~storage tank 贮水池
~supply 给水，供水；给水工程，自来水公司
~supply and purification plant 自来水厂
~supply and sewerage design 上下水设计
~supply and sewerage work 给水排水工程，上下水道工程
~supply connection（美）给水连接法
~supply engineering 给水工程，供水工程
~supply facility 给水设备
~supply fittings 给水配件
~-supply line 上水道
~supply line 给水管线，上水道
~supply pipe 供水管，水管
~supply point（英）给水点
~supply plant 给水所
~supply，public 公共供水
~supply scheduling 供水调度
~supply scheme 供水方案
~supply section 给水段
~supply source 供水水源
~supply standard 用水量标准
~supply station 水站，给水站
~supply station for passenger train 客车给水站
~supply system 给水系统，给水管网
~supply volume 用水量
~surface 水面
~surface evaporation 水面蒸发
~surface evaporation network 水面蒸发站网

~surface evaporation station 水面蒸发站
~surface evaporation yard on land 陆上水面蒸发厂
~surface profile 水面线
~surface profile method 水面曲线法
~surface width 水面宽
~swelling strip 遇水膨胀止水条
~system 水系统、水系，给水系统
~system layout in garden 园林理水
~table 水位，地下水位，潜水位，地下水面，潜水面，泻水台，承雨线脚 { 建 }
~-table contour map 地下水等水位线图
~table fluctuation 水位涨落，水位变化
~table gradient 水头梯度
~table or level of saturation 潜水面，地下水位
~tank 水箱
~tank for heat（thermal）insulation；water-cooled absorptive shielding 隔热水箱
~tank wagon 水罐车
~tap 水龙头
~temperature 水温
~temperature model 水温模型
~temperature observation 水温观测
~theater（美）水上剧场
~theatre 水上剧场
~thermometer 水温表
~tower 水塔
Water Tower at Chicago 芝加哥水塔
~-transfer and distribution works 输配水工程
~transmission pipe 输水管
~treatment 净水处理；软水处理；给水处理；水（质）处理
~treatment，drinking 饮用水处理
~treatment plant 水质处理厂（自来水厂），净水厂
~treatment plant，drinking 饮用水处理厂
~treatment works 净水工程
~tree 水树
~truck 洒水车，水车
~undertaking 自来水公司
~usage 耗水量
~use 水利，水的利用
~-use investigation 用水调查
~-use quota 用水定额
~users association（美）用水者协会
~-using industry 用水量大的工业
~utilities 自来水公司
~valve 水阀，水门
~vapour 水气
~wagon 水车，洒水车
~wastewater system 上下水系统
~-water heat exchanger 水 - 水式换热器
~-water jet 混水器
~-water type heat exchanger 水 - 水式换热器
~way survey 水道测量
~well 水井
~works 水厂，自来水厂；给水设备
~works for fire-fighting 消防供水设备
~year 水文年
~year-book 水文年鉴
~zone 含水带
absorbed~ 吸附水
active~（有侵蚀性的）活性水
aggressive~ 侵蚀性水
alkali~ 碱（性）水

area of~ 多水水面，水域，水面积
artesian ground~ 自流地下水
available soil~ 有效土壤
body of~ 水体；贮水池
bound~ 束缚水；结合水
brackish~（中等程度的）盐水，碱水
breadth-wise~ 防波堤，破浪堤；船头防波栏；（桥墩）分水尖
by-~ 旧河床，废河道
calcareous~ 石灰水
capillary~ 毛细水
circulating~ 循环水，环流水
city~ 城市给水，自来水
cloudy~ 混浊水
coastal ground~ 海岸地下水
combined~ 结合水
condensation~ 凝结水
connate~ 原生水，天然水
conservation of soil and~ 水土保持
constitution~ 化合水，结构水
construction waste~ 工程废水
contaminated~ 污染水
conversion of sea~ 海水淡化
dead~ 死水，静水；积水
deaired~ 脱气水
degassed~ 无气水，不含气的水
devil~ 废液
discharge~ 排出水
domestic~ 生活用水，家庭用水
downstream~（堤坝）下游河段
drain for rain~（雨水）进水口；雨水沟渠
drinking~ 饮用水
droop~ 跌水
earth~ 硬水
elevation of~ 水平面高程，水位
environmental quality standards for surface~ 地面水环境质量标准
evaporable~ 蒸发水
exterior supply~ 外供水
fall of~ 水降，水压
fast~（美）大潮，大潮汛
feed~ 饮用水；（汽锅）给水
filter washing~ 洗滤水
flood~ 洪水
flowing surface~ 水道表面水，表面流水
flush of~ 水泛滥，迅速涨水
fossil ground~ 古地下水
free~ 自由水
freezable~ 冻结水
fresh~ 淡水（的）
gravitational~ 重力水
gravity~ 重力水
gravity ground~ 重力地下水
ground~ 地下水，潜水
ground storage of~ 地下水储藏量
gushing~ 涌水
hard~ 硬水
hardness of~ 水的硬度
harmful~ 毒水，有害水
head~ 河源，水源
head of~ 水头；水柱高度
health requirements and standards for surface~ 地面水卫生要求和标准
heavy~ 重水 {化}
height of~ 水位；水柱高
high~ 高潮；洪水
impermeable to~ 不透水的
impervious to~ 不透水的
impounded surface~ 聚集的表面水

incoming waste~ 入流废水
industrial waste~ 工业废水
infiltration~ 过滤水
ingress of ground~ 地下水（的）浸入
inlet for irrigation~ 灌溉进水口
inlet for storm~ 雨水进水口
inner~ 内陆水，内部水
interception of~ 截水，断流
interior supply~ 内供水
internal~ 内陆水
Interstate~（美）州际水
interstitial~（岩石）缝间水
irrigating~ 灌溉用水
irrigation~ 灌溉用水
juvenile~ 岩浆水，初生水{地}
laundry waste~ 洗涤污水
level of subsoil~ 地下水位
light~ 轻水（即普通水）
lime~ 石灰水
main-~ 自来水
make up~ 补给水
maximum high~ 最高水位
meteoric~ 降水（雨，雪等）
meteorological~ 大气水
mineral~ 矿泉水（含有矿质水的）
muddy~ 泥浆水，混浊水
non-oriented free~ 不定向自由水
outcrop of~ 水流溢出口
pass way of~ 水道，排水管
phreatic~ 井水
potable~ 饮（用）水
precipitable~ 可降（雨）水量
precipitation~ 降（雨）水量
radioactive waste~ 放射性废水
rain~ 雨水，软水
raw~ 原水，生水
receiving~ 受纳水体
recirculated~ 循环水
recycle-~ 回收水，回用水
reductive~ 还原水
residual~ 残留水
resistance to~ 抗水性
return~ 回水
reusable~ 可重复利用的水
running~ 流水
saline~ 盐水
salt~ 盐水
sanitary protective zone of ground-~ 地下水卫生保护区
seasonal duty of~ 季节灌溉水量，季节性需水量
seep~ 渗透水
seepage~ 渗流水，渗透水
sewage~ 污水
shallow~ 浅水
shallow body of~ 浅水体
slack~ 平潮；滞水，死水
slope seepage~ 边坡渗流水
sludge~ 污泥水
soft~ 软水
softening of~ 硬水软化
soil~ 土中水，地下水
solidified~ 固结水分
source for irrigation~ 灌溉水源
spawning~（鱼的）产卵水
spiling~ 溢水
spring~ 泉水
stagnant~ 死水，积滞水
standard for potable~ 饮用水标准
standing~ 静水，止水

static head of~ 静水头，静力水压
still~ 静水
storage of~ 蓄水
storm~（暴）雨水
subsoil~ 地下水，潜水
subsurface~ 地下水，潜水
subterranean~ 地下水，潜水
surface~ 地表水，地面水
surface of underground~ 地下水位
sweet~ 甜水，淡水，饮料水
swift running~ 急流水，激流
tail~ 下游水，尾水；废水
tap~ 饮用水，自来水
transboundary~ 跨界水
transnational~（美）跨国水
trapping of ground~ 地下水的截流
turbid~ 混水，浊水
unclear~ 不洁净水
underground~ 地下水；潜水
unit content of~（水泥混凝土）单位用水量
untreated~ 原水（未经处理过的水）
unused~ 未用过的水
upland~ 地表水，上游来水
upper~ 上游水
upstream~ 上游水
vadose~ 渗流水
void~ 孔隙水
waste~ 同 wastewater 污水
wasted~ 废水，用过的水
well~ 井水
white~ 激流水，湍流水
wild~（美）天然水，原始水，湍流水

Water buffalo *Bubalis bubalis* 水牛 / 野水牛

Water Chestnut *Eleocharis tuberosa* 荸荠 / 马蹄

Water Chestnut/Water Caltrop/Horn Nut *Trapa bicornis* 菱角

Water Cress/Cress *Nasturtium officinale* 豆瓣菜 / 西洋菜

Water Dropwort *Oenanthe javanica* 水芹

Water Flag/Fringed Iris/Orchid Iris(*Iris japonica*） 花公草 / 蝴蝶花

Water hog/Capybara *Hydrochoerus* 水豚（属）

Water Hyacinth *Eichhornia crassipes*（Mart.）Solms-Laub. 水葫芦 / 水浮莲 / 凤眼莲 / 布袋莲 / 水兰花

Water lily *Nymphaea* 睡莲（属）

Water Lily/Pigmy Water Lily *Nymphaea tetragona* 矮生睡莲 / 子午莲

Water Mint *Mentha aquatica* 水薄荷（英国斯塔福德郡苗圃）

Water Oak *Quercus nigra* 水栎（美国田纳西州苗圃）

Water shield *Brasenia schreberi* 莼菜

water shoot 徒长枝

Water Spinach/Aquatic Morning Glory/Swamp Cabbage *Ipomoea reptans/I.aquatica* 空心菜 / 蕹

Water Willow/Paradise Plant/King's Crown *Justicia carnea* 珊瑚花 / 水杨柳

Water-and-land bonsai 水旱盆景

waterborne 水生的；带水的；漂流着的

waterbody 水体
~or watercourse 水体或水道
biological dying of a~ 水体生物濒死
natural~ 天然水体

standing~ 静水体，止水体
surface~ 表面水
trophic level of a~ 水体营养水平(等级)
water-colour block printing picture 水印画
watercourse 河道，水道
~bed erosion 河床侵蚀
~bed protection 河床保护
~segmentation 水道分节
impounding of a~（美）水道蓄水
meandering~ 曲流水道
oligotrophic~ 寡营养水道
redirection of a~ 水道改道
small waterbody or~ 小水体或河道
stage of a~ 河道水位
watercourses 水道，河道
~，high-water（level）of 水道的高水位
lowering of~ 水道水位降低
pipe ditches or~ 管沟或水道
piping of ditches or~ 沟渠或水道的管路
regulation of~ 水道条例
straightening of~ 水道整顿（整直）
thermal pollution of~ 水道热污染
Watercress *Nastrurtium officinale* 豆瓣菜 / 水胡椒
watercress 豆瓣菜（植物）
waterdivide/divide/watershed 分水岭
waterdrain 排水沟
waterdrainage 排水，放水
water effect 水景
still~ 静水水景
free-falling~ 自由落体水景
flowing~ 流动水景没
cascading~ 跌落水景
sprouting~ 喷涌水景
waterfall 瀑布
waterfowl 水禽，水鸟（尤指鸭、鹅、天鹅等）
Waterfowl Lake 水禽湖
waterfront 水边地码头区，滨水地区
~area 海港区，滨水区
~green 水边绿地
~park 滨水公园，水边公园
~promenade 滨水地区漫步
waterfront pavilion 榭
watergauge 水位尺
watering 浇水，洒水，喷水
~can 洒水壶
~car 洒水车
~cart（二轮）洒水车
~depression 灌溉洼地，灌溉渠
~hollow（英）灌溉洼地
~period 灌注周期
~-place 温泉浴场，海滨浴场，避暑胜地
underground~（英）地下灌溉
waterlily 睡莲
Waterlily nymphula/Waterlily caseborer *Nymphula interruptalis* 睡莲水螟
waterline 水边线（岸线）
waterlogged 浸透的，进水的（指船舶）
~farmland 水涝地
~soil 积水土壤
waterlogging 积水；涝，又称"渍"
Waterloo（Belgium）滑铁卢（比利时）
Waterloo Museum 滑铁卢纪念馆
watermark 水位标记
Watermelon *Citullus vulgaris/ C.lanatus* 西瓜
Watermelon Peperomia/Sanderii peperomia *Peperomia sandersii* 西瓜皮椒草

（西瓜皮豆瓣绿）

Water-plantain ***Alisma orientale*** 泽泻

waterpower resources 水能资源（水力资源），水电资源

~resources of river 河流水能资源

waterproducing area 汇水面积

waterproof 防水物料；防水布；雨衣；防水的，不透水的；水密的；使不透水，涂防水物料

~cement 防水水泥

~coating 外防水层

~layer 防水层

~mortar 防水砂浆

~sheet 防水薄板

~test 防水试验

waterproofer 防水层，隔水层

waterproofing 防水（工作）；[复] 防水材料；防水的，不透水的

~agent 防水剂

~course 防水层

~material 防水材料

~membrane 防水薄膜

~mortar 防水砂浆

~powder 防水粉

~quality 防水性，抗水性；水密性

waters 水域，领水，领海

~，coastal 沿海水域

lakes，rivers，canals and coastal~ 湖泊、江河、运河和沿海水域

territorial~ 领海

waterscape 水景，海景，海景图

watershed 流域，集水区，分水岭，分水界，分界线

~area 流域（集水，汇水）面积

~boundary 分水界，流域边界，集水边界

~development 流域开发

~divide 分水界，分水线

~flow content ration forecasting 流域汇流预报

~form 流域形状

~hydrologic forecasting 流域水文预报（降雨径流预报）

~morphology 流域地貌，流域形态（学）

~planning 水资源规划，流域规划

~protection 流域保护

~runoff yield forecasting 流域产流预报

~sanitation 流域环境卫生

~sediment yield 流域产沙量

~shape correction 流域形状改正

waterside 水边，水滨，海滨

~pavilion 水榭

watersoaked 水浸透的，饱水的

watertable 地下水位，地下水面，潜水面；{ 建 } 承雨线脚，泻水台，泻水边沟

~contour 地下水位等高线

~isohypse 地下水等水深线

watertight 不透水的，不漏水的，水密的；防水的

~concrete 防水混凝土

~cutoff 防渗墙

~layer 防水层，不透水层，隔水层

~membrane 防水薄膜

~wall 不透水墙，防水墙

watertightness 防水性（度），不透水性

waterway 水道；航路；河道；出水道，排水渠；出水口；水道工程

~area 水道面积

navigable~ 通航水路

~opening（桥、涵的）出水孔（径）
~passenger station 水路客运站
~passenger terminal 水路客运站
~transportation 水运
waterworks 自来水厂，供水系统
~plant 给水厂
watery 水的；多水分的；水一般的；淡的，潮湿的
~city 水上城市，水都
~stratum 含水层
Wates 韦特斯体系建筑（英国创造的一种建筑体系）
watt（简写 W）瓦（特）电功率单位
~consumption 功率消耗
wattle 篱笆；（编篱笆、屋顶等用的）枝条；柴排；编；编枝（做篱笆等）；扎（柴）排
~fence 篱笆围墙
~house 篱笆房屋
~-work（英）柴排工程，栅栏工程
diagonal~（英）对角栅栏
diamond-shaped~（英）菱形柴排，菱形编制物
riparian~（英）岸线柴排
Wattle *Acaia mangium* Willd. 马占相思
wattles，bundle of 柴排捆，枝条捆
wattlework（美）柴排工程，栅栏工程
diagonal~（美）斜杆形栅栏工程
diamond-shaped~（美）棱形栅栏工程
riparian~（美）河滨栅栏工程
wattling 柴排，柴捆，柴笼
wave 波（浪）；波动，起伏；波浪形；高潮；挥动信号；波形曲线；挥；摇摆；加波纹
~acoustics 波动声学
~action 波冲击
~bath(s)（英）波浪游泳池
~breaker 防波堤
~-built platform 浪成平台，浪成台地
~-built terrace 浪成阶地，浪积阶地
~celerity 波速
~characteristics；wave parameters 波浪要素
~cloud 波状云
~crest；wave summit 波峰
~crest line 波峰线
~-cut plain 浪蚀平原
~-cut platform 浪蚀平台，浪蚀台地
~-cut terrace 浪蚀阶地
~delta 浪成三角洲
~diffraction 波浪绕射
~group 波群
~height 波高
~interference 干涉
~length 波长
~meter 测波仪
~observation 波浪观测
~of immigration 移民（迁入）浪潮
~period 波周期
~pool 波池
~pressure；wave force 浪压力（波浪力）
~protection work 防浪工程
~quarrying 海岸侵蚀
~ray；orthogonal 波向线
~reflection 波浪反射
~rose diagram 波浪玫瑰图
~rule 曲线
~run up；swash height 波浪爬高
~steepness 波陡

~train 波列

~trough 波谷

~wall 云墙

~velocity 波速

wave-cut notch 海蚀龛，又称“浪蚀龛”

wax 蜡，蜜蜡，石蜡；蜡状物；蜡制的；涂蜡，打蜡，封蜡

~-tree 木蜡树，野漆树，蜡树，女贞，白蜡树

~sculpture 蜡雕

~work 蜡像陈列馆

~yellow 淡黄色

Wax Flower/Winter Sweet/Carolina Allspice *Chimonanthus praecox* 腊梅

Wax Mallow *Malvaviscus arboreus* Cav. 小悬铃花 / 冲天槿

Wax Myrtle *Myrica cerifera* 蜡香桃木 / 蜡烛莓

Wax Privet/Border Privet（*Ligustrum obtusifolium*）水蜡 / 钝叶水贞

Wax Tree *Rhus succedanea* L./*Toxicodendron succedaneum*（L.）Kuntze 野漆树

Wax-like Rhododendron *Rhododendron lukiangense* 蜡叶杜鹃 / 怒江杜鹃花

Waxmyrtle Fruit Teminalia Bayberry *Teryminalia myriocarpa* 千果榄仁

Waxplant *Hoya carnosa*（L. f.）R. Br. 球兰

way 道，路，通道，途径；路程；路线；方法；方针；样子，状态

~，bridle（英）不通车道路，禁止通车道路

~leave 道路使用权，通行权

~of construction 构筑方式

~point 沿途停车点

~station 中间站，铁路小站

~-stop 中间停车处

~-train 普通客车，慢车

2-~traffic 双向交通

alley~（美）小路，小径；巷，胡同，背街

ancient plank~（built along the face of a cliff）栈道（中国）

arch~ 拱道，拱路

by-~ 间路，小路

cart~ 马车路；乡村道路

channel~ 渠道或运河路线

colour~（英）彩色配合，彩色设计

covered~ 廊道{建}

covered street-~ 穿廊式街道

foot~ 人行道；小路，步径

green~ 林荫道路，园林路

hollow~ 沿谷道路

passage~ 通道，道路

pedestrian~（英）人行道；（道路用地外的）行人专用道

rope~ 索道

roundabout 迂回道

urban road right-of-~ 城市道路用地

Wayfaring Tree *Viburnum lantana* L. 欧洲荚迷

wayleave 土地使用权；通行权

waymark 路标

wayside 路旁，路边，路边地；路旁的，路边的

~area（美）路边地区

~signal 区间信号

~-station 路边小站

~stop 路边停车（站）

~tree 行道树，林荫树

Waza Park（**Cameroon**）瓦扎公园（喀麦隆）

Wazir Khan's Mosque（**Pakistan**）瓦泽尔·汗清真寺（巴基斯坦）

WC 坐便器，water closet 的简写，厕所，盥洗室

weak 弱的，软的；稀薄的；不充分的（指根据等）

~-acid ion exchange resin 弱酸性阳离子交换树脂

~-base anion exchange resin 弱碱性阴离子交换树脂

~bridge 不能重载的桥梁

~-center strategy 限制市中心的战略，弱小市中心的战略

~children's facilities 幼儿抚育设施

~intercalated layer 软弱夹层

~sewage 淡污水

~soil 软土

~solution 稀溶液

~structural plane 软弱结构面

weald 森林景色，林野，荒漠的旷野

wear 磨耗，磨损；耐用；衣服；用旧，耐用；穿着

~allowance 容许磨耗

~and tear 消耗，消磨；磨耗及损伤

~resistance to and tear 抗磨耗及损伤力

~-resistance 抗磨力，磨损阻力

~well 经久；耐用

wearing 交织，耐磨

~angle 交织角

~capacity 耐磨性，磨损量

~course 磨耗层

~road course 磨耗层（道路）

~quality 磨损性

~resistance 抗磨力，磨损阻力

~strength 抗磨强度

~value 磨耗值，磨损值

weather 天气，气候；风化；经受风雨；曝于大气中；晾干；通风

~advisory warning 气象预报

~analysis 天气分析

~anomaly 天气异常

~bureau 气象局

~chart 气象图

~cock 风（向标），定风针；风信鸡

~condition 气候条件

~damage 气候（造成的）损坏

~dynamics 气候动力学

~forecast 天气预报，气象预报

~forecasting centre 气象预报站，天气预报所

~glass 晴雨表，气压计

~information service（简写 WIS）气象信息服务

~lore（proverbs）天气谚语

~map 气象图

~outlook 天气趋势

~post 气象哨

~process 天气过程

~prognosis 天气预报，天气预告

~-proof 抗风化的；不受气候影响的，全天候的

~-proof steel 耐候钢，抗风化钢

~proofed 抗风化的

~proofing 防风雨的

~prospect 天气趋势，天气形势

~report 天气预告，气象报告

~resistance 抗风化

~-resistant 抗风化的
~side {海}(船的)上风舷，上风侧；(房屋树木等的)向风面；迎面风
~sign 天气预兆
~situation 天气形势(环流形势)
~station 气象台，气象站，测候所
~strip 密封条
~system 天气系统
~vane 风标
~zone 气候带
inversion~ 气候逆转
weathercock 风标
weathered 风化的；作坡泻水的{建}
~crust 风化壳
~layer 风化层
~material 风化物质
~rock 风化岩石
~zone 风化带
weathering 风化(作用)，风蚀；泻水
~action 风化作用
~degree of rock 岩石风化程度
~intensity 风化强度
~quality 耐风蚀性，耐老化性
~test 风化试验
stone~ 石风化
weatherproof cabinet 防风雨箱
weatherproofing layer of a roof 屋顶防风雨层
weaving(车辆，车流)交织
~distance(车辆)交织距离
~flow 交织交通流
~influence factor 交织影响系数
~length(车辆)交织长度
~point 交织点
~section 交织路段
~sight distance 交织视距
~space 交织区段
~volume 交织车流量
web 腹部；腹板；梁腹；蛛网；织品
food~ 食物网，食物链
~-like system 蛛网式(道路)系统，放射环式道路网
wedge 楔，楔形(物)，楔块；光楔(偏差极小的折射棱镜)；尖劈；楔入，楔牢；劈开；挤进
~absorber 吸声尖劈
~cut 楔形开挖，V 形开挖
green~ 绿化楔块
~pile 楔形桩
~-shaped green space 楔状绿地
Wedge-tailed green pigeon *Treron sphenura* 楔尾绿鸠
weed 杂草，废物；拔草；除草；扫清；淘汰
~burner 烧草机
~community 杂草群落
~community，cereal 长在麦田中的杂草
~control 杂草防治，除草
~control，pest and 虫害和杂草控制
~destroyer 灭草器
~-free 野生杂草
~growth 杂草生长
~growth in bodies of water 水体中杂草生长
~killer 除草剂，除莠剂
~mower 割草机
~oil 除草油
~removal 除草
~tree 杂树
root spreading~ 根扩杂草

weeder 除草器；除草人

weeding on planted areas 种植区除草

weedkiller 除莠剂，除草剂

weedless 无杂草的

weeds 杂草

~vegetation，pasture 牧场杂草植物

vegetation of cornfield[EIRE]~（美）玉米田（麦田、谷物田）杂草植物

without~ 无杂草的

weedy 杂草似的；多杂草的；无价值的

week 七天，一星期；工作日，星期日以外的六天

~–end cottage 周末别墅，周末住宅

weekday 工作日

weekend 周末

~break（英）周末闲暇

~cottage（英）周末别墅

~house 周末住宅

~house development 周末住宅开发

~recreation 周末游憩

~traffic 周末（旅游）交通

recreational~（美）休闲周末

weekly traffic pattern 周交通形式表，周交通量变化图

weep 分泌（水分)，泌水；漏水，滴落；（枝条）低垂；哭

~drain 排水（管)，分水管，泄水孔

~hole 泄水孔，泄水洞

~pipe 滴水管，泄水管

weeper drain 集水盲沟，泄水沟

weeping 水分的分泌；渗漏；滴落；（水泥混凝土的）泌水；（黑色路面的）泛油；泌出的，渗出的；滴下的；垂枝的

~core 渗水岩心

~formation 渗水地层

~plant 垂枝植物

~standard rose（英）垂枝标准蔷薇

~tree 垂枝树

~tree rose（美）垂枝树蔷薇

~willow 垂杨柳，水柳

Weeping Bottle-brush *Callistemon viminalis*（Soland.）G. Don ex Loud 垂枝红千层 / 串钱柳

Weeping Cherry *Prunus subhirtella* var. *Pendula* 垂枝大叶早樱 / 垂枝樱花（英国萨里郡苗圃）

Weeping Crab Apple Royal Beauty *Malus Royal Beauty* 海棠‘皇家美人’（英国斯塔福德郡苗圃）

Weeping European beech *Fagus sylvatica* ‘Pendula’ 垂枝欧洲山毛榉（英国萨里郡苗圃）

Weeping Forsythia/Golden/Bells/ Forsythia *Forsythia suspensa* 连翘

Weeping Pussy Willow *Salix caprea Pendula* 黄花柳（英国萨里郡苗圃）

Weeping Willow *Salix babylonica* 垂柳

Weevils 象甲类 [植物害虫]

Weito/the temple guardian 韦陀

Weiyang Palace（Xi'an City，China） 未央宫（中国西安市，汉长安）

Weigela *Weigela florida Monet* 彩虹锦带（英国斯塔福德郡苗圃）

weigh 称量；权；称（重量)；估计；重（多少斤)；重视；加权；权重

~average 加权平均

~bill 重量清单

~coefficient 加权系数

~distribution 重（量）分布

~factor 权重因数
~function method 权函数法
~number 权数
weighted 加权
~aggregate index number 加权综合指数
~mean method 加权平均法
~aggregative index number 加权综合指数
~analysis 加权分析
~average 加权平均数
~error 加权误差，平均误差
~factor 权重因子
~index number 加权指数
~mean 加权平均
~regression analysis 加权回归分析
~sum 加权和
~value 加权值
weir 堰（测流堰）
~and sluice station 堰闸站
~body 堰体
~flow 堰流
~gate 堰门
~head 堰顶水头
~loading 堰负荷
Weissenhof Siedlung（德）（1927 年德国斯图加特郊外）魏森霍甫居住区住宅方案展览会
Welch onion/green onion/Oriental bunching onion *Allium fistulosum* var. *giganterm* 葱 / 大葱 / 青葱 / 水葱
weld 焊（接）；焊接点；焊缝；焊（接），焊合，熔接；结合
welded 焊接
~hot air 热气焊接
~joint 焊接接头
~lap joint 焊接搭接，焊接互搭接头，焊接搭接缝
welding shop 焊接车间
welfare 福利；幸福；安宁
~centre 福利中心
~expense 福利费
~facilities 福利设施
~fund 福利基金
~geography 福利地理
planning for the public~ 公共福利规划
~projects 福利事业
~service 福利事业
~work 福利事业
well 井；竖坑；源泉；好的；适当的；健康的；涌出，流出；[副]好，善；十分；恰当；适当
~casing 井管
~completion technology 成井工艺
~deflection 井斜
~diameter 井径
~-drained soil 排水良好的土壤
~flooding 分水井
~for passenger train hydrant 客车给水栓室
~-graded 良好级配
~-graded soil 良好级配土
~measurement 探井
~point 井点排水
~-provided recreation facility 预备好的休憩设施
~spring 井源
~structure 井身结构
~temperature 井温度
~-traveled 交通量大的
~water 井水

~water pollution 井水污染
~-wooded 森林资源丰富的
~yield 井的出水量
basement light~（美）地下照明良好
light~（英）光线良好
tree~ 树木良好
window~（美）窗子良好
Welwyn 韦林（魏尔温）
~Garden City（英国伦敦）韦林田园城市
Wen 文
Wen-shuyuan Monastery 文殊院
Wen Mu Xi Xiang Xuan（Pavillion of Smelling Fragrance of Osmanthus）（Suzhou City, China）闻木樨香馆（中国苏州市）
Wenceslas Square（Czech）瓦茨夫拉广场（捷克）
Wenchangge（Tower of Cultural Prosperity）（Summer Palace, Beijing, China）文昌阁（北京颐和园）
Wenyujin *Curcuma aramatica* 温郁金 / 温莪术
west（简写 W）西（方），西部；西的，在西方的；向西面的；在西方；向西
West Annex Hall 西配殿
West Asian garden 西亚园林
West Asiatic architecture 西亚建筑
West Dike 西堤
West End（London，UK）伦敦西区（富人集居区）
~-facing slope 西山坡
West garden（Suzhou，China）西园（中国苏州市）
West Imperial Garden of Sui dynasty（China）隋西苑（中国）
West Indies architecture 西印度群岛建筑
West Lake，Hangzhou（China）杭州西湖（中国）
West Lake（the ten most beautiful sights）（China）西湖（最著名的十景）（中国）
West Lake in Hangzhou 杭州西湖
~longitude 西经
West Market 西市
West Point Military Academy（America）西点军校（美国）
West Stele Pavilion 西碑亭
West Virginia spruce 西弗吉尼亚红云杉
West Indian Cherry *Malpighia glabra* L. 'Florida' 大果金虎尾 / 西印度樱桃
West Indian Locust Tree/Courbaril（*Hymenaea courbaril*）南美弯叶豆
West Indian Mahogany *Swietenia mahagoni*（L.）Jacq. 桃花心木（多米尼加共和国）
West Yellow Pine *Pinus ponderosa* Dougl. ex Laws. 美国黄松 / 西黄松
westerly trough 西风槽
western 向西方的，来自西方的；（在）西方的，（在）西部的；西方各国
~architecture 西方建筑
~balsam 巨冷杉
~classical garden 西方古典园林
Western façade 西方式（房屋）正面
Western gallery 西方式外廊
Western Heavenly Gate 西天门
Western Hills Shimmering in Snow（Bei-

jing, Chiina）西山晴雪（中国北京八景之一）
~larch（美国）西部落叶松
~Paradise 西天
~pine（美国和加拿大的）西部莫松
~red cedar 西部红雪松
~restaurant 西餐厅
~spruce 西部云杉
Western Catalpa *Catalpa speciosa*（Ward. ex Barney）Engelm. 黄金树
Western Red Cedar/Giant Arborvitae *Thevetia plicata* J. Don ex D. Don 北美乔柏
Western Redcedar/Pacific Redcedar *Thuja plicata* 北美乔柏 / 西部侧柏 / 大侧柏 / 美桧 / 北美红桧（英国萨里郡苗圃）
Western tragopan *Tragopan melanocephalus* 黑头角雉
Westminster Palace 威斯敏斯特宫（英国）
wet 潮湿；湿度；雨天；湿的；湿式的{化}；多雨的；弄湿，湿润
~ability 湿润性，可湿性
~alluvial woodland 湿润性冲积林地
~automatic sprinkler system 湿式自动喷水灭火系统
~-bulb temperature 湿球温度
~climate 多雨气候
~cooling condition 湿工况
~cooling tower 湿式冷却塔
~damage 湿害
~day 雨日
~density 湿密度
~dock 船坞，系船船坞
~dust collection；wet dust extraction 湿法除尘
~dust collector；wet separator；wet scrubber 湿式除尘器
~flushing 湿法冲洗
~-heath vegetation[EIRE] 耐湿热植物
~hot climate 湿热气候
~gravel pit 采砾坑，砾石坑
~line correction 湿绳改正
~meadow 多雨草地
~method operation 湿式作业
~monsoon 夏季季风
~pipe system 湿式系统
~return pipe 湿式凝结水管
~season 湿季，雨季
~sludge 烂污泥
~soil 湿土
~spell 雨季，连续的阴雨天
~thoroughly 湿润
~year 丰水年
wetland 湿地，沼泽地
~boardwalk（美）沼泽地步行桥，天桥，跳板，湿地木栈道
~garden and wetland plants（bog garden）湿地和湿生植物（沼泽园）
~habitat 湿地植物生境，动物栖息地
~of international significance 具有国际意义的湿地
~scrub 湿地灌木丛
~septic system（美）湿化腐化体系
~wastewater treatment 湿地污水处理
~wastewater treatment system 湿地污水处理系统
bulrush~（美）芦苇湿地
riverine emergent~（美）芦苇湿地

riverine persistent emergent~（美）芦苇湿地
wastewater~（美）污水湿地
wastewater treatment~ 污水处理湿地

wetlands，reclamation of 湿地垦殖

wetness 湿度
~index（简写 Iw）湿度指数
~indicator plant 湿度指示植物
soil~ 土壤湿度

wetted 湿的，湿润的，过水的
~cross-section 过水断面
~perimeter 润周

wetting mechanism 受潮机理

wetwood 湿心材

whale ***Cetacea*** 鲸鱼（目）

whare（毛利人的）棚座，住房；（新西兰）灌木丛中临时的简陋棚房

wharf 码头
~apron 码头栈桥
~brest wall 码头胸墙
~conduit 码头管沟
~facility 码头设备
~；quay；pier 码头

wheat belt 产麦区

wheat-stalk cutting picture 麦秆画

wheel 轮（子），车轮；操纵轮；轮形物；滚动，旋转；装轮子；使转向；车运
~chain 齿轮链系 {机}
~chair 同 wheelchair 轮椅
~-chair-accessible 轮椅可接近的（可通行的）
~of transmigration 轮

Wheel Tree ***Trochodendron aralioides*** **Sieb. et Zucc.** 昆栏树

Whingback berry ***Pteroceltis*** 青檀（属）

whip 用小滑车举起；缠绕；打（谷、麦等）；鞭打；急动，急取，急骤动作；一种小滑车；作急速动作的机件；鞭子；执鞭者，驭者

Whipfin lizardfish ***Saurida filamentosa*** 长条蛇鲻

Whiplash Star-of-bethlehem ***Ornithogalum caudatum*** 虎眼万年青 / 海葱

Whiptail bat ray ***Aetobatus flagallum*** 无斑鹞鲼

whirlwind/cyclone 旋风

Whistling swan ***Cygnus columbianus*** 小天鹅 / 短嘴天鹅 / 啸声天鹅

white 白色；白色颜料；蛋白；白（色）的；无色透明的
~acacia 刺槐，洋槐
~ant 白蚁
~architecture 白色建筑风格
~bark pine 白皮松
~canoeing（英）划独木舟一帆布划子运动
~cedar 白杉
~cement 白色水泥
~city 游艺场；娱乐场所
White Cloud Daoist Temple 白云观
~clover（Dutch clover）白三叶草（荷兰三叶草）
~-collar worker（or employee）白领工人，脑力劳动者
~-coloured strip（英）白色路带，（公路两旁）路肩白线
~balsam 冷杉
~bark pine 白皮松
~basswood 白椴

~cedar 白杉，雪松，白柏
White Dagoba 白塔
~deal 挪威杉木
White Dew（15th solar term）白露
White Dragon Pool 白龙潭
~dune 白沙丘
~fir 白枞（树），白冷杉
~frost 白霜，霜
White Hall 白厅
~hemlock 白铁杉
White-Horse Temple 白马寺（中国洛阳）
White House 白宫（美国）
~jade mine 白玉矿
~light image processing 白光图像处理
~line（路面的）白色标线
White Machhendranath 白观音
~marble 汉白玉
~mulberry 桑树
~noise 白噪声
~oak 白栎（木），白橡（木）
White Pagoda 白塔（中国北京北海）
White Pagoda in Zhakou，Hangzhou 杭州闸口白塔（中国）
White Pagoda Mountain in Lanzhou 白塔山（中国兰州市）
White Pagoda of Miaoying Temple（China）妙应寺白塔（中国北京市）
White Pagoda 庆州白塔（中国庆州市）
White Pagoda Temple 白塔寺（中国北京）
~pine 白松
~pollution（废弃泡沫塑料等制品引起的）白色污染
~poplar 银白杨
~Sect of Lamasim 白教
White Silk Bridge 练桥
~spruce 白云杉
~tiger 白虎
~water 激流，湍流
~-water boating（美）划独木舟—帆布划子运动
~way 白路，白道（灯光灿烂的街道或大路）
~wood 白木

White Ash *Fraxinus americana* L. 美国白蜡

White Barked Himalayan Birch *Betula utilis* var. *Jacquemontii* 白杆糙皮桦（英国斯塔福德郡苗圃）

White bear/polar bear *Thalarctos maritimus* 北极熊、白熊

White bellied black woodpecker *Dryocopus javensis* 白腹黑啄木鸟

White Bloodloly *Haemanthus albifloras* 白花网球花 / 虎耳兰

White Brain Cactus *Echinofossulocactus albatus* 雪溪

White bream *Parabramis pekinensis* 长春鳊 / 鳊

White browed gibbon/Hoolock gibbon *Hylobates hoolock* 白眉猿 / 白眉长臂猿 / 呼猿

White Canarium *Canarium album*（Lour.）Raeusch. 橄榄（青果）

White Cardinal Flower *Lobelia siphilitica* 'Alba' 白花半边莲（美国俄亥俄州苗圃）

White Cedar *Thuja occidentalis Rheingold* 橘黄崖柏（英国斯塔福德郡苗圃）

White Cedar ***Thuja occidentalis*** **Sunkist**‘阳光’北美香柏（英国斯塔福德郡苗圃）

White cheeked mangabey/grey-cheeked monkey ***Cercocebus albigena*** 白颊白睑猴 / 灰颊白眉猴 / 灰白眉猴

White Chinarue ***Boenninghausenia albiflora*** 臭节草 / 松风草 / 野椒

White Chinese croaker/silver white croaker ***Argyrosomus argentatus*** 白姑鱼 / 白米子

White Chocolate Crape Myrtle Tree ***Lagerstroemia indica*** **‘White Chocolate’** 白巧克力紫薇（美国田纳西州苗圃）

White Clover ***Trifolium repens*** 白车轴草 / 白三叶草（爱尔兰国花）

White croaker ***Argyrosomus indicus*** 印度白姑 / 白鰔

White Cypress ***Chamaecyparis thyoides*** **（L.）Britton** 美国尖叶扁柏

White Dead Nettle/Lamium ***Lamium album*** 野芝麻 / 大天使（美国田纳西州苗圃）

White Deadnettle ***Lavandula album*** 短柄野芝麻

White Doubleflower Shrubalthea ***Hibiscus syriacus f. albus-plenus*** 白花重瓣木槿

White Early Lilac ***Syringa microphylla*** 野丁香 / 小叶丁香 / 四季丁香 / 绣球丁香

White fin dolphine/white flag dolphine/Yangtze dolphin ***Lipotes vexillifer*** 白鳍豚

White goat/Rocky mountain goat ***Oreamnos americanus*** 雪羊 / 落基山羊

White grubs 蛴螬类 [植物害虫]

White gum of Australia/White Ironbark ***Eucalyptus leucoxylon*** 白木桉

White headed black leaf monkey/white headed monkey ***Presbylis francoisi leucocephalus*** 白头叶猴 / 花叶猴 / 白头乌猿

White Japanese Wisteria ***Wisteria floribunda Alba*** **（Snow Showers）**‘雪白’多花紫藤（英国斯塔福德郡苗圃）

White Lauan ***Pentaeme contorta*** 白柳安

White Lily Turf ***Ophiopogon jaburan*** **（Kunth）Lodd.** 阔叶沿阶草

White lipped deer ***Cervus albirostris*** 白唇鹿 / 黄鹿

White Lower Surface Rhododendron ***Rhododendron zaleucum*** 白面杜鹃 / 白背杜鹃花

White Michelia/White Jade Orchid Tree ***Michelia alba*** **DC.** 白兰花（厄瓜多尔国花）

White Mulberry ***Morus alba*** **L.** 桑 / 桑树（英国萨里郡苗圃）

White mushroom/common cultivated mushroom ***Agaricus bisporus*** 白蘑菇 / 双孢蘑菇 / 蘑菇（世界三大食用菌之一）

White Mustard ***Sinapis alba*** 欧白芥

White oryx/Scimitar horned oryx ***Oryx dammah*** 白长角羚 / 弯角大羚羊

White Patrina ***Patrinia villosa*** 白花败酱

/ 苦菜 / 泽败

White pine aphid *Cinara* sp. 白皮松大蚜

White Pine *Pinus monticola* 美国五针松（美国田纳西州苗圃）

White Pomegranate *Punica granatum* 白石榴

White Poplar *Populus alba* L. 银白杨

White rhinoceros/squarelipped rhino *Ceratotherium simum* 白犀

White Roof Iris *Iris tectorum* var. *alba* 白花鸢尾 / 白蝴蝶

White Sassafra/Sassafra *Sassafras albidum* 黄樟木

White side-burned black leaf monkey/ Francois'leaf monkey *Presbytis francoisi* 黑叶猴、乌猿

White Spider Wort *Tradescantia albiflora* 水竹草 / 白花水竹草

White Spotted Begonia *Begonia argenteo-guttata Lemoine* 银星秋海棠

White spotted catshark *Chiloscyllium plagiosum* 条纹斑竹鲨

White spotted conger *Astroconger myriaster* 星鳗

White star beetle *Anoplophora chinensis* 星天牛

White Stonecrop *Sedum album* 玉米石 / 白花景天

White stork *Ciconia ciconia* 白鹳 / 老鹳（德国、立陶宛国鸟）

White stripe long horn beetles *Batocera horsfieldi* 云斑天牛

White Sweetclover *Melilotus alba* 白花草木犀

White Throated Guenon *Cercopithecus albogularis* 白喉长尾猴

White Trumpet Lily/Easter /lily/Church Lily *Lilium longiflorum* 麝香百合 / 铁炮百合

White Vinespinach *Basella alba* 白落葵

White whale/beluga whale *Delphinapterus leucas* 白鲸

White Willow *Salix alba* L. 白柳（英国萨里郡苗圃）

Whitearil Yew *Pseudotaxus chienii* 白豆杉

Whitebark Tanoak *Lithocarpus dealbatus* 白皮柯 / 滇石栎

White-bellied sea eagle *Haliaeetus leucogaster* 白腹海雕

White-browed laughingthrush *Garrulax sannio* 白颊噪鹛 / 土画眉 / 小画眉 / 黑脸笑鹛

White-cheeked crested gibbon *Hylobates concolor leucogenys* 白颊长臂猿

White-cloud mountain minnow *Tanichthy albonubes* 唐鱼

White-crowned long-tailed pheasant *Syrmaticus reevesii* 白冠长尾雉 / 长尾雉 / 地鸡

White-eye buzzard eagle *Butastur teesa* 白眼鵟鹰

White-eye tinged tit babbler *Alcippe nipalensis* 白眶雀鹛

Whitefelt Leucas *Leucas mollissima* 白绒草 / 银针七

Whiteflies 粉虱类 [植物害虫]

Whiteflower Freesia *Freesia refracta* var. *alba* 白香雪兰

Whiteflower Michelia *Michelia mediocris* 白花含笑

Whiteflower Mucuna *Mucuna birdwoodiana* Tutch. 白花油麻藤 / 禾雀花

Whiteflower Wiolet *Viola patrinii* 白花地丁 / 白花堇菜 / 浦氏堇菜

Whiteflower Wisteria *Wisteria venusta* 白花藤萝 / 日本紫藤（英国萨里郡苗圃）

Whiteflower Ixora *Ixora henryi* Levl. 白龙船花 / 小仙丹花

Whitefoot mouse/deer mouse *Peromyscus leucopus* 白足鹿鼠 / 白足鼠

White-fronted goose *Anser albifrons* 白额雁 / 大雁

Whitefruit Ammomum *Amomum kravanh* 白豆蔻

Whitefruit Common Papermulberry *Broussonetia* var. *leucocarpa* Ser. 白果构树

Whitehair Cholla *Opuntia leucotricha* 棉花掌 / 白毛掌

White-hand gibbon *Hylobates lar* 白手猿 / 白掌长臂猿

Whiteleaf Japanese Magnolia *Magnolia hypoleuca* Sieb. et Zucc 日本厚朴

Whiteleaf Sagebrush *Artemisia leucophylla* 白叶蒿 / 白毛蒿

White-legged falconet *Microhierax melanoleucos* 小隼 / 白腿小隼

Whitemargin Plantainlily *Hosta lancifolia* var. *albo-marginata* 白边叶紫萼 / 嵌玉狭叶紫萼

White-margined Japanese Spindle-tree *Euonymus japonicus* f. *albomarginatus* 银边冬青卫矛

White-margined Spindle/Fortune's Spindle *Euonymus fortunei* 'Emerald Gaiety' 银边扶芳藤（英国萨里郡苗圃）

White-marked Japanese Spindle-tree *Euonymus japonicus* var. *albovariegata* 银心冬青卫矛

White-naped crane *Grus vipio* 白枕鹤 / 白顶鹤 / 红面鹤

White-necked long-tailed pheasant *Syrmaticus ellioti* 白颈长尾雉 / 横纹背鸡

White-rumped manikin *Lonchura striata* 白腰文鸟 / 算命鸟 / 十姊妹 / 禾谷 / 沉香

White Simple Flower Shrubalthea *Hibiscus syriacus* f. *totus-albus* 白花单瓣木槿

Whitespot Haworthia *Haworthia reinwardtii* 白点锦鸡尾 / 鹰爪 / 高蛇尾兰

White-spotted Begonia *Begonia argentea-guttata* 银星秋海棠

White-spotted smoothhound/gummy shark *Mustelus manazo* 白斑星鲨 / 星鲨 / 白点鲨

Whitestem Spunsilk Saye *Seriphidium terrae-albae* 白茎绢蒿

White-tailed deer/Virginia deer *Odocoileus virginianus* 白尾鹿

White-tailed eagle *Haliaeetus albicilla* 白尾海雕 / 白尾雕 / 芝麻雕（波兰国鸟）

White-tailed gnu *Connochaetes gnou* 白尾牛羚 / 白尾角马羚

White-tailed Tropicbird *Phaethon lepturus* 白尾鹲 / 长尾鹲 / 白尾热带鸟（百慕大群岛国鸟）

White-throated brown hornbill *Garrulax albogularis* 白喉噪鹛 / 牛屎宝 / 闹山王

Whiteveined Arrowhead Vine *Syngonium podophyllum* var. *albo-lineatum* 白纹合果芋

whitewash 用石灰水把……刷白，粉刷

whitewashing 刷白

whitewood 鹅掌楸木

whole gale 十级风（狂风）

whole vehicle population 车辆总保有量

whole-hour volume of vehicle 整个小时车流量

wholesale 批发；批发的；大批的

~district 批发商业区

~house 批发商行

~market 批发市场

~store 批发商店

wholesaler 批发商（店），批发业

~building 批发商业中心

~center 批发商业中心

~street 批发商业街区

wholesaler's estate 批发商业密集地段

wholesome water 卫生的水

Whooper swan *Cygnus Cygnus* 大天鹅 / 天鹅 / 黄嘴天鹅（芬兰国鸟）

whorled branches 轮生枝

Whortleberry/Wineberry/Bilberry *Vaccinium myrtillus* 毕尔越桔 / 黑越桔

wick 镇，区，村

wicker 柴束；枝条，柳条；柳条制品；柴束的；枝条编的

~basket 箩筐

~dam 枝条栅栏

~fence 枝条栅栏

~fence construction 枝条围墙施工

~work 柴束工作

~work，diagonal（英）斜纹柴束工作

wickerwork（美）柴束工作

diagonal~（美）斜纹柴束工作

wickiup（美国印地安人的）小屋子，窝棚

wicky 帐篷；山月桂

wide 宽的，阔的；（离得）远的；广泛的；广阔地；远远地

~angle luminaire 广角型灯具

~ecological range 覆盖区域广大的生物物种

~film screen 宽银幕

~open space 开放空间，游憩用地

~place in the road [美俚] 小城镇

~planting 疏植

~-ranging 覆盖范围广大的

~-scale erosion 广泛侵蚀

~-screen movie 宽银幕电影

~space 开敞空间

~-spaced 疏柱式建筑物（柱距约等于柱径的 4~5 倍）

~spacing in a housing development 住宅开发的间距安排

~strip foundation 宽条形基础

~spaced extra 大间距（植物）

spaced extra~ 大间距（植物）

Wide Brim Hosta *Hosta hybrida* 'Wide Brim' '宽边' 玉簪花叶（英国萨里郡苗圃）

Wide Leaf Sea Lavender *Limonium*

latifoliumr 宽叶补血草
widely-spaced plant 大间距植物
widened 加宽，拓宽
~channel 拓宽河道
~intersection 加宽式交叉口
widening（道路）拓宽，加宽
widow's walk 屋顶瞭望台，有栏杆的屋面，面对大海的屋顶阳台
width 宽度，广度；（知识等）广博
~flake 湖泊宽度
~-integrating method 积宽法
~limit sign 宽度限制标志
~of a flight of steps 楼梯加宽
~of bridge carriageway 桥面净宽
~of carriage-way 车行道宽度
~of carriageway 车行道宽度
~of coverage 总面积宽度；视界宽度
~of frontage 面宽
~of pavement 路面宽度
~of port land area；depth behind apron 港口陆域纵深
~of right-of-way（道路）用地宽度
~of road 道路宽度
~of row 行距
~of stair fight 梯段宽度
~of street 路宽，街宽
~of sub grade 路基宽度
~of subgrade 路基宽度
~of tree 树冠宽度，冠径
~-span ratio 宽跨比
~-to-thickness ratio 宽厚比
Wight Osyris ***Osyris wightiana*** 沙针 / 香疙瘩
wigwam 印地安人树皮覆盖的锥形小屋，拱形顶草棚，棚屋；（口语）临时建筑，政治会议所用的建筑物
lot~ 许多棚屋
plot~ 区划棚屋
Wilanow Palace（Poland）维拉努夫宫（波兰）
wild 野（生）的；荒芜的，无人烟的；猛烈地；野蛮的；猛烈地；粗暴地，野蛮地
~and scenic river（美）旷野秀丽河川
~animal 野生动物
~animal enclosure 野生动物限内区
~animals protection area 野生动物保护区
~animals protection sign 野生动物保护标志
~animals refuge area 野生动物保护区
~barley（wall barley）野生大麦
Wild Donkey 野驴
~flower 野花
~garden 野生植物园，野趣园
~herb 野草
~land 荒地，未开垦的土地
~life 野生动植物
~life preservation 野生动植物保护
~life preserve 野生动植物保护
~oat 野生燕麦
~park 天然公园
~perennial 野生多年生的
~places，recreation in 旷野休憩
~plant 野生植物
~plants botanical garden 野趣植物园
~plants or animals，collection of 野生动植物收藏
~rose 野蔷薇
~sites，mapping of urban（美）城市荒

地绘图
~track 独立声带；非同步声迹
~water（美）激流，湍流
~well（流量）失去控制的（自流）井
~wood 原始森林
~woody species 原始森林物种
in the~（英）在旷野

Wild Amaranth/green amaranth *Amaranthus viridis* 绿苋 / 野苋菜

Wild Arrowhead *Asarum sagittarioides* 山慈菇 / 岩慈菇

Wild Bergamot *Monarda fistuloas* 野薄荷 / 美国薄荷（美国俄亥俄州苗圃）

Wild Blue Indigo/Blue False Indigo *Baptisia australis* 南方赛靛 / 澳洲蓝豆（美国俄亥俄州苗圃）

wild boar *Sus scrofa* 野猪

Wild Cabbage *Brassica oleracea* 甘蓝 / 海甘蓝

Wild Camel *Camelus ferus ferus* 野骆驼

Wild Coffee Tree *Polyscias guilfoylei* 福禄桐 / 南洋参

Wild Columbine *Aquilegia candensis* 野耧斗菜（美国俄亥俄州苗圃）

Wild Cranebill *Geranium carolinianum* 野老鹳草 / 卡罗林老鹳草

Wild Eightangle *Illicium simonsii* 野八角

Wild Fennel/Love-in-a-mist *Nigella damascene* 黑根草 / 黑种草 / 黑子草

wild garden 野趣花园

Wild Geranium *Geranium maculatum* 斑点老鹳草（美国俄亥俄州苗圃）

Wild Ginger *Asarum canadense* 加拿大细辛 / 加拿大蛇根草（美国俄亥俄州苗圃）

Wild Ginger/Myoga Ginger *Zingiber mioga* 襄荷 / 野姜

Wild goat *Capra aegagrus* 野山羊

Wild Honeysuckle *Lonicera confusa* 山银花 / 假金银花

Wild Jonquil *Narcissus jonquilla* 丁香水仙 / 黄水仙

Wild Lily *Crotalaria sessiliflora* 野百合（智利国花）

Wild Lupin *Lupines perennis* 野生羽扇豆（美国俄亥俄州苗圃）

Wild Lychi（leechee）（拟）***Litchi chinensis* var. *euspontanea*** 野生荔枝

Wild Passion Flower/Maypop（***Passiflora incarnata***）野西番莲

Wild red dog/Asiatic wild dog（***Cuon alpinus***）豺狗 / 豺

Wild silkworm *Theophila mandarina* 野蚕

Wild Strawberry *Fragaria vesca* 野草莓 / 林地草莓

Wild yak/yak *Bos mutus mutus* 牦牛

Wild Yam *Dioscorea villosa* 长毛薯蓣 / 疝痛根

Wild Zinger *Zingiber striolatum* 阳荷 / 野姜

wilderness 旷野；荒地，荒芜的地方；无数；一大堆
~（preservation）area 原始自然环境保护区，保留自然面貌地区，自然保护区
~environment system 原始环境系统
~preservation area 原始自然环境保护区

~policy 荒野保护政策
~recreation 原始自然保护区休憩
~European Reserve 欧洲原始旷野保留地
~strict reserve（美）严格原始旷野保留
wildflower meadow 野花草地
~meadow gardening（美）野花草地园艺（学）
~meadows management（英）野花草地管理
wildflowers in the lawn 草地（草坪）野花
wildland recreation 原野游憩学
wildlife 野生动物
~accident 野生动物事故
~and Natural Habitats 野生动物和天然栖息地
~biologist 野生动物生物学者
~conservation 野生动物保护
~native plants and corridor 天然植物和野生动物廊道
~fence 野生动物（防护）栅
~management 野生动物管理
~refuge 野生动物保护区
~reserve（英）野生动物保留
~resource 野生生物资源
~sanctuary 野生动物保护区，禁猎区
~viaduct 野生动物旱桥
protection of~ 野生动物保护
wildling，woody 树木野生苗
wildness recreational area 原野休憩区
wilds inventory，urban（美）城市荒地清单
Wilford Granebill *Geranium wilfordii* 老鹳草 / 老鸭嘴
William Chambers 钱伯斯，英国 18 世纪建筑师，著有对中国园林的论述
William Kent 肯特，英国 17—18 世纪造园家
William Robinson 威廉·罗宾逊（1838—1935），爱尔兰著名的园林家和记者，野趣造园活动的倡导者
Williamsburg 威廉斯堡（美国）
willow 柳树，柳木；柳木制品
~mattress 柳木柴排
pollarded~ 截头柳树
willow *Salix* 柳（属）
Willow froghopper *Aphrophora costalis* 柳肋尖胸沫蝉
Willow gall sawfly *Pontania dolichura* 柳香肠瘿叶蜂
Willow moth/White elm tussock moth-*Stilpnotia candida* 杨雪毒蛾
Willow Oak *Quercus phello* 柳栎（美国田纳西州苗圃）
Willow ptarmigan *Lagopus lagopus* 雷鸟 / 柳雷鸟
Willow soft scales *Lepidosaphes salicina* 柳蛎盾蚧
Willow spider mite *Eotetranychus populi* 杨柳叶螨
Willow twing gall midge *Rhabdophaga salicis* 柳瘿蚊
Willow two-tailed aphid *Cavariella salicicola* 柳二尾蚜
Willowleaf Cotoneaster *Cotoneaster salicifolius* 柳叶栒子 / 柳叶铺地蜈蚣
Willowleaf Oxeyedaisy *Buphthalmum salicifolium* 牛眼菊
Willowleaf Pear *Pyrus salicifolia Pendula*

垂枝柳叶梨（英国斯塔福德郡苗圃）

Willowleaf Sagebrush *Artemisia integrifolia* 柳叶蒿 / 柳蒿 / 九年蒿

Willowleaf Spiraea *Spiraea salicifolia* L. 绣线菊 / 柳叶绣线菊 / 珍珠梅

Willowleaf Wintersweet *Chimonanthus salicifolius* Hu 柳叶腊梅

Wilson Barberry *Berberis wisoniae* Hemsl. et Wils. 金花小檗（小黄连刺）

Wilson buckeye *Aesculus wilsonii* 天师栗

Wilson Cinnamon *Cinnamomun wilsonii* 川桂 / 三条筋 / 官桂

Wilson Magnolia *Magnolia wilsonii*（Finet et Gagnep.）Rehd. 川滇木兰 / 西藏玉兰 / 西康玉兰

Wilson Maple *Acer wilsonii* Rehd. 三峡槭 / 三裂槭

Wilson Michelia *Michelia wilsonii Finet et Gagnep.* 峨眉含笑

Wilson Poplar *Populus wilsonii* 椅杨

Wilson Spruce *Picea wilsonii* 青扦

Wilson Willow *Salix wilsonii* 河柳

Wilson Yarrow *Achillea wilsoniana* 云南蓍 / 一枝蒿 / 蓍草

Wilson Yellowwood *Cladrastis wilsonii Takeda* 香槐

Wilson's Dogwood *Cornus wilsoniana* Wanger. 光皮树 / 光皮梾木

Wilson's Litse *Litsea wilsonii* 绒毛叶木姜子 / 威氏木姜子

wilting 凋萎，干枯

~coefficient 干枯（含水量）系数，凋萎系数

~point 萎蔫点

win 胜；赢得，获得；博得；达到（目的等）

~a bid 中标

~the contract（美）获得合同

wind 风；缠绕；迂回；卷紧（发条）；吹；通风；完结

~action 风力作用

~area 受风面积

~belt 风带，防风带；防风林

~blast 阵风；气浪冲击 [航]；爆炸波

~-blown 风化的；风吹的

~blow in；down draft 倒灌

~-blown deposits 风力堆积；风积层

~-blown sand 风积沙，飞沙

~-blown soil 风积土

~borne sediment 风成堆积物

~break forest 防风林

Wind Cave National Park 风穴国家公园（美国）

~corridor 风道，通风走廊

~damage 风灾

~deformation 风力扭曲（树）

~-deformed 被风吹倒的（树）

~diagram 风图（表示风位、风速、风压的图表）

~direction 风向

~direction diagram 风玫瑰图

~direction frequency 风向频率

~direction indicator 风向指示器

~direction，prevailing 主风风向，盛行风风向

~direction rose 风向玫瑰图

~dispersal 风力分散（散开）

~-driven current 风海流

~-enduring plant 耐风树木，抗风树林

~-enduring tree 耐风树木，抗风树林
~energy 风力
~energy plant 风力发电站
~erosion 风蚀
~farm 风力发电场
~flower（wood anemone）五叶银莲花
~force 风力
~funnel 集气管，排气管
~gap 风口
~gorge 风谷，风沟，风峡
~lessening 平静无风的
~load 风荷载
~map 风图
~-mill 风车
~of Beaufort force 12（hurricane）十二级风（飓风）{气}
~of Beaufort force 8（fresh gale）八级风（大风）{气}
~of Beaufort force 9（strong gale）九级风（烈风）{气}
~-penetrable plantation 风播繁衍
~porch 风廊
~power 风力
~-power station 风力发电站
~pressure 风压（力）
~pressure，uplift（美）反向风压
~proof 防风的
~-protecting plantation 防风林
~regime 风季，风的支配期{气}
~resistance 风阻力，空气阻力
~-resistant plant 抗风植物
~rock（英）风摇使植物根部受到损伤
~rocking（美）风摇使植物根部受伤
~rosary 风玫瑰图
~rose 风向玫瑰图，风玫瑰图，风向频率图
~scale 风级{气}
~shake（即 ring shakes）（木材）顺年轮的干裂
~shield（汽车的）挡风玻璃，风挡，挡风板
~shield defroster 风挡除霜器
~forest shield 森林风挡
~slash 风力破坏（对树）；风吹的废材；风害迹地
~soil 风积土
~speed 风速
~speed of grain surface 粒面表观风速
~spout 旋风
~stop 挡风（雨）条
~storm 风暴
~street 弯曲街道
~stress 风应力
~suction 风吸（力）
~-swept 受风的，风吹的，风刮的
~-swept area 受风区，风吹区
~-trimmed 风吹倒伏的
~tree（英）被风吹倒的树
~-up 终结，完结，结局
~uplift（美）风力反向
~vane 风向标
~velocity 风速
~-velocity rose 风（速）玫瑰图（风力风向动力图）
~vibration 风振
~wave 风浪
~-wave direction spectrum 方向谱
~-wave frequency spectrum 频率谱
~-wave spectrum 风浪谱
anabatic~ 上升风，上滑风

downslope~ 下坡风
katabatic~ 下降风，下吹风
mountain~ 山风
slope~ 斜风，坡风
traffic-caused~（美）车辆排气风
valley~ 谷风
Wind Brake/Bracken Fern/Eagle Fern *Pteridium aquilinum* 蕨菜 / 如意菜
Wind damage of flowers and trees 花木风害
windage loss 风吹损失
windbreak 防风林；防风设备；防风墙；防风防沙林带
~hedge 防风树篱，风障绿篱
~fence 防风篱笆，防风围栏
~planting 防风栽植
forest~ 森林防风设备（覆盖物）
porous~ 多孔防风林（种植）
windbreakage 风毁（风折断树枝或把树吹倒）
wind-cone/wind sock 风向袋
windfall 被风吹落地的果子；林中树木被风吹倒的地区
winding 缠绕；卷；弯曲；绕线{机}；绕组{物}；绕法{物}；缠绕的；弯曲的，蜿蜒的
~gallery 回廊
（A）Winding Path Leading to a Secluded Spot 曲径通幽
~river 弯曲的江河
~road 弯弯曲曲的道路
~stairs 弧形楼梯
~stream 曲折水流
windlean 风力扭曲或吹倒（树木）
Windmill Grass *Chloris truncata* 风车草（澳大利亚新南威尔士州苗圃）
Windmill Palm *Trachycarpus fortunei* (Hook. f.) H. Wendl. 棕榈（英国萨里郡苗圃）
window 窗
~air conditioner 窗式空气调节器
~arch 窗拱
~band 带形窗
~blind 窗帘
~box 窗台的花箱
~box garden 窗台小园
~-cleaning equipment 擦窗机
~frame 窗框，窗架
~garden 窗园，窗园（窗箱）
~glass 窗玻璃
~opener 开窗器
~opening 空窗
~screen 纱窗
~shutter 百叶窗
~sill 窗台，榻板
~-sill greening 窗台绿化
~stool 抹头
~type cooling unit 窗式空调器
Window Box Oxalis/Wood Sorrel *Oxalis rubra* 酢酱草 / 红花酢酱草
Window Plant/Ceriman *Monstera deliciosa* 龟背竹 / 蓬莱蕉
windowed 有窗的
~veranda 轩
~well（美）地下层窗外小院{建}
~well grate（美）地下层窗外庭院栅栏门
wind-pollination 风媒
Windsor Castle 温莎堡（英国）
windstorm（不夹雨的或少雨的）暴风；

风暴

windthrow 大风刮倒（树木）

windward 上风，向风；向风的一方；上风的，向风的，迎风的；[副] 向上风，向风

~bank 向风岸

~side 向风侧面

wine 葡萄酒，酒

~cask 葡萄酒桶

~cellar（wine vault）窖（酒窖）

~industry 酿酒工业

a concrete vat for~ 供酿造葡萄酒（发酵用的）大桶

Wine and Roses Weigela *Weigela florida* 'Alexandra' 紫叶锦带（英国萨里郡苗圃）

Wine Grape *Vitis vinifera* L. 葡萄

Wine Palm *Caryata obtuse* Griff./C. urens auct. non L. 董棕 / 钝叶鱼尾葵

Wine-cap Stropharia *Stropharia rugossoannulata* 皱环球盖菇

winery 酒厂

wing 翼，翅；翼状物；边房；挡泥板；装翼；飞行

~barricade 路侧栅栏

~sets 边幕

~–type 翼型

~wall 翼墙，八字墙；耳墙

~headwall with，walls 有翼墙的端墙（正墙，山墙）

winged aphid 有翅蚜虫

Winged bean/Goa bean *Psophocarpus tetragonolobus* 四棱豆

Winged Euonymus/Winged spindle Tree *Euonymus alatus*（Thunb.）Sieb. 卫矛（英国斯塔福德郡苗圃）

Winged Everlasting *Ammobium alatum* 小麦秆菊 / 银苞菊

Winged Tobacco *Nicotiana alata* 红花烟草 / 香烟草花

Winged Yam/Greater Yam *Dioscorea alata* 参薯 / 大薯

Winged-stalk Crepidomanes *Crepidomares latealatum/Didymoglossum latealatum* 翅柄假脉蕨

Wingleaf Jasminorange *Murraya alata* 翼叶九里香

Wingleaf Prichlyash *Zanthoxylum armatum* DC. 竹花椒（竹叶花椒）

Wingnut *Pterocarya* 枫杨（属）

Wingstem *Verbesina alternifolia* 互叶畸瓣葵（美国俄亥俄州苗圃）

Winkled Marshweed *Limnophila rugosa* 大叶石龙尾 / 水薄荷 / 水茴香

winning bidder（美）中标人

winter 冬（季）；冬季的；过冬，越冬

~bare 冬季无叶的

~building construction 建筑物冬季施工

~burn（美）冰冻干枯

~city 冬季城市

~concreting 冬季浇筑混凝土

~damage 冻害，冬季的损害

~daphne 沉丁花，瑞香

~desiccation 冰冻干枯（植物）

~dike 冬堤〈欧洲某些国家大洪水发生在冬季〉

~drying 冰冻干枯

~flower 腊梅

~flowerer 冬季开花植物

~garden 冬园，冬景花园〈玻璃暖房〉

~green 冬青树；冬青绿化
~harbour 冬港，不冻港
~hardness 抗寒性，耐寒性
~jasmine 迎春花
~fish kill 冬季窒息，鱼冬季因结冰窒息而死
Winter Palace（Russia）冬宫（俄罗斯）
~perch 候鸟越冬栖息地
~port 不冻港，冬港
~-proofing 防寒，防冻
~quarter 冬季住房
~resort 避寒地
~resting place 动物冬眠处
~seed stalk 冬季种柄
~service（道路）冬季防冰雪设施
~sleep（动物的）冬眠
~solstice 冬至{气}
~sport(s) 冬季运动
~sports resort 冬季运动胜地
~stagnation phase 静止阶段，沉滞阶段
~weather construction 冬季气候建筑
~bare in 冬季无叶（树）

Winter Bamboo shoot（usually of *Mao* bamboo）*Phyllostachys pubescens* 冬笋

Winter Cherry/Jerusalem Cherry/Christmas cherry *Solanum pseudocapsicum* 冬珊瑚/吉庆果

Winter Creeper/Japanese Euonymus *Euonymus japonica* 冬青卫矛/鬼箭羽

Winter Daphne *Daphne odora* Thunb. 瑞香

Winter Daphne *Daphne odora Thunb.* var. *atrocaulis* Rehd. 毛瑞香

Winter Forsytia/Abelioleaf *Abeliophyllum distichum Nakai* 白花连翘/糯米条叶

Winter Heliotrope *Petasites fragrans* 香款冬

Winter Honeysuckle Fragrant Honeysuckle/ *Lonicera fragrantissima* Lindl. et Paxt. 郁香忍冬/香吉利子（美国田纳西州苗圃）

Winter Jasmine *Jasminum nudiflorum* Lindl. 迎春花（英国萨里郡苗圃）

Winter Melon/White Gourd/Wax Gourd *Benincasa hispida* 冬瓜

Winter mushroom/velvet shank/velvet foot/golden mushroom *Flammulina velutipes* 冬菇/金针菇/毛柄金钱菌

Winter pot Kalanchoe *Kalanchoe blossfelddiana* 圣诞伽蓝树/长寿花

Winter Purslane *Montia perfoliata* 冬马齿苋/淘金菜

Winter Savory *Satureja montana* 欧洲风轮菜/豆草

Winter Sun Mahonia *Mahonia × media Winter Sun* ‘冬阳’十大功劳（英国萨里郡苗圃）

Winter Sweet/Carolina Allspice/Wax Flower *Chimonanthus praecox*（L.）link 腊梅

Wintercreeper Euonymus *Euonymus fortune*（Turcz.）Hand. Mazz. 扶芳藤

Wintergreen *Gaultheria procumbens* 冬青白珠树/棋子梅（英国斯塔福德郡苗圃）

Wintergreen Berberry *Berberis julianae* Schneid. 豪猪刺（英国斯塔福德郡

苗圃）

wintering 越冬

~ground 冬眠区域

winterkill 冰冻死亡

wintery 冬天的；寒冷的

wintry 同 **wintery**

wire 金属丝，金属线；电线；导线；电信；用金属丝系或缚；打电报；装电线

~basket 铁丝篮

~cableway 缆索道

~fence 铁丝栅栏

~barbed fence 有刺栅栏

~glass 夹丝玻璃

~installation 导线装置

~mesh 金属丝网，铜、铁、钢等丝网

~mesh tree guard 树金属丝网防护

~–net fencing 铁丝网栅栏

~netting tree guard 树铁丝网防护

~sculpture 金属丝雕塑

~weight gauge 悬锤水尺

~–wound screen 缠丝过滤器

wired 有线的，有金属丝网的，用金属丝加固的

~（sheet）glass 夹丝玻璃（板），嵌丝玻璃（板）

wireworms 金针虫 [植物害虫]

wiring 接线，布线，加线；加网状钢筋；线路 { 电 }；蟠扎

~clip 钢丝剪；线夹

~layout 线路设计，线路布置

~of a tree，ball 加网树根球

~system 布线系统

wisdom eyes 慧眼

Wisent/European bison ***Bison bonasus*** 欧洲野牛

Wisteria/Chinese Wisteria ***Wisteria sinensis*** 紫藤 / 藤萝

Wisteria aphid ***Aulacophoroides hoffmanni*** 紫藤否蚜

wisteria trellis 藤萝花架，藤萝棚架，紫藤棚架

Witch Hazel ***Hamamelis intermedia*** **'Jelena'** '伊莲娜' 杂种金缕梅（英国斯塔福德郡苗圃）

Witch Hazel ***Hamamelis intermedia*** **'Pallida'** '帕丽达' 杂种金缕梅（英国斯塔福德郡苗圃）

Witch Hazel ***Hamamelis virginiana*** 北美金镂梅 / 女巫榛木（美国田纳西州苗圃）

Witche's broom of ***Hedrangea macrophyllum*** 八仙花绿瓣病（植物菌原体 MLO）

Witche's broom of ***Jasminum nudiflorum*** 迎春丛枝病（植物菌原体 MLO）

Witche's broom of ***Quercus*** 栎丛枝病(植物菌原体 MLO)

Witches' broom of ***Rhododendron simsii*** 杜鹃丛枝病（植物菌原体 MLO）

witching intersecting 车交叉

withdrawal 收回；撤销，取消；退出；排水量，排出量

groundwater~ 地下水抽取，地下水引水

wither 凋萎，干枯；使衰弱

without [介] 无，没有；不；[副] 在外；在屋外

~profession 无职业

~weeds 无杂草

witness 证据，证明；证人；目击者；证实，证明；目击

expert~（美）专家证明

~room 证人室

Woad/Isatan *Hordeum vulgare* 菘蓝

wold 高地，高原；山林；原野

wolf 狼

Wolf Hill 狼山

~tree 杀势障木，老狼木，霸王木

wolf's claws 石松，卷柏

Wolf's Lilac *Syringa wolfii* Schneid. 辽东丁香

Wollastonite 硅灰石

wolverine（***Gulo gulo***）熊貂 / 狼獾 / 貂熊

woman of child-bearing age 育龄妇女

woman reproductive age cycle 妇女生育年龄周期

Woman's Tongue/Lebbeck Albizzia *Albizzia lebbeck* 大叶合欢

Wombat（**common**）***Vombatus ursinuss*** 袋熊

Wonder of the World 世界奇观，世界奇迹

Wonderful View Pavilion 观妙亭

wonderland 仙境，风景极佳处

Wonderwerk Cave（**South Africa**）旺德韦克山洞（南非）

wood 木材；树林

~adhesive 木材粘合剂

~alcohol 木醇，甲醇

~anemone（wind flower）五叶银莲花

~asphalt 木沥青

~~-based panels 人造木板

~-bine 五叶铁线莲

~block 木块

~block pavement 木块（铺砌）路面；木块铺面{建}

~block paving 木块铺面{建}；木块铺砌路面

~board finish，concrete with 拆模粗混凝土

~borer 蛀木虫；凿船虫

~boring machine 钻木机

~brick 木砖

~carving 雕作

~centering 木拱架

~char 木炭

~chip 木片

~chisel 木凿

~chopper 伐木工人

~construction 木结构，木建筑

~cotton tree 木棉树

~-destroying fungi 腐木霉菌

~disk paving（美）圆木铺面

~distillalion 木材蒸馏（法）

~door 木门

~drilling machine 钻木机

~fence，interwoven 交织木栅栏

~fence，woven 织网式木栅栏

~fiber 木纤维，木丝

~fiber plant grower 纤维育苗器

~filling 油灰

~floated 木抹搓平

~flour 木屑

~form 木模

~-frame construction 轻型木结构

~frame house 木框架房屋

~fretter 蛀木虫

~fungus（腐）木菌

~girder 木大梁

~grabber 抓木器
~gum 树脂
~house 木屋
~joint 木接合
~joints 拼缝
~joist 木格栅
~key 木键
~laminate 木板
~land 林地，林区
~-land garden 林园，森林公园
~lath（木）板条
~lanth ceiling 板条天棚，板条天花板
~lath facing 木条墙面
~lintel 木过梁
~oil（即 China wood oil）桐油
~oil tree 木油树，桐油树
~particle board 木屑板
~pasture 林内放牧
~patch（英）木碎片；木沥青
~patch，remnant 残留木碎片；残留木沥青
~pattern maker 木模工
~pavement 木块（铺砌）路面；木块铺面
~paving 木块铺砌；木块路面
~paving，round 圆木铺砌
~pile 木桩
~pipe 木管
~plank 木板
~planking 木板；模板
~preservation 木材防护，木材防腐
~preservative 木材防腐剂，木材防护剂
~preserving oil 木材防腐油
~preserving plant 木材防腐厂，木材蒸炼厂
~pulp 木（纸）浆
~pulp paper 木浆纸
~sawer 锯木工人
~visual screen 木（视力）遮板
~screw 木螺丝（钉），木螺钉
~sett，paving（英）(方）木板铺砌，木板铺面
~shaving（木）刨花
~shavings-stuck picture 刨花贴画
~-slat snow fence 板条防雪栅
~spirit 甲醇，木醇
~-stave flume 木板渡槽
~structure 木结构
~sugar 木糖
~tar 木焦油；木焦油沥青
~-truss centering 桁式木拱架
~wedge for centering unloading 拱架卸荷木楔
~with crooked fiber 弯曲纤维木材
~with large annual rings 宽年轮木材
~wool 木丝，(木）刨花，刨屑
~-wool slab 木丝板
~work construction 木作工程，细木工程；木结构
~yard 堆木场
early~ 早材，春材
gnarled~ 扭曲多节疤木材
late~ 晚材，秋材
mangrove~ 红树林；红树群落
seasoning of~ 木材干燥处理（风干，晒干）
small~ 小树林，树丛
sound~ 良好木材
spring~ 春材（早材）
stunted~（美）短干木

suburban~（英）郊区林
summer~ 晚材，夏材
swamp~ 沼泽林
twisted~ 高山矮曲林
Wood Anemone/Wind Flower *Anemone cathayensis* Kitag. 银莲花 / 华北银莲花 / 毛蕊茛莲花 / 毛蕊银莲花（叙利亚、以色列国花）
Wood Betony *Stachys officinalis* 药用石蚕 / 主教草
Wood bores *Agrilus zanthoxylumi* 花椒窄吉丁
Wood Ceropegia *Ceropegia woodii* 吊金钱
Wood hedgehog *Hemiechinus sylvaticus* 林猬
Wood lemming/gray lemming *Myopus schisticolor* 林旅鼠
Wood pigeon *Columba palumbus* 斑尾林鸽
Wood Sorrel *Oxalis acetosella* 酢浆草 / 杜鹃鸟面包
Wood Sorrel/Window Box Oxalis *Oxalis rubra* 酢酱草 / 红花酢酱草
Wood-oil tree *Aleurites montana* 木油桐
wood-block New Year picture 木版年画
Woodchuck/ground hog *Marmota monax* 北美土拨鼠 / 美洲旱獭
woodcoal 木炭
Woodland caribou *Rangifer caribou* 北美驯鹿
Woodland Forget-me-not *Myosotis silvatca* 勿忘草
woodland sagebrush *Artemisia sylvatica* 阴地蒿 / 林下艾
wooded 树木繁茂的，有树林的
~area 产木地区；森林面积
~building 木材建筑物
~framework building 木框架建筑
~patch（美）木沥青
wooden 木（质）的，木制的
~arch bridge 木拱桥
~article 林产品，木制品
~beam bridge 木桁桥，木梁桥
~block 木块，木制砌块；木滑车
~block pavement 木板路面，木块铺面
~bridge 木桥
~cage cofferdam 木笼围堰
~chock 木楔
Wooden–Club Isle 棒槌岛
~compound beam 木组合梁
~deck module（美）木桥面组件
~double beam 木叠梁；木叠合梁
~dowel 木销钉
~edging 木饰边
~fence 木栅栏
~frame with dougong 大式
~frame without dougong 小式
~grid 木格子，木框格；木窗格
~hammer 木锤
~house 木屋
~lattice（板条制的）格子架；栅栏
~mallet 木锤
Wooden Pagoda of Ying County（Yingxian）应县木塔
~pier 桤墩
~pile 木柱
~plate girder bridge 木板梁桥
~plategirder 木板梁
~raft 木筏

~rail fence 木护栏
~rails 木护栏
~rake（rake，hayrake）木制草耙
~screen 木制屏障
~sheet pile cofferdam 木板桩围堰
~sleeper 枕木；木枕
~structure 大木
~tamper 木夯
~tie 枕木；木枕
~trellis 木格
~trestle 木栈桥，木栈道
~truss bridge 木桁架桥
~wedge 木楔
wooden palisade 木栅栏
wooding 保证年满后的维护工作，树木维护，树木清除，树木修剪
~，dead（美）枯树清除
dead~（美）枯树清除
woodland 森林；林地，林区；林地的，树林的
~area 森林面积
~canopy 林冠，林冠覆盖
~clearing community 林地皆伐群落
~community，dune 沙丘树林群落
~cover 树林覆盖
~edge 林区边缘
~edge scrub community 林地边缘灌木群落
~habitat conservation 森林环境保护
~mantle scrub community 林地覆盖灌木群落
~nature conservation 森林自然保护[区]
~park 森林公园
~patches，planting of hedgerows and 灌木篱种植和林地补片种植
~reserve 森林保留地
alder swamp~（英）桤木属沼泽林
amenity~（英）景观林地
fen~（美）低位林地
grazed~ 放牧林地
lower riparian/riverine~ 下游河岸林地
municipal~ 市有林地
occasionally flooded riparian~ 偶发水淹河岸林地
pasture~ 牧场林地
protective coastal~ 海岸防护区
regularly flooded riparian~ 有规律水淹河岸林地
residual~ 残余林地
riparian~ 河岸林地
riparian upland~ 河岸山地林区
upper riparian/riverine~（美）上游河岸林地
wet alluvial~ 湿雪冲积林地
woodlot（美）小块林地，小片林，树群
woodpile 同 wood pile
woodruff 车叶草
woods 树林；林野；木本群落
suburban~（美）郊区树林
Woods Lacquer Tree *Toxicodendron sylvestre* 木腊树
woodwool board 木丝板
woodwork 细木工，细木作；木制品
~construction 细木工程，木结构
woodworking 木工的，制造木制品的
~factory 木材厂
~industry 木制品工业
woody 木（质）的；木制的；树木茂盛的；木本的
~bee forage plant 木本蜜蜂饲料植物

~bee plant 木本蜜源植物
~clump 木本丛簇植物
~food plant for birds 鸟类木本饲料植物
~heathland 一荆棘丛生的荒原
~host plant 木本寄主植物
~host plant for birds 木本供鸟寄主植物
~mantle community（美）木本覆盖群落
~nectar plant 木本花蜜植物
~pioneer plant/species 木本先锋植物（种）
~plant 木本植物
~broadleaf plant（美）阔叶木本植物
~plant clearance 木本植物清除（皆伐）
~deciduous plant 凋落的木本植物
~flowering plant 开花木本植物
~plant for shade 遮荫木本植物
~individual plant 个体木本植物
~ornamental plant 纹饰木本植物
~shade-tolerant plant 耐阴木本植物
~cultivation of plants 木本植物栽培
~dense foliage of plants 木本植物致密叶
~foliage of plants 木本植物叶（面）
~heavy foliage of plants 木本植物的浓密叶簇
~leafage of plants 木本植物叶（总称）
~new foliage of plants 木本植物新叶
~nurse crop of plants 木本植物保护作物
~pioneer crop of plants 木本植物先锋林木
~revitalization of plants 木本植物新生
~sizing of plants 木本植物测定
~sparse foliage of plants 木本植物的疏叶
~pollen plant 木本花粉植物
~species 木本物种
~species planting 木本物种栽植
~broad-leaved species 阔叶 [种] 树种
~dwarf species 矮树种
~heliophilous species 喜阳树种
~light-demanding species 阳性树种，喜光树种
~riparian species 河岸树种
~riverine species 沿岸树种
~wild species 野生树种
~vegetation 木本植被
~wildling 野生木本植物

Woodyfruit Melliodendron ***Melliodendron xylocarpum*** 陀螺果 / 鸦头梨 / 川鸦头梨 / 秤砣果

Woody-fruit Pittosporum ***Pittosporum xylocarpum*** 木果海桐 / 山枝茶

woolen mill 毛纺厂

Woolly Grass ***Imperata cylindrica*** 白茅 / 白茅根

Woolly Rhododendron ***Rhododendron floccigerum*** 绵毛杜鹃 / 深红杜鹃

Woolly Willow ***Salix lanata*** 北极柳（英国斯塔福德郡苗圃）

Woolly-axle Bracken ***Pteridium revolutum*** 毛轴蕨

Wooly Birthwort ***Aristolochia mollissima*** 寻骨风 / 白毛藤 / 猫耳朵草

Wooly Sterculia ***Sterculia pexa*** 家麻树 / 九层皮

word 字，词，单词；字码，代码 { 计 }
~marking 路面文字标记，交通标志

work 工作；功 { 物 }；产品；[复] 工厂；工作，操作；运行，经营；使用
~ahead sign 前方施工标志，前方作业标志
~area；working area 作业地带
~bench 工作台，工作架

~book 工作手册
~-box 工具箱
~-break 工作中小憩，工作中短时间休息
~breakdown structure 任务分解结构(统筹方法)
~capacity 生产能力，工作能力
~-day quota 工期定额
~flow analysis 工作流程分析
~force 劳动力
~（vb）free of charge（英）无偿工作，免费工作
~gratis 无偿工作，免费工作
~horse 设备，工具
~house 工场；习艺所
~in mid-air 高空作业
~index（of crusher）(碎石机的）工作指数，功率指数
~item 单项工程
~journey 上班行程
~-leisure time ration 工作-空闲时间比
~length 交织长度
~level 生产水平
~load 资用荷载，工作荷载，活荷载，作用荷载
~-load analysis 工作负荷分析{管}
~mate 同事
~method 操作法
~norm 劳动定额
~of deformation 变形功
~on rotating-basis 轮流工作制
~order 工作程序
~organization plan 施工部署计划，施工组织计划
~phase（美）工作阶段，施工阶段
~piece 工件；分部工程
~place population 工作地点人口
~plan 工作计划
~plane 工作面
~-related injury 因工负伤，工伤
~room 工作室，工作间
~schedule 工作进度表
~sheet 工作单
~shop 同 workshop
~site 工地
~stage（英）工作阶段，工作步骤，工程阶段
~stage “L”（英）工程阶段 “L”（完工后对最终施工评估）
~stage C&D 工程阶段 C&D（概念设计阶段）
~status 就业状况，工作状况
~stone 料石
~stones 料石
~team 作业班
~ticket 派工单
~-to-home peak hour 下班高峰时间
~zone 作业区
background~（美）先行勘察工作，先行调研工作
broken range~ 断层石圬工
building~ 建筑工程
completed~（美）竣工工程，完成工作
completion of~（美）工程竣工
defective~ 不合格工程
determination of executed~（美）施工测定
diagonal wattle~（英）交织枝条编篱工作

diagonal wicker~（英）交织柳条编篱工作
execution of piece of~ 一块工程施工
extra~ 额外工作
floristry~ 花卉栽培技术工作
hand~（美）手工
instruction to rectify defective~（英）调整不合格工程说明（指示）
laying~ 铺筑工作，敷设工作
machine~ 机械工作
maintenance~ 养护工作，维修工作，保养工作
manual~（英）手工工作
planning~ 规划工作
progress of~ 工作进度，工程进度
proof of executed~ 施工证明，施工检验
random~ 乱砌工程
random rubble range~ 乱砌毛石梯级
remedial~ 修理工作，修补工作
remedial lawn~ 预防性草地工作，草地修补工作
repair~ 修理工作，修理工程
rubble~ 毛石工程，乱石工程
scope of construction~ 建筑工程范围，施工工作范围
survey~ 调查工作
tree clearing~（美）树木清除工作
tunnel~ 隧道工程
unforeseen construction~ 无林地施工工作
wicker~（英）柴束工作

workability 工作度；和易性
~of a soil，easy 土壤和易性
~of concrete 混凝土和易性
~of construction material 建材和易性

workable 易加工的；和易的；可行的；可运转的
~concrete 塑性混凝土
~relationship 可应用关系

workaday 工作日的

workbook 工作手册，规划手册，笔记本

worked bog 开发（开采）过的泥炭地

worker 工人

worker's 工人的
~dwelling unit 工人居住处
~housing 工人住房
~quarters 工人寓所；工人宿舍

Worker's Theater 工人剧场

working 工作，做工，做法，加工，制作，操作，开发
~ability 工作能力
~age 工龄
~age population 劳动适龄人口
~anchor 工作锚
~anchoring plate 工作锚板
~area 作业地方，作业区
~area of port 作业区
~attachment 工作装置{机}
~bench 工作台，工作架
~cable 工作索
~capacity 工作量，工作能力
~capital 流动资金，运营资本
~class community 工人阶级社区（团）
~conditions 工作情况，运转情况，生产条件
~cost 工作费用；经营费；使用费
~crew 工作队
~day 工作日，施工天数
~-day cost 台班使用费
~deck 工作台

~device 工作装置〈机〉
~district 作业区
~division 施业区划
~drawing 施工（详）图，工作图
~duration of locomotive crew 乘务员连续工作时间
~expenditure 工作费用；经营费
~expenses 工作费用，经营费
~face 工作面
~funds（or capital）流动资金，周转资本
~-hours quota 定额工时
~instruction 操作规程
~life 使用寿命，工作寿命，使用期
~load 资用荷载，工作荷载，活荷载，作用荷载
~mode of locomotive crew 乘务方式
~mother 就业母亲
~passage 工作通道
Working People's Cultural Palace（Beijing，China）劳动人民文化宫（中国北京）
~plan 工作规划，工作程序图，施工图
~plane 工作面
~platform 工作平台
~population 就业人口，劳动人口，劳动年龄组人口
~pressure；operating pressure 工作压力
~quantity of locomotive affairs 机务工作量
~range 工作范围，作业范围
~rule 操作惯例，工作规律，操作守则
~schedule 工程进度表
~season 施工季节，工作季节
~section 工作断面，有效断面
~shaft 工作（竖）井
~shelf（美）工作台
~specification 操作规程
~standard 现行标准
~substance 工质
~surface of rail 钢轨工作边
~system（in three shifts）（三班）工作制
~system of locomotive crew 机车乘务制
~temperature 工作温度
~time 工作时间
~-up procedure 加工程序
sand and gravel~ 沙土砾石工程（工作）
workings，open-cast（英）明挖开采，露天开采
workpeople（英）劳动者们，工人群众
workmanlike 熟练的，有技能的
workmanship 工作品质；手艺，技巧；作品
~standard 工艺标准
workmaster 工长，监工；监督者
Workmen's Compensation Law（美）工人伤害赔偿法
Workmen's Compensation Regulation（美）工人伤害赔偿条例
workplace 工作场地，工作地点
~layout 工作场地布置
works 工作，劳动，作业；职业；产品，作品，著作；工件；工程
~inspector 工程监理人员
~preparation 工程设计
~siding（英）工厂专用线
assessment of executed~（英）竣工评估
commencement of~（英）工程开工
completed~（英）竣工工程

earth shaping~（英）土地整形工程

General Conditions of Government Contracts for Building and Civil Engineering~（英）政府建筑和土木工程合同一般条件

measurement of completed~ 竣工工程测量

public~ 公共工程

road~ 道路工程

road-widening~（英）道路加宽工程

sewage~（英）污水工程

subcontract~（英）分包合同工程，转包合同工程

workshop 车间，工场，作坊，厂房，创作室；专题讨论会，专题研究组，专门小组、学部；短训班；讲习班；专题学术研讨会

~approach（厂矿内）车间引道

~area 工场地区

~block 工场大厦

~building 厂房

~conference 工作会议，短训班

worksite 工地

workspace 工作空间

world 世界；天下；地球；宇宙；万物；世人，众人；世间，人间；界，领域；世事，世情，人世生活；（个人）身世，经历；社会生活，交际界；大量，无数；（类似地球的）天体，星球

World Bank 世界银行（简写 WB，即国际复兴开发银行）

~city 世界城市

~city region 世界大城市区域

~garden expo 世界园林博览会

~'s fair 世界博览会

~geodetic network 世界大地网

~heritage site 世界遗产地

~natural heritage 世界自然遗产

~cultural heritage 世界文化遗产

World Health Organization（简写 WHO）世界卫生组织

~horticultural expo 世界园艺博览会

World Horticultural Exposition of Kunming（China）昆明国际园艺博览会（中国）

~market price 国际市场价格

~model（反映全球性的自然、社会、人口等状态的）世界模型

World Trade Center，New York 世界贸易中心（美国纽约）

World Trade Organization（简写 WTO）世界贸易组织

~weather watch（简写 WWW）世界天气监视网

~-wide standardized seismic network（简写 WWSSN）世界标准地震网

World Intellectual Property Organization（简写 WIPO）（联合国）世界知识产权组织

World Meteorological Organization（简写 WMO）（联合国）世界气象组织

World Patents Index（简写 WPI）世界专利索引

worm-up apron（飞机场的）诱导路

wormwood 蒿属

Wormwood ***Artemisia absinthium*** 洋艾 / 绿姜

Wormwoodlike Motherwort ***Leonurus artemisia*** 益母草 / 益母蒿 / 九塔花

worship 崇拜，崇敬；崇拜对象；拜神，

拜神活动

worth 价值值得……，有……的价值

~-while 值得做的，相当的，很好的

~-while to protect 值得保护的

worthy 有价值的；值得……的；可尊敬的；很好的

~of note 值得注意的；显著的

~of protection 值得保护的

wound 伤，伤口；挫伤；损伤伤痕；伤害

~area 伤口，创口；天灾区

~closure 伤口闭合

~dressing 创伤敷料，创伤敷裹

~paint 伤口涂料

~treatment 创伤处理

bark~ 树皮损伤，茎皮创伤

pruning~ 修剪伤害，剪枝伤口

stem~（英）茎伤

trunk~（美）树干伤

woven weave 的过去分词；机织物

~fabrics 纺织品

~geotextile 编织土工布，织造土工织物

~jute mesh 编织黄麻网

~wire guard 编铁丝网护栏

~wood fence 编木栅

wrap 卷，包；缠绕；隐蔽

~up 卷，包；隐蔽

wrapped underdrain system 包裹式地下排水系统

wrapper 封套；外皮，包装纸；包装者

wrapping（先张法预应力筋）包裹（隔离）

~coefficient of mortar 砂浆包盖系数

~machine（悬索桥主缆缠包防护施工时用的）缠绕（包）机

~of drain pipe 排水管缠包

~with burlap（美）用粗麻布缠包

~with hessian strips（英）用粗麻布缠包

~with straw ropes 用草绳缠包

hessian~ 粗麻布缠包

tree~ 树木缠包

trunk~ 树干缠裹

wrecker 救险车，救援车；拆卸旧建筑物者

wrecking 拆毁房屋

~company 打捞公司；旧屋拆除公司

wrestling ring 摔跤场地

wretched 可怜的；恶劣的，质量差的

Wrinkle Flowering Quince ***Chaenomeles spiciosa*** 皱皮木瓜 / 木瓜花 / 贴梗木瓜

Wrinkled Giant-hyssop ***Agastache rugose***（**Lour.**）**O.Ktze.** 藿香

Wrinkleleaf Dock ***Rumex crispus*** 皱叶酸膜

Wrinkleleaf Parsley/Curly Garden parsley ***Petroselinum crispum*** 昼夜欧芹 / 巴西利（英国斯塔福德郡苗圃）

write 写，写数，写印

writing 写，书写，记入

~counter 书写台

~pad 书写板 { 计 }

~scan 记入扫描，录储扫描

written 书面的

~agreement 书面协议

~approval 书面批准

~confirmation 书面凭据

~contract 书面合同

~document 书面证明

~order 书面订货

~statement 书面声明

wrought iron picture 铁画

Wu Feng Shu Wu（**Studying House Facing Five-Peak**）（**Suzhou，China**）五峰书屋（中国苏州市）

Wu Feng Xian Guan（**Celestial Hall of Five-peak**）（**Suzhou，China**）五峰仙馆（中国苏州市）

Wu Liangyong 吴良镛，中国科学院院士，中国工程院院士，建筑学及城乡规划学家、教育家，中国人居环境学科和风景园林学科创始人，中国风景园林学会终身成就奖特别奖获得者

Wuxi Gardens 无锡园林

Wu Yi 吴翼，中国风景园林学会终身成就奖获得者，风景园林专家

Wu Zhenqian 吴振千，中国风景园林学会终身成就奖获得者，风景园林专家

Wu Zhu You Ju（**Sequester Cottage Hidden in Chinese Parasols and Bamboo**）（**Suzhou，China**）梧竹幽居（中国苏州市拙政园）

Wudang Martial Arts 武当拳术

Wudangzhao Monastery（**Zhaotou，China**）五当召寺（中国召头市）

Wusongkou Fort（**Shanghai，China**）吴淞口炮台（中国上海市）

wychelm 榆木

wye Y 形物；三岔道

X x

X-axis X 轴（线），横（坐标）轴
X-coordinate X 坐标，横坐标
X-radiation X– 辐射，X 射线
X-ray X– 射线，X– 光；X 射线的，X–光的
X-ray identification X 射线鉴定
X-ray inspection X 光检查
X-ray photogrammetry X 射线摄影测量
X-ray scanning X 射线扫描
X-ray shield door X 光防护门
x-y plotter x-y 绘图仪
xalsonte 粗粒砂，砾石堆积
Xanthomonas leaf spot of Begonia 玫瑰秋海棠叶斑病（***Xanthomonas*** **sp.** 黄单胞杆菌）
Xanthomonas leaf spot of Begonia 秋海棠斑点病（***Xanthomonas campestris*** **pv.** ***Begonia*** 油菜黄孢菌秋海棠致病型）
xenodochium（中世纪）客栈
xerad 旱生植物
xeric 旱生的
~habitat 旱生植物生境
~site 旱生地
~vegetation 旱生植被，旱生植物
xerographic printer 复印机，静电复印机，影印机
xerography 静电复印术，影印术
xerophile plant 旱生植物
xerophilous 适旱的，喜旱的；旱栖的
~plant 喜旱植物
xerophyte 干地植物，旱生植物
xerophytic 旱生的
~vegetation 旱生植被
xerothermous meadow 耐干旱炎热草地
Xialu Monastery（Rikaze，China）夏鲁寺（中国日喀则市）
Xiang-gu**/Shiitake/Black Forest Mushroom（*****Lentinus edodes*****）**冬菇 / 香菇 / 花菇（世界三大食用菌之一）
Xiangshui pear（perfume pear）（***Pyrus ovoida*** **cv.** ***Xiangshuili*****）**香水梨
Xiangtangshan Grotto（Handan，China）响堂山石窟（中国邯郸市）
Xiangtangshan Mountain Grottoes in Handan（Handan，China）响堂山石窟（中国邯郸市）
Xiangzhou（Fragrant Islet）香洲
Xianling（Emperor Hongxi）（Sanyuan Country，China）献陵（中国三原县）
Xianyang（the Qin Dynasty）咸阳（秦）
Xiequyuan（Garden of Harmony）（Beijing，China）谐趣园（中国北京市）
Xiao Shan Chong Gui Xuan（Hall of Small Hill and Bosky Osmanthus）（Suzhou，China）小山丛桂轩（中国苏州市）
Xie Ninggao 谢凝高，中国风景园林学会终身成就奖获得者，风景园林专家、教育家

Xiling Gorge（**Yichang**，**China**）西陵峡（中国宜昌市）

Xilituzhao Monastery（**Huhehaote**，**China**）席力图召（中国呼和浩特市）

Xing'an Pine（***Pinus hingganensis***）兴安松

Xinjiang Giantfennel（***Ferula sinkiangensis***）新疆阿魏

Xinjiang Peach（***Amygdalus ferganensis***）新疆桃

Xinglong Mountain of Yuzhong（**Lanzhou**，**China**）榆中兴隆山（中国兰州市）

Xingqiao（**Bridge of Floating Heart**）（**Summer Palace**，**Beijing**，**China**）荇桥（中国北京市颐和园）

Xingqing Palace（**Xi'an**，**China**）兴庆宫（中国西安市）

Xingshan Viburnum（***Viburnum propinquum***）球核荚蒾

xoanon 希腊原始雕像

Xrds（**cross-roads**）十字路

Xuan stone 宣石

Xuan Zhuang 玄奘

Xuanzang Dagoba in Xingjiao Temple（**Xi'an**，**China**）兴教寺玄奘塔（中国西安市）

Xuehua Pear Snow flake pear *Pyrus bretschshneideri* cv. *Xuehuali* 雪花梨

Xunzi 荀子（儒家代表人物之一）

xylem 木（质）部 {植}

xylium 树木群落

xylo- [词头] 木

xylocarpus Sinojackia（***Sinojackia xylocarpa***）秤锤树

xylochlore 鱼眼石

xylogen 木纤维，木质

xyloid 木质的，似木的，木性的

xylophyta 木本植物

xyst 林荫小道

Y y

Y-axis Y 轴（线），纵（坐标）轴

Yang Tingbao（**Yang Tingpao**）杨廷宝，中国科学院技术科学部委员，建筑学家、建筑学教育家

Y-connection Y 形接头，叉形接头；Y 形接法

Y-coordinate Y 坐标，纵坐标

Y-curve Y 形曲线，叉形曲线

Y-grade separation Y 形立体交叉

Y intersection Y 形交叉

Y-junction Y- 交叉

Y-shaped duct 三通管

Y-shaped intersection Y 形交叉

Y-tube Y 形管，叉形管，三通管

Y turn（美）塔式起重机回车道（回车场）

Yabuli Skiing Ground（**Harbin，China**）亚布力滑雪场（中国哈尔滨市）

yacht 快艇，游艇；乘快艇，驾驶快艇

~basin 快艇碇泊池

~harbour 游艇港，快艇港

~landing stage 游艇码头

yachting 乘游艇玩

~harbo(u)r 游艇港

Yaguang Pear ***Pyrus ussuriansis*** **cv.** ***yaguangli*** 鸭广梨

Yaito/Kawakawa/lesser tunny ***Euthynnus yaito*** 鲔鱼 / 白卜

Yakashima sika deer ***Cervus nippon yakashima*** 屋久鹿

Yakushi Temple（**Japan**）药师寺（日本）

Yakushimanum Rhododendron Golden Torch ***Rhododendron*** **'Golden Torch'** '金火炬' 杜鹃（英国斯塔福德郡苗圃）

Yalta（**Ukraine**）雅尔塔（乌克兰）

Yalu River Tourist Zone 鸭绿江游览区

Yam/Chinese Yam（***Dioscorea batatas***）家山药 / 山药 / 薯蓣

Yam Bean/Wayaka Yam Bean ***Pachyrhizus erosus*** 地瓜 / 豆薯 / 沙葛 / 凉薯

Yama/the King of Hell 阎王（即"阎罗"）

Yamate loop line（日本）山手环行线

Yan Lingzhang 严玲璋，中国风景园林学会终身成就奖获得者，风景园林专家

Yandang Mountains（**Wenzhou，China**）雁荡山（中国温州市）

Yandangshan Mountain scenic spot 雁荡山风景区

Yang Pass on the Great Wall（**Dunhuang，China**）阳关（中国敦煌市）

Yangliuqing New Year Picture 杨柳青年画

Yangtao Actinidia Garden 猕猴桃园

Yangtze crowtit ***Paradoxornis heudei*** 震旦鸦雀

Yangtze River Bridge，Nanjing 南京长江大桥（公铁两用双层桥梁，米字形钢桁架连续结构，跨径 160 米，正桥 10 孔，主孔长 1576 米，建于 1968 年）

Yangtze River's Three Gorges 长江三峡

Yangyue Maple（***Acer yangyuechi***）羊角槭

Yangzhou City in Tang dynasty 唐扬州城

Yangzhou gardens 扬州园林

Yangzhou style bonsai 扬派盆景

Yankari Game Reserve（**Nigeria**）扬卡利动物保护区（尼日利亚）

Yanmen Pass of the Great Wall（**Xinzhou，China**）雁门关（中国忻州市）

Yanshui Pavilion（**Jiujiang，China**）烟水亭（中国九江市）

Yansui Tower（**Beijing，China**）延绥阁（中国北京市）

yard（缩写 yd.）码（长度单位，约 0.914 米）；场（地）；工（作）场；调车场；堆车场；庭院，天井，院子

~drain 场地排水

~-dried lumber 场干木材

~limit sign 车场地界标

~line（美）场地建筑线，场地红线

~railroad 场内铁路，场内轨道

~minimum requirement（美）场地最低需求

~space 庭院空地

~work（站）场内作业

church~ 公墓，墓地

front~（美）正面庭院，前庭

garden~（英）公园场地，公园车场

grave~ 墓地，公墓

postage-stamp~（美）微型园

required~（美）规定的庭院

required side~ 规定的侧院

school~ 学校操场

Yard-long Bean/ Chinese Long Bean/ Snake Bean/Asparagus bean（***Vigna sesquipedalis***）长豇豆 / 豆角

yardage 方码数（以立方码为单位的体积）；（英制）土方数；用码测量的长度

~distribution 土方分配

Yarkand hare ***Lepus yarkandensis*** 塔里木兔 / 莎车兔

Yarlung Zangbo River（**Tibet Autonomous Region，China**）雅鲁藏布江（中国西藏自治区）（"the Cradle of Tibet""藏族摇篮"，"the Mother River""母亲河"）

Yarrow ***Achillea Cerise Queen*** 欧蓍草'红后'（英国斯塔福德郡苗圃）

Yarrow ***Achillea filipendulina*** **'Cloth of Gold'** 凤尾蓍草'金织'（英国斯塔福德郡苗圃）

Yarrow ***Achillea millefolium*** 锯草 / 蓍草 / 多叶蓍

Yarrow ***Achillea millefolium*** **'Red Velvet'**'红绒'蓍（英国斯塔福德郡苗圃）

yate tree 桉树

yd（**yard**）码；院子；工（作）场；调车场

Ye City（**China**）邺城（中国古城）

year 年，一年；年度；[复]年龄；数年；时代

~-climate 年气候

~-end population 年末人口

~-end report 年终报表

~，growth per 年增长

~ring（树木的）年轮

yearbook 年鉴，年刊

yearly 每年的；一年一次的；一年间的；[副]年年，每年；一年一次

~capacity 年产量
~change 年变化
~increment 年增量
~maintenance 年度养护，全年维修
~mean level 年平均水平
~output 年产量
~production 年产量
~program 年度计划
~rainfall 年降雨量
~runoff（量）年径流
~temperature difference 年温差
~traffic pattern 年交通型式（显示全年交通量的按次序排列图示）

year's growth，one 年增长

Yeddo Spruce ***Picea jezoensis Carr.*** **var.** ***microsperma*** **（Lindl.）Cheng et L. K. Fu** 鱼鳞云杉 / 鱼鳞松

Yele Pagoda（Burma）耶丽塔（缅甸）

yellow 黄色；蛋黄；黄（色）的；变黄，使（变）黄
~cedar 黄杉木
Yellow Crane Tower（China）黄鹤楼（中国）
Yellow Dragon 黄龙
~edge line（美）黄边线
~earth 黄壤
~fir 黄枞木
~ground 黄地，黄泥带 {地}
~（caution）interval 黄灯（警告）时间
~line 黄色交通线
~pine 黄松
~sand 黄砂
~sandal 黄檀木
Yellow Sect of Lamaism 黄教
~soil 黄土；黄壤

Yellow Allamanda/Allamand（*Allamanda cathartica*）软枝黄蝉

Yellow Alstroemeria ***Alstroemeria aurantiaca*** 黄六出花

Yellow baboon/baboon[common] ***Papio cynocephalus*** 草原狒狒 / 黄狒狒

Yellow Bedstraw ***Galium verum*** 蓬子菜 / 松叶草

Yellow Bell Bauhinia ***Bauhinia tomentosa*** **L.** 黄花羊蹄甲

Yellow bellied weasel ***Mustela kathiah*** 黄腹鼬 / 松狼

Yellow Bells ***Tecoma stans*** **（L.）Juss. ex HBK/Stenolobium stans Seem.** 黄钟花

Yellow Bract Pachystachys/lollipop plant ***Pachystachys lutea*** 黄虾花 / 金苞花

Yellow cheek carp ***Elopichthys bambusa*** 鳡鱼 / 黄钻 / 竿鱼

Yellow Cinnamom ***Cinnamomum porrectum*** 黄樟

Yellow Coneflower ***Ratibida pinnata*** 草原黄锥菊（美国俄亥俄州苗圃）

Yellow Cosmos ***Cosmos sulphureus*** **Cav.** 琉璜菊

Yellow drum/spotted maigre ***Nibea albiflora*** 黄姑鱼 / 黄婆鸡

Yellow ermine/Alpine weasel ***Mustela altaica*** 香鼬 / 香鼠

Yellow Flag Iris ***Iris pseudacorus*** 黄菖蒲（英国斯塔福德郡苗圃）

Yellow Flax Bush ***Reinwardtia trigyna*** **Planch.（R. indica Dumort.）**石海椒 / 迎春柳

Yellow goosefish ***Lophius litulon*** 黄鮟鱇 / 蛤蟆鱼 / 老头儿鱼

Yellow Hibiscus ***Hibiscus hamabo*** **Sieb. et Zucc.** 海滨木槿

Yellow Latan ***Latania verschaffeltii*** **Lem.** 黄脉榈 / 黄脉葵

Yellow Mallow/Sunset /Mallow/Sunset hibiscus ***Hibiscus manihot*** 黄蜀葵 / 黄秋葵

Yellow marmorated stink bug ***Erthesina fullo*** 麻皮蝽

Yellow Patrinia ***Patrinia scabiosaelia*** 黄花龙芽

Yellow peach moth ***Dichocrocis punctiferalis*** 桃柱螟

Yellow Pheasant's Eye ***Adonis vernalis*** 春侧金盏花 / 春福寿草

Yellow Poinciana/Yellow Flame Tree ***Peltophorum pterocarpum*** **（DC.）Baker ex K. Heyne** 盾柱木 / 双翼豆

Yellow Pomegranate ***Punica granatum*** **'Flavescens'** 黄石榴

yellow pond lily/European cowlily ***Nuphar pumilum*** 萍蓬草

Yellow Poplar/Tulip Tree ***Liriodendron tulipifera*** 北美鹅掌楸（英国萨里郡苗圃）

Yellow Porgy/Golden Tai ***Taius tumifrons*** 黄鲷 / 黄加立

Yellow Sage/Common Lantana/Jamaica mountain sage ***Lantana camara*** 马樱丹 / 五色梅

Yellow shank oedalews grasshopper ***Oedaleus infernalis*** 黄胫小车蝗

Yellow Shower ***Cassia spectabilis*** **DC.** 美丽山扁豆

Yellow throated marten ***Martes flavigulla*** 黄喉貂 / 蜜狗 / 青鼬

Yellow Trumpet Creeper ***Campsis radicans*** **'Flava'** 黄花美国凌霄（美国田纳西州苗圃）

Yellow Water Lily ***Nymphaea mexicana*** 黄睡莲

Yellow weasel/Oriental weasel ***Mustela sibirica*** 黄鼬 / 黄鼠狼 / 元皮

Yellow Wood/Podocarpus/Long-stalked Yew ***Podocarpus*** 罗汉松（属）

yellowarrow Dendrobium ***Dendrobium chrysotoxum*** 鼓槌石斛 / 金弓石斛

Yellow-bellied tit ***Parus venustulus*** 黄腹山雀 / 黄豆崽

Yellow-branchlet Keteleeria ***Keteleeria calcarea*** 黄枝油杉

Yellow-browed bunting ***Emberiza chrysophrys*** 黄眉鸦 / 山麻雀

Yellow-brown stinkbug ***Halyomorpha picus*** 茶翅蝽

Yellowcentral Agave ***Agare americana*** **var.** ***medio-picta*** 黄心龙舌兰

Yellow-cheeked tit ***Parus xanthogenys*** 黄颊山雀 / 催耕鸟 / 珍珠子规 / 花奇公

Yellowebox Eucalyptus ***Eucalyptus melliodora*** 蜜味桉

Yellowfin porgy ***Sparus latus*** 黄鳍鲷 / 黄翅

Yellowfin puffer ***Fugu xanthopterus*** 条纹东方鲀 / 黄鳍东方鲀

Yellowflo ***Cucurbita pepo*** **var.** ***ovifera*** 观赏南瓜 / 金瓜

Yellowflower Bletilla ***Bletilla ochracea*** 黄

花白芨

Yellowflower India Canna ***Canna indica*** **var.** ***flova*** 黄花美人蕉

Yellowfruit of Thickshellcassia ***Cryptocarya concinna*** 黄果厚壳桂 / 黄果桂

Yellow-green Leaves Black Locust ***Robinia pseudoacacia Frisia*** 金叶洋槐 / 金叶黄槐（英国萨里郡苗圃）

Yellow-groove Bamboo ***Phyllostachys aureosulcata*** **McCl.** 黄槽竹

yellowish brown stone 黄石

Yellowish Everlasting ***Anaphalis flavescens*** 淡黄香青 / 铜钱花

Yellow-leaf Back Oak ***Quercus pannosa*** 黄背栎

Yellowleaf Japonese Aucuba ***Aucuba japonica*** **var.** ***variegata*** 黄叶日本桃叶珊瑚

Yellowmargin Agave ***Agare americana*** **var.** ***variegata*** 黄绿龙舌兰 / 黄边龙舌兰

Yellowstone National Park 黄石国家公园（美国）

Yellow-throated bunting ***Emberiza elegans*** 黄喉鹀 / 黄蓬头

Yellowvein Hydrangea ***Hydrangea xanthoneura*** 挂苦绣球

Engakuji Temple（Hancheng，China） 圆觉寺（中国韩城市）

Yerbadetajo ***Eclipta prostrate*** 鳢肠 / 莲子草 / 墨菜

yerma（西班牙文）沙漠地区超贫粉末土

Yesanpo Scenic Area（Baoding，China） 野三坡风景区（中国保定市）

Yew（*Taxus*） 红豆杉（属），紫杉，水松；水松木材

Yew ***Taxus baccata*** 浆果红豆杉 / 英国紫杉（英国萨里郡苗圃）

Yew Podocarpus ***Podocarpus macrophyllus*** **（Thunb.）D.Don** 罗汉松（土杉）

Yi Feng Xuan（Open Hall of Bowing to Peak）（Suzhou，China） 揖峰轩（中国苏州市）

Yi Yuan（Garden of Pleasure）（Suzhou，China） 怡园（中国苏州市）

Yi-He Yuan（Summer Palace）（Beijing，China） 颐和园（中国北京市）

Yichang machilus ***Machilus ichangensis*** 宜昌润楠

yield 屈服；沉陷；（出）产量，产额；出水量；屈服；沉陷；凹进；退让；让道；让与；产出，产生

~capabilities 生产能力，生产力

~criteria 屈服准则

~criterion 屈服标准，屈服准则

~function 屈服函数

~grassland index 草地产量指标

~intensity 屈服强度

~line 屈服线；塑性变形线

~load 屈服荷载

~of groundwater 地下水出水量

~of radiation 辐射强度

~of water 给水量

~of well 井的出水量

~of well point 井点出水量

~per unit area 单位面积产量

~-power 生产力

~predictability 生产力的可预见性

~agricultural reduction 农业减产

~reliability（英）生产力的可预见性
~returns 利润收益
~sign 让路标志（从支路或匝道进入干道时让干道交通先行）
~strength 屈服强度
area of~ 可开垦的面积，可开采的面积
groundwater~ 地下水出水量
potential~ 生产潜力，生产力
potential groundwater~ 潜在地下水出水量
principle of sustained~ 可持续开采（开发）原则

yielding capacity 生产能力

yijing（中）意境

Yili Spunsilksage ***Seriphidium transiliense*** 伊犁绢蒿

Ying stone 英石

Yingde stone 英德石

yinshanite 阴山石

Yinxu（**Anyang，China**）殷墟（中国安阳市）

Yiyunguan（**Hall of Pleasing Rue**）（**Beijing，China**）宜芸馆（中国北京市）

Ylang-ylang ***Cananga odorata***（**Lamk.**）依兰香 / 依兰 / 香水树

yoke vent，yoke vent pipe 结合通气管

Yokohama bean（***Stizolobium capitatum***）黎豆

Yongding（**Eternal Stability**）**River** 永定河

Yonghegong Lamasery（**Beijing，China**）雍和宫（中国北京市）

Yongle Palace or the Palace of Eternal Joy（**Yuncheng，China**）永乐宫（中国运城市）

Yongle Taoist Temple（**Yuncheng，China**）永乐宫（中国运城市）

Yongling（**Emperor Jiajing**）（**Chengdu，China**）永陵（中国成都市）

Yongning Temple，Luoyang（**Luoyang，China**）洛阳永宁寺（中国洛阳市）

Yongquan Temple（**Fuzhou，China**）涌泉寺（中国福州市）

Yosemite National Park（美）约塞米特国家公园

Yoshino Cherry Tree ***Prunus*** × ***yedoensis Matsum /Cerasus*** × ***yedoensis*** 吉野樱 / 东京樱花 / 日本樱花（美国田纳西州苗圃）

you /hunting garden 囿

young 年轻的；未成熟的；新兴的；初期的
~couples' apartments 青年户住宅
~ice 新冰
~industrial country 发展中工业国家
~loess 新黄土
~people 青年（一般指 30~35 岁）
Young People's amusement area 青少年游乐场
~person 青少年
~plant，germinated 发芽幼林
~population 年轻型人口
~shrub transplant 幼灌木移植（苗）
~stand 幼龄林分
~soil 幼年土壤
~trees，training of 幼林整枝（整形）

youngsters activities area 青少年活动区

Youngsters' Art Center 青少年艺术中心

youth 青年人，青年；青春

~apartment 青年公寓
~camp 青年夏令营
~center 青年中心
~palace 少年宫
~playground（英）青年运动场
~waiting for employment 待业青年
Youth-and-old age/Zinnia *Zinnia elegans* 百日草 /（百日菊）
youths，playground for 青年运动场
Yoyogi Sports Centre，Tokyo（Japan） 东京代代木国立综合体育馆（日本）
YP（yellow pine） 黄松
Yu Shui Tong Zuo Xuan（Pavilion of Who-I-sit-with）（Suzhou City，China） 与谁同坐轩（中国苏州市拙政园）
Yu Shuxun 余树勋，中国风景园林学会终身成就奖获得者，风景园林专家
Yuan You（the imperial garden） 苑囿
Yuan Yuan 园苑
Yubaicai Pakchoi/Chinese cabbage *Brassica campestris* L spp. *chinensis* L. 青菜 / 油菜（菜用）
Yue Dao Feng Lai Ting（Pavilion of Arriving Moon and Wind）（Suzhou，China） 月到风来亭（中国苏州网师园）
yuan 苑
Yuanhe Taoist Monastery（Danjiangkou，China） 元和观（中国丹江口市）
Yuan-Ming Yuan Imperial Garden（Beijing，China） 圆明园（中国北京市）
Yuanming Garden（Beijing，China） 圆明园（中国北京市）
Yuanpao Mountain Fir *Abies yuanbaoshanensis* 元宝山冷杉
Yuantong Temple，Kunming（Kunming，China） 昆明圆通寺（中国昆明市）
Yuanxiang（Distant Fragrance）Hall 远香堂
Yuan Ye（Garden Creation）《园冶》
Yucca aloifolia 百叶丝兰
Yudaiqiao（Jade Belt Bridge）（Beijing，China） 玉带桥（中国北京市）
Yuelu Mountain（Changsha，China） 岳麓山（中国长沙市）
Yueyang Tower（Yueyang，China） 岳阳楼（中国岳阳市）
Yufo（Jade Buddha）Temple（ShanghaiCity，China） 玉佛寺（中国上海市）
Yugoslav architecture 南斯拉夫建筑
Yulan/Chinese Magnolia/Yulan Magnolia *Magnolia denudata* Desr. 玉兰 / 白玉兰
Yulantang（Hall of Jade Ripples Billows）（Beijing，China） 玉澜堂（中国北京市）
Yuling（Emperor Zhengtong）（Beijing，China） 裕陵（中国北京市）
yulu 御路
Yumen Pass（Dunhuang，China） 玉门关（中国敦煌市）
Yun Terrace in Juyong Pass（Beijing，China） 居庸关云台（中国北京市）
Yun Ti 云梯
Yunhe Newlitse *Neolitsea aurata* var. *paraciculata* 云和新木姜子
Yunnan Alstonia *Alstonia yunnanensis Diels* 鸡骨常山
Yunnan altingia *Altingia yunnanensis* 云南蕈树

Yunnan amentataxus ***Amentotaxus yunnanensis*** 云南穗花杉

Yunnan Bletilla ***Bletilla yunnanensis*** 小白芨

Yunnan Camellia ***Camellia reticulata*** **Lindl.** 云南山茶（南山茶，滇山茶）

Yunnan Clove ***Luculia pinciana*** 滇丁香 / 露球花

Yunnan Crabapple ***Malus yunnanensis*** **（Franch.）Schneid.** 滇池海棠

Yunnan Craigia ***Craiga yuinnanensis*** 滇桐

Yunnan Cycas/Siam Cycas ***Cycas tonkinensis*** **L. Linden et Rodigas** 宽叶苏铁 / 云南苏铁

Yunnan Delavaya ***Delavaya yunnanensis*** 茶条木 / 黑枪杆 / 滇木瓜

Yunnan Dipelta ***Dipelta yunnanensis*** **Franch.** 云南双盾木

Yunnan Dipteronia ***Dipteronia dyerana*** 云南金钱槭

Yunnan Hawthorn ***Crataegus scabrifolia*** **（Franch.）Rehd.** 云南山楂

Yunnan Lilac ***Syringa yunnanensis*** **Franch.** 云南丁香

Yunnan Machilas ***Machilus yunnanensis*** 滇润楠 / 滇桢楠 / 香桂子 / 云南楠木

Yunnan Michelia ***Michelia yunnanensia Franch*** 云南含笑

Yunnan Nutmeg ***Myristica yunnanensis*** 云南肉豆蔻

Yunnan Olive ***Olea yunnanensis*** **Hand.-Mazz.** 云南木犀榄

Yunnan Osmanthus ***Osmanthus yunnanensis*** 滇桂花 / 野桂花

Yunnan Parakmeria ***Parakmeria yunnanensis*** 云南拟单性木兰

Yunnan Phoenix-tree ***Firmiana major*** **Hand.-Mazz.** 云南梧桐 / 滇梧桐

Yunnan Pholidata ***Pholidota yunnanensis*** 云南石仙桃

Yunnan Pine ***Pinus yunnanensis*** 云南松 / 青松

Yunnan Pistacia ***Pistacia weinmannifolia*** **J. Poiss. ex Franch.** 清香木

Yunnan Poplar ***Populus yunnanensis*** 滇杨

Yunnan Redbud ***Cercis yunnanensis*** **Hu et Cheng** 云南紫荆

Yunnan Rhododendron ***Rhododendron yunnanense*** 云南杜鹃 / 纸叶杜鹃

Yunnan Sagebrush ***Artemisia yunnanensis*** 云南蒿 / 滇艾

Yunnan Snub-nose monkey ***Rhinopithecus roxellanae bieti*** 滇仰鼻猴 / 滇金丝猴 / 雪猴

Yunnan Tupelo ***Nyssa yunnanensis*** 云南蓝果树

Yunnan Whitepearl ***Gaultheria yunnanensis*** 滇白珠 / 满山香 / 透骨草

Yunnan-burma Ironweed ***Vernonia parishii*** 滇缅斑鸠菊

Yungang Grotto（Datong，China） 云冈石窟（中国大同市）

Yungang Grottoes（Datong，China） 云冈石窟（中国大同市）

yungas 高温湿润气候带，多雨密林区

Yunju（Residing-in Clouds）Temple（Beijing, China） 云居寺（中国北京市）

Yunshan Oak（*Cyclobalanopsis nubi-*

um）云山青冈 / 红稠

Yuntai Mountain（Jiaozuo，China）云台山（中国焦作市）

Yunzhu Bamboo *Phyllostachys glauca* 筠竹

yurt 蒙古包，圆顶帐篷

Yu Yuan（Yu Garden，Shanghai，China）豫园（中国上海市）

Yuyuan Manglietia *Manglietia yuyuanensis* 乳源木莲

Z z

Zakat 天课

Z-axis Z 轴（线），Z 坐标

Z-beam Z 形梁，Z 形钢

Z-iron Z 形铁

Z-steel Z 形钢

Zanate Cryptanthus（*Cryptanthus zonatus*）环带姬凤梨

Zantedeschia aethiopica 马蹄莲

Zanzibar City（**Tanzania**）桑给巴尔城（坦桑尼亚）

Zaouzan（**Japan**）藏王山（日本）

Zapotec architecture 萨波特克建筑〈中美洲建筑〉

Zanthoxylum die back 花椒梢枯病(*Phoma hedericola* 茎点霉）

Zanthoxylum iron deficiency 花椒黄化病（病原非寄生性）

Zanthoxylum tree dieback 花椒干腐病（*Gibberella pulicaris* 竹赤霉菌）

Zebra/Burchell's zebra *Equus burchelli* 斑马 / 普通斑马

Zebra Calathea/Zebra Plant *Calathea zebrina* 绒叶肖竹芋 / 斑叶肖竹宇 / 斑纹竹芋 / 天鹅绒竹芋

zebra crossing（英）斑马纹式人行横道，斑马线

Zebra Grass *Miscanthus sinensis Zebrinus* 斑叶芒（英国斯塔福德郡苗圃）

Zebra Plant *Aphelandra squarrosa Nees* **'Dania'** 金脉单药花

Zebra Plant/Saffronspike/Saffronspike Zebra *Aphelandra squarrosa* **var.** *leopoldi* 金苞花 / 花叶爵床

Zebra sole/striped sole *Zebrias zebra* 条鳎 / 花牛舌

Zebrina pendula（**Quadricolor**）四色吊竹梅

ZEG（**zero economic growth**）零经济增长

Zambesi Lechwe/Lechwe *Onotragus leche* 驴羚 / 赤列羚

Zen（佛教的）禅宗

~Buddhist 禅宗教信徒；禅宗佛教

~gardens 日本禅宗花园

~painting 禅宗画

~thinking 禅宗思想

~Magnolia/Baohuashan Magnolia Magnolia zenii Cheng 宝华玉兰

~world 禅境

zenia [common] *Zenia insignis* 任豆 / 任木

zenga（日）禅画—15 世纪至 19 世纪流行的一种画家受佛教禅宗影响而创作的日本水墨画。

Zenzi 曾子（曾参）

Zhennan *Phoebe zhennan* **S. Lee et F.** *N Wei* 楠木 / 桢楠

Zedoary Turmeric *Curcuma zedoaria* 莪术 / 蓬莪茂 / 山姜黄

Zenaida Dove *Zenaida aurita* 鸣哀鸽（安

圭拉国鸟）
zenith distance 天顶距
Zenko-Ji（Japan）善光寺（日本）
Zentsu Temple（Japan）善通寺（日本）
zeolite 沸石
zero 零；零度；零点；起点；全无，零的；调对准目标
~air void 零空隙（完全密度）
~clearance 无间隙
~date 起算日
~direction 零方向
~-duty binding 免税待遇的承诺
~economic growth 经济零度增长，零经济增长
~error 零点误差
~flux plane method 零通量面法
~line 零位线；中和轴
~maintenance 无养护，零养护，不需养护
~population growth（ZPG）零人口增长率〈人口停止增长，即出生和死亡平均数目达到平衡的情况〉
~profit 零利润
Zhaibung Monastery（Lhasa，China）哲蚌寺（中国拉萨市）
Zhalong Nature Reserve（Qigihar，China）扎龙自然保护区（中国齐齐哈尔市）
Zhang Jinqiu 张锦秋，中国工程院院士、建筑学家、中国工程建设设计大师
Zhang Shulin 张树林，中国风景园林学会终身成就奖获得者，风景园林专家
Zhangfei's Temple（Chongqing，China）张飞庙（中国重庆市）
Zhaoheng Gate（Southern Heavenly Gate）（Temple of Heaven，Beijing，China）昭亨门（南天门）（中国北京市）
Zhaoling（Emperor Longqing）（Shenyang，China）昭陵（中国沈阳市）
Zhaoling Mausoleum（Shenyang，China）昭陵（中国沈阳市）
Zhejiang style bonsai 浙派盆景
Zhengjue Temple（Lin，China）正觉寺（中国临县）
Zhenjiao Mosque（Qingzhou，China）真教寺（中国青州市）
Zhenwu Pavilion in Jinglüetai（Rong，China）经略台真武阁（中国容县）
Zhenwu Pavilion，Rongxian County（Rong，China）容县真武阁（中国容县）
Zhichunting（Knowing Spring Pavilion），Spring-Heralding Pavilion（Summer Palace，Beijing，China）知春亭（中国北京市）
Zhihua Temple（Beijing，China）智华寺（中国北京市）
Zhihuihal（Wisdom Sea Temple，Summer Palace，China）智慧海（中国北京市颐和园）
Zhiyuqiao（Know-Your-fish Bridge）（Beihai，Beijing，China）知鱼桥（中国北京北海）
Zhongguo Gudia Jianzhu Shi（A History of Ancient Chinese Architecture）《中国古代建筑史》
Zhonghua（Chinese）Gate，Nanjing 南京中华门

Zhongshan（Dr. Sun Yat-sen）Park 中山公园

Zhongshu Dong 董仲舒

Zhou Ganzhi 周干峙，中国科学院院士，中国工程院院士，城市规划专家，中国风景园林学会终身成就奖特别奖获得者

Zhou Weiquan 周维权，风景园林专家、教育家

Zhu Junzhen 朱钧珍，中国风景园林学会终身成就奖获得者，风景园林专家、教育家

Zhu Youjie 朱有玠，中国风景园林学会终身成就奖获得者，园林设计大师

Zhuanlunzang（Revolving Scripture Repository）（Summer Palace，Beijing，China）转轮藏（中国北京市颐和园）

Zhulan Tree *Chloranthus spicatus*（Thunb.）*Mark* 珠兰

Zhuo Ying Shui Ge（Waterside Hall for Washing the Tasssels of Hat）（Suzhou，China）濯缨水阁（中国苏州市）

Zhuo zheng yuan（Humble Administrators Garden），Suzhou（Suzhou，China）苏州拙政园（中国苏州市）

zircon 锆石

ziggurat（zikkurat）古代亚述及巴比伦之宝塔和建筑，锥形塔，叠级方尖塔

zigzag 曲折的

~bridge 窄板曲桥〈由八块板架起的曲折小桥得名，用于园林中〉，曲桥

~course 曲折路，曲径，小径

~gallery 曲廊

~route Z 形路，之字路，回头路

~veranda 曲廊

Zigzag Bamboo *Phyllostachys flexuosa*（Carr.）A. et C. Riv. 甜竹

Zimbabwe Ruins（Zimbabwe）津巴布韦遗址（津巴布韦）

zinc 锌；镀锌；用锌包

~alloy 锌合金

~-contaminated site 锌污染场地

~soil 含锌土壤

~-enduring plant 耐锌植物，耐重金属植物

~-tolerant plant 耐锌植物

~plant community 需锌植物群落

~zinnia 百日菊属

Zingiberaceae *Alpinia guinanensis* 桂南山姜

zingiberaceae *Amomum austrosinense* 三叶豆蔻 / 土砂仁

Zinnia/Youth-and-old Age *Zinnia elegans* 百日草（百日菊）

Zion Nation Park 锡安山国家公园（美国）

Zipaquira Cathedral De Salen（Columbia）西帕基拉盐矿大教堂（哥伦比亚）

Zisi 子思

Zixiao Palace（Shiyan，China）紫霄宫（中国十堰市）

zonal 带状的；区域的

~biocenosis 区域生物群落

~charge 分区收费

~coding 分区编码

~sampling 区域取样，区域抽样

~soil 分带土壤，分区土壤

zonation 分带分布
~of vegetation 植被分布
littoral~ 沿海分区
riparian~ 沿河分区
zone 区（域）；（地）带；层；（结晶的）晶带；分区，分（成）地带
~a urbaniser en priorite（ZUP）（法）〈1958 年法国根据总统令规定的〉优先城市规划区
~bit 标志位，区段位
~boundary 分区界线
~condemnation 地带征用，地带收用
~control 区域控制
~diagram 区域图，分区图
~-dividing of gauss projection 高斯投影分带
~level 区域水平
~migration 区域迁移
~of boat mooring 船只停泊区
~of comfort 舒适区
~of emergent vegetation，lacustrine 湖生挺水植物带
~of emergent vegetation，riverine 河生挺水植物带
~of estimate 估计区域
~of flowage 泛滥区，积涝区
~of free trade 自由贸易区
~of frozen（发展）冻结区
~of height limitation 建筑高度限制区
~of influence 影响带
~of middle and small industry 中小工业区
~of mild pollution 中度污染带
~of negative pressure 负压区
~of parking 停车区
~of positive pressure 正压区
~of protection 保护区
~of recent pollution 新污染区
~of residential 住宅区
~of rivers or streams，reedbank（英）江河岸芦苇带
~of saturation 饱和区
~of self-purification 自净区
~of small industry 小工业区
~of stagnation 停滞区
~of swelling 膨胀区
~of switch center 电话区域交换中心
~of transition 过渡区，过渡带
~of undesigned landuse 未指定土地用途区
~of weathering 风化带 {地}
~of workingmen's home 工人住宅区
~system 分区系统，分区下水道系统
~time 区时，地方时间
~-to-zone traffic 区间交通
~yard；marshalling yard 分区车场
absorbing~ 吸收层
absorption~ 吸收层
active~ 活动地带；作用区
agricultural~（美）农业耕作带，农田带
alpine~ 高山 [垂直] 带
alteration~ 蚀变带
altitudinal~ 垂直分布带
buffer~ 缓冲区，缓冲地带
capillary~ 毛细管带
clear~ 净空带
climatic~ 气候区（域），气候带
cloud~ 云带
conservation~ 资源保护区
construction~ 施工区

day-use recreation~（美）城市周围日间休憩地带
depopulated~ 无人居住区
destination~ 终点区，目的区
development~（英）开发区，发展区
earthquake~ 地震（分）区
elevational~ 高程带
flounder~（英）比目鱼带
frostless~ 无霜带
green separation~ 绿化分隔带
habitat transition~ 生境过渡带
housing~（美）住宅区
industrial use~ 工业用途地带
lacustrine reed~ 湖泊芦苇带
light industry~ 轻工业区
littoral~ 沿海地带
marginal~ 边（缘）区，边缘地带
mountain~ 山地带
natural danger~ 天险带
nival~ 雪带
noise~ 噪声区
noise abatement~（英）减声带
pedestrian~ 步行区，行人地带
pelagic~ 远海地带
perimeter protection~ 周边防护带，外围防护带
planar~ 平坦地带（植被）
preservation of flood（-）plain~ 泛滥平原带防护
protective~ 防护区
raw material protection~ 原（材）料防护地带
residential~（英）住宅区，居住区
river~ 江河地带，河区
root hair~ 根毛区
rooting~ 生根区
rural settlement~（英）乡村居住区
sediment accumulation~ 沉积物堆集区
statutory flood（-）plain~ 法定水淹平原带
subalpine~ 亚高山带
sublittoral~ 亚沿岸带，近海滨带，潮下带
temperate~ 温带
torrid~ 热带
torrent~ 急流带
transition~ 过渡带
trout~ 鳟鱼区
upper riverine~ 冲积平原带，上游河岸地带
vegetation（altitudinal）~ 垂直植被带
vegetation（climatic）~ 植被（气候）区
water-bearing~ 含水带，含水层
water influence~（美）水影响带

zoned 分区的
~dam 分区坝
~housing code 分区住房法规
~green area（美）分区绿化区
~green space 分区绿化空间（绿地）
~land，undeveloped 分区土地（未开发的）

zoning 分区，区划，功能分区；用地分区管制，土地区划管理
~act 区划法
~adjustment 区划调整
~administrator 区划行政官
~amendment 区划修正
~and building regulations 区划和建筑条例
~boundary 用途区界限

~by-law 地方性用地分区管理条例
~by right 区划授权
~category（美）区划分类
~classification 分区
~commission 区划委员会
~control 区域（规划）控制
~district 区划市区
~district category（美）区划区域分类
~district，historic 历史区划区域
~district，residential（美）居住区划区域
~district with building height limit（美）建筑限高区划区域
~envelope 区划范围
~for landscape protection 风景保护区划
~in urban area 城市区域的分区
Zoning Law（1916 年纽约市制定的）分区法规，也称空占法
~law 区划法
~map 分区图
~map，adoption of a（美）分区图采用
~map，designation by（美）分区图指定
~ordinance 分区（管理）条例，区划法
~permit 区划许可证，区域规划执照
~plan 区域划分图，分区规划
~process 分区过程，区划过程
~regulation 分区限制，分区规则，分区管理
~standard 分区标准，划区标准
~subdivision 分区
zoo 动物园
petting，~ 儿童动物园，小动物园
Zoogeography 动物地理学
zoolite 动物化石
zoolith 动物化石 / 动物岩
zoological 动物学（上）的
~garden 动物园
~park 动物园
zoology 动物学
zoom 图像放大；变焦距
ZPG（**zero population growth**）零人口增长率〈人口停止增长，即出生和死亡平均数目达到平衡的情况〉
Zucchini Squash/Summer Squash/Calabash（***Cucurbita pepo***）西葫芦
Zuglakang Monastery（**Lhasa**，**China**）大昭寺（中国拉萨市）
ZUP（**zone a urbaniser en priorite**）（法）（1958 年法国根据总统令定的）优先城市规划区
Zvartnots Church（**Armenia**）兹瓦尔特诺茨教堂（亚美尼亚）
zwinger 外栅，城郭
zwither 云英岩

附录一 世界遗产名录（截止到 2014 年）

A

apravasi Ghat，**MAURITIUS**，阿普拉瓦西·加特地区，毛里求斯

Aachen Cathedral，**GERMANY**，亚琛大教堂，德国

Abbey and Altenmünster of Lorsch，**GERMANY**，罗尔施修道院和古大教堂，德国

Ad'r and Ténéré National Reserves，**NIGER**，阿德尔和泰内雷自然保护区，尼日尔

Aflaj Irrigation Systems of Oman，**OMAN**，阿曼的阿夫拉贾灌溉体系，阿曼

Agave Landscape and Ancient Industrial Facilities of Tequila，**MEXICO** 龙舌兰景观和特基拉的古代工业设施，墨西哥

Agra Fort，**INDIA**，阿格拉古堡，印度

Agricultural Landscape of Southern Öland，**SWEDEN**，南厄兰岛的农业风景区，瑞典

Ajanta Caves，**INDIA**，阿旃陀石窟，印度

Aksum Archaeological Site，**ETHIOPIA**，阿克苏姆考古遗址，埃塞俄比亚

Al Qal'a of Beni Hammad，**ALGERIA**，贝尼·哈玛德的卡拉阿城，阿尔及利亚

Aldabra Atoll，**SEYCHELLES**，阿尔达布拉大环礁岛，塞舌尔

Alejandro de Humboldt National Park，**CUBA**，阿里杰罗德胡波尔德国家公园，古巴

Alhambra Generalife and Albayzin Granada，**SPAIN**，阿尔罕布拉宫和赫内拉利费，西班牙

Al-Hijr Archaeological Site（**Madâin Sâlih**），**SAUDI ARABIA**，沙特阿拉伯

Altamira Cave，**SPAIN**，阿尔塔米拉洞窟，西班牙

Alto Douro Wine Region，**PORTUGAL**，葡萄酒产区上杜罗，葡萄牙

Amients Cathedral，**FRANCE**，亚眠大教堂，法国

Amphitheater of El Djem，**TUNISIA** 杰姆竞技场，突尼斯

Ancient Building Complex in the Wudang Mountains，**CHINA** 武当山古建筑群，中国

Ancient City of Aleppo，**SYRIAN ARAB REPUBLIC**，阿勒颇古城，叙利亚阿拉伯共和国

Ancient City of Bosra，**SYRIAN ARAB REPUBLIC**，布斯拉古城，叙利亚阿拉伯共和国

Ancient City of Damascus，**SYRIAN ARAB REPUBLIC**，大马士革旧城，叙利亚阿拉伯共和国

Ancient City of Nessebar，**BULGARIA**，内塞巴尔古城，保加利亚

Ancient City of PingYao，CHINA，平遥古城，中国
Ancient City of Polonnaruva，SRILANKA，波隆纳鲁瓦古城，斯里兰卡
Ancient City of Sigiriya，SRILANKA，锡吉里耶古城，斯里兰卡
Ancient Maya City of Calakmul，Campeche，MEXICO，坎佩切卡拉科姆鲁古老的玛雅城，墨西哥
Ancient Thebes and its Necropolis，EGYPT，底比斯古城及其墓地，埃及
Ancient Villages in Southern Anhui-Xidi and Hongcun，CHINA，皖南古村落—西递，宏村，中国
Angkor，CAMBODIA，吴哥，柬埔寨
Anjar，LEBANON，安贾尔，黎巴嫩
Anthony Island，CANADA，安东尼岛，加拿大
Antigua Guatemala，GUATEMALA. 旧危地马拉城，危地马拉
Arabian Oryx Sanctuary，OMAN，阿拉伯羚羊保护区，阿曼
Aranjuez Cultural Landscape，SPAIN，阿兰胡埃斯文化景观，西班牙
Archaeological Area and the Patriarchal Basilica of Aquileia，ITALY，阿奎拉古迹区及长方形主教教堂，意大利
Archaeological Area of Agrigento，ITALY，阿克里真托考古区，意大利
Archaeological Areas of Pompei，Ercolano and Torre Annunziata，ITALY，庞贝、埃尔科拉诺和托雷安农齐亚塔古迹区，意大利
Archaeological Ensemble of Mérida，SPAIN，梅里达考古群，西班牙
Archaeological Ensemble of the Bend of the Boyne，IRELAND，弯曲的博因考古遗址群，爱尔兰
Archaeological Ensemble of Tárraco，SPAIN，塔拉科考古遗址，西班牙
Archaeological Landscape of the First Coffee Plantations in the South-East of Cuba，CUBA，古巴东南第一个咖啡种植园考古风景区，古巴
Archaeological Park and Ruins of Quirigua，GUATEMALA，基里瓜考古公园及遗址，危地马拉
Archaeological Ruins at Moenjodaro，PAKISTAN，摩亨佐达罗城遗址，巴基斯坦
Archaeological Site Abu Mena，EGYPT，阿布米那遗址，埃及
Archaeological Site of Atapuerca，SPAIN，阿塔皮尔卡考古遗址，西班牙
Archaeological Site of Chavin，PERU，查文考古遗址，秘鲁
Archaeological Site of Cyrene，LIBYAN ARAB JAMAHIRIYA，昔兰尼遗址，阿拉伯利比亚民众国
Archaeological Site of Delphi，GREECE，德尔菲遗址，希腊
Archaeological Site of Epidaurus，GREECE，埃皮道拉斯遗址，希腊
Archaeological Site of Leptis Magna，LIBYAN ARAB JAMAHIRIYA，大利卜蒂斯遗址，阿拉伯利比亚民众国
Archaeological Site of Olympia，GREECE，奥林匹亚遗址，希腊
Archaeological Site of Panamá Viejo and Historic District of Panamá，PANA-

MA，巴拿马城考古遗址及巴拿马历史名区，巴拿马

Archaeological Site of Sabratha，**LIBYAN ARAB JAMAHIRIYA**，萨布拉塔遗址，阿拉伯利比亚民众国

Archaeological Site of Taxila，**PAKISTAN**，塔克西拉考古遗址，巴基斯坦

Archaeological Site of Troy，**TURKEY**，考古圣地—特洛伊，土耳其

Archaeological Site of Vergina，**GREECE** 维吉拉遗址，希腊

Archaeological Site of Volubilis，**MOROCCO**，瓦鲁比利斯遗址，摩洛哥

Archaeological Sites of Bat，**Al-Khutm and Al—Ayn**，**OMAN**，巴特、库姆和艾因遗址，阿曼

Archaeological Zone of Paquimé，**Casas Grandes**，**MEXICO**，大卡萨斯的帕魁姆考古带，墨西哥

Architectural Ensemble of the Trinity—Sergius Lavra in Sergiev Posad，**RUSSIAN FEDERATION.** 谢尔吉圣三位一体修道院，俄罗斯联邦

Architectural，**Residential and Cultural Complex of the Radziwill Family at Nesvizh**，**BELARUS**，涅斯维日的拉济维乌家族城堡建筑群，白俄罗斯

Area de Conservation Guanacaste，**COSTA RICA.** 瓜那卡斯特，哥斯达黎加

Armenian Monastic Ensembles of Iran，**IRAN**，伊朗的亚美尼亚修道院

Ashanti Traditional Buildings，**GHANA**，阿散蒂传统建筑，加纳

Ashur（Qal' at Sherqat），**IRAQ**，亚述古城，伊拉克

Assisi，**the Basilica of San Francesco and Other Franciscan Sites**，**ITALY**，意大利

Atlantic Forest Southeast Reserves，**BRAZIL**，大西洋森林地带东南部资源，巴西

Auschwitz Concentration Camp，**POLAND**，奥斯维辛集中营，波兰

Australian Mammal Fossil Sites（Riversleigh/Naracoorte），**AUSTRALIA**，澳大利亚哺乳动物化石遗址（里弗斯雷 / 纳拉科特），澳大利亚

Al Zubarah Archaeological Site，**QATAR**，艾尔祖巴拉考古遗址，卡塔尔

Ancient City of Tauric Chersonese and its Chora，**UKRAINE**，索尼斯希腊古城遗址，乌克兰

Ancient Villages of Northern Syria，**SYRIA**，叙利亚北部的古代村落，叙利亚

Archaeological Heritage of the Lenggong Valley，**MALAYSIA**，玲珑谷地的考古遗址，马来西亚

Archaeological Sites of the Island of Meroe，**SUDAN**，麦罗埃岛考古遗址，苏丹

At-Turaif District in ad-Dir'iyah，**SAUDI ARABIA**，德拉伊耶遗址的阿图拉伊夫区，沙特阿拉伯

Australian Convict Sites，**AUSTRALIA**，澳洲囚犯流放地，澳大利亚

B

Baalbek，**LEBANON**，巴勒贝克，黎

巴嫩

Bagrati Cathedral and Gelati Monastery，GEORGIA，巴葛拉特大教堂和格拉特修道院，格鲁吉亚

Bahá'i Holy Places in Haifa and the Western Galilee，ISRAEL，海法和西加利利的巴海圣地，以色列

Bahla Fort，OMAN，巴赫莱城堡，阿曼

Bam and its Cultural Landscape，IRAN，巴姆城及其文化景观，伊朗

Ban Chiang Archaeological Site，THAILAND，班清遗址，泰国

Bancd'Arguin National Park，MAURITANIA，邦克达 阿让国家公园，毛里塔尼亚

Banks of the Seine River in Paris，FRANCE，巴黎塞纳河畔，法国

Bardejov Town Conservation Reserve，SLOVAK REPUBLIC，巴尔代约夫镇保护区，斯洛伐克共和国

Baroque Churches of the Philippines，PHILIPPINES，菲律宾的巴洛克式教堂，菲律宾

Belfries of Belgium and France，FRANCE，比利时和法国钟楼，法国 / 比利时

Belize Barrier—Reef Reserve System，BELIZE，伯利兹提礁保护系统，伯利兹

Belovezhskaya Pushcha/Bialowieza National Forest Park BELARUS/POLAND，比亚沃维耶扎（别洛韦什）国家森林公园，白俄罗斯 / 波兰

Benedictine Convent of St John at Müstair，SWITZERLAND，米兹泰尔的木笃会圣约翰女修道院，瑞士

Berlin Modernism Housing Estates，GERMANY. 德国柏林现代主义住宅区

Biblical Tels-Megiddo，Hazor，Beer Sheba，ISRAEL，米吉多、夏琐和基色圣地，以色列

Biertan and its Fortified Church，ROMANIA，别尔坦和它的防卫教堂，罗马尼亚

Biosphere Reserve of Sian Ka'an，MEXICO，先卡安生物圈保护区，墨西哥

Birka and Hovgarden，SWEDEN，比尔卡和霍夫加登，瑞典

Bisotun，IRAN，比索顿古迹，伊朗

Blaenavon Industrial Landscape，UNITED KINGDOM OF GREAT BRITAIN AND NORTHERN IRELAND，布莱纳冯工业区景观，大不列颠及北爱尔兰联合王国

Blenheim Palace，UNITED KINGDOM，布莱尼姆宫，英国

Borobudur Temple Compound，INDONESIA，婆罗浮屠塔，印度尼西亚

Botanical Garden（Orto Botanico）of Padua，ITALY，伯杜瓦植物园，意大利

Bourges Cathedral，FRANCE，布尔日大教堂，法国

Boyana Church，BULGARIA，博雅纳教堂，保加利亚

Brasilia，BRAZIL，巴西利亚，巴西

Brazilian Atlantic Islands：Fernando de Noronha and Atol das Rocas Reserves，BRAZIL，巴西大西洋群岛：

费尔南多—迪诺罗尼亚群岛和罗卡斯岛保护区，巴西

Brihadisvara Temple at Thanjavur，INDIA，坦贾武尔的博里赫迪希瓦拉神庙，印度

Brimstone Hill Fortress National Park，SAINT CHRISTOPHER AND NEVIS，硫磺山城堡国家公园，圣克里斯托弗和尼维斯

Bryggen in Bergen，NORWAY，卑尔根市的布吕根区，挪威

Budapest，including the Banks of the Danube with the District of Buda Castle，HUNGARY，布达佩斯多瑙河两岸及布达城堡区，匈牙利

Buddhist Monastery at Sanchi，INDIA，桑奇大塔，印度

Buddhist Monuments in the Horyu-ji Area，JAPAN，法隆寺地区佛教古迹，日本

Buddhist Ruins at Takht-i-Bahi and Neighboring City Remains at Sahr-i-Bahlol，PAKISTAN 塔克特·依·巴依佛教遗址和萨尔·依·巴赫洛古城遗址，巴基斯坦

Burgos Cathedral，SPAIN，布尔戈斯大教堂，西班牙

Butrinti ALBANIA，布特林特，阿尔巴尼亚

Bwindi Impenetrable National Park，UGANDA，布温迪难以进入的国家公园，乌干达

Byblos，LEBANON，比布鲁斯，黎巴嫩

Bassari Country：Bassari，Fula and Bedik Cultural Landscapes，SENEGAL，巴萨里乡村：巴萨里与贝迪克文化景观，塞内加尔

Bergpark Wilhelmshöhe，GERMANY，威海姆苏赫山地公园，德国

Bikini Atoll Nuclear Test Site，MARSHALL ISLAND，比基尼岛核试验场，马绍尔群岛

Birthplace of Jesus：Church of the Nativity and the Pilgrimage Route，PALESTINE，耶稣诞生地：伯利恒的主诞堂及朝圣线路，巴勒斯坦

Bolgar Historical and Archaeological Complex，RUSSIAN FEDERATION，博尔格尔的历史建筑及考古遗址，俄罗斯联邦

Bordeaux，Port of the Moon，FRANCE，波尔多月亮港，法国

Bursa and Cumalıkızık：the Birth of the Ottoman Empire，TURKEY，布尔萨和库马利吉兹克历史遗迹群：奥斯曼帝国的诞生，土耳其

C

Cahokia Mounds State Historic Site，UNITED STATES OF AMERICA，卡俄基亚土墩群历史遗址，美国

Canadian Rocky Mountain Parks，CANADA，加拿大落基山脉诸公园，加拿大

Canaima National Park，VENEZUELA，卡奈依马国家公园，委内瑞拉

Canaima National Park，VENEZUELA（BOLIVARIAN REPUBLIC OF），卡奈依马国家公园，委内瑞拉（玻利瓦尔共和国）

Canterbury Cathedral, Saint Augustine's Abbey and Saint Martin's Church, UNITED KINGDOM OF GREAT BRITAIN AND NORTHERN IRELAND，坎特伯雷大教堂、圣奥古斯丁修道院与圣·马丁教堂，大不列颠及北爱尔兰联合王国

Cape Girolata, Cape Porto and Scandola Nature Reserve in Corsica, FRANCE，科西嘉的吉罗拉塔湾、波尔图湾和斯康多拉自然保护区，法国

Cape Floral Region Protected Areas, SOUTH AFRICA，弗洛勒尔角，南非

Capital Cities and Tombs of the Ancient Koguryo Kingdom, CHINA，高句丽王城、王陵及贵族墓葬，中国

Carlsbad Caverns National Park, UNITED STATES OF AMERICA，卡尔斯巴德洞窟区国家公园，美国

Carthage Site, TUNISIA，迦太基遗址，突尼斯

Castle of the Teutonic Order in Malbork, POLAND，马尔博尔克的条顿城堡，波兰

Castles and Forts of Ghana, GHANA，加纳的古堡与要塞，加纳

Catalan Romanesque Churches of the Vall de Boí, SPAIN，博伊谷地的罗马式教堂建筑，西班牙

Cathedral and Churches of Echmiatsin and the Archaeological Site of Zvartnots, ARMENIA，埃奇米阿津大教堂和兹瓦尔特诺茨考古遗址，亚美尼亚

Cathedral del Altamura and Castel del Monte, ITALY，阿尔塔穆拉大教堂和蒙特堡，意大利

Cathedral of Notre–Dame, Former Abbey of Saint–Remi and Palace of Tau in Reims, FRANCE，兰斯圣母大教堂、前圣雷米修道院与T形宫殿，法国

Cathedral, the Alcazar and Archivo de Indias in Seville, SPAIN，塞维利亚大教堂、阿尔卡萨尔及西印度群岛档案馆，西班牙

Cathedral, Torre Civica and Piazza Grande, Modena, ITALY，摩德纳大教堂、市民塔和大广场，意大利

Caves of Aggtelek and Slovak Karst, HUNGARY/SLOVAK REPUBLIC，阿格泰列克洞穴和斯洛伐克喀斯特，匈牙利/斯洛伐克共和国

Centennial Hall in Wroclaw, POLAND，弗罗茨瓦夫百年厅，波兰

Central Amazon Conservation Complex, BRAZIL，亚马逊河中心综合保护区，巴西

Central Eastern Tropics Rainforest Reserves, AUSTRALIA，中东部热带雨林保护区，澳大利亚

Central Sikhote–Alin, RUSSIAN FEDERATION，中斯霍特特阿兰山脉，俄罗斯联邦

Central Suriname Nature Reserve, SURINAME，苏里南中心自然保护区，苏里南

Central University City Campus of the Universidad Nacional Autónoma de México（UNAM）, MEXICO，墨西哥国立自治大学大学城的核心校区，墨西哥

Central Zone of Angra do Heroismo in the Azores，**PORTUGAL**，亚速尔群岛英雄港中心区，葡萄牙

Cerrado Protected Areas：**Chapada dos Veadeiros and Emas National Parks**，**BRAZIL**，塞拉多保护区：查帕达—多斯—维阿迪罗斯和艾玛斯国家公园，巴西

Chaco Culture National Historic Park，**UNITED STATES OF AMERICA**，查科文化国家历史公园，美国

Champaner-Pavagadh Archaeological Park，**INDIA**，尚庞—巴瓦加德考古公园，印度

Chan Chan Archaeological Zone，**PERU**，昌昌考古地，秘鲁

Chartres Cathedral，**FRANCE**，夏尔特尔大教堂，法国

Château and Estate of Chambord，**FRANCE**，尚博尔城堡和庄园，法国

Chhatrapati Shivaji Terminus（formerly Victoria Terminus），**INDIA**，贾特拉帕蒂·希瓦吉终点站（前维多利亚终点站），印度

Chief Roi Mata's Domain，**VANUATU**，瓦努阿图

Chongmyo Shrine，**REPUBLIC OF KOREA**，宗庙，韩国

Chongoni Rock-Art Area，**MALAWI**，琼戈尼岩石艺术区，马拉维

Christ Convent of Tomar，**PORTUGAL**，托马尔的克赖斯特女修道院，葡萄牙

Church and Hill of Vézelay，**FRANCE**，韦泽莱教堂及其山丘，法国

Church of Saint-Savin Sur Gartempe，**FRANCE**，加尔当普河畔圣萨文教堂，法国

Church Town of Gammelstad，**SWEDEN**，格默尔斯达德教堂村，瑞典

Churches and Convents of Goa，**INDIA**，果阿教堂和修道院，印度

Churches of Chiloé，**CHILE**，奇洛埃教堂，智利

Churches of Moldavia，**ROMANIA**，摩尔多瓦教堂，罗马尼亚

Churches of Peace in Jawor and Swidnica，**POLAND**，扎沃尔和思维得尼加的和平教堂，波兰

Cidade Velha，**Historic Centre of** Ribeira Grande，CAPE VERDE，旧城：大里贝拉历史中心，佛得角

Citadel，**Ancient City and Fortress Buildings of Derbent**，**RUSSIAN FEDERATION**，德尔本特城堡、古城及要塞，俄罗斯联邦

Cilento and Vallo di Diano National Park，**ITALY**，奇伦托和迪亚诺河谷国家公园，意大利

Cistercian Abbey of Fontenay，**FRANCE**，丰特莱西多会修道院，法国

City of Bath，**UNITED KINGDOM OF GREAT BRITAIN AND NORTHERN IRELAND**，巴斯城，大不列颠及北爱尔兰联合王国

City of Cuzco，**PERU**，库斯科城，秘鲁

City of Graz-Historic Centre，**AUSTRIA**，格拉茨城的历史中心区，奥地利

City of Potosi，**BOLIVIA**，波托西城，

玻利维亚

City of Quito，**ECUADOR**，基多城，厄瓜多尔

City of Verona，**ITALY**，维罗纳城，意大利

City of Vicenza and the Palladian Villas of the Veneto，**ITALY**，维琴察城和威尼托的帕拉第奥别墅，意大利

Ciudad Universitaria de Caracas，**VENEZUELA（BOLIVARIAN REPUBLIC OF）**，加拉加斯大学城，委内瑞拉（玻利瓦尔共和国）

Classical Gardens of Suzhou，**CHINA**，苏州古典园林，中国

Classical Weimar，**GERMANY**，古典之城魏玛，德国

Cliffs of Bandiagara，**MALI**，邦贾加拉悬崖，马里

Cocos Island National Park，**COSTA RICA/PANAMA**，科库斯岛国家公园，哥斯达黎加 / 巴拿马

Coiba National Park and its Special Zone of Marine Protection，**PANAMA**，柯义巴岛国家公园及其海洋特别保护区，巴拿马

Cologne Cathedral，**GERMANY**，科隆大教堂，德国

Colonial City of Santo Domingo，**DOMINICAN**，圣多明各殖民城，多米尼加

Comoe National Park，**COTE D'IVOIRE**，科莫埃国家公园，科特迪瓦

Complex of Koguryo Tombs，**KOREA，DEMOCRATIC PEOPLE'S REPUBLIC OF** 高句丽古墓群朝鲜民主主义人民共和国

Convent of St. Gall，**SWITZERLAND**，圣加伦修道院，瑞士

Convent of St. John，**SWITZERLAND**，圣约翰修道院，瑞士

Cornwall and West Devon Mining Landscape，**UNITED KINGDOM OF GREAT BRITAIN AND NORTHERN IRELAND**，康沃尔和西德文矿区景观，大不列颠及北爱尔兰联合王国

Coro and its Port，**VENEZUELA（BOLIVARIAN REPUBLIC OF）**，科罗及其港口，委内瑞拉（玻利瓦尔共和国）

Crac des Chevaliers and Qal'at Salah El-Din，**SYRIAN ARAB REPUBLIC**，武士堡和萨拉丁堡，叙利亚阿拉伯共和国

Crespi d'Adda，**ITALY**，阿达的克里斯匹，意大利

Cultural and Historic Ensemble of the Solovetsky Islands，**RUSSIAN FEDERATION**，索洛维茨基群岛的历史遗址群，俄罗斯联邦

Cutural Landscape and Archaeological Remains of the Bamiyan Valley，**Afghanistan**，巴米扬山谷的文化景观和考古遗迹，阿富汗

Cutural Landscape of Lednice-Valtice，**CZECH REPUBLIC**，列德里斯—瓦尔提斯文化景点，捷克共和国

Cutural Landscape of Sintra，**PORTUGAL**，辛特拉文化景观，葡萄牙

Curonian Spit LITHUANIA，库尔斯沙

嘴，立陶宛

Curonian Spit，**RUSSIAN FEDERATION**，库尔斯沙嘴，俄罗斯联邦

Camino Real de Tierra Adentro，**MEXICO**，中央铁路，墨西哥

Carolingian Westwork and Civitas Corvey，**GERMANY**，卡洛林时期面西建筑和科尔维城，德国

Caves of Maresha and Bet-Guvrin in the Judean Lowlands as a Microcosm of the Land of the Caves，**IRAQ**，犹大低地的马沙—巴塔·古夫林洞穴，伊拉克

Central Highlands of Sri Lanka，**SRILANKA**，斯里兰卡中央高地，斯里兰卡

Central Sector of the Imperial Citadel of Thang Long - Hanoi，**VIET NAM**，河内升龙皇城，越南

Chengjiang Fossil Site，**CHINA**，澄江化石群，中国

China Danxia，**CHINA**，中国丹霞，中国

Church of the Ascension，**Kolomenskoye**，**RUSSIAN FEDERATION**，科罗缅斯克的耶稣升天教堂，俄罗斯联邦

Coffee Cultural Landscape of Colombia，**COLOMBIA**，哥伦比亚咖啡文化景观，哥伦比亚

Cultural Landscape of Bali Province：**the Subak System as a Manifestation of the Tri Hita Karana Philosophy**，**INDONESIA**，巴厘岛苏巴克灌溉系统，印度尼西亚

Cultural Landscape of Honghe Hani Rice Terraces，**CHINA**，红河哈尼梯田文化景观，中国

Cultural Landscape of the Serra de Tramuntana，**SPAIN**，特拉蒙塔纳山区文化景观，西班牙

Cultural Sites of Al Ain（**Hafit**，**Hili**，**Bidaa Bint Saud and Oases Areas**），**UNITED ARAB EMIRATES**，艾恩文化遗址：哈菲特、西里、比达·宾特·沙特以及绿洲，阿拉伯联合酋长国

D

Danube Delta，**ROMANIA**，多瑙河三角洲，罗马尼亚

Darien National Park，**PANAMA**，达连国家公园，巴拿马

Darjeeling Himalayan Railway，**INDIA**，大吉岭—喜马拉雅铁路，印度

Dazu Rock Carvings，**CHINA**，大足石刻，中国

Decorated Grottoes of the Vézére Valley，**FRANCE**，韦泽尔峡谷洞窟群，法国

Delos，**GREECE**，泽洛斯，希腊

Derwent Valley Mills，**UNITED KINGDOM OF GREAT BRITAIN AND NORTHERN IRELAND**，德文特河谷工业区，大不列颠及北爱尔兰联合王国

Desembarco del Granma National Park，**CUBA**，德塞姆巴科·德尔·格兰玛国家公园，古巴

D.F.Wouda Steam Pumping Station，**NETHERLANDS**，迪·弗·伍德蒸汽抽水站，荷兰

Dinosaur Provincial Park，**CANADA**，艾伯塔省恐龙公园，加拿大

Discovery Coast Atlantic Forest Reserves，**BRAZIL**，大西洋沿岸热带雨林保护区，巴西

Dja Faunal Reserve，**CAMEROON**，德贾动物保护区，喀麦隆

Djemila，**ALGERIA**，杰米拉，阿尔及利亚

Djoudj National Birds Sanctuary，**SENEGAL**，觉乌德基国家鸟类保护区，塞内加尔

Dong Phayayen-Khao Yai Forest Complex，**THAILAND**，东巴耶延山森林保护区，泰国

Donana National Park，**SPAIN**，多南那国家公园，西班牙

Dorset and East Devon Coast，**UNITED KINGDOM OF GREAT BRITAIN AND NORTHERN IRELAND**，多塞特和东德文海岸，大不列颠及北爱尔兰联合王国

Droogmakerij de Beemster（The Beemster Polder），**NETHERLANDS**，碧姆斯特·德洛马克里基围垦地，荷兰

Durham Castle and Cathedral，**UNITED KINGDOM OF GREAT BRITAIN AND NORTHERN IRELAND**，达勒姆堡和大教堂，大不列颠及北爱尔兰联合王国

Durmitor National Park，**MONTENEGRO**，杜米托尔国家公园，黑山

Decorated Cave of Pont d'Arc，**known as Grotte Chauvet-Pont d'Arc**，**Ardèche**，**FRANCE**，阿尔代什省的肖维—蓬达尔克彩绘洞穴，法国

Decorated Farmhouses of Hälsingland，**SWEDEN**，赫尔辛兰德装饰的农舍，瑞典

E

Early Christian Monuments and Mosaics of Ravenna，**ITALY**，拉韦纳早期基督教名胜，意大利

Early Christian Necropolis of Pécs（Sopianae），**HUNGARY**，佩奇的早期基督教陵墓，匈牙利

East Rennell Island，**SOLOMON ISLANDS**，东伦内尔岛，所罗门群岛

Ecosystem and Relict Cultural Landscape of Lopé-Okanda，**GABON**，洛佩·奥坎德生态系统与文化遗迹景观，加蓬

EI Fuerte de Samaipata，**BOLIVIA**，爱尔福厄特·德·塞姆帕特，玻利维亚

Elephanta Caves，**INDIA**，象岛石窟，印度

Ellora Caves，**INDIA**，埃洛拉石窟，印度

Engelsberg Lronworks，**SWEDEN**，恩格尔斯堡铁矿工厂，瑞典

Ensemble of the Ferrapontov Monastery，**RUSSIAN FEDERATION**，费拉邦多夫修道院遗址群，俄罗斯联邦

Ensemble of the Novodevichy Convent，**RUSSIAN FEDERATION**，新圣女修道院，俄罗斯联邦

Episcopal Complex of the Euphrasian Basilica in the Historic Centre of Porec，**CROATIA**，波雷奇历史中心的尤弗拉西苏斯大教堂建筑群，克罗地亚

Etruscan Necropolises of Cerveteri and Tarquinia，**ITALY**，塞尔维托里和塔尔奎尼亚的伊特鲁立亚人公墓，意大利

Everglades National Park，**UNITED STATES OF AMERICA**，大沼泽地国家公园，美国

El Pinacate and Gran Desierto de Altar Biosphere Reserve，**MEXICO**，厄尔比那喀提和德阿尔塔大沙漠生物圈保护区，墨西哥

Episcopal City of Albi，**FRANCE**，阿尔比主教城，法国

Erbil Citadel，**IRAQ**，埃尔比勒古堡，伊拉克

F

Fasil Ghebbi of Gondar Region，**ETHIOPIA**，贡德尔地区的法西尔·格赫比，埃塞俄比亚

Fatehpur Sikri，**INDIA**，法塔赫布尔·西格里，印度

Ferrara：**Renaissance City of Italy**，**ITALY**，意大利文艺复兴时期的城市：费拉拉，意大利

Fertö/Neusiedlersee Cultural Landscape，**AUSTRIA**，新锡德尔湖与费尔特湖地区文化景观，奥地利

Fertö/Neusiedlersee Cultural Landscape，**HUNGARY**，新锡德尔湖与费尔特湖地区文化景观，匈牙利

Flemish Beguinages，**BELGIUM**，不发愿女修道院，比利时

Fort and Shalamar Gardens at Lahore，**PAKISTAN**，拉合尔古堡和沙利马尔花园，巴基斯坦

Fortess of Suomenlinna，**FINLAND**，芬兰堡，芬兰

Fortifications of Portobelo and San Lorenzo on the Caribbean Side，**PANAMA**，加勒比海边的波托韦洛城和圣洛伦索筑城，巴拿马

Fortifications of Vauban，**FRANCE**，法国

Fortifications on the Caribbean Side of Panama：**Portobelo-San Lorenzo**，**PANAMA**，巴拿马加勒比海岸的防御工事：波托韦洛·圣洛伦索，巴拿马

Franciscan Missions in the Sierra Gorda of Querétaro，**MEXICO.** 克雷塔罗的谢拉戈达圣方济会修道院，墨西哥

Fraser Island，**AUSTRALIA**，弗雷泽岛，澳大利亚

Frontiers of the Roman Empire，**GERMANY**，德国

Fujian Tulou，**CHINA**，福建土楼，中国

Fagus Factory in Alfeld，GERMANY，阿尔费尔德的法古斯工厂，德国

Fort Jesus，Mombasa，KENYA，蒙巴萨·耶稣堡，肯尼亚

Forts and Castles，**Volta**，**Greater Accra**，**Central and Western Regions**，**GHANA**，沃尔特河阿克拉中区和西区的要塞和城堡，加纳

Fujisan，**sacred place and source of artistic inspiration**，**JAPAN**，富士山，神圣之地和艺术启迪之源，日本

G

Galapagos National Park，**including the**

Galapagos Islands，**ECUADOR**，加拉帕戈斯群岛，厄瓜多尔

Gamzigrad-Romuliana，**Palace of Galerius**，**SERBIA**，贾姆济格勒·罗慕利亚纳

Garajonay National Park，**SPAIN**，加拉霍艾国家公园，西班牙

Garamba National Park，**D. R. CONGO**，加兰巴国家公园，刚果

Garden Kingdom of Dessau- Wörlitz，**GERMANY**，德绍—沃尔利茨园林王国，德国

Gardens and Castle at Kromeriz，**CZECH REPUBLIC**，克罗麦里兹花园和城堡，捷克共和国

Gaudi's Work in Barcelona，**SPAIN**，巴塞罗那的高迪作品，西班牙

Gebel Barkal and the Sites of the Napatan Region，**SUDAN**，博尔戈尔山和纳巴塔地区，苏丹

Genoa：**Le Strade Nuove and the system of the Palazzi dei Rolli**，**ITALY**，热那亚的新街和罗利宫殿体系，意大利

Gobustan Rock Art Cultural Landscape，**AZERBAIJAN**，戈布斯坦岩石艺术文化景观，阿塞拜疆

Gochang，**Hwasun and Ganghwa Dolmen Sites**，**REPUBLIC OF KOREA**，高昌、华森和江华的史前墓遗址，韩国

Golden Mountains of Altai，**RUSSIAN FEDERATION**，金山—阿尔泰山，俄罗斯联邦

Golden Temple of Dambulla，**SRILANKA**，丹布拉佛窟，斯里兰卡

Goreme Valley and the Rock Sites of Cappadocia，**TURKEY**，卡雷迈谷地和卡帕多西亚石窟区，土耳其

Gough Island Wildlife Reserve，**UNITED KINGDOM OF GREAT BRITAIN AND NORTHERN IRELAND**，戈夫岛野生生物保护区，大不列颠及北爱尔兰联合王国

Grand Canyon National Park，**UNITED STATES OF AMERICA**，大峡谷国家公园，美国

Great Living Chola Temples，**INDIA**，朱罗王朝现存的神庙，印度

Great Mosque and Hospital of Divrigi，**TURKEY**，迪夫里依大清真寺和医院，土耳其

Great Smoky Mountains National Park，**UNITED STATES OF AMERICA**，大烟雾山国家公园，美国

Great Zimbabwe National Monument，**ZIMBABWE**，大津巴布韦遗址，津巴布韦

Greater Blue Mountains Area，**AUSTRALIA**，大蓝山山脉地区，澳大利亚

Greater St. Lucia Wetland Park，**SOUTH AFRICA**，大圣露西娅湿地公园，南非

Gros Morne National Park，**CANADA**，格罗斯莫纳国家公园，加拿大

Group of Monuments at Hampi，**INDIA**，汉皮古迹，印度

Group of Monuments at Khajuraho，**INDIA**，卡杰拉霍古迹，印度

Group of Monuments at Mahabalipu-

ram，INDIA，默哈巴利布勒姆遗址，印度

Group of Monuments at Pattadakal，**INDIA**，帕德达卡尔遗址，印度

Gulf of Porto：**Calanche of Piana**，**Gulf of Girolata**，**Scandola Reserve**，**FRANCE**，波尔托湾：皮亚纳—卡兰切斯、基罗拉塔湾、斯康多拉保护区，法国

Gunung Mulu National Park，**MALAYSIA**，穆鲁山国家公园，马来西亚

Gusuku Sites and Related Properties of the Kingdom of Ryukyu，**JAPAN**，琉球王国时期的遗迹，日本

Gyeongju Historic Areas，**REPUBLIC OF KOREA**，庆州历史区，韩国

Garrison Border Town of Elvas and its Fortifications，**PORTUGAL**，带驻防的边境城镇埃尔瓦斯及其防御工事，葡萄牙

Golestan Palace，**IRAN**，格雷斯坦宫，伊朗

Gonbad-e Qābus，**IRAN**，卡布斯拱北塔，伊朗

Gondwana Rainforests of Australia，**AUSTRALIA**，澳大利亚岗得瓦纳雨林，澳大利亚

H

Ha-Long Bay，**VIET NAM**，下龙湾，越南

Hadrian's Wall，**UNITED KINGDOM OF GREAT BRITAIN AND NORTHERN IRELAND**，哈德良墙，大不列颠及北爱尔兰联合王国

Hal Saflieni Hypogeum，**MALTA**，哈尔·萨夫列尼地宫，马耳他

Hallstatt—Dachstein Cultural Landscape of Salzkammergut，**AUSTRIA**，萨尔茨卡默古特地区的哈尔施塔特—达赫施泰因文化景观，奥地利

Hanseatic City of Lübeck，**GERMANY**，汉萨同盟之城吕贝克，德国

Hanseatic Town of Visby，**SWEDEN**，汉萨同盟城市维斯比，瑞典

Hanseatic Town of Visby，**SWEDEN**，汉萨同盟城市维斯比，瑞典

Harar Jugol，**the Fortified Historic Town**，**ETHIOPIA**，历史要塞城市哈勒尔，埃塞俄比亚

Hatra，**IRAQ**，哈特尔，伊拉克

Hattusha，**TURKEY**，哈图萨斯城，土耳其

Hawaii Volcanoes National Park，**UNITED STATES OF AMERICA**，夏威夷火山国家公园，美国

Head—Smashed—In Buffalo Jump Complex，**CANADA**，北美野牛"死亡之涧"，加拿大

Heard Island and McDonald Islands，**AUSTRALIA**，赫德岛和麦克唐纳群岛，澳大利亚

Henderson Island，**UNITED KINGDOM OF GREAT BRITAIN AND NORTHERN IRELAND**，亨德森岛，大不列颠及北爱尔兰联合王国

Hierapolis-Pamukkale，**TURKEY**，希拉波利斯，土耳其

High Coast/Kvarken Archipelago，**FINLAND**，高海岸 / 瓦尔肯群岛，芬兰

Himeji—jo，**JAPAN**，姬路城，日本
Hiroshima Peace Memorial，**JAPAN**，广岛和平纪念公园，日本
Historic and Architectural Complex of the Kazan Kremlin，**RUSSIAN FEDERATION**，喀山克里姆林宫，俄罗斯联邦
Historic Area of Quebec，**CANADA**，魁北克老城区，加拿大
Historic Area of Willemstad Inner City, and Harbour Curacao，**NETHERLANDS**，威廉斯塔德内城、港口古迹区，荷兰
Historic Areas of Istanbul，**TURKEY**，伊斯坦布尔历史区，土耳其
Historic Centre of Avignon，**FRANCE**，阿维尼翁历史中心区，法国
Historic Centre of Brugge，**BELGIUM**，布鲁日历史中心，比利时
Historic Centre of Bukhara，**UZBEKISTAN**，布哈拉历史中心，乌兹别克斯坦
Historic Centre of Camagüey，**CUBA**，古巴
Historic Centre of Cesky Krumlov，**CZECH REPUBLIC**，克鲁姆罗夫历史中心，捷克共和国
Historic Centre of Cracow，**POLAND**，克拉科夫历史中心，波兰
Historic Centre of Evora，**PORTUGAL**，埃武拉历史中心，葡萄牙
Historic Centre of Florence，**ITALY**，佛罗伦萨历史中心，意大利
Historic Centre of Guimarães，**PORTUGAL**，吉马良斯历史中心，葡萄牙
Historic Centre of Lima，**PERU**，利马历史中心，秘鲁
Historic Centre of L'viv，**UKRAINE**，里沃夫历史中心，乌克兰
Historic Centre of Macao，**CHINA**，澳门历史城区，中国
Historic Centre of Mexico City and Xochimilco，**MEXICO**，墨西哥城中心老城区及霍奇米尔科区，墨西哥
Historic Centre of Morelia，**MEXICO**，莫雷利亚历史中心，墨西哥
Historic Centre of Naples，**ITALY**，那不勒斯历史中心，意大利
Historic Centre of Oporto，**PORTUGAL**，波尔图历史中心，葡萄牙
Historic Centre of Pienza，**ITALY**，皮恩扎历史中心，意大利
Historic Centre of Prague，**CZECH REPUBLIC**，布拉格历史中心，捷克共和国
Historic Centre of Puebla，**MEXICO**，普埃布拉历史中心，墨西哥
Historic Centre of Riga，**LATVIA**，里加历史中心，拉脱维亚
Historic Centre of Rome，**ITALY/HOLY**，**SEE**，罗马历史中心，意大利/罗马教廷
Historic Centre of Rome，**the Properrties of the Holy See in that City Enjoying Extraterritorial Rights and San Paolo Fuori le Mura**，**HOLY SEE**，罗马历史中心，享受治外法权的罗马教廷建筑和缪拉圣保罗弗利，教廷
Historic Centre of Salvador de Bahia BRAZIL，巴伊亚州历史名城萨尔瓦多，巴西

Historic Centre of San Gimignano，ITALY，圣吉米尼亚诺历史中心，意大利

Historic Centre of Santa Ana de los Rios de Cuenca，ECUADOR. 洛斯里奥斯·德·昆卡的圣塔安娜历史中心，厄瓜多尔

Historic Centre of Santa Cruz de Mompox，COLOMBIA，圣克鲁斯·德·蒙波斯历史中心，哥伦比亚

Historic Centre of Säo Luis，BRAZIL，圣·路易斯历史中心，巴西

Historic Centre of Shakhrisyabz，UZBEKISTAN，沙赫利苏伯兹历史中心，乌兹别克斯坦

Historic Centre of Siena，ITALY，锡耶纳历史中心，意大利

Historic Centre of Sighisoara，ROMANIA，锡吉索瓦拉历史中心，罗马尼亚

Historic Centre of St.Petersburg and Related Groups of Monuments，RUSSIAN FEDERATION，圣彼得堡历史中心和有关遗址群，俄罗斯联邦

Historic Centre of Tallinn，ESTONIA，塔林历史中心，爱沙尼亚

Historic Centre of Telc，CZECH REPUBLIC，泰尔契历史中心，捷克共和国

Historic Centre of the City of Salzburg，AUSTRIA，萨尔茨堡市历史中心区，奥地利

Historic Centre of the Town of Diamantina，BRAZIL，迪亚曼蒂纳镇的历史中心，巴西

Historic Centre of the Town of Goiás，BRAZIL，戈亚斯城历史中心，巴西

Historic Centre of Vienna，AUSTRIA，维也纳历史中心，奥地利

Historic Centre of Vilnius，LITHUANIA，维尔纽斯历史中心，立陶宛

Historic Centre of Warsaw，POLAND，华沙历史中心，波兰

Historic Centre of Urbino，ITALY，乌尔比诺史迹中心，意大利

Historic Centre of Zacatecas，MEXICO，萨卡特卡斯历史中心，墨西哥

Historic Centres of Berat and Gjirokastra，ALBANIA，阿尔巴尼亚

Historic Centres of Stralsund and Wismar，GERMANY，施特拉尔松德与维斯马历史中心，德国

Historic City of Ayutthaya and Associated Historic Towns，THAILAND，阿瑜陀耶及邻近历史城镇，泰国

Historic City of Meknes，MOROCCO，梅克内斯古城，摩洛哥

Historic City of Sucre，BOLIVIA，苏克雷历史城，玻利维亚

Historic City of Toledo，SPAIN，托莱多古城，西班牙

Historic City of Trogir，CROATIA，历史古城特洛吉尔，克罗地亚

Historic Complex of Split with the Palace of Diocletian，CROATIA，斯普利特历史中心和戴克里先夏宫，克罗地亚

Historic District of Panama with Salon Bolivar，PANAMA，巴拿马历史区与萨隆—玻利瓦尔，巴拿马

Historic Fortified City of Carcassonne，

FRANCE，卡尔卡松的历史城防要塞，法国

Historic Fortified Town of Campeche，**MEXICO**，坎佩切的要塞古城，墨西哥

Historic Inner City of Paramaribo，**SURINAME**，帕拉马里博的古内城，苏里南

Historic Monuments of Ancient Kyoto，**JAPAN**，古京都历史文化遗迹，日本

Historic Monuments of Ancient Nara，**JAPAN**，古奈良的历史遗迹，日本

Historic Monuments of Novogorod and Surroundings，**RUSSIAN FEDERATION**，诺夫哥罗德的历史遗址群，俄罗斯联邦

Historic Monuments of Thatta，**PAKISTAN**，塔塔城的历史建筑，巴基斯坦

Historic Mosque City of Bagerhat，**BANGLADESH.** 巴合尔哈特的清真寺城堡遗址，孟加拉国

Historic Quarter of the Seaport City of Valparaíso，**CHILE**，瓦尔帕莱索港口城市历史区，智利

Historic Sanctuary of Machu Picchu，**PERU**，马丘・比丘历史圣地，秘鲁

Historic Site of Lyon，**FRANCE**，里昂旧城历史遗址，法国

Historic Town Centre of Kutna Hora，**CZECH REPUBLIC**，库特拉・霍拉历史城镇中心，捷克共和国

Historic Town of Bamberg，**GERMANY**，班贝格古城，德国

Historic Town of Cuenca，**SPAIN** 昆卡古城，西班牙

Historic Town of Guanajuato and Adjacent Silver Mines，**MEXICO**，瓜纳华托古城及其周围银矿，墨西哥

Historic Town of Olinda，**BRAZIL**，历史名城奥林达，巴西

Historic Town of Ouro Preto，**BRAZIL**，欧罗・普雷托城，巴西

Historic Town of St George and Related Fortifications，**Bermuda**，**UNITED KINGDOM OF GREAT BRITAIN AND NORTHERN IRELAND**，百慕大群岛上的圣乔治镇及相关的要塞，大不列颠及北爱尔兰联合王国

Historic Town of Sukhothai and Associated Historic Towns，**THAILAND**，素可泰及邻近历史城镇，泰国

Historic Town of Zabid，**YEMEN**，扎比德古城，也门

Historic Villages of Shirakawa-go and Gokayama，**JAPAN**，白川乡和五谷山历史村落，日本

Historic Village Reserve at Holaovice，**CZECH REPUBLIC**，霍拉肖维采古老村落，捷克共和国

Historical Centre of the City of Arequipa，**PERU**，阿雷基帕城历史中心，秘鲁

Historical Centre of the City Yaroslavl，**RUSSIAN FEDERATION**，雅罗斯拉夫尔城的历史中心，俄罗斯联邦

Hoi An Ancient Town，**VIET NAM**，会安古镇，越南

Holašovice Historical Village Reservation，**CZECH REPUBLIC**，霍拉肖维采古老村落，捷克共和国

Holloko，**HUNGARY**，霍洛克民俗村，匈牙利

Holy Trinity Column in Olomouc，**CZECH REPUBLIC**，奥洛穆茨三位一体圣柱，捷克共和国

Hortobágy National Park，**HUNGARY**，霍尔托巴吉国家公园，匈牙利

Hospicio Cabanas of Guadalajara，**MEXICO**，瓜达拉哈拉的卡瓦尼亚斯救济院，墨西哥

Huanglong Scenic Area，**CHINA**，黄龙风景名胜区，中国

Huascaran National Park，**PERU**，瓦斯卡兰国家公园，秘鲁

Humayun's Tomb in Delhi，**INDIA**，胡马雍陵，印度

Humberstone and Santa Laura Saltpeter Works，**CHILE**，亨伯斯通和圣劳拉硝石采石场，智利

Hwasong Fortress，**REPUBLIC OF KOREA**，华松古堡，韩国

Heritage of Mercury：**Almadén and Idrija**，**SPAIN**，水银遗产：阿尔马登与伊德里亚，西班牙

Hill Forts of Rajasthan，**INDIA**，拉贾斯坦邦的高地要塞，印度

Hiraizumi–Temples，**Gardens and Archaeological Sites Representing the Buddhist Pure Land**，**JAPAN**，平泉——象征佛教净地的庙宇、园林与考古遗址，日本

Historic Bridgetown and its Garrison，**BARBADOS**，布里奇顿及其军事要塞，巴巴多斯

Historic Centre of Agadez，**NIGER**，阿加德兹历史中心，尼日尔

Historic Centre of Cordoba，**SPAIN**，科尔多瓦清真寺，西班牙

Historic Centre of Kraków，**POLAND**，克拉科夫历史中心，波兰

Historic Ensemble of the Potala Palace，**Lhasa**，拉萨布达拉宫历史建筑群，中国

Historic Jeddah，**the Gate to Makkah**，**SAUDI ARABIA**，吉达古城，通向麦加之门，沙特阿拉伯

Historic Monuments and Sites in Kaesong，**North Korea**，开城的历史纪念物与遗迹，朝鲜

Historic Monuments of Dengfeng in 'The Centre of Heaven and Earth'，**CHINA**，登封“天地之中”历史建筑群，中国

Historic Town of Grand-Bassam，**COTE D'IVOIRE**，历史城镇大巴萨姆，科特迪瓦

Historic Villages of Korea：**Hahoe and Yangdong**，**KOREA**，韩国历史民俗村：河回和良洞，韩国

I

Ibiza，**Biodiversity and Culture**，**SPAIN**，伊维萨岛—多样化生物与文化之岛，西班牙

Ichkeul National Park，**TUNISIA**，伊其克乌尔国家公园，突尼斯

Iguacu National Park，**BRAZIL**，伊瓜苏国家公园，巴西

Iguazu National Park，**ARGENTINA/BRAZIL**，伊瓜苏国家公园，阿根廷/

巴西
Ilulissat Icefjord，**DENMARK**，伊路利萨特冰湾，丹麦
Imperial Palaces of the Ming and Qing Dynasties in Beijing and Shenyang，**CHINA**，北京和沈阳明清故宫，中国
Imperial Tombs of the Ming and Qing Dynasties，**CHINA** 明清皇家陵寝，中国
Incense Route-Desert Cities in the Negev，**ISRAEL**，熏香之路——内盖夫的沙漠城镇，以色列
Independence Hall，**UNITED STATES OF AMERICA**，独立厅，美国
Ironbridge Gorge，**UNITED KINGDOM OF GREAT BRITAIN AND NORTHERN IRELAND**，铁桥峡，大不列颠及北爱尔兰联合王国
Ischigualasto/Talampaya Natural Parks，**ARGENTINA**，伊沙瓜拉斯托—塔拉姆佩雅自然公园，阿根廷
Islamic Cairo，**EGYPT**，伊斯兰开罗，埃及
Island of Gorée，**SENEGAL**，戈雷岛，塞内加尔
Island of Mozambique，**MOZAMBIQUE**，莫桑比克岛，莫桑比克
Island of Saint-Louis，**SENEGAL**，圣路易斯岛，塞内加尔
Islands and Protected Areas of the Gulf of California，**MEXICO**，加利福尼亚湾群岛及保护区，墨西哥
Isole Eolie（Aeolian Islands），**ITALY**，伊索莱约里（伊奥利亚群岛），意大利
Itchan Kala，**UZBEKISTAN**，伊契扬·卡拉，乌兹别克斯坦
Itsukushima Shinto Shrine，**JAPAN**，严岛神社，日本
Iwami Ginzan Silver Mine and its Cultural Landscape，**JAPAN**，石见银山遗迹及其文化景观，日本

J

James Island and Related Sites，**GAMBIA**，詹姆斯岛及附近区域，冈比亚
Jeju Volcanic Island and Lava Tubes，**REPUBLIC OF KOREA**，济州火山岛和溶岩洞，韩国
Jelling Mounds，**Runic Stones and Church**，**DENMARK**，耶林坟墩、石碑和教堂，丹麦
Jesuit Block and Estancias of Córdoba，**ARGENTINA**，科尔多巴耶稣会牧场和街区，阿根廷
Jesuit Missions of the Chiquitos，**BOLIVIA**，奇基托斯耶稣传道会，玻利维亚
Jesuit Missions of the Guaranis，**ARGENTINA/BRAZIL**，瓜拉尼耶稣会传教区，阿根廷 / 巴西
Jesus de Tavarangue and Jesuit Missions of La Santisima Trinidad de Parana，**PARAGUAY**，塔瓦兰格的耶稣和巴拉那的桑蒂西莫—特立尼达耶稣会传教区，巴拉圭
Jewish Quarter and St Procopius' Basilica in Třebíč，**CZECH REPUBLIC**，特热比奇犹太社区及圣普罗科皮乌斯大教堂，捷克共和国
Jiuzhaigou Valley Scenic and Historic

Interest Area，**CHINA**，九寨沟风景名胜区，中国

Joggins Fossil Cliffs，**CANADA**，加拿大

Jongmyo Shrine，**REPUBLIC OF KOREA**，清迈国家神社，韩国

Joya de Ceren Archaeological Site，**EL SALVADOR**，霍亚·德塞伦考古遗址，萨尔瓦多

Jurisdiction of Saint–Emilion，**FRANCE**，圣—埃米里荣镇，法国

K

Kahuzi—Biega National Park，**D. R. CONGO**，卡胡兹—别加国家公园，刚果

Kaiping Diaolou and Villages，**CHINA**，开平碉楼与村落，中国

Kakadu National Park，**AUSTRALIA**，卡卡杜国家公园，澳大利亚

Kalwaria Zebrzydowska：the Mannerist Architectural and Park Landscape Complex and Pilgrimage Park，**POLAND**，卡尔瓦里亚—泽布尔齐豆斯卡风格独特的建筑群、园林景观群及朝圣公园，波兰

Kasbah of Alger，**ALGERIA**，阿尔及尔的卡斯巴哈，阿尔及利亚

Kathmandu Valley，**NEPAL**，加德满都谷地，尼泊尔

Kaziranga National Park，**INDIA**，卡齐兰加国家公园，印度

Keoladeo National Park，**INDIA**，凯奥拉德奥国家公园，印度

Kernavė Archaeological Site（Cultural Reserve of Kernavė），**LITHUANIA**，克拿维考古遗址（克拿维文化保护区），立陶宛

Khami Ruins，**ZIMBABWE**，卡米遗址，津巴布韦

Khizi Pogost，**RUSSIAN FEDERATION**，基日乡村教堂，俄罗斯联邦

Kilimanjaro Mountains National Park，**UNITED REPUBLIC OF TANZANIA**，乞力马扎罗山国家公园，坦桑尼亚联合共和国

Kinabalu Park，**MALAYSIA**，基纳巴卢山公园，马来西亚

Kluane National Park/Wrangell St. Elias National Park and its Reserve Area/Glacier Bay National Park，**CANADA/UNITED STATES OF AMERICA**，克卢恩国家公园、朗格尔—圣伊莱亚斯国家公园及其保护区和冰川湾国家公园，加拿大/美国

Komodo National Park，**INDONESIA**，科莫多国家公园，印度尼西亚

Kondoa Rock-Art Sites，**UNITED REPUBLIC OF TANZANIA**，孔多阿岩画遗址，坦桑尼亚联合共和国

Koutammakou，the Land of the Batammariba，**TOGO**，古帕玛库景观，多哥

Kremlin and the Red Square，**RUSSIAN FEDERATION**，克林姆林宫和红场，俄罗斯联邦

Kronborg Castle，**DENMARK**，科隆博格城堡，丹麦

Ksar of Ait–Ben–Haddou，**MOROCCO**，阿伊·本·哈杜堡垒村，摩洛哥

Kuk Early Agricultural Site，**PAPUA**

NEW GUINEA，巴布亚新几内亚

Kunya-Urgench，TURKMENISTAN，库尼亚—乌尔根奇，土库曼斯坦

Kenya Lake System in the Great Rift Valley，KENYA，肯尼亚东非大裂谷的湖泊系统，肯尼亚

Konso Cultural Landscape，ETHIOPIA，孔索文化景观，埃塞俄比亚

L

La Chaux-de-Fonds/Le Locle，Watchmaking Town Planning，SWITZERLAND，瑞士

La Grande Place，BELGIUM，布鲁塞尔大广场，比利时

"La Lonja de La Seda" of Valencia，SPAIN，瓦伦西亚丝绸交易所和海上领事馆，西班牙

Land of Frankincense，OMAN，乳香之路，阿曼

Lagoons of New Caledonia：Reef Diversity and Associated Ecosystems，FRANCE，法国

Lake Baikal，RUSSIAN FEDERATION，贝加尔湖，俄罗斯联邦

Lamu Old Town，KENYA，拉穆古镇，肯尼亚

Landscape of the Pico Island Vineyard Culture，PORTUGAL，皮库岛葡萄园文化景观，葡萄牙

L'Anse aux Meadows National Historic Park，CANADA，安斯梅多遗址，加拿大

Las Medulas，SPAIN，拉斯梅德拉斯，西班牙

Late Baroque Towns of the Val di Noto（South-Eastern Sicily），ITALY，晚期的巴洛克城镇瓦拉迪那托（西西里东南部），意大利

Lavaux，Vineyard Terraces，SWITZERLAND，拉沃葡萄园梯田，瑞士

Le Canal du Midi，FRANCE，南方运河，法国

Le Havre，the City Rebuilt by Auguste Perret，FRANCE，勒阿弗尔，奥古斯特·佩雷重建之城，法国

Le Morne Cultural Landscape，MAURITIUS，毛里求斯

Litomyšl Castle，CZECH REPUBLIC，利托米什尔城堡，捷克共和国

Liverpool—Maritime Mercantile City，UNITED KINGDOM OF GREAT BRITAIN AND NORTHERN IRELAND，利物浦海上商城，大不列颠及北爱尔兰联合王国

Longmen Grottoes，CHINA，龙门石窟，中国

Lord Howe Island Group，AUSTRALIA，洛德豪诸岛，澳大利亚

Lorentz National Park，INDONESIA，洛伦茨国家公园，印度尼西亚

Los Glaciares National Park，ARGENTINA，冰川国家公园，阿根廷

Los Katios National Park，COLOMBIA，洛斯·卡蒂奥斯国家公园，哥伦比亚

Lower Valley of Awash，ETHIOPIA，阿什瓦低谷，埃塞俄比亚

Lower Valley of Omo，ETHIOPIA，奥莫低谷，埃塞俄比亚

Luang Prabang，**LAOS**，琅勃拉邦，老挝

Luis Barragán House and Studio，**MEXICO**，路易斯·巴拉干故居和工作室，墨西哥

Lumbini，**the Birthplace of the Lord Buddha**，**NEPAL**，卢姆比尼—佛主的诞生地，尼泊尔

Lushan National Park，**CHINA**，庐山风景名胜区，中国

Luther Memorials in Eisleben and Wittenberg，**GERMANY**，艾斯莱本和维滕贝格的马丁·路德纪念地，德国

Lake Turkana National Parks，**KENYA**，图尔卡纳湖国家公园，肯尼亚

Lakes of Ounianga，**CHAD**，乌尼昂加湖泊群，乍得

Landscape of Grand Pré，**CANADA**，格朗普雷景观，加拿大

Lena Pillars Nature Park，**RUSSIAN FEDERATION**，勒拿河柱状岩自然公园，俄罗斯联邦

Levoča，**Spišský Hrad and the Associated Cultural Monuments**，**SLOVAK REPUBLIC**，斯皮什文化遗迹，斯洛伐克共和国

Levuka Historical Port Town，**Fiji**，莱武卡历史港口镇，斐济

Longobards in Italy. Places of the Power（568-774 A.D.），**ITALY**，意大利的伦巴底——权力之地（公元 568–774 年），意大利

M

Macquarie Island，**AUSTRALIA**，麦夸里岛，澳大利亚

Madara Rider，**BULGARIA**，马达腊骑士浮雕，保加利亚

Madriu-Perafita-Claror Valley，**ANDORRA**，马德留—配拉菲塔—克拉罗尔大峡谷，安道尔

Mahabodhi Temple Complex at Bodh Gaya，**INDIA**，菩提伽耶的摩诃菩提寺，印度

Major Town Houses of the Architect Victor Horta（Brussels），**BELGIUM**，建筑师维克多·奥克塔设计的主要城市建筑（布鲁塞尔），比利时

Mala Pools National Park，**Sapi and Chewore Safari Areas**，**ZIMBABWE**，马拉波尔斯国家公园及萨比、切俄雷旅行区，津巴布韦

Malawi Lake National Park，**MALAWI**，马拉维湖国家公园，马拉维

Malpelo Fauna and Flora Sanctuary，**COLOMBIA**，马尔佩洛岛动植物保护区，哥伦比亚

Mammoth Cave National Park，**UNITED STATES OF AMERICA**，大钟乳石洞穴国家公园，美国

Manas Wildlife Sanctuary，**INDIA**，马纳斯动物保护区，印度

Manovo–Gounda–St. Floris National Park，**CENTRAL AFRICAN REPUBLIC**，马诺沃—贡达—圣佛罗里斯国家公园，中非共和国

Mantua and Sabbioneta，**ITALY**，意大利

Manu National Park，**PERU**，马努国家公园，秘鲁

Mapungubwe Cultural Landscape，

SOUTH AFRICA，马蓬古布韦文化景观，南非

Maritime Greenwich，**UNITED KINGDOM**，格林尼治海滨，英国

Maritime Greenwich，**UNITED KINGDOM OF GREAT BRITAIN AND NORTHERN IRELAND**，格林尼治海滨，大不列颠及北爱尔兰联合王国

Masada，**ISRAEL**，马萨达，以色列

Matera and the Park，**ITALY**，马泰拉的石窟民居，意大利

Maulbronn Monastery Complex，**GERMANY**，毛尔布隆修道院，德国

Mausoleum of Emperor Qin Shihuang，**CHINA** 秦始皇陵，中国

Mausoleum of Khoja Ahmed Yasawi，**KAZAKHSTAN**，霍贾·艾哈迈·亚萨维陵墓，哈萨克斯坦

Maya Site of Copan，**HONDURAS**，科潘玛雅遗址，洪都拉斯

Medieval City of Rhodes，**GREECE**，罗得岛中世纪古城，希腊

Medieval Monuments in Kosovo，**SERBIA**，科索沃中世纪古迹，塞尔维亚

Medieval Town of Torun，**POLAND**，中世纪城镇托伦，波兰

Medina of Essaouira（**formerly Mogador**），**MOROCCO**，索维拉城（原摩加多尔），摩洛哥

Medina of Fez，**MOROCCO**，非斯城，摩洛哥

Medina of Kairouan，**TUNISIA**，凯鲁万城，突尼斯

Medina of Marrakesh，**MOROCCO**，马拉喀什城，摩洛哥

Medina of Sousse，**TUNISIA**，苏塞城，突尼斯

Medina of Tetouan（**formerly Known as Titawin**），**MOROCCO**，蒂头万城，摩洛哥

Medina of Tunis，**TUNISIA**，突尼斯城，突尼斯

Megalithic Temples，**MALTA**，巨石庙群，马耳他

Mehmed Paša Sokolović Bridge in Višegrad，**BOSNIA AND HERZEGOVINA**，迈赫迈德·巴什·索科罗维奇的古桥，波斯尼亚和黑塞哥维那

Meidan Emam，**Esfahan**，**IRAN**，伊斯法罕皇家广场，伊朗

Melaka and George Town，**Historic Cities of the Straits of Malacca**，**MALAYSIA**，马来西亚

Memphis and its Necropolis lis—the Pyramid Fields from Giza to Dahshur，**EGYPT**，孟斐斯和从吉萨到代赫舒尔的墓地——金字塔群，埃及

Mesa Verde National Park，**UNITED STATES OF AMERICA**，弗德台地国家公园，美国

Messel Pit Fossil Site，**GERMANY**，梅塞尔坑化石遗址，德国

Meteora，**GREECE**，曼代奥拉，希腊

Miguasha Park，**CANADA**，米瓜夏公园，加拿大

Mill Network at Kinderdijk-Elshout，**NETHERLANDS**，金德代克的风车网，荷兰

Minaret and Archaeological Remains of Jam，**Afghanistan**，查姆回教寺院尖

塔和考古遗址，阿富汗

Mines of Rammelsberg and the Historic Town of Goslar，**GERMANY**，拉莫斯堡矿山和戈斯拉尔古城，德国

Mining Area of the Great Copper Mountain in Falun，**SWEDEN**，法伦的大铜山采矿区，瑞典

Mir Castle Complex，**BELARUS**，米尔城堡群，白俄罗斯

Mliienary Benedictine Abbey of Pannonhalma，**HUNGARY**，潘诺恩哈尔姆千年修道院，匈牙利

Mogao Caves，**CHINA**，莫高窟，中国

Monarch Butterfly Biosphere Reserve，**MEXICO**，墨西哥

Monasteries of Daphni，**Nea Moni of Chios and Hossios Luckas**，**GREECE**，德菲尼、丘奥斯尼默尼和荷修斯卢卡斯修道院，希腊

Monasteries of Haghpat and Sanahin，**ARMENIA**，哈格帕特修道院和萨那欣修道院，亚美尼亚

Monastery of Alcobaca，**PORTUGAL**，阿尔科巴萨隐修院，葡萄牙

Monastery of Batallha，**PORTUGAL**，巴塔利亚修道院，葡萄牙

Monastery of Escorail in Madrid，**SPAIN**，埃尔·埃斯科里亚尔修道院，西班牙

Monastery of Geghard and the Upper Azat Valley，**ARMENIA**，**Geghard** 修道院和上马尔卡谷，亚美尼亚

Monastery of Haghpat，**ARMENIA**，哈格帕特修道院，亚美尼亚

Monastery of Horezu，**ROMANIA**，胡雷兹君主修道院，罗马尼亚

Monastery of the Hieronymites and Tower of Belem，**PORTUGAL**，哲罗姆派修道院和贝伦塔，葡萄牙

Monastic lsland of Reichenau，**GERMANY**，赖谢瑙修道院之岛，德国

Mont—St.Michel and its Bay，**FRANCE**，圣米歇尔山及其海湾，法国

Monte San Giorgio，**SWEITZERLAND**，圣乔治山，瑞士

Monticello fof Charlottesville and the University of Virginia，**UNITED STATES OF AMERICA**，夏洛兹维尔的蒙蒂塞洛和弗古尼亚大学，美国

Monuments of Oviedo and the Kingdom of the Asturias，**SPAIN**，奥维耶多古建筑和阿斯图里亚斯王国，西班牙

Morne Trois Pitons National Park，**DOMINICA**，莫尔纳·特鲁瓦斯皮通斯国家公园，多米尼克

Mosi–oa–Tunya/Victoria Falls，**ZAMBIA/ZIMBABWE**，莫西奥图尼亚/维多利亚瀑布，赞比亚/津巴布韦

Matobo Hills，**ZIMBABWE**，马托博山，津巴布韦

Mount Athos，**GREECE**，阿索斯山，希腊

Mount Huangshan，**CHINA**，黄山，中国

Mount Kenya National Park and its Natural Forset，**KENYA**，肯尼亚山国家公园和天然林地，肯尼亚

Mount Lushan Scenic Area，**CHINA**，庐山风景名胜区，中国

Mount Nimaba Nature Reserve，**GUIN-**

EA/COTE D'IVOIRE，宁巴山自然保护区，几内亚 / 科特迪瓦

Mount Qingcheng and the Dujiangyan Irrigation System，CHINA，青城山—都江堰，中国

Mount Sanqingshan National Park，CHINA，三清山风景名胜区，中国

Mount—St.Michel and its Bay，FRANCE，圣米歇尔山及其海湾，法国

Mount Taishan，CHINA，泰山，中国

Mount Wutai，CHINA，五台山，中国

Mount Wuyi，CHINA，武夷山，中国

Mountain Resort and its Outlying Temples，CHINA，避暑山庄及周围寺庙，中国

Mt. Emei Scenic Area，including Leshan Giant Buddha Scenic Area，CHINA，峨眉山和乐山大佛风景区，中国

Mudejar Architecture of Teruel，SPAIN，特鲁埃尔的穆德哈尔式建筑，西班牙

Museumsinsel（Museum Island），GERMANY，博物馆岛，德国

Muskauer Park/Park Mużakowski，GERMANY，穆斯考尔公园，德国

Muskauer Park/Park Mużakowski，POLAND，穆斯考尔公园，波兰

My Son Sanctuary，VIET NAM，迈森神殿，越南

Mystras，GREECE，米斯特厄斯，希腊

M'zab Valley，ALGERIA，姆扎卜山谷，阿尔及利亚

Margravial Opera House Bayreuth，GERMANY，拜罗伊特的侯爵歌剧院，德国

Masjed-e Jāmé of Isfahan，IRAN，伊斯法罕的礼拜五清真寺，伊朗

Medici Villas and Gardens in Tuscany，ITALY，托斯卡纳的美蒂奇别墅和花园，意大利

Monumental Earthworks of Poverty Point，UNITED STATES OF AMERICA，波弗蒂角纪念土冢，美国

Mount Etna，ITALY，埃特纳火山，意大利

Mount Hamiguitan Range Wildlife Sanctuary PHILIPPINES，汉密吉伊坦山野生动物保护区，菲律宾

N

Nahanni National Park，CANADA，纳汉尼国家公园，加拿大

Nanda Devi National Park，INDIA，南达戴维国家公园，印度

National Archaeological Park of Tierradentro，COLOMBIA，铁拉德特国家考古公园，哥伦比亚

National Historic Park：Citadel，Sans Souci Palace，Ramiers，HAITI，国家历史公园：古城堡、逍遥宫、拉米埃斯，海地

Natural and Culturo-Historical Region of Kotor，MONTENEGRO，科托尔自然保护区和文化历史区，黑山

Natural System of Wrangel Island Reserve，RUSSIAN FEDERATION，弗兰格尔岛自然保护区，俄罗斯联邦

Naval Port of Karlskrona，SWEDEN，卡尔斯克鲁纳军港，瑞典

Nemrut Dag，**TURKEY**，内姆鲁特达格遗址，土耳其

Neolithic Flint Mines at Spiennes（Mons），**BELGIUM**，斯皮耶纳新石器时代的燧石矿，比利时

New Lanark，**UNITED KINGDOM OF GREAT BRITAIN AND NORTHERN IRELAND**，新拉纳克，大不列颠及北爱尔兰联合王国

New Zealand Sub-Antarctic Islands，**NEW ZEALAND**，新西兰次南极群岛，新西兰

Ngorongoro Conservation Area，**UNITED REPUBLIC OF TANZANIA**，恩戈罗保护区，坦桑尼亚联合共和国

Niokolo-koba National Park，**SENEGAL**，尼奥科罗—科巴国家公园，塞内加尔

Noel Kempff Mercado National Park，**BOLIVIA**，挪尔·肯普夫墨卡多国家公园，玻利维亚

Notre-Dame Cathedral in Tournai，**BELGIUM**，图尔奈圣母大教堂，比利时

Nubian Monuments from Abu Simbel to Philae，**EGYPT**，阿布辛拜勒至菲莱的努比亚遗址，埃及

Namib Sand Sea，**NAMIBIA**，纳米布沙海，纳米比亚

Ningaloo Coast，**AUSTRALIA**，宁格罗海岸，澳大利亚

Nord-Pas de Calais Mining Basin，**FRANCE**，北部—加来海峡的采矿盆地，法国

O

Ohrid Region，**including its Cultural and Historic Aspects and its Natural Environment**，**YUGOSLAV REPUBLIC OF MACEDONIA**，奥赫德文化历史群及其自然湖，南斯拉夫马其顿共和国

Okapi Faunal Reserve，**D.R.CONGO**，霍加皮动物自然保护区，刚果

Old and New Towns of Edinburgh，**UNITED KINGDOM OF GREAT BRITAIN AND NORTHERN IRELAND**，爱丁堡新老城，大不列颠及北爱尔兰联合王国

Old Bridge Area of the Old City of Mostar，**BOSNIA AND HERZEGOVINA**，莫斯塔尔旧城和旧桥地区，波斯尼亚和黑塞哥维那

Old City of Berne，**SWITZERLAND**，伯尔尼老城，瑞士

Old City of Acre，**ISRAEL**，阿克古城，以色列

Old City of Dubrovnik CROATIA，杜布罗夫尼克老城，克罗地亚

Old City of Havana and its Fortifications，**CUBA**，哈瓦那古城及其防御工事，古巴

Old City of Salamanca，**SPAIN**，萨拉曼卡古城，西班牙

Old City of San'a，**YEMEN**，萨那老城，也门

Old City of Zamosc，**POLAND**，扎莫斯克老城，波兰

Old Rauma，**FINLAND**，古劳马，芬兰

Old Town of Avila with its Extra Muros

Churches，SPAIN，阿维拉旧城及城外教堂，西班牙

Old Town of Caceres，**SPAIN**，卡塞雷斯古城，西班牙

Old Town of Corfu，**GREECE**，科孚古城，希腊

Old Town of Djenné，**MALI**，杰内古城，马里

Old Town of Galle and its Fortifications，**SRILANKA**，加勒老城及其城堡，斯里兰卡

Old Town of Ghadames，**LIBYAN ARAB JAMAHIRIYA**，加达梅斯老城，阿拉伯利比亚民众国

Old Town of Lijinag，**CHINA**，丽江古城，中国

Old Town of Lunenburg，**CANADA**，伦恩堡老镇，加拿大

Old town of Regensburg with Stadtamhof，**GERMANY**，德国多瑙河畔"雷根斯堡旧城"，德国

Old Town of Segovia and its Aqueduct，**SPAIN** 塞戈维亚旧城及其大渡槽，西班牙

Old Village of Hollókő and its Surroundings，**HUNGARY**，霍洛克古村落及其周边，匈牙利

Old Walled City of Shibam，**YEMEN**，希巴姆老城，也门

Olympic National Park，**UNITED STATES OF AMERICA**，奥林匹克公园，美国

Orkhon Valley Cultural Landscape，**MONGOLIA**，鄂尔浑峡谷文化景观，蒙古

Ogasawara Islands，**JAPAN**，小笠原群岛，日本

Okavango Delta，**BOTSWANA**，奥卡万戈三角洲，博茨瓦纳

Osun-Osogbo Sacred Grove，**NIGERIA**，奥孙博神树林，尼日利亚

P

Palace and Gardens of Fontainebleau，**FRANCE**，枫丹白露宫及其园林，法国

Palace and Gardens of Schonbrunn，**AUSTRIA**，舍恩布龙宫殿和园林，奥地利

Palace and Gardens of Versailles，**FRANCE**，凡尔赛宫及其园林，法国

Palaces and Gardens of Potsdam and Berlin，**GERMANY**，波茨坦和柏林的宫殿与园林，德国

Palmeral of Elche，**SPAIN**，埃尔切的帕梅拉尔，西班牙

Paleochristian and Byzantine monuments of Thessalonika，**GREECE**，塞萨洛尼基基督教和拜占庭古迹，希腊

Pantanal Conservation Area，**BRAZIL**，潘塔奈尔保护区，巴西

Paphos，**CYPRUS**，帕福斯古迹区，塞浦路斯

Parthian Fortresses of Nisa，**TURKMENISTAN**，尼莎帕提亚要塞，土库曼斯坦

Pasargadae，**IRAN**，帕萨尔加德，伊朗

Peking Man Site at Zhoukoudian，**CHINA**，周口店北京人遗址，中国

Peninsula Valdes，**ARGENTINA**，瓦尔

德斯半岛，阿根廷

Persepolis，**IRAN**，波斯波利斯，伊朗

Petajavisi Old Church，**FINLAND**，佩泰耶韦西老教堂，芬兰

Petra，**JORDAN**，佩特拉，约旦

Petroglyphs within the Archaeological Landscape of Tamgaly，**KZAKHSTAN**，泰姆格里考古景观岩刻，哈萨克斯坦

Phong Nha-Ke Bang National Park，**VIETNAM**，丰芽格邦国家公园，越南

Piazza del Duomo of Pisa，**ITALY**，比萨中央教堂广场，意大利

Pilgrimage Church of St.John of Nipomuk at Zelena Hora，**CZECH REPUBLIC**，泽列纳—霍拉的内波穆克圣约翰朝圣教堂，捷克共和国

Pilgrimage Church of Wies，**GERMANY**，威斯朝圣教堂，德国

Pingvellir National Park，**ICELAND**，平位利尔国家公园，冰岛

Pitons Management Area，**SAINT LUCIA**，皮通山保护区，圣卢西亚

Pirin National Park，**BULGARIA**，皮林国家公园，保加利亚

Place Stanislas，**Place de la Carrière and Place d'Alliance in Nancy**，**FRANCE**，南锡斯坦尼斯拉斯广场、卡里耶尔广场和阿里昂斯广场，法国

Plantin-Moretus House-Workshops-Museum Complex，**BELGIUM**，帕拉丁莫瑞图斯工场—博物馆建筑群，比利时

Plitvice Lakes National Park，**CROATIA**，普里特维采湖群国家公园，克罗地亚

Poblet Monastery，**SPAIN**，波布莱特修道院，西班牙

Pont du Gard，**FRANCE**，加尔桥，法国

Port，**Fortresses and Group of Monuments in Cartagena**，**COLOMBIA**，卡塔赫纳港口、城堡和古迹群，哥伦比亚

Pontcysyllte Aqueduct and Canal，**UNITED KINGDOM OF GREAT BRITAIN AND NORTHERN IRELAND**，大不列颠及北爱尔兰联合王国

Portovenere，**Cinque Terre and the Islands**，**ITALY**，韦内雷港、五村镇及沿海群岛，意大利

Portuguese City of Mazagan（**El Jadida**），**MOROCCO**，马扎甘葡萄牙城，摩洛哥

Prambanan Temple Compound，**INDONESIA**，普兰巴南寺庙群，印度尼西亚

Pre-Hispanic City and National Park of Palenque，**MEXICO**，帕伦克古城及国家公园，墨西哥

Pre-Hispanic City of Chichen-Itza，**MEXICO**，奇琴伊察古城遗址，墨西哥

Pre-Hispanic City of El Tajin，**MEXICO**，埃尔塔津古城，墨西哥

Pre-Hispanic City of Oaxaca and the Archaeological Site of Monte Alban，**MEXICO**，瓦哈卡古城和蒙特阿尔班考古区，墨西哥

Pre-Hispanic City of Teotihuacán，**MEXICO**，特奥蒂瓦坎古城，墨西哥

Pre-Hispanic Town of Uxmal，**MEXI-**

CO，乌斯马尔古镇，墨西哥

Prehistoric Rock–Art Sites in the Coa Valley，**PORTUGAL**，科阿峡谷史前岩石艺术遗址，葡萄牙

Primeval Beech Forests of the Carlpathians，**SLOVAK REPUBLIC**，喀尔巴阡山脉原始山毛榉林，斯洛伐克共和国

Primeval Beech Forests of the Carpathians，**UKRAINE**，喀尔巴阡山脉原始山毛榉林，乌克兰

Protective town of San Miguel and the Sanctuary of Jesús Nazareno de Atotonilco，**MEXICO**，墨西哥

Provins，**Town of Medieval Fairs**，**FRANCE**，普罗万城，法国

Pueblo de Taos，**UNITED STATES OF AMERICA**，陶斯印第安村，美国

Puerto—Princesa Subterranean River National Park，**PHILIPPINES**，普林塞萨地下河国家公园，菲律宾

Punic Town of Kerkuane and its Necropolis，**TUNISIA**，喀尔寇阿内匿城及其陵园，突尼斯

Purnululu National Park，**AUSTRALIA**，波奴鲁鲁国家公园，澳大利亚

Pyrenees—Mount Perdu，**FRANCE**，比利牛斯山脉的帕尔迪山峰，法国

Pyrenees—Mount Perdu，**SPAIN**，比利牛斯—珀杜山，西班牙

Pythagoreion and Heraion of Samos，**GREECE**，萨摩斯岛上的毕达哥利翁和海拉瑞安遗存，希腊

Palestine：Land of Olives and Vines-Cultural Landscape of Southern Jerusalem，**Battir**，**PALESTINE**，橄榄和葡萄的土地——耶路撒冷南部的文化景观，巴勒斯坦

Papahānaumokuākea，**UNITED STATES OF AMERICA**，帕帕哈瑙莫夸基亚国家海洋保护区，美国

Pergamon and its Multi-Layered Cultural Landscape，**TURKEY**，帕加马和多层次的文化景观，土耳其

Petroglyphic Complexes of the Mongolian Altai 蒙古

Phoenix Islands Protected Area，**KIRIBATI**，凤凰岛保护区，基里巴斯

Pitons，**cirques and remparts of Reunion Island**，**FRANCE**，留尼汪岛，法国

Precolumbian Chiefdom Settlements with Stone Spheres of the Diquís，**COSTA RICA**，迪奎斯三角洲石球以及前哥伦比亚人酋长居住地，哥斯达黎加

Proto-urban Site of Sarazm，**TAJIKISTAN**，萨拉子目古城的原型城市遗址，塔吉克斯坦

Putorana Plateau，**RUSSIAN FEDERATION**，普托拉纳高原，俄罗斯联邦

Pyu Ancient Cities，**MYANMAR**，蒲甘古城群，缅甸

Q

Qal' at al-Bahrain–Ancient Harbour and Capital of Dilmun，**BAHRAIN**，巴林贸易港考古遗址，巴林

Quebrada de Humahuaca，**ARGENTINA**，塔夫拉达·德乌玛瓦卡，阿根廷

Quseir Amra，**JORDAN**，欧木拉宫，

约旦

Qutab Minar and Associated Monuments in Delhi，**INDIA**，库特布高塔及附近古迹，印度

Qhapaq Ñan，**Andean Road System**，**ARGENTINA**，**BOLIVIA**，**CHILE**，**COLOMBIA**，**ECUADOR**，**PERU**，印加路网，阿根廷、玻利维亚、智利、哥伦比亚、厄瓜多尔、秘鲁

R

Rainforests of the Atsinanana，**MADAGASCAR**，阿钦安阿纳雨林，马达加斯加

Rapa Nui National Park，**CHILE**，拉帕·努伊国家公园，智利

Red Fort Complex，**INDIA**，德里红堡群，印度

Redwood National Park，**UNITED STATES OF AMERICA**，红杉国家公园，美国

Renissance Monumental Ensembles of Ubeda and Baeza，**SPAIN**，乌韦达和巴埃萨城文艺复兴时期的建筑群，西班牙

Residences of the Royal House of Savoy，**ITALY**，萨沃伊皇室的宅院，意大利

Rhaetian Railway in the Albula/Bernina Landscapes，**ITALY**，意大利

Rhaetian Railway in the Albula/Bernina Landscapes，**SWITZERLAND**，瑞士

Rice Terraces of the Philippines Cordilleras，**PHILIPPINES**，菲律宾科迪勒山脉的水稻梯田，菲律宾

Richtersveld Cultural and Botanical Landscape，**SOUTH AFRICA**，理查德斯维德文化植物景观，南非

Rideau Canal，**CANADA**，丽都运河，加拿大

Rietveld Schröderhuis（**Rietveld Schröder House**），**NETHERLANDS**，里特维德—施罗德住宅，荷兰

Rila Monastery，**BULGARIA**，里拉修道院，保加利亚

Rio Abiseo National Park，**PERU**，里约·阿比塞奥国家公园，秘鲁

Rio Piatano Biosphere Reserve，**HONDURAS**，雷奥普拉塔诺生物圈保护区，洪都拉斯

Robben Island，**SOUTH AFRICA**，罗本岛，南非

Rock-art，**Caves of Tadrart Acacus**，**LIBYAN ARAB JAMAHIRIYA**，达德拉尔特·阿卡库斯石窟，阿拉伯利比亚民众国

Rock-Art of the Mediterranean Basin on the Iberian Peninsula，**SPAIN**，伊比利亚半岛上地中海盆地的壁画艺术，西班牙

Rock Drawings in Valcamonica near Brescia，**ITALY**，瓦尔卡莫尼卡岩画，意大利

Rock-hewn Churches of Lalibela，**ETHIOPIA**，拉利贝拉石凿教堂，埃塞俄比亚

Rock-hewn Churches of Lvanovo，**BULGARIA**，伊万诺沃岩洞教堂群，保加利亚

Rock Paintings of the Sierra de San Francisco，**MEXICO**，圣弗朗西斯科

山脉岩画，墨西哥

Rock Shelters of Bhimbetka，INDIA，印度

Rohtas Fort，PAKISTAN，罗塔斯要塞，巴基斯坦

Roman and Romanesque Monuments of Arles，FRANCE，阿尔勒城的古罗马和罗曼式建筑，法国

Roman Monuments，Cathedral and Liebfrauen–Church in Trier，GERMANY，特里尔的古罗马建筑、大教堂和圣玛利亚教堂，德国

Roman Theatre and the Triumphal Arch of Orange，FRANCE，奥朗日古罗马剧院和凯旋门，法国

Roman Walls of Lugo，SPAIN，卢戈的罗马城墙，西班牙

Roros Mining Town，NORWAY，勒罗斯村，挪威

Roskilde Cathedral，DENMARK，罗斯基勒大教堂，丹麦

Rountes of Santiago de Compostela in France，FRANCE，法国的圣地亚哥·德·孔普斯特拉朝圣之路，法国

Royal Botanic Gardens，Kew，UNITED KINGDOM OF GREAT BRITAIN AND NORTHERN IRELAND，伦敦基尤皇家植物园，大不列颠及北爱尔兰联合王国

Royal Exhibition Building and Carlton Gardens，AUSTRALIA，皇家展览馆和卡尔顿园林，澳大利亚

Royal Chitwan National Park，NEPAL，奇特万皇家国家公园，尼泊尔

Royal Domain of Drottningholm，SWEDEN，德罗特宁霍尔摩王室领地，瑞典

Royal Hill of Ambohimanga，MADAGASCAR，安布希曼加的皇家蓝山行宫，马达加斯加

Royal Monastery of Santa Maria de Guadalupe，SPAIN，瓜达罗普圣玛利亚王家修道院，西班牙

Royal Palaces of Abomey，BENIN，阿波美王宫，贝宁

Royal Tombs of the Joseon Dynasty，REPUBLIC OF KOREA，韩国

Ruins of Kilwa Kisiwani and Ruins of Songa Mnara，UNITED REPUBLIC OF TANZANIA，基卢瓦·基西瓦尼遗址和松加·姆纳拉遗址，坦桑尼亚联合共和国

Ruins of León Viejo，NICARAGUA，莱昂·别霍遗址，尼加拉瓜

Ruins of Loropéni，BURKINA FASO，布基纳法索

Ruins of the Buddhist Vihara at Paharpur，BANGLADESH，帕哈尔普尔的佛教寺院遗址，孟加拉国

Rwenzori Mountains National Park，UGANDA，鲁文佐里山国家公园，乌干达

Rabat，Modern Capital and Historic City：a Shared Heritage，MOROCCO，拉巴特：一座历史与现代交辉的城市，摩洛哥

Rani-ki-Vav（the Queen's Stepwell）at Patan，Gujarat，INDIA，古吉拉特邦帕坦县皇后阶梯井，印度

Red Bay Basque Whaling Station，CAN-

ADA，红湾巴斯克捕鲸站，加拿大

Residence of Bukovinian and Dalmatian Metropolitans，UKRAINE，布科维纳与达尔马提亚的城市民居，乌克兰

Rio de Janeiro：Carioca Landscapes between the Mountain and the Sea，BRAZIL，里约热内卢：山海之间的卡里奥克景观，巴西

Rock Islands Southern Lagoon，PALAU，帕劳南部泻湖石岛群，帕劳

S

Sacred City of Anuradhapura，SRILANKA，阿努拉达普拉古城，斯里兰卡

Sacred City of Caral-Supe，PERU，秘鲁

Sacred City of Kandy，SRILANKA，康提古城，斯里兰卡

Sacred Mijikenda Kaya Forests，KENYA，肯尼亚

Sacred Sites and Pilgrimage Routes in the Kii Mountain Range，JAPAN，纪伊山地的圣地与参拜道，日本

Sagarmatha National Park，NEPAL，萨加玛塔国家公园，尼泊尔

Sacri Monti of Piedmont and Lombardy，ITALY，皮埃蒙特及伦巴第圣山，意大利

Saint Catherine Area，EGYPT，圣卡特琳娜地区，埃及

Salonga National Park，D. R. CONGO，萨龙加国家公园，刚果

Saltaire，UNITED KINGDOM OF GREAT BRITAIN AND NORTHERN IRELAND，索尔泰尔，大不列颠及北爱尔兰联合王国

Samarkand-Crossroads of Cultures，UZBEKISTAN，处在文化十字路口的撒马尔罕城，乌兹别克斯坦

Samarra Archaeological City，IRAQ，萨迈拉古城，伊拉克

San Augustin Archaeological Park，COLOMBIA，圣奥古斯丁考古公园，哥伦比亚

San Cristóbal de La Laguna，SPAIN，拉古纳·圣克斯瓦尔古城，西班牙

San Juan National Historic Site and La Fortaleza Fortress de Puerto Rico，UNITED STATES OF AMERICA，波多黎各的圣胡安国家历史纪念地和拉福塔莱萨要塞，美国

San Marino Historic Centre and Mount Titano，SAN MARINO，圣马力诺

San Pedro de la Roca Castle，Santiago de Cuba，CUBA，古巴圣地亚哥的圣佩德罗—德拉罗卡堡，古巴

Sun Temple of Konarak，INDIA，科纳拉克太阳神庙，印度

Sanctuary of Bom Jesus Congonhas，BRAZIL，孔贡哈斯的仁慈耶稣圣殿，巴西

Sangay National Park，ECUADOR，桑盖国家公园，厄瓜多尔

Sangiran Early Man Site，INDONESIA，桑吉兰早期人类化石点，印度尼西亚

Santiago de Compostela（Old Town），SPAIN，圣地亚哥·德·孔波斯特拉城，西班牙

Saryarka–Steppe and Lakes of Northern Kazakhstan，KAZAKHSTAN，

哈萨克斯坦

Schokland and its Surroundings，**NETHERLANDS**，斯霍克兰及其周边地区，荷兰

Selous Game Reserve，**UNITED REPUBLIC OF TANZANIA**，塞卢斯狩猎保护区，坦桑尼亚联合共和国

Semmering Railway，**AUSTRIA**，塞梅宁铁路，奥地利

Seokguram Grotto and Bulguksa Temple，**REPUBLIC OF KOREA**，佛国寺和石窟庵，韩国

Serengeti National Park，**UNITED REPUBLIC OF TANZANIA**，塞伦盖蒂国家公园，坦桑尼亚联合共和国

Serra da Capivara National Park，**BRAZIL**，卡皮瓦拉山国家公园，巴西

Sewell Mining Town，**CHILE**，塞维尔铜矿城，智利

SGang Gwaay，**CANADA**，加拿大

Shark Bay，**AUSTRALIA**，沙克湾，澳大利亚

Shirakami Sanchi，**JAPAN**，白神山地，日本

Shiretoko，**JAPAN**，知床半岛，日本

Shrines and Temple of Nikko，**JAPAN**，日光市的圣坛与寺院，日本

Shushtar Historical Hydraulic System，**IRAN** 伊朗

Simien National Park，**ETHIOPIA**，塞米恩国家公园，埃塞俄比亚

Sichuan Giant Panda Sanctuaries-Wolong, Mt Siguniang and Jiajin Mountains，**CHINA** 四川大熊猫栖息地，中国

Sinharaja Forest Reserve，**SRILANKA**，辛哈拉加森林保护区，斯里兰卡

Siniloi/Central Island National Park，**KENYA**，锡比洛伊—中央岛国家公园，肯尼亚

Site of Palmyra，**SYRIAN ARAB REPUBLIC**，帕尔米拉，叙利亚阿拉伯共和国

Skellig Michael，**IRELAND**，斯凯利格·迈克尔岛，爱尔兰

Skocjan Caves，**SLOVENIA**，斯科契扬溶洞，斯洛文尼亚

Skogskyrkogarden，**SWEDEN**，斯科斯雷格加登公寓，瑞典

Socotra Archipelago，**YEMEN**，也门

Sokkuram Grotto including the Pulguksa Temple，**REPUBLIC OF KOREA**，佛国寺和石窟庵，韩国

Soltaniyeh，**IRAN**，苏丹尼叶城，伊朗

Speyer Cathedral GERMANY，施佩耶尔大教堂，德国

Spissky Hrad and the Cultural Monuments in its Environs，**SLOVAK REPUBLIC**，斯皮斯城堡及其文化遗迹，斯洛伐克共和国

South China Karst，**CHINA**，中国南方喀斯特，中国

Srebarna Nature Reserve，**BULGARIA**，斯雷巴尔纳自然保护区，保加利亚

Stari Grad Plain，**CROATIA**，克罗地亚

Stari Ras and Sopoćani，**SERBIA**，斯塔里斯和索波查尼修道院，塞尔维亚

State Historic and Cutural Park “Ancient Merv”，**TURKMENISTAN**，国家历史文化公园“古木鹿”，土库曼

斯坦

St. Kilda Island，**UNITED KINGDOM OF GREAT BRITAIN AND NORTHERN IRELAND**，圣基尔达岛，大不列颠及北爱尔兰联合王国

St. Mary's Cathedral and St. Michael's Church at Hildesheim，**GERMANY**，希尔德斯海姆的圣玛利亚大教堂和圣米夏诶尔教堂，德国

Stoclet House，**BELGIUM**，比利时

Stone Circles of Senegambia，**GAMBIA**，塞内冈比亚石圈，冈比亚

Stone Town of Zanzibar，**UNITED REPUBLIC OF TANZANIA**，桑给巴尔石头城，坦桑尼亚联合共和国

Stone Circles of Senegambia，**SENEGAL**，塞内冈比亚石圈，塞内加尔

Stonehenge，**Avebury and Associated Sites**，**UNITED KINGDOM**，巨石阵、埃夫伯里及相关遗址，英国

Strasbourg，**Grande Ile**，**FRANCE**，斯特拉斯堡—大岛，法国

Struve Geodetic Arc，**BELARUS**，斯特普鲁维地理探测弧线，白俄罗斯

Struve Geodetic Arc，**ESTONIA**，斯特鲁维地理探测弧线，爱沙尼亚

Struve Geodetic，**Arc**，**FINLAND**，斯特鲁维地理探测弧线，芬兰

Struve Geodetic Arc，**LATVIA**，斯特鲁维地理探测弧线，拉脱维亚

Struve Geodetic Arc，**LITHUANIA**，斯特鲁维地理探测弧线，立陶宛

Struve Geodetic Arc，**MOLDOVA**，**REPUBLIC OF**，斯特鲁维地理探测弧线，摩尔多瓦共和国

Struve Geodetic Arc，**NORWAY**，斯特鲁维地理探测弧线，挪威

Struve Geodetic Arc，**RUSSIAN FEDERATION**，斯特鲁维地理探测弧线，俄罗斯联邦

Struve Geodetic Arc，**SWEDEN**，斯特鲁维地理探测弧线，瑞典

Struve Geodetic Arc，**UKRAINE**，斯特鲁维地理探测弧线，乌克兰

St. Sophia Cathedral and Lavra of Kiev-Pechersk，**UKRAINE**，圣索菲亚大教堂和佩切尔隐修院，乌克兰

Studenica Monastery，**YUGOSLAVIA**，斯图德尼察修道院，塞尔维亚

Studley Royal Park，**including the Ruins of Fountains Abbey**，**UNITED KINGDOM**，斯托雷利皇家公园及其方廷斯修道院遗址，英国

Su Nuraxi di Barumini，**ITALY**，巴鲁米尼的努拉格，意大利

Sukur Cultural Landscape，**NIGERIA**，苏库尔文化景区，尼日利亚

Sulaiman—Too Sacred Mountain，**KYRGYZSTAN**，吉尔吉斯斯坦

Summer Palace，an Imperial Garden in Beijing，**CHINA**，颐和园，北京皇家园林，中国

Sun Temple of Konarak，**INDIA**，科纳拉克太阳神庙，印度

Sundarbans Mangrove Forest，**BANGLADESH**，三达班的红树林，孟加拉国

Sundarbans National Park，**INDIA**，孙德尔本斯国家公园，印度

Surtsey，**ICELAND**，冰岛

Swiss Alps Jungfrau-Aletsch，**SWITZERLAND**，少女峰—阿雷奇冰河—毕奇霍恩峰，瑞士

Swiss Tectonic Arena Sardona，**SWITZERLAND**，瑞士

Sydney Opera House，**AUSTRALIA**，悉尼歌剧院，澳大利亚

Syracuse and the Rocky Necropolis of Pantalica，**ITALY**，锡拉库扎和潘塔立克石墓群，意大利

Saloum Delta，**SENEGAL**，萨卢姆三角洲，塞内加尔

São Francisco Square in the Town of São Cristóvão 圣克里斯托弗城的圣弗朗西斯科广场，巴西

Selimiye Mosque and its Social Complex，**TURKEY**，赛里米耶清真寺及其社会性建筑群，土耳其

Seventeenth-Century Canal Ring Area of Amsterdam inside the Singelgracht，**NETHERLANDS**，辛格尔运河以内的阿姆斯特丹17世纪同心圆型运河区，荷兰

Shahr-i Sokhta，**IRAN**，被焚之城，伊朗

Sheikh Safi al-din Khānegāh and Shrine Ensemble in Ardabil，**IRAN**，谢赫萨菲·丁圣殿与哈内加建筑群是伊斯兰教苏菲派的精神休憩之所，伊朗

Silk Roads：the Routes Network of Chang'an-Tianshan Corridor，**CHINA**，**KYRGYZSTAN**，**KAZAKHSTAN**，丝绸之路：长安－天山廊道的路网，中国，吉尔吉斯斯坦，哈萨克斯坦

Site of Xanadu，**CHINA**，元上都遗址，中国

Sites of Human Evolution at Mount Carmel：The Nahal Me'arot / Wadi el-Mughara Caves，**ISRAEL**，迦密山人类进化遗址：梅尔瓦特河 / 瓦迪·艾玛哈尔洞穴群，以色列

Stevns Klint，**DENMARK**，斯蒂文斯格林特，丹麦

T

Tai National Park，**COTE D'IVOIRE**，塔伊国家公园，科特迪瓦

Taj Mahal，**INDIA**，泰姬陵，印度

Takht-e Soleyman，**IRAN**，塔赫特苏莱曼，伊朗

Talamanca Range and La Amistad Biosphere Reserve，**COSTARICA/PANAMA**，塔拉曼卡山脉及阿米斯塔德生物圈保留地，哥斯达黎加 / 巴拿马

Tassili n'Ajjer，**ALGERIA**，阿杰尔的塔西利，阿尔及利亚

Tchogha Zanbil，**IRAN**，乔加·赞比尔，伊朗

Te Wahipounamu—South West New Zealand，**NEW ZEALAND**，特瓦希波纳姆—新西兰西南部，新西兰

Teide National Park，**SPAIN**，泰德国家公园，西班牙

Temple of Apollo Epicurius at Bassae，**GREECE**，巴塞市的伊壁鸠鲁阿波罗神庙，希腊

Temple of Confucious，**the Cemetery of Confucious**，**and the Kong Family Mansion in Qufu**，**CHINA**，曲阜孔庙、

孔林、孔府，中国

Temple of Haeinsa Changgyong P'ango，REPUBLIC OF KOREA，海印寺，韩国

Temple of Heaven，Beijing，CHINA，天坛，中国

Temple of Preah Vihear，CAMBODIA，柬埔寨

The Acropolis of Athens，GREECE，雅典卫城，希腊

The Ancient Ksour of Ouadane，Chinguetti，Tichitti and Oualata，MAURITANIA，瓦丹、欣盖提、提希特和瓦拉塔古镇，毛里塔尼亚

The Archaeological Monuments Zone of Xochicalco，MEXICO，索契卡尔科考古遗迹区，墨西哥

The Archaeological Site of Mycenae and Tiryns，GREECE，迈锡尼和蒂林斯遗址，希腊

The Bauhaus and its Sites in Weimar and Dessau，GERMANY，包豪斯学校及其魏玛和德绍的旧址，德国

The Belfries of Flanders and Wallonia，BELGIUM，佛兰德尔和瓦隆尼亚地区的钟楼，比利时

The Bronze Age Burial Site of Sammallahdenmaki，FINLAND，萨摩拉敦玛基铜器时代的墓葬遗址，芬兰

The Castles and Town Walls of King Edward in Gwynedd，UNITED KINGDOM OF GREAT BRITAIN AND NORTHERN IRELAND，圭内斯爱德华一世时期的城堡与城墙，大不列颠及北爱尔兰联合王国

The Castles of Augustusburg and Falkenlust at Brühl，GERMANY，布吕尔的奥古斯都堡宫和“猎鹰谐趣园”宫，德国

The Cathedral of St James in Šibenik，CROATIA，西贝尼克的圣詹姆斯大教堂，克罗地亚

The Changdokkung Palace Complex，REPUBLIC OF KOREA，昌德宫，韩国

The Church and Dominican Convent of Santa Maria Delle Grazie with “The Last Supper” by Leonardo da Vinci，ITALY，圣玛利亚感恩教堂及多明我会女修道院建筑群和莱奥纳多·达·芬奇的《最后的晚餐》，意大利

The City of Luxembourg：Its Old Quarters and Fortifications，LUXEMBOURG，卢森堡市的旧城区及城防工事，卢森堡

The City of Safranbolu，TURKEY，萨夫兰博卢，土耳其

The City of Valletta，MALTA，瓦莱塔城，马耳他

The Collegiate Church，Castle and Old Town of Quedlinburg，GERMANY，奎德林堡修道院教堂、城堡和旧城，德国

The Complex of Hue Monuments，VIET NAM，顺化古都，越南

The Costiera Amalfitana，ITALY，阿马尔菲的海滨地区，意大利

The Cueva de las Manos，Rio Pinturas，ARGENTIAN，里约·嫔图纳斯一手印壁画石窟，阿根廷

The Dacian Fortresses of the Orastie Mountains，**ROMANIA**，奥拉斯蒂耶山区达契亚城堡，罗马尼亚

The Defence Line of Amsterdam，**NETHERLANDS**，阿姆斯特丹防线，荷兰

The Dolomites，**ITALY**，意大利

The Earliest 16th Century Monasteries on the Slopes of Popocatepetl，**MEXICO**，波皮卡特佩特火山坡上最早的16世纪修道院，墨西哥

The Fossil Hominid Sites of Sterkfontein，**Swartkrans**，**Kromdraai**，**and Environs**，**SOUTH AFRICA**，斯特克方丹、斯瓦特克兰斯、克罗姆德拉伊的原始人类化石遗址，南非

The Four Lifts on the Canal du Centre and their Environs in Belgium，**BELGIUM**，比利时中央运河上的四部升降机，比利时

The Giant's Causeway and Causeway Coast，**UNITED KINGDOM OF GREAT BRITAIN AND NORTHERN IRELAND**，贾恩茨考斯韦与考斯韦海岸，大不列颠及北爱尔兰联合王国

The Great Barrier Reef，**AUSTRALIA**，大堡礁，澳大利亚

The Great Wall，**CHINA**，长城，中国

The Heart of Neolithic Orkney，**UNITED KINGDOM OF GREAT BRITAIN AND NORTHERN IRELAND**，新石器时代奥克尼的中心遗址，大不列颠及北爱尔兰联合王国

The Historic Centre（Chorá）with the Monastery of Saint John "the Theologian"and the Cave of the Apocalypse on the Island of Pátmos，**GREECE**，帕特摩丝岛历史中心（克纳城）及"神学家"圣约翰修道院和《启示录》岩洞遗址，希腊

The Historic Monumental Zone of Queretaro，**MEXICO**，克雷塔罗历史遗迹，墨西哥

The Historic Monumental Zone of Tlacotalpan，**MEXICO**，特拉科塔尔潘的历史纪念区，墨西哥

The Historic Quarter of the City of Colonia del Sacramento，**URUGUAY**，萨克拉曼多移民镇的历史区，乌拉圭

The Historic Town of Banska Stiavnica，**SLOVAK REPUBLIC**，班斯卡·什佳夫里察古城，斯洛伐克共和国

The Historic Town of Vigan，**PHILIPPINES**，维甘历史名城，菲律宾

The Historical Church Ensemble of Mtskheta，**GEORGIA**，姆茨赫塔古城的宗教遗址，格鲁吉亚

The Holy Valley，**LEBANON**，圣谷，黎巴嫩

The Lapponian Area，**SWEDEN**，瑞典拉普人居住区，瑞典

The Laurisilva of Madeira，**PORTUGAL** 马德拉群岛的森林，葡萄牙

The Lines and Geoglypths of Nasca and Pampas de Jumana，**PERU**，纳斯卡高地和朱马那草原的神秘图案，秘鲁

The Loire Valley between Sully-sur-Loire and Chalonnes，**FRANCE**，卢瓦尔河畔叙利与沙洛纳间的卢瓦尔河谷，法国

The Manor of Kolomenskoye，**RUSSIAN FEDERATION**，科罗缅斯克庄园，俄罗斯联邦

The Mausoleum of the First Qin Emperor，**CHINA**，秦始皇陵，中国

The Mountain Resort in Chengde City，**CHINA**，承德避暑山庄，中国

The Neolithic Settlement of Choirok–hoitia，**CYPRUS**，乔伊诺柯伊歇的新石器时代居民点，塞浦路斯

The Old City of Jerusalem and Its Walls，**JERUSALEM**，耶路撒冷旧城及其城墙，耶路撒冷

The Painted Churches in the Troodos Region，**CYPRUS**，特罗多斯地区的彩绘教堂，塞浦路斯

The Palau de La Musica Catalana and the Hospital de Sant Pauin Barcelona，**SPAIN**，巴塞罗那的帕劳音乐厅及圣保罗医院，西班牙

The Pre–Romanesque Churches of Asturias，**SPAIN**，阿斯图利亚斯前罗马式教堂，西班牙

The Rock Carvings in Alta，**NORWAY**，阿尔塔岩画，挪威

The Rock Carvings in Tanum，**SWEDEN**，塔努姆岩画，瑞典

The Route of Santiago de Compostela，**SPAIN**，冈波斯特拉的圣地亚哥之路，西班牙

The Royal Saltworks of Arc- et-Senans，**FRANCE**，阿尔克—塞南王家盐场，法国

The Sassi and the Park of the Rupestrian Churches of Matera，**ITALY**，马泰拉的石窟民居和石头教堂花园，意大利

The Statue of Liberty，自由女神像，**UNITED STATES OF AMERICA**，美国

The Stave Church at Urnes，**NORWAY**，奥尔内斯木板教堂，挪威

The Tasmanian Wilderness，**AUSTRALIA**，塔斯马尼亚岛荒野，澳大利亚

The 18th Century Royal Palace at Caserta and its Surroundings ITALY，卡塞塔地区的18世纪皇宫建筑群及其周围环境，意大利

The Tower of London，**UNITED KINGDOM OF GREAT BRITAIN AND NORTHERN IRELAND**，伦敦塔，大不列颠及北爱尔兰联合王国

The Wadden Sea，**GERMANY**，德国

The Wadden Sea，**NETHERLANDS**，荷兰

The White Stone Monuments of Vladimir and Suzdal，**RUSSIAN FEDERATION**，弗拉基米尔和苏兹达利的白石建筑纪念物，俄罗斯联邦

Thracian Tomb of Kazanlak，**BULGARIA**，卡赞利克的色雷斯人古墓，保加利亚

Thracian Tomb of Sveshtari，**BULGARIA**，斯维士达里色雷斯人墓，保加利亚

Three Castles，**Defensive Wall and Ramparts of the Market-Town of Bellinzona**，**SWITZERLAND**，贝林佐纳三座要塞及防卫墙和集镇，瑞士

Three Parallel Rivers of Yunnan Protected，Areas CHINA，云南三江并流保护区，中国

Thugga，TUNISIA，沙格，突尼斯

Thung Yai–Huai Kha Khaeng Wildlife Sanctuary，THAILAND，童—艾—纳雷松野生生物保护区，泰国

Tikal National Park，GUATEMALA，蒂卡尔国家公园，危地马拉

Timbuktu，MALI，廷巴克图，马里

Timgad，ALGERIA，廷加德，阿尔及利亚

Tipasa，ALGERIA，蒂巴扎，阿尔及利亚

Tiya，ETHIOPIA，蒂亚，埃塞俄比亚

Tiwanaku：Spiritual and Political Centre of the Tiwanaku Culture，BOLIVIA，蒂瓦纳科文化的精神和政治中心，玻利维亚

Tokaj Wine Region Historic Cultural Landscape，HUNGARY，托卡伊葡萄酒产地历史文化景观，匈牙利

Tomb of Askia，MALI，阿斯基亚王陵，马里

Tombs of Buganda Kings at Kasubi，UGANDA，巴干达国王们的卡苏比陵，乌干达

Tongariro National Park，NEW ZEALAND，汤加雷诺国家公园，新西兰

Tower of Hercules，SPAIN，西班牙

Town Hall and Roland on the Marketplace of Bremen，GERMANY，不来梅市市场的市政厅和罗兰城，德国

Town of Luang Prabang，LAO PEOPLE'S DEMOCRATIC REPUBLIC，琅勃拉邦的古城，老挝人民民主共和国

Trinidad and the Valley de los Ingenios，CUBA，特立尼达和洛斯因赫尼奥斯山谷，古巴

Tropical Rainforest Heritage of Sumatra，INDONESIA，苏门答腊热带，印度尼西亚

Trulli of Alberobello，ITALY，阿尔贝罗贝洛的特胡里城，意大利

Tsingy de Bemaraha Strict Nature Reserve，MADAGASCAR，黥基·德·贝马拉哈自然保护区，马达加斯加

Tsodilo，BOTSWANA，措迪洛山，博茨瓦纳

Tubbataha Reef Marine Park，PHILIPPINES，图巴塔哈群礁海洋公园，菲律宾

Tugendhat Villa in Brno，CZECH REPUBLIC，布尔诺的图根哈特别墅，捷克共和国

Twyfelfontein or/Ui-/aes，NAMIBIA，推菲尔泉岩画，纳米比亚

Tyre，LEBANON，提尔城，黎巴嫩

Tabriz Historic Bazaar Complex，IRAN，大不里士的古老的大集市，伊朗

Tajik National Park（Mountains of the Pamirs），TAJIK，塔吉克国家公园（帕米尔高原的山脉），塔吉克斯坦

The Grand Canal，CHINA，大运河，中国

The Jantar Mantar，Jaipur，INDIA，斋浦尔古天文台，印度

The Persian Garden，IRAN，波斯花园，

伊朗

Tomioka Silk Mill and Related Sites，**JAPAN**，富冈制丝厂及丝绸产业遗产群，日本

Trang An Landscape Complex，**VIET NAM**，庄安景观，越南

U

Ujung Kulon Natingal Park，**INDONESIA**，乌戎库隆国家公园，印度尼西亚

Ukhahlamba/Drakensberg Park，**SOUTH AFRICA**，夸特兰巴山脉/德拉肯斯堡山公园，南非

Uluru—Kata Tjuta National Park，**AUSTRALIA**，乌卢鲁国家公园，澳大利亚

Um er-Rasas（Kastrom Mefa'a）JORDAN，乌姆赖萨斯考古遗址，约旦

University and Historic Precinct of Alcala de Henares，**SPAIN**，埃纳雷斯堡的大学及历史区域，西班牙

Upper Middle Rhine Valley，**GERMANY**，莱茵河中上游河谷，德国

Upper Svaneti，**GEORGIA**，上斯瓦涅季，格鲁吉亚

Urban Historic Centre of Cienfuegos，**CUBA**，西恩富戈斯古城，古巴

Uvs Nuur Basin，**MONGOLIA**，乌布苏盆地，蒙古

Uvs Nuur Basin，**RUSSIAN FEDERATION**，乌布苏盆地，俄罗斯联邦

University of Coimbra–Alta and Sofia，**PORTUGAL**，科英布拉大学—阿尔塔和索菲亚，葡萄牙

V

Val d'Orcia，**ITALY**，瓦尔·迪奥西亚公园文化景观，意大利

Vallee de Mai Nature Reserve，**SEYCHELLES**，五月谷地自然保护区，塞舌尔

Varberg Radio Station，**SWEDEN**，威堡广播站，瑞典

Vat Phou and Associated Ancient Settlements within the Champasak Cultural Landscape，**LAO PEOPLE'S DEMOCRATIC REPUBLIC**，占巴塞文化景观内的瓦普庙和相关古民居，老挝人民民主共和国

Vatican City，**HOLY SEE**，梵蒂冈城，梵蒂冈

Vegaøyan–The Vega Archipelago，**NORWAY**，维嘎群岛文化景观，挪威

Venice and its Lagoon，**ITALY**，威尼斯及其礁湖，意大利

Verla Groundwood and Board Mill，**FINLAND**，韦尔拉磨木和纸板厂，芬兰

Villa Adriana（Tivoli），**ITALY**，亚得里亚那别墅，意大利

Villa aromana del Casale，**ITALY**，卡萨尔的罗马别墅，意大利

Villa d'Este，**Tivoli**，**ITALY**，提沃利城的伊斯特别墅，意大利

Villa Romana del Casale，**ITALY** 卡萨尔的罗马别墅，意大利

Viñales Valley，**CUBA**，沃纳尔斯河谷，古巴

Virgin Forests of Komi，**RUSSIAN FEDERATION**，科米原始森林，俄

罗斯联邦

Virunga National Park，**D. R. CONGO**，维龙加国家公园，刚果

Vizcaya Bridge，**SPAIN**，维斯盖亚桥，西班牙

Vlkolinec Reservation of Folk Architecture，**SLOVAK REPUBLIC**，维尔科利尼克的民俗建筑，斯洛伐克共和国

Volcanoes of Kamchatka，**RUSSIAN FEDERATION**，勘察加火山群，俄罗斯联邦

Völklingen Ironworks，**GERMANY**，富尔克林根冶炼厂，德国

Vredefort Dome，**SOUTH AFRICA**，弗里德堡陨石坑，南非

Van Nellefabriek，**NETHERLANDS**，范内尔设计工场，荷兰

Villages with Fortified Churches in Transylvania，**ROMANIA**，特兰西瓦尼亚的村落及设防教堂，罗马尼亚

Vineyard Landscape of Piedmont：Langhe-Roero and Monferrato，**ITALY**，皮埃蒙特的葡萄园景观：朗格罗埃洛和蒙菲拉托，意大利

W

"W"National Park，**NIGER**，"W"国家公园，尼日尔

Wachau Cultural Landscape，**AUSTRIA**，瓦豪文化景观，奥地利

Walled City of Baku with the Shirvanshah's Palace and Maiden Tower，**AZERBAIJAN**，城墙围绕的巴库城及其希尔凡王宫和少女塔，阿塞拜疆

Wartburg Castle，**GERMANY**，瓦特堡城堡，德国

Waterton Glacier International Peace Park，**CANADA/UNITED STATES OF AMERICA**，沃特顿冰川国际和平公园，加拿大 / 美国

West Norwegian Fjords–Geirangerfjord and Nærøyfjord，**NORWAY**，挪威西峡湾—盖朗厄尔峡湾和纳柔依峡湾，挪威

Western Caucasus，**RUSSIAN FEDERATION**，西高加索，俄罗斯联邦

Westminster Palace，**Westminster Abbey and St. Margaret's Church**，**UNITED KINGDOM OF GREAT BRITAIN AND NORTHERN IRELAND**，威斯敏斯特宫、威斯敏斯特大教堂和圣玛格丽特教堂，大不列颠及北爱尔兰联合王国

Wet Tropics of Queensland，**AUSTRALIA**，昆士兰的热带雨林，澳大利亚

Whale Sanctuary of El Vizcaino，**MEXICO**，埃尔比斯开诺鲸鱼禁渔区，墨西哥

White City of Tel-Aviv–the Modern Movement，**ISRAEL**，特拉维夫白城——现代运动，以色列

Wieliczka Salt Mine，**POLAND**，维耶利奇卡盐矿，波兰

Willandra Lakes Region，**AUSTRALIA**，韦兰德拉湖区，澳大利亚

Wood Buffalo National Park，**CANADA**，伍德布法罗国家公园，加拿大

Wooden Churches of Maramures，**ROMANIA**，马拉穆雷斯木质教堂，罗马尼亚

Wooden Churches of Southern Little

Poland，**POLAND**，南部小波兰木制教堂，波兰

Wooden Churches of the Slovak part of the Carpathian Mountain Area，**SLOVAK REPUBLIC**，斯洛伐克共和国

Wulingyuan Scenic and Historic Interest Area，**CHINA**，武陵源，中国

Würzburg Residence，**GERMANY**，维尔茨堡宫，德国

Wadden Sea，**DENMARK**，**GERMANY**，**NETHERLAND**，瓦登海，丹麦，德国，荷兰

Wadi Al-Hitan（Whale Valley），**EGYPT**，鲸鱼峡谷，埃及

Wadi Rum Protected Area，**JORDAN**，瓦迪拉姆保护区，约旦

Walled City of Baku with the Shirvanshah's Palace and Maiden Tower，**BELARUS**，城墙围绕的巴库城及希尔凡王宫和少女塔，白俄罗斯

West Lake Cultural Landscape of Hangzhou，**CHINA**，杭州西湖文化景观，中国

Western Ghats，**INDIA**，西高止山脉，印度

X

Xanthos—Letoon，**TURKEY**，汉瑟斯和莱顿遗址，土耳其

Xinjiang Tianshan，**CHINA**，新疆天山，中国

Y

Yakushima，**JAPAN**，屋久岛，日本

Yellowstone National Park，**UNITED STATES OF AMERICA**，黄石国家公园，美国

Yin Xu，**CHINA**，殷墟，中国

Yosemite National Park，**UNITED STATES OF AMERICA**，约塞米蒂国家公园，美国

Yungang Grottoes，**CHINA**，云岗石窟，中国

Yuso and Suso Monasteries of San Millan，**SPAIN**，圣米兰的尤索和苏索修道院，西班牙

Z

Zollverein Coal Mine Industrial Comples in Essen，**GERMANY**，埃森的关税同盟煤矿工业区，德国

附录二 中国世界遗产名录（截止到2018年）

＊＝世界文化遗产 World Cultural Site
†＝世界自然遗产 World Nacural Site
*†＝世界文化和自然遗产 World Cultural and Natural Site（Mixed）
按入录时间排序 By chronological order:

	中文名	Name	Location	Date
1	明清故宫（北京故宫、沈阳故宫）	Imperial Palaces of the Ming and Qing Dynasties in Beijing and Shenyang *	Beijing（the Forbidden City）and Shenyang，Liaoning（Mukden Palace）	1987，2004
2	秦始皇陵	Mausoleum of the First Qin Emperor *	Shaanxi	1987
3	莫高窟	Mogao Caves *	Dunhuang，Gansu	1987
4	泰山	Mount Taishan *†	Shandong	1987
5	周口店北京人遗址	Peking Man Site at Zhoukoudian *	Beijing	1987
6	长城	The Great Wall*	Northern China	1987
7	黄山	Mount Huangshan *†	Huangshan City，Anhui	1990
8	黄龙风景名胜区	Huanglong Scenic and Historic Interest Area †	Songpan County，Sichuan	1992
9	九寨沟风景名胜区	Jiuzhaigou Valley Scenic and Historic Interest Area †	Jiuzhaigou County，Sichuan	1992
10	武陵源风景名胜区	Wulingyuan Scenic and Historic Interest Area †	Zhangjiajie，Hunan	1992
11	武当山古建筑群	Ancient Building Complex in the Wudang Mountains *	Hubei	1994
12	布达拉宫历史建筑群，包括大昭寺和罗布林卡	Historic Ensemble of the Potala Palace，including the Jokhang Temple and Norbulingka *	Lhasa，Tibet	1994，2000，2001
13	承德避暑山庄及周围寺庙	Mountain Resort and its Outlying Temples in Chengde *	Chengde，Hebei	1994

续表

	中文名	Name	Location	Date
14	孔庙、孔府及孔林	Temple and Cemetery of Confucius, and the Kong Family Mansion *	Qufu, Shandong	1994
15	峨眉山—乐山大佛风景名胜区	Mount Emei Scenic Area, including Leshan Giant Buddha Scenic Area *†	Emeishan City (Mt. Emei) and Leshan (Giant Buddha), Sichuan	1996
16	庐山风景名胜区	Lushan National Park *	Lushan District, Jiangxi	1996
17	平遥古城	Ancient City of Ping Yao *	Pingyao County, Shanxi	1997
18	苏州古典园林	Classical Gardens of Suzhou *	Suzhou, Jiangsu	1997, 2000
19	丽江古城	Old Town of Lijiang *	Lijiang, Yunnan	1997
20	颐和园	Summer Palace *	Beijing	1998
21	天坛	Temple of Heaven *	Beijing	1998
22	大足石刻	Dazu Rock Carvings *	Dazu District, Chongqing	1999
23	武夷山	Mount Wuyi *†	Northwestern Fujian; Jiangxi	1999, 2017
24	皖南古村落：西递、宏村	Ancient Villages in Southern Anhui – Xidi and Hongcun *	Yi County, Anhui	2000
25	明清皇家陵寝包括明代陵墓和明孝陵	Imperial Tombs of the Ming and Qing Dynasties, including the Ming Dynasty Tombs and the Ming Xiaoling Mausoleum *	Beijing and Nanjing, Jiangsu, Liaojing	2000, 2003, 2004
26	龙门石窟	Longmen Grottoes *	Luoyang, Henan	2000
27	青城山和都江堰灌溉系统	Mount Qingcheng and the Dujiangyan Irrigation System *	Dujiangyan City, Sichuan	2000
28	云冈石窟	Yungang Grottoes *	Datong, Shanxi	2001
29	云南“三江并流”自然保护地群	Three Parallel Rivers of Yunnan Protected Areas †	Yunnan	2003
30	高句丽王城、王陵及贵族墓葬	Capital Cities and Tombs of the Ancient Koguryo Kingdom *	Ji'an, Jilin	2004
31	澳门历史城区	Historic Centre of Macau *	Macau	2005
32	殷墟	Yin Xu *	Henan	2006
33	四川大熊猫栖息地	Sichuan Giant Panda Sanctuaries †	Sichuan	2006

续表

	中文名	Name	Location	Date
34	开平碉楼与村落	Kaiping Diaolou and Villages *	Guangdong	2007
35	中国南方喀斯特	South China Karst †	Yunnan, Guizhou, Guangxi and Chongqing	2007, 2014
36	福建土楼	Fujian Tulou *	Fujian	2008
37	三清山风景名胜区	Mount Sanqingshan National Park †	Jiangxi	2008
38	五台山	Mount Wutai *	Shanxi	2009
39	登封天地之中古建筑群	Historic Monuments of Dengfeng in “The Centre of Heaven and Earth” *	Dengfeng, Henan	2010
40	中国丹霞	China Danxia †	Hunan, Guangdong, Fujian, Jiangxi, Zhejiang, andGuizhou	2010
41	杭州西湖文化景观	West Lake Cultural Landscape of Hangzhou *	Hangzhou, Zhejiang	2011
42	元上都遗址	Site of Xanadu *	Xilingol, Inner Mongolia	2012
43	澄江化石地	Chengjiang Fossil Site †	Chengjiang County, Yunnan	2012
44	新疆天山	Xinjiang Tianshan †	Xinjiang	2013
45	红河哈尼梯田文化景观	Cultural Landscape of Honghe Hani Rice Terraces *	Yuanyang County, Yunnan	2013
46	大运河	The Grand Canal*	这里应该为 6 省 2 市	2014
47	丝绸之路：长安—天山走廊的路网	Silk Roads: the Routes Network of Chang'an–Tianshan Corridor*	Shaanxi, Gansu, Xinjiang, Henan, Kazakhstan, Kyrgyzstan	2014
48	土司遗址	Tusi Sites *	the mountainous areas of south–west China: Yongshun, Hunan; Bozhou Guizhou; Tangyashan, Hubei	2015
49	左江花山岩画	Zuojiang Huashan Rock Art Cultural Landscape *	Guangxi	2016
50	湖北神农架	Hubei Shennongjia †	Hubei	2016
51	青海可可西里	Qinghai Hoh Xil †	Qinghai	2017

续表

	中文名	Name	Location	Date
52	中国鼓浪屿：历史国际社区	Kulangsu，a Historic International Settlement *	Xiamen，Fujian	2017
53	梵净山	Fanjingshan †	Tongren，Guizhou	2018

附录三 IFLA 国家或地区会员名录（截止到 2016 年）

1.American Society of Landscape Architects（ASLA），UNITED STATES OF AMERICA 美国风景园林师协会
2.Asociación Costarricense de Paisajismo（ASOPAICO），COSTA RICA 格斯达尼加风景园林师协会
3.Asociacion de Arquitectos Paisajistas de Puerto Rico（AAPPR），PUERTO RICO 波多黎各风景园林师协会
4.Asociación de Arquitectura del Paisaje de América Central y el Caribe（APAC），CENTRAL AMERICA & THE CARIBBEAN 中美洲及加勒比海风景园林师协会
5.Asociación Española de Paisajistas（AEP），SPAIN 西班牙风景园林师协会
6.Asociación Peruana de Arquitectura del Paisaje（APP），PERU 秘鲁风景园林师协会
7.Asociacion Uruguaya de Arquitectura de Paisaje（AUDADP），URUGUAY 乌拉圭风景园林师协会
8.Associação Brasileira de Arquitetos Paisagistas（ABAP），BRAZIL 巴西风景园林师协会
9.Associação Portuguesa dos Arquitetos Paisagistas（APAP），PORTUGAL 葡萄牙风景园林师协会
10.Association Luxembourgeoise des Architectes Paysagistes（ALAP），LUXEMBOURG 卢森堡风景园林师协会
11.Association of Landscape Architects of the Community of Independent States（ALACIS），RUSSIAN FED. UKRAINE & BELARUS 俄罗斯联邦—乌克兰—白俄罗斯风景园林师协会
12.Associazione Italiana di Architettura del Paesaggio（AIAPP），ITALY 意大利风景园林师协会
13.Australian Institute of Landscape Architects（AILA），AUSTRALIA 澳大利亚风景园林师协会
14.Belgische Vereniging Voor Tuinarchitecten En Landschapsarchitecten/AssociationBelge des Architectes de Jardins et des Architectes Paysagistes（BVTL/ABAJP），BELGIUM 比利时风景园林师协会
15.Bermuda Association of Landscape Architects（BALA），BERMUDA 百幕大风景园林师协会
16.Bund Deutscher Landschaftsarchitekten Bundesgeschaeftsstelle（BDLA），GERMANY 德国风景园林师协会

17.Bund Schweizer Landschaftsarchitekten（BSLA），SWITZERLAND 瑞士风景园林师协会

18.Canadian Society of Landscape Architects（CSLA-AAPC），CANADA 加拿大风景园林师协会

19.Centro Argentino de Arquitectos Paisajistas（CAAP），ARGENTINA 阿根廷风景园林师协会

20.The Chinese Hong Kong Institute of Landscape Architects（CHKILA），CHINESE HONG KONG 中国香港园境师协会

21.Chinese Society of Landscape Architecture（CHSLA），P.R. CHINA 中国风景园林学会

22.Chinese Taiwan Landscape Architects Society（CTLAS），Chinese TAIWAN 中国台湾景观师协会

23.Croatian Association of Landscape Architects（HDKA），CROATIA 克罗地亚风景园林师协会

24.Czech Landscape and Garden Society（CZLA），CZECH REP 捷克风景园林师协会

25.The Danish Association of Landscape Architects（DL），DENMARK 丹麦风景园林师协会

26.Društvo krajinskih arhitektov Slovenije（DKAS），SLOVENIA 斯洛文尼亚风景园林师协会

27.Fédération Française du Paysage（FFP），FRANCE 法国风景园林师协会

28.Félag Islenskra Landslagsarkitekta（FILA），ICELAND 冰岛风景园林师协会

29.Hungarian Association of Landscape Architects（HALA），HUNGARY 匈牙利风景园林师协会

30.Institute of Landscape Architects Malaysia（ILAM），MALAYSIA 马来西亚风景园林师协会

31.Institute of Landscape Architects of South Africa（ILASA），SOUTH AFRICA 南非风景园林师协会

32.Instituto Chileno de Arquitectos del Paisaje（ICHAP），CHILE 智利风景园林师协会

33.Iranian Society of Landscape Professions（ISLAP），IRAN 伊朗风景园林专业者协会

34.Irish Landscape Institute（ILI），IRELAND 爱尔兰风景园林协会

35.Indonesian Society of Landscape Architects（ISLA），INDONESIA 印度尼西亚风景园林师协会

36.Indian Society of Landscape Architects（ISOLA），INDIA 印度风景园林师协会

37.The Israeli Association of Landscape Architects（ISALA），ISRAEL 以色列风景园林师协会

38.Japanese National Committee for IFLA（JIFLA-Japan），JAPAN 日本IFLA全国委员会

39.Korean Institute of Landscape Architecture（KILA），KOREA 韩国造景学会

40.Landscape Architects Chapter

Architectural Association of Kenya（LACK），KENYA 肯尼亚建筑协会风景园林师分会

41.The Landscape Institute（LI），UNITED KINGDOM 英国风景园林协会

42.Latvijas Ainavu arhitektūras biedrība（LAAB），LATVIA 拉脱维亚风景园林师协会

43.Lithuanian Association of Landscape Architects（LALA），LITHUANIA 立陶宛风景园林师协会

44.Malawi Institute of Landscape Architecture（MILA），MALAWI 马拉维风景园林学会

45.Nederlandse Vereniging voor Tuin en Landschapsarchitektuur（NVTL），NETHERLANDS 荷兰风景园林师协会

46.New Zealand Institute of Landscape Architects Inc.（NZILA），NEW ZEALAND 新西兰风景园林师协会

47.Nigeria Society of Landscape Architects（SLAN），NIGERIA 尼日利亚风景园林师协会

48.Norske landskapsarkitekters forening（NLA），NORWAY 挪威风景园林师协会

49.Österreichische Gesellschaft für Landschaftsplanung und Landschaftsarchitektur（ÖGLA），AUSTRIA 奥地利风景园林师协会

50.Panhellenic Association of Landscape Architects（PHALA），GREECE 希腊风景园林师协会

51.Philippines Association of Landscape Architects（PALA），PHILIPPINES 菲律宾风景园林师协会

52.Serbian Association of Landscape Architects（SALA / UPAS），SERBIA 塞尔维亚风景园林师协会

53.Singapore Institute of Landscape Architects（SILA），SINGAPORE 新加坡风景园林师协会

54.Slovak Architects Society（SAS），SLOVAKIA 斯洛伐克建筑师协会

55.Sociedad Colombiana de Arquitectos Paisajistas（SAP），COLOMBIA 哥伦比亚风景园林师协会

56.Sociedad de Arquitectos Paisajistas de México，A.C.（SAPM），MEXICO 墨西哥风景园林师协会

57.Sociedad de Arquitectos Paisajistas del Ecuador Universidad Técnica Particular de Loja（SAPE），ECUADOR 厄瓜多尔风景园林师协会

58.Sociedad de Arquitectos Paisajistas, Ecología y Medio Ambiente（SAPEMA），BOLIVIA 玻利维亚风景园林师协会

59.Sociedad Paraguaya de Arquitectura del Paisaje（SPAP），PARAGUAY 巴拉圭挪威风景园林师协会

60.Sociedad Venezuelana de Arquitectos Paisajistas/Venezuelan Society of Landscape Architects（SVAP），VENEZUELA 委内瑞拉风景园林师协会

61.Suomen maisema-arkkitehtiliitto Finlands landskapsarkitektförbund

（**MARK**），**FINLAND** 芬兰风景园林师协会

62.Swedish Association of Architects（SVERIGES ARKITEKTER），SWEDEN 瑞典风景园林师协会

63.Thai Association of Landscape Architects（TALA），THAILAND 泰国风景园林师协会

64.Union of Landscape Architects of Bulgaria（ULAB）保加利亚风景园林师联合会

65.Estonian Landscape Architects' Union（ELAU）爱沙尼亚风景园林师联合会

66.Association des Architectes Paysagistes du Maroc（AAPM）摩洛哥风景园林师协会

67.Romanian Landscape Architects Association（ASOP）罗马尼亚风景园林师协会

68.Sri Lanka Institute of Landscape Architects（SLILA）斯里兰卡风景园林师协会

69.Tunisian Association of Landscape Architects and Engineers（TALAE）突尼斯风景园林师及工程师协会

70.Stowarzyszenie Architektury Krajobrazu（SAK）波兰风景园林师协会

71.Chamber of Landscape Architects-Turkey（CTLA）土耳其风景园林师协会

附录四　国家级风景名胜区名录（截止到 2017 年）

北京 Beijing Municipality

1. 八达岭—十三陵风景名胜区 Badaling – Shisanling Scenicand Historic Interest Area
2. 石花洞风景名胜区 Shihuadong Scenicand Historic Interest Area

天津 Tianjin Municipality

1. 盘山风景名胜区 Mt.Pan Scenicand Historic Interest Area

河北省 Hebei Province

1. 承德避暑山庄外八庙风景名胜区 Eight Outer Temples in Chengde Summer Resort Scenicand Historic Interest Area
2. 秦皇岛北戴河风景名胜区 Qinhuangdao Beidaihe Scenicand Historic Interest Area
3. 野三坡风景名胜区 Yesanpo Scenicand Historic Interest Area
4. 苍岩山风景名胜区 Mt.Cangyan Scenicand Historic Interest Area
5. 嶂石岩风景名胜区 Zhangshiyan Scenicand Historic Interest Area
6. 西柏坡—天桂山风景名胜区 Xibaipo –Mt.Tiangui Scenicand Historic Interest Area
7. 崆山白云洞风景名胜区 Mt.Kong Baekundong Scenicand Historic Interest Area
8. 太行大峡谷风景名胜区 Taihang Grand Canyon Scenicand Historic Interest Area
9. 响堂山风景名胜区 Mt.Xiangtang Scenicand Historic Interest Area
10. 娲皇宫风景名胜区 Wahuang Palace Scenicand Historic Interest Area

山西省 Shanxi Province

1. 五台山风景名胜区 Mt.Wutai Scenicand Historic Interest Area
2. 恒山风景名胜区 Mt.Heng Scenicand Historic Interest Area
3. 黄河壶口瀑布风景名胜区 Yellow River Hukou Waterfall Scenicand Historic Interest Area
4. 北武当山风景名胜区 North Mt.Wudang Scenicand Historic Interest Area
5. 五老峰风景名胜区 Wulaofeng Scenicand Historic Interest Area
6. 碛口风景名胜区 Qikou Scenicand Historic Interest Area

内蒙古自治区 Inner Mongolia Autonomous Region

1. 扎兰屯风景名胜区 Zalantun Scenicand Historic Interest Area
2. 额尔古纳风景名胜区 Erguna Famous Scenis Area

辽宁省 Liaoning Province

1. 千山风景名胜区 Mt.Qian Scenicand

Historic Interest Area

2. 鸭绿江风景名胜区 Yalu River Scenicand Historic Interest Area
3. 金石滩风景名胜区 Jinshi Beach Scenicand Historic Interest Area
4. 兴城海滨风景名胜区 Xingcheng Seaside Scenicand Historic Interest Area
5. 大连海滨—旅顺口风景名胜区 Dalian seaside - Lvshunkou Scenicand Historic Interest Area
6. 凤凰山风景名胜区 Mt.Phoenix Scenicand Historic Interest Area
7. 本溪水洞风景名胜区 Benxi Water Cave Scenicand Historic Interest Area
8. 青山沟风景名胜区 Qingshangou Scenicand Historic Interest Area
9. 医巫闾山风景名胜区 Mt.Yiwulu Scenicand Historic Interest Area

吉林省 Jilin Province

1. 松花湖风景名胜区 Songhua Lake Scenicand Historic Interest Area
2. “八大部”—净月潭风景名胜区“Eight Ministry” - Jinyue Lake Scenicand Historic Interest Area
3. 仙景台风景名胜区 Xianjingtai Scenicand Historic Interest Area
4. 防川风景名胜区 Fangchuan Scenicand Historic Interest Area

黑龙江省 Heilongjiang Province

1. 镜泊湖风景名胜区 Jingpo Lake Scenicand Historic Interest Area
2. 五大连池风景名胜区 Wudalian Lake Scenicand Historic Interest Area
3. 太阳岛风景名胜区 Sun Island Scenicand Historic Interest Area
4. 大沾河风景名胜区 Dazhan River Scenicand Historic Interest Area

江苏省 Jiangsu Province

1. 太湖风景名胜区 Tai Lake Scenicand Historic Interest Area
2. 南京钟山风景名胜区 Nanjing Mt.Zhong Scenicand Historic Interest Area
3. 云台山风景名胜区 Mt.Yuntai Scenicand Historic Interest Area
4. 蜀岗瘦西湖风景名胜区 Shugang Slender West Lake Scenicand Historic Interest Area
5. 镇江三山风景名胜区 Zhenjiang Mt. Three Scenicand Historic Interest Area

浙江省 Zhejiang Province

1. 杭州西湖风景名胜区 Hangzhou West Lake Scenicand Historic Interest Area
2. 富春江—新安江风景名胜区 Fuchun River - Xin’an River Scenicand Historic Interest Area
3. 雁荡山风景名胜区 Mt.Yandang Scenicand Historic Interest Area
4. 普陀山风景名胜区 Mt.Putuo Scenicand Historic Interest Area
5. 天台山风景名胜区 Mt.Tiantai Scenicand Historic Interest Area
6. 嵊泗列岛风景名胜区 Shengsi Islands Scenicand Historic Interest Area
7. 楠溪江风景名胜区 Nanxi Jiang Famous Scenicand Historic Interest Area
8. 莫干山风景名胜区 Mt.Mogan Scenicand

Historic Interest Area

9. 雪窦山风景名胜区 Mt.Xuedou Scenicand Historic Interest Area
10. 双龙风景名胜区 Shuanglong Scenicand Historic Interest Area
11. 仙都风景名胜区 Xiandu Scenicand Historic Interest Area
12. 江郎山风景名胜区 Mt.Jianglang Scenicand Historic Interest Area
13. 仙居风景名胜区 Xianju Scenicand Historic Interest Area
14. 浣江—五泄风景名胜区 Huan Jiang – Wuxie Scenicand Historic Interest Area
15. 方岩风景名胜区 Fangyan Scenicand Historic Interest Area
16. 百丈漈—飞云湖风景名胜区 Baizhangji – Feiyun Lake Scenicand Historic Interest Area
17. 方山—长屿硐天风景名胜区 Mt.Fang – Changyu Tongtian Scenicand Historic Interest Area
18. 天姥山风景名胜区 Mt.Tianmu Scenicand Historic Interest Area
19. 大红岩风景名胜区 Dahongyan Scenicand Historic Interest Area
20. 大盘山风景名胜区 Mt. Dapan Scenicand Historic Interest Area
21. 桃渚风景名胜区 Taozhu Scenicand Historic Interest Area
22. 仙华山风景名胜区 Mt. Xianhua Scenicand Historic Interest Area

安徽省 Anhui Province

1. 黄山风景名胜区 Mt.Huang Famous Scenicand Historic Interest Area
2. 九华山风景名胜区 Mt.Jiuhua Scenicand Historic Interest Area
3. 天柱山风景名胜区 Mt.Tianzhu Scenicand Historic Interest Area
4. 琅琊山风景名胜区 Mt.Langya Scenicand Historic Interest Area
5. 齐云山风景名胜区 Mt.Qiyun Scenicand Historic Interest Area
6. 采石风景名胜区 Caishi Scenicand Historic Interest Area
7. 巢湖风景名胜区 Chao Lake Scenicand Historic Interest Area
8. 花山谜窟—浙江风景名胜区 HuaMt. Miku – Jian Jian Scenicand Historic Interest Area
9. 太极洞风景名胜区 Taiji Cave Scenicand Historic Interest Area
10. 花亭湖风景名胜区 Huating Lake Scenicand Historic Interest Area
11. 龙川风景名胜区 Longchuan Scenicand Historic Interest Area
12. 齐山—平天湖风景名胜区 Mt. Qi–Pitian Lake Scenicand Historic Interest Area

福建省 Fujian Province

1. 武夷山风景名胜区 Mt.Wuyi. Scenicand Historic Interest Area
2. 清源山风景名胜区 Mt.Qingyuan Scenicand Historic Interest Area
3. 鼓浪屿—万石山风景名胜区 Gulangyu – Mt.Wanshi Scenicand Historic Interest Area
4. 太姥山风景名胜区 Mt.Taimu Scenicand Historic Interest Area
5. 桃源洞—鳞隐石林风景名胜区 Taoyuandong – Linyin Stone Forest Scenicand

Historic Interest Area
6. 金湖风景名胜区 Jin Lake Scenicand Historic Interest Area
7. 鸳鸯溪风景名胜区 Yuanyang Xi Scenicand Historic Interest Area
8. 海坛风景名胜区 Haitan Scenicand Historic Interest Area
9. 冠豸山风景名胜区 Mt.Guanzhi Scenicand Historic Interest Area
10. 鼓山风景名胜区 Mt.Gu Scenicand Historic Interest Area
11. 玉华洞风景名胜区 Yuhua Cave Scenicand Historic Interest Area
12. 十八重溪风景名胜区 Eighteen heavy Creek Scenicand Historic Interest Area
13. 青云山风景名胜区 Mt.Qingyun Scenicand Historic Interest Area
14. 佛子山风景名胜区 Mt.Fozi Scenicand Historic Interest Area
15. 宝山风景名胜区 Mt.Bao Scenicand Historic Interest Area
16. 福安白云山风景名胜区 Fuan Mt.Baiyun Scenicand Historic Interest Area
17. 灵通山风景名胜区 Mt.Lingtong Scenicand Historic Interest Area
18. 湄洲岛风景名胜区 Meizhou Island Scenicand Historic Interest Area
19. 九龙漈风景名胜区 Jiulongji Scenicand Historic Interest Area

江西省 Jiangxi Province

1. 庐山风景名胜区 Mt.Lu Scenicand Historic Interest Area
2. 井冈山风景名胜区 Mt.Jinggan Scenicand Historic Interest Area
3. 三清山风景名胜区 Mt.Sanqingshan Scenicand Historic Interest Area
4. 龙虎山风景名胜区 Mt.Longhu Scenicand Historic Interest Area
5. 仙女湖风景名胜区 Xian Lake Scenicand Historic Interest Area
6. 三百山风景名胜区 Mt.Three- hundred-Mountain Scenicand Historic Interest Area
7. 梅岭—滕王阁风景名胜区 Meiling - Tengwang Pavilion Scenicand Historic Interest Area
8. 龟峰风景名胜区 Guifeng Scenicand Historic Interest Area
9. 高岭—瑶里风景名胜区 Gaoling - Yaoli Scenicand Historic Interest Area
10. 武功山风景名胜区 Mt.Wugong Scenicand Historic Interest Area
11. 云居山—柘林湖风景名胜区 Mt.Yunju - Zhelin Lake Scenicand Historic Interest Area
12. 灵山风景名胜区 Mt.Ling Scenicand Historic Interest Area
13. 神农源风景名胜区 Shennongyuan Scenicand Historic Interest Area
14. 大茅山风景名胜区 Mt.Damao Scenicand Historic Interest Area
15. 瑞金风景名胜区 Ruijin Scenicand Historic Interest Area
16. 小武当风景名胜区 Xiaowudang Scenicand Historic Interest Area
17. 杨岐山风景名胜区 Mt. Yangqi Scenicand Historic Interest Area
18. 汉仙岩风景名胜区 Hanxianyan Scenicand Historic Interest Area

山东省 Shandong Province

1. 泰山风景名胜区 Mt.Tai Scenicand Historic Interest Area
2. 青岛崂山风景名胜区 Qingdao Mt.Lao Scenicand Historic Interest Area
3. 胶东半岛海滨风景名胜区 Jiaodong Peninsula Seaside Scenicand Historic Interest Area
4. 博山风景名胜区 Mt.Bo Scenicand Historic Interest Area
5. 青州风景名胜区 Qingzhou Scenicand Historic Interest Area
6. 千佛山风景名胜区 Mt. Qianfo Scenicand Historic Interest Area

河南省 Henan Province

1. 鸡公山风景名胜区 Mt.Jigong Scenicand Historic Interest Area
2. 洛阳龙门风景名胜区 Luoyang Longmen Scenicand Historic Interest Area
3. 嵩山风景名胜区 Mt.Song Scenicand Historic Interest Area
4. 王屋山—云台山风景名胜区 Mt.Wangwu – Mt.Yuntai Scenicand Historic Interest Area
5. 尧山（石人山）风景名胜区 Mt. Yao（Mt. Shiren）Scenicand Historic Interest Area
6. 林虑山风景名胜区 Mt.Linlv Scenicand Historic Interest Area
7. 青天河风景名胜区 Qingtian River Scenicand Historic Interest Area
8. 神农山风景名胜区 Mt.Shennong Scenicand Historic Interest Area
9. 桐柏山—淮源风景名胜区 Mt.Tongbai – Huaiyuan Scenicand Historic Interest Area
10. 郑州黄河风景名胜区 Zhengzhou Yellow River Scenicand Historic Interest Area

湖北省 Hubei Province

1. 武汉东湖风景名胜区 Wuhan East Lake Scenicand Historic Interest Area
2. 武当山风景名胜区 Mt.Wudang Scenicand Historic Interest Area
3. 长江三峡风景名胜区 Chang Jiang Three Gorges Scenicand Historic Interest Area
4. 大洪山风景名胜区 Mt.Dahong Scenicand Historic Interest Area
5. 隆中风景名胜区 Longzhong Scenicand Historic Interest Area
6. 九宫山风景名胜区 Mt.Jiugong Scenicand Historic Interest Area
7. 陆水风景名胜区 Lushui Scenicand Historic Interest Area
8. 丹江口水库风景名胜区 Danjiangkou Reservoir Scenicand Historic Interest Area

湖南省 Hunan Province

1. 衡山风景名胜区 Mt.Heng Scenicand Historic Interest Area
2. 武陵源（张家界）风景名胜区 Wulingyuan（Zhangjiajie）Scenicand Historic Interest Area
3. 岳阳楼—洞庭湖风景名胜区 Yueyang Lou – Dongting Lake Scenicand Historic Interest Area
4. 韶山风景名胜区 Mt.Shao Scenicand Historic Interest Area

5. 岳麓山风景名胜区 Mt.Yuelu Scenicand Historic Interest Area
6. 崀山风景名胜区 Mt.Lang Scenicand Historic Interest Area
7. 猛洞河风景名胜区 Mengdong River Scenicand Historic Interest Area
8. 桃花源风景名胜区 Taohuayuan Scenicand Historic Interest Area
9. 紫鹊界梯田—梅山龙宫风景名胜区 Ziquejie terraces – Mt.Mei Long Palace Scenicand Historic Interest Area
10. 德夯风景名胜区 Deben Scenicand Historic Interest Area
11. 苏仙岭—万华岩风景名胜区 Suxianling – Wanhuayan Scenicand Historic Interest Area
12. 南山风景名胜区 Mt.Nan Scenicand Historic Interest Area
13. 万佛山—侗寨风景名胜区 Mt.Wanfo–Dongzhai Scenicand Historic Interest Area
14. 虎形山—花瑶风景名胜区 Mt.Huxing–Huayao Scenicand Historic Interest Area
15. 东江湖风景名胜区 Dongjiang Lake Scenicand Historic Interest Area
16. 凤凰风景名胜区 Mt.Phoenix Scenicand Historic Interest Area
17. 沩山风景名胜区 Mt.Wei Mt. Scenicand Historic Interest Area
18. 炎帝陵风景名胜区 Emperor Yandi Mausoleum Scenicand Historic Interest Area
19. 白水洞风景名胜区 Whitewater Cave Scenicand Historic Interest Area
20. 九嶷山—舜帝陵风景名胜区 Mt. Jiuyi–Emperor shun Mausoleum Scenicand Historic Interest Area
21. 里耶—乌龙山风景名胜区 Liye–Mt. Wulong Scenicand Historic Interest Area

广东省 Guangdong Province

1. 肇庆星湖风景名胜区 Zhaoqing Star Lake Scenicand Historic Interest Area
2. 西樵山风景名胜区 Mt.Xiqiao Scenicand Historic Interest Area
3. 丹霞山风景名胜区 Mt.Danxia Scenicand Historic Interest Area
4. 白云山风景名胜区 Mt.Baiyun Scenicand Historic Interest Area
5. 惠州西湖风景名胜区 Huizhou West Lake Scenicand Historic Interest Area
6. 罗浮山风景名胜区 Mt.Luofu Scenicand Historic Interest Area
7. 湖光岩风景名胜区 Huguangyan Scenicand Historic Interest Area
8. 梧桐山风景名胜区 Mt.Wutong Scenicand Historic Interest Area

广西壮族自治区 Guangxi Zhuang Autonomous Region

1. 桂林漓江风景名胜区 Guilin Li Jiang Scenicand Historic Interest Area
2. 桂平西山风景名胜区 Guiping Mt.Xi Scenicand Historic Interest Area
3. 花山风景名胜区 Mt.Hua Scenicand Historic Interest Area

海南省 Hainan Province

1. 三亚热带海滨风景名胜区 Sanya Subtropical Seaside Scenicand Historic Interest Area

重庆 Chongqing Municipality

1. 长江三峡风景名胜区 Chang Jiang Sanxia Scenicand Historic Interest Area
2. 缙云山风景名胜区 Mt.Jinyun Scenicand Historic Interest Area
3. 金佛山风景名胜区 Mt.Jinfo Scenicand Historic Interest Area
4. 四面山风景名胜区 Mt.Simian Scenicand Historic Interest Area
5. 芙蓉江风景名胜区 Furong Jiang Scenicand Historic Interest Area
6. 天坑地缝风景名胜区 Tiankengdefeng Scenicand Historic Interest Area
7. 潭獐峡风景名胜区 Zhangtanxia Scenicand Historic Interest Area deer

四川省 Sichuan Province

1. 峨眉山风景名胜区 Mt.Emei Scenicand Historic Interest Area
2. 黄龙寺—九寨沟风景名胜区 Huanglongsi – Jiuzhaigou Scenicand Historic Interest Area
3. 青城山—都江堰风景名胜区 Mt.Qingcheng – Dujiangyan Scenicand Historic Interest Area
4. 剑门蜀道风景名胜区 Jianmenshudao Scenicand Historic Interest Area
5. 贡嘎山风景名胜区 Mt.Gongga Scenicand Historic Interest Area
6. 蜀南竹海风景名胜区 Shunanzhuhai Scenicand Historic Interest Area
7. 西岭雪山风景名胜区 Mt.Xiling Scenicand Historic Interest Area
8. 四姑娘山风景名胜区 Mt.Siguniang Scenicand Historic Interest Area
9. 石海洞乡风景名胜区 Shihaidongxiang Scenicand Historic Interest Area
10. 邛海—螺髻山风景名胜区 Qionghai – Mt.Luoji Scenicand Historic Interest Area
11. 白龙湖风景名胜区 Bailong Lake Scenicand Historic Interest Area
12. 光雾山—诺水河风景名胜区 Mt.Guangwu – Nuoshui River Scenicand Historic Interest Area
13. 天台山风景名胜区 Mt.Tiantai Scenicand Historic Interest Area
14. 龙门山风景名胜区 Mt.Longmen Scenicand Historic Interest Area
15. 米仓山大峡谷风景名胜区 Mt. Micang Grand Canyon Scenicand Historic Interest Area

贵州省 Guizhou Province

1. 黄果树风景名胜区 Huangguoshu Scenicand Historic Interest Area
2. 织金洞风景名胜区 Zhijindong Scenicand Historic Interest Area
3. 㵲阳河风景名胜区 Wuyang River Scenicand Historic Interest Area
4. 红枫湖风景名胜区 Hongfeng Lake Scenicand Historic Interest Area
5. 龙宫风景名胜区 Dragon Palace Scenicand Historic Interest Area
6. 荔波樟江风景名胜区 Libo Zhang River Scenicand Historic Interest Area
7. 赤水风景名胜区 Chishui Scenicand Historic Interest Area
8. 马岭河峡谷风景名胜区 Maling River Canyon Scenicand Historic Interest Area
9. 都匀斗篷山—剑江风景名胜区 Du-

yun Mt.Doupeng – Jian Jiang Scenicand Historic Interest Area

10. 九洞天风景名胜区 Jiudongtian Scenicand Historic Interest Area

11. 九龙洞风景名胜区 Jiulong Dong Scenicand Historic Interest Area

12. 黎平侗乡风景名胜区 Lipingdongxiang Scenicand Historic Interest Area

13. 紫云格凸河穿洞风景名胜区 Ziyun Getu River Scenicand Historic Interest Area

14. 平塘风景名胜区 Pingtang Scenicand Historic Interest Area

15. 榕江苗山侗水风景名胜区 Rongjiang Mt.Miao Dongshui Scenicand Historic Interest Area

16. 石阡温泉群风景名胜区 Shiqian hot springs Scenicand Historic Interest Area

17. 沿河乌江山峡风景名胜区 Yanhe Wujiang River Shanxia Scenicand Historic Interest Area

18. 瓮安江界河风景名胜区 Weng'an Jiangjie River Scenicand Historic Interest Area

云南省 Yunnan Province

1. 路南石林风景名胜区 Lunan Stone Forest Scenicand Historic Interest Area
2. 大理风景名胜区 Dali Scenicand Historic Interest Area
3. 西双版纳风景名胜区 Xishuangbanna Scenicand Historic Interest Area
4. 三江风景名胜区 San Jiang Scenicand Historic Interest Area
5. 昆明滇池风景名胜区 Kunming Dianchi Scenicand Historic Interest Area
6. 玉龙雪山风景名胜区 Snow Mt.Yulong Scenicand Historic Interest Area
7. 腾冲地热火山风景名胜区 Tengchong volcanic geothermal Scenicand Historic Interest Area
8. 瑞丽江—大盈江风景名胜区 Ruili Jiang – Daying Jiang Scenicand Historic Interest Area
9. 九乡风景名胜区 Jiuxiang Scenicand Historic Interest Area
10. 建水风景名胜区 Jianshui Scenicand Historic Interest Area
11. 普者黑风景名胜区 Puzhehei Scenicand Historic Interest Area
12. 阿庐风景名胜区 Alu Scenicand Historic Interest Area

西藏自治区 Tibet Autonomous Region

1. 雅砻河风景名胜区 Yarlung River Scenicand Historic Interest Area
2. 纳木错—念青唐古拉山风景名胜区 Namco – Nyenchen Tanglha Scenicand Historic Interest Area
3. 唐古拉山—怒江源风景名胜区 Mt. Tanglha – Nujiangyuan Scenicand Historic Interest Area
4. 土林—古格风景名胜区 Tulin- Guge Scenicand Historic Interest Area

陕西省 Shanxi Province

1. 华山风景名胜区 Mt.Hua Scenicand Historic Interest Area
2. 临潼骊山风景名胜区 Mt.Li in Lintong Scenicand Historic Interest Area
3. 黄河壶口瀑布风景名胜区 Hukou Wa-

terfall of Yellow River Scenicand Historic Interest Area

4. 宝鸡天台山风景名胜区 Baoji Mt.Tiantai Scenicand Historic Interest Area
5. 黄帝陵风景名胜区 Emperor Huang Mausoleum Scenicand Historic Interest Area
6. 合阳洽川风景名胜区 Heyang Qianchuan Scenicand Historic Interest Area

甘肃省 Gansu Province

1. 麦积山风景名胜区 Mt.Maiji Scenicand Historic Interest Area
2. 崆峒山风景名胜区 Mt.Kongtong Scenicand Historic Interest Area
3. 鸣沙山—月牙泉风景名胜区 Mt.Mingsha-Spring Yueya Scenicand Historic Interest Area
4. 关山莲花台风景名胜区 Guanshanlianhuatai Scenicand Historic Interest Area

青海省 Qinghai Province

1. 青海湖风景名胜区 Qinghai Lake Scenicand Historic Interest Area

宁夏回族自治区 Ningxia Hui Autonomous Region

1. 西夏王陵风景名胜区 Xixia Imperial Tombs Scenicand Historic Interest Area
2. 须弥山石窟风景名胜区 Mt. Xumi Grottoes Scenicand Historic Interest Area

新疆维吾尔自治区 Xinjiang Uygur Autonomous Region

1. 天山天池风景名胜区 Tianchi Lake of Mt.Tian Scenicand Historic Interest Area
2. 库木塔格沙漠风景名胜区 Kumtag Desert Scenicand Historic Interest Area
3. 博斯腾湖风景名胜区 Bosten Scenicand Historic Interest Area
4. 赛里木湖风景名胜区 Sayram Lake Scenicand Historic Interest Area
5. 罗布人村寨风景名胜区 Luoburen Village Scenicand Historic Interest Area
6. 托木尔大峡谷风景名胜区 Tomur Grand Canyon Scnenicand Historic Inerest Area

附录五 国家级森林公园名录（截止到 2015 年）

北京 Beijing Municipality

1. 西山国家森林公园 Mt. Xi National Forest Park
2. 上方山国家森林公园 Mt. Shangfang National Forest Park
3. 蟒山国家森林公园 Mt. Mang National Forest Park
4. 小龙门国家森林公园 Xiaolongmen National Forest Park
5. 云蒙山国家森林公园 Mt. Yunmeng National Forest Park
6. 鹫峰国家森林公园 Jiufeng National Forest Park
7. 大兴古桑国家森林公园 Daxing Gusang National Forest Park
8. 大杨山国家森林公园 Mt. Dayang National Forest Park
9. 霞云岭国家森林公园 Xiayunling National Forest Park
10. 黄松峪国家森林公园 Huangsongyu National Park
11. 北宫国家森林公园 Beigong National Forest Park
12. 八达岭国家森林公园 Badaling National Forest Park
13. 崎峰山国家森林公园 Mt. Qifeng National Forest Park
14. 天门山国家森林公园 Mt. Tianmen National Forest Park
15. 喇叭沟门国家森林公园 Labagoumen National Forest Park

天津 Tianjin Municipality

1. 九龙山国家森林公园 Mt. Jiulong National Forest Park

河北省 Hebei Province

1. 海滨国家森林公园 Beach National Forest Park
2. 塞罕坝国家森林公园 Saihanba National Forest Park
3. 磬棰峰国家森林公园 Qingchuifeng National Forest Park
4. 金银滩国家森林公园 Jinyintan National Forest Park
5. 石佛国家森林公园 Shifo National Forest Park
6. 清东陵国家森林公园 Qingdongling National Forest Park
7. 辽河源国家森林公园 Liaoheyuan National Forest Park
8. 山海关国家森林公园 Shanhaiguan National Forest Park
9. 五岳寨国家森林公园 Wuyuezhai National Forest Park
10. 白草洼国家森林公园 Baicaowa National Forest Park
11. 天生桥国家森林公园 Tianshengqiao National Forest Park
12. 黄羊山国家森林公园 Mt. Huangyang

National Forest Park
13. 茅荆坝国家森林公园 Maojingba National Forest Park
14. 响堂山国家森林公园 Mt. Xiangtang National Forest Park
15. 野三坡国家森林公园 Yesanpo National Forest Park
16. 六里坪国家森林公园 Liuliping National Forest Park
17. 白石山国家森林公园 Mt. Baishi National Forest Park
18. 武安国家森林公园 Wuan National Forest Park
19. 狼牙山国家森林公园 Mt. Langya National Forest Park
20. 前南峪国家森林公园 Qiannanyu National Forest Park
21. 驼梁山国家森林公园 Mt. Tuoliang National Forest Park
22. 木兰围场国家森林公园 Mulanweichang National Forest Park
23. 蝎子沟国家森林公园 Xiezigou National Forest Park
24. 仙台山国家森林公园 Mt. Xiantai National Forest Park
25. 丰宁国家森林公园 Fengning National Forest Park
26. 黑龙山国家森林公园 Heilongshan National Forest Park
27. 古北岳国家森林公园 Gubeiyue National Forest Park
28. 易州国家森林公园 Yizhou National Forest Park

山西省 Shan Xi Province

1. 五台山国家森林公园 Mt. Wutai National Forest Park
2. 天龙山国家森林公园 Mt. Tianlong National Forest Park
3. 关帝山国家森林公园 Mt. Guandi National Forest Park
4. 恒山国家森林公园 Mt. Heng National Forest Park
5. 云岗国家森林公园 Yungang National Forest Park
6. 龙泉国家森林公园 Longquan National Forest Park
7. 禹王洞国家森林公园 Yuwangdong National Forest Park
8. 太行峡谷国家森林公园 Taihangxiagu National Park
9. 赵杲观国家森林公园 Zhaogaoguan National Forest Park
10. 方山国家森林公园 Mt. Fang National Forest Park
11. 交城山国家森林公园 Mt. Jiaocheng National Forest Park
12. 太岳山国家森林公园 Mt. Taiyue National Forest Park
13. 五老峰国家森林公园 Wulaofeng National Forest Park
14. 老顶山国家森林公园 Mt. Laoding National Forest Park
15. 乌金山国家森林公园 Mt. Wujin National Forest Park
16. 中条山国家森林公园 Mt. Zhongtiao National Forest Park
17. 黄崖洞国家森林公园 Huangyadong National Forest Park

18. 管涔山国家森林公园 Mt. Guancen National Forest Park
19. 棋子山国家森林公园 Mt. Qizi National Forest Park

内蒙古自治区 Inner Mongolia Autonomous Region

1. 红山国家森林公园 Mt. Hong National Forest Park
2. 察尔森国家森林公园 Chaersen National Forest Park
3. 黑大门国家森林公园 Heidamen National Forest Park
4. 海拉尔国家森林公园 Hailaer National Forest Park
5. 乌拉山国家森林公园 Mt. Wula National Forest Park
6. 乌素图国家森林公园 Wusutu National Forest Park
7. 马鞍山国家森林公园 Mt. Maan National Forest Park
8. 二龙什台国家森林公园 Erlongshitai National Forest Park
9. 兴隆国家森林公园 Xinglong National Forest Park
10. 黄岗梁国家森林公园 Huanggangliang National Forest Park
11. 贺兰山国家森林公园 Mt. Helan National Forest Park
12. 好森沟国家森林公园 Haosengou National Forest Park
13. 额济纳胡杨国家森林公园 Ejinahuyang National Forest Park
14. 旺业甸国家森林公园 Wangyedian National Forest Park
15. 桦木沟国家森林公园 Huamugou National Forest Park
16. 五当召国家森林公园 Wudangzhao National Forest Park
17. 红花尔基樟子松国家森林公园 Honghuaerjizhangzisong National Forest Park
18. 喇嘛山国家森林公园 Mt. Lama National Forest Park
19. 阿尔山国家森林公园 Mt. Aer National Forest Park
20. 达尔滨湖国家森林公园 Daerbin Lake National Forest Park
21. 乌拉山国家森林公园 Wula Mt. National Forest Park
22. 莫尔道嘎国家森林公园 Moerdaoga National Forest Park
23. 伊克萨玛国家森林公园 Yikesama National Forest Park
24. 乌尔旗汉国家森林公园 Wuerqihan National Forest Park
25. 兴安国家森林公园 Xingan National Forest Park
26. 绰源国家森林公园 Chuoyuan National Forest Park
27. 阿里河国家森林公园 Ali River National Forest Park
28. 宝格达乌拉国家森林公园 Baogeda ula National Forest Park
29. 河套国家森林公园 Hetao National Forest Park
30. 滦河源国家森林公园 LuanheyuanNational Forest Park

辽宁省 Liaoning Province

1. 旅顺口国家森林公园 Lvshunkou Na-

tional Forest Park
2. 海棠山国家森林公园 Mt. Haitang National Forest Park
3. 大孤山国家森林公园 Mt. Dagu National Forest Park
4. 首山国家森林公园 Mt. Shou National Forest Park
5. 凤凰山国家森林公园 Mt. Fenghuang National Forest Park
6. 桓仁国家森林公园 Henren National Forest Park
7. 本溪国家森林公园 Benxi National Forest Park
8. 陨石山国家森林公园 Mt. Yunshi National Forest Park
9. 天桥沟国家森林公园 Tianqiaogou National Forest Park
10. 盖州国家森林公园 Gaizhou National Forest Park
11. 元帅林国家森林公园 Yuanshuailin National Forest Park
12. 仙人洞国家森林公园 Xianrendong National Forest Park
13. 大连大赫山国家森林公园 Mt. Daliandahe National Forest Park
14. 长山群岛国家海岛森林公园 Changshanqundao National Island Of Forest Park
15. 普兰店国家森林公园 Pulandian National Forest Park
16. 大黑山国家森林公园 Mt. Dahei National Forest Park
17. 沈阳国家森林公园 Shenyang National Forest Park
18. 金龙寺国家森林公园 Jinlongsi National Forest Park
19. 本溪环城国家森林公园 Benxihuancheng National Forest Park
20. 冰砬山国家森林公园 Mt. Bingli National Forest Park
21. 旅顺口国家森林公园 Lvshunkou National Forest Park
22. 猴石国家森林公园 Houshi National Forest Park
23. 千山仙人台国家森林公园 Qianshanxianrentai National Forest Park
24. 清原红河谷国家森林公园 Qingyuanhonghegu National Forest Park
25. 大连天门山国家森林公园 Dalian Mt. Tianmen National Forest Park
26. 三块石国家森林公园 Sankuaishi National Forest Park
27. 章古台沙地国家森林公园 Zhanggutaishadi National Forest Park
28. 大连银石滩国家森林公园 Dalian Yinshitan National Forest Park
29. 大连西郊国家森林公园 Dalian Xijiao National Forest Park
30. 医巫闾山国家森林公园 Mt. Yiwulu National Forest Park
31. 和睦国家森林公园 Hemu National Forest Park

吉林省 Jilin Province

1. 净月潭国家森林公园 Jingyuetan National Forest Park
2. 五女峰国家森林公园 Wunvfeng National Forest Park
3. 龙湾群国家森林公园 Longwanqun National Forest Park

4. 白鸡峰国家森林公园 Baijifeng National Forest Park
5. 帽儿山国家森林公园 Mt. Maoer National Forest Park
6. 半拉山国家森林公园 Mt. Banla National Forest Park
7. 三仙夹国家森林公园 Sanxianxia National Forest Park
8. 大安国家森林公园 Daan National Forest Park
9. 长白国家森林公园 Changbai National Forest Park
10. 临江国家森林公园 Lin Jiang National Forest Park
11. 拉法山国家森林公园 Mt. Lafa National Forest Park
12. 图们江国家森林公园 Tumen Jiang National Forest Park
13. 朱雀山国家森林公园 Mt. Zhuque National Forest Park
14. 图们江源国家森林公园 Tumenjiangyuan National Forest Park
15. 延边仙峰国家森林公园 Yanbianxianfeng National Forest Park
16. 官马莲花山国家森林公园 Guanma Mt. Lianhua National Forest Park
17. 肇大鸡山国家森林公园 Mt. Zhaodaji National Forest Park
18. 寒葱顶国家森林公园 Hancongding National Forest Park
19. 长白国家森林公园 Changbai National Forest Park
20. 满天星国家森林公园 Mantianxing National Forest Park
21. 吊水壶国家森林公园 Diaoshuihu National Forest Park
22. 露水河国家森林公园 Lushui River National Forest Park
23. 通化石湖国家森林公园 Tonghua Shi Lake National Forest Park
24. 红石国家森林公园 Hongshi National Forest Park
25. 江源国家森林公园 Jiangyuan National Forest Park
26. 鸡冠山国家森林公园 Mt. Jiguan National Forest Park
27. 泉阳泉国家森林公园 Quanyangquan National Forest Park
28. 白石山国家森林公园 Mt. Baishi National Forest Park
29. 松江河国家森林公园 Songjiang River National Forest Park
30. 兰家大峡谷国家森林公园 Lanjia Valley National Forest Park
31. 长白山北坡国家森林公园 North Mt.Changbai National Forest Park
32. 三岔子国家森林公园 Sanchazi National Forest Park
33. 临江瀑布群国家森林公园 Linjiang waterfall Forest Park
34. 湾沟国家森林公园 Wangou National Forest Park

黑龙江省 Heilongjiang Province

1. 牡丹峰国家森林公园 Mudanfeng National Forest Park
2. 火山口国家森林公园 Huoshankou National Forest Park
3. 大亮子河国家森林公园 Daliangzi River National Forest Park

4. 乌龙国家森林公园 Wulong National Forest Park
5. 哈尔滨国家森林公园 Haerbin National Forest Park
6. 街津山国家森林公园 Mt. Jiejin National Forest Park
7. 齐齐哈尔国家森林公园 Qiqihaer National Forest Park
8. 北极村国家森林公园 Beijicun National Forest Park
9. 长寿国家森林公园 Changshou National Forest Park
10. 大庆国家森林公园 Daqing National Forest Park
11. 一面坡国家森林公园 Yimianpo National Forest Park
12. 龙凤国家森林公园 Longfeng National Forest Park
13. 金泉国家森林公园 Jinquan National Forest Park
14. 乌苏里江国家森林公园 Wusuli Jiang National Forest Park
15. 驿马山国家森林公园 Mt. Yima National Forest Park
16. 三道关国家森林公园 Sandaoguan National Forest Park
17. 绥芬河国家森林公园 Suifen River National Forest Park
18. 五顶山国家森林公园 Mt. Wuding National Forest Park
19. 龙江三峡国家森林公园 Longjiangsanxia National Forest Park
20. 茅兰沟国家森林公园 Maolangou National Forest Park
21. 鹤岗国家森林公园 Hegang National Forest Park
22. 丹清河国家森林公园 Danqing River National Forest Park
23. 石龙山国家森林公园 Mt. Shilong National Forest Park
24. 勃利国家森林公园 Boli National Forest Park
25. 望龙山国家森林公园 Mt. Wanglong National Forest Park
26. 胜山要塞国家森林公园 Shengshanyaosai National Forest Park
27. 五大连池国家森林公园 Wudalianchi National Forest Park
28. 完达山国家森林公园 Mt. Wanda National Forest Park
29. 横头山国家森林公园 Mt. Hengtou National Forest Park
30. 仙翁山国家森林公园 Mt. Xianweng National Forest Park
31. 威虎山国家森林公园 Mt. Weihu National Forest Park
32. 五营国家森林公园 Wuying National Forest Park
33. 亚布力国家森林公园 Yabuli National Forest Park
34. 桃山国家森林公园 Mt. Tao National Forest Park
35. 日月峡国家森林公园 Riyuexia National Forest Park
36. 兴隆国家森林公园 Xinglong National Forest Park
37. 梅花山国家森林公园 Mt. Meihua National Forest Park
38. 凤凰山国家森林公园 Mt. Fenghuang National Forest Park

39. 雪乡国家森林公园 Xuexiang National Forest Park
40. 八里湾国家森林公园 Baliwan National Forest Park
41. 青山国家森林公园 Mt. Qing National Forest Park
42. 大沾河国家森林公园 Dazhan River National Forest Park
43. 回龙湾国家森林公园 Huilongwan National Forest Park
44. 溪水国家森林公园 Xishui National Forest Park
45. 方正龙山国家森林公园 Fangzheng Mt. Long National Forest Park
46. 镜泊湖国家森林公园 Jingpo Lake National Forest Park
47. 金山国家森林公园 Mt. Jin National Forest Park
48. 佛手山国家森林公园 Mt. Foshou National Forest Park
49. 小兴安岭石林国家森林公园 Xiaoxing' anling Shilin National Park
50. 六峰山国家森林公园 Mt. Liufeng National Forest Park
51. 珍宝岛国家森林公园 Zhenbaodao National Forest Park
52. 伊春兴安国家森林公园 Yichun Xingan National Forest Park
53. 红松林国家森林公园 Hongsonglin National Forest Park
54. 七星峰国家森林公园 Qixingfeng National Forest Park
55. 呼中国家森林公园 Huzhong National Forest Park
56. 加格达奇国家森林公园 Jiagedaqi National Forest Park
57. 金龙山国家森林公园 Mt.Jinlong National Forest Park
58. 呼兰国家森林公园 Hulan National Forest Park
59. 长寿山国家森林公园 Mt.Changshou National Forest Park

湖北省 Hubei Province

1. 九峰山国家森林公园 Mt. Jiufeng National Forest Park
2. 素山寺国家森林公园 Sushansi National Forest Park
3. 鹿门寺国家森林公园 Lumensi National Forest Park
4. 玉泉寺国家森林公园 Yuquansi National Forest Park
5. 大老岭国家森林公园 Dalaoling National Forest Park
6. 神农架国家森林公园 Shennongjia National Forest Park
7. 龙门河国家森林公园 Longmen River National Forest Park
8. 大口国家森林公园 Dakou National Forest Park
9. 薤山国家森林公园 Mt. Xie National Forest Park
10. 清江国家森林公园 Qing Jiang River National Forest Park
11. 大别山国家森林公园 Mt. Dabie National Forest Park
12. 柴埠溪国家森林公园 Chaibuxi National Forest Park
13. 潜山国家森林公园 Mt. Qian National Forest Park

14. 八岭山国家森林公园 Mt. Baling National Forest Park
15. 浘水国家森林公园 Weishui National Forest Park
16. 太子山国家森林公园 Mt. Taizi National Forest Park
17. 三角山国家森林公园 Mt. Sanjiao National Forest Park
18. 中华山国家森林公园 Mt. Zhonghua National Forest Park
19. 红安天台山国家森林公园 Hongan Mt. Tiantai National Forest Park
20. 坪坝营国家森林公园 Pingbaying National Forest Park
21. 吴家山国家森林公园 Mt. Wujia National Forest Park
22. 双峰山国家森林公园 Mt. Shuangfeng National Forest Park
23. 千佛洞国家森林公园 Qianfodong National Forest Park
24. 大洪山国家森林公园 Mt. Dahong National Forest Park
25. 虎爪山国家森林公园 Mt. Huzhua National Forest Park
26. 五脑山国家森林公园 Mt. Wunao National Forest Park
27. 沧浪山国家森林公园 Mt. Canglang National Forest Park
28. 安陆古银杏国家森林公园 Anlu National Forest Park
29. 牛头山国家森林公园 Mt.Niutou National Forest Park
30. 诗经源国家森林公园 Shijingyuan National Forest Park
31. 九女峰国家森林公园 Mt.Jiunv National Forest Park
32. 偏头山国家森林公园 Mt.Piantou National Forest Park
33. 丹江口国家森林公园 Danjiangkou National Forest Park

湖南省 Hunan Province

1. 张家界国家森林公园 Zhangjiajie National Forest Park
2. 神农谷国家森林公园 Shennonggu National Forest Park
3. 九龙江国家森林公园 Jiulong Jiang National Forest Park
4. 莽山国家森林公园 Mt. Mang National Forest Park
5. 大围山国家森林公园 Mt. Dawei National Forest Park
6. 云山国家森林公园 Mt. Yun National Forest Park
7. 九嶷山国家森林公园 Mt. Jiuyi National Forest Park
8. 阳明山国家森林公园 Mt. Yangming National Forest Park
9. 南华山国家森林公园 Mt. Nanhua National Forest Park
10. 黄山头国家森林公园 Huangshantou National Forest Park
11. 桃花源国家森林公园 Taohuayuan National Forest Park
12. 桃源洞国家森林公园 Taoyuandong National Forest Park
13. 天门山国家森林公园 Mt. Tianmen National Forest Park
14. 天际岭国家森林公园 Tianjiling National Forest Park

15. 天鹅山国家森林公园 Mt. Tiane National Forest Park
16. 舜皇山国家森林公园 Mt. Shunhuang National Forest Park
17. 东台山国家森林公园 Mt. Dongtai National Forest Park
18. 夹山寺国家森林公园 Jiashansi National Forest Park
19. 不二门国家森林公园 Buermen National Forest Park
20. 河洑国家森林公园 Hefu National Forest Park
21. 岣嵝峰国家森林公园 Gouloufeng National Forest Park
22. 大云山国家森林公园 Mt. Dayun National Forest Park
23. 花岩溪国家森林公园 Huayanxi National Forest Park
24. 大熊山国家森林公园 Mt. Daxiong National Forest Park
25. 中坡国家森林公园 Zhongpo National Forest Park
26. 云阳国家森林公园 Yunyang National Forest Park
27. 金洞国家森林公园 Jindong National Forest Park
28. 幕阜山国家森林公园 Mt. Mufu National Forest Park
29. 百里龙山国家森林公园 Mt. Baililong National Forest Park
30. 千家峒国家森林公园 Qianjiadong National Forest Park
31. 两江峡谷国家森林公园 Liangjiangxia National Forest Park
32. 雪峰山国家森林公园 Mt. Xuefeng National Forest Park
33. 五尖山国家森林公园 Mt. Wujian National Forest Park
34. 桃花江国家森林公园 Taohua Jiang National Forest Park
35. 蓝山国家森林公园 Mt. Lan National Forest Park
36. 月岩国家森林公园 Yueyan National Forest Park
37. 峰峦溪国家森林公园 Fengluanxi National Forest Park
38. 罗溪国家森林公园 Luoxi National Forest Park
39. 熊峰山国家森林公园 Mt. Xiongfeng National Forest Park
40. 福音山国家森林公园 Mt. Fuyin National Forest Park
41. 柘溪国家森林公园 Zhexi National Forest Park
42. 天堂山国家森林公园 Mt. Heaven National Forest Park
43. 凤凰山国家森林公园 Mt. Fenghuang National Forest Park
44. 嵩云山国家森林公园 Mt. Songyun National Forest Park
45. 天泉山国家森林公园 Mt. Tianquan National Forest Park
46. 西瑶绿谷国家森林公园 Xiyaolvgu National Forest Park
47. 青洋湖国家森林公园 Lake Qingyang National Forest Park
48. 长沙黑麋峰国家森林公园 Changsha Heimifeng National Forest Park
49. 坐龙峡国家森林公园 Zuolong Valley National Forest Park

50. 攸州国家森林公园 Youzhou National Forest Park
51. 矮寨国家森林公园 Aizhai National Forest Park

广东省 Guangdong Province

1. 梧桐山国家森林公园 Mt. Wutong National Forest Park
2. 万有国家森林公园 Wanyou National Forest Park
3. 小坑国家森林公园 Xiaokeng National Forest Park
4. 南澳海岛国家森林公园 Nanao Island National Forest Park
5. 东莞观音山国家森林公园 Dongguan Mt. Guanyin National Forest Park
6. 南岭国家森林公园 Nanling National Forest Park
7. 新丰江国家森林公园 Xinfeng Jiang National Forest Park
8. 韶关国家森林公园 Shaoguan National Forest Park
9. 东海岛国家森林公园 Donghaidao National Forest Park
10. 流溪河国家森林公园 Liuxi River National Forest Park
11. 南昆山国家森林公园 Mt. Nankun National Forest Park
12. 西樵山国家森林公园 Mt. Xiqiao National Forest Park
13. 石门国家森林公园 Shimen National Forest Park
14. 圭峰山国家森林公园 Mt. Guifeng National Forest Park
15. 英德国家森林公园 Yingde National Forest Park
16. 广宁竹海国家森林公园 Guangning Zhuhai National Forest Park
17. 北峰山国家森林公园 Mt. Beifeng National Forest Park
18. 大王山国家森林公园 Mt. Dawang National Forest Park
19. 神光山国家森林公园 Mt. Shenguang National Forest Park
20. 御景峰国家森林公园 Yujingfeng National Forest Park
21. 三岭山国家森林公园 Three Ridge Mt. National Forest Park
22. 雁鸣湖国家森林公园 Yanming Lake National Forest Park
23. 天井山国家森林公园 Mt. Tianjing National Forest Park
24. 大北山国家森林公园 Mt. Dabei National Forest Park
25. 镇山国家森林公园 Zhenshan National Forest Park
26. 南台山国家森林公园 Mt.Nantai National Forest Park

广西壮族自治区 Guangxi Zhuang Autonomous Region

1. 猫儿山国家森林公园 Mt. Maoer National Forest Park
2. 冠头岭国家森林公园 Guantouling National Forest Park
3. 桂林国家森林公园 Guilin National Forest Park
4. 良凤江国家森林公园 Liangfeng Jiang National Forest Park
5. 三门江国家森林公园 Sanmen Jiang

National Forest Park

6. 龙潭国家森林公园 Longtan National Forest Park
7. 大桂山国家森林公园 Mt. Dagui National Forest Park
8. 元宝山国家森林公园 Mt. Yuanbao National Forest Park
9. 八角寨国家森林公园 Bajiaozhai National Forest Park
10. 十万大山国家森林公园 Mt. Shiwanda National Forest Park
11. 龙胜温泉国家森林公园 Longsheng Wenquan National Forest Park
12. 姑婆山国家森林公园 Mt. Gupo National Forest Park
13. 大瑶山国家森林公园 Mt. Dayao National Forest Park
14. 黄猄洞天坑国家森林公园 Huangjingdongtiankeng National Forest Park
15. 飞龙湖国家森林公园 Feilong Lake National Forest Park
16. 太平狮山国家森林公园 Mt. Taipingshi National Forest Park
17. 大容山国家森林公园 Mt. Darong National Forest Park
18. 阳朔国家森林公园 Yangshuo National Forest Park
19. 九龙瀑布群国家森林公园 Jiulongpubuqun National Forest Park
20. 平天山国家森林公园 Mt. Pingtian National Forest Park
21. 红茶沟国家森林公园 Hongchagou National Forest Park
22. 龙滩大峡谷国家森林公园 Longtandaxiagu National Forest Park

海南省 Hainan Province

1. 尖峰岭国家森林公园 Jianfengling National Forest Park
2. 蓝洋温泉国家森林公园 Lanyang Wenquan National Forest Park
3. 吊罗山国家森林公园 Mt. Diaoluo National Forest Park
4. 海口火山国家森林公园 Haikou Huoshan National Forest Park
5. 七仙岭温泉国家森林公园 Qixianling Wenquan National Forest Park
6. 黎母山国家森林公园 Mt. Limu National Forest Park
7. 海上国家森林公园 Haishang National Forest Park
8. 霸王岭国家森林公园 Bawangling National Forest Park
9. 兴隆侨乡国家森林公园 Xinglong-Qiaoxiang National Forest Park

上海 ShanghaiMunicipality

1. 佘山国家森林公园 Mt. She National Forest Park
2. 东平国家森林公园 Dongping National Forest Park
3. 上海海湾国家森林公园 Shanghai Haiwan National Forest Park
4. 上海共青国家森林公园 Shanghai Gongqing National Forest Park

江苏省 Jiangsu Province

1. 高淳游子山国家森林公园 Gaochun Mt. Youzi National Forest Park
2. 虞山国家森林公园 Mt. Yu National Forest Park

3. 上方山国家森林公园 Mt. Shangfang National Forest Park
4. 徐州环城国家森林公园 Xuzhou Huancheng National Forest Park
5. 宜兴国家森林公园 Yixing National Forest Park
6. 宜兴龙背山国家森林公园 Yixing Mt. Longbei National Forest Park
7. 惠山—青山国家森林公园 Mt. Hui–Mt. Qing National Forest Park
8. 东吴国家森林公园 Dongwu National Forest Park
9. 云台山国家森林公园 Mt. Yuntai National Forest Park
10. 盱眙第一山国家森林公园 Xuyi Mt. Diyi National Forest Park
11. 镇江南山国家森林公园 Zhenjiang Mt. Nan National Forest Park
12. 镇江宝华山国家森林公园 Zhenjiang Mt. Baohua National Forest Park
13. 西山国家森林公园 Mt. Xi National Forest Park
14. 南京紫金山国家森林公园 Nanjing Mt. Zijin National Forest Park
15. 铁山寺国家森林公园 Tieshansi National Forest Park
16. 大阳山国家森林公园 Mt. Dayang National Forest Park
17. 南京栖霞山国家森林公园 Nanjing Mt. Qixia National Forest Park
18. 游子山国家森林公园 Mt. Youzi National Forest Park

浙江省 Zhejiang Province

1. 千岛湖国家森林公园 Qiandao Lake National Forest Park
2. 大奇山国家森林公园 Mt. Daqi National Forest Park
3. 兰亭国家森林公园 Lanting National Forest Park
4. 香榧国家森林公园 Xiangfei State Forest Park
5. 午潮山国家森林公园 Mt. Wuchao National Forest Park
6. 富春江国家森林公园 Fuchun Jiang National Forest Park
7. 紫微山国家森林公园 Mt. Ziwei National Forest Park
8. 天童国家森林公园 Tiantong National Forest Park
9. 雁荡山国家森林公园 Mt. Yandang National Forest Park
10. 溪口国家森林公园 Xikou National Forest Park
11. 九龙山国家森林公园 Mt. Jiulong National Forest Park
12. 双龙洞国家森林公园 Shuanglongdong National Forest Park
13. 华顶国家森林公园 Huading National Forest Park
14. 青山湖国家森林公园 Qingshan Lake National Forest Park
15. 玉苍山国家森林公园 Mt. Yucang National Forest Park
16. 钱江源国家森林公园 Qianjiangyuan National Forest Park
17. 铜铃山国家森林公园 Mt. Tongling National Forest Park
18. 竹乡国家森林公园 Zhuxiang National Forest Park

19. 花岩国家森林公园 Huayan National Forest Park
20. 龙湾潭国家森林公园 Longwantan National Forest Park
21. 遂昌国家森林公园 Suichang National Forest Park
22. 五泄国家森林公园 Wuxie National Forest Park
23. 双峰国家森林公园 Shuangfeng National Forest Park
24. 石门洞国家森林公园 Shimendong National Forest Park
25. 四明山国家森林公园 Mt. Siming National Forest Park
26. 仙霞国家森林公园 Xianxia National Forest Park
27. 大溪国家森林公园 Daxi National Forest Park
28. 松阳卯山国家森林公园 Songyang Mt. Mao National Forest Park
29. 牛头山国家森林公园 Mt. Niutou National Forest Park
30. 三衢国家森林公园 Sanqu National Forest Park
31. 径山（山沟沟）国家森林公园 Mt. Jing（Shangougou）National Forest Park
32. 南山湖国家森林公园 Nanshan Lake National Forest Park
33. 大竹海国家森林公园 Dazhuhai National Forest Park
34. 仙居国家森林公园 Xianju National Forest Park
35. 桐庐瑶琳国家森林公园 Tonglu Yaolin National Forest Park
36. 诸暨香榧国家森林公园 Zhuji Xiangfei National Forest Park
37. 杭州半山国家森林公园 Hangzhou Banshan National Forest Park
38. 庆元国家森林公园 Qingyuan National Forest Park
39. 杭州西山国家森林公园 Hangzhou Xishan National Forest Park

安徽省 Anhui Province

1. 黄山国家森林公园 Mt. Huang National Forest Park
2. 琅琊山国家森林公园 Mt. Langya National Forest Park
3. 天柱山国家森林公园 Mt. Tianzhu National Forest Park
4. 九华山国家森林公园 Mt. Jiuhua National Forest Park
5. 皇藏峪国家森林公园 Huangzangyu National Forest Park
6. 徽州国家森林公园 Huizhou National Forest Park
7. 大龙山国家森林公园 Mt. Dalong National Forest Park
8. 紫蓬山国家森林公园 Mt. Zipeng National Forest Park
9. 皇甫山国家森林公园 Mt. Huangfu National Forest Park
10. 天堂寨国家森林公园 Tiantangzhai National Forest Park
11. 鸡笼山国家森林公园 Mt. Jilong National Forest Park
12. 冶父山国家森林公园 Mt. Yefu National Forest Park
13. 太湖山国家森林公园 Mt. Taihu Na-

tional Forest Park

14. 神山国家森林公园 Mt. Shen National Forest Park
15. 妙道山国家森林公园 Mt. Miaodao National Forest Park
16. 天井山国家森林公园 Mt. Tianjing National Forest Park
17. 舜耕山国家森林公园 Mt. Shungeng National Forest Park
18. 浮山国家森林公园 Mt. Fu National Forest Park
19. 石莲洞国家森林公园 Shiliandong National Forest Park
20. 齐云山国家森林公园 Mt. Qiyun National Forest Park
21. 韭山国家森林公园 Mt. Jiu National Forest Park
22. 横山国家森林公园 Mt. Heng National Forest Park
23. 敬亭山国家森林公园 Mt. Jingting National Forest Park
24. 八公山国家森林公园 Mt. Bagong National Forest Park
25. 万佛山国家森林公园 Mt. Wanfo National Forest Park
26. 青龙湾国家森林公园 Qinglongwan National Forest Park
27. 水西国家森林公园 Shuixi National Forest Park
28. 上窑国家森林公园 Shangyao National Forest Park
29. 马仁山国家森林公园 Mt. Maren National Forest Park
30. 合肥大蜀山国家森林公园 Hefei Mt. Dashu National Forest Park

福建省 Fujian Province

1. 福州国家森林公园 Fuzhou National Forest Park
2. 天柱山国家森林公园 Mt. Tianzhu National Forest Park
3. 华安国家森林公园 Huaan National Forest Park
4. 猫儿山国家森林公园 Mt. Maoer National Forest Park
5. 龙岩国家森林公园 Longyan National Forest Park
6. 旗山国家森林公园 Mt. Qi National Forest Park
7. 三元国家森林公园 Sanyuan National Forest Park
8. 灵石山国家森林公园 Mt. Lingshi National Forest Park
9. 平坛海岛国家森林公园 Pingtan Island National Forest Park
10. 东山国家森林公园 Mt. Dong National Forest Park
11. 将乐天阶山国家森林公园 Jiangle Mt. Tianjie National Forest Park
12. 德化石牛山国家森林公园 Dehua Mt. Shiniu National Forest Park
13. 厦门莲花国家森林公园 Xiamen Lianhua National Forest Park
14. 三明仙人谷国家森林公园 Sanming Xianrengu National Forest Parks
15. 上杭国家森林公园 Shanghang National Forest Park
16. 武夷山国家森林公园 Mt. Wuyi National Forest Park
17. 乌山国家森林公园 Mt. Wu National Forest Park

18. 漳平天台国家森林公园 Zhangping Tiantai National Forest Park
19. 王寿山国家森林公园 Mt. Wangshou National Forest Park
20. 九龙谷国家森林公园 Jiulonggu National Park
21. 支提山国家森林公园 Mt. Zhiti National Forest Park
22. 天星山国家森林公园 Mt. Tianxing National Forest Park
23. 闽江源国家森林公园 Minjiangyuan National Forest Park
24. 九龙竹海国家森林公园 Jiulong Zhuhai National Forest Park
25. 董奉山国家森林公园 Mt. Dongfeng National Forest Park
26. 长乐国家森林公园 Changle National Forest Park
27. 匡山国家森林公园 Mt. Kuang National Forest Park
28. 龙湖山国家森林公园 Mt. Longhu National Forest Park
29. 南靖土楼国家森林公园 Nanjing Tulou National Forest Park
30. 武夷天池国家森林公园 Wuyi tianchi National Forest Park

江西省 Jiangxi Province

1. 三瓜仑国家森林公园 Sangualun National Forest Park
2. 庐山山南国家森林公园 Mt. Lu Shannan National Forest Park
3. 梅岭国家森林公园 Meiling National Forest Park
4. 三百山国家森林公园 Mt. Sanbai National Forest Park
5. 马祖山国家森林公园 Mt. Mazu National Forest Park
6. 灵岩洞国家森林公园 Lingyandong National Forest Park
7. 明月山国家森林公园 Mt. Mingyue National Forest Park
8. 翠微峰国家森林公园 Cuiweifeng National Forest Park
9. 天柱峰国家森林公园 Tianzhufeng National Forest Park
10. 泰和国家森林公园 Taihe National Forest Park
11. 鹅湖山国家森林公园 Mt. Ehu National Forest Park
12. 龟峰国家森林公园 Guifeng National Forest Park
13. 上清国家森林公园 Shangqing National Forest Park
14. 武功山国家森林公园 Mt. Wugong National Forest Park
15. 铜钹山国家森林公园 Mt. Tongbo National Forest Park
16. 鄱阳湖口国家森林公园 Poyanghukou National Forest Park
17. 三叠泉国家森林公园 Sandiequan National Forest Park
18. 阁皂山国家森林公园 Mt. Gezao National Forest Park
19. 永丰国家森林公园 Yongfeng National Forest Park
20. 梅关国家森林公园 Meiguan National Forest Park
21. 阳岭国家森林公园 Yangling National Forest Park

22. 天花井国家森林公园 Tianhuajing National Forest Park
23. 五指峰国家森林公园 Wuzhifeng National Forest Park
24. 柘林湖国家森林公园 Zhelin Lake National Forest Park
25. 陡水湖国家森林公园 Doushui Lake National Forest Park
26. 万安国家森林公园 Wanan National Forest Park
27. 三湾国家森林公园 Sanwan National Forest Park
28. 安源国家森林公园 Anyuan National Forest Park
29. 九连山国家森林公园 Mt. Jiulian National Forest Park
30. 岩泉国家森林公园 Yanquan National Forest Park
31. 云碧峰国家森林公园 Yunbifeng National Forest Park
32. 景德镇国家森林公园 Jingdezhen National Forest Park
33. 瑶里国家森林公园 Yaoli National Forest Park
34. 峰山国家森林公园 Mt. Feng National Forest Park
35. 清凉山国家森林公园 Mt. Qingliang National Forest Park
36. 九岭山国家森林公园 Mt. Jiuling National Forest Park
37. 岑山国家森林公园 Mt. Cen National Forest Park
38. 五府山国家森林公园 Mt. Wufu National Forest Park
39. 军峰山国家森林公园 Mt. Junfeng National Forest Park
40. 碧湖潭国家森林公园 Bihutan National Forest Park
41. 怀玉山国家森林公园 Mt. Huaiyu National Forest Park
42. 毓秀山国家森林公园 Mt. Yuxiu National Forest Park
43. 圣水堂国家森林公园 Shengshuitang National Forest Park
44. 鄱阳莲花国家森林公园 Poyang Lotus National Forest Park
45. 彭泽国家森林公园 Pengze National Forest Park

山东省 Shandong Province

1. 十八盘山国家森林公园 Mt. Shibapan National Forest Park
2. 峄山国家森林公园 Mt. Yi National Forest Park
3. 崂山国家森林公园 Mt. Lao National Forest Park
4. 抱犊崮国家森林公园 Baodugu National Forest Park
5. 黄河口国家森林公园 Huanghekou National Forest Park
6. 昆嵛山国家森林公园 Mt. Kunyu National Forest Park
7. 罗山国家森林公园 Mt. Luo National Forest Park
8. 长岛国家森林公园 Changdao National Forest Park
9. 沂山国家森林公园 Mt. Yi National Forest Park
10. 尼山国家森林公园 Mt. Ni National Forest Park

11. 泰山国家森林公园 Mt. Tai National Forest Park
12. 徂徕山国家森林公园 Mt. Culai National Forest Park
13. 鹤伴山国家森林公园 Mt. Heban National Forest Park
14. 孟良崮国家森林公园 Menglianggu National Forest Park
15. 柳埠国家森林公园 Liubu National Forest Park
16. 刘公岛国家森林公园 Liugongdao National Forest Park
17. 槎山国家森林公园 Mt. Cha National Forest Park
18. 药乡国家森林公园 Yaoxiang National Forest Park
19. 原山国家森林公园 Mt. Yuan National Forest Park
20. 灵山湾国家森林公园 Lingshanwan National Forest Park
21. 双岛国家森林公园 Shuangdao National Forest Park
22. 东阿黄河国家森林公园 Donge Huang River National Forest Park
23. 蒙山国家森林公园 Mt. Meng National Forest Park
24. 仰天山国家森林公园 Mt. Yangtian National Forest Park
25. 伟德山国家森林公园 Mt. Weide National Forest Park
26. 珠山国家森林公园 Mt. Zhu National Forest Park
27. 腊山国家森林公园 Mt. La National Forest Park
28. 日照海滨国家森林公园 Rizhao Haibin National Forest Park
29. 岠嵎山国家森林公园 Mt. Juyu National Forest Park
30. 牛山国家森林公园 Mt. Niu National Forest Park
31. 鲁山国家森林公园 Mt. Lu National Forest Park
32. 五莲山国家森林公园 Mt. Wulian National Forest Park
33. 莱芜华山国家森林公园 Laiwu Mt. Hua National Forest Park
34. 艾山国家森林公园 Mt. Yi National Forest Park
35. 龙口南山国家森林公园 Longkou Mt. Nan National Forest Park
36. 新泰莲花山国家森林公园 Xintai Mt. Lianhua National Forest Park
37. 招虎山国家森林公园 Mt. Zhaohu National Forest Park
38. 牙山国家森林公园 Mt. Ya National Forest Park
39. 寿阳山国家森林公园 Mt. Shouyang National Forest Park
40. 峨庄古村落国家森林公园 Ezhuang ancient village National Forest Park
41. 滕州墨子国家森林公园 Tengzhou Motse National Forest Park
42. 密州国家森林公园 Mizhou National Forest Park
43. 留山古火山国家森林公园 Liushan Paleovolcano National Forest Park
44. 泉林国家森林公园 Quanlin National Forest Park
45. 章丘国家森林公园 Zhangqiu National Forest Park

46. 峄城古石榴国家森林公园 Yicheng Gushiliu National Forest Park
47. 棋山幽峡国家森林公园 Mt. Qi Youxia National Forest Park
48. 夏津黄河故道国家森林公园 Xiajin Yellow River National Forest Park
49. 茌平国家森林公园 Chiping National Forest Park

河南省 Henan Province

1. 嵩山国家森林公园 Mt. Song National Forest Park
2. 万仙山国家森林公园 Mt. Wanxian National Forest Park
3. 寺山国家森林公园 Mt. Si National Forest Park
4. 风穴寺国家森林公园 Fengxuesi National Forest Park
5. 石漫滩国家森林公园 Shimantan National Forest Park
6. 薄山国家森林公园 Mt. Bo National Forest Park
7. 开封国家森林公园 Kaifeng National Forest Park
8. 亚武山国家森林公园 Mt. Yawu National Forest Park
9. 花果山国家森林公园 Mt. Huaguo National Forest Park
10. 云台山国家森林公园 Mt. Yuntai National Forest Park
11. 白云山国家森林公园 Mt. Baiyun National Forest Park
12. 龙峪湾国家森林公园 Longyuwan National Forest Park
13. 五龙洞国家森林公园 Wulongdong National Forest Park
14. 南湾国家森林公园 Nanwan National Forest Park
15. 甘山国家森林公园 Mt. Gan National Forest Park
16. 淮河源国家森林公园 Huaiheyuan National Forest Park
17. 神灵寨国家森林公园 Shenlingzhai National Forest Park
18. 铜山湖国家森林公园 Tongshan Lake National Forest Park
19. 黄河故道国家森林公园 Yellow River Gudao National Forest Park
20. 郁山国家森林公园 Mt. Yu National Forest Park
21. 金兰山国家森林公园 Mt. Jinlan National Forest Park
22. 玉皇山国家森林公园 Mt. Yuhuang National Forest Park
23. 嵖岈山国家森林公园 Mt. Chaya National Forest Park
24. 天池山国家森林公园 Mt. Tianchi National Forest Park
25. 始祖山国家森林公园 Mt. Shizu National Forest Park
26. 黄柏山国家森林公园 Mt. Huangbai National Forest Park
27. 燕子山国家森林公园 Mt. Yanzi National Forest Park
28. 棠溪源国家森林公园 Tangxiyuan National Forest Park
29. 大鸿寨国家森林公园 Dahongzhai National Forest Park
30. 天目山国家森林公园 Tianmushan National Forest Park

31. 大苏山国家森林公园 Mt. Dasu National Forest Park
32. 云梦山国家森林公园 Mt. Yunmeng National Forest Park

重庆 Chongqing Municipality

1. 黄水国家森林公园 Huangshui National Forest Park
2. 仙女山国家森林公园 Mt. Xiannv National Forest Park
3. 茂云山国家森林公园 Mt. Maoyun National Forest Park
4. 双桂山国家森林公园 Mt. Shuanggui National Forest Park
5. 小三峡国家森林公园 Xiaosanxia National Forest Park
6. 金佛山国家森林公园 Mt. Jinfo National Forest Park
7. 黔江国家森林公园 Qian Jiang National Forest Park
8. 青龙湖国家森林公园 Qinglong Lake National Forest Park
9. 梁平东山国家森林公园 Liangping Mt. Dong National Forest Park
10. 武陵山国家森林公园 Mt. Wuling National Forest Park
11. 桥口坝国家森林公园 Qiaokouba National Forest Park
12. 铁峰山国家森林公园 Mt. Tiefeng National Forest Park
13. 红池坝国家森林公园 Hongchiba National Forest Park
14. 雪宝山国家森林公园 Mt. Xuebao National Forest Park
15. 玉龙山国家森林公园 Mt. Yulong National Forest Park
16. 黑山国家森林公园 Mt. Hei National Forest Park
17. 歌乐山国家森林公园 Mt. Gele National Forest Park
18. 茶山竹海国家森林公园 Mt. Cha Zhuhai National Forest Park
19. 九重山国家森林公园 Mt. Jiuchong National Forest Park
20. 大园洞国家森林公园 Dayuandong National Forest Park
21. 重庆南山国家森林公园 Chongqing Mt. Nan National Forest Park
22. 观音峡国家森林公园 Guanyinxia National Forest Park
23. 天池山国家森林公园 Mt. Tianchi National Forest Park
24. 金银山国家森林公园 Mt. Jinyin National Forest Park
25. 酉阳桃花源国家森林公园 Unitary Yang Taohuayuan National Forest Park
26. 巴尔盖国家森林公园 Baergai National Forest Park

四川省 Sichuan Province

1. 都江堰国家森林公园 Dujiangyan National Forest Park
2. 剑门关国家森林公园 Jianmenguan National Forest Park
3. 瓦屋山国家森林公园 Mt. Wawu National Forest Park
4. 高山国家森林公园 Mt. Gao National Forest Park
5. 西岭国家森林公园 Xiling National Forest Park

6. 二滩国家森林公园 Ertan National Forest Park
7. 海螺沟国家森林公园 Hailuogou National Forest Park
8. 七曲山国家森林公园 Mt. Qiqu National Forest Park
9. 千佛山国家森林公园 Mt. Qianfo National Forest Park
10. 天台山国家森林公园 Mt. Tiantai National Forest Park
11. 九寨国家森林公园 Jiuzhai National Forest Park
12. 黑竹沟国家森林公园 Heizhugou National Forest Park
13. 夹金山国家森林公园 Mt. Jiajin National Forest Park
14. 龙苍沟国家森林公园 Canglonggou National Forest Park
15. 福宝国家森林公园 Fubao National Forest Park
16. 白水河国家森林公园 Baishui River National Forest Park
17. 美女峰国家森林公园 Meinvfeng National Forest Park
18. 华蓥山国家森林公园 Mt. Huaying National Forest Park
19. 五峰山国家森林公园 Mt. Wufeng National Forest Park
20. 措普国家森林公园 Cuopu National Forest Park
21. 米仓山国家森林公园 Mt. Micang National Forest Park
22. 二郎山国家森林公园 Mt. Erlang National Forest Park
23. 天曌山国家森林公园 Mt. Tianzhao National Forest Park
24. 镇龙山国家森林公园 Mt. Zhenlong National Forest Park
25. 雅克夏国家森林公园 Yakexia National Forest Park
26. 天马山国家森林公园 Mt. Tianma National Forest Park
27. 空山国家森林公园 Mt. Kong National Forest Park
28. 云湖国家森林公园 Yun Lake National Forest Park
29. 铁山国家森林公园 Mt. Tie National Forest Park
30. 荷花海国家森林公园 Hehuahai National Forest Park
31. 凌云山国家森林公园 Mt. Lingyun National Forest Park
32. 阆中国家森林公园 Langzhong National Forest Park
33. 北川国家森林公园 Beichuan National Forest Park
34. 鸡冠山国家森林公园 Jiguanshan Nationl Forest Park
35. 沐川国家森林公园 Muchuan Nationl Forest Park
36. 苍溪国家森林公园 Cangxi Nationl Forest Park
37. 宣汉国家森林公园 Xuanhan Nationl Forest Park

贵州省 Guizhou Province

1. 百里杜鹃国家森林公园 Baili Dujuan National Forest Park
2. 竹海国家森林公园 Zhuhai National Forest Park

3. 燕子岩国家森林公园 Yanziyan National Forest Park
4. 长坡岭国家森林公园 Changpoling National Forest Park
5. 凤凰山国家森林公园 Mt. Fenghuang National Forest Park
6. 九龙山国家森林公园 Mt. Jiulong National Forest Park
7. 尧人山国家森林公园 Mt. Yaoren National Forest Park
8. 玉舍国家森林公园 Yushe National Forest Park
9. 雷公山国家森林公园 Mt. Leigong National Forest Park
10. 习水国家森林公园 Xishui National Forest Park
11. 黎平国家森林公园 Liping National Forest Park
12. 朱家山国家森林公园 Mt. Zhujia National Forest Park
13. 紫林山国家森林公园 Mt. Zilin National Forest Park
14. 潕阳湖国家森林公园 Wuyang Lake National Forest Park
15. 赫章夜郎国家森林公园 Hezhang Yelang National Forest Park
16. 仙鹤坪国家森林公园 Xianheping National Forest Park
17. 青云湖国家森林公园 Qingyun Lake National Forest Park
18. 毕节国家森林公园 Bijie National Forest Park
19. 大板水国家森林公园 Dabanshui National Forest Park
20. 龙架山国家森林公园 Mt. Longjia National Forest Park
21. 九道水国家森林公园 Jiudaoshui National Forest Park
22. 台江国家森林公园 Taijiang National Forest Park
23. 甘溪国家森林公园 Ganxi National Forest Park
24. 油杉河大峡谷国家森林公 Youshanhe Grand Canyon National Forest Park
25. 黄果树瀑布源国家森林公园 Huangguoshu Waterfall Source National Forest Park

云南省 Yunnan Province

1. 巍宝山国家森林公园 Mt. Weibao National Forest Park
3. 天星国家森林公园 Tianxing National Forest Park
4. 清华洞国家森林公园 Qinghuadong National Forest Park
5. 东山国家森林公园 Mt. Dong National Forest Park
6. 来凤山国家森林公园 Mt. Laifeng National Forest Park
7. 花鱼洞国家森林公园 Huayudong National Forest Park
8. 磨盘山国家森林公园 Mt. Mopan National Forest Park
9. 龙泉国家森林公园 Longquan National Forest Park
10. 菜阳河国家森林公园 Caiyanghe River National Forest Park
11. 金殿国家森林公园 Jindian National Forest Park
12. 章凤国家森林公园 Zhangfeng National

Forest Park

13. 十八连山国家森林公园 Mt. Shibalian National Forest Park

14. 鲁布格国家森林公园 Lubuge National Forest Park

15. 珠江源国家森林公园 Zhujiangyuan National Forest Park

16. 五峰山国家森林公园 Mt. Wufeng National Forest Park

17. 钟灵山国家森林公园 Mt. Zhongling National Forest Park

18. 棋盘山国家森林公园 Mt. Qipan National Forest Park

19. 灵宝山国家森林公园 Mt. Lingbao National Forest Park

20. 小白龙国家森林公园 Xiaobailong National Forest Park

21. 圭山国家森林公园 Mt. Gui National Forest Park

22. 五老山国家森林公园 Mt. Wulao National Forest Park

23. 铜锣坝国家森林公园 Tongluoba National Forest Park

24. 紫金山国家森林公园 Mt. Zijin National Forest Park

25. 飞来寺国家森林公园 Feilaisi National Forest Park

26. 新生桥国家森林公园 Xinshengqiao National Forest Park

27. 西双版纳国家森林公园 Xishuangbanna National Forest Park

28. 宝台山国家森林公园 Mt. Baotai National Forest Park

29. 双江古茶山国家森林公园 Shuangjiang Mt. Gucha National Forest Park

西藏自治区 Tibet Autonomous Region

1. 巴松湖国家森林公园 Pasong Lake National Forest Park
2. 色季拉国家森林公园 Sejila National Forest Park
3. 玛旁雍错国家森林公园 Mapangyongcuo National Forest Park
4. 班公湖国家森林公园 Bangong Lake National Forest Park
5. 然乌湖国家森林公园 Ranwu Lake National Forest Park
6. 热振国家森林公园 Rezhen National Forest Park
7. 姐德秀国家森林公园 Jiedexiu National Forest Park
8. 尼木国家森林公园 Nimu National Forest Park
9. 比日神山国家森林公园 Birishenshan National Forest Park

陕西省 Shanxi

1. 南宫山国家森林公园 Mt. Nangong National Forest Park
2. 王顺山国家森林公园 Mt. Wangshun National Forest Park
3. 朱雀国家森林公园 Zhuque National Forest Park
4. 天台山国家森林公园 Mt. Tiantai National Forest Park
5. 太白山国家森林公园 Mt. Taibai National Forest Park
6. 骊山国家森林公园 Mt. Li National Forest Park
7. 楼观台国家森林公园 Louguantai National Forest Park

8. 汉中天台国家森林公园 Hanzhong Tiantai National Forest Park
9. 金丝大峡谷国家森林公园 Jinsi Dax-iagu National Park
10. 通天河国家森林公园 Tongtian River National Forest Park
11. 黎坪国家森林公园 Liping National Forest Park
12. 天华山国家森林公园 Mt. Tianhua National Forest Park
13. 终南山国家森林公园 Mt. Zhongnan National Forest Park
14. 延安国家森林公园 Yanan National Forest Park
15. 五龙洞国家森林公园 Wulongdong National Forest Park
16. 木王国家森林公园 Muwang National Forest Park
17. 榆林沙漠国家森林公园 Yulin Shamo National Forest Park
18. 劳山国家森林公园 Mt. Lao National Forest Park
19. 太平国家森林公园 Taiping National Forest Park
20. 鬼谷岭国家森林公园 Guiguling National Forest Park
21. 玉华宫国家森林公园 Yuhuagong National Forest Park
22. 千家坪国家森林公园 Qianjiaping National Forest Park
23. 蟒头山国家森林公园 Mt. Mangtou National Forest Park
24. 上坝河国家森林公园 Shangba River National Forest Park
25. 黑河国家森林公园 Hei River National Forest Park
26. 洪庆山国家森林公园 Mt. Hongqing National Forest Park
27. 牛背梁国家森林公园 Niubeiliang National Forest Park
28. 天竺山国家森林公园 Mt. Tianzhu National Forest Park
29. 紫柏山国家森林公园 Mt. Zibai National Forest Park
30. 少华山国家森林公园 Mt. Shaohua National Forest Park
31. 木王山国家森林公园 Mt. Muwang National Forest Park
32. 石门山国家森林公园 Mt.Shimen National Forest Park
33. 黄陵国家森林公园 Huangling National Forest Park
34. 青峰峡国家森林公园 Qingfeng Valley National Forest Park
35. 黄龙山国家森林公园 Mt.Huanglong National Forest Park

甘肃省 Gansu Province

1. 吐鲁沟国家森林公园 Tulugou National Forest Park
2. 石佛沟国家森林公园 Shifogou National Forest Park
3. 松鸣岩国家森林公园 Songmingyan National Forest Park
4. 云崖寺国家森林公园 Yunyasi National Forest Park
5. 徐家山国家森林公园 Mt. Xujia National Forest Park
6. 贵清山国家森林公园 Mt. Guiqing National Forest Park

7. 麦积国家森林公园 Maiji National Forest Park
8. 鸡峰山国家森林公园 Mt. Jifeng National Forest Park
9. 渭河源国家森林公园 Weiheyuan National Forest Park
10. 天祝三峡国家森林公园 Tianzhu Sanxia National Forest Park
11. 冶力关国家森林公园 Yeliguan National Forest Park
12. 沙滩国家森林公园 Shatan National Forest Park
13. 官鹅沟国家森林公园 Guanegou National Forest Park
14. 大峪国家森林公园 Dayu National Forest Park
15. 腊子口国家森林公园 Lazikou National Forest Park
16. 文县天池国家森林公园 Wenxian Tianchi National Forest Park
17. 莲花山国家森林公园 Mt. Lianhua National Forest Park
18. 寿鹿山国家森林公园 Mt. Shoulu National Forest Park
19. 周祖陵国家森林公园 Zhouzuling National Forest Park
20. 小陇山国家森林公园 Mt. Xiaolong National Forest Park
21. 大峡沟国家森林公园 Daxiagou National Forest Park
22. 子午岭国家森林公园 Ziwuling National Forest Park

青海省 Qinghai Province

1. 坎布拉国家森林公园 Kanbula National Forest Park
2. 北山国家森林公园 Mt. Bei National Forest Park
3. 大通国家森林公园 Datong National Forest Park
4. 群加国家森林公园 Qunjia National Forest Park
5. 仙米国家森林公园 Xianmi National Forest Park
6. 麦秀国家森林公园 Maixiu National Forest Park
7. 哈里哈图国家森林公园 Halihatu National Forest Park

宁夏回族自治区 Ningxia Hui Autonomous Region

1. 苏峪口国家森林公园 Suyukou National Forest Park
2. 六盘山国家森林公园 Mt. Liupan National Forest Park
3. 花马寺国家森林公园 Huamasi National Forest Park
4. 火石寨国家森林公园 Huoshizhai National Forest Park

新疆维吾尔自治区 Xinjiang Uygur Autonomous Region

1. 照壁山国家森林公园 Mt. Zhaobi National Forest Park
2. 天池国家森林公园 Tianchi National Forest Park
3. 那拉提国家森林公园 Nalati National Forest Park
4. 巩乃斯国家森林公园 Konnaisi National Forest Park

5. 贾登峪国家森林公园 Jiadengyu National Forest Park
6. 白哈巴国家森林公园 Baihaba National Forest Park
7. 唐布拉国家森林公园 Tangbula National Forest Park
8. 奇台南山国家森林公园 Titai Mt. Nan National Forest Park
9. 科桑溶洞国家森林公园 Kesang Rongdong National Forest Park
10. 金湖杨国家森林公园 Jinhuyang National Forest Park
11. 巩留恰西国家森林公园 Gongliu Qiaxi National Forest Park
12. 哈密天山国家森林公园 Hami Mt. Tian National Forest Park
13. 哈日图热格国家森林公园 Hari Turege National Forest Park
14. 乌苏佛山国家森林公园 Wusu Mt. Fo National Forest Park
15. 哈巴河白桦国家森林公园 Habahe birch National Forest Park
16. 阿尔泰山温泉国家森林公园 Altai hot spring National Forest Park
17. 夏塔古道国家森林公园 Ancient Xiata Path National Forest Park
18. 塔西河国家森林公园 Tassi River Mt. Nan National Forest Park
19. 巴楚胡杨林国家森林公园 Bachu iminqak National Forest Park
20. 车师古道国家森林公园 Ancient Cheshi Path National Forest Park
21. 江布拉克国家森林公园 Jiangbulake National Forest Park

附录六 国家级自然保护区名录（截止到2015年）

北京 Beijing Municipality

1. 松山国家级自然保护区 Songshan National Nature Reserve
2. 百花山国家级自然保护区 Baihuashan National Nature Reserve

天津 Tianjin Municipality

1. 蓟县中、上元古界地层剖面国家级自然保护区 Jixian Middle-Upper Proterozoic Stratigraphic Section National Nature Reserve
2. 古海岸与湿地国家级自然保护区 Paleocoast and Wetland National Nature Reserve
3. 八仙山国家级自然保护区 Baxianshan National Nature Reserve

河北省 Hebei Province

1. 雾灵山国家级自然保护区 Wulingshan National Nature Reserve
2. 昌黎黄金海岸国家级自然保护区 Changli Golden Beach National Nature Reserve
3. 围场红松洼国家级自然保护区 Weichang Hongsongwa National Nature Reserve
4. 泥河湾国家级自然保护区 Nihewan National Nature Reserve
5. 小五台山国家级自然保护区 Xiaowutaishan National Nature Reserve
6. 衡水湖国家级自然保护区 Hengshui Lake National Nature Reserve
7. 大海坨国家级自然保护区 Dahaituo National Nature Reserve
8. 柳江盆地地质遗迹国家级自然保护区 Liujiang Basin Geosite National Nature Reserve
9. 塞罕坝国家级自然保护区 Saihanba National Nature Reserve
10. 滦河上游国家级自然保护区 Upper Reaches of Luanhe River National Nature Reserve
11. 茅荆坝国家级自然保护区 Maojingba National Nature Reserve
12. 驼梁国家级自然保护区 Tuoliang National Nature Reserve
13. 青崖寨国家级自然保护区 Qingyazhai National Nature Reserve

山西省 Shanxi Province

1. 庞泉沟国家级自然保护区 Pangquangou National Nature Reserve
2. 历山国家级自然保护区 Lishan National Nature Reserve
3. 芦芽山国家级自然保护区 Luyashan National Nature Reserve
4. 阳城莽河猕猴国家级自然保护区 Yangcheng Manghe Rhesus Monkey National Nature Reserve
5. 五鹿山国家级自然保护区 Wulushan

National Nature Reserve

6. 黑茶山国家级自然保护区 Heichashan National Nature Reserve

7. 灵空山国家级自然保护区 Lingkongshan National Nature Reserve

内蒙古自治区 Inner Mongolia Autonomous Region

1. 大青沟国家级自然保护区 Daqinggou National Nature Reserve

2. 内蒙古贺兰山国家级自然保护区 Nei Mongol Helanshan National Nature Reserve

3. 达赉湖国家级自然保护区 Dalaihu National Nature Reserve

4. 科尔沁国家级自然保护区 Horqin National Nature Reserve

5. 大兴安岭汗马国家级自然保护区 Greater Khingan Range's Khan Horse National Nature Reserve

6. 锡林郭勒草原国家级自然保护区 Xilin Gol Steppe National Nature Reserve

7. 达里诺尔国家级自然保护区 Dal Nur National Nature Reserve

8. 西鄂尔多斯国家级自然保护区 West Ordos National Nature Reserve

9. 白音敖包国家级自然保护区 Bayan-Ovoo National Nature Reserve

10. 赛罕乌拉国家级自然保护区 Saihan Ul National Nature Reserve

11. 大黑山国家级自然保护区 Daheishan National Nature Reserve

12. 乌拉特梭梭林—蒙古野驴国家级自然保护区 Urad Saxaul Forest-Mongolian Wild Ass National Nature Reserve

13. 鄂尔多斯遗鸥国家级自然保护区 Ordos Relict Gull National Nature Reserve

14. 辉河国家级自然保护区 Huihe National Nature Reserve

15. 图牧吉国家级自然保护区 Temeji National Nature Reserve

16. 额济纳胡杨林国家级自然保护区 Ejin Diversifolius Poplar Forest National Nature Reserve

17. 红花尔基樟子松林国家级自然保护区 Honggolj Mongolian Scots Pine Forest National Nature Reserve

18. 黑里河国家级自然保护区 Heilihe National Nature Reserve

19. 阿鲁科尔沁草原国家级自然保护区 Ar Horqin Steppe National Nature Reserve

20. 哈腾套海国家级自然保护区 Hadan Tohoi National Nature Reserve

21. 额尔古纳国家级自然保护区 Ergun National Nature Reserve

22. 鄂托克恐龙遗迹化石国家级自然保护区 Otog Dinosaur Trace Fossil National Nature Reserve

23. 大青山国家级自然保护区 Daqingshan National Nature Reserve

24. 高格斯台罕乌拉国家级自然保护区 Gogastai Han Ul National Nature Reserve

25. 古日格斯台国家级自然保护区 Gurgastai National Nature Reserve

26. 罕山国家级自然保护区 Hanshan National Nature Reserve

27. 乌兰坝国家级自然保护区 Wulanba National Nature Reserve

28. 毕拉河国家级自然保护区 Bila River

National Nature Reserve

辽宁省 Liaoning Province

1. 蛇岛－老铁山国家级自然保护区 Shedao－Laotieshan National Nature Reserve
2. 医巫闾山国家级自然保护区 Yiwulvshan National Nature Reserve
3. 白石砬子国家级自然保护区 Baishilazi National Nature Reserve
4. 双台河口国家级自然保护区 Shuangtai Estuary National Nature Reserve
5. 仙人洞国家级自然保护区 Xianrendong National Nature Reserve
6. 大连斑海豹国家级自然保护区 Dalian Spotted Seal National Nature Reserve
7. 丹东鸭绿江口滨海湿地国家级自然保护区 Dandong Yalu River Estuary Coastal Wetland National Nature Reserve
8. 北票鸟化石国家级自然保护区 Beipiao Bird Fossil National Nature Reserve
9. 桓仁老秃顶子国家级自然保护区 Huanren Laotudingzi National Nature Reserve
10. 成山头海滨地貌国家级自然保护区 Chengshantou Coastal Landforms National Nature Reserve
11. 努鲁儿虎山国家级自然保护区 Nulu’erhushan National Nature Reserve
12. 海棠山国家级自然保护区 Haitangshan National Nature Reserve
13. 白狼山国家级自然保护区 Bailangshan National Nature Reserve
14. 章古台国家级自然保护区 Zhanggutai National Nature Reserve
15. 葫芦岛虹螺山国家级自然保护区 Huludao Hongluoshan National Nature Reserve
16. 青龙河国家级自然保护区 Qinglonghe National Nature Reserve
17. 大黑山国家级自然保护区 Daheishan National Nature Reserve

吉林省 Jilin Province

1. 长白山国家级自然保护区 Changbai Mountain National Nature Reserve
2. 向海国家级自然保护区 Xianghai National Nature Reserve
3. 伊通火山群国家级自然保护区 Yitong Volcano Cluster National Nature Reserve
4. 莫莫格国家级自然保护区 Melmeg National Nature Reserve
5. 天佛指山国家级自然保护区 Tianfozishan National Nature Reserve
6. 鸭绿江上游国家级自然保护区 Upper Reaches of the Yalu River National Nature Reserve
7. 龙湾国家级自然保护区 Longwan National Nature Reserve
8. 大布苏国家级自然保护区 Dabusu National Nature Reserve
9. 珲春东北虎国家级自然保护区 Hunchun Manchurian Tiger National Nature Reserve
10. 查干湖国家级自然保护区 Qagan Lake National Nature Reserve
11. 雁鸣湖国家级自然保护区 Yanming Lake National Nature Reserve
12. 松花江三湖国家级自然保护区 Sanhu of the Songhua River National Nature

Reserve

13. 哈泥国家级自然保护区 Hani National Nature Reserve
14. 波罗湖国家级自然保护区 Boluo Lake National Nature Reserve
15. 靖宇国家级自然保护区 Jingyu National Nature Reserve
16. 黄泥河国家级自然保护区 Huangnihe National Nature Reserve
17. 集安国家级自然保护区 Ji'an National Nature Reserve

黑龙江省 Heilongjiang Province

1. 扎龙国家级自然保护区 Zhalong National Nature Reserve
2. 丰林国家级自然保护区 Fenglin National Nature Reserve
3. 呼中国家级自然保护区 Huzhong National Nature Reserve
4. 牡丹峰国家级自然保护区 Mudan Peak National Nature Reserve
5. 兴凯湖国家级自然保护区 Xingkai Lake National Nature Reserve
6. 五大连池国家级自然保护区 Wudalianchi National Nature Reserve
7. 洪河国家级自然保护区 Honghe National Nature Reserve
8. 凉水国家级自然保护区 Liangshui National Nature Reserve
9. 饶河东北黑蜂国家级自然保护区 Raohe Northeast China Black Bee National Nature Reserve
10. 三江国家级自然保护区 Sanjiang National Nature Reserve
11. 宝清七星河国家级自然保护区 Baoqing Qixinghe National Nature Reserve
12. 挠力河国家级自然保护区 Raolihe National Nature Reserve
13. 南瓮河国家级自然保护区 Nanwenghe National Nature Reserve
14. 八岔岛国家级自然保护区 Bachadao National Nature Reserve
15. 凤凰山国家级自然保护区 Fenghuangshan National Nature Reserve
16. 乌伊岭国家级自然保护区 Wuyiling National Nature Reserve
17. 胜山国家级自然保护区 Shengshan National Nature Reserve
18. 珍宝岛湿地国家级自然保护区 Zhenbaodao Wetland National Nature Reserve
19. 红星湿地国家级自然保护区 Hongxing Wetland National Nature Reserve
20. 双河国家级自然保护区 Shuanghe National Nature Reserve
21. 东方红湿地国家级自然保护区 Dongfanghong Wetland National Nature Reserve
22. 大沾河湿地国家级自然保护区 Dazhanhe Wetland National Nature Reserve
23. 穆棱东北红豆杉国家级自然保护区 Muling Taxus Cuspidata National Nature Reserve
24. 新青白头鹤国家级自然保护区 Xinqing Hooded Crane National Nature Reserve
25. 绰纳河国家级自然保护区 Chuonahe National Nature Reserve
26. 多布库尔国家级自然保护区 Duobukur National Nature Reserve

27. 友好国家级自然保护区 Youhao National Nature Reserve
28. 小北湖国家级自然保护区 Xiaobeihu National Nature Reserve
29. 三环泡国家级自然保护区 Sanhuanpao National Nature Reserve
30. 乌裕尔河国家级自然保护区 Wuyuerhe National Nature Reserve
31. 中央站黑嘴松鸡国家级自然保护 Central Black-billed Capercaillie National Nature Reserve
32. 茅兰沟国家级自然保护区 Maolangou National Nature Reserve
33. 明水国家级自然保护区 Mingshui National Nature Reserve
34. 太平沟国家级自然保护区 Taipinggou National Nature Reserve
35. 老爷岭东北虎国家级自然保护区 Laoyeling Manchurian Tiger National Nature Reserve
36. 大峡谷国家级自然保护区 Grand Canyon National Nature Reserve
37. 黑瞎子岛湿地国家级自然保护区 Heixiazi Is land National Nature Reserve

上海 Shanghai Municipality

1. 九段沙湿地国家级自然保护区 Jiuduansha Wetland National Nature Reserve
2. 崇明东滩鸟类国家级自然保护区 Chongming Dongtan Birds National Nature Reserve

江苏省 Jiangsu

1. 盐城沿海滩涂珍禽国家级自然保护区 Yancheng Littoral Mudflats and Valuable Fowls National Nature Reserve
2. 大丰麋鹿国家级自然保护区 Dafeng Pere David's Deer National Nature Reserve
3. 泗洪洪泽湖湿地国家级自然保护区 Sihong Hongzehu Wetland National Nature Reserve

浙江省 Zhejiang Province

1. 天目山国家级自然保护区 Tianmushan National Nature Reserve
2. 南麂列岛海洋国家级自然保护区 Nanji Liedao Marine National Nature Reserve
3. 凤阳山—百山祖国家级自然保护区 Fengyangshan - Baishanzu National Nature Reserve
4. 乌岩岭国家级自然保护区 Wuyanling National Nature Reserve
5. 临安清凉峰国家级自然保护区 Lin'an Qingliangfeng National Nature Reserve
6. 古田山国家级自然保护区 Gutianshan National Nature Reserve
7. 大盘山国家级自然保护区 Dapanshan National Nature Reserve
8. 九龙山国家级自然保护区 Jiulongshan National Nature Reserve
9. 长兴地质遗迹国家级自然保护区 Changxing Geosites National Nature Reserve
10. 象山韭山列岛海洋生态国家级自然保护区 Xiangshan Jiushan Chain Island Marine cology National Nature Reserve

安徽省 Anhui Province

1. 扬子鳄国家级自然保护区 Alligator

National Nature Reserve
2. 古牛绛国家级自然保护区 Guniujiang National Nature Reserve
3. 鹞落坪国家级自然保护区 Yaoluoping National Nature Reserve
4. 升金湖国家级自然保护区 Shengjinhu National Nature Reserve
5. 金寨天马国家级自然保护区 Jinzhai Tianma National Nature Reserve
6. 铜陵淡水豚国家级自然保护区 Tongling Freshwater Dolphins National Nature Reserve
7. 清凉峰国家级自然保护区 Qingliang-feng National Nature Reserve

福建省 Fujian Province

1. 福建武夷山国家级自然保护区 Wuyis-han National Nature Reserve
2. 梅花山国家级自然保护区 Meihuashan National Nature Reserve
3. 深沪湾海底古森林遗迹国家级自然保护区 Shenhuwan Submarine Paleoforest Relic National Nature Reserve
4. 将乐龙栖山国家级自然保护区 Jiangle Longqishan National Nature Reserve
5. 厦门珍稀海洋物种国家级自然保护区 Xiamen Valuable and Rare Marine Species National Nature Reserve
6. 虎伯寮国家级自然保护区 Huboliao National Nature Reserve
7. 梁野山国家级自然保护区 Liangyeshan National Nature Reserve
8. 天宝岩国家级自然保护区 Tianbaoyan National Nature Reserve
9. 漳江口红树林国家级自然保护区 Zhangjiangkou Mangrove Forest National Nature Reserve
10. 戴云山国家级自然保护区 Daiyunshan National Nature Reserve
11. 闽江源国家级自然保护区 Minji-angyuan National Nature Reserve
12. 君子峰国家级自然保护区 Junzifeng National Nature Reserve
13. 雄江黄楮林国家级自然保护区 Xiongjiang Chung's Oak Forest National Nature Reserve
14. 闽江河口湿地国家级自然保护区 Minjiang estuary wetland National Nature Reserve
15. 茫荡山国家级自然保护区 Mangdang-shan National Nature Reserve
16. 汀江源国家级自然保护区 Tingji-angyuan National Nature Reserve

江西省 Jiangxi Province

1. 鄱阳湖候鸟国家级自然保护区 Poy-anghu Migratory Birds National Nature Reserve
2. 井冈山国家级自然保护区 Jinggang-shan National Nature Reserve
3. 桃红岭梅花鹿国家级自然保护区 Taohongling Sika Deer National Nature Reserve
4. 江西武夷山国家级自然保护区 Jiangxi Wuyishan National Nature Reserve
5. 九连山国家级自然保护区 Jiulianshan National Nature Reserve
6. 官山国家级自然保护区 Guanshan National Nature Reserve
7. 鄱阳湖南矶湿地国家级自然保护区

Poyanghu Nanji Wetland National Nature Reserve

8. 马头山国家级自然保护区 Matoushan National Nature Reserve
9. 九岭山国家级自然保护区 Jiulingshan National Nature Reserve
10. 齐云山国家级自然保护区 Qiyunshan National Nature Reserve
11. 阳际峰国家级自然保护区 Yangjifeng National Nature Reserve
12. 赣江源国家级自然保护区 Ganjiangyuan National Nature Reserve
13. 庐山国家级自然保护区 Lushan National Nature Reserve
14. 铜钹山国家级自然保护区 Tongboshan National Nature Reserve

山东省 Shandong Province

1. 山旺古生物化石国家级自然保护区 Shanwang Paleofossil National Nature Reserve
2. 长岛国家级自然保护区 Changdao National Nature Reserve
3. 黄河三角洲国家级自然保护区 Huanghe Sanjiaozhou National Nature Reserve
4. 马山国家级自然保护区 Mashan National Nature Reserve
5. 滨州贝壳堤岛与湿地国家级自然保护区 Binzhou Shell-Dyke Island and Wetland National Nature Reserve
6. 荣成大天鹅国家级自然保护区 Rongcheng Whooper Swan National Nature Reserve
7. 昆嵛山国家级自然保护区 Kunyushan National Nature Reserve

河南省 Henan Province

1. 鸡公山国家级自然保护区 Jigongshan National Nature Reserve
2. 宝天曼国家级自然保护区 Baotianman National Nature Reserve
3. 新乡黄河湿地鸟类国家级自然保护区 Xinxiang Huanghe Shidi Birds National Nature Reserve
4. 伏牛山国家级自然保护区 Funiushan National Nature Reserve
5. 焦作太行山猕猴国家级自然保护区 Jiaozuo Taihangshan Rhesus Monkey National Nature Reserve
6. 董寨国家级自然保护区 Dongzhai National Nature Reserve
7. 南阳恐龙蛋化石群国家级自然保护区 Nanyang Dinosaur-Egg Fossil Coenosis National Nature Reserve
8. 黄河湿地国家级自然保护区 Huanghe Wetland National Nature Reserve
9. 连康山国家级自然保护区 Liankangshan National Nature Reserve
10. 小秦岭国家级自然保护区 Xiaoqinling National Nature Reserve
11. 丹江湿地国家级自然保护区 Danjiang Wetland National Nature Reserve
12. 大别山国家级自然保护区 Dabieshan National Nature Reserve

湖北省 Hubei Province

1. 神农架国家级自然保护区 Shennongjia National Nature Reserve
2. 长江新螺段白鱀豚国家级自然保护区 Whitefin Dolphin National Nature Reserve

3. 长江天鹅洲白鱀豚国家级自然保护区 Changjiang Tian’ezhou Whitefin Dolphin National Nature Reserve
4. 石首麋鹿国家级自然保护区 Shishou Pè re David’s Deer National Nature Reserve
5. 五峰后河国家级自然保护区 Wufeng Houhe National Nature Reserve
6. 青龙山恐龙蛋化石群国家级自然保护区 Qinglongshan Dinosaur-Egg Fossil Coenosis National Nature Reserve
7. 星斗山国家级自然保护区 Xingdoushan National Nature Reserve
8. 九宫山国家级自然保护区 Jiugongshan National Nature Reserve
9. 七姊妹山国家级自然保护区 Qijiemeishan National Nature Reserve
10. 龙感湖国家级自然保护区 Longganhu National Nature Reserve
11. 赛武当国家级自然保护区 Saiwudang National Nature Reserve
12. 木林子国家级自然保护区 Mulinzi National Nature Reserve
13. 咸丰忠建河大鲵国家级自然保护区 Xianfeng Zhongjianhe Chinese Giant Salamander National Nature Reserve
14. 湖北大别山国家级自然保护区 Dabieshan National Nature Reserve
15. 堵河源国家级自然保护区 Duheyuan National Nature Reserve
16. 十八里长峡国家级自然保护区 Shibali Changxia National Nature Reserve
17. 洪湖国家级自然保护区 Honghu National Nature Reserve
18. 南河国家级自然保护区 Nanhe National Nature Reserve

湖南省 Hunan Province

1. 八大公山国家级自然保护区 Badagongshan National Nature Reserve
2. 东洞庭湖国家级自然保护区 Dongdongtinghu National Nature Reserve
3. 壶瓶山国家级自然保护区 Hupingshan National Nature Reserve
4. 莽山国家级自然保护区 Mangshan National Nature Reserve
5. 张家界大鲵国家级自然保护区 Zhangjiajie Chinese Giant Salamander National Nature Reserve
6. 永州都庞岭国家级自然保护区 Yongzhou Dupangling National Nature Reserve
7. 小溪国家级自然保护区 Xiaoxi National Nature Reserve
8. 炎陵桃源洞国家级自然保护区 Yanling Taoyuandong National Nature Reserve
9. 黄桑国家级自然保护区 Huangsang National Nature Reserve
10. 乌云界国家级自然保护区 Wuyunjie National Nature Reserve
11. 鹰嘴界国家级自然保护区 Yingzuijie National Nature Reserve
12. 南岳衡山国家级自然保护区 Nanyue Hengshan National Nature Reserve
13. 借母溪国家级自然保护区 Jiemuxi National Nature Reserve
14. 八面山国家级自然保护区 Bamianshan National Nature Reserve
15. 阳明山国家级自然保护区 Yangmingshan National Nature Reserve
16. 六步溪国家级自然保护区 Liubuxi

National Nature Reserve

17. 舜皇山国家级自然保护区 Shunhuangshan National Nature Reserve
18. 高望界国家级自然保护区 Gaowangjie National Nature Reserve
19. 东安舜皇山国家级自然保护区 Dongan Shunhuangshan National Nature Reserve
20. 白云山国家级自然保护区 Baiyunshan National Nature Reserve
21. 西洞庭湖国家级自然保护区 Xidongtinghu National Nature Reserve
22. 九嶷山国家级自然保护区 Jiuyishan National Nature Reserve
23. 金童山国家级自然保护区 Jintongshan National Nature Reserve

广东省 Guangdong Province

1. 鼎湖山国家级自然保护区 Dinghushan National Nature Reserve
2. 内伶仃岛—福田国家级自然保护区 Neilingdingdao – Futian National Nature Reserve
3. 车八岭国家级自然保护区 Chebaling National Nature Reserve
4. 惠东港口海龟国家级自然保护区 Huidong Gangkou Sea Turtle National Nature Reserve
5. 南岭国家级自然保护区 Nanling National Nature Reserve
6. 丹霞山国家级自然保护区 Danxiashan National Nature Reserve
7. 湛江红树林国家级自然保护区 Zhanjiang Mangrove Forest National Nature Reserve
8. 象头山国家级自然保护区 Xiangtoushan National Nature Reserve
9. 珠江口中华白海豚国家级自然保护区 Zhujiangkou Chinese White Dolphin National Nature Reserve
10. 徐闻珊瑚礁国家级自然保护区 Xuwen Coral Reef National Nature Reserve
11. 雷州珍稀海洋生物国家级自然保护区 Leizhou Valuable and Rare Marine Organisms National Nature Reserve
12. 石门台国家级自然保护区 Shimentai National Nature Reserve
13. 南澎列岛国家级自然保护区 Nanpeng Liedao National Nature Reserve
14. 广东罗坑鳄蜥国家级自然保护区 Luokeng Tuatara National Nature Reserve
15. 云开山国家级自然保护区 Kaiyunshan National Nature Reserve

广西壮族自治区 Guangxi Zhuang Autonomous Region

1. 花坪国家级自然保护区 Huaping National Nature Reserve
2. 龙岗国家级自然保护区 Longgang National Nature Reserve
3. 山口红树林生态国家级自然保护区 Shankou Mangrove Forest Ecosystem National Nature Reserve
4. 合浦营盘港—英罗港儒艮国家级自然保护区 Hepu Yingpangang – Yingluogang Dugong National Nature Reserve
5. 防城金花茶国家级自然保护区 Fangcheng Golden Camellia National Nature Reserve
6. 木论国家级自然保护区 Mulun National

Nature Reserve

7. 大瑶山国家级自然保护区 Dayaoshan National Nature Reserve
8. 北仑河口国家级自然保护区 Beilunhekou National Nature Reserve
9. 大明山国家级自然保护区 Damingshan National Nature Reserve
10. 猫儿山国家级自然保护区 Mao'ershan National Nature Reserve
11. 十万大山国家级自然保护区 Shiwandashan National Nature Reserve
12. 千家洞国家级自然保护区 Qianjiadong National Nature Reserve
13. 岑王老山国家级自然保护区 Cenwanglaoshan National Nature Reserve
14. 九万山国家级自然保护区 Jiuwanshan National Nature Reserve
15. 金钟山黑颈长尾雉国家级自然保护区 Jinzhongshan Hume's Bar-tailed Pheasant National Nature Reserve
16. 雅长兰科植物国家级自然保护区 Yachang Orchid Plants National Nature Reserve
17. 崇左白头叶猴国家级自然保护区 Chongzuo White-headed Black Langur National Nature Reserve
18. 大桂山鳄蜥国家级自然保护区 DaguishanNational Nature Reserve
19. 邦亮长臂猿国家级自然保护区 Liangbang National Nature Reserve
20. 恩城国家级自然保护区 Encheng National Nature Reserve
21. 元宝山国家级自然保护区 Yuanbaoshan National Nature Reserve
22. 七冲国家级自然保护区 Qichong National Nature Reserve

海南省 Hainan Province

1. 东寨港国家级自然保护区 Dongzhaigang National Nature Reserve
2. 大田国家级自然保护区 Datian National Nature Reserve
3. 坝王岭国家级自然保护区 Bawangling National Nature Reserve
4. 大洲岛海洋生态国家级自然保护区 Dazhoudao Marine Ecosystem National Nature Reserve
5. 三亚珊瑚礁国家级自然保护区 Sanya Coral Reef National Nature Reserve
6. 尖峰岭国家级自然保护区 Jianfengling National Nature Reserve
7. 铜鼓岭国家级自然保护区 Tongguling National Nature Reserve
8. 五指山国家级自然保护区 Wuzhishan National Nature Reserve
9. 吊罗山国家级自然保护区 Diaoluoshan National Nature Reserve
10. 鹦哥岭国家级自然保护区 Yingeling National Nature Reserve

重庆 ChongqingMunicipality

1. 金佛山国家级自然保护区 Jinfoshan National Nature Reserve
2. 缙云山国家级自然保护区 Jinyunshan National Nature Reserve
3. 大巴山国家级自然保护区 Dabashan National Nature Reserve
4. 长江上游珍稀、特有鱼类国家级自然保护区 Valuable, Rare and Endemic Fishes National Nature Reserve at Upper

Yangtze River

5. 雪宝山国家级自然保护区 Xuebaoshan National Nature Reserve
6. 阴条岭国家级自然保护区 Yintiaoling National Nature Reserve
7. 五里坡国家级自然保护区 Wulipo National Nature Reserve

四川省 Sichuan Province

1. 卧龙国家级自然保护区 Wolong National Nature Reserve
2. 蜂桶寨国家级自然保护区 Fengtongzhai National Nature Reserve
3. 九寨沟国家级自然保护区 Mabian Dafengding National Nature Reserve
4. 马边大风顶国家级自然保护区 Meigu Dafengding National Nature Reserve
5. 美姑大风顶国家级自然保护区 Jiuzhaigou National Nature Reserve
6. 唐家河国家级自然保护区 Tangjiahe National Nature Reserve
7. 小金四姑娘山国家级自然保护区 Xiaojin Siguniangshan National Nature Reserve
8. 攀枝花苏铁国家级自然保护区 Panzhihua Dukou Cycad National Nature Reserve
9. 贡嘎山国家级自然保护区 Konggar Shan National Nature Reserve
10. 龙溪—虹口国家级自然保护区 Longxi - Hongkou National Nature Reserve
11. 若尔盖湿地国家级自然保护区 Zoig ê Wetland National Nature Reserve
12. 长江上游珍稀、特有鱼类国家级自然保护区 Valuable, Rare and Endemic Fishes National Nature Reserve at Upper Yangtze River
13. 亚丁国家级自然保护区 Yading National Nature Reserve
14. 王朗国家级自然保护区 Wanglang National Nature Reserve
15. 白水河国家级自然保护区 Baishuihe National Nature Reserve
16. 察青松多白唇鹿国家级自然保护区 Chaq ê n Sumdo White-lipped Deer National Nature Reserve
17. 长宁竹海国家级自然保护区 Changning Zhuhai National Nature Reserve
18. 画稿溪国家级自然保护区 Huagaoxi National Nature Reserve
19. 米仓山国家级自然保护区 Micangshan National Nature Reserve
20. 雪宝顶国家级自然保护区 Xuebaoding National Nature Reserve
21. 花萼山国家级自然保护区 Hua'eshan National Nature Reserve
22. 海子山国家级自然保护区 Haizishan National Nature Reserve
23. 长沙贡玛国家级自然保护区 Chomsakongma National Nature Reserve
24. 老君山国家级自然保护区 Laojunshan National Nature Reserve
25. 诺水河珍稀水生动物国家级自然保护区 Nuoshuihe Valuable and Rare Aquatic Animals National Nature Reserve
26. 黑竹沟国家级自然保护区 Heizhugou National Nature Reserve
27. 格西沟国家级自然保护区 Gexigou National Nature Reserve
28. 小寨子沟国家级自然保护区

Xiaozhaizi National Nature Reserve

29. 栗子坪国家级自然保护区 Liziping National Nature Reserve
30. 千佛山国家级自然保护区 Qianfoshan National Nature Reserve

贵州省 Guizhou Province

1. 梵净山国家级自然保护区 Fanjingshan National Nature Reserve
2. 茂兰国家级自然保护区 Maolan National Nature Reserve
3. 威宁草海国家级自然保护区 Weining Caohai National Nature Reserve
4. 赤水桫椤国家级自然保护区 Chishui Spinulose Tree Fern National Nature Reserve
5. 习水中亚热带常绿阔叶林国家级自然保护区 Xishui Mid-subtropical Evergreen Broad-leaved Forest National Nature Reserve
6. 雷公山国家级自然保护区 Leigongshan National Nature Reserve
7. 麻阳河国家级自然保护区 Mayanghe National Nature Reserve
8. 宽阔水国家级自然保护区 Kuankuoshui National Nature Reserve

云南省 Yunnan Province

1. 南滚河国家级自然保护区 Nan'gunhe National Nature Reserve
2. 西双版纳国家级自然保护区 Xishuangbanna National Nature Reserve
3. 高黎贡山国家级自然保护区 Gaoligongshan National Nature Reserve
4. 白马雪山国家级自然保护区 Baima Xueshan National Nature Reserve
5. 哀牢山国家级自然保护区 Ailaoshan National Nature Reserve
6. 苍山洱海国家级自然保护区 Cangshan Erhai National Nature Reserve
7. 西双版纳纳版河流域国家级自然保护区 Xishuangbanna Nabanhe Liuyu National Nature Reserve
8. 无量山国家级自然保护区 Wuliangshan National Nature Reserve
9. 金平分水岭国家级自然保护区 Jinping Watershed National Nature Reserve
10. 大围山国家级自然保护区 Daweishan National Nature Reserve
11. 大山包黑颈鹤国家级自然保护区 Dashanbao Black-necked Crane National Nature Reserve
12. 黄连山国家级自然保护区 Huanglianshan National Nature Reserve
13. 文山国家级自然保护区 Wenshan National Nature Reserve
14. 长江上游珍稀、特有鱼类国家级自然保护区 Valuable, Rare and Endemic Fishes National Nature Reserve at Upper Yangtze River
15. 药山国家级自然保护区 Yaoshan National Nature Reserve
16. 会泽黑颈鹤国家级自然保护区 Huize Black-necked Crane National Nature Reserve
17. 永德大雪山国家级自然保护区 Yongde Daxueshan National Nature Reserve
18. 轿子山国家级自然保护区 Jiaozishan National Nature Reserve
19. 云龙天池国家级自然保护区 Yunlong

Tianchi National Nature Reserve

20. 元江国家级自然保护区 Yuanjiang National Nature Reserve

西藏自治区 Tibet Autonomous Region

1. 雅鲁藏布大峡谷国家级自然保护区 Yarlung Zangbo Daxiagu National Nature Reserve
2. 珠穆朗玛峰国家级自然保护区 Qomolangma Feng National Nature Reserve
3. 羌塘国家级自然保护区 Qangtang National Nature Reserve
4. 察隅慈巴沟国家级自然保护区 Zay ü Cibagou National Nature Reserve
5. 芒康滇金丝猴国家级自然保护区 Markam Yunnan Snub-nosed Monkey National Nature Reserve
6. 色林错国家级自然保护区 S ê rlingco National Nature Reserve
7. 雅鲁藏布江中游河谷黑颈鹤国家级自然保护区 Black-necked Crane National Nature Reserve at Midstream Valley of Yarlung Zangbo
8. 拉鲁湿地国家级自然保护区 Laru Wetland National Nature Reserve
9. 类乌齐马鹿国家级自然保护区 Riwoq ê Red Deer National Nature Reserve

陕西省 Shanxi Province

1. 佛坪国家级自然保护区 Foping National Nature Reserve
2. 太白山国家级自然保护区 Taibaishan National Nature Reserve
3. 周至国家级自然保护区 Zhouzhi National Nature Reserve
4. 牛背梁国家级自然保护区 Niubeiliang National Nature Reserve
5. 长青国家级自然保护区 Changqing National Nature Reserve
6. 汉中朱鹮国家级自然保护区 Hanzhong Crested Ibis National Nature Reserve
7. 子午岭国家级自然保护区 Ziwuling National Nature Reserve
8. 化龙山国家级自然保护区 Hualongshan National Nature Reserve
9. 天华山国家级自然保护区 Tianhuashan National Nature Reserve
10. 青木川国家级自然保护区 Qingmuchuan National Nature Reserve
11. 桑园国家级自然保护区 Sangyuan National Nature Reserve
12. 陇县秦岭细鳞鲑国家级自然保护区 Longxian Qinling Lenok National Nature Reserve
13. 延安黄龙山褐马鸡国家级自然保护区 Yan'an Huanglongshan Brown Eared-Pheasant National Nature Reserve
14. 米仓山国家级自然保护区 Micangshan National Nature Reserve
15. 韩城黄龙山褐马鸡国家级自然保护区 Hancheng Huanglongshan Brown Eared-Pheasant National Nature Reserve
16. 太白湑水河珍稀水生生物国家级自然保护区 Taibai Xushuihe Valuable and Rare Aquatic Organisms National Nature Reserve
17. 紫柏山国家级自然保护区 Zibaishan National Nature Reserve
18. 黄柏塬国家级自然保护区 Huangbaiyuan National Nature Reserve

19. 平河梁国家级自然保护区 Pingheliang National Nature Reserve
20. 略阳珍稀水生动物国家级自然保护区 Lueyang Rare Aquatilia National Nature Reserve
21. 老县城国家级自然保护区 Oldtown National Nature Reserve
22. 观音山国家级自然保护区 Guanyinshan National Nature Reserve

甘肃省 Gansu Province

1. 白水江国家级自然保护区 Baishuijiang National Nature Reserve
2. 兴隆山国家级自然保护区 Xinglongshan National Nature Reserve
3. 祁连山国家级自然保护区 Qilianshan National Nature Reserve
4. 安西极旱荒漠国家级自然保护区 Anxi Extreme-arid Desert National Nature Reserve
5. 尕海—则岔国家级自然保护区 Gahai - Zaica National Nature Reserve
6. 民勤连古城国家级自然保护区 Minqin Liangucheng National Nature Reserve
7. 莲花山国家级自然保护区 Lianhuashan National Nature Reserve
8. 敦煌西湖国家级自然保护区 Dunhuang Xihu National Nature Reserve
9. 太统—崆峒山国家级自然保护区 Taitong - Kongtongshan National Nature Reserve
10. 连城国家级自然保护区 Liancheng National Nature Reserve
11. 小陇山国家级自然保护区 Xiaolongshan National Nature Reserve
12. 盐池湾国家级自然保护区 Yanchiwan National Nature Reserve
13. 安南坝野骆驼国家级自然保护区 Annanba Wild Bactrian Camel National Nature Reserve
14. 洮河国家级自然保护区 Taohe National Nature Reserve
15. 敦煌阳关国家级自然保护区 Dunhuang Yangguan National Nature Reserve
16. 张掖黑河湿地国家级自然保护区 Zhangye Heihe Wetland National Nature Reserve
17. 太子山国家级自然保护区 Taizishan National Nature Reserve
18. 漳县珍稀水生动物国家级自然保护区 Zhangxian Rare Aquatilia National Nature Reserve
19. 黄河首曲国家级自然保护区 Huanghe Shouqu National Nature Reserve
20. 秦州珍稀水生野生动物国家级自然保护区 Qinzhou Rare Aquatilia National Nature Reserve

青海省 Qinghai Province

1. 隆宝国家级自然保护区 Longbao National Nature Reserve
2. 青海湖国家级自然保护区 Qinghaihu National Nature Reserve
3. 可可西里国家级自然保护区 Hoh Xil National Nature Reserve
4. 循化孟达国家级自然保护区 Xunhua Mengda National Nature Reserve
5. 三江源国家级自然保护区 Sanjiangyuan National Nature Reserve
6. 柴达木梭梭林国家级自然保护区

Chaidamujunjunlin National Nature Reserve

7. 大通北川河源区国家级自然保护区 Datongchuan Heyuan National Nature Reserve

宁夏回族自治区 Ningxia Hui Autonomous Region

1. 贺兰山国家级自然保护区 Helanshan National Nature Reserve
2. 六盘山国家级自然保护区 Liupanshan National Nature Reserve
3. 沙坡头国家级自然保护区 Shapotou National Nature Reserve
4. 灵武白芨滩国家级自然保护区 Lingwu Baijitan National Nature Reserve
5. 罗山国家级自然保护区 Luoshan National Nature Reserve
6. 哈巴湖国家级自然保护区 Habahu National Nature Reserve
7. 云雾山国家级自然保护区 Yunwushan National Nature Reserve
8. 火石寨丹霞地貌国家级自然保护区 Huoshizhai Danxia National Nature Reserve
9. 南华山国家级自然保护区 Nanhuashan National Nature Reserve

新疆维吾尔自治区 Xinjiang Uygur Autonomous Region

1. 阿尔金山国家级自然保护区 Altun Shan National Nature Reserve
2. 哈纳斯国家级自然保护区 Hanas National Nature Reserve
3. 巴音布鲁克国家级自然保护区 Bayanbulag National Nature Reserve
4. 西天山国家级自然保护区 Xitianshan National Nature Reserve
5. 甘家湖梭梭林国家级自然保护区 Ganjiahu Saxaul Forest National Nature Reserve
6. 托木尔峰国家级自然保护区 Tomur Feng National Nature Reserve
7. 罗布泊野骆驼国家级自然保护区 Lop Nur Wild Bactrian Camel National Nature Reserve
8. 塔里木胡杨国家级自然保护区 Tarim Euphrates Poplar National Nature Reserve
9. 艾比湖湿地国家级自然保护区 Ebi Hu Wetland National Nature Reserve
10. 巴尔鲁克山国家级自然保护区 Baerlukeshan National Nature Reserve
11. 布尔根河狸国家级自然保护区 Buergen Beaver National Nature Reserve

附录七 国家级地质公园名录（截止到2015年）

北京 Beijing Municipality

1. 石花洞国家地质公园 Shihuadong National Geopark
2. 延庆硅化木国家地质公园 Yanqing Petrified Wood National Geopark
3. 十渡国家地质公园 Shidu National Geopark
4. 密云云蒙山国家地质公园 Miyun Yunmengshan Geopark
5. 平谷黄松峪国家地质公园 Pinggu Huangsongyu Geopark

天津 Tianjin Municipality

1. 蓟县国家地质公园 Jixian National Geopark

河北省 Hebei Province

1. 涞源白石山国家地质公园 Laiyuan Baishishan National Geopark
2. 阜平天生桥国家地质公园 Fuping Tianshengqiao National Geopark
3. 秦皇岛柳江国家地质公园 Qinhuangdao Liujiang National Geopark
4. 赞皇嶂石岩国家地质公园 Zanhuang Zhangshiyan National Geopark
5. 涞水野三坡国家地质公园 Laishui Yesanpo National Geopark
6. 临城国家地质公园 Lincheng National Geopark
7. 武安国家地质公园 Wu'an National Geopark
8. 兴隆国家地质公园 Xinglong National Geopark
9. 迁安—迁西国家地质公园 Qian'an – Qianxi National Geopark
10. 承德丹霞地貌国家地质公园 Chengde Danxia Landform National Geopark
11. 邢台峡谷群国家地质公园 Xingtai Canyon Group National Geopark

山西省 Shanxi Province

1. 黄河壶口瀑布国家地质公园 Yellow River Hukou Watertall National Geopark
2. 五台山国家地质公园 Wutaishan National Geopark
3. 壶关峡谷国家地质公园 Huguan Canyon National Geopark
4. 宁武冰洞国家地质公园 Ningwu Ice Cave National Geopark
5. 陵川王莽岭国家地质公园 Lingchuan Wangmangling National Geopark
6. 大同火山群国家地质公园 Datong Volcano Group National Geopark
7. 永和黄河蛇曲国家地质公园 Yonghe Huanghequ National Geopark
8. 榆社古生物国家地质公园 Yushe Paleofossil National Geopark
9. 平顺天脊山国家地质公园 Pingshun Mountain Tianji National Geopark

内蒙古自治区 Inner Mongolia Autonomous Region

1. 克什克腾国家地质公园 Hexigten National Geopark
2. 阿尔山国家地质公园 Arxan National Geopark
3. 阿拉善沙漠国家地质公园 Alxa Desert National Geopark
4. 二连浩特国家地质公园 Erenhot National Geopark
5. 宁城国家地质公园 Ningcheng National Geopark
6. 巴彦淖尔国家地质公园 Bayannur National Geopark
7. 鄂尔多斯国家地质公园 Erdos National Geopark
8. 清水河老牛湾国家地质公园 Qingshui River Laoniu Bay National Geopark
9. 四子王国家地质公园 Siziwang National Geopark

辽宁省 Liaoning Province

1. 朝阳鸟化石国家地质公园 Chaoyang Bird Fossil National Geopark
2. 大连滨海国家地质公园 Dalian Coast National Geopark
3. 本溪国家地质公园 Benxi National Geopark
4. 大连冰峪沟国家地质公园 Dalian Bingyugou National Geopark
5. 锦州古生物化石和花岗岩地质公园 Jinzhou Granite & Paleo-life National Geopark
6. 葫芦岛龙潭大峡谷地质公园 Huludao Longtan Canyon National Geopark

吉林省 Jilin Province

1. 靖宇火山矿泉群国家地质公园 Jingyu Volcano and Mineral Spring Cluster National Geopark
2. 长白山火山国家地质公园 Changbaishan Volcano National Geopark
3. 乾安泥林国家地质公园 Qian'an Mud Forest National Geopark
4. 抚松地质公园 Fushun National Geopark
5. 四平地质公园 Siping National Geopark

黑龙江省 Heilongjiang Province

1. 五大连池火山地貌国家地质公园 Wudalianchi Volcanic Landforms National Geopark
2. 嘉荫恐龙国家地质公园 Jiayin Dinosaur National Geopark
3. 伊春花岗岩石林国家地质公园 Yichun Granite Stone Forest National Geopark
4. 镜泊湖国家地质公园 Jingpohu National Geopark
5. 兴凯湖国家地质公园 Xingkaihu National Geopark
6. 伊春小兴安岭国家地质公园 Yichun Xiao Hinggan Ling Geopark
7. 山口地质公园 Shankou National Geopar
8. 凤凰山地质公园 Mt. Fenghuang National Geopar

上海 Shanghai Municipality

1. 崇明岛国家地质公园 Chongming Island National Geopark

江苏省 Jiangsu Province

1. 苏州太湖西山国家地质公园 Suzhou

Taihu Xishan National Geopark
2. 六合国家地质公园 Liuhe National Geopark
3. 江宁汤山方山国家地质公园 Jiangning Tangshan Fangshan National Geopark
4. 连云港花果山地质公园 Lianyungang National Geopark

浙江省 Zhejiang Province

1. 常山国家地质公园 Changshan National Geopark
2. 临海国家地质公园 Linhai National Geopark
3. 雁荡山国家地质公园 Yandangshan National Geopark
4. 新昌硅化木国家地质公园 Xinchang Petrified Wood National Geopark

安徽省 Anhui Province

1. 黄山国家地质公园 Huangshan National Geopark
2. 齐云山国家地质公园 Qiyunshan National Geopark
3. 浮山国家地质公园 Fushan National Geopark
4. 淮南八公山国家地质公园 Huainan Bagongshan National Geopark
5. 祁门牯牛降国家地质公园 Qimen Guniujiang National Geopark
6. 天柱山国家地质公园 Tianzhushan National Geopark
7. 大别山（六安）国家地质公园 Dabieshan（Liu'an）National Geopark
8. 池州九华山国家地质公园 Chizhou Jiuhuashan National Geopark
9. 凤阳韭山国家地质公园 Fengyang Jiushan Geopark
10. 广德太极洞国家地质公园 Guangde Taiji Cave National Geopark
11. 丫山国家地质公园 Yashan National Geopark
12. 灵璧磬云山国家地质公园 Lingbi Qingyun National Geopark
13. 繁昌马仁山国家地质公园 Fanchang Marenshan National Geopark

福建省 Fujian Province

1. 漳州滨海火山地貌国家地质公园 Zhangzhou Littoral Volcanic Landforms National Geopark
2. 泰宁国家地质公园 Taining National Geopark
3. 晋江深沪湾国家地质公园 Jinjiang Shenhuwan National Geopark
4. 福鼎太姥山国家地质公园 Fuding Taimushan National Geopark
5. 宁化天鹅洞群国家地质公园 Ninghua Tian'edong Cave System National Geopark
6. 德化石牛山国家地质公园 Dehua Shiniushan National Geopark
7. 屏南白水洋国家地质公园 Pingnan Baishuiyang National Geopark
8. 永安国家地质公园 Yong'an National Geopark
9. 连城冠豸山国家地质公园 Liancheng Guanzhishan National Geopark
10. 白云山国家地质公园 Baiyunshan National Geopark
11. 平和灵通山国家地质公园 Pinghe

Lingtongshan National Geopark

12. 清流温泉国家地质公园 Qingliu Spring National Geopark
13. 三明郊野国家地质公园 Sanming Jiaoye National Geopark
14. 政和佛子山国家地质公园 Zhenghe Mt. Fouzi National Geopark

江西省 Jiangxi Province

1. 庐山第四纪冰川国家地质公园 Lushan Quaternary Glaciation National Geopark
2. 龙虎山丹霞地貌国家地质公园 Longhushan Danxia Landform National Geopark
3. 三清山国家地质公园 Sanqingshan National Geopark
4. 武功山国家地质公园 Wugongshan National Geopark
5. 石城山国家地质公园 Shicheng National Geopark

山东省 Shandong Province

1. 山旺国家地质公园 Shanwang National Geopark
2. 山东枣庄熊耳山—抱犊崮国家地质公园 Zaozhuang Xiong'ershan National Geopark
3. 东营黄河三角洲国家地质公园 Dongying Huanghe Sanjiaozhou National Geopark
4. 泰山国家地质公园 Taishan National Geopark
5. 沂蒙山国家地质公园 Yimengshan National Geopark
6. 长山列岛国家地质公园 Changshan Liedao National Geopark
7. 诸城恐龙国家地质公园 Zhucheng Dinosaur National Geopark
8. 青州国家地质公园 Qingzhou National Geopark
9. 莱阳白垩纪国家地质公园 Laiyang Cretaceous Geopark
10. 沂源鲁山国家地质公园 Yiyuan Lushan National Geopark
11. 昌乐火山国家地质公园 Changle Volcano National Geopark

河南省 Henan Province

1. 嵩山地层构造国家地质公园 Songshan Stratigraphic Structure National Geopark
2. 焦作云台山国家地质公园 Jiaozuo Yuntaishan National Geopark
3. 内乡宝天曼国家地质公园 Neixiang Baotianman National Geopark
4. 王屋山国家地质公园 Wangwushan National Geopark
5. 西峡伏牛山国家地质公园 Xixia Funiushan National Geopark
6. 嵖岈山国家地质公园 Chayashan National Geopark
7. 郑州黄河国家地质公园 Zhengzhou Huanghe National Geopark
8. 关山国家地质公园 Guanshan National Geopark
9. 洛宁神灵寨国家地质公园 Luoning Shenlingzhai National Geopark
10. 洛阳黛眉山国家地质公园 Luoyang Daimeishan National Geopark
11. 信阳金岗台国家地质公园 Xinyang Jingangtai National Geopark

12. 小秦岭国家地质公园 Xiaoqinling National Geopark
13. 红旗渠—林虑山国家地质公园 Hongqiqu－Linlvshan National Geopark
14. 汝阳恐龙国家地质公园 Ruyang Dinosaur National Geopark
15. 尧山国家地质公园 Yaoshan National Geopark

湖北省 Hubei Province

1. 长江三峡国家地质公园 Changjiang Sanxia National Geopark
2. 神农架国家地质公园 Shennongjia National Geopark
3. 武汉木兰山国家地质公园 Wuhan Mulanshan National Park
4. 郧县恐龙蛋化石群国家地质公园 Yunxian Dinosaur-egg Fossil Coenosis National Geopark
5. 武当山国家地质公园 Wudangshan National Geopark
6. 大别山国家地质公园 Dabieshan National Geopark
7. 恩施腾龙洞大峡谷国家地质公园 Enshi Tenglongdong Canyon National Geopark
8. 长阳清江国家地质公园 Changyang Qingjiang National Geopark
9. 五峰国家地质公园 Wufeng National Geopark
10. 咸宁九宫山国家地质公园 Xianning Mt. Jiugong National Geopark

湖南省 Hunan Province

1. 张家界砂岩峰林国家地质公园 Zhangjiajie Sandstone Peak Forest National Geopark
2. 郴州飞天山国家地质公园 Chenzhou Feitianshan National Geopark
3. 崀山国家地质公园 Langshan National Geopark
4. 凤凰国家地质公园 Fenghuang National Geopark
5. 古丈红石林国家地质公园 Guzhang Hongshilin National Geopark
6. 酒埠江国家地质公园 Jiubujiang National Geopark
7. 乌龙山国家地质公园 Wulongshan National Geopark
8. 湄江国家地质公园 Meijiang National Geopark
9. 浏阳大围山国家地质公园 Liuyang Mt.Dawei National Geopark
10. 通道万佛山国家地质公园 Tongdao Mt.Wanfo National Geopark
11. 安化雪峰湖国家地质公园 An'hua Xuefeng Lake National Geopark
12. 平江石牛寨国家地质公园 Pingjiang Shiniuzhai National Geopark

广东省 Guangdong Province

1. 丹霞山国家地质公园 Danxiashan National Geopark
2. 湛江湖光岩国家地质公园 Zhanjiang Huguangyan National Geopark
3. 佛山西樵山国家地质公园 Foshan Xiqiaoshan National Geopark
4. 阳春凌霄岩国家地质公园 Yangchun Lingxiaoyan National Geopark
5. 深圳大鹏半岛国家地质公园 Shenzhen

Dapeng Bandao National Geopark

6. 封开国家地质公园 Fengkai National Geopark
7. 恩平地热国家地质公园 Enping Geotherm National Geopark
8. 阳山国家地质公园 Yangshan Geopark

广西壮族自治区 Guangxi Zhuang Autonomous Region

1. 资源国家地质公园 Ziyuan National Geopark
2. 百色乐业大石围天坑群国家地质公园 Baise Leye Dashiwei Karst Tiankeng Group National Geopark
3. 北海涠洲岛火山国家地质公园 Beihai Weizhoudao Volcano National Geopark
4. 凤山岩溶国家地质公园 Fengshan Karst National Geopark
5. 鹿寨香桥岩溶国家地质公园 Luzhai Xiangqiao Karst National Geopark
6. 大化七百弄国家地质公园 Dahua Qibailong Geopark
7. 桂平国家地质公园 Guiping Geopark
8. 罗城国家地质公园 Luocheng National Geopark
9. 宜州水上石林国家地质公园 Yizhou Aquatic stone forest National Geopark
10. 浦北五皇山国家地质公园 PuBei Mt.Wuhuang National Geopark
11. 都安地下河国家地质公园 Du'an Subterranean River National Geopark

海南省 Hainan Province

1. 海口石山火山群国家地质公园 Haikou Shishan Volcano Group National Geopark

重庆 Chongqing Municipality

1. 长江三峡国家地质公园 Changjiang Sanxia National Geopark
2. 武隆岩溶国家地质公园 Wulong Karst National Geopark
3. 黔江小南海国家地质公园 Qianjiang Xiaonanhai National Geopark
4. 云阳龙缸国家地质公园 Yunyang Longgang National Geopark
5. 万盛国家地质公园 Wansheng National Geopark
6. 綦江木化石—恐龙国家地质公园 Qijiang Wood Fossils –Dinosaur Geopark
7. 酉阳地质公园 Youyang National Geopark

四川省 Sichuan Province

1. 自贡恐龙古生物国家地质公园 Zigong Dinosaur & Paleo–life National Geopark
2. 龙门山构造地质国家地质公园 Longmenshan Geostructure National Geopark
3. 海螺沟国家地质公园 Hailuogou National Geopark
4. 大渡河峡谷国家地质公园 Daduhe Xiagu National Geopark
5. 安县生物礁国家地质公园 Anxian Bioherm National Geopark
6. 九寨沟国家地质公园 Jiuzhaigou National Geopark
7. 黄龙国家地质公园 Huanglong National Geopark
8. 兴文石海国家地质公园 Xingwen Stone Sea National Geopark

9. 射洪硅化木国家地质公园 Shehong Petrified Wood National Geopark
10. 四姑娘山国家地质公园 Siguniangshan National Geopark
11. 华蓥山国家地质公园 Huayingshan National Geopark
12. 江油国家地质公园 Jiangyou National Geopark
13. 大巴山国家地质公园 Dabashan Geopark
14. 光雾山—诺水河国家地质公园 Guangwushan - Nuoshuihe National Geopark
15. 青川地震遗迹国家地质公园 Qing-chuan Earthquake RelicNational Geopark
16. 绵竹清平—汉旺国家地质公园 Mianzhu Qingping - Hanwang National Geopark

贵州省 Guizhou Province

1. 关岭化石群国家地质公园 Guanling Fossil Coenosis National Geopark
2. 兴义国家地质公园 Xingyi National Geopark
3. 织金洞国家地质公园 Zhijindong National Geopark
4. 绥阳双河洞国家地质公园 Suiyang Shuanghedong National Geopark
5. 六盘水乌蒙山国家地质公园 Liupan-shui Wumengshan National Geopark
6. 平塘国家地质公园 Pingtang National Geopark
7. 黔东南苗岭国家地质公园 Qiandong-nan Miaoling National Geopark
8. 思南乌江喀斯特国家地质公园 Sinan Wujiang Karst National Geopark
9. 赤水丹霞国家地质公园 Chishui Danxia National Geopark

云南省 Yunnan Province

1. 石林岩溶峰林国家地质公园 Shilin Pinnacle Karst National Geopark
2. 澄江动物群古生物国家地质公园 Chengjiang Fauna & Paleo-organism National Geopark
3. 云南腾冲火山地热国家地质公园 Tengchong Volcano and Geotherm National Geopark
4. 禄丰恐龙国家地质公园 Lufeng Dinosaur National Geopark
5. 玉龙黎明—老君山国家地质公园 Yulong Liming - Laojunshan National Geopark
6. 大理苍山国家地质公园 Dali Cangshan National Geopark
7. 丽江玉龙雪山冰川国家地质公园 Lijiang Yulong Xueshan Glacier National Geopark
8. 九乡峡谷洞穴国家地质公园 Jiuxiang Canyon and Cavern National Geopark
9. 罗平生物群国家地质公园 Luoping Biogroup National Geopark
10. 泸西阿庐国家地质公园 Luxi Alu National Geopark

西藏自治区 Tibet Autonomous Region

1. 易贡国家地质公园 Yi'ong National Geopark
2. 札达土林国家地质公园 Zanda Earth Forest National Geopark

3. 羊八井国家地质公园 Yangbajain National Geopark

陕西省 Shanxi Province

1. 翠华山山崩地质灾害国家地质公园 Cuihuashan Mountain Rockslide Geohazard National Geopark
2. 洛川黄土国家地质公园 Luochuan Loess National Geopark
3. 延川黄河蛇曲国家地质公园 Yanchuan Yellow River Meander National Geopark
4. 商南金丝峡国家地质公园 Shangnan Jinsixia National Geopark
5. 岚皋南宫山国家地质公园 Langao Nangongshan National Geopark
6. 柞水溶洞国家地质公园 Zhashui Cave National Geopark
7. 耀州照金丹霞国家地质公园 Yaozhou Zhaojin Danxia National Geopark

甘肃省 Gansu Province

1. 敦煌雅丹国家地质公园 Dunhuang Yardang National Geopark
2. 刘家峡恐龙国家地质公园 Liujiaxia Dinosaur National Geopark
3. 平凉崆峒山国家地质公园 Pingliang Kongtongshan National Geopark
4. 景泰黄河石林国家地质公园 Jingtai Huanghe Shilin National Geopark
5. 和政古生物化石国家地质公园 Hezheng Paleofossil National Geopark
6. 天水麦积山国家地质公园 Tianshui Maijishan National Geopark
7. 宕昌官鹅沟国家地质公园 Dangchang Guan'e Gorge National Geopark
8. 临潭冶力关国家地质公园 Lintan Yeliguan National Geopark
9. 张掖丹霞国家地质公园 Zhangye Danxia National Geopark
10. 炳灵丹霞国家地质公园 Bingling Danxia National Geopark

青海省 Qinghai Province

1. 尖扎坎布拉国家地质公园 Jainca Kamra National Geopark
2. 久治年保玉则国家地质公园 Jiuzhi Nianbaoyuze National Geopark
3. 格尔木昆仑山国家地质公园 Golmud Kunlunshan National Geopark
4. 互助嘉定国家地质公园 Huzhu Jiading National Geopark
5. 贵德国家地质公园 Guide National Geopark
6. 青海湖国家地质公园 Qinghai Lake National Geopark
7. 玛沁阿尼玛卿山国家地质公园 A'nyêmaqên Mountains National Geopark

宁夏回族自治区 Ningxia Hui Autonomous Region

1. 西吉火石寨国家地质公园 Xiji Huoshizhai National Geopark
2. 灵武国家地质公园 Lingwu National Geopark

新疆维吾尔自治区 Xinjiang Uygur Autonomous Region

1. 布尔津喀纳斯湖国家地质公园 Burqin Kanas Lake National Geopark
2. 奇台硅化木—恐龙国家地质公园

Qitai Petrified Wood-Dinosaur National Geopark
3. 富蕴可可托海国家地质公园 Fuyun Koktokay National Geopark
4. 天山天池国家地质公园 Tianshan Tianchi National Geopark
5. 库车大峡谷国家地质公园 Kuqa Grand Canyon National Geopark
6. 吐鲁番火焰山国家地质公园 Turpan Mt.Huoyan National Geopark
7. 温宿盐丘国家地质公园 Wensu Salt DomeNational Geopark

香港 Hong Kong

1. 香港国家地质公园 Hong Kong National Geopark

附录八　国家湿地公园名录（截止到 2015 年）

国家湿地公园由国家林业局组织实施建立，在完成试点建设并经该局组织验收合格后，授予国家湿地公园称号。迄今全国已有浙江杭州西溪等 12 处试点国家湿地公园通过验收,正式成为“国家湿地公园”（标“*”者），其余 200 余处为国家湿地公园试点。

北京 Beijing Municipality

1. 野鸭湖国家湿地公园 Yeyahu National Wetland Park

河北省 Hebei Province

1. 坝上闪电河国家湿地公园 Bashang Shandian River National Wetland Park
2. 北戴河国家湿地公园 Beidaihe National Wetland Park
3. 丰宁海留图国家湿地公园 Fengning Hailiutu National Wetland Park
4. 尚义察汗淖尔国家湿地公园 Shangyi Qagan Nur National Wetland Park
5. 康保康巴诺尔国家湿地公园 Kangbao Kamba Nur National Wetland Park
6. 永年洼国家湿地公园 Yongnianwa National Wetland Park

山西省 Shanxi Province

1. 古城国家湿地公园 Gucheng National Wetland Park
2. 昌源河国家湿地公园 Changyuanhe National Wetland Park
3. 千泉湖国家湿地公园 Qianquanhu National Wetland Park
4. 双龙湖国家湿地公园 Shuanglonghu National Wetland Park
5. 文峪河国家湿地公园 Wenyuhe National Wetland Park
6. 介休汾河国家湿地公园 Jiexiu Fenhe National Wetland Park

内蒙古自治区 Inner Mongolia Autonomous Region

1. 白狼洮儿河国家湿地公园 Bailang Taoerhe National Wetland Park
2. 阿拉善黄河国家湿地公园 Alxa Huanghe National Wetland Park
3. 包头黄河国家湿地公园 Baotou Huanghe National Wetland Park
4. 纳林湖国家湿地公园 Narin Hu National Wetland Park
5. 巴美湖国家湿地公园 Bameihu National Wetland Park
6. 额尔古纳国家湿地公园 Ergun National Wetland Park
7. 免渡河国家湿地公园 Mianduhe National Wetland Park
8. 索尔奇国家湿地公园 Suorqi National Wetland Park
9. 锡林河国家湿地公园 Xilinhe National Wetland Park

10. 哈素海国家湿地公园 Harus Hai National Wetland Park
11. 萨拉乌苏国家湿地公园 Xar Us National Wetland Park

辽宁省 Liaoning Province

1. 莲花湖国家湿地公园 Lianhuahu National Wetland Park
2. 大伙房国家湿地公园 Dahuofang National Wetland Park
3. 大汤河国家湿地公园 Datanghe National Wetland Park
4. 桓龙湖国家湿地公园 Huanlonghu National Wetland Park
5. 法库獾子洞国家湿地公园 Faku Huanzidong National Wetland Park
6. 辽中蒲河国家湿地公园 Liaozhong Puhe National Wetland Park

吉林省 Jilin Province

1. 磨盘湖国家湿地公园 Mopanhu National Wetland Park
2. 扶余大金碑国家湿地公园 Fuyu Dajinbei National Wetland Park
3. 大安嫩江湾国家湿地公园 Daan Nenjiangwan National Wetland Park
4. 大石头亚光湖国家湿地公园 Dashitou Yaguanghu National Wetland Park
5. 榆树老干江国家湿地公园 Yushu Laoganjiang National Wetland Park
6. 牛心套保国家湿地公园 Niuxintaobao National Wetland Park
7. 镇赉环城国家湿地公园 Zhenlai Huancheng National Wetland Park
8. 东辽鴜鹭湖国家湿地公园 Dongliao Ciluhu National Wetland Park
9. 长春北湖国家湿地公园 Changchun Beihu National Wetland Park

黑龙江省 Heilongjiang Province

1. 安邦河国家湿地公园 *Anbanghe National Wetland Park *
2. 白渔泡国家湿地公园 *Baiyupao National Wetland Park *
3. 哈尔滨太阳岛国家湿地公园 Harbin Taiyangdao National Wetland Park
4. 新青国家湿地公园 Xinqing National Wetland Park
5. 富锦国家湿地公园 Fujin National Wetland Park
6. 塔头湖河国家湿地公园 Tatouhuhe National Wetland Park
7. 齐齐哈尔明星岛国家湿地公园 Qiqihar Mingxingdao National Wetland Park
8. 泰湖国家湿地公园 Taihu National Wetland Park
9. 肇岳山国家湿地公园 Zhaoyueshan National Wetland Park
10. 同江三江口国家湿地公园 Tongjiang Sanjiangkou National Wetland Park
11. 黑瞎子岛国家湿地公园 Heixiazidao National Wetland Park
12. 巴彦江湾国家湿地公园 Bayan Jiangwan National Wetland Park
13. 杜尔伯特天湖国家湿地公园 Dorbod Tianhu National Wetland Park
14. 蚂蜒河国家湿地公园 Mayanhe National Wetland Park
15. 肇源莲花湖国家湿地公园 Zhaoyuan Lianhuahu National Wetland Park

16. 木兰松花江国家湿地公园 Mulan Songhuajiang National Wetland Park
17. 白桦川国家湿地公园 Baihuachuan National Wetland Park
18. 宾县二龙湖国家湿地公园 Binxian Erlonghu National Wetland Park
19. 通河二龙潭国家湿地公园 Tonghe Er-longtan National Wetland Park
20. 伊春茅兰河口国家湿地公园 Yichun Maolanhekou National Wetland Park

上海市 ShanghaiMunicipality

1. 崇明西沙国家湿地公园 Chongming Xisha National Wetland Park

江苏省 Jiangsu Province

1. 姜堰溱湖国家湿地公园 *Jiangyan Qin-hu National Wetland Park *
2. 苏州太湖国家湿地公园 *Suzhou Taihu National Wetland Park *
3. 扬州宝应湖国家湿地公园 *Yangzhou Baoyinghu National Wetland Park *
4. 无锡梁鸿国家湿地公园 *Wuxi Liang-hong National Wetland Park *
5. 苏州太湖湖滨国家湿地公园 Suzhou Taihu Hubin National Wetland Park
6. 无锡长广溪国家湿地公园 Wuxi Chang-guangxi National Wetland Park
7. 沙家浜国家湿地公园 Shajiabang Na-tional Wetland Park
8. 南京长江新济洲国家湿地公园 Nanjing Changjiang Xinjizhou National Wetland Park
9. 扬州凤凰岛国家湿地公园 Yangzhou Fenghuangdao National Wetland Park
10. 太湖三山岛国家湿地公园 Taihu San-shandao National Wetland Park
11. 无锡蠡湖国家湿地公园 Wuxi Lihu National Wetland Park
12. 溧阳天目湖国家湿地公园 Liyang Tianmuhu National Wetland Park
13. 九里湖国家湿地公园 Jiulihu National Wetland Park

浙江省 Zhejiang Province

1. 杭州西溪国家湿地公园 *Hangzhou Xixi National Wetland Park *
2. 丽水九龙国家湿地公园 Lishui Jiulong National Wetland Park
3. 德清下渚湖国家湿地公园 Deqing Xiazhuhu National Wetland Park
4. 衢州乌溪江国家湿地公园 Quzhou Wuxijiang National Wetland Park
5. 诸暨白塔湖国家湿地公园 Zhuji Baita-hu National Wetland Park
6. 长兴仙山湖国家湿地公园 Changxing Xianshanhu National Wetland Park
7. 杭州湾国家湿地公园 Hangzhouwan National Wetland Park
8. 玉环漩门湾国家湿地公园 Yuhuan Xuanmenwan National Wetland Park

安徽省 Anhui Province

1. 太平湖国家湿地公园 Taipinghu Na-tional Wetland Park
2. 迪沟国家湿地公园 Digou National Wetland Park
3. 泗县石龙湖国家湿地公园 Sixian Shilonghu National Wetland Park
4. 三叉河国家湿地公园 Sanchahe Nation-

al Wetland Park
5. 淮南焦岗湖国家湿地公园 Huainan Jiaoganghu National Wetland Park
6. 太和沙颍河国家湿地公园 Taihe Shayinghe National Wetland Park
7. 太湖花亭湖国家湿地公园 Taihu Huatinghu National Wetland Park
8. 颍州西湖国家湿地公园 Yingzhou Xihu National Wetland Park
9. 秋浦河源国家湿地公园 Qiupuheyuan National Wetland Park
10. 平天湖国家湿地公园 Pingtianhu National Wetland Park
11. 淠河国家湿地公园 Pihe National Wetland Park
12. 道源国家湿地公园 Daoyuan National Wetland Park

福建省 Fujian Province

1. 长乐闽江河口国家湿地公园 Changle Minjiang Hekou National Wetland Park
2. 宁德东湖国家湿地公园 Ningde Donghu National Wetland Park
3. 永安龙头国家湿地公园 Yongan Longtou National Wetland Park
4. 长汀汀江国家湿地公园 Changting Ting River National Wetland Park

江西省 Jiangxi Province

1. 东鄱阳湖国家湿地公园 *Dongpoyanghu National Wetland Park *
2. 孔目江国家湿地公园 Kongmujiang National Wetland Park
3. 东江源国家湿地公园 Dongjiangyuan National Wetland Park
4. 修河国家湿地公园 Xiuhe National Wetland Park
5. 药湖国家湿地公园 Yaohu National Wetland Park
6. 南丰傩湖国家湿地公园 Nanfeng Nuohu National Wetland Park
7. 庐山西海国家湿地公园 Lushan Xihai National Wetland Park
8. 修河源国家湿地公园 Xiuheyuan National Wetland Park
9. 潋江国家湿地公园 Lianjiang National Wetland Park
10. 赣县大湖江国家湿地公园 Ganxian Dahujiang National Wetland Park
11. 赣州章江国家湿地公园 Ganzhou Zhangjiang National Wetland Park
12. 万年珠溪国家湿地公园 Wannian Zhuxi National Wetland Park
13. 上犹南湖国家湿地公园 Shangyou Nanhu National Wetland Park
14. 会昌湘江国家湿地公园 Huichang Xiangjiang National Wetland Park
15. 南城洪门湖国家湿地公园 Nancheng Hongmenhu National Wetland Park

山东省 Shandong Province

1. 滕州滨湖国家湿地公园 Tengzhou Binhu National Wetland Park
2. 台儿庄运河国家湿地公园 Taierzhuang Yunhe National Wetland Park
3. 马塔湖国家湿地公园 Matahu National Wetland Park
4. 济西国家湿地公园 Jixi National Wetland Park
5. 黄河玫瑰湖国家湿地公园 Huanghe

Meiguihu National Wetland Park

6. 蟠龙河国家湿地公园 Panlonghe National Wetland Park
7. 峡山湖国家湿地公园 Xiashanhu National Wetland Park
8. 月亮湾国家湿地公园 Yueliangwan National Wetland Park
9. 安丘拥翠湖国家湿地公园 Anqiu Yongcuihu National Wetland Park
10. 寿光滨海国家湿地公园 Shouguang Binhai National Wetland Park
11. 微山湖国家湿地公园 Weishanhu National Wetland Park
12. 武河国家湿地公园 Wuhe National Wetland Park
13. 少海国家湿地公园 Shaohai National Wetland Park
14. 九龙湾国家湿地公园 Jiulongwan National Wetland Park
15. 济南白云湖国家湿地公园 Jinan Baiyunhu National Wetland Park
16. 黄河岛国家湿地公园 Huanghedao National Wetland Park
17. 东明黄河国家湿地公园 Dongming Huanghe National Wetland Park
18. 潍坊白浪河国家湿地公园 Weifang Bailanghe National Wetland Park
19. 沭河国家湿地公园 Shuhe National Wetland Park
20. 莒南鸡龙河国家湿地公园 Junan Jilonghe National Wetland Park
21. 东阿洛神湖国家湿地公园 Donge Luoshenhu National Wetland Park
22. 曲阜孔子湖国家湿地公园 Qufu Kongzihu National Wetland Park
23. 王屋湖国家湿地公园 Wangwuhu National Wetland Park
24. 莱州湾金仓国家湿地公园 Laizhouwan Jincang National Wetland Park

河南省 Henan Province

1. 郑州黄河国家湿地公园 Zhengzhou Huanghe National Wetland Park
2. 淮阳龙湖国家湿地公园 Huaiyang Longhu National Wetland Park
3. 偃师伊洛河国家湿地公园 Yanshi Yiluohe National Wetland Park
4. 平顶山白龟湖国家湿地公园 Pingdingshan Baiguihu National Wetland Park
5. 鹤壁淇河国家湿地公园 Hebi Qihe National Wetland Park
6. 漯河市沙河国家湿地公园 Shahe National Wetland Park
7. 汤阴汤河国家湿地公园 Tangyin Tanghe National Wetland Park
8. 濮阳金堤河国家湿地公园 Puyang Jindihe National Wetland Park
9. 平桥两河口国家湿地公园 Pingqiao Lianghekou National Wetland Park
10. 南阳白河国家湿地公园 Nanyang Baihe National Wetland Park

湖北省 Hubei Province

1. 神农架大九湖国家湿地公园 Shennongjia Dajiuhu National Wetland Park
2. 武汉东湖国家湿地公园 Wuhan Donghu National Wetland Park
3. 谷城汉江国家湿地公园 Gucheng Hanjiang National Wetland Park
4. 蕲春赤龙湖国家湿地公园 Qichun

Chilonghu National Wetland Park
5. 赤壁陆水湖国家湿地公园 Chibi Lushuihu National Wetland Park
6. 荆门漳河国家湿地公园 Jingmen Zhanghe National Wetland Park
7. 麻城浮桥河国家湿地公园 Macheng Fuqiaohe National Wetland Park
8. 惠亭湖国家湿地公园 Huitinghu National Wetland Park
9. 莫愁湖国家湿地公园 Mochouhu National Wetland Park
10. 大冶保安湖国家湿地公园 Daye Baoanhu National Wetland Park
11. 宜都天龙湾国家湿地公园 Yidu Tianlongwan National Wetland Park
12. 黄冈市遗爱湖国家湿地公园 Yiaihu National Wetland Park，Huanggang
13. 金沙湖国家湿地公园 Jinshahu National Wetland Park
14. 天堂湖国家湿地公园 Tiantanghu National Wetland Park
15. 武山湖国家湿地公园 Wushanhu National Wetland Park
16. 返湾湖国家湿地公园 Fanwanhu National Wetland Park
17. 长寿岛国家湿地公园 Changshoudao National Wetland Park
18. 通城大溪国家湿地公园 Tongcheng Daxi National Wetland Park
19. 崇阳青山国家湿地公园 Chongyang Qingshan National Wetland Park
20. 沙洋潘集湖国家湿地公园 Shayang Panjihu National Wetland Park
21. 江夏藏龙岛国家湿地公园 Jiangxia Canglongdao National Wetland Park
22. 竹山圣水湖国家湿地公园 Zhushan Shengshuihu National Wetland Park
23. 当阳青龙湖国家湿地公园 Dangyang Qinglonghu National Wetland Park
24. 竹溪龙湖国家湿地公园 Zhuxi Longhu National Wetland Park
25. 浠水策湖国家湿地公园 Xishui Cehu National Wetland Park
26. 仙桃沙湖国家湿地公园 Xiantao Shahu National Wetland Park

湖南省 Hunan Province

1. 水府庙国家湿地公园 Shuifumiao National Wetland Park
2. 东江湖国家湿地公园 Dongjianghu National Wetland Park
3. 千龙湖国家湿地公园 Qianlonghu National Wetland Park
4. 酒埠江国家湿地公园 Jiubujiang National Wetland Park
5. 雪峰湖国家湿地公园 Xuefenghu National Wetland Park
6. 湘阴洋沙湖—东湖国家湿地公园 Xiangyin Shayanghu – Donghu National Wetland Park
7. 宁乡金洲湖国家湿地公园 Ningxiang Jinzhouhu National Wetland Park
8. 吉首峒河国家湿地公园 Jishou Donghe National Wetland Park
9. 汨罗江国家湿地公园 Miluojiang National Wetland Park
10. 毛里湖国家湿地公园 Maolihu National Wetland Park
11. 五强溪国家湿地公园 Wuqiangxi National Wetland Park

12. 松雅湖国家湿地公园 Songyahu National Wetland Park
13. 耒水国家湿地公园 Leishui National Wetland Park
14. 书院洲国家湿地公园 Shuyuanzhou National Wetland Park
15. 新墙河国家湿地公园 Xinqianghe National Wetland Park
16. 南洲国家湿地公园 Nanzhou National Wetland Park
17. 琼湖国家湿地公园 Qionghu National Wetland Park
18. 黄家湖国家湿地公园 Huangjiahu National Wetland Park
19. 桃源沅水国家湿地公园 Taoyuan Yuanshui National Wetland Park
20. 衡东洣水国家湿地公园 Hengdong Mishui National Wetland Park
21. 城步白云湖国家湿地公园 Chengbu Baiyunhu National Wetland Park
22. 江华涔天河国家湿地公园 Jianghua Centianhe National Wetland Park
23. 会同渠水国家湿地公园 Huitong Qushui National Wetland Park
24. 隆回魏源湖国家湿地公园 Longhui Weiyuanhu National Wetland Park

广东省 Guangdong Province

1. 星湖国家湿地公园 Xinghu National Wetland Park
2. 雷州九龙山红树林国家湿地公园 Leizhou Jiulongshan Mangrove Forest National Wetland Park
3. 乳源南水湖国家湿地公园 Ruyuan Nanshuihu National Wetland Park
4. 万绿湖国家湿地公园 Wanlvhu National Wetland Park
5. 孔江国家湿地公园 Kongjiang National Wetland Park
6. 东江国家湿地公园 Dongjiang National Wetland Park
7. 海珠湖国家湿地公园 Haizhuhu National Wetland Park

广西壮族自治区 Guangxi Zhuang Autonomous Region

1. 北海滨海国家湿地公园 Beihai Binhai National Wetland Park
2. 桂林会仙喀斯特国家湿地公园 Guilin Huixian Karst National Wetland Park
3. 横县西津国家湿地公园 Hengxian Xijin National Wetland Park

海南省 Hainan Province

1. 新盈红树林国家湿地公园 Xinying Mangrove Forest National Wetland Park
2. 南丽湖国家湿地公园 Nanlihu National Wetland Park

重庆 Chongqing Municipality

1. 彩云湖国家湿地公园 *Caiyunhu National Wetland Park *
2. 云雾山国家湿地公园 Yunwushan National Wetland Park
3. 酉水河国家湿地公园 Youshuihe National Wetland Park
4. 皇华岛国家湿地公园 Huanghuadao National Wetland Park
5. 阿蓬江国家湿地公园 Apengjiang National Wetland Park

6. 迎风湖国家湿地公园 Yingfenghu National Wetland Park
7. 濑溪河国家湿地公园 Laixihe National Wetland Park
8. 涪江国家湿地公园 Fujiang National Wetland Park
9. 汉丰湖国家湿地公园 Hanfenghu National Wetland Park
10. 龙河国家湿地公园 Longhe National Wetland Park
11. 大昌湖国家湿地公园 Dachanghu National Wetland Park
12. 青山湖国家湿地公园 Qingshanhu National Wetland Park
13. 迎龙湖国家湿地公园 Yinglonghu National Wetland Park
14. 巴山湖国家湿地公园 Bashanhu National Wetland Park

四川省 Sichuan Province

1. 彭州湔江国家湿地公园 Pengzhou Jianjiang National Wetland Park
2. 南河国家湿地公园 Nanhe National Wetland Park
3. 大瓦山国家湿地公园 Dawashan National Wetland Park
4. 构溪河国家湿地公园 Gouxihe National Wetland Park
5. 桫椤湖国家湿地公园 Suoluohu National Wetland Park
6. 柏林湖国家湿地公园 Bailinhu National Wetland Park
7. 若尔盖国家湿地公园 Ruoergai National Wetland Park
8. 遂宁观音湖国家湿地公园 Suining Guanyinhu National Wetland Park
9. 西充青龙湖国家湿地公园 Xichong Qinglonghu National Wetland Park
10. 南充升钟湖国家湿地公园 Nanchong Shengzhonghu National Wetland Park

贵州省 Guizhou Province

1. 石阡鸳鸯湖国家湿地公园 Shiqian Yuanyanghu National Wetland Park
2. 威宁锁黄仓国家湿地公园 Weining Suohuangcang National Wetland Park
3. 六盘水明湖国家湿地公园 Liupanshui Minghu National Wetland Park
4. 余庆飞龙湖国家湿地公园 Yuqing Feilonghu National Wetland Park

云南省 Yunnan Province

1. 红河哈尼梯田国家湿地公园 Honghe Hani Terraced Field National Wetland Park
2. 洱源西湖国家湿地公园 Eryuan Xihu National Wetland Park
3. 普者黑喀斯特国家湿地公园 Puzhehei Karst National Wetland Park
4. 普洱五湖国家湿地公园 Puer Wuhu National Wetland Park

西藏自治区 Tibet Autonomous Region

1. 多庆错国家湿地公园 Doqingco National Wetland Park
2. 雅尼国家湿地公园 Yanni National Wetland Park
3. 嘎朗国家湿地公园 Galang National Wetland Park
4. 当惹雍错国家湿地公园 Danger Yongc-

uo National Wetland Park

5. 嘉乃玉错国家湿地公园 Gyanai Yuco National Wetland Park
6. 白朗年楚河国家湿地公园 Bainang Nyangqu He National Wetland Park
7. 拉姆拉错国家湿地公园 Lhamoi Laco National Wetland Park
8. 朱拉河国家湿地公园 Zhugla River National Wetland Park

陕西省 Shaanxi Province

1. 千湖国家湿地公园 * Qianhu National Wetland Park *
2. 西安浐灞国家湿地公园 Xian Chanba National Wetland Park
3. 蒲城卤阳湖国家湿地公园 Pucheng Luyanghu National Wetland Park
4. 三原清峪河国家湿地公园 Sanyuan Qingyuhe National Wetland Park
5. 淳化冶峪河国家湿地公园 Zhunhua Yeyuhe National Wetland Park
6. 铜川赵氏河国家湿地公园 Tongchuan Zhaoshihe National Wetland Park
7. 丹凤丹江国家湿地公园 Danfeng Danjiang National Wetland Park
8. 宁强汉水源国家湿地公园 Ningqiang Hanshuiyuan National Wetland Park
9. 旬河源国家湿地公园 Xunheyuan National Wetland Park
10. 凤县嘉陵江国家湿地公园 Fengxian Jialingjiang National Wetland Park
11. 太白石头河国家湿地公园 Taibai Shitouhe National Wetland Park
12. 旬邑马栏河国家湿地公园 Xunyi Malanhe National Wetland Park
13. 千渭之会国家湿地公园 Qianweizhihui National Wetland Park
14. 濛水国家湿地公园 Jushui National Wetland Park

甘肃省 Gansu Province

1. 张掖国家湿地公园 Zhangye National Wetland Park
2. 兰州秦王川国家湿地公园 Lanzhou Qinwangchuan National Wetland Park
3. 民勤石羊河国家湿地公园 Minqin Shiyanghe National Wetland Park
4. 文县黄林沟国家湿地公园 Wenxian Huanglingou National Wetland Park

青海省 Qinghai Province

1. 贵德黄河清国家湿地公园 Guide Huangheqing National Wetland Park

宁夏回族自治区 Ningxia Hui Autonomous Region

1. 银川国家湿地公园 *Yinchuan National Wetland Park *
2. 石嘴山星海湖国家湿地公园 *Shizuishan Xinghaihu National Wetland Park *
3. 吴忠黄河国家湿地公园 Wuzhong Huanghe National Wetland Park
4. 黄沙古渡国家湿地公园 Huangsha Gudu National Wetland Park
5. 青铜峡鸟岛国家湿地公园 Qingtongxia Niaodao National Wetland Park
6. 天湖国家湿地公园 Tianhu National Wetland Park
7. 固原清水河国家湿地公园 Guyuan Qingshuihe National Wetland Park

8. 鹤泉湖国家湿地公园 Hechuanhu National Wetland Park
9. 太阳山国家湿地公园 Taiyangshan National Wetland Park

新疆维吾尔自治区 Xinjiang Uygur Autonomous Region

1. 赛里木湖国家湿地公园 Sairam Hu National Wetland Park
2. 乌鲁木齐柴窝堡湖国家湿地公园 Ür ü mqi Chaiwopuhu National Wetland Park
3. 玛纳斯国家湿地公园 Manas National Wetland Park
4. 乌齐里克国家湿地公园 Uqirik National Wetland Park
5. 阿勒泰克兰河国家湿地公园 Altay Kran He National Wetland Park
6. 阿克苏多浪河国家湿地公园 Aksu Dorang River National Wetland Park
7. 和布克赛尔国家湿地公园 Hoboksar National Wetland Park
8. 尼雅国家湿地公园 Niya National Wetland Park
9. 乌伦古湖国家湿地公园 Ulungur Hu National Wetland Park
10. 拉里昆国家湿地公园 Larkol National Wetland Park
11. 博斯腾湖国家湿地公园 Bosten Hu National Wetland Park
12. 塔城五弦河国家湿地公园 Tacheng Wuxianhe National Wetland Park
13. 沙湾千泉湖国家湿地公园 Shawan Qianquanhu National Wetland Park
14. 伊犁那拉提国家湿地公园 Ili Narat National Wetland Park
15. 泽普叶尔羌河国家湿地公园 Zepu Yarkant He National Wetland Park
16. 额敏河国家湿地公园 Eminhe National Wetland Park
17. 哈密河国家湿地公园 Hami River National Wetland Park
18. 霍城伊犁河谷国家湿地公园 Huocheng Ili ValleyNational Wetland Park
19. 吉木乃县高山冰缘区国家湿地公园 Jeminay Periglacial AreaNational Wetland Park
20. 青河县乌伦古河国家湿地公园 Qinghe Ulungur River Wetland Park
21. 乌什托什干河国家湿地公园 Wushi-Toxkan River National Wetland Park
22. 伊宁伊犁河国家湿地公园 Yining Yili River National Wetland Park
23. 英吉沙国家湿地公园 Yengisar National Wetland Park
24. 于田克里雅国家湿地公园 Yutian Keriya National Wetland Park

附录九 国家城市湿地公园名录（截止到 2015 年）

北京 Beijing Municipality

1. 海淀区翠湖国家城市湿地公园 Cuihu National Urban Wetland Park, Haidian

河北省 Hebei Province

1. 唐山市南湖国家城市湿地公园 Nanhu National Urban Wetland Park, Tangshan
2. 保定市涞源县拒马源国家城市湿地公园 Laiyuan Jumayuan National Urban Wetland Park, Baoding

山西省 Shanxi Province

1. 长治市长治国家城市湿地公园 Changzhi National Urban Wetland Park, Changzhi
2. 孝义市胜溪湖国家城市湿地公园 Shengxi Lake National Urban Wetland Park, Xiaoyi

辽宁省 Liaoning Province

1. 铁岭市莲花湖国家城市湿地公园 Lianhuahu National Urban Wetland Park, Tieling

吉林省 Jilin Province

1. 镇赉县南湖国家城市湿地公园 Nanhu National Urban Wetland Park, Zhenlai

黑龙江省 Heilongjiang Province

1. 讷河市雨亭国家城市湿地公园 Yuting National Urban Wetland Park, Nehe
2. 哈尔滨市群力国家城市湿地公园 Qunli National Urban Wetland Park, Harbin
3. 五大连池火山国家城市湿地公园 Wudalianchi National Urban Wetland Park

江苏省 Jiangsu Province

1. 无锡市长广溪国家城市湿地公园 Changguangxi National Urban Wetland Park, Wuxi
2. 常熟市尚湖国家城市湿地公园 Shanghu National Urban Wetland Park, Changshu
3. 常熟市沙家浜国家城市湿地公园 Shajiabang National Urban Wetland Park, Changshu
4. 南京市绿水湾国家城市湿地公园 Lushuiwan National Urban Wetland Park, Nanjing
5. 昆山市城市生态公园 Kunshan Urban Ecopark
6. 南京市高淳区固城湖国家城市湿地公园 Gaochun Guchenghu National Urban Wetland Park, Nanjing

浙江省 Zhejiang Province

1. 绍兴市镜湖国家城市湿地公园 Jinghu National Urban Wetland Park, Shaoxing
2. 临海市三江国家城市湿地公园 San-

jiang National Urban National Wetland Park，Linhai
3. 台州市鉴洋湖国家城市湿地公园 Jianyanghu National Urban Wetland Park，Taizhou
4. 嘉兴市石臼漾国家城市湿地公园 Shijiuyang National Urban Wetland Park，Jiaxing
5. 湖州市吴兴西山漾国家城市湿地公园 Xishanyang National Urban Wetland Park，Huzhou

安徽省 Anhui Province

1. 淮北市南湖国家城市湿地公园 Nanhu National Urban Wetland Park，Huaibei
2. 淮南市十涧湖国家城市湿地公园 Shijianhu National Urban Wetland Park，Huainan

江西省 Jiangxi Province

1. 新余市孔目江国家城市湿地公园 Kongmujiang National Urban Wetland Park，Xinyu

山东省 Shandong Province

1. 荣成市桑沟湾国家城市湿地公园 Sanggouwan National Urban Wetland Park，Rongcheng
2. 东营市明月湖国家城市湿地公园 Mingyuehu National Urban Wetland Park，Dongying
3. 东平县稻屯洼国家城市湿地公园 Daotunwa National Urban Wetland Park，Dongping
4. 临沂市滨河国家城市湿地公园 Binhe National Urban Wetland Park，Linyi
5. 海阳市小孩儿口国家城市湿地公园 Xiaohai'erkou National Urban Wetland Park，Haiyang
6. 安丘市大汶河国家城市湿地公园 Dawenhe National Urban Wetland Park，Anqiu
7. 沾化县徒骇河国家城市湿地公园 Tuhaihe National Urban Wetland Park，Zhanhua
8. 临沂市双月湖国家城市湿地公园 Shuangyuehu National Urban Wetland Park，Linyi
9. 潍坊市白浪绿洲国家城市湿地公园 Bailang L ü zhou National Urban Wetland Park，Weifang
10. 昌邑市潍水风情国家城市湿地公园 Weishui Fengqing National Urban Wetland Park，Changyi
11. 寿光市滨河国家城市湿地公园 Binhe National Urban Wetland Park，Shouguang

河南省 Henan Province

1. 三门峡市天鹅湖国家城市湿地公园 Tian'ehu National Urban Wetland Park，Sanmenxia
2. 南阳市白河国家城市湿地公园 Baihe National Urban Wetland Park，Nanyang
3. 平顶山市平西湖国家城市湿地公园 Pingxihu National Urban Wetland Park，Pingdingshan
4. 平顶山市白鹭洲国家城市湿地公园 Bailuzhou National Urban Wetland Park，Pingdingshan

湖北省 Hubei Province

1. 武汉市金银湖国家城市湿地公园 Jinyinhu National Urban Wetland Park，Wuhan

湖南省 Hunan Province

1. 常德市西洞庭湖青山湖国家城市湿地公园 Xidongtinghu Qingshanhu National Urban Wetland Park，Changde

广东省 Guangdong Province

1. 湛江市绿塘河国家城市湿地公园 Lutanghe National Urban Wetland Park，Zhanjiang
2. 东莞国家城市湿地公园 Dongguan National Urban Wetland Park

贵州省 Guizhou Province

1. 贵阳市花溪国家城市湿地公园 Huaxi NationalUrban Wetland Park，Guiyang
2. 贵阳市红枫湖—百花湖城市湿地公园 Hongfenghu－Baihuahu National Urban Wetland Park，Guiyang

甘肃省 Gansu Province

1. 张掖市城北国家城市湿地公园 Chengbei National Urban Wetland Park，Zhangye
2. 张掖市高台黑河国家城市湿地公园 Gaotai Heihe National Urban Wetland Park，Zhangye

宁夏回族自治区 Ningxia Hui Autonomous Region

1. 银川市宝湖国家城市湿地公园 Baohu National Urban Wetland Park，Yinchuan

新疆维吾尔自治区 Xinjiang Uygur Autonomous Region

1. 农六师五家渠市青格达湖国家城市湿地公园 Qinggeda Lake National Urban Wetland Park，Nongliushi Wujiaqu

重庆 Chongqing Municipality

1. 璧山县观音塘国家城市湿地公园 Guanyintang National Urban Wetland Park，Bishan County

四川省 Sichuan Province

1. 阆中古城国家城市湿地公园 Ancient Langzhong City National Urban Wetland Park

附录十 国家考古遗址公园名录(截止到2017年)

其中带 * 者为国家考古遗址公园名单，其余为国家考古遗址公园立项名单

北京 Beijing Municipality

1. 圆明园考古遗址公园 *Yuanmingyuan Archaeological Site Park *
2. 周口店考古遗址公园 *Zhoukoudian Archaeological Site Park *

吉林省 Jilin Province

1. 集安高句丽考古遗址公园 *Ji'an Koguryo Archaeological Site Park *
2. 渤海中京考古遗址公园 *Bohai Zhongjing Archaeological Site Park*
3. 罗通山城考古遗址公园 Luotong Mountain City Archaeological Site Park

黑龙江 Heilongjiang Province

1. 渤海上京考古遗址公园 *Bohai Shangjing Archaeological Site Park *
2. 金上京考古遗址公园 Jin Shangjing Archaeological Site Park *

江苏省 Jiangsu Province

1. 鸿山考古遗址公园 *HongshanArchaeological Site Park *
2. 扬州城考古遗址公园 Yangzhoucheng Archaeological Site Park
3. 阖闾城考古遗址公园 Helucheng Archaeological Site Park

浙江省 Zhejiang Province

1. 良渚考古遗址公园 *Liangzhu Archaeological Site Park *
2. 大窑龙泉窑考古遗址公园 Dayao Longquanyao Archaeological Site Park
3. 上林湖越窑考古遗址公园 Shanglinhu Yueyao Archaeological Site Park

河南省 Henan Province

1. 殷墟考古遗址公园 *Yinxu Archaeological Site Park *
2. 隋唐洛阳城考古遗址公园 *Sui and Tang Luoyangcheng Archaeological Site Park *
3. 汉魏洛阳故城考古遗址公园 *Han and Wei Luoyanggucheng Archaeological Site Park*
4. 郑州商城考古遗址公园 Zhengzhou Shangcheng Archaeological Site Park
5. 三杨庄考古遗址公园 Sanyangzhuang Archaeological Site Park
6. 郑韩故城考古遗址公园 Zheng&Han Old City Archaeological Site Park
7. 偃师商城考古遗址公园 Yanshi Shangcheng Archaeological Site Park
8. 城阳城址考古遗址公园 Chengyang Archaeological Site Park

四川省 Sichuan Province

1. 三星堆考古遗址公园 *Sanxingdui

Archaeological Site Park *
2. 金沙考古遗址公园 *Jinsha Archaeo-logical Site Park *

陕西省 Shaanxi Province

1. 阳陵考古遗址公园 *Yangling Archaeo-logical Site Park *
2. 秦始皇陵考古遗址公园 *Qinshihuan-glingArchaeological Site Park *
3. 大明宫考古遗址公园 *DaminggongAr-chaeological Site Park *
4. 汉长安城考古遗址公园 Han Chang'an-cheng Archaeological Site Park
5. 秦咸阳城考古遗址公园 Qin Xianyang-cheng Archaeological Site Park
6. 统万城考古遗址公园 Tongwan City Ar-chaeological Site Park
7. 龙岗寺考古遗址公园 Longgang Temple Archaeological Site Park
8. 汉长安城未央宫国家考古遗址公园 Han Chang'an-cheng Weiyanggong Archaeological Site Park

山西省 Shanxi Province

1. 晋阳古城考古遗址公园 Jinyanggu-cheng Archaeological Site Park
2. 蒲津渡与蒲州故城考古遗址公园 Pujin Crossing& Puzhou City Archaeological Site Park

辽宁省 Liaoning Province

1. 牛河梁考古遗址公园 *Niuheliang Archaeological Site Park*
2. 金牛山考古遗址公园 Jinniushan Ar-chaeological Site Park

江西省 Jiangxi Province

1. 御窑厂考古遗址公园 *Yuyaochang Ar-chaeological Site Park*
2. 吉州窑考古遗址公园 Jizhouyao Ar-chaeological Site Park

山东省 Shandong Province

1. 南旺枢纽考古遗址公园 Nanwang Shuniu Archaeological Site Park
2. 曲阜鲁国故城考古遗址公园 *Qufu Luguogucheng Archaeological Site Park*
3. 大汶口考古遗址公园 Dawenkou Ar-chaeological Site Park
4. 大运河南旺枢纽考古遗址公园 *Grand Canal NanwangHub Archaeological Site Park*
5. 临淄齐国故城考古遗址公园 Ancient City of Qi Archaeological Site Park，Lizi
6. 城子崖考古遗址公园 Chengziya Ar-chaeological Site Park

湖北省 Hubei Province

1. 楚纪南城考古遗址公园 Chu Jinancheng Archaeological Site Park
2. 熊家冢考古遗址公园 *Xiongjia GraveArchaeological Site Park*
3. 铜绿山考古遗址公园 Tonglushan Ar-chaeological Site Park
4. 龙湾考古遗址公园 Longwan Archaeo-logical Site Park
5. 盘龙城考古遗址公园 Panlongcheng Archaeological Site Park

湖南省 HunanProvince

1. 长沙铜官窑考古遗址公园 *Changsha

Tongguanyao Archaeological Site Park*
2. 里耶古城考古遗址公园 Liyegucheng Archaeological Site Park
3. 老司城考古遗址公园 Laosicheng Archaeological Site Park
4. 炭河里考古遗址公园 Tanheli Archaeological Site Park
5. 城头山考古遗址公园 Chengtoushan Archaeological Site Park

重庆 Chongqing Municipality

1. 钓鱼城考古遗址公园 *Diaoyucheng Archaeological Site Park*

广西壮族自治区 Guangxi Zhuang Autonomous Region

1. 靖江王府及王陵考古遗址公园 Jingjiang Palace and Mausoleum Archaeological Site Park
2. 甑皮岩考古遗址公园 *Zengpiyan Archaeological Site Park*

贵州省 Guizhou Province

1. 可乐考古遗址公园 KeleArchaeological Site Park

甘肃省 Gansu Province

1. 锁阳城考古遗址公园 Suoyangcheng Archaeological Site Park
2. 大地湾考古遗址公园 Dadiwan Archaeological Site Park

新疆维吾尔自治区 Xinjiang Uygur Autonomous Region

1. 北庭故城考古遗址公园 *Beitinggucheng Archaeological Site Park*

河北 Hebei Province

1. 元中都考古遗址公园 YuanZhongDou Archaeological Site Park
2. 泥河湾考古遗址公园 Nihewang Archaeological Site Park
3. 赵王城考古遗址公园 ZhaoWangcheng Archaeological Site Park
4. 元中都考古遗址公园 Yungzhongdu Archaeological Site Park

内蒙古自治区 Inner Mongolia Autonomous Region

1. 辽上京考古遗址公园 Upper Capital of Liao Archaeological Site Park
2. 萨拉乌苏考古遗址公园 Sarah WuSu Archaeological Site Park

安徽省 Anhui Province

1. 凌家滩考古遗址公园 Lingjiatan Archaeological Site Park
2. 明中都皇故城考古遗址公园 Mingzhongdu Old Imperial City Archaeological Site Park

福建省 Fujian Province

1. 城村汉城考古遗址公园 Chengcun Hancheng Archaeological Site Park
2. 万寿岩考古遗址公园 WanshouyanArchaeological Site Park

云南省 Yunnan Province

1. 太和城考古遗址公园 Taihe City Archaeological Site Park

宁夏回族自治区 Ningxia Hui Autonomous Region

1. 西夏陵考古遗址公园 Xixia Mausoleum Archaeological Site Park

青海省 Qinghai Province

1. 喇家考古遗址公园 Lajia Archaeological Site Park

附录十一 国家水利风景区名录（截止到 2015 年）

水利部 Ministry of Water Conservation

1. 黄河小浪底水利枢纽 Huanghe Xiaolangdi Hydro Junction
2. 黄河万家寨水利枢纽 Huanghe Wanjiazhai Hydro Junction
3. 济南百里黄河水利风景区 Jinan Baili Huanghe Water Park

长江水利委员会 Changjiang Water Resources Commission

1. 丹江口松涛水利风景区 Danjiangkou Songtao Water Park

黄河水利委员会 Yellow River Conservancy Commission

1. 黄河三门峡大坝水利风景区 Huanghe Sanmenxia Daba Water Park
2. 河南黄河花园口水利风景区 Henan Huanghe Huayuankou Water Park
3. 山西永济黄河蒲津渡水利风景区 Shanxi Yongji Huanghe Pujindu Water Park
4. 开封黄河柳园口水利风景区 Kaifeng Huanghe Liuyuankou Water Park
5. 濮阳黄河水利风景区 Puyang Huanghe Water Park
6. 范县黄河水利风景区 Fanxian Huanghe Water Park
7. 潼关县金三角黄河水利风景区 Jinsanjiao Huanghe Water Park，Tongguan
8. 山东省淄博黄河水利风景区 Zibo Huanghe Water Park，Shandong
9. 河南省台前县将军渡黄河水利风景区 Jiangjundu Huanghe Water Park，Taiqian，Henan
10. 河南省孟州黄河水利风景区 Mengzhou Huanghe Water Park，Henan
11. 山东省滨州黄河水利风景区 Binzhou Huanghe Water Park，Shandong
12. 东阿黄河水利风景区 Dong'e Huanghe Water Park
13. 德州黄河水利风景区 Dezhou Huanghe Water Park
14. 垦利县黄河口水利风景区 Huanghekou Water Park，Kenli
15. 山东邹平黄河水利风景区 Shandong Zouping Huanghe Water Park
16. 山东菏泽黄河水利风景区 Shandong Heze Huanghe Water Park
17. 甘肃庆阳南小河沟水利风景区 Gansu Qingyang Nanxiaohegou Water Park
18. 河南洛宁西子湖水利风景区 Henan Luoning Xizihu Water Park
19. 山东利津黄河水利风景区 Shandong Lijin Huanghe Water Park

淮河水利委员会 Huaihe River Commission

1. 石漫滩水库水利风景区 Shimantan Shuiku Water Park

2. 沂河刘家道口枢纽水利风景区 Yihe Liujiadaokou Hydro Junction Water Park

海河水利委员会 Haihe River Water Resources Commission

1. 漳卫南运河水利风景区 Zhangweinan Yunhe Water Park
2. 潘家口水利风景区 Panjiakou Water Park

松辽水利委员会 Songliao River Water Resources Commission

1. 察尔森水库水利风景区 Qarsan Shuiku Water Park
2. 尼尔基水利风景区 Nirji Water Park

太湖流域管理局 Taihu Basin Authority

1. 太湖浦江源水利风景区 Taihu Pujiangyuan Water Park

北京 Beijing Municipality

1. 十三陵水库水利风景区 Shisanling Shuiku Water Park
2. 北京市青龙峡水利风景区 Qinglongxia Water Park
3. 门头沟区妙峰山水利风景区 Miaofengshan Water Park，Mentougou

天津 Tianjin Municipality

1. 北运河水利风景区 Beiyunhe Water Park
2. 东丽湖水利风景区 Donglihu Water Park

河北省 Hebei Province

1. 河北省秦皇岛桃林口水利风景区 Qinhuangdao Taolinkou Water Park
2. 中山湖水利风景区 Zhongshanhu Water Park
3. 燕塞湖水利风景区 Yansaihu Water Park
4. 衡水湖水利风景区 Hengshuihu Water Park
5. 平山县沕沕水水利风景区 Wuwushui Water Park，Pingshan（locally pronounced Huhushui）
6. 武安市京娘湖水利风景区 Jingnianghu Water Park，Wu'an
7. 邢台县前南峪生态水利风景区 Qiannanyu Eco-Water Park，Xingtai
8. 邢台县凤凰湖水利风景区 Fenghuanghu Water Park，Xingtai
9. 承德市庙宫水库水利风景区 Miaogong Shuiku Water Park，Chengde
10. 邯郸市东武仕水库水利风景区 Dongwushi Shuiku Water Park，Handan
11. 迁安市滦河生态防洪水利风景区 Luanhe Ecological Flood Control Water Park，Qian'an
12. 沽源县闪电河水库水利风景区 Shandianhe Shuiku Water Park，Guyuan
13. 丰宁县黄土梁水库水利风景区 Huangtuliang Shuiku Water Park，Fengning

山西省 Shanxi Province

1. 汾河二库水利风景区 Fenhe Reservoir No.2 Water Park
2. 汾源水利风景区 Fenyuan Water Park
3. 太原汾河水利风景区 Taiyuan Fenhe Water Park
4. 盂县藏山水利风景区 Zangshan Water Park，Yuxian
5. 晋城市山里泉水利风景区 Shanliquan

Water Park，Jincheng

6. 平顺县太行水乡水利风景区 Taihang Shuixiang Water Park，Pingshun
7. 朔州市桑干河湿地水利风景区 Sangganhe Wetlands Water Park，Shuozhou
8. 阳泉市翠枫山水利风景区 Cuifengshan Water Park，Yangquan
9. 柳林县昌盛水利风景区 Changsheng Water Park，Liulin
10. 宁武县暖泉沟水利风景区 Nuanquangou Water Park，Ningwu
11. 汾河水库水利风景区 Fenhe Shuiku Water Park
12. 沁县北方水城水利风景区 Beifang Shuicheng Water Park，Qinxian
13. 长子县精卫湖水利风景区 Jingweihu Water Park，Zhangzi
14. 繁峙县滹源水利风景区 Huyuan Water Park，Fanshi

内蒙古自治区 Inner Mongolia Autonomous Region

1. 红山湖水利风景区 Hongshanhu Water Park
2. 宁城县打虎石水利风景区 Dahushi Water Park，Ningcheng
3. 包头市石门水利风景区 Shimen Water Park，Baotou
4. 巴图湾水利风景区 Batuwan Water Park
5. 黄河三盛公水利风景区 Huanghe Sanshenggong Water Park
6. 赤峰市南山水土保持水利风景区 Nanshan Soil and Water Conservation Water Park，Chifeng
7. 赤峰市达理诺尔水利风景区 Dal Nur Water Park，Chifeng
8. 杭锦旗七星湖沙漠水利风景区 Qixinghu Desert Water Park，Hanggin
9. 喀喇沁旗锦山水上公园水利风景区 Jinshan Water Park，Harqin
10. 和林格尔县前夭子水库水利风景区 Qianyaozi Shuiku Water Park，Horinger
11. 科右中旗翰嘎利水库水利风景区 Hangali Shuiku Water Park，Horqin Right Middle Banner
12. 鄂尔多斯沙漠大峡谷水利风景区 Ordos Desert Grand Canyon Water Park
13. 多伦县西山湾水利风景区 Xishanwan Water Park，Duolun
14. 呼和浩特市敕勒川哈素海水利风景区 Chilechuan Harus Hai Water Park，Hohhot
15. 巴林左旗沙那水库水利风景区 Shana Shuiku Water Park，Bairin Left Banner
16. 阿鲁科尔沁旗达拉哈湖水利风景区 Dalaha Hu Water Park，Ar Horqin
17. 巴彦淖尔市二黄河水利风景区 Erhuanghe Water Park，Bayannur
18. 牙克石市凤凰湖水利风景区 Fenghuanghu Water Park，Yakeshi
19. 呼和浩特市白石水利风景区 Baishi Water Park，Hohhot
20. 鄂尔多斯市砒砂岩水利风景区 Pishayan Water Park，Ordos
21. 额济纳旗东居延海水利风景区 Dongjuyanhai Water Park，Ejin

辽宁省 Liaoning Province

1. 大伙房水库水利风景区 Dahuofang Shuiku Water Park

2. 本溪关门山水利风景区 Benxi Guanmenshan Water Park
3. 大连市碧流河水利风景区 Biliuhe Water Park，Dalian
4. 朝阳市大凌河水利风景区 Dalinghe Water Park，Chaoyang
5. 汤河水库水利风景区 Tanghe Shuiku Water Park
6. 抚顺市关山湖水利风景区 Guanshanhu Water Park，Fushun
7. 沈阳市浑河水利风景区 Hunhe Water Park，Shenyang
8. 沈阳市蒲河水利风景区 Puhe Water Park，Shenyang

吉林省 Jilin Province

1. 吉林省新立湖水利风景区 Xinlihu Water Park
2. 集安市鸭绿江国境水利风景区 Yalujiang International Border Water Park，Ji'an
3. 磐石市黄河水库水利风景区 Huanghe Shuiku Water Park，Panshi
4. 长春市石头口门水库水利风景区 Shitoukoumen Shuiku Water Park，Changchun
5. 通化市桃园湖水利风景区 Taoyuanhu Water Park，Tonghua
6. 舒兰市亮甲山水利风景区 Liangjiashan Water Park，Shulan
7. 长春市净月潭水库水利风景区 Jingyuetan Shuiku Water Park，Changchun
8. 东辽县聚龙潭水利风景区 Julongtan Water Park，Dongliao
9. 查干湖水利风景区 Qagan Lake Water Park
10. 梅河口市磨盘湖水利风景区 Mopanhu Water Park，Meihekou
11. 长白十五道沟水利风景区 Changbai Shiwudaogou Water Park
12. 延吉市布尔哈通河水利风景区 Burhatonghe Water Park，Yanji
13. 松原市龙坑水利风景区 Longkeng Water Park，Songyuan
14. 吉林市松花江清水绿带水利风景区 Songhuajiang Qingshui L ü dai Water Park，Jilin
15. 白城市嫩水韵白水利风景区 Nenshuiyunbai Water Park，Baicheng
16. 四平市二龙湖水利风景区 Erlonghu Water Park，Siping
17. 沙河水库水利风景区 Shahe Shuiku Water Park
18. 长岭县龙凤湖水利风景区 Longfenghu Water Park，Changling
19. 东辽县鹭鹭湖水利风景区 Heron Lake Water Park，Dongliao
20. 松原市哈达山水利风景区 Hada Mountain Water Park，Songyuan
21. 和龙市龙门湖水利风景区 Longmen Lake Water Park，Helong

黑龙江省 Heilongjiang Province

1. 红旗泡水库红湖水利风景区 Hongqipao Shuiku Honghu Water Park
2. 五常市龙凤山水利风景区 Longfengshan Water Park，Wuchang
3. 五大连池市山口湖水利风景区 Shankouhu Water Park，Wudalianchi

4. 甘南县音河湖水利风景区 Yinhehu Water Park，Gannan
5. 齐齐哈尔市劳动湖水利风景区 Laodonghu Water Park，Qiqihar
6. 佳木斯市柳树岛水利风景区 Liushudao Water Park，Jiamusi
7. 鹤岗市鹤立湖水利风景区 Helihu Water Park，Hegang
8. 农垦兴凯湖第二泄洪闸水利风景区 Xingkaihu Flood Sluice No.2 Water Park，General Bureau of State Farms of Heilongjiang Province
9. 哈尔滨市太阳岛水利风景区 Taiyangdao Water Park，Harbin
10. 兴凯湖当壁镇水利风景区 Xingkaihu Dangbi Water Park
11. 哈尔滨市白鱼泡水利风景区 Baiyupao Water Park，Harbin
12. 黑河市法别拉水利风景区 Fabiela Water Park.Heihe
13. 密山市青年水库水利风景区 Qingnian Shuiku Water Park，Mishan
14. 孙吴县二门山水库水利风景区 Ermenshan Shuiku Water Park，Sunwu
15. 伊春市红星湿地水利风景区 Hongxing Shidi Water Park，Yichun
16. 伊春市上甘岭水利风景区 Shangganling Water Park，Yichun
17. 伊春市卧龙湖水利风景区 Wolonghu Water Park，Yichun
18. 伊春市乌伊岭水利风景区 Wuyiling Water Park，Yichun
19. 伊春市新青湿地水利风景区 Xinqing Shidi Water Park，Yichun
20. 伊春市伊春河水利风景区 Yichunhe Water Park，Yichun
21. 哈尔滨市西泉眼水利风景区 Xiquanyan Water Park，Harbin
22. 哈尔滨市呼兰富强水利风景区 Hulan Fuqiang Water Park，Harbin
23. 哈尔滨市金河湾水利风景区 Jinhewan Water Park，Harbin
24. 大庆市黑鱼湖水利风景区 Heiyu Lake Water Park，Daqing
25. 鹤岗市清源湖水利风景区 Qingyuan Lake Water Park，Hegang
26. 伊春市滨水新区水利风景区 Waterfront District Water Park，Yichun
27. 兰西县河口水利风景区 Hekou Water Park，Lanxi

上海 ShanghaiMunicipality

1. 上海松江生态水利风景区 Shanghai Songjiang Eco-Water Park
2. 淀山湖水利风景区 Dianshanhu Water Park
3. 碧海金沙水利风景区 Bihai Jinsha Water Park
4. 浦东新区滴水湖水利风景区 Dishuihu Water Park，Pudong

江苏省 Jiangsu Province

1. 溧阳市天目湖旅游度假区 Tianmuhu Tourist and Holiday Resort，Liyang
2. 江都水利枢纽风景区区 Jiangdu Hydro-Junction Water Park
3. 徐州市云龙湖水利风景区 Yunlonghu Water Park，Xuzhou
4. 瓜洲古渡水利风景区 Guazhou Ancient Ferry Water Park

5. 三河闸水利风景区 Sanhezha Water Park
6. 泰州引江河水利风景区 Taizhou Yinjianghe Water Park
7. 苏州胥口水利风景区 Suzhou Xukou Water Park
8. 淮安水利枢纽风景区 Huai'an Hydro-Junction Water Park
9. 淮安市古运河水利风景区 Guyunhe Water Park，Huai'an
10. 盐城市通榆河水利枢纽风景区 Tongyuhe Junction Water Park，Yancheng
11. 姜堰市溱湖水利风景区 Qinhu Water Park，Jiangyan
12. 南京市金牛湖水利风景区 Jinniuhu Water Park，Nanjing
13. 宜兴市横山水库水利风景区 Hengshan Shuiku Water Park，Yixing
14. 无锡梅梁湖水利风景区 Wuxi Meilianghu Water Park
15. 泰州市凤凰河水利风景区 Fenghuanghe Water Park，Taizhou
16. 南京市外秦淮河水利风景区 Waiqinhuaihe Water Park，Nanjing
17. 宿迁市中运河水利风景区 Zhongyunhe Water Park，Suqian
18. 徐州市故黄河水利风景区 Guhuanghe Water Park，Xuzhou
19. 太仓市金仓湖水利风景区 Jincanghu Water Park，Taicang
20. 南京市珍珠泉水利风景区 Zhenzhuquan Water Park，Nanjing
21. 南京市天生桥河水利风景区 Tianshengqiaohe Water Park，Nanjing
22. 邳州市艾山九龙水利风景区 Aishan Jiulong Water Park，Pizhou
23. 赣榆县小塔山水库水利风景区 Xiaotashan Shuiku Water Park，Ganyu
24. 淮安市樱花园水利风景区 Yinghuayuan Water Park，Huai'an
25. 如皋市龙游水利风景区 Longyou Water Park，Rugao
26. 无锡市长广溪水利风景区 Changguangxi Water Park，Wuxi
27. 连云港市花果山大圣湖水利风景区 Huaguoshan Dashenghu Water Park，Lianyungang
28. 宝应县宝应湖水利风景区 Baoyinghu Water Park，Baoying
29. 盐城市大纵湖水利风景区 Dazonghu Water Park，Yancheng
30. 泗阳县泗水河水利风景区 Sishuihe Water Park，Siyang
31. 盱眙县天泉湖水利风景区 Tianquanhu Water Park，Xuyi
32. 淮安市清晏园水利风景区 Qingyanyuan Water Park，Huai'an
33. 淮安市古淮河水利风景区 Guhuaihe Water Park，Huai'an
34. 苏州市旺山水利风景区 Wangshan Water Park，Suzhou
35. 张家港市环城河水利风景区 Huancheng River Water Park，Zhangjiagang
36. 扬州市凤凰岛水利风景区 Phoenix Island Water Park，Yangzhou
37. 徐州市潘安湖水利风景区 Pan'an Lake Water Park，Xuzhou
38. 连云港市海陵湖水利风景区 Hailing Lake Water Park，Linyungang

39. 徐州市金龙湖水利风景区 Jinlong Lake Water Park，Xuzhou

浙江省 Zhejiang Province

1. 海宁市钱江潮韵水利风景区 Qianjiang Chaoyun Water Park，Haining
2. 宁波天河水利风景区 Ningbo Tianhe Water Park
3. 奉化市亭下湖水利风景区 Tingxiahu Water Park，Fenghua
4. 湖州太湖水利风景区 Huzhou Taihu Water Park
5. 安吉县天赋水利风景区 Tianfu Water Park，Anji
6. 慈溪市杭州湾海滨水利风景区 Hangzhouwan Seaside Water Park，Cixi
7. 江山市峡里湖水利风景区 Xialihu Water Park，Jiangshan
8. 新昌县沃洲湖水利风景区 Wozhouhu Water Park，Xinchang
9. 绍兴市环城河水利风景区 Huanchenghe Water Park，Shaoxing
10. 江山月亮湖水利风景区 Jiangshan Yuelianghu Water Park
11. 余姚市姚江水利风景区 Yaojiang Water Park，Yuyao
12. 天台山龙穿峡水利风景区 Tiantaishan Longchuanxia Water Park
13. 浙东古运河绍兴运河水利风景区 Yunhe Water Park along the Shaoxing Section of Ancient Zhedong Canal
14. 安吉县江南天池水利风景区 Jiangnan Tianchi Water Park，Anji
15. 上虞市曹娥江城防水利风景区 Cao'ejiang City Defense Water Park，Shangyu
16. 玉环县玉环水利风景区 Yuhuan Water Park，Yuhuan
17. 丽水市南明湖水利风景区 Nanminghu Water Park，Lishui
18. 安吉县老石坎水库水利风景区 Laoshikan Shuiku Water Park，Anji
19. 绍兴市曹娥江大闸水利风景区 Cao'ejiang Dazha Water Park，Shaoxing
20. 天台县琼台仙谷水利风景区 Qiongtai Xiangu Water Park，Tiantai
21. 衢州市乌溪江水利风景区 Wuxijiang Water Park，Quzhou
22. 富阳市富春江水利风景区 Fuchunjiang Water Park，Fuyang
23. 衢州市信安湖水利风景区 Xin'anhu Water Park，Quzhou
24. 遂昌县十八里翠水利风景区 Shibalicui Water Park，Suichang
25. 桐庐县富春江水利风景区 Fuchun River Water Park，Tonglu
26. 松阳县松阴溪水利风景区 Shoin creek Water Park，Songyang

安徽省 Anhui Province

1. 龙河口水利风景区 Longhekou Water Park
2. 太平湖水利风景区 Taipinghu Water Park
3. 佛子岭水库水利风景区 Foziling Shuiku Water Park
4. 龙子湖水利风景区 Longzihu Water Park
5. 梅山水库水利风景区 Meishan Shuiku Water Park
6. 响洪甸水库水利风景区 Xianghongdian Shuiku Water Park

7. 太湖县花亭湖水利风景区 Huatinghu Water Park，Taihu County
8. 淮河蚌埠闸枢纽水利风景区 Huaihe Bengbuzha Junction Water Park
9. 青龙湾水利风景区 Qinglongwan Water Park
10. 六安市横排头水利风景区 Hengpaitou Water Park，Lu'an
11. 霍邱县水门塘水利风景区 Shuimen-tang Water Park，Huoqiu
12. 广德县卢湖竹海水利风景区 Luhu Zhuhai Water Park，Guangde
13. 泾县桃花潭水利风景区 Taohuatan Water Park，Jingxian
14. 歙县霸王山摇铃秀水水利风景区 Bawangshan Yaoling Xiushui Water Park，Shexian
15. 凤台县淮上明珠水利风景区 Huais-hang Mingzhu Water Park，Fengtai
16. 淮河临淮岗工程水利风景区 Huaihe Linhuaigang Project Water Park
17. 亳州市白鹭洲水利风景区 Bailuzhou Water Park，Bozhou
18. 阜南县王家坝水利风景区 Wangjiaba Water Park，Funan
19. 淮南市焦岗湖水利风景区 Jiaoganghu Water Park，Huainan
20. 郎溪县石佛山天子湖水利风景区 Shifoshan Tianzihu Water Park，Langxi
21. 黄山石门水利风景区 Huangshan Shimen Water Park
22. 芜湖市滨江水利风景区 Binjiang Wa-ter Park，Wuhu
23. 六安市淠河水利风景区 Pihe Water Park，Liu'an
24. 岳西县天峡水利风景区 Tianxia Water Park，Yuexi
25. 来安县白鹭岛水利风景区 Bailudao Water Park，Lai'an

福建省 Fujian Province

1. 福清东张水库石竹湖水利风景区 Dongzhang Shuiku Shizhuhu Water Park，Fuqing
2. 仙游县九鲤湖水利风景区 Jiulihu Wa-ter Park，Xianyou
3. 南平市延平湖水利风景区 Yanpinghu Water Park，Nanping
4. 永安市桃源洞水利风景区 Taoyuan-dong Water Park，Yong'an
5. 永泰县天门山水利风景区 Tianmen-shan Water Park，Yongtai
6. 德化县岱仙湖水利风景区 Daixianhu Water Park，Dehua
7. 尤溪县闽湖水利风景区 Minhu Water Park，Youxi
8. 龙岩市梅花湖水利风景区 Meihuahu Water Park，Longyan
9. 华安县九龙江水利风景区 Jiulongjiang Water Park，Hua'an
10. 永定县龙湖水利风景区 Longhu Water Park，Yongding
11. 漳平市九鹏溪水利风景区 Jiupengxi Water Park，Zhangping
12. 泉州市山美水库水利风景区 Shanmei Reservoir Water Park，Quanzhou
13. 漳州开发区南太武新港城水利风景区 Nantaiwu Xingang City Water Park，Zhangzhou Development Zone
14. 莆田市木兰陂水利风景区 Mulanpo

Water Park，Putian
15. 三明市泰宁水利风景区 Taining Water Park，Sanming
16. 顺昌县华阳山水利风景区 Huayang Water Park，Shunchang
17. 武夷山市东湖水利风景区 East Lake Water Park，Wuyishan

江西省 Jiangxi Province

1. 上游湖水利风景区 Shangyouhu Water Park
2. 景德镇市玉田湖水利风景区 Yutianhu Water Park，Jingdezhen
3. 贵溪市白鹤湖水利风景区 Baihehu Water Park，Guixi
4. 井冈山市井冈山湖水利风景区 Jinggangshanhu Water Park，Jinggangshan
5. 南丰县潭湖水利风景区 Tanhu Water Park，Nanfeng
6. 乐平市翠平湖水利风景区 Cuipinghu Water Park，Leping
7. 南城县麻源三谷水利风景区 Mayuan Sangu Water Park，Nancheng
8. 泰和县白鹭湖水利风景区 Bailuhu Water Park，Taihe
9. 宜春市飞剑潭水利风景区 Feijiantan Water Park，Yichun
10. 上饶市枫泽湖水利风景区 Fengzehu Water Park，Shangrao
11. 赣州市三江水利风景区 Sanjiang Water Park，Ganzhou
12. 铜鼓县九龙湖水利风景区 Jiulonghu Water Park，Tonggu
13. 安福县武功湖水利风景区 Wugonghu Water Park，Anfu
14. 景德镇市月亮湖水利风景区 Yuelianghu Water Park，Jingdezhen
15. 都昌县张岭水库水利风景区 Zhangling Shuiku Water Park，Duchang
16. 萍乡市明月湖水利风景区 Mingyuehu Water Park，Pingxiang
17. 会昌县汉仙湖水利风景区 Hanxianhu Water Park，Huichang
18. 赣抚平原灌区水利风景区 Ganfu Plain Irrigation Area Water Park
19. 星子县庐湖水利风景区 Luhu Water Park，Xingzi
20. 宜丰县渊明湖水利风景区 Yuanminghu Water Park，Yifeng
21. 新建县梦山水库水利风景区 Mengshan Shuiku Water Park，Xinjian
22. 新建县溪霞水库水利风景区 Xixia Shuiku Water Park，Xinjian
23. 武宁县桃花源水利风景区 Taohuayuan Water Park，Wuning
24. 九江市庐山西海水利风景区 Lushan Xihai Water Park，Jiujiang
25. 万年县群英水库水利风景区 Qunying Reservoir Water Park，Wanning
26. 玉山县三清湖水利风景区 Sanqing Lake Water Park，Yushan
27. 广丰县铜钹山九仙湖水利风景区 Tongboshan Jiuxian LakeWater Park，Guangfeng

山东省 Shandong Province

1. 沂蒙湖水利风景区 Yimeng Lake Water Park
2. 东营天鹅湖水利风景区 Dongying Tian’ehu Water Park

3. 江北水城水利风景区 Jiangbei Shuicheng Water Park
4. 诸城市潍河水利风景区 Weihe Water Park，Zhucheng
5. 泰安市天平湖水利风景区 Tianpinghu Water Park，Tai'an
6. 昌乐县仙月湖水利风景区 Xianyuehu Water Park，Changle
7. 东营市清风湖水利风景区 Qingfenghu Water Park，Dongying
8. 安丘市汶河水利风景区 Wenhe Water Park，Anqiu
9. 寿光市弥河水利风景区 Mihe Water Park，Shouguang
10. 滨州市中海水利风景区 Zhonghai Water Park，Binzhou
11. 海阳市东村河水利风景区 Dongcunhe Water Park，Haiyang
12. 胶州三里河水利风景区 Jiaozhou Sanlihe Water Park
13. 东阿县洛神湖水利风景区 Luoshenhu Water Park，Dong'e
14. 广饶县孙武湖水利风景区 Sunwuhu Water Park，Guangrao
15. 淄博市峨庄水土保持水利风景区 Ezhuang Soil and Water Conservation Water Park，Zibo
16. 莱西市莱西湖水利风景区 Laixihu Water Park，Laixi
17. 枣庄市抱犊崮龟蛇湖水利风景区 Baodugu Guishehu Water Park，Zaozhuang
18. 滕州市微山湖湿地红荷水利风景区 Weishanhu Shidi Honghe Water Park，Tengzhou
19. 肥城市康王河水利风景区 Kangwanghe Water Park，Feicheng
20. 高唐县鱼丘湖水利风景区 Yuqiuhu Water Park，Gaotang
21. 昌邑市潍河水利风景区 Weihe Water Park，Changyi
22. 潍坊市峡山湖水利风景区 Xiashanhu Water Park，Weifang
23. 桓台县马踏湖水利风景区 Matahu Water Park，Huantai
24. 枣庄市岩马湖水利风景区 Yanmahu Water Park，Zaozhuang
25. 潍坊市白浪河水利风景区 Bailanghe Water Park，Weifang
26. 枣庄市台儿庄运河水利风景区 Tai'erzhuang Yunhe Water Park，Zaozhuang
27. 淄博市太公湖水利风景区 Taigonghu Water Park，Zibo
28. 沾化县秦口河水利风景区 Qinkouhe Water Park，Zhanhua
29. 临朐县淌水崖水库水利风景区 Tangshuiya Shuiku Water Park，Linqu
30. 高青县千乘湖水利风景区 Qianshenghu Water Park，Gaoqing
31. 高密市胶河水利风景区 Jiaohe Water Park，Gaomi
32. 新泰市青云湖水利风景区 Qingyunhu Water Park，Xintai
33. 潍坊市浞河水利风景区 Zhuohe Water Park，Weifang
34. 文登市抱龙河水利风景区 Baolonghe Water Park，Wendeng
35. 胶州市少海水利风景区 Shaohai Water Park，Jiaozhou
36. 莱芜市雪野湖水利风景区 Xueyehu

Water Park，Laiwu
37. 泰安市天颐湖水利风景区 Tianyihu Water Park，Tai'an
38. 东平县东平湖水利风景区 Dongpinghu Water Park，Dongping
39. 菏泽市赵王河水利风景区 Zhaowanghe Water Park，Heze
40. 滨州市三河湖水利风景区 Sanhehu Water Park，Binzhou
41. 莒南县天马岛水利风景区 Tianmadao Water Park，Junan
42. 滨州市小开河灌区水利风景区 Xiaokaihe Irrigation Area Water Park
43. 沂源县沂河源水利风景区 Yiheyuan Water Park，Yiyuan
44. 淄博市五阳湖水利风景区 Wuyanghu Water Park，Zibo
45. 青州市仁河水库水利风景区 Renhe Shuiku Water Park，Qingzhou
46. 临朐县沂山东镇湖水利风景区 Yishan Dongzhenhu Water Park，Linqu
47. 莱阳市五龙河水利风景区 Wulonghe Water Park，Laiyang
48. 乳山市岠嵎湖水利风景区 Juyuhu Water Park，Rushan
49. 沂南县竹泉水利风景区 Zhuquan Water Park，Yinan
50. 单县浮龙湖水利风景区 Fulonghu Water Park，Shanxian
51. 惠民县古城河水利风景区 Guchenghe Water Park，Huimin
52. 无棣县黄河岛水利风景区 Huanghedao Water Park，Wudi
53. 龙口市王屋水库水利风景区 Wangwu Shuiku Water Park，Longkou
54. 栖霞市长春湖水利风景区 Changchunhu Water Park，Qixia
55. 泗水县万紫千红水利风景区 Wanziqianhong Water Park，Sishui
56. 乳山市大乳山水利风景区 Darushan Water Park，Rushan
57. 邹平县黛溪河水利风景区 Daixihe Water Park，Zouping
58. 招远市金都龙王湖水利风景区 Longwang Lake Water Park，Zhaoyuan
59. 沾化县徒骇河思源湖水利风景区 Tuhaihe Siyuan Lake Water Park，Zhanhua
60. 夏津县黄河故道水利风景区 Ancient Riverbed Of The Yellow RiverWater Park，Xiajin
61. 博兴县打渔张引黄灌区水利风景区 Dayuzhang Yinhuangguan District Water Park，Boxing
62. 章丘市绣源河水利风景区 Xiuyuan River Water Park，Zhangqiu
63. 济南市长清湖水利风景区 Changqing Lake Water Park，Ji'nan
64. 微山县微山湖水利风景区 Weishan Lake Water Park，Weishan
65. 枣庄市城河水利风景区 Cheng River Water Park，Zaozhuang

河南省 Henan Province

1. 南湾水利风景区 Nanwan Water Park
2. 驻马店市薄山湖水利风景区 Boshanhu Water Park，Zhumadian
3. 云台山水利风景区 Yuntaishan Water Park
4. 昭平湖水利风景区 Zhaopinghu Water Park

5. 焦作市群英湖水利风景区 Qunyinghu Water Park，Jiaozuo
6. 博爱青天河水利风景区 Bo'ai Qingtianhe Water Park
7. 灵宝市窄口水库风景区 Zhaikou Shuiku Water Park，Lingbao
8. 红旗渠 Hongqi Channel
9. 铜山湖水利风景区 Tongshanhu Water Park
10. 香山湖水利风景区 Xiangshanhu Water Park
11. 鲇鱼山水库水利风景区 Nianyushan Shuiku Water Park
12. 西峡县石门湖水利风景区 Shimenhu Water Park，Xixia
13. 光山县龙山湖水利风景区 Longshanhu Water Park，Guangshan
14. 白沙水库水利风景区 Baisha Shuiku Water Park
15. 方城县望花湖水利风景区 Wanghuahu Water Park，Fangcheng
16. 安阳市彰武南海水库水利风景区 Zhangwu Nanhai Shuiku Water Park，Anyang
17. 信阳市泼河水利风景区 Pohe Water Park，Xinyang
18. 驻马店市宿鸭湖水利风景区 Suyahu Water Park，Zhumadian
19. 卫辉市沧河水利风景区 Canghe Water Park，Weihui
20. 陆浑湖水利风景区 Luhunhu Water Park
21. 漯河市沙澧河水利风景区 Shalihe Water Park，Luohe
22. 南阳市龙王沟水利风景区 Longwanggou Water Park，Nanyang
23. 信阳市北湖水利风景区 Beihu Water Park，Xinyang
24. 商丘市黄河故道湿地水利风景区 Huanghe Gudao Shidi Water Park，Shangqiu
25. 南阳市鸭河口水库水利风景区 Yahekou Shuiku Water Park，Nanyang
26. 郑州市黄河生态水利风景区 Huanghe Water Park，Zhengzhou
27. 柘城县容湖水利风景区 Ronghu Water Park，Zhecheng
28. 商丘市商丘古城水利风景区 Shangqiu Gucheng Water Park，Shangqiu
29. 驻马店市板桥水库水利风景区 Banqiao Shuiku Water Park，Zhumadian
30. 禹州市颍河水利风景区 Ying River Water Park，Yuzhou

湖北省 Hubei Province

1. 漳河水利风景区 Zhanghe Water Park
2. 龙麟宫水利风景区 Longlingong Water Park
3. 京山惠亭湖水利风景区 Jingshan Huitinghu Water Park
4. 襄阳市三道河水镜湖水利风景区 Sandaohe Shuijinghu Water Park，Xiangyang
5. 钟祥市温峡湖水利风景区 Wenxiahu Water Park，Zhongxiang
6. 荆州市漋水水利风景区 Weishui Water Park，Jingzhou
7. 武汉夏家寺水利风景区 Wuhan Xiajiasi Water Park
8. 武汉市江滩水利风景区 Jiangtan Water Park，Wuhan

9. 孝昌县观音湖水利风景区 Guanyinhu Water Park，Xiaochang
10. 罗田县天堂湖水利风景区 Tiantanghu Water Park，Luotian
11. 英山县毕升湖水利风景区 Bishenghu Water Park，Yingshan
12. 通山县富水湖水利风景区 Fushuihu Water Park，Tongshan
13. 长阳土家族自治县清江水利风景区 Qingjiang Water Park，Changyang Tujia Autonomous County

湖南省 Hunan Province

1. 张家界溇江水利风景区 Zhangjiajie Loujiang Water Park
2. 湖南水府水利风景区 Hunan Shuifu Water Park
3. 九龙潭大峡谷水利风景区 Jiulongtan Daxiagu Water Park
4. 衡东洣水水利风景区 Hengdong Mishui Water Park
5. 长沙湘江水利风景区 Changsha Xiang-jiang Water Park
6. 酒埠江水利风景区 Jiubujiang Water Park
7. 益阳市鱼形山水利风景区 Yuxingshan Water Park，Yiyang
8. 永兴县便江水利风景区 Bianjiang Wa-ter Park，Yongxing
9. 长沙市千龙湖水利风景区 Qianlonghu Water Park，Changsha
10. 湘西土家族苗族自治州大龙洞水利风景区 Dalongdong Water Park，Xiangxi Tujia and Miao Autonomous Prefecture
11. 皂市水利风景区 Zaoshi Water Park
12. 凤凰县长潭岗水利风景区 Changtan-gang Water Park，Fenghuang
13. 衡山县九观湖水利风景区 Jiuguanhu Water Park，Hengshan
14. 衡阳县织女湖水利风景区 Zhinvhu Water Park，Hengyang
15. 长沙市黄材水库水利风景区 Huang-cai Shuiku Water Park，Changsha
16. 新化县紫鹊界水利风景区 Ziquejie Water Park，Xinhua
17. 韶山市青年水库水利风景区 Qingnian Shuiku Water Park，Shaoshan
18. 衡阳县斜陂堰水库水利风景区 Xie-piyan Shuiku Water Park，Hengyang
19. 花垣县花垣边城水利风景区 Huayuan Biancheng Water Park，Huayuan
20. 耒阳市蔡伦竹海水利风景区 Cailun Zhuhai Water Park，Leiyang
21. 澧县王家厂水利风景区 Wangjiachang Water Park，Lixian
22. 辰溪县燕子洞水利风景区 Yanzidong Water Park，Chenxi
23. 常德市柳叶湖水利风景区 Liuye Lake Water Park，Changde
24. 益阳市皇家湖水利风景区 Huangjia Lake Water Park，Yiyang
25. 江华瑶族自治县潇湘源水利风景区 Xiaoxiangyuan Water Park，Jianghua Yao Autonomous County

广东省 Guangdong Province

1. 飞来峡水利枢纽风景区 Feilaixia Hydro Junction Water Park
2. 茂名市玉湖水利风景区 Yuhu Water Park，Maoming

3. 茂名市小良水土保持水利风景区 Xiaoliang Soil and Water Conservation Water Park，Maoming
4. 惠州白盆湖水利风景区 Huizhou Baipenhu Water Park
5. 梅州市洞天湖水利风景区 Dongtianhu Water Park，Meizhou
6. 五华县益塘水库水利风景区 Yitang Shuiku Water Park，Wuhua
7. 连州市湟川三峡水利风景区 Huangchuan Sanxia Water Park，Lianzhou
8. 增城市增江画廊水利风景区 Zengjiang Hualang Water Park，Zengcheng
9. 仁化县丹霞源水利风景区 Danxiayuan Water Park，Renhua

广西壮族自治区 Guangxi Zhuang Autonomous Region

1. 广西百色市澄碧河水利风景区 Chengbihe Water Park，Baise
2. 广西北海市洪潮江水利风景区 Hongchaojiang Water Park，Beihai
3. 广西南宁大王滩水利风景区 Nanning Dawangtan Water Park
4. 南宁天雹水库水利风景区 Nanning Tianbao Shuiku Water Park
5. 德保县鉴河水利风景区 Jianhe Water Park，Debao
6. 鹿寨县月岛湖水利风景区 Yuedaohu Water Park，Luzhai
7. 南丹县地下大峡谷水利风景区 Underground Grand Canyon Water Park，Nandan
8. 柳城县融江河谷水利风景区 Rongjiang River Valley Water Park，Liucheng
9. 象州县象江水利风景区 Xiang River Water Park，Xiangzhou

海南省 Hainan Province

1. 松涛水库水利风景区 Songtao Shuiku Water Park
2. 定安县南丽湖水利风景区 Nanlihu Water Park，Ding'an

重庆Chongqing Municipality

1. 大足县龙水湖水利风景区 Longshuihu Water Park，Dazu
2. 江津区清溪沟水利风景区 Qingxigou Water Park，Jiangjin
3. 璧山县大沟水库水利风景区 Dagou Shuiku Water Park，Bishan
4. 合川区双龙湖水利风景区 Shuanglonghu Water Park，Hechuan
5. 黔江区小南海水利风景区 Xiaonanhai Water Park，Qianjiang
6. 武隆县山虎关水库水利风景区 Shanhuguan Shuiku Water Park，Wulong
7. 潼南县丛刊水库水利风景区 Congkan Shuiku Water Park，Tongnan
8. 石柱县龙河水利风景区 Longhe Water Park，Shizhu
9. 南滨路水利风景区 Nanbinlu Water Park
10. 永川区勤俭水库水利风景区 Qinjian Shuiku Water Park，Yongchuan
11. 开县汉丰湖水利风景区 Hanfenghu Water Park，Kaixian

四川省 Sichuan Province

1. 仙海水利风景区 Xianhai Water Park
2. 鲁班湖水利风景区 Lubanhu Water Park
3. 安县白水湖水利风景区 Baishuihu Wa-

ter Park，Anxian

4. 自贡市双溪湖水利风景区 Shuangxihu Water Park，Zigong
5. 自贡市尖山水利风景区 Jianshan Water Park，Zigong
6. 凉山州泸沽湖水利风景区 Luguhu Water Park，Liangshan Yi Autonomous Prefecture
7. 平昌县江口水乡水利风景区 Jiangkou Shuixiang Water Park，Pingchang
8. 蓬安县大深南海水利风景区 Dashen Nanhai Water Park，Peng'an
9. 都江堰水利风景区 Dujiangyan Water Park
10. 汶川县水墨藏寨水利风景区 Shuimo ZangZhai Water Park，Wenchuan
11. 绵阳市涪江六峡水利风景区 The Six Gorges of Fujiang River Water Park，Mianyang
12. 眉山市黑龙滩水利风景区 Heilong Lake Water Park，Meishan
13. 隆昌县古宇庙水库水利风景区 GuYuTemple Water Park，Longchang
14. 南充市升钟湖水利风景区 Shengzhong Lake Water Park，Nanchong
15. 苍溪县白鹭湖水利风景区 Egrets Lake Water Park，Cangxi
16. 西充县青龙湖水利风景区 Qinglong Lake Water Park，Xichong
17. 遂宁市琼江源风景区 Qiongjiangyuan Water Park，Suining

贵州省 Guizhou Province

1. 镇远舞阳河水利旅游区 Zhenyuan Wuyanghe Water Park
2. 织金恐龙湖水利旅游区 Zhijin Konglonghu Water Park
3. 岑巩龙鳌河水利风景区 Cengong Long'aohe Water Park
4. 三岔河水利风景区 Sanchahe Water Park
5. 舞阳湖水利风景区 Wuyanghu Water Park
6. 杜鹃湖水利风景区 Dujuanhu Water Park
7. 贵州省毕节天河水利风景区 Bijie Tianhe Water Park
8. 松柏山水利风景区 Songbaishan Water Park
9. 龙里生态科技示范园 Longli Eco-Tech Demonstration Park
10. 贵阳市金茫林海水利风景区 Jinmang Linhai Water Park，Guiyang
11. 六盘水市明湖水利风景区 Minghu Water Park，Liupanshui
12. 关岭布依族苗族自治县木城河水利风景区 Muchenghe Water Park，Guanling Buyei and Miao Autonomous County
13. 遵义市大板水水利风景区 Dabanshui Water Park，Zunyi
14. 贵阳市永乐湖水利风景区 Yonglehu Water Park，Guiyang
15. 沿河土家族自治县乌江山峡水利风景区 Wujiang Shanxia Water Park，Yanhe Tujia Autonomous County
16. 罗甸县高原千岛湖水利风景区 Gaoyuan Qiandaohu Water Park，Luodian County
17. 惠水县涟江水利风景区 Lianjiang Water Park，Huishui

18. 剑河县仰阿莎湖水利风景区 Yang'ashahu Water Park，Jianhe
19. 铜仁市锦江水利风景区 Jinjiang Water Park，Tongren
20. 施秉县㵲阳河水利风景区 Wuyang River Water Park，Shibing
21. 织金县织金关水利风景区 Zhijinguan Water Park，Zhijin

云南省 Yunnan Province

1. 珠江源水利风景区 Zhujiangyuan Water Park
2. 泸西县五者温泉水利风景区 Wuzhe Hot Spring Water Park，Luxi
3. 普洱市梅子湖水利风景区 Meizihu Water Park，Pu'er
4. 建水县绵羊冲水利风景区 Mianyangchong Holiday Villa，Jianshui
5. 景谷傣族彝族自治县昔木水库水利风景区 Ximu Shuiku Water Park，Jinggu
6. 泸西县阿拉湖水利风景区 Alahu Water Park，Luxi
7. 芒市孔雀湖水利风景区 Kongquehu Eco-Water Park，Mangshi
8. 西盟县勐梭龙潭水利风景区 Mengsuo Longtan Water Park，Ximeng
9. 保山市北庙湖水利风景区 Beimiaohu Water Park，Baoshan
10. 洱源县茈碧湖水利风景区 Cibihu Water Park，Eryuan
11. 泸西县阿庐湖水利风景区 Aluhu Water Park，Luxi
12. 丘北县摆龙湖水利风景区 Bailonghu Water Park，Qiubei
13. 普洱市洗马河水利风景区 Ximahe Water Park，Pu'er
14. 丽江市玉龙县拉市海水利风景区 Lashihai Water Park，Yulong，Lijiang
15. 文山市君龙湖水利风景区 Junlonghu Water Park，Wenshan
16. 祥云县青海湖水利风景区 Qinghai Lake Water Park，Xiangyun

西藏自治区 Tibet Autonomous Region

1. 林芝地区措木及日湖水利风景区 Comogyiri Hu Water Park，Nyingchi Prefecture
2. 乃东县雅砻河谷水利风景区 Yarlung Valley Water Park，NaiDong

陕西省 Shanxi Province

1. 锦阳湖生态园 Jinyanghu Eco-Park
2. 汉中石门水利风景区 Hanzhong Shimen Water Park
3. 黄河魂水利风景区 Huanghehun Water Park
4. 安康市瀛湖水利风景区 Yinghu Water Park，Ankang
5. 南郑县红寺湖水利风景区 Hongsihu Water Park，Nanzheng
6. 渭南市友谊湖水利风景区 Youyihu Leisurely Holiday Mountain Villa，Weinan
7. 灞柳生态综合开发园水利风景区 Water Park inBaliu Ecological Comprehensive Development Park
8. 商洛市丹江公园水利风景区 Danjiang Water Park，Shangluo
9. 城固县南沙湖水利风景区 Nanshahu Water Park，Chenggu

10. 郑国渠水利风景区 Zhengguoqu Water Park
11. 丹凤县龙驹寨水利风景区 Longjuzhai Water Park，Danfeng
12. 凤县嘉陵江源水利风景区 Jialingjiangyuan Water Park，Fengxian
13. 宝鸡市千湖水利风景区 Qianhu Water Park，Baoji
14. 西安市汉城湖水利风景区 Hanchenghu Water Park，Xi'an
15. 宝鸡市渭水之央水利风景区 Weishuizhiyang Water Park，Baoji
16. 商南县金丝大峡谷水利风景区 Jinsi Daxiagu Water Park，Shangnan
17. 太白县黄柏塬水利风景区 Huangbaiyuan Water Park，Taibai
18. 西安市翠华山水利风景区 Cuihuashan Water Park，Xi'an
19. 西安市灞桥湿地水利风景区 Baqiao Shidi Water Park，Xi'an
20. 宜川县黄河壶口水利风景区 The Hukou Waterfall Of The Yellow River Water Park，Yichuan
21. 神木县红碱淖水利风景区 Hongjiannaoshui Water Park，Shenmu

甘肃省 Gansu Province

1. 金塔县鸳鸯池水利风景区 Yuanyangchi Water Park，Jinta
2. 凉州天梯山水利风景区 Liangzhou Tiantishan Water Park
3. 平凉市崆峒水库水利风景区 Kongtong Shuiku Water Park，Pingliang
4. 酒泉市赤金峡水利风景区 Chijinxia Water Park，Jiuquan
5. 高台县大湖湾水利风景区 Dahuwan Water Park，Gaotai
6. 庄浪县竹林寺水库水利风景区 Zhulinsi Shuiku Water Park，Zhuanglang
7. 泾川县田家沟水土保持水利风景区 Tianjiagou Soil and Water Conservation Water Park，Jingchuan
8. 禹苑水利风景区 Yuyuan Water Park
9. 瓜州县瓜州苑水利风景区 Guazhouyuan Water Park，Guazhou
10. 临泽县双泉湖水利风景区 Shuangquanhu Water Park，Linze
11. 张掖市二坝湖水利风景区 Erbahu Water Park，Zhangye
12. 张掖市大野口水库水利风景区 Dayekou Shuiku Water Park，Zhangye
13. 西和县晚霞湖水利风景区 Wanxiahu Water Park，Xihe
14. 临泽县平川水库水利风景区 Pingchuan Shuiku Water Park，Linze
15. 山丹县李桥水库水利风景区 Liqiao Shuiku Water Park，Shandan
16. 阿克塞县金山湖水利风景区 Jinshanhu Water Park，Aksay Kazak Autonomous County
17. 迭部县白龙江腊子口水利风景区 Bailongjiang Lazikou Water Park，T ê wo
18. 临潭县冶力关水利风景区 Yeliguan Water Park，Lintan
19. 民勤县红崖山水库水利风景区 Hongyashan Shuiku Water Park，Minqin
20. 敦煌市党河风情线水利风景区 Danghe Fengqingxian Water Park，Dunhuang
21. 玛曲县黄河首曲水利风景区 Huanghe

Shouqu Water Park，Maqu

22. 康县阳坝水利风景区 Yangba Water Park，Kang
23. 卓尼县洮河水利风景区 Taohe River-Water Park，Zhuoni

青海省 Qinghai Province

1. 互助土族自治县南门峡水库水利风景区 Nanmenxia Shuiku Water Park，Huzhu
2. 长岭沟水利风景区 Changlinggou Water Park
3. 黄南藏族自治州黄河走廊水利风景区 Huanghe Zoulang Water Park，Huangnan Tibetan Autonomous Prefecture
4. 循化撒拉族自治县孟达天池水利风景区 Mengda Tianchi Water Park，Xunhua Salar Autonomous County
5. 黑泉水库水利风景区 Heiquan Shuiku Water Park
6. 互助县北山水利风景区 Beishan Water Park，Huzhu
7. 久治县年保玉则水利风景区 Nyainbo Yuz ê Water Park，Jigzhi
8. 民和县三川黄河水利风景区 Sanchuan Huanghe Water Park，Minhe Hui and Tu Autonomous County
9. 玛多县黄河源水利风景区 Huangheyuan Water Park，Madoi
10. 囊谦县澜沧江水利风景区 Lancang River Water Park，Nangqian
11. 海西州巴音河水利风景区 Bayin River Water Park，Haixi
12. 乌兰县金子海水利风景区 Jinzihai Water Park，Wulan

宁夏回族自治区 Ningxia Hui Autonomous Region

1. 青铜峡唐徕闸水利风景区 Qingtongxia Tanglaizha Water Park
2. 沙坡头水利风景区 Shapotou Water Park
3. 银川市艾依河水利风景区 Aiyihe Water Park，Yinchuan
4. 石嘴山市星海湖水利风景区 Xinghaihu Water Park，Shizuishan
5. 灵武市鸭子荡水利风景区 Yazidang Water Park，Lingwu
6. 沙湖水利风景区 Shahu Water Park
7. 中卫市腾格里湿地水利风景区 Tengger Shidi Water Park，Zhongwei
8. 彭阳县茹河水利风景区 Ruhe Water Park，Pengyang
9. 隆德县清流河水利风景区 Qingliu River Park，Longde
10. 银川市鸣翠湖水利风景 Mingcui Lake Water Park，Yinchuan

新疆维吾尔自治区 Xinjiang Uygur Autonomous Region

1. 克孜尔水库水利风景区 Kizil Shuiku Water Park
2. 巴州西海湾明珠水利风景区 Xihaiwan Mingzhu Water Park，Bayingolin Mongol Autonomous Prefecture
3. 伊犁州喀什河龙口水利风景区 Kax He Longkou Water Park，Ili Kazak Autonomous Prefecture
4. 乌鲁瓦提水利风景区 Uluwat Water Park
5. 吐鲁番市坎儿井水利风景区 Karez

Water Park，Turpan
6. 塔城喀浪古尔水利风景区 Tacheng Kalanggur Water Park
7. 昌吉州石门子水库水利风景区 Shimenzi Shuiku Water Park，Changji Hui Autonomous Prefecture
8. 沙湾县千泉湖水利风景区 Qianquanhu Water Park，Shawan
9. 天山天池水利风景区 Tianshan Tianchi Water Park
10. 巩留县库尔德宁水利风景区 KurdningWater Park，Tokkuztara
11. 岳普湖县达瓦昆沙漠水利风景区 Dawa Kunduz Desert Water Park，Yopurga
12. 巩留县野核桃沟水利风景区 Yehetaogou Water Park，Tokkuztara

新疆生产建设兵团 Xinjiang Production and Construction Corps

1. 农八师石河子北湖水利风景区 Shihezi Beihu Water Park，Eighth Agricultural Division
2. 青格达湖水利风景区 Qinggedahu Water Park
3. 西海湾水利风景区 Xihaiwan Water Park
4. 塔里木多浪湖水利风景区 Tarim Dolan Hu Water Park
5. 千鸟湖水利风景区 Qianniaohu Water Park
6. 双湖水利风景区 Shuanghu Water Park
7. 巴音山庄水利风景区 Bayan Mountain Villa
8. 石河子桃源水利风景区 Shihezi Taoyuan Water Park
9. 塔里木祥龙湖水利风景区 Tarim Xianglonghu Water Park
10. 福海县布伦托海西海水利风景区 Burultokay Xihai Water Park，Fuhai

附录十二　国家级 5A 旅游景区名录（截止到 2015 年）

北京 Beijing Municipality

1. 故宫博物院 The Palace Museum
2. 天坛公园 Temple of Heaven
3. 颐和园 Summer Palace
4. 八达岭—慕田峪长城旅游区 Badaling-Mutianyu Great Wall Scenic Area
5. 明十三陵景区 Ming Tombs Scenic Area
6. 恭王府景区 Gongwangfu Scenic Area
7. 北京奥林匹克公园 Beijing Olympic Park

天津 Tianjin Municipality

1. 古文化街旅游区（津门故里）Ancient Culture Street（Jinmen Hometown）
2. 蓟县盘山风景名胜区 Jixian Mt. Pan Scenic and Historic Interest Area

河北省 Hebei Province

1. 承德避暑山庄及周围寺庙景区 Chengde Mountain Resort And its Outlying Temples Scenic Area
2. 秦皇岛山海关景区 Qinhuangdao Shanhaiguan Scenic Area
3. 保定安新白洋淀景区 Baiyangdian Scenic Area，Baoding Anxin County
4. 保定涞水县野三坡景区 Yesanpo Scenic Area，Baoding Laishui County
5. 石家庄平山县西柏坡景区 Xibaipo Scenic Area，Shijiazhuang Pingshan County

山西省 Shanxi Province

1. 大同云冈石窟 Datong Yungang Grottoes
2. 忻州五台山风景名胜区 Mt. Wutai Scenic and Historic Area，Xinzhou City
3. 晋城阳城县皇城相府生态文化旅游区 Huangcheng Xiangfu Ecological And Cultural Tourist Area，Jincheng Yangcheng County
4. 晋中市介休绵山景区 Mt. Jiexiumian Scenic Area，Jinzhong City
5. 晋中市乔家大院文化园区 Qiaojia Dayuan Cultural Scenic Area，Jinzhong City

内蒙古自治区 Inner Mongolia Autonomous Region

1. 鄂尔多斯达拉特旗响沙湾旅游景区 Erdos Dalateqi Xiangshawan Tourist Area
2. 鄂尔多斯伊金霍洛旗成吉思汗陵旅游区 Erdos Yijinhuoluoqi Mausoleum Of Genghis Khan Tourist Area

辽宁省 Liaoning Province

1. 沈阳植物园 Shenyang Botanical Garden
2. 大连老虎滩海洋公园—老虎滩极地馆

Dalian Laohutan Ocean Park – Laohutan Museum

3. 大连金石滩景区 Dalian Jinshitan Scenic Area

吉林省 Jilin Province

1. 长白山景区 Mt.Changbai Scenic Area
2. 长春伪满皇宫博物院 Changchun Puppet Palace Museum
3. 长春净月潭景区 Changchun Jingyuetan Scenic Area

黑龙江省 Heilongjiang Province

1. 哈尔滨太阳岛景区 Harbin Sun Island Scenic Area
2. 黑河五大连池景区 Heihe Wudalianchi Scenic Area
3. 牡丹江宁安市镜泊湖景区 Mudanjiang Ningan Jingbo Lake Scenic Area
4. 汤旺河林海奇石景区 Tangwanghe Forests&Stones Scenic Area

上海 Shanghai Municipality

1. 东方明珠广播电视塔 Oriental Pearl TV Tower
2. 上海野生动物园 Shanghai Wild Animal Park
3. 上海科技馆 Shanghai Science And Technology Museum

江苏省 Jiangsu Province

1. 苏州园林（拙政园 – 留园 – 虎丘）Suzhou Gardens（Humble Administrator's Garden – Lingering Garden – Huqiu）
2. 苏州昆山周庄古镇景区 Suzhou Mt. Kun Zhouzhuang Scenic Area
3. 南京钟山 – 中山陵风景名胜区 Nanjing Mt. Zhong – Sun Yat-Sen's Mausoleum Scenic Area
4. 中央电视台无锡影视基地三国水浒城景区 CCTV Wuxi Film Base Three Kingdoms And Outlaws City Scenic Area
5. 无锡灵山大佛景区 Wuxi Mt. Ling Dafo Scenic Area
6. 无锡鼋头渚景区 Wuxi Yuantouzhu Scenic Area
7. 苏州吴江同里古镇景区 Suzhou Wujiangtongli Town Scenic Area
8. 南京夫子庙 – 秦淮河风光带 Nanjing Confucius Temple – Qinhuai River Scenic Belt
9. 常州环球恐龙城景区 Changzhou Universal Dinosaur Town Scenic Area
10. 扬州瘦西湖风景区 Yangzhou Slender West Lake Scenic Area
11. 南通市濠河风景区 Nantong Hao River Scenic Area
12. 泰州姜堰区溱湖国家湿地公园 Taizhou Jiangyan Qin Lake National Wetland Park
13. 苏州市金鸡湖国家商务旅游示范区 Suzhou Jinji Lake District National Business Tourism Demonstration Area
14. 镇江三山风景名胜区（金山 – 北固山 – 焦山）Zhenjiang Three Mountains Scenic Area（Mt. Jin–Mt. Beigu–Mt. Jiao）
15. 苏州吴中太湖旅游区（旺山 – 穹窿山 – 东山）Suzhou Wuzhong Tai Lake Tourism Area（Mt. Wang–Mt. Qionglong–Mt. Dong）"

16. 苏州常熟沙家浜－虞山尚湖旅游区 Suzhou Changshu Shajiabang–Mt. Yu Shang Lake Tourism Area
17. 天目湖景区 Tianmu Lake Scenic Area
18. 镇江市句容茅山景区 Zhenjiang Jurong Maoshan Scenic Area
19. 淮安周恩来故里景区 Huai'an Zhou Enlai's Hometown Tourism Area

浙江省 Zhejiang Province

1. 杭州西湖风景区 Hangzhou West Lake Scenic Area
2. 温州乐清市雁荡山风景区 Wenzhou Yueqing Mt. Yandang Scenic Area
3. 舟山普陀山风景区 Zhoushan Mt. Putuo Scenic Area
4. 杭州淳安千岛湖风景区 Hangzhou Chunan Qiandao Lake Scenic Area
5. 嘉兴桐乡乌镇古镇 Jiaxing Tongxiang Wu Town
6. 宁波奉化溪口－滕头旅游景区 Ningbo Fenghua Xikou – Tengtou Tourist Scenic Area
7. 金华东阳横店影视城景区 Jinhua Dongyang Hengdian World Studios Scenic Area
8. 嘉兴南湖旅游区 Jiaxing Nan Lake Tourism Area
9. 杭州西溪湿地旅游区 Hangzhou Xixi Wetland Tourism Area
10. 绍兴市鲁迅故里－沈园景区 Shaoxing Lu Xun's Hometown – Shen Garden Scenic Area
11. 开化根宫佛国文化旅游区 Kaihua Gen'gong Buddhist Cultural Tourism Area

安徽省 Anhui Province

1. 黄山市黄山风景区 Huangshan Mt. Huang Scenic Area
2. 池州青阳县九华山风景区 Chizhou Qingyang Mt. Jiuhua Scenic Area
3. 安庆潜山县天柱山风景区 Anqing Qianshan Mt. Tianzhu Scenic Area
4. 黄山市黟县皖南古村落—西递宏村 Huangshan Yixian Wannan Ancient Villages – Xidihongcun
5. 六安市金寨县天堂寨风景区 Luan Jinzhai Tiantangzhai Scenic Area
6. 宣城市绩溪县龙川景区 Xuancheng Jixi Longchuan Scenic Area
7. 颍上八里河景区 Yingshang Bali River Scenic Area
8. 黄山市古徽州文化旅游区 Huangshan AncientHuizhou Culturel Scenic Area

福建省 Fujian Province

1. 厦门鼓浪屿风景名胜区 Xiamen Gulangyu Scenic Area
2. 南平武夷山风景名胜区 Nanping Mt. Wuyi Scenic Area
3. 三明泰宁风景旅游区 Sanming Taining Tourist Scenic Area
4. 福建土楼（永定·南靖）旅游景区 Fujian Tulou（Yongding·Nanjing）Tourist Scenic Area
5. 宁德屏南（白水洋·鸳鸯溪）旅游景区 Ningde Pingnan（Baishuiyang·Yuanyang Xi）Tourist Area
6. 泉州市清源山风景名胜区 Quanzhou

Mt. Qingyuan Famous Scenic Area

7. 福鼎太姥山旅游区 Fuding Taimu Mountain Scenic Area

江西省 Jiangxi Province

1. 九江庐山风景名胜区 Jiujiang Mt. Lu Famous Scenic Area
2. 吉安井冈山风景旅游区 Jian Mt. Jinggang Scenic Area
3. 上饶三清山旅游景区 Shangrao Mt. Sanqing Tourist Scenic Area
4. 鹰潭市贵溪龙虎山风景名胜区 Yingtan Guixi Mt. Longhu Scenic Area
5. 上饶婺源县江湾景区 Shangrao Wuyuan Jiangwan Scenic Area
6. 景德镇古窑民俗博览区 Jingdezhen Kiln Folk Expo Area

山东省 Shandong Province

1. 泰安泰山景区 Taian Taishan Scenic Area
2. 烟台蓬莱阁 – 三仙山 – 八仙过海旅游区 Yantai Penglai Pavilion–Three Mountains – Eight Immortals Tourist Area
3. 济宁曲阜明故城三孔旅游区 Jining Qufu Ming Old City Sankong Tourist Area
4. 青岛崂山旅游风景区 Qingdao Mt. Lao Scenic Area
5. 威海刘公岛景区 Weihai Liugong Island Scenic Area
6. 烟台龙口南山景区 Yantai Longkou Mt. Nan Scenic Area
7. 枣庄台儿庄古城景区 Zaozhuang Taierzhuang Ancient City Scenic Area
8. 济南天下第一泉景区 Tianxiadiyi Spring Scenic Area，Jinan
9. 沂蒙山景区 Yimeng Mountain Scenic Area

河南省 Henan Province

1. 郑州登封嵩山少林景区 Zhengzhou Dengfeng Mt. Song Shaolin Scenic Area
2. 洛阳龙门石窟景区 Luoyang Longmen Grottoes Scenic Area
3. 焦作（云台山 – 神农山 – 青天河）风景区 Jiaozuo（Mt. Yuntai–Mt. Shennong–Qingtian River）Scenic Area
4. 安阳殷墟景区 Anyang Yin Ruins Scenic Area
5. 洛阳嵩县白云山景区 Luoyang Songxian Mt. Baiyun Scenic Area
6. 开封清明上河园景区 Kaifeng Qingmingshanghe Park Scenic Area
7. 平顶山鲁山县尧山 – 中原大佛景区 Pingdingshan Lushan Mt. Yao–Zhongyuandafo Scenic Area
8. 洛阳栾川县老君山 – 鸡冠洞旅游区 Luoyang Luanchuan Mt. Laojun – Jiguandong Tourist Area
9. 洛阳新安县龙潭大峡谷景区 Luoyang Xinan County Longtan Daxiagu Scenic Area
10. 南阳市西峡伏牛山老界岭 – 恐龙遗址园旅游区 Nanyang XixiaFuniu Laojieling–The Dinosaur Relics Park

湖北省 Hubei Province

1. 武汉黄鹤楼公园 Wuhan Huanghelou Park
2. 宜昌三峡大坝旅游区 Yichang Three

Gorges Dam Tourism Area

3. 宜昌三峡人家风景区 Yichang Sanxiarenjia Scenic Area
4. 十堰丹江口市武当山风景区 Shiyan Danjiangkou City Mt. Wudang Scenic Area
5. 恩施州巴东神龙溪纤夫文化旅游区 Enshi Badong Shenlongxi Trackers Cultural Tourism Area
6. 神农架生态旅游区 Shennongjia Ecological Tourism Area
7. 宜昌长阳县清江画廊景区 Yichang Changyang Qing Jiang Gallery Scenic Area
8. 东湖景区 East Lake Scenic Area
9. 屈原故里文化旅游区 Qu Yuan's Hometown Scenic Area
10. 武汉市黄陂木兰文化生态旅游区 Wuhan Huangbei Mulan Culture Ecotourism Area

湖南省 Hunan Province

1. 张家界武陵源—天门山旅游区 Zhangjiajie Wulingyuan– Mt. Tianmen Tourist Area
2. 衡阳南岳衡山旅游区 Nanyue Mt. Heng Tourist Area，Hengyang City
3. 湘潭韶山旅游区 Mt. Shao Tourism Area，Xiangtan City
4. 岳阳岳阳楼—君山景区 Yueyanglou – Mt. Jun Scenic Area，Yueyang City
5. 长沙岳麓山—橘子洲景区 Mt. Yuelu–Juzizhou Scenic Area，Changsha City
6. 花明楼景区 Huaminglou Scenic Area

广东省 Guangdong Province

1. 广州长隆旅游度假区 Guangzhou Changlong Tourist Resort
2. 深圳华侨城旅游度假区 Shenzhen Oct Tourist Resort
3. 广州白云山风景区 Guangzhou Mt. Baiyun Scenic Area
4. 梅州梅县雁南飞茶田景区 Meizhou Meixian Yannanfei Tea Fields Scenic Area
5. 深圳观澜湖休闲旅游区 Shenzhen Guanlan Lake Leisure And Tourist Area
6. 清远连州地下河旅游景区 Qingyuan Lianzhou Dixia River Tourist Scenic Area
7. 韶关仁化丹霞山景区 Shaoguan Renhua Mt. Danxia Scenic Area
8. 佛山西樵山景区 Foshan Mt. Xiqiao Scenic Area
9. 罗浮山景区 Mt. Luofu Scenic Area
10. 佛山市长鹿旅游休博园 ChangluExpo Tourism Park

广西壮族自治区 Guangxi Zhuang Autonomous Region

1. 桂林漓江风景区 Guilin Li Jiang Scenic Area
2. 桂林兴安县乐满地度假世界 Guilin Xingan Merryland Resort
3. 桂林独秀峰·靖江王城景区 Guilin Duxiufeng · Jingjiang King City Scenic Area
4. 南宁市青秀山旅游区 Nanning Qingxiu Mountain Scenic Area

海南省 Hainan Province

1. 三亚南山文化旅游区 Sanya Mt. Nan Cultural Tourism Area

2. 三亚南山大小洞天旅游区 Sanya Mt. Nan Daxiaodongtian Tourist Area
3. 保亭县呀诺达雨林文化旅游区 Baoting County Yanoda Rainforest Cultural Tourism Area
4. 陵水县分界洲岛旅游区 Lingshui County Fenjiezhoudao Tourism Area

重庆 Chongqing Municipality

1. 大足石刻景区 Dazu Shike Scenic Area
2. 巫山小三峡－小小三峡 Wushan Xiaosanxia－Xiaoxiaosanxia
3. 武隆喀斯特旅游区（天生三桥－仙女山－芙蓉洞）Wulong Karst Tourist Area（Tianshengsanqiao–Mt. Xiannv–Furongdong）
4. 酉阳桃花源景区 Youyang Taohuayuan Scenic Area
5. 黑山谷景区 Heishangu Scenic Area
6. 南川金佛山－神龙峡景区 Nanchuan Mt.Jinfo–Shenlong Gorge Scenic Area

四川省 Sichuan Province

1. 成都青城山－都江堰旅游景区 Chengdu，Mt. Qingcheng－Dujiangyan Scenic Area
2. 绵阳北川羌城旅游区 Mianyang，Beichuan Qiang City Tourist Area
3. 乐山峨眉山景区 Leshan Mt. Emei Scenic Area
4. 乐山乐山大佛风景区 Leshan Leshan Dafo Scenic Area
5. 阿坝藏族羌族自治州九寨沟景区 Aba Tibetan And Qiang Autonomous Prefecture，Jiuzhaigou Scenic Area
6. 阿坝藏族羌族自治州松潘县黄龙风景名胜区 Songpan County，Aba Tibetan And Qiang Autonomous Prefecture，Huanglong Scenic Area
7. 汶川特别旅游区 Wenchuan Special Scenic Area
8. 绵阳市羌城旅游区 Mianyang Qiang–Cheng Scenic Area
9. 邓小平故里景区 Deng Xiaoping's Hometown Scenic Area
10. 阆中古城旅游区 Langzhong Ancient Town Tourist Area

贵州省 Guizhou Province

1. 安顺黄果树瀑布景区 Anshun Huangguoshu Waterfall Scenic Area
2. 安顺龙宫景区 Anshun Long Palace Scenic Area
3. 百里杜鹃景区 Baili Dujuan Scenic Area

云南省 Yunnan Province

1. 昆明石林风景区 Kunming Stone Forest Scenic Area
2. 丽江玉龙雪山景区 Lijiang Yulong Snow Mountain Scenic Area
3. 丽江古城景区 Scenic Li Jiang
4. 大理崇圣寺三塔文化旅游区 Dali Chongshengsi Three Pagodas Cultural Tourism Area
5. 中科院西双版纳热带植物园 Xishuangbanna Tropical Botanical Garden Of Chinese Academy Of Sciences
6. 迪庆藏族自治州香格里拉普达措国家公园 Diqing Shangri Pudacuo National Park

西藏自治区 Tibet Autonomous Region

1. 拉萨布达拉宫景区 Potala Palace In Lhasa Scenic Area
2. 大昭寺 Jokhang Temple

陕西省 Shanxi Province

1. 西安秦始皇兵马俑博物馆 Xian Terracotta Warriors Museum
2. 西安华清池景区 Xian Huaqingchi Scenic Area
3. 延安黄陵县黄帝陵景区 Yanan Huangling Huangdi Tomb Scenic Area
4. 西安大雁塔－大唐芙蓉园景区 Xian Dayanta－Datang Furongyuan Scenic Area
5. 渭南华阴市华山景区 Weinan Huayin City Mt. Huashan Scenic Area
6. 法门寺佛文化景区 Famen Temple Buddhist Cultural Scenic Area

甘肃省 Gansu Province

1. 嘉峪关文物景区 Jiayuguan Heritage Scenic Area
2. 平凉崆峒山风景名胜区 Pingliang Mt. Kongtong Scenic Area
3. 天水麦积山景区 Tianshui Mt. Maiji Scenic Area

宁夏回族自治区 Ningxia Hui Autonomous Region

1. 石嘴山平罗县沙湖旅游景区 Mt. Shizui Pingluo Sha Lake Scenic Area
2. 中卫沙坡头旅游景区 Zhongwei Shapotou Scenic Area
3. 银川镇北堡西部影视城 Zhenbeibao Western Film City，Yinchuan City

青海省 Qinghai Province

1. 青海湖景区 Qinghai Lake Scenic Area
2. 西宁市湟中县塔尔寺景区 Taer Temple Scenic Area，Xining City Huangzhong County

新疆维吾尔自治区 Xinjiang Uygur Autonomous Region

1. 昌吉州阜康市天山天池风景名胜区 Tianshan Tianchi Scenic Area，Changji Fukang
2. 吐鲁番葡萄沟风景区 Turpan Putaogou Scenic Area
3. 阿勒泰地区布尔津县喀纳斯景区 Kanas Scenic Area，Altay Burqin County
4. 伊犁地区新源县那拉提旅游风景区 Nalati Scenic Area，Yili Xinyuan County
5. 阿勒泰地区富蕴县可可托海景区 Keketuoha Scenic Area，Altay Fuyun County
6. 泽普金湖杨景区 Zepu Jinhuyang Scenic Area
7. 天山大峡谷景区 Tianshan Grand Valley Scenic Area
8. 博斯腾湖景区 Bosten Lake Scenic Area

附录十三　国家级矿山公园名录（截止到 2015 年）

北京 Beijing Municipality

1. 平谷黄松峪国家矿山公园 Pinggu Huangsongyu National Mining Park
2. 首云国家矿山公园 Shouyun National Mining Park
3. 怀柔圆金梦国家矿山公园 Huairou Yuanjinmeng National Mining Park
4. 史家营国家矿山公园 Shijiaying National Mining Park

河北省 Hebei Province

1. 唐山开滦煤矿国家矿山公园 Tangshan Kailuan Coal Mine National Mining Park
2. 任丘华北油田国家矿山公园 Renqiu Huabei Oilfield National Mining Park
3. 武安西石门铁矿国家矿山公园 Wu'an Xishimen Iron Mine National Mining Park
4. 迁西金厂峪国家矿山公园 Qianxi Jinchangyu National Mining Park

山西 Shanxi Province

1. 大同晋华宫矿国家矿山公园 Datong Jinhuagong Mine National Mining Park
2. 太原西山国家矿山公园 Taiyuan Xishan National Mining Park

内蒙古自治区 Inner Mongolia Autonomous Region

1. 赤峰巴林石国家矿山公园 Chifeng Bairin Stone National Mining Park
2. 满洲里市扎赉诺尔国家矿山公园 Manzhouli Jalai Nur National Mining Park
3. 林西大井国家矿山公园 Linxi Dajing National Mining Park
4. 额尔古纳国家矿山公园 Erguna National Mining Park

辽宁省 Liaoning Province

1. 阜新海州露天矿国家矿山公园 Fuxin Haizhou Open-pit Mine National Mining Park

吉林省 Jilin Province

1. 白山板石国家矿山公园 Baishan Banshi National Mining Park
2. 辽源国家矿山公园 Liaoyuan National Mining Park
3. 汪清满天星国家矿山公园 Wangqing Mantianxing National Mining Park

黑龙江省 Heilongjiang Province

1. 鹤岗市国家矿山公园 Hegang National Mining Park

2. 鸡西恒山国家矿山公园 Jixi Hengshan National Mining Park
3. 嘉荫乌拉嘎国家矿山公园 Jiayin Wulaga National Mining Park
4. 大庆油田国家矿山公园 Daqing Oilfield National Mining Park
5. 黑河罕达气国家矿山公园 Heihe Handaqi National Mining Park
6. 大兴安岭呼玛国家矿山公园 Greater Khingan Mountains Huma National Mining Park

江苏省 Jiangsu Province

1. 盱眙象山国家矿山公园 Xuyi Xiangshan National Mining Park
2. 南京冶山国家矿山公园 Nanjing Yeshan National Mining Park

浙江省 Zhejiang Province

1. 遂昌金矿国家矿山公园 Suichang Gold Mine National Mining Park
2. 温岭长屿硐天国家矿山公园 Wenling Changyu Dongtian National Mining Park
3. 宁波伍山海滨石窟国家矿山公园 Ningbo Wushan Littoral Grottoes National Mining Park

安徽省 Anhui Province

1. 淮北国家矿山公园 Huaibei National Mining Park
2. 铜陵国家矿山公园 Tongling National Mining Park
3. 淮南大通国家矿山公园 Huainan Datong National Mining Park

福建省 Fujian Province

1. 福州寿山国家矿山公园 Fuzhou Shoushan National Mining Park
2. 上杭紫金山国家矿山公园 Shanghang Zijinshan National Mining Park

江西省 Jiangxi Province

1. 景德镇高岭国家矿山公园 Jingdezhen Gaoling National Mining Park
2. 德兴国家矿山公园 Dexing National Mining Park
3. 萍乡安源国家矿山公园 Pingxiang Anyuan National Mining Park
4. 瑞昌铜岭铜矿国家矿山公园 Ruichang Tongling Copper Mine National Mining Park

山东省 Shandong Province

1. 沂蒙钻石国家矿山公园 Yimeng Diamond National Mining Park
2. 临沂归来庄金矿国家矿山公园 Linyi Guilaizhuang Gold Mine National Mining Park
3. 枣庄中兴煤矿国家矿山公园 Zaozhuang Zhongxing Coal Mine National Mining Park
4. 威海金洲金矿国家矿山公园 Weihai Jinzhou Gold Mine National Mining Park

河南省 Henan Province

1. 南阳独山玉国家矿山公园 Nanyang Dushan Jade National Mining Park
2. 焦作缝山国家矿山公园 Jiaozuo Fengshan National Mining Park
3. 新乡凤凰山国家矿山公园 Xinxiang

Fenghuangshan National Mining Park

湖北省 Hubei Province

1. 黄石国家矿山公园 Huangshi National Mining Park
2. 应城国家矿山公园 Yingcheng National Mining Park
3. 潜江国家矿山公园 Qianjiang National Mining Park
4. 宜昌樟村坪国家矿山公园 Yichang Zhangcunping National Mining Park

湖南省 Hunan Province

1. 郴州柿竹园国家矿山公园 Chenzhou Shizhuyuan National Mining Park
2. 宝山国家矿山公园 Baoshan National Mining Park
3. 湘潭锰矿国家矿山公园 Xiangtan Manganese Ore National Mining Park

广东省 Guangdong Province

1. 深圳凤凰山国家矿山公园 Shenzhen Fenghuangshan National Mining Park
2. 韶关芙蓉山国家矿山公园 Shaoguan Furongshan National Mining Park
3. 深圳鹏茜国家矿山公园 Shenzhen Pengqian National Mining Park
4. 梅州五华白石嶂国家矿山公园 Meizhou Wuhua Baishizhang National Mining Park
5. 凡口国家矿山公园 Fankou National Mining Park
6. 大宝山国家矿山公园 Daobao Mountain National Mining Park

广西壮族自治区 Guangxi Zhuang Autonomous Region

1. 合山国家矿山公园 Heshan National Mining Park
2. 全州雷公岭国家矿山公园 Quanzhou Leigongling National Mining Park

重庆 Chongqing Municipality

1. 江合煤矿国家矿山公园 Jianghe Coal Mine National Mining Park

四川省 Sichuan Province

1. 丹巴白云母国家矿山公园 Danba Muscovite National Mining Park
2. 嘉阳国家矿山公园 Jiayang National Mining Park

贵州省 Guizhou Province

1. 万山汞矿国家矿山公园 Wanshan Mercury Mine National Mining Park

云南省 Yunnan Province

1. 东川国家矿山公园 Dongchuan National Mining Park

甘肃省 Gansu Province

1. 白银火焰山国家矿山公园 Baiyin Huoyanshan National Mining Park
2. 金昌金川国家矿山公园 Jinchang Jinchuan National Mining Park
3. 玉门油田国家矿山公园 Yumen Oilfield National Mining Park

青海省 Qinghai Province

1. 格尔木察尔汗盐湖国家矿山公园 Golmud Qarhan Salt Lake National Mining Park

宁夏回族自治区 Ningxia Hui Autonomous Region

1. 石嘴山国家矿山公园 Shizuishan National Mining Park

新疆维吾尔自治区 Xinjiang Uygur Autonomous Region

1. 富蕴可可托海稀有金属国家矿山公园 Fuyun Koktokay Rare Metals National Mining Park

陕西省 Shaanxi Province

1. 潼关小秦岭金矿国家矿山公园 Tongguan Xiaoqinling Gold Ore National Mining Park

附录十四　国家历史文化名城、名镇、名村、名街名录（截止到2015年）

一、国家历史文化名城 National Famous Historical And Cultural Cities

北京 Beijing Municipality

1. 北京 Beijing

天津 Tianjin Municipality

1. 天津 Tianjin

河北省 Hebei Province

1. 承德 Chengde
2. 保定 Baoding
3. 正定 Zhengding
4. 秦皇岛 Qinhuangdao
5. 邯郸 Handan
6. 山海关 Shanhaiguan

山西省 Shanxi Province

1. 大同 Datong
2. 平遥 Pingyao
3. 新绛 Xinjiang
4. 代县 Daixian
5. 祁县 Qixian
6. 太原 Taiyuan

内蒙古自治区 Inner Mongolia Autonomous Region

1. 呼和浩特 Hohhot

辽宁省 Liaoning Province

1. 沈阳 Shenyang

吉林省 Jilin Province

1. 吉林 Jilin
2. 集安 Ji'an

黑龙江省 Heilongjiang Province

1. 哈尔滨 Harbin
2. 齐齐哈尔 Tsitsihar

上海 Shanghai Municipality

1. 上海 Shanghai

江苏省 Jiangsu Province

1. 南京 Nanjing
2. 苏州 Suzhou
3. 扬州 Yangzhou
4. 镇江 Zhenjiang
5. 常熟 Changshu
6. 徐州 Xuzhou
7. 淮安 Huai'an
8. 无锡 Wuxi
9. 南通 Nantong
10. 宜兴 Yixing
11. 泰州 Taizhou

浙江省 Zhejiang Province

1. 杭州 Anhangzhou
2. 绍兴 Shaoxing
3. 宁波 Ningbo
4. 衢州 Quzhou
5. 临海 Linhai
6. 金华 Jinhua
7. 嘉兴 Jiaxing
8. 湖州 Huzhou

安徽省 Anhui Province

1. 歙县 Shexian
2. 寿县 Shouxian
3. 亳州 Bozhou
4. 安庆 Anqing
5. 绩溪 Jixi

福建省 Fujian Province

1. 泉州 Quanzhou
2. 福州 Fuzhou
3. 漳州 Zhangzhou
4. 长汀 Changting

江西省 Jiangxi Province

1. 景德镇 Jingdezhen
2. 南昌 Nanchang
3. 赣州 Ganzhou

山东省 Shandong Province

1. 曲阜 Qufu
2. 济南 Jinan
3. 青岛 Qingdao
4. 聊城 Liaocheng
5. 邹城 Zoucheng
6. 临淄 Linzi
7. 泰安 Taian
8. 蓬莱 Penglai
9. 烟台 Yantai
10. 青州 Qingzhou

河南省 Henan Province

1. 洛阳 Luoyang
2. 开封 Kaifeng
3. 安阳 Anyang
4. 南阳 Nanyang
5. 商丘 Shangqiu
6. 郑州 Zhengzhou
7. 浚县 Xunxian
8. 濮阳 Puyang

湖北省 Hubei Province

1. 江陵 Gangneung
2. 武汉 Wuhan
3. 襄阳 Yangyang
4. 随州 Suizhou
5. 钟祥 Zhongxiang

湖南省 Hunan Province

1. 长沙 Changsha
2. 岳阳 Yueyang
3. 凤凰 Phoenix

广东省 Guangdong Province

1. 广州 Guangzhou
2. 潮州 Chaozhou
3. 肇庆 Zhaoqing
4. 佛山 Foshan
5. 梅州 Meizhou
6. 雷州 Leizhou
7. 中山 Zhongshan

广西壮族自治区 Guangxi Zhuang Autonomous Region

1. 桂林 Guilin
2. 柳州 Liuzhou
3. 北海 Northsea

海南省 Hainan Province

1. 琼山 Qiongshan
2. 海口 Haikou

重庆市 Chongqing Municipality

1. 重庆 Chongqing

四川省 Sichuan Province

1. 成都 Chengdu
2. 阆中 Langzhong
3. 宜宾 Yibin
4. 自贡 Zigong
5. 乐山 Leshan
6. 都江堰 Dujiangyan
7. 泸州 Luzhou
8. 会理 Huili

贵州省 Guizhou Province

1. 遵义 Zunyi
2. 镇远 Zhenyuan

云南省 Yunnan Province

1. 昆明 Kunming
2. 大理 Dali
3. 丽江 Lijiang
4. 建水 Constructionofwater
5. 巍山 Weishan
6. 会泽 Huize

西藏自治区 Tibet Autonomous Region

1. 拉萨 Lhasa
2. 日喀则 Shigatse
3. 江孜 Gyantse

陕西省 Shaanxi Province

1. 西安 Xi'an
2. 延安 Yan'an
3. 韩城 Hancheng
4. 榆林 Yulin
5. 咸阳 Xianyang
6. 汉中 Hanzhong

甘肃省 Gansu Province

1. 武威 Wuwei
2. 张掖 Zhangye
3. 敦煌 Dunhuang
4. 天水 Tianshui

青海省 Qinghai Province

1. 同仁 Tongren

宁夏回族自治区 Ningxia Hui Autonomous Region

1. 银川 Yinchuan

新疆维吾尔自治区 Xinjiang Uygur Autonomous Region

1. 喀什 Kashi
2. 吐鲁番 Turpan
3. 特克斯 Turks
4. 库车 Kuqa
5. 伊宁 Yining

二、国家历史文化名镇名录

National Famous Historical And Cultural Towns

北京 Beijing Municipality

1. 密云县古北口镇 Gubeikou Town，Miyun County

天津 Tianjin Municipality

1. 西青区杨柳青镇 Yangliuqing Town，Xiqing District

河北省 Hebei Province

1. 蔚县暖泉镇 Nuanquan Town，Yu County
2. 永年县广府镇 Guangfu Town，Yongnian County
3. 邯郸市峰峰矿区大社镇 Dashe Town，Fengfeng MiningCounty，Handan
4. 井陉县天长镇 Tianchang Town，Jingxing County
5. 涉县固新镇 Guxin Town，She County
6. 武安市冶陶镇 Yetao Town，Wu'an
7. 武安市伯延镇 Boyan Town，Wu'an
8. 蔚县代王城镇 Daiwangcheng Town，Yu County

山西省 Shanxi Province

1. 灵石县静升镇 Jingsheng Town，Lingshi County
2. 临县碛口镇 Qikou Town，Lin County
3. 襄汾县汾城镇 Xiangfen Town，Fencheng County
4. 平定县娘子关镇 Niangziguan Town，Pingding County
5. 泽州县大阳镇 Dayang Town，Zhezhou County
6. 天镇县新平堡镇 Xinping Town，Tianzhen County
7. 阳城县润城镇 Runcheng Town，Yangcheng County
8. 泽州县周村镇 Zhoucun Town，Zhezhou County

内蒙古自治区 Inner Mongolia Autonomous Region

1. 喀喇沁旗王爷府镇 Wangyefu Town，Karakqin
2. 多伦县多伦淖尔镇 Duolunnaoer Town，Duolun County
3. 丰镇市隆盛庄镇 Longshengzhuang Town，Fengzhen
4. 库伦旗库伦镇 Kulun Town，Kulun

辽宁省 Liaoning Province

1. 新宾满族自治县永陵镇 Yongling Town，Xinbin Manchu Autonomous County
2. 海城市牛庄镇 Niuzhuang Town，Haicheng
3. 东港市孤山镇 Gushan Town，Donggang
4. 绥中县前所镇 Qiansuo Town，Suizhong County

吉林省 Jilin Province

1. 四平市铁东区叶赫镇 Yehe Town，Tiedong District，Siping
2. 吉林市龙潭区乌拉街镇 Wulajie Town，Longtan District，Jilin

黑龙江省 Heilongjiang Province

1. 海林市横道河子镇 Hengdaohezi Town，Hailin
2. 黑河市爱辉镇 Aihui Town，Heihe

上海 Shanghai Municipality

1. 金山区枫泾镇 Fengjing Town，Jinshan District
2. 青浦区朱家角镇 Zhujiajiao Town，Qingpu District
3. 南汇区新场镇 Xinchang Town，Nanhui District
4. 嘉定区嘉定镇 Jiading Town，Jiading District
5. 嘉定区南翔镇 Nanxiang Town，Jiading District
6. 浦东新区高桥镇 Gaoqiao Town，Pudong New District
7. 青浦区练塘镇 Liantang Town，Qingpu District
8. 金山区张堰镇 Zhangyan Town，Jinshan District
9. 青浦区金泽镇 Jinze Town，Qingpu District
10. 浦东新区川沙新镇 Shaxin Town，Pudong New District

江苏省 Jiangsu Province

1. 昆山市周庄镇 Zhouzhuang Town，Kunshan
2. 苏州市吴江区同里镇 Tongli Town，Wujiang District，Suzhou
3. 苏州市吴中区甪直镇 Yongzhi Town，Wuzhong District，Suzhou
4. 苏州市吴中区木渎镇 Mudu Town，Wuzhong District，Suzhou
5. 太仓市沙溪镇 Shaxi Town，Taicang
6. 姜堰市溱潼镇 Qintong Town，Jiangyan
7. 泰兴市黄桥镇 Huangqiao Town，Taixing
8. 南京市高淳区淳溪镇 Chunxi Town，Gaochun District，Nanjing
9. 昆山市千灯镇 Qiandeng Town，Kunshan
10. 东台市安丰镇 Anfeng Town，Dongtai
11. 昆山市锦溪镇 Jinxi Town，Kunshan
12. 扬州市江都区邵伯镇 Shaobo Town，Jiangdu District，Yangzhou
13. 海门市余东镇 Yudong Town，Haimen
14. 常熟市沙家浜镇 Shajiabang Town，Changshu
15. 苏州市吴中区东山镇 Dongshan Town，Wuzhong District，Suzhou
16. 无锡市锡山区荡口镇 Dangkou Town，Xishan District，Wuxi
17. 兴化市沙沟镇 Shagou Town，Xinghua
18. 江阴市长泾镇 Changjin Town，Jiangyin
19. 张家港市凤凰镇 Fenghuang Town，Zhangjiagang
20. 苏州市吴江区黎里镇 Lili Town，Wujiang District，Suzhou
21. 苏州市吴江区震泽镇 Zhenze Town，Wujiang District，Suzhou
22. 东台市富安镇 Fu'an Town，Dongtai
23. 扬州市江都区大桥镇 Daqiao Town，Jiangdu District，Yangzhou
24. 常州市新北区孟河镇 Menghe Town，Xinbei District，Changzhou
25. 宜兴市周铁镇 Zhoutie Town，Yixing

26. 如东县栟茶镇 Bencha Town，Rudong County
27. 常熟市古里镇 Guli Town，Changshu

浙江省 Zhejiang Province

1. 嘉善县西塘镇 Xitang Town，Jiashan County
2. 桐乡市乌镇 Wuzhen Town，Tongxiang
3. 湖州市南浔区南浔镇 Nanxun Town，Nanxun District，Huzhou
4. 绍兴县安昌镇 Anchang Town，Shaox-ing County
5. 宁波市江北区慈城镇 Chicheng Town，Jiangbei District，Ningbo
6. 象山县石浦镇 Shiputown，Xiangshan County
7. 绍兴市越城区东浦镇 Dongputown，Yuecheng District，Shaoxing
8. 宁海县前童镇 Qiantong Town，Ninghai County
9. 义乌市佛堂镇 Fotangtown，Yiwu
10. 江山市廿八都镇 Ganbadou Town，Jiangshan
11. 仙居县皤滩镇 Potan Town，Xianju County
12. 永嘉县岩头镇 Yantou Town，Yongjia County
13. 富阳市龙门镇 Longmen Town，Fuyang County
14. 德清县新市镇 Xinshi Town，Deqing County
15. 景宁畲族自治县鹤溪镇 Hexi Town，Jingning She Autonomous County
16. 海宁市盐官镇 Yanguan Town，Haining
17. 嵊州市崇仁镇 Chongren Town，Shengzhou
18. 永康市芝英镇 Zhiying Town，Yong-kang
19. 松阳县西屏镇 Xiping Town，Song-yang County
20. 岱山县东沙镇 DongshaTown，Daishan County

安徽省 Anhui Province

1. 肥西县三河镇 Sanhe Town，Feixi County
2. 六安市金安区毛坦厂镇 Maotanchang Town，Jinan District，Liuan
3. 歙县许村镇 Fucun Town，She County
4. 休宁县万安镇 Wanan Town，Xiuning County
5. 宣城市宣州区水东镇 Shuidong Town，Xuanzhou District，Xuancheng
6. 泾县桃花潭镇 Taohuatan Town，Jing County
7. 黄山市徽州区西溪南镇 Xixi South Town，Huizhou District，Huangshan
8. 铜陵市郊区大通镇 Datong Town，Tongling

福建省 Fujian Province

1. 上杭县古田镇 Gutian Town，Shang-hang County
2. 邵武市和平镇 Heping Town，Shaowu
3. 永泰县嵩口镇 Songkou Town，Yongtai County
4. 宁德市蕉城区霍童镇 Huotong Town，Jiaocheng District，Ningde
5. 平和县九峰镇 Jiufeng Town，Pinghe County

6. 武夷山市五夫镇 Wufu Town，Wuyishan
7. 顺昌县元坑镇 Yuankeng Town，Shunchang County
8. 永定县湖坑镇 Hukeng Town，Yongding County
9. 武平县中山镇 Zhongshan Town，Wuping County
10. 安溪县湖头镇 Hutou Town，Anxi County
11. 古田县杉洋镇 Shanyang Town，Gutian County
12. 屏南县双溪镇 Shuangxi Town，Pingnan County
13. 宁化县石壁镇 Shibi Town，Ninghua County

江西省 Jiangxi Province

1. 浮梁县瑶里镇 Yaoli Town，Fuliang County
2. 鹰潭市龙虎山风景区上清镇 Shangqing Town，Longhushan Scenic Area，Yingtan
3. 横峰县葛源镇 Geyuan Town，Hengfeng County
4. 吉安市青原区富田镇 Futian Town，Qingyuan District，Ji'an
5. 萍乡市安源区安源镇 Anyuan Town，Anyuan District，Pingxiang
6. 铅山县河口镇 Hekou Town，Yanshan County
7. 广昌县驿前镇 Yiqian Town，Guangchang County
8. 金溪县浒湾镇 Huwan Town，Jinxi County
9. 吉安县永和镇 Yonghe Town，Ji'an County
10. 铅山县石塘镇 Shitang Town，Yanshan County

山东省 Shandong Province

1. 桓台县新城镇 Xincheng Town，Huantai County
2. 微山县南阳镇 Nanyang Town，Weishan County

河南省 Henan Province

1. 禹州市神垕镇 Shenhou Town，Yuzhou
2. 淅川县荆紫关镇 Jingziguan Town，Xichuan County
3. 社旗县赊店镇 Shedian Town，Sheqi County
4. 开封县朱仙镇 Zhuxian Town，Kaifeng County
5. 郑州市惠济区古荥镇 Guying Town，Huiji District，Zhengzhou
6. 确山县竹沟镇 Zhugou Town，Queshan County
7. 郏县冢头镇 Zhongtou Town，Jia County
8. 遂平县嵖岈山镇 Chayashan Town，Suiping County
9. 滑县道口镇 Daokou Town，Huaxian County
10. 光山县白雀园镇 Baiqueyuan Town，Guangshan County

湖北省 Hubei Province

1. 监利县周老嘴镇 Zhoulaozui Town，Jianli County
2. 红安县七里坪镇 Qiliping Town，Hongan County
3. 洪湖市瞿家湾镇 Qujiawan Town，

Honghu
4. 监利县程集镇 Chengji Town，Jianli County
5. 郧西县上津镇 Shangjin Town，Yunxi County
6. 咸宁市汀泗桥镇 Dingsiqiao Town，Xianning
7. 阳新县龙港镇 Longgang Town，Yangxin County
8. 宜都市枝城镇 Zhicheng Town，Yidou
9. 潜江市熊口镇 Xiongkou Town，Qianjiang
10. 钟祥市石牌镇 Shibei Town，Zhongxiang
11. 随县安居镇 Anju Town，Suixian
12. 麻城市歧亭镇 Qiting Town，Macheng

湖南省 Hunan Province

1. 龙山县里耶镇 Liye Town，Longshan County
2. 望城县靖港镇 Jinggang Town，Wangcheng County
3. 永顺县芙蓉镇 Furong Town，Yongshun County
4. 绥宁县寨市镇 Zhaishi Town，Suining County
5. 泸溪县浦市镇 Pushi Town，Luxi County
6. 洞口县高沙镇 Gaosha Town，Dongkou County
7. 花垣县边城镇 Biancheng Town，Huangyuan County

广东省 Guangdong Province

1. 广州市番禺区沙湾镇 Shawan Town，Panyu District，Guangzhou
2. 吴川市吴阳镇 Wuyang Town，Wuchuan
3. 开平市赤坎镇 Chikan Town，Kaiping
4. 珠海市唐家湾镇 Tangjiawan Town，Zhuhai
5. 陆丰市碣石镇 Jieshi Town，Lufeng
6. 东莞市石龙镇 Shilong Town，Dongguan
7. 惠州市惠阳区秋长镇 Qiushui Town，Huiyang District，Huizhou City
8. 普宁市洪阳镇 Hongyang Town，Puning
9. 中山市黄圃镇 Huangpu Town，Zhongshan
10. 大埔县百侯镇 Baihou Town，Dabu County
11. 珠海市斗门区斗门镇 Doumen Town，Doumen District，Zhuhai
12. 佛山市南海区西樵镇 Xiqiao Town，Nanhai District，Foshan
13. 梅州市梅县区松口镇 Songkou Town，Meixian District，Meizhou
14. 大埔县茶阳镇 Chayang Town，Dabu County
15. 大埔县三河镇 Sanhe Town，Dabu County

广西壮族自治区 Guangxi Zhuang Autonomous Region

1. 灵川县大圩镇 Daxu Town，Lingchuan County
2. 昭平县黄姚镇 Huang Yao Town，Zhaoping County
3. 阳朔县兴坪镇 Xingping Town，Yangshuo County
4. 兴安县界首镇 Jieshou Town，Xing'an County

5. 恭城瑶族自治县恭城镇 Gongcheng Town，Liannan Yao Autonomous Count，Gongcheng
6. 贺州市八步区贺街镇 Hejie Town，Babu District，Hezhou
7. 鹿寨县中渡镇 Zhongdu Town，Luzhai County

海南省 Hainan Province

1. 三亚市崖城镇 Yacheng Town，Sanya
2. 儋州市中和镇 Zhonghe Town，Danzhou
3. 文昌市铺前镇 Puqian Town，Wenchang
4. 定安县定城镇 Dingcheng Town，Ding'an

重庆 Chongqing Municipality

1. 合川县涞滩镇 Laitan Town，Hechuan County
2. 石柱县西沱镇 Xituo Town，Shizhu County
3. 潼南县双江镇 Shuangjiang Town，Tongnan County
4. 渝北区龙兴镇 Longxing Town，Yubei District
5. 江津市中山镇 Zhongshan Town，Jianjin
6. 酉阳龙潭镇 Longtan Town，Youyang
7. 北碚区金刀峡镇 Jindaoxia Town，Beibei District
8. 江津市塘河镇 Tonghe Town，Jiangjin
9. 綦江区东溪镇 Dongxi Town，Qijiang District
10. 九龙坡区走马镇 Zouma Town，Jiulongpo District
11. 巴南区丰盛镇 Fengsheng Town，Banan District
12. 铜梁县安居镇 Anju Town，Tongliang County
13. 永川区松溉镇 Songgai Town，Yongchuan District
14. 荣昌县路孔镇 Lukong Town，Rongchang County
15. 江津区白沙镇 Baisha Town，Jiangjin District
16. 巫溪县宁厂镇 Ningchang Town，Wuxi County
17. 开县温泉镇 Spring Town，Kaixian County
18. 黔江区濯水镇 Zhuoshui Town，Qianjiang District

四川省 Sichuan Province

1. 邛崃市平乐镇 Pingle Town，Qionglai
2. 大邑县安仁镇 Anren Town，Dayi County
3. 阆中市老观镇 Laoguan Town，Langzhong
4. 宜宾市翠屏区李庄镇 Lizhuang Town，Cuiping District，Yibin
5. 双流县黄龙溪镇 Huanglongxi Town，Shuangliu County
6. 自贡市沿滩区仙市镇 Xianshi Town，Yantang District，Zigong
7. 合江县尧坝镇 Yaoba Town，Jiangxian County
8. 古蔺县太平镇 Taiping Town，Gulin County
9. 巴中市巴州区恩阳镇 Enyang Town，Bazhou District，Bazhong
10. 成都市龙泉驿区洛带镇 Luodai Town，Longquanyi District，Chengdou

11. 大邑县新场镇 Xinchang Town，Dayi County
12. 广元市元坝区昭化镇 Zhaohua Town，Yuanba District，Guangyuan
13. 合江县福宝镇 Fubao Town，Hejiang County
14. 资中县罗泉镇 Luoquan Town，Zizhong County
15. 屏山县龙华镇 Longhua Town，Ping-shan County
16. 富顺县赵化镇 Zhaohua Town，Fushun County
17. 犍为县清溪镇 Qingxi Town，Qianwei County
18. 自贡市贡井区艾叶镇 Aiye Town，Gongjin District，Zigong
19. 自贡市大安区牛佛镇 Niufo Town，Da'an District，Zigong
20. 平昌县白衣镇 Baiyi Town，Pingchang County
21. 古蔺县二郎镇 Erlang Town，Gulin County
22. 金堂县五凤镇 Wufeng Town，Jintang County
23. 宜宾县横江镇 Hengjiang Town，Yibin County
24. 隆昌县云顶镇 Yunding Town，Long-chang County

贵州省 Guizhou Province

1. 贵阳市花溪区青岩镇 Qingyan Town，Huaxi District，Guiyang
2. 习水县土城镇 Tucheng Town，Xishui County
3. 黄平县旧州镇 Jiuzhou Town，Huang-ping County
4. 雷山县西江镇 Xijiang Town，Leishan County
5. 安顺市西秀区旧州镇 Jiuzhou Town，Xixiu District，Anshun
6. 平坝县天龙镇 Tianlong Town，Pingba County
7. 赤水市大同镇 Datong Town，Chishui
8. 松桃苗族自治县寨英镇 Zhaiying Town，Songtao Miao Autonomous County

云南省 Yunnan Province

1. 禄丰县黑井镇 Heijing Town，Lufeng County
2. 剑川县沙溪镇 Shaxi Town，Jianchuan County
3. 腾冲县和顺镇 Heshun Town，Teng-chong County
4. 孟连县娜允镇 Nayun Town，Menglian County
5. 宾川县州城镇 Zhoucheng Town，Bin-chuan County
6. 洱源县凤羽镇 Fengyu Town，Er'yuan County
7. 蒙自县新安所镇 Xin'ansuo Town，Mengzi County

西藏自治区 Tibet Autonomous Region

1. 乃东县昌珠镇 Changzhu Town，Nai-dong County
2. 萨迦县萨迦镇 Sakya Town，Sakya County

陕西省 Shaanxi Province

1. 铜川市印台区陈炉镇 Chenlu Town，Yin-

tai District，Tongchuan

2. 宁强县青木川镇 Qingchuanmu Town，Ningqiang County
3. 柞水县凤凰镇 Fenghuang Town，Zhashui County
4. 神木县高家堡镇 Gaojiabao Town，Shenmu County
5. 旬阳县蜀河镇 Shuhe Town，Xunyang County
6. 石泉县熨斗镇 Yundou Town，Shiquan County
7. 澄城县尧头镇 Yaotou Town，Chengcheng County

甘肃省 Gansu Province

1. 宕昌县哈达铺镇 Hadapu Town，Dangchang County
2. 榆中县青城镇 Qingcheng Town，Yuzhong County
3. 永登县连城镇 Liancheng Town，Yongdeng County
4. 古浪县大靖镇 Dajing Town，Gulang County
5. 秦安县陇城镇 Longcheng Town，Qinan County
6. 临潭县新城镇 Xincheng Town，Lintan County
7. 榆中县金崖镇 Jinya Town，Yuzhong County

新疆维吾尔自治区 Xinjiang Uygur Autonomous Region

1. 鄯善县鲁克沁镇 Lukeqin Town，Shanshan County
2. 霍城县惠远镇 Huiyuan Town，Huocheng County
3. 富蕴县可可托海镇 Keketuoha Town，Fuyun County

青海省 Qinghai Province

1. 循化撒拉族自治县街子镇 Jiezi Town，Xunhua Salar Autonomous County

三、国家历史文化名村名录

National Famous Historical And Cultural Villages

北京 Beijing Municipality

1. 门头沟区斋堂镇爨底下村 Cuandixia Village，Zhaitang Town，Mentougou District
2. 门头沟区斋堂镇灵水村 Lingshui Village，Zhaitang Town，Mentougou District
3. 门头沟区龙泉镇琉璃渠村 Liuliqu Village，Longquan Town，Mentougou District
4. 顺义区龙湾屯镇焦庄户村 Jiaozhuanghu Village，Longwantun Town，Shunyi District
5. 房山区南窖乡水峪村 Shuiyu Village，NanyaoTownship，Fangshan District

天津 Tianjin Municipality

1. 蓟县渔阳镇西井峪村 Xijingyu Village，Yuyang Town，Ji County

河北省 Hebei Province

1. 怀来县鸡鸣驿乡鸡鸣驿村 Jimingyi Village，Jimingyi Township，Huailai Corntry

2. 井陉县于家乡于家村 Yujia Village, Yujia Township, Jingxing Corntry
3. 清苑县冉庄镇冉庄村 Ranzhuang Village, Ranzhuang Town, Qingyuan County
4. 邢台县路罗镇英谈村 Yingtan Village, Luluo Town, Xingtai County
5. 涉县偏城镇偏城村 Piancheng Village, Piancheng Town, She County
6. 蔚县涌泉庄乡北方城村 Beifangcheng Village, Yongquanzhuang Township, Yu Corntry
7. 井陉县南障城镇大梁江村 Daliangjiang Village, Nanzhangcheng Town, Jingxing County
8. 沙河市柴关乡王硇村 Wangnao Village, Chaiguan Township, Shahe District
9. 蔚县宋家庄镇上苏庄村 Shangsuzhuang Village, Songjiazhuang Town, Yu Corntry
10. 井陉县天长镇小龙窝村 Xiaolongwo Village, Tianchang Town, Jingxing County
11. 磁县陶泉乡花驼村 Huatuo Village, Taoquan Township, Cixian Corntry
12. 阳原县浮图讲乡开阳村 Kaiyang Village, Tutujiang Township, Yangyuan Corntry

山西省 Shanxi Province

1. 临县碛口镇西湾村 Xiwan Village, Qikou Town, Lin County
2. 阳城县北留镇皇城村 Huangcheng Village, Beiliu Town, Yangcheng County
3. 介休市龙凤镇张壁村 Zhangbi Village, Longfeng Town, Jiexiu
4. 沁水县土沃乡西文兴村 Xiwenxing Village, Tuwo Township, Qinshui Corntry
5. 平遥县岳壁乡梁村 Xiangliang Village, Yuebi Township, Pingyao Corntry
6. 高平市原村乡良户村 Lianghu Village, Yuancun Township, Gaoping
7. 阳城县北留镇郭峪村 Guoyu Village, Beiliu Town, Yangcheng County
8. 阳泉市郊区义井镇小河村 Xiaohe Village, Yijing Town, Yangquan Suburbs
9. 汾西县僧念镇师家沟村 Shijiagou Village, Sengnian Town, Fenxi County
10. 临县碛口镇李家山村 Lijiashan Village, Qikou Town, Lin County
11. 灵石县夏门镇夏门村 Xiamen Village, Xiamen Town, Lingshi County
12. 沁水县嘉峰镇窦庄村 Douzhuang Village, Jiafeng Town, Qinshui County
13. 阳城县润城镇上庄村 Shangzhuang Village, Runcheng Town, Yangcheng County
14. 太原市晋源区晋源镇店头村 Diantou Village, Jinyuan Town, Jinyuan District, Taiyuan
15. 阳泉市义井镇大阳泉村 Dayangquan Village, Yijing Town, Yangquan
16. 泽州县北义城镇西黄石村 Huangshi Village, Yicheng Town, Zezhou County
17. 高平市河西镇苏庄村 Suzhuang Village, Hexi Town, Gaoping
18. 沁水县郑村镇湘峪村 Xiangyu Village, Zhengcun Town, Qinshui County
19. 宁武县涔山乡王化沟村 Wanghuagou Village, Censhan Township, Ningwu

Corntry

20. 太谷县北洸镇北洸村 Beiguang Village，Beiguang Town，Taigu County
21. 灵石县两渡镇冷泉村 Lingquan Village，Liangdu Town，Lingshi County
22. 万荣县高村乡阎景村 Yanjing Village，Gaocun Township，Wanrong Corntry
23. 新绛县泽掌镇光村 Zhenguang Village，Zezhang Town，Xinjiang County
24. 襄汾县新城镇丁村 Ding Village，Xincheng Town，Xiangfen Corntry
25. 沁水县嘉峰镇郭壁村 Guobi Village，Jiafeng Town，Qinshui Corntry
26. 高平市马村镇大周村 Dazhou Village，Macun Town，Gaoping
27. 泽州县晋庙铺镇拦车村 Lanche Village，Jinmiaopu Town，Zezhou Corntry
28. 泽州县南村镇冶底村 Yedi Village，Nancun Town，Zezhou Corntry
29. 平顺县阳高乡奥治村 Aozhi Village，YangGao Township，Pingshun Corntry
30. 祁县贾令镇谷恋村 Gulian Village，Jialing Town，Qi Corntry
31. 高平市寺庄镇伯方村 Bofang Village，Sizhuang Town，Gaoping
32. 阳城县润城镇屯城村 Tuncheng Village，Runcheng Town，Yangcheng Corntry

内蒙古自治区 Inner Mongolia Autonomous Region

1. 土默特右旗美岱召镇美岱召村 Meidaizhao Village，Meidaizhao Town，Tumd Banner
2. 包头市石拐区五当召镇五当召村 Wudangzhao Village，Wudangzhao Town，Shiguai District，Baotou

江苏省 Jiangsu Province

1. 苏州市吴中区东山镇陆巷村 Lugang Village，Dongshan Town，Wuzhong District，Suzhou
2. 苏州市吴中区西山镇明月湾村 Mingyuewan Village，Xishan Town，Wuzhong District，Suzhou
3. 无锡市惠山区玉祁镇礼社村 Lishe Village，Yuqi Town，Huishan District，Wuxi
4. 苏州市吴中区东山镇杨湾村 Yangwan Village，Dongshan Town，Wuzhong District，Suzhou
5. 苏州市吴中区金庭镇东村 Zhendong Village，Jintiing Town，Wuzhong District，Suzhou
6. 常州市武进区郑陆镇焦溪村 Jiaoxi Village，Zhenlu Town，Wujin District，Changzhou
7. 苏州市吴中区东山镇三山村 Sanshan Village，Dongshan Town，Wuzhong District，Suzhou
8. 高淳县漆桥镇漆桥村 Qiqiao Village，Qiqiao Town，Gaochun County
9. 南通市通州区二甲镇余西村 Yuxi Village，Erjia Town，Tongzhou District，Nantong
10. 南京市江宁区湖熟街道杨柳村 Yangliu Village，Hushu Street，Jiangning District，Nanjing

浙江省 Zhejiang Province

1. 武义县俞源乡俞源村 Yuyuan Village，

Yuyuan Township，Wuyi Corntry

2. 武义县武阳镇郭洞村 Guodong Village，Wuyang Town，Wuyi County
3. 桐庐县江南镇深澳村 Shenao Village，Jiangnan Town，Lutong County
4. 永康市前仓镇厚吴村 Houwu Village，Qiancang Town，Yongkang County
5. 龙游县石佛乡三门源村 Sanmenyuan Village，Shifo Township，Louyou Corntry
6. 建德市大慈岩镇新叶村 Xinye Village，Daciyan Town，Jiande
7. 永嘉县岩坦镇屿北村 Yubei Village，Yantan Town，Yongjia County
8. 金华市金东区傅村镇山头下村 Shantouxia Village，Fucun Town，Jindong District，Jinhua
9. 仙居县白塔镇高迁村 Gaoqian Village，Baita Town，Xianju County
10. 庆元县松源镇大济村 Daji Village，Songyuan Town，Qingyuan County
11. 乐清市仙溪镇南阁村 Nange Village，Xianxi Town，Leqing County
12. 宁海县茶院乡许家山村 Xujiashan Village，Chayuan Township，Ninghai Corntry
13. 金华市婺城区汤溪镇寺平村 Siping Village，Tangxi Town，Wucheng District，Jinhua
14. 绍兴县稽东镇冢斜村 Zhongxie Village，Jidong Town，Shaoxing County
15. 苍南县桥墩镇碗窑村 Wanyao Village，Qiaodun Town，Cangnan County
16. 浦江县白马镇嵩溪村 Songxi Village，Baima Town，Pujiang County
17. 缙云县新建镇河阳村 Heyang Village，Xinjian Town，Jinyun County
18. 江山市大陈乡大陈村 Dachen Village，Dachen Township，Jiangshan
19. 湖州市南浔区和孚镇荻港村 Digang Village，Hefu Town，Nanxun District，Huzhou
20. 磐安县盘峰乡榉溪村 Juxi Village，Panfeng Township，Pan’an County
21. 淳安县浪川乡芹川村 Qinchuan Village，Langchuan Township，Chun’an County
22. 苍南县矾山镇福德湾村 Fudewan Village，Fanshan Town，Cangnan County
23. 龙泉市西街街道下樟村 Xiazhang Village，West Street，Longquan
24. 开化县马金镇霞山村 Xiashan Village，Majin Town，Kaihua County
25. 遂昌县焦滩乡独山村 Dushan Village，Jiaotan Township，Suichang County
26. 安吉县鄣吴镇鄣吴村 Zhangwu Village，Zhangwu Town，Anji County
27. 丽水市莲都区雅溪镇西溪村 Xixi Village，Yaxi Town，Liandu District，Lishui
28. 宁海县深甽镇龙宫村 Longgong Village，Shenzhen Town，Ninghai County

安徽省 Anhui Province

1. 黟县西递镇西递村 Xidi Village，Xidi Town，Yi County
2. 黟县宏村镇宏村 Hong Village，Hong Town，Yi County
3. 歙县徽城镇渔梁村 Yuliang Village，Huicheng Town，She County

4. 旌德县白地镇江村 Jiang Village，Baidi Town，Jingde County
5. 黄山市徽州区潜口镇唐模村 Tangmo Village，Qiankou Town，Huizhou District，Huangshan
6. 歙县许村镇棠樾村 Tangyue Village，Xucun Town，She County
7. 黟县宏村镇屏山村 Pingshan Village，Hong Town，Yi County
8. 黄山市徽州区呈坎镇呈坎村 Chengkan Village，Chengkan Town，Huizhou District，Huangshan
9. 泾县桃花潭镇查济村 Chaji Village，Taohuatan Town，Jing County
10. 黟县碧阳镇南屏村 Nanping Village，Biyang Town，Yi County
11. 休宁县商山乡黄村 Huang Village，Shangshan Town，Xiuning County
12. 黟县碧阳镇关麓村 Guanlu Village，Biyang Town，Yi County
13. 泾县榔桥镇黄田村 Huangtian Village，Langqiao Town，Jing County
14. 绩溪县瀛洲镇龙川村 Longchuan Village，Yingzhou Town，Jixi County
15. 歙县雄村乡雄村 Xiangxiong Village，Xiong Township，She County
16. 天长市铜城镇龙岗村 Longgang Village，Tongcheng Town，Tianchang
17. 黄山市徽州区呈坎镇灵山村 Lingshan Village，Chengkan Town，Huizhou District，Huangshan
18. 祁门县闪里镇坑口村 Kengkou Village，Shanli Town，Qimen County
19. 黟县宏村镇卢村 Lu Village，Hongcun Town，Yi County

福建省 Fujian Province

1. 南靖县书洋镇田螺坑村 Tianluokeng Village，Shuyang Town，Nanjing County
2. 连城县宣和乡培田村 Peitian Village，Xuanhe Township，Liancheng Corntry
3. 武夷山市武夷街道下梅村 Xiamei Village，Wuyi Sub-District，Wuyishan
4. 晋江市金井镇福全村 Fuquan Village，Jinjing Town，Jinjiang
5. 武夷山市兴田镇城村 Cheng Village，Xingtian Town，Wuyishan
6. 尤溪县洋中镇桂峰村 Guifeng Village，Yangzhong Town，Youxi County
7. 福安市溪潭镇廉村 Lian Village，Xitan Town，Fuan
8. 屏南县甘棠乡漈下村 Jixia Village，Gantang Township，Pingnan Corntry
9. 清流县赖坊乡赖坊村 Laifang Village，Laifang Township，Qingliu Corntry
10. 长汀县三洲乡三洲村 Sanzhou Village，Sanzhou Township，Changting Corntry
11. 龙岩市新罗区适中镇中心村 Zhongxin Village，Shizhong Town，Xinluo District，Longyan
12. 屏南县棠口乡漈头村 Jitou Village，Tangkou Township，Pingnan Corntry
13. 连城县庙前镇芷溪村 Zhixi Village，Miaoqian Town，Liancheng County
14. 长乐市航城街道琴江村 Qinjiang Village，Hangcheng Sub-District，Changle
15. 泰宁县新桥乡大源村 Dayuan Village，Xinqiao Township，Taining Corntry
16. 福州市马尾区亭江镇闽安村 Minan Village，Tingjiang Town，Mawei District，Fuzhou

17. 龙岩市新罗区万安镇竹贯村 Zhuguan Village，Wan'an Town，Xinluo District，Longyan
18. 长汀县南山镇中复村 Zhongfu Village，Nanshan Town，Changting Corntry
19. 泉州市泉港区后龙镇土坑村 Tukeng Village，Houkong Town，Quangang District，Quanzhou
20. 龙海市东园镇埭尾村 Daiwei Village，Dongyuan Town，Longhai
21. 周宁县浦源镇浦源村 Puyuan Village，Puyuan Town，Zhouning Corntry
22. 福鼎市磻溪镇仙蒲村 Xianpu Village，Panxi Town，Fuding
23. 霞浦县溪南镇半月里村 Banyueli Village，Xi'nan Town，Xiapu Corntry
24. 三明市三元区岩前镇忠山村 Zhongshan Village，Yanqian Town，Sanyuan District，Sanming
25. 将乐县万全乡良地村 Liangdi Village，Wanquan Township，Jiangle Corntry
26. 仙游县石苍乡济川村 Jichuan Village，Shicang Township，Xianyou Corntry
27. 漳平市双洋镇东洋村 Dongyang Village，Shuangyang Town，Zhangping
28. 平和县霞寨镇钟腾村 Zhongteng Village，Xiazhai Town，Heping Corntry
29. 明溪县夏阳乡御帘村 Yulian Village，Xiayang Township，Xingxi Corntry

江西省 Jiangxi Province

1. 乐安县牛田镇流坑村 Liukeng Village，Niutian Town，Lean County
2. 吉安市青原区文陂乡渼陂村 Meibei Village，Wenbei Township，Qingyuan District，Jian
3. 婺源县沱川乡理坑村 Likeng Village，Tuochuan Township，Wuyuan Corntry
4. 高安市新街镇贾家村 Jiajia Village，Xinjie Town，Gaoan
5. 吉水县金滩镇燕坊村 Yanfang Village，Jintan Town，Jishui County
6. 婺源县江湾镇汪口村 Wangkou Village，Jiangwan Town，Wuyuan County
7. 安义县石鼻镇罗田村 Luotian Village，Shibi Town，Anyi County
8. 浮梁县江村乡严台村 Yantai Village，Jiangcun Township，Fuliang Corntry
9. 赣县白鹭乡白鹭村 Bailu Village，Bailu Township，Gan Corntry
10. 吉安市富田镇陂下村 Peixia Village，Futian Town，Jian
11. 婺源县思口镇延村 Yan Village，Sikou Town，Wuyuan County
12. 宜丰县天宝乡天宝村 Tianbao Village，Tianbao Township，Yifeng Corntry
13. 吉安市吉州区兴桥镇钓源村 Diaoyuan Village，Xingqiao Town，Jizhou District，Jian
14. 金溪县双塘镇竹桥村 Zhuqiao Village，Shuangtang Town，Jinxi County
15. 龙南县关西镇关西村 Guanxi Village，Guanxi Town，Longnan County
16. 婺源县浙源乡虹关村 Hongguan Village，Zheyuan Township，Wuyuan County
17. 浮梁县勒功乡沧溪村 Cangxi Village，Legong Township，Fuliang Corntry
18. 婺源县思口镇思溪村 Sixi Village，Sikou Town，Wuyuan County

19. 宁都县田埠乡东龙村 Donglong Village，Tianbu Township，Ningdu County
20. 吉水县金滩镇桑园村 Sangyuan Village，Jintan Town，Jishui County
21. 金溪县琉璃乡东源曾家村 Dongyuan Zengjia Village，Liuli Township，Jinxi County
22. 安福县洲湖镇塘边村 Tangbian Village，Zhouhu Town，Anfu County
23. 峡江县水边镇湖洲村 Huzhou Village，Shuibian Town，Xiajiang County

山东省 Shandong Province

1. 章丘县官庄乡朱家峪村 Zhujiayu Village，Guanzhuang Township，Zhangqiu Corntry
2. 荣成市宁津街道东楮岛村 Dongchudao Village，Ningjing Sub-District，Rongcheng
3. 即墨市丰城镇雄崖所村 Xiongyasuo Village，Fengcheng Town，Jimo County
4. 淄博市周村区王村镇李家疃村 Lijiatuan Village，Wangcun Town，Zhoucun District，Zibo
5. 招远市辛庄镇高家庄子村 Gangjiazhuangzi Village，Xinzhuang Town，Zhaoyuan

河南省 Henan Province

1. 平顶山市郏县堂街镇临沣寨 Linfeng Village，Dangjie Town，Jia County，Pingdingshan
2. 郏县李口乡张店村 Zhangdian Village，Likou Township，Jia Corntry

湖北省 Hubei Province

1. 武汉市黄陂区木兰乡大余湾村 Dayuwan Village，Mulan Town，Huangpi District，Wuhan
2. 恩施市崔家坝镇滚龙坝村 Gunlongba Village，Cuijiaba Town，Enshi
3. 宣恩县沙道沟镇两河口村 Lianghekou Village，Shadaogou Town，Xuanen County
4. 赤壁市赵李桥镇羊楼洞村 Yangloudong Village，Zhaoliqiao Town，Chibi
5. 宣恩县椒园镇庆阳坝村 Qingyangba Village，Jiaoyuan Town，Xuanen County
6. 利川市谋道镇鱼木村 Yumu Village，Moudao Town，Lichuan
7. 麻城市歧亭镇杏花村 Xinghua Village，Qiting Town，Macheng

湖南省 Hunan Province

1. 岳阳县张谷英镇张谷英村 Zhangguying Village，Zhangguying Town，Yueyang County
2. 江永县夏层铺镇上甘棠村 Shangganvtang Village，Xiacengpu Town，Jiangyong County
3. 会同县高椅乡高椅村 Gaoyi Village，Gaoyi Township，Huitong Corntry
4. 永州市零陵区富家桥镇干岩头村 Ganyantou Village，Fujiaqiao Town，Lingling District，Yongzhou
5. 双牌县理家坪乡坦田村 Tantian Village，Lijiaping Township，Shuangpai Corntry
6. 祁阳县潘市镇龙溪村 Longxi Village，

Panshi Town，Qiyang County

7. 永兴县高亭乡板梁村 Banliang Village，Gaoting Township，Yongxing Corntry
8. 辰溪县上蒲溪瑶族乡五宝田村 Wubaotian Village，Shangpuxi Yao Township，Chenxi County
9. 永顺县灵溪镇老司城村 Longxi Village，Panshi Town，Qiyang County
10. 通道侗族自治县双江镇芋头村 Yutou Village，Shuangjiang Town，Tongdao Dong Autonomous County
11. 通道侗族自治县坪坦乡坪坦村 Pingtan Village，Pingtan Town，Tongdao Dong Autonomous County
12. 绥宁县黄桑坪苗族乡上堡村 Shangbao Village，Huangsangping Miao Township，Suining County
13. 绥宁县关峡苗族乡大园村 Dayuan Village，Guanxia Miao Township，Suining County
14. 江永县兰溪瑶族乡兰溪村 Lanxi Village，Lanxi Yao Township，Jiangyong Corntry
15. 龙山县苗儿滩镇捞车村 Laoche Village，Miaoertan Town，Longshan Corntry

广东省 Guangdong Province

1. 佛山市三水区乐平镇大旗头村 Daqitou Village，Leping Town，Sanshui District，Foshan
2. 深圳市龙岗区大鹏镇鹏城村 Pengcheng Village，Dapeng Town，Longgang District，Shenzhen
3. 东莞市茶山镇南社村 Nanshe Village，Chashan Town，Dongguan
4. 开平市塘口镇自力村 Zili Village，Tangkou Town，Kaiping
5. 佛山市顺德区北滘镇碧江村 Bijiang Village，Beijiao Town，Shunde District，Foshan
6. 广州市番禺区石楼镇大岭村 Daling Village，Shilou Town，Fanyu District，Guangzhou
7. 东莞市石排镇塘尾村 Tangwei Village，Shipai Town，Dongguan
8. 中山市南朗镇翠亨村 Cuiheng Village，Nanlang Town，Zhongshan
9. 恩平市圣堂镇歇马村 Xiema Village，Shengtang Town，Enping
10. 连南瑶族自治县三排镇南岗古排村 Nanganggupai Village，Sanpai Town，Liannan Yao Autonomous County
11. 汕头市澄海区隆都镇前美村 Qianmei Village，Longdu Town，Chenghai District，Shantou
12. 仁化县石塘镇石塘村 Shitang Village，Shitang Town，Renhua County
13. 梅县水车镇茶山村 Chashan Village，Shuiche Town，Mei County
14. 佛冈县龙山镇上岳古围村 Shangyueguwei Village，Longshan Town，Fogang County
15. 佛山市南海区西樵镇松塘村 Songtang Village，Xiqiao Town，Nanhai District，Foshan
16. 广州市花都区炭步镇塱头村 Langtou Village，Tanbu Town，Huadu District，Guangzhou
17. 江门市蓬江区棠下镇良溪村 Liangxi Village，Tangxia Town，Pengjiang Dis-

trict，Jiangmen

18. 台山市斗山镇浮石村 Fushi Village，Doushan Town，Taishan
19. 遂溪县建新镇苏二村 Su'er Village，Jianxin Town，Suixi County
20. 和平县林寨镇林寨村 Linzhai Village，Linzhai Town，Heping County
21. 蕉岭县南磜镇石寨村 Shizhai Village，Nanqi Town，Jiaoling County
22. 陆丰市大安镇石寨村 Shizhai Village，Da'an Town，Lufeng

广西壮族自治区 Guangxi Zhuang Autonomous Region

1. 灵山县佛子镇大芦村 Dalu Village，Fozi Town，Lingshan County
2. 玉林市玉州区城北街道高山村 Gaoshan Village，Chengbei Sub-District，Yuzhou District，Yulin
3. 富川瑶族自治县朝东镇秀水村 Xiushui Village，Zhaodong Town，Fuchuan Yao Autonomous County
4. 南宁市江南区江西镇扬美村 Yangmei Village，Jiangxi Town，Jiangnan District，Nanning
5. 阳朔县白沙镇旧县村 Jiuxian Village，Baisha Town，Yangshuo County
6. 灵川县青狮潭镇江头村 Jiangtou Village，Qingshitan Town，Lingchuan County
7. 富川瑶族自治县朝东镇福溪村 Fuxi Village，Zhaodong Town，Fuchuan Yao Autonomous County
8. 兴安县漠川乡榜上村 Bangshang Village，Mochuan Township，Xing'an County
9. 灌阳县文市镇月岭村 Yueling Village，Wenshi Town，Guanyang County

海南省 Hainan Province

1. 三亚市崖城镇保平村 Baoping Village，Yacheng Town，Sanya
2. 文昌市会文镇十八行村 Shibahang Village，Huiwen Town，Wenchang
3. 定安县龙湖镇高林村 Gaolin Village，Longhu Town，Dingan County

四川省 Sichuan Province

1. 丹巴县梭坡乡莫洛村 Moluo Village，Suopo Township，Danba Corntry
2. 攀枝花市仁和区平地镇迤沙拉村 Yishala Village，Pingdi Town，Renhe District，Panzhihua
3. 汶川县雁门乡萝卜寨村 Luobozhai Village，Yanmen Township，Wenchuan Corntry
4. 阆中市天宫乡天宫院村 Tiangongyuan Village，Tiangong Township，Langzhong
5. 泸县兆雅镇新溪村 Xinxi Village，Zhaoya Town，Lu Corntry
6. 泸州市纳溪区天仙镇乐道街村 Ledaojie Village，Tianxian Town，Naxi District，Luzhou

贵州省 Guizhou Province

1. 安顺市西秀区七眼桥镇云山屯村 Yunshantun Village，Qiyanqiao Town，Xixiu District，Anshun
2. 锦屏县隆里乡隆里村 Longli Village，

Longli Township，Jinping County
3. 黎平县肇兴乡肇兴寨村 Zhaoxingzhai Village，Zhaoxing Township，Liping County
4. 赤水市丙安乡丙安村 Bingan Village，Bingan Township，Chishui
5. 从江县往洞乡增冲村 Zengchong Village，Wangdong Township，Congjiang County
6. 开阳县禾丰布依族苗族乡马头村 Matou Village，Hefeng Buyi Hmong Township，Kaiyang County
7. 石阡县国荣乡楼上村 Loushang Village，Guorong Township，Shiqian County
8. 三都县都江镇怎雷村 Zenlei Village，Dujiang Town，Sandu County
9. 安顺市西秀区大西桥镇鲍屯村 Baotun Village，Daxiqiao Town，Xixiu District，Anshun
10. 雷山县郎德镇上郎德村 Shanglangde Village，Langde Town，Leishan County
11. 务川县大坪镇龙潭村 Longtan Village，Daping Town，Wuchuan County
12. 江口县太平镇云舍村 Yunshe Village，Taiping Town，Jiangkou County
13. 从江县丙妹镇岜沙村 Basha Village，Binmei Town，Congjiang County
14. 黎平县茅贡乡地扪村 Dimen Village，Maogong Town，Liping County
15. 榕江县栽麻乡大利村 Dali Village，Zaima Township，Rongjiang County

云南省 Yunnan Province

1. 会泽县娜姑镇白雾村 Baiwu Village，Nagu Town，Huize County
2. 云龙县诺邓镇诺邓村 Nuodeng Village，Nuodeng Town，Yunlong County
3. 石屏县宝秀镇郑营村 Zhengying Village，Baoxiu Town，Shiping County
4. 巍山县永建镇东莲花村 Donglianhua Village，Yongjian Town，Weishan County
5. 祥云县云南驿镇云南驿村 Yunnanyi Village，Yunnanyi Town，Xiangyun County
6. 保山市隆阳区金鸡乡金鸡村 Jinji Village，Jinji Town，Longyang District，Baoshan
7. 弥渡县密祉乡文盛街村 Wenshengjie Village，Mizhi Town，Midu County
8. 永平县博南镇曲硐村 Qutong Village，Bonan Town，Yongping County
9. 永胜县期纳镇清水村 Qingshui Village，Qina Town，Yongsheng County

陕西省 Shaanxi Province

1. 韩城市西庄镇党家村 Dangjia Village，Xizhuang Town，Hancheng
2. 米脂县杨家沟镇杨家沟村 Yangjiagou Village，Yangjiagou Town，Mizhi County
3. 三原县新兴镇柏社村 Boshe Village，Xinxing Town，Sanyuan County

青海省 Qinghai Province

1. 同仁县年都乎乡郭麻日村 Guomari Village，Nianduhu Township，Tongren County
2. 玉树县仲达乡电达村 Dianda Village，Zhongda Township，Yushu County

3. 班玛县灯塔乡班前村 Banqian Village，Dengta Tounship，Banma County
4. 循化撒拉族自治县清水乡大庄村 Dazhuang Village，Qingshui Town，Xunhua Salar Autonomous County
5. 玉树县安冲乡拉则村 Laze Village，Anchong Town，Yushu County

宁夏回族自治区 Ningxia Hui Autonomous Region

1. 中卫市香山乡南长滩村 Nanchangtan Village，Xiangshan Township，Zhongwei

新疆维吾尔自治区 Xinjiang Uygur Autonomous Region

1. 鄯善县吐峪沟乡麻扎村 Mazar Village，Tuyugou Township，Shanshan County
2. 哈密市回城乡阿勒屯村 Aare Village，Huicheng Township，Hami
3. 哈密市五堡乡博斯坦村 Bostan Village，Wubao Township，Hami
4. 特克斯县喀拉达拉乡琼库什台村 Qiongkushitai Village，Keradara Township，Turks County

吉林省 Jilin Province

1. 图们市月晴镇白龙村 Bailong Village，Yueqing Town，Tumen

上海市 Shanghai Municipality

1. 松江区泗泾镇下塘村 Xiatang Village，Sijing Town，Songjiang District
2. 闵行区浦江镇革新村 Gexin Village，Pujiang Town，Minxing District

重庆市 Chongqing Municipality

1. 涪陵区青羊镇安镇村 Anzhen Village，Qingyang Town，Fuling District

西藏自治区 Tibet Autonomous Region

1. 吉隆县吉隆镇帮兴村 Bangxing Village，Jilong Town，Jilong County
2. 尼木县吞巴乡吞达村 Tunda Village，Tunba Town，Nimu County
3. 工布江达县错高乡错高村 Cuogao Village，Cuogao Township，Gongbo'gyamda County

甘肃省 Gansu Province

1. 天水市麦积区麦积镇街亭村 Jieting Village，Maiji Town，Maiji District，Tianshui
2. 天水市麦积区新阳镇胡家大庄村 Hujia Dazhuang Village，Xinyang Town，Maiji District，Tianshui

四、国家历史名街名录

National Famous Historical and Cultural Streets

北京 Beijing Municipality

1. 东城区国子监街 Guozijian Street，Dongcheng District
2. 西城区烟袋斜街 Yandaixie Street，Xicheng District

山西省 Shanxi Province

1. 平遥县南大街 Nanda Street，Pingyao County
2. 晋中市祁县晋商老街 Jinshanglao

Street，Qi County，Jinzhong

黑龙江省 Heilongjiang Province

1. 哈尔滨市中央大街 Central Street，Harbin
2. 齐齐哈尔市罗西亚大街 Rosia Street，Qiqihaer

江苏省 Jiangsu Province

1. 苏州市平江路 Pingjiang Street，Suzhou
2. 无锡市清名桥历史文化街区 Qingmingqiao Historical And Cultural Blocks，Wuxi
3. 扬州市东关街 Dongguan Street，Yangzhou
4. 苏州市山塘街 Shantang Street，Suzhou
5. 无锡市惠山老街 Huishan Old Street，Wuxi
6. 南京市高淳区高淳老街 Gaochun Old Street，Gaochun District，Nanjing
7. 泰兴市黄桥老街 Huangqiao Old Street，Taixing

安徽省 Anhui Province

1. 黄山市屯溪老街 Tunxi Old Street，Huangshan
2. 黄山市歙县渔梁街 Yuliang Street，She County，Huang shan
3. 黄山市休宁县万安老街 Wanan Old Street，Xiuning County，Huangshan
4. 宣城市绩溪县龙川水街 Longchuanshui Street，Jixi County，Xuancheng

福建省 Fujian Province

1. 福州市三坊七巷 San-fang Qi-xiang，Fuzhou
2. 漳州市历史文化街区（漳州古街）Historical And Cultural Blocks（Zhangzhou Old Street），Zhangzhou
3. 泉州市中山路 Zhongshan Street，Quanzhou
4. 龙岩市长汀县店头街 Diantou Street，Changting County，Longyan
5. 厦门市中山路 Zhongshan Street，Xiamen
6. 石狮市永宁镇永宁老街 Yongning Old Street，Yongning Town，Shishi

山东省 Shandong Province

1. 青岛市八大关 Badaguan，Qingdao
2. 青州市昭德古街 Zhaode Old Street，Qingdao
3. 青岛市小鱼山文化名人街 Xiaoyushan Cultural Celebrities Street，Qingdao

海南省 Hainan Province

1. 海口市骑楼街（区）（海口骑楼老街）Qilou Street（District）（Haikou Qilou Old Street），Haikou

西藏自治区 Tibet Autonomous Region

1. 拉萨市八廓街 Bakuo Street，Lasa
2. 江孜县加日郊老街 Jiarijiao Street，Jiangzi County

重庆 Chongqing Municipality

1. 重庆市沙坪坝区磁器口古镇传统历史文化街区 Traditional Historical And Cultural Blocks，Ciqikou Old Town，Shapingba District，Chongqing

上海 Shanghai Municipality

1. 上海市虹口区多伦路文化名人街 Duolun Cultural Celebrities Street，Hongkou District，Shanghai
2. 上海市徐汇区武康路历史文化名街 Wukang Traditional Historical And Cultural Street，Xuhui District，Shanghai
3. 上海市静安区陕西北路 Shanxibei Street，Jingan District，Shanghai

天津 Tianjin Municipality

1. 天津市和平区五大道 Wuda Street，Heping District，Tianjin

广东省 Guangdong Province

1. 潮州市太平街义兴甲巷 Yixingjia Lane，Taiping Street，Chaozhou
2. 深圳市中英街 Zhongying Street，Shenzhen
3. 广州市沙面街 Shamian Street，Guangzhou
4. 珠海市斗门镇斗门旧街 Doumen Old Street，Doumen Town，Zhuhai
5. 梅州市梅县松口镇松口古街 Songkou Old Street，Songkou Town，Mei County，Meizhou

贵州省 Guizhou Province

1. 黔东南苗族侗族自治州黎平县翘街 Qiao Street，Liping County，Qiandongnan Miao And Dong Autonomous Prefecture

浙江省 Zhejiang Province

1. 杭州市清河坊 Qinghe Square，Hangzhou
2. 临海市紫阳街 Ziyang Street，Linhai

河南省 Henan Province

1. 洛阳市涧西工业遗产街区 Jianxi Industrial Heritage Block，Luoyang
2. 濮阳县古十字街 Gushizi Street，Puyang County

云南省 Yunnan Province

1. 大理白族自治州巍山彝族回族自治县南诏古街 Nanzhao Old Street，Weishan Yi And Hui Autonomous County，Dali Bai Autonomous Prefecture

四川省 Sichuan Province

1. 泸州市合江县尧坝古街 Yaobei Old Street，Hejiang County，Luzhou
2. 大邑县新场古镇上下正街 Shangxiazheng Street，Xinchang Old Town，Dayi County

陕西省 Shaanxi Province

1. 榆林市米脂县米脂古城老街 Mizhigucheng Old Street，Mizhi County，Yulin

吉林省 Jilin Province

1. 长春市新民大街 Xinmin Big Street，Changchun

江西省 Jiangxi Province

1. 上饶市铅山县河口明清古街 Hekoumingqing Old Street，Yanshan County，Shangrao

参考文献

1.《英汉大词典》编辑部 . 英汉大词典 [M]. 上海：上海译文出版社，2005.

2. 李华驹 . 大英汉词典 [M]. 北京：外语教学与研究出版社，2001.

3. 清华大学编写组 . 英汉技术词典 [M]. 北京：国防工业出版社，2003.

4. 中国大百科全书总编辑委员会《建筑 · 园林 · 城市规划》编辑委员会 . 中国大百科全书建筑 · 园林 · 城市规划 [M]. 北京：中国大百科全书出版社，1992.

5. 中国大百科全书总编辑委员会《农业》编辑委员会 . 中国大百科全书 · 农业 [M]. 北京：中国大百科全书出版社，1992.

6. 全国自然科学名词审定委员会建筑 · 园林 · 城市规划名词审定委员会 . 建筑 · 园林 · 城市规划名词 [M]. 北京：科学出版社，1996.

7. 李国豪等 . 中国土木建筑百科辞典 · 城市规划与风景园林 [M]. 北京：中国建筑工业出版，2005.

8. 赵洪才 . 英汉城市规划与园林绿化词典 [M]. 北京：中国建筑工业出版社，1994.

9. 李金路等 . 风景园林基本术语 [M]. 北京：中国建筑工业出版社，2014.

10. 左泓 . 英汉城市规划与设计词典 [M]. 哈尔滨：黑龙江科技出版社，1993.

11.Meng Zhao Zhen：Traditional Chinese Gardens in Suzhou，2010 IFLA 大会论文集 .

12. 董保华等 . 汉拉英花卉及观赏树木名称 [M]. 北京：中国农业出版社，1996.12.

13. 陈有民 . 中国园林绿化树种区域规划 [M]. 北京：中国建筑工业出版社，2005.

14. 张天麟 . 园林树木 1600 种 [M]. 北京：中国建筑工业出版社，2010.5.

15. 深圳市仙湖植物园 . 深圳园林植物续集（一）[M]. 北京：中国林业出版社，2004.6.

16. 武菊英 . 观赏草及其在园林景观中的应用 [M]. 北京：中国林业出版社，2007.10.

17. 方如康 . 环境学词典 [M]. 北京：科学出版社，2003.

18. 王孟 . 英汉—汉英生态学词汇 [M]. 北京：科学出版社，2001.

19. 科学出版社名词室 . 英汉生物学词汇 [M]. 北京：科学出版社，2008.

20. 胡世平 . 汉英拉动植物名称 [M]. 北京：商务印书馆，2003.

21. 朱家柟等 . 拉汉英种子植物名称 [M]. 北京：科学出版社，2006.

22. 康定中 . 英汉—汉英林业分类词汇和用语 [M]. 北京：外文出版社，1998.

23. 林业部调查规划设计院 . 英汉—汉英林业资源科技词汇 [M]. 北京：中国林业出版社，1886.

24. 浩瀚等 . 最新农业英语随身查小词典 [M]. 北京：中国书籍出版社，2001.

25. 赵祖康 . 英汉道路工程词典 [M]. 北京：人民交通出版社，2001.

26. 李坚等 . 英汉建筑工程词汇 [M]. 北京：知识产权出版社，2005.

27. 新华社国际资料编辑组 . 世界名胜词典 [M]. 北京：新华出版社，1986.

28. 余树勋 . 园林词汇解说 [M]. 北京：中国建筑工业出版社，2006.

29. 文化部文物局 . 中国名胜词典 [M]. 上海：上海辞书出版社，1986.12.

30. 杨茵 . 中国风景名胜 [M]. 北京：中国民族摄影艺术出版社，2004.

31. 胡德坤 . 世界遗产 [M]. 南宁：广西人民出版社，2002.

32. 上海植物园 . 上海园林植物图说 [M]. 上海：上海科学技术出版社，1979.

33. 陈俊愉，刘师汉 . 园林花卉 [M]. 上海：上海科学技术出版社，1982.

34. 中国科学技术协会主编，中国风景园林学会编 .2009–2010 风景园林学科发展报告 [M]. 北京：科学出版社，2010.

35.（美）约翰·奥姆斯比·西蒙兹 . 刘晓明等译 . 园林城市—创造宜居的城市环境 [M]. 沈阳：辽宁科学技术出版社，2015.

36.（美）朱利斯 GY. 法布斯 . 刘晓明等译 . 土地利用规划 [M]. 北京：中国建筑工业出版社，2007.

37. 北京市花卉研究所 . 室内花卉—新引进的国外观叶植物 [M]. 北京：中国经济出版社，1989.

38. 赵明德 . 北京旅游图说指南 [M]. 北京：今日中国出版社，1990.

39. 段天顺等 . 水和北京 [M]. 北京：中国水利水电出版社，2006.

40. 王羽梅 . 中国芳香植物 [M]. 北京：科学出版社，2008.

41. 张秀英 . 园林树木栽培养护学 [M]. 北京：高等教育出版社，2012.

42. 徐志华 . 园林花卉病虫生态图鉴 [M]. 北京：中国林业出版社，2006.1.

43. 马利琴 . 中国盆景：汉英对照 [M]. 合肥：黄山书社，2013.

44.（英）布雷姆尼斯（Bremness L.）. 药用植物 [M]. 北京：中国友谊出版公司，2007.1.

45. 成都市园林管理局，成都市风景园林学会 . 成都园林植物 [M]. 成都：四川科学技术出版社，2002.

46. 张大明 . 颐和园长廊彩画故事 [M]. 北京：新世界出版社，2002.

47. 蔡君，张文英 . 高等学校专业英语系列教材·园林专业 [M]. 北京：中国建筑工业出版社，2005.

48. 王欣，方薇 . 风景园林（景观设计）专业英语（第二版）[M]. 北京：中国水利水电出版社，2013.

49. 武涛，杨滨章 . 风景园林专业英语 [M]. 重庆：重庆大学出版社，2012.

50. 中国风景园林学会 . 中国园林 [M]. 北京：《中国园林》杂志社 .

51. 全国自然科学名词审定委员会，地理学名词审定委员会 . 地理学名词 1988[M]. 北京：科学出版社，1989.

52. 北京外国语学院英语系《新编汉英分类词汇手册》编写组 . 新编汉英分类词汇手册 [M]. 北京：外语教学与研究出版社，1987.

53. 李健 . 英汉·汉英地质学词汇手册 [M]. 上海：上海外语教育出版社，2010.

54. 薛姝姝 . 英汉·汉英房地产词汇手册 [M]. 上海：上海外语教育出版社，2009.

55. 张荣生，吴达志 . 英汉美术词典 [M]. 北京：人民美术出版社，2011.5.

56. Klaus–Jürgen Evert（Hrsg.）:

[德] 克劳斯 – 于尔根·埃弗尔特主编：Lexikon–Landschafts–und Stadtplanung Mehrsprachiges Wörterbuch über Planung，Gestaltung und Schutz der Umwelt.

《德语风景园林与城市规划词典》

Dictionary–Landscape and Urban Planning Multilingual Dictionary of Environmental Planning，Design and Conservation

《英语风景园林与城市规划词典》

Dictionnaire–Paysage et urbanisme Dictionnaire multilingue de planifîcation，d'aménagement et de protection de l'environnement

《法语风景园林与城市规划词典》

Diccionario–Paisaje y urbanismo

léxico multilingüe de planification，diseño y protección del medio ambiente

《西班牙语风景园林与城市规划词典》，

Springer-verlag，2001

（上列词典实为一部多语种环境规划、设计与保护词典，由国际风景园林师联合会技术术语翻译委员会完成，德国斯图加特，施普林格出版社）

57. Charles W. Harrris，Nicholas T. Dines. Time-saver Standards for Landscape Architecture（second edition），McGraw-hill Publishing Company.

58. James Stevens Curl. Oxford Dictionary of Architecture and Landscape Architecture（new edition）[M].Oxford：Oxford University Press，2006.

网站来源

1. 英国斯塔福德郡苗圃 [EB/OL]. http://www.jacksonsnurseries.co.uk/common-latin-plant-names.

2. 英国萨里郡苗圃 [EB/OL].http://www.gardenstyle.co.uk/.

3. 澳大利亚新南威尔士州苗圃 [EB/OL].http://www.idpnursery.com.au/.

4. 美国佛罗里达州苗圃 [EB/OL]. http://www.flnursery.com/.

5. 美国田纳西州苗圃 [EB/OL].http://www.greenwoodnursery.com/.

6. 美国俄亥俄州苗圃 [EB/OL]. http://www.noddingoniongardens.com/nativeplantsatod.html.

Acer palmatum 鸡爪槭 王四清 摄

Ancient Village Hongcun，China 中国宏村
周亚炜 摄

Aster novi-belgii 荷兰菊 王四清 摄

Archontophoenix alexandrae 假槟榔

bergamot 佛手 王四清 摄

Booth 售货亭 刘晓明 摄

Cable car 缆车 刘晓明 摄

Camphor tree 香樟 刘晓明 摄

Cedar 雪松 刘晓明 摄

Cherry 樱树 刘晓明 摄

Chimonanthus fragrans 蜡梅 王四清 摄

Chinese fan palm 蒲葵 王四清 摄

Chinese Horse Chestnut 七叶树 王四清 摄

Chinese pine 油松 刘晓明 摄

Chinese redbud 紫荆
王四清 摄

Chinese rose 月季 王四清 摄

Chrysanthemum 菊花 王四清 摄

Cloud Wall and Moon Gate 云墙与月洞门 许超 摄

Coconut tree 椰子 王四清 摄

Corridor 1 廊 1 许超 摄

Corridor 2 廊 2 刘晓明 摄

Crape myrtle 紫薇 王四清 摄

Day lily 萱草 王四清 摄

Crape myrtle 紫薇 王四清 摄

Delphinium grandiflorum 大花飞燕草 王四清 摄

Forsythia 连翘 刘晓明 摄

Fountain 1 喷泉池 1 梁怀月 摄

Fountain 2 喷泉池 2 刘晓明 摄

Fountain1 喷泉池 3 刘晓明 摄

Foxglove 毛地黄 王四清 摄

Fujian Tulou，China 中国福建土楼 刘晓明 摄

Gate 1 门 1 梁怀月 摄

Gate2 门 2 刘晓明 摄

Giant Panda 大熊猫 刘晓明 摄

Grand Canyon National Park，USA 美国大峡谷国家公园 薛晓飞 摄

Gyeongju Historic Areas——Bulguksa Temple，Republic South Korea 韩国佛国寺 刘晓明 摄

Historic Centre of Florence，Italy 意大利佛罗伦萨历史中心 刘晓明 摄

Historic Centre of Rome，Italy 意大利罗马历史中心 刘晓明 摄

Hoop pine 南洋杉 王四清 摄

Humble Administration Garden 中国拙政园 栾河淞 摄

Imperial Tombs of Ming dynasty，China 中国明代皇家陵墓 赵文斌 摄

Information column 信息柱 梁怀月 摄

Information sign 信息台 刘晓明 摄

Interpretive information sign 解说牌
刘晓明 摄

Jiuzhaigou Valley，China 中国九寨沟 刘晓明 摄

Kochia scoparia 扫帚草 王四清 摄

Kolkwitzia amalilis 猬实 王四清 摄

Kremlin and the Red Square，Russian Federation 俄罗斯克里姆林宫与红场 刘晓明 摄

Lake Geneva，Switzerland 瑞士日内瓦湖 刘晓明 摄

Lake Turkana National Parks，Kenya 肯尼亚图尔卡纳湖国家公园 刘晓明 摄

Lupin 羽扇豆(鲁冰花) 王四清 摄 (左)
Magnolia soulangeana 二乔玉兰 刘晓明摄(右)

Malus halliana 垂丝海棠 王四清 摄

Mei Flower (*Prunus mume*) 梅花 王四清 摄

Mount Fuji 日本富士山 刘晓明 摄

Mount Huangshan，China 中国黄山 李玉祥 摄

Mount Kenya National Park and its Natural Forset，Kenya 肯尼亚山国家公园和天然林地 刘晓明 摄

Mount Lushan，China 中国庐山 刘晓明 摄

Mountain Resort in Chengde，China 中国承德避暑山庄 刘晓明 摄

National Mall，DC，USA
美国华盛顿国家中轴公园
刘晓明 摄

Nursery 苗圃 刘晓明 摄

Oak Trees 橡树 刘晓明 摄

Old City of Berne, Switzerlland 瑞士伯尔尼市的古城区 刘晓明 摄

Outdoor amphitheater 室外剧场 梁怀月 摄

Overlook 眺望台 刘晓明 摄

Palace and Gardens of Versailles，France 法国凡尔赛宫苑 马小淞 摄

Path 1 道路 1 刘晓明 摄

Path 2 道路 2 刘晓明 摄

Path 3 道路 3 刘晓明 摄

Path and retaining wall 道路与挡土墙 梁怀月 摄

Pattern window 花窗 许超 摄

Pavilion 2 亭 2

Pavilion 3 亭 3 刘晓明 摄

Pavilion and half-corridor 亭与半廊 刘晓明 摄

Pavillion 4 亭 4 刘晓明 摄

Peach 碧桃 王四清 摄

Pear 梨 王四清 摄

Peony 牡丹 王四清 摄

Petunias 矮牵牛 王四清 摄

Plant commjunity 植物群落 刘晓明 摄

Playground 1 儿童游戏场 1 刘晓明 摄

Playground 2 儿童游戏场 2 梁怀月 摄

Pomegranate 石榴 王四清 摄

Pool，fountain，pavilion，and columns
水池，喷泉，亭和柱 刘晓明 摄

Potala Palace，China 中国布达拉宫 梁怀月 摄

Rhododendron 杜鹃 王四清 摄

Rock garden 岩石园 刘晓明 摄

Rose pergola 玫瑰花架 刘晓明 摄

Royal Botanic Gardens, Kew, UK 英国皇家植物园邱园 薛晓飞 摄

Royal Tombs, Gyeongju, South Korea 韩国庆州皇家陵墓 刘晓明 摄

Roystonea regia 王棕 王四清 摄

Sculpture 1 雕塑 1 刘晓明 摄

Sculpture 2 雕塑 2 梁怀月 摄

Seating wall 坐墙 刘晓明 摄

Steps 1 台阶 1 刘晓明 摄

Steps 2 台阶 2 刘晓明 摄

Steps 3 台阶 3 许超 摄

Summer Palace，China 中国颐和园 叶森 摄

Sundial 日晷 刘晓明 摄

Sunken dry fountain 下沉旱喷泉 梁怀月 摄

Table Mountain，South Africa 南非桌山 刘晓明 摄

Taihu Stone Man-made Hill 太湖石假山 刘晓明 摄

Taj Mahal，India 印度泰姬玛哈陵 刘晓明 摄

Temple of Heaven，China 中国天坛 褚天娇 摄

Terrace garden 台地园 刘晓明 摄

Timber bridge1 木桥 1 刘晓明摄

Timber bridge 2 木桥 2 黄隆建 摄

Toilet 1 厕所 1 刘晓明 摄

Toilet 2 厕所 2 刘晓明 摄

Violet 紫罗兰 王四清 摄

Vista 夹景 刘晓明 摄

Water lily 睡莲 刘晓明 摄

Water lily 睡莲 王四清 摄

Water pavillion 水榭 刘晓明 摄

Waterfall 瀑布 梁怀月 摄

West lake and Leifeng Pagoda，Hangzhou，China 中国杭州西湖和雷峰塔 王欣 摄

Wetland 湿地 刘晓明 摄

Willow 垂柳 刘晓明 摄

Yellow Stone National Park，USA 美国黄石国家公园 薛晓飞 摄